W0264001

HANDBUCH DER PHYSIK

UNTER REDAKTIONELLER MITWIRKUNG VON

R. GRAMMEL-STUTTGART · F. HENNING-BERLIN
H. KONEN-BONN · H. THIRRING-WIEN · F. TRENDELENBURG-BERLIN
W. WESTPHAL-BERLIN

HERAUSGEGEBEN VON

H. GEIGER und KARL SCHEEL

BAND XIX

HERSTELLUNG UND MESSUNG DES LICHTS

SPRINGER-VERLAG BERLIN HEIDELBERG GMBH

1928

HERSTELLUNG UND MESSUNG DES LICHTS

BEARBEITET VON

H. BEHNKEN · E. BRODHUN · TH. DREISCH · J. EGGERT
R. FRERICHS · J. HOPMANN · CHR. JENSEN · H. KONEN
G. LASKI · E. LAX · H. LEY · F. LÖWE · M. PIRANI
P. PRINGSHEIM · W. RAHTS · H. ROSENBERG
O. SCHÖNROCK · G. SZIVESSY
G. WOLFSOHN

REDIGIERT VON H KONEN

MIT 501 ABBILDUNGEN

SPRINGER-VERLAG BERLIN HEIDELBERG GMBH

1928

ISBN 978-3-642-88919-6   ISBN 978-3-642-90774-6 (eBook)
DOI 10.1007/978-3-642-90774-6

Inhaltsverzeichnis.

A. Natürliche und künstliche Lichtquellen.

Kapitel 7.

Kapitel 8.

Seite

Kapitel 9.

Kapitel 10.

Kapitel 11.

B. Lichttechnik.

Kapitel 12.

Kapitel 13.

Inhaltsverzeichnis.

C. Methoden der Untersuchung.

Kapitel 19.

Kapitel 20.

Kapitel 21.

Spektralphotometrie. Von Professor Dr. H. Ley, Münster i. W. (Mit 27 Abbildungen.)

Inhaltsverzeichnis. XV

Allgemeine physikalische Konstanten

(September 1926) [1].

a) Mechanische Konstanten.

Gravitationskonstante . . . . $6,6_5 \cdot 10^{-8}$ dyn $\cdot$ cm$^2 \cdot$ g^{-2}
Normale Schwerebeschleunigung . . . . $980,665$ cm $\cdot$ sec^{-2}
Schwerebeschleunigung bei 45° Breite . . . . . $980,616$ cm $\cdot$ sec^{-2}
1 Meterkilogramm (mkg) . . . . $0,980665 \cdot 10^8$ erg
Normale Atmosphäre (atm) . . . . $1,01325_3 \cdot 10^6$ dyn $\cdot$ cm^{-2}
Technische Atmosphäre . . . . $0,980665 \cdot 10^6$ dyn $\cdot$ cm^{-2}
Maximale Dichte des Wassers bei 1 atm . . . . $0,999973$ g $\cdot$ cm^{-3}
Normales spezifisches Gewicht des Quecksilbers . $13,5955$

b) Thermische Konstanten.

Absolute Temperatur des Eispunktes . . . . . . $273,2_0$°
Normales Litergewicht des Sauerstoffes . . . . . $1,42900$ g $\cdot$ l^{-1}
Normales Molvolumen idealer Gase . . . . $22,414_5 \cdot 10^3$ cm^3

Gaskonstante für ein Mol . . . . $\begin{cases} 0,8204_5 \cdot 10^2 \text{ cm}^3\text{-atm} \cdot \text{grad}^{-1} \\ 0,8313_2 \cdot 10^8 \text{ erg} \cdot \text{grad}^{-1} \\ 0,8309_0 \cdot 10^1 \text{ int joule} \cdot \text{grad}^{-1} \\ 1,985_8 \text{ cal} \cdot \text{grad}^{-1} \end{cases}$

Energieäquivalent der 15°-Kalorie (cal) . . . . . $\begin{cases} 4,184_2 \text{ int joule} \\ 1,1623 \cdot 10^{-6} \text{ int k-watt-st} \\ 4,186_3 \cdot 10^7 \text{ erg} \\ 4,268_8 \cdot 10^{-1} \text{ mkg} \end{cases}$

c) Elektrische Konstanten.

1 internationales Ampere (int amp) . . . . $1,0000_0$ abs amp
1 internationales Ohm (int ohm) . . . . $1,0005_0$ abs ohm
Elektrochemisches Äquivalent des Silbers . . . $1,11800 \cdot 10^{-3}$ g $\cdot$ int coul^{-1}
Faraday-Konstante für ein Mol und Valenz 1 . . $0,9649_4 \cdot 10^5$ int coul
Ionisier.-Energie/Ionisier.-Spannung . . . . $0,9649_4 \cdot 10^5$ int joule $\cdot$ int volt^{-1}

d) Atom- und Elektronenkonstanten.

Atomgewicht des Sauerstoffs . . . . $16,000$
Atomgewicht des Silbers . . . . $107,88$
LOSCHMIDTsche Zahl (für 1 Mol) . . . . $6,06_1 \cdot 10^{23}$
BOLTZMANNsche Konstante k . . . . $1,372 \cdot 10^{-16}$ erg $\cdot$ grad^{-1}
$^1/_{16}$ der Masse des Sauerstoffatoms . . . . $1,650 \cdot 10^{-24}$ g
Elektrisches Elementarquantum e . . . . $\begin{cases} 1,592 \cdot 10^{-19} \text{ int coul} \\ 4,77_4 \cdot 10^{-10} \text{ dyn}^{1/2} \cdot \text{cm} \end{cases}$
Spezifische Ladung des ruhenden Elektrons e/m . $1,76_6 \cdot 10^8$ int coul $\cdot$ g^{-1}
Masse des ruhenden Elektrons m . . . . $9,02 \cdot 10^{-28}$ g
Geschwindigkeit von 1-Volt-Elektronen . . . . . $5,94_5 \cdot 10^7$ cm $\cdot$ sec^{-1}
Atomgewicht des Elektrons . . . . $5,46 \cdot 10^{-4}$

e) Optische und Strahlungskonstanten.

Lichtgeschwindigkeit (im Vakuum) . . . . $2,998_5 \cdot 10^{10}$ cm $\cdot$ sec^{-1}
Wellenlänge der roten Cd-Linie (1 atm, 15° C) . . $6438,470_0 \cdot 10^{-8}$ cm
RYDBERGsche Konstante für unendl. Kernmasse . $109737,1$ cm^{-1}
SOMMERFELDsche Konstante der Feinstruktur . . $0,729 \cdot 10^{-2}$
STEFAN-BOLTZMANNsche Strahlungskonstante σ . . $\begin{cases} 5,7_5 \cdot 10^{-12} \text{ int watt} \cdot \text{cm}^{-2} \cdot \text{grad}^{-4} \\ 1,37_4 \cdot 10^{-12} \text{ cal} \cdot \text{cm}^{-2} \cdot \text{sec}^{-1} \cdot \text{grad} \end{cases}$
Konstante des WIENschen Verschiebungsgesetzes . $0,288$ cm $\cdot$ grad
WIEN-PLANCKsche Strahlungskonstante c_2 . . . . $1,43$ cm $\cdot$ grad

f) Quantenkonstanten.

PLANCKsches Wirkungsquantum h . . . . $6,55 \cdot 10^{-27}$ erg $\cdot$ sec
Quantenkonstante für Frequenzen $\beta = h/k$ . . . $4,77_5 \cdot 10^{-11}$ sec $\cdot$ grad
Durch 1-Volt-Elektronen angeregte Wellenlänge . $1,233 \cdot 10^{-4}$ cm
Radius der Normalbahn des H-Elektrons . . . . $0,529 \cdot 10^{-8}$ cm

---

[1] Erläuterungen und Begründungen s. Bd. II d. Handb. Kap. 10, S. 487—518.

A. Natürliche und künstliche Lichtquellen.

Kapitel 1.

Strahlung und Helligkeitseindruck unter Voraussetzung der definierten Strahlung des schwarzen Körpers.

Von

E. LAX und M. PIRANI, Berlin.

Mit 22 Abbildungen.

1. Einleitung. Von den vielen in der Natur vorhandenen elektro-magnetischen Wellen ruft nur ein Bruchteil [das Gebiet zwischen den Wellenlängen von ungefähr $(3,65$ bis $7,5) \cdot 10^{-5}$ cm] eine Lichtempfindung im Auge hervor. Alle Vorgänge, die Strahlung dieser Wellenlängen aussenden, werden vom Auge bemerkt und können somit auch bei geeigneter Intensität zur Beleuchtung verwandt werden. Für die Lichterzeugung ist praktisch am wichtigsten die Strahlung, die von hocherhitzten Körpern ausgeht. Hierzu gehört z. B. die Strahlung der Sonne und die fast aller zur künstlichen Beleuchtung benutzten Lichtquellen.

Die Art der Strahlung ist je nach der glühenden Substanz verschieden, bei festen Körpern ist es entweder eine spezifische Oberflächenstrahlung oder eine mit Hohlraumstrahlung vermischte, bei den glühenden Weltkörpern wird die Strahlung durch die glühende Gasatmosphäre verändert.

Die Gesetzmäßigkeiten zwischen Strahlungsintensität, Temperatur und Schwingungszahl sind nur für die reine Hohlraumstrahlung[1]) vollkommen bekannt, deshalb wird diese Strahlung als Grundgröße bei vielen Strahlungsmessungen verwertet; man kennzeichnet kontinuierliche Wärmestrahlungen durch Angabe des Verhältnisses der Strahlungsintensität zu der des schwarzen Körpers bei bestimmter Temperatur. Aus diesem Grunde werden im folgenden die Zusammenhänge zwischen Helligkeit (Leuchtdichte) und Strahlung an Hand der Gesetze der Hohlraumstrahlung betrachtet. Ein Idealkörper, der sogenannte „schwarze Körper", besitzt die Eigenschaft, die auf seine Oberfläche fallende Strahlung aller Wellenlängen ohne jede Reflexion in sich aufzunehmen und keinerlei reflektierte Strahlung nach außenhin abzugeben, er hat somit die Eigenschaft der Hohlraumstrahlung.

---

[1]) Man kann die Strahlung der Beobachtung zugängig machen durch Anbringen eines kleinen Loches in die Wand einer allseitig gleichmäßig erhitzten Kugel.

a) Gesetze der Temperaturstrahlung des schwarzen Körpers.

2. Kirchhoffsches Gesetz. Der Zusammenhang zwischen Absorptionsvermögen und Emissionsvermögen der Körper wird durch das Kirchhoffsche Gesetz wiedergegeben. Bezeichnet man mit $e_{\lambda T} d\lambda$ die zwischen den Wellenlängen λ und $\lambda + d\lambda$ emittierte, mit $A_{\lambda T}$ den Bruchteil der im gleichen Bereich absorbierten Strahlung, so ist

$$\frac{e_{\lambda T}}{A_{\lambda T}} = E_{\lambda T},$$

wenn mit $E_{\lambda T} d\lambda$ die von dem schwarzen Körper zwischen den Wellenlängen λ und $\lambda + d\lambda$ emittierte Strahlung bezeichnet wird.

3. Plancksches Gesetz. Die funktionelle Beziehung zwischen Emission, Temperatur und Wellenlänge für den schwarzen Körper gibt das Plancksche Gesetz [thermodynamisch mit Einführung von Energiequanten 1900 von Planck[1]) abgeleitet]. Danach ist die Strahlungsenergie eines geradlinig polarisierten Strahlenbüschels in dem Wellenlängengebiet zwischen λ und $\lambda + d\lambda$, die vom Oberflächenelement df des auf der Temperatur T in absoluter Zählung befindlichen schwarzen Körpers senkrecht zur Oberfläche in das Vakuum in einen Raumwinkel $d\omega$ in der Zeit dt emittiert wird, $E_{\lambda T} d\lambda \cdot d\omega \cdot df \cdot dt$. Darin hat $E_{\lambda T}$ den Wert

$$(E_{\lambda T})_p = \frac{c_1}{\lambda^5} \frac{1}{e^{\frac{c_2}{\lambda T}} - 1}.$$

Das Emissionsvermögen für die unpolarisierte Strahlung ist folglich:

$$E_{\lambda T} = 2 \frac{c_1}{\lambda^5} \frac{1}{e^{\frac{c_2}{\lambda T}} - 1}.$$

Die Konstanten c_2 und c_1 stehen zu den universellen Konstanten $c =$ Lichtgeschwindigkeit, $h =$ Plancksches Wirkungsquantum und $k =$ Boltzmannsche Konstante in folgender Beziehung:

$$c_1 = c^2 h, \qquad c_2 = \frac{h}{k} \cdot c.$$

4. Stefan-Boltzmannsches Gesetz. Die Integration des Planckschen Strahlungsgesetzes führt auf das experimentell von Stefan 1879[2]) gefundene, thermodynamisch von Boltzmann[3]) 1884 abgeleitete Stefan-Boltzmannsche Gesetz. Dies besagt: Die Größe der Gesamtstrahlung des absolut schwarzen Körpers ist proportional der vierten Potenz der Temperatur (abs. Zählung). Wenn die Energie der Wärmestrahlen, die ein Oberflächenelement df des schwarzen Körpers senkrecht zur Fläche im Raumwinkel $d\omega$ in der Zeit dt ausstrahlt, gleich $E \cdot d\omega \cdot df \cdot dt$ ist, so ist $E = \frac{\sigma}{\pi} T^4$. Die Gesamtenergie, die eine ebene 1 qcm große Fläche einseitig in der Zeiteinheit ausstrahlt, ist $S = \sigma T^4$. Durch universelle Konstanten ausgedrückt, ergibt sich σ zu $\frac{2\pi^5 k^4}{15 c^2 h^3}$.

5. Numerische Werte der Konstanten. Die Physikalisch-Technische Reichsanstalt hat auf Grund sehr umfangreicher Meßreihen von Warburg und Müller[4])

---

[1]) Verh. d. D. phys. Ges. Bd. 2, S. 202 und 237. 1900. Darstellung in M. Planck, Vorlesungen über die Theorie der Wärmestrahlung, 5. Aufl. Leipzig 1923.
[2]) J. Stefan, Wiener Ber. Bd. 79, S. 391. 1879.
[3]) L. Boltzmann, Wied. Ann. Bd. 22, S. 291. 1884.
[4]) E. Warburg u. C. Müller, Ann. d. Phys. Bd. 48, S. 410. 1915.

für c_2 den Wert 1,43 cm·Grad 1915 angenommen[1]). (Mittelwert aus gleich-wertigen Einzelwerten 1,425, 1,43 und 1,44.)

In Amerika ist von COBLENTZ[2]) (Bureau of Standards) neuerdings 1,432 cm·Grad als bester Wert von c_2 angegeben. Die meisten Temperaturbestim-mungen in der englischen Literatur beziehen sich noch auf 1,435 cm·Grad[3]).

Für σ werden Werte von $(5{,}70 - 5{,}76) \cdot 10^{-12}$ Watt · cm^{-2} · Grad^{-4} benutzt, experimentell sind vielfach größere Werte bis 5,86 gefunden. Hier ist der Wert $5{,}73 \cdot 10^{-12}$ Watt · cm^{-2} · Grad^{-4} benutzt[4]).

Mit $c = 2{,}9986 \cdot 10^{10}$ cm · sec^{-1} und diesen Werten von σ und c_2 ergibt sich $h = 6{,}53 \cdot 10^{-34}$ Watt · sec^2 und $k = 1{,}37 \cdot 10^{-23} \dfrac{\text{Watt}}{\text{Grad}}$ sec. c_1 folgt daraus zu $5{,}87 \cdot 10^{-13}$ Watt · cm^2 [5]).

6. WIENsches Verschiebungsgesetz. Nach dem PLANCKschen Gesetz wird die Intensität der Strahlung für jede Isotherme für $\lambda = 0$ sowohl wie für $\lambda = \infty$ Null, daraus folgt, daß ein Maximalwert für E_λ auf jeder Isotherme vorhanden sein muß. Bezeichnet man die zugehörige Wellenlänge mit $\lambda_{\max}$, so muß

$$\left(\frac{dE_\lambda}{d\lambda}\right)_{\lambda=\lambda_m} = 0$$

sein. Der Wert für $\lambda_m T$ ergibt sich aus der Gleichung

$$e^{-\frac{c_2}{\lambda_m T}} + \frac{c_2}{5\lambda_m T} - 1 = 0.$$

$$\frac{c_2}{\lambda_m T} = 4{,}9651, \quad \lambda_m T = \frac{c_2}{4{,}9651} = 0{,}288 \text{ cm · Grad.}$$

Dies ist das sog. WIENsche Verschiebungsgesetz [thermodynamisch von WIEN[6]) 1893 abgeleitet]; von PASCHEN ist bereits vorher durch Messungen an nicht schwarzen Körpern eine gleiche Gesetzmäßigkeit gefunden.

Der Wert der maximalen Intensität $E_m\left[= 2(E_m)_p\right]$ ergibt sich aus der PLANCKschen Gleichung

$$E_m = \frac{2c_1}{(0{,}288)^5} \cdot T^5 \cdot \frac{1}{e^{4{,}9651} - 1} = 4{,}16 \cdot 10^{-12} T^5 \frac{\text{Watt}}{\text{cm}^3 \text{ Grad}^5}.$$

7. WIENsches Strahlungsgesetz. Das PLANCKsche Strahlungsgesetz kann im Gebiete tiefer Temperaturen und kleiner Wellenlängen, wo das Produkt λT klein ist, durch das WIENsche Strahlungsgesetz (WIEN 1896) $E_{\lambda T} = \dfrac{c_1}{\lambda^5} \cdot e^{-\frac{c_2}{\lambda T}}$

---

[1]) Bekanntmachung Ann. d. Phys. Bd. 48, S. 1034. 1915.

[2]) W. W. COBLENTZ, Journ. Opt. Soc. Amer. Bd. 8, S. 11. 1924.

[3]) Die zur Zeit noch bestehende Unsicherheit des experimentellen Wertes von c_2 be-dingt eine Änderung der Gradeinteilung bei hohen, nur mittels Strahlungsmessungen fest-stellbaren Temperaturen. Der Ausgangspunkt, bis zu dem die Einteilung gleich ist, ist der mittels Gasthermometer bestimmte Goldschmelzpunkt T_{Au} 1336° abs. Es entspricht einem Werte T ein Wert T', der sich im Gültigkeitsbereich des WIENschen Gesetzes er-rechnet aus

$$\frac{1}{T} - \frac{1}{T_{\text{Au}}} = \frac{c_2'}{c_2}\left(\frac{1}{T'} - \frac{1}{T_{\text{Au}}}\right).$$

Mit dieser Änderung der Gradeinteilung tritt eine Verschiebung der Intensitätsverteilung über der Wellenlänge bei so errechneten korrespondierenden Temperaturen ein. Die gleiche Intensitätsverteilung ist bei $T' = \dfrac{c_2'}{c_2} T$ vorhanden.

[4]) Zusammenfassung der neueren sechs Bestimmungen A. KUSSMANN, ZS. f. Phys. Bd. 25, S. 58. 1927.

[5]) Für h wird an gleicher Stelle von W. W. COBLENTZ angegeben $6{,}55 \cdot 10^{-34}$ Watt · sec^2, und für c_1 $5{,}89 \cdot 10^{-13}$ Watt · cm^2.

[6]) W. WIEN, Berl. Ber. 9. II. 1893. Wied. Ann. Bd. 52, S. 132. 1894.

ersetzt werden. Die Unterschiede der Intensität, die sich bei Benutzung des Wienschen Gesetzes an Stelle des Planckschen ergeben, sind aus Tabelle 1 zu ersehen. Es ist der Quotient aus den nach dem Planckschen Gesetze berechneten Werten von $E_{\lambda T}$ zu den nach dem Wienschen Gesetze berechneten Werten für einige Werte von λT angegeben. Daraus folgt, daß bei Intensitätsberechnungen im Gebiet sichtbarer Strahlung und für Temperaturen, die mit irdischen Mitteln erreicht werden können, die Anwendung des Wienschen Gesetzes einen Fehler von höchstens 1% ergibt. Im sichtbaren Gebiet wird unterhalb von $T = 2900°$ der Fehler nicht größer als $1°/_{00}$.

Logarithmiert man das Wiensche Gesetz, so ergibt sich $\ln E_{\lambda T} = \ln\left(\dfrac{c_1}{\lambda^5}\right) - \dfrac{c_2}{\lambda T}$, es sind also die logarithmischen Isochromaten gerade Linien.

Tabelle 1. Verhältnis der nach dem Planckschen und nach dem Wienschen Gesetz berechneten Strahlungsintensitäten für verschieden große Werte des Produktes.

$\lambda \cdot T$ (λ in cm)	$\dfrac{E_{\lambda T}\ (\text{Planck})}{E_{\lambda T}\ (\text{Wien})}$
$2 \cdot 10^{-1}$	1,0008
$3 \cdot 10^{-1}$	1,008
$4 \cdot 10^{-1}$	1,028
$5 \cdot 10^{-1}$	1,056

b) Experimentelle Verwirklichung der schwarzen Körperstrahlung.

8. Schwärzung der Strahlung durch Reflexion. Da eine Oberfläche, die alle auftretenden Strahlen absorbiert, nicht herstellbar ist, greift man zur Verwirklichung der Strahlung des schwarzen Körpers auf die Hohlraumstrahlung zurück. In einem vollkommen geschlossenen Hohlraum überlagert sich der Oberflächenstrahlung eine reflektierte Strahlung, die bewirkt, daß die Intensität der Strahlung der des schwarzen Körpers gleich wird. Es sei zur Veranschaulichung ein gleichmäßig erhitzter Hohlraum aus einem spiegelnd reflektierenden, für die Wärmestrahlung undurchlässigen Material vom Absorptionsvermögen A angenommen. Die Undurchlässigkeit für die Wärmestrahlung hat zur Folge, daß das Absorptionsvermögen A und das Reflexionsvermögen R in dem Zusammenhang $R + A = 1$ stehen. Verfolgt man in einem solchen Hohlraum einen Strahlengang, so überlagert sich an der Stelle der ersten Reflexion der dort emittierten Oberflächenstrahlung $A \cdot E = e$ die von den einfallenden Strahlen reflektierte Strahlung $R \cdot e = e(1 - A)$. Die in der Richtung der spiegelnden Reflexion resultierende Strahlung ist $e + e R$. Am Ort der zweiten Reflexion tritt zu der Oberflächenstrahlung die von der einfallenden bereits durch einmalige Reflexion geänderte reflektierte Strahlung, also $e \cdot R \cdot (1 + R) = e(R + R^2)$. Im geschlossenen Hohlraum wird die Zahl der Reflexionen ∞; es ergibt sich so für die Intensität der endgültigen Strahlung der Wert $= e + e(R + R^2 + R^2 + \cdots R^n)$

$$= \frac{e}{1 - R} = \frac{e}{A} = E.$$

Die Intensität der Strahlung ist also gleich der des schwarzen Körpers.

Die Abweichungen, die sich in den Strahlungsmessungen je nach der Reflexionszahl in Abhängigkeit von A ergeben, berechnen sich z. B. für 5 fache Reflexion wie folgt:

Absorptionsvermögen A	0,9	0,8	0,5	0,2
%-Abweichungen von der Strahlung des schwarzen Körpers nach fünffacher Reflexion	$1 \cdot 10^{-4}$	$7{,}2 \cdot 10^{-3}$	1,6	26,22

In der Praxis werden meist rohrförmige Hohlkörper mit mehr oder minder diffus strahlender Innenfläche zur Herstellung von schwarzen Körpern benutzt.

Der Schwärzungseffekt ist leicht durch weitere Aufrauhung der Oberfläche, jedenfalls im Gebiete sichtbarer Wellenlängen, zu erhöhen, z. B. kann das Absorptionsvermögen von Wolfram, das für $\lambda = 6{,}5 \cdot 10^{-5}$ cm 0,45 beträgt, leicht bei Aufrauhung den Wert 0,7 erreichen.

Buckley[1]) hat letzthin die Strahlungsintensität in gleichmäßig erhitzten zylindrischen Hohlräumen in Abhängigkeit vom Emissionsvermögen und von der Entfernung von den Enden des Zylinders berechnet. Danach ist bei einem Emissionsvermögen von 0,75 die Strahlung praktisch gleich der des schwarzen Körpers im Abstand von 5 Radienlängen vom Ende (bei unendlich langen Zylindern). Für das Emissionsvermögen 0,5 muß zur Erreichung gleicher Intensität etwa der 12fache Radienabstand genommen werden. Beträgt der Abstand 2 Radien, so ist die Intensität bei einem Emissionsvermögen von 0,75 etwa das 0,97fache der des schwarzen Körpers und das 0,67fache bei einem Emissionsvermögen von 0,5.

Zwikker und de Groot[2]) geben an, daß eine zylindrische Bohrung mit diffus reflektierendem Boden ein schwarzer Strahler bis auf 1 % ist, wenn die Tiefe des Loches etwa 10mal so groß ist wie der Durchmesser, bis auf 5 %, wenn die Tiefe 5mal, bis auf 12 %, wenn die Tiefe 2,5mal so groß ist.

9. Lummer-Kurlbaumscher Strahler. Zur Messung der schwarzen Hohlraumstrahlung bei Glühtemperaturen wurde von Lummer und Kurlbaum 1898 und 1901 ein mit elektrischer Energie erhitzter rohrförmiger schwarzer Körper benutzt, der noch heute in fast gleicher Form gebraucht wird. Abb. 1 stellt ihn dar. Das Rohr besteht aus

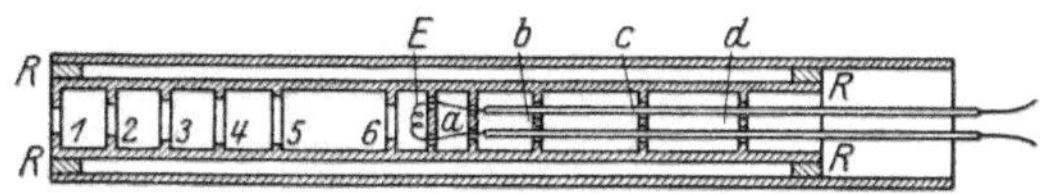

Abb. 1. Schwarzer Strahler nach Lummer-Kurlbaum.

Porzellan, Marquardtmasse oder Magnesia, die Wandungen sind innen mit Substanzen großen Absorptionsvermögens, wie Lampenruß oder dunklen Oxyden (Uranoxyd, Eisenoxyd, Chromoxyd oder Kobaltoxyd), belegt. Porzellanrohre können bis zu Temperaturen von 1700° abs, Rohre aus Marquardtmasse bis 1900° abs, Magnesiarohre bis über 2000° abs erhitzt werden. Das Rohr selbst ist innen mit einer Anzahl von Diaphragmen versehen. Auf der einen Seite von der Mitte besitzen alle Diaphragmen die gleiche Form. Sie sind mit je zwei Löchern versehen. Durch sie hindurch wird ein Thermoelement hineingeführt, um die Temperatur in der Mitte des Ofens zu messen. Die Diaphragmen auf der anderen Seite dienen zur Ausblendung der schwarzen Strahlung der Mitte. Die Öffnungen werden nach innen hin größer. Der Heizwiderstand besteht aus Platin; es wird entweder eine dünne Folie, ein dünnes Band oder ein Draht aus Platin um das Rohr gewickelt. Um die Strahlung nach außen möglichst gering zu machen, wird das Rohr in schlecht wärmeleitende Substanzen, Kieselgur oder Magnesit, gepackt.

10. Iridiumofen. Auf höhere Temperaturen kann man einen schwarzen Körper, der aus einem Iridiumrohr mit geschwärztem Magnesiumoxyd als Strahler besteht, erhitzen. Ein in der Physikalisch-Technischen Reichsanstalt benutzter Iridiumofen, geliefert von Heraeus, ist von F. Hoffmann[3]) beschrieben. Abb. 2 zeigt ihn. Das Iridium-Heizrohr von 40 mm lichter Weite und 290 mm Länge mit angeschweißten Platinflanschen ist in einer bügelförmig gebogenen Silberzuführung federnd horizontal gelagert. Als Wärmeschutz dienen konzentrische Magnesiarohre mit Magnesitschüttungen. Von hinten her ist ein Thermoelement aus Ir/Ru-Ir in unverrückbarer Lage eingebaut. Als vorderer Einbau

[1]) H. Buckley, Phil. Mag. Bd. 40, S. 753—62. 1927.
[2]) Erwähnt von H. B. Dorgelo, Phys. ZS. Bd. 26, S. 768. 1925.
[3]) F. Hoffmann, ZS. f. Phys. Bd. 27, S. 285. 1924.

dienen die beiden in A und B wiedergegebenen Anordnungen. Bei A ist aus zwei ineinander gestülpten innen geschwärzten Magnesiatiegeln ein strahlender Hohlraum geschaffen worden, in dessen Innerem sich die Lötstelle des Thermoelementes befindet. Über die Spitze des Elementes ist, um die anvisierte Fläche

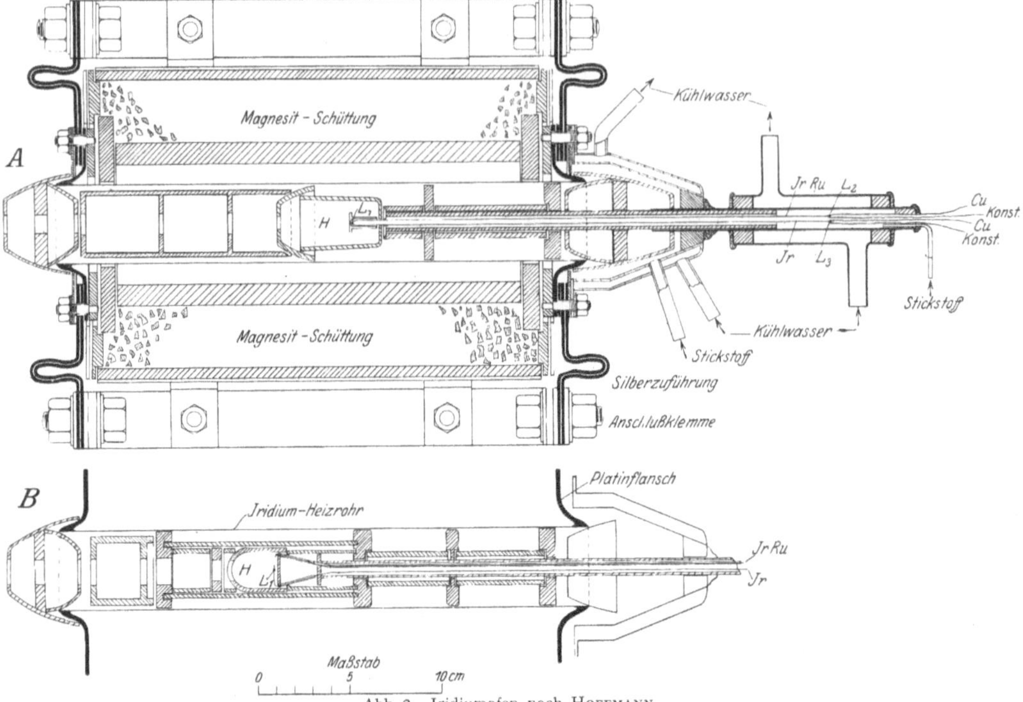

Abb. 2. Iridiumofen nach HOFFMANN.

zu vergrößern, eine pilzförmige Kappe aus Magnesia (evtl. aus Iridium mit Überzug von Magnesium-, Eisen-, Chrom- oder Kobaltoxyd) geschoben. Die Lötstelle des Thermoelementes liegt dabei so, daß sie nur durch eine sehr dünne Wand von der strahlenden Vorderfläche getrennt ist. Bei B ist das Thermoelement so angeordnet, daß die Lötstelle, wie beim LUMMER-KURLBAUMschen Körper, unmittelbar vor der anvisierten Hinterwand, hier einem geschwärzten Magnesiascheibchen, liegt. Der innerste strahlende Hohlraum ist hier in einem besonderen konzentrischen Magnesiarohr gelagert und dementsprechend kleiner. Ein Iridiumofen mit einem Rohr kleinerer lichter Weite (25 mm) ist von BRODHUN und HOFFMANN[1]) zur Messung der Helligkeit des schwarzen Körpers benutzt worden.

11. Kohlerohr-Vakuumofen von WARBURG und LEITHÄUSER[2]). Abb. 3 zeigt den von WARBURG und LEITHÄUSER für Tempera-

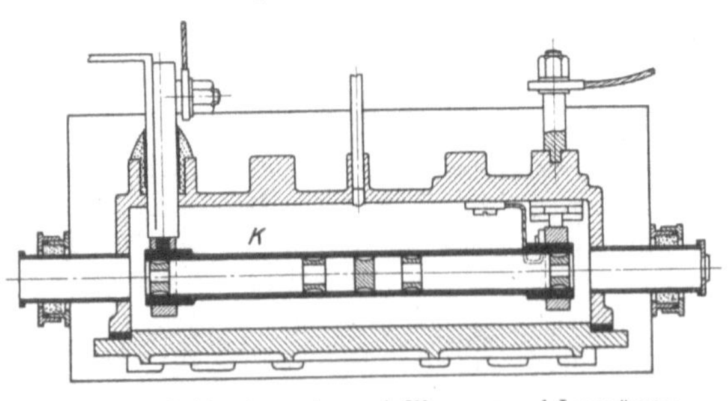

Abb. 3. Kohlevakuumofen nach WARBURG und LEITHÄUSER.

---

[1]) E. BRODHUN u. F. HOFFMANN, ZS. f. Phys. Bd. 37, S. 137. 1926.
[2]) E. WARBURG u. G. LEITHÄUSER, ZS. f. Beleuchtungsw., Jahrg. 1922, S. 78/79.

turen bis 2500° abs gebauten schwarzen Körper im Schnitt; bei ihm dient ein im Vakuum geglühtes Kohlerohr als Hohlraum. Dieses Kohlerohr (K) ist innerhalb eines vakuumdichten Kastens aus Rotguß angeordnet. Die Blendenanordnung ist aus der Zeichnung zu ersehen.

12. Vakuumofen von WARBURG und MÜLLER. In Abb. 4 ist ein Vakuum-Kohlerohrofen nach WARBURG-MÜLLER für Temperaturen bis 3000° abs. abgebildet. Das Kohlerohr (50 mm ⌀, 650 mm lang) ist zwecks Federungsmöglichkeit an seinen Enden mit langen Schlitzen versehen. Es wird in genau eingepaßte, versilberte Kupferbuchsen eingeschoben und durch einen nach außen hin federnden Eisenring, der in das Rohrinnere gesteckt wird, festgepreßt. Um auch bei hohen Ofentemperaturen im Fall starker Erhitzung des Ringes ausreichenden Kontaktdruck des Ringes zu sichern, ist der Ring aus warmem Gesenkstahl

gefertigt und außerdem durch Stahlschnallen a, die durch die Kohlerohrschlitze t und entsprechende Einschnitte der Kupferbuchsen hindurchgreifen, mit einem zweiten, zwischen Kupferbuchsen und dem Stirndeckel S geschützt liegenden weiteren Federring r verbunden. Die Kupferbuchsen selbst sind in die Stirndeckel des Gehäuses, durch die die Stromzuführung erfolgt, eingepaßt. Das Gehäuse ist als Kühlmantel ausgebildet, es besteht aus einem doppelwandigen Zylinder aus autogen-verschweißtem Walzeisen Z, zwei Stirndeckeln S, wel-

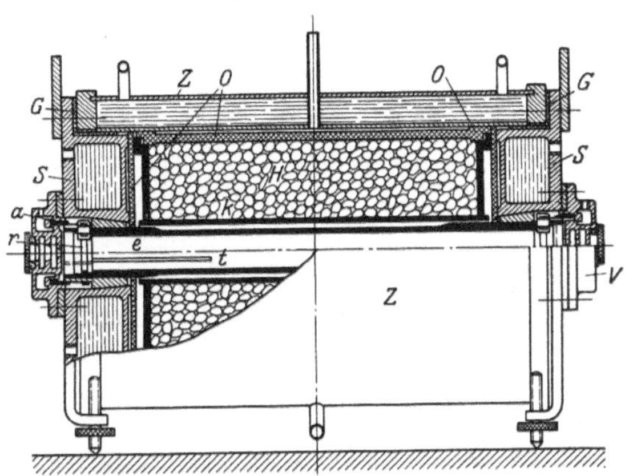

Abb. 4. Vakuumofen nach WARBURG-MÜLLER.

che mittels Gummidichtungen G isoliert und vakuumdicht gegen den Zylinder gepreßt sind. Diese Stirnplatten werden durch die mit Beobachtungsfenstern versehenen Verschlußplatten V, die vakuumdicht aufgeschraubt sind, abgeschlossen. Als Wärmeschutz dient einerseits eine Auskleidung O aus hochfeuerfestem Dynamidon (Grundstoff geschmolzene Tonerde), andererseits Holzkohlenfüllung H, die vom Heizrohr durch ein weiteres von seitlichen Kohleplatten P fixiertes Kohlerohr K ferngehalten wird.

Die Strahlung dieses Ofens wie auch die des vorher beschriebenen kann nur durch Verschlußplatten hindurch beobachtet werden. Es muß deshalb die Durchlässigkeit des für dieselben verwendeten Materials für das Spektralgebiet, in dem beobachtet wird, bekannt sein und bei der Auswertung der Messungen berücksichtigt werden. Bei hoher Temperatur wird sich außerdem leicht infolge der Verdampfung des Kohlerohres ein trübender Niederschlag auf den Platten bilden.

13. Wolframrohrofen. Ein Wolframrohrofen für sehr hohe Temperaturen ist nach Angaben von M. PIRANI und F. SKAUPY von W. FEHSE[1]) konstruiert worden (Abb. 5). Das Wolframrohr W ist durch Ausbohren und Abdrehen eines aus Wolframpulver gepreßten und dann schwach vorgesinterten Stabes hergestellt. Nach dieser Formung wird das Rohr in einem Wolframdraht- oder

---

[1]) W. FEHSE, Wolframrohrofen für sehr hohe Temperaturen. ZS. f. techn. Phys. Bd. 5, S. 473. 1924. Eine Neukonstruktion des Ofens, bei welcher das Quecksilber vermieden ist, ist in W. FEHSE, Elektrische Öfen mit Heizkörpern aus Wolfram. Sammlung Vieweg. Heft 90, 1928, enthalten.

Bandofen bei über 2300° abs. nachgesintert. Die endgültige Beschaffenheit erlangt das Rohr erst im Ofen beim Erhitzen auf etwa 2800° abs. Eine auf Rollen bewegbar angeordnete Kontaktbacke ($K_1 K_2$) ermöglicht eine spannungsfreie Lagerung des Wolframrohres auch bei Verlängerung infolge Wärmeausdehnung bei hohen Temperaturen. Die Abmessungen des Rohres sind etwa: 12 mm Außendurchmesser, 100 mm Länge und 1 mm Wandstärke. In der Mitte glüht ein Stück von etwa 3 cm einigermaßen gleichmäßig. Nach den Enden hin ist der Temperaturabfall stark; bei einer Temperatur von 2800° abs in der Mitte betrug die Temperatur 10 mm vor der Einklemmstelle nur noch 1400° bis 1500° abs.

Der Strom wird durch die Kontaktbacken $K_1 K_2$, die aus Kupfer bestehen, zugeführt; davon ist die eine, wie erwähnt, mit Stahlrollen (R) versehen und in einem mit Quecksilber (Q) gefüllten Kasten frei verschiebbar angeordnet, die

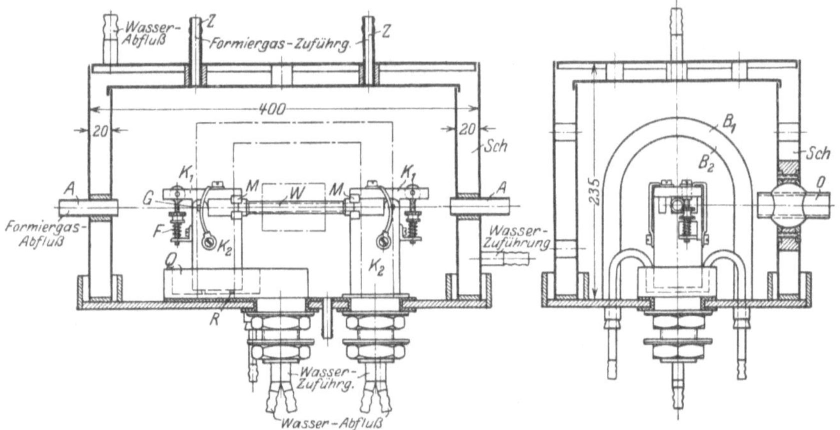

Abb. 5. Wolframrohrofen (PIRANI, SKAUPY, FEHSE).

andere fest. Der Kasten und die feste Kontaktbacke sind wassergekühlt. Das obere Kontaktstück K_1 wird durch Wolframfedern (F) fest auf das Rohr gedrückt. Als Stromverbindung zwischen K_1 und K_2 sind außer dem Gelenk (G) noch Kupferseile angeordnet; dadurch wird eine Erwärmung der Federn durch den Strom vermieden. In die Berührungsstellen der Kupferkontaktbacken ($K_1 K_2$) mit dem Wolframrohr (W) sind dicke Molybdänbleche (M) eingelassen.

Oberhalb des Rohres sind zwei Molybdänbleche (B_1 und B_2) als Strahlungsschutzbleche angeordnet.

Umgeben ist der Ofen von einem wassergekühlten Schutzkasten (Sch). Die Dicke des Kühlmantels beträgt 20 mm, die Außenabmessung 400 · 240 · 240 mm.

Beim Betrieb wird durch die Zuführungen (Z) des Schutzmantels ein reduzierendes oder indifferentes Gas geleitet.

Um das Wolframrohr als schwarzen Strahler zu benutzen, kann entweder ein kleines Loch in der Rohrmitte radial angebracht werden, das dann durch den Ansatz O beobachtbar ist, oder es kann durch A in der Längsrichtung die Strahlung aus dem Inneren beobachtet werden. Zweckmäßig wird dann die von der Beobachtungsöffnung A abgekehrte Seite des Rohres bis fast zur Mitte mit Wolframwolle, hergestellt aus ganz dünnen verfilzten Wolframdrähten, gefüllt und in die andere Seite einige Blenden aus Wolframblech hineingeschoben.

14. Kleine, schwarze Strahler. Bei all den aufgeführten schwarzen Strahlern ist eine relativ große strahlende Fläche vorhanden.

Es sei auf einige einfache Anordnungen für Fälle, in denen eine kleine Fläche genügt, hingewiesen[1]). Eine solche von DORGELO[2]) benutzte Anordnung ist in Abb. 6 gegeben. In einem Glasballon, der evakuiert werden kann, ist ein zylindrisch ausgebohrter Kohlestab montiert. Der Durchmesser der Bohrung ist etwa 3 mm, der Außendurchmesser etwa 4 mm. In diesen Kohlestab sind radial, wie in der Abb. 6 angegeben ist, zwei Löcher von 1 mm bzw. 0,3 mm Durchmesser gebohrt. Das erste Loch A dient zur Beobachtung der Strahlung, das zweite B zur gleichzeitigen pyrometrischen Bestimmung der Temperatur. Geheizt wird der Stab durch einen elektrischen Strom von etwa 40 bis 100 Amp. Die dicken Zufuhrdrähte C sind aus Molybdän verfertigt und bei D mittels Chromeisenzwischenstücken in die Glasglocke eingeschmolzen. Die Zuführungen werden durch fließendes Wasser gekühlt. Beobachtet wird durch zwei planparallele Fenster, ein Quarzfenster der Öffnung A gegenüber und ein Glasfenster der Öffnung B gegenüber, die an den Glasballon angeschmolzen sind.

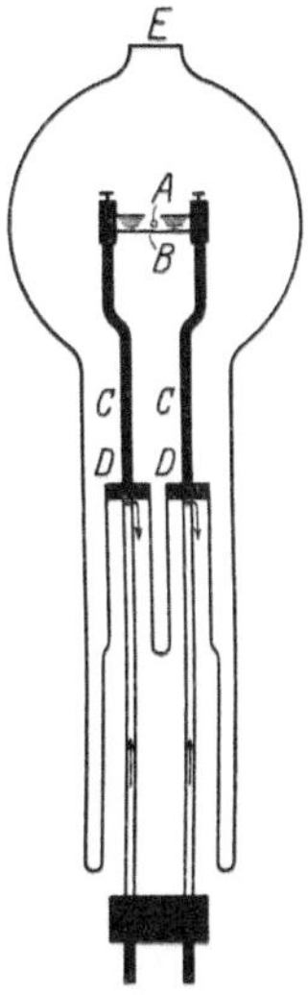

Eine andere Anordnung, bei der als schwarzer Strahler ein axial durchbohrter Wolframstift benutzt wurde, wurde von C. ZWIKKER[3]) hergestellt (Abb. 7). Um den Stift A ist eine Wolframspirale B angeordnet, die durch Strom geheizt wird. Diese Spirale sendet Elektronen aus, die durch eine zwischen A und B angelegte Spannung von 2000 Volt beschleunigt werden, mit großer Geschwindigkeit auf den Stift A auftreffen und diesen so durch Elektronenbombardement erhitzen. Durch Vergrößerung des Elektronenstromes ist es möglich, den Stift auf sehr hohe Temperaturen (bis zur Schmelztemperatur) zu bringen.

Um die Wärmeleitung nach dem Fuß des Gefäßes einzuschränken, wird der Stift mit Wolframdrähten auf zwei Nickelpolen befestigt. Um die Wärmeabstrahlung zu erhöhen, sind an den Nickelpolen noch Kupferflügel K angebracht. Am Ende des Stiftes ist axial ein Loch von 1 mm Durchmesser und ca. 8 mm Tiefe eingebohrt, welches als schwarzer Strahler dient. Diesem Loch gegenüber ist ein Quarzfenster am Glasballon angebracht.

Um die Temperatur messen zu können, ist außer dem Loch am Ende des Stiftes noch radial ein Loch von 0,3 mm Durchmesser auf der Seite des Stiftes in 6 mm Abstand vom Ende angebracht.

Da zur Erhitzung mittels Elektronenstromes ein sehr gutes Vakuum erforderlich ist, müssen alle freiwerdenden Gase entfernt werden, der Apparat ist deshalb stets an eine Hochvakuumpumpe angeschlossen. Bei diesen Strahlern bedingen die Beobachtungsfenster wieder eine Korrektion der Meßergebnisse.

15. Allgemeines über die mit schwarzen Strahlern erreichbaren Temperaturen. Bei all diesen schwarzen Strahlern, sowohl bei Verwendung von Kohlerohren als auch von Wolframrohren, entstehen bei Benutzung sehr hoher Temperaturen Schwierigkeiten infolge Verdampfung des Strahlers.

Abb. 6. Kohlestab-anordnung nach DORGELO.

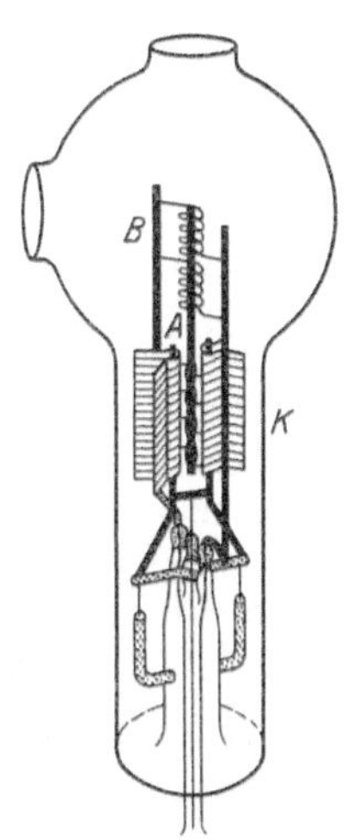
Abb. 7. Wolframstab-anordnung nach ZWICKER.

[1]) M. PIRANI, Verh. d. D. Phys. Ges. Bd. 13, S. 19. 1911.
[2]) H. B. DORGELO, Phys. ZS. Bd. 26, S. 768. 1925.
[3]) C. ZWIKKER, Dissertation Amsterdam 1925.

Das Einhalten einer völlig konstanten Temperatur ist für die großen Strahler auch nur in gewissen Grenzen möglich, da es für die großen Strömstärken kostspieliger Regulieranlagen bedürfte, um eine völlig gleichmäßige Stromstärke zu erzielen. Ferner ist die Kontrolle der Temperatur nicht mehr mit der für niedrige Temperaturen erzielbaren Genauigkeit möglich. Thermoelemente aus Iridium, Iridium-Ruthenium sind über $2300°$ abs nicht mehr brauchbar infolge der starken Verdampfung des Iridiums. Solche aus den höher schmelzenden Metallen Wolfram und Molybdän (Tantal ist in vielen Fällen wegen seiner Affinität zu Stickstoff und Wasserstoff nicht brauchbar) und deren Verbindungen herzustellen, ist bisher noch nicht mit vollem Erfolg geglückt[1]). Vor allem ist bei diesen Metallkombinationen die Abhängigkeit der Thermokraft von der Temperatur nicht groß in den in Betracht kommenden Temperaturgebieten. Es bleibt also nur das optische Pyrometer zur Kontrolle. Für dieses sind aber die Fehlerquellen, die durch die erforderliche Schwächung der Strahlung und durch die extrapolierte Eichung entstehen, groß[2]).

$3500°$ abs ist praktisch wohl die erreichbare Grenze für die Herstellung der Strahlung eines schwarzen Körpers. Es läßt sich jedoch in ausgesonderten Gebieten — speziell im sichtbaren Gebiet — schwarze Strahlung der relativen Zusammensetzung, also der Farbe nach, durch Anwendung von Rotationsdispersionsfiltern herstellen (s. Ziff. 32). Die Intensität ist jedoch geringer.

c) Wirkung der Strahlung auf das Auge.

16. Relative Augenempfindlichkeit. Von den Wärmestrahlen wird, wie schon erwähnt, das Gebiet zwischen ungefähr $\lambda = 3,65 \cdot 10^{-5}$ cm und $\lambda = 7,5 \cdot 10^{-5}$ cm von dem Auge als Licht empfunden, jedoch werden gleiche Leistungen verschiedener Schwingungszahl vom Auge nicht als gleich hell empfunden. Die relative Sichtbarkeit bleibt außerdem nicht für alle Größen des Energiestromes erhalten, sondern es tritt eine Änderung innerhalb eines Übergangsgebietes auf, in welchem nach der Kriesschen Farbentheorie sowohl der farbunempfindliche Dunkelapparat, die Stäbchen, als auch der farbtüchtige Hellapparat, die Zapfen, angeregt werden können. Die Änderung gibt sich durch Auftreten des sog. Purkinjeschen Phänomens kund. Das Gebiet wird verschieden groß angegeben, nach neueren Untersuchungen[3]) sind die weitesten Grenzen dafür Leuchtdichten von etwa $2,5 \cdot 10^{-7}$ bis $2,5 \cdot 10^{-4}$ HK/cm², entsprechend Beleuchtungsstärken auf weißem Grunde (Albedo 0,8) von etwa $^{1}/_{100}$ bis 10 Lux. Oberhalb 10 Lux übermitteln stets die Zapfen, unterhalb von $^{1}/_{100}$ Lux stets die Stäbchen den Lichteindruck. Die relative Sichtbarkeit der Strahlung in Abhängigkeit von der Wellenlänge gibt Tabelle 2 für die Zapfen nach verschiedenen neueren Messungen. Die Grenzen der Sichtbarkeit der Strahlung liegen jenseits der aufgeführten Wellenlänge. Es ist z. B. nach Untersuchungen von Saidman und Dufestel[4]) die Quecksilberlinie $\lambda = 3,65 \cdot 10^{-5}$ cm bei geeigneter Bedingung noch sichtbar, die Empfindlichkeit des Auges für sie wird auf $^{1}/_{1000}$ der für $\lambda = 4,00 \cdot 10^{-5}$ cm geschätzt.

Die Abweichungen der Sichtbarkeitswerte, die vor allem in den Grenzgebieten auftreten, sind durch die Schwierigkeit der Bestimmung und die An-

---

[1]) M. Pirani u. G. v. Wangenheim, ZS. f. techn. Phys. Bd. 6, S. 358. 1925. Dr. Blau: Festschrift.

[2]) Eine gewisse Aussicht in dieser Richtung bietet vielleicht die „Meßzelle" von M. Pirani und H. Schönborn, Die Naturwissenschaften. Bd. 15, S. 767. 1927.

[3]) Vgl. A. Kohlrausch, Zur Photometrie verschiedenfarbiger Lichtquellen. Licht und Lampe 1923, S. 555.

[4]) C. R. Bd. 132, S. 1173. 1926.

Tabelle 2. Relative Empfindlichkeit der Zapfen des menschlichen Auges gegen energiegleiche Reize verschiedener Wellenlänge.

Wellenlänge in cm	BENDER[1] beob.	NUTTING[2] beob.	HYDE, FORSYTHE und CADY[3] beob.	IVES ber.[4]	GIBSON und TYNDALL[5]	Internat. Commission of Illumination[6]
$4{,}0 \cdot 10^{-5}$	—	0,21	0,009	0,24	—	0,04
4,10	—	0,36	0,062	0,32	—	0,12
4,20	—	0,65	0,41	0,96	—	0,4
4,30	—	1,15	1,15	1,8	3,3	1,16
4,40	9,1	2,2	2,2	2,9	4,3	2,3
4,50	—	3,8	3,6	4,1	5,1	3,8
4,60	16,6	6,1	5,5	5,8	6,9	6,0
4,70	—	10,1	8,7	9,0	10,3	9,1
4,80	28,5	14,9	13,8	13,8	14,3	13,9
4,90	—	21,5	21,6	21,5	19,7	20,8
5,00	49,7	31,4	32,8	34,1	32,0	32,3
5,10	60,1	45,6	51,5	49,3	52,4	50,3
5,20	77,1	64,6	69,8	63,8	73,2	71,0
5,30	90,6	81,5	84,7	79,5	87,8	86,2
5,40	97,3	92,5	96,8	91,9	96,4	95,4
5,50	100,0	98,6	99,6	99,2	99,8	99,5
5,60	97,1	99,5	99,5	99,9	99,1	99,5
5,70	95,3	94,9	94,4	95,3	94,7	95,2
5,80	85,3	87,1	85,5	87,9	86,3	87,0
5,90	—	76,2	73,5	77,7	75,4	75,7
6,00	63,2	63,4	60,0	63,3	63,4	63,1
6,10	—	49,8	46,4	49,1	51,1	50,3
6,20	37,1	36,8	34,1	36,2	38,9	38,1
6,30	—	26,8	23,8	24,0	27,9	26,5
6,40	19,0	16,6	15,4	16,4	18,4	17,5
6,50	—	10,5	9,4	10,1	11,27	10,9
6,60	6,8	5,8	5,1	6,0	6,45	6,1
6,70	—	3,2	2,6	3,8	3,61	3,2
6,80	1,3	1,6	1,25	2,2	1,80	1,7
6,90	—	0,81	0,62	1,3	0,93	0,82
7,00	—	0,36	0,31	0,7	0,46	0,41
7,10	—	—	0,15	—	0,23	0,21
7,20	—	—	0,074	—	0,111	0,105
7,30	—	—	0,036	—	0,053	0,052
7,40	—	—	0,018	—	0,027	0,025
7,50	—	—	0,009	—	—	0,012
7,60	—	—	0,005	—	—	0,006

wendung verschiedener Untersuchungsmethoden erklärlich. Es sind keine festliegenden objektiven Werte, die gemessen werden, sondern ein Mittelwert muß aus vielen subjektiv verschiedenen Einzelwerten (ungleiche Augenbeschaffenheit bei verschiedenen Menschen) bestimmt werden. Die von der Internationalen Beleuchtungs-Kommission auf der Versammlung in Genf (Juli 1924) vorläufig angenommene Empfindlichkeitskurve ist hier für Rechnungen benutzt.

In der Abb. 8 sind die Empfindlichkeitskurven für Zapfen und Stäbchen nebeneinander in willkürlichem Maße gegeneinander aufgetragen (Zapfenempfindlichkeit nach Werten der Internationalen Beleuchtungs-Kommission,

[1] H. BENDER, Ann. d. Phys. (4) Bd. 45, S. 114. 1914.
[2] P. G. NUTTING, Trans. Ill. Eng. Soc. Bd. 9, S. 633. 1914 und Bd. 13, S. 108. 1918.
[3] E. P. HYDE, W. E. FORSYTHE u. F. E. CADY, Astrophys. Journ. Bd. 48, S. 87. 1918.
[4] H. IVES, Journ. Frankl. Inst. Bd. 188, S. 217. 1919.
[5] K. S. GIBSON u. E. P. T. TYNDALL, Journ. Opt. Soc. Amer. Bd. 7, S. 69. 1923.
[6] Spectrophotometry Report of O. S. A. Progress Committee for 1922—1923. Journ. Opt. Soc. Amer. Bd. 10, S. 232. 1925.

Stäbchenempfindlichkeitskurve nach König). Die Sichtbarkeitskurve für die Zapfen wird vielfach Tageswertkurve, die für die Stäbchen Dämmerungswertkurve genannt.

Aus den Kurven sieht man, daß für die Zapfen das Maximum der Empfindlichkeit zwischen $\lambda = 5{,}5 \cdot 10^{-5}$ und $\lambda = 5{,}55 \cdot 10^{-5}$ cm, wahrscheinlich näher an $\lambda = 5{,}55 \cdot 10^{-5}$ cm, für die Stäbchen bei $\lambda = 5{,}09 \cdot 10^{-5}$ cm liegt. Die von verschiedenen Beobachtern aufgenommenen Stäbchenempfindlichkeitskurven weichen infolge der schwierigen Einstellung noch mehr voneinander ab als die für die Zapfen gefundenen. So liegt z. B. nach Ebert das Maximum bei $\lambda = 4{,}85 \cdot 10^{-5}$ cm, nach Pflüger bei $\lambda = 5{,}3 \cdot 10^{-5}$ cm.

Infolge des geringen Helligkeitsbereiches, den das Stäbchensehen deckt, wird praktisch immer die Zapfenempfindlichkeitskurve maßgebend sein. Im folgenden ist sie als Augenempfindlichkeitskurve oder Sichtbarkeitskurve schlechthin bezeichnet.

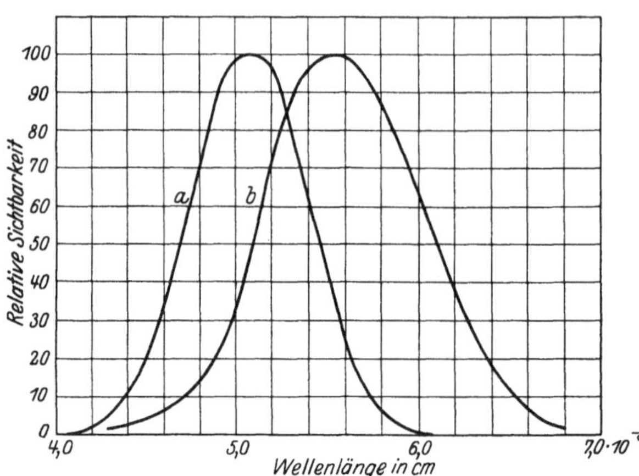

Abb. 8. Sichtbarkeitskurve. Kurve a für Stäbchensehen, Kurve b für Zäpfchensehen.

17. Farbeindruck. Bei den Zapfen variiert neben der Größe des Helligkeitseindruckes auch der Farbeindruck mit der Schwingungszahl der Lichtstrahlen. Zerlegt man ein weißes Lichtstrahlenbündel spektral und betrachtet die einzelnen Gebiete, von kurzen Wellenlängen ausgehend, so kann man einzelnen Spektralbereichen Farben zuordnen. Es sei aber betont, daß jede solche Grenzziehung nicht frei von Willkür ist und daß sich die Grenzen mit der Intensität verschieben. Zwischen $\lambda = 3{,}97 \cdot 10^{-5}$ cm und $\lambda = 4{,}24 \cdot 10^{-5}$ cm wird das Licht als Violett empfunden. Bei Weiterrücken zu längeren Wellen erscheint sehr bald Indigo von $\lambda = 4{,}24 \cdot 10^{-5}$ cm bis $\lambda = 4{,}55 \cdot 10^{-5}$ cm, es folgt Blau von $\lambda = 4{,}55 \cdot 10^{-5}$ cm bis $\lambda = 4{,}92 \cdot 10^{-5}$ cm. Von $\lambda = 4{,}92 \cdot 10^{-5}$ cm bis $\lambda = 5{,}75 \cdot 10^{-5}$ cm ist die Farbempfindung Grün. Von $\lambda = 5{,}75 \cdot 10^{-5}$ cm bis $\lambda = 5{,}85 \cdot 10^{-5}$ cm erstreckt sich Gelb. Es folgt Orange bis $\lambda = 6{,}47 \cdot 10^{-5}$ cm, von $\lambda = 6{,}47 \cdot 10^{-5}$ cm bis zum Ende ist die Farbempfindung Rot.

Der kleinste Abstand zweier benachbarter Wellenlängen, bei dem sich die Farbempfindung ändert, ist innerhalb des Spektrums verschieden. Untersuchungen normaler Augen in bezug auf die Farbunterschiedsempfindung sind z. B. von Steindler[1]) und Jones[2]) gemacht worden. In Abb. 9, die der Arbeit von Jones entnommen ist, ist der Abstand für die Farben des Spektrums über der Wellenlänge nach diesen Messungen (Kurve A, Steindler; Kurve B, Jones) aufgetragen. Aus Abb. 9 ist zu ersehen, daß bei $\lambda = $ ca. $4{,}9 \cdot 10^{-5}$ cm und $\lambda = $ ca. $5{,}85 \cdot 10^{-5}$ cm die Unterscheidungsfähigkeit am größten ist (Wellenlängenunterschiede von 1,0 bis 1,5 mμ)[3]). Im Grün bei $\lambda = 5{,}2 \cdot 10^{-5}$ cm ist sie

---

[1]) O. Steindler, Wiener Ber. II A Bd. 115, S. 39. 1906.
[2]) L. A. Jones, Journ. Opt. Soc. Amer. Bd. 1, S. 63. 1917; vgl. auch M. Pirani u. W. W. Loebe, Verh. d. D. phys. Ges. Bd. 17, S. 47. 1915.
[3]) Nach J. G. Priest, Journ. Opt. Soc. Amer. Bd. 16, S. 117, 1928, beträgt der Wellenlängenunterschied bei $5{,}85 \cdot 10^{-5}$ cm nur 0,1 bis 0,2 mμ.

kleiner (Wellenlängenunterschiede von $3{,}2\,\mathrm{m}\mu$), an den Enden noch geringer, von $\lambda = $ ca. $4{,}1 \cdot 10^{-5}$ cm und $\lambda = $ ca. $6{,}8 \cdot 10^{-5}$ cm an muß die Differenz über $5{,}0\,\mathrm{m}\mu$ betragen.

Jede farbige Strahlung kann man herstellen aus einer weiß wirkenden Strahlung und einer (bei Purpurtönen zwei) monochromatischen. Der Anteil der monochromatischen Strahlung ist die Sättigung S, $(1 - S$ Weißgehalt), die Wellenlänge der Farbton.

Messungen zur Bestimmung der Fähigkeit der Augen, Farbeindrücke gleichen Farbtones aber verschiedener Sättigung auseinander zu halten, sind von L. A. JONES und E. M. LOWRY[1]) gemacht. Für acht verschiedene Spektralfarben wurde, ausgehend von der reinen Spektralfarbe, festgestellt, bei welchem Unterschied in der Sättigung eine Farbeindrucksverschiedenheit eben wahrgenommen wurde. Die Tabelle 3 gibt die Ergebnisse. Es ist die prozentuale Sättigung der unterscheidbaren Farbeindrücke angegeben, die Einzelstufen sind fortlaufend numeriert. Die Zahl der Stufen, die bis zur Erreichung der Sättigung O vorhanden ist, ist ein Maß für die Verschiedenheit der Unterscheidungsfähigkeit für die Farbtöne.

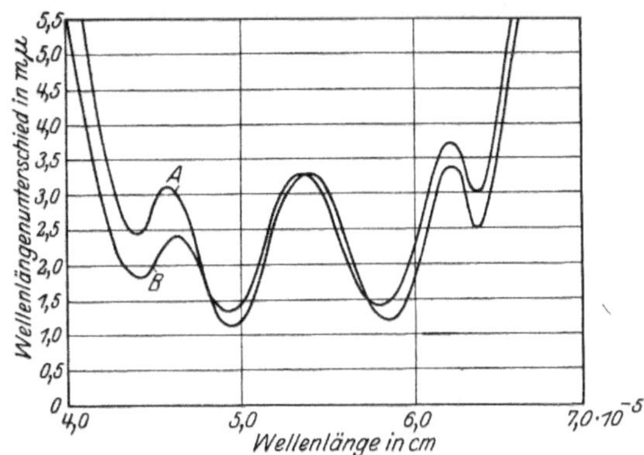

Abb. 9. Wellenlängenunterschied in $\mathrm{m}\mu$ zwischen benachbarten Wellenlängen, bei denen der Farbeindruck wechselt, in Abhängigkeit von der Wellenlänge. Kurve A Werte nach STEINDLER, Kurve B nach JONES.

Tabelle 3. Stufen der Unterscheidungsempfindlichkeit der Augen für wechselnden Sättigungsgrad.

Lfd. Nr.	Prozent Sättigung für Wellenlänge							
	$4{,}40\cdot10^{-5}$ cm	$4{,}70\cdot10^{-5}$ cm	$4{,}90\cdot10^{-5}$ cm	$5{,}40\cdot10^{-5}$ cm	$5{,}75\cdot10^{-5}$ cm	$6{,}05\cdot10^{-5}$ cm	$6{,}40\cdot10^{-5}$ cm	$6{,}80\cdot10^{-}$ cm
1	97,5	97,0	96,0	98,0	98,0	98,0	97,2	97,0
2	95,0	93,7	91,5	95,8	95,2	95,5	94,3	93,9
3	92,0	90,2	86,5	92,5	91,5	92,8	91,4	90,5
4	98,5	86,2	81,0	88,8	86,9	89,7	88,4	87,0
5	84,4	82,0	75,0	84,5	80,5	86,0	85,0	83,0
6	80,3	78,0	68,5	79,5	72,5	82,0	81,5	78,8
7	76,0	73,5	61,5	73,5	64,3	77,7	77,5	74,4
8	71,0	68,5	54,8	66,5	55,8	72,8	73,5	69,5
9	66,4	63,0	47,7	59,2	47,4	67,0	69,0	64,7
10	61,5	57,4	41,0	51,5	38,0	60,3	64,0	59,7
11	56,0	51,8	34,5	44,4	28,5	53,0	58,5	54,2
12	51,0	46,0	28,3	37,0	20,5	45,8	52,5	48,5
13	45,5	39,7	22,8	30,0	13,7	38,5	47,0	42,5
14	39,7	33,4	17,9	23,0	8,0	31,4	41,5	36,5
15	34,0	27,0	13,5	17,0	3,5	24,8	25,7	30,5
16	28,3	21,5	9,6	11,2	0,0	19,0	30,5	25,0
17	23,0	17,0	6,0	6,5	—	14,2	25,4	20,6
18	17,5	12,3	2,8	2,7	—	9,0	20,2	16,5
19	13,0	8,5	0,0	0,0	—	4,5	15,5	12,8
20	9,0	5,0	—	—	—	0,0	11,5	9,3
21	5,7	2,3	—	—	—	—	7,1	6,0
22	2,5	0,0	—	—	—	—	3,3	2,8
23	0,0	—	—	—	—	—	0,0	0,0

[1]) L. A. JONES u. E. M. LOWRY, Journ. Opt. Soc. Amer. Bd. 13, S. 25. 1926.

Die bekanntesten physiologischen Erklärungen des Farbensehens sind von YOUNG-HELMHOLTZ und von HERING aufgestellt.

18. Die YOUNG-HELMHOLTZsche Theorie und die Grundempfindungskurven. Außer durch Mischung aus einer weißen und einer monochromatischen Strahlung kann erfahrungsgemäß jeder Farbeindruck durch Mischung von höchstens 3 Spektralfarben hergestellt werden. Die YOUNG-HELMHOLTZsche Theorie[1]) des Farbensehens erklärt diese Erfahrungstatsache durch die Annahme, daß bei farbigem Sehen drei verschiedene Rezeptoren im Auge von Lichtschwingungen erregt werden. Die Einzelerregung jeder dieser drei Rezeptoren ergibt eine der sog. Grundempfindungen, gleichzeitige Erregung von zwei oder drei Grundempfindungen alle anderen Farbeindrücke. Jede der drei Empfindungen wird durch einen weiten Bereich der Lichtschwingungen ausgelöst und gibt hier nach der Theorie unabhängig von der Schwingungszahl immer die gleiche Qualität der Empfindungen, die quantitative Erregungsstärke variiert jedoch mit der Schwingungszahl. Werden als Grundempfindungen unrealisierbare Farben, deren „Farbtiefe“ man sich noch größer vorstellt als die der gesättigtesten reellen Farben (Spektralfarben), angenommen, so kann man sich alle realisierbaren Farben, auch die Spektralfarben, durch „eigentliche“ Mischung aus diesen drei entstanden denken. Dies ist für die Einheitlichkeit der Beschreibung vorteilhaft.

Durch schwierige Experimente an Normalfarbempfindlichen und an Farbenblinden ist von KÖNIG und DIETERICI[2]) versucht worden, das Größenverhältnis der Einzelerregung der Grundempfindungen für jede Schwingungszahl der sichtbaren Strahlung festzulegen. Um dieses Größenverhältnis festzulegen, mußte zuerst die Bezugseinheit für die Erregung festgesetzt werden. Die Unabhängigkeit der drei Grundempfindungen läßt eine willkürliche Festsetzung der Einheit zu. Man hat als Einheit diejenigen Mengen, die zusammen Weiß ergeben, gewählt. Bei der Weißempfindung ist folglich die Erregungsgröße für jede der drei Grundempfindungen gleich; sie wird $= 1$ gesetzt. Als Weiß wird jetzt der Farbeindruck, den die Hohlraumstrahlung von $5000°$ abs hervorruft, festgesetzt[3]).

Bewertet man jede der Grundempfindungen nach ihrer Fähigkeit, einen Helligkeitseindruck hervorzurufen, so muß die Addition der so reduzierten Werte der Erregungskurven für jede Wellenlänge auf die Sichtbarkeitskurve führen. Die Auswertung der ursprünglichen KÖNIGschen Kurven (nach Umrechnung auf die Strahlung des S.K. bei $5000°$ abs) durch IVES[4]) führte zu keinen für alle Wellenlängen einheitlichen Reduktionsfaktoren der drei Grunderregungswerte. Die Umrechnung der Kurven unter Benutzung eines Blau anstatt des ursprünglichen Violett als Grundempfindung führte auf die in Abb. 10 wiedergegebenen KÖNIG-IVESschen Grunderregungskurven, bezogen auf gleichmäßige Energieverteilung im Spektrum[5])

[1]) H. v. HELMHOLTZ, Physiol. Opt. 3. Aufl., Bd. 2, S. 354 ff.

[2]) A. KÖNIG u. C. DIETERICI, ZS. f. Psych. u. Physiol. d. Sinnesorg. Bd. 4, S. 241. 1892; KÖNIG, Gesammelte Abhandlungen zur physiologischen Optik, Leipzig 1903; s. a. J. RUNGE, Grundlagen des Farbensehens. Licht und Lampe, Heft 11, S. 361, 1927, u. zur Farbenlehre, ZS. f. techn. Phys. Bd. 8, S. 289—99. 1927.

[3]) A. KÖNIG u. C. DIETERICI bezogen auf Strahlung der Sonne.

[4]) H. E. IVES, Journ. Frankl. Inst. Bd. 180, S. 673. 1915; Bd. 195, S. 23. 1923.

[5]) Die von WEAVER (vgl. TROLAND, Rep. Com. Colometry 1920/21, Journ. Opt. Soc. Amer. Bd. 6, S. 527/96. 1922) nach den KÖNIG, DIETERICI und ABNEYschen Werten berechneten Grundempfindungskurven scheinen, wie Messungen von SINDEN (Journ. Opt. Soc. Amer. Bd. 7, S. 1123/1153. 1923) an Komplementärfarben zeigen, Abweichungen vom Experiment zu geben (vgl. auch GUILD „Survey of Modern Development of Colorimetry“, Proc. Opt. Convention, London 1926, S. 117). Berechnungen der Farbe von Filtern nach den IVESschen und WEAVERschen Grundempfindungskurven, die die Verfasser ausführen, zeigen gleichfalls eine bessere Übereinstimmung mit dem Experiment bei Benutzung der KÖNIG-IVESschen Werte. Für die WEAVERschen Kurven sind von JUDD (Journ. Opt. Soc. Amer. Bd. 10, S. 635. 1925) die Sichtbarkeitsumrechnungsfaktoren berechnet worden.

Tabelle 4. Grunderregungswerte für eine gleich große Strahlungsintensität (E_λ).

Wellenlänge in cm	Grunderregungen		
	Rot	Grün	Blau
$3,8 \cdot 10^{-5}$			0,00
3,9	0,0045		0,0757
4,0	0,0107		0,186
4,1	0,0163		0,319
4,2	0,0190		0,482
4,3	0,0148	0,00	0,743
4,4	0,0079	0,0048	0,929
4,5	0,00	0,0174	0,949
4,6	0,0010	0,0380	0,867
4,7	0,0101	0,0670	0,705
4,8	0,0222	0,109	0,461
4,9	0,0617	0,165	0,233
5,0	0,123	0,244	0,123
5,1	0,199	0,346	0,0807
5,2	0,275	0,453	0,0534
5,3	0,340	0,525	0,0366
5,4	0,399	0,569	0,0285
5,5	0,441	0,577	0,0216
5,6	0,466	0,554	0,0167
5,7	0,470	0,494	0,0137
5,8	0,462	0,394	0,0105
5,9	0,438	0,287	0,0051
6,0	0,398	0,198	0,0024
6,1	0,348	0,133	0,0009
6,2	0,289	0,0923	0,0005
6,3	0,214	0,0555	0,0002
6,4	0,153	0,0340	0,00
6,5	0,0957	0,0184	
6,6	0,0580	0,0100	
6,7	0,0344	0,0054	
6,8	0,0148	0,0023	
6,9	0,0096	0,0014	
7,0	0,0052	0,0007	

(die Zahlenwerte gibt Tab. 4). In Abb. 10 ist außer den Erregungskurven die relative spektrale Energieverteilung für die Strahlung des schwarzen Körpers bei 5000° abs eingezeichnet. Um aus diesen Er-

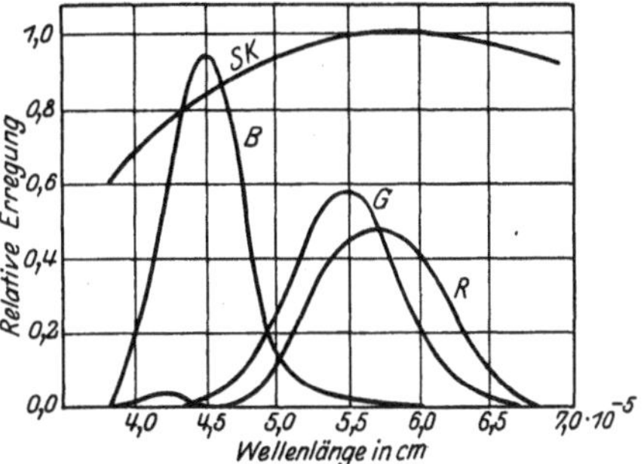

Abb. 10. Relative Werte der Grunderregung für die Blauempfindung B, Grünempfindung G, Rotempfindung R für gleichmäßige Energieverteilung im Spektrum in Abhängigkeit von der Wellenlänge nach König-Ives. Kurve SK gibt relative Intensitätswerte für die Strahlung des schwarzen Körpers bei 5000° abs.

regungskurven die Sichtbarkeitskurve zu gewinnen, sind von Ives folgende Multiplikationsfaktoren angegeben: Rot 0,568; Grün 0,426; Blau 0,006.

19. Das Maxwell-Helmholtzsche Farbdreieck. Gemäß der Young-Helmholtzschen Theorie ist, wie in Ziff. 18 auseinandergesetzt, jeder Farbeindruck durch ein bestimmtes Verhältnis der Erregung der drei Grundempfindungen charakterisiert. Unter normalen Sehbedingungen werden nur im Ausnahmefall zwei, meist die drei Empfindungen erregt. Die Spektralfarben und die durch Mischung des äußersten Rot und äußersten Violett in verschiedenen Verhältnissen hergestellten Purpurfarben sind die Farben mit größtmöglichem Vorwiegen einer der drei Erregungen, es sind also Farben höchster Sättigung (100%). Alle anderen Farbeindrücke sind aus den vorgenannten Farben durch Zumischung von Weiß herstellbar. Gesättigtere Farbempfindungen als die der Spektralfarben können nur bei partieller Ermüdung der beiden anderen Grundempfindungen, z. B. im Grün, empfunden werden. Der Farbeindruck einer durch die Farbkoordinaten festgelegten Farbe ist nur dann eindeutig gegeben, wenn die strahlende Fläche in strahlungsloser Umgebung betrachtet wird. Farben, die nicht im Farbdreieck enthalten sind, gibt es nicht; dagegen mannigfaltige psychophysiologische Farbeindrücke, die nicht durch Farbton und Sättigung charakterisierbar sind[1].

---

[1] Bringt man z. B. eine farbig strahlende Fläche in eine farbige oder weiße Umgebung von sehr viel größerer oder kleinerer Leuchtdichte, so kann man eine Mannigfaltigkeit von solchen Farbeindrücken erzielen, z. B. sieht eine rotgelb gefärbte Fläche geringer Leuchtdichte in weißer Umgebung hoher Leuchtdichte braun aus. Solche Effekte sind besonders bei Pigmentfarben, deren Leuchtdichte durch Zusatz ungefärbter, schwach reflektierender Stoffe (wie Ruß) herabgesetzt ist, häufig. Für die Charakterisierung der Pigmentfarben eignet sich der Ostwaldsche Farbatlas. Die Beziehung der Einteilung der Farben zum Farbdreieck ist in Kap. 18, Ziff. 18 erwähnt.

Zur Kennzeichnung des Farbeindruckes gibt man entweder die relativen Werte der drei Grundempfindungen (zwei Zahlenangaben, da die Summe konstant [gleich 1] ist) oder den Farbton und die Sättigung an. Als übersichtliche Anordnung für die Farben benutzt man bei der Darstellung Dreieckskoordinaten (MAXWELLsches Farbdreieck)[1].

An den Ecken des Dreieckes werden die nicht realisierbaren Farben der Grundempfindungen eingetragen. Wählt man, wie in Abb. 11, ein gleichseitiges

Abb. 11. MAXWELL-HELMHOLTZsches Farbdreieck. Die unter normalen Sehbedingungen realisierbaren Farben liegen innerhalb der umzogenen Fläche, Begrenzung durch die Spektralfarben (Lage durch Angabe der Wellenlänge in 10^{-5} cm gekennzeichnet) und die „Purpurlinie". Die Einzelkurve gibt die Lage der Farbpunkte für die Strahlung des schwarzen Körpers bei den nachstehend angegebenen Temperaturen (abs. Zählung):

a 1000°	c 1600°	e 2400°	g 3000°	i 4000°	k 5000°	m 8000°	o 20000°
b 1400°	d 2000°	f 2600°	h 3500°	j 4500°	l 6000°	n 10000°	p 28000° wieder.

Dreieck zur Darstellung, so liegt der Weißpunkt im Mittelpunkt, die Spektralfarben auf der eingezeichneten Kurve. Realisierbar sind unter normalen Sehbedingungen, d. h. wenn keine Ermüdungserscheinungen für die eine oder die andere Grundempfindung zu verzeichnen sind, die Farbeindrücke, die auf dem von dem Spektrallinienzug und der Verbindung Rot-Violett umzogenen Flächenstück liegen.

Sind für einen Farbeindruck als Farbkoordinaten die relativen Werte der drei Grunderregungen gegeben, so findet man den Farbpunkt P durch Abtragung dieser Werte auf den entsprechenden drei Ordinatenlinien. Sind Farbton und Sättigung angegeben, so liegt der Punkt P auf der Verbindungslinie der angegebenen Spektralfarbe F mit dem Weißpunkt W, und zwar liegt der Punkt so, daß das Verhältnis $\dfrac{PW}{FW} =$ Sättigung ist.

Die geometrischen Beziehungen der beiden verschiedenen Angaben für den Farbeindruck im Farbdreieck sind ohne weiteres erkennbar. Auf die ebenfalls mögliche zahlenmäßige Umrechnung der beiden Angaben wird hier nicht eingegangen.

---

[1] S. a. Kap. 18, Abb. 8, MAXWELL-HELMHOLTZsches Farbdreieck mit OSTWALDschen Farbenkreisen.

20. Komplementärfarbe. Die gesättigten Komplementärfarben sind durch Punkte des Linienzuges der gesättigten Farben, deren Verbindungsgerade durch den Weißpunkt geht, bestimmt. Das relative Mischungsverhältnis, bei dem der Weißeindruck entsteht, ist durch die reziproken Abstandsverhältnisse vom

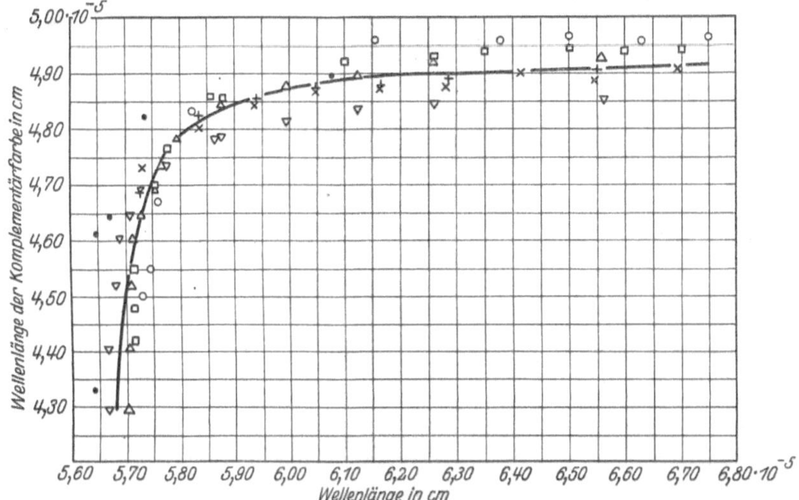

Abb. 12. Wellenlängen von Komplementärfarben. Daten aus Helmholtz Physiol. Opt. 3. Ausgabe. Bd. 2, S. 107. Nach Messungen von • Helmholtz, ○ König, + Trendelenburg, × Angier, △ Kries, ▽ Frey, □ Dieterici.

Weißpunkt gegeben. Eine Zusammenstellung der Messungen von Komplementärfarben ist in Abb. 12 nach der Zusammenstellung von Priest[1]) gegeben.

21. Charakterisierung des Lichteindruckes. Die Angabe der Farbkoordinaten charakterisiert den Lichteindruck noch nicht vollständig. Dazu ist noch die Angabe der Leuchtdichte (der Flächenhelligkeit) erforderlich. Vielfach wird, um den Lichteindruck einer Strahlung zu charakterisieren, die Darstellung in einer Farbpyramide angewandt. In dieser Farbpyramide liegen Lichteindrücke mit gleichen Leuchtdichten auf einem Parallelschnitt zur Basis. Eine zweite Möglichkeit besteht darin, im Farbdreieck die Punkte je nach Leuchtdichte mit verschiedener Masse versehen zu denken.

22. Die Heringsche Theorie des Farbsehens. Die Heringsche Theorie fußt auf der Lehre von dem psycho-physischen Parallelismus. Die psychologische Farbenanalyse gibt sechs Grundempfindungen, denen nach Hering sechs Stoffwechselvorgänge in drei verschiedenen Sehsubstanzen entsprechen. Sowohl mit der aufsteigenden (assimilatorischen) stofflichen Änderung wie der absteigenden (dissimilatorischen) Änderung in jeder dieser Sehsubstanzen ist eine verschiedene Farbempfindung verknüpft.

Die Einzelempfindungen sind auf die Sehsubstanzen den Gegenfarbenpaaren (d. h. Farbempfindungen, die bei additiver Mischung farbtonfreie Empfindung hervorrufen) nach verteilt, und zwar soll bei den drei Sehsubstanzen

	I	II	III
der assimilatorische Prozeß	Grün-	Blau-	Schwarz-
der dissimilatorische Prozeß	Rot-	Gelb-	Weiß-

Empfindung ergeben.

---

[1]) I. G. Priest, Journ. Opt. Soc. Amer. Bd. 4, S. 402. 1920.

23. Bestimmung der Leuchtdichte einer Strahlung. Die Leuchtdichte ist für die Lichtwirkung einer Strahlung maßgebend. Sie wird in relativem Maße aus der Augenempfindlichkeit φ_λ und der Intensität e_λ durch Bildung des Integrals $\int\limits_{\lambda=0}^{\lambda=\infty} \varphi_\lambda e_\lambda d\lambda$ gefunden (Auswertung durch Anwendung der Simpsonschen Regel oder durch graphische Integration). Voraussetzung dabei ist, daß das Auge bei gleichzeitiger Wirkung vieler verschiedener Schwingungen für jede einzelne die bei Einzelerregung festgestellte Empfindlichkeit behält, und sich die spektralen Helligkeiten additiv zur Gesamthelligkeit zusammensetzen. Diese Voraussetzung scheint jedoch, soweit sie für Helligkeitsmessungen in Betracht kommt, erfüllt zu sein[1]).

Für dieses „Helligkeitsintegral" ist der Grenzeinschluß außerhalb des Gebietes $\lambda = 4{,}10 \cdot 10^{-5}$ cm bis $7{,}20 \cdot 10^{-5}$ cm für glühende Körper belanglos, da die Gebiete jenseits von $\lambda = 7{,}20 \cdot 10^{-5}$ cm und $\lambda = 4{,}10 \cdot 10^{-5}$ cm, in denen die Empfindlichkeit des Auges unter 0,1% der Maximalempfindlichkeit sinkt, nur dann einen relativ in Betracht kommenden Beitrag liefern, wenn es sich um in diesem Gebiete selektiv strahlende Körper handelt (Linienspektren). Bei irdischen Lichtquellen mit kontinuierlichem Spektrum bedingt selbst ein Abschneiden der Enden des sichtbaren Bereiches wenig Änderung. Ein Beispiel zeigt dies: Bei der Strahlung des schwarzen Körpers bei 2000° abs. ist der Beitrag der Wellenlängengebiete jenseits $7{,}00 \cdot 10^{-5}$ cm und jenseits $4{,}60 \cdot 10^{-5}$ cm nur noch 0,2%. Dagegen ist eine Festlegung der zu wählenden Grenzen der Sichtbarkeit bei Berechnung der Energie der Strahlung, die auf das sichtbare Gebiet entfällt, wesentlich. Es ist bei den Berechnungen im folgenden das Gebiet von $\lambda = 4{,}10 \cdot 10^{-5}$ cm bis $\lambda = 7{,}20 \cdot 10^{-5}$ cm abgegrenzt.

d) Lichterzeugung und Energieverbrauch.

24. Nutzeffekt. Der Quotient der Werte des Helligkeitsintegrals und des Energiestromes, der auf das sichtbare Gebiet entfällt, ergibt den sog. „visuellen Nutzeffekt der sichtbaren Strahlung" (von Grenzen abhängige Größe). Das Verhältnis des Helligkeitsintegrals zum Gesamtenergiestrom ergibt den „visuellen Nutzeffekt der Gesamtstrahlung" [von Eingrenzung außerhalb des Gebietes $\lambda = 4{,}10 \cdot 10^{-5}$ bis $7{,}20 \cdot 10^{-5}$ cm praktisch unabhängiger Wert].

Als „optischer Nutzeffekt" wird das Verhältnis der Werte des auf das sichtbare Gebiet entfallenden Energiestromes und des Gesamtenergiestromes bezeichnet (von Eingrenzung abhängiger Wert). Die Abhängigkeit des optischen Nutzeffektes sowohl wie des visuellen Nutzeffektes für das sichtbare Gebiet von der Grenzziehung hat kaum eine praktische lichttechnische Auswirkung, denn bei Messungen der Strahlung von Lichtquellen wird der Gesamtwert des Lichtes und der der Energie bestimmt oder aber Bestimmungen von Licht und Energie in einzelnen Teilbereichen vorgenommen.

Um das Helligkeitsintegral, das die Lichtwirkung des Energiestromes auf das Auge im energetischen Maße wiedergibt, auf Lichteinheiten[2]) umzurechnen, wird

---

[1]) K. W. F. Kohlrausch, Phys. ZS. Bd. 21, S. 396ff. 1920; M. Pirani, ZS. f. Beleuchtungsw. 1915, S. 41.

[2]) In Deutschland und Mitteleuropa ist für Lichtmessungen die Ureinheit die Lichtstärke (J), die eine Hefnerlampe in horizontaler Richtung ausstrahlt, und wird 1 Hefnerkerze (1 HK) genannt. In Amerika, England und Frankreich hat man eine Standardkerze eingeführt, die dort International Candle Power genannt wird. Sie ist durch keine durch Zahlenangaben festgelegte, reproduzierbare Einheitslichtquelle verkörpert, sondern wird durch einen Satz elektrischer Glühlampen aufrecht erhalten. Sie hat den Wert von 1,11 HK bei Kohlefadenlampentemperatur. Neuere Vergleiche haben ergeben, daß der Faktor bei

das Helligkeitsintegral für eine durch Messung bekannte Leuchtdichte (Flächenhelle), für die die Größe des Energiestromes in Abhängigkeit von der Wellenlänge bekannt ist, gebildet und als Umrechnungswert benutzt. Nach den neuesten Bestimmungen von BRODHUN und HOFFMANN[1]) beträgt die Leuchtdichte des schwarzen Körpers beim Platinschmelzpunkt (2044° abs.) 65,24 HK/cm² ± 0,5 %, beim Palladiumschmelzpunkt (1830° abs.) 15,66 HK/cm² ± 0,6%. IVES[2]) maß die Leuchtdichte beim Platinschmelzpunkt zu 55,4 cdl./cm², bei Anwendung des Umrechnungsfaktors 1,11 ergibt sich 61,5 HK/cm², also ein Wert, der um etwa 6% niedriger als der von BRODHUN und HOFFMANN bestimmte ist.

25. Lichtausbeute. Man charakterisiert die Lichtwirkung einer Strahlung allgemein durch Angabe der spezifischen Lichtausbeute, d. h. Verhältnis des Lichtstromes zur aufgenommenen Leistung Lm/Watt[3]).

26. Mechanisches Lichtäquivalent. Der Energieverbrauch zur Erzeugung von Licht wird am kleinsten, wenn eine monochromatische Lichtquelle der Wellenlänge, für die die Empfindlichkeit des Auges am größten ist, strahlt. Man bezeichnet die hier zur Erzeugung von 1 Lumen aufzuwendende Leistung als das mechanische Lichtäquivalent.

Der Wert des mechanischen Lichtäquivalentes kann aus dem visuellen Nutzeffekte der Gesamtstrahlung und der Lichtausbeute gefunden werden, denn es wird im Helligkeitsintegral die Strahlung der einzelnen Bereiche gemäß ihrer relativen Sichtbarkeit bewertet, also wird der Einzelwert der Leistung in dem Maße vermindert, als die Lichterregung gegen die maximale verkleinert ist, das Integral gibt also den Energiestromwert S, der im Maximum der Sichtbarkeit wirken würde. Da ferner die Lichtausbeute das Verhältnis des Lichtstromes zur Leistung gibt, so ergibt der Quotient der Werte des visuellen Nutzeffektes der Gesamtstrahlung und der Lichtausbeute $\dfrac{S}{W} : \dfrac{Lm}{W} = S:Lm$ das mechanische Lichtäquivalent. Die Berechnungen von BRODHUN und HOFFMANN[1]) ergeben hierfür 0,00145 W/HLm. IVES[4]) erhält 0,00161 W/I.C.P. Lm[5]). Das Ergebnis von IVES haben BRODHUN und HOFFMANN auf deutsche Einheiten (Konstante $c_2 = 1,43$ und HLm = 0,901 Int. Lm) umgerechnet zu 0,00153 W/HLm.

e) Lichtstrahlung des schwarzen Körpers.

27. Werte der Intensität der Strahlung des schwarzen Körpers. Die Intensität der Strahlung des schwarzen Körpers ist in allen Richtungen gleich groß, eine strahlende Fläche hat somit eine Gesamtstrahlungsdichte und eine Leuchtdichte, die vom Winkel zwischen Beobachtungsrichtung und Flächennormale unabhängig sind, und der von ihr in verschiedenen Richtungen ausgesandte

---

2000° abs. unverändert geblieben ist, daß er aber bei steigender Temperatur eine von der Farbtemperatur abhängige Veränderung erlitten hat. So beträgt er bei 2400° abs. jetzt 1,14 und hat bei 2700° abs. einen um 3 bis 4% höheren Wert, der jedoch noch nicht genau bekannt ist. (Vgl. DZIOBEK, ZS. f. Instrkde. Bd. 46, S. 476. 1926. Vortrag in d. DBG. am 5. 1. 28, Licht und Lampe., Heft 3, 1928 u. Rep. of the Nat. Phys. Lab. for the year 1926 S. 135. 1927; W. GEISS, Schweiz. Elektrotechn. Ver. Bull. Bd. XIX, S. 198. 1928. In neuerer Zeit werden Lichtgrößen seltener in Kerzenstärken, sondern vorwiegend durch den ausgesandten Lichtstrom Φ in Hefnerlumen gekennzeichnet. Der Zusammenhang zwischen J und Φ für eine sehr kleine (punktartige) kugelförmige Lichtquelle ist $\Phi = 4\pi J$; eine solche Lichtquelle von 1 HK_h hätte also 12,57 Hefnerlumen.

[1]) E. BRODHUN u. FR. HOFFMANN, ZS. f. Phys. Bd. 37, S. 137. 1926.
[2]) H. E. IVES, Journ. Frankl. Inst. Bd. 197, S. 147 und 359. 1924.
[3]) Vgl. Anm. Ziff. 24.
[4]) H. E. IVES, Journ. Opt. Soc. Bd. 9, S. 635. 1924.
[5]) International Candle Power Lumen.

Tabelle 5. Werte der Strahlungsintensität in $\dfrac{\text{Watt}}{\text{cm}^3}$

$$E_{\lambda T} = \frac{2c_1}{\lambda^5} \cdot \frac{1}{e^{\frac{c_2}{\lambda T}} - 1}$$

$c_1 = 5{,}87 \cdot 10^{-13}\ \text{Watt} \cdot \text{cm}^2,\qquad E_{\lambda\max} = 4{,}162 \cdot 10^{-12} \cdot T^5\ \dfrac{\text{Watt}}{\text{cm}^3}$

$c_2 = 1{,}43\ \text{cm} \cdot \text{Grad}.$

Wellenlänge λ in cm	Temperatur T in absol. Graden				
	1000°	1500°	2000°	2500°	3000°
$2{,}0 \cdot 10^{-5}$	$3{,}254 \cdot 10^{-20}$	$7{,}297 \cdot 10^{-10}$	$1{,}093 \cdot 10^{-4}$	$1{,}392 \cdot 10^{-1}$	$1{,}636 \cdot 10^{1}$
$3{,}5 \cdot 10^{-5}$	$1{,}731 \cdot 10^{-14}$	$3{,}303 \cdot 10^{-6}$	$4{,}562 \cdot 10^{-2}$	$1{,}391 \cdot 10^{1}$	$6{,}301 \cdot 10^{2}$
$3{,}0 \cdot 10^{-5}$	$9{,}609 \cdot 10^{-11}$	$7{,}641 \cdot 10^{-4}$	$2{,}155$	$2{,}532 \cdot 10^{2}$	$6{,}076 \cdot 10^{3}$
$3{,}5 \cdot 10^{-5}$	$4{,}030 \cdot 10^{-8}$	$3{,}311 \cdot 10^{-2}$	$3{,}001 \cdot 10^{1}$	$1{,}785 \cdot 10^{3}$	$2{,}721 \cdot 10^{4}$
$4{,}0 \cdot 10^{-5}$	$3{,}415 \cdot 10^{-6}$	$5{,}113 \cdot 10^{-1}$	$1{,}979 \cdot 10^{2}$	$7{,}063 \cdot 10^{3}$	$7{,}656 \cdot 10^{4}$
$4{,}5 \cdot 10^{-5}$	$1{,}006 \cdot 10^{-4}$	$4{,}009$	$8{,}003 \cdot 10^{2}$	$1{,}920 \cdot 10^{4}$	$1{,}597 \cdot 10^{5}$
$5{,}0 \cdot 10^{-5}$	$1{,}426 \cdot 10^{-3}$	$1{,}969 \cdot 10^{1}$	$2{,}314 \cdot 10^{3}$	$4{,}041 \cdot 10^{4}$	$2{,}720 \cdot 10^{5}$
$5{,}5 \cdot 10^{-5}$	$1{,}192 \cdot 10^{-2}$	$6{,}920 \cdot 10^{1}$	$5{,}273 \cdot 10^{3}$	$7{,}099 \cdot 10^{4}$	$4{,}018 \cdot 10^{5}$
$6{,}0 \cdot 10^{-5}$	$6{,}733 \cdot 10^{-2}$	$1{,}899 \cdot 10^{2}$	$1{,}008 \cdot 10^{4}$	$1{,}093 \cdot 10^{5}$	$5{,}356 \cdot 10^{5}$
$6{,}5 \cdot 10^{-5}$	$2{,}822 \cdot 10^{-1}$	$4{,}320 \cdot 10^{2}$	$1{,}690 \cdot 10^{4}$	$1{,}525 \cdot 10^{5}$	$6{,}611 \cdot 10^{5}$
$7{,}0 \cdot 10^{-5}$	$9{,}379 \cdot 10^{-1}$	$8{,}502 \cdot 10^{2}$	$2{,}560 \cdot 10^{4}$	$1{,}975 \cdot 10^{5}$	$7{,}715 \cdot 10^{5}$
$7{,}5 \cdot 10^{-5}$	$2{,}593$	$1{,}493 \cdot 10^{3}$	$3{,}582 \cdot 10^{4}$	$2{,}412 \cdot 10^{5}$	$8{,}609 \cdot 10^{5}$
$10{,}0 \cdot 10^{-5}$	$7{,}232 \cdot 10^{1}$	$8{,}500 \cdot 10^{3}$	$9{,}221 \cdot 10^{4}$	$3{,}863 \cdot 10^{5}$	$1{,}008 \cdot 10^{6}$
$15{,}0 \cdot 10^{-5}$	$1{,}119 \cdot 10^{3}$	$2{,}690 \cdot 10^{4}$	$1{,}327 \cdot 10^{5}$	$3{,}490 \cdot 10^{5}$	$6{,}724 \cdot 10^{5}$
$20{,}0 \cdot 10^{-5}$	$2{,}882 \cdot 10^{3}$	$3{,}148 \cdot 10^{4}$	$1{,}058 \cdot 10^{5}$	$2{,}229 \cdot 10^{5}$	$3{,}728 \cdot 10^{5}$
$E_{\lambda\max}$	$4{,}162 \cdot 10^{3}$	$3{,}161 \cdot 10^{4}$	$1{,}332 \cdot 10^{5}$	$4{,}065 \cdot 10^{5}$	$1{,}012 \cdot 10^{6}$
$\lambda_{\max}$	$28{,}8 \cdot 10^{-5}\,\text{cm}$	$19{,}2 \cdot 10^{-5}\,\text{cm}$	$14{,}4 \cdot 10^{-5}\,\text{cm}$	$11{,}52 \cdot 10^{-5}\,\text{cm}$	$9{,}6 \cdot 10^{-5}\,\text{cm}$

in cm	3500°	4000°	6000°	8000°	10 000°
$2{,}0 \cdot 10^{-5}$	$4{,}926 \cdot 10^{2}$	$6{,}332 \cdot 10^{3}$	$2{,}450 \cdot 10^{6}$	$4{,}820 \cdot 10^{7}$	$2{,}882 \cdot 10^{8}$
$2{,}5 \cdot 10^{-5}$	$9{,}602 \cdot 10^{3}$	$7{,}406 \cdot 10^{4}$	$8{,}704 \cdot 10^{6}$	$9{,}443 \cdot 10^{7}$	$3{,}956 \cdot 10^{8}$
$3{,}0 \cdot 10^{-5}$	$5{,}880 \cdot 10^{4}$	$3{,}226 \cdot 10^{5}$	$1{,}714 \cdot 10^{7}$	$1{,}252 \cdot 10^{8}$	$4{,}146 \cdot 10^{8}$
$3{,}5 \cdot 10^{-5}$	$1{,}904 \cdot 10^{5}$	$8{,}191 \cdot 10^{5}$	$2{,}468 \cdot 10^{7}$	$1{,}361 \cdot 10^{8}$	$3{,}822 \cdot 10^{8}$
$4{,}0 \cdot 10^{-5}$	$4{,}201 \cdot 10^{5}$	$1{,}506 \cdot 10^{6}$	$2{,}970 \cdot 10^{7}$	$1{,}329 \cdot 10^{8}$	$3{,}305 \cdot 10^{8}$
$4{,}5 \cdot 10^{-5}$	$7{,}253 \cdot 10^{5}$	$2{,}257 \cdot 10^{6}$	$3{,}204 \cdot 10^{7}$	$1{,}221 \cdot 10^{8}$	$2{,}767 \cdot 10^{8}$
$5{,}0 \cdot 10^{-5}$	$1{,}062 \cdot 10^{6}$	$2{,}951 \cdot 10^{6}$	$3{,}224 \cdot 10^{7}$	$1{,}083 \cdot 10^{8}$	$2{,}282 \cdot 10^{8}$
$5{,}5 \cdot 10^{-5}$	$1{,}387 \cdot 10^{6}$	$3{,}512 \cdot 10^{6}$	$3{,}102 \cdot 10^{7}$	$9{,}410 \cdot 10^{7}$	$1{,}872 \cdot 10^{8}$
$6{,}0 \cdot 10^{-5}$	$1{,}667 \cdot 10^{6}$	$3{,}912 \cdot 10^{6}$	$2{,}898 \cdot 10^{7}$	$8{,}086 \cdot 10^{7}$	$1{,}534 \cdot 10^{8}$
$6{,}5 \cdot 10^{-5}$	$1{,}888 \cdot 10^{6}$	$4{,}152 \cdot 10^{6}$	$2{,}654 \cdot 10^{7}$	$6{,}910 \cdot 10^{7}$	$1{,}261 \cdot 10^{8}$
$7{,}0 \cdot 10^{-5}$	$2{,}045 \cdot 10^{6}$	$4{,}254 \cdot 10^{6}$	$2{,}400 \cdot 10^{7}$	$5{,}893 \cdot 10^{7}$	$1{,}041 \cdot 10^{8}$
$7{,}5 \cdot 10^{-5}$	$2{,}140 \cdot 10^{6}$	$4{,}246 \cdot 10^{6}$	$2{,}152 \cdot 10^{7}$	$5{,}027 \cdot 10^{7}$	$8{,}633 \cdot 10^{7}$
$10{,}0 \cdot 10^{-5}$	$2{,}007 \cdot 10^{6}$	$3{,}384 \cdot 10^{6}$	$1{,}193 \cdot 10^{7}$	$2{,}360 \cdot 10^{7}$	$3{,}693 \cdot 10^{7}$
$15{,}0 \cdot 10^{-5}$	$1{,}086 \cdot 10^{6}$	$1{,}571 \cdot 10^{6}$	$3{,}966 \cdot 10^{6}$	$6{,}744 \cdot 10^{6}$	$9{,}697 \cdot 10^{6}$
$20{,}0 \cdot 10^{-5}$	$5{,}466 \cdot 10^{5}$	$7{,}375 \cdot 10^{5}$	$1{,}600 \cdot 10^{6}$	$2{,}540 \cdot 10^{6}$	$3{,}514 \cdot 10^{6}$
$E_{\lambda\max}$	$2{,}186 \cdot 10^{6}$	$4{,}262 \cdot 10^{6}$	$3{,}237 \cdot 10^{7}$	$1{,}364 \cdot 10^{8}$	$4{,}162 \cdot 10^{8}$
$\lambda_{\max}$	$8{,}228 \cdot 10^{-5}\,\text{cm}$	$7{,}2 \cdot 10^{-5}\,\text{cm}$	$4{,}80 \cdot 10^{-5}\,\text{cm}$	$3{,}60 \cdot 10^{-5}\,\text{cm}$	$2{,}88 \cdot 10^{-5}\,\text{cm}$

Energiestrom wie auch der Lichtstrom nehmen mit dem Kosinus des Winkels zwischen Flächennormale und Betrachtungsrichtung ab (Lambertsches Kosinusgesetz). Die Werte der Strahlungsintensität nach dem Planckschen Gesetz

$$E_{\lambda T} = \frac{2 \cdot c_1}{\lambda^5} \frac{1}{e^{\frac{c_2}{\lambda T}} - 1}$$

sind für einige Wellenlängen des sichtbaren Gebietes nebst Grenzgebieten in Tabelle 5 für $T = 1000, 1500, 2000, 2500, 3000, 3500, 4000, 6000, 8000$ und $10\,000°$ abs. wiedergegeben[1]). Außerdem sind noch die Werte

---

[1]) Es sei auf die von M. K. Frehafer u. C. L. Snow berechneten Intensitäten der Strahlung des schwarzen Körpers von 1000 bis 28000° abs. ($c_2 = 1{,}433$ cm Grad) „Tables in graphs for facilitating the computation of spectral energy distribution by Planck's formula" Miscellaneous Publication of the Bureau of Standard No 56 ismed 21st March 1921 hingewiesen.

für die Wellenlänge des Intensitätsmaximums zugleich mit dem Intensitätswert angegeben. Um die Änderung der Intensitätsverteilung innerhalb des sichtbaren Gebietes zu veranschaulichen, ist in Abb. 13 die relative Verteilung für verschiedene Temperaturen aufgetragen. Die Strahlungsintensitätsverteilung für

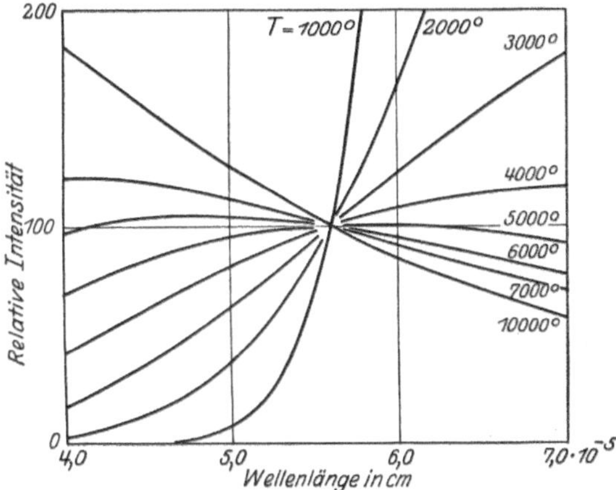

Abb. 13. Relative Intensitätsverteilung in der Strahlung des schwarzen Körpers im sichtbaren Gebiet für verschiedene Temperaturen in Abhängigkeit von der Wellenlänge.

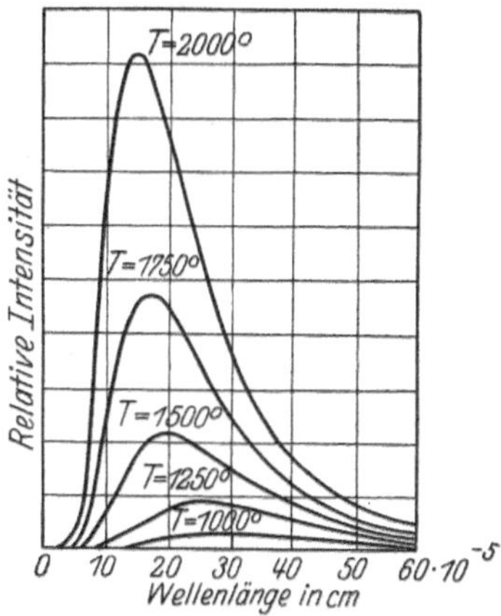

Abb. 14. Relative Intensität der Strahlung des schwarzen Körpers in Abhängigkeit von der Wellenlänge für verschiedene Temperaturen.

den schwarzen Körper über das Gesamtspektrum ist kurvenmäßig in Abb. 14 dargestellt.

Gleichfalls als Kurve (Abb. 15) ist nach dem WIENschen Verschiebungsgesetz die Abhängigkeit der Wellenlänge maximaler Strahlung von der Temperatur dargestellt. Man sieht, daß bei 4000° abs. das Maximum in das Gebiet sichtbarer Strahlung eintritt, um es bei 7000° abs. wieder zu verlassen. Bei ca. 5000° abs. fallen die Wellenlängen maximaler Sichtbarkeit und maximaler Strahlung zusammen.

28. Leuchtdichte der Strahlung des schwarzen Körpers. Durch Auswertung des Helligkeitsintegrals kann man, wie gesagt, relative Werte finden, die mittels gemessener Leuchtdichten umrechenbar sind, oder man kann durch Integration mittels SIMPSONscher Regel den Energiewert S, der im Maximum der Sichtbarkeit wirken würde, errechnen und diesen durch das mechanische Lichtäquivalent dividieren.

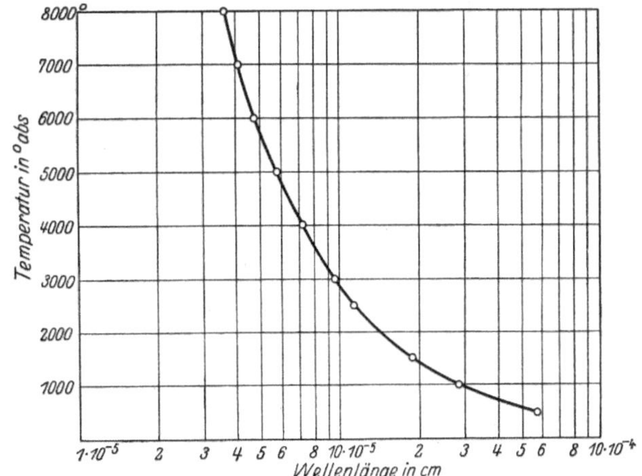

Abb. 15. Wellenlänge des Energiemaximums der Strahlung des schwarzen Körpers in Abhängigkeit von der Temperatur.

Die Leuchtdichte HK/cm² des schwarzen Körpers, berechnet aus der Strahlungsintensität und der Augenempfindlichkeitskurve (I.C.I.), bezogen auf die von Brodhun und Hoffmann gemessenen Leuchtdichten, ist zugleich mit der Gesamtstrahlungsdichte (Watt/cm²) in einer Dreifachskala[1]) (Abb. 16)

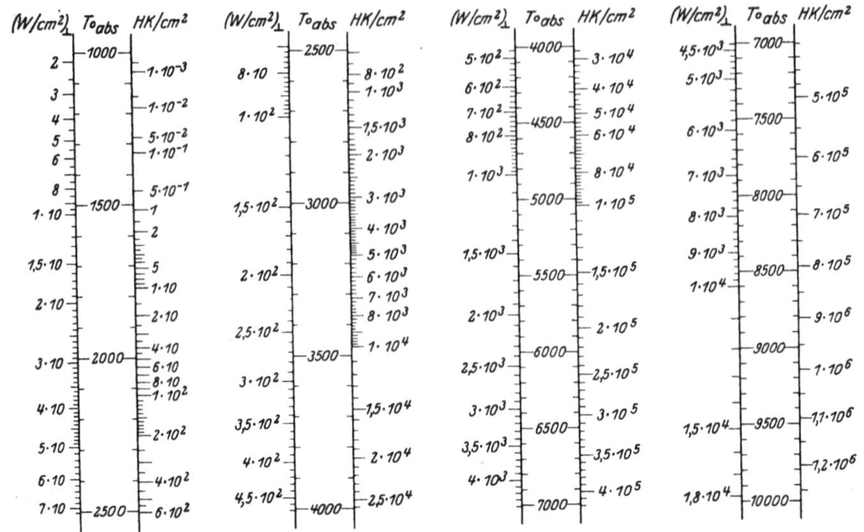

Abb. 16. Strahlungs- und Leuchtdichte in Abhängigkeit von der Temperatur für die Strahlung des schwarzen Körpers.

Tabelle 6. Leuchtdichte des schwarzen Körpers[2]).

Temperatur Grad abs.	Visueller Nutzeffekt der Gesamtstrahlung (Radiant Luminous Efficiency)	Leuchtdichte in Candles/cm², berechnet für Mechan. Lichtäquivalent = 0,00161 W/Lm	Leuchtdichte in Candles/cm², beobachtet von Hyde, Forsythe und Cady
1200	0,00000602	0,0141	
1400	0,0000557	0,242	
1600	0,000282	2,08	
1700	0,000541	5,10	5,06
1750	0,000726	7,69	7,63
1800	0,000957	11,3	11,2
1850	0,00124	16,4	16,2
1900	0,00158	23,2	23,0
1950	0,00198	32,3	32,0
2000	0,00246	44,4	44,0
2050	0,00301	59,9	59,6
2100	0,00364	79,8	79,6
2150	0,00436	105	104,9
2200	0,00517	137	136,4
2250	0,00606	175	175
2300	0,00706	223	222
2350	0,00816	281	280
2400	0,00935	350	350
2450	0,0107	433	433
2500	0,0120	531	527
2550	0,0135	645	641
2600	0,0151	780	775
2650	0,0168	934	927
3000	0,0309	$2,83 \cdot 10^3$	
4000	0,0807	$2,33 \cdot 10^4$	
5000	0,1190	$8,40 \cdot 10^4$	
6000	0,1353	$1,98 \cdot 10^5$	
7000	0,1352	$3,67 \cdot 10^5$	
8000	0,1258	$5,82 \cdot 10^5$	
10000	0,0987	$1,115 \cdot 10^6$	

für Temperaturen von 1000 bis 10000° abs. wiedergegeben (die Gesamtwärmestrahlungsdichte [s. Ziff. 4] ist hierin nach dem Stefan-Boltzmannschen Gesetze

$$\left(E = \frac{\sigma}{\pi}T^4\right)$$

berechnet).

Messungen der Leuchtdichte des schwarzen Körpers liegen von H. E. Ives[2]) und C. Zwikker[3]) im Temperaturgebiete von 1700° abs. bis 2650° abs. vor. Ives hat auch die Leuchtdichte mit dem mechanischen Lichtäquivalent 0,00161 W/Int.Lm berechnet. Die Werte von Ives sind in den amerikanischen Einheiten in Tabelle 6

---

[1]) Diese Darstellung ist gewählt, da die Auswertung der Leuchtdichte nur auf 1% genau erfolgte.

[2]) H. E. Ives, Journ. Opt. Soc. Amer. Bd. 12, S. 75. 1926.

[3]) C. Zwikker, Proc. Amsterdam Bd. 28, Nr. 5, S. 499. 1925.

wiedergegeben[1]). Die Tabelle 6 enthält außerdem noch den von IVES berechneten visuellen Nutzeffekt der Gesamtstrahlung. Abb. 17 zeigt den Einfluß der Temperaturänderung auf die Leuchtdichte. Es

ist der Temperaturkoeffizient α $\left(\text{aus } \dfrac{\Delta H}{H} = \alpha \Delta T\right)$ der Leuchtdichte über der Temperatur für die Strahlung des schwarzen Körpers aufgetragen.

Man sieht, wie der anfangs große Einfluß bei höheren Temperaturen sich vermindert.

Oft kennzeichnet man auch die Änderung der Leuchtdichte H mit der Temperatur durch zahlenmäßige Angabe des Exponenten n der Gleichung $\dfrac{\Delta H}{H} = \left(\dfrac{\Delta T}{T}\right)^n$. n ist bei 1200° abs. ca. 20, bei 1500° ist $n = 15{,}9$, bei 2000° $n = 12{,}4$, bei 3000° $n = 8{,}4$, bei 4000° $n = 6{,}4$, bei 10000° $n = 3{,}05$.

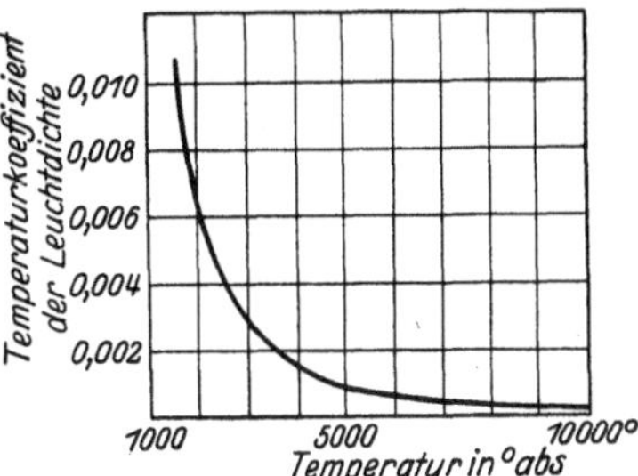

Abb. 17. Temperaturkoeffizient α der Leuchtdichte der Strahlung des schwarzen Körpers in Abhängigkeit von der Temperatur. (Prozentuale Änderung der Leuchtdichte für ein Grad Temperaturänderung.)

29. Die wirksame Wellenlänge des Auges. Vergleicht man die Helligkeitsverhältnisse bei verschiedenen Temperaturen mit den Intensitätsänderungen für die einzelnen Wellenlängen, so ist für jedes Temperaturpaar eine Wellenlänge angebbar, bei der das Verhältnis der Intensitäten dem der Leuchtdichten gleich ist. Diese Wellenlängen sind die wirksamen Wellenlängen λ_w des als Filter betrachteten Auges. Nach der von FOOTE[2]) zuerst gegebenen Auswertung ist für Strahlungen der Temperaturen T_1 und T_2 die Bedingung also

$$\frac{H_1}{H_2} = \frac{\displaystyle\int_0^\infty E_{\lambda T_1}\varphi_\lambda \, d\lambda}{\displaystyle\int_0^\infty E_{\lambda T_2}\varphi_\lambda \, d\lambda} = \frac{E_{\lambda_w T_1}}{E_{\lambda_w T_2}},$$

wo φ_λ die Augenempfindlichkeit und $E_{\lambda T}$ die Intensität der Strahlung ist. Bei Anwendung auf die Strahlung des schwarzen Körpers unter Benutzung des WIENschen Gesetzes ergibt sich somit

$$\frac{H_1}{H_2} = \frac{e^{-\frac{c_2}{\lambda_w T_1}}}{e^{-\frac{c_2}{\lambda_w T_2}}}, \qquad \text{folglich} \qquad \lambda_w = \frac{c_2\left(\dfrac{1}{T_2} - \dfrac{1}{T_1}\right)}{\ln\dfrac{H_1}{H_2}}.$$

Beim Übergang zu unendlich benachbarten Temperaturen ergibt sich die Grenzwellenlänge aus

$$d\ln H = \frac{dH}{H} = \frac{c_2}{\lambda_w T^2}\, dT \qquad \text{und} \qquad dH = \frac{c_2}{T^2}\, dT \int_0^\infty \frac{E_{\lambda T}\varphi_\lambda \, d\lambda}{\lambda},$$

$$\lambda_w = \frac{\dfrac{c_2}{T^2}\, dT \cdot H}{dH} = \frac{\dfrac{c_2}{T^2}\, dT \displaystyle\int_0^\infty E_{\lambda T}\varphi_\lambda \, d\lambda}{\dfrac{c_2}{T^2}\, dT \displaystyle\int_0^\infty \frac{E_{\lambda T}\varphi_\lambda}{\lambda}\, d\lambda} = \frac{\displaystyle\int_0^\infty E_{\lambda T}\varphi_\lambda \, d\lambda}{\displaystyle\int_0^\infty \frac{E_{\lambda T}\varphi_\lambda \, d\lambda}{\lambda}}.$$

---

[1]) Eine einfache Umrechnung der Werte durch Temperaturänderung gemäß der Formel

$$\left(\frac{1}{T} - \frac{1}{T_{\text{Au}}}\right) = \frac{c_2'}{c_2}\left(\frac{1}{T'} - \frac{1}{T_{\text{Au}}}\right) \qquad (T_{\text{Au}} = 1336° \text{ abs.})$$

ist nicht angängig, da damit eine andere Energieverteilungsänderung über der Wellenlänge entstände. Auch ist der Umrechnungsfaktor Internationale Kerzen zu Hefnerkerzen zur Zeit nicht bei allen Temperaturen konstant (vgl. Anm. Ziff. 5 und 24).

[2]) P. D. FOOTE, Bull. Bur. of Stand. Bd. 12, Nr. 4, S. 483. 1916.

Aus Abb. 18, die der Arbeit von Forsythe[1]) entnommen ist, kann die Veränderung der wirksamen Wellenlänge des Auges mit der Temperatur entnommen

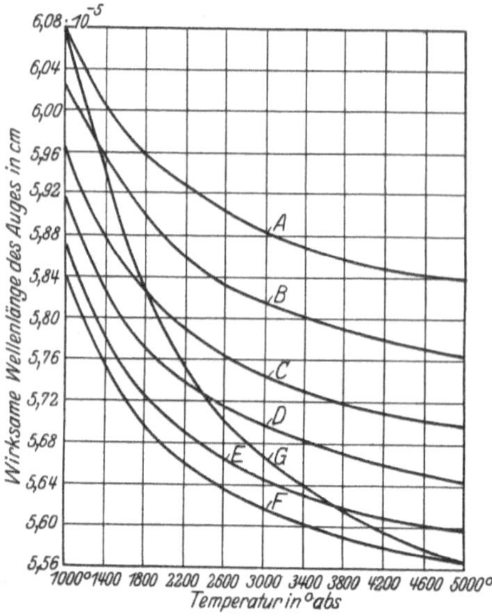

werden. Kurve G gibt die Grenzwellenlänge, Kurve $A-E$ die wirksamen Wellenlängen für die Ausgangstemperaturen 1000 (A), 1300 (B), 1800 (C), 3000 (D), 3600 (E), 5000 (F). Die wirksamen Wellenlängen wurden zuerst von Crova berechnet, sie werden so vielfach Crova-wellenlängen genannt. Für die Grenzwellenlänge ist also die Temperaturabhängigkeit der Strahlungsintensität des schwarzen Körpers dieselbe wie die der Leuchtdichte. Man kann sie somit auch aus den logarithmischen Isochromaten (Ziff. 7) sofort angeben.

30. Lichtausbeute, Nutzeffekt. Die spezifische Lichtleistung, die Lichtausbeute, ergibt sich aus dem Verhältnis der Intensität HK/cm^2 zu $(Watt/cm^2)_\perp$ der Skala Abb. 16. Im allgemeinen wird sie aus der Bestimmung des Gesamtlichtstromes (Lumen) und des Gesamtenergiestromes (Watt) gewonnen (Lm/Watt). Beide Bestimmungen ergeben denselben Wert für die Oberflächenstrahlung solcher Körper, bei denen die Intensität der Strahlung in allen Richtungen für alle Wellenlängen dieselbe ist.

Abb. 18. Wirksame Wellenlänge des Auges in Abhängigkeit von der Temperatur für verschiedene Ausgangstemperaturen.
Kurve A Wirksame Wellenlänge des Auges bei Ausgang von 1000° abs. und Übergang zu anderen Temperaturen.
Kurve B für Ausgangstemperatur von 1300° abs.
  ,, C ,,   ,,   ,, 1800° ,,
  ,, D ,,   ,,   ,, 3000° ,,
  ,, E ,,   ,,   ,, 3600° ,,
  ,, F ,,   ,,   ,, 5000° ,,
  ,, G Grenzwellenlänge.

Der optische Nutzeffekt ist in Abb. 19, der visuelle Nutzeffekt für die Gesamtstrahlung in Abb. 20 und der für das sichtbare Gebiet in Abb. 21 kurvenmäßig dargestellt.

Um die Verschiebung, die durch die Eingrenzung der sichtbaren Strahlung bei Bildung des optischen Nutzeffektes wie auch des visuellen Nutzeffektes für das sichtbare Gebiet entsteht, zu kennzeichnen, sind für den optischen Nutzeffekt die Werte, die einer Grenzziehung bei $\lambda = 4,0 \cdot 10^{-5}$ cm und $\lambda = 7,5 \cdot 10^{-5}$ cm entsprechen, gestrichelt eingezeichnet. (Außerdem ändern sich die Werte des visuellen Nutzeffektes bei Veränderung der Sichtbarkeitsdaten.)

Aus der Kurve (Abb. 19) sieht man, daß von der Strahlung des schwarzen Körpers auf das sichtbare Gebiet bei 2000° abs.=ca. 1,0%, bei 3000° abs. =9,3%, bei 4000° abs. = 22,8% entfallen. Der optische Nutzeffekt erreicht bei zirka 7000° abs. mit 39,5% sein Maximum und fällt dann wieder ab.

Abb. 21 läßt für den visuellen Nutzeffekt der sichtbaren Strahlung für den schwarzen Körper

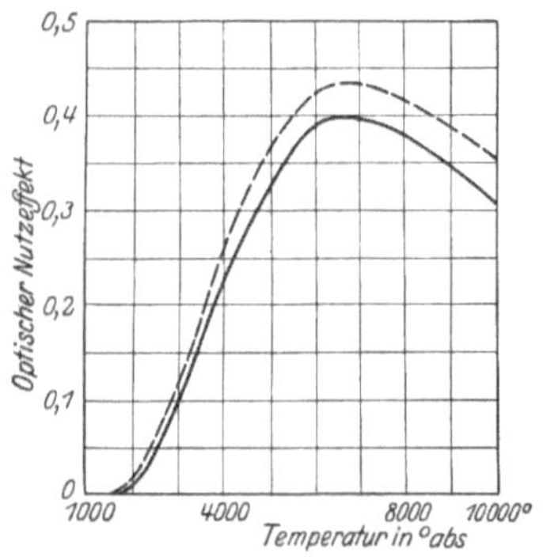

Abb. 19. Optischer Nutzeffekt der Strahlung des schwarzen Körpers in Abhängigkeit von der Temperatur. Grenzziehung für die ausgezogene Kurve $\lambda = 4,1 \cdot 10^{-5}$ bis $\lambda = 7,2 \cdot 10^{-5}$ cm, für die gestrichelte $\lambda = 4,0 \cdot 10^{-5}$ bis $\lambda = 7,5 \cdot 10^{-5}$ cm.

[1]) W. E. Forsythe, Optical Pyrometry Abst. Bull. Nela Res. Lab. Bd. 1, S. 564. 1925.

das Maximum zu 36,5% bei rund 5500° abs. erkennen. Das bedeutet: Ein Idealstrahler, der nur im sichtbaren Gebiet mit derselben Energieverteilung wie der schwarze Körper strahlte, also einen optischen Nutzeffekt von 100% hätte, würde die günstigste spezifische Lichtleistung bei 5500° abs. erreichen, und zwar 253 Lm/Watt.

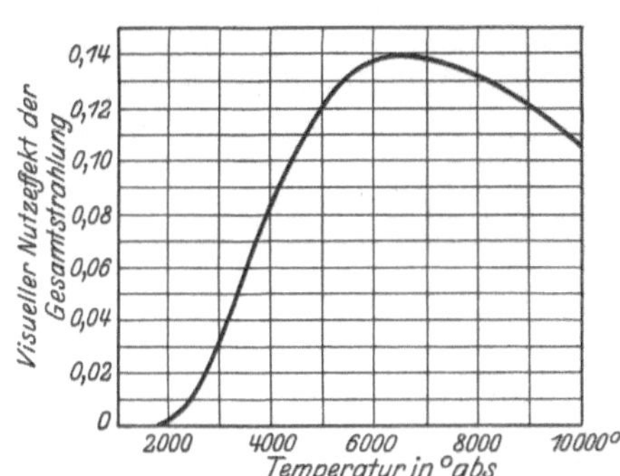

Abb. 20. Visueller Nutzeffekt der Gesamtstrahlung des schwarzen Körpers in Abhängigkeit von der Temperatur.

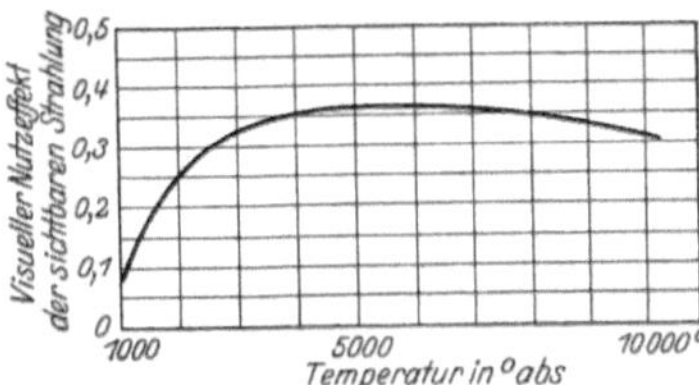

Abb. 21. Visueller Nutzeffekt der Strahlung des schwarzen Körpers in dem Bereich: $\lambda = 4{,}1 \cdot 10^{-5}$ cm bis $\lambda = 7{,}2 \cdot 10^{-5}$ cm in Abhängigkeit von der Temperatur.

Der visuelle Nutzeffekt für die Gesamtstrahlung wird für den schwarzen Körper bei rund 6500° abs. am größten: 13,9%. Bei 2000° abs. hat er nur den Wert von 0,25%, bei 3000° abs. 3,1%, bei 4000° abs. 8,1%. Dies zeigt, wie gering die spezifische Lichtleistung der Strahlung des schwarzen Körpers ist (95,9 Lm/Watt bei 6500° abs.).

31. Farbeindruck (Farbton und Sättigung) der Strahlung des schwarzen Körpers. Die Strahlung des schwarzen Körpers wird bei Temperatursteigerung zuerst, wie schon erwähnt, für ein dunkel adaptiertes Auge sichtbar. Die Angaben der Temperatur des Auftretens der Grauglut schwanken zwischen 631 und 677° abs. [1]).

Die Grauglut als solche wird bei direktem Fixieren der Lichtquelle nicht wahrgenommen, da im Auge dann das Bild auf dem gelben Fleck, in dem die Stäbchen fehlen, entsteht; die Zapfen sprechen auf solche kleinen Energieströme nicht an. Aus diesem indirekten Sehen ist auch erklärlich, daß die Grauglut meist als unstete Lichterscheinung beobachtet wird.

Bei Temperatursteigerung sprechen dann die Zapfen an, und zwar ist der erste Farbeindruck gelbgrün. Nach LUMMER[2]) läßt sich dieser Eindruck hervorrufen, wenn man starkfädige Glühlampen, die langsam angeheizt werden, aus großer Entfernung betrachtet.

Bei weiterer Temperatursteigerung erscheint die Strahlung des schwarzen Körpers rotgelb (von 1000° abs. an), dann gelbweiß (von 2000 bis 4000°), reinweiß (5000°) und schließlich blauweiß[3]).

In das MAXWELL-HELMHOLTZsche Dreieck (Abb. 11) sind die Farben, die durch die Strahlung des schwarzen Körpers entstehen, eingetragen. Die Farbpunkte wurden aus den KÖNIG-IVESschen Erregungskurven und den relativen Strahlungsintensitäten berechnet. Man sieht daraus, daß Farbtöne von ca. $6{,}1 \cdot 10^{-5}$ cm bis $5{,}8 \cdot 10^{-5}$ cm der Strahlung bis 5000° abs. entsprechen. Strahlung über

---

[1]) 400° C nach WEBER, Wied. Ann. Bd. 32, S. 256. 1887; 358° C nach S. TERESCHIN, Journ. d. russ. phys. chem. Ges. Bd. 25, S. 102. 1893; 370° C nach GRAY, Phil. Mag. Bd. 37, S. 55. 1894; Proc. Phys. Soc. Bd. 13, S. 122. 1894; 404° C nach PETTINELLI, Nuovo Cimento (9) Bd. 1, S. 183.

[2]) O. LUMMER, Verh. d. Phys. Ges. Bd. 6, S. 52. 1904.

[3]) Technisch werden häufig Temperaturen durch Angabe der Farbe des Glühens bezeichnet; diese Angaben decken sich nicht mit den oben angeführten. Man nennt Rotglut etwa 800°, Hellrotglut 1200°, Gelbglut 1400°, Weißglut 1800°.

$5000°$ löst den dazu komplementären Farbton im Blau von ca. $4{,}75 \cdot 10^{-5}$ cm [1]) aus. Die Bezugsstrahlung $5000°$ abs. liegt im Mittelpunkt (Weißpunkt). Die Sonnenstrahlung, die als Weiß empfunden wird, hat eine andere spektrale Zusammensetzung als die Strahlung des schwarzen Körpers bei $5000°$ abs. Abb. 22 zeigt relative Energieverteilungskurven. Für die Sonnenstrahlung sind Mittelwerte der von ABBOT gemessenen Verteilung im Spektrum der

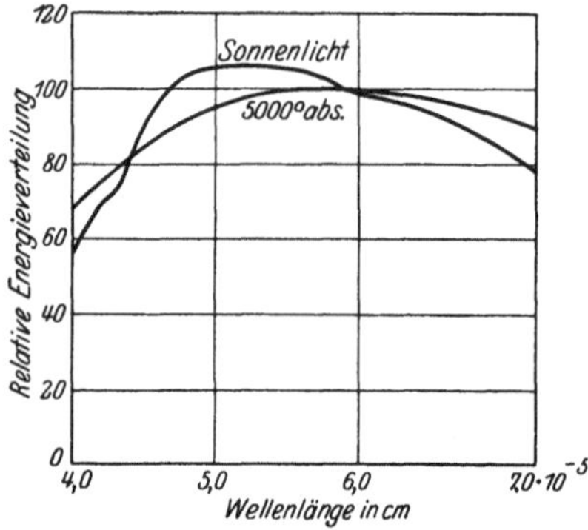

Abb. 22. Relative Energieverteilung der Sonnenstrahlung und der Strahlung des schwarzen Körpers bei $5000°$ abs. in Abhängigkeit von der Wellenlänge.

Sonne am Mittag im Juni und Dezember genommen [2]). Berechnet man mit diesen Werten den Farbpunkt der Sonnenstrahlung im MAXWELLschen Dreieck, so liegt er sehr nahe dem Mittelpunkt (Rot $32{,}3\%$, Blau $33{,}3\%$, Grün $33{,}5\%$). Die Leuchtdichte der Sonnenstrahlung beträgt nach Abzug der Verluste in der Atmosphäre etwa 220000 HK/cm², dies entspricht der Leuchtdichte des schwarzen Körpers von rund $6100°$ abs.

Die experimentelle Feststellung, wann Weißempfindung vorhanden ist, die von PRIEST [3]) unter Heranziehung verschiedener Beobachter vorgenommen wurde, ergab, daß als Weiß die Strahlung des schwarzen Körpers bei Temperaturen, die zwischen 4850 und $5400°$ abs. liegen, empfunden wurde (Mittelwert $5200°$ abs.).

32. Herstellung von Lichtfarben jenseits 3500°. Wie schon erwähnt, läßt sich die Strahlung des schwarzen Körpers mit bisher bekannten Materialien nur bis zu Temperaturen von etwa $3500°$ abs. herstellen. Speziell für das sichtbare Gebiet kann man mittels Rotations-Dispersionsfilter eine Strahlung, die in der relativen Zusammensetzung der des schwarzen Körpers höherer Temperatur gleich ist, also die gleiche Farbe hat, herstellen, die Intensität ist jedoch stark vermindert. Es ist also gleichsam die Strahlung eines grauen Körpers dieser Temperatur. Anschließend an das HELMHOLTZsche Leukoskop und das ARONSsche [4]) Chromoskop ist von PRIEST [3]) eine Anordnung mit Doppelrotations-Dispersionsfilter angegeben, durch die Lichtfarben des schwarzen Körpers bis $6000°$ abs. aus der Strahlung einer Wolframlampe, die eine Farbtemperatur von $2830°$ abs. besitzt, herstellbar sind.

Nach I. GUILD [5]) kann man durch Vorschaltung folgender Filter-Lösungen in einer Schichtdicke von je 1 cm vor eine Wolframvakuumlampe (Farbtemperatur $2360°$ abs.) Farbtemperaturen von $3000°$ abs. (Filter A + B) bzw. $5000°$ abs. (Filter A + B + C + D) erzielen.

A) Kupfersulfat 1,41 g, Ammoniak 141 cm³, spez. Gewicht 0,9, destill. Wasser zu 1000 cm³ auffüllen.

B) Kupfersulfat 11 g, Kobaltsulfat 8,5 g, destill. Wasser zu 1000 cm³.

C) Kupfersulfat 2,3 g, Ammoniak 230 cm³, spez. Gewicht 0,9, destill. Wasser zu 1000 cm³.

D) Kupfersulfat 15 g, Kobaltsulfat 15 g, destill. Wasser zu 1000 ³cm.

---

[1]) Der Vergleich dieser Wellenlängen, die aus dem Farbdreieck abgelesen wurden, mit den aus den gemessenen Daten sich ergebenden Komplementärfarben (Abb. 12) ergibt, daß das Paar innerhalb der Streubreite der Meßdaten liegt.

[2]) C. C. ABBOT, Annales of the Astrophys. Observat. Smithsonian Inst. Bd. 3, S. 135. Die Angaben sind dem Rep. of Colorimetry von Troland, Journ. Opt. Soc. Bd. 6, S. 527. 1922 entnommen.

[3]) I. G. PRIEST, Scient. Pap. Bureau of Stand. Bd. 417. 1921.

[4]) L. ARONS, Ann. d. Phys. Bd. 33, S. 799. 1910; Bd. 39, S. 545. 1912.

[5]) J. GUILD, Trans. Opt. Soc. Bd. 27, S. 106, 1925/26.

Kapitel 2.

Lichtstrahlung der zur Erzeugung künstlichen Lichtes benutzten festen Körper.

Von

E. Lax und M. Pirani, Berlin.

Mit 14 Abbildungen.

1. Einleitung. Im Eingangskapitel ist die Lichtstrahlung des schwarzen Körpers behandelt. Nur für diesen Idealfall ist die Abhängigkeit der Wärmestrahlung von der Temperatur und Schwingungszahl gesetzmäßig erfaßt. Herstellbar ist diese Strahlung, wie schon gesagt, nur als Hohlraumstrahlung.

Die Wärmestrahlung fester Körper, die als Lichtquellen Verwendung finden, ist in vorläufig unbekannter Weise von Eigenschaften der strahlenden Substanz und deren Änderungen mit der Temperatur abhängig.

A. Allgemeines über die Strahlung fester Körper.

2. Optische Konstanten. Das optische Verhalten eines Materials wird durch Angabe des Brechungsvermögens n_λ gegen Vakuum und des Absorptionsindexes k charakterisiert. Das Brechungsvermögen ist bestimmt durch die Festsetzung, daß die Entfernungen zweier benachbarter Ebenen, in denen die Wellenbewegung des Lichtes die gleiche Phase hat, also die Wellenlänge λ' in dem Medium, gegeben ist durch λ/n (λ Wellenlänge im Vakuum). Der Absorptionsindex gibt ein Maß für das Verhältnis der Intensität der eintretenden Strahlung zu der im Medium im bestimmten senkrechten Abstand vorhandenen. Bei stark absorbierenden Körpern wird eine Größe k angegeben, die bestimmt ist durch die Gleichung

$$J' = J_0 \cdot e^{-\frac{4\pi k d}{\lambda}},$$

J' Intensität im Abstande d,
J_0 in das Medium eindringende Intensität.

Bei schwach absorbierenden, also durchsichtigen Körpern, wird im allgemeinen der Wert $\frac{4\pi k}{\lambda} = h$ angegeben, es ist also

$$J' = J_0 \cdot e^{-hd}.$$

$\frac{4\pi k}{\lambda} = h$ ist demnach der reziproke Wert der Schichtdicke, die durchdrungen werden muß, um die Intensität der eingedrungenen Strahlung auf den $e$ten Teil zu vermindern. Um ein Beispiel zu geben, sei diese Schichtdicke für Licht der Wellenlänge $5,89 \cdot 10^{-5}$ cm für ein Metall (Silber) und Quarz ausgerechnet. Silber:

$$k_\lambda = 3,67^1), \qquad \text{also Schichtdicke} \qquad \frac{5,89 \cdot 10^{-5}\,\text{cm}}{3,67 \cdot 4 \cdot \pi} = 1,3 \cdot 10^{-6}\,\text{cm},$$

$n_\lambda = 0,18$ für Luft[1].

Quarz läßt in 1 m dicker Schicht 93% des Lichtes durch. Daraus berechnet sich die Schichtdicke

$$\frac{1}{h} = 1,37 \cdot 10^3\,\text{cm}. \qquad (n = 1,544)$$

Aus diesen Konstanten ergibt sich aus der elektromagnetischen Lichttheorie das Reflexionsvermögen R_λ für senkrechte Inzidenz gegen Vakuum zu

$$R_\lambda = \frac{k^2 + (n-1)^2}{k^2 + (n+1)^2}.$$

Bei durchsichtigen Körpern ist die durch das k Glied bedingte Korrektion so klein, daß hier

$$R_\lambda = \frac{(n-1)^2}{(n+1)^2}.$$

Die Schichtdicke der zur Lichterzeugung benutzten Körper ist stets so groß, daß die sog. undurchsichtigen Körper von dem auffallenden Lichte den nicht reflektierten Teil praktisch vollständig absorbieren. Bei diesen Körpern ergänzen sich Absorptions- und Reflexionsvermögen zu 1. Bei durchsichtigen Körpern ist zur Berechnung des Absorptionsvermögens die Kenntnis des Absorptionsindexes, der Dicke der strahlenden Substanz und des Reflexionsvermögens nötig. Es ist hier

$$A_\lambda = (1 - R_\lambda)\,(1 - e^{-h\lambda d}).$$

Die Emission $e_{\lambda T}$ der Körper ist mit dem Absorptionsvermögen $A_{\lambda T}$ durch das Kirchhoffsche Gesetz verknüpft. Dies besagt: Es ist für eine bestimmte Wellenlänge bei gegebener Temperatur die Emission, dividiert durch das Absorptionsvermögen, für alle Körper eine Konstante; sie ist gleich der Emission des schwarzen Körpers für die gleiche Schwingungszahl und Temperatur.

Die Emission $e_{\lambda T}$ eines Körpers wird meist auf die Emission des schwarzen Körpers ($E_{\lambda T}$) als Einheit bezogen. Man gibt also das Verhältnis der Emission des Körpers zu der des schwarzen Körpers an, also das Emissionsvermögen. Es sind also Absorptions- und Emissionsvermögen zahlengleich.

Die Abhängigkeit des Emissionsvermögens vom Winkel zwischen Flächennormale und Beobachtungsrichtung, sowie die Änderung mit der Wellenlänge und mit der Temperatur werden im folgenden nur im Hinblick auf den Einfluß auf die Lichterzeugung erörtert.

3. Änderung des Emissionsvermögens mit der Beobachtungsrichtung. Die Angaben des spektralen Emissionsvermögens beziehen sich im allgemeinen auf die Emission in Richtung der Flächennormale. Mittelwerte der Gesamtemission werden jedoch häufig aus der nach allen Richtungen abgestrahlten Energie (Messung der Energiezufuhr) gewonnen, es sind dies dann über alle Strahlungsrichtungen gemittelte Werte, die von der Körperform abhängen (vgl. Ziff. 9 b).

Ist das Emissionsvermögen im sichtbaren Gebiet von der Richtung abhängig, so erscheint die strahlende Fläche je nach der Beobachtungsrichtung verschieden

---

[1]) Werte nach Drude, wiedergegeben in A. Kohlrausch, Lehrbuch der prakt. Phys. 14. Aufl. S. 400. 1923.

hell; man kann zur Berechnung des Lichtstromes nicht das LAMBERTsche Kosinus-gesetz heranziehen (Kap. 1, Ziff. 27).

Die Änderung des Emissionsvermögens mit der Beobachtungsrichtung ist für $\lambda = 6,65 \cdot 10^{-5}$ cm von WORTHING[1]) bei Wolfram, Tantal und Molybdän festgestellt. Das Emissionsvermögen nimmt mit dem Emissionswinkel (Winkel zwischen Flächennormale und Beobachtungsrichtung) zuerst langsam, dann schneller zu; bei 75 bis 80° ist der Wert ca. 15% größer als in Richtung der Flächennormale. Das Licht ist teilweise polarisiert. Die genauen Daten sind bei Besprechung der Strahlung der Metalle (Ziff. 18, Abb. 7) wieder-gegeben.

4. Temperaturabhängigkeit des Emissionsvermögens. Für undurchsichtige, metallisch reflektierende Flächen, soweit es sich um Strahler ohne starken Absorptionsanstieg innerhalb des sichtbaren Gebietes handelt, zeigen die Messungen, daß die Veränderung des Emissionsvermögens mit der Temperatur für das Gebiet sichtbarer Wellenlänge nicht sehr groß ist. Sie ist deshalb nur für als feste Körper hocherhitzbare Metalle, Platin, Molybdän, Tantal und Wolfram (Daten weiter hinten) bisher nachgewiesen. Inwieweit eine Veränderung des Emissionsvermögens durch Verbreiterung der im sichtbaren Gebiet liegenden Absorptionsbanden von Gold und Kupfer mit Temperaturerhöhung eintritt, ist noch nicht untersucht.

Um nichtmetallisch leitende Strahler zu erhitzen, benutzt man meist die Verbrennungsenergie von Gasen (z. B. Leuchtgas, Wasserstoff). Da im allgemeinen die chemische Reaktionsfähigkeit mit der Temperatur stark ansteigt, ist in der Flamme daher das Emissionsvermögen auch von der Art der den Körper umgebenden Verbrennungsgase abhängig. Änderungen der Lage zur Flamme bedingen nicht nur Temperaturänderungen, sondern evtl. auch chemische Einwirkungen (s. Ziff. 23 Auerstrumpf). Aber auch abgesehen davon scheint der Einfluß der Temperatur auf das Emissionsvermögen groß zu sein, wie z. B. die Messungen an der mit JOULEscher Wärme erhitzten Nernstmasse zeigen. Es scheint bei diesen Strahlern mit zunehmender Wärmebewegung die Selektivität herabgedrückt zu werden; stark hervortretende Absorptionsbanden[2]) verbreitern sich; das Emissionsvermögen nimmt zu, die Strahlung wird im sicht-baren Gebiet der des schwarzen Körpers ähnlicher.

5. Abhängigkeit des Emissionsvermögens von der Wellenlänge. Gemäß der Abhängigkeit des Emissionsvermögens von der Wellenlänge kann man die Körper in grau strahlende und selektiv strahlende einteilen.

Ist das Emissionsvermögen für alle Wellenlängen oder in einzelnen größeren Bereichen das gleiche, dann strahlt der Körper grau im Gesamtgebiet oder wenigstens in dem Teilgebiet. Ändert es sich mit der Wellenlänge, dann strahlt der Körper selektiv.

Der ideal grau strahlende Körper existiert nicht. Jeder Körper hat Stellen ausgezeichneter Absorption. Liegen diese im sichtbaren Gebiet, dann hat der Körper evtl. keine Farbtemperatur (s. Ziff. 9).

Bei fast allen als Lichtstrahler benutzten Metallen nimmt das Reflexions-vermögen mit fallender Wellenlänge ab. Ausnahme bilden die Resonanzgebiete. In bezug auf die Lichtstrahlung bewirkt dieses Verhalten, daß die Lichtausbeute (Lm/W) im allgemeinen größer als die des schwarzen Körpers ist.

---

[1]) A. G. WORTHING, Journ. Opt. Soc. Amer. Bd. 13, S. 635. 1926.
[2]) Für Nernstmasse: F. KURLBAUM u. A. GÜNTHER-SCHULZE, Verh. d. D. Phys. Ges. 1903, S. 428; ferner Untersuchungen v. F. HENNING u. W. HEUSE an Rubin, ZS. f. Phys. Bd. 20, S. 132. 1923; K. SCHAUM u. H. WÜSTENFELD, ZS. f. wiss. Photogr. Bd. 10, S. 213. 1911; O. REINKOBER, ZS. f. Phys. Bd. 3, S. 318. 1920.

6. Einfluß der Schichtdicke auf die Selektivität durchsichtiger Körper[1]. Das Durchlassungsvermögen eines durchsichtigen Körpers von der Dicke d für eindringende Strahlung ist $e^{-h_\lambda d}$, es wird also von der eindringenden Strahlung $1-e^{-h_\lambda d}$ absorbiert, mithin beträgt sein Absorptionsvermögen $(1-R_\lambda)(1-e^{-h_\lambda d})$. Dieses ist gleich seinem Emissionsvermögen. Hat h_λ für bestimmte Wellenlängen höhere Werte, so ist die Emission für diese Wellenlängen bei kleiner Schichtdicke stark vermehrt. Mit wachsender Schichtdicke nimmt jedoch der Einfluß mehr und mehr ab, der Wert $e^{-h_\lambda d}$ sinkt gegenüber 1 zu einem Korrektionsglied verschwindender Bedeutung herab. Infolgedessen schwindet die Selektivität, der Körper strahlt dann wie ein undurchsichtiger Körper, das Absorptionsvermögen ergänzt sich mit dem Reflexionsvermögen zu 1. Als Beispiel seien die Messungen von Henning und Heuse am Rubin in Tabelle 1 wiedergegeben[2]; das dem größten h entsprechende Maximum der Emission bei $\lambda = 5{,}77 \cdot 10^{-5}$ cm verflacht sich mit zunehmender Dicke, bei $d = 9{,}67$ mm ist der Grenzwert $e = 1 - R$ bereits erreicht.

Tabelle 1. Emissionsvermögen des Rubins bei 1100°C für verschieden dicke Stücke.

Wellenlänge λ in cm	Reflexionsvermögen	Absorptionskoeffizient h	Emmissionsvermögen für eine Schichtdicke d			
			$d=0{,}90$ mm	$d=2{,}39$ mm	$d=4{,}81$ mm	$d=9{,}67$ mm
$5{,}25 \cdot 10^{-5}$	0,21	0,72	0,36	0,65	0,75	0,79
$5{,}49 \cdot 10^{-5}$	0,21	0,83	0,41	0,68	0,78	0,79
$5{,}77 \cdot 10^{-5}$	0,21	0,95	0,45	0,71	0,78	0,79
$6{,}09 \cdot 10^{-5}$	0,19	0,81	0,41	0,70	0,80	0,81
$6{,}45 \cdot 10^{-5}$	0,16	0,62	0,35	0,65	0,80	0,84

7. Abhängigkeit des Reflexionsvermögens von der Oberflächenbeschaffenheit. Die Bestimmung der optischen Konstanten wird nach Möglichkeit an hochpolierten Oberflächen vorgenommen. Selbst gute Politur gibt noch keine idealen Oberflächen.

Bei Bestimmung der optischen Konstanten, die Pfestorf[3] neuerdings vornahm, wurde der Einfluß der Oberflächenschichten und unvollkommener Politur mit untersucht, für Stahl als Extremfall ergab sich z. B., daß bei Verwendung eines neuen Poliermittels anstatt Polierrot der Wert des Reflexionsvermögens um ca. 30% stieg. Hocherhitzte Körper werden meist nicht ideal polierte Oberflächen haben. Es sei deshalb kurz auf die Art der Aufrauhung der Oberflächen kristalliner Körper eingegangen.

Die als Lichtstrahler benutzten Metalle sind meist kleinkristallin, bei Hochglanzpolitur sind die Kristallgrenzen verwischt, die Flächen sind für Lichtwellen glatt. Merkliche Unterschiede der Emission der einzelnen Flächen treten jedoch sofort bei Verminderung der Hochglanzpolitur auf. Solche Oberflächenänderungen sind bei polierten großkristallinen Substanzen leicht zu sehen, sie treten beim Hocherhitzen auf, wenn die einzelnen Kristalle verschieden orientiert sind, und beruhen auf Ausbildung charakteristischer Oberflächenstruktur infolge Abtragung durch Angriff von Restgasen oder durch Einformung von aus der Dampfhülle zurückdiffundierenden Atomen.

Die Erscheinung ist ähnlich der bekannten Ätzung von Metallen. Bei dieser tritt die Änderung des Reflexionsvermögens mit der Orientierung des Ein-

[1]) Die Bedeutung selektiver Strahlungseigenschaften für die Lichterzeugung ist von F. Skaupy behandelt worden. Vgl. „Die durchsichtigen Selektivstrahler als Leuchtkörper." ZS. f. Phys. Bd. 12, S. 177. 1923.

[2]) Vgl. die Arbeit v. F. Henning u. W. Heuse über Strahlungseigenschaften von Aluminium- und Magnesiumoxyd. ZS. f. Phys. Bd. 20, S. 132. 1923.

[3]) G. Pfestorf, Ann. d. Phys. Bd. 81, S. 906. 1926.

kristalls besonders gut hervor; denn gemäß der für das Lösungsmittel und für die physikalisch-chemischen Bedingungen charakteristischen Kristallform des Lösungskörpers erhält jede kristallographisch verschiedene Fläche durch Entstehen von vielen kleinen Lösungsflächen (Bildung kristallographisch begrenzter Grübchen) eine charakteristische Reliefstruktur. Die Zahl. und Richtung der auf jeder Kristallfläche hervorkommenden gleichartigen Lösungsflächen bestimmt die Richtungen, in denen spiegelnde Reflexion vorhanden ist. Betrachtet man eine geätzte Oberfläche in konvergentem Licht (festgehaltene Beobachtungsrichtung), so wechseln bei Drehung um die Flächennormale Richtungen, die stark reflektieren, mit solchen schwacher Reflexion. Festlegung der Zahl dieser Reflexionen oder des Winkelabstandes zwischen zwei gleich starken Reflexionen gibt dann eine eindeutige Beziehung zur Kristallfläche; die Orientierung von Kristalliten in metallischen Konglomeraten ist damit bestimmbar[1]).

Der Einfluß der Oberflächenrauhigkeit auf die Emission sei an einem Beispiel gezeigt:

Dünne Wolframbänder zeigen nach längerem Hocherhitzen nach der Rekristallisation oft mehrere im gleichen Querschnitt liegende Kristalle verschiedener Orientierung, die sich sowohl durch verschiedene Emission bei hohen Temperaturen, als auch durch verschiedene Reflexion im auffallenden Licht voneinander unterscheiden. Die schwarzen Temperaturen der Flächen weichen oft um $10°$ bei $2000°$ voneinander ab, so daß bei Annahme des normalen Emissionsvermögens für die Fläche geringerer Emission ($E_{\lambda=0,65\mu} = 0,43$) sich für die andere Fläche ein Emissionsvermögen von $0,45$ ergäbe. Bei schräger Betrachtung ist meist ein Winkel auffindbar, bei dem die Unterschiede sich ausgleichen; bei Vergrößerung des Winkels treten sie wieder auf. Eine Steigerung der schwarzen Temperatur um $10°$ bedeutet bei $2000°$ abs. eine Leuchtdichtenvermehrung um ca. 6%. Bei Metallfadenglühlampen haben M. PIRANI und A. R. MEYER[2]) die Änderungen von Leuchtdichten in Abhängigkeit von der Brennzeit untersucht.

8. Einfluß der Korngröße auf Reflexions- und Absorptionsvermögen bei Körpern aus durchsichtigem Material. Treten in einem durchsichtigen Körper Sprünge auf, so ändert sich das optische Verhalten stark[3]). Bei gefärbten Substanzen ändert sich der „Weißgehalt" des reflektierten Lichtes. Preßkörper aus ganz feinen Pulvern durchsichtiger Körper (auch gefärbter) sind fast weiß. Der Einfluß der Korngröße auf die Temperaturstrahlung ist nicht untersucht. Man wird aber wohl einen Teil der z. B. bei verschiedenen Nernststiften beobachteten Unterschiede der Strahlung auf Korngrößenverschiedenheit zurückführen können.

9. Untersuchung der Strahlung. Bevor die Lichtstrahlung einiger zur Herstellung von Lichtquellen benutzter Materialien behandelt wird, seien einige kurze Bemerkungen über die Strahlungsmessungen, soweit sie für die Beurteilung der Strahler als Lichtquellen in Betracht kommen, vorausgeschickt. Untersuchungen über Polarisation der Strahlung scheiden somit aus.

a) Charakterisierung der Strahlung im sichtbaren Gebiet mittels Messung der schwarzen Temperatur und der Farbtemperatur. Speziell für das Gebiet sichtbarer Strahlung lassen sich die Intensitäten der Strahlung in ausgesonderten kleinen Wellenlängenbereichen (monochromatische Strahlung) durch

---

[1]) G. TAMMANN u. A. MÜLLER, ZS. f. Metallkde. Bd. 18, S. 69. 1926; G. TAMMANN, ZS. f. anorg. Chem. Bd. 148, S. 293. 1925.
[2]) M. PIRANI u. A. R. MEYER, Elektrot. u. Maschinenb. Bd. 33, S. 397 und 414. 1915.
[3]) Vgl. F. SKAUPY, Phys. ZS. Bd. 28, S. 842. 1927.

Bestimmung der Leuchtdichte vergleichen. Man benutzt dazu z. B. ein Spektralpyrometer mit „verschwindendem Faden" [Holborn-Kurlbaumpyrometer[1])], dessen Strahler (eine Glühlampe) am schwarzen Körper geeicht wird. (Bestimmung der Stromstärke bei Helligkeitsgleichheit für verschiedene Temperaturen des schwarzen Körpers in den einzelnen Spektralbereichen.) Anstatt die Leuchtdichte in Abhängigkeit von der Stromstärke anzugeben, gibt man entsprechend der Hauptverwendung des Instrumentes als Temperaturmeßgerät die Temperatur des schwarzen Körpers, bei der dieser die gleiche Intensität in dem ausgesonderten Bereich hat, an. Man nennt sie die „schwarze Temperatur" des Strahlers für den zur Messung benutzten Schwingungsbereich (Wellenlänge) $T_{S\lambda}$. Bei gleicher Stromstärke, also gleicher wahrer Temperatur des Glühfadens des Pyrometerlämpchens, sind die Temperaturangaben ($T_{S\lambda}$) in den einzelnen ausgesonderten Schwingungsbereichen verschieden, sowohl bei grau, als bei selektiv strahlenden Glühfäden (Beispiele siehe weiter hinten bei den einzelnen Strahlern). Untersuchungen über die Abhängigkeit der Emission von der Beobachtungsrichtung können mit dem Pyrometer auch ausgeführt werden. Weiter können spektrale Untersuchungen durch photographische Aufnahme des Spektrums und Auswertung derselben im Vergleich mit der Spektralstrahlung des schwarzen Körpers gemacht werden.

Man kann die Lichtstrahlung auch nach ihrer Wirkung auf das Auge zusammenfassend charakterisieren, indem man Farbton und Sättigung und die Leuchtdichte angibt (vgl. Kap. 1, Ziff. 17ff.). Anstatt die Farbkoordinaten selbst anzugeben, bezieht man vielfach auf die Lichteindrücke der Hohlraumstrahlung, gibt Farbtemperatur und Farbemissionsvermögen (siehe später) an. Diese letztere Kennzeichnung ist z. B. für Strahler, deren Strahlung infolge starken Anstiegs des Emissionsvermögens im Grün-Blau Farbtöne zwischen $4,8 \cdot 10^{-5}$ cm und $5,85 \cdot 10^{-5}$ cm ergeben (vgl. Kap. 1, Ziff. 31), nicht anwendbar (z. B. Kupfer bei 1100° abs.).

Die Temperatur des schwarzen Körpers, bei der seine Strahlung den gleichen Farbton und gleiche Sättigung wie die Strahlung des untersuchten Körpers hat, der Farbeindruck also gleich ist, nennt man die Farbtemperatur T_f der untersuchten Strahlung. Es ist also bei der Farbtemperatur die Intensitätsverteilung im sichtbaren Gebiet so, daß ihre physiologische Wirkung der Strahlung des auf diese Temperatur erhitzten schwarzen Körpers gleichkommt. Auf rein physikalischen Ursachen beruht diese Wirkung bei den grauen Strahlern. Hier ist die Intensität der Strahlung durchweg um denselben Faktor vermindert, Farbtemperatur und wahre Temperatur sind identisch. Bei Selektivstrahlern, bei denen wahre und Farbtemperatur verschieden sind, kann der Eindruck der Farbgleichheit rein physikalische oder physikalisch-physiologische Gründe haben. Rein physikalisch dann, wenn infolge des mit der Wellenlänge veränderlichen Emissionsvermögens bei einer bestimmten wahren Temperatur T_w die Intensitätsverteilung genau der der Strahlung des schwarzen Körpers einer anderen Temperatur entspricht, der Strahler also bei Bezug auf diese Temperatur grau strahlt[2]); physikalisch-physiologisch, wenn die Intensitätsverteilung nicht identisch mit der des schwarzen Körpers bei der Farbtemperatur ist, aber so abweicht, daß die Abweichungen physiologisch nicht bemerkbar sind, sich also physiologisch kompensieren (vgl. Kap. 1). Zur Bestimmung des Lichteindruckes ist außer der

---

[1]) Siehe z. B. F. Henning, Die Grundlagen, Methoden und Ergebnisse der Temperaturmessung (Braunschweig 1915).

[2]) Die Bedingungen für die Temperaturabhängigkeit des Absorptionsvermögens eines Strahlers, der stets physikalisch begründete Farbtemperaturen hat, sind z. B. in dem Artikel „Allgemeine Photometrie" von W. Dziobek im Handbuch der physikalischen Optik, Leipzig 1926, angegeben.

Kenntnis der zwei Farbkoordinaten Farbton und Sättigung noch eine 3. Zahlen-
angabe, die sich auf die Leuchtdichte bezieht, nötig. Diese kann relativ angegeben werden als Bruchteil der Leuchtdichte der Strahlung des schwarzen
Körpers gleicher Farbtemperatur, dieser Wert wird das Farbemissionsvermögen
genannt. Hat die gleiche Lage im Farbdreieck rein physikalische Ursachen, so
läßt sich das Farbemissionsvermögen a für eine gegebene Temperatur nach der
aus dem WIENschen Strahlungsgesetz sich ergebenden Emissionsvermögens-
gleichung aus einer gemessenen schwarzen Temperatur $T_{S\lambda}$, der dazu gehörigen
Wellenlänge λ und der Farbtemperatur T_f berechnen:

$$\ln a = \frac{c_2}{\lambda}\left(\frac{1}{T_f} - \frac{1}{T_{S\lambda}}\right).$$

Es ist dann a für ein T_f für alle Wellenlängen gleich, dagegen nicht für verschiedene T_f. Bei physikalisch-physiologischer Ursache ist a nur aus dem Verhältnis
der Leuchtdichte des Strahlers zu der des schwarzen Körpers resp. aus dem
Verhältnis der Helligkeitsintegrale (siehe Kap. 1, Ziff. 23) zu errechnen.

b) Untersuchungen der Gesamtstrahlung. Die Größe der Gesamtstrahlung
ist für elektrisch heizbare Strahler durch Messung der zugeführten Energie in
einem Stück des Strahlers, in dem überall gleiche Temperatur herrscht, zu bestimmen. (Abkühlungsverluste an den Zuführungen müssen ausgeschaltet werden.) Man hätte dann durch Division mit der Größe der Oberfläche des Strahlers
die von der Flächeneinheit in allen Richtungen abgestrahlte Energie, die Watt/cm².
Rechnet man mit der Größe Watt/cm², so muß bei Berechnungen der Lichtausbeute
für die Lichtstrahlung die entsprechende Größe Lm/cm² genommen werden. Diese
Einheit ist bisher nicht gebräuchlich, jedoch sehr zweckmäßig[1]).

Für die mit Verbrennungsenergie erhitzten Strahler muß die Strahlung
mit Bolometer, Thermosäule usw. gemessen werden. Es sind hier dann die
Strahlungseigenschaften der Flamme, sowohl in bezug auf Emission wie Absorption, zu berücksichtigen.

10. Leuchtgüte. Aus Lichtstrahlung und Gesamtstrahlung ergibt sich der
Wirkungsgrad, die Lichtausbeute eines Strahlers. Um ein Maß für diese zu
haben, kann man sie mit der Lichtausbeute des schwarzen Körpers gleicher
Temperatur vergleichen. Man kann nun sowohl bei der leicht bestimmbaren
schwarzen Temperatur (am geeignetsten dürfte die schwarze Temperatur im
Grün, Maximum der Augenempfindlichkeit, oder Gelbgrün bei der wirksamen
Wellenlänge des als Filter betrachteten Auges sein) (siehe Kap. 1, Ziff. 29),
wie auch bei der wahren oder Farbtemperatur den Vergleich vornehmen. Da
alle Eigenschaften der Materialien als Funktion der wahren Temperatur angegeben werden, ist diese vorzuziehen. Jedoch wird wegen der Bestimmungs-
schwierigkeit vielfach die Farbtemperatur herangezogen.

$$\frac{\text{Lichtausbeute (Strahler)}}{\text{Lichtausbeute (schwarzer Körper)}}$$

gibt also ein Maß für die Selektivität des Strahlers in bezug auf die Lichtstrahlung.
Dies Verhältnis wurde von PIRANI[2]) „Strahlungsgüte" genannt. Der Ausdruck
„Leuchtgüte", oder, wie TEICHMÜLLER[3]) im Anschluß an die PIRANIsche Arbeit
vorschlägt, „Leuchtungsgüte", dürfte jedoch zutreffender sein. Der Wert der
Leuchtgüte ist, je nachdem der Vergleich bei wahrer oder Farbtemperatur

---

[1]) Rechnet man mit der Leuchtdichte HK/cm², so muß ein entsprechender Wert
für die Watt/cm² genommen werden. Vgl. Kap. 1, Ziff. 28 u. Kap. 12, Ziff. 2.

[2]) M. PIRANI, ZS. f. techn. Phys. Bd. 6, S. 106. 1925; E. LAX u. M. PIRANI, Licht und
Lampe 1925, S. 463.

[3]) J. TEICHMÜLLER, ZS. f. techn. Phys. Bd. 6, S. 491. 1925.

gemacht wird, verschieden. Nur für im Sichtbaren grau strahlende Körper ist er gleich. Für den ideal grau strahlenden Körper ist die Leuchtgüte 1. Infolge der Temperaturveränderlichkeit des Absorptionsvermögens ändert sich der Wert der Leuchtgüte mit der Temperatur. Eine ähnliche Charakterisierung für die Selektivität der Strahlung wird von WORTHING[1]) durch Bildung des Verhältnisses

$$\frac{\text{Lichtausbeute (Strahler)} - \text{Lichtausbeute (schwarzer Körper)}}{\text{Lichtausbeute (schwarzer Körper)}}$$

bei Farbtemperatur vorgenommen. Es ist dies also die um 1 verminderte Leuchtgüte bei Farbtemperatur (siehe auch Kap. 12, Ziff. 2).

B. Strahlung einzelner hocherhitzbarer Körper.

11. Einteilung. Bei Behandlung der Strahlungseigenschaften wird als Einteilungsprinzip das Verhältnis der Lichtstrahlung zu der des schwarzen Körpers in physikalischer und physikalisch-physiologischer Hinsicht benutzt. Es werden unterschieden:

Grau strahlende Körper,
Selektivstrahler mit Farbtemperatur,
Selektivstrahler ohne Farbtemperatur.

Neben den als Lichtquellen benutzten Strahlern sind Daten hocherhitzbarer Körper, soweit sie charakteristisch in bezug auf Lichtstrahlung sind, mit angegeben.

I. Grau strahlende Körper.

12. Kohle. Kohle ist der typische Graustrahler im sichtbaren Gebiet. Das Emissionsvermögen von Kohlefäden, wie sie in den Kohlefadenglühlampen be-

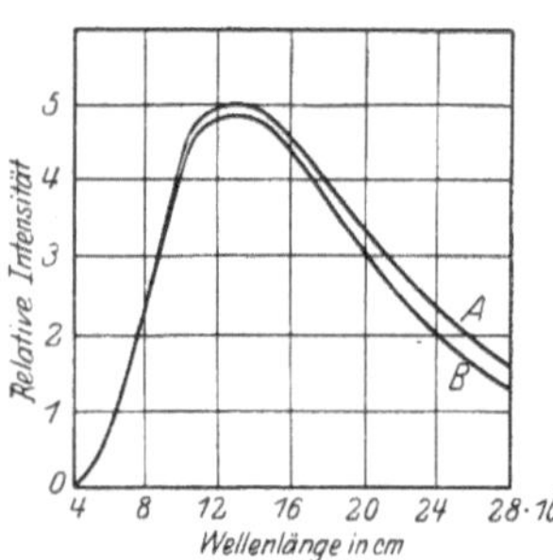

Abb. 1. Relative Energieverteilung der Strahlung des schwarzen Körpers (Kurve A) und von Kohleglühfäden (Kurve B) bei Farbgleichheit. Temperatur des schwarzen Körpers ca. 2200° abs.

nutzt wurden, wird meist zu 0,7 im sichtbaren Gebiet angegeben[2]). Im Ultrarot ist das Emissionsvermögen geringer, so daß im Durchschnitt das Emissionsvermögen für die Gesamtstrahlung bei 2000° abs. etwa 0,58 ist. Ein Bild der Abhängigkeit des Emissionsvermögens von der Wellenlänge für das sichtbare und ultrarote Gebiet gibt Abb. 1[3]). Sie zeigt relative Werte der Emission des schwarzen Körpers, Kurve A, und der eines Kohleglühfadens, Kurve B, bei annähernd 2200° abs. Es sind die Emissionen im sichtbaren Gebiet für beide Strahler gleich groß gesetzt. Bei präparierten Kohlefäden, d. h. oberflächlich graphitierten, ist die Strahlung verändert.

Die wahre Temperatur der Kohle erhält man näherungsweise aus der leicht feststellbaren Farbtemperatur (Genauigkeit bei 2000° ungefähr 5°). Um sie aus der schwarzen Temperatur anzugeben, dient das Kurvenblatt Abb. 2. Es ist hier unter Zugrundelegung des Emissionsvermögens von 0,7 die Differenz von $T_w - T_S$, aus

$$\ln A_\lambda = \frac{c_2}{\lambda}\left(\frac{1}{T_w} - \frac{1}{T_S}\right)$$

berechnet, in Abhängigkeit von der Wellenlänge für verschiedene T_S aufgetragen.

---

[1]) Vgl. F. E. CADY u. H. B. DATES, Ill. Eng., London 1925.

[2]) Aus der nach W. E. FORSYTHE in Tabelle 3 angegebenen schwarzen und Farbtemperatur für die von ihm verwandten Kohlefadenlampen würde ein Emissionsvermögen 0,85 bis 0,9 errechnet werden.

[3]) Entnommen J. H. van HORN: Elect. Incand. Lamps in CADY u. DATES: Ill. Eng. London. 1925.

Henning und Heuse[1]) fanden, daß die schwarze Kratertemperatur bei Bogenlampenkohlen aus Homogenkohle Marke A, Gebr. Siemens, Lichtenberg, bei einer Belastung von 0,02 bis 0,025 Amp. pro mm^2 für $\lambda = 6{,}56 \cdot 10^{-5}$ cm und $\lambda = 5{,}45 \cdot 10^{-5}$ cm annähernd gleich ist, Mittelwert 3703° abs. Hieraus auf eine Abweichung von der Konstanz des Emissionsvermögens (im Rot müßte bei A_λ = konst. = 0,7 die schwarze Temperatur etwa 30° unter der im Grün liegen) zu schließen, ist bei der Streuung der Werte bei den hohen Temperaturen nicht möglich. Es wird wahrscheinlich, wie auch Henning und Heuse meinen, die rauhe Kraterfläche schon stark geschwärzt strahlen. Die neueren Schmelzpunktbestimmungen an Kohle [3760°abs.[2])] weisen auch auf Schwärzung hin. Die Temperatur des ungeschwärzten Kraters könnte nicht so hoch sein.

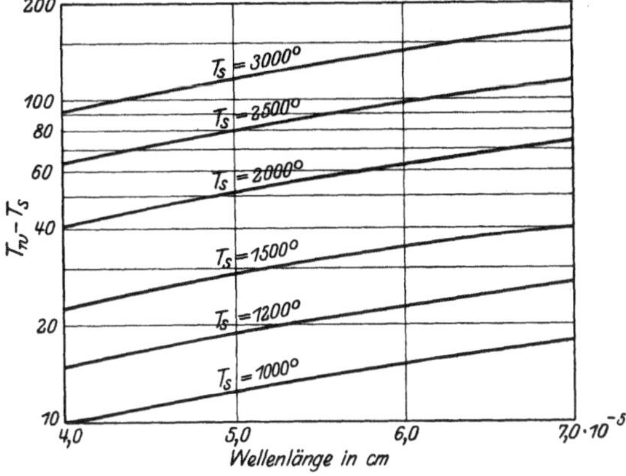

Abb. 2. Differenz zwischen wahrer (T_w) und schwarzer (T_S) Temperatur bei gleichem Absorptionsvermögen $A = 0{,}7$ in Abhängigkeit von der Wellenlänge.

Die Farbtemperatur einer 10-Amp.-65-Volt-Bogenlampe mit homogenen Kohleelektroden bestimmte Priest[3]) zu 3780° abs. Im allgemeinen ist jedoch die Farbtemperatur von der Kohlensorte und der Belastung abhängig, nach Angaben von Waidner und Burgess[4]) schwankt sie um 200°.

Es ist für Kohle die Leuchtdichte ca. 0,7 mal so groß wie die des schwarzen Körpers gleicher wahrer Temperatur (vgl. Kap. 1 Ziff. 18).

Der optische Nutzeffekt sowohl wie der visuelle Nutzeffekt für die Gesamtstrahlung sind größer als die des schwarzen Körpers gleicher wahrer Temperatur. Der visuelle Nutzeffekt für das sichtbare Gebiet ist gleich dem des schwarzen Körpers.

Die Leuchtgüte beträgt bei einer Farbtemperatur von 1760° abs. 1,18, bei 2160° abs. 1,25.

Der Farbeindruck der Kohlefadenlampe ist gleich dem des schwarzen Körpers gleicher wahrer Temperatur.

13. Graphit. Strahlungsmessungen an Graphit sind im Gebiete hoher Temperaturen nur an graphitierten Kohlefäden vorgenommen. Das Emissionsvermögen im Sichtbaren ist etwas kleiner als das der Kohlefäden. Es steigt nach dem Blau etwas an. Im Ultrarot ist das Emissionsvermögen noch weiter vermindert. Abb. 3 zeigt dies[5]). In Kurve a und b

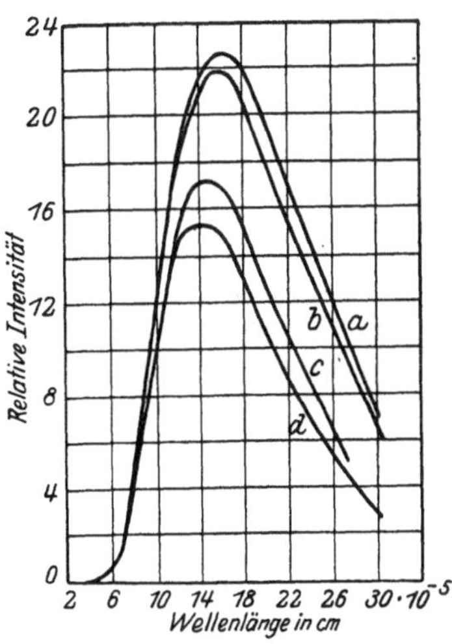

Abb. 3. Relative Intensität der Strahlung von Kohlefäden, Kurve a; präparierte Kohle, Kurve b; Wolfram, Kurve c; Osmium, Kurve d, gemessen durch eine Glasglocke bei Farbgleichheit in Abhängigkeit von der Wellenlänge. (Temperatur ca. 1900° abs.)

[1]) F. Henning u. W. Heuse, ZS. f. Phys. Bd. 32, S. 799. 1925.
[2]) H. Alterthum, W. Fehse u. M. Pirani, ZS. f. Elektrochem. Bd. 31, 1925, Nr. 6, S. 313.
[3]) J. G. Priest, Journ. Opt. Soc. Amer. Bd. 6, S. 27. 1922.
[4]) C. W. Waidner u. G. K. Burgess, Nach Angaben in J. Guild, Proceed. of the Opt. Convent. I, London 1926, S. 61.
[5]) W. W. Coblentz u. E. P. Hyde, ZS. f. Beleuchtungsw., Heft 23, S. 227. 1909.

sind die relativen Energieverteilungen eines Kohleglühfadens und eines graphitierten Kohlefadens bei gleicher Farbtemperatur aufgetragen. Nach Messungen an Acheson-Graphit von Prescott und Hincke[1]) ergibt sich für $\lambda = 6{,}6 \cdot 10^{-5}$ cm im Temperaturgebiet von 1250° bis 2700° abs. das Emissionsvermögen zu $0{,}984 - 5{,}8 \cdot 10^{-5}\, T$.

Entsprechend der Verminderung der Ultrarotstrahlung ist die Leuchtgüte höher. Bei einer Farbtemperatur von 1760° abs. ist sie 1,24, bei 2160° abs. 1,32.

II. Selektivstrahler mit Farbtemperatur.

14. Zusammenhang zwischen Farbtemperatur und wahrer Temperatur.

Bei allen untersuchten hocherhitzbaren Metallen, mit Ausnahme von Gold und Kupfer, ist das Emissionsvermögen im sichtbaren Gebiet nur wenig mit der Wellenlänge veränderlich. Es steigt meist mit fallender Wellenlänge. Infolge der vermehrten Strahlung im Blau hat dann das Licht die Farbe der Hohlraumstrahlung einer höheren Temperatur. Die Farbtemperatur ist also höher als die wahre Temperatur. Auch ein Teil der Oxyde zeigt eine ähnliche Strahlung.

Messungen der Farbtemperatur von Strahlern in Abhängigkeit von der wahren Temperatur liegen für Wolfram[3]), Molybdän[4]) und Tantal[5]) vor, sie sind in der nebenstehenden Tabelle 2 wiedergegeben.

Tabelle 2. Wahre Temperatur und Farbtemperatur von Wolfram, Tantal und Molybdän.

Wahre Temperatur in abs. Zählung T_w	Farbtemperatur in abs. Zählung[2]) T_f		
	W	Ta	Mo
1000	1006	—	1004
1200	1210	—	1207
1400	1414	—	1411
1600	1619	1642	1616
1800	1825	1859	1823
2000	2033	2075	2032
2200	2242	2288	2244
2400	2452	2497	2456
2600	2663	2705	2672
2800	2878	2911	2891
3000	3094		
3200	3311		
3400	3533		

Für einige weitere Strahler ist die Farbtemperatur in Abhängigkeit von der schwarzen Temperatur im Rot ($\lambda = 6{,}65 \cdot 10^{-5}$ cm) von Forsythe[6]) bestimmt worden. Die Daten sind in Tabelle 3 wiedergegeben.

Angaben derselben Arbeit ermöglichen Schlüsse über die spektrale Energieverteilung des Strahlers bei der Farbtemperatur im Vergleich mit der des schwarzen Körpers. Forsythe maß die Leuchtdichte im Rot ($\lambda =$ ca. $6{,}6 \cdot 10^{-5}$cm), Grün ($\lambda =$ ca. $5{,}4 \cdot 10^{-5}$ cm) und Blau ($\lambda =$ ca. $4{,}7 \cdot 10^{-5}$ cm) und bildete die Verhältnisse: Leuchtdichte Rot/Leuchtdichte Blau, LR/LB, und Leuchtdichte Rot/Leuchtdichte Grün, LR/LG, für jeden Strahler und den schwarzen Körper. Ist die Ursache der Farbgleichheit zwischen Strahler und schwarzem Körper durch gleiche Energieverteilung im sichtbaren Gebiet bedingt, so müssen die Leuchtdichteverhältnisse gleich sein. Entsteht dagegen die Farbgleichheit durch eine physikalisch-physiologische Wirkung, so werden die Verhältnisse abweichen. Für Kohlefäden entsprechen die Verhältnisse denen des schwarzen Körpers;

---

[1]) C. H. Prescott jr. and W. B. Hincke, Phys. Rev. Bd. 31, S. 130. 1928.

[2]) Die Temperaturskala ist die in Amerika meist benutzte. Goldschmelzpunkt 1336° abs. $c_2 = 1{,}435$ cm $\cdot$ Grad. Umrechnungswerte auf $c_2 = 1{,}43$ cm $\cdot$ Grad sind in Tabelle 7, 8 u. 9 angegeben.

[3]) W. E. Forsythe u. A. G. Worthing, Astrophys. Journ. Bd. 61, S. 146. 1925.

[4]) A. G. Worthing, Phys. Rev. Bd. 28, S. 190. 1926.

[5]) A. G. Worthing, Phys. Rev. Bd. 28, S. 190. 1926. Angaben nach Messungen von W. E. Forsythe.

[6]) W. E. Forsythe, Journ. Opt. Soc. Amer. Bd. 7, S. 1115. 1923.

Tabelle 3. Beziehung zwischen schwarzer Temperatur und Farbtemperatur für eine Anzahl Substanzen.

Schwarze Temperatur[1] in absoluter Zählung	Entsprechende Farbtemperatur in absoluter Zählung für							
	Kohlefaden	Metallisierte Kohle	Platin	Nernststift	Osmium	Tantal	Wolfram	Molybdän
1400	1414	—	1568	1538	1444	1507	1492	1510
1500	1515	—	1692	1642	1562	1631	1607	1629
1600	1616	1620	1821	1747	1680	1758	1723	1750
1700	1718	1735	1952	1852	1799	1883	1841	1874
1800	1820	1852	2086	1954	1919	2010	1961	2001
1900	1923	1962	—	2053	2045	2137	2082	2130
2000	2028	2064	—	2146	2168	2265	2206	2263
2200	2240	2255	—	2310	2427	2523	2457	2535
2400	—	—	—	—	2688	2785	2718	2821
2600	—	—	—	—	—	—	2988	—
3000	—	—	—	—	—	—	3564	—

für Wolfram, Platin und Tantal ergibt sich bei Gleichsetzen des Verhältnisses LR/LB, LR/LG zu klein, die Strahlung im mittleren Teil des Spektrums ist also gegen die Strahlung des schwarzen Körpers erhöht. Bei Wolfram ist bei einer Farbtemperatur von 1600° abs. die Vermehrung ca. $^1/_2\%$, steigend auf 1% bei 2600° abs.; bei Tantal durchweg ca. 1%. Die Ergebnisse für Platin decken sich mit den für Wolfram gefundenen Werten. Bei Osmium ergibt sich umgekehrt bei Gleichsetzung des Verhältnisses LR/LB ein zu großes LR/LG. Osmium strahlt also im mittleren Teil des Spektrums weniger als ein schwarzer Körper gleichen Farbeindruckes.

15. Strahlung des Platins. Erhitztes Platin als Lichtquelle zu benutzen, kommt infolge der relativ niedrigen Schmelztemperatur und der damit verbundenen geringen Lichtausbeute (vgl. Kap. 1, Ziff. 25) nicht in Frage, nur bei den ersten Ansätzen zur Herstellung von Lichtquellen durch Erhitzung von Körpern mittels JOULEscher Wärme wurde Platin verwandt. Untersuchungen über die Lichtstrahlung des Platins wurden später vorgenommen, als VIOLLE[2] 1884 versuchte, ein Lichtnormal durch die Lichtstrahlung von 1 cm² erstarrenden Platins in Richtung der Normalen zur Oberfläche herzustellen. Die Leuchtdichte wurde zu 22,7 HK/cm² bestimmt. Diese Einheit ist jedoch praktisch nie benutzt.

Als Fixpunkt für die Eichung von optischen Mikropyrometern kann nach HENNING und HEUSE[3] die Oberflächenstrahlung des Platins beim Schmelzpunkt benutzt werden.

Die schwarze Temperatur des Schmelzpunktes ist für

$$\lambda = 6{,}22 \cdot 10^{-5}\,\text{cm} \quad 1844° \text{ abs.},$$

$$\lambda = 5{,}73 \cdot 10^{-5}\,\text{cm} \quad 1858° \text{ abs.}$$

Die Farbtemperatur des Platins beim Schmelzpunkt (2044° abs.) beträgt nach HENNING und HEUSE[3] 2083° abs. (äußerste Fehlergrenze 2058° abs. und 2109° abs.). Aus der Farbtemperatur T_f 2083° abs. und den schwarzen Temperaturen ist die Farbemission a zu 0,239 errechenbar. Daraus würde eine Leuchtdichte von etwa 19,6 HK/cm² für den Schmelzpunkt folgen.

---

[1] Aus der bekannten Abhängigkeit von Farbtemperatur und schwarzer Temperatur für Wolfram und Tantal folgt, daß sich diese Angabe auf $6{,}65 \cdot 10^{-5}$ cm bezieht.

[2] J. VIOLLE, Lumière électrique Bd. 14, S. 475 und 514. 1884; Ann. de chim. (6) Bd. 3, S. 373. 1884; J. PETAVEL, The Electrician Bd. 44, S. 747, 827 und 863. 1900.

[3] F. HENNING u. W. HEUSE, ZS. f. Phys. Bd. 29, S. 157. 1924.

Das Emissionsvermögen A_λ ist von HENNING und HEUSE[1]) für Rot zwischen 1418° und 1987° abs. im Mittel zu 0,348, für Grün zwischen 1669° abs und 1720° abs. zu 0,363 bestimmt worden. Eine Abhängigkeit von der Temperatur wurde nicht festgestellt. Nach den Messungen von WORTHING[2]) steigt das Emissionsvermögen mit wachsender Temperatur; die von ihm festgestellten Emissionsvermögen sind in Tabelle 4 wiedergegeben. Sie sind kleiner als die vorgenannten. Reflexionsmessungen von BAUER und MOULIN[3]) ergaben für die Abhängigkeit des Reflexionsvermögens von der Beobachtungsrichtung, daß bis etwa 40° eine Änderung gegen die in senkrechter Richtung gemessene Reflexion kaum feststellbar ist, daß dann aber eine Steigerung eintritt, so daß bei 89° die Reflexion um 13% größer als bei normaler Inzidenz ist (s. Ziff. 3).

Tabelle 4. Emissionsvermögen von Platin nach Messungen von WORTHING.

$c_2 = 1,435$ Temperatur in Grad abs.	Emissionsvermögen für Wellenlänge		
	$6,65 \cdot 10^{-5}$ cm	$5,35 \cdot 10^{-5}$ cm	$4,60 \cdot 10^{-5}$ cm
1200	0,295	0,325	
1600		0,335	0,375
1850	0,310		0,390

16. Emissionsvermögen von Palladium, Rhodium und Iridium. Die schwarze Temperatur für $\lambda = 6,22 \cdot 10^{-5}$ cm wurde für Pd, Rh, Ir beim Schmelzpunkt von HENNING und HEUSE[4]) bestimmt. Aus den Werten errechnet sich das Emissionsvermögen wie in Tabelle 5 angegeben:

Tabelle 5. Emissionsvermögen und schwarze Temperatur für $\lambda = 6,22 \cdot 10^{-5}$ cm beim Schmelzpunkt für Palladium, Rhodium und Iridium.

	T_w	$T_S (\lambda = 6,22 \cdot 10^{-5}$ cm$)$	$A_\lambda = 6,22 \cdot 10^{-5}$ cm
Pd	1830	1672	0,305
Rh	2243	1993	0,22
Ir	2623	2341	0,33

Messungen des Reflexionsvermögens bei Zimmertemperatur von v. WARTENBERG[5]) für Pd und von COBLENTZ[6]) für Rhodium und Iridium ergeben die in Tabelle 6 angeführten Werte des Emissionsvermögens:

Tabelle 6. · Emissionsvermögen von Palladium, Rhodium und Iridium.

λ in cm	Pd	Rh	Ir
$5,0 \cdot 10^{-5}$		0,24	0,28
$5,5 \cdot 10^{-5}$		0,23	0,27
$6,0 \cdot 10^{-5}$	0,33	0,22	0,25
$6,5 \cdot 10^{-5}$		0,21	0,24
$7,0 \cdot 10^{-5}$		0,20	

17. Die Strahlung des Osmiums. 1902 wurden aus Osmium[7]) die ersten brauchbaren Metallfadenglühlampen hergestellt. Osmium hat von allen untersuchten hocherhitzbaren Metallen die kleinste Ultrarotemission. Dies ist in Abb. 3 gezeigt. Es ist die Emission von Glühlampenfäden aus Kohle (Kurve a), aus präparierter Kohle (Kurve b), aus Wolfram (Kurve c) und Osmium (Kurve d) bei gleicher Farbtemperatur (schätzungsweise 1900° abs.) nach Messungen von COBLENTZ und HYDE[8]) eingetragen. (Beobachtung an Glühlampen, also durch Glaswände.)

---

[1]) F. HENNING u. W. HEUSE, ZS. f. Phys. Bd. 16, S. 63. 1923.
[2]) A. G. WORTHING, Phys. Rev. Bd. 28, S. 174. 1926.
[3]) E. BAUER u. M. MOULIN, C. R. Bd. 150, S. 167. 1910.
[4]) F. HENNING u. W. HEUSE, ZS. f. Phys. Bd. 29, S. 157. 1924.
[5]) H. v. WARTENBERG, Verh. d. D. Phys. Ges. Bd. 12, S. 105. 1910.
[6]) W. W. COBLENTZ, Bull. Bur. Stand. Bd. 9, S. 81. 1912. Vgl. F. HENNING: Über das Emissionsvermögen der Metalle, Jahrb. d. Radioakt. u. Elektr. Bd. 17, S. 30. 1920.
[7]) F. BLAU, Elektrot. ZS. Bd. 26, S. 196. 1905.
[8]) W. W. COBLENTZ u. E. P. HYDE, ZS. f. Beleuchtungsw. Heft 23, S. 227. 1909.

Die Leuchtgüte von Osmiumlampen ist folglich sehr hoch, auf Farbtemperatur bezogen, z. B. bei 1700° abs. 2,18, bei 2160° abs. 1,75[1]).

18. Die Strahlung des Tantals. Das Emissionsvermögen von Tantal ist nach Messungen von WORTHING für $\lambda = 6,65 \cdot 10^{-5}$ cm und $\lambda = 4,63 \cdot 10^{-5}$ cm in Abhängigkeit von der wahren Temperatur in Tabelle 7 wiedergegeben, Spalte 3 und 4. In Spalte 5 ist der Mittelwert des Gesamtemissionsvermögens

Tabelle 7. Strahlungseigenschaften des Tantals.

Temperatur $T°$ abs. $c_2 = 1,433$ cm · Grad	Temperatur $T°$ abs. $c_2 = 1,43$ cm · Grad	Emissionsvermögen bei $\lambda = 6,65 \cdot 10^{-5}$ cm	Emissionsvermögen bei $\lambda = 4,63 \cdot 10^{-5}$ cm	Mittleres Gesamtemissionsvermögen e_g	HLm [2]) $\perp$ cm²	Watt cm²
300	300	0,493	0,56	—	—	—
1000	1000	0,459	0,52	—	—	—
1200	1200	0,450	0,51	—	—	—
1400	1400	0,442	0,50	—	—	—
1600	1601	0,434	0,49	0,194	3,6	7,29
1800	1802	0,426	0,48	0,213	18,5	12,8
2000	2002	0,418	0,47	0,232	71,0	21,2
2200	2203	0,411	0,46	0,251	219	33,5
2400	2404	0,404	0,45	0,269	542	50,7
2600	2605	0,397	0,44	0,287	1180	74,6
2800	2807	0,390	—	0,304	2280	106
3000	3008	0,384	—	—	—	—
3300	3310	0,375	—	—	—	—

angegeben. Aus diesen Werten folgt, daß die Leuchtgüte des Tantals hoch ist. Sie beträgt bei Bezugnahme auf wahre Temperatur bei 1600° abs. ca. 2,5, bei 1800° abs. ca. 2,1, bei 2000° abs. ca. 2,0, bei 2800° abs. ca. 1,4. Die Leuchtdichte HK/cm² läßt sich angenähert aus den Angaben von WORTHING berechnen, indem man aus der angegebenen schwarzen Temperatur T_S für $\lambda = 6,65 \cdot 10^{-5}$ und der Farbtemperatur T_f das Farbemissionsvermögen a für das Gesamtgebiet berechnet (Voraussetzung, daß die Farbtemperatur auf rein physikalischer Ursache beruht)

$$\ln a = \frac{c_2}{\lambda}\left(\frac{1}{T_f} - \frac{1}{T_s}\right)$$

und mit diesem Faktor die Leuchtdichte des schwarzen Körpers multipliziert. Die auf HLm/cm² (1,11 HLm = 1 I.C.PLm) umgerechneten Werte ebenso wie die von WORTHING bestimmten Watt/cm² sind in Spalte 6 und 7 der Tabelle 7 angegeben.

Die Leuchtdichte ist nach den Messungen von WORTHING[3]) von der Beobachtungsrichtung abhängig. Das LAMBERTsche Kosinusgesetz gilt nicht. Im Vergleich zu der Leuchtdichte in Richtung senkrecht zur strahlenden Fläche wächst anfänglich die Leuchtdichte mit dem Beobachtungswinkel, erreicht bei 73° einen Maximalwert, der 14% größer ist, fällt dann wieder ab. Die über alle Richtungen summierte Lichtstrahlung einer ebenen Fläche, auf die Raumwinkelprojektion[4]) bezogen, die $\frac{\text{Lm}}{\bigcirc\text{cm}^2}$, ist infolge dieser Änderung der Leuchtdichte mit dem Winkel um 4,2% größer, als sich durch einfache Umrechnung ergäbe. Die $\frac{\text{Lm}}{\bigcirc\text{cm}^2}$ eines Drahtes von kreisförmigem Querschnitt sind 2,7% größer als die Normalleuchtdichte einer ebenen Fläche. Der Polarisationsgrad des Lichtes beträgt 18,5% bei einem Winkel von 73° zwischen Flächennormale und Beobachtungsrichtung. (Vgl.

[1]) Angaben aus CADY, DATES, ILLUM, Engineering, London, New York 1925.
[2]) Diese Werte sind nicht von WORTHING angegeben, sie sind, wie oben angegeben, berechnet und nach den Angaben über das Verhältnis HK/cm² zu Lm/cm² (WORTHING, Journ. Opt. Soc. Amer. Bd. 13, S. 635. 1926) umgerechnet. (Wegen Umrechnung der Temperaturskalen siehe Eingangskapitel.)
[3]) A. G. WORTHING, Journ. Opt. Soc. Amer. Bd. 13, S. 635. 1926.
[4]) Vgl. Kap. 12 Ziff. 2.

Zusammenstellung in Tabelle 10). Die für Wolfram gebrachten Kurven Abb. 7 geben den Verlauf, der für alle drei Metalle typisch ist.

Glühlampen mit Tantaldrähten wurden 1905 bis 1910 hergestellt.

19. Die Strahlung des Molybdäns. Die Strahlungseigenschaften des Molybdäns sind von WORTHING[1]) untersucht. Über die Abhängigkeit der Leuchtdichte vom Beobachtungswinkel ist das gleiche wie beim Tantal zu sagen. Die Strahlungsdaten bringt Tabelle 8.

Tabelle 8. Strahlungseigenschaften des Molybdäns.

Temperatur $T°$ abs. $c_2 = 1{,}433$ cm · Grad	Temperatur $T°$ abs. $c_2 = 1{,}43$ cm · Grad	Emissionsvermögen bei $\lambda = 6{,}65 \cdot 10^{-5}$ cm	Emissionsvermögen bei $\lambda = 4{,}75 \cdot 10^{-5}$ cm	Mittleres Emissionsvermögen im sichtbaren Gebiet e_s	Farbemissionsvermögen e_f	Mittleres Gesamtemissionsvermögen e_g	$\dfrac{\text{HK}[2])}{\text{cm}^2}$	$\dfrac{\text{HLm}[3])}{\perp \text{cm}^2}$	$\dfrac{\text{Watt}}{\text{cm}^2}$
273	273	0,420	0,425	—	—	—	—	—	—
300	300	0,419	0,424	—	—	—	—	—	—
400	400	0,415	0,421	—	—	—	—	—	—
600	600	0,406	0,415	—	—	—	—	—	—
800	800	0,398	0,409	—	—	—	—	—	—
1000	1000	0,390	0,403	0,393	0,361	0,096	0,00011	—	0,55
1200	1200	0,382	0,398	0,386	0,347	0,121	0,0055	—	1,43
1400	1400	0,375	0,393	0,379	0,333	0,145	0,0988	0,328	3,18
1600	1601	0,367	0,388	0,373	0,321	0,168	0,849	2,8	6,30
1800	1802	0,360	0,383	0,367	0,309	0,189	4,58	15,3	11,3
2000	2002	0,353	0,379	0,362	0,297	0,210	17,65	58,6	19,2
2200	2203	0,347	0,375	0,357	0,287	0,230	53,8	180	30,7
2400	2404	0,341	0,371	0,352	0,277	0,248	136,5	454	47,0
2600	2605	0,336	0,368	0,348	0,268	0,265	300,0	1003	69,5
2800	2807	0,331	0,365	0,344	0,260	0,281	600,0	2002	98,0
2895	2902	0,328	0,363	0,342	0,255	0,290	810,0	—	116

20. Strahlung des Wolframs. Aus Wolfram werden jetzt ausschließlich die Glühfäden für Metalldrahtlampen hergestellt. Infolgedessen liegen über die Lichtstrahlung viele Untersuchungen vor. Während früher mit von der Temperatur unabhängigem Emissionsvermögen im sichtbaren Gebiet gerechnet wurde, ergeben neuere Messungen von FORSYTHE und WORTHING[3]) und von ZWIKKER[4]) eine Abnahme des Emissionsvermögens im sichtbaren Gebiet mit wachsender Temperatur. In Abb. 4 und 5 sind die Beziehungen zwischen Temperatur und Emissionsvermögen nach den Angaben von FORSYTHE und WORTHING wiedergegeben, und zwar in Abb. 4 das Emissionsvermögen:

1. Kurve A für $\lambda = 4{,}67 \cdot 10^{-5}$ cm,
2.   ,, C ,, $\lambda = 6{,}65 \cdot 10^{-5}$ cm,
3.   ,, B Mittelwert für die Lichtstrahlung,
4.   ,, E für die Farbstrahlung (Lichtstrahlung des Wolframs zur Lichtstrahlung des schwarzen Körpers bei der Farbtemperatur des Wolframs, während bei Kurve B der Vergleich bei wahrer Temperatur vorgenommen ist),
5.   ,, D Mittelwert für das Gesamtemissionsvermögen.

In Abb. 5 ist das Emissionsvermögen in Abhängigkeit von der Wellenlänge $\lambda = 2 \cdot 10^{-5}$ cm bis $\lambda = 30 \cdot 10^{-5}$ cm[5]) für einzelne Temperaturen, Kurve A für

---

[1]) A. G. WORTHING, Phys. Rev. Bd. 28, S. 190. 1926.
[2]) Umgerechnet mit 1 HK = 0,901 I.C.P.
[3]) W. E. FORSYTHE u. A. G. WORTHING, Astrophys. Journ. Bd. 61, S. 146. 1925. Zeichenerklärung Kap. 12, Ziff. 2.
[4]) C. ZWIKKER, Dissertation, Amsterdam 1925.
[5]) Messungen der ultraroten Emission sind von W. WENIGER u. A. H. PFUND, Phys. Rev. Bd. 14, S. 427. 1919 u. W. W COBLENTZ, Bull. Bur. Stand. Bd. 5, S. 312. 1918; E. D. HULBURT, Astrophys. Journ. Bd. 45, S. 149. 1917 ausgeführt.

$T = 300°$ abs., Kurve B für $T = 1300°$ abs., Kurve C für $T = 1700°$ abs., Kurve D für $T = 2100°$ abs., aufgetragen. Aus der Abb. 5 ist zu ersehen, daß sich alle

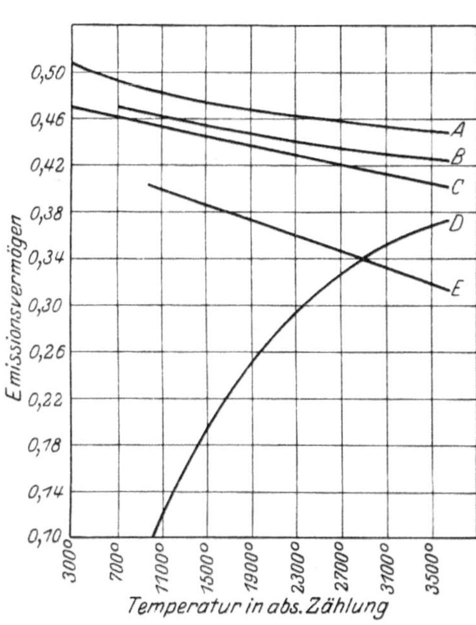

Abb. 4. Emmissionsvermögen von Wolfram in Abhängigkeit von der Temperatur.

Kurve A für $\lambda = 4{,}67 \cdot 10^{-5}$ cm,
　„　 C für $\lambda = 6{,}65 \cdot 10^{-5}$ cm,
　„　 B Mittelwert für die Lichtstrahlung.
　„　 D Mittelwert für die Gesamtstrahlung.
　„　 E für die Farbstrahlung (Lichtstrahlung des Wolframs zur Lichtstrahlung des schwarzen Körpers bei der Farbtemperatur des Wolframs, während bei Kurve B der Vergleich bei wahrer Temperatur vorgenommen ist).

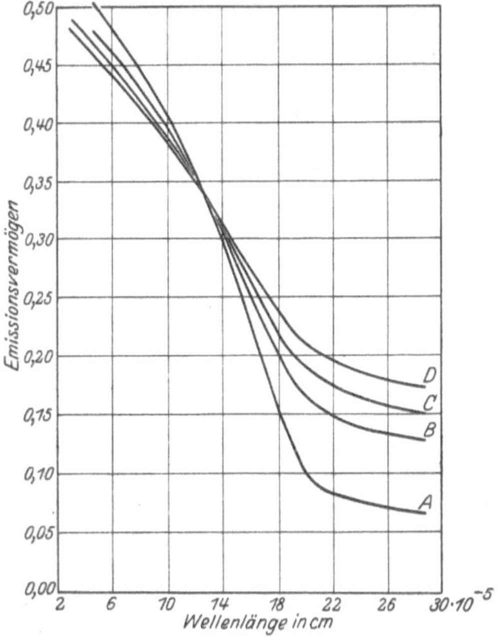

Abb. 5. Emissionsvermögen von Wolfram für verschiedene Temperaturen in Abhängigkeit von der Wellenlänge.

Kurve A für $T = 300°$ abs.　　Kurve C für $T = 1700°$ abs.
　„　 B „ $T = 1300°$ „　　　　　„　 D „ $T = 2100°$ „

Temperaturkurven bei $\lambda = 12{,}7 \cdot 10^{-5}$ cm schneiden. Hier ändert sich also das Emissionsvermögen $\dfrac{e_\lambda}{E_\lambda} = 0{,}338$ nicht

mit der Temperatur, für größere Wellenlängen steigt es mit zunehmender Temperatur, für kleinere nimmt es mit der Temperatur ab. Es verschwinden mit wachsenden Temperaturen die Unterschiede immer mehr, die Selektivität wird kleiner.

Die Leuchtgüte des Wolframs, bezogen auf wahre Temperatur, kann aus den Kurven der Abb. 4 durch Bildung des Quotienten entsprechender Werte von Kurve B und Kurve D gewonnen werden, die Leuchtgüte für Farbtemperatur ergibt sich aus Kurve E und D.

Um die Ergebnisse, die an verschiedenen Stellen für die Wolframstrahlung gewonnen wurden, vergleichend zu kennzeichnen, sind in Abb. 6 die Lichtstromdichten Lm/cm²

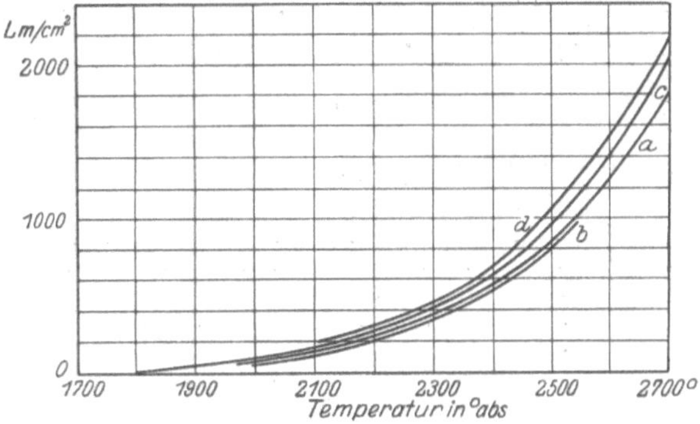

Abb. 6. Verschiedene Messungen der Lm/cm² von Wolfram in Abhängigkeit von der Temperatur (absolute Zählung).

Kurve a Forsythe u. Worthing,　　Kurve c Zwikker,
　„　 b Lax u. Pirani,　　　　　　　　„　 d Langmuir.

von Wolfram in Abhängigkeit von der Temperatur wiedergegeben. Kurve a nach Forsythe und Worthing[1]), Kurve b nach Lax und Pirani[2]), Kurve c nach Zwikker[3]), Kurve d nach Langmuir[4]). Eine tabellarische Zusammenstellung der Strahlungseigenschaften des Wolframs nach den Meßergebnissen von Forsythe und Worthing ist in Tabelle 9 gegeben.

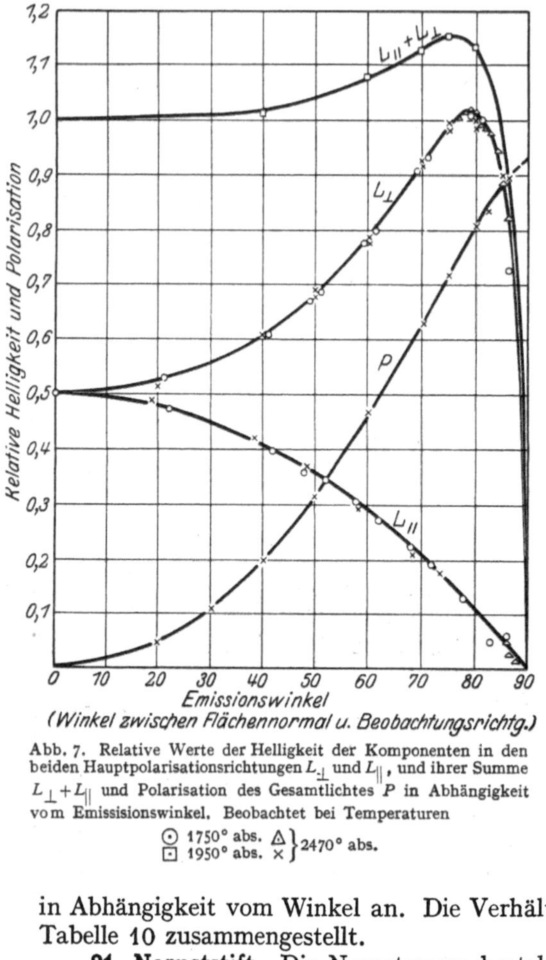

Abb. 7. Relative Werte der Helligkeit der Komponenten in den beiden Hauptpolarisationsrichtungen $L_{\perp}$ und $L_{||}$, und ihrer Summe $L_{\perp} + L_{||}$ und Polarisation des Gesamtlichtes P in Abhängigkeit vom Emissisionswinkel. Beobachtet bei Temperaturen

⊙ 1750° abs. △ }2470° abs.
⊡ 1950° abs. × }

Für Wolfram ist ebenso wie für Molybdän und Tantal die Veränderung der Lichtstrahlung mit dem Emissionswinkel (Winkel zwischen Beobachtungsrichtung und Flächennormale) von Worthing untersucht[5]). In Abb. 7 ist die Abhängigkeit der Intensität von dem Emissionswinkel wiedergegeben. Die Emission senkrecht zur Oberfläche ist gleich 1 gesetzt. Die Kurve $L_{\perp} + L_{||}$ gibt die Abhängigkeit, wie sie sich aus der unzerlegten Strahlung ergibt, Kurve $L_{||}$ die Abhängigkeit der Schwingungskomponente, die in der Ebene, die durch Flächennormale und Beobachtungsrichtung festgelegt ist, liegt; Kurve $L_{\perp}$ die der zu dieser senkrecht liegenden.

Die mittlere Leuchtdichte einer gebogenen Fläche ist anders als die HK/cm² der ebenen Fläche, etwa 2,8% größer.

Wie aus Abb. 7 zu ersehen ist, sind die Strahlen, die die Oberfläche schräg verlassen, teilweise polarisiert. Kurve P gibt den Polarisationsgrad $\left(\dfrac{L_{\perp} - L_{||}}{L_{\perp} + L_{||}}\right)$

in Abhängigkeit vom Winkel an. Die Verhältniswerte der Leuchtdichten sind in Tabelle 10 zusammengestellt.

21. Nernststift. Die Nernstmasse besteht aus Zirkonoxyd mit 15% Yttererden. Die Strahlung ist im sichtbaren Gebiet von Nernst[6]), F. Kurlbaum und Günther-Schulze[7]) untersucht worden. Die Bestimmung der wahren Temperatur stößt bei dem im Vergleich zu Metallen durchsichtigen Material auf Schwierigkeiten.

[1]) E. W. Forsythe u. A. G. Worthing, l. c.
[2]) E. Lax u. M. Pirani, ZS. f. Phys. Bd. 22, S. 275. 1924.
[3]) C. Zwikker, l. c.
[4]) J. Langmuir, Gen. Electr. Rev. Bd. 19, S. 208. 1916.
[5]) C. Zwikker fand für Wolfram eine geringere Abweichung vom Lambertschen Gesetz, für Molybdän die gleiche. („The deviation from Lambert's Law for incandescent tungsten and molybdenum". Koninklijke Akademie van Wetenschappen te Amsterdam, Vol. 33, Nr. 8. 1928.)
[6]) W. Nernst u. E. Bose, Phys. ZS. Bd. 1, S. 289. 1900.
[7]) F. Kurlbaum u. A. Günther-Schulze, Verh. d. D. Phys. Ges. Bd. 5, S. 428. 1903.

Tabelle 9. Strahlungseigenschaften des Wolframs.

Temperatur T° abs. $c_2 = 1{,}433$ cm·Grad	Temperatur T° abs. $c_2 = 1{.}43$ cm·Grad	Emissionsvermögen bei $\lambda = 6{,}65 \cdot 10^{-5}$ cm	Emissionsvermögen bei $\lambda = 4{,}67 \cdot 10^{-5}$ cm	Mittleres Emissionsvermögen im sichtbaren Gebiet e_S	Farbemissionsvermögen e_f	Mittleres Gesamtemissionsvermögen e_g	HK/cm² [1]	$\dfrac{\text{HLm [1]}}{\perp \text{cm}^2}$	$\dfrac{\text{Watt}}{\text{cm}^2}$
300	300	0,470	0,505	—	—	—	—	—	—
400	400	0 468	0 501	—	—	—	—	—	0 006
600	600	0 464	0 495	—	—	—	—	—	0,05
800	800	0,460	0,490	—	—	—	—	—	0,21
1000	1000	0,456	0,486	0,464	0,396	0,114	0,00013	—	0,65
1200	1200	0,452	0,482	0,462	0,391	0,143	0,0067	—	1,69
1400	1400	0,448	0,478	0,459	0,386	0,175	0,122	0,382	3,82
1600	1601	0,443	0,475	0,456	0,381	0,207	1,021	3,45	7,77
1800	1802	0,439	0,472	0,454	0,376	0,236	5,61	18,3	14,22
2000	2002	0,435	0,469	0,452	0,370	0,260	22,2	73,2	23,72
2100	2103	0,433	0,467	0,450	0,367	0,270	39,6	130,7	29,82
2200	2203	0,431	0,466	0,449	0,364	0,279	68,1	225,8	37,18
2300	2304	0,429	0,464	0,448	0,362	0,288	111,5	369,2	45,9
2400	2404	0,427	0,463	0,447	0,359	0,296	174,4	580,0	55,8
2500	2505	0,425	0,462	0,446	0,356	0,303	264	876	67,6
2600	2605	0,423	0,460	0,444	0,353	0,311	385	1281	80,8
2700	2706	0,421	0,459	0,443	0,350	0,318	553	1844	96,2
2800	2807	0,419	0,458	0,442	0,347	0,323	770	2562	112,9
2900	2907	0,417	0,456	0,441	0,345	0,329	1052	3490	132,1
3000	3008	0,415	0,455	0 440	0 343	0 334	1395	4630	153,9
3200	3210	0 411	0 452	0,437	0,338	0,341	2340	7800	203,0
3400	3411	0,407	0,450	0,435	0,332	0,348	3740	12480	264,0
3655	3665	0,402	0,447	0,433	0,324	0,354	6370	21210	360,0

Tabelle 10. Abhängigkeit der Leuchtdichte vom Winkel zwischen Beobachtungsrichtung und Flächennormale nach WORTHING.

$L_\perp$ Leuchtdichte normal zur ebenen Fläche,

L_m größte Leuchtdichte, Θ_m der dazugehörige Emissionswinkel,

$\overline{L_h}$ mittlere (bei im Verhältnis zum Durchmesser großen Entfernungen) horizontale Leuchtdichte für kreisförmigen Leuchtdraht.

$\overline{L_0}$ mittlere Lichtstromdichte dividiert durch 4π,

P Polarisation der Strahlung eines Drahtes mit kreisförmigem Querschnitt. $\dfrac{L_\perp - L_\parallel}{L_\perp + L_\parallel}$

	Θ_m	$\dfrac{L_m}{L_\perp}$	$\dfrac{\overline{L_h}}{L_\perp}$	$\dfrac{\overline{L_0}}{L_\perp}$	P
W	75	1,155	1,028	1,044	19,3%
Mo	78	1,23	1,036	1,062	20,8
Ta	73	1,14	1,027	1,042	18,5

Die Nernstkörper sind dazu häufig in der Struktur verschieden. Die Durchsichtigkeit schwankt von ganz klar bis zu völlig opak. Diese Beschaffenheit beeinflußt, wie in Ziff. 8 auseinandergesetzt, die Strahlung. Auch die Dicke, bei der die Strahlung gleich der eines undurchsichtigen Körpers wird, d. h. das Emissionsvermögen sich mit dem Reflexionsvermögen zu 1 ergänzt, wird von der Struktur abhängig sein. Es sind so die Fehlergrenzen relativ hoch. Neuerdings wurde die Emission im Rot und die Gesamtstrahlung von Nernststiften von 2 mm Dicke durch WIEGAND[2]) untersucht (Temperaturbestimmung mittels Schmelzpunktbeobachtung von aufgelegten dünnen Drähten reiner Metalle).

---

[1]) Umrechnung 1 HK = 0,901 I. C. P. Lichtausbeute durch Bildung des Quotienten der beiden letzten Spalten.

[2]) E. WIEGAND, Dissertation, Berlin 1924. ZS. f. Phys. Bd. 30, S. 40. 1924.

Die Abb. 8 gibt die gefundene Abhängigkeit der Emission von der Temperatur wieder, Kurve *I* zeigt das Emissionsvermögen im Rot für $\lambda = 6,5 \cdot 10^{-5}$ cm, Kurve *II* das Gesamtemissionsvermögen. Die Meßgenauigkeit ist nicht sehr groß, z. B. ist der Streuungsbereich bei der Bestimmung der Watt/cm² etwa $= 20\%$.

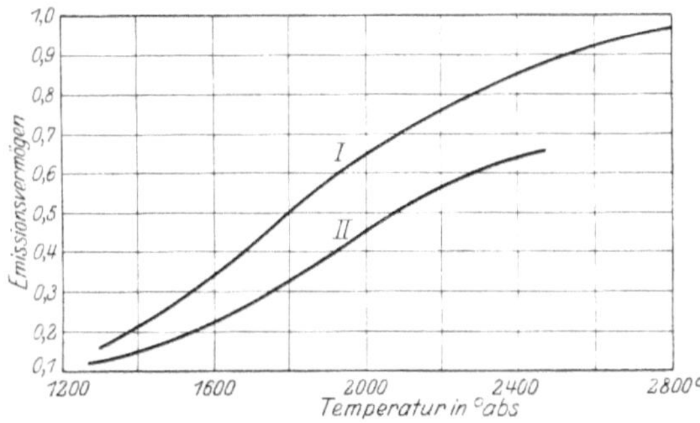

Abb. 8. Emissionsvermögen des Nernststiftes in Abhängigkeit
von der Temperatur.
Kurve I für $\lambda = 6,5 \cdot 10^{-5}$ cm.
Kurve II Mittelwert für die Wärmestrahlung.

Der Nernstkörper sieht weiß aus; er hat also bei Zimmertemperatur im sichtbaren Gebiet keine starken Reflexionsmaxima, dagegen muß er ausgezeichnete Werte des Absorptionsindex haben; denn die Strahlung normal dicker Stifte (ca. 2 bis 3 mm ⌀) zeigt bei niedrigen Temperaturen vermehrte Emission im Grün. Mit wachsender Temperatur verflachen sich die Emissionsbanden. Ein Bild dieses Verhaltens gibt Abb. 9, die der zitierten Arbeit von KURLBAUM und GÜNTHER-SCHULZE

entnommen ist. Es ist der Stromverbrauch des Stiftes zur Erreichung einer jeweils angegebenen schwarzen Temperatur in Abhängigkeit von der Wellenlänge angegeben. Die verschiedenen Kurven zeigen die Abflachung des Emissionsmaximums zwischen $\lambda = 5,2$ bis $\lambda = 5,7 \cdot 10^{-5}$ cm; diese Tatsache wurde auch durch die Messungen von WIEGAND bestätigt. Aus den vorher angeführten WIEGANDschen Daten (Abb. 8) ergibt sich andererseits, daß mit zunehmender Temperatur sich die Emission im Rot wie die der Gesamtstrahlung der eines schwarzen Körpers nähert. Der Farbeindruck der Strahlung des Nernststiftes weicht nicht von den Farbeindrücken der Strahlung des schwarzen Körpers ab. Die Farbtemperatur des Nernststiftes ist bei niedrigen Temperaturen höher, infolge der zunehmenden Schwärzung jedoch bei der normalen Betriebstemperatur des Nernststiftes annähernd der wahren gleich. Infolge des großen Emissionsvermögens der Nernstmasse bei hohen Temperatu

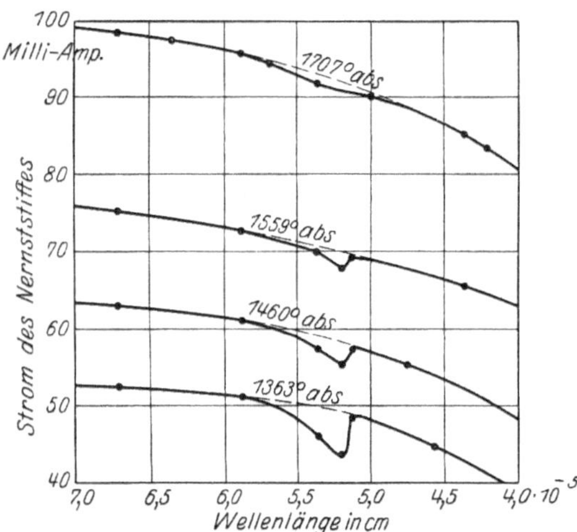

Abb. 9. Stromstärke des Nernststiftes für gleiche schwarze
Temperaturen in Abhängigkeit von der Wellenlänge.

ren ist die Leuchtdichte sehr groß, bei der Betriebstemperatur 2400° abs. ebenso groß wie die eines Wolframdrahtes von 2600° abs. Die Leuchtgüte ergibt sich nach Ziff. 10 angenähert aus dem Verhältnis entsprechender Werte der Kurve I und II.

III. Selektivstrahler ohne Farbtemperatur.

22. Metalle. Als Lichtquellen sind Metalle, die keine Farbtemperatur haben, nicht im Gebrauch; es sei jedoch als Beispiel kurz einiges über die Strahlung von erhitztem Kupfer und Gold gesagt, genaue Angaben liegen nicht vor.

Es ist bekannt, daß Kupfer infolge des Anstiegs des Emissionsvermögens im Grün beim Erhitzen einen grünlichen Farbeindruck gibt, der durch die Strahlung des schwarzen Körpers nicht herstellbar ist. (Vergleiche Kap. 1, Ziff. 31.) Um diese Erscheinung zu charakterisieren, wurde von den Verfassern[1]) die schwarze Temperatur im Rot und Grün gemessen. Es ergaben sich folgende zusammengehörige Werte:

$T_{S\lambda}=6{,}50\cdot 10^{-5}$ cm	$T_{S\lambda}=5{,}50\cdot 10^{-5}$ cm
1093° abs.	1169° abs.
1106	1172

Auch Gold gibt beim Glühen einen Farbeindruck, der sich durch die Strahlung des schwarzen Körpers nicht wiedergeben läßt.

Die Reflexionsvermögen von Gold und Kupfer bei Zimmertemperatur sind in folgender Tabelle angegeben:

Tabelle 11. Reflexionsvermögen von Gold und Kupfer bei Zimmertemperatur.

$\lambda =$	4,0	4,2	4,5	5,0	5,50	6,0	6,5	$7{,}0\cdot 10^{-5}$ cm
Cu		0,327	0,37	0,437	0,477	0,718	0,80	0,831
Au	0,274		0,331	0,37	0,74	0,844	0,888	0,923

23. Auerstrumpf. Das Skelett des Auerstrumpfes besteht aus Thoroxyd mit 0,75 bis 2,5% Ceroxyd. Im Leuchtgas-Luftgemisch, wie es der dem Prinzip des Bunsenbrenners entsprechend gebaute Brenner für den Auerstrumpf gibt, erhitzt, hat die Strahlung des Auerstrumpfes in der normalen Stellung (den äußeren Flammenrand bedeckend) eine grünliche Farbe, die außerhalb der durch die Strahlung des schwarzen Körpers herstellbaren Farbeindrücke liegt. Nach Messungen von Forsythe[2]) ist die Leuchtdichte im Grün ca. 30% größer als die der Strahlung des schwarzen Körpers bei 2800° abs., der Temperatur, bei der für die Strahlung des Auerstrumpfes und die des schwarzen Körpers das Verhältnis der Leuchtdichte im Rot zu der im Blau gleich ist. Da der Auerstrumpf mittels Verbrennungsenergie erhitzt wird, liegen die Verhältnisse der Emission nicht so übersichtlich wie bei elektrisch in indifferenter Atmosphäre erhitzten Strahlern. Erstens ist die Energiezufuhr beschränkt, so daß die Oxyde durch Erhitzen in brennenden Gasen bestimmter Zusammensetzung und definierter Flammenform nur eine jeweils durch ihre eigenen Strahlungseigenschaften bestimmte Höchsttemperatur erreichen können; zweitens aber können die Oxyde evtl. am chemischen Umsatz der Verbrennung teilnehmen. Daß Reaktionen, die das Licht verändern, vorhanden sein können, läßt sich aus den Unterschieden der Leuchterscheinung beim Einbringen des Strumpfes in verschiedene Flammenzonen erkennen (vgl. weiter unten). Außer der Zusammensetzung des Strumpfskeletts ist auch die durch die Dicke des Skeletts (Größenordnung 0,3 mm) gegebene Durchsichtigkeit von Einfluß auf die Strahlung (vgl. Ziff. 6).

Reines Thoroxyd sieht bei Zimmertemperatur weiß aus und hat ein Reflexionsvermögen von etwa 85%; es behält seine Farbe beim Erhitzen bei. Ceroxyd sieht weiß oder bräunlich-weiß aus. Nach Erhitzen in einer Sauerstoff enthaltenden Atmosphäre oder im Vakuum bleibt der braune Schein. Beim Erhitzen unter Rotglut nimmt es in oxydierender Atmosphäre oder im Vakuum eine tief gelbe Farbe an. In einer Wasserstoffatmosphäre[3]) oder in reduzierender

---

[1]) Nicht veröffentlicht.
[2]) W. E. Forsythe, Journ. Opt. Soc. Bd. 7, S. 1115. 1923.
[3]) Unveröffentlichte Versuche der Verfasser.

Flammenzone [1]) erhitzt, verfärbt es sich unter Bildung eines niedrigen Oxydes [2]) dunkel (grau bis schwarz); ebenso unter dem Einfluß von Kathodenstrahlen. Mit dieser Umwandlung ändern sich die Emissionseigenschaften, wie vor allem aus den Versuchen von Ives, Kingsburry und Karrer, bei denen der Auerstrumpf mit Kathodenstrahlen erhitzt wurde, hervorgeht. Diese Änderung des Ceroxyds läßt die Auermasse ihre guten Leuchteigenschaften einbüßen. Beim Einbringen in die reduzierende Zone des Auerbrenners ist außerdem die Aufteilung der Energie zur Erhitzung des Strumpfes und zur Erhitzung der Verbrennungsgase anders, so daß die zur Strumpferhitzung ausgenutzte Verbrennungsenergie und das Emissionsvermögen von der Stellung in der Flamme abhängen (vgl. Abb. 14). Zur Veranschaulichung sei nach den Versuchen von Ives, Kingsburry und Karrer die Abhängigkeit des Emissionsvermögens eines Auerstrumpfes von 20% Ceroxyd und 80% Thoroxyd von der Wellenlänge, wenn der Strumpf 1. (ausgezogene Kurve) in der oxydierenden und 2. (gestrichelte Kurve) in der reduzierenden Zone des Brenners hängt, wiedergegeben (Abb. 10).

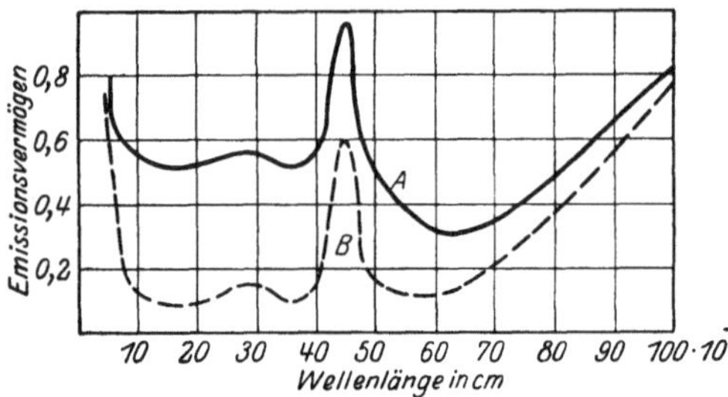

Abb. 10. Emissionsvermögen eines Auerstrumpfes von 20% Ceroxyd, 80% Thoriumoxyd bei Erhitzung in der oxydierenden Flammenzone: Kurve A, in reduzierender Flammenzone Kurve B, in Abhängigkeit von der Wellenlänge.

Eine andere durch die Erhitzung im Gas hervorgerufene Erscheinung, die bei der reinen Temperaturstrahlung nicht auftritt, ist das intensive Blauleuchten kleiner hervorragender Spitzen, das auch nur bei günstiger Stellung in der Flamme auftritt. Reine Thoroxydstrümpfe zeigen es vor allem bei Stellung im inneren Flammenmantel.

Bedenkt man, daß also 1. die Gaszusammensetzung, 2. die Stellung des Strumpfes in der Flamme, 3. die Zusammensetzung des Leuchsalzes des Strumpfes, 4. die Dicke und Struktur des Strumpfes die Strahlung verändern, dann erkennt man die Schwierigkeiten der Untersuchungen der Strahlung.

Es hat nicht an Versuchen gemangelt, die Strahlung der Auermasse außerhalb der Flamme zu untersuchen. Die Untersuchung ist jedoch meist an Auermasse anderer Struktur als Auerstrumpfgewebe vorgenommen. Untersuchungen von Podszus [3]) an elektrisch geheizten nicht durchscheinenden Röhrchen aus Thoroxyd und Thoroxyd mit Ceroxyd versetzt zeigen, daß die mit Ceroxyd versetzten Röhrchen bei schätzungsweise gleicher wahrer Temperatur bedeutend heller strahlen. Die Leuchtdichte des Röhrchens mit Ceroxyd verhält sich zu der des reinen Thoroxydröhrchens etwa wie 5,7:1, der Gesamtverbrauch verhält sich wie 2,1:1.

Ives, Kingsburry und Karrer fanden bei dem erwähnten Versuch, Auermasse mit Kathodenstrahlen zu erhitzen, daß hier die Beimengung von Cer die Leuchtdichte nicht erhöht; über die Ursache ist bereits gesprochen. Bei Vergleich verschieden zusammengesetzter Massen leuchtete der reine Thoroxydstrumpf bei dieser Art der Erhitzung am hellsten. Eine Untersuchung der Reflexionsvermögen der erhitzten Massen für blaues Licht $\lambda = 4,5 \cdot 10^{-5}$ cm zeigte, daß bei Kathodenstrahlerhitzung die Absorptionsbanden im Blau nicht entwickelt wurden. In Abb. 11, die der Arbeit von Ives, Kingsburry und Karrer entnommen ist,

<hr>

[1]) H. E. Ives, E. T. Kingsburry u. E. Karrer, Journ. Frankl. Inst. Bd. 186, S. 401 u. 624. 1918.
[2]) Wahrscheinlich Ce_4O_7.
[3]) E. Podszus, ZS. f. Phys. Bd. 18, S. 212. 1923.

ist für $\lambda = 4{,}5 \cdot 10^{-5}$ cm das Verhältnis der Reflexionsvermögen der erhitzten Masse zu der der kalten Masse in Abhängigkeit vom Cergehalt aufgetragen, eine Kurve für Erhitzung im Gas, die andere für Erhitzung mittels Kathodenstrahlen.

Es seien noch einige Beobachtungen[1], die den Unterschied zwischen reiner Temperaturstrahlung und der Erhitzung mittels Verbrennungsenergie veranschaulichen, angeführt:

Durch ein Magnesiumrohr wurde ein elektrisch heizbarer Kohlestab geführt. Zuleitungen und Ableitungen sowie das Rohr wurden mit Stickstoff gespült. Rieb man an einigen Stellen das Rohr mit Ceroxyd, mit Thoroxyd oder mit Auermasse ein, so leuchteten beim Erhitzen die Stellen, wo der Belag von Auermasse oder Ceroxyd nur in sehr dünner Schicht vorhanden war, intensiv grün. Es wurden z. B. für das Verhältnis der Leuchtdichte im Rot, Grün, Blaugrün einer dünnen Schicht Ceroxyd zu der des Magnesiumoxydrohrs folgende Werte gefunden: Rot $\lambda = 6{,}3 \cdot 10^{-5}$ cm wie ca. 1:1, Grün $\lambda = $ ca. $5{,}5 \cdot 10^{-5}$ cm wie ca. 1,4:1, Blaugrün $\lambda = $ ca. $5{,}15 \cdot 10^{-5}$ cm wie ca. 1,5:1.

Ceroxyd in dickeren Schichten aufgetragen, zeigt das grüne Leuchten nicht. Thoroxyd, das, wie bereits erwähnt, unvermischt als Leuchtskelett in bestimmten Flammenzonen ein blaues Leuchten zeigt, ist beim Erhitzen als Belag auf dem Magnesiarohr auf über $2100°$ abs. nicht zum Blauleuchten zu bringen. Dagegen leuchtet es stellenweise intensiv blau auf, wenn auch bei niedrigen Temperaturen zusätzlich mit einer kleinen Flamme, entweder Leuchtgas

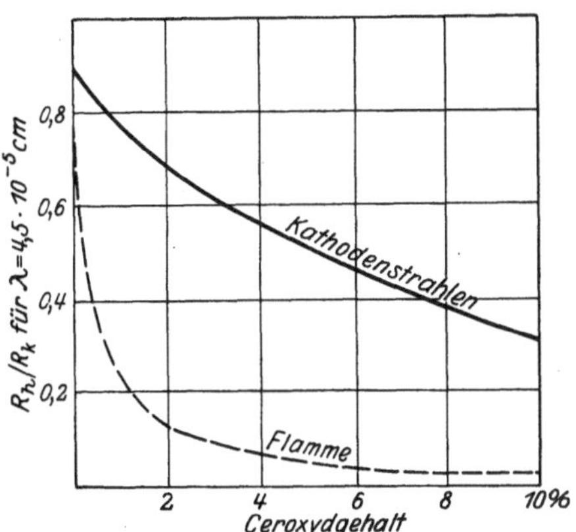

Abb. 11. Auerstrumpf. Verhältnis des Reflexionsvermögens des erhitzten (R_h) zu dem des kalten (R_k) Auerstrumpfes für $\lambda = 4{,}5 \cdot 10^{-5}$ cm in Abhängigkeit vom Ceroxydgehalt für Erhitzung in der Bunsenflamme und mit Kathodenstrahlen.

oder Wasserstoff, erhitzt wird. Auch hier sind es vor allem die hervorragenden Spitzen, die blau leuchten. Dies Blauleuchten ist nicht durch Erhöhung der Temperatur bedingt; denn für Rot sind die Leuchtdichten an diesen Stellen nicht meßbar höher als vor der Flammenerhitzung. Dieses blaue Leuchten ist somit eine Lumineszenzerscheinung, wahrscheinlich ähnlich z. B. dem für verschiedene Oxyde und Sulfide in der Wasserstoffflamme von E. L. NICHOLS[2] und Mitarbeitern beobachteten. Nach den Befunden von NICHOLS kann die Intensität der Lumineszenzstrahlung in den erregten Gebieten auch bei höheren Temperaturen die des schwarzen Körpers um ein Vielfaches übertreffen. Auermasse leuchtet bei zusätzlicher Erwärmung mit der Flamme in gleicher Weise wie Thoroxyd auf, Ceroxyd nicht.

Die klassischen, zuerst eine Kenntnis der Strahlung des Auerstrumpfes und der Flamme vermittelnden Untersuchungen stammen von H. RUBENS[3]. Quantitative neuere Untersuchungen über das Emissionsvermögen sind von IVES, KINGSBURRY und KARRER gemacht. Die Ergebnisse dieser Untersuchung[4], von denen einige bereits wiedergegeben sind, sind im folgenden zusammengestellt.

---

[1] Die Versuche wurden von den Verfassern gelegentlich ausgeführt, sie sind nicht veröffentlicht.

[2] Die neueste zusammenfassende Arbeit: E. L. NICHOLS, „Links connecting Fluorescence and the Luminescence of incandescent solids." Journ. Opt. Soc. Amer. Bd. 13, S. 661. 1926.

[3] H. RUBENS, Ann. d. Phys. Bd. 20, S. 593. 1900.

[4] Um die Strümpfe und Brennverhältnisse, die für diese Untersuchung benutzt wurden, zu charakterisieren, sei auf Abb. 7 Kap. 13, die die Art des kunstseidenen Strumpfgewebes

An Auerstrümpfen, deren Skelett aus verschiedenen Mischungen von Thoroxyd mit Ceroxyd bestand, wurde das Emissionsvermögen im sichtbaren Gebiet in Abhängigkeit von der Zusammensetzung untersucht, die Ergebnisse sind in Abb. 12 wiedergegeben.

Demnach ist die Zunahme der Emission bei kurzen Wellen durch die Anwesenheit des Ceroxyds bedingt. (Das Blauleuchten des Thoroxyds an den hervorragenden Spitzen, das nur vereinzelt auftritt, muß bei der hier gewählten Betrachtungsart nicht bemerkbar sein.)

Die einzelnen Kurven von Abb. 12 zeigen, wie bei Vermehrung der Certeile sich die Emissionsbande verflacht. Die Emissionsvermögen bei $\lambda = 6,5 \cdot 10^{-5}$ und $\lambda = 4,5 \cdot 10^{-5}$ cm sind bei 0,1% etwa 0,1 und 0,62, bei 100% 0,45 und 0,78. Das Emissionsvermögen gleicht sich also bei höherer Teilchenzahl mehr aus.

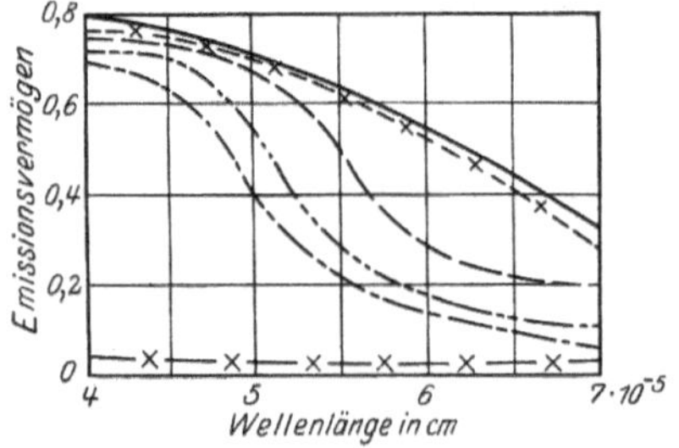

Abb. 12. Emissionsvermögen im Gebiete der sichtbaren Strahlung von Auerstrümpfen mit verschiedenem Cergehalt in Abhängigkeit von der Wellenlänge.

Die Kurven zeigen, daß, wenn es möglich wäre, alle Oxydstrümpfe auf gleiche Temperatur zu erhitzen, der reine Ceroxydstrumpf die höchste Leuchtdichte ergeben würde. Mit Erhöhung der Leuchtdichte folgt aber bei zunehmendem Cergehalt auch die Erhöhung der Gesamtstrahlungsdichte und damit Sinken der Temperatur bei Erhitzung in gleichen Flammen.

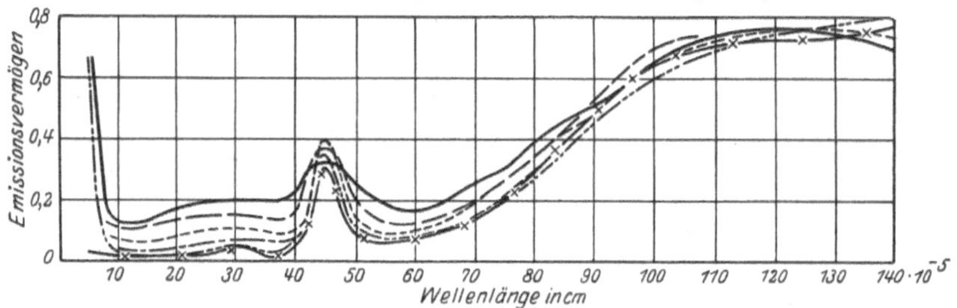

Abb. 13. Emissionsvermögen von Auerstrümpfen verschiedenen Ceroxydgehaltes in Abhängigkeit von der Wellenlänge für $\lambda = 5 \cdot 10^{-5}$ cm bis $\lambda = 140 \cdot 10^{-5}$ cm.

Abb. 13 zeigt dies Verhalten. Es sind die Emissionsvermögen für in der Flamme erhitzte Thoroxydstrümpfe mit variablem Cergehalt, also die Emission der Strümpfe und der Flamme von 1 bis 14 μ wiedergegeben. Man sieht, daß die ultrarote Strahlung mit wachsendem Cergehalt stark zunimmt. Da bei den niedrigen Temperaturen, die mit der Bunsenflamme erreicht werden, das Maximum der Energiestrahlung noch weit unterhalb des sichtbaren Gebietes liegt, bedingt das Wachsen der ultraroten Emission eine starke Vermehrung der Gesamtstrahlung des Strumpfes. Das Gleichgewicht zwischen der vom Strumpf abgestrahlten Energie und der dem Strumpf zugeführten Energie (Verbrennungsenergie vermindert um die von den heißen Gasen abgeführte Energie) wird demnach schon bei geringerer Temperatur des Strumpfes erreicht.

---

wiedergibt, hingewiesen. Die Strümpfe, an denen die angeführten Messungen ausgeführt wurden, hatten die jeweils angegebenen Zusammensetzungen. Das Gewicht des Skelettes pro cm² betrug bei dem reinen Thoroxydstrumpf 0,009 g, bei dem Strumpf aus Ceroxyd 0,0097 g. Das zur Erhitzung verwertete Gas bestand aus 20% Kohlengas und 80% Wassergas, der Heizwert betrug pro cbm 5900 Kal. Ein Glaszylinder wurde nicht benutzt.

Je kleiner die Emission, um so weniger wird die Flammentemperatur durch die vermehrte Abstrahlung erniedrigt; je höher die Emission, um so geringer ist die Gleichgewichtstemperatur. Aus dieser Energiebilanz ist das Vorhandensein eines Lichtstrahlungsmaximums für eine bestimmte Zusammensetzung der Leuchtmasse verständlich. Die maximale Temperatur der Bunsenflamme beträgt 2050° abs. Bei Einbringen eines Strumpfes aus reinem Thoroxyd sinkt die Temperatur um 120° auf 1930° abs. Die mit dem Cergehalt zunehmende Gesamtstrahlung erniedrigt die Temperatur weiter. Reines Ceroxyd erreicht in der Flamme nur noch eine Temperatur von 1500° abs. Abb. 14 zeigt die Abhängigkeit der Temperatur, die die Strümpfe in der Flamme annehmen, von der Zusammensetzung der Leuchtmasse. In Kurve A befinden sich die Strümpfe in der äußeren Flammenzone. Es entspricht dies der maximalen Lichtstrahlung; in Kurve B ist die Strumpfstellung innerhalb des Flammenmantels so gewählt, daß die Gesamtstrahlung des Strumpfes und der Gasflamme den größten Wert hat.

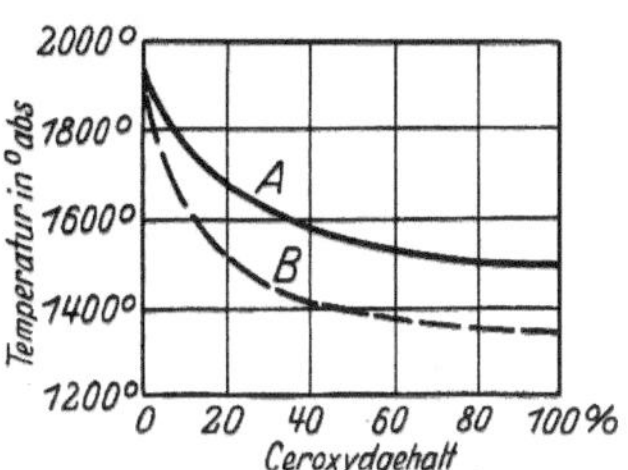

Abb. 14. Temperatur des Auerstrumpfes in der Flamme in Abhängigkeit vom Ceroxydgehalt.

Kurve A bei Einregulierung der Stellung in der Flamme auf maximale Leuchtdichte.

Kurve B auf maximale Gesamtstrahlung.

Die Zusammensetzung des bei Gasbeleuchtung benutzten Auerstrumpfes ist so gewählt, daß die Leuchtdichte am höchsten ist. Die Temperatur beträgt 1900° abs. Die Leuchtdichte beträgt je nach der Temperatur etwa 4 bis 8 HK/cm². Wird anstatt Niederdruckgas Preßgas verwendet, so steigt die Temperatur des Strumpfes und damit die Leuchtdichte und Lichtausbeute; man hat dann bei Verwendung einer anderen Leuchtmasse evtl. eine günstigere Lichtstrahlung (vgl. Kap. 13).

Kapitel 3.

Strahlungseigenschaften der Sonne.

Von

H. Rosenberg, Kiel.

Mit 7 Abbildungen

a) Natürliche und künstliche Lichtquellen.

1. Einleitung. Während den Astronomen die Sonne in erster Linie als ein „typischer Fixstern" interessiert, als der einzige Fixstern, dessen Physiognomie er im einzelnen studieren kann, um die hier gesammelten Erkenntnisse durch Analogieschluß auf die Deutung der bei den anderen Fixsternen aus integrierenden Beobachtungen über alle Erscheinungen folgenden Erfahrungen zu übertragen, bildet die Sonne für den Physiker in erster Linie ein Vergleichsobjekt für Strahlungsquellen der mannigfaltigsten Art, sowohl bei qualitativen als auch bei quantitativen Strahlungsmessungen, und darüber hinaus einen Prüfstein für die Gültigkeit seiner aus Beobachtungen bei niederen Temperaturen und Drucken abgeleiteten Gesetzmäßigkeiten auch bei so hohen Temperaturen und Drucken, wie sie sich im Laboratorium nicht mehr herstellen lassen.

Die Sonne ist aber in keiner Beziehung als ein einfacher Strahler aufzufassen; denn da die beobachtbaren Tatsachen bei der Sonne stets als eine Summe von sich überlagernden Effekten der verschiedensten Art aufgefaßt werden müssen, die teilweise noch durch irdische Einflüsse (Extinktion!) entstellt sind, so gilt es, die Einzeldaten nach Möglichkeit zu sondern und — in Verbindung mit den experimentellen Erfahrungen und theoretischen Vorstellungen der Physik — auf ihre Ursachen zurückzuführen. Dabei wird sich ein gelegentliches Eingehen auf heute geltende Vorstellungen von der Natur der Sonne (Sonnentheorien) nicht völlig vermeiden lassen, Vorstellungen, denen gewiß noch viel Hypothetisches anhaftet, da das gewöhnlichste Werkzeug jeder physikalischen Forschung, das Experiment, auf Gestirnsuntersuchungen nicht anwendbar ist. Es ist jedoch nicht beabsichtigt, in diesem Abschnitt eine vollständige Theorie des physikalischen Aufbaues der Sonne zu geben oder die verschiedenen, sich teilweise noch widersprechenden Theorien miteinander zu vergleichen, sondern es soll nur insoweit auf die Sonnentheorie eingegangen werden, als für die Interpretation der Strahlungseigenschaften der Sonne im Vergleich mit anderen Strahlungsquellen unvermeidlich erscheint.

2. Entfernung, Dimensionen und Masse der Sonne. Auf Grund einer Reihe verschiedener und teilweise voneinander völlig unabhängiger Methoden hat sich die Sonnenparallaxe, d. h. der Winkel, unter dem der Äquatorialhalbmesser der Erde bei einer mittleren Entfernung Sonne—Erde, vom Mittelpunkt der Sonne aus gesehen, erscheinen würde, zu $8'',80 \pm 0'',01$ ergeben. Setzt man den

Äquatorialhalbmesser der Erde nach den neuesten Bestimmungen zu $6{,}3783 \cdot 10^8$ cm an, so ergibt sich damit die mittlere Entfernung Sonne—Erde zu $1{,}4966 \cdot 10^{13}$ cm $\pm 1{,}7 \cdot 10^{10}$ cm. Im Perihel (Anfang Januar) und im Aphel (Anfang Juli) wird diese Entfernung um $2{,}5 \cdot 10^{11}$ cm kleiner bzw. größer.

Der Winkeldurchmesser der Sonne ergibt sich nach den zuverlässigsten Messungen für die mittlere Sonnenentfernung zu $0°\,31'\,59'',26$ und damit der lineare Durchmesser der Sonne zu $1{,}391 \cdot 10^{11}$ cm; eine meßbare Abplattung der Sonne hat sich bisher nicht nachweisen lassen. Das Volumen der Sonne berechnet sich demnach zu $1{,}41 \cdot 10^{33}$ cm^3.

Auf Grund des NEWTONschen Attraktionsgesetzes ergibt sich die Masse der Sonne gleich dem 333 432fachen der Erdmasse. Die mittlere Dichtigkeit der Sonne beträgt also nur den 0,26ten Teil der Erddichte. Setzt man für diese den Wert 5,5 an, so ergibt sich das spezifische Gewicht der Sonne zu etwa 1,4 und die Masse der Sonne rund zu $2 \cdot 10^{33}$ g. Aus dem Verhältnis der Massen und der Durchmesser folgt, daß die Schwerkraft an der Oberfläche der Sonne 27,5mal so groß ist als am Erdäquator.

3. Licht- und Wärmewirkung der Sonne. Die von der Sonne in unser Auge gelangende Lichtfülle übertrifft diejenige aller anderen künstlichen oder natürlichen Lichtquellen ganz erheblich. Die Stärke des Sonnenlichtes beurteilt man nach der Helligkeit der Beleuchtung einer senkrecht zu den Sonnenstrahlen gestellten, ideal diffus reflektierenden Ebene von der Albedo 1. Verglichen wird diese Helligkeit der Beleuchtung mit derjenigen, welche irgendeine andere Lichtquelle bekannter Leuchtkraft bei gemessener Entfernung von dem Photometerschirm erzeugt, als Einheit der Beleuchtungshelligkeit dient die Meter-Hefnerkerze, also diejenige Helligkeit, welche die HEFNERsche Lichteinheit (Normalkerze) aus einem Abstand von einem Meter auf dem Schirm hervorruft. Da das Sonnenlicht zur direkten Vergleichung mit jeder anderen Lichtquelle zu stark ist, muß es vor der eigentlichen Lichtmessung um mehrere Zehnerpotenzen (10^4 bis 10^5) meßbar abgeschwächt werden. In der exakten Überbrückung eines so großen Helligkeitsintervalles liegt die größte Schwierigkeit für die sichere Bestimmung der Sonnenhelligkeit, und so kommt es, daß diese fundamentale Konstante noch heute mit einer erheblichen Unsicherheit ($\pm 20\%$) behaftet ist. Wegen der Extinktion des Lichtes in der Erdatmosphäre hängt die scheinbare Helligkeit der Sonne, die allein Gegenstand der Messung sein kann, von der Zenitdistanz der Sonne ab, und zeigt überdies je nach dem Zustand unserer Atmosphäre starke Schwankungen.

Aus allen Versuchen unter Berücksichtigung ihrer Genauigkeit kommt G. MÜLLER[1]) zu dem Schluß, daß die Sonne im Zenit eine Beleuchtungsstärke von etwa $5 \cdot 10^4$ Meter-Hefnerkerzen hervorbringt; die Absorption in der Erdatmosphäre schätzt er auf etwa $1 \cdot 10^4$ Meterkerzen, so daß die Beleuchtungsstärke der Sonne ohne unsere Atmosphäre auf $6 \cdot 10^4$ Meterkerzen ansteigen würde. Nach Rechnungen von HERZSPRUNG[2]) stellt sich dieser Wert noch höher, nämlich auf $10 \cdot 10^4$ Meterkerzen. Aus den Bestimmungen von MÜLLER und von HERTZSPRUNG würde folgen, daß man in der mittleren Entfernung Sonne—Erde

$$1{,}34 \cdot 10^{27} \text{ bzw. } 2{,}24 \cdot 10^{27} \text{ Normalkerzen}$$

aufstellen müßte, um die gesamte Lichtwirkung der Sonne zu ersetzen.

Die mittlere Flächenhelligkeit der Sonnenscheibe übertrifft die Flächenhelligkeit der Normalkerze etwa $2{,}2 \cdot 10^5$mal, diejenige des Vollmondes

---

[1]) G. MÜLLER, Photometrie der Gestirne. S. 308ff. Leipzig 1897.
[2]) E. HERTZSPRUNG, ZS. f. wiss. Photogr. Bd. 3, S. 173. 1905.

$6 \cdot 10^5$ mal, diejenige des geschmolzenen Stahles im Bessemerofen $5,3 \cdot 10^3$ mal und die des positiven Kraters einer Bogenlampe immer noch um etwa 4 mal.

Um die von der Sonne uns zugestrahlte Wärmemenge in absolutem Maß auszudrücken, bedient man sich des Begriffes der Solarkonstanten. Als Solarkonstante definiert man diejenige Wärmemenge, die von der Sonne in ihrer mittleren Entfernung während einer Minute bei senkrechtem Einfall auf eine Fläche von einem Quadratzentimeter an der Erdoberfläche einstrahlen würde, wenn die Erde keine Atmosphäre hätte. Ausgedrückt wird die Solarkonstante in Grammkalorien.

Die Aufgabe der Messung der Solarkonstante zerfällt in zwei völlig verschiedene Teile: 1. Die experimentelle Bestimmung der auf eine gegebene Fläche auf der Erde einfallenden Energie, und 2. Bestimmung des Betrages der Energie, der in der Erdatmosphäre absorbiert wird. Während der erste Teil dieser Aufgabe verhältnismäßig leicht zu lösen ist, trägt die Bestimmung der atmosphärischen Absorption eine erhebliche Unsicherheit in das Problem herein. Von den neueren Bestimmungen der Solarkonstanten (S) seien die folgenden hier zusammengestellt:

		$S = $ g-cal pro Min.
Angström	(1907)	2,17
Scheiner	(1908)	2,25
Abbot u. Fowle	(1908)	2,1
Abbot	(1910)	1,95
Kimbal	(1910)	1,934 — 2,131.

Im Mittel dürfte $S = 2,1$ den Messungen am besten entsprechen, vorausgesetzt, daß die Annahmen über die Absorption in den höchsten Schichten der Atmosphäre zutreffend sind. In den letzten Jahren scheint man übrigens der Ansicht zuzuneigen, daß gewisse Schwankungen in den Werten der Solarkonstanten nicht atmosphärischen Störungen und der Unsicherheit der Korrektionen ihre Entstehung verdanken, sondern daß die Solarkonstante streng genommen keine Konstante ist, und ihre Variabilität auf wirklichen Veränderungen der Sonnenstrahlung beruht.

Die gesamte von der Sonne in einer Minute ausgestrahlte Energie wird gegeben durch die Beziehung $4 \pi R^2 \cdot S$. Setzen wir hier für R die mittlere Entfernung Sonne—Erde ($= 1,4966 \cdot 10^{13}$ cm) und für S den Wert der Solarkonstanten ($= 2,1$) ein, so ergibt das

$$5,9 \cdot 10^{27} \text{ Grammkalorien pro Minute}$$

oder

$$3,1 \cdot 10^{33} \qquad \text{,,} \qquad \text{,, Jahr.}$$

Da die Masse der Sonne $2 \cdot 10^{33}$ g beträgt, so liefert jedes Gramm der Sonnenmasse jährlich 1,55 Kalorien.

4. Die Erscheinungen der Photosphäre.

a) **Helligkeitsverteilung auf der Sonnenoberfläche.** Wenn man die Sonnenoberfläche (Photosphäre) bei nicht zu starker Vergrößerung im Fernrohr betrachtet, oder ein vergrößertes Bild der Sonne auf einem Projektionsschirm entwirft, so beobachtet man — auch eine jede Sonnenphotographie zeigt diese Erscheinung —, daß die Flächenhelligkeit der Sonne von der Mitte nach dem Rande hin stark abnimmt, und daß diese Helligkeitsänderung zugleich mit einer Farbenänderung verbunden ist, da die Randteile, verglichen mit der Sonnenmitte, rötlichbraun erscheinen; es folgt daraus, daß das Helligkeitsgefälle von der Mitte nach dem Rande der Sonne hin für Licht verschiedener Wellenlängen ein verschiedenes sein wird.

Als erster beobachtete H. C. VOGEL[1]) im Jahre 1877 mit Hilfe eines optischen Spektralphotometers die Helligkeitsverteilung auf der Sonnenoberfläche für die 6 Hauptfarben. Das Resultat dieser Untersuchungen ist in der Tabelle 1 enthalten; die Intensität ist hier für eine jede Farbe in der Sonnenmitte willkürlich gleich 100 gesetzt, der Abstand von der Sonnenmitte in Bruchteilen des Radius ausgedrückt.

Tabelle 1.　Helligkeitsverteilung　auf　der　Sonnenscheibe　nach　H.　C.　VOGEL.

Abstand von der Sonnenmitte	Violett 405—412	Indigo 440—446	Blau 467—473	Grün 510—515	Gelb 573—585	Rot 658—666 $\mu\mu$
0,00	100,0	100,0	100,0	100,0	100,0	100,0
0,10	99,6	99,7	99,7	99,7	99,8	99,9
0,20	98,5	98,7	98,8	98,7	99,2	99,5
0,30	96,3	96,8	97,2	96,9	98,2	98,9
0,40	93,4	94,1	94,7	94,3	96,7	98,0
0,50	88.7	90,2	91,3	90,7	94,5	96,7
0,60	82,4	84,9	87,0	86,2	90,9	94,8
0,70	74,4	77,8	80,8	80,0	84,5	91,0
0,75	69,4	73,0	76,7	75,9	80,1	88,1
0,80	63,7	67,0	71,7	70,9	74,6	84,3
0,85	56,7	59,6	65,5	64,7	67,7	79,0
0,90	47,7	50,2	57,6	56,6	59,0	71,0
0,95	34,7	35,0	45,6	44,0	46,0	58,0
1,00	13,0	14,0	16,0	16,0	25,0	30,0

Die Intensitätsverteilung im sichtbaren Spektralgebiet und für einen Teil des Ultrarots bis 1500 $\mu\mu$ ist von VERY[2]) mit Hilfe des Spektralbolometers 1902 von neuem bestimmt worden; die mit den VOGELschen Werten nicht gerade gut übereinstimmenden Zahlen sind in der folgenden Tabelle 2 enthalten.

Tabelle 2.　Helligkeitsverteilung auf der Sonnenscheibe nach VERY.

Abstand von der Sonnenmitte	416	468	550	615	781	1010	1500 $\mu\mu$
0,00	100,0	100,0	100,0	100,0	100,0	100,0	100,0
0,50	85,8	90,2	93,3	94,8	94,1	94,3	95,9
0,75	74,4	76,4	83,1	84,5	88,5	89,4	95,0
0,95	47,1	46,2	58,7	68,1	74,9	76,5	85,6

In jüngster Zeit ist diese Untersuchung von MOLL, BURGER und VAN DER BILT[3]) mit Hilfe eines Monochromators und eines MOLLschen Linear-Vakuum-Thermoelementes auf dem Gornergrat (bei Zermatt) in einer Höhe von 3100 m über dem Meeresspiegel wieder aufgenommen worden. Die Kurven der Helligkeitsverteilung, die sich über einen Spektralbereich von 450 bis 1500 $\mu\mu$ erstrecken, dürften heute wohl die besten existierenden Werte darstellen und sind in der Abb. 1 wiedergegeben.

Für das ultraviolette Spektralgebiet, das in den übrigen Untersuchungen fehlt, haben SCHWARZSCHILD und VILLIGER[4]) in dem Gebiet zwischen 320 und 325 $\mu\mu$ den Helligkeitsabfall untersucht; ihre Messungen sind in der Tabelle 3 enthalten.

---

[1]) H. C. VOGEL, Berl. Ber. 1877, S. 104.
[2]) F. W. VERY, Astrophys. Journ. Bd. 16, S. 73. 1902.
[3]) W. J. H. MOLL, H. C. BURGER u. VAN DER BILT, Bull. of the Astr. Instr. of the Netherlands Bd. 3, Nr. 91. 1925.
[4]) K. SCHWARZSCHILD u. S. VILLIGER, Phys. ZS. Bd. 6, S. 737. 1905 u. Astrophys. Journ. Bd. 23, S. 284. 1906.

Die Lichtabnahme von der Mitte nach dem Rande hin wächst demnach gegen das kurzwellige Ende des Spektrums hin nicht in dem gleichen Maße weiter, als man es nach den Messungen im sichtbaren Spektralgebiet erwarten sollte.

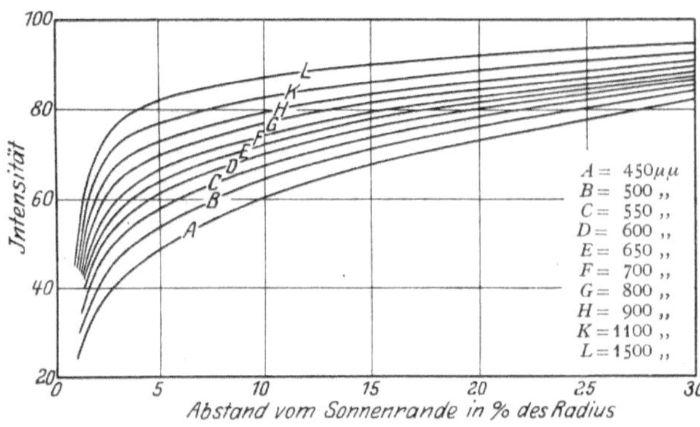

Abb. 1. Energieverteilung zwischen 450 μμ und 1500 μμ vom Sonnenrande über 30% des Sonnenradius. (Bull. of the Astr. Inst. of the Netherlands III. Nr. 91, S. 88.)

Tabelle 3.
Helligkeitsverteilung auf der Sonnenscheibe nach SCHWARZSCHILD und VILLIGER.

Abstand von der Sonnenmitte	320—325 μμ
0,000	100,0
0,267	93,8
0,533	84,1
0,733	70,2
0,867	54,4
0,933	42,2
0,967	33,5
0,980	29,2
0,987	26,1
0,993	21,4
0,997	17,8

b) Granulation. In Wahrheit ist die Oberfläche der Photosphäre keine gleichmäßig leuchtende Fläche, sondern sie zeigt bei stärkerer Vergrößerung eine gewisse Struktur, ein körniges Aussehen, das man als Granulation bezeichnet; sehr schön läßt sich z. B. diese Granulation auf den photographischen Aufnahmen von JANSSEN erkennen.

Die Granulation besteht ihrem Wesen nach aus kleinen hellen, häufig perlschnurartig aufgereihten Körnern von 1″ bis 2″ Durchmesser, zwischen denen sich größere dunkle Zwischenräume befinden. Über die Form der hellen Elemente gehen die Beschreibungen der verschiedenen Beobachter stark auseinander; nach den Untersuchungen von CHEVALIER[1]) zeigen sich die einzelnen Elemente der Graunlation bei schnell hintereinander aufgenommenen Photographien in steter Bewegung.

Aus einer Reihe Aufnahmen in kurzen Intervallen findet CHEVALIER, daß nach 1 bis $1\frac{1}{2}$ Minuten die meisten Körner nahezu unverändert sind und vollkommen identifiziert werden können; nach 2 Minuten sind noch einzelne Körner sicher wiederzuerkennen, nach 7 Minuten sind noch einige Andeutungen einer ähnlichen Gruppierung vorhanden, nach 10 Minuten ist alles vollständig verändert. Aber immer, auch bei den kürzesten erreichbaren Intervallen zweier aufeinanderfolgender Aufnahmen, sind Änderungen der Gestalt, der Helligkeit und der relativen Lage der Körner zu beobachten. Die Geschwindigkeit der Körner schwankt zwischen 1 und 30 km pro Sekunde. Die Granulation ist besonders deutlich zu beobachten in der Nähe des Sonnenrandes und in der Nachbarschaft der sogenannten Sonnenflecken.

c) Sonnenflecken und Fackeln. Auf der Sonnenoberfläche treten häufig größere oder kleinere dunkle Gebilde auf, die Sonnenflecken. Trotzdem diese häufig Dimensionen erreichen, daß sie selbst dem unbewaffneten Auge erkennbar sein müßten, finden sich aus der Zeit vor der Erfindung des Fernrohres nur ganz vereinzelte Andeutungen in der Literatur, die man auf die Beobachtung derartiger Gebilde beziehen könnte, dagegen wurde ihre Existenz direkt nach der Erfindung des Fernrohres einwandfrei festgestellt, und zwar streiten sich drei Forscher um die Priorität dieser Entdeckung; FABRIZIUS, GALILEI und

---

[1]) CH. CHEVALIER, Astrophys. Journ. Bd. 27, S. 12. 1908.

CHR. SCHEINER. Nachdem er sie zuerst für Planeten gehalten hatte, erkannte GALILEI die solare Natur dieser Erscheinungen aus ihren Bewegungen und leitete daraus eine Rotationszeit der Sonne von ungefähr 25 Tagen ab.

Die Sonnenflecken sind sehr verschieden in bezug auf Größe, Form und Lebensdauer; während kleinere Flecken häufig bereits wenige Stunden nach ihrem Erscheinen vergehen, halten sich andere mehrere Monate lang. Die mittlere Lebensdauer eines größeren Sonnenflecks beträgt nach CORTIE etwa 2 Monate.

In der Darstellung der Gestalt der Sonnenflecken scheint die subjektive Auffassung eine besonders große Rolle zu spielen, da Zeichnungen des gleichen Fleckes von verschiedenen Beobachtern häufig ein völlig verschiedenes Aussehen zeigen.

Meist treten die Sonnenflecken in größeren oder kleineren Gruppen auf und zeigen häufig recht unregelmäßige Gestalt; für gewöhnlich ist in derartigen Gruppen der vorausgehende (westliche) Fleck der größere. Alleinstehende Flecken zeigen meist mehr oder weniger vollkommene Kreisform, sind stabiler als die Gruppenglieder und lassen am deutlichsten die charakteristischen Merkmale der Sonnenflecken erkennen.

Im allgemeinen zeigen die Sonnenflecken die folgenden typischen Teile: In der Mitte den dunklen Kernschatten (Umbra), der umgeben ist von einem etwas helleren Hof, dem Halbschatten (Penumbra). Bei gelegentlichen Merkurdurchgängen zeigte sich die Merkurscheibe vor der Sonne wesentlich dunkler als die Kernschatten einiger in der Nähe stehender Sonnenflecken; und da die Merkurscheibe vor der Sonne infolge der Erhellung der Erdatmosphäre in der Nähe der Sonne mindestens eine Helligkeit besitzen muß, die nur etwa 4 bis 5 Größenklassen geringer ist als diejenige der Photosphäre (Intensitätsverhältnis 0,01 bis 0,02), so folgt daraus, daß die Flecken selbst in dem Kernschatten noch eine erhebliche Intensität besitzen und nur infolge des Kontrastes gegen die benachbarte Photosphäre so dunkel erscheinen. Messungen von ROSENBERG[1] mit einem Flächenphotometer an einer Anzahl größerer Flecken ergaben die Intensität des Kernschattens im Mittel um 1,2 Größenklassen (Kern/Photosphäre $= 0,33$) und die der Penumbra um 0,3 Größenklassen (Penumbra/Photosphäre $= 0,76$) geringer als diejenige benachbarter Photosphärenstellen. In verhältnismäßig guter Übereinstimmung sind hiermit die Messungen der Wärmestrahlung der Flecken, die nach LANGLEY[2] für den Kern im Mittel 0,54, für den Hof 0,85 der normalen Photosphären-Energie ergeben, während WILSON[3] für das Verhältnis Kern/Photosphäre 0,292 und FROST[4] 0,85 gefunden haben.

Die von A. WILSON aus der perspektivischen Verkürzung der Flecken bei ihrer Wanderung über die Sonnenscheibe gefolgerte trichterförmige Vertiefung der Flecken zeigt sich nach WARREN DE LA RUE und STEWART und LOEWY nur bei etwa 75% der untersuchten Flecken, während die übrigen den Effekt entweder gar nicht oder sogar im entgegengesetzten Sinne zeigen. Die Frage nach dem Niveau der Sonnenflecken bezogen, auf die Photosphäre, muß daher vorläufig noch als unentschieden betrachtet werden.

Das Vorkommen der Sonnenflecken ist auf die Zone $\pm 30°$ heliographischer Breite beschränkt, und zwar ist hier wieder die eigentliche Äquatorzone zwischen $\pm 5°$ verhältnismäßig schwach besetzt; in hohen Breiten werden Flecken niemals beobachtet. Die Feststellungen von STEPHANI[5], daß von den größeren Flecken

---

[1] H. ROSENBERG, Vierteljschr. d. Astr. Ges. Bd. 59, S. 137. 1924.
[2] S. P. LANGLEY, Month. Not. Bd. 37, S. 5. 1876.
[3] W. E. WILSON, Observatory Bd. 16, S. 320. 1893.
[4] E. B. FROST, Astron. Nachr. Bd. 130, S. 129. 1892.
[5] J. STEPHANI, Astron. Nachr. Bd. 189, S. 205. 1911.

etwa 90% auf der der Erde abgewandten Seite der Sonne entstehen, und von Mrs. Maunder[1]), daß auf der östlichen Hälfte der Sonnenscheibe viel mehr Flecken erscheinen als auf der westlichen, bedürfen noch der Bestätigung.

Häufig beobachtet man in der Nachbarschaft der Sonnenflecken, besonders wenn sie in der Nähe des Sonnenrandes stehen, Gebilde vermehrter Helligkeit, die sich gleich hellen Lichtwellen oder Lichtadern über größere Teile der Sonnenfläche hinziehen, die Sonnenfackeln. In ihren feinsten Ausläufern breiten sie sich netzartig über die Photosphäre aus und besitzen hier eine der Granulation ähnliche Struktur. Während aber in der Nähe eines Sonnenfleckes fast stets eine oder mehrere Fackeln zu sehen sind, befinden sich nicht stets in der Nähe von Fackeln auch Sonnenflecke, wie bereits aus der Tatsache hervorgeht, daß die Fackeln auch in hohen heliographischen Breiten bis zu den Sonnenpolen hin gelegentlich beobachtet werden.

Zahl und Größe der Sonnenflecken sind großen Schwankungen im Laufe der Zeit unterworfen, und zwar nicht nur von Tag zu Tag, sondern auch im Durchschnitt von Monat zu Monat und von Jahr zu Jahr. Schon im Jahre 1776 hatte Horrebow die Vermutung ausgesprochen, daß diese Schwankungen periodischer Natur seien; diese Annahme hat inzwischen ihre volle Bestätigung gefunden. Ordnet man die Zahlen, welche angeben, wieviel Milliontel der sichtbaren Sonnenoberfläche gleichzeitig von Flecken bedeckt sind (Relativzahlen), nach der Zeit, so ergibt sich eine Periode der Fleckenhäufigkeit von 11,12 Jahren; die Zeit vom Minimum zum Maximum beträgt im Mittel 4,5 Jahre, die vom Maximum zum folgenden Minimum im Mittel 6,6 Jahre. Die Fleckenhäufigkeitskurve ist also unsymmetrisch. Im einzelnen ist der Verlauf der Erscheinung ein sehr verwickelter; es hat den Anschein, als ob sich hier eine ganze Reihe verschiedener Perioden überlagern.

A. Schuster[2]) hat den Versuch gemacht, die Kurve durch harmonische Analyse in eine Reihe einfacher Sinusschwingungen zu zerlegen. Er findet eine ganze Reihe sich überlagernder Perioden, von denen jedoch nur drei mit einer Periodendauer von 11,124, 8,36 und 4,8 Jahren verbürgt erscheinen. Die Zahlen dieser drei Perioden verhalten sich sehr nahe wie 3 : 4 : 7. Denn es ist

$$\begin{aligned}
{}^{1}\!/_{3} \cdot 33{,}375 &= 11{,}125 \\
{}^{1}\!/_{4} \cdot 33{,}375 &= 8{,}344 \\
{}^{1}\!/_{0} \cdot 33{,}375 &= 4{,}768
\end{aligned}$$

Diese drei Perioden können demnach als Subperioden derselben größeren Periode von 33,375 Jahren aufgefaßt werden. Ob diesen Zahlenrelationen eine physikalische Bedeutung zukommt, ist fraglich, da die Ursache der Veränderlichkeit der Fleckenhäufigkeit bis heute noch nicht geklärt ist, und alle Versuche, diese Schwankungen mit den Umlaufszeiten bzw. Stellungen der großen Planeten in Beziehung zu bringen, bisher als mißglückt angesehen werden müssen. Es steht sogar die Entscheidung noch aus, ob die Strahlungsenergie der Sonne ähnliche Schwankungen zeigt, wie die Fleckenhäufigkeit, und ob man bei einem Fleckenmaximum mit einer vermehrten oder verminderten Gesamtstrahlung der Sonne zu rechnen hat. Dies ist besonders deshalb zu bedauern, da gewisse irdische Erscheinungen mit der Fleckenhäufigkeitsperiode der Sonne eng verknüpft zu sein scheinen, so in erster Linie die Schwankungen des Erdmagnetismus, von denen die folgende graphische Darstellung (Abb. 2) eine Vorstellung gibt.

Ein ähnliches Gesetz befolgt auch die Häufigkeit der Nordlichterscheinungen.

---

1) E. W. Maunder, Month. Not. Bd. 67, S. 451. 1907.
2) A. Schuster, Proc. Roy. Soc. London Bd. 77, S. 136. 1905 u. Phil. Trans. Bd. 206, S. 69. 1906.

Nicht nur die Zahl und die Größe der Flecken folgt dieser 11 jährigen Periode, sondern auch die Lage und Verteilung der Sonnenflecken auf der Sonnenoberfläche steht in deutlichem Zusammenhange damit. Die mittlere heliographische Breite der Flecken nimmt von einem Minimum zum nächsten allmählich ab.

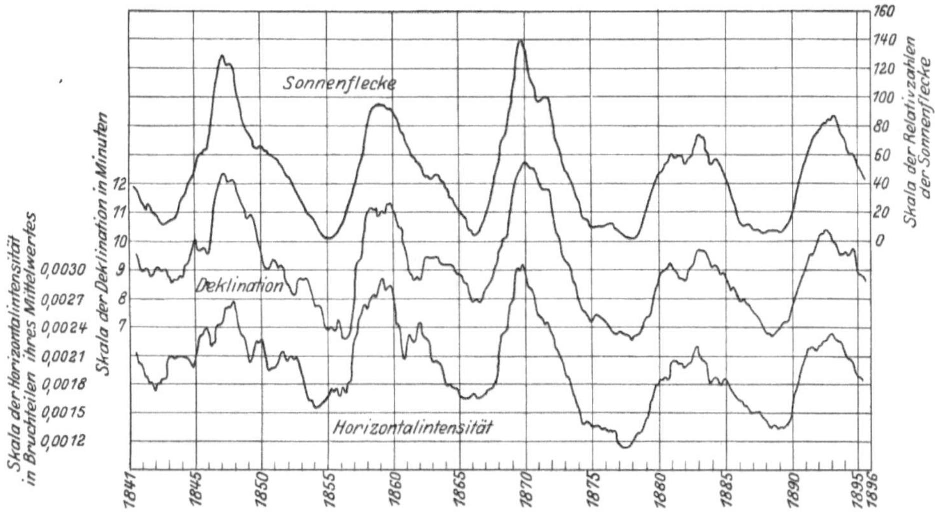

Abb. 2. Kurven der Fleckenhäufigkeit und der erdmagnetischen Schwankungen.

Kurz vor Eintritt eines neuen Minimums pflegen eine größere Anzahl Flecken in einer Breite von ca. $\pm 30°$ aufzutreten, und diese Zone maximaler Fleckenhäufung verschiebt sich bis zum nächsten Minimum immer weiter nach niedrigeren Breiten, bis die Flecken bei einer Breite von $\pm 3°$ allmählich verschwinden, während gleichzeitig die Neubildung einer Fleckenzone in den höheren Breiten erfolgt.

Dieses Verhalten der Fleckenwanderung ist nach den Beobachtungen von SPÖRER[1]) aus den Jahren 1854 bis 1880 in der folgenden Abb. 3 graphisch dargestellt.

d) **Rotation der Sonne.** Schon GALILEI hatte aus Beobachtungen der Fleckenbewegungen auf eine Rotationszeit der Sonne von etwa 25 Tagen und auf eine Neigung des Sonnenäquators gegen die Ekliptik von $6°5$ bis $7°5$

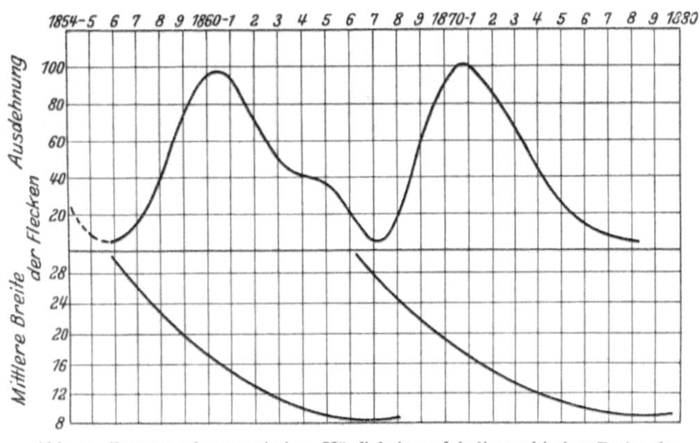

Abb. 3. Zusammenhang zwischen Häufigkeit und heliographischer Breite der Sonnenflecken.

geschlossen. Die Beobachtungen späterer Forscher lieferten zum Teil voneinander abweichende Resultate und ergaben für die Rotationszeit der Sonne Werte, die zwischen 25 und 27 Tagen schwankten. Erst in der Mitte des 19. Jahrhunderts gelang der Nachweis, daß man bei der Sonne von einer bestimmten Rotations-

---

[1]) G. F. W. SPÖRER, Astron. Nachr. Bd. 96, S. 343. 1880.

dauer überhaupt nicht sprechen darf, sondern, daß diese mit der heliographischen Breite variabel ist. Da die Sonnenflecken in höheren Breiten als $\pm 30°$ nicht vorkommen, so bezogen sich diese Resultate zunächst nur auf einen Gürtel zwischen diesen Grenzen. Ordnet man die Rotationsdauer nach der heliographischen Breite, so beträgt die Umdrehungszeit U (vgl. Tabelle 4):

Beobachtungen von Belopolsky[1]) und Stratonoff[2]) an Sonnenfackeln bestätigen diese Resultate.

Die Umdrehungszeit der Sonne auch in höheren Breiten zu bestimmen, gelang erst mit Hilfe des Dopplerschen Prinzips, indem zwei Stellen gleicher heliographischer Breite des Ost- und Westrandes der Sonne gleichzeitig auf dem Spalt eines Spektrographen abgebildet wurden. Neuerdings kommt noch eine vierte Methode zur Bestimmung der Rotationsdauer der Sonne zur Anwendung, bei der die Umdrehungsgeschwindigkeit aus den Bewegungen der spektroheliographischen Aufnahmen (s. weiter unten) der Kalzium- und Wasserstoff-Flocken abgeleitet wird. Die Übereinstimmung der nach den verschiedenen Methoden gewonnenen Resultate ist eine durchaus befriedigende, wie die folgende Tabelle 5 erkennen läßt.

Tabelle 4. Umdrehungszeit der Sonne.

φ	U
0°	25,0 Tage
10	25,2 ,,
20	25,7 ,,
30	26,5 ,,
40	27,4 ,,

Tabelle 5. Umdrehungsgeschwindigkeit der Sonne.

φ Heliograph. Breite	ξ					U Rot.-Zeit
	Flecken	Fackeln	Kalziumflocken	Dopplersch. Prinzip	Mittelwert	
0— 5°	14,40°	14,62°	14,54°	14,70°	14,57°	24,7 d
5—10	14,35	14,61	14,41	14,58	14,49	24,8
10—15	14,25	14,31	14,30	14,43	14,32	25,1
15—20	14,13	14,18	14,13	14,23	14,17	25,4
20—25	13,98	14,19	13,99	14,00	14,04	25,7
25—30	13,80	14,08	13,97	13,72	13,89	25,9
30—35	13,60	13,60	13,75	13,43	13,59	26,5
35—40				13,16	13,16	27,3
40—45				12,91	12,91	27,9
45—50				12,66	12,66	28,4
50—55				12,44	12,44	28,9
55—60				12,24	12,24	29,4
60—65				12,08	12,08	29,8
65—70				11,95	11,95	30,1
70—75				11,86	11,86	30,3
75—80				11,80	11,80	30,5
80				11,78	11,78	30,6

Als Maß der Rotationsgeschwindigkeit ist hier der im Laufe eines Tages zurückgelegte Drehungswinkel ξ in seiner Abhängigkeit von der heliographischen Breite φ angegeben. Die Tabelle enthält der Reihe nach: die heliographische Breite, die Rotationsgeschwindigkeit der Sonne aus den Bewegungen der Flecken, der Fackeln, der Kalziumflocken und nach dem Dopplerschen Prinzip, das Mittel aus diesen vier Reihen und die daraus abgeleitete Umdrehungszeit.

Eine besondere Rolle scheint in bezug auf die Sonnenrotation der Wasserstoff zu spielen. Während die in der Tabelle 5 angegebenen Zahlen der Kolumne 5 aus den Linien einer Anzahl verschiedener Elemente mit Ausschluß des Wasserstoffs abgeleitet sind, ergeben die Messungen aus den Wasserstofflinien allein

[1]) A. A. Belopolsky, Astronomy and Astrophysics Bd. 12, S. 632. 1893.
[2]) W. W. Stratonoff, Astron. Nachr. Bd. 137, S. 165. 1895.

für alle Breiten eine konstante Umdrehungszeit von im Mittel $\xi = 15°6$[1]); in guter Übereinstimmung damit sind die Untersuchungen HALES[2]), der aus den Bewegungen der Wasserstoff-Flocken ebenfalls eine über die ganze Sonnenscheibe konstante Umdrehungsgeschwindigkeit von im Mittel $\xi = 14°6$ ableitet. ADAMS und HALE führen diese bemerkenswerte Erscheinung darauf zurück, daß die umkehrende Wasserstoffschicht in einem höheren Niveau liegt als die der übrigen Elemente.

5. Die Erscheinungen am Sonnenrande. Die lichtschwachen Erscheinungen der Sonnenatmosphäre lassen sich für gewöhnlich nicht direkt beobachten, da sie durch das erheblich stärkere Photosphärenlicht und die von diesem erhellte Erdatmosphäre vollständig überstrahlt werdeo. Nur die seltenen Erscheinungen der totalen Sonnenfinsternisse bieten die Gelegenheit, während einiger Sekunden oder Minuten (im günstigsten Falle 7 Minuten) die hier vorhandenen Phänomene zu beobachten.

Bis zu dem Moment, in dem auch die letzte schmale Sichel der Photosphäre durch den an der Sonne vorüberziehenden Mond verdeckt wird, entziehen sich die Erscheinungen des äußersten Sonnenrandes noch der Beobachtung. In dem Augenblick aber, wo auch der letzte direkte Sonnenstrahl erlischt und auch fast die gesamte von dem Beobachtungsort aus sichtbare Erdatmosphäre in den Schattenkegel des Mondes tritt, zeigt sich die tiefschwarze Mondscheibe umgeben von einem in mildem, silbrigem Licht leuchtenden Strahlenkranze von häufig phantastischer Gestalt, der Korona, und eng um die Mondkontur schließt sich ein schmaler, in hellem roten Licht leuchtender Gürtel, die Chromosphäre, aus der gleich feurigen Zungen seltsame flammenartige Gebilde, die Protuberanzen, sich bis zu großen Höhen erheben.

Die Korona, deren Gestalt von Finsternis zu Finsternis starken Wandlungen unterworfen ist, zeigt eine von innen nach außen schnell abnehmende Flächenhelligkeit und erstreckt sich in einigen Richtungen bis in Entfernungen, welche den Sonnendurchmesser erheblich übertreffen können. Wegen des großen Intensitätsgefälles zwischen den inneren und äußeren Teilen der Korona ist es unmöglich, den Eindruck, den die Korona auf das Auge macht, mittels einer einzigen Aufnahme wiederzugeben, sondern das visuelle „Gleichzeitig" läßt sich photographisch nur durch verschiedene Aufnahmen wiedergeben, sei es mit einem Objektiv bei verschiedenen Expositionszeiten, sei es mit Objektiven verschiedenen Öffnungsverhältnisses bei gleichen Belichtungszeiten.

Die Struktur der Korona weist ebenfalls gewisse Beziehungen zu der Fleckentätigkeit der Sonne auf: Zur Zeit eines Fleckenminimums ist die Korona besonders ausgedehnt in der Richtung des Sonnenäquators und besitzt meist fächerförmige, gekrümmte Ausstrahlungen in der Nähe der Sonnenpole. In den Zeiten des Fleckenminimums ist die Korona gleichmäßiger, von fast runder Gestalt, zeigt aber bei näherer Betrachtung eine große Anzahl unregelmäßiger kleinerer Ausstrahlungen nach allen Seiten hin.

Die Gesamthelligkeit der Korona entspricht etwa der halben Vollmondshelligkeit oder rund $1 \cdot 10^{-6}$ der Sonnenhelligkeit; das sind $21,4 \cdot 10^{-7}$ cal $\cdot$ cm^{-2} $\cdot$ min^{-1}. Die Flächenhelligkeit der Korona ist dicht neben der Sonne ungefähr 1,4mal so groß wie die Flächenhelligkeit des Vollmondes. Etwa die Hälfte des gesamten Koronalichtes entstammt dem innersten, nur 3′ breiten Ring um die Sonne[3]).

Das Licht der Korona ist polarisiert, und zwar geht die Polarisationsebene durch den Mittelpunkt der Sonne hindurch; nach den Ergebnissen verschiedener

---

[1]) W. S. ADAMS, Astrophys. Journ. Bd. 27, S. 213. 1908.
[2]) G. E. HALE, Astrophys. Journ. Bd. 27, S. 219. 1908.
[3]) E. PETTIT und S. B. NICHOLSON, Astrophys. Journ. Bd. 62, S. 202. 1925.

Beobachter ist die Polarisation der Korona in größeren Entfernungen von der Sonne kräftiger als in der Nähe des Sonnenrandes. Die verschiedenen Versuche, die Korona auch außerhalb der Zeiten totaler Sonnenfinsternisse zu photographieren, müssen bisher als fehlgeschlagen bezeichnet werden.

Die Chromosphäre ist trotz ihrer abweichenden Färbung nicht immer scharf von den Erscheinungen der Korona zu trennen, solange keine besonderen Hilfsapparate (Spektroskop) zur Anwendung gelangen, sondern sie geht mit ihren kleineren und größeren Erhebungen und den aus ihr emporschießenden Protuberanzen weit in die Koronaregion hinein, so daß es oft unmöglich ist, zu unterscheiden, ob eine beobachtete Erscheinung in der Korona oder in der Chromosphäre ihren Ursprung hat. Bei starker Vergrößerung sieht die ganze Chromosphäre aus, als wäre sie ein Gewirr spitzer kleiner Flammen; ihre scheinbare Höhe schwankt zwischen 10″ und 15″, was einer Mächtigkeit von 7000 bis 11000 km entspricht.

Die Protuberanzen teilt man unter Berücksichtigung ihres Bewegungszustandes in ruhende und eruptive Protuberanzen ein; ihrer Gestalt nach haben sich eine große Anzahl von Bezeichnungen eingebürgert, wie Haufen-, Nebel-, Strahlen-, Rauch-, Säulenprotuberanzen usw., denen aber ihres rein deskriptiven Charakters wegen eine physikalische Bedeutung nicht zukommt. Die Protuberanzen erreichen teilweise ganz gewaltige Höhen; eine der größten bisher beobachteten Protuberanzen erhob sich 4′ 6″ über den Sonnenrand, was etwa 180000 km entspricht.

Seitdem eine spektroskopische Methode gefunden ist, die Chromosphäre und die Protuberanzen auch ohne totale Sonnenfinsternisse zu beobachten (s unten), hat man die Formänderungen und Bewegungen der Protuberanzen eingehend studieren können. Geschwindigkeiten von 100 bis 200 km in der Sekunde sind nichts Seltenes, und verschiedene Beobachter haben bei eruptiven Protuberanzen Geschwindigkeiten bis zu 800 km gemessen.

Die Protuberanzen verteilen sich ziemlich gleichmäßig über den ganzen Sonnenrand mit einem nur wenig ausgeprägten Minimum in der Äquatorzone und zwei etwas stärker ausgeprägten Minimis in den Zonen zwischen 50° und 60° heliographischer Breite. In bezug auf die zeitliche Häufigkeit und Ausdehnung schmiegen sich die Protuberanzenerscheinungen zwanglos der 11jährigen Fleckenhäufigkeits-Periode an.

6. Spektroskopie der Sonne. a) Das Gesamtspektrum der Sonne. Richtet man den Spalt eines Spektralapparates direkt auf die Sonne, so erhält man ein mittleres, gemischtes Spektrum des Sonnenlichtes, das von allen unter 2 bis 5 beschriebenen Erscheinungen im Verhältnis ihrer Intensitäten gleichzeitig erzeugt ist und teilweise noch durch Absorptionseffekte in unserer Erdatmosphäre überlagert wird.

Dieses Spektrum besteht im wesentlichen aus zwei Teilen: einem kontinuierlichen Untergrund, der in erster Näherung die Intensitätsverteilung eines schwarzen Strahlers bestimmter Temperatur besitzt, und zweitens einer großen Zahl von dunklen Absorptionslinien, den Fraunhoferschen Linien. Die Energieverteilung im Normalspektrum der Sonne nach Messungen von Langley[1] gibt die folgende Abb. 4 in stark verkleinertem Maßstab wieder.

Im Jahre 1900 hat Langley[2] die infrarote Sonnenstrahlung mit einem Spektralbolometer bis zu 5,3 μ messen können. Längere Wellen, nach denen

---

[1] S. P. Langley, Wied. Ann. Bd. 19, S. 226 u. 384. 1883; ebenda Bd. 22, S. 598. 1884.
[2] S. P. Langley, Ann. of the Astrophys. Obs. of Smithsonian Inst. Bd. 1. 1900 u. Phil. Mag. Bd. 2, S. 119. 1901.

seither verschiedentlich gesucht worden ist[1]), haben sich im Sonnenspektrum nicht nachweisen lassen. Da diese Strahlen in der Strahlung sehr viel weniger hochtemperierter Körper als der Sonne, vorhanden sind, dieselben aber andererseits von Wasserdampf und Kohlensäure stark absorbiert werden, so kann kein Zweifel darüber bestehen, daß der Energiekurve der Sonne im Ultrarot durch

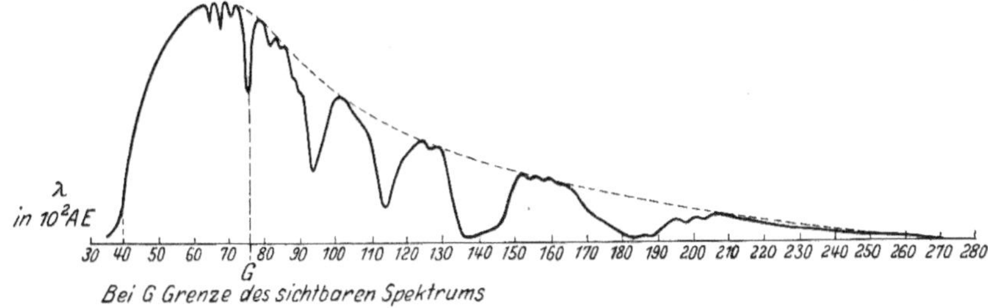

Abb. 4. Normalspektrum der Sonne.

Absorption in der Erdatmosphäre, die an den genannten Gasen und Dämpfen reich ist, ein vorzeitiges Ende bereitet wird, ebenso wie der steile Abfall im Ultraviolett des Sonnenspektrums durch den Ozon in der Erdatmosphäre verursacht wird.

Die bis jetzt vollkommensten Darstellungen des Sonnenspektrums sind von ROWLAND und von HIGGS gegeben worden. Das ROWLANDsche mit einem Konkavgitter aufgenommene Sonnenspektrum von 2980 bis 7330 Å besitzt eine Länge von etwa 13 m und enthält nahezu 20000 Linien, deren Lage von ROWLAND mit großer Sorgfalt ausgemessen worden ist; eine Tafel der gemessenen Wellenlängen hat ROWLAND veröffentlicht[2]). Sie bildet auch heute noch die Grundlage für fast alle spektroskopischen Untersuchungen an der Sonne. Das folgende Verzeichnis enthält diejenigen Elemente, deren Vorhandensein auf der Sonne mit Sicherheit festgestellt ist; ihre Reihenfolge entspricht der Anzahl der Linien, deren Koinzidenz mit Sonnenlinien erkannt wurde.

Sicher vorhandene Elemente.

Fe, Ni, Ti, Mn, Cr, Co, C, V, Zr, Ce, Ca, Nd, Sc, La, Yt, Nb, Mo, Pd, Mg, Na, Si, H, Sr, Ba, Al, Cd, Rh, Er, Zn, Cu, Ag, Be, Ge, Sn, Pb, K, He, Ga, O.

Als zweifelhaft sind die folgenden Elemente auf der Sonne zu betrachten:

Zweifelhafte Elemente.

Ir, Os, Pt, Ru, Ta, Th, W, U, Li, Br, Cl, J, Fl, Bi, Te, In, Tl, Hg, Ho, Tb, Yb, A, Ne.

Nicht auf der Sonne nachzuweisen waren bisher die folgenden Elemente:

Nicht nachweisbare Elemente.

Sb, As, B, N, Cs, Au, Kr, P, Rb, Se, S, Tm, Pr, Ra, X.

Das Fehlen von Linien eines Elementes in dem Spektrum des Gasgemisches, welches die Sonne darstellt, ist jedoch kein Beweis dafür, daß das betreffende

---

[1]) Vgl. H. RUBENS u. E. ASCHKINASS, Wied. Ann. Bd. 64, S. 584. 1897; E. NICHOLS, Astrophys. Journ. Bd. 26, S. 231. 1907; J. WILSING u. J. SCHEINER, Astron. Nachr. Bd. 142, S. 17. 1896; CH. NORDMANN, C. R. Bd. 134, S. 273. 1902.

[2]) H. A. ROWLAND, Preliminary Table of Solar Spectrum Wavelengths. Astrophys. Journ. Bd. 1 bis 5. 1895—1897.

Element in der Sonne wirklich fehlt[1]). Andererseits enthält das Sonnenspektrum auch eine große Zahl bis jetzt nicht identifizierter Linien, die voraussichtlich ebenfalls bekannten Elementen zuzuordnen sein werden, aber vielleicht in Anregungszuständen, die im Laboratorium des Physikers bisher nicht nachgeahmt werden konnten.

Die Wellenlängen der Rowlandschen Skala erscheinen, bezogen auf das internationale System der Wellenlängen bis zu einigen Zehnteln einer Angströmeinheit verfälscht. Die Reduktion von Rowland auf das internationale System wird nach den Untersuchungen von Fabry und Perot[2]) und von Hartmann[3])

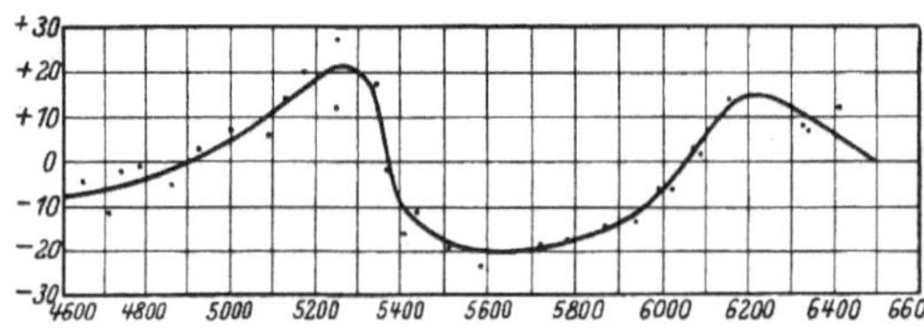

durch die Kurve der folgenden Abb. 5 dargestellt.

Abb. 5. Reduktionskurve des Rowlandschen auf das internationale Wellenlängensystem. (Astrophys. Journ. Bd. 18, S. 167. 1903.)

Eine Anzahl von Linien im Sonnenspektrum sind tellurischen Ursprungs. Sie lassen sich entweder mit Hilfe des Dopplerschen Prinzips nachweisen, da die atmosphärischen Linien bei der Rotation der Sonne keine Verschiebung erleiden, oder auch durch Vergleich von Sonnenaufnahmen bei großen und kleinen Zenitdistanzen, da hier nur die Atmosphärenlinien ihre Intensität gegen die übrigen ändern.

Die Fraunhoferschen Linien des mittleren Sonnenspektrums fallen im allgemeinen nicht streng mit den entsprechenden Linien des Bogen- oder Funkenspektrums zusammen. Ganz abgesehen davon, daß alle Sonnenlinien infolge des Dopplereffektes durch Rotation der Sonne eine Verbreiterung erfahren, und auch je nach der Tageszeit, zu der sie aufgenommen werden, eine Dopplerverschiebung infolge der Erdrotation aufweisen müssen, hat sich in der letzten Zeit herausgestellt, daß die meisten der Sonnenlinien gegen die irdischen Vergleichslinien nach Rot verschoben sind, und zwar um Beträge, die zwischen 0,000 und 0,010 Å für die verschiedenen Linien variieren.

Für die Erklärung dieser allgemeinen Rotverschiebung können verschiedene Ursachen in Betracht kommen.

Die Untersuchungen von Humphreys[4]), Duffield[5]) und King[6]) haben gezeigt, daß im Lichtbogenspektrum die meisten Linien eine dem Druck proportionale Verschiebung nach dem Rot erfahren, deren Größe für verschiedene Elemente und auch für verschiedene Linien des gleichen Elementes zwischen 0,001 und 0,013 Å pro Atmosphäre Überdruck variiert. Würde man die Rotverschiebung im mittleren Spektrum der Sonne allein auf diese Ursache zurückführen, so würde sich der mittlere Druck in der umkehrenden Schicht der Sonne auf 5 bis 6 Atm. berechnen.

Die anomale Dispersion verursacht nach Julius[7]) ebenfalls Linienverschiebungen, die zum Teil auf Brechung, zum Teil auf Diffusion beruhen. Brechungs- und Diffusionseffekte sind durchweg größer auf der roten als auf der violetten

---

[1]) Vgl. Meg Nad Saha, ZS. f. Phys. Bd. 6, S. 40. 1921.
[2]) Ch. Fabry u. J. Perrot, Astrophys. Journ. Bd. 15, S. 261. 1902.
[3]) J. Hartmann, Astrophys. Journ. Bd. 18, S. 167. 1903.
[4]) W. J. Humphreys, Astrophys. Journ. Bd. 22, S. 217. 1905.
[5]) W. G. Duffield, Rep. of the British Association 1906, S. 481 u. Phil. Trans. Bd. 208, S. 111. 1908.
[6]) A. S. King, Astrophys. Journ. Bd. 34, S. 37. 1911; Bd. 35, S. 183. 1912.
[7]) W. H. Julius, Phys. ZS. Bd. 12, S. 337 u. 676. 1911 u. Versl. Akad. Amsterdam Bd. 22, S. 1243. 1914.

Seite einer Absorptionslinie. Die daraus resultierende scheinbare Linienverschiebung, auf deren Theorie näher einzugehen hier zu weit führen würde, berechnet JULIUS zu ungefähr dem Betrage, den die Rotverschiebung auf der Sonne erreicht.

EINSTEIN[1]) hat aus theoretischen Betrachtungen geschlossen, daß die Gravitationspotentialdifferenz zwischen Sonnenoberfläche und Erde eine Wellenlängenvergrößerung $\lambda' - \lambda = \dfrac{\lambda \cdot \Phi}{c^2}$ bedingt. Für die Wellenlänge 5000 Å würde hieraus eine Rotverschiebung von 0,010 Å folgen, die Verschiebung müßte für die anderen Wellenlängen der Wellenlänge direkt proportional sein. Diese Voraussetzung scheint nach den bisherigen Beobachtungsergebnissen noch nicht erfüllt zu sein. Wenn der Effekt des EINSTEINschen Ansatzes vorhanden ist, so wird er jedenfalls noch durch andere Wirkungen überdeckt.

Besitzt die Sonne als Ganzes ein magnetisches Feld, so werden die FRAUNHOFERSCHEN Linien durch Zeemaneffekt aufgespalten. Die Komponenten liegen zwar symmetrisch zur normalen Lage der Absorptionslinie; da sie aber verschieden polarisiert sind, so können unter gewissen Beobachtungsbedingungen asymmetrische Effekte, also Linienverschiebungen vorgetäuscht werden. Nach den Untersuchungen von HALE[2]) besitzt die Sonne nun tatsächlich ein allgemeines magnetisches Feld; die magnetischen Pole fallen nahe mit den Umdrehungspolen der Sonne zusammen, die Größe des Feldes beträgt an den Polen schätzungsweise etwa 50 Gauß.

Das kontinuierliche Spektrum der Sonne entspricht in seinem Energieverlauf ungefähr demjenigen eines schwarzen Körpers. Dieser Energieverlauf wird aber verfälscht durch eine mit abnehmender Wellenlänge kontinuierlich wachsende Extinktion in unserer Erdatmosphäre, die durch die Zerstreuung des Lichtes an sehr kleinen, in der Atmosphäre suspendierten Teilchen oder, wie Lord RAYLEIGH annimmt, an den Molekülen der Luft selbst hervorgerufen wird.

Die Moleculardiffraktion ist der theoretischen Behandlung direkt zugänglich; der Logarithmus des Betrages der zerstreuten Strahlung nimmt mit der 4. Potenz der abnehmenden Wellenlänge zu. Die Lichtzerstreuung an den größeren Teilchen läßt sich dagegen nur experimentell ermitteln, da die physikalischen Grundlagen zunächst unbekannt sind und mit Beobachtungsort und Luftzustand variieren. Überlagert wird dieser Effekt durch eine selektive Absorption in einzelnen Gasen der Atmosphäre, insbesondere durch Wasserdampf und Kohlensäure im ultraroten und durch Ozon im ultravioletten Teil des Spektrums.

Eine Zusammenstellung der Ergebnisse verschiedener Forscher in bezug auf den Verlauf

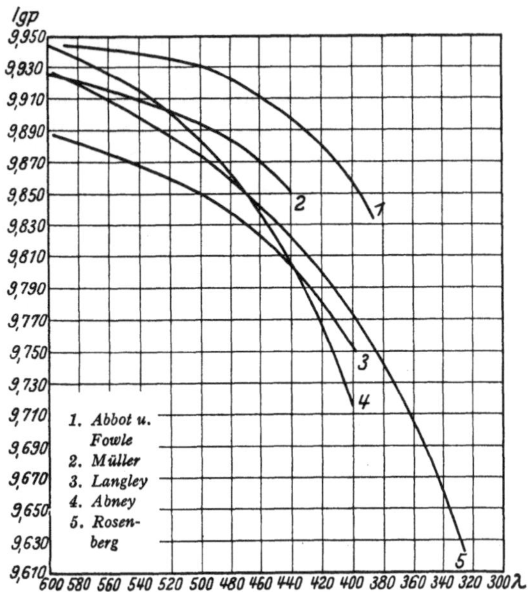

Abb. 6. Transmissionskoeffizienten der Atmosphäre für Licht verschiedener Wellenlänge. (ROSENBERG, Nova Acta d. Leop. Carol. Akad. C. I. Nr. 2, S. 90. Halle 1914.)

<hr>

[1]) A. EINSTEIN, Ann. d. Phys. Bd. 35, S. 898. 1911.
[2]) G. E. HALE, Astrophys. Journ. Bd. 38, S. 27. 1913.

der Extinktion mit der Wellenlänge zeigt die Abb. 6, bei der die Logarithmen der Transmissionskoeffizienten unserer Atmosphäre (Logarithmen der prozentualen Durchlässigkeit der Erdatmosphäre für eine Atmosphärendicke) als Funktion der Wellenlänge eingetragen sind.

Während die Beobachtungen von Abney durch das Rayleighsche Gesetz der Molekulardiffraktion befriedigend dargestellt werden, sind die Werte von Abbot und Fowle, Müller und Langley sehr nahe umgekehrt proportional der 2ten, die von Rosenberg der 2,7ten Potenz der Wellenlänge.

Die Unsicherheit, welche durch eine unrichtige Berücksichtigung der spektralen Extinktion in das Problem der Temperaturbestimmung der Sonne hereingetragen wird, trägt wohl die größte Schuld, daß die effektive Sonnentemperatur noch mit einer verhältnismäßig großen Unsicherheit behaftet ist. Unter „effektiver" Temperatur der Sonne verstehen die Astronomen die Temperatur eines schwarzen Körpers, der von den gleichen Dimensionen und in der gleichen Entfernung wie die Sonne den gleichen Strahlungseffekt verursachen würde.

Die Langleyschen spektralbolometrischen Messungen der Sonnenenergie liefern nach Very[1]) das Maximum der Energiekurve bei 532 $\mu\mu$, während Abbot und Fowle[2]) dasselbe bei 433 $\mu\mu$ finden. Daraus würde sich nach dem Paschen-Wienschen Verschiebungsgesetz die effektive Temperatur der Sonne zu 5530° bzw. 6790° folgen. Die aus den optischen spektralphotometrischen Messungen abgeleitete effektive Sonnentemperatur beträgt nach den Messungen von Wilsing und Scheiner[3]) 5130°, nach Nordmann[4]) 5320°, während die jüngsten Messungen von Abbot[5]) im Spektralbereich von 0,3 bis 3,0 μ am besten einer schwarzen Strahlung von etwa 6000° entsprechen; das Energiemaximum in dieser Messungsreihe liegt bei 470 $\mu\mu$ und würde für sich allein betrachtet eine Temperatur von 6260° ergeben.

Nahe übereinstimmend mit diesen aus spektralphotometrischen Messungen abgeleiteten Werten der effektiven Sonnentemperatur ist der aus der Gesamtstrahlung (Solarkonstante) nach dem Stephanschen Gesetz ermittelte Wert der Sonnentemperatur, der sich auf 5900° stellt.

Das Energiespektrum der Sonne zeigt demnach einen Verlauf, der nahe mit demjenigen eines schwarzen Strahlers von 6000° zusammenfällt; doch ist dabei zu bedenken, daß die Farbe der Sonnenscheibe gegen den Rand hin kontinuierlich röter wird, und daß wir es bei dem Gesamtspektrum der Sonne auch hier mit einem Mischeffekt zu tun haben.

b) Spektra einzelner Teile der Sonnenscheibe. Bilden wir die verschiedenen Teile der Sonne auf den Spalt eines Spektralapparates ab, so erhalten wir unter Umständen stark voneinander abweichende Ergebnisse.

α) Sonnenmitte und Rand. Über die Änderung des kontinuierlichen Spektrums von der Mitte gegen den Rand hin haben wir uns bereits weiter oben unterrichtet; es folgt daraus, daß die für die Sonnenmitte aus spektralphotometrischen Messungen abgeleitete effektive Sonnentemperatur höher ausfallen würde als für eine Randzone. Ob dieser Deutung aber physikalische Bedeutung zukommen würde, scheint mindestens zweifelhaft, da solare Absorptions- und Diffraktionsvorgänge an dieser Erscheinung beteiligt sein werden.

---

[1]) F. Very, The Solar Constant. Washington 1901. U. S. Dep. of Agriculture. Weather Bureau.

[2]) C. G. Abbot u. F. E. Fowle, Annals of the Astrophys. Obs. of Smithsonian Inst. Bd. 2, S. 106. 1908.

[3]) J. Scheiner, Publ. Astrophys. Obs. Potsdam Nr. 56. 1909.

[4]) Ch. Nordmann, C. R. Bd. 149, Nr. 23. 1909.

[5]) C. G. Abbot, Astrophys. Journ. Bd. 34, S. 197. 1911

Auch die FRAUNHOFERschen Linien zeigen eine Abhängigkeit ihres Aussehens von dem Abstand von der Sonnenmitte, indem viele Linien gegen den Sonnenrand hin kräftiger und breiter werden als im Zentrum.

β) **Spektrum der Sonnenflecken.** In dem Spektrum des Kernschattens eines Sonnenfleckes erscheint das kontinuierliche Spektrum gegen das der normalen umgebenden Photosphäre geschwächt und das Energiemaximum ist gegen Rot hin verschoben, was auf eine tiefere Temperatur der Flecken hindeutet. Die FRAUNHOFERschen Linien zeigen ebenfalls gegenüber dem Spektrum der Photosphäre ein verändertes Aussehen. Die meisten unter ihnen, speziell solche, die im Bogenspektrum der Elemente auftreten, sind verbreitert oder verstärkt, während umgekehrt die Funkenlinien meist geschwächt sind oder ganz fehlen. Ferner beobachtet man im Fleckenspektrum eine Anzahl Linien und Banden (besonders des Titanoxyds, Magnesium- und Kalziumhydrids), die im Spektrum der Photosphäre fehlen. Diese Tatsache des Auftretens von Verbindungsspektren spricht ebenfalls für eine tiefere Temperatur der Sonnenflecken.

Teilweise zeigen die Linien im Fleckenspektrum und in der unmittelbaren Umgebung der Flecken starke Verschiebungen und lokale Verzerrungen, gelegentlich sieht man in den verbreiterten Linien auch Umkehrungen. Zur Deutung dieser Erscheinungen sind der Dopplereffekt, die anomale Dispersion und der Zeemaneffekt herangezogen worden. Speziell ist es HALE[1]) gelungen, die Existenz des Zeemaneffektes in den Sonnenflecken einwandfrei nachzuweisen; einige doppelte und mehrfache Linien des Eisens, Titans und Chroms zeigen deutliche Polarisation der Komponenten, wie sie in Duplets und Triplets nach dem Zeemaneffekt vorhanden sind. In der Nähe der Sonnenmitte zeigen die Flecken den longitudinalen, in der Nähe des Sonnenrandes den transversalen Zeemaneffekt; die Polarität zweier aufeinander folgender Flecken ist meist entgegengesetzt. Die Größenordnung der Feldstärke leitet HALE zu ungefähr 3000 Gauß ab.

γ) **Chromosphären- und Protuberanzenspektrum.** Das Spektrum der Chromosphäre und der Protuberanzen besteht aus verhältnismäßig wenigen hellen Linien. Auf dieser Tatsache beruht die obenerwähnte Methode, diese Gebilde auch ohne totale Sonnenfinsternis beobachten zu können, indem durch sehr starke Dispersion bei weit geöffnetem Spalt die Helligkeit des kontinuierlichen Untergrundes so weit abgeschwächt wird, daß sich die monochromatischen Bilder der Chromosphäre und der Protuberanzen, die natürlich bei Vermehrung der Dispersion ungeschwächt bleiben, deutlich von dem geschwächten Untergrunde abheben.

In dem Spektrum der Chromosphäre kann man stets die folgenden 11 Linien beobachten:

Chromosphärenspektrum:

7065,5 He	4861,5 H	3970,2 H
6563,1 H	4471,8 He	3968,6 Ca
5876,0 He	4340,7 H	3933,8 Ca
5316,8 Fe	4101,9 H	

Bei Annäherung an den Rand der Sonne (Photosphäre) wächst die Anzahl der hellen Linien bedeutend. Bei totalen Sonnenfinsternissen zeigen sich im letzten Moment vor der vollständigen Bedeckung der Sonne blitzartig die meisten der FRAUNHOFERschen Linien hell (Flash-Spektrum). Im Jahre 1909 gelang es HALE und ADAMS[2]) durch Anwendung sehr starker Dispersion das Flashspektrum auch außerhalb einer Finsternis zu photographieren und die genaue Koinzidenz der hellen Linien mit den FRAUNHOFERschen Linien des

---

[1]) G. E. HALE, Astrophys. Journ. Bd. 28, S. 315. 1908.
[2]) W. S. ADAMS, Astrophys. Journ. Bd. 30, S. 222. 1909.

Randspektrums festzustellen. Zwischen den Wellenlängen 4491 und 4584 wurden 50 helle Linien, zwischen 5110 und 5197 Å 87 helle Linien photographiert, die Wellenlängen sämtlicher auf den Mt. Wilsonaufnahmen enthaltenen Flashlinien sind noch nicht publiziert. Das ausführlichste Verzeichnis der bei Gelegenheit totaler Finsternisse gemessener Flashlinien gibt Dyson[1]), das zwischen 3200 und 5900 Å etwa 1200 Chromosphärenlinien enthält, deren Wellenlängen mit einer Genauigkeit von einigen Hundertstel Angströmeinheiten gemessen sind.

Zwischen dem Spektrum der Protuberanzen und dem der Chromosphäre besteht kein prinzipieller Unterschied. Auch die Protuberanzen weisen helle Linien auf, die in der Mehrzahl den Elementen Ca, H, He, Ti, Mg, Fe, Sr, Ba, Na, Ce, Ni, V, Mn, Cr, Co, Yt, Zn, La angehören; den meisten der in dem Protuberanzenspektrum sichtbaren hellen Linien entsprechen im Photosphärenspektrum verhältnismäßig breite und verwaschene Fraunhofersche Linien. Viele der Protuberanzenlinien zeigen große Verschiebungen und Verzerrungen, die als Dopplereffekt gedeutet auf lokale Geschwindigkeiten bis 800 km pro Sekunde führen würden, ohne daß dabei eine Reihe anderer Gase in ihrer Ruhe gestört werden; denn beispielsweise zeigt die starke Chromosphärenlinie 5316,8 Å derartige Verschiebungen niemals. Daher versucht Julius diese Verschiebungen auch hier durch anomale Dispersion zu deuten.

δ) **Das Koronaspektrum.** Das Spektrum der Korona, das nur bei Gelegenheit totaler Sonnenfinsternisse beobachtet werden kann, ist wegen seiner geringen Intensität und wegen der kurzen Zeitdauer, die zu seiner Aufnahme zur Verfügung steht, auch heute noch verhältnismäßig wenig bekannt. Es besteht aus einem kontinuierlichen Untergrund und einer Anzahl heller Linien, denen im Photosphärenspektrum keine Fraunhoferschen Linien entsprechen.

Die Messungen haben für diese hellen Koronalinien die folgenden Wellenlängen ergeben: 5303, 4359, 4231, 4086, 3987, 3801, 3643, 3456, 3381, 3237, 3188, 3170, 3164 Å; die auffälligste dieser Linien ist die grüne Koronalinie bei 5303 Å. Ob sie einem bisher unbekannten hypothetischen Element Koronium angehört, oder ihre Entstehung einem der bekannten Elemente in unbekanntem Anregungszustand verdankt, steht noch nicht fest.

Nach Untersuchung einer Reihe verschiedener Forscher zeigt das kontinuierliche Koronaspektrum eine ähnliche Intensitätsverteilung, wie das mittlere Photosphärenspektrum, doch ergeben die meisten der älteren Untersuchungen eine geringe Verlagerung gegen das rote Ende des Spektrums[2]). Die Untersuchungen von Ludendorff[3]) gelegentlich der totalen Sonnenfinsternis vom 10. September 1923 lieferten jedoch das Resultat, daß „zwischen λ 3820 Å und λ 4840 Å die Intensitätskurve des kontinuierlichen Spektrums der Korona mit derjenigen des Sonnenspektrums innerhalb der Beobachtungsgenauigkeit übereinstimmt".

In den äußeren Teilen des Koronaspektrums sieht man zahlreiche Absorptionslinien, die mit Fraunhoferschen Linien der Photosphäre übereinstimmen, so daß das Koronaspektrum hier ein getreues Abbild des gewöhnlichen Sonnenspektrums darstellt. Die stärksten von diesen Linien erstrecken sich bis auf etwa 4'—5' an den Sonnenrand heran; zwischen dem Sonnenrand und dieser Grenze ist dagegen im Spektrum der inneren Korona keine Spur von diesen Absorptionslinien zu erkennen. Ganz allgemein ist auch dort, wo die Fraunhoferschen Linien im Koronaspektrum auftreten, der Kontrast zwischen den Absorptionslinien und dem kontinuierlichen Untergrund geringer, als im Photosphärenspektrum; die Linien der Korona sind „flauer", als die der Sonne.

<hr>

[1]) F. W. Dyson, Phil. Trans. Bd. 206, S. 403. 1906.
[2]) Zusammenstellung der älteren Literatur siehe H. Ludendorff, Berl. Ber. 1925, S. 84.
[3]) H. Ludendorff, Berl. Ber. 1925, S. 109.

Daß das Koronalicht stark polarisiert ist, wurde bereits oben erwähnt. Man wird daher annehmen müssen, daß das Licht der Korona, soweit das kontinuierliche Spektrum in Frage kommt, größtenteils reflektiertem Sonnenlicht seine Entstehung verdankt. Findet diese Reflektion an kleinen Teilchen statt, so sollte man nach den RAYLEIGHschen Überlegungen eine Verschiebung des Maximums nach dem blauen Ende des Spektrums erwarten, was aber den Beobachtungen widerspricht. Untersuchungen von SCHWARZSCHILD[1]) machen es wahrscheinlich, daß in der Korona eine Reflektion des Photosphärenlichtes an freien Elektronen stattfindet, da diese das Licht für alle Wellenlängen gleich stark reflektieren und diffundieren werden; sie erzeugen daher nicht das „RAYLEIGHsche Blau", sondern lassen die Qualität des Lichtes ungeändert, polarisieren es aber ebenso stark, wie RAYLEIGHs kleine Teilchen.

7. Die spektroheliographischen Bilder der Sonne. Entwirft man ein Sonnenbild auf der Spaltebene eines Spektrographen und blendet gleichzeitig aus dem erzeugten Spektrum mit Hilfe eines sehr schmalen Spaltes ein monochromatisches Lichtbüschel heraus, so zeigt dieses in dem Licht der ausgeblendeten Wellenlänge die Intensitätsverteilung des auf dem ersten Spalt abgebildeten Stückes der Sonnenscheibe. Läßt man das Bild der Sonne sukzessive über den ersten Spalt wandern und verschiebt jedesmal die photographische Platte hinter der Blende um die Breite des zweiten Spaltes, so erhält man eine mosaikartige Zusammensetzung des ganzen Sonnenbildes in nahezu monochromatischem Licht.

Ein besonderes Interesse beanspruchen die Bilder, welche man erhält, wenn man mit dem zweiten Spalt nur das Licht einer der kräftigen Absorptionslinien des Sonnenspektrums, etwa des Kalziums oder des Wasserstoffes, herausblendet, weil sich auf diese Weise das Vorkommen dieser Elemente über die ganze Sonnenscheibe verfolgen läßt, eine Untersuchung, die ohne dieses Hilfsmittel auf den Sonnenrand beschränkt bleibt.

Betrachtet man das Bild der Kalziumlinien H und K in ihrem Verlauf über einen Teil der Sonnenscheibe, so zeigen sich dieselben keineswegs an allen Stellen von gleichartiger Struktur, wie etwa im Gesamtspektrum der Sonne, sondern die breiten dunklen Linien zeigen an einzelnen Stellen der Sonne eine Umkehrerscheinung, über die sich gelegentlich noch eine feine Absorptionslinie zu lagern scheint. Um bei dieser komplizierten Struktur der H und K-Linie stets eindeutig ausdrücken zu können, welche Teile der Linie gemeint sind, hat HALE die äußeren dunklen Teile mit H_1 und K_1 bezeichnet, die inneren hellen Teile mit H_2 und K_2 und die feine dunkle Linie in der Mitte mit H_3 bzw. K_3. Eine schematische Darstellung dieser Bezeichnungsweise zeigt die Abb. 7.

Nach Anschauung von HALE und ELLERMANN[2]) und von DESLANDRES[3]) entsprechen die dunklen Linien H_1 und K_1 der Absorption des Photosphärenlichtes in dem sehr dichten Kalziumdampf der umkehrenden Schicht, sie sind also

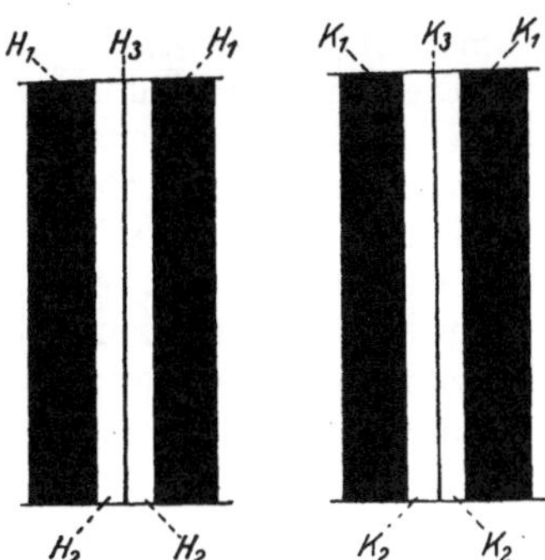

Abb. 7. Schematische Struktur der H- und K-Linie.

die äußeren Teile der gewöhnlichen FRAUNHOFERschen Linien; die hellen Teile H_2 und K_2 entstehen durch Emission des Kalziumdampfes in den tieferen Schichten der Chromosphäre, während die feinen dunklen Linien H_3 und K_3

[1]) K. SCHWARZSCHILD, Mitt. d. Sternwarte zu Göttingen 13. Teil, S. 63. 1906.
[2]) G. E. HALE u. F. ELLERMAN, Publ. of the Yerkes Obs. Bd. 3, Teil 1. 1903.
[3]) H. DESLANDRES, Ann. d. l'Obs. d'astr. Phys. de Paris Bd. 4. 1910.

durch Absorption in den höheren und kühleren Schichten der Chromosphäre zustande kommen; diese wären also identisch mit der Umkehr der feinen hellen Chromosphärenlinien außerhalb des Sonnenrandes. Nach dieser Anschauung steigt man in immer höhere Sonnenschichten auf, je weiter man sich vom Rande dieser Linien nach ihrer Mitte begibt.

Nimmt man ganze Teile der Sonnenoberfläche nach der oben geschilderten Methode im Lichte einer dieser Linien auf, so zeigt sich eine sehr unregelmäßige Verteilung des hellen Kalziumdampfes über die Sonnenscheibe.

Nimmt man den zweiten Spalt sehr eng und erfolgt die Bewegung des Sonnenbildes und der photographischen Platte nicht ruckweise, sondern kontinuierlich, so erhält man ein zusammenhängendes Bild der Sonne, welches die Verteilung des betreffenden, die Absorptionslinie erzeugenden Elementes in einem ganz bestimmten Niveau der Sonne zeigen wird.

Der helle Kalziumdampf bildet keine zusammenhängende Schicht, sondern besteht aus einzelnen Elementen, welche eine ganz ähnliche Struktur, wie die Granulation zu besitzen scheinen. Die hellen Kalziumflocken, wie sie Hale bezeichnet hat, zeigen sich besonders stark in der Nachbarschaft von Sonnenflecken, wie der Vergleich einer gewöhnlichen Sonnenphotographie mit einem im Kalziumlicht aufgenommenen Spektroheliogramm zeigt. Hale hält daher die Identität der Kalziumflocken mit den in der Umgebung der Sonnenflecken meist auftretenden Sonnenfackeln für wahrscheinlich.

Verschiebt man den zweiten Spalt von dem Rande der H- oder K-Linie nach deren Mitte, so läßt sich das Aufsteigen des heißen Kalziumdampfes in den verschiedenen Niveauschichten der Sonne verfolgen, und das Zusammenschlagen des glühenden Kalziumdampfes über einem Sonnenfleck erkennen.

Natürlich sind nicht nur die Kalziumlinien H und K, die durch ihre Breite allerdings besonders günstige Bedingungen bieten, sondern auch eine jede andere Fraunhofersche Linie für spektroheliographische Aufnahmen brauchbar, wenn man den zweiten Spalt nur schmal genug macht. Ein besonderes Interesse beanspruchen in dieser Hinsicht die Wasserstofflinien, da dieses Element ebenfalls verhältnismäßig breite Linien im Sonnenspektrum besitzt und bis in die höchsten Schichten der Sonne hinaufreicht, wie aus Aufnahmen des Flashspektrums festgestellt werden kann.

Die Wasserstoffbilder zeigen eine völlig andere Struktur, als die Kalziumflocken. Von grundlegender Bedeutung für die Sonnenphänomene sind die Aufnahmen von Sonnenflecken im Lichte des Wasserstoffs, in deren Umgebung sich häufig eine spiralige oder wirbelartige Struktur des Wasserstoffs angedeutet findet. Die Existenz dieser Wirbel des zweifellos ionisierten Gases dürfte als Erklärung der von Hale gefundenen magnetischen Felder in der Umgebung der Sonnenflecken herangezogen werden, zumal da die Richtung des magnetischen Feldes mit dem Drehungssinn der Wirbel in Übereinstimmung ist. Von anderen Elementen als Kalzium, Wasserstoff und Eisen liegen spektroheliographische Aufnahmen zur Zeit noch nicht vor.

Zu einer völlig anderen Deutung der spektroheliographischen Aufnahmen würde man gelangen, wenn man die Kirchhoffsche Deutung der Fraunhoferschen Linien als unzulänglich ablehnt und mit Julius die anomale Dispersion als wichtigsten Faktor gelten läßt. Die Struktur eines jeden Spektroheliogramms würde in diesem Falle nur die Anzeige des Dichtigkeitsgradienten einer bestimmten Komponente des Gasgemisches darstellen, aus welchem die Sonne besteht. Merkwürdigerweise gelangt man aber auch auf diesem, von der ersten Deutung durchaus verschiedenen Wege zu dem gleichen Ergebnis, daß die spektroheliographischen Bilder im großen und ganzen um so höheren Niveaus entsprechen, je näher der Kameraspalt an die Mitte einer Linie heranrückt, so daß die Schlußfolgerungen von DESLANDRES, HALE und ADAMS zu Recht bestehen bleiben.

Literaturzusammenstellung umfassender Werke über die Sonne.

C. G. ABBOT, Annals of the Astrophys. Obs. of the Smithsonian Inst. Bd. I—IV. — C. G. ABBOT, The Sun. New York und London. 1911. — C. G. ABBOT, The Earth and the Stars. New York. 1926. — W. S. ADAMS, An Investigation of the Rotation Period of the Sun by spectroscopic Methods. Washington. 1911. — J. BOSLER, Les théories modernes du soleil. Paris. 1910. — H. BRESTER, Théorie du soleil. Verhandl. Kon. Akad. v.W. Amsterdam. Bd. I, S. 3. 1892. Bd. IX, S. 6. 1908. — H. DESLANDRES, Ann. de l'observatoire d'astronomie physique de Paris. Bd. IX. 1910. — H. DESLANDRES, Zahlreiche Artikel in den Comptes rendues. Paris. — R. EMDEN, Gaskugeln. Leipzig und Berlin. 1907. — R. EMDEN, Die Sonne. Müller-Pouillets Lehrbuch der Physik. 11. Aufl. Bd. 5 Tl. 2. Braunschweig. 1928. — G. E. HALE, The Study of Stellar Evolution. Chicago. 1908. — G. E. HALE, Zahlreiche Artikel in den Contributions from the Mount Wilson Solar Observatory. Carnegie Institution of Washington. Seit 1905. — W. H. JULIUS, Physik der Sonne. Handwörterbuch der Naturwissenschaften. Jena 1912. — E. PRINGSHEIM, Physik der Sonne. Berlin. 1910. — J. SALET, Spectroscopie astronomique. Paris. 1909. — A. SECCHI, Die Sonne. Braunschweig 1872. — Th. YOUNG, The Sun. New York. 1881—1895. — Transactions of the international Union for Cooperation in Solar Research. Manchester. Seit 1906.

Kapitel 4.

Die Himmelsstrahlung.

Von

CHR. JENSEN, Hamburg.

Mit 10 Abbildungen.

a) Allgemeine Übersicht.

1. Einleitende Bemerkung. Wenn auch eine scharfe Trennung unmöglich ist, sollen hier doch vor allem die optischen Erscheinungen erörtert werden, die denen eines künstlichen trüben Mediums ähneln. Hier ist in erster Linie an die grundlegenden Untersuchungen von BRÜCKE[1]) und TYNDALL[2]) sowie an die allerdings nur als erste Annäherung an eine exakte Beugungstheorie aufzufassenden Arbeiten Lord RAYLEIGHS[3]) zu erinnern. Die — allerdings unter vereinfachenden Annahmen zwecks Erklärung der Polarisationsphänomene — direkt auf die Atmosphäre zugeschnittenen Theorien von SORET[4]), HURION[5]), AHLGRIMM[6]) und TICHANOWSKY[7]) berücksichtigten außer der primären Diffusion auch die Diffusion der zweiten Ordnung, d. h. die Wirkung des zum zweitenmal zerstreuten Lichtes, wobei TICHANOWSKY seinen Berechnungen die von ihm verallgemeinerte, sich auf die Anisotropie der Gasmolekel beziehende Theorie von CABANNES zugrunde legte. Uns interessiert hier wesentlich die Lichtzerstreuung, bei der eine Ablenkung in eine andere Richtung stattfindet, so daß die abgelenkten Sonnenstrahlen zum Teil als diffuses Himmelslicht in die Erscheinung treten. Es soll nun nach einer kurzen Übersicht über die angewandten Apparate und Methoden sowie die wichtigsten Aufgaben erst der Wirkung des Lichtes (Helligkeits-, chemisch und lichtelektrisch wirksame und möglichst kurz auch Wärmestrahlung), d. h. der Beleuchtung sowie auch der Ausstrahlung und des atmosphärischen Wärmehaushalts, dann der Himmelsfarbe, der zeitlichen und örtlichen Verteilung der Helligkeit sowie vor allem des atmosphärischen Polarisationszustandes gedacht werden, schließlich möglichst kurz der enger damit verknüpften Dämmerungsphänomene. Wenn auch der BISHOPsche Ring und der solare Schein (tellurische Sonnenkorona) bei den innigen Beziehungen neuerdings

---

[1]) C. BRÜCKE, Wiener Ber. Juli 1852; Pogg. Ann. Bd. 88, S. 363. 1853.

[2]) J. TYNDALL, Arch. sc. phys. et nat. Bd. 33, Aufl. 2, S. 317; Ann. chim. phys. (4) Bd. 16, S. 491—493. 1869; Proc. Roy. Soc. London Bd. 17, S. 223; Phil. Mag. Bd. 37, S. 384. 1869.

[3]) Lord RAYLEIGH, Phil. Mag. Bd. 41, S. 107 ff. u. 274 ff. 1871; Bd. 12, S. 81 ff. 1881; Bd. 47, S. 375 ff. 1899.

[4]) J. L. SORET, Ann. chim. phys. Bd. 14, S. 503 ff. 1888 u. C. R. Bd. 106, S. 203 ff. 1888.

[5]) A. HURION, Ann. chim. phys. Bd. 7, S. 456 ff. 1896.

[6]) FR. AHLGRIMM, Jahrb. Hamb. Wiss. Anst. Bd. 32, 3. Beiheft, 1914.

[7]) J. J. TICHANOWSKY, Phys. ZS. Bd. 28, S. 252—260 u. 680—688. 1927.

den Dämmerungserscheinungen (Tagdämmerung) zugezählt werden, muß ihre Erörterung doch wesentlich in dem kurzen nächsten Kapitel erfolgen[1]).

Allgemein wäre noch zu sagen, daß die systematische Verfolgung des wechselnden Reinheitsgrades der Atmosphäre, deren Bedeutung für die Astronomie, die Meteorologie und kosmische Physik sowie auch die Hygiene und Biologie nicht mehr zu bezweifeln ist[2]), eine der wesentlichsten Aufgaben der Himmelsstrahlungs-Forschung darstellt. Für die Untersuchung des Trübungsgrades in unmittelbarer Umgebung des Beobachters hat sich die noch viel zu wenig angewandte, von L. WEBER[3]) ausgebildete Methode der Bestimmung der Luftplankton-Albedo (Anknüpfung des Begriffs der räumlichen Albedo an denjenigen der Albedo einer LAMBERTschen Fläche) bewährt. Kommen Integralwirkungen in Frage, so können außer der Intensität der Sonnenstrahlung und der Sichtweite[4]) die Helligkeitsverhältnisse am wolkenlosen Himmel und vor allem auch die Polarisationsverhältnisse — in besonders einwandfreier Weise, wie es scheint, die sog. neutralen Punkte — Auskunft geben. — Neuerdings ist man besonders eifrig bemüht, scharfe Definitionen des atmosphärischen Reinheitsgrades aufzustellen. Da ist vor allem an den von LINKE[5]) in die Meteorologie eingeführten „Trübungsfaktor" zu denken, bei welchem der gesamte Energieverlust (Wasserdampf, Dunst usw.) auf den von der Molekulardiffusion abhängigen Teil des Energieverlustes der Sonnenstrahlung als Einheit bezogen wird. Wegen mangelnder Kenntnis der genauen Dichteverteilung in der Atmosphäre verbietet sich aber nach HOELPER[6]) eine Reduktion auf Meeresniveau zwecks Vergleichs der für verschiedene Stationen bestimmten Trübungsfaktoren; anderseits kann aber wohl angenommen werden [s. vor allem MILCH[7])], daß diese für eine und dieselbe Station den tatsächlichen Schwankungen der atmosphärischen Transparenz mit großer Annäherung parallel gehen. MILCH[8]) führte als Maß der atmosphärischen Trübung den aus der Polarisationsgröße gewonnenen „Depolarisationsfaktor" ein. Trotz scheinbar guter Erfolge bei Vergleich mit dem für die Gesamtstrahlung und dem mittels der Natriumzelle für kurzwellige Strahlung gewonnenen Trübungsfaktor zwecks Anwendung auf die Wetterprognose[9]) muß der Depolarisationsfaktor, ganz abgesehen von der Nichtberücksichtigung der selektiven Absorption, wegen der bei seiner Ableitung außer acht gelassenen sekundären Diffusion der Sonnenstrahlung noch zu Bedenken Anlaß geben. — Bei der Trübung der Atmosphäre spielt die Kondensation des

---

[1]) Zahlreiche Literaturnachweise (soweit irgend möglich, alles bis 1911 berücksichtigt) über das Gebiet, mit Ausnahme der Dämmerung, findet man in BUSCH u. JENSEN, Tats. u. Theor. d. atmosph. Polar. usw. im Jahrb. Hamb. Wiss. Anst. Bd. 28. 1911 (zu beziehen durch Dümmlers Verlag), mit Einschluß der Dämmerung auch bei PERNTER-EXNER, Meteorol. Opt. 2. Aufl. Braumueller 1922 und im Abschnitt Geophysik vom Hevelius, bei Dümmler 1922, von CHR. JENSEN. So gut wie vollständige Literatur über die Dämmerungsphänomene s. in Gruners Beitr. zur Kenntnis der Dämmerungserscheinungen usw. Bd. 57 u. 62. (1921 u. 1925) der Denkschriften Schweiz. Naturf. Ges.

[2]) Siehe u. a. CHR. JENSEN, Astron. Nachr. Nr. 4283, Bd. 179. November 1908 und C. DORNO, Naturwissensch. 1919, H. 51 u. 52 sowie Meteorol. ZS. Bd. 37, S. 79ff. 1920.

[3]) L. WEBER, Ann. Phys. Bd. 51, S. 427—449. 1916.

[4]) Bezüglich der Apparatur und Beobachtungsergebnisse s. A. WIGAND, Phys. ZS. u. Meteorol. ZS. und bezüglich der Theorie s. H. KOSCHMIEDER, Beitr. Phys. fr. Atm. Bd. 12, S. 33ff. u. 171ff. 1925 u. 1926.

[5]) F. LINKE, Beitr. Phys. fr. Atm. Bd. 10, S. 91—103. 1922 u. ZS. f. Geophys. Jg. 1, S. 55—59. 1925. Mit K. BODA, Meteorol. ZS. Bd. 39, S. 161—166. 1922.

[6]) O. HOELPER, ZS. f. Geophys. Jg. 1, S. 251—260 u. Naturwissensch. 1926 (s. aber dazu F. LINKE in B. GUTENBERGS Lehrb. d. Geophysik. S. 657, Anmerk. 1, 1927).

[7]) W. MILCH, Gerlands Beitr. z. Geophys. Bd. 16, S. 98ff. 1927.

[8]) W. MILCH, ZS. f. Geophys. Bd. 1, S. 109—117. 1925.

[9]) W. MILCH, ZS. f. Geophys. Bd. 1, S. 151—163. 1925.

Wasserdampfes eine besondere Rolle, und hinsichtlich des Kondensations-problems[1]) werden die kolloidchemischen Betrachtungen von Schmauss[2]) mehr und mehr beachtet werden müssen. Von Süring[3]) wurde vor kurzem wieder darauf aufmerksam gemacht, daß bei der Beurteilung der Lufttransparenz-Verhältnisse die Luftturbulenz [über den wichtigen, in naher Beziehung zur Turbulenz stehenden Massenaustausch s. bei W. Schmidt[4])] von wesentlicher Bedeutung ist. Der schon vor langer Zeit von v. Hann betonte Einfluß der sog. „optischen Trübung" (Luftschlieren) auf die Strahlungsmessungen wurde lange zu sehr unterschätzt, worauf in bezug auf die Polarisationsphänomene Kimball[5]) hingewiesen hat.

2. Apparate, Methoden, Aufgaben. Bei der Beleuchtung ist eine kurze Behandlung der direkten Sonnenwirkung unmöglich auszuschließen. In Frage kommt die horizontale Fläche (Oberlicht) und die nach Süd (Süd = jeweiligem Sonnenazimut), Nord, Ost, West orientierte Vertikale (Vorderlicht) sowie das durch Reflex des Erdbodens usw. bedingte Unterlicht. Klimatologisch, hygienisch, biologisch ist zwar der Einfluß der Bewölkung (Art, Größe, örtl. und zeitl. Ver-teilung) von größter Bedeutung, physikalisch interessieren wesentlich die Ver-hältnisse bei wolkenlosem Himmel. Neben der Gesamtbeleuchtung kommt außer der durch den Himmel (d) die durch die Sonne hervorgebrachte (S) und vor allem das für die atmosphärische Beschaffenheit charakteristische Verhältnis „S/d" in Frage. Das von Sonne + Himmel herrührende Oberlicht bezeichnet man nach dem Vorgang L. Webers als Ortshelligkeit. Die Götzsche Definition der Ortshelligkeit (gleich der allseitig einer Kugel zugestrahlten Lichtmenge) dürfte sich kaum einbürgern[6]). Bei allen chemischen Methoden zur Bestimmung der Beleuchtungsgröße ist zu beachten, daß das Bunsen-Roscoesche Gesetz ($W = I \cdot t$) nur angenähert zutrifft, indem vielmehr $W = C \cdot I \cdot f(t)$ ist, wo f für jedes Papier besonders zu untersuchen ist. Die auf den von Bunsen und Roscoe angegebenen Prinzipien beruhende, aus dem von Roscoe und weiter von Stelling vereinfachten Verfahren hervorgegangene Wiesnersche Methode (Bestimmung der zur Herbeiführung des sog. Normaltons nötigen Zeit) stellt sicher eine wesent-liche weitere Vereinfachung dar, gibt aber leicht zu Fehlern Veranlassung, so unter anderem durch die unsichere Auffassung des „Normaltons" und durch die schwer taxierbare Größe der Lichtabdeckung durch den Kopf des Beob-achters, so daß höchstens von relativen Messungen gesprochen werden kann. Immerhin hat sie in der Hand exakter Beobachter zu wertvollen ersten Orien-tierungen über das Lichtklima und über den Lichtgenuß der Pflanzen geführt[7]). Starke Bedenken gegen die wohl vielfach stark überschätzte Genauigkeit sind auch gegen die Skalenphotometer[8]) erhoben worden, die mehr und mehr benutzt wurden, nachdem in neuerer Zeit der Gedanke in den Vordergrund trat, durch Summierung über bestimmte Zeiten Integralwerte der Strahlung zu erhalten. Hier sei z. B. an die Wirkung der chemischen Induktion erinnert. Andere Fehler

---

[1]) Siehe A. Wegeners Artikel in Band 11 dies. Handb. Hinsichtlich der Beziehungen zu atmosphärisch-optischen Phänomenen s. H. Köhlers Arbeiten, Meteorol. ZS. 1921, 1922 u. 1925 u. W. Milch, ebenda Bd. 42, S. 422—428. 1925.

[2]) A. Schmauss, Meteorol. ZS. Bd. 37, S. 1—8. 1920 u. Bd. 1 der Probleme der kosm. Physik. Hamburg: H. Grand. 1923.

[3]) A. Süring, Meteorol. ZS. Bd. 41, S. 334. 1924.

[4]) W. Schmidt, Probl. d. kosm. Phys. Bd. 7, 1925.

[5]) H. H. Kimball, Journ. Frankl. Inst. April 1911.

[6]) P. Götz, Verh. d. Schweiz. Naturf. Ges. 2. Teil, S. 109—111. Luzern 1924.

[7]) J. Wiesner, Der Lichtgenuß der Pflanzen. Leipzig: Engelmann 1907; s. a. C. Dorno, Die Wissensch. Bd. 63, S. 106ff. 1919.

[8]) S. u. a. P. Porsild, Meteorol. ZS. Bd. 30, S. 369ff. 1913 (wo auch Literatur) u. W. Gallenkamp, ebenda S. 209ff. 1918.

lassen sich aber nach gründlichen Untersuchungen DORNOS bei dem Graukeil-
photometer[1]) bei sorgfältigster Innehaltung der Vorschriften über Papierbehand-
lung, Art der Ablesung (Beleuchtungsverhältnisse dabei) usw. auf ein erträgliches
Maß reduzieren, so daß diese Methode für die Gewinnung gut verwertbarer Relativ-
werte wohl in Frage kommt. Von HAPKE[2]) wurde ein photographisches Registrierverfahren ausgearbeitet. Für die Erkennung rasch wechselnder Einflüsse
(Wolken usw.) wird sicher eine genaue, auf die Gewinnung von Momentanwerten
abzielende Methode unter Kontrolle eines geschulten Beobachters äußerst
wertvolle Ergebnisse liefern können. Für absolute Bestimmungen hat sich
die von L. WEBER)[3] vorgeschlagene, von KÖNIG[4]) zuerst angewandte Methode
vorzüglich bewährt, die auf die best definierte Lichteinheit, die Hefnerkerze,
bezogen, sich durch die gleichmäßige Behandlung der stufenweise von der Hefnerkerze sowie der von Sonne bzw. Himmel belichteten Papierhälfte von Entwickler und
Fixierbad unabhängig macht. Mängel bleiben bestehen durch die Möglichkeit der
Empfindlichkeitsänderung und die schwierige Definition des wirksamen Spektral-
gebiets. Zur Vereinheitlichung der an verschiedenen Stellen ausgeführten Messungen wird man in Zukunft an die Verwendung geeigneter Filter denken müssen.

Auch bei der von L. WEBER eingeführten[5]), auf gleiche Sehschärfe abstellen-
den photometrischen Methode dient die Hefnerkerze als Einheit. Wegen der
Schwierigkeit heterochromer Photometrie[6]) wird in 2 Spektralbezirken (Rot und
Grün) gemessen, unter der Voraussetzung, daß hierdurch die Totalnuance des
zu messenden Lichtes eindeutig bestimmt ist, so daß man nur einer Tafel einen
ein für allemal bestimmten Koeffizienten k zu entnehmen braucht, dessen Multiplikation mit dem Rotwert den Gesamtwert (Äquivalenzwert) ergibt. Für
Kohlelicht hat sich nach WEBER die Voraussetzung als richtig erwiesen, und
STUHR[7]) konnte zeigen, daß die k-Werte für Kohle- und Tageslicht nahe beieinander liegen. Doch sind die prinzipiellen Bedenken nicht ganz zu beseitigen, und
es ist in Anbetracht der mannigfachen örtlichen und zeitlichen (letzteres namentlich zur Zeit der Dämmerung) Schwankungen in der Zusammensetzung des
Tageslichtes immerhin Vorsicht geboten. Bei der sonst so vollkommenen,
äußerster Exaktheit fähigen, durch keine andere zu ersetzenden Meßmethode
muß aber dieser Mangel in Kauf genommen werden. Wohl aber wird man durchaus mehr wie bisher auf möglichst vollkommene Übereinstimmung der an verschiedenen Orten benutzten Farbfilter achten müssen.

Was die lichtelektrische Methode betrifft, so dürfte, trotz nicht übergroßer
Genauigkeit, das Zinkkugelphotometer im Dienste der Intensitätsbestimmung
des direkten Sonnenlichtes noch einiges leisten[8]), im übrigen aber der Himmels-
photometrie nur noch wenig dienen können. Um so wertvoller ist die von
DORNO für diese Zwecke ausgebaute Zellenmethode[9]), die er neuerdings auch

---

[1]) C. DORNO, Meteorol. ZS. Bd. 42, S. 81—97. 1925; s. a. P. PERLEWITZ u. C. DORNO,
ebenda Bd. 42, S. 108—111; s. a. Photogr. Korresp. Jahrg. 57. S. 304—307. 1920.

[2]) FR. HAPKE, Kieler Dissert. 1913.

[3]) L. WEBER, Photogr. Mitt. Bd. 28, S. 8ff. 1891.

[4]) H. KÖNIG, Arch. Ver. Fr. Nat. i. Mecklenburg Bd. 54, S. 365—380. 1900.

[5]) L. WEBER, Wied. Ann. Bd. 20, S. 326—337. 1883; Elektrot. ZS. Bd. 5, S. 166—172.
1884; Schriften des naturwissenschaftlichen Vereins für Schleswig-Holstein Bd. 10, S. 77
bis 94. 1895.

[6]) S. dazu W. EWALD, ZS. f. Phys. Bd. 33, S. 333—334. 1925.

[7]) J. STUHR, Dissert. Kiel 1908.

[8]) PH. LENARD, Meteorol. ZS. 1913, S. 269ff.

[9]) C. DORNO, Himmelshelligkeit, Himmelspolarisation und Sonnenintensität in Davos
1911—1918. Veröffentl. d. Preuß. Met. Inst. Nr. 303. 1919. Auszug Meteorol. ZS. Bd. 36,
S. 109—124 u. 181—192. 1919; C. DORNO, Physik der Sonnen- und Himmelsstrahlung.
Wissensch. Bd. 63, S. 117—118. 1919.

für die Dauerregistrierung[1]) des Oberlichtes (dies schon 1918 von Chr. Jensen geschehen; nicht veröffentlicht) angewandt hat. Für das blauviolette Spektrum ist die Kalium-, für das ultraviolette am besten die Kadmiumzelle zu verwenden, bei der sich aus den Meßwerten bei vorgeschaltetem bzw. nicht vorgeschaltetem Fensterspiegelglas (von P. Götz gefunden) die Intensitäten für den langwelligen (366 bis 320 μ) und den biologisch wichtigen kurzwelligen (320 bis 288) Spektralteil ergeben[2]). Vor allem ist dabei für möglichste Ausschaltung der Ermüdungserscheinungen (kleine Spannungen) zu sorgen[3]). Schwierigkeit bietet die Mattierung einer Quarzplatte (s. Dorno loc. cit. 221 u. f.); Götz[4]) in Arosa hofft, sie durch Anwendung von Quarzglas beseitigen zu können.

Wie das Webersche Photometer, so wurde auch die lichtelektrische Zelle in den Dienst der Helligkeitsbestimmung bestimmter Himmelspunkte sowie der Sonne gestellt. Zur Anpassung an die starke Hochgebirgssonne bedurfte der ursprüngliche Webersche Apparat besonderer Tuben und exaktest ausgemessener Diaphragmen[5]). Für relative Messungen ist das keiner besonderen Vergleichslampe bedürfende, allerdings keiner so großen Genauigkeit fähige, bequemes und schnelles Arbeiten ermöglichende Webersche Relativphotometer[6]) zu empfehlen, das besonders zur Messung des Vorderlichtes geeignet ist. Natürlich können die Messungen in geeigneter Weise an absolute Bestimmungen mittelst des Weberphotometers angeschlossen werden. Das Relativphotometer wurde auch unter Zuhilfenahme eines dunklen Hintergrundes (großer, vorn geöffneter, mit schwarzer Tuchtapete bezogener Kasten) durch Weber zur Bestimmung der von ihm genauer definierten Albedo des Luftplanktons geeignet gemacht[7]). Bei dem Diercksschen Verfahren zum Vergleich der Helligkeit der in nächster Sonnenumgebung gelegenen Himmelsstellen mit jener der Sonne[8]) war die Vergleichslampe im Weberphotometer durch eine um 45° zur Horizontalen geneigte Gipsplatte ersetzt, welche ihr Licht vom Zenit erhielt, so daß sich durch Hebung einer wesentlichen Farbenverschiedenheit der miteinander zu vergleichenden Lichtquellen eine Einstellung in Rot und Grün erübrigte. Mittelst eines Teleobjektivs wird das auszuphotometrierende Bildchen eines bestimmten Sonnen- oder Himmelsausschnitts auf die Mattscheibe geworfen, und in geeigneter Weise wandern die verschiedenen Stellen entsprechenden hellen Flächen durch das Gesichtsfeld. Dorno ermöglichte durch Benutzung von Quarzlinsen usw. auch die Messung im Ultraviolett. Voraussetzung ist bei dem Diercksschen Verfahren natürlich die Konstanz der Zenithelligkeit während der relativ kurzen Meßzeit. Weniger bekannte Photometer wurden von H. H. Kimball[9]) bei seinen Messungen der Tagesbeleuchtung, von Gruner, Fessenkoff und von E. Bauer, A. Danjon und J. Langevin[10]) bei ihren Dämmerungsstudien benutzt.

---

[1]) Meteorol. ZS. Bd. 38, S. 1—8. 1921.

[2]) C. Dorno, Meteorol. ZS. Bd. 39, S. 323. 1922; Bd. 44, S. 106ff. u. 385ff. 1927 sowie Grundzüge des Klimas von Muottas-Muraigl. S. 20 u. Anmerk. zu S. 48, 54, 55 u. 56. Vieweg & Sohn A. G. 1927; P. Götz, Das Strahlungsklima von Arosa. S. 43ff. Berlin: Julius Springer 1926 und Meteorol. ZS. Bd. 44, S. 389—390. 1927.

[3]) E. Barkow, Phys. ZS. Bd. 18, S. 214ff. 1917; C. Dorno, ebenda Bd. 18, S. 381ff.

[4]) P. Götz, Arch. sc. phys. et nat. 1925, S. 49—52; l. c. 1926, S. 66ff; s. dazu C. Dorno, l. c. (Muottas-Muraigl) Anmerk. zu S. 84 u. 85.

[5]) C. Dorno, Studie über Licht und Luft des Hochgebirges. Vieweg 1911.

[6]) L. Weber, Schriften des naturwissenschaftlichen Vereins für Schleswig-Holstein Bd. 15, S. 158. 1911.

[7]) L. Weber, Ann. d. Phys. Bd. 51, S. 427—449. 1916.

[8]) H. Diercks, Dissert. Kiel 1912.

[9]) H. H. Kimball, Month. Weather. Rev. 1914, S. 477 u. 650—653 usw. (Scharp-Millar-Photometer); s. a. Sharp, Clayton u. Millar, Electrician Bd. 60, S. 562—565. 1908.

[10]) T. Langevin, Geringe Abänderung der im Journ. de phys. 1920, S. 25 erwähnten Fabryschen Methode.

BRÜCKMANN[1]) (s. auch POKROWSKI) verwandte das Pyrometer zur Bestimmung der Intensität der Gesamtstrahlung sowie einzelner Spektralbezirke verschiedener Himmelspunkte und LINKE[2]) ermöglichte es durch sein allerdings ziemlich träges, durch eine elektrische Heizvorrichtung kontrollierbares Universalphotometer, mittels eines und desselben Apparats, die wie bei BRÜCKMANN in gcal angebbare Intensität sowohl für die Sonne als auch für einzelne Himmelspunkte anzugeben.

Bei der Wärmestrahlung ist außer der Einstrahlung von Sonne und Himmel auch der Ausstrahlung zu gedenken. In ihrer Gesamtheit (mit der sie umgebenden Atmosphäre) verhält sich die Erde jedenfalls angenähert wie ein schwarzer Körper. Unter Annahme von $-273\,°$ C für die Weltraumtemperatur, von rund 2 gcal pro Minute und Quadratzentimeter für die Solarkonstante und von $11\,°$ C für die mittlere Temperatur der Erdoberfläche würde die Anwendung des STEFANschen Gesetzes Gleichgewicht zwischen Ein- und Ausstrahlung ergeben. Schon bei Annahme einer Solarkonstante von 2,1 käme man zu der tatsächlich gefundenen Mitteltemperatur von $15\,°$ C. Die Einzelheiten werden natürlich durch die Dazwischenkunft der Atmosphäre verändert. Von den oben ankommenden Sonnenstrahlen geht — ganz abgesehen von der Reflexion an den Wolken[3]) (im Mittel der ganzen Erde 50% Himmelsbedeckung angenommen) — ein Teil durch diffuse Reflexion in den Weltraum zurück, ein (sehr geringer) Teil wird in der Atmosphäre absorbiert und dient zu deren Erwärmung, ein Teil kommt unten an, ein nicht unwesentlicher Teil (allerdings vor allem die kürzeren λ) wird von der ursprünglichen Richtung abgelenkt und erscheint wieder in der Himmelsstrahlung. Die unten ankommende Strahlung dient zur Erwärmung des Erdbodens, der nun, seiner Temperatur entsprechend, Wellen mit einem Maximum etwa zwischen 8 und 10 μ nach oben sendet, und zwar bei Nacht und bei Tage. Diese bewirken durch ihre Absorption eine Erwärmung der Atmosphäre (Glashauswirkung), wogegen — ganz abgesehen von der Konvektion — die Erwärmung durch Leitung vom Boden aus nur gering zu veranschlagen ist. Dadurch wird, ebenso wie durch die geringfügige Absorption der Sonnenstrahlen, eine nach unten gerichtete Wärmestrahlung verursacht, die am Tage noch erhöht wird durch die von dem zerstreuten Sonnenlicht stammende, bis zu etwa 2 μ reichende Strahlung. Die so gedachte „Gegenstrahlung" der Atmosphäre ist gleich der Differenz der für die verschiedenen an der Erdoberfläche konstatierten Temperaturen nach dem STEFANschen Gesetz berechneten und der beobachteten Ausstrahlung. Für die Messung der nächtlichen Ausstrahlung gegen den Gesamthimmel kommt vor allem das auf dem K. ÅNGSTRÖMschen Kompensationsprinzip[4]) beruhende, auch von K. ÅNGSTRÖM konstruierte Pyrgeometer[5]) in Frage. A. ÅNGSTRÖM machte dasselbe geeignet zur Berücksichtigung kleiner Himmelsausschnitte[6]). Das auf der Kompensation der Abkühlung einer geschwärzten und daher gegen eine kältere Umgebung stärker ausstrahlenden Oberfläche durch Überdestillieren einer quantitativ bestimmbaren Äthermenge beruhende und im Gegensatz zum Pyrgeometer Integralwerte liefernde „Tulipan" K. ÅNGSTRÖMS[7]) scheint trotz verschiedener Mängel vor allem in geschützter

[1]) W. BRÜCKMANN, Meteorol. ZS. Bd. 39, S. 107—110, 110. 1922.
[2]) F. LINKE, ZS. f. techn. Phys. Jahrg. 5, S. 59—62. 1924.
[3]) Über die Albedo der Wolken und der Erde s. u. a. K. STUCHTEY u. A. WEGENER, Göttinger Nachr. 1911.
[4]) A. ÅNGSTRÖM, Ann. d. Phys. Bd. 67, S. 633—648. 1899.
[5]) A. ÅNGSTRÖM, Nova Acta Upsal. (4) Bd. 1, Nr. 2. 1905 u. Ark. f. Mat., Astron. och Fys. Bd. 13, Nr. 8. 1918. Literatur über Pyrgeometerkonstanten und Verwandtes s. u. a. bei W. GERLACH, Meteorol. ZS. Bd. 36, S. 44ff. 1919.
[6]) SMITHSON. Misc. Collect. Bd. 65, Nr. 3. Washington 1915.
[7]) A. ÅNGSTRÖM, Nova Acta Upsal. Bd. 2, Nr. 8. 1910; s. auch C. DORNO, Meteorol. ZS. Bd. 39, S. 313ff. 1922 u. Bd. 43, S. 342. 1926.

Lage die Pyrgeometermessungen in willkommener Weise ergänzen zu können. Die Messung der Ausstrahlung am Tage erfordert ganz besondere Schutzmaßregeln und Korrektionsrechnungen, wie sie in idealer Weise von HOMÉN unter Benutzung zweier kalorimetrischer Körper durchgeführt wurde[1]). Die durch das verschiedene Reflexionsvermögen blanker Flächen für kurze und lange Wellen bewirkten Komplikationen verhinderten lange die Konstruktion eines auch am Tage verwendbaren, für die dauernde Registrierung der effektiven Ausstrahlung geeigneten Apparates. Unter Anwendung ähnlicher wie der gleich bei seinem Pyranometer anzudeutenden Gesichtspunkte und durch Anwendung einer Fluoritkappe scheint dies neuerdings A. ÅNGSTRÖM[2]) gelungen zu sein. — Die Bestimmung der Menge der auf die horizontale Fläche fallenden Wärmestrahlung kürzerer Wellenlänge ($\lambda < 3\,\mu$) ermöglichte er durch Umgestaltung des Pyrgeometers, mittels seines Pyranometers[3]). Wesentlich war besonders die Ausmerzung der schädlichen selektiven Absorption der blanken Streifen für die sichtbare Strahlung. Er erreichte diese dadurch, daß er sie auch mit Platinschwarz überzog, darüber aber mit einer mäßig dicken Schicht von Magnesiumoxyd [s. COBLENTZ[4])]. Durch die Gesamtanordnung wurde die Einwirkung der großen Wellenlängen so gut wie ausgeschlossen. — Bei dem zu gleichem Zweck erbauten ABBOTschen Pyranometer[5]), das sowohl auf einzelne Himmelsstellen wie auf den Gesamthimmel einzustellen ist, wurde die Vermeidung der störenden selektiven Absorption auf andere Weise bewerkstelligt. Der CallendarRegistrator, der wesentlich aus einem Gitter von blanken und geschwärzten Platinstreifen besteht, deren Temperatur mit Hilfe einer WHEATSTONEschen Brücke galvanometrisch registriert wird und der H. H. KIMBALL für seine sonst so vorzüglichen Messungen der Beleuchtung der horizontalen Fläche diente[6]), weist leider nach ERIC MILLER nicht unbedenkliche Mängel auf[7]).

Hinsichtlich der Bestimmung der Himmelsfarbe[8]) ist an die einfacheren und komplizierteren Zyanometer, an das WILDsche Uranophotometer und die bekannten Spektralphotometer zu erinnern. Beim Zyanometer kommt einmal eine feststehende Vergleichsfarbenskala [SAUSSURE, neuerdings LINKEs 8 teilige Skala[9])], zum anderen die Anwendung des Prinzips des Farbenkreisels (PARROT) in Frage, wobei gelegentlich zur Erfassung der Grünnuance auf der weißen Scheibe außer blauen auch ockergelbe Sektoren angebracht wurden. Prinzipielle Bedenken gegen die einfacheren Zyanometer sind insofern zu erheben, als die zum Vergleich dienende Fläche von der zu messenden Lichtquelle beleuchtet wird. Frei von diesem Vorwurf wäre das ARAGOsche, auf dem Prinzip der chromatischen Polarisation beruhende, von BERNARD und PELTIER abgeänderte und von WILD (Uranophotometer) durch Einführung einer objektiven (Verschwinden von

---

[1]) TH. HOMÉN, Der tägliche Wärmeumsatz im Boden und die Wärmestrahlung zwischen Himmel und Erde. Leipzig 1897 bei W. Engelmann.

[2]) A. ÅNGSTRÖM, Meddelanden från Meteorol. Hydrografiska Anstalt Bd. 3, Nr. 12. 1927.

[3]) A. ÅNGSTRÖM, Monthl. Weather Rev. Bd. 47, S. 795—797. 1919; s. auch A. ÅNGSTRÖM u. C. DORNO, Meteorol. ZS. Bd. 38, S. 38ff. 1921. — C. DORNO, ebenda Bd. 39, S. 310ff. 1922 u. Bd. 43, S. 342. 1926.

[4]) W. W. COBLENTZ, Bull. Bureau of Stand. Bd. 9, S. 7—63. 1913.

[5]) C. G. ABBOT, Smiths. Miscellan. Collect. Bd. 66, Nr. 7 u. 11 u. Ann. Astr. Obs. Smithson. Inst. Bd. 2, 3 u. Bd. 4, S. 65—84. 1922.

[6]) H. H. KIMBALL, Proc. Roy. Soc. London Bd. 77, S. 16. 1906 u. Monthl. Weather Rev. Bd. 42, S. 474. 1914.

[7]) E. R. MILLER, Monthl. Weather Rev. Bd. 48, S. 344. 1920; s. hier auch C. DORNO, Wissensch. Bd. 63, S. 91—92.

[8]) Siehe PERNTER-EXNERS Met. Opt. 1922, S. 606ff.; FR. BUSCH u. CHR. JENSEN, l. c. 1911, S. 477ff.

[9]) F. LINKE, Meteorol. ZS. Bd. 41, S. 43. 1924 u. Verhandlgn. d. klimatolog. Tag. in Davos 1925, S. 84 (bei Benno Schwabe & Co., Basel).

Interferenzstreifen) Methode statt bisheriger Farbenschätzung wesentlich verbesserte, allerdings recht komplizierte Instrument, das sowohl zur Bestimmung der Farbe als auch der Helligkeit und Polarisationsgröße des Himmelslichtes gedacht war. Ein billiger, einfacher und dabei völlig einwandfreier Apparat zur Bestimmung der Farbennuance des Himmels scheint nicht vorzuliegen.

Für Bestimmungen der Polarisationsgröße ist sowohl das einer außerordentlichen Einstellschärfe fähige, aus dem CORNUschen Apparat hervorgegangene MARTENSsche[1]) als auch das L. WEBERsche[2]) Polarimeter warm zu empfehlen. Kommen Punkte in Frage, deren Polarisationsebene man mit genügender Genauigkeit im Sonnenvertikal liegend annehmen kann, dürfte der WEBERsche Apparat im allgemeinen vorzuziehen sein, vor allem wegen der getrennten Erfassung der beiden zueinander stehenden Komponenten. Bei den Messungen in verschiedenen Farben, wo es sich um geringe Differenzen zwischen den miteinander zu vergleichenden Werten handelt, kann es allerdings angesichts des möglichen raschen Wechsels der Luftverhältnisse in Frage kommen, ob man nicht einem Polarimeter den Vorzug gibt, bei dem die senkrecht aufeinander stehenden Schwingungskomponenten gleichzeitig gemessen werden[3]). TETENS[4]) ermöglichte durch passende Umwandlung des WEBERschen Instruments eine Registrierung der Polarisationsgröße, so daß dem Beobachter die Ablesung und somit die Blendung durch das Tageslicht erspart bleibt. Über den beim Weberapparat aus der nicht völligen Genauigkeit des Cosinusquadrat-Gesetzes hervorgehenden Fehler berichtete JENSEN. TICHANOWSKY[5]), welcher i. J. 1917 den — bereits von E. C. PICKERING gefundenen — Polychroismus der beiden senkrecht aufeinander stehenden Komponenten des Himmelslichtes beobachtete, machte auf die hierdurch entstehenden Fehler aufmerksam und gab den Weg für die Umgehung dieser Schwierigkeit an; ebenso schätzte er für den MARTENSschen Apparat die bei der Lagenbestimmung der Polarisationsebene und bei der Bestimmung des Nullpunktes des Nikols entstehende Fehlergröße ab[6]). V. HAUER[7]) zeigte, wie man die durch Brechung hervorgerufene Polarisation des aus einem prismatischen Spektrum stammenden Lichtes berücksichtigt. — Zur raschen und doch genügend sicheren Ermittelung der Höhenlage der neutralen Punkte dürfte der JENSENsche, mit SAVARTschem Polariskop versehene Pendelquadrant zu empfehlen sein (neuerdings zu beziehen durch Herrn SCHUMANN von der Werkstatt des Hamb. Physikal. Inst.). Ist die Kenntnis etwaiger azimutaler Abweichungen vom Sonnenvertikal erwünscht, so montiert man das Polariskop — wie SÜRING[8]) es tat — auf einem Theodoliten. Zwecks Untersuchung bei kürzeren Wellenlängen verband es A. WEGENER[9]) mit einer photographischen Kamera. DEMBER und UIBE[10]) bestimmten in der Gegend des mutmaßlichen neutralen Punktes mittels eines mit Nikol versehenen Spektral-

---

[1]) F. F. MARTENS, Phys. ZS. Bd. 1, S. 299—303. 1900; J. J. TICHANOWSKY, ebenda Bd. 25, S. 482—484. 1924; Meteorol. ZS. Bd. 41, S. 353 ff. 1924.

[2]) L. WEBER, ZS. f. Instrkde. Bd. 11, S. 6—13. 1891; Schriften des naturwissenschaftlichen Vereins für Schleswig-Holstein Bd. 8, S. 187—198. 1891; FR. BUSCH u. CHR. JENSEN, l. cit. S. 331 ff.; CHR. JENSEN, Dissert. Kiel 1898. Meteorol. ZS. Bd. 16, S. 450 ff. 1899.

[3]) A. GOCKEL, Ann. d. Phys. Bd. 62, S. 283 ff. 1920.

[4]) O. TETENS, Lindenb. Ber. Bd. 9, S. 417—433. 1913.

[5]) J. J. TICHANOWSKY, Meteorol. ZS. Bd. 41, S. 173—175. 1924; Phys. ZS. Bd. 25, S. 481 bis 484. 1924; s. auch M. A. SCHIRMANN, ebenda Bd. 23, S. 443. 1922; Bd. 25, S. 584—585. 1924; E. C. PICKERING, Proc. Amer. Acad. 1873 (im Auszug auf S. 20 u. 21).

[6]) Bezüglich der Empfindlichkeit des CORNUschen Apparats s. auch M. A. BOUTARIC, Ann. d. phys. Bd. 10, S. 116—120. 1918.

[7]) F. v. HAUER, Ann. d. Phys. Bd. 57, S. 145—160. 1918.

[8]) R. SÜRING, Veröffentl. d. Preuß. Met. Inst. Nr. 240, S. 10—28. 1910.

[9]) A. WEGENER, Sitz.-Ber. z. Beförd. d. ges. Nat. z. Marburg 1914, Nr. 3.

[10]) H. DEMBER u. M. UIBE, Ann. d. Phys. Bd. 56, S. 208—224. 1918; Leipziger Ber. Bd. 69, S. 149—165. 1917.

photometers die Größe des Wienschen und des Rayleighschen Vektors und ermittelten hernach die Schnittpunkte der beiden Kurven. — Zur genauen Bestimmung der einen Schluß auf die Polarisationsebene in der Umgebung der Sonne sowie der neutralen Punkte zulassenden „Buschschen Lemniskate" verband Mentzel[1]) in geschickter Weise das Savartsche Polariskop mit einem Theodoliten. — Nachdem die Photometrie durch Gruner[2]) auch in die Dämmerungsforschung Eingang gefunden hat, ist ein weiterer Fortschritt in dieser Richtung besonders zu erhoffen. Aber schon mit einfachen Mitteln ist hier noch viel zu machen, so mit genau definierten Farbfiltern. Bei der Bestimmung der Höhenlage der die bekannteren Dämmerungsphänomene und die leuchtenden Nachtwolken erzeugenden Schichten sei auf die von Jesse[3]) benutzte photogrammetrische Methode verwiesen. — Was allgemein die Messungen betrifft, so sollten sie möglichst verbunden werden mit Feststellungen der Lufttransparenz, wie sie erschlossen wird durch aktinometrische bzw. pyrheliometrische Messungen[4]) sowie durch horizontale (bzw. auch vertikale) Sichtmessungen mittels der Wigandschen Apparate[5]). Auch Bestimmungen des Staubgehalts der Atmosphäre mittels des Kernzählers[6]) sowie mittels des Owensschen Staubzählers[7]) und die spektroskopische Verfolgung der neuerdings stark vernachlässigten Smythschen Regenbanden kommen in Frage und nicht am wenigsten die Feststellung der gewöhnlichen meteorologischen Faktoren, als da sind Druck, Feuchtigkeit, Temperatur, ebenso die Notierung von Größe, Art und Lage etwa vorhandener Wolken und besonderer Erscheinungen (Halo usw.) Auch der Verknüpfung mit luftelektrischen Untersuchungen ist sehr das Wort zu reden [s. Dorno, Gockel, Tverskoy[8])]. Überall ist genaueste Zeitbestimmung nötig. Zusammenfassend über die Meßmethoden der Sonnen- und Himmelsstrahlung berichten Dorno und Kähler[9]).

b) Ein- und Ausstrahlung.

3. Die Beleuchtung der horizontalen Fläche und damit zusammenhängende Betrachtungen. Tabelle 1 zeigt die Beziehung der Ortshelligkeit (s. S. 2) zur Sonnenhöhe bei wolkenlosem oder, wie in Kolberg und Kremsmünster, bei jedenfalls klarem Himmel.

Die Einheit der indizierten Helligkeit beträgt bei Dorno und Kähler 1000 Meter-Hefnerkerzen; Schwabs Werte sind mit 1000 zu multiplizieren, um Bunsen- oder Wiesnereinheiten (B.E. bzw. W.E.) zu erhalten. Die eingeklammerten Zahlen, die auf den als Einheit gewählten Wert bei $10°$ Sonnenhöhe bezogen sind, zeigen unmittelbar, daß die Ortshelligkeit im allgemeinen um so mehr mit wachsender Sonnenhöhe steigt, je kürzer λ ist. Eine genaue Gerade ist

---

[1]) R. Mentzel, Meteorol. Jahrb. Bremen 1912. Die weiteren diesbezüglichen Arbeiten l. cit. fortlaufend von 1913—1916, 1918 und 1920 ff.; Mitt. von Freunden der Astron. u. kosm. Phys. 1918, S. 92—97.

[2]) P. Gruner, Arch. sc. phys. et nat. Bd. 37, S. 245 ff.; Bd. 38, S. 335—336. 1914.

[3]) O. Jesse, Berl. Ber. 1890, S. 1031—1044 u. 1899, S. 467—469; Meteorol. ZS. zwischen 1886 und 1891.

[4]) Hier s. C. Dorno, K. W. Meissner u. W. Vahle, Meteorol. ZS. 1924, S. 234—239 u. 269—277.

[5]) A. Wigand, Phys. ZS. Bd. 20, S. 151—160. 1919; Bd. 22, S. 484—486. 1921; Meteorol. ZS. Bd. 41, S. 216—219. 1924. Mit K. Genthe, Phys. ZS. Bd. 25, S. 212—222 u. 263—270. 1924. Zur Theorie der horizontalen Sichtweite s. auch H. Koschmieder, Beitr. z. Phys. d. fr. Atm. Bd. 12, H. 1. 1925; Bd. 12, H. 3. 1925.

[6]) A. Wigand, Ann. d. Phys. Bd. 59, S. 689—742. 1919.

[7]) Siehe hierzu R. K. Boylan, Proc. Roy. Irish. Ac. Bd. 37 A, Nr. 6. 1926.

[8]) P. Tverskoy, Meteorol. ZS. Bd. 40, S. 21—23 u. 23—25. 1923.

[9]) C. Dorno, Meteorol. ZS. Bd. 43, S. 339—348. 1926; Bd. 44, S. 106—108. 1927; K. Kähler, Handb. biol. Arbeitsmeth. Bd. 96, Abt. II, Phys. Meßmeth. H. 3.

schon wegen des Einflusses des mit der Tageszeit wechselnden atmosphärischen Zustandes nicht zu erwarten. — Die von DORNO mit der Kaliumzelle in den Jahren 1918 und 1919 gemessenen, in Tabelle 2 wiedergegebenen Ortshelligkeiten können nicht unmittelbar mit Tabelle 1 verglichen werden, da nicht sämtliche hier verwerteten Registrierungen bei absolut wolkenfreiem Himmel stattfanden[1]).

Es handelt sich um das monatliche mittägliche Stundenmittel für ganz oder fast wolkenlose Tage. Die Einheiten sind auch hier 1000 Meterkerzen. Die Sonnenhöhen sind für Mai bis August auf $0,1°$, sonst auf $0,2°$ genau. Zwecks möglichster Anpassung an die auf das Auge physiologisch wirksame Helligkeit war ein Vögefilter (SCHOTT F. 5889) vorgeschaltet, ferner eine die direkte Sonnenstrahlung diffundierende Milchglasplatte.

Tabelle 3, welche S/d (s. S. 72) für wolkenlose Tage darstellt, zeigt, daß das Verhältnis die Tendenz hat, 1. mit zunehmendem λ, 2. mit wachsender Seehöhe, 3. mit zunehmender Sonnenhöhe zu wachsen, und daß 4. das Wachsen mit steigender Sonne um so stärker ausgeprägt ist, je kürzer λ ist, wenn auch für den nämlichen Ort S/d für die längeren Wellen ständig erheblich größer bleibt als für die kürzeren.

DORNOS photographische Messungen wurden mittels der WEBER-KÖNIGschen Methode ausgeführt, wogegen ZIERL[2]) ein Skalenphotometer benutzte. Bei den bekannten Schwankungen — selbst einer und derselben Emulsion — hinsichtlich der Empfindlichkeitskurve photographischer Papiere sind die beiden letzten Reihen der Tab. 3 nicht unmittelbar miteinander vergleichbar. Wegen des regelmäßigen, aber langsamen Wachsens von d und wegen des ebenfalls regelmäßigen, aber rascheren Anstiegs von S mit der Sonnenhöhe wäre von vornherein ein entsprechender regelmäßiger Anstieg von S/d zu erwarten. Die sich vor allem bei größeren

---

[1]) C. DORNO, Meteorol. ZS. Bd. 38, S. 1 ff. 1921.

[2]) H. ZIERL, D. Met. Jahrb. Bayern 1919, Anhang B.

[3]) K. KÄHLER, Veröffentl. d. Preuß. Met. Inst. Nr. 209, Bd. 7, Nr. 2. Berlin 1920.

[4]) C. DORNO, Studie. S. 109 u. 118. 1911.

[5]) P. F. SCHWAB, Wiener Denkschr. Bd. 74. Wien 1904.

Tabelle 1.

Sonnenhöhe											Spektralbezirk	Beobachter	Ort	Zeit
15°	20°	25°	30°	35°	40°	45°	50°	55°	60°	65°				
10,3 (1,00)	14,9 (1,45)	19,4 (1,88)	23,8 (2,31)	28,0 (2,72)	32,2 (3,14)	36,5 (3,55)	40,7 (3,95)				Rot	KÄHLER[3])	Kolberg	zwischen April 1914 u. Mai 1915
25,3 (1,00)	35,8 (1,42)	48,8 (1,93)	61,9 (2,45)	75,4 (2,98)	89,0 (3,52)	97,4 (3,85)	105,8 (4,18)				Grün	KÄHLER	Kolberg	
31,8 (1,00)	44,9 (1,41)	59,2 (1,86)	74,3 (2,34)	88,0 (2,77)	100,6 (3,16)	113,0 (3,55)	125,3 (3,94)	135,2 (4,25)	145,0 (4,56)		Helligkeits-Äquivalent	DORNO[4])	Davos	1908—1910 inkl.
399 (1,00)	597 (1,50)	851 (2,13)	1043 (2,61)	1280 (3,21)	1608 (4,03)	1938 (4,86)	2292 (5,74)	2562 (6,42)	2525 (6,33)		Photograph. Methode	DORNO	Davos	1908—1910 incl.
156 (1,09)	210 (1,35)	280 (1,89)	372 (2,38)	490 (3,14)	615 (3,94)	750 (4,81)	890 (5,71)	1028 (6,59)	1170 (7,50)	1350 (8,65)	Photograph. Methode	SCHWAB[5])	Kremsmünster	zwischen 1897 u. 1903

Tabelle 2.

Monat	Januar	Februar	März	April	Mai	Juni	Juli	August	September	Oktober	November	Dezember
Sonnenhöhe .	22,0°	30,3°	40,8°	52,7°	61,9°	66,5°	64,8°	57,5°	46,5°	34,9°	24,9°	20,0°
Ortshelligkeit	53,3	69,4	101,5	125,9	140,4	137,4	145,8	128,0	105,8	84,3	58,3	45,4

Sonnenhöhen in Davos zeigenden Unregelmäßigkeiten dürften jedenfalls wesentlich auf den Einfluß des Wechsels der Schneebedeckung zurückzuführen sein. — Auf Umwegen konnte Dorno für ultraviolette Strahlen (Kadmiumzelle ohne Filter, mattierte Quarzplatte usw. benutzt) zeigen, daß S/d in Davos beim Anstieg der Sonne von 10 auf 60° auf das nahezu 53fache stieg (das entsprechende Verhältnis war im Rot $= 1:3,5$, im Grün $= 1:3,8$ und im Blauviolett $= 1:5,3)$[1]. Ende Juli und Anfang August 1923 fand er allerdings für Muottas-Muraigl (2458 m) für $h = 10$ und $h = 60°$ für S/d die Werte 0,043 und 1,476, d. h. nur ein Verhältnis von rund $1:34$[2]. Diese Zahlen zeigen gleichzeitig den gewaltigen Anteil der Himmelsstrahlung an der Gesamtstrahlung im Ultraviolett. Allgemein bleibt wegen des größeren Transparenzkoeffizienten S/d für die längeren Wellen am größten. Im großen und ganzen nimmt man an, daß das d um so größer, und daß der Unterschied zwischen Sonnen- und Schattenlicht um so geringer wird, je näher man dem Meeresspiegel kommt. Tabelle 4 gibt die Sonnenhöhen an, bei denen für den blauvioletten Spektralteil an verschiedenen Orten $S = d$ wird.

Hinsichtlich der Ergebnisse bezüglich der Größe von d beim Ultraviolett in Abhängigkeit von der Höhenlage herrscht insofern eine Unstimmigkeit, als das d nach Dorno zwischen $h = 20$ und 60° für Muottas-Muraigl im Mittel nur rund 90% des für Davos (ca. 1500 m) geltenden Wertes ausmacht, wogegen nach Götz (ungleich größeres Vergleichsmaterial) erst jenseits 2500 m eine merkliche Abnahme von d eintreten soll[3]. Wegen der starken Schwächung durch Dunst und der damit in Verbindung stehenden großen örtlichen und zeitlichen Schwankungen hat sich die sonst stark ausgeprägte Abhängigkeit der ultravioletten Sonnenstrahlungsintensität als wenig regelmäßig erwiesen. Auf die große Rolle, welche die Luftdurchmischung in der Vertikalen in verschiedenen Höhenlagen für die hier wesentliche atmosphärische Lichtdurchlässigkeit spielt, wies neuerdings vor allem Süring[4] hin.

Bei totalen Sonnenfinsternissen wurde mehrfach am Anfang bzw. Ende der Finsternis eine Zunahme von S/d konstatiert, was F. M. Exner[5] dadurch zu erklären suchte, daß ein Teil der Atmosphäre, von dessen Strahlung das diffuse Licht des Beobachtungsortes abhängt, sich schon bzw. noch im Mondschatten befindet, wenn der Beobachter außerhalb desselben ist.

Was den Einfluß allgemeiner Trübungen betrifft, so scheint einmal ein bemerkenswerter Unterschied zwischen Trübungen als Folgeerscheinung von Vulkanausbrüchen und solchen zu bestehen, die — wie im Jahre 1916 und Anfang 1917 — in direkte Beziehung zur Sonnentätigkeit gesetzt wurden. Aber auch hinsichtlich des mutmaßlichen Einflusses ersterer herrscht keine völlige Übereinstimmung der Ergebnisse. Übereinstimmend wurde allerdings von Schwab (1902, Ausbruch a. d. Westind. Inseln), Dorno (1912 und 1913, Katmai-Kata-

---

[1] C. Dorno, l. c. S. 225. Berlin 1919: Behrend & Co.
[2] C. Dorno, Grundzüge des Klimas von Muottas-Muraigl. S. 82. Braunschweig: Vieweg & Sohn A. G. 1927.
[3] C. Dorno, l. c. 1927, S. 84 u. P. Götz, Das Strahlungsklima von Arosa. S. 71 ff. Berlin: Julius Springer 1926; s. dazu auch C. Dorno, l. c. 1927, S. 85. Anmerk.
[4] R. Süring, Meteorol. ZS. Bd. 41, S. 336 ff. 1924.
[5] F. M. Exner, Meteorol. ZS. Bd. 23, S. 344—348. 1906.

strophe) und ZIERL[1]) (Ende Mai 1919, jedenfalls vulkanische Einflüsse vermutet) eine Zunahme von d gefunden, ja, von ZIERL eine Steigerung um das 5 bis 6fache. Während aber DORNO und ZIERL jedenfalls keine nennenswerte Verminderung der Gesamtbeleuchtung (DORNO für die Helligkeits-, ZIERL für die phot. Strahlung) fanden, konstatierte SCHWAB durchaus eine Abnahme von $S + d$ (phot. gemessen). DORNOS Ergebnisse bezogen sich auf mehrere Strahlungsgebiete, wie aus Tabelle 5 zu ersehen, wo die eingeklammerten Zahlen Normalwerte bedeuten.

In der ganzen Trübungsperiode[2]) hatte im Mittel die gesamte direkte Sonnenstrahlung (Wärmestrahlung) um 18, die Helligkeitsstrahlung um 20, die ultraviolette um 42% abgenommen. Entsprechend hatte auch die Intensität im Grün mehr verloren als im Rot, ebenso aber — und zwar noch mehr — beim Himmelslicht, so daß DORNO den Schluß der Verschiebung des Gesamtlichtes nach dem langwelligen Ende des Spektrums zog. — Für 1916 liegen von DORNO keine Bestimmungen von d vor. ZIERL fand eine Herabminderung des Gesamtlichtes, bemerkenswerterweise aber keine Veränderung von d. Es wäre vielleicht zu untersuchen, ob das verschiedene Verhalten bei tellurischen und bei kosmischen Trübungen zum Teil mit verschiedener Höhenlage der trübenden Teilchen zusammenhängt. Zu bemerken ist auch, daß DORNO für 1916 unter Berücksichtigung von Messungen im Grünblau und Blau, im Blauviolett und Ultraviolett zu dem Ergebnis kam, daß gegenüber dem jedenfalls erheblich weniger gestörten Jahre 1917 die kurzwelligen Strahlen bevorzugt waren (s. dagegen 1912 u. 1913). — Im Zusammenhang mit der bei regerer Sonnentätigkeit vom 18. bis 25. Februar und am 23. und 27. März 1920 beobachteten „tellurischen Sonnenkorona" fand DORNO[3]) für das Ultraviolett eine sehr deutliche Abnahme von d.

Eine Erniedrigung der Gesamtbeleuchtung tritt natürlich in allen Fällen ein, wo Wolken die direkte Sonnenstrahlung und damit auch ihre indirekte Wirkung stark beeinträch-

---

[1]) H. ZIERL, Anmerk. 2 auf S. 79.
[2]) C. DORNO, Meteorol. ZS. Bd. 29, S. 580—584. 1912; Bd. 30, S. 465—474. 1913; s. auch J. MAURER u. C. DORNO, ebenda Bd. 31, S. 49—62. 1914.
[3]) C. DORNO, Meteorol. ZS. Bd. 37, S. 80. 1920; Bd. 38, S. 6. 1921.

Tabelle 3.

Farbe	Beobachter	Jahr	Ort	Sonnenhöhe									
				60°	55°	50°	45°	40°	35°	30°	25°	20°	15°
Rot	DORNO	1908—1910 inkl.	Davos	13,21	13,60	13,34	13,74	12,27	10,57	9,71	8,12	5,84	4,40
Helligkeits-Äquivalenzwert	DORNO	1908—1910	Davos	10,55	10,92	10,68	10,90	9,78	8,43	7,72	6,50	4,70	3,54
Grün	DORNO	1908—1910	Davos	8,37	8,69	8,50	8,60	7,72	6,68	6,09	5,17	3,76	2,82
Blauviolett (phot.)	DORNO	1908—1910	Davos	3,44	3,68	3,90	3,90	3,13	2,47	2,06	1,74	1,28	0,91
Blauviolett (phot.)	ZIERL	1915—1919	Zugspitze	13,68	13,23	12,20	10,44	8,38	6,76	5,44	4,29	2,94	1,69

Tabelle 4.

Ort	Wien	Lissabon	Petersburg	Heidelberg	Kremsmünster	Davos-Platz	Berninahospiz
Sonnenhöhe	57°	51°	50°	42°	35°	19°	16°

tigen[1]). Ist die Sonne ganz oder teilweise frei, so kann — natürlich dunkle schwarze Wolken ausgenommen — eine Erhöhung eintreten. Abgesehen von der Art der Wolken und ihrer Stellung zur Sonne kommen als wesentliche Faktoren in Frage: 1. die Helligkeitsstufe der Sonne ($S_0 - S_4$), 2. der Be-

Tabelle 5.

Monat und Jahr	Sonnenhöhe	$S + d$		d		S/d
		Äquivalenzwert	hg/hr	Äquivalenzwert	hg/hr	
Oktober 1912	16°	56,4 (55,7)	2,96 (3,21)	7,9 (4,5)	3,57 (4,58)	3,35 (5,38)
Februar 1913	19°	55,3 (55,1)	3,16 (3,22)	11,9 (7,9)	4,04 (4,70)	2,80 (5,02)
April 1913	42°	101,0 (103,5)	3,13 (3,17)	21,8 (12,4)	4,10 (4,76)	3,80 (7,81)

wölkungsgrad ($B_0 - B_{10}$), 3. die Sonnenhöhe[2]). — Soweit die Helligkeitsstrahlung in Frage kommt, scheinen die Ergebnisse der verschiedenen Beobachter (L. WEBER, DORNO, KÄHLER) im nämlichen Sinne zu liegen. Da eine eventuelle Vermehrung natürlich nur d betrifft, kann S/d nie zunehmen. Starke Unstimmigkeit herrscht hinsichtlich der photographischen Ergebnisse [s. DORNO[3]) PORSILD[4]), STELLING[5]), RÜBEL[6]) und ZIERL[7])].

Die Widersprüche mögen zum Teil auf die verschiedene Genauigkeit der Methoden, die verschiedene Auffassung des Farbtons (WIESNERsches Verfahren), auf größeren oder geringeren Einfluß von Schnee- oder sonstigen Reflexen zurückzuführen sein. Auch ist zu bedenken, daß das Vorhandensein von Wolken gelegentlich mit der Tendenz zur Kondensation am ganzen Himmel Hand in Hand gehen mag, was sowieso eine Schwächung der direkten Sonnenstrahlung herbeiführen würde.

Hinsichtlich der Farbenzusammensetzung muß ein kurzer Hinweis darauf genügen, daß sie im großen und ganzen ausgleichend bei der Gesamtbeleuchtung wirkt, indem sich die Farben von S und d einander nähern. Ähnliches gilt für P/hr, d. h. für das Verhältnis des photographischen S/d-Werts zum Rotwert. Wie stark sich der Schwerpunkt der Himmelshelligkeit bei Bedeckung mit weißen Wolken nach dem langwelligen Spektrumende verschiebt, zeigen die exakten Messungen KÖTTGENS[8]).

Hinsichtlich sonstiger Einflüsse sei zunächst auf die geringe Beleuchtungsstärke hingewiesen, die WIESNER und STRAKSCH für Ägypten und RÜBEL für Algier und die Sahara fand, und die mit der Sandtrübung zusammenzuhängen scheint, da sie nach längeren Regenfällen ausblieb. Aus den Messungen ROSCOES und THORPES leitete PERNTER eine auf Transport von Staub in die höheren Atmosphärenschichten zurückgeführte Depression der Kurve um die wärmere Tageszeit ab. Von verschiedenen Beobachtern wurde auch auf eine Abhängig-

[1]) Siehe hier auch A. ÅNGSTRÖM, Meteorol. ZS. Bd. 36, S. 258. 1919.
[2]) Siehe auch A. ÅNGSTRÖM, Meteorol. ZS. Bd. 36, S. 258ff. 1919.
[3]) C. DORNO, Studie 1911, l. c. S. 60—70.
[4]) P. PORSILD (s. Fußnote 8, S. 72).
[5]) E. STELLING, Repert. Met. Bd. 6, Nr. 6. 1878.
[6]) E. RÜBEL, Vierteljschr. d. naturf. Ges. Zürich 1908, S. 207—280, besonders S. 267 bis 270 (hier auch Überblick über die Methode und gutes Literaturverzeichnis).
[7]) H. ZIERL, l. c. (Fußnote 2, S. 79).
[8]) E. KÖTTGEN, Ann. d. Phys. Bd. 53, S. 793—811. 1894.

keit von den atmosphärischen Feuchtigkeitsverhältnissen geschlossen; unter anderem fand DORNO gelegentlich der Beobachtung der im Oktober 1920 auftretenden, in Zusammenhang mit besonders großem Wasserdampfgehalt der höheren Atmosphärenschichten gebrachten hellen „tellurischen Sonnenkorona" eine stark herabgeminderte Ortshelligkeit.

Tabelle 6 zeigt Monats- und Jahresmittel der mittäglichen Ortshelligkeit an verschiedenen Orten ohne Rücksicht auf die Bewölkung. Die Köpfe geben Ort, Zeit, Beobachtungsmethode und Beobachter. Die gleichzeitigen Kieler [1] und Davoser sowie die einander entsprechenden Davoser und Neubrandenburger [2] Messungen zeigen sowohl hinsichtlich durchschnittlicher Beleuchtungsstärke und Gleichmäßigkeit der zeitlichen Verteilung die starke Überlegenheit des Hochgebirges über die Ebene, die überhaupt durch sämtliche Messungen der neueren Zeit dargetan wurde. Hinsichtlich der Tageslichtsummen hat sich unter anderem die nämliche Überlegenheit von Kremsmünster [3] über Wien, vom Bernina-Hospiz über Kremsmünster, von der Zugspitze über Mittenwald, von Muottas-Muraigl und Arosa über Davos und noch mehr über Agra [4] ergeben.

Tabelle 6.

	Davos 1908/1910 Rot. — DORNO	Davos 1908/1910 Grün. — DORNO	Kiel 1908/1910 Helligkeits-Äquivalenzwert. — WEBER	Davos 1908/1910 Helligkeits-Äquivalenzwert. — DORNO	Davos 1919/1920 Kalium-Zelle mit Vöge-Filter. — DORNO	Kolberg 1914/1915 Helligkeits-Äquivalenzwert. — KÖHLER	Davos 1909/1910 Weber-Königsche phot. Methode. — DORNO	Neubrandenburg 1909/1910. Weber-Königsche phot. Methode. — H. KÖNIG	Neubrandenburg 1908/1910. Weber-Königsche phot. Methode. — H. KÖNIG	Hamburg 1899/1900 Weber-Königsche phot. Methode. — H. KÖNIG [5]
Januar	21,9	71,0	7,7	45,9	41,1	9,7	528	158	169	179
Februar. . . .	29,3	95,0	15,6	61,3	64,4	19,2	893	275	297	285
März	45,5	148,9	27,4	95,8	84,1	27,0	1199	518	549	617
April	53,7	173,6	40,5	112,4	86,1	59,1	1337	804	786	972
Mai	55,5	182,1	46,8	117,0	91,6	57,2	1453	1144	1084	1085
Juni	53,5	176,0	55,9	112,7	85,8	67,8	1270	1070	1187	1330
Juli	47,3	155,4	54,4	99,8	93,0	72,0	1252	890	942	1142
August	48,8	159,0	44,8	102,4	95,9	58,9	1089	817	859	1136
September . .	40,5	130,9	44,5	84,7	78,7	45,4	1157	653	661	799
Oktober . . .	34,9	111,4	24,0	72,6	64,1	19,8	764	421	452	438
November . .	21,5	70,0	14,0	45,1	41,2	9,7	586	190	220	226
Dezember . .	18,1	59,7	7,1	38,3	33,0	8,4	428	170	176	140
Jahr	39,2	127,8	31,9	82,3	71,6	37,8	996	59	615	696

Tabelle 7 gibt einige der von A. F. MOORE und L. H. ABBOT [6] mittels des ABBOTschen Pyranometers (s. S. 76) auf dem Hump-Mountain in Nord-Carolina (1460) gewonnenen Ortshelligkeitswerte in gcal/min · cm² nebst Pyrheliometermessungen (im nämlichen Maß). Wie man sieht, wächst auch hier S/d mit der Sonnenhöhe. Auch die Tendenz der Zunahme von S/d mit zunehmender Luftklarheit ist aus den mitgeteilten Zahlen zu erkennen. Überhaupt wächst im allgemeinen die Energiezufuhr durch die diffuse Strahlung mit der Ex-

---

[1] Über die WEBERschen Tageslichtmessungen ist mehr oder weniger fortlaufend in den Schriften des Naturwissenschaftlichen Vereins für Schleswig-Holstein berichtet; s. hier vor allem Bd. 10, S. 77—94. 1895; Bd. 11, S. 48. 1898 u. Bd. 13, S. 97—114. 1906; s. auch Meteorol. ZS. Bd. 2, S. 163—172, 219—224 u. 451—455. 1885; s. auch C. DORNO, Schr. d. Naturw. Vereins f. Schlesw.-Holst. Bd. 14, S. 276ff. 1907—1908.
[2] H. KÖNIG, Arch. d. Vereinig. d. Freund. d. Naturf. i. Mecklenburg 1903—1911.
[3] P. F. SCHWAB, Denkschr. d. k. Akad. d. Wiss., math.-nat. Kl. Bd. 74, 78 S. 1904.
[4] R. SÜRING, Meteorol. ZS. Bd. 41, S. 325ff. 1924.
[5] Siehe H. KÖNIG, Arch. Ver. Freund. Nat. Mecklenb. 1911, S. 78—94.
[6] L. H. ABBOT, Ann. Astr. Obs. Smiths. Inst. Bd. 4, S. 260ff. 1922.

Tabelle 7.

Datum	Luft-masse	Sonnen-höhe	d	Pyr-helio-meter	S	$S + d$	S/d	Bemerkungen
18. August 1917	4,89	11° 33′	0,0501	1,037	0,212	0,2621	4,23	wolkenlos; ne-
	2,03	29° 30′	0,0758	1,342	0,661	0,7368	8,27	belig längs des
	1,30	50° 30′	0,0974	1,421	1,093	1,1904	11,23	Horizonts
13. Oktober 1917	4,83	11° 42′	0,0450	1,116	0,231	0,2760	5,14	wolkenlos, abge-
	3,29	17° 33′	0,0549	1,295	0,394	0,4489	7,17	sehen von klei-
	2,03	29° 30′	0,0659	1,447	0,713	0,7789	10,81	nen Zirren im
	1,39	46° 0′	0,0782	1,522	1,095	1,1732	14,00	SE. Sehr klar

tinktion der direkten, was wegen der verhältnismäßig starken Zunahme von d mit abnehmender Sonnenhöhe für die Wärmebilanz der Erde von großer Bedeutung ist. Für den Zenitstand der Sonne gibt DEFANT[1]) den durchschnittlichen Wert der diffusen Himmelsstrahlung zu $I_0 (1 - q)/2$ an, wo I_0 die Solarkonstante und q den Transmissionskoeffizienten bedeuten. An die diesbezüglichen theoretischen Untersuchungen KINGS sowie die den täglichen Gang der Lufttemperatur berücksichtigenden Untersuchungen TRABERTS[2]) sei kurz erinnert. Wesentlich zu berücksichtigen ist natürlich der unter anderen von KIMBALL studierte Einfluß verschiedenartiger Wolken auf die Einstrahlung von Sonne und Himmel.

Verschiedentlich wurde versucht, die Beleuchtung der horizontalen Fläche durch das Himmelslicht rechnerisch zu erfassen. Ausgehend von dem Gedanken, daß die zerstreute Sonnenstrahlung im Himmelslicht wieder auftritt, gelangte EXNER[3]) unter Berücksichtigung der auf Grund der RAYLEIGHschen Theorie errechneten primären Diffusion und bei Vernachlässigung der Extinktion zu folgender, die Beleuchtung H mit dem Transmissionskoeffizienten p für die Sonnenstrahlung und der Zenitdistanz z der Sonne verbindenden Formel:

$$H \text{ (das frühere } d) = - 3/32 \cdot \ln p \, (5 + \cos^2 z).$$

Diese läßt in richtigem Sinne das H mit der Erhebung über das Meeresniveau sinken; auch stimmt sie mit dem Ergebnis der Beobachtungen, wonach H mit abnehmendem p wächst, überein. Die Nichtberücksichtigung größerer Teilchen und die Vernachlässigung der Extinktion führt aber zu dem unmöglichen Ergebnis, daß H mit dauernd wachsender Trübung (Bewölkung) bis ins Unendliche wächst. Die Berücksichtigung der nur durch die Lichtdiffusion erzeugten Extinktion führte nun MILCH[4]) bei Einführung des LINKEschen Trübungsfaktors T wegen der mit wachsendem T zunehmenden Extinktion von Sonnen- und Himmelslicht zu einem vom Extinktionskoeffizienten und von der vom primär zerstreuten Licht durchsetzten Luftstrecke abhängigen Wert von T, bei welchem H sein Maximum erreicht (um von da ab zu sinken). MILCH versuchte auch in erster Annäherung, unter Berücksichtigung DORNoschen Materials, eine Abschätzung der Wirkung der sekundären Diffusion auf das H. Der Vergleich zwischen Theorie und Beobachtung führte, soweit die Beziehung zwischen H und T in Frage kam, zu ganz befriedigendem Ergebnis, wogegen der Vergleich hinsichtlich der Abhängigkeit des H von der Sonnenhöhe weniger befriedigend ausfiel. Den Grund für diese Unstimmigkeit möchte MILCH in der Nichtanwendbarkeit des RAYLEIGHschen Zerstreuungsgesetzes erblicken (s. BLUMER S. 92). Wichtig scheint vor allem das Ergebnis dieser Überlegungen zu sein, daß die sekundäre Diffusion für die durch den Himmel hervorgebrachte Beleuchtung

[1]) A. DEFANT, Lufthülle und Klima. Leipzig u. Wien: Fr. Deuticke 1923.
[2]) W. TRABERT, Meteorol. ZS. HANN-Band, S. 337. 1907.
[3]) F. M. EXNER, Wiener Ber. Bd. 118, Abt. II a. 1909 u. Met. Optik, 2. Aufl., S. 822ff. 1922.
[4]) W. MILCH, Meteorol. ZS. Bd. 44, S. 201—212. 1927.

der horizontalen Fläche um so mehr in Frage zu kommen scheint, je mehr größere Partikeln zu berücksichtigen sind.

4. Vorder- und Unterlicht. Das Vorderlicht kann uns nun nicht mehr physikalisch wesentlich neue Gesichtspunkte geben, so daß wir uns kurz fassen können. Eingeführt wurden die Messungen durch WIESNER. Grundlegende Untersuchungen über das für die verschiedenen Richtungen geltende und für das mittlere Vorderlicht in Beziehung zum Oberlicht und zur örtlichen Helligkeitsverteilung am Himmel rühren von SCHRAMM[1]) her. Aus den Messungen sämtlicher Beobachter geht hervor, daß die absoluten Werte des Vorderlichtes ebenso wie die des Oberlichtes prinzipiell mit steigender Sonne zunehmen, beim Oberlicht jedoch rascher als beim Vorderlicht. Die Erklärung dafür liegt natürlich darin, daß das Vorderlicht nicht nur von der mit steigender Sonne zunehmenden Gesamthelligkeit, sondern auch von dem für vertikale Flächen mit steigender Sonne ungünstiger werdenden Inzidenzwinkel abhängt. Wesentlich für die Erklärung der tatsächlichen Verhältnisse, daß die Sonnenstrahlen bei tieferem Sonnenstand eine größere Extinktion erleiden, wobei zu bedenken ist, daß die atmosphärischen Wegstrecken vom Zenitstand der Sonne bis zu 1° Sonnenhöhe von 1 bis auf nahezu 27 wachsen. Ähnliches gilt für die diffuse Strahlung, worauf zurückzuführen ist, daß das mittlere Vorderlicht auch bei bewölktem Himmel, wenn auch unregelmäßig, mit der Sonnenhöhe wächst. — Wie unter anderem aus den Messungen DORNOS[2]), BENKENDORFFS[3]) und FURLANIS[4]) hervorgeht, kann das Unterlicht, d. h. die einer horizontalen, dem Erdboden zugekehrten Fläche zukommende Beleuchtung, von großem Einfluß auf die gesamten Beleuchtungsverhältnisse werden. Nach LAMBERTS und SEELIGERS Definition der Albedo der Erdoberfläche ist diese nichts anderes als das Verhältnis vom Unter- zum Oberlicht. Auf Grund der Untersuchungen THALERS über die diffuse Reflexion matter Oberflächen muß prinzipiell zugegeben werden, daß sich die Albedowerte mit Himmelsbedeckung und Sonnenhöhe ändern, wie es auch BENKENDORFF fand. DORNO zeigte vor allem die starken Schwankungen der Schneealbedo, indem er für alten Schnee 0,64, für neuen 0,74 und für solchen mit leicht gefrorener Oberfläche 0,89 fand. Sehr wertvolle Untersuchungen stellte er auch über den Einfluß der Flächenhelle des natürlichen Horizonts auf die Beleuchtung der Horizontalfläche an.

5. Ausstrahlung, Gegenstrahlung und damit zusammenhängende Probleme. Die Kenntnis des atmosphärischen Wärmehaushalts fordert außer der Berücksichtigung der Einstrahlung von direktem Sonnen- und diffusem Himmelslicht — wobei auch die meist arg vernachlässigte, vom Erdboden reflektierte diffuse Himmelsstrahlung zu beachten ist — auch diejenige der Ausstrahlung, der Gegenstrahlung und des Energiezu- oder -abflusses durch Kondensation oder Verdunstung sowie durch Konvektion und ebenso natürlich diejenige der geometrischen (s. WOIKOF) und physikalischen [s. HOMÉN, J. MAURER, W. SCHMIDT[5]), SCHUBERT] Beschaffenheit des Terrains. Was die Konvektion betrifft, so haben die bahnbrechenden Untersuchungen W. SCHMIDTS (s. auch TAYLOR) über den in engem Konnex mit der ungeordneten, turbulenten Bewegung stehenden atmosphärischen Massenaustausch zu völlig neuen Ge-

[1]) W. SCHRAMM, Dissert. Kiel 1901.
[2]) C. DORNOS großes Werk. S. 214—218. 1919.
[3]) R. BENKENDORFF, Dissert. Kiel 1914.
[4]) J. FURLANI, Wiener Denkschr. Bd. 93. 1916. 36 S.
[5]) Die für den Wärmehaushalt des Meeres wichtigen Untersuchungen W. SCHMIDTS über die Beziehungen zwischen dem Reflexions- und Ausstrahlungsvermögen des Wassers siehe Wiener Ber. IIa, Bd. 117, S. 75ff. 1908; Ann. d. Hydrogr. Bd. 43, S. 111ff. u. 169ff. 1915; Meteorol. ZS. Bd. 33, S. 111ff. u. 257ff. 1916.

sichtspunkten hinsichtlich des Wärmeaustauschs zwischen Erdoberfläche und Luft geführt. Von besonderer Wichtigkeit ist auch die sich aus dem Massenaustausch-Koeffizienten ergebende Wärmeleitfähigkeit der Atmosphäre[1]). Daß jedenfalls in hohen Breiten auch am Tage eine Ausstrahlung vorhanden ist, haben bereits die zuverlässigen Messungen HOMÉNS[2]) in Schweden und Finnland erwiesen. Nach DORNO[3]) und ÅNGSTRÖM[4]), durch deren systematische Beobachtungen bzw. Registrierungen die vereinzelten Ergebnisse HOMÉNS bezüglich des täglichen Wärmeumsatzes zwischen Himmel und Erde erheblich erweitert und vertieft wurden, ist für wolkenlosen Himmel im Hochgebirge auch bei Tage ein dauernder Wärmestrom von der Erde zum Himmel anzunehmen. Umgekehrt fanden ABBOT und ÅNGSTRÖM in Algier bei 58° Sonnenhöhe eine Einstrahlung; im nämlichen Sinne lagen die Ergebnisse LO SURDOS[5]) für Neapel, während BOUTARIC[6]), dessen Ergebnisse hinsichtlich des täglichen Ganges der Ausstrahlung überhaupt wenig mit denen LO SURDOS übereinstimmten (vor allem siehe das Fehlen des außer von LO SURDO auf dem Monte Cimone von EXNER und RIMMER auf dem Sonnblick konstatierten Maximums der Ausstrahlung kurz vor Sonnenaufgang), in Montpellier bei heiterem Himmel auch einen nach oben gehenden Wärmestrom fand. Im übrigen ist vor allem auf die Arbeiten von ASKLÖF[7]), DEFANT[8]), EXNER[9]), KIMBALL[10]), MAURER[11]), PERNTER[12]), ROBITSCH[13]) und TRABERT[14]) zu verweisen.

Unter der Voraussetzung, daß die Erde wie ein schwarzer Körper strahlt, daß im Weltraum eine Temperatur von -273^{c} C und am Erdboden eine durchschnittliche von $+12°$ C herrscht, müßte letzterer nach dem STEFAN-BOLTZMANNschen Gesetz pro Quadratzentimeter und Minute 0,500 gcal ausstrahlen. Die große Differenz gegen die effektive Ausstrahlung, für die bei unbedecktem Himmel ein mittlerer Wert von 0,16 gcal. angenommen wird, führte notwendig zur Annahme einer die Ausstrahlung auf den beobachteten Wert herabsetzenden, nach unten gerichteten „Gegenstrahlung" von etwa 0,36 Kalorien [nach R. EMDEN[15]) für mittleren Wasserdampfgehalt der Atmosphäre zu $0,8 \cdot s \cdot T^4$

---

[1]) W. SCHMIDT, Wiener Ber. Bd. 126, II a, S. 757 ff. 1917; Meteorol. ZS. Bd. 38, S. 262 ff. 1921; Probl. d. Kosm. Phys. Bd. VII. Hamburg: H. Grand 1925.

[2]) TH. HOMÉN, Der tägliche Wärmeumsatz im Boden und die Wärmestrahlung zwischen Himmel und Erde. Leipzig 1897.

[3]) C. DORNO, Meteorol. ZS. Bd. 39, S. 313 ff. 1922; Die Wissensch. Bd. 63, S. 82—97, 1919; Grundzüge des Klimas von Muottas-Muraigl, S. 75 ff. Braunschweig: Vieweg & Sohn A. G. 1927; Mit A. ÅNGSTRÖM, Meteorol. ZS. Bd. 38, S. 42. 1921.

[4]) A. ÅNGSTRÖM, Meteorol. ZS. Bd. 33, S. 56 ff u. 529 ff. 1916; Bd. 34, S. 14 ff. 1917; Ymer 1924, S. 1 ff.; Smiths. Miscell. Collect. Bd. 65, Nr. 3. Washington 1915 (Ref. Meteorol. ZS. Bd. 33, S. 189 ff. 1916).

[5]) LO SURDO, Il nuovo Cim. Bd. 15, S. 252. 1908.

[6]) M. A. BOUTARIC, Ann. d. phys. Bd. 10, S. 26—132. 1918 (s. hier auch den histor. Überblick!).

[7]) ST. ASKLÖF, Geogr. Ann. 1920, H. 3.

[8]) A. DEFANT, Geogr. Ann. 1922, H. 1, S. 99—108; Wiener Ber. Bd. 125, H. 10. 1917; Meteorol. ZS. Bd. 35, S. 224 ff. 1918; Ann. d. Hydrogr. Bd. 47, S. 93. 1919; Lufthülle und Klima, S. 33 ff. Deuticke 1923.

[9]) F. M. EXNER, Meteorol. ZS. Bd. 20, S. 409 ff. 1903; Wiener Ber. Bd. 120. Februar 1911.

[10]) H. H. KIMBALL, Monthl. Weather Rev. Bd. 46, S. 57 ff. 1918.

[11]) J. MAURER, Berl. Ber. Nov. 1887 (s. auch Ann. d. Schweizer Met. Zentralanst. Bd. 20, Appendix 5. 1885 u. Meteorol. ZS. Bd. 4, S. 189. 1887; s. hier auch allgemein Lehrb. der Met. von HANN-SÜRING, 4. Aufl., S. 816 ff. 1926).

[12]) I. M. PERNTER, Wiener Ber. Bd. 97, S. 1562. 1888.

[13]) A. M. ROBITSCH, Die Arb. d. Preuß. Aeronaut. Obs. bei Lindenberg Bd. 15, S. 194 ff. 1926.

[14]) W. TRABERT, s. PERNTER l. c.; ferner Meteorol. ZS. Bd. 9, S. 41. 1892; ebenda Hannband 1907, S. 337 und sein Lehrb. d. kosm. Phys. von 1911.

[15]) R. EMDEN, Strahlungsgleichgewicht und atmosphär. Strahlung. Münchener Ber. 1913.

angenommen, wo s die bekannte Strahlungskonstante und T die absolute Temperatur der untersten Luftschicht bedeuten], für welche MAURER schon, bevor er die ersten absoluten Ausstrahlungsmessungen anstellte, aus dem wesentlich durch die Wärmeausstrahlung bedingten nächtlichen Temperaturgang der Luft einen ähnlichen Wert erschlossen hatte. Die Gegenstrahlung wird namentlich durch die Absorption der langwelligen Erdstrahlung hervorgerufen; es ist aber (ganz abgesehen von der diffusen Himmelsstrahlung) auch die Absorption der Sonnenstrahlung, die nach KING[1]) sogar in der staubfreien Luft des Mount Wilson eine Erhöhung der Lufttemperatur um $0,015°$ pro Stunde (an der Erdoberfläche rund $0,1°$) bewirkt, nicht ganz zu vernachlässigen. Diese Gegenstrahlung wächst nach A. ÅNGSTRÖM mit dem Wasserdampfgehalt, wogegen die Zunahme des Dampfdrucks eine Abnahme der Ausstrahlung bewirkt. Überhaupt werden die Schwankungen in der Temperaturstrahlung der Atmosphäre nach ÅNGSTRÖM hauptsächlich durch solche von Temperatur und Feuchtigkeit bestimmt. Allerdings schien es, als ob, entgegen der Annahme EMDENs, die Gegenstrahlung mit zunehmender Höhenlage nicht proportional dem absoluten Wasserdampfgehalt, sondern langsamer abnimmt. ÅNGSTRÖM[2]) zeigte, daß hier offenbar die Wirkung der selektiven Absorption (Erwärmung) im Ultrarot — nicht etwa die Diffusion der von den unteren Luftschichten ausgehenden Wärmestrahlung an materiellen Teilchen der oberen — eine Rolle spielt, wobei er an Kohlensäure sowie an Ozon (evtl. auch an Kohlenwasserstoffe tellurischen bzw. kosmischen Ursprungs) dachte. Im übrigen kann natürlich die wechselnde vertikale Temperatur- und Feuchtigkeitsverteilung die jeweilige Abhängigkeit der Strahlungsverhältnisse von der Höhenlage verändern. ROBITSCH[3]) berechnete die Abhängigkeit der Ausstrahlung von der Höhe nach Registrieraufstiegen in Batavia, Lindenberg und auf Spitzbergen. Das Ergebnis seines Versuchs, aus den mit Hilfe einer thermoelektrischen Versuchsanordnung gewonnenen Ausstrahlungsmessungen eine Beziehung zwischen Luftdichte, Dampfdruck und Temperatur einer- und Gegenstrahlung anderseits abzuleiten, mahnt für weitere Messungen zur Vorsicht, da hier besonders deutlich zutage trat, daß überhaupt alle bei großer relativer Feuchtigkeit ausgeführten Messungen, bei denen die exponierten Flächen eine tiefere Temperatur als diejenige des Taupunktes haben, notwendig zu unrichtigen Schlußfolgerungen führen müssen [s. auch ÅNGSTRÖM[4])]. Allgemein fand ÅNGSTRÖM für die effektive Ausstrahlung R folgenden Ausdruck:

$$R = \frac{T^4}{293^4}\,(0{,}123 + 0{,}158 \cdot 10^{-0{,}071\cdot\varrho})\,,$$

wo T und ϱ die absolute Temperatur bzw. den Dampfdruck am Beobachtungsort bedeuten. Im großen und ganzen genommen sollen seine eigenen Messungen (in Kalifornien sowie in Abisko) sowie die von ASKLÖF (in Upsala) und von DORNO (in Davos) dem Ausdruck gut gehorchen.

Nach ÅNGSTRÖM zeigt die von einer schwarzen Fläche in normaler Richtung ausgehende Strahlung ein Maximum in Richtung auf den Zenit, während letztere mit Annäherung an den Horizont mehr und mehr abnimmt. Eine besondere Bedeutung kommt nach ÅNGSTRÖM, ASKLÖF, DEFANT und DORNO der Größe und der Art der Bewölkung zu, indem vor allem eine niedrige Wolkendecke durch ihre Gegenstrahlung die effektive Ausstrahlung stark vermindert. ÅNG-

---

[1]) L. V. KING, Phil. Trans. Bd. 212, S. 375ff. 1912—1913 (Ref. Meteorol. ZS. Bd. 30, S. 306ff. 1913).

[2]) A. ÅNGSTRÖM, Meteorol. ZS. Bd. 33, S. 535ff. 1916.

[3]) A. M. ROBITSCH, l. c. u. Meteorol. ZS. Bd. 43, S. 388 u. 389. 1926 sowie Mitt. d. Aeronaut. Obs. Lindenberg 1927, S. 131—132.

[4]) A. ÅNGSTRÖM, Medd. fran Statens Meteorol. Hydrogr. Anst. Bd. 3, Nr. 12, S. 3—12. 1927.

Ström fand für den Durchschnitt zahlreicher Fälle folgende lineare Beziehung zwischen der Ausstrahlung R_w für den Bewölkungsgrad w, dem w und der Ausstrahlung bei unbewölktem Himmel (R_0):

$$R_w = R_0 (1 - k \cdot w/10),$$

wo k eine von Wolkenart bzw. Wolkenhöhe abhängige Konstante bedeutet. Nach Asklöf und Defant können im Einzelfall große Abweichungen von derselben bestehen. Defant[1]) wies vor allem auf die nahe Beziehung zwischen dem k und einer für die Abhängigkeit der nächtlichen Abkühlung von der Bewölkung charakteristischen Konstanten hin.

Hinsichtlich der Klimaverhältnisse der Erde ist es wesentlich, daß man keineswegs mit der Kompensation einer Temperaturerhöhung der Erdoberfläche durch vermehrte Ausstrahlung rechnen darf, da durch eine Temperaturerhöhung meist eine Vermehrung des Wasserdampfgehalts und damit auch eine Verminderung der Durchlässigkeit für die langen Wellen bewirkt wird, so daß nach Ångström die totale Ausstrahlung auf verschiedenen Breitengraden wenigstens mit ziemlich großer Annäherung einen konstanten Wert beizubehalten scheint. In Anlehnung an W. Schmidtsche, Defantsche, Exnersche Gedankengänge (s. hier in bezug auf den Massenaustausch-Koeffizienten die Wärmeleitfähigkeit der Atmosphäre in horizontaler und vertikaler Richtung) ging Ångström unter Berücksichtigung der Bestimmungen der Energiealbedo der Erde von Abbot und Aldrich sowie von Stuchtey und A. Wegener sowie derjenigen der von ihm selber, von Dorno, Richardson, Stuchtey und Wegener ausgeführten Messungen über das Reflexionsvermögen der Bodendecke und von Wasserflächen den Beziehungen zwischen Energiezufuhr (mit großen Entropiemengen beladene, strahlungsfähige Luftmassen gelangen vom Äquator in höhere Breiten) und Temperatur auf verschiedenen Breitengraden nach[2]).

Tiefere Einblicke in den Strahlungsmechanismus des atmosphärischen Vertikalschnitts geben vor allem die Arbeiten von Gold, Emden, Schwarzschild und Hergesell, von denen ersterer bei seinen Untersuchungen über das Strahlungsgleichgewicht übersichtlichere Annahmen machte, wogegen die Annahmen der letzteren — Trennung des kurzwelligen vom langwelligen Anteil — weniger einfach, dafür aber der Wirklichkeit wesentlich näher kommend waren. Hergesell speziell machte bei seinen Berechnungen, gestützt auf die Ergebnisse Sürings, allgemeinere und damit richtigere Annahmen über die Wasserdampfverteilung. Im weiteren kann — s. aber auch Boutaric — auf die Behandlung des Gegenstandes im Bd. XI ds. Handb. (S. 170ff.) verwiesen werden[3]). — Wesentlich für die Temperatur der Erdoberfläche ist auch das für die kurzwelligen und langwelligen Strahlen verschieden starke atmosphärische Absorptionsvermögen, und damit in Beziehung stehend die Tatsache, daß die Strahlung der Sonne nur am Tage, diejenige der Erde bzw. der Atmosphäre aber Tag und Nacht in Frage kommt. Dem verschiedenen Absorptionsvermögen für kurze und lange Wellen ist es wesentlich zu verdanken, daß die Temperatur an der Erdoberfläche um ca. 33° höher liegt als die aus dem Stefanschen Gesetz errechnete (Wärmeschutz der Atmosphäre, sog. Glashauswirkung). Die große Bedeutung der Gegenstrahlung für den Wärmeschutz des Erdbodens und der unteren Luftschichten, und zwar namentlich für hohe Breiten und den Winter mittlerer Breiten, wurde bereits durch Emden in helles Licht gerückt. Nach

---

[1]) A. Defant, Geogr. Ann. 1922, H. 1.
[2]) A. Ångström, Gerlands Beitr. z. Geophys. Bd. 15, S. 1ff. 1926.
[3]) S. auch M. A. Boutaric, Ann. d. phys. Bd. 10, S. 115ff. 1918.

DEFANT wäre sogar für alle Breiten die Jahressumme der Gegenstrahlung größer als die jährliche den Erdboden erreichende Sonnenstrahlung.

Eine umgekehrte Glashauswirkung käme nach HUMPHREYS[1]) — unter Berücksichtigung des Verhältnisses des aus den Dimensionen des BISHOPschen Ringes erschlossenen Durchmessers der Fremdpartikel zur langwelligen Erd- bzw. zur kurzwelligen Sonnenstrahlung (RAYLEIGHsches Gesetz) — bei der mehrfach behaupteten Abkühlung nach starken Vulkanausbrüchen in Frage. KÖPPEN[2]) steht dem aber etwas skeptisch gegenüber. Bemerkenswert ist hier jedenfalls, daß sich sowohl nach BOUTARIC als auch nach A. ÅNGSTRÖM und VERY[3]) der Einfluß atmosphärischer Staubtrübung auf die Ausstrahlung als gering erwies. Nach KÖPPEN besteht dagegen ein unzweifelhafter Zusammenhang zwischen der Durchschnittstemperatur an der gesamten Erdoberfläche und der Sonnenfleckenperiode (die Gebiete mit positiver Temperaturabweichung zu Zeiten geringer Fleckenmenge größer und umgekehrt], deren Auswirkung allerdings von NEWCOMB erheblich geringer bewertet wird. Diesen Zusammenhang sucht HUMPHREYS[4]), gestützt auf Experimente von LADENBURG und LEHMANN[5]) über das verschiedene Absorptionsvermögen des Ozons für kurze und lange Wellen durch periodische Bildung von Ozon in den oberen Luftschichten zu erklären. In ähnlicher Weise sucht GÖTZ[6]) in der wechselnden Absorption des Ozons für längere Wellen den Schlüssel für die Erklärung der von CLAYTON behaupteten Beziehungen zwischen Wetterschwankungen und Sonnentätigkeit, wobei auf den Gegensatz zu der sonst vertretenen Ansicht zwischen Sonnentätigkeit und Solarkonstante hingewiesen sei. Der ausgeprägte Jahresgang der ultravioletten Sonnenstrahlung wird aber nach DORNO[7]) wesentlich durch ganz andere Faktoren geregelt. — Bei Annahme einer Durchschnittstemperatur von rund $+ 14°$ C erhält die Erdoberfläche nach DEFANT im Mittel pro cm^2 und Tag 160 gcal an direktem, 130 an diffusem Sonnenlicht, 600 an Gegenstrahlung (Summe 890), wogegen sich die Ausgabe durch Ausstrahlung zu 750 und durch Verdunstung der Niederschläge zu 125 gcal (Summe 875) berechnete. So ergäbe sich mit befriedigender Genauigkeit die erwartete Wärmebilanz 0. Die allgemeine Zirkulation verhindert eine dauernde Steigerung der Temperatur in den Tropen und eine Verringerung an den Polen.

c) Die blaue Himmelsfarbe.

6. Beobachtungsergebnisse und theoretische Deutungen. Schon die Beobachtungen mit einfachen Zyanometern ergaben, daß ceteris paribus die Blaunuance des heiteren Himmels sich mit abnehmender Seehöhe (Gebr. SCHLAGINTWEIT, SAUSSURE), mit zunehmender Zenitdistanz (nach A. v. HUMBOLDT nahezu wie der Cosin. derselben variierend) und mit Annäherung an die See dem Weiß nähert. Auch fand man ein deutliches Hinüberspielen ins Grün nach dem Horizont zu. Für den Sonnenvertikal fand WILD mit seinem Uranophotometer beim Fortschreiten zu immer nördlicheren Stellen ein Abrücken der Farbe vom roten zum violetten Ende hin. Bei $90°$ Sonnenabstand schien die größte

---

[1]) W. I. HUMPHREYS, Bull. Mt. Weather Obs. Bd. 6, S. 1ff. 1913.

[2]) W. KÖPPEN, Meteorol. ZS. Bd. 31, S. 305—328. 1914.

[3]) F. W. VERY, Astrophys. Journ. Bd. 37, S. 305. 1913 (s. überhaupt seine ausgezeichnete Experimentaluntersuchung über die atmosphärische Strahlung zwecks Gewinnung des Ausstrahlungskoeffizienten: Atmospheric radiation, U. S. Department of Agriculture, Weather Bureau, Bulletin G. 1909, 134 Seiten; Ref. Meteorol. ZS. Bd. 18, S. 223ff. 1901).

[4]) W. I. HUMPHREYS, l. c.

[5]) E. LADENBURG u. E. LEHMANN, Ann. d. Phys. Bd. 21, S. 305—318. 1906.

[6]) P. GÖTZ, Die Sterne Bd. 5, S. 193. 1925.

[7]) C. DORNO, Veröffentl. Preuß. Met. Inst. Nr. 303, S. 280ff. Berlin 1919; Meteorol. ZS. Bd. 36, S. 189ff. 1919.

Farbensättigung erreicht zu sein. Physikalisch exakter als die Zyanometerbeobachtungen und vor allem einer scharfen Prüfung der Herkunft der blauen Himmelsfarbe zugänglicher sind natürlich die mit Spektralphotometer ausgeführten Messungen.

Daß aber auch die einfachen Zyanometer noch heute wertvolle Dienste tun können, haben die Untersuchungen von Linke[1]) und von Loewe[2]) gezeigt. Aus Linkes Beobachtungen auf dem Atlantischen Ozean und in Argentinien geht vor allem die nahe Beziehung zwischen Blaunuance und Trübungsfaktor (entgegengesetztes Verhalten) hervor. Seine Blauskala (vom Verlag Unesma bezogen) enthält 8 Farbtöne von Weiß (mit 3 bezeichnet) bis Ultramarin (10). Die stärkste Blausättigung (9) erhielt er in La Quiaca an der argentinisch-bolivianischen Grenze in etwa 3700 m Meereshöhe. Dies entspricht dem von Loewe auf dem Flughafen Tempelhofer Feld im Oktober 1926 in 6 km Höhe mittels der nämlichen Skala erhaltenen Wert (von ihm 6,0 genannt, da er Weiß mit 0, Ultramarin mit 7 bezeichnet). In roher Annäherung fand sich schon bei Linke eine dahingehende — wie es scheint, vor allem bei geringeren Dampfdrucken ausgeprägte — Beziehung zwischen Dampfdruck und Blaufärbung, daß letztere mit zunehmendem Dampfdruck abnahm [einen eindeutigen Zusammenhang zwischen absoluter Feuchtigkeit und Trübungsfaktor fand Linke ebensowenig wie Gockel[3])]. Nach Loewe würde im Durchschnitt etwa einem Dampfdruck von 10 mm eine Blaunuance 3,0 und einem solchen von 5 mm eine solche von 4,5 entsprechen(im Sonnenvertikal 90° von der Sonne gemessen). Es gelang ihm jedoch nicht eine Scheidung zwischen der von grobem Dunst und der vom Wasserdampfgehalt abhängigen Abnahme des Blaugehalts, wie sie Linke bei seinen Trübungsstudien hinsichtlich des in erster Linie durch die selektive Absorption des Wasserdampfes bedingten Rotanteils der direkten Sonnenstrahlung möglich war. — Von großer Bedeutung für die Erkenntnis der Vorgänge in den verschiedenen Teilen der Hoch- und Tiefdruckgebiete war die Verfolgung der Abhängigkeit der für verschiedene Höhenlagen geltenden Himmelsbläue von der Wetterlage. — Folgende Übersicht (Tab. 8) zeigt Loewes etwa (für den Jahresdurchschnitt geltenden) und für die nämlichen Höhenlagen (durch Interpolation zwischen je zwei angegebenen Werten bzw. — bei 4 km — durch geringe Extrapolation erhalten) die um die Mitte des vorigen Jahrhunderts

Tabelle 8.

km	Gebrüder Schlagintweit		Loewe	
	Interpolierte bzw. extrapolierte Werte	1-km-Wert = 100 gesetzt	Angegebene Werte	1-km-Wert = 100 gesetzt
0	—	—	3,2	73
1	41	100	4,4	100
2	48	118	4,8	109
3	74	180	5,1	116
4	93	228	5,4	123
5	—	—	5,7	130
6	—	—	5,9	134

von den Gebrüdern Schlagintweit[4]) in den Alpen gefundenen Blaunuancen (ausgedrückt in Prozenten von Kobaltblau). Zwecks leichteren Vergleichs sind in der 3. und 5. Spalte die Werte für 1 km = 100 gesetzt. In die Augen springend ist das nach Überwindung der ersten Kilometer auffällig rasche Steigen der Werte bei den Gebr. Schlagintweit gegenüber Loewe, was (s. auch Pernter-Exners Lehrb. der Met. Optik 1922, S. 609) offensichtlich darauf zurückzuführen

[1]) Fr. Linke, Meteorol. ZS. Bd. 41, S. 42ff. 1924 u. Verhandlgn. d. klimatolog. Tagung in Davos 1925. S. 84. Basel: Benno Schwabe & Co.
[2]) F. Loewe, Mitteilungen des Aeronaut. Obs. Lindenberg. S. 98—101. Mai 1927.
[3]) A. Gockel, Meteorol. ZS. Bd. 40, S. 133. 1923.
[4]) H. u. A. Schlagintweit, Untersuchungen über die physikalische Geographie der Alpen. Leipzig 1850 600 S. Arch. sc. phys. et nat. Bd. 19, S. 281—291. 1852.

ist, daß LOEWES Beobachtungen in der freien Atmosphäre, die andern dagegen vom Boden aus stattfanden, so gedacht, daß in den bewohnten Tallagen der Alpen mit stärkeren atmosphärischen Verunreinigungen zu rechnen ist.

Tabelle 9 zeigt, daß der Übergang von den Verhältnissen des Bodens zu denen in größeren Höhen (Tempelhofer

Tabelle 9.

km	0	1	2	3	4	5	6
Winter	3,3	4,7	5,1	5,3	5,5	5,8	5,9
Sommer	2,9	4,1	4,6	5,0	5,3	5,6	5,9

Feld) wegen der stärkeren Luftdurchmischung im Sommer wesentlich stetiger verläuft als im Winter.

Sehr interessante Beziehungen ergaben sich auch zwischen der vertikalen Sicht und der Sättigung der blauen Himmelsfarbe, aus denen vor allem zu entnehmen war, daß die Vertikalsicht (aus einer Höhe von 3 km) und die vom Boden aus beobachtete Blaufärbung, vor allem von den Verhältnissen des untersten Höhenkilometers abhängen.

Zuzugeben ist vielleicht, daß — der Auffassung von NICHOLS entsprechend — bei sehr schwacher Gesamthelligkeit das subjektive Moment wirksam sein kann. Die Farbe am Tage ist aber nach einem entscheidenden Versuch von W. H. PICKERING[1]) ein durchaus objektives Phänomen. Ob und wieweit [s. LALLEMAND[2]), HARTLEY[3]), PERNTER[4]) BOUTARIC[5])] das Fluoreszenzlicht irgendeines atmosphärischen Bestandteils (Ozon?) als modifizierender Bestandteil in Frage kommen kann, bleibt zu entscheiden. Sicher ist jedenfalls, daß für den Tag- (und auch Dämmerungs-) Himmel die optischen Erscheinungen eines trüben Mediums das wesentlich Wirksame sind, und zwar für die oberen Luftschichten in größerer Anlehnung an die Phänomene eines idealen trüben Mediums im Sinne Lord RAYLEIGHs, für die tieferen mit zunehmend größerer an die gewöhnlicher Reflexion. Die von EULER, CHAPUIS und später von SPRING vertretene Auffassung des Himmelsblau als Eigenfarbe der Luft bzw. eines ihrer Bestandteile ist unhaltbar geworden. — Sehen wir von den Untersuchungen von BRÜCKE, CLAUSIUS, TYNDALL ab, so bezeichnet die erste Arbeit Lord RAYLEIGHs[6]) einen Markstein in der Geschichte der Theorie und ihrer Prüfung.

Voraussetzung der dielektrische Körper behandelnden RAYLEIGHschen Theorie [1871 und 1899 von der mechan. Lichttheorie ausgehend[7])] ist bekanntlich, daß der Teilchendurchmesser der Größenordnung nach klein ist im Vergleich zur kürzesten Wellenlänge des einfallenden Lichtes, und daß sich (elektromagnet. Theorie vorausgesetzt) die Dielektrizitätskonstante nur um eine kleine Größe Δk von jener der Umgebung unterscheidet. Nach H. BLUMER[8]) wäre $\alpha \left(= \dfrac{2\pi\varrho}{\lambda} \right.$, wo $\varrho =$ dem Kugeldurchmesser$\left.\right) = 0,3$ etwa der Grenzwert für die Anwendungsmöglichkeit der RAYLEIGHschen Formel, und es wäre die Lichtdiffusion nach der strengeren Beugungstheorie von MIE-DEBYE [s. auch BROMWICH[9])] zu be-

---

[1]) W. H. PICKERING, Oesterreichische ZS. f. Met. 1885, S. 514.
[2]) CH. LALLEMAND, C. R. Bd. 75, S. 707ff. 1872.
[3]) W. H. HARTLEY, Nature Bd. 39, S. 477. 1889.
[4]) J. M. PERNTER, Wiener Denkschr. Bd. 73, S. 301ff. 1901.
[5]) M. A. BOUTARIC, Ann. d. phys. Bd. 10. 1918 (besonders S. 15).
[6]) Lord RAYLEIGH, S. 70, Anm. 3.
[7]) Lord RAYLEIGH ging von der elektromagnetischen Theorie aus im Phil. Mag. Bd. 12, S. 81ff. 1881,
[8]) H. BLUMER, ZS. f. Phys. Bd. 38, S. 312. 1926.
[9]) G. MIE, Ann. d. Phys. Bd. 25, S. 377—445. 1908; P. DEBYE, ebenda Bd. 30, S. 57ff. 1909; Math. Ann. Bd. 67, S. 540. 1909; J. J. BROMWICH, Phil. Mag. Bd. 38, S. 143. 1919.

rechnen wäre. Für größere Kugeln erleidet die RAYLEIGHsche Symmetrie eine völlige Störung, derart, daß bei durchsichtigen Teilchen die Intensität des in Richtung des fortschreitenden Strahls zerstreuten Lichtes erheblich größer wird als in entgegengesetzter Richtung und bei undurchsichtigen (bis zu einer gewissen Grenze) umgekehrt[1]). Für $\alpha = 0,01$ wäre bei letzteren die Intensität noch dem RAYLEIGHschen Gesetz entsprechend symmetrisch verteilt. Wesentlich ist, daß bei Lord RAYLEIGH das Intensitätsverhältnis der verschiedenen Farben unabhängig ist von der Richtung, d. h. vom Winkel (φ) zwischen Primär- und Sekundärstrahl, was nach BLUMER[2]) für größere Teilchen nicht mehr zutrifft, indem dann eine von der Größe und dem Brechungsexponenten des Materials abhängige, für jede Wellenlänge verschiedene Intensitätsverteilung eintritt. — Sind nun außer kleinen Teilchen im Sinne Lord RAYLEIGHS, wie in der Atmosphäre, auch größere vorhanden, die hinsichtlich λ anders zerstreuen, so muß die resultierende Farbe vom Verhältnis der Zahl der verschiedenen Teilchen abhängen. Die Berücksichtigung genannter Ergebnisse BLUMERS ergibt, daß hierdurch auch die spektrale Helligkeitsverteilung am Himmel beeinflußt sein muß. — Während nun die Intensität des zerstreuten Lichtes (I) nach RAYLEIGH $= I_0 e^{-kx\lambda^4}$ ist, ergibt sich dieselbe (I) auf Grund der FRESNELschen Formeln zu $I_0 e^{-kx \cdot \lambda^2}$, wo I_0 die Anfangsintensität, k eine Konstante und x den vom Primärstrahl im Medium zurückgelegten Weg bedeuten. Zur Vereinfachung nimmt EXNER mit PERNTER eine Mischung von RAYLEIGHschem mit NEWTONschem Blau an, entsprechend der Formel „$C_1 \lambda^{-4} + C_2 \cdot \lambda^{-2}$" an ($C_1$ und C_2 Konstante), die allerdings auf Grund von Messungen von WYRSCH von GOCKEL beanstandet wurde[3]). Bei der zweiten hier angenommenen Zerstreuungsart wird mit Teilchen mit einer reflektierenden Oberfläche (bei RAYLEIGH d. Volumen in Frage kommend) von einem mehrfach Vielfachen des Quadrats von λ gerechnet. Wo aber liegt die Grenze? Sicherlich kommen in der Atmosphäre alle möglichen Größen vor, ebenso wie unter anderen BOUTARIC[4]) bei seinen künstlichen Medien [s. auch COMPAN[5])] alle möglichen negativen Exponenten (n) für λ fand. — Ein besonderes Interesse beanspruchen die Teilchen, welche als klein gegen das eine, nicht aber gegen das andere λ anzusehen sind, wie sie von TYNDALL[6]) zur Erklärung seines „residue blue" herangezogen wurden und ebenso von PERNTER[7]) und v. HAUER[8]) zur Erklärung der Polarisationsverhältnisse bei weißlichem Himmel. — Schon der ältere Lord RAYLEIGH zeigte (1881), für den Fall, daß bei Berücksichtigung der höheren Potenzen von Δk (stärkerer Unterschied der Dielektrizitätskonstante des Part. gegen jene der Umgebung) die Lichtzerstreuung auch von der Partikelgestalt abhängt. Für seine weiteren Rechnungen nahm er Kugelgestalt an. Bei Erweiterung der MIEschen Theorie für Teilchen ellipsoider Gestalt fand GANS[9]) bei kleinsten Abweichungen von der Kugelgestalt starke Intensitätsänderungen. Die weiteren Untersuchungen dieser Beziehungen scheinen aber für die atmosphärischen

[1]) H. BLUMER, ZS. f. Phys. Bd. 32, S. 119ff. 1925; Bd. 38, S. 304ff. 1926 (s. hier auch die Arbeiten von G. J. POKROWSKI, ebenda Bd. 31, 32, 34, 35 u. 36 sowie die experimentellen Untersuchungen von SCHAEFER und MERZKIRCH, SENFTLEBEN u. BENEDICT sowie GANS, ebenda Bd. 13, S. 166. 1923; Ann. d. Phys. Bd. 60, S. 297. 1919; Bd. 76, S. 37. 1925); s. auch H. BLUMER, ZS. f. Phys. Bd. 38, S. 920ff. 1926, wo weitere Literatur.

[2]) H. BLUMER, ZS. f. Phys. Bd. 39, S. 195ff. 1926.

[3]) A. GOCKEL, Arch. sc. phys. et nat. Bd. 2, S. 6. 1920.

[4]) M. A. BOUTARIC, Ann. d. phys. Bd. 9, S. 194ff. 1918.

[5]) P. COMPAN, C. R. Bd. 128, S. 1226—1229. 1899.

[6]) J. TYNDALL, Phil. Mag. (4) Bd. 37, S. 384ff. 1869.

[7]) J. M. PERNTER, Wiener Denkschr. Bd. 73, S. 301ff. 1901.

[8]) F. v. HAUER, Ann. d. Phys. Bd. 57, S. 157. 1918.

[9]) R. GANS, Ann. d. Phys. Bd. 37, S. 881ff. 1912; Bd. 47, S. 270ff. 1915; Bd. 62, S. 331ff. 1920.

Polarisationserscheinungen jedenfalls von größerer Bedeutung zu sein wie für die Farbenverhältnisse. Für letztere hat aber die Größe der Teilchen eine erhöhte Bedeutung gewonnen, nachdem BLUMERS[1]) Rechnungen ergaben, daß die spektrale Verteilung (wesentlich das Verhältnis der roten zur grünen Intensität berücksichtigt) bei größeren Partikeln auch vom Zerstreuungswinkel stark abhängig ist. — Hinsichtlich der theoretischen und vor allem der experimentellen Erforschung kleinster dielektrischer und leitender Teilchen bis zum Jahre 1918 ist auf den zusammenfassenden Bericht A. SCHIRMANNS[2]) hinzuweisen. — STRUTT (später Lord RAYLEIGH) prüfte selber seine Theorie durch Vergleich von Sonnen- und Himmelslicht. Er fand für die Linien C, D, b_3 und F die Verhältniszahlen 25, 41, 71 und 90 statt der geforderten 25, 40, 63 und 80. Für die Abweichungen kann, ganz abgesehen davon, daß die Voraussetzung der Kugelgestalt einen Idealfall darstellt, als Grund in Frage kommen: 1. daß das sowieso infolge des Durchgangs durch die Atmosphäre nach dem Gelb zu verschobene Sonnenlicht durch ein möglicherweise einen etwas gelblichen Ton aufweisendes weißes Papier gegangen war (nach STRUTT selber), 2. daß die λ weiter nach den kurzen Wellen zu verschiebende sekundäre Diffusion unberücksichtigt war, 3. daß die auch für Gase geltende Abhängigkeit des Brechungskoeffizienten von λ vernachlässigt war. Wie sehr Fluoreszenzlicht den negativen Exponenten von λ erhöhen kann, zeigten CH. CHÉNEVEAU und R. AUDUBERT[3]). Daß das dafür etwa in Frage kommende Ozon in genügender Menge in der Atmosphäre vorhanden ist, gilt allerdings als sehr fraglich. Dieser Reichtum an blauem Licht ist gerade für den englischen Himmel erstaunlich. Wie die von CROVA aufgestellte Tabelle 10 zeigt, nähern sich gerade die RAYLEIGHschen Werte am meisten der theoretischen Forderung.

Tabelle 10.

λ	635 $\mu\mu$	600 $\mu\mu$	565 $\mu\mu$	530 $\mu\mu$	510 $\mu\mu$	Bemerkungen über Ort bzw. Zeit
$100 \cdot \left(\dfrac{565}{\lambda}\right)^4$: Theorie	62,68	78,63	100	129,1	150,6	
$100 \cdot \left(\dfrac{565}{\lambda}\right)^2$: FRESNEL	79,17	88,67	100	113,6	122,7	
$100 \cdot \dfrac{H}{S}$: RAYLEIGH	58,59	78,55	100	130,3	151,4	England
$100 \cdot \dfrac{H}{S}$: VOGEL[4])	63,00	76,00	100	126,0	146,0	Potsdam
$100 \cdot \dfrac{H}{S}$: CROVA[5])	58,30	76,47	100	141,1	180,8	Montpellier, Januar 1890
$100 \cdot \dfrac{H}{S}$: CROVA	—	77,00	100	136,0		Mont Ventoux 1889

Das Verhältnis von Himmel zu Sonne ergibt bei VOGEL[4]) die schlechteste Übereinstimmung; bei CROVA[5]) und STRUTT wird die Intensität für die langen Wellen zu gering, für die kurzen zu groß. Das schwächste Himmelsblau fand CROVA in Montpellier im Sommer, das stärkste im Winter.

Bei BOCK[6]) wäre die Übereinstimmung vermutlich noch besser gewesen, wenn er statt breiterer Spektralzonen genau definierte Wellenlängen benutzt

[1]) H. BLUMER, ZS. f. Phys. Bd. 39, S. 195—214. 1926.
[2]) A. SCHIRMANN, Jahrb. d. Radioakt. Bd. 18, S. 22—78. 1921.
[3]) CH. CHÉNEVEAU u. R. AUDUBERT, Ann. d. phys. (9) Bd. 13, S. 134—161. 1920.
[4]) H. C. VOGEL, Berl. Ber. 1880, S. 811.
[5]) A. P. CROVA, C. R. Bd. 109, S. 493. 1889; Bd. 112, S. 1176—1246. 1891.
[6]) A. BOCK, Ann. d. Phys. Bd. 68, S. 674. 1899.

hätte. Köttgen[1]) klagt über die Inkonstanz des Sonnenlichtes. Trotz aller Abweichungen kann aber offenbar nur die Rayleighsche Theorie die Farbe des heiteren Himmels erklären (von selektiver Absorption und Extinktion natürlich ganz abgesehen). Auch die Bockschen Beobachtungen zeigen, wie schwankend die spektrale Helligkeitsverteilung ist. Bei Crova näherte sich das Jahresmittel dem Gesetz $\lambda^{-3,5}$, der Januarwert $\lambda^{-4,7}$, der Augustwert $\lambda^{-1,6}$. Die starke, jedenfalls wohl wesentlich durch den wechselnden Gehalt an Kondensationsprodukten des Wasserdampfes bedingte Variabilität des Phänomens zeigten vor allem die von Zettwuch[2]) in Rom ausgeführten Messungen. Nur einmal ging der Exponent über — 4 hinaus, um meist erheblich darunter zu bleiben (n zwischen — 4,09 und — 1,86 schwankend). Die größte Sättigung des Blau wurde bei 90° Sonnenabstand gefunden, wobei die durchaus nötige Rücksichtnahme auf die Lage des beobachteten Punktes zu betonen ist. Die Angabe Gockels[3]), daß die größte Blausättigung auch bei großen Sonnenhöhen in die Nähe des Zenits fällt, scheint einzig dazustehen und ist auch durch keine Zahlenangaben gestützt. Nach Zettwuchs sorgfältigen, mittels des Krüssschen Spektroskops (Vierordtscher Spalt) ausgeführten Messungen scheint beim täglichen Gang die geringste Blausättigung mit der größten Sonnenhöhe zusammenzufallen. — Schmid[4]) weist im Zusammenhang mit seiner, die besondere Gestalt der Erdatmosphäre berücksichtigenden Zodiakallichttheorie auf die mutmaßliche Beziehung zwischen der Tiefe des Nachtblaus in den verschiedenen geographischen Breiten und der Tiefe der Sonnendepression hin. Dabei lenkt er die Aufmerksamkeit darauf, daß am Tropenhimmel möglicherweise das durch die grüne Nordlichtlinie bedingte Eigenlicht höherer Breiten fehlt (siehe aber die Beobachtung der Linie ohne eigentliches Nordlicht), daß allerdings in merkwürdigem scheinbaren Gegensatz hierzu gerade der Himmel der Polarnacht tief ultramarinfarbige Tönung annehmen kann. Jedenfalls handelt es sich hier um beachtenswerte Probleme (s. hierzu die Nachtdämmerung). — Verys[5]) Untersuchungen über das aschgraue Mondlicht ergaben, daß sich dies vom gewöhnlichen Mondlicht nur durch den Zusatz des wechselnden Betrages an blauem, diffundiertem Himmelslicht unterscheidet. Aufklärungsbedürftig bleibt das Ergebnis besonderer Stärke des überschüssigen blauen Lichtes am 8. August 1912 (hier derbe atmosphär. Trübung durch den Katmai-Ausbruch). — Daß der Mond am Tage weiß erscheint, erklärte Richarz[6]) als Summenwirkung des gelben Mondlichts und der blauen Kontrastfarbe des Himmels.

7. Die Bedeutung der Luftmolekeln. Bedenkt man, daß sich aus dem Konflikt der durch Herabsinken trübender Teilchen klärend und der aufwirbelnd, d. h. trübend (s. auch Kondensationsprodukte) wirkenden Luftströmungen eine Abnahme der durchschnittlichen Trübung mit zunehmender Erhebung über den Seespiegel ergeben muß, womit auch — wie Tabelle 11 zeigt — die für Washington (10 m), den Mt. Wilson (1750 m) und den Mt. Whitney (4420 m) berechneten mittleren Transmissionskoeffizienten übereinstimmen, und nimmt man die durch das Zyanometer erwiesene Zunahme der Sättigung des Himmelsblau mit zunehmender Seehöhe hinzu, so liegt der Gedanke nahe, daß die — übrigens auch optisch durch den „Mie-Effekt" (Prokownik) erwiesenen — gröberen

---

[1]) G. Köttgen, Wied. Ann. Bd. 53, S. 793ff. 1894.
[2]) G. Zettwuch, Dissert. Rom 1901; Phil. Mag. Bd. 4, S. 199ff. 1902.
[3]) A. Gockel, l. c. Anm. 3, S. 92.
[4]) F. Schmid, Sirius 1923, H. 1—3 u. Probl. d. Kosm. Phys. Bd. XI. Hamburg: H. Grand 1928.
[5]) F. W. Very, Astron. Nachr. Bd. 201, Nr. 4819—4820. 1915.
[6]) F. Richarz, Sitzungsber. Marb. Ges. z. Beförd. d. ges. Naturw. Nr. 1 (vom 10. Januar 1917).

Fremdkörper störend wirken, und daß die Luftmolekeln selbst durch Lichtdiffusion die blaue Farbe bewirken. Auf diese Möglichkeit wies STRUTT 1899 hin und prüfte sie an seiner Theorie. Bedeutet I_0 die extraterrestrische Sonne, J die nach Durchlaufen der Strecke z vorhandene Intensität, so ergab sich: $J = I_0 e^{-hz}$, eine der BOUGUER-LAMBERTschen identische Beziehung, wenn BOUGUERS Transmissionskoeffizient $a = e^{-h}$ gesetzt wird. STRUTT fand $h = \dfrac{32 \cdot \pi^3 (\mu - 1)^2}{3 n \lambda^4}$, worin μ den Brechungsindex der Luft und n die LOSCHMIDTsche Zahl bedeutet. Zu identischen Beziehungen gelangten auch Lord KELVIN und LANGEVIN sowie auch PLANCK[1]), der für die Charakterisierung der Natur der diffundierenden Partikeln das Dämpfungsdekrement und die Eigenperiode der Schwingung benutzt und nun entsprechend der Dispersionstheorie die bekannten optischen Eigenschaften der Luft einsetzt. STRUTT nahm BOUGUERS für das ganze sichtbare Spektrum geltende Schätzung des Lichtverlustes eines Sterns beim vertikalen Durchgang durch die Atmosphäre ($a = 0,8$) als nahezu richtig für den hellsten Spektralteil ($\lambda = 6,10^{-5}$ cm) an und fand, die homogene Atmosphäre[2]) zu 8,3 km angenommen, $n = 8,54 \cdot 10^{18} \dfrac{\text{Molekeln}}{\text{cm}^3}$. Hieraus folgerte er, daß mehr als $^1/_3$ von dem in der Atmosphäre zerstreuten Sonnenlicht auf Konto der Luftmolekeln zu setzen ist. Auf Grund von Bestimmungen des Transmissionskoeffizienten verschiedener λ der Sonnenstrahlung, die MUELLER in Potsdam durchgeführt hatte, fand Lord KELVIN[3]) 1902 für $\lambda = 6,10^{-5}$ cm: $n_{760}^0 = 2,47 \cdot 10^{19}$, also einen rund dreimal größeren Wert wie Lord RAYLEIGH. Die unter Verwendung komplexer Strah-

Tabelle 11. Mittlere Transmissionskoeffizienten und (unten) mittleres n.

λ in $\mu\mu$	Washington	Mt. Wilson	Mt. Whitney
400	0,543	0,724	0,783
450	0,640	0,800	0,815
500	0,705	0,858	0,900
600	0,760	0,890	0,934
700	0,839	0,942	0,956
800	0,865	0,964	0,972
$n =$	2,1	3,1	3,5

len aus dem Vergleich der Helligkeit einer gewissen Himmelsstelle mit derjenigen der Sonne abgeleiteten Werte von MAJORANA[4]) und SELLA[5]) konnten wegen der hier nötigen, aber schwer exakt angebbaren Erdalbedo, wenn sie auch von der vorhergesehenen Größenordnung waren, nur als rohe Annäherung an die Wirklichkeit betrachtet werden. Im übrigen näherten sich diese Bestimmungen mit zunehmender Verbesserung der Beobachtungsmethoden und der Beobachtungsbedingungen [s. den von DEMBER[6]) 1912 a. d. Monte Rosa gefundenen Wert $= 1,25 \cdot 10^{19}$, der offenbar durch Witterung und die Folge des Katmaiausbruchs ungünstig beeinflußt war, und dagegen seinen 1914 auf Teneriffa erhaltenen Wert $= 2,7 \cdot 10^{19}$] mehr und mehr den auf anderem Wege von MILLIKAN, PLANCK und RUTHERFORD gewonnenen Werten. So fand KING[7]) unter Benutzung von

---

[1]) M. PLANCK, Berl. Ber. 1904, S. 740.
[2]) Siehe HANN-SÜRING u. A. WEGENERS Thermodynamik.
[3]) Lord KELVIN, Baltimore lectures. S. 301 ff; s. auch seine Vorlesungen über Molekulardynamik und die Theorie des Lichtes (deutsch von B. WEINSTEIN) S. 248—267, Teubner 1909; Phil. Mag. Bd. 4, S. 281. 1902.
[4]) A. MAJORANA, Phil. Mag. Mai 1901.
[5]) A. SELLA, s. darüber Lord KELVIN, l. c.
[6]) H. DEMBER, Leipziger Ber. Bd. 64, S. 259 ff. 1912 u. Bd. 67. 1915 (11 Seiten).
[7]) L. V. KING, Nature vom 30. Juli 1914 (Ref.: Meteorol. ZS. Bd. 32, S. 25 ff. 1915).

9 bzw. 10 im 3. Bande der Annalen des Smithson. Inst. mitgeteilten Transmissionskoeffizienten, die, unter Vermeidung der Gebiete selektiver Absorption, den den größten Teil des Spektrums umfassenden Wellenlängen entsprechen, und unter Berücksichtigung evtl. in Frage kommender Umwandlung von Strahlungsenergie in Wärme aus dem Mt. Wilson-Material Werte von n zwischen $(2,75 \pm 0,02)\,10^{19}$ und $(2,80 \pm 0,03) \cdot 10^{19}$ und für den Mt. Whitney $n = (2,84 \pm 0,06) \cdot 10^{19}$, aus Beobachtungen zwischen 1909 und 1911. Daß FOWLE[1]) trotz Mitberücksichtigung des jedenfalls für Europa noch recht ungünstigen Jahres 1913 (1910 bis 1916 mit Ausschaltung von 1912) eine noch bessere Übereinstimmung mit dem MILLIKANschen Wert $(2,705 \pm 0,03)$ fand, nämlich $(2,72 \pm 0,01) \cdot 10^{19}$, ist merkwürdig. — Interessant ist die Frage, wieweit etwa sonstige Partikelchen bei der Bestimmung der LOSCHMIDTschen Zahl mitwirken. Hier sei nur auf die beachtenswerten Lord KELVINschen[2]) sowie auf die auch die AITKENschen Bestimmungen der Kondensationskerne und die LANGEVIN-Ionen berücksichtigenden BOUTARICschen Berechnungen[3]) hingewiesen[4]).

Gegen die aus der strengen Beugungstheorie von MIE und DEBYE [s. EINSTEIN[5]) und SMOLUCHOWSKI[6])] sowie aus gewissen Beobachtungen [s. WOOD[7])] abgeleitete Ansicht, daß die Gasmolekeln für die Lichtzerstreuung zu klein seien, daß vielmehr gewisse Anhäufungen von Molekeln an gewissen Stellen die fragliche Lichtzerstreuung hervorrufen, spricht scheinbar die schöne Übereinstimmung der aus atmosphärisch-optischen Messungen erschlossenen LOSCHMIDTschen Zahl (bzw. AVOGADROschen Konstante) mit der auf verschiedenen anderen Wegen erschlossenen. SCHIRMANN[8]) erhob Bedenken gegen die zu gute Übereinstimmung bei DEMBER, darauf hinweisend, daß gerade die höchsten Atmosphärenschichten der Sitz kosmischer Staubpartikel seien, und daß sich bei noch reinerer Luft noch größere (also zu große) Werte für n ergeben würden. Die Wahrscheinlichkeit, daß so gedachte Korpuskeln eine nicht zu vernachlässigende Rolle bei den verschiedensten atmosphärisch-optischen Erscheinungen spielen, muß heute als ziemlich groß angesehen werden. SCHIRMANN hat aber offenbar nicht bedacht, daß man schon deswegen nicht unbedingt zu jeder Zeit überall mit denselben rechnen darf, weil sie, wenn elektrisch geladen, den Kraftlinien des erdmagnet. Feldes folgen müssen. Zu berücksichtigen ist, daß von STRUTT [d. Jüngeren][9]), GANS[10]) und CABANNES[11]) nicht nur die Existenz des von den Molekeln verschiedener Gase seitlich abgebeugten Lichtes einwandfrei erwiesen wurde, sondern daß sich vor allem seine Menge außer von der Zahl auch von der Gestalt der Molekeln abhängig zeigte. Jedenfalls muß aber zugegeben werden, daß das Himmelsblau in ganz überragender Weise durch die Lichtdiffusion an den Luftmolekeln erzeugt wird[12]). BIEBER[13]) wollte dafür auch gewisse licht-

[1]) F. E. FOWLE, Smithson. Miscell. Coll. Bd. 69, Nr. 3. 1918; s. auch Astrophys. Journ. Bd. 40, S. 435 ff. 1914; s. auch J. CABANNES, C. R. Bd. 160, S. 62 u. 63. 1915.
[2]) Lord KELVIN, l. c. S. 252 ff. (Anm. 3, S. 95.)
[3]) M. A. BOUTARIC, Ann. d. phys. Bd. 10, S. 1 ff. 1918.
[4]) Allgemein s. A. SCHUSTER, Einführung in die theoretische Opt. Deutsch von KONEN S. 363—368. 1907.
[5]) A. EINSTEIN, Ann. d. Phys. Bd. 33, S. 1275 ff. 1910.
[6]) M. v. SMOLUCHOWSKI, Ann. d. Phys. Bd. 25, S. 205 ff. 1908.
[7]) A. WOOD, Phil. Mag. Bd. 36, S. 272. 1918.
[8]) M. A. SCHIRMANN, Meteorol. ZS. Bd. 37, S. 19. 1920.
[9]) R. J. STRUTT, Proc. Roy. Soc. London Bd. 94 u. 95. 1918.
[10]) R. GANS, Un. de La Plata Bd. 2, S. 647. 1920; Ann. d. Phys. Bd. 65, S. 97—123. 1921.
[11]) J. CABANNES, Ann. d. phys. Bd. 15, S. 149. 1921.
[12]) Literatur über diese Untersuchungen s. auch bei der eben erwähnten Arbeit von CABANNES.
[13]) W. BIEBER, Meteorol. ZS. Bd. 31, S. 357 ff. 1914.

erzeugte Kerne verantwortlich machen. Nach LENARD[1]) ist aber die hier in Frage kommende Menge derselben viel zu gering, um von Belang zu sein.

d) Die Helligkeit des Himmels.

8. Die zeitliche Helligkeitsverteilung. Systematische Helligkeitsmessungen fixer Himmelspunkte wurden zuerst von JENSEN[2]) in Kiel durchgeführt, und zwar im Zenit, in Verbindung mit Bestimmungen der Polarisationsgröße. Entsprechende Messungen führte DORNO[3]) in Davos aus, wie JENSEN, mittels des Weberphotometers. BRÜCKMANN[4]) benutzte ein an den schwarzen Körper angeschlossenes Pyrometer[5]). Tabelle 12 erlaubt — abgesehen von etwaiger Verschiedenheit der Filter — einen gewissen Vergleich der DORNOschen und JENSEN-

Tabelle 12.

Sonnenhöhe	Kiel 1894—1896			Davos 1915			Potsdam, den 25. Mai 1922			Davos 1913			Davos 1915		
	hg	hr	hg/hr	hg	hr	hg/hr	g	r	g/r	ig	i_1	i	ig	i_1	i
$-3°$	—	—	—	0,11	0,02	5,55	—	—	—	—	—	—	—	—	—
$-2°$	—	—	—	0,26	0,05	5,20	—	—	—	0,15	0,12	0,03	0,14	0,12	0,02
$-1°$	—	—	—	0,51	0,11	4,64	—	—	—	0,26	0,21	0,05	0,29	0,26	0,04
$0°$	1,72	0,35	4,91	0,89	0,17	5,24	120	85	1,41	0,36	0,28	0,08	0,47	0,41	0,06
$+5°$	4,12	0,84	4,90	3,19	0,52	6,14	380	250	1,52	1,47	1,08	0,39	1,49	1,25	0,24
$10°$	7,27	1,49	4,88	5,75	0,82	7,01	570	390	1,46	2,34	1,70	0,64	2,46	1,96	0,50
$15°$	10,49	2,26	4,64	8,22	1,11	7,41	760	500	1,52	3,42	2,39	1,03	3,45	2,60	0,85
$20°$	13,17	3,02	4,36	10,74	1,42	7,56	920	600	1,53	4,47	3,00	1,47	4,38	3,14	1,24
$25°$	16,48	3,61	4,56	12,90	1,72	7,50	—	—	—	5,06	3,30	1,76	5,53	3,74	1,79
$30°$	19,00	3,91	4,95	14,84	1,92	7,73	—	—	—	6,27	3,94	2,33	6,40	4,14	2,26
$35°$	19,04	3,84	4,96	16,76	2,22	7,55	—	—	—	7,91	4,81	3,10	6,82	4,26	2,56
$40°$	20,51	4,06	5,05	18,69	2,51	7,45	—	—	—	9,46	5,53	3,93	7,82	4,61	3,21
$45°$	25,97	5,50	4,72	20,84	2,81	7,42	—	—	—	12,49	7,00	5,49	8,98	5,05	3,93
$50°$	—	—	—	26,60	3,26	8,16	—	—	—	17,56	9,42	8,14	10,94	5,92	5,02
$55°$	—	—	—	32,58	3,79	8,60	—	—	—	21,47	11,24	10,23	12,86	6,73	6,13
$60°$	—	—	—	40,05	4,63	8,65	—	—	—	30,05	15,47	14,58	16,18	8,20	7,98
$65°$	—	—	—	54,34	6,25	8,69	—	—	—	—	—	—	20,48	10,14	10,34

schen Werte. Die Annahme (s. DORNO 1919, S. 162 bis 165), daß bei den seinerzeit von JENSEN gegebenen Zahlen ein Versehen im Komma vorliegt, erscheint sicher nicht zu gewagt, um die DORNOschen und JENSENschen Werte auf ein gemeinsames Maß zurückzuführen. Bis auf die relativen, auch für den Zenit geltenden BRÜCKMANNschen sind sämtliche Werte in sekundären Helligkeitseinheiten $\times 1000$ angegeben. Durch Multiplikation mit einem von λ abhängigen Faktor würde man bei BRÜCKMANN Energiemengen in gcal pro cm^2 u. min erhalten. Selbstverständlich müssen die g/r-Werte kleiner sein als das hg/hr bei JENSEN und DORNO. DORNO hat durch Berücksichtigung der beiden Schwingungskomponenten ($i =$ in der, $i_1 = \perp$ Polar.-Ebene schwingend) ein tieferes Eindringen in sämtliche mit der Helligkeit irgendwie verknüpften optischen Phänomene (besonders wichtig für die Deutung der Polarisationserscheinungen) angebahnt. Die Summe $i + i_1$ ergibt die Flächenhelle ig, i_1/i das von E. NICHOLS vorge-

---

[1]) PH. E. A. LENARD, Meteorol. ZS. Bd. 30, S. 273ff. 1913.
[2]) CH. A. TH. JENSEN, Dissert. Kiel 1898; Schriften des naturwissenschaftlichen Vereins für Schleswig-Holstein Bd. 11, H. 2, S. 282—346. 1998; Meteorol. ZS. Bd. 16, S. 447—456 u. 488—499. 1899.
[3]) C. DORNOs gr. Werk, besonders S. 148—165.
[4]) W. BRÜCKMANN, Meteorol. ZS. Bd. 39, S. 107—110. 1922.
[5]) S. auch G. I. POKROWSKI, ZS. f. Phys. Bd. 34, S. 49ff. 1925.

schlagene Maß der Polarisationsgröße. — Beim Vergleich zwischen Kiel und Davos fällt auf, daß Kiel die größeren hg- und hr-Werte hat, daß aber der Anstieg von 0° auf 45° Sonnenhöhe — namentlich bei hg —, d. h. die Amplitude, wesentlich größer in Davos ist. Durchgängig hat Davos die größeren hg/hr. Weder 1894 bis 1896 noch 1915 sind stärkere, durch Vulkanausbrüche verursachte allgemeine atmosphärische Trübungen konstatiert worden. Dorno sieht sogar, ebenso wie Abbot und Fowle, 1915 — trotz bereits stark erhöhter Sonnentätigkeit — für ein atm.-optisch nahezu ungestörtes Jahr an. Jedenfalls dürfte genannter Unterschied wesentlich auf die Höhendifferenz zurückzuführen sein, um so mehr, als die Abweichungen zwischen Blankenese und Davos für den nämlichen Monat (August 1913) im nämlichen Sinne liegen. — Stark unter der Nachwirkung des Katmaiausbruchs stand 1913; diesem Jahre gegenüber war 1915 sicher ausnehmend rein. Was die Werte für das gesamte Spektrum in Tabelle 12 betrifft, so fällt das starke Überragen der ig-Werte für 1913 gegenüber 1915 ab 35° Sonnenhöhe (steigend mit zunehmender Sonne) auf, wogegen die Werte für 1913 bei niedrigerer Sonne fast durchgängig unternormal sind. Die, wie es scheint, wesentlich von der primären Diffusion abhängige i_1-Komponente gewinnt im allgemeinen mit steigender Sonne weniger als die wesentlich auf die sekundäre Diffusion zurückgeführte i-Komponente, aber doch, wie man sieht, 1913 verhältnismäßig mehr. Es handelt sich also um ein verhältnismäßig starkes Hervortreten der sekundären Diffusion bei tiefer stehender Sonne zu Zeiten stärkerer atmosphärischer Trübung. Solche Betrachtungen führen auch, was vorausgreifend bemerkt sei, zur Erklärung entsprechend fortschreitender Abweichungen der Polarisationswerte gegenüber normalen Zeiten. Ähnliche Gedankengänge finden Anwendung bei der Erklärung der Helligkeitsschwankungen im Zenit im Laufe des Tages und Jahres.

9. Die örtliche Helligkeitsverteilung am Himmel und damit zusammenhängende Probleme. I. Wesentliche Berücksichtigung des Sonnenvertikals. Tabelle 13 gibt einige — zum Teil durch leichte Interpolation usw. gefundene — den sichersten Messungen entnommene Werte der Helligkeitsverteilung im Sonnenvertikal (dabei zum leichteren Vergleich die Werte in 90° Sonnenabstand $= 1$ gesetzt). Die Weberschen Werte stammen vom 9. August 1893[1]), die Schrammschen[2]) aus dem Frühjahr 1900; die Dornoschen[3]) gelten für den Durchschnitt der an heiteren Tagen des Jahres 1915 und, soweit als ungestört betrachtet, des Jahres 1916 gewonnenen Beobachtungen. Man sieht, daß für den nämlichen Ort die Differenzierung mit steigender Sonne abnimmt, und wenn man — wogegen nichts Wesentliches zu sprechen scheint — die allgemeinen atmosphär. Verhältnisse als genügend übereinstimmend ansieht, daß die Ebene eine stärkere Helligkeitsdifferenzierung aufweist als das Hochgebirge. Soweit die geringe Zahl der Intervalle es zuläßt, sieht man die Tendenz des Helligkeitsminimums angedeutet, sich der Sonne um so mehr zu nähern, je höher diese steigt. Diese Beziehung konnte schon Wild aus seinen wenigen, leider nicht ganz einwandfreien Messungen ableiten. Der dunkelste Punkt des Sonnenvertikals, der nach Dornos Befund stets dem dunkelsten Punkt des ganzen Himmels, dem sog. „Dunkelzentrum" entspricht, wandert in Davos von etwa gut 90° bei $h = 0°$ bis zu 60 bis 70° Sonnenabstand bei den größten Sonnenhöhen. Uibe[4]) fand auf Teneriffa für $h = 84°$ einen Abstand von 56°. Der Größenordnung nach entspricht die dunkelste Stelle etwa dem 10^{-6}fachen der jeweiligen Sonnenhelligkeit. —

---

1) Siehe die „Beleuchtung" in „Bau- und Wohnungshygiene". S. 39—100. Jena: G. Fischer 1895.
2) W. Schramm, Kiel. Dissert. 1901.
3) C. Dornos gr. Werk von 1919.
4) M. Uibe, Leipziger Ber. Bd. 15, Nr. 6. 1918.

Tabelle 13.

Jahr	Ort	Beobachter	Sonnenhöhe	Oberhalb der Sonne; Entfernung in Winkelabständen						Unterhalb der Sonne
				22,5°	45°	67,5°	90°	112,5°	135°	22,5°
1893	Kiel	WEBER	51°	3,42	1,18	0,84	1,00	1,96	2,06	—
1900	Kiel	SCHRAMM	32°	5,93	3,17	1,41	1,00	1,59	3,52	—
1915/16	Davos	DORNO	10°	6,20	2,43	1,22	1,00	1,28	—	—
1915/16	Davos	DORNO	30°	2,94	1,55	0,99	1,00	1,50	3,18	10,89
1915/16	Davos	DORNO	35°	2,83	1,49	0,97	1,00	1,66	—	9,50
1915/16	Davos	DORNO	45°	2,53	1,33	0,88	1,00	1,76	—	6,36
1915/16	Davos	DORNO	60°	2,11	1,15	0,79	1,00	—	—	3,26

SCHRAMM leitete aus seinen Messungen das allgemein gültige Ergebnis ab, daß die Helligkeit eines jeden Himmelspunktes mit wachsender Höhe überm Horizont und mit wachsender Sonnenentfernung abnimmt. Die Helligkeitsvermehrung gegen den Horizont zu hängt sowohl damit zusammen, daß infolge des größeren Weges der Sonnenstrahlen eine größere Menge der kleinsten lichtdiffundierenden Teilchen wirksam wird, als auch damit, daß die Zahl der größeren zunimmt. Wesentlich kommt dabei die für das Verständnis der Polarisationsvorgänge bisher meist als besonders wichtig angesehene Sekundärdiffusion in Frage. Die Helligkeit in Sonnennähe ist wesentlich bedingt durch größere Teilchen sonstiger Verunreinigungen sowie durch die ihrer Zahl nach sehr variablen Kondensationsprodukte des Wasserdampfes. Zu erwarten wäre daher in Zeiten allgemeiner Trübungen eine mehr oder weniger gesteigerte Helligkeit in Sonnennähe, wie es auch bestätigt und für Davos durch Tabelle 14 belegt wird. Dasselbe gilt — wofür Tabelle 15 Beispiele gibt — für die Jahreszeiten, welche, wie uns auch die von DORNO abgeleiteten Transmissionskoeffizienten zeigen, eine mehr oder weniger stark getrübte Atmosphäre aufweisen. Im Gegensatz zur weniger durchsichtigen Sommeratmosphäre steht in Davos die klare Frühjahrsluft mit ihren negativen Abweichungen. In Sonnenferne wurde für mittlere und große Sonnenhöhen (h) vielfach auch übernormale Helligkeit gefunden, unternormale dagegen bei niedrigem h. Die Abhängigkeit der Helligkeit von h fällt für die Sonnen-

Tabelle 14. Abweichungen der absoluten Helligkeiten ig, i_1 und i im Sonnenvertikal in Davos vom normalen Jahresdurchschnitt, in Prozenten.

Datum	Sonnenhöhe	Sonnenabstand (über Sonne)			
		10°	30°	90°	
22. 5. 1913	17°	145,2	69,3	− 16,7	$\big\}ig$
21. 5. 1913	38°	112,2	81,0	1,6	
22. 5. 1913	17°	160,4	72,2	− 23,6	$\big\}i_1$
21. 5. 1913	38°	111,8	86,5	− 9,9	
22. 5. 1913	17°	130,9	66,4	9,5	$\big\}i$
21. 5. 1913	38°	112,7	75,2	41,6	

Tabelle 15. Abweichungen der Jahreszeitenmittel der absoluten Helligkeiten ig, i_1 und i im Sonnenvertikal in Davos vom entsprechenden Jahresmittel, in Prozenten (Sonnenhöhe = 40°).

Jahreszeit	Sonnenabstand (über Sonne)			
	10°	30°	90°	
Frühling .	− 27,8	− 14,4	+ 0,2	$\big\}ig$
Sommer .	+ 39,9	+ 39,4	− 13,4	
Herbst. .	+ 7,1	+ 5,2	− 9,6	
Frühling .	− 26,2	− 12,2	− 4,3	$\big\}i_1$
Sommer .	+ 42,3	+ 39,3	− 11,8	
Herbst. .	+ 5,9	+ 10,3	− 5,9	
Frühling .	− 29,3	− 16,5	+ 15,5	$\big\}i$
Sommer .	+ 37,7	+ 37,8	− 19,0	
Herbst. .	+ 8,2	+ 0,2	− 22,5	

nähe wesentlich fort, da sich bei Zunahme der Schichtdicke ein gewisser Ausgleich zwischen vermehrter Extinktion und vermehrter Lichtdiffusion ausbildet. Die Helligkeitsvermehrung in Sonnennähe und ihre teilweise Verminderung in Sonnenferne bewirkt natürlich eine größere Differenzierung der Himmelshelligkeit. Eine

Folge aller hierdurch kurz angedeuteten Zusammenhänge ist die als eins der Hauptergebnisse DORNOS abgeleitete Tatsache, daß die Differenzierung um so geringer ist, je lichtdurchlässiger die Luft ist. Bei gewissenhafter Durchsicht des überaus reichen, aus den allerverschiedensten, sich möglichst gegenseitig kontrollierenden Messungen gewonnenen Materials kann an der Richtigkeit dieses Ergebnisses nicht gezweifelt werden, wenn auch einzelne Perioden, wie die 2. Hälfte von 1916, der Erklärung noch allerlei Schwierigkeiten bieten. Was für eine Fehlerquelle zu dem diametral entgegengesetzten Ergebnis UIBES geführt hat, steht noch dahin. Auffällig war schon die von UIBE besonders hervorgehobene Bemerkung, daß seine Beobachtungen in jeder Hinsicht die WIENERsche Theorie der Himmelshelligkeit bestätigten, zumal WIENER[1] gerade die molekulare Lichtdiffusion stark unterschätzt hatte. Bedauerlicherweise führten die scharfsinnigen und für die weitere Verfolgung der komplizierten Ablenkungen der Sonnenstrahlen (Berücksichtigung der fünffachen Reflexion und Refraktion bei Wasserkügelchen) auch heute noch äußerst wertvollen mathematischen Ableitungen zu großen Widersprüchen mit der Wirklichkeit, wegen der falschen Bewertung der den einzelnen Komponenten zukommenden Gewichte (vor allem Überschätzung der Bedeutung der Kondensationsprodukte), ganz abgesehen von der bei seinem primitiven Photometer ungenügenden experimentellen Grundlage. An eine Ausdehnung der Rechnungen auf die heute mit tellurischen Katastrophen und solaren Vorgängen in Zusammenhang gebrachten Fremdkörperchen war damals noch nicht zu denken. Eine die Wirklichkeit genau wiedergebende Theorie der Himmelshelligkeit besitzen wir auch heute nicht; wohl aber kennen wir die wesentlichsten für das Zustandekommen der verschiedenen Verteilungen maßgebenden Gesichtspunkte.

Wie gesehen, zeigt die Helligkeit die Tendenz, in Sonnen- und Horizontnähe ein Maximum zu erreichen. Für den Sonnenabstand $= 90°$ strebt sie dagegen einem Minimum zu, was aus der RAYLEIGHschen Theorie verständlich wird. Setzen wir λ konstant, so wird danach $i = \dfrac{B}{r^2}(1 + \cos^2\varphi)$, wo r die Entfernung des Auges vom Teilchen, φ den Winkel zwischen Primär- und Sekundärstrahl und B eine die Dielektrizitätskonstante, das Volumen und die Zahl der Teilchen pro cm³ enthaltende Konstante bedeuten. Für $\varphi = 90°$ wird i ein Minimum. Genannte drei Prinzipien regeln die Helligkeitsverteilung. Eine richtige quantitative Erfassung hat natürlich die Kenntnis der Gewichte der drei Faktoren und damit auch die der vertikalen Verteilung von Wasserdampf und Staub im weitesten Sinne zur Voraussetzung, wovon wir trotz systematischer Erforschung der vertikalen Verteilung der Kondensationskerne usw. noch weit entfernt sind. Zu bedenken ist dabei weiter die große Schwierigkeit exakter Berücksichtigung der vielfachen Diffusionen und damit verbundener Extinktion, wobei noch zu beachten ist, daß bei Lufttrübungen die RAYLEIGHsche Zerstreuungsfunktion zum Teil durch eine für größere Partikel geltende (s. u. a. BLUMER) zu ersetzen ist. — Mit der Bestimmung der Helligkeitsverteilung über den ganzen Himmel begann L. WEBER. SCHRAMM setzte sie fort, und DORNO brachte ein Material bei, dessen Reichhaltigkeit seinesgleichen sucht. Für die mittels des Pyranometers erfaßte Wärmestrahlung führte C. G. ABBOT[2] in Flint Island, in Bassour (Algier) und vor allem auf dem Mt. Whitney und im Hin-

---

[1] CHR. WIENER, Nova Acta Acad. d. Naturf. Halle Bd. 73, Nr. 1. 1900; Bd. 91, Nr. 2. 1909; s. auch Meteorol. ZS. Bd. 18, S. 43ff. 1901.

[2] C. G. ABBOT, Ann. Astr. Obs. Smiths. Inst. Bd. 2, 3 u. 4; C. DORNOS Werk S. 89 bis 92; Meteorol. ZS. Bd. 33, S. 226—228. 1916; E. KRON in Vierteljahrsschr. d. Astr. Ges. Bd. 49, H. 1. 1914; über A. F. NOAKS u. L. H. ABBOTS ähnl. Meßgenauigkeit in Calama usw.; s. Smiths. Miscella. Collect. Bd. 71, Nr. 4.

blick auf die Detaillierung der Angaben vor allem auf dem Mt. Wilson Messungen der Helligkeit verschiedener Zonen aus, die sich auf gleiche Flächen des Himmels und des zentralen Teils der Sonne bezogen, und aus denen er auch (Verlust des Sonnenlichtes durch Diffusion, Rückstrahlung i. d. Weltraum) einen Minimalwert der Solarkonstante ableitete. DORNOS großzügigen, alle nur denkbaren Einflüsse berücksichtigenden Untersuchungen, deren Deutungen allerdings im Einzelnen gelegentlich ohne genügend sichere Basis erscheinen mögen, haben in hervorragender Weise neue Richtlinien für die künftige Forschung geschaffen. Von wesentlichem Wert war dabei die systematisch getrennte Betrachtung von i und i_1. Selbstverständlich war sich DORNO dauernd bewußt, daß i nicht nur der sekundären Diffusion zu verdanken ist, wenn dies auch nicht immer zu klarem Ausdruck kommen mag (s. Meterol. ZS. 1921, S. 220ff. u. 338ff.).

Bemerkenswert ist vor allem das Resultat, daß am variabelsten die Punkte des Sonnenvertikals sind. Daher seien hier im wesentlichen nur quantitative Resultate bezüglich dieser ausgezeichneten Symmetrieebene genannt. Daß die zeitliche Variation hier wieder besonders stark an dem die Sonne enthaltenden Südhimmel ist, bedarf kaum weiterer Erklärung. Hinsichtlich der Amplitude — möge es sich um den nämlichen Punkt bei wechselndem h, oder aber um die Differenz zweier Punkte bei demselben h handeln — springt in die Augen, daß sie für i durchgängig viel größer ist wie für i_1, während ig ein mittleres, allerdings wesentlich durch i_1 beeinflußtes Verhalten zeigt. Diese Bevorzugung von i bei dem nämlichen h erhellt deutlich aus Tabelle 16. Hinsichtlich der Lage des Dunkelzentrums zeigt allerdings umgekehrt i eine wesentlich größere Konstanz. Allgemein — Tabelle 16 spricht nicht dagegen — erreicht i in Davos für größte Sonnen-

Tabelle 16. Jahresmittel der absoluten Helligkeit ig, i_1 und i des Sonnenvertikals in Davos, nach Sonnenhöhen und Sonnenabständen geordnet (über Sonne).

Sonnenhöhe (h)	Sonnenabstände											
	10°	20°	30°	40°	50°	60°	70°	80°	90°	100°	110°	120°
15°	25,43	18,80	11,25	7,76	5,62	4,24	3,69	3,28	**3,24**	3,55	4,24	5,07
30°	27,58	17,19	11,96	9,44	7,27	6,01	5,17	**5,05**	5,41	6,01	7,45	10,16
45°	30,45	18,95	13,11	10,23	8,17	7,00	**5,84**	6,11	6,92	8,89	—	—
60°	34,06	21,34	15,14	11,96	9,69	7,87	**7,27**	7,72	9,39	—	—	—
15°	12,77	9,16	5,65	4,23	3,40	2,83	2,62	**2,54**	2,60	2,82	3,13	3,49
30°	13,29	9,16	6,16	5,32	4,44	3,92	**3,53**	3,76	4,19	4,52	5,15	6,50
45°	14,42	9,33	6,59	5,47	4,72	4,39	**3,93**	4,43	5,36	6,67	—	—
60°	16,14	10,16	7,64	6,35	5,70	**5,01**	5,07	5,80	7,17	—	—	—
15°	12,65	9,64	5,60	3,53	2,22	1,41	1,07	0,74	**0,64**	0,73	1,11	1,58
30°	14,29	8,03	5,81	4,12	2,83	2,09	1,64	1,29	**1,22**	1,49	2,30	3,66
45°	16,03	9,62	6,52	4,76	3,45	2,61	1,91	1,68	**1,56**	2,22	—	—
60°	17,93	11,18	7,49	5,62	3,99	2,86	2,20	**1,92**	2,22	—	—	—

(Die ersten vier Zeilen gehören zu ig, die zweiten vier zu i_1, die letzten vier zu i.)

höhe höchstens eine Sonnendistanz von 80°, wogegen wir es in der Tabelle für i_1 bei 60° Distanz finden. — Zu berücksichtigen sind bei der Beurteilung der verschiedenen Verteilung von i und i_1 vor allem folgende zum Teil voneinander abhängige, von DORNO angegebene Gesichtspunkte. 1. Das wesentlich als Quelle von i gedachte Himmelslicht ist nicht in gleicher Weise von der Sonnenhöhe abhängig wie i_1. 2. Die wesentlich i_1 erzeugende einheitliche Sonne ist eng begrenzt, wogegen — wenn wir vom Gebiet der Gegensonne absehen — als Erzeugerin von i zwei sich über einen größeren Raum erstreckende (Sonnenumgebung und Horizontnähe) Lichtquellen in Frage kommen. 3. Wie auch aus dem Verhalten in den verschiedenen Jahreszeiten und bei allgemeinen Trübungen zu ersehen, erleidet i eine erheblich stärkere Extinktion als i_1. 4. Wie aus der Verteilung der Polarisation am Himmel zu ersehen, ist i — von der Umgebung von Sonne und Gegensonne abgesehen — relativ klein und wird daher durch besondere, keine Diffusion im RAYLEIGHschen Sinne bewirkende Faktoren viel stärker beeinflußt als i_1. Alles zusammen muß im Sinne einer verstärkten Amplitude für i wirken. Andererseits muß der Faktor 3, was wiederum durch Beobachtungen bei allgemeinen und örtlichen Trübungen gestützt wird, eine Verschiebung der aus der RAYLEIGHschen Theorie erschlossenen theoretischen Lage für das Dunkelzentrum von i nach Norden bewirken, woraus sich die größere Konstanz der Lage desselben erklären ließe.

II. Die örtliche Helligkeitsverteilung am Gesamthimmel. Über die Helligkeitsverteilung am Gesamthimmel, die vor allem durch DORNO[1]) durch ein reiches Material belegt ist, nur kürzeste Bemerkungen. Die Helligkeiten (s. wesentlich d. gr. Werk) sind angegeben in absolutem Maß, ferner bezogen auf den Zenit und auf das Dunkelzentrum. In mehreren Karten sind die Isophoten — für verschiedene Sonnenhöhen und für i, i_1 und ig — in stereographischer Projektion (Sonne und Gegensonne als Pole) dargestellt. Wesentlich in Frage kommen dabei zwei geschlossene Kurvenscharen, die um die Sonne und das Dunkelzentrum herumlaufen. EXNER[2]) brachte einige der DORNOschen Resultate, von dem richtigen Gesichtspunkt ausgehend, daß die — allerdings für die gleich zu erörternde „Dunkellinie" bequemere — stereographische Projektion die vorhin erwähnten drei Gesichtspunkte für die Helligkeitsverteilung weniger gut erkennen läßt,

in Projektion auf die Horizontalebene zur Darstellung, wie es auch L. WEBER[3]) tat, und wie es in der für den 9. Aug. 1893 in Kiel geltenden, wohl ohne weiteres verständlichen Abb. 1 gezeigt wird. Hier ist auch der sorgfältigen, systematischen photometrischen Bestimmungen der Helligkeitsverteilung am Himmel zu gedenken, die, in Verbindung mit Beleuchtungsmessungen von H. H. KIMBALL[4])

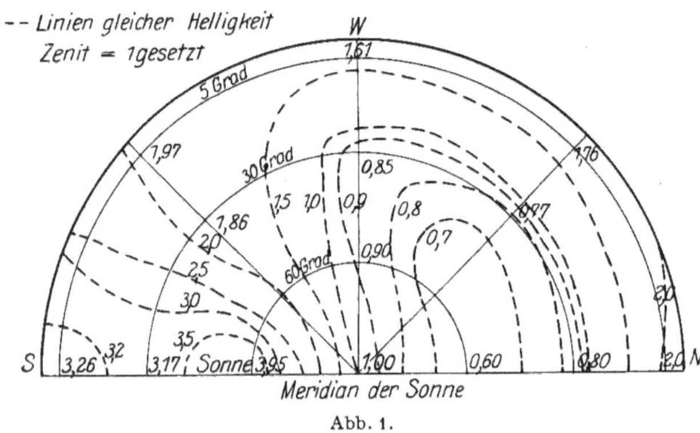

Abb. 1.

bzw. unter seiner Ägide, in Washington und in Chikago im Jahre 1921 bei den verschiedensten Sonnenhöhen und Bewölkungsgraden durchgeführt wurden. Es wurde auch eine Methode angegeben, um die Schattenwirkungen von Gebäuden und anderen Gegenständen für die Praxis gebührend berücksichtigen zu können. — Besondere Beachtung verdient die sog. Dunkellinie, d. i. die Verbindungslinie aller Helligkeitsminima, zu denen man gelangt, wenn man von der Sonne aus auf den durch sie gelegten größten Kreisen entlang geht. Sie trennt den Gesamthimmel in einen als „Sonnenregion" bezeichneten, die Sonne umgebenden Teil von der jenseits gelegenen „Gegenregion" im Gegensatz zu dem durch

[1]) S. auch C. DORNOS Selbstreferat i. d. Meteorol. ZS. Bd. 36, S. 109—124 u. 181—192. 1919.
[2]) F. M. EXNER, Met. Opt. 1922, S. 810—812.
[3]) L. WEBER, Bau- u. Wohnungshygiene, im Handb. d. Hygiene. S. 75ff. Jena: G. Fischer 1895.
[4]) H. H. KIMBALL, Month. Weath. Rev. Washington 1921, S. 481—488.

den Äquator getrennten „Sonnenhimmel" und „Gegenhimmel". Da ihre von der
Sonnenhöhe stark abhängige Lage ebenso wie ihre Länge, Gestalt und Helligkeitsverteilung sich als sehr charakteristisch für den atmosphärischen Reinheitsgrad erwies, wurde sie von DORNO besonders genau untersucht. Dabei fand er,
soweit die sonnenfernen Quadranten in Frage kommen, hinsichtlich ihrer Lage —
abgesehen von Horizontstellung der Sonne — für i_1 eine bemerkenswert gute
Übereinstimmung mit den Folgerungen der RAYLEIGHschen Theorie. Kämen nur
solche, die Anwendung dieser Theorie zulassende Vorgänge in Frage, so dürfte
eine Dunkellinie in den sonnennahen Quadranten nicht existieren, da der
Faktor $S(1 + \cos^2\varphi) - S =$ Schichtdicke —, wenn auch zunächst gering, auf den
Hauptkreisen von Sonne bis Horizont dauernd wächst. Ihre Existenz ist offenbar
durch Beugung, Brechung und Reflexion an größeren Teilchen bedingt. — Die im
Verhältnis zur roten große grüne i_1-Intensität am Gegenhimmel bei der als besonders durchsichtig erkannten Frühlingsatmosphäre sucht DORNO, im Hinblick auf
die von FOWLE[1]) nachgewiesene selektive Absorption des Wasserdampfes im Rot,
durch eine besonders wasserdampfarme Frühlingsluft zu erklären. Diese Erklärung
steht aber wohl noch auf zu schwachen Füßen, wenn man bedenkt, daß er sich
dabei auf Beobachtungen in den verschiedenen Jahreszeiten von 1916 stützt, d. h.
auf Messungen in einer Periode, die er zum Teil als gestört, zum Teil als ungestört
betrachtet. Überhaupt harren hinsichtlich der Beziehung zwischen λ und der
Helligkeitsverteilung noch manche Fragen der Lösung. Aus dem Vergleich der
ABBOTschen mit den SCHRAMMschen und den eigenen Messungen meint DORNO aber
jedenfalls schließen zu dürfen, daß die Gleichmäßigkeit der Verteilung mit abnehmendem λ wächst. Seine Messungen im Blauviolett geschahen mittels der Kaliumzelle. —
Ganz besonders nahe Beziehungen existieren zwischen der Lufttransparenz und
der Helligkeitsverteilung in unmittelbarer Sonnennähe, wie sie zuerst von DIERCKS[2])
und später vor allem von DORNO untersucht wurde. Die DIERCKSschen Messungen
fielen in die Zeit des selten reinen Himmels 1911. Trotzdem waren die Schwankungen der Reinheit groß genug, um eine sehr ausgeprägte Beziehung der Helligkeit in Sonnennähe zu dem den Reinheitsgrad charakterisierenden, unter Ausschluß
direkter Sonnenstrahlen gemessenen Oberlicht zu finden. Auch blieb DIERCKS
die Beziehung zur Sonnenhöhe nicht verborgen; die Schwankungen in der atmosphärischen Beschaffenheit verhüllten ihm aber die für Davos mit seinen für gleiches
h an wolkenlosen Tagen offenbar viel konstanteren Verhältnissen stark ausgeprägte Beziehung zwischen der Sonnenhöhe und der Stärke des Helligkeitsabfalls.
Ein für gleiche Sonnenhöhe ermöglichter Vergleich zwischen Kiel (1911) und Davos
(1916; jedenfalls nicht stark gestört) ergab für Kiel für das Helligkeitsverhältnis
Himmel:Sonne in 0,3° Sonnendistanz einen 1,5 bis 12mal, in 2° Distanz einen 3,4
bis 20mal größeren Wert. Dies liegt wieder im Sinne des hinsichtlich des atmosphärischen Reinheitsgrades genannten DORNOschen Hauptergebnisses. Hätte im
Jahre 1916 (Herbst) keine Trübung vorgelegen, so wäre wohl eine noch größere Differenz zu erwarten. — Ist der Himmel gleichmäßig mit Wolken bedeckt, so tritt
nach SCHRAMM[3]) eine entgegengesetzte Verteilung wie bei blauem Himmel ein,
indem vom Zenit nach dem Horizont zu eine Helligkeitsabnahme stattfindet.
In ähnlicher Weise schwankte bei KÄHLER das Verhältnis von zenitaler zu horizontaler Helligkeit zwischen 1 bis 2 und 5 bis 6. Je stärker die Sonne geschwächt
ist, um so gleichmäßiger ist die Verteilung. KÄHLER[4]) versuchte, für bewölkten

---

[1]) F. E. FOWLE, Astrophys. Journ. Bd. 42, S. 400. 1915.
[2]) H. DIERCKS, Dissert. Kiel 1912; s. auch W. CERASKI, Astron. Nachr. Bd. 174, S. 187.
1907.
[3]) W. SCHRAMM, Dissert. Kiel, S. 38ff. 1901.
[4]) K. KÄHLER, Meteorol. ZS. Bd. 25, S. 52—57 u. 234. 1908.

Himmel die Beziehung zwischen Himmelshelligkeit und Ortshelligkeit formel-mäßig auszudrücken. Er ging dabei vom Lambertschen Grundgesetz aus, aus welchem sich die Beleuchtungsstärke B einer Fläche df_1, die sich horizontal im Mittelpunkte einer gleichmäßig hellen Halbkugel von der Flächenhelle H und dem Radius r befindet, $= \int \frac{H\, df\, df_1}{r^2} \cdot \sin\varphi$ ergibt, wenn df einem Flächenelement der Halbkugel und φ dem Elevationswinkel von df_1 entspricht. Die Integration bei konstantem H würde $B = \pi H$ ergeben, wenn sowohl H als auch B auf das Quadratzentimeter bezogen wird. Da B in Meterkerzen zu messen ist, wird es $= \pi \cdot 10000 \cdot H$ (in primären Einheiten der Flächenhelle gemessen). Da nun auch die Helligkeit eines äußerst stark und gleichmäßig bedeckten Himmels nie ganz gleichförmig ist, hätte man dem nach Kähler Rechnung zu tragen, indem man $H = H_H + H_H \sin\varphi$ in den zu integrierenden Ausdruck setzt, wobei H_H der Horizonthelligkeit entspricht. In der Regel fand er jedoch die gemessenen Ortshelligkeiten größer als die errechneten Zahlen. — Weber[1] hat ein graphisches Verfahren angegeben, um aus der Summe der an den verschie-densten Himmelspunkten gemessenen Flächenhellen die Beleuchtung der horizontalen Fläche durch den Himmel mit Ausschluß der Sonne zu bestimmen. Es handelt sich um die graphische Auswertung des für die Beleuchtungs-stärke B der Horizontalfläche geltenden Integralwertes „$2\,\pi \int_{r=0}^{r=1} h \sin i\, dr$", worin h die mittlere Helligkeit aller neun zwischen je $10°$ voneinander abstehenden Horizontalkreisen liegenden Himmelszonen (aus den Isophotenkarten ermittelt) bedeutet, ferner i den von der Mitte der Zonen gerechneten Inzidenzwinkel und dr die Breite der Ringe, welche durch die Projektion der Zonen auf die Horizon-talfläche entstehen. Den so errechneten Wert kann man mit dem direkt für die Beleuchtung unter Ausschluß der Sonne ermittelten Wert vergleichen, wenn man nur genügend den Ring berücksichtigt, der praktisch bei Abblendung der Sonne mit abgeblendet wird. Dorno hat das mit recht befriedigendem Erfolg getan[2]. Schließlich muß noch auf die zwecks Prüfung der Lichtzerstreuung unter ver-schiedenen Winkeln zum Primärstrahl vorgenommenen Helligkeitsmessungen Pokrowskis[3] verwiesen werden (in Blau und Rot), bei denen, um für alle Beob-achtungen eine gleiche Beleuchtung der in Frage kommenden Luftschicht durch die Sonne garantieren zu können, immer nur die Helligkeit von solchen Stellen gemessen wurde, die sich in gleicher Höhe über dem Horizont, wie die jeweilige Sonne, befanden.

Dember und Uibe[4] haben mit scheinbar gutem Erfolg für Wolkenlosigkeit versucht, die scheinbare Gestalt des Himmelsgewölbes durch seine Helligkeits-verteilung zu erklären, indem sie unter Berücksichtigung der Rayleigh-schen Extinktion durch die Molekeln usw. zur Aufstellung der Beziehung „$S : R = \sqrt{I_1} : \sqrt{I_2}$" zwischen den maximalen Sichtweiten S und R unter ver-schiedenen Neigungen zum Horizont und den entsprechenden, den photometrisch meßbaren Helligkeiten H_1 und H_2 proportionalen Lichtintensitäten I_1 und I_2 gelangten. Ihre Theorie verlangte, daß, wenn der Radiusvektor der Himmels-kalotte im Zenit und die für diesen geltende Helligkeit $= 1$ gesetzt wird, die aus der Kalottentheorie berechneten Radienvektoren gleich den für die entsprechen-den Richtungen gefundenen Werten für H wurden. Zu bedenken bleibt aber,

[1] L. Weber, ZS. f. Beleuchtungsw. Bd. 18, S. 289. 1912.
[2] C. Dornos gr. Werk, S. 54—62.
[3] G. I. Pokrowski, ZS. f. Phys. Bd. 34, S. 49—58. 1925.
[4] H. Dember und M. Uibe, Ber. Math.-Phys. Kl. Sächs. Ges. d. Wiss. Bd. 69, S. 391 bis 411. Leipzig 1917.

daß die die maximale Sichtweite berücksichtigende Theorie für den Wolkenhimmel mit geradezu umgekehrten Helligkeitsverhältnissen gar nicht stimmt,
indem die scheinbare Form des bewölkten Himmels vielmehr auf Grund einfacher
Annahmen v. STERNECKS[1]) über die Unterschätzung von Entfernungen (Unter-
schätzungskonstante; Konstruktion eines Sehraumes aus dem euklidischen
Raum) dem Verständnis näher gerückt zu werden scheint. Die große Bedeutung
rein psychischer Einflüsse auf die scheinbare Gestalt des Himmelsgewölbes
wurde unter anderem durch Versuche von STÜCKLEN[2]) neben bzw. zwischen
Türmen funkentelegraphischer Großstationen (s. auch POHL, Naturw. 1919,
S. 415—416) erwiesen. Unter Hinweis darauf, daß beim Wolkenhimmel die
gesehene Grenzschicht tatsächlich eine ganz andere als die physikalische sei,
betont A. MÜLLER[3]) vor allem, daß die physikalischen Maße und die Sehmaße
grundverschiedene Dinge sind, wenn er auch den Einfluß der Helligkeit auf die
Sehform (s. hier auch REIMANN) keineswegs leugnet. Es handelt sich hier offenbar um ein höchst schwieriges, noch nicht im entferntesten gelöstes Problem[4]).

e) Die Polarisation des Himmelslichtes.

10. Kurze allgemeine Übersicht. Die Beobachtungsergebnisse der im Jahre
1809 von ARAGO entdeckten atmosphärischen Polarisation lassen sich im wesentlichen folgendermaßen zusammenfassen: Unter normalen Verhältnissen stimmt im
allgemeinen an genügend weit von der Sonne und vom Horizont entfernten Himmelsstellen die Polarisationsebene mit der durch Visierlinie und Sonne gelegten
Ebene überein. Auch im Punkte maximaler Polarisation (im Sonnenvertikal etwa
90° von der Sonne entfernt; vielleicht eine Idee aus dem Vertikal herausgerückt)
herrscht nie lineare, sondern nur teilweise Polarisation. Innerhalb des Sonnenvertikals sind über und unter (hier im allgemeinen schwieriger zu beobachten)
der Sonne sowie über dem antisolaren Punkt (Gegensonne) Stellen vorhanden,
welche dem Effekt nach sich wie unpolarisiert verhaltendes Licht aussenden,
nämlich die nach ihren Entdeckern BABINET, ARAGO, BREWSTER bezeichneten
sog. neutralen Punkte[5]). Im übrigen sind je nach der Farbe, in der beobachtet wird,
mannigfache Variationen zu konstatieren, und vor allem hat — von der Reflexion des Lichtes am Erdboden abgesehen — der starken Schwankungen unter-
worfene Reinheitsgrad der Atmosphäre einen sehr starken Einfluß auf das Phänomen. Die bisher erkannten Gesetzmäßigkeiten wurden im wesentlichen mit
Hilfe verschiedener Instrumente gefunden; ganz vereinzelt wurde jedoch in neuerer
Zeit versucht, ein mit bloßem, ausgeruhtem Auge erkennbares (allerdings offenbar nur von wenigen) Phänomen, das der HAIDINGERschen Büschel[6]), in den
Dienst der Meteorologie (Prognose) zu stellen bzw. in Zusammenhang mit der
scheinbaren Gestalt des Himmelsgewölbes zu bringen[7]).

---

[1]) R. v. STERNECK, Der Sehraum als Grundlage der Erfahrung. S. 39—45. Leipzig:
J. A. Barth 1907; s. auch F. M. EXNER, Meteorol. Opt. S. 5—56, besonders S. 29—32 und
ab S. 49.

[2]) H. STÜCKLEN, Dissert. Göttingen 1919.

[3]) A. MÜLLER, Ann. d. Phys. Bd. 75, S. 653—657. 1924 (ad M. WEILER, ebenda Bd. 74,
S. 374ff. 1924).

[4]) Siehe hier auch H. DEMBER u. M. UIBE, Ann. d. Phys. Bd. 69, S. 485—509. 1917, auch
H. WITTES die Gesetze des Sehraumes behandelnde Artikelserie (Phys. ZS. 1918—1919).

[5]) Fortab sollen diese Himmelsstellen im allgemeinen als Ba.-Punkt, A.-Punkt und
Br.-Punkt bezeichnet werden.

[6]) V. v. LANG, Meteorol. ZS. Bd. 33, S. 558. 1916; W. KOLHÖRSTER, ebenda Bd. 33,
S. 370. 1916; Bd. 36, S. 47. 1919; H. DEMBER u. M. UIBE, Leipziger Ber. Bd. 72, S. 3—11.
1920 (12. Januar) u. Ann. d. Phys. Bd. 63, S. 571—580. 1920.

[7]) Bezüglich Literatur s. Anm. 4, S. 104.

11. Die Polarisationsebene. Da das vom anvisierten Punkt ins Auge gelangende Licht außer von der Sonne auch von dem durch diese erleuchteten Himmelsgewölbe stammt, kann man von vornherein nicht durchgehends ein Zusammenfallen der Hauptpolarisationsebene mit der durch Sonne und Visierlinie gelegten erwarten, sondern für manche Punkte höchstens, wenn der Sonnenvertikal mit bezeichneter Ebene übereinstimmt bzw. senkrecht dazu steht. Im übrigen ist zu erwarten, daß sich bei irgendwelcher Änderung der vom Sonnenstand bzw. von meteorologischen Verhältnissen abhängigen sekundären Diffusion bzw. bei Änderung der Intensität des vom Erdboden reflektierten Lichtes die Lage der Polarisationsebene entsprechend ändert, wie es denn auch von H. Becquerel[1]) bei der Verfolgung der zeitlichen Variation der Winkeldifferenz zwischen der theoretischen und der wahren Polarisationsebene erkannt wurde. Sein Ergebnis, daß die Abweichungen im allgemeinen größer bei Beobachtung im blauen als bei solcher im roten Licht waren, hängt offenbar mit der stärkeren Diffusion der kürzeren Wellen zusammen. Ein heute nicht mehr beanstandetes Nebenergebnis war das des Vorhandenseins einer Drehung der Polarisationsebene durch das erdmagnetische Feld. Was die sonstigen Abweichungen von der bei Annahme der Sonne als alleiniger Lichtquelle erwarteten Polarisationsebene betrifft, so ist zu erwähnen, daß Hurion[2]) wesentlich größere Abweichungen fand wie Becquerel und auch wesentlich größere wie später Dorno[3]). Diese Unstimmigkeiten scheinen einmal darin ihren Grund zu haben, daß Becquerel absichtlich eine zu große Nähe der neutralen Punkte vermieden hatte, und zum andern darin, daß der dunkle Hochgebirgshimmel von Davos und seine einzelnen Gebiete weit weniger als sekundäre Lichtquelle in Frage kommen (allerdings sind auch die vielfach starken Schneereflexe in Davos zu berücksichtigen) wie der Himmel von Clermont.

In dem innerhalb des Sonnenvertikals um 90° von der Sonne entfernten Punkt herrscht nach Arago positive Polarisation, so gedacht, daß die Hauptschwingungen senkrecht zum Vertikal verlaufen. In der Richtung desselben verläuft die Längsachse des gelben Astes der Haidingerschen Büschel, so daß also die Achse des blauen Astes die Hauptschwingungsrichtung angibt. Der Aragoschen Bezeichnungsweise entsprechend, redet man von einer negativen Polarisation des in der Horizontalebene polarisierten Lichtes. Soweit der Sonnenvertikal in Frage kommt, entspricht bei wolkenlosem und nach allen Richtungen homogenem Himmel die Polarisationsebene zwischen dem A.- und Ba.-Punkt dem Sonnenvertikal; senkrecht dazu verläuft sie zwischen dem Ba.-Punkt und der Sonne bzw. zwischen Sonne und dem Br.-Punkt und ebenfalls zwischen A.-Punkt und Gegensonne. In den neutralen Punkten erfolgt also innerhalb des Sonnenvertikals eine plötzliche Drehung der Polarisationsebene um 90°. In dem durch den Sonnenort gelegten Horizontalkreis fällt die Polarisationsebene mit genannter Ebene zusammen. In einem nach rechts oben durch die Sonne gelegten größten Kreis weicht sie in größerer Sonnenentfernung nur wenig von der Richtung dieses Kreises ab, dreht sich aber, wenn man sich auf demselben der Sonne nähert, im Sinne des Urzeigers mehr und mehr aus dieser Lage heraus, um sich der horizontalen Lage zu nähern. Beim Quadranten links oben liegen die Verhältnisse ganz analog, nur ist natürlich die Drehung im Sinne des Uhrzeigers durch die entgegengesetzte zu ersetzen. Ganz analog, sinngemäß geändert,

---

[1]) H. Becquerel, Ann. chim. phys. Bd. 19, S. 90. 1880; s. auch Fr. Busch u. Chr. Jensen, Tatsachen und Theorien der atmosph. Pol. usw., Jahrb. Hamb. Wiss. Anst. Bd. 28, S. 5, Beiheft S. 62ff. 1911.
[2]) A. Hurion, Ann. chim. phys. Bd. 7, S. 456—495. 1896.
[3]) C. Dornos zit. großes Werk, S. 127ff. u. l. c. S. 127—148. Berlin 1919.

liegen die Verhältnisse in den unteren Quadranten. Zu diesen Ergebnissen gelangte
BUSCH[1]), indem er das SAVARTsche Polariskop mit stets nach dem Zenit gerichteten Fransen auf Horizontalkreisen aus dem Sonnenvertikal herausführte und
die Himmelsstellen aufsuchte, deren Polarisationsebene um 45° gegen die Vertikale des anvisierten Punktes geneigt ist (Kriterium: das Gesichtsfeld schräg
durchlaufende Fransen-Unterbrechungsstelle). So gewann er symmetrisch zum
Sonnenvertikal verlaufende Kurven (zwischen dem A.- und Ba.-Punkt, zwischen
diesem und dem Br.-Punkt und zwischen diesem und dem Horizont). Für diese
Polarisationsisoklinen hat sich mit Unrecht der Name Neutrallinien eingebürgert
(s. auch Met. Opt. von PERNTER-EXNER, S. 670), da die Unterbrechungsstelle
der Fransen hier mit im Effekt neutrales Licht aussendenden Stellen nichts zu tun
hat. Zu ähnlichen Ergebnissen war für die zwischen dem Ba.-Punkt und der Sonne
verlaufenden Kurven bereits BOSANQUET[2]) gelangt. Eine besondere Bedeutung
erlangten später die zwischen dem A.-Punkt und dem Zenit sowie die zwischen

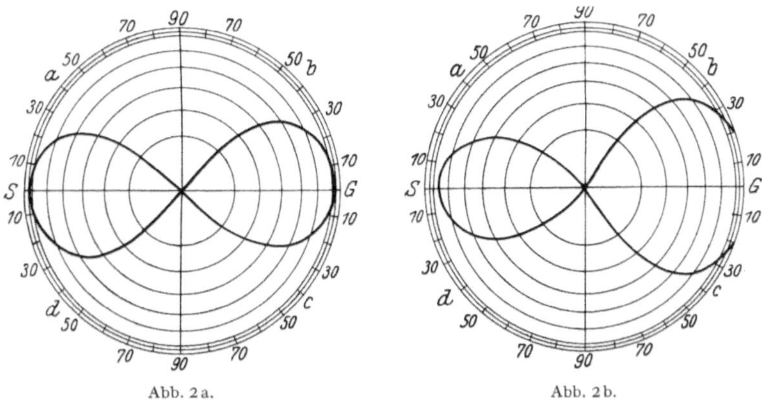

Abb. 2a. Abb. 2b.

Zenit und Ba.-Punkt verlaufenden Kurvenäste; diese bilden bei niedriger Sonnen-
höhe eine einzige Kurve in Gestalt einer Lemniskate, die sog. „BUSCHsche Lemniskate". MENTZEL[3]) verfolgte sie systematisch in Bremen bei verschiedenen
Sonnenhöhen. Dabei fand er, daß die für Horizontnähe der Sonne nahezu gleichen
Schleifen bei steigender Sonne immer ungleicher werden (s. die den MENTZELschen
Arbeiten entnommenen, einer Sonnenhöhe von rund $+1$ bzw. $+16°$ entsprechenden
Abb. 2a und 2b und die dem großen DORNoschen Werk entnommene, einer Sonnenhöhe von 50° entsprechende Abb. 2c), derart, daß die der Sonne zugekehrte
schmaler und kürzer, die der Gegensonne angehörende vor allem immer brei-
ter wird. Bei weiterem Wachsen von h klaffen die Äste b (rechts oben) und c
(rechts unten) mehr und mehr auseinander, strecken sich und klappen — für
Bremen etwa bei $h = 45°$ — schließlich in die Quadranten a (links oben) und d
(links unten) über, so daß die Linien statt auf den A.-Punkt auf den Br.-Punkt zu-
laufen. DORNO hat sowohl die MENTZELschen als auch seine eigenen Messungen der
Neutrallinien eingehend diskutiert und vor allem auch den Verlauf der wirklichen
Linien mit dem der theoretischen verglichen, d. h. mit dem Verlauf, den sie haben
würden, wenn keine neutralen Punkte existierten und die Polarisationsebene
eindeutig durch Visierlinie und Sonne bestimmt wäre; letzterer ist für die Sonnen-

[1]) FR. BUSCH, Meteorol. ZS. Bd. 6, S. 81—95. 1889; s. auch FR. BUSCH u. CHR. JENSEN,
l. c. 1911, S. 57 ff.
[2]) R. H. M. BOSANQUET, Phil. Mag. Bd. 2, S. 20—28. 1876; M. E. MASCART, Traité
d'Optique. Bd. 3, S. 392. 1893.
[3]) R. MENTZEL, Met. Jahrb. Bremen, fortlaufend ab 1912 bis auf heute (besonders 1917);
Mitt. Ver. Freund. Astr. u. kosm. Phys. Bd. 28, S. 92—97. 1918.

höhe von 50° in Abb. 3 dargestellt. Die Neutrallinien werden allgemein — wie es in Abb. 2c zur Darstellung gebracht wird — als die Grenzlinien zwischen positiver und negativer Polarisation bezeichnet. Das ist offenbar nicht ganz exakt, da es sich natürlich (s. die Arago-sche Definition und die vorhergehende Erörterung der Pol.-Ebene in der Umgebung der neutralen Punkte) nur um ein Überwiegen bzw. eine mehr oder weniger große Annäherung an die eine oder andere Polarisationsart handeln kann. — Das wesentlichste Ergebnis der Dornoschen Untersuchungen bestand darin, daß die beobachteten Kurven im allgemeinen in ihrem ganzen Verlauf den theoretischen gut folgen, abgesehen von der Nachbarschaft der Sonne bzw. Gegensonne. Hier schwenken sie — wie Abb. 2c deutlich zeigt — zu den neutralen Punkten um. Wenn durch irgendwelche Verhältnisse, seien sie allgemeiner oder besonderer Art, Abweichungen vom normalen Verlauf vorhanden sind, so würde man wohl zunächst vermuten, daß die zu beiden Seiten der Sonne bzw. der Gegensonne liegenden Kurvenäste einander entsprechen, d. h., daß sie gleichzeitig eine Vergrößerung oder Verkleinerung aufweisen. Es zeigte sich aber — sowohl für Davos wie für Bremen —, daß dies nicht der Fall ist, indem sich vielmehr die gegenüberliegenden Quadranten (in den Abbildungen a dem Ast c und b dem d entsprechend) entsprechen. Dies führt natürlich leicht zu einer Drehung der ganzen Figur gegenüber dem Sonnenvertikal. Im Zusammenhang damit stehen offenbar azimutale Verlagerungen der n. P., wie sie zuerst von R. Süring[1]), später von Knopf[2]), Dorno[3]) und Jensen[4]) gefunden wurden. Ungemein interessante Beziehungen fand Dorno zwischen dem Verlauf der Neutrallinien und der topographischen Gestalt des Beobachtungsortes bzw. der Bodenbedeckung, wo vor allem des Einflusses bewaldeter dunkler Berge oder der Schneebedeckung zu gedenken ist. Es handelt sich hier letzten Endes um Änderungen in der Ver-

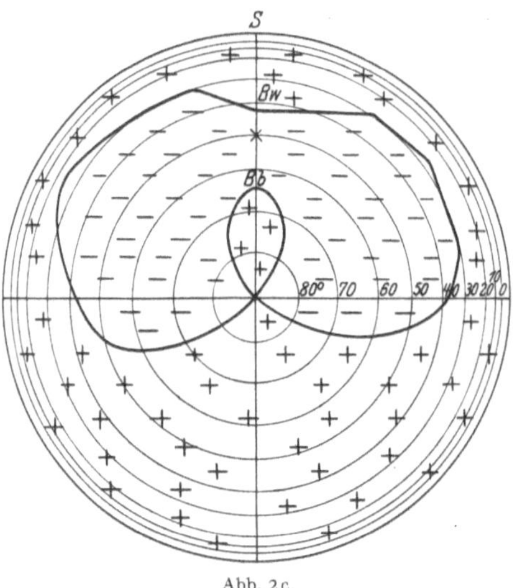
Abb. 2c.

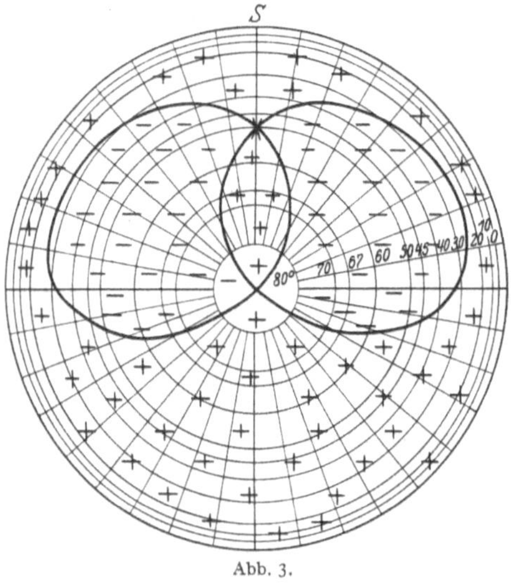
Abb. 3.

---

1) R. Süring, Veröffentl. Preuß. Met. Inst. 1910, S. 19 u. 1913, S. 15.
2) O. Knopf, Beitr. Phys. fr. Atm. Bd. 8, S. 57—72. 1919.
3) C. Dornos zit. großes Werk, Meteorol. ZS. 1919, S. 109—124 u. 181—192; Mitt. d. Ver. Fr. Astron. u. kosm. Phys. Bd. 29, S. 71—86. 1919.
4) Chr. Jensen, Meteorol. ZS. Bd. 30, S. 84. 1913 (Bemerkungen).

teilung positiver und negativer Polarisation. So hebt ein heller Horizont die Linien auf der Gegenseite und senkt sie auf der Sonnenseite; umgekehrt liegt es mit der Wirkung eines dunklen Horizonts. Wesentlich ist bei allen diesen Erscheinungen auch die Sonnenhöhe. — Zu erwarten ist auch, daß die durch meteorologische Einflüsse bedingte Verschiedenheit der verschiedenen Himmelspartien Störungen der Kurven herbeiführt. So wies MENTZEL auf die umgekehrte Wirkung heranziehender Hoch- bzw. Tiefdruckgebiete hin; DORNOS diesbezügliche Erfahrungen lagen durchaus im nämlichen Sinne. — Optische Störungen, die sich durch verminderte Sonnen- und vermehrte diffuse Himmelsstrahlung verraten, erhöhen — allerdings bei den verschiedenen Himmelspartien in sehr verschiedener Stärke — die negative Polarisation. Entsprechend ergab sich für die stärkst gestörte Zeit nach dem Katmaiausbruch für Bremen der Flächeninhalt (in flächentreuer Projektion gezeichnet) der auf der Sonnenseite gelegenen Lemniskatenäste um 7,5% kleiner als in normalen (bzw. wenig gestörten) Zeiten, auf der Gegenseite allerdings nur um 1% geringer. In ähnlichem Sinne liegende Abweichungen sollte man für den nämlichen Zeitpunkt für Davos gegenüber Bremen erwarten. Die für niedrige Sonnenhöhen geltenden Vergleichungen beider Orte weisen aber noch kleine Unstimmigkeiten auf; berücksichtigt man aber einmal den rein meteorologischen Einfluß, und zum andern, daß die Konstruktion der Kurven bei niedrigem h wegen verhältnismäßig rascher Änderung der Sonnenhöhe leicht ungenau wird, so ist wohl anzunehmen, daß das Vergleichsmaterial noch nicht ausreicht. Der Vergleich zweier, bei großer Sonnenhöhe in nicht weit voneinander abliegenden Zeitpunkten an beiden Orten aufgenommenen Kurven zeigte den in bezug auf die Helligkeitsverteilung (im Hochgebirge prinzipiell geringeres Gefälle zwischen Zenit und Horizont) zu erwartenden Unterschied. — Die weitere Verfolgung der Neutrallinien kann vielleicht — vor allem bei niedriger Sonnenhöhe — von Bedeutung für die Erkenntnis der evtl. auf tiefere Ursachen weisenden azimutalen Abweichungen der neutralen Punkte werden. Da die Unsymmetrien der Kurven sicherlich wesentlich auf ungleichmäßige Lichtverteilung über den Himmel unter dem Einfluß der drei Strahlungsquellen ,,Sonne, Himmel, reflektierender Erdboden" zurückzuführen sind, wird man dabei tunlichst den drittgenannten Faktor ausschließen müssen, indem man zum Beobachtungsort weite, nach allen Seiten möglichst homogene ebene Flächen wählt.

12. Die Polarisationsgröße. a) **Der innerhalb des Sonnenvertikals in 90° Sonnenabstand liegende Punkt.** Hinsichtlich der Polarisationsgröße (P.) interessiert vor allem der Sonnenvertikal. Innerhalb dieser Ebene wurden die meisten Messungen im Punkt maximaler Polarisation angestellt, so, abgesehen von ARAGO, auch von BREWSTER, ZANTEDESCHI, BERNARD, RUBENSON, E. C. PICKERING, CORNU, MC. CONNEL, CROVA und HOUDAILLE, PILTSCHIKOFF, HURION[1]), und in neuerer Zeit von PERNTER, L. G. SCHULTZ, H. H. KIMBALL, E. L. NICHOLS, von Pater CIRERA (bearbeitet von BUSCH und JENSEN sowie von STEENQUIST)[2]), BOUTARIC[3]), DORNO[4]), STEENQUIST[5]), GOCKEL[6]), KALITIN[7]) und KARTSCHAGUIN[8]). —

---

[1]) Siehe über diese in FR. BUSCH u. CHR. JENSEN, l. c. S. 70ff. und 340ff. bzw. in PERNTER-EXNER, soweit nicht besonders darauf hingewiesen.

[2]) Desgleichen bezüglich letzterer Autoren.

[3]) M. A. BOUTARIC, Ann. d. Phys. Bd. 9, S. 113—203. 1918 u. Bd. 10, S. 1—132. 1918; Acad. R. de Belgique 1913, S. 567—606.

[4]) C. DORNO, l. c. 1919, S. 93ff. u. 148ff.

[5]) D. STEENQUIST, Forhandl. ved 16. skand. naturforskermöte. 1916, S. 83—112.

[6]) A. GOCKEL, Ann. d. Phys. Bd. 56, S. 617—638. 1918; Bd. 62, S. 283—292. 1920.

[7]) N. N. KALITIN, Meteorol. ZS. Bd. 41, S. 9—15. 1924; Ber. d. russ. Ak. d. Wiss. 1919; Ber. d. Phys. Centr.-Obs. Bd. 2,. 1920 (s. darüber auch P. TVERSKOY, Meteorol. ZS. Bd. 40, S. 22ff. 1923).

[8]) M. V. KARTSCHAGUIN, Journ. de phys. (6) Bd. 6, Nr. 1, S. 10—19. 1925.

Was die Lage des Punktes maximaler Polarisation betrifft, so fand ARAGO zunächst aus sechs Bestimmungen einen Sonnenabstand von 89° 6′, während er in den Notices scientifiques Bd. 4, S. 394, 90° angibt. BREWSTERS Messungen in den Jahren 1841 bis 1842[1]) ergaben im Durchschnitt statt der erwarteten 90° einen 89° nahe stehenden Wert, während RUBENSON[2]) als Durchschnittswert einer größeren Beobachtungsreihe (Upsala 1859) 90° 2′ fand. Was — von Beobachtungsfehlern ganz abgesehen — die Schwankungen der Lage betrifft, so ist zu bedenken, daß TYNDALL bei seinen bekannten Experimenten mit der Abnahme der Sättigung der blauen Farbe und der Polarisationsgröße, d. h. mit der Zunahme größerer diffundierender Teilchen parallel gehend, eine Entfernung des Winkels maximaler Polarisation von 90° fand, und daß RUBENSON die nämliche Erscheinung für die Atmosphäre konstatieren konnte. Eine schärfere Erfassung dieser Verhältnisse ist zu erwarten, nachdem DORNO mit der getrennten Untersuchung der beiden senkrecht aufeinander stehenden Komponenten i_1 und i vorangegangen ist. Auf Grund der RAYLEIGHschen Theorie wäre von vornherein ein Zusammenfallen des Punktes maximaler Polarisation und minimaler Helligkeit zu erwarten. Da sich, wie wir sahen, der dunkelste Punkt mit steigender Sonne dieser nähert, und zwar schneller bei der i_1 als bei der i-Komponente, müßten sich entsprechend die sich aus dem Verhältnis $i_1 : i$ ergebenden P.-Werte verändern, wäre eine Verkleinerung des Winkelabstandes bei größeren Sonnenhöhen zu erwarten, vor allem zu Zeiten besonders starker Wanderung des i_1-Minimums. Hier käme nach DORNO wesentlich der reine Frühjahrshimmel in Frage. Eindeutige Resultate wurden aber bisher weder von ihm noch von anderen Beobachtern erhalten. Derartige Beziehungen scheinen schon deshalb etwas verwickelt zu sein, weil auf der einen Seite reiner Himmel in Verbindung mit größerer Sonnenhöhe erforderlich scheint, während auf der andern die Atmosphäre bei größerem h (aufsteigender Luftstrom, Kondensationsprodukte) eher die Tendenz hat, unrein zu werden als bei niedrigem. AHLGRIMM[3]), der, von der RAYLEIGHschen Diffusionsformel ausgehend, unter Berücksichtigung ein- und zweimaliger Diffusion die Lage des Pol.-Maximums im Sonnenvertikal für eine Halbkugelschale mit kleinem Radius berechnete, fand, daß sich der in Frage stehende Winkel von 90°0′ für $h = 0°$ bis auf nahezu 88° bei zwischen 30 und 35° liegendem h verringert, um bei weiter steigender Sonne wieder zuzunehmen.

Bezüglich der P.-Werte in 90° Sonnenabstand bei verschiedenem h zeigt Tabelle 17 die von TICHANOWSKY[4]) aus der AHLGRIMMschen Theorie[5]) berechneten Zahlen, die von DORNO in Davos [Jahresmittel][6]), von GOCKEL in Freiburg [Schweiz][7]) und von TICHANOWSKY[8]) in Taschkent gewonnenen Ergebnisse (eingeklammerte Werte durch Interpolation, der bei G. für $h = 0°$ angegebene durch Extrapolation gefunden).

Während die theoretischen Werte nach einem Abfall bis zu Sonnenhöhen von ca. 30° einen starken Anstieg zeigen, findet sich dieser nur zuletzt bei DORNO, der aber ausdrücklichst darauf hinweist[9]), daß dies nur auf den bei $h = 60°$

---

[1]) M. BREWSTER, vor allem Phil. Mag. Bd. 31, S. 444—454. 1847; Bd. 30, S. 118 bis 129. 1865.

[2]) R. RUBENSON, Mémoire sur la polarisation de la lumière atmosphérique. Upsal: C. A. Leffler 1864.

[3]) FR. AHLGRIMM. Dissert. Kiel 1915; Jahrb. Hamb. Wiss. Anst. Bd. 32, H. 3. 1915 (in Kommiss. bei Meißner).

[4]) J. J. TICHANOWSKY, Meteorol. ZS. Bd. 43, S. 361 ff. 1926.

[5]) FR. AHLGRIMM, l. c.

[6]) C. DORNO, Zahlen umgerechnet aus Tabelle 28 im großen Werk.

[7]) A. GOCKEL, Ann. d. Phys. Bd. 56, S. 627. 1918.

[8]) J. J. TICHANOWSKY, Meteorol, ZS. Bd. 41, S. 354 ff. 1924.

[9]) C. DORNO, l. c. S. 99.

eintretenden Fortfall der kleinen Frühjahrswerte zurückzuführen ist. Der ausgeprägte Jahreszeiteneinfluß gebietet
also größte Vorsicht bei der Diskussion der Beobachtungsergebnisse. Außerordentlich übersichtlich werden die ganzen
Verhältnisse durch die DORNOschen, den Verlauf der die
absolute Helligkeit der i- und i_1-Komponente in Abhängigkeit von h darstellenden Kurven; man sieht vor allem ohne
weiteres, warum der Abfall der P.-Werte besonders groß
zwischen $h = 0$ und $h = 20°$ werden muß. Als physikalische
Ursachen kommen die Annäherung des anvisierten Punktes
an den Horizont und die Abnahme der Lufttransparenz mit
zunehmendem h in Frage. Den Einfluß erstgenannten Moments suchte GOCKEL[1]) durch Beobachtung des in 60° Sonnenabstand befindlichen Punktes zu verringern; durch Messungen
am Himmelspol machte er sich sowohl vom Einfluß der wechselnden Höhe überm Horizont als auch von dem des wechselnden Sonnenabstandes frei; aber auch hier fand er (Göscheneralp)
eine Abnahme von P. mit steigendem h. Auf Grund von Messungen an verschiedenen Orten ist TICHANOWSKY[2]) geneigt, anzunehmen, daß bei besonders großer Luftreinheit eine der
theoretisch gefolgerten analoge Zunahme der Maximalpolarisation bei nicht zu kleinem h zu erwarten wäre. GOCKEL konnte
aus seinen Beobachtungen jedenfalls schließen, daß die Abnahme mit steigender Sonne um so geringer wird, je klarer
die Atmosphäre ist.

b) Die Polarisationsgröße im Zenit. Um die durch
die wechselnde Lage des betrachteten Punktes bedingte Änderung der Dicke der Luftschicht zwischen Punkt und Beobachter sowie anderer, das Phänomen mehr oder weniger stark
beeinflussender Momente auszuschalten, begann JENSEN mit
der Verfolgung einer konstanten Himmelsstelle. Aus Gründen
der Symmetrie ergab sich der Zenitpunkt, für welchen das
WEBERsche Polarimeter (s. S. 77) die Messungen am Tage sehr
vereinfacht, da nach BECQUEREL für ihn mit genügender Annäherung ein Zusammenfallen von Sonnenvertikal und P.-Ebene
angenommen werden kann. Später gingen auch DORNO, GOCKEL,
E. L. NICHOLS[3]), KARTSCHAGUIN[4]) und TICHANOWSKY[5]) zu planmäßigen Messungen der Zenitpolarisation über. Tabelle 18 gibt
P. im Zenit in Abhängigkeit von h, indem auch die theoretischen
AHLGRIMMschen Werte beigefügt sind. Die Werte sind in
RUBENSONschem Maß ($i_1 - i : i_1 + i$) angegeben, bei TICHA
NOWSKY auch in dem von NICHOLS vorgeschlagenen Maß (i_1/i).
Wegen der größeren Differenzen verwendet man ersteres mit
Vorteil für die Himmelspunkte mit geringerer Polarisation,
während man sonst wohl mit DORNO im allgemeinen letzterem
größere Vorzüge zugestehen muß. Mit Recht wies allerdings

---

[1]) A. GOCKEL, l. c. S. 622; Meteorol. ZS. Bd. 37, S. 116ff. 1920.
[2]) J. J. TICHANOWSKY, Meteorol. ZS. Bd. 43, S. 154ff. 1926 u.
S. 361ff.
[3]) E. L. NICHOLS, Phys. Rev. Bd. 26, S. 497—511. 1908.
[4]) M. V. KARTSCHAGUIN, Anm. 7, S. 39.
[5] J. J. TICHANOWSKY, Meteorol. ZS. Bd. 41, S. 352—357.1924.

Tabelle 17.

Sonnenhöhe (h)	0°	5°	10°	15°	20°	25°	30°	35°	40°	45°	50°	55°	60°	65°	70°
Theorie	0,884	(0,882)	0,881	(0,887)	0,876	(0,874)	0,871	(0,872)	0,873	(0,878)	0,884	(0,894)	0,903	(0,914)	0,924
Dorno	0,733	0,683	0,653	0,607	0,555	0,551	0,547	0,556	0,553	0,548	0,526	0,523	0,528	0,548	
Gockel	(0,718)	(0,705)	(0,681)	0,648	(0,630)	0,612	(0,606)	0,600	(0,600)	0,599	(0,576)	0,552			
Tichanowsky	0,763	0,744	0,725	0,707	0,690	0,674	0,658	0,644	0,632	0,620	0,608	0,598	0,589	0,582	0,575

Tabelle 18. Polarisationsgröße im Zenit.

Sonnenhöhe	Ahlgrimm	Dorno	Gockel	Jensen	Tichanowsky
0°	0,884	0,773	0,772	0,707	0,763 (7,44)
5°	0,865	0,650	0,652	0,642	0,715 (6,02)
10°	0,814	0,568	0,581	0,579	0,665 (4,97)
15°	0,738	0,497	0,530	0,515	0,602 (4,03)
20°	0,650	0,426	0,477	0,451	0,533 (3,28)
25°	0,558	0,364	0,396	0,387	0,464 (2,73)
30°	0,469	0,303	0,324	0,323	0,392 (2,29)
35°	0,383	0,238	0,267	0,260	0,322 (1,95)
40°	0,316	0,173	0,232	0,197	0,262 (1,71)
45°	0,253	0,126	0,197	0,145	0,212 (1,54)
50°	0,199	0,078	0,146	0,110	0,168 (1,40)
55°		0,044			0,126 (1,29)
60°		0,010			0,092 (1,20)
65°					0,065 (1,14)
70°					0,042 (1,09)

Exner[1]) bei der Diskussion der Dornoschen Ergebnisse darauf hin, daß zur Vermeidung von Mißverständnissen zu beachten ist, daß für die Ableitung der bis dahin stets als positiv aufgefaßten, eine skalare Zahl darstellenden P.-Größe i_1 als die größere, i als die kleinere Komponente zu betrachten ist. Zwecks möglichst raschen Vergleichs mit der größten Zahl der bisherigen Beobachtungen wäre künftig jedenfalls auch die Angabe im Rubensonschen Maß anzuraten (wenn möglich, in beiden). Aus den im Rubensonschen Maß angegebenen Zahlen ist durchgängig eine angenähert lineare Abhängigkeit von P. von der Sonnenhöhe zu erkennen.

Die theoretische Kurve liegt in ihrer ganzen Erstreckung ziemlich weit über den anderen. Die stärksten Schwankungen weist, offenbar wegen der zu geringen Beobachtungszahl, die Gockelsche auf. Die Jensensche verläuft im wesentlichen zwischen der Dornoschen und Gockelschen Kurve. Von der Horizontstellung der Sonne abgesehen übertreffen Tichanowskys Zahlen sämtliche übrigen. Dieser fand in erster Annäherung für die Abhängigkeit der Zenitpolarisation von der Sonnenhöhe h die Formel:

$$P = P_0(1 - \sin h) = 2P_0 \sin^2(z/2),$$

wo z den Zenitabstand der Sonne bedeutet, während P und P_0 der Zenitpolarisation bei dem jeweils in Frage kommenden h und $h = 0°$ entsprechen. — Bemerkenswert ist, daß die Kieler (Jensen) Werte, von niedrigem h abgesehen, größer sind als die Davoser. Die im ganzen genommen geringen, im wesentlichen, wie es scheint, durch den Grad der Lufteinheit bedingten Unterschiede stützen offenbar, im Gegensatz zu der von Mc Connel und kürzlich auch wieder von Cabannes geäußerten Ansicht, die von Schlagintweit gemachte Voraussage, daß sich der Einfluß der Höhenlage auf das Polarisationsphänomen gering erweisen werde[2]). Wenn man auch nicht ohne weiteres die eine Komponente auf Konto der (im Hochgebirge besonders starken) direkten Sonnen- und die andere auf Konto der Himmelsstrahlung setzen darf, ist das Ergebnis doch überraschend. — Eine besondere Bedeutung haben die Beobachtungen der Zenitpolarisation bei negativen Sonnenhöhen erlangt. Jensen fand, daß die größten Werte nicht einer Sonnenhöhe von 0°, sondern einen solchen von gut −2° (genauer etwa −2,4°) entsprechen, während man von vornherein erwarten mußte, daß das (einem

---

[1]) F. M. Exner, Meteorol. ZS. Bd. 38, S. 220—221. 1921; Met. Opt. S. 659 u. 660.
[2]) Siehe dazu A. Gockel, Meteorol. ZS. Bd. 37, S. 116—119. 1920, ferner J. J. Tichanowsky, ebenda Bd. 43, S. 365—366. 1926 und Phys. ZS. Bd. 28, S. 688. 1927.

Sonnenabstand von 90° entsprechende) P.-Maximum bei $h = -2°$ um gut 2° vom Zenit abgerückt ist. Unter besonderen Verhältnissen (Nachwirkung des Krakatau-Ausbruchs) hatte im Jahre 1885 E. C. PICKERING[1]) eine auffällige Vergrößerung der Zenitpolarisation nach Sonnenuntergang gefunden, eine so starke, daß dieselbe im Verlauf einer halben Stunde nahezu auf das Doppelte wuchs. Da die PICKERINGschen Werte vermutlich zum Teil etwas zu klein angegeben sind, sind in der Tabelle 19

Tabelle 19. Zeit nach Sonnenuntergang (Minuten).

Datum	0	10	20	30
1902				
11. Dezember	0,357	0,519	0,596	0,687
13. Dezember	0,399	0,539	0,662	0,692
31. Dezember	0,370	0,541	0,617	0,648
1903				
13. Januar	0,366	0,578	0,640	0,679
15. Januar	0,346	0,546	0,665	0,678

einige der entsprechenden, nach dem Ausbruch des Mont Pelée von KIMBALL[2]) gefundenen Werte angegeben. GOCKEL gibt (für jedenfalls nicht stark gestörte Zeiten) das Maximum bei $h = -2°$ an. Eingehender hat sich mit der Frage TICHANOWSKY[3]) beschäftigt. Tabelle 20 gibt die Durchschnittswerte der Zenitpolarisation von JENSEN und TICHANOWSKY bei negativen Sonnenhöhen.

Tabelle 20.

Sonnenhöhe	JENSEN	TICHANOWSKY	Sonnenhöhe	JENSEN	TICHANOWSKY
0,0°	0,707	0,754	− 3,2°	0,716	0,771
− 0,2°	0,709	0,756	− 3,4°	0,715	0,771
− 0,4°	0,710	0,758	− 3,6°	0,715	0,771
− 0,6°	0,712	0,760	− 3,8°	0,714	0,771
− 0,8°	0,713	0,761	− 4,0°	0,714	0,770
− 1,0°	0,714	0,763	− 4,2°	0,712	0,769
− 1,2°	0,715	0,763	− 4,4°	0,711	0,768
− 1,4°	0,716	0,764	− 4,6°	0,710	0,765
− 1,6°	0,716	0,765	− 4,8°	0,709	0,764
− 1,8°	0,717	0,766	− 5,0°	0,707	0,761
− 2,0°	0,717	0,767	− 5,2°	0,706	
− 2,2°	0,717	0,767	− 5,4°	0,704	
− 2,4°	0,717	0,767	− 5,6°	0,702	
− 2,6°	0,717	0,768	− 5,8°	0,701	
− 2,8°	0,717	0,768	− 6,0°	0,700	
− 3,0°	0,717	0,770			

Das Maximum liegt bei TICHANOWSKY bei einer nahezu 1° tieferen Sonnenhöhe wie bei JENSEN. Bei Betrachtung von 5 verschiedenen Gruppen von Beobachtungsreihen findet man bei ihm außer dem erwähnten, hinsichtlich der Lage nahezu konstanten Maximum ein zweites, dessen Lage von P bei $h = 0°$ abhängt. —Wegen der geringen Änderungen im Sonnenabstande schlug GOCKEL Beobachtungen am Himmelspol vor. Weitere solche Messungen scheinen aber noch nicht vorzuliegen.

c) **Die Verteilung der Polarisationsgröße über der Sonnenvertikal.** Tabelle 21 gibt einen Überblick über diese Verteilung. In erster Linie bestimmend ist im allgemeinen der Sonnenabstand der einzelnen Punkte. HURION leitete die Formel ab:

$$P = \frac{m \cdot \cos^2 \varphi - n \cdot \sin^2 \varphi}{2 + (m \cdot \cos^2 \varphi - n \cdot \sin^2 \varphi)},$$

---

[1]) E. C. PICKERING, Proc. Amer. Acad. 1885, S. 300ff.
[2]) H. H. KIMBALL, Month. Weather Rev. Bd. 31, S. 232−233 u. 320−324. 1903 sowie Bd. 33, S. 100−101. 1905; s. auch Proceed. of the Third Convention of Weather Bur. Officials, Sept. 1904; Peoria u. Mount Weather Obs. Bd. 2, S. 65. 1910.
[3]) J. J. TICHANOWSKY, s. S. 111, Anm. 5 (s. aber auch DEIL, Met. ZS. 1927, S. 187).

Tabelle 21.

Sonnen-abstand	DORNO bei $h = 0°$	DORNO bei $h = 15°$	DORNO bei $h = 25°$	DORNO bei $h = 45°$	GOCKEL	PICKERING	PICKERING	WILD
45°					0,171			0,199
50°	0,166	0,209				0,228	0,299	
55°								
60°	0,333	0,333	0,291		0,353	0,339	0,472	
67,5								0,482
70°	0,523	0,419	0,369			0,488		
75°					0,523			
80°	0,666	0,546	0,501	0,448		0,571		
85°						0,593		
90°	0,733	0,607	0,551	0,548	0,608	0,627	0,790	0,727
95°						0,629		
100°	0,688	0,590	0,511	0,500		0,577		
105°					0,543			
110°	0,539	0,478	0,403			0,550		
112,5°								0,537
120°	0,365	0,375	0,293		0,360	0,435	0,515	
125°								
130°	0,180	0,228			0,199	0,312	0,371	
135°								0,231

wo φ das Komplement vom Sonnenabstand, m und n sich aus den jeweiligen Messungen ergebende Konstante sind. Zu bedenken ist, daß auch die atmosphärische Beschaffenheit an den verschiedenen Himmelsstellen von Einfluß ist. Dabei spielen nach GOCKEL die wiederum in innigem Konnex mit der elektrischen Leitfähigkeit und dem Potentialgefälle stehenden Dunstschichten eine große Rolle. Bei ihrem Fehlen (Föhnstimmung) macht sich stark die vor allem aus den KIMBALLschen[1]) Messungen am Punkte maximaler Polarisation klar hervorgehende Tendenz einer Verringerung der Werte bei Annäherung an den Horizont bemerkbar. GOCKEL wies aber darauf hin, daß entgegen dieser Tendenz einem Sonnenabstand von $90° + \alpha$ größere Werte entsprechen als einem solchen von $90° - \alpha$. Dies scheint jedenfalls im allgemeinen durch frühere Einzelreihen von PICKERING und WILD, vor allem aber durch die Durchschnittswerte von DORNO bestätigt zu werden (s. Tabelle 21). Es ist offenbar nicht nur der von den Strahlen zwischen anvisiertem Punkt und Beobachter, sondern auch der zwischen Sonne und ersterem zurückgelegte Weg von Einfluß. Die Erklärung des Phänomens scheint aber, entgegen der Annahme von GOCKEL, nicht so einfach zu sein, da eine Durchprüfung der DORNOschen Tabellen für die Helligkeit nicht das umgekehrte, sondern eher das gleiche Verhalten ergibt wie für die Polarisation.

d) Die Verteilung der Polarisationsgröße über den Gesamthimmel. Für Horizontstand der Sonne zeichnete BREWSTER nach einer Formel, welche der Wirklichkeit entsprechend den Wert im Zenit größer machte als an dem am Horizont um 90° von der Sonne abstehenden Punkt, die Linien gleicher Polarisation[2]) am gesamten Himmel. BOSANQUETS Kritik der BREWSTERschen Darstellung ist völlig unberechtigt und beruht — worauf besonders deutlich EXNER hingewiesen hat — auf der Verwechslung der stets als positiv aufzufassenden Polarisationsgröße mit den auf die Lage der Hauptpolarisationsebenen bezüglichen, durch ARAGO eingeführten Begriffen positiver und negativer Polari-

---

[1]) H. H. KIMBALL, Bull. Mount Weather Obs. Bd. 2, S. 55—65. 1909.
[2]) Abdruck s. Phil. Mag. (4) Bd. 30, zw. S. 240 u. 241. 1865; FR. BUSCH u. CHR. JENSEN, l. c. S. 52; PERNTER-EXNERs Met. Optik 1922, S. 649 u. 650; J. PLASSMANN, Ann. d. Hydrogr. Bd. 40, S. 486. 1912.

Tabelle 22.

Sonnenhöhe	Höhe überm Horizont	Azimut				
		0°	45°	90°	135°	180°
0°	20°	—	—	—	—	—
	30°	—	0,278	0,733	0,369	—
	45°	0,130	0,351	0,744	0,450	0,122
	60°	0,333	0,500	0,744	0,570	0,365
10°	20°	—	0,251	0,610	0,369	—
	30°	—	0,239	0,600	0,439	0,134
	45°	—	0,266	0,660	0,519	0,324
	60°	0,206	0,319	0,620	0,600	0,488
20°	20°	—	0,212	0,543	0,344	—
	30°	—	0,245	0,523	0,396	0,212
	45°	—	0,224	0,529	0,490	0,398
	60°	0,126	0,197	0,519	0,562	0,517
30°	20°	—	0,200	0,587	0,534	0,231
	30°	—	0,231	0,577	0,603	0,281
	45°	—	0,219	0,519	0,602	0,450
	60°	—	0,148	0,453	0,548	0,547
40°	20°	—	0,251	0,560	0,490	0,381
	30°	—	0,169	0,519	0,545	0,422
	45°	—	—	0,420	0,580	0,531
	60°	—	0,118	0,361	0,500	0,454
50°	20°	—	0,131	0,348	0,401	0,331
	30°	—	—	0,322	0,500	0,484
	45°	—	—	0,256	0,490	0,499
	60°	—	—	0,212	0,324	0,353
60°	20°	0,114	0,173	0,367	0,453	0,414
	30°	—	0,134	0,310	0,548	0,528
	55°	—	—	0,237	0,422	0,453
	60°	—	—	0,169	0,239	0,272

sation. Eine größere Reihe von Beobachtungen der Verteilung der Polarisationsgröße am Himmel machte schon PICKERING. Gründlichst und systematisch wurde sie aber erst von DORNO untersucht. Tabelle 22 zeigt DORNOS Durchschnittswerte für den normalen Reinheitsgrad von Davos. Dem Beispiel EXNERS folgend sind in der auf RUBENSONSCHES Maß umgerechneten Tabelle zur Vermeidung von Unklarheiten im vorhin angedeuteten Sinn (S. 112) die der Eins nahe liegenden, von DORNO angegebenen Mittelwerte ausgelassen.

DORNO konnte aus allem entnehmen, daß die Isopolaren bei allen Sonnenhöhen im wesentlichen den Parallelkreisen folgen, und daß die P-Werte im wesentlichen mit Entfernung von der Sonne bis zu einem Maximum bei 90° Sonnenabstand wachsen, um dann wieder zu sinken. Verhältnismäßig geringe, immer vorhandene Abweichungen von diesen Regeln scheinen ihre Erklärung zu finden durch Berücksichtigung der Schichtdicken, welche die Isopolaren erreichen, bzw. der Größe der Strecke, welche die die Polarisation veranlassenden Strahlen in der Atmosphäre zurückgelegt haben.

e) Die Polarisationsgröße im Wechsel der Zeiten. Die starke Abhängigkeit von P vom Reinheitsgrad der Atmosphäre ist sowohl aus dem Tages- und Jahresgang als auch aus dem säkularen Gang zu ersehen. Eine Zusammenstellung JENSENS ergibt, daß schon durch rein meteorologische Verhältnisse bei großer Sonnenhöhe (d. h. um Mittag) für den nämlichen Himmelspunkt und die nämliche Sonnenhöhe Schwankungen zwischen dem absoluten Maximum und Minimum von über 40% herbeigeführt werden können. Durch Bildung der den verschiedenen Tageszeiten entsprechenden Abweichungen von der aus allen nur möglichen Tages- und Jahreszeiten gewonnenen Durchschnittskurve der Beziehung der Zenitpolarisation zur Sonnenhöhe gewann er den in Tabelle 23

Tabelle 23.

Tageslauf in Jahre			Tageslauf in Jahre		
Mittelpunkte der halbstündigen Intervalle	Abweichungen von den Durchschnittswerten	Relatives Gewicht	Mittelpunkte der halbstündigen Intervalle	Abweichungen von den Durchschnittswerten	Relatives Gewicht
10h30a	+ 0,003	218	2h30p	− 0,008	174
11h 0,,	+ 0,004	220	3h 0,,	− 0,005	178
11h30,,	+ 0,003	218	3h30,,	0,000	190
12h 0,,	+ 0,001	211	4h 0,,	÷ 0,004	207
12h30p	− 0,002	202	4h30,,	+ 0,007	230
1h 0,,	− 0,006	192	5h 0,,	+ 0,008	252
1h30,,	− 0,009	183	5h30,,	÷ 0,007	270
2h 0,,	− 0,010	178			

wiedergegebenen, soweit irgend möglich, von der direkten Beziehung zu h losgelösten täglichen Gang von P.

Wie bei den entsprechenden Messungen DORNOS fällt auch hier im Jahresdurchschnitt das Minimum nach Mittag, allerdings später als in Davos. Für den Juli stimmt die Zeit für beide Orte überein; im September rückt das Minimum in Davos auf den Mittag. RUBENSON konnte die Zeit des Minimumeintritts nur sehr angenähert bestimmen. Daß es um die Mittagszeit eintritt, hat sich aber ebenso wie aus den RUBENSONschen Messungen aus den entsprechenden (auch Punkt maximaler Polarisation) BERNARDS[1]), CROVAS und HOUDAILLES[2]) sowie KIMBALLS ergeben. Wenn sich nun — ganz davon abgesehen, daß bei JENSENs Kurven die Sonnenaufgangs- bzw. Untergangswerte nicht vorhanden sind — ergibt, daß die Differenz zwischen Maximum und Minimum bei BERNARD und RUBENSON (im Jahresdurchschnitt = 0,093) wesentlich größer ist als bei JENSEN, so ist zu beachten, daß es sich um eine ganz andere Größe handelt. Die direkte Beziehung zur Sonnenhöhe, die sich 1. im Wechsel der Größe der zwischen anvisiertem Punkt und Beobachter liegenden Luftmasse und 2. in der von der Sonnenhöhe abhängigen wechselnden Beleuchtung des Erdbodens auswirkt, und die zu einer Erhöhung von P bei kleinem und zu einer Erniedrigung bei großem h führt, war hier nicht ausgeschaltet. Wie sehr die Verteilung von P im Sonnenvertikal, von meteorologischen Einflüssen ganz abgesehen, von der Sonnenhöhe abhängt, wird sehr klar, wenn man mit DORNO die Verteilung der Größe der i- und i_1-Komponente bei verschiedenem h graphisch darstellt. Man sieht vor allem, daß der Schnittpunkt der 2 Komponenten (der Ba-Punkt) der Sonne im ganzen genommen um so näher rückt, je höher diese steht, woraus folgt, daß über diesem Punkt P am Sonnenhimmel mit steigender Sonne zunimmt. Dagegen nimmt es bei zunehmendem h am Gegenhimmel stark ab. Um die Abhängigkeit der maximalen P.-Größe von dem täglichen Gang der Luftbeschaffenheit zu ergründen, müßte man — wie JENSEN für den Zenit — die in Frage kommenden Werte mit den den jeweiligen Sonnenhöhen entsprechenden Durchschnittswerten reduzieren. Verfolgt man die einzelnen Tageskurven genau, so lassen sich natürlich aus dem Vergleich der dem nämlichen h zukommenden Werte Schlüsse in der angegebenen Richtung ziehen, und so ist auch der rein meteorologische Einfluß

---

[1]) F. BERNARD, C. R. Bd. 39, S. 775—779. 1854.
[2]) A. CROVA u. Fr. HOUDAILLE, C. R. Bd. 108, S. 35—39. 1889; Ann. chim. phys. Bd. 21, S. 188—205. 1890.

um und nach Mittag von CROVA und HOUDAILLE klar erkannt worden. Die starke Einwirkung der Beleuchtung des Erdbodens (vor allem Schnee) auf die $90°$ von der Sonne im Sonnenvertikal liegenden Punkte wurde von CONNEL[1]) bemerkt und von KIMBALL[2]) bei Diskussion der verschiedenen Sekanten (1 bis 6) des Zenitabstandes der Sonne zukommenden P eingehend berücksichtigt. — Für die Ableitung des Tagesganges der Verteilung der Polarisationsgröße über den Sonnenvertikal reichte DORNOS Material nicht aus.

Der Vergleich der Monats- mit dem Gesamtmittel ergab für den Kieler Zenit für April, Mai, Juli, August und September die Differenzen $+0,011$, $+0,010$, $+0,007$, $-0,021$ und $-0,003$, woraus JENSEN trotz verschiedenen Zahlengewichts schließen durfte, daß P dort im Sommer besonders gering ist. Bei der harmonischen Analyse der von BUSCH und JENSEN aus dem Material von TORTOSA berechneten und von ihm auf Grund der RUBENSONschen (allerdings für Süditalien geltenden) Messungen von der direkten Beziehung zur Sonnenhöhe befreiten P-Werte fand STEENQUIST[3]) außer einem ausgeprägten Minimum gegen Juli zwei ziemlich stark ausgeprägte Maxima um die Zeit des Frühlings und Herbstes. Diese versuchte er — ähnlich wie ARRHENIUS und EKHOLM die jährliche Doppelperiode der Polarlichthäufigkeit — durch die verschiedene Lage der Erde zum Sonnenäquator und die Lage der Sonnenflecken zu erklären. Wir kommen darauf zurück. — In eingehendster Weise wurde der Einfluß der Jahreszeit auf P von DORNO untersucht, unter Berücksichtigung der i- und i_1-Komponente ($P = i_1/i$). Durch diese Betrachtungsweise ergeben sich vielfach mit überraschender Leichtigkeit die wahrscheinlichen Ursachen. So sieht man, daß in Davos die Minima der Zenitpolarisation des Sommer- und des stark durchlässigen Frühjahrshimmels zwei grundverschiedene Ursachen haben. Letzteres ist durch die kleinen i_1-Werte, ersteres durch die großen i- und i_1-Werte bedingt, ersteres also offenbar hervorgerufen durch verhältnismäßig viele große Kondensationsprodukte des Wasserdampfes (fremdes, neutrales Licht). Verfügt man nicht über genügend zahlreiche Beobachtungen zur Reduktion auf die nämliche Sonnenhöhe und will man den Einfluß der wechselnden atmosphärischen Beschaffenheit auf das Phänomen kennenlernen, so genügt auch die Verfolgung des Zenitpunktes nicht. Dies geht klar aus der DORNOschen Arbeit hervor. Man hat zu bedenken, daß bei wachsendem h dieser Punkt mehr und mehr aus der Gegenregion in die sich zur letzteren invers verhaltenden Sonnenregion gelangt, und daß das optische Verhalten dieser Gebiete stark von dem mit der Jahreszeit wechselnden Reinheitsgrad der Atmosphäre abhängt. Hat man es z. B. mit dem besonders reinen Frühjahrshimmel zu tun, so ist zu beachten, daß die verminderte Diffusion in der Sonnenumgebung besonders die i-Komponente herabsetzt (steigende Polarisation), und daß umgekehrt bei der infolge der größeren Transparenz stärker ausgedehnten Gegenregion die entsprechend geringer Extinktion verhältnismäßig starke vielfache Diffusion die nämliche Komponente vergrößert. Bedingend für die Abgrenzung der beiden Gebiete sind ja die Lagen der Helligkeitsminima. Die Verteilung der P.-Größe überhaupt ist wesentlich bedingt durch die — sowohl beim nämlichen als auch bei wechselndem h — verschieden große Amplitude der die Größe der i- und i_1-Komponente in verschiedenem Sonnenabstand angebenden Kurven.

Einen starken Einfluß auf die P können auch allgemeine atmosphärische Trübungen ausüben. Dabei kommen vor allem die Wirkungen von Vulkanausbrüchen in Frage; aber auch an einer engeren Beziehung zur Sonnentätig-

---

[1]) JAMES C. MC CONNEL, Phil. Mag. (5) Bd. 27, S. 81—104. 1889; s. auch FR. ZANTEDESCHI, Raccolta fis. chim. ital. Bd. 1, H. 10. 1846.
[2]) H. H. KIMBALL, l. c. bei Anm. 1 zu S. 114.
[3]) D. STEENQUIST, Anm. 5 auf S. 109.

Tabelle 24.

Monat	1903	1904	1905	Monat	1903	1904	1905
Januar . . .	0,518	0,541	0,599	Juli	0,475	0,618	—
Februar . .	0,518	0,516	0,556	August . .	—	—	—
März . . .	0,474	0,532	0,611	September .	0,546	0,597	—
April . . .	—	0,530	—	Oktober . .	0,546	0,647	—
Mai	0,434	0,547	—	November .	0,576	—	—
Juni . . .	0,376	0,589	—	Dezember .	0,526	0,629	—

keit kann heute kaum mehr gezweifelt werden. Ferner ist auf die Möglichkeit eines Einflusses des Einbruchs kosmischer Materie in die Atmosphäre hinzuweisen, wobei vor allem an die Erscheinungen im Sommer 1908 gedacht ist (s. unten). — Für die Wirkung von Vulkanausbrüchen sprachen schon Messungen von CORNU[1]) und PICKERING, was auch von ersterem klar erkannt wurde. Werten von 0,75 im Punkte maximaler Polarisation vorm Krakatauausbruch entsprachen 1884 solche von etwa 0,48. Systematische Messungen — die wir (in Washington und an verschiedenen anderen Orten Nordamerikas) KIMBALL[2]) verdanken — begannen erst nach dem Ausbruch der westindischen Vulkane im Jahre 1902. Tabelle 24 gibt die größten innerhalb der einzelnen Monate für den Sonnenabstand von $90°$ im Sonnenvertikal in Ascheville bzw. auf dem Black Mountain gefundenen Werte. Zur genauen Beurteilung der Zahlen müßten Beobachtungsort und Tageszeit angegeben sein; es springt aber auch so deutlich genug die im Jahre 1904 beginnende Zunahme in die Augen. Für 1906 bis 1908 kommen, von KIMBALL abgesehen, wohl nur die von BUSCH und JENSEN für Tortosa berechneten Werte in Frage. Ein Blick auf die Kurven der Jahre 1906 bis 1909 inkl. zeigt deutlichst die verhältnismäßig kleinen Werte für 1906 und 1908 und vor allem für 1907[3]). Es liegt nahe, die von M. WOLF[4]) für Heidelberg und von BUSCH[5]) für Arnsberg (durch die neutralen Punkte — in Zukunft öfter einfach als n.P. bezeichnet —) nachgewiesene Trübung der Jahre 1906 und 1907 auch für den Rückgang von P in Tortosa verantwortlich zu machen. Die Störung| 1906 ist offenbar völlig, die von 1907 wohl zum Teil auf die Vesuvausbrüche in diesen Jahren zurückzuführen. Die Polarisationsstörung von 1906 ist in Amerika nicht zu erkennen, wohl aber die wesentlich größere von 1907. Da nun der Ausbruch von 1907 nicht annähernd die Bedeutung desjenigen von 1906 hatte, lag es nahe, für 1907 eine allgemeinere Ursache (auch an Sonnentätigkeit gedacht) zu suchen. Erst viel später wurde sie in einem unbekannt gebliebenen starken Ausbruch des Ksudatch erkannt[6]). — Im Jahre 1908 ist wohl mit einer Nachwirkung genannter Ausbrüche zu rechnen; hinzu kam offenbar die Wirkung fein verteilter kosmischer Materie, die allem Anschein nach in hohe Atmosphärenschichten eindrang und am 30. Juni/1. Juli 1908 innerhalb eines großen Gebiets von Nordeuropa die glänzenden Lichterscheinungen des Abend- und Nachthimmels hervorrief. Über den Einfluß des Katmaiausbruchs (Juni 1912) auf das P. sind wir durch die Beobachtungen DORNOS und KIMBALLS recht gut unterrichtet[7]). Beim Zenit in Davos erkennt man auch

---

[1]) A. CORNU, C. R. Bd. 99, S. 488—493. 1884; Journ. de phys. (2) Bd. 4, S. 57—59. 1885.
[2]) H. H. KIMBALL, s. vor allem Bull. of the Mount Weather Obs. Bd. 3, Tl. 1, S. 69 bis 126, vor allem ab S. 110; weiter s. Anm. 2 auf S. 113.
[3]) FR. BUSCH u. CHR. JENSEN, l. c. S. 417.
[4]) M. WOLF, Vierteljschr. d. Astr. Ges. 1907, S. 162.
[5]) Fr. BUSCH, Meteorol. ZS. Bd. 25, S. 412—414. 1908.
[6]) E. HULTÉN, Medd. fr. Stockholms Hoegskol. Min. Inst. 1924, Nr. 48.
[7]) C. DORNO, l. c. 1919; H. H. KIMBALL, s. Bull. Mount Weather Obs. Bd. 5, S. 161 ff. 1912 u. Bd. 5, S. 295—312. 1913 (s. auch Bd. 3, S. 114. 1911) und allgemein seine fortlaufenden Ber. im Mounth. Weather Rev.

hier, daß die Trübung nur bei kleinen Sonnenhöhen vermindernd wirkt, bei größerem h dagegen P vergrößert. Das allmähliche Abflauen der Störung ist aus den Werten 0,530; 0,548 und 0,740 zu ersehen, die für $h = 0°$ und für die Abschnitte Dezember/ Februar (des folgenden Jahres) für 1912, 1913 und 1914 gelten. Bedeutsam für die künftige Beurteilung des atmosphärischen Reinheitsgrades ist DORNOS Ergebnis, daß vor allem im August und September 1913 der Punkt maximaler Polarisation trotz durch sonstige Messungen angezeigter stärkerer Trübung jedenfalls nahezu normale Verhältnisse anzeigt, was DORNO durch die Schwächung der i- und i_1-Komponente im nämlichen Verhältnis erklärt und wodurch auch ein früheres Ergebnis JENSENS verständlich werden könnte[1]). Für den Einfluß gesteigerter Sonnentätigkeit auf P konnte er mit Sicherheit nur Material vom völlig wolkenlosen und meteorologisch ungetrübten Himmel des 25. August 1916 beibringen, wo er für eine mittlere Sonnenhöhe von 54° entsprechend der veränderten Helligkeitsverteilung und der für das Tagesmittel um 6,2% herabgedrückten Intensität der Sonnenstrahlung eine auf der Sonnenseite kaum veränderte, dagegen auf der Gegenseite stark verminderte Pol.-Größe fand. Zu erinnern wäre hier daran, daß BUSCH und JENSEN nach eingehender Analyse der von HURION[2]) (auch im Punkte maximal. Polar.) gefundenen P.-Werte zum Ergebnis kamen, daß in den ersten neunziger Jahren des verflossenen Jahrhunderts in Clermont ein die P.-Größe herabdrückendes Moment vorlag, ohne daß es gelungen wäre, bedeutende Vulkanausbrüche nachzuweisen. Allerdings stellten sich gegen Ende 1893, obgleich die Sonnentätigkeit noch stark war, normale Werte ein.

In nahe Beziehung zueinander treten die KIMBALLschen und die BOUTARICschen Untersuchungen über die Abhängigkeit der Pol.-Werte von den atmosphärischen Transparenzverhältnissen. Beide verbanden Pyrheliometer- und Psychrometermessungen mit Bestimmungen der Pol.-Größe im Punkte maximaler Polarisation. KIMBALL[3]) war zunächst wesentlich um die Erkenntnis des von der Verschiedenheit der Schichtdicke herrührenden Faktors bemüht. Die erwartete einfache Beziehung zu der dem anvisierten Punkt zukommenden Schichtdicke fand er zwar nicht. Dagegen gelangte er unter der Annahme, daß die Atmosphäre aus einer unendlichen Zahl konzentrischer Luftschichten besteht, und daß P in den verschiedenen Schichten, entsprechend der Zunahme der Zahl größerer Teilchen zur Erde hin, mit der Höhe der anvisierten Stelle wächst, zu einem Ausdruck, in dem die Sekante des Zenitabstandes der Sonne als Variable vorkommt. Eine Beziehung zur absoluten Feuchtigkeit fand er nicht. Wesentlich war das Ergebnis, daß P, wenn auch nicht nach einfachem Gesetz, mit zunehmender Trübung abnimmt, und daß auf Pol.-Messungen beruhende Bestimmungen der atmosphärischen Transparenz mindestens ebenso verläßliche Resultate ergäben wie pyrheliometrische und psychrometrische Messungen. — Zu ähnlichen, außerordentlich klaren Ergebnissen gelangte, unabhängig von KIMBALL, später BOUTARIC[4]) in dem an sich offenbar sehr günstig gelegenen Montpellier. Die Messungen fielen allerdings wesentlich in die Zeit der Katmaitrübung. Um den Vergleich der für die nämliche Luftmasse geltenden, in verschiedenen Jahreszeiten liegenden Werte durchführen zu können, wurden die Strahlungswerte auf die gleiche Entfernung Erde—Sonne reduziert. Es ergab sich, daß bei nicht zu verschiedenem Wasserdampfgehalt im allgemeinen Intensität der Sonnenstrahlung (I) und P einander parallel gehen, so gedacht, daß gleichem I ein gleiches P entsprechen würde. Wenn für

---

[1]) Fr. BUSCH u. CHR. JENSEN, l. c. S. 404—407.
[2]) A. HURION, s. Anm. 2 auf S. 106.
[3]) H. H. KIMBALL, s. Anm. 2 auf S. 118.
[4]) A. BOUTARIC, s. Anm. 3 auf S. 109.

zeitlich weit voneinander abliegende Tage gleichem P ein anderes I entsprach, so lag die Erklärung meist in der Verschiedenheit der absoluten Feuchtigkeit, so gedacht, daß die im unsichtbaren Spektrum liegende selektive Wasserdampfabsorption wohl das I, aber nicht das P beeinflusse. Sehr wichtig ist das Ergebnis, daß die atmosphärische Absorption in ganz wesentlicher Weise durch die Lichtdiffusion bedingt ist. — Vor kurzem hat nun KALITIN pyrheliometrische und polarimetrische (wie bei BOUTARIC und KIMBALL, im Punkt maximaler Polar.) Messungen mit Bestimmungen der Intensität des diffusen Himmelslichtes und mit solchen der Ausstrahlung in den Raum verknüpft[1]). Sie wurden mit Hilfe des Schachbrettaktinometers von SAWINOF ausgeführt. In einer graphischen Darstellung, die mit Ausnahme der Ausstrahlungswerte in Abb. 4 gebracht

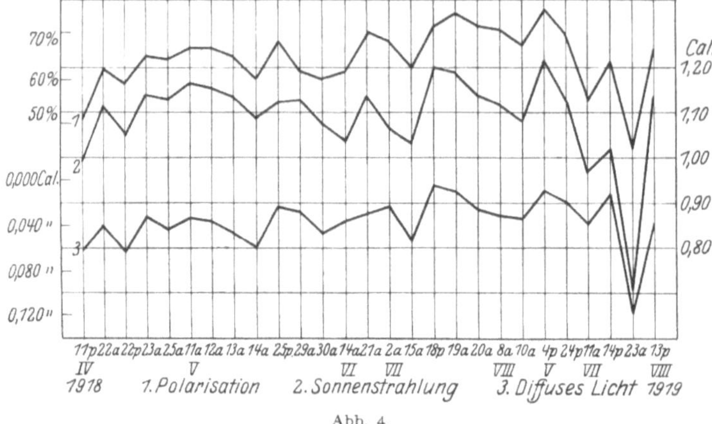

Abb. 4.

wird, ist für das diffuse Licht wegen der Gegensätzlichkeit zu Polarisation und Sonnenstrahlung die umgekehrte Darstellung angewandt worden. Nunmehr zeigt sich eine auffällige Parallelität zwischen den drei Kurven. Für den Korrelationskoeffizienten für I und P fand KALITIN den Wert $+0,82$, mit einem wahrscheinlichen Fehler von $\pm 0,03$. Daß die Kurve der diffusen Strahlung Änderungen in der Durchsichtigkeit besser charakterisiert als die der Ausstrahlung, die, von Verunreinigungen abgesehen, auch durch andere Faktoren, z. B. die Temperatur, stärker beeinflußt wird, ist verständlich. Auffallend ist, daß letztere überhaupt eine so starke Parallelität zu den andern Kurven zeigt. BOUTARIC fand durchaus keine Beziehung zwischen P kurz vor und nach Sonnenuntergang und der gleichzeitig gemessenen Ausstrahlung. — Hier ist auch der Pol.-Größe zur Zeit von Sonnen-Finsternissen zu gedenken. JENSEN[2]) konnte beim Vergleich mit dem nachfolgenden Tage gelegentlich der Finsternis vom 17. April 1912 nicht den geringsten Einfluß feststellen, wobei allerdings die ungünstige Mittagszeit (Gefahr großer Schwankungen) zu bedenken ist. STEENQUIST[3]) fand dagegen am 8. April 1921 in Vilhelmina (Finnland) einen deutlichen Einfluß (zur Zeit d. Max. in 90° Sonnenabstand 0,380, vor- und nachher 0,412), und die entsprechenden Messungen KARTSCHAGUINS[4]) in Moskau machten jedenfalls eine Verringerung der P.-Werte durch die Sonnenfinsternis wahrscheinlich (Himmel nicht wolkenfrei). Die wirksamen Faktoren sind hier offenbar Kondensationsprodukte des Wasserdampfes, wie

---

[1]) N. N. KALITIN, s. Anm. 7 auf S. 109.
[2]) CHR. JENSEN, Himmelswelt. S. 177ff. 1925.
[3]) D. STEENQUIST, Tekn. Medd. fr. Kungl. Telegr. Nr. 5—6, S. 39—41. 1921.
[4]) M. V. KARTSCHAGUIN, s. Anm. 8 auf S. 109.

denn auch — ganz abgesehen von der natürlich äußerst wichtigen Veränderung von S/d im Sinne Exners[1] — alle mit dem Kondensationsproblem zusammenhängenden Fragen von einschneidender Bedeutung für die Polarisationsverhältnisse sind. Hier kommt auch die Abhängigkeit atmosphärischer Trübungen von der Wetterlage in Frage [s. Myrbach[2], Gockel[3], Marten[4], Süring[5] u. a.]. Auf die Bedeutung der Verfolgung von P für die Wetterprognose wies zuerst vor allem Cornu[6] hin; weiter sind hier zu nennen Busch, Bell, Dorno, Eredia[7], Jensen, Schultz[8] und Süring, indem Jensen auch die Frage einer etwaigen Bedeutung der Verfolgung der Pol.-Phänomene für die langfristige Prognose (Schaffung von Kondensationskernen durch Fremdpartikel) ins Auge faßte[9]. Gegen die Richtigkeit einer derartigen Auffassung scheint allerdings zunächst die geringe, von Wigand am 5. Januar 1913 bei Höhen bis zu 6950 m gefundene Kernzahl zu sprechen[10]. — Mehr wie bisher wird man in Zukunft auch auf die sog. optische Trübung (Schlierenbildung) der Atmosphäre (s. v. Hanns Lehrb. d. Met. 1926, S. 15 u. ab 18) Rücksicht nehmen müssen, deren Bedeutung für die atmosphärische Polarisation von Kimball[11] betont wurde. Ob und wieweit sich der in Beziehung zum Linkeschen Trübungsfaktor T_s (s. S. 71) gesetzte, von Milch[12] definierte, für einen Sonnenabstand von 90° geltende „Depolarisationsfaktor" D in Zukunft für die quantitative Erfassung der trübenden Faktoren eignen wird, bleibt abzuwarten, wenn auch die erste Anwendung auf die Wetterprognose sowie auf Davoser Messungen ein befriedigendes Ergebnis brachte, wobei besonders die prinzipielle Übereinstimmung der von Dorno beobachteten und der berechneten P-Werte (bei konstantem D) hinsichtlich der raschen Änderung bei geringen und der langsamen bei großen Sonnenhöhen zu beachten ist. Es ergibt sich, wenn P durch das Verhältnis vom polarisierten zum Gesamtanteil des Lichtes definiert wird, das D zu

$$\left(\frac{1}{P-1}\right) \cdot \frac{f(0,1)}{f(h,T_s)},$$

wo durch $f(h,T_s)$ die Abhängigkeit von der Sonnenhöhe und vom Trübungsfaktor angedeutet ist, wobei $f(0,1)$ diese Funktion für $h = 0°$ und $T_s = 1$ (d. h. völlig reine Luft) bedeutet. Bedenklich erscheint aber, ganz abgesehen davon, daß Milch die vereinfachende Annahme macht, daß die größeren Teilchen nur neutrales Licht reflektieren, die völlige Vernachlässigung der sekundären Diffusion, die nach Milch für $h = 10°$ einen Fehler von nur 4% und bei steigender Sonne einen noch geringeren bewirken würde.

f) **Die Polarisationsgröße in verschiedenen Spektralbezirken.** Die Unstimmigkeiten der Ergebnisse verschiedener Beobachter dürften wesentlich auf die verschiedene Sonnendistanz des anvisierten Punktes und auf ungenügende Kenntnis bzw. Charakterisierung des jeweiligen atmosphärischen Zustandes

---

[1] F. M. Exner, s. S. 80.

[2] O. Myrbach, Wiener Ber. Bd. 119, IIa. März 1910; Meteorol. ZS. Bd. 39, S. 61 bis 62. 1922.

[3] A. Gockel, Meteorol. ZS. Bd. 38, S. 78—82. 1921; Bd. 40, S. 129—138. 1923.

[4] W. Marten, Veröffentl. d. Kgl. preuß. Met. Inst. 1914, Nr. 279.

[5] R. Süring, Meteorol. ZS. Bd. 41, S. 325—346. 1924.

[6] A. Cornu, Proc. Amer. Acad. Bd. 43, S. 407—412. 1907/08.

[7] Siehe darüber L. Palazzo, Berichte über die Versammlungen d. Intern. Met. Komit. usw. S. 51—53. Berlin: Behrend & Cie. 1910.

[8] L. G. Schultz, Proc. Sec. Conv. of Weath. Bur. Offic. Washington 1902, S. 28—31.

[9] Chr. Jensen, Das Wetter (Aßmannheft). 13. April 1915.

[10] A. Wigand, Meteorol. ZS. Bd. 30, S. 249—250. 1913.

[11] H. H. Kimball, Journ. Frankl. Inst. April 1911.

[12] W. Milch, ZS. f. Geophys. Bd. 1, S. 109—117. 1924/25.

zurückzuführen sein. Dabei ist an den ausgeprägten, von Dorno[1]) konstatierten Jahresgang zu erinnern. Die Beanstandung der Filtermethode (zu große Breite des durchgelassenen Spektralbezirks) durch Kalitin[2]) ist sicherlich nicht anwendbar auf die Benutzung von Wrattenfiltern (Dorno), und es ist zu beachten, daß Kalitin trotzdem so großen Wert auf die gute Übereinstimmung der eigenen (mittels Filter und auch mittels spektral zerlegten Lichtes gefundenen) mit den früher von Piltschikoff[3]) mit Hilfe von Filtern gewonnenen Ergebnissen legt.

Aus dem Gros der bisherigen Messungen geht jedenfalls hervor [s. Dorno und Gockel[4])], daß in Sonnennähe — nach Dorno jedenfalls bis zu 30 bis 40° Abstand — das P für größere λ dasjenige für kleinere zu überragen pflegt. Das selbe scheint im wesentlichen bei starker Lufttrübung auch für die Maximalpolarisation zu gelten (Dorno, Gockel, Pernter[5])]. Unaufgeklärte Ausnahmen bilden die von Cornu[6]) bei der Krakatautrübung (1884), die von Piltschikoff und die von Kalitin bei staubiger bzw. dunstiger Luft gefundenen Zahlen, ebenso die, welche Hurion[7]) 1892 und 1893 bei an sich geringem P fand (geringe Differenzen Rot-Blau, zum Teil auch hier umgekehrt). Bei heiterem Himmel ist in 90° Sonnenabstand nach Dorno $Pg > Pr (gr =$ Grün, $r =$ Rot, $g =$ Gelb, $b =$ Blau). Nach Gockel sind bei reinster Atmosphäre die Differenzen zu gering, um genügend sicher zu sein [dies von Tichanowsky[8]) beanstandet]; bei Abnahme der Sichtigkeit wäre P größer für kurze als für lange λ, und erst bei starker Dunstschicht käme die Umkehr in Frage. Pernter fand für heiteren Himmel (auch in 90° Sonnenabstand) $Pgr > Pb > Pr$, Kartschaguin $Pb > Pg$, aber merkwürdigerweise Pb kleiner als P im unzerlegten Lichte. Nach Tichanowsky ist dann $Pr > Pg > Pb$; bei Abnahme der Luftreinheit rückte das Maximum ins Grün (ob hier ähnliche Verhältnisse wie bei Pernter?), bei weiterer ins Blau. Bei starker Trübung scheint es sich auch nach ihm ins Rot zu verschieben. Kalitin fand verschiedene Verteilungen; vorherrschend war jedoch $Pr > Pgr > Pb$. Wohl zu beachten ist bei der Beurteilung der verschiedenen Ergebnisse, daß im Gegensatze zu den übrigen genannten Beobachtungen die Messungen von Kalitin und ganz besonders die von Tichanowsky in verschiedenen Gegenden ausgeführt wurden, so daß möglicherweise Bodenbeschaffenheit und klimatische Verschiedenheiten, in allererster Linie aber offenbar letztere einen ganz verschiedenen Einfluß ausüben konnten (s. auch S. 135). — Die ebenfalls in verschiedensten Gegenden der Erde ausgeführten Messungen von Nichols[9]) beziehen sich auf den Zenit. Die Farbenabhängigkeit zeigte eine auffällig große Mannigfaltigkeit. Wenn auch die von ihm gefundenen Verhältnisse großenteils noch einer befriedigenden Erklärung harren, so sind doch diese Messungen besonders wertvoll, weil sie mit solchen der spektralen Helligkeitsverteilung kombiniert wurden. — Bemerkenswert sind noch folgende Ergebnisse Kalitins: I. Bei Abnahme der Lufttransparenz ist eine stärkere Tendenz zum Fallen der P-Werte zu konstatieren, wenn man von kurzen zu langen Wellen übergeht. II. Beim Steigen der Sonne ist die Verminderung von

[1]) C. Dorno, l. c. S. 117—125. Berlin: Behrend & Co. 1919; Phys. der Sonnen- und Himmelsstrahlung. S. 82. Braunschweig 1919; Meteorol. ZS. Bd. 35, S. 124. 1919.

[2]) N. N. Kalitin, Meteorol. ZS. Bd. 43, S. 132ff. 1926; s. auch Geophys. Samml. Bd. 4, 2. Lieferung.

[3]) N. Piltschikoff, C. R. Bd. 115, S. 555—558. 1892.

[4]) A. Gockel, Ann. d. Phys. Bd. 62, S. 283ff. 1920.

[5]) J. M. Pernter, Wiener Denkschr. Bd. 73, S. 301—328. 1901.

[6]) A. Cornu, C. R. Bd. 99, S. 488ff. 1884.

[7]) A. Hurion, Ann. chim. phys. Bd. 7, S. 456ff. 1896.

[8]) J. J. Tichanowsky, Meteorol. ZS. Bd. 43, S. 288ff. 1926.

[9]) E. L. Nichols, Phys. Rev. Bd. 26, S. 497ff. 1908.

P am meisten ausgeprägt für die weniger brechbaren Strahlen (entsprechend
bei PILTSCHIKOFF). Ergebnis II ist in guter Übereinstimmung mit I, wenn
man bedenkt, daß bei zunehmendem h der beobachtete Punkt sich nicht nur
dem unreineren Horizont nähert, sondern daß auch die Sichtigkeit an sich die
Tendenz hat, mit zunehmender Sonnenhöhe zu sinken.

13. Die neutralen Punkte. a) Allgemeine Bemerkungen. Am leichtesten
beobachtbar ist der unter normalen Verhältnissen um Sonnenuntergang etwa
17 bis 18° über der Gegensonne liegende ARAGOsche Punkt (A-Punkt), schwieriger schon um die nämliche Zeit der in etwas kleinerem Winkelabstand von
der Sonne befindliche BABINETsche Punkt (Ba-Punkt). Mit vereinzelten Ausnahmen [CHASE[1])] ist der unter der Sonne liegende BREWSTERsche Punkt (Br-
Punkt), der überhaupt erst erscheinen kann, wenn h mindestens = 10 bis 11°
ist, am schwersten beobachtbar. Nach den von
BUSCH, DEMBER und DORNO bestätigten Messungen
JENSENS[2]) wächst der Abstand des A-Punktes
normaliter umgekehrt mit der Wellenlänge, ebenso
nach den durch DEMBER bestätigten BUSCHschen
Messungen[3]) der Ba-Abstand, wogegen sich nach
DEMBER und UIBE[4]) das Verhältnis für den Br-Abstand umkehrt. Letztere fanden im März, April
und September 1916 auf Teneriffa einen von der
Luftbeschaffenheit stark abhängigen neutralen
Punkt mit einem mittleren Sonnenabstand von
25,5°. Abb. 5 zeigt nach Messungen in Ilmenau[5]) für
eine Sonnenhöhe von etwa 20° den B- und Br-Punkt
sowie den A-Punkt in Abständen von der Sonne

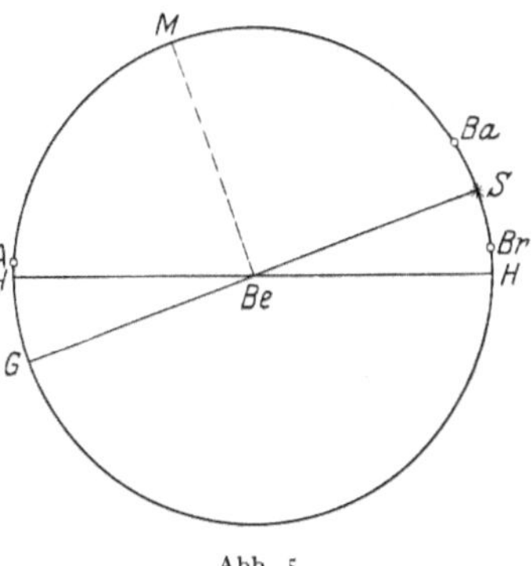

Abb. 5.

bzw. der Gegensonne von etwa 12, 14 und 24°. Entsprechend der von BUSCH aus den
eigenen und den KLÖDENschen Messungen gefundenen Beziehung kann man für den
A-Punkt unter normalen Umständen als Regel annehmen, daß sein Abstand einige
Zeit vor Sonnenuntergang abzunehmen beginnt, um kurz nach Untergang ein Minimum zu erreichen und sodann zuzunehmen[6]). Die sich aus den von BREWSTER 1841
und 1842 in St. Andrews, an der See, angestellten Messungen ergebenden Abweichungen hiervon bedürfen der Aufklärung. Die genauere Ermittelung der Sonnenhöhe, bei welcher der Abstieg der Kurve unter verschiedenen Verhältnissen
beginnt, steht noch aus. GENZ[7]) fand bei seinen Untersuchungen über die Abhängigkeit der Höhe des A-Punktes von der Helligkeit des Himmelsgewölbes
(1911) das Maximum meist zwischen $h = 11°$ und $h = 13°$ liegend. Hinsichtlich des Ba-Punktes stellte BUSCH[8]) und hernach SACK[9]) fest, daß er sich allmählich von der zum Horizont sinkenden Sonne entfernt, um sich ihr hernach
zu nähern. JENSEN stellte einwandfrei fest, daß jedenfalls bei größeren Sonnen-

---

[1]) P. E. CHASE, Phil. Mag. Bd. 32, S. 79—80. 1866; Proc. Amer. Phil. Soc. Bd. 10, S. 5.
1866; Phil. Mag. Bd. 32, S. 156—157. 1866; Proc. Amer. Phil. Soc. Bd. 10 (vom Februar)
Phil. Mag. Bd. 34, S. 325. 1867; Sill. Journ. (Juli 1867).
[2]) FR. BUSCH u. CHR. JENSEN, l. c. S. 251 u. 252; CHR. JENSEN: Mitt. d. Ver. v. Fr.
d. Astr. u. kosm. Phys. Bd. 22, S. 208. 1912; Meteorol. ZS. Bd. 30, S. 81ff. 1913; Jahrb.
Hamb. Wiss. Anst. Bd. 32, 3. Beiheft, S. 63—80. 1916.
[3]) FR. BUSCH, Meteorol. ZS. Bd. 30, S. 329ff. 1913.
[4]) H. DEMBER u. M. UIBE, s. Anm. 10 auf S. 77.
[5]) Noch nicht veröffentlicht (Beobachtungen von F. SCHWAB).
[6]) FR. BUSCH, Meteorol. ZS. Bd. 3, S. 532ff. 1886 u. Bd. 5. 1889; Beil. z. Progr. d.
Gymnas. Arnsberg 1890.
[7]) E. GENZ, Dissert. Kiel 1913.
[8]) FR. BUSCH, Meteorol. ZS. Bd. 22, S. 248—254. 1905.
[9]) G. SACK, Meteorol. ZS. Bd. 21, S. 105—112. 1904.

tiefen ein erneutes Steigen eintritt, so daß das erste Maximum nur als ein sekundäres zu betrachten ist. Auch Süring[1]) fand, daß in Potsdam in der Regel um die Zeit des Sonnenunterganges nur ein sekundäres Maximum erreicht wird. Zwischen dem Winter 1910/11 und 1911/12 fehlte es völlig. Dasselbe scheint für die von Plassmann[2]) im Jahre 1910 und 1911 ausgeführten Messungen zu gelten. Sack fand bei seinen zwischen Oktober 1902 und September 1903 in Lübeck durchgeführten Messungen, daß hinsichtlich des Bewegungssinnes in bezug auf Sonne und Gegensonne mutatis mutandis für beide Punkte die Verhältnisse morgens und abends die nämlichen sind. Nachdem Busch erkannt hatte, daß dem Sinken des A-Abstandes ein Steigen voraufgeht, wies er, wenn auch das letzte Anwachsen des Ba-Abstandes noch zweifelhaft war, deutlich darauf hin, daß es sich offenbar bei beiden Punkten um eine völlige Übereinstimmung hinsichtlich der Richtung der Bewegung in bezug auf die Sonne und die Gegensonne und nur um eine Phasenverschiebung handle[3]). — Über den Br-Punkt liegen bisher verhältnismäßig wenig Messungen vor, so von Busch, Chase[4]), Cornu[5]), Dember und Uibe, Dorno, Platania[6]), F. Schwab sowie J. L. und Chr. Soret[7]) (ganz neuerdings von C. Voigts in Lübeck). Seine Verfolgung scheint im allgemeinen günstiger zu werden mit der Erhebung des Beobachters über das Meeresniveau. Gegen die hieraus etwa zu ziehende Schlußfolgerung, daß größere Luftreinheit die Beobachtung erleichtert, scheint — wenn man nicht etwa zwischen Verunreinigungen in höheren und in tieferen Luftschichten unterscheiden muß — wiederum der Umstand zu sprechen, daß Zeiten allgemeiner atmosphärischer Trübungen dieselbe offenbar begünstigt. Wenn Dorno[8]) im Hinblick auf die Nichtsichtbarkeit des Punktes in Muottas-Muraigl an dem eine außergewöhnlich große Lufttransparenz aufweisenden 24. Januar 1924 meint, hierin möglicherweise eine Andeutung dafür erblicken zu dürfen, daß die Entstehung der n. P. — vom Einfluß der Reflexion an der hellen Erdoberfläche auf das Phänomen wollen wir ganz absehen — das Vorhandensein von Fremdkörpern in der sonst reinen Gasatmosphäre benötige (s. dazu Busch und Jensen l. c. S. 118, Abs. 2), so stehen dem scheinbar die Aussagen von Busch und Chase gegenüber, nach welchen der Br-Punkt nur bei sehr klarer Luft (wie es scheint, hier wesentlich die tieferen Luftschichten in Frage kommend) zu beobachten ist. Möglicherweise spielt hier der etwa von der Luftbeschaffenheit abhängige Sonnenabstand die entscheidende Rolle, zum Teil vielleicht sogar in dem Sinne, daß das Erscheinen des Punktes am Himmel rein geometrisch ausgeschlossen ist. Merkwürdigerweise soll allerdings nach Dember und Uibe der Br-Abstand auf Teneriffa von der Luftbeschaffenheit (und auch von der Sonnenhöhe) unabhängig sein. Aus den Messungen Buschs [s. u. a. Busch und Jensen[9])] und noch mehr aus denen Dornos[10]) ist allerdings zu entnehmen, daß die Abstände jedenfalls zu Zeiten starker allgemeiner Trübungen besonders groß sind (für eine Sonnenhöhe

---

[1]) R. Süring, Veröff. Kgl. Preuß. Met. Inst. Nr. 240, S. X ff. 1911; Meteorol. ZS. Bd. 28, S. 121—123. 1911.

[2]) J. Plassmann, Wiss. Beil. z. Progr. d. Gymnas. z. Münster 1912, S. 44 (Ref. Busch, Meteorol. ZS. 1912, S. 347—349).

[3]) Fr. Busch, Das Weltall. S. 37—41, 55—62 u. 77—80. 1905 (besonders letztere).

[4]) P. E. Chase, s. Anm. 1 auf S. 123.

[5]) A. Cornu, s. Anm. 6 auf S. 51.

[6]) G. Platania, Reale Accad. Naz. dei Lincei Bd. 14, S. 26. 1923.

[7]) J. L. u. Chr. Soret, Arch. sc. phys. et nat., Jan. 1889 u. C. R. Bd. 107, S. 621 bis 622. 1888.

[8]) C. Dorno, Grundzüge des Klimas von Muottas-Muraigl, S. 100. Braunschweig: Vieweg & Sohn 1927.

[9]) Fr. Busch u. Chr. Jensen, l. c. S. 234.

[10]) C. Dorno, l. c. 1919, Tab. 48 b.

von 45° etwa zwischen 24 und 27° statt 10 bis 12°). Aus den Messungen beider Beobachter sowie aus sonstigen noch nicht veröffentlichten Beobachtungen ist weiter klar zu entnehmen, daß eine starke Tendenz der Abstandsverringerung mit steigender Sonnenhöhe besteht (für Normalzeiten der Minimalwert bei $h = 55°$ etwa 8°, bei $h = 20°$ etwa 14°). Soweit das dürftige Material Schlußfolgerungen zuläßt, scheinen die Br-Abstände im allgemeinen die Ba-Abstände um einiges zu überragen. Da nun die von verschiedenen Beobachtern gewonnenen Ergebnisse zum Teil merkwürdig voneinander abweichen, sollte man dem Br-Punkt in Zukunft unbedingt größere Aufmerksamkeit schenken und vor allem auch prüfen, ob und wieweit die von EXNER vertretene Ansicht zu Recht besteht[1]), daß der Abstand bei besonders klarer Luft größer zu sein scheint, als bei unreiner[2]). Möglicherweise ist hier etwas durch Anbringung eines Glimmerplättchens vorm SAVARTschen Polariskop zu erreichen[3]).

Unter besonderen Umständen (Nebel, Wasserflächen) wurden besondere neutrale Punkte im Sonnenvertikal beobachtet, so von BREWSTER 1841, von RUBENSON in Segni im Jahre 1862 und von J. L. SORET[4]) 1888 am Genfer See. Um ein ähnliches Phänomen dürfte es sich wohl bei dem erwähnten besonderen neutralen Punkt bei DEMBER und UIBE handeln. Hierher gehören auch die interessanten und für die Theorie der n. Punkte wichtigen Untersuchungen BUSCHs bei Vorhandensein von Wolken. BUSCH[5]) fand auch, daß der A-Punkt stets, der Ba-Punkt nach Sonnenuntergang von einem neutralen Punkt innerhalb des Sonnenvertikals im Terrain begleitet ist. Wird das feste Terrain durch größere Wasserflächen ersetzt, so zeigen sich nach JENSEN[6]) jedenfalls bei tiefstehender Sonne mit dem Polariskop Unterbrechungsstellen, die sich dem Horizont um so mehr nähern, je mehr man sich aus der senkrecht zur Sonne stehenden Visierlinie dem Sonnenvertikal zuwendet, um dort in den Horizont zu fallen. AHLGRIMM zeigte auf rechnerischem Wege, daß die Reflexion des Himmelslichtes an der Wasseroberfläche noch eine weitere, bis an den Beobachter heranreichende Kurve der Unterbrechungsstellen ergeben müsse, die er hernach auch beobachten konnte. — Was nun die normalen neutralen Punkte betrifft, so können sie durch Wolken aus dem Sonnenvertikal herausfallen. SÜRING fand für Potsdam, daß der A-Punkt (entsprechend — allerdings geringere Abweichungen — beim weniger beobachteten Ba-Punkt) durchschnittlich 5° nördlich vom Sonnenvertikal lag. Weiter wurden solche azimutalen Abweichungen von KNOPF[7]) in Jena und von DORNO in Davos konstatiert, vereinzelt auch von JENSEN[8]) in Wengen. Wieweit es sich um Terraineinflüsse (in Potsdam Seen in der Nähe, in Jena, Davos, Wengen Berge) handelt, oder wieweit hier auch tiefere Ursachen (s. SCHMIDs Untersuchungen über das Zodiakallicht) in Frage kommen, bleibt zu untersuchen.

b) **Die neutralen Punkte in Abhängigkeit vom atmosphärischen Reinheitsgrad.** Tabelle 25 gibt eine Übersicht über die Größe der A- und

[1]) F. M. EXNER, Met. Optik, S. 667. 1922.

[2]) Die ganz auffällig kleinen und wesentlich im entgegengesetzten Sinne laufenden Werte, die G. IMBÒ (Ann. d. R. Osserv. Vesuviano, Ser. 1, Bd. 1. 1924) 1924 in Neapel fand, erscheinen sehr bedenklich.

[3]) Siehe FR. BUSCH u. CHR. JENSEN, l. c. S. 198—199 u. A. HOFMANN, Meteorol. ZS. Bd. 40, S. 54. 1923.

[4]) J. L. SORET, C. R. Bd. 107, S. 867—870. 1880; Soc. de phys. et d'hist. nat. de Génève 1889, S. 456.

[5]) FR. BUSCH u. CHR. JENSEN, l. c. S. 238—239.

[6]) FR. BUSCH u. CHR. JENSEN, l. c. S. 239—242; CHR. JENSEN, Jahrb. f. Photogr. u. Reproduktionstechn. für 1911 (s. auch J. PLASSMANN, Ann. d. Hydrogr. 1912, S. 478—486).

[7]) O. H. J. KNOPF, Beitr. Phys. fr. Atm. Bd. 8, H. 2, S. 57—72.

[8]) CHR. JENSEN, Meteorol. ZS. Bd. 30, S. 84. 1913.

Tabelle 25.

	Beobachter	Zeit	5,5°	4,5°	3,5°	2,5°	1,5°	0,5°	−0,5°	−1,5°	−2,5°	−3.5°	−4,5°	−5,5°
A-Punkt	BUSCH	1886	22,8	22,9	22,8	22,7	21,7	21,7	20,6	**20,2**	20,4	21,0	22,4	24,7
	JENSEN	1910	22,7	22,4	22,1	21,7	21,2	20,4	19,9	**19,6**	19,8	20,8	23,0	26,1
	JENSEN	1911	22,0	21,8	21,5	21,1	20,6	20,0	19,6	**19,4**	19,5	20,5	22,2	25,0
	BUSCH	1911	20,2	20.1	19,9	19,6	19,2	18,9	18,7	**18,6**	19,1	20,5	22,6	25,5
	DORNO	1915	18,9	18,6	18,6	18,4	18,3	18,2	**17,6**	17.7	18,1	18,6	20,4	23,1
B-Punkt	BUSCH	1886	20,0	20,6	21,7	22,8	22,8	24,1	**24,2**	23,1	23,0	22,4	20,9	19,2
	JENSEN	1910	16,2	16,8	17,4	18,1	18,7	**19,2**	19,0	18,8	18,6	18,6	18,8	19,3
	JENSEN	1911	16,6	17,0	17,4	17,7	18,0	18,2	18,4	**18,6**	**18,6**	18,3	18,4	19,0
	BUSCH	1911	14,4	15,0	15,7	16,3	16,8	**17,1**	**17,1**	16,8	16,3	15,9	15,7	15,8
	DORNO	1915	16,6	17,3	18,3	18,3	17,8	**17,9**	17,6	17,0	17,0	16,7	17,4	18,2

Ba-Abstände verschiedener Beobachter bei Sonnenhöhen zwischen +5,5 und −5,5° in Zeiten, wo die Atmosphäre jedenfalls einigermaßen rein war. Bei BUSCH 1886 handelte es sich um zwischen dem 26. April und 30. September angestellte Beobachtungen, im übrigen um Jahresdurchschnittswerte für möglichst wolkenlose Tage. Zu beachten ist, daß sich die Atmosphäre im Jahre

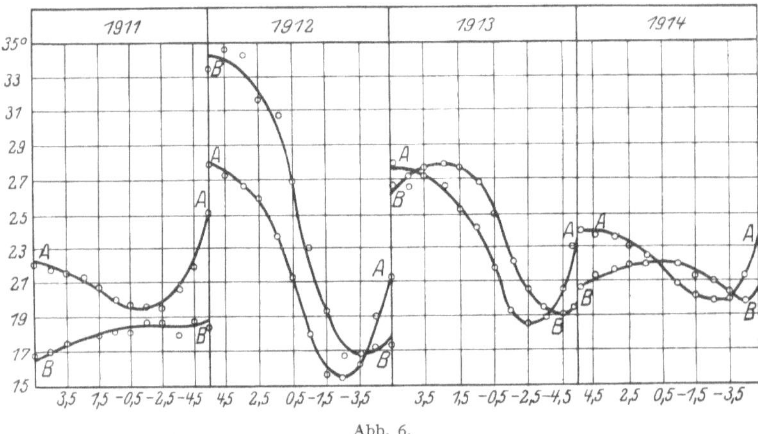

Abb. 6.

1886 offenbar noch nicht völlig der Fremdpartikelchen der Katmaikatastrophe entledigt hatte, daß JENSEN am Rande der Großstadt (Hamburg), BUSCH offenbar unter besseren Verhältnissen, DORNO im Hochgebirge beobachtete, und ferner, daß sich 1911 besonderer atmosphärischer Reinheit erfreute, und daß auch 1915 für Davos nach den verschiedensten optischen Messungen als ein Jahr besonderer atmosphärischer Reinheit anzusehen ist. Zieht man beim *A*-Punkt die Differenzen zwischen dem einem $h = 5,5°$ zukommenden und dem kleinsten Abstandswert, so könnte man daraus beim Vergleich entnehmen, daß sie sich mit zunehmender Trübung vergrößern. Ähnliches ergäbe sich aus den Differenzen zwischen dem sekundären Maximum und dem einem $h = 5,5°$ zukommenden Ba-Wert. Besonders eingehend wurde in dieser Beziehung der *A*-Punkt untersucht, und es hat sich gezeigt, daß die Differenzen zuzeiten starker Trübungen gewaltig zunehmen. Wählen wir wieder +5,5° Sonnenhöhe (h) als Ausgangspunkt, so ergeben sich die Differenzen für die Jahre 1910 bis 1914 inkl. in Hamburg der Reihe nach zu +3,1; +2,6; +12,4; +9,2 und +3,8. Wir sehen also die Wirkung des Katmaiausbruches und hernach das Verklingen der Störung. Abb. 6 zeigt in überraschender Weise die Stärke der Wirkung. Während i. J. 1911 die *A*-Kurve völlig über der *Ba*-Kurve liegt, kehrt sich vor allem 1912 bis zu größeren Sonnentiefen hin das Verhältnis völlig um[1]). Typisch sind die — bereits 1902 und 1903 von BUSCH und von SACK festgestellten — Verlagerungen des A-Minimums (nach negativem h hin) und des Ba-Maximums (nach positivem h hin). Die 1912 eingetretene Störung nimmt insofern eine beachtenswerte Sonderstellung gegenüber den 1883 und 1902 eintretenden Störungen ein, als sie jedenfalls bis nahe zum Schluß mit einer Periode geringer Sonnentätigkeit zusammenfiel, so daß dadurch die Diskussion der Ergebnisse erleichtert wird. Diese letzte große Störung zeigt im Gegensatz zu 1903 mit den besonders auffälligen großen Abstandswerten bei positivem die vor allem beim A-Punkt ausgeprägte Eigentümlichkeit ungemein niedriger Abstandswerte bei negativem h. Eine Verkleinerung der Werte bei negativem h gegenüber normalen Zeiten war allerdings auch 1903 von BUSCH und von SACK[2]) gefunden. Zum Glück sind seit gut einem Dezennium eine ganze Reihe von Beobachtern der neutralen Punkte auf dem Plan gewesen, so vor allem BUSCH[3]), DEMBER und UIBE, DORNO[4]), H. GRETSCHMANN, JENSEN[5]), KIMBALL[6]), KNOPF[7]), MENTZEL[8]), MENZE, J. MÖLLER, PLASSMANN[9]), PLATANIA[10]), F. SCHWAB, SCHWASSMANN, SMOSARSKI, SÜRING, WEGENER[11]), WENGER und andere. Über den Verlauf und die geographische Verbreitung der Katmai-Trübung berichteten MAURER und DORNO[12]). Über diese ist man überhaupt verhältnismäßig gut orientiert, wenn auch noch manche Ergebnisse ausstehen. Diese Trübung äußerte sich nach JENSEN auch in einer völligen Umkehr der Farbenverhältnisse, so daß die Abstände für die längeren λ die größeren waren. Die — im Oktober 1912 bemerkte — Umkehr dauerte in Hamburg wesentlich bis in den Januar 1913 hinein. BUSCH hat die Zeichenumkehr nicht bemerkt, konnte aber am 20. und 21. Dezember 1912 konstatieren, daß die positiven Differenzen noch wesentlich kleiner waren wie 1910 und 1911. WEGENER fand zwischen den Februar und dem April 1913 nahe der nordgrönländischen Küste zwischen den photographisch und den visuell gewonnenen A-Abständen positive Differenzen, die für den tiefsten Punkt der Kurve den erstaunlichen Betrag von 8° erreichten, obgleich die Kurven hinsichtlich der Amplitude und Lage des

[1]) CHR. JENSEN, Jahrb. Hamb. Wiss. Anst. Bd. 33, Beiheft 3. Hamburg 1916 (MEISSNER) 80 S.; Meteorol. ZS. Bd. 30, S. 81—85. 1913; Verh. Ges. D. Nat. Ärzte Bd. 84, S. 92—97. 1913; mit H. MENZE, Ver. Fr. Astr. kosm. Phys. 1916, S. 71—83; mit H. SIEVEKING, Naturwissensch. Bd. 2, S. 818—826. 1914.

[2]) S. außer G. SACK, l. c. (Anm. 9, S. 123) auch G. SACK, Meteorol. ZS. Bd. 23, S. 348 bis 351. 1906 und dazu CHR. JENSEN, Meteorol. ZS. Bd. 24, S. 185 ff. 1907.

[3]) FR. BUSCH, Meteorol. ZS. Bd. 29, S. 385. 1912; Bd. 30, S. 321—330. 1913; Bd. 31, S. 513—522. 1914.

[4]) C. DORNO, Meteorol. ZS. Bd. 29, S. 580—584. 1912; Bd. 31, S. 71—80 u. 465—474. 1914.

[5]) CHR. JENSEN, S. auch Ver. Fr. Astr. kosm. Phys. 1919, S. 37—48; Himmelswelt. S. 174—181. 1925.

[6]) H. H. KIMBALLS für die Katmaitrübung in Frage kommende Arbeiten: Journ. Washingt. Acad. Bd. 3, S. 269—273. 1913; Month. Weath. Rev. Bd. 41, S. 153—160. 1913; Bull. M. Weath. Obs. Bd. 5, S. 161—165, 1912 und S. 295—312. 1913. Im übrigen berichtet er fortlaufend in Month. Weath. Rev. (meist d. n. P., d. Pol.-Größe und die Sonnenstrahlung gleichzeitig betreffend).

[7]) O. KNOPF, Beitr.. z. Phys. d. fr. Atm. Bd. 8, S. 57—72. 1919.

[8]) Material von MENTZEL, MOELLER, SCHWAB, WENGER u. a. in Bearbeitung (über SCHWASSMANNS Messungen bei JENSEN ber.).

[9]) J. PLASSMANN, Astron. Nachr. Bd. 200, Sp. 352. 1915; Bd. 203, Sp. 159—160. 1917; Bd. 207, Sp. 35—38. 1918; Bd. 210, Sp. 13—14. 1920.

[10]) G. PLATANIA, Atti dell'Acad. Gioen. d. scienc. nat. Catania (5a) Bd. 5, 1911 ; 11 S. Mem. della Soc. degl. Spettr. ital. Bd. 1, S. 153—157; 1912, Bd. 2, S. 137—142, 1913, Bd. 3, 1914, 7 S.; Bd. 5, 1916, 5 S.; Bd. 6, 1917, 4 S.; Bd. 7, 1918, 3 S.; Real. Ac. Naz. Dei Linc. Bd. 14, 1923 28 S. (zusammenfassend).

[11]) A. WEGENER, Sitz.-Ber. Ges. z. Beförd. ges. Nat. Marburg, 25. Febr. 1914.

[12]) J. MAURER und C. DORNO, Meteorol. ZS. Bd. 31, S. 49—62. 1914.

Minimums — im Gegensatz zu den um die nämliche Zeit von Robitzsch[1]) auf Spitzbergen gefundenen Zahlen —, wie es jedenfalls scheint, stark ausgeprägten Störungscharakter trugen. Im allgemeinen machen sich die Wirkungen starker allgemeiner Trübungen besonders beim Ba-Punkt geltend. Die zwischen Mai und Dezember 1907 in Arnsberg verfolgte Störung war besonders gekennzeichnet durch die vor Sonnenuntergang gegenüber den Ba-Abständen besonders vergrößerten A-Abstände. Die mit der verstärkten Sonnentätigkeit in Verbindung gebrachte Trübung von Mitte 1916 bis Anfang 1917 wurde in Davos auch an Hand der neutralen Punkte verfolgt. Eine prinzipielle Verschiedenheit zwischen den Wirkungen 1912/14 und 1916/17 zeigte sich nach Dorno erst bei negativem h, indem sich die A-Abstände zwischen $-2,5°$ und $-4,5°$ Sonnenhöhe ein wenig vergrößerten und die Ba-Abstände gleichzeitig verkleinerten, und indem hernach beide Punkte mit verspätetem Beginn auffällig steil zum Zenit aufstiegen. Auffällig sind die vor allem gegenüber 1911 großen positiven Differenzen zwischen den A- und Ba-Abständen, wie es auch aus den in Arnsberg, Bremen, Catania, Hamburg, Nowawes angestellten Messungen hervorgeht. Aber auch 1918 weist noch auffällig große Differenzen auf, so für Catania um Sonnen-Untergang von 1916 bis 1918 von 1,7 auf 1,8 und 2,0° steigend. Weitere Entscheidungen über den Einfluß der Sonnentätigkeit auf das Phänomen kann vielleicht die Anwendung der harmonischen Analyse auf den jährlichen Gang, wie sie von Jensen versucht wurde und eine jährliche Doppelperiode im Gange der Punktabstände, analog der Doppelperiode der Polarlichthäufigkeit, wahrscheinlich machte, erbringen[2]). Schon vor Jahren wies Busch auf einen Parallelismus zwischen dem Gang der Sonnenflecken-Relativzahlen und den A- und B-Abständen um Sonnenuntergang hin. Er fand für alle drei Phänomene für 1889 ein Minimum, für 1893 ein Maximum, und von da ab nahmen die Werte sämtlich wieder dauernd ab. Weitere diesbezügliche Untersuchungen wurden durch den Ausbruch der westindischen Vulkane gestört. An einem nicht geringen Einfluß der Sonnentätigkeit auf die Phänomene ist heute kaum mehr zu zweifeln, wenn sich auch für die neueste Zeit die Buschsche Beziehung nicht nachweisen ließ[3]). Dies dürfte seinen Grund mit darin haben, daß offenbar die Zeit des Sonnenunterganges ungünstig für den Vergleich ist. Aus der Verarbeitung eines größeren Materials durch Jensen scheint überhaupt hervorzugehen, daß die etwas größeren Sonnenhöhen entsprechenden Werte (bis zu $h = +5,5°$ untersucht) die Schwankungen der Werte von Jahr zu Jahr deutlicher erkennen lassen[4]).

Auch ein Einfluß der Jahreszeit ist vorhanden. Man kann es im wesentlichen mit Dorno so aussprechen, daß es sich im Sommer um eine Abweichung gegen das Jahresmittel in dem Sinne handelt, wie man sie als charakterstisch für allgemeine optische Störungen kennt. Für Hamburg jedenfalls scheint die Abhängigkeit von der Jahreszeit größer für den A- als für den Ba-Punkt zu sein. In ähnlichem Sinne lag bereits die Äußerung Sürings, daß ein Unterschied zwischen warmer und kalter Jahreszeit für den Ba-Punkt nicht erkennbar sei, während für den A-Punkt eine Tendenz zur Verringerung der Abstände im Winter ziemlich klar hervortrete, jedenfalls solange die Sonne noch überm Horizont stehe. Er fügt allerdings hinzu, daß solche Schwankungen beim Ba-Punkt vielleicht durch die stärkeren progressiven Änderungen von Jahr zu Jahr verdeckt werden. Dorno kann für Davos der Ansicht Jensens nicht bedingungs-

[1]) M. Robitzsch, Meteorol. ZS. Bd. 31, S. 450—451. 1914.
[2]) Chr. Jensen, Mitteilgn. d. Vereinig. v. Freund. d. Astron. u. kosm. Phys. Bd. 29, S. 45ff. 1919.
[3]) S. auch G. Platanias Ergebnisse, 1923 l. c. (s. Anm. 10 auf S. 127).
[4]) Chr. Jensen, s. Himmelswelt Bd. 35, S. 176ff. 1923.

Tabelle 26.

Jahr	$+5,5°$	$+45°$	$+35°$	$+2,5°$	$+1,5°$	$+0,5°$	$-0,5°$	$-1,5°$	$-2,5°$	$-3,5°$	$-4,5°$	$-5,5°$
1909	$+2,7°$	$+2,1°$	$+1,8°$	$+1,8°$	$+1,8°$	$+1,6°$	$+1,1°$	$+0,5°$	$-0,1°$	$-0,4°$	$-0,8°$	$-1,4°$
1910	$+1,2°$	$+1,4°$	$+1,3°$	$+1,1°$	$+0,9°$	$+0,6°$	$+0,2°$	$-0,2°$	$-0,3°$	$+0,1°$	$+0,5°$	$-1,5°$
1911	$+2,3°$	$+1,7°$	$+1,3°$	$+0,8°$	$+0,7°$	$+0,8°$	$+0,8°$	$+0,6°$	$+0,4°$	$-0,8°$	$-1,3°$	$-0,4°$
1912	$-2,5°$	$-2,7°$	$-3,3°$	$-4,0°$	$-4,0°$	$-3,0°$	$-1,5°$	$\pm0,0°$	$+0,4°$	$+1,5°$	$+2,9°$	$+1,7°$
1913	$+2,0°$	$+1,7°$	$+1,3°$	$+1,2°$	$+1,1°$	$+0,6°$	$-0,8°$	$-1,9°$	$-2,5°$	$-2,7°$	$-2,3°$	$-1,8°$
1914	$+1,1°$	$+1,2°$	$+1,1°$	$+1,0°$	$+0,8°$	$+0,9°$	$+0,7°$	$+0,6°$	$\pm0,0°$	$-0,8°$	$-0,7°$	$-0,4°$

los zustimmen. Tabelle 26 gibt für den A-Punkt die Differenzen zwischen den Sommer- und Winterabständen in Hamburg für 1909 bis 1914. Im Jahre 1912 kehrt sich alles um. JENSEN zeigte 1916 (l. c. Anm. 1 S. 127), daß, von 1912 abgesehen, für positives h die Sommer- die Winterwerte überragen, und daß das Vorzeichen die Tendenz zeigt, sich jedenfalls bei etwas größerem negativem h umzukehren. Diese Umkehr ist offenbar auf ähnliche Ursachen zurückzuführen ie die niedrigen Abstandswerte bei negativem h im Jahre 1912. Die Verrechnung weiterer Jahre hat allerdings für Hamburg bei positiven Sonnenhöhen zum Teil auch negative Differenzen (Sommer-Winter) ergeben;

Tabelle 27.

1909		1910		1911		1912		1913		1914	
Sommer	Winter	Sommer	Winter	Sommer	Winter	Sommer	Winter	Sommer	Winter	Sommer	Winter
$-2,0°$	$\pm0,0°$	$-1,8°$	$-1,0°$	$-2,4°$	$-1,3°$	$-2,2°$	$-2,6°$	$-2,8°$	$-2,4°$	$-3,0°$	$-1,7°$
$+3,2°$	$+1,1°$	$+3,5°$	$+2,1°$	$+2,7°$	$+1,2°$	$+8,4°$	$+12,2°$	$+10,4°$	$+5,8°$	$+4,0°$	$+3,0°$

die Berücksichtigung der von verschiedenen Orten stammenden Beobachtungen scheint aber vor allem dafür zu sprechen, daß für positives h eine Tendenz der Vergrößerung der A-Abstände im Sommer vorhanden ist. Der Jahreseinfluß gibt sich auch in der Lage des A-Minimums und in den Differenzen zwischen dem A-Minimum und den einem $h = 5,5°$ zukommenden Werten zu erkennen, wie es Tabelle 27 zeigt. Die obere Zeile gibt die Lage des Minimums, die untere die erwähnte Differenz. Wenn auch 1913 und 1914 beide Werte im Winter eine geringere Trübung als im Sommer erkennen lassen, so ist dabei zu beachten, daß das Abklingen der Katmai-Trübung die Ausprägung des Jahresganges unterstützt. Die Vergrößerung der A-Amplitude im Sommer scheint allgemein ein besonders charakteristisches Trübungskriterium zu sein.

Ein 1914 bis zur Höhe von 5850 m erfolgter Ballonaufstieg WIGANDs[1]) ließ jedenfalls für den A-Punkt kein wesentlich anderes Verhalten wie am Erdboden erkennen. Auffällig waren die kleinen Ba-Abstände bei größerer Sonnentiefe. Daß WIGAND für die neutrale Brücke — d. h. das Gebiet zwischen den noch deutlich wahrnehmbaren positiven und negativen Fransen des SAVARTschen Polariskops — kleinere Werte als in Halle fand, ist wohl zum Teil auf Konto der Gewöhnung zu setzen. Die an den vorhergehenden Tagen gefundenen Mittelwerte weisen von Tag zu Tag eine Verringerung auf. Ist erst das Auge voll geübt, so lassen sich allerdings auch am nämlichen Ort aus der Brückengröße Schlüsse auf die Reinheit der Atmosphäre ziehen. Bedenklich ist es auch, ohne weiteres aus der Intensität der Fransen auf eine besonders hohe Pol.-Größe zu schließen. Nach DORNO käme hier die Farbensteigerung durch den dunklen Hintergrund des Himmels in großer Höhe in Frage.

---

[1]) A. WIGAND, Phys. ZS. Bd. 18, S. 237—240. 1917.
 Anmerkung bei der Korrektur: Obige Ergebnisse JENSENS werden z. T. durch die Ergebnisse DORNOS, z. T. durch die W. SMOSARSKIS (Études Mét. et Hydr. Fasc. 4, S. 99, 1927) gestützt.

Nunmehr muß noch an die sich wesentlich an die Namen BUSCH und SÜRING knüpfenden Untersuchungen über die Beziehung der Lage der neutralen Punkte zu Wolken unterm Horizont bzw. zur Lage von Hoch- und Tiefdruckgebieten sowie an die von SÜRING erörterten — s. die von HUMPHREYS[1]) nachgewiesenen und hierzu in Beziehung gesetzten Schichtgrenzen in 1 und 4 km Höhe — Unstetigkeiten im Gange der Punkte nach Sonnenuntergang erinnert werden. Schließlich wäre der von DORNO erwiesenen nahen Beziehung der Lage des A-Punktes zur farbigen Gegendämmerung, der von BUSCH und DORNO untersuchten, allerdings noch nicht eindeutig erklärten, zum Teil offenbar im Zusammenhang mit· der erwähnten Abhängigkeit von λ stehenden Beziehung zwischen Lage des Ba-Punktes und Purpurlicht, der Beziehung zum BISCHOPschen Ring [PERNTER[2]), BUSCH[3]) RIGGENBACH[4])] sowie endlich der schon lange vermuteten dieser Phänomene zur Helligkeitsverteilung [s. dazu GENZ[5])] gedacht.

14. Theoretische Betrachtungen. Hinsichtlich der RAYLEIGHschen Theorie, bei der stillschweigends vorausgesetzt wird, daß die diffundierenden Kügelchen auch klein gegenüber ihrem gegenseitigen Abstand sind, sei nur erwähnt, daß sich für die das Verhältnis der Intensität des in der Visionsebene polarisierten zur Intensität des Gesamtlichtes angebende Polarisationsgröße als Funktion des Winkels α zwischen Beobachtungsrichtung und Primärstrahl ergibt:

$$P_{(\alpha)} = \frac{\sin^2 \alpha}{1 + \cos^2 \alpha}.$$

Nach dieser, keine Rücksicht auf mehrfache Lichtdiffusion nehmenden Theorie wäre vollständige Polarisation in einer senkrecht zur Sonnenstrahlung stehenden Richtung zu erwarten. Für die verschiedenen Farben fordert sie gleiches P. Berechnet man das P für die verschiedenen α, so sieht man beim Vergleich mit der Tabelle 18 die großen Abweichungen von den theoretisch geforderten Werten. Das größte beobachtete P liegt nahe bei 0,8. Schon die Tatsache, daß bei Horizontstellung der Sonne das Maximum im Zenit dasjenige am Horizont übertrifft, weist in die Richtung, daß die Abweichungen von der Theorie, ganz abgesehen von der Vernachlässigung der mehrfachen Lichtdiffusion, durch die Anwesenheit größerer, die theoretische Forderung nicht erfüllender Teilchen bedingt ist. — Nachdem SORET[6]) in einer ausführlichen Arbeit in klarer, anschaulicher Weise gezeigt hatte, daß die Diffusion an kleinsten Teilchen im Gegensatz zur Spiegelreflexion unabhängig von der Fortpflanzungsrichtung, vielmehr allein abhängig von der Richtung und Amplitude der Schwingungen ist, ging er zur Anwendung auf die Atmosphäre über. Er selber hatte die bereits von ARAGO[7]), TYNDALL[8]) und HAGENBACH[9]) beobachtete Polarisation im Schattenraum (ARAGO nach Sonnenuntergang, TYNDALL und HAGENBACH an einem durch Berge begrenzten Teil der Atmosphäre) eingehend verfolgt. So lag es nahe, die Wirkung der Diffusion auf ein Teilchen zu untersuchen, das sich im Schatten eines sehr kleinen Schirmes befindet und, ohne direkt von der Sonne beleuchtet zu sein,

[1]) W. J. HUMPHREYS, Bull. Mount Weather Obs. Bd. 4, S. 397—401. 1912 (s. auch A. HOFMANN, Meteorol. ZS. Bd. 40, S. 54ff. 1923).
[2]) J. M. PERNTER, Meteorol. ZS. Bd. 6, S. 401ff. 1889.
[3]) FR. BUSCH, Programmschr. Laurent. Arnsberg 1887, 33 S.; Wetter 1886, S. 115—116.
[4]) A. RIGGENBACH, Verh. d. naturf. Ges. Basel Bd. 8, S. 1—102. 1886 (Hab.-Schrift).
[5]) E. GENZ, Dissert. Kiel 1913 u. Meteorol. ZS. Bd. 31, S. 380ff. 1914.
[6]) J. L. SORET, Ann. chim. phys. Bd. 14, S. 503—541. 1888; C. R. Bd. 106, S. 203—206. 1888.
[7]) FR. ARAGO, Ouvres compl. publ. par M. J. A. BARRAL.
[8]) J. TYNDALL, Die Wärme usw. Deutsch von v. HELMHOLTZ u. WIEDEMANN. Kap. 15. 1875.
[9]) A. HAGENBACH, Ann. d. Phys. Bd. 148, S. 77—85. 1873.

von allen übrigen Teilchen der — zunächst kugelförmig gedachten — Atmosphäre diffundiertes Licht empfängt. Dabei setzte er eine vollkommen gasförmige Atmosphäre voraus, in der sehr feine und durchaus gleichmäßig verteilte Körperchen vorhanden sind. Er zeigte, daß die sekundäre Diffusion an jeder Stelle des Himmels eine lineare Polarisation unmöglich macht, weiter, daß sie in Verbindung mit der größeren Teilchendichte in der Nähe des Bodens die negative Polarisation in der Nähe von Sonne bzw. Gegensonne zu erklären vermag, woraus sich infolge der Kompensation der senkrecht aufeinanderstehenden Komponenten notwendig die Existenz der neutralen Punkte ergibt. Dabei wies er auch kurz darauf hin, daß seine Theorie eine Erklärungsmöglichkeit der zum Teil bestehenden Abweichungen der Polarisationsebene von der durch Sonne und Visierrichtung gegebenen böte. Bei seinen Rechnungen hatte er die tatsächlich bestehenden Verhältnisse durch einen dem Horizont auflagernden Ring diffundierender Teilchen, unter sonstiger Voraussetzung einer gleichmäßig mit Teilchen erfüllten Atmosphäre, ersetzt, im Anhang zeigend, daß man auch bei der Annahme einer halbkugeligen Atmosphäre, in welcher die Zahl der Teilchen vom Zenit bis zum Horizont wächst, zum Ziele käme. Ein Schluß auf die Lage der neutralen Punkte wurde erst von HURION[1]) gezogen, dessen Begründung des Auftretens der horizontalen Polarisation umfassender und bestimmter als die von SORET ist. Auch ist der Begriff der horizontalen Polarisation etwas abgeändert, was aber für die weiteren Betrachtungen ziemlich belanglos war. Das in das Polarimeter fallende Licht ist nach HURION als die Wirkung dreier Schwingungen zu betrachten, die sich nach zunehmender Intensität in folgender Weise anordnen lassen:

1. eine Schwingung in der Richtung der Sonnenstrahlen,
2. eine horizontale Schwingung senkrecht zu den Sonnenstrahlen,
3. eine Schwingung senkrecht zu den Sonnenstrahlen, im Sonnenvertikal.

Wesentlich ist, daß sich für HURION die Hinzunahme einer gleichmäßig mit Teilchen erfüllten Atmosphäre zu dem Ring diffundierender Teilchen erübrigte. Seine Formeln ergaben die neutralen Punkte, erklärten die von BOSANQUET, BECQUEREL und BUSCH beobachteten Abweichungen der Polarisationsebene und ergaben eine recht gute Übereinstimmung mit experimentellen Prüfungen sowie mit der Verteilung der Pol.-Größe im Sonnenvertikal. — Weiter ausgebaut wurde die SORET-HURIONsche Theorie durch AHLGRIMM[2]), der — allerdings wieder unter Vernachlässigung der Extinktion sowie der mehr als zweimaligen Diffusion — den in einer in der Nähe des Beobachters befindlichen kleinen Luftmasse durch Sonne und Himmel hervorgerufenen Polarisationszustand berechnete. Die für beliebige Richtungen und beliebigen Sonnenstand durchgeführten Rechnungen führten trotz der genannten einschränkenden Bedingungen sowie der Nichtberücksichtigung der atmosphärischen Schichtung und der Reflexion (bzw. Diffusion) an der Erdoberfläche jedenfalls qualitativ zum Teil zu überraschend guter Übereinstimmung mit den Beobachtungen, so hinsichtlich der Gesamtverteilung von P am Himmel, der Abhängigkeit der Zenitpolarisation von der Sonnenhöhe, der Lage der Polarisationsebene und, wie gesehen (S. 125), hinsichtlich der Umkehrzonen auf dem Wasser. Aufgabe der Zukunft ist es, zu zeigen, ob und wieweit diese Übereinstimmungen naturnotwendig sind. Aus den Beobachtungen DORNOS (DORNO, l. c. Berlin 1919, S. 253) ist zu entnehmen, daß jedenfalls einige Kilometer Luft am Zustandekommen der Polarisationserscheinungen wesentlich beteiligt sind, womit aber nicht gesagt ist, daß sich dieselben durch die Einwirkung der entfernteren Teilchen qualitativ

---

[1]) A. HURION, Ann. chim. phys. Bd. 7, S. 456—495. 1896.
[2]) FR. AHLGRIMM, Dissert. Kiel 1915; Jahrb. Hamb. Wiss. Anst. Bd. 32, Beih. 3. 1914.

ändern. Dabei sei besonders betont, daß AHLGRIMM durchaus den Schwerpunkt auf die qualitative Seite legt. Wie DORNO zeigte, ist übrigens die ganz auffällig gute quantitative Übereinstimmung zwischen den für Horizontnähe der Sonne berechneten Werten und der entsprechenden von MENTZEL beobachteten BUSCH-schen Lemniskate nur scheinbar. In einem Punkt stimmte die von AHLGRIMM — sowie auch von HURION — theoretisch erschlossene Verteilung von P nicht mit dem BREWSTERschen Ergebnis. Nach AHLGRIMM muß P — im Gegensatz zu BREWSTER — für die zum Sonnenvertikal senkrechte Ebene mit abnehmender Höhe des anvisierten Punktes wachsen, wie es auch HURION bei seinen Beobachtungen (zwischen Zenitabständen von 0 und 60°) gefunden hatte. GOCKEL[1]) weist darauf hin, daß für h zwischen 0 und 10° seine Messungen wohl eine Abnahme von 15 nach 60° Horizontabstand hin zeigen, daß aber von 5 auf 15° eine Zunahme von 0,521 auf 0,629 erfolgt, und ebenso eine solche von 60 auf 90°. Den Sturz von 0,629 auf 0,521 erklärt er wohl richtig durch Eintauchen in die dem Horizont auflagernde Dunstschicht. Tabelle 22 zeigt, daß die DORNoschen Werte von 20 und vor allem von 30° Sonnenhöhe (h) ab der AHLGRIMMschen Forderung gut entsprechen. — Hinsichtlich der Beziehung der Maximalpolarisation zur Sonnenhöhe sei auf S. 114 verwiesen. — Die AHLGRIMMscheTheorie ergibt ferner die Existenz der drei neutralen Punkte. Für $h = 0°$ hätten danach der A- und Ba-Punkt gleiche Abstände. In Wirklichkeit übertrifft aber in normalen Zeiten der A-Abstand den Ba-Abstand. Bei AHLGRIMM ist, wie erwähnt, die Lichtextinktion vernachlässigt. LALLEMAND[2]) versuchte, den erwähnten Unterschied im wesentlichen durch die für den A-Punkt stärkere Absorption des die eine Komponente vergrößernden (reflektierten) Lichtes zu erklären. Auch die Abhängigkeit der Abstände von λ in dem für normale Zeiten für den A- und den Ba-Punkt erwiesenen Sinne zeigt die Theorie, wobei AHLGRIMM übrigens nicht verfehlt, auf die Bedeutung der Extinktion für die chromatische Polarisation hinzuweisen. Ob diese hinreicht, um die von DEMBER und UIBE gefundene umgekehrte Farbenabhängigkeit für den Br-Punkt zu erklären, muß sich zeigen. Das normale Verhalten des A- und Ba-Punktes suchte JENSEN dadurch zu erklären, daß wegen der Bläue des Himmels die negative Komponente (WIEN-scher Vektor) für kleine λ verhältnismäßig groß ist und den RAYLEIGHschen Vektor erst in größerer Entfernung von den Zentren aufhebt. Die Umkehr des Verhaltens zu Zeiten starker Trübung brachte er in Verbindung mit der von DORNO festgestellten Änderung der Farbenverhältnisse des Sonnen- und Himmelslichtes[3]). — Auch hinsichtlich der täglichen Wanderung des A- und Ba-Punktes fand AHLGRIMM eine befriedigende Übereinstimmung mit den Beobachtungen. — Auf Grund einer von SORET geäußerten Bemerkung, daß die Punktabstände mit dem Verhältnis der Zenithelligkeit zur Horizonthelligkeit variieren müssen, untersuchte BUSCH[4]) die Natur der vermutlich dies Verhältnis stärker beeinflussenden Faktoren. Es kommt darauf an, dem Ansteigen der Punktabstände entsprechend eine verhältnismäßig starke Vergrößerung der negativen Polarisation (die Kompensationsstelle muß dann steigen), beim Fallen eine solche der positiven nachzuweisen. Dieser Nachweis scheint BUSCH zum Teil recht gut gelungen zu sein. Dabei greift er zunächst bei der für beide Punkte erfolgenden Abstandszunahme auch zur diffusen Brechung, weil mit abnehmendem h die Sonnenstrahlen

---

[1]) A. GOCKEL, l. c. S. 631 ff. 1918.
[2]) CH. LALLEMAND, C. R. Bd. 75, S. 707—711. 1872; Ann. chim. phys. Bd. 8, S. 93—136. 1876.
[3]) CHR. JENSEN, Meteorol. ZS. Bd. 30, S. 82 u. 83. 1913; Jahrb. Hamb. Wiss. Anst. Bd. 33, 3. Beiheft, S. 64 ff. 1916.
[4]) FR. BUSCH, Weltall 1905, H. 3, 4 u. 5.

in stark steigendem Maße dichtere Luftmassen durchdringen müssen. Daß nach Sonnenuntergang der Erdschatten eine wesentliche Rolle spielt, indem er gerade denjenigen Luftschichten die Bestrahlung durch die Sonne entzieht, in denen wesentlich das horizontal polarisierte Licht entsteht, erscheint recht plausibel. Die Wirkung der Reflexion der unter großem Einfallswinkel die Erdoberfläche treffenden Sonnenstrahlen dürfte vielleicht etwas überschätzt sein. Gewisse Schwierigkeiten bietet die Erklärung der bei starker Trübung die A-Abstände übertreffenden Ba-Abstände [BUSCH und JENSEN[1] S. 278]. Einen richtigen Kern muß man wohl der kurz erwähnten LALLEMANDschen Erklärung zugestehen. Man hätte dann für Störungszeiten nicht nur das Hinzutreten einer starken, die negative Polarisation offenbar erhöhenden Wirkung diffuser Brechung, sondern auch eine erhebliche Zunahme der Absorption des durch diese Brechungen polarisierten Lichtes auf dem Wege zum A-Punkt anzunehmen. Zu erklären bliebe die Verfrühung des Eintritts des sekundären Maximums des Ba-Punktes und die Verspätung des A-Minimums (für den Abend). Am leichtesten scheint die Verfrühung des Maximums deutbar zu sein, etwa durch die Annahme, daß die größte Intensität des von den unteren Luftschichten diffundierten Lichtes bei stärkerer Anhäufung diffundierender Massen sich verfrüht, vor allem wohl, wenn sich die trübenden Teilchen schon mehr gesenkt haben. Hier ist aber noch vieles dunkel. BUSCH und JENSEN wiesen seinerzeit darauf hin, daß man vermutlich auch mit dem Einfluß der Höhenlage und vielleicht auch der Form der störenden Partikelchen rechnen müsse. Daß die Höhenlage fremder Teilchen außerordentlich verschieden sein kann, geht aus DORNOS Untersuchungen hervor. Sollte es sich als richtig herausstellen, daß der A-Punkt im allgemeinen mehr durch meteorologische Einflüsse beeinflußt wird als der Ba-Punkt, so läge der Gedanke eines hier zum Ausdruck kommenden Einflusses der Höhenlage nahe genug. Vielleicht ergibt sich in dieser Richtung das Verständnis der angeführten Tatsache der vor Sonnenuntergang gegenüber dem Ba-Punkt besonders hohen A-Abstände im Jahre 1907. — Zu erklären bleiben auch die allgemein mehr oder weniger verhältnismäßig geringen Punktabstände bei negativem h. Wir sahen diese Tendenz auch bei rein meteorologischen Trübungen. Hier sei schließlich auf das Ergebnis von GENZ[2] hingewiesen, wonach sich für konstante Sonnenhöhe der A-Abstand umgekehrt wie das Verhältnis von Horizonthelligkeit zu Ortshelligkeit verändert.

Was den Einfluß der Gestalt der Partikelchen betrifft, so wurde neuerdings von TICHANOWSKY[3] versucht, die Abweichung der AHLGRIMMschen Kurve der Zenitpolarisation von den beobachteten Werten außer durch die Anwesenheit größerer Teilchen in der Atmosphäre durch die vertikale Verteilung von Gasen mit verschiedener Molekelgestalt zu erklären. Es handelt sich hier um die Anwendung des „Struttphänomens"[4]. Nach CABANNES[5] beträgt die Pol-Größe für das senkrecht zur Einfallsrichtung zerstreute Licht für Luft 0,923 bis 0,929, für N 0,946 bis 0,951, für O 0,900 bis 0,903, für H 0,961 bis 0,980. Für den Punkt maximaler Polarisation, der hier in Frage kommt, soll nun die mit zunehmender Sonnenhöhe erfolgende Abnahme von P nicht nur durch die Vermehrung der größeren Teilchen, sondern auch durch die Ungleichheit des Prozentgehalts an verschiedenen Gasen in verschiedenen Atmosphärenhöhen erfolgen.

<hr>

[1] FR. BUSCH u. CHR. JENSEN, l. c. S. 227—232.

[2] E. GENZ, Dissert. Kiel 1913. S. auch Meteorol. ZS. 1914, S. 380 ff.

[3] J. J. TICHANOWSKY, Meteorol. ZS. Bd. 41, S. 356. 1924.

[4] R. J. STRUTT, Proc. Roy. Soc. London (A) Bd. 95, S. 155 ff. 1918; Nature Bd. 105, Nr. 2645.

[5] J. CABANNES, Ann. chim. phys. Bd. 15, S. 1—149. 1921 (wo auch sorgfältige Literaturangaben und eine historische Übersicht über die hiermit zusammenhängenden Untersuchungen — z. B. Himmelsblau).

Ob diesem Faktor die von TICHANOWSKY vermutete Bedeutung zukommt, müssen weitere Untersuchungen zeigen. Im Zusammenhange hiermit wird die erwähnte, von JENSEN, GOCKEL, KIMBALL, PICKERING diskutierte Verschiebung der maximalen Pol.-Größe im Zenit auf negative Sonnenhöhen erörtert. Auch hier wird außer den öfter erwähnten Helligkeitsänderungen nach Sonnenuntergang der Faktor der Molekelgestalt herangezogen. Zu erwähnen wäre auch die Feststellung eines sekundären Pol.-Maximums im Zenit bei negativem h, dessen Lage von der Größe des einem $h = 0°$ zukommenden P.-Wertes abhängt. DEIL (Met. ZS. 1927, S. 187) fand allerdings für verschiedene P gleichen Gang.

In einer neueren Arbeit verallgemeinerte TICHANOWSKY die Theorie von CABANNES, wobei er, um eine Anwendung auf die reine Atmosphäre ermöglichen zu können, auch die sekundäre Diffusion berücksichtigte. Um die Reflexion (bzw. Zerstreuung) des Lichtes an der Erdoberfläche vernachlässigen zu können, berechnete er die Größe der Zenitpolarisation für den Horizontstand der Sonne. Er fand dabei

$$P = \frac{6 - 13a + 7a^2 + \dfrac{6\pi^3 (n_0^2 - 1)^2 \cdot h \cdot H}{\lambda^4 \cdot L_0 \cdot H_0}(1{,}725 - 3{,}449a + 1{,}725\,a^2)}{6 - a - 7a^2 + \dfrac{6\pi^3 (n_0^2 - 1)^2 \cdot h \cdot H}{\lambda^4 \cdot L_0 \cdot H_0}(3{,}105 + 7{,}179a + 0{,}161\,a^2)},$$

wo a den optischen Anisotropiekoeffizienten (Verhältnis der kleineren, durch die Molekülanisotropie bedingten Komponente zu der darauf senkrechten, größeren) der Luft, n_0 den Brechungskoeffizienten der Luft unter normalen Druck- und Temperaturverhältnissen, L_0 die LOSCHMIDTsche Zahl, wo h die Höhe der homogenen Atmosphäre ($7{,}991 \cdot 10^5$ cm), H den atmosphärischen Druck an der für die berechnete Lichtzerstreuung in Frage kommenden Stelle und H_0 den normalen Druck (760 mm) bedeuten. Durch Gleichsetzung von H und H_0 und nach Einführung der für a, n_0^2, h, H und L_0 geltenden Werte erhält TICHANOWSKY

$$P = \frac{5{,}442 + 3{,}015 \cdot 10^{-18} \cdot \lambda^{-4}}{5{,}942 + 6{,}545 \cdot 10^{-18} \cdot \lambda^{-4}},$$

was bei Annahme von 529 $\mu\mu$ als optischen Schwerpunkt des sichtbaren Spektrums $P = 0{,}860$ ergibt. Ganz abgesehen von der Nichtberücksichtigung der Extinktion werden aber, ebenso wie bei SORET, HURION und AHLGRIMM (bei AHLGRIMM allerdings z. T. Einführung des einer nicht ganz reinen Atmosphäre entsprechenden Transmissionskoeffizienten), die größeren Teilchen in der Atmosphäre vernachlässigt. Um trotzdem einen Vergleich ziehen zu können, leitete T. aus 1925 und 1926 auf dem Berge Ai Petri in der Krim (1200 m) in Verbindung mit Kernzählungen nach Aitken und mit Dampfdruckbestimmungen ausgeführten Polarisationsmessungen durch ein aus der Arbeit zu ersehendes, nicht unbedenkliches (s. T. selber dazu Meteorol. ZS. 1926, S. 365; s. auch W. MILCH, Gerlands Beitr. z. Geophys. Bd. 16, S. 87 u. 88. 1927) Extrapolarisationsverfahren P für die reine Atmosphäre ab, wobei er 0,860 fand. Nahezu den nämlichen Wert (0,856) fand er durch ein auch nicht völlig einwandfreies Verfahren mittels Einführung eines sog. „Depolarisationskoeffizienten". Die frappante Übereinstimmung der drei Werte untereinander ist offenbar (auch die Vernachlässigung der mehr als zweimaligen Diffusion ist zu bedenken) zunächst als rein zufällig anzusehen. — Eine besondere Bedeutung legte TICHANOWSKY[1]) der Tatsache bei, daß seine Formel die nämliche Abhängigkeit des P von λ ergab wie seine Beobachtungen bei besonders reiner Atmosphäre, d. h. ein Anwachsen

---

[1]) J. J. TICHANOWSKY, Phys. ZS. Bd. 28, S. 252—260. 1927.

von P mit λ. Das bestärkte ihn in seiner früheren, unter Berücksichtigung der zweifellos nahen Beziehung zum Polychroismus (Farbenunterschied der $\perp$ aufeinanderstehenden Polarisationskomponenten; s. S. 77) gefaßten Anschauung[1]), daß die
Dispersion der Himmelspolarisation wesentlich bedingt sei durch die sekundäre
Diffusion. Dieser Gedanke war letzten Endes dasselbe wie die von JENSEN für die
spektrale Abhängigkeit des A-Abstandes gegebene Erklärung (s. S. 123, Anm. 2;
vor allem Meteorol. ZS. 1913, S. 83), und im nämlichen Sinne lag auch das AHL-
GRIMMSCHE Rechenergebnis, wenn auch AHLGRIMM mit Recht die Bedeutung
der Extinktion für die chromatische Polarisation betonte (s. hier DEMBER und
UIBE bezüglich des BREWSTERSCHEN Punktes). Große Erklärungsschwierigkeiten
entstehen aber durch die Unstimmigkeiten zwischen den Beobachtungen TICHA-
NOWSKYS (und KALITINS) einer- und denen DORNOS, GOCKELS und PERNTERS
anderseits (S 121 u. 122), auch hinsichtlich der geringeren Abnahme der beobachteten P-Werte mit λ gegenüber der Rechnung, die von TICHANOWSKY dadurch
erklärt wurde, daß die Anwesenheit der großen Fremdpartikel in der Atmosphäre
die Dispersion von P im entgegengesetzten Sinne bewirke wie die sekundäre
Diffusion. Es ist hier zu beachten, daß sich nach TICHANOWSKY selber (s.
S. 122) bei starker Trübung das Maximum ins Rot zu verschieben scheint. Wenn
nicht KALITINS Werte im großen und ganzen im nämlichen Sinne wie die TICHA-
NOWSKYSCHEN zu liegen schienen, könnte man versucht sein, durch seine eigene
Angabe (Meteorol. ZS. 1926, S. 290), nach welcher die meisten Beobachtungen
in Meeresnähe gewonnen wurden, einen richtigen Fingerzeig für die Erklärung
der Unstimmigkeiten (Reflexion an der Wasserfläche; auch BREWSTERS hinsichtlich des täglichen Ganges des A-Abstandes auffälligen Ergebnisse wurden in
Meeresnähe gewonnen, ebenso die von DEMBER und UIBE) zu erblicken. —
TICHANOWSKY hatte früher eine vermeintliche Zunahme der sekundären Diffusion
für die jedenfalls wenig ausgeprägte Abhängigkeit des P von der Ortshöhe verantwortlich gemacht, so gemeint, daß durch gedachte Zunahme das P verringert würde,
während es gleichzeitig durch Verminderung der Zahl der größeren Teilchen
wachse. — In einer letzten Arbeit[2]), die außer der Anisotropie der Gasmolekeln
und der primären und sekundären Diffusion auch die Lichtdiffusion an der
Erdoberfläche (völlig diffuse Zerstreuung angenommen) berücksichtigt und die
Möglichkeit ergibt, die Polarisationsverhältnisse innerhalb des Sonnenvertikals
für beliebige Sonnenhöhe und beliebige Himmelspunkte zu berechnen, wurde
auch die theoretische Lösung der Abhängigkeit des P von der Höhe des Beobachtungsortes versucht. Für die Erdoberfläche als Beobachtungsort ergab sich
für die Sonnenhöhe 0° für die maximale Polarisationsgröße eine Zunahme mit
der Meereshöhe. Bei Berücksichtigung der Abnahme des Staubes müßte sich
der Unterschied noch steigern. Hiergegen sprechen auch nicht die Differenzen
zwischen den von DORNO in Davos und JENSEN in Kiel gewonnenen Werten.
Tabelle 18 zeigt aber jedenfalls für die Zenitpolarisation für größere h eine
Differenz im umgekehrten Sinne. Nach DORNO (l. c. 1919, S. 250 u. 252) wären
wegen der größeren Atmosphärenschichten und der damit verbundenen erhöhten Lichtdiffusion von vornherein größere P in der Ebene zu erwarten.
Da die tatsächlichen Unterschiede aber auffällig gering sind, erblickt er den Ausgleich im wesentlichen in der verhältnismäßig starken Schwächung der direkten
Sonnenstrahlen durch die Staubatmosphäre. In der TICHANOWSKYSCHEN Theorie
ist ja die Extinktion völlig vernachlässigt. Bemerkenswert ist vielleicht, daß sie —
sehr nahe den Beobachtungen G. TICHOWS[3]) entsprechend — für den Beobachter

---

[1]) J. J. TICHANOWSKY, Meteorol. ZS. Bd. 43, S. 291—292. 1926.
[2]) J. J. TICHANOWSKY, Phys. ZS. Bd. 28, S. 680—688. 1927.
[3]) J. J. TICHANOWSKY, Meteorol. ZS. Bd. 43, S. 366. 1926.

im Ballon keine Veränderung von P mit der Seehöhe ergibt. — Daß die Lichtreflexion an der Erdoberfläche das P stark beeinflußt, ist zweifellos. Tichanowsky zeigt das auch an Hand des Vergleichs zwischen Beobachtung und Rechnung. Er scheint aber neuerdings diesen Faktor zu überschätzen (l. c. S. 688) und nicht genügend zu bedenken, daß die Theorie auf völlig reine Atmosphäre zugeschnitten ist, und daß er früher selber den Einfluß der niederen Luftschichten und des Tagesganges des Staubgehaltes auf den Tagesgang der maximalen Polarisationsgröße stark genug betonte.

Nachdem A. Schirmann[1]) gezeigt hatte, daß primäre Diffusion allein imstande sei, neutrale Punkte hervorzurufen, deren Lage durch zwei sich auf den gewöhnlichen Brechungsindex und auf den sog. Absorptionsindex beziehende Konstante bestimmt ist, wies sie in mehreren Arbeiten darauf hin, daß die sekunbäre Diffusion bei der Atmosphäre zu gering sei, um eine Rolle zu spielen, und daß überhaupt nach der Maxwell-Garnettschen Berechnung für kleine Teilchen der Begriff der sekundären Diffusion nur dort berechtigt sei, wo diese sehr nahe beieinander liegen. Dabei ist aber zu bedenken, daß die in der Schirmannschen Untersuchung vorkommenden Teilchen im Gegensatz zu den Rayleighschen Partikeln von der Größenordnung des λ sind, und daß hinsichtlich der Frage des gegenseitigen Teilchenabstandes doch in der ausgedehnten Atmosphäre wesentlich andere Verhältnisse vorliegen wie bei der Experimentierröhre. Mit Recht wird auch von Exner[2]) betont, daß über die Anwendbarkeit der Schirmannschen Theorie nicht zu entscheiden ist, bevor man überhaupt weiß, ob in der Atmosphäre die geeigneten trübenden Substanzen vorkommen. Fraglich erscheint, ob überhaupt genügend Teilchen der in Frage kommenden Größe vorkommen, wenn auch Pokrowski[3]) auf Grund von Helligkeitsmessungen zu dem Ergebnis kam, daß der für größere Partikel geltende Mieeffekt[4]) (der größere Teil des abgebeugten Lichtes pflanzt sich in vom Primärstrahl wenig abweichenden Richtungen fort), der experimentell von Gans[5]) und Szegvari[6]) nachgewiesen wurde, in ausgeprägter Weise in der Atmosphäre vorhanden ist, wobei noch besonders zu bedenken ist, daß die Polarisationsphänomene in großen Höhen sich jedenfalls nicht übermäßig von denen in der Ebene zu unterscheiden scheinen. Zweifelhaft mag es auch erscheinen, daß es gelingen wird, die erwähnte Umkehr der Beziehung des A-Abstandes zu λ bei starker atmosphärischer Trübung vom Schirmannschen Standpunkte aus durch eine Änderung der Eigenschaften des Teilchenmaterials (mehr metallischer, oder mehr dielektr. Charakter) statt durch Verschiebung im Verhältnis der beiden senkrecht zueinander stehenden Schwingungskomponenten zu erklären. Jedenfalls macht — wenn man nicht gewaltige Mengen zwischen Auge und anvisiertem Objekt liegenden lichtreflektierenden Staubes annehmen will — die Unstimmigkeit zwischen den eine kleinere Transparenz ergebenden Wildschen, mit Ausschluß seitlichen Lichtes (Luft in langen Röhren) vorgenommenen Sichtigkeitsbestimmungen und den Schlagintweitschen bzw. Oddoneschen Messungen in freier Luft die Annahme einer durchaus nicht zu unterschätzenden zwei- bzw. mehrfachen Diffusion nötig[7]). — Von einem ganz

---

[1]) A. Schirmann, Ann. d. Phys. Bd. 59, S. 493ff. 1919; ebenda Bd. 61, S. 195ff. 1920; Meteorol. ZS. Bd. 37, S. 12ff. 1920.

[2]) F. M. Exner, Meteorol. ZS. Bd. 37, S. 116. 1920; s. auch Meteorol. Opt. 2, Aufl. S. 692. 1922.

[3]) G. I. Pokrowski, ZS. f. Phys. Bd. 34, S. 49ff. 1925; Bd. 35, S. 464. 1926.

[4]) G. Mie, Ann. d. Phys. Bd. 25, S. 428ff. 1908; s. auch H. Blumer, ZS. f. Phys. Bd. 32, S. 119ff. 1925.

[5]) R. Gans, Ann. d. Phys. Bd. 76, S. 26ff. 1925.

[6]) A. Szegvari, ZS. f. Phys. Bd. 21, S. 348ff. 1924.

[7]) Siehe darüber Pernter-Exner, Meteorol. Opt. 2. Aufl., S. 728ff. 1922.

andern Gesichtspunkt aus (Verschiebung der Wirkung des sekundär molekular zerstreuten Lichtes in das unsichtbare Spektrum) suchte MILCH (S. 121) die beobachtete Pol.-Größe vom sekundär diffundierten Licht unabhängig zu machen. Für eine durchaus wirksame sekundäre (bzw. mehrfache) Diffusion in der Atmosphäre spricht aber vor allem das Gros der meist in gutem Einklang miteinander stehenden verschiedensten, im sichtbaren Spektrum ausgeführten DORNoschen Messungen. So würde unter anderem die Tatsache, daß das Himmelsblau in Sonnennähe eine hellere und in Sonnenferne eine dunklere Nuance zeigt, sowie die von DORNO festgestellte Tatsache, daß genannter Unterschied um so stärker ausgeprägt ist, je tiefer die Sonne steht, in guter Übereinstimmung mit der naheliegenden Annahme sein, daß der Transparenzkoeffizient der wesentlich auf die sekundäre bzw. mehrfache Diffusion zurückgeführten i-Komponente infolge der stärkeren Extinktion wesentlich stärker variieren muß als der i_1 zugehörige Transparenzkoeffizient[1]). Auch der erwähnte, von SCHIRMANN als Folge der Dispersion der Polarisation in ihrem Sinne aufgefaßte Polychroismus ließe sich mindestens ebensogut [diese Meinung auch von TICHANOWSKY[2]) vertreten] bei Annahme sekundärer Diffusion verstehen, wenn man — allerdings ohne eine so starke Verschiebung anzunehmen wie MILCH — nur die wesentlich stärkere Diffusion des vom Himmel stammenden Lichtes bedenkt. So mußte DORNO auf Grund seiner Messungen bei heiterem Himmel ein tieferes Blau des der i-Komponente entsprechenden Gesichtsfeldes erwarten, was er auch, vor allem stark ausgeprägt zur Zeit der Dämmerung, durchaus bestätigt fand. Auch lassen sich die Unterschiede zwischen den um die Dämmerungszeit von JENSEN in Kiel und DORNO in Blankenese sowie von letzterem in Davos gefundenen Werten für Helligkeit und Pol.-Größe im Zenit schwer anders deuten, als daß sich das stärkere Diffusionsvermögen der Atmosphäre in der Ebene vor allem (Steigerung der i-Komponente) bei der sekundären Diffusion geltend macht. Man ist geneigt, auf eine Zunahme der letzteren in der Ebene auch aus dem S. 79 und 80 über S/d Gesagten zu schließen, wenn auch dieser Schluß nicht zwingend ist. Allerdings ist die geringe Abhängigkeit von P von der Meereshöhe[3]) wohl kaum mehr zu bezweifeln. Ein gewisser Unterschied besteht allerdings tatsächlich. Dieser dürfte aber jedenfalls wesentlich auf die Abnahme größerer Partikeln mit der Erhebung zurückzuführen sein. Dafür spricht unter anderem der Umstand, daß in Davos die Unterschiede zwischen normalen und anormalen Zeiten für das P bei verschiedenen Sonnenhöhen durchaus im nämlichen Sinne lagen wie die zwischen Ebene und Hochgebirge (s. Tabelle 18). — Die sehr wichtige Rolle, welche bei der Lichtzerstreuung an größeren Teilchen ($> \lambda$) neben der Diffraktion Reflexion und Brechung spielen, zeigt sich nach POKROWSKI[4]) bei Gegenüberstellung von Theorie und Experiment dadurch, daß die von BLUMER[5]) errechneten Polarisationskurven (Abhängigkeit von P vom Winkel zwischen Beobachtungsrichtung und Primärstrahl) mit zunehmender Vergrößerung der Teilchen mehr und mehr positive und negative Maxima und Minima aufweisen, d. h. eine Verteilung, die wesentlich von der von ihm selber bei seinen Untersuchungen an künstlichen trüben Medien gefundenen abwich. — Interessant ist, daß LALLEMAND im Gegensatz zu den sonstigen, auf die Wirksamkeit von Luftmolekeln zurückgeführten Polarisationsphänomenen das Zustandekommen der neutralen Punkte (s. S. 132 und vor allem BUSCH u. JENSEN, l. c. S. 142 sowie 260ff)

---

[1]) Siehe C. DORNO 1919, vor allem S. 231—243.
[2]) J. J. TICHANOWSKY, Anm. 1 auf S. 135.
[3]) S. auch A. GOCKEL, Meteorol. ZS. Bd. 37, S. 116ff. 1920.
[4]) G. I. POKROWSKI, ZS. f. Phys. Bd. 37, S. 722ff. 1926.
[5]) H. BLUMER, ZS. f. Phys. Bd. 32, S. 119ff. 1925; s. auch seine Dissert. über die Zerstreuung des Lichtes an kleinen Kugeln. Bern 1926.

auf die Spiegelreflexion an der Oberfläche atmosphärischen Staubes zurückführte. Kämen hier nur größere Partikel in Frage, so wäre wohl ein wesentlicher Einfluß der Seehöhe auf ihre Lage zu erwarten. Ein solcher scheint aber weder nach den Messungen WIGANDS[1]) (die Werte für den *Ba*-Punkt dürften unsicher sein) noch nach bisher nicht veröffentlichten Beobachtungen WENDTS vorhanden zu sein. Bemerkenswert ist, daß sich nach MILCH[2]) auch bei Vernachlässigung der sekundären Diffusion eine solche Abhängigkeit zeigen müßte. — Die Bedeutung der Reflexion an Staubteilchen für die Polarisationsphänomene überhaupt betonte EXNER[3]), der vor allem zeigte, daß möglicherweise die Annahme der eigentlichen sekundären Diffusion (an Teilchen $< \lambda$) unnötig wäre, so gedacht, daß sie evtl. zum Teil zu ersetzen wäre durch die Reflexion des primär zerstreuten Lichtes an größeren Teilchen in der Atmosphäre (bzw. den Rauheiten der Erdoberfläche). Die Frage der quantitativen Bedeutung der Reflexion neben der sekundären Diffusion ließ er aber völlig offen, und an anderer Stelle seines Buches (S. 719) wies er selber darauf hin, daß die Beobachtung Lord RAYLEIGH des Jüngeren (Struttphänomen) eher gegen die vorherrschende Wirkung des Staubes und für eine solche der Molekeln spräche.

Daß sich die Atmosphäre hinsichtlich der Polarisationsphänomene weitgehendst wie ein mehr oder weniger verunreinigtes trübes Medium im Sinne Lord RAYLEIGHS verhält, zeigte schon PERNTER[4]). Sowohl am Himmel wie in der Experimentierröhre war P um so geringer, je weißlicher die Farbe war, und entsprechend den von TYNDALL in staubgeschwängerter Zimmerluft angestellten Messungen verschob sich das Maximum um so mehr von der Lichtquelle, je mehr größere Teilchen hinzukamen. Bei den alkoholischen Mastixemulsionen PERNTERS war die Feststellung dieser Verschiebung wegen „zu geringer Belastung und Verunreinigung" ohne Zerlegung des Lichtes schwieriger. Leichter gelang der Nachweis, daß, entsprechend der Forderung der Theorie, bei höherprozentigen Emulsionen das Maximum für die langen roten Wellen noch bei bzw. nahe bei 90° lag, während es sich für die kürzeren bis zu 7° davon entfernte. Der entsprechende Nachweis für den weißlichen Himmel mußte wegen der Veränderlichkeit des Phänomens aus praktischen Gründen unterbleiben[5]). Bei stark weißlichen Tönen fand PERNTER draußen und für die Mastixemulsion die größten P-Werte im Rot, abnehmende Werte mit sinkendem λ. Er erklärte dies (s. das residue blue TYNDALLs) so, daß die Teilchen für Rot am ehesten als klein gegen λ gelten können. F. v. HAUER[6]) schließt sich der Erklärung an, meint aber, daß die Wirkung der auch bei der Röhre unvermeidlichen sekundären Zerstreuung hinzukommt, so gedacht, daß diese, für die kürzeren λ stärkere Zerstreuung, hier am meisten depolarisierend wirkt. Die Schwierigkeiten beginnen bei der Erklärung der Versuche mit niedrigprozentiger Lösung. Hier fand PERNTER das Minimum fast durchweg im Rot, das Maximum im Grün, für Blau dazwischen liegende Werte. Nur mit Zögern versuchte er, das Minimum durch die depolarisierende Wirkung von Fluoreszenzlicht zu erklären, das er vielfach bei den Emulsionen beobachtet haben wollte. Abgesehen davon, daß man dieses nicht mehr ohne weiteres als unpolarisiert ansehen darf[7]), bliebe die Überlegenheit des Grün gegenüber Blau

---

[1]) A. WIGAND, Phys. ZS. Bd. 18, S. 237ff. 1917.
[2]) W. MILCH, ZS. f. Geophys. Bd. 1, S. 116. 1924/25.
[3]) F. M. EXNER, Meteorol. Opt. 2. Aufl, S. 708ff. 1922; Meteorol. ZS. Bd. 37, S. 113 bis 116, 1920.
[4]) J. M. PERNTER, Wiener Denkschr. Bd. 73, S. 28. 1901.
[5]) S. CHR. JENSEN, ZS. f. Geophys. Bd. 3, S. 360. 1927.
[6]) F. v. HAUER, Ann. d. Phys. Bd. 56, S. 145ff. 1918.
[7]) Siehe darüber u. a. Phys. ZS. 1925.

zu erklären. F. v. HAUER, der auch für niedrigprozentige Lösungen das Maximum im Rot fand, hat offenbar erwiesen, daß das entgegengesetzte Resultat PERNTERS durch fremdes Licht gefälscht war. Er kommt aber auch selber zum Ergebnis, daß die atmosphärischen Polarisationserscheinungen im wesentlichen durch Lichtzerstreuung in einem künstlichen trüben Medien analogen Medium zustande kommen. Wie komplizierte Verhältnisse auftreten können, zeigen, ganz abgesehen von den überraschenden Ergebnissen KALITINS und TICHANOWSKYS, die von NICHOLS[1]). Hinsichtlich der Erklärung kann man wohl vielfach eine von NICHOLS abweichende Auffassung haben; sicher aber hat er den rechten Weg gezeigt durch seine Verknüpfung mit Untersuchungen über die spektrale Helligkeitsverteilung und durch die Betonung der Wichtigkeit der Berücksichtigung der Lichtextinktion. Auch die selektive Absorption (s. Regenbanden) darf bei der farbigen Polarisation nicht ganz vernachlässigt werden. — Daß die Gesamtphänomene wesentlich durch das Wechselspiel von Diffusion und Extinktion bedingt sind (dadurch auch die oben S. 119 erwähnte Tatsache zu erklären), geht besonders deutlich aus den umfassenden DORNOschen Untersuchungen hervor. Einmal kommt die extingierende Wirkung auf dem Weg zwischen der Strahlungsquelle und den auf der Visierlinie liegenden Partikeln, zum andern auf dem zwischen jenen und dem Auge in Frage. Diese Verhältnisse komplizieren sich besonders für die i-Komponente. Daß wesentlich die Extinktion die Ursache der Abweichungen der Beobachtungen von der Theorie bildet, machte DORNO äußerst wahrscheinlich durch seine eingehende Prüfung bezüglich der Verteilung der Helligkeit (i- und i_1- sowie i_g-Kurven in Abhängigkeit von der Sonnenhöhe; Dunkellinie — deren Lage für i_1 in den der Sonne fernen Quadranten sich bei allen Sonnenhöhen mit den Forderungen der Theorie deckend, und ihr Vorhandensein in den sonnennahen Quadranten durch die Überlagerung der molekularen Zerstreuung durch Beugung, Reflexion und Brechung an größeren Teilchen erklärt) und der Pol.-Größe. Eng verknüpft mit diesen Fragen ist die des Verhältnisses zwischen P und der Helligkeit, von denen erstere im großen und ganzen die Tendenz zeigt, mit Abnahme der letzteren zuzunehmen. Es zeigte sich durch die Abweichungen der Isopolaren von den Parallelkreisen, daß die ungleich starke Abhängigkeit der i- und i_1-Komponente von den Transparenzverhältnissen nicht durch einen konstanten Faktor darstellbar ist. Bei der Erklärung der für Davos allerdings nicht allzu großen Abweichungen von der Theorie (Voraussetzung dabei völlig homogenes, von dunklen Wänden begrenztes, mit homogenem Licht bestrahltes, molekular zerstreuendes trübes Medium) ist nicht nur zu berücksichtigen, daß die keineswegs homogene Atmosphäre geschichtet ist, sondern vor allem, daß zwei verschieden dimensionierte Lichtquellen (s. S. 101 u. 102) mit durchaus verschiedenen, einer verschieden starken Extinktionswirkung unterliegenden Wellenlängen vorhanden sind. — DORNO hat durch seine getrennte Verfolgung der beiden Schwingungskomponenten und durch seine, hier nur kurz anzudeutenden Untersuchungen über die Beziehungen zwischen den Lichtmengen von Sonnen- und Gegenregion einer- und den dafür in Frage kommenden auffallend bzw. durchfallend bestrahlten Luftmengen anderseits — an denen die Theorie nicht vorbeigehen kann — den künftigen Messungen am Himmel, welche im nämlichen Ausmaße auf die Ebene übertragen werden müssen, die Wege gezeigt. Bedeutsame Fingerzeige bei weiterem Studium der atmosphärischen Polarisation gab auch [s. hier auch POKROWSKIS[2]) Untersuchungen über die Beziehung zwischen

---

[1]) E. L. NICHOLS, Phys. Rev. Bd. 26, S. 497—511. 1908.— S. auch L. V. KING, Phil. Transact. R. Soc. London, Bd. 212, S. 128 u. 129. 1913.
[2]) G. I. POKROWSKI, ZS. f. Phys. Bd. 36, S. 548—556. 1926.

P und der Schichtdicke bzw. Konzentration des Mediums] BOUTARIC[1]) durch
seine Versuche mit verschiedenen künstlichen trüben Medien. Wesentlich war
sein Ergebnis, daß nur dann, wenn Veränderungen hervorgerufen werden durch
Teilchen, die bemerkenswerte Dimensionen gegenüber λ haben, eine Vermehrung
von Anzahl oder Größe derselben eine parallel gehende Verminderung der Intensität des durchgelassenen Lichtes und der Polarisationsgröße bewirkt, daß
sich aber dieser Schluß nicht ziehen läßt, wenn die Teilchen klein gegenüber
λ sind.

Im Anschluß an die vorhin erwähnten PERNTERschen Untersuchungen muß
noch der Beziehung von P zur Sonnentätigkeit gedacht werden. F. V. HAUER
zeigte, daß das PERNTERsche Ergebnis einer Beziehung zwischen P und der Intensität des eingestrahlten Lichtes nicht aufrechtzuerhalten ist. Der auf so
gedachter Beziehung beruhende, zunächst von BUSCH angenommene Erklärungs-
versuch JENSENs, um den von BUSCH gefundenen (s. dazu S. 128) Parallelismus
zwischen den Punktabständen und den Fleckenzahlen zu verstehen, wurde
längst aufgegeben zugunsten einer von BUSCH aufgestellten Theorie, welche von
dem SORETschen Gedanken ausging, daß die Punktabstände mit dem Verhältnis
der horizontalen zur zenitalen Helligkeit wachsen (für nahe am Horizont stehende
Sonne gedacht). Nach dieser Theorie muß nun eine Zunahme der eingestrahlten
Intensität das Verhältnis des von den unteren Luftschichten diffundierten Lichtes zu
dem von den höher liegenden zugunsten des ersteren vergrößern. Die Schwankungen
der Solarkonstante in der ca. 11 jährigen Periode scheinen nun zwar reell zu sein,
aber doch zu gering, um hier praktisch in Frage zu kommen; zudem scheint sie
wesentlich für die kurzen λ in Betracht zu kommen (DORNO). Hand in Hand gehend
mit der Steigerung der Intensität der Lichtwellen scheint nun [MAURER[2]), DORNO]
eine gesteigerte Aussendung korpuskularer Strahlen zu gehen, welche ebenso wie
die kurzwelligen ultravioletten Strahlen (LENARD, RAMSAUER) im Sinne der Entstehung von Kondensationskernen wirken. Eine Zunahme von Fremdpartikeln
müßte aber nach BUSCH im nämlichen Sinne wirken wie eine Steigerung der Lichtintensität. Die Vergleichung der durchschnittlichen Punktabstände für positives h
in den Jahren stärkerer Sonnentätigkeit mit denen von 1911 scheint allerdings zum
Teil wenig geeignet zur Stütze der Theorie. Anderseits führte die für $h = +2{,}5°$
für den Durchschnitt mehrerer Jahre durchgeführte harmonische Analyse
JENSEN[3]) zum Ergebnis einer jährlichen Doppelwelle mit Zeitpunkten für die
Maxima, die denen der Nordlichthäufigkeit nahe liegen. Letztere wurden von
ARRHENIUS und EKHOLM durch die wechselnde Lage der Erde zu den flecken-
reichen Gegenden der Sonne im Jahresturnus erklärt. Die harmonische Analyse
der Tortosawerte der für $90°$ Sonnenabstand geltenden Pol.-Größe führte STEEN-
QUIST[4]) zu dem nämlichen Ergebnis. Merkwürdigerweise entsprechen aber die
Maxima nahezu den Sonnenabstands-Maximis und nicht den Minimis. Dies scheint,
wenn man nicht eine hier völlig unverständliche Phasenverschiebung annehmen
will, alles illusorisch zu machen. STEENQUIST erklärt, eine Kondensationsmög-
lichkeit in den in Frage kommenden Höhen ablehnend, die Vermehrung der
Pol.-Größe durch Erhöhung der Zahl der gegen λ kleinen Partikeln. Wenn auch
die Verhältnisse im Experimentierraum nicht ohne weiteres auf die ausgedehnte
Atmosphäre übertragen werden dürfen und wenn vor allem wohl die Höhenlage
der Fremdkörperchen ins Gewicht fallen kann, so wirkt doch diese Auffassung

---

[1]) M. A. BOUTARIC, l. c. 1918.
[2]) I. MAURER, s. vor allem Astron. Nachr. Bd. 201, Sp. 247. 1915; Bd. 203, Sp. 99—100.
1916; sowie Meteorol. ZS. Bd. 33, S. 429. 1916.
[3]) CHR. JENSEN, Mitt. Ver. Freund. d. Astr. u. Kosm. Phys. 1919, S. 37—49.
[4]) D. STEENQUIST, l. c. 1916.

STEENQUISTS befremdlich im Hinblick auf das Ergebnis BOUTARICS, daß die Vermehrung der Zahl der gegen λ kleinen Teilchen bei Erhöhung der Extinktion die Polarisationsgröße unverändert läßt. — Schließlich ist bei der Diskussion der Beziehung von P zur Sonnentätigkeit die von CARRINGTON nachgewiesene mit der Fleckenperiode parallel gehende Verschiebung der Lage der Hauptfleckenzonen nicht zu vernachlässigen.

f) Die Dämmerungserscheinungen.

15. Allgemeine Übersicht über die Erscheinungen. Die Fülle der mit dem Sammelnamen Dämmerungserscheinungen[1]) bezeichneten Phänomene ist so groß, daß von vornherein nur daran gedacht werden konnte, das Allerwichtigste zu nennen. Im Gegensatz zu den vorher erörterten Phänomenen, die sich im wesentlichen nur auf instrumentalem Wege verfolgen lassen, kann bei den auch durch allgemeine atmosphärische Trübungen veränderten Dämmerungserscheinungen schon die systematische Verfolgung mit bloßem Auge von hohem Wert sein, wobei nur an die Beobachtungen von BUSCH[2]), DORNO[3]), GRUNER[4]), MAURER[5]) PLASSMANN[6]) und M. WOLF[7]) erinnert sei. Die Verknüpfung solcher Beobachtungen mit denen der variablen Intensität des aschgrauen Lichtes der Mondscheibe lassen nach PLASSMANN[8]) wichtige Schlüsse auf den atmosphärischen Reinheitsgrad zu. Allerdings dürfte vor allem die bereits von v. BEZOLD befürwortete, von GRUNER begonnene photometrische Verfolgung der Phänomene die Erkenntnis der Zusammenhänge fördern. Bei all diesen Problemen spielt die wirksame Höhe der Atmosphäre eine ausschlaggebende Rolle, und mit Recht weist v. BEZOLD darauf hin, daß bei den bisherigen Messungen die falsche Voraussetzung bestanden habe, die Grenze zwischen dem hellen und dunklen Teil des Himmels sei durch die Lage der höchsten die Lichtreflexion zulassenden Teilchen bedingt, ohne die geringste Berücksichtigung der Absorption. Hier mußte die Photometrie einspringen.

Was die äußere Erscheinung betrifft, so gilt die ein Durchschnittsbild aller bis dahin bekannten Erscheinungen gebende v. BEZOLDsche[9]) Beschreibung, an die sich mehr oder weniger diejenigen von KIESSLING[10]), MIETHE und LEHMANN[11]), PERNTER und EXNER anlehnen, mit Recht als mustergültig in ihrer Klarheit und Anschaulichkeit. Von dem Gedanken ausgehend, daß die weitere Forschung vielfach völlig neue Verhältnisse kennenlernte, die stark von denen abweichen, auf welche sich v. BEZOLDS Schilderung bezieht, hat GRUNER[12]) mit

---

[1]) Wohl sämtliche wichtigen Arbeiten s. bei P. GRUNER, l. c. Anm. 1, S. 71.

[2]) FR. BUSCH, Meteorol. ZS. 1885, 1888, 1908 u. 1910; Programmschr. kgl. Laurentian. Arnsberg 1887 usw.

[3]) C. DORNO, Meteorol. ZS. 1917 u. Veröffentl. preuß. Met. Inst. Bd. 295, Nr. 5, S. 1 bis 67. 1917.

[4]) P. GRUNER, Mitt. d. Nat. Ges. Bern 1904—1910 u. 1913; Arch. sc. phys. et nat. 1914, 1916, 1918; Meteorol. ZS. 1917; Beitr. Phys. fr. Atm. 1918; Astron. Nachr. Bd. 210, Sp. 13—14. 1920.

[5]) J. MAURER, Meteorol. ZS. 1898, 1899, 1915 usw. (über die zur Tagdämm. gehörenden Ringphänomene s. später).

[6]) J. PLASSMANN, Astron. Nachr. Bd. 192, Sp. 203. 1912; Beob. Zirk. Astron. Nachr. Nr. 31, 6. Okt. 1921; Ann. d. Hydrogr. Bd. 52, S. 15 ff. 1924.

[7]) M. WOLF, Meteorol. ZS. 1903, 1908, 1912, 1916 u. 1919; Astron. Nachr. Bd. 178, 192, 202, 203, 208, 214 u. 215; Vierteljschr. d. Astron. Ges. 1900—1924.

[8]) J. PLASSMANN, Astron. Nachr. Bd. 222, Sp. 111. 1924.

[9]) W. v. BEZOLD, Ann. d. Phys. Bd. 123, S. 240—275. 1864.

[10]) J. C. KIESSLING, Untersuchungen über Dämmerungserscheinungen usw. Hamburg u. Leipzig 1888.

[11]) A. MIETHE und E. LEHMANN, Meteorol. ZS. Bd. 26, S. 97—114. 1909.

[12]) P. GRUNER, Mitt. d. Nat. Ges. Bern 1915, S. 264—312. 1916.

großem Geschick eine alle bekannten Verhältnisse berücksichtigende Umarbeitung genannter Beschreibung versucht. Erstrebt wurde vor allem eine scharfe, jedes Mißverständnis ausschließende Begriffsbildung. Berücksichtigt wurde bei der Behandlung der Lichtwirkungen der Farbton, der Färbungsgrad (Nuance), die Lichtstärke (Intensität), die allgemeine Beschaffenheit (Charakter). Bezüglich der räumlichen Verteilung scheidet Gruner zwischen genau bezeichneten Punkten des Himmelsgewölbes, Stellen in ihrer näheren oder weiteren Umgebung und mehr oder weniger scharf abgetrennten Teilen des Himmelsgewölbes (Streifen, Strahlen, Schein). Dies findet Anwendung auf die äußerst mannigfaltigen, sowohl für den Morgen wie für den Abend geltenden Phänomene. Die Gruppierung umfaßt aber nicht nur die „bürgerliche" (abends am Ende des ersten Purpurlichtes, morgens bei dessen Aufgang beginnend), die „astronomische" (abends mit Untergang des Hauptdämmerungsbogens endend, morgens umgekehrt) und die infolge der Schmidschen[1]) Untersuchungen neuerdings stärker beachtete „Nacht-dämmerung" sowie das durch die zurückgeworfenen Dämmerungsfarben ent-stehende Alpenglühen, sondern auch die schon bei höherem Sonnenstand eintre-tende „Tagdämmerung". Abgesehen von den bei einer Sonnenhöhe von höchstens 10 bis 15° erscheinenden farbigen Horizontalstreifen kommt hier auch der schon länger bekannte, von Chr. Wiener durch Reflexion und Beugung der Sonnen-strahlen an Wassertropfen und Eiskristallen erklärte, neuerdings durch die von Maurer[2]) aufgedeckte nahe Beziehung zur Sonnentätigkeit stärker beachtete, die Sonne umgebende sog. „solare Schein" in Frage. Die genauere Besprechung desselben muß aber ebenso wie die des Bishopschen Ringes auf das nächste Kapitel verschoben werden, obgleich beide in mehr oder weniger enger Beziehung zu den späteren Dämmerungsphasen stehen. Nicht aufgenommen in das Schema sind die von Jesse[3]) entdeckten leuchtenden Nachtwolken. Diese sind, wie es scheint, nicht zu verwechseln mit dem von Kaiser[4]) beschriebenen Danziger Phänomen vom Juni 1922. Nach ihm wäre das Leuchten dieser, ebenso wie die im Dezember 1921 und Januar 1922 in Deutschland bzw. in Südafrika beob-achteten „hellen Streifen am Nachthimmel", durch eine Phosphoreszenz schwefelhaltiger, auf einen chilenischen Vulkanausbruch im Dezember 1921 zu-rückgeführter Substanzen[5]) zu erklären. Die von O. Jesse 1885 zuerst beob-achteten und von ihm gemeinsam mit Stolze in den Sommermonaten 1887 bis 1890 photogrammetrisch (Höhen zwischen 70 u. 80 km: die allmähliche Höhenzunahme evtl. durch Zunahme der Meßgenauigkeit bedingt) verfolgten, in bläulichweißem Lichte strahlenden Wolken wurden wegen ihrer Stellung am Rande des Hauptdämmerungsbogens sowie ihres Spektrums durch Reflexion [nach H. v. Helmholtz[6]) diffuse Reflexion] der Sonnenstrahlen erklärt, gehören also fraglos zu den Dämmerungserscheinungen. Nach allmählichem Verblassen wurde dies Phänomen in neuerer Zeit mehrfach beobachtet, so 1890 (Busch, M. Wolf u. a.), 1909 (Störmer), 1914 (Battermann), 1917, 1920 bzw. 1921

---

[1]) Fr. Schmid, Meteorol. ZS. Bd. 33, S. 247—257. 1916; Verh. Schweiz. Nat. Ges. Zürich Bd. 2, S. 106—120. 1917/1918; s. darüber J. Maurer, Meteorol. ZS. Bd. 32, S. 49—56. 1915.

[2]) J. Maurer, Astron. Nachr. Bd. 201, Sp. 247. 1915; Bd. 203, Sp. 99—100. 1916; Meteorol. ZS. Bd. 33, S. 429. 1916; Mitt. Phys. Ges. Zürich Nr. 18, S. 103—111. 1916 (s. auch Meteorol. ZS. Bd. 32, S. 114. 1915).

[3]) O. Jesse, s. besonders Meteorol. ZS. zwischen 1887 u. 1891; Berl. Ber. 1890 u. 1891.

[4]) Fr. Kaiser, Astron. Nachr. Bd. 216, Sp. 92. 1922 u. Bd. 222, Sp. 107—110. 1924.

[5]) J. Hartmann, Astron. Nachr. Bd. 216, Sp. 89—90. 1922; M. Wolf, l. c. Bd. 220, Nr. 5279 (auch Bd. 214, Sp. 70. 1921).

[6]) R. v. Helmholtz, Meteorol. ZS. 1887; s. auch W. Foerster, Von der Erdatmosphäre zum Himmelsraume. Berlin u. Leipzig: H. Hillger 1906 (vor allem hinsichtlich der Be-ziehungen zur Jahreszeit und geographischen Breite).

(A. Wegener). Hultén[1]) bemerkt, daß die Erscheinung immer erst 1 bis 2 Jahre nach starken Ausbrüchen beobachtet wurde, und bringt wohl fälschlich das bis dahin auf eine besondere kosmische Ursache zurückgeführte Phänomen[2]) vom 30. Juni 1908 mit dem von ihm festgestellten starken Ausbruch eines Vulkans (von ihm Ksudatch benannt) auf Kamtschatka am 29. März 1907 in Verbindung. Eine nahe Beziehung zu Vulkanausbrüchen ist überhaupt fraglich geworden. Auch die Natur der lichtreflektierenden Teilchen ist durchaus ungeklärt. A. Wegener[3]) vertritt auch neuerdings[4]) die Auffassung, daß Hochzirren, d. h. Eiswolken, in Frage kommen, die sich zu gewissen Zeiten in Höhen von 70 bis 80 km bilden. Die Verteilung der Gase nach dem Diffusionsgleichgewicht im Wegenerschen Sinne könnte wohl das Vorhandensein von Kondensationsprodukten des Wasserdampfes in jenen Höhen verständlicher machen, und das Fehlen der — allerdings von Wegener evtl. bejahten (Meteorol. ZS. 1925, S. 404) — Halophänomene wäre vielleicht durch die durch die ins Rötliche spielende Farbe (s. R. v. Helmholtz, Met. ZS.) angezeigte Kleinheit der Teilchen genügend erklärt. Allerdings werden der Wegenerschen Theorie durch die neueren Untersuchungen des Polarlichtspektrums ernstliche Schwierigkeiten bereitet und die Erklärung der anomalen Schallausbreitung scheint der Annahme der in Frage kommenden Schichtgrenzen entraten zu können. Gegen das Fehlen eines Massenaustausches jenseits der Troposphäre sprechen auch die durch die Formänderungen und Verbreiterungen der leuchtenden Meteorbahnen angezeigten turbulenten Strömungen (s. W. Schmidt, Probl. d. Kosm. Physik Bd. 7, S. 54ff. 1925). Ohne die Annahme der Wegenerschen Schichtgrenzen bleibt allerdings das scharfe Verschwinden der verschiedenen Dämmerungsbogen (s. vor allem den Hauptdämmerungsbogen) schwer verständlich, und Wegener hat auch andere beachtenswerte, sich auf das Polarlichtphänomen beziehende Argumente zugunsten seiner Theorie angegeben (s. ds. Handb. Bd. XI, S. 161). Unter Hinweis auf Untersuchungen von B. Davis und C. Edwards versuchte Jardetzky[5]) die Bildung der nötigen Wasserdampfmengen durch Bestrahlung von Knallgas durch von der Sonne emittierte Elektronen zu erklären, dabei auf das — für einen großen Teil der Beobachtungen zuzugebende — zeitliche Zusammenfallen mit Perioden stärkerer Sonnentätigkeit hinweisend. Aber selbst unter der Voraussetzung genügender Mengen von H (ds. Handb. Bd. 11, unter S. 159ff.) und der Gültigkeit der A. Wegenerschen Berechnungen über die vertikale Verteilung der Gase bliebe die Schwierigkeit bestehen, daß die Verteilung der Volumenprozente von H und O im Verhältnis 2:1 schon bei sehr geringer Höhenänderung eine davon völlig verschiedene würde (s. Tabelle 5 l. c. S. 161). Vegard[6]) bringt das Phänomen mit seinen heute kaum mehr haltbaren (s. das Polarlicht in diesem Band) Vorstellungen über das Vorhandensein fester, phosphoreszenzfähiger N-Kristalle und mit dem von Lindemann und Dobson behaupteten oberen Häufigkeitsmaximum des Aufleuchtens der Meteore (s. dazu A. Wegener, Met. ZS. 1925, S. 402ff. und Angenheister, ZS. f. Geophys. Bd. 1, S. 72, Anm.) in Zusammenhang. — Was die Nachtdämmerung betrifft, so ist schon auf einen Bericht H. B. de Saussures zu verweisen, in welchem er den bei seinem Aufenthalt auf dem Col du Géant (Juli 1788) von Sonnenunter- bis Sonnenaufgang beobachteten

---

[1]) E. Hultén, Geol. Fören. Förhandl. Bd. 46, H. 5. 1924.
[2]) M. Wolf, Meteorol. ZS. Bd. 25, S. 556ff. 1908 u. Astr. Nachr. Bd. 178, Sp. 297. 1908.
[3]) A. Wegener, Thermodyn. d. Atm.; Phys. ZS. Bd. 12, S. 170ff. u. 214ff. 1911 usw.
[4]) A. Wegener, Meteorol. ZS. Bd. 42, S. 402ff. 1925.
[5]) W. Jardetzky, Meteorol. ZS. Bd. 43, S. 310ff. 1926.
[6]) L. Vegard, Phil. Mag. Bd. 46, S. 193ff. 1923; Bd. 46, S. 577ff; Naturwiss ensch. Bd. 13, S. 541ff. 1925; Phys. ZS. Bd. 25, S. 689. 1924.

Dämmerungsschein erwähnt[1]), ferner auf ähnliche Berichte von BRAVAIS sowie von HELLMANN[2]). In neuerer Zeit konstatierte Fr. SCHMID in Oberhelfenswil (Schweiz), daß dort sogar Ende September bzw. Anfang Oktober der noch stundenlang zu verfolgende Rest des sommerlichen Dämmerungsbogens vorhanden ist, und A. WEGENER[3]) verfolgte den mehr bläulichen Nachtdämmerungsbogen (Untergang) in Grönland bis zu Sonnendepressionen von gut 25°. SCHMIDs jahrzehntelange Beobachtungen[4]) ergaben derartig innige Zusammenhänge zwischen Zodiakallicht und Dämmerung, daß zwingend erscheinende Beweise auch GRUNER zur Einverleibung des Zodiakallichtes in die Dämmerungsphänomene führten. In diesem Zusammenhange sei zunächst nur an die jährliche und nächtliche Eigenbewegung des Zodiakallichtes und an die Existenz des Mondzodiakallichtes hingewiesen, das schon von JONES beobachtet war, und dessen Erklärung große Schwierigkeiten bieten dürfte, wenn man nicht zur Annahme bei der Erde liegender lichtreflektierender Massen greift. Die negative Parallaxe scheint heute der Theorie keine ernstlichen Schwierigkeiten mehr zu bieten (FR. SCHMID, Probl. d. Kosm. Phys. Bd. XI. 1928 bei H. Grand in Hamburg). Hier muß allerdings auf die Behandlung des Zodiakallichtes verzichtet werden.

16. Die Abenddämmerung. Als charakteristisch für das gesamte Dämmerungsphänomen gilt das Hauptpurpurlicht, was wohl eine etwas eingehendere Erörterung rechtfertigt. Wenn abends am Osthimmel die Scheitelhöhe des die farbige Gegendämmerung mehr und mehr einengenden aschgrauen, vielfach einen Stich ins Stahlblau aufweisenden Erdschattens bis auf eine etwa zwischen 4 und 8° liegende Höhe gewachsen und am Westhimmel das helle Segment mehr und mehr gesunken ist, tritt bei einer meist zwischen 2 und 3° liegenden Sonnentiefe in etwa 25° Höhe überm Horizont das auch nach GRUNERs Untersuchungen fast immer in Verbindung mit dem sog. klaren Schein (grünlichblau über der sich dem Horizont nähernden Sonne, gegen die er mehr und mehr zurückbleibt) stehende Hauptpurpurlicht auf. Bei sehr reinem Himmel kann man es bei Annäherung an das „scheinbare" Intensitätsmaximum in nahezu kreisförmiger Gestalt sehen, die unter beständigem Wachsen des Durchmessers allmählich hinter das gelbe Segment hinabzugleiten scheint. In ganz seltenen Fällen (ARCTOWSKI gelegentlich der belg. Polarexped., RICCÒ in Palermo) wurde es als breiter, rosafarbener, den weißlich erscheinenden Himmel umgebender Kreisbogen beobachtet. Aus einer Zusammenstellung neuester und einiger älterer Beobachtungen wurde die Schlußfolgerung nahegelegt, daß es jedenfalls nach Überschreiten des Maximums um so höher reicht, je niedriger der Beobachter steht. Fraglich erscheint, ob es sich dabei um eine parallaktische Wirkung oder um eine solche des atmosphärischen Reinheitsgrades handelt. DORNO fand für den November 1911, 1913, 1915 und 1916 für das Intensitätsmaximum die Höhen von 46, 40, 40 und 54°. Bemerkenswert ist, daß DORNO im Gegensatz zu v. BEZOLD, BUSCH und RIGGENBACH in Davos den *Ba*-Punkt nie im Maximum der Röte des Purpurlichtes, sondern stets viel niedriger fand. Wohl aber standen seine Ergebnisse über die Ringphänomene in guter Übereinstimmung mit den RIGGENBACHschen Resultaten hinsichtlich des engen Zusammenhanges zwischen den Maßen des Purpurlichtes und des BISCHOP-

---

[1]) H. B. DE SAUSSURE, Voyages dans les Alpes Bd. 4, Kap. 9, S. 298ff. (das ganze Werk in 8 Bänden zwischen 1787 und 1796 erschienen).

[2]) A. BRAVAIS, Ann. méteor. France pour 1850, S. 185ff; G. HELLMANN, ZS. d. österr. Ges. f. Met. Bd. 19, S. 56ff, 162ff. 1884.

[3]) A. WEGENER, Wiener Ber. Bd. 135, IIa, S. 323ff. 1926.

[4]) FR. SCHMID, Gerlands Beitr. z. Geophys. Bd. 9, 1909 u. Bd. 11, 1911 (S. 112—131); Arch. sc. phys. et nat. Bd. 39, S. 149ff., 237ff. 1915; Meteorol. ZS. Bd. 33, S. 247ff. 1916 usw.; s. darüber auch J. MAURER, Met. ZS. Bd. 32, S. 49—56. 1915.

Tabelle 28.

Beobachter	Zeit	Ort	Beginn	Maximum	Ende
NECKER	Juni 1833 bis November 1838	bei Genf	$-4{,}1°$	$-$	$-5{,}8°$
BRAVAIS	1841—1844	Faulhorn	$-2{,}6°$	$-4{,}4°$	$-6{,}4°$
v. BEZOLD	15. Oktober 1863 bis April 1864	München?	$-$	$-4{,}4°$	$-6{,}0°$
HELLMANN	1876—1877	Spanien	$-3{,}8°$	$-4{,}3°$	$-6{,}0°$
RICCÒ	1884	Palermo	$-$	$-$	$-9{,}5°$
RIGGENBACH	1884—1885	Basel	$-3{,}1°$	$-4{,}0°$	$-6{,}0°$
BUSCH	1886	Arnsberg	$-2{,}7°$	$-3{,}7°$	$-5{,}4°$
BUSCH	1887	Arnsberg	$-2{,}3°$	$-3{,}6°$	$-$
J. MOELLER	1903—1904	auf See	$-3{,}2°$	$-$	$-6{,}8°$
MIETHE u. LEHMANN .	Winter 1908	Assuan	$-1{,}8°$	$-3{,}0°$	$-6{,}3°$
GRUNER	1903—1916	Bern	$-2{,}3°$	$-3{,}8°$	$-5{,}2°$
DORNO	November 1911	Davos	$-1{,}7°$	$-4{,}3°$	$-5{,}5°$
DORNO	Ende Oktober 1911 bis Anfang Dezember 1912	Davos	$-2{,}1°$	$-3{,}6°$	$-5{,}1°$
DORNO	November 1913	Davos	$-2{,}9°$	$-4{,}3°$	$-5{,}7°$
DORNO	November 1915	Davos	$-3{,}0°$	$-4{,}0°$	$-5{,}6°$
DORNO	November 1916	Davos	$-2{,}2°$	$-4{,}1°$	$-5{,}7°$
MEYER und MOSER . .	Spätsommer 1916	Piz Languard und a. d. Faulhorn	$-2{,}4°$ $-1{,}8°$	$-3{,}8°$ $-3{,}7°$	$-5{,}9°$ $-6{,}2°$
SMOSARSKI	1914—1920	Warschau	$-3{,}0°$	$-3{,}6°$	$-5{,}2°$

schen Ringes. Hin und wieder tritt an die Stelle der gewöhnlichen Form des Purpurlichtes eine deutliche Fächerform, mit abwechselnden roten und blaugrünen Strahlen, wobei sich auch schwächere Phänomene leichter bemerkbar machen. Nicht so ganz selten weist auch die Gegendämmerung solche Strahlen auf, bei denen SMOSARSKI[1]) eine Beziehung zur Sonnentätigkeit — magnetische Charakterzahlen — vermutet, wobei er an die häufiger im Zusammenhang mit Polarlichtern beobachtete Wolkenbildung denkt. Werden solche zu gleicher Zeit mit den Purpurlichtstrahlen beobachtet, so erscheinen sie spiegelbildlich zu diesem und durchqueren gelegentlich (s. HEIM, Luftfarben) das ganze Himmelsgewölbe vom Osten bis zum Westen. Tabelle 28 gibt eine Übersicht über die von verschiedenen Beobachtern konstatierten Sonnentiefen für den Beginn, das scheinbare Maximum und das Ende des Hauptpurpurlichtes. Abgesehen von dem von RICCÒ[2]) zur Zeit der schweren Katmaistörung gemessenen großen Wert sieht man, daß die Abweichungen geringer für die Zeit des Maximums und des Erlöschens als für die des Beginns sind. DORNO macht auf die besonders gute Übereinstimmung hinsichtlich des Beginns zwischen Assuan (Winter 1908) und Davos im November 1911 aufmerksam und möchte sie wohl auf die verhältnismäßig große Luftreinheit beider Orte zurückführen. Die gegenüber dem Morgen geringe Dauer des Purpurlichtes am Abend wird von MIETHE und LEHMANN durch die Ermüdung des Auges erklärt[3]). GRUNER[4]) zeigte, daß von einer Zunahme der Intensität bis zum scheinbaren Maximum meist keine Rede sein kann, daß vielmehr die photometrische Intensität mit sinkender Sonne rasch abnimmt, ungefähr in Form

---

[1]) W. SMOSARSKI, C. R. Société Scienc. de Varsovie Bd. 10, S. 939—963. 1917. — Études mét. et hydr. Fasc. 4, S. 78. 1927.

[2]) A. RICCÒ, Extratto degli Annali della Meteorologia Italiana Rom 1887, S. 214.

[3]) Bezüglich der Qualität der Dämmerungsempfindung s. E. SCHRÖDINGER, Naturwissensch. 1925, S. 373ff.

[4]) P. GRUNER, Arch. sc. phys. et nat. Bd. 38, S. 335—336. 1914; Meteorol. ZS. Bd. 31, S. 518—519. 1914; Beitr. Phys. fr. Atm. Bd. 8, S. 1—28. 1918.

Tabelle 29.

Sonnentiefe	Reduzierte photometrische Intensität				Verhältnis der Intensität zum Grün		
	Rot	Orange	Gelb	Grün	Rot	Orange	Gelb
3,3°	100	100	100	100	1,00	1,00	1,00
3,5°	66	66	63	60	1,10	1,10	1,05
4,0°	43	41	37	35	1,23	1,17	1,06
4,5°	25	24	20	20	1,25	1,20	1,00
5,0°	14	11	11	12	1,17	0,92	0,92
5,5°	9	6	6	8	1,12	0,75	0,75

einer Exponentialkurve, daß allerdings das Tempo des Abfalls vor Erreichung des Maximums sich um so mehr verlangsamt, je prächtiger die Farbe sich hernach entfaltet. Nur bei ganz starken Lichtern kann es im Rot zu einem merklichen Anstieg kommen. Als charakteristisch für die visuelle Intensität erwies sich das zuerst zu- und hernach abnehmende Verhältnis der photometrischen Intensität von Rot zu Grün. Daß dies tatsächlich wesentlich bestimmend ist, zeigt die den Mittelwerten von 5 verhältnismäßig guten Reihen entsprechende Tabelle 29, in der außer den reduzierten Intensitäten das Verhältnis von Rot ($\lambda = 645\ m\mu$), Orange ($\lambda = 605$) und Gelb ($\lambda = 565$) zu Grün ($\lambda = 525$) bei verschiedenen Sonnentiefen angegeben ist. Einen ähnlichen Verlauf zeigen die Kurven auch für nicht mit der hellsten Stelle des Purpurlichtes zusammenfallende Himmelsstellen, indem das Verhältnis von Rot zu Grün im allgemeinen mit der Annäherung an den Horizont wächst. Solche Messungen wurden von DORNO an verschiedenen überm Horizont liegenden Punkten ausgeführt und zeigten am 24. November 1916 noch bei 4,5° Sonnentiefe eine im Grün zwar unbedeutende, im Rot jedoch stärkere Intensitätszunahme. Das Maximum von hr/hg fand er im Zenit schon vor dem Purpurlichtmaximum; anderseits war unverkennbar, daß im allgemeinen der Rotgehalt des Zenitlichts mit dem des Purpurlichts steigt und fällt. Bemerkenswert ist, daß das Maximum von letzterem in dem durch kräftigere Lichter ausgezeichneten Herbst später erreicht wurde als im farbarmen Frühling. — Während die Beziehung des Purpurlichts zu besonderen Wetterlagen durch die Untersuchungen von RIGGENBACH und GRUNER (für die Schweiz das Auftreten gut ausgebildeter Hauptpurpurlichter an die Existenz einer stärkere Gradienten aufweisenden Antizyklone im SW Europas gebunden) schon länger bekannt war, ist die genauere Kenntnis des von der Jahreszeit abhängigen Einflusses auf die Stärke des Hauptpurpurlichtes und damit der wesentlichsten Dämmerungsphänomene die Frucht neuerer Zeit. Dabei würde dieser Einfluß nach DORNOS eingehender Analyse den der besonderen meteorologischen Bedingungen überragen. Daß bei den Dämmerungsphänomenen und speziell beim Purpurlicht die Kondensationsprodukte des Wasserdampfes eine große Rolle spielen, ist kaum mehr zweifelhaft. Zu wenig Beachtung fand offenbar der v. BEZOLDsche Hinweis auf die größere Kondensationswahrscheinlichkeit in den nicht mehr von der Sonne beschienenen Teilen der Atmosphäre. Die von RICCÒ und von RIGGENBACH[1]) gefundenen und von DORNO bestätigten Beziehungen der Rosadämmerung zum Luftdruck und zur Temperatur (s. RICCÒ) sprechen stark für die Abhängigkeit von Kondensationsprodukten. — Längst bekannt ist die durch besondere Trübungen gesteigerte Intensität sämtlicher Dämmerungserscheinungen. Voraussetzung dabei ist, daß sich die Troposphäre der gröbsten lichtabsorbierenden Fremdpartikel entledigt hat. Hier hat man es mit einem Wechselspiel von die Pracht der Phänomene steigernden und herabdrückenden Wirkungen zu tun, wie es reichlich durch DORNO erwiesen werden konnte. Bezüglich der Katmai-

---

[1]) A. RIGGENBACH, Verh. d. Naturf. Ges. Basel Bd. 8, 1886 u. Habil.-Schr. (105 S.).

trübung betonte letzterer 1913 die Notwendigkeit, wohl zwischen dem derberen Staub und der Begleiterscheinung, den ungewohnten lichten Stratusschichten zu unterscheiden. Diese hat WIGAND[1]) direkt in Höhen von mehr als 7000 m (28. September 1912 und 5. Januar 1913) nachgewiesen. — Auch ein Zusammenhang zwischen der Intensität der Purpurlichter und der Sonnentätigkeit ist durch die DORNOschen und GRUNERschen Untersuchungen wahrscheinlich geworden. Berücksichtigt man aber die gegenüber der ca. 11 jährigen Sonnenperiode immer noch kurze Zahl der Beobachtungsjahre und den starken Einfluß meteorologischer Faktoren, so ist natürlich noch große Vorsicht geboten. Um so beachtenswerter ist es, daß die Intensität des Purpurlichtes nach GRUNER bis zu einem gewissen Grade die 26,5 tägige Periode der Sonnenflecken mitzumachen scheint. — Nur in Störungszeiten macht sich das, z. B. 1884 und 1885 von RIGGENBACH sehr oft beobachtete, 2. Purpurlicht bemerkbar, und es ist sehr wertvoll, daß die genaue Verfolgung der Vulkanliteratur nachträglich eine Erklärung für die von v. BEZOLD zum Teil beobachtete besondere Farbenpracht und für das Auftreten des 2. Purpurlichtes finden ließ. Da das gegenüber der geringen Sonnendimension weit ausgebreitete Hauptpurpurlicht als Lichtquelle für das 2. Purpurlicht in Frage kommt, kann es hier nie zur Bildung von Dämmerungsstrahlen kommen. Ganz ausnahmsweise nur wurde ein 3. Purpurlicht beobachtet, so von RICCÒ. — Die Theorie des Purpurlichtes steht noch mitten in der Entwickelung. Für die Erklärung der Abendröte sowie auch der Färbung der Sonne selber zog LOMMEL die gewöhnliche Beugung (sog. Randbeugung) heran[2]). Ausgebaut wurde die Beugungstheorie für das Purpurlicht durch KIESSLING und vor allem durch PERNTER[3]). Die eigentümliche Form des zur Sonne exzentrisch liegenden Hauptpurpurlichtes führte PERNTER auf die Beugung der Sonnenstrahlen in einer über der Erde liegenden Schicht zurück, in welcher die Partikel verschiedener Größe so übereinander geschichtet sind, daß die größeren unten, die kleineren oben liegen. DORNO zieht auf dem Boden der PERNTERschen Theorie Schlüsse auf die Höhenlage und die Größe der in verschiedenen Perioden (zwischen 1911 und 1918) auftretenden Störungsschichten, die vielfach mit den Ergebnissen sonstiger optischer Messungen gut übereinzustimmen scheinen. Unter der Annahme, daß nur die direkte Sonnenstrahlung in Frage kommt, berechnete er nach einer von RIGGENBACH angegebenen Formel Grenzwerte für die Höhe H der das Purpurlicht erzeugenden Schicht. Die Formel lautet:

$$H = 2\,Ru(1 - u), \text{ wo } u = \left\{\frac{\sin\dfrac{\partial}{2} \cdot \sin\left(h + \dfrac{\partial}{2}\right)}{\sin(h + \partial)}\right\}^2$$

ist, und wo ∂ der um die Horizontalrefraktion verminderten Sonnentiefe, h der scheinbaren Höhe des oberen bzw. unteren Randes des Purpurlichtes und R dem Erdradius entspricht. — GRUNER[4]) verweist vor allem darauf, daß die Beugungstheorie nicht imstande ist, den bereits von NECKER betonten Zusammenhang zwischen Purpurlicht und Gegendämmerung aufzuklären, und daß sie auch bei der Erklärung des Nachpurpurlichtes versagt. Demgegenüber betont er besonders die große Bedeutung der Lichtdiffusion, diejenige der Beugung vielleicht zu sehr herabsetzend, allerdings nicht ganz außer acht lassend. Recht scheint er aber jedenfalls darin zu haben, daß für die Lichtstärke und die Färbung des Purpurlichtes nicht so sehr die Natur derjenigen Schichten bestimmend ist, in

---

[1]) A. WIGAND, Meteorol. ZS. Bd. 13, S. 249—250. 1913.
[2]) E. LOMMEL, Pogg. Ann. Bd. 131, S. 105—117. 1867; Abhandlgn. Bayr. Akad. Wiss. Bd. 19, S. 451—508. 1897.
[3]) J. M.PERNTER, Meteorol. ZS. Bd. 7, S. 41—50. 1890; s. auch Met. Opt. v. PERNTER-EXNER.
[4]) P. GRUNER, Beitr. Phys. fr. Atm. Bd. 8, S. 1—28. 1918.

denen sich das Phänomen durch Diffusion, oder Beugung bildet, wie die der unterm Horizont an der Sonnenstelle gelegenen Schichten, welche direkt von den Sonnenstrahlen durchsetzt werden. Zu diesem wichtigen Ergebnis gelangte er durch die photometrischen Untersuchungen. In Abb. 7a ist eine zur Erdoberfläche konzentrische Schicht angenommen, und es wird die beim Durchgang der Strahlen erzeugte Farbe natürlich um so mehr nach Rot verschoben (bzw. schließlich ganz ausgelöscht), je länger der Weg ist. Für efg ist in der sonst ohne weiteres verständlichen Abbildung eine völlige Auslöschung angenommen.

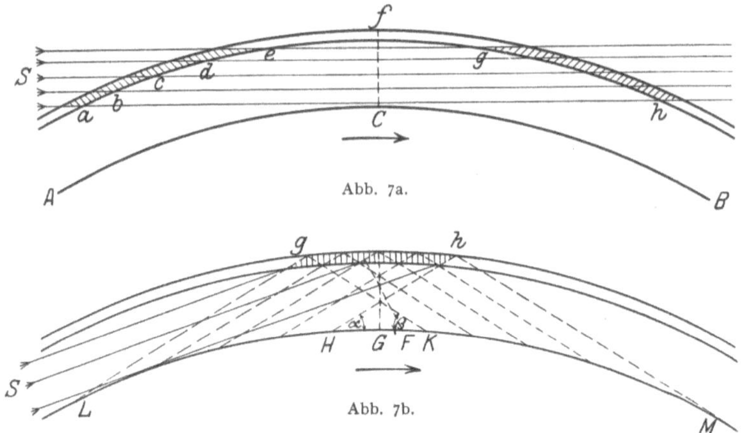

Abb. 7a.

Abb. 7b.

Wird die Schicht nach Durchgang durch die reine Atmosphäre zum zweiten Male getroffen, so entsteht nach Gruner durch kräftige diffuse Zerstreuung einmal die Gegendämmerung, zum andern das Purpurlicht, je nach der Zeit, d. h. der Lage des Beobachters. Abb. 7b zeigt die nämliche Schicht für Beobachter mit verschiedener Sonnendepression. Für die Gesamtzerstreuung der in Frage kommenden Teilchen — kleinste, nach dem Gesetz $(1 + \cos^2 \varphi)/\lambda^4$ wirkende und größere, bei denen Reflexion, Refraktion und Diffraktion zu berücksichtigen sind (s. wesentl. die Arbeiten von O. Wiener und die neueren von Blumer und von Pokrowski in der Zeitschr. f. Phys.) nimmt Gruner weiter ein Maximum in der Richtung der einfallenden Strahlen und ein Minimum senkrecht dazu an. Hinzu kommt, daß Farbensättigung nur wahrzunehmen ist, wenn die Blickrichtung die Schicht gh in genügender Dicke durchquert. Daraus ist zu entnehmen, daß letztere den bei bzw. in der Nähe von G und F postierten Beobachtern unsichtbar bleibt, wogegen die zwischen H und L sowie jenseits L stehenden sie im Osten als Gegendämmerung, die zwischen K und M sowie jenseits von M stehenden sie im Westen als Purpurlicht sehen werden. Einen einzigen Beobachter kann man sich als mit der Erde über L, H, G, F, K nach M rotierend denken, während die Beleuchtung von gh durch die Sonne unverändert bleibt. Ein solcher würde der Reihe nach die verschiedenen Dämmerungsphasen, über Gegendämmerung und Erdschatten nach dem Purpurlicht hin, wahrnehmen. Bei L, unter dem Grenzwinkel α, würde das Aufsteigen des Erdschattens, d. h. die Einengung der Gegendämmerung, beginnen. — Unter weiteren, vereinfachenden Annahmen (Vernachlässigung mehrfacher Diffusion usw.) hat Gruner[1]) für die kugelförmig geschichtete Atmosphäre mit einer Berechnung der Beleuchtung der

---

[1]) P. Gruner, Beitr. Phys. fr. Atm. Bd. 8, S. 120—156. 1919; s. auch seine mit H. Kleinert zusammen verfaßte Dämmerungsmonographie, Bd. 10 der Probl. d. Kosm. Physik. 1927 bei H. Grand in Hamburg.

Atmosphäre auf der Grundlage des RAYLEIGHschen Zerstreuungsgesetzes begonnen. Die wirkliche Atmosphäre wurde durch vier übereinanderliegende homogene Schichten (bis zu $h = 4$, 12, 24 und 84 km) ersetzt. Die Anwendung auf das Purpurlicht steht noch aus. Unter Beschränkung auf die molekulare Diffusion einer idealen Atmosphäre berechnete KLEINERT[1] für eine Sonnentiefe zwischen 0 und 6° die Helligkeitsverteilung im Grün und Rot. Hinsichtlich der Theorie der Dämmerungsphänomene steht EXNER auf dem Standpunkt, daß in einer quantitativ noch nicht zu übersehenden Weise sowohl die Beugung an größeren Teilchen (wesentl. an Kondensationsprodukte zu denken), als auch die Diffusion im RAYLEIGHschen Sinne in Frage kommt. Darauf deutet vielleicht auch der, wie es scheint, große Wechsel des Stärkegrades der Abhängigkeit des Ba-Abstandes vom Purpurlichtphänomen. Von großer Bedeutung für die weitere Entwicklung der Theorie sind die Untersuchungen H. BLUMERS[2] über das Verhältnis der roten zur grünen Intensität in Abhängigkeit von Kugelgröße und Zerstreuungswinkel, wobei namentlich auf den sehr unregelmäßigen Verlauf der Rot/Grün-Kurven für verschiedene Durchmesser und das wichtige Ergebnis zu verweisen ist, daß bei größeren Teilchen die spektrale Verteilung nicht mehr unabhängig vom Zerstreuungswinkel ist. — Schließlich muß hier der vielfach beobachteten Asymmetrie des Purpurlichtes gedacht werden, ebenso wie die hinsichtlich der azimutalen Lage des Sonnenortes bemerkenswerten Anomalien der Lage des Dämmerungsscheines zu erwähnen sind, die nach FR. SCHMID in naher Beziehung zum Zodiakallicht stehen, das er durch die besondere Gestalt der Erdatmosphäre (stark abgeplattetes Rotationsellipsoid) bedingt ansieht. Hiermit im Zusammenhang könnte auch das von A. WEGENER abgeleitete (loc. cit. 1926) frühere Verschwinden des Hauptdämmerungsbogens in hohen Breiten stehen, das aber bei der geringen Zahl aller hierfür in Frage kommenden Beobachtungen sowie bei den großen Schwankungen der Einzelwerte (s. überhaupt die starke Abhängigkeit von met. Faktoren) noch mehr zu erhärten wäre, bevor es gerade nötig wäre, mit WEGENER eine tiefere Lage der von ihm gedachten Grenze zwischen N-Sphäre und Sphäre der leichteren Gase anzunehmen.

Erklärungsschwierigkeiten machte lange die Tatsache, daß der Erdschatten (abends) wesentlich rascher steigt, wie die Sonne sinkt. Schon vor längerer Zeit hatten PERNTER und EXNER[3] im Hinblick auf die von v. BEZOLD in den Jahren 1863 und 1864 für gleiche Sonnenhöhen gefundenen verschiedenen Werte für die Höhenwinkel φ des Schattenrandes auf den offenbar nahen Zusammenhang der scheinbaren Bewegung mit dem atmosphärischen Zustand hingewiesen. Für die Erklärung der Bewegung des Erdschattens an sich ist weiter ihre Ablehnung einer noch von MOHN[4] angenommenen äußersten Schicht lichtreflektierender Teilchen wichtig. Unter Ausschluß des den einzelnen Molekeln von allen übrigen zugestrahlten Lichtes wurden vielmehr unter Berücksichtigung der Lichtextinktion auf dem Weg von der Sonne zum diffundierenden Teilchen und von diesem zum Auge Integrale für die Himmelshelligkeit H in verschiedenen Höhen überm Horizont abgeleitet. Bei alleiniger Berücksichtigung direkter Sonnenstrahlung muß für ein bestimmtes φ $\delta H/\delta\varphi$ einen Sprung erleiden. Der weiter an der Hand geometrischer Betrachtungen auf angegebener Grundlage empfohlene Weg, um zu einer Erklärung der Erdschattenbewegung zu gelangen, kann — worauf DEMBER und UIBE hinwiesen — nicht zum Ziele führen, weil die Dimension der Schatten werfenden Erde in den angegebenen geometrischen

---

[1] H. KLEINERT, Jahrb. d. Phil. Fakult. II d. Univ. Bern Bd. 1, S. 71—77. 1921.
[2] H. BLUMER, ZS. f. Phys. Bd. 39, S. 195—214. 1926.
[3] F. M. EXNER, Lehrb. d. Met. Opt.
[4] H. MOHN, Hannband der Meteorol. ZS. 1906.

Beziehungen nicht vorkommt. Benutzt man aber diese, so ist nach ihnen durch Sonnendepression und φ die Entfernung des Schattenrandes vom Auge geometrisch bestimmt. Hier sei nur bemerkt, daß rein geometrische Überlegungen SMOSARSKIS[1]) (Zeichnung der Sehstrahlen des Beobachters nach dem Schattenrande) ergaben, daß der Erdradius — wie auch für Mondfinsternisse[2]) anzunehmen sei — um $^1/_{50}$ zu vermehren ist. — Führt man die Rechnung nach den Beobachtungsdaten aus, so ergibt sich nach DEMBER und UIBE[3]) das merkwürdige Resultat, daß sich der Schattenrand bei sinkender Sonne zuerst schnell vom Beobachter entfernt, um sich hernach wieder zu nähern. Eine Erklärung für die Änderung der Entfernung finden sie in der Annahme, daß man den oberen Rand des Erdschattens am Endpunkte der maximalen Sichtweite des dem Schattenrande unmittelbar anliegenden Schattenraumes sieht, und daß die durchaus meßbare Helligkeit der in diesem Raum liegenden Luftmasse ein Maß für die Entfernung zwischen Auge und Schattenrand gibt (s. S. 104 u. 105). Die beobachteten Helligkeiten schienen die Theorie zu bestätigen. Das rasche Dunklerwerden des Schattens würde demnach sein schnelles Emporsteigen bedingen. Der anfänglichen scheinbaren Entfernung entspricht eine Zunahme der absoluten Helligkeit, dem Maximum letzterer, bei ca. $3^1/_2°$ Sonnentiefe (Beginn des 1. Purpurl.?), ein Maximum der Entfernung. Bei Helligkeitsgleichheit von Schattenrand und angrenzendem Himmel muß der Schatten für das Auge verschwinden. — Schließlich ist an dieser Stelle am besten des sog. grünen Strahls zu gedenken, der nicht mehr als subjektives Phänomen aufgefaßt werden kann, nachdem er des öfteren [s. unter anderen A. SCHUSTER[4])] bei Sonnenaufgang beobachtet wurde. Nach DANJON und ROUGIER[5]) hätte man es mit einer gemeinsamen Wirkung der normalen Dispersion und der Absorption des Wasserdampfes zu tun, wogegen von JULIUS bei der Erklärung die anomale Dispersion zu Hilfe genommen wurde[6]).

17. Die Nachtdämmerung. Die diesbezüglichen Beobachtungen von BRAVAIS, HELLMANN, A. WEGENER, DE SAUSSURE und F. SCHMID wurden schon erwähnt. Für einen im Sonnenazimut um 20° vom Horizont entfernten Punkt bestimmte FESSENKOFF[7]) in Charkow im Dezember 1915 und Januar 1916 zwischen Sonnentiefen von ca. 6 und 18,5° photometrisch die Flächenhelle. Der Logarithmus der Helligkeit betrug für $h = -6,5°$ $+1,110$, für $h = -10,5°$ $-0,158$ und für $h = -18,5°$ $-1,837$. Zwischen $h = -6°$ und $-18,5°$ sank die Helligkeit rund auf $^1/_{1000}$. An seine Beobachtungen knüpfte FESSENKOFF unter der Annahme konzentrischer, in sich homogener Luftschichten sowie der von A. WEGENER angegebenen vertikalen Temperaturverteilung Berechnungen über die optischen Eigenschaften (sog. Reflexionskraft) und die Dichte bis zu Höhen von 150 km. Bei ausgesucht schönem Wetter photometrierten E. BAUER, A. DANJON und P. LANGEVIN[8]) im August 1922 und 1923 auf dem Mont Blanc bis zu Sonnentiefen unter 18° die Zenithelligkeit. Für h niedriger als $-18°$ blieb die Helligkeit nahezu konstant. Hervorgehoben wird der Parallelismus mit der FESSENKOFFschen Kurve. — Es fragt sich nun, ob es sich bei der Nachthelligkeit um Sonnen-

---

[1]) W. SMOSARSKI, Soc. Scient. Poznan., Trav. Commiss. Sc. Math. Nat. (D) Bd. 1, S. 49—83. 1921.

[2]) MEYER-BÜHRER, Mitt. d. Thurg. Nat. Ges. 1924, S. 197—233.

[3]) H. DEMBER u. M. UIBE, Ann. d. phys. Bd. 62, S. 517 ff. 1920; Meteorol. ZS. Bd. 37, S. 170—171. 1920.

[4]) A. SCHUSTER, Nature Bd. 95, S. 8. 1915 (wie es scheint, 1914 u. 1915 besonders reiche Literatur über das Phänomen).

[5]) Siehe C. R. vom 26. Oktober 1920; s. auch T. CHABOT, Meteorol. ZS. Bd. 16, S. 425 ff. 1899.

[6]) ad H. JULIUS, siehe u. a. Meteorol. ZS. Bd. 19, S. 337—338. 1902.

[7]) B. FESSENKOFF, Astron. Nachr. Bd. 220, Nr. 5259, Sp. 33—42. 1924.

[8]) E. BAUER, A. DANJON u. P. LANGEVIN, C. R. Bd. 178, S. 2115—2117. 1923.

licht, oder um eine andere Lichtquelle handelt. Mit äußerst empfindlichen Apparaten von YNTEMA[1]), ABBOT[2]) und HUMPHREYS[3]) ausgeführte Untersuchungen führten zu dem Ergebnis, daß die Gesamtheit des Sternenlichtes zu schwach war im Vergleich mit der tatsächlich beobachteten Helligkeit des Mitternachtshimmels[4]). Den Rest bezeichnete man mit Erdlicht, und dieses suchte man durch permanentes Polarlicht, durch eine Ionisation der höheren Luftschichten infolge des Bombardements von Meteorstaub usw. zu erklären[5]). Die Helligkeit desselben wurde zu rund $1/5 \cdot 10^{-8}$ derjenigen bei Zenitsonne angegeben. Im Jahre 1919 lenkte H. MEYER[6]) die Aufmerksamkeit darauf, daß man vermutlich bei der Diskussion der Frage die Aufhellung der das Sternenlicht absorbierenden Luft zu wenig berücksichtigt habe. — Untersuchungen über das Spektrum desNachthimmels scheinen in erster Linie geeignet zur Erkennung der Herkunft des Lichtes. Solche Untersuchungen wurden von Lord RAYLEIGH (d. Jüngeren [7]) und von DUFAY[8]) durchgeführt. Ersterer ging wegen der bei dem englischen Himmel nötigen langen Expositionszeiten von der Spektrographenmethode zu einer besonderen Methode farbiger Filter über. Von der grünen Nordlichtlinie, auf die er sein besonderes Augenmerk richtete, ist hier abzusehen. Sein Hauptergebnis besteht darin, daß Sonnenlicht, Mondlicht und Licht des Nachthimmels im wesentlichen die gleiche spektrale Verteilung zeigen. Sein Ergebnis des stärker „In-den-Vordergrund-Tretens" der Intensität kurzwelliger Strahlen bei der Abenddämmerung ist auf das PURKINJEsche Phänomen zurückzuführen. Umgekehrt ergaben die im Winter 1922 und Frühling 1923 von DUFAY in Montpellier bei einer Sonnentiefe von mehr als $20°$ in etwa $30°$ Zenitdistanz mittels des Quarzspektrographen ausgeführten Messungen, bei sonstiger völliger Übereinstimmung mit den Absorptionslinien der Abenddämmerung, gegen diese eine weiteres Hineinerstrecken in das Ultraviolett. Das vorherige Abbrechen des eigentlichen Dämmerungsspektrums sucht DUFAY dadurch zu erklären, daß die Strahlen größere Ozonschichten vor ihrer Zerstreuung nach dem Auge hin zu passieren haben. Daß für den Abbruch des ultravioletten Sonnenspektrums eine wesentlich größere Ozonmenge nötig ist, als wie sie von STRUTT[9]) in der Nähe der Erdoberfläche optisch erwiesen wurde, zeigten zuerst FABRY und BUISSON[10]). Daß die wesentlich in Frage kommende absorbierende Substanz jedenfalls oberhalb 9000 m liegt, erwiesen die WIGANDschen[11]) Messungen. Eine gewisse Abhängigkeit der Ozonabsorption von der Jahreszeit möchte GÖTZ[12]), der sich die besondere Aufgabe der Scheidung der Merkmale der Ozonabsorption von denen der Diffusion gestellt hat[13]), nicht nur aus den DORNoschen, sondern auch aus den von SÜRING

---

[1]) L. YNTEMA, Groningen, Gebroeders Hoitsema 1909. Referat von EXNER darüber s. Meteorol. ZS. Bd. 27, S. 370—372. 1910.

[2]) C. G. ABBOT, Ann. Rep. Smithson. Inst. 1911, S. 64.

[3]) W. J. HUMPHREYS, Astrophys. Journ. Bd. 35, S. 273—278. 1912; Meteorol. ZS. Bd. 29, S. 470—473. 1912.

[4]) S. auch J. MAURER, Meteorol. ZS. Bd. 16, S. 257—260. 1899.

[5]) Siehe auch S. NEWCOMB u. VAN RHJIN, Publ. Astr. Lab. Groningen 1921; s. auch Himmelswelt 1922, S. 27—28.

[6]) H. MEYER, Sirius 1919, S. 61—63.

[7]) Lord RAYLEIGH, Proc. Roy. Soc. London (A) Bd. 99, S. 10—18. 1921.

[8]) J. DUFAY, C. R. Bd. 176, S. 1290ff. 1923; Journ. de phys. et le Radium Bd. 5, S. 57 bis 59. 1924.

[9]) R. J. STRUTT, Proc. Roy. Soc. London (A) Bd. 94, S. 260. 1918.

[10]) CHR. FABRY u. H. BUISSON, Astrophys. Journ. Bd. 54, S. 297ff. 1921.

[11]) A. WIGAND, Verh. d. D. Phys. Ges. Bd. 15, Nr. 21. 1913.

[12]) F. W. P. GÖTZ, Die Sterne. Bd. V, S. 189—195. 1925; Beitr. z. Phys. d. fr. Atm. Bd. 13, S. 15—22. 1926; Das Strahlungsklima von Arosa, S. 51 ff. Berlin: Julius Springer 1926.

[13]) S. dazu aber C. DORNO, Meterol. ZS. Bd. 44, S. 385—386 und 462ff. 1927.

in Agra[1]) ausgeführten Messungen entnehmen. Für den ausgeprägten Jahresgang der Ultraviolettdurchlässigkeit in Davos müßten allerdings auch nach ihm andere Ursachen gesucht werden[2]). Auf alle Fälle ist aber wohl nicht mehr daran zu zweifeln, daß das Ozon in den höchsten, noch genügend Sauerstoff führenden Luftschichten zu suchen ist (nach J. CABANNES und J. DFUAY zwischen 45 und 50 km angenommen). Weitere Messungen im Sinne der DUFAYschen sind sicherlich sehr wichtig. Seine Messungen und die von STRUTT stehen jedenfalls durchaus nicht im Widerspruch mit der Ansicht SCHMIDS[3]), daß die astronomische Dämmerung mit einer Sonnendepression von $+18°$ nicht abgeschlossen ist, sondern daß die optischen Vorgänge in hohen Atmosphärenschichten und im Zusammenhang damit die Tiefe des Nachtblau die ganze Nacht hindurch in Abhängigkeit von der Sonnendepression stehen. Dagegen, daß das Licht des Nachthimmels als ein letzter Rest von den höchsten, bereits außerhalb des Erdschattens liegenden Luftschichten kommt, schien Lord RAYLEIGH sein eigenes sowie auch BABCOCKS[4]) (a. dem Mount Wilson) Befund zu sprechen, daß das Licht sich bei weitem nicht so stark polarisiert erwies wie das Tageslicht. Hier ist aber zu bedenken, daß nach DORNOS[5]) Untersuchungen (s. auch BOUTARIC loc. cit.) durchaus mit der Möglichkeit einer depolarisierenden Wirkung genügend ausgedehnter, Verunreinigungen enthaltender Schichten zu rechnen ist.

---

[1]) R. SÜRING, Meteorol. ZS. Bd. 41, S. 325 ff. 1924.

[2]) C. DORNO, l. c. S. 286 ff. Berlin 1919; Meterol. ZS. Bd. 36, S. 189—190. 1919; ebenda Bd. 44, S. 387. 1927; s. auch O. HOELPER, ZS. f. Geophys. Bd. 3, S. 192 ff. 1927.

[3]) FR. SCHMID, Sirius 1923; Beitr. z. Geophys. Bd. 11, S. 112 ff. 1911; Arch. des. scienc. phys. et nat. vom März 1915 und ds. Handb. S. 142, Anm. 1.

[4]) H. D. BABCOCK, Astrophys. Journ. Bd. 50, S. 228 ff. 1919 und R. J. STRUTT, ebenda S. 227—228.

[5]) C. DORNO, s. das große Werk 1919, S. 251—254.

Kapitel 5.

Gelegentliche atmosphärisch-optische Erscheinungen.

Von

CHR. JENSEN, Hamburg.

Mit 1 Abbildung.

a) Erscheinungen der Brechung, Reflexion und Beugung des Lichtes an Wassertropfen und Eiskristallen sowie an anderen größeren Teilchen in der Atmosphäre[1].

1. Allgemeine Übersicht. Zu behandeln sind hier die Haloerscheinungen, für welche EXNER den Namen Ringerscheinungen vorschlägt, wenn auch — wie bei den Lichtsäulen durch Sonne und Mond — gewisse nicht ringförmig angeordnete Phänomene dahin gehören, 2. die Kränze um Sonne und Mond (bzw. Planeten) sowie verwandte Phänomene und 3. der Regenbogen. Für 1 und 3 kommen nur feste oder flüssige Kondensationsprodukte des Wasserdampfes, für 2 prinzipiell auch andere Teilchen in Frage. Die früher gemachte Unterscheidung, wonach die Ringphänomene nur von Form und Lage der Eiskristalle abhängen, wohingegen die Kränze und der Regenbogen wesentlich durch die Größe der Wolkenelemente (bzw. and. Part.) beeinflußt werden, läßt sich nicht mehr aufrecht erhalten, nachdem es durch R. MEYER[2] mehr als wahrscheinlich gemacht wurde, daß Eiskristalle erst von einer gewissen Größe ab Ringe erzeugen können (s. dazu allerdings S. 143), und daß sie vor Erreichung derselben Kränze erzeugen. Diese Schlußfolgerung ergab sich aus der aus einem Material von nahezu 800 Beobachtungstagen abgeleiteten Tatsache, daß Ringe und Kränze viel häufiger am gleichen Tage beobachtet werden, als sich bei zufälliger Verteilung erwarten läßt, daß sie aber, obgleich häufig am selben Tage, doch nur selten im selben Augenblick zu sehen sind. Es zeigte sich, daß die als Begleiter von Ringerscheinungen auftretenden Kränze zumeist einen Durchmesser (das 1-te Rot) von höchstens 2° haben, woraus eine Dicke der Eiskristalle von < 0,05 mm hervorgeht. Aber auch bei der Theorie der Halophänomene ist nach VISSER[3], ebenso wie bei der des Regenbogens, die Beugung zu berücksichtigen.

---

[1] An zusammenfassenden Werken ist wesentlich PERNTER-EXNERS Met. Opt., neu bearbeitet von F. M. EXNER, bei W. Braumüller 1922, zu nennen.

[2] R. MEYER, Meteorol. ZS. Bd. 27, S. 112—120 (besonders bis S. 118). 1910.

[3] S. W. VISSER, Hemel en Dampkring, Bd. 15, S. 17—22. 1917; s. auch Versl. v. d. Kon. Akad. v. Wet. Amsterdam Bd. 25, S. 1328. 1917; Meteorol. ZS. Bd. 36, S. 33—35. 1919.

2. Halo- oder Ringerscheinungen[1]. Bis in die neueste Zeit hinein wurde nur die Brechung bzw. Reflexion (hier farblos) an den dem hexagonalen System angehörenden Eiskristallen bei der Erklärung der Phänomene berücksichtigt. In der Atmosphäre kommt das sechsseitige Prisma entweder in Nadel- oder in Plättchenform vor. Als zweite Form kommt die der sechsseitigen Pyramide vor, die meist auf das nadelförmige Prisma an den Enden aufgesetzt ist. Erfolgte die Ausbildung nur längs der drei Achsen, indem der Zwischenraum leer blieb, so haben wir statt der Plättchen Sterne [s. A. Wegener[2]; bezüglich der Schneekristalle überhaupt unter anderen Bentley[3], Dobrowolski[4], Hellmann[5]], die entweder reine Sterne sind (ohne Plättchenkern), oder Plättchensterne (mit Kern). Eine Kombination der beiden Hauptformen ist die „Tischchenform" (Plättchen sitzen säulenförmigen Prismen auf), die häufiger vorkommen soll (vom Verf. allerdings nur einmal in größerer Menge beobachtet), während eine Kombination von 1 bis 4 unter verschiedenen Winkeln zueinander stehenden hemimorphen Eisprismen (die pyramidenförmig zugespitzten Enden aneinander festhaftend) als sehr selten bezeichnet wird[6]). Zur Vermeidung von Totalreflexion an der Austrittsfläche müssen die brechenden Winkel kleiner als $99°32' = 2.49°46'$ sein. Für Winkel unter $49°46'$ gehört zu jedem einfallenden Strahl ein austretender, bei solchen zwischen $49°46'$ und $99°32'$ nur dann, wenn der Einfallswinkel einen bestimmten, von der Größe des brechenden Winkels abhängigen Wert nicht überschreitet. Dadurch erklärt sich die Abhängigkeit einiger der Phänomene von der Sonnenhöhe. Manche sind wegen zu geringer Lichtintensität schwer oder nicht zu beobachten, einige überlagern sich derart, daß jedenfalls scharfe Konturen fehlen (s. A. Wegener, Meteorol. ZS. 1925, S. 404). — Das Gros der Erscheinungen zeigt (E. van Everdingen, Fritsch, Grundmann, Hellmann, Kassner, Leyst, Messerschmitt) eine deutliche jährliche und tägliche Periode. Für unsere Gegenden ist nach Grundmann[7]) bei Sonnenhalos vor allem das stark ausgeprägte Hauptmaximum im Mai und das Minimum im Winter zu nennen. Abgesehen von der jeweiligen Tag- und Nachtlänge kommt hier nach Hellmann wesentlich der durch die Temperatur- und Feuchtigkeitsverhältnisse der Zirrusregion bedingte, im Jahreslauf wechselnde Gehalt der höheren Atmosphärenschichten an Eiskristallen in Frage. Für den täglichen Gang fand v. Everdingen[8]) für Holland ein Hauptmaximum ein bis zwei Stunden nach Mittag, was bei Berücksichtigung der Wirkung des mittäglichen Auftriebs verhältnismäßig leicht erklärlich erschien. Schwieriger scheint die Erklärung des sekundären Maximums am Vormittag zu sein. Vielleicht gelingt eine solche jedenfalls noch besser bei Berücksichtigung der Tatsache, daß sich dies Maximum um so mehr auf spätere Monate verschiebt, je mehr man sich, von Rußland aus westwärts gehend, dem Atlantischen Ozean

---

[1]) Allgemein s. L. Besson, Sur les halos. Dissert. Paris 1909; M. Pinkhof, Beitr. z. Halotheorie, Verh. Kon. Akad. Wetensch. Amsterdam (1) Tl. 13, Nr. 1 (Auszug Meteorol. ZS. Bd. 37, S. 60—67. 1920); R. Meyer, Haloerscheinungen. 79 S. (reiche Literaturangabe). Riga 1925; A. Wegener, Theorie der Haupthalos. Arch. d. D. Seewarte Bd. 43, Nr. 2. 1926.

[2]) A. Wegener, Thermodynamik der Atmosphäre. S. 85ff. (nach alter Auflage); s. auch O. Lehmann, Molekularphysik. Bd. I, S. 326. Leipzig 1888—1889.

[3]) M. Bentley, Month. Weath. Rev. 1925, S. 530ff. (und in manchen vorhergehenden Bänden d. M. Weath. Rev., so vor allem 1903).

[4]) A. Dobrowolski, Ciel et. Terre. Brüssel 1907—1908; s. auch Historja Naturalna Lodu, Warszawa 1923 (Referat von R. Süring, Meteorol. ZS. 1924, S. 195).

[5]) G. Hellmann, Schneekristalle. Berlin 1893.

[6]) L. Besson, L'Astromie. S. 377ff. 1923; M. Pinkhof, Meteorol. ZS. Bd. 43, S. 411ff. 1926.

[7]) G. Grundmann, Meteorol. ZS. Bd. 38, S. 274—276. 1921.

[8]) E. van Everdingen, Hemel en Dampkring Bd. 13, S. 85; 1915.

nähert. Besonderer Untersuchung bedarf natürlich die Periodizität von Phänomenen, die direkt oder indirekt (Helligkeit) von der Sonnenhöhe abhängig sind. So wurde von v. EVERDINGEN die Periode des sog. Zirkumzenitalbogens [Berührungsbogen des Ringes von 46° Radius][1]) und der Nebensonnen untersucht[2]). Die Frage der Bedeutung der Halos für die Wetterprognose (Eintritt von Regen danach) wurde in Amerika wesentlich in positivem Sinne entschieden[3]). — In der die räumlichen Verhältnisse wiedergebenden Abb. 1 bedeutet S die Sonne, O den Standpunkt des Beobachters, $BACD$ den gewöhnlichsten Halo mit einem Radius von rund 22°, EGF den sehr viel selteneren mit einem Radius von rund 46°, $MEBSCFM$ den farblosen, dem Horizont parallelen, die vier durch kleine Kreise angedeuteten Nebensonnen enthaltenden Horizontalring oder Nebensonnenring. Ferner ist der eine sehr veränderliche Gestalt aufweisende obere Berührungsbogen des kleinen Ringes angedeutet, der besonders lichtstark und farbenprächtig am Berührungspunkt erscheint und dort eine vertikale Nebensonne erzeugt, ebenso wie der oben beim großen Halo gezeichnete Bogen. Da

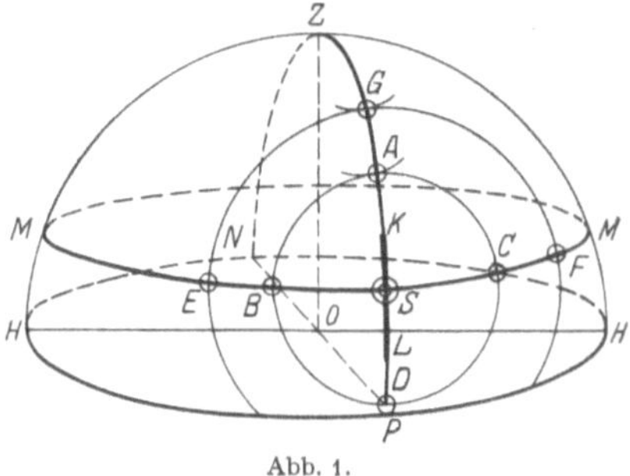

Abb. 1.

der untere, auch im Berührungspunkt besonders helle Berührungsbogen wegen der Nähe des dunstigen Horizonts selten, höchstens bei Sonnenhöhen von mehr als 25°, zu beobachten ist, ist nur die ihm entsprechende Nebensonne gezeichnet. Aus naheliegenden Gründen ist der untere Berührungsbogen des großen Ringes ein äußerst seltenes Phänomen. Dahingegen kommt der obere Berührungsbogen, das prächtigste aller Halophänomene, das von Unkundigen öfter mit dem Regenbogen verwechselt wurde, oft ohne den Halo vor. Bei diesem, wie bei den übrigen Bogen sowie auch Ringen und Nebensonnen ist das Rot stets gegen die Sonne gewandt, wogegen die übrigen Farben, falls sie erscheinen, um so mehr von der Sonne abrücken, je kurzwelliger sie sind. Beim kleinen Ring ist jedenfalls schon das Grün verwaschen; beim großen, an sich matteren, kommt ein schwach angedeutetes Grün und Blau vor. Beim Zirkumzenitalbogen wurde gelegentlich sogar das Violett gesehen. Auch die Nebensonnen des kleinen Halo sind vielfach außerordentlich leuchtend und farbenprächtig (das Violett fehlt). Bemerkenswert ist, daß sich vielfach an das Farbenband ein nach außen hin an Breite abnehmendes weißes Band schließt, daß sich der Abstand der Nebensonnen von der Sonne mit zunehmender Höhe der letzteren vergrößert. LK in der Abbildung bezeichnet eine Lichtsäule, ein (wenn nicht die Sonne rot am bzw. schon unterm Horizont steht) farbloses Phänomen, das nach PERNTER und EXNER niemals bei Sonnenhöhen über 30° beobachtet wurde[4]). Erscheint gleichzeitig ein kurzes Stück des Horizontalringes, so kommt es zur Bildung von „Kreuzen". Nicht eingezeichnet ist der gelegentlich beobachtete, theoretisch interessante umschriebene (elliptisch) Halo des kleinen Ringes. Zu nennen wäre auch der natürlich nur als Stück eines Kreises zu sehende, äußerst selten beobachtete, nach seinem Entdecker als HEVELS Halo bezeichnete Ring von 90° Radius; zu erinnern ist auch an eine Reihe anderer Ringe mit anomalen Radien, an die Gegensonne (der Sonne gegenüber, in 180° Azimutalabstand), die

---

[1]) E. VAN EVERDINGEN, Hemel en Dampkring. Bd. 14, S. 113ff. 1916.
[2]) E. VAN EVERDINGEN, Hemel en Dampkring. Bd. 15, S. 113ff. 1917.
[3]) REEDER, Month. Weather Rev. Bd. 35, S. 213. 1907; PALMER, ebenda Juli 1914; J. M. KIRK, ebenda Bd. 42, S. 616. 1914 u. M. N. STEWART, ebenda Bd. 43, S. 444. 1915.
[4]) S. dazu E. BARKOW, Meteorol. ZS. Bd. 33, S. 545. 1916; K. STÖCKL, ebenda. S. 546 bis 547.

recht seltenen Nebengegensonnen, die nur vom Berggipfel bzw. Luftfahrzeug aus zu beobachtende, symmetrisch zur Sonne liegende, von A. Wegener photographisch fixierte Untersonne, an die ebenfalls unterm Horizont liegenden Nebensonnen[1]), an die neuerdings wieder mehrfach beobachteten Bogen von Parry[2]) (ein oberer Bogen nahe dem kleinen Ring), an die seitlichen Berührungsbogen des Halo von 22° oder die schiefen Bogen von Lowitz usw. Sehr wichtige Ergebnisse lieferte in neuerer Zeit die Photographie der Halophänomene, wobei vor allem an die unsymmetrischen Erscheinungen[3]) zu denken ist. Um sowohl viele Einzelheiten als auch eine gut ausmeßbare Platte zu erhalten, empfiehlt Süring[4]) unter Anwendung einer ziemlich dichten Gelbscheibe die Kombination einer ganz kurzen Aufnahme mit einer solchen solarisierter Sonne. Nicht am wenigsten kommt hier die Feststellung der Helligkeitsverhältnisse der verschiedenen Erscheinungen in Frage.

Hinsichtlich der Erklärungsversuche können im wesentlichen nur die leitenden Gesichtspunkte genannt werden. Um die Phänomene erklären zu können, ist es nach Besson nicht nur erforderlich, „ein optisches System zu finden, das mit den verschiedenen Eigentümlichkeiten der Erscheinung in Übereinstimmung zu bringen ist, sondern man muß auch den Beweis erbringen können, daß es Kristallformen gibt, welche das optische System verwirklichen können, und daß diese die nötige Orientierung besitzen". Dabei ist vor allem zu fordern, daß die Eisprismen auch den Durchgang sehr schief einfallender Strahlen ermöglichen. Nach den Untersuchungen Vissers[5]) hat die Theorie aber auch Rücksicht auf die Beugung zu nehmen. R. Meyer[6]) erhofft für die Zukunft eine stärkere Möglichkeit goniometrischer Prüfung der Brechungs- und Beugungsvorgänge, da die Gelegenheit, Haloerscheinungen am Boden zu sehen (also die wirksamen Kristalle zu beobachten), nicht so ganz selten zu sein scheine[7]). Von besonderem Wert wären fraglos photometrische Helligkeitsbestimmungen. — Was den Einfluß der Orientierung der Kristalle betrifft, so mußte sich die Theorie völlig umstellen, nachdem sich aus Versuchen von Wood[8]), Köppen[9]) und vor allem Besson[10]) das Unhaltbare der Vorstellung ergeben hatte, daß die Kristalle in der Richtung des geringsten Widerstandes fallen müssen (vorher schon entsprechende Ergebnisse von Huyghens u. a.). Aber auch das Umgekehrte ist nicht immer anzunehmen. Das ganze Problem ist überhaupt nicht einfach, da außer der Schwere und der Reibung auch der hydrostatische und der hydrodynamische Druck der Luft (dieser bei langsamer Bewegung allerdings zu vernachlässigen) und sogar (siehe Ekama, Nordenskjöld, Pinkhof[11])] elektrostatische Kräfte zu berücksichtigen sind. Eine Frage für sich wäre, ob und wieweit die Turbulenz in der freien Atmosphäre die Fallbewegung der Kristalle merklich beeinflussen kann. Meyer

---

[1]) A. Wegener, Meteorol. ZS. Bd. 34, S. 295—298. 1917.
[2]) Ch. S. Hastings, Month. Weather Rev. Bd. 48, S. 322. 1920; E. Wooland, ebenda S. 331.
[3]) F. Weidert u. A. Berson, Festschr. d. Opt. Anst. Goerz A.-G., Berlin-Friedenau, 1911; R. Süring, Meteorol. ZS. Bd. 32, S. 552—553. 1915; E. Barkow, ebenda Bd. 33, S. 545—546. 1916; s. auch Phot. Aufnahmen von Ch. S. Hastings, u. a. Month. Weather Rev. Bd. 43, S. 498—499. 1915; M. Fagermo, Wetter. 1926. S. 32—39; s. aber dazu R. Meyer, l. c. 1925, S. 32ff.
[4]) R. Süring, Meteorol. ZS. Bd. 32, S. 553. 1915.
[5]) S. W. Visser, s. Anm. 3, S. 153.
[6]) R. Meyer, Wetter 1925, S. 137—142.
[7]) S. auch Meteorol. ZS. Bd. 27, S. 113. 1910.
[8]) R. Wood, Month. Weather Rev. Bd. 34, S. 357, 1906.
[9]) W. Köppen, Meteorol. ZS. Bd. 25, S. 280ff. 1908.
[10]) L. Besson, Ann. Soc. Météorol. de France Bd. 55, S. 40. 1907.
[11]) Literatur in R. Meyer, l. c. 1925, S. 74—79.

ist jedenfalls geneigt, das verhältnismäßig häufige Erscheinen des kleinen Ringes allein auf das Vorhandensein von Kristallen zurückzuführen, deren Größe und Gestalt keine bestimmte Fallstellung bedingen. — Für Prismen mit einseitigem Hohlraum hängt natürlich die Fallrichtung wesentlich von der Massenverteilung ab. Haben die hemimorphen (nach PINKHOF stark in Frage kommenden) Säulen einen zentralen, dem zugespitzten Ende nahen, größeren Hohlraum, so ist eine vertikale Stellung der Hauptachse anzunehmen, bei kleinem Hohlraum eine horizontale. PINKHOF[1]) lenkt das Augenmerk auf die vielfach vorhandene Unmöglichkeit ruhigen Fallens in den Zirren. Dabei gelangt er unter Annahme eines Geschwindigkeitsunterschiedes zwischen Luftmasse und Kristall zu interessanten Schlußfolgerungen über die Einstellung des Kristalls (Oberfläche senkrecht zur Windrichtung) und die sich daraus ergebenden, von Sonnen- bzw. Mondazimut abhängigen Halophänomene (für die er Anhaltspunkte durch Beobachtungen gefunden haben will). — Hinsichtlich der hemimorphen Kristalle überhaupt nimmt er seine Zuflucht zur Pyroelektrizität, so gedacht, daß sie sich senkrecht zu den im allgemeinen horizontalen luftelektrischen Äquipotentialflächen stellen.

Nun kurz einige Erklärungsbeispiele: Das Zustandekommen der Nebensonnen und des kleinen Ringes benötigt einen brechenden Winkel von 60°. Bei der Erzeugung der Nebensonnen muß die brechende Kante senkrecht zum Horizont stehen. So nimmt EXNER Plättchen, tischchenförmige und die hemimorphen Hohlraumkristalle an. Für Horizontsonne ergibt sich unter alleiniger Berücksichtigung der Brechung der Sonnenabstand des Rot ($n = 1{,}307$) zu $21°34'$, der des Violett ($n = 1{,}317$) zu $22°22'$. Um die wirkliche horizontale Ausdehnung zu erhalten, muß die Ausdehnung der Lichtquelle berücksichtigt werden. Entsprechend der veränderten Größe der Neigungswinkel der einfallenden Strahlen mit der Normalebene muß der Abstand mit steigender Sonne zunehmen. Rechnung und Beobachtung zeigen eine ausgezeichnete Übereinstimmung[2]). Außer den eben betrachteten 60°-Kanten kommen offenbar noch beliebig im Raum orientierte in Frage. Greift man aus diesen die heraus, in deren Normalebene die Linie Auge—Sonne hineinfällt, so ergibt sich für jede Sonnenhöhe das Minimum der Ablenkung wie oben. Es entsteht also ein Ring mit konstantem Radius, der aber wegen der geringeren Zahl wirksamer Kristalle und wegen der Lichtmengenverteilung auf eine größere Fläche weniger hell ist. Während aber die Brechungstheorie für den kleinen Ring ein Intensitätsmaximum bei $22°30'$ Sonnenabstand gibt, ergab sich als Mittel der besten Beobachtungen der Wert $21°50'$. Die Berücksichtigung der Beugung durch VISSER[3]) korrigierte den Wert auf fast genau 22°. Auch konnten bemerkenswerte Farbenunterschiede mehrerer identischer Halophänomene auf Beugung an verschieden großen Kristallen zurückgeführt werden. — Der farblose Horizontalkreis erklärt sich in einfachster Weise durch Reflexion der Sonnenstrahlen an den vertikalen Flächen der Kristalle. Die je nach der Flächenlage verschiedene Größe von Einfalls- bzw. Reflexionswinkel erklärt die beobachtete Helligkeitsverteilung am Ring. — Schwieriger ist die Erklärung der Lichtsäulen. Sicher ist nur das Zustandekommen durch Reflexion. Zur Diskussion stehen nach R. MEYER drei Theorien. Die eine operiert mit einmaliger Spiegelung an den Endflächen von Plättchen und Sternen, deren Hauptachse unter Umständen stärkere Pendelungen um die Vertikale ausführt, die zweite, die wie die erste ihren Ausgangspunkt von GALLE nimmt (s. BRAVAIS), mit mehrfacher Reflexion und geringer Pendelung der nämlichen Kristalle, die dritte, völlig

---

[1]) M. PINKHOF, Meteorol. ZS. Bd. 37, S. 60ff. 1920.
[2]) PERNTER-EXNERS Meteorol. Opt., 2. Aufl., S. 360ff. 1922.
[3]) S. W. VISSER, s. Anm. 3, S. 153.

neue Gesichtspunkte darbietende, auf Grund der Berechnung von Kurven für die Lichtausbreitung auch ein gewisses Urteil über die Lichtintensität zulassende, von STUCHTEY[1]) aufgestellte, nimmt Reflexion an den Seitenflächen horizontaler, im übrigen nach allen Richtungen orientierter Eisnadeln bzw. länglicher Prismen an, gelegentlich auch solche an rollenden (d. h. um eine horizontale Neben-achse rotierenden) flachen Kristallen. Abgesehen von der Frage der Möglich-keit der nötigen Pendelungen bzw. der Wahrscheinlichkeit genügenden Vor-kommens der benötigten Kristalle ist hier vor allem daran zu erinnern, daß bei Annahme mehrfacher Reflexion eine zu starke Lichtschwächung zu be-fürchten ist. Hier wäre die Photometrie zu Rate zu ziehen. Bei der sonst sehr beachtenswerten STUCHTEYschen Theorie bietet die Annahme von Nadeln und Prismen nach den Untersuchungen MEYERS große Schwierigkeiten, namentlich wenn man bedenkt, daß in der Regel mit einem gewissen Hin- und Herpendeln um die horizontale Lage zu rechnen sein wird. Wesentlich in Frage kämen also die flachen Kristalle. Ähnliche Erklärungen fordert die zuerst von BAR-RAL und BIXIO[2]) und neuerdings von W. SCHMIDT[3]), BOTTLINGER[4]), A. WEGE-NER[5]) und WIGAND und SCHWAB[6]) beobachtete Untersonne. Nach EVERLING[7]), der auch eine rechnerische Lösung des Problems der den Lichtstreifen auf Wasserflächen analogen Lichtsäulen versuchte, ist ihre Entstehung (s. auch GALLE, Pogg. Ann. Bd. 49, S. 255, 1840) durch die Auffassung der rauhen Fläche als Feld ebener Spiegel (verschiedener Neigung) geklärt. — Die Er-klärung des Halo von 46° und seiner Nebensonnen bedarf der Annahme brechender Kanten von 90°. Beim Halo können die Kristalle alle möglichen Lagen annehmen, wogegen die brechende Kante bei den Nebensonnen vertikal orientiert sein muß. Der durch die nicht in der Stellung des Minimums der Ab-lenkung befindlichen Prismen erzeugte, nach außen an Intensität rasch abneh-mende weiße Schein ist hier zu schwach, um beobachtet zu werden. Auch die Erklärung des Zirkumzenitalbogens erfordert brechende Kanten von 90°. Wäh-rend aber nach der Theorie von GALLE die erzeugenden Kristalle in die Stellung des Minimums der Ablenkung einspielen müssen, woraus sich ein unveränderlicher Sonnenabstand ergibt, nahm BRAVAIS und nach ihm PERNTER an, daß die Haupt-achsen unveränderlich vertikal orientiert sind. Nach letztgenannter Theorie muß sich der Abstand mit der Sonnenhöhe ändern, so daß vielfach von einem eigentlichen Berührungsbogen nicht die Rede sein kann[8]). Die meisten Beob-achtungen, unter anderen auch die von GRUNDMANN[9]), entsprechen der BRAVAIS-schen Theorie. PINKHOF[10]) hat aber auf eine offenbar sehr exakte Messung hin-gewiesen, die einen der GALLEschen Theorie entsprechenden Abstandswert (45°40') ergab, wogegen die BRAVAISsche Theorie bei der betreffenden Sonnenhöhe von 29° einen Abstand von 48°24' ergeben würde. Daraus mußte EXNER schließen, daß beide Arten von Bogen vorkommen. — Hinsichtlich der Theorie der Haupthalos sei im übrigen wesentlich auf die äußerst übersichtliche WEGENER-

---

[1]) K. STUCHTEY, Ann. d. Phys. Bd. 95, S. 33—55. 1919.
[2]) S. hierzu Aragos sämtliche Werke (deutsch v. HANKEL) Bd. IX, S. 419. 1859.
[3]) W. SCHMIDT, Meteorol. ZS. Bd. 25, S. 372 ff. 1908.
[4]) C. F. BOTTLINGER, Meteorol. ZS. Bd. 27, S. 74—75. 1910.
[5]) A. WEGENER, Jahrb. deutsch. Luftschifferverb. 1911, S. 80 ff.
[6]) A. WIGAND u. F. SCHWAB, Phys. ZS. Bd. 13, S. 677—684. 1912.
[7]) E. EVERLING, Verh. d. D. Phys. Ges. Bd. 15, S. 1117—1119. 1913 und zusammen mit A. WIGAND, ebenda S. 237—239. 1913.
[8]) S. PERNTER-EXNERS Meteorol. Opt. 1922 ab S. 410.
[9]) G. GRUNDMANN, Meteorol. ZS. Bd. 26, S. 419—420. 1909; Bd. 31, S. 139—140, 1914; Bd. 34, S. 383—384. 1917; Bd. 35, S. 47, 1918; Bd. 36, S. 228, 1919; Bd. 38, S. 274—276, 1921; Bd. 41, S. 255, 1924; s. hier auch S. W. VISSER, ebenda Bd. 42, S. 177—181, 1925.
[10]) M. PINKHOF, Meteorol. ZS. Bd. 37, S. 64, 1920.

sche Darstellung (l. c. 1926) verwiesen, hinsichtlich seltenerer Erscheinungen auf einen Artikel von Pinkhof[1]), der unter anderem die Gegensonne und die Nebengegensonnen auf die Kombination von 4 (unter Winkeln von 90°) bzw. 3 (Winkel von 120°) in einer Ebene liegenden hemimorphen Eisprismen zurückführt.

Die erwähnten unsymmetrischen Phänomene (s. S. 156, Anm. 3) wurden bisher wesentlich auf eine geneigte Lage der Achsen der erzeugenden Kristalle zurückgeführt (bei Süring war der obere Berührungsbogen des kleinen Ringes um 5 bis 6° nach links verschoben). Vor allem machte man die Änderung der Windgeschwindigkeit mit der Höhe verantwortlich. R. Meyer[2]) kommt aber bei eingehender Erörterung zu dem Ergebnis, daß die dabei in Frage kommenden Kräfte nicht groß genug sind. Dabei zeigt er, daß man vielfach auch ohne Zuhilfenahme einer schiefen Stellung der Kristalle zu einer ungezwungenen Erklärung der anomalen Erscheinungen gelangen kann, wenn man nur die zufällige Anordnung der Wolken, ihre verschiedene Dichtigkeit usw. beachtet. Er berührt hier unbewußt Gedankengänge von Barkow[3]), nach welchem die optischen Erscheinungen außer von der Anzahl der Kristalle auch von der Dichtigkeit der Zirren usw. abhängen. —

Beachtenswert ist R. Meyers Hinweis auf die Möglichkeit, unter anderem aus der Untersuchung der Polarisationsverhältnisse eine Entscheidung darüber herbeizuführen, ob die auffällige Helligkeit einer Himmelsstelle durch optische Vorgänge in Kristallen, oder nur durch eine besondere Dichteverteilung usw. von Wolken verursacht ist.

Der weitere Fortschritt auf diesem Gebiet hängt sehr ab von praktischen Einteilungsprinzipien und klaren Definitionen. Hier ging A. Wegener[4]) voran, indem er bei gleichzeitig auftretenden Halos die wegen Entstehung durch die nämliche Kristallform zusammengehörenden als „verschwisterte" den durch offenbar verschiedene Formen aufweisende Kristalle bedingten „vergesellschafteten" gegenüberstellte. Diese Einteilung erwies sich aber trotz richtigen theoretischen Kerns schon deshalb als undurchführbar, weil außer der Form der Kristalle auch ihre Fallstellung stark zu berücksichtigen ist. Meyer, der bei seinen im wesentlichen rein statistischen Definitionen, ohne den Schwerpunkt auf die Ursache der Erscheinungen zu legen, die Zusammenhänge der gleichzeitigen Phänomene zu erfassen sucht, bezeichnet die öfter gleichzeitig beobachteten Halos als „verwandt". Von diesem Gesichtspunkte aus erörtert er den verschiedenen „Verwandtschaftsgrad" sowie die „Abhängigkeit", oder „Selbständigkeit" zweier verschiedener Halos. Unter Benutzung abkürzender Bezeichnungen werden so orientierende Tabellen aufgestellt, an Hand derer in gründlichster und äußerst kritischer Weise eigenes und fremdes Material diskutiert wird. Das Ganze soll aber nur einen ersten Versuch einer eingehenderen Statistik der verschiedenen vorkommenden Kombinationen darstellen.

3. Kranzerscheinungen. In Frage kommen hier vor allem die „Höfe kleiner Art" nach Fraunhofer, welche Pernter und Exner nach dem Vorgang von Kämtz als Kränze bezeichnen. Im Wesen dasselbe ist die Glorie, d. h. der Kranz um den Kopfschatten des mit dem Rücken gegen die Sonne stehenden Beobachters (Brockengespenst usw., wenn es sich nur um den Schatten handelt). Aber auch die Mehrzahl jener in Perlmutterfarben spielenden, meist grün oder rot schillernden Wolken, der sog. irisierenden Wolken, gehört hierher. Bei starker Lichtquelle beobachtet man am besten mit Hilfe farbiger Gläser bzw. mit

[1]) M. Pinkhof, Meteorol. ZS. Bd. 43, S. 41ff. 1926.
[2]) R. Meyer, Haloerscheinungen. 1925 (im S.-A. S. 32—43).
[3]) E. Barkow, Meteorol. ZS. Bd. 33, S. 545—546. 1916.
[4]) A. Wegener, Meteorol. ZS. Bd. 32, S. 550—551. 1915.

Kombinationen solcher oder mittels eines schwarzen Spiegels. Erstrebenswert für quantitative Bestimmungen sind natürlich photographische Aufnahmen[1]). — Den hellen, außen von einem roten Saum umkränzten, die Lichtquelle umgebenden Schein bezeichnet man als Aureole (einfacher Kranz), die weitere Folge farbiger, durch rote oder rötliche Säume begrenzter Ringe als zweiten, dritten usw. Kranz. In der Mehrzahl der Fälle ist nur die Aureole (durch Gelb in einen braunroten Farbton übergehend) zu beobachten, ja, unter Umständen fehlt selbst der braunrote Saum. Da die Phänomene auf Beugung beruhen, muß man, soweit Wassertröpfchen in Frage kommen, aus der Größe der Ringradien auf diejenige der Tröpfchen schließen können, wie man denn auch solche Kränze als Wetterzeichen benutzt. Die Folgeerscheinungen des Krakatauausbruchs und späterer Katastrophen haben aber gezeigt, daß hier offenbar auch stark mit besonderen Fremdkörperchen zu rechnen ist. Da ist auf den am 5. September 1883 von Bishop auf Honolulu entdeckten und hernach besonders eingehend von Archibald[2]), Busch[3]), Riccò[4]) und Riggenbach[5]) (von Busch auch bei späteren Ausbrüchen) verfolgten Bishopschen Ring zu verweisen, bei welchem der weißlich mit einem Stich ins Blaue erscheinende innere Teil von einem etwa 10° breiten rotbraunen (vielfach im Innern in Gelb und am Rand in Kupferrot übergehend) Ring umgeben war, dessen äußerer Radius nach Riggenbach etwa 22° betrug. Es handelt sich nach Pernter um den stark verbreiterten Saum einer riesigen Aureole. Unter Benutzung der mittleren von Archibald und Riggenbach angegebenen Dimensionen und unter Voraussetzung von Kugelgestalt errechnet Exner den Durchmesser der Partikel zu 0,00185 mm. Dorno konnte nach dem Katmaiausbruch, für den entsprechend einem wesentlich größeren Radius des B.-Ringes (40°) erheblich kleinere Partikelchen anzunehmen sind, eine leichte Tendenz zur Vergrößerung der Radien von 1912 bis 1914 konstatieren, was natürlich auf zunehmende Reinigung der Luft von gröberen Teilchen deutet. Prachtvolle Kränze um die Sonne, welche Dorno[6]) zwischen 1915 und 1917 eingehend verfolgte, bestätigten offenbar die im Jahre 1915 und 1916 deutlichst von Maurer[7]) geäußerte Ansicht eines innigen Zusammenhanges zwischen diesen Phänomenen und der Sonnentätigkeit. Ein völliger Parallelismus ist wohl wegen der vielen mitspielenden Faktoren von vornherein nicht zu erwarten. Maurer hatte sein Augenmerk schon länger dem silberweißen, auch von Miethe und Lehmann[8]) beobachteten, von Chr. Wiener[9]) theoretisch behandelten Schein um die Sonne zugewandt, wobei er, von F. Schmid in Oberhelfenswil (900 m) unterstützt, eine allmähliche Abnahme der Intensität — bis zu völligem Verschwinden — vom Sommer 1913 auf den von 1914 konstatierte. Seine Beobachtungen bei neu

---

[1]) Über all diese Dinge s. A. v. Obermayer, Meteorol. ZS. 1906, (Hannband), S. 35—40.

[2]) E. H. Archibald, The eruption of Krakatoa. Proc. Roy. Soc. London 1888. S. 237 u. 257.

[3]) Fr. Busch, Progr. d. Gymnas. Arnsberg 1887; Meteorol. ZS. Bd. 3, S. 232—234. 1885 (später ebenda Bd. 22, S. 280—282. 1905; Bd. 24, S. 175—176. 1907; Bd. 27, S. 61—65. 1910).

[4]) A. Riccò, Ann. Met. Ital. Rom 1887, 214 S.

[5]) A. Riggenbach, Verh. d. naturf. Ges. Basel Bd. 8, S. 1—102. 1886; Habilitationsschr.

[6]) C. Dorno, Abhandlgn. des Kgl. Preußischen Meteorologischen Instituts 1917, Nr. 295; Meteorol. ZS. Bd. 34, S. 246 bis 260. 1917.

[7]) J. Maurer, Meteorol. ZS. Bd. 32, S. 114—118 u. 515—517. 1915; Bd. 33, S. 429 u. 515—517. 1916; Mitt. d. Phys. Ges. Zürich 1916, Nr. 18; Astron. Nachr. Bd. 201, Sp. 247. 1915; Bd. 203, Sp. 99—100. 1916; Wetter Bd. 33, S. 275—281. 1916; Astron. Nachr. Bd. 204, Sp. 45. 1917.

[8]) A. Miethe u. E. Lehmann, Meteorol. ZS. Bd. 26, S. 97—114. 1909.

[9]) Chr. Wiener, Abhandlgn. Leop. Carol. Ak. d. Nat. Bd. 73, Nr. 1. 1900.

erwachender Sonnentätigkeit zeigten nun nicht nur das Wiederauftreten des Scheines (nun auch mit rötlicher Umsäumung), sondern bestätigten auch seine längst gehegte Vermutung, daß besonders große Radien auftreten müßten. Kurz verwiesen sei auf die hierdurch angeregten eingehenden Untersuchungen DORNOS. DORNO macht besonders auf den gleichbleibenden Charakter des Abklingens so gedachter Störungen aufmerksam, indem die großen Scheiben (über die von ihm unterschiedene äußere, innere, mittlere Scheibe, den Kranz, die Aureole, s. d. Arbeit) zunächst verschwinden. Er erklärt das durch das Verdampfen kleiner Eispartikel vor dem der größeren. Als von der Sonne ausgeschleuderte Kondensationskerne nimmt er die als Erreger der Polarlichtphänome angesehenen an. Eventuell könnten auch mit vermehrter Sonnentätigkeit in Verbindung stehende, in der Atmosphäre erzeugte Kerne in Frage kommen. Ob tatsächlich (s. BLAIR, Meteorol. ZS. Bd. 33, S. 320—321, 1916) in den etwa in Frage kommenden Höhen von 15 bis 20 km genügende Wasserdampfmengen vorhanden sind [hier der Massenaustausch im SCHMIDTschen Sinne in Frage kommend[1])], ist eine Frage für sich, ebenso, ob die von DORNO angenommenen Eiskügelchen (d. h. eine geringe Abweichung davon) physikalisch möglich sind. Nach den Untersuchungen von R. NACKEN scheint letzteres allerdings nicht ausgeschlossen zu sein[2]). Eine besondere Erklärung fordert die auffällige Tatsache einer Verbreiterung der Ringradien mit sinkender Sonne. DORNO erklärt sie, wie es scheint, in erster Linie durch die Verschiebung in den Intensitätsverhältnissen des direkten und des gebeugten Lichtes, während EXNER (Meteorol. Opt. 1922, S. 510—511) das Hauptgewicht auf die Zunahme kleinerer, für die äußere Begrenzung ausschlaggebender beugender Teilchen (wegen Zunahme beugender Teilchen überhaupt) bei kleinerer Sonnenhöhe legt.

Aus den 1913 bis 1916 gemachten Beobachtungen schloß MAURER[3]), daß Größe und Intensität des auch als tellurische Sonnenkorona bezeichneten solaren Scheins unmöglich eine bloße Funktion des atmosphärischen Wasserdampfgehalts sein könne. Für die normalen Kränze aber, wie sie wegen der Nichtblendung vor allem beim Mond beobachtet werden, kommen fraglos wesentlich Kondensationsprodukte in Betracht. Hier kommen entschieden sowohl Wassertröpfchen wie Eiskristalle in Frage, wenn auch SIMPSON[4]) aus der vermeintlichen Beobachtung eines weißen Regenbogens bei einer Lufttemperatur von −29° C den Schluß zog, daß man jedenfalls in erster Linie mit Tröpfchen zu rechnen hat. Daß sehr starke (−34°) Unterkühlungen vorkommen, wurde vor allem von A. WEGENER[5]) gezeigt, und PERNTER zweifelt auch nicht daran, daß auf dem Ben Nevis bei negativen Temperaturen wirklich weiße Regenbogen beobachtet wurden. Aus eigener Erfahrung muß man ihm aber darin Recht geben, daß gerade die schönsten Mondkränze (2 und 3fache) zu beobachten sind, wenn man mit größter Wahrscheinlichkeit mit aus Eiskristallen bestehenden Zirren zu tun hat. Das von LOEWE[6]) beobachtete gleichzeitige Auftreten der Untersonne und der Glorie spricht ebenfalls für die von EXNER vertretene Ansicht, daß Kranzerscheinungen in Eiswolken auftreten können.

---

[1]) W. SCHMIDT, Wiener Ber. Bd. 126, IIa, S. 757. 1917; Probl. d. Kosm. Phys. Bd. 7, S. 54. 1925 (Grand, Hamburg).
[2]) R. NACKEN, N. Jahrb. f. Min. Bd. 2, S. 133ff. 1915 (s. auch R. ASSMANN, Meteorol. ZS. Bd. 6, S. 341. 1889).
[3]) J. MAURER, s. d. vorigen Abschnitt, S. 142, Anm. 2.
[4]) G. C. SIMPSON, Quarterl. Journ. R. Met. Soc. Bd. 38, S. 291—299. 1912. S. auch Nature vom 14. April 1923.
[5]) A. WEGENER, Meteorol. ZS. Bd. 37, S. 10. 1920.
[6]) F. LOEWE, Mitt. des Aeronaut. Obs. Lindenberg vom Juni 1927 (S. 102—103).

H. KÖHLER[1]) hat ein Kriterium zur Beurteilung der Natur der beugenden Teilchen angegeben: Die Untersuchungen von FRAUNHOFER, VERDET, AIRY, K. EXNER und PERNTER haben zur Verwendung folgender Formeln geführt:

$$2r = \frac{(n + 0{,}22)\,\lambda}{\sin\varphi}; \qquad\qquad \text{I}$$

$$a = \frac{n \cdot \lambda}{\sin\varphi}, \qquad\qquad \text{II}$$

worin r den Tropfenradius, n die Ordnung des roten Ringes (roter Saum der Aureole als erster roter Ring genommen), φ den Beugungswinkel des äußersten Randes des roten Ringes, λ die = 0,0000571 cm gesetzte Wellenlänge des weißen Lichtes und a die Kristalldicke bedeuten. Hat man es nun mit Eiskristallen zu tun und wendet fälschlich Formel I an, um die Größe der Wolkenelemente zu berechnen, so muß man, wie KÖHLER an der Hand verschiedener Beispiele nachweist, eine schlechte Übereinstimmung zwischen den aus dem ersten und dem zweiten Ring abgeleiteten Ergebnissen erhalten, ebenso auch im umgekehrten Fall. Aus einem reichen Material verschiedener Beobachter berechnete PERNTER[2]) die Größe der Wolkenelemente, indem er sowohl Kränze als auch Glorien benutzte. Abgesehen davon, daß wegen Nichtübereinstimmung der Konstanten in beiden Fällen die Rechnung etwas verschiedene Werte gibt, fand er, daß die Tropfenradien zwischen den engen Grenzen 1.10^{-3} und 5.10^{-3} cm liegen. Die Lösung dieses zunächst überraschenden Ergebnisses ist nach WEGENER[3]) einfach darin zu suchen, daß im allgemeinen nur homogene Wolken Beugungsringe liefern können, und nicht solche, bei denen alle Größen vom THOMSONschen Schwellenwert bis zur Regentropfengröße vorkommen[4]). Im übrigen sei nur noch darauf hingewiesen, daß nach MIERDELS[5]) Untersuchungen über die Beugungserscheinungen im durchgehenden Licht (Kränze) bei Anwendung der Formel $r = \dfrac{C \cdot \lambda}{\sin\varphi}$ (hier C einen für alle Minima derselben Ordnung von der Wellenlänge und von r unabhängigen konstanten Faktor bedeutend) für weißes Licht keine Übereinstimmung in den aus dem Minimum erster und zweiter Ordnung berechneten Tropfengrößen zu erhalten ist, und daß die Formel beim reflektierten Licht (Glorie) sowohl für weißes wie für monochromatisches Licht versagt, ferner darauf, daß sich nach MECKE[6]) bei den durch homogenen Nebel im durchgehenden Lichte erzeugten Beugungserscheinungen die Phänomene nur bis zur Tropfengröße von 4 bis 5 μ Radius durch die Beugungstheorie undurchsichtiger Scheibchen erklären lassen, weil bei kleineren Tropfen Überlagerungen durch den Einfluß der Durchsichtigkeit (Brechung) und die Reflexion an der Oberfläche eintreten.

Die schon von MC. CONNEL[7]) gegebene Erklärung der irisierenden Wolken durch Beugung bietet keine Schwierigkeiten, solange es sich um kleinere Abstände von der Sonne handelt. Anders aber bei farbigen Wolkenflecken in größerem Abstande, wie sie sich vereinzelt (bis zu 25 °) auch unter den 163 von PLASS-

---

[1]) H. KÖHLER, Meteorol. ZS. Bd. 40, S. 257—262. 1923.

[2]) J. M. PERNTER, s. außer der Met. Opt. den Hannband der Meteorol. ZS. 1906, S. 378 bis 389.

[3]) A. WEGENER, Meteorol. ZS. Bd. 27, S. 354—361. 1910.

[4]) S. hier A. WEGENERS Thermodynam. d. Atm. und K. KÄHLER, Das Gewitter. Bornträger 1924.

[5]) G. MIERDEL, Beitr. Phys. fr. Atm. Bd. 8, S. 95—110. 1919.

[6]) R. MECKE, Ann. d. Phys. Bd. 61, S. 471—500. 1920; Bd. 62, S. 623—648. 1920.

[7]) Mc. CONNEL, Phil. Mag. Bd. 24, S. 422—434. 1887 (s. auch J. STONEY, ebenda Bd. 24, S. 87—93. 1887).

MANN[1]) beobachteten und diskutierten Phänomenen fanden. Damit die Lichtintensitäten nicht zu klein werden, nimmt SIMPSON[2]) an, daß es sich um das
erste Maximum im Beugungsbilde handelt. Das nötigt ihn allerdings zur Annahme von Tropfengrößen, die bis zu 0,0017 mm herabgehen. Er denkt dabei,
soweit Ci-Cum.-Wolken in Frage kommen, an Tropfen verschiedener Größe im
Wellenkamm und Wellental der als Wogenwolken aufgefaßten Wolken. Die
Erklärung scheint nach EXNER (Meteorol. Opt. 1922, S. 522) etwas für sich zu haben,
namentlich, wenn man es mit dem mehrfach behaupteten Farbendurcheinander des
Phänomens zusammenhält. Will man die Erscheinung als Halophänomen auffassen, so muß unbedingt das Rot der Sonne am nächsten liegen. Die Erklärung
hätte aber auch dann jedenfalls für kleine Abstände (seltenere kleine Ringe)
etwas recht Unwahrscheinliches an sich. Die — wegen der Seltenheit der Beobachtung — nicht ganz einfache Kenntnis der jährlichen Periode kann wohl
mit zur Lösung des Rätsels führen.

4. Der Regenbogen. Aus dem Regenbogen kann man auf Grund einer
von AIRY gegebenen und von PERNTER weiter ausgebauten Theorie Schlüsse
auf die Größe der Regentropfen ziehen[3]). Zu beachten ist bei diesem um die
Gegensonne angeordneten Phänomen, daß außer dem Hauptbogen mit einem
Radius von annähernd 41° vielfach ein allerdings erheblich schwächerer Bogen
mit umgekehrter Farbenfolge (Rot an der konkaven Seite), der sog. Nebenregen-
bogen (ca. 52°) vorhanden ist. Häufiger kann man auch die sekundären Bogen
sehen, d. h. Bogen, die sich besonders oft an den Hauptbogen vom Violett ab
nach Innen anschließen, gelegentlich aber auch beim Nebenbogen vom Violett
ab nach außen. Bei aufmerksamer Beobachtung wird man in der Regel sehr
rasch erkennen, daß das ganze Phänomen ein sehr wechselndes ist, indem bei
den einzelnen Bogen nicht nur die Gesamtbreite, sondern auch die der einzelnen
Farben und deren Intensitätsverteilung einem starken Wechsel unterworfen
sind. Diese Tatsache ist ebenso wie die Existenz der sekundären Bogen aus der
DESCARTESschen Theorie nicht zu erklären. Die DESCARTESsche Theorie operierte
bekanntlich nur mit Brechungen und Reflexionen im Innern der Tropfen, und
aus der zweimaligen Reflexion an Stelle der nur einmaligen beim Hauptbogen
wurde die Schwäche des Nebenregenbogens verständlich. Wesentlich für die
Theorie war die Bedeutung des mindestgedrehten Strahls. Die Dichte der
Strahlen um diesen herum sollte hinreichen, um die wesentlichsten Erscheinungen
zu erklären. Zu den wesentlichsten Eigenschaften gehört aber auch die genannte
Variabilität, und die neue Theorie hat gezeigt, daß die DESCARTESsche Auffassung,
ganz abgesehen von der auch wesentlichen Existenz der „Sekundären", nicht einmal den Hauptbogen richtig liefert. Das Neue in der AIRYschen Theorie bestand
im Übergang von der Strahlenoptik zur Wellenoptik. Die eigenartige Gestalt der
völlig verzerrten Wellenfläche in der Nähe des mindestgedrehten Strahls, wo
sie einen Wendepunkt hat, ist das Bedeutsame, so gedacht, daß das äußerst
kleine, in allernächster Nähe vom mindestgedrehten Strahl liegende Stück der
Wellenfläche letzten Endes durch eine Art Interferenz (Strahlen nicht völlig
parallel) der hiervon ausgehenden Elementarstrahlen den Regenbogen erzeugt.
Wegen dieser Gestalt der Kurve kommt man nicht mit alleiniger Betrachtung der
Lichtstrahlen als der Normalen zur Wellenfläche aus, sondern muß die Welle selbst
betrachten. Diese Umstellung der ganzen Betrachtungsweise führte unter
Berücksichtigung der auftretenden Interferenzen zu der Erkenntnis, daß eben

---

[1]) J. PLASSMANN, Die Himmelswelt 1924, S. 11—14.
[2]) G. C. SIMPSON, S. 161, Anm. 4.
[3]) S. außer der Meteorol. Opt. von PERNTER-EXNER auch J. M. PERNTER, ZS. f. österr.
Gymnas. 1898.

diese besondere, von der Tröpfchengröße abhängige Gestalt die Lage und Größe der zu beiden Seiten des Wendepunktes — durch welchen der mindestgedrehte Strahl geht — liegenden Intensitätsmaxima und -minima erklärt. So wird nicht nur die Existenz der „Sekundären", sondern auch die genannte Variabilität bei den Hauptbogen verständlich, ja, es erschließt sich auch das Verständnis des nicht mit dem BOUGUERschen Halo zu verwechselnden weißen Regenbogens, des sog. Nebelbogens, welcher durch Tröpfchen erzeugt wird, deren Radius etwa 0,03 mm und darunter beträgt. PERNTER gab Regeln, um sowohl aus dem Aussehen des Hauptbogens als auch aus dem der sekundären Bogen die Tropfengröße zu erschließen[1]). Um zu solchen Kriterien zu gelangen, bedurfte es aber mühsamer vorhergehender Berechnungen. Beim Regenbogen hat man es keineswegs mit einfachen Spektralfarben zu tun. Aus der Berechnung der Strahlenintensität an den einzelnen Stellen des Regenbogens konnte erst die wahre Farbe an jenen Stellen erschlossen werden. PERNTER ging dabei von der Darstellung der einzelnen Farben aus drei Grundfarben aus (s. das MAXWELLsche Farbendreieck) und gelangte unter Berücksichtigung einer beschränkten Anzahl von Wellenlängen durch Addition der so erhaltenen drei Farbenkomponenten zu einer für die Mischfarbe geltenden Farbengleichung. Im übrigen ist nur kurz auf die theoretischen Untersuchungen von WIENER[2]), von MASCART[3]) und von MÖBIUS[4]) hinzuweisen, wobei zu bemerken wäre, daß letzterer nicht nur die durch Reflexion entstehende Polarisation, die schwach elliptische Form der Regentropfen und das Verhältnis der Tropfengröße zur Wellenlänge berücksichtigte, sondern auch eine experimentelle Prüfung (Glastropfen) der Theorie vornahm. Allerdings berechnete er (unter Benutzung der Wellenfläche) nur die Intensitätsverteilung des einmal reflektierten Lichtes. Unter Berücksichtigung des elektromagnetischen Feldes um eine Kugel oder einen Zylinder wurde von DEBIJE[5]) eine ganz allgemeine Theorie des Regenbogenproblems gegeben[6]). — Auf besondere Erscheinungen, wie sie auch in neuerer Zeit (s. vor allem in Holland, auch in Nordamerika) wiederholentlich beobachtet wurden und ihre Erklärung durch besondere Reflexionen (Wasserflächen) oder Brechungen (Dunst- und Nebelschichten) zu finden scheinen, kann nur hingewiesen werden, ebenso auf merkwürdige Farbenveränderungen, wie sie im Moment der Donnerschläge von LAINE[7]) beobachtet wurden, die jedenfalls irgendwie mit einer Veränderung der Tropfengrößen zusammenhängen müssen.

b) Besondere Erscheinungen, die auf Lichtbrechung und Reflexion in der reinen Atmosphäre zurückgeführt werden[8]).

Hierher gehören einmal die Luftspiegelungen und verwandte Phänomene, zum anderen die Erscheinungen der Szintillation und der fliegenden Schatten. Es muß aber unter Berücksichtigung der Raumverhältnisse mit kürzesten Andeutungen über das Allerwichtigste sein Bewenden haben, da vor allem noch das zur Zeit im

---

[1]) S. auch A. WEGENER, Thermodyn. d. Atm.
[2]) CHR. WIENER, l. c. Bd. I.
[3]) J. M. MASCART, Traité d'optique Bd. 3.
[4]) W. MÖBIUS, Ann. d. Phys. Bd. 33, S. 1493. 1911; Bd. 40, S. 763. 1913; s. auch W. B. MORTON, On cusped waves usw. Proc. Phys. Soc. Bd. 23, S. 58—65. 1910.
[5]) P. DEBIJE, Phys. ZS. Bd. 9, S. 775—778. 1908.
[6]) Zusammenfassendes über den Regenbogen s. bei R. SCHACHENMEIER, Naturwissensch. Bd. 2, S. 384—388. 1914.
[7]) V. J. LAINE, Phys. ZS. Bd. 10, S. 965—967. 1909; s. auch W. J. HUMPHREYS, Bull. Mount. Weath. 1910, S. 375.
[8]) S. Meteorol. Opt.; W. TRABERT, Lehrb. d. Kosm. Physik 1911.

Brennpunkt des Interesses stehende Polarlichtphänomen eine etwas breitere Darstellung erfordert.

1. Im Gegensatz zur gewöhnlichen Strahlenbrechung kommen die Strahlen bei den Luftspiegelungen auf verschiedenen Wegen zum beobachtenden Auge, sei es nun, daß das Bild (VINCE, SCORESBY) über, sei es, daß dasselbe unter dem Gegenstand (Steppengesicht, Wüstengesicht) liegt, soweit das überhaupt zu beurteilen ist, sei es endlich, daß es sich um eine seitliche Spiegelung handelt. Die Ursache der Erscheinungen ist allemal in atmosphärischen Dichteunterschieden zu suchen, die wiederum durch die Temperaturverteilung bedingt sind. In diesem Zusammenhange weist F. M. EXNER auf die große Bedeutung des Massenaustauschs in der Luft im SCHMIDTschen Sinne hin. Mehrfach wurden experimentelle Anordnungen mit anderen Medien getroffen, um die zu den beobachteten Erscheinungen führenden Dichteverteilungen zu verwirklichen, so von GARBASSO[1]) und von HILLERS[2]). Eine Erörterung der theoretischen Untersuchungen von TAIT und von GARBASSO ist hier unmöglich, und es muß ein Hinweis darauf genügen, daß die Kombination von Rechnung und Experiment durch GARBASSO die Berechtigung der bei der Rechnung angenommenen Dichteverteilung erwies[3]). A. WEGENER[4]) berechnete in elementarer Weise, unter Voraussetzung unstetiger, sprunghafter Dichtigkeitsänderungen die für den Eintritt von Totalreflexion nötigen Temperatursprünge und konnte so das Zustandekommen der einfachen Spiegelungen erklären. Er konnte auch zeigen, daß die merkwürdigen, wohl vor allem durch ARCTOWSKI bekannt gewordenen Formen des Sonnenauf- und -unterganges (Hutform, Topfform usw.) im wesentlichen auf Luftspiegelung beruhen. HILLERS[2]) gelang es, Photographien seitlicher Spiegelungen an der Parkmauer von Blankenese bei Hamburg zu photographieren.

2. Äußerst schnelle Schwankungen in der Erscheinung von Gegenständen bezeichnet man als Szintillation, und diese Schwankungen können, von dem Wechsel der scheinbaren örtlichen Lage abgesehen, sowohl die Helligkeit als auch die Farbe betreffen. Bekannt genug ist die Erscheinung, daß man auch bei völliger Windstille scheinbar ein Zittern von Blättern gewahrt, wenn man über ein durch die Sonne stark erhitztes Dach weg auf einen Baum blickt. Vor allem aber tritt uns die Szintillation beim Funkeln der Sterne entgegen. Hier kommt außer der Zitterbewegung auch der Wechsel an Helligkeit und Farbe in Frage. Diese Erscheinungen beschränken sich nicht auf die Fixsterne, wenn sie auch bei den Planeten verhältnismäßig selten auftreten. Schon lange weiß man, daß die Szintillation im allgemeinen gegen den Horizont hin zunimmt, und vor allem ist der Farbenwechsel wesentlich in größerer Horizontnähe zu konstatieren. Die Abhängigkeit des Szintillationsphänomens von den meteorologischen Verhältnissen wurde eingehend von DÖRR[5]) untersucht. Fraglos handelt es sich um die Wirkung von Luftschlieren. Neuerdings versuchten E. BELLEMIN und CHR. GALLISSOT[6]), aus Bestimmungen der Grenzhöhe über dem Horizont, wo die chromatische Szintillation aufhört, einen Schluß auf die Höhe der wirksamen Inhomogenitäten zu ziehen, und sie behaupten, auf Grund derartiger Bestimmungen gute Wetterprognosen auf mehrere Tage machen zu können. Selbstverständlich leidet die

---

[1]) A. GARBASSO, Ann. d. Phys. Bd. 39, S. 1073. 1912.
[2]) W. HILLERS, Unterrichtsbl. f. Math. u. Nat. Bd. 19, S. 21—38. 1913 (s. Ref. v. M. GROSSE, Meteorol. ZS. Bd. 30, S. 602—604. 1913); s. auch W. HILLERS, Phys. ZS. Bd. 14, S. 718—719 u. 719—723. 1913 (auch Abhandlgn. Nat. Ver. Hamburg).
[3]) S. auch FR. NÖLKE, Phys. ZS. Bd. 18, S. 134—144. 1917.
[4]) A. WEGENER, Ann. d. Phys. Bd. 57, S. 203—230. 1918.
[5]) J. N. DÖRR, Meteorol. ZS. Bd. 32, S. 153—167. 1915.
[6]) E. BELLEMIN, Journ. de phys. et le Radium Bd. 5, S. 48—49. 1924 (Bull. Soc. France; Sitz. v. 21. März 1924); CHR. GALLISSOT u. E. BELLEMIN, ebenda, Bd. 8, S. 29—50. 1927.

Güte der im Fernrohr gesehenen Sterne durch die Szintillation; daher ging Rosenthal[1]) der Sache nach und fand auch eine starke Abhängigkeit von der Wetterlage, vor allem auch eine Beziehung zur Krümmung der Isobaren und zu den Luftdruckgradienten. Nahe verwandt hiermit sind die bei Sonnenfinsternissen bekannten fliegenden Schatten, die sich aber nach Rozet[2]) auch ohne Sonnenfinsternis bei Auf- und Untergang der Sonne beobachten und sogar auf einem Schirm auffangen lassen. — Die sich an das Szintillationsphänomen knüpfenden Theorien rühren wesentlich von Arago, Montigny[3]) und K. Exner[4]) her, der den Schlußstein legte. Nach Pernter bezeichnet man die eine zusammenfassende Erklärung der Phänomene gebende Theorie am besten als die Montigny-Exnersche. Nach dieser hat man anzunehmen, daß Luftschlieren, welche den Gang der auf das Auge zulaufenden Strahlen in größerer oder geringerer Entfernung in der Atmosphäre durchqueren, infolge der Brechung und der Farbenzerstreuung die Erscheinung herbeiführen. Je nachdem die Schliere sammelnd oder zerstreuend wirkt, muß der Stern heller oder dunkler werden. Bewegungen der hierfür verantwortlich zu machenden Schlieren müssen zu einem das Zittern ergebenden Richtungswechsel der Strahlen führen, und eine weitere unmittelbare Folge ist der Helligkeits- bzw. auch der Farbenwechsel. Das ganze Problem ist quantitativ gut durchgearbeitet worden, und es fehlt auch nicht an einem guten Beobachtungsapparat[5]). Meteorologisch wertvoll ist natürlich vor allem die Kenntnis vom Sitz (Höhe) der Schlieren, und zu dem Ende sind von Pernter und Trabert Parallelmessungen auf dem Sonnblick (3100 m) und in Rauris (900 m) angestellt worden[6]).

c) Das Polarlicht[7]).

Das Phänomen des Polarlichtes spielt sich bekanntlich wesentlich in hohen Breiten ab und dringt nur zuzeiten starker Sonnentätigkeit in niedrige Breiten vor. Zeitlich ist, von der nahen Beziehung zu magnetischen Gewittern abgesehen, wesentlich die tägliche, die jährliche (Doppelwelle) und die nahezu 11jährige Periode festgestellt. Infolge der vielfach sehr geringen Helligkeit gelangen photographische Aufnahmen erst Brendel und Baschin i. J. 1892[8]). Später gestattete die von Störmer[9]) mehr und mehr vervollkommnete photogrammetrische Methode sehr genaue Parallaxenbestimmungen. Frühere, sehr niedrige Werte ergebende Höhenbestimmungen (Lemström, Paulsen) werden vielfach skeptisch angesehen; immerhin scheint die Frage einer etwaigen Beziehung der Höhe zur geographischen Breite noch durchaus diskutabel zu sein (siehe dazu auch Angenheister, ZS. f. Geophys. Bd. 1, S. 73), wenn auch Messungen von Vegard und Krogness sowie von Störmer

[1]) E. Rosenthal, Meteorol. ZS. Bd. 20, S. 145—156. 1903.
[2]) Ch. Rozet, C. R. Bd. 142, S. 913. 1906.
[3]) Ch. M. V. Montigny, Acad. R. de Belgique. Bd. 28, S. 15ff. 1856.
[4]) K. Exner, Zur Genesis der richtigen Erklärung der Szintillationserscheinungen. Wiener Ber. Bd. 84, II. 1875.
[5]) K. Exner, Wiener Ber. Bd. 97, IIa, S. 706. 1888.
[6]) J. M. Pernter u. W. Trabert, Wiener Ber. Bd. 97, IIa, S. 1302. 1888. Allgemein s. über die Phänomene die Meteorol. Opt., Lehrb. von Trabert und Lehrb. d. kosm. Phys. von Arrhenius. Hirzel 1903.
[7]) An Monographien s. H. Fritz, Das Polarlicht. Leipzig 1881; A. Angot, Les aurores polaires. Paris 1895; G. Angenheister, Handwörterb. d. Naturwissensch. Bd. VII, S. 995. Jena 1912; s. auch K. Birkeland, Expédition norvégienne de 1899/1900. Christiania 1901 u. The Norwegian aurora boréalis expedition 1902/1903. Christiania 1908.
[8]) O. Baschin, Meteorol. ZS. Bd. 17, S. 278—280. 1900.
[9]) K. Störmer, Vidensk. Skrift. 1911, Nr. 17, Kristiania; C. R. Bd. 152, S. 1194. 1911; Bd. 156, S. 1871. 1913; Meteorol. ZS. Bd. 30, S. 410—412. 1913.

in verschiedenen Zonen (zwischen Nordlichtzone und mittlerer Breite) ähnliche
Höhenintervalle ergaben. Auch für den STÖRMERschen Gedanken eines etwaigen
Zusammenhanges zwischen Fleckenperiode und Höhe fanden sich noch keine
Anhaltspunkte. Nach VEGARD[1]) wäre mit Sicherheit kein Nordlicht tiefer als
95 km über der Erdoberfläche festgestellt. Nach K. WEGENER wurde aber
1912/13 auf Spitzbergen eine untere Grenze von 80 km genannt[2]). Die meisten
Lichter gehören zwei Gruppen an, wovon die eine ihre untere Begrenzung bei 100,
die andere bei 106 km hat. Sie reichen aber vielfach bis zu mehreren 100 km
hinauf (obere Grenze im Durchschnitt etwa zwischen 125 und 200 km angegeben);
STÖRMER fand aber zwischen dem 22. und 23. März 1920 sogar Höhen von
600 km[3]). Im ganzen genommen scheint die gelblich-grüne Farbe zu überwiegen; es kommen aber auch stark ausgeprägte rote Lichter vor, so 1913 in
Christiana[4]), auch solche von violettartiger Farbe. Letztere beanspruchen offenbar
ein besonderes Interesse[5]). Besonders bemerkenswert ist die Tatsache, daß
der Himmel bei starken Lichtern vielfach noch 5 bis 10 Minuten nach Verschwinden des eigentlichen Nordlichts nachleuchtet. — Schon die Okularbeobachtungen
CARLHEIM-GYLLENSKJÖLDS[6]) ließen deutlich Stickstofflinien im Spektrum erkennen. Photographisch wurden auch einige im unsichtbaren Teil von WEST-
MANN[7]) und vor allem von PAULSEN[8]) fixiert. Den Nachweis, daß das Polarlicht
in ganz überwiegendem Grade dem Stickstoffspektrum angehört, verdanken wir
aber wesentlich STARK und VEGARD[9]). STARK zeigte vor allem, daß die nicht
mit den N-Banden und den N-Funkenlinien übereinstimmenden Linien meist
den von ihm und seinen Mitarbeitern aufgefundenen N-Bogenlinien entsprechen.
Vor allem kommen die negativen N-Banden = 4708, 4278 und 3914 Å in Frage,
die allerdings im Polarlicht bis auf die an der Kante liegenden Linien zusammen-
geschrumpft sind. — CARLHEIM-GYLLENSKJÖLD fand auch die Wasserstoff-
linien $H\alpha$, $H\beta$, $H\gamma$ und $H\delta$. Am deutlichsten war $H\beta$ ausgeprägt. Es sind aber
diese Linien nur gelegentliche Begleiter des N-Spektrums. Auch fehlen Helium-
linien. Aus diesen Tatsachen schloß STARK, daß der Partialdruck von H in
Höhen zwischen 100 und 150 km höchstens 30% desjenigen vom N entspricht
und beim He ebenso, und letzterer betrüge nach VEGARD noch weniger (höchstens
3 bis 7%). Qualitativ zum nämlichen Resultat kam Lord RAYLEIGH[10]). — Eine
besondere Stellung nimmt die typische grüne Nordlichtlinie ein, die schon nach
WIECHERT vielfach ohne eigentliches Nordlicht an beliebigen Stellen des Himmels
zu konstatieren ist und die neuerdings besonders von Lord RAYLEIGH am englischen Nachthimmel[11]) verfolgt wurde. Seine Untersuchungen führten ihn dazu,
folgende Erscheinungen scharf voneinander zu trennen: 1. Das Nordlicht, charakterisiert durch die grüne Linie (5578Å) und das negative Bandenspektrum des N,

---

[1]) L. VEGARD, Ann. d. Phys. Bd. 50, S. 853—900. 1916; Bd. 51, S. 459—502. 1916
(mit KROGNESS); Jahrb. d. Radioakt. 1917.
  [2]) K. WEGENER, Schriften Wiss. Ges. Straßburg 1914, S. 30—65.
  [3]) C. STÖRMER, Congrès des Math. a Helsingfors 1922, S. 74 ff; Geofys. Publ. Bd. 2 (2),
Christiania 1921.
  [4]) S. dazu Naturwissensch. 1918, S. 766.
  [5]) C. STÖRMER, Gerlands Beitr. z. Geophys. Bd. 17, S. 254—269. 1927.
  [6]) V. CARLHEIM-GYLLENSKJÖLD, Stockholm 1886 bei Norstedt u. Söner.
  [7]) J. WESTMANN, Miss. scient. pour la mesure d'un arc de méridien au Spitzberg. Bd. II.
Stockholm 1904.
  [8]) A. F. W. PAULSEN, C. R. Bd. 130, S. 655. 1900.
  [9]) J. STARK, Ann. d. Phys. Bd. 54, S. 598—614. 1917; Naturwissensch. Bd. 6, S. 145
bis 147 u. 397—400. 1918; L. VEGARD, Phys. ZS. Bd. 14, S. 677—681. 1913.
  [10]) Lord RAYLEIGH, Proc. Roy. Soc. London (A) Bd. 101, S. 114—124 (bezüglich d.
Nordl. v. 13. bis 15. Mai 1921).
  [11]) Lord RAYLEIGH, S. u. a. Proc. Roy. Soc. London (A) Bd. 100, S. 367—378. 1922.

die geographische Beschränkung des Auftretens auf die hohen Breiten und nur gelegentliches Übergreifen auf die gemäßigten Zonen, durch die charakteristische Form des Phänomens und seine rasche Änderung hinsichtlich Form und Intensität und 2. das Nichtpolarlicht, charakterisiert durch die grüne Linie ohne Bandenspektrum, durch das Auftreten auf der ganzen Erde (sogar eher in niedrigeren Breiten), die gleichmäßige Intensitätsverteilung über den ganzen Himmel und die — von ihm öfter beobachtete — wochenlange Intensitätskonstanz. Mittels des Etalons nach FABRY-PEROT ausgeführte Messungen ergaben nach BABCOCK[1]) als Wellenlänge 5577, 350 $\pm$ 0,005 Å, während SLIPHER[2]) als Mittel 5578,05 Å fand. Die Breite der Linie betrug nach BABCOCK weniger als 0,035 Å. Schon vor einigen Jahren suchten MC. LENNAN und SHRUM[3]) den Sauerstoff dafür verantwortlich zu machen. In Gemischen von Helium und Stickstoff erschien die Linie nicht im Entladungsrohr, wohl aber, sobald bei gewissem Druck des He Spuren von O_2 zugelassen wurden, und zwar genau an der Stelle 5577,35 Å. In Gemischen von O_2, N_2 und He traten außerdem die N-Banden auf, außerdem aber auch die im Nordlichtspektrum nicht gefundenen Serienlinien des He und O_2. Ein mit dem Nordlichtspektrum im großen und ganzen — und zwar auch hinsichtlich der Intensitätsverteilung — übereinstimmendes Spektrum fand VEGARD[4]) vor allem beim Bombardement von festem N_2 mit Kathodenstrahlen. Allerdings wurde keine volle Übereinstimmung mit der grünen Linie erreicht. Bekannt genug ist die auf Grund seiner Versuche mit festem Stickstoff noch kürzlich[5]) von VEGARD vertretene Theorie, daß die typische Nordlichtlinie einen im Laboratorium nicht zu erreichenden, nur für N-Teilchen von molekularer Größenordnung (sog. pseudogasförmiger Zustand) geltenden Grenzfall darstellt. Nachdem aber sowohl durch CARIO[6]) als auch durch MC. LENNAN und MC. LEOD[7]) die Identität der grünen Linie mit einer Sauerstofflinie — die offenbar in hohen Atmosphärenschichten besonders günstige Anregungsbedingungen findet — so gut wie sichergestellt ist, erübrigt sich wohl ein näheres Eingehen auf die an sich sehr interessanten, aber nach verschiedener Richtung (s. vor allem die nötigen Temperaturen und die schwer verständliche Phosphoreszenz eines chemischen Elements) zu Schwierigkeiten führenden, aus seinen experimentellen Ergebnissen gefolgerten Ansichten VEGARDS über die Natur der höheren Atmosphärenschichten und die sich darin abspielenden Phänomene. CARIO und MC. LENNAN und MC. LEOD fanden die Wellenlänge der O-Linie 5577, 348 $\pm$ 0,055 Å bzw. 5577, 341 Å (ähnliche Genauigkeit wie bei CARIO). Die Breite der Linie wird von MC. LENNAN und MC. LEOD zu ungefähr 0,030 Å angegeben. Bessere Übereinstimmungen mit der von BABCOCK auf dem Mount Wilson bestimmten Lage der grünen Nordlichtlinie sind nicht zu verlangen. — Nachdem schon GOLDSTEIN (Wied. Ann. Bd. 12, S. 266. 1881) den Gedanken ausgesprochen hatte, daß von der Sonne ausgehende Kathodenstrahlen die unmittelbare oder mittelbare Ursache des Nordlichts seien, führten experimentelle Anord-

---

[1]) H. D. BABCOCK, Phys. Rev. Bd. 22, S. 200—201. 1923.
[2]) V. M. SLIPHER, Astrophys. Journ. Bd. 49, S. 266—275. 1919.
[3]) J. C. MC. LENNAN u. G. M. SHRUM, Proc. Roy. Soc. London Bd. 108, S. 501—512. 1925 (s. dazu Naturwissensch. 1925, S. 875); s. dazu auch G. CARIO, ebenda 1924, S. 618 bis 619 u. Entgegnung von L. VEGARD, ebenda 1924, S. 673—674).
[4]) L. VEGARD, Proc. Roy. Acad. Amsterdam Bd. 27, S. 113. 1924; Skrifter Kristiania Bd. 1, Nr. 8. 1923; Nature Bd. 114, S. 357—359. 1924; Phys. ZS. Bd. 25, S. 685—689. 1924; ZS. f. Phys. Bd. 16, S. 367—390. 1923; Naturwissensch. 1925, S. 541—550; Nature Bd. 115 S. 46—47. 1925.
[5]) L. VEGARD, Naturwissensch. Bd. 15, S. 438—444. 1927.
[6]) G. CARIO, ZS. f. Phys. Bd. 42, S. 15ff. 1927.
[7]) J. C. MC. LENNAN u. J. H. MC. LEOD, Proc. Roy. Soc. London Bd. 115, S. 515—527. 1927.

nungen (TERRELLA) von EBERT und namentlich von BIRKELAND STÖRMER zur Berechnung des Ganges von der Sonne kommender korpuskularer Strahlen unter Einwirkung des erdmagnetischen Feldes[1]). Durch die kosmische Strahlungshypothese
wurde u. a. die maximale Niederschlagshäufigkeit auf der Nachtseite der Erde
verständlich. Die Schwierigkeit der Nichtübereinstimmung der tatsächlich beobachteten Lage der Zone größter Polarlichthäufigkeit (Abstand vom magnetischen
Pol rund 20°) mit der zunächst berechneten (je nach den angenommenen Strahl-
geschwindigkeiten zwischen 2 und 8°) wurde beseitigt durch die Annahme von
Korpuskeln, die in größerem Abstande die Erde in der Äquatorebene umkreisen,
indem das hierdurch gegebene Stromsystem gleichzeitig das Herabdringen der
Erscheinung in niedrigere Breiten zur Zeit erhöhter Sonnentätigkeit (s. 13. bis
15. Mai 1921) verständlich macht[2]). Im einzelnen bleiben aber noch manche
Erklärungsschwierigkeiten. So ist auch die Frage der genaueren Natur der erzeugenden korpuskularen Strahlen noch keineswegs gelöst. Zunächst dachte
man wesentlich an Kathodenstrahlen. LENARDs[3]) leider auf der Annahme zu
niedrig bestimmter Höhen basierende Untersuchungen führten zu β-Strahlen
von 0,9999985 der Lichtgeschwindigkeit. STARK nahm Kanalstrahlen[4]) an, was
nicht nur das durch den Zusammenprall der N-Molekeln mit den Atomionen
erzeugte N-Spektrum ergab, sondern auch ein der Natur der Atomionen entsprechendes, das sich nach dem DOPPLERschen Prinzip je nach deren Geschwindigkeit und je nach der Lage des Beobachters zur Strahlenrichtung ändern mußte.
Hier käme nach ihm die vorhin erwähnte, von WIJKANDER[5]) nur hin und wieder
beobachtete Linie bei bzw. in der Nähe von 486 $\mu\mu$ in Frage. Hat man
es hier tatsächlich mit nur gelegentlich erscheinenden, zum Teil gegen die normale
Lage verschobenen H-Linien zu tun, so wäre vielleicht darin (die evtl. verschiedenen Anregungsbedingungen zu berücksichtigen) eine Stütze für die wohl
heute vorherrschende, allerdings auch wieder zu anderen Schwierigkeiten führende
(s. A. WEGENER, dies. Handb. Bd. XI) Ansicht des gewöhnlichen Fehlens größerer
H-Mengen in größeren Höhen zu erblicken. VEGARD rechnete früher wesentlich
mit α-Strahlen, wies allerdings darauf hin, daß für die Nähe der Pole vielleicht
sehr schnelle Kathodenstrahlen in Frage kämen. — Im Hinblick auf die sonst
äußerst rasch erfolgende Aufladung der Sonne ist wohl sicher anzunehmen,
daß diese nicht nur Strahlen eines Vorzeichens aussendet. Die Diskussion, ob
und wieweit die Annahme der einen oder der anderen Art mit den bekannten
oder vermuteten Eigenschaften der Sonne verträglich ist, gehört nicht hierher.
Dagegen muß darauf hingewiesen werden, daß nach VEGARDS Untersuchungen
die auch nach BIRKELAND ganz anderen Stromsystemen (höher liegenden) zugehörigen magnetischen Stürme für die Intensität der Niederschläge maßgebend
sind und nicht die wesentlich geringeren Höhen entsprechenden, das Nordlicht
erzeugenden Strahlen. Hinsichtlich der Versuche, aus der Zeitdifferenz zwischen
der Kulmination von Fleckengruppen und dem Eintritt der optischen oder magnetischen Wirkungen auf die Strahlgeschwindigkeit zu schließen, wäre auch, wie es
u. a. von BIRKELAND geschah, die zu erwartende Ablenkung der Strahlen durch
das von HALE aus dem Zeemanneffekt erschlossene allgemeine Magnetfeld der
Sonne zu berücksichtigen. Bei Versuchen, aus der Kombination bekannter Ab-

---

[1]) S. vor allem Arch. phys. et nat. Genève. Bd. 24, 1907 u. Bd. 32, 1911 (s. darüber
A. WEGENER, Abderhald. Fortschr. d. Naturw. Forsch. Bd. 3. 1911).
[2]) S. dazu S. 396 von AD. SCHMIDT, Erdmagnetismus. Bd. VI, 1, B. d. Enzyklop. d.
math. Wiss.
[3]) PH. LENARD, Sitzungsber. Heidelb. Akad. 1911, Abhandlg. 12.
[4]) J. STARK, Naturwissensch. Bd. 6, S. 145—147, 1918.
[5]) A. WIJKANDER, Arch. sc. phys. et nat. Bd. 51, S. 25—30. 1874.

sorptionsverhältnisse in Gasen mit Höhenbestimmungen auf die Natur der Strahlung zu schließen, wäre vielleicht unter Berücksichtigung einer eventuellen Abhängigkeit der Höhenlage des Polarlichts von der geographischen Breite auch an die mögliche starke Abplattung der Atmosphäre in Polnähe zu denken (siehe FR. SCHMID).

d) Der Blitz[1]).

Beim Blitz kommen außer dem nur geringe Stromstärken aufweisenden Flächenblitz und dem wesentlich größeren Stromstärken entsprechenden Linien- oder Funkenblitz vor allem der seltene Kugelblitz und der wohl noch seltenere Perlschnurblitz in Frage. In neuerer Zeit ist die Aufmerksamkeit allerdings auch auf ein, zum Teil wohl als ein gewisses Analogon zu den nordlichtähnlichen, von LEMSTRÖM beobachteten Erscheinungen über Bergspitzen betrachtetes Phänomen gelenkt worden, auf das sog. Andenleuchten[2]). — Eingehende Beobachtungen über die Farbe der Flächen- und der Linienblitze stellte SP. R. RUSSELL[3]) zwischen 1903 und 1907 in Südengland an. Bei seinen Tabellen sind leider den Flächenblitzen im engeren Sinne auch Blitze in Horizontnähe usw. hinzugezählt. Die Zahl der roten, blauen, weißen, goldfarbigen, violetten, gelben, orangefarbenen und grünen Linienblitze betrug: 37, 30, 25, 21, 14, 14, 7 und 4. Violetten und grünen Blitzen folgten nach RUSSELL die stärksten Donnerschläge. — Nachdem ELSTER und GEITEL aus Beobachtungen auf dem Sonnblick festgestellt hatten, daß positiven Elmsfeuern rötliche, negativen weißblaue Blitze folgen, dürften Untersuchungen über die Farbe der Blitze im Hinblick auf die durch WIGAND aktuell gewordene Frage der bevorzugten Richtung bei Entladungen zwischen Wolke und Erde ein erhöhtes Interesse gewinnen[4]). — Der Flächenblitz zeigt ein Bandenspektrum (N), der Funkenblitz ein Linienspektrum[5]) mit den stärkeren Linien des N und des O, den schwächeren des H (zersetzter Wasserdampf?) und den noch schwächeren des Argon, Neon, Xenon und Krypton. — Ob und wieweit der Blitz unter ·Umständen oszillatorischen Charakter[6]) haben kann (der aber wohl höchstens für die gleich zu erwähnenden Teilentladungen in Frage käme), steht hier nicht zur Diskussion, und es soll nur an die vielfach sehr kurze Entladungsdauer [Versuche mit rasch rotierenden Scheiben[7])] sowie an die durch Aufnahmen mit bewegter Kamera[8]) festgestellten Teilentladungen erinnert werden. Hier wäre auch der mehrfachen, wesentlich vertikal verlaufenden Blitze von KAYSER, RÜMKER u. a. (s. auch R. WENGER, Meteorol. ZS. Bd. 33,

[1]). Allgemeine Literatur über das Gewitter s. A. GOCKEL, Monogr. 1925. Verlag Dümmler; K. KÄHLER 1924 in Sammlg. Bornträger; R. SÜRING im Lehrb. der Met. ab S. 659. 1926.

[2]) W. KNOCHE, Meteorol. ZS. Bd. 26, S. 83—84 u. 355—360. 1909; Bd. 27, S. 76—77. 1910; Bd. 29, S. 87—89 u. 329—330. 1912; Bd. 30, S. 311. 1913 usw.; L. BRUNTON, Nature Bd. 87, S. 278. 1911.

[3]) SP. R. RUSSELL, Quarterl. Journ. Roy. Met. Soc. 1908, S. 271; s. hier auch A. VON OBERMAYER, Meteorol. ZS. Bd. 29, S. 433—435. 1912.

[4]) A. WIGAND, Phys. ZS. Bd. 28, S. 65—69 u. 261—263. 1927; H. MAURER, ebenda S. 211—212. 1927; A. MATHIAS, Elektrizitätswirtschaft Bd. 26, S. 6ff. Berlin 1927; M. TŒPLER, Meteorol. ZS. Bd. 18, S. 481—486. 1901. Weitere Literatur s. aus K. KÄHLER, ebenda Bd. 44, S. 453. 1927.

[5]) A. KUNDT, Pogg. Ann. Bd. 135, S. 315. 1868; A. SCHUSTER, Phil. Mag. Bd. 7, S. 316. 1879; E. C. PICKERING, Astrophys. Journ. Bd. 14, S. 367. 1901 (s. auch Meteorol. ZS. Bd. 19, S. 334—335. 1902); s. auch Kaysers Handb. d. Spektralanalyse. Bd. V. Leipzig 1910.

[6]) Siehe J. MAYER, Meteorol. ZS. Bd. 30, S. 417—429. 1913; s. dazu auch M. TŒPLER, Gewitter und Blitze, Vortrag i. d. 224. Sitz. d. Dresdener Elektrotechn. Vereins am 22. Febr. 1917. Dresden: E. H. Meyer.

[7]) F. SCHMIDT, Meteorol. ZS. Bd. 22, S. 362. 1905; Elektrot. ZS. 1905, S. 903.

[8]) B. WALTER, Ann. d. Phys. Bd. 66, S. 636—648. 1898; Phys. ZS. Bd. 3, S. 168—172. 1902; Jahrb. Hamb. Wiss. Anst. Bd. 20, S. 1—37. 1903.

S. 544. 1916) zu gedenken, die auf Verschiebung der Strombahn durch Wind zu erklären versucht wurden. Die Erklärung eines mehrfachen, wesentlich horizontal gerichteten Blitzes (s. G. LACHMANN, Meterol. ZS. 1901, S. 80 bis 81) dürfte aber schon schwieriger sein. — Beim Kugelblitz[1]), an dessen Realität nicht mehr zu zweifeln, dessen Erklärung aber noch nicht gelungen ist [s. die Erklärungsversuche von PLANTÉ[2]), HESEHUS[3]), TŒPLER[4]), WALTER[5]); s. auch neuerdings in der Starkstromtechnik beobachtete leuchtende Kugeln[6])], ist ein ganz bedeutendes Überwiegen der rotgelben gegenüber der die bläulich-weißen, blauen und grünen Farbentöne zusammenfassenden Gruppe zu verzeichnen (69,4 gegen 15,8%). Quantitative Angaben über die Helligkeit sind schwer zu machen. Eine Helligkeitssteigerung fand häufiger bei der Auflösung statt. Hinsichtlich der Größenordnung der Dauer sieht BRAND nach kritischer Sichtung eines großen Materials 1 bis 5 Sekunden als ein Minimum an, während für die Gesamtdauer eines Linienblitzes im allgemeinen etwa 1 Sekunde als Maximum[7]) angenommen wird (nach Beobachtungen des Verf. scheinen 1 bis zu 2 Sekunden hier wohl in Frage kommen zu können). In der Regel scheint es sich um kugelförmige Gebilde zu handeln, und gewisse Angaben lassen auf eine Rotation um die Achse schließen. Nach BRAND scheint die Größenordnung von einem Durchmesser von 20 cm vorherrschend zu sein. — Während wir vom Kugelblitz nur eine farbige Handzeichnung besitzen[8]), gelang u. a. am 24. September 1909 eine einwandfreie photographische Aufnahme eines Perlschnurblitzes[9]). Zum Teil scheint es sich bei diesen Erscheinungen um ein Nachleuchten zu handeln, welches nicht kontinuierlich längs der ursprünglichen Blitzbahn, sondern in einer Reihe getrennter, in gleichen Intervallen aneinander gereihter Punkte stattfindet. Das bei gewöhnlichen Blitzen beobachtete Nachleuchten wird von WALTER[10]) als die Wirkung eines Nachströmens von Elektrizität in die durch die Hauptentladung gebildete Blitzbahn angesehen, und nicht etwa als eine Phosphoreszenz der Luft. Von TŒPLER wird die Auffassung vertreten, daß man es bei den Perlschnurblitzen mit einem Übergang von den Linien- zu den Kugelblitzen zu tun hat. Schließlich sei auf die beim mitteleuropäischen Erdbeben (16. November 1911) beobachteten Kugelblitze hingewiesen, ebenso auf die übrigen durch SIEBERG und LAIS wahrscheinlich gemachten elektrischen Lichterscheinungen[11]).

---

[1]) S. vor allem die Monographie von W. BRAND, Probleme der Kosm. Phys. Bd. II/III. Hamburg: H. Grand 1923. — S. auch die wertvolle Beobachtung W. GERLACHS (Naturwissensch. 1927, S. 522—523), die einen Schluß auf die mittlere Geschwindigkeit des Kugelblitzse zuließ.

[2]) L. G. PLANTÉ, Die elektr. Erscheinungen d. Atm. Deutsch v. G. WALLENTIN. S. 4. Halle 1889; Lum. électr. 1884, S. 286.

[3]) N. A. HESEHUS, Phys. ZS. Bd. 2, S. 578—580. 1901.

[4]) M. TŒPLER, Ann. d. Phys. Bd. 2, S. 560—653. 1900.

[5]) B. WALTER, Meteorol. ZS. Bd. 26, S. 217. 1909; Handwörterb. d. Naturwissensch. Bd. 2, S. 38. 1912.

[6]) W. BRAND, l. c. S. 169.

[7]) O. N. ROOD, Sill. Journ. Bd. 3 vom März 1873.

[8]) W. v. HAIDINGER, Wiener Ber. Bd. 58, II, S. 761—769. 1868.

[9]) S. darüber A. SCHMAUSS, Meteorol. ZS. Bd. 27, S. 83. 1910; s. auch F. POCKELS, ebenda Bd. 10, S. 73. 1893.

[10]) B. WALTER, Ann. d. Phys. Bd. 18, S. 863—866. 1905; Meteorol. ZS. Bd. 23, S. 172 bis 174. 1906.

[11]) Veröffentl. f. Erdbebenforsch. Heft 4, S. 48ff. Jena 1925. S. auch A. STÄGER, Vulkanische Elektrizität etc., GERLANDS Beitr. z. Geophys. Bd. 16, S. 276ff. 1927.

Kapitel 6.

Kurze Übersicht
über die kosmischen Lichtquellen.

Von

J. HOPMANN, Bonn.

Mit 5 Abbildungen.

1. Einleitung. Als kosmische Lichtquelle betrachten wir jede Art von Materie im Weltall, die sich durch Eigenschaften ihrer Strahlung uns bemerkbar macht. Wir können dann — vom physikalischen Standpunkte bzw. von der Frage nach dem Ursprung des Lichtes aus — folgende Einteilung machen:

α) Die Fixsterne. Diese sind selbständige, selbstleuchtende, verhältnismäßig scharf begrenzte Gasbälle.

β) Die chaotischen Gasmassen.

γ) Im reflektierten Licht leuchtende Körper (die Planeten und ihre Satelliten).

δ) Kosmische Kleinkörper mit verschiedenartiger Ursache des Leuchtens (Kometen, Meteore).

a) Die Fixsterne.

2. Das Spektrum der Fixsterne, Beobachtungsverfahren. Vom Gesamtspektrum der Sterne ist nur ein Teil der Beobachtung zugänglich. Nach dem Ultravioletten hin ist mit 3000 Å etwa durch die völlige Absorption in der Erdatmosphäre uns eine Grenze gesetzt. Das ultrarote Spektrum ist auch erst in neuester Zeit mit Hilfe der großen amerikanischen Reflektoren unter Anwendung von Thermoelementen oder Radiomikrometern bei verhältnismäßig wenigen hellen Sternen untersucht worden. Ferner ist heute das visuelle Beobachten der Sternspektren fast ganz durch die photographische Platte — meist mit gewöhnlicher Schicht oder seltener speziell sensibilisierter — verdrängt worden. An Beobachtungsinstrumenten[1]) ist heute im Gebrauch:

1. Das Okularspektroskop. Es besteht aus einem mäßig stark dispergierenden geradsichtigen Prisma mit Zylinderlinse. Jenes zieht das im Okular punktförmig erscheinende Bild des Sterns zu einem linienförmigen Spektrum auseinander welches durch die Zylinderlinse zum besseren Erkennen der Linien verbreitert wird. Das Okularspektroskop eignet sich durch seine hohe Lichtstärke und äußerst bequeme Handhabung — es braucht nur auf das gewöhnliche Okular aufgesetzt zu werden — zur kursorischen Untersuchung des visuellen Spektrums auch schwächerer Sterne. Größere Ausführungen gestatten — ähnlich dem

---

[1]) Abgesehen von solchen zur Erforschung der Sonne, s. Art. ROSENBERG, Bd. 19, Kap. 3.

klassischen KIRCHHOFF-BUNSENschen Spektroskop — die Identifizierung der Linien mittels Skala und Vergleichsspektrum (H-Röhre u. dgl.) [1]).

2. Das Objektivprisma. Das parallel auffallende Sternlicht verlangt kein Kollimatorfernrohr. Wird deshalb vor das Objektiv eines photographischen Fernrohrs ein gleich großes Prisma gebracht, so wird das punktförmige Fokalbild des Sternes zu einem linienförmigen Spektrum ausgezogen. Durch geringes Hin- und Herbewegen des Fernrohrs parallel zur brechenden Kante des Prismas wird ein meßbares Spektralband erzeugt [2]). An kleinen Instrumenten derart, verbundenen mit 45°- und 60°-Prismen, sind mehrfach spektralphotometrische und andere Untersuchungen ausgeführt worden, wobei durch eine verschiebbare Kassette die Spektra einer größeren Zahl Sterne direkt untereinandergebracht wurden. Vor allem aber dient das Objektivprisma zu Durchmusterungen, Klassifikationen, indem — bei fester Kassette — die Spektra aller Sterne der betreffenden Himmelsgegend gleichzeitig auf der Platte erscheinen. Die großartigste derartige Verwendung des Objektivprismas haben wir im Draperkatalog der Harvardsternwarte bei Boston und ihrer Filiale in Arequipa in Peru. Die hier verwandten Fernrohre hatten 8 Zoll (20 cm) Öffnung, 1,15 m Brennweite und je 2 Prismen von je 6° brechendem Winkel, die einzeln oder zusammen benutzt werden konnten. Auf ca. 15000 Platten wurden 225000 Sterne einzeln klassifiziert (weiteres s. Ziff. 4).

3. Die Spaltspektrographen. Im Prinzip, auch hinsichtlich Objektiv usw., sind sie völlig gleich denen des Physikers. Nur wird höchster Grad der Stabilität verlangt, da das Instrument am Fernrohr in verschiedenartigster Weise der Wirkung der Schwere unterworfen ist. Ferner muß die Temperatur des Instruments, besonders der Prismen, während der oft mehrstündigen Aufnahmen völlig konstant gehalten werden [3]). Je nach den gestellten Aufgaben wird mit 1 bis 4 Prismen gearbeitet, auch werden zum gleichen Kollimator- und Prismensatz Kameras verschiedener Brennweite benutzt. Als Musterbeispiele seien die Spektrographen I und III des Potsdamer astrophysikalischen Observatoriums [4]) sowie der des Dominion Astrophysical Obersvatory in Kanada [5]) angeführt. Die meist übliche Dispersion ist 15 bis 20 Å pro Millimeter bei $H\gamma$, für schwache Objekte natürlich erheblich weniger. Betreffs Technik der Aufnahme siehe a. a. O.

3. Das Spektrum der Fixsterne, Klassifikation. Im Laufe der Entwicklung der astronomischen Spektralanalyse sind selbstverständlich eine Reihe Spektralklassifikationen aufgestellt worden, wobei man von Anfang an bestrebt war, ein natürliches System aufzustellen, d. h. die Spektren so zu ordnen, daß sie die mutmaßliche Entwicklungsgeschichte der Sterne darstellen. Von älteren derartigen Einteilungen sei die SECCHIsche genannt, die noch heute zur kurzen Kennzeichnung öfters benutzt wird. Sie lautet:

Typus I. Die weißen Sterne, in denen nur die Wasserstofflinien sehr kräftig auftreten. Die anderen Linien fehlen oder sind sehr schwach (Sirius, Wega).

Typus II. Die gelben Sterne, die wie die Sonne ein Spektrum mit zahlreichen feinen Linien besitzen (Arktur, Capella).

Typus III. Die rotgelben und roten Sterne, welche Spektra mit dunklen Bändern liefern, die nach der blauen Seite scharf begrenzt, nach der roten verwaschen sind (α-Orionis, α-Herculis).

---

[1]) Näheres s. GRAFF, Grundriß der Astrophysik, S. 175, Leipzig, Teubner 1927, u. Zeiß-Astrokatalog S. 79.

[2]) Weiteres zur Aufnahmetechnik s. GRAFF, l. c. S. 180, u. MÜLLER-POUILLET, Lehrb. d. Physik. 11. Aufl., 1928, Bd. V, 2, S. 33.

[3]) ZS. f. Instrkde. 1901, S. 313.

[4]) H. C. VOGEL, Astrophys. Journ. Bd. 11, S. 393. 1900.

[5]) J. S. PLASKETT, Publ. of the Dominion Astroph. Observat. Victoria Bd. 1, 1922.

Tabelle 1. Spektrale Klassifikation.

Secchi	Vogel	Maury	Cannon	Beispiel	Temperatur	Kennzeichen
(V)	IIb	XXII	P Oa bis Oe	ζ Puppis		Die planetarischen Nebelflecken (s. Ziff. 18). Siehe Text.
		I	Oe 5	λ Orionis	28 000°	H, He, He$^+$ in Absorption, desgl. Ca$^+$ (= K nach Fraunhofer) sowie andere ionisierte Metalle.
	Ib	II III IV V VI	B0 B1 B2 B3 B5 B8	ε Orionis β Cephei γ Orionis π^4 Orionis η Tauri β Persei	21 000 17 000	Anfangs dominiert das neutrale Helium, später die Balmerserie. Die Linien H u. K des Ca$^+$ sind vorhanden, ab B8 auch einzelne Linien des Sonnenspektrums.
I	Ia	VII—VIII IX X	A0 A2 A5	α Lyrae δ Urs. ma. α Aquilae	13 000 10 000	Die in allen Spektraltypen vorhandene Balmerserie beherrscht hier völlig das Spektrum, in A0 erreicht sie ihre stärkste Entwicklung, die Intensität von H u. K nimmt allmählich zu, desgl. die Zahl anderer Metallinien.
		XI XII XIII	F0 F2 F5 F8	γ Bootis ζ Leonis α Can. min. α Urs. min.	 8000 7000	Allmählicher Übergang zum Sonnenspektrum, die Intensität der Balmerserie nimmt stark ab, die der Sonnenlinien zu.
II	IIa	XIV	G0 G5	Sonne β Bootis	6000 5000	Sonnenspektrum, H u. K sowie das Band G herrschen vor, die Balmerlinien nicht mehr auffällig.
		XV XVI	K0 K2 K5	α Bootis γ Aquilae α Tauri	4300 3400	Allmählicher Übergang zum M-Typus; H u. K dominieren noch, daneben G und Absorptionsbänder des Titanoxyds.
III	IIIa	XVII bis XIX	Ma bis Mc	α Orionis	3000	Die Bänder von TiO$_2$ und andere sowie H u. K herrschen vor, die Balmerserie wechselnd stark (s. Text).
		XX	Md	o Ceti		Lang periodisch veränderliche Sterne, Spektrum gleich dem der M-Sterne, nur ist mindestens eine der Wasserstofflinien hell!
IV	IIIb	XXI	Na bis Nc R0 bis R8 S Q	19 Piscium	2400	Siehe Text.

Typus IV. Schwache, meist dunkelrote Sterne, deren Spektra breite dunkle Bänder enthalten, die nach der roten Seite scharf begrenzt, nach der blauen verwaschen sind.

Typus V. Sterne aller Farben, in denen helle Linien (besser Banden) auftreten.

Vor und nach 1900 (bis etwa 1910) war dann die Vogel-Scheinersche Gruppierung stark gebräuchlich. Sie ist gutteils eine Erweiterung und Unterteilung der Secchischen[1]), ist aber heute völlig verlassen worden. Führend auf dem Gebiete blieb die Harvard-Sternwarte mit nach und nach vier Einteilungen, von denen die zweite und dritte, da früher ebenfalls viel im Gebrauch, kurz, die vierte aber, da heute ganz allgemein angewandt und als natürlichstes System länger besprochen sei.

Im ersten (kleinen) Draperkatalog[2]) sind 16 Klassen enthalten, die sich auf die fünf Secchischen Typen wie folgt verteilen: I. A bis D, II. E bis L, III. M, IV. N, V. O bis Q; l. c.[1,2]) ist eine Beschreibung der einzelnen Typen gegeben, wobei zuweilen offengelassen ist, ob die Unterschiede wirklich reell oder durch instrumentelle Verhältnisse (Fokus) bedingt sind. Dieser zweiten Pickeringschen Einteilung folgte bald die von Miß Maury[3]), die 22 Gruppen — mit I bis XXII bezeichnet — enthält, vgl. Tabelle 1; auch sie wurde um 1910 aufgegeben. Sie fügte die ersten Zusatzbezeichnungen ein, von denen noch heute die Buchstaben c — für Sterne mit kräftigen dunklen, aber scharfen Linien, kennzeichnend, wie wir heute wissen für die Übergiganten (s. Ziff. 10) — und p (pekuliar) vom normalen Aussehen abweichende Spektren sich erhalten haben. Pickering und Miß Cannon griffen 1897 und 1912 wieder auf die Buchstaben-bezeichnungen zurück[4]), merzten aber eine große Zahl von ihnen aus, so daß in großen Zügen die alte Drapereinteilung bestehen blieb, und nur — entsprechend den derweil erworbenen neuen Kenntnissen — die Reihenfolge der Buchstaben geändert wurde. Über 99% aller Sternspektren können in eine Folge gebracht werden, deren typische Klassen die Bezeichnung B, A, F, G, K und M erhalten. Zwischengruppen sollen durch Dezimalen bezeichnet werden. So liegt z. B. das Spektrum von Algol (β Persei) B8A näher einem A als einem B-Stern, gekürzt B8. Dies wurde dann die heute ganz allgemein und ausschließlich benutzte Klassifikation, zumal auch der große Draperkatalog[5]) ganz auf ihr beruht. Tabelle 1 gibt einen Vergleich der verschiedenen Klassifikationen[6]), Beispiele, wahrscheinlichste Oberflächentemperaturen (s. Ziff. 7), sowie die wichtigsten Eigenschaften der betreffenden Spektren. Bezüglich weiterer Einzelheiten sei auf die hier und später gegebene Literatur, besonders auf die Einleitung des Draperkatalogs, hingewiesen.

4. Die weitere Entwicklung der Spektralklassifikation. Die Harvard-Klassifikation beruht (fast) ganz auf dem Auftreten der Absorptionslinien in den Sternspektren. Dabei hatten die Objektivprismenaufnahmen verhältnismäßig geringe Dispersion. Das Studium von Spaltspektrogrammen, Spezialuntersuchungen einzelner Linien und sonstige Kenntnisse bezüglich einzelner Sterne mußten zu weiteren Klassifikationsmerkmalen führen, die dann in Form von kleinen Buchstaben an den Kern, die Harvardklasse, angefügt wurden[7]). Neben den angeführten c und p haben wir so heute: n (nebulos) verwaschen, s (sharp scharf, in Richtung, aber nicht so stark wie das durch c gekennzeichnete Verhalten der Linien, g (giant) Riesensterne (s. Ziff. 10), d (dwarf) Zwergsterne, e Linien in Emission, v Spektrum variabel, r Linienumkehr (reversion), k ruhende Kalziumlinien (s. Ziff. 15b), q Novacharakter des Spektrums (s. Ziff. 13). Es kann nunmehr die Beschreibung eines Spektrums symbolisch weit getrieben werden, was 2 Beispiele zeigen mögen: σ Geminorum gK1e, ein Riese vom Typus K1 mit einigen Emissionslinien; β Lyrae = cB8 + B2nep ein spektro-

[1]) J. Scheiner, Populäre Astrophysik. 2. Aufl., S. 584—587. 1912.
[2]) Annals of the Harvard College Observatory (gekürzt H. A.) Bd. 26. 1890.
[3]) A. C. Maury, H. A. Bd. 28, Tl. 1. 1897.
[4]) E. C. Pickering u. A. J. Cannon, H. A. Bd. 28, Tl. 2. 1901; Bd. 56, Tl. 4. 1912.
[5]) H. A. Bd. 91 bis 99.
[6]) Z. T. nach „Die Kultur der Gegenwart", Bd. Astronomie, S. 401.
[7]) Astrophys. Journ. Bd. 57, S. 65. 1923.

skopischer Doppelstern; erste Komponente Typus B8 mit scharfen dunklen Wasserstofflinien, ein Übergigant, die zweite Komponente B2 mit verwaschenen Linien, die eine oder andere in Emission, sowie sonstigen Eigentümlichkeiten.

Bezüglich der selteneren Spektraltypen sei folgendes bemerkt: Die Sterne höchster Oberflächentemperatur, 20000° und mehr, gehören dem O-Typus an. So gering sie an Zahl, so verschiedenartig ist ihr Aussehen. Eine entwicklungsmäßige Ordnung ist hier zum Teil noch nicht möglich. Der Draperkatalog beschreibt die Typen kurz wie folgt:

Oa ein breites helles Band, Mitte bei 4650, ist der hellste Teil des Spektrums, Hγ, Hδ und einige andere Linien als helle Bänder daneben.

Ob hellstes Band bei 4686 (He$^+$), daneben hell Hβ, Hγ, Hδ und die ζ Puppis (He$^+$)-Linien.

Oc Bänder etwas schmäler als bei Oa und Ob, u. a. je eines bei 4686 und 4638, sonst wie Ob.

Od alle Linien dunkel, außer 4686 und 4638. Die dunklen gehören vor allem dem He$^+$ an.

Oe ähnlich Od, einige Si- und andere Metallinien dazu.

Oe5 gibt den Übergang zu den B0-Sternen.

Plaskett[1]) dagegen trennt die O-Sterne in solche mit dominierenden Emissions- und solche mit Absorptionsspektren. Die Emissionsbanden hält er für stark verbreiterte Linien, die er soweit als möglich mit solchen von H, He$^+$, O$^+$, O^{++}, O^{+++}, Si$^+$ bis SiIV usw. identifiziert. Je nach der Breite und dem Ursprung lassen sich die Spektren dann nach dem Erregungszustand ordnen. Die Absorptionsspektren dagegen sucht er in Anlehnung an die übrige Drapereinteilung dezimal von O5 bis O9 (Anschluß B0) nach der Stärke des Auftretens der He$^+$ und andere Linien zu ordnen. Die O-Sterne mit Emissionsbanden werden nach ihren ersten Entdeckern häufig auch Wolf-Rayetsterne genannt.

Neuerdings hat man — in Spezialarbeiten — statt der Beziehungen Ma, Mb, Mc die dezimale Fortführung M0, M5, M10 eingeführt. Da die Md-Sterne als Grund ein normales M-Spektrum haben mit darüberliegenden hellen H-Linien, bezeichnet man diese folgerichtig mit M1...10e.

Die R-, N- und S-Spektren gleichen sich in vieler Hinsicht, starke Bandenbildung, schwaches kontinuierliches Spektrum in Violett und Blau; sie unterscheiden sich durch die Art und Struktur ihrer Banden. N-Sterne: Kanten der Absorptionsbänder an der roten Seite (umgekehrt wie bei den M-Sternen). Sie gehören dem Kohlenwasserstoff und Zyan an; die Unterteilung Na—c bzw. neuerdings N0, N3, N5 entspricht der allmählichen Abnahme des kontinuierlichen Spektrums der kürzeren Wellenlängen. Nc-Sterne haben fast nur noch rotes Licht, jedenfalls keines mehr über Hβ hinaus. Die wenigen R-Sterne stellen den Übergang vom Typus K (nicht M!) nach N hin dar. Vom Typus S sind bis heute erst ca. 20 Sterne bekannt[2]). Sie sind den M-Spektren verwandt, auch im Draperkatalog häufig so bezeichnet. Helligkeit oft veränderlich, in diesen Fällen gleicht ihr Spektrum den Veränderlichen vom Md-Typus durch das Auftreten heller Wasserstofflinien. Im übrigen vergleiche man die angeführte Originalarbeit. Die Spektra der neu aufleuchtenden Sterne sind sehr starkem Wechsel unterworfen. In ihren verschiedenen Phasen sollen sie mit Qa, b, c, u, x, y, z bezeichnet werden (s. Ziff. 14).

5. Das Vorkommen der chemischen Elemente in den Atmosphären der Sterne. Neuere Forschungen haben es wahrscheinlich gemacht, daß alle unsere

---
[1]) J. S. Plaskett, Publ. Dominion Astrophys. Observ. Victoria Bd. 2, Nr. 16. 1924.
[2]) P. W. Merril, Astrophys. Journ. Bd. 56, S. 457. 1922.

Tabelle 2. Vorkommen der Elemente in den Sternatmosphären.

Nr.	Element	Bemerkungen
1	H	Balmerserie in fast allen Spektren, am stärksten bei A0. Lymanserie zu sehr im Ultraviolett.
2	He	Tritt normalerweise nur in O- und B-Sternen auf. Bei A-Sternen verschwunden.
	H$^+$	Die ζ Puppisserie (früher H zugeschrieben) schon lange bekannt. Nur bei den heißesten Sternen , die Linie 4686 desgleichen. Letztere auch in den gasförmigen Nebeln und den Novae.
3	Li	Das Doublett 6707 in Sonnenspektren, zu schwach oder „blended" in Sternspektren.
6	C	Vorläufig unbekannt.
	C$^+$	Durch das Dublet 4267 in den O-Sternen vertreten; auch C^{++} ist für die Wolf Rayet-Sterne wahrscheinlich gemacht, weniger das Vorkommen von C^{+++}
	CN	oder C$_2$N$_2$; das Zyan, durch die Banden bei 3885 und 4215 in G- und K-Sternen, aber auch bei heißeren nachgewiesen. Typisch für die N-Sterne und Kometenköpfe.
	CO	Tritt in N- und R-Spektren sowie in den der Kometenschweife auf. Auch das „Swanspektrum" ist den Kometen eigentümlich.
	CH	Durch das Band bei 4314 bei G- und K-Sternen, aber auch bei heißeren vertreten.
7	N	Nicht nachgewiesen außer in Verbindung mit C.
	N$^+$	1 Linie (3995) bei den B-Sternen.
	N^{++}	2 Linien (4097, 4103) bei den O-Sternen, andere werden in den Spektren der Novae vermutet.
8	O	Nur das Triplet bei 7700 auf der Sonne beobachtet.
	O$^+$	Mehrere Linien bei den heißesten Sternen, am stärksten bei B1.
	O^{++}	Mehrere Linien bei den heißesten Sternen.
		Oxyde (CO, TiO$_2$, JO$_2$) treten in den Spektren der Sonne sowie der G- und kühleren Sterne auf.
11	Na	Nur die D-Linien bekannt.
12	Mg	Durch mehrere Linien im Spektrum A—M vertreten.
	Mg$^+$	Durch das Dublet 4481 von O—A vertreten.
	MgH$_2$	Nach FOWLER im Sonnenfleckenspektrum.
13	Al	Die Linien 3944 und 3957 treten bei G- und kühleren Sternen auf.
	Al$^+$	und Al^{++} sind beim B-Spektrum zu erwarten, aber noch nicht gefunden.
14	Si	Linie 3905 tritt vom F0 an in den kühleren Sternen auf.
	Si$^+$	Vertreten bei den heißeren Sternen bis F0 durch die Linien 4128 und 4131.
	Si^{++}	In Spektren zwischen B0 und B3 durch das Triplet 4552, 4568 und 4574 vertreten.
	Si^{+++}	Hat 3 Linien bei den kälteren O und den B-Sternen.
16	S	Nicht nachweisbar, dagegen S$^+$ und S^{++} durch mehrere Linien in den Spektren der B-Sterne.
19	K	Die Linien 7664 und 7699 treten sehr schwach im Sonnenspektrum auf, sonst wenig hierüber bekannt.
20	Ca	Mit mehreren Linien bei den kühleren Sternen von F0 an vertreten.
	Ca$^+$	Durch die empfindlichen H- und K-Linien in der Mehrzahl der Spektren vertreten.
21	Sc	Schwach im Sonnenspektrum; nicht nachgewiesen bei den Sternen wegen ungünstiger Lage der Linien.
	Sc$^+$	6 Multiplets zeigen es im Sonnenspektrum, einige Linien davon auch bei Sternen.
22	Ti, Ti$^+$	Durch zahlreiche Linien in vielen Spektralklassen vertreten.
	TiO$_2$	Bei den M-Sternen, aber auch bei G und K.
23	V	Von F0 an bei den kälteren Sternen.
	V$^+$	Das Sonnenspektrum zeigt mehrere Multiplets, die für die Sterne zu stark im Ultraviolett liegen.
24	Cr	Auf der Sonne und den kühleren Sternen vorhanden.
	Cr$^+$	Auf der Sonne nachgewiesen.
25	Mn	Von A0 an bei den kühleren Sternen.
	Mn$^+$	Ein Multiplet im Ultraviolett des Sonnenspektrums.
26	Fe	Zahlreiche Linien besonders im Spektrum der kühleren Sterne.
	Fe$^+$	Zahlreiche Linien besonders im Spektrum der heißeren Sterne.

Nr.	Element	Bemerkungen
27	Co	Im Ultraviolett des Sonnenspektrums vorhanden, ungünstig gelegen für Sternspektra.
28	Ni	Zahlreiche Linien im Sonnenspektrum, die meist zu schwach zum Nachweis im Sternspektrum.
29	Cu	4 Linien im Sonnenspektrum, die unbrauchbar sind für Sternspektrogramme.
30	Zn	Die Linien 4722 und 4810 in den Sternspektren vom Typus F0 an zu den kühleren.
31	Ga	Die Linien 4033 und 4172 im Sonnenspektrum, zu schwach für Sternspektra.
37	Rb	2 rote Linien, schwach im Sonnenfleckenspektrum, zu schwach für Sternspektra.
38	Sr	Die Linie 4607 nimmt von F0 nach den kühleren Sternen hin an Stärke zu.
	Sr+	Die Linien 4215 und 4077 von A0 an sichtbar, Maximum bei K2.
39	Y	Mindestens 8 Linien im Sonnenspektrum, die zu schwach für Sternspektra sind.
	Y+	4 meist schwache Multiplets nachgewiesen auf der Sonne.
40	Z	Mehrere Linien im äußersten Ultraviolett des Sonnenspektrums.
	ZO$_2$	Tritt in den Banden der S-Sterne auf.
41	Nb	Nach Rowland im Sonnenspektrum, weitere Untersuchungen fehlen.
42	Mo	Auf der Sonne, Linien zu schwach für Sternspektra.
44	Ru	
45	Rh	
45	Pd	Die stärksten Linien im Sonnenspektrum; zu schwach für Sternspektra.
47	Ag	
48	Cd	
50	Sn	Vielleicht (?) durch eine Linie im Spektrum von Antares vertreten.
56	Ba	Im Sonnenspektrum.
	Ba+	Im Sonnenspektrum und in Sternspektren von A3 an zu den kühleren.
57	La	
58	Ce	Die Spektra der seltenen Erden sind so linienreich, daß mehrfach — aber
60	Nd	nicht durchgängig sicher — Identifizierungen in Sonnen- und Sternspek-
63	Eu	tren geschehen sind.
65	Tb	
82	Pb	Nach Rowland eine Linie im Sonnenspektrum.
88	Ra	Gelegentlich im Sonnenspektrum vermutet, aber wenig wahrscheinlich.
		Vorläufig nicht nachweisbar sind die Elemente B, F, Ne, P, Cl, A, As, Se, Br, Kr, Sb, Te, J, Xe, Au, Rd.
		Durch sehr schwache Sonnenlinien vielleicht vertreten sind Be, Ge, In, Ta, W, Os, Ir, Pt, Hg, Tl, Bi, Th, U.

chemischen Elemente auf den Fixsternen ebenfalls vorhanden sind. Auch in großen Zügen wenigstens in etwa dergleichen relativer Häufigkeit wie auf der Erde[1]). Der Einzelnachweis ist und wird aber oft nicht möglich sein. Einmal sind in den Astrospektrogrammen mit ihrer verhältnismäßig geringen Dispersion außerordentlich viele Linien „blends", also aus den Linien mehrerer Elemente zusammengesetzt, und dann ist der der Beobachtung zugängliche Wellenlängenbereich sehr begrenzt durch die verschiedenen Absorptionen in der Erdatmosphäre und die Eigenschaften der Spektrographen und Platten. Das bestuntersuchte Gebiet erstreckt sich von etwa 3800 bis 6000 Å. Die vermutlichen Zustände in den Sternatmosphären (Temperatur, Druck usw.) verursachen bei vielen Elementen aber nur Linien, die außerhalb des genannten Bereiches liegen. Über den gegenwärtigen Stand unserer Kenntnisse gibt vorstehende Tabelle eine gedrängte Übersicht[2]). Andererseits haben wir in den Sternspektren noch eine beträchtliche Anzahl Linien, deren Ursprung noch nicht ermittelt werden konnte. Die neueste Liste derart gibt Baxandall[3]). Sie wird sich gewiß mit dem Fort-

---

[1]) C. H. Payne, Proc. Nat. Acad. Amer. 1925, S. 192.

[2]) Ausgezogen aus C. H. Payne, Stellar Athmospheres. Harvard Observatory Monographs 1925, mit ausgedehnten Term- und Literaturnachweisen.

[3]) F. E. Baxandall, Month. Not. Bd. 83, S. 166. 1923; Bd. 84, S. 568. 1924.

schritt der theoretischen und experimentellen Spektralanalyse verkleinern, mit dem Fortschritt der astronomischen Arbeiten vielleicht vergrößern.

6. Die scheinbaren Helligkeiten der Fixsterne. Die weitaus größte Zahl der Fixsterne ist für eingehende spektralanalytische Studien zu schwach. Es bleibt da nur übrig, die Gesamtintensitäten großer Wellenlängenbereiche miteinander zu vergleichen, d. h. entweder die Gesamtenergien im visuellen Teil der Strahlung, die verschiedene Sterne uns zusenden (visuelle Photometrie, analog photographische, photoelektrische usw.), oder die Intensitätsverhältnisse beim gleichen Objekt zwischen visuell wirksamer Strahlung zur photographisch wirksamen und ähnliches zu ermitteln, d. h. die Bestimmung der verschiedenen Arten von Farbenäquivalenten (s. Ziff. 8).

Die Intensitätsverhältnisse der Sterne werden in Größenklassen ausgedrückt, in einer im Anschluß an die geschichtliche Entwicklung heute klar definierten experimentellen Skala, die sich als die den Verhältnissen durchaus angemessenste erwiesen hat. Vom Altertum an bis zur zweiten Hälfte des 19. Jahrhunderts wurden die mit freiem Auge sichtbaren Sterne in solche erster bis sechster Größe eingeteilt, an Hand mehr oder weniger genauer Schätzungen, wobei schließlich dezimale Unterabteilungen eingeführt wurden. Schon bald nach Erfindung des Fernrohrs war diese Schätzungsskala nach bestem Können der einzelnen Beobachter fortgesetzt worden. Ganz dem FECHNERschen psychophysischen Grundgesetz entsprechend fand man dann nach der ersten Einführung astrophotometrischer Instrumente, daß zwischen den einzelnen Größenklassen nahezu konstante Intensitätsverhältnisse waren. Und zwar war ein Stern $(n+1)$ter Größe etwa 2,5 mal schwächer als einer $n$ter Größe; einem Unterschied von 5 Größenklassen entsprach also nahe das Intensitätsverhältnis $2{,}5^5 : 1 =$ etwa 100:1. Nach dem Vorschlage von PICKERING u. a. definierte man nun, daß fünf photometrischen Größen das Intensitätsverhältnis 100:1 genau entsprechen solle, oder in Formel $m_1 - m_2 = -2{,}5 (\log J_1 - \log J_2)$. Wurde der Nullpunkt der photometrischen Skala noch so gelegt, daß den als 6^m geschätzten Sternen im Mittel auch die photometrische Größe $6^m{,}00$ entsprach, so war damit weitgehende Übereinstimmung zwischen der historisch gewordenen Skala und den gemessenen Intensitätsverhältnissen hergestellt. Die hellsten Sterne erhielten dann negative Größenangaben, z. B. Regulus $1^m{,}34$, Wega $0^m{,}14$, Sirius $-1^m{,}58$, Venus bis zu $-4^m{,}5$, der Vollmond $-12^m{,}55$, die Sonne $-26^m{,}72$.

Auf die visuellen photometrischen Meßmethoden kann hier nicht weiter eingegangen werden. Das Prinzip des wichtigsten hierhergehörigen Instruments, des ZÖLLNERschen Photometers, ist in nebenstehender Abbildung angedeutet. Im übrigen sei auf die angeführte Literatur verwiesen[1]. Die Zahl der heute visuell photometrierten Sterne übersteigt weit die 100000. Neben zahlreichen Sonderuntersuchungen seien besonders die großen Kataloge von MÜLLER und KEMPF[2] sowie von PICKERING[3] erwähnt, ersterer wohl an innerer wie systematischer Genauigkeit der Beste, letztere wegen der riesigen Zahl be-

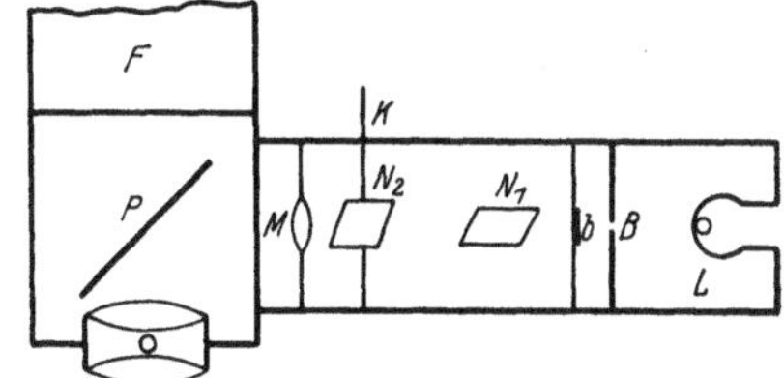

Abb. 1. ZÖLLNERsches Photometer. L Lampe, B Lochblende, b Blauglas, $N_1 N_2$ Nikols, K Ablesung des Intensitätskreises, M Mikroskopobjektiv, F Fernrohr, O Okular, P planparallele Glasplatte.

---

[1] G. MÜLLER, Photometrie der Gestirne. Leipzig 1897; K. SCHILLER, Einführung in das Studium der veränderlichen Sterne. Leipzig 1923; ferner MÜLLER-POUILLET, l. c. S. 48; K. GRAFF, l. c. S. 201.

[2] Publ. Astrophys. Obs. Potsdam Bd. 17.

[3] E. C. PICKERING, Harv. Ann. Bd. 50, 54 und verschiedene andere.

obachteter Sterne unentbehrlich. Zwischen den verschiedenen Helligkeitskatalogen sind natürlich systematische Unterschiede vorhanden. Von kleinen Verschiedenheiten in der Definition des Nullpunktes der Skala abgesehen, lassen sie sich im wesentlichen aus der Physiologie des Auges erklären. Z. B. sind die Beobachter Müller und Kempf mehr nach rot hin empfindlich gewesen als Pickering, so daß die Potsdamer Beobachter einen roten Stern heller angeben als einen weißen, wenn im Harvardkatalog beide als gleichhell bezeichnet werden. Ferner spielt beim Übergang von hellen zu schwachen Sternen bei Verwendung von Fernrohren verschiedener Öffnung das Purkinjephänomen eine wichtige Rolle. Es kann aber hierauf, wie auch auf die Prinzipien der photographisch-photometrischen Methode, hier nicht näher eingegangen werden[1]).

Bei letzterer ist ferner von größter Bedeutung der Unterschied zwischen gewöhnlichen photographischen Größen — erhalten mit normalsensibilisierten Platten, Empfindlichkeitsmaximum etwa bei $0,43\,\mu$ — und den photovisuellen unter Verwendung ortho- oder panchromatischer Platten mit und ohne Verwendung von Gelbfiltern. Letztere entsprechen etwa den visuellen Größen. Auch hier seien die wichtigsten Kataloge nur kurz angeführt: 1. Die Göttinger Aktinometrie[2]) enthält alle Sterne bis $7^m,5$ visuell von $0°$ bis $+20°$ Dekl. (Schwarzschild und Mitarbeiter). 2. Die Yerkes-Aktinometry (Parkhurst) analog dieselben Sterne zwischen $+80°$ und dem Nordpol[3]). 3. H.A. 101 bis 103. Um für die Stellarstatistik die erforderlichen homogenen Grundlagen zu schaffen, hatte 1904 Kapteyn in seinem Plan of selected areas 206 gleichförmig über den Himmel verteilte $2°\cdot2°$ große Areale ausgesucht, deren Sterne nach den verschiedenartigsten Methoden untersucht werden sollten. In den genannten Bänden sind dementsprechend innerhalb dieser Areas die photographischen Helligkeiten und genäherten Positionen für ca. 240 000 Sterne enthalten. 4. Die systematischen Unterschiede der verschiedenen photographisch-photometrischen Arbeiten verlangten das Aufstellen photometrischer „Normalsterne" aller Helligkeiten (analog den internationalen Eisennormalen in der Spektroskopie). Hierzu dient die „Nordpolarsequenz", d. h. 150 Sterne dicht am Nordpol von 2^m (Polaris) bis 21^m, deren Helligkeiten heute, was systematische wie zufällige Unsicherheit anlangt, auf wenige Prozent genau (d. h. $\pm0^m,02$ etwa) festgelegt sind[4]).

Etwa ab 1910 haben zuerst die lichtelektrischen Eigenschaften des Selens (Stebbins), dann die der Kathodenröhren mit Belag von kolloidalen Alkalimetallen zur astronomischen Intensitätsmessung Verwendung gefunden. Führend waren hierbei die Arbeiten von Rosenberg[5]) und besonders Guthnick[6]), welch letzterer mehrfache Nachahmung im Auslande gefunden hat. Die Meßgenauigkeit ist eine außerordentlich viel höhere als die der üblichen visuellen und photographischen Methoden; die Empfindlichkeit gegenüber Beschädigungen der Instrumente verschiedener Art allerdings ebenfalls, so daß diese Methode in erster Linie zum Studium einzelner interessanter Sterne in Frage kommt und noch nicht zu Massenbestimmungen im Sinne der angegebenen visuellen und photographischen Helligkeitskataloge verwandt worden ist. Ähnliches gilt von den thermoelektrischen und verwandten Beobachtungsverfahren.

Von gewissem Interesse ist schließlich noch die Untersuchung, welches die schwächsten Sterne sind, die man mit freiem Auge noch wahrnehmen kann.

---

[1]) s. Fußnote 1 auf S. 179.
[2]) K. Schwarzschild, Astron. Mitt. Göttingen, Nr. 14 u. 15.
[3]) J. A. Parkhurst, Astrophys. Journ. Bd. 36, S. 169. 1912.
[4]) Trans. of the Internat. Astr. Union 1922.
[5]) H. Rosenberg, Naturwissensch. 1921, S. 359.
[6]) P. Guthnick, Veröffentl. d. Sternwarte Berlin-Babelsberg. Bd. I 1 u. II 3.

Der klassischen Größeneinteilung entsprechend sind es die 6^m, vorausgesetzt eine gut klare und mondfreie Nacht. Mondschein oder anderes störendes Licht, sowie irgendwelche Trübungen können diese Grenze weit herabsetzen. Wird das Auge sehr gut geschützt und längere Zeit dunkel adaptiert (Beobachtung durch ein langes geschwärztes Rohr), so kann man unter günstigsten Verhältnissen bis ca. $8{,}5^m$ gelangen, was nach den Ausführungen RUSSELLS[1] etwa 10^{-9} Erg/sec entspricht.

7. Fixsternparallaxen[2]. Für die Kenntnis der Entfernungen der Fixsterne bzw. ihrer Parallaxen sind die t r i g o n o m e t r i s c h e n M e ß v e r f a h r e n grundlegend, und auch hier heute nur die mit photographischen Instrumenten mit über 5 m Brennweite ausgeführten. Ihr Prinzip ist folgendes: Der Parallaxstern wird mit seiner Umgebung zu mindestens drei verschiedenen Epochen aufgenommen, z. B. im Frühjahr, Herbst und Frühjahr. Fünf oder mehr Nachbarsterne liefern die Beziehungen der verschiedenen Platten zueinander, d. h. ihre relative Orientierung, Maßstab und Nullpunkt, und damit weiter in einem einheitlichen System den jeweiligen Ort des Parallaxsterns; dieser ändert sich infolge der jährlichen Parallaxe und der Eigenbewegung. Letztere wird aus den Orten abgeleitet, die in verschiedenen Jahren aber zu gleicher Zeit erhalten sind, erstere aus denen von verschiedener Jahreszeit herstammenden. Daß bei allen Rechenoperationen die Methode der kleinsten Quadrate in weitgehenster Art Anwendung findet, sei nur nebenbei bemerkt.

Direkt wird auf diesem Wege nur die Differenz der Parallaxen von den Vergleichssternen und den neu zu bestimmenden ermittelt, die sog. relative Parallaxe. Der Übergang zur absoluten kann nur in Anlehnung an stellarstatistische Arbeiten erfolgen. Vor allem KAPTEYN und seine Schüler haben hierfür Tabellen abgeleitet[3], die für Sterne einer bestimmten Helligkeit, galaktischen Breite, Eigenbewegung und Spektrum die statistisch zu erwartende Parallaxe geben, die hier also für die mittleren Eigenschaften der Vergleichsterne anzuwenden sind. Trotz des häufigen Gebrauchs dieser Tabellen ist ersichtlicherweise ihre Anwendung nur beschränkt berechtigt. Für die größeren Parallaxen sind ihre etwaigen Fehler belanglos. Bei den kleinen kann ihre Anwendung zu irrigen Schlüssen führen.

Gegenwärtig liegen über 1700 derartige Parallaxbestimmungen einzelner Sterne vor. Ihre Ergebnisse lassen sich wie folgt kurz zusammenfassen: Nur sehr wenige Sterne haben $\pi > 0'',25$, keiner über $1'',00$. D. h. alle Fixsterne sind in größerer Entfernung als das rund 3×10^5fache der Entfernung Erde—Sonne, die Erdbahn als Basis ist also recht klein. Da die moderne Meßgenauigkeit $cr \cdot \pm 0''015$ beträgt, so ist der Bereich der trigonometrischen Parallaxen noch nicht 70 Sternweiten[4] groß. Kleinere Werte oder negative Parallaxen besagen nur die Unmeßbarkeit der Entfernung. Da nachgewiesenermaßen zum Teil diese ausgedehnten Beobachtungsreihen zudem merkliche systematische Fehler aufweisen, deren Erörterung hier zu weit führen würde, können wir gegenwärtig die Meßgrenze nicht weiter hinausschieben.

Es haben sich daher indirekte Verfahren herausgebildet, die Distanzen von Fixsternen ermitteln. Ihnen allen liegen folgende Hypothesen zugrunde: a) Sterne, bei welchen gewisse physikalische Eigenschaften gleich sind, haben auch die gleiche absolute Leuchtkraft, ihre scheinbare Helligkeit ist dann ein

---

[1] H. N. RUSSELL, Astrophys. Journ. Bd. 45, S. 60. 1917.
[2] Vgl. hierzu G. SCHNAUDER in „Ergebnisse der exakten Naturwissenschaften". Bd. II, S. 19. 1923.
[3] P. C. KAPTEYN, Publ. Astron. Labor. Groningen, Nr. 29.
[4] Zu diesen Ausführungen vergleiche man auch S. 190 u. 191.

Maß für ihre Entfernung, wenn b) keine Absorption systematischer Art des Lichtes im Universum stattfindet. Erforderlich ist weiter, c) daß wir aus Sternen unserer Umgebung erst auf trigonometrischem Wege die zu bestimmten Kennzeichen gehörenden absoluten Helligkeiten ermitteln.

Stellarstatistische Methode (nur der Ideengang in Form eines Beispieles). Von einer Gruppe Sterne gleichen Spektraltypus mögen sowohl die Radialgeschwindigkeiten (R.G.) wie Eigenbewegungen (E.B.) vorliegen. In den beobachteten R.G. steckt die Bewegung des Sonnensystems relativ zum System aller Sterne der Gruppe. Ihre zum Äquator orientierten Geschwindigkeitskomponenten seien X, Y, Z. Innerhalb des Systems hat jeder Stern eine besondere Bewegung, die insgesamt sich reglos verteilen mögen, deren Komponente in Richtung zur Sonne mit V bezeichnet sei. Infolge fehlerhafter Annahme der Wellenlängen in den Sternspektren (instrumenteller Art oder infolge von Strömungseffekten in den Sternatmosphären) sei die R.G. noch um einen für die betreffende Sterngruppe einheitlichen Betrag K verfälscht. Dann ist

$$\text{R.G.} = V + K + X \cos \alpha \cos \delta + Y \sin \alpha \cos \delta + Z \sin \delta,$$

wenn α, δ die Koordinaten des Sterns sind. In Mittel sollen sich die V aufheben. Dann gibt jeder Stern eine Bedingungsgleichung für K, X, Y, Z; aus allen erhält man dann nach Methode der kleinsten Quadrate diese vier Unbekannten. Werden die Ergebnisse eingesetzt, so bleiben die V übrig. Ihr absoluter Durchschnittsbetrag gibt die mittlere Geschwindigkeit der Sterne in km/sec, also auch die mittlere Ortsveränderung in km/Jahr. Letztere entspricht der mittleren Eigenbewegung in Bogensekunden, beide Daten zusammen liefern uns ersichtlich die mittlere Entfernung bzw. Parallaxe unserer Gruppe und dann mit den zugehörigen scheinbaren Helligkeiten der einzelnen Sterne auch die absoluten (S. 190). Es führt hier zu weit, die nächsten kritischen Untersuchungen darzulegen, d. h. besonders Fragen nach der Sicherheit der Ergebnisse und der Streuung der absoluten Helligkeiten um den so errechneten Mittelwert. Hat man bei einem anderen vielleicht sehr schwachen Stern die gleichen spektralen Eigenschaften ermittelt, wie bei der so behandelten Gruppe, so ergibt die Differenz zwischen scheinbarer und absoluter Größe die gewünschte Parallaxe nach der Formel

$$M = m + 5 + 5 \log \pi''$$

(vgl. auch S. 190).

Shapleys Methode: 1906 hatte Miß Leavitt die Magellanischen Wolken photographisch-photometrisch untersucht. Es sind dies zwei Sternanhäufungen sicher so fern von uns, daß ihre einzelnen Glieder sich praktisch in der gleichen Entfernung von uns befinden. Die Wolken enthielten sehr viele δ-Cephei-veränderliche (s. S. 195), die um so schwächer waren, je kürzer ihre Periode war. Es hängt also die scheinbare wie absolute Helligkeit dieser Sterne direkt von der Dauer des Lichtwechsels ab (s. S. 197). Shapley vertiefte und erweiterte das Material besonders bezüglich der gleichen Klasse von Veränderlichen in unserer näherenUmgebung und erhielt dann auf dem eben geschilderten Wege schließlich eine Eichkurve, die die Beziehung zwischen der Lichtwechselperiode eines δ-Cepheisterns und seiner absoluten Helligkeit angibt. Nach mancherlei Angriffen haben sich heute die Daten Shapleys als im wesentlichen richtig herausgestellt. Sind also bei äußerst fernen Sternansammlungen Veränderliche dieser Klasse nachweisbar, so ergeben ihre Perioden durch das Shapleysche Diagramm die absolute Helligkeit und mit der scheinbaren die Parallaxe.

Kohlschütters Methode: Kohlschütter fand zusammen mit Adams zuerst bei den Sternen der Typen $F{-}M$, daß Objekte, die dem allgemeinen

Spektralbefund nach genau dem gleichen Typus angehören, dabei aber laut der trigonometrischen Parallaxe sehr verschiedene absolute Helligkeit haben, sich im Spektrum hinsichtlich des Verhaltens einiger weniger Linien doch unterscheiden. So war es dann ihm und seinen Nachfolgern in der Methode möglich, wieder mit Sternen mit bekannter trigonometrischer Parallaxe und damit absoluter Helligkeit Eichkurven aufzustellen (gesondert für die einzelnen Spektraltypen), die die absolute Helligkeit als Abszisse und das in irgendeiner Skala bestimmte Intensitätsverhältnis ausgewählter Linienpaare als Ordinate haben. Die Anwendung der Eichkurven ist dann die gleiche, wie im vorigen Abschnitt geschildert. Die Methode wurde später von ADAMS u. a. auch auf B- und A-Sterne angewandt. Der gegenwärtig genaueste Katalog derartiger spektroskopischer Parallaxen dürfte der von YOUNG und HARPER sein[1]).

Dynamische Parallaxen. Auf Doppelsterne angewandt, lautet das dritte KEPPLERsche Gesetz $m_1 + m_2 = \dfrac{a''^3}{\pi''^3} \cdot U^{-2}$; hier sind m_1 und m_2 die Massen der Komponenten in Einheiten der Sonnenmasse, a'' und π'' die große Achse und Parallaxe in Bogensekunden, und U die Umlaufszeit in Jahren (vgl. S. 201). Soweit bis heute bekannt, sind die Massen der Doppelsterne im Durchschnitt der der Sonne gleich. Ist also U und a durch Beobachtung bekannt und wird $m_1 + m_2 = 2$ angenommen, so läßt sich π'' berechnen. Der Fehler dieser Annahme ist nicht sehr bedenklich, da er nur mit der 3. Wurzel eingeht. JACKSON und FURNER[2]) haben dieses Verfahren noch erweitert, falls U noch nicht bekannt ist, sondern nach den bisherigen Beobachtungen die Sterne erst einen Teil ihrer Bahn durchlaufen haben. Auch hier sind die Unsicherheitsfaktoren der gemachten Annahmen gering. Die Methode ist wohl vor allem als eine heuristische zu bezeichnen, um eben auf trigonometrisch erreichbare Sterne hinzuweisen.

Die Methode der Sternströme. Von mehreren Sterngruppen ist bekannt, daß ihre Mitglieder parallel durch den Raum ziehen. Dies kennzeichnet sich einmal dadurch, daß benachbarte Sterne die gleiche Radialgeschwindigkeit haben, und daß die Eigenbewegungen aller zusammengehörenden Sterne auf einen gemeinsamen Fluchtpunkt, den Vertex des Sternstroms, hinzielen. Eine leichte Betrachtung zeigt, daß aus der Radialgeschwindigkeit und dem Winkel zwischen Vertex und dem einzelnen Stern sich seine tangentiale Bewegung in km/sec ergibt. Diese zusammen mit der tangentialen Bewegung im Winkelmaß, der Eigenbewegung, liefert die Parallaxe. Das Verfahren ist schon bei mehreren Sternströmen zur Anwendung gekommen und hat z. B. bei den Hyaden zur vollen Übereinstimmung mit den trigonometrischen Werten geführt; in manchen anderen Fällen ist die Lage des Vertex noch nicht genügend gesichert.

8. Die Zahl der Sterne verschiedener Helligkeiten; das ständige Himmelslicht. Die helleren mit freiem Auge sichtbaren Fixsterne sind ungefähr gleichförmig am Himmel verteilt. Erst wenn man zu schwächeren Sternen kommt, tritt mehr und mehr der Einfluß der Milchstraße hervor in dem Sinne, daß in ihr die Zahl der Sterne pro Quadratgrad eine außerordentlich viel höhere ist als außerhalb derselben. Die nachstehende Tabelle 3 gibt für bestimmte Durchschnittsverhältnisse an, wieviel Sterne sich auf einer Fläche von 1 Quadratgrad Ausdehnung vorfinden, von den hellsten angefangen bis zur 4., 5. usw. photographischen Größenklasse. Es sind dabei getrennte Werte angegeben für Partien in der Milchstraße selbst (0° galaktischer Breite), an ihren Polen (90°)

---

[1]) R. K. YOUNG u. W. E. HARPER, Publ. Astrophys. Obs. Victoria Bd. 3, Nr. 1. 1924.
[2]) J. JACKSON und H. H. FURNER, Month. Notices. Bd. 81, S. 8. 1920.

und für mittlere Verhältnisse am ganzen Himmel ($0°$ bis $90°$); die vorletzte Spalte gibt die galaktische Konzentration an, d. h. das Verhältnis der Sternzahlen in der Milchstraße zu dem an ihren Polen. Werden die Werte der 4. Spalte mit 41253,0 (Anzahl der Quadratgrade an der Sphäre) multipliziert, so ergibt sich die Gesamtzahl der Sterne bis zu den jeweiligen einzelnen Größenklassen (letzte Spalte).

Tabelle 3.

Bis m	$0°$	$90°$	$0°$—$90°$	K	N	Bis m	$0°$	$90°$	$0°$—$90°$	K	N	
4,0	0,015	0,005	0,009	3,4	$3{,}59 \cdot 10^2$	13,0	145	21	66	6,8	$2{,}72 \cdot 10^6$	Zahl der
5,0	0,045	0,013	0,025	3,4	$1{,}03 \cdot 10^3$	14,0	370	45	160	8,3	$6{,}54 \cdot 10^6$	Sterne bis
6,0	0,13	0,037	0,071	3,5	$2{,}92 \cdot 10^3$	15,0	910	87	360	10,5	$1{,}50 \cdot 10^7$	$0^m{,}0$ 2
7,0	0,36	0,10	0,20	3,5	$8{,}22 \cdot 10^3$	16,0	2140	160	790	13,2	$3{,}27 \cdot 10^7$	$1^m{,}0$ 12
8,0	1,00	0,28	0,55	3,6	$2{,}26 \cdot 10^4$	17,0	4800	290	1700	16,6	$7{,}00 \cdot 10^7$	$2^m{,}0$ 39
9,0	2,8	0,72	1,5	3,9	$6{,}24 \cdot 10^4$	18,0	10200	480	3500	21,4	$1{,}43 \cdot 10^8$	$3^m{,}0$ 105
10,0	7,8	1,82	4,0	4,3	$1{,}61 \cdot 10^5$	19,0	21000	770	6600	26,9	$2{,}72 \cdot 10^8$	
11,0	21	4,4	10,5	4,8	$4{,}32 \cdot 10^5$	20,0	40000	1080	12300	33,9	$5{,}07 \cdot 10^8$	
12,0	55	10,0	26	5,5	$1{,}08 \cdot 10^6$	21,0	74000	1600	21400	44,6	$8{,}80 \cdot 10^8$	

Die Zahlen der Tabelle sind ein Ergebnis der anläßlich des „Plan of selected areas" von den Sternwarten Harvard, Groningen und Mount Wilson ausgeführten Arbeiten. Insgesamt sind zwar nur etwa 16 Quadratgrad statistisch untersucht worden, doch genügen sie, wie die Einzeluntersuchung zeigte, um die schematische Sternverteilung wenigstens auf wenige Prozent (des Logarithmus) genau zu erfassen. Von $18^m{,}5$ an ist die Tabelle mit nur geringer Unsicherheit logarithmisch extrapoliert worden[1].

Der mondfreie, gut klare nächtliche Himmel sendet eine durchaus merkliche Helligkeit aus. Wie stark diese ist und welchen Ursprungs, hat am eingehendsten van Rhjin untersucht[2]. Wird die visuelle Intensität eines Sternes $1^m{,}00$ als Einheit gewählt, so setzt sich im Durchschnitt das von 1 Quadratgrad Oberfläche der Sphäre zu uns gelangende Licht wie folgt zusammen:

Direktes Sternlicht	0,029
Zerstreutes ,, ...	0,009
Zodiakal-Licht	0,071
Polarlicht	0,024
Zerstreutes „Erdlicht"	0,032

Im einzelnen können die Beträge der Zahl nach schwanken, so ist die Intensität des Sternlichtes an den Polen der Milchstraße 0,010, in den hellsten von van Rhjin auf dem Mount Wilson beobachteten Milchstraßenwolken ca. 0,130, ja, auf der Südhalbkugel nach Hopmann[3] bis zu 0,235. Über das Zodiakallicht s. Ziff. 24; soweit die Beobachtungen van Rhjins reichen, kann es zwischen 0,045 und 0,325 variieren. Auch das Polarlicht gehört zu den veränderlichen, aber ständigen Lichtquellen, selbst in der niedrigen Breite des Mount Wilson ($34°$), wie ja auch die Interferometermessungen von Babcock gezeigt haben. Mit Erdlicht bezeichnet van Rhjin eine weitere nachgewiesene, aber noch unerklärte Erhellung des Himmelsgrundes.

---

[1] F. H. Seares und R. J. van Rhjin, Proc. Nat. Acad. Amer. 1925, S. 358, u. Astrophys. Journ. S. 320. 1925.
[2] van Rhjin, Publ. Astrophys. Labor. Groningen Nr. 31, Auszug Astrophys. Journ. 50, S. 356.
[3] J. Hopmann, Astron. Nachr. Bd. 222, S. 81.

⊢ ⟩ Die reinen Sternlichtmengen sind, wie schon bemerkt, von der galaktischen Breite abhängig; aus VAN RHJINS und HOPMANNS Beobachtungen ergibt sich im Durchschnitt etwa:

β	J	β	J
$\pm 85°$	0,010	$\pm 25°$	0,040
65	12	5	74
45	15	0	86

also in der Milchstraße 8mal stärker als an ihren Polen. Innerhalb des eigentlichen Milchstraßengürtels variiert innerhalb und außerhalb der einzelnen Wolken die Sternlichtmenge selbst auf kurze Strecken sehr stark. Photometrische Arbeiten in dieser Richtung haben GRAFF[1]), PANNEKOEK[2]) und HOPMANN[3]) ausgeführt. Erstere beziehen sich nur auf die nördlichen Partien, letztere auf den gesamten Gürtel. Als wichtigstes Ergebnis sei hieraus erwähnt, daß selbst nach Glätten der durch die Wolken verursachten Unregelmäßigkeiten die hellsten Teile des Gürtels im Sternbilde des Schützen liegen, die schwächsten etwa gegenüber im Perseus. Hinsichtlich der hieraus zu ziehenden Schlüsse auf den Bau des Milchstraßensystems kann nur auf die Arbeiten selbst verwiesen werden.

9. Das kontinuierliche Spektrum. Die Untersuchung des kontinuierlichen Spektrums kann sich natürlich nur auf die Messung der Energieverteilung erstrecken und gewinnt volle Bedeutung durch den Vergleich mit der Energieverteilung eines schwarzen Strahlers. Sind die Messungen nur über einem mäßigen Wellenbereich erstreckt, so wird man immer in der Lage sein, eine Farbtemperatur an Hand der PLANCKschen Strahlungsgleichung zu errechnen. Wie weit die so berechneten Zahlen physikalischen Sinn haben, kann sich erst zeigen, wenn die Messungen über verschiedene Partien des Spektrums erstreckt werden; je besser die dann errechneten Temperaturen übereinstimmen, um so eher werden sie der Wahrheit nahekommen[4]).

Bei den zur Messung in Frage kommenden Wellenlängen und Temperaturen ist der Ausdruck $\lambda \cdot T$ so groß, daß den Rechnungen stets die PLANCKsche, nicht ihre vereinfachte WIENsche Form zugrunde gelegt werden muß. Das WIENsche Verschiebungsgesetz kommt nicht in Frage, da wenigstens bei den heißesten Sternen das Energiemaximum der Messung direkt nicht zugänglich ist. Auch das STEPHAN-BOLTZMANNsche Gesetz konnte bisher nur bei der Sonne verwandt werden.

Es sei nun zunächst ein Überblick über die vorzunehmenden Messungsreihen gegeben. Die erste größere Beobachtungsreihe und bis heute einzig fundamentale ist die von den Potsdamer Astronomen WILSING, SCHEINER und MÜNCH von 1907 bis 1919 ausgeführte, die sich auf 199 Sterne bis zur 4,5-Größe am Nordhimmel erstreckt[5]). Sie benutzten hierbei ein nach VOGELS Angaben von der Firma TÖPFER gebautes Spektralphotometer, welches an dem großen Refraktor des astrophysikalischen Observatoriums angebracht wurde. In den Spalt des Photometers fiel einmal das Sternlicht und ferner das Licht einer elektrischen Kohlenfadenlampe, die mit konstanter Stromstärke belastet wurde. Zwischen Spalt und Lampe kamen zwei drehbare Nikols. Im Gesichtsfeld des Instrumentes lagen beide Spektren direkt nebeneinander, wurden aber durch passende Blenden bis auf den jeweils zu messenden schmalen Bereich abgedeckt.

---

[1]) K. GRAFF, Abhandlgn. d. Hamburger Sternw. Bd. II, Nr. 5.
[2]) A. PANNEKOEK, Ann. d. Sternwarte Leiden Bd. XI, S. 3.
[3]) J. HOPMANN, s. Fußnote 3, S. 184.
[4]) Vgl. hierzu die Übersicht von J. HOPMANN, ZS. f. techn. Phys. 1926, H. 1.
[5]) J. WILSING, J. SCHEINER u. W. MÜNCH, Publ. Astrophys. Obs. Potsdam 1919, Nr. 74.

In leicht ersichtlicher Weise konnte nun die Energieverteilung im Sternspektrum mit der des Lampenspektrums verglichen werden. Letzteres wurde seinerseits im Laboratorium unter gleicher Belastung der Photometerlampe mit dem eines künstlichen schwarzen Körpers bekannter Temperatur verglichen. Auf dem Umwege über das Lampenspektrum wurden so die Sternspektren an den schwarzen Körper angeschlossen und zwar zunächst an 5, dann an 10 Stellen des Spektrums zwischen 0,642 μ und 0,451 μ. Daß umfangreiche Untersuchungen über systematische Fehler erfolgten, braucht hier nur erwähnt zu werden.

Als zweites größeres Unternehmen der Art sei die Arbeit Rosenbergs[1]) in Tübingen genannt, der eine wesentlich einfachere Ausrüstung benutzte: Eine Astrokamera von 11 cm Öffnung und 110 cm Brennweite, vor welcher sich ein 45°-Prisma befand. Die Kassette war verschiebbar, so daß auf einer Platte zahlreiche Spektren untereinander aufgenommen werden konnten. Ihre Schwärzungen wurden unter einem Hartmannschen Mikrophotometer an möglichst zahlreichen Stellen zwischen 0,57 μ und 0,34 μ ermittelt. Die Reduktion der Messungen erfolgte im Anschluß an das Schwarzschildsche Schwärzungsgesetz. Alles wurde auf die Intensitätsverteilung im Spektrum von α Aquilae als Normalstern bezogen. Letzterer wurde seinerseits auf einem nicht ganz glücklichen Wege an die Sonne angeschlossen und für letztere die aus der Solarkonstante ermittelte Temperatur eingesetzt. Zu beachten ist noch, daß Rosenberg absichtlich seine Aufnahmen etwas extrafokal machte (s. unten).

In neuester Zeit ist die Rosenbergsche Methode vervollkommnet von Sampson[2]) in Edinburg wieder aufgenommen worden, mit etwas größerer Apparatur, Verwendung des Kochschen Registriermikrophotometers an Stelle des Hartmannschen und fokalen Aufnahmen im visuellen Gebiet des Spektrums. Hier diente Kapella als Normalstern. Abweichend von beiden ist die photographisch-spektralphotometrische Anordnung von Plaskett jr. an der Viktoriasternwarte in Kanada[3]): Vor den Spalt eines gewöhnlichen Spektrographen setzt er einen Glaskeil nebenstehender Form und sucht durch passende extrafokale Stellung das Sternlicht gleichmäßig über den ganzen Spalt zu verteilen. Ohne den Keil würde er die gewohnten breiten Spektralbilder erhalten. Mit diesem dagegen erhält er Spektra, die, von einer Grundlinie mit normaler Intensitätsverteilung ausgehend, nach oben abschattiert sind; die Linien gleicher Schwärzung im Spektrum werden sich von der Basis verschieden weit entfernen, und zwar, abgesehen von der Helligkeit des Sternes und der Expositionszeit, in Abhängigkeit von der Empfindlichkeit der Platte für Licht verschiedener Farbe, der Energieverteilung im Sternspektrum und den Absorptionsverhältnissen des Keils. Letztere wurden durch Sonderuntersuchungen ermittelt, erstere dadurch, daß auf die gleiche Platte mit gleicher Expositionszeit das Spektrum einer stark abgeblendeten Metallfadenlampe bekannter Temperatur bzw. spektraler Energieverteilung kommt.

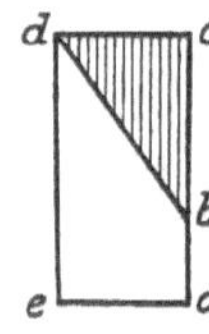

Abb. 2. bcd neutral-schwarzes Glas; $abde$ klares Glas.

Ein fünftes Verfahren, die Temperaturen der Sterne zu ermitteln, arbeitet wieder im visuellen Gebiete des Spektrums und ist wiederum von Wilsing entwickelt[4]). Er benutzt die Eigenschaft des bekannten Jenaer Rotglases F. 4512, Licht verschiedener Farbe sehr verschieden stark zu absorbieren. Seine Absorp-

[1]) H. Rosenberg, Photographische Untersuchungen der Intensitätsverteilung in Sternspektren. Halle 1914.
[2]) R. A. Sampson, Month. Not. Januar 1925.
[3]) H. H. Plaskett jr., Publ. Domin. Astrophys. Obs. Victoria Bd. II, S. 213. 1923.
[4]) J. Wilsing, Publ. Astrophys. Obs. Potsdam 1920, Nr. 76.

tionskoeffizienten lassen sich sehr nahe in der Form $e^{\beta\lambda} = e^{\beta_0 + \beta_1/\lambda}$ darstellen. Wird ein derartiges Glas keilförmig geschliffen und in den Strahlengang eines Fernrohres nahe dem Fokus gebracht, so ist die scheinbare Energieverteilung im Sternspektrum gegeben durch $C \cdot \lambda^{-5} e^{-A/\lambda} \cdot e^{-\gamma_0} \cdot e^{(\beta_0 + \beta_1/\lambda)\cdot d}$. Hier ist C eine instrumentelle Konstante, d die Dicke des Keils an der Stelle, bei welcher beobachtet wird; die Extinktion in der Erdatmosphäre wird genügend genau berücksichtigt durch den Ausdruck $e^{(\alpha_0 + \alpha_1/\lambda)\cdot l(z)}$, in welchem $l(z)$ die effektive Weglänge des Lichtstrahls in der Erdatmosphäre ist; schließlich wurde die PLANCKsche Strahlungsgleichung wie folgt umgeschrieben: $E_\lambda = C \cdot \lambda^{-5} \cdot e^{A/\lambda} \cdot e^{\gamma_0}$, wo $A = \dfrac{c_2}{T} + \gamma_1$, γ_0 und γ_1 sich mit T nur wenig ändern. Mit dem Rotkeil verbindet WILSING ein ZOELLNERsches Photometer, aus welchem das sonst übliche Blauglas zum Weißlichfärben der Photometersterne entfernt ist. Wird der Rotkeil nun genügend tief hereingeschraubt, so läßt sich einmal die Farbe des zu messenden natürlichen Sternes gleich der des Photometersternes machen und ferner durch Verstellen der Nikols auch die Intensität beider. Wie eine leichte Überlegung zeigt, gilt dann die Beziehung:

$$C_* e^{-\gamma_0 - \beta_0 d} \int_{0,45}^{0,68} \lambda^{-5} e^{-1/\lambda(A_* + \beta_1 d)}\, d\lambda = C_L \sin^2\varphi \int_{0,45}^{0,68} \lambda^{-5} e^{-A_L/\lambda} \cdot \lambda d,$$

0,45 und 0,68 sind die Grenzwellenlängen der Lichtempfindlichkeit des Auges, φ ist der Drehungswinkel des ersten Nikols gegen das zweite. Wäre die Temperatur der Lampe bekannt, so würden sich nach entsprechender Untersuchung des Rotkeils im Laboratorium auf diesem Wege die der Sterne ergeben. Bisher ist allerdings meist so verfahren worden, daß man mit Hilfe eines Sternes bekannter Temperatur die der Lampe ermittelte und dann die neu zu bestimmender Sterne.

Die verschiedenen unabhängigen Arbeitsverfahren ergaben im großen ganzen ziemlich übereinstimmende Farbtemperaturen der Sterne bzw., besser gesagt, gut harmonierende c_2/T-Skalen, denn letzteres wird ja eigentlich bei all diesen Messungen direkt gemessen. Die einzige im normalen photographischen Gebiete arbeitende Beobachtungsreihe von ROSENBERG fiel allerdings stark heraus. Referent glaubt, daß dies auf Mängel der Fokusierung und anderer optischer Eigenschaften des Spektralbildes zurückzuführen ist. ROSENBERG verwandte normale Glasplatten, während, wie KIENLE[1]) gezeigt hat, bei diesem Instrumententypus das Spektralbild räumlich stark gekrümmt ist. In mehreren Arbeiten hat nun BRILL durch Neureduktion der ROSENBERGschen Messungen diese zu verbessern gesucht[2]); er kommt zu dem Ergebnis, daß von 0,45 μ etwa an im Ultravioletten durch Absorption in der Sternatmosphäre eine starke Senkung in der Energieverteilung des Sternspektrums gegenüber der des schwarzen Körpers hervorgerufen wird. Doch sei dahingestellt, ob dieses Ergebnis sich bei Wiederholung der ROSENBERGschen Arbeit unter Berücksichtigung der KIENLEschen Vorschläge bestätigt.

1924 hat ABBOT[3]) mit dem 2,5 m-Spiegel des Mount Wilson-Observatoriums das Licht einiger weniger der hellsten Fixsterne aufgefangen, spektral zerlegt und seine Energieverteilung auch im Ultraroten, nämlich von 0,4 μ bis 2,4 μ, radiomikrometrisch gemessen. Die von ABBOT abgeleiteten Temperaturen harmonieren recht gut mit den übrigen und zeigen so, daß die PLANCKsche Strahlungs-

---

[1]) H. KIENLE, Nachr. d. Ges. d. Wissensch. Göttingen. Math.-phys. Klasse 1925, S. 81.
[2]) A. BRILL, Astron. Nachr. Bd. 218, 219 u. 223; Veröffentl. Berlin-Babelsberg Bd. 5, S. 1. 1924.
[3]) C. G. ABBOT, Astrophys. Journ. Bd. 60, S. 87. 1924.

gleichung auch in diesem Gebiet zu Recht angewandt wurde. Auf der gleichen Sternwarte hatten Nicholson und Petitt[1]) sowie Coblenz[2]) auf der Licksternwarte durch Thermoelemente die Gesamtstrahlung einzelner Objekte gemessen. Unter Berücksichtigung der Absorption der Strahlung im Ultraroten, insbesondere der atmosphärischen Wasserdampfbanden, gelang Wilsing[3]) der Nachweis, daß letztere Messungen recht gut mit der üblichen Temperaturskala harmonieren. Wieder ein Beweis für die Anwendbarkeit der Strahlungsgleichung. Die Sterne höchster Temperatur sind aber, allem Anschein nach, in der Potsdamer Messungsreihe systematisch zu niedrig gemessen worden. Brill[4]) hat die verschiedenen Temperaturskalen nach Möglichkeit zu harmonisieren versucht, und seinen Angaben entsprechend sind die gegenwärtig wahrscheinlichsten Farbtemperaturen der verschiedenen Spektraltypen in Tabelle 1 (S. 174) eingetragen worden.

Eine weitere Bestätigung dieser Temperaturskala gibt die zuerst von Eggert und Meg-Nad-Saha aufgestellte und später von anderen stark erweiterte Ionisationstheorie der Sternatmosphäre, auf welche in Band XI, S. 203, eingegangen ist. Einen letzten Beweis für die Verwendbarkeit der Strahlungsgesetze bekommt man schließlich noch wie folgt: Von der Gesamtstrahlung eines glühenden Körpers nimmt unser Auge nur einen begrenzten Teil wahr. An Hand einer Empfindlichkeitskurve des normalen Auges läßt sich das Verhältnis zwischen Gesamtstrahlung und visueller Helligkeit für eine bestimmte Temperatur ermitteln. Ist von den Intensitätsverhältnissen der Gesamtstrahlung die Rede, so spricht man von bolometrischen Größen, deren Skala natürlich die gleiche, wie die sonstige astronomische Helligkeitsskala, ist. Es werden aber die bolometrischen und visuellen Größen je nach der Temperatur des Sternes differieren. Eddington, Bottlinger[5]), Brill und Hopmann[6]) haben jeweils verschiedene, aber ähnlich lautende Tabellen für die Reduktion der visuellen Größen auf bolometrische veröffentlicht. Wenn man jetzt von zwei Sternen die visuellen Größen und Temperaturen, damit also deren bolometrische Intensitätsverhältnisse, kennt, so gilt folgende Formel, in welcher Δ_1 und Δ_2 die Abstände der Sterne von uns, r_1 und r_1 ihre Durchmesser, H_1 und H_2 ihre bolometrische Intensitäten und T_1, T_2 ihre Temperaturen bezeichnen:

Tabelle 4.

Stern	Sp.	Radius	
		kolori- metrisch	interfero- metrisch
Arktur	K_0	0″,0095	0″,0108
Aldebaran.	K_8	0″,0105	0″,0144
Beteigeuze	M_1	0″,0225	0″,0183
Antares	M_2	0″,0200	0″,0173

$$\frac{H_1}{H_2} = \frac{\Delta_2^2}{\Delta_1^2} \cdot \frac{r_1^2}{r_2^2} \left(\frac{\dfrac{c_2}{T_2}}{\dfrac{c_2}{T_1}} \right)^4 .$$

Nimmt man für den einen Stern die Sonne, so läßt sich hierdurch $\dfrac{r}{\Delta}$ für den anderen berechnen, d. h. der Winkel, unter welchem der Stern von uns aus gesehen erscheint. Nun ist es vor wenigen Jahren auf dem Mount Wilson mit Hilfe des Interferometers gelungen, die Durchmesser einiger weniger Sterne zu messen[7]). Der Vergleich der strahlungstheoretisch berechneten und der interferometrisch gemessenen Durchmesser läßt, wie die obige Tabelle 4 nach Brill zeigt, kaum etwas zu wünschen übrig.

[1]) E. Petitt u. S. B. Nicholson, Astrophys. Journ. Bd. 56. 1922.
[2]) W. W. Coblenz, siehe Lick Obs. Bull. Nr. 266. 1915.
[3]) J. Wilsing, Astron. Nachr. Bd. 220, S. 1. 1924.
[4]) A. Brill, Astron. Nachr. Bd. 223, S. 105. 1925.
[5]) K. F. Bottlinger, Veröffentl. Berlin-Babelsberg Bd. 3, Nr. 4. 1923.
[6]) J. Hopmann, Astron. Nachr. Bd. 222, S. 323. 1924.
[7]) S. z. B. K. F. Bottlinger, ZS. f. Instrkde. 1924, S. 540 und hier S. 208.

10. Farbenäquivalente. Die Potsdamer spektralphotometrischen Messungen erfolgten an einem Refraktor von 80 cm Öffnung und 12 m Brennweite. Für die wenigen Messungen PLASKETTS und ABBOTS wurden die beiden allergrößten Reflektoren, die zur Zeit existieren, herangezogen. Die ROSENBERGschen und SAMPSONschen Beobachtungen erforderten stundenlange Exposition, und doch konnten bei all diesen Verfahren nur Sterne heller als 5^m gemessen werden. Wesentlich weiter kommt man mit dem WILSINGschen Rotkeilkolorimeter: An einem kleinen Sechszöller wurden in Bonn hunderte von Beobachtungen von Sternen bis 7^m angestellt. Für alle schwächeren Objekte aber ist man genötigt, irgendeine der nachstehend beschriebenen indirekten Methoden zur Temperaturmessung heranzuziehen.

Zunächst sind hier die Farbenschätzungen zu nennen. Die Farbe der Fixsterne variiert zwischen einem reinen Weiß, Gelb und Rot nebst aller Art von Übergängen und steht natürlich in engstem Zusammenhang mit der Oberflächentemperatur. (Andere Farbangaben, Grün usw., sind auf physiologische Erscheinungen zurückzuführen, die hier nicht zur Diskussion stehen.) Statt die Farbe eines Sterns in Worten oder Buchstaben auszudrücken, zieht man heute nach dem Beispiele von SCHMIDT und OSTHOFF vor, hierfür Zahlen zu setzen, indem 0 den weißesten Tönungen entspricht, 5 etwa die gelbe Farbe bezeichnet, während 8 bis 10 für die verhältnismäßig seltenen tiefroten Sterne bestimmt ist. OSTHOFF u. a. haben ausgedehnte Farbenkataloge veröffentlicht[1]). Sind unter ihren Sternen eine erhebliche Anzahl, deren c_2/T spektralphotometrisch bestimmt ist, so läßt sich statistisch die Beziehung zwischen dieser Größe und der Farbenzahl ermitteln und damit die Temperatur der übrigen Sterne.

An weiteren derartigen Farbenäquivalenten haben wir die „effektiven Wellenlängen". Vor das Objektiv eines photographischen Refraktors setzt man ein ganz grobes Beugungsgitter, z. B. aus 1 cm breiten Streifen von Bandeisen bestehend, die jeweils durch Intervalle von genau 1 cm Breite getrennt sind. Auf der photographischen Platte entstehen dann links und rechts vom Zentralbild ganz kurze sternartige Beugungsspektren, deren Violett dem Zentralbild zugekehrt ist. Eine kurze Überlegung zeigt, daß nun bei einem roten Stern der Abstand der Schwerpunkte der beiden Spektren erster Ordnung größer sein wird als bei einem violetten. Zusammen mit der Brennweite des Fernrohrs und den Abmessungen des Gitters läßt sich aus dem Abstand dieser Bildschwerpunkte dann die Wellenlänge berechnen, die für den betreffenden Stern und die gewählte Plattensorte den stärksten Einfluß hatte, das λ_{eff}. Wiederum muß an einer großen Zahl von Sternen darunter solchen bekannter Temperatur dann statistisch die Beziehung zwischen c_2/T und λ_{eff} abgeleitet werden.

Als wichtigstes Farbenäquivalent müssen wir aber die sog. Farbenindizes betrachten. Diese sind der Unterschied zwischen den photographischen und visuellen Größen der Sterne. Ein weißer und ein roter Stern mögen für das Auge z. B. gleich hell erscheinen, dann wird der rote Stern auf der Platte 1 bis 2 Größenklassen schwächer sein. Man ist übereingekommen, für A_0-Sterne die visuellen und photographischen Größenskalen zusammenfallen zu lassen. Dann werden heißere Sterne photographisch heller sein, negativen Farbenindex haben im Gegensatz zu den kälteren. Auch hier muß wieder statistisch die Beziehung zwischen Farbenindex und Temperatur festgelegt werden. Da die Farbenempfindlichkeit der Augen wechselt, ebenso aber auch die der photographischen Platten, ferner die selektive Absorption in der Fernrohroptik mitspielt, wird

---

[1]) H. OSTHOFF, Specola Astron. Vaticana Nr. 8.

für einen bestimmten beliebigen Stern der Farbenindex verschieden ausfallen, je nachdem, welche Beobachtungsreihen man miteinander kombiniert.

Neben dem photographisch-visuellen Farbenindex haben wir noch eine Reihe anderer. Z. B. die Größenunterschiede zwischen Aufnahmen mit normalen Platten und orthochromatischen mit Gelbfilter (photovisuelle Größe); oder zwischen visuellen Beobachtungen durch ein Blauglas und ein Gelbglas u. ä. Auch die photoelektrischen Meßmethoden liefern uns ausgezeichnete Farbenindizes, indem der Stern z. B. durch verschiedenfarbige Filter gemessen wird oder wechselnd mit einer Natrium-, Rubidium- oder Kaliumzelle u. ä. Einige der wichtigsten Relationen zwischen diesen verschiedenen Farbenäquivalenten und dem c_2/T andererseits sind in nachstehender Tabelle zusammengestellt. Auf einige seltenere verwandte Methoden, wie die bestimmter extrafokaler Aufnahmen nach TICKHOF u. a., kann hier nicht eingegangen werden.

Tabelle 5.

Potsdam [1]	$\dfrac{c_2}{T}$	OSTHOFF [2]	$\dfrac{c_2}{T}$	KING [3]	$\dfrac{c_2}{T}$	λ_{eff} [4]	$\dfrac{c_2}{T}$
W	1,47	2,0 C	0,96	$-$ 0,26 m	0,70	416 $\mu\mu$	1,20
W +	1,69	2,5	1,36	$-$ 0,03	1,18	416	1,43
GW $-$	1,61	3,0	1,76	$+$ 0,07	1,87	417	1,85
GW	2,19	3,5	2,13	$+$ 0,39	2,36	422	2,34
GW +	2,23	4,0	2,46	$+$ 0,86	3,09	427	2,86
WG $-$	2,64	4,5	2,76	$+$ 1,18	3,68	430	3,29
WG	3,17	5,0	3,08	$+$ 1,47	4,15	434	3,92
WG +	3,63	5,5	3,50	$+$ 1,66	4,38	441	4,65
G $-$	3,58	6,0	3,97				
G	3,67	6,5	4,97				
G +	3,92	7,0	4,97				
RG $-$	4,27						
RG	4,60						

11. Absolute Helligkeiten. Der Messung direkt zugänglich sind nur die scheinbaren Helligkeiten der Sterne. Schon vor etwa 100 Jahren hatten die ersten Versuche und Ergebnisse, die Fixsternentfernungen zu bestimmen, gezeigt, daß die wahre Leuchtkraft der Sterne sehr verschieden sein müsse. Es gelang BESSEL, die Distanz eines Sternes 6^m (61 Cygni), gesichert zu ermitteln; dagegen erwiesen sich damals (und fast so noch heute) viele der Sterne 1^m und 2^m als unmeßbar fern; sie mußten also absolut sehr viel heller sein als 61 Cygni. Erst um 1900 hat sich unter dem Einfluß der Arbeiten von SEELIGER, PICKERING, KAPTEYN usw. die Begriffsfestlegung geklärt. Man nennt heute die absolute Größe M eines Sternes die Helligkeit, die er haben würde, wenn er 10 Sternweiten Entfernung hätte. Da die Distanz Erde—Sonne für den Aufgabenkreis der Fixsternastronomie unbequem klein ist, mußte man eine andere Längeneinheit einführen. In der populären Literatur haben wir das Lichtjahr, d. h. die vom Licht in einem Jahre zurückgelegte Strecke. Aus naheliegenden Gründen ist dies unkorrekt, weshalb die Fachliteratur ganz überwiegend (die Engländer und Amerikaner ausschließlich) mit der „Sternweite" (parsec engl.) arbeitet. Diese entspricht der Entfernung, die ein Stern mit $1'',00$ Parallaxe $= 2,06 \cdot 10^5 \cdot$ Distanz Erde—Sonne von uns hat. Die dem englischen nachgebildete Bezeichnung „Parallaxsekunde" ist als unschön zu vermeiden. In

---

[1] Farbe nach der Potsdamer photometrischen Durchmusterung.
[2] Farbe nach OSTHOFF.
[3] Farbenindex: KING photogr. Größe minus PICKERING visuelle Größe.
[4] Effektive Wellenlänge nach LINDBLAD.

den Arbeiten SEELIGERS finden wir die „Siriusweite", 0″,200 Parallaxe = 5 Sternweiten entsprechend, während CHARLIER und seine Schule das Siriometer
= $10^6 \cdot$ Distanz Erde—Sonne = 10/2,06 Sternweiten eingeführt hat; 1 Sternweite = 3,25 Lichtjahre. Durch das Entfernungsquadratgesetz und die Definition
der astronomischen Größenskala erhält man dann leicht die Beziehung:

$$\text{abs. Gr. } M = \text{scheinb. Gr. } m + 5 + 5 \log \cdot \pi.$$

Daraus und mit der obigen Angabe für die scheinbare Sonnenhelligkeit folgt,
daß z. B. die Sonne die absolute Größe $+5^m$ etwa hat, alle Sterne mit $M \lessgtr +5$
sind also heller (schwächer) als sie. Wir kennen heute viele Objekte mit $M = 0$,
d. h. der hundertfachen absoluten Leuchtkraft (luminosity) der Sonne, auch einige
mit $M = -5$, d. h. 10000facher Sonnenhelligkeit; schon hier und erst recht
darüber hinaus sind alle Angaben als sehr unsicher zu betrachten. Andererseits
haben die trigonometrischen Entfernungsbestimmungen auch zu Sternen mit
$M = +5$, $+10$ und schwächer geführt, d. h. zu Objekten, die 100 und mehr-
mal schwächer sind als die Sonne. Für die scheinbaren Helligkeiten der Sterne
werden hierbei meist die Angaben der visuellen Revised Harvard Photometry[1])
zugrunde gelegt.

In vielerlei astrophysikalischen Arbeiten muß zwischen Riesen und Zwergen
unterschieden werden (Giants und Dwarfs); die Trennung wird dabei sehr
oft bei $M = +3,0$ gemacht (6fache Leuchtkraft der Sonne), ferner werden gerne
Sterne mit $M < -2,0$ als „Übergiganten" bezeichnet.

Von größter Bedeutung ist nun die prozentuale Verteilung der Sterne
verschiedener absoluter Helligkeit. Sie ergibt sich auf hier zu weitführendem.
stellar-statistischem Wege, mathematisch spricht man dann von der Ermittlung
des „Leuchtkraftgesetzes". H. v. SEELIGER hat das Problem in einer Reihe von
Abhandlungen vor allem analytisch-theoretisch behandelt[2]), während KAPTEYN
und VAN RHIJN für die Beschaffung des großen notwendigen Beobachtungsmaterials und seiner mathematisch möglichst einfachen Bearbeitung gesorgt
haben. KAPTEYN findet 1920[3]), daß das GAUSSsche Fehlerverteilungsgesetz
am einfachsten und mit sehr hoher Genauigkeit den Beobachtungen gerecht
wird und zwar in der Formel

$$\Phi(M) = A \cdot \frac{h}{\sqrt{\pi}} e^{-h^2}(M - M_0)^2,$$

wo $\Phi(M)$ die Anzahl der Sterne der absoluten Helligkeit M in einer Kubik-
sternweite in der näheren Umgebung der Sonne bedeutet, M_0 das Maximum
der Funktion gibt und h die Dispersion der Verteilung kennzeichnet. Es ist
$A = 0,0451$, $M_0 = 7,693$, $h = 0,2818$, im Bereich von $M = -7$ bis $M = +14$.
Die Darstellung der Beobachtungen durch diesen Ausdruck war überraschend
gut. Doch war zu beachten, daß die gesicherten Beobachtungen nur bis $M = +10$
reichten, also gerade über das Häufigkeitsmaximum hinweg. Die absolut schwächeren Sterne konnte, und auch nur in vorläufiger Weise, VAN RHIJN erst 1925
erfassen[4]). Es ergab sich, daß bei $M = +8,0$ nur ein relativer Stillstand, nicht
aber ein Abklingen der Leuchtkraftkurve (Luminosity Law) vorlag, darüber
hinaus müssen wir ein erneutes starkes Anschwellen der Sternzahlen vermuten,
ohne daß wir bis heute einen Anhalt für seine Grenzen haben. Die nachstehende
Tabelle 6 gibt dieser VAN RHIJNschen Arbeit entsprechend die Zahl der Sterne

---

[1]) Harv. Ann. 50.
[2]) Sammelreferate: Vierteljschr. d. Astron. Ges. Bd. 54 u. 57.
[3]) J. C. KAPTEYN, Astrophys. Journ. Bd. 52, S. 23. 1920.
[4]) VAN RHIJN, Publ. Groningen Nr. 38.

wieder, die sich in einem Raume von 10^6 Kubiksternweiten von der mittleren Sterndichte unserer näheren Umgebung für die einzelnen absoluten Helligkeiten ergibt.

Tabelle 6. Leuchtkraftkurve nach van Rhijn.

| M | | Zahl der Sterne in 10^6 Kubikstern- | M | | Zahl der Sterne in 10^6 Kubikstern- |
von	bis	weiten	von	bis	weiten
− 4,5	− 3,5	0,34	+ 5,5	+ 6,5	3300
− 3,5	− 2,5	1,3	+ 6,5	+ 7,5	3700
− 2,5	− 1,5	5,1	+ 7,5	+ 8,5	4000
− 1,5	− 0,5	21	+ 8,5	+ 9,5	4000
− 0,5	+ 0,5	85	+ 9,5	+ 10,5	4300
+ 0,5	+ 1,5	280	+ 10,5	+ 11,5	6000
+ 1,5	+ 2,5	590	+ 11,5	+ 12,5	9300
+ 2,5	+ 3,5	1100	+ 12,5	+ 13,5	13500
+ 3,5	+ 4,5	1800	+ 13,5	+ 14,5	18000
+ 4,5	+ 5,5	2600			

12. Das Russelldiagramm. Eine der nächsten auftauchenden Fragen war dann die folgende: Wie verteilen sich die Sterne verschiedener absoluter Helligkeit auf die verschiedenen Spektraltypen. Da ist zu erinnern, daß schon 1907 Hertzsprung darauf hingewiesen hatte, daß unter den Sternen der Typen G, K und M es sowohl Riesen wie Zwerge gäbe. Mit größerem Material zeigte dann Russell, daß die Beziehung zwischen Spektraltyp auf der einen Seite, Riesen und Zwergen auf der anderen sich etwa in Art des kleinen nebenstehenden Schemas darstellen läßt, d. h. es gibt einmal Sterne aller Spektraltypen mit nahezu gleicher absoluter großer Helligkeit, Riesenast des Russelldiagramms; die übrigen Sterne haben bei Ordnung von B nach M stark abnehmende absolute Helligkeit (Zwergast). Das in den letzten Jahren sich sehr stark häufende Beobachtungsmaterial hat Russells Anschauung immer wieder bestätigt, aber auch verfeinert.

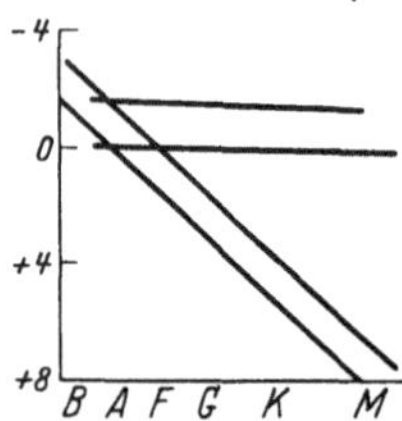
Abb. 3. Russelldiagramm (schematisch). Abszissen: Spektraltypen, Ordinaten: absolute Helligkeiten. Die Sterne häufen sich in dem durch die Striche begrenzten Raum.

Auf eines sei dabei besonders hingewiesen; es finden sich zuweilen Darstellungen zur Bestätigung des Russelldiagramms, in welche etwa alle Sterne mit jeweils bekannter absoluter Helligkeit eingetragen sind. Die mit freiem Auge sichtbaren Sterne sind nun fast ausnahmslos Riesen; da ihre trigonometrischen Parallaxen der Lage der Dinge nach zuerst ermittelt wurden, gewinnt man in diesen Darstellungen den Eindruck, als ob die Zahl der Riesen bald an die der Zwerge herankommt. Die genauere statistische Untersuchung zeigt aber, daß der Zwergenast außerordentlich viel stärker besetzt ist als der der Riesen. Man gewinnt daher einen besseren Einblick in die Verhältnisse, wenn man in das Russelldiagramm noch die Kurven gleicher relativer Häufigkeit der Sterne einträgt. In Abb. 4 ist dies an Hand der Angaben van Rhijns vom Bearbeiter dieses Abschnitts ausgeführt worden. Als Ordinate haben wir in ihr die absoluten Helligkeiten, als Abszissen die Spektraltypen bzw. mittlere effektive Oberflächentemperaturen. Die Kurven umfassen dann die Gebiete gleicher relativer Häufigkeit der Sterne. Gestrichelt sind Teile von ihnen, die nur unsicher bekannt sind. Die beigeschriebenen Zahlen geben den Logarithmus der Sternzahl in 10^6 Kubiksternweiten mittlerer Dichte unserer näheren Umgebung an. Faßt man mit Kienle die Kurven als Isohypsen auf, so haben wir das „Hochgebirge" der G-M-Zwerge mit durch o o o angedeuteter Kammlinie, die sich nach A und B hin erst langsam dann rascher abdacht. Viel niedriger ist das Gebiet und der Kamm der G-M-Riesen. Verhältnismäßig gering an Zahl sind die F-Sterne, sehr deutlich zeigt die Abbildung uns ferner das praktisch völlige Fehlen von M-Sternen mittlerer Helligkeit. Bei K haben die Kurven eine merkliche Ausbuchtung zu verhältnismäßig wenigen Über-giganten; es sind dies die Cephei-den (s. S. 197) und Pseudocepheiden sowie andere Sterne mit dem Cha-rakteristikum c in der Spektral-bezeichnung. Die O-Sterne würden in allerdings sehr geringer Zahl sich an die hellsten B-Sterne an-schließen, während die R-, S- und N-Sterne hier an die M-Riesen anzugliedern oder in ihren Bereich einzuzeichnen wären.

Das Russelldiagramm hat noch einen dritten Zweig, den der weißen Zwergsterne oder Liliputaner nach BOTTLINGERS Vorschlag. In die Abbildung der Häufigkeitskurven können diese Sterne noch nicht eingetragen werden. Sie kämen etwa in ihre linke untere Hälfte. Ihrer Art kennen wir bis heute be-stimmt vier, von denen drei zu den 30 Sternen unserer allernäch-sten Umgebung gehören. Es ist da-

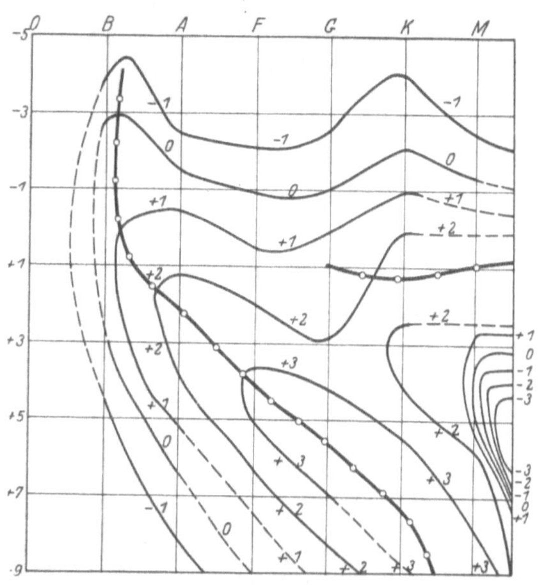

Abb. 4. Vollständiges RUSSELLdiagramm. Abszissen = Spektral-typen bzw. Oberflächentemperaturen; Ordinaten = absolute Helligkeiten. Die logarithmisch gestaffelten Kurven umfassen die Gebiete gleicher relativer Häufigkeit der Sterne. o—o—o Linien größter Häufigkeit, der Riesen- und Zwergenast.

her möglich, daß Liliputaner in großen Mengen vorhanden sind, sich unserer Kenntnis aber bisher noch entzogen haben. Die genannten vier Objekte sind:

Tabelle 7. Die weißen Zwerge.

Stern	Spektrum	Absolute Hellig-keit
1. Mira B	l Bep	8,0
2. O$_2$ Eridani B	l Ao	11,0
3. Sirius B	l A 5	11,3
4. v. Maanens Stern. .	l Fo	14,2

Die Sterne gehören also den frühen Spektraltypen an bei äußerst geringer, absoluter Helligkeit. Über ihre physikalische Natur s. Ziff. 16. Vielleicht gehören zu dieser Klasse auch die Kernsterne der planetarischen Nebelflecke, alle vom Spektraltypus O bei einer mittleren absoluten Helligkeit von $+8,0$, während sonst ja die O-Sterne $M = -4$ etwa haben. Näheres über sie in Ziff. 18.

13. Die veränderlichen Sterne. Als veränderliche Sterne im weitesten Sinne bezeichnet man alle Fixsterne, deren Strahlungsintensität irgendwelchen Schwan-kungen unterworfen ist. Die Beobachtungen erfolgen heute überwiegend noch visuell, teils durch Photometer, teils durch die von ARGELANDER eingeführte Methode der Stufenschätzungen. Das Licht des Sternes wird in geeigneter Weise in zahlenmäßiger Schätzung mit dem nahe benachbarter Sterne bekannter Helligkeit verglichen, von denen der eine jeweils etwas heller, der andere etwas schwächer sein soll als der Veränderliche im Augenblicke gerade ist. Die Genauig-keit guter Stufungsschätzungen erreicht die der Photometermessungen. Dabei erfordern sie weiter keine instrumentellen Hilfsmittel, sind so geeignet zu Massen-beobachtungen und zur stets dringend erwünschten Mitarbeit aus Liebhaber-kreisen. Letztere ist in U. S. Amerika besonders gut organisiert und hat so beispielsweise im vergangenen Jahre zu 24 000 Beobachtungen von etwa 450 Ver-änderlichen geführt, die sich auf einige 100 Amateure verteilen. Seltener aber außerordentlich wichtig ist die photographisch-photometrische Verfolgung der Veränderlichen, während die lichtelektrischen Meßmethoden und andere sich vorab nur auf einzelne besonders interessante Objekte erstrecken können. Auf die literarischen Hilfsmittel zum Studium der Veränderlichen kann hier nicht näher eingegangen werden. Die wichtigsten sind unten angeführt[1]).

Für die Bezeichnung der Veränderlichen sind verschiedene Methoden üblich. Am meisten wohl nach dem Vorschlag Argelanders folgende: der erste jeweils in einem Sternbild vorgefundene Veränderliche wird R, der nächste S usw. genannt (z. B. R Andromedae); nach Z werden die nächst aufgefundenen Ver-änderlichen dann mit RR, RS usw. SS, ST usw. kenntlich gemacht. Bei einigen Sternbildern ist die derart mögliche Doppelbezeichnung heute bereits erschöpft (z. B. ZZ Cygni), weshalb die nachfolgenden die Namen AA, AB usw. er-halten haben. Die Benennung der Veränderlichen erfolgt durch eine Kommission der Astronomischen Gesellschaft, nach dem ihr Lichtwechsel durch unabhängige Beobachtungsreihen genügend gesichert erscheint.

Die Klassifikation der Veränderlichen erfolgt naturgemäß nach der Art ihres Lichtwechsels. Wir müssen zunächst unterscheiden zwischen optischen und physischen Änderungen. Erstere werden dadurch hervorgerufen, daß zwei Sterne äußerst dicht beieinander stehen und in mehr oder weniger langer Zeit umeinander kreisen, wobei die Bahnebene nur wenig gegen die Gesichtslinie ge-neigt ist. Dadurch bedecken sie sich wechselseitig und ändern so streng periodisch

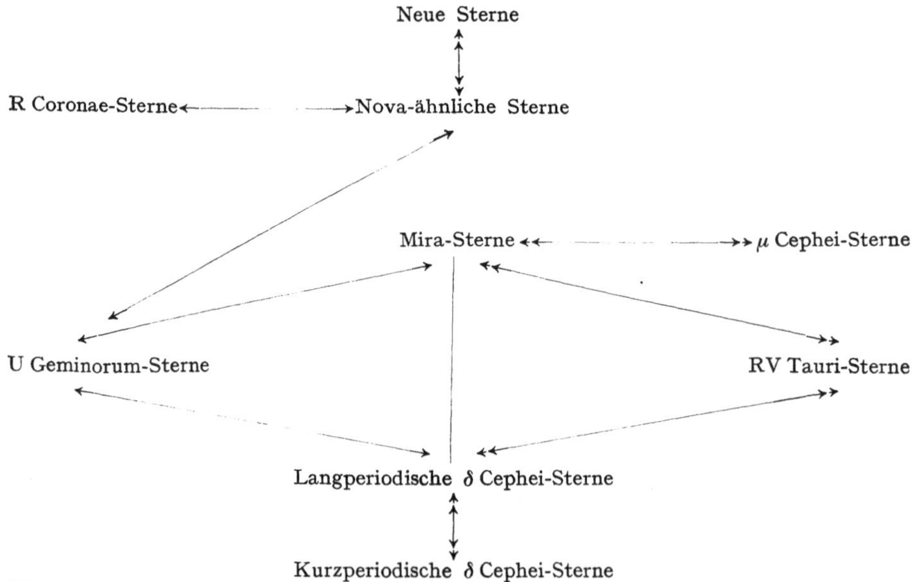

[1]) K. Schiller, Einführung in das Studium der veränderlichen Sterne. Leipzig 1923. J. Hagen, Die veränderlichen Sterne. Freiburg 1913ff. (etwas einseitig und weitschweifig). Geschichte und Literatur des Lichtwechsels usw. Im Auftrag der Astron. Ges. herausgegeben von G. Müller u. E. Hartwig. Leipzig 1918ff. Jährliche Ephemeriden in der Vierteljschr. d. Astron. Ges. und ab 1927 in den „Kleinen Veröffentlichungen Berl.-Babelsberg". Hand-buch der Astrophysik Bd. 6. Berlin: Julius Springer 1928.

die der Beobachtung nur zugängliche Gesamtintensität der Sterne. Von diesen photometrischen Doppelsternen wird in Ziff. 15c noch gesprochen werden. Die physischen Veränderlichen erleiden an ihrer Oberfläche mehr oder weniger regelmäßig irgendwelche physikalische Zustandsänderungen, wodurch die Lichtintensität variiert. Die graphische Darstellung der Helligkeitsänderung mit der Zeit ergibt die Lichtkurve des betreffenden Veränderlichen. Diese zeigen ein Gewirr von Verschiedenartigkeiten. Kaum ein physischer Veränderlicher gleicht genau dem anderen, so daß eine Einteilung nach Typen vorläufig noch Schwierigkeiten hat und keinesfalls so linear erfolgen kann, wie es die heutige Spektralklassifikation ist. Übergänge und Abzweigungen von dem einen Typus zum anderen sind dabei auch häufig vorhanden. Am übersichtlichsten gestaltet sich gegenwärtig die Einteilung wohl nach dem Vorschlage LUDENDORFFS[1]) (s. vorstehendes Schema). Die Stärke der Verwandtschaft zwischen den einzelnen Klassen wird durch die Art der Verbindungslinien gekennzeichnet. Die einzelnen Typen lassen sich wie folgt kurz beschreiben:

Neue Sterne. Einmalige, sehr schnelle und sehr starke Intensitätszunahme, langsame Abnahme, Näheres s. Ziff. 14.

Novaähnliche Sterne: Einmaliges (oder in großen unregelmäßigen Abständen mehrmaliges) Aufleuchten, konstantes Licht über längere Zeit, unregelmäßige Abnahme; das Spektrum zeigt Eigentümlichkeiten der Novae. Beispiel: RS Ophiuchi, η Carinae.

R Coronaesterne: Lange konstante Intensitätsmaxima mit unregelmäßigen starken Lichtabnahmen, verbunden mit starken Schwankungen; unter ihnen sind alle Arten von Spektraltypen vertreten.

U Geminorumsterne: Konstantes Licht im Minimum; in mehr oder weniger regelmäßigen Abständen plötzliche Lichtzunahme und langsame Abnahme.

Mirasterne: Der Lichtwechsel ist verhältnismäßig regelmäßig. Die Perioden schwanken zwischen mehreren Monaten und zwei Jahren. Beim einzelnen Stern treten die Maxima oder Minima im allgemeinen mit einer Regelmäßigkeit von 5 bis 10% der Periode ein. Lichtzu- und -abnahme allmählich, Form der Lichtkurve von Maximum zu Maximum verschieden. Spektraltypus Me. Nach den Radiometermessungen von PETITT[2]) und den Kolorimeterbeobachtungen von HOPMANN[3]) ist die visuelle Lichtschwankung mit starker Änderung der effektiven Oberflächentemperatur verbunden, während die bolometrische Intensitätsschwankung klein ist und völlig anders verläuft wie die visuelle.

μ Cepheisterne: Haben unregelmäßige, verhältnismäßig kleine Schwankungen; Spektraltypus M, N sowie R und S.

RV Tauristerne: Sie sind nach LUDENDORFF dadurch gekennzeichnet, daß zwischen zwei Hauptminima in der Regel ein sekundäres Minimum liegt; die Lichtkurve ist aber sehr veränderlich, bisweilen bleibt ein Minimum aus, bisweilen sind die Nebenminima ebenso tief wie die Hauptminima, bisweilen vertauschen sich Haupt- und Nebenminima. Auch bei ihnen schwankt der Spektraltypus, und damit wohl auch die Oberflächentemperatur, mit dem Lichtwechsel.

Langperiodische δ-Cepheisterne: Lichtwechsel von äußerster Regelmäßigkeit, im Durchschnitt etwa 5 Tage. Verbunden ist damit eine Änderung des Spektraltypus, des Farbenindex und der effektiven Temperatur, infolgedessen ist nach HOPMANNs Untersuchungen trotz beträchtlicher visueller und

---

[1]) H. LUDENDORFF, Seeliger-Festschrift. S. 80. Berlin 1924.
[2]) Annual. Report Mt. Wilson Obs. 1922.
[3]) A. N. Bd. 226, S. 1.

photographischer Amplitude die bolometrische Intensitätsschwankung nur gering. Der Anstieg vom Minimum zum Maximum ist rascher als der Abstieg, (sind An- und Abstieg gleichlang, so spricht man auch von ζ Geminorumsternen). Spektrum etwa von F0 — K5.

Kurzperiodische δ-Cepheisterne sind der vorhergehenden Gruppe aufs engste verwandt. Ihre Periode beträgt im Durchschnitt etwa 0,5 Tage. Wenn auch in der Milchstraße vertreten, so konzentrieren sie sich doch vor allem auf die kugelförmigen Sternhaufen, die Magellanischen Wolken und einige andere äußerst entfernte Sternanhäufungen. Spektraltyp A — F.

Über den Lichtwechsel all dieser verschiedenen Klassen sind zwar eine große Reihe Theorien aufgestellt, die aber überwiegend nicht mathematisch durchgearbeitet sind und selbst dann noch heftig umstritten werden. Ja, manch eine von ihnen hat kaum höheren Wert als den einer Arbeitshypothese. Über die Novae s. Ziff. 14. Bei den novaartigen und den R Coronaesternen denkt man wohl mit Recht an kosmische Staubwolken, durch welche sich diese Objekte hindurchbewegen, die je nach den einzelnen Umständen das novaartige Aufleuchten oder auch Verdunklungserscheinungen hervorrufen können, zumal man bei R Aquarii den direkten Zusammenhang zwischen dem Lichtwechsel des Sterns und Änderungen eines ihn wohl umgebenden Nebels hat nachweisen können. — Über die U Geminorum-, μ Cephei- und RV Tauristerne können wir theoretisch noch gar nichts aussagen. Von den μ Cepheisternen wissen wir mit einiger Sicherheit, daß sie Riesen sind, also sehr geringe Dichte haben müssen; der Lichtwechsel entspricht dann wohl Änderungen in ihrer sehr dünnen Atmosphäre, wobei man an Bildungen den Sonnenflecken vergleichbar denken kann, nur müßten diese relativ viel stärker sein.

Auch von den Mirasternen wissen wir sicher, daß sie zu den Riesen gehören. Mit ihrer Intensität ändert sich auch das Spektrum sowohl was seinen allgemeinen Charakter anlangt, wie das Verhalten einzelner Linien, in dem Sinne, daß die linienerzeugenden Schichten der Sterne im Minimum kälter sind als im Maximum. Den Lichtwechsel durch Schlackenmassen auf der Oberfläche des Sternes oder in Verbindung mit einer Rotation zu erklären ist nach der Entdeckung der nahen Konstanz der bolometrischen Intensität nicht mehr angängig, war auch durch andere Überlegungen schon früher als wenig wahrscheinlich erwiesen worden. Eine befriedigende thermodynamische Erklärung haben wir heute noch nicht, jedoch gelingt es in der von Hopmann[1]) vorgeschlagenen Modifikation der Merrillschen Schleiertheorie, die gesamten Erscheinungen so zu beschreiben, daß sich Beobachtung und Rechnung sehr nahe decken. Sie läßt sich etwa wie folgt formulieren:

Zur Zeit des visuellen Minimums ist der Stern mit einem dichten, gleichmäßigen Wolkenschleier von etwa $1500°$ abs. bedeckt. Die Wärme der unter ihm liegenden Schichten wird dadurch zurückgehalten bzw. aufgespeichert. Bald nach dem Minimum durchbrechen jedoch heiße Gase die Wolkenschicht an vielen aber relativ kleinen Stellen, die mehr oder weniger gleichförmig über die ganze Oberfläche verteilt sind; in den mittleren Phasen des Lichtanstiegs ist die Temperatur von $9/10$ der Oberfläche auf $1400°$ abs. und weniger gesunken, während der Rest etwa $2500°$ abs. hat, nur dieser ist das visuell und photographisch allein Wirksame, was sich leicht aus schon längst bekannten physikalischen Tatsachen ermitteln läßt. Im visuellen Maximum bedecken die heißen Stellen ($3500°$ und mehr) nur $1/30$ und weniger der Gesamtoberfläche, die sich im übrigen weiter abgekühlt hat. Ungefähr um die gleiche Zeit hört der Energiezustrom

---

[1]) J. Hopmann, Astron. Nachr. Bd. 228, S. 105. 1926.

aus den tieferen Schichten auf und es beginnen die heißen Oberflächenmassen im merklichen Betrage an die umliegenden Schichten Wärme abzugeben, absteigender Ast der Lichtkurve, bis schließlich wieder die ganze Oberfläche mit einer gleichmäßigen Schicht niedriger Temperatur bedeckt ist und der Kreislauf von neuem anfängt. Der zu diesen Ausführungen gehörige einfache Formelansatz kann, wie gesagt, die Beobachtungen zum Teil überraschend gut darstellen.

Hinsichtlich der δ-Cepheisterne stehen sich gegenwärtig unentschieden drei verschiedene Hypothesen gegenüber. Die Verbindung der photometrischen und spektroskopischen Beobachtungen bzw. die Ermittlung von Radialgeschwindigkeiten hatte schon seit längerer Zeit erwiesen, daß an eine Doppelsternnatur dieser Veränderlichen nach Art von Algol und β-Lyrae (s. S. 204) nicht gedacht werden kann; andererseits weist die außerordentliche Regelmäßigkeit des Lichtwechsels auf einen einfachen mechanischen Vorgang hin. Die Arbeiten von Miß LEAVITT, SHAPLEY und anderen haben ferner sicher gezeigt, daß die Veränderlichen dieser Klasse zu den absolut hellsten Sternen gehören, sowie daß ihre absolute Helligkeit eindeutig eine Funktion der Lichtwechselperiode ist: je länger diese, desto absolut heller der Stern. Da diese Objekte ferner im allgemeinen den Spektraltypen F—K angehören und entsprechend niedrige Oberflächen-Temperaturen haben, müssen ihre Durchmesser den der Sonne um etwa das 100fache übertreffen. GUTHNICK, HELLERICH, HAGEN und andere erklären den Lichtwechsel und alle damit zusammenhängenden Erscheinungen durch den Einfluß eines kleinen Begleiters, der sich mit der Lichtwechselperiode in merklich gestreckte Ellipse um den Hauptstern bewegt, und auf diesem hierbei Gezeitenwirkungen, Änderungen in den Dichteverhältnissen seiner Atmosphäre verursacht.

Die zweite hierhergehörige Hypothese ist die von SHAPLEY — nach der mathematischen Seite hin besonders von EDDINGTON — aufgebaute Pulsationstheorie. Veranlaßt durch irgendein äußeres Ereignis (naher Vorübergang eines anderen Sternes?) führt der Veränderliche Schwingungen, Ausdehnungen und Zusammenziehungen, fast konstanter Periode aus. Die 1918 erschienenen Arbeiten konnten einen Großteil der damals bekannten Eigenschaften der δ-Cepheiveränderlichen erklären, weshalb die EDDINGTONsche Theorie besonders im englischen Sprachgebiet weitgehendste Anerkennung gefunden hat. Neuere Beobachtungsdaten, z. B. HOPMANNS Kolorimetermessungen, zeigten, daß die numerischen Grundlagen der Hypothesen zum mindesten einer starken Überprüfung bedürfen. Hand in Hand damit müßte auch der theoretische Teil entsprechend der neueren Ansichten vom Aufbau der Sterne abgeändert werden. Andererseits kann die oben aufgeführte modifizierte Doppelsterntheorie auch nicht alle Erscheinungen erklären, besonders nicht die Beziehung zwischen Periode und Leuchtkraft, die sich aus der Pulsationstheorie ohne weiteres ergibt.

Die dritte Hypothese ist kürzlich von JEANS aufgestellt worden. Nach ihr sollen die δ-Cepheisterne Doppelsterne in statu nascendi sein. Mit steigender Rotationsgeschwindigkeit durchläuft eine Gaskugel eine Reihe bekannter Stabilitätsfiguren, schließlich wird aber doch ein Teil ihrer Masse losgetrennt, welcher Prozeß zunächst von einer großen Zahl unregelmäßiger Schwingungen des Hauptkörpers begleitet ist. Diese klingen infolge innerer Reibung rasch ab und lassen nur eine Hauptschwingung übrig, die gleich der letzten Rotationszeit ist. Referent hält persönlich die JEANSsche Theorie für elastisch genug, allen beobachteten Erscheinungen gerecht zu werden, also für die gegenwärtig zutreffendste; nur muß hierfür ihr mathematischer Ausbau noch stark gefördert werden[1]).

---

[1]) Literatur hierzu z. B. in K. SCHILLER, l. c. S. 261 ff. und A. S. EDDINGTON, Der innere Aufbau der Sterne, S. 219 ff. Berlin: Julius Springer 1928.

14. Die neuen Sterne. Unter einem neuen Stern oder einer Nova versteht man Fixsterne, die alle meist in der Milchstraße verhältnismäßig plötzlich aufleuchten und dann mehr oder weniger rasch ihre Helligkeit verlieren. Verbürgt bekannt sind bisher etwa 40 derartige Erscheinungen, von denen nur zwei mehr als 30° Abstand von der Milchstraße-Ebene hatten. Im Durchschnitt vollzieht sich der Lichtwechsel wie folgt:

Die Nova wird meist im Lichtmaximum oder erst kurz danach aufgefunden. Die ständige Überwachung des Himmels ist gegenwärtig noch nicht dicht genug, um die Entdeckung einer Nova, die im Maximum schwächer als 4^m ist, auf jeden Fall sicherzustellen. In einer Reihe von Fällen hat sich ermitteln lassen, daß die Nova vor ihrem Aufleuchten schon als sehr schwacher Stern sichtbar und in dieser Zeit mitunter schwach veränderlich war. Der Lichtausbruch erfolgt meist in wenigen Tagen, ja Stunden. Intensitätszunahmen auf das 10000fache sind keine Seltenheiten. Auch das Maximum dauert nur kurze Zeit, den einen oder anderen Tag. Der Lichtabstieg vollzieht sich viel langsamer, von Fall zu Fall verschieden; so war die Nova Cygni 1920 nur wenige Wochen mit freiem Auge sichtbar, die Nova Pictoris dagegen etwa ein Jahr lang. Bei manchen dieser Objekte vollzieht sich die Lichtabnahme unter ziemlich regelmäßigen Schwankungen. Im Durchschnitt ist der Stern nach Jahresfrist dann relativ zur Ruhe gekommen und behält nun jahrelang mit geringen Schwankungen die gleiche Helligkeit bei, wobei sie im Endzustand zuweilen erheblich heller bleibt als vor dem ersten Ausbruch.

Über die Entfernungen der Novae von uns ist Sicheres bis heute nicht bekannt; zu ihrer Ermittlung kommen natürlich nur die photographisch-trigonometrischen Methoden in Frage. Nach ihnen liegen bis heute sämtliche Objekte jenseits der Grenze der Meßbarkeit. LUNDMARK und andere haben auf Grund der Eigenbewegungen stellar-statistische Parallaxen abzuleiten versucht, aber auch hier ist das Material für verbürgte Werte noch viel zu unsicher bzw. die Zahl der Objekte für statistische Arbeiten zu gering. Unbedingt ergibt sich aber hieraus, daß die absolute Maximalhelligkeit sehr groß sein muß, wie denn auch LUNDMARKS vorläufiger Wert -7^m alle sonstigen bekannten absoluten Helligkeiten bedeutend übertrifft.

Hand in Hand mit dem Lichtwechsel zeigt das Novaspektrum allerstärkste Veränderungen. Erst die sich langsam entwickelnde Nova Pictoris 1925 brachte uns einige Kenntnis über das Spektrum in der Zeit vor dem Maximum. Von einer merklichen Verwaschenheit der Linien und einer starken negativen Radialgeschwindigkeit abgesehen, zeigte es nichts Auffälliges. Im Maximum haben wir ein im Blau und Violett sehr intensives kontinuierliches Spektrum mit stark verbreiterten Absorptionslinien, vor allem des Wasserstoffs und Heliums. Fast zur selben Zeit bzw. nach wenigen Tagen treten dann Emissionslinien auf, weitaus am intensivsten die des Wasserstoffs, ferner solche von Helium, Kalzium usw. Hierbei ist H_α so stark, daß es dem normalen Anblick des Sternes eine charakteristische rötliche Tönung gibt. Die Absorptionslinien sind gleichzeitig nicht verschwunden, sondern bestehen aus zwei oder drei Komponenten, deren Violettverschiebungen im Laufe der Zeit verschieden stark zunehmen. In den späteren Phasen der Entwicklung nimmt das kontinuierliche Spektrum an Intensität stark ab. Die verschiedenen Emissionsbanden dominieren schließlich, wobei erst spurenweise, dann recht intensiv die von den Gasnebeln her bekannten auftreten; bzw. weiterer Einzelheiten muß auf die angeführte Literatur verwiesen werden[1]).

---

[1]) H. KIENLE, Die neuen Sterne. Phys. ZS. Jg. 21, S. 354ff. Ferner die Bücher von NEWCOMB-ENGELMANN, GRAFF, MÜLLER-POUILLET usw. Für die neueste Entwicklung besonders LUNT, Month. Not. Bd. 86, Nr. 7. 1926 und Handbuch der Astrophysik Bd. 6. 1928.

Mit der Entwicklung der Beobachtungstechnik und dem Studium des von Fall zu Fall verschiedenen Verhaltens der Novae haben sich natürlich eine Reihe Hypothesen zur Erklärung all der Vorgänge gebildet. Die älteren Anschauungen, vor allem, daß es sich um einen direkten Zusammenstoß zweier erloschener Sterne oder um einen nähen Vorübergang und dadurch verursachte Eruptionen handelt, sind heute völlig verlassen worden. Sie ließen sich mechanisch und thermodynamisch nicht halten, ganz abgesehen davon, daß der Zahl und räumlichen Verteilung der Sterne entsprechend ein derartiger Vorgang nur in Abständen von vielen Millionen Jahren vorkommen dürfte, nicht aber, wie die Beobachtungen der zwei letzten Jahrzehnte zeigten, fast alljährlich. Bis in die neueste Zeit hinein hatte die SEELIGERsche Staubtheorie fast allein das Feld beherrscht. „Es ist eine bekannte, durch die modernen Daueraufnahmen genügend gesicherte Tatsache, daß der Weltraum neben leuchtender Materie eine Fülle von dunklen Massen enthält, die man als kosmische Staubmassen bezeichnet. Das Eindringen eines bereits erkalteten oder nur noch mäßig leuchtenden Sternes in derartige Gebilde muß, mutatis mutandis, genau die gleichen Wirkungen erzeugen wie das Eindringen von Meteoren in die Erdatmosphäre; der Widerstand, den der Körper vorfindet, bedingt einen Verlust an kinetischer Energie, die sich in Wärme umsetzt und eine wegen der Größe des Körpers allgemein nur oberflächlich starke Erhitzung hervorruft. Die in Glut geratene Oberfläche, die Gasausbrüche aus dem Weltkörper und die Verdampfung der auf ihn aufschlagenden Teilchen der kosmischen Wolke sind die Ursache des Aufleuchtens und der verschiedenen besonderen Erscheinungen der neuen Sterne[1]).“ SEELIGER konnte zeigen, daß seine Theorie den mechanischen und thermodynamischen Forderungen genügt, andererseits ist sie biegsam genug, um die Besonderheiten jeder einzelnen Nova erklären zu können. Die Linienverschiebungen verschiedener Art im Spektrum hat man längere Zeit als Druckeffekte oder anormale Dispersion erklären wollen. Heute faßt man sie wohl ganz allgemein als eigentliche Dopplereffekte auf, denkt also an wirkliche Geschwindigkeiten der uns zugekehrten Gasmassen auf uns zu.

Der langsame Ablauf der Erscheinung der Nova Piktoris hat eine völlig andere Theorie wahrscheinlich gemacht, die vor allem von HARTMANN[2]), LUNT[3]) und DAVIDOWITSCH[4]) vertreten wird. NERNST[5]) faßte schon das Novastadium als eine normale Erscheinung im Entwicklungsgang der Fixsterne auf, als eine Explosionskatastrophe, verursacht durch radioaktive Prozesse im Innern der Sterne (seine Hypothese, daß jeder Stern das Novastadium mehrfach durchmache und jeweils hierbei ein neuer Planet entstände, sei hier nur kurz erwähnt). Für eine durch Vorgänge im Inneren hervorgerufene Explosionskatastrophe halten auch die anderen Autoren die Novaerscheinungen, und zwar sollen hierbei die betreffenden Sterne zunächst sich gewaltig ausdehnen und dann schließlich „zerplatzen“. In der Phase des Lichtanstiegs bläht sich der Stern auf von normalen Dimensionen bis zu Durchmessern von der Größe der Erd- oder Marsbahn. Da uns andere Sterne gleichen Ausmaßes bekannt sind, hat diese Annahme nicht Unwahrscheinliches. Sie entspricht der tagelang ansteigenden Violettverschiebung bei wenig veränderlichem Spektrum vor dem Intensitätsmaximum. Alsdann haben radioaktive Massen (?) die Oberfläche des ausgedehnten Sternes

---

[1]) H. SEELIGER, zitiert aus KIENLE, l. c.
[2]) J. HARTMANN, Astron. Nachr. Bd. 226, 203. 1926.
[3]) J. LUNT, Monthly Notices Bd. 86, S. 498.
[4]) P. DAVIDOWITSCH, Harv. Circular Nr. 295.
[5]) W. NERNST, Das Weltgebäude im Lichte der neueren Forschung. Berlin. Julius Springer 1921.

erreicht, das Spektrum ändert sich von Grund auf, und mit steigender Geschwindigkeit werden verschiedene Gasschichten vom Stern fortgeschleudert (Erklärung der mehrfachen Emissions- und Absorptionsbanden). Rechnungsgemäß muß das Gesamtgebilde der Nova nach mehreren Monaten dann eine Ausdehnung weit über die Grenze unseres Sonnensystems erhalten haben, was auch dadurch bestätigt wird, daß im Endstadium diese Sterne kleine Scheibchen sind, einen gut meßbaren Winkeldurchmesser haben, der bei der großen Entfernung der Objekte einem Vielfachen der Distanz Sonne-Neptun entsprechen muß.

Bei der Nova Persei 1901 und einigen anderen wurden in größerer Entfernung um den Nebel leuchtende Nebelmassen beobachtet, die ihren Abstand von der Nova rasch änderten. Von den verschiedenen Erklärungsversuchen hat am meisten die Reflektionshypothese Anklang gefunden: Nach ihr handelt es sich um Nebelmassen in der Umgebung der Nova, die schon dunkel vor ihrem Aufleuchten vorhanden waren und die erst durch die Beleuchtung zur Zeit des Maximums sichtbar wurden. Ihre Ortsveränderung entspricht dem zeitlichen Vordringen der Lichtwelle der Explosion zu den einzelnen Nebelballen.

Nachstehend seien in Kürze noch die Spektraltypbezeichnungen der verschiedenen Novaestadien entsprechend den gegenwärtig gültigen internationalen Abmachungen angeführt. Alle Spektren vom Novacharakter tragen die Bezeichnung Q. Der Buchstabe e bezeichnet in üblicher Art das Vorhandensein heller Linien. Helle Wasserstoffbanden scheinen meist vorhanden zu sein, auf welche nachstehend im einzelnen nicht mehr hingewiesen wird:

Qa Absorptionsspektrum von schwachen Linien; helle Banden nicht sichtbar.

Qb Stärkere Linien in Absorption hauptsächlich der Funkenspektra der Metalle. Manche Linien verdoppelt. Helle Banden.

Qc Absorptionsspektrum der Funkenlinien von Sauerstoff, Stickstoff, Helium und verwandten Elementen. Helle Linien von all diesen Elementen.

Qu Breite verwaschene Emissionsbanden bei 3480, 4515 und 4640 A, begleitet zeitweise von einer bei 4379 A.

Qx Helle Banden, entstanden durch die Funkenlinien von Sauerstoff, Stickstoff und Helium; Absorptionslinien schwach.

Qy Helle Banden der gasförmigen Nebel treten zu den ebengenannten.

Qz Helle Nebelbanden; schwache Wolf-Rayetbanden.

15. Die Doppelsterne[1]). Physische Doppelsterne sind selbständige kosmische Systeme, bestehend aus zwei oder mehr selbständigen Komponenten, die den Gravitationsgesetzen entsprechend einander umkreisen. Je nach dem Beobachtungsverfahren unterscheidet man visuelle, spektrographische und photometrische Doppelsterne. Bei visuellen Beobachtungen muß man noch die physischen Doppelsterne von den optischen unterscheiden. Bei letzteren handelt es sich um zwei oder mehr Sterne, die von uns aus gesehen dicht nebeneinander, in Wirklichkeit aber weit hintereinander stehen, also physisch nicht zusammengehören. Die drei angeführten physischen Arten unterscheiden sich nur graduell, nicht dem Wesen nach. Übergänge von der einen Art zur anderen sind vorhanden.

a) Die visuellen Doppelsterne. Ihre Beobachtung erfolgt überwiegend an großen Refraktoren mit Fadenmikrometern, die Positionswinkel und Distanz zu messen gestatten. (Positionswinkel ist der Winkel zwischen der Nord-Südrichtung und der Verbindungslinie beider Komponenten; die Distanzen werden naturgemäß in Bogensekunden ausgedrückt.) In neuerer Zeit haben HERTZSPRUNG u. a. mit Erfolg die Photographie zur Messung weiter Paare heran-

---

[1]) S. auch Handbuch der Astrophysik Bd. 6. 1928.

gezogen. Gemessen werden meist nur die beiden Komponenten eines Paares selbst bzw. die drei oder vier, die offensichtlich zusammen ein System bilden. Selten werden die Sterne noch an weitere Nachbarn angeschlossen, trotzdem derartige Messungen für viele Zwecke sehr wichtig sind. Auf zweierlei Art kennzeichnen sich physische Paare, erstens durch den im Laufe der Jahrzehnte immer deutlicher werdenden Umlauf des einen Sternes um den anderen, zweitens, falls die Umlaufszeit hierfür zu groß ist, dadurch, daß beide Komponenten gleich große und gleichgerichtete Eigenbewegung besitzen. Dagegen ist bei optischen Doppelsternen die relative Bewegung eine gleichförmig durchlaufene gerade Linie. In vielen Fällen reicht die Beobachtungszeit, ein Intervall von einigen Jahrzehnten, noch nicht aus, um zu entscheiden, ob man es mit einem physischen oder optischen Paare zu tun hat.

Bei der starken Zersplitterung des Beobachtungsmaterials läßt sich die genaue Zahl der bekannten Doppelsterne nicht angeben. Die erste größere Beobachtungsreihe von bleibendem Wert auf diesem Gebiet machte F. W. STRUVE um 1835. BURNHAMS General Katalog von 1906 umfaßt über 13000 Objekte, seitdem sind sicher noch mehrere tausend hinzugekommen. Nach den statistischen Untersuchungen AITKENS sind etwa 5% aller Sterne bis zur neunten Größe ihnen zuzurechnen. Da die Zahl spektroskopischer Doppelsterne prozentual sogar noch höher ist, können wir schließen, daß wir es hier sicher mit einem Normalfall der Sternentwicklung zu tun haben.

Ist a die große Halbachse der Bahnellipse in Bogensekunden, π die Parallaxe, U die Umlaufszeit des Systems in Jahren, m_1 und m_2 die Masse der Komponenten in Einheiten der Sonnenmasse, so ist nach dem dritten KEPLERschen Gesetz:

$$m_1 + m_2 = \left(\frac{a}{\pi}\right)^3 \cdot U^{-2}.$$

Erfahrungsgemäß ist $m_1 + m_2$ in den meisten Fällen nahe gleich 2. Systeme mit einer Bogensekunde Distanz, die schon zu den schwerer zu beobachtenden gehören, und $\pi = 0'',1$ ergeben dann $U = 22,4$ Jahre. Sterne mit derart großer Parallaxe kennen wir relativ nur wenige, sie gehören zu den engsten Nachbarn der Sonne; unter gleichen Umständen wird mit $\pi = 0'',01$ $U = 707$. Es ist hieraus ersichtlich, daß bei knapp 100 Jahren Doppelsternastronomie wir nur von wenigen Paaren bis heute eine Bahnbestimmung durchführen können. So führt AITKENS Monographie[1]) nur 87 bekannte Bahnen an, die sich seit dem kaum auf 100 vermehrt haben dürften.

Die Bahn eines aus zwei Komponenten bestehenden Systems ist natürlich eine reine Keplerellipse, die sich uns unter einer willkürlichen Projektion, also wieder als eine Ellipse, zeigt. Es würde zu weit führen, die mathematischen Methoden der Bahnbestimmung hier darzulegen[2]), nur die ein System kennzeichnenden „Bahnelemente" seien angegeben. Sie sind: U die Umlaufszeit (bei visuellen Doppelsternen in Jahren), a die große Achse der Bahn im Winkelmaß, e ihre Exzentrizität, T die Zeit größter Nähe beider Komponenten, das Periastron. Dies sind die physischen Bahnelemente, zu denen die geometrischen treten, die die Bahnlage für uns an der Sphäre definieren: i die Neigung der Bahn zur Tangentialebene an der Sphäre im Orte des Hauptsterns, Ω der Positionswinkel des aufsteigenden Knotens, d. h. der Schnittlinie von Bahnebene und Tangentialebene, ω der Winkel in der Bahnebene zwischen Knotenlinie und großer Achse. Ist auch π bekannt, so erhält man a in Einheiten der mittleren Entfernung Erde-Sonne und damit die Gesamtmasse des Systems. Naturgemäß sind derartige

---

[1]) R. G. AITKEN, Binary Stars. New York 1918.
[2]) J. BAUSCHINGER, Die Bahnbestimmung der Himmelskörper. Leipzig 1906.

Objekte, die gut verbürgte Massenwerte geben, heute noch sehr selten. Aitken kennt erst 14. Da im allgemeinen nur die beiden Komponenten selbst beobachtet werden, erhält man nur die relative Bahn der einen in bezug auf die andere. Wird einer oder beide Sterne an andere Nachbarn angeschlossen, so erhält man ersichtlicherweise die ähnlichen und die ähnlich liegenden Ellipsen jeder Komponente um den Schwerpunkt des Systems und damit das Massenverhältnis beider, das, soweit bisher bekannt, im Durchschnitt 5:4 ist.

Von den übrigen Eigenschaften der visuellen Systeme sei besonders die durchschnittlich starke Exzentrizität der Bahnen erwähnt, im Mittel etwa 0,5, welcher Wert im Sonnensystem nur von dem einen oder anderen kleinen Planeten bzw. den periodischen Kometen erreicht wird.

Neben den Doppelsternen sind noch einige mehrfache Systeme bekannt, von denen zwei des besonderen Interesses wegen kurz charakterisiert seien. ζ-Cancri ist visuell ein dreifacher Stern; zwei Komponenten umkreisen einander in 60 Jahren, die große Achse ihrer Bahn beträgt $0''{,}9$. Die dritte Komponente hat von beiden etwa $5''$ Abstand; ihre Umlaufszeit ist noch unbekannt, beträgt aber sicher über 300 Jahre. Dabei zeigen sich in ihrer Bewegung periodische Schwankungen, die auf die Existenz einer vierten Komponente schließen lassen, welche die dritte in 17 Jahren umkreist. Wir haben hier einen Spezialfall des Vielkörperproblems, wobei nur bedauerlich ist, daß bei dem langsamen Ablauf der Erscheinungen und der Unsicherheit der Messungen sehr lange Zeiten zu seiner Untersuchung vergehen müssen. Einen noch mehr verwickelten Fall haben wir bei Castor. Die beiden visuellen Komponenten umkreisen sich in gestreckter Bahn in 307 Jahren. Jede Komponente besteht aber aus einem spektroskopischen Doppelstern mit 9 bzw. 3 Tagen Periode. Die zweite visuelle Komponente hat ferner einen dunklen Begleiter mit 8jähriger Umlaufszeit; beide visuell sichtbaren Sterne gehören zu den Riesen. Zum gesamten System gehört schließlich noch ein schwacher Begleiter, der mit den Hauptsternen gemeinsame Eigenbewegung hat und seinerseits ein photometrischer Duplex ist. Seine beiden Komponenten sind M-Zwerge. Wir haben also hier in verhältnismäßig großer Nähe beieinander insgesamt sieben Körper, von denen jeder, soweit die vorläufigen Bestimmungen gehen, der Masse nach von gleicher Größenordnung wie die Sonne ist.

b) Die spektroskopischen Doppelsterne. Die engsten visuellen noch trennbaren Objekte haben etwa $0''{,}1$ Distanz, so daß den obigen Ausführungen entsprechend sich Doppelsterne mit einem Jahr und weniger Umlaufszeit, die in mittlerer Entfernung sich von uns befinden, nicht mehr auflösen lassen (ebenso Paare mit mehreren Jahren Umlaufszeit in sehr großer Entfernung). Hier hilft das Spektroskop, das uns die infolge der Bahnbewegung veränderliche Radialgeschwindigkeit einer oder beider Komponenten nachweist. Der Beobachtungsbereich des spektrographischen Verfahrens ist durch folgende Umstände begrenzt: Die Lichtstärke auch der größten heutigen Reflektoren bedingt, daß die in Frage kommenden Objekte nicht wesentlich schwächer als 10^m sind. Sind beide Komponenten gleich hell oder höchstens um eine Größenklasse verschieden, so verrät sich die Duplizität durch eine periodische Linienverdopplung. Ist nur eine Komponente sichtbar, so hat diese eine periodisch schwankende Radialgeschwindigkeit. Eine Grenze ist der Entdeckbarkeit weiter durch die Schärfe der Linien gesetzt, indem die F—M-Spektren die Radialgeschwindigkeit auf etwa 1 km/sec genau geben, während die B- und A-Spektren meist verwaschene Linien haben, wodurch die Radialgeschwindigkeit bis zu 10mal ungenauer bestimmt wird. Ferner werden Systeme langer Umlaufszeit nur kleine Geschwindigkeitsamplituden haben, während sehr enge Systeme sich durch ihre hohe Geschwindigkeitsänderung leichter verraten (solche von über 100 km/sec sind heute keine Seltenheit mehr). Die Zahl der bekannten spektroskopischen Doppelsterne betrug Mitte 1927 etwas über 1200[1]), wobei bemerkt sei, daß die Beobachtungen im allgemeinen sich nur bis zu den Sternen 6^m bis 7^m erstrecken. Ihre Perioden liegen von 0,1 Tagen bis zu 15 Jahren. Statistisch ist besonders bemerkenswert, daß fast jeder zweite B-Stern zu ihnen gehört.

Stets ergibt sich offensichtlich aus den Radialgeschwindigkeiten nur die Projektion der wahren Bahn in die Gesichtslinie. Bahnen, deren Ebene der jeweiligen Tangentialebene an die Sphäre nahe parallel ist, sind also spektroskopisch nicht nachweisbar. Auch hier können uns die Methoden der Bahnbestimmung nicht näher beschäftigen. Ersichtlicherweise erhält man aber aus den Spektrogrammen, vorausgesetzt daß sie in genügender Zahl vorliegen, die obigen Größen P, T, e, und vor allem die reduzierte große Achse $a \cdot \sin i$ in Kilometern; ω ist auch bestimmbar, nicht dagegen i. Wäre letzteres bekannt und ferner beide Komponenten sichtbar, so würde man leicht auch m_1 und m_2 berechnen können, im Normalfall erhält man statt dessen nur die Massenfunktion

$$\frac{m_2^3 \cdot \sin^3 i}{(m_1 + m_2)^2} \, .$$

Wird $i = 90°$ gesetzt, so erhält man, wenigstens in den Fällen, wo beide Komponenten sich beobachten lassen, Minimalwerte für die Massen. Wird als erste Annäherung $m_1 = m_2$ gesetzt und für $\sin^3 i$ der leicht berechenbare Durchschnittsbetrag 0,59 angenommen, so erhält man Werte für die Massen der Systeme, die statistischen Wert haben und u. a. zeigen: die Sterne der Spektraltypen O und B haben sicher die größte Masse über das 10fache der Sonne, an sie reihen sich die A-, F- usw. Typen an. Die O- und B-Sterne sind nun sämtlich Giganten bzw. Übergiganten, während die Sterne mit visuell bestimmter Bahn ganz überwiegend den Zwergen angehören. Sicher gehören alle Objekte mit visuell einwandfrei bestimmter Masse hierzu, die sich, wie erwähnt, im Durchschnitt als nur etwas geringer als die Sonnenmasse ergibt. Eine weitere Größe, die aus der spektrographischen Bahnbestimmung folgt, ist die Radialgeschwindigkeit des Systemschwerpunktes.

Die Mehrzahl der spektroskopischen Duplizes hat Perioden unter einem Jahr, welche Tatsache stark durch Auswahlprinzipien bestimmt ist. Einige Gründe hierfür sind schon oben besprochen, dazu kommt, daß wir erst seit ca. 1900 genügend genaue Beobachtungsverfahren haben, und schließlich, daß, psychologisch begreiflich, die kurzperiodischen Objekte, das größere Interesse der Beobachter erwecken. Der erwähnte dritte Katalog der Licksternwarte führt 248 bestimmte Bahnen auf. Bemerkenswert ist noch, daß die Exzentrizität um so kleiner ist, je kürzer die Umlaufszeit, je enger also die Systeme, was auch aus nebenstehender Übersicht AITKENS hervorgeht:

Eine Sonderklasse auf diesem Gebiet sind die Sterne vom Typus β-Canis maj. Hier ist eine mehrtägige spektroskopische Periode von einer kurzperiodischen Schwankung (Dauer zum Teil nur wenige

Tabelle 8. Periode und Exzentrizität bei Doppelsternen.

	Anzahl	Periode	Exzentrizität
Spektroskopisch	46	2,75 Tage	0,047
	19	7,80	0,147
	25	23,00	0,324
	29	555	0,350
Visuell	30	31,3 Jahre	0,423
	30	74,4	0,514
	18	170	0,539

---

[1]) J. H. MOORE, Third Catalogue of spektros. binary stars. Lick Obs. Bull. Nr. 355. 1924 u. bes. die Monographie von A. BEER, Spektr. Doppelsterne, Ver. Berlin-Babelsberg Bd. 5, Heft 6. 1928.

Stunden) überlagert. Ob wir es hier mit engen Doppelsystemen und dritten fernen Begleitern zu tun haben, ist noch unentschieden. Zutreffendenfalls hätten wir ein interessantes Beispiel des Drei-Körperproblems, in welchem rasche Änderungen der Bahnelemente usw. zu erwarten sind, und das insofern geeigneter ist als ζ-Cancri mit seiner langen Periode. Man hat allerdings auch an ein gewöhnliches Doppelsystem von langer Periode gedacht mit kurzer δ-Cephei-artiger Änderung (Pulsation?) einer der Komponenten (s. Ziff. 13).

Eine Kombination von visuellen und spektroskopischen Bahnelementen desselben Systems ist begreiflicherweise erst in dem einen oder anderen Falle möglich gewesen. Es sei besonders auf die interferometrische Messung von Capella hingewiesen[1]). Neben der wechselseitigen Kontrolle und Ergänzung, besonders bzgl. U und i ergibt sich dann a in Kilometern und Bogensekunden und damit auch die Entfernung des Systems von uns.

Eine eigenartige Erscheinung bei manchen spektroskopischen Doppelsternen der Klassen $O - B5$ sind die „ruhenden Kalziumlinien". Diese sind im Gegensatz zu den übrigen Linien des Spektrums oft besonders scharf und nehmen an den periodischen Oszillationen der übrigen gar nicht oder nur in beschränktem Umfange teil. Solange das Beobachtungsmaterial so klein ist wie bisher, müssen wir die verschiedenen Hypothesen hierüber als unentschieden betrachten[2]). Hartmann, der bei einzelnen Orionsternen zuerst auf diese Erscheinung gestoßen ist, vertrat die These: Das von dem Stern ausgesandte Licht durchsetzt auf seinem Wege zur Erde eine dunkle interstellare Kalziumwolke. Die Kalziumlinien haben dann eine unveränderliche Lage, und die aus ihr abgeleitete Radialgeschwindigkeit wird im allgemeinen nicht mit der des Systemschwerpunktes übereinstimmen. Von anderer Seite wurde später die Meinung vertreten, daß der Stern in eine ausgedehnte Kalziumatmosphäre eingehüllt sei, die weit über die spektroskopische Doppelsternbahn hinausreiche und nur an der Translation des ganzen Systems, nicht aber an der Bahnbewegung, teilnähme. Die ausgedehntesten Messungen auf diesem Gebiet wurden auf dem Victoria Observatory in Kanada angestellt, und ihnen entsprechend stellte Plaskett als Arbeitshypothese auf: Der Stern bewegt sich durch eine von ihm unabhängige ausgedehnte dunkle Wolke und ionisiert in seiner Umgebung infolge der hohen Temperatur der von ihm ausgesandten Strahlen genügend Kalzium, um die Linien H und K in Absorption erscheinen zu lassen. Seine These ist ein Mittelweg zwischen den beiden erstangeführten und wird vielen, wenn auch nicht allen Einzelschwierigkeiten des Problems gerecht[3]).

c) Photometrische Doppelsterne. Die geometrischen Veränderlichen vom Algol- bzw. β-Lyraetypus[4]). Die spektrographischen Beobachtungen in Verbindung mit den modernen photometrischen, besonders den lichtelektrischen Methoden und einer entsprechend ausgearbeiteten Theorie haben seit langem den Beweis dafür erbracht, daß es sich hier um Doppelsterne ähnlich den spektrographischen handelt. Zum Unterschied von diesen erlaubt aber die photometrische Methode einer Reihe weiterer und sehr wichtiger Eigenschaften der Systeme abzuleiten. Wir gehen bei unserer Betrachtung aus von zwei in raschem Umlauf befindlichen Sternen; beide seien verschieden an Durchmesser, Oberflächenhelligkeit und Gesamthelligkeit. Ihre Bahnebene falle nahe in die Gesichtslinie. Beide Komponenten seien ferner Kugeln, in allen ihren Teilen gleich hell,

---

[1]) J. A. Anderson, Astrophys. Journ. Bd. 60, S. 263. 1920.
[2]) Vgl. hierzu auch H. Kienles Artikel in der „Seeliger-Festschrift". Berlin 1924.
[3]) S. hierzu auch A. S. Eddington, Der innere Aufbau der Sterne, S. 483. Berlin: Julius Springer 1928.
[4]) S. auch Ziff. 13, S. 193.

der Beobachter soll also keine Intensitätsabnahme von der Mitte ihrer Scheibe zum Rande hin wahrnehmen. Solange von uns aus gesehen beide Komponenten nebeneinanderstehen, ist das Gesamtlicht des Systems konstant. Eine Lichtabnahme tritt erst ein, wenn die Komponenten sich wechselseitig ganz oder zum Teil bedecken. Folgende vier Fälle können dann eintreten: 1. Ein Haupt- und ein Nebenminimum, in beiden für einige Zeit konstantes Licht. 2. Nur ein konstantes Minimum. 3. Ein Haupt- und ein Nebenminimum, beide ohne konstante Phase. 4. Ein Minimum ohne konstante Phase. Der Hauptstern heiße A, der Begleiter B. Der Fall 1 tritt ein, wenn im Durchmesser $B > A$; wir erhalten konstante, verschieden tiefe Minima, wenn B vor oder hinter A steht. Wird die Gesamthelligkeit des Systems $= 1$ gesetzt, so lassen sich aus der Tiefe der Minima die Helligkeiten beider Komponenten berechnen. Ist die Bahnexzentrizität verschwindend, so müssen Haupt- und Nebenminimum ihrem zeitlichen Ablaufe nach genau gleich sein. Ferner wird in solchen Systemen ersichtlicherweise i nahe 90° werden. Ist dieses genau der Fall, so kann man aus den Zeitpunkten von Beginn und Ende der Verfinsterung und vom konstanten Teil des Minimums die Radien beider Sterne ableiten, falls der Abstand beider Komponenten $a = 1$ gesetzt wird. Ist $i \neq 90°$, $e \neq 0$, so verwickeln sich die Verhältnisse, es kommt dann auf eine genaue Analyse der Lichtkurve in ihrem An- und Abstieg an und hier besonders auf die Festlegung des ja stets vorhandenen Wendepunktes. Fall 2 tritt ein, wenn B absolut dunkel, in praxi heute nur bei noch nicht genügend bekannter Lichtkurve, besonders der des oft kaum wahrnehmbaren sekundären Minimums. Fall 3 kann auftreten, wenn $i = 90°$ und A genau $= B$, vor allem aber, wenn i so stark von 90° abweicht, daß jeweils nur eine partielle Bedeckung stattfindet. Fall 4 entspricht dann Fall 2.

Aus dem Verhältnis der Radien und dem der Gesamtintensitäten erhält man sofort das Verhältnis der Oberflächenhelligkeiten beider Komponenten.

Die mit solchen Elementensystemen berechneten Lichtkurven stimmen nun oft nicht gut mit den beobachteten, besonders im Verlauf des An- und Abstiegs, woraus sich die Notwendigkeit ergibt, die Theorie zu verfeinern. Die Annahme, A und B seien ähnliche Rotationsellipsoide mit Drehungsachsen senkrecht zur Bahn, kann zu nichts Neuem führen, da offenbar dann das entscheidende Verhältnis der verfinsterten Fläche zur Gesamtoberfläche das gleiche bleibt wie bei kugelförmigen Komponenten. Daß die Komponenten in rascher Rotation sich befinden, ist allerdings in einigen Fällen höchst wahrscheinlich: die Radialgeschwindigkeiten der helleren Komponenten, bestimmt kurz vor oder nach dem Hauptminimum, d. h. wenn ihr Licht schon bis auf Randstellen abgedeckt ist, zeigen Abweichungen von der spektroskopischen Bahn ganz in dem Sinne eines Rotationseffektes.

Der erste Schritt der verfeinerten Theorie läßt die Annahme fallen, daß wir es mit gleichförmig hellen Sternscheiben zu tun haben. Die Abschattierung der Sonnenscheibe nach ihrem Rande hin war schon lange theoretisch wie durch Beobachtungen untersucht und läßt sich sehr gut durch die Formel darstellen:

$$J = J_0(1 - a + a\cos\gamma),$$

wo γ der Winkel zwischen Visionsradius und der Normalen eines Oberflächenelementes ist. Der Abschattierungskoeffizient a ist bei der Sonne je nach der Wellenlänge der beobachteten Strahlung verschieden, bei den Sternen überhaupt unbekannt. Die Theorie setzt nun $a = 1$, d. h. sie macht die Annahme, daß bei beiden Komponenten der Rand der Sternscheiben völlig verdunkelt sei. Es ändert sich dann natürlich der theoretische Ablauf des Lichtwechsels, die Art des An- und Abstiegs der Lichtkurven, sonst prinzipiell nichts. Unter Annahme dieser Randverdunkelung kann man bei vielen Systemen so eine zweite Lösung durchrechnen und nachher untersuchen, welche von beiden die Beobachtungen besser darstellt, die gleichförmige (U Uniform) oder die mit Randverdunkelung (D Darkned). In vielen Fällen ist eine Entscheidung möglich, in anderen nicht, zumeist weil die vorliegenden Beobachtungen nicht genügend genau sind; auch wird die Randverdunkelung oft, oder besser meist, zwischen 0 und 1 liegen. Untersuchungen in dieser Richtung sind nur auf Grund ausgedehnter photoelektrischer Messungen möglich und haben auch im einen oder anderen Falle zum Erfolg geführt.

Außerhalb der Zeiten wechselseitiger Bedeckungen müßten die photometrischen Doppelsterne konstante Helligkeit haben; dies ist oft nicht der Fall, wofür sich mehrere Ursachen angeben lassen.

1. Vor allem sind die Komponenten häufig vom Spektraltypus A oder B, d. h. Sterne sehr geringer Dichte, dabei sehr eng benachbart, so daß wechselseitig starke Fluteffekte, Verlängerungen in Richtung aufeinander zu eintreten werden. In erster Näherung kann man die Sterne dann als ähnliche Rotationsellipsoide betrachten, deren große Achsen in der Richtung der Verbindung beider stehen. Diese sehen wir am größten, also am hellsten zur Umlaufphase 90°, als kleinere Kreise während der Bedeckungen. Für diese ändert sich also kaum etwas Wesentliches, wohl aber für die Zeiten außerhalb der Finsternisse. Passende Bearbeitung der Lichtkurven außerhalb der Bedeckungszeiten gestattet dann das gewünschte Achsenverhältnis zu berechnen. Unter diesen Umständen sind auch veränderliche Sterne denkbar und photoelektrisch nachgewiesen mit ellipsoidischen Komponenten, die so geneigt sind, daß keine Bedeckung auftritt, sondern nur ein kleiner Lichtwechsel, hervorgerufen dadurch, daß wir sie einmal als Ellipse, dann als Kreis beobachten.

2. Beide Komponenten müssen sich wechselseitig beleuchten, so daß ihre einander zugekehrten Hälften heller sind als die abgewandten. Diese Verschiedenheiten müssen sich in geringen Unsymmetrien außerhalb der Bedeckungszeiten äußern.

3. Schließlich können bei merklicher Bahnexzentrizität, die allerdings bei solch engen Systemen selten ist, die Komponenten wechselnd starke Fluteffekte aufeinander ausüben (etwa im Sinne der Erklärung des δ-Cepheilichtwechsels S. 197). Die Einflüsse 1. und 2. konnten mit Sicherheit, 3. bis heute nur spurenweise nachgewiesen werden. Alles in allem ist gegenwärtig die so weit entwickelte Theorie der Doppelsternveränderlichen in der Lage, auch die besten Beobachtungen fast restlos darzustellen.

Auf die einzelnen Systeme wird nun häufig noch das dritte Keplersche Gesetz angewandt, insonderheit in der Annahme, daß beide Komponenten die gleiche Masse haben. In leichter Zwischenrechnung ergibt sich dann ihre Dichte zu

$$\varrho_1 = (5{,}29 \cdot P^{\frac{2}{3}} \cdot r_1)^3; \qquad \varrho_2 = (5{,}29 \cdot P^{\frac{2}{3}} \cdot r_2)^3$$

wo r_1 und r_2 den Radius der Komponenten in Einheiten des Abstandes beider P die Umlaufszeit in Tagen angibt. Macht man ferner die Annahme, die Masse jeder Komponente sei gleich der der Sonne, so erhält man die Radien in Einheiten des Sonnenradius durch die Formel

$$\bar{r}_1 = 5{,}29 \cdot P^{\frac{2}{3}} \cdot r_1; \qquad \bar{r}_2 = 5{,}29 \cdot P^{\frac{2}{3}} \cdot r_2.$$

Freier von Hypothesen ist die Rechnung, falls für ein solches System durch spektrographische Beobachtungen eine Bahn, insonderheit $a \sin i$ in Kilometern, bekannt ist. i ist durch die photometrischen Messungen gegeben, so daß wir nun a, r_1 und r_2 in Kilometern erhalten. Sind beide Komponenten spektroskopisch beobachtet, so erhält man als vollkommensten Fall dann auch ihre Massen. Als ein Beispiel zu all dem seien die Beobachtungsergebnisse von u HERCULIS[1]) mitgeteilt, der sich besonders eingehend bearbeiten ließ.

Tabelle 9. Elemente von u Herculis.

	Relativ	Absolut[2])
Umlaufszeit P	2,051027 Tage	
Bahnexzentrizität e	0,053	
Neigung der Bahn i	77° 39′	
Radius der relativen Bahn	1	14,60
Verhältnis der Radien k.	1[3])	
Verhältnis von kleiner zu großer Achse der Komponenten	0,915	
Große Halbachsen	0,318	4,64
Kleine Halbachsen	0,291	4,25
Masse des helleren Sterns m_1		7,3
Masse des schwächeren Sterns m_2		2,8
Dichte des helleren Sterns		0,094
Dichte des schwächeren Sterns		0,036
Licht des helleren Sterns L_1	0,713	
Licht des schwächeren Sterns L_2	0,287	

Die umfassendste Studie auf diesem Gebiete verdanken wir H. SHAPLEY, die 1914 veröffentlicht ist[4]). Es ist seitdem eine Menge weiteres Material hinzugekommen, doch hat sich grundsätzlich an seinen Ergebnissen nichts geändert, von denen zwei besonders interessante Tabellen hier wiedergegeben seien.

Tabelle 10. Lichtwechselamplitude und Größenverhältnis der Komponenten.

Tiefe des Haupt-minimums		Der schwächere Stern ist größer		Beide Komponenten etwa gleich groß		Der hellere Stern ist größer		Gesamtzahl
		Anzahl	Proz.	Anzahl	Proz.	Anzahl	Proz.	
Größer als 2^m,0	U.	22	100	0	0	0	0	22
	D.	21	95	1	5	0	0	22
Zwischen 1^m,0	U.	22	82	3	11	2	7	27
und 2,0	D.	17	63	5	18,5	5	18,5	27
Zwischen 0,7	U.	12	54	5	23	5	23	22
und 1,0	D.	11	50	4	18	7	32	22
Kleiner als 0^m,7	U.	0	0	12	67	6	33	18
	D.	0	0	13	72	5	28	18
Gesamt:	U.	56	63	20	22	13	15	89
	D.	49	55	23	26	17	19	89

Aus der ersten geht deutlich hervor, daß bei Bedeckungsveränderlichen starker Amplitude der größere Stern zumeist der schwächere ist, während für die geringen Amplituden das Umgekehrte gilt. Da Sterne mit starker Amplitude naturgemäß eher aufgefunden werden als solche mit schwacher, hat ihr Überwiegen in den Tabellen nichts Auffälliges.

Tabelle 11. Theoretische und beobachtete äquatoriale Elliptizität.

Mittlerer Abstand $1 = (r_1 + r_2)$	Zahl der Sterne	Achsenverhältnis	
		beobachtet	theoretisch
0,501	5	0,971	0,944
0,399	5	0,900	0,902
0,320	6	0,838	0,858
0,196	4	0,809	0,772
0,106	4	0,700	0,692

---

[1]) R. H. BAKER, Lick. Obs. Bull. Nr. 378.
[2]) D. h. die entsprechende Größe der Sonne als Einheit.
[3]) Also beide Komponenten gleich groß.
[4]) H. SHAPLEY, Contrib. Princetown Observatory Nr. 3.

In der zweiten Zusammenstellung sind die Systeme mit merklicher Elliptizität der Komponenten nach der Größe des freien Raumes zwischen ihren Oberflächen geordnet. Die theoretische Elliptizität, der wechselseitige Fluteffekt, ist nach den Arbeiten DARWINS[1]) gültig für homogene inkompressible Flüssigkeiten berechnet. Angesichts der sehr geringen Zahl von Sternen ist die Übereinstimmung von Theorie und Beobachtung sehr gut.

16. Die Durchmesser und physikalischen Zustände der Fixsterne. Die Strahlungsgesetze erlauben die Durchmesser bzw. Radien r der Fixsterne zu berechnen, wenn für diese bekannt ist die effektive Oberflächentemperatur T, Parallaxe π und bolometrische Helligkeit H. Über die Bestimmung dieser Größen ist Ziff. 7 und 9 gesprochen worden. Offenbar gilt auf unser Problem angewandt dann das STEFAN-BOLTZMANNsche Gesetz in der Form

$$\frac{H_1}{H_2} = \frac{\pi_2^2}{\pi_1^2} \cdot \frac{r_1^2}{r_2^2} \cdot \left(\frac{T_1}{T_2}\right)^4$$

für zwei verschiedene Sterne. Wird einer von ihnen als die Sonne genommen, so erhält man schließlich r in Einheiten des Sonnenradius; ist dagegen die Parallaxe des Sternes unbekannt, so ergibt sich nur der Winkel, unter dem, von uns aus gesehen, der betreffende Stern erscheint.

Diese Winkel sind sämtlich kleiner als $0'',1$, also selbst mit unseren größten Instrumenten mit Rücksicht auf Beugungserscheinungen, Luftunruhe usw. nicht wahrnehmbar. Wohl aber reicht bis dahin das Interferometer in der von MICHELSON vorgeschlagenen und auf dem Mount Wilson erprobten Art[2]). Der Strahlengang ist in Abb. 5 angedeutet. Im Brennpunkt der Linse kommen die beiden aufgefangenen Strahlenbündel des Sternlichtes zur Interferenz. Die Helligkeit der Interferenzstreifen hängt in nicht ganz einfacher Weise zunächst von den Abständen der vier Spiegel $M_1 - M_4$ ab, dann vom scheinbaren Durchmesser des Sterns und der Helligkeitsverteilung auf seine Oberfläche (Randverdunkelung s. Ziff. 15c). Ist der Winkeldurchmesser des Sternes für die Reichweite des Instruments genügend groß, so verschwinden bei gewisser Stellung der Spiegel die Streifen (M_2 und M_3 sind fest, M_1 und M_4 symmetrisch nach der Seite verschiebbar). Bei bestimmter Annahme über die Randverdunkelung kann man aus den gemessenen Spiegelabständen dann die Winkeldurchmesser der Sterne berechnen. Immerhin ließen sich in der Art bisher nur fünf Sterne messen, die sämtlich zu den hellsten und nächstgelegenen roten Riesen gehören. Der größte Abstand der Außenspiegel betrug dabei 6 m. Zur Zeit ist ein weit größeres Sonderinstrument dieser Art auf dem Mount Wilson in Arbeit, mit welchem dann vielleicht einige 30 bis 50 Sterne erreichbar sind.

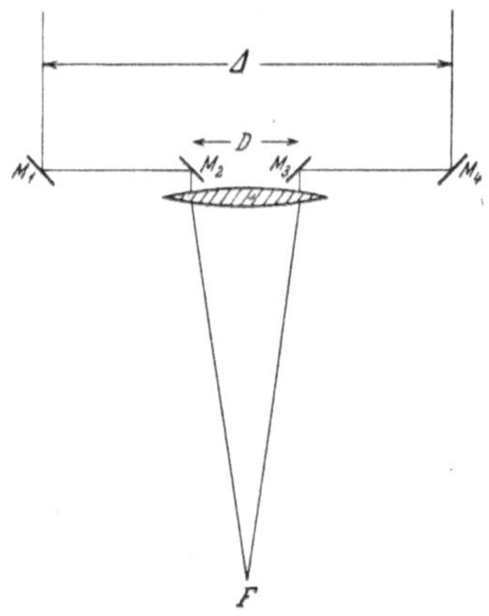

Abb. 5. Strahlengang im astronomischen Interferometer.

Die Messung dieser vier Sterne[3]) ist nun sehr wichtig als Kontrolle der strahlungstheoretisch berechneten Durchmesser. Wie die Zusammenstellung auf S. 188 von BRILL zeigt, läßt die Übereinstimmung nichts zu wünschen übrig.

Trotz der starken spektralen Bandenentwicklung hat offenbar die Anwendung der effektiven Temperaturen hier vollen Erfolg gehabt, so daß wir auf das gleiche bei den heißeren Typen erst recht schließen können.

---

[1]) G. H. DARWIN, Phil. Trans. A Bd. 206, S. 160; A Bd. 178, S. 379; siehe auch G. H. DARWIN, Ebbe und Flut. S. 371. Leipzig: Teubner 1911.
[2]) Referate nebst Literaturangaben in K. F. BOTTLINGER, ZS. f. Instrkde. 1924, S. 540.
[3]) Der fünfte ist Mira, vgl. S. 196.

EDDINGTONS erweiterte Theorie vom Aufbau der Sterne (s. Bd. XI, S. 233 ds. Handb.) lieferte eine Beziehung zwischen der Masse und der bolometrischen absoluten Helligkeit, welche mit den an Doppelsternen gemachten Erfahrungen ziemlich gut harmonierte. Legen wir also den Sternen verschiedener absoluter Helligkeit die entsprechenden Massen zu, kennen über die Strahlungsgesetze weg ihre Radien, so erhalten wir natürlich ihre mittleren Dichten, Gravitationspotentiale an ihrer Oberfläche und anderes mehr und sind so in der Lage, uns über ihre physikalischen Zustände gutbegründete Vorstellungen zu machen. Die letzte derartige Zusammenfassung hat ebenfalls BRILL[1]) gegeben. Seine Haupttabelle sei nachstehend auszugsweise abgedruckt, im wesentlichen soweit, wie mir persönlich seine Zahlen genügend hypothesenfrei erscheinen.

Tabelle 12.

Zwergsterne.

Spektrum	T Grad	M_{vis} m	M_{bol} m	R Million km	M Masse g	$m \dfrac{g}{cm^3}$ mittlere Dichte
B 0	21400	$- 1,30$	$- 2,92$	2,41	$1,54 \cdot 10^{34}$	$2,6 \cdot 10^{-1}$
B 5	15800	$- 0,05$	$- 1,03$	1,84	$8,28 \cdot 10^{33}$	$3,2 \cdot 10^{-1}$
A 0	11800	$+ 0,90$	$+ 0,47$	1,70	$5,47 \cdot 10^{33}$	$2,7 \cdot 10^{-1}$
A 5	9300	$+ 1,80$	$+ 1,66$	1,56	$4,15 \cdot 10^{33}$	$2,6 \cdot 10^{-1}$
F 0	7760	$+ 2,65$	$+ 2,67$	1,43	$3,22 \cdot 10^{33}$	$2,7 \cdot 10^{-1}$
F 5	6970	$+ 3,55$	$+ 3,58$	1,15	$2,68 \cdot 10^{33}$	$4,2 \cdot 10^{-1}$
G 0	6320	$+ 4,50$	$+ 4,50$	0,91	$2,13 \cdot 10^{33}$	$6,8 \cdot 10^{-1}$
G 5	5740	$+ 5,35$	$+ 5,30$	0,76	$1,81 \cdot 10^{33}$	$9,8 \cdot 10^{-1}$
K 0	5260	$+ 6,35$	$+ 6,22$	0,60	$1,51 \cdot 10^{33}$	1,7
K 5	4230	$+ 9,00$	$+ 8,47$	0,33	$9,51 \cdot 10^{32}$	6,3
M 0	3790	$+ 11,00$	$+ 10,15$	0,19	$6,89 \cdot 10^{32}$	$2,3 \cdot 10^{+1}$

Riesensterne.

Spektrum	T Grad	M_{vis} m	M_{bol} m	R Million km	M Masse g	$m \dfrac{g}{cm^3}$ mittlere Dichte
G 5	4980	$+ 0,25$	$+ 0,03$	11,5	$7,91 \cdot 10^{33}$	$1,2 \cdot 10^{-3}$
K 0	4570	$+ 1,55$	$+ 1,18$	8,2	$5,60 \cdot 10^{33}$	$2,4 \cdot 10^{-3}$
K 5	3620	$+ 0,75$	$- 0,27$	25,5	$9,95 \cdot 10^{33}$	$1,4 \cdot 10^{-4}$
M 0	3520	$+ 0,55$	$- 0,59$	31,3	$1,12 \cdot 10^{34}$	$8,7 \cdot 10^{-5}$

Die Zahlen der Tabelle sind selbstverständlich Mittelwerte, sind auf die Größenordnung gewiß sicher, wenngleich künftighin die eine oder andere noch stärkere Abänderungen erfahren wird.

Eine Sonderstellung nehmen die „weißen Zwerge" ein (s. S. 193). Es handelt sich hier um Sterne von hoher Oberflächentemperatur, Spektrum B oder A und sehr geringer absoluter Helligkeit, also auch von sehr kleinem Durchmesser (ca. 0,1 bis 0,01 des der Sonne). Bei zwei von ihnen, die Begleiter visueller Doppelsterne mit bekannter Bahn und Parallaxe sind, kennen wir auch die Massen. Sie sind von gleicher Größenordnung wie die der Sonne, so daß die mittleren Dichten sich der Größenordnung nach zu etwa 50000 (rel. Wasser!) ergeben. Diese Objekte stellen so ein besonders interessantes Problem über den inneren Aufbau der Sterne dar, das hier nicht zur Diskussion steht[2]). Der eine von ihnen, der Siriusbegleiter, hat bei der experimentellen Prüfung der allgemeinen Relativitätstheorie eine wichtige Rolle gespielt[3]).

17. Die Sternhaufen und nichtgalaktischen Nebel. Bezüglich der kosmischen Stellung dieser Objekte sei auf den Artikel von BERNHEIMER, Bd. 4 dieses Werkes verwiesen, da die mit ihm zusammenhängenden Probleme engstens mit

---

[1]) A. BRILL, ZS. f. Phys. Bd. 31, S. 717. 1925.
[2]) A. S. EDDINGTON, l. c. S. 207.
[3]) S. dieses Handbuch Bd. 21.

der Frage nach dem Bau des Universums verbunden sind. Sie seien hier in der Hauptsache als „kosmische Lichtquellen" betrachtet.

a) **Die Sternhaufen**[1]). Entsprechend ihrer Lage an der Sphäre wie im Raume unterscheidet man Milchstraßenhaufen und Kugelhaufen. Die Milchstraßenhaufen sind lokale Sternansammlungen (einige 100 bis 1000 einzelne Sterne) und enthalten die verschiedensten Spektraltypen. Kienle und seine Mitarbeiter sowie Trümpler[2]) haben gezeigt, daß bei ihnen das Russelldiagramm etwa in der Form der Abbildung 4, S. 193 sich aus den Messungen der scheinbaren Helligkeiten und Farbenindizes (Ersatz der Spektraltypen s. S. 189) zeichnen läßt. Da zunächst die Parallaxe des einzelnen Haufens nicht bekannt ist, lassen sich in der Helligkeitsskala nur die scheinbaren Größen eintragen. Bei der Gedrängtheit der Haufen kann man annehmen, daß praktisch alle Mitglieder in der gleichen Entfernung von uns liegen, so daß die Reduktion auf absolute Größen nur eine additive Konstante in der Helligkeitsskala bedeutet. Diese läßt sich zuweilen aus dem Vergleich des Sternhaufendiagramms mit dem normalen Russelldiagramm ableiten, wodurch dann in ersichtlicher Weise (s. S. 182) hieraus die Parallaxe berechnet werden kann.

Von den kugelförmigen Sternhaufen scheinen auch nach den vertieften Untersuchungen der letzten Jahre nur einige 90 Objekte zu existieren. Die Sterne sind hier so dicht gedrängt, daß ein Auflösen der Haufen selbst bei Instrumenten großer Brennweite nur so lange möglich ist, als man sich mit den hellsten Sternen abgibt. Bei Dauerexpositonen, d. h. bei dem Hervortreten auch der schwächeren Objekte, überlagern sich die Bildchen über einen mehr oder weniger großenTeil des Haufens zu einer unauflösbaren Masse. Abzählungen von Aufnahmen, die mit den großen Reflektoren des Mount Wilson erhalten sind, ergaben, daß einige dieser Kugelhaufen sicher weit über 50000 einzelne Sterne enthalten.

Charakteristisch für die Kugelhaufen ist vor allem das häufige Auftreten von δ-Cepheiveränderlichen, welche zuerst Bailey, später vor allem Shapley[3]) genauer untersucht haben. Letzterer benutzte sie vor allem zur indirekten Entfernungsbestimmung (s. S. 182). Die Ergebnisse wurden kontrolliert durch einfache stellarstatistische Untersuchungen, Vergleich von Durchmesser und Helligkeit der einzelnen Objekte usw. Die ermittelte Entfernung schwankt zwischen etwa 10000 und 100000 Sternweiten. Aufnahmen mit mittleren Instrumenten sowie die üblichen Reproduktionen zeigen im allgemeinen nur die etwa 500 bis 1000 jeweils hellsten Objekte. Im ganzen scheinen die Kugelhaufen eine sehr einheitliche Gruppe kosmischer Gebilde darzustellen, was Durchmesser, absolute Gesamthelligkeit und andere Eigenschaften anlangt. Ihre scheinbaren Gesamthelligkeiten liegen zwischen der vierten und mindestens fünfzehnten Größenklasse.

b) **Die nichtgalaktischen Nebel.** Die Zahl dieser Objekte, die nach dem heutigen Wissensstande außerhalb des Milchstraßensystems liegen, ist sehr groß. Neben über 10000 katalogisierten haben wir noch zahllose sehr schwache und scheinbar kleine, wie mehr oder weniger systematisch durchgeführte Stichproben ergeben haben. Die Schätzungen schwanken zwischen etwa 200000 und einer Million. Ihre scheinbaren Durchmesser gehen von $2^1/_2°$ herunter bis zu solcher Kleinheit, daß sie von Sternen auf der photographischen Platte kaum

---

[1]) S. vor allem die Monographie von ten Bruggenkate, Die Sternhaufen. Berlin: Julius Springer 1927.

[2]) R. J. Trümpler, Publ. Astrophys. Soc. of the Pacific. Dezember 1925.

[3]) H. Shapley, Contrib. from the Mount Wilson Obs. Nr. 157 und an mehreren anderen Orten. Sammelreferat Naturwissensch. 1920, S. 735 sowie ten Bruggenkate l. c.

unterschieden werden können. In neuerer Zeit hat man mehrfach versucht, diese Objekte zu klassifizieren. Einer der letzten derartigen Vorschläge, von LUNDMARK[1]) stammend, sei nachstehend auszugsweise wiedergegeben:

Tabelle 13. · Klassifikation der Nebelflecke.

	Symbol
I. Galaktische Nebel (vgl. Nr. 18 u. 19)	G
1. Planetarische Nebel	Gp
a) Ohne Zentralstern	Gp0
b) Schneckenförmige (Helicoidal forms)	Gph
c) mit Zentralstern, die verschiedenen Abstufungen im Verhältnis des Gesamtlichts des Nebels zum Licht des Zentralsterns gekennzeichnet durch	Gp1—Gp5
2. Chaotische Nebel (Irregular)	Gi
a) Helle Nebel (bright)	Gib
b) Dunkle Nebel (dark)	Gid
II. Nichtgalaktische Nebel (Anagalactic)	A
1. Elliptische, längliche oder linsenförmige Nebel	Ae
Die Abstufungen der Konzentration zur Mitte von schwach nach stark ansteigend werden gekennzeichnet durch	Ae0—Ae5
Der Buchstabe a wird zugefügt, wenn Absorptionserscheinungen vorliegen, z. B.	Ae3a
2. Spiralnebel	As
a) Spiralstruktur kaum sichtbar	As0
b) Abstufungen der Konzentration zur Mitte	As1—As5
Spiralarme kontinuierlich	As1c—As5c
Spiralarme in Flecke oder einzelne Punkte aufgebrochen (broken)	As1b—As5b
c) Einarmige Spirale (One-branched)	Aso
d) Die Spiralarme bilden einen hellen Ring	Asr
e) Verbindung des Ringes mit dem Zentrum fraglich (an den Saturn erinnernd)	Ass
f) Ring oder Arme mit dem Zentrum verbunden durch einen Balken	Asp
3. Magellanische Wolken	Am
Je nach der Konzentration zur Mitte Unterstufen	Am0—Am5

Beispiele für die vorstehenden Typen lassen sich zum Teil den größeren populärastronomischen Büchern entnehmen oder den prächtigen Abbildungen der Licksternwarte und des Mount Wilson Observatory[2]), doch sei besonders darauf aufmerksam gemacht, daß alle diese Reproduktionen durch mehrfaches Umkopieren und Verstärken entstanden sind. Die Helligkeiten der ausexponierten Sternbilder werden bei diesen Prozessen nicht verändert, wohl aber treten die zarten Nebeldetails mehr und mehr hervor, wodurch ein völlig falsches Bild der Intensitätsverhältnisse entsteht. Nicht umkopierte Reproduktionen befriedigen ästhetisch kaum und sind daher selten (z. B. Astrophys. Journ. Bd. 56, S. 204). Zu obiger Einteilung und allgemein ist weiter zu bemerken: Die Spektra der Spiralnebel entsprechen, soweit bekannt, den Typen F, G, K. Zuweilen treten helle Linien auf, im übrigen sind naturgemäß die Spektra nur bei geringster Dispersion zu erhalten und äußerst verwaschen. Sie deuten darauf hin, daß wir es hier mit großen Sternansammlungen zu tun haben.

Als Magellanische Wolken bezeichnet man im eigentlichen Sinne zwei sehr helle verwaschene Flecken in der Nähe des Südpols von 10 bzw. 40 Quadratgrad

[1]) K. LUNDMARK, Ark. f. Mat., Astron. och Fys. Bd. 19, Nr. 8. Stockholm 1926. Von E. HUBBLE ist Astrophys. Journ. Bd. 64. S. 321. 1926 eine der LUNDMARKschen sehr ähnliche Einteilung vorgeschlagen worden. Verabredungsgemäß wird diese in dem Referat von BERNHEIMER (dieses Handbuch, Bd. 4) gebracht werden. S. ferner hierzu K. LUNDMARK Studies of anagalactic nebulae Uppsala 1927.
[2]) Publ. of the Lick. Obs. Bd. 8 u. 13; Astrophys. Journ. Bd. 57, S. 137 usw.

Fläche. Nach den Arbeiten der Harvardsternwarte[1]) befinden sich in ihnen Sterne aller Spektraltypen, planetarische und chaotische Nebel, Veränderliche der verschiedensten Art, kurz: all die Objekte, die auch unsere Milchstraße kennzeichnen. Hervorzuheben ist aber vor allem die große Zahl von δ-Cepheiveränderlichen in ihnen, die zur Entdeckung der Beziehung zwischen Leuchtkraft und Periode geführt haben (s. S. 197). Lundmark gibt a. a. O. einige 20 weitere Nebelflecken an, die seiner Ansicht nach den beiden Magellanischen Wolken dem Wesen ˙nach gleichzustellen sind. Einer von diesen, NGC 6882, ist neuerdings durch Hubble[2]) näher untersucht worden, auch hier handelt es sich vor allem um eine Reihe δ-Cepheisterne, chaotische Nebelmassen und ähnliches, womit Lundmark vollständig für dieses Objekt bestätigt wurde.

In gleicher Art hat Hubble die beiden scheinbar größten Spiralnebel M 31 und M 33 (den Andromedanebel und den im Dreieck) untersucht[3]). In beiden Fällen gelang es ihm wenigstens in den Randteilen, die Nebel in einzelne Sterne aufzulösen, unter ihnen δ-Cepheiveränderliche in größerer Zahl aufzufinden und so für diese Objekte in der bekannten Art (s. S. 182) die Entfernungen und damit linearen Dimensionen abzuleiten. Es ergab sich, daß sie untereinander und mit dem Milchstraßensystem koordiniert sind, d. h. ihre Abstände von uns gehen in die 2 bis 300000 Sternweiten, ihre Dimensionen betragen 2000 bis 15000 Sternweiten.

Kennzeichnend für einige der großen Spiralnebel ist ferner das neuerdings häufig konstatierte Aufleuchten neuer Sterne. Lundmark[4]) vor allem hat aus der mittleren Helligkeit der Nebelnovae im Vergleich zur mittleren maximalen Helligkeit der Milchstraßennovae ebenfalls die Distanzen des Spiralnebels zu ermitteln versucht und ist dabei im wesentlichen zu den gleichen Ergebnissen wie Hubble gekommen, wobei Referent letztere allerdings für die wesentlich sicheren hält.

Die Helligkeitsmessung der Nebelflecke befindet sich erst in den Anfängen. Holetscheck in Wien hat das wichtigste hierhergehörige Verzeichnis aufgestellt[5]). Die älteren Beobachter und Entdecker klassifizierten die Nebel nach dem Beispiel Herschels nur als „sehr hell, hell usw. bis sehr schwach", wobei subjektive Einflüsse weitgehend sich bemerkbar machen mußten. Holetschek versuchte unter Verwendung möglichst geringer Vergrößerung den Gesamthelligkeitseindruck eines Nebels in Form von Stufenschätzungen mit dem benachbarter Sterne zu vergleichen, für welche ihm allerdings nur die Größenschätzungen der Bonner Durchmusterung zur Verfügung standen. Hopmann[6]) hat einen Teil seiner Sterne photometrisch gemessen und konnte so die Daten Holetscheks in die normale Skala bringen. Ebenso wichtig ist die ausgedehnte photometrische Reihe von Wirtz[7]), der mit einem Flächenphotometer die Flächenhelligkeiten von fast 600 Nebel ermittelte. Sie sind ebenfalls in Größenklassen ausgedrückt, wobei natürlich die Wahl des Nullpunktes freistand. Wirtz wählte ihn so, daß die Flächenhelligkeiten gleich den Totalhelligkeiten nach Hopmann wurden bei Nebeln, deren Oberfläche einem Kreise von 1′ Durchmesser entspricht.

Aus den Helligkeitsverzeichnissen und gelegentlichen photographischstatistischen Abzählungen haben Lundmark, Wirtz, Shapley und bes. Hubble

---

[1]) H. Shapley, Harv. Circ. Nr. 255 u. ff.
[2]) E. Hubble, Astrophys. Journ. Bd. 62, S. 409. 1925.
[3]) E. Hubble, Astrophys. Journ. Bd. 63, S. 236. 1926.
[4]) K. Lundmark, Astron. Nachr. Bd. 209, S. 369. 1919.
[5]) J. Holetscheck, Ann. d. Wiener Sternwarte Bd. 20. 1907.
[6]) J. Hopmann, Astron. Nachr. Bd. 214, S. 425. 1921.
[7]) C. Wirtz, Medd. Lund Astr. Obs. Nr. 29.

über die Konstitution und kosmische Stellung der Nebel Schlüsse zu ziehen versucht, d. h. insbesondere die Beantwortung der Frage: Haben die Nebel im Durchschnitt alle den gleichen linearen Durchmesser oder gibt es auch unter ihnen Riesen und Zwerge; wie ist die Leuchtkraftkurve ihrer absoluten Gesamthelligkeiten beschaffen usw? Da eine endgültige Klärung noch nicht erfolgt ist, sei nur auf das Referat von BERNHEIMER verwiesen[1]).

Die Radialgeschwindigkeiten von etwa 40 der hellsten Spiralnebel ließen sich bis heute ermitteln. Sie sind durchweg beträchtlich hoch, bis zu 2000 km/sec, wobei die einzelne Bestimmung eine Sicherheit von etwa ± 200 km/sec hat. Von verschiedener Seite ist versucht worden, aus ihnen den Apex der Sonnenbewegung abzuleiten bzw. Richtung und Geschwindigkeit, mit welcher sich die gesamte Umgebung der Sonne ihnen gegenüber bewegt. Dabei stellt es sich als ein außerordentlich hoher K-Effekt[2]) heraus. LUNDMARK[3]) und andere haben ihn im Sinne einer relativistischen Rotverschiebung zu deuten versucht, während HOPMANN[4]) das Material noch mit starken instrumentellen Fehlern behaftet glaubt. Auch hier müssen Beobachtungen mit stärkeren optischen Hilfsmitteln erst abgewartet werden.

18. Die planetarischen Nebel. (Die Gasnebel I.) Neben der großen Menge uns punktförmig erscheinender Fixsterne kennen wir noch eine beschränkte Zahl flächenhafter intergalaktischer Gebilde. Daß wir es hier nicht mit unaufgelösten Sternhaufen, sondern Gasmassen zu tun haben, hat spektroskopisch erstmalig Hyggins 1863 nachgewiesen. Wir können zwei Gruppen unterscheiden: abgeschlossene kugelartige Gebilde, die nach ihrem Aussehen in kleineren Fernrohren „planetarische Nebel" (ähnlich dem Uranus oder Neptun) genannt werden, und ferner die chaotischen Gasmassen. Beide Gruppen haben ihrer Natur nach außerordentlich viel Gemeinsames, doch auch wieder starke Unterschiede.

Die augenblicklich umfassendste Untersuchung der planetarischen Nebelfläche verdanken wir der Licksternwarte[5]). Die Gesamtzahl der bis heute bekannten Objekte dieser Klasse beträgt etwa 130 bis 140, die fast alle nahe der Milchstraße stehen. Ihre scheinbaren Durchmesser erreichen ein Maximum von 6 Bogenminuten und gehen andererseits herunter bis zu derart kleinen Objekten, daß sie visuell oder auf der photographischen Platte nicht mehr erkannt werden können und sich nur durch ihr Spektrum verraten. L. c. unterscheidet CURTIS folgende Formen:

A. Schraubenartige Gebilde.

B. Ringformen, meist kreisförmig oder elliptisch.

C. Scheiben mit hellem Rand; elliptische Ringe weniger vollkommen als unter B, die an den Enden der großen Achsen allmählich schwächer werden und den Eindruck ellipsoidischer Schalen hervorrufen.

D. Formen wie unter C, die Lichtabschwächung an den Enden der großen Achse ist stärker. An ihrer Stelle zeigen sich häufig schwache bogenförmige Ansätze.

E. Objekte, die längs und an den Enden der großen Achsen merklich schwächer sind.

F. Kreisförmige oder elliptische Scheiben, die nach dem Rande zu allmählich schwächer werden, ohne merkliche Struktur. Sie sind meist sehr klein.

H. Sternförmige planetarische Nebel; von einem Stern auf der Platte nicht zu unterscheiden, wohl visuell bei sehr starker Vergrößerung. Sie gehören wohl zu F und sind nur scheinbar kleiner.

---

[1]) Dieses Handbuch Bd. IV.
[2]) Siehe S. 182.
[3]) K. LUNDMARK, Month. Not. Bd. 85, S. 865. 1925.
[4]) J. HOPMANN, Astron. Nachr. Bd. 218, S. 97. 1923.
[5]) Publ. of the Lick. Obs. Bd. 13. 1918.

Curtis hat ferner versucht, an Hand von Modellen und Photographien von ihnen unter allen möglichen Gesichtswinkeln sich die räumliche Struktur dieser Nebel zu veranschaulichen. Sie lassen sich am besten wohl darstellen als hohle Rotationsellipsoide, deren verschieden dicke Schalen aus leuchtendem Gas bestehen, mit geringster Schichtdicke längs des Äquators.

Ein wesentlicher Teil eines planetarischen Nebels scheint sein Zentralstern zu sein. Von 78 untersuchten Objekten haben 55 sicher einen solchen; in einer Anzahl der übrigen Fälle liegen Unregelmäßigkeiten oder andere Quellen der Unsicherheit vor. Der Spektroskop hat erwiesen, daß diese Zentralsterne (Kerne, Nuclei) alles O-Sterne, zum Teil Wolf-Rayetsterne sind, also der höchsten Temperaturklasse angehören. Ihr Energiemaximum liegt derart im äußersten Ultraviolett, daß es wegen der Extinktion in der Erdatmosphäre und in der Silberschicht der Reflektoren noch nicht feststellbar war. Erklärlicherweise lassen sich unter diesen Umständen die Kerne visuell kaum wahrnehmen.

Diese Zentralsterne wurden für eine große Zahl Nebel durch van Maanen zu Parallaxbestimmungen[1]) herangezogen. Es ergab sich, daß sie zwischen etwa 100 und 500 Lichtjahren von uns entfernt sind, d. h. die meisten von ihnen sind an der Grenze trigonometrischer Meßmöglichkeit.

Sind die ermittelten Parallaxen reell, so müssen die Zentralsterne absolut sehr lichtschwach sein, etwa 7^m bis 8^m, gegenüber -4^m der O-Sterne sonst (siehe S. 193), d. h. über 10000mal schwächer. Zur Erklärung dieses eigenartigen Verhaltens könnte man an starke Absorption innerhalb des Nebels denken; doch ist die Frage heute noch nicht genügend geklärt[2]). Unter der gleichen Voraussetzung sind ferner die Dimensionen dieser Gaskugeln das 30- bis 1000fache des Durchmessers unseres Sonnensystems. Sind die Parallaxen nicht reell bzw. systematisch zu groß gemessen, so müssen die Kerne absolut sehr viel heller sein, als der obigen Angabe entspricht, allerdings dann auch die absoluten Dimensionen dieser Gebilde entsprechend viel größer.

Visuelle Gesamtintensitäten einer Anzahl planetarischer Nebel haben Holetscheck und Hopmann[3]) ermittelt, die hellsten sind ca. 8^m, visuelle Flächenhelligkeiten wurden von Wirtz[4]) und Hopmann[3]) bestimmt. Photographisch-photometrische Untersuchungen liegen noch kaum vor. Im wesentlichen sind es nur die Angaben von Curtis über das Verhältnis der Minimalbelichtungszeiten, um die Konturen eines Nebels unter ein und denselben Beobachtungsbedingungen zu erhalten.

Die planetarischen Nebelflecke haben ein reines Emissionsspektrum. Im Gebiet von 3300 IA bis 6700 IA zählt Curtis ca. 70 verschiedene Linien auf zugehörig dem H, He, He$^+$ und Linien unbekannten Ursprungs. Die wichtigsten von ihnen sind s. Tabelle 14:

Tabelle 14. Hauptlinien der Gasnebel.

λ	Intensität	Element	Serienbezeichnung
7325		O II	^{2}D—^{2}P
6583.6		N II	^{3}P$_2$—^{1}D
6548.1		N II	^{3}P$_1$—^{1}D
5006.84	sehr hell	O III	^{3}P$_2$—^{1}D
4958.91	,, ,,	O III	^{3}P$_1$—^{1}D
4859.36	,, ,,	He+	^{4}F—^{8}G
4387.93	ziemlich ,,	He	^{1}P—^{4}D
4363.21	,,	O III	^{1}D—^{1}S
4340.46	,, ,,	Hγ	^{2}P—^{5}D
4101.74	,,	Hδ	^{2}P—^{6}D
3970.08	,,	Hε	^{2}P—^{7}D
3869	,,	He	
3728.91	,,	O II	^{4}S—^{2}D$_3$
3726.16	sehr ,,	O II	^{4}S—^{2}D$_2$

[1]) A. van Maanen, Contrib. Mount Wils. Obs. Nr. 237.
[2]) B. P. Gerasimovic, Astr. Nachr. Bd. 225, S. 89. 1925.
[3]) J. Hopmann, Astron. Nachr. Bd. 214, S. 425. 1921.
[4]) C. Wirtz, Medd. Lund. Astr. Obs. Nr. 29.

Daß die zwei hellsten der Linien unbekannten Ursprungs dem Nebulium früher zugeschrieben wurden, hatte natürlich nur deskriptive Bedeutung. Am weitesten in ihrer Erklärung ist seiner Zeit vielleicht NICHELSON gekommen[1]), dem es im Anschluß an die älteren Vorstellungen vom Atom 1912 gelang, die Emissionen eines Nebuliumatoms zu berechnen, bestehend aus einem vierfach positiv geladenem Kern und vier Elektronen, die in gleichen Abständen um den Kern rotieren. Er war sogar imstande, nicht nur alle bekannten Linien darzustellen, sondern auch einige weitere als schwach anzukündigen, die dann auch nachträglich in Heidelberg und auf der Licksternwarte aufgefunden wurden. Andererseits passen die Anschauungen NICHELSONS in keiner Weise in die moderne Atomtheorie herein. In einer späteren Arbeit nimmt NICHELSON zwei verschiedene Elemente an, ein Nebulium mit dem Atomgewicht 1,3 und ein Archonium, Atomgewicht fast 3, sowie ein drittes Gas, Atomgewicht 0,3, welch letzteres bisher nicht nachweisbar war. Neuestens ist es aber BOWEN[2]) gelungen, auf Grund der modernen Atomvorstellungen und Serienbezeichnungen fast alle bis dahin unbekannten Nebellinien als dem hochionisierten O und N zugehörig zu erkennen (s. Tabelle 15); nachdem H und He schon längst in den Nebeln erkannt war, war dieses Ergebnis zwar schon zu erwarten, noch nicht aber sicher gestellt worden. Gutteils handeln es sich hierbei um „verbotene" Linien, deren Auftreten sich aber dadurch erklärt, daß in den äußerst verdünnten Nebelgasen die freie Weglänge der Atome von ganz anderer Größenordnung ist, als es im Laboratorium herstellbar ist.

Nach dem Vorbilde von WOLF hat CURTIS ferner durch Spektralaufnahmen ohne Spalt zeigen können, daß in einer Reihe dieser Nebel die leuchtenden Massen verschiedenartig geschichtet sein müssen, indem dann jeder Emissionslinie ein völliges Bild des Nebels entspricht, diese aber zum Teil merklich verschiedenes Aussehen zeigen.

Die spektrographischen Studien auf der Licksternwarte erwiesen ferner in einer Reihe planetarischer Nebel lebhafte interne Bewegungen. Die Spektrallinien, parallel oder senkrecht zur großen Achse der elliptischen Nebelscheiben gestellt, waren eigenartig gekrümmt oder aufgespalten. Um Zeemann- oder Starkeffekte konnte es sich nachweislich nicht handeln. Bei einigen wenigen Nebeln war die einfachste Deutung der Erscheinung, sie als Effekt einer Drehung des Nebels um eine Achse aufzufassen, die etwa senkrecht zur Sehrichtung steht. Die Rotationsgeschwindigkeiten in den Randpartien der Nebel betrugen dabei durchschnittlich etwa 10 km/sec. Versuche von CAMPBELL u. a. aus diesen Rotationen in Verbindung mit dem scheinbaren Durchmesser der Nebel und ihrer Parallaxe Schlüsse auf die Umdrehungszeiten und Massen dieser Gebilde zu ziehen, führten zu plausiblen, aber sehr unsicheren Beträgen, 10000 Jahre bzw. etwa das Zehnfache der Sonne.

b) Die chaotischen Gasmassen.

19. Die chaotischen Gasmassen. (Die Gasnebel II.) Wie die planetarischen Nebelflecke, so gehören sicher auch die formlosen zum System der Milchstraße. Sie erstrecken sich oft über große Teile des Himmels, wie z. B. der hellste von ihnen, der Orionnebel, dessen Gasmassen das gesamte gleichnamige Sternbild ausfüllen. Neben dem Anblick der Photographien zeigten auch die Radialgeschwindigkeitsbestimmungen an sehr vielen Stellen gerade dieses Nebels, daß in ihnen nicht nur die Form, sondern auch die Bewegungen chaotisch sind[3]).

---

[1]) J. W. NICHELSON, Month. Not. Bd. 72, S. 49. 1912.
[2]) J. S. BOWEN. Publik. astr. Soc. of the Pacific. Nr. 231. 1927.
[3]) Publik. of the Lick Obs. Bd. 13. 1918.

Geeignete Aufnahmen mit lichtstarken langbrennweitigen Instrumenten machten es ferner zur Gewißheit, daß die Nebelmassen mit einzelnen Sternen in direkter Verbindung stehen, wie denn auch die im Orionnebel liegenden B- und O-Sterne im Mittel die gleiche Radialgeschwindigkeiten wie der Nebel haben.

Die meisten chaotischen Nebel sind recht lichtschwach, und bei den glänzenden amerikanischen Reproduktionen muß man immer wieder beachten, daß sie teilweise durch mehrfaches Umkopieren der Originalaufnahmen erhalten worden sind. Neben den leuchtenden Nebeln haben wir aber unstreitig auch dunkle lichtverschluckende Massen im Kosmos. Sie kennzeichnen sich dadurch, daß über größere oder kleinere Strecken das Gewimmel der Milchstraßensterne durch fast absolute Sternleeren abgelöst wird. An mehreren Objekten konnte Wolf durch geeignete Abzählungen nachweisen[1]), daß derartige lichtabsorbierende Wolken die hinter ihnen liegenden Sterne um fünf und mehr Größenklassen, das Licht also auf $^1/_{100}$ und weniger seiner Intensität, schwächen können. Ein größeres Verzeichnis derartiger Stellen verdanken wir Barnard[2]).

Alle diese Nebel, helle wie dunkle, erscheinen nun in oder nahe der Milchstraße, projizieren sich auf das Sterngewimmel. Daneben wird nun vor allem von Hagen[3]) und seinen Mitarbeitern an der vatikanischen Sternwarte die These vertreten, der ganze Himmel sei mit einem Netzwerk dunkler Wolken überzogen, das um so dichter sei, je weiter wir von dem Gürtel der Milchstraße uns entfernen. Das Photographieren derartiger Objekte ist natürlich nicht möglich. Sie verraten sich nur durch eine eigenartige Schattierung des Himmelshintergrundes bei geeigneter visueller Beobachtung. Eine Entscheidung über die Richtigkeit dieser These hat sich bis heute noch nicht fällen lassen.

Hinsichtlich des spektrographischen Verhaltens der chaotischen Nebel und vielerlei anderer Einzelheiten kommen ältere Arbeiten nicht mehr in Frage, nachdem die ausgedehnten Studien Hubbles[4]) 1922 erschienen sind. Er unterscheidet unter den chaotischen Nebeln zwei Gruppen. Die erste mit 33 untersuchten Objekten gibt vorwiegend kontinuierliche bzw. Absorptionsspektra, die zweite, 29 Objekte, vorwiegend Emissionsspektra. Zur Erklärung all dieser Phänomene war besonders die spektrographische Untersuchung der mit dem Nebel offensichtlich verbundenen Sterne von größter Bedeutung. Hubble weist einen stetigen Übergang nach von Wolf-Rayetsternen, die Kerne kleiner planetarischer Nebelflecke sind, zu solchen in großen planetarischen Nebelflecken, zu Oe5-Bo-Sterne, die mit den chaotischen Nebel der ersten Gruppe verbunden sind, zu den B1- und späteren Sternen, die zu der zweiten Gruppe gehören. Er kann als so gut wie sicher zeigen, daß die Quelle des Leuchtens der Nebel in der Strahlung zu suchen ist, die von den von ihnen eingehüllten Sternen ausgeht. Dementsprechend haben die Nebel kein selbständiges Leuchten, sondern dieses ist in irgendeiner Form von den benachbarten Sternen der heißen Spektraltypen verursacht. Den Mechanismus dieser Erscheinung kennen wir noch nicht. Bei den Nebeln mit Emissionslinien muß es sich um eine Art Luminiszenz handeln, während teilweise das Leuchten der Nebel mit kontinuierlichem Spektrum als Reflektion gedeutet werden kann. Wie an dem Sonderbeispiel der um Rigel liegenden Nebelmassen gezeigt wird, können diese auf sehr große Entfernungen, bis zu 20 Lichtjahren vom anregenden Stern entfernt, zum photographischen Nachweis gebracht werden. Die Intensitätsverhältnisse bei diesen Verhältnissen genügen nachweislich sehr nahe dem Entfernungsquadratgesetz. Da im übrigen

[1]) M. Wolf, Seeliger-Festschrift S. 312. Berlin: Julius Springer 1924.
[2]) E. E. Barnard, Lick. Obs. Bd. 11.
[3]) J. Hagen, Naturwissensch. 1921, S. 935 (Autoreferat).
[4]) E. Hubble, Astrophys. Journ. Bd. 56, S. 162 u. 400. 1922.

in den planetarischen wie in den chaotischen Nebeln die gleichen Emissionslinien auftreten, gilt hinsichtlich der Natur des Nebelstoffes das in der letzten Ziffer Gesagte.

c) Im reflektierten Licht leuchtende Körper.

20. Die Körper des Sonnensystems. Allgemeines. Die astrophysikalische Untersuchung der Fixsterne hat in den letzten Jahren viele Ergebnisse gezeigt, die sich im Laboratorium noch nicht oder niemals werden erreichen lassen und die so von größter Bedeutung für den Physiker geworden sind. Dementsprechend ist diese Seite astronomischer Arbeit im vorhergehenden ausführlich behandelt worden. Bei der Untersuchung der Körper des Sonnensystems verwendet die Astronomie Ergebnisse der Physik, während für diese selbst erfahrungsgemäß nur wenig Neues zu erwarten ist. Unsere Darstellung beschränkt sich daher enger auf das Thema „Die Planeten als (sekundäre) Lichtquellen", während alle übrigen Einzelheiten in der angeführten Literatur nachzusehen sind[1]).

Die Planeten und ihre Monde leuchten ausschließlich im reflektierten Sonnenlicht, so daß in größeren Zügen ihr Spektrum große Ähnlichkeit mit dem der Sonne aufweist. Einzelheiten im nächsten Abschnitt. Hinsichtlich des kontinuierlichen Spektrums sei auf die Potsdamer Messungen[2]) hingewiesen, die bei Jupiter, Mars und Mond eine nach Violett ansteigende Absorption ergeben haben, so daß die „effektive Temperatur" der Planetenstrahlung sich merklich niedriger als die der Sonne ergibt.

Die scheinbaren Gesamthelligkeiten der Planeten hängen von folgenden Größen ab: Ihrem Abstand von der Erde Δ, ihrem linealen Durchmesser r, ihrem Abstand von der Sonne R und dem Verhältnis zwischen der scheinbaren Helligkeit des Planeten beim Phasenwinkel $0°$ zu der der Sonne, beide aus gleicher Entfernung gesehen, schließlich von den Gesetzen der diffusen Reflektion und vom Phasenwinkel α (Sonne — Planet — Erde). Die Größen α, r und Δ sind durch die Theorie der Planetenbewegung sehr sicher bekannt, so daß die im gewöhnlichen Größenklassensystem gemessenen Helligkeiten zunächst auf einheitliche Entfernungen umgerechnet werden können. Bezüglich des Reflektionsverhältnisses, der Albedo, herrschte bis in neuere Zeit einiges Durcheinander, bzw. man hatte unbewußt eine Reihe verschiedener Definitionen dieser Größe nicht genügend auseinandergehalten. Erst durch die Arbeiten durch Russell[3]) und Bell[4]) ist eine Klärung erfolgt.

Vorweg sei an die noch heute bestehende Unsicherheit bezüglich der Gesetze diffuser Reflektion erinnert. Ist i der Inzidenzwinkel, d. h. der Winkel zwischen der Normalen einer kleinen, absolut diffus reflektierenden Fläche und der Richtung der einfallenden Strahlen, e der Emanationswinkel, d. h. der Winkel zwischen Flächennormale und Beobachter, k und λ Konstanten, I_0 und I die Intensi-

---

[1]) Betr. Himmelsmechanik s. Enzyklopädie der Math. Wissenschaften. Bd. VI, 2. Teil. Eine gute, wenn auch nicht mehr ganz moderne Darstellung bietet Airy-Hoffmann, „Die Gravitation". Als didaktisch bes. wertvoll sei genannt: F. R. Moulton, Einführung in die Himmelsmechanik. Teubner, 1927. Über den Mond unterrichtet ausgezeichnet das Büchlein von Franz aus der Sammlung „Aus Natur und Geisteswelt". Übersichten über die Einzelheiten der Planetenoberfläche geben die besseren modernen populären Astronomien, wie die von Newcomb-Engelmann (7. Aufl. 1922). Vor allem sei ferner auf die zusammenfassende Darstellung E. Schönbergs, „Die Strahlung der Planeten" verwiesen: Ergebn. d. exakt. Naturwiss. Bd. 5. 1926 (Berlin: Julius Springer).

[2]) J. Wilsing, Publ. Astrophys. Obs. Potsdam. Nr. 77. 1921.

[3]) H. N. Russell, Astrophys. Journ. Bd. 43, S. 173. 1916.

[4]) L. Bell, Astrophys. Journ. Bd. 45, S. 1. 1917.

täten des auffallenden und des beobachteten Strahls, so sollen folgende Gesetze gelten:

$$I : I_0 = k \cdot \cos i \qquad \text{Euler,}$$
$$= k \cdot \cos i \cdot \cos e \qquad \text{Lambert,}$$
$$= k \cdot \frac{\cos i \cos e}{\cos i + \lambda \cos e} \qquad \text{Lommel-Seeliger.}$$

Bezüglich ihrer Ableitung sei auf Bd. 19, Kap. 19 verwiesen. Das erste ist nach Theorie und Messung unhaltbar, das zweite theoretisch ebenfalls nicht, scheint die Beobachtungen, wenn auch nicht vollkommen, aber besser darzustellen als das dritte, welches vom Standpunkte der theoretischen Physik um 1890 gut begründet ist.

Bell gibt nun folgende Definitionen für die Albedo: Die geometrische Albedo ist der Anteil des auffallenden Sonnenlichtes, der von einem gegebenen Körper bei voller Phase zurückgeworfen wird. Hierbei werden keine Annahmen über die Beziehungen der Albedo zur Form des beleuchteten Körpers gemacht, noch über das Reflektionsgesetz. Die geometrische Albedo hängt nur von den Lagenverhältnissen von Planet, Sonne und Mond ab und seinem photometrischen Verhältnis zur Sonne. Sie ist maßgebend, wenn man die Reflektionsverhältnisse eines Planeten mit irdischen Substanzen vergleichen will.

Eine zweite Klasse Definitionen geben die sog. sphärischen Albedos. Bei ihnen wird die Kugelgestalt des Planeten und eines der oben angeführten Reflektionsgesetze in Rechnung gestellt. Insonderheit ist die sphärische Albedo mit Anwendung des Lambertschen Gesetzes das Anderthalbfache der geometrischen. Die sphärische Albedo, zusammen mit Lommel-Seeligers Gesetz, ist oft angewandt worden, hat aber teilweise zu unmöglich hohen Werten der spezifischen Albedo geführt. Letztere ist das Verhältnis vom auftreffenden und reflektierten Licht unter Annahme einer kleinen ebenen Fläche und senkrechter Inzidenz und Emanation.

Eine vierte Definition haben wir schließlich von Bond bzw. Russell erhalten als dem Verhältnis der gesamten von einer Kugel reflektierten Lichtmenge zur gesamten auftreffenden Menge.

Die Helligkeit eines Planeten hängt erfahrungsgemäß vom Phasenwinkel ab. Die wichtigste Beobachtungsreihe auf diesem Gebiete verdanken wir G. Müller[1]). Es war ihm möglich, die Abhängigkeit von der Phase auf Grund der theoretischen Arbeiten Seeligers zu berechnen und zu prüfen, welches der drei angeführten Reflektionsgesetze mit der Erfahrung am besten übereinstimmt. Es zeigte sich, daß keines von ihnen voll befriedigte und daß insonderheit bei einzelnen Planeten das Lambertsche Gesetz, bei anderen das Lommel-Seeligersche eine befriedigende Darstellung gibt. In neuerer Zeit hat Schönberg diese Probleme wieder aufgegriffen und wie folgt theoretisch weitergeführt: Er nimmt an, daß das Lambertsche Gesetz den Laboratoriumserfahrungen entspräche und sucht dann aus der Differenz von beobachteter und berechneter Phasenabhängigkeit Schlüsse zu ziehen auf die Kleinstruktur der Oberfläche. Näheres siehe im nächsten Abschnitt.

Von großer Wichtigkeit für die Auffassung der Zustände auf den Planeten sind in den letzten Jahren die bolometrischen Messungen auf verschiedenen amerikanischen Sternwarten geworden (Coblentz, Menzel, Nicholson, Pettit). Mit hochempfindlichen Thermoelementen, verbunden mit verschiedenen Absorptionsfiltern (Glas, Wasserzelle usw.), haben sie die Gebiete der Wärmestrahlung der Planeten untersucht, so die Energieverteilung im Ultraroten ermittelt und dadurch die Temperaturverhältnisse und -verteilung auf den Planetenoberflächen zu bestimmen versucht.

---

[1]) G. Müller, Publ. Astrophys. Obs. Potsdam Bd. 8. 1893.

21. Die einzelnen Planeten. Wir beginnen mit Rücksicht auf das Spätere mit dem Erdmond. Die Helligkeit des Vollmondes reduziert auf seine mittlere Entfernung, ist nach RUSSELL $-12^m,55$, seine visuelle Albedo nach der BONDschen Definition dann 0,073, also außerordentlich niedrig, verglichen etwa mit den ZÖLLNERschen Werten für Schnee, 0,78, weißem Sandstein 0,24, feuchter Ackererde 0,079. Der Unterschied der hellsten zu den dunkelsten Oberflächenteilen beträgt nach den Arbeiten von ROSENBERG[1]) und GÖTZ[2]) nur etwas über eine Größenklasse. Sehr stark ist die Abhängigkeit von der Phase, die keinem der angeführten Beleuchtungsgesetze gerecht wird. Auf Grund sehr genauer flächenphotometrischer Messungen und ausgedehnter theoretischer Untersuchungen kommt SCHÖNBERG[3]) zu folgendem Schluß: Die Mondoberfläche ist dicht besät mit halbkugelförmigen Vertiefungen, wobei der zwischen denselben liegende Boden konvex nach oben gewölbt ist. Löchrige Lava entspricht am besten solcher Beschaffenheit. Auch überall dort, wo das Fernrohr keine Details mehr aufweist, ist sie von derselben Beschaffenheit im kleinen, wie sie im großen sich in den kraterreichen Gegenden darstellt. Als Nebenresultat ergibt sich die Erklärung der auffallenden hellen Strahlen in der Nähe einzelner Gebilde. Hier nimmt SCHÖNBERG das Vorhandensein von Löchern in einer dünnen Decke an, aus welchen das Licht nur bei kleinen Phasenwinkeln herausdringen kann, wenn der sichtbare Teil des Bodens beleuchtet ist. Die Bolometermessungen führten, soweit mir Berichte hierüber zugängig sind, zu dem erwarteten Resultat, daß nämlich die durch keine Atmosphäre geschützte Oberfläche im Laufe der 14tägigen Sonnenbestrahlung sehr hohe Temperaturen annimmt (bis etwa $200°$ C), um dann während der 14tägigen Nacht weit unter den Gefrierpunkt ($-100°$ C) zu sinken.

Rein theoretisch ist übrigens DIETZIUS unter plausibelen Annahmen für die Verhältnisse der Mondoberfläche im wesentlichen auch zahlenmäßig zum gleichen Ergebnis gekommen[4]). Wie außerordentlich stark die Oberflächentemperatur von der Sonnenstrahlung abhängt, zeigten auch Bolometermessungen auf dem Mount Wilson während der Junimondfinsternis 1927. Eine bestimmte, dem Mondsüdpol nahe Stelle hatte vor und nach der Finsternis die gleiche Temperatur von etwa $+80°$ C; bei Beginn der Finsternis sank sie rasch auf $-100°$ C, um kurz vor Ende der Totalität einen Tiefstand von $-120°$ C zu erreichen.

Der obengenannte niedrige Albedobetrag läßt sofort an dunkle vulkanische Gesteine, Magmen u. dergl. denken; auch dunkler Sand oder Lehm käme in Frage, doch zeigt die Untersuchung des Polarisationszustandes des Mondlichtes, daß nur ersteres, nicht aber Sand und Lehm in Frage kommen. Im Hinblick auf die in manchen Liebhaberkreisen beliebte, von allen Sachverständigen aber einhellig abgelehnte „Welteislehre" (Glazialkosmogonie) sei noch bemerkt, daß Eis weder hinsichtlich der photometrischen noch der Polarisationsuntersuchungen in Frage kommt.

Merkur. Dieser sonnennahe Planet ist an sich ein sehr helles Objekt, ein Stern um die erste Größe herum, und nur infolge der ungünstigen Sichtverhältnisse in Mitteleuropa mit freiem Auge nur selten wahrzunehmen, im Gegensatz zu den tropischen und subtropischen Erdteilen. Die kleine Scheibe läßt Details nicht erkennen, so daß alle Versuche, seine Rotationszeit zu bestimmen, bis heute fehlgeschlagen sind. Photometrische Beobachtungen liegen vor von SCHMIDT, MÜLLER, JOST und HOPMANN[5]), welche in guter Übereinstimmung eine dem

---

[1]) H. ROSENBERG, Astron. Nachr. Bd. 214, S. 137. 1921.
[2]) P. GÖTZ, Veröffentl. d. Sternw. Österberg-Tübingen Bd. 1. 1919.
[3]) J. SCHÖNBERG, Akt. f. Soc. scient. Fenn. Bd. 50, Nr. 9. 1925.
[4]) R. DIETZIUS, Akad. d. Wiss. Wien. Sitzungsberichte II a, Bd. 132, S. 193. 1923.
[5]) J. HOPMANN, Astron. Nachr. Bd. 218, S. 186. 1923; G. MÜLLER, Publ. Astrophys. Obs. Potsdam Bd. 8. 1893.

Monde sehr ähnliche Phasenkurve ergeben, sowie fast die gleiche geringe Albedo. Dies zwingt zu dem Schluß, daß seine Oberflächenverhältnisse ähnliche sind wie die unseres Trabanten, insonderheit auch, daß er keine Atmosphäre besitzt.

Messungen der Wärmestrahlung auf dem Mount Wilson im Jahre 1923 in verschiedenen Spektralgebieten, insbesondere in den Streifen 1,3 bis 5,5, 8 bis 11 und 11 bis 14 μ, ergaben als Temperatur eines Punktes der Planetenoberfläche, über welchem die Sonne senkrecht steht, von etwa $+340°$ C. Versuche, die Strahlung der unbeleuchteten Planetenteile zu messen, ergaben kaum nachweisbare Beträge, so daß die nicht beleuchteten Oberflächenteile äußerst niedrige Temperaturen haben müssen[1]).

Venus ist, von Sonne und Mond abgesehen das hellste aller Gestirne. Über ihre Helligkeitsschwankungen sind wir vor allem durch die ausgedehnten und sorgfältigen Beobachtungen MÜLLERS in Potsdam unterrichtet[2]). Die nachstehende Tabelle auf Grund der Zusammenfassung des Gesamtmaterials zeigt die Abhängigkeit der beobachteten Helligkeit m von der Phase Φ, die verhältnismäßig gering ist, sowie die Phasenhelligkeit M selbst, d. h. die Helligkeit des Planeten nach Reduktion auf die mittleren Entfernung Erde-Sonne $= 1 =$ Planet Erde, und die mittlere Entfernung des Planeten von der Sonne $= 0,72333$.

Tabelle 15. Phasenkurve der Venus.

Φ	m	M
7,66	$-3,56$	$-4,76$
15, 59	$-3,52$	$-4,64$
32, 13	$-3,33$	$-4,26$
47, 95	$-3,54$	$-4,18$
66, 57	$-3,68$	$-3,73$
89, 27	$-3,96$	$-3,21$
117, 50	$-4,20$	$-2,42$
147, 29	$-4,07$	$-1,60$
156, 38	$-3,88$	$-1,33$
167, 45	$-3,48$	$-0,84$

Die entsprechende Kurve ist flacher als beim Mond und Merkur, spricht also für eine „glatte Oberfläche". Auch unter günstigen Verhältnissen sind bei direkter Beobachtung Oberflächeneinzelheiten kaum sichtbar, wohl geringe Anomalien an der Lichtgrenze, besonders an den Hörnern. RUSSELL hat hieraus auf eine starke Refraktion in der Venusathmosphäre geschlossen, etwa vom doppelten Betrage der irdischen. Andererseits haben sich, vor allem auf Grund der Versuche VILLIGERS[3]) an Gipsmodellen, die auf älteren Zeichnungen gegebenen verwaschenen Flecken gutteils als Augentäuschungen herausgestellt, wodurch auf jeden Fall eine Bestimmung der Rotationszeit des Planeten auf Grund der Fleckenbeobachtungen unmöglich wird. Mit BONDS Definition ergibt sich für die Albedo der sehr hohe Wert 0,57. Alles dies zwingt zu dem Schluß, daß der Planet von einer Atmosphäre umgeben ist. Diese These wurde früher verstärkt durch visuelle Spektralbeobachtungen, die auf Sauerstoff- und Wasserstoffabsorptionsbanden hinwiesen. Von ARRHENIUS u. a. wurden daraufhin zum Teil arg voreilige Schlüsse gezogen in der Art, daß der Planet vollständig ein heißes, feuchtes, tropisches Klima besitzen solle.

Gründliche spektrographische Untersuchungen ST. JOHNS[4]) auf dem Mount Wilson mit hoher Dispersion, bei Radialgeschwindigkeiten des Planeten solcher Größe, daß etwaige O- bzw. H_2O-Banden im Planetenspektrum von irdischen getrennt sich zeigen müßten, ergaben keine Spuren beider. Es sind also die uns zugänglichen Atmosphärenschichten des Planeten von ihnen frei. Über die Rotationszeit des Planeten wissen wir heute noch nichts Bestimmtes, nur scheint sie nach spektrographischen amerikanischen Messungen größer als 15 Tage zu sein, könnte möglicherweise wie beim Mond und aller Wahrscheinlich-

[1]) Ann. Rep. Mount Wilson Obs. 1925, S. 103.
[2]) G. MÜLLER, Publ. Astrophys. Obs. Potsdam Bd. 8. 1893; Astron. Nachr. Bd. 227, S. 65. 1926.
[3]) W. VILLIGER, Neue Annalen d. Sternwarte in München Bd. III. 4. 1898.
[4]) ST. JOHNS, Astrophys. Journ. Bd. 56, S. 380. 1922.

keit nach auch beim Merkur 225^d d. h. gleich seiner Umlaufszeit um die Sonne sein. Strahlungsmessungen in gleicher Art wie beim Merkur ausgeführt, ergaben als Temperatur der uns zugänglichen Oberflächenschichten $-20°$C; die Temperaturverteilung war bis auf die Pole äußerst gleichmäßig, so daß sich heute folgende Anschauung über den Planeten herausgestellt hat. Wir beobachten lediglich eine von Sauerstoff und Wasserdampf freie Atmosphären- (Dunst-) Schicht, die uns nicht gestattet, an die eigentliche Oberfläche heranzukommen.

Mars. Die bekannten Hauptergebnisse visueller Beobachtungen seien zunächst kurz zusammengefaßt. Der Planet, etwa zweimal kleiner als die Erde, hat eine Rotationszeit von fast 24 Stunden. Seine Rotationsachse ist ähnlich wie die der Erde unter 65° gegen seine Bahn geneigt. Infolgedessen können wir den Ablauf der Jahreszeiten auf ihm an der Zu- und Abnahme der weißleuchtenden Polkappen beobachten. Die übrige Oberfläche zeigt zahlreiche Einzelheiten mit teils bräunlichen, teils bläulichen Tönungen. Die Deutlichkeit, mit der sie sichtbar sind, ist starkem Wechsel unterworfen, was auf atmosphärisch-meteorologische Vorgänge auf dem Planeten hindeutet. So war er in der zweiten Hälfte 1924 gegenüber früher fast auf seiner ganzen Oberfläche stark verschleiert. Die vielgerühmten Kanäle sind geradlinige Verbindungen markanter Ecken der Oberflächenkonfiguration. Erstmalig aufgefunden und benannt durch SCHIAPARELLI sind sie bis auf den heutigen Tag ein Gegenstand lebhafter Meinungsverschiedenheiten geblieben, wenngleich die Mehrzahl der sachverständigen Beobachter heute geneigt ist, in ihnen optische Täuschungen zu sehen. Jedenfalls ist beachtenswert, daß gerade in den größten Instrumenten öfters keine Spur von ihnen wahrzunehmen war. In welcher Weise eine unregelmäßig gebaute Oberfläche derartige Erscheinungen vortäuschen kann, hat vor allem nach der theoretischen wie experimentellen Seite hin KÜHL[1]) unter Heranziehung der Kontrasteigenschaften des Auges nachgewiesen.

Für die Realität der Kanäle spricht wieder die Arbeit TRÜMPLERS[2]). Zahlreiche Aufnahmen im gelben Licht mit den großen Lickrefraktor zeigten so viele Einzelheiten auf dem Mars, daß sie gut vermessen eine vollständige Marskarte mit zahlreichen Kanälen ergaben. Jedenfalls ist die Frage noch unentschieden; auch lassen z. B. nach Ansicht des Referenten die der genannten Arbeit beigefügten Bilder nur mit großer Mühe die wichtigsten „Kanäle" erkennen. Sollten sie sich endgültig als reell herausstellen, so dürfte man mit TRÜMPLER weniger an Wasserläufe denken, als an Vegetationsgebiete, deren Ausdehnung und Sichtbarkeit mit der Marsjahreszeit sich ändert.

Mars hat eine niedrige Albedo. Die Phasenkurve führt auf ähnliche Werte wie bei Merkur und Mond. Die „Wolken" seiner Atmosphäre können also nur eine geringe Rolle spielen, in Übereinstimmung mit den gewöhnlichen Beobachtungen. Die Planetenscheibe zeigt einen merklichen Helligkeitsabfall zum Rande hin, der wiederum auf eine Atmosphäre hindeutet, aber noch nicht genauer untersucht ist, um ihren Extinktionskoeffizienten abzuleiten. Von besonderer Bedeutung sind weiter die Aufnahmen WRIGHTS auf der Licksternwarte mit verschiedenen Farbfiltern: Die violetten Aufnahmen zeigen verschwindend wenig Detail, die infraroten dagegen verstärkt die Einzelheiten des visuellen Bildes. Wir können hierin Anzeichen einer Zerstreuung des Lichts in der Marsatmosphäre, ähnlich den Verhältnissen bei uns, erblicken. Beachtenswert ist, daß die Polkappen im violetten Bilde nicht verschwinden, und ferner der Radius des Planeten alsdann größer als bei den gelben oder roten Bildern ist. In letzterem

---

[1]) A. KÜHL, Seeliger-Festschrift. Berlin: Julius Springer 1924; Vierteljschr. d. Astron. Ges. 1924, H. 4.
[2]) R. TRÜMPLER, Lick Obs. Bull. Nr. 387, 1927.

hätten wir einen Hinweis darauf zu erblicken, daß die violetten Strahlen uns nur ein Bild einer oberen Dunstschicht geben (ähnlich wie bei der Venus), das Nichtverschwinden der Polflecke könnte vielleicht darauf hindeuten, daß diese keine Gebilde der Oberfläche selbst, sondern Erscheinungen seiner Atmosphäre sind.

Die Strahlungsmessungen auf dem Mount Wilson, wie auf der Flagstaffsternwarte in Arizona, ergaben im wesentlichen folgendes[1]: $-70°$ C an der südlichen Polkappe, $-10°$ am Äquator nahe der Lichtgrenze, $+30°$ für Stellen, an denen die Sonne im Zenit sich befindet. Ferner wurde die Temperaturverteilung längs des Äquators gemessen; es ergab sich ein verhältnismäßig gleichmäßiger Temperaturan- und -abstieg vom Morgen über den Mittag zum Abend auf dem Planeten, dementsprechend die Atmosphäre bei Mars eine wesentlich geringere Rolle in der Strahlungsverteilung als bei uns spielt. Alle diese Zahlenangaben haben nur relativen Wert; absolut genommen, sind sie noch je nach den ihnen zugrunde liegenden Strahlungshypothesen um mindestens $10°$ bis $20°$ unsicher; sie liegen demnach gerade an den kritischsten Stellen hinsichtlich des engeren Vergleichs mit den klimatischen Verhältnissen bei uns.

Während der günstigen Opposition 1924 haben Adams und St. John mit großer Dispersion die Mengen an Wasserdampf und Sauerstoff in der Marsatmosphäre zu ermitteln versucht[2]. Der Anteil des Wasserdampfes ergab sich zu 6%, der des Sauerstoffes zu 16% gegenüber irdischen Verhältnissen, also auch auf diesem Wege eine Bestätigung der obigen Ausführungen.

Die kleinen Planeten. Es seien hier nur in Kürze ihre Helligkeitsverhältnisse gekennzeichnet. Die spektrographischen Beobachtungen haben, wie zu erwarten, bisher zu nichts Besonderem geführt. Die Frage der Anordnung der kleinen Planeten im Raume steht hier auch nicht zur Diskussion, man vergleiche hierzu die vorzügliche Übersicht von Stracke[3]. Die nachstehende Tabelle kennzeichnet die wichtigsten photometrischen Daten für einige von

Tabelle 16.   Helligkeit und Durchmesser einiger kleiner Planeten.

Name	m	Δm	Durchmesser	
			Merkur	Mars
Ceres	6,^{m}91	0,^{m}042	857	684
Pallas	7, 56	0, 042	662	529
Vesta	6, 01	0, 027	939	750
Juno	8, 46	0, 019	273	218
Eurydice . . .	12, 61	0, 030	63	50

ihnen. Sie enthält die mittlere Oppositionshelligkeit, die Helligkeitsänderung pro Grad Phase, ihren Durchmesser in km berechnet in der Voraussetzung, daß ihre Albedo des Merkur bzw. der des Mars gleich sei. Dies erscheint statthaft, da sicher bei diesen kleinen Körpern ähnliche Oberflächenverhältnisse vorliegen werden wie bei den genannten Planeten, insbesondere wird die Atmosphäre bei ihrer kleinen Masse keine Rolle spielen. Bei einigen der helleren Planetoiden liegen Angaben für direkte Durchmesserbestimmungen vor. Sie sind von gleicher Größenordnung wie die photometrisch berechneten. Man wird also nicht fehlgehen, auch für die schwächeren und schwächsten dieser Himmelskörper die gleiche Rechnung durchzuführen und gelangt dann bis zu Durchmessern von einigen wenigen Kilometern herunter. Der Annahme noch kleinerer dieser Körper steht nichts im Wege, nur werden sie sich den Beobachtungen völlig entziehen[4].

---

[1] Siehe auch W. W. Coblentz in „Naturwissenschaften" 1927, S. 809.
[2] W. S. Adams u. St. John, Astrophys. Journ. Bd. 63, S. 133. 1926.
[3] G. Stracke, Ergebn. d. exakt. Naturw. Bd. 4. Berlin: Julius Springer 1925.
[4] Siehe hierzu auch A. Close. Astron. Nachr. Bd. 231. S. 313. 1927.

Von besonderem Interesse ist noch der Planetoid Eros, nicht nur wegen seiner eigenartigen Bahnlage (in seinem Perihel ist er der Sonne näher als Mars, und dadurch hervorragend geeignet zur Bestimmung der Sonnenparallaxe), sondern auch wegen seiner Helligkeitsverhältnisse. Er erwies sich besonders um 1900 zeitweilig als stark veränderlich mit einer Periode von wenigen Stunden und einer Amplitude von 1 bis 2 Größenklassen. In anderen Oppositionen trat die gleiche Erscheinung nicht wieder auf, der Planet war oft auffallend schwach und zeigte nur geringe, kaum periodische Schwankungen. Von einer regelmäßigen Rotation kann bei ihm also keine Rede sein, auch sind die zuerst beobachteten Schwankungen zu stark, als daß sie bei unregelmäßigen Drehungen des Körpers durch starke Albedodifferenzen seiner Oberflächenteile erklärt werden könnte. Am wahrscheinlichsten ist wohl die Erklärung, daß kleinere oder größere Stellen quasi spiegelnd das Licht zurückwerfen. Es genügen dann geringe Drehungen oder Lagenänderungen, um die beobachteten Effekte hervorzurufen. Auch bei dem einen oder anderen der übrigen kleinen Planeten wurden ähnliche, wenn auch nicht so starke Erscheinungen wahrgenommen.

Die vier äußeren Planeten haben ihren physikalischen Verhältnissen nach außerordentlich starke Verwandtschaft, so daß das ihnen Gemeinsame zunächst besprochen sei. Jupiter, Saturn, Uranus und Neptun haben alle nur eine geringe Dichte, soweit sie sich beobachten ließ eine nur nach Stunden zählende Rotationszeit trotz ihrer großen Durchmesser, und damit naturgemäß verbunden eine starke Abplattung. Ihre Albedos haben mittlere Werte, Phasenkoeffizienten ließen sich nur unsicher ermitteln, teils weil von der Erde aus gesehen die Phase immer nur wenige Grad erreichen kann, teils weil ständig an ihren Oberflächen starke Umänderungen vor sich gehen, die merkliche Helligkeitsschwankungen mit sich bringen. Das Spektrum der Planeten ist naturgemäß das der Sonne, nur treten bei allen neben Wasserdampfbanden in verschiedener Stärke noch solche bei 6180 und, wenigstens bei Uranus und Neptun, bei 5425 Å auf, deren Ursprung nicht bekannt ist.

Jupiter. Die Umdrehungsachse des Planeten steht nahe senkrecht zur Bahn. Auf der uns sichtbaren Oberfläche sind zahlreiche Einzelheiten wahrzunehmen, im allgemeinen Wolkenzüge, die sich mehr oder weniger rasch ändern, parallel seinem Äquator. Dementsprechend ergeben sich für die Partien verschiedener planetozentrischer Breite verschiedene Werte für die Umdrehungszeit (ähnlich wie bei der Sonne). Die Strahlungsmessungen auf dem Mount Wilson führten in bekannter Weise zu Oberflächentemperaturen von $-80°$ C, so daß wir auch hiernach im wesentlichen nur seine oberen Atmosphärenschichten beobachten können. Über die Natur des Planeten haben dann die Untersuchungen Schönbergs[1]) vor allem vielerlei Neues gebracht. Theoretisch wie durch Beobachtungen mit einem Spezialflächenphotometer ermittelte er die Intensitätsverteilung auf der Planetenscheibe und erhielt so vor allem den Transmissionskoeffizienten der Atmosphäre zu $p = 0,63$ gegenüber $0,83$ bei der Erde. Weiter zeigte das Studium des Phasenkoeffizienten, daß bei maximaler Phase und großer Höhe kumulusartige Wolken wesentliche Schatteneffekte hervorbringen, die bei einer Ausbreitung über etwa $1/_8$ der Oberfläche auch den Phasenkoeffizienten erklären können.

Nach allem kommen wir hier wie bei den übrigen Außenplaneten mit der Beobachtung nicht durch die jeweilige Atmosphäre zur eigentlichen Oberfläche. Welche Eigenschaften, vor allen Temperatur, diese hat, wissen wir nicht.

[1]) E. Schönberg, Photometrische Untersuchungen über Jupiter und das Saturnsystem. Helsingfors 1921.

Saturn besteht bekanntlich aus der stark abgeplatteten Planetenkugel und dem konzentrischen Ringsystem. Hinsichtlich der Kugel haben wir fast die gleichen Verhältnisse wie beim Jupiter, was Strahlungstemperatur, Transmissionskoeffizient usw. anlangt, nur zeigt die Oberfläche der Kugel keine besonderen Einzelheiten. Die Rotationszeit des Planeten ist teils aus schwachen, gelegentlichen Flecken, teils spektrographisch zu $10^1/_4$ Stunden ermittelt worden.

Dagegen ist das Ringsystem vom größten physikalischen Interesse. Nach vorangehenden anderweitigen Arbeiten konnte Maxwell 1856 analytisch zeigen, daß ein solches Ringsystem nur dann stabil sein kann, wenn es aus zahllosen kleinen Körpern besteht, die sich im einzelnen im wesentlichen nach den Keplerschen Gesetzen um den Planeten bewegen. Die Beobachtungen haben völlig diese Theorie bestätigt, und zwar einmal durch Messung der Radialgeschwindigkeiten der einzelnen Ringteile, sodann durch die Photometrie. Das Ringsystem behält naturgemäß im Raume eine feste Lage, so daß je nach der Stellung des Planeten zur Sonne diese den Ring bald von der einen, bald von der anderen Seite her beleuchtet unter Erhebungswinkeln über die Ringebene bis zu 28°. Infolgedessen wird auch von der Erde aus gesehen der Planet in Stellungen mit verhältnismäßig weit geöffnetem Ring heller erscheinen als bei verschwundenem Ring. Die analytische Lösung des hier vorliegenden Beleuchtungsproblems gab Seeliger[1]). Er untersuchte die Gesamthelligkeit einer ringförmigen flachen Meteoritenwolke, die einmal nur an ihrer Kante und Oberfläche beleuchtet wird, wobei die tieferliegenden Schichten von den Außenteilen beschattet werden, während in anderen Phasen mit steigender Sonnenhöhe sich die Schattenwirkung vermindert. Erklärlicherweise wird in der Lösung des Problems als Unbekannte noch enthalten sein die Dichte des Ringes, d. h. das Volumenverhältnis der Meteoriten zum freien Raume. Die ausgedehnten Messungen Müllers[2]) der wechselnden Gesamthelligkeit des Planeten konnten Seeligers Theorie bis auf geringe Reste bestätigen. Schönberg seinerseits fügte Beobachtungen der Flächenhelligkeit des Ringes im Verhältnis zu der der Kugel hinzu und erhielt u. a. in zusammenfassender Diskussion seiner und der Müllerschen Beobachtungen eine sehr große Massendichte, nämlich ein Zwölftel des Volumens[3]).

Unter diesen Umständen müssen in den Ringen häufige Zusammenstöße der einzelnen Körper stattfinden, womit eine Zertrümmerung oder Kleinmahlen des Ringmaterials verbunden sein muß, worauf Schönberg und schon vor ihm Bell hingewiesen haben. Wird die Ringmaterie schließlich zu feinstem Staub zermahlen, so können die Seeligerschen Ableitungen nicht mehr angewandt werden. Vermutlich haben wir es aber mit einem Übergangsstadium zu tun. Wie Bell gezeigt hat, können wir uns das Ringsystem etwa wie folgt vorstellen. Es besteht aus einem sehr dünnen, nahezu ebenen Ring relativ dichter Masse mit mehreren ständigen Unterbrechungen, vor allem der sog. Cassinischen Teilung. Diese werden, wie die Himmelsmechanik zeigt, durch die Störungseinflüsse des größten der Saturnmonde, Titan, sowie der übrigen auf die Ringmaterie hervorgerufen. Umgeben wird diese dichtere Materie von äußerst zartem Dunst bzw. Staub, der durch die Zusammenstöße im Ring selbst entsteht und auf den sich Betrachtungen hinsichtlich des Einflusses vom Strahlungsdruck der Planetenkugel nach Schönberg anwenden lassen.

Uranus. Die Scheibe dieses Planeten ist von der Erde aus gesehen zu klein, um mit Sicherheit Einzelheiten erkennen zu können, die eine Rotationszeit, Lage seiner Rotationsachse usw. ermitteln lassen. Da bei Jupiter und Saturn

---

[1]) H. Seeliger, Abhandlgn. d. Münch. Akad. d. Wiss. 2. Kl. Bd. 18. 1893.
[2]) G. Müller, Publ. Astrophys. Obs. Potsdam Bd. 8. 1893.
[3]) G. Schönberg, l. c. S. 74.

die Rotationsachse nahezu auf der mittleren Ebene der Trabantenbahnen senkrecht steht, kann man das gleiche bei Uranus annehmen. Es würde dann seine Achse nahezu in der Ebene der Planetenbahn um die Sonne liegen. Aus spektrographischen Beobachtungen hat LOWELL auf eine etwa 11 stündige Rotationszeit geschlossen und PICKERING ist photometrisch zum gleichen, aber noch äußerst unsicheren Ergebnis gekommen.

Neptun. Hinsichtlich dieses bis heute äußersten Planeten des Sonnensystems gilt im großen und ganzen das gleiche wie vom Uranus. In neuester Zeit hat OEPIK[1]) in Dorpat photographisch-photometrisch die Rotationsdauer des Planeten zu ermitteln versucht. Er glaubt, eine Überlagerung zweier Perioden von 7,7067 und 7,8363 Stunden nachgewiesen zu haben. Nimmt man dies als richtig an, so müßte der Planet rasch wechselnde Flecken verschiedener Helligkeit auf seiner Oberfläche haben, die einen mehr in seinen äquatorialen Teilen, die anderen in höheren Breiten. Wie OEPIK zeigt, harmonieren seine Messungen mit denen von MÜLLER, BALDWIN, HALL u. a. Immerhin sind weitere Arbeiten hierzu dringend erwünscht.

Die Satelliten. Den Zielen dieses Kapitels entsprechend sollen in Kürze nur die astrophysikalischen Eigenschaften der Planetenmonde besprochen werden. Von ihnen bieten die des Mars, Uranus und Neptun nach dem heutigen Stande der Beobachtungen nicht viel Interessantes. Die beiden Marsmonde sind nur $14^m,5$ und haben nur 9 km Durchmesser, falls ihre Albedo entsprechend PICKERINGS Berechnung gleich der des Planeten selbst angenommen wird. Die beiden äußeren Uranusmonde 15^m hätten in ähnlicher Rechnungsart ca. 900 km Durchmesser, die beiden inneren sind noch lichtschwächer und also wohl kleiner. Auch der Neptunsmond gehört zu den nur in großen Fernrohren sichtbaren Objekten mit 14^m und 3600 km Durchmesser. Letzterer wäre also an Dimension unserem Erdmond etwa gleich. Ob die beiden äußeren Planeten noch weitere Monde besitzen, läßt sich vorab nicht entscheiden. Diese müßten dann klein und äußerst lichtschwach sein. Die eben gemachten Durchmesserangaben können naturgemäß nur die Größenordnung kennzeichnen, da zum mindesten bei den Monden des Jupiter und Saturn die Hypothese, ihre Albedo sei gleich der des zugehörigen Planeten, sich als nicht richtig erwiesen hat.

Die wesentlich helleren Monde von Jupiter und Saturn haben zur Beobachtung einer Reihe photometrischer Besonderheiten geführt. Jupiter hat 9 Monde, von denen 4 bekanntlich 1608 von GALILEI entdeckt wurden. In nachstehender Tabelle sind eine Reihe sie charakterisierender Werte gegeben:

Tabelle 17.

Mond	Umlaufszeit	Helligkeit		Durchmesser	
		visuell	photographisch	Bogensekunden	km
I	$1^d,769$	$5^m,1 - 5^m,9$	$5^m,8 - 7^m,2$	$0'',90$	3400
II	3 ,551	5 ,1 − 6 ,1	5 ,5 − 6 ,6	0 ,80	3000
III	7 ,155	4 ,6 − 5 ,4	4 ,9 − 6 ,0	1 ,40	5300
IV	16 ,689	6 ,0 − 6 ,6	6 ,0 − 7 ,4	1 ,34	5000
V	0 ,498	13			
VI	251	14			
VII	260	16			
VIII	739	17			
IX	804	18			

Die vier alten Monde sind so hell, daß sie mit freiem Auge sichtbar wären, wenn nicht das Licht des Planeten sie überstrahlte. Wie die Tabelle zeigt, sind

---

[1]) E. OEPIK, Publ. Obs. Astr. Tartu (Dorpat) Bd. 25, Nr. 7. 1924.

sie visuell wie photographisch stark veränderlich, und zwar nach den Beobachtungen Guthnicks u. a., sowie Schüttes[1]) in äußerst unregelmäßiger Weise. Die Durchmesser sind teils mikrometrisch bestimmt, teils von Michelson mit einem kleinen Interferometer, teils photometrisch aus dem Verlauf ihrer Helligkeitskurve, wenn einer der Monde in den Schatten Jupiters tritt[2]). Die Ergebnisse aller drei Methoden harmonieren recht gut. In der Tabelle sind die photometrischen Daten gegeben mit den entsprechend berechneten linearen Werten. Alle vier Monde sind demnach von etwa gleicher Größe bzw. etwas größer als unser Erdmond. Aus den Mittelwerten der Helligkeiten und den angegebenen Durchmessern haben Guthnick und Schütte Albedowerte berechnet. Bei I und II sind diese recht hoch, gleich oder noch größer als die der Venus, bei III haben wir einen mittleren Wert, bei IV einen verhältnismäßig niedrigeren. Neben dem Lichtwechsel von Umlauf zu Umlauf des Mondes weisen diese noch wechselnde Helligkeiten in verschiedenen Jahren auf. Die den wechselnden Helligkeiten entsprechenden Albedowerte schwanken natürlich auch äußerst stark hin und her und gehen theoretisch bis über die Einheit hinaus.

In jüngster Zeit hat nun J. Stebbins[3]) photoelektrische Helligkeitsbestimmungen gleicher Art veröffentlicht, die eine wesentlich geringere Amplitude und einen glatten Verlauf der Intensitätsschwankungen bei den 4 Jupitermonden aufweisen. Guthnick[4]) hat diese und die oben genannten Reihen einer erneuten, zusammenfassenden Kritik unterzogen, deren Ergebenis er wie folgt zusammenfaßt: die Unterschiede in den verschiedenen Arbeiten rühren sehr wahrscheinlich im wesentlichen von der Verschiedenheit der Spektralgebiete (lichtelektrisch, photographisch einerseits, visuell andererseits) her, und sind analog den Marsverhältnissen erklärbar durch die Annahme merklicher, die kurzen Wellenlängen stark zerstreuender Atmosphären der Satelliten.

Es ist naheliegend, daß diese vier großen Monde in ihren Bewegungen sich wechselseitig stark beeinflussen, so daß ihre Theorie ein besonders interessantes Kapitel der Himmelsmechanik darstellt. Insonderheit ist es gelungen, hieraus die Massen der Monde relativ zu der des Jupiter zu bestimmen, die sämtlich unter $^{1}/_{10\,000}$ liegen. Mit obigen Durchmessern erhält man ferner die mittleren Dichten dieser Gestirne, die relativ zur Dichte des Wassers sich zwischen 0,6 und 0,2 bewegen. Alles in allem sind also diese „medizeischen Gestirne" wesentlich von unserem Erdmond verschieden, dessen Masse $^{1}/_{81}$ der Erdmasse beträgt bei einer mittleren Dichte von etwa 3 bis 4.

Der fünfte Mond, erst 1892 entdeckt, hat einen theoretisch berechneten Durchmesser von nur 160 km, die vier äußeren Trabanten sind erst im ersten Jahrzehnt dieses Jahrhunderts zumeist photographisch beobachtet worden, über ihr photometrisches Verhalten ist weiter nichts bekannt.

Die wichtigsten Daten bezüglich der Saturnmonde vereinigt nachstehende Tabelle:

Tabelle 19.

Mond	Umlaufszeit	Mittlere visuelle Helligkeit	Mond	Umlaufszeit	Mittlere visuelle Helligkeit
Mimas	$0^{d},942$	$12^{m},07$	Titan	$15^{d},95$	$8^{m},58$
Enceladus . . .	1 ,370	11 ,56	Themis	20 ,85	18
Tethys.	1 ,888	10 ,47	Hyperion . . .	21 ,28	12 ,96
Dione	2 ,737	10 ,73	Japetus . . .	79 ,33	11 ,03
Rhea	4 ,517	9 ,97	Phoebe	550 ,47	16

[1]) P. Guthnick u. K. Schütte, Astron. Nachr. Bd. 218, S. 273. 1923.
[2]) R. A. Sampson, Ann. Harv. Coll. Obs. Bd. 52. 1907.
[3]) J. Stebbins, Lick Obs. Bull. Nr. 385. 1927.
[4]) P. Guthnick, Sitzungsber. d. preuß. Akad. d. Wissensch. Berlin. 1927.

Von diesen Monden zeigen ähnlichen Lichtwechsel wie die Jupitermonde Thetys, Dione und Rhea. Besonders interessant aber ist Japetus mit 1,8^m Amplitude des Lichtwechsels. Wie schon CASSINI im 17. Jahrhundert bemerkte, ist dieser Mond in seinen westlichen Elongationen stets am hellsten, in den östlichen am schwächsten. Die meisten Autoren haben hieraus auf eine Gleichheit von Umdrehungs- und Umlaufzeit geschlossen, allerdings führt dann die starke Amplitude auf außerordentlich große Unterschiede in den Albedos seiner uns jeweils zugekehrten Oberflächenteile, so daß man mit GUTHNICK auch an irgendwelche meteorologischen Vorgänge denken könnte. Aus der Theorie ihrer Bahnbewegungen hat H. STRUVE die Massen relativ zur Saturnmasse ermittelt. Danach hat Titan etwa $^1/_{50\,000}$, die übrigen im Durchschnitt nur $^1/_{1\,000\,000}$. Nach mikrometrischen Messungen hat Titan 0,63″ Durchmesser bzw. 4400 km; für seine Albedo ergibt sich dann ein recht hoher Wert ähnlich dem der Venus. Über die Durchmesser der übrigen Monde wissen wir nichts, desgleichen nichts über ihre Albedos. Die gelegentlich in der Literatur hierüber gemachten Angaben haben nur äußerst fraglichen Wert.

d) Kosmische Kleinkörper.

22. Die Kometen. Nach unseren heutigen Kenntnissen sind die Bahnen sämtlicher Kometen ursprünglich langgestreckte Ellipsen, die durch die Störungseinflüsse der großen Planeten teils in parabelartige Hyperbeln, teils in Ellipsen geringerer Exzentrizität verwandelt wurden. Dementsprechend gehören die Kometen ihrem Ursprunge nach mit zum Sonnensystem, zu dessen Zentrum sie allerdings nur in sehr langen Zwischenräumen gelangen.

Über die Gesetzmäßigkeiten der Kometenhelligkeiten ist bis heute noch wenig bekannt. Ihr plötzliches Auftreten und Verschwinden verhinderte, abgesehen von einigen besonders hellen Objekten, systematische Untersuchungen. Die Helligkeitsangaben beruhen fast ausschließlich auf Schätzungen bei stark wechselnden optischen Hilfsmitteln. Bekanntlich besteht ein Komet normalerweise aus einem sternartigen Kern, einer ihn umgebenden Hülle von etwa paraboloidischer Form, der Koma, und einem oder mehreren Schweifen verschiedensten Aussehens und verschiedenster Dimension. In Sonnenferne ist ein Komet kaum von einem Fixstern zu unterscheiden bzw. nur ein kleines, rundes, verwaschenes Gestirn; mit Annäherung an die Sonne tritt eine starke Helligkeitszunahme ein, verbunden mit der Schweifentwicklung. Einige Zeit nach dem Durchgang durch das Perihel beginnt dann der umgekehrte Vorgang. Je nachdem, ob die Helligkeitsschätzung mit starker oder schwacher Vergrößerung angestellt wird, beziehen sich die Angaben nur auf den Kern oder auf die Gesamterscheinung des Kometen. Im ersten Falle, also bei nahe punktförmigen Objekten, hat sich ergeben, daß die Helligkeit den Quadraten der Entfernung des Kometen von der Sonne und der Erde entsprechend sich ändert, daß also der Kern im Wesentlichen Sonnenlicht zurückstrahlt, während bei den schwachen Vergrößerungen Flächenhelligkeiten geschätzt werden, die anderen Gesetzen gehorchen. Photographische Aufnahmen zeigen zuweilen ein außerordentlich reiches Detail in den Kometenschweifen, wobei sich in einzelnen Fällen Lichtoder Gasausbrüche verfolgen ließen, die vom Kern ausgehend mit mehr oder weniger hoher Geschwindigkeit sich durch den Schweif bewegten.

Die Gesamthelligkeit eines periodischen Kometen scheint im Laufe der Zeit abzunehmen, wie denn überhaupt diese Himmelskörper einem starken Zerfallsprozeß ständig und besonders in Sonnennähe unterworfen zu sein scheinen (siehe den nächsten Abschnitt). Dies gilt insbesondere von den nach ihren Berechnern HALLEY und ENCKE benannten Kometen, dann z. B. auch von dem

Bielaschen und dem einen oder anderen, bei dem Aufspaltungen seiner Materie in zwei und mehrere Körper direkt beobachtet worden sind.

Im Spektrum der Kometen, dessen Enträtselung lange Zeit in Anspruch genommen hat, dominiert das Kohlenmonooxyd. Ist dieses unter verhältnismäßig hohem Druck, so sendet es eine Reihe charakteristischer Banden aus (fünf im visuellen Gebiet), die auch das Swanspektrum des Bunsenbrenners genannt werden. Bei niedrigen Drucken treten aber eng benachbart andere Liniengruppen auf; im einzelnen Kometenspektrum sind aber all diese Gruppen mit wechselnder Intensität gemischt vertreten. Neben Kohlenmonooxyd sind noch die Banden des Zyan und die D-Linien des Natriums beobachtet worden. Ferner sendet der Kern bei hellen Objekten noch ein kontinuierliches Spektrum aus, eben das des reflektierten Sonnenlichtes.

An neuesten Arbeiten zu diesem Thema seien die von Bobronikoff[1]) und Baldet[2]) erwähnt. Ersterer untersuchte von Parkhurst erhaltene Objektivprismenaufnahme des 1910 wiedererschienenen Halleyschen Kometen. Beachtenswert ist besonders die Untersuchung der Intensitätsverteilung im kontinuierlichen Spektrum des Kerns. In großer Sonnenferne leuchtet danach dieser in „violettem" Lichte (Fluoreszenserscheinung?), in Sonnennähe herrscht dagegen das normale reflektierte Sonnenlicht vor. — Auch Baldets Arbeit beruht auf Objektivprismenaufnahmen verschiedener heller Kometen, verbunden mit längeren Laboratoriumsstudien. Vor allem gelang ihm hier eine exakte Reproduktion des Kometenschweifspektrums durch Elektronenbombardement in einer Glühkathodenröhre gefüllt mit Kohlenoxydgasen ohne Beimengung von Argon, Helium und dergl., wie es früher u. a. Fowler[3]) getan hatte. Es entstand dann das sog. 3. negative Bandenspektrum der Kohle, das auch seinen Termverhältnissen nach untersucht wurde.

Die Masse der Kometen ließ sich bisher nicht ermitteln. Sie muß nach vorliegenden Versuchen ganz außerordentlich gering sein. Bei der starken räumlichen Ausdehnung dieser Objekte müssen diese dann eine ungeheuer geringe mittlere Dichte haben.

Von den Theorien zur Erklärung der Kometenerscheinungen hat sich heute allgemein die Bredichinsche durchgesetzt mit einigen Modifikationen durch Arrhenius, Schwarzschild u. a. Nach Bredichin strömen aus dem Kopf eines Kometen materielle Teilchen aus, die von einer von der Sonne ausgehenden Repulsivkraft zurückgetrieben werden. Bredichin unterscheidet ferner drei Schweiftypen folgender Art. Wird die Anziehungskraft der Sonne im fraglichen Ort der Kometenbahn zur Einheit genommen, so ist bei Schweifen des ersten Typus die Repulsivkraft = 18, die Teilchen bilden einen fast gradlinigen dünnen, selten hellen Schweif. Beim zweiten Typus ist im Mittel die Repulsivkraft 1,1, infolgedessen die Schweife stärker gekrümmte Formen aufweisen. Beim dritten Typus haben wir nur 0,2 rückstoßende Kraft, so daß nur kurze und schwache Schweife entstehen können. Zur Erklärung der Repulsivkraft haben Zöllner, Bredichin u. a. eine Abstoßung der Teilchen von der elektrisch geladenen Sonne angenommen, während zuerst Arrhenius und später andere auf den Strahlungsdruck hingewiesen haben. Da die Teilchen zu seiner maximalen Auswirkung etwa $1/_3$ der Wellenlänge groß sein müssen, kann es sich bei den Kometenschweifen dann nicht um einzelne Gasatome, sondern um größere Gasatomkomplexe nur handeln. Im einzelnen leistet die mit Rücksicht auf den Strahlungsdruck modifizierte Theorie zur Erklärung der Schweifformen sehr

---

[1]) N. T. Bobrownikoff, Astrophys. Journ. Bd. 66. S. 145. 1927.
[2]) F. Baldet, Ann. de l'Obs. astrophys. de Paris Bd. 7, 1926.
[3]) A. Fowler, Month. Not. Bd. 70. S. 176 u. 484. 1909.

viel, schematisiert aber andererseits wieder die Verhältnisse zu stark. Im Einzelfall sind dann Hilfshypothesen zur Erklärung nötig, wie es denn bei dem starken Wechsel der kometarischen Erscheinungen kaum möglich sein dürfte, eine völlig geschlossene einfache Theorie zu geben.

23. Die Meteore[1]). Neuerem Sprachgebrauch folgend nennen wir Meteore alle die relativ kleinen Massen, die die Bahn der Erde kreuzen, in ihre Atmosphäre dringen und dort durch Aufleuchten sichtbar werden. Die kleinen und mittleren unter ihnen heißen Sternschnuppen bzw. Feuerkugeln, die größeren Meteorite. Bis zum Ende des 18. Jahrhunderts herrschte ausschließlich über diese Erscheinungen die Ansicht, daß wir es mit Dingen terrestrischen Ursprungs zu tun haben. Erst um die Wende des 19. Jahrhunderts konnten zunächst CLADNI sowie BENZENBERG und BRANDES den kosmischen Ursprung der Meteore nachweisen, vor allem durch Ermittlung der Höhe ihres Aufleuchtens (Größenordnung etwa 100 km über der Erdoberfläche). Die Theorie der Meteore, besonders ihre Bahnbestimmung, wurde nahezu gleichzeitig und unabhängig um 1864 von NEWTON in Amerika, sowie SCHIAPARELLI in Mailand wesentlich gefördert. Einzelheiten hierüber fallen aus dem Rahmen der hier gebotenen kurzen Darstellung.

Unter den Meteoren gibt es gewisse Gruppen von Sternschnuppen, die alljährlich an bestimmten Tagen besonders häufig auftreten mit offensichtlich gemeinsamem Ursprung, d. h. ihre rückwärts verlängerten scheinbaren Bahnen weisen auf einen bestimmten Fluchtpunkt an der Sphäre. Für einige, und zwar die deutlichsten dieser Sternschnuppenströme (Perseiden Mitte August, Leoniden Mitte November usw.), war es möglich, Bahnen zu berechnen, d. h. weniger die des einzelnen Meteors in der Luft, die räumlich von einer Geraden kaum abweicht, als vielmehr die im Raume. Die Bahnelemente erwiesen sich dabei als überraschend gleichartig mit denen bestimmter periodischer Kometen, z. B. die Perseiden mit denen des Kometen 1862 III, die Leoniden mit denen des Kometen 1866 I. In derartigen Fällen erscheint es heute so gut wie sicher, daß die Meteore Zerfallsprodukte der Kometen sind, die ihre Materie längs der elliptischen Bahn zerstreuen.

Neben den sechs derart gesicherten Fällen sind eine große Zahl weiterer Radianten festgelegt worden, als Fluchtpunkte scheinbar zusammengehöriger Meteore. Nach den neuesten Arbeiten HOFFMEISTERS[2]), eines der besten Kenner des Gebietes, liegen hier viele Übertreibungen vor. Er weist ferner darauf hin, daß die Beobachtungen der Feuerkugeln und Meteorite, also der Erscheinungen mit individuell studierter Bahn häufig auf hyperbolische Bahnen um die Sonne hinweisen, daß demnach der Ursprung dieser Erscheinungen im Gegensatz zu den in elliptischer Bahn laufenden Perseiden usw. außerhalb des Sonnensystems liegt. Wir wären dann zu der Annahme gezwungen, daß in solchen Fällen, d. h. vielleicht in der Mehrzahl der Erscheinungen, im Raume zahlreiche kleinste Materiemengen, äußerst dünn verteilt, sich mit nach dem Zufall verteilter Bewegung aufhalten (schätzungsweise kommt auf 1 cm³ Materie etwa 10^{25} cm³ leeren Raums).

Die Masse der Meteore ist meist zu klein, als daß wir sie an der Erdoberfläche untersuchen könnten. Die Geschwindigkeiten bei ihrem Eindringen in die Luft liegen zwischen 10 und 100 km/sec. Dabei findet ein starker Energieumsatz statt. Die kinetische Energie des Meteors geht zum Teil in Reibung, zum Teil in Kompression an die umgebende Luft, wobei diese wohl auch noch etwas mitgerissen wird. Alles dieses verursacht eine starke Temperaturerhöhung des Meteors und seiner Umgebung, d. h. ein Aufleuchten der Materie selbst, sowie

---

[1]) Eine neue Monographie gibt: E. P. OLIVIER, Meteors. Baltimore 1925.
[2]) C. HOFFMEISTER, Ergänzungshefte der Astron. Nachr. Bd. 4, H. 5. 1922.

vor allem bei großen Meteoriten und Feuerkugeln auch ein Leuchtendwerden der Atmosphäre, und zwar bis zu mehreren 100 m Abstand seitlich des festen Körpers. Von der Schwierigkeit derartiger Beobachtungen abgesehen, können wir nach allem von spektral-analytischen Messungen nicht viel erwarten. Soweit Untersuchungen vorliegen, ist ein kontinuierliches Spektrum mit gelegentlichen Emissionslinien festgestellt worden. Die Luftkompression wird sich als Geräusch, Knall auswirken, der erfahrungsgemäß bei großen Meteoren über 100 km weit hörbar ist. Kennzeichnend ist ferner bei all diesen Erscheinungen das plötzliche Erlöschen, in dem Augenblick nämlich, wenn die Meteormasse verbrannt ist oder bei größeren zuweilen explodiert, womit sich der Körper dann in eine Reihe einzelner auflöst, die in getrennter Bahn mit meist geringerer Geschwindigkeit sich weiterbewegen. Die erhitzte Luft ist häufig bei kleinen wie großen Erscheinungen noch für Sekunden, ja bis in die Minuten hinein sichtbar und verändert, wohl infolge von Luftströmungen, dann rasch ihre Form. Bei großen Erscheinungen fällt dann der Rest der nicht verbrannten Materie als Meteorsteine herunter.

Letztere sind naturgemäß eingehend chemisch untersucht worden, und die Mineralogie hat eine ganze Reihe Typen aufgestellt. Im wesentlichen kann man zwei Hauptgruppen unterscheiden: Eisen und Silikatmeteorite, mit zahlreichen Zwischenstufen und verschiedenen Mineralien, die zum Teil nicht auf der Erde bekannt sind. Nach NEWCOMB-ENGELMANN[1]) enthalten die Meteorsteine hauptsächlich die Mineralien Augit, Bronzit, Enstatit, Olivin, Anorthit, Leucit, manchmal kleine Mengen von gediegenem Eisen und Magnetkies, selten amorphe Kohle und Diamant. Die Mesosiderite bestehen aus einem Eisennetz, in welchem Olivin und Bronzit mit wechselnden Mengen von Plagioklas und Augit die Maschen füllen, sie bilden also einen Übergang zu den eigentlichen Meteoreisen, ebenso wie die Pallasite. Letztere bestehen aus einem fest zusammenhängenden Eisengerippe mit Körnern von Olivin oder Bronzit, das Eisen überwiegt aber schon die anderen Mineralien. Die Meteoreisen endlich setzen sich ganz aus Eisen, den Legierungen des Eisens mit Nickel, Kobald und Chrom und anderen Eisenverbindungen (FeC, Fe_3P, FeS, Fe_3C und SiC) zusammen. Ätzt man einen Eisenmeteoriten mit Säure, so zeigen sich an ihm charakteristische sog. WIEDMANNSTÄDTsche Figuren, welche, wie BENEDIKTS nachgewiesen hat, unter gewissen Temperaturbedingungen sich auch bei irdischen Eisenlegierungen bilden können, so daß sie nur noch bedingt ein Charakteristikum der Meteoreisen sind.

24. Das Zodiakallicht ist eine matte kegelförmige Lichterscheinung nach Sonnenuntergang im Westen, vor Sonnenaufgang im Osten. Seine Symmetrieachse liegt in oder nahe der Ekliptik. Je nach deren wechselnder Stellung zum Horizont ist es in unseren Breiten, im Frühjahr abends, im Herbst morgens gut sichtbar, dagegen in den Tropen ständig. Seine Natur ist noch wenig aufgeklärt. Die genauesten Intensitätsmessungen mit einem visuellen Flächenphotometer verdanken wir VAN RHIJN[2]), der einen ständigen Zodiakallichtschimmer am ganzen Himmel nachgewiesen hat. Die hellste Stelle ist wahrscheinlich noch etwas heller als die intensivste der Milchstraße. Um den Gegenpunkt der Sonne ist eine geringe weitere Aufhellung des Himmelsgrundes, der sog. Gegenschein, bei sehr guten Beobachtungsbedingungen wahrzunehmen. Beobachtungen der wechselnden Sichtbarkeit des Zodiakallichtes am gleichen Orte unter gleichen Bedingungen deuten darauf hin, daß seine Gesamtintensität variabel ist. Nach den Beobachtungen von FATH gleicht sein Spektrum dem

---

[1]) NEWCOMB-ENGELMANN, Populäre Astronomie. 7. Aufl. S. 510. 1922.
[2]) P. J. van RHIJN, Publ. Astr. Labor. Groningen Nr. 31. 1921.

der Sonne, auch geringe Polarisationserscheinungen weisen darauf hin, daß wir es bei dem ganzen nur mit reflektiertem Sonnenlicht zu tun haben. Emissionslinien, insbesondere die Nordlichtlinie, sind im Gegensatz zu früheren visuellen Beobachtungen von FATH nicht ermittelt worden. Insonderheit wird die Nordlichtlinie wohl auf die kontinuierlichen Nordlichterscheinungen zurückzuführen sein, die sich jederzeit, selbst in den geringen Breiten des Mount Wilson Observatory, haben nachweisen lassen.

Eine endgültige Erklärung des Zodiakallichtes steht noch aus. Nach der einen Theorie handelt es sich um einen Staubring um die Erde, ähnlich dem des Saturns oder um äußerste Schichten einer dann allerdings stark abgeplatteten Erdatmosphäre, die in über 10000 km Höhe hinaufreicht. Von astronomischer Seite werden diese Ansichten für wenig wahrscheinlich gehalten, da die allerdings dürftigen, hierhergehörigen Beobachtungen nicht auf eine in solchem Falle zu erwartende Parallaxe hindeuten und ferner als Symmetrieebene dann der Erdäquator zu erwarten gewesen wäre. Die andere Theorie hält das Zodiakallicht für eine äußerste, sehr flache Atmosphäre der Sonne, die sich mit Rücksicht auf den Gegenschein bis etwas über die Erdbahn hinaus erstreckt. Insonderheit hat SEELIGER[1]) theoretisch die zu erwartende Intensitätsverteilung auf Grund dieser Hypothese untersucht.

---

[1]) H. SEELIGER, Abhandlgn. d. Münch. Akad. d. Wiss. 2. Kl. Bd. 31, S. 265. 1901.

Kapitel 7.

Die Glimmentladung.

Von

R. Frerichs, Charlottenburg.

Mit 22 Abbildungen.

I. Allgemeines.

1. Übersicht. Aus der Fülle der elektrischen Entladungserscheinungen in Gasen sollen im folgenden Kapitel die Leuchtvorgänge in der Glimmentladung unter besonderer Berücksichtigung der spektroskopischen Seite ihrer Anwendung als Lichtquelle besprochen werden. Bei einer derartigen Abgrenzung des Gebietes läßt es sich naturgemäß nicht vermeiden, daß eine Reihe von Fragen nur gestreift werden, die in anderen Kapiteln des Handbuches eine eingehendere Darstellung erfahren. Dies betrifft insbesondere die verwandten Entladungserscheinungen, den Lichtbogen und die Funkenentladung, die vielfach in Übergangsformen in das hier behandelte Gebiet hinübergreifen. Ferner wird die ebenfalls an anderer Stelle (ds. Handb. Bd. XIV) ausführlich behandelte Theorie der Entladungen und der Ionenvorgänge in ihnen nur soweit herangezogen, wie sie zum Verständnis des auch heute noch recht unvollständig geklärten Leuchtvorganges in der Glimmentladung beiträgt.

Ein Teil der hier behandelten Erscheinungen nimmt eine bedeutende Stellung in der modernen Lichttechnik ein. Von einer Berücksichtigung lichttechnischer Gesichtspunkte ist indessen hier gänzlich abgesehen worden, zumal diese in dem vorliegenden Band von anderer Seite umfassend dargestellt sind.

Obwohl dieses Kapitel vorwiegend die spektroskopische Seite der Glimmentladung behandeln soll, ist es schließlich doch nicht möglich, auf Einzelheiten, insbesondere die spektroskopischen Begriffe und Bezeichnungen näher einzugehen. Für diese sei daher ein für allemal auf die betreffenden Kapitel der Bände XXI und XXIII ds. Handb. verwiesen.

Die selbständigen Gasentladungen lassen sich einteilen nach dem Ladungszustand im Entladungsraum und nach den Vorgängen an der Kathode. Die hier behandelte Glimmentladung wird einerseits charakterisiert durch die Raumladung gegenüber den Oberflächenentladungsformen, wie sie etwa in der Koronaentladung oder dem Glimmen der Leitungen hochgespannter Ströme vorliegen. Ein zweites wesentliches Charakteristikum bilden die Vorgänge an der Kathode. Im Gegensatz zu den verschiedenen Formen der Bogen- und Funkenentladung braucht bei der Glimmentladung die Kathode nicht zu glühen und zu verdampfen, um auf diese Weise die notwendigen Entladungsträger, Ionen und

Elektronen, zu liefern. Quecksilberdampflampen und ähnliche Lichtquellen gehören demnach zum Gebiet der Bogenentladungen und werden im vorliegenden Kapitel nicht behandelt. Die Entladungsform der künstlich zum Glühen erhitzten Kathode wird dagegen erwähnt, da diese in ihrem sonstigen Verhalten vielfach in nahen Beziehungen zur Glimmentladung steht.

Die Einteilung des vorliegenden Kapitels ist so gehalten, daß nach einigen einleitenden Bemerkungen, u. a. über die Beobachtungstechnik bei der Untersuchung der optischen Vorgänge in der Glimmentladung, in Abschnitt II die Glimmentladung in ihren verschiedenen Formen als Lichtquelle besprochen wird. Dieser Abschnitt selbst zerfällt in die Unterabteilungen: a. die positive Säule α) bei unvermindertem, β) bei vermindertem Kathodenfall, γ) in besonderen Formen; b. das negative Glimmlicht und c. Kanalstrahlen. Abschnitt III behandelt dann die Eigenschaften der Emission der Glimmentladung: a. Ionenvorgänge, Anregung und Verteilung der Emission in der Glimmentladung und b. Veränderung der Emission durch äußere Einflüsse.

2. Die allgemeine Form der Glimmentladung. Bei langsamer Verdünnung eines Gases in einer zylindrischen Entladungsröhre, an deren Elektroden eine

Abb. 1. Glimmentladung in einer zylindrischen Entladungsröhre schematisch dargestellt.

hinreichend hohe Spannung liegt, beobachtet man zunächst ($p \sim 100$ mm) Gleitfunken und Büschelentladungen, bis mit sinkendem Druck die eigentliche Glimmentladung einsetzt, die im wesentlichen durch drei typische Leuchterscheinungen charakterisiert ist (Abb. 1):

die positive Säule in der Entladungsbahn (5),

das negative Glimmlicht an der Kathode (3),

das positive Glimmlicht an der Anode (7).

Sinkt der Druck weiter ($p \sim 1$ bis 2 mm), so dehnt sich die positive Säule, meist unter Schichtbildung, bis zur Glaswand aus, die Glimmlichterscheinungen wachsen und es bildet sich:

an der Kathode: die erste Kathodenschicht (1),

zwischen Kathode und Glimmlicht: der HITTORFsche oder CROOKEsche Dunkelraum (2),

zwischen Glimmlicht und Säule: der FARADAYsche Dunkelraum (4).

Außerdem kann unter Umständen ebenfalls an der Anode ein anodischer Dunkelraum auftreten (6).

Bei hinreichend niedrigem Druck ($p \sim 0{,}002$ mm) erreichen schließlich HITTORFscher Dunkelraum und Glimmlicht die Glaswand, erregen dort infolge der auftreffenden Kathodenstrahlen Fluoreszenz und bei weiterer Druckabnahme hört der Existenzbereich der selbständigen Glimmentladung auf. Im allgemeinen können auf die beiden Grunderscheinungen: positive Säule und negatives Glimmlicht alle die vielfach auftretenden komplizierten Gebilde der Schichten, Doppelschichten und mehrfachen Glimmlichter zurückgeführt werden und diese Einteilung soll daher hier bei der Besprechung der Leuchtvorgänge zugrunde gelegt werden. Das anodische Glimmlicht dagegen bietet in diesem Zusammenhang wenig Interesse, zumal es meist lichtschwach und wenig ausgeprägt auftritt und im übrigen seine Emission mit derjenigen der positiven Säule identisch ist.

II. Anwendung als Lichtquelle.

3. Beobachtungstechnik. Die Beobachtung und Anwendung der Glimmentladung in verdünnten Gasen erfordert eine große Anzahl von speziellen Kunstgriffen und Fertigkeiten. Auf die Einzelheiten der Vakuumtechnik[1]) kann hier nicht eingegangen werden, es seien darum nur einige allgemeine Gesichtspunkte für die Benutzung von Entladungsröhren hervorgehoben.

Neben den gewöhnlichen Thüringer Glassorten werden zur Anfertigung der Entladungsgefäße neuerdings mehr und mehr schwerschmelzende Gläser bevorzugt, insbesondere Jenaer Hartgläser (Suprax, Supremax) oder das Pyrexglas der Corning Works N. Y. Beide ertragen sowohl Temperaturen bis zur dunklen Rotglut wie auch verhältnismäßig schroffen Temperaturwechsel. Ihre Verbindung mit gewöhnlichem Glas ist unter Verwendung bestimmter Zwischengläser möglich.

Für Untersuchungen im näheren Ultraviolett werden die Entladungsgefäße mit eingeschliffenen oder aufgekitteten Quarz- oder Flußspatfenstern versehen. Falls die Kittschicht dünn ist und nicht unmittelbar im Bereiche der Entladung (Kathodenstrahlen, aktivierte Gase s. Ziff. 23) liegt, sind die durch sie hervorgerufenen Verunreinigungen unbedeutend. Stärkere Belastung vertragen Entladungsgefäße aus Quarzglas mit aufgeschmolzenen Quarzfenstern.

Sofern die Elektroden nicht selbst an der Entladungsform beteiligt sind, richtet sich die Auswahl des Materials zum Teil nach der chemischen Natur des Füllgases. Meist dient Aluminium als Elektrode, vielfach auch das schwerschmelzbare Wolfram oder Molybdän. Für chemisch stark aktive Gase (Cl_2, Br_2, I_2) eignen sich Kohleelektroden[2]), während bei Fluor mit Erfolg Gold[3]) verwandt wird.

An dieser Stelle muß auf eine bei Glimmentladungen vielfach störende Erscheinung hingewiesen werden, die starke Zerstäubung der Kathode bei niedrigen Drucken. Diese tritt ein durch den Aufprall der Kationen (Kanalstrahlen) auf die Kathode und zwar breitet sich der dort losgelöste Metalldampf geradlinig durch das Entladungsgefäß aus und scheidet sich an den gegenüberliegenden Stellen als metallischer Niederschlag ab („kathodische Metallisierung"). Auf die Einzelheiten ist an anderer Stelle des Handbuches (Bd. XIV, Kap. 5, Ziff. 33) näher eingegangen, in diesem Zusammenhang sei nur auf die starke Abhängigkeit der zerstäubten Menge vom Kathodenmaterial hingewiesen. Verhältnismäßig geringe Neigung zum Zerstäuben weisen die Metalle auf, die meist mit einer dünnen Oxydschicht bedeckt sind, wie Aluminium oder Magnesium (vgl. jedoch Ziff. 11), und die Zerstäubung nimmt im allgemeinen um so mehr zu, je edler das betreffende Metall ist. Reine Kohle zerstäubt in sauerstofffreier Edelgasatmosphäre nach Beobachtungen von Paschen überhaupt nicht, lediglich bei Anwesenheit geringer Sauerstoffmengen treten in der Nähe der Kohlekathode infolge der Zerstäubung Kohlelinien auf. Zugleich mit dieser Zerstäubung findet eine starke Adsorption des Füllgases in der niedergeschlagenen Schicht statt, aus der die Gase jedoch durch Erhitzen wieder ausgetrieben werden können.

---

[1]) Die Einzelheiten der Vakuumtechnik sind ausführlich beschrieben in den Monographien von S. Dushman, Die Grundlagen der Vakuumtechnik, Deutsch von R. G. Berthold und E. Reimann, Berlin 1926 und A. Goetz, Physik und Technik des Hochvakuums, Braunschweig 1922. Vgl. ferner auch E. v. Angerer, Technische Kunstgriffe bei physikalischen Untersuchungen, S. 29ff. Braunschweig 1924.

[2]) W. Steubing, Ann. d. Phys. Bd. 64, S. 673. 1921.

[3]) W. R. Smythe, Astrophys. Journ. Bd. 54, S. 133. 1921.

Die Einführungen zu den Elektroden werden eingekittet oder besser eingeschmolzen. Hierzu wird meistens Platin verwendet, in Bleiglas lassen sich gut dünne verkupferte Chromnickelstahldrähte einschmelzen, außerdem gelingt es neuerdings, zugeschärfte Kupfer- oder Stahlrohre mit gewöhnlichen Glasröhren vakuumdicht zu verschmelzen, so daß man auf diese Weise Zuleitungen für starke Ströme herstellen kann. Bei Quarzglas dienen konisch eingeschliffene Invarstäbe zur Stromzuführung, doch lassen sich auch dünne Molybdändrähte unmittelbar in Quarz einschmelzen.

Die Erzeugung und Messung des Vakuums ist in Bd. II ds. Handb. ausführlich beschrieben. Falls die Entladungsgefäße dauernd mit der Pumpe in Verbindung bleiben können, empfiehlt sich die Verwendung strömender Gase. Dazu wird zweckmäßig das Füllgas in einem ständigen Kreislauf aus dem Entladungsrohr etwa mit einer Dampfstrahlpumpe in ein Vorratsgefäß von entsprechendem Druck (1—2 cm) gepumpt, aus dem es dann durch geeignete Reinigungsanordnungen zur Röhre zurückströmt.

Unter den Verunreinigungen stören am meisten Quecksilber, Wasserstoff und Kohlenstoffverbindungen. Quecksilber wird durch Ausfrieren beseitigt. Wasserstoff wird mit glühendem Kupferoxyd verbrannt und das entstandene Wasser mit Adsorptionskohle und flüssiger Luft ausgefroren oder durch Phosphorpentoxyd gebunden.

Kohlenstoffverbindungen, Luft und andere Beimengungen lassen sich bei den Edelgasen Helium und Neon durch Adsorptionskohle und flüssige Luft vollständig beseitigen, bei anderen Gasen sind kompliziertere chemische Verfahren notwendig[1]).

Entladungsröhren, die von der Pumpe getrennt werden sollen, müssen vor der Füllung gründlich gereinigt und von den an den Glas- und Metallflächen anhaftenden Gasresten befreit werden. Die Reinigung geschieht zweckmäßig durch kräftige Entladung bei gleichzeitiger Durchspülung mit Sauerstoff, die Entgasung durch Erhitzung des Rohres auf höhere Temperatur (300 bis 500°) und gleichzeitiges Ausglühen der Elektroden durch Elektronenbombardement oder Hochfrequenzströme.

Zum Betrieb der Entladungsröhren werden, namentlich bei Verwendung kondensierter Entladung, Induktorien oder auch Wechselstromtransformatoren benutzt. Transformatoren machen einerseits den Unterbrecher mit seinen vielen Störungsmöglichkeiten entbehrlich, andererseits liefern sie meist auch größere Stromstärke. Örtlich und zeitlich konstante Entladungen, wie sie z. B. bei optischen Absorptionsversuchen erforderlich sind, erhält man nur mit hochgespanntem Gleichstrom. Für verhältnismäßig niedrige Spannungen, einige tausend Volt, eignen sich Hochspannungsbatterien oder Gleichstromgeneratoren. Letztere sind dabei vorzuziehen, da sie weniger Mühe in der Unterhaltung erfordern und nicht den Nachteil der begrenzten Lebensdauer aufweisen. Für höhere Spannungen kommen Schaltungen unter Verwendung von Transformatoren, Kondensatoren und Ventilröhren in Betracht, wie sie vielfach in der Röntgentechnik (vgl. ds. Handb. Bd. XVII) benutzt werden.

a) Die positive Säule.

α) Die positive Säule bei unvermindertem Kathodenfall.

4. Form und Aussehen der positiven Säule. In der normalen Glimmentladung nimmt die positive Säule insofern eine bevorzugte Stellung ein, als auf sie im allgemeinen der größte Anteil der ausgestrahlten Energie entfällt und sie außerdem infolge der vielfach auftretenden Schichtung eine besonders

---

[1]) Vgl. dazu etwa L. MOSER, Die Reindarstellung von Gasen. Stuttgart 1920.

charakteristische Erscheinung bildet. Im Gegensatz zum Glimmlicht, dessen Dimensionen allein durch die Form der Kathode und den Gasdruck gegeben sind, hängt die Ausdehnung der positiven Säule hauptsächlich von den Dimensionen des Entladungsgefäßes ab. Wählt man es im Verhältnis zum Elektrodenabstand hinreichend groß, so tritt unter Umständen überhaupt keine erkennbare positive Säule auf (vgl. Ziff. 11).

Man unterscheidet bei der normalen positiven Säule zwei Formen, die geschichtete und die ungeschichtete Säule, die jede für sich in bestimmten Druck-Stromdichteintervallen stabil sind. Das bekannte Phänomen der einfachen oder auch mehrfachen Schichtung hat in neuerer Zeit viel an Interesse verloren, seitdem vor allem GEHLHOFF durch Untersuchungen an sorgfältig gereinigten Gasen nachgewiesen hat, daß in den meisten Fällen die Schichtbildung an das Vorhandensein geringfügiger Verunreinigungen (Fett-, Quecksilber- oder Wasserdampf) geknüpft ist. Eine Ausnahme bildet lediglich der Wasserstoff, der auch nach sorgfältigster Reinigung eine von der gewöhnlichen blauen abweichende weite rosa Schichtung zeigt. Für die optischen Vorgänge in der Glimmentladung bietet die Schichtung indessen nur insofern Interesse, als man daraus unter bestimmten Bedingungen Beziehungen zu den kritischen Potentialen der emittierten Spektrallinien abzuleiten versucht hat (Ziff. 17).

5. Die positive Säule als Lichtquelle. Da die positive Säule unter den einzelnen Leuchterscheinungen der Glimmentladung am frühesten Beachtung gefunden hat, sind im Laufe der Jahre zahlreiche Formen zweckmäßiger Entladungsröhren vorgeschlagen worden. Abb. 2 zeigt einige gebräuchliche Typen, unter denen besonders die von GÖTZE (Leipzig) hergestellte Form (Abb. 2 rechts) hervorzuheben ist. Die zylindrischen Aluminiumelektroden sind hier verhältnismäßig groß gewählt, um die auftretende Erwärmung unschädlich zu machen. Die spezifische Helligkeit wird durch Verengerung des Entladungsrohres wesentlich gesteigert; außerdem empfiehlt sich bei der meistens sehr geringen Absorption der leuchtenden Gase (Ziff. 25) die Beobachtung in Längsdurchsicht.

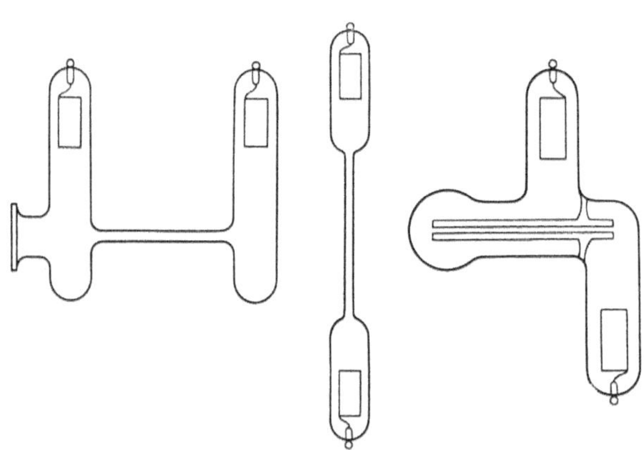
Abb. 2. Verschiedene Typen von Entladungsröhren.

Derartige Entladungsrohre lassen sich nur mit verhältnismäßig geringen Stromstärken betreiben. Da die Kapillare bei stärkerer Belastung sehr heiß wird, stellt man das Entladungsrohr vielfach aus Quarz her oder baut die ganze Anordnung in ein Kühlgefäß ein. Abb. 3 zeigt eine derartige Quarzröhre nach PASCHEN[1]) für Gleichstromentladung von 0,3 Amp., bei der der Kathodenraum durch fließendes Wasser gekühlt wird[2]).

Besondere Schwierigkeiten erwachsen bei Untersuchungen im äußersten kurzwelligen Licht, da dort keinerlei Fenster zwischen Entladungsrohr und

---

[1]) F. PASCHEN, Ann. d. Phys. Bd. 27, S. 537. 1908.
[2]) Anordnungen zur Kühlung der Elektroden durch strömendes Öl sind beschrieben u. a. bei J. J. HOPFIELD, Phys. Rev. Bd. 20, S. 573. 1922 und E. BUNGARTZ, Ann. d. Phys. Bd. 76, S. 716. 1925.

Vakuumspektrograph verwendet werden können. Die Druckverluste infolge des Spektrographenspaltes müssen dann durch ständiges Pumpen beseitigt werden. Derartige Anordnungen sind u. a. in dem Bericht von SPONER[1]) beschrieben worden.

Wird die Kapillare bei Verwendung stärkerer, namentlich kondensierter Entladungen nicht gekühlt, so verdampft das Glas zum Teil und es treten die Linien der darin vorhandenen Elemente, insbesondere die D-Linien des Natriums, auf. Eine Anwendung hiervon bildet ein von GOLDSTEIN[2]) angegebenes Verfahren zur Erzeugung von Alkalifunkenspektren. GOLDSTEIN bringt geringe Mengen der betreffenden Salze in die Kapillare, diese verdampfen dort unter dem Einfluß einer hindurchgesandten kondensierten Entladung und werden zur Emission der Funkenspektra angeregt.

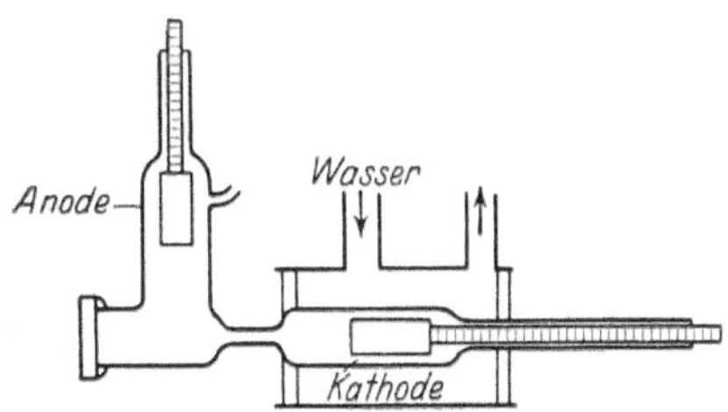

Abb. 3. Wassergekühlte Entladungsröhre aus Quarz für starke Belastung nach PASCHEN.

β) Entladungen bei vermindertem Kathodenfall.

Wie schon erwähnt, führt der starke Abfall des Potentials an der Kathode, der je nach Elektrodenmaterial und Gasart zwischen 200 und 400 Volt beträgt, ebenso wie der, wenn auch geringere, Anodenfall (ungefähr 20 Volt) zu einer beträchtlichen Wärmeproduktion an den Elektroden. Diese steigert sich noch, sobald das Gefälle an den Elektroden anormal wird, d. h. sobald die innerhalb bestimmter Grenzen der Stromstärke proportionale Fläche des Glimmlichtes die Elektroden vollständig bedeckt. Dann können Anoden- bzw. Kathodenfall Beträge von einigen hundert bzw. tausend Volt erreichen. Das wirksamste Mittel, diese Wärmeproduktion zu vermindern, besteht in der Herabsetzung bzw. gänzlichen Beseitigung des Kathodenfalles.

6. Alkalikathoden. Unter den Elementen zeichnen sich die Alkalimetalle durch besonders niedrigen Kathodenfall aus. Die starke Angreifbarkeit der Gläser gegenüber ihren Dämpfen beeinträchtigt ihre Verwendung, jedoch sind in neuerer Zeit erfolgreich Legierungen von Alkali- und Schwermetallen ebenso wie auch Cadmium-Thalliumlegierungen als Kathode in edelgasgefüllten Röhren verwendet worden. Abb. 4 zeigt eine derartige Edelgaslampe nach

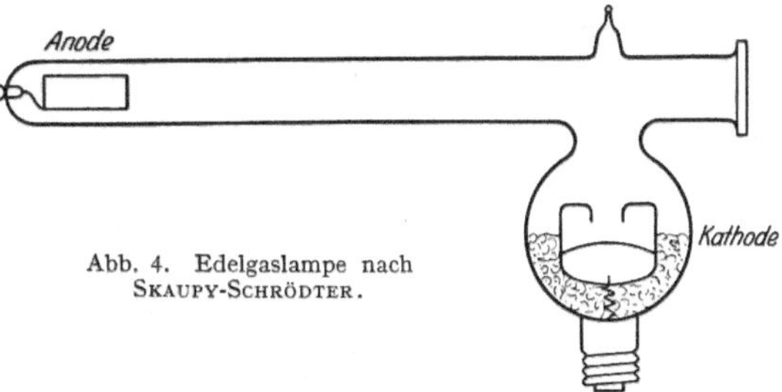

Abb. 4. Edelgaslampe nach SKAUPY-SCHRÖDTER.

SKAUPY-SCHRÖDTER[3]). Die Kathodenlegierung befindet sich hier in einem Glasbecher, dessen oberer Rand als „Prallfläche" ausgebildet ist und so die Metalldämpfe von der Entladungsbahn fernhält.

Zum Betriebe reicht nach anfänglicher Zündung durch einen Induktionsstoß, der in einer eingeschalteten Induktionsspule erzeugt wird, die Netzspannung von 220 Volt aus und diese Lampen geben z. B. bei Neonfüllung und Längsdurch-

---

[1]) H. SPONER, Naturwissensch. Bd. 14, S. 356. 1926; siehe ferner TH. LYMAN, Spectroscopie of the Extreme Ultraviolet. 1914.
[2]) E. GOLDSTEIN, Phys. ZS. Bd. 11, S. 560. 1910; J. SCHARBACH, ZS. f. wiss. Photogr. Bd. 12, S. 145. 1913.
[3]) F. SKAUPY, ZS. f. techn. Phys. Bd. 1, S. 189. 1920.

sicht sehr helle und scharfe Linien, die als Normalen bei spektroskopischen Präzisionsmessungen brauchbar sind. Ein besonderer Vorteil dieser Anordnung besteht darin, daß die reaktionsfähigen Metalldämpfe eine ständige Reinigung des Edelgases von allen Verunreinigungen bewirken, ein Verfahren, das für andere Zwecke insbesondere von Gehlhoff[1]) ausgearbeitet worden ist.

In sinnreicher Weise wird die Glaswand bei einer Anordnung von Cario und Lochte-Holtgreven[2]) vor den Alkalimetalldämpfen geschützt. Ein steter Argonstrom zirkuliert in der Pfeilrichtung durch die Entladungsröhre (Abb. 5) und hält so die Natriumatome, die bei K verdampfen, von dem Fensterraum F fern. Diese Entladung ist sehr homogen und daher infolge des Fehlens jeglicher Selbstumkehr ausgezeichnet zu optischen Resonanzversuchen geeignet.

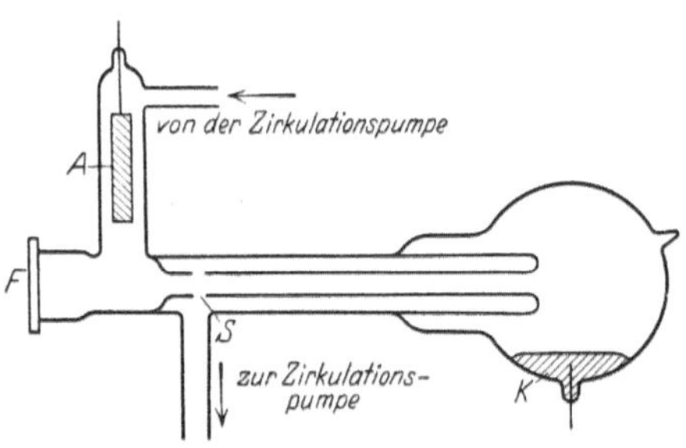

Abb. 5. Selbstumkehrfreie Alkalidampflampe nach dem Gegenstromprinzip von Cario und Lochte-Holtgreven.

7. Glühkathoden. Vollständig beseitigt wird der Kathodenfall durch Benutzung der Glühkathoden, die auf der Elektronenemission zum Glühen erhitzter Metalle oder bestimmter Oxyde beruhen. (Über die Eigenschaften der Glühelektronenemission vgl. ds. Handb. Bd. XIII.) Als bequeme Form wird bei physikalischen Untersuchungen meistens ein mit Erdalkalioxyden bedecktes und elektrisch erhitztes Platinblech benutzt[3]). Glühdrähte aus reinem oder auch mit Thorium präpariertem Wolfram, deren Herstellung und Anwendung durch die technische Entwicklung der Elektronenröhren weitgehend erschlossen ist, besitzen den Nachteil, daß sie durch Spuren von Sauerstoff zerstört werden.

Während der Charakter der gewöhnlichen Glimmentladung in weitem Maße durch den Gasdruck gegeben ist, ermöglicht die Glühkathode unabhängig von ihm eine vielseitige Variation der Entladungsbedingungen.

Wählt man den Druck niedrig, so wird der Entladungsvorgang besonders übersichtlich, da dann die Anregung lediglich durch die von der Kathode losgelösten und meßbar beschleunigten Elektronen erfolgt. Auf diese Weise ist eine große Zahl von Messungen der Anregungs- bzw. Ionisierungsspannungen der Elemente ausgeführt worden. Über die Einzelheiten der dabei benutzten Anordnungen, insbesondere über die zahlreichen Fehlerquellen und ihre Vermeidung ist in Bd. XXIII ds. Handb. eingehend berichtet.

Entladungen bei niedrigem Druck begünstigen das Auftreten höher angeregter Linien z. B. der höheren Serienglieder (vgl. Ziff. 21) und erleichtern damit die Analyse der Spektra. Abb. 6 zeigt eine nach diesen Gesichtspunkten von Gieseler und Grotrian benutzte Glühkathodenröhre aus Quarz, die bei Temperaturen von 600 bis 700° zur Analyse des Bleispektrums diente[4]).

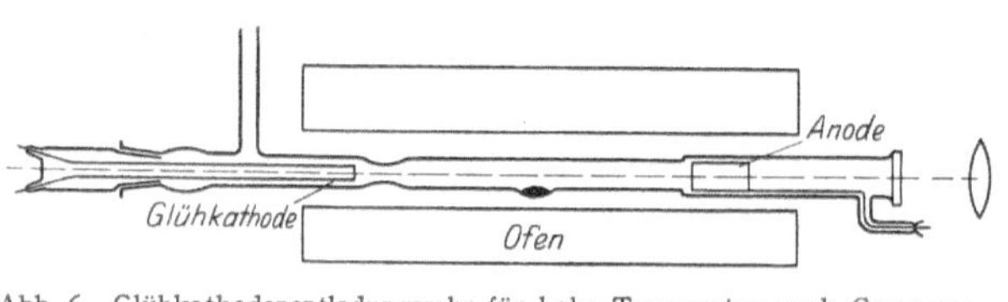

Abb. 6. Glühkathodenentladungsrohr für hohe Temperatur nach Gieseler und Grotrian.

---

[1]) G. Gehlhoff, Verh. d. D. Phys. Ges. Bd. 13, S. 271. 1911.
[2]) G. Cario u. W. Lochte-Holtgreven, ZS. f. Phys. Bd. 42, S. 22. 1927.
[3]) Vgl. dazu etwa A. Wehnelt, Die Oxydkathoden und ihre praktischen Anwendungen. Ergebn. d. exakt. Naturw ssensch. Bd. IV.
[4]) H. Gieseler u. W. Grotrian, ZS. f. Phys. Bd. 34, S. 374. 1925.

Während diese Anordnungen noch eine verhältnismäßig hohe Betriebsspannung von 2 bis 3000 Volt erfordern, lassen sich bei höheren Drucken (0,5 bis 1 mm) außerordentlich lichtstarke Entladungen schon bei Spannungen von einigen hundert Volt erzielen. Eine besonders einfache Glühkathodenröhre, mit der Stromdichten bis 20 Amp./mm² erreicht wurden, ist von KONEN und JUNGJOHANN[1]) beschrieben worden. Als Glühkathode dient hierbei ein oxydbedecktes kleines Platinblech, das durch die starke kathodische Wärmeproduktion automatisch auf der erforderlichen hohen Temperatur gehalten wird. Sobald nämlich die Kathodentemperatur sinkt, setzt infolge der verminderten Elektronenproduktion die gewöhnliche Glimmentladung ein, die ihrerseits wieder mit einer starken Wärmeproduktion an der Kathode verbunden ist. Es liegt hier also eine Art künstlicher Bogenentladung vor. Zur Zündung wird zweckmäßig irgendwo in die Rohrleitung eine Hilfselektrode eingeschmolzen und daran ein Induktionsstrom angelegt. Bei den hohen in der Röhre herrschenden Temperaturen ist eine stete Reinigung durch strömendes Gas unerläßlich und man erhält dann, je nach Druck und Stromdichte eine geschichtete oder ungeschichtete Entladung.

Glühkathodenentladungen bis zu 20 Amp. erhielten SCHÜLER und WOLF[2]) mit dem nach Art der KINGschen Öfen gebauten Vakuumofen des Einsteinturmes, Potsdam. Die Verfasser brachten in der Nähe des Kohlerohres dieses Ofens eine ebenfalls aus Kohle hergestellte weitere Elektrode an und erhielten zwischen dieser als Anode und dem glühenden Kohlerohr als Kathode eine intensive Elektronenentladung bei sehr niedrigen Spannungen. Die zu untersuchenden Substanzen werden in Kohleschiffchen in das Innere des Rohres gebracht und der leuchtende Dampf füllt dann das Rohr gleichmäßig aus. In Eisendampf beträgt z. B. die Klemmenspannung Anode-Kathode bei einer Kathodentemperatur von 1900° und 10 Amp. Entladestrom nur 30 Volt. Dieses Potentialgefälle wird auf einer Strecke von etwa 13 cm zwischen der heißesten Stelle des Ofens und der Anode durchlaufen, so daß keinerlei nennenswerte Felder auftreten und die Spektrallinien daher außerordentlich scharf werden.

8. Niederspannungsbogen. Ist der Abstand zwischen der Glühkathode und der Anode genügend klein, so lassen sich noch mit Spannungen von wenigen Volt leuchtende Entladungen erhalten. Solange diese Spannungen den Wert eines Anregungspotentials erreichen, sind diese Leuchtvorgänge unschwer zu verstehen. In einigen Fällen, z. B. bei Helium und Quecksilber, sind jedoch leuchtende Entladungen beobachtet worden bei Spannungen, die beträchtlich unterhalb des niedrigsten Anregungspotentials lagen. Vielfach handelt es sich hierbei um Schwingungen[3]), die infolge einer negativen Entladungscharakteristik auftreten können und deren Scheitelwert das betreffende Potential erreicht. In anderen Fällen[4]), bei denen nach den Versuchsbedingungen Schwingungen ausgeschlossen sind, insbesondere bei sehr starker Elektronenemission der Glühkathode, kann durch den Überschuß an positiven Ionen in der Nähe der Kathode ein Kathodenfall der notwendigen Größe entstehen, der höher ist als die gesamte anliegende Spannung.

γ) Besondere Formen: elektrodenlose Entladungen.

Im Anschluß an die Anwendungen der positiven Säule ist schließlich noch eine besondere Entladungsform zu erwähnen, die elektrodenlose Entladung in evakuierten und innerhalb eines elektrischen oder magnetischen Wechselfeldes

---

[1]) H. KONEN u. W. JUNGJOHANN, Verh. d. D. Phys. Ges. Bd. 12, S. 145. 1910.
[2]) H. SCHÜLER, ZS. f. Phys. Bd. 37, S. 728. 1926; K. L. WOLF, ebenda Bd. 44, S. 170. 1927.
[3]) Vgl. den zusammenfassenden Bericht von G. VALLE, Phys. ZS. Bd. 27, S. 473. 1926.
[4]) R. BÄR, M. v. LAUE, E. MEYER, ZS. f. Phys. Bd. 20, S. 83. 1926; K. T. COMPTON u. C. EKART, Phys. Rev. Bd. 25, S. 139. 1925.

befindlichen Gefäßen[1]). Die Bedeutung dieser Entladungsform liegt zum Teil in der Möglichkeit sehr reiner Versuchsbedingungen, da die Entladungsgefäße infolge des Wegfalls der Elektroden leicht gereinigt und entgast, wie auch zur Untersuchung chemisch stark angreifender Gase und Dämpfe benutzt werden können. Spektroskopisch besonders wichtig werden sie dadurch, daß es leicht gelingt, durch Variation der Anregungsbedingungen, Druck und Feldstärke, die verschiedenen Stufen der Anregung getrennt zu erhalten.

9. Entladung im elektrischen Wechselfeld. Zur Erzeugung· der Entladung im elektrischen Wechselfeld bringt man das Entladungsgefäß in den Luftraum eines mit einer **Teslaanordnung** oder einem **Poulsenbogen** verbundenen Kondensators, oder man legt die Wechselspannung direkt an Außenelektroden. Der spektroskopische Charakter der symmetrisch ausgebildeten Entladung, die in Glimmlicht und positive Säule (Abb. 7) zerfällt, ist vorwiegend durch die Geschwindigkeit der anregenden Elektronen bedingt.

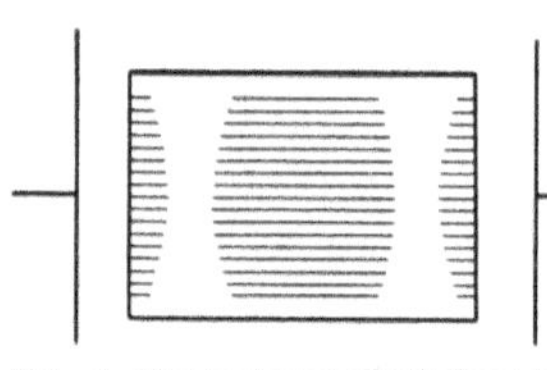

Abb. 7. Elektrodenlose Entladung im elektrischen Wechselfeld.

Mit sinkendem Gasdruck und steigender Stromstärke treten daher höher angeregte Linien auf, doch erschwert der rasche räumliche und zeitliche Wechsel des Feldes ein genaueres Studium des Anregungsvorganges. Die Frequenz des anregenden Wechselfeldes ist dabei nur von sekundärem Einfluß insofern, als im allgemeinen mit ihr zugleich die Stromstärke der Entladung zunimmt.

10. Entladung im magnetischen Wechselfeld. Eingehender ist die Entladung im magnetischen Wechselfeld untersucht worden. Die Anordnung besteht hier ebenfalls aus einem Schwingungskreis, in dessen Selbstinduktionswindungen das Entladungsgefäß hineingebracht wird (Abb. 8). Bei geeignetem Druck bildet sich dann darin ein zur Spule koaxialer leuchtender Ring, der sich mit steigender Evakuierung über das ganze Gefäß ausbreitet. Mannigfache Versuche haben ergeben, daß an dem Zustandekommen dieser Entladungsform je nach den Bedingungen sowohl das magnetische wie auch das infolge der großen Impedanz an den Spulenenden auftretende elektrische Feld beteiligt

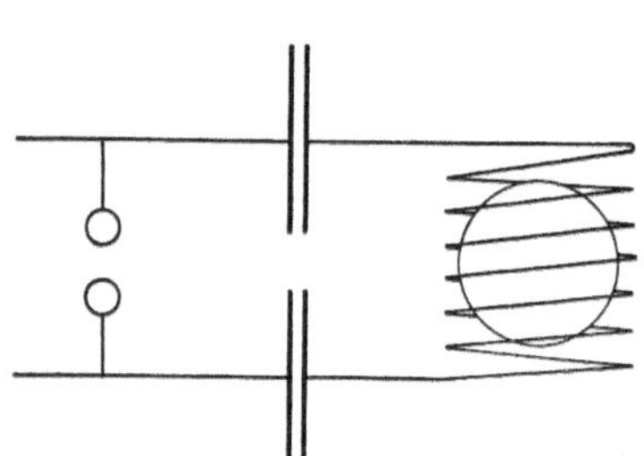

Abb. 8. Elektrodenlose Entladung im magnetischen Wechselfeld.

sein können. Spektroskopisch ist die elektrodenlose Ringentladung dadurch besonders ausgezeichnet, daß es bei ihr schon allein durch Variation des Druckes gelingt, verschiedene Anregungsstufen zu erreichen. So treten in der elektrodenlosen Ringentladung bei bestimmten Drucken Maxima der Leitfähigkeit auf, die mit dem Erscheinen der einzelnen Spektra parallel gehen. Beim Quecksilber z. B. erscheint bei etwa 1 mm ein intensives kontinuierliches Spektrum (Molekülspektrum), an dessen Stelle bei 0,025 mm das vollständige Linienspektrum tritt[2]). Ähnliche Verhältnisse liegen beim Wasserstoff vor, wo im ganzen bei abnehmendem Druck vier verschiedene Stadien der Anregung auftreten[3]):

1. weißlich: Viellinienspektrum;
2. fleischfarben: Viellinienspektrum, Balmerserie;
3. rot: Viellinienspektrum schwach, Balmerserie stark;
4. blau: Balmerserie, jedoch $H_\beta > H_\alpha$.

[1]) Vgl. den zusammenfassenden Bericht von G. MIERDEL, Phys. ZS. Bd. 25, S. 240. 1924.
[2]) I. v. KOWALSKI, Phys. ZS. Bd. 15, S. 249. 1914.
[3]) I. K. ROBERTSON, Proc. Roy. Soc. Canada Bd. 16, S. 151. 1922.

Dabei entstehen die Linien höheren Anregungspotentials zunächst in der Nähe der Wandung und breiten sich mit abnehmendem Druck immer mehr nach der Gefäßmitte aus. L. und E. BLOCH konnten auf diese Weise je nach der radialen Länge der Linien beim Quecksilber und den Edelgasen Argon, Krypton und Xenon drei verschiedene Ionisationsstadien feststellen[1]). Diese ganzen Vorgänge lassen sich zwanglos erklären durch die zunehmende Reichweite der anregenden Elektronen bei abnehmendem Druck, wie sie auch rückwärts Licht auf den Mechanismus dieses Entladungsvorganges werfen.

b) Das negative Glimmlicht.

Während sich das positive Glimmlicht in seiner Emission kaum von der positiven Säule unterscheidet und außerdem wegen seiner geringen Helligkeit als Lichtquelle nicht in Frage kommt, werden in dem negativen Glimmlicht infolge der großen, durch den Kathodenfall bedingten Geschwindigkeiten der dort ausgelösten Elektronen die Atome und Moleküle leicht in höher angeregte Zustände versetzt. **Das negative Glimmlicht ist daher eine der wichtigsten Lichtquellen zur Erzeugung der Funkenspektra einfach bzw. mehrfach ionisierter Atome und der Bandenspektra ionisierter Moleküle.**

Seine gewöhnliche Form bei höheren Drucken ist eine der Kathodenoberfläche parallele Lichthaut, deren Dicke und Abstand von der Kathode vom Druck abhängt. Bei normalem Kathodenfall, d. h. sobald das Glimmlicht noch nicht die ganze Kathodenoberfläche bedeckt, ist seine Fläche proportional der Stromstärke (Glimmlichtoszillograph). Die Lichtemission ist im Vergleich zur positiven Säule gering und es ist daher in dieser Form nur bei orientierenden Versuchen über die Verteilung der Lichtemission in der Glimmentladung direkt als Lichtquelle benutzt worden.

11. Die Hohlkathode. Durch geeignete Formgebung der Kathode gelingt es nun, das Leuchten des Glimmlichtes bedeutend zu verstärken. Hier ist vor allem die Entladung im Inneren einer röhrenförmigen Kathode zu erwähnen, eine Anordnung, auf deren Bedeutung für die praktische Spektroskopie zuerst PASCHEN[2]) in seinen bekannten Untersuchungen über das Funkenspektrum des Heliums hingewiesen hat. Abb. 9 zeigt die von ihm benutzte Heliumlampe. Bei hohen Drucken bedeckt das Glimmlicht die Außenseite der kastenförmigen Kathode; sobald aber der Druck hier bis auf etwa 2 mm gesunken ist, zieht sich das negative Glimmlicht plötzlich in das Innere der Kathode zurück und kann dort durch

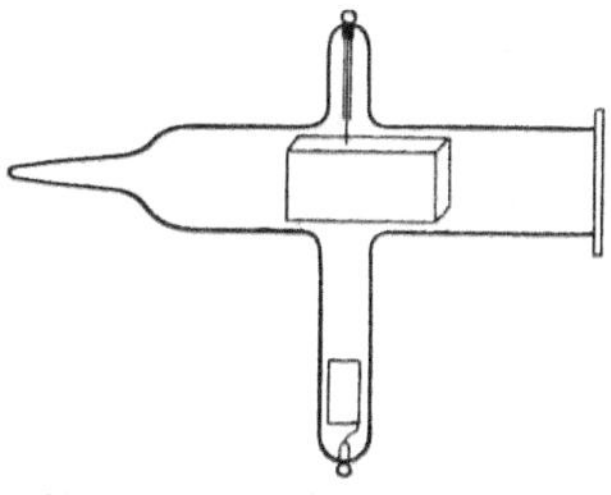

Abb. 9. Heliumhohlkathodenlampe nach PASCHEN.

Steigerung der Stromstärke beträchtliche Intensität erreichen. Dieser Umschlag der Entladung tritt bei um so niedrigeren Drucken ein, je weiter die Kathodenöffnung ist. Das Leuchten ist in einem bestimmten Druckintervall stabil und geht erst bei weiterer Herabsetzung des Druckes in eine andere Entladungsform über, bei der es fast vollständig verschwindet und sich an seiner Stelle ein axial in der Kathode verlaufender Kathodenstrahl bildet. Es ist bemerkenswert, daß hier wie auch bei den folgenden Anordnungen die positive Säule

---

[1]) L. u. E. BLOCH, C. R. Bd. 176, S. 833. 1923, ferner Journ. de phys. et le Radium Bd. 4, S. 333. 1923; C. R. Bd. 178, S. 766. 1924. Ebenfalls sind auf diese Weise die Funkenspektra der Alkalien leicht zu erhalten, vgl. PAUL D. FOOTE u. A. E. RUARK, Nature Bd. 114, S. 750. 1924.
[2]) F. PASCHEN, Ann. d. Phys. Bd. 50, S. 901. 1916.

gänzlich zurücktritt und sich der Energieumsatz fast ausschließlich auf das negative Glimmlicht erstreckt. Schüler[1]) hat an konzentrischen röhrenförmigen Elektroden Sondenmessungen vorgenommen und dabei gefunden, daß sich der gesamte Potentialabfall unmittelbar auf die Oberfläche der Elektroden beschränkt und in nahem Zusammenhang zu den kritischen Potentialen der Gasfüllung und der freien Weglänge der Elektronen und Ionen steht. Günther-Schulze[2]) gibt zuerst die Erklärung derartiger Entladungserscheinungen. Die im Inneren der Kathode durch den Stoß der aufprallenden Ionen (vgl. Ziff. 14) losgelösten Elektronen werden im Dunkelraum beschleunigt und ionisieren zum Teil das Gas in dem fast feldfreien Raum des negativen Glimmlichtes; zum Teil gelangen sie jedoch auf der gegenüberliegenden Seite wieder in den Dunkelraum und setzen dort als Sekundärelektronen den Kathodenfall herab. Dieses Wiedereintreten der geradlinig fliegenden Elektronen in den Dunkelraum ist nur im Inneren der Kathode möglich, und daher wird nach dem Prinzip vom kleinsten Zwang gerade dieses von der Entladung bevorzugt.

Diese Leuchterscheinung tritt bei Drucken von mehreren Millimetern selbst in sehr kleinen Öffnungen von 1 bis 2 mm Durchmesser auf, wie zuerst Reismann[3]) erwähnt, und kann dann durch Steigerung der Stromstärke außerordentlich verstärkt werden. Abb. 10 zeigt eine derartige Entladungsröhre, die bei einer Belastung von 1,5 Amp. bei etwa 600 bis 800 Volt Klemmenspannung von Frerichs zur lichtstarken Erzeugung der Bandenspektra ionisierter Moleküle benutzt wurde[4]). Die Kathode besteht hier aus einem massiven Aluminiumblock, der von einem Spalt von etwa 2×20 mm^2 Querschnitt durchsetzt ist und beide Elektroden werden, um die großen dort auftretenden Wärmemengen unschädlich zu machen, durch fließendes Wasser gekühlt. Bei dieser Anordnung

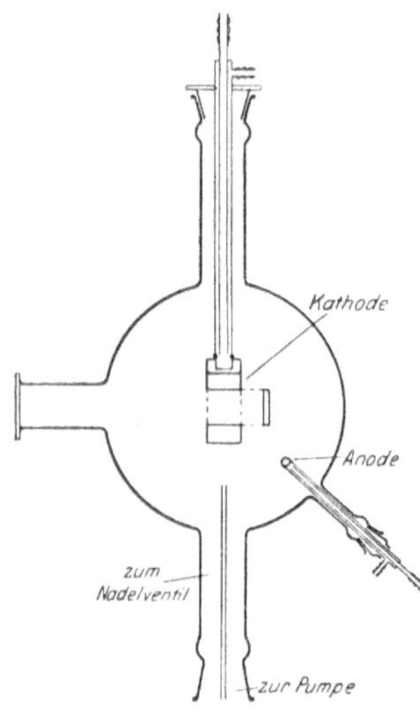

Abb. 10. Hohlkathodenlampe für stärkste Belastung nach Frerichs.

übertreffen die Bandenspektra der ionisierten Moleküle, die als „negative Banden" vorwiegend im Glimmlicht beobachtet werden, die „positiven" Banden der neutralen Moleküle beträchtlich an Intensität, so daß eine Trennung der verschiedenen Systeme auf diese Weise möglich wird. Es ist dies ein Vorteil, der besonders bei Gasen mit verschiedenen einander überlagernden Bandensystemen (z. B. N$_2$) ins Gewicht fällt.

Außer dem Spektrum des Gases treten nun in der Hohlkathode ebenfalls die Linien des Kathodenmaterials verhältnismäßig lichtstark auf[5]). So fand Paschen in der Entladung der obenerwähnten Heliumlampe die Serienspektra des neutralen und einfach ionisierten Aluminiums bis zu den höchsten Seriengliedern ausgebildet. In gleicher Weise sind die Bogen- und ersten Funkenspektra zahlreicher anderer Metalle in der betreffenden in Edelgas zerstäubenden Hohlkathode beobachtet worden und es lassen sich so selbst schwer verdampfbare

[1]) H. Schüler, Phys. ZS. Bd. 22, S. 264. 1921.
[2]) A. Günther-Schulze, ZS. f. Phys. Bd. 19, S. 313. 1923.
[3]) B. Reismann, ZS. f. wiss. Photogr. Bd. 13, S. 269 u. 301. 1914.
[4]) R. Frerichs, ZS. f. Phys. Bd. 35, S. 683. 1926; ferner M. Guillery, ebenda Bd. 42, S. 121. 1927.
[5]) Schon 1896 hat Kayser das Auftreten der Aluminiumlinien in der Nähe der Kathode einer Argonröhre beobachtet und gleichzeitig auf die Wichtigkeit dieser Erscheinung für die Erzeugung von Metallinien im Vakuum hingewiesen. Astrophys. Journ. Bd. 4, S. 1. 1896.

Elemente wie Eisen, Chrom, Wolfram, ja sogar Borpulver in einer Kohleelektrode[1]) lichtstark anregen.

Infolge des Fehlens jeglicher elektrischer Felder und bei dem geringen Partialdruck des Metalles sind die Linien dabei außerordentlich scharf. Nach interferometrischen Messungen von FRERICHS[2]) beträgt die Halbwertsbreite der roten Cadmiumlinie 6438 Å nur 0,01 Å, während die Cadmiumfunkenlinie 5378 Å sogar nur eine Halbwertsbreite von 0,005 Å besitzt! Ein weiterer Vorteil dieser Lichtquelle ist, daß sich hier die Anregungsvorgänge quantitativ übersehen lassen (vgl. Ziff. 18).

Wichtige Ergebnisse sind schließlich von SCHÜLER[3]) mit einer besonderen Form derartiger Hohlkathoden erhalten worden. SCHÜLER verschließt die Hohlkathode mit einem Deckel, der nur eine „schlüssellochförmige" Öffnung besitzt (Abb. 11). Hinter der Erweiterung dieses Schlitzes (B) befindet sich ein kleiner Schirm, der an dieser Stelle den direkten Einblick in das Kathodeninnere verwehrt. Die zu untersuchenden Metalle werden in das Innere

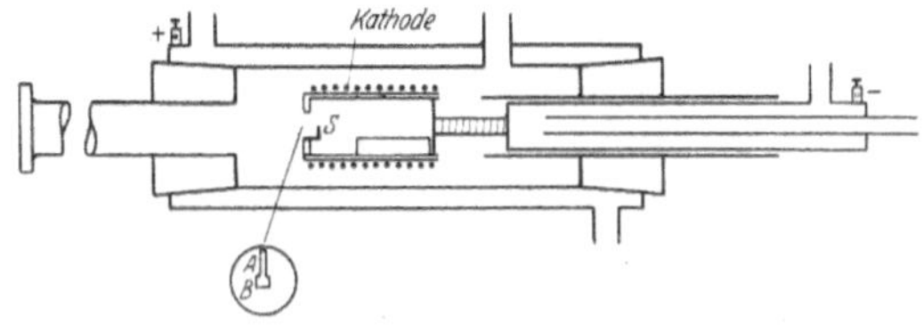

Abb. 11. Hohlkathodenlampe nach SCHÜLER.

dieser Kathode eingeführt und durch eine darumgelegte Heizspirale zum Verdampfen gebracht. Dann lassen sich durch die Öffnung des Deckels zwei Phasen des Leuchtens unterscheiden:

A. das Leuchten im Inneren der Kathode, beobachtet durch den engen Teil des Spaltes,

B. das Leuchten im Spalt selbst beobachtet in der Erweiterung.

Diese beiden Leuchterscheinungen entsprechen dem negativen Glimmlicht und der positiven Säule. Bei A werden die höher angeregten Linien auf Kosten der übrigen verstärkt. Das Leuchten bei B, eine Art rudimentäre positive Säule, zeigt auch den Charakter der positiven Säule mit den überwiegenden Bogenlinien. Durch eine weitere Differenzierung der relativen Intensitäten bei A und B lassen sich auch feinere Unterscheidungen, z. B. bei den Erdalkalien zwischen Singulett- und Triplettlinien, ermöglichen. Wählt man schließlich den Spalt sehr eng und vergrößert gleichzeitig die Deckelstärke, so lassen sich dort bei dem vorhandenen hohen Potentialgradient: Spaltrand-Spaltmitte S t a r k e f f e k t e bei mittleren Feldern von etwa 10000 bis 25000 Volt/cm beobachten.

c) Kanalstrahlen.

Eine spektroskopisch außerordentlich fruchtbare Anwendung haben die Vorgänge an der Kathode schließlich gefunden in den Kanalstrahlen (GOLDSTEIN 1886), d. h. den geladenen oder ungeladenen leuchtenden Atomen und Molekülen, die im allgemeinen der Entladungsbahn entgegengesetzt hinter durchbohrten Kathoden auftreten. Der eigentliche Entstehungsort der Kanalstrahlen liegt indessen in dem Gebiet des größten Potentialgefälles vor der Kathode, wo sowohl die Ionisation wie auch die Beschleunigung der ionisierten Atome und Moleküle erfolgt. Die Mannigfaltigkeit der elektrischen Vorgänge in den Kanalstrahlen, Ladungen, Umladungen, Sekundärstrahlen, Absorption und Zerstreuung einerseits, andererseits die Tatsache, daß sich hier die Atome und Moleküle in dem

---

[1]) R. A. SAWYER, Naturwiss. Bd. 15, S. 795. 1927.
[2]) R. FRERICHS, Ann. d. Phys. Bd. 85, S. 362. 1928.
[3]) H. SCHÜLER, ZS. f. Phys. Bd. 35, S. 323. 1926.

verhältnismäßig einfachsten und der experimentellen Beobachtung am leichtesten zugänglichen Zustand befinden, haben zu vielseitigen Versuchen über den Leuchtvorgang in ihnen geführt. Es ist hier nicht der Ort, auf die schönen, namentlich von M. Wien und seinen Schülern ausgeführten diesbezüglichen Untersuchungen einzugehen (vgl. ds. Handb. Bd. XXIV), es sei daher lediglich die Anwendung der Kanalstrahlen als Lichtquelle für spektroskopische Zwecke erwähnt.

12. Kathodenkanalstrahlen. Die einfachste Anordnung zur Erzeugung der Kanalstrahlen zeigt Abb. 12. Sie entstehen hier schon bei verhältnismäßig

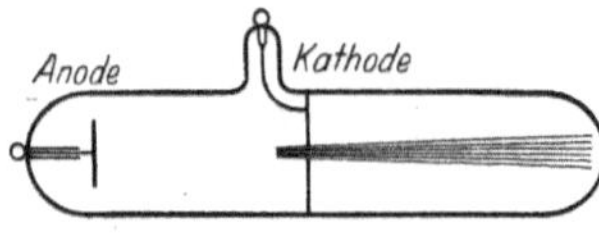

Abb. 12. Kanalstrahlenrohr.

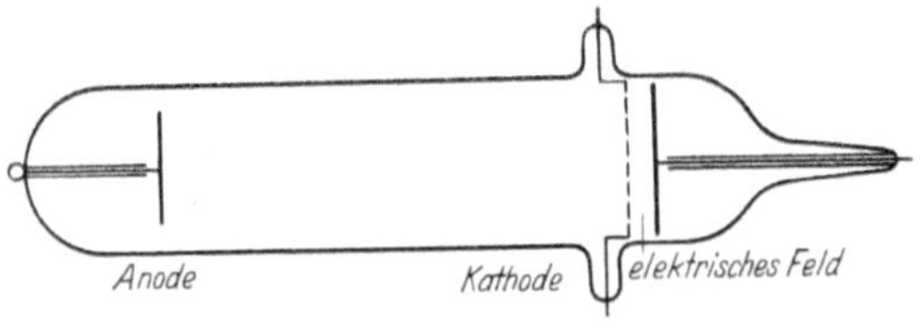

geringer Verdünnung und breiten sich als leuchtendes Bündel nach rückwärts durch die Öffnung der Kathode hindurch aus. An derartigen Entladungsröhren hat Stark 1905 zuerst den Dopplereffekt der leuchtenden Kanalstrahlen bei gleichzeitig longitudinaler und transversaler Beobachtung des Strahles nachgewiesen. Treten die Kanalstrahlen unmittelbar hinter der Kathode in ein starkes elektrisches Feld, so erfahren die ausgesandten Spektrallinien, die unter dem Namen des Starkeffektes bekannte Aufspaltung in einzelne Komponenten. Abb. 13 und 14 zeigen die dazu ursprünglich von Stark benutzten Anordnungen sowohl für Beobachtungen im transversalen wie auch im lon-

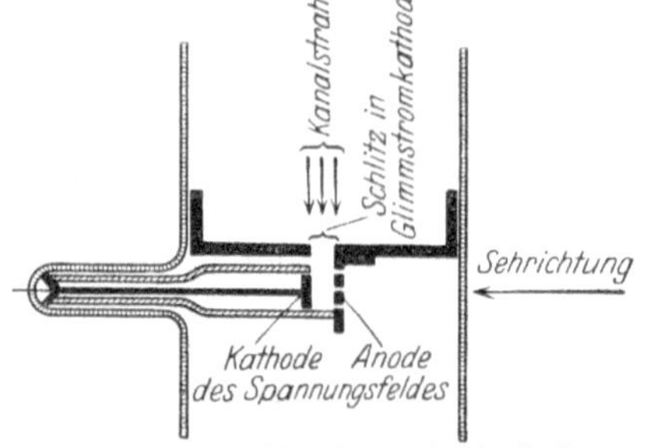

Abb. 14. Kanalstrahlenrohr zur longitudinalen Beobachtung nach Stark.

Abb. 13. Kanalstrahlenrohr zur transversalen Beobachtung nach Stark.

gitudinalen Feld. In beiden Fällen wird das erforderliche hohe Feld zwischen der Kathode und einer besonderen Hilfselektrode aufrechterhalten. In gleicher Weise läßt sich nach Lo Surdo auch das inhomogene elektrische Feld benutzen, das in engen Entladungsröhren unmittelbar vor der Kathode im Entstehungsort der Kanalstrahlen auftritt. Abb. 15 zeigt die ursprüngliche Anordnung von Lo Surdo mit einer Reihe von verschieden weiten Entladungsröhren, Abb. 16 die von Stark getroffene Abänderung. Bildet man dabei die Entladungsbahn parallel zum Spalt des Spektroskops auf diesem ab, so gibt der Verlauf der Aufspaltung einer einzelnen Linie unmittelbar den Einfluß der Feldstärke wieder, aus dem andererseits bei bekannter Aufspaltung rück-

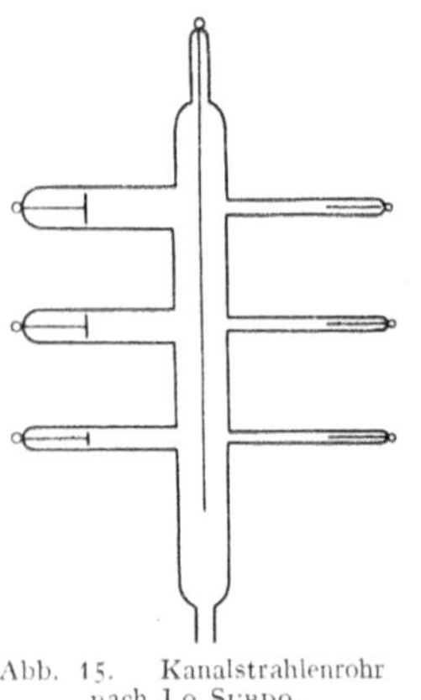

Abb. 15. Kanalstrahlenrohr nach Lo Surdo.

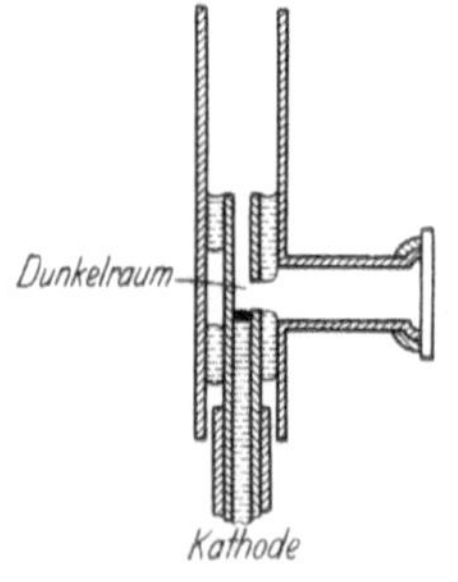

Abb. 16. Lo Surdo-Methode nach Stark.

wärts das Feld berechnet werden kann (Ziff. 24, Abb. 22). Bei der Anordnung Abb. 17[1]) zur Untersuchung schwer schmelzbarer Metalle ist die Kathode mit

---

[1]) I. A. Anderson, Astrophys. Journ. Bd. 46, S. 104. 1917.

einem Quarzrohr umgeben und wird durch die Stromwärme der Entladung zum Schmelzen und Verdampfen gebracht. Die Beobachtung der Entladung geschieht dann seitlich durch die Wandung des Quarzrohres hindurch.

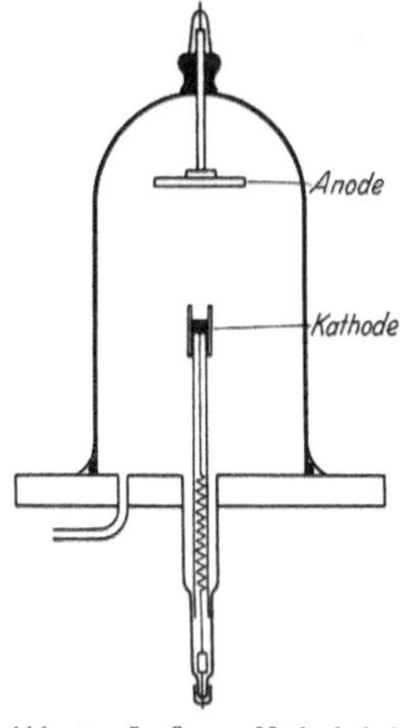

Abb. 17. Lo Surdo-Methode bei schwer verdampfbaren Substanzen nach Anderson.

13. Anodenstrahlen. In gleicher Weise wie an der Kathode treten auch an der Anode Kanalstrahlen auf, insbesondere, wenn deren Oberfläche klein ist; sie erreichen jedoch infolge des geringen Anodenfalles im allgemeinen nur geringe Geschwindigkeit und Reichweite. Eine Anwendung haben derartige Anodenstrahlen gefunden in einer Anordnung von Gehrcke und Reichenheim[1]) (Abbild. 18). Die Anode besteht hier aus einem engen und mit geeigneten Salzen gefüllten Glasröhrchen, aus dem bei Stromübergang helleuchtende Strahlen austreten, die auf der

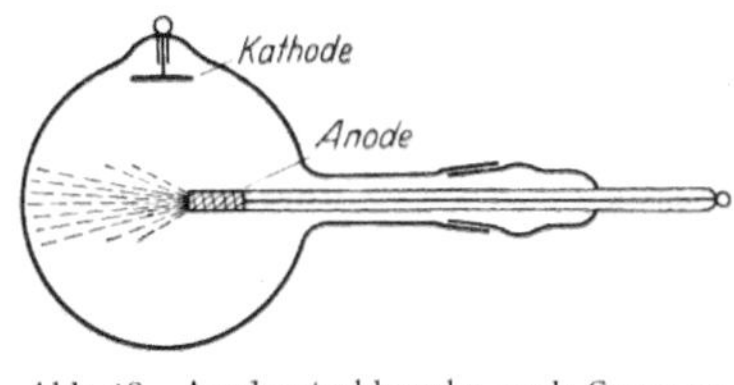

Abb. 18. Anodenstrahlenrohr nach Gehrcke und Reichenheim.

Oberfläche senkrecht stehen und in ihrem ganzen Verhalten (Ladung, Ablenkbarkeit) mit den Kanalstrahlen identisch sind.

III. Die Emission der Glimmentladung.

a) Ionenvorgänge, Anregung und Verteilung der Emission in der Glimmentladung.

14. Ionenvorgänge. Die Glimmentladung ist wie eine jede Gasentladung an die Existenz und stete Neubildung ionisierter Träger geknüpft, die durch Zusammenstöße der Atome und Moleküle mit Elektronen gebildet werden. Feld und Ionisation bedingen sich dabei im Entladungsraum gegenseitig, indem einerseits das geringe Feld an den Stellen starker Ionisation zur Absorption der gebildeten Elektronen führt, andererseits die dadurch verringerte Neubildung ionisierter Träger weder einen Anstieg des Feldes bis zum Überschreiten der Ionisierungsenergie bewirkt.

Sieht man von den vielen, die Vorgänge komplizierenden und kaum näher erforschten Nebenerscheinungen der Anregung, Wiedervereinigung und Ionisation einstweilen ab, so gestaltet sich das Bild der Glimmentladung in großen Zügen folgendermaßen. Zwischen den durch Ionenstoß von der Kathode losgelösten Elektronen und den durch diese im Glimmlicht neugebildeten Ionen stellt sich ein Gleichgewichtszustand ein, der seinerseits durch das Emissionsvermögen des Kathodenmaterials und das Feld vor der Kathode bedingt ist. Die scharfe Grenze zwischen Dunkelraum und Glimmlicht, der Glimmsaum, findet seine Erklärung darin, daß die zurückdiffundierenden langsamen Elektronen sich nicht gegen das Dunkelraumfeld bewegen können. Dafür spricht, daß der Glimmsaum in Wirklichkeit nicht einheitlich für die gesamte Emission, sondern für jede Frequenz verschieden ist und um so weiter nach der Kathode zu liegt, je größer die Anregungsspannung der betreffenden Spektrallinie ist.

---

¹) E. Gehrcke u. O. Reichenheim, Verh. d. D. Phys. Ges. Bd. 10, S. 217. 1908.

Im Glimmlicht selbst erregen teils die von der Kathode losgelösten und sich zur Anode bewegenden Primärelektronen, teils Sekundärelektronen, wiederholt die Lichtemission durch Stoß und büßen dabei ihre Geschwindigkeit ein, so daß sich im weiten Verlauf der Entladungsbahn der Faradaysche Dunkelraum mit geringer Lichtemission ausbilden kann. Vielfach dringen dorthin jedoch schnellere Elektronen vor, wie aus dem Auftreten höher angeregter Spektrallinien hervorgeht. Im Dunkelraum steigt das Feld langsam an und erreicht in der positiven Säule wieder die zur Ionisation notwendige Energie. Wegen der durch die dort auftretenden Raumladungen und Diffusionserscheinungen komplizierten elektrischen Stabilisierung sei auf das betreffende Kapitel der Glimmentladung verwiesen. Im allgemeinen ist die Stärke der Ionisierung und damit der Leuchtvorgang im Glimmlicht und in der positiven Säule verschieden. Die Vorgänge an der Anode schließlich zeigen, abgesehen vom Ladungsvorzeichen, weitgehende Ähnlichkeit mit denen an der Kathode. Dort tritt eine Verarmung an positiven Trägern ein und dadurch entsteht ein Feld, das die Elektronen beschleunigt und auf diese Weise das positive Ende der Säule durch Elektronenstoß mit positiven Trägern versorgt.

15. Anregung in der Glimmentladung. Von den verschiedenen Möglichkeiten, Atome und Moleküle zum Leuchten anzuregen:

1. durch Absorption von Strahlung,
2. durch Elektronenstoß,
3. durch den Stoß geladener oder ungeladener Atome und Moleküle

kommt für die Vorgänge in der gewöhnlichen Glimmentladung im wesentlichen nur die zweite in Betracht. Die Anregung durch den Stoß geladener oder ungeladener Atome spielt dagegen außer bei den in Bd. XXIV besprochenen Vorgängen in den Kanalstrahlen, bei den eigenartigen Leuchterscheinungen in der Hohlkathode eine große Rolle.

Die Anschauungen, welche auf Grund zahlreicher Untersuchungen über die Leuchtanregung durch Elektronenstoß entstanden sind, lassen sich nun nicht ohne weiteres auf die komplizierten Vorgänge in der Glimmentladung übertragen. Denn hier treten in hohem Maße allerlei Störungsquellen, Einfluß der Nachbaratome, Raum- und Wandladungen, inhomogene Geschwindigkeitsverteilung der stoßenden Elektronen auf, die sowohl bei der Bestimmung von kritischen Potentialen wie auch von Ausbeuten an Quantensprüngen durch weitgehende Herabsetzung des Druckes, Anordnung von Schutzgittern und besonders ausgebildete Elektronenquellen vermieden werden müssen. Dazu kommt, daß die Mehrzahl der vorliegenden Messungen bei verhältnismäßig kleinen Elektronengeschwindigkeiten gemacht worden sind, damit immer nur einzelne Frequenzen auftreten und so die Verhältnisse übersichtlicher werden.

Über die Ausbeute der verschiedenen Quantensprünge bei den Voltgeschwindigkeiten, wie sie in der Glimmentladung auftreten, liegen nur wenige exakte Messungen vor, die aus den angeführten Gründen außerdem nur qualitative Bedeutung haben. So finden z. B. Hughes und Love[1] bei Beobachtung der durch Elektronen variabler Geschwindigkeit in einem feldfreien Raum bei konstantem Druck und konstanter Stromstärke angeregten Emission, daß H_α über einen größeren Geschwindigkeitsbereich von 30 bis 110 Volt konstant bleibt, während H_β, H_γ, H_δ diese Konstanz nach anfänglichem starken Anstieg erst bei ungefähr 110 Volt erreichen. Ähnlich durchgeführte Messungen an Helium[2] haben ergeben, daß die Parheliumlinien mit steigender Geschwindigkeit der

---

[1]) A. Ll. Hughes u. P. Love, Phys. Rev. Bd. 21, S. 292. 1923.

[2]) C. B. Bazzoni u. J. T. Lay, Phys. Rev. Bd. 23, S. 327. 1923; A. Ll. Hughes u. P. Love, ebenda Bd. 21, S. 714. 1923.

anregenden Elektronen im Bereich 20 bis 85 Volt stetig an Intensität zunehmen, während die Orthoheliumlinien ein ausgesprochenes Maximum bei etwa 50 Volt aufweisen.

Man ist daher auf eine Anzahl mehr qualitativer Resultate angewiesen, die SEELIGER und seine Mitarbeiter in den letzten Jahren in einer größeren Zahl von Untersuchungen über die Intensitätsverteilung der Spektrallinien in den verschiedenen Teilen der Glimmentladung erhalten haben. Wenn auch diese Untersuchungen wichtige Gesichtspunkte zur Ausgestaltung der Glimmentladung als Lichtquelle ergeben haben, so sagen sie doch über den eigentlichen Anregungsvorgang wenig aus. Es ist eben auf Grund des vorliegenden Materials noch nicht möglich, aus dem Auftreten und der Intensität bestimmter Spektrallinien in der Glimmentladung, Rückschlüsse zu ziehen auf die Geschwindigkeitsverteilung der anregenden Elektronen, zumal die oben erwähnten Fehlerquellen in unberechenbarer Weise bei den hier vorhandenen hohen Drucken mitspielen.

16. Die Anregungsfunktion nach SEELIGER. SEELIGER und seine Mitarbeiter konnten in einer Reihe von Untersuchungen zeigen, daß sich die Linien und Banden nach der Intensität ihres Auftretens an verschiedenen Stellen der Entladungsbahn einer Glimmentladung weitgehend klassifizieren lassen.

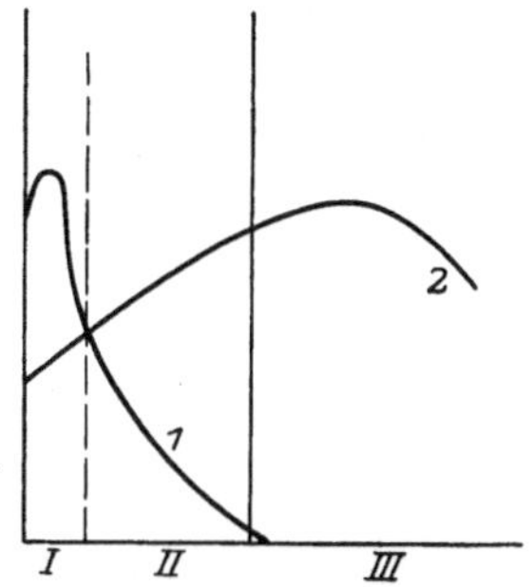

Abb. 19. Anregung verschiedener Spektrallinien in der Glimmentladung als Funktion des Abstands von der Kathode nach SEELIGER.

Tabelle 1.

	Typus 1	Typus 2
Na	Serienlose (Funkenlinien)	Dublettserien
K	„	„
Li	—	„
Mg	Dublettserien	Triplettserien Einfachlinienserien
Ca	„	„
Zn	„	„
Hg	Einzellinien	„
Al	—	Dublettserien

So zeigt Abb. 19, daß zwei Klassen von Linien zu unterscheiden sind. Klasse 1 besitzt das Intensitätsmaximum im Glimmlicht und die Intensität sinkt im Kathodendunkelraum schnell auf Null herab, während Klasse 2 sowohl im Glimmlicht, wie auch im Dunkelraum auftritt, das Maximum aber erst in der positiven Säule erreicht[1]).

Aus der Tabelle 1 geht hervor, daß zum ersten Typus die schwerer anregbaren Funkenlinien, zum zweiten die Bogenlinien der angeführten Elemente gehören. Die weiteren Untersuchungen haben nun ergeben, daß sich die Spektrallinien ganz allgemein auf diese Weise nach den Anregungsbedingungen klassifizieren lassen. SEELIGER führt hier den Begriff der Anregungsfunktion einer Spektrallinie ein, unter der die Ausbeute an den betreffenden Quantensprüngen bei konstant gehaltenen Entladungsbedingungen zu verstehen ist. Ein angenähertes Bild über diese Anregungsfunktion geben die Versuche von GEHRCKE und SEELIGER über die Verteilung der Emission längs eines gebremsten Kathodenstrahls[2]). Dabei wurde an einem ausgedehnten Material beobachtet, daß sich das Maximum der Anregungsfunktion mit wachsender Anregungsenergie der betreffenden Linien zu größeren Voltwerten verschiebt. Eine Ergänzung zu diesen Messungen bilden

[1]) R. SEELIGER u. D. THAER, Ann. d. Phys. Bd. 65, S. 423. 1921.
[2]) E. GEHRCKE u. R. SEELIGER, Verh. d. D. Phys. Ges. Bd. 14, S. 335 u. 1023. 1912.

Beobachtungen am Glimmsaum der regulären Glimmentladung, d. h. der meistens scharf ausgeprägten Grenze zwischen Hittorfschem Dunkelraum und Glimmlicht. Dort liegt das Anregungsmaximum einer Spektrallinie um so näher der Kathode, je höher die Anregungsspannung ist; in Wirklichkeit ist also die Schärfe des Glimmsaumes nur physiologisch vorgetäuscht und es kommt einer jeden Spektrallinie ein eigener Glimmsaum zu. Alle diese Erscheinungen lassen sich zwanglos erklären durch ein allmähliches Abbremsen der an der Kathode losgelösten Elektronen im Verlaufe des Glimmlichts. Die Potentialwerte des Anregungsmaximums können nur abgeschätzt werden, sie betragen ungefähr 100 Volt. Im übrigen kann man jedoch daraus keinerlei quantitative Schlüsse ziehen, da neben den Anregungsspannungen ebenfalls die Übergangswahrscheinlichkeiten in bisher unberechenbarer Weise die Intensitäten mitbestimmen.

17. Anregung in der geschichteten Entladung. Ähnliche Beobachtungen wie am Glimmlicht und an der ungeschichteten positiven Säule sind auch an der geschichteten Entladung gemacht worden. Hier liegt das Anregungsmaximum verschiedener Linien an verschiedenen Stellen einer Einzelschicht. So hat Lau[1]) an einer geschichteten Wasserstoffentladung beobachtet, daß die drei ersten Balmerlinien ebenso wie bestimmte Fulcherbanden und das kontinuierliche Wasserstoffspektrum das Anregungsmaximum nach der Reihenfolge der zugehörigen Anregungsspannungen verteilt aufweisen. Da die vierte Balmerlinie nicht beobachtet wurde, kann sich demnach die Geschwindigkeit der anregenden Elektronen innerhalb einer Schicht höchstens um 1 Volt von dem Werte 12 Volt für H_α ändern.

Seeliger[2]) hat ferner die Beobachtung gemacht, daß längs einer geschichteten Entladung die Intensitätskurve einer Spektrallinie flache Wellen zeigt bei allen den Linien, die vorzugsweise von schnellen Elektronen angeregt werden, und daß die Wellen um so ausgeprägter sind, je niedriger das Anregungsmaximum der betreffenden Linie liegt. Demnach müßte in der geschichteten Säule ein konstanter Strom schneller Elektronen in den einzelnen Schichten von periodisch wiederkehrenden Schichten langsamer Elektronen überlagert sein.

18. Anregung durch Stoß zweiter Art. Während es sich in allen diesen Fällen um Verwandlung von kinetischer Energie bewegter Elektronen in Anregungsenergie durch Stoß erster Art handelt, scheinen unter bestimmten Bedingungen ebenfalls bereits angeregte Atome ihre potentielle Anregungsenergie strahlungslos durch Stoß zweiter Art an andere Atome übertragen zu können. Damit die Anregung in einer elektrischen Entladung unter Mitwirkung von Stößen zweiter Art geschieht, dürfen einerseits die anzuregenden Atome nur in so geringer Konzentration vorhanden sein, daß die Wahrscheinlichkeit einer direkten Anregung durch Elektronenstoß klein ist. Andererseits müssen die anregenden Atome eine gewisse Lebensdauer des angeregten Zustandes besitzen, damit derartige Zusammenstöße überhaupt möglich sind.

Diese Bedingungen sind am besten erfüllt bei Gemischen von Edelgasen und Spuren von Metalldämpfen, wie sie sich etwa in der Nähe zerstäubender Kathoden finden. So treten nach Versuchen von Paschen und Sawyer[3]) in einer Hohlkathode aus Aluminium in einer Heliumatmosphäre alle und nur alle die Funkenlinien (Al II) des Aluminiums auf, zu deren Anregung die Energie 19,5 Volt des metastabilen 2^3 S-Zustandes des Heliumatoms ausreicht. Wie aus dem Termschema des Aluminiums hervorgeht, werden dabei Aluminiumionen durch Stoß zweiter Art angeregt, da die Energie von 19,5 Volt nicht zur Ionisierung

---

[1]) E. Lau, Ann. d. Phys. Bd. 77, S. 183. 1925.
[2]) R. Seeliger u. J. Okubo, Phys. ZS. Bd. 25, S. 337. 1925.
[3]) F. Paschen, Ann. d. Phys. Bd. 71, S. 142. 1923; R. A. Sawyer u. F. Paschen, ebenda Bd. 84, S. 1. 1927.

und Anregung des Aluminiumatoms in einem einzigen Elementarakt ausreicht. In Argon und Neon, bei denen die betreffenden Potentiale 11,5 bzw. 16,6 betragen, treten in entsprechender Weise nur die niedriger angeregten Linien auf[1]).

Nach den Versuchen von FRERICHS sind im negativen Glimmlicht zahlreiche langlebige Ionen vorhanden, die die betreffende Anregungsenergie aufnehmen können. Derartige Beobachtungen wurden an Aluminium, Magnesium, Cadmium, Zink und Kupfer durchgeführt und ergaben durchweg eine Bestätigung dieser Annahmen.

In der positiven Säule eines Gemisches aus einem Edelgas und Spuren eines Metalldampfes z. B. Magnesium, sind viel weniger zahlreiche Ionen vorhanden. Dies zeigt sich darin, daß hier die Anregungsenergie nur zum geringen Teil an I o n e n, vorwiegend jedoch an A t o m e übertragen wird. Es wird dabei ein Teil der Energie zur Ionisation verbraucht und der Rest dient dann zur Anregung des Ions bis zu einer Anregungsgrenze, die durch die Differenz: verfügbare Energie des Edelgasatoms—Ionisierungsenergie der Beimengung gegeben ist.

Eine reine Übertragung der Anregungsenergie des Edelgases an Atome der Beimengung läßt sich erreichen, wenn dieser Vorgang sich a u ß e r h a l b d e r e i g e n t l i c h e n E n t l a d u n g s b a h n abspielt. So kann Metalldampf (z. B. Magnesium oder Cadmium) in einem Ansatz an der eigentlichen Entladungsröhre aus Quarz zum Leuchten angeregt werden und in diesem Falle wird die gesamte Edelgasenergie zur Ionisation und nachfolgenden Anregung des Funkenspektrums in einem einzigen Elementarakt verbraucht.

Obwohl diese Versuche sehr für eine Anregung durch Stoß zweiter Art sprechen, besteht außerdem noch eine andere Erklärungsmöglichkeit, auf die FRANCK[2]) schon früher hingewiesen hat. Bei der durch die metastabilen Zustände bedingten geringen Übergangswahrscheinlichkeit und bei den hohen Anregungspotentialen der Edelgase erleiden die Elektronen in der Glimmentladung vielfach elastische Zusammenstöße, wobei sie gleichzeitig beträchtliche Energie dem elektrischen Feld entnehmen können. Diese angesammelte Energie wird dann an die wenigen leichter anregbaren Atome der Beimengungen direkt durch Stoß erster Art übertragen.

Außer den genannten gehören hierher eine große Anzahl weiterer Versuche über die Veränderungen der Spektra bei Edelgaszusatz. So verdecken nach GEHLHOFF[3]) in einem Gemisch von Helium und Alkalimetalldampf die Alkalilinien schon bei sehr geringem Partialdruck die Heliumlinien fast vollständig. Durch eine kondensierte Entladung gelingt es auf diese Weise, die Funkenspektra der Alkalien lichtstark zu erzeugen. Nach Angaben von REINHEIMER[4]) ist dafür bei Rubidium z. B. ein Heliumdruck von 3 mm und eine Temperatur des Entladungsrohres von etwa 200° günstig. In ähnlicher Weise kann das Auftreten zahlreicher neuer Bandenspektra in Gemischen von Edelgasen und geringfügigen Beimengungen[5]) (Kohlenwasserstoffe), wie auch die Anregung durch aktive Gase (Ziff. 23) erklärt werden.

19. Übersicht über die Emission der Glimmentladung. Die Tabelle 2 enthält eine Zusammenstellung der Farbe und Emission der positiven Säule und des negativen Glimmlichtes der wichtigsten Gase und Dämpfe. Bei der Emission sind Banden und Linienspektra und, soweit bekannt, Bogen und Funkenspektra

[1]) F. PASCHEN, Berl. Ber. Bd. 19, S. 207. 1927. R. FRERICHS, Ann. d. Phys. Bd. 85, S. 362. 1928.
[2]) J. FRANCK, ZS. f. Phys. Bd. 1, S. 1. 1923.
[3]) G. GEHLHOFF, Ber. d. D. Phys. Ges. Bd. 13, S. 183 u. 266. 1911.
[4]) H. REINHEIMER, Ann. d Phys. Bd. 71, S. 162. 1923.
[5]) Eine Zusammenstellung der in verschiedenen Edelgasen auftretenden Bandenspektra von Beimengungen ist gegeben von W. H. B. CAMERON, Phil. Mag. (7) Bd. 1, S. 405. 1926.

unterschieden. Außer diesen existieren bei vielen Elementen (H_2, He, J_2 u. a.) kontinuierliche Spektra, die sich meistens von den Seriengrenzen nach Ultraviolett erstrecken. Unter ihnen ist für die praktische Spektroskopie von besonderer Bedeutung das kontinuierliche Wasserstoffspektrum, das vielfach als Lichtquelle bei Absorptionsversuchen im fernen Ultraviolett benutzt wird[1]). Die Angaben über die Emission umfassen hauptsächlich den sichtbaren Teil des Spektrums, doch sei hier nebenher auf die ultraviolette und teilweise beträchtliche ultrarote[2]) Emission der Glimmentladung hingewiesen.

Tabelle 2.

| Gas | Positive Säule | | Negatives Glimmlicht | |
	Farbe	Emission	Farbe	Emission
Wasserstoff .	rosa	hoher Druck: Balmerserie, niedr. Druck: Viellinienspektrum	hellblau, rosablau	Balmerserie, H_β stärker als H_α
Helium . . .	violett-rot	Bogenspektrum, bei kondens. Entl. und bei höherem Druck: Heliumbanden	grün	in der Hohlkathode: Bogen- und I. Funkenspektrum
Lithium . .	hellrot	Bogenspektrum	rot	in der Hohlkathode: Bogen- und I. Funkenspektrum
Stickstoff . .	je nach Stromdichte: gelb — blau — weiß	Bandenspektra: I, II positive Gruppe	blau	negative Banden, I, II positive Gruppe schwach
Sauerstoff. .	gelb in weiten Rohren: rosa	Serienspektrum	grün-weiß	Funkenspektrum, Serienspektrum, negative Banden
Neon	orange-rot	Bogenspektrum	orange-rot	Bogenspektrum, Funkenspektrum
Natrium . .	gelb	D-Linien	gelbgrün	Hauptserie, Nebenserien, Funkenspektrum
Magnesium .	grün	Bogenspektrum	grün	Funkenspektrum
Phosphor . .	grün	Linienspektrum, versch. Bandenspektra	—	—
Schwefel . .	blau-weiß	Bandenspektra, bei kondens. Entl.: Linien	—	—
Chlor . . .	weiß-grün	Linien	weiß-grün	vollständiges Linienspektrum
Argon . . .	rot	rotes Argonspektrum	blau	blaues Argonspektrum = Funkenspektrum
Kalium . . .	grün, bei höh. Temp. braun	Hauptserie, schwach Nebenserien	grün, bei höh. Temp. blauviolett	Nebenserien, Funkenspektrum
Zink	blau	Bogenspektrum, Bandenspektrum (ZnH)	rot	in der Hohlkathode: Bogen- und I. Funkenspektrum
Arsen . . .	grün-weiß	Bogenspektrum	bläulich	—
Brom . . .	purpur-rot	Bogenspektrum	gelbgrün	Funkenspektrum
Krypton . .	blau-violett	Bogenspektrum	violett	Funkenspektrum

---

[1]) Vgl. den Bericht von H. SPONER, l. c., ferner Z. BAY u. W. STEINER, ZS. f. Phys. Bd. 45, S. 337. 1927.
[2]) Vgl. F. PASCHEN, Ann. d. Phys. Bd. 27, S. 537. 1908.

Fortsetzung der Tabelle 2.

| Gas | Positive Säule | | Negatives Glimmlicht | |
	Farbe	Emission	Farbe	Emission
Rubidium . .	gelbrot, bei kondens. Entl. blau	Hauptserie, Nebenserien	blau	Funkenspektrum
Kadmium . .	blau-grün	Bogenspektrum, Bandenspektrum (CdH)	rot-violett	in der Hohlkathode: Bogen- und I. Funkenspektrum
Tellur . . .	weißblau	Linienspektrum, Bandenspektrum	weiß-rot	—
Jod	pfirsich- farben	Banden	orangegelb	Linienspektrum
Xenon . . .	blau, bei kondens. Entl. grün	Bogenspektrum	—	—
Cäsium . . .	gelb-braun	Hauptserie, Nebenserien	himmelblau	Nebenserien, Funkenspektrum
Quecksilber .	grün	Bogenspektrum, Bandenspektrum (HgH)	gelbweiß	Bogenspektrum und Funkenspektrum
Thallium . .	weißblau	—	grün	—
Blei	purpur	Bogenspektrum	rotgelb	Funkenspektrum
Wismut . .	—	Bandenspektrum, Linienspektrum	—	—
Silber . . .	blaugrün	Bogenspektrum	rosa	Funkenspektrum

Die Tabelle illustriert die in Ziff. 15 bis 17 besprochenen Anschauungen über den Anregungsvorgang in der Glimmentladung. Höher angeregte Linien treten vorwiegend in dem Gebiete größerer Elektronengeschwindigkeiten, im negativen Glimmlicht auf. Im übrigen sind derartige Angaben natürlich in starkem Maße von den Anregungsbedingungen abhängig. Insbesondere spielen Druck, Temperatur, Art der Entladung u. a. eine beträchtliche Rolle.

b) Veränderungen der Emission durch äußere Einflüsse.

Bei dem komplizierten Charakter der Vorgänge in der Glimmentladung ist es sehr schwer, die Abhängigkeit der Entladung von den einzelnen Entladungsparametern gesondert zu bestimmen. So ist z. B. mit einer Steigerung der Stromdichte stets eine Steigerung der Temperatur verbunden. Im folgenden werden daher nach Möglichkeit solche Untersuchungen herangezogen, bei denen die übrigen Entladungsbedingungen konstant bleiben.

20. Temperatur. Die an sich naheliegende Methode, die Temperatur innerhalb der leuchtenden Teile einer Glimmentladung unmittelbar mit einem Thermoelement oder einer bolometrischen Anordnung zu bestimmen, liefert aus verschiedenen Gründen ungenaue Werte. Einerseits treten Strahlungsverluste auf, andererseits können die aufprallenden Ionen unter Umständen das Meßinstrument übermäßig erhitzen. Die Werte, die auf diese Weise erhalten wurden, betragen bei weiten Entladungsröhren und geringen Strömen einige hundert Grad, können aber bei enger Entladungsbahn und starker Strombelastung, z. B. in der positiven Säule der Quecksilberdampflampe, Beträge von über 2000° erreichen, und ähnlich hohe Werte dürften auch die stark belasteten Quarzröhren nach Konen und Jungjohann aufweisen (Ziff. 7).

Wenn auch der Einfluß einer äußeren Temperaturänderung auf den spektroskopischen Charakter der Glimmentladung vielfach nicht von sekundären Nebenerscheinungen zu trennen ist, so hat man doch in einzelnen Fällen schon bei relativ kleinen Temperaturvariationen beträchtliche Veränderungen in der spektralen Emission wahrgenommen. Man muß dabei in erster Linie einen derartigen Effekt bei Bandenspektren erwarten, bei denen wegen der Kleinheit der Rotationsfrequenzen schon eine geringe Änderung der verfügbaren thermischen Energie hinreicht, um die Intensitätsverteilung innerhalb der einzelnen Banden zu verändern. Von neueren Arbeiten, die unter sorgfältiger Konstanthaltung der übrigen Versuchsbedingungen ausgeführt worden sind, seien hier Untersuchungen am Viellinienspektrum des Wasserstoffs von GOOS[1]) und McLENNAN[2]) erwähnt, die im Temperaturintervall $- 200 - + 200°$ bei einer von außen gekühlten dünnwandigen Entladungsröhre beträchtliche Variationen der Intensitätsverteilung beobachtet haben. KIRSCHBAUM[3]) hat in ähnlicher Weise das Verhalten der Stickstoffbanden untersucht und STEUBING[4]) hat bei Joddampf den allmählichen Übergang des Bandenspektrums in das Linienspektrum beim Erhitzen des Entladungsgefäßes auf ungefähr 400° beobachtet. Doch dürfte hierbei die zunehmende Dissoziation des Joddampfes eine wesentliche Rolle spielen.

Leichter zu übersehen ist der Einfluß der Temperatur einer Glimmentladung auf die Feinstruktur der emittierten Linien. Bei Abwesenheit störender Einflüsse, hoher Druck, magnetische oder elektrische Felder usw. ist die Intensitätsverteilung innerhalb einer Spektrallinie hauptsächlich bedingt durch den Dopplereffekt der leuchtenden Träger, der seinerseits von Temperatur und Molekulargewicht des betreffenden Gases abhängt[5]). Diese Temperaturverbreiterung ist vielfach untersucht worden. So stimmt nach Messungen von P. P. KOCH[6]) die Struktur der roten Cadmiumlinie genau mit der für 4000° berechneten Dopplerverteilung überein, ein Wert, der in der stark belasteten Cadmiumlampe vorhanden sein dürfte. Das bekannteste Beispiel derartiger Temperaturverbreiterungen bieten die Wasserstofflinien, bei denen die Verbreiterung infolge des geringen Molekulargewichtes beträchtliche Werte erreicht. GEHRCKE und LAU[7]) haben nachgewiesen, daß bei den Wasserstoffdubletts unter bestimmten Bedingungen die Intensitätsverteilung innerhalb der Komponenten vollständig durch den Dopplereffekt der thermodynamischen Temperatur von etwa 50° zu erklären ist. Zur Messung von Feinstrukturen wird daher neuerdings vorwiegend die Entladungsbahn in flüssige Luft eingetaucht[8]) (Abb. 20). Die günstigen Resultate, die dabei erreicht wurden, haben HANSEN[9]) veranlaßt, Messungen von Feinstrukturen mit derartigen Röhren bei der Temperatur des flüssigen Wasserstoffs auszuführen, und es ist ihm dabei gelungen, neue und wichtige Feinstrukturen bei Neon- und Heliumlinien aufzufinden.

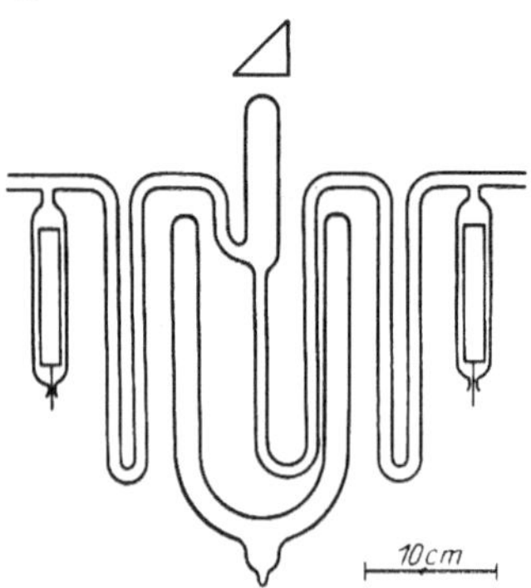

Abb. 20. H_2-Entladungsrohr in flüssiger Luft gekühlt nach HANSEN.

[1]) F. GOOS, Z. S. f. Phys. Bd. 31, S. 229. 1925.
[2]) I. C. McLENNAN, Proc. Trans. Roy. Soc. Canad. Bd. 18, S. 177. 1924.
[3]) H. KIRSCHBAUM, Ann. d. Phys. Bd. 71, S. 289. 1923.
[4]) W. STEUBING, Phys. ZS. Bd. 22, S. 507. 1921.
[5]) O. SCHÖNROCK, Ann. d. Phys. Bd. 20, S. 995. 1906 (zusammenfassender Bericht).
[6]) P. P. KOCH, Ann. d. Phys. Bd. 42, S. 1. 1913.
[7]) E. GEHRCKE u. E. LAU, Ann. d. Phys. Bd. 65, S. 565. 1923.
[8]) Vgl. etwa G. HANSEN, Ann. d. Phys. Bd. 78, S. 558. 1925.
[9]) G. HANSEN, Nature Bd. 119, S. 237. 1927.

21. Druck. Nach der BOHRschen Theorie ist zu erwarten, daß sich die weiter außerhalb liegenden, höher angeregten Elektronenbahnen nur bei niedrigen Drucken von den Nachbaratomen ungestört ausbilden können. Aus diesem Grunde sind die Vakuumlichtquellen, insbesondere die Glimmentladung, so überaus wichtig für die Analyse der Spektren, da sie die Serien mit einer Vollständigkeit ergeben, die sich mit den üblichen Luftbogen oder Funken auch nicht angenähert erreichen läßt. Aber selbst die verhältnismäßig niedrigen Drucke der gewöhnlichen Glimmentladung reichen nicht in allen Fällen aus, um die höchsten Serienglieder zu erhalten, und man ist dann auf Glühkathodenentladungen bei sehr niedrigen Drucken angewiesen[1]). In gleicher Weise ist schließlich das Überwiegen der Funkenlinien in der elektrodenlosen Ringentladung bei abnehmendem Druck (Ziff. 10) zu erklären.

Der Einfluß des Druckes auf die Feinstruktur der emittierten Linien tritt im allgemeinen bei der Glimmentladung zurück und die Mehrzahl der Untersuchungen über Druckverbreiterungen von Spektrallinien befaßt sich daher mit dem Bogen und dem Funken. Auf die Theorie der Druckverbreiterung, die nach STARK als Wirkung intramolekularer elektrischer Felder zu deuten ist, wird in ds. Handb. Bd. XXI näher eingegangen. Einen ausführlichen Bericht und genauere Rechnungen darüber hat HOLTSMARK[2]) veröffentlicht. Dort findet sich auch ein Vergleich mit den wenigen an der Glimmentladung vorliegenden älteren Messungen. Während die Druckverbreiterung nach TAYLOR[3]) bei der gelben Heliumlinie 5876 Å im Intervall 10 bis 160 mm nur eine Änderung der Halbwertsbreite von 0,021 bis 0,41 Å bedingt, kann die Gesamtbreite der Wasserstofflinien bei 250 mm eine Größe von mehr als 60 Å erreichen[4]). Bei dieser letzten Messung dürften allerdings auch die starken elektrischen Momentanfelder der benutzten kondensierten Entladung eine beträchtliche Rolle spielen. Eine starke Stütze finden diese Anschauungen über die Druckverbreiterung in kürzlich veröffentlichten Beobachtungen PASCHENS. PASCHEN[5]) konnte nämlich zeigen, daß einzelne Heliumlinien bei einem von 2 bis 5 mm wachsenden Druck im Inneren einer Hohlkathode eine Verbreiterung erfahren, die dem bei einer Feldstärke von 1000 Volt/cm auftretenden Starkeffekt entspricht. Da ein äußeres elektrisches Feld in der Hohlkathode nicht vorhanden ist (Ziff. 11), muß es sich hier um die Wirkung molekularer Felder handeln, zumal diese Erscheinung erst oberhalb eines bestimmten Druckes und auch nur bei solchen Linien auftritt, die in peripheren Bahnen des Atoms ihren Ursprung haben.

22. Katalytische Wirkungen. Es ist schon lange bekannt, daß ein Zusatz geringer Mengen fremder Gase, wie Wasserdampf, Sauerstoff, Kohlenoxyd usw. in einer Wasserstoffentladungsröhre das Viellinienspektrum gegenüber der Balmerserie erheblich schwächt[6]). WOOD[7]) hat nun in einer Reihe von Arbeiten nachgewiesen, daß in jeder Wasserstoffentladung genügend atomarer Wasserstoff, der Träger der Balmerlinien, entsteht, dieser jedoch durch katalytische Einflüsse der Glaswand und besonders irgendwelcher Metallflächen meistens sehr schnell

---

[1]) R. W. WOOD, Proc. Roy. Soc. London (A) Bd. 97, S. 455 1920. Weitere Beobachtungen, die damit im Einklang sind: R. WIDDINGTON, Phil. Mag. Bd. 46, S. 605. 1924 (Balmerlinien bis $n = 20$); M. FUKUDA, Jap. Journ. of Phys. Bd. 3, S. 131. 1924 (diffuse Nebenserien des Quecksilbers bis $n = 15$ bis 18); F. R. FOWLER, Month. Not. 1909, S. 70, 176; 1910, S. 484 (Auftreten höher angeregter Banden in Co bei geringem Druck).

[2]) J. HOLTSMARK, Phys. ZS. Bd. 25, S. 73. 1924.

[3]) L. L. W. TAYLOR, Phys. Rev. Bd. 19, S. 255. 1925.

[4]) E. O. HULBURT, Phys. Rev. Bd. 22, S. 24. 1923; Astrophys. Journ. Bd. 55, S. 399. 1922.

[5]) F. PASCHEN, Berl. Ber. Bd. 16, S. 135. 1925.

[6]) Vgl. H. KAYSER, Handb. d. Spektroskopie Bd. V.

[7]) R. W. WOOD, Proc. Roy. Soc. London (A) Bd. 97, S. 455. 1920, ferner Phil. Mag. Bd. 44, S. 538. 1922.

zu molekularem Wasserstoff, dem Träger des Viellinienspektrums, rekombiniert wird. Es ist ihm dabei gelungen, in langen und sorgfältig von allen Wandschichten gereinigten Entladungsröhren aus Pyrexglas, in feuchtem Wasserstoff bei niedrigem Druck ausschließlich die Balmerserien in bisher unbekannter Schärfe bis zu 20 Glied zu erzeugen. Diese katalytische Wirkung der Glaswand beruht nach Langmuir[1]) auf der Adsorption einer atomaren Wasserstoffschicht, an der dann die Rückbildung zu Molekülen erfolgt, so daß die fremden Zusätze hier als „Katalysatorgifte" wirken. In der gleichen Weise lassen sich ebenfalls die Serienlinien des Sauerstoffs frei von Bandenspektren erzeugen.

Wie man so durch geeignete Zusätze das Atomspektrum verstärken kann, gelingt es nun andererseits durch Anwendung bestimmter Katalysatoren seine Intensität zugunsten des Molekülspektrums herabzudrücken. Gehrcke und Lau[2]) haben gezeigt, daß in einer inwendig versilberten Entladungsröhre die Balmerlinien neben dem intensiven Viellinienspektrum fast vollständig verschwinden. Ähnliche Beobachtungen haben sie an Sauerstoff und den Dämpfen von Quecksilber und Kadmium gemacht, in allen Fällen wird durch inwendige Versilberung des Entladungsgefäßes das Bandenspektrum verstärkt.

23. Aktive Gase. In engem Zusammenhang mit diesen Erscheinungen stehen die Beobachtungen über die Leuchterregung durch chemisch aktive Gase. Das bekannteste Beispiel dafür bietet der aktive Stickstoff. Lewis entdeckte 1900, daß in einer mit Stickstoff gefüllten Entladungsröhre nach dem Durchgang einer kondensierten Entladung ein gelbliches Nachleuchten auftritt. Lord Rayleigh hat in den folgenden Jahren in einer Reihe von Untersuchungen nachgewiesen, daß der Träger dieser Leuchterscheinung eine aktive Modifikation des Stickstoffs ist, die aus der Entladungsbahn abgesaugt und mit anderen Gasen oder Dämpfen unter Leuchtanregung zur Reaktion gebracht werden kann. Aus der großen Zahl der darüber ausgeführten Untersuchungen sei hier nur auf einige neuere Arbeiten von Mulliken[3]) hingewiesen, der auf diese Weise die in verschiedenen Dämpfen (BCl_3, $SiCl_4$, $CuCl_2$ u. a.) auftretenden Bandenspektra untersucht hat. Die dazu benutzte Anordnung ist in Abb. 21 wiedergegeben. Zwischen den eingezeichneten Wolframelektroden geht eine kondensierte Entladung über und erzeugt dort den aktiven Stickstoff. Dieser wird dauernd durch die Entladungsröhre gepumpt und gelangt in dem Seitenrohr mit den bei B erhitzten Substanzen zur Reaktion, wobei das Leuchten durch das Quarzfenster Q beobachtet werden kann. In den im übrigen möglichst kurzen Weg des Gases ist außerdem noch eine (schwarzgezeichnete) Lichtfalle T eingebaut, um das störende Nebenlicht der Entladung abzublenden. In ähnlicher Weise verhält sich nach Bonhoeffer der obenerwähnte atomare Wasserstoff[4]). Auch hier ist es gelungen, verschiedene Dämpfe (Alkali, Quecksilber, Anthrazen) durch Chemilumineszenz zum Leuchten zu erregen. Es liegt daher also nahe, den aktiven Stickstoff ebenfalls als atomar aufzufassen[5]) und den Anregungs-

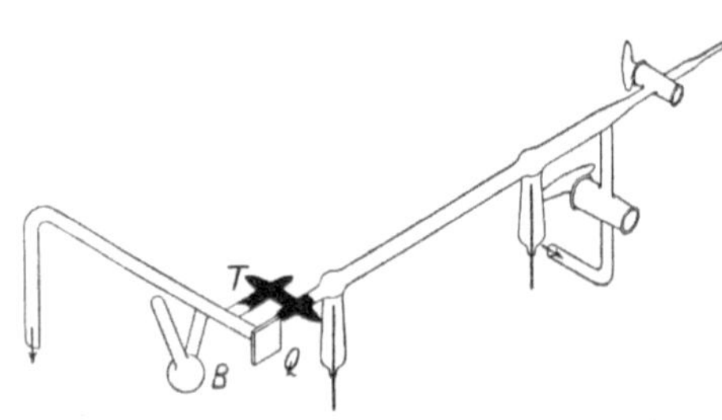

Abb. 21. Anregung mit aktivem Stickstoff nach Mulliken.

---

[1]) J. Langmuir, Journ. Amer. Chem. Soc. Bd. 38, S. 2221. 1916.
[2]) E. Gehrcke u. E. Lau, Berl. Ber. 1923, S. 453; Ann. d. Phys. Bd. 71, S. 562. 1923.
[3]) R. S. Mulliken, Phys. Rev. Bd. 26, S. 1. 1925.
[4]) K. F. Bonhoeffer, ZS. f. phys. Chem. Bd. 116, S. 391. 1925.
[5]) H. Sponer, ZS. f. Phys. Bd. 34, S. 622. 1925.

vorgang so zu deuten, daß die Stickstoffatome sich unter Ausführung eines Dreierstoßes rekombinieren und dabei die freiwerdende Energie auf den dritten Stoßpartner übertragen. Damit erklärt sich dann sowohl die relativ lange Lebensdauer bei der Seltenheit der Dreierstöße, wie auch die Wirkung von Zusätzen auf die katalytische Beeinflussung dieses Vorgangs.

24. Die elektrischen Entladungsbedingungen. Wie in diesem Kapitel schon öfters erwähnt wurde, hängt die spektrale Emission in hohem Maße von der Art der elektrischen Entladung ab. Ein besonders in die Augen fallendes Beispiel bietet das Argon, dessen positive Säule beim Übergang von der gewöhnlichen Entladung eines Induktoriums, die infolge des überwiegenden Öffnungsstromes den Charakter eines Gleichstromes besitzt, zur kondensierten Entladung mit Funkenstrecke und parallelgeschalteter Kapazität von Rot in Blau umschlägt. Dieser Farbenumschlag ist zugleich mit einer weitgehenden Änderung der spektralen Emission verknüpft, derart, daß an Stelle des zunächst angeregten roten Argonspektrums das schwerer anregbare blaue tritt.

In gleichem Maße, nur nicht so stark, wirkt die Vorschaltung einer Funkenstrecke. Auch in diesem Falle treten höher angeregte Linien auf und die Emission der positiven Säule nähert sich in ihrem Charakter dem negativen Glimmlicht.

Eine Übersicht über die spektralen Veränderungen unter dem Einfluß kondensierter Entladungen ist u. a. in der Tabelle 2 enthalten. Besonders auffällige Erscheinungen bieten die Entladungen in Alkalimetalldämpfen, deren Verhalten unter verschiedenen Entladungsbedingungen eingehend von GEHLHOFF[1] untersucht worden ist. Hier tritt bei der gewöhnlichen Gleichstromentladung eines Induktoriums vorwiegend die Hauptserie auf, bei Vorschaltung einer Funkenserie wird sie durch die Nebenserien und das Funkenspektrum verdrängt, und bei der kondensierten Entladung bleibt letzteres in der Regel allein übrig. Eine Ausnahme bilden Lithium und Natrium, bei denen es auf diese Weise nicht gelingt, die zur Anregung der Funkenspektra notwendige Energie aufzubringen[2]) und die dazu der wesentlich stärkeren Anregung der Hohlkathoden[3]) bedürfen.

In geringerem Maße läßt sich ebenfalls die Emission des negativen Glimmlichtes durch die elektrischen Entladungsbedingungen beeinflussen. Hierfür bieten ein Beispiel die Feinstrukturaufnahmen der Heliumfunkenlinie 4686 von PASCHEN[4]), die gänzlich verschiedene Intensitätsverteilung bei den schwachen Anregungsbedingungen des Gleichstromes und den stärkeren der kondensierten Entladung aufweisen.

Das elektrische Feld der Entladung selbst beeinflußt in doppelter Weise die Emission. Einerseits werden die Linien verbreitert oder bei stärkeren und homogenen Feldern in einzelne Komponenten aufgespalten. Dies ist der 1914 entdeckte Starkeffekt. Zweitens treten unter dem Einfluß des elektrischen Feldes vielfach neue Linien auf, die bei den gewöhnlichen Entladungsbedingungen durch das Auswahlprinzip verboten sind. Die Verbreiterung der Linien ist in der Glimmentladung meist nur gering. Von Bedeutung wird sie lediglich bei der Messung von Feinstrukturen. Immerhin läßt sich auch hier bei weiten Entladungsröhren der Potentialgradient so niedrig halten, daß sein Einfluß unmerklich wird. So würde z. B. nach HANSEN[5]) erst ein Feld von 1000 Volt/cm die Fein-

---

[1]) G. GEHLHOFF u. K. ROTTGART, Verh. d. D. Phys. Ges. Bd. 12, S. 492. 1910; G. GEHLHOFF, ebenda Bd. 12, S. 963. 1910.
[2]) E. v. ANGERER, ZS. f. Phys. Bd. 18, S. 113. 1923.
[3]) H. SCHÜLER, Ann. d. Phys. Bd. 76, S. 292. 1925.
[4]) F. PASCHEN, Ann. d. Phys. Bd. 50, S. 901. 1916.
[5]) G. HANSEN, Ann. d. Phys. Bd. 78, S. 558. 1926.

struktur der Linie H_ε vollständig zum Verschwinden, bringen, während die Feldstärke in dem von ihm benutzten Entladungsrohre sicher kleiner als 100 Volt/cm gehalten werden konnte. Schwieriger abzuschätzen ist der Einfluß der intramolekularen Felder, der unter die in Ziff. 21 besprochene Druckverbreiterung fällt.

Der eigentliche Starkeffekt, die Aufspaltung der Linien in einzelne Komponenten, wird erst bei größeren und homogenen Feldern beobachtet, wie sie vor allem im kathodischen Dunkelraum auftreten (Ziff. 12). Die Abb. 22 nach Brose[1]) gibt ein Bild von der Feldverteilung in der Nähe der Kathode, die aus der bekannten Aufspaltung geeigneter Spektrallinie bestimmt wurde. Neben der Aufspaltung der Spektrallinien bewirkt das elektrische Feld in ähnlichem Maße wie das magnetische (Paschen-Backeffekt) vielfach das Auftreten neuer, in der normalen Entladung durch das Auswahlprinzip verbotener Spektrallinien. Derartige Beobachtungen sind nach der Lo-Surdomethode zuerst von Hansen, Takamine und Werner[2]) im Quecksilberspektrum gemacht und später in zahlreichen anderen Untersuchungen bestätigt worden.

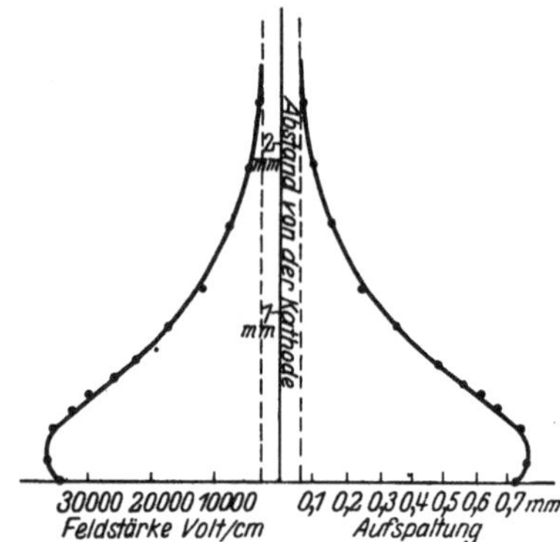

Abb. 22. Feldverteilung an der Kathode eines Lo Surdo-Entladungsrohres nach Brose.

Von den einzelnen Teilen der Glimmentladung ist bisher lediglich die positive Säule näher nach der energetischen Seite untersucht worden, aber auch hier hängt die Strahlung so sehr von den Entladungsbedingungen, Stromstärke, Druck, Reinheit des Gases und der geometrischen Form des Entladungsgefäßes ab, daß es schwer ist, aus den vorliegenden Messungen ein einheitliches Bild zu gewinnen. Dazu kommt, daß nur in den seltensten Fällen neben Stromstärke der Potentialgradient gemessen wurde und somit die meisten Untersuchungen für die Frage des Energieumsatzes wertlos sind.

Die alten bolometrischen Messungen von Ångström[3]) haben bei Stickstoff und Kohlenoxyd sowohl für die Gesamtstrahlung wie auch für den optischen Teil Proportionalität mit Stromstärke und ebenfalls mit dem Wattverbrauch gegeben. Eine Anzahl neuerer Untersuchungen befaßt sich mit der Abhängigkeit der Intensitäten einzelner Linien und Banden von der Stromstärke. Allein hier treten neue Schwierigkeiten auf, die teils durch die unzulänglichen spektrophotometrischen Methode, teils durch den überaus komplizierten Charakter der gemessenen Spektren (Bandenspektra) bedingt sind. So ergeben sich zahlreiche Diskrepanzen zwischen den Messungen verschiedener Beobachter[4]). Wichtige Messungen sind an den im roten und grünen Teil des Spektrums gelegenen Stickstoffbanden (I. positive Gruppe) ausgeführt worden, und hier ergibt sich nach verschiedenen Beobachtern Proportionalität mit der Stromstärke. Komplizierter sind die Verhältnisse nach Jungjohann beim Wasserstoff, wo die einzelnen Linien je nach dem Druck sich in verschiedenem Maße mit der Stromstärke ändern. Aber hier liegen auch andere Beobachtungen vor, bei denen dieses Verhalten nicht bestätigt wird. Berücksichtigt man bei diesen Angaben außer-

[1]) E. Brose, Ann. d. Phys. Bd. 58, S. 731. 1919.
[2]) H. M. Hansen, T. Takamine u. Sven Werner, Medd. Kopenhagen Bd. 5. 1923.
[3]) K. Ångström, Ann. d. Phys. Bd. 48, S. 493. 1893.
[4]) Vgl. dazu die ausführliche Diskussion bei H. Konen u. H. Jungjohann, Ber. d. D. Phys. Ges. Bd. 12, S. 128. 1910.

dem die Änderung des Potentialgradienten, so folgt daraus, daß im allgemeinen für Stickstoff und Wasserstoff ein schnelleres Anwachsen der Helligkeit als der Stromstärke stattfindet.

25. Absorption. Im Gegensatz zu den meisten anderen Lichtquellen (Bogen, Funke, Flamme) läßt sich die Glimmentladung, speziell die positive Säule, in beliebig ausgedehnten Schichten herstellen. Man hat also hier die Möglichkeit, die Intensität seltenerer Emissionsprozesse, die, wie z. B. höher angeregte Linien, an und für sich schon durch den geringen Druck begünstigt werden, durch Beobachtung größerer Schichtdicken noch beträchtlich zu steigern, da Verluste infolge von Absorption bei derartigen schwachen Linien nicht auftreten. So erzielte WOOD[1]) seine Erfolge bei der Untersuchung der höheren Glieder der Balmerserie mit geringer Stromdichte in verhältnismäßig weiten Röhren von beträchtlicher Länge.

Ausgeprägte Absorptions- und Umkehrerscheinungen treten bei der meist homogenen Glimmentladung viel seltener auf als bei Bogen und Funken. Zwar ist die intensive Quecksilberresonanzlinie 2536 Å in stärker belasteten Entladungsröhren stets selbstumgekehrt, diese Umkehr läßt sich jedoch zum größten Teil beseitigen durch einen Magneten, der den gesamten Lichtfaden an die von außen mit Wasser gekühlte Rohrwandung drückt und so das Zustandekommen heißerer Zentralschichten verhindert. Diese Methode wird vielfach bei optischen Resonanzversuchen angewandt, bei denen nur der schmale Kern der Primärlinie im Resonanzgefäß wirksam ist.

Neben dieser Absorption vom stabilen Normalzustand des unangeregten Atoms gibt es ebenfalls eine Absorption entsprechend einem Übergang des Leuchtelektrons aus einem angeregten in einen höheren Zustand, die bisher vorwiegend in den elektrisch angeregten Gasen der Glimmentladung beobachtet worden ist. Hierüber liegen eine ganze Reihe von Beobachtungen vor, die größtenteils an zwei hintereinandergeschalteten Entladungsrohren, einem Emissions- und einem Absorptionsrohr, ausgeführt worden sind.

Nach PASCHEN[2]) genügen bei Helium 5 mm Schichtdicke, um bei einer Stromdichte von 1 mA/mm² deutliche Absorption der ultraroten Linie 10830 Å zu erhalten. Bei der Balmerserie des Wasserstoffes sind dazu schon wesentlich größere Stromdichten und Schichtdicken erforderlich, während es bis jetzt überhaupt noch nicht gelungen ist, in der Glimmentladung irgendwelche Absorption von Bandenspektren nachzuweisen.

Der Vergleich der relativen Absorption verschiedener Linien des gleichen Spektrums gestaltet sich sehr einfach, wenn man die Emission einer weiten Spektralröhre sowohl in Quer- wie auch in Längsdurchsicht miteinander vergleicht. Im zweiten Fall werden alle die Linien gegenüber den anderen geschwächt, die in dem angeregten Gase absorbiert werden.

26. Metastabile Zustände. Die Stärke der Absorption ist durch die Zahl der Atome bedingt, die sich in dem Anfangszustand der Absorption befinden. Diese Zahl hängt sowohl von der Neubildung wie auch von der Lebensdauer des betreffenden Zustandes ab. Verhältnismäßig große Lebensdauer angeregter Zustände haben MEISSNER[3]) sowie DORGELO[4]) in elektrisch angeregtem Neon

---

[1]) R. W. WOOD, Phil. Mag. Bd. 44, S. 538. 1922.
[2]) Die wichtigsten Versuche beziehen sich auf Quecksilber: R. KÜCH u. R. RETSCHINSKY, Ann. d. Phys. Bd. 22, S. 852. 1904; Wasserstoff: A. PFLÜGER, ebenda Bd. 24, S. 515. 1907; R. LADENBURG, Verh. d. D. Phys. Ges. Bd. 10, S. 550. 1907, ferner Bd. 12, S. 54. 1910; Helium: F. PASCHEN, Ann. d. Phys. Bd. 27, S. 537. 1908. Vgl. auch die ausführliche Diskussion der älteren Arbeiten bei H. KONEN u. H. JUNGJOHANN, l. c.
[3]) K. W. MEISSNER, Ann. d. Phys. Bd. 76, S. 124. 1925.
[4]) H. B. DORGELO, ZS. f. Phys. Bd. 34, S. 766. 1925.

beobachtet. Bei den betreffenden Linien ist der Übergang aus dem angeregten Zustand in den Normalzustand unter Emission von Strahlung durch das Auswahlprinzip verboten und sofern man durch sorgfältige Reinigung alle Fremdgase und damit die Möglichkeit von Stößen zweiter Art ausschaltet, erreichen diese metastabilen Zustände Lebensdauern von der Größenordnung $^1/_{100}$ bis $^1/_{1000}$ Sek. Die Absorption geht dabei so weit, daß schon die geringste Inhomogenität der leuchtenden Gasschicht, wie sie etwa an der Übergangsstelle zwischen Kapillare und Erweiterung einer Entladungsröhre auftritt, zu beträchtlicher Selbstumkehr der betreffenden Linien führt.

Kapitel 8.

Strahlung des Lichtbogens und des Funkens.

Von

H. KONEN, Bonn.

I. Strahlung des Bogens.

1. Vorbemerkung. Im folgenden wird von der Lichtstrahlung des Bogens nur soweit die Rede sein, als es sich um die Strahlung der Gassäule handelt. Die Emission der Lichtbogenelektroden wie auch ihre technische Verwendung findet man in der Abteilung B dieses Bandes behandelt. Dort sind auch die Fragen besprochen, die die Temperatur der festen Elektroden und den Vergleich ihrer Strahlung mit derjenigen des schwarzen Körpers betreffen. Man vergleiche besonders Kapitel 20. Für die elektrischen Eigenschaften des Lichtbogens vom Standpunkte der Lehre von den Gasentladungen aus wird auf Bd. XIV, besonders auf das von A. HAGENBACH verfaßte Kapitel 6 über die Bogenentladung verwiesen. Eine ungeheure Menge von Einzelheiten über spektrale Erscheinungen bei der Bogenentladung gehören der speziellen Spektroskopie an. Ein Teil davon wird in Bd. XXI behandelt, wenn von den Spektren der Elemente die Rede ist. Ein anderer Teil findet überhaupt nicht in einem Handbuche der allgemeinen Physik Platz, sondern ist in den der Spektroskopie der einzelnen Elemente gewidmeten Bänden des Handbuches der Spektroskopie von H. KAYSER und H. KONEN, Bd. V, VI, VII. Leipzig 1900—1927 nachzusehen[1]). Hier werden somit nur die allgemeinen Tatsachen der Bogenemission besprochen, und zwar vom optischen Standpunkte aus.

2. Allgemeines über die Emission des Bogens. Die Emission des Bogens setzt sich zusammen aus der Emission der Gasentladung und der Elektroden, die je nach deren Natur verschieden ist, z. B., ob es sich um Kohle oder reine Metalle oder um Oxydschichten handelt[2]). Diese Emission ist kontinuierlich und entspricht im ganzen der Emission eines schwarzen Körpers von bestimmter Temperatur. Man hat früher geglaubt, auch die Emission der leuchtenden Gassäule zwischen den Polen nach der Temperatur der Elektroden beurteilen zu können. Auch kann nicht bezweifelt werden, daß eine solche Schlußweise in

---

[1]) Hier und in der Neuausgabe von Bd. I des genannten Werkes findet man auch die ungeheure Einzelliteratur zusammengestellt, die fast zu jedem einzelnen der im folgenden diskutierten Punkte vorliegt. Sie ist berücksichtigt, aber hier nicht angeführt. Es werden nur besonders wichtige Stellen der Literatur nachgewiesen.

[2]) Bei Benutzung von Bogen zwischen Metallstäben überziehen sich diese in der Regel schnell mit einer Oxydschicht, so daß man tatsächlich einen Bogen zwischen Metalloxyden brennt; dieser ist im allgemeinen stabiler.

vielen Fällen, z. B. durch Heranziehung von Umkehrungserscheinungen gegen den positiven Pol einen ersten Anhalt zur Abschätzung liefert. Doch liegen die Verhältnisse noch wesentlich verwickelter als etwa in der positiven Säule des Glimmstromes. Neben dem stromdurchflossenen Gas der Atmosphäre nehmen die aus den Elektroden entwickelten Dämpfe an der Leitung teil. Man hat also ein kompliziertes Gemisch von Molekülen, positiven Ionen und Elektronen vor sich, dessen Verhalten zur Zeit noch weniger im einzelnen zu übersehen ist, als etwa das Verhalten der Ionen in dem Glimmstrome. Zu den elektrischen Anregungen kommen chemische Prozesse durch Reaktionen verwickelter Art zwischen den Bogendämpfen und den atmosphärischen Gasen. Endlich zerstäuben die Elektroden, indem sie teils glühelektrische Phänomene in ihrer Nachbarschaft hervorrufen, teils Dämpfe in den Bogenraum entsenden. So ist der Bogen nicht allein ein Raum stromdurchflossenen Gases, sondern in Wahrheit eine Flamme, in der die Emissions- und Absorptionserscheinungen räumlich und zeitlich stark wechseln. Die Darstellung der optischen Eigenschaften der Bogenemission mit ihrer Mannigfaltigkeit ungeklärter Einzelbeobachtungen ist daher zur Zeit noch nicht nach theoretischen Gesichtspunkten möglich und hat unvermeidlich den Charakter einer von der Praxis ausgehenden Zusammenstellung.

3. Herstellung von Lichtbögen. Die Bogenentladung kann eingeleitet werden durch vorhergehenden Kontakt bei den Elektroden, durch künstliche Erhitzung der Kathode, durch eine vorhergehende Funkenentladung oder durch Umwandlung einer gewöhnlichen Glimmentladung, etwa durch Stromsteigerung. Sie besteht in einer Abart des Glimmstromes, der in einer Flamme fließt, die aus den Bestandteilen der umgebenden Atmosphäre, den aus den Elektroden entwickelten Dämpfen und den Reaktionsprodukten beider besteht. Bei Atmosphärendruck ist die Zündung des Bogens durch Kontakt das einfachste Verfahren. Die Erhitzung der Kontaktstelle oder der Öffnungsfunke, der bei der Trennung der Elektroden entsteht, „zünden" den Bogen. So kann man auch Bogen zwischen schlechtleitenden Substanzen zum Zünden bringen, indem man zunächst eine Hilfselektrode verwendet, bis die Kathode die erforderliche Temperatur und damit auch Leitfähigkeit durch die Erhitzung mittels des Hilfsbogens erreicht hat, oder durch ein Gebläse vorwärmt. Bei vermindertem Drucke leitet man oft die Zündung des Bogens bequemer durch einen Funken oder Glimmstrom ein.

Zur Unterhaltung eines Gleichstrombogens ist bekanntlich eine bestimmte Minimalspannung erforderlich, die für Kohle in Luft rund 40 Volt beträgt und zum größten Teile aus der Summe von Anodenfall und Kathodenfall besteht. Der letztere beträgt beim gewöhnlichen Bogen ca. 10 Volt, der Anodenfall gegen 20 Volt. Beide sind in weiten Grenzen von der Stromstärke unabhängig. Im eigentlichen Bogen findet ein Spannungsgefälle statt, das mit der Stromstärke abnimmt und von den Elektroden und der umgebenden Atmosphäre abhängt. Es kann auf mehrere hundert Volt/cm steigen, auf wenige Volt/cm sinken. Die zum Betriebe des Bogens erforderliche Spannung wächst mit der Bogenlänge.

Zur Unterhaltung des Bogens ist ferner eine Minimalstromstärke (ca. 0,5 Amp. bei Metallen) erforderlich, die durch die Vorgänge an der Kathode bedingt ist, deren Oberfläche wenigstens an einer kleinen Stelle auf Weißglut erhitzt werden muß. Da die Größe der Kraterfläche der Stromstärke nahezu proportional ist, so kann man auch sagen, daß eine Minimalgröße der negativen „Kraterfläche" zur Unterhaltung des Bogens notwendig sei. Mit steigender Stromstärke wachsen angeblich Ionisierung und Querschnitt; das Gefälle in der positiven

Säule nimmt ab, die Gesamtpotentialdifferenz nähert sich der Minimalspannung.
Steigert man die Bogenstromstärke über eine von der jeweiligen Bogenlänge.
abhängige Grenze, so beginnt das Zischstadium des Bogens, von dem hier nicht
weiter die Rede sein soll.

4. Temperatur der Bogenflamme. Was die Temperatur im Bogen ist, und
ob man überhaupt von einer solchen oder vielleicht auch von verschiedenen
Ionen- und Elektronentemperaturen sprechen kann, ist nicht bekannt. Wenn
man dem Bogen auf Grund von Verdampfungsvorgängen, Beobachtungen
über Schmelzprozesse o. dgl. eine Art von Temperatur zuschreiben will, so läßt
sich jedenfalls sagen, daß sie von Nebenumständen, wie die Leitfähigkeit der
Elektroden und die Natur des umgebenden Gases, abhängt und wenigstens
in unmittelbarer Nähe der Elektroden sehr hoch sein muß, ebenso in der Achse
des Bogens höher als in der Peripherie. In Bogen zwischen Metallelektroden
kann sie höher sein als die Verdampfungstemperatur der Metalle. Jedenfalls
gibt es keinen Körper, der nicht im Kohlebogen etwa verdampft werden könnte
und nur wenige Verbindungen, die nicht weitgehend dissoziiert werden.

Es seien wenigstens einige Proben angeführt, auf welche Weise versucht
worden ist, einen Aufschluß über die Temperaturen der Bogengase zu gewinnen.
So haben GRANQUIST[1]), REISMANN[2]) u. a. versucht, aus der Arbeitsleistung
in der Nähe der Elektroden von Quecksilberbogen die produzierte Wärme und
damit die Temperatur abzuschätzen. Doch fallen die Werte, die man so erhält,
zu klein aus. Weiter hat man aus Versuchen über die Dauer des Nachleuchtens[3])
Schlüsse zu ziehen versucht. Sodann hat man aus dem Verhältnis der gemessenen
Absorption zur Emission Temperaturzahlen abgeleitet. Daß der Bogen zwischen
Kohleelektroden nicht, wie Mrs. AYRTON[4]) annahm, eine selektive Emission
für Grün und Gelb besitzt, zeigt u. a. ROSENMÜLLER[5]). LINDEMANN[6]) findet,
daß sich die Bogenflamme etwa wie eine Gasflamme verhält; die Aureole emittiert
und absorbiert wenig. Von der Strahlung eines zweiten, gleichartigen Kohlebogens werden in einem Bogen ca. 20% absorbiert. ROSENMÜLLER[7]) glaubt aus
Emissions- und Absorptionsmessungen an den Cyanbanden mittels Thermosäule
schwarze Temperaturen in der Nähe von 3800° errechnen zu können. Indirekte
Schlüsse werden durch den Vergleich der Emissionsspektren von geheizten
Vakuumöfen nach der Art der KINGschen[8]) Versuche mit den Bogenspektren
geliefert. Wieder andere, z. B. BUISSON und FABRY[9]), messen z. B. die Breite
von Eisenlinien im Bogen unter vermindertem Druck und schließen daraus
nach dem DOPPLERschen Prinzip auf höchstens 2400°. Genauer untersucht ist
nur der Quecksilberbogen. Nachdem ARONS[10]) zuerst auf unsicherer Unterlage
Zahlen zwischen 2600 und 4000° berechnet hatte, haben HEWITT[11]), WILLS[12]),

[1]) G. GRANQUIST, Nova Acta Upsal. (3) Bd. 20, S. 1. 1903.
[2]) B. REISMANN, ZS. f. wiss. Photogr. Bd. 13, S. 269. 1914.
[3]) Vgl. L. PUCCIANTI, Cim. (5) Bd. 9, S. 393. 1905; H. CREW u. O. BASQUIN, Proc. Amer.
Acad. Bd. 33, S. 337. 1898; H. CREW u. J. BAKER, Astrophys. Journ. Bd. 16, S. 61. 1902.
[4]) H. AYRTON, Phil. Trans. A Bd. 199, S. 229. 1902.
[5]) M. ROSENMÜLLER, Ann. d. Phys. (4) Bd. 29, S. 355. 1909.
[6]) R. LINDEMANN, Ann. d. Phys. (4) Bd. 19, S. 807. 1906.
[7]) M. ROSENMÜLLER, l. c. S. 360.
[8]) A. S. KING, Ann. d. Phys. (4) Bd. 16, S. 36. 1905; Astrophys. Journ. Bd. 28, S. 300.
1908; ebenda Bd. 27, S. 353. 1908; Bd. 37, S. 239. 1913; Bd. 37, S. 119. 1913; Bd. 38, S. 315.
1913 und zahlreiche weitere Schriften.
[9]) H. BUISSON u. CH. FABRY, C. R. Bd. 154, S. 1349. 1912; Journ. de phys. (5) Bd. 2,
S. 442. 1912.
[10]) L. ARONS, Wied. Ann. Bd. 58, S. 73. 1896.
[11]) P. HEWITT, Science Bd. 7, S. 180. 1904.
[12]) A. WILLS, Phys. Rev. (1) Bd. 18, S. 319. 1904; (1) Bd. 19, S. 65. 1904.

Küch und Retschinsky[1]), Knipp[2]) u. a. mittels Thermoelementen die Temperaturen direkt zu messen versucht. Die gefundenen Zahlen variieren ganz außerordentlich mit Druck und aufgewendeter elektrischer Leistung. So findet Wills Zahlen zwischen 83 und 297° C, Küch und Retschinsky bei 60 Volt und 4 Amp. in der Achse der benutzten Lampe bereits 1710°, bei 30 Volt und 4 Amp. 635°. Diese Zahlen bilden untere Grenzen. Für 175 Volt (Dampfdruck ca. 1 Atm.) liefert die Extrapolation bereits 5000°. Knipp findet bei einem Druck von 0,08 mm und 3 Amp. in unmittelbarer Nähe der Anode 283°, in der Nähe der Kathode 94°. Buisson und Fabry[3]) finden aus der Linienbreite an einer Cooper-Hewittlampe 1200° als obere Grenze. Mittels der Methode der Linienumkehr schätzt Féry[4]) die Temperatur in einer Cooper-Hewittlampe zu 3500°.

Man sieht aus diesen Angaben, wie widerspruchsvoll die direkten Temperaturmessungen ausfallen. Doch scheint gewiß, daß wenigstens im Bogen bei höherem Drucke Temperaturen herrschen, die hinter der schwarzen Temperatur der Elektroden nicht zurückblieben, während bei tieferen Drucken vielleicht im Sinne Langmuirs[5]) zwischen der Ionentemperatur und der Elektronentemperatur unterschieden werden muß.

Als Elektroden lassen sich nicht nur Metalle und Kohle, sondern auch Fluoride, Nernstkörper, Oxyde, Silikate verwenden, wenn sie vorgewärmt werden. Die Größe des Spannungsgefälles hängt dann stark von der Natur der Elektroden ab. Je besser diese die Wärme leiten, je höher ihr Schmelzpunkt und je weniger sie oxydierbar sind, um so höher liegt der Wert der Stromstärke, bei der der Bogen einsetzt.

Es erscheint aussichtslos, Kohlen, die zu spektralanalytischen Zwecken benutzt werden sollen, von allen Verunreinigungen zu befreien. Unter Umständen bleiben nur noch Spuren von Ca. Verhältnismäßig sehr reine Kohlen erhält man durch Ausglühen von reinstem Zucker und Verarbeiten der so erhaltenen Kohle zu Elektroden. Auch manche Graphitsorten sind relativ rein. Die Intensität, mit der Verunreinigungen hervortreten, hängt von der Stromstärke ab. Angeblich soll die Intensität der Kohlebanden mit der Stromstärke wachsen. Umgekehrt wird behauptet, daß gewisse Metalldämpfe, z. B. Alkalien oder Eisen, die Cyanbanden zum Verschwinden brachten. Dies trifft jedoch nicht zu, obwohl die Kohlebanden bei Einführung von Metalldämpfen in den Bogen in der Regel stark geschwächt werden.

Auch gegen Lösungen läßt sich ein Gleichstrombogen brennen, wenn die Lösung Anode ist. — Endlich kann man auch Bogen unter Flüssigkeiten brennen, z. B. in Wasser, unter Alkohol oder Öl. Zur Untersuchung der Bogenemission muß die Emission der Elektroden vermieden werden. Dies geschieht durch Abblenden, besser durch Abbilden des Bogens auf dem Spalte des spektroskopischen Instrumentes. Bei genauer Untersuchung muß das abbildende System achromatisiert sein, was für das Ultraviolett Quarz-Flußspatachromate nötig macht. Sonst bietet die Anwendung des Bogens nichts Bemerkenswertes. Je nach dem Zweck und der Menge und Beschaffenheit des zu untersuchenden oder zu benutzenden Materiales benutzt man entweder Stäbe aus dem zu prüfenden Stoff (Fe, Ni, Ag usw.) evtl. gekühlt durch zirkulierendes Wasser (hohle Zn-Cd-Elektroden) oder durch umgelegte Kühlrippen aus Kupfer; oder man

¹) R. Küch u. T. Retschinsky, Ann. d. Phys. (4) Bd. 22, S. 595 u. 852. 1907.
²) Ch. T. Knipp, Phys. Rev. (1) Bd. 24, S. 446. 1907; (1) Bd. 31, S. 97. 1910.
³) H. Buisson u. Ch. Fabry, Journ. de phys. (5) Bd. 2, S. 442. 1912; C. R. Bd. 154. S. 1349. 1912.
⁴) C. Féry, Journ. de phys. (4) Bd. 6, S. 979. 1907.
⁵) V. Langmuir, ZS. f. Phys. Bd. 46, S. 271. 1927.

bringt die Substanzen als Pulver evtl. gemengt mit Kohlepulver (Zuckerlösung
o. dgl.) als Docht in eine Dochtkohle, oder man bringt kleine Mengen Substanz
mittels Quarzglaslöffel in den positiven Krater. In vielen Fällen kann man
sich im Bogen selbst oder in der Gebläseflamme kleine Kugeln von Metallen
oder Oxyden von wenigen Millimetern Durchmesser schmelzen, die in die Höhlung
der negativen Kohle vor dem Zünden gelegt werden. Die Substanz schmilzt
beim Zünden des Bogens und dieser brennt lange Zeit sehr ruhig zu der ein-
gebrachten Substanz unter Entwicklung von beträchtlichen Dampfmengen, die
in der Regel an der Luft Oxydwolken bilden[1]). Eine Modifikation dieses Bogens
ist der in der amerikanischen Literatur als „Pfundbogen" bezeichnete Bogen.
Er benutzt als untere (+) Elektrode einen 12 bis 20 mm starken, trichterförmig
vertieften Eisen-, Kupfer- oder Kohlestab, in den eine Eisenoxydperle gebracht
wird. Der obere Teil ist ein Eisenstab von 6 mm Durchmesser, über den möglichst
nahe über dem unteren Ende ein Messing- oder Kupferklotz geschoben wird,
so daß nur 2 bis 3 mm hervorragen. Der Bogen soll mit 110 bis 250 Volt
betrieben werden und 12 bis 18 mm lang sein. Die Stromstärke soll für
Wellenlängenmessungen 5 Amp. nicht übersteigen. Zu genauen Messungen soll
nur ein 1- bis 1,5 mm-Stück aus der Mitte des Achsenteiles benutzt werden. Die
Kathode muß stets massiv genug sein, um die Bildung eines hängenden
Tropfens von Eisen oder Eisenoxyd zu verhindern, da sonst der Bogen instabil brennt.

Bei der Verwendung seltener Substanzen benutzt man zweckmäßig einen
Miniaturbogen mit Kohlestäben, die nur 4 mm dick sind, dazu eine Stromstärke
von etwa 2 bis 3 Amp. Ein breiteres, mit Kühlrippen versehenes Nickelblech
an der oberen Elektrode fängt den größten Teil der aufsteigenden Dämpfe als
Niederschlag an seiner unteren Seite wieder auf. In manchen Fällen nimmt
man zweckmäßig Graphitstäbe, in anderen Kupfer- oder Silberstäbe, um Probesubstanzen aufzubringen. Durch Zufügen von Kohlepulver oder anderer Substanzen kann man die Probekörper „verdünnen" und so entweder längere Beob-
achtungszeiten oder unter Umständen schärfere Linien erzielen. Halogenverbindungen sind in der Regel zu flüchtig, Sulfate bzw. Oxyde oder Karbonate
daher vorzuziehen. Näheres über diese Einzelheiten wird in dem Kapitel über
Spektralanalyse in Bd. XXI ds. Handb. gebracht.

Über Verfahren zur Herstellung von Bogen bei vermindertem und erhöhtem
Druck wird weiter unten in Absatz 11 und 12 berichtet werden. Hier sei nur
erwähnt, daß bei steigendem Druck die Minimalspannung zu-, die Länge des
Bogens bei gegebener Spannung abnimmt. Der Bogen muß häufig gezündet
werden. Die starke Wärmeentwicklung und Bildung von Oxyden des Stickstoffs
bereiten gewisse technische Schwierigkeiten[2]).

Bei vermindertem Druck zeigt es sich, daß die Charakteristik der Bogenentladung sich vielfach ändert und der Bogen unter Umständen instabil wird.
Es sind zahlreiche Anordnungen beschrieben worden, um in relativ bequemer
Weise einen Bogen in einem mehr oder minder evakuierten Gefäß zu brennen.
Da es sich jedesmal nur um die technische Frage handelt, wie das Gefäß zweckmäßig gekühlt und evakuiert wird, so sei hier nur als Beispiel auf den Apparat
von WOLFSOHN[3]) hingewiesen.

---

[1]) A. H. PFUND, Astrophys. Journ. Bd. 27, S. 297. 1908; s. auch Trans. Int. Astr.
Union Bd. 1, S. 36. 1922; Phys. ZS. Bd. 10, S. 609. 1909.
[2]) Man sehe weiter unter Abschnitt C sowie etwa A. HAGENBACH, Wüllner-Festschrift
1905, S. 128 u. G. WOLFSOHN, Ann. d. Phys. (4) Bd. 80, S. 415. 1926; W. G. DUFFIELD, Phil.
Mag. (6) Bd. 30, S. 363. 1915.
[3]) G. WOLFSOHN, Ann. d. Phys. (4) Bd. 80, S. 80. 1926; J. BARNES, Astrophys. Journ.
Bd. 34, S. 154. 1911; A. HAGENBACH, Phys. ZS. Bd. 10, S. 649. 1909.

5. Charakterisierung der Bogenspektra. Die Emission eines Bogens steht in ihrem Charakter zwischen derjenigen einer Flamme und eines kondensierten Funkens und entspricht den höchsten Leistungen, die man etwa aus einem geheizten Ofen herausholen kann, somit auch im großen und ganzen einer gewissen Temperatur. Man hat daher schon früh den Begriff des Bogenspektrums geprägt und verstand darunter ein Spektrum, das namentlich bei den Elementen niedrigerer Ordnungszahl die Serien, soweit sie damals bekannt waren, in reicher Entwicklung zeigte. Die in Flammen niedriger Temperatur beherrschenden Linien sind in den Bogenspektren relativ schwach oder treten doch gegenüber anderen, stärkeren Linien zurück. Molekülspektra sind relativ selten. Der Schwerpunkt aller Spektra erscheint mehr nach kurzen Wellen gerückt; die Spektra erstrecken sich mit ansehnlicher Intensität bis an die Grenze der Durchlässigkeit der Luft. Endlich sind sie bei den Elementen höherer Ordnungszahl, die man in Flammen gar nicht oder nur mit wenigen Linien erhält, intensiv und linienreich z. B. bei Eisen, den seltenen Erden, den Platinmetallen, Blei, Uran. Als dann der Begriff der Ionisationsstufen im Anschluß an die Entdeckung Fowlers[1]) im Rahmen der Bohrschen Theorie seinen klaren Sinn erhielt, stellte sich heraus, daß die Bogenspektra nichts anderes sind als ein Gemisch der Spektra der neutralen oder einmal ionisierten Atome. Die Moleküle zerfallen bereits, die höheren Ionisationsbzw. Anregungsstufen treten noch nicht, oder seltener, auf[2]). Man hat daher geradezu die Bezeichnung Bogenspektra auf alle Emissions- und Absorptionsspektra erster Stufe angewendet. Doch ist dies wohl bei der Mannigfaltigkeit der Bogenspektra nicht zweckmäßig; schon deshalb nicht, weil die Emission in den verschiedenen Teilen des Bogens sehr verschieden ist.

Die Bogenspektra reichen in das äußerste Ultrarot. Die längste überhaupt je gemessene optische Wellenlänge ist im ultraroten Spektrum des Quecksilberdampfes gefunden worden[3]). Die Linienspektra der Bogenentladungen erstrecken sich bis zur Grenze der Durchlässigkeit der Luft. In einigen Fällen sind auch noch vereinzelte Linien oder Grundzustände im Schumanngebiet gefunden worden. Die größte Entwicklung zeigt die Bogenemission der Elemente im Kohlebogen und in Bogen zwischen Stäben hoher Siedepunkte, z. B. Wolframstäben oder Iridiumstäben. Es scheint also eine gewisse Beziehung zwischen der Elektrodentemperatur und der Entwicklung des Spektrums zu bestehen. Doch gilt diese Regel durchaus nicht allgemein, wie das Beispiel des Quecksilberbogens beweist.

Innerhalb der Serienspektra gelangt man bei den Elementen niedriger Ordnungszahl vielfach zu höheren Laufzahlen, die $(s, p\text{-})$ Glieder überwiegen (daher ihr aller Name Hauptserie) und können bei vielen Elementen (z. B. Alkalien) weithin verfolgt werden. Allein auch die $(p, s\text{-}, p, d\text{-})$ Glieder sind reich entwickelt. Linien höherer Stufe (Funkenlinien, enhanced lines) kommen zwar vor (z. B. Ca, Pb), sind aber relativ selten oder erscheinen nur an den Elektroden oder unter ganz besonderen Bedingungen (z. B. Mg).

Die meisten der Linien zeigen mehr oder minder ausgeprägte Verbreiterung. Manche (gewisse Cd-, Hg-Linien) erstrecken sich über Spektralbereiche von hunderten Å, andere, besonders bei den Platinmetallen, seltenen Erden, der Eisengruppe, haben nur Bereiche von der Größenordnung 0,05 Å. Umkehrungen sind äußerst zahlreich, ja fast die Regel, wenn man nur mit genügender Auf-

---

[1]) A. Fowler, Phil. Trans. A Bd. 214, S. 225. 1914; Proc. Roy. Soc. London Bd. 91, S. 208. 1915.

[2]) Auf die Saha-Russellsche Theorie wird erst in Bd. XXI eingegangen werden.

[3]) H. Rubens u. v. Baeyer, Phil. Mag. (6) Bd. 21. S. 689, 1911. Berl. Ber. 1911, S. 666; McLennan u. R. C. Dearle, Phil. Mag. (6) Bd. 30. S. 683, 1915.

lösung untersucht. Offenbar findet in den äußeren Schichten des Bogens eine starke Absorption statt, die die Selbstumkehrung bewirkt. Auch mehrfache Umkehrungen sind, wenn auch nicht eben häufig, nachgewiesen worden. Hierzu paßt die starke anomale Dispersion, die sich in der Nähe vieler Bogenlinien nachweisen läßt.

Den Spektren der Elektrodensubstanzen beigemengt sind die Spektra der umgebenden Atmosphäre sowie eine Reihe von Molekülspektren. Wegen der Wichtigkeit des Kohlebogens soll dessen Emission gesondert besprochen werden. Es kann daher auf dies Beispiel Bezug genommen werden, um so mehr, als in allen Fällen, in denen Kohleelektroden als Träger von Substanzen dienen, sich deren Spektra den Bogenspektren überlagern. Auch hängt die Entwicklung der beigemengten Spektra, wie verständlich, von der Natur und Menge der im Bogen verdampfenden Körper ab. Es handelt sich offenbar um eine Abhängigkeit von den jeweiligen Anregungsspannungen, wenngleich das Verhalten im einzelnen noch der Deutung harrt.

Brennt der Bogen in Luft, so findet man neben einer Reihe von Molekül- (Banden-) -Spektren, die den Elementen selbst (Al) oder Hydriden (z. B. Mg), oder Oxyden (z. B. Fe) zugeschrieben werden, und die bei den wenigsten Elementen fehlen, Bandenspektra oder Linienspektra, die der Einwirkung der umgebenden Atmosphäre entstammen. So fehlt fast nie das ultrarote Sauerstofftriplet; H_α ist manchmal zu sehen, Stickstoff- und Sauerstofflinien oder Banden können bei geeigneten Versuchsbedingungen nachgewiesen werden. Im Ultrarot zeigen die meisten Bogen die CO_2-Banden, die sog. Cyanbanden fehlen kaum jemals, und die HO-Bande bei 3062 ist fast in jedem Metallbogen nachzuweisen, der in Luft brennt[1]). Ebenso erhalten die NO-Banden[2]) unter günstigen Bedingungen, z. B. in einem Bogen zwischen Kupferelektroden außerordentliche Stärke. Auch treten unter Umständen die negativen und positiven Stickstoffbanden auf[3]).

Nimmt man hinzu, daß alle diese Bestandteile etwa eines Bogens zwischen Metallelektroden nach Intensität und Zusammensetzung stark veränderlich sind, so folgt, daß ein Bogenspektrum keineswegs einen festen Typus darstellt, sondern daß nur unter genau kontrollierten Bedingungen reproduzierbare Verhältnisse geschaffen werden, und daß vorläufig noch die Beschreibung der Bogenspektra eine Unmasse nebeneinanderstehender empirischer Einzelheiten umfaßt.

6. Spezielles über den Kohlebogen. Es bedarf außergewöhnlicher Maßnahmen, um Elektroden herzustellen, die einigermaßen von Verunreinigungen freie Spektra liefern. Neben den Hauptlinien von Na, K, Mg, Ca, Li, B, C[4]), Si,[5]), Al, Mg findet man in der Regel das Cu-Paar bei 3247, die Resonanzlinie des Quecksilbers[6]), die stärksten Linien des Eisens und des Nickels; daneben spurenweise · zahlreiche andere, oft recht seltene Elemente. Namentlich gilt dies von Dochtkohlen. Es dominieren neben einigen Linien von Na, Al, Ca die Bandensysteme der Moleküle von Cy, C, im Sichtbaren und Ultraviolett, während im Ultrarot O[7]) CO_2, H_2O und die C-Banden vorherrschen. Unterhalb von Cy 3590 finden sich, abgesehen von den Fällen, in denen das Bandensystem von NO[8]) oder HO[9]) oder C⁻ stärker hervortritt, keine Banden. Die Gruppe der Silizium-

---

[1]) Zum Beispiel bei Cu, Ag, Mg, Ca, Al, Zn, Fe, Ni, Pb, Cd, Na, Li, K, Si.
[2]) Es tritt auf bei Cu-, Ag-, Ca-, Mg-Elektroden, fehlt bei Fe, Ni, Tl, Pb, Cd, Zn, Al.
[3]) Zum Beispiel bei Cu, Pt, Ag.
[4]) λ 2478,24.
[5]) Bei 2700.
[6]) λ 2536,65.
[7]) Triplet λ 7772, 7774, 7775.
[8]) Neg. NO-System.
[9]) Besonders die Bande 3062.

linien bei 2510 ist wiederholt irrtümlich als Cy-Bande beschrieben worden. Für das Auge tritt die C-Bande bei 5100 am meisten hervor; photographisch und energetisch ist die Gruppe bei 3883 der intensivste Teil des Kohlebogens. Zusatz von Salzen vieler Metalle schwächt das System der Molekülspektra des Kohlebogens; am meisten trifft dies zu für die Alkalien.

Führt man dem Kohlebogen andere Substanzen zu, so färbt sich in der Regel der Kern am stärksten, die violette Farbe tritt zurück, obwohl das System der Cy-Banden nur wenig geschwächt wird. Ebenso ändert sich die Farbe in anderer Atmosphäre. So färbt sich der Bogen grünlich in einer CO_2-Atmosphäre, er wird fahl in H_2O-Dampf.

7. Andere Arten des Bogens. Es sei zunächst des Bogens zwischen Eisenstäben gedacht, da er seit Beginn der spektroskopischen Forschung als Vergleichslichtquelle benutzt worden ist. Außerdem wird er vielfach wegen seines relativen Reichtums an Linien zu Absorptionsversuchen benutzt, bei denen aus besonderen Gründen keine kontinuierliche Lichtquelle erforderlich ist. Endlich hat er auch Bedeutung als Lichtquelle für ultraviolette Strahlung. Für maßtechnische Zwecke benutzt man ihn in der in Absatz 4 geschilderten Form des Pfundbogens. Es ist selbstverständlich, daß der Eisenbogen, den man zwischen zwei Stäben aus Metall in einfachster Weise brennt, eine Menge von Verunreinigungen enthält: Na, Ka, Mg, Al, Ni, C, Cr, Mn, wozu noch die Spektra einer Anzahl Molekülarten kommen: im Rot Banden eines Eisenoxyds, das der Bogenflamme im äußeren Saume die gelbrote Farbe gibt, während der Kern hellgrün erscheint. Brennt man den Bogen mit geringer Stromstärke, so kommen außerdem noch die Bande 3883 des Cyans, das Bandensystem des NO und die stärkste HO-Bande hinzu. Im Rot ist der Eisenbogen relativ lichtschwach. Im Grün liegen die starken Liniengruppen, die die grüne Farbe bedingen. Die meisten Linien liegen im Blau und Violett. Von 2300 ab sinkt die Intensität des Eisenbogens sehr rasch, nachdem sie schon von 2500 an abgenommen hat. Man sehe auch weiter unten über Emissionsverteilung, Pollinien und Einfluß des Druckes[1]).

Sodann möge die Emission von Effektkohlen kurz erwähnt werden. Sie bieten spektroskopisch nichts besonders Bemerkenswertes. Die Emission der Gasentladung überwiegt, und zwar durch das äußerst intensive Auftreten der Bandenspektra der Halogenverbindungen der Erdalkalien, namentlich der Fluorverbindungen von Sr und Ba, die stabil genug sind, um im Bogen intensiv zu leuchten.

Man hat versucht, Dochtkohlen herzustellen, bei denen durch Mischung linienreicher Spektra, z. B. Eisen mit Uran, Nickel, seltenen Erden, insbesondere Cer, ein einem kontinuierlichen Spektrum bei geringer Dispersion äquivalentes Spektrum hergestellt werden soll. Doch hat sich das Verfahren nicht eingebürgert.

Besondere Bedeutung hat dagegen der Quecksilberbogen, während Amalgamlampen oder Lampen mit anderen Metallen (z. B. Cd) nur zu speziellen Zwecken Verbreitung gefunden haben. Die Emission der Hochdruck- wie der Niederdruck-Quecksilberlampe ist insbesondere nach ihrer lichttechnischen Seite unzählige Male untersucht worden.

---

[1]) Abbildungen des Eisenbogens in kleinem Maßstab (10 ÅE/mm) in dem Atlas der Emissionsspektren der meisten Elemente von A. Hagenbach u. H. Konen. Jena 1905, in etwas größerem Maßstab in dem Werke von J. M. Eder u. E. Valenta, Atlas typischer Spektren. Wien: Hölder 1908 und endlich in dem Maßstab der Aufnahmen mit großen Gittern (ca. 1 ÅE/mm) in der Abhandlung von H. Kayser u. Runge, Abh. Berl. Akademie, 1889 oder von Ch. Fabry u. H. Buisson, Ann. Obs. Marseille 1903. Wellenlängenkataloge in Kayser und Konen, Handb. d. Spektroskopie. Bd. VI u. VII. Leipzig 1924.

Im Niederdruckbogen ist die Intensität des Spektrums im Ultraviolett schwach, die Intensität der grünen Linie überwiegt für das Auge; mit Hilfe von im Handel befindlichen Filtern lassen sich die grüne, die beiden gelben und eine violette Linie leicht aussondern, so daß man eine relativ monochromatische Lichtquelle erhält. Die Linien zeigen Feinstruktur, sind nicht umgekehrt. Im Hochdruckbogen steigt die Linienzahl. Das Spektrum reicht bis zur Durchlässigkeitsgrenze des Quarzes und ist ein Gemisch von Serien und zahlreichen Kombinationslinien. Die Feinstrukturen fließen zusammen, die stärkeren Linien sind selbstumgekehrt und verbreitert, die eigene Absorption schwächt zuletzt die Intensität des Spektrums im Ultraviolett. Neben den Linien treten bei weiterer Intensitätssteigerung diffuse Banden und ein schwacher kontinuierlicher Grund auf. Die Ansatzstellen des Bogens an den Oberflächen der flüssigen Elektroden zeigen ein noch linienreicheres Spektrum. Die Entladungsbahn ist umgeben von einer Aureole, die nachleuchtet, aus angeregtem Dampf besteht und ein besonderes Spektrum zeigt. Bei Verwendung einer Quarzglaslampe nimmt die Intensität im Ultraviolett nach längerer Brenndauer ab. Es bildet sich auf der Innenwand ein einige hundertstel Millimeter dicker Niederschlag einer stark absorbierenden Substanz, die in den Quarz eingebettet ist und möglicherweise aus freiem Silizium besteht. Diese dünne Haut absorbiert vorzugsweise das Ultraviolett.

Das Quecksilberbogenspektrum ist wegen seiner bequemen Handhabung vielfach in Gebrauch zu Versuchen über Einwirkung ultravioletten Lichtes bei chemischen und biologischen Experimenten, in der photographischen Technik, als Versuchsspektrum, zu Anregungszwecken bei Lumineszenzversuchen usw.

8. Räumliche Verteilung der Emission im Bogen[1]). Es sei zunächst nur von dem Gleichstrombogen die Rede, der stationär brennt. Der Kohlebogen stellt sich alsdann dar als ein eiförmiges Gebilde, das aus Schichten verschiedener Färbung besteht. Der innerste, zugleich an die weißglühenden Elektroden angrenzende Kern hat intensive violette Färbung. Hier sind die Linien der Elemente zu finden, die als Verunreinigung in den Elektroden enthalten sind neben den Banden des Cyans und des Kohlenstoffs. Die Emission der äußeren Hülle ist geringer. Sie gibt der Hülle eine mehr grünliche Farbe, die teils von dem Vortreten der Kohlebanden, teils von anderen Bandenspektren herrührt. Im äußersten Saum findet man aktivierten Stickstoff und Oxydationsprodukte des Stickstoffs und des Kohlenstoffs mit ihren Bandenspektren.

Wenn Metallelektroden benutzt werden oder Salze in den Elektroden enthalten sind, so tritt die Dampfentwicklung aus den Elektroden besonders deutlich hervor. Der Bogen ist dann geradezu als ein Gebilde von zwei gefärbten Dampfstrahlen beschrieben worden, die sich in der Mitte berühren und miteinander verfließend, die eigentliche Bogenflamme bilden. Die Berührung der beiden einzelnen Dampfstrahlen oder „Flammen" soll angeblich die Bedingung für das Bestehen des Bogens sein.

Über den Aufbau des Metallbogens aus Schichten liegen eine Reihe von Beobachtungen vor, namentlich von LENARD[2]), seinen Mitarbeitern und Schülern, die jedoch von anderer Seite anders gedeutet werden. In ähnlicher Weise, wie dies von WATTEVILLE an Flammen gefunden ist, sollen die verschiedenen Liniensysteme in verschiedenen sich durchdringenden und verschieden großen Volumen des Bogens gefunden werden, so daß „Hohlflammen" entstehen, die ineinander geschachtelt sind und den verschiedenen Seriensystemen entsprechen. Von

---

[1]) Die Zahl der Beobachtungen über dies Thema ist sehr groß. Die ersten Versuche zur Photographie der Verteilung sind von A. CROVA, C. R. Bd. 116, S. 1343. 1893 gemacht worden.
[2]) PH. LENARD, Ann. d. Phys. (4) Bd. 11, S. 636. 1903.

anderen Beobachtern wird jedoch nur eine verschiedene Ausdehnung der Emission der einzelnen Linien gefunden und dies auf thermische Einflüsse oder die Verteilung der Stromlinien zurückgeführt. Daß die Anregungsbedingungen für die verschiedenen Anregungsstufen in verschiedenen Teilen des Bogens verschieden sind, kann nicht bestritten werden und ist leicht nachzuweisen. Ebenso ist einleuchtend, daß die Anregungsbedingungen für höhere Energiestufen im Innern des Bogens günstiger sind, doch handelt es sich nur um relative Häufigkeiten, so daß von vollkommenen Hohlflammen kaum gesprochen werden kann.

Bildet man einen Bogen so auf einem Spalt ab, daß der Spalt senkrecht steht auf der Achsenrichtung des Bogens, so erscheinen die Linien verschieden lang (Lockyers Methode der langen und kurzen Linien), die Länge gruppiert die Linien zunächst nach ihrer Intensität. Dies gilt für diejenigen Linien, die in allen Schichten des Bogens zu finden sind, z. B. für die Glieder niedriger Ordnungszahl der „Hauptserien"; daneben macht sich aber auch noch eine Gruppierung geltend in dem Sinne, daß im Kerne des Bogens die Linien höherer Anregung vorkommen und relativ verstärkt sind. Endlich finden sich in den Außenpartien des Bogens besonders zahlreich die Banden [Molekülspektra[1])]. So führte z. B. King einen Vergleich verschiedener Linien mit den fünf Klassen durch, die er bei Anregung in einem Ofen findet[2]). Man sehe auch den folgenden Abschnitt.

9. Pollinien. In ähnlicher Weise, wie die Verteilung der Emission in sagittaler Richtung verschieden ist, ist sie es in axialer. Es liegen zahlreiche Beobachtungen vor über das Auftreten von Linien in der Nähe der Elektroden, die Verteilung ihrer Emission und die Änderungen der Wellenlänge, die man in der Nähe der Elektroden findet und für die verschiedene Ursachen gesucht werden. Besonders wertvoll sind die Beobachtungen, bei denen reelle Bilder der Lichtquelle in den einzelnen Linien erzeugt werden (Protuberanzenmethode) oder bei denen die Spektra der verschiedenen Bogenteile sorgfältig getrennt wurden. Wie die Arbeiten von Baldwin[3]), Fabry und Buisson[4]), Hagenbach[1]), Öllers[5]), Koenemann[6]), Huppers[7]), Oldenberg[8]), Puccianti[9]) u. a. zeigen, treten in unmittelbarer Nähe der Elektroden besonders im ultravioletten Teile des Spektrums Linien auf, die in der Mitte des Bogens fehlen. Nicht nur ist die Zahl der Linien bedeutend größer, sondern auch ihre Breite nimmt von den Elektroden zur Mitte des Bogens hin ab, während andere Teile der Bogenemission, z. B. manche Molekülspektra, sich umgekehrt verhalten. Ein Bogen zwischen Kupfer- oder Eisenelektroden liefert hierfür eine Menge auffallender Beispiele. Ein großer Teil der in der Nähe der Elektroden auftretenden Linien gehört außerdem höheren Anregungsstufen an (Funkenlinien), ohne daß das Polspektrum mit dem gewöhnlichen Funkenspektrum identisch wäre. Es liegt nahe, die Verteilung der elektrischen Kräfte im Bogen für dies Auftreten der Funkenlinien verantwortlich zu machen. Allein es fehlt bisher an einer genauen Untersuchung über die wirkliche Verteilung des elektrischen Feldes bzw. die wirklichen An-

---

[1]) Man vgl. auch z. B. A. Hagenbach, Arch. sc. phys. et nat. (4) Bd. 31, S. 549. 1911; H. Hertenstein, ZS. f. wiss. Photogr. Bd. 11, S. 69 u. 119. 1912.

[2]) A. S. King, Astrophys. Journ. Bd. 37, S. 239. 1913; Bd. 28, S. 300. 1908 und zahlreiche andere Publikationen.

[3]) C. Baldwin, Phys. Rev. Bd. 3, S. 370 u. 448. 1895.

[4]) Ch. Fabry u. H. Buisson, Journ. de phys. (4) Bd. 9, S. 929. 1910; W. Beckmann, ZS. f. wiss. Photogr. Bd. 4, S. 335. 1906.

[5]) H. Öllers, ZS. f. wiss. Photogr. Bd. 10, S. 374. 1912.

[6]) H. Koenemann, ZS. f. wiss. Photogr. Bd. 12, S. 66 u. 123. 1913.

[7]) W. Huppers, ZS. f. wiss. Photogr. Bd. 13, S. 460. 1914.

[8]) O. Oldenberg, ZS. f. wiss. Photogr. Bd. 13, S. 133. 1913.

[9]) L. Puccianti, Cim. (5) Bd. 14, S. 218. 1907.

regungsbedingungen. Wie dem aber auch sein mag: jedenfalls hat es sich gezeigt, daß die praktische Wellenlänge der Bogenlinien, also der Schwerpunkt der Linien, der für interferometrische oder Gittermessungen entscheidend ist, ein anderer ist in der Nähe der Elektroden als in der Mitte des Bogens. Dieser sog. Poleffekt ist von GOOS[1]) entdeckt worden. Ob es sich um einen Druckeffekt handelt, ist zweifelhaft, obwohl die Klassifizierung der Linien nach der Größe des Poleffektes[2]) zusammenfällt mit der Klassifizierung nach der Größe der Druckverschiebung[3,4]). Ebenso ist wenigstens mit der Möglichkeit zu rechnen, daß es sich um eine Verbreiterung handelt, die sich praktisch als Schwerpunktsverschiebung auswirkt. Jedenfalls aber ist an der Existenz dieses Effektes nicht zu zweifeln. Er beträgt einige hundertstel ÅE. im Maximum. Nach dem Vorgange von GALE und ADAMS[5]) teilt man die Bogenlinien nach ihrem Verhalten in fünf Klassen ein, a bis e, je nach der Größe ihres Pol- bzw. Druckeffektes[6]). Handelt es sich um sehr genaue Messungen, also bis auf tausendstel ÅE., so sind nur die Strahlen brauchbar, die von einem kleinen in der Mitte eines mindestens 1,2 cm langen Bogens entnommenen axialen Stück von ca. 1,2 mm Länge entstammen, wenn irgend möglich nur Linien der Klassen a und b. Es scheint fast, daß zahlreiche kleine Differenzen, die sich bei der Bestimmung sekundärer und tertiärer Wellenlängennormalen ergeben haben, auf den Einfluß dieses Poleffektes zurückzuführen sind, dem danach auch eine erhebliche praktische Bedeutung zukommt. Im Vakuum verschwindet mit dem Druckeffekt auch der Poleffekt, so daß aus diesem Grunde vielfach der Vakuumbogen als Standardlichtquelle empfohlen worden ist. Man vergleiche hierzu ferner Kapitel 25 in diesem Band.

Bezüglich des Verhaltens an den beiden Polen eines Gleichstrombogens zeigen verschiedene Elemente ein verschiedenes Verhalten. Zum Beispiel sind (immer unter Voraussetzung der Verwendung von Metallelektroden) bei Silber und Kupfer die meisten Funkenlinien am negativen Pol verstärkt. Das gleiche gilt von Mg und Ca, während bei Al die Funkenlinien am positiven Pol verstärkt sind.

Zur Erklärung des Auftretens der Pollinien sind verschiedene Umstände herangezogen worden. So hat man an das Auftreten von elektrischen Schwingungen gedacht[7]), ohne daß es jedoch möglich wäre, solche nachzuweisen. HEMSALECH[8]) hat bereits lange vor der Entwicklung der Lehre von den Anregungsstufen und Spektren verschiedener Ordnung darauf hingewiesen, daß man verschiedene Klassen von Funkenlinien unterscheiden müsse und hat in diesem Zusammenhange auch vorgeschlagen, die Erklärung dieser Mannigfaltig-

[1]) F. GOOS, Astrophys. Journ. Bd. 38, S. 141. 1913; ZS. f. wiss. Photogr. Bd. 11, S. 305. 1912; Bd. 12, S. 259. 1913.

[2]) CH. ST. JOHN u. H. BABCOCK, Astrophys. Journ. Bd. 42, S. 231. 1915; Bd. 53, S. 260. 1921.

[3]) W. DUFFIELD, Astrophys. Journ. Bd. 24, S. 260. 1908.

[4]) Man vgl. ST. JOHN u. H. D. BABCOCK, Astrophys. Journ. Bd. 42, S. 231. 1915; W. F. MEGGERS, Astrophys. Journ. Bd. 60, S. 60. 1924; G. WOLFSOHN, Ann. d. Phys. (4) Bd. 80, S. 415. 1926; H. D. BABCOCK, Astrophys. Journ. Bd. 66, S. 256. 1927.

[5]) H. G. GALE u. W. S. ADAMS, Astrophys. Journ. Bd. 35, S. 10. 1912; Bd. 37, S. 391. 1913.

[6]) a bis 0,004 Å/Atmosph. Rotverschiebung, b, c, d Verschiebung steigend bis 0,02 Å/Atm. e einzelne Linien, die nach Violett verschoben, bei höheren Drucken unmeßbar sind.

[7]) P. LUDEWIG, Ann. d. Phys. (4) Bd. 42, S. 643. 1913; W. DUFFIELD, Astrophys. Journ. Bd. 27, S. 260. 1908; LA ROSA, Rendic. Acc. Lincei (5) Bd. 17, S. 200. 1908; Mem. Acc. Lincei (5) Bd. 7, S. 451. 1908; Ann. d. Phys. (4) Bd. 29, S. 249. 1909; K. W. WAGNER, Dissert. Göttingen 1910.

[8]) G. HEMSALECH, Trans. Solar Union Bd. 4, S. 143. 1914.

keit anzupassen. Auch Duffield[1]) und andere haben ähnliche Gedanken geäußert. Dann haben Rossi[2]) und wieder andere nach Gradienten gesucht, die
das Auftreten der Linien erklären sollen und auch versucht, die relative Größe
des Anoden- bzw. Kathodenfalles heranzuziehen zur Erklärung des Verhaltens
der beiden Pole in jedem Spezialfall. In welcher Richtung die Erklärung zu finden
ist, hat schon frühzeitig Koenemann[3]) angegeben und kann heute nicht mehr
zweifelhaft sein. Allerdings ist bei der Komplikation der Verhältnisse praktisch
zunächst nicht viel damit gewonnen. Denn wenn schon die Vorgänge in der
positiven Säule bei geringen Drucken erst neuerdings einigermaßen geklärt
werden, so reicht dieser Anfang bei weitem nicht aus für die Vorgänge in der
Bogenentladung, bei denen außer den komplizierten elektrischen Bedingungen
noch die chemischen Vorgänge und die Verdampfung der Elektroden dazu
beitragen, die Zahl der zu berücksichtigten Faktoren ins Ungemessene zu steigern[4]).
Erwähnt sei noch, daß ein Zusammenhang zwischen der Termgröße und dem
Poleffekt zu bestehen scheint. So ist es Catalán[5]) sogar gelungen, aus der Regel,
daß die Schwingungszahländerung eine stetige Funktion der beiden in jede Linie
eingehenden Terme ist, so daß Δv abnimmt, wenn die Termsumme wächst,
zwei neue Multipletts im Eisenspektrum aufzufinden. Doch ist diese Regel
sicher nicht allgemein gültig[6]).

**10. Chemismus des Bogens, Druck im Bogen, Bewegungen der Bogen-
flamme.** Die hier angeführten Gegenstände gehören teils der Chemie, teils der Lehre
von den Gasentladungen an. Es sollen daher nur einige Bemerkungen angeführt
werden, die im Hinblick auf die Emission des Bogens zu berücksichtigen sind.

Infolge der hohen Temperatur, der Zerstäubung der Elektroden, der Stoßionisation und der intensiven ultravioletten Strahlung ist der Bogen der Ort
zahlreicher und komplizierter chemischer Prozesse, die von hoher spektroskopischer Bedeutung sind. Daß im Kohlebogen der Kohlenstoff verdampft,
ist schon in alter Zeit nachgewiesen worden. Bei Gegenwart von H bildet sich
Azetylen, wenn zugleich N gegenwärtig ist, Cyanwasserstoff. Daß sich auch Cyan
bildet, ist manchmal bestritten worden, kann aber doch als bewiesen gelten.
Hinzu kommen die Oxydationsvorgänge, die sich auf den Stickstoff der Luft
und den Kohlenstoff erstrecken und mannigfache Sekundärprodukte liefern,
zumal wenn auch Metall- oder Salzdämpfe anwesend sind. In der Aureole findet
man neben Oxydationsvorgängen auch aktivierten Stickstoff und Sauerstoff.
Hierzu kommt je nach der Natur der Elektroden eine Wolke fein verteilten
Metall- oder Oxydstaubes, der unter Umständen kolloidale Formen zahlreicher
Körper liefert. Dies zeigt sich besonders deutlich, wenn man den Bogen unter
geeigneten Flüssigkeiten, z. B. in reinem Wasser, brennen läßt. Mit der Atmosphäre wechselt natürlich der Chemismus. In einer Wasserstoffatmosphäre
erhält man z. B. eine Reihe sonst nicht nachgewiesener Hydride. Bei der hohen
Temperatur wirkt der Bogen andererseits auch stark reduzierend. Man erhält
daher die Linienspektra der meisten Elemente aus ihren Verbindungen, allerdings
vielfach Molekülspektra der Elemente und manchmal auch Molekülspektra der

[1]) W. Duffield, Astrophys. Journ. Bd. 27, S. 260. 1908.
[2]) R. Rossi, Astrophys. Journ. Bd. 35, S. 279. 1912.
[3]) H. Koenemann, ZS. f. wiss. Photogr. Bd. 12, S. 66 u. 123. 1913.
[4]) Weiteres Material über den Poleffekt: W. F. Meggers, Astrophys. Journ. Bd. 60,
S. 60. 1920; R. G. Gale, ebenda Bd. 45, S. 142. 1917; T. R. Royds, ebenda Bd. 45, S. 112. 1917;
Ch. St. John u. H. D. Babcock, ebenda Bd. 42, S. 231. 1915; M. Petersen u. S. B. Green,
ebenda Bd. 62, S. 49. 1925; G. Wolfsohn, Ann. d. Phys. (4) Bd. 80, S. 415. 1926; M. Catalán,
Nature Bd. 113, S. 889. u. Bd. 114, S. 192. 1924.
[5]) M. Catalán, Nature Bd. 114, S. 192. 1924.
[6]) Vgl. G. Wolfsohn, Ann. d. Phys. (4) Bd. 80, S. 417. 1926.

Verbindungen (z. B. der Halogenverbindungen der Erdalkalien) neben her. Bringt man Salze in einen Kohlebogen, so entstehen, wie mehrfach nachgewiesen worden ist, auch Karbide der Metalle, auf deren Entstehung gewisse Eigentümlichkeiten in der Emissionsverteilung im Kohlebogen zurückgeführt worden sind. Die hohe Temperatur und die elektrischen und optischen Anregungsvorgänge bewirken außerdem eine komplizierte Art der Ionisierung. So lassen sich allgemeine Aussagen über die Vorgänge in einem Bogen kaum machen. Am weitesten kommt man noch mit dem Begriff der Temperatur etwa in dem Sinne der SAHA-RUSSELLschen Theorie. Bogenentladungen sind daher vorzüglich geeignet als lichtstarke, linienreiche, bequeme Lichtquellen für analytische und Meßzwecke, nicht jedoch zur Untersuchung von Einzelfragen der Mechanik des Leuchtens.

Die Frage, ob in einer Bogenentladung, sei es im ganzen, sei es in einzelnen Teilen, ein Überdruck gegen die Umgebung herrsche, ist schon frühzeitig aufgeworfen worden. Der Umstand, daß manchmal aus den Elektroden Dampfstrahlen mit erheblicher Geschwindigkeit ausgestoßen werden, legte die Annahme nahe, daß an den Elektroden selbst Überdruck bestehen könnten, die man etwa mit Manometern an durchbohrten Elektroden messen könnte. Ältere Versuche von DEWAR[1]) ergaben unsicher schwankende Werte von Bruchteilen eines Millimeter, während EXNER und MACHE[2]) den Überdruck auf 2 bis 3 Atm. schätzten. Aus zahlreichen Versuchen sei nur erwähnt, daß man auch versucht hat, den obenerwähnten Poleffekt als Druckeffekt zu deuten und daraus den Überdruck an den Elektroden zu berechnen. So fand GOOS[3]) z. B. etwa $1/3$ Atm. während andere wie LANG[4]) bis zu 1 Atm. finden. Allein solche Überdrucke sind, wie mit Recht[5]) mehrfach hervorgehoben worden ist, unwahrscheinlich.

Auch am Quecksilbervakuumbogen sind manche Messungen in der gleichen Richtung angestellt worden, vor allem im Sinne eines Vergleiches zwischen dem Druck an der Anode und Kathode. Wir übergehen die mannigfaltigen vorliegenden Arbeiten. MATTHIES[6]) dürfte im Recht sein, wenn er schließt, daß ein etwaiger Überdruck, der indes nur von der Größenordnung eines Millimeters sein kann, mit den elektrischen Vorgängen im Bogen nichts zu tun hat, sondern nur von dem Dampfdruck bzw. den Kondensationsvorgängen an den Elektroden abhängt. Nach alledem scheint es, daß man für die Wellenlängenkorrekturen neben dem Druck der äußeren Atmosphäre lediglich einen Poleffekt bisher nicht völlig geklärter Ursache zu berücksichtigen hat.

Da die Bogenflamme eine leicht bewegliche Gasmasse ist, so können in ihr schnelle Bewegungen eintreten, die sich unter Umständen als Dopplereffekt bemerkbar machen, wie z. B. DUFOUR[7]) u. a. gezeigt haben. Dies gilt besonders von dem zischenden Bogen und für einen in einem Magnetfeld brennenden Bogen.

---

[1]) J. DEWAR, Proc. Roy. Soc. London Bd. 33, S. 262. 1881.

[2]) E. EXNER u. H. MACHE, Wied. Ann. Bd. 68, S. 740. 1899; s. auch W. MITKIEWITSCH, Journ. russ. phys. Ges. Bd. 35, S. 307 u. 503. 1903; W. STRUTT, Proc. Roy. Soc. London Bd. 90, S. 364. 1914; Bd. 91, S. 92. 1914.

[3]) F. Goos, Astrophys. Journ. Bd. 38, S. 141. 1913; ZS. f. wiss. Photogr. Bd. 12, S. 207. 1913.

[4]) J. LANG, ZS. f. wiss. Photogr. Bd. 15, S. 223. 1915. Man sehe auch CH. ST. JOHN u. L. WARE, Astrophys. Journ. Bd. 39, S. 5. 1914; CH. ST. JOHN, Proc. Nat. Acad. Amer. Bd. 1, S. 131. 1915; CH. ST. JOHN u. H. BABCOCK, ebenda Bd. 1, S. 295. 1915; Astrophys. Journ. Bd. 42, S. 231. 1915; T. ROYDS, Kodaì Kanal Bull. Bd. 40, S. 5. 1914; K. BURNS u. W. MEGGERS, Bull. Bureau of Stand. Bd. 12, S. 179. 1916 u. a. m.

[5]) Man s. LANG, l. c. S. 223 sowie ST. JOHN u. H. BABCOCK, Astrophys. Journ. Bd. 42, S. 231. 1915.

[6]) W. MATTHIES, Ann. d. Phys. (4) Bd. 37, S. 721. 1912; dort weitere Literatur.

[7]) Man sehe BIEGON V. CZUDNOCHOWSKI, Phys. ZS. Bd. 4, S. 845. 1903; A. DUFOUR, Ann. chim et phys. (8) Bd. 22, S. 282. 1911; W. G. CADY, Phys. Rev. (2) Bd. 35, S. 77. 1912; (2) Bd. 2, S. 249. 1913 u. a. m.

Durch die schnelle Bewegung können ferner infolge der Superposition von Emissionszuständen verschiedener Stadien Pseudoumkehrungen oder scheinbare mehrfache Umkehrungen an Linien entstehen.

11. Form des Bogens, Umkehrungserscheinungen. Im ganzen hat der Bogen zwischen vertikalen Elektroden eine ellipsoidische Form, aus der in wechselnder Lage seitlich die Spitze einer Flamme nach oben strebt. Beobachtet man also senkrecht zur vertikalen Achse, so erhält man die Emission einer aus Schichten verschiedener Temperatur, Stromdichte, Zusammensetzung und Dampfdichte gebildeten Gasschicht. Bei Beobachtung der äußersten Dampfschicht in tangentialer Richtung erhält man daher scharfe Linien, häufig mit Feinstruktur, in der Regel die Grundzustände der Atome und Kombinationen leicht erreichbarer Terme. Bei axialer Beobachtung steigt die Linienzahl, die intensiveren Linien zeigen Verbreiterungserscheinungen und namentlich im ultravioletten Teil in der Regel Umkehrungen (Selbstumkehrung) infolge des Durchganges der Strahlung durch den dünnen peripherischen Dampf. Häufig erscheinen auch bei Benutzung von Kohleelektroden die Linien gegen die weißglühenden Partien der Elektroden umgekehrt. Auch echte Doppelumkehrungen treten auf als Zeichen der komplizierten Dampfverteilung. Daß in den äußeren Partien eine starke Absorption stattfindet, ist vielfach auch durch den Nachweis intensiver anomaler Dispersion erwiesen worden. Ein Bogenspektrum ist, wie schon hervorgehoben, somit keineswegs ein feststehendes Gebilde. Das Aussehen des erhaltenen Spektrums hängt von der Länge, Stromstärke und Beobachtungsrichtung des Bogens in hohem Maße ab, so daß der Begriff des Bogenspektrums, so wie er vielfach in der Literatur benutzt wird, zwar einen historisch bestimmten Sinn hat, indessen nicht auf wirkliche Bogenspektra angewendet werden kann.

12. Einfluß des Außendruckes und der Atmosphäre. Hier soll nur von dem Einfluß des Außendruckes die Rede sein, insofern er sich in der Strahlung des Bogens zeigt. Man vergleiche für lichttechnische Zusammenhänge diesen Band, Kapitel 15 sowie den Artikel Bogenentladung von A. Hagenbach in Band XIV. Bei bedeutender Steigerung des Druckes treten die Wellenlängenänderungen ein, die in der Regel mit steigendem Druck nach Rot, für relativ wenige Linien nach dem violetten Ende des Spektrums gehen und hier nicht besprochen werden sollen. Die einzelnen Spektra verhalten sich verschieden, Molekülspektra anders als Linienspektra. Man findet eingehende Beschreibungen der spektralen Vorgänge bei Humphreys[1]), Hagenbach[2]), Duffield[3]), King[4]), Swaim[5]), Harris[6]), Miller[7]), Crew und Mc Cauly[8]), Petersen und Green[9]), Petavel und Hutton[10]) u. a. Man vergleiche auch die Beobachtungen von King[11]) bei Drucksteigerung in einem elektrischen Ofen.

---

[1]) W. J. Humphreys, Astrophys. Journ. Bd. 4, S. 249. 1896; Bd. 6, S. 109. 1897; Bd. 22, S. 217. 1905; Bd. 26, S. 18. 1907; Bd. 27, S. 200. 1908; Bull. Mt. Weather Bd. 3, S. 1. 1910; Jahrb. d. Radioakt. Bd. 12, S. 349. 1915.
[2]) A. Hagenbach, Wüllner-Festschr. 1905, S. 128.
[3]) W. G. Duffield, Proc. Roy. Soc. London Bd. 79, S. 597. 1907; Astrophys. Journ. Bd. 26, S. 374. 1907; Phil. Trans. A Bd. 208, S. 111. 1908; Bd. 209, S. 205. 1908; Bd. 211, S. 33. 1911; Phil. Mag. (6) Bd. 30, S. 385. 1915; Phil. Trans. (A) Bd. 215, S. 205. 1915 u. a.
[4]) A. S. King, Astrophys. Journ. Bd. 37, S. 119. 1913 und viele andere Arbeiten; s. auch H. Gale u. W. Adams, Astrophys. Journ. Bd. 35, S. 10. 1912.
[5]) F. Swaim, Astrophys. Journ. Bd. 40, S. 137. 1914.
[6]) R. E. Harris, Astrophys. Journ. Bd. 59, S. 261. 1924.
[7]) L. F. Miller, Astrophys. Journ. Bd. 53, S. 224. 1921.
[8]) H. Crew u. G. Mc Cauly, Astrophys. Journ. Bd. 39, S. 29. 1914.
[9]) M. Petersen u. S. B. Green, Astrophys. Journ. Bd. 62, S. 49. 1925.
[10]) J. Petavel u. R. Hutton, Phil. Mag. (6) Bd. 6, S. 569. 1903 und viele andere.
[11]) A. S. King, s. Anm. 4.

Verringert man den Druck unter eine Atmosphäre, so nimmt das umgebende Gas in steigendem Maße an der Entladung teil. Der Raum, in dem der Bogen brennt, füllt sich bei sinkendem Drucke mit der Bogenaureole, und es bilden sich Übergangsformen zwischen der Bogen- und der Glimmentladung. Je nach den Versuchsbedingungen überwiegt die Entladung an dem positiven oder negativen Pole. Im allgemeinen nimmt die spezifische Intensität des Bogenlichtes ab, wobei die relative Intensität der Funkenlinien verstärkt wird. Die Linien werden schärfer, die Umkehrungen weniger zahlreich. Auf die stabilen Formen und ihre Charakteristiken kann hier nicht eingegangen werden. Bei den tiefsten Drucken, bei denen überhaupt noch eine Entladung möglich ist und bei denen die Bogenentladung durch künstliches Glühen der Kathode (evtl. nach vorheriger Bedeckung mit geeigneten Oxyden) aufrechterhalten wird, verdampft nur noch die Anode, und man erhält an ihr Linien und häufig auch intensive Bandenspektra der Anodenmetalle. Neben manchen anderen hierfür angegebenen Versuchsanordnungen sei hier nur diejenige von JANICKI und LAU erwähnt.

Zur Kennzeichnung der Verhältnisse seien noch einige Beispiele angeführt. Schon LEHMANN[1]) hatte zwei verschiedene Formen des Kupferbogens bei vermindertem Drucke unterschieden. ARONS[2]) untersuchte eine Reihe von Metallen, z. B. Cu, Mg und Fe und beschrieb die Färbung und Beschaffenheit der verschiedenen Bogenformen. FOWLER und PAYN[3]) untersuchten bei 1 bis 2 mm Mg und Cd und fanden relative Intensitätsänderungen, die Bogenlinien geschwächt,. neue Banden. Anordnungen mit Glühkathoden und Drucken von weniger als 0,1 mm wurden zuerst beschrieben von WIEDEMANN und WEHNELT[4]), dann von JANICKI[5]), REISMANN[6]) u. a. Hier wurden eine große Zahl von Elementen als Anoden benutzt und die entstehenden lichtstarken Linien- und Bandenspektra untersucht. Auch seien an dieser Stelle die Amalgamlampen von STARK und KÜCH[7]) erwähnt, in denen in Quarzgefäßen Quecksilberamalgame von Cr, Zn, Pb, Bi,. Sb und Sn verwendet werden.

Ähnliche Anordnungen, wie soeben erwähnt, sind von PETAVEL und HUTTON[8]) sowie von BARNES[9]) angegeben worden, ebenso von BROOKS[10]), CHILD[11]) und besonders von HAGENBACH[12]). Dieser untersucht einen Kupferbogen bei Drucken zwischen 760 und 1 mm in verschiedenen Gasen und gibt eine Fülle spektroskopischer Einzelheiten. Aus zahlreichen anderen Untersuchungen seien nur noch angeführt die sorgfältigen Untersuchungen von HAGENBACH und VEILLON[13]), BANDERET[14]), FABRY und BUISSON[15]), die den Eisenbogen untersuchten, LA ROSA[16]), dessen Untersuchung sich auf den Kohlebogen bezieht, GALE und ADAMS[17]),

---

[1]) O. LEHMANN, Ann. d. Phys. (3) Bd. 55, S. 361. 1895.
[2]) L. ARONS, Ann. d. Phys. (4) Bd. 1, S. 700. 1900.
[3]) A. FOWLER u. H. PAYN, Proc. Roy. Soc. London Bd. 72, S. 253. 1903.
[4]) E. WIEDEMANN, Phys. ZS. Bd. 6, S. 690. 1905.
[5]) L. JANICKI, Ann. d. Phys. (4) Bd. 29, S. 833. 1909.
[6]) B. REISMANN, ZS. f. wiss. Photogr. Bd. 13, S. 269. 1914.
[7]) J. STARK u. R. KÜCH, Phys. ZS. Bd. 56, S. 438. 1905.
[8]) J. PETAVEL u. R. HUTTON, Phil. Mag. (6) Bd. 6, S. 569. 1903.
[9]) J. BARNES, Astrophys. Journ. Bd. 21, S. 74. 1905; Phys. ZS. Bd. 6, S. 148. 1905; Astrophys. ZS. Bd. 27, S. 152. 1908; Bd. 34, S. 154. 1917.
[10]) E. BROOKS, Astrophys. Journ. Bd. 29, S. 127. 1909.
[11]) J. CHILD, Phys. Rev. (1) Bd. 29, S. 229. 1909; Bd. 20, S. 364. 1905.
[12]) A. HAGENBACH, Phys. ZS. Bd. 40, S. 649. 1909.
[13]) A. HAGENBACH u. J. VEILLON, Phys. ZS. Bd. 11, S. 833. 1910.
[14]) E. BANDERET, Verh. d. naturf. Ges. Basel Bd. 23, S. 268. 1912.
[15]) J. FABRY u. H. BUISSON, Journ. de phys. (4) Bd. 90, S. 929. 1910; C. R. Bd. 150, S. 1674. 1910.
[16]) M. LA ROSA, Cim. (6) Bd. 4, S. 172. 1912.
[17]) H. GALE u. W. ADAMS, Astrophys. Journ. Bd. 37, S. 391. 1913.

die Druckverschiebungen von 5 cm Druck an aufwärts messen, Crew und McCauley[1]), die Kalzium untersuchen, Fowler[2]), der Magnesium untersucht sowie endlich aus neuester Zeit die Untersuchung von Wolfsohn[3]) über das Spektrum des Kupfers und Babcock[4]) über das Spektrum des Eisens. Bei Wolfsohn findet man Beispiele von Aufnahmen mit großer Dispersion, die den Unterschied des Aussehens der Linien zeigen, ferner Messungen über die Druckverschiebungen, die in diesem besonderen Falle alle nach dem violetten Ende des Spektrums gehen, wenn man den Druck vermindert u. a. m. Eine eingehende Diskussion aller dieser Beobachtungen ist an dieser Stelle nicht möglich. Ein Teil der Erscheinungen läßt sich aus der verminderten Dampfdichte unschwer verstehen. Dagegen sind andere offenbar komplizierter Natur, wie etwa die Änderung der Anregungsbedingungen, wie sie sich in den Intensitätsänderungen der Bogen- und Funkenlinien zeigt und auch das Auftreten der Molekülspektra. Die Natur des Druckeffektes bleibt endlich an dieser Stelle ganz außer Betracht.

13. Einfluß der Atmosphäre[5]). Nicht nur der Druck der umgebenden Atmosphäre hat großen Einfluß auf die Emission des Bogens. Auch die chemische Natur der umgebenden Gase ändert Intensität und Zusammensetzung der Emission und Absorption der Bogenflamme. Bei einer großen Zahl der im vorigen Abschnitt genannten Versuche ist zugleich der Einfluß verschiedener Gasfüllungen auf die Bogenspektra geprüft worden. Dabei zeigte sich sogleich, daß sich der Einfluß der Atmosphäre nicht darauf beschränkt, daß neue Linien- oder Molekülspektra auftreten, z. B. in einer Kohlenoxydatmosphäre die verschiedenen Bandenspektra des Kohlenstoffs und seiner Sauerstoffverbindungen. Vielmehr zeigt sich auch ein Einfluß auf die Linien- und Bandenspektra der Elektroden. Unter Umständen, z. B. in Wasserstoff, treten Funkenlinien stärker hervor; die Intensitätsverteilung im gesamten Spektrum wird eine andere usw. Ganz besonders gilt dies auch von dem Einfluß einer Atmosphäre von Edelgasen. Man wird nach der neueren Entwicklung der Lehre von der Anregung erwarten dürfen, daß hier die Übertragung der Energie durch angeregte, evtl. metastabile Zustände der Atome des Atmosphärengases eine Rolle spielt. Allein vorläufig befindet sich das Beobachtungsmaterial, wenige Ausnahmen abgesehen, wie z. B. die Versuche über Minimalspannungen von Bogenentladungen, in gewissen Metalldämpfen noch nicht in dem Zustande, der es gestattet, allgemeine Regeln aufzustellen.

14. Quecksilberbogenlampe. In diesem Zusammenhange muß wenigstens kurz der Emission der Quecksilberbogenlampe gedacht werden. Wegen ihrer technischen Bedeutung und Konstruktion vergleiche man Kapitel 15, Abschnitt B

---

[1]) H. Crew u. G. V. Mc Cauley, Astrophys. Journ. Bd. 39, S. 29. 1914.
[2]) A. Fowler, Proc. Roy. Soc. London Bd. 89, S. 133. 1913.
[3]) G. Wolfsohn, Ann. d. Phys. (4) Bd. 80, S. 415. 1926.
[4]) J. Babcock, Astrophys. Journ. Bd. 66, S. 256. 1927. Man siehe auch Saunders, ebenda Bd. 43, S. 224. 1916.
[5]) Wir geben einige Literatur, in der der Leser näheren Aufschluß findet. Z. B.: J. Liveing u. J. Dewar, Proc. Roy. Soc. London Bd. 28, S. 367 u. 471. 1879; Bd. 30, S. 173. 1880; Bd. 31, S. 152. 1880; Bd. 32, S. 189. 1881; Bd. 34, S. 123. 1882; N. Brown, Phys. Rev. (1) Bd. 7, S. 210. 1898; L. Thomas, C. R. Bd. 419, S. 728. 1894; L. Arons, Phys. ZS. Bd. 1, S. 53. 1899; Ann. d. Phys. (4) Bd. 1, S. 700. 1900; H. Crew u. O. Basquin, Proc. Amer. Acad. Bd. 33, S. 337. 1898; H. Crew, Astrophys. Journ. Bd. 12, S. 167. 1900; A. S. King, ebenda Bd. 14, S. 323. 1901; R. A. Porter, ebenda Bd. 15, S. 274. 1902; C. D. Child, Ber. Jahrb. d. Radioakt. Bd. 3, S. 189. 1906; J. Barnes, Astrophys. ZS. Bd. 34, S. 154. 1911 und zahlreiche andere Arbeiten. A. Hagenbach u. H. Veillon, Phys. ZS. Bd. 11, S. 833. 1910 u. a. m.; W. L. Upson, Phil. Mag. (6) Bd. 14, S. 126. 1907; H. Konen, Festschr. med. naturwiss. Ges. Münster 1912, S. 18; A. Hagenbach u. H. Frey, Arch. sc. phys. et nat. (4) Bd. 38, S. 229. 1914 u. v. a. m.

dieses Bandes. Die erste Quecksilberlampe ist wohl von GLADSTONE[1]) hergestellt worden. Es folgen dann die grundlegenden Arbeiten von ARONS[2]), an die sich zahllose weitere Untersuchungen angeschlossen haben, die sich auf die Charakteristik der Entladung, den Zusammenhang zwischen Energieverbrauch und Strahlung, die relative Intensität des ultravioletten Lichtes usw. beziehen. Es soll hier nur von einigen spektroskopischen Eigenschaften des Quecksilberlichtbogens die Rede sein.

Der Bogen kann gebrannt werden bei Drucken, die von Bruchteilen eines hundertstel Millimeters zu mehreren Atmosphären steigen können. Während der Anoden- und Kathodenfall sich nur wenig mit dem Druck ändern, steigt der Gradient mit zunehmendem Drucke bedeutend[3]). Bei niedrigem Druck sendet der Hg-Bogen neben der ultravioletten Resonanzlinie nur wenige Linien aus, die nicht umgekehrt, symmetrisch und mit einer von Art und Betrieb des Bogens abhängigen Feinstruktur versehen sind. Steigen Stromstärke und Druck, so nehmen Emission und Absorption zu, und zwar in einer für verschiedene Linien verschiedenen Weise. Wird der Bogen in Quarzgefäßen gebrannt, so nimmt gleichzeitig die ultraviolette Strahlung stark zu. Ist die Luftschicht, die die Strahlung zu durchlaufen hat, sehr klein, außerdem die Lampe jung, wenig Ozon vorhanden, so reicht bei geeigneten Quarzwänden die Strahlung bis 1850, sowohl bei hohem wie bei niedrigem Drucke. Bei völliger Entfernung der Luft und Flußspatfenster kommt man bis 1400. In Luft und bei normalen Arbeitsabständen ist die Strahlung äußerst gering unterhalb 2000. Außerdem tritt bei hohen Dampfdrucken bei einer Reihe von Linien durch Selbstabsorption eine bedeutende Schwächung ein. Nach längerer Brenndauer bildet sich auf der Innenseite der normalen Quarzlampen ein ca. 0,01 mm dicker, in den Quarz eindringender Niederschlag, der stark den ultravioletten Teil des Spektrums absorbiert. Steigt der Druck über eine gewisse Grenze, so treten zu den Linien des gewöhnlichen Quecksilberspektrums diffuse Linien in steigender Anzahl, vielleicht auch ein kontinuierliches Spektrum von allerdings geringer Intensität. Nach dem Bereiche langer Wellen hin überschneidet das Quecksilberspektrum den Bereich der HERTZschen Wellen.

Auch mit Amalgamen lassen sich Hg-Bogenlampen betreiben. Doch hat sich nur eine mit Kadmiummetall, mit oder ohne Quecksilberzusatz gefüllte Lampe als Normallampe für Wellenlängenmessungen eingebürgert.

Die Ansatzstelle der Entladung an der kathodischen Quecksilberfläche liefert ein besonders linienreiches Spektrum, in dem die Funkenlinien stark hervortreten. Endlich ist die eigentliche Bogenentladung umgeben von einer Aureole, die ein besonderes Spektrum besitzt. Gegenüber der intensiven Helligkeit des gewöhnlichen Bogens wird diese Emission nicht bemerkt, wohl aber, wenn seitliche Ansätze da sind, in die die Aureole eindringen kann.

15. Einfluß der Stomstärke. Zahlreiche Versuche sind angestellt worden, um Änderungen in der Emission mit bedeutenden Steigerungen der Stromstärke oder umgekehrt durch Herabsetzung der Stromstärke zu erzielen. In der Regel zeigte sich, daß auch bei sehr erheblicher Steigerung nur relativ geringfügige Änderungen eintreten. Dies erklärt sich zum Teil aus dem Umstand, daß mit der Steigerung auch eine Vergrößerung des Volumens parallel geht, also die Stromdichte nicht geändert wird. Gelingt es dagegen, ungewöhnliche

---

[1]) H. GLADSTONE, Phil. Mag. (4) Bd. 20, S. 249. 1860.
[2]) L. ARONS, Wied. Ann. Bd. 47, S. 767. 1892.
[3]) Siehe ds. Band Abschnitt C, Kap. 15, ferner Bd. XVI, Kap. 6. Für die ungeheure Literatur über das Spektrum des Hg, deren Register mehrere Bogen füllt, sei auf Bd. V u. VII von KAYSER u. KONEN, Handb. d. Spektroskopie, verwiesen.

Stromdichten zu erreichen, wie dies etwa bei dem „tube arc" Kings[1]) der Fall ist, so treten charakteristische Änderungen in der Emission ein im Sinne eines Übergangs zum Funkenspektrum, wenn auch nicht identisch mit diesem.

Es hat früher eine gewisse Überraschung hervorgerufen, als zuerst Hartmann[2,3]) fand, daß die Funkenlinie 4481 des Magnesiums durch Herabsetzung der Stromstärke eines Bogens zwischen Magnesiumelektroden hervorgerufen werden kann. Doch ist bei diesen Versuchen nicht hinreichend unterschieden zwischen der Emission der eigentlichen Bogenflamme und den Teilen unmittelbar an der Elektrode. Werden diese ausgeschieden, so läßt sich sagen, daß mit der Stromstärke auch die Intensität der Banden abnimmt. Die Linien stärkerer Anregung werden schwächer oder verschwinden gänzlich[4]).

Zu bedenken ist auch, daß das Bogenspektrum während des Zündens ein anderes ist als bei stationärem Betrieb. Der Zündvorgang liefert, wie vielfach nachgewiesen worden ist, ein Spektrum, das sich dem Funkenspektrum nähert. Es muß also bei Beurteilung des Bogens geringer Stromstärke vermieden werden, den Bogen während des Versuches neu zu zünden. Man vergleiche auch den Abschnitt über Wechselstrombogen.

16. Wechselstrombogen. Ein besonderes Interesse beansprucht der Wechselstrombogen. Einmal zeigen sich charakteristische Unterschiede in den verschiedenen Phasen, die in gewissem Sinne parallel gehen zu den Änderungen der Emission mit abnehmender Stromstärke, von denen im vorigen Abschnitt die Rede war. Dann aber bildet der Wechselstrombogen den Übergang zur Funkenentladung insofern, als man gewisse Formen der Funkenentladung geradezu als Wechselstrombogen hoher Frequenz bezeichnen kann. Für die elektrischen Eigenschaften des Wechselstrombogens verweisen wir wieder auf Kapitel 6, Band XVI ds. Handb. und behandeln hier nur die Emissionseigenschaften mit Ausnahme der Strahlung der Elektroden und der technologischen Beziehungen, die in Abschnitt C, Kapitel 15 dieses Bandes behandelt werden. Damit der Bogen zwischen Kohleelektroden mit Wechselstrom brennt, muß bekanntlich der Strom eine bestimmte minimale Spannung und minimale Frequenz haben. Durch Steigerung der Spannung wird es möglich, schließlich zwischen jeder Art von Elektroden einen Bogen zu brennen. Einen solchen Bogen würde man zweckmäßig als Hochspannungsbogen bezeichnen. Man kann nun versuchen, die beobachteten Emissionserscheinungen mit den V- oder i-Kurven in Verbindung zu bringen. Hierbei ist zu beachten, daß beide gegeneinander verschoben sind. Je schneller sich die Elektroden abkühlen (Metallelektroden), um so höher liegen die Werte der Zünd- und Löschspitze der V-Kurven. H-Atmosphäre z. B. wirkt in gleichem Sinne, Einführung von Metalldämpfen oder Erhitzen der Elektroden drückt sie herab. Ist die Bogenstrecke unsymmetrisch, so sind es auch die Strom- bzw. Spannungskurven. Befinden sich im Entladungskreise eines Gleichstrombogens Kapazität, Selbstinduktion und

---

[1]) King versteht unter „tube arc" einen niedervoltigen Bogen sehr hoher Stromstärke, wie er entsteht, wenn ein Kohlerohr eines mit Gleichstrom betriebenen Bogens bei einer Stromstärke von ca. 1000 Amp. ringförmig durchbrennt; s. A. S. King, Astrophys. Journ. Bd. 37, S. 119. 1913; Bd. 38, S. 315. 1913; Bd. 41, S. 372. 1915; Phys. Rev. (2) Bd. 6, S. 514. 1915; Proc. Nat. Acad. Amer. Bd. 1, S. 371. 1915.
[2]) J. Hartmann, Berl. Ber. 1903, S. 234; Astrophys. Journ. Bd. 17, S. 270. 1903.
[3]) A. Occhialini, Cim. (6) Bd. 3, S. 270. 1912.
[4]) Für die Menge der Einzelangaben muß auf die Spezialliteratur verwiesen werden; z. B. J. Barnes, Astrophys. Journ. Bd. 21, S. 74. 1905; Bd. 27, S. 152. 1908; A. S. King, ebenda Bd. 20, S. 21. 1904 u. a. m.; G. E. Gale, W. S. Adams u. H. Gale, ebenda Bd. 24, S. 185. 1906; G. E. Hale u. H. Gale, ebenda Bd. 25, S. 75. 1907; M. la Rosa u. M. Muglia, Cim. (6) Bd. 1, S. 283. 1911.

Kapazität passender Größe, so treten weiter Schwingungen auf, unter denen man nach H. Th. Simon[1]) drei Arten unterscheiden kann, zwischen denen es allerdings alle Arten von Übergängen gibt. Die Schwingungen erster Art lassen sich auffassen als Superposition eines Gleichstroms mit einem Wechselstrom, bei der weder die Spannung noch der Strom ihre Richtung umkehren. Es erfolgt also hier keine Rückzündung; Kathode und Anode vertauschen ihre Rolle nicht, der Strom sinkt nicht auf Null. Bei den Schwingungen zweiter Art sinkt der Strom zwar periodisch auf Null, die elektromotorische Kraft nimmt bereits negative Werte an, allein der Strom wechselt noch nicht sein Vorzeichen. Es findet also auch hier noch keine Rückzündung statt, die Elektroden vertauschen noch nicht ihre Rollen, doch ändert bereits das Feld seine Richtung. Bei der dritten Art der Schwingungen endlich findet eine Rückzündung statt. Hier kehren Strom und Spannung bei jeder Periode ihr Vorzeichen um, die Elektroden vertauschen ihre Rollen. Häufig setzt sich die Stromkurve aus Gruppen schnell abklingender Wellen zusammen.

Es ist wahrscheinlich, daß viel häufiger, als es bemerkt worden ist, die bei Versuchen benutzten Gleichstrombogen in Wahrheit derartige Wechselstrombogen gewesen sind, und daß eine Reihe anomaler Beobachtungen sich auf diesem Wege erklären. Daß diese verschiedenartigen elektrischen Bedingungen sich in der Emissionsanregung im Bogen in irgendeiner Weise spiegeln werden, ist a priori anzunehmen. Dennoch ist der Zusammenhang keineswegs so einfach oder übersichtlich, wie man das früher erwartet hatte, wo man glaubte, direkte Beziehungen zwischen der Stromstärke und der Zusammensetzung des emittierten Lichtes nachweisen zu können, oder wo man versuchte, unmittelbare funktionale Zusammenhänge zwischen den elektrischen Bestimmungsstücken und den optischen Erscheinungen nachzuweisen. Die Gründe hierfür sind vom Standpunkt der Bohrschen Theorie aus einleuchtend. Wir begnügen uns daher, im folgenden einige charakteristische optische Eigenschaften im Wechselstrombogen kurz zu besprechen.

Wiederholt, zuerst wohl von la Rosa[2]), ist gezeigt worden, daß man durch Erregung von Schwingungen in einem Bogen unter bestimmten Bedingungen das Bogenspektrum allmählich in das Funkenspektrum überführen kann (Kohleelektroden), und zwar so, daß die Funkenlinien im ganzen Spektrum auftreten. Wagner[3]) zog aus den Messungen la Rosas den Schluß, daß Schwingungen zweiter Art die Bedingung für die Umwandlung des Bandenspektrums in ein Linienspektrum seien. Hier knüpft Ludewig[4]) an. Aus zahlreichen variierten Versuchen zieht er den Schluß, daß weder hohe Spannungen noch Schwingungen an sich das Funkenspektrum im Wechselstromlichtbogen erzeugen, sondern daß das Funkenspektrum auftritt, wenn die Entladung aus plötzlichen Stromstößen mit dazwischenliegenden genügend langen Pausen besteht. Nach Ludewigs Ansicht müssen die Stromstöße eine geringere Dauer als 0,001 Sek. haben. Ähnliche Angaben macht Nutting[5]), der hohe Potentialgradienten als Ursache der Entstehung der Funkenlinien annimmt. Eine Menge Angaben in der gleichen Richtung liegen vor. So findet z. B. Brooks[6]), daß eine Erhöhung der Oszil-

---

[1]) H. Th. Simon, Phys. ZS. Bd. 4, S. 737. 1903; Bd. 9, S. 865. 1908; Art. Schwingungen im Handwörterb. d. Naturwissenschaften. [Bd. VII. Jena 1913. Die ausgedehnte Literatur dieses Gegenstandes wird hier übergangen.

[2]) M. la Rosa, Mem. Acc. dei Lincei (5) Bd. 7, S. 451. 1908; Ann. d. Phys. (4) Bd. 29, S. 249. 1909.

[3]) K. W. Wagner, Dissert. Göttingen 1910.

[4]) P. Ludewig, Ann. d. Phys. (4) Bd. 42, S. 643. 1913.

[5]) P. G. Nutting, Bull. Bureau of Stand. Bd. 1, S. 399. 1905; Astrophys. Journ. Bd. 28, S. 66. 1908.

[6]) E. Brooks, Astrophys. Journ. Bd. 29, S. 177. 1909; Proc. Roy. Soc. London Bd. 80, S. 218. 1908.

lationsfrequenz das Auftreten der Funkenlinien begünstigt. Auch O'Connor[1]) untersucht einen schwingenden Bogen (Poulson) und findet, daß innerhalb einer Frequenz zwischen 1.10^5 bis 7.10^5 an Mg-Elektroden stets die Funkenlinie 4481 die stärkste des Spektrums war. Dies würde für einen Zusammenhang mit den Schwingungen sprechen. Auch Rossi[2]) kommt zum Schlusse, daß es sich um eine Kombination großer Gradienten mit hoher Temperatur handle. Es muß genügen, auf weitere Versuche von Duffield[3]), Hemsalech[4]), Occhialini[5]), Nutting[6]), Crew[7]), Porter[8]), la Rosa[9]), Huggins[10]) u. a. hinzuweisen. Man wird heute, da die Art der Entstehung des Funkenspektrums an sich aufgeklärt ist, eher versuchen, in der umgekehrten Richtung die Vorgänge im Bogen aus den optischen Erscheinungen zu erschließen. Allein die Komplikation ist so groß, daß vorläufig der Versuch nicht lohnt und man sich mit der Feststellung begnügen muß, daß bestimmte, eben gekennzeichnete elektrische Bedingungen das Auftreten von Funkenlinien und Umwandlungen im Spektrum begünstigen.

17. Einfluß der Phase an Wechselstrombogen. In den gleichen Zusammenhang gehören die Änderungen zeitlicher Art, die in der Emission des Wechselstrombogens in jedem Zyklus stattfinden. Dies tritt besonders in der Initialphase des Bogens, auch bei seinem Erlöschen, hervor. Es ist vielfach bemerkt worden, daß sich das Spektrum eines Bogens bei photographischer Fixierung dem Funkenspektrum annähert, wenn der Bogen häufig neu gezündet wird, auch dann, wenn man durch Herabsetzung der Selbstinduktion das Auftreten größerer Potentialdifferenzen verhindert. Auf dieser Wirkung beruht der sog. Trembleur von Perot und Fabry[11]), die Anordnung nach Auer v. Welsbach[12]) sowie die Abreißfunkenstrecke nach Back[13]), endlich auch Anordnungen mit rotierenden Elektroden, wie sie von Crew[14]), Crew und Spence[15]), Occhialini[16]), Ludewig[17]), Callenkamp[18]), Porter[19]) u. a. angegeben worden sind. So zeigt z. B. Occhialini[20]), daß der Bogen beim Zünden mit einem reinen Funkenspektrum beginnt. Schaltet man eine Kapazität parallel, so treten sogar die Funkenlinien der Luft und die Linien der Metalle, und zwar je nach dem Metall bei verschiedener Kapazität, auf. Auch beim Erlöschen des Bogens findet man besondere Erscheinungen. Mit einer Art von stroboskopischer Einrichtung läßt es sich leicht erzielen, daß man die Emission des Bogens zu einem beliebigen Zeitpunkt vor oder nach der Nullphase aussondert. Es zeigt sich, wie Crew und Basquin[21]) u. a. fanden, daß die Dauer des Nachleuchtens nach Eintritt

[1]) E. O'Connor, Phys. ZS. Bd. 12, S. 196. 1911; Phi. Mag. (6) Bd. 23, S. 94. 1912.
[2]) R. Rossi, Astrophys. Journ. Bd. 35, S. 279. 1912.
[3]) W. Duffield, Astrophys. Journ. Bd. 27, S. 260. 1908.
[4]) G. A. Hemsalech, Trans. Solar Union Bd. 4, S. 80. 1914.
[5]) A. Occhialini, Phys. ZS. Bd. 13, S. 268. 1912.
[6]) P. G. Nutting, Astrophys. Journ. Bd. 28, S. 66. 1908.
[7]) H. Crew, Astrophys. Journ. Bd. 20, S. 274. 1905.
[8]) R. Porter, Astrophys. Journ. Bd. 15, S. 224. 1902.
[9]) M. la Rosa, Ann. d. Phys. (4) Bd. 42, S. 1589. 1913.
[10]) W. Huggins, Astrophys. Journ. Bd. 17, S. 145. 1906.
[11]) A. Perot u. Ch. Fabry, C. R. Bd. 30, S. 406. 1900; Journ. de phys. (3) Bd. 9, S. 369. 1900.
[12]) C. Auer v. Welsbach, Ann. d. Phys. (4) Bd. 71, S. 7. 1923.
[13]) E. Back, Zur Kenntnis des Zeemaneffektes. Ann. d. Phys. (4) Bd. 70, S. 335. 1923.
[14]) H. Crew, Astrophys. Journ. Bd. 12, S. 167. 1900; Phys. ZS. Bd. 2, S. 301. 1901.
[15]) H. Crew u. B. Spence, Astrophys. Journ. Bd. 22, S. 199. 1905.
[16]) A. Occhialini, Cim. (6) Bd. 2, S. 223 u. 329. 431 1911.
[17]) P. Ludewig, Ann. d. Phys. (4) Bd. 42, S. 643. 1913.
[18]) W. Gallenkamp, Chem.-Ztg. Bd. 31, S. 173. 1907.
[19]) R. Porter, Astrophys. Journ. Bd. 15, S. 274. 1902.
[20]) A. Occhialini, Cim. (6) Bd. 2, S. 431. 1911.
[21]) H. Crew u. O. Basquin, Proc. Amer. Acad. Bd. 33, S. 337. 1898.

der Nullphase sowohl für verschiedene Elemente wie für verschiedene Spektral-
bestandteile verschieden ist. Von beiden Elektroden breitet sich mit Strom-
beginn eine Lichterscheinung nach der Mitte des Bogens hin aus. Die Wirkung
der negativen Elektrode beginnt etwas früher als die der positiven. Doch breitet
sich diese schneller aus. Manche Linien, wie z. B. das Paar 4047 des K, sind
noch relativ lange Zeit nach Erlöschen des Bogens sichtbar, ebenfalls die Emission
des Wasserstoffes (aktiver Wasserstoff?). Diese und andere Linien gehen in
ihrer Intensität der Stromstärke parallel, während umgekehrt andere Linien,
wie z. B. die Funkenlinien des C und Ca, um so intensiver werden, je weiter die
Abkühlung der Elektroden fortschreitet. Die Cy-Banden sind in der Nullphase
des Bogens schwach in der Mitte, relativ stark in der Nähe der Elektroden. Bei
kurzen Bögen erscheinen sie daher scheinbar in allen Phasen, verschwinden
bei langen Bögen in der Mitte des Bogens. Die Al-Banden und gewisse Al-Linien
verhalten sich umgekehrt. Man kann etwa sagen, daß das Spektrum der Nullphase ein Flammenspektrum sei. Für weitere Einzelheiten sehe man etwa
BROWN[1]), CREW und BAKER[2]), HUFF[3]), DE WATTEVILLE[4]), CREW und SPENCE[5]),
PUCCIANTI[6]) und neuere Arbeiten, z. B. von RAMSAUER und WOLF[7]). Faßt man
die zahlreichen in den Einzelheiten vielfach widerspruchsvollen Beobachtungen
zusammen, so scheint es zunächst, als ob der Verlauf der Dinge einigermaßen
vom Standpunkte eines Temperaturgleichgewichtes zu übersehen sei. Allein
dies trifft nicht zu. Vielmehr zeigt sich deutlich, daß hier noch ein anderes
Moment mit hineinspielt, vielleicht eine Verschiedenheit der Atom- und Elektronentemperaturen.

II. Strahlung des Funkens.

18. Vorbemerkung. Entsprechend dem Zwecke dieses Kapitels soll weder
von dem eigentlichen Mechanismus der Funkenentladung noch auch von einer
möglichen Systematik von Entladungen die Rede sein. Vielmehr handelt es sich
um den Funken als Lichtquelle. Aus praktischen Gründen seien dabei drei
Formen der Entladung unterschieden: erstens die Büschelentladung, zweitens
ein Funken oder eine Funkenfolge, wie sie bei dem Zusammenbruche eines
Dielektrikums oder Wiederholungen solcher Zusammenbrüche zu sehen sind,
wobei es dahingestellt bleiben kann, in welcher Weise die ersten Phasen der
Stoßionisation und des Zusammenbruches des Dielektrikums abspielen, und drittens
die oszillierende Form der Funkenentladung, die man wegen der Beteiligung der
Elektroden und der nahen Verwandtschaft mit der Bogenentladung — man kann
den Vorgang geradezu als Wechselstrombogen hoher Frequenz bezeichnen —
wohl auch als Bogenfunken bezeichnen könnte. In der Praxis kommt es sehr
häufig vor, daß sich diese drei Formen der Entladung mischen, namentlich die
beiden letztgenannten. Dies findet sogar bei der üblichen Benutzung des Bogenfunkens in der Regel statt, indem immer eine Funkenentladung zweiter Art den
Bogenfunken einleitet, so daß der ganze Vorgang aus einer Folge von Gruppen besteht, die mit einem Funken erster Art eingeleitet werden und dann in eine
stark gedämpfte Schwingung übergehen. Auch nach der Seite der Glimmentladung kommen alle Übergänge vor. So hat man einen pulsierenden Glimmstrom

---

[1]) N. H. BROWN, Phys. Rev. (1) Bd. 7, S. 210. 1898.
[2]) H. CREW u. J. BAKER, Astrophys. Journ. Bd. 16, S. 61. 1902.
[3]) W. HUFF, Astrophys. Journ. Bd. 16, S. 27. 1902.
[4]) CH. DE WATTEVILLE, C. R. Bd. 138, S. 485. 1904.
[5]) H. CREW u. B. SPENCE, Astrophys. Journ. Bd. 22, S. 199. 1905.
[6]) L. PUCCIANTI, Rend. Acc. Lincei (5) Bd. 6, S. 27. 1906.
[7]) C. RAMSAUER u. F. WOLF, Ann. d. Phys. (4) Bd. 66, S. 373. 1921.

auch schon als Glimmfunken bezeichnet. Mit Rücksicht auf den Zweck dieses Kapitels sollen indes diese Übergänge nicht weiter berücksichtigt werden. Die Literatur über die Emission der Funkenentladungen ist wohl noch größer als für die Bogenentladung. Es ist an dieser Stelle unmöglich, auch nur einen Bruchteil anzugeben. Wir beschränken uns daher auf bezeichnende Stichproben und verweisen für die Masse der Einzelangaben auf das Handbuch der Spektroskopie von H. Kayser und H. Konen, besonders auf die Bände 5, 6 und 7.

19. Allgemeines über die Emission des Funkens. Wir lassen zunächst die Büschelentladung beiseite, von der noch die Rede sein wird, und nehmen für die allgemeine Beschreibung an, daß man etwa eine Kapazität mit kleiner Selbstinduktion als Schwingungskreis benutze und diesen Kreis mittels eines Wechselstromtransformators geeigneter Sekundärspannung oder mittels Induktoriums betreibe. Die Eigenperiode des Schwingungskreises sei klein gegen diejenige des Unterbrechers oder gegen die Wechselstromperiode. Dann besteht, wie schon erwähnt, die Entladung aus einer Folge von Initialfunken mit nachfolgendem Hochspannungslichtbogen, vorausgesetzt, daß die Elektroden nicht zu sehr erhitzt werden, so daß man einen reinen Hochspannungslichtbogen erhält. Im ersten Falle besteht das Spektrum aus der Superposition der Spektra der Elektrodenbestandteile und der Atmosphäre. Wenn auch in den Funken die Linienspektra weitaus überwiegen, so fehlen doch die Molekülspektra keineswegs. So erhält man in vielen Fällen stark das Spektrum des Cyans, auch wenn nur geringe Mengen Kohlenstoffs gegenwärtig sind. Auch Spektra des Stickstoffs sind unter Umständen zu finden, freilich dann in anderer Intensitätsverteilung und Ausbildung wie etwa im Bogen. Ebenso zeigen die Spektra der Elektroden eine andere Zusammensetzung wie in einem Bogen. In der Regel findet man auch die sog. Bogenlinien, also die Linien des nicht ionisierten Atoms. Daneben aber treten, in verschiedenem Maße bei den verschiedenen Metallen, die Funkenlinien (Linien der ionisierten Atome der verschiedenen Stufen) mehr oder weniger deutlich hervor. Der Unterschied ist in manchen Fällen — z. B. bei den Alkalien — gering, wenn man nicht besondere Hilfsmittel anwendet. In anderen Fällen ist er jedoch so groß, daß er schon in alter Zeit aufgefallen ist und zur Aufstellung des Begriffes der enhanced lines (Lockyer) mit dem Nebensinne der Linien hoher Temperatur geführt hat. Auch damals ist schon der Gedanke der Dissoziation der Materie im Funken in voller Deutlichkeit ausgesprochen und weit in seine Konsequenzen verfolgt worden, ohne daß jedoch damals der Zustand der Elektrizitätstheorie und der Strahlungstheorie ein solcher gewesen wäre, daß er erlaubt hätte, diesem Dissoziationsgedanken eine präzise Fassung zu geben und ihn über den Rang eines Aperçus zu erheben. Aus alter Zeit schon stammen daher Listen von enhanced lines in dem Sinne, daß diese Linien im Funken verstärkt sind gegen die Flamme und den Bogen und besondere auch in den kosmischen Lichtquellen erkennbare Unterschiede aufweisen. Nachdem man fand, daß in einem solchen Bogenfunken vorübergehend ungeheure Stromstärken von sonst nicht erreichter Größenordnung auftreten können, lag es nahe, durch absichtliche Steigerung dieses Effektes den Charakter des Funkens noch schärfer hervortreten zu lassen, um in alter Form zu reden, „die Temperatur des Funkens" zu steigern oder „heiße" Funken zu machen. In der Tat gelingt es so, wie weiter noch auszuführen sein wird, den Abbau der Materie wesentlich weiter zu treiben und Funkenspektra höherer Ordnung zu erhalten, in denen die gewöhnlichen Atomspektra praktisch ganz fehlen. Man sehe weiter unten. Bei derartigen charakteristischen Funkenspektren ist der Schwerpunkt des gesamten Spektrums nach dem kurzwelligen Ende des Spektrums verschoben. Die Strahlung im Rot und Ultrarot tritt relativ gegen die auffällige violette und ultraviolette Strahlung zurück. In Wahrheit sind auch in Funkenentladungen die kürzesten bisher gefundenen optischen Wellenlängen hergestellt worden, so daß die Lücke nach den Röntgenspektren überbrückt ist. Zu den hier erwähnten Linien- und Molekülspektren der Elektrodenmaterialien und der Atmosphäre gesellt sich ein unter Umständen ausgeprägtes kontinuierliches Spektrum. Die Elektroden verdampfen und zerstäuben zugleich. Dem explosionsartigen Charakter des ganzen Vorganges entspricht es, daß man in den Linienspektren starke Verbreiterungen, Umkehrungserscheinungen, Starkeffekte, Druckeffekte findet, deren Betrag von den speziellen Versuchsbedingungen wie auch von dem Ort im Funken abhängt. Endlich beteiligt sich die umgebende Atmosphäre in mehr oder minder starkem Maße an dem Emissionsvorgange. Das Maß der atmosphärischen Beteiligung hängt wiederum von den elektrischen Bedingungen des Funkenkreises, der Periode der Einzelentladungen und den auftretenden Maximalstromstärken ab. So ist die Komplikation der Funkenspektra womöglich eine noch größere als diejenige der Bogenspektra. Nur bei genauester Angabe aller Einzelbedingungen sind zwei Funkenspektra miteinander vergleichbar. Inwieweit unter solchen Verhältnissen überhaupt noch von konstanten Elementen eines Funkenspektrums gesprochen werden kann und inwieweit sich solche etwa zu einer qualitativen oder quantitativen Spektralanalyse benutzen lassen, wird in dem Kapitel über Spektralanalyse erörtert werden (s. Bd. 21 ds. Handb. Artikel LÖWE).

20. Herstellung der Funkenspektra. Läßt man Funkenentladungen durch eine Atmosphäre eines Gases gehen, so erhält man nur in unmittelbarer Nähe der Elektroden die Linienspektra der Elektroden und ihrer Verbindungen, z. B. der Kohle und zahlreicher Verbindungen derselben. In der eigentlichen Funkenbahn erscheinen nur die in der Regel stark verbreiterten Linien der Atmosphäre, also z. B. die Linienspektra der verschiedenen Dissoziationsstufen des Stickstoffs und des Sauerstoffs, daneben Wasserstofflinien und auch Linien des Argons, wie häufig bemerkt worden ist. Geringe Mengen von Staub, die in der Regel vorhanden sind, veranlassen bereits das Auftreten der Ca-Linien H und K, der Restlinien des Kupfers, der Natriumlinien. In der ersten Zeit der Spektralanalyse sind diese Arten der Funkenentladung in der Regel benutzt worden. Da jedoch die Linien, die man erhält, relativ lichtschwach und unscharf sind, so ist in neuerer Zeit der gewöhnliche Funke nur wenig mehr verwendet worden, fast nur zu speziellen Zwecken, z. B. als Funken durch Flammengase oder, mit geringerer Potentialdifferenz, als Funke gegen Flüssigkeiten, schließlich auch in Quarzröhren, die vorher evakuiert und dann durch Erhitzen mit dem Dampf von Salzen gefüllt wurden. In diesem Falle erhält man, wie GOLDSTEIN[1]), SCHARBACH[2]) POLLOCK[3]) und MORROW[4]) fanden, Linienspektra besonderer Art, die auch zu spektralanalytischen Zwecken verwendbar sind. Selbstverständlich hat der Initialvorgang, der die Entladung einer Kapazität einleitet, mit der geschilderten Art der Entladung große Ähnlichkeit. Der Zusammenbruch des Dielektrikums ist von der Emission besonderer Spektra begleitet, wie HEMSALECH[5]) u. a. fanden. Auch gewisse Besonderheiten des Löschfunkens gehören hierhin. Doch lassen sich für die Einzelheiten, die bekannt sind, noch keine allgemeinen Regeln angeben. Wir begnügen uns daher mit diesem Hinweis[6]).

[1]) E. GOLDSTEIN, Ann. d. Phys. (4) Bd. 27, S. 773. 1908.
[2]) S. SCHARBACH, ZS. wiss. Photogr. Bd. 12, S. 145. 1913.
[3]) S. H. POLLOCK, Dublin Proc. (5) Bd. 12, S. 202. 1912.
[4]) G. MORROW, Proc. Dubb. N. S. Bd. 13, S. 269. 1912.
[5]) G. A. HEMSALECH, C. R. Bd. 150, S. 1753. 1910; Bd. 151, S. 220, 668, 750, 938. 1910 u. a. m.
[6]) z. B. B. GLATZEL, Phys. ZS. Bd. 11, S. 894. 1910; M. WIEN, Bd. 11, S. 282. 1910.

Die Hochspannungsentladungen eines Transformators ohne besondere Kapazität im Entladungskreise sind als „Hochspannungslichtbogen", „Wechselstrombogen", „Transformatorfunken" beschrieben worden. Die flammenartige Entladung, die hier gemeint ist, liefert Emissionsspektra der umgebenden Atmosphäre und ihrer Bestandteile bzw. der Verbindungen, die sich in der Entladungsbahn bilden. Hierhin gehören besonders gewisse Bandenspektra des Sauerstoffs und die Bandenspektra des Stickstoffs und seiner Oxyde, ferner die dem HO zugeschriebenen Banden[1]). Ausgedehntere Anwendung hat diese Form der Entladung bisher nur in einer Modifikation gefunden, bei der als Transformator ein Induktorium mit wenigen Sekundärwindungen dient und die Entladung von einer Platin- oder Iridiumspitze nach einer Lösung übergeht. Für die zweckmäßigen Formen solcher Anordnungen wie überhaupt der Funkenstrecken sehe man das Kapitel über Spektralanalyse in Bd. 21 ds. Handb. Die den Elektrodenmaterialien angehörenden Linien sind bei allen bisher genannten Anordnungen nur in der unmittelbaren Nachbarschaft der Elektroden zu sehen, und zwar in verschiedener Weise, je nachdem die Elektroden bei dem Entladungsvorgange stark erhitzt werden oder nicht.

In weitaus den meisten Fällen hat man bisher den Bogenfunken verwendet, also die oszillierende Entladung eines aus Kapazität und Selbstinduktion bestehenden Kreises. Eine geeignete Kapazität von der Größenordnung von 0,01 MF. wird mittels Wechselstromes oder Induktorentladung passender Spannung aufgeladen und durch eine parallele Funkenstrecke entladen. Zur Erzielung besonders großer Momentanstromstärken schaltet man zwei Funkenstrecken hintereinander. Je größer die Kapazität, je höher die Spannung, je kleiner die Selbstinduktion, desto intensiver wird der Bogenfunke. Erhitzen sich die Elektroden stark, so geht die Entladung in einen reinen Bogen über und nähert sich auch im Spektrum einem solchen. Will man dies vermeiden, so muß man dicke Elektroden nehmen oder ähnlich wie bei der Herstellung von Löschfunken verfahren, z. B. einen Luftstrom durch die Funkenstrecke blasen, die Elektroden rotieren lassen u. dgl. Wenn möglich wählt man die Elektroden aus den zu untersuchenden Substanzen. Allein man kann auch ähnlich wie beim Bogen Graphit- oder Kohleelektroden verwenden. Doch bereiten die mechanischen Wirkungen der explosionsartigen Vorgänge für das Aufbringen von Probesubstanzen Schwierigkeiten. Als ultraviolette Lichtquellen sind Funken zwischen Magnesiumelektroden, Aluminiumelektroden oder Elektroden aus Legierungen von Magnesium, Cadmium, Wismut und Blei häufig benutzt worden. Für eine Übersicht der auf solchem Wege zu erhaltenden Funkenspektra sehe man die Atlanten von HAGENBACH und KONEN[2]) sowie von EDER und VALENTA[3])

21. Einfluß der Selbstinduktion. Wie zuerst HEMSALECH[4]) bemerkt hat, hängt die relative Stärke der Luftlinien bzw. der Atmosphärenlinien zu den Linien der Elektrodenmaterialien von den elektrischen Bedingungen des Stromkreises ab. Vergrößerung der Kapazität wirkt, um vergleichsweise zu reden, wie Erhöhung der Temperatur, verbreitert die Linien, verstärkt die Funkenlinien, verstärkt auch die Funkenlinien der Luft. Bei Konstanthaltung der Kapazität schwächt eine Vergrößerung der Selbstinduktion (schon sehr geringe Beträge,

---

[1]) Man sehe z. B. E. DEMARCAY, Spectres électriques, Paris 1895. — J. SCHNIEDERJOST, Ann. d. Phys. (4) Bd. 21, S. 848. 1906. — B. WALTER, Ann. d. Phys. (4) Bd. 19, S. 874. 1906. — A. HAGENBACH und H. KONEN, Ann. d. Phys. (4) Bd. 21, S. 848. 1906. — R. RUNGE und GROTRIAN.

[2]) A. HAGENBACH und H. KONEN, Atlas der Spektren der meisten Elemente, Jena 1905.

[3]) J. M. EDER und E. VALENTA, Atlas typischer Spektren, Wien bei Hoelder 1911.

[4]) G. A. HEMSALECH, Recherches expérimentales sur les spectres d'étincelles, Paris 1901.

evtl. Windungen in den Zuleitungsdrähten zum Funken genügen hierzu) die Luftlinien und nähert das Funkenspektrum dem Bogenspektrum. Es gelingt, bei einem jedesmal zu bestimmenden speziellen Werte der Selbstinduktion[1]) die Luftlinien völlig zum Verschwinden zu bringen und durch gewisse Bandenspektra der Luft zu ersetzen. Das Ergebnis zahlreicher Versuche und Messungen über diesen Gegenstand läßt sich dahin zusammenfassen, daß der Bogenfunke bei einer gewissen Selbstinduktion den Charakter eines Wechselstrombogens annimmt. Mit dieser Änderung ist übrigens eine Herabsetzung der Gesamtintensität verbunden, die nicht allein durch die Wirkung des eingeführten Ohmschen Widerstandes zu erklären ist. Nähere Angaben über die Größe und Form benutzter Spulen findet man z. B. bei HEMSALECH[2]), JOYE[3]), WILLIAMS[4]) u. a.[5]).

22. „Heiße Funken" nach MILLIKAN. Nachdem schon oft auf die besondere Rolle hingewiesen worden war, die die Maximalstromstärken intensiver Kondensatorentladungen bei der Entstehung der Funkenspektra spielen, hat MILLIKAN[6]) zuerst systematisch diesen Weg zur Erzielung stärkster Anregungen benutzt. Dazu wird eine Metallfunkenstrecke von 0,2 bis 2 mm Länge in einem hohen Vakuum angebracht, dessen Druck 10^{-4} mm nicht übersteigen darf. Durch diese Funkenstrecke wird die Entladung einer großen Batterie Leydener Flaschen geschickt, die durch eine große Induktionsspule auf mehrere hunderttausend Volt aufgeladen wird. Die hierdurch erzielten intensiven Funkenentladungen liefern Wellenlängen bis unterhalb 300 Å, natürlich im Vakuumspektrographen, da man in Luft als äußerste Wellenlängen nur das Aluminiumpaar bei 1800 erhält.

23. Abreißfunken. Verwandt mit den gewöhnlichen Bogenfunken, jedoch in ihrem Charakter mehr den Bogenentladungen nahestehend sind die sog. Abreißfunken, die man bei jeder Unterbrechung eines Stromkreises erhält und deren Beschaffenheit von der Größe der wirksamen Selbstinduktion abhängt. Unter zahlreichen angegebenen Versuchsanordnungen seien nur diejenigen von MICHELSON[7]), AUER VON WELSBACH[8]) und FABRY-PEROT[9]) sowie von BACK[10]) genannt. Da über die Verwendung und Emission der beiden letztgenannten Lichtquellen zahlreiche Angaben vorliegen und außerdem im Kapitel Zeemaneffekt noch von ihnen die Rede ist, so soll hier nur die erste Anordnung erwähnt werden, weil AUER VON WELSBACH angegeben hat, daß man vollkommen neuartige Spektra mit ihr enthalte. Nach einer Untersuchung von WURM[11]) trifft dies jedoch nicht zu, vielmehr stehen die erhaltenen Spektra in ihrem Charakter zwischen den Funken und Bogenspektren und gleichen etwa den Bogenfunken mit Selbstinduktion.

24. Kurzschlußfunken. Läßt man unter Vorschaltung einer Hilfsfunkenstrecke eine starke Kondensatorentladung durch einen dünnen Draht gehen, so entsteht eine explosionsartige Verdampfung, die schon von LA ROSA u. a. benutzt, zuerst von ANDERSON[12]), dann auch von GERLACH[13]) u. a. benutzt

---

[1]) z. B. 0,025 Henry.

[2]) G. A. HEMSALECH, Thèse, Paris 1901.

[3]) P. JOYE, Mem. soc. nat. math. phys. Fribourg Bd. 1, S. 43. 1909.

[4]) A. T. WILLIAMS, Tesis Buenos Aires. 1915.

[5]) z. B. E. NÉCULCÉA, Thèse, Paris 1906.

[6]) R. MILLIKAN, Astrophys. Journ. Bd. 52, S. 47. 1924 und viele spätere Arbeiten.

[7]) A. MICHELSON, Astrophys. Journ. Bd. 2, S. 251. 1895.

[8]) C. AUER VON WELSBACH, Wien. Ber. IIa Bd. 88, S. 1237. 1883, s. auch Anm. 6.

[9]) CH. FABRY und A. PEROT, C. R. Bd. 130, S. 406. 1900.

[10]) E. BACK, ZS. f. Phys. Bd. 15, S. 206. 1923.

[11]) J. WURM, 1926, noch unpubliziert. Man sehe auch H. CREW und R. TATNALL, Astron. a. Astrophys. Bd. 13, S. 741. 1894.

[12]) J. ANDERSON, Proc. Nat. Acad. Bd. 8, S. 231. 1922; Astrophys. Journ. Bd. 64, S. 295. 1926.

[13]) W. GERLACH, Festschr. Phys. Ver. Frankfurt 1924. S. 45.

worden ist. Durch eine Wolke von verdichteten und erhitzten Metalldämpfen vollzieht sich eine kurzdauernde Entladung großer Stromstärke. Man erhält so Linienspektra von offenbar sehr hoher „Temperatur". Bettet man die zu zerstäubenden Drähte in eine Rinne ein, so erhält man ein kontinuierliches Spektrum, auf dem die meisten Emissionslinien des verdampfenden Metalles umgekehrt erscheinen.

25. Funken unter Flüssigkeiten. Wie zuerst LOCKYER[1]), dann WILSING[2]), HALE[3]) und KONEN[4]) gefunden haben, kann man durch Funkenentladungen unter Flüssigkeiten Spektra erhalten, die den ebengenannten in mancher Hinsicht ähnlich sind. Verwendet man als Flüssigkeit Wasser und benutzt Aluminiumelektroden, vorgeschaltete Luftfunkenstrecke und starke Kondensatorentladungen, so erhält man, wie zuerst KONEN[4]) fand, ein weit ins Ultraviolett reichendes kontinuierliches Spektrum, das als Zugabe nur die HO-Banden umgekehrt, sowie einige stark verbreitete Aluminiumlinien enthält und daher für viele Untersuchungen im Ultraviolett, namentlich über die Absorption von organischen Körpern benutzt worden ist[5]). Je nach den benutzten Selbstinduktionen und der Funkenlänge (auch gelöste Körper haben Einfluß) findet man die Linien zahlreicher Metalle in einfacher oder Selbstumkehrung, verbreitert, verschoben, manchmal auch verdoppelt. Unter passenden Bedingungen gleichen die so erhaltenen Spektra den Absorptionsspektren, die man in erhitzten Gefäßen oder elektrisch geheizten Öfen erhält. Daher ist der Unter-Wasserfunke in jüngerer Zeit in steigendem Maße zu Untersuchungen über die Klassifizierung der Linien in Linienspektren benutzt worden[6]).

26. Restlinien. Raies ultimes. Empfindlichkeit der Funkenspektra. Wie schon in den ersten Zeiten der Spektralanalyse bemerkt worden ist, übertreffen die Funkenspektra an Empfindlichkeit vielleicht alle anderen Spektralreaktionen. So wurde schon erwähnt, daß minimale Mengen von Metallen im Staub der Luft oder einer Flüssigkeit genügen, um an gewissen charakteristischen Linien der Elemente deutliche Spektralreaktionen hervorzurufen. Man hat wiederholt Abschätzungen dieser Mengen vorgenommen und ist zu Bruchteilen von Hunderteln von Milliontel Milligrammen gelangt[7]). Diese Zahlen haben indes wenig Wert. Tatsächlich hat die Spektralanalyse mittels Funkens bei der Erforschung der seltenen Erden sowohl wie bei der Prüfung von Legierungen eine große Rolle gespielt. Hierbei zeigt sich nun bald, daß, wenn man die Menge der zu prüfenden Substanz verringert, z. B. zu immer verdünnteren Legierungen oder Lösungen übergeht, wie auch, wenn man die Intensität der Erregung des Spektrums verringert, nicht das ganze Spektrum gleichmäßig an Intensität abnimmt. Vielmehr bleiben zuletzt einzelne Linien übrig, die auch bei geringster Menge und geringster Anregung noch wahrnehmbar sind und die in nicht ganz gleichlautender Terminologie als Restlinien, ultimate lines, raies ultimes bezeichnet worden sind. Inwiefern man von einem System solcher Linien sprechen kann, welche Stellung diese Linien im System der gesetzmäßig gelagerten Linien einnehmen und inwieweit die Restlinienauswahl von der benutzten Beobachtungsmethode

---

[1]) N. LOCKYER, Proc. Roy. Soc. Bd. 70, S. 31. 1902; Astrophys. Journ. Bd. 15, S. 190. 1902.

[2]) J. WILSING, Astrophys. Journ. Bd. 10, S. 113. 1899; Berl. Ber. 1899, S. 426.

[3]) G. E. HALE und N. E. KENT, Publ. Yerkes Observ. Bd. 3, S. 57. 1907.

[4]) H. KONEN, Ann. d. Phys. (4) Bd. 9, S. 742. 1902.

[5]) Man sehe etwa V. HENRI, Phys. ZS. Bd. 14, S. 516. 1913 und V. HENRI, Structure des molécules, Paris 1925.

[6]) Die zahlreichen mit J. FINGER, ZS. wiss. Photogr. Bd. 7, S. 329. 1909 beginnenden Untersuchungen gehören der Spezialliteratur der Emission der Elemente an.

[7]) Man sehe z. B. W. SCHULER, Ann. d. Phys. (4) Bd. 5, S. 931. 1900.

abhängt, wird in dem Kapitel über Spektralanalyse (Bd. 21) ausführlich erörtert[1]).

27. Zeitliche Entwicklung des Funkenspektrums. Die Frage nach der zeitlichen Entwicklung des Bogenfunkenspektrums hängt eng zusammen mit der Analyse der Schwingungsvorgänge in einem Schwingungskreise und soll hier nur insoweit herangezogen werden, als sie die Emission des Funkens selbst betrifft. Untersucht man das Spektrum eines gewöhnlichen Bogenfunkens etwa durch Aufnahme auf einem schnell laufenden Film oder ähnlich, so findet man, daß der Leuchtvorgang in Gruppen zerfällt, die jedesmal durch eine Leuchterscheinung eingeleitet werden, die bei den hier in Frage kommenden Geschwindigkeiten als ein die beiden Elektroden unmittelbar verbindenden Lichtstreifen in die Erscheinung tritt, der das bereits mehrfach erwähnte Spektrum der Luft zeigt. Die nun periodisch aus den Elektroden hervorbrechenden Dampfströme zeigen scheinbar Emissionen, die mit einer Geschwindigkeit von einigen hundert Meter in der Sekunde von den Elektroden aus nach der Mitte des Funkens hingehen und dabei gleichzeitig an Intensität einbüßen und ihre Geschwindigkeit vermindern. Für Linien bestimmter Spektralgruppen sind diese Geschwindigkeiten gleich, sonst jedoch unter verschiedenen Linien verschieden. Bei der gewöhnlichen Art der Beobachtung erhält man nur den Mittelwert aller dieser Vorgänge, deren Deutung im einzelnen in anderen Zusammenhang gehört[2]).

28. Einfluß der Atmosphäre. Abgesehen davon, daß durch Veränderung in der Zusammensetzung der Atmosphäre auch der atmosphärische Anteil des Spektrums geändert wird, besteht auch ein direkter Einfluß auf die Funkenemission. Derselbe ist teilweise indirekter Natur, in dem Sinne des Überganges von einem gewöhnlichen Funken zu einem Abreißfunken. Zum Teil bestehen aber auch andere Einflüsse, die vielleicht mit chemischen Vorgängen, vielleicht auch mit Übertragungsvorgängen und Anregungsspannungen zusammenhängen. So werden viele Funkenlinien durch eine Wasserstoffatmosphäre begünstigt. Die Funkenspektra der Alkalien erhält man nur in einer Wasserstoff- oder Leuchtgasatmosphäre[3]). Wieder anders wirken Edelgase.

Daß der Druck der umgebenden Gase Einfluß hat, wurde bereits erwähnt. Hier sei nur noch darauf hingewiesen, daß sich auch in Funkenspektren der normale Druckeffekt zeigt und daß er hier besonders bis zu hohen Drucken gemessen worden ist[4]).

Neben dem Druckeffekt ist mehrfach auch ein die Wellenlänge ändernder Effekt der Dichte behauptet worden. Auch hat man die Explosionsvorgänge im Funken selbst für die Entstehung großer Linienverschiebungen in einer Atmosphäre von sonst normalem Druck verantwortlich machen wollen. Es scheint indes, daß nur in besonderen Fällen Starkeffekte bedeutender Größe auftreten[5]),

---

[1]) Hierzu: A. DE GRAMONT, C. R. Bd. 150, S. 37. 1910; Bd. 151, S. 308. 1910; Soc. franç. de phys. 1910, S. 2—3; Analyse Spektrale; W. N. HARTLEY und H. W. Moss, Proc. Roy. Soc. A Bd. 87, S. 38. 1912 und zahlreiche andere Schriften. Man sehe auch J. N. LOCKYER and W. ROBERTS, Proc. Roy. Soc. London Bd. 21, S. 507. 1873, dort weitere Literatur; F. LÖWE, Optische Messungen, Dresden u. Leipzig 1925; H. KONEN, Naturwissenschaften Bd. 14, S. 118. 1926.

[2]) G. A. HEMSALECH, Thèse, Paris 1901; C. R. Bd. 150, S. 1753. 1910; Bd. 151, S. 1220, 668, 750. 1910; T. ROYDS, Phil. Mag. (6) Bd. 19, S. 285. 1910; E. NÉCULCÉA, Thèse, Paris. 1906; A. SCHUSTER und G. HEMSALECH, Phil. Trans. A. Bd. 193, S. 189. 1900.

[3]) J. HARTMANN, Berl. Ber. 1903, S. 234.

[4]) Siehe z. B. W. ANDERSON, Astrophys. Journ. Bd. 24, S. 221. 1906. — W. PORTER und W. B. HAINES, Journ. Röntgen. Soc. Bd. 9, S. 17. 1913; G. E. HALE und W. S. ADAMS, Astrophys. Journ. Bd. 35, S. 10. 1912.

[5]) z. B. H. RAUSCH VON TRAUBENBERG, Phys. ZS. Bd. 11, S. 105. 1910 und eine Reihe Arbeiten aus neuester Zeit von NAKAMURA u. a.

daß jedoch die Wellenlänge sonst scharfer Linien dem Druck der umgebenden Atmosphäre entspricht.

29. Aktive Gase. Temperatur im Funken. In den Funkenentladungen entstehen aus nicht bekannten Gründen die aktiven Modifikationen mancher Elemente, z. B. des Stickstoffs, die die eigentliche Funkenbahn als Aureole umgeben, in der Regel schwach leuchten, indes ihrerseits Emissionen besonderer Art anregen. Nachdem schon Hertz[1]) derartige Beobachtungen gemacht hatte, sind in neuerer Zeit zahlreiche Untersuchungen angestellt worden, über die indes in der speziellen Spektroskopie zu berichten sein wird.

Inwieweit von einer Temperatur im Funken die Rede sein kann bzw. wie eine solche definiert werden soll steht dahin. Das Auftreten gewisser Linien hoher Anregungsstufe, ein hypothetischer Gleichgewichtszustand verschieden ionisierter Atome im Sinne der Saha-Russelschen Theorie, die Intensitätsverteilung im kontinuierlichen Spektrum gewisser Arten von Funken oder innerhalb der Serienspektra eines Elementes vermögen Anhaltspunkte zu Schätzungen zu geben, die indes sehr verschieden ausfallen und zu unsicher sind, um hier diskutiert zu werden. Darin besteht jedoch Übereinstimmung, daß in einem intensiven Bogenfunken etwa von dem Typus der Andersonschen Entladungen oder gar der Millikanfunken Temperaturen anzunehmen sind, die weit über alle sonstigen Grenzen hinausgehen und sich mit den Größenordnungen der in kosmischen Lichtquellen neuerdings angenommenen Temperaturen vergleichen lassen. Ein sicheres Urteil ist jedoch noch nicht möglich.

30. Spitzenentladungen. Das Glimmlicht an Spitzen zeigt besondere Spektra, die teils aus Linien, teils aus Banden bestehen und Ähnlichkeit haben mit den Leuchterscheinungen der Initialentladungen von Funken. Die spektroskopischen Einzelheiten gehören der speziellen Spektroskopie an. Darum sei hier nur auf eine Probe einer Untersuchung verwiesen[2]).

---

[1]) Siehe W. Matthies, Ann. d. Phys. (4) Bd. 30, S. 633. 1909; R. S. Strutt, Proc. Roy. Soc. A Bd. 85, S. 219. 1911 und viele folgende Arbeiten.
[2]) Man sehe z. B. H. von Dechend, Ann. d. Phys. (4) Bd. 30, S. 719. 1909.

Kapitel 9.

Lumineszenzlichtquellen[1]).

Von

P. Pringsheim, Berlin.

Mit 11 Abbildungen.

1. Definition des Begriffes Lumineszenz. Die Bezeichnung „Lumineszenz"
ist für gewisse Arten der Lichtemission von E. Wiedemann[2]) eingeführt worden
als Gegensatz zum „Temperaturleuchten". Während bei diesem die in der
Strahlung auftretende Energie dem durch die Temperatur gegebenen mittleren
Energieinhalt der Moleküle entstammt, wird bei der Lumineszenz einzelnen
Molekülen durch besondere Erregungsprozesse eine die mittlere Wärmeenergie
weit übersteigende „Erregungsenergie" mitgeteilt, die sie dann als Lumineszenzstrahlung wieder abzugeben vermögen. Bedingung für das Auftreten von
Lumineszenz ist also einerseits das Zustandekommen von Erregungsprozessen,
anderseits die Möglichkeit, daß die erregten Moleküle die aufgenommene Energie
solange ungestört aufgespeichert behalten können, bis sie als Strahlung spontan
emittiert wird; d. h. die Dichte der Moleküle muß entweder so klein sein, daß
die Wahrscheinlichkeit eines Zusammenstoßes zwischen dem erregten und
einem anderen Molekül vor dem Eintritt des Emissionsaktes nur gering ist,
oder das erregte System muß durch seinen Aufbau derart gegen äußere Störungen
geschützt sein, daß Zusammenstöße oder sonstige Nähewirkungen fremder
Moleküle nicht imstande sind, seinen Erregungszustand zu vernichten. Der
erste Fall trifft für verdünnte Gase zu, der zweite für eine Anzahl ziemlich komplexer organischer und anorganischer Verbindungen sowie für bestimmte mit
„fremden" Atomen „aktivierte" Kristalle oder Gläser. Bei den tiefsten Temperaturen scheinen auch für einfach gebaute Kristalle die Bedingungen für ihre
Lumineszenzfähigkeit erfüllt zu sein.

Überdauert die Lumineszenzemission den zur Erregung dienenden Prozeß
nicht merklich, so wird sie als Fluoreszenz bezeichnet, läßt sie sich dagegen
auch noch nach Aussetzen der primären Erregung als „Nachleuchten" verfolgen,
so heißt sie Phosphoreszenz. In Gasen und Flüssigkeiten wird fast ausnahmslos nur Fluoreszenz beobachtet, die Leuchtdauer beträgt 10^{-7}—10^{-9} Sek. Umgekehrt zeigen alle festen lumineszierenden Körper Phosphoreszenz, ihre Nachleuchtdauer freilich schwankt zwischen Bruchteilen einer tausendstel Sekunde
und vielen Monaten; gut nachleuchtende Stoffe nennt man Phosphore.

---

[1]) Für ausführliche Angaben über Photolumineszenz vgl. Bd. XXIII, Kap. 5, wo
auch zahlreiche Literaturangaben zu finden; ferner über Lumineszenzspektra Bd. XXI.
[2]) E. Wiedemann, Ann. d. Phys. Bd. 34, S. 446. 1888.

2. Terminologie. Je nach der Art des primären Prozesses unterscheidet Wiedemann: Photolumineszenz, wenn die Erregung durch Einstrahlung vom Licht hervorgerufen wird[1]); Elektrolumineszenz beim Durchgang elektrischer Entladung durch Gase, speziell auch Kathodolumineszenz bzw. Kanalstrahlenlumineszenz beim Auftreffen elektrischer Korpuskularstrahlen auf feste Körper; Chemilumineszenz als Begleiterscheinung chemischer Umwandlungen; Thermolumineszenz, die beim Erwärmen mancher Kristalle und Gläser auftritt; Tribolumineszenz, Kristallumineszenz und Lyolumineszenz — relativ wenig untersuchte Phänomene, die beim Zerdrücken, Auskristallisieren oder Auflösen einzelner Kristallphosphore beobachtet werden können. Hierzu kommen weiter, von Wiedemann noch nicht mit aufgeführt: die Biolumineszenz, vermutlich nur eine besondere Form von Chemilumineszenz, ausgelöst durch Oxydationsprozesse, in zahlreichen niedrigen lebenden Organismen; die Röntgen- und die Radiolumineszenz. Da viele Kristalle und Gläser, die an sich nicht photo- bzw. thermolumineszent sind, durch die Einwirkung von Radium-, Kathoden- oder Röntgenstrahlen — meist unter gleichzeitiger Verfärbung — derartig verändert werden, daß sie dann durch Lichteinstrahlung oder Erwärmung zur Fluoreszenz angeregt werden können, hat Przibram[2]) für diese Phänomene die Namen Radiophotolumineszenz und Radiothermolumineszenz bzw. Kathodophotolumineszenz usw. geprägt. Die Entdeckung der Kathodothermolumineszenz geht übrigens auch schon auf E. Wiedemann zurück.

3. Lumineszenz von Gasen[3]). Nach dem in Ziff. 1 Gesagten sind im gasförmigen Zustand alle Stoffe — einfache sowohl als beliebig komplizierte Verbindungen — unter geeigneten Erregungsbedingungen lumineszenzfähig. Die verschiedenen Formen der Elektrolumineszenz von Gasen und Dämpfen, wie sie in Funken, Bogen, Glimmentladung usf. in die Erscheinung treten, liefern einige der wichtigsten uns überhaupt zur Verfügung stehenden Lichtquellen und werden darum in besonderen Kapiteln behandelt; desgleichen die meist wohl als Chemilumineszenz anzusehende Lichtemission leuchtender Flammen. Aber auch zur Photolumineszenz lassen sich wohl alle Gase und Dämpfe anregen, sofern nur ihre Dichte nicht zu groß ist und das eingestrahlte Licht überhaupt von ihren Molekülen absorbiert wird. — Der einfachste Fall einer Photolumineszenz tritt ein, wenn ein einatomiger Dampf mit der ersten Linie seiner Absorptionsserie bestrahlt wird; er besteht in der nach allen Seiten gerichteten Reemission dieser Linie und wird nach Wood als Resonanzstrahlung bezeichnet; die Linien selbst heißen Resonanzlinien des Dampfes, z. B. die D-Linien des Na oder die Linie 2536,7 Å des Hg, an denen bis jetzt bei weitem die meisten Untersuchungen über Resonanzstrahlung ausgeführt wurden. Eine „Resonanz-

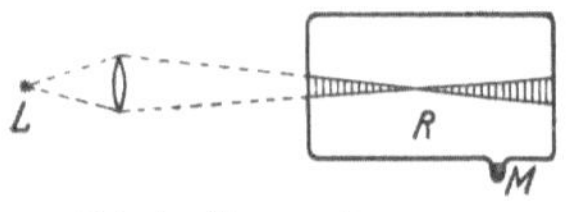

Abb. 1. Resonanzlampe.

lampe", d. h. ein im übrigen hochevakuiertes Gefäß, das den betreffenden Metalldampf von geringer Dichte enthält und mit Primärlicht bestrahlt wird, in dessen Spektrum die Resonanzwellenlänge vorkommt (Abb. 1), liefert eine Emissionslinie von so geringer Breite, wie sie auf andere Weise nicht gewonnen werden kann, nämlich nur bedingt durch den thermischen Dopplereffekt; sie ist daher für manche experimentelle Zwecke von großer Wichtigkeit.

---

[1]) Die Bezeichnungen Fluoreszenz und Phosphoreszenz ohne nähere Angaben beziehen sich meistens nur auf die Photolumineszenz.

[2]) K. Przibram und E. Kara-Michailova, Wiener Ber. II. A. Bd. 131, S. 511. 1922; K. Przibram, ZS. f. Phys. Bd. 20, S. 196. 1923.

[3]) Für Literaturangaben vgl. vorige S. Fußnote 1; ferner P. Pringsheim, Fluoreszenz und Phosphoreszenz. 3. Aufl. Berlin: Julius Springer 1928.

Wird nicht die Resonanzlinie, sondern eine andere Absorptionslinie des Dampfes zur Erregung verwandt, so enthält das Fluoreszenzlicht neben der primär eingestrahlten Linie noch eine Reihe weiterer Kombinationslinien. Zwei atomige Gase besitzen keine Resonanzlinien, in ihnen treten bei monochromatischer Einstrahlung als Fluoreszenz stets ganze Serien annähernd äquidistanter Linien auf, von WOOD zuerst in Na_2-Dampf, dann in J_2-Dampf beobachtet und „Resonanzspektra" genannt; das gleiche Phänomen ist inzwischen auch an S_2, Se_2, Te_2 und anderen sichergestellt worden. Bei Erregung mit weißem Licht überlagern sich all diese Resonanzspektra zu einem komplizierten Bandenfluoreszenzspektrum. Steigerung des Druckes — sei es infolge von Erhöhung der Dichte des fluoreszierenden Dampfes selbst oder von Zumischung eines fremden Gases — stört in der Regel die Lumineszenzphänomene, indem durch Zusammenstöße der erregten Moleküle mit anderen entweder die einfacheren Spektren in kompliziertere überführt oder aber sie ganz ausgelöscht werden (Abb. 2). Ein besonderer Fall dieser Art liegt dann vor, wenn die dem zur Lumineszenz erregten Dampf zugesetzten Fremdgasmoleküle durch Zusammenstöße mit jenen selbst zum Leuchten erregt werden. Derartige „sensibilisierte" Fluoreszenz ist bisher nur in Dampfgemischen beobachtet worden, deren eine Komponente Hg bildete, das durch Einstrahlung seiner Resonanzlinie erregt wurde; als Zusatzgas dienten die Dämpfe von Tl, Ag, Zn usw.

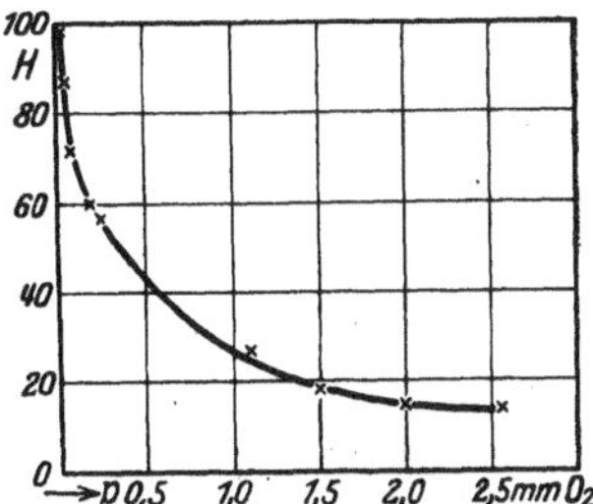
Abb. 2. Schwächung der Hg-Resonanzstrahlung durch Sauerstoff von wachsendem Druck p.

4. Im kondensierten Zustand lumineszenzfähige Moleküle. Elemente und ihre einfacheren Verbindungen, deren Lumineszenzfähigkeit schon im Gaszustande durch Erhöhung der Dichte herabgesetzt oder ganz unterdrückt wird, können im kondensierten Zustand im allgemeinen nicht zur Lumineszenz erregt werden. Unter den in Ziff. 1 erwähnten komplizierter gebauten Stoffen, bei denen dies nicht gilt, sind die wichtigsten Gruppen:

a) zahlreiche organische, vor allem aromatische Verbindungen, unter denen wieder die Farbstoffe besonders hervorzuheben sind. An manchen von diesen Verbindungen, so am Benzol oder Anthrazen, läßt sich die im Typus immer gleichartige Lumineszenz durch alle Aggregatzustände hindurch verfolgen: im Dampf, in flüssiger Lösung, im festen Kristall, so daß sie ganz unverkennbar als Molekulareigenschaft charakterisiert ist. Die Farbstoffe dagegen zeigen durchweg nur in verdünnten festen oder flüssigen Lösungen, dann allerdings oft sehr glänzende sichtbare Fluoreszenz, wobei auch die Natur des Lösungsmittels vielfach noch eine ausschlaggebende Rolle spielt;

b) die Uranylsalze, die zwar nie als Dämpfe, wohl aber in flüssiger und fester Lösung sowie im reinen kristallinischen Zustande Lumineszenzspektra vom gleichen Typus aufweisen; da die Uranosalze die gleiche Eigenschaft nicht besitzen, ist augenscheinlich die Leuchtfähigkeit dem Uranylradikal als solchem zuzuschreiben;

c) schon mit sehr viel geringerer Sicherheit, die Doppelzyanüre des Platins, die nur in kristalliner Form, nicht aber in Lösung oder geschmolzen lumineszieren, so daß es fraglich erscheint, ob die Lumineszenz den Molekülen an sich oder nicht vielleicht eher nur einer bestimmten Kristallgitteranordnung dieser Moleküle eigentümlich ist; in dem letzten Falle würden diese Salze richtiger unter die in der nächsten Ziffer zu behandelnden Phosphore einzuordnen sein. Das gleiche gilt in noch höherem Grade für die Wolframate und Molybdate der Erdalkalien.

d) Endlich geben die seltenen Erden in den verschiedensten Verbindungen Anlaß zum Auftreten von Lumineszenz; handelt es sich auch hier wieder, sobald feste Salze vorliegen, meist um „Kristallphosphore", so lassen sich doch anderseits wässerige Lösungen von Salzen (Chloride, Sulfate usw.) der seltenen Erdmetalle durch Einstrahlung kurzwelligen Lichtes ebenfalls zur Fluoreszenz erregen, wodurch sie sich von den entsprechenden Salzen aller anderen Metalle unterscheiden.

Bei den tiefsten Temperaturen scheinen, wie schon erwähnt, auch einfach gebaute Moleküle im kondensierten Zustand ihre Lumineszenzfähigkeit zurückzugewinnen. Mit Sicherheit ist dies allerdings bis jetzt nur für festen Stickstoff gezeigt worden, an dem Vegard unterhalb $35°$ abs. intensive Kathodo-, Kanalstrahlen- und Röntgenlumineszenz beobachten konnte[1]). Oberhalb $35°$ abs. verliert der Stickstoff, dessen Schmelzpunkt erst bei $62,5°$ liegt, seine Erregbarkeit fast ganz, es bleibt bei gleicher Primärbestrahlung nur ein schwaches diffuses Leuchten übrig, wie es Vegard ähnlich auch an festem O_2 und NH_3 fand. Mc Lennan, der den Vegardschen Versuchen ähnliche Beobachtungen anstellte, glaubte allerdings auch an festem Argon ein für dieses charakteristisches Leuchten sichergestellt zu haben[2]). Nach Vegard scheint es sich dabei aber nur um Spuren von als Verunreinigung im Argon enthaltenen Stickstoff zu handeln, dessen typische Lumineszenz durch die Suspension im festen Argon etwas modifiziert ist: durch wachsende N_2-Konzentration läßt sich das scheinbare Argonspektrum stetig in das für reinen Stickstoff charakteristische überführen. An festem CO_2 und H_2O konnte auch Mc Lennan bei der Temperatur des flüssigen Wasserstoffs durch Kathodenstrahlen keinerlei sichtbare Lumineszenz erhalten.

5. Durch Fremdatome aktivierte Phosphore[3]). Neben den in der vorangehenden Ziffer aufgeführten Stoffen, deren Moleküle als solche eine Leuchtfähigkeit besitzen, die durch die Nachbarschaft fremder Moleküle nur relativ wenig beeinflußt wird, gibt es eine außerordentlich verbreitete Gattung lumineszierender fester Körper, die alle dadurch charakterisiert sind, daß sie aus einem Grundstoff bestehen, der an sich nicht zum Leuchten erregt werden kann, und der erst durch eine meist minimale Beimischung einer fremden Atomart Lumineszenzfähigkeit gewinnt, während die „aktivierenden" Atome ihrerseits, wenn sie nicht mit hinreichender Verdünnung in einem geeigneten Grundstoff eingebettet sind, auch keinerlei Lumineszenzvermögen besitzen. Es scheint fast so, als ob alle nicht zu stark gefärbten (durchsichtigen) festen Stoffe — Kristalle sowohl als Gläser — als Grundmaterial und ebenso alle nicht zu stark färbenden Zusätze, in erster Linie Metallverbindungen, zur Aktivierung dienen können. So wurden bisher Phosphore untersucht, deren Grundmaterial bestand aus Sulfiden, Chloriden, Bromiden, Jodiden, Fluoriden, Oxyden, Seleniden, Molybdaten, Wolframaten, Sulfaten, Karbonaten, Silikaten der Alkalien, Erdalkalien und vieler Leichtmetalle; nicht brauchbar dagegen sind z. B. die ziemlich tief gefärbten Sulfide des Hg oder Cd. Als wirksame Metalle können in den verschiedensten Phosphoren fast alle Leicht- und Schwermetalle verwandt werden, so jedoch, daß je nach Art des Grundmaterials das eine oder andere eine besondere Vorzugsstellung besitzt; Mn, Bi, Pb, auch Cu sowie die seltenen Erdmetalle

---

[1]) L. Vegard, C. R. Bd. 179, S. 35 u. 151. 1924; Phys. ZS. Bd. 25, S. 685. 1924; Proc. Amsterdam Akad. Bd 27, S. 1. 1924; Ann. d. Phys. Bd. 79, S. 377. 1926.

[2]) J. C. Mc Lennan u. G. M. Shrum, Proc. Roy. Soc. London (A) Bd. 106, S. 138. 1924.

[3]) Für Literaturnachweise vgl. Fußnote 3, S. 281.

bilden mit fast allen Grundmaterialien gute Phosphore, während etwa Eisen bis jetzt nur in NaS sich als leuchtfähig erwies und sonst die etwa von anderen aktivierenden Bestandteilen herrührende Leuchtfähigkeit zu zerstören vermag; umgekehrt ist Bohrstickstoff als Grundmaterial nur durch Kohlenstoff aktivierbar.

Die weitaus größte Zahl der durchsichtigen natürlichen Mineralien, insbesondere Edelsteine und Halbedelsteine, sind auf diese Weise durch geringfügige Zusätze meist unbekannter Art zu Phosphoren gemacht, so der Rubin (Aluminiumoxyd mit Cr aktiviert), die meisten Diamanten (aktivierendes Metall unbekannt) usw. Hierher zu rechnen sind auch Körper wie das natürliche verfärbte Steinsalz, in dem in feinster Verteilung gelöstes Natrium die Rolle des aktivierenden Fremdmetalls übernimmt; die Verfärbung kann auch an ursprünglich farblosem Salz, etwa durch Röntgen- oder Radiumstrahlen, hervorgerufen werden, und die an derartigen Präparaten durch Licht auszulösende Lumineszenz fällt dann unter den Begriff der in Ziff. 2 erwähnten Radiophotolumineszenz.

Unter der außerordentlich großen Zahl durch Fremdatome aktivierter Phosphore ist aber eine bestimmte Gruppe durch Intensität und Dauer des Leuchtens (insbesondere der Photolumineszenz) ausgezeichnet; diese Stoffe werden gewöhnlich als „Lenardphosphore" bezeichnet, weil LENARD und seine Schüler ihre Eigenschaften, die Bedingungen, denen sie ihre Leuchtfähigkeit verdanken, sowohl als auch die quantitativen Einzelheiten über die Erregung und Emission ihrer Lumineszenz eingehend erforscht haben, nachdem allerdings schon vorher von anderen, vor allem von VERNEUILLE und von BOISBAUDRAN die Grundlagen zu diesen Untersuchungen geliefert worden waren. Erst indem man die an den Lenardphosphoren gewonnenen Resultate nun auch auf die im weiteren Sinne zu ihnen gehörigen aktivierten Phosphore überträgt, erkennt man das ihnen allen gemeinsame Prinzip, in erster Linie die ausschlaggebende Rolle der aktivierenden Fremdatome. Die ursprünglichen Lenardphosphore bestehen aus dem Sulfid eines Erdalkalimetalles, das unter Zuhilfenahme eines wesentlich als Flußmittel dienenden Salzzusatzes (Na_2SO_4, CaF_2 u. dgl.) mit geringen Mengen ($< 1\,^0/_{00}$) des wirksamen Metalles bei ca. $1200°$ zusammengesintert ist. Vermutlich handelt es sich bei diesem Präparationsprozeß um die Ausbildung mikrokristalliner Mischkristalle. Durchaus analog den Erdalkalisulfidphosphoren erwiesen sich die als „Sidotblende" schon lange bekannten Zinksulfidphosphore, insbesondere was die Notwendigkeit ihrer Aktivierung durch ein Fremdmetall angeht. Dann zeigte es sich, daß auch die Selenide und Oxyde der Erdalkalien zur Darstellung von Phosphoren geeignet sind, und daß anderseits an die Stelle des Erdalkalimetalles außer dem Zn auch Mg, Be, Na u. a. m. treten können, bis schließlich der Begriff in dem oben angegebenen Sinne erweitert werden konnte. Man bezeichnet so als einen Ca-Mn-Wolframatphosphor oder als Mg-Cu-Sulfidphosphor einen Körper, dessen Grundmaterial aus Kalziumwolframat bzw. Magnesiumsulfid besteht und der mit Spuren von Mangan bzw. Kupfer aktiviert ist. Der eigentliche Lumineszenzprozeß, soweit er in der Lichtemission besteht, hat dabei seinen Sitz offenbar im wirksamen Metall, was bei den mit seltenen Erden aktivierten Phosphoren besonders deutlich wird, für den Erregungsprozeß, insbesondere bei der Erregung durch Lichteinstrahlung ist dagegen das Grundmaterial von ausschlaggebender Bedeutung, durch seine Natur wird insbesondere die spektrale Lage der Phosphoreszenz-Erregungsbanden definiert.

Während man jetzt vielfach zu der Annahme[1]) geneigt ist, daß bei den Lenardphosphoren und allen ihnen analogen leuchtfähigen Stoffen kristalline

---

[1]) Vgl. z. B. A. SCHLEEDE, Naturwissensch. Bd. 14, S. 586. 1926.

Struktur wesentliche Vorbedingung für die Lumineszenzfähigkeit ist[1]), gibt es auch zahlreiche Gläser, die bei geeigneter Erregung lumineszieren, tatsächlich kommen hier so ziemlich alle technischen Silikatgläser in Betracht, und zwar dürften auch sie ihre Leuchtfähigkeit in ihnen gelösten Verunreinigungen verdanken; soweit diese Beimischungen zufälliger Natur sind, ist auch Stärke und Farbe des Leuchtens für einzelne Glasproben sehr ungleich, ganz charakteristisch dagegen und von großer Intensität ist z. B. die Fluoreszenz von Uranglas, Didymglas oder des Jenaer Gelbfilterglases.

6. Abhängigkeit der Lumineszenz von den Anregungsbedingungen. Flüssigkeiten sind fast ausschließlich auf Photolumineszenz untersucht worden, nur bei einigen Farbstoffen (Reten, Anilin, Diphenyl) haben Wiedemann und Schmidt auch im geschmolzenen Zustand Kathodolumineszenz festgestellt, während analoge Beobachtungen an flüssigen Lösungen — wesentlich wohl aus versuchstechnischen Gründen — bislang nicht gemacht wurden. Von festen Körpern dagegen läßt sich im allgemeinen sagen, daß, soweit sie Photolumineszenz aufweisen, sie auch durch andere Prozesse zur Lumineszenz angeregt werden können; und daß ferner jeder Prozeß, der überhaupt imstande ist, Leuchten hervorzurufen, im wesentlichen die gleiche Art von Lumineszenz erregt, abgesehen von gewissen Einschränkungen infolge der energetischen Bedingungen, die in Ziff. 9 noch zu besprechen sein werden. Das gleiche gilt auch für Gase; so kann im Hg-Dampf durch Einstrahlung, also als Photolumineszenz, sein vollkommenes Bogenspektrum angeregt werden, das genau ebenso beim Durchgang von Elektronen durch den Dampf oder in Hg-Kanalstrahlen auftritt; die D-Linien des Natriums erscheinen ebenso als durch Licht ausgelöste Resonanzstrahlung wie als Chemilumineszenz bei exotermen chemischen Prozessen, an den Na-Dampf beteiligt ist; desgleichen ist für die Dämpfe aromatischer Verbindungen wiederholt nachgewiesen worden, daß ihre Photolumineszenz- und Elektrolumineszenzspektra koinzidieren. Was nun Substanzen im festen Zustande betrifft, so ist hier häufig die Anregung durch elektrische Korpuskularstrahlen leichter zu erreichen als diejenige durch Licht, aus dem leicht verständlichen Grunde, daß im zweiten Falle das einfallende Licht nicht nur überhaupt absorbiert werden muß, sondern gerade an solchen Stellen des leuchtfähigen Systems, an denen die Lichtabsorption zur Erregung führt; bei dem sehr viel gröberen Eingriff dagegen, den das Bombardement mit elektrisch geladenen Korpuskeln darstellt, wird wohl stets jedem Mechanismus der getroffenen Moleküle ein Teil der auffallenden Energie übermittelt. Das hat zur Folge, daß die Kathodolumineszenz unter Körpern vom Typus der Lenardphosphore noch viel verbreiteter ist als die Photolumineszenz: fast jedes nicht ganz reine anorganische Salz kann durch Kathodenstrahlen zum Leuchten erregt werden, während zum mindesten, um kräftig photolumineszente Lenardphosphore zu erzeugen, besondere Sorgfalt bei der Präparation anzuwenden ist. Auch diese verlieren bei Temperaturen, die meist unterhalb 400° liegen, ihre Photolumineszenzfähigkeit vollständig, zeigen dagegen bei weit höheren Temperaturen, die manchmal bis zu 1000° reichen, kräftige Kathodo- und Röntgenfluoreszenz[2]). Die Gleichartigkeit der Fluoreszenzspektra bei verschiedenen Erregungsprozessen, soweit diese überhaupt wirksam sind, ist in vielen Fällen geprüft worden, speziell für Photo- und Kathodolumineszenz von Goldstein für zahlreiche feste aromatische Verbindungen, von Urbain und de Watteville

---

[1]) Lenard selbst allerdings vertritt weiterhin die Ansicht, daß die eigentlichen Lenardphosphore, im Gegensatz z. B. zur Zinkblende, aus Glasflüssen bestehen, in denen sich hochkomplexe Moleküle ausbilden, die sog. „Phosphoreszenzzentren".

[2]) E. Wiedemann, Ann. d. Phys. Bd. 56, S. 201. 1895; E. L. Nichols u. D. T. Wilber, Phys. Rev. Bd. 17, S. 453. 1921.

für mit seltenen Erden aktivierte Fluorite, von NICHOLS und MERRITT für Uranyl-salze und Kalzit, von LENARD und seinen Schülern[1]) für Sulfidphosphore usw. Sidotblende zeigt auch bei Erregung mit Kanalstrahlen oder α-Strahlen die gleichen Emissionsbanden wie bei Erregung durch Licht[2]).

Viele lumineszenzfähige Stoffe haben allerdings die Eigentümlichkeit, daß ihre Emissionsspektra komplex sind, aus mehreren Banden oder Bandensystemen bestehen, von denen die einen bei tieferen, die anderen bei höheren Temperaturen an Intensität überwiegen („Kälte- bzw. Hitzebanden"), so daß also die Lumines-zenzfarbe unter gleichartiger Erregung beim Erwärmen des Phosphors von einer Farbe in die andere umschlägt. Bei Erregung mit Kathoden- oder mit γ-Strahlen (vermutlich auch mit Röntgenstrahlen) treten an Lenardphosphoren auch bei Zimmertemperatur, teilweise sogar bei noch stärkerer Erwärmung, in Nachleuchten Kältebanden hervor, die bei Erregung mit Licht nur bei tiefen Temperaturen ihre Anregungsenergie über längere Zeit aufspeichern können[3]). Umgekehrt zeigen dieselben Phosphore (z. B. BiSrS, CuBaS u. a. m.) unter Kanalstrahl-erregung schon bei Zimmertemperatur unter Vorherrschen der typischen Hitze-banden eine Energieverteilung in ihrem Emissionsspektrum, die für die Photo-lumineszenz erst oberhalb $300°$ sich einstellt[4]): es hat also den Anschein, als würde durch die Kanalstrahlen eine lokale — vielleicht nur „molekularlokale" — Temperaturerhöhung verursacht. Außerdem ist bei der Kanalstrahlenlumineszenz von festen Salzen oder Gläsern bemerkenswert, daß fast stets neben den für die festen Phosphore charakteristischen Banden noch Linien auftreten, die dem Dampfspektrum eines der in dem Körper enthaltenen Elemente angehören — etwa die D-Linie sowie andere Haupt- und Nebenserienlinien des Na beim Thüringer Glas, die grüne Thalliumlinie 5351 Å beim Thalliumsulfat usf. Diese Linienemission darf sicher nicht den festen Substanzen zugeschrieben werden, sondern dem Dampf des betreffenden Metalles, der durch das Auftreffen der Kanalstrahlen freigemacht wird, der aber bei den herrschenden Temperaturen nur in nächster Nachbarschaft der Auftreffstelle merkliche Dichte besitzt; daher wird die Linienemission nur in einer dünnen, unmittelbar an den festen Körper angrenzenden Schicht beobachtet. Ob aber, wie STARK und WENDT annehmen zu müssen glauben, die Metallatome ihre Erregungsenergie schon während ihrer Bindung im festen Körper aufnehmen, also im erregten Zustande verdampfen, scheint zum mindesten sehr fraglich.

Bei Bestrahlung mit Korpuskularstrahlen — in geringerem Maße auch mit kurzwelligem Licht — kommt es nicht selten vor, daß neben der lumineszenz-erregenden Wirkung eine chemische Veränderung des getroffenen Körpers einher-geht, und wenn das Umwandlungsprodukt seinerseits lumineszenzfähig ist, so tritt an Stelle des ursprünglichen allmählich ein neues Emissionsspektrum. Derartige Beobachtungen sind in besonders großer Zahl von E. GOLDSTEIN an festen aromatischen Verbindungen unter Kathodenstrahlbombardement an-gestellt worden; da die Umwandlungsprodukte gegen die weitere Einwirkung der Kathodenstrahlen sich sehr viel beständiger erwiesen als die Ausgangs-stoffe, hat GOLDSTEIN die Spektra der letzteren als Vorspektra, die der ersteren als Hauptspektra der betreffenden Substanzen bezeichnet. Aber auch hier wieder lassen sich die einen sowohl wie die anderen in gleicher Weise durch Kathodenstrahlen und durch ultraviolettes Licht hervorrufen.

Die Spektra, die bei Tribolumineszenz auftreten, sind ebenfalls mit denen

[1]) R. STADLER, Ann. d. Phys. Bd. 80, S. 741. 1926.
[2]) G. BERNDT, Radioaktive Leuchtfarben. Sammlung Vieweg Heft 47. 1920.
[3]) E. RÜCHARDT, Ann. d. Phys. (4) Bd. 48, S. 858—876. 1915.
[4]) E. RUPP, Ann. d. Phys. Bd. 75, S. 369. 1924.

der Photolumineszenz identisch. Ferner sind viele Phosphore „flammenerregbar", d. h. sie zeigen, in den Saum einer Wasserstoff- oder Azetylenflamme gebracht, mehr oder weniger kräftiges Leuchten, daß seiner Helligkeit und spektralen Intensitätsverteilung nach nicht als Temperaturleuchten anzusehen ist, auch z. B. durch Erwärmen im elektrischen Ofen nicht hervorgebracht wird. Lenard hat diese Erscheinung als erster an Sulfidphosphoren beschrieben (CaBi, SrBi) und festgestellt, daß die dabei auftretenden Banden mit den durch Licht erregten Hitzebanden übereinstimmen[1]). Besonders kräftig ist das Flammenleuchten des mit Kohlenstoff aktivierten Bohrstickstoffs, auch hier wieder im Emissionsspektrum mit der Kathodofluoreszenz, Röntgenfluoreszenz und Photolumineszenz zusammenfallend[2]). Nichols hat allerdings das Flammenleuchten an einer sehr großen Zahl von Verbindungen beobachtet, die keinerlei Photolumineszenz aufweisen, an reinen Oxyden, Sulfiden, Phosphaten vieler Metalle ohne jeden aktivierenden Zusatz. Ob aber nicht doch auch hier — wie es Tiede für das Bornitrid sichergestellt hat — letzte spurenweise Verunreinigungen für das Zustandekommen des Phänomens wesentlich sind, kann noch nicht als entschieden gelten. Viele stark photolumineszente Phosphore, Kalziumwolframat z. B. und manche Lenardphosphore, auch Uranglas, sind nicht flammenerregbar. Dagegen sind alle flammenerregbaren Stoffe auch bei hohen Temperaturen kathodolumineszent, immer wieder mit identischem Emissionsspektrum[3]).

Schließlich haben Kautsky und Zocher auch für Farbstoffe — Rhodamin und Fluoreszein — nachgewiesen, daß sie bei Erregung durch chemische Prozesse (Oxydation von Silikathydroxyd) zur Emission der gleichen Fluoreszenzbanden angeregt werden, die für ihre Photolumineszenz charakteristisch sind.

7. Abhängigkeit der Leuchtdauer von den Erregungsbedingungen. Die Nachleuchtdauer ist nicht nur, wie schon erwähnt, für verschiedene phosphoreszierende Stoffe sehr ungleich, sie ist im allgemeinen auch, wenn einem Stoff mehrere Emissionsbanden zukommen, für jede von diesen verschieden, so daß also während des Nachleuchtens ein Farbumschlag eintritt, wie das z. B. an festen Farbstofflösungen und an fast allen Lenardphosphoren beobachtet wird; und sie ist schließlich für jede Bande in hohem Grade Funktion der Temperatur: Daß bei sehr tiefen Temperaturen die Abklingungszeit unendlich lang werden kann, d. h. daß der Phosphor wohl erregt wird, aber die aufgenommene Energie in Form von Strahlung erst wieder abgibt, wenn man ihn erwärmt, hat zum erstenmal Dewar festgestellt, als er einen Ammoniumplatinzyanürkristall in einem Bad von flüssigem Wasserstoff mit kurzwelligem Licht bestrahlte und nachher aus dem Kältebad herausnahm. Ausführlich hat dann Lenard dieses Phänomen an Erdalkalisulfidphosphoren untersucht: er fand, daß, wenn man einen solchen Phosphor bei der Temperatur der flüssigen Luft in seinem „unteren Momentanzustand" erregt und dann langsam erwärmt, seine einzelnen Banden je nach ihrer „Temperaturlage" sukzessive als Phosphoreszenz in die Erscheinung treten: anfänglich nur die Kältebanden, zuletzt erst die Hitzebanden. Oberhalb einer bestimmten Temperatur (meist zwischen 300 und 400°) kommt der Phosphor in seinen „oberen Momentanzustand", in dem alle Banden praktisch momentan abklingen. Fluoreszenz während der Erregung ist aber stets auch bei den tiefsten Temperaturen zu beobachten; Lenard unterscheidet darum zwischen zwei Arten von Lumineszenzzentren: Momentanzentren und Dauerzentren, von denen nur die letzteren imstande sein sollen, absorbierte Energie über längere Zeit aufzuspeichern.

---

[1]) P. Lenard, H. Kamerlingh Onnes u. W. Pauli, Proc. Amsterdam 1909, S. 151.
[2]) E. Tiede u. Fr. Büscher, Chem. Ber. Bd. 53, S. 2206. 1920; E. Tiede u. Henriette Tomaschek, ZS. f. anorg. Chem. Bd. 147, S. 111. 1925.
[3]) E. Nichols u. D. T. Wilber, Phys. Rev. Bd. 17, S. 453, 469. 1921.

Das allmähliche Abklingen des Dauerleuchtens (Abb. 3) läßt sich nach LENARD für die von ihm untersuchten Phosphore am besten durch eine Superposition von e-Funktionen wiedergeben, woraus er schließt, daß auch die Dauerzentren nicht alle gleichartig sind, sondern daß Zentren großer, mittlerer und kleiner Dauer nebeneinander existieren müssen, die sich irgendwie in ihrem Aufbau voneinander unterscheiden. Durch Einstrahlung von Licht können sie alle erregt werden, wobei aber doch je nach der Wellenlänge der erregenden Strahlung die einen oder die anderen bevorzugt sind. Durch Kathodenstrahlen dagegen und ähnlich durch Röntgenstrahlen werden fast ausschließlich die Zentren kürzerer Dauer erregt, daher klingt dann unter sonst gleichen Versuchsbedingungen die Phosphoreszenz weit schneller ab als im ersten Falle[1]). Zu einem entgegengesetzten Resultat gelangen NICHOLS, HOWES und WILBER[2]) bei

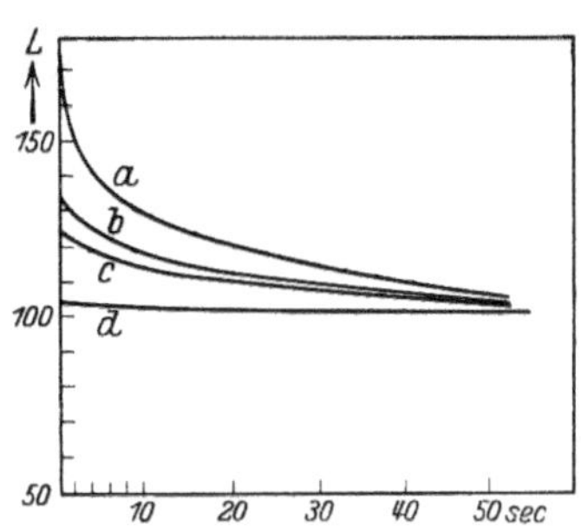

Abb. 3. Abklingung eines durch Lichteinstrahlung erregten CaBi-Sulfidphosphors bei verschiedenem Bi-Gehalt.

der Untersuchung einiger sehr schnell abklingenden Substanzen, nämlich von Uranylsalzen (bei $-180°$) und von natürlichem Kalzit: hier sinkt die anfänglich sehr kräftige Photolumineszenz bereits innerhalb von 0,003 Sek. unter die Schwelle der Beobachtbarkeit, während die im Moment der Erregung relativ viel schwächere Röntgenphosphoreszenz sich über mehrere Sekunden, die Kathodophosphoreszenz sogar über mehr als eine Minute sich verfolgen läßt. Dabei handelte es sich nicht um eine dauernde Umwandlung der Substanz unter Wirkung der Bestrahlung in eine länger nachleuchtende Modifikation; denn auch unmittelbar nach oder sogar während der Kathodenbestrahlung erhält man bei Erregung durch kurzwelliges Licht immer wieder die ursprüngliche steile Abfallkurve (Abb. 4 u. 5). Ähnlich liegen die Verhältnisse beim

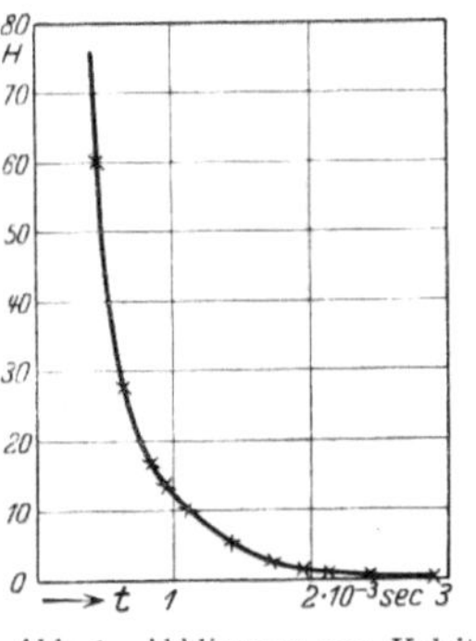
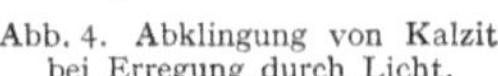

Abb. 4. Abklingung von Kalzit bei Erregung durch Licht.

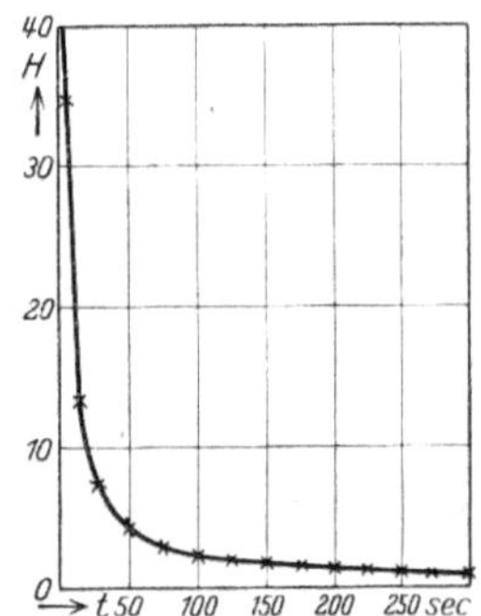

Abb. 5. Abklingung von Kalzit bei Erregung mit Kathodenstrahlen.

Rubin; seine Photolumineszenz klingt in etwa 10^{-3} Sek. ab, seine Kathodophosphoreszenz erst nach einigen Minuten, und zwar desto langsamer, je härter die erregenden Strahlen sind. Vielleicht läßt sich hiermit eine andere Beobachtung an Lenardphosphoren in Zusammenhang bringen: durch Erregung mit Kathoden-, Röntgen- oder γ-Strahlen vermögen „Kältebanden", bei Zimmertemperatur, bei der sie unter der Wirkung von Lichteinstrahlung nur als Momentanleuchten hervortreten, merkliche Energiebeträge aufzuspeichern, so daß bei folgender Erwärmung der Phosphor die für sie charakteristischen Wellenlängen emittiert[3]).

---

[1]) P. LENARD, Ann. d. Phys. Bd. 12, S. 462. 1903; Sitzungsber. Heidelb. Akad. 1909, S. 33.
[2]) E. NICHOLS, H. L. HOWES u. D. T. WILBER, Phys. Rev. Bd. 12, S. 351. 1918.
[3]) E. RUPP, Ann. d. Phys. Bd. 75, S. 369. 1924; R. STADLER, Ann. d. Phys. Bd. 80, S. 741. 1926.

8. Mechanismus der verschiedenen Arten von Lumineszenzerregung. Die verschiedenen Erregungsmöglichkeiten der Lumineszenz, in Ziff. 2 rein phänomenologisch klassifiziert, sind durchaus nicht gleichwertig. Bei der Photolumineszenz entstammt die ausgestrahlte Energie dem einfallenden Lichte selbst, und im allgemeinen wird sie von dem gleichen System, das sie beim Absorptionsakt aufgenommen hat, im Emissionsakt wieder abgegeben, es sei denn daß wie etwa im Fall der sensibilisierten Fluoreszenz eine Energieübertragung durch Stoßprozesse zwischengeschaltet wäre; eine Ausnahme machen die Kristallphosphore, bei denen vermutlich das „Photoelektron", welches bei der Absorption ganz von seinem Atom losgetrennt wird, und das bei dessen Rückkehr in Aktion tretende „Emissionselektron" nicht identisch sind. Ähnlich liegt der Fall bei der Elektrolumineszenz: direkte Anregung des Leuchtmechanismus durch Stoß, soweit es sich um den Durchgang von langsamen Elektronenstrahlen oder von Kanalstrahlen durch Gase handelt; während von schnellen Kathodenstrahlen zunächst wohl stets sekundäre Kathodenstrahlen kleinerer Geschwindigkeit erzeugt werden, die dann ihrerseits im Gase bzw. am festen Körper die Lumineszenz hervorrufen. Ein solcher Zwischenprozeß muß mit noch größerer Sicherheit für die Erregung von Lumineszenz durch Röntgenstrahlen angenommen werden, da die elementaren Absorptionsakte für die Röntgenstrahlen selbst viel zu wenig zahlreich sind, als daß man, wenn jedem von ihnen nur ein Lichtemissionsprozeß entspräche, eine hinreichende Lichtausbeute erhalten könnte. E. Rupp konnte denn auch die vollkommene Analogie der Lumineszenzerregung durch Kathodenstrahlen einerseits, durch Röntgen- oder γ-Strahlen anderseits experimentell nachweisen[1]). Röntgenlumineszenz erscheint somit nur als eine Art sekundärer Kathodolumineszenz, und die Möglichkeit der Lumineszenzerregung durch Röntgenstrahlen ist auf die Auslösung sekundärer Kathodenstrahlen zurückgeführt: wo diese fehlt, ist auch keine Röntgenlumineszenz zu erwarten; dadurch erklärt es sich, daß Substanzen, wie das von Lenard viel verwandte Pentaketylparatolülketon, trotz sehr intensiver Kathodofluoreszenz keine merkliche Röntgenlumineszenz aufweisen. Umgekehrt konnte Rupp durch Zusatz von Bi-Nitrat, das die Leuchtfähigkeit an sich nicht beeinflußte, die Röntgenlumineszenz eines CuZnS-Phosphors merklich erhöhen. Noch wesentlich indirekter scheint der Vorgang bei der Tribolumineszenz zu sein: nach Lenard liegt hier ein Fall von tertiärer Photolumineszenz vor, indem beim Zerbrechen der Kristalle elektrische Potentialdifferenzen sich ausbilden und die von diesen in luftverdünnten Spalten verursachten elektrischen Entladungen von der Aussendung ultravioletten Lichtes begleitet sind, die dann ihrerseits erst die Fluoreszenz hervorruft[2]). Für die Richtigkeit dieser Erklärung der Tribolumineszenz spricht die Beobachtung von Longchambon, wonach beim Zerbrechen verschiedener Kristalle, wie Zucker, Kadmiumsulfat, Uranylnitrat, Flußspat ein Lumineszenzspektrum emittiert wird, das aus einer Reihe von Stickstoffbanden besteht und an Intensität bedeutend zunimmt, wenn man die Versuche bei erniedrigtem Luftdruck vornimmt[3]); daneben finden sich in der Triboluminenszenz stets noch die für den betreffenden Phosphor, etwa das Uransalz, charakteristischen Banden. Die Szintillationen, die beim Auftreffen von α-Strahlen auf Kristallphosphore (Zinksulfid) beobachtet werden und z. B. zur Zählung der α-Teilchen dienen, mögen gleichfalls

---

[1]) E. Rupp, Ann. d. Phys. Bd. 75, S. 369. 1924.
[2]) P. Lenard, Sitzungsber. Heidelb. Akad. 1914. Bd. 28, S. 39.
[3]) H. Longchambon, C. R. Bd. 174, S. 1633. 1922 u. Bd. 176, S. 691. 1923. Wegen einer anderen möglichen Erklärung des Triboluminzenzmechanismus siehe im folgenden bei der Thermolumineszenz.

auf diese Weise zu deuten sein, indem die α-Teilchen an der Auftreffstelle den Kristall zerbrechen[1]). Tatsächlich werden durch lange fortdauernde α-Bestrahlung Kristalle oder auch Gläser weitgehend zerstört. Daß schließlich auch bei der Lumineszenzerregung durch Kanalstrahlen an festen Körpern zum mindesten teilweise solche indirekte Prozesse mitspielen, folgern STARK und WENDT[2]) daraus, daß eine von einem scharf begrenzten Kanalstrahlbündel getroffene Kristallplatte nicht nur am Ort des Auftreffens, sondern durch ihr ganzes Volumen hin leuchtet; als ultraviolette Lichtquelle käme hier die oben beschriebene aus dem Metalldampf herstammende Linienfluoreszenz in Betracht.

In den meisten Fällen von Chemilumineszenz sind es nicht die an der chemischen Reaktion teilnehmenden Moleküle selbst, denen die Lichtemission zugeschrieben werden muß, da in der Regel nicht die für das neugebildete System charakteristischen Spektra beobachtet werden: so treten bei der Bildung von NaJ aus dampfförmigem Na und J_2 in der Lumineszenz weit überwiegend die D-Linien des Natriums auf, es muß somit die bei der Reaktion frei werdende Energie von dem NaJ-Molekül zunächst aufgespeichert und dann bei einem Zusammenstoß auf ein Na-Atom übertragen werden, so daß dieses zur Lichtaussendung angeregt wird. Ganz analog liegt es bei der in Ziff. 6 beschriebenen Flammerregung von Phosphoren, bei der von KAUTSKY und ZOCHER untersuchten Chemilumineszenz des Silikons usf.[3]).

Doch auch hier entstammt die in der Lumineszenzemission auftretende Energie, wenn schon auf Umwegen, der im Primärvorgang zugeführten Energie. Bei der Thermolumineszenz trifft das nicht mehr zu, andernfalls würde sie überhaupt nicht unter den Begriff „Lumineszenz" fallen, sondern als ein wenn auch stark selektives Temperaturleuchten anzusehen sein, wie es z. B. in der Emission der grünen Thalliumlinie durch im Hochvakuum auf 1400° erhitzten Thalliumdampf bekannt ist. Vielmehr ist die Wirkung der Erwärmung auf thermolumineszierende Körper eine rein auslösende, die eigentliche Erregungsenergie muß dem Phosphor vorher auf anderem Wege, etwa durch Belichtung oder durch Kathodenbestrahlung, zugeführt worden sein: thermolumineszent sind solche Phosphore, in denen der durch die primäre Behandlung erzeugte Erregungszustand bei mittleren bzw. tiefen Temperaturen große Stabilität besitzt, so daß die Rückkehr in den unerregten Zustand unter Lichtemission erst infolge von Erwärmung eintritt[4]). Ein besonderes übersichtliches Beispiel von Thermolumineszenz bieten also Lenardphosphore, wenn sie in ihrem unteren Momentanzustand erregt werden. Es gibt zahlreiche Mineralien, Flußspatvarietäten z. B. oder Kalzite, die von Natur (vielleicht infolge langdauernder schwacher radioaktiver Strahlenwirkung am Ort ihres Vorkommens) thermolumineszent sind, in der Weise, daß man sie bei Zimmertemperatur beliebig lange aufbewahren kann und sie erst bei Erhitzung auf einige hundert Grad hell zu leuchten beginnen. Ist aber ein thermolumineszenter Körper durch länger dauernde Erhitzung „ausgeleuchtet", so kann er durch abermalige Erwärmung nicht nochmals zur Lumineszenz gebracht werden, ehe er nicht durch einen der genannten Prozesse frisch erregt und so wieder in den thermolumineszenzfähigen Zustand versetzt worden ist.

---

[1]) H. GEIGER u. A. WERNER, ZS. f. Phys. Bd. 21, S. 192. 1924.
[2]) J. STARK u. G. WENDT, Ann. d. Phys. Bd. 39, S. 849. 1912.
[3]) Ausführlicheres über Chemilumineszenz im folgenden Abschnitt sowie in Bd. XXIII: NODDACK, Photochemie, Kap. 6, S. 594.
[4]) Ähnlich könnten vielleicht manche Fälle von Tribolumineszenz erklärt werden, indem hier die auslösende Wirkung statt durch Erwärmung durch die den Bruch begleitende Erschütterung hervorgebracht wird. (A. IMHOF, Phys. ZS. Bd. 18, S. 374. 1917.)

9. Die zur Erregung nötige Mindestenergie. Die in einem Elementarprozeß, d. h. von einem einzelnen erregten Molekül ausgestrahlte Energie kann nie größer sein als der dem Molekül beim Erregungsakt zugeführte Betrag, es sei denn, daß aus dem Wärmeinhalt des Systems noch zusätzliche Energie zur Verfügung steht; dieser Energieüberschuß ist aber, solange die Temperaturen nicht sehr hoch sind und es sich um die Emission sichtbaren oder ultravioletten Lichtes handelt, im Verhältnis zur eigentlichen Erregungsenergie immer nur klein. Die als Strahlung in einem Elementarprozeß aufgenommene oder abgegebene Energie wird gemessen durch das Produkt $h \cdot \nu$, wo h das PLANCKsche Wirkungsquantum: $6{,}55 \cdot 10^{-27}$ erg/sec und ν die Frequenz des Lichtes ist; die bei Erregung durch elektrische Korpuskularstrahlen übertragene Energie wird in der Regel in Volt angegeben, worunter das Produkt $e \cdot V$ aus der elektrischen Ladung e des Teilchens (für Elektronen und einfach geladene Kanalstrahlen die Elementarladung $4{,}77 \cdot 10^{-19}$ Coulomb) und der von ihm durchfallenen Potentialdifferenz V zu verstehen ist; die bei chemischen Prozessen auftretende Wärmetönung Q schließlich in Kalorien pro Mol. Zur zahlenmäßigen Umrechnung dieser verschiedenen Energiemasse dienen die folgenden Beziehungen: $V \cdot \lambda = 12\,344$ (V in Volt, λ in Ångström),

$$1 \text{ Volt} = 23\,000 \text{ cal/Mol} = 8{,}11 \cdot 10^3 \text{ cm}^{-1} = 1{,}59 \cdot 10^{12} \text{ erg/Molekül}.$$

Unabhängig von der Art der Erregung muß (mit der oben angegebenen Einschränkung) für jede Lumineszenzemission der Frequenz ν_s die Ungleichung gelten: $h\nu_s \leqq E_p$, wenn E_p die zur Erregung der einzelnen Moleküle verfügbare Primärenergie darstellt, also im Falle der Photolumineszenz: $E_p = h\nu_p$, für Elektrolumineszenz $E_p = eV$, für Chemilumineszenz $E_p = Q$. Speziell für die Photolumineszenz ist der Inhalt dieser Ungleichung identisch mit der empirisch schon lange bekannten STOKESschen Regel, die besagt, daß bis auf geringe Abweichungen das Lumineszenzlicht immer größere Wellenlängen (kleinere ν-Werte) aufweisen muß als die erregende Strahlung, mit dem in der Resonanzstrahlung vorliegenden Grenzfall, in dem das Gleichheitszeichen an Stelle des Ungleichheitszeichens tritt ($\nu_s = \nu_p$).

Während bei elektrischer Erregung von Gasen die energetische Beziehung ebenfalls eindeutig zutage tritt, indem jede Linie im Lumineszenzspektrum dann zum erstenmal zur Erscheinung kommt, wenn die sie durch Stoß auslösenden Kathodenstrahlen ein Potential von der Größe durchlaufen haben, daß ihre kinetische Energie der Erregungsenergie gerade gleich ist[1]), liegen bei Erregung fester lumineszierender Körper durch Kathoden- oder Kanalstrahlen die Verhältnisse sehr viel komplizierter. Es werden nämlich von den meisten Autoren als Bedingung dafür, daß durch Korpuskularstrahlen Lumineszenz an Phosphoren ausgelöst werden kann, Schwellenwerte ihrer Geschwindigkeiten angegeben, welche die aus der obigen Formel folgenden um das Vielhundertfache übersteigen; sie liegen für verschiedene Kristalle und Gläser bei Kathodenstrahlerregung nach LENARD[2]) zwischen 300 und 6000 Volt, ungefähr im gleichen Spannungsgebiet

---

[1]) Für die Erregung der Lumineszenz von Gasen durch Ionenstrahlen (Kanalstrahlen) gilt, soweit das sehr spärliche Versuchsmaterial zu beurteilen gestattet, diese einfache Beziehung nicht. JONES (Phys. Rev. Bd. 29, S. 611. 1927) beobachtete beim Durchgang von K-Ionen von 160 Volt durch Hg-Dampf ausschließlich die Quecksilberresonanzlinie in Emission, und selbst bei 600 Volt nur einige der von dem nächsthöheren Erregungsniveau der Hg ausgehenden Linien, deren Intensität dann bei weiter wachsender Spannung relativ zur Resonanzlinie beträchtlich zunimmt.

[2]) P. LENARD, Ann. d. Phys. Bd. 12, S. 449. 1903: Sitzungsber. Heidelb. Akad. 1914. 13. Abh. S. 70.

nach STARK und WENDT auch bei Kanalstrahlerregung[1]). Dabei beträgt die Erregungsenergie für die Emission sichtbaren Lichtes nur wenige Volt, und viele der in Betracht kommenden Substanzen lassen sich auch durch Einstrahlung sichtbaren oder dem Sichtbaren naheliegenden ultravioletten Lichtes zur Lumineszenz erregen. Eine besondere Eintrittsarbeit von dieser Größe, die von den Kathodenstrahlelektronen beim Übergang in das Innere des festen Körpers zu überwinden wäre, kann ebenfalls nicht vorhanden sein, da eine entsprechende Austrittsarbeit für lichtelektrisch ausgelöste Elektronen nicht existiert: viele Phosphore zeigen selbst noch bei Bestrahlung mit sichtbarem Licht einen äußeren Photoeffekt, d. h. die durch die Absorption solchen Lichtes übetragene Energie von wenigen Volt genügt zur Leistung der gesamten Arbeit, die bei der vollständigen Entfernung eines Elektrons aus dem festen Körper aufzubringen ist. Es ist daher zu vermuten, daß der Schwellenwert für die Phosphoreszenzerregung durch Kathodenstrahlen auf eine prinzipiell nicht mit dem Phänomen selbst zusammenhängende sekundäre Ursache zurückzuführen sein dürfte, etwa auf die Bildung starker verzögernder Felder durch die von den auffallenden Kathodenstrahlen auf den meist gut isolierenden Kristallen erzeugten negativen Oberflächenladungen oder auch die Entstehung nicht lumineszenzfähiger dünner Schichten infolge von chemischen Reaktionen mit dem angrenzenden Gas, die auch wieder durch die Kathodenbestrahlung eingeleitet werden. Daß tatsächlich durch Kathodenstrahlen die Oberflächen der Phosphore zu beträchtlichen negativen Potentialen aufgeladen werden können, haben LENARD und SAELAND durch besondere Versuche gezeigt; desgleichen auch, daß die Schwellenwerte der Erregung bei älteren Präparaten meist viel höher liegen als bei ganz frischen. An solchen konnten LENARD und SAELAND[2]), selbst durch 60 Voltstrahlen noch Phosphoreszenz erregen, und sie meinen daraufhin das „Schwellenpotential" lediglich als eine für einen bestimmten Phosphor in einem bestimmten Verwitterungszustand charakteristische Konstante bezeichnen zu müssen. Daß es aber selbst unter diesen eng umschriebenen Bedingungen bei Verwendung sehr hoher Stromdichten noch weit unterschritten werden kann, hat WEHNELT gezeigt[3]). In letzter Zeit ist durch eine Veröffentlichung von KORDATZKY, SCHLEEDE und SCHRÖTER, auf die in der folgenden Ziffer zurückzukommen sein wird, sowohl die Bedeutung der elektrischen Gegenfelder als auch der Ausbildung von Oberflächenschichten für die Schwellenwerte sicher nachgewiesen[4]). Indem sie insbesondere die letzteren durch Arbeiten in einem hochentgasten Rohre — was durch Verwendung einer Glühkathode tunlich war — nach Möglichkeit vermieden, erhielten sie bei 200 Volt an Phosphoren noch kräftige Kathodolumineszenz, für die nach LENARD der Schwellenwert oberhalb von 1000 Volt liegt, und dabei werden diese Geschwindigkeiten durchaus noch nicht als untere Erregungsgrenze angegeben. Schließlich hat VEGARD[5]) am festen N_2 bei 20° abs. Kathodolumineszenz bis zu 78 Volt, R. FRISCH[6]) an verfärbtem NaCl sogar bis 30 Volt herab beobachtet.

Bei Kanalstrahlerregung, für die gleichfalls relativ hochliegende Schwellenwerte der Erregung angegeben werden, mögen auch hier wieder die Dinge noch komplizierter liegen, indem ja, wie schon erwähnt, verschiedene Zwischenprozesse erst zu dem eigentlichen Erregungsvorgang führen dürften. Unter solchen Be-

---

[1]) J. STARK u. G. WENDT, Ann. d. Phys. Bd. 38, S. 669. 1912; H. BAERWALD, Jahrb. d. Radioakt. Bd. 16, S. 65. 1919.

[2]) P. LENARD u. S. SAELAND, Ann. d. Phys. Bd. 28, S. 476. 1909.

[3]) A. WEHNELT, Verh. d. D. Phys Ges. Bd. 5. S. 423. 1903.

[4]) W. KORDATZKI, A. SCHLEEDE u. F. SCHRÖTER, Phys. ZS. Bd. 27, S. 392. 1926.

[5]) L. VEGARD, Ann. d. Phys. Bd. 79, S. 377. 1926.

[6]) R. FRISCH, Wiener Ber. (IIa) Bd. 136, S. 57. 1927.

dingungen ist natürlich keine einfache Beziehung mehr zwischen den in den Elementarprozessen umgesetzten Energiemengen mehr zu erwarten.

10. Nutzeffekt (Ökonomiekoeffizient, Wirkungsgrad). Hierunter versteht man das Verhältnis zwischen der gesamten im Erregungsprozeß zugeführten und der als Lumineszenzstrahlung wieder abgegebenen Energie. Diese Definition läßt aber noch eine gewisse Vieldeutigkeit zu, die auch zu Widersprüchen in den Angaben verschiedener Autoren Veranlassung gibt. Im allgemeinen kommt nicht die ganze schließlich verbrauchte Energie in dem lumineszierenden System zur Absorption, sie kann teilweise reflektiert werden oder unabsorbiert hindurchgehen, um schließlich an einer anderen Stelle in Wärme verwandelt zu werden. Aber auch von der wirklich absorbierten Energie wird häufig nur ein Teil von den lumineszenzfähigen Molekülen aufgenommen, während der Rest von anderen Molekülen (Lösungsmittel, Füllmaterial usf.) verschluckt wird. Bezieht man den Nutzeffekt nur auf den ersten Teil — Lenard hat hierfür den Ausdruck „erregende Absorption" eingeführt —, so ist es klar, daß man beträchtlich größere Werte des Nutzeffektes erhält, als wenn man die ganze absorbierte oder gar die totale einfallende Energie der Berechnung zugrunde legt — die letztere Berechnungsweise aber ist es, die bei der wirtschaftlichen Ökonomie einer Lichtquelle allein von Interesse ist, während die andere Feststellung mehr theoretisch-physikalische Bedeutung hat. Bei Bestrahlung von Dämpfen mit dem Licht einer Absorptionslinie oder auch von Farbstofflösungen mit starken selektiven Absorptionsbanden fallen erregende und totale Absorption praktisch zusammen, während dies für die Lenardschen Phosphore meist durchaus nicht zutrifft. Auch bezogen auf die „erregende Absorption" wird der Ökonomiekoeffizient nur dann $\infty 1$[1]), wenn alle erregten Moleküle Gelegenheit zur ungestörten Ausstrahlung haben — das gilt für Gase von geringem Druck, für manche sehr verdünnte Farbstofflösungen, und auch für die eigentlichen Lenardphosphore mit guter Annäherung bei Erregung mit Licht (nur für Photolumineszenz ist es möglich, zwischen erregender und totaler Absorption zu unterscheiden). Dagegen wird die Fluoreszenzhelligkeit von Dämpfen durch Zusatz von Fremdgasen in der Regel stark herabgesetzt (Abb. 2), ohne gleichzeitige Verminderung ihres Absorptionsvermögens, indem dann durch Zusammenstöße vielen primär erregten Molekülen die aufgenommene Energie strahlungslos entzogen wird; ebenso sinkt der Wirkungsgrad in Farbstofflösungen mit wachsender Konzentration und wird in hochkonzentrischen Lösungen $=0$

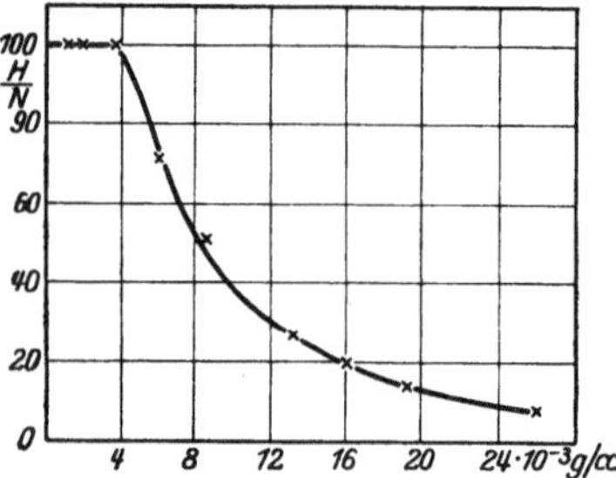

Abb. 6. Abnahme des Fluoreszenzvermögens von Uranin in Methylalkohol mit wachsender Konzentration.

(Abb. 6). Für weitaus die meisten photolumineszenten Körper — darunter auch die Mehrzahl der Farbstofflösungen und der Kristallphosphore — beträgt der Ökonomiekoeffizient nur wenige Prozent, oft sogar nur Bruchteile eines Prozentes. Wohl aber ist für jede momentan abklingende Fluoreszenz innerhalb weiter Grenzen der Nutzeffekt von der Intensität unabhängig, d. h. die Lumineszenzhelligkeit ist der einfallenden Energie direkt proportional, für das Nachleuchten langsam abklingender Phosphore ist eine solche Proportionalität nur bei geringer Primär-

---

[1]) Streng $= 1$ kann für die Photolumineszenz der Ökonomiekoeffizient nur dann werden, wenn erregende und Sekundärstrahlung gleiche Frequenz haben; sonst muß er immer im Verhältnis v_s/v_p kleiner als 1 sein, da ja optimal pro absorbiertes Quant $h v_p$ nur ein Quant $h v_s$ emittiert werden kann.

intensität erfüllt, bei steigender Belichtungsstärke strebt die Phosphoreszenz-helligkeit einem Sättigungswert zu, der nicht überschritten werden kann („Volle Erregung" des Phosphors).

Für die Erregung fester Körper mit Kathoden- oder Kanalstrahlen bedarf das Gesetz über den Zusammenhang zwischen Primärenergie und Fluoreszenz-helligkeit schon wegen der Existenz von Schwellenwerten der Anregungs-energie einer Modifikation. Soweit die Intensität der Korpuskularstrahlung bei konstanter Geschwindigkeit der Teilchen nur durch deren Zahl N bestimmt ist, scheint die Proportionalität zwischen Lumineszenzhelligkeit und einfallender Energie auch für Kathoden- wie für Kanal- und α-Strahlerregung zu Recht zu bestehen. Für Kathodenstrahlen von kleiner Geschwindigkeit ist die Lumi-neszenzstärke weiter auch proportional der Energie[1]) der einzelnen Teilchen, wenn man den durch den Schwellenwert charakterisierten Betrag abzieht. Wenn also V_0 das Schwellenpotential, V die gesamte die Kathodenstrahlen beschleuni-gende Spannung und N die pro Sekunde auf die Flächeneinheit auffallende Teilchenzahl ist, so wird die Helligkeit der Lumineszenzstrahlung gegeben durch die Gleichung

$$H = \mu N (V - V_0).$$

Diese Gleichung gilt jedoch nur für einen relativ schmalen Geschwindigkeitsbereich, dessen Ausdehnung je nach der Natur des Phosphors ein anderer ist: stets sinkt einige Kilovolt oberhalb der Schwellenspannung der Nutzeffekt als Funktion von V stark ab, so daß H mit wachsender Spannung bald überhaupt nicht mehr zunimmt. So ist für den oben schon erwähnten Pentadekylparatolylketon zwischen 10 und 40 Kilovolt H bei konstantem N vollkommen konstant und kann daher ganz unabhängig von der Geschwindigkeit der Elektronen als ein direktes Maß für ihre Zahl dienen. Bei noch weiter wachsender Elektronenenergie nimmt dann auch die absolute Lumineszenzhelligkeit wieder ab, gegen β-Strahlen von 0,8 bis 0,9 Lichtgeschwindigkeit sind alle Phosphore nurmehr relativ sehr un-empfindlich.

Der absolute Wert des Nutzeffektes (also die Größe des Faktors μ in obiger Gleichung) wurde von LENARD[2]) für langsame Kathodenstrahlen aus dem Watt-verbrauch in der Entladungsröhre und der photometrisch gemessenen Lumi-neszenzhelligkeit für ZnS zu annähernd 100% berechnet, während schon früher E. WIEDEMANN, indem er die Wärmewirkung der Kathodenstrahlen durch ein Wasserkalorimeter bestimmte, nur einen Ökonomiekoeffizienten von höchstens 7% gefunden hatte[3]). Den Widerspruch zwischen diesen Ergebnissen suchte LENARD dadurch zu erklären, daß bei den WIEDEMANNschen Versuchen Kathoden-strahlen von sehr viel größerer Geschwindigkeit verwandt worden seien. Wenn es aber, ganz ohne Berücksichtigung des von WIEDEMANN erhaltenen Resultates, kaum möglich erschien, daß Kathodenstrahlen von einigen Kilovolt beim Auf-treffen auf einen Phosphor diesen praktisch gar nicht erwärmen, sondern ihre ganze Energie in Lichtstrahlung umsetzen sollten, so ist durch die bereits erwähnten Untersuchungen von KORDATZKI, SCHLEEDE und SCHRÖTER wohl sichergestellt worden, daß die LENARDschen Werte infolge irriger Messung des Wattverbrauches

---

[1]) LENARD benutzt in diesem Zusammenhang stets den Ausdruck „Geschwindigkeit" statt „Energie", wobei aber in der Originalarbeit die „Geschwindigkeiten" in Volt angegeben werden, also in einem unzweideutigen Energiemaß; leicht irreführend wird diese Ausdrucks-weise jedoch, wenn in seinem Buch „Quantitatives über Kathodenstrahlen" (S. 84, Fußnote 215) nun diese „Geschwindigkeiten" statt in Volt in Bruchteilen der Lichtgeschwindigkeit, also in einem wirklichen Geschwindigkeitsmaß ausgedrückt werden.

[2]) P. LENARD, Ann. d. Phys. Bd. 12, S. 469. 1903.

[3]) E. WIEDEMANN, Wied. Ann. Bd. 66, S. 61. 1898.

viel zu hoch angegeben waren und daß in Wahrheit die Nutzeffekte 1% kaum übersteigen. SCHLEEDE und seine Mitarbeiter konnten nämlich mit Hilfe der in Abb. 7 skizzierten Anordnung zeigen, daß die von Kathodenstrahlen mitgeführte Elektrizitätsmenge nicht ohne weiteres durch den elektrischen Strom definiert ist, der von einer den Phosphor tragenden Platte F über ein Galvanometer zur Erde fließt; daß vielmehr von dem gut isolierenden Phosphormaterial der weitaus größte Teil der auffallenden elektrischen Ladung, sei es durch Reflexion, sei es in Form sekundärer Kathodenstrahlen, zurückgeworfen wird und nach der Kreisblende B_2 gelangt, so daß also erst durch Messung des von B_2 nach der Erde abfließenden Stromes unter Berücksichtigung der zwischen B_1 und dem Glühdraht K angelegten beschleunigenden Spannung der wahre Energieverbrauch in der Röhre sich ergibt. Die Lumineszenzhelligkeit wurde bei all diesen Untersuchungen photometrisch durch Vergleich mit einer Lichtquelle bekannter Intensität ermittelt, in der SCHLEEDEschen Arbeit unter Verwendung eines Spektrophotometers, was aber für die wesentlich interessierende Größenordnung des gesuchten Ökonomiekoeffizienten keinen prinzipiellen

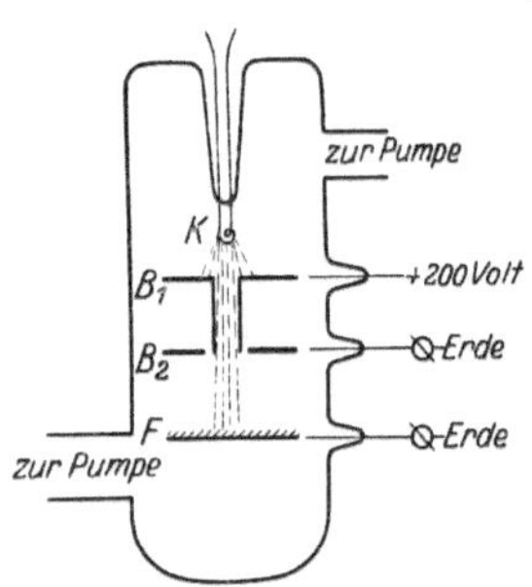

Abb. 7. Anordnung zur Messung des Nutzeffektes der Kathodolumineszenz von Phosphoren nach SCHLEEDE.

Unterschied macht. In Tabelle 1 sind die Ökonomiekoeffizienten für einige Phosphore zusammengestellt, und zwar sowohl in Energieprozenten als auch in Hefnerkerzen pro Watt. Zum Vergleich sind die entsprechenden Zahlen für eine Metallfadenglühlampe mit eingetragen. Wie man sieht, ist der Ökonomiekoeffizient für die Kathodolumineszenz relativ recht ungünstig, und die sog. PULUJsche Lampe (Abb. 8), in der ein mit BALMAINscher Leuchtfarbe bestrichener Schirm durch Kathodenstrahlen zur Lumineszenz erregt wird, ist — im Gegensatz zu den ebenfalls auf Elektrolumineszenz beruhenden Glimmlichtlampen — demnach durchaus keine wirtschaftliche Lichtquelle, wofür tatsächlich der Beweis schon von WIEDEMANN erbracht worden war. Das Hauptergebnis dieser Untersuchungen wird durch eine neue Arbeit aus dem Lenardschen Laboratorium von H. W. ERNST[1]) vollauf bestätigt: auch ERNST findet für kleine Kathodenstrahlgeschwindigkeiten sehr niedrige Ökonomiekoeffizienten, die allerdings mit wachsender Spannung zunächst merklich zunehmen, deren Maximalwert zwischen 1000 und 3000 Volt aber auch 3 bis 17 Energieprozent (je nach der Natur des untersuchten Phosphors) nicht übersteigt.

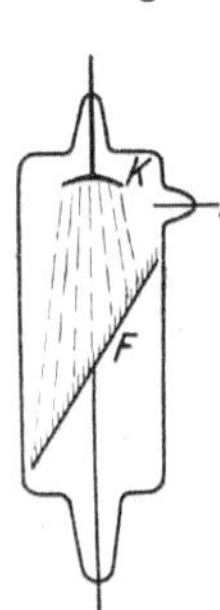

Abb. 8. PULUJsche Lampe.

Den Nutzeffekt der Lumineszenzerregung durch Kanalstrahlen hat RÜCHARDT[2]) untersucht, indem er in den Gang eines Kanalstrahlenbündels abwechselnd

Tabelle 1. Ökonomiekoeffizient der Kathodolumineszenz von Phosphoren.

		ZnSCu	MgSCe	SrSCaSBi	Wo-Fadenlampe
Ökonomie	in Energieprozent .	1,5	0,21	0,08	8
	Hefnerkerzen/Watt .	0,6	0,1	0,03	0,9

eine geeichte Thermosäule (T) oder den mit einem ZnS-Phosphor bedeckten Fluoreszenzschirm (F) brachte (vgl. die schematische Abb. 9); vorher passierten die Kanalstrahlen einen Kondensator (C), vermittels dessen die positiv oder

---

[1]) H. W. ERNST, Ann. d. Phy. Bd. 82, S. 1051. 1927.
[2]) E. RÜCHARDT, Ann. d. Phys. Bd. 45, S. 1067. 1914; Bd. 48, S. 838. 1915.

negativ geladenen Teilchen aus dem wirksamen Strahlenbündel abgelenkt werden konnten. Der diese ganze Anordnung enthaltende Beobachtungsraum stand nur durch den engen Kanal in der Kathode K mit dem eigentlichen Entladungsraum in Verbindung und wurde durch dauerndes Pumpen auf möglichst niedrigen Druck gebracht, während im Entladungsraum durch nachströmendes Gas der für die Entladung nötige Gasdruck aufrechterhalten wurde. Mit dieser Apparatur hat RÜCHARDT die Gültigkeit der oben für Kathodenstrahlen mitgeteilten Gleichung auch für Kanalstrahlen im Bereich von 3000 bis 14000 Volt nach-

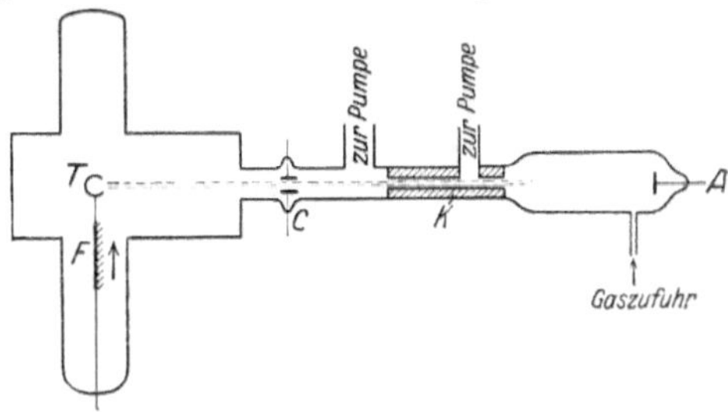

Abb. 9. Anordnung zur Messung des Nutzeffektes der durch Kanalstrahlen ausgelösten Fluoreszenz nach RÜCHARDT.

gewiesen, d. h. also wieder die Proportionalität zwischen Lichtintensität und dem Produkt aus Teilchenzahl und der Energie des einzelnen Teilchens vermindert um den Schwellenwert (Abb. 10 u. 11). Dabei ist in der Wirkung zwischen neutralen, positiv und negativ geladenen Teilchen kein Unterschied vorhanden.

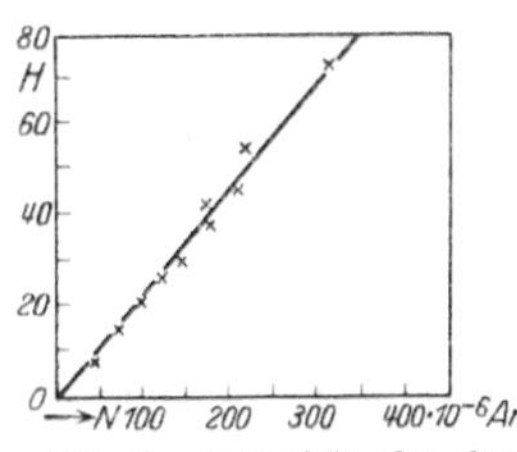

Abb. 10. Intensität der durch Kanalstrahlen ausgelösten Fluoreszenz als Funktion der Teilchenzahl (Stromstärke).

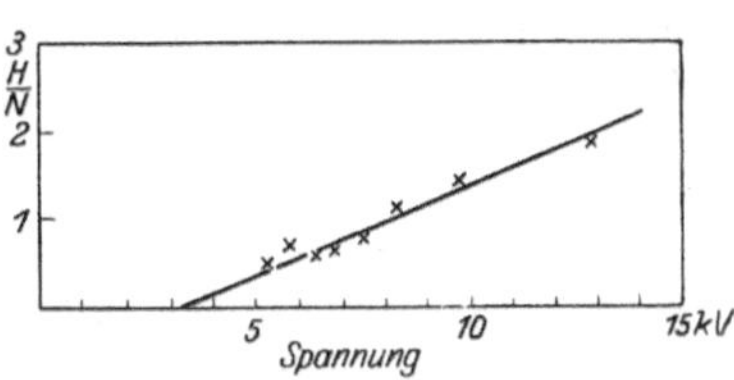

Abb. 11. Intensität der durch Kanalstrahlen ausgelösten Fluoreszenz als Funktion der Teilchenenergie (Spannung).

Die Lichtausbeute ist von derselben Größenordnung wie bei den Kathodenstrahlen, nämlich etwa 1%. Dagegen scheint hier der Nutzeffekt für sehr große Geschwindigkeiten nicht oder doch lange nicht in dem Maße abzunehmen wie bei der Kathodolumineszenz[1]). Denn auch noch bei Erregung mit α-Strahlen hat MARSDEN auf Grund kalorimetrischer Messungen, indem er die Wärmeentwicklung in einem mit Ra-Emanation und Zn-Sulfid gefüllten Rohre bestimmte, einmal wenn das Lumineszenzlicht austreten konnte, das andere Mal, wenn es in der Rohrwandung absorbiert wurde, den Nutzeffekt zu 1,5% berechnet[2]), während BERNDT durch Photometrierung einer technischen Leuchtfarbe, deren Radiumgehalt bekannt war, sogar einen Nutzeffekt von 15% fand[3]).

Wenn ein α-Teilchen im allgemeinen beim Auftreffen auf einen lumineszenten Körper nur einen kleinen Teil seiner Energie zur Lichterregung verbraucht, so läßt sich anderseits zeigen, daß durch ein einziges Teilchen eine große Zahl von Elementarprozessen angeregt werden kann: unter dem Mikroskop erscheinen nämlich die durch α-Strahlen hervorgerufenen Szintillationen nicht als helle Punkte, sondern — wenn der α-Strahl unter schrägem Winkel auf das leuchtfähige Präparat (z. B. Willemit) auffällt — als scharf begrenzte leuchtende Linien von etwa 0,02 mm Länge, was der auf anderem Wege zu ermittelnden Reichweite der Strahlen in der Substanz entspricht[4]). Diese Beobachtung ist vielleicht nicht

---

[1]) Das mag darin seinen Grund haben, daß die Absorbierbarkeit der Elektronenstrahlen mit wachsender Geschwindigkeit sehr viel mehr abnimmt als die der atomaren Korpuskularstrahlen.

[2]) E. MARSDEN, Proc. Roy. Soc. London (A). Bd. 83, S. 548. 1910.

[3]) G. BERNDT, Radioaktive Leuchtfarben. S. 102. Sammlung Vieweg. Braunschweig 1920.

[4]) H. HERZFINKEL u. L. WERTENSTEIN, Journ. de phys. et le Radium. Bd. 1, S. 146. 1920; H. GEIGER u. A. WERNER, ZS. f. Phys. Bd. 8, S. 191, 1922.

ganz vereinbar mit der oben mitgeteilten Hypothese, nach der die α-Strahlen-lumineszenz als eine Art von Tribolumineszenz anzusehen ist, es sei denn, daß man annehmen darf, das in den „Schußkanälen" erzeugte kurzwellige Licht werde in einer unmeßbar dünnen Kristallschicht absorbiert, so daß das leuchtende Volumen nur die Schußkanäle aufs engste umschließt.

Wirklich sehr nahe bei 100% scheint endlich der Ökonomiekoeffizient für manche Arten von Biolumineszenz zu liegen, etwa das Leuchten der Feuerfliege (Photinus pyralis) und zwar sowohl energetisch, weil der betreffende chemische Prozeß (Oxydation von Luziferin unter Mitwirkung eines als Luziferase bezeichneten Enzyms) fast ohne Wärmeentwicklung verläuft, als auch photometrisch infolge besonders günstiger Verteilung der Energie im Emissionsspektrum. Die absolute Helligkeit der Feuerfliege soll manchmal 0,01 Hefnerkerzen übersteigen, die meisten anderen Fälle von Biolumineszenz sind allerdings wesentlich lichtschwächer[1]).

11. Ermüdungserscheinungen. Ein mehr oder weniger rasches Nachlassen der Lumineszenzhelligkeit bei länger dauernder Erregung wird, abgesehen etwa von reinen einfachen Gasen, an fast allen leuchtfähigen Stoffen beobachtet; häufig ist diese „Ermüdung" von einer gleichzeitigen Verfärbung begleitet, die deutlich auf eine chemische Veränderung hinweist. Das gilt, um nur einige Beispiele zu erwähnen, für die meisten Farbstofflösungen, die durch intensive Belichtung ausgebleicht werden; für die früher viel verwandten Röntgenleuchtschirme aus Bariumplatinzyanür, die mit der Zeit einen bräunlichen Ton annehmen; für Zinksulfid, das allmählich geschwärzt wird, usf. In manchen Fällen regeneriert sich bei längerem Liegen die Leuchtfähigkeit von selbst wieder, zuweilen kann dieser Vorgang durch Erhitzen beschleunigt werden. Quantitativ untersucht sind die hier in Frage stehenden Veränderungen in den wenigsten Fällen, wo man der Frage aber nachgegangen ist, hat es sich bisher stets gezeigt, daß es sich nur um sekundäre Effekte handelt, die mit der Lumineszenzerregung selbst nichts zu tun haben, sondern nur eben durch die gleichen Bestrahlungsarten hervorgerufen werden können, die auch das Leuchten hervorrufen[2]); sehr häufig aber muß für die chemische Veränderung noch eine weitere Bedingung erfüllt sein, die für die Lumineszenz keinerlei Rolle spielt. So verschwindet das Ausbleichen einer wässerigen Fluoreszeinlösung vollständig, wenn aller Sauerstoff sorgfältig entfernt ist[3]); die Schwärzung des Zinksulfids scheint an die Anwesenheit von Wasserdampf oder vielleicht eher noch einer Wasserhaut auf dem Präparat gebunden[4]); die von Schleede und seinen Mitarbeitern auf ihren Ökonomiekoeffizienten untersuchten Phosphore zeigten nach vielstündiger Kathodenbestrahlung keine Spur von Ermüdung, wenn die ganze Apparatur gründlich entgast war; bei Anwesenheit von Restgasen dagegen ermüdeten sie schnell. Kompliziertere Verbindungen, wie etwa die aromatischen Stoffe, mögen wohl auch ohne Mitwirkung von Fremdgasen zersetzt werden und so ihr Leuchtvermögen verlieren oder verändern — es sei an das Auftreten der Goldsteinschen Hauptspektra an Stelle der Vorspektra erinnert, doch fehlen hier noch zuverlässige Angaben, da die einschlägigen Versuche stets in gasgefüllten Entladungsröhren ausgeführt worden sind. Bei Erregung mit Kanalstrahlen ist eine vollständige Entgasung prinzipiell ausgeschlossen; hier wird stets sehr starke Ermüdung

[1]) W. W. Coblentz, Carnegie Inst. Wash. Publ. Nr. 164; E. N. Harvey, Journ. Gen. Physiology 1918; F. Schröter, Naturwissensch. Bd. 12, S. 165. 1924; ZS. f. techn. Phys. Bd. 4, S. 162. 1923.
[2]) P. Pringsheim, ZS. f. Phys. Bd. 10, S. 176, 1922 u. Bd. 16, S. 71. 1923; P. Lenard, Ann. d. Phys. Bd. 68, S. 553. 1922.
[3]) F. Weigert, Nernstfestschrift. S. 465. 1912.
[4]) P. Lenard, a. a. O.; A. Schleede, ZS. f. phys. Chemie. Bd. 106, S. 386. 1923.

des Leuchtens beobachtet, RÜCHARDT fand an dem von ihm untersuchten SrBi-Sulfidphosphor in seiner Anordnung (es kommt natürlich auf Stromstärke und Spannung an) ein Herabsinken der Helligkeit auf 40% des Anfangswertes in 5 Sekunden. Er beobachtete darum bei der Bestimmung des Ökonomiekoeffizienten immer wieder frische Stellen seines Leuchtschirmes, die durch eine Verschiebungsvorrichtung sukzessive in den Strahlengang gebracht werden konnten (vgl. Abb. 9). Da er überdies feststellte, daß die ermüdende Wirkung (nicht aber die Lumineszenzerregung!) für die neutralen Teilchen viel größer war als für die geladenen, kann man wohl annehmen, daß es sich dabei nicht um eine Reaktion mit dem Füllgas, sondern um einen durch die auffallenden Kanalstrahlteilchen direkt ausgelösten Effekt handelt. Ein solcher ist beim Auftreffen von Kanalstrahlen schon darum mit großer Wahrscheinlichkeit zu erwarten, weil durch sie, wie schon das Auftreten von Linienlumineszenz beweist, der Phosphor tatsächlich zerstört wird.

12. Technische Anwendungsmöglichkeiten. Die bei weitem wichtigste Anwendung der Lumineszenz in der physikalisch-experimentellen Technik beruht auf der Möglichkeit, mit ihrer Hilfe die Auftreffstellen von ultravioletter Strahlung sowie von Kathoden-, Kanal- und Röntgenstrahlen für das Auge sichtbar zu machen; die diesem Zwecke dienenden „Fluoreszenzschirme" können prinzipiell aus jedem stark fluoreszierenden Material ausgeführt sein, das man je nach den besonderen Bedingungen derart wählen wird, daß gerade die zu untersuchende Strahlungsart in ihr Erregungsgebiet fällt. An Stelle der früher sehr verbreiteten relativ teuren Bariumplatinzyanürschirme werden für das Ultraviolett meist pulverförmige Lenardphosphore (ZnS, CaS mit verschiedenen aktivierenden Metallen) gebraucht, die mit Hilfe eines Bindemittels flächenförmig auf einer festen Unterlage ausgebreitet sind. Die meisten Ultraviolettspektrographen sind mit Uranglasmattscheiben versehen, auf denen die einzelnen Spektrallinien sich als schmale leuchtende Streifen abheben; zum gleichen Zweck empfiehlt W. STEUBING als besonders vorteilhaft dünne Gelatineschichten, die auf der Vorderfläche mit Uranylfluorid-Fluorammonium bestäubt sind[1]). Für Röntgenstrahlleuchtschirme endlich ist wegen des vollständigen Fehlens jeden Nachleuchtens bei intensiver Fluoreszenzhelligkeit das ganz reine Kalziumwolframat allen anderen lumineszierenden Substanzen überlegen, während anderseits LENARD für die Beobachtung von Kathodenstrahlen das mehrfach erwähnte Keton (Pentaketylparatolylketon) bevorzugt, besonders auch wegen seiner völligen Unempfindlichkeit gegen etwa gleichzeitig im Entladungsrohr auftretende Röntgenstrahlen [„Wellenstrahlen"][2]).

Mehr zu Demonstrationen als zu Messungen im ultraroten Spektralgebiet läßt sich die Fähigkeit langwelliger Strahlen verwenden, die Phosphoreszenz mancher Phosphore auszulöschen: man beleuchtet erst die Phosphorfläche mit erregendem Licht und entwirft dann das zu untersuchende Spektrum auf dieselbe; dann treten sehr bald die Stellen, auf welchen langwellige Linien oder Banden zu liegen kommen, dunkel auf hellem Grunde hervor. Auch zur photographischen Festlegung ultravioletter Strahlen, die so kurzwellig sind, daß sie in die Bromsilbergelatineschicht nicht eindringen und daher auf gewöhnlichen Platten keine Schwärzung hervorrufen können, läßt sich ihre fluoreszenzerregende Wirkung verwenden. Statt nämlich, wie das in der Regel geschieht, unter diesen Umständen sich der relativ schwer zu behandelnden gelatinearmen „Schumannplatten" zu bedienen, bedeckt man die normalen Platten mit einer ganz dünnen

---

[1]) W. STEUBING, Phys. ZS. Bd. 26, S. 329. 1925.
[2]) P. LENARD, Quantitatives über Kathodenstrahlen. S. 84. 1918.

Schicht eines fluoreszierenden Öles [Maschinenöl, Paraffinöl u. dgl.][1]); das durch die auffallende kurzwellige Strahlung ausgelöste Fluoreszenzlicht schwärzt die Platte an den Stellen der ultravioletten Linien im untersuchten Spektrum.

Sonstige technische Anwendungsgebiete der Photolumineszenzerscheinungen sind nur in geringer Zahl vorhanden. „Fluoreszenzmikroskope" sind von verschiedener Seite[2]) vorgeschlagen und auch von mehreren Firmen konstruiert worden. Es handelt sich dabei um einen Ersatz für das Prinzip der Dunkelfeldbeleuchtung, indem fluoreszenzfähige Präparate, mit ultravioletten Strahlen (meist durch „Filterultraviolett") erregt, unter dem Mikroskop in ihrem Eigenlichte sichtbar werden. Es braucht dabei lediglich die Kondensorlinse eines gewöhnlichen Mikroskops zur Beleuchtung des Präparates durch einen auf der Vorderfläche versilberten Hohlspiegel ersetzt zu werden. Da fast alle organischen Substanzen fluoreszieren, mag die Methode einige Anwendungsmöglichkeiten besitzen; es lassen sich sogar infolge der verschiedenen Fluoreszenzfarben ungleiche Bestandteile eines Präparates — etwa verschiedene Mikrobenarten oder gesunde und kranke Partien eines Gewebes — voneinander unterscheiden, ebenso kann man auch die inhomogene Verteilung der färbenden Zusätze in natürlichen Mineralien erkennen.

Schon von Stokes ist die Fluoreszenz verdünnter Farbstofflösungen zur Sichtbarmachung des Strahlenganges bei optischen Demonstrationsversuchen empfohlen worden. Wegen der außerordentlich großen Empfindlichkeit des Nachweises von Fluoreszenz selbst bei größter Verdünnung eines Farbstoffes, bei der eine Färbung im durchfallenden Licht nicht im entferntesten mehr zu erkennen ist, hat man solche fluoreszierende Farbstoffe gelegentlich zum Nachweis unterirdischer Wasserläufe verwandt.

Die Kathodolumineszenz dient in den Braunschen Röhren zur Veranschaulichung des Verlaufs von Wechselstromkurven: der Querschnitt durch ein mittels geeigneter Blenden eng begrenztes Kathodenstrahlbündel erscheint auf einem senkrecht zur Strahlrichtung stehenden Fluoreszenzschirm als leuchtender Punkt; wird der Strahl an einer Stelle seiner Bahn durch ein elektrostatisches oder magnetisches Wechselfeld aus der normalen Richtung abgelenkt, so wird der Punkt in eine Gerade auseinandergezogen, deren Länge im ersten Falle der maximalen elektrischen Spannung, im zweiten der magnetischen Feldstärke, also der elektrischen Stromstärke proportional ist. Treten beide Wirkungen gleichzeitig in Aktion, derartig, daß die Ablenkungsrichtungen unter rechten Winkeln zueinander liegen, so superponieren sie sich, und je nach der Phasenverschiebung zwischen Stromstärke und Spannung nimmt die leuchtende Linie die Form einer unter einem Winkel von 45° verlaufenden Geraden, einer Ellipse oder eines Kreises an.

Schließlich sei noch als wichtige experimentelle Anwendung der α-Strahlenlumineszenz die Szintillationsmethode zur Zählung der α-Strahlen erwähnt, an die sich in neuester Zeit die gleiche Beobachtungmethode zum Nachweis der bei der Atomzertrümmerung ausgeschleuderten Protonen anschließt: durch die Intensität der einzelnen Lichtpunkte lassen sich die von α-Teilchen oder Protonen herrührenden Szintillationen sicher unterscheiden. Sehr viel größere praktische Bedeutung hat jedoch die α-Strahlenlumineszenz durch die Her-

---

[1]) Vgl. z. B. E. v. Angerer, Technische Handgriffe bei physikalischen Untersuchungen. Sammlung Vieweg Heft 71; wegen quantitativer Angaben über die Brauchbarkeit verschiedener Öle zur Ultraviolettsensibilisierung s. G. R. Harrison, Journ. Opt. Soc. Amer., Bd. 11, S. 113. 1925.
[2]) Zuerst wohl von K. Reichert, Phys. ZS. Bd. 12, S. 1010. 1911; vgl. auch F. Jentzsch, ZS. f. Unterr. Bd. 22, S. 181. 1919.

stellung technischer Leuchtfarben gewonnen, deren Verwendungsmöglichkeiten im einzeln aufzuzählen sich in diesem Zusammenhang erübrigt. Diese Leuchtfarben bestehen fast ausschließlich aus Zinksulfidphosphoren, denen eine geringe Menge (etwa $0,1^0/_{00}$ Ra) eines α-strahlenden radioaktiven Salzes beigemischt ist. Damit die Farbe ihre Leuchtfähigkeit nicht schnell verliert, muß der radioaktive Zusatz eine große Lebensdauer besitzen, und in dieser Hinsicht kommt unter den kräftigen α-Strahlen allein das Radium selbst in Betracht (Halbwertsdauer 1733 Jahre); wegen seines relativ hohen Preises verwendet man statt dessen häufig Mesothor (Halbwertsdauer 7,9 Jahre), das selbst zwar nur β-Strahlen aussendet, sich jedoch mit der Zeit mit seinem kurzlebigeren α-strahlenden Abkömmling Radiothor (Halbwertsdauer 2 Jahre) in Gleichgewicht setzt und so über einen Zeitraum von 10 Jahren eine nur um etwa 25% abnehmende α-Strahlenemission liefert. Diese geringe Inkonstanz ist darum ohne jede Bedeutung, weil infolge der in der vorangehenden Ziffer besprochenen „Ermüdungsprozesse" der Phosphor selbst sein Leuchtvermögen innerhalb viel kürzerer Frist einbüßt. Die hieraus folgende Helligkeitsabnahme ist desto größer, je stärker das der Farbe zugesetzte radioaktive Präparat und je größer also ihre Anfangshelligkeit ist. Bei starken Leuchtfarben (0,2 mg Ra pro g ZnS) scheint ein Intensitätsverlust von 50% im Jahre durchaus normal, bei einer schwächeren von etwa 0,05 mg Ra pro g ZnS beträgt der Abfall in derselben Zeit nur 17%, bei einer sehr schwachen (0,001 mg Ra pro g ZnS) sogar weniger als 1%[1]).

---

[1]) Genaueres hierüber siehe bei G. BERNDT, Radioaktive Leuchtfarben. Sammlung Vieweg, Braunschweig 1920.

Kapitel 10

Röntgenstrahlen.

Von

Hermann Behnken, Charlottenburg.

Mit 18 Abbildungen.

a) Zugänglicher Spektralbereich.

1. In Luft von Atmosphärendruck. Unter „Röntgenstrahlen" verstehen wir solche elektromagnetischen Strahlen, die beim Aufprallen von mit kinetischer Energie begabten Elektronen (Kathodenstrahlen) auf materielle Atome entstehen. Rein theoretisch angesehen können auf solche Weise elektromagnetische Strahlen aller Wellenlängen entstehen, von den kurzwelligsten γ-Strahlen angefangen bis zu den längsten Wellen der Elektrotechnik. Praktisch aber beschränkt sich die Erzeugung durch Kathodenstrahlbremsung auf ein bestimmtes zwischen den ultravioletten und den γ-Strahlen liegendes Spektralgebiet, da außerhalb dieses Gebietes andere Erzeugungsmethoden sich als rationeller erweisen. Doch überschneidet sich das Gebiet der Röntgenstrahlen am kurzwelligen Ende etwas mit dem der γ-Strahlen[1]) und am langwelligen Ende mit dem der ultravioletten Strahlen[2]).

Die Entstehung der Röntgenstrahlen wird in erster Linie beherrscht durch das Gesetz von Duane und Hunt[3]), welches eine Beziehung zwischen der Energie der erzeugenden Kathodenstrahlen und der kürzesten entstehenden Wellenlänge liefert. In praktischer Form lautet das Gesetz:

$$V \cdot \lambda = 12{,}35 \, ,$$

wo V die von den Kathodenstrahlen frei durchlaufene Spannung, also die Spannung am Röntgenrohr, in Kilovolt und λ die Wellenlänge der Röntgenstrahlen in Å (10^{-8} cm) bedeutet (vgl. darüber auch Bd. XVII ds. Handb., Kap. 3, über Röntgentechnik, Ziff. 8). Die nach diesem Gesetz berechnete Minimalwellenlänge ist in dem erzeugten Spektrum mit unendlich kleiner Energie vertreten. Nach längeren Wellen hin nimmt die Energie zunächst ziemlich rasch zu, um nach dem Durchgange durch ein Maximum weniger steil wieder abzufallen und asymptotisch dem Werte Null zuzustreben[4]). Die kurzwellige Grenze des praktisch zugänglichen Röntgenstrahlengebietes ist dadurch gegeben, daß es bislang große Schwierigkeiten macht, Röntgenröhren mit mehr als etwa 250 kV zu

[1]) F. Dessauer u. E. Back, Verh. d. D. Phys. Ges. Bd. 21, S. 168. 1919.
[2]) A. Dauvillier, C. R. Bd. 182, S. 1083. 1926; Bd. 183, S. 193 u. 656. 1926.
[3]) W. Duane u. F. L. Hunt, Phys. Rev. Bd. 6, S. 167. 1915.
[4]) C. F. Ulrey, Phys. Rev. Bd. 11, S. 401. 1918.

betreiben, was einer Wellenlänge von ungefähr 0,05 Å entspricht[1]). DESSAUER und BACK geben als Ergebnis einer spektrometrischen Messung 0,057 Å an. Die technischen Röntgenröhren für Therapiezwecke vertragen Dauerbeanspruchungen bis zu etwa 210 kV, ergeben also Grenzwellenlängen von etwa 0,06 Å. Nach der langwelligen Seite hin ist der zugängliche Bereich der Röntgenstrahlen infolge ihrer immer mehr zunehmenden Absorbierbarkeit begrenzt. Die Glaswand einer technischen Röntgenröhre läßt Strahlen über 1,2 Å. kaum noch hindurch. Will man langwelligere Strahlung aus der Röhre herausbekommen, so muß man ein Fenster aus besonders durchlässigem, also leichtatomigem Material anbringen (vgl. Bd. XVII ds. Handb., Kap. 3, Ziff. 8).

2. Bei vermindertem Druck. Wählt man als Fenstermaterial z. B. Goldschlägerhaut, welche als rein organischer Stoff von sehr geringer Dicke ein sehr geringes Absorptionsvermögen für Röntgenstrahlen besitzt, so gelangen noch Strahlen bis zu etwa 15 Å aus der Röhre heraus. Hierbei ist aber zu beachten, daß diese langwelligen Strahlen in Luft von Atmosphärendruck bereits stark absorbiert werden, so daß man z. B. für Wellenlängenmessungen im Bereiche von etwa 3 bis 15 Å einen Vakuumspektrographen benötigt, der mit Hilfe der Vorpumpe, die man für die Evakuierung der Röntgenröhre ohnedies braucht, bis auf einige Millimeter Quecksilberdruck evakuiert ist. Will man noch weiter ins langwellige Gebiet vordringen, so bedarf es eines Hochvakuumspektrographen, welcher ein Fenster zwischen Röhre und Spektrometer ganz vermeidet[2]). Mit diesem sind Messungen bis zu etwa 23 Å gelungen. DAUVILLIER[3]) gibt an, daß er mit einem Hochvakuumspektrographen besonderer Art unter Verwendung eines Spektrometerkristalles von auf Blei niedergeschlagener Melissinsäure sogar bis etwa 150 Å habe messen können. Darüber hinaus jedoch sind direkte Wellenlängenmessungen nicht mehr gelungen. Man kann aber auf photoelektrischem Wege im Innern einer Röntgenröhre Röntgenstrahlen noch nachweisen bis herab zu Erzeugungsspannungen von erheblich unter 100 Volt[4]). Es ist also nicht daran zu zweifeln, daß ein kontinuierlicher Übergang von den γ-Strahlen über die Röntgenstrahlen zu den ultravioletten Strahlen existiert, wenn auch die experimentelle Beherrschung des ganzen Gebietes einstweilen noch mancherlei Schwierigkeiten bereitet.

b) Allgemeine Gesichtspunkte für die Konstruktion von Röntgenröhren.

3. Entstehung von Röntgenstrahlen. Alle Röntgenröhren, gleichviel wie sie sonst eingerichtet sein mögen, müssen zwei Bestandteile besitzen, ohne die die Röntgenstrahlerzeugung nicht möglich ist, nämlich eine Kathode als Quelle von freien Elektronen und eine Antikathode, die von der Kathode isoliert ist und von der die von der Kathode emittierten und durch eine an die Röhre angelegte Spannung beschleunigten Elektronen aufgefangen und gebremst werden. Als Antikathode kann, wie bei den ersten Versuchen RÖNTGENS[5]), zur Not die Glaswand der Röhre selbst dienen, wie sich fast an jedem Entladungsrohr, das man genügend weit evakuiert, demonstrieren läßt. Zur rationellen Strahlen-

[1]) F. DESSAUER u. E. BACK, Verh. d. D. Phys. Ges. Bd. 21, S. 168. 1919.
[2]) R. THORAEUS u. M. SIEGBAHN, Ark. f. Mat., Astron. och Fys. Bd. 18, Nr. 24. 1924.
[3]) A. DAUVILLIER, C. R. Bd. 182, S. 1083; Bd. 183, S. 193 u. 656. 1926.
[4]) H. DEMBER, Verh. d. D. Phys. Ges. Bd. 15, S. 560. 1913; vgl. auch M. SIEGBAHN, Die Spektroskopie der Röntgenstrahlen. S. 221ff. Berlin 1924; O. W. RICHARDSON u. F. C. CHALKLIN, Proc. Roy. Soc. London (A) Bd. 110, S. 247. 1926.
[5]) W. C. RÖNTGEN, Würzb. Ber. 1895, S. 137. Abgedruckt in Ann. d. Phys. Bd. 64, S. 1. 1898.

erzeugung jedoch bedarf es einer metallenen Antikathode, die dann zugleich als Anode zur Zuführung der positiven Spannung dienen kann. Durch den Aufprall der Elektronen entstehen in der Antikathode Röntgenstrahlen von zweierlei Art, nämlich erstens die Bremsstrahlen im engeren Sinne, die ein kontinuierliches Spektrum bilden, und zweitens die für das Antikathodenmaterial charakteristischen Strahlen in Gestalt eines meist ziemlich einfachen Linienspektrums. Die Energieverteilung des kontinuierlichen Spektrums läßt sich aus der an der Röhre liegenden Spannung annähernd berechnen. Für niedrigere Spannungen — die Messungen wurden bis zu 12 kV aufwärts durchgeführt — gilt nach KULENKAMPFF[1]) die einfache Formel:

$$I_\nu = C \cdot Z \cdot (\nu_0 - \nu) + Z \cdot b.$$

Hier bedeutet I_ν die Intensität für die Frequenz ν, C eine Konstante, $b = 2{,}5 \cdot 10^{15}$ sec^{-1}, ν_0 die aus dem DUANE-HUNTschen Gesetz folgende Höchstfrequenz und Z die Atomnummer des Antikathodenmaterials. Aus Messungen von WEBSTER und HENNINGS[2]) geht hervor, daß bis zu Röhrenspannungen von 60 kV die Formel gilt:

$$I_\nu = C \cdot Z \cdot (\nu_0 - \nu).$$

Dagegen fanden GLOCKER und KAUPP[3]) durch Messungen bis zu 160 kV die folgende Formel, die sie aus einer von BEHNKEN[4]) angegebenen komplizierteren Formel durch Beschränkung auf kurzwellige Strahlen von $\lambda < 0{,}16$ Å ableiteten, bestätigt:

$$I_\lambda = I_\nu \cdot \nu^2/c = \text{konst.} (\nu_0 - \nu). \qquad (c = \text{Lichtgeschw.})$$

Über die Theorie des kontinuierlichen Spektrums findet man Näheres in Bd. XXII ds. Handb., Kap. 4, Ziff. 21 ff. Für die Praxis genügen meist folgende Regeln: 1. Die Grenzwellenlänge folgt dem DUANE-HUNTschen Gesetz: $V \cdot \lambda = 12{,}35$. 2. Die Maximalintensität liegt bei einer beträchtlich größeren von der Filterung abhängigen Wellenlänge. 3. Die gesamte über alle Wellenlängen summierte Intensität steigt proportional mit dem Röhrenstrom, proportional mit dem Quadrat der Röhrenspannung und proportional mit der Atomnummer des Antikathodenmaterials.

Die Intensität des kontinuierlichen Spektrums ist weiterhin vom Azimut gegen die Richtung des erzeugenden Kathodenstrahles in geringem Maße abhängig in der Weise, daß unter 60° ein Maximum zu beobachten ist, das aber infolge der Absorption in der Antikathode selbst meist wenig ausgeprägt ist. Ferner ist die Strahlung teilweise polarisiert in dem Sinne, daß der elektrische Vektor parallel zur Kathodenstrahlrichtung bevorzugt ist. Der Wirkungsgrad, mit welchem die Kathodenstrahlenenergie in Röntgenstrahlenenergie umgesetzt wird, ist sehr gering, und nur von der Größenordnung 10^{-3}. Er steigt jedoch mit der Röhrenspannung und mit der Atomnummer des Antikathodenmaterials.

Wie schon erwähnt wurde, ist das kontinuierliche Spektrum stets von dem charakteristischen Spektrum des Antikathodenmaterials überlagert. Ist das Antikathodenmaterial ein einfacher Stoff, so besteht das charakteristische Spektrum stets nur aus wenigen Linien, die in Serien, welche als K-, L-, M- usw. Serie bezeichnet werden, angeordnet sind, und deren ungefähre Wellenlängen

---

[1]) H. KULENKAMPFF, Ann. d. Phys. Bd. 69, S. 548. 1922.
[2]) D. L. WEBSTER u. A. E. HENNINGS, Phys. Rev. Bd. 21, S. 312. 1923; vgl. hierzu Bd. XXIII ds. Handb., Kap. 4, von H. KULENKAMPFF über das kontinuierliche Röntgenspektrum (Ziff. 20).
[3]) R. GLOCKER u. E. KAUPP, ZS. f. techn. Phys. Bd. 7, S. 434. 1926.
[4]) H. BEHNKEN, ZS. f. Phys. Bd. 4, S. 241. 1921; ZS. f. techn. Phys. Bd. 2 S. 153. 1921.

sich aus der Atomnummer überschlagsweise berechnen läßt. So gilt z. B. in dem bei gläsernen Röntgenröhren ohne Fenster in Betracht kommenden Spektralgebiet, bei welchen nur die Linien der K-Serie von Bedeutung sind, folgende Faustformel:

$$(Z - 1)^2 \cdot \lambda = 1000.$$

Im übrigen fehlt es nicht an Tabellen über Röntgenwellenlängen[1]). Zur Erregung der charakteristischen Strahlung eines Elementes ist eine bestimmte Mindestspannung erforderlich, welche aus dem DUANE-HUNTschen Gesetz zu berechnen ist, indem man die Wellenlänge der entsprechenden Absorptionskante in das Gesetz einsetzt. Um aber Intensitäten zu bekommen, die sich beträchtlich über den kontinuierlichen Untergrund erheben, ist die Spannung mindestens auf den doppelten Betrag der Anregungsspannung zu steigern.

Als Material für Röntgenröhren kommt in erster Linie das Glas in Frage, weil Glaskörper sich leicht evakuieren lassen, und weil auf diese Weise eine genügende Isolation der Elektroden gegeneinander ohne besondere Mittel erreicht wird. Auch Quarzglas ist vortrefflich geeignet, aber teurer und nur im Sauerstoffgebläse zu bearbeiten. Für viele Zwecke, besonders wenn die Röhren öfters geöffnet werden müssen, bieten metallene Röhrenkörper unter Verwendung von Glas- oder Porzellanionisatoren große Vorteile. Doch lassen sich solche Röhren meist nicht von der Luftpumpe abnehmen, sondern müssen während des Betriebes weiter gepumpt werden. Beispiele sind weiter unten beschrieben.

4. Ionenröhren und Elektronenröhren. Die zur Röntgenstrahlenerzeugung nötigen Kathodenstrahlen lassen sich auf zweierlei Weise herstellen. Die „klassische" Methode ist die Gasentladung unter vermindertem Druck, bei welcher die Kathodenstrahlen die meist hohlspiegelförmige Aluminiumkathode senkrecht zu deren Oberfläche verlassen und sich in dem sog. Brennfleck auf der Antikathode vereinigen. Als Kathodenmaterial wählt man möglichst reines Aluminium, da dieses geringe Zerstäubung zeigt. Nach dieser Methode hergestellte Röhren nennt man Ionenröhren. Ihre Betriebsspannung ist durch den in ihnen herrschenden Gasdruck bestimmt und durch diesen zu regulieren. Ein besseres Regulieren und Konstanterhalten der Betriebsbedingungen, insbesondere der Spannung, ermöglichen die nach dem Prinzip der Wehnelt- oder Coolidgekathode arbeitenden „Elektronenröhren". Als Glühkathodenmaterial wird dabei meist Wolframdraht, evtl. mit einem Überzug von Thoriumoxyd zur Steigerung der Elektronenemission, verwendet. Die schon bei dunkler Rotglut emittierenden Thoriumfäden an Stelle der gewöhnlichen Wolframfäden sind besonders dann erforderlich, wenn es darauf ankommt, das von der Glühkathode ausgehende Licht zu vermeiden, also z. B. bei Arbeiten mit so weichen Strahlen, daß ein die Lichtstrahlen zurückhaltendes Fenster unzulässig ist. Es ist aber zu beachten, daß Glühkathodenröhren die Linien des Wolframs und evtl. des Thoriums emittieren, was für manche Zwecke, z. B. Kristalluntersuchungen, störend sein kann. Die indirektere und daher umständlichere Methode der Kathodenstrahlerzeugung von LILIENFELD[2]), nach welcher die von einer Glühkathode ausgehenden Elektronen zunächst auf eine Zwischenkathode auftreffen und erst in dieser die eigentlichen Kathodenstrahlen auslösen, hat heute wohl nur noch historische Bedeutung (vgl. auch Bd. XVII ds. Handb., Kap. 3, Ziff. 7ff.),

---

[1]) Zum Beispiel LANDOLT-BÖRNSTEIN, **Physikalisch-Chemische Tabellen,** 5. u. folg. Aufl. u. Ergänzungs-Bd.

[2]) J. E. LILIENFELD, **Fortschr.** a. d. Geb. d. Röntgenstr. Bd. 18, S. 256. 1912.

c) Die technischen Röntgenröhren.

5. Medizinische Röntgenröhren. Die im Handel erhältlichen Röntgenröhren für medizinische Zwecke sind im Bd. XVII ds. Handb., Kap. 3, Ziff. 6 bis 18, ausführlicher behandelt. Sie werden im physikalischen Laboratorium mit Vorteil angewendet, wenn es sich darum handelt, über ein Spektralgebiet zwischen 0,06 und 1,0 Å zu verfügen. Sie werden sowohl als Ionenröhren wie als Elektronenröhren (Coolidgeröhren) fabriziert. Die Ionenröhren besitzen meist Platinantikathoden, können also außer dem kontinuierlichen Spektrum auch das Linienspektrum des Platins, vornehmlich dessen K-Serie von 0,16 bis 0,19 Å liefern. Die L-Serie von 0,89 bis 1,54 Å wird in der Glaswand bereits erheblich absorbiert und besitzt daher außerhalb der Röhre nur geringe Intensität. Die Coolidgeröhren haben fast stets Wolframantikathoden, deren K-Linien bei 0,18 bis 0,21 Å liegen, oder aber Molybdänantikathoden mit einem Linienspektrum zwischen 0,61 und 0,71 Å. Die Vorteile der technischen Röntgenröhren bestehen in ihrer einfachen Handhabung sowie ihrer großen Betriebssicherheit und Konstanz. Als Nachteile sind zu nennen außer der Unmöglichkeit, Veränderungen am Rohr vorzunehmen, die besonders für Coolidgeröhren sehr hohen Preise. Auch wird die Reparatur beschädigter Röntgenröhren, bei denen z. B. die Glaswand durchschlagen oder die Glühkathode durchschmolzen ist, von den Firmen meist als nicht lohnend abgelehnt, da der hohe Preis der Röhren nicht durch das Material, sondern durch den großen Ausschuß beim Auspumpen bedingt ist. Die Belastbarkeit und Leistungsfähigkeit der technischen Röhren ist je nach der Art der Röhren sehr verschieden. Diagnostikröhren, die für Spannungen bis zu etwa 70 kV vorgesehen werden, vertragen Dauerbelastungen bis etwa zu 10 mA und Momentanbelastungen bis zu 150 mA, sog. Hochleistungstherapieröhren mit Strahlungskühlung Dauerbelastungen bis zu 8 mA bei 200 kV. Die Multixröntgenröhre der Phönix-Röntgenröhrenfabriken A.-G., Rudolstadt, deren Antikathode mit fließendem Wasser nach Art eines Automobilkühlers gekühlt wird, erlaubt angeblich Dauerbelastungen von 20 bis 30 mA bei Spannungen bis zu 250 kV.

Erwähnt sei noch, daß auf Veranlassung des zur Zeit in Amerika ansässigen Arztes Bucky von der Firma C. H. F. Müller in Hamburg neuerdings kleine Coolidgeröhren mit einem Fenster aus Lindemannglas für eine Betriebsspannung von nur 10 kV hergestellt werden[1]). Die emittierende Antikathodenfläche ist bei diesen Röhren, die nur für therapeutische Bestrahlungen gedacht sind, sehr groß und liegt auf der Innenseite eines nach dem Fenster zu geöffneten Hohlkegels. Die Röhren sind also nur dann mit Vorteil zu verwenden, wenn ein größeres Bestrahlungsfeld gebraucht wird, nicht aber z. B. für spektrometrische Zwecke.

d) Röhren für physikalische Zwecke.

6. Einfachste Form von Röntgenröhren. Für einfache Demonstrationen z. B. der Fluoreszenz oder der Ionisation durch Röntgenstrahlen genügt eine einfache Röhre der in der Abb. 1 schematisch dargestellten Form.

In einen Glaskolben von 10 bis 20 cm Durchmesser sind mit Hilfe von drei Ansatzröhren der Anodenstift A, die hohlspiegelförmige Kathode K und die Antikathode AK eingesetzt. A und K bestehen aus Aluminium,

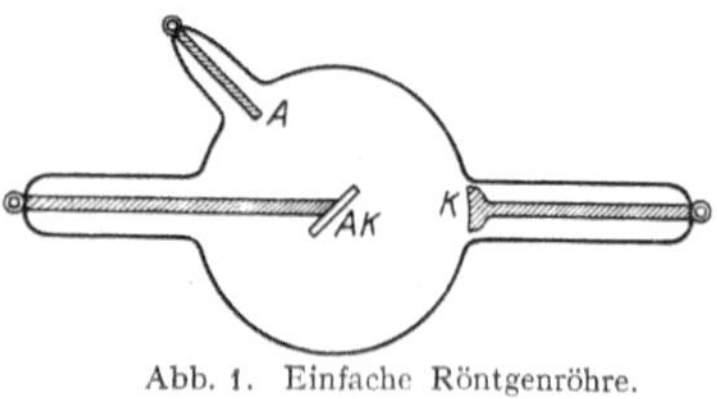

Abb. 1. Einfache Röntgenröhre.

---

[1]) Anm. b. d. Korr.: Inzwischen werden auch von anderen Firmen derartige Röhren angefertigt.

während AK ein Platinblech ist. Die Röhre wird auf einige tausendstel Millimeter Quecksilberdruck evakuiert, am besten unter Belastung mit einem Induktorium von einigen Zentimetern Schlagweite, wobei die Antikathode zeitweilig in schwache Glut gerät. Die Wasserhaut an der Innenwand der Röhre ist durch Befächeln des Glaskolbens mit einer Bunsenflamme während des Pumpens zu entfernen. Während des Auspumpens darf die Antikathode nicht mit angeschlossen werden, weil diese sonst, solange noch kein genügendes Vakuum erreicht ist, infolge des sog. Schließungsimpulses des Induktors stark zerstäuben würde. Sobald die Röhre den gewünschten Härtegrad erreicht hat, kann sie von der Pumpe abgeschmolzen werden. Man hüte sich aber bei späterem Gebrauche, die Röhre längere Zeit mit mehr als etwa $^1/_2$ bis 1 mA zu belasten, da sonst die Gefahr der Gasabgabe aus den Metallteilen entsteht, die ein erneutes Auspumpen nötig machen würde. Nach längerem Betriebe pflegen solche einfachen Röhren infolge der Entstehung des sog. Pseudohochvakuums[1]) meist hart zu werden und sind dann am besten durch neue zu ersetzen, da ein „Regenerieren" durch Einfüllen neuen Gases nur sehr vorübergehend Abhilfe schafft.

7. Mittel zur Steigerung der Strahlenintensität. Elektrodenkühlung. Um eine möglichst große Strahlenintensität zu gewinnen, muß man die Röhren so einrichten, daß sie sowohl in bezug auf den hindurchgehenden Strom als auch auf die angelegte Spannung eine möglichst große Belastung vertragen. Auch wird man durch Anwendung eines hochatomigen Antikathodenmaterials den Wirkungsgrad möglichst günstig zu gestalten suchen. Weiter ist es von Wichtigkeit, daß das zu bestrahlende Objekt so nahe wie möglich an die Antikathode herangebracht werden kann wegen des quadratischen Ausbreitungsgesetzes. Infolge des stets sehr geringen Wirkungsgrades der Röntgenröhren wird die zugeführte Leistung so gut wie völlig in der Antikathode in Wärme umgesetzt, und es ergibt sich daher die Notwendigkeit, die Antikathode so intensiv wie möglich zu kühlen. Bis zu einem gewissen Grade ist dies dadurch möglich, daß man ihr zur Erzielung einer großen Wärmekapazität eine große Masse gibt. Auch lassen sich an dem aus der Röhre herausgeführten Teil Kühlrippen anbringen. Beispiele für solche Konstruktionen finden sich in dem Abschnitte über technische Röntgenröhren in Bd. XVII ds. Handb., Kap. 3, Ziff. 10, beschrieben. Weit wirksamer aber ist

die Kühlung durch Wasser, die entweder als Siedekühlung, die sich ebenfalls bei technischen Röhren vorfindet, oder aber besser durch einen dauernd fließenden Wasserstrom vorgenommen wird. Zu diesem Zwecke gibt man der Antikathode eine Form der in Abb. 2 dargestellten Art.

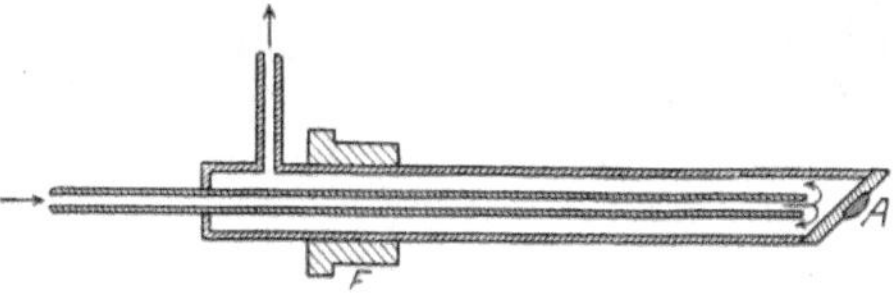
Abb. 2. Antikathode für Kühlung durch fließendes Wasser.

Die Antikathode wird aus Kupfer oder Messing hergestellt. Bei A ist ein Scheibchen aus Wolfram oder Platin stramm eingepaßt. Der bei F aufgelötete Flansch dient zum Einkitten in den Glaskörper der Röhre mit Pizein. Wenn sich die Anordnung so treffen läßt, daß die Antikathode beim Betriebe geerdet werden kann, so schließt man sie am besten direkt an die Wasserleitung an. Ist es aber nötig, die Antikathode an Hochspannung zu legen, so ist eine direkte Kühlung durch die Wasserleitung nur dadurch möglich, daß man die Kühlleitung erstens aus einem isolierenden Material, z. B. Glasröhren oder Gummischlauch, herstellt und ihr außerdem eine beträchtliche Länge gibt, damit der durch das Kühlwasser entstehende Erdschluß nicht zu stark wird. Der elektrische Widerstand des

---

[1]) Vgl. Bd. XVII ds. Handb., Kap. 3, Ziff. 11.

üblichen Leitungswassers ist meist erstaunlich groß. Z. B. ist der Erdstrom durch eine 6 m lange Kühlleitung von etwa 0,3 cm² Querschnitt bei 30 kV nur von der Größenordnung von 10 mA. Will man den Erdschluß vermeiden, so muß man die Antikathode entweder aus einem isolierten Hochbehälter in ein ebenfalls isoliert aufgestelltes Abflußgefäß speisen oder aber, wie bei der in Ziff. 5 erwähnten Multixröhre, ein isoliertes aus Kühler und Pumpe bestehendes System anwenden. Auf die letztere Weise vermeidet man das besonders bei langen Bestrahlungszeiten recht lästige Nachfüllen des Hochbehälters.

8. Verschiedene Kathodenformen. Um die für einen kräftigen Röhrenstrom notwendigen Elektronen zur Verfügung zu haben, darf bei einer Ionenröhre das Röhrenvolumen und die Kathodenoberfläche nicht zu klein gewählt werden. Größere Leistungen als bei Ionenröhren sind aber unter allen Umständen mit Elektronenröhren zu erzielen. Man wird daher nur in den Fällen den Ionenröhren den Vorzug geben, wo es erforderlich ist, den Glühfaden, der stets zur Emission des Wolframspektrums Veranlassung gibt, zu vermeiden, wie z. B.

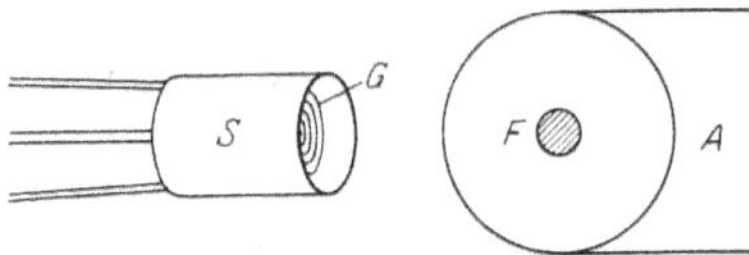

Abb. 3. Glühkathode mit Sammelzylinder.

bei der Debye-Scherrer-Methode der Kristalluntersuchung. Während man bei der Ionenröhre andere als Hohlspiegelkathoden kaum anwendet, wird bei Elektronenröhren die Form des Glühdrahtes mannigfach variiert. Am meisten üblich ist die Form einer ebenen Spirale. Um die emittierten Elektronen, die die Glühspirale mit geringen Anfangsgeschwindigkeiten verlassen und daher der Richtung des elektrischen Feldes folgen, auf einem kleinen Bezirk der Antikathode, dem sog. Fokus oder Brennfleck, zu vereinigen, braucht man eine „Sammelvorrichtung". Als solche ist ein kleiner Zylinder aus Molybdän oder Nickel, der die Glühspirale in der in der Abb. 3 skizzierten Weise umgibt, geeignet.

Der Sammelzylinder ist mit der Glühkathode leitend verbunden und befindet sich somit auf negativem Potential gegenüber der Antikathode. Die zwischen beiden wirksamen elektrostatischen Kräfte bewirken die mehr oder weniger starke Konzentration der Elektronen, je nachdem der Glühdraht mehr oder weniger tief im Innern des Zylinders sitzt. Ein Mittel, die Elektronenkonzentration automatisch der Belastung der Röhre anzupassen, ist von R. Thaller[1]) angegeben worden und im Bd. XVII ds. Handb., Kap. 3, Ziff. 16 beschrieben.

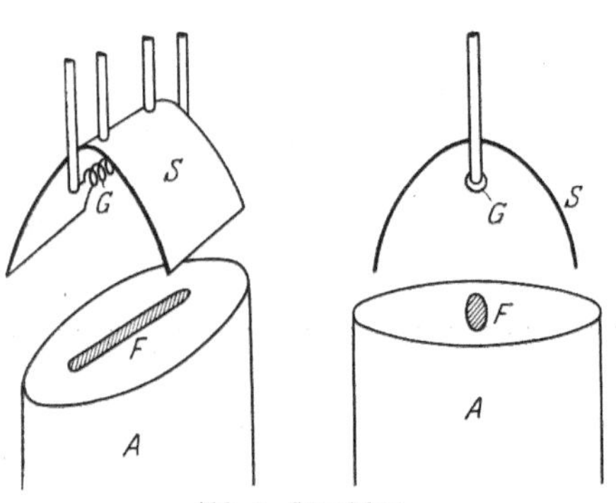

Abb. 4. Götzefokus.

In vielen Fällen, z. B. bei gewissen Methoden der Röntgenspektroskopie, ist es erwünscht, mit einer möglichst kleinen punkt- oder linienförmigen Strahlenquelle zu arbeiten. Um dabei die Flächeneinheit der Antikathode nicht übermäßig belasten zu müssen, wendet man mit Vorteil den in der Röntgentechnik als „Götzefokus" bezeichneten Kunstgriff an. Bei dieser Konstruktion hat der Glühdraht die Form einer Schraubenlinie und befindet sich in der Achse der als Parabolspiegel gestalteten Sammelvorrichtung, wie es die Abb. 4 erkennen läßt.

---

¹) R. Thaller, Fortschr. a. d. Geb. d. Röntgenstr. Bd. 33, S. 108. 1925. Kongreßheft.

Auf diese Weise bildet sich auf der nur wenig abgeschrägten Antikathode ein bandförmiger Brennfleck aus, der, von vorn gesehen, infolge der perspektivischen Verkürzung nahezu punktförmig erscheint. Durch den flachen Austritt der Strahlen aus der Antikathodenvorderfläche wird natürlich nur solange eine gesteigerte Intensität erzielt, als die Oberfläche glatt bleibt und nicht etwa durch zu starke Belastung „angestochen" ist. Andernfalls wird ein großer Teil der erzeugten Röntgenstrahlung in der Antikathode selbst absorbiert.

9. Betriebsweise von Röntgenröhren. Die Art der Betriebsweise, insbesondere der zeitliche Verlauf der an eine Röntgenröhre angelegten Spannung, ist für deren Wirkungsgrad von erheblicher Bedeutung[1]). Theoretisch ist eine konstante Gleichspannung das günstigste. Dennoch ist für den Betrieb von Ionenröhren die Anwendung eines Induktors von Nutzen, da man dabei einen Vorschaltwiderstand, wie er bei einer Stromquelle mit konstanter Gleichspannung wegen der fallenden Charakteristik der Ionenröhren erforderlich ist, entbehren kann. Näheres über den Induktorbetrieb findet sich bei P. Ludewig[2]). Für Elektronenröhren ist jedoch der technische Transformator dem Induktor erheblich überlegen, da er einen gleichmäßigeren und besser regulierbaren Betrieb ermöglicht. Sowohl bei Induktoren wie bei Transformatoren empfiehlt sich meist die Anwendung eines Ventiles zur Unterdrückung der verkehrten Stromrichtung. Solche Ventile sind synchron rotierende Schalter oder unsymmetrische Funkenstrecken bei normalem oder vermindertem Druck oder aber in vollkommenster und wegen ihrer völligen Geräuschlosigkeit und des Fehlens der lästigen „Ozonbildung" auch angenehmster Weise Glühkathoden-

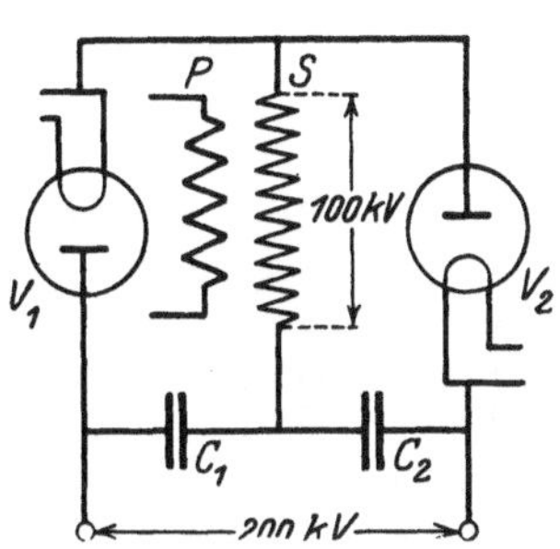

Abb. 5. Greinacherschaltung.

ventile. Näheres über solche Einrichtungen findet sich in Bd. XVII ds. Handb., Kap. 3, Ziff. 29 bis 31. Der ideale Betrieb von Coolidgeröhren wird mit einer Gleichstromquelle, also am vollkommensten mit einer Akkumulatorenbatterie, erzielt. Eine solche Batterie für Spannungen bis zu 100 kV ist von Armstrong und Stiefler[3]) beschrieben worden. Aber nur wenige Institute werden sich eine so kostbare und intensivste Wartung erfordernde Anlage leisten können. Die Verwendung von Batterien wird sich daher meist auf die Erzeugung von weichen Strahlen mit niedrigen Spannungen beschränken müssen. Bis zu Spannungen von etwa 10 kV sind Gleichstromhochspannungsgeneratoren ein fast vollwertiger Ersatz. Darüber hinaus aber wird man meist zu besonderen, aus Ventilen und Kondensatoren zusammengesetzten Schaltungen seine Zuflucht nehmen müssen, die bei nicht zu hoher Belastung einen der reinen Gleichspannung sehr nahekommenden Betrieb ermöglichen. Die zur Zeit vollkommenste derartige Einrichtung, die auch in die praktische Röntgentechnik Eingang gefunden hat und daher von allen einschlägigen Firmen laufend fabriziert wird, ist die sog. Greinacherschaltung[4]), die in Abb. 5 schematisch dargestellt ist. Das Prinzip dieser Einrichtung beruht darauf, daß die beiden in Reihe geschalteten Hochspannungskondensatoren durch den Transformator über die beiden Ventile immer im gleichen Sinne aufgeladen werden und somit als Gleichstromquelle dienen können. Eine besondere Eigentümlich-

---

[1]) Vgl. H. Behnken, ZS. f. techn. Phys. Bd. 2, S. 153. 1921.
[2]) P. Ludewig, Die physikalischen Grundlagen des Betriebes von Röntgenröhren mit dem Induktorium. Berlin 1924; vgl. auch Bd. XVII ds. Handb. Kap. 3, Ziff. 22 u. 25ff.
[3]) A. H. Armstrong u. W. W. Stiefler, Journ. Opt. Soc. Amer. Bd. 11, S. 509. 1925.
[4]) H. Greinacher, Verh. d. D. Phys. Ges. Bd. 16, S. 320. 1914.

keit dieser Schaltung besteht darin, daß sie es ermöglicht, eine Spannung zu erreichen, die nahezu das Doppelte des Scheitelwertes des benutzten Transformators beträgt. Näheres über solche Gleichstromhochspannungsschaltungen findet sich ebenfalls im Bd. XVII ds. Handb., Kap. 3, Ziff. 33. Insbesondere ist dort auch einiges über die Höhe der mit diesen Schaltungen erreichten Spannungen und über deren Ermittlung gesagt.

10. Erzeugung besonders harter Strahlen. Vorbedingung für die Erzeugung sehr harter Röntgenstrahlen ist die Möglichkeit, eine Röntgenröhre mit sehr hohen Spannungen zu betreiben. Dies erfordert bei Ionenröhren niedrige Gasdrucke, bei welchen jedoch nur noch geringe Ströme erzielt werden können und außerdem das Aufrechterhalten eines gleichmäßigen Laufens der Röhren sehr schwierig wird. Die Glühkathodenröhren sind hierfür besser geeignet. Es ist nötig, die Röhren für hohe Spannungen weitgehend zu entgasen. Aus diesem Grunde verwendet man für die Elektroden in solchen Röhren nur Metalle, die einen hohen Schmelzpunkt besitzen, so daß man sie während des Auspumpens der Röhren hoch erhitzen kann. In erster Linie kommen Wolfram, Molybdän und Tantal in Frage. Auch versucht man mit möglichst wenig Metall im Innern der Röhre auszukommen. Die technischen Röhren für Tiefentherapie, welche in Bd. XVII ds. Handb., Kap. 3, Ziff. 18 beschrieben sind, werden meist mit massiven Wolframantikathoden ausgerüstet, die während des Betriebes in helle Glut geraten und sich lediglich durch ihre intensive Wärmeausstrahlung abkühlen. Sie vertragen dauernd Spannungen bis wenig über 200 kV. Die Röhren müssen beim Betriebe mit hohen Spannungen möglichst frei stehen. Insbesondere dürfen nicht etwa metallene Stative zu ihrer Aufstellung benutzt werden, da eine zu große Annäherung von Metallteilen leicht einen Durchschlag der Glaswand im Gefolge haben kann. Aus diesem Grunde verwende man als Strahlenschutz in der Nähe der Röhre auch kein metallisches Blei, sondern nur Bleiglas oder Bleigummi. Eine Grenze für die höchsten zur Röntgenstrahlerzeugung anwendbaren Spannungen anzugeben, ist schwierig, da die Technik der Hochspannungserzeugung der Röntgenröhrentechnik zur Zeit weit voraus ist. Man kann Hochspannungen bis zu 2000 kV herstellen, nicht aber Röntgenröhren, die solche Spannungen auch nur annähernd vertragen.

11. Homogene Röntgenstrahlen. Für viele Fälle ist es erforderlich, über homogene Röntgenstrahlen zu verfügen. Man pflegt darunter im Gegensatz zu monochromatischen Röntgenstrahlen solche zu verstehen, die zwar streng genommen noch ein kontinuierliches Spektralbereich umfassen, dessen Grenzen jedoch so eng sind, daß durch Absorptionsmessungen mit Absorbenten verschiedener Stärke keine Inhomogenität mehr zu erkennen ist. Natürlich ist der Begriff der so definierten homogenen Strahlung kein völlig strenger, sondern von der Genauigkeit der Absorptionsmessungen abhängig, weshalb man auch vielfach von „praktisch homogenen Strahlen" spricht. Um solche praktisch homogenen Strahlen herzustellen, benutzt man Filter, die meist aus Metallblechen bestehen. Da der Absorptionskoeffizient eines Elementes für Röntgenstrahlen mit der dritten Potenz der Wellenlänge zunimmt, so bewirkt ein solches Filter, daß der langwellige Teil des von einer Röntgenröhre emittierten kontinuierlichen Spektrums wesentlich stärker absorbiert wird als der kurzwellige. Es ist daher möglich, durch immer weitergehende Filterung die langwelligen Teile eines Röntgenspektrums beliebig weit abzuschneiden, so daß praktisch nur ein enger Bereich in der Nähe der durch das Duane-Huntsche Gesetz festliegenden kurzwelligen Grenze übrigbleibt. Bei der Auswahl des Filtermaterials ist aber darauf zu achten, daß das gewählte Material in dem Gebiete, das durch das Filter zurückgehalten werden soll, keinen Absorptionssprung besitzt. Bei gläsernen Röhren, deren Spektrum am langwelligen Ende bei ungefähr 1,2 A beginnt, kommen daher nur solche Stoffe als Homogenisierungsfilter in Frage, deren Absorptionssprünge bei längeren Wellen liegen. Dies sind alle diejenigen Elemente, die eine kleinere Atomnummer besitzen als das Zink mit Nr. 30, vor allen Dingen also das Kupfer, das daher auch in der Röntgentherapie als Filtermaterial die Hauptrolle spielt. Einige Beispiele für die Wirkung von Homogenisierungsfiltern sind durch die Kurven der Abb. 6 veranschaulicht, die von H. KÜSTNER[1]) mit Hilfe der Energieverteilungsformel von BEHNKEN berechnet worden sind. Die Filter aus verschiedenem Material sind hier so gewählt, daß sie die Maximalintensität nahezu auf denselben Wert schwächen. Man erkennt die stärkere Homogenisierung durch das schwerere Material.

Zur Berechnung der Filterwirkung kann man nach GLOCKER[2]) die folgenden Formeln benutzen:

$$\frac{\mu}{\varrho} = 0,0004 \cdot z^{3,14} \cdot \lambda^{2,8} \quad \text{für} \quad \lambda > \lambda_A,$$

$$\frac{\mu}{\varrho} = 0,0195 \cdot z^{2,58} \cdot \lambda^{2,8} \quad \text{für} \quad \lambda \leqq \lambda_A,$$

μ = Schwächungskoeffizient,

ϱ = Dichte, z = Atomnummer,

λ_A = Absorptionsbandkante der K-Serie.

Natürlich läßt sich eine vollkommene Homogenität durch Filterung niemals erreichen.

12. Monochromatische Strahlen. In manchen Fällen ist es jedoch erwünscht, über streng monochromatische Strahlen zu verfügen. Ganz streng und für beliebige Wellenlängen ist dies nur durch spektrale Zerlegung mit Hilfe der Kristallreflexion möglich. Ein nach dieser Methode erzieltes streng monochromatisches Strahlenbündel hat jedoch nur geringe Intensität und außerdem die Form einer schmalen Linie. Dagegen kann man vielseitig verwendbare weitgehend monochromatische Strahlenbündel durch Ausnutzung der charakteristischen Strahlung erzielen. Diese kann man entweder, wie es BARKLA bereits vor der Entdeckung der Kristallinterferenzen getan hat, als Fluoreszenzstrahlung erzeugen oder aber, indem man eine Substanz, welche ein Eigenspektrum der gewünschten Spektralgegend besitzt, auf die Antikathode der Röntgenröhre bringt. Es wird dann das Linienspektrum dieser Substanz überlagert von einem kontinuierlichen

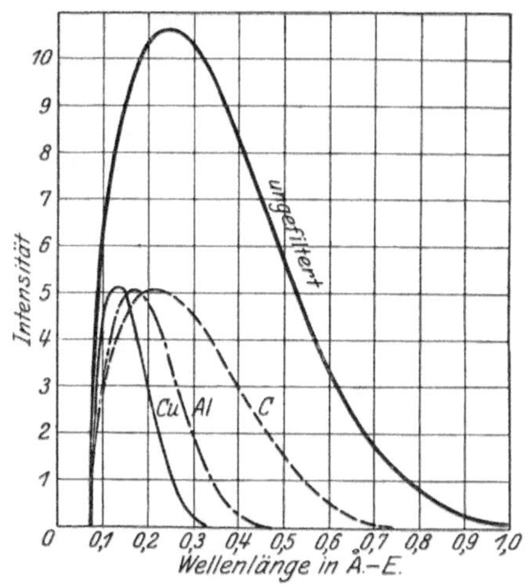

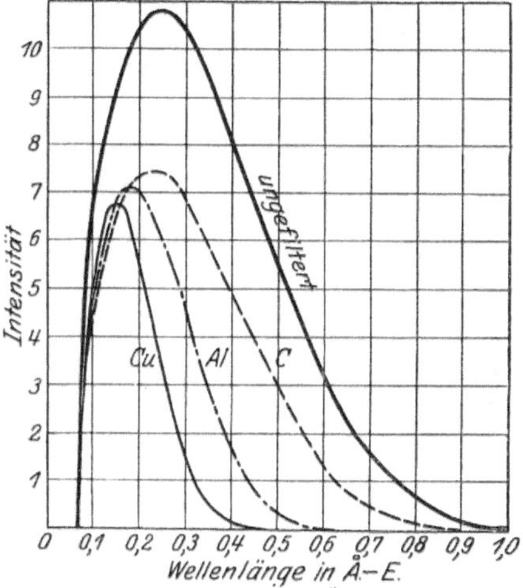

Abb. 6. Wirkung von Homogenisierungsfiltern.

[1]) H. KÜSTNER, Die Ionisationsmessung der Röntgenstrahlen. S. 281. Leipzig 1925.
[2]) B. GLOCKER in ROTH-SCHEEL, Konstanten der Atomphysik. S. 83. Berlin 1923, und in LANDOLT-BÖRNSTEIN, Physik.-Chem. Tabellen, 5. Aufl., 1. Ergänzungsband S. 389. Berlin 1927.

Spektrum emittiert. Wenn man aber die Spannung etwa gleich der zwei- bis dreifachen Anregungsspannung des betreffenden Elementes wählt, ist die Intensität der Linien so groß, daß diejenige des kontinuierlichen Untergrundes dagegen keine große Rolle spielt. Man wählt zur Herstellung monochromatischer Strahlen zweckmäßigerweise eine K-Serie, da diese nur aus zwei Liniengruppen, nämlich der intensiveren α-Gruppe und der schwächeren β-Gruppe besteht. Bringt man nun noch ein Filter an, welches aus einem Material besteht, das gerade zwischen der langwelligeren α-Gruppe und der kurzwelligeren β-Gruppe seinen Absorptionssprung besitzt, so kann man auch die β-Linien noch fast völlig unterdrücken, so daß man praktisch nur das enge α-Dublett übrigbehält. So läßt sich z. B. die α-Gruppe des Molybdäns isolieren durch Zwischenschaltung eines Zirkonoxydfilters von solcher Dicke, daß auf 1 cm² 0,05 g ZrO_2 kommen. Die Röhre wird hierbei zweckmäßigerweise mit einer Spannung von 40 bis 45 kV Scheitelwert betrieben[1]). Ähnlich läßt sich zur Isolierung der Kupfer-K-Strahlung ein Nickelfilter verwenden. Die K-Strahlung des Silbers läßt sich mit einem Palladiumfilter, diejenige des Platins mit einem Wolfram- oder Tantalfilter heraussieben usw.

13. Röntgenröhren für physikalische Zwecke. Allgemeines. Es gibt in der Experimentalphysik mancherlei Aufgaben, für die die im Bd. XVII ds. Handb., Kap. 3 beschriebenen technischen Röntgenröhren, die sonst am bequemsten sind, nicht geeignet sind. Die Gründe dafür können folgende sein:

1. Das technische Rohr liefert keine Wellenlängen von mehr als 1,2 Å von nennenswerter Intensität.

2. Das technische Rohr erlaubt meist keine sehr große Annäherung an den Brennfleck.

3. Im technischen Rohr läßt sich das Antikathodenmaterial nicht variieren.

4. Das technische Rohr ist teuer und bei Beschädigungen gar nicht oder nur durch Einsendung an die Fabrik unter beträchtlichen Kosten zu reparieren.

Die im folgenden beschriebenen Laboratoriumskonstruktionen, die teilweise auch im Handel zu haben sind, sind zwar meist für bestimmte Zwecke konstruiert. Da sie aber oft mehrere der genannten Nachteile gleichzeitig vermeiden, so besitzen sie doch eine universellere Verwendbarkeit.

14. Einfache Ionenröhre für Spektrometrie. Eine einfache Form einer Ionenröhre, welche äußerlich den technischen Röhren sehr nahekommt, aber eine zugängliche Antikathode besitzt und zudem den Spektrographenspalt sehr nahe an die Antikathode heranzubringen erlaubt, ist von Siegbahn[2]) für seine früheren Untersuchungen benutzt worden. Ihre Konstruktion ist aus Abb. 7 zu erkennen. Der Körper der Röhre ist wie bei den technischen Ionenröhren ein kugeliger

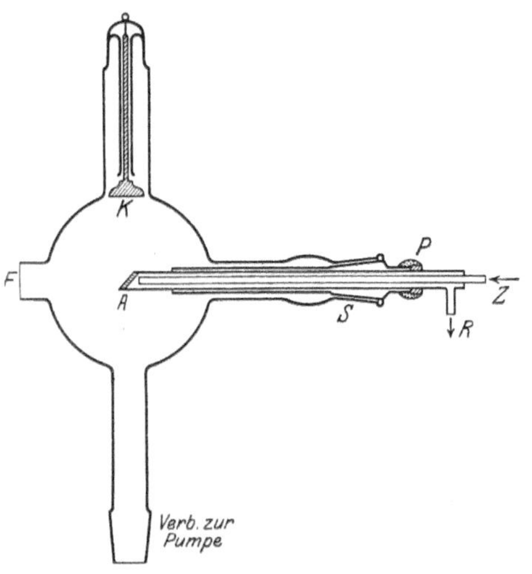

Abb. 7. Einfache Ionenröhre nach Siegbahn.

Glaskolben. Er besitzt jedoch vier seitliche Ansätze, von denen einer die festeingeschmolzene Kathode trägt. Der gegenüberliegende endigt in einen

---

[1]) Eine hiernach gebaute Apparatur für Debye-Scherrer-Aufnahmen beschrieb W. P. Davey, Gen. Electr. Rev. Bd. 25, S. 565. 1922; vgl. auch Journ. Opt. Soc. Amer. November 1921.
[2]) M. Siegbahn, Spektrometrie der Röntgenstrahlen. S. 31. Berlin 1924.

Normalschliff zum Anschluß an die Pumpe. Die Antikathode ist ebenfalls in ein
Schliffstück mit Pizein eingekittet und somit leicht auswechselbar. Der Antikathode gegenüber befindet sich noch ein kurzer Ansatz, der
entweder einfach durch ein Fenster aus irgendeinem dem besonderen Zweck angepaßten Material verschlossen werden
oder aber auch zur Aufnahme eines einzukittenden Einsatz-
rohres dienen kann, das an seinem der Antikathode zugewen-
deten Ende den Spalt für eine spektrometrische Anordnung
trägt. Auf diese Weise läßt sich der Spalt ins Innere der
Röhre hineinverlegen und so der Antikathode sehr weit
nähern, was für die Lichtstärke der Anordnung von Vorteil ist.

15. Röhre von Rausch v. Traubenberg. Der Wunsch,
für Debye-Scherreraufnahmen möglichst nahe an die Antikathode herankommen zu können, veranlaßte Rausch
v. Traubenberg[1]) zu der in Abb. 8 wiedergegebenen Konstruktion. An dieser ist bemerkenswert, daß ein Teil des
Röhrenkörpers, innerhalb dessen sich die Antikathode befindet, nicht aus Glas, sondern aus Metall hergestellt ist. Die
Verwendung von Metall als Konstruktionsmaterial für Röntgenröhren hat eine Reihe von Vorteilen und beginnt sich auch
bei technischen Röhren bereits einzuführen[2]).

Eine Röhrenform, bei welcher die Antikathode zugleich
Austrittsfenster ist, gab Seitz an[3]).

16. Röhre von Gerlach. Ihrer besonders simplen Herstellungsweise wegen sei hier eine ebenfalls unter Verwendung
von Metall ausgeführte Konstruktion von Gerlach[4]) erwähnt,
die in Abb. 9 veranschaulicht ist. Hier stellt die Kathode K in Form einer
halbkugeligen Kupferkalotte (Gerlach benutzte einen halben kupfernen Flaggen-
knopf) den metallenen Teil der Röhre dar. Sie ist mit einer zylindrischen
Blechbüchse mit eingelöteter Zu- und Abflußtülle als Kühlmantel umgeben
und besitzt bei F eine Öffnung
für den Austritt der Strahlen, die
mit einer aufgekitteten Folie als
Fenster verschlossen wird. Der Glas-
teil G der Röhre ist eine größere
Flasche, von der der Boden abge-
sprengt wurde. Durch den Flaschen-
hals ist die wassergekühlte Antikathode sowie ein Pumprohr mit
Hilfe eines Stopfens eingeführt.
Glas und Metall sind durch eine Piz-
einkittung verbunden. Desgleichen
ist der Stopfen mit Pizein gedichtet.

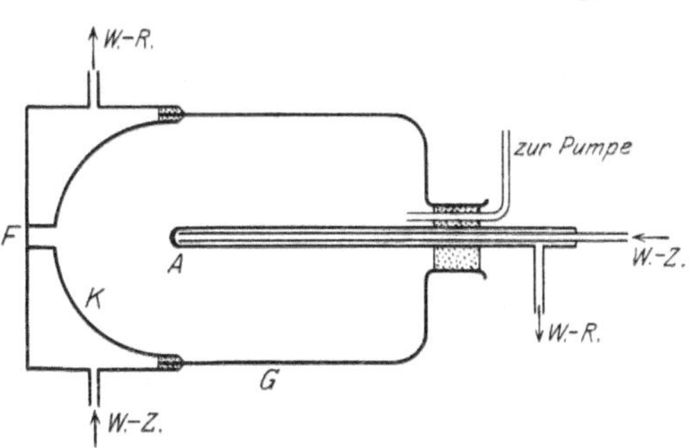

Abb. 9. Einfache Röhre nach Gerlach.

17. Haddingröhre. Bei der aus dem Siegbahnschen Institut stammenden
Haddingröhre[5]), deren Konstruktion aus Abb. 10 erkennbar ist, wird überhaupt
kein Glas verwendet. Hier besteht der Hauptteil der Röhre, welcher auch die

Abb. 8. Röhre mit
Metallansatz nach
Rausch v. Trauben-
berg.

---

[1]) Rausch v. Traubenberg, Phys. ZS. Bd. 18, S. 241. 1917.
[2]) Vgl. ds. Handb. Bd. XVII, S. 142. Metallene Röhrenkörper wandte wohl zuerst
L. Zehnder an; vgl. Elektrot. ZS. Bd. 36, S. 49. 1915.
[3]) W. Seitz, Phys. ZS. Bd. 10, S. 830. 1909.
[4]) W. Gerlach, Verh. d. D. Phys. Ges. Bd. 2, S. 55. 1921.
[5]) A. Hadding, ZS. f. Phys. Bd. 3, S. 369. 1920.

Antikathode enthält, aus einer Metallhülse von der Form einer Granate. Die Kathode ist durch einen aufgekitteten Porzellanisolator von geeigneter Form eingeführt. Die Röhre ähnelt also sehr der älteren Zehnderschen Konstruktion. Alles Nähere ist aus der Abb. 10 ersichtlich. Die Haddingröhre kann von der Firma Dr. Carl Leiß, Berlin-Steglitz, bezogen werden. Sie wird neuerdings auch in einer besonders großen Ausführung hergestellt, welche Spannungen bis zu etwa 80 kV anzulegen gestattet. Die Haddingröhre ist besonders für kristallographische Zwecke beliebt, da sie keinerlei zerbrechliche Teile enthält und auch starke Belastungen, ohne Schaden zu leiden, verträgt.

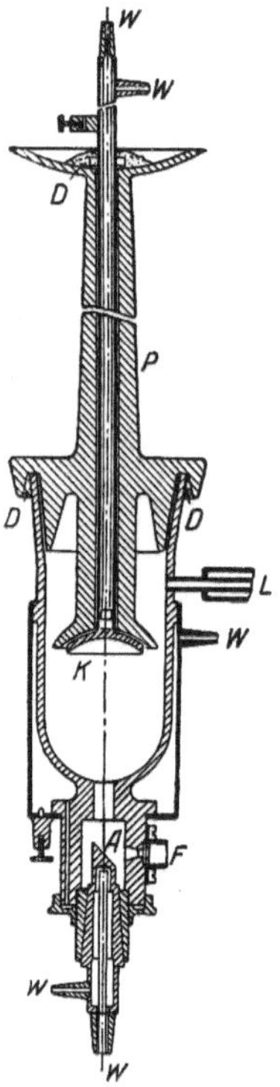

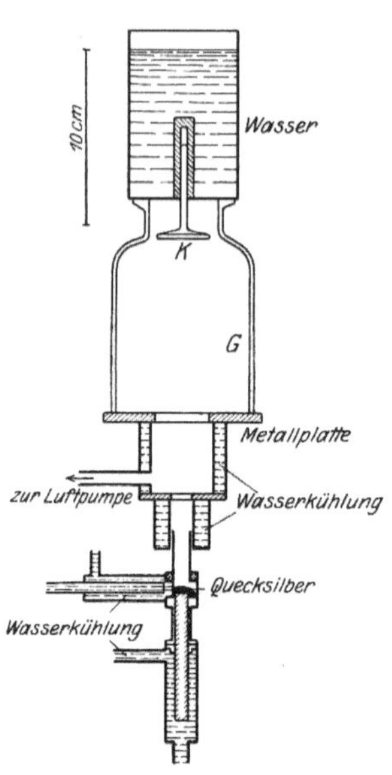

Abb. 11. Rohr mit Quecksilberantikathode nach A. Müller.

Bei allen Röntgenröhren, welche weichgelötete Metallteile enthalten, ist eine gewisse Vorsicht bei der Verwendung von Quecksilberpumpen geboten, besonders von solchen, die mit siedendem Quecksilber arbeiten. Der eindringende Quecksilberdampf führt leicht zur Beschädigung der Lötstellen, die dadurch undicht werden. Ist dies einmal geschehen, so muß die ganze Röhre auseinandergelötet, daß Quecksilber durch sorgfältiges Ausglühen entfernt und die Röhre neu zusammengesetzt werden. Es ist daher dringend zu empfehlen, eine mit flüssiger Luft gekühlte Quecksilberfalle in der Pumpleitung vorzusehen.

Abb. 10. Porzellanmetallröntgenröhre nach Hadding.

18. Röhre mit Quecksilberantikathode. Um das Quecksilber selber als Antikathodensubstanz gebrauchen zu können, benutzte Müller[1] unter Verwendung von Glas, Metall und Siegellack als Konstruktionsmaterialien die in der Abb. 11 zur Anschauung gebrachte Röhrenform, die, obwohl mit behelfsmäßigen Mitteln hergestellt, dennoch vortreffliche Ergebnisse für die Untersuchung der L-Serie des Quecksilbers lieferte. Die Leistungsfähigkeit der Röhre ist vor allem darauf zurückzuführen, daß bei dieser Konstruktion, welche wohl aus der Abbildung allein genügend verständlich ist, der Spalt des Spektrographen außerordentlich nahe an die Antikathode herangerückt werden kann, wodurch die Lichtstärke der Anordnung sehr groß wird.

19. Ionenröhre nach Bragg. Eine Röhrenform, welche die beiden Braggs[2]

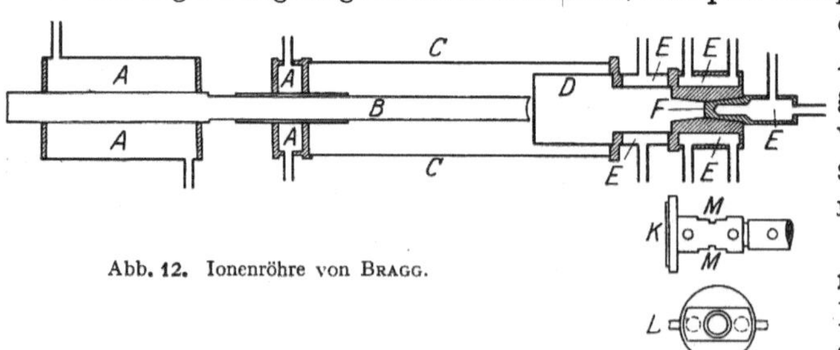

Abb. 12. Ionenröhre von Bragg.

[1] A. Müller, Phil. Mag. (6) Bd. 42, S. 419. 1921.
[2] W. H. u. W. L. Bragg, X-Rays and Crystal Structure. S. 34. London 1924.

für ihre bahnbrechenden Untersuchungen über die Kristallstruktur benutzt und
bewährt gefunden haben, lehnt sich in ihrer Konstruktion stark an die MÜLLER-
sche Quecksilberröhre an. Sie ist in Abb. 12 wiedergegeben. Auch hier bedarf die Zeichnung kaum der näheren Erläuterung. In der englischen Literatur wird die Röhre häufig nach SHEARER benannt[1]).

20. Elektronenröhren. Die bisher beschriebenen Spezialkonstruktionen betrafen nur Ionenröhren, die immer dann angebracht sind, wenn monochromatische Strahlen benötigt werden, wie z. B. bei Strukturuntersuchungen, wo das aus zahlreichen Linien bestehende L-Spektrum des Wolframs, das bei einer Röhre mit Glühkathode nicht zu vermeiden ist, stören würde. In

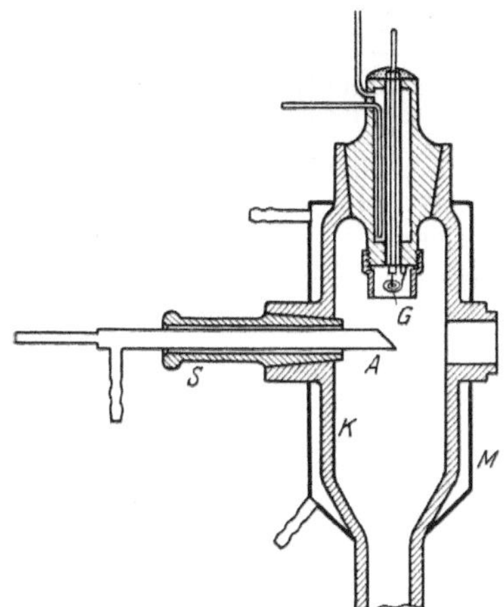
Abb. 13. Einfache Elektronenröhre.

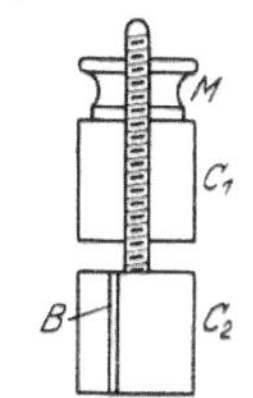
Abb. 14. Apparat zum Biegen von Glühspiralen.

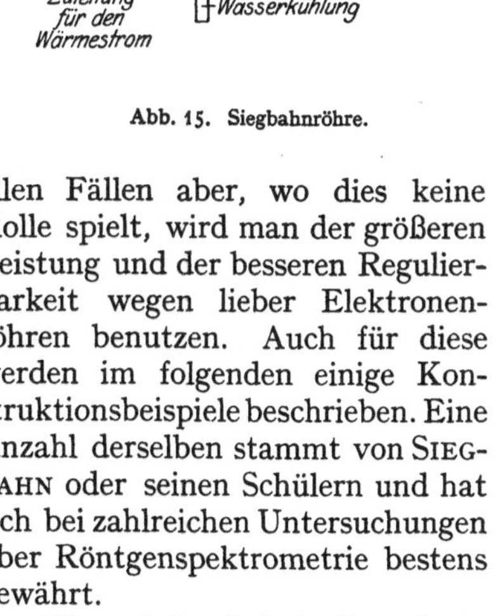

Abb. 15. Siegbahnröhre.

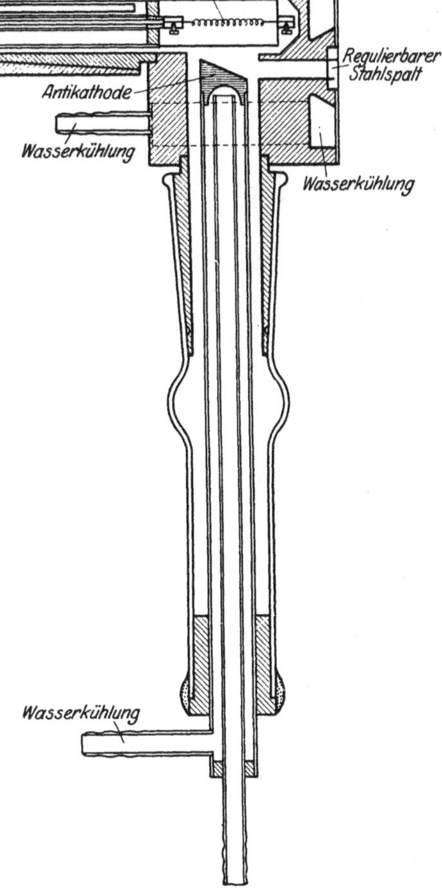

allen Fällen aber, wo dies keine Rolle spielt, wird man der größeren Leistung und der besseren Regulierbarkeit wegen lieber Elektronenröhren benutzen. Auch für diese werden im folgenden einige Konstruktionsbeispiele beschrieben. Eine Anzahl derselben stammt von SIEGBAHN oder seinen Schülern und hat sich bei zahlreichen Untersuchungen über Röntgenspektrometrie bestens bewährt.

Eine relativ einfache Form ist in Abb. 13 wiedergegeben[2]). Der mit

____

[1]) Eine Weiterentwicklung dieser Röhrenform, bei der der Röhrenkörper aus Porzellan hergestellt ist und die Kittungen durch Schraubverbindungen mit Gummidichtungen ersetzt sind, ist von E. A. OWEN und G. D. PRESTON beschrieben; vgl. Journ. scient. instr. Bd. 4, S. 1. 1926.

[2]) M. SIEGBAHN, Ann. d. Phys. Bd. 59, S. 56. 1919.

einem Kühlmantel M umgebene Röhrenkörper K besteht aus Rotguß. Besser als Guß ist bei Elektronenröhren, welche ein hohes Vakuum halten müssen, Schmiedemessing, weil dieses weniger leicht Poren besitzt. Die Glühkathode G ist mit einem Metallschliff eingesetzt, damit der Glühfaden leicht ersetzt werden kann. Für das Biegen von Glühspiralen aus Wolframdraht, das bei einigen hundert Grad erfolgen muß, ist ein Verfahren bei Siegbahn angegeben[1]). Siegbahn empfiehlt dafür den in Abb. 14 dargestellten kleinen Apparat, auf welchen einige Windungen des sehr steifen Wolframdrahtes aufgewickelt werden. Nachdem dann die Schraube M angezogen ist, um den Draht in seiner Lage zu halten, wird das Ganze einen Moment zu schwacher Rotglut erwärmt. Doch ist die Herstellung auch so nicht ganz leicht, und man tut, wenn möglich, besser, sich die Glühspiralen fertig gebogen von einer Röntgenröhrenfabrik zu beschaffen. Die Glühkathode steht mit dem Röhrengehäuse in leitender Verbindung und kann daher direkt von der Wasserleitung aus gekühlt werden. Die Antikathode A dagegen ist mit Hilfe eines Glasschliffes S, in welchen sie eingekittet ist, isoliert angesetzt. Sie muß durch eine isolierte Leitung gekühlt werden.

Eine Vervollkommnung der letztbesprochenen Konstruktion in der Richtung einer gedrungeneren Form ist im Bd. XVII ds. Handb. auf S. 144 abgebildet. Abb. 15 stellt eine Variante dar, bei welcher ein strichförmiger Brennfleck (Götzefokus) angewendet ist. Ein solcher hat für spektroskopische Zwecke, wo ein größerer Brennfleck oft nicht ausgenutzt werden kann, seine Vorzüge. Eine ganz besonders kompendiöse Ausführung, bei der die Annäherung des Spektrographenspaltes an die Antikathode äußerst weit getrieben ist, zeigt die Abb. 16. Bei den beiden letztgenannten Formen ist aber folgender Übelstand zu beachten, auf welchen Siegbahn selbst aufmerksam macht: Da sich die Glühelektronen in Richtung der Längsausdehnung der Antikathode bewegen, so gelangt ein Teil derselben leicht um die Vorderfläche der Antikathode herum in den Glasschliff hinein. Hierdurch wird dieser ungleichmäßig erhitzt, so daß er in die Gefahr des Zerspringens gerät. Treffen die Elektronen auf die Kittungen

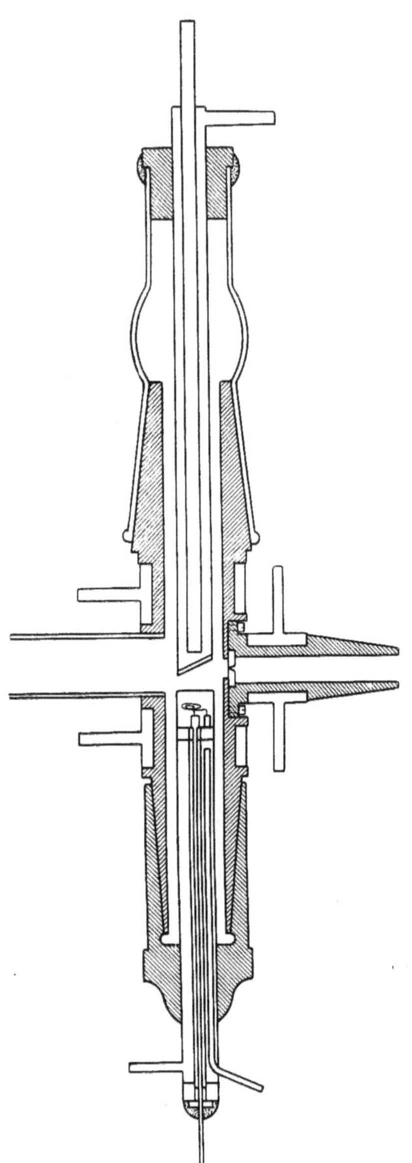

Abb. 16. Siegbahnröhre.

---

[1]) M. Siegbahn, Die Spektroskopie der Röntgenstrahlen. S. 39. Berlin 1924.

oder auf das Dichtungsfett, so werden leicht Dämpfe frei, welche das Vakuum verderben können. Wenn angängig, wird man also eine Konstruktion lieber so ausführen, daß die Bahn der Elektronen quer zur Längsausdehnung der Antikathode verläuft.

Ähnliche Konstruktionen wie die genannten sind von einer Reihe anderer Autoren angegeben worden, z. B. von STINTZING[1]) und von WEVER[2]), ferner von

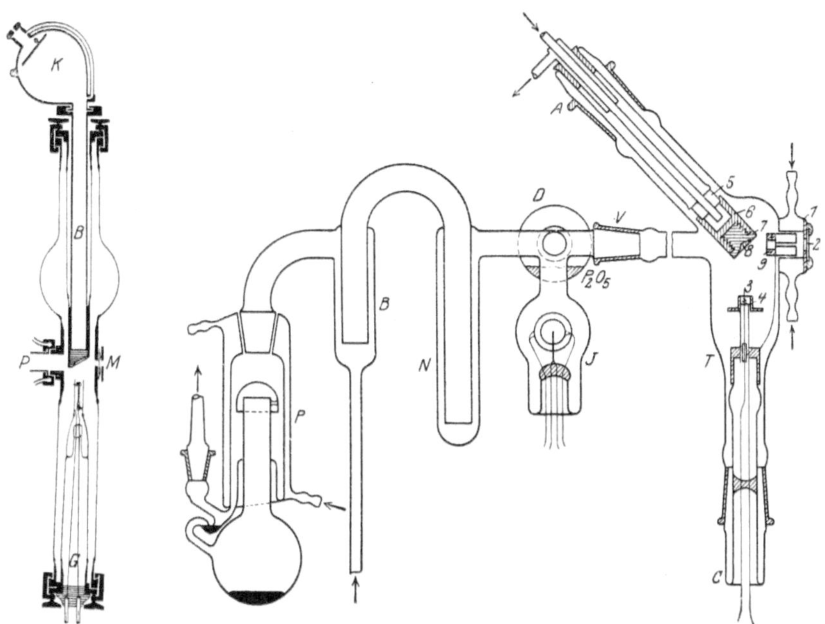

Abb. 17. Philipsröhre.　　　　　　　　Abb. 18. Quarzröhre nach DAUVILLIER.

OTT[3]). Die letztgenannte Konstruktion vermeidet jedes Kittmaterial, welches die Aufrechterhaltung eines Hochvakuums beeinträchtigen könnte.

Noch vollkommener ist dies erreicht bei einer auseinandernehmbaren Elektronenröhre der Firma Philips-Eindhoven, welche durch das Seemannlaboratorium, Freiburg i. B. bezogen werden kann. Eine schematische Zeichnung der Philipsröhre stellt Abb. 17 dar. Der Hauptteil der Röhre besteht ganz aus Chromstahl und Glas, welche miteinander verschmolzen sind. Elektroden, Fenster und Pumpleitung werden mit Schraubdichtungen unter Verwendung einer Zinnlegierung als Dichtungsmaterial eingesetzt.

Eine ganz aus Quarzglas hergestellte Röhre in Verbindung mit einer ebenfalls aus Quarzglas hergestellten Langmuirpumpe ist in Abb. 18 zu sehen. Diese von DAUVILLIER beschriebene Anordnung zeigt bei N ein Ausfriergefäß, um den Quecksilberdampf durch Kühlen mit flüssiger Luft aus dem Röntgenrohr fernzuhalten. I ist eine Verstärkerröhre, die zum Messen des Vakuums benutzt wird. Die Konstruktion der Röhre selbst dürfte aus der Zeichnung zu verstehen sein.

21. Schlußbemerkung. Daß beim Arbeiten mit Röntgenröhren, besonders mit Elektronenröhren, die ein sehr hohes Vakuum benötigen, alle Hilfsmittel

---

[1]) H. STINTZING, ZS. f. phys. Chem. Bd. 107, S. 168. 1923.
[2]) A. WEVER, ZS. f. Phys. Bd. 14, S. 410. 1923.
[3]) G. OTT, Phys. ZS. Bd. 27, S. 598. 1926.

der modernen Pump- und Hochvakuumtechnik von größtem Vorteil und oft unentbehrlich sind, ist fast selbstverständlich. Man tut also gut, nur rasch wirkende Pumpen, am besten die modernen relativ wohlfeilen Quecksilberdampfpumpen, anzuwenden. Die Wichtigkeit des Ausfrierens des Quecksilberdampfes, besonders bei gelöteten Metallröhren, war bereits hervorgehoben. Als Kitt und Dichtungsmaterial ist das bei Zimmertemperatur immer noch etwas plastische Pizein dem spröden Siegellack vorzuziehen. Beim Arbeiten mit Ionenröhren, wo ein bestimmter Gasdruck dauernd aufrechterhalten werden soll, kann man gleichwohl mit Nutzen schnell wirkende Pumpen anwenden, indem man an einer geeigneten Stelle ein nach außen geöffnetes fein regulierbares Ventil anbringt, welches so eingestellt wird, daß fortwährend ebensoviel Luft wieder von außen nachströmt, wie durch die Pumpe abgesogen wird. Eine Reihe praktischer Winke und Kunstgriffe für das Arbeiten mit Röntgenröhren findet man bei H. Mark, Die Verwendung der Röntgenstrahlen in Chemie und Technik. Verlag Barth, Leipzig 1926, mitgeteilt.

Kapitel 11.

Flammen und chemische Prozesse.

Von

H. Konen, Bonn.

1. Vorbemerkung. Flammen sind naturgemäß die zuerst benutzten Hilfsmittel der Spektroskopie gewesen. An ihnen sind zuerst diskontinuierliche Spektren beobachtet worden, mochte es sich um die Molekülspektra verbrennender Kohlenwasserstoffe oder die Spektra irgendwie eingeführter Salze handeln. Zuerst ist die Alkoholflamme, seit 1857 die Bunsenflamme, später sind in steigendem Maße andere Flammen, z. B. H-O, Leuchtgas-Sauerstoff, Azetylen-Sauerstoff wie auch gespaltene Flammen benutzt worden. Für die technische Verwendung von Flammen sehe man den Abschnitt C dieses Bandes Kap. 13.

2. Allgemeines über Flammen. In der älteren Zeit sind die Emissions- und Absorptionserscheinungen in Flammen ausschließlich unter dem Gesichtspunkt der Temperatur betrachtet worden. Das Auftreten und die Emissionsverteilung z. B. der Alkalispektra wurden erklärt und verstanden aus der Temperaturverteilung in einem entleuchteten Bunsenbrenner. Der nächste Schritt war die Heranziehung der Ionisationserscheinungen. Das Auftreten geladener Träger der Emission und ihre Wanderungen in den Flammengasen wurden als die primäre Ursache der Emission aufgefaßt. Im weiteren Verlaufe zeigte sich jedoch, daß beide Standpunkte sich keineswegs widersprechen. Auf der einen Seite lehrte das Studium gespaltener Flammen die chemischen Gleichgewichte in Zwischengasen (Wassergasgleichgewicht im Innengas) kennen, die stets einer bestimmten Temperatur entsprechen. Andererseits entwickelte sich die Theorie eines aus Elektronengas, Ionen verschiedener Ionisationsstufen und Molekülen gemischten Gases, bei dem die Verteilung der einzelnen Bestandteile ausschließlich durch die Temperatur bedingt ist. Endlich lieferte die Lehre von der Anregungsspannung der verschiedenen Linien die Möglichkeit, die thermische Anregung differentiell zu verstehen. Dennoch liegen die Verhältnisse in den gewöhnlichen Flammen so kompliziert, daß eine systematische Darstellung der Emissionserscheinungen in Flammen etwa vom Standpunkt der Saha-Russelschen Theorie oder eine Darstellung von Einzelheiten vom Standpunkte der Lehre von den Anregungsspannungen zwar in vielen Fällen möglich ist, allein zuviel Hypothetisches enthält und zur Zeit zu umständlich wird. Aus diesem Grunde beschränken wir uns im folgenden darauf, gewisse Eigenschaften der strahlenden Flammengase zu besprechen unter dem ausdrücklicheu Vorbehalt, daß zur Deutung im einzelnen die beiden bereits genannten Gesichtspunkte herangezogen werden müssen.

3. Leuchtende Flammen. In älterer Zeit sind allgemein Flammen zu Beleuchtungszwecken verwendet worden (z. B. Gas, Azetylen); als Lichtnormalen sind sie jetzt noch allgemein eingeführt. Diese Flammen werden in Kap. 13 und 16 eingehend behandelt. Es läßt sich zeigen, daß in jedem Falle Kohlenstoff in fester Form der Träger der kontinuierlichen Emission ist, und daß auch die Intensitätsverteilung der Emission der Kohle entspricht. Durch die Polarisation des an der Flamme reflektierten Lichtes und auf andere Weise läßt sich zeigen, daß es sich um feste Teilchen handelt, über deren Bildung freilich die Meinungen auseinandergehen. Wie HABER[1] u. a. gezeigt haben, gehen bei der Erhitzung von Kohlenwasserstoffen gleichzeitig Aufbau- und Abbauprozesse vor sich (unter etwa 900° C). Es werden dann gewisse Gruppen aus den Molekülen der verbrannten Substanzen abgespalten, die zur Unterhaltung des Verbrennungsprozesses dienen, während sich die Reste polymerisieren. Es kommt zur Bildung komplexer teeriger Produkte, die als Dampf in der Flamme vorhanden sind und die zuletzt auch den leuchtenden Kohlenstoff liefern. Benutzt man höhere Temperaturen, so sind die Vorgänge noch verwickelter. Die Abspaltung geht alsdann bis zum Wasserstoff, und es findet neben einem Zerfall des Ausgangsmaterials ein Zerfall der einfachsten Glieder der verschiedenen Reihen statt. Man kann sich also ungefähr folgendes Bild von dem Vorgang in Flammen, die mit Azetylen, Methan, Benzol oder ähnlich gespeist werden, machen: Benutzt man gemischte Flammen, also solche, bei denen das verbrennbare Gas schon vorher mit Luft gemengt ist, so tritt in nicht näher festgestellter Weise ein Gleichgewichtszustand ein, der unter unvollständiger Verbrennung eine Art von Wassergas liefert, das dann im Außenkegel vollständig oxydiert wird. Ist die Flamme nicht gemischt, so hängt der Verlauf des Verbrennungsprozesses von der Temperatur ab (gekühlte Flammen, Kühlflächen, indifferente Beimengungen); es erfolgt ein stufenweiser Abbau unter Bildung teerähnlicher Produkte, die in Dampfform abgeschieden werden, ohne daß die Flamme sichtbar leuchtet. Übersteigt die Temperatur eine gewisse Grenze, so geht der Abbau weiter bis zum Kohlenstoff. Im einzelnen ist dieser Vorgang noch nicht vollständig aufgeklärt (man sehe hierzu die angeführte Literatur und Kap. 13). Im folgenden soll nicht weiter von der kontinuierlichen auf der Anwesenheit von Kohlenstoff beruhenden Emission die Rede sein.

4. Temperatur der Flammen. Wenngleich nach dem Ausgeführten die Frage nach der Temperatur der Flammen nicht mehr die Bedeutung hat wie einstmals, und wenn auch eine Behandlung der Temperatur genaue Angaben über die Art und Größe der in Frage stehenden Flammen voraussetzt, wenn endlich die Temperatur in den verschiedenen Teilen einer Flamme sehr verschieden sein kann, so sollen doch wenigstens einige Bemerkungen angefügt werden, die zur Orientierung dienen. Auch hier wird für genauere Einzelheiten auf das Kap. 13 dieses Bandes verwiesen.

Die Frage nach der Temperatur von Flammen hat nur Sinn, sofern sie sich auf die Durchschnittstemperatur bezieht. Diese letztere kann weitgehend beeinflußt werden, z. B. indem man einer Flamme indifferente Gase beimischt oder indem man die Flamme in dünner Schicht gegen eine Metallwand oder wasserüberströmte Fläche brennen läßt oder auch auf andere Weise. Die Messung der Temperaturen ist im wesentlichen auf drei verschiedenen Wegen versucht worden. Zunächst hat man Berechnungen aus thermochemischen Daten ange-

---

[1] F. HABER, Experimentaluntersuchungen über Zersetzung und Verbrennung von Kohlenwasserstoffen. Habilitationsschrift (116 S.), Karlsruhe 1896; W. MISTELI, Dissert. Zürich 1904; W. A. BONE, Report on gaseous combustion. Rep. Brit. Ass. Sheffield 1910; man vgl. ferner neuere Lehrbücher der Chemie, z. B. C. ENGLER u. H. v. HÖFER, Das Erdöl, Bd. I u. III, sowie die Bände des Journ. f. Gasbeleuchtg.; O. DAMMER, Handb. d. anorgan. Chem. Bd. IV, S. 323 ff. u. a. m.

stellt; ein weiteres Verfahren liefert die direkte Messung mittels Thermoelementen oder Schmelzpunkten von Metallen. Endlich lassen sich optische Methoden angeben, bei denen eines der allgemeinen Strahlungsgesetze zugrunde gelegt wird. Alle drei Methoden haben schließlich zu einigermaßen übereinstimmenden Resultaten geführt. Es ist hier nicht der Ort, die auf verschiedenen Wegen erhaltenen Zahlenangaben zu diskutieren, um so weniger, als, wie bereits hervorgehoben, die Temperatur in den Flammen sich von Punkt zu Punkt stark ändert und von den beigemengten Gasen abhängig ist. Angemerkt sei nur, daß im entleuchteten Bunsenbrenner die Maximaltemperatur in der Nähe von 1800° liegt, in der Wasserstoff-Sauerstoff-Flamme bei 2800°, in der Kohlenoxyd-Sauerstoff-Flamme bei 2600°, in der Azetylen-Sauerstoff-Flamme bei 3800°.

5. Spezielle Flammen. 1. Die Leuchtgasflamme. Sie zeigt nur im Bereiche des Innenkegels das SWANsche Spektrum. Ist der Innenkegel schlecht ausgebildet, so sieht man das SWANsche Spektrum in der ganzen Flamme. In der ganzen Flamme findet man weiter stark das ultraviolette Spektrum des HO^-, besonders im Innenkegel und Außenkegel. Im Ultrarot sind stark die Banden des H_2O und CO_2. Färbt man die Flamme, so sind die erhaltenen Spektra verschieden im Innen-, Außenkegel und Zwischengas. In den beiden letzteren sind die Spektra im wesentlichen auf den sichtbaren Teil beschränkt, während der Innenkegel auch Funkenlinien bis weit ins Ultraviolett liefert. Neben den Hauptlinien der Grundzustände findet man viele Molekülspektra. In gespaltenen Flammen sind die Färbungen in den verschiedenen Teilen verschieden.

2. Wasserstoffflamme. Sie ist bei normalem Druck im Sichtbaren fast lichtlos, zeigt nur im Ultraviolett die HO^--Banden, im Ultrarot die Banden des H_2O. Bei höherem Drucke wird die Flamme leuchtend und zeigt ein kontinuierliches Spektrum. Verdampft man Substanzen in einer Wasserstoffflamme, so stehen ihre Spektra zwischen denjenigen eines Bunsenbrenners und einer Leuchtgas-Sauerstoff-Flamme.

3. Sauerstoffflammen. Durch Einführung von reinem Sauerstoff an Stelle von Luft lassen sich die bereits erwähnten Flammen zu bedeutend höherer Temperatur und Helligkeit bringen. Man nähert sich den Bogenspektren, der Einfluß des Innenkegels tritt zurück. a) Leuchtgasflamme. Sie ist leicht zu handhaben, kann gespalten werden, besitzt einen kleinen Innenkegel, liefert neben einem schwachen kontinuierlichen Spektrum die schon beim Bunsenbrenner erwähnten Spektra und gibt Bogen-, keine Funkenlinien. b) Wasserstoffflamme. Neben der bereits erwähnten Emission gibt die Knallgasflamme ein kontinuierliches Spektrum und intensive Bogenlinien und Bandenspektra der meisten Elemente, z. B. auch des Iridiums. Die Flamme kann nicht gespalten werden. Sie ist vielfach zu spektralanalytischen Zwecken benutzt worden. c) Kohlenoxydflamme. Diese Flamme kann gespalten werden, sie besitzt neben den Spektren des CO_2 und C ein kontinuierliches Spektrum. Die Temperatur liegt noch höher als bei den H-O-Flammen. d) Cyan-Sauerstoff-Flamme. Auch sie kann gespalten werden; neben dem Swanspektrum zeigt sie das Cyanspektrum, ihre Temperatur liegt wohl noch höher als diejenige der Azetylenflamme. e) Azetylenflamme. Sie hat die höchste Temperatur, kann nicht gespalten werden und zeigt das Swanspektrum. Die Temperatur ist am höchsten in einiger Entfernung von der Öffnung des Brenners, liegt bei 3800°; die Spektra eingeführter Stoffe gleichen den Bogenspektren.

4. Nichtsauerstoffflammen. Erwähnt sei hier nur die Cl-H-Flamme. Die Chlor-Wasserstoff-Flamme hat eine Temperatur in der Nähe von 2400°. Im Sichtbaren zeigt sie ein schwaches kontinuierliches Spektrum, im Ultrarot

die Banden des HCl. Neben zahlreichen Verbindungsspektren erhält man linien-
arme Spektra mancher Metalle. Die Alkalien geben keine Linienspektra.

5. In diesen Zusammenhang gehören auch die Spektra von Explosionen,
z. B. von Feuerwerkssätzen. Man erhält Spektra, die der H-O-Flamme ähnlich sind.

6. Einführung von Substanzen in Flammen. Zur Färbung von Flammen sind unzählige Hilfsmittel angegeben worden, von denen hier nur einige
erwähnt werden sollen. Das älteste Verfahren ist die Benutzung eines dünnen,
an der Spitze zu einer Öse gebogenen Platindrahtes. Statt dieses haben andere
Beobachter Quarz- oder Porzellanstäbchen, Quarzfäden, Asbestfäden, Röhren
mit einem Docht aus Asbestfäden, Kohlezylinder, Asbestkränze usw. benutzt.
Für Dauerfärbungen verwendet man ein rotierendes Netz aus Platingewebe, das
auf einer Seite in einen Flüssigkeitstrog taucht. Oder man umgibt die Luft-
öffnungen des Brenners mit einem ringförmigen Gefäß, in dem eine Salzlösung
elektrolysiert wird oder durch dessen Boden Preßluft getrieben wird und so die
Flüssigkeit in feine Tröpfchen auflöst. Man kann auch dem Gasstrom oder Luftstrom den Dampf einer Substanz beimengen oder ihn durch ein Gefäß führen,
in dem ein elektrischer Bogen oder ein Funke einen feinen Staub der zu prüfenden
Substanz erzeugt. Je feiner die Verteilung ist und je weniger die Flamme durch
beigemengte Flüssigkeiten oder eingeführte kalte Träger der Probesubstanzen
abgekühlt wird, um so intensiver und dauerhafter sind die erzielten Spektra.
Für quantitative Versuche sind zahlreiche Anordnungen angegeben worden, die
auf der Zerstäubung einer Salzlösung mittels eines Druckluftzerstäubers beruhen.
Es muß genügen, auf diese Verfahren hinzuweisen, die der praktischen Spektroskopie angehören[1]).

7. Strahlung der Flammen. Die Kenntnis der Strahlungseigenschaften der
Flammen hat neben ihrer optischen gleichzeitig eine erhebliche technische Bedeutung. Denn die bei den Explosionsvorgängen in Motoren oder den Ver-
brennungsvorgängen bei technischen Prozessen auftretenden Ströme und Volu-
mina erhitzter Gase hängen in ihrem Energieaustausch sehr stark von den Strahlungen ab, die von den genannten technischen Flammen an die Wände der Maschinen
oder Öfen abgegeben oder von ihnen aufgenommen werden. Es genügt etwa
auf die Aufgaben hinzuweisen, die eine technische Behandlung von Heizungs-
problemen stellt. Nun fehlt es trotz mancher Ansätze aus älterer und neuerer
Zeit noch an erschöpfenden Untersuchungen[2]). Für eine Reihe elementarer
Körper wie Luft, CO_2, H_2O liegen Messungen der Absorption und Emission vor,
die sich zum Teil weit ins Ultrarot erstrecken und für die auf die Kapitel über
spezielle Spektroskopie verwiesen werden muß. In den Flammengasen, die in
der Regel ein Gemisch der genannten und anderer Körper sind, liegen die Bedingungen noch weit komplizierter. Wir beschränken uns hier auf einige Bemerkungen allgemeiner Natur.

Es sind zahlreiche Versuche gemacht worden, einen quantitativen Zusammenhang zwischen der Intensität des Leuchtens gefärbter Flammen und der Menge
der etwa als Salzstaub zugefügten Substanzen zu bestimmen. Die technische
Schwierigkeit der Konzentrationsmessung, des Einflusses von Beimengungen und
der Selbstabsorption in den Flammen bewirkt, daß kein einfacher Zusammenhang zwischen der Gesamthelligkeit, Konzentration und Schichtdicke besteht,

---

[1]) G. A. Hemsalech u. Ch. de Watteville, C. R. Bd. 144, S. 1388. 1907; Bd. 145,
S. 1266. 1907 (elektrisch zerstäubte Pulver); E. Beckmann, ZS. f. Elektrochem. Bd. 5, S. 327.
1899; ZS. f. phys. Chem. Bd. 34, S. 593. 1900; Bd. 35, S. 433. 1900; Bd. 40, S. 465. 1902;
E. H. Riesenfeld u. H. Wohlers, ZS. f. wiss. Photogr. Bd. 5, S. 194. 1907 (quantitative
Flammenfärbung).
[2]) Man sehe A. Schack, ZS. f. techn. Phys. Bd. 6, S. 530. 1925 u. a. m.

so daß die von GOUY[1]) und ARRHENIUS[2]) aufgestellten Regeln sich bisher nur innerhalb bestimmter Grenzen und unter bestimmten Voraussetzungen haben bestätigen lassen. Die Helligkeit sollte nach GOUY proportional der Wurzel aus der Konzentration sein, während andere, z. B. WIEDEMANN[3]), Proportionalität zwischen Salzgehalt und Helligkeit annahmen. Experimentell finden BECKMANN und WAENTIG[4]) sowie BECKMANN und LINDNER[5]) die GOUYsche Regel bestätigt, ZAHN[6]) die Regel von WIEDEMANN. Rationelle Berechnungen findet man bei LADENBURG und REICHE[7]), W. VOIGT[8]), H. KOHN[9]) u. a. Die hergehörigen Probleme werden in Bd. 20 und 21 weiter erörtert. Der Einfluß der Schichtdicke bei den Flammen zeigt sich in einer starken Zunahme der Helligkeit mit Vermehrung der Schichtdicke. An ungefärbten Flammen hat schon GOUY[10]) Messungen über Absorption gemacht und gefunden, daß der kontinuierliche Grund und die Banden wenig absorbieren und daher nahezu proportional der Schichtdicke wachsen. Die Linienspektra der gefärbten Flammen weisen dagegen starke Absorptionen auf, so daß die Strahlung zweier hintereinandergestellter Flammen nur etwa 1,28 bis 1,47 mal intensiver ist als die einer einzigen. Viel größer sind die Absorptionswerte, die ROSSETTI[11]), R. v. HELMHOLTZ[12]) und PASCHEN[13]) gefunden haben und aus denen folgt, daß schon relativ geringe Dicken von Flammen genügen, um innerhalb von Emissionsbanden die Flammenschicht als schwarzen Körper erscheinen zu lassen. Namentlich der Bunsenbrenner ist vielfach untersucht worden. So fand H. SCHMIDT[14]), daß außerhalb der Emissionsbanden von CO_2 des Bunsenbrenners die Absorption kleiner als 1% sei, während sie in den Absorptionsbanden bis 18% anwächst. Zwei Brenner in Serie absorbieren 32%. Ähnliche Resultate erhält BAUER[15]). BUCHWALD[16]) realisiert geradezu die Strahlung des schwarzen Körpers mittels der CO_2-Strahlung eines Bunsenbrenners. In der CO_2-Bande liefern schon 32 Brenner der benutzten Form schwarze CO_2-Strahlung, während die H_2O-Bande bei 2,8 μ erst bis auf 1% schwarz, d. h. maximal strahlen würde, wenn man eine Schicht von 156 Brennern benutzt. Wiederum für die CO_2-Bande finden auch LUMMER und REICHE[17]), daß bereits eine 40 cm dicke Schicht eines Bunsenbrenners wie ein schwarzer Körper strahlt, d. h. dem LAMBERTschen Gesetze folgt.

Verwendet man mit Metallsalzen gefärbte Flammen, so tritt das verschiedene Verhalten der einzelnen Linien noch stärker hervor. Doch beweisen hier die zahlreichen Versuche, sei es aus den Umkehrtemperaturen der Linien bei Beobachtung gegen das Spektrum eines schwarzen Körpers als Hintergrund, sei es aus der Messung des Verhältnisses der Emission zur Absorption unter Be-

---

[1]) A. GOUY, Ann. chim. phys. (5) Bd. 18, S. 5. 1879.
[2]) Sv. ARRHENIUS, Wied. Ann. Bd. 42, S. 18. 1891.
[3]) E. WIEDEMANN, Wied. Ann. Bd. 37, S. 177. 1889.
[4]) E. BECKMANN u. P. WAENTIG, ZS. f. phys. Chem. Bd. 65, S. 385. 1909.
[5]) E. BECKMANN u. H. LINDNER, ZS. f. phys. Chem. Bd. 82, S. 641. 1913.
[6]) H. ZAHN, Ber. Phys. Ges. Bd. 15, S. 1203. 1913.
[7]) R. LADENBURG u. F. REICHE, Ann. d. Phys. (4) Bd. 42, S. 181. 1913; Ber. Phys. Ges Bd. 15, S. 1. 1913; C. R. Bd. 157, S. 279. 1913 u. a. m.
[8]) W. VOIGT, Ann. d. Phys. (4) Bd. 39, S. 1381. 1912; Phys. ZS. Bd. 14, S. 377. 1913.
[9]) H. KOHN, Phys. ZS. Bd. 15, S. 98. 1914.
[10]) A. GOUY, C. R. Bd. 86, S. 878. 1878; Ann. chim. phys. (5) Bd. 18, S. 5. 1879.
[11]) F. ROSSETTI, C. R. Bd. 89, S. 781. 1879; Ann. chim. phys. (5) Bd. 18, S. 457. 1879.
[12]) R. v. HELMHOLTZ, Die Licht- und Wärmestrahlung verbrennender Gase. Berlin bei Simion 1890.
[13]) F. PASCHEN, Wied. Ann. Bd. 51, S. 9. 1894; Bd. 52, S. 209. 1894.
[14]) H. SCHMIDT, Ann. d. Phys. (4) Bd. 29, S. 971. 1909.
[15]) E. BAUER, Thèse, Paris 1912.
[16]) H. BUCHWALD, Ann. d. Phys. (4) Bd. 33, S. 928. 1910.
[17]) O. LUMMER u. F. REICHE, Ann. d. Phys. (4) Bd. 33, S. 857. 1910.

nutzung des Kirchhoffschen Gesetzes die Flammentemperatur zu ermitteln [1, 2, 3, 4, 5]), daß jedenfalls im Durchschnitt und außerhalb der Explosionszonen (z. B. des Innenkegels) die auf dem angegebenen Wege erhaltenen Zahlen mit den direkt gemessenen in guter Übereinstimmung stehen, so daß angenommen werden kann, daß auch die Emission gefärbter Flammen thermisch bedingt ist und bis zu einer gewissen Grenze auf thermodynamischem Wege berechnet werden kann.

Auch die von David[6]) u. a.[7]) an Explosionsgasen unmittelbar nach der Explosion oder später gemachten Messungen der Absorption und Emission der Gase und die darauf bezüglichen Berechnungen stimmen am besten zu der geschilderten thermischen Behandlung.

Im ganzen liefert daher die Saha[8])-Russelsche[9]) Behandlungsweise zur Zeit die beste Übersicht über das Verhalten der einzelnen Spektralteile der Emission von Flammen und erhitzten Gasen. Hierdurch erübrigt sich auch an dieser Stelle ein Eingehen auf die komplizierten Ionisationsvorgänge in Flammen, die ihrerseits durch das thermische Gleichgewicht bedingt erscheinen.

Allerdings muß die eigentliche Explosionszone ausgenommen werden. Wie schon früher bemerkt, ist schon von Hemsalech und de Watteville[10]) das Auftreten von Funkenspektren im Innenkegel von Flammen nachgewiesen worden, und auch Bauer[5]) u. a. haben gezeigt, daß gerade im Innenkegel[11]) auf optischem Wege die Temperatur weit höher gefunden wird. Hierzu passen die Lumineszenzvorgänge, die man wiederholt bei chemischen Reaktionen gefunden hat, die scheinbar ohne Temperatursteigerung verlaufen[12]). Doch widersprechen solche Beobachtungen nicht den obengemachten Ausführungen, da diese sich nur auf Gleichgewichte oder Quasigleichgewichte in relativ größeren Gasvolumen beziehen[13]).

---

[1]) Ch. Féry, C. R. Bd. 137, S. 909. 1903.

[2]) F. Kurlbaum u. G. Schulze, Verh. d. D. Phys. Ges. Bd. 4, S. 234. 1906.

[3]) H. Kohn, Phys. ZS. Bd. 15, S. 98. 1914; Dissert. Breslau 1913; Ann. d. Phys. (4) Bd. 44, S. 749. 1914.

[4]) R. Ladenburg u. F. Reiche, Ann. d. Phys. (4) Bd. 42, S. 181. 1913.

[5]) E. Bauer, These, Paris 1912.

[6]) W. T. David, Proc. Roy. Soc. London (A) Bd. 85, S. 537. 1911; Phil. Trans. (A) Bd. 211, S. 275. 1911.

[7]) Siehe z. B. B. Hopkinson, Proc. Roy. Soc. London (A) Bd. 84, S. 155. 1910, sowie die Schriften von Haber, Hartley, Nernst, Le Chatelier u. Mallard.

[8]) M. N. Saha, Phil. Mag. (6) Bd. 40, S. 472, 809. 1920; (7) Bd. 3, S. 1265. 1927; Journ. Ind. Chem. Soc. Bd. 2, S. 49. 1925; Phil. Mag. (6) Bd. 41, S. 267. 1921.

[9]) H. N. Russell, Astrophys. Journ. Bd. 55, S. 354—359, 119. 1922.

[10]) G. Hemsalech u. Ch. de Watteville, C. R. Bd. 146, S. 1389. 1908; Bd. 149, S. 1369. 1909; Bd. 150, S. 329. 1910.

[11]) Man sehe auch F. Haber, ZS. f. phys. Chem. Bd. 68, S. 729. 1910; F. Hiller, ebenda Bd. 81, S. 391. 1912; F. Epstein u. P. Krassa, ebenda Bd. 71, S. 28. 1910, u. a. m.

[12]) Siehe z. B. F. Haber u. W. Zisch, ZS. f. Phys. Bd. 9, S. 302. 1922.

[13]) In den Literaturangaben wie im Texte sind mit Absicht die Arbeiten über den Zusammenhang zwischen Dissoziation in Flammen und Leitfähigkeit, insbesondere auch die Arbeiten von Lenard, Becker, G. C. Schmidt, Fredenhagen, Reis usw. nicht erwähnt, weil der Schwerpunkt in ihnen nach der Seite der Fragen der Elektrizitätsleitung in Gasen liegt und weil hier nicht der Ort ist, auf die Zusammenhänge zwischen der Atomtheorie und der Lichttheorie einzugehen. Hierfür muß auf die Bände 20 und 21 verwiesen werden. Ebenso sind aus der sehr großen Zahl der Einzelarbeiten über die Emission von erhitzten Dämpfen und Gasen hier nur einige Proben angeführt. Man sehe auch die Bemerkung S. 259 dieses Bandes.

B. Lichttechnik.

Kapitel 12.

Allgemeines. Geschichtliches.

Von

E. Lax und **M. Pirani**, Berlin.

a) Lichttechnische Begriffe und Einheiten.

1. Tabellarische Zusammenstellung der photometrischen Grundbegriffe.
Die für Lichtquellen(Lampen) und Beleuchtung charakteristischen photometrischen Grundgrößen und Einheiten sind in der folgenden Tabelle zusammengestellt nach dem Entwurfe der „Kommission für Lichttechnik des Verbandes Deutscher Elektrotechniker" und der „Kommission für Bewertung und Messung von Lichtquellen der Deutschen Beleuchtungstechnischen Gesellschaft[1]".

Tabelle 1[2]).

Größe		Einheit	
Name	Zeichen	Name	Zeichen
1. Lichtmenge	Q	Lumenstunde	Lmh
2. Lichtstrom	$\Phi = \dfrac{Q}{T}$	Lumen	Lm
3. Lichtstärke	$J = \dfrac{\Phi}{\omega}$	Hefnerkerze	HK
4. Beleuchtungsstärke	$E = \dfrac{\Phi}{F} = \dfrac{J}{r^2} \cos i$	Lux	Lx[3])
5. Leuchtdichte (Flächenhelle)	$e = \dfrac{J\varepsilon}{f \cdot \cos\varepsilon}$	Hefnerkerze für den Quadratzentimeter (neuerdings Stilb genannt)	HK/cm² resp. Sb

[1]) Eine Gegenüberstellung von Energiegrößen und abgeleiteten Lichtgrößen findet sich z. B. in dem Berichte über Spektralphotometrie. Journ. Opt. Soc. Amer. Bd. 10, S. 169. 1925.

[2]) Während der Drucklegung erschien eine neue Zusammenstellung der Kommission für Einheiten und Bezeichnungen (Deutsche Beleuchtungst. Ges.), auf die hingewiesen sei: Licht und Lampe 1927, Heft 23, S. 767.

[3]) Außer auf 1 m² wird die Beleuchtungsstärke auch auf 1 cm² bezogen. Diese Größe $\dfrac{1 \, \text{Lm}}{\text{cm}^2}$ wird 1 Phot genannt. 1 Lux = 0,0001 Phot; die praktische Einheit ist das Milliphot.

Hierin bedeuten:

T die Zeit in Stunden,

ω den Raumwinkel = dem Verhältnis eines Stückes der Kugeloberfläche zum Quadrat ihres Halbmessers,

F eine Fläche in m^2,

f eine Fläche in cm^2,

r eine Länge (Entfernung) in m,

i den Einfallswinkel (Inzidenzwinkel),

ε den Ausstrahlungswinkel (Emissionswinkel).

Bei Vergleichen mit ausländischen Einheiten sind Lumen und Lux als Hefnerlumen und Hefnerlux genauer zu kennzeichnen.

2. Erläuterungen und Beziehungen der Größen untereinander. Durch Angabe der Lichtmenge wird die Strahlungsenergie nach ihrer physiologischen Wirkung auf das Auge beurteilt.

Der Lichtstrom hat die Dimension einer Leistung. Man mißt ihn durch den Vergleich der Helligkeit ebener Flächen.

Das Maß, welches dazu dient, die in verschiedenen Richtungen in den gleichen kleinen Raumwinkel ausgestrahlten Lichtströme miteinander zu vergleichen, ist die Lichtstärke (Einheit: Hefnerkerze). Zahlenmäßig wird sie gleich dem Lichtstrom, der im Raumwinkel 1 ausgesandt wird, gesetzt, oder anders ausgedrückt, gleich der Lichtstromdichte, die auf der Flächeneinheit der Kugel mit dem Radius 1 gemessen wird.

Die Leuchtdichte HK/cm^2 gibt die Intensität der von der Einheit der „gesehenen Fläche" ausgesandten Strahlung an. Die „gesehene Fläche" ist die Projektion der strahlenden Fläche auf die senkrecht zur Blickrichtung stehende Ebene. Die Leuchtdichte für ebene Oberflächen selbststrahlender Körper hat sich als abhängig vom Winkel zwischen Blickrichtung und Flächennormale erwiesen (vgl. Kap. 2, Ziff. 3).

Die Beleuchtungsstärke Lm/m^2 ist die Lichtstromdichte, auf 1 m^2 der Auffangfläche bezogen. Da der Lichtstrom im allgemeinen teilweise gerichtet ist, so ist die Beleuchtungsstärke von der Lage der Fläche (Winkel zwischen Flächennormale und Lichtstromrichtung) abhängig.

Eine Krümmung der Auffangfläche wird bei der Berechnung der Flächengröße nicht berücksichtigt, da es nur auf die „gesehene Fläche" ankommt.

Bei Raumbeleuchtung hat man zur Kennzeichnung der Beleuchtungsstärke eine Normalbezugsfläche festgesetzt, und zwar die in 1 m Abstand vom Fußboden gelegte Horizontalebene.

Außer der Leuchtdichte HK/cm^2 ist bei leuchtenden Flächen, sowohl bei Erstlichtquellen als bei Zweitlichtquellen (unter Zweitlichtquellen seien alle durch Reflexion oder Zerstreuung von Lichtströmen leuchtenden Körper zusammengefaßt) zur Kennzeichnung der Gesamtlichtstrahlung die Angabe der Lichtstromdichte Lm/cm^2 erwünscht, denn nur für eine selbststrahlende Idealfläche (Kosinusgesetz gültig) ist die Leuchtdichte von der Beobachtungsrichtung völlig unabhängig. Um die Lichtstromdichte zu errechnen, ist eine Festsetzung über die Art der Flächengrößenberechnung nötig. Zum Beispiel ist bei Lampen mit wendelförmigem Leuchtkörper die Flächenform äußerst kompliziert. Von der Gesamtoberfläche des Drahtes sind Teile abgedeckt, deren Größe sich je nach der Beobachtungsrichtung ändert. Es ist deshalb für solche Zwecke praktisch als Oberfläche die Größe der Raumwinkelprojektion der Oberfläche zu nehmen.

Diese Raumwinkelprojektion wird aus der Größe der senkrechten Projektionen aus verschiedenen Winkeln nach den gleichen Verfahren gewonnen wie die mittlere räumliche Lichtstärke bzw. der Lichtstrom aus der Messung der Lichtstärke in verschiedenen Richtungen (s. Abschnitt Photometrie)[1].

Für Körper, deren Strahlung dem Kosinusgesetz folgt und deren Oberflächenformen zu keinerlei gegenseitiger Bestrahlung einzelner Flächenstücke Veranlassung geben (z. B. Kugel, Zylinder, ebene Flächen), ist der Zahlenwert der Lichtstromdichte, auf die Oberfläche bezogen, gleich dem mit π multiplizierten Werte der Leuchtdichte[2]. Bezieht man die Lichtstromdichte auf die Raumwinkelprojektion, so sind Lichtstromdichte und Leuchtdichte zahlenmäßig gleich, solange das Kosinusgesetz gilt. Bei Abweichungen vom Kosinusgesetz würde der Unterschied der Zahlenwerte der Leuchtdichte in senkrechter Richtung und der Lichtstromdichte für eine ebene Fläche ein Maß für die Gesamtabweichung vom Kosinusgesetz sein.

Die Leuchtdichte unselbständig leuchtender Flächen ist von der Form der Flächen, vom Reflexionsvermögen und der Beschaffenheit des einfallenden Lichtstromes abhängig. Je nach der Energieverteilung in dem beleuchtenden Lichtstrom variiert bei farbigen unselbständig leuchtenden Flächen das Verhältnis Leuchtdichte zu Beleuchtungsstärke.

Um die Lichtstromdichte je nach der Flächenberechnung zu unterscheiden (Raumwinkelprojektion oder Flächengröße), ist es vielleicht zweckmäßig, dem Zeichen $\dfrac{\mathrm{Lm}}{\mathrm{cm}^2}$ ein Merkmal beizugeben, etwa $\dfrac{\mathrm{Lm}}{\bigcirc\,\mathrm{cm}^2}$ für die Leuchtdichte auf die Raumwinkelprojektion bezogen, $\dfrac{\mathrm{Lm}}{\perp\,\mathrm{cm}^2}$ für die Leuchtdichte, die auf die Oberfläche bezogen ist, zu setzen.

Bei der Begriffsbildung sind endliche Größen definiert. Ändert sich die Strahlung, so rechnet man in der Lichttechnik innerhalb kleiner Bereiche mit Mittelwerten.

3. Numerische Beziehungen der einzelnen Angaben. Die Angaben der Lichtstärke erfolgen in HK (Hefnerkerzen). Im Ausland wird die Lichtstärke vielfach in sog. ‚internationaler Kerze' = I.C.P. (International candle power) gemessen (1 HK = 0,901 I.C.P.)[3].

Mit $\mathrm{HK_{max}}$ wird die Lichtstärke in der Richtung größter Ausstrahlung bezeichnet, mit HK_h der Mittelwert der Lichtstärke über alle Strahlungsrichtungen senkrecht zum Leuchtsystem. $\mathrm{HK}_{\bigcirc}$ bezieht sich auf den Mittelwert der in allen Richtungen gemessenen Lichtstärken $\left(\dfrac{\mathrm{Lm}}{4\,\pi}\right)$. Für zylinderförmige Leucht-

Tabelle 2. Beziehung zwischen den in Deutschland und Mitteleuropa benutzten lichttechnischen Einheiten und den sogenannten Internationalen Einheiten für zylindrische Wolframleuchtkörper.

Gegebene Größe	Umrechnungsfaktoren auf:					
	HK_h	$\mathrm{HK}_{\bigcirc}$[4]	$(\mathrm{I.C.P})_h$	$(\mathrm{I.C.P})_{\bigcirc}$	HLm	I.C.P.Lm
HK_h	1	0,80	0,901	0,72	10,05	9,06
$\mathrm{HK}_{\bigcirc}$	1,25	1	1,126	0,901	12,57	11,32
$(\mathrm{I.C.P.})_h$ . .	1,11	0,888	1	0,8	11,16	10,05
$(\mathrm{I.C.P})_{\bigcirc}$ . . .	1,39	1,11	1,25	1	13,95	12,57
HLm	0,0995	0,0796	0,0896	0,0717	1	0,901
I.C.P.Lm . .	0,1104	0,0883	0,0995	0,0796	1,11	1

[1]) Vgl. z. B. A. S. WEAVER, Trans. Ill. Eng. Soc. Bd. 22, S. 547. 1927.

[2]) Diese Lichtstromdichte in I.C.P.Lm wird in Amerika Lambert genannt.

$$1 \text{ Lambert} = \frac{1{,}11}{\pi}\ \mathrm{HK/cm^2}.$$

[3]) Dieser Umrechnungsfaktor ist nur für Temperaturen unterhalb 2000° abs. gültig. Siehe Kap. 1, Ziff. 24, Anmerkg. 2.

[4]) Die Werte 0,8 usw. sind für Wolfram 2% größer als $\dfrac{\pi}{4}$ wegen der Abweichung vom Lambertschen Kosinusgesetz.

körper, deren Strahlung das Kosinusgesetz befolgt, und für die der Radius klein gegen die Länge ist, ist $HK_\perp = HK_h$, $HK_O = \dfrac{\pi}{4} HK_h$, für kugelförmige Leucht-körper ist $HK_h = HK_\perp = HK_O$. Eine Umrechnungstabelle für die verschiedenen Größen für zylindrische Glühkörper aus Wolfram zugleich mit Einbeziehung der Umrechnung auf die „Internationale" Kerze ist in Tabelle 2 gegeben.

Die Beziehungen zwischen Beleuchtungsstärke und Leuchtdichte bei Flächen von einem Reflexionsvermögen $= 1$ und die Umrechnung auf internationale Einheiten sind in Doppelskala Abb. 1 gegeben.

4. Zusammenstellung der für die Lichtabgabe wichtigen Größen. Eine Zusammenstellung der zur Charakterisierung der Strahlung in der Lichttechnik gebrauchten Begriffe ist im folgenden gegeben (vgl. Kap. 1, Ziff. 24).

1. Optischer Nutzeffekt. Anteil der auf das Sichtbare entfallenden Strahlungsenergie dividiert durch die Gesamtstrahlung

$$\frac{\displaystyle\int_{4,0\cdot10^{-5}\,\mathrm{cm}}^{7\cdot10^{-5}\,\mathrm{cm}} E_\lambda\,d\lambda}{\displaystyle\int_{0}^{\infty} E_\lambda\,d\lambda}.$$

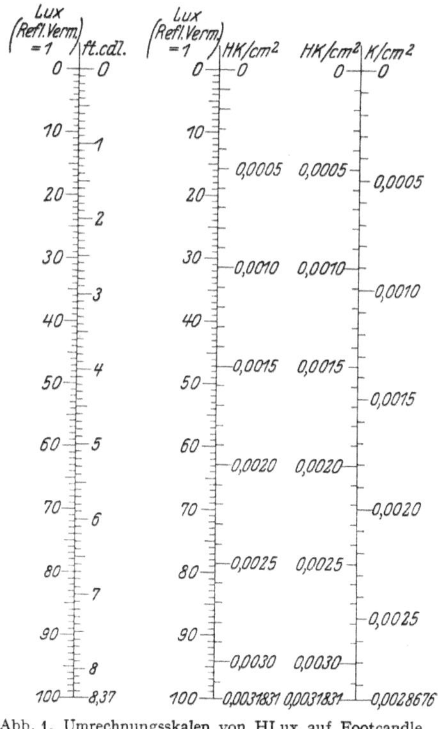

Abb. 1. Umrechnungsskalen von HLux auf Footcandle, von HLux auf Leuchtdichte HK/cm² (unter Voraussetzung eines Albedos von 1) und HK/cm² auf I.C.P./cm² (K/cm²).

2. Visueller Nutzeffekt der Gesamtstrahlung. Verhältnis des auf das sichtbare Gebiet entfallenden, nach der Lichtwirkung beurteilten Teiles der Strahlung zur Gesamtstrahlung

$$\frac{\displaystyle\int_{4\cdot10^{-5}\,\mathrm{cm}}^{7\cdot10^{-5}\,\mathrm{cm}} A_\lambda E_\lambda\,d\lambda}{\displaystyle\int_{0}^{\infty} E_\lambda\,d\lambda}.$$

Bezieht man den visuellen Nutzeffekt der Gesamtstrahlung nicht nur auf die als Strahlung abgegebene Leistung, sondern auf die gesamte Leistungsaufnahme (inkl. technischer Verluste durch Wärmeableitungen, Beruhigungswiderstände usw.), so gibt der Wert ein Maß für die Lichtausbeute; durch Multiplikation mit 689,6 (reziproker Wert des mechanischen Lichtäquivalentes in Watt pro Lumen) erhält man die Lichtausbeute in den üblichen Maßeinheiten Lm/Watt.

3. Visueller Nutzeffekt der sichtbaren Strahlung. Verhältnis der nach der Lichtwirkung beurteilten Strahlung im Sichtbaren zu der auf dieses Gebiet entfallenden Strahlung

$$\frac{\displaystyle\int_{4\cdot10^{-5}\,\mathrm{cm}}^{7\cdot10^{-5}\,\mathrm{cm}} A_\lambda E_\lambda\,d\lambda}{\displaystyle\int_{\lambda=4\cdot10^{-5}\,\mathrm{cm}}^{\lambda=7\cdot10^{-5}\,\mathrm{cm}} E_\lambda\,d\lambda}.$$

4. Als Leuchtgüte wird das Verhältnis der Lichtausbeute der Lichtquelle zu der des schwarzen Körpers bezeichnet (Kap. 2, Ziff. 10).

b) Die lichterregenden Vorgänge.

5. Zusammenstellung der in der Lichttechnik nutzbar gemachten licht-erregenden Vorgänge. Von den in den vorigen Kapiteln behandelten lichterregenden Vorgängen werden für lichttechnische Zwecke bisher nur die in der folgenden Tabelle aufgezählten benutzt:

Vorgang:	Lampenart:
Temperaturstrahlung	1. Leuchtende Kohlenstoffflammen, 2. Glühlicht, 3. Elektrische Glühlampen, 4. Elektrodenbogenlampen.
Elektrische Gasentladung . . .	1. Leuchten der positiven Säule (Moorelicht, Neon-bogenlampen, Dampfbogenlampen), 2. Leuchten des negativen Glimmlichtes (Neonglimm-lampen).
Elektrische Gasentladung und Temperaturstrahlung . . .	1. Leuchten von Elektroden und vorgelagertem Dampf (Flammenbogenlampen).
Fluoreszenz	1. Schirme mit Rhodamin in Hg-Dampflampen. Schirme mit Zinksulfid in Moorelichtröhren[1]). Uranylkaliumsulfatschirme in Stickstoffglimment-ladungsröhren.

6. Hinweis auf weitere lichterzeugende Vorgänge. Biochemisches Leuchten. Radioaktive Leuchtfarben. Ein vom lichtökonomischen Standpunkt inter-essantes Leuchten ist bei den vielen Arten der Leuchtbakterien und bei den mit Leuchtorganen versehenen Insekten und Fischen vorhanden. Das ausgesandte Leuchten ist mehr oder weniger um das Reizmaximum des Auges konzentriert und so äußerst ökonomisch[2]). So ist z. B. für die Feuerfliege (Photinus pyralis) der visuelle Nutzeffekt nach Angaben von NUTTING und COBLENTZ zu 0,8 bis 0,9, die Lichtstärke zu etwa 0,0083 HK, die Leuchtdichte zu ca. $5 \cdot 10^{-3}$ HK/cm^2 bestimmt worden. Der Vorgang, bei dem das Leuchten auftritt, besteht in der Addition von Sauerstoff in einem Gemenge proteinähnlicher Körper, des sog. Luzi-ferin. Als beschleunigender Katalysator wirkt dabei ein Enzym, die sog. Luziferase. Man kann das Leuchten auch im Reagensglas mit den durch Extraktion ge-wonnenen Produkten hervorrufen. Durch naszierenden Wasserstoff wird das gebildete Oxyluziferin zu Luziferin zurückgebildet.

Die Leuchtfarben bestehen aus Gemengen von radioaktiven Stoffen (Radium, Mesothor, Radiothor) und lumineszenzfähiger Träger (Zinksulfid mit ca. $10^{-2}\%$ Kupfer). Die erzielten Leuchtdichten sind ca. 10^{-6} HK/cm^2 [3]).

c) Historische Entwicklung der Lichtquellen.

7. Grundbedingungen für die Lichttechnik. Die ersten Anfänge künst-licher Beleuchtung mit festen und flüssigen Brennstoffen bieten heute kein Interesse mehr. Fortschritte auf lichttechnischem Gebiete stellten sich erst ein,

---

[1]) F. SCHRÖTER, ZS. f. techn. Phys. Bd. 4, S. 1 u. 162. 1923.

[2]) Vgl. E. N. HARVEY, The Nature of Animal Light, Philadelphia 1920 u. W. W. COB-LENTZ u. C. W. HUGHES: Spectral Energy Distribution of the Light Emitted by Plants and Animals. Scient. Pap. Bur. of Stand. Bd. 21, Nr. 538. 1926.

[3]) Nach mündlichen Angaben von J. D'ANS wird bei Zinksulfid die Energie der α-Strahlen zu ca. 80% in Licht (Wellenlänge ca. $5,5 \cdot 10^{-5}$ cm) umgewandelt. (Ver-öffentlichung mit genauen Angaben ist in Vorbereitung).

als einerseits die Erfindung des Leuchtgases (Ende des 18. Jahrhunderts), andererseits für die elektrische Beleuchtung die Erfindung der Dynamomaschinen (letztes Drittel des 19. Jahrhunderts) bequem zugängliche und billige Energiequellen schufen.

8. Flammen mit leuchtendem Kohlenstoff. Wesentlich zur Entwicklung von transportablen Lampen trug die Einführung des Hohldochtbrenners und des gläsernen Zylinders für die Öllampe (1789 Argand) und die Verbindung von einem größeren Vorratsbehälter mit der Lampe bei (Ölbehälter im Lampenfuß 1800). Stearin wurde 1820 von Chevreul, Paraffin 1830 von Reichenbach entdeckt. Bei der ersten Gasbeleuchtung (1783 J. P. Minkelers, 1785 Pikel, 1791 W. Murdoch) wurden Einlochbrenner benutzt. Es folgten dann Mehrlochbrenner, der ringförmige Argandbrenner, der Schnittbrenner, der Fischschwanzbrenner (1830), der noch heute bei Azetylenlampen gebraucht wird. Der letzte Fortschritt auf dem Gebiete selbstleuchtender Flammen war die Regenerativlampe (in den 80er Jahren Siemens und Wenham).

9. Glühlicht. Die Bedeutung leuchtender Flammen schwand mit der Erfindung des Glühlichtes. Schon früher hatte man erkannt, daß selbstleuchtende Flammen nicht die beste Ausnutzung der Verbrennungsenergie zur Lichterzeugung sind, daß durch Erhitzung fester Körper in der Flamme eine Vermehrung des Lichtes erzielt wird. Ansätze zur Ausbildung solcher Lampen waren im Drummondschen Kalklicht (1820, Erhitzung von CaO in Knallgasflamme), im Gillardschen Platinlicht (1846, Pt in Wassergasflamme), im Clamondschen Magnesialicht (1881) und im Fahnehjelmschen Magnesiakammlicht (1883) vorhanden. Aber erst im Anschluß an die Entdeckung der günstigen Strahlungseigenschaften der Oxyde der seltenen Erden von Auer v. Welsbach wurde eine wesentlich bessere Lichtausbeute erzielt (Auerstrumpf).

Der Gasbrenner für den Auerstrumpf wurde nach dem Prinzip der Bunsenbrenner ausgebildet (Pintsch). 1892 wurde das Gasglühlicht zuerst in Deutschland eingeführt. In der nächsten Zeit wurden viele Verbesserungen an Innen- und Außenluftzuführungen angebracht. Mit Einführung des Preßgaslichtes (1900) wurde die Flammentemperatur erhöht und damit die Lichtausbeute gesteigert. Das hängende Gasglühlicht bedeutet einen weiteren Fortschritt (Hängelampe für Preßgaslicht und 1910 die Niederdruckstarklichtlampe).

Auch für flüssige und andere gasförmige Brennstoffe ließ sich bei geeigneter Brennerkonstruktion der Glühstrumpf verwerten. Es entstanden z. B. Lampen für das Druckpetroleumglühlicht und Azetylenglühlicht und das noch jetzt viel gebrauchte Spiritusglühlicht (1895), für das auch Hängelichtbrenner konstruiert sind.

10. Elektroden- und Flammenbogenlampen. Die ersten Ansätze zur Ausnutzung elektrischer Energie zur Lichterzeugung gehen auf die Beobachtungen Davys über die Lichtbogenbildung beim Öffnen von Stromkreisen zurück. An Hand dieser Beobachtungen versuchte er bereits in den Jahren 1800 bis 1810, den Lichtbogen zur Lichterzeugung zu verwenden. Untersuchungen über die Entstehung des Bogens wurden von Davy, Nicholson, Ritter, Pfaff, Curtet, Smirnoff usw. ausgeführt. Von den Untersuchungen über die Schaffung eines brauchbaren Elektrodenmaterials sind vor allem die von Grove zu erwähnen, weiter die von Reiselt und Schmidt und Casselmann über den Einfluß, den ein Tränken der Kohle mit kohlenstoffhaltigen Lösungen und später mit Salzlösungen auf Verlängerung des Lichtbogens und auf Färbung der Flamme hat. Dieses sind die Vorläufer der Flammenbogenlampen. Weiter wurden Versuche zur Verminderung des Abbrandes der Elektroden unternommen, indem der Luftzutritt vermindert wurde (Einschließen des Lichtbogens, Davy, Grove 1840/41,

BOUSSINGAULT 1845, DE LA RIVE 1845, DESPRETZ 1849). Die eigentliche Gebrauchsfähigkeit und Betriebssicherheit der Bogenlampen ist an die Erfindung der Differentiallampe von HEFNER-ALTENECK (1879) geknüpft. Durch diese Lampe wurde die 1876 bekanntgewordene Jablochkowkerze, eine Bogenlampe mit parallel nebeneinanderstehenden, durch Isoliermaterial getrennten Elektroden, verdrängt. In demselben Jahre (1879) brachten auch Gebr. Siemens die Dochtkohle heraus, durch die der Lichtbogen ruhiger gehalten werden kann. Die Fortsetzung der Versuche über den eingeschlossenen Lichtbogen (STREETS u. a. 1886) führten 1893 zur Konstruktion der Dauerbrandlampe von JANDUS. Mit der Flammenbogenlampe (BREMER 1899) war ein weiterer wichtiger Schritt getan.

Es wurden in der Folgezeit die Regelwerke durchgebildet und das Elektrodenmaterial verbessert. 1910 wurde ein weiterer Fortschritt dadurch erzielt, daß es gelang, auch Effektkohlen unter verminderter Luftzufuhr zu brennen, also die beiden getrennten Prinzipien (Dauerbrandlampe und Flammenbogenlampe) zur Dauerbrandflammenbogenlampe zu vereinigen (JANDUS, CARBONE). Einen gewissen Abschluß fand diese Entwicklung in der Diacarbonelampe (Körting & Matthiesen 1925), deren Kohlen eine Brenndauer von rund 120 Stunden haben.

Interessante Versuche, die Lichtausbeute der Bogenlampe durch Temperatursteigerung, Brennen unter Druck, zu erhöhen, wurden von LUMMER und MATTHIESEN 1914 vorgenommen. In der Technik fanden diese wissenschaftlichen Ergebnisse infolge Schwierigkeiten der Herstellung von Drucklampen keine Anwendung. Einen bedeutenden Fortschritt in der Steigerung der Lichtausbeute brachte die Becklampe (1910), eine Bogenlampe mit überlasteten Effektkohlen, an deren Weiterbildung vor allen Dingen GEHLHOFF (1918) beteiligt ist.

Neben der Kohle wurden als Elektrodenmaterial erfolgreich Magnetit und Titankarbid (STEINMETZ 1904) verwandt, daneben in den letzten Jahren Wolfram. Der Lichtbogen der in Glühlampenform hergestellten Wolframbogenlampe befindet sich in einer indifferenten Gasatmosphäre (Osram-Ges., Berlin, Ediswan-Co. in London).

11. Gasentladungslampen. Die Benutzung von elektrisch angeregten Gasen und Dämpfen als Lichtquellen eröffnete Ende des 19. Jahrhunderts ein neues Gebiet.

Das Prinzip der Quecksilberbogenlampen geht auf ARONS Versuche (1892 und 1896) zurück, technisch durchgebildet wurden sie von COOPER HEWITT. Die Ausnutzung der starken ultravioletten Strahlung des Hg-Bogens wurde durch Anwendung von Quarz als Hülle nach KÜCH (1906) möglich, zugleich stieg die Lichtausbeute infolge der Anwendbarkeit höherer Betriebstemperaturen.

Der Lichtbogen in Edelgasen wurde gleichfalls als Lichtquelle ausgenutzt (Neonbogenlampe, RAMSAY 1909, CLAUDE 1910, SKAUPY, 1912).

Das Licht der positiven Säule bei der Gasentladung nutzen in Anlehnung an die GEISSLERschen Entladungsröhren als Lichtquelle das sog. Moorelicht (1904, Kohlensäure oder Stickstoff) und die Neonleuchtröhren (1911) aus.

Das kathodische Glimmlicht wird in den sog. Glimmlampen ausgenutzt. Von ihnen sind die mit Neonfüllung für viele Zwecke, wo eine nur geringe Beleuchtungsstärke genügt, in Gebrauch.

12. Glühlampe. Da die Lichtausbeute der Temperaturstrahler stark mit steigender Temperatur anwächst, ist die Richtung der Entwicklung der Glühlampe durch den Übergang zu höher erhitzbaren Materialien gekennzeichnet. Schon in die Jahre 1840 bis 1860 fallen primitive Versuche von GROVE, DE MOLLEYN, PETRIE, elektrische Glühlampen mit Platin oder Iridium als Leuchtkörper herzustellen.

Die ersten brauchbaren Lampen (Kohlefadenlampen) wurden von Göbel im Jahre 1854 hergestellt. Der Leuchtkörper bestand aus verkohlten Bambusfasern. Eine technische Entwicklung der Glühlampen konnte zur damaligen Zeit noch nicht einsetzen, da die Stromquellen noch nicht genügend durchgebildet waren. Erst als Edison, der sich ursprünglich mit der Herstellung von Lampen mit Platin- oder Iridiumleuchtkörpern beschäftigt hatte, 1881 die Versuche mit Kohlefäden wieder aufnahm, waren die Vorbedingungen gegeben. Schon vor Edison waren Sawyer und Man, Maxim und Swan an der Entwicklung der Kohlefadenlampe, die bis Ende des 19. Jahrhunderts die einzige kleinere elektrische Lichtquelle blieb, tätig.

1897 schuf Nernst eine neue Lichtquelle[1]). Der Glühkörper dieser Lampe besteht aus den hochschmelzenden Oxyden seltener Erden (Zirkonoxyd mit Zusatz von Yttererden). Der Glühkörper ist nur bei höheren Temperaturen leitend, muß also vorgewärmt werden (automatischer, später abgeschalteter elektrischer Heizkörper).

Durch Schaffung einer Metallfadenlampe beschritt Auer v. Welsbach einen neuen Weg[2]). Der aus Osmiumpulver und einem Bindemittel gespritzte Faden war äußerst zerbrechlich, so daß die Lampe vor Erschütterungen bewahrt werden mußte. Der Faden konnte nicht so dünn hergestellt werden, daß kleine Lichtquellen für alle Gebrauchsspannungen angefertigt werden konnten; 75 Volt war die obere Grenze.

Inzwischen wurde die Lichtausbeute der Kohlefadenlampe durch Verwendung der sog. metallisierten Fäden (Howell 1905) erhöht[3]).

Bald nach der Osmiumlampe erschien eine neue Metallfadenlampe, die Tantallampe[4]) (Bolton u. Feuerlein). Zum ersten Male gelang es hier, einen gezogenen Draht aus einem Metall herzustellen, das die für einen Leuchtkörper von technisch brauchbarer Lichtausbeute nötigen physikalischen Eigenschaften hatte. Auch in dem Aufbau der Lampe brachte diese Lampe eine wesentliche Neuerung. Der Draht wurde auf einem Traggestell mit isolierten Haltern befestigt, und dadurch das Leuchtgestell als ein von der Glocke unabhängiges Konstruktionselement geschaffen.

Die Tantallampe zeichnete sich gegenüber der Osmiumlampe bei etwa gleicher Lebensdauer und gleichen Lm/Watt durch große Stoßfestigkeit in kaltem und heißem Zustande aus. Der Draht konnte so fein gezogen werden, daß Glühlampen für alle Gebrauchsspannungen hergestellt wurden.

Im Jahre 1906 erschien die Wolframlampe (Just u. Hanamann), deren Leuchtkörper aus gespritzten Wolframfäden bestand. Das Wolframmetall hat einen höheren Schmelzpunkt als Osmium und Tantal und wesentlich geringeren Dampfdruck bei gleichen Temperaturen. Konstruktiv bedeutete die Wolframlampe zunächst wieder einen Rückschritt. Der Glühkörper bestand aus gespritzten Fäden, die sehr spröde waren und nicht fortlaufend, sondern nur in einzelnen Bügeln hergestellt und auf das Traggestell aufgebracht werden konnten. Siemens & Halske gelang es 1908, aus einer Legierung von Wolfram mit wenig Nickel ziehbare Drähte herzustellen, die sich fortlaufend auf das Drahtgestell aufbringen ließen. Das Nickel wurde nach dem Aufbringen auf das Drahtgestell durch Verdampfung entfernt. Im Jahre 1910 wurde in Amerika zum ersten Male das Wolfram auch in unlegiertem Zustande (Gen. Electr. Comp.) gezogen. Nach dem damals erprobten Verfahren

---

[1]) Elektrot. ZS. Bd. 20, S. 355. 1899; Bd. 24, S. 281. 1903.
[2]) F. Blau, Elektrot. ZS. Bd. 26, S 196. 1905.
[3]) J. Howell, Proc. Am. Journ. El. Eng. Bd. 24, S. 617. 1905.
[4]) W. v. Bolton u. O. Feuerlein, Elektrot. ZS. Bd. 26, S. 105. 1905.

wird noch heute fast der gesamte in Glühlampen gebrauchte Wolframdraht hergestellt.

Bei der Ausbildung der Wolframlampe brachte die Verwendung von geeigneten chemischen Produkten zur Beseitigung der Restgase und zur Herabminderung der Verdampfung (Intensivlampe von SKAUPY 1909) Verbesserung der Lebensdauer und Lichtausbeute der Vakuumlampen. Der bedeutendste Fortschritt wurde dann durch LANGMUIR 1913 durch Einbringung eines indifferenten Gases mit Drucken bis zu 1 Atmosphäre erreicht. Es entstand die sog. gasgefüllte Wolframlampe.

Kapitel 13

Lampen, die mit Verbrennungsenergie gespeist werden.

Von

E. Lax und M. Pirani, Berlin.

Mit 9 Abbildungen.

a) Leuchtende Flammen.

1. Allgemeines. Zu den Flammen mit leuchtenden Kohlenstoffteilchen gehören sowohl die ältesten Leuchten, wie Pechfackeln, Öllampen, als auch die jetzt noch gebräuchlichen Kerzen, Petroleumlampen und leuchtenden Azetylengasflammen. Diese Lampen sind vor allem dort noch im Gebrauch, wo ein Anschluß an zentrale Energieversorgung (Gas oder Elektrizität) nicht vorhanden ist.

2. Form der Flamme. Vorgänge in den einzelnen Flammenzonen. In den mit festen oder flüssigen Kohlenstoffverbindungen gespeisten Lampen werden die Brennflüssigkeiten an den Dochten hochgesaugt, vergasen an den Dochtspitzen und kommen dort zur Verbrennung. Bei gasförmigen Kohlenwasserstoffen entströmt das Gas aus der Brenneröffnung, an der es entzündet wird. Die gebildeten Flammen bestehen bei Rundbrennern aus 1. einem inneren dunklen Kegel, 2. einer leuchtenden dachförmigen Zone und 3. aus einem fahlblauen Rande. Am unteren Flammenrande ist noch zwischen dem dunklen Innenraum und der äußersten Zone ein hellblauer Streifen zu sehen. Die Vorgänge sind etwa in folgender Weise zu kennzeichnen:

Im inneren Teil findet Vergasung des Brennstoffes und Hochsteigen der Gase unter Erwärmung und teilweiser Aufspaltung statt, in der leuchtenden Zone tritt Zersetzung der Verbindung ein, der aus der Luft hineindiffundierte Sauerstoff reagiert hier mit den Komponenten. Bei kohlenstoffreichen Verbindungen wird nur ein Teil des freien Kohlenstoffes gleich oxydiert, der Rest wird durch die Verbrennungsenergie hocherhitzt und sendet Licht aus. Im äußersten Saume findet die Verbrennung den Abschluß. Entweder wird aller Kohlenstoff verbrannt, oder er entweicht als Ruß (vgl. Ziff. 4). Die Kohleteilchen strahlen wie kompakte Kohle, senden also eine der Strahlung des schwarzen Körpers ähnliche Strahlung aus (vgl. Kap. 2 Ziff. 12). Neben der Temperaturstrahlung der Kohleteilchen ist noch eine Lumineszenzstrahlung der erhitzten Gase vorhanden; diese entsteht durch Anregung bestimmter für die Moleküle charakteristischer Frequenzen durch die freiwerdende Energie. Im allgemeinen ist der Teil der Gesamtstrahlung, der auf das sichtbare Gebiet entfällt, gering. Im Flammenrand, wo CO zu CO_2 verbrennt, ist ein fahles blaues Leuchten zu sehen.

3. Die Leuchtdichte und Temperatur der Flamme. Die spektrale Energieverteilung der Strahlung der Flamme im sichtbaren Gebiet ist bis auf den blauen Teil gleich der des schwarzen Körpers gleicher Temperatur. Im Blau ist durch Überlagerung der fahlblauen Randstrahlung die relative Intensität größer. Die Dichte der leuchtenden Kohleteilchen ist gering, und erst in unendlicher Schichtdicke würde die Intensität der Strahlung der kompakten Kohle erreicht werden. Bei den üblichen leuchtenden Flammen beträgt die Leuchtdichte etwa ein Zehntel der des schwarzen Körpers gleicher Temperatur (s. auch Kap. 2 Ziff. 12).

Um die Temperatur einer Flamme zu bestimmen, mißt man nach dem Vorgange von KURLBAUM[1]) die Intensität der Strahlung eines schwarzen Körpers einmal direkt und dann durch die Flamme hindurch. Verändert sich in einem Schwingungsbereich die Intensität der Strahlung des schwarzen Körpers bei Messung durch die Flamme nicht, so ist der von der Flamme absorbierte Teil gleich der von ihr emittierten Strahlung. Nach dem KIRCHHOFFSchen Gesetze ist die emittierte Strahlung gleich der absorbierten, wenn beide Strahlungen temperaturgleich sind. Findet außer bei dem leuchtenden Medium noch in den Flammenrandgasen Absorption statt, so ist die gemessene Temperatur zu hoch, da die Intensität der die ganze Flamme durchsetzenden Strahlung des schwarzen Körpers durch diese Absorption mehr geschwächt wird als die der leuchtenden Flammenteile. Das Strahlungsgleichgewicht ist folglich erst bei einer höheren Temperatur des schwarzen Körpers erreicht. Weitere Temperaturbestimmungen sind mittels Thermoelementen ausgeführt. WAGGENER[2]) brachte Thermoelemente verschiedener Dicke in die Flamme, um so die Leitungsverluste in Abhängigkeit von der Dicke zu bestimmen. Er extrapoliert auf die Dicke Null. Durch Zuführung elektrischer Energie versuchte BERKENBUSCH[3]), einen Ausgleich der Wärmeverluste zu erreichen. Er ermittelte den Wattverbrauch des elektrisch geheizten Elementes in Abhängigkeit von der Temperatur im Vakuum und gleichfalls in der Flamme. Der Schnittpunkt beider Kurven gibt den Punkt des Wärmegleichgewichtes zwischen Flamme und Thermoelement an, mithin die Temperatur der Flamme. H. SCHMIDT[4]) ermittelt die Temperatur aus Messung der Energietemperaturabhängigkeit elektrisch geheizter Pt-Drähte, die frei an der Luft oder in der Flamme strahlen.

Eine weitere Methode zur Messung der Flammentemperatur beruht auf der Messung der Farbtemperatur der Flammen. Für Kohle ist die Farbtemperatur gleich der wahren Temperatur. Bei Flammen ist infolge des Zusatzes von blauer Gasstrahlung die ermittelte Temperatur etwas zu hoch.

4. Kohlenstoffgehalt des Brennstoffes. Die als Brennstoff benutzten Kohlenstoffverbindungen müssen im Vergleich zu Wasserstoff und Sauerstoff eine bestimmte Menge Kohlenstoff enthalten, um einerseits eine gut leuchtende Flamme und andererseits auch eine volle Verbrennung aller vorhandenen Kohlenstoffteile zu ergeben. Bei Gasluftgemischen wird die Zugabe von Luft der im Gase vorhandenen Menge Kohlenstoff angepaßt. Die Abhängigkeit der Leuchtkraft einer Flamme vom Kohlenstoffgehalt zeigt sich in der Flammenbildung bei freier Verbrennung von Kohlenstoffverbindungen verschiedenen Kohlenstoffgehaltes. Zum Beispiel geben die kohlenstoffärmeren Verbindungen Methan und Äthan eine kaum leuchtende Flamme. Es wird nicht genügend freier Kohlenstoff abgeschieden. Propan, Butan, Pentan geben hell leuchtende nichtrußende Flammen. Bei weiterer Steigerung des prozentualen Kohlenstoffgehaltes treten

[1]) F. KURLBAUM, Phys. ZS. Bd. 3, S. 187. 1902.
[2]) W. J. WAGGENER, Wied. Ann. Bd. 58, S. 579. 1896.
[3]) F. BERKENBUSCH, Wied. Ann. Bd. 67, S. 649. 1899.
[4]) H. SCHMIDT, Verh. d. D. Phys. Ges. Bd. 11, S. 87. 1909.

unverbrannte Kohlenstoffteilchen auf, die Flamme rußt. Beispiel: Dekan, Äthylen und Azetylen.

Messungen des Einflusses des Verhältnisses Kohlenstoff zu Wasserstoff auf die Lichtstärke sind an Gemischen von Azetylen und Wasserstoff vorgenommen. Sie sind in Abb. 1 wiedergegeben.

Bei reinem Azetylen ist der Kohlenstoffgehalt groß, die Verbrennungswärme reicht jedoch nicht aus, um alle Teilchen zum Leuchten zu bringen. Mit wachsendem H_2-Gehalt wächst die für jedes Teilchen vorhandene Verbrennungswärme, die Zahl der leuchtenden Teilchen nimmt zu, die Lichtstärke steigt. Bei zuviel Wasser-

Tabelle 1. Heizwert von Gasen[1]).

Gasart	Heizwert von 1 cbm Gas[2] v. 15° C u. 1 Atm. in kg cal.
Kohlenoxyd CO	2 800
Wasserstoff H_2	2 403
Methan CH_4.	8 055
Äthan C_2H_6	14 170
Propan C_3H_8	20 230
Butan C_4H_{10}	26 400
Äthylen C_2H_4	13 520
Propylen C_3H_6.	19 470
Butylen C_4H_8	25 320
Azetylen C_2H_2	12 570
Leuchtgas I	4 570
Wassergas	2 410
Luftgas	1 070
Gichtgas	890

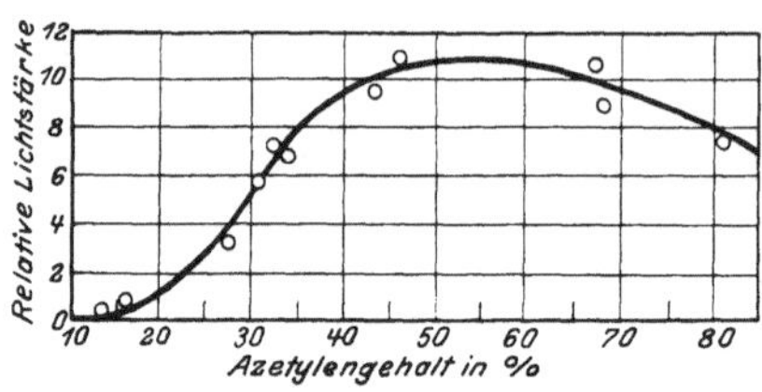

Abb. 1. Abhängigkeit der relativen Lichtstärke vom Azetylengehalt bei einer Mischung Azetylen—Wasserstoff.

stoff nimmt die Dichte der Kohlenstoffteilchen ab, die Verbrennungsenergie wird dann durch die stark erhitzten Verbrennungsgase abgeführt. Die unteren Heizwerte einiger Kohlenstoffverbindungen sind in Tabelle 1 angegeben.

5. Kerzen. Die Kerzen werden aus Paraffin, Stearin oder Bienenwachs hergestellt. Der Schmelzpunkt des für Kerzen benutzten Paraffins (Erzeugnis der Braunkohlenteerdestillation) liegt bei 53 bis 54° C. Meistens wird dem Paraffin 2% Stearin zugesetzt. Das Material für Stearinkerzen besteht aus Stearin- und Palmitinsäure (Schmelzpunkte 69 resp. 62° C) mit einem Zusatz von Paraffin. Bienenwachs besteht zum größten Teil aus dem Palmitinsäureester des Myricylalkohols und freier Kerotinsäure. Die Flammentemperatur ist etwa 1900 bis 1950° abs. Die Leuchtdichte der Paraffinkerze beträgt etwa 0,6 HK/cm².

6. Petroleumlampe. Das für Leuchtzwecke benutzte Petroleum besteht aus den zwischen 150 bis 270° C übergehenden Fraktionen des Roherdöls. Je nach seiner Herkunft besteht es aus Kohlenwasserstoffen der Paraffinreihe (Pensylvanisches Petroleum) oder aus Kohlenwasserstoffen der Naphthenreihe (russisches, galizisches, rumänisches Petroleum). Der obere Heizwert beträgt 10 000 bis 11 500 Kalorien pro kg. Das spezifische Gewicht schwankt zwischen 0,78 bis 0,84. Das Leuchtpetroleum darf keine unter 21° C entflammbaren Dämpfe abgeben.

Die geringe Viskosität des Petroleums läßt es leicht in den Dochten hochsteigen, so daß Flamme und Ölbehälter in erheblicher Höhendifferenz angeordnet

---

[1]) Der Heizwert unterscheidet sich von der Verbrennungswärme der Reaktion im wesentlichen durch das Wärmeäquivalent der bei der Reaktion stattfindenden Volumenveränderung. Er ist bei Entstehung von Gasen aus festen und flüssigen Körpern etwas kleiner, bei der Entstehung von festen und flüssigen Körpern aus Gasen etwas (ca. 1%) größer als die Verbrennungswärme. Wenn Wasser als Verbrennungsprodukt entsteht, unterscheidet man einen oberen Heizwert (wenn dasselbe als Flüssigkeit) und einen unteren Heizwert (wenn das Wasser als Dampf entsteht). Hier sind die unteren Heizwerte angegeben.

[2]) Hütte, des Ingenieurs Taschenbuch, 25. Auflage, Bd. 1, S. 530, 1925.

werden können. Dies ist ein Vorteil gegenüber anderen brennbaren Ölen. Die Brenner sind so konstruiert, daß soviel Luft eintritt, daß das an Kohlenstoff reiche Öl ohne rußende Flamme verbrennt. Bei zu großer Flamme ist der Luftzutritt zu gering, die Flamme rußt.

Die Temperatur der Flamme beim Rundbrenner ist etwa 1850°, beim Flachbrenner 2050° abs. Die Leuchtdichte beträgt 0,8 bis 1,7 HK/cm².

7. Leuchtgasflammen. Reines Steinkohlengas hat etwa folgende Zusammensetzung:

$$H_2 \; 48,6, \quad CH_4 \; 35,2, \quad CO \; 7,9\%,$$

$$\text{andere Kohlenwasserstoffe } 3,9\%.$$

Der Rest besteht aus nichtbrennbaren Gasen. Die Verbrennungswärme beträgt etwa 5400 kgcal/m³. Vielfach kommt ein Mischgas mit Zusatz von Wassergas und Benzol oder ölkarburiertem Wassergas zur Verwendung. Die Zusammensetzung des Mischgases aus Steinkohlen und Wassergas wird so gewählt, daß der obere Heizwert 4300 kgcal/m³ beträgt und nur 15% inerte Gase vorhanden sind. Die im Schnittbrenner erzeugte Steinkohlengasflamme hat etwa eine Temperatur von 2100° abs. (2160° ermittelt durch Bestimmung der Farbtemperatur), die im Einlochbrenner eine Temperatur von etwa 1900° abs. Die Leuchtdichte beträgt etwa 0,5 bis 1,2 HK/cm². Zu Beleuchtungszwecken werden diese Flammen nicht mehr benutzt.

8. Azetylenflamme. Azetylengas wird für Beleuchtung von Verkehrsmitteln, vor allem Fahrrädern, für Signalzwecke und Leuchtfeuer und auch für Heimbeleuchtung noch vielfach benutzt. Neben Entwicklung des Azetylengases in dem Beleuchtungsgerät selbst durch Zersetzung von festem Calziumkarbid mit Wasser werden Azetylengasbomben, sog. Gasakkumulatoren, verwendet. Die Gasbomben sind nicht mit frei komprimiertem Azetylen gefüllt, sondern enthalten das Gas in Azeton gelöst. (Komprimiertes Azetylengas würde bereits bei einem Druck von 2 Atm. explodieren.) Azeton löst etwa das 15fache seines Gewichtes an Azetylen. Die Bomben sind mit einer porösen Masse (Kieselgur), die mit Azeton getränkt ist, gefüllt. Der Druck in den Bomben beträgt ca. 80 Atmosphären. Dem Azetylen wird im Brenner Primärluft zugemengt. Der untere Heizwert (15° C u. 1 Atm.) des Azetylens beträgt 12570 kgcal/m³. Die Durchschnittstemperatur der Flamme ist 2360° abs., an einzelnen Teilen ist die Temperatur höher (2448° abs. maximal), die Leuchtdichte beträgt 9 HK/cm².

b) Gasglühlicht.

9. Die Flamme aus Gemengen von Luft und Kohlenwasserstoff. Der mittels leuchtender Flammen erzeugte Lichtstrom ist infolge der für die Lichterzeugung ungünstigen Strahlungseigenschaften des Kohlenstoffes (annähernd grauer Strahler) gering (vgl. Kap. 2 Ziff. 12). Deshalb wird die Lichtausbeute gesteigert, wenn die Verbrennungsenergie nicht zum Erhitzen der Kohlenstoffteilchen, sondern zum Erhitzen fester Körper mit günstigen Strahlungseigenschaften (Selektivstrahler) benutzt wird. Die Verbrennung der Gase wird dann so geleitet, daß eine nichtleuchtende Flamme entsteht. Dies wird durch Beimengung von Sauerstoff oder Luft (Primärluft) zu den Leuchtgasen oder den Dämpfen flüssiger Öle erreicht.

Da die entleuchtete Flamme weniger Energie abstrahlt, wird das Gleichgewicht zwischen Verbrennungsenergie einerseits, Strahlung und Konvektion andererseits erst bei höherer Temperatur erreicht, die entleuchtete Flamme ist folglich heißer. Zur Entleuchtung der Gasflamme werden Brenner, die nach dem Prinzip des Bunsenbrenners (Abb. 2) konstruiert sind, benutzt. Die Temperaturverteilung in einem Querschnitt der Bunsenflamme bei Verbrennung von Steinkohlengas ist in Abb. 3 nach Messungen von H. Schmidt[1]) wiedergegeben. Die Emission ist nach den Messungen von H. Rubens[2]) in Abb. 4 wiedergegeben.

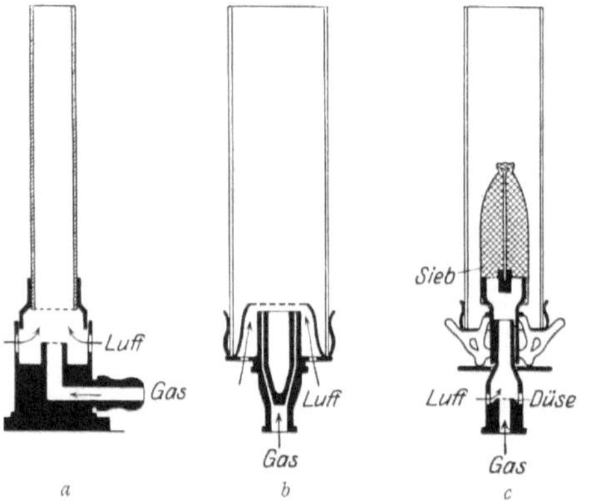

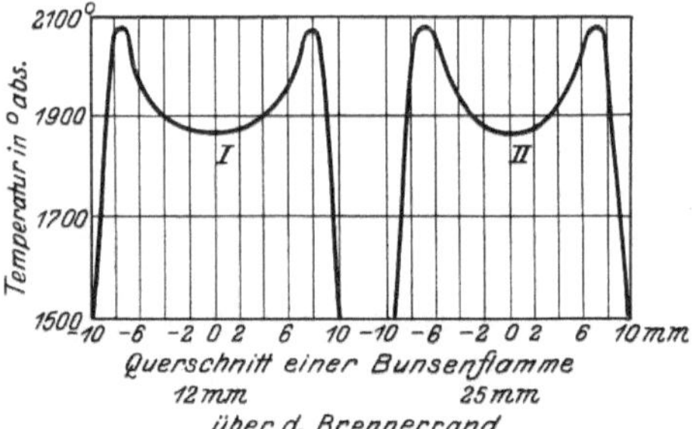

Abb. 2. Gasbrenner.
a Bunsenbrenner, b Gasrundbrenner, c Gasglühlichtbrenner.

Abb. 3. Temperaturverteilung im Querschnitt einer Bunsenflamme.

Am gewöhnlichen Bunsenbrenner ist das Verhältnis Gas zu Luft 1:2 bis 1:3. Je höher der Kohlenwasserstoffgehalt des Gases, um so mehr Luft wird beigemengt.

Bei Verbrennung des Gasluftgemisches im Bunsenbrenner hat die Flamme innen einen grünen spitzen Kegel, darüber einen blaßblauen Mantel. Im Innern findet Aufspaltung und teilweise Verbrennung mittels der Primärluft statt. Die Verbrennung in diesem Teil führt zu Wassergas[3]) (Kohlenoxyd, Wasserstoff, Kohlendioxyd und Wasserdampf). Im Flammenmantel verbrennt das Wassergas mit der Zweitluft, der von außen zutretenden Luft, zu Kohlendioxyd und Wasserdampf. Bei höherer Gasgeschwindigkeit und vermehrtem Luftgehalt erhält man eine Flamme, die nur bei Austritt aus kleinen Öffnungen brennt. Der Brenner erhält dann

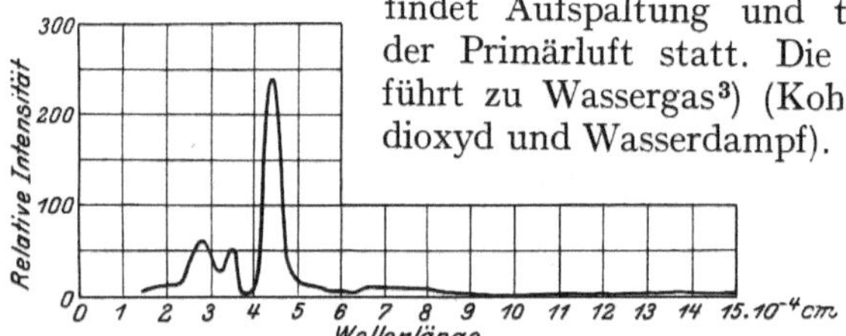

Abb. 4. Relative Strahlungsintensität des nackten Auerbrenners in Abhängigkeit von der Wellenlänge nach Messungen von Rubens.

einen Verschluß mit Drahtnetz oder durchlochten Scheiben aus Metall oder feuerfesten Materialien. An Stelle des grünen Innenkegels entsteht eine dünne, vielgezackte hellblaue Flammenhaut, und über dieser erhebt sich ein mattblauer Kegel. Die Durchschnittstemperatur dieser Flamme ist höher als die der Bunsenflamme. Die Bunsenflamme wird bei Niederdrucklicht (Gasdruck 40 mm Wassersäule), die luftreiche bei Hochdrucklicht benutzt (gepreßte Gase oder gepreßte Luft, Drucke von 800 bis 2000 mm Wassersäule). Hier findet evtl. Geschwindigkeitserhöhung durch Absaugen der verbrannten Gase mittels hoher Schornsteine (Lukaslampen) statt. Auch bei Niederdrucklicht wird die Wirkung des Injektors durch Zylinder unterstützt.

[1]) H. Schmidt, Verh. d. D. Phys. Ges. Bd. 11, S. 87. 1909.
[2]) H. Rubens, Ann. d. Phys. Bd. 18, S. 725. 1905; Bd. 20, S. 593. 1906. Phys. ZS. Bd. 6, S. 790. 1905; Bd. 7, S. 186. 1906.
[3]) F. Haber u. F. Richardt, „Das Wassergasgleichgewicht in der Bunsenflamme." Journ. f. Gasbeleuchtg. 1904, S. 809; ZS. f. anorg. u. allgem. Chem. Bd. 38, S. 5. 1904.

Bei Mischgas ist das Flammenvolumen kleiner. Bei der Flammenbildung, wie sie für Hängelicht verwandt wird, verändert sich die Flammenform. Sie wird kleiner und ist oben abgerundet.

10. Auerstrümpfe. Als günstigste Form für das Einbringen des festen Körpers in die Flamme hat AUER V. WELSBACH das Oxydskelett, das beim Verbrennen von mit den Oxyden getränkten Fasern zurückbleibt, erprobt. Diese Anordnung verbindet eine für die Ausbildung der Selektivstrahlung günstige dünne Schichtdicke der Einzelfaser mit größerer Tiefenerstreckung bei Betrachtung aller Fasern (große Flammenausnutzung) und mit der für Zutritt der Zweitluft nötigen Porosität.

Die Beschaffenheit des Skelettes ist einerseits wesentlich für die Strahlung, andererseits aber auch für die Widerstandsfähigkeit des Glühkörpers gegen Erschütterung.

Da die Struktur der Faser im Glühstrumpfskelett erhalten bleibt, ist folglich die Auswahl der Garne für die Glühstrümpfe in Hinsicht auf Festigkeit und Beschaffenheit der Einzelfasern hin vorzunehmen. Je langfaseriger das Garn ist, um so besser eignet es sich für den Glühkörper.

Als Garne kommen Baumwolle, Ramiefaser und Kunstseide in Betracht. Baumwolle und Ramie als Pflanzenfasern haben Zellenstruktur. Die Einzelfasern sind röhrenförmig. Die Kunstseide hat dagegen eine stabähnliche Struktur. Diese Verschiedenheit prägt sich im Strumpf aus; bei den aus Pflanzenfasern hergestellten gibt beim Abbrennen der vollgesaugte Hohlraum der Röhre das Skelett her. Bei der Kunstseide, die von der Lösung ganz durchsetzt wird, bleibt ein viel lockeres elastisches Skelett zurück.

Zwischen Baumwolle und Ramie besteht noch der Unterschied, daß Baumwolle 1. kürzere Fäden (12 bis 40 mm gegen Ramie 100 mm) hat und 2. dünnere Einzelfaser. Auf gleiche Garnstärke kommen 270 Baumwolle- und nur 90 Ramiefäden. Die Baumwolle gibt ein sehr kompaktes Skelett von ca. 0,2 mm Fadendicke. Gewebe aus den 3 Garnen sind in Abb. 5, 6, 7 gegeben. Baumwolle wird jetzt kaum noch verwendet. Da die Pflanzenfasern wie Ramie außer Kohlenstoffverbindungen gewisse Salze enthalten, die meist aus Kalium-, Aluminium- und Kieselsäureverbindungen bestehen, die die Lichtausbeute der fertigen Strümpfe herabmindern würden, muß das Gewebe vor der eigentlichen Herstellung der Strümpfe zur Herstellung einer möglichst aschefreien Faser gereinigt werden. Durch Waschen in schwachen Säurelösungen kann man den Aschegehalt von 0,2 auf 0,02% herabsetzen. Die Gewebe werden dann so zerschnitten, daß sie ungefähr doppelt so lang wie die fertigen Strümpfe sind. Bei Stehlicht wird an das eine Ende, das später den Asbesthaken trägt, zur Versteifung ein Tüllstreifen genäht. Die Schlauchstücke werden dann mit einer 30- bis 40proz. Leuchtsalzlösung imprägniert. Es sind etwa 1,2 g Leuchtsalz im Stehlichtstrumpf und 0,8 g im Hängelichtstrumpf vorhanden (Leuchtsalzlösung für Niederdruckgas: 99 Teile Thoriumnitrat, 1 Teil Cernitrat, unter Zusatz kleinerer Mengen Härtemittel, wie Beryllium- und Aluminiumsalze). Die Strümpfe werden dann auf konische Glasformen aufgezogen und getrocknet. Das obere Ende wird mit einer Lösung aus Calzium- und Zirkonsalzen zwecks stärkerer Sinterung beim späteren Abbrennprozeß bestrichen. Der Strumpf wird dann mit einem Asbesttraghenkel versehen. Hängelichtstrümpfe werden an Magnesiumsilicatringe angebunden, und das röhrenförmige Schlauchstück am anderen Ende wird mit einer sog. Spinne, die man aus imprägnierten Fäden durch sternförmiges Vernähen bildet, geschlossen. Es werden auch Strümpfe einzeln rund gewebt. Nunmehr werden die Strümpfe auf konische Holzmodelle aufgezogen und in Form gestreckt. Man hebt sie dann von der Form ab, entzündet sie, die organische Faser brennt dabei heraus, und die Nitrate werden zersetzt, die Basen bleiben als Oxyde zurück. Es hinterbleibt ein schlaff herunterhängendes Ascheskelett, das nunmehr mittels Preßgasbrenners in Form gebrannt und gehärtet wird. Der Strumpf wird dann in

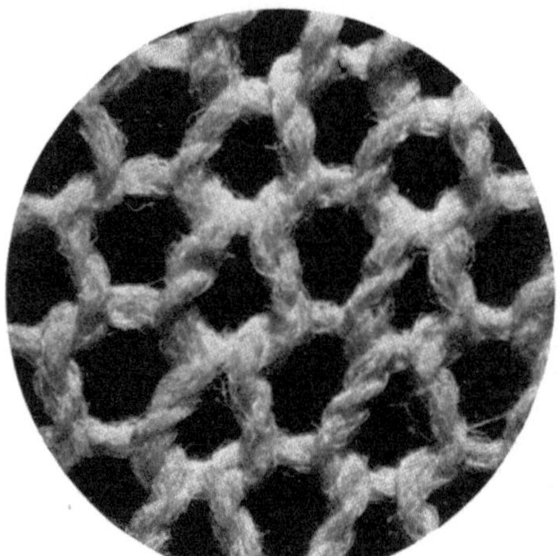

Abb. 5. Gestrick aus Baumwolle für Auerstrümpfe.
(Vergr. 25 mal.)

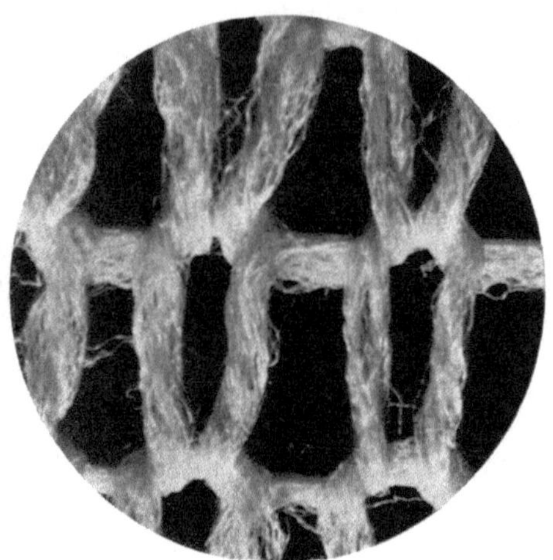

Abb. 6. Gestrick aus Ramiefaser für Auerstrümpfe.
(Vergr. 25 mal.)

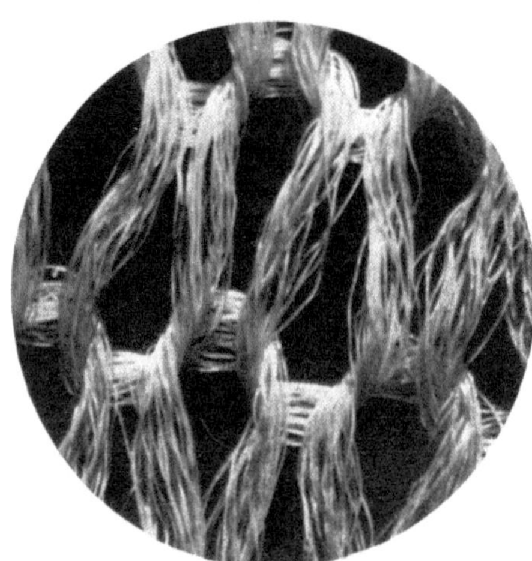

Abb. 7. Gestrick aus Kunstseide für Auerstrümpfe.
(Vergr. 25 mal.)

eine Kollodiumlösung getaucht, um ihn gegen Transportbeschädigung zu schützen.

Bei der Herstellung der Glühstrümpfe aus Kunstseide quillt der Schlauch beim Einlegen in die Leuchtsalzlösung auf das Doppelte seines Fadendurchmessers auf. Um das explosionsartig erfolgende Abbrennen des mit Nitrat getränkten Zellulosegewebes zu verhindern, wird das Nitrat vorher in Oxyd oder Hydroxyd überführt. Es wird deshalb der Strumpf mit Ammoniak oder organischen Basen behandelt. Dabei entsteht unlösliches wasserhaltiges Thorium- und Ceroxyd und wasserlösliches Ammoniumnitrat, letzteres wird durch Auswaschen entfernt. Die weitere Behandlung der Kunstseidenstrümpfe ist die gleiche wie die der aus Ramiefaser hergestellten. Ein Vorteil dieser kunstseidenen Strümpfe liegt in der Vergrößerung der Haltbarkeit des imprägnierten Seidenschlauches, da die Hydroxyde im Gegensatz zu den Nitraten gegen Feuchtigkeit unempfindlich sind.

Man kann bei den kunstseidenen Strümpfen deshalb evtl. nach dem Formstrecken die fabrikatorische Herstellung beenden und den Strumpf am Verbrauchsbrenner formen. Es ist so das umständliche Abbrennen und Kollodinieren bei den Kunstseidenstrümpfen nicht nötig. Es sind dies die sog. „selbstformenden" Strümpfe. Diese Strümpfe sind sowohl für Hängelicht wie für Stehlicht verwertbar. Die Formung auf dem Stehlichtbrenner erfolgt in der Weise, daß der am unteren Ende mit einem Metallring versehene Strumpf auf den Brenner gesetzt und entzündet wird. Das Gewebe verbrennt, der anfangs faltige Strumpf zieht sich zusammen, und nach kurzer Zeit nimmt das äußerst zähe und elastische Ascheskelett die Form der Flamme an; Abb. 8 zeigt den Vorgang. Infolge dieser Formung wird der Strumpf sehr gleichmäßig erhitzt. Die Lebensdauer derartiger Strümpfe, die dabei in der Herstellung wesentlich billiger sind als die fabrikmäßig geformten, übertrifft die der abgebrannten, kollodinierten um etwa 60%.

Einer der großen Vorzüge derartiger Strümpfe ist noch die große Sicherheit gegen Zerstörung während des Versandes.

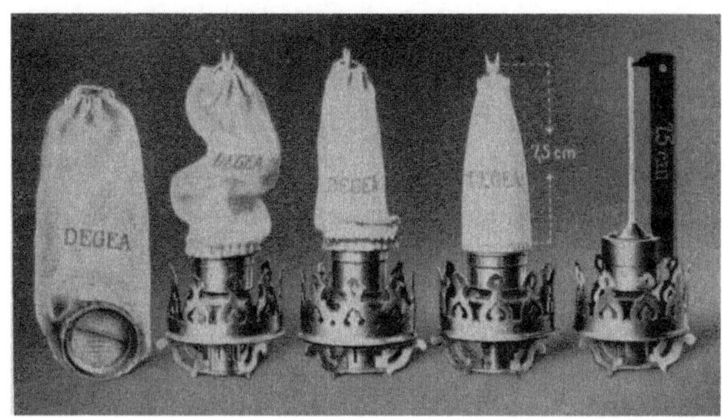

Abb. 8. Selbstformender Kunstseide-Auer-Glühkörper.

Die Gewebearten der aus den Garnen hergestellten Schläuche wählt man entsprechend dem Verwendungszweck. Für Drucklampen z. B. engmaschige Gewebeart, für drucklose Lampen und flüssige Brennstoffe dagegen loses Gewebe.

11. Brennerformen für Nieder- und Hochdruckstehlicht. Bei Niederdruckgas wird der Flamme für Stehlicht die Form eines Hohlkegels gegeben. Der Brenner ist ringförmig gestaltet, die Mündung ist der Betriebssicherheit halber mit einem Drahtnetz abgedeckt. Der 1887 ausgebildete Pintschbrenner[1]) entspricht dem Auer-C-Brenner (s. Abb. 2). Gegenüber dem Bunsenbrenner ist der Injektor besser ausgebildet; es wird mehr Primärluft beigemengt. Der Innenkegel der Flamme, in dem die Wassergasbildung vor sich geht, ist dementsprechend heißer als beim Bunsenbrenner. Der kleine Flammenmantel hat etwa Spitzbirnenform, die größte Breite ist ca. 3 cm bei einer Brennerkopfbreite von 2,8 cm. Wird der Glühkörper richtig aufgesetzt, so tritt die Zweitluft durch die Maschen, die Verbrennung findet ganz im Innern des Strumpfes statt. Die Abgase ziehen oben durch die Strumpföffnung ab. Beim Stehlicht ist der Strumpf größer, die erreichte Temperatur geringer als beim Hängelicht; die Leuchtdichte des Glühstrumpfes ist ungleichmäßig, die höchste ist etwa in $1/3$ der Strumpfhöhe, von unten aus gerechnet, zu finden. Die Temperatur des Strumpfes ist oben und unten bis zu 300° niedriger als die Höchsttemperatur.

Für die Luftzufuhr ist eine Regeldüse vorhanden (Kreuzschlitzdüse beim Auerbrenner). Andere Konstruktionen ergeben straffe, nicht verbreiterte Flammen, wie z. B. der Cobobrenner der Auergesellschaft. Hier ist das Mischrohr unten eng, erweitert sich dann nach dem Brennerkopf hin. Der Auer-C-Brenner braucht bei 40 mm Gasdruck 120 bis 130 l in der Stunde, die erzielte Lichtstärke ist 80 bis 100 HK$_h$. Der Juwelbrenner, ein kleineres Modell gleicher Art, braucht 65 l für ca. 50 HK$_h$. Der Cobobrenner braucht 100 l für ca. 100 HK$_h$. Es wurden Brenner bis 700 l Gasverbrauch gebaut, z. B. die von Ehrich u. Graetz, die 750 HK$_h$ geben; sie sind mit einem hohen Schornstein versehen. Für große Lichtstärken werden jetzt meist Lampen mit mehreren Hängelichtbrennern gebaut.

Bei Verwendung von Preßgas ist die Brennerform einfacher, der Zugzylinder ist überflüssig. Der Gasverbrauch pro Stunde schwankt bei 1200 bis 2000 mm Wassersäule je nach der Größe des Brenners zwischen 1,2 bis 0,8 l pro 1 HK horizontal.

---

1) D.R.P. 43991.

Die Lichtwirkung steigt mit der Brennergröße, weil bei kleinen Brennern infolge der Reibung an der Düsenbohrung die Austrittsgeschwindigkeit geringer ist. Um den Einfluß der Reibung auch bei Brennern mit geringem Verbrauch zu vermindern, wendet die A. G. für Selasbeleuchtung, Berlin, statt reinen Preßgases ein gepreßtes Gemisch von Gas und Luft im Verhältnis 1:1 an (Düsenöffnung vergrößert). Die Hochdruckglühkörper sind vielfach doppelwandig, sie bestehen dann aus zwei übereinander gezogenen Einzelglühkörpern. Mit einwandigen Körpern kann nicht die ganze Verbrennungsenergie ausgenutzt werden.

12. Brennerformen für Hängelicht. Bei den nach unten gerichteten Flammen besteht das Mundstück des Brenners aus Speckstein (Steatit). Die Mündung ist

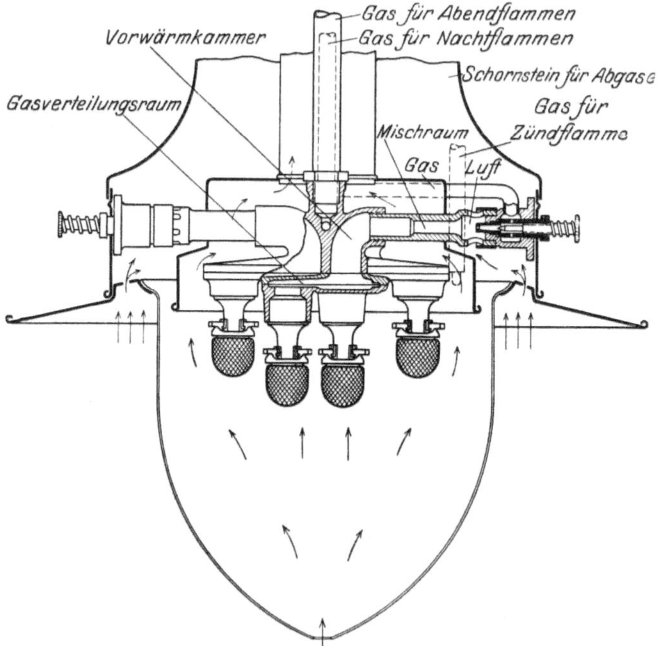

Abb. 9. Gaslampe für Straßenbeleuchtung.

durch ein Sieb abgedeckt. Für Niederdruckgaslicht ist die Flammenform für kleine Lichteinheiten am günstigsten; deshalb werden zur Erzielung großer Lichtströme Gruppenbrenner mit mehreren Flammen bis zu 15 Stück (Gruppenbrennerstarklichtlampen) verwendet. Die Normalgrößen der Einheiten sind 80 HK$_\ominus$, 70 HK$_\ominus$ und 53 bis 58 HK$_\ominus$; dies entspricht ca. 500, 400 und 350 Lm; der Gasverbrauch ist etwa 67, 60 und 50 l pro Stunde für ein Gas von 4300 kg cal/m³ oberem Heizwert. Für ein Gas mit größerer Verbrennungswärme (z. B. Zechengas mit 5400 cal/m³) ändern sich Lichtstrom und Verbrauch. Infolge der höheren Flammentemperatur ist die Lichtausbeute größer[1]). Berechnet man den Lichtstrom pro Kalorie, so ist er bei dem Zechengas 1,05 bis 1,11 mal so groß wie bei dem Gas mit einer Verbrennungswärme von 4200 bis 4300 cal/m³.

Mit wachsender Brennerzahl verringert sich der Gasverbrauch infolge gegenseitiger Bestrahlung und intensiverer Vorwärmung der Gase. Der Strumpf hat je nach der Lichtstromgröße eine Länge von 1,7 bis 2,2 cm und eine Breite von 2,2 bis 2,6 cm. Die Flamme brennt ganz innerhalb des Strumpfes. Sie kehrt so-

---

[1]) H. Lux, Licht u. Lampe, Bd. 17, S. 279. 1928.

zusagen unten um, die Spitze brennt wieder nach oben und schmiegt sich den Glühstrumpfwandungen an. Durch das Glühstrumpfgewebe tritt die Zweitluft ein, die Rauchgase ziehen oben ab.

Die Brenner müssen so konstruiert sein, daß die Luftansaugelöcher nicht von den Abgasen umspült werden. Als Beispiel sei die Konstruktion einer modernen Lampe für Straßenbeleuchtung[1]) gegeben (Abb. 9). Die Vorheizkammer liegt zwischen Mischdüse und Brennerkopf. Das Gas saugt Luft an, das Gemisch strömt dann im Brennerrohr abwärts bis zur Vorwärmkammer. Hier wird das Gas auf den Glühkörper verteilt. Die Abgase ziehen zwischen Brenneröffnung und Aufhängering ab, treten in die Vorwärmkammer, durch die das Mischrohr wagerecht hindurchgeführt ist, und erwärmen beim Abzug weiter noch das oberhalb der Vorwärmkammer liegende Gaszuführungsrohr. Bei diesen modernen Straßenlampen sind meist zwei Gruppen von Brennern vorhanden, von denen die eine in den Stunden geringen Verkehrs ausgeschaltet wird.

Bei Verwendung von Hochdruckgas sinkt der Verbrauch auf 0,5 bis 0,6 l pro HK-Stunde. Bei Hängelicht ist die Leuchtfläche des Strumpfes kleiner, der Strumpf kommt auf eine höhere Temperatur, die Leuchtdichte ist größer.

13. Einfluß der Vorwärmung des Gases. Bei den Hängelichtbrennern wird bei zweckmäßiger Anordnung des Abflusses der Brenngase eine Vorwärmung des Gases und somit eine Temperaturerhöhung der Flamme erzielt (vgl. Ziff. 12). Solche Vorwärmung des Gases kann bei Stehlicht durch Anbringen einer mit einer kleinen Flamme erhitzten Vorwärmkammer erzielt werden. Diese Heizkammer muß ebenso wie bei Hängelichtbrennern zwischen Mischdüse und Brennerkopf angebracht werden. Bei Hängelicht erzielt man bei Vorheizung eine ca. 30% größere Lichtausbeute[2]). Bei größeren Gruppenbrennern in besonders günstiger Anordnung steigt die Lichtausbeute sogar um ca. 55%.

14. Leuchtsalzzusammensetzung für verschiedene Brenner. Das Wesentliche über die Strahlungseigenschaften von verschieden zusammengesetzten Auerstrümpfen ist in Kap. 2 Ziff. 23 gesagt.

Ist die Flammentemperatur gegenüber der Bunsenflamme wesentlich gesteigert, wie bei dem Hochdruckgas, so fällt der anfangs stark vermehrte Lichtstrom des Strumpfes allmählich ab. Die hohe Temperatur bewirkt eine Zunahme der Verdampfungsgeschwindigkeit des Ceroxyds. Der Strumpf verarmt an Ceroxyd, und die Leuchtdichte sinkt ab. Eine Erhöhung der Glühstrumpftemperatur auf ca. 2300° abs. bringt eine anfängliche Lichtstromvermehrung um 200% mit sich[2]). Bei Preßgas wird durch Änderung der Leuchtsalzzusammensetzung (bis zu 3% Cernitratgehalt) dem Absinken des Lichtstromes vorgebeugt.

Die Verbrennungsenergie der Hochdruckflammen genügt, diese im sichtbaren wie im ultraroten Gebiet stärker strahlenden Körper so hoch zu erhitzen, daß die Leuchtdichte höher als bei Niederdruckgasstrümpfen ist.

Untersuchungen über die Temperatur der Flammen und die der Strümpfe für Hochdruckgas liegen nicht vor.

15. Verwendung von Glühlicht bei flüssigen Brennstoffen. Der Auerglühstrumpf wird auch bei Lampen, die mit flüssigen Brennstoffen gespeist werden, verwandt, z. B. bei Petroleum, Benzin, Benzol und Spiritus. Wie das Spiritusglühlicht zeigt, ermöglicht der Glühstrumpf auch die Verwendung flüssiger Brennstoffe mit so geringem Kohlenstoffgehalt, daß eine nichtleuchtende Flamme bei freier Verbrennung entsteht. Eine große Anzahl verschiedener Konstruktionen von Lampen für flüssige Brennstoffe ist ausgebildet. Bei allen diesen Brennern wird der flüssige Brennstoff zunächst durch Vorwärmen ver-

---

[1]) Modell EHRICH und GRAETZ.
[2]) Nach Untersuchungen von W. NEWTON Booth, Gas Journ. 30. Dez. 1925.

dampft und der Dampf mit Luft gemischt zur Verbrennung gebracht. Durch die von der Flamme erzeugte Wärme wird eine dauernde Verdampfung des Brennstoffes, der durch einen Saugdocht dem Brenner zugeführt wird, bewirkt. Da bei den Drucklampenflammen der Glühstrumpf höher erhitzt wird, der Lichtstrom also stark vermehrt wird, wird der größte Teil der Lampen für flüssige Brennstoffe als Drucklampen ausgeführt. Der Brennstoffbehälter wird durch Aufpumpen (bei kleineren Lampen geschieht dies mittels einer kleinen vielfach einmontierten Druckpumpe) unter Druck gesetzt. Durch den Druck wird der Brennstoff in ein Vergaserrohr geleitet und der Vergasungsprozeß durch Vorwärmung mittels Spiritus eingeleitet. Neben Stehlichtbrennern sind für die flüssigen Brennstoffe auch Hängelichtbrenner konstruiert.

Kapitel 14.

Lampen mit elektrischer Widerstandsheizung.

Von

E. Lax und **M. Pirani**, Berlin.

Mit 27 Abbildungen.

a) Materialeigenschaften der Leuchtkörper in bezug auf Lichtausbeute und Lebensdauer.

1. Einleitung. Die Lichtausbeute ist bei den Temperaturstrahlern von der Höhe der Betriebstemperatur und der Selektivität abhängig (Ziff. 2), die Nutzlebensdauer, die durch die Lichtabnahme infolge Schwärzung der Glashülle begrenzt ist, vom Dampfdruck, die absolute Lebensdauer von der Erschütterungsfestigkeit und Gleichmäßigkeit, die Herstellung kleiner Lichtstromeinheiten von der Verarbeitungsmöglichkeit. ·

Das Glühkörpermaterial muß deshalb:

1. Einen hohen Schmelzpunkt haben.

2. Günstige Strahlungseigenschaften: hohes Emissionsvermögen im Sichtbaren, niedriges im Ultrarot haben.

3. Einen kleinen Dampf- resp. Zersetzungsdruck haben, resp. es muß die Möglichkeit bestehen, die Wirkung der Verdampfung herabzumindern.

4. Das Material muß sich zu Glühkörpern der erforderlichen Dimensionen verarbeiten lassen, die Glühkörper müssen sich sehr gleichmäßig herstellen lassen und mechanisch bei Zimmer- und auch bei Betriebstemperatur genügende Erschütterungsfestigkeit besitzen.

2. Strahlungseigenschaften und Lichtausbeute. Die Temperaturstrahlung aller als Lichtquellen benutzten Materialien folgt ähnlichen Gesetzen wie die des schwarzen Körpers (vgl. Kapitel 1), die Lichtausbeute steigt mit zunehmender Temperatur. Erst bei Temperaturen, die jenseits der mit festen Körpern erreichbaren liegen, erreicht die Lichtausbeute das Maximum. Eine Erhöhung der Betriebstemperatur bewirkt neben der Verbesserung der Lichtausbeute auch eine Angleichung der Lichtfarbe an die des Tageslichtes.

Die einzelnen Materialien sind in bezug auf die Lichtausbeute bei gleicher Temperatur nicht gleich günstig. Das Verhältnis der Emissionsvermögen im Sichtbaren zu dem im Ultrarot ist dafür ausschlaggebend. Soweit bisher bekannt, nimmt die Selektivität glühender Körper mit steigender Temperatur ab. So ist z. B. für Wolfram, Molybdän und Tantal festgestellt, daß das Emissionsvermögen im sichtbaren Gebiet mit steigender Temperatur sinkt, während gleichzeitig das Emissionsvermögen im langwelligen Ultrarot steigt. Die Leuchtgüte (Kap. 2 Ziff. 10) fällt infolgedessen mit steigender Temperatur. Die Lichtausbeute steigt nicht im gleichen Maße an wie die des schwarzen Körpers. Der hohe Temperaturkoeffizient der Lichtausbeute im Gebiete der Betriebstemperaturen der Glühlampen bewirkt jedoch, daß bei den in Betracht kommenden Materialien die Höhe der Betriebstemperatur der Glühlampe, nicht die selektiven Strahlungseigenschaften, ausschlaggebend für die Lichtausbeute ist. Ein Beispiel zeige dies. Unter den für Lichtstrahler in Betracht kommenden Metallen hat Osmium die günstigsten Strahlungseigenschaften. Bei der Betriebstemperatur der Osmiumlampe (2200° abs.) beträgt die Lichtausbeute 6,7 Lm/Watt. Wolfram hat bei gleicher Temperatur nur 5,4 Lm/Watt, kann aber weit höher erhitzt werden; ca. 100° höhere Betriebstemperatur gleicht den Unterschied aus. Bei der Betriebstemperatur (wahrer Temperatur des Leuchtkörpers) der geradfädigen luftleeren Wolframlampen (2418° abs.) ist die Lichtausbeute des Wolframs bereits 10 Lm/Watt, also schon bedeutend höher als die der Osmiumlampen.

3. Schmelzpunkte. Die für Glühlampenkörper in größerem Maßstabe benutzten Materialien haben sämtlich Schmelzpunkte über 2500° abs. Es sind dies die Metalle: Osmium (2980° abs.), Tantal (3300° abs.) und Wolfram (3660° abs.), ferner: Kohle (3760° abs.) und die Nernstmasse (ca. 2850° abs.) (85% ZrO_2 + 15% YO_2).

Hohe Schmelzpunkte haben auch Molybdän, Zirkonoxyd, Hafniumoxyd[1]) und Thoriumoxyd[2]), ferner die Nitride des Thoriums, Titans, Berylliums, Zirkons, Tantals und Skandiums[3]) und die Karbide des Zirkons, Vanadins, Niobs, Tantals, Molybdäns und Wolframs[4]).

Der Verwendung vieler dieser Körper steht jedoch der hohe Dampf- oder Zersetzungsdruck entgegen, einige von ihnen leiten zu schlecht.

4. Dampf- und Zersetzungsdrucke. Die gesamten Nitride und Karbide, die teilweise noch höher schmelzen als Wolfram und Kohle (z. B. ist für Tantal- und Niobkarbid der Schmelzpunkt 4200° abs.), zersetzen sich schon weit unterhalb ihrer Schmelzpunkte. Auch Nernstmasse· hat einen merklichen Dissoziationsdruck bei der Betriebstemperatur von 2400° abs. Das Glühen in Luft verhindert hier die Zerstörung.

Die Bestimmung des Dampfdruckes ist bei hohen Temperaturen schwierig; nur für Kohle ist der Dampfdruck nach der Lichtbogenmethode[5]) (Bestimmung der unter bestimmten Drucken erreichbaren höchsten Temperatur des positiven Kraters der Kohlebogenlampe, der Dampfdruck bei dieser Temperatur ist dann gleich dem des umgebenden Gases) gemessen worden. Nimmt man an, daß jedes die Drahtoberfläche treffende Dampfteilchen auf ihr haften bleibt und somit jedes vom Draht herkommende Dampfteilchen frisch verdampft, so läßt sich der Dampfdruck aus der Verdampfungsgeschwindigkeit nach der CLAUSIUS-CLAPEYRONschen Gleichung

$$m = p \sqrt{\frac{M}{2\pi RT}} \left(\frac{g}{cm^2 \cdot sec} \right)$$

(wo m die pro 1 cm^2 Oberfläche und pro sec verdampfte in g gewogene Substanzmenge, p den Dampfdruck in Dyn/cm^2, M das Molekulargewicht und R die Gaskonstante [8,31 · 10^7], T die Temperatur in ° abs. bedeutet) berechnen. Für Kohle[6]) und Wolfram[2]) sind Verdampfungsgeschwindigkeiten gemessen; in Abb. 1 sind die daraus berechneten Dampfdrucke wiedergegeben.

[1]) F. Henning, Naturwissensch. Bd. 13, S. 661. 1925.
[2]) E. Friederich u. L. Sittig, ZS. f. anorg. Chem. Bd. 145, S. 127. 1925.
[3]) E. Friederich u. L. Sittig, ZS. f. anorg. Chem. Bd. 143, S. 293. 1925.
[4]) E. Friederich u. L. Sittig, ZS. f. anorg. Chem. Bd. 144, S. 169. 1925.
[5]) H. Kohn, ZS. f. Phys. Bd. 3, S. 143. 1920; H. Kohn u. M. Guckel, ebenda Bd. 27, S. 305. 1924; E. Ryschkewitz, ZS. f. Elektrochem. Bd. 31, S. 54. 1925.
[6]) Für Kohle: L. Wertenstein u. H. Jedrzjewski, C. R. Bd. 177, S. 316. 1923. Vgl. auch H. Alterthum u. F. Koref, ZS. f. Elektrochem. Bd. 31, S. 658. 1925.
[7]) Für Wolfram: H. A. Jones, J. Langmuir u. G. M. J. Mackay, Phys. Rev. Bd. 30, S. 201. 1927.

Die Prüfung der Materialien auf ihre Brauchbarkeit als Temperaturstrahler geschieht am einfachsten durch Untersuchen ihres Verhaltens in der Glühlampe bei verschiedenen Temperaturen. Zeigt sich eine starke Schwärzung, so kann diese sowohl eine Folge des hohen Dampfdruckes als auch der Zerstäubung unter dem Einfluß elektrischer Entladung sein.

5. Mittel zur Verminderung der Schwärzung der Lampen. Ein Mittel, die durch Verdampfung und Zerstäubung entstehende Schwärzung der Glocke besonders in Vakuumlampen zu vermindern, besteht in der chemischen Bindung des Dampfes an solche Substanzen, mit denen

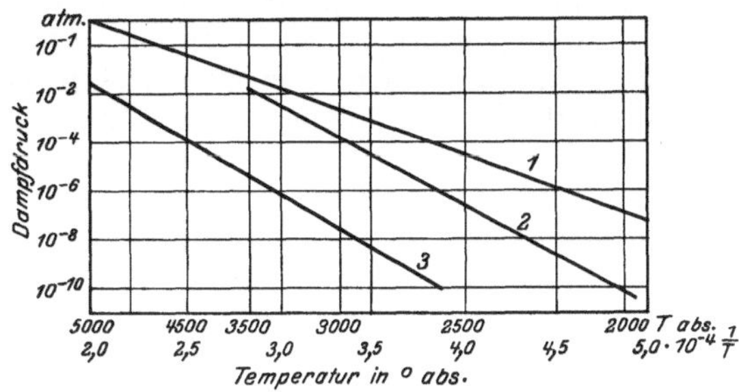

Abb. 1. Dampfdruck von Kohlenstoff und Wolfram.
Kurve 1: Dampfdruck von Kohlenstoff nach der Lichtbogen-
          methode.
Kurve 2: Dampfdruck von Kohlenstoff nach den Messungen der
          Verdampfungsgeschwindigkeit.
Kurve 3: Dampfdruck von Wolfram nach den Messungen der
          Verdampfungsgeschwindigkeit.

farblose durchsichtige Reaktionsprodukte entstehen. Bei Metalldrahtlampen verwendet man hierzu Chlorverbindungen[1]) oder auch Sauerstoff abspaltende. Die Wirkungsweise solcher in der Glühlampentechnik „Getter" genannten Verbindungen hat HAMBURGER eingehend studiert[2]). Da der Niederschlag auf der Glocke äußerst gering ist, z. B. bei einer stark geschwärzten 25 Watt-Wolframvakuumlampe (Glockendurchmesser 7 cm) nur rund 0,002 g, genügen sehr geringe Zusätze.

6. Herabsetzung der Verdampfung. Die Verdampfung kann durch die Einführung eines indifferenten Gases in den Glühraum herabgesetzt werden. Die verdampfenden Moleküle werden dann zum großen Teil an den Gasmolekülen, die den Draht umgeben, reflektiert und auf den Draht zurückgeschleudert und so, obgleich keine Erniedrigung des Dampfdruckes stattfindet, verhindert, die Glockenwand zu erreichen; die Niederschlagsbildung wird vermindert. LANGMUIR[3]) wandte zuerst mit Erfolg die Füllung mit indifferenten Gasen an, und zwar benutzte er eine Füllung von Argon mit wenig Stickstoff für Lampen mit Wolframglühkörpern. Die Gasfüllung ist in ziemlich weiten Druckgrenzen bis herab zu Bruchteilen einer Atmosphäre wirksam[4]). Über die Herabsetzung der Verdampfungsgeschwindigkeit durch Einführen von indifferenten Gasen hat neuerdings FONDA[5]) Untersuchungen angestellt. Bei diesen Untersuchungen wurde die Verdampfungsgeschwindigkeit durch Bestimmung der Gewichtsverluste von Wolframdrähten, die eine gemessene Zeit in einer Atmosphäre von 86% Argon und 14% Stickstoff auf 2870° abs. erhitzt wurden, bestimmt. Der Druck des Gasgemisches wurde dabei in weiten Grenzen variiert. Der Wert der Verdampfungsgeschwindigkeit,

der im Vakuum $2{,}3 \cdot 10^{-7} \dfrac{\text{gr}}{\text{cm}^2 \cdot \text{sec}}$ betrug, sank z. B. bei einem Druck von 70 cm

Hg-Säule auf $4{,}2 \cdot 10^{-9} \dfrac{\text{gr}}{\text{cm}^2 \cdot \text{sec}}$.

Anstatt in einem indifferenten Gase könnte der Glühkörper auch in einem Gasgemisch, das bei der Betriebstemperatur im Reaktionsgleichgewicht mit dem

---

[1]) F. SKAUPY, D.R.P. 246820 (1909).
[2]) L. HAMBURGER, Proc. Amsterdam Bd. 21, S. 1022. 1919.
[3]) I. LANGMUIR, Trans. Am. Inst. Ill. Eng. Bd. 8, S. 1895. 1913.
[4]) D.R.P. 290932.
[5]) G. R. FONDA, Phys. Rev. Bd. 31, S. 260. 1928.

Leuchtkörper steht, erhitzt werden. Vorbedingung für Anwendung solcher Gasgemische ist die gleichmäßige Erwärmung des Leuchtkörpers in seiner Gesamtausdehnung. Sind Temperaturunterschiede vorhanden, so ist das Reaktionsgleichgewicht gestört; es findet an einer Stelle ein Aufbau und an der anderen Stelle ein Abbau statt. Die Gleichmäßigkeit der Temperatur ist wegen der unvermeidlichen Abkühlung an den Zuleitungen und den Leuchtkörperstützen nur durch besondere Anordnungen herstellbar. Man kann z. B. durch Querschnittsverminderung des Glühkörpers an den Haltern einer Abkühlung entgegenwirken und den Temperaturabfall an den Zuleitungen in ein Zwischenmaterial, das von dem Gasgemisch nicht angegriffen wird, verlegen.

Die Herabsetzung der Verdampfung durch Einbringen einer Gasatmosphäre wurde erst erprobt, als nur noch Wolfram- und Kohlefadenlampen hergestellt wurden. Es liegen infolgedessen nur für diese beiden Materialien Versuche vor. Es ist leicht, ein mit Wolfram nicht reagierendes Gas rein herzustellen, z. B. Stickstoff oder Stickstoff-Argongemische. Bei Kohle ist die Möglichkeit der technischen Herstellung gasgefüllter Lampen bisher noch nicht gegeben, da nur ganz reine Edelgase oder Quecksilber in Betracht kommen. Die Reinigung der Edelgase von Stickstoffbeimengungen in dem Maße, daß Kohle nicht mehr angegriffen wird, ist technisch schwer durchführbar, bei Quecksilberdampffüllung treten Schwierigkeiten infolge elektrischer Entladung im Gase bei dem niedrigen Drucke des Quecksilbers, der bei Brennbeginn vor endgültigem Erwärmen in der kalten Lampe herrscht, auf.

Die Herabsetzung der Verdampfung macht es möglich, den Glühkörper höher zu erhitzen, ohne die Schwärzung zu erhöhen. Die Nutz-Brenndauer bleibt die gleiche. Ob die Wirtschaftlichkeit dabei erhöht wird, hängt von der Größe der Energieabfuhr durch das Gas ab (vgl. Ziff. 47, Abb. 21).

7. Ableitungsverluste infolge der Gasfüllung und Verminderung derselben. Die Verluste, die durch Wärmeleitung des Gases und Konvektionsströmungen in der Lampe verursacht werden, können einmal durch Wahl von Gasen geringer Wärmeleitfähigkeit und dann durch spezielle Anordnungen des Leuchtsystems herabgemindert werden.

Dies letztere zeigten Langmuir und Orange[1]) zuerst anschließend an eine prinzipielle Studie über Wärmeleitung und Konvektion in Gasen bei hohen Temperaturen. Die Energieverluste bei den für Glühlampen in Betracht kommenden hohen Temperaturen können stark vermindert werden, wenn der Leuchtkörper eine dicke kurze Form erhält. Dies geschieht z. B. dadurch, daß man ihn in Form einer Wendel mit möglichst dickem Kern anordnet[2]). Die Grenzen für die Größe dieses Kernes sind durch die Steifigkeit des Materials bei den betreffenden Temperaturen gegeben[3]).

Um den Einfluß der Gasart und der Drahtdicke zu zeigen, ist in Abb. 2 nach Versuchen von Langmuir[4]) die Wirkung der Wärmeleitung und Konvektion auf die Lichtausbeute (Lm/Watt) von Wolframdrähten bei Brenntemperaturen von 2445° abs. (a, b, c, d) und von 2885° abs. (a', b', c', d') in Abhängigkeit von der Drahtdicke beim Brennen in Stickstoff (a, a'), Argon (b, b') und Quecksilber (c, c') [alle von Atmosphärendruck[5])] angegeben. Die Geraden (d, d') geben die Ausbeute im Vakuum.

---

[1]) J. Langmuir u. J. A. Orange, Proc. Am. Inst. El. Eng. Bd. 32, S. 1915. 1913; D.R.P. 290932.

[2]) J. Langmuir, Phys. Rev. Bd. 34, S. 401. 1912.

[3]) Über Änderung der Selektivität durch „Strahlungsschwärzung". Siehe Kap. 17, Ziff. 12.

[4]) J. Langmuir, Phys. Rev. (2), Bd. 2, S. 329. 1913.

[5]) Vgl. G. R. Fonda, „Evaporation of Tungsten under Various Pressures of Argon". Phys. Rev. Bd. 31, S. 260. 1928.

Die Verminderung der Wärmeverluste durch Anordnung des Leuchtkörpers in kurzer und dicker Form (Wendel) erklärt sich nach der von LANGMUIR entwickelten Vorstellung dadurch, daß sich um den glühenden Draht eine Hülle von erhitztem Gas bildet, die z. B. bei 2400° abs. die Größenordnung von 1 mm erreicht. Durch diese Hülle hindurch erfolgt der Wärmeaustausch nur durch Wärmeleitung und Strahlung. Konvektionsströmungen setzen erst außerhalb ein. Infolgedessen sind bei Drähten, deren Dicke im Verhältnis zu der Gasschicht gering ist (z. B. 0,01 bis 0,1 mm), die Konvektionsverluste für die Längeneinheit nahezu gleich. Das Verhältnis Konvektionsverlust zur Strahlung, die der Drahtoberfläche proportional ist, fällt folglich mit wachsendem Durchmesser. Da die Konvektionsverluste annähernd mit der 1. Potenz der Temperatur, die Strahlung bei Hohlraumstrahlung mit der 4., bei Metallen etwa mit der 5. Potenz wachsen, fällt der relative Konvektionsverlust mit steigender Temperatur. Dies erklärt, weshalb erst bei den hohen Betriebstemperaturen, wie sie

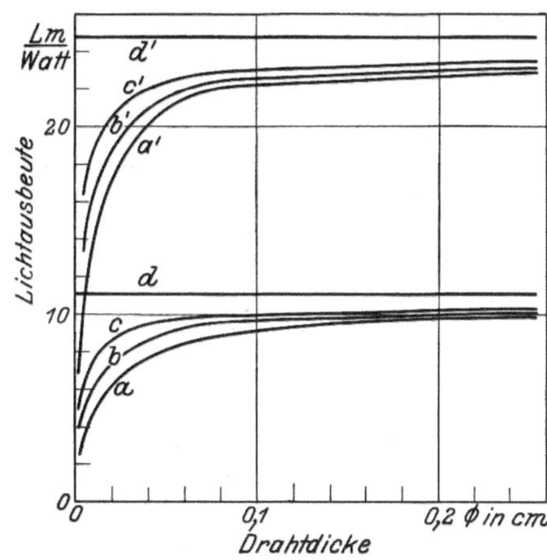

Abb. 2. Wirkung der Wärmeleitung und Konvektion von Gasen auf die Lichtausbeute von Wolframdrähten bei Temperaturen von 2445° abs. (a, b, c, d) und 2885° abs. (a', b', c', d') in Abhängigkeit von der Drahtdicke. Kurven (d, d'), Lichtausbeute im Vakuum; Kurven (a, a') in Stickstoff von 1 Atm. Druck; Kurven (b, b') in Argon von 1 Atm. Druck; Kurven (c, c') in Quecksilber von 1 Atm. Druck.

die Wolframlampen haben, die Anwendung der Gasfüllung zur Verbesserung der Lichtausbeute führt.

8. Mittel zur Beseitigung von Restgasen[1]). Kleine Gasmengen, die beim Pumpen zurückbleiben oder auch nachträglich aus dem Material abgegeben werden, wirken schädigend auf das Glühkörpermaterial. Neben evtl. chemischem Angriff des Fadenmaterials bewirken sie bei Vakuumlampen eine elektrische Zerstäubung des Materials, die Lampenglocke wird geschwärzt. Bei Betriebstemperaturen (2300 bis 3000° abs.) senden die Glühfäden Elektronen aus, die unter der beschleunigenden Wirkung der Betriebsspannungen (110 bis 220 Volt) die Moleküle der Restgase ionisieren. Der Druck der Restgase beträgt etwa $^1/_{5000}$ mm Hg. Die positiven Träger prallen auf den Leuchtdraht auf und bringen ihn zum Zerstäuben. In diesem Fall wirken die vorher beschriebenen „Getter"[2]), wenn sie elektronegative Gase (Halogene und Sauerstoff) abspalten, ebenfalls günstig durch Verminderung der Reichweite der Elektronen.

Die Restgase in den Lampen werden meist durch Adsorption oder chemische Bindung beseitigt. Das dazu benutzte Verfahren ist von MALIGNANI zuerst erprobt und seither in der Glühlampentechnik verwandt. Es werden Phosphordämpfe in der Lampe durch Erhitzen von rotem Phosphor erzeugt. Der Phosphor wurde anfänglich in den Pumpstengel gebracht und beim Pumpprozeß, während der Glühfaden glühte, in die Lampe eingetrieben. Es bildete sich eine Glimmentladung, in deren Verlaufe die Restgase gebunden wurden. Neuerdings wird der Phosphor im allgemeinen auf die fertigen Glühlampengestelle oder auf die Leuchtkörper in genau dosierten Mengen durch Bespritzen oder durch

---

[1]) Ausführliche Übersicht ist z. B. in DUSHMAN, Hochvakuum, übersetzt von R. G. BERTHOLD u. E. REIMANN, Berlin 1926, gegeben. A. MALIGNANI, D.R.P. 82076, 1895.
[2]) W. R. WHITNEY, Trans. Am. Inst. El. Eng. Bd. 31, S. 921. 1912.

Tabelle 1. Zusammenstellung der physikalischen

| Material | Spannung | Licht-strom | Licht-ausbeute | Leucht-dichte | Dimensionen des Fadens | | Spezi-fisches Gewicht | Faden-gewicht |
| | | | | | Durch-messer | Länge | | |
	Volt	Lm	Lm/W	HK/cm²	mm	mm		g
Kohle, unpräp.	220	161	—	—	0,090	260	1,5	0,0025
Kohle, präp.	110	161	3,24	75	0,117	206	1,5	0,0033
Metallis. Kohle	110	161	—	—	0,07	206	1,6	0,0013
Nernstmasse	110	161	5,85	335	0,4	12	5,5	0,0083
Osmium	37	251	6,7	—	0,087	280	22,5	0,037
Tantal	110	161	6,28	85,8	0,0345	554	16,55	0,00856
Wolfram, luftleer	110	161	10,0	183	0,0205	406	19,8	0,00265
,, ,, ...	110	261	10,47	201,5	0,0287	464	19,8	0,00595
,, gasgefüllt	110	10100	20,2	1384	0,200	919	19,8	0,5715
,, ,, (Projektion).	30	24070	26,72	2540	0,624	301	19,8	1,823

Tauchen in Phosphorsuspensionen aufgebracht. Der Phosphor verdampft dann in dem Augenblick, wo der Leuchtfaden zum erstenmal geglüht wird.

Über die in der Glimmentladung zwischen Phosphor und Restgasen vor sich gehenden komplizierten Vorgänge haben Campbell und Mitarbeiter umfangreiche Untersuchungen angestellt[1]). Zur Ausbildung der Glimmentladung sind Spannungen von über 50 Volt nötig.

9. Glühkörpergestalt in Abhängigkeit von Leuchtdichte, Strahlungsdichte, spezifischem Widerstand und Netzspannung. Bei Metallen und auch Kohle und Graphit ist der spezifische Widerstand bei hohen Temperaturen so gering, daß für Lampen mit kleinem Lichtstrom lange dünne Fäden als Glühkörper verwendet werden müssen. Die Länge l und Durchmesser $d = 2r$ eines zylindrischen Glühkörpers, der bei der Betriebstemperatur T eine Lichtstromdichte (Lm/cm²) E_T, eine Gesamtstrahlungsdichte S_T (Watt/cm²), einen spezifischen Widerstand ϱ_T, einen Betriebswiderstand r_T und den Wattverbrauch W hat, berechnet sich für einen Lichtstrom Φ und eine Netzspannung V aus der Leuchtfläche f

$$f = \frac{\Phi}{E_T} = 2\pi r l \qquad \text{und dem Wattverbrauch} \qquad W = \frac{V^2}{r_T} = f S_T$$

$$\frac{\Phi}{E_T} S_T = \frac{V^2}{\dfrac{\varrho_T l}{\pi r^2}}, \qquad r_T = \frac{\varrho_T l}{\pi r^2}.$$

Für Lampen gleichen Lichtstromes und gleicher Spannung sind bei Voraussetzung gleicher Leuchtdichte und Gesamtstrahlungsdichte die Durchmesser der Leuchtkörper der 3. Wurzel aus dem spezifischen Widerstand direkt, die Längen der 3. Wurzel umgekehrt proportional. Wie weit die Abmessungen bei dem gebrauchten Glühkörpermaterial schwanken, zeigt die Zusammenstellung in Tabelle 1.

Ein Vergleich der Extreme, Wolfram und Nernststift, zeigt, wie einfach sich Herstellung und Aufbau eines Glühkörpers der Abmessungen eines Nernststiftes im Vergleich zur Herstellung des Glühkörpers aus Wolframdraht gestalten muß.

10. Abhängigkeit einzelner Bestimmungsdaten von den Dimensionen bei gleichem Material. Bleibt die Lichtstromdichte E_T, der spezifische Widerstand ϱ_T,

---

[1]) Research Staff, Gen. Electr. Co., London; Phil. Mag. Bd. 40, S. 585. 1920; Bd. 41, S. 685. 1921; Bd. 42, S. 227. 1921; Bd. 43, S. 914. 1922; Bd. 48, S. 553. 1924.

aten von Glühlampenleuchtkörpern.

ezifischer Widerstand bei 00° abs. in Mikro-Ω	bei Betriebstemperatur in Mikro-Ω	Betriebstemperatur Grad abs.	Linearer Temperaturkoeffizient der Wärmeausdehnung 300° abs.	Spezifische Wärme 300° abs. cal/g·Grad	Betriebstemperatur	Schmelzpunkt Grad abs.	Mittleres Reflexionsvermögen im sichtbaren Gebiet 300° abs.	Wärmeleitfähigkeit 300° abs. cal/Grad·cm·sec	Betriebstemperatur
300	2100	2120	—	—	—	3760	—	ca. 0,300	0,0210
400	1300	2120	—	—	—	3760	0,765	ca. 0,300	—
425	590	2200	$7,86 \cdot 10^{-6}$	0,096÷0,16	—	3760	—	ca. 0,300	—
∞	440000	2400	—	—	—	ca. 2850	0,868	—	—
9,5	80	2273	$6,57 \cdot 10^{-6}$	ca 0,031	—	2980	—	—	—
14,5	87,2	2245	$6,55 \cdot 10^{-6}$	0,0326	>0,0435	3300	0,459	0,130	0,20
5,6	74,3	2418	$4,44 \cdot 10^{-6}$	0,0338	0,0453	3660	0,446	ca.0,38	0,343
5,6	75,1	2440	$4,44 \cdot 10^{-6}$	0,0338	0,0455	3660	0,446	ca.0,38	0,349
5,6	93,6	2935	$4,44 \cdot 10^{-6}$	0,0338	—	3660	—	—	—
5,6	102,7	3180	$4,44 \cdot 10^{-6}$	0,338	—	3660	—	—	—

die Gesamtstrahlungsdichte S_T konstant, so sind die Glühlampendaten von der Fadenlänge l und dem Durchmesser $2r$ in folgender Weise abhängig:

$$\text{Wattverbrauch von} \qquad l \cdot r,$$

$$\text{Lichtstrom von} \qquad l \cdot r,$$

$$\text{Spannung von} \qquad \frac{l}{\sqrt{r}},$$

$$\text{Stromstärke von} \qquad r^{\frac{3}{2}},$$

$$\text{Widerstand von} \qquad \frac{l}{r^2}.$$

11. Bruchfestigkeit des Materials. Glühkörper mit einem spröden Gefüge werden leicht durch Erschütterungen zerstört. Es müssen also die Gefüge der Glühkörper so ausgebildet werden, daß die Kaltbrüchigkeit und ebenso die Neigung zu Verformung bei der Betriebstemperatur gering ist. Vor allem neigen metallische Glühkörper, bei denen infolge der Rekristallisation eine kleinkristalline Struktur auftritt, bei Erschütterungen zu Bruch und im glühenden Zustande zu Formänderungen. Mangelnde Festigkeit tritt auch bei gröberem Kristallkorn auf, wenn die Korngrenzen wenig gegeneinander versetzt sind und vorzugsweise senkrecht zur Drahtachse verlaufen. Untersuchungen, die vor allem am Wolfram ausgeführt wurden, führten zur Auffindung von Verfahren, erschütterungsfeste, formbeständige Gefüge herzustellen. Die Methoden sind in dem nächsten Abschnitt angegeben.

12. Verluste durch Wärmeabfuhr an Zuführungen und Halterungen. Von der Steifheit des Glühkörpers hängt die Zahl der Stützpunkte für den Glühkörper ab. Durch Wärmeableitung an den Haltern und ebenso an den Zuführungen tritt ein Mehrverbrauch an Leistung auf. Bei dünndrähtigen Wolframlampen verursacht z. B. jeder Halter eine Herabsetzung der Lichtausbeute um etwa $1/_2\%$. Die Wärmeverluste sind von der Dicke des Glühkörpers und der Wärmeleitfähigkeit abhängig. Für Wolframvakuumlampen (Wärmeleitfähigkeit bei 2440° siehe Tab. 1) ist z. B. für eine Betriebstemperatur von 2440° abs. der Abstand von den Zuführungen bis zu dem Punkt, an dem die Temperatur annähernd gleich der Höchsttemperatur ist, bei einem Durchmesser von

0,025 mm 9 mm, bei einem Durchmesser von 0,5 mm 42 mm[1]). Die Wärmeleitfähigkeit der Glühkörpermaterialien ist, soweit bekannt, in Tabelle 1 angegeben.

13. Einfluß von Ungleichmäßigkeiten auf die Lebensdauer. Ungleichmäßigkeiten im Widerstand oder im Querschnitt des Glühkörpers führen zu Temperaturunterschieden und damit zu ungleichmäßiger Abtragung infolge Verdampfung und schließlich zum Durchbrennen der Lampe. Sieht man vom mechanischen Bruch ab, so ist somit durch diese Ungleichmäßigkeiten die absolute Lebensdauer gegeben. Würde der Leuchtkörper nur gleichmäßig infolge der Verdampfung abgebaut, so würde der Durchmesser des Drahtes allmählich abnehmen. Gleichzeitig nimmt proportional dazu die strahlende Oberfläche ab. Außerdem wird aber die Leistungsaufnahme bei den mit konstanter Spannung gebrannten Lampen geringer, und zwar etwa dem Querschnitt des Drahtes proportional. Da die Verminderung der Leistungsaufnahme größer als die Abnahme der strahlenden Oberfläche ist, so würde demzufolge die Temperatur und damit die Verdampfungsgeschwindigkeit sinken. Die Lampe müßte dann unendlich lange leben. Über die Wirkung von Einschnürungen auf lokale Überhitzung sei einiges im Anschluß an die Darstellung von R. Becker[2]) gesagt:

Stellt man sich etwa vor, daß ein sehr kurzes Stück des Drahtes um 2% dünner ist als dessen Umgebung, so wird dieses infolge der höheren Stromdichte eine höhere Temperatur und damit eine etwas größere Verdampfungsgeschwindigkeit besitzen. Da durch eine so minimale Einschnürung die Gesamtstromstärke nicht merklich geändert wird, der Spannungsabfall an der Einschnürung jedoch größer wird, wächst dort die Energiezufuhr. Durch Verdampfung nimmt dabei der Querschnitt ab, gleichzeitig auch die ausstrahlende Oberfläche. Hierdurch steigert sich fortgesetzt die Temperatur T und damit die Verdampfungsgeschwindigkeit V der verjüngten Stelle. Die Abhängigkeit von V und T läßt sich etwa durch $V = \mathrm{konst} \cdot T^{39}$ wiedergeben. Die dünne Stelle wird daher in relativ kurzer Zeit völlig verdampfen und damit das Durchbrennen der Lampe bewirken. Die endliche Lebensdauer der Glühlampen ist somit eine Folge der Ungleichmäßigkeit des Drahtes und wesentlich bedingt durch die stärkste auf der Drahtlänge vorhandene Einschnürung. Infolge der oben angedeuteten Labilität sind minimale, sonst kaum feststellbare Ungleichmäßigkeiten des Drahtes ausreichend, um die beobachtete Begrenzung der Lebensdauer zu erklären. So ist z. B. bei einem Draht von 0,02 mm Dicke, wie er etwa in einer 25 kerzigen 220 Voltlampe verwandt wird, eine Ungleichmäßigkeit von der Größenordnung der Wellenlänge der D-Linie im Durchmesser des Drahtes bereits groß genug, um bei einer Lichtausbeute von 9 Lm/Watt (entsprechend $T \cong 2375°$, s. Ziff. 48) ein Durchbrennen der Lampe nach 1000 Stunden zu erklären.

b) Herstellung und Struktur von gespritzten und gezogenen Leuchtkörpern (Kohle und Wolfram als Beispiel).

14. Die Herstellungsmethoden von Glühkörpern. Zur Herstellung von Leuchtkörpern werden zwei Gruppen von Verfahren angewandt[3]). Bei dem ersten, nur bei Metallen anwendbaren, wird das pulverförmige Material zunächst geschmolzen oder hochgesintert und dann durch mechanische Bearbeitung, Hämmern und Ziehen, in Drahtform gebracht.

Ist diese Herstellungsweise nicht möglich, so wendet man ein Verfahren der 2. Gruppe an. Es werden chemische Verbindungen des Materials (z. B. für

---

[1]) Vgl. auch G. Ribaud u. S. Nikitine, Ann. de phys. Bd. 7, S. 5. 1927.
[2]) R. Becker, ZS. f. techn. Phys. Bd. 6, S. 309. 1925.
[3]) C. H. Weber, Die elektrische Metallfadenglühlampe. Leipzig 1914, S. 100; N. L. Müller, Die Fabrikation und Eigenschaften der Metalldrahtlampe. Halle 1914, S. 407.

Kohlefäden) oder Mischungen des pulverförmigen Materials mit einem Bindemittel (z. B. bei Nernstmasse, Osmium, früher und zum Teil für spezielle Zwecke auch jetzt noch bei Wolfram) geformt. Die Nebenbestandteile werden dann vor dem Einbringen des Leuchtkörpers in die Lampe durch chemische Beeinflussung und thermische Behandlung entfernt. Die Formgebung bei dieser 2. Gruppe von Verfahren geschieht, soweit es sich um lange zylindrische Leuchtkörper handelt, gewöhnlich nach dem sog. Spritzverfahren. Dabei werden die aus dem betreffenden Leuchtkörpermaterial und dem meist organischen, gelegentlich aber auch metallischen Bindemittel gebildeten Massen aus einer Düse herausgepreßt. Ein Preßzylinder ist in Abb. 3 wiedergegeben.

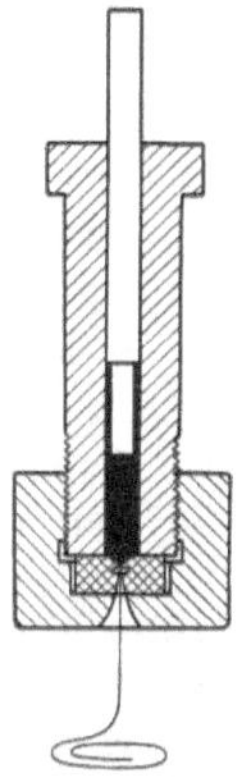

Die Abmessungen der im Spritzverfahren hergestellten Fäden verändern sich infolge der Austreibung des Bindemittels und Vereinigung der getrennten Pulverteile. Da die Dichte des Spritzkörpers ebenso wie die Konzentration des Bindemittels an verschiedenen Stellen häufig ungleichmäßig ist, so ist die Schrumpfung ungleichmäßig, die Fäden haben leicht einen unregelmäßigen Querschnitt.

Zur Beseitigung der Ungleichmäßigkeiten bei gespritzten Fäden kann man den Leuchtkörper in einer leicht zersetzlichen dampfförmigen Verbindung des Leuchtkörpermaterials glühen. Je nach den Versuchsbedingungen wird dann an den dünneren, heller glühenden Stellen der Faden aufgebaut, oder die dunkel glühenden Stellen des Fadens werden abgebaut. Der Faden wird egalisiert.

Bei den im Ziehverfahren hergestellten Drähten ist eine genaue Dimensionierung möglich.

Abb. 3. Preßzylinder.

Ein weiterer Vorteil des Ziehverfahrens ist die Möglichkeit der Herstellung beliebig langer Drahtstücke.

Um die Vorteile des Ziehverfahrens beim Wolfram auszunutzen, wurde, ehe man in dem Verfahren der General Electr. Co. (vgl. Ziff. 17) eine technisch brauchbare Verarbeitungsmethode für das reine Metall fand, eine kalt bearbeitbare Wolframnickellegierung verarbeitet. Aus dem mit 6 bis 10% Nickel versetzten Wolframmetall wurden Stäbe gepreßt und gesintert, diese mechanisch zu dünnsten Drähten verarbeitet und dann nach Aufbringen des Drahtes auf das endgültige Traggestell das Nickel durch Glühen ausgetrieben[1]).

15. Strukturänderungen beim Brennen. Bei längerem Hocherhitzen verändert sich das Kristallgefüge und somit auch die Eigenschaften der Glühkörper. Es tritt Rekristallisation ein, die nach Verarmen des Glühkörpers an denjenigen Beimengungen, die einen höheren Dampfdruck haben, weiter fortschreitet. Die Form des endgültigen Kristallgefüges ist von der Art der Beimengungen und der Größe und Zahl der elastischen Verspannungen der Kristalle abhängig und somit regulierbar. Die Versuche, die Struktur zu beeinflussen, sind an Kohle und Wolfram vorgenommen und haben vor allem bei Wolfram (Ziff. 24) zu praktischen Erfolgen (Verminderung der Zerbrechlichkeit und Erhöhung der Formbeständigkeit im heißen Zustand) geführt.

16. Herstellung und Eigenschaften von Kohlefäden[2]). Das Ausgangsmaterial für den Kohlefaden ist nitrierte Zellulose, Azetylzellulose oder Viskose. Aus ihr werden lange Fäden gespritzt, die nach dem Denitrieren (im 1. Fall), Schneiden und Formen (z. B. Schleifenform) bei ca. 2000° abs. in Öfen unter einer Kohleschutzschicht verkohlt werden. Da der Kohlegehalt des Ausgangsmaterials nur etwa 5% beträgt, so tritt beim Glühen eine starke Schrumpfung

---

[1]) D.R.P. 211804.
[2]) C. H. WEBER, Die Kohleglühfäden für elektrische Glühlampen. Hannover 1907; Ders., Die elektrische Kohlefadenglühlampe, Hannover 1908.

ein. Der entstehende Faden ist porös, sein spezifisches Gewicht ist 1,5 (reiner Graphit hat 2,25). Der Faden besteht aus sehr feinen Graphitkristallen, die teils durch Hohlräume, teils durch ultramikroskopische oxydische Zwischenschichten (Aschebestandteile) getrennt sind.

Es ist auch möglich, Graphitfäden aus Mischungen von Graphit mit organischen und anorganischen Bindemitteln herzustellen. Die entstehenden Fäden zeigen gegenüber den aus Zellulose hergestellten keine Vorteile; besonders sind die mechanischen Eigenschaften schlecht.

Zwecks Ausgleichs kleiner Unterschiede im Querschnitt glüht man die verkohlten Fäden einige Sekunden in einem Kohlenwasserstoffdampf, z. B. Gasolin, bei einem Druck von 20 bis 30 mm Quecksilbersäule. Es entsteht auf dem Faden eine dichte Graphitschicht; man läßt sie in einer Dicke von 5 bis 10 % des Durchmessers aufwachsen.

Werden auf dünne, hochgeglühte Fäden dickere Graphitschichten niedergeschlagen, so entstehen sehr dichte Kohlefäden. Nach Howell[1] stellt man diese sog. metallisierten Kohlefäden so her, daß man den Kernfaden bei 3500° abs. ausglüht, dann aufpräpariert und von neuem stark ausglüht. Beim Aufpräparieren sehr dünner Fäden kann man zu Graphitfäden kommen, die kalt völlig biegsam sind[2] (Pseudoduktilität).

Die metallisierten Kohlefäden haben durch das Hocherhitzen bereits die stabile Endstruktur, auch gewöhnliche Kohlefäden verändern sich mit der Brennzeit nur sehr wenig. Die Verzögerung der Rekristallisation bei der Betriebstemperatur (2100° abs.) ist so groß, daß auch nach 1000stündigem Brennen keine durchgehende „Graphitierung" stattgefunden hat. Die eingeschlossenen oxydischen Aschreste (z. B. CaO) verdampfen nur sehr allmählich, die Struktur bleibt erhalten, die Lampe bleibt äußerst stoßfest.

Die Temperaturdifferenzen, die durch die kleinen Durchmesserschwankungen, die nach dem Egalisieren noch vorhanden sind, entstehen, sind bei den dicken Fäden nicht so groß, daß die Abtragung der dünneren Stelle stark vermehrt ist (vgl. Ziff. 13). Infolgedessen wird bei Kohlefadenlampen die absolute Lebensdauer (vgl. Kap. 17, Ziff. 17) nicht ausgenutzt; sie werden bereits vorher infolge der Lichtabnahme durch die Glockenschwärzung unwirtschaftlich.

Die metallisierten Fäden haben infolge der guten Leitfähigkeit des dichten Materials für gleiche Lichtströme dünnere und längere Fäden. In der Lampe müssen diese Fäden gehaltert werden; die Stoßempfindlichkeit ist größer. Dafür aber neigen die Fäden viel weniger zur Zerstäubung, so daß sie höher erhitzt werden können (ca. 80 bis 90°), ohne daß die Schwärzung der Lampen zunimmt.

17. Herstellung von Wolframmetallstücken. Der hohe Schmelzpunkt des Wolframs, verbunden mit dem Mangel an noch höher schmelzenden Materialien, läßt die Herstellung von Wolframstücken großer Reinheit nach den üblichen Schmelz- und Gießverfahren für Metalle nicht zu. Nur für Sonderzwecke werden kleinere Mengen im Lichtbogen zusammengeschmolzen. Es wird meist ein Sinterungsverfahren, das von der General Electric Co., Amerika, zuerst erprobt wurde und mehr den keramischen Methoden ähnelt, angewandt. Man geht von dem stumpf dunkelgrau aussehenden, durch Reduktion von Wolframsäure erhaltenen feinen Wolframpulver, dessen Korngröße durchschnittlich etwa 2 bis 5 μ beträgt[3], aus. Aus ihm werden zunächst in stählernen Preßformen Stäbe gepreßt. Diese Formstücke werden bei 1300 bis 1500° abs. vorgesintert, und zwar in elektrisch

---

[1] J. W. Howell, Trans. Am. Inst. Electr. Eng. Bd. 14, S. 27. 1897; Proc. Am. Journ. Ill. Eng. Bd. 24, S. 617. 1905. D.R.P. 194058.
[2] M. Pirani u. W. Fehse, ZS. f. Elektrochem. Bd. 29, S. 168. 1923.
[3] D.R.P. 269498.

geheizten Öfen in einer indifferenten oder reduzierenden Gasatmosphäre. Nach dem Sintern sehen die Wolframstücke hellgrau aus, sind noch sehr porös, leicht brüchig und haben noch keinen metallischen Klang. Um diese Wolframstücke dann vollständig dicht zu machen, werden sie bei Temperaturen über 2300° abs. nachgesintert, meist durch JOULEsche Wärme. Dazu werden die Stäbe zwischen Klemmbacken, deren eine bewegbar zum Nachgeben bei Schrumpfung angeordnet ist, eingespannt und in reduzierende oder indifferente Atmosphäre gebracht. Bei diesem Herstellungsprozeß findet ein Zusammenziehen der Preßkörper statt. Das Endstück hat nur noch ca. 60% des Volumens des gepreßten Pulverstückes. Im allgemeinen ist das so hergestellte Metall kleinkristallin; auf 1 mm² Fläche kommen nach SMITHELLS[1] 2500 bis 5000 Kristalle.

18. Verarbeitung des Wolframmetalles zu Draht. Beim Verarbeiten des hochgesinterten Wolframmetalls, wie überhaupt von jedem rekristallisierten Wolframmetall, bei Zimmertemperatur bewirken schon geringe Verformungen das Auftreten von Spannungen, die zum Spalten oder Bruch führen. Durch die Bearbeitung bei erhöhter Temperatur wird jedoch das Kristallgefüge so geändert, daß die spätere Verarbeitung auch bei niedrigeren Temperaturen möglich wird.

Der Arbeitsgang zur Herstellung von Draht aus den Sinterstücken ist meist folgender:

Die Stäbe werden in einer Maschine mit schnell rotierenden Hämmerbacken (Gesenkhämmern), ähnlich den in der Nähnadelfabrikation verwandten Anspitzmaschinen (Abb. 4), bei Temperaturen von über 1400° abs. bearbeitet, bis der Durchmesser auf etwa 1 mm gesunken ist, dann bei etwas niedrigeren Temperaturen zuerst im Grobzug und dann im Feinzug auf immer kleinere Durchmesser gebracht.

Wegen der großen Härte des Wolframs müssen die Ziehdüsen aus einem Material bestehen, das äußerst hart und zähe ist und außerdem auch beim Erhitzen auf hohe Temperaturen eine genügende Härte besitzt, wie z. B. Wolframkarbid

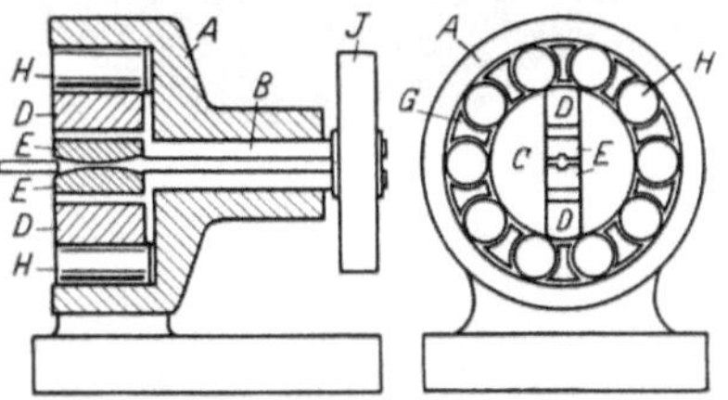

Abb. 4. Hämmermaschine für Wolfram.

A Gehäuse, *B* Achse zum Hämmerkopf, *C* Hämmerkopf, *D* Schlagbacken, *E* Hämmerbacken, *G* Rollenkäfig, *H* Rollen, *J* Schwungrad.

oder Diamant. Eine Diamantziehdüse ist in Abb. 5 abgebildet. Beim Ziehen wird ein Schmiermittel, meist ein graphithaltiges, auf den Draht aufgebracht. (Die störende Schmiermittelschicht kann später durch Glühen in einer indifferenten Gasatmosphäre wieder entfernt werden.) Bei Anwendung des beschriebenen Arbeitsganges ist es möglich, Wolframdrähte von mehreren 1000 m Länge bis herab zu Durchmessern von $^1/_{100}$ mm herzustellen. Die Zerreißfestigkeit der Drähte übertrifft die des Stahles.

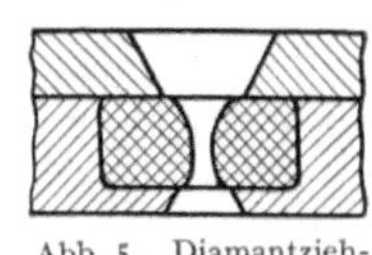

Abb. 5. Diamantziehdüse.

19. Andere Herstellungsmethoden für Wolframfäden. Vor Erfindung dieses Bearbeitungsverfahrens stellte man Wolframfäden durch Hochglühen gespritzter Fäden her. Als Ausgangsmasse benutzt man sehr feines Wolframpulver mit Zusatz eines organischen Bindemittels[2]. Durch Kalandern des pastenförmigen Gemisches wird für eine möglichst innige Durchmischung gesorgt. Die Masse wird dann durch feine Düsen zu langen Fäden gespritzt. Bei geeignetem Hochglühen verdampfen die Zusatzbestandteile, man erhält Draht aus reinem Wolfram. Zur Herstellung von Wolframeinkristallfäden nach dem PINTSCHschen Verfahren bilden gespritzte Fäden noch jetzt das Ausgangsmaterial.

---

[1] COLIN J. SMITHELLS, TUNGSTEN, London 1926.
[2] C. H. WEBER, „Die Metallfadenglühfäden." Hannover 1914.

20. Kristallgefüge des gezogenen und des rekristallisierten Wolframdrahtes.
Beim Hämmern und Ziehen werden die Kristalle der Wolframsinterstücke durch
plastische Verformung gestreckt. Da das Nachgeben in den Gleitebenen bevorzugt stattfindet, entsteht beim Verarbeitungsprozeß annähernd eine Gleich-
richtung der Kristallachsenlage in bezug auf die Drahtachse[1]). Die Verformung
bewirkt außerdem ein starkes Zusammenhaften der Einzelkristalle in der Draht-
längsrichtung. Quer zum Draht ist der Zusammenhalt weit geringer. Man bezeichnet die in Abb. 6 wiedergegebene Struktur als Faserstruktur. Das Gefüge
dieser Faserkristallstruktur gibt bei
Biegebeanspruchung leicht nach, die
Drähte sind weitgehend biegsam. Bei
sehr starken Deformationen splittert der
Draht oft in einzelne Fasern auf.

Beim Erhitzen auf hohe Temperaturen rekristallisieren die aus reinem
Wolframmetall gezogenen Drähte oder
gespritzten Fäden im allgemeinen in
kleinen Kristallen, die keine bestimmte
kristallographische Orientierung zur
Drahtachse haben.

Bei Temperaturen bis zur Rotglut
ist die intrakristalline Festigkeit des
Wolframkristalles größer als der Zusammenhalt zwischen den Einzelkristal-
len, im Gegensatz zu den meisten anderen
Metallen, bei denen, wie z. B. bei Kupfer,
schon bei Zimmertemperatur bei über-

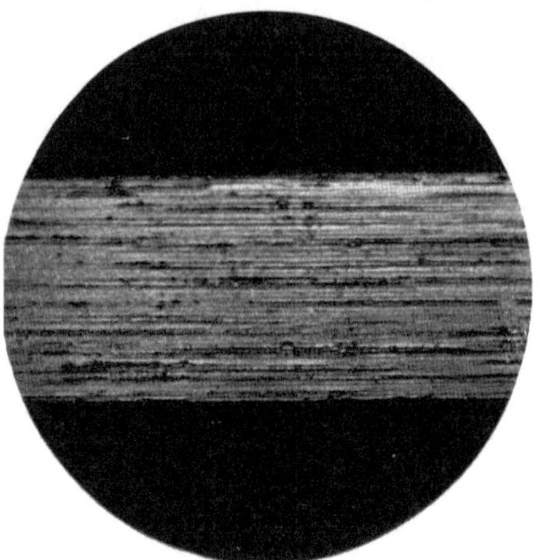

Abb. 6. Wolframfaserkristalldraht mit Ziehstruktur.
(Vergr. 640 mal.)

elastischer Beanspruchung Verformungen innerhalb des Einzelkristalles stattfinden. Infolge dieser großen Gitterfestigkeit des Wolframs bewirkt eine geringe
Beanspruchung bereits ein Nachgeben
an den Korngrenzen (Stoßstellen), der
Draht zerbricht. Bei großen Kristallen
sind Stoßstellen, die senkrecht zur Drahtachse, also in Richtung geringster Ma-
terialerstreckung liegen, besonders ungünstig. Im glühenden Zustande verschieben sich die Kristalle an diesen
Stoßstellen leicht unter dem Einfluß von
Erschütterungen, wie sie beim Brennen
mit Wechselstrom z. B. auftreten, gegeneinander und bilden sog. Versetzungen
(Abb. 7). Die Formbeständigkeit im
glühenden Zustande ist gering, z. B.
verzieht sich ein in Form einer Wendel
gewickelter Leuchtkörper unter dem Einfluß seines Eigengewichtes.

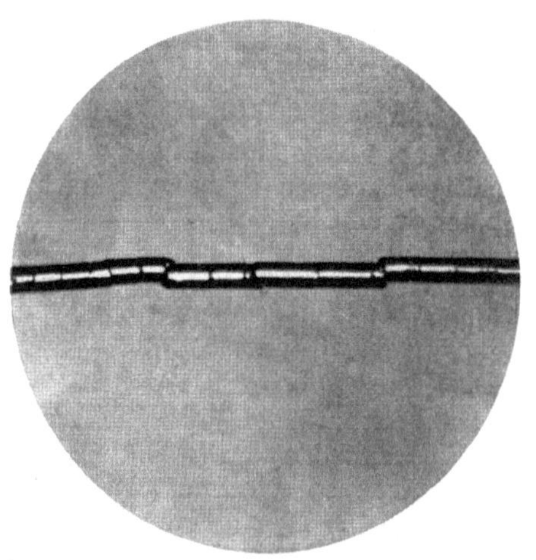

Abb. 7. Wolframdraht mit Versetzungen.
(Vergr. 224 mal.)

Damit Wolframdrähte den an Glühkörpermaterial zu stellenden Forderun-
gen: Formbeständigkeit bei hohen Temperaturen und Bruchfestigkeit im kalten Zustande, genügen, muß entweder die Rekristallisation verzögert werden oder

---

[1]) M. Ettisch, M. Polanyi u. K. Weissenberg, ZS. f. phys. Chem. Bd. 99, S. 332.
1921; ZS. f. Phys. Bd. 7, S. 181. 1921.

aber der Rekristallisationsprozeß so vor sich gehen, daß ein festeres Kristallgefüge erreicht wird.

21. Mittel zur Verzögerung der Rekristallisation. Das Hinzufügen kleiner Mengen von schwer verdampfbaren und schwer zersetzlichen Oxyden, die nicht zur Verbindung mit Wolfram neigen (es kommt vor allem Thoriumoxyd in Frage), hindert die Rekristallisation. Der eigentliche Vorgang, der dieser Wirkung der Oxyde zugrunde liegt, ist noch nicht ganz geklärt, man kann aber wohl annehmen, daß es sich um eine Störung in der glatten Korngrenzenausbildung

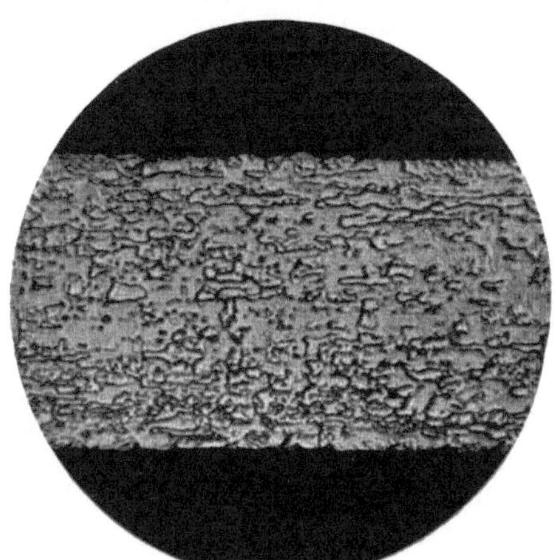

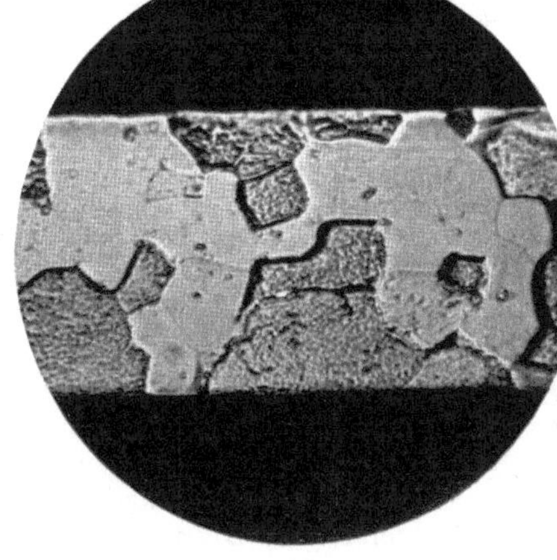

<table>
<tr><td>Abb. 8. Wolframdraht mit 0,75% Thoriumoxydzusatz
nach 700 stündigem Brennen bei ca. 2400° abs.
(Vergr. 600 mal.)</td><td>Abb. 9. Reiner Wolframdraht nach 700 stündigem
Brennen bei ca. 2400° abs. (Vergr. 600 mal.)</td></tr>
</table>

und des Kristallauswachsens handelt. Die Abb. 8 zeigt das Gefüge eines 700 Stunden lang auf 2400° abs. erhitzten Wolframdrahtes mit Thoriumoxydzusatz und Abb. 9 im Gegensatz dazu einen gleichbehandelten Draht ohne Zusatz. Das Kristallgefüge, das der Draht mit Thoroxyd aufweist, ist fester, der Draht weniger brüchig. Bei der Herstellung von Glühlampendrähten werden deshalb häufig zu dem Wolframmetallpulver einige Zehntel Prozent Thoroxyd hinzugefügt.

22. Formbeständigere Gefüge. Bei formbeständigeren Gefügen muß entweder jede Kristallgrenze vermieden werden (Verwendung von „Einkristallen"), oder aber die Korngrenzen müssen nicht glatt, sondern verzahnt verlaufen und einen möglichst spitzen Winkel mit der Drahtachse bilden. Hierdurch entstehen dann Kristalle, die sich in der Drahtachsenrichtung erstrecken. Im Drahtquerschnitt liegen an den Stoßstellen zwei oder mehrere faserartig nebeneinander.

Die Erforschung der zur Herstellung bestimmter Gefüge einzuhaltenden Bedingungen ergab, daß die Kristallisation sowohl durch chemische Zusätze[1] zum Metallpulver als auch durch abwechselnde mechanische und thermische Einwirkung (Erzielung günstiger Spannungszustände) auf den fertigen Draht beeinflußbar ist.

23. Einkristallfäden. In gespritzten Wolframfäden kann die Kristallisation beim Erhitzen auf sehr hohe Temperaturen in einer reduzierenden Atmosphäre so geleitet werden, daß lange Kristalle entstehen. Als Ausgangsmaterial muß ein sehr feines Wolframpulver mit richtig bemessenem Oxydzusatz gewählt werden.

---

[1] COLIN J. SMITHELLS, Journ. Inst. of Met. Bd. 27, S. 107. 1922.

Das Pintschsche Verfahren der fortlaufenden Einkristallherstellung fußt hierauf. Nach diesem von Orbig und Schaller[1]) ausgebildeten Verfahren werden lange gespritzte Fäden durch eine sehr heiße Zone innerhalb eines kleinen Wolframdrahtofens in reduzierender Atmosphäre hindurchgezogen. Die Fäden werden dabei hocherhitzt, das Bindemittel verdampft, und das Wolfram kristallisiert. Die Vorschubgeschwindigkeit wird so gewählt, daß sie stets unterhalb der Kristallwachstumsgeschwindigkeit bleibt. Die Wachstumsbedingungen für den zuerst auswachsenden Keim sind dann so günstig, daß nur ganz wenige andere Keime im weiteren Faden ebenso günstige haben. Der fertige Draht besteht aus einem oder wenigen Kristallen[2]). Die Stoßstellen zweier Kristalle sind spröde, die Einkristalle selbst bei störungsfreiem Wachstum biegsam.

Jacoby und Koref und gleichzeitig Goucher zeigten, daß es auch möglich ist, aus gezogenen Drähten Einkristalle herzustellen. Der Draht wird in einer reduzierenden Atmosphäre über zwei zu Kontaktbacken ausgebildete Zuführungen, die in geringem Abstande einander gegenüberstehen, gezogen und durch Stromdurchgang bis ganz nahe an den Schmelzpunkt erhitzt. Auch hier muß die Vorschubgeschwindigkeit mit der Wachstumsgeschwindigkeit im Einklang stehen, wenn sich lange Kristalle bilden sollen.

Eine andere Art der Einkristallbildung wurde von Koref und Moers[3]) beobachtet und in ihrer Bildungsweise verfolgt. Es sind die wendellinienförmig ausgebildeten Wolframkristalle. Bei ihnen bleiben die Kristallachsen unabhängig von der Krümmung der Drahtwendel im ganzen Gebilde parallel. Man erhält diese Kristallform, indem fertig gewickelte, aus gezogenem Wolframdraht hergestellte Wendeln unter Großkristallbildung rekristallisiert werden.

24. Herstellung verzahnter Kristallgefüge. Von Jacoby und Koref[4]) wurden Methoden gefunden, dem gezogenen Wolframdraht beim Rekristallisieren ein Gefüge zu geben, das auch bei hohen Temperaturen formbeständig ist. Der als Stapeldraht bezeichnete Draht hat Kristalle, deren Erstreckung in Richtung der Drahtachse bedeutend größer als in der Querrichtung ist und die schräg aneinanderstoßen. Die Abb. 10 veranschaulicht das Gefüge. Um in gezogenem Draht dies Gefüge bei der Rekristallisation entstehen zu lassen, muß er einer je nach der Drahtbeschaffenheit (Spannungszustand, Verunreinigungsgehalt usw.) etwas verschiedenen thermisch-mechanischen Behandlung unterworfen werden. Durch ein Vorglühen bei niedriger Temperatur werden die Spannungszustände des gezogenen Drahtes vermindert und durch eine nachfolgende mechanische Deformation in dem Gefüge von neuem an einzelnen Stellen Spannungszustände hervorgerufen. Diese sind dann bei erneuter thermischer Behandlung (Glühen auf höhere Temperaturen) die Ausgangspunkte für die Kristallbildung.

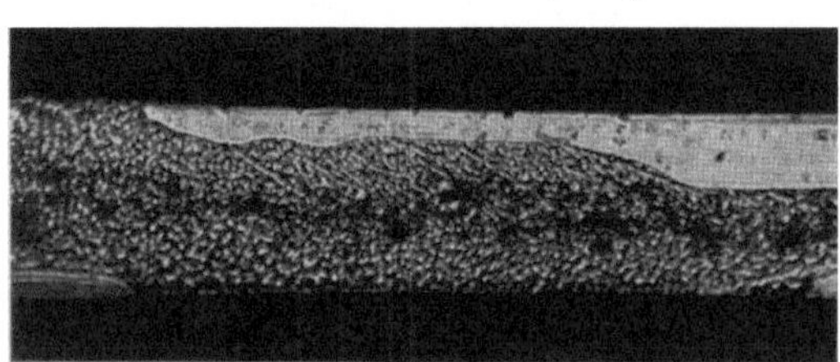
Abb. 10. Sogenannter Stapeldrahtkristall aus Wolfram. (Vergr. 360 mal).

Von chemischen Zusätzen wirkt z. B. Alkali und Kieselsäure[5]) günstig auf die Kristallausbildung. Es werden Mengen von etwa 0,5% dem Wolfram vor der Verarbeitung zugefügt.

---

[1]) D.R.P. 291994. Vgl. auch W. Böttger, ZS. f. Elektrochem. Bd. 23, S. 121. 1917.
[2]) Vgl. R. Gross u. N. Blassmann, N. Jahrb. f. Min. Beil. Bd. 42, S. 728. 1919.
[3]) D.R.P. 380931, siehe auch R. Gross, F. Koref u. K. Moers, ZS. f. Phys., Bd. 22, S. 317. 1924.
[4]) D.R.P. 371623.   [5]) D.R.P. 382515.

25. Physikalische Eigenschaften der Wolframdrähte verschiedener Struktur. Die Zerreißfestigkeit von spannungsfreien Einkristalldrähten beträgt bei Zimmertemperatur 108 kg/mm², bei gezogenen Drähten kleiner Durchmesser erreicht sie Höchstwerte; bei etwa 0,03 mm wurde sie z. B. zu 415 kg/mm² bestimmt[1]).

Für den Elastizitätsmodul wurden Werte zwischen 35000 und 40000 kg/mm², für den Torsionsmodul Werte zwischen 15000 und 17000 kg/mm² (höchste Werte für Einkristalldrähte) gemessen.

Der spezifische elektrische Widerstand ϱ ist für spannungsfreie Einkristalle und vollständig rekristallisierte Polykristalldrähte am kleinsten, der Temperaturkoeffizient α am größten

$$\varrho_0 = 5{,}0 \cdot 10^{-6} \text{ Ohm für den Zentimeterwürfel}$$

$$\alpha \,(\text{zwischen 0 und } 100^\circ \text{ C}) = 4{,}82 \cdot 10^{-3}.$$

c) Eigenschaften der weiteren zum Aufbau von Glühlampen benutzten Materialien.

26. Einleitung: Die einzelnen Materialien und die zu erfüllenden Bedingungen. Für die Güte einer Glühlampe sind außer den Eigenschaften des Leuchtkörpers auch die der Hülle und der Teile, die den Glühkörper in seiner Lage halten sollen (Elektroden- und Glühfadenhaltermaterial) maßgebend.

Die Eigenschaften der Hülle, auf die besonderer Wert zu legen ist, sind:

1. Große Durchlässigkeit für die Lichtstrahlen.

2. Leichte Verarbeitbarkeit.

3. Wärmeausdehnungskoeffizienten, die eine luftdichte Einführung von Metalldrähten gestatten.

4. Geringe Gasabgabe bei Temperaturen, wie sie beim Brennen der Lampe auftreten.

5. Unangreifbarkeit durch Atmosphärilien.

6. Geringe Leitfähigkeit auch bei höheren Temperaturen.

Das Halter- und Elektrodenmaterial muß

1. wenig Gas abgeben,

2. ohne Form- oder Strukturänderung erhitzbar sein.

27. Die Durchlässigkeit für die Strahlung. Im allgemeinen wird eine möglichst gleichmäßige Durchlässigkeit für alle Lichtwellen gefordert. Das Glas muß farblos sein. Nur für Sonderzwecke, z. B. für Tageslichtlampen, ist eine Verschiedenheit der Durchlässigkeit für Licht verschiedener Wellenlängen erwünscht. Auch im langwelligen Strahlungsgebiet muß das Glas möglichst durchlässig sein, da sonst die Kolben zu stark erwärmt werden. Die Erwärmung des Kolbens, die z. B. bei Gläsern mit Eisengehalt auftritt, führt zur Gasabgabe (Ablösung der Wasserhaut) bei Vakuumlampen und zu einer unerwünschten Gasvorwärmung bei den gasgefüllten Lampen. Zahlenwerte für die Durchlässigkeit verschiedener für Glühlampen verwandter Gläser sind im Kapitel 17 angegeben.

28. Verarbeitbarkeit. Das Glas muß, um gut verarbeitbar zu sein, ein möglichst großes Erweichungsintervall haben. Dabei muß die Temperatur, bei der die Erweichung beginnt, einerseits höher liegen als die, bei der die Hauptmenge der Wasserhaut des Glases abgegeben wird, andererseits nicht zu hoch sein, da sonst die Verarbeitung des Glases schwierig ist.

---

[1]) Z. JEFFRIES, Bull. Am. Inst. Min. Met. Eng. Bd. 146, S. 575. 1919.

29. Wärmeausdehnungskoeffizient. Zwischen Zimmertemperatur und der Erweichungstemperatur muß der Wärmeausdehnungskoeffizient der für Glühlampenkolben benutzten Gläser mit dem der Metalle, die zur Einschmelzung geeignet sind, übereinstimmen. Bei abnormen Ausdehnungskoeffizienten, wie z. B. bei Quarzglas, ist eine luftdichte Einschmelzung bedeutend schwerer herzustellen. Bei guten Einschmelzungen muß das Glas am Metall haften. Dies wird z. B. bei Drähten mit Kupferüberzug durch eine chemische Reaktion, die während der Erhitzung beim Einquetschen zwischen Kupferoxyd und Glas an der Berührungsfläche eintritt, bewirkt (Wärmeausdehnungskoeffizienten s. Tab. 2).

30. Gasabgabe. Die Oberfläche von Glas absorbiert in der sog. Wasserhaut eine Menge Gas[1]). Der Dampfdruck dieser Oberflächenschicht ist so gering, die Diffusion der Gase in ihr so langsam, daß sie selbst im hohen Vakuum bei Zimmertemperatur lange beständig ist. Steigt beim Brennen der Lampe die Temperatur oder treffen die vom Glühdraht ausgehenden Elektronen die Glaswände (Elektronenbombardement), so werden aus der Wasserhaut Gasmoleküle frei. Sie können evtl. den Glühkörper allmählich zerstören. Die einzelnen Glassorten adsorbieren verschieden große Mengen Gas und geben das Gas unter verschiedenartigen Bedingungen ab. Je niedriger die Temperatur, bei der die Abgabe der Hauptmenge des Gases erfolgt, liegt, desto besser ist das Glas von der Wasserhaut zu befreien.

Die Bestandteile der Gasreste und ihre Wirkung auf glühenden Wolframdraht wurden von Langmuir[2]) zuerst untersucht. Es sind in den Restgasen neben den Bestandteilen der Luft Kohlendioxyd, Wasserdampf, Wasserstoff, Kohlenmonoxyd und Kohlenwasserstoffe vorhanden. Auf Wolfram wirkt vor allem Wasserdampf auch in den kleinsten Mengen schädlich. Die Wirkung geht nach Langmuir so vor sich, daß ein Kreisprozeß entsteht, der zur Abtragung des Wolframs führt. An dem glühenden Faden wird der Wasserdampf zersetzt, der Sauerstoff reagiert mit dem Wolfram, das Oxyd (W_2O_5) verdampft. Der Wasserstoff dissoziiert an dem glühenden Faden und ist in der aktiven Form fähig, das an der Glaswand niedergeschlagene Wolframoxyd zu reduzieren, es bildet sich von neuem Wasserdampf. Die Gasmengen, die von Gläsern abgegeben werden, sind in Abb. 11 und 12 nach Messungen von Sherwood[3]) für ein Natronkalkglas und für ein Natronbleiglas wiedergegeben[4]).

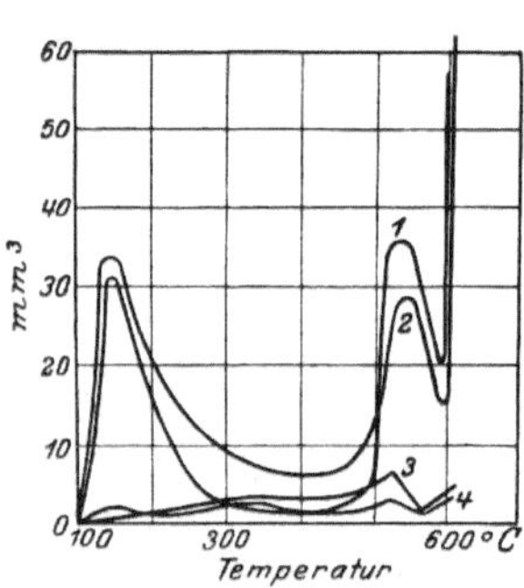

Abb. 11. Gasabgabe von Natronkalkglas. Nach Sherwood.

Abgegebene Gasmenge in mm³ bei Erhitzen eines Kolbens von ca. 350 cm² Fläche während 3 Stunden auf die angegebene Temperatur. 1. Gesamtmenge, 2. Abgabe von Wasserdampf, 3 Abgabe von Kohlensäure, 4. Abgabe anderer, nicht in flüssiger Luft kondensierbarer Gase.

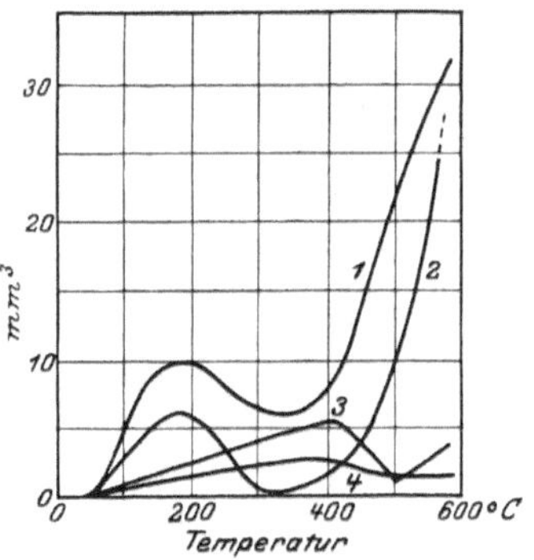

Abb. 12. Gasabgabe von Bleiglas. Nach Sherwood.

Abgegebene Menge in mm³ bei Erhitzen eines Kolbens von ca. 350 cm² Fläche während 3 Stunden auf verschiedene Temperaturen. 1. Gesamtmenge, 2. Wasserdampf, 3. Kohlendioxyd, 4. Andere nicht bei der Temperatur der flüssigen Luft kondensierbare Gase.

---

[1]) Literatur s. z. B. ZS. f. techn. Phys. Bd. 3, S. 232. 1922 und J. J. Manley, Proc. Phys. Soc. Bd. 36, S. 280. 1924; Bd. 37, S. 142. 1925. Dushman, l. c. Anm. Ziff. 8.
[2]) I. Langmuir, Trans. Amer. Inst. El. Eng. Bd. 32, S. 1921 u. ff. 1913.
[3]) R. G. Sherwood, Journ. Amer. Chem. Soc. Bd. 40, S. 1645. 1918; Phys. Rev. Bd. 12, S. 448. 1918; vgl. auch J. E. Schrader, Phys. Rev. Bd. 13, S. 434. 1919.
[4]) Vgl. auch J. J. Manley, Proc. Phys. Soc. Bd. 36, S. 288. 1924; Bd. 37, S. 142. 1925.

31. Elektrische Leitfähigkeit. Freiwerden von Gasen aus der Wasserhaut kann auch eine Folge elektrolytischer Stromleitung im Glase sein. Elektrisch stark beanspruchte und stark erhitzte Glasteile der Glühlampen (Haltergestell und Einschmelzungen) müssen deshalb eine geringe elektrische Leitfähigkeit besitzen. Zahlenwerte für die Leitfähigkeiten und auch den Ausdehnungskoeffizienten einiger in der Glühlampenindustrie benutzter Gläser sind in Tabelle 2 angegeben.

Tabelle 2. Ausdehnung, Leitfähigkeit und Zähigkeit von Gläsern.

Glassorte	Linearer Ausdehnungs-koeffizient zwischen 0 und 100° C	Spezifische Leitfähigkeit bei 300° C 1/Ohm · cm	Zähigkeit Erste sichtbare Erweichung Grad C
Bleiglas (Fußrohr)	$(90-95) \cdot 10^{-7}$	ca. $500 \cdot 10^{-10}$	ca. 500°
Bleifreies Kolbenglas. . .	$(90-95) \cdot 10^{-7}$	ca. $30000 \cdot 10^{-10}$	ca. 595°
Hartglas (Schott 1447) . .	$(40-50) \cdot 10^{-7}$	ca. $5500 \cdot 10^{-10}$	ca. 635°
Hartglas (Wolfram) . . .	$(40-50) \cdot 10^{-7}$	ca. $1000 \cdot 10^{-10}$	ca. 750°

32. Halter und Zuführungsmaterial. Neben Verbindungsfähigkeit mit dem Glase und der Gleichheit der Ausdehnungskoeffizienten müssen die benutzten Metalle leichte Entgasbarkeit besitzen und bei den Betriebstemperaturen keinen erheblichen Dampfdruck haben. Die Halter, die an den Berührungsstellen mit dem Glühkörper auf hohe Temperaturen erhitzt werden, dürfen nicht während der Brennzeit infolge von Rekristallisation brüchig werden.

Ferner müssen die Wärmeleitvermögen aller Teile, die mit dem Leuchtkörper in Berührung sind, möglichst gering sein. Die chemische Affinität zum Leuchtkörpermaterial soll bei den Betriebstemperaturen so klein sein, daß sich keine Legierungen bilden. Die legierten Enden des Glühkörpers könnten sonst infolge des Herabsinkens des Schmelzpunktes durchbrennen.

d) Die Kohlefadenlampe.

33. Aufbau und Typen. Der Aufbau einer Kohlefadenlampe (Abb. 13) ist äußerst einfach. An die Zuführungen wird der fertig geformte Faden mittels einer aus Graphit und Zucker bestehenden Paste gekittet, stützende Halter sind entbehrlich.

Die Kohlefadenlampen wurden früher für Lichtstärken von 1 bis 100 HK_h hergestellt. Jetzt findet man nur noch Lampen von 5 bis 50 HK_h. Außerdem werden Lampen, die mit Wasserstoff niedrigen Druckes gefüllt sind, für Heizzwecke hergestellt. Der Faden glüht in ihnen nur hellrot. Die Leistungsaufnahme der Heizlampen beträgt etwa 250 Watt. Die Lichtausbeute der Kohlefadenglühlampen liegt je nach der Lichtstärke und Spannung zwischen 3,3 Lm/W und 2,5 Lm/W.

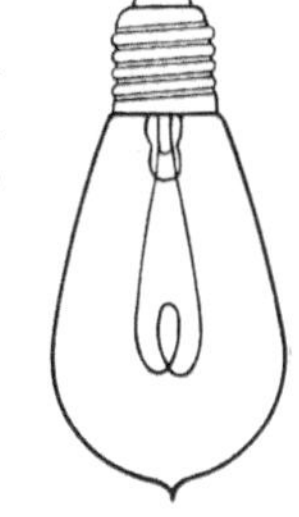

Abb. 13. Kohlefadenlampe.

Die absolute Lebendauer ist bei diesen Belastungen sehr groß, die Nutzbrenndauer beträgt jedoch nur 400 bis 600 Stunden. Infolge der Verdampfung und Zerstäubung des Fadens ist dann bereits die Lichtabnahme 20%; es ist dann wirtschaftlicher, die Lampe zu ersetzen.

34. Spezifischer Widerstand und Temperaturkoeffizient von Kohlefäden. Der spezifische Widerstand des unpräparierten Materials, auf 1 cm³ bezogen, beträgt $(3-4) \cdot 10^{-3}$ Ohm.

Während der Temperaturkoeffizient von reinem Graphit positiv ist[1]), ist der des gewöhnlichen Kohlefadens negativ. In der lockeren Haufwerkstruktur werden sich wahrscheinlich bei Temperaturerhöhung die Berührungsstellen mehren, der Widerstand somit abnehmen. Trotz des negativen Temperaturkoeffizienten ist die Stromspannungscharakteristik[2]) positiv, d. h. mit steigendem Strom steigert sich auch die Spannung der Lampe, so daß kein Vorschaltwiderstand zwecks Ausgleichs von Spannungsschwankungen gebraucht wird. Temperaturunterschiede, die bei Spannungsschwankungen auftreten, sind jedoch größer als bei einem Material mit positivem Temperaturkoeffizienten, so daß die Lampe „spannungsempfindlich" ist. Bei einer Betriebstemperatur von rund 2100° abs. ändert sich für 1% Spannungsänderung die Stromstärke um 1,1%, die Leuchtdichte um 5,5% (7% für präparierte Fäden).

35. Kohlefadenlampe mit metallisierten Fäden. Der spezifische Widerstand dieser Drähte ist bedeutend geringer, der Temperaturkoeffizient schwach positiv. Diese Verringerung des Widerstandes gegenüber den vorher erwähnten Kohlefäden ist so groß, daß auch im heißen Zustande trotz des positiven Temperaturkoeffizienten die Leitfähigkeit vergrößert ist und infolgedessen Lampen gleicher Leistungsaufnahme dünnere Fäden haben müssen. Da außerdem die Fäden höhere Betriebstemperaturen haben, ist die Steifigkeit des Leuchtkörpers nicht mehr so groß, daß auf eine Halterung verzichtet werden könnte. Die Lampenkonstruktion nähert sich der der Metallfadenlampen. Die Lichtausbeute ist ca. 30% günstiger.

e) Nernstlampe.

36. Herstellung der Nernststifte. Der Nernststift besteht aus Zirkonoxyd, dem zur Erhöhung der Leitfähigkeit 15% Yttriumoxyd zugesetzt sind. Die Leitfähigkeit der Mischung ist bereits bei 1300° abs. so groß, daß der Stift genügend Energie aufnimmt und zum Glühen kommt. Die Stifte werden aus einer mit einem organischen Bindemittel gemischten Paste der Oxyde gepreßt und bei 2000° abs. unter Luftzutritt im Sauerstoffgebläseofen verglüht.

37. Aufbau der Lampe. Infolge des sehr hohen spezifischen Widerstandes (s. Tab. 1) werden für kleine Glühlampentypen bei der normalen Netzspannung nur 12 bis 20 mm lange Stäbchen von 0,4 bis 0,6 mm Durchmesser (für größere Stromstärken Röhrchen mit entsprechendem Querschnitt) gebraucht; sie bedürfen keiner Halterung. Als Zuleitung verwendet man auf der einen Seite einen Platindraht, auf der anderen, um dem sehr spröden Leuchtkörper eine Ausdehnungsmöglichkeit zu geben, ein federndes Platinbändchen oder Platinseil. Die Zuführungen werden mittels einer Paste aus hochgeglühter Nernstmasse mit Zirkonchloridzusatz an den Stiftenden befestigt.

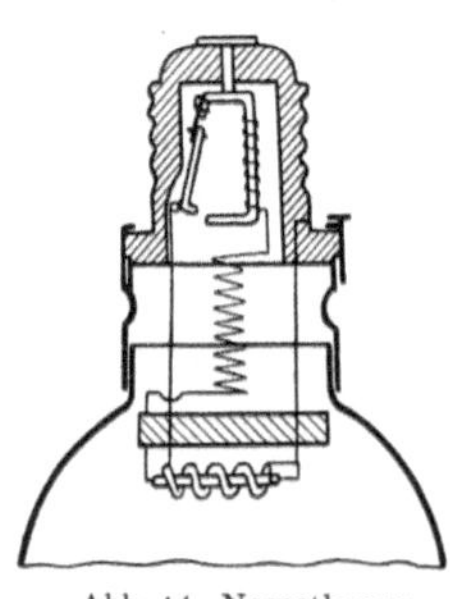

Abb. 14. Nernstlampe.

Damit der Stift in einer oxydierenden Atmosphäre brennt, wird er mit einer mit Öffnungen versehenen Glocke umgeben. Im Vakuum würde der Leuchtkörper durch die Dissoziation der Oxyde zerstört werden.

Da die Stromspannungscharakteristik des Nernststiftes bei Brenntemperatur negativ ist, muß ein Vorschaltwiderstand, der die Überspannungen aufnimmt, vorhanden sein. Es wird ein Eisendraht in einer Wasserstoffatmosphäre von wenigen Millimetern Hg-Druck, der im Betriebszustand der Lampe rot glüht, verwandt. 10 bis 15% der

---

[1]) M. Pirani u. W. Fehse, ZS. f. Elektrochem. Bd. 29, S. 168. 1923.
[2]) W. Kaufmann, Phys. ZS. Bd. 4, S. 678. 1903.

zugeführten Leistung werden von ihm aufgenommen. Der Vorschaltwiderstand ist im Sockel der Lampe angebracht. Abb. 14 zeigt den Aufbau.

38. Einschaltvorgang. Damit der Stift leitend wird, ist eine Vorerhitzung auf ca. 1300° abs. nötig; sie wird durch einen Anheizwiderstand, der aus einem Stäbchen aus Porzellanmasse mit Platindrahtbewicklung besteht, bewirkt. Dieser Widerstand wird nach Einsetzen der Stromleitung im Stift durch einen im Sockel untergebrachten automatischen Ausschalter stromlos gemacht und gleichzeitig der im Sockel angebrachte Vorschaltwiderstand eingeschaltet.

39. Hergestellte Lampentypen. Die Nernstlampe wurde in den Jahren 1902 bis 1905 in Stromstärken von 0,25 bis 1,00 Amp. und für Spannungen von 100 bis 250 Volt hergestellt (A.E.G.). Für Projektionszwecke wurde eine besondere Lampe mit röhrenförmigem dickerem Leuchtkörper gebaut. Auch jetzt werden noch für Sonderzwecke, z. B. Spaltbeleuchtung, Nernstlampen hergestellt. Die Lichtausbeute der Nernstlampe beträgt 5,6 bis 6,3 Lm/Watt. Die Leuchtdichte ist, da der Nernststift fast wie ein schwarzer Körper im Sichtbaren strahlt, sehr groß. Sie übertrifft die einer Wolframvakuumlampe.

Nachteilig auf die Verbreitung der Nernstlampe wirkte die Länge der Anheizdauer (ca. 20 Sek.) und die verhältnismäßig kurze Lebensdauer von 300 bis 500 Stunden.

f) Die Osmiumlampe.

40. Herstellung des Glühkörpers und Aufbau der Lampe. Der Leuchtkörper der Osmiumlampe[1]) wurde aus reinem Osmiummetall nach dem Spritzverfahren hergestellt. Die einzelnen haarnadelförmigen Stücke des Osmiumfadens wurden mittels Thoroxydhäkchen, die an kleinen Glasfäden von innen in die Glocke eingesetzt wurden, gehaltert. Die Glocke wurde dann evakuiert. Abb. 15 zeigt die Lampe.

41. Lampentypen. Die Osmiumlampen wurden in Lichtstärken von 16 bis 32 HK$_h \cong$ 160 bis 320 Lm für Spannungen bis zu höchstens 75 Volt hergestellt (Auer-Ges.). Die Herstellung eines dünneren Drahtes für höhere Spannungen scheiterte an der leichten Zerbrechlichkeit des Materials. Bei Gleichstrom höherer Spannung wurde Serienschaltung angewendet, für Wechselstrom verwandte man Spannungswandler, die mit geringen Verlusten umformten (entwickelt von der Auergesellschaft).

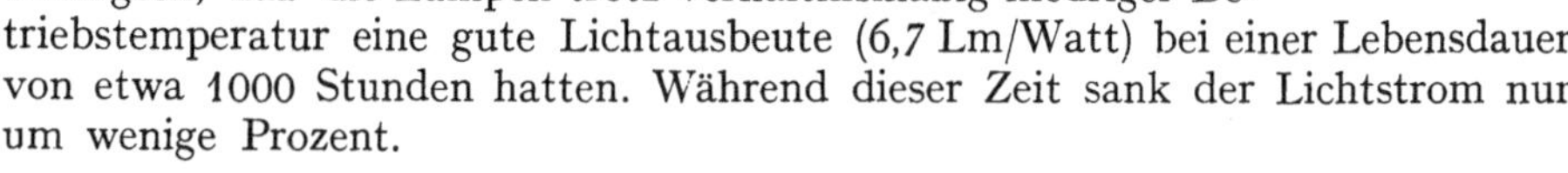

Abb. 15. Osmiumlampe.

Die ausgezeichneten Strahlungseigenschaften des Osmiums bedingten, daß die Lampen trotz verhältnismäßig niedriger Betriebstemperatur eine gute Lichtausbeute (6,7 Lm/Watt) bei einer Lebensdauer von etwa 1000 Stunden hatten. Während dieser Zeit sank der Lichtstrom nur um wenige Prozent.

g) Die Tantallampe.

42. Herstellung und Eigenschaften des Drahtes. Das Ausgangsmaterial für den gezogenen Tantaldraht bestand aus Metalltropfen von etwa 50 bis 100 g Gewicht. Diese wurden aus Tantalpulver im Vakuum mittels elektrischen Lichtbogens erschmolzen. Durch Walzen und Ziehen stellte man daraus Drähte her[2]).

Die Zerreißfestigkeit des gezogenen Tantaldrahtes beträgt etwa 90 kg/mm². Nach längerem Glühen im Vakuum ist die Festigkeit geringer, doch bleibt der

[1]) F. Blau, Elektrot. ZS. Bd. 26, S. 196. 1905.
[2]) D.R.P. 152848; W. v. Bolton, ZS. f. Elektrochem. Bd. 11, S. 45, 1905.

Draht duktil und verhält sich etwa wie weicher Eisendraht, so daß die Tantallampen gegen Stoß und Erschütterung sehr unempfindlich waren.

43. Aufbau der Lampe. Bei Aufhängung des Drahtes in der Lampe wurde ein neues Prinzip eingeführt. Die Trageinrichtungen wurden mit dem Lampenfuß zusammen zum Traggestell (bestehend aus einem zentralen Glasstab mit daran befestigten Metallhaltern) vereinigt. Durch diese Aufhängung wird bewirkt, daß selbst grobe Erschütterungen den Draht nicht aus seiner Lage bringen können (Abb. 16).

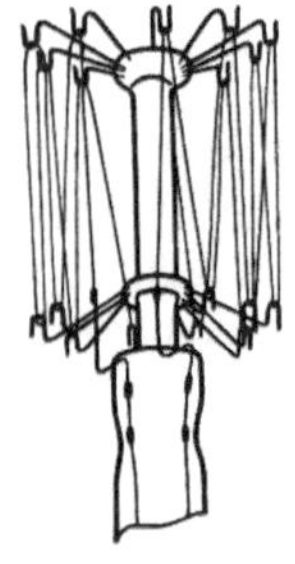

Abb. 16. Traggestell einer Tantallampe.

44. Lampentypen. Die Lichtausbeute der Tantallampe beträgt 6,28 Lm/Watt, ihre absolute Lebensdauer etwa 1000 Stunden bei einer Nutzbrenndauer von 600 bis 800 Stunden (20% Lichtabnahme). Es wurden in den Jahren 1905 bis 1907 von der Firma Siemens & Halske Lampen von 16 bis 100 HK_h für Betriebsspannungen bis 250 Volt hergestellt und eine große Anzahl von Lampenarten für niedrigere Spannungen.

45. Verhalten bei Wechselstrom. Der Betrieb mit Wechselstrom verkürzte die Lebensdauer der Tantallampen sehr stark. Man fand den Grund in der bei Wechselstrom anders verlaufenden Rekristallisation des Drahtes. Es treten einzelne Kristallaggregate aus dem Faden heraus, sog. „Versetzungen" (s. Ziff. 20, Abb. 7) entstehen.

h) Die Wolframlampe.

46. Aufbau der Lampe. Bei Vakuumlampen besteht der Leuchtkörper entweder aus einem glatten Draht oder aus einer Drahtwendel. Gasgefüllte Lampen werden nur mit Wendeln hergestellt. Der Auf-

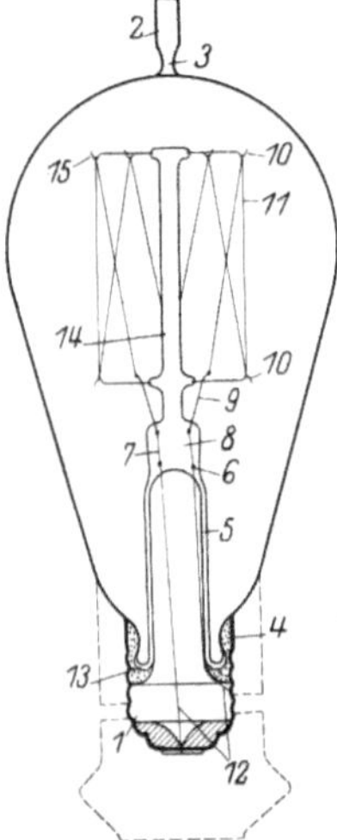

Abb. 17. Drahtlampe.
1. Sockel. 2. Pumpstengel. 3. Abschmelzstelle. 4. Sokkelkitt. 5. Fuß. 6. Schweißstelle. 7. Dichtungsdraht. 8. Quetschung. 9. Elektroden. 10. Halter. 11. Leuchtdraht. 12. Stromzuführung. 13. Einschmelzstelle. 14. Stab. 15. Häkchen.

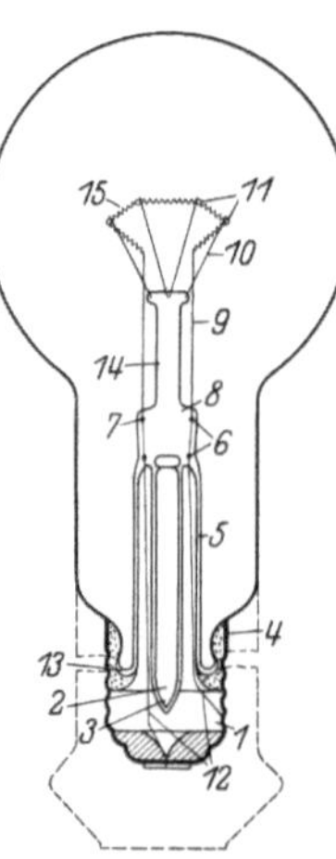

Abb. 18. Wendellampe.
1. Sockel. 2. Pumpstengel. 3. Abschmelzstelle. 4. Sokkelkitt. 5. Fuß. 6. Schweißstelle. 7. Dichtungsdraht. 8. Quetschung. 9. Elektroden. 10. Halter. 11. Ösen. 12. Stromzuführung. 13. Einschmelzstelle. 14. Stab. 15. Wendeldraht.

Abb. 19. Doppelwendel.

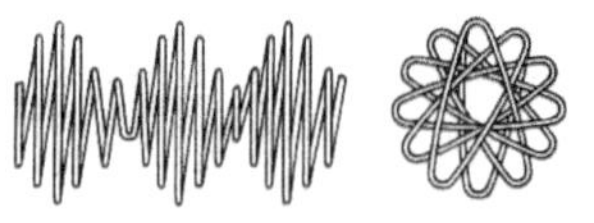

Abb. 20. Sternwendel.

bau im einzelnen ist für beide Leuchtsystemtypen aus den Abb. 17 und 18 zu sehen. Bei Wendelform ist das Leuchtsystem bedeutend verkürzt; die Lichtstromverteilung ist für die meisten Beleuchtungszwecke günstiger.

Zur Verkürzung des Leuchtkörpers gibt es noch eine Anzahl anderer Methoden, von denen die Doppelwendel (Abb. 19) und die Sternwendel[1]) (Abb. 20)

----
[1]) D.R.P. 420644.

erwähnt seien. Die Sternwendel entsteht aus einem um ein schmales Band gewickelten Draht. Bei dieser Formung wird wie bei allen Deformationen der Draht zum Teil elastisch, zum Teil überelastisch beansprucht; die elastische Verformung geht beim Herausziehen des Bandes zurück, der Draht springt auf. Die umhüllende Fläche dieses Gebildes hat ein korkzieherartiges Aussehen.

47. Typen der Wolframlampe. Vakuumlampen werden für 10 bis 50 Watt, Lampen mit Gasfüllung für 25 bis 3000 Watt hergestellt. Die Vereinheitlichungsbestrebungen gehen darauf hinaus, für jede Leistungsaufnahme nur eine Type herzustellen. Die Entscheidung, ob eine luftleere oder eine gasgefüllte Lampe hergestellt wird, wird nach der Größe der Lichtausbeute bei gleicher Wattzahl gefällt und dürfte je nach der Spannung verschieden ausfallen. Für 110 Volt ist eine Belastungskurve in Abhängigkeit vom Wattverbrauch, wie sie dem augenblicklichen Stand etwa entspricht, in Abb. 21 gegeben (für 220 Volt sind die Lichtausbeuten 5 bis 15% geringer). Der Schnitt luftleere/gasgefüllte Lampe liegt bei etwa 25 bis 30 Watt. Mit Änderung der Belastungsmöglichkeit kann sich dieser Punkt verschieben.

Bei den Lampen höherer Wattzahl ist der Querschnitt des Drahtes und damit der der Wendel größer, dadurch vermindern sich die Abkühlungsverluste bei gasgefüllten Lampen (vgl. Ziff. 7) Außerdem kann der Leuchtkörper höher erhitzt werden, da die Drahtfehler bei dicken Drähten im Verhältnis zur Drahtdicke kleiner sind und somit die Überhitzung an den Fehlstellen nicht so groß ist (vgl. Ziff. 13).

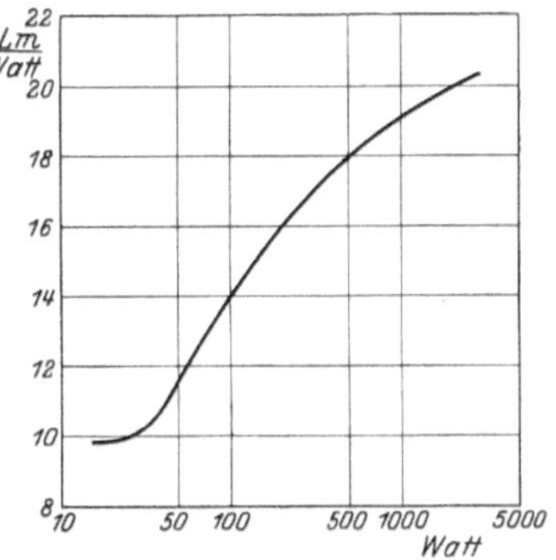

Abb. 21. Lichtausbeute in Abhängigkeit von der aufgenommenen Leistung für eine Spannung von 110 Volt.

48. Einfluß der Größe der Lichtausbeute auf die Eigenschaft der Wolframlampen. Ein Bild des Einflusses von Lichtausbeuteänderungen auf die

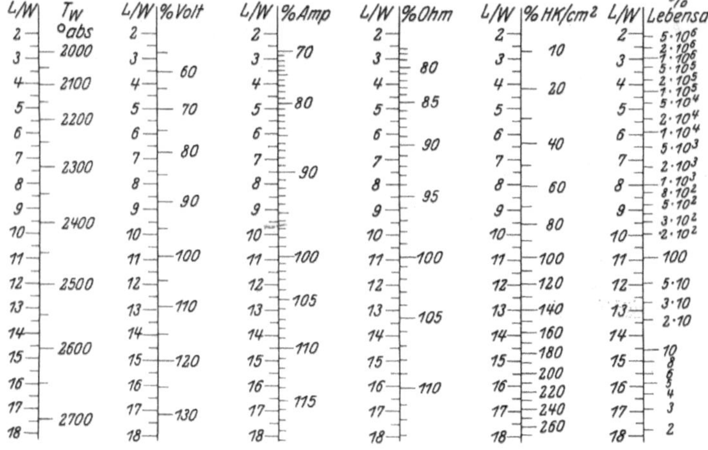

Abb. 22. Betriebsdaten für Wolframvakuumlampen.

Eigenschaften von Vakuumglühlampen geben die Doppelskalen (Abb. 22). Es sind relative Werte von Spannung, Strom, Widerstand, Leuchtdichte und Strahlungsdichte in Abhängigkeit von der Lichtausbeute angegeben. Als normale Lichtausbeute ist 10,85 Lm/Watt gewählt.

Da sich die Beziehungen bei veränderter Belastung verschieben und außerdem bei gasgefüllten Lampen anders sind, seien noch die Grenzen, innerhalb derer bei kleinen Abweichungen vom Mittelwert die Änderungen für alle Lampen liegen, angegeben:

bei 1 % Spannungserhöhung steigt die Stromstärke um . . . . 0,5 bis 0,6%
,, 1 %   ,,   ,,   ,, Wattverbrauch um . . . . 1,5 bis 1,6%
,, 1 %   ,,   ,,   ,, Lichtstrom um . . . . 3,4 bis 4%
,, 1 %   ,,   sinkt der spez. Verbrauch um . . . . 2,1 bis 2,4%
,, 1 %   ,,   ,, die Lebensdauer um . . . . 12 bis 16%

i) Fabrikation der Glühlampen.

49. Allgemeines über die Fabrikation von Glühlampen. Der Entstehungsgang und der Aufbau der Lampen werden nicht nur durch physikalische und chemische, sondern auch sehr erheblich durch wirtschaftliche Überlegungen beeinflußt.

Um billig herstellen zu können, muß erstens die Möglichkeit der Anwendung von Maschinen zur Herstellung der Einzelteile und zur Zusammensetzung derselben gegeben und zweitens die Fabrikationssicherheit möglichst groß sein.

Dies bedingt die Auflösung des Arbeitsganges in viele einfache Stufen und eine solche Anordnung der Einzelteile, daß willkürliche und zufällige Abweichungen während des Fabrikationsganges ausgeschlossen sind, und daß außerdem die Bruchgefahr möglichst gering ist.

Als typisches Beispiel der modernen Herstellung einer gasgefüllten Glühlampe sei die einer 40 Watt/220 Volt-Osram-Nitralampe herausgegriffen.

50. Das Haltergestell. Aus den eben gebrachten Überlegungen heraus wurde im Laufe der Jahre das in der Abb. 24 abgebildete Haltergestell entwickelt, das den Leuchtdraht (im vorliegenden Fall eine Wendel) trägt und das in den bereits in der Glashütte vorbereiteten Kolben maschinell eingeschmolzen wird.

Das Haltergestell wird aus dem Tellerrohr, den Zuleitungsdrähten und dem Glasstab hergestellt. Aus den angelieferten Glasröhren wird je ein Ende auf der mit automatischem Nachschub arbeitenden „Tellerdrehmaschine“ mittels eines rotierenden „Aufreibers“ umgebörtelt und dann durch eine Schneidvorrichtung Stücke in den gewünschten, auf der Maschine eingestellten Längen für das Tellerrohr abgeschnitten.

Die Zuleitungsdrähte, bestehend aus den äußeren Kupferzuleitungen, den inneren Konstantan- oder Nickelelektroden und den Dichtungsdrähten (Nickel-Eisen-Legierung mit Kupfermantel), die den gleichen Ausdehnungskoeffizienten wie das verwandte Glas haben, werden auf einer automatischen Schweißmaschine, welcher die Drähte auf Rollen zugeführt werden, miteinander verschweißt.

Das Tellerrohr wird nun mit den Zuleitungsdrähten, dem Stab und dem Pumpröhrchen in einem Arbeitsgang auf der Fußquetschmaschine vereinigt.

Durch sorgfältige Auswahl der physikalischen Eigenschaften der Materialien (Ausdehnungskoeffizient, Erweichungsintervalle), durch richtige Dimensionierung und durch gute Kühlvorrichtungen wird dafür gesorgt, daß während dieser Arbeitsvorgänge keine Druck- oder Zugspannungen in den Glasstücken hinterbleiben, da sonst bei dem späteren Einschmelzen und Pumpen Sprünge eintreten würden. Zur Kontrolle auf Spannungen werden in zweifelhaften Fällen die Quetschstellen in einem Polarisationsapparat untersucht.

Der fertige Fuß wird dann der Haltereinsetzmaschine zugeführt. Der obere Teil des Glasstabes wird durch Stichflammen erhitzt, die auf Rollen befindlichen Molybdändrähte von 0,1 mm ⌀ werden herangeführt, mittels eines Preßstempels in den Glasstab gedrückt, zugleich werden die Molybdändrähte abgeschnitten und zu Haken gebogen. Das Gestell ist nun zur Aufnahme der Leuchtwendeln vorbereitet.

51. Herstellung der Wendeln. Bei der Herstellung der Wendeln wird der gezogene Wolframdraht, im vorliegenden Fall von 0,0235 mm ø, fortlaufend auf einen Messingdraht (sog. Kerndraht) von etwa 4 mal so großem Durchmesser entweder in Abstand oder dicht gewickelt. Bei Abstandswickelung muß der Zwischenraum zwischen zwei aufeinanderfolgenden Windungen der Wendel immer genau gleich sein. Der als Steigung bezeichnete Abstand der Drahtmitten ist etwa 1,5 mal so groß wie der Drahtdurchmesser. Der Kerndraht mit der darauf gewickelten Wendel wird in der vorgeschriebenen Länge geschnitten und der Kern chemisch herausgelöst. Vor dem Wendeln wird der Draht, meist durch Hocherhitzen in einer indifferenten oder schwach reduzierenden Atmosphäre, gereinigt.

52. Weiterer Fabrikationsgang. Die Wendel und die Gestelle werden nun einer Maschinengruppe zugeführt und in „fließender Fertigung", d. h. in einem Arbeitsgang ohne dazwischenliegende Sammelstellen, weiterverarbeitet. Die Reihenfolge ist folgende:

1. Legen der Leuchtwendel in die Ösen (häufig noch Handarbeit),

2. Einpressen des Drahtes in die Elektroden mit Kaltschweißzangen (häufig Handarbeit),

3. Aufbringen des sog. Getters,

4. Einschmelzen in die Glocke, oft zugleich mit Stempelung der Glocke,

5. Auspumpen der Glocke unter Erhitzung,

6. Füllung der Glocke mit Argon, Stickstoff,

7. Abschmelzen des Pumpröhrchens,

8. Sockeln, d. h. sowohl Ankitten des Sockels als Anlöten der Zuführungen,

9. Stempeln des Sockels,

10. Verpacken der Lampen.

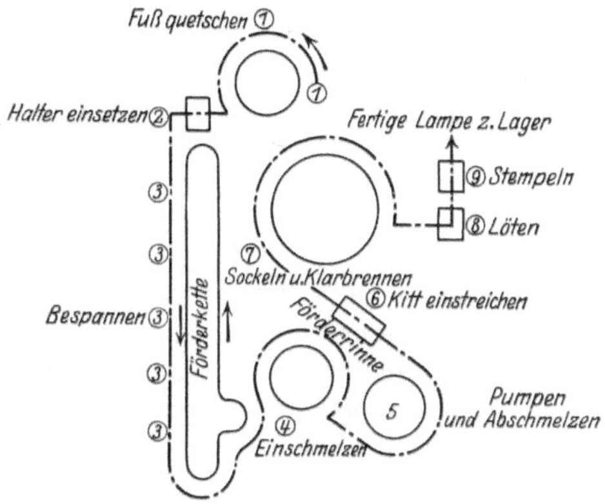

Die Abb. 23 und 24 zeigen den ganzen Arbeitsgang schematisch.

Abb. 23. Schematische Darstellung der Lampenbewegung bei fließender Fertigung von Wolframlampen.

An Material wird zugeführt in Stellung:

1: Tellerrohr, Pumprohr, Stabglas, Stromzuführung,	4: Glaskolben,
2: Molybdändraht,	6: Sockel, Sockelkitt,
3: Wolframdraht (Wendel),	8: Lötzinn,
	9: Stempelätze.

Es gibt auch schon Maschinen, die das Einsetzen der Halter, das Einlegen der Wendel, Biegen der Halter zu Ösen und das Anschweißen der Wendel in einem Arbeitsgang vornehmen. Die Verwendung jeder Maschinengruppe beschränkt sich stets auf Herstellung einer Type; die Entwicklung solcher Maschinen ist somit nur wirtschaftlich für Lampen, die in großer Anzahl hergestellt werden. Jede Umstellung auf eine noch so kleine Abweichung im Herstellungsgang ist mit großen Schwierigkeiten verknüpft. Die frühere Art der Fertigung (vorwiegend Handarbeit) ist z. B. von MÜLLER[1]) und von WEBER[2]) beschrieben.

Zur Kontrolle der Lampen werden Stichproben im Kugelphotometer daraufhin geprüft, ob bei der vorgeschriebenen Spannung die vorgeschriebene Lichtausbeute innerhalb zulässiger Grenzen vorhanden ist, auch diese Operation be-

---

[1]) l. c. Ziff. 16.
[2]) N. L. MÜLLER, Die Fabrikation und Eigenschaften der Metalldrahtlampen. Halle 1914.

ginnt man mit Hilfe von Photozellen automatisch auszuführen[1]). Bei ungenügendem Ausfall der Stichproben erfolgt die Prüfung der ganzen Menge.

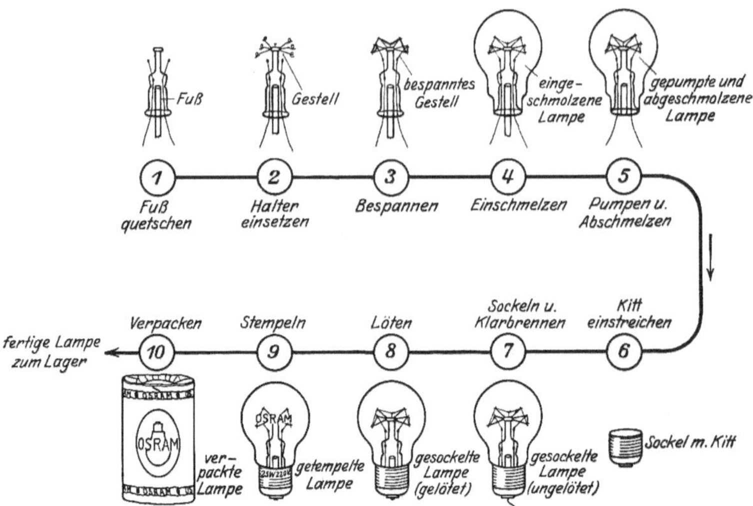

Abb. 24. Darstellung der einzelnen Arbeitsoperationen bei der fließenden Fertigung.
An Material wird zugeführt in Stellung:
1: Tellerrohr, Pumprohr, Stabglas, Stromzuführung,   6: Sockel, Sockelkitt,
2: Molybdändraht,   8: Lötzinn,
3: Wolframwendeln,   9: Stempelätze,
4: Glaskolben,   10: Packmaterial.

k) Qualitätsprüfung an Wolframlampen.

53. Ursachen der Qualitätsverschiedenheit. Die Herstellung der Wolframlampen in fließender Fertigung ergibt eine größere Gleichmäßigkeit dieses an sich sehr komplizierten Gegenstandes, als sie durch Handarbeit jemals erzielt werden kann. Schwankungen der Qualität kommen dennoch sowohl durch Ungleichmäßigkeit bei der maschinellen Herstellung, wie vor allem durch Ungleichmäßigkeit des verarbeiteten Materials zustande. Einiges über die Materialschwankungen sei aufgeführt.

Im Leuchtdraht sind sehr viele kleine statistisch verteilte Fehler vorhanden, die den elektrischen Widerstand ändern. Zum Teil sind es sehr geringe Durchmesserschwankungen, die vielleicht auf einer von der Orientierung der einzelnen Kristalle im Draht abhängenden Verformung beim Ziehprozeß beruhen, teils auch auf kleinen Unterschieden in der Verteilung der gewünschten Beimengungen oder unvermeidlichen Verunreinigungen im Metalle.

Bei der Herstellung der Wendelleuchtkörper treten Schwankungen im Kern und der Steigung auf.

Die Molybdändrähte, die von der Maschine zu Traghaken gebogen und gerichtet werden, besitzen nicht auf beliebige Länge genau gleiche elastische Eigenschaften, so daß also die Halterspannung an verschiedenen Stellen einer Lampe oder in verschiedenen Lampen gleicher Art etwas variiert. Dies bewirkt bei glattfädigen Vakuumlampen verschiedene Beanspruchung des Leuchtdrahtes durch Halterzug.

Die auf die Wendeln oder Drähte aufgebrachte „Gettermenge" schwankt um ein statistisches Mittel.

---

[1]) N. R. Campbell u. E. G. New, Journ. of Scient. Instr. Bd. 3, S. 2, 38, 77. 1925.

Die Wasserhaut der Lampenglocke ist bei jeder Glocke je nach Vorbehandlung und Lagerzeit individuell ein wenig verschieden.

Die Pumpe und der Gasfüllapparat arbeiten nur mit einer durchschnittlichen Gleichmäßigkeit.

Beim Abschmelzen wird je nach der Dicke und Länge der abgeschmolzenen Glasspitze eine etwas verschiedene Gasmenge frei.

54. Folgen der Verschiedenheit. Viele dieser Schwankungen werden sich in der gleichen Richtung auswirken, nämlich indem sie die Lebensdauer der Lampen verändern. Andere Schwankungen, wie z. B. Verschiedenheiten der Elastizität des Leuchtdrahtes an verschiedenen Stellen und kleine Abweichungen in der Härte, veranlassen Querschnittsänderungen oder -deformationen des Drahtes. Lampen mit Leuchtkörpern aus solchem Draht fallen ungenau aus in bezug auf Stromstärke, Spannung und Lichtstrom bei der normalen Betriebstemperatur; denn infolge der Änderung des Verhältnisses Querschnitt zu Oberfläche wird das Gleichgewicht zwischen Abstrahlung und Zufuhr bei einer anderen Temperatur erreicht, die Lichtausbeute ändert sich infolgedessen. Ungleicher Ausfall beruht auch oft auf Steigungsschwankungen bei wendelförmigen Glühkörpern.

55. Die Bedingungen für eine auswertbare Prüfung der Lampe. Die Lichtausbeute sowohl als die Lebensdauer von Glühlampen bei gegebener Spannung sind also wie die Eigenschaften eines Kollektivgegenstandes zu betrachten, die gewissen Schwankungen unterworfen sind. Will man daher über die Lichtausbeute oder die Lebensdauer eine bindende Aussage machen, wie es bei den vom Verbraucher aufgestellten „Abnahmebedingungen" verlangt wird, so müssen die Eigenschaften, über die etwas ausgesagt werden soll, nach den für Kollektivgegenstände üblichen statistischen Methoden untersucht und bewertet werden. Dieser Gesichtspunkt darf bei der Bewertung von Meßergebnissen, die der Prüfung einer geringen Zahl von Exemplaren entstammen, niemals außer acht gelassen werden.

Die wichtigste Prüfung an der Glühlampe, die der Lebensdauer, kann nur unter Zerstörung des geprüften Einzelgegenstandes vorgenommen werden. Es muß folglich diese Prüfung zur laufenden Kontrolle der Fabrikation an Hand von Stichproben vorgenommen werden. Die Eigenschaft, die man wissen will, muß also aus dem Verhalten einiger bei der Prüfung vernichteten Exemplare des gleichen Erzeugnisses erschlossen werden.

Um zuverlässige Ergebnisse zu erhalten, muß die Entnahme der Stichproben so erfolgen, daß sie dem Mittelwert der Gesamtmenge entsprechen, ferner muß die Anzahl der entnommenen Probeexemplare so groß sein, daß trotz der statistischen Streuung der betreffenden Eigenschaft eine eindeutige Aussage zu machen ist. Da die Prüfungskosten den Preis des Kollektivgegenstandes erhöhen, wird man andererseits bestrebt sein, nur eine Mindestzahl zu prüfen. Die statistische Streuung, die für diese Zahl maßgebend ist, wird je nach der Zuverlässigkeit und Stetigkeit der Fabrikation schwanken[1]).

56. Umfang der Lebensdauerprüfstation. Die Praxis großer Glühlampenfabriken Deutschlands und des Auslandes hat ergeben, daß es z. B. bei einer Fabrikationsmenge von 100 Millionen Lampen pro Jahr, die sich in der Hauptsache etwa aus 25 Normaltypen und etwa der 5- bis 10fachen Anzahl von Sondertypen zusammensetzen, notwendig ist, $^1/_2$ bis $1^0/_{00}$ des Fabrikates laufend zu untersuchen.

Bei einer Lebensdauer der Lampen von durchschnittlich 1000 Stunden ist eine Prüfstation für mindestens 6000 Lampen notwendig, die mit einem Kraft-

---

[1]) R. BECKER, H. PLAUT u. I. RUNGE, Anwendungen der mathematischen Statistik auf Probleme der Massenfabrikation. Berlin 1927.

bedarf von rund 250 kW arbeitet. Meist prüft man mit Wechselstrom, weil dann verschiedene Spannungen leichter herstellbar sind, und Wechselstrom in der Praxis meist verwendet wird. Hinzu kommt, daß die Lampen gleicher Lichtausbeute bei Benutzung von Wechselstrom schärfer beansprucht werden (vgl. Kap. 17, Ziff. 19). Die Spannung der Erzeugermaschine muß genau konstant gehalten werden. Man benutzt die modernen automatischen Regulatoren (Tyrill, Brown-Bovery), mit denen bei sorgfältiger Wartung die Spannung bis auf $\pm\,^1/_4\%$ regulierbar ist.

Zur Erzielung der verschiedenen praktisch vorkommenden Spannungen wird die Spannung der Erzeugermaschine (im allgemeinen 220 Volt) kleinen Transformatoren zugeführt, deren Sekundärspannung von 1 zu 1 Volt geändert werden kann. Diese Transformatoren haben Bereiche von etwa 10 Volt. Ihre Sekundärseiten können in Hintereinanderschaltung und Gegenschaltung mit der Hauptspannung verwendet werden und gestatten, diese um einen geringen Betrag zu verändern. Außerdem sind zur Erzielung größerer Veränderungen noch große Transformatoren vorgesehen, welche andere übliche Spannungen 110, 160 Volt usw. geben.

Es ist klar, daß die ganze Anlage angesichts der hohen in Wärme umgesetzten Leistung sehr gut ventiliert sein muß, damit die Lampen nicht unter unnormalen Temperaturbedingungen geprüft werden, und daß aus Sicherheitsgründen sowohl elektrisch als auch wärmetechnisch weitgehende Vorsichtsmaßregeln im Aufbau der Anlage beachtet sein müssen. Außerdem müssen die Prüflampen während der Brennzeit vor Vibrationen geschützt sein.

57. Einfluß der Spannungsschwankung auf die Lebensdauer. Die Konstanthaltung der Spannung ist von so großer Wichtigkeit, weil die Lebensdauer einer Vakuumlampe umgekehrt der 13. Potenz der Spannung proportional ist; z. B. bewirkt eine durchschnittliche Überspannung von 5%, daß die Lebensdauer auf die Hälfte sinkt. Eine entsprechende Unterspannung verdoppelt die Lebensdauer. Da der mittlere Fehler des Mittelwertes der Lebensdauer einer Lampenmenge erfahrungsgemäß nur etwa $\pm 5\%$ beträgt, so muß man also bestrebt sein, bei wiederholten Prüfungen an Serien derselben Lampenmenge (z. B. Serien zu 10 bis 20 Lampen) die Spannung so genau zu halten, daß die durch Spannungsschwankungen bedingten Fehler wesentlich kleiner werden.

58. Gang der Prüfung auf Lebensdauer und Gleichmäßigkeit. Die der Fabrikation entnommenen Lampen werden zunächst nach kurzer Alterung, z. B. 30 Minuten mit 10% Überspannung, photometriert. Hierfür wird eine besondere elektrische Einrichtung benötigt, da eine Spannungsschwankung von $\pm^1/_4\%$ während der Messung beim Photometrieren schon störend wäre. Man arbeitet mit einer Akkumulatorenbatterie; die Meßinstrumente sind dauernd unter Kontrolle von Kompensationsapparaten zu halten, bzw. es ist an den Photometerplätzen selbst zu kompensieren.

Während früher häufig auf der Photometerbank in einer Richtung oder rotierend gemessen wurde, stellt man heute fast nur noch den Gesamtlichtstrom in der Ulbrichtschen Kugel fest.

Nach der Photometrierung beginnt die Lebensdauerprüfung. Die Prüfung wird entweder bei der Spannung, für die die Lampen bestimmt sind, oder bei der Lichtausbeute, für die sie gebaut sind, oder zwecks Abkürzung des Versuches mit Überbelastung vorgenommen.

In diesem letzteren Falle muß für jede Lampentype die Abhängigkeit der Lebensdauer von der Spannung bekannt sein. Im allgemeinen gilt für Vakuumlampen das Gesetz:

$$\left(\frac{\text{Lebensdauer 1}}{\text{Lebensdauer 2}}\right) = \left(\frac{\text{Spannung 2}}{\text{Spannung 1}}\right)^{13} \quad \text{und} \quad \frac{\text{Lebensdauer 1}}{\text{Lebensdauer 2}} = \left(\frac{\text{Lichtausbeute 2}}{\text{Lichtausbeute 1}}\right)^{7}.$$

Die Lampen werden dann während der Brenndauer jeweils in Abständen von einigen hundert Stunden photometriert. Außerdem werden sie, um den praktischen Verhältnissen näherzukommen, jeden Tag eine Viertelstunde lang (bis zum völligen Erkalten) ausgeschaltet. Die Ergebnisse der Lebensdauerprüfung jeder einzelnen Lampe, wie auch die Spannung, Stromstärke, Lichtstrom bzw. Lichtstärke und Lichtausbeute und ihre zeitlichen Änderungen werden auf Begleitkarten notiert.

59. Auswertung der Ergebnisse. Sind alle Lampen der Serie totgebrannt, so wird aus den Daten der Mittelwert der Lebensdauer ermittelt. Ebenso wird die Streuung um den Mittelwert festgestellt und diese Werte von einer größeren Zahl von Exemplaren zu Streuungsdiagrammen vereinigt.

Weiter dienen die Ergebnisse zur Aufstellung der „Überlebendenkurve" von jedem Versuch und von den Mittelwerten einer größeren Anzahl von Versuchen der gleichen Type. Abb. 25 zeigt einige solcher Überlebendenkurven. Aus ihnen ist der Prozentsatz der zu jeder Zeit noch vorhandenen Lampen feststellbar. Die Steilheit dieser Kurven gibt ein gewisses Maß für die Gleichmäßigkeit des Fabrikates. Je größer die Steilheit, um so näher liegt die Qualität jedes einzelnen Gegenstandes dem Mittelwert des Kollektives. Abb. 26 zeigt die Über-

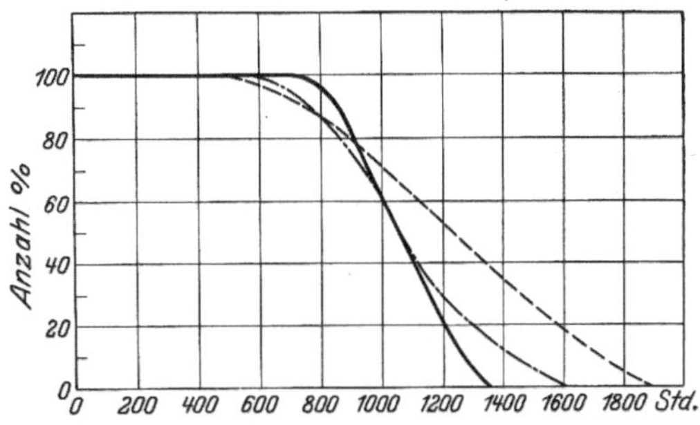

Abb. 25. Überlebendenkurven für Prüfungen von 3 Lampensorten, die derselben Fabrikationsperiode angehören.

lebendenkurve, die aus 6 Versuchsserien von je 10 Lampen der Type 25 Watt/110 Volt (Zeitraum der Prüfung $^1/_2$ Jahr) gewonnen wurde. Man sieht, im Vergleich mit den Kurven Abb. 25, daß die Streuung bei einer größeren Periode etwas größer ist als bei einem einzelnen Versuch.

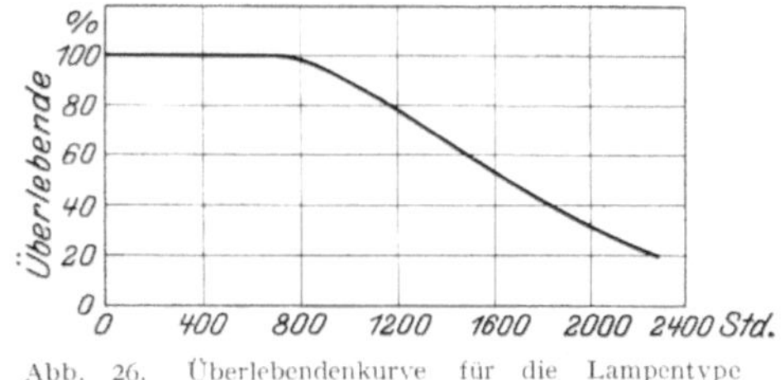

Abb. 26. Überlebendenkurve für die Lampentype 25 Watt/110 Volt während einer Halbjahresperiode.

60. Weitere Feststellung an den ausgebrannten Lampenproben. Außer mittlerer Lebensdauer und Streuung soll der Brenndauerversuch auch ein Bild über die Ursache des Ausbrennens der Lampen geben. Die Todesursache der Lampe wird deshalb festgestellt und im Protokoll durch ein besonderes Zeichen vermerkt. Jedes Zeichen umfaßt eine besondere Gruppe von Todesursachen. Die am häufigsten vorkommende Todesursache ist das Durchbrennen des Fadens.

61. Prüfung der Gleichmäßigkeit in bezug auf die Lichtausbeute. Außer der Lebensdauerprüfung müssen auch „Ausfallprüfungen" gemacht werden, d. h. es muß festgestellt werden, wie stark die Lichtausbeute bei der Spannung, für die die Lampensorte hergestellt ist, schwankt. Meist gibt man zur Kennzeichnung die Spannungsschwankung für die genormte Lichtausbeute an. Diese Prüfung kann, da die Lampen dabei nicht zerstört werden, an einer wesentlich größeren Anzahl von Exemplaren gemacht werden. Abb. 27 zeigt das Ergebnis einer Ausfallprüfung an 40 Watt/110 Volt-Lampen für ein Halbjahr. Man sieht, daß die Lampen durchschnittlich auf die Spannung „gefallen" sind, für welche sie vorgesehen waren, und daß die maximalen Abweichungen, die aber nur in geringer Zahl vorhanden sind, $\pm 5\%$ betragen. Die verschiedenen Zeichen auf dem „Häufigkeitsfeld", welches einer Gaussschen Streuungskurve sehr nahekommt, bedeuten, daß es sich um verschiedene Fabrikationsmengen handelt.

Am Rande der Abb. 27 ist angegeben, aus welcher Zeit diese Fabrikationsmengen stammen. Berechnet man aus dieser Ausfallprüfung, wieviel Stunden die Lampen voraussichtlich halten werden, so sieht man, daß die äußersten Ausläufer auf dem Häufigkeitsfeld etwa 750 Stunden und 1500 Stunden brennen werden.

62. Prüfung auf Stoßfestigkeit an den Lampen. Außer der Dauerprüfung auf Lebensdauer werden mittels besonderer Apparate auch noch Prüfungen auf Stoßfestigkeit im kalten Zustande und Erschütterungsprüfungen im heißen Zustande ausgeführt, die Lampen also in ähnlicher Weise wie in der Praxis (Postversand, Brennen in rauhen Betrieben, auf Fahrzeugen usw.) beansprucht. Auch diese Prüfungen werden nach den Regeln der Kollektivmaßlehre ausgewertet. Es kommt hier außer den Streuungsmaßen vor allen Dingen die „Korrelation" in Betracht, da es ja notwendig ist, aus dem Verhalten der Lampen auf dem Apparate auf das bei den verschiedenen Erschütterungen, denen sie evtl. später ausgesetzt sind, zu schließen.

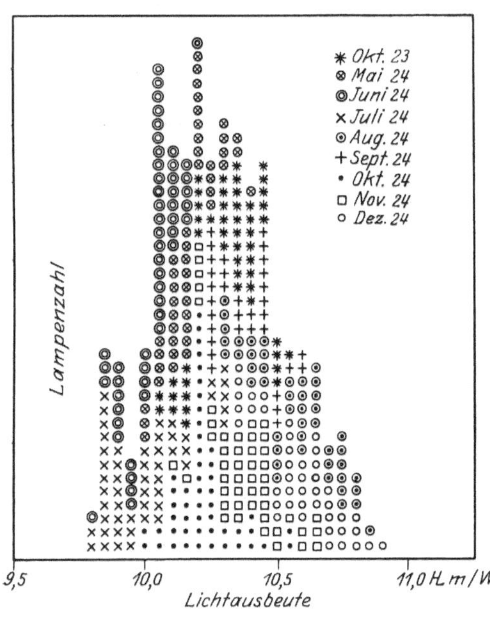

Abb. 27. Ausfallprüfung für 40 Watt/110 Volt-Lampen für ein Halbjahr.

Kapitel 15.

Gasentladungs- und Bogenlampen.

Von

E. Lax und **M. Pirani**, Berlin.

Mit 20 Abbildungen.

a) Einleitung.

1. Unterteilung des Gebietes. Bei der elektrischen Entladung zwischen Elektroden, die durch eine Gasstrecke getrennt sind, kann entweder die Lumineszenzstrahlung des Gases im negativen Glimmlicht, in der positiven Säule (Glimmentladung oder Gaslichtbogen) oder zusätzlich resp. allein die Temperaturstrahlung der bei der Bogenentladung hocherhitzten Elektroden zur Lichterzeugung ausgenutzt werden.

Demgemäß kann man die technisch durchgebildeten Entladungslampen wie folgt unterteilen:

1. Ausnutzung des negativen Glimmlichtes.
2. Strahlung der positiven Säule,
    a) bei Glimmentladung,
    b) bei Bogenentladung (Lichtbogen).
3. Vorwiegend reine Elektrodenstrahlung. Hauptlichterzeugung durch Temperaturstrahlung der Elektroden.
4. Lichtbogen- und Elektrodentemperaturstrahlung.

Während Elektroden- und Lichtbogenlampen als große Lichteinheiten vielfach Verwendung zu Beleuchtungszwecken finden, und ferner überall dort, wo es auf große Leuchtdichte ankommt (z. B. Projektion, Scheinwerfer), gebraucht werden, sind Glimmlampen nur für Sonderzwecke im Gebrauch. Bei der Kompliziertheit der Vorgänge in den Gasentladungsröhren ist es schwer, die Forderungen, die an Lichtquellen für Raumbeleuchtungen gestellt werden: 1. weißes Licht, 2. Anpassung an Stromart und Spannung ohne zusätzliche Apparate und 3. Herstellung kleiner Lichteinheiten — bei Glimmentladungen zu erfüllen.

Auch die großen Glimmlichteinheiten für Beleuchtung, wie sie im Moorelicht vorliegen, sind verhältnismäßig wenig im Gebrauch.

Die Vorgänge in der Gasstrecke sind bei Glimm- wie Bogenentladung die gleichen, der Unterschied beruht in der Erzeugungsart der Elektronen an der Kathode. Bei Glimmentladung werden die Elektronen durch den Anprall positiver Träger, die durch das große Potentialgefälle an der Kathode (Kathodenfall) stark beschleunigt sind und stoßionisieren, entweder dicht an der Kathodenfläche oder in derselben gebildet. Bei der Bogenentladung (starke Ströme) ist die Zahl der auftreffenden ionisierten Moleküle so groß, daß die Kathode durch den Aufprall stark erhitzt wird und leichter Elektronen abgibt. Der

Kathodenfall sinkt und erreicht bei den Bogenlampen Werte weit unterhalb des Anodenfalles.

2. Lichterzeugung und Lichtausbeute. Die Vorgänge, die bei der Gasentladung zur Lichterzeugung führen, sind in den Kapiteln 8 und 9 und im Band XIV besprochen.

Die Farbe der Entladungserscheinungen kann durch Änderung der Stromdichte verändert werden. Elektronen größerer Geschwindigkeit erregen Spektren höherer Ordnung. Es treten im allgemeinen deshalb bei Vergrößerung der Elektronengeschwindigkeit mehr Linien auf, und es findet eine Verschiebung der Farbe nach dem kurzwelligen Gebiet statt[1]).

Die Lichtausbeute der Lumineszenzstrahlung der Glimmentladung und des Lichtbogens hängt wesentlich von der Lage der emittierten Linien und Banden ab. Sie ist um so besser, je mehr Linien in dem physiologisch stark wirksamen Gebiete liegen (s. Kap. 1, Ziff. 16).

Im allgemeinen ist der Prozentsatz der Energie, der zur Lichterzeugung verwandt werden kann, in der positiven Säule größer als im negativen Glimmlicht.

Theoretisch kann man als ideale Lichterzeugung, bei der nahezu die ganze aufgenommene Leistung in Licht umgesetzt wird, eine Gasentladung ansehen, bei der Zusammenstöße nur zwischen Elektronen und neutralen Gasatomen, z. B. reinen Natriumatomen, stattfinden und die Elektronen entweder elastisch reflektiert werden oder der Stoß zur Anregung des Gasatomes führt (Ausstrahlung der Hauptserien)[2, 3, 4]).

Bei hohen Drucken (bei Edelgasen genügt schon 1 mm Hg-Säule) werden die Elektronen zum Teil nicht mehr elastisch reflektiert [evtl. Bildung von Molionen, wie Skaupy[5]) festgestellt hat]. Ebenso wirken Zusätze von Gasen höherer Elektronenaffinität (schädliche Wirkung von Verunreinigungen). Die Energie der Elektronen wird dann teilweise zur Erzeugung translatorischer Energie der Gasatome (Wärmebewegung) verbraucht. Bei hoher Energiedichte in der Gasmasse und geringer Abkühlung (hohes Temperaturgefälle senkrecht zur Achse der Entladungsbahn) kann das Gas so hoch erhitzt werden, daß ein Teil der Wärmestrahlung im sichtbaren Gebiet liegt. Diese Anschauung ist für Metalldämpfe sichergestellt, für reine Edelgase wahrscheinlich[4]).

Die Vorgänge in der Entladung werden außerdem durch den Einfluß der Entladungsgefäßform noch verändert.

b) Glimmentladung[6]) mit Ausnutzung des negativen Glimmlichtes.

3. Besonders bemerkenswerte Eigenschaften der Glimmentladung. Lichtquellen, bei denen das negative Glimmlicht ausgenutzt wird, haben einen zu kleinen Lichtstrom, um für Allgemeinbeleuchtung Bedeutung zu haben. Ihre geringe Leistungsaufnahme bringt andererseits die Verwendung für ständig eingeschaltete Notbeleuchtung, Zeichenbeleuchtung u. a. m. mit sich.

Andere wichtige Eigenschaften, die die Glimmlampe für physikalische Untersuchungen geeignet machen, sind: die Art des Spektrums; trägheitsfreies Einsetzen der Entladung (Verwendung z. B. beim Stroboskop); Besonderheit

---

[1]) P. G. Nutting u. L. B. Tukman, Bull. Bur. of Stand. Bd. 7, S. 49. 1911.
[2]) J. Franck u. G. Hertz, Phys. ZS. Bd. 20, S. 132. 1919.
[3]) H. J. van der Bijl, Phys. Rev. Bd. 10, S. 546. 1917.
[4]) F. Schröter, ZS. f. techn. Phys. Bd. 1, S. 109 u. 149. 1920.
[5]) F. Skaupy, Verh. d. D. Phys. Ges. Bd. 19, S. 265. 1917.
[6]) Über den Mechanismus der Glimmentladung vgl. A. Güntherschulze, ZS. f. techn. Phys. Bd. 6, S. 446. 1925.

des inneren Widerstandes, der vom Entladungsstrom abhängig ist; Vorhandensein kritischer Werte — Zündspannung, Abreißspannung; Polarität des Stromdurchganges.

Es sind für die angeführten Zwecke außer den einfachen, fabrikatorisch in großer Zahl angefertigten Neonglimmlampen, die vor allem zu besonderen Beleuchtungen benutzt werden, noch eine Menge Einzelglimmentladungslampen hergestellt worden, von denen einige mit besonderen Konstruktionsideen hier angeführt werden.

4. Neonglimmlampe. Da die reinen Edelgase äußerst geringe Minimumpotentiale haben, lassen sich Glimmlampen für die üblichen Spannungen herstellen. Es wird das negative Glimmlicht[1]) zur Lichterzeugung verwertet. Mit einem Gemisch von ca. 75% Neon und ca. 25% Helium von ca. 15 mm Hg-Säule läßt sich für die gegebenen Netzspannungen die beste Lichtwirkung erzielen. Die Gaszusammensetzung des nie vollständig reinen Edelgasgemisches variiert mit der Gebrauchsspannung (110 oder 220 Volt). Das Licht der sog. Neonglimmlampen ist rötlich bis gelblich gefärbt und zeigt das charakteristische Neonspektrum sowie die hauptsächlichsten Heliumlinien.

Eine typische Form der Neonglimmlampe (Osram) ist in Abb. 1 gegeben. Die Elektroden, die aus wendelförmig gewickeltem Eisendraht von ca. 1 mm Durchmesser bestehen, greifen ineinander. Der Abstand beträgt etwa 2 mm. Der Leuchtkörper hat die Form eines Bienenkorbes. Die Gesamtelektrodenoberfläche beträgt je etwa 12 cm². Die Wendeln bei Lampen für 110 Volt Netzspannung sind zwecks Erniedrigung des Minimumpotentials mit einer leicht zersetzlichen Barium-Stickstoffverbindung bestrichen[2]). Im Fußröhrchen der Lampen (auf der Sockelseite) befindet sich ein Vorschaltwiderstand aus dünnem, emailliertem Konstantandraht oder aus einer Schicht kolloidalen Graphites, die auf Glas niedergeschlagen ist. Der Widerstand beträgt für eine Gebrauchsspannung von 220 Volt etwa 5000 Ohm, für eine Gebrauchsspannung von 110 Volt etwa 1500 Ohm[3]). Der Stromverbrauch bei Gleichstrom ist ca. 0,02 Amp., bei Wechselstrom 0,03 Amp. Der Potentialgradient beträgt ca. 400 bis 700 Volt/cm, die Stromdichte etwa 0,0016 Amp./cm², der Lichtstrom etwa 1 Lm.

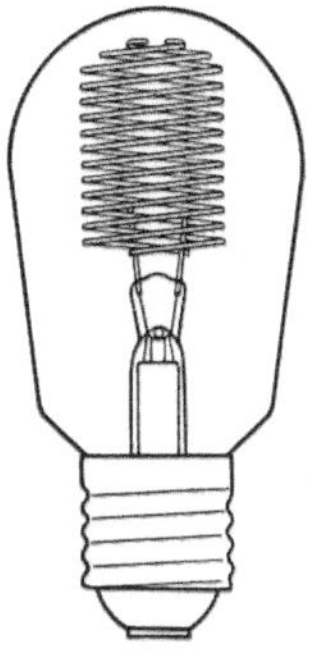

Abb. 1. Neonglimmlampe.

Die Elektroden können auch in anderer Weise ausgeführt sein, z. B. in Buchstabenform.

Zur Herstellung leuchtender Worte wird vielfach eine Lampe mit zwei großen, rechteckigen Eisenblechelektroden, die etwa 4 × 10 cm groß sind, verwandt; über diese wird eine Schablone, in der das Wort ausgeschnitten ist, gezogen. Diese Lampen haben eine Stromstärke von etwa 0,2 Amp. Der Glimmsaum dieser Lampen eignet sich in der Querrichtung, parallel zum Blech gesehen, gut für spektroskopische Zwecke.

5. Ultrafrequenzlampe. Zur photographischen Registrierung von Stromschwankungen bauten ENGL, VOGT und MASSOLLE[4]) die sog. Ultrafrequenzlampe. Diese zeigt innerhalb ihres Betriebsgebietes (0,004 bis 0,026 Amp.) die Strom-

---

[1]) F. SCHRÖTER, Elektrot. ZS. Bd. 40, S. 186, 685. 1919; F. SKAUPY, ZS. f. techn. Phys. Bd. 3, S. 61. 1922.
[2]) D.R.P. 425856 und 414517.
[3]) F. SKAUPY u. H. EWEST, ZS. f. techn. Phys. Bd. 1, S. 167. 1920.
[4]) J. ENGL, H. VOGT u. J. MASSOLLE, D.R.P. 387059. Die Lampe wurde bei der Aufnahme für den sprechenden Film benutzt. Beschr. H. VOGT: „Der sprechende Film nach dem Tri-Ergonverfahren." ZS. d. Ver. d. Ing. Bd. 70, S. 199. 1926. J. ENGL hat die Abbildungen freundlichst zur Verfügung gestellt.

schwankungen bis zu 20000 in der Sekunde ohne Trägheitserscheinungen durch proportionale Lichtschwankungen an. Abb. 2 zeigt die Lampe. Einzelheiten der Anordnung sind aus der Stückliste zu ersehen. Die Entladungsröhre ist mit Stickstoff oder Argon (Gase, bei denen das kathodische Glimmlicht reich an den photographisch stark wirksamen Linien im kurzwelligen sichtbaren und angrenzenden Gebiet ist) von einem Drucke von 15 bis 25 mm Hg-Säule gefüllt. Die Spannung beträgt etwa 450 Volt bei einer mittleren Stromstärke von 0,015 Amp. Das negative Glimmlicht ist bei dieser Anordnung außerordentlich eng zusammengedrängt, der Kathodenfall ist bereits bei einer Stromstärke 0,0015 Amp. anormal. Das Glimmlicht bedeckt dann die gesamte Kathodenfläche. Mit steigender Belastung nimmt die Flächenhelligkeit der Glimmhaut zu, die Entladung dehnt sich nach vorn aus; es entsteht eine leuchtende Wolke, die bei Steigerung der Stromstärke an Dicke und Flächenausdehnung zunimmt.

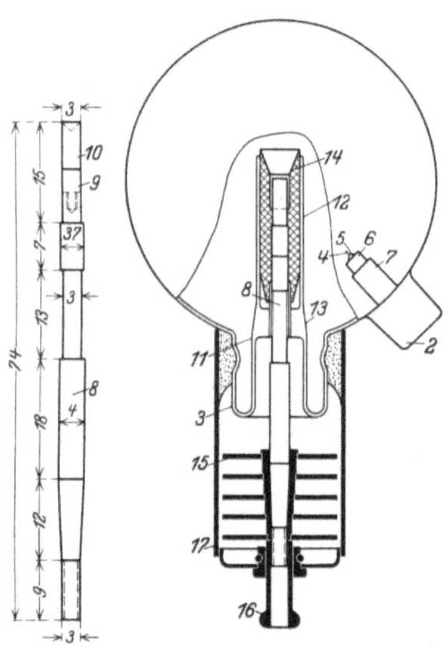

Abb. 2. Ultrafrequenzlampe.

1 Glaskugel,
2 Ansatz für die Anode,
3 Ansatz für die Kathode,
4 Anode (Spitze aus Wolfram oder Platin),
5 Stift aus Aluminium,
6 Röhre aus Magnesia,
7 Glasröhre,
8 Kathode (Kupfer),
9 Zylinder (Eisen),
10 Wolframstab,
11 Platinzylinder hart aufgelötet,
12 Glasrohrstutzen,
13 Glaswulst (Einschmelzung),
14 Magnesiakörper,
15 Radiator,
16 Überwurfmutter,
17 Schutzkappe.

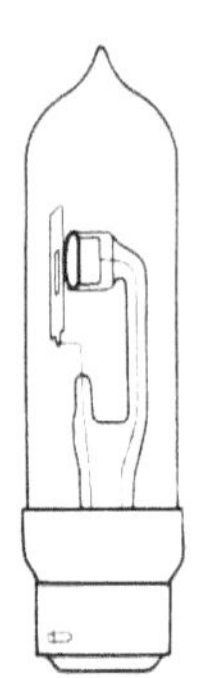

Abb. 3. Gasentladungslampe für Spektroskopie und Interferometrie nach Ryde.

6. Gasentladungslampen für Spektroskopie und Interferometrie. Eine Glimmlampe mit großer Leuchtdichte, vor allem für spektroskopische Zwecke, ist von Ryde[1]) ausgebildet worden. Die Kathode besteht aus einem Hohlgefäß; die scheibenförmige Anode steht dicht davor. Sie hat einen engen Schlitz zur Beobachtung. Die Lampe wird mit Gasfüllungen von Sauerstoff, Stickstoff, Kohlensäure, Helium, Argon, Neon hergestellt, Betriebsspannung entweder zwischen 200 bis 220 oder 220 bis 250 Volt[2]). Abb. 3 zeigt die Lampe.

7. Glimmröhre mit geheizter Hohlkathode. Eine Versuchsanordnung, welche es gestattet, Glimmerscheinungen an der Kathode in Metalldämpfen zu erzeugen, hat H. Schüler[3]) beschrieben.

Die Kathode besteht bei dieser Entladungsröhre aus einem elektrisch heizbaren Metallzylinder. In diesem befindet sich in einem Schiffchen das

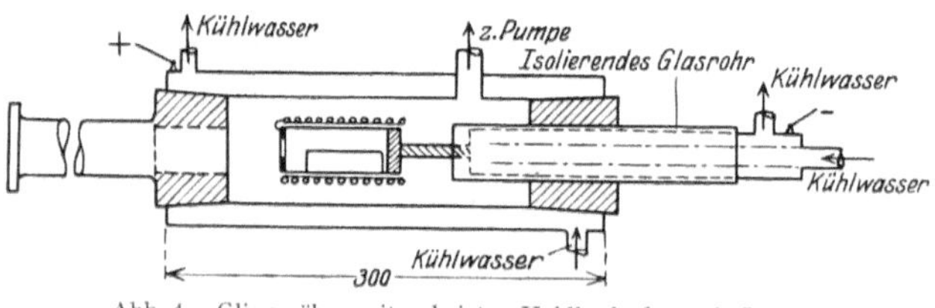

Abb. 4. Glimmröhre mit geheizter Hohlkathode nach Schüler.

Metall, dessen Spektrum untersucht werden soll. Das äußere Rohr besteht aus

---

[1]) J. W. Ryde, Nature, Bd. 112, S. 944. 1923.
[2]) Gen. Electr. Comp. Ltd. England. Bezugsquelle Adam Hilger, London.
[3]) H Schüler, ZS. f. Phys. Bd. 35, S. 323. 1926.

Metall mit eingesetztem Beobachtungsfenster. Der Metallmantel und die Kathodenzuführung sind wassergekühlt.

Die Leuchterscheinungen: Linien, Banden, kontinuierliches Spektrum (je nach der Anregung verschieden) sind in einem schmalen Spalt beobachtbar, der die Hohlkathode abschließt. Die Abb. 4 zeigt den Aufbau der Röhre.

c) Glimmentladung mit Ausnutzung der positiven Säule.

8. Das Moorelicht. Beim Moorelicht[1]) wird die positive Säule der Gasentladung als Lichtquelle verwandt. In Stickstoff (goldgelbes Licht) oder Kohlensäure (tageslichtähnliches weißes Licht) wird bei einem Druck von etwa 0,5 mm Hg-Säule zwischen Eisen- oder Graphitelektroden eine Gasentladung, bei der die positive Säule fast die gesamte Länge der Entladungsröhre einnimmt, erzeugt.

Die Stickstoffröhren werden in Längen von 5 bis 60 m hergestellt. Sie dienen meist zur Allgemeinbeleuchtung großer Räume. Sie werden dann an der Decke oder an den Wänden entlang gelegt, indem sie an Ort und Stelle aus 2 m langen Stücken zusammengeschweißt, evakuiert und gefüllt werden.

Die Röhren werden meist mit hochtransformiertem 50 periodischem Wechselstrom gespeist. Die Betriebsspannung beträgt pro Meter etwa 1000 Volt; die Stromstärke in einer 4 cm starken Röhre beträgt etwa 0,3 Amp. (ca. 0,025 Amp./cm²), die Lichtstärke pro Meter etwa 80 HK_h, die Lichtausbeute ca. 2 Lm/Watt.

Das Spektrum der Stickstoffentladungsröhre ist in Abb. 8, Reihe 4 des 17. Kapitels zu sehen.

Wird die Stromdichte gesteigert, so verschiebt sich die Farbe von Gelb nach Weiß [Verschiebungseffekt][2]). Zugleich macht sich, wie GEHLHOFF festgestellt hat[3]), eine Verbesserung des Wirkungsgrades bemerkbar. Bei der Anwendung sehr großer Stromdichten wird der Stickstoff an den Glaswänden schnell absorbiert, es entstehen Betriebsschwierigkeiten. Auch bei niedrigen Belastungen tritt eine allmähliche Absorption des Stickstoffes auf. Es ist deshalb ein Ventil in die Röhre eingebaut, das bei Druckverminderung selbsttätig Stickstoff hineinläßt. Da der nachgelieferte Stickstoff der Luft entnommen wird, muß das in das Ventil eintretende Gas vom Sauerstoff befreit werden. Das in Abb. 5 wiedergegebene Ventil besteht aus zwei ineinandergeschobenen Glasröhren R und L. Die erste R ist mit beiden Enden der Entladungsstrecke unter Zwischenschaltung von zwei Sandstrecken (Rohre U) verbunden. Das obere Ende der Röhre R ist offen, das untere durch einen Kohlekegel K, der mit Quecksilber Q bedeckt ist, verschlossen. Die Höhe des Quecksilbers wird bei Einfüllung so bemessen, daß der Kohlekegel eben bedeckt, die Entladungsröhre also luftdicht abgeschlossen ist. Die zweite Röhre ist bei L durchlöchert, unten ist sie offen

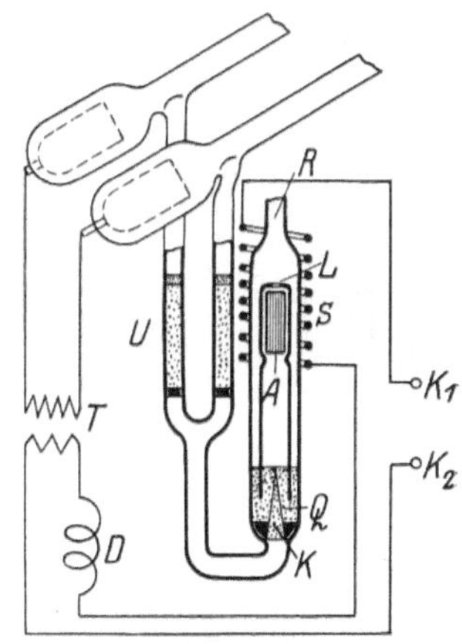

Abb. 5. Ventil des Moorelichtes. K_1, K_2 Wechselstromanschluß, S Solenoid, D Drosselspule, T Transformator, R Öffnung des Glasrohres, K Kegel aus Kohle, A Eisenkern aus Drähten.

und schwimmt in dem Quecksilber Q. Am oberen Ende ist ein unterteilter Eisenkern A befestigt. Um das erste Rohr ist eine Drahtspule S gelegt. Diese Spule

[1]) MAC FARLAN MOORE 1904. Hersteller Aktiengesellschaft für Elektrizitätsindustrie (Agelindus), Berlin.
[2]) P. G. NUTTING u. L. B. TUKMAN, Bull. Bur. of Stand. Bd. 7, S. 49. 1911.
[3]) G. GEHLHOFF, Verh. d. D. Phys. Ges. Bd. 21, S. 349. 1919.

liegt im Primärstromkreise, der aus ihr, der Drosselspule D und der Primärwicklung des Transformators T gebildet wird.

Nimmt in der Entladungsröhre der Druck des Stickstoffes ab, so steigt die Leitfähigkeit des Gases und damit der Strom in der Entladungsröhre. Durch Rückwirkung steigt ebenfalls der Primärwechselstrom, das Solenoid zieht den Eisenkern A an, und die Spitze des Kegels wird frei, es tritt eine ganz geringe Menge Luft in die Röhre ein, dadurch wird der Druck erhöht, die Leitfähigkeit sinkt, das Ventil schließt sich.

Damit die Entladung nicht durch die Ventilröhre, die mit dem Anfang und Ende des Rohrsystems verbunden ist, hindurchgeht, sind die Sandstrecken eingeschaltet. Diese bieten der Luft keinen, der Entladung aber einen unüberwindbaren Widerstand. Um die eintretende Luft von Sauerstoff zu befreien, läßt man sie über weißen Phosphor streichen, welcher sich in dem Ventil befindet.

Außer den eben beschriebenen fest eingebauten Röhren werden auch Röhren in Buchstabenform hergestellt. Ihre Länge beträgt 2 bis 5 m. Sie werden bei einer Stromstärke von 150 m Amp. bei 50 Perioden mit 3000 bis 5000 Volt Spannung betrieben.

Die Nachlieferung von Gas geschieht bei diesen Röhren, die ohne Ventil gebaut sind, durch Zerfall von Metallazid, das in der Elektrode vorhanden ist[1]).

Eine entsprechende Lampe mit Kohlensäurefüllung wird als Ersatz für Tageslichtbeleuchtung verwandt. Kohlensäurelicht hat ein Bandenspektrum (siehe Abb. 8, Reihe 5 des 17. Kapitels); die Lücken und Intensitätsschwankungen stören jedoch in den meisten Fällen nicht, so daß das Kohlensäurelicht in Färbereien usw. zur Feststellung von selbst sehr feinen Farbunterschieden gebraucht werden kann.

Stationäre Anlagen für Kohlensäurelicht werden bis 40 m Länge und Spannungen bis 25000 Volt hergestellt. Transportable Anlagen werden gleich mit einem Transformator von $1^1/_2$ kW Leistungsaufnahme und einer Sekundärspannung von 5000 Volt zusammengebaut geliefert. Die Entladungsröhre ist etwa 6 m lang. Sie ist im Zickzack in einem etwa 1 m² großen Feld angeordnet, hinter ihr befindet sich ein weißer Reflektor. Der spezifische Verbrauch dieses Lichtes beträgt je nach dem Gasdruck etwa $4{,}0 \div 7$ W/HK$_h$. Die Nachlieferung von Kohlensäure geschieht durch ein Ventil, das ähnlich dem in Abb. 5 gegebenen ist. Die Röhre R ist jedoch geschlossen, und es befindet sich ein kleiner Behälter mit Marmor und Salzsäure nebst einem Trockenmittel daran. Eine einmalige Gasnachlieferung reicht etwa während einer Leuchtdauer von ca. 2000 Stunden vor. Die Anlagen beider Moorelichtarten können etwa 8000 bis 10000 Brennstunden benutzt werden. Nach dieser Zeit treten meist infolge der nicht absolut einwandfreien Ventilwirkung störende Verunreinigungen auf, bei Stickstoff ist es vor allem das mit der Luft hineinkommende Argon. Durch die Verunreinigungen wird die Leuchtfarbe verändert und die Lichtausbeute herabgesetzt. Die Röhren müssen dann neu evakuiert und frisch gefüllt werden. Die Erneuerung, die evtl. auch bei sonstigen Störungen, z. B. Springen des Glases, bei festeingebauten Anlagen an Ort und Stelle vorgenommen werden muß, ist recht umständlich und hat bewirkt, daß das Moorelicht keine große praktische Anwendung für Allgemeinbeleuchtung gefunden hat.

9. Elektrodenlose Ringentladung. Die Anregung einer Gassäule, z. B. eines Gasringes, kann auch durch Einbringung des Entladungsgefäßes in ein Hochfrequenzschwingungsfeld geschehen. Bei der elektrodenlosen Ringentladung leuchtet die positive Säule.

---

[1]) D.R.P. 440353. F. Skaupy, ZS. f. techn. Phys. Bd. 8, S. 558. 1927.

Über die Lichterzeugung mittels elektrodenloser Ringentladung sind neuerdings von FOULKE[1]) umfangreiche Untersuchungen angestellt. Die bisher veröffentlichten Ergebnisse berichten über die Erscheinungen in Quecksilberdampf, dem als Hilfsgas zur Einleitung der Entladung bei Zimmertemperatur Argon beigefügt war. Als Entladungsgefäße wurden Kugeln benutzt, die in eine Erregerspule gebracht wurden, die Schwingungszahl betrug $(1 \div 3) \cdot 10^6$. Die Spannung sowie die Dimensionierung der Erregerspule wurden der Kugelgröße und dem Dampfdruck angepaßt.

Abb. 6 gibt ein Bild der elektrischen Anordnung zum Betrieb einer 7,6 cm Kugel mit Hg-Ar-Füllung. (1) Transformator für 5500 Volt sekundär mit hoher Reaktanz, (2) Drosselspule 30 Millihenry, (3) Funkenstrecke, (4) Kondensator, (5) Erregerspule: 7 Windungen aus Cu-Draht, 1 cm Abstand, innerer Durchmesser 8 cm.

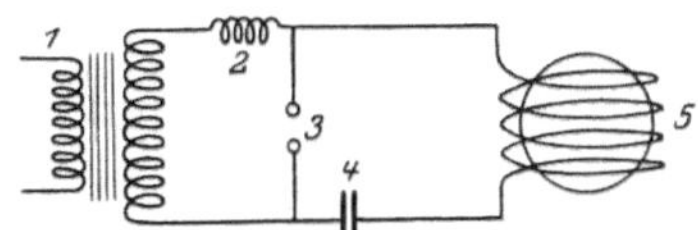

Abb. 6. Anordnung für elektrodenlose Ringentladung.

Die Lichtstärke hängt von der Leistungsaufnahme und der Kugelgröße ab. Der Energieaufnahme waren Grenzen durch die zur Verfügung stehende Energie gesetzt. Da die Kugeln beim Betrieb glühend werden, müssen Quarzkugeln verwandt werden. Mit den vorhandenen Mitteln wurden Lichtausbeuten von 15 bis 40 Lm/Watt (bezogen auf die Primärleistung) erreicht.

10. Die Neonleuchtröhren. Die Neonentladungsröhre für Hochspannung hat weit größere Verbreitung als das Moorelicht gefunden, da ihre rote Farbe sie besonders für Reklame- und Signalbeleuchtungen geeignet macht.

Die Hochspannungsröhren[2]) enthalten Neongas mit einem Drucke von etwa 2 mm Hg-Säule. Die Elektroden bestehen aus Eisen, das wenig zur Zerstäubung in Neon neigt (Gasnachfüllung unnötig). Eine Röhre von 8 mm ⌀ und 1,5 bis 2 m Länge hat etwa 1500 Volt und 10 bis 12 mAmp., eine solche von 20 mm ⌀ und gleicher Länge hat eine Spannung von ca. 750 Volt und ca. 75 mAmp. Die Zündspannung liegt bei beiden ca. 75% höher. Die Lichtausbeute dieser Röhre beträgt 12 bis 18 Lm/Watt. Diese Hochspannungsröhren werden vor allem als Leuchtbuchstaben ausgebildet und für Reklamezwecke benutzt. Das Spektrum einer solchen Röhre ist in Abb. 8 im 17. Kapitel gegeben.

11. Gasfadenlampe für Niederspannung. MAC FARLAN MOORE hat 1923 eine Gasentladungslampe beschrieben[3]), die auf der Strahlung der positiven Säule beruht, mit Niederspannung zu betreiben ist und ohne Zündapparatur bei normalen Spannungen von 110 und 220 Volt in Betrieb genommen werden kann. Die Lampe besteht aus einer Kapillare, an deren beiden erweiterten Enden sich, ähnlich wie bei einem Geißlerrohr, Eisen-Zylinderelektroden befinden. Um die Entladung einzuleiten, wird eine Glimmentladung zwischen Hilfselektroden hervorgerufen. Diese befinden sich innerhalb der zylindrischen Eisenelektroden (0,3 mm Entfernung). Sie sind den Eisenelektroden entgegengesetzt gepolt. Im Augenblick des Einschaltens setzt eine Entladung zwischen den Hilfselektroden und den Hauptelektroden ein. Dies schafft soviel Elektronen, daß auch die Entladung in der Kapillare zustande kommen kann. Die Lampe ist mit Neon gefüllt und wird, wie der Erfinder mitteilt, in Größen von 1 bis 1000 Watt hergestellt. Die Lebensdauer soll rund 400 Stunden betragen. Die Lampe ist, soweit bekannt, noch nicht in größerem Maßstabe erprobt worden.

---

[1]) E. FOULKE, Journ. Amer. Inst. Electr. Eng. Bd. 46, S. 139 u. 378. 1927.
[2]) F. SKAUPY, Licht u. Lampe, Heft 10, S. 233. 1923.
[3]) M. F. MOORE, Trans. Amer. Electr. Chem. Soc. Bd. 44, S. 339. 1923; Elektrot. ZS. Bd. 45, S. 1285. 1924.

d) Lichtbogenlampen.

12. Neonbogenlampe. Um in Neonröhren eine Bogenentladung zu erzielen, muß der Kathodenfall verringert werden. Man wählt als Kathode ein Metall, dessen normaler Kathodenfall in Neon einen geringen Wert hat. Als günstig erwiesen sich Alkalimetallverbindungen[1]) und Thalliumkadmiumlegierungen, die auch bei Betriebstemperatur festbleiben und deren Dampf das Glas nicht angreift.

Die Dämpfe des Kathodenmetalles werden durch eine eingeschaltete „Prallfläche" (Abb. 7) aus der Entladungsbahn ferngehalten[1]), das Licht zeigt die reine Neonstrahlung. Der Druck beträgt etwa 1 mm Hg.

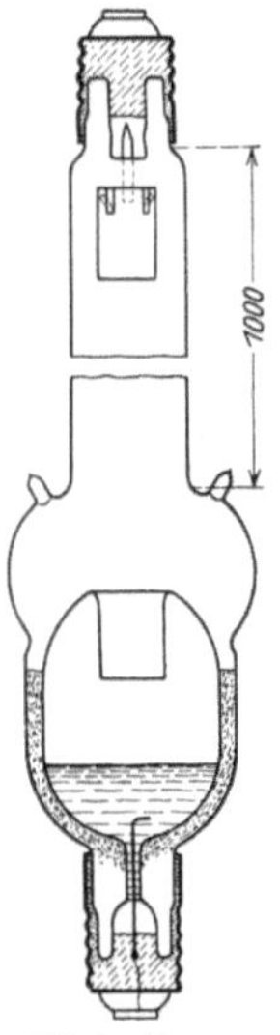

Bei einem Rohrdurchmesser von etwa 3 cm und einer Rohrlänge von 1 m hat die Lampe 125 Volt Spannung bei einer Stromstärke von 1 Amp. Der Anodenfall beträgt 20 Volt, der Kathodenfall 2 bis 3 Volt, so daß also der Potentialgradient der Röhre rund 1 Volt/cm ist. Der Vorschaltwiderstand nimmt etwa 65 Volt in Anspruch, die Lichtstärke beträgt 250 HK$_h$, die Lichtausbeute, mit Einbeziehung des Vorschaltwiderstandes, rund 15 Lm/Watt[1]).

Abb. 8[2]) zeigt die Schaltung einer solchen Bogenlampe. L bedeutet die Lampe, A die Anode, K die Kathode, D eine Vorschaltdrosselspule, LW den Vorschaltwiderstand, der z. B. aus einer Glühlampe bestehen kann, ebenso wie der Vorschaltwiderstand UW des Unterbrechers. M ist eine Magnetspule, die den Unterbrecher automatisch betätigt, U der Unterbrecher selbst.

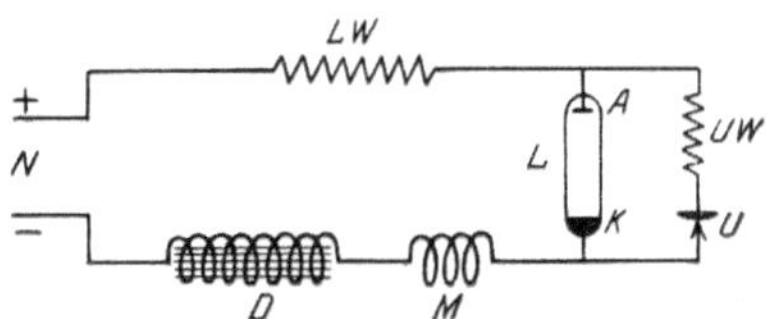

Abb. 8. Schaltung der Neonbogenlampe. L Neonlampe, A Anode, K Kathode, D Vorschaltdrosselspule, LW Lampenvorschaltwiderstand, M Magnetspule, U Unterbrecher, UW Unterbrechervorschaltwiderstand, N Netzleitung.

Abb. 7. Neonbogenlampe (Agelindus).

Wird eingeschaltet, so wird durch die Spule M der Vakuumunterbrecher U betätigt, und es entsteht infolge der Wirkung der Drosselspule ein Hochspannungsstoß, der die Lampe zur Zündung bringt. Bei Wechselstrom wird die Lampe mit zwei Anoden versehen und in Gleichrichterschaltung betrieben.

Zwecks Änderung der Lichtfarbe sind vor allem Röhren mit Quecksilberzusatz hergestellt worden. Die Temperatur der Lampe im Betrieb ist so hoch, daß der Quecksilberdampfdruck ausreicht. Die Farbe der Entladung schlägt dann zum Blaugrün über, das Spektrum zeigt die Quecksilberlinien in starker Intensität und nur noch schwache Neonlinien. Gleichzeitig sinkt die Lichtausbeute auf etwa die Hälfte. Dies dürfte zum Teil daran liegen, daß ein Teil der Zusammenstöße unelastisch erfolgt, also nicht mehr zur Anregung dient, sondern in translatorische Bewegung (Wärme) umgesetzt wird, zum Teil aber daran, daß einige Quecksilberlinien in physiologisch ungünstigeren Bereichen liegen.

Die Neonbogenlampe findet vor allem für Reklamebeleuchtung, für Signalzwecke (Leuchtfeuer) und bei Behandlung mit roten Strahlen zu Heilzwecken Verwendung.

13. Dampflampen. Durch Einführung einer winzigen Menge Wolframdampfes (abgegeben von einer Wolframkathode) hat Langmuir in einer mit

---

[1]) F. Skaupy, D.R.P. 286753 u. 292921.
[2]) F. Skaupy, ZS. f. techn. Phys. Bd. 1, S. 789. 1920.

außerordentlich reinem Argon gefüllten Entladungsröhre, die aus einem engen, langen, vertikalen Rohr bestand, das aus einem kurzen, etwa dreimal so dicken Rohr aufstieg, eine merkwürdige Bogenentladung erzeugt[1]). Das Innere des Bogens ist rot und wird von einer scharf abgegrenzten, gelbes Licht aussendenden Haut umgeben.

14. Die Quecksilber-Niederdruck-Bogenlampe[2]). Die Konstruktion der Niederdruck-Quecksilber-Bogenlampen ist ähnlich wie die der vorher beschriebenen Neonbogenlampen. In etwa 1 m langen Röhren von 30 mm Durchmesser befindet sich eine Kathode aus flüssigem Hg und eine Eisenanode. An der Kathode ist eine Kondensationskammer angebracht, in der die Temperatur gering bleibt, so daß sich etwa in der Röhre ein Druck von 1 bis 2 mm Hg einstellt. Die Dampftemperatur wird von BUTTOLPH[3]) zu 125° C in der Nähe des Glases und zu 500° C im Zentrum der Röhre angegeben, die Anodentemperatur zu 350° C.

Die Hg-Lampen können mit Gleichstrom oder, wenn sie mit zwei Anoden versehen sind und in Gleichrichterschaltung geschaltet sind, ähnlich wie die Neonbogenlampen mit Wechselstrom betrieben werden. Abb. 9 zeigt eine Wechselstrombogenlampe. $A-A$ sind die Anoden, C der Kathoden-Kondensationsraum. Die Brennlage der Lampe ist meist schräg geneigt, die Anode befindet sich oben, damit das sich im Rohr und an der Anode kondensierende Quecksilber wieder nach der Kathode zurückfließt.

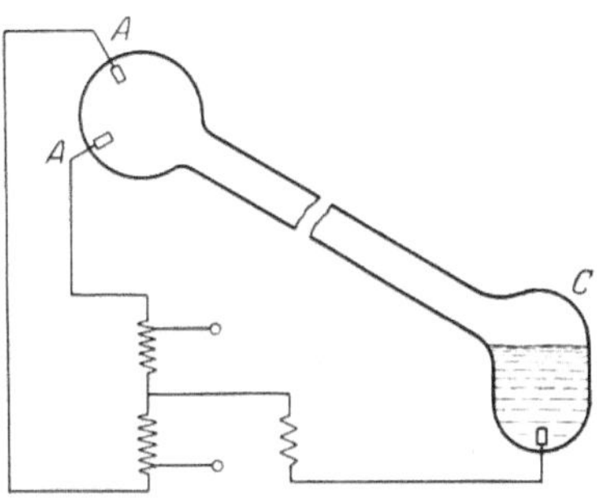

Abb. 9. Quecksilberniederdrucklampe.

Die Spannung einer Gleichstromlampe beträgt bei 3,5 Amp. etwa 75 Volt. Da die Spannung bei zunehmendem Strom abfällt, muß vor die Lampe ein Beruhigungswiderstand von mindestens 10 bis 12 Ohm geschaltet werden. Der Spannungsabfall im Vorschaltwiderstand beträgt 35 bis 40 Volt.

Die Zündung kann entweder durch einen Induktionsstoß (ähnlich wie bei der Neonbogenlampe) erfolgen oder bei den dafür eingerichteten Modellen durch Kippen der Lampe. Hierdurch bildet sich vorübergehend eine dünne Hg-Brücke zwischen den Elektroden. Bei Stromdurchgang verdampft das Quecksilber in der Brücke teilweise, der Lichtbogen setzt ein.

Die Lichtstärke der Lampe beträgt in horizontaler Richtung etwa 600 HK$_h$. Die Lichtausbeute ist etwa 25 Lm/Watt, wenn nur der Spannungsabfall zwischen den Elektroden eingesetzt wird, etwa 15 Lm/Watt bei Einbeziehung der Leistungsaufnahme im Vorschaltwiderstand. Diese Lichtausbeute würde noch besser werden, wenn man die ganze elektrische Energie in der positiven Säule verbrauchen könnte und nicht zu einem Teil zur Erwärmung der Anode und zur Verdampfung des Hg an der Kathode verbrauchen würde. Man würde dann nach SCHRÖTER auf etwa 36 Lm/Watt kommen.

Das Spektrum der Quecksilberbogenlampe zeigt neben den Linien der Hauptserie noch das Molekülspektrum. Diese Emissionsbanden haben im Sichtbaren ein Intensitätsmaximum im Grün, umfassen das Gebiet von (2,51 bis 6,30) · 10^{-5} cm, die Farbe des Lichtes ist stahlblaugrün.

Wegen der ausgesprochenen Färbung des Lichtes wird die Quecksilber-

---

[1]) I. LANGMUIR, Science Bd. 31, S. 10. 1924.
[2]) Lieferanten: Schott, Jena u. Westinghouse Co., Amerika.
[3]) L. J. BUTTOLPH: „Vapor-tube Lamps" in E. E. CADY u. H. B. DATES, Illum. Eng., New York 1925, S. 144.

Niederdrucklampe nicht zur Allgemeinbeleuchtung verwandt[1]). Sie wird vor allem in der Reproduktionstechnik gebraucht.

Die Lebensdauer einer Quecksilberlampe beträgt etwa 2000 Stunden, die Lichtabnahme in dieser Zeit ist rund 20%.

Durch eine besondere Schaltung, die im Prinzip auf der Überlagerung mehrerer Wechselströme beruht, gelang es, die Quecksilberdampflampe zu einem sehr empfindlichen und schnell wirkenden Lichtrelais zu gestalten, welches u. a. für Signalzwecke, Zwecke der Fernphotographie usw. Verwendung finden kann.

15. Quecksilberlampe für Laboratoriumszwecke. Für Laboratoriumszwecke sind in den letzten Jahren zwei bequeme, leicht herstellbare Modelle angegeben worden:

1. die Quecksilber-Kapillarlampe von Vincent und Biggs[2]). Es ist dies eine offene, mit trockenem Quecksilber gefüllte U-Röhre, deren mittlerer Teil aus einer Kapillare besteht. Die Elektroden bestehen aus Eisendraht, die Lampe ist von 100 Volt an brauchbar. Sie wird durch Erwärmung der Kapillare mit einem Bunsenbrenner gezündet;

2. die Bogenlampe von Neumann[3]), bei welcher der Lichtbogen in einem Reagenzglas zwischen Quecksilber und einer Bogenlampenkohle gezogen wird. Ein Erlenmeyerkolben hält das Reagenzglas.

16. Die Quarz-Quecksilber-Hochdrucklampe. Während bei der Niederdruck-Quecksilberlampe lediglich das Lumineszenzspektrum des Quecksilbers verwandt wird, wird bei der Hochdruckquecksilberlampe durch hohe Strom- und Energiedichte eine Temperaturstrahlung der Gasatome hervorgerufen. Die Zusammenziehung der positiven Säule bis auf einen dünnen Faden bewirkt zugleich die Schaffung eines hohen Temperaturgefälles senkrecht zur Achse der Entladung und dadurch geringe Abkühlungsverluste.

Infolge der Temperaturstrahlung tritt neben dem Linienspektrum ein kontinuierliches auf. Die Wände werden stark erwärmt, das Rohr muß deshalb aus Quarzglas hergestellt werden. Zwei verschiedene Ausführungen sind im Gebrauch. Abb. 10 zeigt in schematischer Zeichnung die von der Quarzlampengesellschaft in Hanau hergestellte Vakuum-Quarz-Quecksilber-Hochdrucklampe[4]). Die Elektroden bestehen aus Invarstahl und sind in das Quarzrohr eingeschliffen und mit Hg überdeckt. Die Wärme wird von den Polgefäßen durch einen Metallrippenkühler abgeführt. Die Zündung erfolgte früher bei den hochhängenden Beleuchtungslampen durch eine automatische Kippvorrichtung, heute bei den fast allein noch gebrauchten ärztlichen Lampen durch mechanisches Kippen des Brenners mit der Hand. Die Brennerrohre haben stets an der Kathode eine engere Einschnürung, um dem Lichtbogen Führung zu geben. Die richtige Schaltung wird an dem intensiv leuchtenden kathodischen Glimmlicht und an dem tanzenden Kathodenfleck leicht erkannt. Die Spannung bei der Betriebsstromstärke von 4 Amp. be-

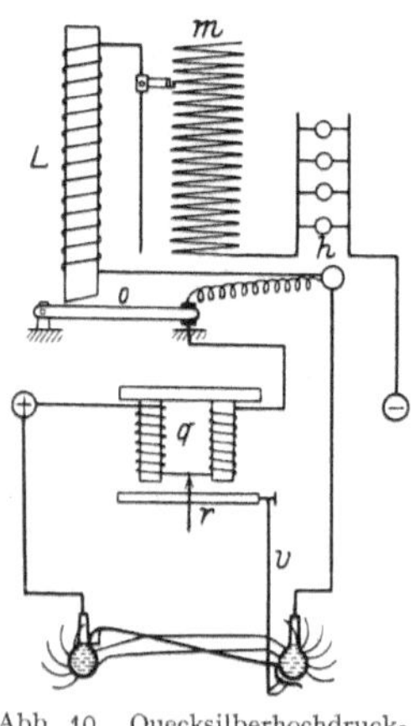

Abb. 10. Quecksilberhochdruck-
lampe.

---

[1]) Versuche, das Licht durch einen mit rot fluoreszierendem Rhodamin bestrichenen Reflektor zu färben, führten nicht zum Erfolg, da das Rhodamin schnell ausbleicht.
[2]) J. H. Vincent u. H. D. Biggs, Electrical World Bd. 84, S. 79. 1924.
[3]) H. Neumann, ZS. f. techn. Phys. Bd. 6, S. 268. 1925.
[4]) Bezugsquelle: Quarzlampen-Gesellschaft Hanau.

trägt 80 Volt bei 60 mm Bogenlänge. Für eine 220-Volt-Lampe mit 2,5 Amp. beträgt die Klemmenspannung bei 120 mm Bogenlänge 160 Volt. Die maximalen Lichtstärken sind 1200 HK_h resp. 2000 HK_h. Der Quecksilberdampfdruck beträgt 1 Atmosphäre. Der Bogen zieht sich unter den angegebenen Energieverhältnissen zu einem dünnen Faden von etwa 4 bis 6 mm Durchmesser zusammen, dessen Temperatur von KÜCH und RETSCHINSKY[1]) zu rund 2000° abs. angegeben wurde.

Die zweite Type, die nach dem Patent von A. JAENICKE hergestellt ist, zeigt Abb. 11[2]). Die Lampe ist nicht evakuiert. Die Stromzuführungen zum Quecksilber kommunizieren mit der Luft. Vor dem Einschalten erfüllt das Quecksilber die ganze Röhre zwischen den Vorratsgefäßen. Bei Inbetriebnahme wird zuerst das Quecksilber in einem Ansatzgefäß durch einen Hilfsstrom, der durch die um dies Gefäß gelegte Heizspirale geschickt wird, erwärmt. Es entsteht Hg-Dampf, durch den das Quecksilber oben herabgedrückt wird. Der Lichtbogen setzt, sobald die Strombahn nicht mehr mit Quecksilber gefüllt ist, ein. Allmählich wird das gesamte nach oben gebogene Rohr vom Bogen erfüllt, das Quecksilber wird verdrängt und steigt in den Vorratsgefäßen an den Stromzuführungen hoch. Der Quecksilberdruck bei Betrieb ist etwa 1 bis $1^1/_2$ Atmosphäre.

Belastet man eine Quecksilberlampe, die für höheren Quecksilberdruck eingerichtet ist, weiter, so findet ein schneller Anstieg der Temperatur statt. Der Lichtbogendurchmesser zieht sich dabei zusammen. Bei einem Quecksilberdampfdruck von 4 Atmosphären schätzten

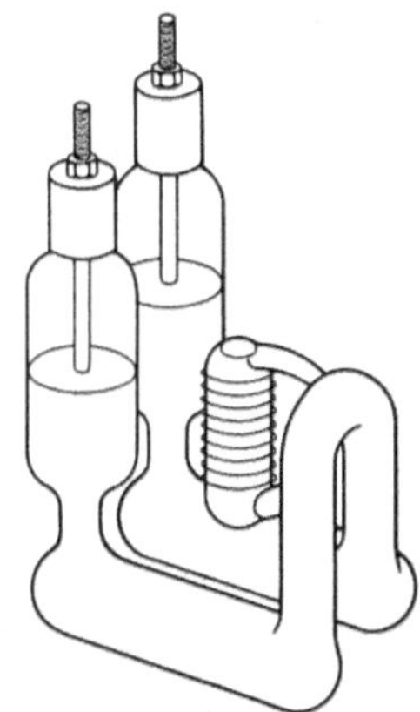

Abb. 11.   Quarz-Quecksilber-Hochdrucklampe nach JAENICKE.

KÜCH und RETSCHINSKY die Temperatur im Inneren der Leuchtsäule auf 8000 bis 10000°. Einige Angaben über die Verteilung der Strahlung des Quecksilberhochdruckbogens auf die verschiedenen Spektralbereiche sind im 17. Kapitel gemacht.

Bei der zuerst beschriebenen Quarz-Quecksilber-Hochdrucklampe nimmt nach 100-stündigem Brennen die Gesamtstrahlung um rund 35%, die Strahlung im Ultraviolett um rund 30% ab. Dabei zeigt sich, daß die Intensitäten der kurzwelligeren Ultraviolettlinien stärker abnehmen als die der langwelligeren. Die Gesamtlebensdauer der Lampen wird zu 20000 Stunden angegeben. Bei Gebrauch ist auf sorgfältigste Reinhaltung des Quarzrohres zu achten.

Auch das Licht dieser Quarz-Quecksilber-Lampen hat eine ausgesprochene grünliche Farbe. Wegen des großen Reichtums an Violett- und Ultraviolettstrahlung finden die Quarz-Quecksilber-Hochdrucklampen überall dort Verwendung, wo die Wirkungen kurzwelliger Strahlung gebraucht werden. Folgende Anwendungsgebiete sind besonders hervorzuheben: Strahlentherapie (Höhensonne, über 95% aller Lampen dienen ärztlichen Zwecken), Bakteriologie (Sterilisation von Flüssigkeiten), Photochemie, Bleichverfahren, chemische Analyse (Unterscheidung von Substanzen durch das Fluoreszenzlicht).

Es sind für einige Zwecke besondere Anordnungen ausgebildet worden, z. B. wird für die chemische Analyse eine strahlenundurchlässige Hülle mit einem Fenster aus Schwarz-Uviolglas geliefert, das lediglich die ultraviolette Strahlung, speziell die Linie $3,660 \cdot 10^{-5}$ cm, durchläßt.

---

[1]) R. KÜCH u. T. RETSCHINSKY, Ann. d. Phys. Bd. 22, S. 595. 1907.
[2]) Bezugsquelle: Karl Engel, Berlin-Pankow, Florastr. 79.

Für Sterilisation ist ein Eintauchmodell ausgebildet worden (in beiden besprochenen Arten der Quarz-Quecksilber-Lampen gefertigt). Abb. 12 zeigt eine solche Lampe.

Für Laboratoriumszwecke stellt die Quarzlampen-Aktiengesellschaft Brenner auf Stativen her, die in senkrechter und horizontaler Richtung verwandt werden können. Das Brennerrohr kann bei diesen Brennern einseitig abgeflacht werden, so daß man die Strahlung auch in der Längsrichtung beobachten kann.

Physikalisch von besonderem Interesse ist das von RUBENS beobachtete Auftreten sehr langer Wärmewellen größerer Intensität, welche infolge der Diskontinuität des Spektrums leicht zu isolieren sind.

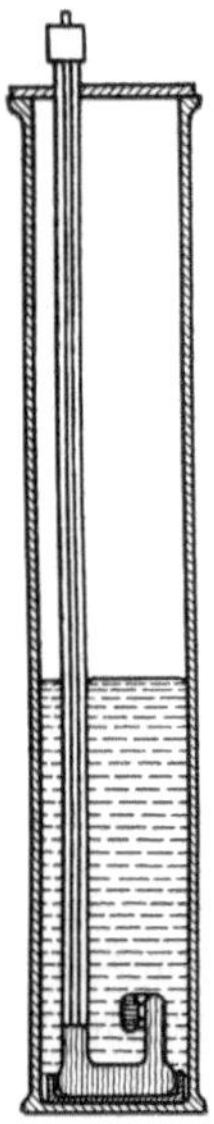

17. Quecksilberbogenlampe nach PODSZUS. Eine andere Konstruktion der Quecksilberbogenlampe, die physikalisch interessant ist, hat PODSZUS[1]) angegeben. Sein Gedanke war der, besonders günstige Abkühlungs- und Konzentrationsverhältnisse dadurch zu schaffen, daß er das Quecksilber in einem freien Strahle von der Kathode zur Anode führte. Der im Kathodenraum K erzeugte Dampfstrahl tritt durch die Quarzdüse D zur Wolframanode A, das im Kondensationsraum R gesammelte Quecksilber fließt durch ein Ventil V zurück (Abb. 13).

18. Die Kadmium-Amalgam-Lampe. Die Versuche, die Farbe der Quarz-Quecksilber-Lampe zu ändern, indem man dem Quecksilber andere Metalle, die Emissionslinien im roten Gebiet haben, zusetzte, führten zur Konstruktion der Kadmium-Amalgam-Lampe (Zusatz von einigen Prozent Kadmium zum Quecksilber), die von WOLFKE 1912 beschrieben wurde[2]). Es gelang auch, mit dieser Lampe etwas weniger fahles, weißes Licht, das für die Allgemeinbeleuchtung besser brauchbar war, zu erzielen. Da jedoch Kadmium wie sehr viele Metalle das Quarzglas in verhältnismäßig kurzer Zeit angreift, hat die Lampe eine kurze Lebensdauer und ist folglich für Allgemeinbeleuchtung nicht ökonomisch genug. Bei Spektraluntersuchungen wird sie gebraucht.

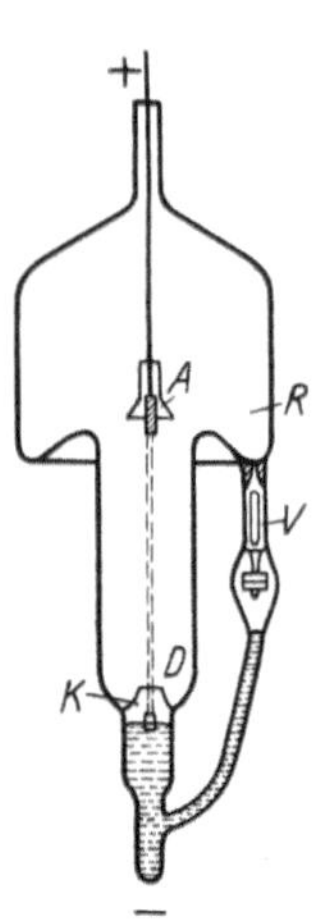

Abb. 13. Podszus-lampe.

Abb. 12. Quarz-Quecksilber-Lampe, Eintauchmodell.

e) Reine Elektrodenbogenlampen.

19. Lichterzeugung, Betriebsspannung, Zündung. Bei den Bogenlampen überwiegt der Anodenfall den Kathodenfall, es wird im Gebiete des Anodenfalles der größte Teil der zugeführten Energie verbraucht. Durch den Aufprall der stark beschleunigten Elektronen wird die Anode, wenn ihre Dimensionen zur Stromstärke und Wärmeleitfähigkeit richtig bemessen sind, hoch erhitzt. Da bei einem Temperaturstrahler die Leuchtdichte und die Lichtausbeute mit steigender Temperatur zunehmen, so ist eine möglichst hohe Temperatur erstrebenswert. Begrenzt wird die Temperatursteigerung durch das eintretende Verdampfen resp. das Schmelzen des Materials.

Wird neben der Temperaturstrahlung die Strahlung des Bogens durch Einführen von günstig strahlenden Dämpfen benutzt, so kann die Leuchtdichte noch weiter gesteigert werden.

[1]) D.R.P. 227270.   [2]) M. WOLFKE, Elektrot. ZS. Bd. 33, S. 917. 1912.

Im praktischen Gebrauch haben Bogenlampen einen Nachteil: man kann die Spannung nicht den üblichen Netzspannungen anpassen. Anoden- und Kathodenfall können durch Gasdruck und Material ebenso wie der Spannungsabfall der Gasstrecke durch die Länge des Lichtbogens nur in geringem Maße beeinflußt werden. Die erreichbaren Spannungen betragen etwa 50 Volt und weniger. Bei Gebrauchsspannungen der Netze von 110 und 220 Volt muß also ein Vorschaltwiderstand verwendet und ein großer Teil der Leistung nutzlos verbraucht werden.

Durch Hintereinanderschalten mehrerer Lampen kann der Verlust herabgesetzt werden. Ganz ohne Vorschaltwiderstand können Bogenlampen nicht brennen; denn der Lichtbogen hat eine fallende Charakteristik (die Spannung fällt mit steigender Stromstärke). Bei Betrieb ist es schwierig, den Lichtbogen ganz ruhig zu halten und ein Wandern des Ansatzpunktes zu verhindern. Da im allgemeinen bei frei brennenden Lampen der Lichtbogen durch die Verdampfung des Anodenmaterials unterhalten wird, tritt ein Verbrauch der Elektroden ein, so daß eine Nachlieferung notwendig wird.

Die Erzeugung des Bogens erfolgt allgemein durch Berührungszündung, die Elektroden werden zusammengebracht und dann bei Stromdurchgang langsam auseinandergezogen, bis der richtige Abstand hergestellt ist. Reine Elektrodenbogenlampen werden mit Kohle- und Wolframelektroden ausgeführt.

20. Wolframbogenlampen mit Stickstofffüllung[1]).

Bei der Wolframbogenlampe[2]) für Gleichstrom wird der Bogen zwischen zwei Wolframelektroden, die sich in Stickstoff von etwa 100 mm Hg-Säule Druck befinden, erzeugt. Die Lichtbogenspannung liegt zwischen 50 bis 60 Volt, so daß je nach der Spannung und Lampenzahl Vorschaltwiderstände nötig sind.

Die Zündung der Lampen erfolgt bei den sog. Pointolitelampen durch Ionisation der Gasstrecken mittels eines weißglühenden Drahtes in Wendelform (Spirale), die nach dem Zünden des Lichtbogens wieder ausgeschaltet wird. Eine Zeitlang benutzte man auch Induktionsstöße zur Zündung. In beiden Fällen waren komplizierte und teuere Schalteinrichtungen notwendig.

In neuerer Zeit wird bei der Punktlichtlampe für Gleichstrom (Abb. 14) lediglich eine Berührungszündung angewendet, die keine besonderen Zündungszuleitungen benötigt.

Die Zündung erfolgt in folgender Weise: Im Ruhezustand liegt die Kathode K an der Anode A an. Schaltet man den Strom ein, so wird die Bimetallfeder C erwärmt, verbiegt sich und trennt die Berührung, es entsteht Bogenentladung, der Bimetallstreifen biegt sich weiter, bis er an einen Halter stößt, durch den

Abb. 14. Punktlichtlampe.
A Anode aus W, K Kathode aus W + ThO$_2$, C Bimetallfeder.

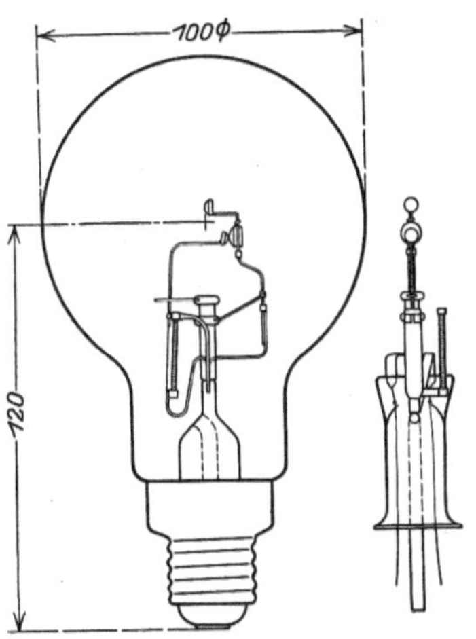

Abb. 15. Punktlichtlampe für Wechselstrom.

---

[1]) Osram-Punktlichtlampe in Deutschland; Pointolitelampen, Ediswan Co. in England.
[2]) A. Rüttenauer, Licht u. Lampe Heft 21, S. 730. 1925.

die Bogenlänge eingestellt ist. Die Anode besteht aus reinem Wolframmetall, die Kathode K aus einer Mischung von Wolfram und Thoriumoxyd oder anderen Oxyden, die leicht Elektronen emittieren und damit die Lichtbogenbildung erleichtern. Der Zündungsvorgang dauert einige Sekunden. Ebenso vergeht nach Stromunterbrechung einige Zeit, bis die Kathode wieder in ihre Anfangslage zurückgekehrt ist.

Die Lampen für Wechselstrom haben eine Gasfüllung aus Neon-Helium. Die Konstruktion ist etwas anders als die für Gleichstrom (Abb. 15). Es wird eine Brückenzündung mit Hilfselektrode verwandt. Es sind zwei gleich große Elektroden aus Wolfram vorhanden. Die eine bewegliche ist an einem Bimetallstreifen befestigt und liegt beim Nichtbrennen der Lampe vor der Hilfselektrode aus Wolfram mit Thoriumoxydzusatz. Die andere feste sitzt über der Hilfselektrode und ist leitend mit ihr verbunden. Beim Einschalten hebt sich die bewegliche Elektrode ab, der Bogen entsteht zwischen ihr und der Hilfselektrode. Sobald jedoch infolge der Abbiegung der beweglichen Elektrode der Abstand von der festen Elektrode geringer als der von der Hilfselektrode wird, springt der Bogen zu der festen Wolframelektrode über.

Die Wolframbogenlampen für Gleichstrom werden bisher für Lichtstärken von 75, 350 und 1000 HK_h hergestellt, die entsprechenden Stromstärken betragen 1,3, 4 und 7,5 Amp. Die kleinste Type besitzt eine kugelförmige Anode von ca. 2,3 mm ⌀. Die 7,5 Amp.-Lampe besitzt bei Gleichstrom eine Anode von einer Leuchtfläche von 48 mm². Für Wechselstrom sind die Stromstärken 1,3 und 2,5 Amp., die Lichtstärken betragen 40 HK_h und 75 HK_h.

Außer diesen Bogenlampen sind noch Wechselstromlampen mit Neonfüllung (ca. ³/₄ Atm.) ausgebildet. Als Elektroden werden zwei feststehende Wolframkugeln benutzt. Infolge des niedrigen Minimumpotentials des Neons entsteht, wenn eine Netzspannung von 220 Volt über einen Vorschaltwiderstand an die Elektroden gelegt wird, eine Glimmentladung, die dann in Bogenentladung übergeht. Anfangs[1]) wurden zwei aus Magnesiumplättchen bestehende Hilfselektroden zwecks Einleitung der Glimmentladung eingebaut, bei einer späteren Konstruktion[2]) erleichterte ein auf dem Lampenfuß zwischen den Zuführungen angebrachter hauchdünner Metallbelag die Zündung.

Die Strahlung der Wolframanode ist gleich der einer Wolframglühlampe gleicher Temperatur. Zu dieser Temperaturstrahlung tritt noch die Strahlung des Gaslichtbogens. Die in der Gleichstrombogenlampe auftretenden Stickstofflinien liegen größtenteils im ultravioletten Gebiet[3]). Die Leuchtdichte der Anode ist bei normaler Belastung etwa 2000 HK/cm², also etwa ein Zehntel so groß wie die Leuchtdichte der reinen Kohlenbogenlampe. Bei Überbelastung zwecks Leuchtdichteerhöhung kann eine Leuchtdichte von 2500 bis 3000 HK/cm² erreicht werden. Bei normaler Belastung ist die Nutzbrenndauer etwa 200 bis 300 Stunden, bei Überbelastung 100 Stunden.

Verwendung findet die Wolframbogenlampe vor allem für Projektionszwecke in Fällen, wo kleine Lichtstärken genügen, wie z. B. Mikroskopbeleuchtungen. Sie hat den Vorteil großer Leuchtkonstanz und bedarf keinerlei Wartung. Infolge der im Vergleich zu der Glühlampe verstärkten Ultraviolettstrahlung wird die Wolframbogenlampe neuerdings auch für medizinische und chemische Zwecke nutzbar gemacht[4]). Neben der Verwendung als Quelle von

¹) Bogenlampen von Philips, Eindhoven (Holland).
²) Osram-Wechselstrombogenlampen.
³) Vgl. W. W. Löbe u. W. Ledig, Über die Verwendbarkeit von Wolframbogenlampen zur Erzeugung ultravioletter Strahlung. ZS. f. techn. Phys. Bd. 6, S. 325. 1925.
⁴) E. Hochheim u. E. Knebel, Belichtungsversuche mit der Osram-Punktlichtlampe. Melliands Textilberichte Bd. 6, S. 912. 1925.

Licht- und Ultraviolettstrahlung findet sie noch in mehr apparativer Weise Verwendung, z. B. zur Erzeugung von Mittelfrequenz (von 600 bis 1000 Perioden pro Sekunde) für Energien von etwa 100 Watt in der RIGHIschen Schaltung[1]), zum Betrieb von Induktionsapparaten u. dgl., ferner als Gleichrichter[2]). Die Bogenlampen haben dann eine große kalte Eisenanode und eine Kathode, die Zusätze aus leicht elektronenemittierenden Stoffen enthält. Es werden kleine Ströme von 0,5 bis 1,5 Amp. bei Spannungen bis höchstens 500 Volt gleichgerichtet (Ladung von kleinen Batterien).

21. Reinkohlebogenlampen. Der Gleichstromlichtbogen zwischen Kohlen wird gewöhnlich zwischen einem positiven Kohlestabe, der mit einem Dochte aus Borsäure, Wasserglas und Kohlepulver versehen ist, und einer negativen Massivkohle (homogene Kohle) durch Berührung und Auseinanderziehen der Elektroden hergestellt. Bei Wechselstrom werden zwei Dochtkohlen verwandt. In Projektionslampen mit im Winkel stehenden Kohlen ist die obere wagerecht liegende Elektrode profiliert und wird mit der abgeflachten Seite nach oben eingespannt. Hierdurch wird erreicht, daß die Leuchtfläche immer horizontal ist, während sie bei runder Kohle durch Bildung einer Nase im oberen Teil der Brennfläche mehr oder weniger schräg nach unten gerichtet ist.

Die massiven Kohlen werden aus einer aus Petroleumkoks, Ruß und Teer hergestellten Paste durch Pressen und nachheriges Ausglühen bei etwa 1200° C. unter Kohlepulver gewonnen. Sie haben einen Widerstand von 45 bis 90 Ohm pro m bei 1 mm² Querschnitt. Für die Dochtkohlen werden aus gleicher Masse Rohre hergestellt, das Innere wird dann mit der oben erwähnten Dochtmasse[3]) ausgefüllt. Die in dem Docht befindlichen Salze erleichtern die Bildung leitender Dämpfe und veranlassen ein ruhigeres Ansetzen des Lichtbogens. Im Lichtbogen glühen hauptsächlich die Dämpfe des Elektrodenmaterials.

Die Stellung der Kohlen ist je nach dem Verwendungszweck verschieden. Bei Kinoprojektionslampen stehen die Kohlen meist rechtwinklig oder im stumpfen Winkel zueinander, bei den Spiegelbogenlampen, die wegen ihres hohen Wirkungsgrades die einfachen Kondensorlampen fast verdrängt haben, sehr oft auch horizontal axial. Die Kohlen werden bei Kinoprojektionslampen durch ein Regelwerk (meist von Hand bedient und mit Zahnstange und Trieb versehen) in der richtigen Lage zueinander erhalten. Bei Reinkohlebogenlampen für Straßenbeleuchtung, die heute nur noch wenig benutzt werden (ihre Lichtausbeute [s. weiter unten] ist geringer als die der Metalldrahtlampen), werden selbsttätige elektromagnetische Regelwerke verwandt. Eine der hauptsächlichsten Schaltungen, die Differentialschaltung, ist in der Abb. 16 gegeben.

Parallel nebeneinanderliegende Effektkohlen hat die Steinberglampe[4]) (Prinzip der 1. elektrischen Lampe der JABLOCHKOFF-schen Kerze), die neuerdings für photographische und medizinische

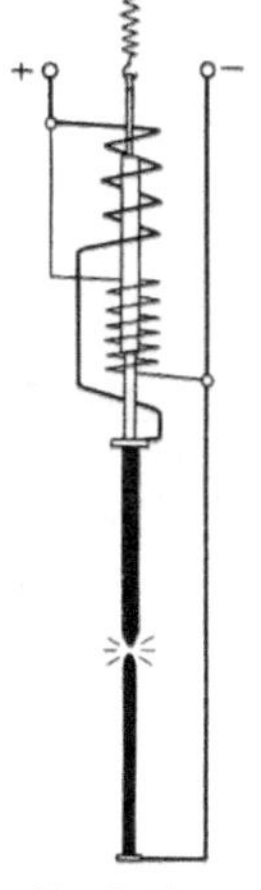

Abb. 16. Differential-Bogenlampenschaltung.

Zwecke auf den Markt gebracht wird. Der Lichtbogen bildet sich ohne Mitwirkung irgendwelcher Regelvorrichtung ganz gleichmäßig aus; er flackert und klettert nicht. Dadurch, daß die Lichtkrater, die hauptsächlich die Lichtwirkung erzeugen, in Richtung der Strahlung liegen, kann eine gute Lichtausbeute er-

---

[1]) F. SKAUPY, ZS. f. techn. Phys. Bd. 6, S. 109. 1925.
[2]) F. SKAUPY, l. c.
[3]) C. R. BÖHM, Chem.-Ztg. Bd. 90, S. 637. 1916.
[4]) ZS. d. Ver. d. Ing. Bd. 70, S. 508. 1926.

zielt werden. Man leitet das Brennen der Lampe nach Einschalten des Stromes dadurch ein, daß man von Hand einen Zündstift zwischen die Kohlenstifte bringt.

Bei den normalen Kohlebogenlampen wird die Dicke der Kohle so gewählt, daß der Abbrand an beiden Kohlen gleichmäßig erfolgt. Bei den Gleichstromlampen ist der Abbrand an der Anode wegen der höheren Temperatur größer. Deshalb werden für die positiven Elektroden stärkere Kohlen genommen als für die negativen. Als Belastung rechnet man etwa $^1/_{10}$ Amp./mm^2 für die positive Kohle und $^2/_{10}$ für die negative, so daß z. B. für einen Lichtbogen zwischen 30 und 40 Amp. zwischen reinen Kohlen eine 22 mm dicke Anode und eine 15 mm dicke Kathode gebraucht wird.

Für größere Lampen verwendet man als Kathode Kohlen mit verkupfertem Docht, dadurch wird die Leitfähigkeit vergrößert und die Belastungsgrenze heraufgesetzt. Diese Kohlen werden etwa mit 0,25 Amp./mm^2 belastet. Bei sehr hohen Stromstärken (z. B. Kathode von Hochintensitätsscheinwerfern) verkupfert man die ganze Kohle galvanisch und geht bis 0,5 Amp./mm^2. Die zugehörigen positiven Kohlen sind, falls ihnen der Strom am Einspannende zugeführt wird, auch verkupfert. In der Praxis beträgt die Belastung 0,4 Amp./mm^2.

Bei der Gleichstrombogenlampe ist der Lichtbogen ruhiger und die Lichtausbeute besser als bei der Wechselstrombogenlampe. Man entschließt sich daher häufig, bei Kinoprojektion den Wechselstrom durch einen Umformer gleichzurichten.

Die Lichtbogenspannung beträgt bei Gleichstrom 50 bis 60 Volt für Reinkohlen, für Spezialkohlen geht sie bis zu 33 Volt herunter (drei Viertel davon werden im Anodenfall verbraucht), bei Wechselstrom 30 bis 40 Volt. Wegen der negativen Charakteristik sind zur Beruhigung des Lichtbogens Vorschaltwiderstände, die pro Lampe etwa 6 bis 10 Volt aufnehmen, erforderlich. Außerdem kommen Spannungsverluste in den Zuleitungen, die bei hohen Stromstärken etwa 5% betragen, hinzu.

Die schwarze Temperatur der Anode für das sichtbare Gebiet (grauer Körper) ist bei hohen Stromstärken weitgehend von der Belastung (0,2 bis 0,5 Amp./mm^2) unabhängig. Aus den Messungen der Temperatur ergibt sich die Leuchtdichte des positiven Kraters für Homogenkohle A (3700° abs.) zu 15500 HK/cm^2, für Graphit [3775° abs.[1])] zu 18000 HK/cm^2. Als wahre Temperatur wurde von Lummer 4200° abs. bestimmt. Die Temperatur des Lichtbogens ist nach Messungen von Mathiesen[2]) längs der Achse nicht konstant und von Länge, Belastung usw. abhängig. Abb. 17 gibt die Verhältnisse wieder[3]).

An der Lichterzeugung nehmen bei dem Gleichstrom-Kohlelichtbogen zu 85% die Anode, 10% die Kathode und 5% der Lichtbogen teil. Die Lichtausbeuten bei reinen Kohlebogenlampen betragen je nach der Größe für Gleichstromlampen 8 bis 14, für Wechselstromlampen etwa 7 Lm/Watt.

Da der Lichtbogen stark violett und ultraviolett strahlt, ist seine photographische oder photochemische Einwirkung bedeutend größer als die der reinen Temperaturstrahlung der Elektroden. Es werden deshalb für einige spezielle Zwecke Lampen mit längerem Lichtbogen hergestellt.

Ein 35-Ampere-Bogen mit einer Lichtbogenspannung von 45 bis 50 Volt bei Gleichstrom und 30 Volt bei Wechselstrom hat, als Lichtquelle verwandt, etwa 2 bis 8 mm Bogenlänge (von der Art der Elektroden abhängig). Für photographische und medizinische Zwecke wird bei den Reinkohlelampen mit ein-

---

[1]) Lit. im Kap. 2, Ziff. 12 und 13 und Kap. 16, Ziff. 5.
[2]) W. Mathiesen, Untersuchungen über den elektr. Lichtbogen usw. Leipzig 1921.
[3]) Die von Mathiesen angegebenen Elektrodentemperaturen erscheinen auffallend hoch.

geschlossenem Lichtbogen eine Bogenlänge von 20 bis 40 mm benutzt. Die Lichtbogenspannung beträgt dann 80 bis 160 Volt (Siemens-Schuckert, AEG).

Die Brenndauer der Elektrodenbogenlampe hängt von der Länge der Kohlestifte ab (8 bis 20 Stunden).

22. Spar- und Dauerbrandlampen. Den Abbrand der Kohlen kann man durch Verminderung der Luftzufuhr herabsetzen.

Die Brenndauer von Lampen mit eingeschlossenem Bo-

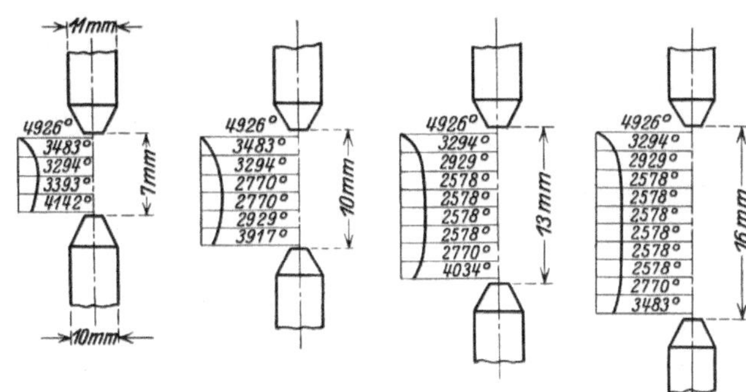

Abb. 17. Temperatur im Lichtbogen in Abhängigkeit von dem Elektrodenabstand.

gen, der sogenannten Dauerbrandlampen, beträgt 70 bis 150 Stunden bei 350 mm Nutzkohlenlänge, die der Reinkohlen-(Spar)-lampen mit eingeschlossenem Lichtbogen, bei denen der Luftabschluß nicht so völlig durchgeführt ist, etwa 20 bis 30 Stunden. Die Dauerbrandlampen haben eine Lichtbogenspannung von 80 bis 160 Volt und werden für Stromstärken von 6 bis 15 Amp. hergestellt. Für photographische Zwecke ist, wie gesagt, das starke Mitleuchten des Bogens (violette Kohlenstoffbanden) sehr günstig.

Die Lichtausbeute ist für Gleichstrom 4 bis 8 Lm/Watt, bei Wechselstrom 2,2 bis 4 Lm/Watt. Die Sparlampen wurden für 3 bis 8 Amp. hergestellt, die Lichtausbeute war 10 bis 15% geringer als bei offenen Lampen. Die Dauerbrandlampen finden beleuchtungstechnisch keine Verwendung mehr.

23. Die Druckbogenlampe. Durch Erhöhung des Gasdruckes suchten Lummer und später Mathiesen die Temperatur der Anode zu erhöhen und somit die Lichtausbeute zu verbessern. Bei 22 Atmosphären Druck wurden 7600° abs. erreicht und, wie Lummer[1]) feststellte, eine Leuchtdichte von über 280000 HK/cm². Jedoch ist der Lichtbogen einer solchen Lampe sehr kurz und unstabil, die Ausführung solcher Lampen in großer Zahl für praktischen Gebrauch ist infolge Schwierigkeiten des Verschlusses für den großen Druck technisch kaum durchführbar. Auch ist es kaum möglich, das erzeugte Licht praktisch auszunutzen, da sich die Elektroden bei fast allen Lagen gegenseitig verdecken.

f) Lichtbogen- und Elektrodentemperaturstrahlung.

24. Flammenbogenlampen. Bei den Flammenbogenlampen wird durch Imprägnierung der Elektrodenmasse mit Metallsalzen²) oder durch geeignete Dochte für eine Erfüllung des Entladungsraumes mit Metalldämpfen, deren Bogenspektren möglichst günstig für die Lichterzeugung sind, gesorgt. Bei der offenen Flammenbogenlampe ragen die beiden nebeneinanderstehenden Kohlen aus dem durchbohrten Schamotteteller des Sparers heraus. Der Lichtbogen liegt etwa 2 cm unterhalb des Sparers. Die Kohlen werden durch ein Differentialregelwerk mit Hebelübertragung auf konstanter Bogenspannung gehalten.

Die offene Flammenbogenlampe ist in bezug auf die Lichtausbeute die wirtschaftlichste Lichtquelle. Man erreicht mit Kohlen mit gelbem Flammen-

---

¹) O. Lummer, Verflüssigung der Kohle und Herstellung der Sonnentemperatur, Braunschweig 1914.
²) C. R. Böhm, Chem.-Ztg. Bd. 90, S. 637. 1916.

bogen in Gleichstrom 35 Lm/Watt, in Wechselstrom 25 Lm/Watt. Die Belastung der 650 mm langen, zur Verminderung des Spannungsabfalles mit einer Zinkader versehenen Effektkohlen ist etwa 0,13 Amp./mm². Die Spannung am Lichtbogen, der magnetisch nach unten herausgeblasen wird, beträgt ca. 45 Volt, der Beruhigungswiderstand nimmt ca. 10 Volt auf. Das Licht geht im wesentlichen vom Flammenbogen aus, seine Farbe hängt von dem für den Docht benutzten Metallsalz ab. Bei Verwendung von Calziumfluorid ist die Färbung des Lichtbogens gelb, bei den Fluoriden der Ceriterden weiß.

Die bei diesen an offener Luft brennenden Flammenbogenlampen durch den schnellen Abbrand der Kohlen entstehenden großen Bedienungskosten verhinderten die Einführung.

Neuerdings ist es gelungen, betriebssichere Flammenbogenlampen nach dem Dauerbrandprinzip herzustellen. Die Glocke, die den Brennraum abschließt, ist so eng bemessen, daß infolge der starken Erhitzung der Wände eine Gasströmung entsteht, durch die die verdampften Teilchen außerhalb des für die Lichtdurchlassung maßgebenden Teiles der Glocke niedergeschlagen werden (ca. 10% Abnahme nach 120 Stunden). Die zur Verdampfung gebrachten Metallsalze setzen sich in einem oberen und einem unteren Kondensationsraum ab, wo sie die Lichtausstrahlung nicht behindern. Beim Einsetzen neuer Kohlen (bei den jetzt gebräuchlichen Kohlenabmessungen nach etwa 120 Stunden Dauerbetrieb) muß natürlich zugleich eine sorgfältige Reinigung der Glocke vorgenommen werden.

Als typischer Vertreter dieser Dauerbrandflammenbogenlampe sei die Dia-Carbone-Lampe[1]) (schematische Zeichnung Abb. 18) angegeben. Die homogenen Effektkohlen stehen übereinander, die positive, dickere Kohle ragt durch den Schamottekörper. Das Regelwerk ist als Differential-Solenoidregelwerk ausgebildet. Die Kohledicken schwanken je nach der Stromstärke der Lampen zwischen 14 und 27 mm. Das Abbrandverhältnis der negativen zur positiven Kohle ist rund 1:2,5, die Strombelastung beträgt für die positive Elektrode nur etwa 0,02 Amp./mm², für die negative etwa 0,04 Amp./mm². Eine 8-Ampere-Lampe für Gleichstrom hat z. B. 22 mm dicke positive und 14 mm dicke negative Kohlen. Der Abbrand ist ca.

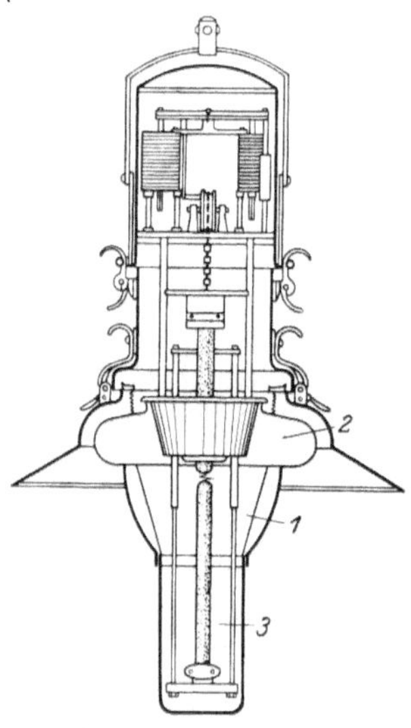

Abb. 18. Dia-Carbone-Lampe.
1 Brennraum, 2 oberer Kondensationsraum, 3 unterer Kondensationsraum.

1,5 mm/Std. Die Bogenspannung beträgt 42 bis 43 Volt. Bei Gleichstrom ist im Regelwerk 1,5 Volt, bei Wechselstrom 2 bis 3 Volt Spannungsabfall vorhanden. Gleichstromlampen werden für 8, 10, 12, 15 Amp., Wechselstromlampen für 10, 12, 15, 18 Amp. gebaut.

Die Lampen werden mit doppelter Klarglasglocke (resp. einer Klarglasinnen- und einer Opalglasaußenglocke) und Reflektor (zwei verschiedene Typen: Breitstrahler und Tiefstrahler) versehen. Die erste Glocke dient zum Abschluß der Lampe nach außen, die zweite zum Abschluß des Brennraumes gegen Luft. Es hat sich herausgestellt, daß es nicht zweckmäßig ist, den Abschluß vollkommen zu machen, sondern daß der Zutritt einer geringen Luftmenge die Lichtkonstanz

---

[1]) Vgl. G. Laue, Die neueste Entwicklung der Bogenlampe. Elektrot. ZS. Bd. 47, S. 1445. 1926.

der Lampe besonders bei Kohlen mit Leuchtzusätzen, die gelbes Licht geben, günstig beeinflußt.

Die Lichtleistung beträgt unter Einrechnung des Beruhigungswiderstandes bei Verwendung von Kohlen mit Leuchtzusätzen, die gelbes Licht ergeben, bei Gleichstrom etwa 27 Lm/Watt, bei Wechselstrom 25 Lm/Watt, bei Verwendung von Kohlen mit Leuchtzusätzen, die weißes Licht ergeben, bei Gleich- und Wechselstrom etwa 21 Lm/Watt.

Speziallampen, die nicht der Allgemeinbeleuchtung dienen, werden auch noch als offene Flammenbogenlampen gebaut. Die Kohlen erhalten z. B. für Filmaufnahmeateliers eine Imprägnierung mit Salzen, deren Bogenspektrum viele Linien im Violett und langwelligem Ultraviolett hat. Kleinere Bogenlampen für 4 bis 10 Amp. werden für Heilzwecke mit Effektkohlen mit Eisen-, Wolfram- und Nickelzusätzen, Metallen, deren Bogenspektrum reich an ultravioletten Linien ist, benutzt.

25. Die Beckbogenlampe. Bei der Flammenbogenlampe ist die Begrenzung der Lichtausbeute nicht wie bei der Elektrodenbogenlampe durch Verdampfung der Elektroden gegeben. Steigert man die Stromstärke und verhindert gleichzeitig eine Vergrößerung des Lichtbogenansatzes an der Anode, so kann man in dem konzentrierten Lichtbogen eine außerordentlich wirksame Lichtquelle erhalten. BECK erzielte die Konzentration bei Überlastung durch Umspülung der Anode mit Leuchtgas oder Spiritusdämpfen. Hierdurch trat eine Verminderung des Abbrandes und eine Abkühlung um 1000 bis 1100° infolge der Wärmeabfuhr durch die Kohlenwasserstoffe ein.

GEHLHOFF ersetzte die Gasspülung durch Umhüllung der Kohle mit einem Rohr aus feuerfestem Material, in dem sich die Kohle selbsttätig einen die weitere Verbrennung verhindernden Gasmantel schafft, und durch Zusatz geeigneter Verbindungen zur Kohle. Die Strombahn schnürt sich an der Anode stark zusammen, es bildet sich vor der Stirnfläche und im tiefen Krater der Anode ein Dampfwölkchen außerordentlich hoher Temperatur, von ihm geht die Hauptlichtstrahlung aus. Die Kohlen erhalten einen Zusatz von schwer verdampfbaren Metalloxyden anstatt der sonst verwandten Fluoride. Dadurch wird bewirkt, daß die Metalldämpfe sich nicht weit vom Krater entfernen können, ohne niedergeschlagen zu werden, und nicht in den Lichtbogen hineindiffundieren, ferner wird die Belastbarkeit erhöht und die Rauchentwicklung weitgehend vermieden.

Als Belastung wird für die Anode ca. 1 Amp./mm², für die Kathode ca. 1,5 Amp./mm² gewählt. Das Licht hat eine tageslichtähnliche Farbe, die Leuchtdichte der Anode beträgt, ähnlich wie bei den Flammenbogenlampen, bis zu 126000 HK/cm² entsprechend einer schwarzen Temperatur von 5100° abs. Es ist dies die 7fache Leuchtdichte der Bogenlampe mit reinen Kohlen[1].

Die Bestimmung der Leuchtdichte ist schwierig, da der Krater nicht auf der ganzen Kohlenoberfläche die gleiche Leuchtdichte besitzt. Der eigentliche Ansatzpunkt des Bogens hat die größte Intensität, ist aber viel kleiner als der Kohlendurchmesser.

Die Leuchtdichte im Flammenbogen wurde bei Verwendung von gelben Effektkohlen von Gebr. Siemens von F. PATZELT (mündliche Mitteilung) zu 1300 HK/cm² gemessen.

Die Beckbogenlampe wird in zwei Ausführungen verwandt; die eine ist für Kinoprojektion in Amerika üblich und die andere in Deutschland. Bei den amerikanischen Lampen rotiert die positive Kohle. Sie ist 5 cm hinter dem

---

[1] G. GEHLHOFF, ZS. f. techn. Phys. Bd. 1, S. 37. 1920.

glühenden Ende gefaßt, und der Strom wird ihr durch Graphitbacken zugeführt. Bei 150 Amp. und 16 mm Kohle ist der Durchmesser des Kraters etwa 12 bis 13 mm und ergibt in horizontaler Richtung 125 000 HK, hat also eine Leuchtdichte von rund 100 000 HK/cm². In Deutschland werden, wie erwähnt, die Kohlen zur Verbesserung der Wärmeleitung und der Stromleitung stark verkupfert und der Strom am Einspannende zugeführt. Es werden Lampen von 25 bis 300 Amp. verwandt. Die Abb. 19 zeigt schematisch die Erscheinung eines Becklichtbogens. Im Spektrum des Lichtbogens zeigen sich beim Aufsehen auf die Anode die Metallinien stark auf schwach kontinuierlichem Grund.

Abb. 19. Erscheinungen am Beckbogen.

26. Konzentrationsbogenlampe von GERDIEN und LOTZ[1]). GERDIEN und LOTZ machten den Versuch, durch Einschnürung eines Lichtbogens eine noch höhere Leuchtdichte zu erzielen, als es bei der Beckbogenlampe möglich ist. Sie wandten dazu ein von Wasser überrieseltes Diaphragma an, das sie an einer bestimmten Stelle der positiven Säule einsetzten. Als Kohle verwandten sie verkupferte Kohle mit einem Leuchtzusatz von Edelerden, deren Strahlung eine geringe Empfindlichkeit für Temperaturänderungen hat. Die Zündung des Bogens wird durch einen dünnen Kohlestift hervorgerufen, der, ohne das Diaphragma zu berühren, die Elektroden verbindet und im Augenblick der Zündung verdampft. Die Anode wird bei dieser Lampe mit etwa 2,5 Amp./mm² belastet und hat einen Abbrand von 7 bis 8 mm pro Minute. Innerhalb des Diaphragmas beträgt die Stromdichte rund 100 Amp./mm². Der Bogen zeigt ein kontinuierliches Spektrum mit einem übergelagerten Wasserstoffspektrum (vom Kühlwasser des Diaphragmas). Der kontinuierliche Teil des Spektrums zeigt die 2- bis 5fache Leuchtdichte des Kohlekraters. Die Leuchtdichte der verbreiterten Wasserstoff-Serienlinien ist 20- bis 50fach so groß wie die Leuchtdichte des Kohlekraters für die entsprechenden Bereiche. Durch radiale Einführung von Metallstäbchen in die Symmetrieebene des Diaphragmas konnten die verschie-

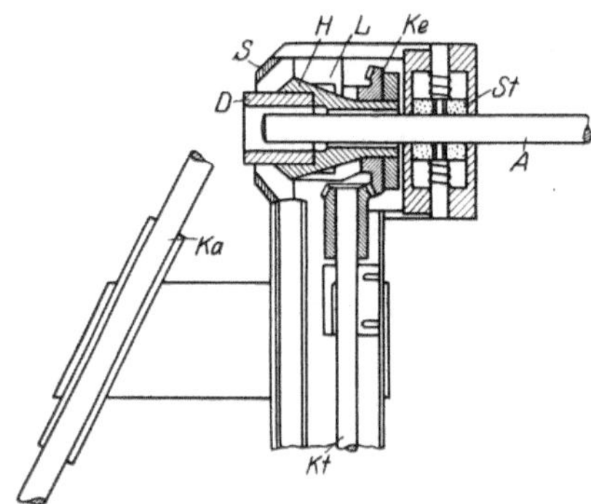

Abb. 20. Bogenlampe nach GERDIEN und LOTZ.
A Anode, Ka Kathode, D Wassergek. emaill. Diaphragma, H Hohlkonus, mit tangent. Bohrung, L Lager, S Spritzwasserschutz, Ke Kegelrad, Kt Kegeltrieb, St Stromzuführung zur Anode. In dem konisch ausgedrehten Lager L läuft ein eingepaßter, von einem Kegelrad angetriebener Konus H mit zylindrischer Bohrung und eingesetztem emailliertem Rohrstück D. In den Hohlraum zwischen H und L wird Druckwasser eingeführt, das von dort in kleinen, zur inneren Bohrung tangential verlaufenden Kanälen in das Innere von H strömt. Durch die Zentrifugalkraft wird das Wasser an die Innenfläche von H fest angepreßt. Es breitet sich dann auch über das Rohrstück D aus und läuft schließlich von dessen abgerundetem Rand nach außen in einen Schutzwasserfang S ab. In der Durchbohrung des umlaufenden Teiles ist von rückwärts eine ruhende Anode A eingeführt, die dem Abbrand entsprechend nachgeschoben wird. Stromzuführung durch federnde Kontaktstücke. Die Kathode Ka steht schräg nach unten geneigt.

<hr>

[1]) H. GERDIEN u. A. LOTZ, Wiss. Veröffentl. a. d. Siemens-Konz. Bd. 2, S. 489. 1922; ZS. f. techn. Phys. Bd. 5, S. 515. 1924.

densten Metallspektren erhalten werden. Abb. 20 zeigt ein schematisches Bild der Lampe.

27. Titan-Karbid-Lampen und Magnetitbogenlampen[1]). Diese Lampen haben eine Kupferanode, die Kathode besteht aus Titan-Karbid bzw. aus einem dünnwandigen Eisenrohre, das mit einer Mischung von Magnetiteisenerz und Titandioxyd gefüllt ist. Bei beiden wirken die Titanoxyddämpfe als Lichtquelle. Sie geben ein glänzend weißes, aber etwas flackerndes Licht. Besonders die sog. Magnetitlampen sind in Amerika eine Zeitlang zur Straßenbeleuchtung benutzt worden. Sie werden für Stromstärken von 4 bis 6,6 Amp. bei Bogenspannung von rund 80 Volt ausgeführt und geben eine Lichtausbeute von 12 Lm/Watt bzw. 20 Lm/Watt bei einer Lebensdauer der Kathode von rund 75 bzw. 50 Stunden. (Die Anode brennt nicht ab.)

28. An der Luft brennende Wolframbogenlampe (Hall-Lampe). Um die starke Ultraviolettstrahlung in dem Wolframbogenspektrum auszunutzen, ist neuerdings eine an der Luft brennende Wolframbogenlampe durchgebildet worden[2]). Die Elektroden bestehen aus gehämmerten Wolframstäben, die sich zuerst berühren und dann beim Einschalten bis zu einer bestimmten Entfernung auseinandergezogen werden. Ein Nickelreflektor wirft die Strahlung in die gewünschte Richtung. Die Stromstärke beträgt 3,5 bis 4,5 Amp. Anwendung findet die Lampe für medizinische und spektroskopische Zwecke.

---

[1]) C. R. McKay, Electr. World Bd. 54, S. 309. 1909.
[2]) Cox Cavendish, Electr. Comp. Ltd. London. Vgl. Electr. Rev. Bd. 98, S. 814. 1926.

Kapitel 16

Lichtquellen für Sonderzwecke.

Von

E. Lax und M. Pirani, Berlin.

Mit 28 Abbildungen.

1. Geforderte Eigenschaften. Je nach dem Verwendungszweck werden Sonderlichtquellen bei der Konstruktion in bezug auf eine bestimmte Anforderung durchgebildet. Im folgenden ist die Einteilung nach den am häufigsten vorkommenden Anforderungen vorgenommen. Es sind dies:

1. große Lichtkonstanz, z. B. bei Normallichtquellen für Photometrie, Spektraluntersuchungen und Pyrometrie,

2. gleichmäßige Leuchtdichte, eine Bedingung, die z. B. bei der Spaltbeleuchtung und bei der Projektion wichtig ist;

3. die Betonung oder ausschließliche Lage des Lichtes in bestimmten Spektralbereichen. Gebiete, die dieses erfordern, sind die Polarimetrie, Photographie, die Eichung von Spektralapparaten und das Signalwesen. Bei diesem letzteren tritt als besonderes Erfordernis

4. große Ein- und Ausschaltgeschwindigkeit der Lichtquellen auf;

5. große Leuchtdichte, wichtig bei den Lichtquellen für Projektionszwecke und Scheinwerfer;

6. besondere Gestaltung des Leuchtkörpers;

a) zwecks Erzielung einer dem besonderen Zweck angepaßten Verteilungskurve. Diese Forderung tritt bei Normallampen für photometrische Zwecke, bei Lampen zum möglichst gleichmäßigen Ausleuchten von Flächen, wie Projektionslampen, sowie überhaupt für alle in Verbindung mit in einem Leuchtgerät verwandten Lichtquellen auf.

b) Zwecks Herstellung einer kleindimensionierten Lampe, wie sie z. B. für medizinische Zwecke gebraucht wird.

Da die zur Erzeugung von Licht bestimmter spektraler Lage vorhandenen Gasentladungslampen, die mehr oder minder eine besondere Entladungsart verkörpern, bereits in dem Kapitel 15 angegeben sind und Bogenlampen der in demselben Kapitel bereits angegebenen Typen für Lichtquellen großer Leuchtdichte benutzt werden, beschränkt sich die Zusammenstellung hier mit wenigen Ausnahmen auf Angabe besonderer Formen von elektrischen Glühlampen und Grundzügen von apparativen Anordnungen für einige Spezialzwecke. Auf die bereits behandelten Lichtquellen finden sich an den betreffenden Stellen Hinweise.

a) Lichtquellen mit konstanter Strahlung.

2. Die Lichtnormale, die Hefnerlampe. Die ursprünglichen Normallichtquellen sind offene Flammen, die mit flüssigen Brennstoffen gespeist werden.

Das Urnormal in Deutschland ist die Hefnerlampe[1]). Sie wird mit Amylazetat gespeist. Ihre Lichtstärke ist bei einem Barometerstand von 760 mm Hg, einem Feuchtigkeitsgehalt von 8,81 l auf 1 m^3 trockene, kohlensäurefreie Luft bei einer Flammenhöhe von 40 mm in horizontaler Richtung eine Hefnerkerze. Von den Messungen über Farbtemperatur der Hefnerlampe ist die neueste die von DZIOBEK und HOFFMANN[2]): 1910° abs. $\pm 5°$. Die Energieverteilung im sichtbaren Gebiet ist von ÅNGSTRÖM[3]) und VALENTINER und RÖSSIGER[4]) gemessen worden. Untersuchungen über die Gesamtstrahlung der Hefnerlampe wurden von KÖTTGEN[5]) und GERLACH[6]) ausgeführt.

Als spektral bestbekannte Lichtquelle wird die Azetylenflamme angesprochen[7]). Je nach der Brennerform ist die spektrale Zusammensetzung verschieden. So hat nach Messungen des Bureau of Standards die Flamme des Crescent Aero-Brenners eine Farbtemperatur von 2450° abs., die zylindrische Flamme des Standardbrenners der Eastman Kodak Co. (Abb. 1) eine solche von 2360° abs. $\pm 10°$[8]). Die schwarze Temperatur für $\lambda = 6,65 \cdot 10^{-5}$ cm in der Flammenmitte beträgt 1728° abs.[9]). Die spektrale Intensitätsverteilung in der Azetylenflamme des Standardbrenners der Eastman Kodak Co. im sichtbaren Gebiet ist aus Tabelle 1 zu ersehen. Es ist das Verhältnis der Intensität der Flamme zu der des schwarzen Körpers bei 2360 und 2450° abs. wiedergegeben. Das Verhältnis ist bei $4,8 \cdot 10^{-5}$ cm gleich 1 gesetzt.

Als Primärnormal für Lichtmessungen ist die Azetylenflamme nicht brauchbar. Die Brenner lassen sich nicht mit der erforderlichen Genauigkeit herstellen. Jeder Brenner muß also für die Benutzung als Sekundärnormal geeicht werden.

Tabelle 1. Verhältnis der Strahlungsintensitäten des „Eastman Standard" — Azetylenbrenners (Zylinderform) zu denen des schwarzen Körpers bei 2360° abs. und 2450° abs. (Temperaturskala: $c_2 \cdot 1,435$ cm·Grad, Goldschmelzpunkt 1336° abs.).

Wellenlänge in cm	Verhältnis der Intensitäten bei 2360° abs.	2450° abs.
$4,0 \cdot 10^{-5}$ cm	0,58	0,62
4,2	0,70	0,75
4,4	0,83	0,87
4,6	0,93	0,95
4,8	1,00	1,00
5,0	1,06	1,04
5,2	1,09	1,04
5,4	1,10	1,04
5,6	1,12	1,04
5,8	1,12	1,04
6,0	1,14	1,03
6,2	1,14	1,02
6,4	1,14	1,01
6,6	1,12	0,99
6,8	1,11	0,97
7,0	1,10	0,95
7,2	1,09	0,93
7,4	1,08	0,91

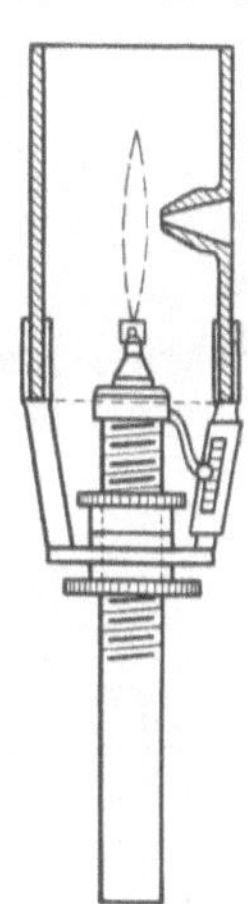

Abb. 1. Vertikalquerschnitt durch einen Azetylen-Standardbrenner. Flammenhöhe ca. 5 cm, Breite 0,3 cm, Beobachtungsöffnungshöhe 0,3 cm, Breite 1 cm.

3. Sekundäre Normalien. Als sekundäre Normalien werden elektrische Glühlampen benutzt, bei denen die Abhängigkeit der Lichtstärke von der Strom-

[1]) v. HEFNER-ALTENECK, Elektrot. ZS. Bd. 5, S. 21. 1884. Jetzige Form ZS. f. Instrkde. Bd. 13, S. 257. 1893. Beschreibung der Lampe siehe Abschnitt Photometrie.
[2]) W. DZIOBEK u. F. HOFFMANN, ZS. f. Instrkde. Bd. 47, S. 327. 1927,
[3]) K. ÅNGSTRÖM, Acta Soc. Upsal. 1895 u. 1903; Phys. Rev. Bd. 5, S. 456. 1904.
[4]) S. VALENTINER u. M. RÖSSIGER, Ann. d. Phys. Bd. 76, S. 785. 1925.
[5]) E. KÖTTGEN, Wied. Ann. Bd. 53, S. 793. 1894.
[6]) W. GERLACH, Phys. ZS. Bd. 14, S. 577. 1913.
[7]) J. GUILD, „A Critical Survey of Modern Developments in the Theory and Technique of Colorimetry and Allied Sciences." Proc. of the Opt. Convention. London 1926.
[8]) W. W. COBLENTZ, Journ. Frankl. Inst. Bd. 188, S. 399. 1919; Bull. Bur. of Stand. Bd. 15, S. 639. 1919—1920.
[9]) E. P. HYDE, W. E. FORSYTHE u. F. E. CADY, Abstr. Bull. Nela Res. Lab. Bd. 1, S. 551. 1925; Journ. Frankl. Inst. Bd. 188, S. 129. 1919.

stärke resp. Spannung möglichst während längerem Betrieb der Lampen unverändert bleibt. Um dies zu erreichen, muß einmal für konstante Strahlung, d. h. Unveränderlichkeit der strahlenden Oberfläche, und zweitens für gleichbleibenden Temperaturverlauf längs des Fadens gesorgt sein. Um die Gleichheit der Oberfläche zu erhalten, wird das Fadenmaterial sorgfältig ausgewählt und die Entlüftung unter Anwendung besonderer Vorsichtsmaßregeln (besonderes Pumpverfahren) vorgenommen. Um eine Änderung des Temperaturverlaufs zu vermeiden, werden Verlagerungen des Fadens und die dabei auftretenden Wärmekontaktänderungen durch Schweißkontakte an Zuführungen und Haltern unmöglich gemacht. Außerdem wird auf eine einfache geometrische Form des Leuchtkörpers Wert gelegt, damit erstens eine geringe Verdrehung gegen die Normalstellung bei Messungen auf der Photometerbank keinen Fehler verursacht, und damit zweitens die Lichtverteilungskurve (Auftragung der unter verschiedenen Winkeln gemessenen Lichtstärken) einen einfachen Verlauf zeigt und sich der Gesamtlichtstrom leicht aus den Messungen in verschiedenen räumlichen Winkeln berechnen läßt.

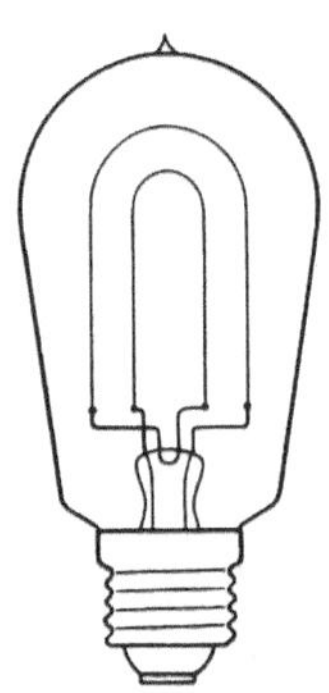

Abb. 2. Kohlefadenphotometerlampe.

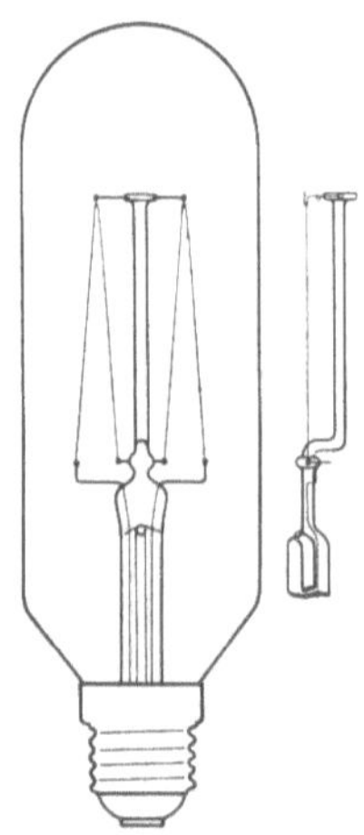

Abb. 3. Photometerlampe mit Wolframfaden.

Die Bestimmung des Gesamtlichtstromes ist zur Eichung der ULBRICHTschen Photometerkugel notwendig, da diese nicht mit dem Urnormal geeicht werden kann. Man verwendet Bügellampen mit Kohlefäden (Abb. 2) oder für weißere Lichtfarbe mit Wolframdrähten (Abb. 3). Um störende Reflexion an der Glockenwand und an dem hinteren Glashalter unwirksam zu machen, wird das Gestell und evtl. die hintere Glockenwand mattiert. Um Normallampen, die die Farbe der Nitralampen haben (vgl. folgenden Abschnitt), herzustellen, hat man den Leuchtkörper in Form kurzer Wendeln hergestellt. Als Drahtmaterial muß, um nachträgliche Verziehungen zu vermeiden, ein gut durchkristallisierter Draht verwandt werden. Von diesen Wendeln können ein oder mehrere an feste Halter angeschweißt werden (Abb. 4)[1]. Diese Normallampen mit horizontaler Wendelanordnung eignen sich nicht für Messungen auf der Photometerbank, da die Lichtausstrahlungskurve in verhältnismäßig geringen Winkelabständen Maxima und Minima zeigt. Auch die punktweise Auswertung zur Bestimmung der mittleren sphärischen Lichtstärke für die Eichung der Kugelmessungen ist bei diesen Lampen zeitraubend und mit verhältnismäßig großen Fehlern behaftet.

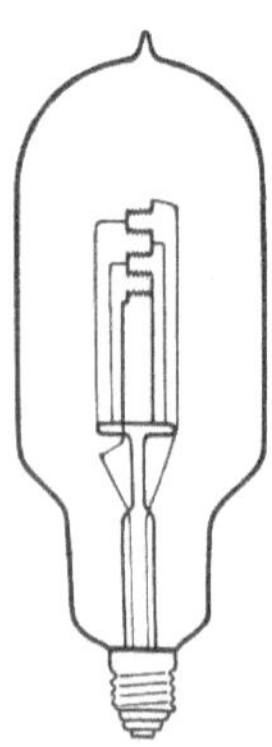

Abb. 4. Photometerlampe mit Leuchtkörper aus Wolframwendeln.

Die Abb. 5 zeigt die Lichtverteilungskurve einer Einwendellampe 24 Volt/ 40 Watt in den drei Hauptebenen. Zur Herabminderung der Ungleichmäßigkeiten der Lichtausstrahlungskurve sind neuerdings Normallampen mit Trübglas- (Opal-) Kugeln hergestellt worden[2]. Die Abb. 6 zeigt die Lichtausstrahlungs-

---

[1] Entnommen aus B. P. DUDDING u. G. T. WINCH, Proc. of Optical Convention, London 1926.

[2] W. DZIOBEK u. M. PIRANI, Licht u. Lampe Bd. 16, S. 473. 1927 und E. L. J. MATTHEWS, Licht und Lampe Bd. 17, S. 7. 1928.

kurven der 24 Volt/40 Watt-Lampe in einer Opalglocke. Man sieht, daß diese Lampe infolge der gleichmäßigen Lichtverteilungskurven in verschiedenen Ebenen sich gut

zur punktweisen Auswertung eignet und daher als sekundäres Normal sowohl für Bankmessungen als auch für Kugelmessungen verwendet werden kann. Bei diesen Opallampen liegt der Lichtschwerpunkt in der Leuchtsystemebene. Denn, wie HALBERTSMA[1]) nachgewiesen hat, muß bei einer leuchtenden Halbkugel die Entfernung vom Mittelpunkt der Halbkugel abgezählt werden für alle solche Punkte, für welche der gesehene Teil der Halbkugeloberfläche von einem Kreise begrenzt wird.

4. Lichtfarbe der Normalien. Außer auf die Konstanz des Lichtes und die Form der Lichtausstrahlungskurve muß auch bei einer Normallampe für photometrische Zwecke auf die Lichtfarbe Rücksicht genommen werden, da Lichtmessungen, bei denen Farbunterschiede zwischen Normallampe und Meßobjekt vorhanden sind, schwierig und ungenau sind. Die Eichung eines Kugelphotometers muß außerdem auch infolge einer evtl. vorhandenen selektiven Reflexion

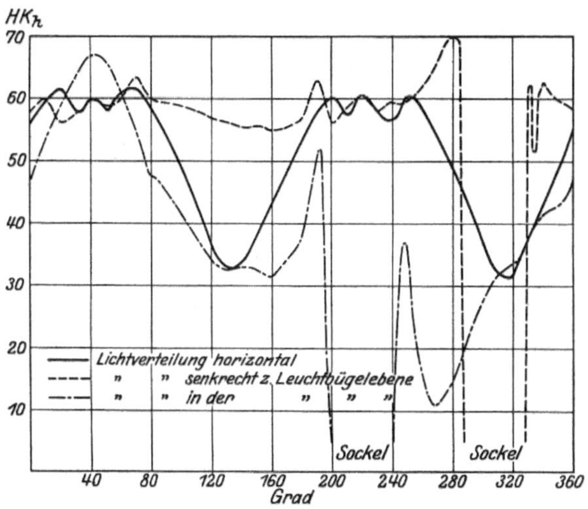

Abb. 5. Lichtverteilung einer Nitra-Klarglaslampe 24 Volt/40 Watt.

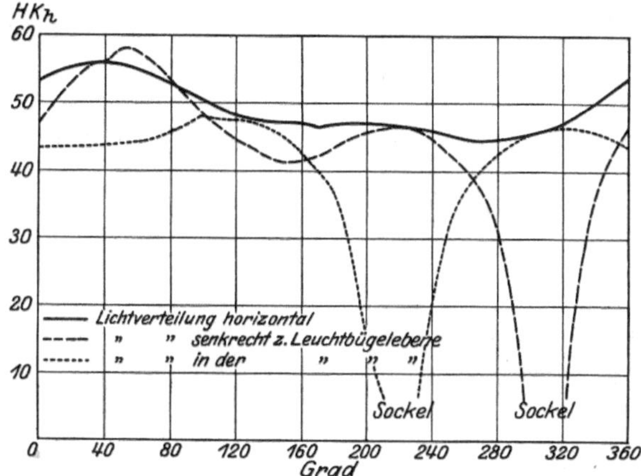

Abb. 6. Lichtverteilung einer Nitra-Opallampe 24 Volt/40 Watt.

des Farbanstriches oder einer selektiven Durchlassung der Milchglasscheibe stets mit einer Normallampe gleicher Lichtfarbe vorgenommen werden.

Für den Anschluß an das Urnormal, die Hefnerlampe, verwendet man im allgemeinen Kohlefadenlampen, die bei etwa 4 Watt/HK$_h$ annähernd gleiche Lichtfarbe haben. Die Strahlung der Leuchtkörper ist, wie die internationalen Vergleiche in den letzten 20 Jahren gezeigt haben, außerordentlich konstant. Man kann mit Kohlefadenlampen nur Farbtemperaturen bis etwa 2100° abs. erreichen. Für Lichtfarben, die der Strahlung des schwarzen Körpers bei höheren Temperaturen entsprechen, verwendet man Wolframvakuumlampen. Zum Vergleich mit gasgefüllten Lampen, deren Leuchtkörper wesentlich höher erhitzt ist, kann man die ungefilterte Strahlung von Wolfram-Vakuumlampen nicht mehr verwenden. Die Möglichkeit der Temperaturerhöhung des Leuchtkörpers durch Einbringen in eine indifferente Gasatmosphäre ist zwar vorhanden, jedoch

---

[1]) N. A. HALBERTSMA, ZS. f. Beleuchtungsw. Bd. 26, S. 121, 1920.

würde bei den ausgedehnten Leuchtsystemen der Bügellampen durch die entstehenden Gasströmungen die Temperaturverteilung im Leuchtkörper geändert werden, und da diese Strömungen evtl. durch Vorgänge außerhalb der Glocke, Luftzug usw., beeinflußbar sind, keine Gewähr für konstante Lichtstrahlung vorhanden sein.

Man verwendet daher die in voriger Ziffer beschriebenen gasgefüllten Lampen mit kurzem Leuchtsystem und Trübglas (Opalglocke). Gegebenenfalls kann man auch die Strahlung der Vakuumlampen durch Umgeben mit einer bläulich gefärbten Glocke so verändern, daß die Farbtemperatur steigt. Die Lichtstärke der Lampen wird dabei um 30 bis 50% vermindert. Ebenfalls kann durch Zwischenschaltung einer Blauscheibe die Farbtemperatur der Strahlung einer Lampe erhöht werden. Untersuchungen darüber hat z. B. Reeb[1]) gemacht.

5. Sekundärnormalien für Pyrometerzwecke. Für Pyrometereichung werden Lampen, deren Leuchtdichte an einer bestimmten Stelle konstant ist, bei denen es aber nicht auf den Gesamtlichtstrom ankommt, gebraucht. Hier können gasgefüllte Wolframlampen mit kurzem Leuchtsystem verwandt werden. Die Temperaturverteilung ist bei solchen Systemen von kleineren äußeren Einflüssen weitgehend unabhängig. In Abb. 7 ist eine als sekundäres Temperaturnormal zum Eichen von optischen Pyrometerlampen konstruierte Wolframbandlampe mit Gasfüllung wiedergegeben. Bei einer Bandbreite von 2 mm, einer Banddicke von 0,06 mm und einer Bandlänge von 25 mm hat eine solche Lampe an der hellsten Stelle eine schwarze Temperatur ($\lambda = 6{,}5 \cdot 10^{-5}$ cm) von 2400° abs. (Leuchtdichte etwa 400 HK/cm²) bei einer Stromstärke von etwa 18 Amp. Eine Marke am Rande des Bandes bezeichnet die Stelle, für die die Abhängigkeit der Leuchtdichte von der Stromstärke bestimmt wird. (Anschluß an die Strahlung des schwarzen Körpers durch Feststellung der Abhängigkeit der schwarzen Temperatur $T_{S\lambda}$ von der Stromstärke.)

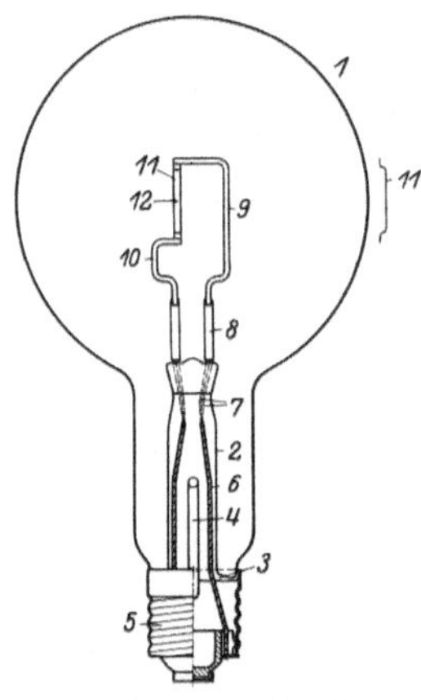

Abb. 7. Temperaturbandlampe.
1 Glocke, 2 Fuß, 3 Einschmelzung, 4 Pumpröhrchen, 5 Sockel, 6 Kupferzuführungen, 7 Einschmelzdraht, 8 Nickelelektroden, 9,10 Molybdänelektroden, 11 Wolframband, 12 Meßmarke.

Zuweilen tritt in dem Wolframband mit der Zeit eine Sammelkristallisation auf, durch die die Oberfläche und damit die Leuchtdichte verändert werden kann. Die Lampen müssen folglich nach längerem Gebrauch nachgeprüft werden. Mit geeichten Lampen dieser Konstruktion ist z. B. ein Vergleich der Temperaturskalen in Amerika und Deutschland vorgenommen worden[2]).

Beim Vergleich von Angaben verschiedener Pyrometerlampen kann als Leuchtfläche auch die Anode einer Wolframbogenlampe benutzt werden. Die Größe der Leuchtdichte kann hier bis zu ca. 2400 HK/cm² ($T_S = 2900°$ abs.) gesteigert werden. Bezüglich der Anpassung an die normalen Strom- und Spannungsverhältnisse ist diese Lampe günstiger, jedoch wird sich bei Neuzündung durch Veränderung des Lichtbogenansatzes die Abhängigkeit Stromstärke zu Leuchtdichte an einer bestimmten Stelle leicht ändern. Zur Herstellung

[1]) O. Reeb, ZS. f. techn. Phys. Bd. 4, S. 389. 1923. S. a. W. Dziobek, Die Frage der Lichteinheit (Hefnerkerze und Internationale Kerze). Licht und Lampe Bd. 17, S. 77. 1928.
[2]) Die Herstellung sehr viel breiterer Bänder geringerer Dicke zwecks Vergrößerung der Fläche oder Verkleinerung des Stromverbrauches und Erhöhung der Lampenspannung ist zwar möglich, aber nicht empfehlenswert, da sehr dünne Bänder mit dem notwendiger gleichmäßigen Querschnitt schwer herstellbar sind, und außerdem die Sammelkristallisation bei dünnen Bändern noch störender wird.

von Leuchtdichten, die noch höheren Temperaturen entsprechen, kommt die Kohlebogenlampe in Betracht. Mit diesen ist in bestimmten Belastungsgrenzen ein Fixpunkt für absolute Eichung herstellbar. Homogenkohle A[1]) der Gebrüder Siemens hat nach Messungen von HENNING und HEUSE[2]) bei Belastung von 0,3 bis 0,4 Amp./mm² eine schwarze Temperatur von 3703° abs., nach den Messungen von PATZELT[3]) 3775° abs. bei einer Belastung 0,2 bis 0,5 Amp./mm². Bei einer Belastung von 0,2 bis 0,5 Amp./mm² ist die schwarze Temperatur von Graphitkohle nach Messungen von PATZELT 3850° abs (mit Rücksicht auf die Differenz bei den Messungen mit Homogenkohle A 3775°).

6. Pyrometerlampen. Als Leuchtdichtennormal in optischen Pyrometern oder Mikropyrometern werden kleine Wolframlampen mit bügelförmigem Faden von 0,03 bis 0,05 mm Durchmesser verwendet; Spannung von 2 bis 4 Volt.

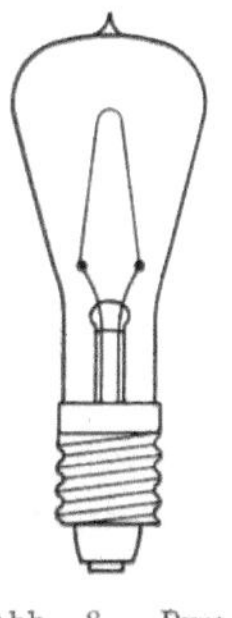

Abb. 8. Pyrometerlampe mit konischer Glocke.

Im allgemeinen erhitzt man die Fäden höchstens auf eine schwarze Temperatur von ca. 1800° abs. (Stromstärke dann zwischen 200 bis 500 mA). Damit die Reflexbilder des Leuchtfadens beim Messen nicht stören, wird ein Überdecken von Faden und Fadenbild durch Verwendung konischer Glocken vermieden (Abb. 8). Fast verzerrungsfreie Abbildung des leuchtenden Gegenstandes, dessen Temperatur bestimmt werden soll, erhält man bei Verwendung von Pyrometerlampen mit planparallelen Glockenwänden (Abb. 9). Diese Lampen werden deshalb meist in Mikropyrometern benutzt. Obgleich der Leuchtdraht der Pyrometerlampen im Vergleich zu der Temperatur-

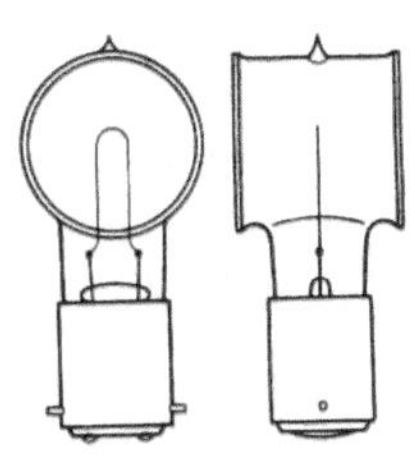

Abb. 9. Pyrometerlampe mit Plangläsern.

beanspruchung der normalen Wolframvakuumlampen sehr niedrig belastet ist, zeigen sie doch im Laufe der Zeit gewisse Schwankungen in der Leuchtdichte, die von Veränderungen der Oberflächenbeschaffenheit des Leuchtdrahtes herrühren. Geringe Gasspuren, die beim Entlüften zurückbleiben, führen im Laufe des Gebrauches zu solchen Änderungen, die die Temperatur-Stromstärkenabhängigkeit bei 1800° abs. um 10 bis 15° verschieben können. Eine Nacheichung der Lampen ist somit notwendig. Bei Präzisionsmessungen sind die Beugungserscheinungen an runden Drähten evtl. schon störend. Man hat daher versucht, Pyrometerlampen mit einem an der Bügelspitze flach geschliffenen Faden herzustellen.

7. Lampen mit gleichmäßiger Leuchtdichte für Photometer-Spaltbeleuchtungen. Bei Untersuchungen von Spektren oder bei spektralphotometrischen Messungen ist eine Lichtquelle, die den Spalt der Spektralapparate gleichmäßig ausleuchtet, nötig. Man verwendet dazu noch jetzt vielfach den Nernststift[4]), dessen Leuchtdichte groß und auf dem mittleren Stück gleichmäßig ist. Es können auch kleine Wolframbandlampen und evtl. auch große Wolframbogenlampen benutzt werden. Bei Verwendung von Wolframbandlampen hat man den Vorteil, daß die spektrale Energieverteilung der Strahlung aus der Bestimmung der schwarzen Temperatur ziemlich gut errechnet werden kann, die Lampen also auch bei quantitativen Messungen verwandt werden können. Ein Nachteil ist, daß die Lampen nicht direkt an die üblichen Netzspannungen angeschlossen werden können (4 bis 6 Volt).

---

[1]) Aus Ruß und Teer hergestellt.
[2]) F. HENNING u. W. HEUSE, ZS. f. Phys. Bd. 32, S. 799. 1925.
[3]) FR. PATZELT, ZS. f. Phys. Bd. 15, S. 409. 1923.
[4]) Nernststifte werden hergestellt von der Glasco-Lampen-Ges. m. b. H. Berlin S 59, Kottbuserdamm 67.

Häufig kommt es bei spektralphotometrischen Messungen vor, daß man zwei sehr verschieden große Leuchtdichten vergleichen muß, z. B. wenn die Absorption eines starken Rauchglases gemessen werden muß. Man muß dazu spektral genau gleich zusammengesetztes Licht, jedoch sehr verschiedener Intensität haben. Ein bequemes Mittel ist es dann, nur den Spalt, vor dem sich das Rauchglas befindet, direkt mit der Lichtquelle hoher Leuchtdichte zu beleuchten, für das Vergleichsfeld dagegen ein geschwächtes Bild der Lichtquelle zu benutzen. Man kann z. B. das Bild, das von der Erstlichtquelle auf eine mit Magnesiaruß beweißte Fläche projiziert ist, benutzen [Schwächung in der Größenordnung 1:100000][1]).

Zur Herstellung flächenhafter Lichtquellen geringer Leuchtdichte dient außer der erwähnten beleuchteten Magnesiarußplatte die Opallampe (Lampe mit Milchglasglocke), ferner eine Lampe, deren Glocke innen mit Magnesia beweißt und mit einem kleinen ausgesparten Fenster versehen ist[2]), oder eine beleuchtete Mattscheibe. Nach dem Vorschlag von Bechstein verwendet man als Vergleichslichtquelle in Photometern kleine, innen mit Magnesiaruß beweißte Hohlkugeln, in welchen sich eine kleine Lichtquelle befindet. Eine kleine Öffnung in einer solchen Kugel strahlt wie eine außerordentlich gleichmäßige weiße Fläche. In ähnlicher Weise wird das hohe Reflexionsvermögen der Magnesia bei dem Kugelepiskop von Schmidt und Haensch verwendet.

8. Lichtquellen mit Linienspektren. Zu Untersuchungen mit monochromatischem Licht werden Spektrallinien von elektrisch oder thermisch angeregten Gasen oder Dämpfen benutzt. Bei der Auswahl der Linien ist es wesentlich, daß in dem Spektrum keine die Aussonderung störenden Nebenlinien vorhanden sind. Als Lichtquellen mit Linienspektren kommen gefärbte Flammen, Gasentladungslampen und Lichtbögen in Betracht. Zur Erzeugung gefärbter Flammen führt man durch eine Zerstäubungsvorrichtung kontinuierlich ein leicht zersetzbares Salz des Metalles, das die Färbung hervorruft, der Flamme zu. Einen Zerstäuber für diesen Zweck zeigt Abb. 10. Das kleine Vorratsgefäß enthält das betreffende Salz, meist ein Chlorid in Salzsäure. Etwas verkupfertes Zink ist beigefügt; dadurch entwickelt sich Wasserstoff, der beim Austritt Salzteilchen mitreißt.

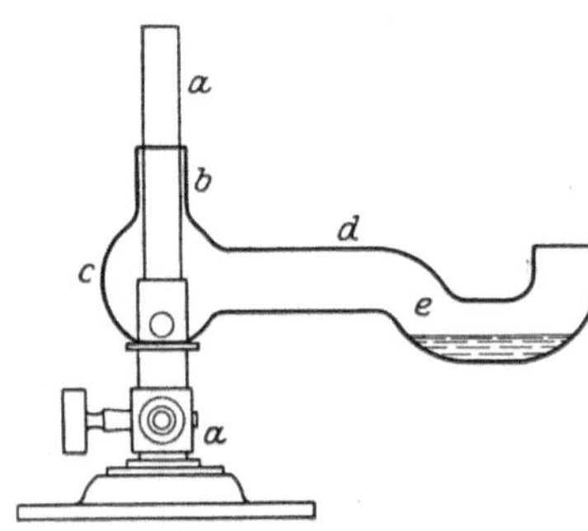

Abb. 10. Spektrallampe.

b c d e Glasgefäß, *e* enthält das betreffende Salz und verdünnte Salzsäure, etwas verkupfertes Zink. Durch das Glasgefäß wird die Luft angesaugt.

Die Lichtkonstanz dieser gefärbten Flammen ist nicht sehr groß, die Leuchtdichte gering. Die in Kap. 15 Ziff. 4 u. ff. beschriebenen Gasentladungen, die speziell für Spektraluntersuchungen konstruiert sind, haben höhere Leuchtdichten, ebenso die Lichtbögen. Man benutzt geschlossene Lichtbogenlampen zur Erzeugung des Quecksilber- und Kadmiumspektrums, frei brennende Lichtbögen zwischen Metallelektroden zur Erzeugung anderer Metallspektren. Die Bogenlampen werden häufig mit rotierenden Elektroden gebaut, um eine größere Konstanz zu gewährleisten. Durch Imprägnierung der Metallelektroden oder der Kohleelektroden können weiter eine Reihe von Linienspektren hergestellt werden. Eine Übersicht leicht isolierbarer Linien im sichtbaren Gebiet und die Art der Erzeugung ist in Tabelle 2 nach P. C. Austin[3]) gegeben.

---

[1]) Angabe von F. Henning u. W. Heuse, ZS. f. Phys. Bd. 32, S. 799. 1925.
[2]) D.R.P. 434308. 1925.
[3]) P. C. Austin, Proc. Opt. Convention Bd. 1, S. 305. 1925. Über Na-Flamme vgl. G. L. Locher, Phys. Rev. Bd. 31, S. 466. 1928.

9. Isolierung einzelner Spektralbereiche von kontinuierlich strahlenden Lichtquellen. Durch die Linien der Lichtquellen mit Linienspektren ist keine kontinuierliche Veränderung der Wellenlängen, wie sie für Untersuchungen im gesamten sichtbaren Spektrum gebraucht wird, möglich. Dafür benutzt man Monochromatoren in Verbindung mit Lichtquellen mit kontinuierlichem Spektrum. Hierbei entsteht jedoch nie eine

Tabelle 2.

Metall	λ in cm	Lichtquelle
Li	$6{,}708 \cdot 10^{-5}$	leuchtende Flamme, offener Lichtbogen
Cd	6,438	offener und eingeschlossener Lichtbogen
Zn	6,364	offener Lichtbogen
Li	6,104	offener Lichtbogen
Na	5,896, 5,890	leuchtende Flamme, offener Lichtbogen
Cu	5,782	offener Lichtbogen
Hg	5,790, 5,769	eingeschlossener Lichtbogen
Cu	5,700	offener Lichtbogen
Ag	5,469	offener Lichtbogen
Hg	5,461	eingeschlossener Lichtbogen
Tl	5,351	leuchtende Flamme
Cu	5,219	offener Lichtbogen
Ag	5,209	offener Lichtbogen
Cu	5,154	offener Lichtbogen
Cu	5,105	offener Lichtbogen
Cd	5,086	offener und eingeschlossener Lichtbogen
Zn	4,811	offener Lichtbogen
Cd	4,800	offener und eingeschlossener Lichtbogen
Zn	4,722	offener Lichtbogen
Zn	4,680	offener Lichtbogen
Cd	4,678	offener und eingeschlossener Lichtbogen
Li	4,602	offener Lichtbogen
Hg	4,359	eingeschlossener Lichtbogen

vollständig scharf isolierte Linie, sondern es wird ein mehr oder minder eng begrenzter Bereich herausgefiltert. Beim Arbeiten mit Monochromatoren wird die

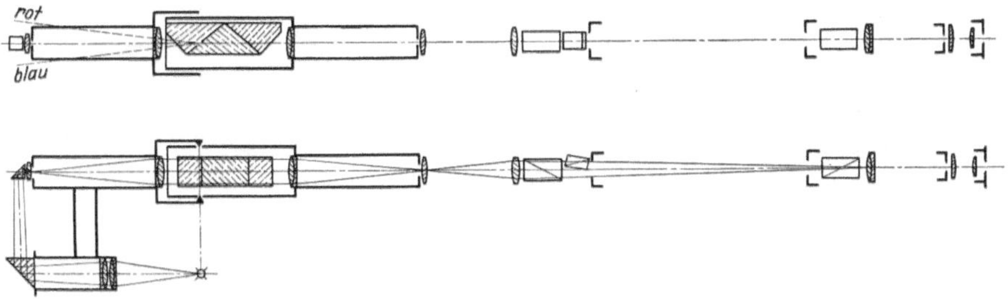

Abb. 11. Monochromator mit Polarimeter

Lichtquelle mit einem lichtstarken Kondensor scharf im Eintrittsspalt des Monochromators abgebildet (bzw. man wendet eine bandförmige Lichtquelle unmittelbar vor dem Spalt an). Das Bild dieser Lichtquelle im Austrittsspalt wird zur Beleuchtung der optischen Instrumente gebraucht.

Die Abb. 11 zeigt die schematische Abbildung eines Monochromators mit Polarimeter, wie er von der Firma Schmidt & Haensch für Zuckeruntersuchungen gebaut wird. Die Abb. 12 zeigt die Breite der Durchlassung und das Intensitätsverhältnis für einige Wellenlängen. Die Lichtverluste des Monochromators sind ziemlich groß, dafür ist aber im Vergleich mit Filtern die Durchlassungsbreite klein. Angaben über einige Glas- und Flüssigkeitsfilter finden sich im 17. Kapitel.

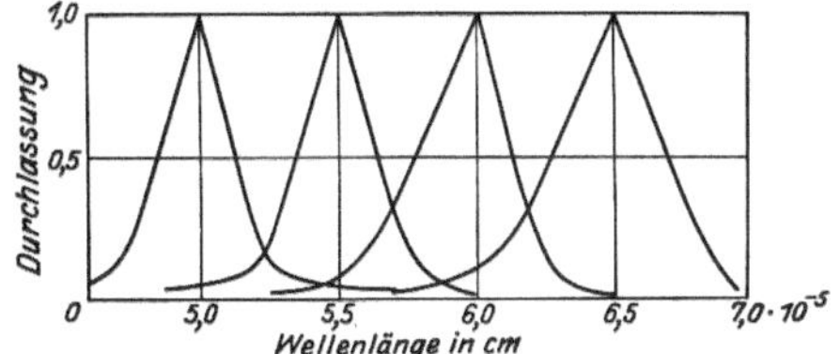

Abb. 12. Durchlassung eines Monochromators für verschiedene Wellenlängen.

10. Dunkelkammerbeleuchtung. Ausgehend von der Tatsache, daß langwellige Strahlung photographische Schichten weniger schwärzt, verwandte man für Dunkelkammerbeleuchtung bisher meist Lichtquellen mit roter Strahlung (Glühlampen mit tiefroten Glocken). Bei Betrachtung der Empfindlichkeit der Platten zugleich mit der des Auges ergibt sich jedoch, daß in vielen Fällen gelbes oder grünes Licht, das eine gleich große Beleuchtungsstärke hervorbringt, die Platten weniger schwärzt. Arens und Eggert[1]) stellten darüber zuerst Versuche an und fanden, daß es für unsensibilisierte Platten am günstigsten ist, mit einer orange gefärbten Lampe (Strahlung im Gelbgrün beginnend, Maximum Orange, nach Rot hin stark abfallend) zu arbeiten. Für orthochromatische Platten liegt das Beleuchtungsoptimum weiter nach langen Wellen hin. Bei panchromatischen Emulsionen ergab sich, daß eine orange gefärbte Beleuchtung unter Umständen sicherer als die grüne ist (grüne Lücke der Sensibilisation deckt sich nicht mit dem Maximum der grünen Beleuchtung).

11. Tageslichtbeleuchtung. Einen fast vollkommenen Ersatz für Tageslicht gibt die Beleuchtung mit dem Mooreschen Kohlensäurelicht (vgl. Kap. 15,

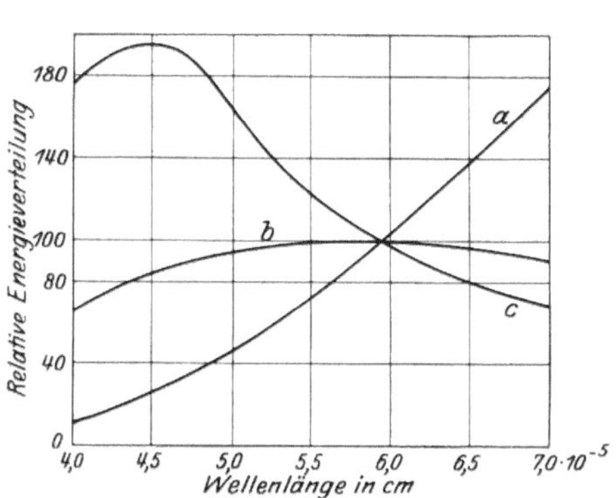

Abb. 13. Relative Energieverteilung der Strahlung in Abhängigkeit von der Wellenlänge für

Kurve a: Wolframlampe bei 2600° abs.,
Kurve b: Strahlung des schwarzen Körpers bei 5000° abs.,
Kurve c: Strahlung des Himmels.

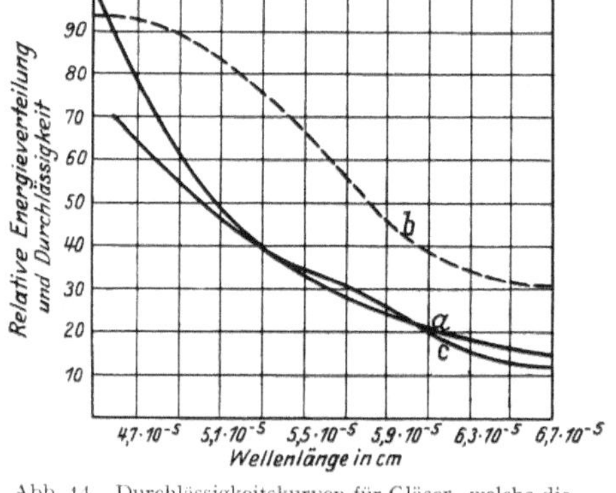

Abb. 14. Durchlässigkeitskurven für Gläser, welche die Strahlung eines auf 2600° erhitzten Wolframdrahtes derjenigen des Tageslichtes gleichmachen.

Kurve a: Idealfilter.
Kurve b: Praktisch bei Tageslichtlampen verwertetes Filter.
Kurve c: Spezialglas.

Ziff. 8). Für viele Zwecke, z. B. als Zusatzbeleuchtung zu Tageslicht, kann man Glühlampen mit blauen Glocken, sog. Tageslichtlampen oder Lampen in Tageslichtarmaturen verwenden. Um zu zeigen, wie stark das Licht für diesen Zweck gefiltert werden muß, sind in Abb. 13 die relativen Energieverteilungskurven für Himmelslicht (Kurve c), für rein weißes Licht (Strahlung des schwarzen Körpers bei 5000° abs. [Kurve b]) und für die Strahlung der Nitralampe (Wolframfaden auf 2600° abs. erhitzt [Kurve a]) gegeben. Farbstoffe, die dem Glas zugefügt, eine genau passende Strahlungsänderung ergeben würden, so daß also die Farbe der Nitralampe genau auf die des Tageslichtes gebracht wird, sind nicht vorhanden. Die ideale Durchlässigkeitskurve ist in Abb. 14, Kurve a für den Fall der Umwandlung der Strahlung eines auf 2600° abs. erhitzten Wolframdrahtes gegeben. Kurve b gibt die Durchlässigkeit eines praktisch für Tageslichtlampen verwertbaren Blaufilters, Kurve c die eines Spezialfilters[2])

---

[1]) H. Arens u. J. Eggert, ZS. f. wiss. Photogr. Bd. 24, S. 229. 1926.
[2]) Average Chances Daylight Glass nach Chance u. Hampton, Proc. Opt. Convention, London 1926, S. 37.

mit viel besserer Annäherung. Die Lichtabsorption ist hier entsprechend größer. Fast völlige Farbgleichheit, nicht nur dem Farbeindruck, sondern auch der Zusammensetzung der Strahlung nach, kann durch Verwendung von Tageslichtreflektoren erzielt werden. Bei ihnen wird der Gesamtlichtstrom gegen einen mit blauen, roten und grünen Farbtupfen versehenen Reflektor geworfen. Die Farben und die Größe der Flecke sind so gewählt, daß das Gesamtreflexionsvermögen eine dem idealen Durchlässigkeitsvermögen entsprechende Kurve gibt.

Da die Herstellung von Tageslicht mit Temperaturstrahlern auf Unterdrücken der Strahlung des langwelligen Gebietes beruht, sind die Lichtverluste erheblich, um so größer, je größere Annäherung an das Tageslicht erzielt werden soll. Bei Verwendung von Nitralampen in den blauen Tageslichtglocken ist mit einem Verlust von etwa 30% zu rechnen. Bei sehr großer Annäherung, z. B. durch Verwendung des dreifarbigen Sheringhamreflektors, ist der Wirkungsgrad nur noch ca. 10%[1]). In vielen Fällen wird es am günstigsten sein, das Moorelicht in Verbindung mit Tageslichtlampen zu verwenden, damit die Wirkungen der Diskontinuität des Spektrums des Moorelichtes, die bei feinen Farbvergleichen stören könnten, herabgemindert werden.

12. Lichtquellen, die mit einer Optik verwandt werden. Lichtquellen mit optischem Aufbau (Linse, Spiegel) werden entweder 1. im Blinkgerät und Lichtsignalen zum Geben von Sichtzeichen, 2. in den Scheinwerfern zur Anleuchtung entfernter Objekte, 3. in den Projektionsapparaten und bei Mikroskopen zur Beleuchtung eines Gegenstandes, der vergrößert abgebildet werden soll, benutzt. Die optischen Einrichtungen sind in Bd. XVIII ds. Handb. beschrieben. Hier werden vor allem die Lichtquellen und, nur soweit es zum Verständnis notwendig erscheint, die optischen Einrichtungen behandelt.

13. Signalarten. Bei Signalen handelt es sich einmal um Unterschiedssignale, z. B. bei der Eisenbahn um Anzeige von freier oder gesperrter Strecke, oder um Zeichensignale mit „Kennung" (Blinksignale).

14. Farbsignale. Für die Unterscheidungssignale ist als einfachste und sicherste Zeichengebung die Signalgebung in verschiedenen Farben erprobt. Die Farben werden so gewählt, daß sie stark voneinander abweichen, und daß ein Verwechseln mit anderen Lichtquellen unmöglich ist; ferner muß auch bei trübem Wetter die Sichtbarkeit gut sein und keine Farbänderung infolge der verschieden starken Streuung der einzelnen Strahlungskomponenten eintreten. Es muß die Leuchtdichte also groß sein, ohne jedoch zu blenden, und die Strahlung einen möglichst kleinen Spektralbereich umfassen. Allgemein werden als Signal-

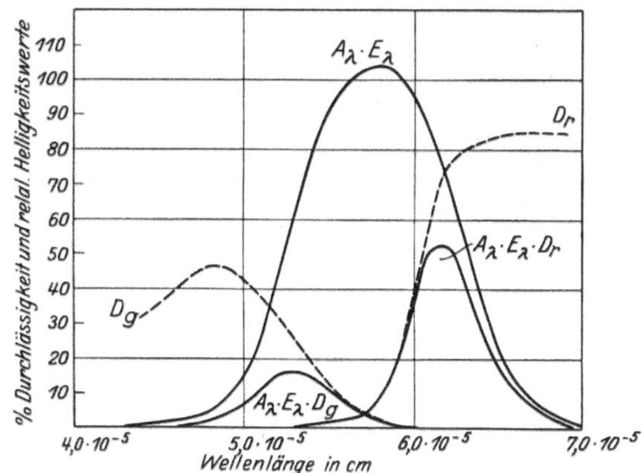

Abb. 15. Durchlässigkeit von Farbgläsern für eine Strahlung, deren spektrale Verteilung der des schwarzen Körpers bei einer Temperatur von 2300° abs. entspricht.

D_r und D_g Spektrale Durchlässigkeit der Gläser. $A_\lambda \cdot E_\lambda$ Relative Helligkeitswerte der Strahlung des schwarzen Körpers bei 2300° abs. $A_\lambda \cdot E_\lambda \cdot D_r$ und $A_\lambda \cdot E_\lambda \cdot D_g$ Relative Helligkeitswerte der Strahlung des schwarzen Körpers bei 2300° abs. nach Durchgang durch die Filter. Farbton des Grünglases: 4,95·10⁻⁵ cm, Weißgehalt des Grünglases: 39,9%, Farbton des Rotglases: 6,15·10⁻⁵ cm, Weißgehalt des Rotglases: 1,44%.

---

[1]) Bericht über einen Vortrag von L. C. Martin in d. Engl. Beleuchtungstechn. Ges., Licht u. Lampe 1920, S. 220.

lichtquellen Temperaturstrahler mit farbigem Glasvorsatz verwandt. Da diese Lichtquellen relativ wenig blaue Strahlung enthalten, ist der Lichtverlust bei Blaugläsern sehr groß. Bei Rot- und Grüngläsern ist der Lichtverlust geringer, sie werden vor allem benutzt. Typische Durchlässigkeitskurven sind in Abb. 15 gegeben[1]). Das Grünglas hat z. B. bei Verwendung von Lichtquellen mit einer Farbtemperatur von 2300° abs., einen Farbton von $\lambda = 4,95 \cdot 10^{-5}$ cm, einen Weißgehalt von 39,9% und eine Durchlässigkeit von ca. 8 bis 9%; das Rotglas entsprechend Farbton $\lambda = 6,15 \cdot 10^{-5}$ cm, 1,44% Weißgehalt, 24 bis 25% Durchlässigkeit. In vielen Signalanordnungen wird der Lichtstrom durch ein oder zwei Linsensysteme gelenkt, bevor er die Farbscheibe passiert. Es werden hierbei die bekannten FRESNELschen Prismenlinsen verwandt. Die Lenkung erfolgt so, daß eine dem Verwendungszweck entsprechende Seitenstreuung und Höhenstreuung vorhanden ist.

Die Sichtbarkeit des Signals hängt außer von der Lichtstärke von der Helligkeit und Farbe der Umgebung ab. Man verwendet z. B. bei beleuchteten Signalscheiben meist einen hellfarbigen Hintergrund, welcher schwarz eingefaßt ist[2]).

Die Vorteile der Licht-Tagessignale gegenüber den früher meist verwendeten Foggensignalen liegen in einer leichteren Erkennbarkeit bei unübersichtlichem Gelände, im Wegfallen aller beweglichen Teile, in der Möglichkeit der Fernüberwachung durch Relais usw. Die Signale können viel weiter von der Zentralüberwachungsstelle, z. B. dem Stellwerk im Eisenbahnbetrieb, entfernt sein.

15. Blinksignale. Für die Schnelligkeit, mit der Blinksignale gegeben werden können, ist die An- und Abklingzeit des Lichtstromes ausschlaggebend.

Die Energie, die dem Leuchtkörper zur Erhitzung auf eine bestimmte Temperatur zugeführt werden muß, setzt sich zusammen aus:

1. der während der Energiezufuhr ausgestrahlten Energie,

2. der zur eigentlichen Erhitzung dienenden, bestimmt durch die Wärmekapazität des Leuchtsystems, der Speicherungsenergie und

3. der durch Wärmeleitung abgegebenen Energie.

Sie ist abhängig von der Höchsttemperatur des Glühkörpers. Die Eigenschaften der Leuchtkörper, die die Energieaufnahme beeinflussen, sind:

1. Veränderung des Widerstandes mit der Temperatur.

2. Die Wärmekapazität (spez. Wärme).

3. Das Gesamtstrahlungsvermögen des Glühkörpers.

4. Die Wärmeleitung.

Praktische Versuche über Signalisierungsgeschwindigkeiten mit Leuchtkörpern aus Wolfram und solchen aus metallisierter Kohle haben WORTHING und FORSYTHE[3]) angestellt.

Beim Anheizen des Wolframs bis zu einer Temperatur, bei der 90% des endgültigen Lichtstromes vorhanden sind, ist unter sonst gleichen Verhältnissen (gleiche erzielte Lichtstärken und gleiche Farbe) nur 18% der Anheizzeit des Kohlefadens notwendig, bei der Abkühlung bis zu einer Temperatur, bei der der Lichtstrom auf 5% des Maximalwertes gesunken ist, vergeht bei Wolfram 40% der Zeit, die der Kohlefaden gebraucht. Der Unterschied ist vor allem bedingt durch die Verschiedenheit des Temperaturkoeffizienten (Wolfram positiv,

---

[1]) Normung von roten und grünen Signalgläsern. E. LAX u. M. PIRANI, Fachausschußbericht Nr. 8 der Deutschen Glastechnischen Gesellschaft. Frankfurt 1927.

[2]) Umfangreiche Untersuchungen über die Sichtbarkeit von Signalen und Leuchtbuchstaben sind in Amerika ausgeführt. Vgl. z. B. C. A. ATHERTON, Elektrot. ZS. Bd. 44, S. 462. 1923.

[3]) A. G. WORTHING, Flashing Speeds of Incandescant Signal Lamps. Journ. Frankl. Inst. Bd. 191, S. 231. 1921; W. E. FORSYTHE, Speeds in Signalling by the Use of Light. Phys. Rev. N. S. Bd. 16, S. 62. 1920.

metallisierte Kohle ungefähr Null), des Emissionsvermögens und der Wärmeleitfähigkeit.

Um für Wolfram ein Beispiel für den Verlauf der Anheiz- und Abkühlungskurve zu geben, ist in Abb. 16 nach den Messungen von WORTHING[1]) der Verlauf der Leuchtdichte innerhalb der Signalperiode für eine Signallampe für 6 Volt 2 Amp., die als Leuchtkörper ein Wolframband hat und mit Argon von 600 mm Hg-Säule Druck gefüllt ist. Das Band hat bei gleicher Oberfläche eine kleinere Wärmekapazität als ein

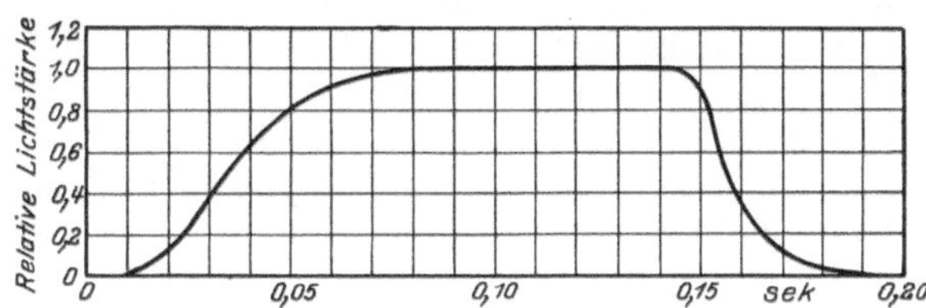

Abb. 16. Verlauf der Leuchtdichte innerhalb der Signalperiode für eine Signallampe 6 V/2 Amp.

Draht. Außerdem ist es in bezug auf Abkühlungsgeschwindigkeit günstig, daß die Verluste durch Konvektion größer sind. Wo es sich weniger um hohe Lichtstärke als um sehr schnelle Zeichengebung handelt, wird man zu Glimmlichtröhren greifen, die praktisch momentan aufleuchten. Für Punkt-Strich-Pausensignale, wie sie z. B. beim Morsen benutzt werden, ist die Erkennungssicherheit von dem Verhältnisse der Zeitdauer des Aufleuchtens resp. Zwischenzeit abhängig. FORSYTHE hat als das günstigste Verhältnis von Punkt, Strich und Pause 1:4:3 gefunden. Für manche Zwecke, z. B. „Wanderschriftzeichen", kommt es auf eine möglichst schnelle Auslöschung, also geringe Nachglühzeit, an. Man verwendet hier Lampen mit bläulich gefärbter Glocke; da während des größten Teiles der Nachglühzeit die Temperatur des Leuchtdrahtes relativ niedrig ist (gelblich-rötliches Licht), so wird die Lichtstärke des Nachglühens durch bläuliches Glas sehr stark geschwächt[2]).

16. Arten der Projektionsapparate, Lichtverluste in der Apparatur. Die Richtung des Lichtstromes für Projektionszwecke geschieht durch eine Kondensoranordnung mit oder ohne Verwendung von Hohlspiegeln. Mit der Spiegeloptik wird ein größerer Teil des Lichtstromes erfaßt. Von dem Lichtstrom wird je nach der Lichtverteilungskurve der Lichtquelle 30 bis 60%, mit den üblichen Linsensystemen allein nur 20% ausgenutzt. Unvermeidliche Verluste sind durch die Absorption an der spiegelnden Fläche und in dem Linsensystem gegeben. So reflektieren versilberte Glas- und Silbermetallspiegel nur ca. 85%, polierte Aluminiumspiegel etwa 80%, Nickelspiegel etwa 55%. Die Oberflächen von Metallspiegeln werden in den meisten Fällen bei längerem Gebrauch matt und müssen neu poliert werden. Im Glaslinsensystem sind die Absorptionsverluste 10 bis 15%. Weitere Verluste entstehen durch Ausschnitt des Bildfensters. Es muß eine größere Fläche als das Bildfenster ausgeleuchtet werden, damit die durch die chromatischen Fehler der Kondensorlinse entstehenden farbigen

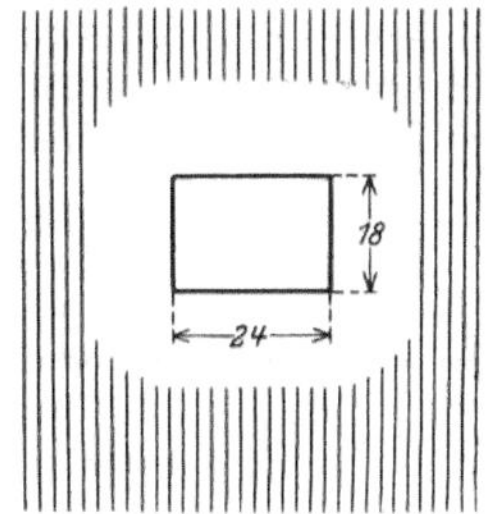

Abb. 17. Lichtstromquerschnitt und Bildfenstergröße.

Ränder verschwinden. Außerdem bildet sich auch ein punktförmiges Leuchtsystem nicht mit gleichmäßiger Leuchtdichte ab. Bei der Bogenlampe muß deshalb der Spiegel weiter entfernt angebracht sein. Bei der Glühlampe darf nicht scharf eingestellt werden, weil sonst die dann sichtbare Struktur des

[1]) A. G. WORTHING, Nela Abstract Bull. Bd. 4, S. 606. 1925.
[2]) H. G. FRÜHLING, Licht u. Lampe 1926, S. 368. (L. BLOCH, Licht u. Lampe 1927, S. 239.

Glühpörpers Ungleichmäßigkeiten in der Ausleuchtung hervorruft. Abb. 17 zeigt das Größenverhältnis des Querschnittes des Lichtstromes und des Bildfensters.

17. Beurteilung der Brauchbarkeit einer Lichtquelle für Projektionszwecke. Um die Brauchbarkeit einer Lichtquelle für eine Projektionseinrichtung zu beurteilen, muß man den Gesamtlichtstrom der Lichtquelle selbst und den Nutzlichtstrom in der betreffenden Apparatur unter verschiedenen Betriebsverhältnissen prüfen. Dazu mißt man den Gesamtlichtstrom der benutzten Lampe in der Ulbrichtschen Kugel, hierauf stellt man den Lichtstrom der nackten Lampe innerhalb des Auffangwinkels und dann den Nutzlichtstrom nach Passieren der verschiedenen Vorsatzteile fest. Der Nutzlichtstrom kann am besten durch Messung der Beleuchtungsstärke (Leuchtdichte) auf der Projektionsfläche festgestellt werden.

18. Leuchtkörperform und Leuchtdichte maßgebend für die Ausnutzung. Bei einer punktförmigen Lichtquelle ist die Möglichkeit der Zusammenfassung des Lichtstromes mittels Optik am günstigsten. Bei Bogenlampen, die im Krater eine relativ kleine Leuchtfläche großer Leuchtdichte haben, ist die Ausnutzung bedeutend höher als bei den Glühlampen mit ausgedehnten Leuchtsystemen, deren Leuchtdichte, wenn man sie auf die durch den Glühkörper gelegte Fläche bezieht, bedeutend geringer ist. Der Nutzfaktor von Bogenlampen beträgt bei Verwendung von Spiegeloptiken etwa 0,08, bei Verwendung von Kondensoroptik etwa 0,03. Bei Glühlampen beträgt der Nutzfaktor nur 0,01 bis 0,04.

Eine sehr gute Ausnutzung gestattet die Wolframbogenlampe (5 bis 6%), jedoch kann diese Lampe nur in der Kleinprojektion Anwendung finden, weil bisher keine Lampen mit genügend großen Lichtströmen hergestellt werden. Daß die Ausnutzung noch ein wenig schlechter ist als die der Kohlebogenlampe, liegt daran, daß auch die Wolframbogenlampe einen Teil ihres Lichtes nach rückwärts strahlt, und daß bei der Wiedergewinnung dieses Teiles durch Spiegelung Verluste entstehen. Infolge der Verluste in der Projektionsapparatur ist der Nutzlichtstrom, der auf die Bildfläche fällt, beschränkt. Bei Kinoprojektion beträgt er bei Verwendung der stärksten Bogenlampen ca. 5000 Lumen, bei Glühlampen hat man bisher etwa 1500 Lumen erreicht.

19. Bildgröße und Beleuchtungsstärke für Kinoprojektoren. In Tabelle 3 ist eine Übersicht über die Bildgröße und Bildbeleuchtung für Kinoprojektoren verschiedener Art und über den notwendigen Nutzlichtstrom gegeben.

Tabelle 3. Bildgröße und Bildbeleuchtung für Kinoprojektoren verschiedener Art.

Anwendung	Übliche Bildbreite m	Abstand der letzten Sitzreihe von der Bildwand m	Beleuchtung auf der Bildwand Lux	Nutzlichtstrom auf der Bildwand Lumen
Kleines Heimkino	1—1,5	4—6	20—30	20—50
Großes Heimkino				
Schulzimmerkino	1,5—2	6—8	25—40	50—100
Aula- und Hörsaalkino				
Vortrags- und Wanderkino	2—3	8—15	30—50	100—300
Kinotheater Größe I	2—4	10—20	40—70	300—800
Kinotheater Größe II	4—6	20—30	50—80	800—1600
Kinotheater Größe III	6—9	30—50	60—100	1600—5000

20. Hilfsspiegelanordnung bei Projektionsglühlampen. Bei Verwendung von Glühlampen mit Linsensystem, die für kleine Projektionen sehr handlich sind, kann man einen Teil des nach hinten fallenden Lichtstromes nutzbar machen durch Anbringung eines Hilfsspiegels (s. Abb. 18), der so eingestellt ist,

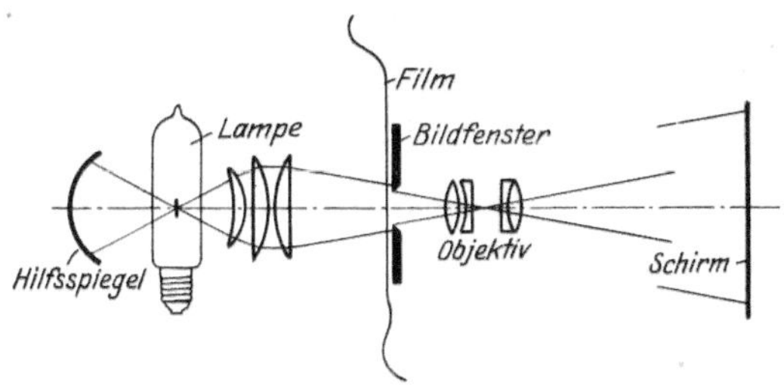

Abb. 18. Kondensoroptik mit kugelförmigem Hilfsspiegel und Drei-
fach-Kondensor.

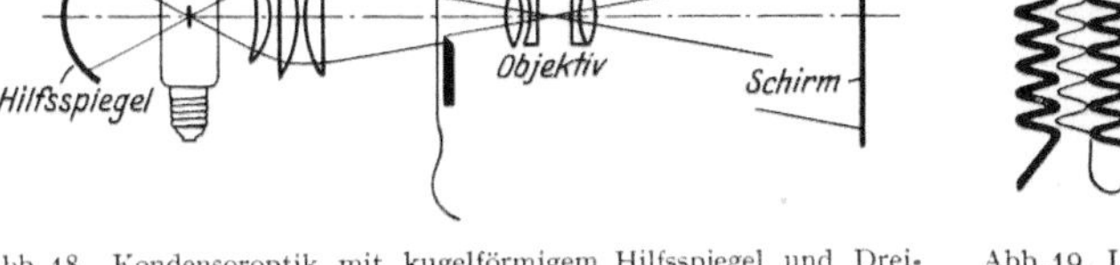

Abb. 19. Leuchtkörper und
Spiegelbild bei Anwendung
eines kugelförmigen Hilfsspiegels.

daß ein Bild des Leuchtkörpers in die Zwischenräume zwischen den Wendeln des Leuchtkörpers entworfen wird, wie es Abb. 19 zeigt. Bei der Parabolspiegeloptik ist es für Glühlampen vorteilhaft, einen Hilfsspiegel, der den nach vorn ausgehenden Lichtstrom in den Spiegel wirft, zu verwenden. Evtl. kann der Spiegel, wie in Abb. 20 gezeigt ist, direkt in Glühlampen eingebaut werden. Der Nutzen bei Anwendung eines Hilfsspiegels ist aus Tabelle 4 für verschiedene Glühlampentypen zu ersehen.

Tabelle 4.

Lampentype Watt/Volt	Parabolspiegeloptik mit Zusatzkondensorlinse		Parabolspiegeloptik mit Zusatzkondensorlinse und Hilfsspiegel		Prozentuale Verbesserung des Wirkungsgrades
	Nutzlicht-strom Lm	Wirkungs-grad Proz.	Nutzlicht-strom Lm	Wirkungs-grad Proz.	
600/15	812	4,3	950	5,0	16
900/30	668	2,7	807	3,3	22
400/110	383	3,4	624	5,5	62
1000/110	660	2,6	848	3,4	31

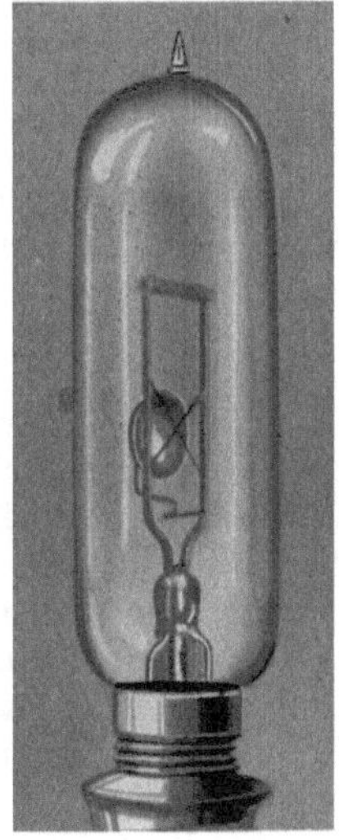

Abb. 20. Osram-Kinolampe
mit eingebautem Spiegel.

Aus den Zahlen der Tabelle 4 kann man auch die starke Abhängigkeit des Wirkungsgrades von der Leuchtdichte des Leuchtsystems, d. h. der durchschnittlichen Leuchtdichte (Zwischenräume mitgezählt), sehen. Die Leuchtdichte ist infolge der höheren Belastung des dickeren Drahtes der Lampen niedriger Spannung höher, die Ausdehnung des Leuchtkörpers entsprechend kleiner. Bei Kinolampen für 220 Volt ist die Anordnung und Leuchtdichte noch ungünstiger; der Wirkungsgrad sinkt bei einfacher Optik bis unter 1%.

21. Lichtstärke der Scheinwerfer. Die axiale Lichtstärke des Scheinwerfers läßt sich angenähert aus der Leuchtdichte der Lichtquelle e und dem Querschnitt F der Optik berechnen zu

$$J = eF = \pi f^2 e \, \mathrm{tg}^2 \frac{\varphi}{2},$$

(f Brennweite, φ Öffnungswinkel). Nicht in Rechnung gestellt sind dabei die Absorptionsverluste bei Rückwerfung des Lichtstromes am Reflektor und die durch Schattenwirkung der Lichtquelle. Die Berechnung gilt erst von der photometrischen Grenzentfernung an.

Tabelle 5.

Nr.	Art	Durchmesser der Leuchtfläche	Lichtquelle					
			Betriebsverhältnisse			Maximale Lichtstärke J_{max}	Gesamtlichtstrom Φ	Leuchtdichte e
			Strom	Spannung	Verbrauch			
		mm	A	V		HK	HLm	HK_{max}/cm
1	Azetylenscheinwerfer: Azetylen-Sauerstoff . . .	22	—	—	1 Stde. 60 C_2H_2 + 80 O_2	1600	5000	420
	Glühlampenscheinwerfer:				Watt			
2	Gasfüllungs-⎱ halb Metalldraht-⎰ verspiegelt .	5,5	2	10	20	60	380	250
3	lampen ⎰ klar	20	10	110	1100	2000	16 500	650
	Bogenlampen-Scheinwerfer: Kohlendurchmesser + — mm mm							s. Anm. S. 417
					Watt			
4	Mit ⎰ 18 15	7	8	44	350	1800	3200	4700
5	Reinkohlen ⎱ 38 16	27	200	80	16000	80000	144000	13 500
6	Mit Goerz- ⎰ 16 14	13	150	75	11250	95000	285000	75000
7	kohlen ⎱ 18,5 16	15	300	100	30000	220000	660000	115000

22. Streuung des Scheinwerfers. Die maximale Streuung δ ist von der Form der Lichtquelle abhängig. Bei Leuchtflächen vom Durchmesser d ist

$$\operatorname{tg}\frac{\delta}{2} = \frac{d}{2f}.$$

Für Scheinwerfer nimmt man im allgemeinen als Streuungsmaß nicht die oben gegebene, rechnet als Streuung also nicht den Winkel, in dem die Lichtstärke bis auf Null sinkt, sondern bei Fernscheinwerfern denjenigen, bei dem die Intensität auf die Hälfte der maximalen, bei Nahscheinwerfern denjenigen, bei welchem die Intensität auf ein Zehntel der maximalen sinkt.

23. Beleuchtungsstärke des Scheinwerfers. Sieht man von der Absorption in der Luft ab, so nimmt die Beleuchtungsstärke von der photometrischen Grenzentfernung an mit dem Quadrat der Entfernung ab. (Über Lichtabsorption vgl. Ziff. 26.)

24. Verstärkung und Wirkungsgrad. Die Verstärkung wird durch das Verhältnis der maximalen zur mittleren sphärischen Lichtstärke gemessen

$$v = \frac{J_{max}}{J_0} = \frac{4\pi J_{max}}{\Phi}.$$

Der Wirkungsgrad gibt das Verhältnis des Lichtstromes des Scheinwerfers zu dem der Lichtquelle

$$\eta = \frac{\Phi_S}{\Phi_L}.$$

Die Verstärkung kann Werte bis 80000 erreichen; ein Wirkungsgrad von 50% ist bereits recht hoch.

25. Beleuchtungstechnische Daten. Tabelle 5 bringt Beleuchtungsdaten für Scheinwerfer.

26. Atmosphärische Absorption. Der Einfluß der Atmosphäre besteht mehr in einer Abbeugung des Lichtstromes als in einer wahren Absorption. Wirklich trockene Luft ist im hohen Maße durchsichtig. Die Nebelteilchen in der mit Feuchtigkeit gesättigten Luft haben verschiedene Größe (etwa $0{,}2 - 2\,\mu$).

| Material | Spiegel | | Scheinwerferoptik | | | | | | | Wirkungsgrad | Nr. |
| | Durchmesser | Brennweite | Streuung bis zu $\frac{J_{max}}{10}$ | bis zu $\frac{J_{max}}{2}$ | Größter Durchmesser des beleuchteten Feldes | Maximale Lichtstärke J_{max} | Verstärkung $\frac{4\pi J_{max}}{J_0}$ | Ausgestrahlter Lichtstrom | Reichweite für mittlere Luftverhältnisse | | |
	mm	mm	Grad	Grad		HK		HLm	m	Proz.	
Glas	250	110	9	5,5	In 100 m Entfernung 19 m	300 000	1450	2700	450	54	1
Metall	275	40	7	4	15	56 000	2800	250	230	66	2
Glas	350	175	11	7	24	600 000	900	8400	550	51	3
Glas	250	110	3	1,75	In 1000 m Entfernung m 61	1 500 000	12 500	1500	800	47	4
,,	2000	960	1,3	0,8	28	350 000 000	66 000	66 000	4000	45	5
Glas	1100	480	1,6	1	35	250 000 000	44 000	70 000	3700	25	6
,,	2000	960	1,2	0,75	26	2 000 000 000	79 000	320 000	5500	48	7

Die Beugung an ihnen ist je nach der Größe verschieden[1]). Das Licht kürzerer Wellenlängen wird am stärksten abgebeugt, deshalb erscheint der Scheinwerfer strahl seitlich gesehen blau. Das Licht des Scheinwerfers selbst wird gelblicher, in stark diesiger Luft in großer Entfernung (z. B. 15 bis 20 km) rötlich. Man hat Scheinwerfersignale bis zu Entfernungen von 700 km empfangen.

Um die Veränderung des Lichtbündels durch atmosphärische Einflüsse näher zu kennzeichnen, seien einige Untersuchungen von BENFORD[2]) wiedergegeben. Die Untersuchungen wurden an einem Scheinwerfer mit einem Parabolspiegel von 920 mm ⌀, der mit einer 150-Amperebogenlampe ausgerüstet war, Streuwinkel $\frac{\delta}{2} = 1$, gemacht.

Die Strahlung wurde bei klarer Luft und bei mit Wasserdampf gesättigter Luft untersucht. Die Durchlässigkeit der mit Wasserdampf gesättigten Atmosphäre von 700 m Schichtdicke ist aus Abb. 21 zu ersehen.

Die Intensitätsverteilung im Licht des Scheinwerfers bei klarer Atmosphäre und kleinem Abstand zeigt Abb. 22. Die Veränderung, die durch das

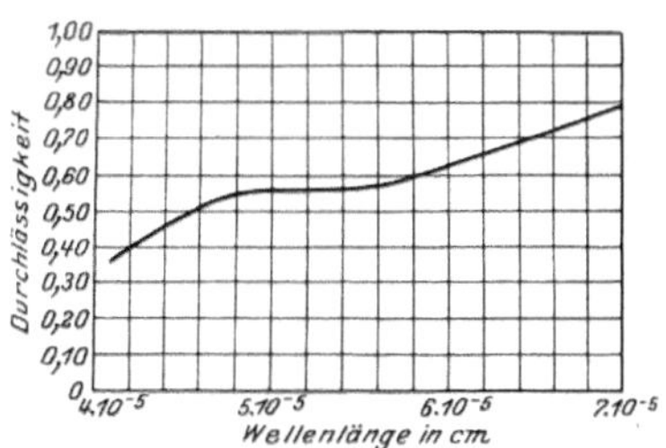

Abb. 21. Beobachtete spektrale Durchlässigkeit von 700 m einer wassergesättigten Atmosphäre.

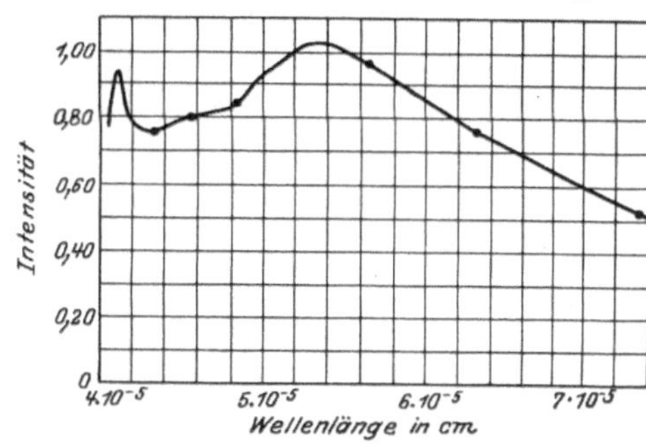

Abb. 22. Energieverteilung in einem 150 Amp.-92 cm-Hochintensitäts-Scheinwerfer.

[1]) O. WERNER, Ann. d. Phys. Bd. 70 (4), S. 480. 1923.
[2]) F. BENFORD, Gen. Electr. Rev. Bd. 29, Heft 10 u. 12, S. 728 u. 873. 1926.

Hindurchgehen durch eine neblige Luftschicht von 700 m entsteht, ist aus dem Vergleich mit Abb. 23 zu ersehen. Das Verhältnis des unzerstreut durchgelassenen zum ausgesandten Lichtstrom ist hier 0,56. Für durchsichtige Luft wäre das gleiche Verhältnis 0,95. Die in Abb. 23 gegebene Verteilung würde dann erst in einer Entfernung von 5 bis 8 km vorhanden sein. Die Reichweite des Scheinwerfers würde über 15 km betragen.

Abb. 24 gibt die Änderung in der energetischen Zusammensetzung eines Licht-

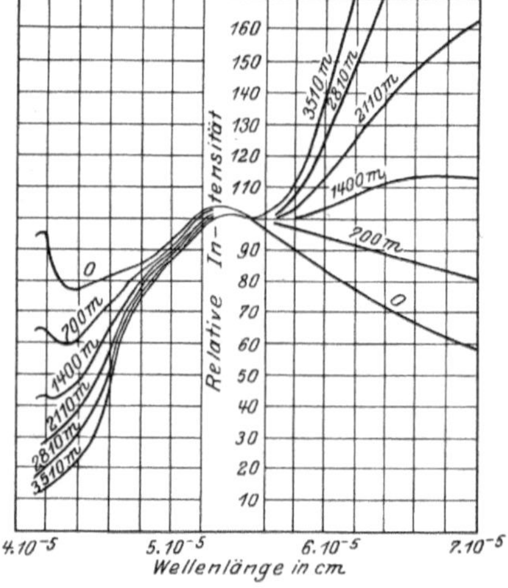

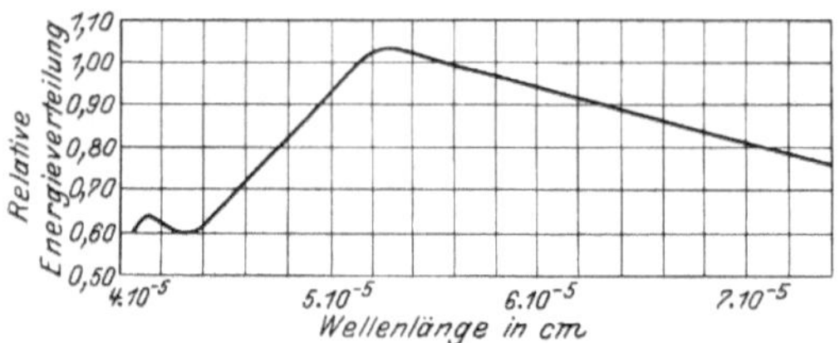

Abb. 23. Relative Energieverteilung im Licht eines Scheinwerfers in 700 m Entfernung.

Abb. 24. Veränderung der Energiezusammensetzung
des Scheinwerferlichtes nach Durchdringen verschieden dicker wasserdampfhaltiger Luftschichten.

bündels in den Entfernungen 700 m, 1400 m, 2110 m, 2810 m, 3510 m für eine Durchlässigkeit, wie sie Abb. 21 zeigt. Sie wurde unter Voraussetzung des BEERschen Gesetzes

$$\frac{s}{s_0} = e^{-hd},$$

(s_0 = einfallende Intensität, s = durchgelassene Intensität, d = Schichtdicke) berechnet. Die Gültigkeit dieses Gesetzes bei Anwendung auf einzelne Wellenlängen wurde gleichzeitig erwiesen.

Abb. 25 gibt die Intensitätsverteilung in verschiedenen Winkelentfernungen innerhalb des Streuungsbereiches für 0 bis 1° für blaues und rotes Licht in 700 m Entfernung vom Scheinwerfer. Endlich zeigt

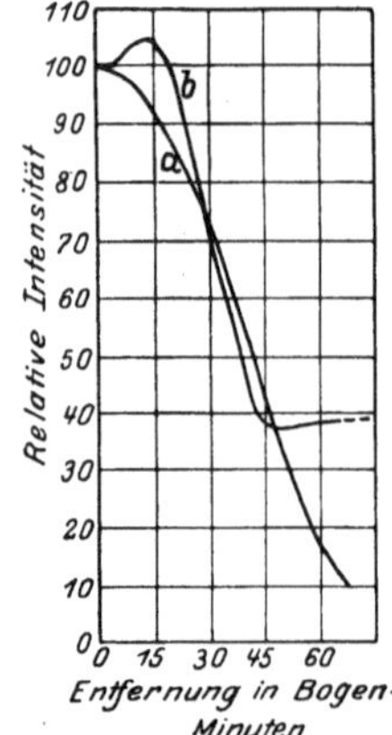

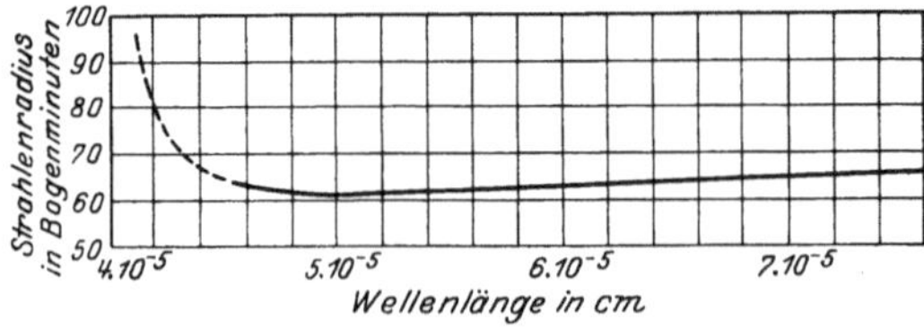

Abb. 26. Größe der Radien des Scheinwerfer-Lichtbündels für
verschiedene Wellenlängen in 700 m Entfernung.

Abb. 25. Verteilung des
Lichtes im Hochintensitäts-
lichtbogen in einer Ent-
fernung von 700 m.

Kurve *a*: Verteilung im
    Orange und
    Rot,
Kurve *b*: Verteilung im
    Violett.

Abb. 26 die Größe der Radien des Lichtbündels für die einzelnen Wellenlängen. Im Blau ist der Radius ca. 50% größer. Diese Ausdehnung bedingt den bekannten blauen Lichthof der Scheinwerfer. Die Abbildung zeigt auch gleichzeitig, daß das BEERsche Gesetz nicht auf das gesamte Lichtbündel angewandt werden kann.

27. Lichtquellen für Leuchtgeräte mit Optik. Tabelle 6 gibt nochmals ausführlich Daten über die in Scheinwerfern benutzten Lichtquellen. Die Leuchtdichte und die Anordnung des Leuchtkörpers sind für die Wirkung einer Lichtquelle maßgebend.

Tabelle 6. Spezifischer Verbrauch, Lichtstärke und Leuchtdichte der für Scheinwerfer benutzten Lichtquellen.

Lichtquelle	Ausführung	Verbrauch pro Stunde und Kerze	Lichtstärke HK_{max}	Leuchtdichte in HK/cm^2
Azetylen	Schnittbrenner 25 l	0,74 l	34	6,4
Azetylen-Sauerstoffbrenner mit Leuchtplättchen	mit 2 getrennten Düsen	0,038 l C_2H_2 0,050 l O_2 }	1600	420
Stehend. Blaugas-Glühlicht	Druck 1000 mm WS	0,28 l	470	20
,, Ölgas-Glühlicht	,, 2000 ,, ,,	0,26 l	570	35
Gasgefüllte Metalldrahtlampe mit Wendeldraht	Osram-Azolampe, 200 mm Kugeldurchmesser, oben versilbert, mit 30% Überspannung brennend	0,33 W/HK	8500	2100[1]
Reinkohlenbogenlampe	Gleichstrom 25 Amp.	0,21 W/HK	5200	9000
,,	,, 50 ,,	0,185 ,,	13000	12500
,,	,, 100 ,,	0,175 ,,	31000	13500
,,	,, 150 ,,	0,16 ,,	56000	13500
Goerzlampe System Beck	Gleichstrom 25 Amp.	0,18 W/HK	7000	42000
,, ,, ,,	,, 50 ,,	0,16 ,,	17000	48000
,, ,, ,,	,, 100 ,,	0,15 ,,	43000	56000
,, ,, ,,	,, 150 ,, Kohlendurchmesser 16 mm	} 0,12 ,,	95000	75000
,, ,, ,,	Gleichstrom 225 Amp. Kohlendurchmesser 16 mm	} 0,14 ,,	150000	125000
,, ,, ,,	Gleichstrom 200 Amp. Kohlendurchmesser 18 mm	} 0,14 ,,	120000	70000
,, ,, ,,	Gleichstrom 300 Amp. Kohlendurchmesser 18 mm	} 0,16 ,,	190000	110000

Über die Verwendung der einzelnen angeführten Scheinwerfer sei noch folgendes erwähnt:

Azetylenflammenscheinwerfer werden vor allem noch in Arbeitsscheinwerfern, z. B. zur Beleuchtung beim Straßenbau, verwertet; Azetylensauerstoffflammen mit Leuchtplättchen werden gelegentlich für Blinkgeräte benutzt. Die Leuchtdichte der Plättchen, die anfänglich 240 HK/cm^2 beträgt, nimmt infolge der Verdampfung des Cers und der durch Sinterung gesteigerten Wärmeleitfähigkeit rasch ab. Die Verwendung der Glühlampe in kleinen Scheinwerfern, wie Automobilscheinwerfern, und auch in Blinkgeräten ist in stetiger Zunahme begriffen. Für große Scheinwerfer wird ausschließlich die Bogenlampe verwandt.

Bei den Automobilscheinwerfern hat man vielfach Anordnungen getroffen, um beim Fahren auf belebten Straßen die Blendung der Entgegenkommenden zu vermeiden. Abb. 27 gibt als Beispiel die Biluxlampe (Osram), die zwei Leuchtsysteme enthält. Das eine Leuchtsystem ist so angeordnet, daß es im Brennpunkt des Scheinwerferspiegels steht und somit das Fernlicht liefert, während das andere weiter vorn etwas oberhalb der Scheinwerferachse angebracht und mit

---

[1]) Diese Zahl gilt nicht für den Leuchtdraht, sondern ist die mittlere Leuchtdichte der durch die Umhüllung des ganzen Leuchtkörpers gegebenen Fläche.

einer Abblendkappe versehen ist. Diese Kappe schirmt den nach unten gerichteten Teil der Strahlung des zweiten Leuchtsystems ab, so daß das Licht

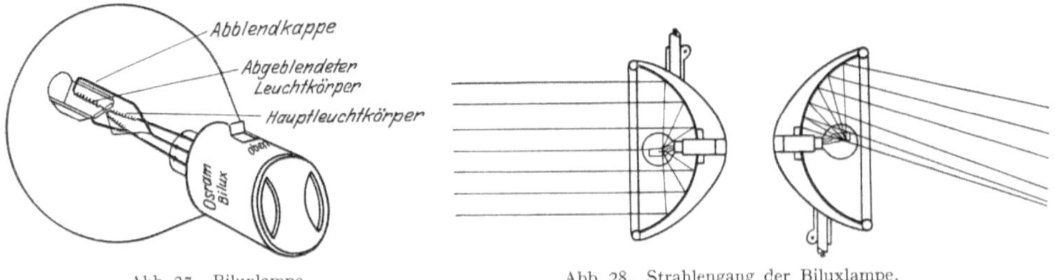

Abb. 27. Biluxlampe.   Abb. 28. Strahlengang der Biluxlampe.

nur den oberen Teil des Spiegels erreicht, von dem es nach unten vor den Wagen
reflektiert wird (Abb. 28).

Kapitel 17.

Leistungsaufnahme und Strahlung.

Von

E. LAX und M. PIRANI, Berlin.

Mit 34 Abbildungen.

a) Einleitung.

1. Absolute und relative Angaben für die Strahlung. Es sind zwei Arten der Kennzeichnung der Strahlung möglich: unbezogene Angaben in den gebräuchlichen Maßeinheiten oder relative Angaben, die auf die Strahlungsdaten des schwarzen Körpers bezogen werden und so einen bequemen Vergleich ermöglichen.

2. Leistungsaufnahme und Lichtpreis. Für die Wirtschaftlichkeit, die jedoch hier nicht betrachtet werden soll, ist die rein energetische Betrachtung nicht ausschlaggebend, da erstens an verschiedenen Orten der Preis für die Leistungseinheit verschieden hoch ist, zweitens nicht jede Lichtquelle für volle Ausnutzung des bei Zentralversorgung gebotenen Energieniveaus hergestellt werden kann, und drittens die Anschaffungs-, Erneuerungs- und Wartungskosten verschieden groß sind. Im folgenden ist der Hauptwert auf die rein energetische Betrachtung gelegt, das wirtschaftliche Problem wird nur kurz gestreift.

b) Strahlung der Lichtquellen.

3. Visueller Nutzeffekt der Gesamtstrahlung und Lichtausbeute. Der Wirkungsgrad einer Lichtquelle hängt von der Größe und spektralen Verteilung der auf das sichtbare Gebiet entfallenden Strahlung und der aufgenommenen Leistung ab. Der obere Grenzwert für Temperaturstrahler ist der visuelle Nutzeffekt (s. Tab. 1) der Gesamtstrahlung für die am höchsten erhitzte Stelle der Lichtquelle. Der Idealwert der Lichtausbeute in Lm/Watt ergibt sich aus diesem Wert durch die Multiplikation mit dem reziproken Wert des mechanischen Lichtäquivalentes $\frac{1}{0,00145} = 689,6$ (vgl. Kap. 1, Ziff. 26). Diesen errechneten idealen Wirkungsgrad erreichen die vorhandenen Lichtquellen nicht, da je nach der Konstruktion ein Teil der zugeführten Leistung durch Wärmeleitung, durch Konvektion, durch Beruhigungswiderstände usw. verbraucht wird.

Die Lichtausbeuteverluste, die bei Vakuumglühlampen (Wolfram, Tantal, Kohle) infolge der Abkühlung durch Wärmeleitung an Zuführungen und Haltern und durch Absorption in der Glaswand auftreten, betragen ca. 10%.

Für die gasgefüllte Lampe treten, wie bereits in Ziff. 7 des Kapitels 14 gesagt ist, Verluste infolge der Konvektion auf. Aus Abb. 1 ist die Größe der Verluste zu sehen, sie sind in Abhängigkeit von der Leistungsaufnahme in Watt

27*

wiedergegeben. Die Daten beziehen sich auf Mittelvoltlampen. Für Hochvoltlampen sind die Verluste für eine bestimmte Type etwa gleich der Mittelvolttype mit halber Leistungsaufnahme.

Bei dem Nernststift werden 10 bis 15% der Leistung in dem Vorschaltwiderstand verbraucht; durch Konvektion dürften etwa 10% der aufgenommenen Leistung verlorengehen.

Beim Erhitzen des Auerstrumpfes in der Gasflamme geht ein viel größerer Teil der zugeführten Leistung durch Wärmeleitung und Konvektion verloren. Aus der Temperatur der fortströmenden Reaktionsprodukte und den spezifischen

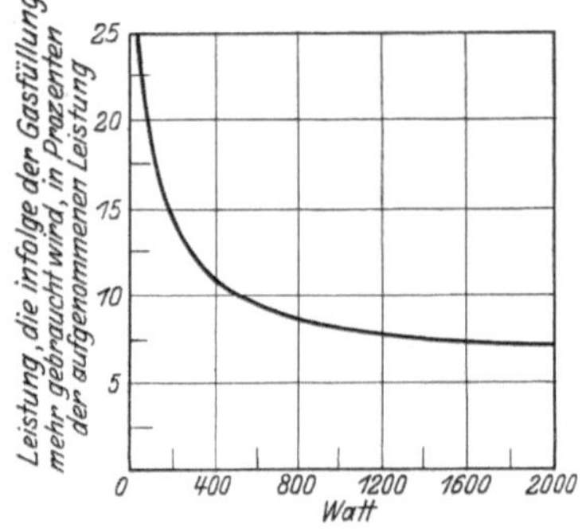

Abb. 1. Leistungsverluste, die durch Gasfüllungen hervorgerufen werden, angegeben in Prozenten der zugeführten Leistung in Abhängigkeit vom Wattverbrauch für 115-Volt-Lampen.

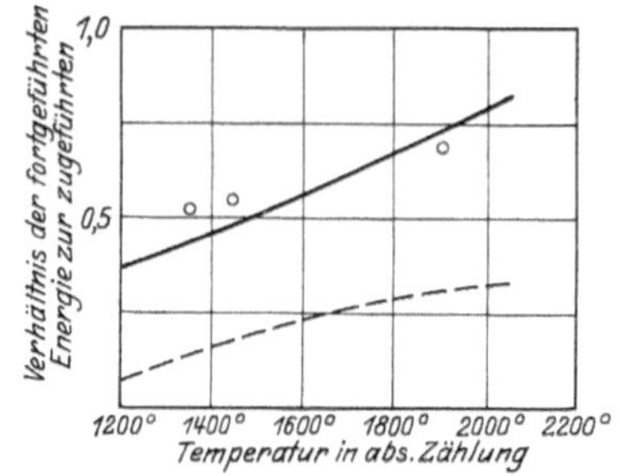

Abb. 2. Konvektionsverluste für die Glühstrümpfe, berechnet aus der spez. Wärme der Reaktionsendprodukte nach Ives, Kingsbury und Karrer.
Ausgezogene Linie bei Verbrennung des Gases mit Luft. Gestrichelte Linie bei Verbrennung mit Sauerstoff.

Wärmen derselben lassen sie sich berechnen. Abb. 2 gibt die Werte bei Verbrennung des Gases unter Luftzufuhr und bei Verbrennung unter Sauerstoffzufuhr in Abhängigkeit von der Temperatur nach Ives, Kingsbury und Karrer[1]) wieder.

Bei Lumineszenzstrahlern ist der Quotient „Sichtbare Strahlung zu Gesamtstrahlung" sehr hoch; nach Messungen von Ångström[2]) 0,1 bis 0,8. Da bei einigen Gasen die Spektrallinien in bezug auf die Sichtbarkeit günstig liegen, so ergibt sich ein hoher visueller Nutzeffekt der Strahlung. Das Verhältnis der Gesamtstrahlung zu der aufgewendeten Leistung ist jedoch bei den vorhandenen Lumineszenzstrahlern viel kleiner als bei den Temperaturstrahlern, z. B. nach den Messungen von Ångström für Wasserstoff 0,003 bis 0,015, für Kohlendioxyd 0,012 bis 0,0132, für

Tabelle 1.

Lichtquelle	Lm/Watt	Grenzwert des visuellen Nutzeffektes der Gesamtstrahlung
Petroleumglühlicht.	1,26	0,0020
Spiritusglühlicht.	0,628	0,00097
Gasglühlicht	1,26	0,0020
Azetylenglühlicht	2,51	0,0038
Kohlefadenlampe	2,87	0,0046
Tantallampe	6,28	0,010
Nernstlampe	5,23	0,0095
Luftleere Wolframlampe	10,05	0,016
Gasgefüllte Wolframlampe	23,5	0,040
Reine Wolframstrahlung bei 3000° .	30,1	0,044
Neon-Vakuumbogenlampe (=) . . .	35,2	0,051

Stickstoff 0,022 bis 0,074. Die Lichtausbeute bleibt gering (s. aber Kap. 15, Ziff. 9).

---

[1]) H. E. Ives, E. F. Kingsbury u. E. Karrer, Journ. Frankl. Inst. Bd. 186, S. 401 u. 585. 1918.
[2]) K. Ångström, Ann. d. Phys. Bd. 48, S. 493. 1893.

Bei den Reinkohlenbogenlampen ist der visuelle Nutzeffekt wesentlich höher als bei den Metallfadenlampen. Jedoch sind die Verluste, die infolge der notwendigen Beruhigungswiderstände, durch die oft 10 bis 20% der Spannung aufgenommen werden, sowie durch die Wärmeleitung auftreten, so groß, daß die Lichtausbeute nicht höher als bei großen Nitralampen ist.

Die Lichtausbeute und der visuelle Nutzeffekt der Gesamtstrahlung sind für einige Lichtquellen in Tabelle 1 gegeben. Ein Bild der Änderung der Lichtausbeute mit der Temperatur für Temperaturstrahler gibt Abb. 3. Es sind in Kurve *a* die Daten für die Strahlung des schwarzen Körpers, in Kurve *b* die für Kohlefadenlampen, in Kurve *d* die für Wolframvakuumlampen und in Kurve *c* die für die Oberflächenstrahlung von Wolfram (berechnet aus den Strahlungsdaten) angegeben.

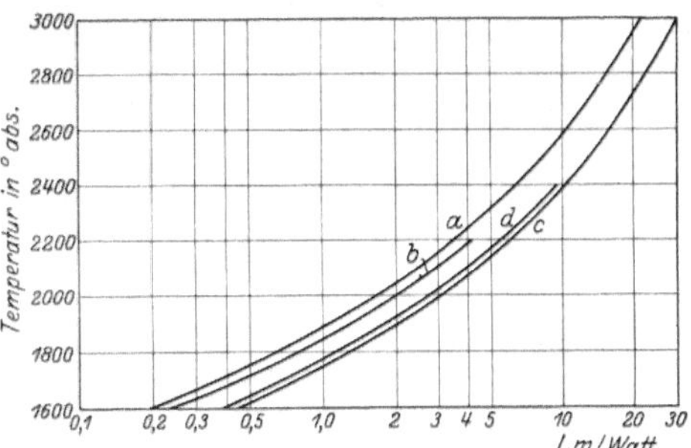

Abb. 3. Abhängigkeit der Lichtausbeute von der Temperatur.
Kurve *a* für die Strahlung des schwarzen Körpers,
Kurve *b* für Kohlefadenlampen,
Kurve *c* für Wolfram (ohne Verluste),
Kurve *d* für Wolframvakuumlampen.

4. Leuchtgüte. Angaben über die Lichtausbeute, die auf die Strahlung des schwarzen Körpers bezogen sind, lassen sich für Temperaturstrahler durch den Leuchtgütenwert (Lichtausbeute des Strahlers: Lichtausbeute des schwarzen Körpers [vgl. Kap. 2, Ziff. 10]) machen. In Abb. 4 ist die Leuchtgüte in Abhängigkeit von der wahren Temperatur für Kohlefaden-, Tantal- und Wolframlampen wiedergegeben.

5. Die Intensitätsverteilung im sichtbaren und ultravioletten Gebiet für Lichtquellen mit kontinuierlichem Spektrum. Die relative Intensitätsverteilung im sichtbaren Gebiet ist für einige Lichtquellen mit kontinuierlichem Spektrum nach Messungen von HYDE[1]), IVES[2]), CADY und LUCKIESH[3]) in Abb. 5 wiedergegeben. Die Intensität der Strahlung für $\lambda = 5,9 \cdot 10^{-5}$ cm ist gleich 100 gesetzt. Zum Vergleich ist die Verteilung für die Strahlung des schwarzen Körpers bei 5000° abs. und die für blaues Himmelslicht mit angegeben. Abb. 6 gibt die Daten auch für das ultraviolette

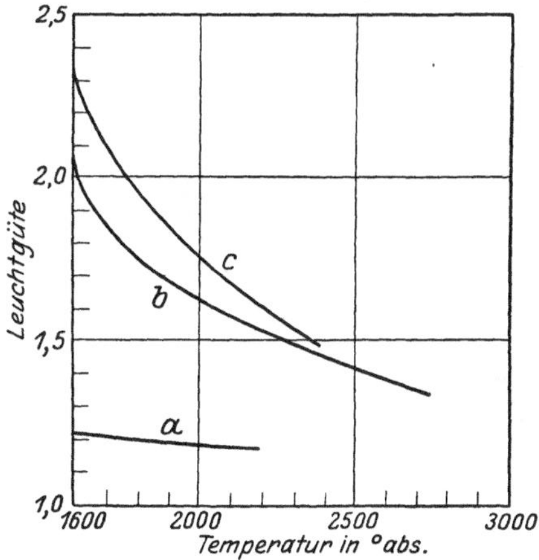

Abb. 4. Leuchtgüte in Abhängigkeit von der Temperatur für verschiedene Glühlampenarten.
Kurve *a*: Kohlefadenlampe,   Kurve *b*: Wolframlampe,
Kurve *c*: Tantallampe.

Gebiet. Es ist zur Kennzeichnung der Lichtwirkung die Sichtbarkeitskurve und zur Kennzeichnung der photographischen Wirksamkeit die Empfindlichkeitskurve für eine orthochromatische Platte eingezeichnet (Maximum jeweils 100%).

Absolute Werte der Energie sind größenordnungsmäßig in Tabelle 2 gegeben; es ist die Intensität $E_{\lambda T}$ der Strahlung für $\lambda = 6,5 \cdot 10^{-5}$ cm angegeben. Die Werte sind aus den nach dem WIENschen Gesetz berechneten Intensitäten

---

[1]) E. P. HYDE, Journ. Frankl. Inst. Bd. 169, S. 439. 1910.
[2]) H. E. IVES, Trans. Ill. Eng. Soc. Bd. 5, S. 189. 1910.
[3]) M. LUCKIESH, Electr. World 19. Sept. 1914; Trans. Ill. Eng. Soc. Bd. 9, S. 839. 1914.

Tabelle 2. Größenordnung der Intensität der Strahlung $E_{\lambda T}$, Absorptionsvermögen für $\lambda = 6{,}5 \cdot 10^{-5}$ cm und wahre Temperatur für einige Lichtquellen.

Strahler	Wahre Temperatur T_w Grad abs.	$A_{\lambda=6,5\cdot10^{-5}\,\text{cm}}$	$E_{\lambda T}(\lambda=6,5\cdot10^{-5}\,\text{cm})$ in Watt/cm³
Schwarzer Körper	5000°	1,0	$1{,}30 \cdot 10^7$
Kohlefadenlampe 2,87 Lm/Watt . . .	2090°	0,85	$2{,}40 \cdot 10^4$
Luftleere Wolframlampe 10,05 Lm/Watt	2420°	0,427	$4{,}95 \cdot 10^4$
Gasgefüllte Wolframlampe 23,5 Lm/Watt	3025°	$\sim 0{,}415^{1)}$	$2{,}90 \cdot 10^5$
Azetylenflamme	2360°	0,016	$1{,}50 \cdot 10^3$
Petroleumlampe	1850°	0,0361	$2{,}35 \cdot 10^2$
Gasglühlicht, hängend	1900°	0,21	$1{,}90 \cdot 10^3$

der Strahlung des schwarzen Körpers für die wahre Temperatur (Spalte 1) der Lichtquellen und dem in Spalte 2 angegebenen Absorptionsvermögen berechnet.

Die Energieverteilung im sichtbaren Gebiet und die absolute Intensität bedingen den Lichteindruck der Lichtquelle.

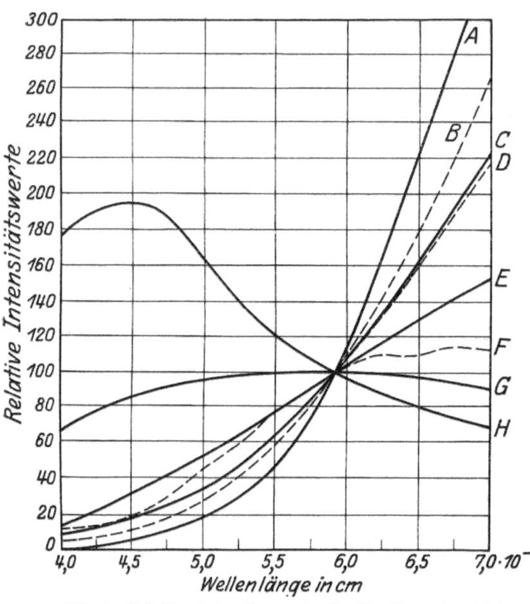

Abb. 5. Relative Intensitätswerte der Strahlung im sichtbaren Gebiet in Abhängigkeit von der Wellenlänge.

A: Petroleumlampe, F: 5,91, S: 85; B: Kohlefadenlampe 3,6 Lm/W, F: 5,88, S: 75; C: Azetylenflamme, F: 5,86, S: 66; D: luftleere Wolframlampe 8,9 Lm/W, F: 5,85, S: 66; E: Gasgefüllte Wolframlampe 24,4 Lm/W, F: 5,83, S: 47; F: Auerstrumpf, F: 5,80, S: 70; G: Schwarzer Körper bei 5000° abs.; H: blaues Himmelslicht, F: 4,75, S: 26;

F = Farbton in 10^{-5} cm;   S = Sättigung in Prozent.

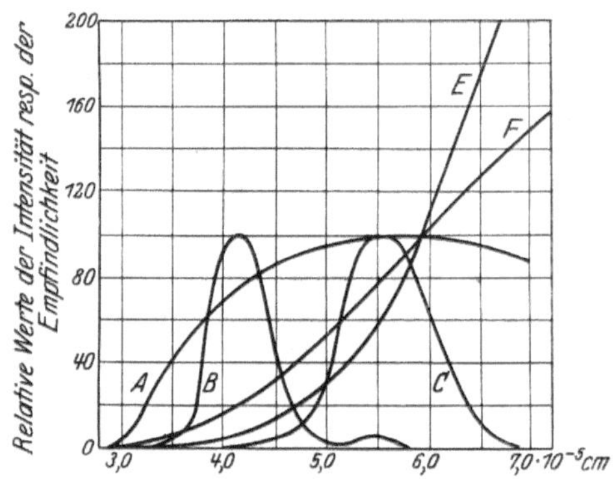

Abb. 6. Relative Strahlungsintensität in Abhängigkeit von der Wellenlänge.

Kurve A für die Strahlung des schwarzen Körpers bei 5000° abs., Kurve E für die Kohlefadenlampe bei 3,6 Lm/Watt, Kurve F für die Strahlung der gasgefüllten Wolframlampe von 24 Lm/Watt; resp. relative Empfindlichkeit in Abhängkeit von der Wellenlänge, Kurve B für eine photographische Platte, Kurve C für das menschliche Auge.

6. Das Spektrum von diskontinuierlich strahlenden Lichtquellen im sichtbaren Gebiet und Ultraviolett.

Bei Bogenlampen strahlt der Krater der positiven Elektrode als ein glühender Körper mit kontinuierlichem Spektrum. Der im Lichtbogen strahlende Dampf gibt ein diskontinuierliches Spektrum (im Innern Atomspektrum [Linien], weiter außen Molekülspektrum [Banden]), so daß bei Zerlegung des Lichtes ein Spektrum mit kontinuierlichem Grund und übergelagerten Einzelbanden erscheint.

Von dem sichtbaren Spektrum eines reinen Kohlelichtbogens ist in Abb. 7, Reihe G, der kurzwellige Teil zugleich mit dem Ultraviolettspektrum wiedergegeben. Bei Verwendung von Dochtkohlen verändert sich das Aussehen stark. Überwiegt

---

$^{1)}$ Werte gelten für die Strahlung der Außenflächen.

die Intensität einzelner Spektrallinien stark, so erscheint das Licht gefärbt. Roter Farbeindruck entsteht z. B. bei Verwendung von Dochtkohlen, die mit Strontium- oder Yttriumsalz getränkt sind; ein gelber bei Natriumsalz; ein grüner bei Erbium-, Thallium-, Quecksilbersalzen; ein blauweißer durch seltene Erden, Uran-, Eisen-, Titansalze.

Abb. 7 zeigt den Einfluß von Zusätzen von Eisen, Nickel, Wolfram und solchen Oxydgemischen, die ein reinweißes Licht geben, auf das Spektrum des Kohlelichtbogens für den Wellenlängenbereich von $(2 \text{ bis } 5) \, 10^{-5}$ cm. Es ist in Reihe G das Spektrum des Reinkohlelichtbogens, in B und D das bei Eisensalztränkung, in C das bei Nickelsalztränkung, in F das bei Wolframsalztränkung entstehende, in E das Spektrum des Schneeweißlichtbogens (Zusatz von seltenen Erden) und in A zur Wellenlängenmarkierung das Spektrum des Quecksilberbogens wiedergegeben.

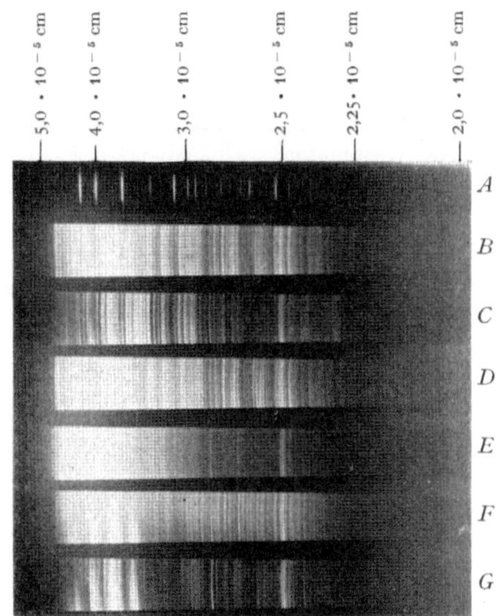

Abb. 7. Emissionsspektrum.

A Quecksilberdampflampe,
B u. D Kohlelichtbogen mit Eisensalztränkung,
C Kohlelichtbogen mit Nickelsalztränkung,
E Schneeweißlichtbogenkohle,
F Kohlelichtbogen mit Wolframsalztränkung,
G Reinkohlelichtbogen.

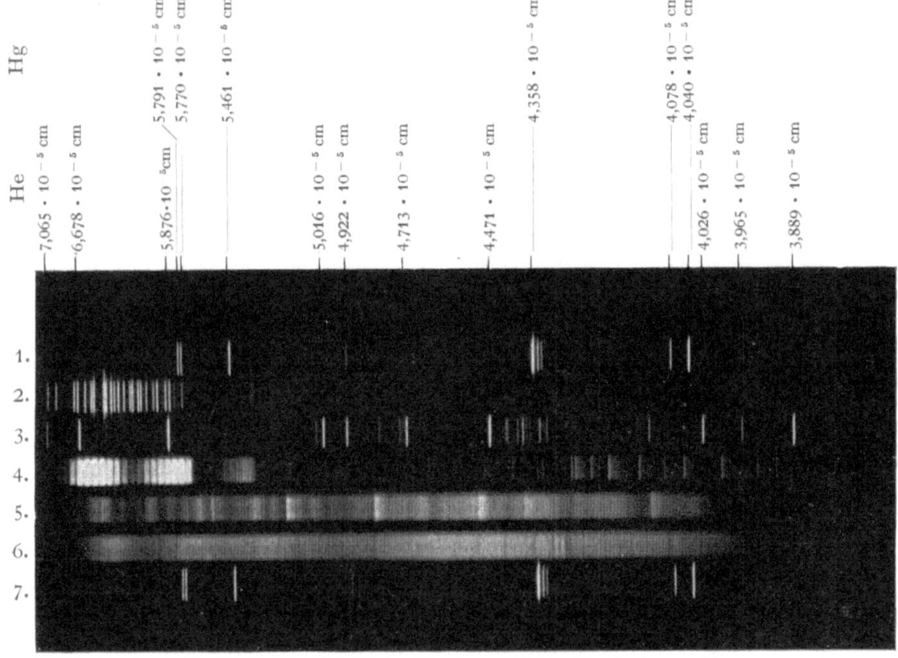

Abb. 8. Emissionsspektren von:

1. u. 7. Quecksilberlinien, Niederdrucklampen,
2. Neonentladungsröhre,
3. Heliumentladungsröhre,
4. Stickstoffmoorelicht,
5. Kohlensäuremoorelicht.
6. Tageslicht (blaues Himmelslicht).

Tabelle 3. Energiestrom in Watt/cm² in 1 Meter Entfernung und

Lichtquelle	Dicke der Elektroden mm	Spannung in Volt	Stromstärke in Ampère	Lichtstärke HK	Watt/cm²
Sonne, Washington:					
25. Mai 1926. 11—12 Uhr vorm. . .	—	—	—	—	0,0880
28. Juni 1926. 11 Uhr vorm.	—	—	—	—	0,0860
Quarz-Quecksilberbogen	—	78 =	4	—	0,0026
Wolframlampe, gasgefüllt	—	115 =	12,7	—	0,0125
Bogenlampe:					
Neutrale Dochtkohle	6	50 ∿	5	125	0,0011
,, ,, ...	12,7	65 ∿	26	1870	0,0365
Graphitkohlen	10	70 =	22	2000	0,0340
Weiße Flammekohlen	6	35 ∿	10	535	0,0016
Hochintensität, weiße Flammekohlen .	11	59 =	88	38000	0,0428
Molybdän-Oxyddochtkohlen	8	50 ∿	5	276	0,0012
Nickeldochtkohlen	6	38 ∿	10	255	0,0019
Wolframstab	6,4	47 =	5	114	0,0013
Wolframdocht, 5%	10	54 ∿	19,5	1260	0,0114
Dochtkohle, 23 A, Gebr. Siemens . . .	7	46 ∿	10	545	0,0028

Das Spektrum von Moorelichtröhren zeigt Abb. 8. Es sind in den Reihen 1. und 7. die Hg-Linien zum Vergleich aufgenommen und in 6. das Sonnenspektrum.

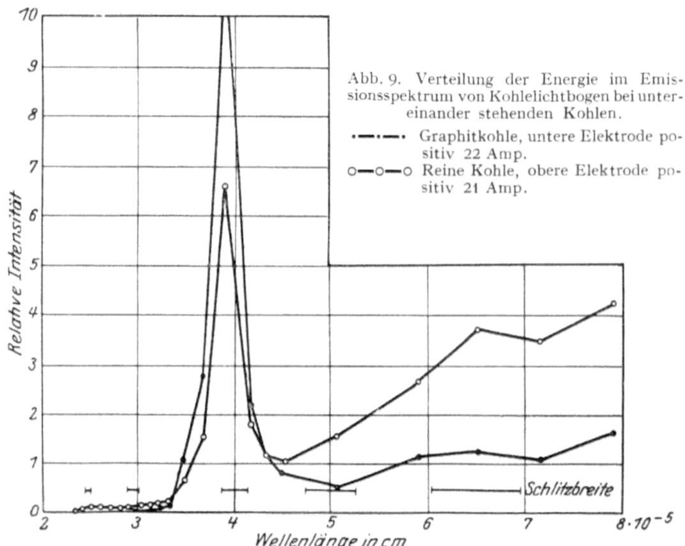

Abb. 9. Verteilung der Energie im Emissionsspektrum von Kohlelichtbogen bei untereinander stehenden Kohlen.

•—·—• Graphitkohle, untere Elektrode positiv 22 Amp.

o—o—o Reine Kohle, obere Elektrode positiv 21 Amp.

Die 2. Reihe zeigt das Spektrum des Neonentladungsrohres,
,, 3.   ,,   ,,   ,,   ,,   ,,   Heliumentladungsrohres,
,, 4.   ,,   ,,   ,,   ,,   ,,   Stickstoffleuchtrohres,
,, 5.   ,,   ,,   ,,   ,,   ,,   Kohlensäureleuchtrohres.

Für einige Lichtquellen, vor allem Lichtbögen, ist die Energieverteilung in einzelnen Spektralbereichen von Coblentz, Dorcas und Hughes[1]) gemessen. Tabelle 3 gibt einzelne Daten.

---

[1]) W. W. Coblentz, M. J. Dorcas u. C. W. Hughes, Scient. Pap. Bureau of Stand. 1926, Nr. 539. W. W. Coblentz, Trans., Ill. Eng. Soc. Bd. 23, S. 247. 1928.

ative Energieverteilung in einzelnen Spektralbereichen.

ngabe der Strahlungsverteilung in dem angegebenen Gebiete in Prozenten der Gesamtstrahlung bis 120·10⁻⁵ cm

·3,2) 10⁻⁵ cm	(3,2–3,7) 10⁻⁵ cm	(3,7–4,8) 10⁻⁵ cm	(4,8–6,0) 10⁻⁵ cm	(6,0–14) 10⁻⁵ cm	(14–42) 10⁻⁵ cm	(42–120) 10⁻⁵ cm
2,0	2,8	12,6	21,9	38,9	21,4	0,4
1,8	3,2	13,3	22,0	39,5	19,7	0,5
5,7	2,8	2,5	6,7	3,2	20,5	58,6
0	0,2	1,0	3,8	29,8	54,2	11,0
0,2	0,3	0,8	0,7	16,1	61,1	20,8
0,4	1,1	4,4	1,3	13,9	58,7	20,2
0,9	1,5	4,6	1,4	12,8	56,8	21,6
1,3	1,8	4,5	5,6	22,0	48,7	16,1
3,1	3,3	11,3	12,5	23,1	24,4	22,3
0,3	1,0	0,6	0,5	11,4	70,1	16,0
1,0	1,1	2,0	2,1	21,4	57,2	15,2
0,7	3,0	1,9	1,1	3,2	48,7	41,4
0,2	1,0	3,6	1,4	14,9	60,0	18,9
0,3	0,4	2,2	3,6	23,3	59,5	10,7

Die relative Verteilung im Kohlelichtbogen im Ultraviolett und sichtbaren Gebiet ist nach den Messungen von COBLENTZ, DORCAS und HUGHES in den Abb. 9 und 10 für verschiedene Stellungen und Stromstärken wiedergegeben. Zur Kennzeichnung der Auflösungsmöglichkeit ist nach Vorbild der dortigen Darstellung die Spaltbreite auf der ersten Abbildung mit angegeben. Man

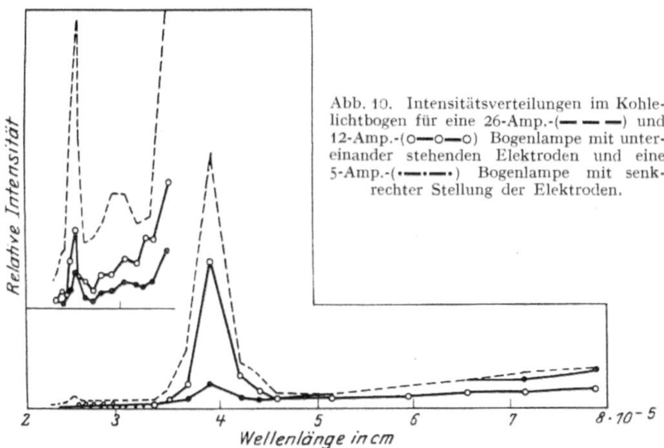

Abb. 10. Intensitätsverteilungen im Kohlelichtbogen für eine 26-Amp.-(— — —) und 12-Amp.-(○—○—○) Bogenlampe mit untereinander stehenden Elektroden und eine 5-Amp.-(·—·—·) Bogenlampe mit senkrechter Stellung der Elektroden.

sieht, daß das Auflösungsvermögen der verwandten Apparatur zu klein war, um den Intensitätsanstieg durch eine einzelne Spektrallinie zu erkennen.

Die bekannte breite Bande bei etwa $2{,}5 \cdot 10^{-5}$ cm ist in dem in vergrößertem Maßstabe in Abb. 10 gezeichneten Teil zu sehen. Bei etwa $3{,}89 \cdot 10^{-5}$ cm liegt eine schmale Bande, die die größte Intensität aufweist. Der Anstieg nach dem roten Teil des Spektrums wird durch die Strahlung des Kraters bedingt. Abb. 9 gibt die Intensitätsverteilung für untereinander stehende Kohlen, für Reinkohle und Graphitkohle, jedoch mit verschiedener Polung der Kohlen. Abb. 10 gibt die Intensitätsverteilung für verschiedene Stromstärken bei untereinander stehenden Kohlen und für eine kleinere Stromstärke für senkrecht zueinander stehende Kohlen.

Derselben Arbeit entstammt Abb. 11, die die relative spektrale Energieverteilung in einer Quarzquecksilberbogenlampe, im Nickel- und Wolframlichtbogen gibt.

Die Energieverteilung in der Hochintensitätsflammenbogenlampe 150 Amp. 73 Volt ist nach Benford für das Kraterlicht in Abb. 12, für die Flamme des

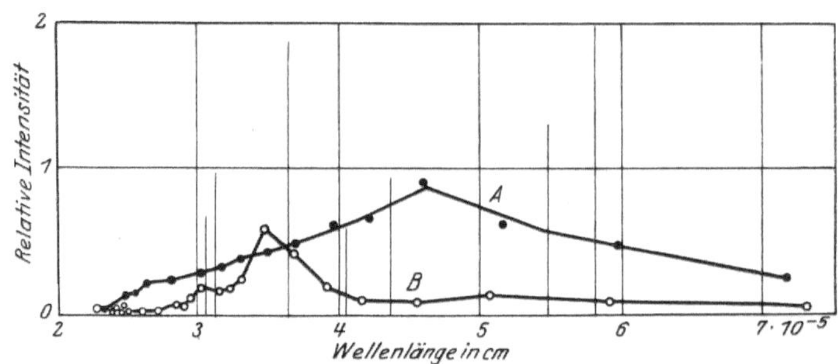

Abb. 11. Relative Intensität im Metallichtbogenspektrum (untereinanderstehende Elektroden).
A Wolframlichtbogen: Elektrodendurchmesser 6,4 mm, Stromstärke 5 Amp. *B* Nickellichtbogen: Elektrodendurchmesser 12 mm, Stromstärke 6 Amp. Einzellinien: Quecksilberlichtbogen im Quarzgefäß.

Bogens in Abb. 13 wiedergegeben. Abb. 14 zeigt neben den Mittelkurven die resultierende Energieverteilungskurve des Gesamtlichtes.

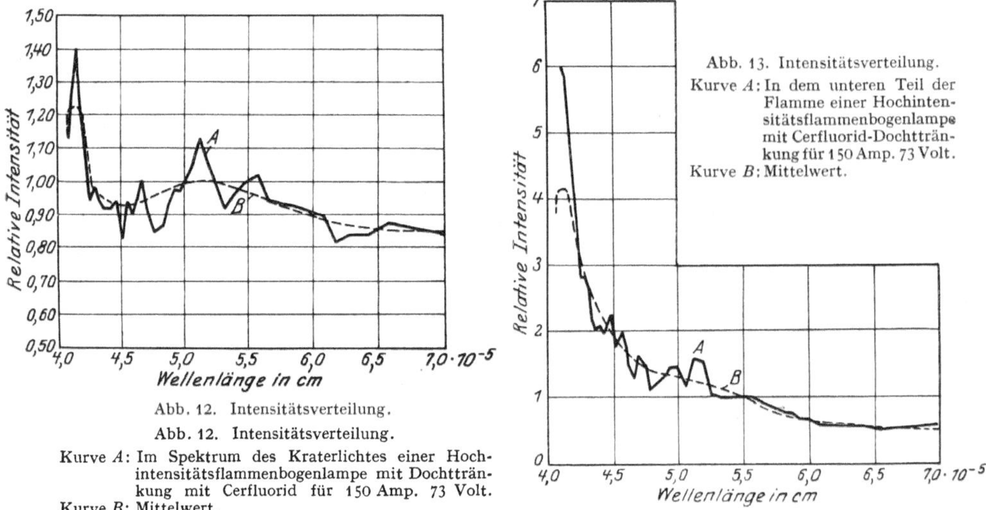

Abb. 12. Intensitätsverteilung.
Kurve *A*: Im Spektrum des Kraterlichtes einer Hochintensitätsflammenbogenlampe mit Dochttränkung mit Cerfluorid für 150 Amp. 73 Volt.
Kurve *B*: Mittelwert.

Abb. 13. Intensitätsverteilung.
Kurve *A*: In dem unteren Teil der Flamme einer Hochintensitätsflammenbogenlampe mit Cerfluorid-Dochttränkung für 150 Amp. 73 Volt.
Kurve *B*: Mittelwert.

Die relative Leuchtdichte der Becklampen, bezogen auf die einer normalen Kohlebogenlampe, ist in Abb. 15 gegeben.

7. Lichteindruck. Der Lichteindruck wird durch Angabe der Farbe und der Leuchtdichte gekennzeichnet. Als Farbkoordinaten wählt man entweder Farbton und relative Sättigung (Farbton = vorherrschende Spektralfarbe, Sättigung = prozentualer Gehalt der Spektralfarbe) oder die Verhältnisse der drei Grundempfindungen (vgl. Kap. 1, Ziff. 17, 19, 21). Mit Angabe dieser Größen ist die Lage im Maxwellschen Farbdreieck charakterisiert. Die Leuchtdichte wird in HK/cm² angegeben. Bei Lichtquellen mit Farbtemperatur (Kap. 2, Ziff. 14) läßt sich der Farbeindruck auch durch Vergleich mit der Strahlung des

schwarzen Körpers kennzeichnen. Man gibt die **Farbtemperatur** an, Farbton
und Sättigung sind dann gleich der des schwarzen Körpers dieser Temperatur.

Die Leuchtdichte läßt sich für Temperaturstrahler annähernd aus der Angabe der schwarzen Temperatur für eine Wellenlänge im Gelbgrün, die der wirksamen Wellenlänge des Auges (vgl. Kap. 1, Ziff. 29) entspricht, oder

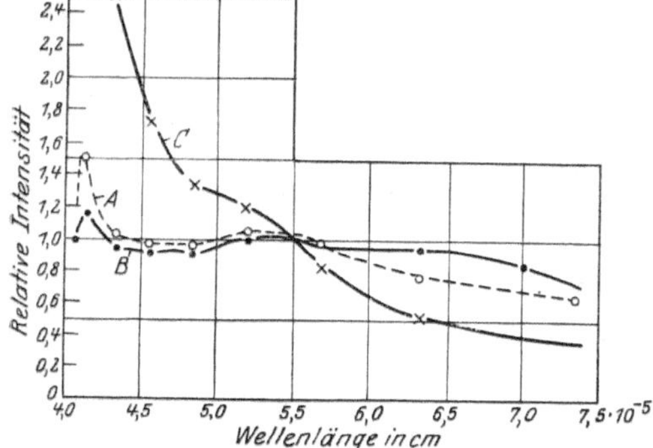

Abb. 14. Mittlere Intensitätsverteilung im Spektrum einer Hochintensitätsflammenbogenlampe mit Cerfluoriddocht für 150 Amp. 73 Volt.
Kurve A: Gesamtstrahlung, Kurve C: Flammenstrahlung.
Kurve B: Kraterstrahlung,

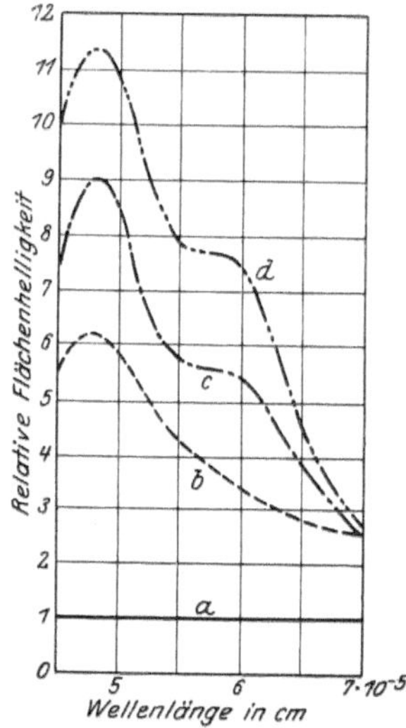

Abb. 15. Relative Leuchtdichte der Beck- und Goerz-Becklampe in Abhängigkeit von der Wellenlänge, bezogen auf normale Kohlebogenlampe.
Kurve a: normale Bogenlampe,   Kurve c: Goerzlampe Kohle 200 Amp.,
Kurve b: alte Becklampe 140 Amp.,   Kurve d: Goerzlampe Kohle 225 Amp.

bei geringerer Anforderung an Genauigkeit aus der schwarzen Temperatur für das Empfindlichkeitsmaximum des Auges ($\lambda = 5{,}55 \cdot 10^{-5}$ cm) ersehen.

Tabelle 4 gibt für einige Lichtquellen die Farbkoordinaten bei Betriebstemperatur, Tabelle 5 die wahren Temperaturen, die Farbtemperaturen und die Leuchtdichten an.

Tabelle 4. **Farbkoordinaten für einzelne Lichtquellen bei Betriebstemperatur**[1]).

Lampentype	Betriebstemperatur T_w in Grad abs.	Größe der Grunderregung in Proz.			Sättigung in Proz.	Wellenlänge des Farbtons in cm
		Rot	Grün	Blau		
Wolfram, luftleer 1 Watt/HK$_h$	2440	48,1	38,8	13,1	62,4	$5{,}85 \cdot 10^{-5}$
desgl. 40 Watt geradfädig	2460	47,7	38,8	13,5	61,1	$5{,}85 \cdot 10^{-5}$
desgl. 60 Watt ,,	2465	47,7	38,8	13,5	60,9	$5{,}85 \cdot 10^{-5}$
Wolfram, gasgefüllt:						
50 Watt	2690	46,3	38,6	15,1	55,7	$5{,}84 \cdot 10^{-5}$
100 Watt	2765	45,7	38,4	15,9	53,4	$5{,}84 \cdot 10^{-5}$
200 Watt	2845	45,1	38,3	16,6	51,1	$5{,}84 \cdot 10^{-5}$
500 Watt	2935	44,2	38,0	17,8	47,6	$5{,}83 \cdot 10^{-5}$
1000 Watt	2995	43,7	37,9	18,4	45,7	$5{,}83 \cdot 10^{-5}$
2000 Watt	3025	43,5	37,8	18,7	45,1	$5{,}83 \cdot 10^{-5}$
Kohlefadenlampe						
3,5 W/HK$_h$	2088	52,0	38,9	9,1	74,6	$5{,}88 \cdot 10^{-5}$
Tantallampe 1,6 Watt/HK$_h$	2220	49,7	38,9	11,4	67,9	$5{,}87 \cdot 10^{-5}$
Nernststift	2400	48,8	38,9	12,3	64,9	$5{,}86 \cdot 10^{-5}$
Azetylenflamme	2360	49,2	38,9	11,9	66,2	$5{,}86 \cdot 10^{-5}$

[1]) Bei der Berechnung sind die IVESschen Grundempfindungswerte (vgl. Kap. 1, Ziff. 16) und die Energieverteilung, die sich mit $c_2 = 1{,}43$ cm · Grad errechnet, zugrunde gelegt. Über Messungen siehe: J. GUILD, Trans. Opt. Soc. Amer. Bd. 27, S. 106, 1925/26 und S. RÖSCH, Lit. S. 454.

Tabelle 5. Wahre Temperatur, Farbtemperatur und Leuchtdichte für einige Lichtquellen.

| Lampentype | Betriebs-temperatur T_w in Grad abs. | Temperatur des schwarzen Körpers | | HK/cm² |
		bei der Farbgleichheit besteht T_f	bei der Leucht-dichtegleichheit besteht	
Wolfram, luftleer 1 Watt/HK$_h$	2440	2493	2260	201
desgl. 40 Watt geradfädig	2460	2515	2292	238
desgl. 60 Watt ,,	2465	2520	2297	244
Wolfram, gasgefüllt:				
50 Watt	2690	2675	2516	622[1])
100 Watt	2765	2745	2580	802
200 Watt	2845	2815	2648	1040
500 Watt	2935	2925	2732	1384
1000 Watt	2995	2985	2792	1700
2000 Watt	3025	3005	2821	1870
Kohlefadenlampe 3,5 Watt/HK$_h$	2088	2088	2059	71
Tantallampe 1,6 Watt/HK$_h$	2220	2308	2084	82
Nernststift	2400		2369	338
Azetylenflamme	2360	2360	1728	6,0 bis 9,0

8. Änderung der Strahlung durch Klarglashüllen. Im allgemeinen rechnet man mit durchschnittlichen Lichtverlusten von 2 bis 5 % infolge des Einschlusses in einer Klarglasglocke. Die Werte für die einzelnen Glassorten variieren. Genaue Untersuchungen der Lichtausbeute bei gleicher Farbtemperatur, die CAMPBELL und FREETH[2]) neuerdings vornahmen, ergaben, daß Glocken, an

Tabelle 6. Durchlässigkeit (einschließlich Reflexionsverlust) von Lampen-Glockenglas für Wellenlängen im sichtbaren Gebiet und im Anfang des ultravioletten Gebietes für Gläser von 0,8 mm Dicke.

| Wellenlänge in cm | Spektrale Durchlässigkeit von Lampenglocken von 0,8 mm Dicke | | | |
	Natronblei (20% PbO)	Pitney-Natron-kalk 17% Na$_2$O 10% (Mg+Ca)O	Borsilikat	Mazda C 2 Tageslicht-glocke, gefärbte Natronbleigläser
$3,0 \cdot 10^{-5}$	0,01	0,07	0,005	0,0
$3,2 \cdot 10^{-5}$	0,28	0,47	0,15	0,017
$3,4 \cdot 10^{-5}$	0,62	0,865	0,49	0,375
$3,6 \cdot 10^{-5}$	0,82	0,88	0,745	0,675
$3,8 \cdot 10^{-5}$	0,875	0,88	0,875	0,785
$4,0 \cdot 10^{-5}$	0,875	0,88	0,92	0,84
$4,2 \cdot 10^{-5}$	0,875	0,88	0,925	0,85
$4,4 \cdot 10^{-5}$	0,875	0,88	0,915	0,84
$4,6 \cdot 10^{-5}$	0,875	0,88	0,905	0,79
$4,8 \cdot 10^{-5}$	0,875	0,88	0,905	0,70
$5,0 \cdot 10^{-5}$	0,875	0,88	0,905	0,62
$5,2 \cdot 10^{-5}$	0,875	0,88	0,905	0,535
$5,4 \cdot 10^{-5}$	0,875	0,88	0,905	0,455
$5,6 \cdot 10^{-5}$	0,875	0,88	0,905	0,495
$5,8 \cdot 10^{-5}$	0,875	0,88	0,905	0,36
$6,0 \cdot 10^{-5}$	0,875	0,88	0,905	0,29
$6,2 \cdot 10^{-5}$	0,875	0,875	0,905	0,28
$6,4 \cdot 10^{-5}$	0,875	0,87	0,905	0,245
$6,6 \cdot 10^{-5}$	0,875	0,865	0,905	0,235
$6,8 \cdot 10^{-5}$	0,875	0,86	0,905	0,27

---

[1]) Mittelwerte von Innen- und Außenstrahlung.
[2]) N. R. CAMPBELL u. M. K. FREETH, ZS. f. techn. Phys. Bd. 8, S. 28. 1927.

denen Unterschiede nicht zu sehen waren, im Absorptionsvermögen so abwichen, daß 2% Schwankungen in der Lichtausbeute vorkamen.

Tabelle 7. Angabe der Durchlässigkeit von verschiedenen Gläsern für ultrarote Strahlen verschiedener Wellenlängen.

Wellenlänge	Lampenglocke, Bleiglas 1,0 mm	Gewöhnliches Natronkalkglas 1,0 mm	Tageslicht-Lampenglockenglas 1,0 mm	Quarz 1,0 mm
$1,0 \cdot 10^{-4}$ cm	0,87	0,88	0,26	0,92
$1,5 \cdot 10^{-4}$,,	0,90	0,90	0,50	0,92
$2,0 \cdot 10^{-4}$,,	0,91	0,90	0,70	0,92
$2,5 \cdot 10^{-4}$,,	0,86	0,89	0,83	0,92
$3,0 \cdot 10^{-4}$,,	0,77	0,70	0,75	0,91
$3,5 \cdot 10^{-4}$,,	0,64	0,62	0,65	0,90
$4,0 \cdot 10^{-4}$,,	0,62	0,60	0,60	0,75
$4,5 \cdot 10^{-4}$,,	0,26	0,20	0,25	0,42
$5,0 \cdot 10^{-4}$,,	0,05	0,04	0,05	0,06
$5,5 \cdot 10^{-4}$,,	0,02	0,02	0,02	—
$6,0 \cdot 10^{-4}$,,	—	—	—	—

Die spektrale Durchlässigkeit für das sichtbare und ultraviolette Gebiet einiger Lampenglockengläser für eine Dicke von 0,8 mm ist nach den Messungen von LUCKIESH, HOLLADAY und TAYLOR[1]) in Tabelle 6 wiedergegeben[2]). Kurvenmäßig bringt Abb. 16 die Daten.

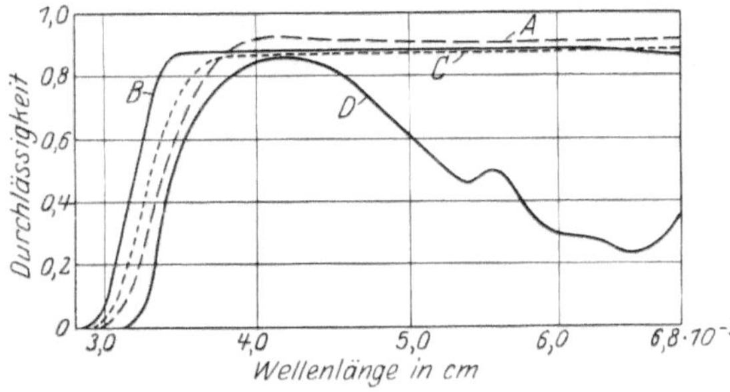

Die Durchlässigkeit für ultrarote Strahlen gibt nach Angaben von RYDE[3]) Tabelle 7. Derselben Arbeit sind die in Tabelle 8 gebrachten Angaben über die Gesamtdurchlässigkeit für verschieden zusammengesetzte Strahlung (Strahlung des schwarzen Körpers verschiedener Temperatur) entnommen.

9. Filter für das sichtbare Gebiet. Um die ultrarote Strahlung auszublenden, benutzt man meist Flüssigkeitsfilter, z. B. 6 bis 12% Kupfersulfatlösung in Schichtdicke von 1 cm und 20% Eisensulfatlösung in Schichtdicke von 2 cm oder je 1 cm dicke Schichten von folgenden Lösungen: 57 g Kupfersulfat $(CuSO_4 \cdot 5 H_2O)$ gelöst in 1 l Wasser und 72 g Kaliumbichromat $(K_2Cr_2O_7)$ gelöst in 1 l Wasser. Ferner hat ein dünner Silberspiegel auf Quarz keine ultrarote Durchlässigkeit, im sichtbaren Gebiet wird von ihm vor allem Blau (Maximum im Ultraviolett

Abb. 16. Durchlässigkeit von Gläsern von 0,8 mm Dicke für das Gebiet sichtbarer und ultravioletter Strahlung in Abhängigkeit von der Wellenlänge.

Kurve A: Hartglas (Borsilikat), Kurve B: Natronkalkglas (15% Na_2O, 10% $(Ca+MgO)$), Kurve C: Natronbleiglas (20% PbO), Kurve D: Tageslichtlampenglockenglas.

Tabelle 8. Angabe der Gesamtdurchlässigkeit von verschiedenen Gläsern für die Gesamtstrahlung des schwarzen Körpers.

Temperatur des schwarzen Körpers	Lampenglockenglas (Blei) 1,0 mm	Tageslichtlampenglocke 1,0 mm	Quarz 1,0 mm
2340° abs.	0,77	0,495	0,815
1825° ,,	0,72	0,535	0,75
1310° ,,	0,545	0,48	0,63
1000° ,,	0,40	0,385	0,47

---

[1]) M. LUCKIESH, L. L. HOLLADAY u. A. H. TAYLOR, Journ. Frankl. Inst. Bd. 196, S. 368. 1923.

[2]) Die Reflexionsverluste betragen etwa 8 bis 9% an ungefärbten Gläsern.

[3]) J. W. RYDE, Electr. Rev. Bd. 96, S. 884. 1925.

$3{,}2 \cdot 10^{-5}$ cm) durchgelassen. Es gibt auch speziell ultrarotundurchlässige Gläser (Eisenoxydzusatz).

Die Durchlässigkeit von Wasserschichten, von Kupfersulfat-, Kaliumbichromat-, Kupferammoniumsulfatlösungen gibt Abb. 17.

An Spezialfiltern sollen die bei objektiver Photometrie verwandten erwähnt sein. Um den Lichtstrom als Energiestrom objektiv zu messen, muß erstens die Strahlung des sichtbaren Gebietes isoliert werden, und zweitens im sichtbaren Gebiet die Intensität in den einzelnen Schwingungsbereichen gemäß der Sichtbarkeit geschwächt werden. Die Größe des auf diese Art geänderten Energiestromes wird dann gemessen. Zerlegt man die Strahlung spektral und entwirft ein reelles Bild des Spektrums, so kann durch Abdeckung von Teilen des Spektrums mittels einer Schablone, die entsprechend der Sichtbarkeitskurve und der Apparatdispersion ausgeschnitten ist, die gewünschte Bewertung vorgenommen werden[1]). Die von der resultierenden Spektralfläche ausgehende Strahlung wird wieder vereinigt und auf dem Meßinstrument konzentriert. Weiter kann die Strahlung durch den Durchgang durch ein Filter, dessen Durchlässigkeitskurve wie die Sichtbarkeitskurve verläuft, zweckentsprechend geändert werden. Als Beispiel sei das CONRADsche[2]) Filter angegeben. Es werden folgende Lösungen in den angegebenen Schichtdicken verwandt:

$$
\begin{array}{llll}
42{,}5\ \text{g} & (\text{CuCl}_2 \cdot 2\,\text{H}_2\text{O}) & \text{in } 1\,\text{l Wasser} & 1{,}4 \text{ cm Schichtdicke} \\
0{,}7745\ \text{g} & \text{K}_2\text{Cr}_2\text{O}_7 & \text{,, } 1\,\text{l} \quad \text{,, } & 1{,}35 \text{ ,,} \qquad \text{,,} \\
0{,}0562\ \text{g} & \text{J} + 0{,}4356\ \text{g KJ ,, } 1\,\text{l} & \text{,, } & 1{,}45 \text{ ,,} \qquad \text{,,}
\end{array}
$$

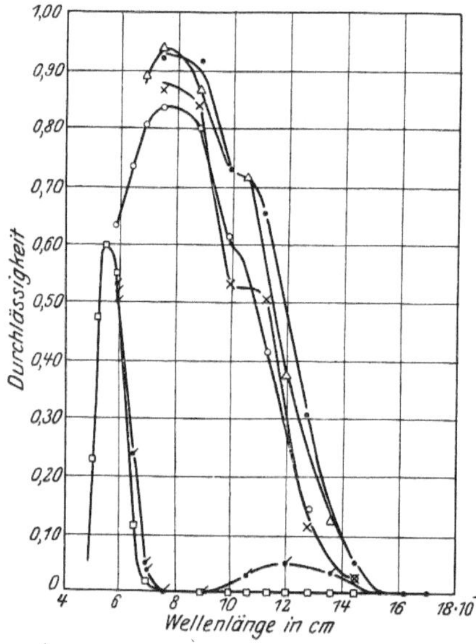

Abb. 17. Durchlässigkeit von verschiedenen Filtern.
• • • Wasser in 1 cm dicker Schicht,
× × × ,, ,, 2 ,, ,, ,,
△ △ △ Kaliumbichromat, 72 g auf 1 l Wasser, Schichtdicke 1 cm,
⚹ ⚹ ⚹ Kupfersulfat, 53 g auf 1 l Wasser, Schichtdicke 1 cm,
○ ○ ○ Kobaltammoniumsulfat, 6 g in 94 cm³ Wasser, Schichtdicke 1 cm,
□ □ □ Lichtfilter 1 cm dicke Schicht. Zusammensetzung: Kupferchlorid 60 g, Kaliumbichromat 1,9 g, Kobaltammoniumsulfat 14,5 g, Salpetersäure (1,05) 18 cm³. Mit Wasser auf 1 l auffüllen.

Die Durchlässigkeit für die Wellenlänge maximaler Sichtbarkeit ist hier 0,7 bis 0,75, die übrigen Gebiete sind entsprechend der Augenempfindlichkeit reduziert. Es werden also 70 bis 75% der wirksamen Energie (vgl. Kap. 1, Ziff. 16) durchgelassen. Die Durchlässigkeit einer 1 cm dicken Schicht des aus der folgenden Lösung: 60 g Kupferchlorid; 1,9 g Kaliumbichromat; 14,5 g Kupferammoniumsulfat; 18 cm³ Salpetersäure (1,05) in 1 l Wasser, bestehenden Lichtfilters ist in Abb. 17 eingezeichnet. Für Aussonderung einzelner Bereiche der sichtbaren Strahlung können Glasfilter benutzt werden, z. B. die in Tabelle 8 gegebenen SCHOTTschen Gläser; der Durchlässigkeitsbereich ist nach dem Tätigkeitsbericht der Physikalisch-Technischen Reichsanstalt[3]) angegeben.

10. Aussonderung ultravioletter Strahlen. Ultraviolette Strahlung wird vor allem zu therapeutischen Zwecken,

---

[1]) J. STRACHE, Proc. Amer. Gas. Inst. Bd. 2, S. 401. 1911. H. E. IVES, Phys. Rev. Bd. 41, S. 334. 1915.

[2]) F. CONRAD, Ann. d. Phys. Bd. 54, S. 357. 1917.

[3]) Tätigkeitsbericht der P.T.R. 1926, S. 61.

zum Keimtöten und zu Analysenzwecken benutzt. Hautrötung (Erythem) erzeugen vor allem das Gebiet von $(2,85$ bis $3,15) \cdot 10^{-5}$ cm und in geringem Maße das Gebiet um $2,60 \cdot 10^{-5}$ cm. Soll, wie es z. B. bei Analysenzwecken oft erwünscht

Tabelle 9. Gemäß Tätigkeitsbericht der Reichsanstalt 1926
vorgeschlagene selektive Filter.

Farbglas	Nummer des Farbglases	Dicke des Farbglases in mm	Benutzbar für den Spektralbereich
Rotfilter	F 4512	3,8	rot $0,770-0,620\,\mu$
Dunkles Gelbglas .	F 5899	7,0	gelb $0,620-0,573\,\mu$
Grünfilter	F 4930	2,7	grün $0,573-0,495\,\mu$
Blaufilter	F 3873	2,0	blau $0,495-0,430\,\mu$
Blau-Uviolglas . .	F 3653	4,0	violett $0,430-0,390\,\mu$

ist, die sichtbare Strahlung nicht durchgelassen werden, so benutzt man Filter aus schwarzem Uviolglas oder ähnlichen Gläsern. Die Durchlässigkeitskurven einiger Spezialultraviolettgläser der Corning Glas-Werke[1]) (Amerika) sind in Abb. 18 wiedergegeben.

1. Glas 980 A, Dicke 5   mm
2. „   984 B,   „   5,3 „
3. „   985 B,   „   5   „
4. „   986 A,   „   5,0 „

Die Grenze für ultraviolette Durchlassung bei dem Jenaer Uvioldeckglas (sehr dünn) liegt bei $2,48 \cdot 10^{-5}$ cm, für Jenaer N.V.-Kron 3199 (1 mm dick) ist die Grenzwellenlänge, bei der die Durchlassung 60 % ist, in Abb. 18 (punktierte Linie) mit eingezeichnet.

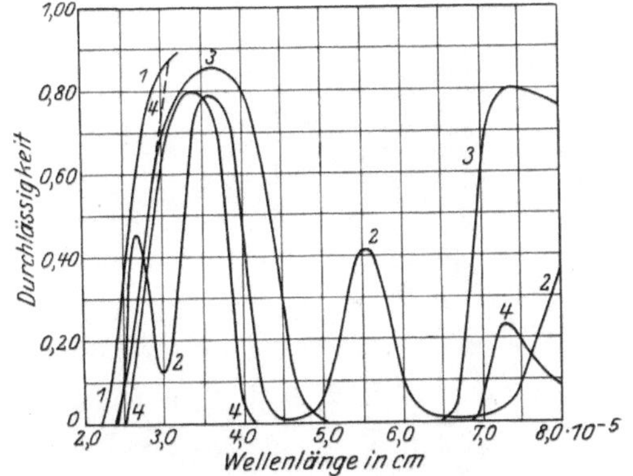

Abb. 18. Spezialgläser für ultraviolette Durchlassung.
1 = G 980 A, 5,0 mm,   3 = G 985 B, 5,0 mm,
2 = G 984 B, 5,3 mm,   4 = G 986 A, 5,0 mm.
Grenze für Jenaer NV Kron 3199, 1 mm.

Die Absorption des blauen Uviolglases der Sendlinger Optischen Glaswerke (ein Kronglas mit Kobaltoxydzusatz) und des Schwarz-U-V-Glases der Sendlinger Optischen Glaswerke sind aus einer Aufnahme von JAECKEL[2]) (Abb. 19) zu erkennen. Es sind Aufnahmen des Spektrums der Quarz-Quecksilberlampe (2)

durch ein Brillenglas (3), durch U-V Kron 1 mm (4)
                    „   „   „   2 „   (5)
                    „   „   „   4 „   (6)
durch blaues U-V-Glas 1 mm (7)
    „   „   „   „   2 „ (8)
    „   „   „   „   4 „ (9)
und
durch Schwarz-U-V-Glas 1 mm (10)
    „   „   „   2 „ (11)
    „   „   „   4 „ (12)

wiedergegeben.

11. Aktinische Wirkung der Strahlung von Lichtquellen. Die für photographische Zwecke benutzten lichtempfindlichen Schichten reagieren verschieden stark auf Strahlen verschiedener Schwingungszahl. Die Empfindlichkeit bei

---

[1]) Nach Angaben von K. S. GIBSON, Journ. Opt. Soc. Amer. Bd. 13, S. 267—280. 1926.
[2]) G. JAECKEL, ZS. f. techn. Phys. Bd. 7, S. 302. 1926.

gewöhnlichen Bromsilberplatten ist bei etwa $4{,}60 \cdot 10^{-5}$ cm am größten, fällt bei längeren Wellen stark ab, bei $5{,}00 \cdot 10^{-5}$ cm auf etwa 3% des Maximalwertes.

Für sensibilisierte Schichten ist die relative Empfindlichkeit (Schwärzung im „normalen" Gebiet) in Abhängigkeit von der Wellenzahl (reziproke Wellenlänge) in Abb. 20[1]) gegeben, und zwar a) gewöhnliche Schicht, b) orthochromatische Schicht, c) panchromatische Schicht. Aus den Empfindlichkeitskurven ergibt sich mit den Emissionskurven der Lichtquellen angenähert die Wirksamkeit einer Strahlung für photographische Zwecke.

Angaben über die relative photographische Wirksamkeit für einige Lichtquellen in verschiedenen Anordnungen bei gleichem Energieverbrauch sind für die Plattensorten der Abbild. 20 in Tabelle 10 wiedergegeben.

Vielfach wird die photographische Wirksamkeit nicht auf gleichen Verbrauch, sondern auf gleichen Lichtstrom bezogen. Sie wird dann Aktinität der Lichtquelle genannt. Als Bezugseinheit wird dabei die Hefnerlampe und die von ihrer Strahlung hervorgebrachte photographische Wirkung gewählt. Werte für die aktinische Wirkung einiger Lichtquellen für Bromsilberplatten sind in Tabelle 11 wiedergegeben. Für Vakuumwolframglühlampen bedingt eine Zunahme der Spannung um etwa 1% eine Zunahme der Aktinität um etwa 0,6%.

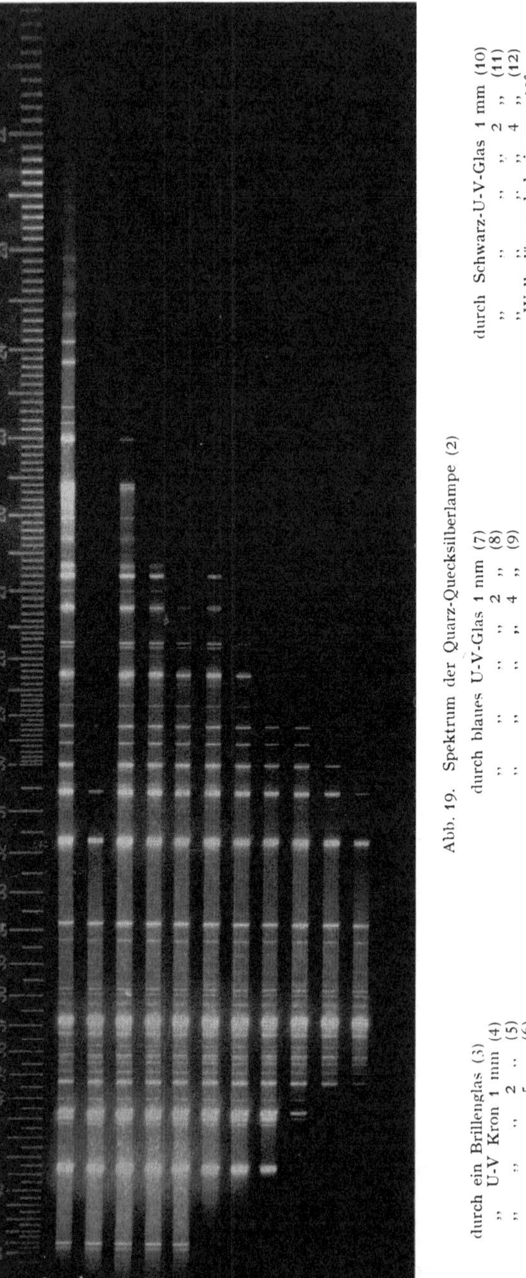

Abb. 19. Spektrum der Quarz-Quecksilberlampe (2)

durch ein Brillenglas (3)
  „   U-V Kron 1 mm (4)
  „   „   2 „ (5)
  „   „   5 „ (6)

durch blaues U-V-Glas 1 mm (7)
  „   „   „   2 „ (8)
  „   „   „   4 „ (9)

durch Schwarz-U-V-Glas 1 mm (10)
  „   „   „   2 „ (11)
  „   „   „   4 „ (12)
  „ Wellenlängenskala in cm $\cdot 10^{6}$

---

[1]) Entnommen J. W. T. Walsh, Photometry. S. 332. London 1926 (Literatur s. dort).

Tabelle 10. Relative photographische Wirksamkeit für einige Lichtquellen.

Lichtquelle	Lm/W	Relative photographische Wirksamkeit für gleichen Energieverbrauch		
		Gewöhnliche Platte	Orthochroma-tische Platte	Panchromatische Platte
Azetylenflamme[1]	0,77	0,14	0,21	0,24
Quecksilberlichtbogen in geschmol- zenem Quarz[2]	44,0	158,0	130,0	99,0
Quecksilber-Quarzlichtbogen durch Kronglas[3]	40,7	79,0	68,0	62,0
Kohlelichtbogen in gewöhnlichem Glas[4]	13,2	10,0	9,0	8,5
Weißer Flammenlichtbogen[5] . .	31,9	52,0	45,0	42,0
Eingeschlossener Flammenlicht- bogen[6]	9,9	11,0	11,0	10,0
Kohlefadenlampe	2,68	0,37	0,52	0,68
Kohlefadenlampe	3,47	0,51	0,74	0,95
Luftleere Wolframglühlampe . .	8,8	1,7	2,2	2,7
Luftleere Wolframglühlampe . .	10,9	2,4	3,0	3,5
Gasgefüllte Wolframlampe . . .	18,3	6,1	6,8	7,7
Gasgefüllte Wolframlampe . . .	23,7	8,9	9,8	11,0
Quecksilberdampflampe[7]	25,3	47,0	54,0	42,0

Die Tabelle 10 ist entnommen M. Luckiesh, Ultraviolet Radiation. S. 110 u. 111. New York 1922.

Tabelle 11. Relative Wirkung auf Bromsilberplatten.

	Licht	Chemische Wirkung*)	Aktinität
Hefnerlampe . . .	1	1	1
Petroleumlampe . .	12	18	1,5
Kohlefadenlampe .	32	64	2
Luftleere Wolfram- lampe	32	144	4,5
Gasgefüllte Wolfram- lampe (1500 W) .	2400	16800	7
Auerstrumpf . . .	60	160	2,6
Kohlebogenlicht . .	400	4000	10,0

*) Produkt aus Lichtstrom und Aktinität.

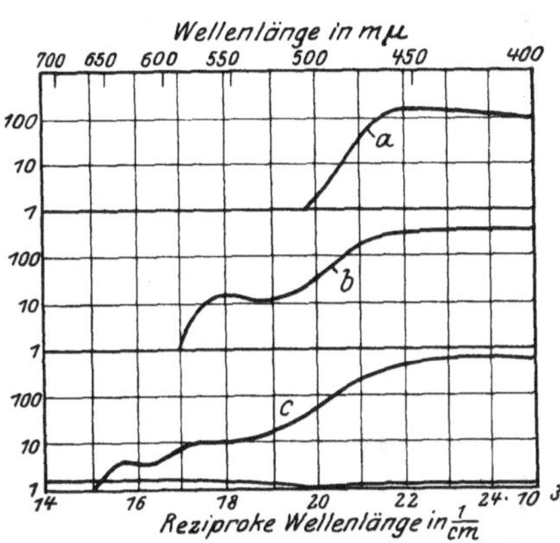

Abb. 20. Relative Empfindlichkeit, bezogen auf die Steigung der Gradationskurve, in Abhängigkeit von der Wellenzahl (reziproke Wellenlänge) für photo-graphische Platten.
Kurve a: gewöhnliche photographische Platte,
Kurve b: orthochromatische Platte,
Kurve c: panchromatische Platte.

[1] Normal-Azetylenbrenner mit zylindrischer Flamme.

[2] Quarz-Quecksilberlampe 220 Volt, 3,4 Amp., als Reflektor schwarze polierte Glas-platte, 2 cm dick. Die Intensität war gemindert durch zwei Quarzlinsen.

[3] Dieselbe Lichtquelle, eine der Quarzlinsen durch klares Kronglas ersetzt.

[4] Reinkohlebogenlampe 110 Volt, 6 Amp., Durchmesser der positiven Kohle 6 mm, Dochtkohle, Lichtbogenspannung 60 Volt. Senkrecht zueinander stehende Kohlen. In-tensität durch Glaslinsen vermindert.

[5] Weißer Flammenlichtbogen 115 Volt = 24 bis 26 Amp., Lichtbogenspannung 85 Volt, Flamme 2,5 bis 3 cm lang. Untere Kohle positiv, Durchmesser 10 mm; obere Kohle, Durch-messer 13 mm, Dochtkohle. Intensität durch eine Quarz- und eine Kronglaslinse gemindert.

[6] Flammenlichtbogen in Glaszylinder eingeschlossen, 110 Volt, 8 Amp. Lichtbogen-spannung 65 Volt, Kohlenstellung 90°, normale Dochtkohlen.

[7] Quecksilberlichtbogen in Glasrohr, 45 cm lang, Durchmesser 2,8 mm, 115 Volt, 3,5 Amp. Strahlung von einem 2 cm langen Abschnitt in der Mitte der Lampe.

c) Räumliche Lichtstrahlung verschiedener Leuchtkörperformen.

12. Veränderung der Oberflächenstrahlung durch Tiefenstrahlung. Bei den Metallfadenlampen ist bei einem großen Teil der Vakuumlampen und bei allen gasgefüllten Lampen der Draht des Leuchtkörpers zu einer Wendel gewickelt. Die Einzelteile des Leuchtkörpers können sich bestrahlen. Es tritt neben der reinen Oberflächenstrahlung eine Innenstrahlung auf, d. h. neben Strahlung ohne Reflexion von der äußeren Oberfläche kommt aus dem Innern eine durch Reflexion geänderte Strahlung. Die Leuchtdichte ist somit innen und außen verschieden. Abb. 21 zeigt dies. Es ist eine glühende Wendel photographiert, die Innenteile erscheinen hell. Die Strah-

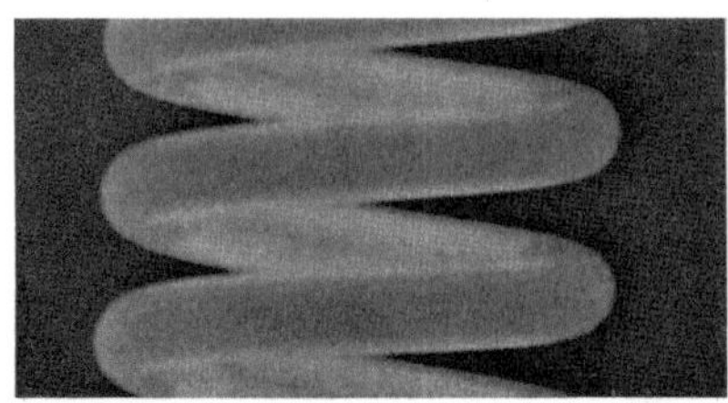

Abb. 21. Glühende Wolframspirale.

lung solcher Wendelleuchtkörper ist je nach dem Kernfaktor und Steigungsfaktor der Wendel (Kernfaktor: Verhältnis des Innendurchmessers zum Drahtdurchmesser; Steigungsfaktor: Verhältnis des Wendelganges zum Drahtdurchmesser) verschieden. Mit zunehmendem Steigungsfaktor nimmt einerseits die relative Größe der Innenfläche zu, andererseits die gegenseitige Bestrahlung ab. Wie sich die Wendelfläche im Verhältnis zur Zylinderfläche in verschiedenen Richtungen darstellt, zeigt Abb. 22 für eine Wendel vom Kernfaktor 4, Steigungsfaktor 1,52. In dem Polarkoordinatennetz ist die Größe der Wendelfläche in Prozenten des Vollzylinders für alle Richtungen eingetragen und außerdem die Größe der Innenfläche in Prozenten des Vollzylinders in 5 fachem Maßstabe. Gewonnen wurden diese Kurven durch Ausplanimetrieren von projektiven Zeichnungen,

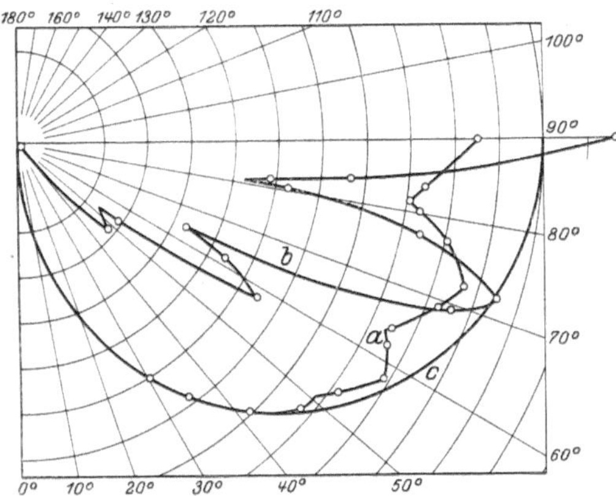

Abb. 22. *a* Größe der projizierten Fläche einer Wendel (Kernfaktor 4, Steigungsfaktor 1,52) in verschiedenen Richtungen angegeben. *b* Innenfläche der Wendel in 5 fachem Maßstab. *c* Fläche des umhüllenden Zylinders.

die mittels eines von HOLST und OOSTERHUIS konstruierten Wendel-Ellipsographen[1]) gewonnen wurden. Integralbildung der Flächen für verschiedene Steigungsfaktoren für die Kernfaktoren 4 und 6 ergibt für das Verhältnis der Innen- zur Gesamtfläche die in Abb. 23 wiedergegebenen Daten.

Um ein Bild der Abhängigkeit der Leuchtdichte von dem Steigungsfaktor zu geben, sind in Tabelle 12 für Kernfaktor 4 die Verhältnisse A I und A II der Leuchtdichte der Oberflächenstrahlung zur Innenstrahlung für die Temperatur 2300° abs. und 1900° abs. für die Wellenlängen $\lambda = 6{,}56 \cdot 10^{-5}$ cm und $\lambda = 4{,}93 \cdot 10^{-5}$ cm nach Messungen von SHACKELFORD[2]) wiedergegeben.

---

[1]) Vgl. Literatur G. HOLST, E. LAX, E. OOSTERHUIS u. M. PIRANI, ZS. f. techn. Phys. Bd. 9, S. 186. 1928. Für die Strahlung vgl. Kap. 16, Ziff. 3.

[2]) B. E. SHACKELFORD, Abstr. Nela Res. Lab. Bd. 1, S. 329. 1922.

Tabelle 12. Änderung des Verhältnisses der Leuchtdichte der Außenfläche zu der Innenfläche mit dem Steigungsfaktor für $\lambda = 6{,}56 \cdot 10^{-5}$ cm und $\lambda = 4{,}93 \cdot 10^{-5}$ cm.

| Steigungsfaktor | Temperatur 2300° abs. | | | Temperatur 1900° abs. | | |
	A I $\lambda=6{,}56\cdot10^{-5}$cm	A II $\lambda=4{,}93\cdot10^{-5}$cm	$\dfrac{\text{A II}}{\text{A I}}$	A I $\lambda=6{,}56\cdot10^{-5}$cm	A II $\lambda=4{,}93\cdot10^{-5}$cm	$\dfrac{\text{A II}}{\text{A I}}$
2,96	0,615	0,681	1,11	0,656	0,682	1,04
2,28	0,555	0,598	1,08	0,581	0,604	1,04
1,78	0,515	0,551	1,07	—	—	—
1,47	0,487	0,516	1,06	—	—	—
1,35	0,473	0,500	1,055	0,498	0,515	1,035
1,00	0,445	0,465	1,045	0,456	0,470	1,03

Berücksichtigt man die Abnahme der Leuchtdichte der Innenfläche zugleich mit der Zunahme der Größe der Innenfläche mit wachsendem Steigungsfaktor, so erhält man für die Leuchtdichte der Wendel eine Vermehrung, die von dem Steigungs- und dem Kernfaktor abhängt und für Kernfaktor 4 und Steigungsfaktor 1,54 etwa 31% beträgt. Neben der Leuchtdichtevergrößerung findet auch eine Vergrößerung der Gesamtstrahlungsdichte statt, die Strahlung ist geschwärzt, so daß die auf die Lichtausbeute günstig wirkende Selektivität der Wolframstrahlung herabgedrückt wird. Die Verschlechterung der Lichtausbeute läßt sich bei Annahme der ungünstigsten Verhältnisse zu etwa

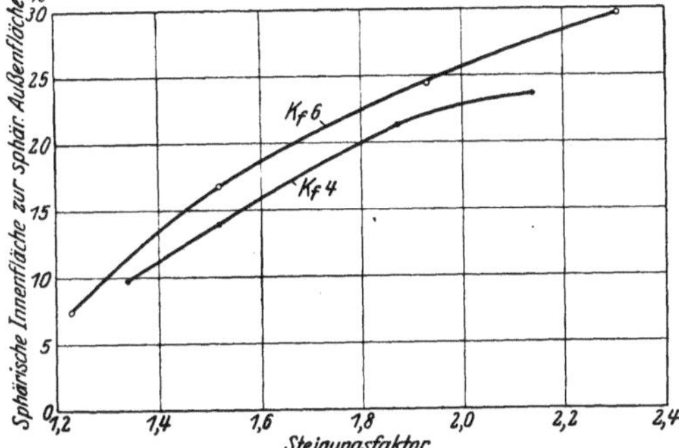

Abb. 23. Verhältnis der sphärischen (Raumwinkelprojektion, vgl. Kap. 12, Ziff. 2) Innenfläche zur sphärischen Außenfläche von Wendeln in Abhängigkeit von der Steigung für Kernfaktor 4 und 6.

7% berechnen. Da andererseits bei den Glühlampen mit wendelförmigem Leuchtkörper wegen der teilweisen Abdeckung der Oberfläche zur Herstellung der gleichen Lampenart (gleicher Gesamtlichtstrom) ein dickerer Draht verwandt werden kann, der, wie in Ziff. 47 des 14. Kapitels gezeigt, auf höhere Temperaturen gebracht werden kann, ohne die Lebensdauer ungünstig zu beeinflussen, so wird bei Vakuumlampen hierdurch der Verlust zum Teil kompensiert.

Bei gasgefüllten Lampen werden erst durch Anordnung des Leuchtkörpers in Wendelform die Konvektionsverluste im Gase auf ein für die Wirtschaftlichkeit erträgliches Maß herabgedrückt (vgl. Kap. 14, Ziff. 7).

Leuchtkörper mit aufgerauhter Oberfläche zeigen ebenfalls eine vermehrte Leuchtdichte. Man nutzt dies bei Wolframbogenlampen aus, bei denen man durch künstliche Aufrauhung resp. Anbringung von Riefen die Leuchtdichte erhöht[1].

Die Leuchtdichte des Kraters der Bogenlampen ist gleichfalls höher, als sie bei reiner Oberflächenstrahlung wäre. Die Aufrauhung infolge der bei dem wandernden Bogenansatz überall entstehenden Vertiefungen bewirkt, wie Messungen von HENNING und HEUSE an Homogenkohle (Marke A, Gebr. Siemens) zeigen, daß die schwarzen Temperaturen im Rot und Grün identisch sind, die herauskommende Strahlung also nahezu Hohlraumstrahlung ist. (Vgl. Kap. 2, Ziff. 7.)

---

[1] C. MÜLLER, ZS. f. techn. Phys. Bd. 5, S. 250. 1924.

13. Lichtverteilungskurven. Um die Lichtausstrahlung von Lichtquellen in Abhängigkeit von der Ausstrahlungsrichtung anzugeben, nimmt man bei

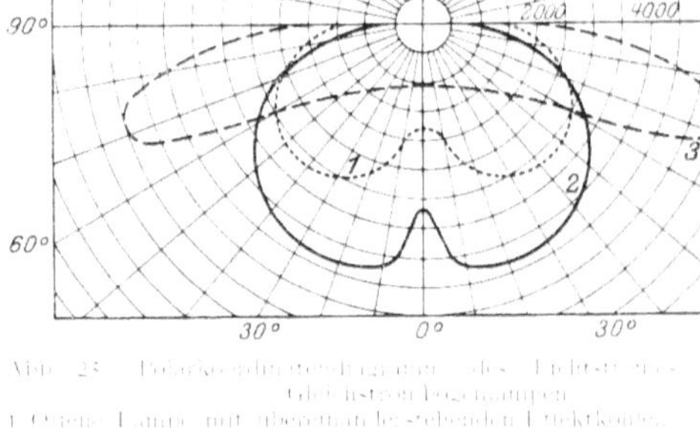

Abb. 25. Polarkoordinatendiagramm des Lichtstromes verschiedener Glühlicht- bzw. Bogenlampen.
1 Offene Lampe mit übereinander stehenden Elektroden.
2 Offene Lampe mit nebeneinander stehenden Elektroden.
3 Offene Lampe mit nebeneinander stehenden Elektroden mit Ablenkung.

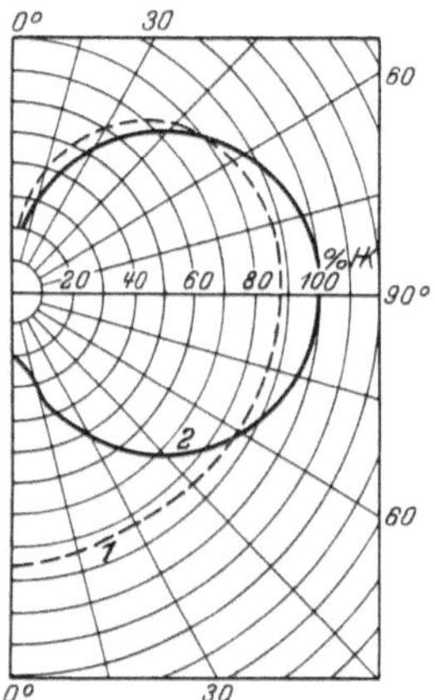

Abb. 24. Lichtverteilungskurve im Polarkoordinatendiagramm für Glühlampen gleichen Lichtstromes.
1 Glühkörper in Wendelform,
2 Glattfädige Glühkörper.

Leuchtkörpern mit annähernd Kreissymmetrie, wie sie in der üblichen Anordnung bei geradfädigen und Wendeldraht-Glühlampen sowie beim Auerstrumpf und Bogenlicht vorliegt, die Lichtverteilung in einem durch die Symmetrieachse gelegten Schnitt auf. Typische Kurven für geradfädige Lampen und Wendeldrahtlampen[1]) sind in Abb. 24 in Polarkoordinaten wiedergegeben. Für Bogenlampen mit übereinanderstehenden Kohlen sowie mit senkrecht zueinander stehenden Kohlen gibt Abb. 25 die typische Lichtverteilungskurve, für stehendes Gasglühlicht und für hängendes Gasglühlicht Abb. 26.

Abb. 26. Polarkoordinatendiagramm des Lichtstromes von Gasglühlicht. Gleicher Lichtstrom.
1 Stehlicht.
2 Hängelicht.

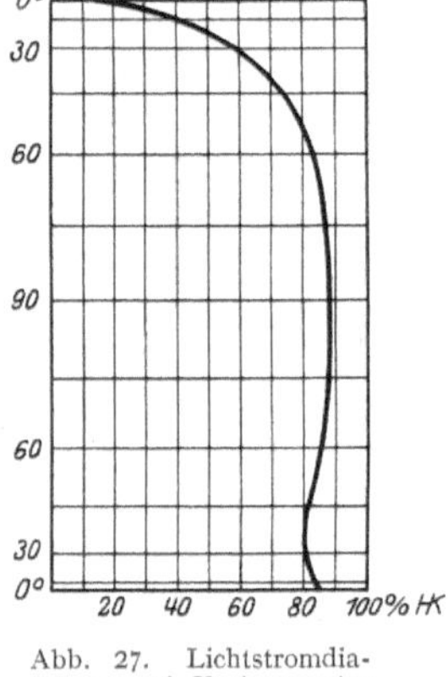

Abb. 27. Lichtstromdiagramm auf Kosinuspapier für eine luftleere Wolfram-Wendellampe.

Tabelle 13. Größe der Kugelzonen zwischen je 10° Breitenunterschied für eine Kugel vom Radius 1.

Lage	Breitengrade	Flächengröße
0—10°	170—180°	0,0954
10—20°	160—170°	0,283
20—30°	150—160°	0,463
30—40°	140—150°	0,628
40—50°	130—140°	0,774
50—60°	120—130°	0,897
60—70°	110—120°	0,992
70—80°	100—110°	1,058
80—90°	90—100°	1,091
		6,2814 = 2π

Um aus diesen Kurven den Gesamtlichtstrom zu gewinnen, sind die Mittelwerte des Lichtstromes in den einzelnen Winkelabschnitten mit den von den Grenzwinkeln auf der Kugel ausgeschnittenen Kugelzonen zu multiplizieren. Die Größe dieser ist in Tabelle 13 wiedergegeben. Um graphisch aus dem Flächeninhalt der Lichtverteilungskurve den Lichtstrom zu ermitteln, benutzt man

---

[1]) Die kleinen Maxima der Abb. 22, die bei der einzelnen Wendel in Erscheinung treten, treten bei der Aufnahme der Lampe wegen der verschiedenen Lage der Wendel bei kreisförmiger Anordnung zurück. Sie sind in der Abbildung infolge des kleinen Maßstabes nicht zu sehen.

Koordinatenpapier mit einer Koordinatenachse, die entsprechend der Kugel-
zonengröße geteilt ist, sog. Kosinuspapier. Man trägt J hier als Funktiodes Winkels auf. Abb. 27 zeigt das Lichtstromdiagramm der luftleeren Wolfraı
wendellampe auf Kosinuspapier.

d) Änderung der Lichtstrahlung während der Brennzeit. Totbrennen der Lichtquellen.

14. Glühlicht. Jede Lichtquelle unterliegt zeitlichen Veränderungen, die
auf die Lichtstärke wie auf die Lichtausbeute Einfluß haben. Beim Glühstrumpf
z. B. verdampft beim Brennen mit Preßgas allmählich das Ceroxyd. Der an Cer
verarmte Strumpf strahlt weniger Licht bei gleichem Gasverbrauch aus. Bei
Niederdruckgasglühlicht ist die Abnahme des Lichtstromes mit der Brenndauer
gering. Meist wird der Strumpf infolge Beschädigungen zerstört werden, ehe noch
eine Lichtabnahme stattgefunden hat. Bei vorsichtiger Behandlung kann ein
Strumpf 1000 Stunden ohne Lichtverminderung brennen. Ergebnisse von Tot-
brennversuchen zugleich mit Messungen des Lichtverlustes sind nicht veröffentlicht. Bei Preßgas ist eine geringe Abnahme des Lichtstromes mit der Brennzeit
vorhanden. Genauere Daten sind nicht bekannt. Noch weniger Versuchsmaterial liegt in bezug auf die Petroleum- und Azetylenglühlichtbeleuchtung
vor. Hier treten vor allem bei Verstopfungen des Zuführungsrohres große
Schwankungen auf. Deshalb ist vor allem beim Petroleum auf Sauberkeit der
Düsen zu achten. Das Absinken des Lichtstromes bei Verminderung der Öldampf-
zufuhr erfolgt sehr schnell.

15. Verhalten der Wolframlampen beim Brennen. In Ziff. 13 des
14. Kapitels ist bereits über die Ursachen des Ausbrennens der Glühlampen
berichtet.

Die Verschiedenheit der Verdampfungsgeschwindigkeit kann sowohl durch
Schwankungen der Form oder der Größe des Querschnittes als durch Änderungen
des spezifischen Widerstandes hervorgerufen werden. Für die einzelne Lampe
jedoch ist es natürlich rein vom Zufall abhängig, wie stark gerade ihre kritische
Einschnürung ist, so daß man nichts über die voraussichtliche Lebensdauer der
einzelnen Lampe aussagen kann. Wenn man dagegen von einem Draht gegebener,
durch die Herstellungsmethode definierter Qualität, d. h. also auch gegebener
Verteilung der schadhaften Stellen, eine sehr große Anzahl von Lampen herstellt,
kann man erwarten, daß die mittlere Lebensdauer dieser Lampenmenge ein gewisses Abbild der Drahtqualität liefert. Andererseits bietet eine bestimmte
Drahtqualität wieder eine Garantie für das Erreichen der normalen Lebensdauer. Die Qualitätsprüfung von Lampen ist im 14. Kapitel, Ziff. 56 bis 60
beschrieben.

Der Lichtstrom sinkt innerhalb 1000 Stunden allmählich auf etwa 80 bis
90% seines Anfangswertes herab. An der Glockenwand oder im Lampenhals
setzt sich ein dünner, schwarz aussehender Beschlag nieder.

16. Die wirtschaftlichste Lebensdauer. Die Kosten für die Lumenstunde
setzen sich, wenn die Zinsen und der Amortisationsbetrag für die Beleuchtungsanlage nicht mit in Rechnung gesetzt werden, aus dem Energieverbrauch, dem
Preis für die Lichtquelle und dem für die erforderliche Wartung zusammen.

Der über die Gesamtbrenndauer gemittelte Lichtstrom, dividiert durch den
Mittelwert des Leistungsverbrauches, ergibt den Wert der mittleren Lichtausbeute.

Die Kosten pro Lumenstunde sind aus diesen Größen als Mittelwert des
spezifischen Verbrauches Watt/Lm, multipliziert mit dem Einheitsleistungspreis

zu gewinnen. Hierzu kommen die Anschaffungskosten, dividiert durch die Zahl der Lumenstunden, und evtl. die auf die Lumenstunde bezogenen Wartungskosten, die z. B. bei Bogenlampen stark ins Gewicht fallen.

Bei den Glühlampen wird durch eine Temperatursteigerung des Leuchtkörpers die Lichtausbeute und gleichzeitig die Verdampfung erhöht; dabei wird die Lebensdauer der Lampen verkürzt. Es nimmt also einerseits der Energieverbrauch für die Lumenstunde ab, andererseits nimmt aber der Lampenpreis, auf die Lumenstunde berechnet, zu, da der Gesamtlichtstrom bei einer Lampe gleichen Lichtstromes infolge des Sinkens der Nutzbrenndauer kleiner wird. Erfahrungsgemäß ist die Nutzbrenndauer etwa der 6. bis 7. Potenz der Lichtausbeute umgekehrt proportional.

Aus dem Lampen- und Leistungspreis kann somit bei Glühlampen eine Berechnung der günstigsten Belastung und damit der wirtschaftlichsten Lebensdauer vorgenommen werden. Die Berechnung ergibt bei der Annahme, daß die Nutzbrenndauer der 7. Potenz der Lichtausbeute umgekehrt proportional ist, folgende Abhängigkeit[1]) zwischen der wirtschaftlichsten Lebensdauer, Leistungspreis und Lampenpreis:

$$\text{Lebensdauer} = \frac{6000}{\text{Wattverbrauch}} \frac{\text{Lampenpreis}}{\text{Leistungspreis}} .$$

Bei anderen Lichtquellen sind die Variationsmöglichkeiten bei der Hauptveränderlichen, der Temperatur, weit eingeschränkter, so daß eine wirtschaftlichste Lebensdauer nicht berechenbar ist.

17. Absolute Lebensdauer und Nutzbrenndauer. Infolge der Schwärzung der Glocke wird eine Glühlampe nach längerem Brennen bei annähernd gleicher Leistungsaufnahme geringeren Lichtstrom geben. Es wird infolgedessen eine Erneuerung der Lichtquelle auch vor dem Ausbrennen zweckdienlich sein zu der Zeit, wo die Lichtabnahme etwa 20% beträgt. Bei den alten Kohlefadenlampen betrug z. B. die absolute Lebensdauer mehrere 1000 Stunden, die Nutzbrenndauer jedoch nur etwa 600 Stunden. Bei den zur Zeit hergestellten Wolframlampen fällt die Nutzbrenndauer und die absolute Lebensdauer zusammen. Sie beträgt z. B. für eine 25 Watt/220 Volt N-Lampe ca. 1200 Stunden. Bei Projektionsglühlampen wird der Leuchtkörper zur Erzielung großer Leuchtdichte sehr hoch erhitzt, die Lebensdauer dementsprechend auf 100 bis 200 Stunden festgesetzt. Bei Kohlebogenlampen ist die Brennzeit der Kohlen gering; Ablagerungen der Dämpfe verschmutzen die Hüllen stark, so daß hier bei Kohlenerneuerung zugleich Glockensäuberung stattfinden muß. Die Kosten der Wartung sind deshalb groß. Tabelle 14 gibt den Abbrand der Kohlen für einige Lampentypen wieder.

Tabelle 14. Elektrodenverbrauch pro Stunde.

Bogenlampentype	Elektroden-durchmesser	Stromstärke in Ampere	Spannung in Volt	Abbrand pro Stunde
Offener Kohlebogen	15 mm	9	40	16 mm
Offener Flammenkohlebogen . .	9 ,,	10	45	30 ,,
Eingeschlossener Bogen.	12 ,,	6,6	70	1—2 ,,
Eingeschlossener Flammenbogen	22 ,,	10	45	2—3 ,,
Magnetitbogen	15 ,,	3,5	91	1—2 ,,

Die Brenndauer hängt von der Länge der Stifte ab, beträgt für Kohlebogenlampen 8 bis 20 Stunden, für die Dauerbrandlampen mit starkem Luftabschluß 100 bis 200 Stunden, bei etwas größerer Luftzirkulation bei den Sparbogen-

---

[1]) Elektrotechn. Kalender 1925/26, S. 455.

lampen 20 bis 30 Stunden. Bei den Flammenbogenlampen reichen die Stifte bei den offenen Typen 10 bis 22 Stunden, bei den geschlossenen 100 bis 120 Stunden.

Die Nutzbrenndauer von Wolframbogenlampen liegt zwischen 200 bis 400 Stunden. Die Lebensdauer der Lumineszenzlampen erreicht evtl. viele tausend Stunden.

e) Einfluß der Stromart auf Lichtstrom und Lebensdauer.

18. Wolframglühlampen.
Werden Lampen mit Wechselstrom gebrannt, so treten während jeder Periode Temperaturschwankungen auf. Die Temperaturschwankungen sind von der Periodenzahl, der spezifischen Wärme und der Wärmekapazität abhängig. Für im Vakuum glühenden Wolframdraht ist von

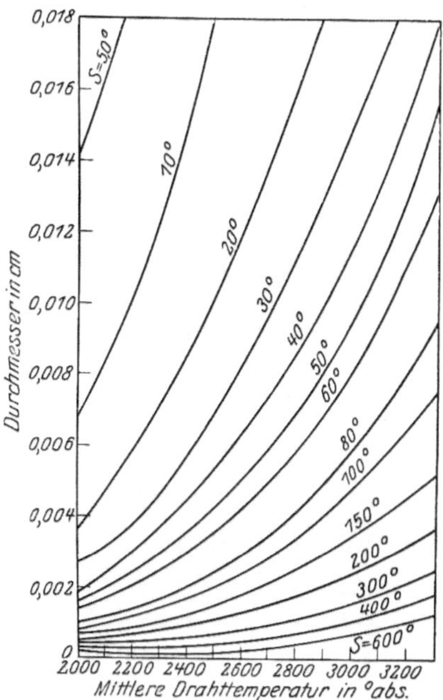

Abb. 28. Unterschied zwischen erreichter Maximal- und Minimaltemperatur bei Beheizung mit 50 periodischem Wechselstrom für Wolframdrähte in Abhängigkeit von der Drahtdicke und der Mitteltemperatur.

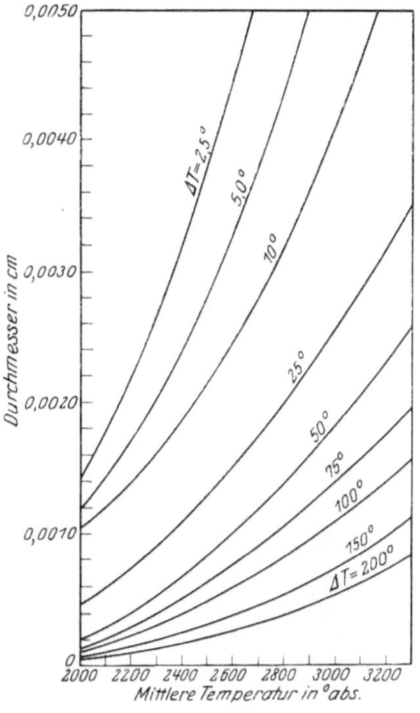

Abb. 29. Unterschied zwischen mittlerer Temperatur und für die Verdampfung wirksamer Temperatur für Wolframdrähte bei Beheizung mit 50 periodischem Wechselstrom in Abhängigkeit von der Drahtdicke und Temperatur.

H. PLAUT[1]) nach den CORBINOschen Formeln[2]) der Unterschied zwischen Maximal- und Minimaltemperatur in Abhängigkeit von der Temperatur und der Drahtdicke für 50periodischen Wechselstrom berechnet. Die Ergebnisse bringt Abb. 28. Für einen Wechselstrom mit n Perioden lassen sich die Unterschiede der Temperatur ebenfalls der Abbildung entnehmen. Man sucht den Wert bei einem reduzierten Durchmesser $d' = \dfrac{n}{50} \cdot d$, wenn d die vorliegende Größe des Durchmessers ist, auf.

Die zwischen Maximal- und Minimaltemperatur liegende Temperatur, die für die mittlere Leuchtdichte des Fadens maßgebend ist, ist infolge der Verschiedenheit der Abhängigkeit der Verdampfungsgeschwindigkeit und Leuchtdichte von der Temperatur nicht für die Verdampfung und damit für die Lebens-

[1]) H. PLAUT, ZS. f. techn. Phys. Bd. 6, S. 313—317. 1925.
[2]) O. M. CORBINO, Phys. ZS. Bd. 11, S. 413. 1910.

dauer maßgebend. Die starke Abhängigkeit der Verdampfung von der Temperatur (vgl. Ziff. 4 des 14. Kapitels) bedingt, daß die hier wirksame Temperatur höher liegt. Der von H. Plaut[1]) berechnete Unterschied zwischen beiden Temperaturen ist aus Abb. 29 zu entnehmen.

Metallfäden verhalten sich je nach der Stromart beim Brennen verschieden. Man beobachtete zuerst an Tantalfäden beim Brennen mit 50- bis 2000 periodi-

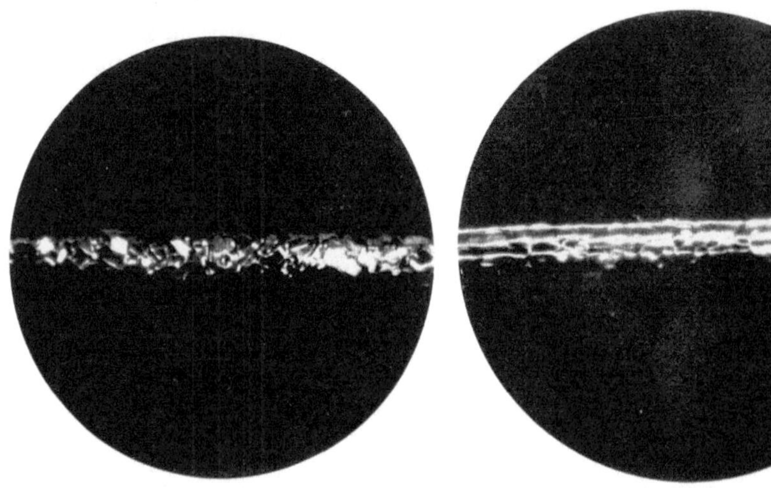

Abb. 30. Oberfläche eines Wolframdrahtes beim Brennen mit Gleichstrom. (Vergr. 150mal.)

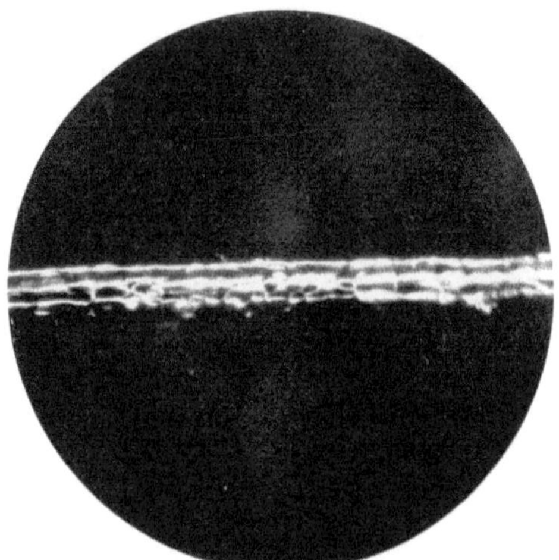

Abb. 31. Oberfläche eines Wolframdrahtes beim Brennen mit Wechselstrom. (Vergr. 150mal.)

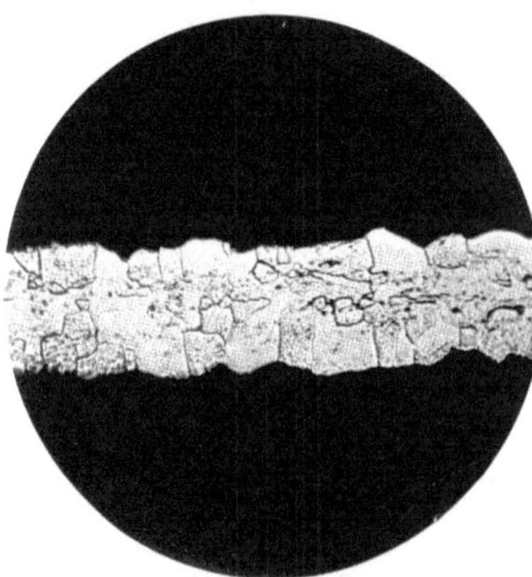

Abb. 32. Querschnitt durch einen mit Gleichstrom gebrannten Wolframdraht. (Vergr. 400mal.)

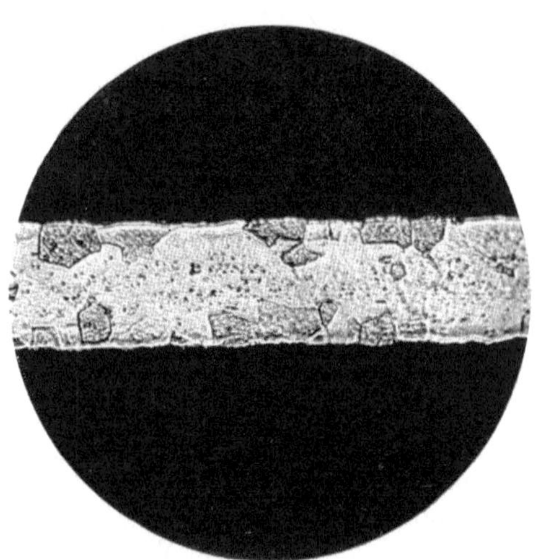

Abb. 33. Querschnitt durch einen mit Wechselstrom gebrannten Wolframdraht. (Vergr. 400mal.)

schem Wechselstrom sog. Versetzungen. Auch bei Drähten aus reinem Wolfram tritt beim allmählichen Rekristallisieren während des Brennens mit Wechselstrom diese Erscheinung auf (vgl. Abb. 7 im 14. Kapitel). Diese Versetzungen führten zu vorzeitigem Ausbrennen infolge von Fadenbruch. Auch bei den in der Glühlampentechnik hergestellten Lampen mit Drähten aus Wolfram mit Thorium-

---

[1]) H. Plaut, s. Fußnote 1, S. 439.

oxydzusatz zeigen Vergleiche beim Brennen mit Gleich- und Wechselstrom Unterschiede in der Kristallisation. Die mit Gleichstrom gebrannten Drähte haben eine rauhe Oberfläche und nicht so große Kristalle wie die durch glattere Oberfläche ausgezeichneten Drähte, die mit Wechselstrom gebrannt wurden. Abb. 30 bis 33 zeigen dies.

Auf das Verhalten von Vakuumlampen während des Brennens mit konstanter Spannung hat diese Verschiedenheit der Oberflächenausbildung folgende Wirkung[1]:

1. Der Wirkungsgrad sinkt bei Wechselstrom weniger rasch.

2. Die absolute Lebensdauer ist bei Wechselstrom geringer, wenn die Lampen bei gleicher Spannung gebrannt werden. Wird dagegen der Brennversuch bei gleichem mittleren Wirkungsgrad ausgeführt, so ist die Lebensdauer der Wechselstromlampen größer.

Diese Befunde sind durch die Veränderung der Strahlung bei Aufrauhung der Oberfläche bedingt. Das Emissionsvermögen steigt für das gesamte Gebiet. Die vermehrte Abstrahlung bewirkt ein Sinken der Temperatur, dadurch wird ein Absinken des Wirkungsgrades und zugleich ein Steigen der Lebensdauer herbeigeführt. Zugleich aber bewirkt die Verminderung der in bezug auf die Lichtstrahlung günstigen Selektivität, daß zur Erzielung gleichen Wirkungsgrades bei einer im Vergleich zu glattem Draht erhöhten Temperatur gebrannt werden muß. Dadurch sinkt die Lebensdauer der mit Gleichstrom gebrannten Lampen gegenüber der der Wechselstromlampen, wenn die Lampen auf gleichen Wirkungsgrad eingestellt werden.

19. Einfluß der Stromart auf die Lichtstrahlung bei Bogenlampen. Bogenlampen, die mit Wechselstrom betrieben werden, erreichen nicht eine gleich hohe Lichtausbeute wie die mit Gleichstrom betriebenen (vgl. Kap. 15, Ziff. 21, 22). Über den Einfluß, den die Form der Spannungskurve sowie die Frequenzzahl auf die Lichtausbeute bei Flammenbogenlampen ausübt, hat P. HÖGNER[2]) Untersuchungen angestellt. Danach ist eine steil anlaufende Spannungskurve günstiger; und die Lichtausbeute nimmt bei gleicher Spannungskurve mit steigender Frequenz innerhalb 25 bis 100 Perioden zu.

Da der Widerstand im Bogen mit steigender Temperatur stark abnimmt, so steigt die Stromstärke bei jeder Periode zuerst langsam an, nimmt dann schnell zu und erreicht den Höchstwert erst, wenn die Spannung schon wieder sinkt.

Tabelle 15.

	Phasen-verschiebung
Magnetitbogen	0,5
Eingeschlossener Kohlebogen . .	0,8
10-Ampere-Flammenbogen . . .	0,87
25-Ampere-Weißer-Flammenbogen	0,97

Die Verzerrung der Wellenform, gemessen als Phasenverschiebung $\cos\varphi$, ist für verschiedene Lichtbogen in Tabelle 15 angegeben[3]).

Die Bogenspannung ändert sich mit der Stromart. Bei Reinkohlebogenlampen beträgt sie z. B. bei Gleichstrom 35 bis 40 Volt, bei Wechselstrom ca. 27 bis 33 Volt.

f) Temperaturschwankungen
und Helligkeitsunterschiedsempfindlichkeit.

20. Wahrnehmung der Temperaturunterschiede. Infolge der Temperaturunterschiede des Leuchtfadens bei Wechselstrom schwankt die Leuchtdichte des Fadens[4]). Im Temperaturgebiet um 2500° abs. ist der Temperaturkoeffizient

[1]) J. W. LIEB, Trans. Ill. Eng. Soc. Bd. 18, S. 5—18. 1923.
[2]) P. HÖGNER, Elektrot. ZS. Bd. 29, S. 1168—1170. 1908; Bd. 31, S. 726—728. 1910.
[3]) Entnommen F. E. CADY u. H. B. DATES, Illuminat. Engineering. New York 1925.
[4]) Über die Theorie s. M. v. LAUE u. W. GORDON, Berl. Ber. 1922, S. 112—117. Ein Verfahren zur Bestimmung der Wärmeleitfähigkeit bei Glühtemperaturen.

Tabelle 16.

Lampentype	Faden-durchmesser mm	Verhältnis der Maximalleuchtdichte zur Minimal-leuchtdichte bei den Periodenzahlen				
		60	50	40	25	15
Kohlefadenlampe 16 HK$_h$, 110 Volt	0,13	1,081	1,109	1,152	1,243	1,450
,, 50 ,, 110 ,,	0,25	1,040	1,050	1,075	1,108	1,180
Wolframvakuuml. 16 ,, 110 ,,	0,024	1,353	1,477	1,600	2,060	3,100
,, 50 ,, 40 ,,	0,093	1,064	1,131	1,142	1,190	1,372
,, 50 ,, 110 ,,	0,051	1,124	1,138	1,173	1,298	1,710
Tantallampe 50 ,, 110 ,,	0,073	1,068	1,080	1,118	1,182	1,489

der Leuchtdichte etwa 0,004; da 1% Helligkeitsunterschied bei nebeneinander-liegenden Flächen wahrgenommen werden können, so sind 2,5° Temperatur-unterschied erkennbar. Zeitlich einander folgende Schwankungen werden jedoch erst bei größeren Temperaturdifferenzen wahrgenommen. Die Größe der Hellig-keitsschwankung, die Glühlampendrähte zeigen, ist außer von der Drahtdicke auch noch von der Frequenzzahl abhängig. Hochperiodischer Wechselstrom wird bei keiner Lampentype Flimmererscheinungen hervorrufen.

Das Verhältnis der Maximalleuchtdichte zur Minimalleuchtdichte für einige Glühlampen, die mit Wechselstrom verschiedener Periodenzahlen gebrannt wurden, ist nach Liebe[1]) in Ta-belle 16 zusammengestellt.

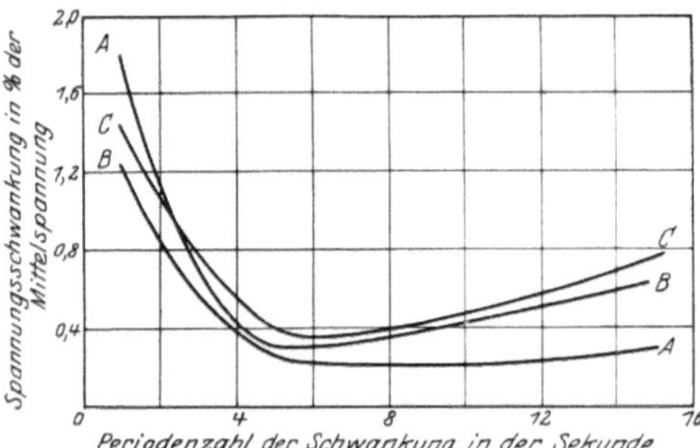

Abb. 34 Abhängigkeit der Flimmergrenze von der Größe der Spannungsschwankung zu dem Mittelwert der Spannung und der Periodenzahl der Schwankung in der Sekunde für ver-schiedene Glühlampen.

Kurve A: Luftleere Wolframlampe 30 W/200 Volt.
Kurve B: Luftleere Wolframlampe 30 W/50 Volt.
Kurve C: Gasgefüllte Wolframlampe 100 W/200 Volt.

Bei Bogenlampen ist das Flim-mern bei gleicher Periodenzahl stö-render als bei Glühlampen. Nach Untersuchungen von Liebe ist das ausgesandte Licht nicht nur der Intensität, sondern auch der Fär-bung nach verschieden, dazu ist die Lichtverteilung bei positivem und ne-gativem Stromwechsel verschieden.

21. Flimmergrenze für Glüh-lampen. Das Auftreten von stören-dem Flimmern ist von der Beleuch-tungsstärke und der Frequenz des Flimmerns abhängig. Bei Beleuch-tungen von 50 Lux etwa sind die kritischen Spannungsschwankungen um den Mittelwert, bei denen Flimmern auftritt, für drei Glühlampentypen: 30 Watt/200 Volt, 30 Watt/50 Volt, 100 Watt/200 Volt in der Abb. 34 wiedergegeben[2]). Nach den Angaben von Plaut[3]) liegt für 50periodischen Wechselstrom die Flimmergrenze je nach der Fadentemperatur bei einer Temperaturschwankung von 15 bis 25°.

g) Lichtstromgröße und Leistungskosten der Lichtquelleneinheit.

22. Lichtstromgröße. Die Lichtstromgröße ist durch die Leuchtdichte und Größe der Fläche des Leuchtkörpers bedingt. Energieverhältnisse und die Technik der Leuchtkörperherstellung bedingen eine Maximal- wie Minimal-grenze des Lichtstromes einer Lichtquellenart. Die größte Lichtquellen-

[1]) G. Liebe, Über das Flimmern von Wechselstromlicht. Dissertation Dresden 1919.
[2]) Journ. Inst. Electr. Eng. Bd. 64, S. 1090—1092. 1926.
[3]) H. Plaut, ZS. f. techn. Phys. Bd. 6, S. 316. 1925.

einheit geben Hochintensitätsbogenlampen mit Lichtströmen bis zu $6 \cdot 10^5$ Lm. Die kleinste Einheit bei fast voller Ausnutzung der Spannung normaler Zentralanlagen gibt die Glimmlampe. Die Leuchtdichte und der Lichtstrom der kleinsten und größten Lichtquelleneinheit einer Lichtquellenart (die zu Beleuchtungszwecken verwandt wird) ist in Tabelle 17 angegeben.

Tabelle 17. Leuchtdichte und Lichtstrom für die jeweils größte und kleinste Lichtquelleneinheit.

Lichtquelle	Leuchtdichte der Lichtquelle kleinster Stärke HK/cm²	Lichtstrom kleinster Stärke Lm	Leuchtdichte der Lichtquelle größter Stärke HK/cm²	Lichtstrom größter Stärke Lm
Luftleere Wolframdrahtlampe . .	145,0	125	318	1250
Gasgefüllte Wolframdrahtlampe .	565	400	1815	47000
30 KW gasgefüllte Wolframlampe	—	—	3600	1 000 000
Reinkohlenbogenlampe	—	691	—	9970
Reinkohlenbogenlampe für Scheinwerfer	—	—	—	14 400
Pos. Krater des Kohlelichtbogens	18 000	—	—	—
Flammenbogenlampe	—	5030	—	18 850
Neonglimmlampe	0,02 bis 0,03	1,0	—	—
Moorelicht mit N_2-Füllung pro m.	0,21	800	—	—
Gasglühlicht, hängend	3,2	214	5,7	996
Gasglühlicht, stehend	—	431	6,4	864
Azetylenflamme	6,0	88	9,0	660
Petroleum.	0,65 bis 1,5	$\sim$150	—	—

23. Kosten der Lichtstromstundeneinheit. In Tabelle 18 sind die Kosten für die Hefnerlumenstunde, die unter Zugrundelegung der in derselben Tabelle angegebenen Preise für die Leistungseinheit berechnet wurden, angegeben. Anschaffungspreis für die Lichtquelle sowie Wartungskosten sind darin nicht enthalten.

Tabelle 18. Angabe des Preises für die Hefnerlumenstunde für einige gebräuchliche Lichtquellen.

Lichtquelle	Nähere Bezeichnung	Verbrauch pro Lm und Stunde	Entspricht Watt-stunden	Preis pro Wattstunde Pf.	Preis pro Lm-Stunde Pf.
Petroleumlampe	14 HK$_h$	0,263 g	3,34	0,00278	0,00928
Gasglühlicht, stehend	90 HK$_h$	0,151 l	0,931	0,0026	0,00242
Gasglühlicht, hängend . . .	50 HK$_h$	0,0955 l	0,588	0,0026	0,00153
Kohlefadenlampe	3,5 W/HK$_h$	0,348 Wh	0,348	0,016	0,00556
Luftleere Wolframlampe . .	1,0 W/HK$_h$	0,0995 ,,	0,0995	0,016	0,00159
Gasgefüllte Wolframlampe . .	23,5 Lm/W	0,0425 ,,	0,0425	0,016	0,000681
Reinkohlebogenlampe 1200 HK$_\smile$ [1]					
ohne Glocke	1,0 W/HK$_o$	0,0796 ,,	0,0796	0,016	0,00127
mit Glocke	1,4 W/HK$_o$	0,1113 ,,	0,1113	0,016	0,00178
Effektkohlenbogenlampe 3200 HK$_\smile$ [2]	0,48 W/HK$_o$	0,0382 ,,	0,0382	0,016	0,000611
Neonglimmlampe[3]	15 W/HK$_o$	1,193 ,,	1,193	0,016	0,0191
Neon-Vakuumbogen[3]	0,5 W/HK$_h$	0,0506 ,,	0,0506	0,016	0,00081
Hg-Vakuumbogen[4]	0,4 W/HK$_o$	0,0318 ,,	0,318	0,016	0,000509
Hg-Hochdruckbogen[4] . . .	0,3 W/HK$_o$	0,0239 ,,	0,0239	0,016	0,000382

[1] Kohlen übereinander = ohne Vorschaltwiderstand.
[2] Kohlen nebeneinander = ohne Vorschaltwiderstand.
[3] Mit Vorschaltwiderstand.
[4] Ohne Vorschaltwiderstand.

Kapitel 18.

Beleuchtung.

Von

E. LAX und M. PIRANI, Berlin.

Mit 26 Abbildungen.

a) Einleitung.

1. Aufgabenstellung und Beurteilung der Beleuchtung. Der Zweck künstlicher Beleuchtung ist, die Unterscheidung und das Erkennen von Gegenständen bei Fehlen des Tageslichtes zu ermöglichen. Für die Beurteilung der Güte der Beleuchtung sind neben der objektiv feststellbaren Qualität subjektive Gesichtspunkte in vielen Fällen maßgebend. Regeln, die in jedem einzelnen Falle zutreffen, sind nicht aufstellbar. Für Arbeitsbeleuchtung sind die der Messung zugänglichen Größen vor allem ausschlaggebend. Schafft hier das Tageslicht die günstigsten Arbeitsbedingungen, so ist es zweckmäßig, die künstliche Beleuchtung der Tageslichtbeleuchtung gleichzumachen. Es ergäbe sich als obere Grenze der Beleuchtungsstärke diejenige, bei der die Leuchtdichte der reflektierenden Fläche die Blendungsgrenze erreicht (s. Ziff. 6). Praktisch werden schon bei geringeren Leuchtdichten die Arbeitsbedingungen gut sein. In Wohnräumen, die nur dem geselligen Beisammensein dienen, überwiegt der subjektive ästhetische Gesichtspunkt.

Bei jeder Beleuchtung ist die Wirtschaftlichkeit der Einzelleuchte (oder des Einzelgeleuchtes) (ausgenutzter/erzeugter Lichtstrom) und der Gesamtbeleuchtungsanlage in Betracht zu ziehen. (Einfluß der Farbe der Wände usw.)

Mittels physikalischer Messungen ist die Quantität, die Farbe und die Schattigkeit der Beleuchtung feststellbar. Physiologische und psychologische Untersuchungen sind bei der Frage nach Unterschiedsempfindlichkeit[1], Formensehen, Wahrnehmungsgeschwindigkeit[2] und Blendung[3] heranzuziehen.

Dem Charakter dieses Abschnittes gemäß sollen die physikalisch-technischen Gesichtspunkte in den Vordergrund gerückt werden. Bezüglich der physiologischen sei auf den betreffenden Abschnitt dieses Handbuches verwiesen.

b) Angaben über Messung und Größe von Beleuchtungsstärke und -Art und das Reflexionsvermögen[4].

2. Messung der Beleuchtungsstärke. Um Beleuchtungsstärken (Summe der Einzellichtströme, die auf eine Fläche bestimmter Richtung fallen) zu ver-

---

[1] C. E. FERREE u. J. G. RAND, Further Studies on the Effect of Composition of Light on Important Ocular Functions. Trans. Ill. Eng. Soc. Bd. 19, S. 424. 1924.

[2] P. W. COBB, Some Experiments on the Speed of Vision. Trans. Ill. Eng. Soc. Bd. 19, S. 150. 1924.

[3] H. LUX, Licht und Lampe. S. 67. 1924.

[4] Über Meßmethoden s. Kapitel 19 ds. Bandes.

gleichen, benutzt man Auffangflächen, die völlig diffus reflektieren; jeder Lichtvektor trägt dann seiner Größe und Richtung entsprechend zur Erhellung der Fläche bei. Das Prinzip der bei Beleuchtungsmessern verwandten Einrichtungen ist fast immer folgendes: Es werden zwei Felder, die möglichst völlig diffus reflektieren, verglichen. Das eine Feld wird von dem zu untersuchenden Lichtstrom beleuchtet, das andere anstoßende Vergleichsfeld von einer im Apparat befindlichen Lichtquelle. Helligkeitsgleichheit und damit gleiche Leuchtdichte wird durch meßbare Änderungen des Lichtstromes, der auf das Vergleichsfeld fällt, hergestellt.

3. Abhängigkeit der Leuchtdichte von der Größe des Reflexionsvermögens. Die durch einen gegebenen Lichtstromvektor entstehende Leuchtdichte und ihre Abhängigkeit vom Winkel ist bei nicht selbständig leuchtenden Körpern mit diffus zerstreuender Oberfläche von dem Reflexionsvermögen und von der Oberflächengestaltung abhängig.

Das Reflexionsvermögen gibt Aufschluß über das Verhältnis des einfallenden zum reflektierten Lichtstrom. Bei allen farbigen Oberflächen hängt der Wert des Reflexionsvermögens von der spektralen Zusammensetzung des Lichtstromes ab. Das Verhältnis einfallender Lichtstrom zu reflektiertem ist für eine beliebige Lichtfarbe folglich eindeutig nur bei Kenntnis der Abhängigkeit des Reflexionsvermögens der Fläche und der Strahlungswerte des Lichtstromes von der Wellenlänge im sichtbaren Gebiet berechenbar.

Extreme der Reflexionsart sind die völlig diffuse und die spiegelnde Reflexion. Nur im ersteren Fall läßt sich bei Angabe des Reflexionsvermögens für das einfallende Licht aus dem Lichtstromvektor und der Form der reflektierenden Fläche die Leuchtdichte in jeder Richtung eindeutig bestimmen (vgl. Kap. 19 Ziff. 4). Wenn das Kosinusgesetz nicht erfüllt ist, muß das Reflexionsvermögen in Abhängigkeit vom Winkel zwischen Lichtstrom und Beobachtungsrichtung bekannt sein, Zahlen, die sich mit der Stellung der reflektierenden Fläche zum Lichteinfall ändern[1]). Ein Fall, der die Änderung veranschaulicht, ist z. B. das Verschwinden der Lichtstromstreuung, die durch kleine Oberflächenrauhigkeiten verursacht wird, bei schräger Inzidenz des Lichtstromes[2]). In einem von gleichmäßig verteiltem Lichtstrom erfüllten Raum, z. B. in einer diffus reflektierenden Kugel, ist die Leuchtdichte unabhängig vom Winkel, in welchem die reflektierende Fläche betrachtet wird.

4. Messung des Reflexionsvermögens für beleuchtungstechnische Zwecke. Die Bestimmung des Reflexionsvermögens von farbigen Oberflächen in Abhängigkeit von der Wellenlänge erfordert umständliche Messungen. Für die Berechnung von Beleuchtungsanlagen ist eine annähernde Kenntnis des Reflexionsvermögens von Wänden und Decke meist ausreichend. Man benutzt für solche Schätzungen eine Grauleiter. Eine solche ist in Abb. 1

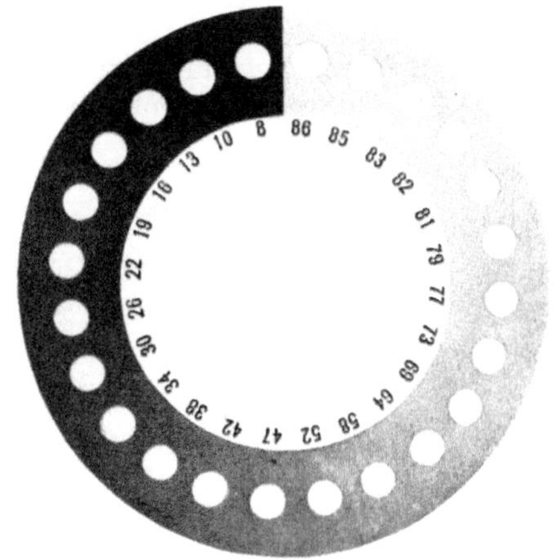

Abb. 1. Grauleiter.

[1]) P. Wolmeringer, Die Helligkeitsverteilung auf beleuchteten Zylinderflächen. ZS. f. Phys. Bd. 34, S. 184—215. 1925.
[2]) F. Jentzsch, Der Grenzwinkel der regulären Reflexion. ZS. f. techn. Phys. Bd. 7, S. 310. 1926.

gegeben. Es sind durchlöcherte Scheiben, bei denen die Abstufung nach Art der bei Graukeilen entstehenden vorgenommen ist. Die Einzelfelder sind geeicht. Man legt die Scheibe auf den betreffenden Gegenstand und schätzt ab. Die damit geschätzten Werte für das Reflexionsvermögen stimmen ziemlich gut auch bei farbigen Gegenständen; der Fehler beträgt etwa 5%, wenn es sich um ein Reflexionsvermögen in der Größenordnung von 20% handelt. Diese Genauigkeit reicht für den genannten Zweck aus. Der Vergleich muß jedoch bei der Farbe, die später die benutzte Lichtquelle hat, geschehen. Einfache Meßverfahren zugleich mit Meßgerät zur Bestimmung des Reflexionsvermögens von Anstrichen und Tapeten sind von Bloch[1]) und Teichmüller[2]) angegeben.

Exaktere Ergebnisse werden mit einem Leuchtdichtemesser mit Filter, welches das Licht der Vergleichsfläche in der Farbe dem von der Prüffläche kommenden Licht angleicht und dessen Gesamtdurchlässigkeit mittels Flimmerphotometers oder durch Berechnung aus der spektralen Durchlässigkeitskurve bestimmt wird, erhalten. Zahlenmäßige Angaben über das Reflexionsvermögen einiger Materialien finden sich in Ziff. 13.

5. Beleuchtungsstärke des Tageslichtes. Direktes Sonnenlicht erzeugt je nach dem Höhenstand der Sonne verschieden starke Helligkeit. An klaren Tagen steigt die Beleuchtungsstärke am Mittag auf etwa 100000 Lux. Mondlicht ergibt nur einige Zehntel Lux. Die durchschnittliche Beleuchtungsstärke im Freien bei natürlicher Beleuchtung zu verschiedenen Jahreszeiten ist aus Abb. 2 zu ersehen. Es ist das Monatsmittel der Horizontalbeleuchtungsstärke im Freien über der Tageszeit aufgetragen. Um den Anteil der direkten Sonnenstrahlung zu der Himmelsstrahlung zu kennzeichnen, sind in Abb. 3 nach Messung der Sternwarte Potsdam die Ergebnisse für einen klaren Frühsommertag wiedergegeben. Es ist in Kurve 1 die durch direktes Sonnenlicht bewirkte Beleuchtungsstärke, in Kurve 2 die durch das Himmelslicht bewirkte, in Kurve 3 die Gesamtbeleuchtungsstärke dargestellt.

Die Beleuchtungsstärke in Innenräumen ist je nach Größe und Lage der Fenster und Größe des Raumes verschieden[3]). Durch-

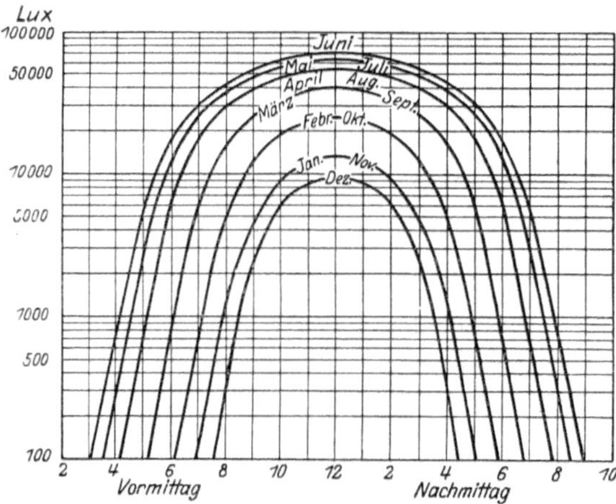

Abb. 2. Täglicher Gang der Horizontalbeleuchtungsstärke im Freien. (Monatsmittel).

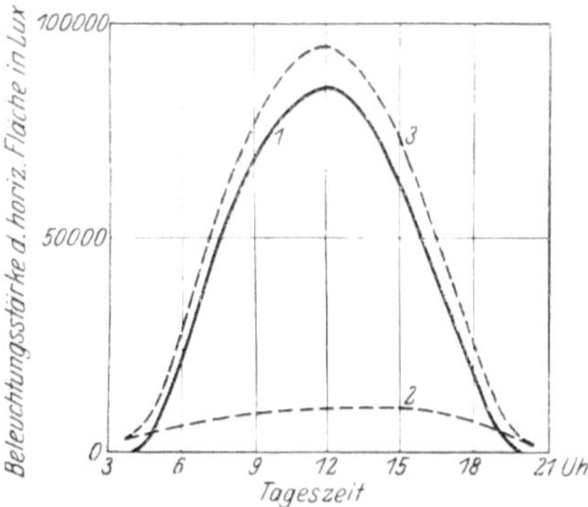

Abb. 3. Beleuchtungsstärke im Freien in der Horizontalebene in Abhängigkeit von der Tageszeit für einen Frühsommertag (1. Juli).
Kurve 1: Reine Sonnenstrahlung,
Kurve 2: Reine Himmelsstrahlung,
Kurve 3: Gesamtstrahlung.

[1]) L. Bloch, Licht und Lampe. Bd. 17, S. 207 u. 244. 1928.
[2]) J. Teichmüller, Licht und Lampe. Bd. 17, S. 84. 1928.
[3]) Siehe Hg. Frühling, Licht und Lampe. S. 895—902. 1926; K. H. Tischer, Licht und Lampe. S. 863—870. 1926 (Essener Vorträge).

schnittswerte der mittleren Horizontalbeleuchtungsstärke in Räumen mit vertikalen Fenstern sind 100 bis 500 Lux. Am Fenster sind die Beleuchtungsstärken oft größer als 1000 Lux.

6. Von der Deutschen Beleuchtungstechnischen Gesellschaft vorgeschlagene Mindestbeleuchtung im Vergleich mit anderen Daten. Aus den Leitsätzen der Deutschen Beleuchtungstechnischen Gesellschaft seien die für die Beleuchtungsstärken aufgestellten wiedergegeben:

a) Beleuchtung von Innenräumen,

b) Beleuchtung speziell von Fabriken und gewerblichen Arbeitsstätten,

c) Beleuchtung im Freien.

Die hier wiedergegebenen Werte können nur als Mindestbeleuchtungsstärken betrachtet werden. In Amerika wird z. B. durchschnittlich eine um 100% größere Beleuchtungsstärke empfohlen. Vergleicht man diese Daten mit den durch natürliche Beleuchtung erzielten, so sieht man, daß sie weit dahinter zurückbleiben.

a) **Innenräume.** Jeder zu beleuchtende Raum muß eine seinem Zwecke angemessene Beleuchtung erhalten. Man unterscheidet: Allgemeinbeleuchtung und Platzbeleuchtung.

Die Allgemeinbeleuchtung dient entweder als Verkehrsbeleuchtung oder als Zusatzbeleuchtung in Räumen aller Art neben Platzbeleuchtung oder als Arbeitsbeleuchtung.

Die Platzbeleuchtung ist meist Arbeitsbeleuchtung.

Die empfangene Beleuchtungsstärke soll mindestens betragen:

Bei **Allgemeinbeleuchtung**, soweit sie nur als Verkehrsbeleuchtung dient, als mittlere Beleuchtungsstärke der horizontalen Fläche in 1 m Höhe:

```
in Räumen von untergeordneter Bedeutung etwa . . .   2 Lux
auf Vorplätzen, in Treppenhäusern u. dgl.. . . . . . . 5  „
in Aufenthalts- und Arbeitsräumen für zahlreiche Personen 10  „
```

Bei **Arbeits- und Platzbeleuchtung** als mittlere Beleuchtungsstärke der Arbeitsfläche an der Arbeitsstelle:

```
für grobe Arbeit . . . . . . . . . . . . . . . . . . 15 Lux
für mittlere Arbeit . . . . . . . . . . . . . . . . . 40  „
für feine Arbeit . . . . . . . . . . . . . . . . . . 60  „
für feinste Arbeit . . . . . . . . . . . . . . . . . 90  „
```

Bei der Bearbeitung dunkler Stoffe wird eine erheblich stärkere Beleuchtungsstärke gebraucht als bei hellen Stoffen.

b) **Fabriken und gewerbliche Arbeitsstätten.** Die Mindestforderungen an die Beleuchtungsstärke sind in der nachstehenden Zusammenstellung enthalten. Dabei gelten die in Spalte I aufgeführten Werte für die mittlere Beleuchtungsstärke; die in Spalte II aufgeführten Werte gelten für die kleinste Beleuchtungsstärke, die an keiner Stelle der in Frage kommenden Fläche unterschritten werden darf.

Die Beleuchtungsstärke ist zu messen: bei Verkehrsbeleuchtung auf der Horizontalebene 1 m über dem Fußboden, bei Arbeitsbeleuchtung ebenso oder auf der Arbeitsfläche.

(Die mittlere Beleuchtungsstärke ist aus einer hinreichend großen Zahl von gleichmäßig über die ganze jeweils in Frage kommende Fläche verteilten Messungen zu ermitteln.)

c) **Beleuchtung im Freien.** Die Beleuchtung im Freien wird als Horizontalbeleuchtung in 1 m Höhe über dem Erdboden gemessen. Sie wird nach

Tabelle 1. Angaben über Verkehrs- und Arbeitsbeleuchtungsstärken.

Art der Beleuchtung	I Mittlere Beleuchtungs-stärke Lux	II Minimalbeleuch-tungsstärke, die bei der neben-stehenden mitt-leren Beleuch-tungsstärke über-haupt auftreten darf Lux
Verkehrs-Beleuchtung:		
auf Fahrwegen, Durchfahrten, Höfen, soweit sie dem Verkehr dienen	1—2	0,2
in Nebengängen, Nebenräumen, Lagerräumen	2—5	0,6
an Ein- und Ausgängen, in Hauptgängen, auf Treppen, in Werk-stätten	5—15	2
Arbeitsbeleuchtung:		
für grobe Arbeit, z. B. Walzwerke, Schmiede, Grobmontage usw.	15—30	10
für mittlere Arbeit, z. B. Schlosserei, Dreherei, Montage, Kern-macherei, Tischlerei, Klempnerei, Spinnsäle, Websäle für helle Garne usw.	40—60	20
für feine Arbeit, z. B. Feinmechanik, Websäle für farbige und dunkle Garne, Bureauarbeit usw.	60—90	30
für feinste Arbeit, z. B. Uhrmacher- und Graveurarbeit, Setzerei, Näherei, Zeichnen usw.	90—250	50

der mittleren Beleuchtungsstärke und nach der Mindestbeleuchtungsstärke an den ungünstigsten, nicht durch Schlagschatten getroffenen Stellen bewertet.

Tabelle 2. Angaben über Beleuchtungsstärken im Freien.

Während der normalen Verkehrszeiten soll wenigstens betragen:	Die mittlere Beleuchtungs-stärke Lux	Beleuchtungs-stärke der un-günstigsten Stelle Lux
auf Gleisfeldern	0,2—0,5	0,1—0,3
auf Gleisfeldern im Bereich der Weichen, auf Fabrikhöfen, auf Kaianlagen	0,5—1,5	0,2—0,5
auf Straßen und Plätzen:		
mit schwachem Verkehr	1—2	0,1—0,5
mit mittlerem Verkehr	2—5	0,5—1
mit starkem Verkehr	5—20	1—4

7. Beleuchtungsstärke und Leistungsfähigkeit. Die Mindestbeleuchtungs-stärken sind so gewählt, daß die Erkennbarkeit gewährleistet ist, daß also einer-seits Unfallsgefahren vermieden werden und andererseits die Arbeit ohne merk-liche Augenanstrengung verrichtet werden kann. Untersuchungen, die in dem letzten Jahre über den Einfluß der Beleuchtungsstärke auf die Leistung aus-geführt sind[1]), zeigen jedoch, daß bei diesen als ausreichend gekennzeichneten Beleuchtungsstärken nicht das Optimum der Leistung erreicht wird. Der Haupt-grund für die Erhöhung der Leistung bei vermehrter Beleuchtungsstärke liegt in der Steigerung der Unterschiedsempfindlichkeit des Auges und der Wahr-nehmungsgeschwindigkeit mit wachsender Beleuchtungsstärke. Die Unter-

---

[1]) Vgl. z. B. W. RUFFER, Leistungssteigerung durch Verstärkung der Beleuchtung. Licht u. Lampe. Heft 4. 1925 u. Licht und Leistung, ebenda Heft 6. 1927.

suchungen von KÖNIG[1]) über Unterschiedsempfindlichkeit sind in Abb. 4 wiedergegeben. Sie zeigen, daß bei Adaptation auf Leuchtdichten von 0,01 bis 0,5 HK/cm² diese Fähigkeit des Auges ein sehr breites Maximum aufweist.

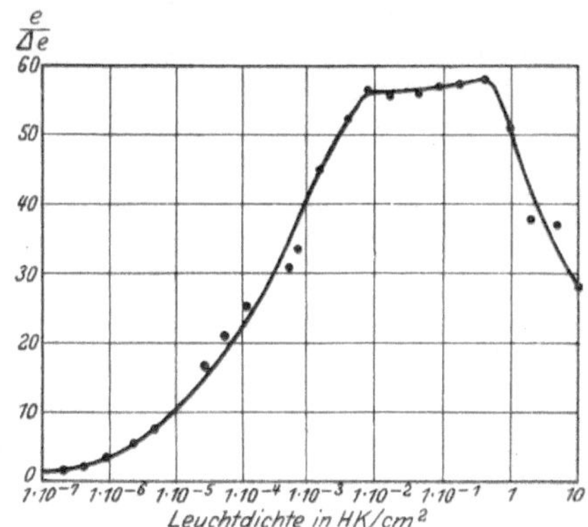

Abb. 4. Unterschiedsempfindlichkeit in Abhängigkeit von der Adaptierungsleuchtdichte. Optimum zwischen 1·10⁻² und 5·10⁻¹ HK/cm². Nach KÖNIG, Gesammelte Abhandlungen zur physiologischen Optik, Leipzig 1903, S. 116 und H. SCHRÖDER, ZS. f. Sinnesphysiologie, Bd. 57, S. 195. 1926.

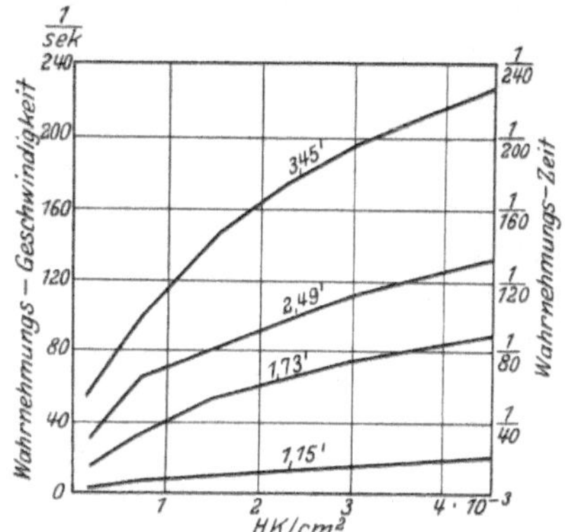

Abb. 5. Wahrnehmungsgeschwindigkeit in Abhängigkeit von der Leuchtdichte; Prüfobjekt LANDOLTsche Ringe mit Öffnungen von 1,15, 1,173, 2,49 und 3,45 Bogenminuten. Ordinate reziproker Wert der Zeit in Sekunden. FERREE und RAND, Trans of the Ill. Eng. Soc. Bd. 17, S. 76. 1922.

Abb. 5 zeigt Ergebnisse einer Untersuchung von FERREE und RAND[2]) über Abhängigkeit der Wahrnehmungsgeschwindigkeit von der Beleuchtungsstärke. Der Bereich der Beleuchtungsstärke, in dem diese Untersuchungen ausgeführt sind, ist nur klein. Man sieht, daß bei 0,0045 HK/cm² jedenfalls noch nicht das Maximum erreicht ist.

c) Erfordernisse guter Beleuchtung.

8. Blendungsfreiheit. Neben einer gewissen Höhe der Leuchtdichte ist ein gewisser Grad der Gleichmäßigkeit zu fordern. Das Auge stellt mittels Pupillenöffnung und Netzhautadaptation auf eine in der Umgebung gegebene mittlere Leuchtdichte ein. Jeder zu große Kontrast zwischen dieser Adaptierungsleuchtdichte und einer höheren Leuchtdichte wird als unangenehm empfunden. Blendung tritt bei Vorhandensein starker Unterschiede, die durch Adaptation nicht mehr ausgeglichen werden, ein. Vielfach werden Nachbilder empfunden[3]). Die Größe der Leuchtdichte, bei der Blendung eintritt, ist in Abhängigkeit von der Adaptationsleuchtdichte nach Messungen von BLANCHARD und von LUCKIESH und HOLLADAY aus

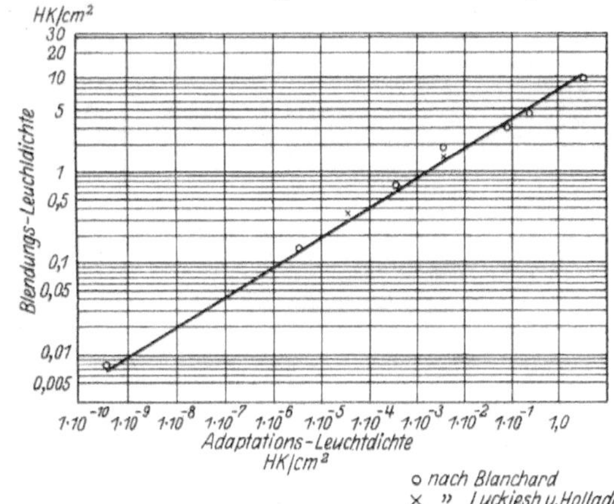

Abb. 6. Abhängigkeit der Blendungsleuchtdichte von der Adaptationsleuchtdichte.

---

[1]) A. KÖNIG, Gesammelte Abhandlungen zur physiologischen Optik. S. 116. Leipzig 1903; H. SCHRÖDER, ZS. f. Sinnesphysiol. Bd. 57, S. 195. 1926.

[2]) C. E. FERREE und G. RAND, Trans. Ill. Eng. Soc. Bd. 17, S. 76. 1922, ferner P. W. COBB und F. K. MOSS, Journ. Frankl. Inst. Bd. 205, Heft 2, S. 253. 1928.

[3]) E. HELLER u. L. SCHNEIDER, Bruns' Beitr. z. klin. Chir. Bd. 139, S. 592. 1927.

Abb. 6 zu entnehmen[1]). Bei künstlicher Beleuchtung wird z. B. stets Blendung eintreten, wenn eine nackte Lichtquelle im Gesichtsfeld angebracht ist.

9. Schattigkeit. Wahrnehmen von Einzelheiten ist andererseits nur bei Vorhandensein von Kontrasten möglich. Bei vollständig diffuser Beleuchtung werden z. B. bei Gegenständen mit annähernd gleichem Reflexionsvermögen die Konturen so stark verwischt, daß ein Erkennen schwerfällt, verschiedene Neigungen der Körperflächen sind nicht erkennbar, besonders dann, wenn die Gegenstände klein oder vom Auge weit entfernt sind.

Verschiedenheiten des Reflexionsvermögens ermöglichen das Erkennen von flächenhaften Unterschieden bei diffuser Beleuchtung. Plastisches Sehen dagegen erfordert eine Schattenverteilung, die nur bei teilweise gerichtetem Lichtstrom im richtigen Maße erzielbar ist. Je nach der Neigung der Flächen eines Körpers zu der Richtung, aus der der größte Lichtstrom kommt, ist dann die Leuchtdichte verschieden, die Flächen haben Eigenschatten. Außerdem werfen bei teilweise oder ganz gerichteter Beleuchtung hervorstehende Teile Schlagschatten.

Die entstehenden Kontraste werden jedoch nur solange, als sie ein gewisses Maß, das durch den Adaptationszustand des Auges vorgeschrieben ist, nicht überschreiten, als günstig wirkend empfunden. Die Ungleichförmigkeit muß weit unterhalb der Blendungskontraste liegen.

10. Zeitliche Gleichmäßigkeit. Ist die Beleuchtungsstärke zeitlich rasch folgenden Veränderungen unterworfen, so wird die Erkennungsfähigkeit durch Eintreten von Flimmererscheinungen herabgemindert. Die Abhängigkeit des Auftretens von Flimmererscheinungen von der Periodenzahl und Helligkeitsunterschieden ist im Kapitel 17, Ziff. 21 behandelt.

11. Lichtfarbe. Ausgesprochen farbige Beleuchtung wird meist nicht als Arbeitsbeleuchtung, sondern als Stimmungs- oder Reklamebeleuchtung eingerichtet. Die Frage, ob bei einfarbiger Beleuchtung die Erkennungsmöglichkeit zunimmt, ist vielfach untersucht. Die Abb. 7 gibt einige Ergebnisse wieder. Man sieht, daß nur bei sehr kleiner Leuchtdichte ein Unterschied in der Unterschiedsempfindlichkeit besteht. Ein Nachteil farbiger Beleuchtung ist die Veränderung des Farbeindruckes und des Leuchtdichteverhältnisses für alle nicht weißen oder nicht grauen Körper (s. auch Ziff. 14).

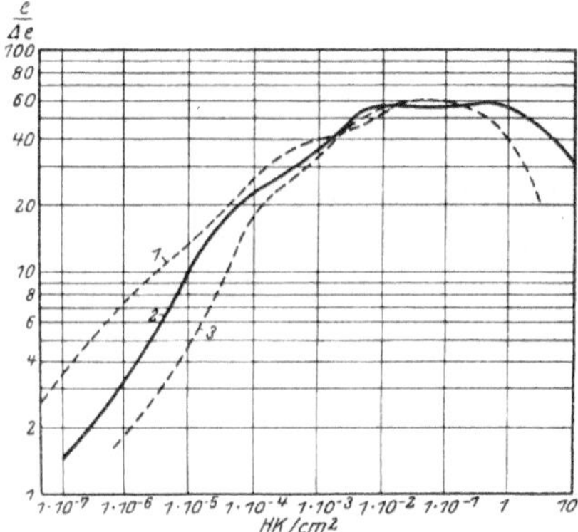

Abb. 7. Unterschiedsempfindlichkeit. (Verhältnis der Leuchtdichte zu der Zunahme an Leuchtdichte, bei der Helligkeitsunterschied empfunden wird, in Abhängigkeit von der Leuchtdichte.)
Kurve 1: für blaues Licht,
Kurve 2: für weißes Licht,
Kurve 3: für rotes Licht.

d) Veränderungen und Lenkung des Lichtstromes.

12. Physikalische Mittel zur Verteilung des Lichtes. Durch Einschluß der Lichtquellen in Geleuchte wird 1. eine sachgemäße Verteilung des Lichtstromes, 2. ein Schutz gegen Blendung und 3. ein Schutz der Lichtquelle gegen Staub, bei Außenbeleuchtung gegen Wind und Regen und gegebenenfalls ein Schutz der Umgebung gegen die störende Wärmestrahlung der Lichtquelle erzielt. Um den Lichtstrom zu lenken, werden in den Strahlengang reflektierende und lichtstreuende Flächen eingebracht.

---

[1]) E. Heller u. L. Schneider, s. Fußnote 3, S. 449.

Regelmäßige Veränderungen der Richtung des Lichtstromes werden durch gerichtete Reflexion und Brechung erzielt. Um den gerichteten Lichtstrom zu zerstreuen, bedient man sich diffuser Reflexion und der Brechung und Beugung in lichtstreuenden Gläsern.

13. Reflexionsvermögen der in Geleuchten verwandten Spiegel. Polierte Metallflächen reflektieren zwischen 50 bis 90% des in senkrechter Richtung auffallenden Lichtstromes; Silber z. B. 88 bis 93%, Aluminium 80%, Chrom etwa 65%. Glatte Glasflächen reflektieren etwa 4% des Lichtes. Die Absorption in der Glasschicht ist von Dicke und Zusammensetzung des Glases abhängig. Ein versilberter Glasspiegel reflektiert etwa 83%, weiß emailliertes Blech und Milchglas reflektieren 60 bis 70%.

Tabelle 3. Brechungsverhältnisse einiger weißer Substanzen gegen Luft und gegen Leinöl.

Material	Brechungsverhältnis gegen Luft	gegen Leinöl
Eis	1,31	—
Kieselfluorkalium	1,34	0,89
Flußspat	1,43	0,95
Kieselsäure, amorph	1,46	0,97
Kieselsäure, Quarz	1,55	1,03
Kohlensaurer Kalk	1,60	1,07
Bariumsulfat	1,64	1,09
Magnesia	1,74	1,16
Wolframsaurer Kalk	1,93	1,29
Zinkoxyd (Zinkweiß)	2,01	1,34
Basisches Bleikarbonat (Bleiweiß)	2,04	1,36
Titansäure, amorph	2,23	1,48
Schwefelzink	2,37	1,58
Titansäure, Anatas	2,52	1,68
Titansäure, Brookit	2,64	1,76
Titansäure, Rutil	2,71	1,80

14. Reflexionsvermögen diffus reflektierender Flächen. Vollständig diffus reflektieren nur Oberflächen mit feinen regellos verteilten Unebenheiten. Wenn, wie bei Ölanstrichen und Trübglasflüssen, feinkörniges evtl. durchsichtiges Material in ein durchsichtiges Medium von anderem Brechungsexponenten eingebettet ist, wird ein Bruchteil des Lichtstromes regelmäßig an der glatten Oberfläche reflektiert. Bei Ölanstrichen sind Reflexionsvermögen und Zerstreuung von dem Brechungsexponenten gegen das Einbettungsmaterial und der Korngröße abhängig. Je größer der Brechungsexponent, desto höher die Albedo. Die Brechungsverhältnisse von weißen Pulvern gegen

Tabelle 4. Reflexionsvermögen einiger Substanzen[1]).

Farbe und Material	Reflexionsvermögen für weißes Licht
Weißes Filtrierpapier	0,80 —0,85
„ Zeichenpapier	ca. 0,80
Gewöhnliches Schreibpapier	ca. 0,70
Bleiweiß, Ölfarbe	0,80 —0,85
Schwarzes Papier	ca. 0,05
Schwarzer Druck	0,015—0,04
Weißanstrich neu	0,82 —0,89
„ alt	0,75 —0,85
Rötlichgelb-Anstrich	0,49 —0,66
Elfenbein- „	0,73 —0,78
Grau- „	0,17 —0,63
Hellgrün- „	0,48 —0,75
Dunkelgrün „	0,11 —0,25
Hellblau- „	0,34 —0,61
Rosa- „	0 36 —0,61
Dunkelrot- „	0,13 —0,30
Gelb- „	0,61 —0,75
Gelbbraun- „	0,30 —0,46
Schwarzes Tuch	0,010—0,015
Schwarzer Samt	0,002—0,005
Weißes emailliertes Blech	0,60 —0,70
Milchglas, 4 mm dick	0,60 —0,70

[1]) Werte zum Teil nach W. E. BARROWS, Light, Photometry and Illuminating Engineering und E. CLARK, Lighting in Relation to Public Health. Baltimore 1924.

Luft und Leinöl sind nach Untersuchungen von Goldschmidt[1]) in Tabelle 3 wiedergegeben.

Einige Daten über das diffuse Reflexionsvermögen von Papieren und Stoffen für weißes Licht (bewölkter Himmel) bringt Tabelle 4.

15. Einfluß der Farbe der Erstlichtquelle auf die Farbe und Leuchtdichte von Zweitlichtquellen. Alle diffus reflektierenden oder diffus durchlassenden Körper können als „Zweitlichtquellen" bezeichnet werden. Ihre Strahlung ist

Tabelle 5. Absolutes und relatives Reflexionsvermögen gepulverter Farben bei Verwendung von Lichtquellen verschiedener Lichtfarbe[2]).

Farbe	Absolut				Relativ			
	Gleichförmiges Energiespektrum	Mittagssonne	Blauer Himmel	Wolframfaden $8,7\dfrac{\text{Lm}}{\text{Watt}}$ Farbtemperatur 2350° abs.	Gleichförmiges Energiespektrum	Mittagssonne	Blauer Himmel	Wolframfaden $8,7\dfrac{\text{Lm}}{\text{Watt}}$ Farbtemperatur 2350° abs.
Amerikanisches Zinnober . .	0,137	0,137	0,117	0,117	1,00	0,99	0,86	1,29
Venezianisches Rot	0,106	0,106	0,095	0,131	1,00	1,00	0,90	1,23
Etruskisches Rot	0,107	0,107	0,101	0,12	1,00	1,00	0,95	1,12
Indisches Rot	0,099	0,099	0,092	0,112	1,00	1,00	0,93	1,13
Gebrannte Siena	0,105	0,106	0,093	0,127	1,00	1,01	0,89	1,19
Ungebrannte Siena	0,324	0,326	0,303	0,366	1,00	1,01	0,94	1,13
Goldocker	0,578	0,581	0,548	0,634	1,00	1,01	0,96	1,10
Chromgelbocker	0,328	0,33	0,289	0,404	1,00	1,00	0,91	1,24
Gelber Ocker	0,486	0,488	0,46	0,534	1,00	1,01	0,95	1,11
Chromgelb (mittel)	0,542	0,545	0,496	0,63	1,00	1,01	0,92	1,16
„ (hell)	0,76	0,765	0,70	0,82	1,00	1,01	0,92	1,08
Chromgrün (hell)	0,19	0,194	0,19	0,175	1,00	1,00	1,03	0,93
„ (mittel)	0,136	0,136	0,142	0,12	1,00	1,00	1,05	0,88
Kobaltblau	0,166	0,162	0,183	0,13	1,00	0,98	1,10	0,79
Ultramarinblau	0,08	0,074	0,095	0,057	1,00	0,93	1,19	0,71

sowohl der Farbe wie der Leuchtdichte nach von der Strahlung der Erstlichtquelle abhängig. Um den Einfluß der spektralen Zusammensetzung des Lichtes zu zeigen, gibt Tabelle 5 die absoluten und relativen Reflexionsvermögen von einigen Farben für folgende Strahlungen:

1. gleichmäßige spektrale Energieverteilung,
2. Mittagssonne,
3. Blauer Himmel,
4. Wolframglühlampe mit 8,9 Lm/Watt.

Die Abhängigkeit der Reflexionsvermögen von der Wellenlänge ist in Tabelle 6 wiedergegeben.

16. Borgleuchtdichte und Borgfarbe[3]). Aus Tabelle 6 ergibt sich die Änderung der Leuchtdichte mit der Zusammensetzung der Erstlichtquelle. Rote und gelbe Farbstoffe haben bei gleicher Beleuchtungsstärke bei der gelberen Lichtfarbe der Wolframlampe eine höhere Leuchtdichte als bei Beleuchtung mit blauem Himmelslicht; umgekehrt verhalten sich blaue Farbstoffe.

---

[1]) V. M. Goldschmidt, Die weißen Farben in Natur und Technik. Die Farbe. Nr. 4. 1921.
[2]) Nach M. Luckiesh, Journ. Frankl. Inst. Bd. 184, S. 73 u. 227. 1917.
[3]) Das Wort „Farbe" ist im folgenden oft, wo eine Mehrdeutigkeit nicht zu befürchten ist, anstatt des Wortes „Farbeindruck" gebraucht.

Tabelle 6. Spektrale Reflexionsfaktoren von trockenen, gepulverten Farben
[Reflexionsfaktoren für verschiedene Wellenlängen][1]).

Farbe	$0,44\mu$	$0,46\mu$	$0,48\mu$	$0,50\mu$	$0,52\mu$	$0,54\mu$	$0,56\mu$	$0,58\mu$	$0,60\mu$	$0,62\mu$	$0,64\mu$	$0,66\mu$	$0,68\mu$	$0,70\mu$
Amerikanisches Zinnober . .	0,08	0,06	0,05	0,05	0,06	0,06	0,09	0,11	0,24	0,39	0,53	0,61	0,66	0,65
Venezianisches Rot	0,05	0,05	0,05	0,05	0,05	0,06	0,07	0,12	0,19	0,24	0,28	0,30	0,32	0,32
Etruskisches Rot	0,07	0,07	0,07	0,08	0,08	0,08	0,08	0,12	0,16	0,18	0,20	0,22	0,23	0,24
Indischrot . .	0,08	0,07	0,07	0,07	0,07	0,07	0,07	0,11	0,15	0,18	0,20	0,22	0,23	0,24
Gebrannte Siena . . .	0,04	0,04	0,04	0,04	0,05	0,06	0,09	0,14	0,18	0,20	0,21	0,23	0,24	0,25
Ungebrannte Siena . . .	0,12	0,13	0,13	0,13	0,18	0,26	0,35	0,43	0,46	0,46	0,45	0,44	0,45	0,43
Goldocker . .	0,22	0,22	0,23	0,27	0,40	0,53	0,63	0,71	0,75	0,74	0,73	0,73	0,73	0,72
Chromgelb-ocker . . .	0,08	0,09	0,07	0,07	0,10	0,19	0,30	0,46	0,60	0,62	0,66	0,82	0,81	0,80
Gelber Ocker .	0,20	0,20	0,21	0,24	0,32	0,42	0,53	0,63	0,64	0,61	0,60	0,59	0,59	0,59
Chromgelb (mittel). . .	0,05	0,05	0,06	0,08	0,18	0,48	0,66	0,75	0,78	0,79	0,81	0,81	0,81	0,81
Chromgelb (hell) . . .	0,13	0,13	0,18	0,30	0,56	0,82	0,88	0,89	0,90	0,89	0,88	0,87	0,85	0,84
Chromgrün (hell) . . .	0,10	0,10	0,14	0,23	0,26	0,23	0,20	0,17	0,14	0,11	0,09	0,08	0,07	0,06
Chromgrün (mittel). . .	0,07	0,07	0,10	0,21	0,21	0,17	0,13	0,11	0,09	0,07	0,06	0,06	0,06	0,05
Kobaltblau . .	0,59	0,58	0,49	0,35	0,23	0,15	0,11	0,10	0,10	0,10	0,11	0,15	0 20	0,25
Ultramarinblau	0,67	0,54	0,38	0,21	0,10	0,06	0,04	0,03	0,03	0,04	0,05	0,07	0,10	0,17

Ebenso wie die Leuchtdichte ist die Farbe (gemeint: Farbeindruck in strahlungsloser Umgebung) von der spektralen Zusammensetzung der Strahlung der Erstlichtquelle abhängig. Berechnet man auf Grund der Grundempfindungskurve (vgl. Kap. 1, Ziff. 18), der Reflexionsvermögen und der spektralen Zusammensetzung der Strahlung der Erstlichtquelle Farbton und Sättigung für Indischrot und für Kobaltblau für blaues Himmelslicht und Wolframlampen der Farbtemperatur 2500° abs., so ergeben sich

	Farbton		Sättigung	
	Himmelslicht	Wolframlampe	Himmelslicht	Wolframlampe
Indischrot. .	$6,3 \cdot 10^{-5}$ cm	$6,03 \cdot 10^{-5}$ cm	8,8 %	78 %
Kobaltblau .	$4,75 \cdot 10^{-5}$,,	$5,83 \cdot 10^{-5}$,,	61 ,,	11 ,,

Die hier angeführten Beispiele zeigen, daß nur im Zusammenhang mit der Erstlichtquelle Farbe und Leuchtdichte (gegeben durch das Reflexionsvermögen, die Albedo) bestimmt werden können. Ebenso verhalten sich diffus durchlassende Körper, deren Durchlässigkeit mit der Wellenlänge variiert. Wenn man die Strahlung aller dieser Zweitlichtquellen durch Angabe der Leuchtdichte und Farbe charakterisieren will, so ist es vielleicht zweckmäßig, diese Größe wegen ihrer Abhängigkeit von der Erstlichtquelle als „Borgfarbe“ und „Borgleuchtdichte“[2]) zu bezeichnen.

17. Bezogene Lichteindrücke. Sind die Leuchtdichten, wie z. B. vielfach bei den Zweitlichtquellen, gering, so sind in der Umgebung meist Lichteindrücke gleicher Größenordnung vorhanden. Das Auge bezieht dann solche wenig ver-

---

[1]) Aus M. Luckiesh, The Physical Basis of Color-Technology. Nela Abstr. Bull. Bd. I, Nr. 3, S. 454. 1922.
[2]) Eine versuchsweise vorgeschlagene Bezeichnung.

schiedenen Lichteindrücke aufeinander. Durch dieses Beziehen ändert sich die subjektive Leuchtdichtenschätzung sowohl wie der Farbeindruck. Zum Beispiel wirkt bei gleicher Beleuchtungsstärke ein hellfarbiges Papier auf weißem Hintergrund dunkler als auf schwarzem Hintergrund. Eine gelbrote Farbe wirkt auf blauem Hintergrund gelber als auf grauem Hintergrund[1]). Aus Strahlungsempfindungen, die objektiv (unbezogen) durch Farbpunkte des Maxwellschen Dreiecks (vgl. Kap. 1, Ziff. 19) wiedergebbar sind, entsteht subjektiv durch das gegenseitige Beziehen eine vielfache Mannigfaltigkeit von psychisch-physiologischen Farbempfindungen, z. B. alle die verschiedenen braunen Farben. Zur Charakterisierung solcher bezogener Farben eignen sich Farbmuster.

18. Der Ostwaldsche Farbenatlas[2]). Eine ausgezeichnete Zusammenstellung von Farbmustern ist z. B. der Ostwaldsche Farbenatlas. Die Muster sind im oben angeführten Sinne als Zweitlichtquellen zu bewerten. Nach K. W. F. Kohlrausch[3]) befinden sich die im Atlas enthaltenen Farben im Maxwellschen Dreieck innerhalb des in Abb. 8 punktiert umgrenzten Bereiches. Diese Linie entspricht den gesättigtesten Farben, die im Atlas enthalten sind, die Linie *Pa* entspricht dem unvollständigen Kreise *Pa*, die geschlossenen Farbkurven entsprechen *ia* und *nc*. Als Hilfsmittel zur Leuchtdichtenbestimmung kann die Ostwaldsche Grauleiter dienen. Sie hat Stufen in logarithmischer Abstufung.

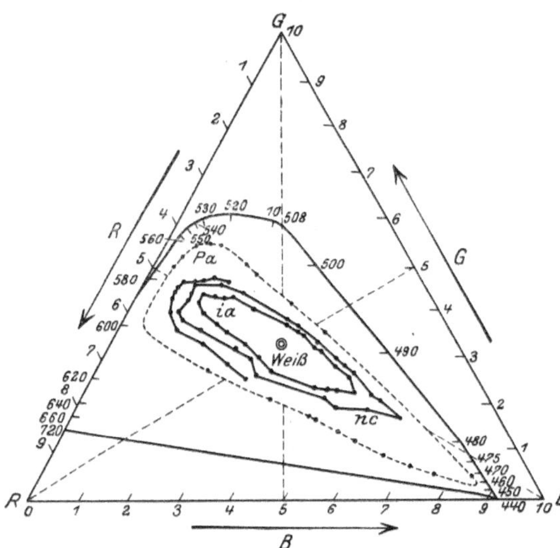

Abb. 8. Farbdreieck mit eingetragenen Ostwaldschen Farbkreisen nach K. W. F. Kohlrausch. Angabe der Wellenlänge in mμ.

19. Lichtzerstreuung durch lichtdurchlässige Körper. Der Lichtstrom kann auch beim Durchgang durch lichtdurchlässige Körper, die die Eigenschaft haben, den auftreffenden Lichtstrom durch Reflexion, Brechung und Beugung zu zerstreuen, regellos abgelenkt werden. Solche Körper sind z. B. die Zerstreuungsgläser, die man nach ihren wichtigsten Vertretern in Matt- und Trübgläser scheiden kann. Mattgläser sind Klargläser, die eine durch chemische oder mechanische Behandlung (Sandstrahl) aufgerauhte Oberfläche erhalten haben. Trübgläser werden durch Einlagerung von ultramikroskopischen, festen, durchsichtigen Körpern oder Gasblasen in eine durchsichtige Grundmasse mit anderen Brechungsexponenten hergestellt. Diese beiden Glasarten haben völlig verschiedene Zerstreuungseigenschaften. Mattgläser haben (abgesehen von hauchdünnen Mattierungen) keine direkte Durchlassung, d. h. die Konturen eines Leuchtkörpers erscheinen bei Betrachtung aus einigen Zentimetern Entfernung durch

---

[1]) Experimentelle Untersuchung darüber z. B. bei F. Allen, Journ. Opt. Soc. Bd. 13, S. 383. 1926.
[2]) W. Ostwald, Farbenfibel. Leipzig 1924.
[3]) K. W. F. Kohlrausch, Phys. ZS. Bd. 21, S. 396 ff. 1920. Es sei noch besonders auf die während der Drucklegung erschienene Arbeit von R. Luther „Aus dem Gebiet der Farbreizmetrik". ZS. f. techn. Phys. Bd. 8, S. 540. 1927 und die Arbeit von S. Roesch „Die Kennzeichnung der Farben". Phys. ZS. Bd. 29, S. 83, 1928 hingewiesen.

ein Mattglas stets verwaschen; sie zerlegen ferner das Licht nicht, sondern lassen das Licht aller Wellenlängen gleichmäßig hindurch. Trübgläser dagegen haben (abgesehen von den ganz dichten Variationen) direkte Durchlassung, d. h. der Umriß einer Lichtquelle erscheint durch ein Trübglas[1]) gesehen völlig scharf, die

Leuchtdichte ist geringer, die Farbe meist rötlicher infolge der stärkeren Ablenkung des kurzwelligeren Lichtes (Einfluß der Größe der eingelagerten Teilchen).

Die Zerstreuung eines auf ein Zerstreuungsglas senkrecht auftreffenden, parallelen, schmalen Lichtbündels an Mattgläsern zeigt Abb. 9. Es ist die Verteilung der Leuchtdichte in Abhängigkeit von dem Winkel zwischen der Richtung des einfallenden Lichtstromes und der Beobachtungsrichtung für senkrecht zur Fläche auffallendes Licht für verschiedene Mattgläser, die nebenstehend aufgeführt sind, wiedergegeben.

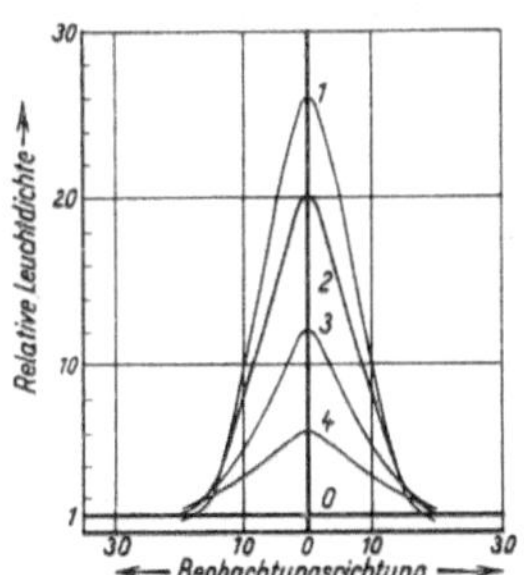
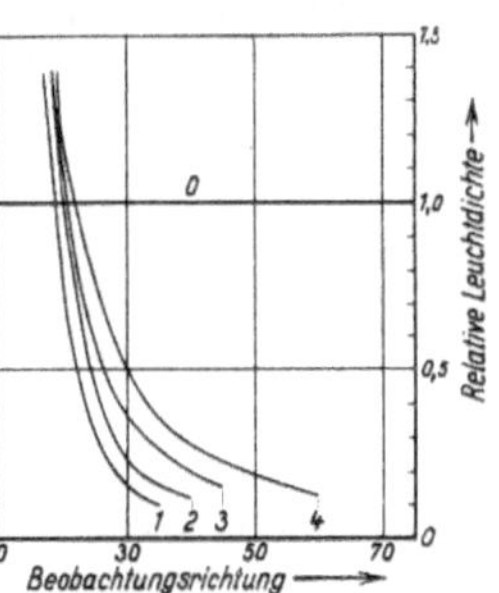

Abb. 9. Relative Größe der Leuchtdichte von Mattgläsern in Abhängigkeit vom Winkel zwischen Beobachtungsrichtung und Flächennormale, bezogen auf die Leuchtdichte des Idealfalles (vollständig gleichmäßige Zerstreuung ohne Reflexion und Absorption, Kurve 0).

Kurve 1: Glas der Klasse B,   Kurve 3: Glas der Klasse D,
Kurve 2: Glas der Klasse C,   Kurve 4: Glas der Klasse E.

Kurve	Mattglas	Klasse
1	Säuremattiert, seidenmatt	B
2	Säuremattiert, seidenmatt	C
3	Sandstrahlmattiert	D
4	Säuremattiert, schleifmatt, geätzt . . .	E

Bei Trübgläsern, wie sie z. B. nachstehend aufgeführt sind, hat die Zerstreuungskurve bei gleichen Versuchsbedingungen dagegen eine ganz andere Beschaffenheit. Abb. 10 und 11 zeigen dies. In diesen Abbildungen ist die Leuchtdichte auf

Kurven-bezeichnung	Direkte Durchlassung des Glases in Proz.	Klasse
0	Idealfall. Keine Absorption und Reflexion, Leuchtdichte konstant.	
1	47	C
2	14	D
3	1	E
4	0	F

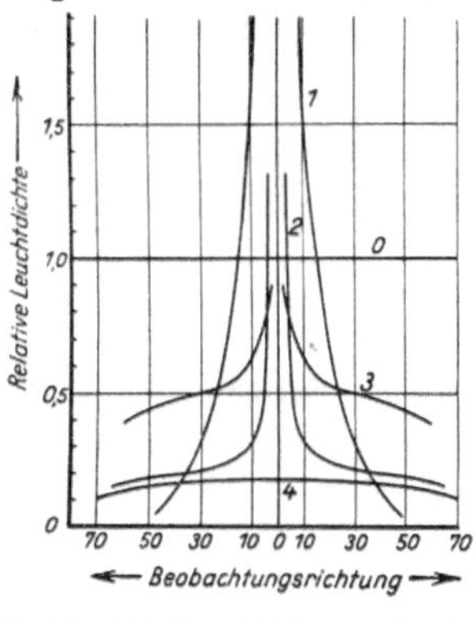

Abb. 10. Relative Größe der Leuchtdichte von Trübgläsern in Abhängigkeit vom Winkel zwischen Beobachtungsrichtung und Flächennormale, bezogen auf die Leuchtdichte des Idealfalles (vollständig gleichmäßige Zerstreuung ohne Absorption und Reflexion, Kurve 0).
Kurve 1: Klasse C,   Kurve 3: Klasse E,
Kurve 2: Klasse D,   Kurve 4: Klasse F.

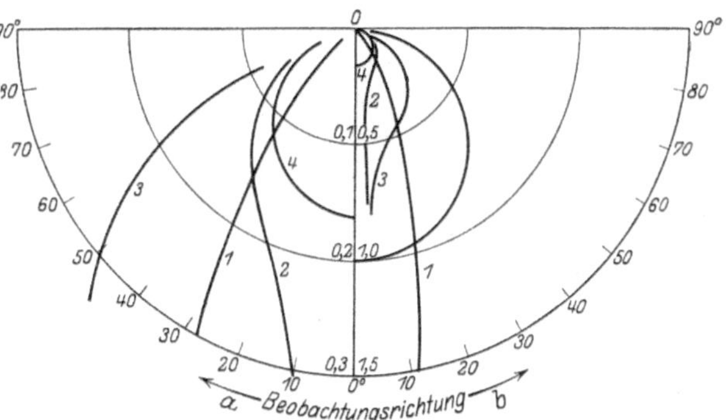

Abb. 11. Polardiagramm der Lichtstärken aus Daten der Abb. 10.
a Maßstab 5 mal so groß wie b.

---

[1]) Zusammenstellung der Literatur über Trübgläser s. M. PIRANI u. H. SCHÖNBORN, Dtsch. Glastechn. Gesellsch. Bericht 5, Fachaussch. 1. 1926, ferner W. DZIOBEK, ZS. f. Phys. Bd. 46, S. 307. 1928.

einen Idealzerstreuer, der weder Licht reflektiert noch absorbiert, sondern alles diffus zerstreut durchläßt, bezogen. Der charakteristische Unterschied zwischen den Matt- und Trübgläsern ist deutlich zu sehen. Für Mattgläser ist das Größenverhältnis der Leuchtdichte des Glases und der des Idealstrahlers in Richtung des einfallenden Lichtes charakteristisch, während bei den Trübgläsern 1. die Größe der direkten Durchlassung und 2. die relative Größe des Streulichtes unter größeren Ausstrahlungswinkeln charakteristisch ist. Zur Kennzeichnung des Streuungsvermögens wird hier willkürlich das Verhältnis der Leuchtdichte im Winkel von 45° zu der des direkt durchgelassenen Lichtes gewählt. Der reziproke Wert dieser Größe wird fernerhin als Ungleichmäßigkeit bezeichnet. Auf diese Weise wurden für die Trübgläser und für die Mattgläser je 6 „Zerstreuungsklassen" gebildet, nach denen es technisch möglich ist, auch ohne Messung der ganzen Zerstreuungskurve die Glassorten zu klassifizieren und zu bezeichnen. Tabelle 7 gibt die nach den Vorschlägen der Deutschen Beleuchtungstechnischen Gesellschaft gewählte Klassifikation für Mattgläser, Tabelle 8 die entsprechende für Trübgläser. Besonders bei den dichten Trübgläsern, bei denen die direkte Durchlassung gering ist, wird zweckmäßig außerdem noch das Reflexionsvermögen oder das Gesamtdurchlassungsvermögen[1]) und die Absorption angegeben, weil diese Größen bei der Verwendung von Trübgläsern dieser Art zu Beleuchtungszwecken ausschlaggebend sind.

Tabelle 7. Mattgläser.

Klasse	Relative Leuchtdichte in Richtung des einfallenden Lichtes
A	noch vorhandene direkte Durchlassung
B	>20, aber ohne direkte Durchlassung
C	20—15
D	15—10
E	10— 5
F	< 5

Tabelle 8. Trübgläser.

Klasse	Direkte Durchlassung	Ungleichmässigkeit der Lichtverteilung
A	>80%	>10000
B	80—50	10000—1000
C	50—20	1000—100
D	20— 5	100—10
E	<5 und >0	<10 und >0
F	0 (völlig zerstr.)	0

20. Lichtverlust. Bei einer Schichtdicke von 1 mm beträgt die Lichtabsorption in Klarglasplatten aus optischem Glas 0,04 bis 0,13%[2]), in Glühlampengläsern rund 1%, in Trübgläsern je nach Reinheit des verwandten Glases 5 bis 30%. In allseitig geschlossenen Trübglashohlkörpern, z. B. Glühlampenglocken, ist der Verlust wesentlich größer, da die reflektierten Anteile des Lichtstromes das Glas immer wieder durchsetzen müssen. So ist der Verlust bei einer kugelförmigen Lampenglocke, die aus einem Trübglas der Klasse F, das keine direkte Durchlassung zeigt und das etwa bei Messung in Plattenform gleichviel Licht reflektiert wie zerstreut durchläßt, etwa doppelt so groß wie der einer Trübglasplatte aus gleichem Material, bei welchem der Lichtstrom senkrecht auffällt. Die Messungen ergeben bei Opallampen, die Glocken aus solchem Trübglas haben, einen Lichtverlust von 10 bis 15%. Für mattierte Gläser ist die Größe des Verlustes weiterhin noch davon abhängig, ob die mattierte Seite der Lichtquelle zu- oder abgekehrt ist. Der Einfluß der Stellung der mattierten Seite ist z. B. an Scheiben von Pirani und Schönborn[3]) untersucht. Die Tabelle 9 bringt einige Ergebnisse für Repräsentanten der Klassen 1 bis 4. Wird die mattierte Glasseite von der Lichtquelle abgekehrt (*a*), so steigt bei stärker mattierten

[1]) Siehe z. B. E. Lax, M. Pirani u. H. Schönborn: Experimentelle Studien über die optischen Eigenschaften stark getrübter Medien. Licht und Lampe Bd. 17, S. 173 u. 209. 1928.

[2]) Nach W. D. Haigh, Journ. scient. instr. Bd. 3, S. 211. 1926.

[3]) M. Pirani u. H. Schönborn, Licht u. Lampe Bd. 15, S. 458. 1926.

Tabelle 9. Einfluß der Stellung der mattierten Glasseite zur Lichtquelle auf Durchlässigkeit, Reflexion und Absorption.

Glas	Durchgelassener Lichtstrom	Reflektierter Lichtstrom	Absorbierter Lichtstrom
1. Seidenmatt „a"	$88{,}0 \pm 0{,}5\%$	$7{,}9 \pm 0{,}5\%$	$3{,}8 \pm 0{,}5\%$
(Klasse 1) „z"	$88{,}6 \pm 0{,}5$ „	$7{,}5 \pm 0{,}5$ „	$3{,}5 \pm 0{,}5$ „
2. Säurematt (schleifmatt einmal geätzt) „a"	$78{,}0 \pm 0{,}5$ „	$12{,}3 \pm 0{,}5$ „	$9{,}1 \pm 0{,}5$ „
(Klasse 2) „z"	$86{,}5 \pm 0{,}5$,	$8{,}7 \pm 0{,}5$ „	$5{,}5 \pm 0{,}5$ „
3. Sandmatt „a"	$71{,}0 \pm 0{,}5$ „	$15{,}3 \pm 0{,}5$ „	$12{,}6 \pm 0{,}5$ „
(Klasse 3) „z"	$77{,}0 \pm 0{,}5$ „	$13{,}8 \pm 0{,}5$ „	$9{,}0 \pm 0{,}5$ „
4. Säurematt (schleifmatt zweimal geätzt) „a"	$69{,}5 \pm 0{,}5$ „	$16{,}2 \pm 0{,}5$ „	$12{,}8 \pm 0{,}5$ „
(Klasse 4) „z"	$83{,}5 \pm 0{,}5$ „	$9{,}8 \pm 0{,}5$ „	$5{,}8 \pm 0{,}5$ „
5. Klarglas (2 mm) nichtmattiert. .	$93{,}1 \pm 0{,}5$ „	$6{,}6 \pm 0{,}5$ „	$1{,}6 \pm 0{,}5$ „

Gläsern der Lichtverlust gegenüber dem bei umgekehrter Anordnung (z) um 3 bis 7%.

e) Verschiedene Arten von Beleuchtung.

21. Kennzeichnung der Beleuchtungsarten. Zur Beleuchtung kann entweder nur der von dem Geleuchte ausgehende Lichtstrom, der „Erstlichtstrom", oder auch der von durch den Erstlichtstrom beleuchteten Flächen diffus durchgelassene resp. reflektierte Lichtstrom, der „Zweitlichtstrom", benutzt werden.

Nach dem Anteil des Erstlichtstromes zum Zweitlichtstrom lassen sich drei Hauptgruppen von Beleuchtungsarten unterscheiden:

1. Direkte Beleuchtung: nur Erstlichtstrom. Zum größten Teil gerichtet, deshalb schattige Beleuchtung.

2. Indirekte Beleuchtung: nur Zweitlichtstrom. Anteil an diffusem Licht groß, deshalb fast schattenlos.

3. Halbindirekte Beleuchtung: aus 1. und 2. gemischt.

22. Kennzeichnung der Geleuchte. Je nach der Lenkung des Lichtstromes bezeichnet man die Geleuchte als Tiefstrahler, Breitstrahler und Freistrahler. Für diese haben die Reflektoren charakteristische Formen. Je nach der Art des Abschlusses: frei, geformtes Klarglas oder Streuglas, sind weitere Unterschiede in der Lenkung des Lichtstromes vorhanden.

Tiefstrahler haben Reflektoren aus lichtundurchlässigem Material, die den gesamten Lichtstrom der Glühlampe in den unteren Halbraum lenken. Das Maximum der Lichtstärke liegt im ersten Raumwinkelviertel. Es werden drei Arten von Tiefstrahlern unterschieden, die durch ihre Öffnungswinkel 120, 150 und 180° gekennzeichnet sind.

Breitstrahler sind Leuchten, die den größten Teil des Lichtstromes in das zweite Viertel des Raumwinkels ausstrahlen und deren Lichtstärkemaximum in dem Bereiche von 60 bis 75° liegt.

Freistrahler sind Leuchten, die den Lichtstrom der Lichtquelle nicht oder nur unbedeutend verändern und deren Hauptaufgabe ist, die Lichtquelle gegen äußere Einflüsse zu schützen. Sie werden ohne Reflektor (Freistrahler) und mit kleinem Außenreflektor (Reflektorfreistrahler) verwendet.

Seitenstrahler sind Leuchten, die den größten Teil des Lichtstromes seitlich in einen oder in zwei Quadranten des Raumwinkels lenken.

Streutiefstrahler (diffuse Tiefstrahler) sind Leuchten mit einem tiefgezogenen Reflektor aus Opalglas mit einem oder ohne ein Abschlußzerstreuungsglas, die über 65% ihres Lichtstromes in den unteren Halbraum lenken und deren Lichtstärkemaximum im ersten Viertel des Raumwinkels (begrenzt durch die Ebenenwinkel 0 und 60°) liegt.

Halbtiefstrahler (diffuse Halbtiefstrahler, Beleuchtungskörper für vorwiegend direktes Licht) sind Leuchten mit Reflektor aus Opalglas und mattierter Abschlußschale oder Leuchten ganz aus Opalglas, die 50 bis 65% des Lichtstromes in den unteren Halbraum und 50 bis 35% in den oberen Halbraum lenken.

Halbhochstrahler (diffuse Halbhochstrahler, Beleuchtungskörper für halbindirektes oder vorwiegend indirektes Licht) sind Leuchten mit einem diffus durchlässigen Reflektor unterhalb der Lichtquelle und einem mattierten Abschlußglas oberhalb der Lichtquelle. Sie senden über 50% des Lichtstromes in den oberen Halbraum, weniger als 50% in den unteren.

Hochstrahler (Beleuchtungskörper für indirektes Licht) sind Leuchten, die den gesamten Lichtstrom in den oberen Halbraum lenken.

23. Grenzlinie eines Reflektors. Zieht man von dem unteren Rand des Leuchtkörpers Linien zum unteren Rand des Reflektors, die sog. Grenzlinien, so grenzt man den Raumteil ab, in dem die Lichtquelle direkt sichtbar ist. Bei normaler Arbeit ist der Sehwinkel zwischen Horizontal- und Blickrichtung nach oben im allgemeinen nicht größer als 30°. Der Reflektor verdeckt somit die Lichtquelle dem Auge vollständig, wenn der Winkel zwischen Vertikale und Grenzlinie kleiner oder gleich 60° ist.

24. Verschiedene Formen von Reflektoren und die Lichtverteilungskurven bei einer Lichtstromkurve, wie sie gasgefüllte Wolframlampen geben. Die Formen sämtlicher Geleuchte sind empirisch ausprobierte Formen. Genaue Berechnungen der Änderung des Lichtstromes durch den Reflektor sind nur in den einfachsten Fällen, Kugel-, Parabol- und Ellipsoidspiegel, möglich. Kugel- und Parabolspiegel werden meist für Projektions- und Scheinwerferbeleuchtung und nur in Sonderfällen für Allgemeinbeleuchtung verwandt. Für Allgemeinbeleuchtung ist der Ellipsoidspiegel wichtiger. Bei ihm können durch Verstellung der Höhe der Lichtquelle innerhalb des Spiegels verschiedene Lichtverteilungskurven erzielt werden.

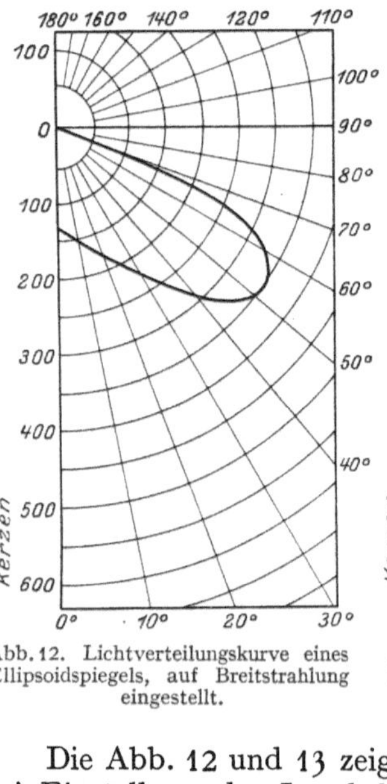

Befindet sich die Lichtquelle in einem Brennpunkt der Ellipse, so vereinigen sich die Lichtstrahlen, soweit sie den Reflektor treffen (mit einer gewissen Streuung wegen der Größe der Lichtquelle), im anderen Brennpunkt. Durch Verschiebung der Lichtquelle aus dem Brennpunkt nach der Reflektorwand (nach oben) entsteht die Tiefstrahlungskurve, beim Verschieben nach außen die Breitstrahlungskurve.

Abb. 12. Lichtverteilungskurve eines Ellipsoidspiegels, auf Breitstrahlung eingestellt.

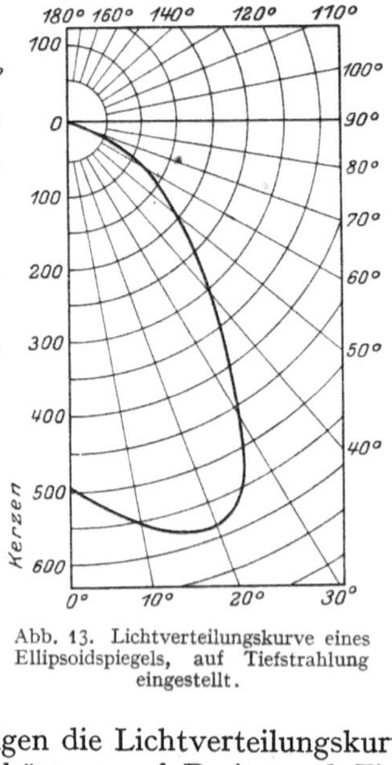

Abb. 13. Lichtverteilungskurve eines Ellipsoidspiegels, auf Tiefstrahlung eingestellt.

Die Abb. 12 und 13 zeigen die Lichtverteilungskurve eines Ellipsoidspiegels bei Einstellung des Leuchtkörpers auf Breit- und Tiefstrahlung. Es sind die Zahlenangaben auf einen Lichtstrom von 1000 Lm bezogen.

Bei Reflektoren mit diffus reflektierenden Wänden spielt die Form des Reflektors für die Gestaltung der Lichtverteilungskurve keine Rolle. Man kann dann angenähert annehmen, daß als zusätzlich zu dem direkt ausgestrahlten Lichtstrom der einer leuchtenden Fläche von der Größe der Öffnung des die Lichtquelle umschließenden Reflektors auftritt.

Dagegen ist der Wirkungsgrad eines solchen Diffusreflektors abhängig von seiner Öffnung, der Krümmung seiner Fläche und seinem Reflexionsvermögen, und zwar wird das Verhältnis des austretenden zu dem von der Glühlampe erzeugten Lichtstrom (gleiches Reflexionsvermögen vorausgesetzt) bei

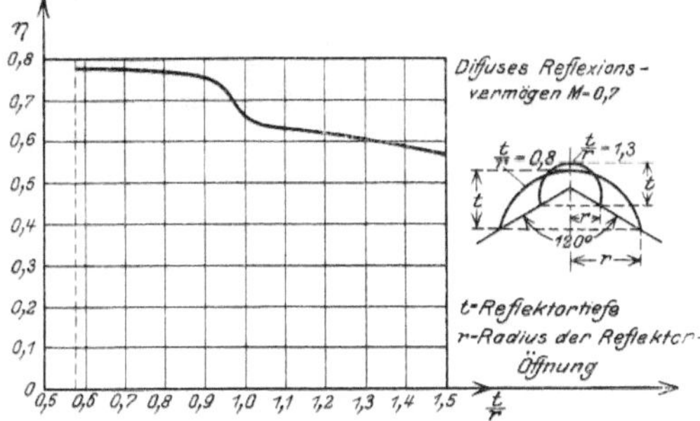

Abb. 14. Wirkungsgrad η für einen Diffus-Tiefstrahler von 120° Öffnung in Abhängigkeit von dem Verhältnis: Höhe des Reflektors t zum Radius r für ein diffuses Reflexionsvermögen von 0,7.

zunehmendem Öffnungswinkel größer[1]). Ein Beispiel, wie die Krümmung der Fläche, ausgedrückt durch das Verhältnis der Höhe zu dem Durchmesser, den Wirkungsgrad ändert, zeigt Abb. 14.

Das Größenverhältnis des direkt von der Lichtquelle in den Raum gestrahlten Lichtstromes zu dem vom Reflektor abgedeckten und die durch die

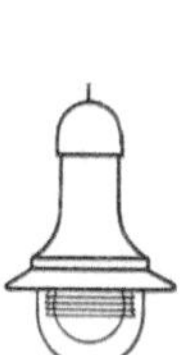

Abb. 15. Diopter-Breitstrahler. Bezweckt eine möglichst gleichmäßige Horizontalbeleuchtung bei großem Lampenabstand.

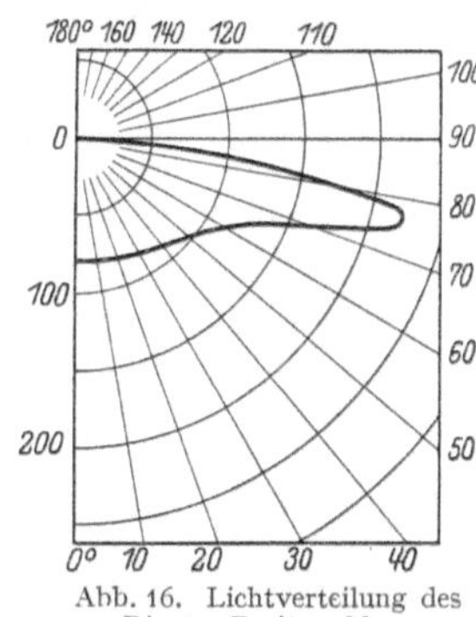

Abb. 16. Lichtverteilung des Diopter-Breitstrahlers.

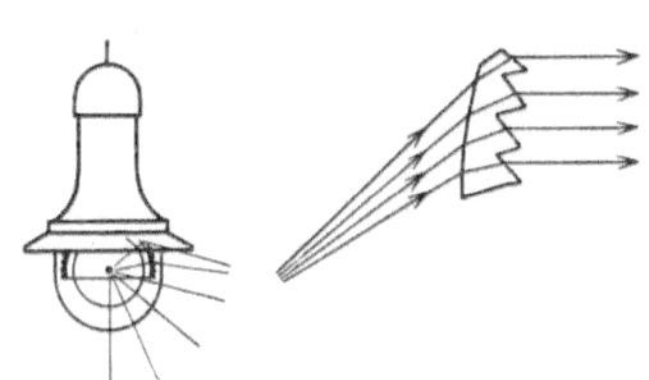

Abb. 17. Wirkungsweise des Prismenglases im Diopter-Breitstrahler.

Form des Reflektors bedingte Zahl der Reflexionen der Strahlung bestimmt die Reflexionsverluste bei gleichem Reflektormaterial. Einige charakteristische Daten für Geleuchte bringt Tabelle 10.

Abbildungen von Geleuchten und der erzielten Lichtverteilungskurve sind in Tabelle 11 enthalten.

Die Wirkung von Prismenglas ist an dem Beispiel des Diopterbreitstrahlers Abb. 15, 16 und 17 wiedergegeben.

Tabelle 10. Charakteristische Zahlen für Armaturen mit Gasfüllungslampen[2]).

Bezeichnung	Teil des Lichtstromes in der unteren Raumhälfte	Grenzlinie bei Grad	Absorptionsverlust Proz.
Direkt, tiefstrahlend	100	70	32
Direkt, breitstrahlend . . .	100	85	34
Diffus, vorw. tiefstrahlend .	60	55	25
Halbindirekt	28	95	14
Ganzindirekt	0	95	28

[1]) N. A. HALBERTSMA, Lichttechnische Studien. Hachmeister u. Thal.
[2]) G. GEHLHOFF, Lichttechnik (Lehrb. d. techn. Phys. Bd. II). S. 566.

Tabelle 11. Wirkungsgrad von Beleuchtungen[1]).

Beleuchtungs-körper	Licht-verteilung	$\Phi=\dfrac{\Phi\,\triangle}{\Phi\,\triangledown}$ in %	Raumbreite dividiert durch Licht-punkthöhe	Decke hell (70 %)			mittel (50 %)		dunkel 30%
				hell 50%	mittel 35%	dunkel 20%	mittel 35%	dunkel 20%	dunkel 20%
H lophane / mattierte Lampe		87 <22 /65	1	0,42	0,38	0,35	0,36	0,34	0,33
			1,5	0,50	0,46	0,43	0,44	0,42	0,41
			2	0,56	0,52	0,49	0,50	0,47	0,45
			3	0,63	0,59	0,55	0,56	0,53	0,51
			5	0,70	0,66	0,63	0,63	0,60	0,57
dünnes Opal / mattierte Lampe		85 <35 /50	1	0,31	0,27	0,24	0,24	0,21	0,18
			1,5	0,37	0,33	0,30	0,30	0,27	0,24
			2	0,43	0,39	0,35	0,34	0,31	0,27
			3	0,49	0,45	0,41	0,39	0,36	0,31
			5	0,56	0,52	0,48	0,45	0,42	0,36
dichtes Opal / mattierte Lampe		80 <20 /60	1	0,41	0,37	0,34	0,35	0,33	0,32
			1,5	0,49	0,45	0,42	0,43	0,41	0,39
			2	0,54	0,50	0,47	0,48	0,46	0,44
			3	0,60	0,56	0,53	0,53	0,51	0,49
			5	0,67	0,63	0,59	0,59	0,57	0,54
tiefer Blechrefl. / emailliert		65 <0 /65	1	0,38	0,36	0,34	0,35	0,33	0,33
			1,5	0,45	0,43	0,41	0,42	0,40	0,40
			2	0,49	0,47	0,45	0,46	0,44	0,44
			3	0,54	0,52	0,50	0,51	0,49	0,49
			5	0,59	0,57	0,55	0,56	0,54	0,54
flacher Blechrefl. / emailliert		80 <0 /80	1	0,43	0,40	0,38	0,39	0,37	0,37
			1,5	0,52	0,49	0,47	0,48	0,46	0,46
			2	0,57	0,54	0,52	0,53	0,51	0,51
			3	0,63	0,60	0,58	0,59	0,57	0,57
			5	0,69	0,66	0,64	0,65	0,63	0,63
indirekt / versilbertes Glas		80 <80 /0	1	0,22	0,19	0,17	0,14	0,12	0,07
			1,5	0,27	0,24	0,22	0,17	0,15	0,09
			2	0,31	0,28	0,26	0,20	0,18	0,11
			3	0,36	0,33	0,31	0,24	0,22	0,13
			5	0,42	0,39	0,37	0,28	0,26	0,16
halbindirekt / dünnes Opal		85 <60 /25	1	0,27	0,24	0,21	0,20	0,17	0,14
			1,5	0,34	0,30	0,27	0,25	0,22	0,18
			2	0,39	0,35	0,32	0,29	0,26	0,21
			3	0,45	0,41	0,38	0,34	0,31	0,25
			5	0,51	0,47	0,44	0,40	0,37	0,29
halbindirekt / dichtes Opal		80 <70 /10	1	0,24	0,21	0,19	0,16	0,14	0,10
			1,5	0,30	0,27	0,24	0,20	0,18	0,13
			2	0,34	0,31	0,28	0,23	0,21	0,15
			3	0,39	0,36	0,33	0,27	0,25	0,18
			5	0,45	0,42	0,39	0,32	0,30	0,21
Glocke / dünnes Opal		75 <35 /40	1	0,23	0,20	0,17	0,18	0,16	0,14
			1,5	0,30	0,26	0,23	0,24	0,21	0,19
			2	0,35	0,31	0,28	0,28	0,25	0,22
			3	0,41	0,37	0,34	0,33	0,30	0,26
			5	0,48	0,44	0,41	0,39	0,36	0,31
halbindirekt mit Reflektor / Opal		80 <20 /60	1	0,32	0,28	0,26	0,27	0,25	0,23
			1,5	0,40	0,36	0,33	0,34	0,32	0,30
			2	0,45	0,41	0,38	0,39	0,37	0,35
			3	0,52	0,47	0,44	0,45	0,42	0,40
			5	0,59	0,54	0,51	0,51	0,48	0,46

[1]) Entnommen K. STRECKER, Hilfsbuch der Elektrotechnik, S. 637, 1925.

25. Lichtverteilungskurven für die Geleuchte der Diacarbonelampe. Von den Kohlebogenlampen wird die Diacarbonebogenlampe zur Zeit vor allem für Beleuchtung von Straßen und Plätzen benutzt. Sie wird in zwei Geleuchten, einer breitstrahlenden und einer tiefstrahlenden, geliefert. Abb. 18 und 19 geben die schematische Ansicht und die Lichtverteilungskurve.

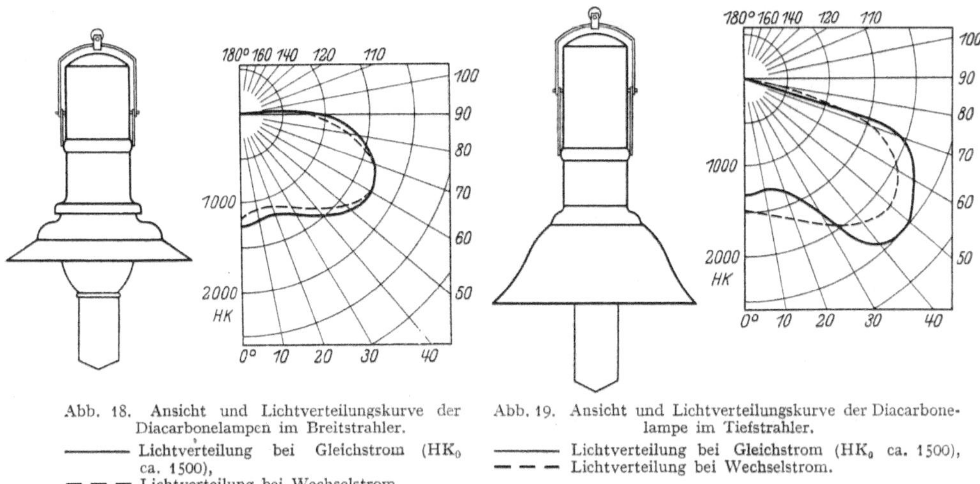

Abb. 18. Ansicht und Lichtverteilungskurve der Diacarbonelampen im Breitstrahler.
———— Lichtverteilung bei Gleichstrom (HK$_0$ ca. 1500),
— — — Lichtverteilung bei Wechselstrom.

Abb. 19. Ansicht und Lichtverteilungskurve der Diacarbonelampe im Tiefstrahler.
———— Lichtverteilung bei Gleichstrom (HK$_0$ ca. 1500),
— — — Lichtverteilung bei Wechselstrom.

26. Veränderungen der Beleuchtung infolge Verstaubung der Armaturen[1]. Die Beleuchtungsstärke, die mit einem Geleucht anfänglich erzielt wird, kann durch Verstaubung schnell vermindert werden. Der Staub lagert sich vor allem auf dem oberen Teil der Beleuchtungskörper ab und vermindert so die Beleuchtungsstärke bei Geleuchten für indirekte Beleuchtung am stärksten. Nach 6 bis 8 Wochen kann die Abnahme der Beleuchtungsstärke, wie die in Abb. 20 wiedergegebenen Untersuchungen von CLEWELL zeigen, schon 40% betragen.

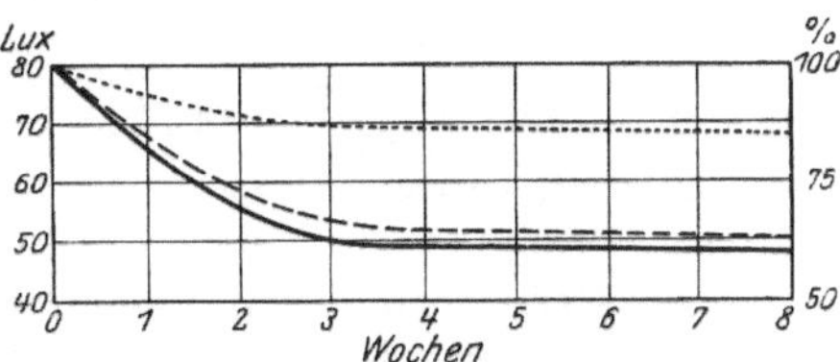

Abb. 20. Abnahme der Beleuchtungsstärke durch Verstaubung der Armaturen nach CLEWELL.

f) Berechnung von Beleuchtungsanlagen.

27. Beleuchtungsanlagen für geschlossene Räume. Die Beleuchtungsberechnung für geschlossene Räume, soweit sie nach der mittleren Beleuchtung der horizontalen Fläche in 1 m über dem Fußboden beurteilt wird, ist dadurch kompliziert, daß zur Beleuchtung dieser Fläche nicht nur der von dem Geleuchte direkt kommende Lichtstrom beiträgt, sondern auch der von den Wänden und der Decke reflektierte Lichtstrom. Auch sind bei normalen Raumabmessungen die Lichtquellen an sich infolge der Größe ihrer Leuchtkörper und der geringen Entfernung von der zu beleuchtenden Fläche nicht mehr als punktförmig anzusehen. Deshalb gilt das Gesetz von der Abnahme der Beleuchtungsstärke mit dem Quadrate der Entfernung nicht mehr. Die Größe des reflektierten Lichtstromes hängt erstens von der Größe des auf Decke und Wände auftreffenden Lichtstromteiles, zweitens von dem Reflexionsvermögen der Decke und Wände und drittens von der Gestaltung und Anordnung von Decken und Wänden (ob

[1] H. LINGENFELSER, Licht u. Lampe. 1926. S. 556.

z. B. der Raum hoch und schmal oder niedrig und breit ist) ab. Sind die Verhältnisse bekannt, so läßt sich, wie Ondracek[1]) beweist, die Beleuchtung an einzelnen Punkten mit Hilfe des Raumwinkelprojektionsverfahrens mit großer Annäherung berechnen. Einfacher gestaltet sich die Berechnung mit Hilfe des „Wirkungsgrades der Beleuchtung eines Raumes"[2]). Er ist definiert als Quotient aus dem zur Beleuchtung ausgenutzten Lichtstrom, also dem Produkt aus der erzielten mittleren Beleuchtungsstärke und der beleuchteten Fläche, und dem von den Lichtquellen erzeugten Gesamtlichtstrom. Annähernd wurde er für die verschiedensten Beleuchtungskörperarten und die verschiedensten Raumgestaltungen und Abmessungen empirisch bestimmt[3]) [s. Tab. 11[4])].

Die Wirkungsgrade sind für einzelne typische Beleuchtungskörperarten angegeben für veränderliche Decken- und Wandbeschaffenheit und für verschiedene Verhältnisse von Lichtpunkthöhe zur Raumbreite. Es ist quadratischer Grundriß der Räume zugrunde gelegt. Für rechteckige Räume von der Breite b und Länge l ergibt sich der Wirkungsgrad aus der Formel

$$\eta = \eta_b + \tfrac{1}{3}(\eta_l - \eta_b),$$

wobei η_b der Wirkungsgrad für einen Raum mit der Breite b und η_l der Wirkungsgrad für einen Raum mit der Breite l ist. Für die Berechnung der Beleuchtungsanlage ist die Kenntnis der Grundrißfläche F, der Raumabmessungen und der erforderlichen Beleuchtungsstärke E vorausgesetzt. Der erforderliche Gesamtlichtstrom berechnet sich dann zu

$$\Phi = \frac{E \cdot F}{\eta}.$$

Will man z. B. in einem Raum von 4 mal 5 m Grundfläche und 3 m Höhe mit blauen Wänden (Refl. 20%) und weißer Decke (70%) mittels halbindirekter Beleuchtung eine Beleuchtung von 200 Lux auf einem Tisch erzielen bei einer Lampenhöhe von $2^1/_2$ m über dem Boden, so ist $\eta_b = 0{,}32$, $\eta_l = 0{,}27$, also $\eta = 0{,}29$ und $\Phi = \dfrac{4000}{0{,}29} \sim 14000$ Lm. Es würde also eine Lampe zu 750 Watt benötigt oder entsprechend mehrere kleinere Lampen (evtl. höherer Verbrauch wegen geringerer Lichtausbeute).

27. Berechnung von Beleuchtungsanlagen von Plätzen. Berechnungen von Beleuchtungen von Plätzen oder großen Räumen, bei denen direkte Beleuchtung angewandt wird, wo also die Reflexion von Wänden und Decken außer acht gelassen wird, können relativ streng durchgeführt werden. Um die Art der Berechnung zu zeigen, ist im folgenden die Beleuchtungsstärke, die auf einem Platz von 20 × 30 m bei Anwendung eines Tiefstrahlers für 1000 Watt, der in der Mitte des Platzes 9 m über dem Erdboden angebracht ist, nach dem Punkt- und nach dem Raumwinkelverfahren berechnet. Die Lichtverteilungskurve der 1000-Wattlampe im Tiefstrahler sei gegeben (s. Abb. 21).

a) **Punktverfahren.** Man bestimmt zunächst die Horizontal-Beleuchtungskurve mit Hilfe der Lichtverteilungskurve des Tiefstrahlers. Unter Berücksichtigung der Meßebene in 1 m über dem Erdboden ist eine Höhe $h = 8$ m in die Rechnung einzusetzen. An einem Punkt A, der von dem Fußpunkt F der Lichtquelle die Entfernung a hat, ist die Entfernung von der Lichtquelle $\sqrt{h^2 + a^2}$,

[1]) J. Ondracek, ZS. f. Beleuchtungsw. 1922, S. 64; Elektrot. u. Maschinenb. Bd. 40, S. 269. 1922; Licht u. Lampe 1924, S. 141.
[2]) Nach P. Hoegner, Lichtstrahlung und Beleuchtung. S. 48. Braunschweig 1906.
[3]) W. Harrison, Gen. Electr. Rev. Bd. 21, S. 419. 1918.
[4]) K. Strecker, Hilfsbuch für Elektrotechnik. S. 637. 1925; William E. Barrows, Light, Photometry and Illuminating Engineering. S. 184 ff. New York 1925.

die Lichtstärke also $\dfrac{J\text{-(Richtung}\,A)}{h^2 + a^2}$, die Beleuchtungsstärke auf der unter dem Winkel α, dessen cos durch $\dfrac{h}{\sqrt{a^2 + h^2}}$ gegeben ist, geneigten Ebene also

$$\frac{J\text{-(Richtung}\,A)}{h^2 + a^2} \cdot \frac{h}{\sqrt{a^2 + h^2}} = \frac{J\text{-(Richtung}\,A)\cdot h}{\sqrt{(a^2 + h^2)^3}}.$$

Zweckmäßig zeichnet man sich maßstäblich die Anordnung auf (Abb. 21). P gebe die Lage des Tiefstrahlers an. Die Strecke $OP = h$ ist in gleichem Maßstab aufgetragen wie die Längserstreckung des Platzes a. Mit P als Mittelpunkt und OP als vertikale Achse zeichnet man darauf die Lichtverteilungskurve in Polarkoordinaten ein. Auf den Verbindungslinien von P mit den einzelnen Punkten A kann gleichzeitig die Lichtstärke J abgelesen werden. Man berechnet nach obiger Formel für verschiedene Entfernungen a aus den zugehörigen J die Horizontal-Beleuchtungsstärke E. Tabelle 12 bringt das Ergebnis. Kurvenmäßig ist es in Abb. 22 dargestellt. Dann zeichnet man den Platz bzw. ein Viertel des Platzes im a-Maßstab auf, teilt ihn in eine möglichst große Anzahl von Quadrate

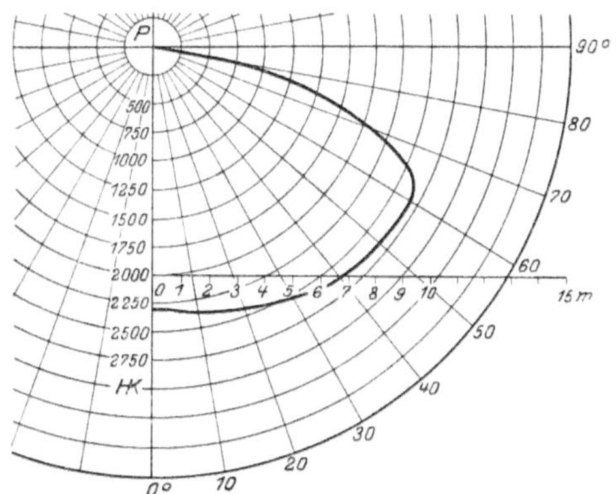

Abb. 21. Maßstäbliche Zeichnung von Flächengröße, Geleuchthöhe und Lichtverteilungskurve.

und liest für die Entfernung der Mittelpunkte der Quadrate die Beleuchtungsstärke aus der Beleuchtungskurve ab, zweckmäßig graphisch durch Abgreifen der Entfernung des Mittelpunktes vom Punkte P und Übertragen der Entfernung auf die Abszisse der Beleuchtungskurve (Abb. 22). Man erhält bei Einteilung des Viertels in 24 Quadrate (Größe $2.5 \times 2{,}5$ mm) die in Abb. 23 wiedergegebene Beleuchtungsstärke. (Die Quadrate sollen so klein sein, daß man die Beleuchtungsstärke innerhalb eines Quadrates als praktisch konstant oder annähernd konstant ansehen kann.) Das arithmetische Mittel aus den Beleuchtungsstärken der Mittelpunkte der einzelnen Quadrate ergibt dann die mittlere Horizontalbeleuchtungsstärke des Platzes (13,2 Lux). Das Verhältnis der geringsten zur größten Beleuchtungsstärke wird als Gleichmäßigkeit bezeichnet und ist in diesem Falle

Tabelle 12.

$a =\ 0{,}5$	$\alpha =\ 4°$	$J = 2300$	$E = 35{,}8$ Lux
$a =\ 1$	$\alpha =\ 7°\ 10'$	$J = 2325$	$E = 35{,}4$,,
$a =\ 2$	$\alpha = 14°$	$J = 2375$	$E = 33{,}3$,,
$a =\ 3$	$\alpha = 20°\ 30'$	$J = 2425$	$E = 31{,}2$,,
$a =\ 4$	$\alpha \doteq 26°\ 30'$	$J = 2475$	$E = 28{,}7$,,
$a =\ 5$	$\alpha = 32°$	$J = 2550$	$E = 24{,}3$,,
$a =\ 6$	$\alpha = 36°\ 50'$	$J = 2575$	$E = 20{,}3$,,
$a =\ 7$	$\alpha = 41°\ 10'$	$J = 2600$	$E = 17{,}3$,,
$a =\ 8$	$\alpha = 45°$	$J = 2625$	$E = 14{,}5$,,
$a =\ 9$	$\alpha = 48°\ 20'$	$J = 2650$	$E = 12{,}1$,,
$a = 10$	$\alpha = 51°\ 20'$	$J = 2650$	$E = 10{,}01$,,
$a = 11$	$\alpha = 54°$	$J = 2662$	$E =\ 8{,}3$,,
$a = 12$	$\alpha = 56°\ 20'$	$J = 2675$	$E =\ 7{,}03$,,
$a = 13$	$\alpha = 58°\ 40'$	$J = 2675$	$E =\ 6{,}0$,,
$a = 14$	$\alpha = 60°\ 20'$	$J = 2675$	$E =\ 5{,}1$,,
$a = 15$	$\alpha = 62°$	$J = 2662$	$E =\ 4{,}35$,,
$a = 16$	$\alpha = 63°\ 30'$	$J = 2625$	$E =\ 3{,}7$,,
$a = 17$	$\alpha = 64°\ 50$	$J = 2550$	$E =\ 3{,}08$,,
$a = 18$	$\alpha = 66°$	$J = 2500$	$E =\ 2{,}62$,,

stärke innerhalb eines Quadrates als praktisch konstant oder annähernd konstant ansehen kann.) Das arithmetische Mittel aus den Beleuchtungsstärken der Mittelpunkte der einzelnen Quadrate ergibt dann die mittlere Horizontalbeleuchtungsstärke des Platzes (13,2 Lux). Das Verhältnis der geringsten zur größten Beleuchtungsstärke wird als Gleichmäßigkeit bezeichnet und ist in diesem Falle

$$\frac{3{,}8}{34} \approx \frac{1}{9}.$$

Die Lichtausbeute für die Beleuchtung dieser Fläche, die das Verhältnis des gesamten auf die Fläche auffallenden Lichtstromes zur gesamten aufgewandten Leistung darstellt, beträgt dann

$$\frac{E \cdot F}{N} = \frac{13{,}2 \cdot 600}{1000}$$

$$= 7{,}9 \; \text{Lm/Watt}.$$

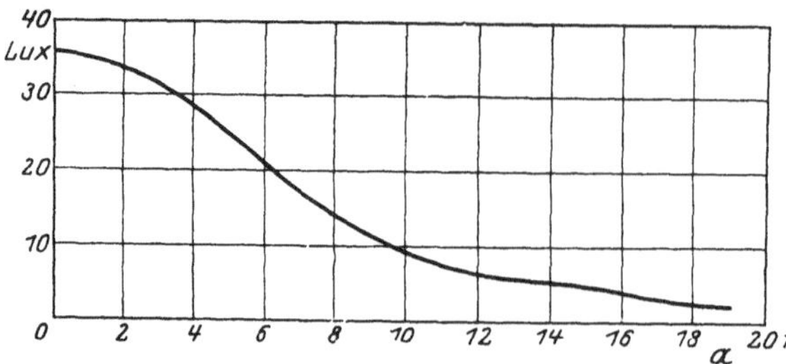

Abb. 22. Beleuchtungsstärke auf der Horizontalebene. Abhängigkeit von der Entfernung für das in Abb. 21 gegebene Beispiel.

In analoger Weise läßt sich die Vertikalbeleuchtung berechnen.

b) Raumwinkelverfahren. Das Raumwinkelpapier (Abb. 24) ist eine Horizontalprojektion der Teilungsstriche der Teichmüllerschen Raumwinkelkugel[1]) (Abb. 25) in einer Entfernung der Projektionsebene vom Kugelmittelpunkt

Tabelle 13. Die Grenzwinkel und Mittelwinkel für die einzelnen Zonen der neuen Raumwinkelteilung.

1 Zone	2 Grenzwinkel	3 Mittelwinkel	1 Zone	2 Grenzwinkel	3 Mittelwinkel
	0°			87° 25′ 0″	
I		14° 29′ 40″	XVI		89° 14′ 30″
	20° 33′ 20″			91° 4′ 0″	
II		25° 14′ 30″	XVII		92° 53′ 20″
	29° 13′ 40″			94° 43′ 10″	
III		32° 46′ 10″	XVIII		96° 33′ 0″
	36° 0′ 0″			98° 23′ 30″	
IV		38° 59′ 50″	XIX		100° 14′ 20″
	41° 48′ 40″			102° 5′ 50″	
V		44° 28′ 40″	XX		103° 58′ 10″
	47° 1′ 30″			105° 51′ 30″	
VI		49° 28′ 10″	XXI		107° 45′ 40″
	51° 49′ 40″			109° 41′ 20″	
VII		54° 6′ 40″	XXII		111° 38′ 10″
	56° 20′ 0″			113° 36′ 50″	
VIII		58° 29′ 50″	XXIII		115° 37′ 10″
	60° 36′ 50″			117° 39′ 40″	
IX		62° 41′ 10″	XXIV		119° 44′ 20″
	64° 43′ 10″			121° 51′ 50″	
X		66° 43′ 10″	XXV		124° 2′ 10″
	68° 41′ 30″			126° 16′ 0″	
XI		70° 38′ 10″	XXVI		128° 33′ 50″
	72° 33′ 30″			130° 56′ 10″	
XII		74° 27′ 40″	XXVII		133° 23′ 50″
	76° 20′ 50″			135° 57′ 40″	
XIII		78° 13′ 0″	XXVIII		138° 39′ 10″
	80° 4′ 20″			141° 29′ 40″	
XIV		81° 55′ 10″	XXIX		144° 31′ 30″
	83° 45′ 30″			147° 48′ 0″	
XV		85° 35′ 20″	XXX		151° 24′ 20″
	87° 25′ 0″			155° 29′ 10″	

von 40 mm. In Anbetracht der Axialsymmetrie der meisten Lichtquellen ist nur ein Quadrant aufgetragen. Die Kugel ist in $4\,\pi$ gleich große Flächenstücke

[1]) J. Teichmüller, Elektrot. u. Maschinenb. Bd. 36 S. 261. 1918; Bd. 37 S. 507. 1919; Bd. 38 S. 201. 1920; Elektrot. ZS. Bd. 39 S. 368. 1918; Licht u. Lampe 1920, S. 141.

geteilt, jedes Flächenstück entspricht also einem von der Raumwinkeleinheit aus der Kugelfläche herausgeschnittenen Oberflächenstück. Die bei der Einteilung entstehenden Kugelzonen, die Raumwinkelzonen, haben die in Tabelle 13 angegebenen Grenz- und Mittelwinkel.

Eine volle Zone enthält 400 Raumgrad, ein Quadrant also 100 Raumgrad. Bei dem Raumwinkelpapier sind die Raumwinkelzonen mit römischen Zahlen bezeichnet und die Teilung durch dickere Striche markiert. Jeder Zonenquadrant ist in 10 Flächen zu je 10 Raumgrad unterteilt. Diese Teile sind bis Zone 10 in 4 Teile, von Zone 11 an in 10 Teile eingeteilt. Von Zone 11

5,5	7,5	12,5	20	28,5	34
5,0	7,0	11	16,3	23,5	28,5
4,5	6,0	8,6	13,2	16,3	20
3,8	5,0	6,6	8,6	11	12,5

Abb. 23. Verteilung der Beleuchtungsstärke auf dem Platze des Beispiels Abb. 21.

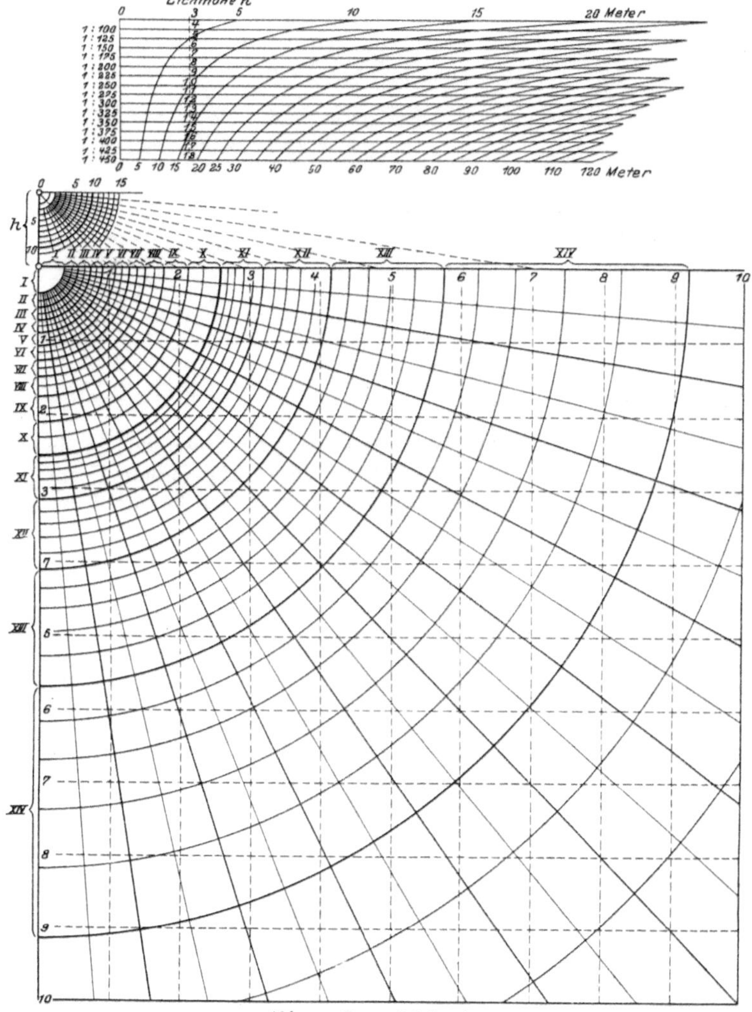

Abb. 24. Raumwinkelpapier.

an stellt jedes Unterteil also einen Raumgrad dar. Ein derartiger Raumgrad stellt ein Tausendstel der Raumwinkeleinheit dar. Die Raumwinkeleinheit ihrerseits ist der 4πte Teil des Gesamtraumwinkels. Auf der Einheitskugeloberfläche schneidet somit die Raumwinkeleinheit die Flächeneinheit aus. Die

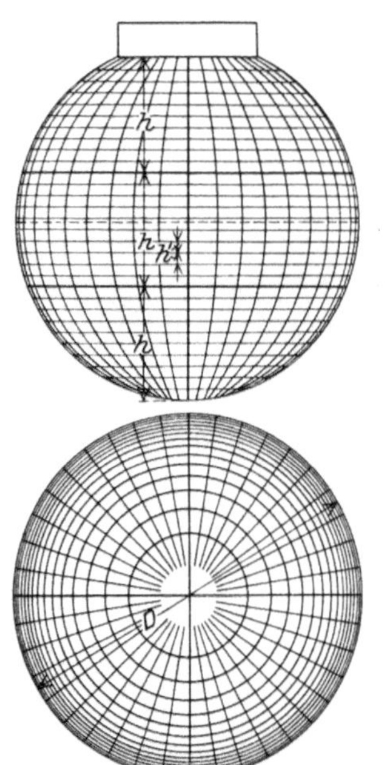

Abb. 25. Teichmüllersche Raumwinkelkugel.

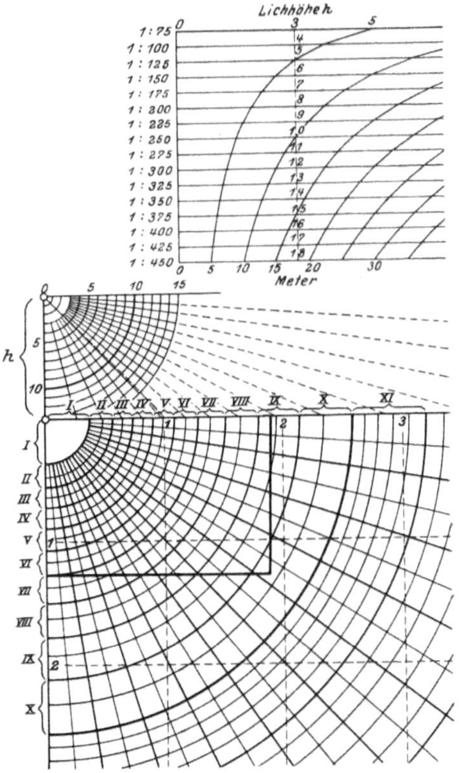

Abb. 26. Einzeichnung der Flächengröße des Raumwinkelpapiers zwecks Berechnung der Beleuchtungsstärke.

Raumgrade sind daher immer als Tausendstel des Raumwinkels in die Rechnung einzusetzen. Das Raumwinkelpapier in der vorliegenden Form würde also in entsprechendem Maßstabe für die Berechnung der Beleuchtung in 4 m über der Meßebene bestimmt sein. Um es auch für andere Lichtpunkthöhen benutzen zu können, sind am Kopf Maßstabsskalen für die Lichtpunkthöhen von 3 bis 18 m eingetragen. .

Das Raumwinkelpapier enthält oberhalb der Raumwinkelteilung noch eine besondere Polarkoordinatenteilung zur Ablesung der Lichtstärke in den Mittelwinkeln. Als Radianten sind die Mittelwinkel der einzelnen Zonen eingetragen.

Zur Berechnung der Beleuchtungsstärke mit dem Raumwinkelpapier trägt man ein Viertel des Platzes auf dem Raumwinkelpapier ein [Abb. 26][1]). Der zu wählende Maßstab ergibt sich aus der Lichtpunkthöhenskala. Hier bei 8 m Lichtpunkthöhe ist er 1:200, die Größe des Platzviertels ist also

$$\frac{10\ \mathrm{m}}{200} \cdot \frac{15\ \mathrm{m}}{200} = 5\ \mathrm{cm} \cdot 7,5\ \mathrm{cm}.$$

Die Größen können auf der oberen Teilung auch ohne Rechnung abgegriffen werden. (Entfernung von der Ordinate bis zur Leitlinie 10, bzw. 15 bei Lichtpunkthöhe 8). Man liest nun aus der Lichtverteilungskurve des Tiefstrahlers

---

[1]) Bezugsquelle: Schleicher & Schüll, Düren i. Rhld. Nr. 322 1/2.

die Lichtstärke für die Mittelwinkel derjenigen Raumwinkelzonen, die nach der Platzeinzeichnung in Betracht kommen, ab und stellt sie tabellarisch für die Einzelzonen auf (Tabelle 14, Spalte 2).

Man zählt nun die innerhalb des den Platz darstellenden Rechteckes liegenden Raumgrade der einzelnen Zonen ab (Tabelle 14, Spalte 3). Das Produkt aus der Anzahl der Raumgrade, dividiert durch 1000, und der zugehörigen Lichtstärke ergibt dann den Lichtstrom in diesem Raumwinkel (Tabelle 14, Spalte 4). Aus der Summe aller dieser Teillichtströme ergibt sich der gesamte auftreffende Lichtstrom 1956,4 Lumen. Der Quotient aus dem Lichtstrom und der Fläche des der Berechnung zugrunde gelegten Platzviertels von 150 m² ergibt die mittlere Beleuchtung zu

Tabelle 14. Aufstellung der Lichtstärke und Zahl der Raumgrade für Platzbeleuchtung nach Abb. 21 und 26.

1 Zone	2 J/HK	3 Raumgrade	4 Φ/Lm
I	2375	100	237,5
II	2400	100	240,0
III	2525	100	252,5
IV	2575	100	257,5
V	2625	100	262,5
VI	2625	100	262,5
VII	2675	77	206,0
VIII	2675	55	147,2
IX	2675	32	85,5
X	2475	3	7,4
			1958,6

$$E_m = \frac{\sum \Phi}{E} = \frac{1958,6}{150} = 13 \text{ Lux.}$$

28. Die Technik der Lichterzeugung und die der Lichtverwendung und ihr gegenseitiges Verhältnis. Die im vorstehenden kurz erörterten Prinzipien der Beleuchtungstechnik, also der Lichtverwendung, erfreuen sich der Aufmerksamkeit der wissenschaftlich gerichteten, aber auch der technischen Physiker im allgemeinen in wesentlich geringerem Grade als die Technik der Lichtquellen, also der Lichterzeugung. Doch mit Unrecht, denn schließlich ist doch das Endziel jeder Art von Beschäftigung mit Lichtquellen überhaupt ihre Verwendung zur Herstellung der für den Menschen so lebenswichtigen künstlichen Beleuchtung in irgendeiner Form. Ungleich ihrer größeren und älteren Schwester, der Elektrotechnik, die in ihrer Entwicklung schon längst von der Technik des Probierens zur wissenschaftlichen Durchdringung des Stoffes vorgedrungen ist, beginnt die Lichttechnik erst jetzt die Kinderschuhe der Empirie abzustreifen, wenigstens soweit es sich um die Lehre der Verwendung des Lichtes handelt. Zur wissenschaftlichen Durcharbeitung dieser Lehre, zur Klärung bestehender Fragen und zur Stellung neuer Fragen, welche die Entwicklung fördern, wird es noch des intensivsten Zusammenarbeitens zwischen Physik, Chemie, Physiologie, Psychologie der Sinnesorgane und Wirtschaftswissenschaft bedürfen.

C. Methoden der Untersuchung.

Kapitel 19.

Photometrie.

Von

E. Brodhun, Berlin.

Mit 39 Abbildungen.

I. Grundlagen.

a) Photometrische Grundgesetze.

1. Allgemeines. Wenn eine Energiestrahlung (Wärmestrahlung) Bestandteile enthält, deren Wellenlängen zwischen zwei bestimmten Grenzen (etwa $0,4\,\mu$ und $0,75\,\mu$) liegen, so ist sie imstande, eine Lichtempfindung hervorzu‚ bringen, und wir bezeichnen sie als Lichtstrahlung oder Licht. Der Gegenstand, von dem die Strahlung ausgeht, heißt Lichtquelle. Sie ist ein Selbstleuchter, wenn sie die Strahlung unmittelbar aussendet, wie z. B. ein hocherhitzter Körper. Die meisten Körper freilich, die Licht aussenden — die wir sehen —, sind keine Selbstleuchter. Sie haben die Eigenschaft, auf sie auffallendes Licht allseitig zu zerstreuen.

Körper, die Licht aller Wellenlängen in dem gleichen Verhältnis zerstreuen, heißen weiß oder grau, und zwar weiß, wenn nahezu alles auffallende Licht, grau wenn nur ein mehr oder weniger geringer Teil davon zerstreut wird. Ein Körper heißt schwarz, wenn er das auf ihn fallende Licht fast vollkommen absorbiert, farbig, wenn gewisse Wellenlängen erheblich stärker als andere absorbiert werden. Von den Körperfarben, die durch Lichtabsorption entstehen, sind die Lichtfarben zu unterscheiden; wir bezeichnen Licht als weiß, wenn es denselben Eindruck wie Tageslicht hervorbringt. Daraus geht hervor, daß die Lichtfarbe weiß nicht genau definiert ist, denn die Farbe des Tageslichtes schwankt stark. Priest[1]) bestimmte mit dem Helmholtzschen Leukoskop die Farbtemperatur (Ziff. 64) einer von der Sonne beschienenen weißen Fläche bei verschiedenen Tageszeiten und fand Farbtemperaturen zwischen 2000° und 5300° abs., von denen die ersten freilich dem Morgen und Abend angehören. Ferner hat derselbe Forscher[2]) mit seinem später (Ziff. 66) zu beschreibenden Rotations-Dispersions-Filter von vier Beobachtern diejenige Farbtemperatur einstellen lassen, die sie bei unbeeinflußtem Auge als weiß ansahen, und fand

[1]) J. G. Priest, Journ. Opt. Soc. Amer. Bd. 4, S. 448. 1920; Bd. 7, S. 78. 1923.
[2]) J. G. Priest, Journ. Opt. Soc. Amer. Bd. 5, S. 205. 1921.

dabei im Mittel $5200°$ abs. Bei kolorimetrischen Rechnungen wird vielfach $5000°$ als die dem weißen Licht entsprechende Farbtemperatur angenommen.

Von den drei Größen, durch die ein Lichteindruck bestimmt wird, Intensität, Farbe und Sättigung, beschäftigt sich die Photometrie nur mit der ersten. Sie hat die Aufgabe, das Licht oder im besonderen die später aufgeführten Lichtgrößen, in denen Farbe und Sättigung nicht vorkommen, quantitativ zu bestimmen[1].

Da es keinen Apparat gibt, auf den die Strahlen verschiedener Wellenlänge genau in demselben Verhältnis wie auf das Auge einwirken, kann jede photometrische Messung gemischten Lichtes im allgemeinen nur mit Hilfe des Auges erfolgen.

2. Das Entfernungsgesetz. Eine jede Lichtstrahlung, als photometrische Größe betrachtet, bezeichnet man als Lichtstrom. Die Gesamtheit der Lichtstrahlung einer Lichtquelle nach allen Seiten heißt ihr Lichtstrom oder auch ihr Gesamtlichtstrom. Da die Lichtstrahlung einer Lichtquelle im allgemeinen nach verschiedenen Richtungen verschieden stark ist, ist es wichtig, eine Größe einzuführen, die die Stärke der Lichtstrahlung für eine beliebige Richtung angibt. Nimmt man eine sehr kleine — punktförmige — Lichtquelle an, die das Licht nach verschiedenen Richtungen verschieden stark strahlt, so ist der in einem sehr kleinen Raumwinkel $d\omega$ in der betrachteten Richtung verlaufende Lichtstrom $d\Phi$ dividiert durch $d\omega$ eine geeignete Größe. Man kann sie auch als die Lichtstromdichte in bezug auf den Raumwinkel definieren. Sie wird als Lichtstärke in der betrachteten Richtung bezeichnet. Es ist also, wenn J die Lichtstärke bedeutet:

$$J = \frac{d\Phi}{d\omega}.$$

Fällt ein Lichtstrom auf eine Fläche, so wird sie beleuchtet. Ein geeignetes Maß für die Stärke der Beleuchtung an einer bestimmten Stelle der Fläche wird der auf ein kleines Flächenstück dF auffallende Lichtstrom $d\Phi$ dividiert durch das Flächenstück oder die Lichtstromdichte in bezug auf die getroffene Fläche sein. Bezeichnet man die Beleuchtungsstärke mit E, so ist also:

$$E = \frac{d\Phi}{dF}.$$

Zieht man von einer punktförmigen Lichtquelle in der Richtung, in der sie die Lichtstärke J besitzt, einen Radiusvektor und befindet sich das Flächenstück dF senkrecht zu diesem in der Entfernung r von der Lichtquelle, so folgt, da jetzt $d\omega = dF/r^2$ ist, für die Beleuchtungsstärke in dF:

$$E = \frac{J}{r^2}.$$

Die Beleuchtung des Flächenstückes ist also unter diesen Umständen proportional der Lichtstärke und umgekehrt proportional dem Quadrat der Entfernung der Lichtquelle vom Flächenstück.

---

[1] Als der eigentliche Begründer der Photometrie gilt J. H. LAMBERT durch sein Buch: Photometria sive de mensura et gradibus luminis, colorum et umbrae (1760), deutsch herausgegeben von E. ANDING in Ostwalds Klassikern d. exakt. Naturwissensch. Bd. 31—33 (Leipzig: Engelmann 1892) mit zahlreichen Anmerkungen, auch zur Geschichte der Photometrie. Unter den Lehrbüchern sei hervorgehoben: E. LIEBENTHAL, Praktische Photometrie (Braunschweig: Vieweg & Sohn 1907) und J. W. T. WALSH, Photometry (London: Costenoble & Co. Ltd. 1926). Letzteres mit besonders umfassenden Literaturnachweisen.

Wird ein Flächenstück dF' aus der Entfernung r beleuchtet, das nicht senkrecht zur Strahlenrichtung steht, sondern so zu ihr geneigt ist, daß die einfallenden Strahlen mit dem Lote in dF' den Winkel i (Einfallswinkel) bilden, so wird, da $dF' = dF/\cos i$ ist, die Beleuchtungsstärke:

$$E = \frac{J \cos i}{r^2}. \tag{1}$$

3. Das Lambertsche Kosinusgesetz bei Selbstleuchtern. Ein hocherhitzter Körper, z. B. die Sonne oder eine glühende Kugel oder ein glühender Stab, erscheint bei oberflächlicher Betrachtung überall gleich hell. Hieraus folgt, daß mit einer gewissen Annäherung gleiche Vertikalprojektionen von Stücken der Oberfläche des leuchtenden Körpers auf eine zur Sehrichtung senkrechte Ebene gleiche Lichtströme ins Auge gelangen lassen. Bezeichnet man mit f ein so kleines Flächenstück des leuchtenden Körpers, daß es als eben angesehen werden kann, mit ε den Winkel, den die betrachtete Ausstrahlungsrichtung, die Sehrichtung, mit dem nach der Seite der Ausstrahlung gerichteten Lot in f bildet, so ist daher der von f in diese Richtung gesandte Lichtstrom Φ der Projektion $f \cos \varepsilon$ proportional, also: $\Phi = C \cdot f \cos \varepsilon$ oder, wenn man den von f in senkrechter Richtung ausgestrahlten Lichtstrom Φ_0 einführt: $\Phi = \Phi_0 \cos \varepsilon$. ε heißt der Ausstrahlungs-, Emissions- oder Emanationswinkel. Die Lichtstrahlung eines ebenen Flächenstückes ist also dem Kosinus des Emanationswinkels proportional.

Auf Grund derartiger Betrachtungen hat Lambert das Emanationsgesetz aufgestellt. Es theoretisch herzuleiten, haben Lambert und Beer vergeblich versucht. Nach dem Vorgang von Fourier und Zöllner gibt Lommel[1]) folgende Herleitung. Er nimmt an, daß das Licht nicht nur aus der oberen Schicht, sondern auch aus dem Innern des Körpers herausstrahlt und daß der letztere Teil dabei nach dem Absorptionsgesetz geschwächt wird. Für die Lichtstrahlung eines Flächenelements df unter dem Emanationswinkel ε betrachtet er einen Zylinder, der durch alle Punkte des Umfanges von df geht und der Ausstrahlungsrichtung parallel liegt. Diesen teilt er durch df parallele Ebenen in Volumelemente. Die Größe eines solchen Volumelements in der Tiefe r in Richtung des Zylinders wird dann $df\,dr \cos \varepsilon$ sein. Man kann nun den Lichtstrom, den das Volumelement in Richtung des Zylinders aussendet $\Phi \cdot dr \cdot df \cos \varepsilon$ schreiben. Dann wird gemäß dem Absorptionsgesetz, nachdem die Strecke r durchlaufen ist:

$$\Phi\, df\, dr \cos \varepsilon\, e^{-kr}$$

austreten, wo k die Absorptionskonstante ist. Hat man es mit einem undurchsichtigen Körper von großer Absorptionskonstante zu tun, bei dem also schon nach Durchlaufen einer kleinen Strecke ϱ Auslöschung eintritt, so wird der gesamte durch df in der betrachteten Richtung austretende Lichtstrom:

$$\Phi\, df \cos \varepsilon \int_0^\varrho e^{-kr} dr = \frac{\Phi}{k}\, df \cos \varepsilon\,(1 - e^{-k\varrho}),$$

also da $\Phi e^{-k\varrho}$ nach der Annahme unendlich klein ist:

$$= df\, \frac{\Phi}{k} \cos \varepsilon,$$

womit das Kosinusgesetz bewiesen ist.

---

[1]) E. Lommel, Wied. Ann. Bd. 10, S. 449. 1880.

Auf die Vorgänge beim Austritt aus dem strahlenden Medium nimmt diese Herleitung keine Rücksicht; sie ist also jedenfalls für spiegelnde Flächen nicht beweisend. Eine ähnliche Herleitung unter Berücksichtigung der Brechung des austretenden Strahles gibt SMOLUCHOWSKI DE SMOLAN[1]) und kommt zu dem Ergebnis, daß das Kosinusgesetz der Ausstrahlung für spiegelnde Flächen nicht gilt, besonders nicht für große Emanationswinkel, weil beim Lichtaustritt aus dem leuchtenden Körper eine von ε abhängige Lichtschwächung eintritt.

Übersichtlich ist die Betrachtung von v. UL-JANIN[2]), der von dem KIRCHHOFFschen Gesetz ausgeht. Nach diesem ist das Emissionsvermögen dem Absorptionsvermögen α proportional, das wieder mit dem Reflexionsvermögen ϱ durch die Gleichung

$$1 - \varrho = \alpha$$

verbunden ist. Das Reflexionsvermögen ist aber als Funktion des Absorptionsindex und des Brechungsvermögens berechenbar[3]). Den Verlauf des Reflexionsvermögens an zwei photometrisch wichtigen Metallen, Silber (oben) und Stahl (unten), zeigt Abb. 1, worin die Abhängigkeit des Reflexionsvermögens von dem Einfallswinkel in Kurvenform dargestellt ist[4]). Und zwar zeigen die mittleren Zweige die Intensität des reflektierten Lichtes, wenn unpolarisiertes auffällt, während die äußeren Zweige für die Fälle gelten, daß senkrecht und parallel zur Einfallsebene polarisiertes Licht auffällt. Man erkennt, daß das Reflexionsvermögen bis zu einem großen Einfallswinkel (etwa 75°) nahezu konstant ist, nur in dem Bereich 50° bis 75° ein wenig zunimmt. Hier muß also bei der Emission das Kosinusgesetz nahezu gelten. Dann nimmt das Reflexionsvermögen stark zu, das Emissionsvermögen müßte also stark abnehmen. Außerdem erkennt man aus den Kurven die schon bei kleinem Einfallswinkel einsetzende und mit ihm stark zunehmende Polarisation, die also auch bei der Emission vorhanden sein muß.

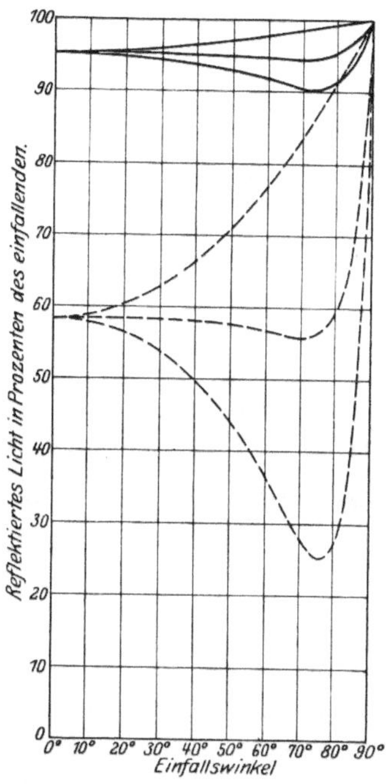

Abb. 1. Reflexion von Silber (oben) und Stahl (unten) in Abhängigkeit vom Einfallswinkel in Prozenten des auffallenden Lichtes. Die mittleren Zweige gelten für unpolarisiert, die äußeren für parallel und senkrecht zur Einfallsebene polarisiert auffallendes Licht.

Vergleiche dieser Theorie mit Versuchen haben zumeist mehr eine qualitative als eine quantitative Bestätigung ergeben. Das ist nicht verwunderlich, denn die sich auf das Reflexionsvermögen beziehenden Werte sind bei Zimmertemperatur gefunden. Es ist fraglich, ob sie bei Glühtemperaturen ausreichend gültig sind. Die Polarisation wird gewöhnlich geringer gefunden, als es nach der Theorie sein sollte, was durch die Annahme einer störenden Oberflächenschicht oder einer nicht völlig spiegelnden, etwas rauhen Oberfläche erklärlich ist. MÖLLERsche Messungen[5]) des Emissionsvermögens an glühendem Platin stimmen

---

[1]) SMOLUCHOWSKI DE SMOLAN, Journ. de phys. (3) Bd. 5, S. 488. 1896.

[2]) W. v. ULJANIN, Wied. Ann. Bd. 62, S. 528. 1897.

[3]) P. DRUDE, Wied. Ann. Bd. 35, S. 508. 1888; Winkelmanns Handb. d. Phys., 2. Aufl.. Bd. VI, S. 1295. 1906.

[4]) Nach M. v. ROHR, Die Bilderzeugung in optischen Instrumenten, S. 524. Berlin: Julius Springer 1904.

[5]) W. MÖLLER, Wied. Ann. Bd. 24, S. 266. 1885.

besser mit dem Kosinusgesetz, als es nach der Theorie sein dürfte. Zwikker[1])
findet beim Wolfram keine Abweichung vom Lambertschen Gesetz. Worthing[2])
hat zunächst Wolfram und Kohle untersucht. Bei der letzteren findet er nach anfangs konstanten Werten von etwa 25° ab eine stetige Abnahme der Flächenhelligkeit. Eine spätere Arbeit Worthings[3]) behandelt Wolfram, Molybdän und
Tantal. Die Ausstrahlung der Metalle, die die Gestalt von polierten Bändern

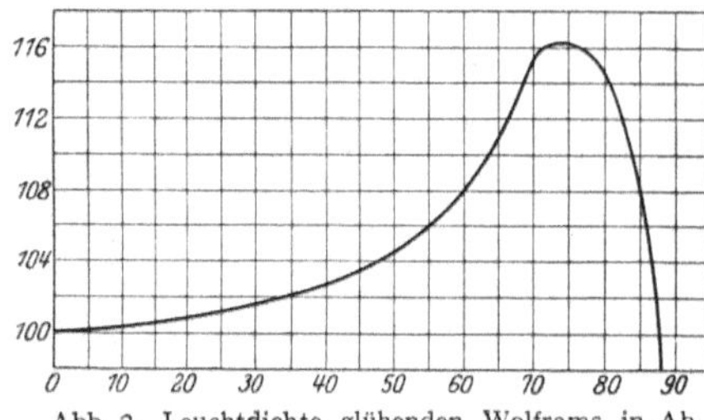

Abb. 2, Leuchtdichte glühenden Wolframs in Abhängigkeit vom Ausstrahlungswinkel (Abszissen) in
Prozenten der Leuchtdichte in senkrechter Richtung.

hatten, wurde, wie in der ersten Arbeit,
nach der Methode des verschwindenden
Fadens (Holborn-Kurlbaum) gemessen.
Die Abweichung vom Lambertschen Gesetz ist bei allen Metallen ungefähr gleich.
Die Flächenhelligkeit wächst mit zunehmendem Ausstrahlungswinkel bis zu etwa
75° um etwa 20% und fällt dann schnell
auf 0 für streifende Ausstrahlung. Abb. 2
zeigt den Verlauf für Wolfram nach der
älteren Arbeit (Abszissen: Ausstrahlungswinkel, Ordinaten: Flächenhelligkeit in
Prozenten derjenigen senkrecht zur Oberfläche). Man erkennt den der Abb. 1
entsprechenden Verlauf der Kurve. Diese Beziehung tritt in den Kurven der
späteren Arbeit, die sich auch auf die Polarisation beziehen, noch viel klarer
hervor.

4. Das Lambertsche Kosinusgesetz bei lichtzerstreuenden Körpern. Betrachtet man eine weiße Wand, ein mattweißes Papier, die gleichmäßig beleuchtet
sind, aus verschiedenen Richtungen, so erscheinen sie stets gleich hell. Daraus
folgt, daß auch für Flächen, die das Licht zerstreuend reflektieren, das Lambertsche Kosinusgesetz der Ausstrahlung mit einer gewissen Annäherung gelten
muß. Sendet also ein derartiges Flächenstück F bei bestimmter Beleuchtung
in senkrechter Richtung den Lichtstrom Φ aus, so wird es unter dem Ausstrahlungswinkel ε den Lichtstrom $\Phi \cos \varepsilon$ aussenden. Erfolgt die Beleuchtung
durch ein nahezu paralleles Strahlenbündel, etwa eine punktförmige Licht-
quelle, und wird der Lichtstrom Φ von der Fläche in senkrechter Richtung
ausgesandt, wenn das Licht senkrecht, also unter dem Einfallswinkel $i = 0$,
auffällt, so wird für einen Einfallswinkel i der unter dem Emanationswinkel ε
austretende Lichtstrom $\Phi' = \Phi \cos i \cdot \cos \varepsilon$ sein.

Es sind zahlreiche Untersuchungen zur Prüfung des Lambertschen Gesetzes
für mannigfache Substanzen ausgeführt worden[4]). Im allgemeinen haben sich
recht erhebliche Abweichungen ergeben. Dabei sind nicht allein der Einfalls-
und Emanationswinkel, sondern auch das Azimut, der Winkel, den Einfalls-
und Austrittsebene miteinander bilden, von Einfluß. Der Grund hierfür liegt
darin, daß alle lichtzerstreuenden Substanzen, insbesondere bei großem Einfallswinkel, eine mehr oder weniger starke Spiegelung aufweisen. Von praktischer
Wichtigkeit für die Photometrie ist die Frage der Gültigkeit des Kosinusgesetzes
deswegen, weil es gewöhnlich, so in der rechnenden Photometrie, bei Beleuchtungs-

---

[1]) C. Zwikker, Physische Eigenschappen van Wolfram bij hoege Temperaturen.
Diss. Eindhoven 1925, S. 32.
[2]) A. G. Worthing, Astrophys. Journ. Bd. 36, S. 345. 1912. Commission internationale de l'éclairage. Recueil des traveaux, VI. session, Genf 1924, S. 113. Diese Veröffentlichungen werden später zitiert als Berichte der Internationalen Beleuchtungs-Kommission
(abgekürzt: I. B. K. Ber.).
[3]) A. G. Worthing, Journ. Opt. Soc. Amer. Bd. 13, S. 635. 1926.
[4]) Siehe z. B. Chr. Wiener, Ann. d. Phys. Bd. 47, S. 638. 1892; H. Wright, ebenda
Bd. 1, S. 17. 1900 (dort auch ältere Literatur); F. Thaler, ebenda Bd. 11, S. 996. 1903.

messungen, integrierenden Photometern, als gültig vorausgesetzt wird. Man nennt Flächen, die dem LAMBERTschen Gesetz streng folgen, vollkommen zerstreuende.

WRIGHT[1]) gelang es, durch starkes Pressen von feinen Pulvern so vollkommen diffus zurückwerfende Flächen zu erhalten, daß von einer Spiegelung selbst bei streifender Inzidenz kaum etwas zu merken war. Mit diesen praktisch allerdings nicht brauchbaren Flächen erhielt er das Ergebnis, daß für konstantes i das LAMBERTsche Gesetz gilt, während bei konstantem ε die Ausstrahlung nicht dem $\cos i$ proportional ist. Im allgemeinen kann man für die praktisch wichtigen lichtzerstreuenden Substanzen sagen, daß größere Abweichungen sich bei kleinem i erst bei größerem ε (über 50°) zeigen, daß bei größerem i die Abweichungen besonders in der Nähe eines gleichgroßen ε für das Azimut 180° (also in der Nähe etwaiger Spiegelung) auftreten.

Es sind auch mehrfach Versuche unternommen worden, das Gesetz der zerstreuenden Reflexion theoretisch herzuleiten[2]). Zu bemerkenswerten Ergebnissen haben sie aber nicht geführt, insbesondere nicht zu einer einigermaßen einfachen Formel, die die experimentellen Ergebnisse besser wiedergibt als die LAMBERTsche.

Durchscheinende Körper, wie Milchglas und Opalglas, also solche, bei denen nicht, wie bei den durchsichtigen, das Licht durch regelmäßige Brechung ein- und austritt, zerstreuen das hindurchgelassene Licht ebenfalls. Auch für sie wird bisweilen das LAMBERTsche Gesetz als gültig angenommen. Hier sind die Abweichungen noch größer als bei der Reflexion.

5. Das photometrische Grundgesetz. Ein Flächenelement ds, das in senkrechter Richtung eine Lichtstärke eds besitzt, beleuchte ein anderes um r entferntes Flächenelement ds'. Ist dann ε der Emanationswinkel, unter dem ds auf ds' strahlt, und i der Einfallswinkel, unter dem das Licht auf ds' fällt, so ist der auf ds' fallende Lichtstrom, wenn für die Ausstrahlung das Kosinusgesetz gilt:

$$S = \frac{eds\,ds' \cdot \cos\varepsilon \cdot \cos i}{r^2}.$$

Das ist das photometrische Grundgesetz, das die Grundlage der mathematischen Photometrie bildet. Aus ihm berechnet man, indem man das LAMBERTsche Emanationsgesetz als gültig annimmt, durch Integration die Beleuchtung einer Fläche durch eine andere.

Beachtenswert ist die symmetrische Form der rechten Seite der Gleichung. Der Lichtstrom, den unter den angegebenen Umständen ds' trifft, ist der gleiche wie der, den ds treffen würde, wenn ds' in senkrechter Richtung die Lichtstärke $ds' \cdot e$ besäße.

b) Einheiten und Bezeichnungen.

6. Lichtstrom, Lichtstärke, Beleuchtungsstärke. Diese drei photometrischen Größen sind bereits definiert worden. Sie sollen nun im einzelnen besprochen werden.

Lichtstrom: Der Lichtstrom gilt jetzt als photometrische Grundgröße, während man früher die Lichtstärke als solche annahm. Seine Einführung in

---

[1]) Siehe Fußnote 4, S. 472.
[2]) E. LOMMEL, Ann. d. Phys. Bd. 36, S. 473. 1889; H. SEELIGER, Vierteljschr. d. astron. Ges. Bd. 20, S. 111 u. 267. 1885; Bd. 21, S. 216. 1886; M. BERRY, Journ. Opt. Soc. Amer. Bd. 7, S. 627. 1923; G. I. POKROWSKI, ZS. f. Phys. Bd. 30, S. 66. 1924; H. SCHULZ, ebenda Bd. 31, S. 496. 1925.

die Photometrie ist ein Verdienst Blondels, der sein System der photometrischen Einheiten einem internationalen Elektrikerkongreß im Jahre 1896 in Genf vorlegte[1]). Man erhält die Einheit des Lichtstroms durch eine punktförmige Lichtquelle, die in die Einheit des räumlichen Winkels nach allen Seiten die Einheit der Lichtstärke ausstrahlt. Der Name dieser Einheit ist Lumen, die Bezeichnung Lm. Eine punktförmige Lichtquelle, die nach allen Seiten die Einheit der Lichtstärke ausstrahlt, besitzt also den Gesamtlichtstrom 4π Lm.

Lichtstärke: Die Definition der Lichtstärke ist, wie wir sahen, an den Begriff der punktförmigen Lichtquelle geknüpft. Als solche sehen wir eine jede Lichtquelle an, deren Abmessungen klein sind gegen den Abstand der beleuchteten Gegenstände, also wenn es sich um photometrische Messungen handelt, des photometrischen Apparats (vgl. Ziff. 27).

Die Einheit der Lichtstärke ist die photometrische Grundeinheit, in Deutschland ist sie die Hefnerkerze mit dem Zeichen HK, die durch die unten beschriebene Hefnerlampe dargestellt wird.

Beleuchtungsstärke: Für die Beleuchtungsstärke hatten wir zwei Definitionen kennengelernt, eine allgemeine $E = d\Phi/dF$ und eine zweite für punktförmige Lichtquellen zutreffende $E = J\cos i/r^2$. In Abweichung vom CGS-System wird hier r in m, F in m^2 gemessen. Die Einheit der Beleuchtungsstärke führt den Namen Lux, die Bezeichnung Lx. Man erhält also z. B. eine Beleuchtung von 1 Lx, wenn man eine kleine Fläche senkrecht aus 1 m Entfernung mit einer Lichtquelle beleuchtet, die in dieser Richtung die Lichtstärke 1 HK besitzt. Eine ältere Bezeichnung für die Einheit der Beleuchtungsstärke, der man aber noch begegnet, ist Meterkerze.

Hat man eine ausgedehnte Fläche, deren Beleuchtung von Stelle zu Stelle wechselt, so erhält man durch die Definition Lichtstrom durch Fläche die mittlere Beleuchtung. Man erkennt das, indem man die ausgedehnte Fläche in soviel kleine, gleichgroße Stücke teilt, daß die Beleuchtung auf jeder kleinen Teilfläche konstant ist. Sind dann die zu den kleinen Flächenstücken f_1 bis f_n gehörigen Lichtströme Φ_1 bis Φ_n, so ist die mittlere Beleuchtung:

$$\frac{1}{n}\left(\frac{\Phi_1}{f_1} + \frac{\Phi_2}{f_2} \cdots \frac{\Phi_n}{f_n}\right) = \frac{\Phi_1 + \Phi_2 \cdots \Phi_n}{n f_1},$$

da alle Flächenstücke gleich groß sind. Im Nenner aber steht jetzt die Gesamtfläche und im Zähler der gesamte auf sie fallende Lichtstrom.

Es ist zu beachten, daß die Beleuchtungsstärke von der Beschaffenheit der Fläche, auf die der Lichtstrom fällt, unabhängig ist. Eine Fläche kann eine hohe Beleuchtungsstärke besitzen und doch sehr dunkel sein, wenn sie nämlich ein geringes Reflexionsvermögen besitzt.

7. Leuchtdichte oder Flächenhelle. Für die Helligkeit einer Fläche, also die Größe, die die Lichtwirkung einer leuchtenden Fläche, sei sie selbstleuchtend oder lichtzerstreuend, in einer bestimmten Richtung angibt, ist in der Beleuchtungstechnik jetzt die Bezeichnung Leuchtdichte im Gebrauch. Der ältere Name Flächenhelle wird auch jetzt noch zum Teil benutzt. Eine noch frühere Bezeichnung, die aber nur für Selbstleuchter einigermaßen paßt, ist Glanz. Die Leuchtdichte einer gleichmäßig leuchtenden Fläche in senkrechter Richtung wird gemessen durch die Lichtstärke der Fläche in dieser Richtung dividiert durch die in cm² gemessene Fläche. Für andere Richtungen tritt an die Stelle der Flächengröße diejenige ihrer Vertikalprojektion auf eine zu der Richtung

---

[1]) A. Blondel, L'Electricien Bd. 13, S. 327. 1897.

senkrechte Ebene. Die Definitionsgleichung der Leuchtdichte e einer Fläche f in beliebiger Richtung ist also, wenn ε den Ausstrahlungswinkel bedeutet:

$$e = \frac{J}{f \cos \varepsilon} \cdot \frac{\mathrm{HK}}{\mathrm{cm}^2}.$$

Man erhält mithin die Einheit der Leuchtdichte durch eine 1 cm² große Fläche, die in senkrechter Richtung 1 HK ausstrahlt. Ein eigener Name nebst Zeichen ist für diese Einheit nicht eingeführt worden. Von BLONDEL wird der Name Stilb vorgeschlagen (von $\sigma\tau\iota\lambda\beta\omega$ glänze).

Es ist wichtig, den Lichtstrom zu kennen, den eine dem LAMBERTschen Gesetz folgende Fläche von der Leuchtdichte e in den durch ihre Ebene begrenzten Halbraum aussendet. Dazu berechnen wir den Lichtstrom, mit dem ein Element ds von der Flächenhelle e eine Halbkugel von dem Radius R beleuchtet, in deren Zentrum es liegt. Ist für ein beliebiges Flächenelement der Halbkugel (Abb. 3) ϑ der Ausstrahlungswinkel (Poldistanz), unter dem es

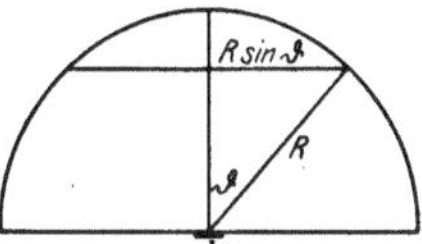

Abb. 3. Zur Berechnung der Strahlung einer dem LAMBERTschen Gesetz folgenden Flächenelementes ds in den Halbraum.

bestrahlt wird, φ das Azimut (Meridianwinkel) der Ausstrahlungsebene, so ist das Element der Kugelfläche $R\,d\vartheta \cdot R \sin\vartheta\,d\vartheta$, also nach dem photometrischen Grundgesetz (Ziff. 5) die Bestrahlung dieses senkrecht getroffenen Elementes durch ds

$$\frac{e\,ds\,R^2 \sin\vartheta \cos\vartheta\,d\vartheta\,d\varphi}{R^2}$$

und die Bestrahlung der Halbkugel also:

$$e\,ds \int_0^{2\pi}\!\!\int_0^{\pi/2} \sin\vartheta \cos\vartheta\,d\varphi\,d\vartheta = 2\pi e\,ds \int_0^{\pi/2} \sin\vartheta \cos\vartheta\,d\vartheta = 2\pi e\,ds \left[\frac{\sin^2\vartheta}{2}\right]_0^{\pi/2} = \pi e\,ds.$$

Eine dem LAMBERTschen Gesetz folgende Fläche von der Leuchtdichte e, die also pro cm² eine Lichtstärke von e HK in senkrechter Richtung besitzt, sendet mithin pro cm² den Lichtstrom πe Lm in den Halbraum.

Hauptsächlich in Amerika verwendet man noch eine zweite Einheit für die Leuchtdichte, das Lambert. Die amerikanische Definition lautet nach den Festsetzungen von 1925: „Das Lambert ist die mittlere Leuchtdichte einer beliebigen Oberfläche, die 1 Lm/cm² emittiert oder reflektiert, oder die gleichmäßige Leuchtdichte einer vollkommen zerstreuenden Oberfläche, die 1 Lm/cm² reflektiert oder emittiert." Da die Leuchtdichte die Lichtwirkung einer Fläche in bestimmter Richtung, z. B. auf das Auge des Beobachters, angeben soll, ist sie wesensgleich mit der Lichtstärke und nicht mit dem Lichtstrom. Es ist deshalb nicht angebracht, sie durch den Lichtstrom zu definieren. In Deutschland wird diese Einheit nie eingeführt werden; deshalb genügt es, sich an die weitere Bestimmung oder deren Umkehrung zu halten: „Eine in Kerzen pro cm² ausgedrückte Leuchtdichte kann in Lamberts durch Multiplikation mit π umgerechnet werden."

Wegen des hohen Betrages von 1 Lambert wird als praktische Einheit das Millilambert $= 0,001$ Lambert empfohlen.

8. Zusammenstellung. Seltenere Größen und Einheiten. Die folgende Tabelle gibt eine Zusammenstellung der besprochenen photometrischen Größen, Einheiten und Zeichen[1]:

----

[1] Vgl. Licht u. Lampe 1924, S. 395.

Größe		Einheit	
Name	Zeichen	Name	Zeichen
Lichtstrom	Φ	Lumen	Lm
Lichtstärke	$J = \dfrac{d\Phi}{d\omega}$	Hefnerkerze	HK
Beleuchtungsstärke . . .	$E = \dfrac{d\Phi}{dF} = \dfrac{J\cos i}{r^2}$	Lux	Lx
Leuchtdichte, Flächenhelle	$e = \dfrac{J}{f \cdot \cos\varepsilon}$	Hefnerkerze auf 1 cm²	HK/cm²

F und r in m, f in cm zu messen.

Beim Rechnen mit diesen Größen muß man beachten, daß die Längeneinheit bei der Beleuchtungsstärke das m, bei der Leuchtdichte das cm ist. Eine absolut weiße (alles auffallende Licht zurückwerfende), dem LAMBERTschen Gesetz gehorchende Fläche, die mit n Lx beleuchtet wird, hat daher eine Leuchtdichte von $10^{-4} \cdot n/\pi$ HK/cm². Denn sie erhält einen Lichtstrom von n Lm auf 1 m², gibt mithin auf 1 cm² nach allen Seiten $10^{-4}n$ Lm ab, also in senkrechter Richtung $10^{-4}n/\pi$ HK.

Um diese Unstimmigkeit zu vermeiden, ist von BLONDEL als Einheit der Beleuchtungsstärke an Stelle des Lux das Phot, definiert durch

$$1 \text{ Phot} = 1 \text{ Lm/cm}^2 = 10^4 \text{ Lx}$$

mit den abgeleiteten Einheiten

$$1 \text{ Milliphot} = 10^{-3} \text{ Phot}, \quad 1 \text{ Mikrophot} = 10^{-6} \text{ Phot}$$

vorgeschlagen worden. Die Einführung des Phot wäre sehr zu empfehlen; es wird aber kaum möglich sein, die überall eingebürgerte Einheit Lux zu verdrängen.

Als minder wichtige photometrische Größe ist noch die spezifische Lichtausstrahlung zu nennen, die den Lichtstrom angibt, den eine lichtstrahlende Fläche in den Halbraum sendet. Ihre Einheit ist Lm/cm².

Die Lichtmenge, die ferner als photometrische Größe aufzuführen wäre, ist definiert als das Produkt aus einem Lichtstrom und der Zeit seiner Wirkung. Die praktische Einheit ist die Lumenstunde.

In England und Amerika gibt es noch auf das foot bezogene Einheiten

$$1 \text{ foot-candle} = 10,764 \text{ (cdl.-) Lux}, \quad 1 \text{ foot-Lambert} = 1,076 \text{ Millilambert[1]}.$$

Schließlich finden aus früherer Zeit bei der Messung punktförmiger Lichtquellen noch folgende Größen Verwendung: die mittlere räumliche Lichtstärke $J_\bigcirc$, die gleich dem Gesamtlichtstrom Φ dividiert durch 4π ist, ferner der obere hemisphärische Lichtstrom $\Phi_\frown$, der untere hemisphärische Lichtstrom $\Phi_\smile$, die obere und die untere mittlere hemisphärische Lichtstärke

$$J_\frown = \frac{\Phi_\frown}{2\pi} \quad \text{und} \quad J_\smile = \frac{\Phi_\smile}{2\pi}.$$

9. Allgemeines über Lichteinheiten. Zur Darstellung der photometrischen Grundeinheit, der Lichtstärkeneinheit oder Lichteinheit, verwendet man eine Einheitslichtquelle, die in einer bestimmten Ausstrahlungsrichtung die den

---

[1] Über die Größen und Einheiten in Amerika, England und Frankreich s. I. B. K. Ber. V (Paris 1921), S. 58 u. VI (Genf 1924), S. 139.

Messungen als Einheit zugrunde liegende Lichtstärke (oder ein Vielfaches davon) ausstrahlt. An solche Einheitslichtquelle sind, wenn sie allen berechtigten Ansprüchen genügen soll, hohe Anforderungen zu stellen. Sie soll möglichst einfach sein, sich ohne zu große Kosten überall herstellen lassen und die Einheit der Lichtstärke mit so großer Sicherheit ausstrahlen, daß durch die Abweichungen die Genauigkeit der photometrischen Messungen nicht wesentlich beeinträchtigt wird. Außerdem soll sie keine zu geringe Lichtstärke geben, in bezug auf Farbe den gebräuchlichen Lichtquellen nahekommen und möglichst auch eine konstante spektrale Zusammensetzung haben. Von dem Besitz einer solchen idealen Einheitslichtquelle sind wir noch weit entfernt.

Die ersten einfachen Lichtmessungen wurden mit Kerzen ausgeführt, wie sie schon Lambert für seine Versuche benutzte. Viel später wurden Vorschriften für die Herstellung und Benutzung von Kerzen für photometrische Zwecke gegeben. In England benutzte man die Walratkerze, deren normale Lichtstärke durch den Materialverbrauch festgelegt wurde, in Deutschland die Vereins-Paraffinkerze, die mit 45 mm Flammenhöhe normal brannte. Die erstere wurde erst 1898, die letztere 1893 offiziell abgeschafft. Von dieser historischen Bedeutung der Kerze rührt es her, daß noch heute allgemein die anerkannte Lichteinheit als Kerze bezeichnet wird (in Deutschland Hefnerkerze, in Amerika und England candle, in Frankreich bougie décimale). In Frankreich benutzte man in der zweiten Hälfte des vorigen Jahrhunderts die 1800 von Carcel konstruierte und nach ihm benannte Dochtlampe, die einen Argandbrenner besitzt und mit Colzaöl (Sommerrapsöl) gespeist wird. Bei einem vorgeschriebenen Ölverbrauch (42 g in der Stunde) strahlt sie in horizontaler Richtung die Einheit 1 Carcel aus. Es ist etwa 1 Carcel = 10,9 HK.

Im Anfang dieses Jahrhunderts hatte man mit 4 Einheitslichtquellen zu rechnen: der Carcellampe (Frankreich), der Hefnerlampe (Deutschland), der 10-Kerzen-Pentanlampe (England) und einem Satz von Kohlenfadenlampen im Bureau of Standards in Amerika, die zur Aufrechterhaltung einer der englischen Kerze gleichen Einheit dienen sollten.

Bei der geringen Aussicht, daß man in absehbarer Zeit eine international anerkannte Einheitslichtquelle besitzen würde, einigten sich im Jahre 1909 auf Amerikas Vorschlag die sog. Staatslaboratorien von Amerika, England und Frankreich (nämlich Bureau of Standards in Washington, National Physical Laboratory in London und Laboratoire Central d'Electricité in Paris) zur Annahme einer gemeinsamen Lichteinheit, die durch elektrische Glühlampen in diesen Laboratorien aufrecht erhalten wird. Ihr Wert betrug in der deutschen Einheit $^{10}/_9$ HK. Deutschland schloß sich dieser Übereinkunft wegen der mangelhaften Methode der Aufrechterhaltung der Einheit nicht an[1]).

Zur Zeit existieren also zwei Lichteinheiten, diese sog. Internationale Kerze, für die in Frankreich der offizielle Name bougie décimale besteht, und die Hefnerkerze, die $^9/_{10}$ der ersteren betragen soll. Nach neueren Vergleichungen besteht dieses Verhältnis noch für die Farbe der normal brennenden Kohlenfadenlampe hinreichend genau, während für die Farbe der Metallfadenlampe (mit Zickzackdraht) das Verhältnis der Internationalen Kerze zur Hefnerkerze um mehrere Prozent zu groß ist[2]). Der Grund liegt in der Unsicherheit der heterochromen Photometrie.

Da die übrigen photometrischen Einheiten von der der Lichtstärke abgeleitet sind, haben Lumen, Lux usw. in den mit der Internationalen Kerze

---

[1]) Vgl. das Referat ZS. f. Instrkde. Bd. 29, S. 264. 1909.
[2]) W. Dziobek, ZS. f. Instrkde. Bd. 46, S. 476. 1926.

arbeitenden Ländern einen $^{10}/_9$mal so großen Wert als in Deutschland, was bei der Verwendung ausländischer Literatur zu beachten ist. Wo Verwechslungen zu fürchten sind, spricht man deshalb auch von Hefnerlumen, Candlelumen usw.

Die Herstellung der Lichteinheit mit Hilfe der Einheitslichtquellen ist gewöhnlich schwierig, wenn größte Genauigkeit verlangt wird; es hat sich deshalb als notwendig herausgestellt, die Lichteinheit durch zahlreiche Messungen auf elektrische Normallampen (Hauptnormale) zu übertragen, die in bestimmten Zeitabständen neu mit der Einheitslichtquelle verglichen werden. Am besten werden dazu elektrische Lampen benutzt, die mit niedrigerem Stromverbrauch, als für sie normal ist, brennen. Es ist besser, sie auf konstanter Stromstärke als auf konstanter Spannung zu halten. Von diesen Hauptnormalen werden Gebrauchsnormale abgeleitet, die häufiger nachgeprüft werden. Außerdem braucht man für die Messungen vielfach noch sog. Zwischenlichtquellen oder Vergleichslichtquellen, die eine Zeitlang konstant bleiben und entweder besonders ausgewertet werden oder bei der Substitutionsmethode (s. Ziff. 27) Verwendung finden, wobei man ihren Lichtstärkenwert nicht zu kennen braucht. Zu solchen eignen sich außer elektrischen Lampen, wenn auch weniger gut, Petroleum-, Gas- oder Azetylenflammen, aus denen bisweilen der hellste Teil ausgeblendet wird, ferner Benzinflammen, deren Höhe konstant gehalten wird.

Die im Laufe der Zeit für Einheitslichtquellen gemachten Vorschläge sind sehr zahlreich. Im folgenden werden nur die wichtigsten Einheitslampen und Vorschläge für solche besprochen.

10. Die Hefnerlampe. Die jetzt als Hefnerlampe bezeichnete Einheitslampe wurde im Jahre 1884 von v. Hefner-Alteneck angegeben[1]). Ihr wichtigster Teil ist das Dochtröhrchen aus Neusilber (C in Abb. 4), dessen Abmessungen genau eingehalten werden müssen (8 mm innerer, 8,3 mm äußerer Durchmesser, 25 mm freistehende Höhe). Das Röhrchen ragt aus einem Messinggefäß A auf, das zur Aufnahme des Brennstoffes, Amylacetat (Isoamylacetat $C_7H_{14}O_2$), dient, und enthält den aus einer Reihe Baumwollfäden bestehenden Docht. Durch einen Zahntrieb B kann dieser auf und nieder bewegt und so die Flammenhöhe reguliert werden. Die Lichteinheit wird in horizontaler Richtung ausgestrahlt, wenn die Lampe in ruhiger reiner Luft von 760 mm Druck, 0,7 l/m³ Kohlensäure- und 6,6 g/m³ Wasserdampfgehalt mit einer Flammenhöhe von 40 mm brennt. Zur Einstellung der Flammenhöhe dient ein einfaches Visier K oder, weniger gut, eine kleine aus Linse und Mattscheibe mit Marke bestehende Vorrichtung, der Krüsssche optische Flammenmesser. Die Einstellung der Flammenhöhe muß mit großer Sorgfalt vorgenommen werden, da eine Abweichung um 1 mm die Lichtstärke um 3 % ändert.

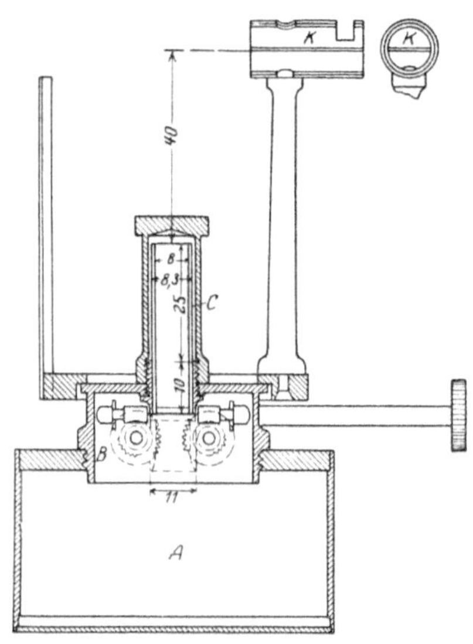
Abb. 4. Hefnerlampe.

Erhöhung des Kohlensäuregehalts und der Feuchtigkeit der Luft vermindert die Lichtstärke, Steigerung des Luftdrucks erhöht sie. In einem gut

---

[1]) H. v. Hefner-Alteneck, Elektrot. ZS. Bd. 5, S. 20. 1884. Beschreibung der jetzt gebräuchlichen Form der Lampe: ZS. f. Instrkde. Bd. 13, S. 257. 1893.

gelüfteten Raume ist der Kohlensäuregehalt hinreichend konstant, so daß er nicht gemessen zu werden braucht. Dagegen muß die Feuchtigkeit der Luft, am besten mit einem ASSMANNschen Aspirationspsychrometer, sowie der Luftdruck bei jeder Messung bestimmt und in Rechnung gesetzt werden. Bei dem Barometerstand b mm Hg und dem Wassergehalt der Luft $f\,g/m^3$ ist die Lichtstärke der Hefnerlampe:

$$[1{,}049 - 0{,}0074 f + 0{,}00015\,(b - 760)]\ \text{HK}.$$

Die angegebene Druckkorrektion gilt vermutlich nur für die Schwankungen um 760 mm. Für viel geringere Drucke ist durch Beobachtungen in großer Höhe (Gebirge) ein wesentlich höherer Wert beobachtet worden[1]).

Die Vorzüge der Hefnerlampe sind ihre leichte Reproduzierbarkeit und Billigkeit, ihre großen Nachteile die mangelnde Streifigkeit der Flamme, die geringe Lichtstärke und die ungünstige Lichtfarbe. Letztere ist wesentlich roter als die einer normal brennenden Kohlenfadenlampe. Diese hat eine Farbtemperatur von etwa 2080° abs., die Hefnerlampe eine solche von etwa 1870° abs.

11. Die 10-Kerzen-Pentanlampe. HARCOURT hat eine Reihe von Einheitslampen konstruiert, bei denen ein Gemisch von Luft und Pentandampf verbrannt wird. Von diesen hat die 10-Kerzen-Pentanlampe[2]), die in England längere Zeit zu amtlichen Messungen benutzt wurde, die größte Verbreitung gefunden. In ihr (s. Abb. 5) verbrennt das Pentan-Luft-Gemisch in einem dem Argandbrenner ähnlichen Specksteinbrenner B. Seitlich von dem oberen Teil des darüber befindlichen Metallschornsteins C liegt das zur Aufnahme des Pentans dienende Gefäß A, das durch einen Gummischlauch mit dem Brenner verbunden ist. Die Luft tritt durch den Hahn S_1 in das Gefäß A ein und sättigt sich mit dem Pentandampf. Das Gemisch fällt dann durch den Gummischlauch zum Brenner hinunter. Der Schornstein C ist in dem Rohre E so befestigt, daß zwischen seinem unteren Ende und dem Brenner sich ein durch eine Lehre einstellbarer Zwischenraum von 47 mm befindet. Der obere Teil der Flamme wird so durch den Schornstein abgeblendet. Die Flammenhöhe kann durch ein im Schornstein dem Photometer abgewandt angebrachtes Glimmerfenster mit Marke beobachtet werden; sie wird reguliert durch die Hähne S_1 und S_2, sowie dadurch, daß man das Pentangefäß dem Schornstein mehr oder weniger nähert. Eine sehr genaue Einhaltung der Flammenhöhe ist nicht erforderlich. Zum Schutz gegen seitliche Luftströmung

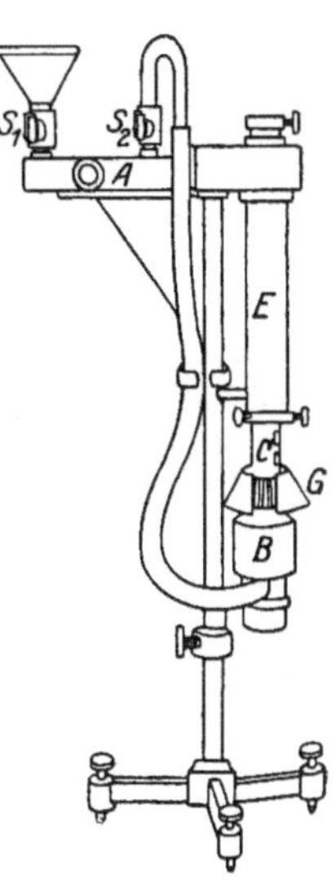
Abb. 5.   10-Kerzen-Pentanlampe.

dient der konische Schirm G, der nach dem Photometer zu offen ist. Das für den Gebrauch in der Lampe vorgeschriebene Pentan wird durch fraktionierte Destillation aus amerikanischem Petroleum erhalten.

Man erkennt, daß die Lampe viel weniger einfach als die Hefnerlampe und schwer reproduzierbar ist. Auch ist der Brennstoff nicht hinreichend definiert. Vorzüge gegenüber der Hefnerlampe sind, abgesehen von der größeren Lichtstärke, die etwas weißere Lichtfarbe (Farbtemperatur etwa 1920° abs.), ferner die durch den Schornstein erzielte größere Steifigkeit der Flamme.

---

[1]) E. LIEBENTHAL, ZS. f. Instrkde. Bd. 15, S. 157. 1895; Bd. 43, S. 209. 1923; A. BOLTZMANN u. A. BASCH, Wiener Ber. (IIa) Bd. 131, S. 57. 1922.
[2]) H. KRÜSS, Journ. f. Gasbeleuchtg. Bd. 41, S. 653. 1898.

Von der Luftbeschaffenheit[1]) ist die Lichtstärke in ähnlicher Weise abhängig wie bei der Hefnerlampe. Die Lichtstärke bei normaler Luftbeschaffenheit beträgt 10 Internationale Kerzen, also 11,1 HK.

12. Die VIOLLEsche Platineinheit. VIOLLE[2]) schlug als Einheit diejenige Lichtstärke vor, die von 1 cm² Oberfläche geschmolzenen Platins im Augenblick des Erstarrens in senkrechter Richtung ausgesandt wird. Zur Darstellung der Einheit schmolz er Platin in einer Gebläseflamme und ließ nach Entfernung dieser das Licht des erstarrenden Platins durch eine gekühlte Blende auf einen unter 45° gegen die Vertikale geneigten Spiegel und von da in das Photometer gelangen. Wegen der Verunreinigungen, denen das Platin durch die Gebläseflamme ausgesetzt ist, haben dann LUMMER[3]) und PETAVEL[4]) das Platin elektrisch geschmolzen.

Im Jahre 1884 wurde auf einem internationalen Elektrikerkongreß in Paris die VIOLLEsche Einheit als internationale Lichteinheit angenommen. 1889 in Paris und 1896 in Genf[5]) wurde dieser Beschluß mit der Abänderung bestätigt, daß als praktische Einheit der zwanzigste Teil der VIOLLEschen Einheit unter dem Namen bougie décimale gelten solle.

Ein zuverlässiger Wert der VIOLLEschen Einheit ist bis jetzt nicht erhalten worden. VIOLLE erhielt zunächst 1 Violle = 2,08 Carcel. Das würde bei Benutzung des angegebenen Wertes 1 Carcel = 10,9 HK ergeben 1 Violle = 22,7 HK. LUMMER fand bei elektrischem Schmelzen 1 Violle = 26 HK. Trotz solcher Unsicherheit wird in Frankreich die gesetzliche Lichteinheit, die Internationale Kerze, als bougie décimale bezeichnet und als $^1/_{20}$ der VIOLLEschen Einheit definiert[6]).

WERNER SIEMENS[7]) versuchte durch Abänderung des VIOLLEschen Gedankens zu einer einfacheren Einheitslampe zu gelangen. In seiner Lampe wird ein Platinband hinter einem Diaphragma von 0,1 cm² Öffnung elektrisch durchgeschmolzen. Die Lichtstärke in senkrechter Richtung im Augenblick des Durchschmelzens soll als Lichtmaß benutzt werden. Sie müßte, wenn die Lichtstrahlung des Platins im Moment des Erstarrens ebenso groß ist wie im Moment des Schmelzens, natürlich 0,1 Violle betragen. Trotz mehrfacher Bemühungen ist es aber nicht gelungen, auf diesem Wege konstante Lichtstärken zu erhalten.

13. Platineinheit von LUMMER und KURLBAUM[8]). Hier wird Platin bei einer niedrigeren Temperatur als der Schmelztemperatur benutzt. Ein chemisch reiner Platinstreifen glüht hinter einer Öffnung von 1 cm² Größe und wird mittels eines Bolometers auf konstantem Glühzustand erhalten. Dieser ist dadurch festgelegt, daß die Gesamtstrahlung sich zu einer nach Hindurchgang durch ein wohldefiniertes Absorptionsgefäß (Wasserschicht von 2 cm Dicke zwischen Quarzplatten) übrigbleibenden Teilstrahlung wie 10:1 verhält. Zur praktischen Verwendung ist auch diese Einheit nicht gelangt.

---

[1]) Über Abhängigkeit von der Luftbeschaffenheit s. z. B.: W. J. A. BUTTERFIELD, J. S. HALDANE u. A. P. TROTTER, Recueil de traveaux. Comm. Intern. de Photometrie, Zürich 1911, S. 141; Electrician Bd. 67, S. 711. 1911; C. C. PATERSON, Electrician Bd. 53, S. 751. 1904; Bd. 58, S. 560. 1906/07; E. B. ROSA, E. C. CRITTENDEN u. H. A. TAYLOR, Journ. Opt. Soc. Amer. Bd. 5, S. 444. 1921.
[2]) J. VOILLE, Lumière électrique. Bd. 14, S. 475, 514. 1884; Ann. Chim. Phys. (6). Bd. 3, S. 373. 1884; Phil. Mag. Bd. 17, S. 562. 1884.
[3]) Tätigkeitsber. d. P. T. R. ZS. f. Instrkde. Bd. 11, S. 161. 1891; Bd. 14, S. 267. 1894.
[4]) J. E. PETAVEL, Electrician Bd. 44, S. 710. 1899/1900.
[5]) H. v. HEFNER-ALTENECK, Elektrot. ZS. Bd. 17, S. 754. 1896.
[6]) K. STRECKER, Elektrot. ZS. Bd. 41, S. 980. 1920.
[7]) W. SIEMENS, Elektrot. ZS. Bd. 5, S. 244. 1884.
[8]) O. LUMMER u. F. KURLBAUM, Berl. Ber. 1894, S. 229; Verh. d. D. Phys. Ges. Bd. 14, S. 56. 1895.

14. Kraterlicht der Bogenlampe. Auch der Vorschlag, das Licht des positiven Kraters der Kohlenbogenlampe zu einer Lichteinheit zu benutzen, ist bereits recht alt und hat doch bisher zu einem brauchbaren Ergebnis nicht geführt. Er wurde nahezu gleichzeitig von SWINBURNE, THOMPSON[1]) und BLONDEL[2]) gemacht, nachdem ABNEY[3]) und später VIOLLE[4]) beobachtet hatten, daß die hellste Stelle des positiven Kraters des Kohlenbogenlichts konstante Leuchtdichte besitzt. Die Temperatur, die dieser hellsten Stelle entspricht, wird als Siedetemperatur der Kohle bei Atmosphärendruck angesehen[5]). Von neueren Bearbeitern dieser Frage haben REICH[6]) und LUMMER[7]) ebenfalls Unabhängigkeit der Temperatur des positiven Kraters von der Beanspruchung der Kohlen gefunden, während mehrere andere: WAIDNER und BURGESS[8]), PODSZUS[9]), MATHIESEN[10]), GEHLHOFF[11]), C. MÜLLER[12]) einen nicht großen, aber deutlichen Einfluß der Stromstärke auf die Flächenhelle des positiven Kraters festgestellt haben. Man wird also annehmen müssen, daß eine geringe Zunahme der Temperatur mit der Stromstärke vorhanden ist.

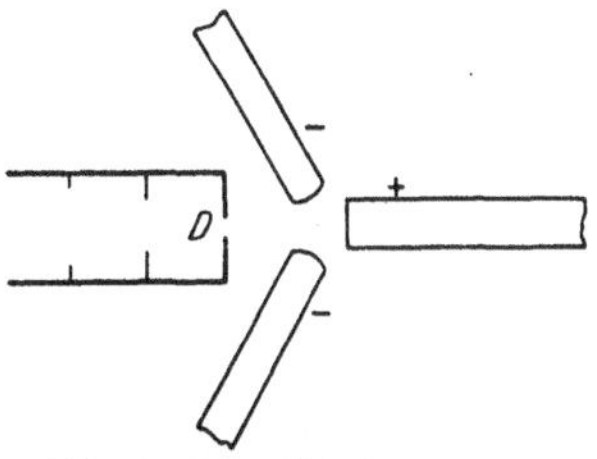

Abb. 6.   Kraterlicht-Normallampe
nach FORREST.

Unter den Vorschlägen für die Konstruktion einer Einheitslampe mit Verwendung des Kraterlichts sei der von FORREST[13]) erwähnt. Abb. 6 zeigt die Anordnung der Kohlen (zwei negative und eine positive) und des Diaphragmas D mit dem das zum Photometer gelangende Licht ausgeblendet wird. Die benutzte Stromstärke lag zwischen 6 und 10 Amp. Die Lichtstärke findet er zu 162 cdl./mm².

15. Der Schwarze Strahler als Einheitslichtquelle. Es ist nur natürlich, daß seit den erfolgreichen theoretischen und praktischen Untersuchungen über den Schwarzen Körper dieser wiederholt zur Herstellung einer Lichteinheit empfohlen worden ist. Da seine Strahlung von dem Material, aus dem er besteht, unabhängig ist, hat man nur die Temperatur und die Größe der strahlenden Öffnung festzusetzen. Eine solche Einheitslichtquelle ist also in der Definition außerordentlich einfach. Bei der Ausführung freilich entstehen erhebliche Schwierigkeiten, weil es nicht leicht ist, eine bestimmte hohe Temperatur mit der erforderlichen Genauigkeit herzustellen und festzuhalten.

Am häufigsten ist als feste Temperatur des Strahles die des Platinschmelzpunktes (2044° abs. nach HOFFMANN) in Vorschlag gebracht worden. Die Farbe ist hier etwa gleich der einer normal brennenden Kohlenfadenlampe, also günstiger als die der Hefner- und 10-Kerzen-Pentanlampe, freilich für die jetzigen Be-

---

[1]) S. P. THOMPSON, Phil. Mag. Bd. 36, S. 120. 1893; Electrician Bd. 31, S. 592. 1893.

[2]) A. BLONDEL, Bull. Soc. Int. des Electr. Bd. 10, S. 132. 1893; Electrician Bd. 30, S. 658. 1892/93; Bd. 32, S. 117, 145, 169. 1893/94.

[3]) ABNEY u. FESTING, Phil. Trans. Bd. 172, S. 887. 1881.

[4]) J. VIOLLE, C. R. Bd. 115, S. 1273. 1892; Journ. de phys. Bd. 2, S. 545. 1893.

[5]) Vgl. die abweichende Ansicht von W. MATHIESEN, Untersuchungen über den elektr. Lichtbogen, S. 181. Leipzig 1921.

[6]) M. REICH, Phys. ZS. Bd. 7, S. 73. 1906.

[7]) O. LUMMER, Grundlagen, Ziele und Grenzen der Leuchttechnik, § 193. München u. Berlin 1918.

[8]) C. W. WAIDNER u. G. K. BURGESS, Phys. Rev. Bd. 19, S. 241. 1904.

[9]) E. PODSZUS, Verh. d. D. Phys. Ges. Bd. 21, S. 284. 1919.

[10]) W. MATHIESEN, Untersuchungen über den elektr. Lichtbogen, S. 119 u. 176. Leipzig 1921.

[11]) G. GEHLHOFF, ZS. f. techn. Phys. Bd. 1, S. 7. 1920.

[12]) C. MÜLLER, ZS. f. Beleuchtungsw. Bd. 28, S. 76. 1922.

[13]) J. F. FORREST, Electrician Bd. 71, S. 729, 1913.

dürfnisse nicht weiß genug (Farbtemperatur der luftleeren Metalldrahtlampe etwa 2400° abs.).

Der nächstliegende Weg, den Schwarzen Körper bei dieser Temperatur konstant zu halten, ist die Drahtschmelzmethode, bei der ein kleines Stück chemisch reinen Platindrahtes, der zwischen zwei Drähte von höherem Schmelzpunkt, am besten die Schenkel eines geeigneten Thermometerelements, gelötet und in den gleichtemperierten Hohlraum gebracht wird. Bei allmählich gesteigerter Temperatur des Strahlers wird durch ein in dem Hohlraum liegendes Thermoelement (Halteelement) die Temperatur festgehalten, bei der das Schmelzen des Platins eintritt. Hoffmann[1]) hat diese Methode so ausgebildet, daß man durch sie die Temperatur des Platinschmelzpunktes auf etwa 0,5° festhalten kann. Nach Versuchen von Brodhun und Hoffmann[2]) läßt sich auf diese Weise die Lichtstärke des schwarzen Strahlers mit einer größeren Genauigkeit festlegen, als durch die Flammennormale möglich ist. Der mittlere Fehler einer Meßreihe betrug etwa $\pm 0,5\%$. Die Leuchtdichte ergab sich zu 65,24 HK/cm² beim Platinschmelzpunkt.

Es sind auch Vorschläge und Versuche gemacht worden, den strahlenden Hohlraum selbst aus Platin zu bilden und seine Lichtstärke beim Zerschmelzen für eine Lichteinheit zu verwenden. Mendenhall[3]) empfahl, einen Keil von kleinem Winkel aus Platinblech zu falten und durch den elektrischen Strom bis zum Schmelzen zu erhitzen. Die aus dem Innern kommende Strahlung wird infolge der vielfachen Reflexionen an der Innenwand als schwarz angesehen. Ives[4]) führte Vorversuche nach dieser Methode aus, ging aber dann dazu über, zylindrische Körper aus Platin von 5 cm Länge, 1,25 cm Durchmesser und 0,2 mm Wandstärke zu benutzen, wobei die schräg aus dem Innern durch eine der Zylinderachse parallele schlitzförmige Öffnung austretende Strahlung photometriert wurde. Die photometrische Vergleichung wurde teils mit dem Auge, teils mit einer leichtelektrischen Zelle ausgeführt. Auf den Nachweis, daß bei dem gewählten Ausstrahlungswinkel die austretende Strahlung wirklich schwarz ist, wurde große Sorgfalt verwandt. Ives erhielt eine Leuchtdichte von 55,4 cdl/cm². Dem entsprechen 61,5 HK. Den wahrscheinlichen Fehler einer Beobachtung gibt er zu 0,6% an.

Warburg[5]) hält es für nötig, auch bei der Temperaturfestsetzung jede Materialeigenschaft auszuschließen und schlägt als eine möglichst „rationelle" Lichteinheit einen Schwarzen Körper vor, bei dem die Normaltemperatur T_0, die beliebig gewählt werden kann, auf folgende Weise hergestellt wird.

Man benutzt eine Hilfstemperatur T_1, deren genauer Wert nicht eingehalten zu werden braucht, stellt nacheinander T_1 und T_0 angenähert (mit einem Pyrometer) im Schwarzen Körper ein, und hält beide Temperaturen etwa mit einem Haltebolometer gut konstant. Man mißt dann für sie einmal das Verhältnis $y_{1,0}$ der Strahlungsintensitäten für eine bestimmte Wellenlänge und zweitens das Verhältnis der Gesamtstrahlungen $x_{1,0}$. Dann ergibt sich, wenn man sich in dem Bereich befindet, in dem das Wiensche Strahlungsgesetz gilt, aus diesem und dem Stefan-Boltzmannschen Gesetz für die eingestellte Temperatur nahe bei T_0:

$$T_0' = -\frac{c \log e}{\lambda} \cdot \frac{x_{1,0}^{-\frac{1}{4}} - 1}{\log y_{1,0}}.$$

[1]) Fr. Hoffmann, ZS. f. Phys. Bd. 27, S. 285. 1924.
[2]) E. Brodhun u. Fr. Hoffmann, ZS. f. Phys. Bd. 37, S. 137. 1926.
[3]) C. E. Mendenhall, Astrophys. Journ. Bd. 33, S. 91. 1911.
[4]) H. E. Ives, Journ. Frankl. Inst. Bd. 197, S. 147, 359. 1924; I. B. K. Ber. VI (Genf 1924), S. 77.
[5]) E. Warburg, Verh. d. D. Phys. Ges. Bd. 19, S. 3. 1917; C. Müller, ZS. f. Beleuchtungsw. Bd. 28, S. 76. 1922.

Als empfehlenswerter wird es bezeichnet, zwei Hilfstemperaturen T_1 und T_2 zu beiden Seiten von T_0 zu wählen und auch für T_2 und T_0 die angegebenen Strahlungsverhältnisse zu messen.

Bei entsprechender Bezeichnung ist dann:

$$T_0' = -\frac{c \log e}{\lambda} \cdot \frac{x_{1,0}^{-\frac{1}{4}} - x_{0,2}^{-\frac{1}{4}}}{\log y_{1,0} + \log y_{0,2}}.$$

Die sich so ergebende Temperatur T_0' wird nicht genau mit der festgesetzten Normaltemperatur übereinstimmen. Man muß dann das Verfahren für eine andere nahe bei T_0 liegende Temperatur wiederholen. Erhält man dann T_0'', so kann man aus Lichtmessungen bei T_0' und T_0'' den Helligkeitswert bei T_0 ableiten. Das Verfahren, das höchste Präzision der Messungen verlangt, wird in der Physikalisch-Technischen Reichsanstalt an einem Vakuum-Kohleofen erprobt.

c) Lichtschwächungen.

16. Allgemeines. Wichtige Teile jeder photometrischen Anordnung sind Vorrichtungen zur meßbaren Schwächung des Lichtes. Sie beruhen zum Teil auf den früher besprochenen Gesetzen der Lichtausbreitung. So ändert man die Beleuchtungsstärke auf einer diffus leuchtenden Fläche und damit ihre Flächenhelle meßbar, indem man den Abstand der Fläche von einer punktförmigen Lichtquelle oder ihre Neigung zu den einfallenden Strahlen meßbar ändert. Die erstere Methode, die Anwendung des Entfernungsgesetzes, wird sehr häufig benutzt, die zweite, die bei manchen photometrischen Apparaten Verwendung findet, ist allerdings wegen der beschränkten Gültigkeit des Lambertschen Kosinusgesetzes nicht einwandfrei. Zu einem anderen Teil beruhen die Lichtschwächungen auf physikalischen Gesetzen, die hier nicht zu besprechen sind, und schließlich liegt einer viel gebrauchten, dem Rotierenden Sektor, ein physiologisches Gesetz zugrunde.

Die Lichtschwächungen müssen im allgemeinen stetig und meßbar veränderlich sein und dienen zur Herstellung der photometrischen Einstellung. Von großem Wert sind aber außerdem konstante Lichtschwächungen von angebbarem Wert. Sie werden dazu gebraucht, den Meßbereich der veränderlichen zu verschieben, so daß mehrere Meßbereiche entstehen.

17. Das Nicolsche Prisma. Es können zwei solche Prismen hintereinander in einen Lichtstrom geschaltet sein, so daß das eine als Polarisator dient, das andere nach dem Malusschen Gesetz den es durchdringenden Lichtstrom schwächt. Häufiger werden zwei zu vergleichende aus natürlichem Licht bestehende Lichtströme in senkrecht zueinander polarisierte verwandelt, etwa durch ein Wollastonprisma, und durchsetzen dann ein Nicolsches Prisma, durch dessen Drehung das Verhältnis der Lichtströme meßbar geändert wird. Voraussetzung für die Zuverlässigkeit dieses Verfahrens ist, daß beide Lichtströme ursprünglich keine polarisierten Bestandteile enthalten. Wir wissen aber, daß in vielen Fällen, so bei dem von glühenden Metallflächen (Metalldrahtlampen) emittierten und bei dem von spiegelnden Flächen reflektierten Licht polarisierte Bestandteile vorhanden sind. In solchen Fällen kann man sich häufig dadurch helfen, daß man das Licht depolarisiert, etwa indem man es durch eine mattierte Milchglasplatte gehen oder von einer gut zerstreuenden Oberfläche bei nicht zu großem Ein- und Austrittswinkel reflektieren läßt. Durchgang durch eine mattierte Glasscheibe depolarisiert nicht vollständig. Hat man einen teilweise polarisierten Lichtstrom mit Hilfe eines Polarisationsphotometers zu photometrieren, ohne ihn depolarisieren zu dürfen, so kann man auch so verfahren, daß man ihn noch einer zweiten Messung unterwirft, nachdem man ihn (oder den Apparat) um 90° gedreht hat, und beide erhaltenen Werte mittelt. Statt dessen kann man natürlich auch, wenn man die damit verbundene Lichtschwächung in den Kauf nehmen will, zwischen die zu messende Lichtquelle und den Apparat ein Nicolsches Prisma setzen, dessen Polarisationsebene einen Winkel von 45° mit der des Polarisators im Photometer bildet, und vor einer zweiten Messung den Nicol um 90° drehen. Daß dies Verfahren für einfallendes linear polarisiertes Licht zum Ziele führt, erkennt man ohne weiteres; aber auch für elliptisch polarisiertes ist es leicht zu erweisen.

GUILD[1]) empfiehlt, zwischen Apparat und Lichtquelle eine Viertel-Wellenlängen-Platte, am besten aus Glimmer, zu setzen, bei der die Ebene der optischen Achsen um 45° gegen die Polarisationsebene des Polarisators geneigt ist. Man mißt dann bei jedem Polarisationszustand richtig. Die Methode eignet sich aber nicht für gemischtes (etwa weißes) Licht, weil die Platte nur für eine bestimmte Wellenlänge ihren Zweck erfüllen kann. Es entsteht bei gemischtem Licht eine Farbendifferenz, zu deren Entfernung die Einschaltung eines einigermaßen monochromatischen Filters empfohlen wird, ein unzulängliches Mittel, dessen Anwendung zudem häufig nicht gestattet sein wird.

Ein Übelstand der Polarisationsphotometer ist, da man häufig schwache Lichtströme zu messen hat, der mit ihnen verbundene starke Lichtverlust (vgl. Ziff. 30).

18. Die Meßblende. Zwischen eine gleichmäßig leuchtende Fläche und ein zu beleuchtendes Flächenstück wird eine Blende mit gewöhnlich meßbar ver-

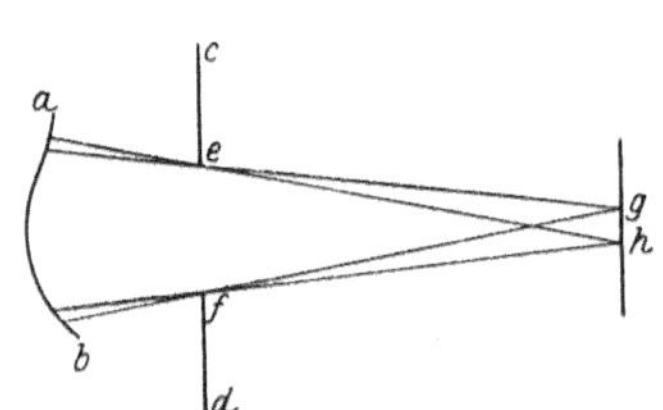

Abb. 7. Meßblende cd, durch deren Öffnung ef hindurch die gleichmäßig leuchtende Fläche ab die Fläche gh beleuchtet.

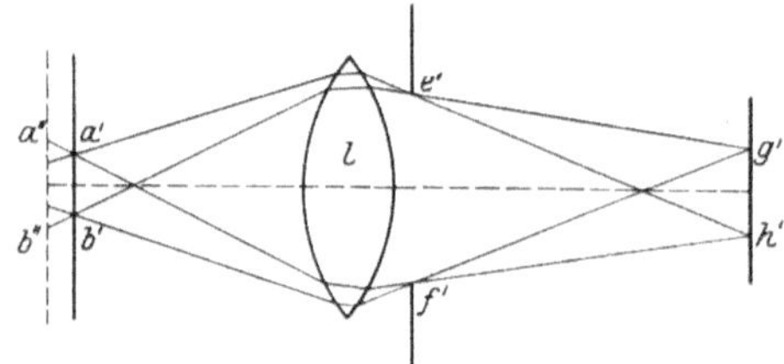

Abb. 8. Meßblende mit Linse.

änderlicher Grenze gestellt. Es sei (Abb. 7) ab eine gleichmäßig mit der Leuchtdichte ε HK/cm² leuchtende, dem LAMBERTschen Gesetz folgende Fläche, ef eine Öffnung in dem undurchsichtigen Schirm cd, gh das zu beleuchtende Flächenstück. Die Fläche ab hat dann in allen Richtungen, die nach einem Punkte von gh zielen, dieselbe Leuchtdichte. Die Beleuchtung von gh durch die Blendenöffnung ef hindurch wird also dieselbe sein, als wenn ef gleichmäßig mit der Leuchtdichte ε leuchtete (äquivalente Leuchtfläche). Bei der Berechnung der Beleuchtung in gh hat man mithin so zu verfahren, als ob ef (nicht ab) die Lichtquelle wäre, die mit der Leuchtdichte ε leuchtet. Die Gestalt von ab ist, wie man erkennt, unter diesen Umständen ohne Bedeutung; die Fläche kann z. B. aus einem irgendwie gekrümmten, elektrisch geglühten Metallblech oder auch aus einer Kugelfläche (Innenfläche einer ULBRICHTschen Kugel) bestehen.

Gleiche Verhältnisse liegen vor, wenn eine gleichmäßig leuchtende Fläche $a'b'$ (Abb. 8) durch eine Linse l, die sich nahe der Blendenöffnung $e'f'$, der Fläche $a'b'$ zugewandt, befindet, in $g'h'$ abgebildet wird. Dann leuchtet $e'f'$ in der Leuchtdichte von $a'b'$, abgesehen von der Lichtschwächung durch die Linse, die natür-

---

[1]) J. GUILD, Trans. Opt. Soc. Bd. 23, Nr. 3. 1921/22.

lich in Rechnung gezogen werden muß. Dieser Fall kommt deshalb so häufig vor, weil man dann für die Beleuchtung von $g'h'$ nur ein kleines gleichmäßig leuchtendes Flächenstück $a'b'$ braucht. Es ist übrigens nicht nötig, daß die Abbildung scharf ist. Es genügt, daß die Strahlenkegel, die man von jedem Punkte des Randes der Blendenöffnung nach dem Umfang des zu beleuchtenden Flächenstückes $g'h'$ ziehen kann, rückwärts verlängert, natürlich unter Berücksichtigung der Brechung der Linse, die gleichmäßig leuchtende Fläche vollständig treffen (wie bei $a''b''$ in Abb. 8).

Ist die Blendenöffnung so klein gegen die Entfernung r zwischen der Blende und dem beleuchteten Schirm, daß sie als punktförmige Lichtquelle angesehen werden kann, so ist die Beleuchtung in gh oder $g'h'$, wenn 0 die Größe der Blendenöffnung ist:

$$E = \frac{0 \cdot \varepsilon}{r^2}\,\mathrm{Lx},$$

wo 0 in cm², r in m zu messen ist.

Hierher gehören auch Anordnungen, bei denen die Meßblende sich am Objektiv eines Fernrohrs befindet. Dann liegt die beleuchtete Fläche $g'h'$ (Abb. 8) in der Bildebene des Fernrohrs, ihr Bild also auf der Netzhaut. Das Bild der Blende $e'f'$ liegt in der Öffnung des Okulardeckels. Gewöhnlich ist dann $g'h'$ das eine Photometerfeld, und neben ihm liegt das zweite, das von einem anderen Objektiv abgebildet ist, dessen Bild gleichfalls in dem Okulardeckel entsteht. So hat man zwei Austrittspupillen, die sich möglichst decken müssen. Es ist erwünscht, daß sie nicht zu verschiedene Größe haben, weil sonst die photometrische Einstellung durch unwillkürliche Augenbewegungen beeinträchtigt wird.

Die Meßblenden haben gewöhnlich kreisrunde oder rechteckige Gestalt. Im ersteren Falle ist eine stetige Veränderung (Irisblende) mit großer Genauigkeit kaum möglich. Im zweiten Falle wird meist die Entfernung zwischen zwei gegenüberliegenden Kanten wie beim Spektrometerspalt durch eine Mikrometerschraube geändert. Ferner wird die quadratische Blendenform angewandt, bei der die Größenveränderung in der Diagonale erfolgt, so neuerdings bei dem PULFRICHschen Stufenphotometer[1]).

19. Absorbierende Substanzen. Unter den lichtabsorbierenden Substanzen, die in der Photometrie Verwendung finden, ist das Rauchglas in erster Linie zu nennen. Sein Hauptmangel besteht darin, daß es wohl stets etwas selektiv absorbiert, und zwar wird hauptsächlich das rote Licht stärker als die übrigen Farben hindurchgelassen. Stetig veränderliche Schwächung bewirkt man durch Benutzung von Keilen. Zwei entgegengesetzt liegende Keile aus derselben Substanz von gleichem Keilwinkel, von denen der eine durch eine Mikrometerschraube über den anderen geschoben wer-

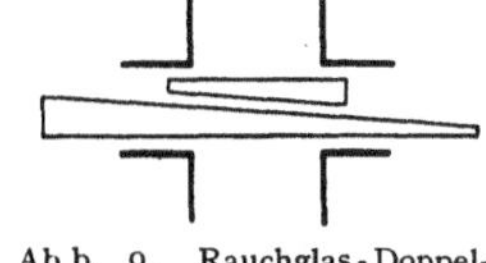

Ab b. 9. Rauchglas-Doppelkeil. Gegen den kürzeren festen läßt sich der längere meßbar verschieben.

den kann, sind besonders vorteilhaft, weil sie zusammen wie eine planparallele Rauchglasplatte von veränderlicher Dicke wirken (Abb. 9). Weniger gut ist die Benutzung nur eines Keils oder die von gewöhnlichem Glas für den festen Keil zur Vermeidung der Ablenkung. Die Abhängigkeit der Lichtschwächung von der Verschiebung kann man aus dem Durchlässigkeitskoeffizienten a der Substanz und dem Keilwinkel w berechnen. Ist l (vom Nullpunkt aus gerechnet) die Verschiebung, d die dazugehörige Dickenänderung des Keils, so ist $d = l\,\mathrm{tg}\,w$,

---

[1]) C. PULFRICH, ZS. f. Instrkde. Bd. 45, S. 35, 61, 109. 1925.

also die Durchlässigkeit, d. h. das Verhältnis des austretenden Lichtstromes Φ_2 zu dem auffallenden Φ_1:

$$\frac{\Phi_2}{\Phi_1} = K \cdot a^{l\,\mathrm{tg}\,w},$$

wenn K die Durchlässigkeit für $l = 0$ ist. Wegen etwaiger Inhomogenitäten des Glases und mangelhafter Ebenheit der Flächen wird man aber gut tun, die Teilung des Keils photometrisch auszuwerten oder zu prüfen.

Es ist $d\Phi_2/\Phi_2 = \mathrm{tg}\,w \cdot \log\mathrm{nat}\,a \cdot dl$. Derselben Keilverschiebung dl entspricht also stets die gleiche relative Änderung des hindurchgelassenen Lichtes. Da die letztere auch der Einstellungsgenauigkeit proportional ist (vgl. Ziff. 21), so stehen Ablese- und Einstellungsgenauigkeit an allen Stellen der Teilung in demselben Verhältnis. Wegen dieses günstigen Verhaltens und seiner Bequemlichkeit wird der Keil trotz seiner Mängel viel benutzt.

Absorbierende Substanzen, die das Licht zum Teil zerstreuen, sind weniger geeignet, weil sie nicht an beliebiger Stelle in den Strahlengang gebracht werden können. Darum kann Milchglas, das übrigens auch selektiv schwächt, nur in ganz bestimmten Verbindungen benutzt werden, für die seine lichtschwächende Wirkung im einzelnen Falle bestimmt werden muß.

In geringem Grade besitzen den Mangel der teilweisen Lichtzerstreuung auch die photographisch hergestellten Absorptionskeile. Die von GOLDBERG[1]) durch feine Verteilung von Ruß (Lampenschwarz) in Gelatine hergestellten Keile, die weniger selektiv für das sichtbare Spektrum sind als das gewöhnliche Rauchglas, werden namentlich in der Photographie viel benutzt.

Als konstante Lichtschwächungen mögen hier auch Siebe und Gitter genannt werden, die natürlich stets so benutzt werden müssen, daß die Gleichmäßigkeit der Beleuchtung im Photometer erhalten bleibt. IVES[2]) hat eine Anordnung angegeben, die aus zwei in geringem Abstand voneinander stehenden Gittern (dunkle und helle Streifen gleich breit) auf Glas besteht. Durch Drehung der Vorrichtung um eine zur Strichrichtung parallele Achse entsteht eine kontinuierlich veränderliche, dem Drehungswinkel ungefähr proportionale Durchlässigkeit.

20. Der Rotierende Sektor. Eine der wichtigsten Vorrichtungen für meßbare Lichtschwächung ist der sog. Rotierende Sektor. Seine großen Vorzüge vor anderen derartigen Vorrichtungen bestehen darin, daß er überall in den Strahlengang gebracht werden kann, ohne diesen, abgesehen von der beabsichtigten Schwächung, zu stören oder die Natur des Lichtes zu verändern. Ferner ist die vorgenommene Schwächung mit großer Genauigkeit und durch besonders einfache Rechnung angebbar.

In seiner einfachsten Form besteht der Apparat aus zwei mit je zwei symmetrischen Sektorausschnitten von je $90°$ versehenen Kreisscheiben, die eng aneinander so auf derselben Achse sitzen, daß sie gegeneinander gedreht werden können. Es läßt sich so jede Sektorgröße zwischen $0°$ und $2 \times 90°$ einstellen. Sie kann an einem Teilkreise abgelesen werden und zwar bei guter mechanischer Arbeit mit einer Genauigkeit von etwa $0{,}02°$. Wird der Apparat in einen in das Auge gelangenden Lichtstrom geschaltet und die Achse in genügend schnelle Rotation versetzt, so entsteht ein kontinuierlicher Lichteindruck.

Der Wert des geschwächten Lichtstromes bestimmt sich nach dem TALBOTschen Gesetz, das in der HELMHOLTZschen Fassung folgendermaßen lautet:

---

[1]) E. GOLDBERG, ZS. f. wiss. Photogr. Bd. 10, S. 238. 1912.
[2]) H. E. IVES, Electr. World Bd. 59, S. 598. 1912; Abstr. Bull. Nela I Bd. 1, S. 59. 1913; H. E. IVES u. E. BRADY, Phys. Rev. Bd. 4, S. 222. 1914.

Wenn eine Stelle der Netzhaut von periodisch veränderlichem und regelmäßig in derselben Weise wiederkehrendem Lichte getroffen wird und die Dauer der Periode hinreichend kurz ist, so entsteht ein kontinuierlicher Eindruck, der dem gleich ist, der entstehen würde, wenn das während einer jeden Periode eintreffende Licht gleichmäßig über die ganze Periode verteilt würde.

Daraus ergibt sich für die beschriebene Vorrichtung, wenn der ungeschwächte Lichtstrom den Wert Φ besitzt und jede der beiden Sektoröffnungen auf α° eingestellt ist, der Betrag des geschwächten Lichtstroms zu $\Phi \cdot 2\alpha/360$. Der Vereinfachung der Rechnung dient es, wenn jeder Quadrant anstatt in 90 in 100 Teile geteilt wird.

Da das TALBOTsche Gesetz physiologischer Natur ist, läßt sich seine strenge Gültigkeit nicht beweisen. Es ist aber so oft sorgfältig geprüft und so vielfach angewandt worden, daß an seiner Gültigkeit nicht zu zweifeln ist[1]).

Der kontinuierliche Eindruck tritt für gute Beleuchtung bei etwa 40 Perioden in der Sekunde ein. Wenn eine mattweiße Fläche mit etwa 10 Lux beleuchtet wird, genügen schon 30 Unterbrechungen, also 15 Umdrehungen des oben beschriebenen Apparates. Je geringer die Beleuchtung ist, um so niedriger ist auch die erforderliche Umdrehungsgeschwindigkeit. Wird die Umdrehungszahl allmählich vermindert, so hört der kontinuierliche Eindruck auf, und es entsteht ein ungleichmäßiger, den man als Flimmern bezeichnet. Die Zahl der Perioden in der Sekunde, bei der bei steigender Rotationsgeschwindigkeit das Flimmern verschwindet, nennt man Verschmelzungsfrequenz oder kritische Frequenz. Sie wächst also mit zunehmender Helligkeit des intermittierenden Lichtes.

Ein Übelstand des beschriebenen Apparats ist es, daß er keine kontinuierliche Lichtschwächung erlaubt. Es sind deshalb mehrfach Apparate konstruiert worden, die eine Veränderung der Sektorgröße während der Rotation zulassen. Sie sind zum Teil auch mit Vorrichtungen versehen worden, mit

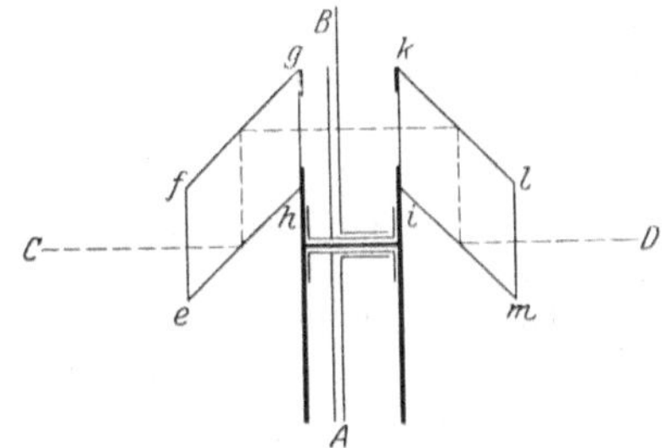
Abb. 10. Lichtschwächung durch feststehende Sektor-Vorrichtung AB und rotierende Glasprismen $efgh$ und $iklm$.

deren Hilfe man die Sektorgröße während der Rotation ablesen kann[2]). Diese Apparate sind aber sehr kompliziert und deshalb wenig im Gebrauch.

Zu einer erheblich einfacheren, wenn auch nicht ganz so allgemein anwendbaren Einrichtung gelangt man, wenn man die Lichtstrahlen durch optische Hilfsmittel um einen feststehenden Sektor rotieren läßt. Eine solche ist in Abb. 10 skizziert. Zu beiden Seiten einer ruhenden Sektorscheibe AB mit zwei einander gegenüberliegenden Ausschnitten, deren Achse CD ist, liegen symmetrisch zwei den FRESNELschen Prismen ähnliche gerade Glasparallelepipede $efgh$ und $iklm$, deren Seitenflächen bei e, g, m, k einen Winkel von 45° bilden. Sie können um die Achse CD in Rotation gesetzt werden. In Richtung der Achse einfallende Lichtstrahlen werden dann so geschwächt, daß das hindurchgegangene Licht der eingestellten Sektorengröße proportional ist (vgl. Ziff. 31). Eine Abänderung hat BECHSTEIN bei seinem tragbaren Photometer benutzt (Ziff. 32).

<hr>

[1]) O. LUMMER u. E. BRODHUN, ZS. f. Instrkde. Bd. 16, S. 299. 1896; E. P. HYDE, Bull. Bureau of Stand. Bd. 2, S. 1. 1906; Phys. Rev. Bd. 23, S. 185. 1906.
[2]) Z. B.: E. BRODHUN, ZS. f. Instrkde. Bd. 24, S. 313. 1904; A. H. PFUND, Journ. Frankl. Inst. Bd. 193, S. 641. 1922; H. E. IVES, Journ. Opt. Soc. Amer. Bd. 7, S. 683. 1923; E. KARRER, ebenda, Bd. 7, S. 893. 1923; Bd. 8, S. 541. 1924.

Über eine Sektorscheibe mit vom Rand nach dem Zentrum zu stetig zunehmender Öffnungsgröße zum Gebrauch am Spektralphotometer s. E. P. Hyde, Astrophys. Journ. Bd. 35, S. 257. 1912.

Viel gebraucht werden auch einfache Scheiben mit zwei symmetrisch liegenden Sektorausschnitten, die dann konstante Lichtschwächungen darstellen, gewöhnlich mit rechnerisch bequemen Werten ($\frac{1}{2}$, $\frac{1}{4}$, $\frac{1}{10}$ usw.). Gut verwendbar bei starken Lichtquellen ist ein solcher Sektor, der das Licht auf $^1/_{100}$ schwächt.

Zur Schwächung diskontinuierlichen Lichtes kann man den Rotierenden Sektor natürlich nicht benutzen. Man kann sich aber, abgesehen von der Flimmerphotometrie, fast immer so helfen, daß man den Sektor auf der Seite der Normal- oder Vergleichslichtquelle verwendet.

II. Potometrieren gleichfarbiger Lichter.

21. Das Weber-Fechnersche Gesetz. Wenn wir zwei nebeneinanderliegende, das Licht zerstreuende Flächenstücke betrachten, die so beleuchtet werden, daß sie in Richtung des Auges die gleiche Leuchtdichte oder Flächenhelle besitzen, so erhalten wir von beiden die gleiche Helligkeitsempfindung; wir sagen, sie besitzen die gleiche Helligkeit, sie sind gleich hell. Wenn bei der einen dieser Flächen die Leuchtdichte stetig geändert werden kann, so kann das Auge mit einer gewissen Genauigkeit beurteilen, wann zwei solche Flächen gleich hell sind. Diese Genauigkeit ist am größten, wenn die beiden leuchtenden Flächen unmittelbar in einer scharfen Grenze aneinander stoßen, die bei Helligkeitsgleichheit verschwindet. Das Kriterium der gleichen Helligkeit besteht dann darin, daß beide Flächenstücke eine einzige gleichmäßig leuchtende Fläche bilden.

Über die Genauigkeit, mit der man die Helligkeitsgleichheit unter diesen Umständen beurteilen kann, belehrt uns das Weber-Fechnersche Gesetz. Hat das eine leuchtende Feld die Leuchtdichte H und muß man die Leuchtdichte des anderen, also den Lichtreiz, von H aus um dH vermehren oder vermindern, damit ein eben merklicher Empfindungsunterschied dE eintritt, so ist nach dem Weber-Fechnerschen Gesetz

$$dE = C \frac{dH}{H},$$

wo C eine Konstante ist. Also einem bestimmten Empfindungszuwachs entspricht ein konstantes Verhältnis zwischen Reizzuwachs und Reiz. Die Größe dH/H, die relative Schwellenempfindlichkeit, ist ungefähr konstant für einen mittleren Helligkeitsbereich; für geringe Helligkeiten und sehr große wächst sie. Ihr Wert wird im mittleren Helligkeitsbereich von verschiedenen Beobachtern verschieden groß angegeben[1], zu $^1/_{60}$ bis $^1/_{100}$, auch noch kleiner. So gibt Arago[2] $^1/_{131}$ an und zwar bei Bewegung der Grenze zwischen den beiden Feldern, wodurch nach ihm und anderen die Empfindlichkeit erhöht wird. Stoßen die beiden Felder nicht unmittelbar aneinander, sondern liegt ein heller oder dunkler Zwischenraum oder eine unscharfe Grenze zwischen ihnen, so wird der Wert dH/H größer[3].

---

[1] Siehe H. v. Helmholtz, Handb. d. physiol. Optik, 3. Aufl., Bd. II, S. 146. Über die Änderung der Empfindlichkeit mit der Helligkeit s. A. König u. E. Brodhun, Berl. Ber. 1888 (2), S. 917; 1889 (2), S. 641.

[2] Aragos Werke, herausgeg. von Hankel, Leipzig 1859, Bd. 10, S. 208.

[3] Über das Verschwinden der Grenze bei Helligkeitsgleichheit in photometrischen Apparaten s. E. Brodhun u. O. Schönrock, ZS. f. Instrkde. Bd. 24, S. 70. 1904.

Einem großen Teil der photometrischen Messungen liegen solche Einstellungen auf gleiche Helligkeit zugrunde. Apparate, die darauf beruhen, nennen wir Gleichheitsphotometer.

Eine etwas größere Genauigkeit als mit dem Gleichheitsphotometer erzielt man durch eine Anordnung der Vergleichsfelder, wobei auf das gleich starke, hellere oder dunklere, Hervortreten zweier beleuchteter Felder aus ihrer Umgebung eingestellt wird. Solche Apparate werden als Kontrastphotometer bezeichnet. Die Größe des Kontrastes, d. h. des Unterschiedes zwischen der Flächenhelle der hervortretenden Felder und der ihrer Umgebung ist für die zu erzielende Genauigkeit von Bedeutung. Je geringer er ist, um so größer ist im allgemeinen die Genauigkeit der Einstellung; indessen darf man dem Schwellenwert nicht zu nahe kommen, weil dann die Einstellungen ermüdend und dadurch unsicher werden. Bei sehr guter Helligkeit ist ein Kontrast von etwa 3,5% günstig. Meist wird jedoch aus Gründen der Einfachheit, und weil die Helligkeit im Photometer häufig gering ist, mit einem Kontrast von 8% gearbeitet, der Lichtschwächung entsprechend, die durch ein eingeschaltetes Kronglasplättchen erzeugt wird.

Die Lage der Vergleichsfelder zueinander spielt für die Genauigkeit offenbar keine große Rolle. Die gebräuchlichsten Anordnungen werden später mitgeteilt. Einige andere Konstruktionen geben den Feldern die Gestalt von Streifen, die zum Verschwinden gebracht werden. Wo diese unscharfe Begrenzungen haben, wie beim WILDschen Photometer[1]), versprechen sie von vornherein keine große Genauigkeit. Günstiger sind die an der Grenze der Totalreflexion an dünner Luftschicht zwischen rechtwinkligen Glasprismen entstehenden HERSCHELschen Streifen, wie sie beim FUCHSschen Photometer[2]) Verwendung finden, wegen ihrer Schärfe.

Es mag hier eingefügt werden, daß beim Gleichheitsphotometer eine Vergrößerung der Genauigkeit dadurch erreicht werden soll[3]), daß die Photometerfelder von einem größeren gleichmäßig erhellten Gesichtsfeld umgeben werden. Nach IVES[4]) tritt diese Wirkung nur bei sehr kleinen Photometerfeldern auf.

Photometer, die andere Kriterien für die Einstellung benutzen, können, soweit die Messung gleichfarbiger Lichtquellen in Betracht kommt, wegen ihrer geringen Genauigkeit unerwähnt bleiben. Im folgenden sind von den zahlreichen Photometerkonstruktionen für Gleichheits- und Kontrasteinstellungen nur die zur Zeit gebräuchlichsten beschrieben. Erwähnt sei außerdem als historisch wichtig das schon von LAMBERT angewandte, gewöhnlich als RUMFORDsches bezeichnete Schattenphotometer, bei dem die beiden zu vergleichenden Lichtquellen sich berührende Schatten eines Stabes auf eine weiße Wand werfen. Die Helligkeit der beiden Schatten wird durch Verschieben der einen Lichtquelle gleich gemacht.

Außer der Vergleichsvorrichtung enthält jeder photometrische Apparat noch eine Vorrichtung zur meßbaren Lichtschwächung und bisweilen eine Vergleichslichtquelle.

a) Messung der Lichtstärke.

22. Photometerbank. Die meisten Photometer sind für Messung der Lichtstärke eingerichtet. Bei vielen von ihnen erfolgt die meßbare Veränderung

---

[1]) Z. B.: Mélanges phys. et chim. Bd. 12, S. 755. 1887; Bd. 13, S. 1. 1888.
[2]) F. FUCHS, Wied. Ann. Bd. 11, S. 465. 1880; O. LUMMER, Verh. d. D. Phys. Ges. Bd. 3, S. 131. 1901.
[3]) L. C. MARTIN, Proc. Roy. Soc. London (A) Bd. 104, S. 302. 1923.
[4]) H. E. IVES, Phil. Mag. (6) Bd. 24, S. 747. 1912.

des auf die Einstellvorrichtung fallenden Lichtstroms nach dem Entfernungsgesetz mit Hilfe einer Photometerbank[1]).

Diese besteht aus zwei parallelen Schienen von gewöhnlich 2,5 bis 5 m Länge, auf der sich mindestens drei Schlitten oder besser Wagen leicht bewegen lassen. Eine der Schienen besitzt eine Teilung in Millimeter, und häufig eine zweite quadratische. Mit Hilfe dieser zweiten kann man bei zweckmäßiger Versuchsanordnung die Lichtstärke der zu messenden Lampe direkt in Kerzen ablesen. Die Wagen, an denen sich ein Index und nach Bedürfnis eine Beleuchtungseinrichtung für die Skala befindet, tragen auf in der Höhe verstellbaren Säulen die beiden zu vergleichenden Lichtquellen und zwischen ihnen die photometrische Vergleichsvorrichtung, die Photometeraufsatz (auch wohl Photometerkopf) oder auch kurz Photometer genannt wird. Die beiden in ihm befindlichen, gewöhnlich mattweißen Flächen, die den Lichtquellen zugewandt sind und von denen die Entfernung bis zu ihnen gerechnet wird, heißen Photometerschirme. Häufig sind beide Photometerschirme zu einem beiderseitig mattweißen Schirm vereinigt. Schwarze, am besten mit schwarzem Sammet bekleidete Schirme mit kreisförmigen Ausschnitten werden zur Abblendung falschen Lichtes von dem Photometeraufsatz zwischen diesen und die Lichtquellen senkrecht zur Achse der Bank aufgestellt, ebensolche ohne Ausschnitt hinter die Lichtquellen, nicht zu nahe an ihnen. Häufig ist der Photometeraufsatz mit der Vergleichslichtquelle durch Schienen fest verbunden, so daß beide gemeinsam gegen die zu messende Lampe bewegt werden. Dann befinden sich die zu diesem Teil der Anordnung gehörigen Schirme auf den Verbindungsschienen und werden mitbewegt.

23. Das Ritchiesche Photometer. Es ist hauptsächlich in der in Abb. 11 schematisch dargestellten Form bekannt. abc bezeichnet den Querschnitt durch

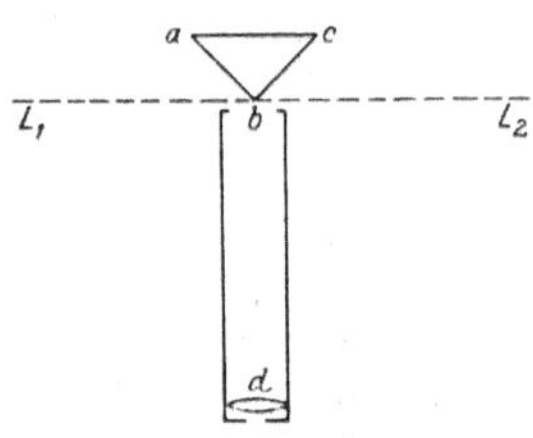

Abb. 11. Ritchiesches Photometer.

einen Keil von (meist) 90° Keilwinkel mit scharfer Kante und mattweißer Oberfläche. Auf die Kante b wird mit Hilfe einer schwachen Lupe d eingestellt. Gleiche Helligkeit der beiden Flächen ab und bc, die die Photometerschirme und zugleich die Vergleichsfelder darstellen, ist das Einstellungskriterium. Der Keil muß sorgfältig auf der Bank justiert werden, weil das Licht der zu vergleichenden Lichtquellen unter 45° auf die Photometerfelder fällt und hier bereits eine geringe Neigungsänderung die Helligkeit der Felder verhältnismäßig stark ändert. Eine Drehung um 1° bringt, wenn das Lambertsche Gesetz für die matten Flächen gilt, bereits eine relative Änderung der Leuchtdichten der Felder um 3,5% hervor. Deshalb sind die Photometer zweckmäßiger, bei denen das Licht senkrecht auf die Schirme fällt. Trotzdem ist der Ritchiesche Keil auch in neuerer Zeit zu Photometerkonstruktionen verwandt worden (s. Ziff. 57).

24. Das Bunsensche Fettfleckphotometer[2]). Es besteht in der Hauptsache aus einem in einem Rahmen befindlichen Blatt weißen Papiers, der den Photometerschirm bildet und in dessen Mitte, etwa aus Stearin oder Paraffin, ein Fettfleck mit möglichst scharfen Rändern angebracht ist. Der Rahmen

---

[1]) O. Lummer u. E. Brodhun, ZS. f. Instrkde. Bd. 12, S. 41. 1892; E. P. Hyde u. F. E. Cady, Electr. Rev. and Western, Electrician 1912, Nov. 16; Abstract. Bull. Nela. Res. Lab. Bd. 1, Nr. 2, S. 192. 1917.

[2]) R. Bunsen, Pogg. Ann. Bd. 60, S. 402. 1843; Fr. Rüdorff, Pogg. Ann., Jubelbd., S. 234. 1874; A. König, Verh. d. D. Phys. Ges. 1886, S. 9; L. Weber, Wied. Ann. Bd. 31, S. 676. 1887.

befindet sich auf dem mittleren Wagen der Photometerbank senkrecht zu deren
Achse. Der Fettfleck läßt mehr Licht hindurch, als er reflektiert, das umgebende
ungefettete Papier verhält sich umgekehrt. Man stellt ein, indem man von einer
Seite schräg auf das Papier blickt und den Rahmen oder eine der Lampen ver-
schiebt, bis der Fleck unsichtbar geworden ist. Man mißt am besten nach der
Substitutionsmethode (Ziff. 27). Zu beachten ist, daß die Einstellung von der
Richtung, in der man auf das Papier blickt, abhängig ist.

Gebräuchlicher als diese Photometerform ist die in Abb. 12 skizzierte. Hier
sieht man in Richtung des Papierblattes $P_1 P_2$ durch die Öffnung 0 blickend
in den beiden Spiegeln S_1 und S_2
beide Seiten des Fettfleckes und
seiner Umgebung und stellt nun
nach dem Kontrastprinzip ein, also
auf gleich starkes Hervortreten des
Fettflecks in beiden Bildern aus
seiner Umgebung. Der Übelstand,
daß die beiden Bilder räumlich ziemlich weit getrennt sind, wird durch
andere Konstruktionen, bei denen
Glasprismen Verwendung finden,
vermieden.

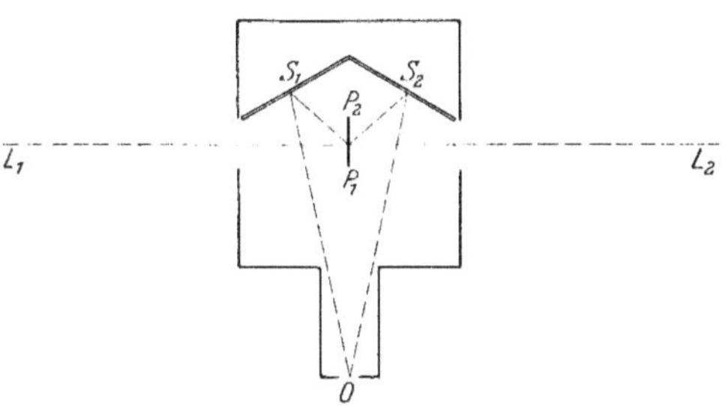

Abb. 12. Bunsensches Photometer für Kontrasteinstellung.
Beide Seiten des Fettfleckschirmes $P_1 P_2$ werden in den
Spiegeln $S_1 S_2$ und gleichzeitig beobachtet.

Das Bunsensche Photometer
hat den Mangel, daß beide Teile des Photometerschirmes (ungefettetes Papier
und Fettfleck) Licht reflektieren und hindurchlassen. Von jedem der beiden
Teile kommt also Licht von beiden zu vergleichenden Lichtquellen ins Auge
(vgl. Ziff. 53). Hierdurch wird die Empfindlichkeit des Photometers vermindert.
Beim Vergleich verschiedenfarbiger Lichtquellen ist damit freilich der Vorteil
verbunden, daß die Farbendifferenz
herabgesetzt wird.

**25. Photometer von Lummer
und Brodhun**[1]**).** Sein wesentlichster
Teil ist ein Glaswürfel (Abb. 13 a u. b).
Er besteht aus zwei rechtwinkligen
Prismen, deren Hypotenusenflächen
sehr gut ebengeschliffen und poliert
sind. Nachdem von der Hypotenusenfläche des einen Prismas A bestimmte

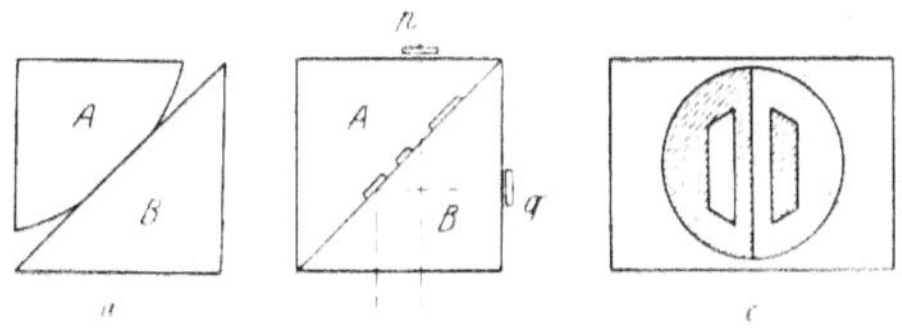

Abb. 13. a Photometerwürfel für Gleichheit, b für Kontrast, c Einteilung der Hypotenusenfläche des dem Auge
abgewandten Prismas eines Kontrastwürfels.

Teile der Oberfläche durch Schleifen oder Sandstrahlgebläse fortgenommen sind, werden die Prismen so fest aneinander gepreßt, daß da, wo polierte Stellen aufeinander
liegen, keine Reflexion mehr stattfindet, sondern das Licht ungeschwächt hindurchgeht. An den übrigen Stellen der Hypotenusenfläche des Prismas B findet,
wenn man senkrecht zur Kathetenfläche blickt, Totalreflexion statt. Auf diese
Fläche, die das Vergleichsfeld bildet, stellt der Beobachter mit Hilfe einer Lupe
ein. Die totalreflektierenden Stellen werden von der einen, die durchsichtigen
von der anderen Lichtquelle indirekt erleuchtet. Das Photometer wird als
Gleichheits- und als Kontrastphotometer benutzt. Beim Gleichheitsphotometer
ist häufig die Hypotenusenfläche des vom Beobachter aus hinteren Prismas
nur auf einem kreisförmigen Stück mit dem vorderen in Berührung, wie Abb. 13a
zeigt, so daß in dem von dem totalreflektierenden Teil des Prismas B gebildeten Gesichtsfeldteil ein ovaler Fleck mit scharfer Grenze entsteht. Beim Kon-

---

[1]) O. Lummer u. E. Brodhun, ZS. f. Instrkde. Bd. 9, S. 23, 41, 461. 1889; Bd. 12,
S. 41. 1892.

trastphotometer wird häufig die in Abb. 13c gezeigte Einteilung der Hypotenusenfläche von A gewählt. Die schraffierten Teile der Oberfläche sind fortgenommen. Das Trapez auf der linken Seite ist totalreflektierend, das auf der rechten Seite lichtdurchlässig. Durch eingeschaltete Glasplättchen (p und q in Abb. 13b) wird bewirkt, daß das von den Trapezen ins Auge gelangende Licht um etwa 8% geschwächt wird. Die Kontrastplatten können leicht zur Umwandlung in ein Gleichheitsphotometer entfernt werden. Es gibt auch Anordnungen für eine geringere Schwächung.

In Abb. 14 ist die in ein Metallgehäuse eingebaute Anordnung des Photometers gezeichnet. Mit der Lupe w wird auf die Hypotenusenfläche von B scharf eingestellt. Das Gesichtsfeld wird beleuchtet von den beiden Seiten des undurchlässigen, mit mattweißen Oberflächen versehenen Photometerschirmes P mit Hilfe der Spiegel e und f. Die totalreflektierenden Stellen leuchten also in dem von der rechten Lichtquelle, die durchsichtigen in dem von der linken Lichtquelle herrührenden Lichte. In nicht für Photometerbänke dienenden Photometern werden statt der beschriebenen Würfel auch solche benutzt, bei denen die Hypotenusenfläche des vorderen Prismas B versilbert und die Versilberung teilweise entfernt ist. Beide Prismen sind dann durch Kanadabalsam zusammengekittet.

26. Photometer mit Biprisma. Das in Abb. 15 bei z erkennbare Biprisma, das zuerst von v. FREY und v. KRIES für photometrische Zwecke gebraucht,

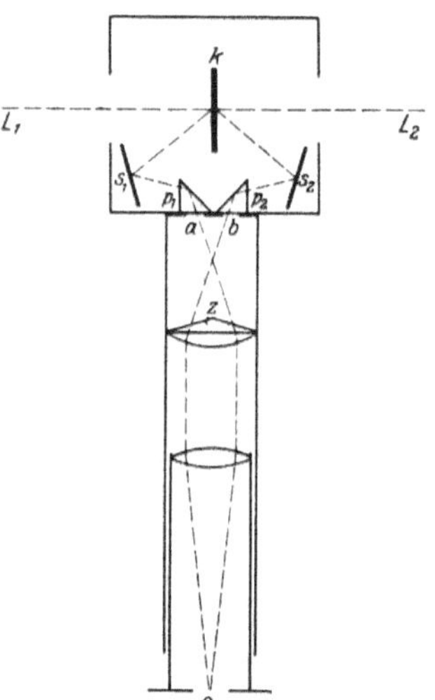

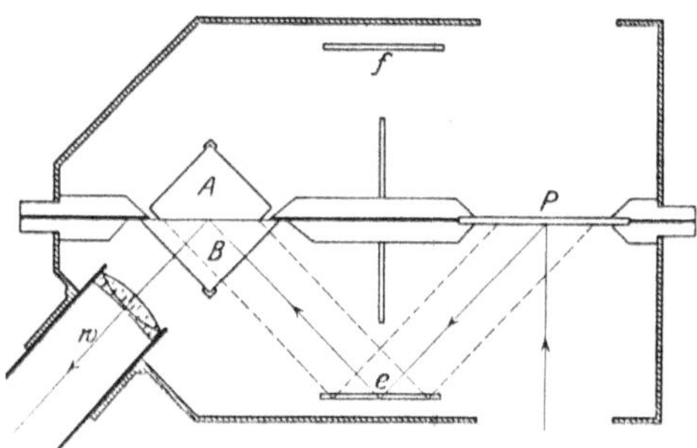

Abb. 14. Photometer nach LUMMER und BRODHUN.

Abb. 15. Photometer nach MARTENS.

dann von KÖNIG in seinem Spektralphotometer verwandt wurde, haben MARTENS und BECHSTEIN zu verschiedenen Photometerkonstruktionen benutzt. Als Beispiel sei die in Abb. 15 dargestellte, von MARTENS[1]) angegebene beschrieben. Die Öffnungen a und b werden mit Hilfe von zwei totalreflektierenden Prismen p_1 und p_2 und zwei Spiegeln s_1 und s_2 von den beiden Seiten des mattweißen Photometerschirms K erhellt, der seinerseits von den zu vergleichenden Lichtquellen L_1 und L_2 beleuchtet wird. Die angedeuteten Linsen geben zusammen mit den beiden Seiten des Biprismas von den Öffnungen a und b je zwei Bilder, von denen zwei, und zwar eins von a und eins von b, in der Okularöffnung O zusammenfallen. Die anderen beiden Bilder sind abgeblendet. Man stellt scharf auf die Kante des Biprismas ein, dessen beide Seiten in dem von den beiden Seiten des Photometerschirms kommenden Lichte leuchten. Bei richtiger Justierung verschwindet die Kante des Biprismas, wenn beide Seiten gleich hell sind.

---

[1]) F. F. MARTENS, Verh. d. D. Phys. Ges. Bd. 1, S. 278. 1899; Journ. f. Gasbeleuchtg. Bd. 43, S. 250. 1900.

Der Apparat ist mit einem etwas umgestalteten Prisma auch zum Kontrast-photometer ausgebildet worden.

27. Ausführung der Messungen. Ob eine Lichtquelle, deren Lichtstärke zu messen ist, als punktförmig für die zur Verfügung stehende Entfernung zwischen ihr und dem Photometerschirm angesehen werden kann, läßt sich stets durch Überschlagrechnung ermitteln. In einzelnen Fällen ist auch genaue Berechnung leicht, so in dem häufiger vorkommenden Falle, daß eine nach dem LAMBERTschen Emanationsgesetz strahlende kreisförmige Scheibe MN mit dem Radius ϱ und der Leuchtdichte e ein ihr paralleles Flächenelement ds (Photometerschirm) beleuchtet, das auf dem im Mittelpunkt der Scheibe errichteten Lote im Abstande r liegt (s. Abb. 16). Nach dem bei Besprechung der Meßblende Gesagten ist der auf ds fallende Lichtstrom der gleiche, als wenn sich ds im Mittelpunkte einer Kugel vom Radius $R = \sqrt{r^2 + \varrho^2}$ befände und von einer gleichmäßig mit der Leuchtdichte e strahlenden Kalotte beleuchtet würde, deren ds paralleler Schnittkreis den Radius ϱ besitzt. Dann ist aber der auf ds fallende Lichtstrom (vgl. Ziff. 7), wenn ϑ_0 der halbe Öffnungswinkel der Kalotte ist:

$$d\Phi = \pi e\,ds[\sin^2\vartheta]_0^{\vartheta_0} = \pi e\,ds\,\sin^2\vartheta_0,$$

eine schon von LAMBERT angegebene Beziehung. Da

$$\sin^2\vartheta_0 = \frac{\varrho^2}{r^2 + \varrho^2}$$

ist, wird

$$d\Phi = \frac{\pi e\,ds\,\varrho^2}{r^2 + \varrho^2}.$$

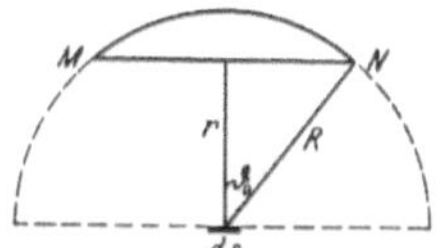

Abb. 16. Zur Berechnung der Beleuchtung eines Photometerschirmes ds durch eine Kreisscheibe MN.

Nun ist $\pi e\varrho^2$ die Lichtstärke der Scheibe in zu ihr senkrechter Richtung. Wenn man sie als punktförmige Lichtquelle ansehen würde, würde sich der auf ds fallende Lichtstrom zu $\pi e\,ds\,\varrho^2/r^2$ ergeben. Wäre $r=1$, $\varrho=0,1$, so wäre $r^2+\varrho^2=1,01$. Man würde also in diesem sehr ungünstigen Falle, daß der Scheibendurchmesser $^1/_5$ des Abstandes vom Photometer ist, nur einen Fehler von 1% begehen, wenn man die Scheibe als punktförmige Lichtquelle behandelte. Um den unter solcher Annahme gefundenen Lichtstärkenwert zu berichtigen, muß man ihn mit $(r^2+\varrho^2)/r^2$ multiplizieren.

Nach erfolgter photometrischer Einstellung sind (beim Gleichheitsphotometer) die Leuchtdichten der photometrischen Vergleichsfelder gleich. Daraus folgt im allgemeinen noch nicht die Gleichheit, sondern nur die Proportionalität der Beleuchtungen auf den beiden Photometerschirmen, weil diese etwas verschieden reflektieren und zwischen ihnen und dem Auge verschieden lichtschwächende Medien liegen können. Man hat also, wenn J_1 und J_2 die verglichenen Lichtstärken, r_1 und r_2 die dazugehörigen Entfernungen sind,

$$\frac{J_1}{r_1^2} = C \cdot \frac{J_2}{r_2^2}$$

und kann den Faktor C, die Apparatkonstante, die häufig nahe bei 1 liegt, durch Vertauschen der Lichtquellen eliminieren.

Anstatt so zu verfahren, kann man auch das Photometer um eine vertikale Achse drehen und von der anderen Seite der Bank beobachten. Gewöhnlich haben die Photometeraufsätze eine Einrichtung, die eine Drehung um eine horizontale Achse gestattet, so daß man von derselben Seite der Bank beobachten kann. Auch so eliminiert man die Ungleichseitigkeit in dem Photometeraufsatz. Es ist aber zu beachten, daß dabei im Gesichtsfeld oben und unten vertauscht wird und so bei nicht einfachen Gesichtsfeldern, wie beim Kontrastphotometer, merkliche Fehler entstehen können, die von der persönlichen Auffassung bei der Einstellung herrühren.

Empfehlenswerter zum Eliminieren der Apparatkonstante als die Methode der Vertauschung der Lichtquellen ist die sog. Substitutionsmethode, bei der man die beiden Lichtquellen J_1 und J_2 nacheinander mit einer hinreichend konstanten Zwischenlichtquelle J vergleicht. Diese Methode bietet mannigfache Vorteile, z. B. daß man durch sie auch die durch falsches Licht (Reflexe) etwa entstehenden Fehler leicht eliminieren kann.

28. Tragbare Photometer. Allgemeines. Neben den beschriebenen, nur für Lichtstärkemessungen bestimmten Photometern gibt es eine Reihe anderer, ohne Photometerbank benutzbarer. Sie enthalten außer der Einstellvorrichtung eine Einrichtung zur meßbaren Schwächung des Lichts sowie eine Vergleichslichtquelle und lassen sich leicht von einem Ort zum anderen befördern. Außerdem sind sie gewöhnlich auch für andere photometrische Messungen, namentlich Beleuchtungsmessungen eingerichtet. Sie werden daher auch als Universalphotometer bezeichnet. Es werden wieder nur die gebräuchlichsten beschrieben.

29. Das Milchglasplattenphotometer von LEONHARD WEBER[1]). Der von O (Abb. 17) aus zu beobachtende Photometerwürfel W wird beleuchtet durch die

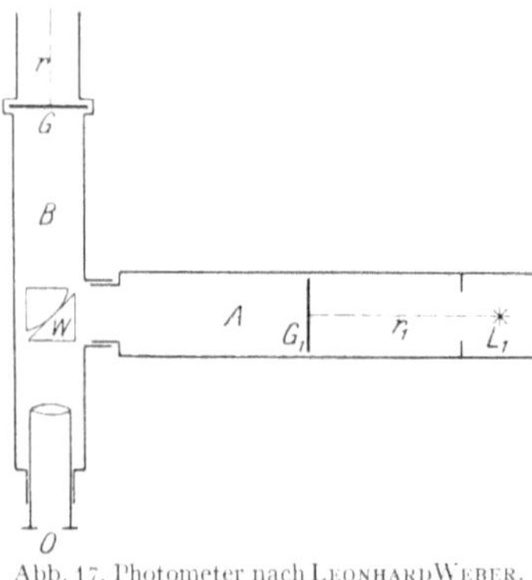

Abb. 17. Photometer nach LEONHARD WEBER.

Milchglasplatten G_1 und G, von denen sich die erstere in einem horizontalen Rohre A befindet. In demselben Rohre ist am äußersten Ende die Vergleichslichtquelle L_1 angebracht, eine Benzinkerze, die auf 20 mm Flammenhöhe einzustellen ist, oder eine kleine Glühlampe. Die Platte G_1 läßt sich in A meßbar verschieben, so daß ihre Entfernung r_1 von der Vergleichslichtquelle außen abgelesen werden kann. Der Tubus B ist um die Achse von A drehbar, der ganze Apparat um seine vertikale Trägersäule. B läßt sich daher auf jeden beliebigen Ort richten. Die Platte G erhält ihr Licht von der zu messenden Lampe. Deren Lichtstärke J ergibt sich zu $J = C r^2/r_1^2$ HK, wenn r die Entfernung zwischen G und der Lampe ist. Die Konstante C wird mit Hilfe einer Lichtquelle von bekannter Lichtstärke bestimmt. Benutzt man eine Hefnerlampe und findet die Abstände r' und r_1', so ist $C = r_1'^2/r'^2$. Für lichtstärkere Lichtquellen kann man bei G weitere Milchglasplatten einschieben. Für jede Milchglasplattenkombination muß die Konstante besonders bestimmt werden.

Das WEBERsche Photometer hat im Laufe der Zeit verschiedene Verbesserungen erfahren. Erwähnt sei hier das Tubusphotometer der Firma FRANZ SCHMIDT und HAENSCH in Berlin, bei dem auch das Beobachtungsrohr mit Würfel horizontal liegt und nur ein damit in Verbindung stehender, zur Aufnahme des Lichtes der zu messenden Lichtquelle dienender Teil drehbar ist.

30. Polarisationsphotometer von MARTENS[2]). Es ist aus dem KÖNIGschen Spektralphotometer unter Fortfall des dispergierenden Prismas entstanden, enthält also wie das unter Ziff. 26 beschriebene Photometer ein Biprisma als photometrisches Vergleichsfeld. Damit bei D (Abb. 18) von den beiden Seiten 1 und 2 des Biprismas her senkrecht zueinander polarisierte Lichtströme ins Auge gelangen, ist das Wollastonprisma W eingeschaltet. So entstehen in der Ebene

[1]) L. WEBER, Wied. Ann. Bd. 20, S. 326. 1883; Elektrot. ZS. Bd. 5, S. 166. 1884.
[2]) F. F. MARTENS, Verh. d. D. Phys. Ges. Bd. 1, S. 204. 1899; Bd. 5, S. 149. 1903.

von D mit Hilfe der Linsen O, L, H von jeder der beiden Eintrittsöffnungen a und b für das Licht vier Bilder. Von diesen im ganzen 8 Bildern fallen zwei verschiedenen Eintrittsöffnungen und verschiedenen Seiten des Biprismas zugehörige, die senkrecht zueinander polarisiert sind, in D zusammen. Die Einstellung erfolgt durch meßbare Drehung des zwischen L und W liegenden NICOLschen Prismas N. Die Öffnung b ist durch ein Milchglas bedeckt, das von der elektrischen Vergleichslichtquelle g beleuchtet wird. Die Öffnung a wird durch einen in dem drehbaren Tubus T befindlichen, der zu messenden Lampe zugewandten Gipsschirm F beleuchtet, der durch die totalreflektierenden Prismen Q und P und eine an dem letzteren befindliche Linse bei a abgebildet wird. Ist wieder r der Abstand der zu messenden Lampe von dem Schirme F, φ die Nicolstellung, wobei angenommen ist, daß $\varphi = 0$ ist, wenn das von b kommende Licht ausgelöscht ist, so ist $J = C r^2 \operatorname{tg}^2 \varphi$, wo C wie beim WEBERschen Photometer bestimmt wird.

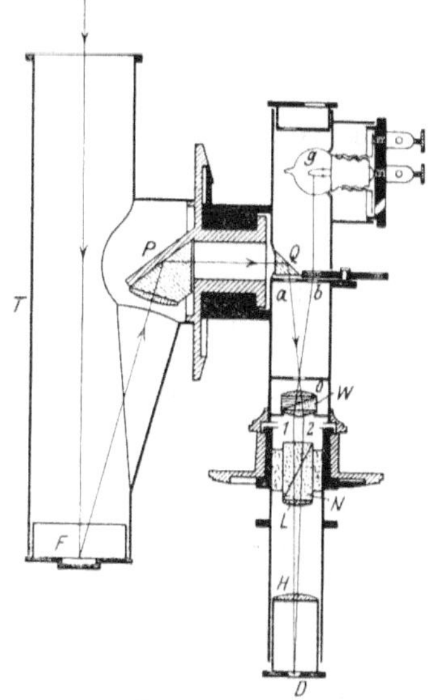

Abb. 18.   Polarisationsphotometer nach MARTENS.

Für ein konstantes r ist $dJ/J = 4\,d\varphi/\sin 2\varphi$. Also ist die Meßgenauigkeit, soweit sie von der Ablesung abhängt, am größten für $\varphi = 45°$ und nimmt von da nach $\varphi = 0°$ und $\varphi = 90°$ ab. Die Ablesegenauigkeit des in ganze Grade geteilten Kreises mag etwa $0{,}1°$ betragen. Dieser Größe entspricht in J bei $\varphi = 45°$ eine Abweichung von $0{,}7\%$, bei $\varphi = 20°$ und $\varphi = 70°$ eine solche von $1{,}1\%$, bei $\varphi = 15°$ und $\varphi = 75°$ eine solche von $1{,}4\%$. Man sollte also durch Einschaltung konstanter Lichtschwächungen bekannter Größe die Messung stets so einrichten, daß die Ablesung zwischen $20°$ und $70°$ bleibt. Zur Vermeidung von Exzentrizitätsfehlern und zur Verminderung des Einflusses der Teilungsfehler ist es vorteilhaft, in allen vier Quadranten einzustellen und zu mitteln. Der Teil von ab bis D des Photometers, der auch für sich allein als Polarisationsphotometer bezeichnet wird, ist vielseitig für photometrische Arbeiten verwendbar.

31. Photometer mit rotierenden Prismen[1]**.** Dies Photometer besitzt als Meßeinrichtung den beschriebenen Sektor mit rotierenden Prismen (Ziff. 20) und als Vergleichsvorrichtung den Würfel. Zu beiden Seiten befindet sich ein drehbarer Tubus mit Gipsschirm, ähnlich wie bei dem vorher beschriebenen Photometer. Auf den einen Tubus kann eine elektrische Vergleichslichtquelle in Gehäuse gesetzt werden. Als konstante Lichtschwächungen lassen sich Rauchgläser einschieben, so daß verschiedene Meßbereiche entstehen. Befindet sich der Sektor zwischen Vergleichslichtquelle und Würfel, so ist, wenn g die Einstellung am Sektor ist und J und r die frühere Bezeichnung haben: $J = C r^2 g$.

Das Photometer läßt sich auch auf der Photometerbank verwenden.

32. Photometer mit rotierender Linse. Dies von BECHSTEIN angegebene und sehr sorgfältig durchkonstruierte Instrument besitzt wie das vorige Sektormeßeinrichtung. Die Rotation des Strahlenbündels um die Achse des Sektors wird aber nicht durch rotierende Prismen, sondern durch eine exzentrisch angeordnete rotierende Linse bewirkt. Als Vergleichsvorrichtung dient der Würfel,

---

[1] E. BRODHUN, ZS. f. Instrkde. Bd. 27, S. 8. 1907.

als Vergleichslichtquelle eine elektrische Glühlampe in einer kleinen, innen mattweißen Kugel, deren Innenwand den einen Photometerschirm bildet. Die konstanten Lichtschwächungen, die zur Erzielung verschiedener Meßbereiche eingeschaltet werden können, sind dezimal abgestuft, wodurch die Berechnung besonders einfach wird[1]).

b) Messung der Lichtverteilung.

33. Zur vollständigen Beurteilung einer Lichtquelle braucht man die Kenntnis ihrer Lichtstärke in allen Ausstrahlungsrichtungen. Kann man die Lichtquelle selbst in beliebiger Weise drehen, so ergibt sich die Lösung dieser Aufgabe einfach. Es sind Lampenträger mit Teilkreisen konstruiert worden, mit deren Hilfe man eine in sie eingespannte Lampe einmal um eine vertikale und zweitens um eine horizontale Achse meßbar drehen kann, ohne daß der Ort der Lichtquelle sich ändert (Glühlampenwender). Man kann dann leicht die zu untersuchende Ausstrahlungsrichtung auf den Photometerschirm richten und die Lage der Lampe durch Teilkreisablesungen bestimmen. Derartige Gestelle kann man aber nur selten, z. B. bei Glühlampen mit starren Fäden verwenden. Bei den meisten Lampen ist diese Methode nicht anwendbar, gewöhnlich nicht einmal bei Glühlampen aus dem Grunde, weil sich bei einer Drehung um eine horizontale Achse die Lage der Fäden gewöhnlich etwas ändert. Im allgemeinen darf man eine Lichtquelle nur um eine vertikale Achse drehen. Um Messungen in beliebig gegen die Horizontalebene geneigten Ausstrahlungsrichtungen vorzunehmen, kann man dann so verfahren, daß man die Lampe in verschiedenen Höhen aufhängt und den drehbaren Tubus eines tragbaren Photometers auf sie richtet.

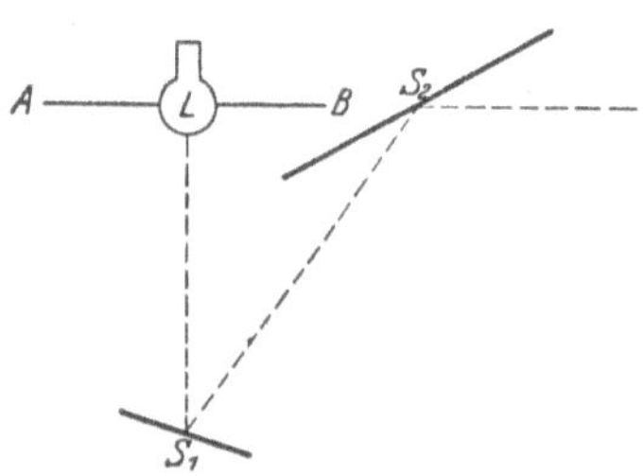

Abb. 19. Spiegelvorrichtung zur Bestimmung der Lichtverteilung einer Lampe. Die miteinander starr verbundenen Spiegel S_1 und S_2 können um eine durch die Lampe gehende horizontale Achse AB gedreht werden.

Auch Photometeraufsätze auf der Photometerbank lassen sich benutzen, wenn man den Photometerschirm so stellt, daß er den Winkel halbiert, den die untersuchte Ausstrahlungsrichtung mit der Bankachse bildet, so daß die Lichtstrahlen von der Vergleichslichtquelle und der gemessenen Lampe unter gleichen Winkeln auf den Photometerschirm fallen. Diese Verfahren, die den Vorteil haben, daß man dabei ohne Spiegel oder reflektierende Prismen arbeiten kann, sind jedoch unvollkommen und unbequem. Es sind deshalb Spiegelapparate konstruiert worden, durch die man in einfacher Weise das Licht der zu messenden Lampe für jede Ausstrahlungsrichtung in das Photometer lenken kann, ohne dessen Lage zu ändern. Abb. 19 zeigt eine solche Anordnung, bei der auch die Lampe L selbst an ihrem Platze bleibt, nur um eine vertikale Achse gedreht zu werden braucht. Die starr miteinander verbundenen Spiegel S_1 und S_2 lassen sich um eine horizontale Achse, die mit der Achse der Photometerbank zusammenfällt und in der die Lampe liegt, meßbar drehen. Es ist freilich zu bedenken, daß die schräg gegen die Strahlenrichtung gestellten Spiegel das Licht teilweise polarisieren, also schon teilweise polarisiert auffallendes Licht bei der Drehung in verschiedener Weise schwächen. Aber die Fehler, die in den praktisch vorkommenden Fällen hierdurch entstehen könnten, sind zu vernachlässigen.

---

[1]) W. Bechstein, ZS. f. Instrkde. Bd. 27, S. 178. 1907.

Man verfährt nun gewöhnlich so, daß man mit solchem Apparat nacheinander verschiedene Poldistanzen ϑ (s. Abb. 20) etwa von $10°$ zu $10°$ einstellt und für jedes dieser ϑ unter Drehung der Lampe um eine vertikale Achse die Lichtstärken in verschiedenen gleichweit (vielleicht $18°$ oder $9°$) voneinander entfernten Meridianen φ bestimmt. Da die meisten Lichtquellen nahezu symmetrisch zur Vertikalachse angeordnet sind, genügt es dann im allgemeinen, die Lichtstärkenmittelwerte J_ϑ für jedes ϑ anzugeben. In besonderen Fällen (bei manchen Glühlampen) kann man J_ϑ durch eine einzige Messung bestimmen, indem man die Lampe so schnell um ihre Vertikalachse rotieren läßt, daß im Photometer ein kontinuierlicher Eindruck entsteht.

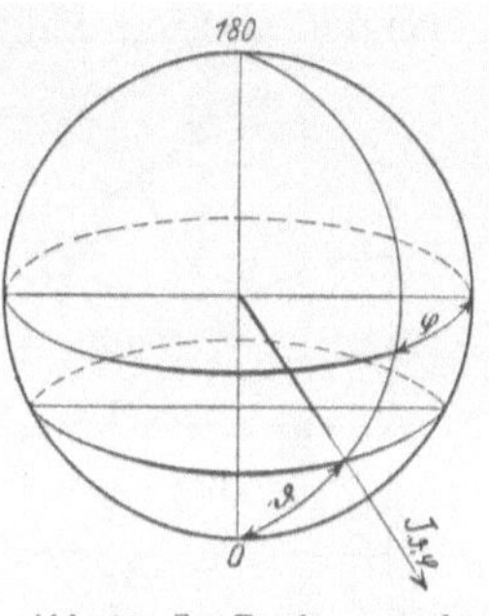

Abb. 20. Zur Bestimmung der Lichtverteilung einer Lichtquelle.

Indem man diese J_ϑ in ein Polarkoordinatensystem einträgt, erhält man die Lichtverteilungskurven, die ein Bild der Lichtausstrahlung geben und die Grundlage für die Berechnung von Beleuchtungsanlagen bilden. Sind die Lichtquellen nicht hinreichend symmetrisch zur vertikalen Achse angeordnet, so muß man solche Lichtverteilungskurven für verschiedene Meridianebenen herstellen.

c) Messung des Lichtstromes.

34. Aus der Lichtverteilung. Den Gesamtlichtstrom einer Lichtquelle kann man berechnen, wenn man die Lichtverteilung kennt. Ist J die Lichtstärke, die zu den Winkeln φ und ϑ (Abb. 20) gehört, so ist, wenn man, wie jetzt üblich, die nach unten gerichtete Vertikale als Nullinie für ϑ nimmt, der Gesamtlichtstrom

$$\Phi = \int\limits_0^\pi \int\limits_0^{2\pi} J \sin\vartheta \, d\vartheta \, d\varphi \,,$$

da $\sin\vartheta \, d\vartheta \, d\varphi$ das Flächenelement der Einheitskugel ist, und wenn man J_ϑ einführt:

$$\Phi = 2\pi \int\limits_0^\pi J_\vartheta \sin\vartheta \, d\vartheta \,.$$

Für die Berechnung benutzt man ein graphisches Verfahren, indem man in ein rechtwinkliges Koordinatensystem die ϑ als Abszissen, die $J_\vartheta \sin\vartheta$ als Ordinaten aufträgt. Die Ausrechnung von $J_\vartheta \sin\vartheta$ vermeidet man, indem man $\cos\vartheta$ als Veränderliche einführt. Dann ist:

$$\Phi = 2\pi \int\limits_{-1}^{+1} J_\vartheta \, d\cos\vartheta \,.$$

Man trägt nun auf der Abszissenachse, die sich von -1 bis $+1$ (von $-\cos\vartheta$ für $\vartheta = 0$ bis $-\cos\vartheta$ für $\vartheta = \pi$) erstreckt, die $\cos\vartheta$ für die photometrisch untersuchten ϑ ein und darüber als Ordinaten die gefundenen Lichtstärken. Eine einfache, viel benutzte Methode, diese Einteilung der Abszissenachse und die ihr entsprechende Kurve aus der in Polarkoordinaten aufgezeichneten Lichtverteilungskurve durch ein einfaches graphisches Verfahren zu erhalten, rührt von Rousseau her [Rousseaudiagramm][1].

---

[1] Näheres hierüber in den angeführten Lehrbüchern der Photometrie und den Büchern über Beleuchtungstechnik.

35. Ältere Integratoren. Um die Bestimmung des Gesamtlichtstromes zu erleichtern, ist eine Reihe von Apparaten konstruiert worden, mit deren Hilfe der Lichtstrom durch eine geringe Anzahl Messungen und einfache Mittelnahme gefunden werden kann. Der Apparat von Houston und Kenelly[1] benutzt Spiegel, die, in schneller Rotation um die Lichtquelle in einer Meridianebene herumgeführt, das Licht auf den Photometerschirm werfen. Eine dem $\sin\vartheta$ proportionale Schwächung jeder Lichtstärke wird durch eine Scheibe mit Öffnungen verschiedener Größe bewirkt. Bei dem Apparat von Matthews[2] ist eine Anzahl Spiegel s_1 (Abb. 21) in gleichen Winkelabständen in einem vertikalen Halbkreise K_1 um die Lampe L herum angeordnet. Diese werfen mit Hilfe gegenüberstehender, in einem zweiten Halbkreise K_2 angeordneter Spiegel s_2 das auf sie fallende Licht auf einen mattweißen, vertikal stehenden Photometerschirm P, so daß es unter dem Einfallswinkel $\frac{\pi}{2} - \vartheta$ auffällt, wenn es unter dem Winkel ϑ gegen die Vertikale ausgestrahlt wurde. Wenn das Kosinusgesetz für den Schirm gilt, kann man also auf diese Weise durch eine Messung die

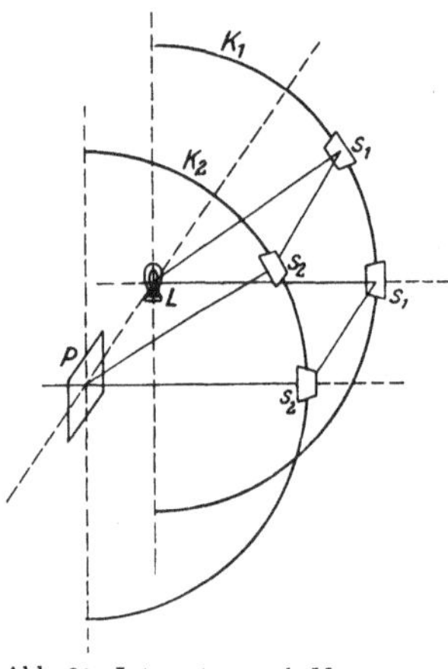

Abb. 21. Integrator nach Matthews zur Bestimmung des Gesamtlichtstromes einer Lampe.

Lichtstrahlung in einer vertikalen Halbebene und, wenn man die Lampe um die vertikale Achse schnell rotieren lassen kann, den Gesamtlichtstrom ermitteln. Unter den Konstruktionen von Blondel[3] sei das Lumenmeter erwähnt. Hier wird das in einen räumlichen Winkel 2π oder, bei einer anderen Ausführung, $0,4\pi$ gestrahlte Licht auf einen Silberhohlspiegel geworfen, der es auf eine durchscheinende Platte reflektiert, die photometriert wird. Näher auf diese Apparate einzugehen erübrigt sich, denn sie sind verdrängt worden durch die Ulbrichtsche Kugel, die in sehr einfacher und vollkommener Weise den Gesamtlichtstrom durch eine einzige Messung zu bestimmen gestattet.

36. Die Ulbrichtsche Kugel[4]. Sie besteht (Abb. 22) aus einer gegen die Dimensionen der zu messenden Lichtquelle L großen Hohlkugel, die innen mit mattweißem Anstrich versehen ist. L hängt darin an beliebiger Stelle. Außerdem befindet sich in der Kugel ein mattweißer Schirm S, der nur so groß ist, daß er das direkte Licht der Lampe von einer Öffnung O abblendet. Diese ist mit einer mattierten Milchglasplatte verschlossen, deren innere Fläche möglichst in der Kugelfläche liegt.

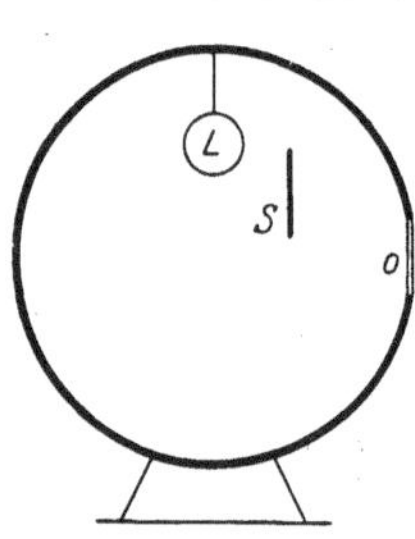

Abb. 22. Die Ulbrichtsche Kugel mit innen mattweißer Oberfläche zur Bestimmung des Gesamtlichtstroms durch eine Messung. Der Schirm S blendet das direkte Licht der Lampe L von der mit einer Milchglasplatte verschlossenen Öffnung O ab, die photometriert wird.

Die Lichtquelle L sende den Gesamtlichtstrom Φ Lm auf die Kugeloberfläche. Ein kleines Flächenstück von ihr von der Größe $dk\,\mathrm{m}^2$ erhalte von L den Lichtstrom $d\Phi = B\,dk$ Lm; dann besitzt es infolge der direkten Bestrahlung durch L die Beleuchtung B Lx. Seine Flächenhelle

[1] E. J. Houston u. A. E. Kenelly, Electrical World Bd. 27, S. 509. 1896.
[2] Ch. P. Matthews, Trans. Amer. Inst. Electr. Engin. Bd. 19, S. 1465. 1902.
[3] A. Blondel, C. R. Bd. 120, S. 311, 550. 1895.
[4] R. Ulbricht, Das Kugelphotometer. München u. Berlin 1920. Die einzelnen Abhandlungen erschienen in der Elektrot. ZS. 1900—1910, die grundlegende Elektrot. ZS. Bd. 21, S. 595. 1900; E. B. Rosa u. A. H. Taylor, Scient. Pap. Bureau of Stand. Nr. 447, Bd. 18, S. 281. 1922.

t also, wenn der Kugelanstrich dem Kosinusgesetz vollkommen genügt und on dem empfangenen Licht den Bruchteil ϱ zerstreuend reflektiert, also den ruchteil $1 - \varrho$ absorbiert:

$$10^{-4} \cdot \frac{B\varrho}{\pi} \ \text{HK/cm}^2.$$

s sendet daher auf ein Flächenstück ds m² der Öffnung O den Lichtstrom:

$$ds\,dk \cdot \frac{B\varrho}{\pi} \ \frac{\cos^2 \vartheta}{d^2} \ \text{Lm},$$

enn d m der Abstand der beiden Flächenstücke und ϑ der Ausstrahlungswinkel on dk und der Einfallswinkel von ds ist. Führt man den Kugelradius von r m urch $\cos \vartheta = d/(2r)$ ein, so erhält man:

$$ds\,dk \cdot \frac{B\varrho}{\pi} \ \frac{1}{4\,r^2} \ \text{Lm}.$$

lan erkennt, daß diese Größe von dem Abstand der Elemente ds und dk voninander unabhängig ist. Jedes Stück dk der Kugeloberfläche beleuchtet also ie ganze Kugel in gleichem Maße. Hieraus folgt, daß die durch das an der Kugelwand zerstreute Licht entstehende indirekte Beleuchtung der Kugel lurch L über die Kugelfläche konstant ist.

Die ganze Kugelfläche sendet nun auf das abgeschirmte ds infolge des lirekt von L erhaltenen Lichtstromes Φ den Lichtstrom:

$$\frac{ds\,\Phi\varrho}{4\,r^2\,\pi} \ \text{Lm}.$$

Ferner erhält ds infolge der indirekten Beleuchtung der Kugel durch lie hin- und hergehenden Lichtstrahlen den Lichtstrom:

$$\frac{ds\,\Phi(\varrho^2 + \varrho^3 + \cdots)}{4\,r^2\,\pi} \ \text{Lm};$$

m ganzen also

$$S = \frac{ds\,\Phi(\varrho + \varrho^2 + \varrho^3 + \cdots)}{4\,r^2\,\pi} \ \text{Lm}$$

$$= \frac{ds\,\Phi\varrho}{(1 - \varrho)\,4\,\pi\,r^2} \ \text{Lm}.$$

Die Beleuchtung in dem abgeschirmten ds oder auch in der Öffnung O ist also:

$$\frac{\Phi\varrho}{(1 - \varrho)\,\pi\,r^2} \ \text{Lx},$$

nithin Φ proportional. Kann man daher den Einfluß der Blende vernachlässigen, o lassen sich zwei Lichtquellen in bezug auf ihren Gesamtlichtstrom vergleichen, venn man sie nacheinander in die Kugel hängt und die Öffnung photometriert.

Ist J_k die Lichtstärke oder die Leuchtdichte der Öffnung O, so wird:

$$\Phi = C\,J_k.$$

Um die Konstante C zu bestimmen, hängt man eine nach der beschriebenen ndirekten Methode (Ziff. 33, 34) in Lm ausgewertete Normallampe in die Kugel.

Leicht erkennbare Fehlerquellen sind die mangelhafte Gültigkeit des LAMBERTschen Kosinusgesetzes für den Anstrich und die Behinderung des hin und her gehenden Lichtes durch die zu messende Lampe und den Schirm. Von ULBRICHT und anderen sind diese rechnerisch und experimentell untersucht worden. Fehler, die durch die mangelnde Gültigkeit des Kosinusgesetzes für den Anstrich entstanden wären, sind praktisch nicht festgestellt worden. Selbstverständlich muß der Anstrich, für den verschiedene Vorschriften angegeben sind, gut mattweiß sein und häufiger erneuert werden, letzteres schon deshalb, weil der untere Teil der Kugel stärker einstaubt als der obere und so mit der Zeit eine ungleichmäßige Reflexion entsteht. Die Konstante muß häufiger bestimmt werden, weil sich das durchschnittliche Reflexionsvermögen, namentlich in der ersten Zeit nach Erneuerung des Anstrichs, ziemlich schnell ändert. Der zur Abblendung gegen das Meßfenster dienende Schirm erhält gewöhnlich denselben Anstrich wie die Kugel. Er wie auch die Lampe selbst geben keine wesentlichen Fehler, wenn die Kugel nicht zu klein im Verhältnis zu ihnen gewählt wird. Man verwendet deshalb vielfach recht große Kugeln, von 2 bis 3 m Durchmesser. Eine Kugel von 1 m Durchmesser gilt schon als klein. Für sehr genaue Messungen empfiehlt sich zur Vermeidung aller Fehlerquellen der Ausweg, daß man nur Lichtquellen mit nicht allzu verschiedener Lichtverteilung in der Kugel vergleicht.

Schwierigkeiten bietet die Messung von frei brennenden Flammen und von Effektbogenlampen, die störende Dämpfe erzeugen. Man hat sie durch Anbringen einer Ventilationsvorrichtung zu beseitigen versucht.

Um die Öffnung zu photometrieren, hat ULBRICHT ursprünglich eine Photometerbank mit Aufsatz benutzt, also die Lichtstärke des Fensters gemessen. Hierbei findet eine bedeutende Lichtschwächung statt, da das von der Milchglasscheibe des Meßfensters ausgehende Licht noch ein zweites Mal am Photometerschirm zerstreut wird. Die kreisförmige Öffnung des Fensters muß deshalb groß und die gemessene Lichtquelle ziemlich lichtstark sein. Wie nahe man mit dem Photometeraufsatz an das Fenster herangehen darf, hängt von der beanspruchten Genauigkeit der Messung ab (vgl. Ziff. 27). Im allgemeinen benutzt man deshalb ein tragbares Photometer und verfährt wie bei Beleuchtungsmessungen (Ziff. 37), richtet aber den für solche bestimmten Tubus anstatt auf einen Auffangschirm auf die Milchglasplatte der Kugel. Bei dieser Methode braucht die Öffnung in der Kugel nur klein zu sein. Hat man sehr lichtschwache Lichtquellen zu messen, so kann man die Milchglasplatte entfernen und mit dem tragbaren Photometer die gegenüberliegende Kugelwand photometrieren. Man muß dann natürlich an Stelle des Fensters die photometrierte Stelle der Kugelwand abschirmen. Steht kein tragbares Photometer zur Verfügung oder zieht man vor, eine Photometerbank zu verwenden, so läßt sich leicht, z. B. mit Hilfe des Photometerwürfels, eine Anordnung finden, bei der das der Kugel zugewandte Photometerfeld von dem Meßfenster direkt (ohne Zwischenschaltung eines lichtzerstreuenden Schirmes) gleichmäßig erleuchtet wird[1]).

An die Verschlußplatte der Öffnung O sind naturgemäß dieselben Anforderungen zu stellen wie für den Auffangschirm bei Beleuchtungsmessungen. Die matt geschliffene Milchglasplatte erfüllt diese Anforderungen freilich nicht besonders gut. Trotzdem sind Fehler durch ihre Anwendung nicht zu fürchten. Es ist aber z. B. nicht erlaubt, zur Erhöhung der Helligkeit im Photometer die Milchglasplatte durch eine mattierte Glasplatte zu ersetzen.

Vielfach werden an Stelle der Kugel auch innen mattweiße Hohlräume anderer Gestalt, wie Würfel oder Würfel mit abgestumpften Ecken, wegen ihrer bequemen Herstellung empfohlen. Da für solche Hohlräume nicht die einfachen vorher entwickelten Beziehungen gelten, darf man sie nur mit der größten Vorsicht, z. B. bei Lampen mit nahezu gleicher Lichtverteilung, verwenden.

ULBRICHT hat seine Methode auch für die Messung des hemisphärischen Lichtstroms erweitert. Hierfür wird von der Kugel oben eine Kalotte ab-

---
[1]) Vgl. WALSH, Photometry, S. 210.

geschnitten oder gut schwarz ausgekleidet, damit sie kein Licht reflektiert, und die Lichtquelle genau in die Schnittebene gebracht, wenn es sich um Lichtquellen sehr geringer Ausdehnung handelt, z. B. eine nackte Bogenlampe. Bei ausgedehnteren Lichtquellen ist es nicht einfach anzugeben, bis zu welchem Punkt sie in die Kugel getaucht werden müssen, damit der reflektierende Kugelteil gerade so viel Licht von der Lichtquelle erhält, wie der hemisphärischen Lichtstrahlung gleichkommt. ULBRICHT hat für die Bestimmung dieses Punktes (des Lichtschwerpunktes) ein besonderes photometrisches Verfahren ausgearbeitet.

d) Messung der Beleuchtungsstärke.

37. Allgemeines. Auffangschirme. Die beschriebenen tragbaren Photometer sind auch für die Messung der Beleuchtungsstärke eingerichtet. Dazu wird der bei Lichtstärkenmessungen der zu messenden Lichtquelle zugewandte Photometerschirm ausgeschaltet, teils durch Auswechslung des Tubus, der den Schirm enthält, teils durch Entfernung des Schirmes (der Milchglasplatte G beim WEBERschen Photometer, der Gipsplatte F beim MARTENSschen). Der Teil des Photometerfeldes, der von dem so beseitigten Photometerschirm Licht erhalten würde, empfängt jetzt Licht durch eine matte weiße Fläche, die an diejenige Stelle gebracht wird, deren Beleuchtung gemessen werden soll. Dies kann z. B. dadurch geschehen, daß eine besonders aufgestellte, mit mattweißem Papier bezogene Tafel von der zu messenden Beleuchtung erhellt wird. Auf sie wird der Tubus gerichtet. Anstatt einer solchen Tafel benutzt man auch kleinere diffus reflektierende Platten (z. B. von Gips), die dann mit dem Photometer festverbunden sein können. Man kann auch hindurchgelassenes Licht statt des reflektierten photometrieren, indem man eine mattierte Milchglasplatte, die Platte μ nach WEBERscher Bezeichnung, geeignet anbringt, beim WEBERschen Photometer vorn am Tubus, beim MARTENSschen an die Stelle des Gipsschirms F, und das Photometer so aufstellt, daß sie die zu messende Beleuchtung aufnimmt.

Die Vorrichtungen zur Aufnahme der zu messenden Beleuchtung, die man als Auffangschirme bezeichnet, müßten, wenn sie einwandfreie Ergebnisse liefern sollten, dem LAMBERTschen Gesetz insoweit folgen, daß für den benutzten Ausstrahlungswinkel (zwischen 0° und 45°), unter dem das Licht in das Photometer gelangt, das $\cos i$-Gesetz genau gilt. So vollkommene Auffangschirme gibt es aber nicht. Geht man von dem Wert der Ausstrahlung für $i = 0$ aus, so wird mit wachsendem i im allgemeinen, abgesehen von den Fällen, wo Spiegelung mitwirkt, die tatsächliche Ausstrahlung gegenüber der theoretisch verlangten zu klein. Bis $i = 45°$ sind die Abweichungen meist nicht groß. Besonders ungünstig verhält sich die sonst sehr bequeme Platte μ, bei der die Abweichungen für $i = 45°$ etwa 10%, bei $i = 80°$ etwa 50% betragen. Gips verhält sich günstiger; die Abweichungen sind vielleicht halb so groß.

Es sind deshalb verschiedene Versuche gemacht, die Auffangschirme zu vervollkommnen. BECHSTEIN[1]) hat die Platte μ dadurch verbessert, daß er darunter eine Halbhohlkugel aus Gips anbringt, mit einer Öffnung in der Mitte als Durchlaß des Lichtes zum Photometer. SHARP und LITTLE[2]) haben einen kompensierten Auffangschirm für durchgehendes Licht angegeben. Bei ihm ist die Auffangplatte in einem Ring von Opalglas gefaßt, das dem Photometer zugewandt ist. Das schräg einfallende Licht erhellt diesen Ring, und zwar um so

---

[1]) W. BECHSTEIN, Journ. f. Gasbeleuchtg. Bd. 58, S. 184. 1915; Elektrot. ZS. Bd. 36, S. 114. 1915. S. auch Katalog III (Photometrische Apparate) der Firma Franz Schmidt & Haensch in Berlin S., Nov. 1913.
[2]) Vgl. WALSH, Photometry S. 344.

stärker, je schräger es einfällt. Das dann von dem Ringinnern ausgehende diffuse Licht fällt auf die Auffangplatte und verstärkt das von ihr in das Photometer gesandte Licht. Durch einen tellerrandartigen Schirm wird vermieden, daß Licht aus dem dem Schirme abgewandten Halbraum auf den Ring fallen kann. Auch für reflektiertes Licht haben sie einen derartigen Schirm konstruiert. Bechstein[1]) hat als Auffangschirm für reflektiertes Licht eine sehr kleine Ulbrichtsche Kugel mit einer Öffnung von etwa 40° zur Aufnahme des zu messenden Lichtes angegeben. Photometriert wird eine gegen das einfallende Licht abgeschirmte Stelle der Kugelwand. Bei dieser Vorrichtung sollen die Abweichungen vom $\cos i$-Gesetz bis zu etwa 70° nur gering sein. Denselben Vorschlag hat neuerdings A. K. Taylor[2]) gemacht, anscheinend ohne von seinem Vorgänger zu wissen.

Ferner soll ein Auffangschirm möglichst lichtstark sein, d. h. möglichst viel Licht ins Photometer gelangen lassen, damit auch geringe Beleuchtungsstärken gemessen werden können. In dieser Beziehung verhält sich die Bechsteinsche Kugel am ungünstigsten, nach ihr die Platte μ, die auch in bezug auf Helligkeit durch die Halbhohlkugel verbessert wird.

Die Apparatkonstante wird bestimmt, indem man im Laboratorium auf dem Auffangschirm eine bekannte Beleuchtung herstellt. Diese Messung ist häufiger zu wiederholen, weil sich nicht allein die Lichtstärke der Vergleichslichtquelle, sondern auch das Reflexionsvermögen des Auffangschirmes ändern kann. Dieser ist daher sorgfältig vor Staub zu schützen. Als Schirm mit konstantem Reflexionsvermögen wird eine mattierte Milchglasplatte empfohlen, die mit einer nicht zu dünnen Schicht von Magnesiumoxyd bedeckt ist, wie man sie leicht überall in gleicher Weise durch Niederschlagen des beim Abbrennen von Magnesiumband entstehenden Magnesiadampfes erzeugen kann.

Bei der Ausführung von Beleuchtungsmessungen muß man darauf achten, daß weder der Apparat noch der Beobachter Teile der Beleuchtung abblendet, die gemessen werden soll.

38. Beleuchtungsmesser. Neben den tragbaren Photometern, die für häufigen Ortswechsel und schnelle Messung noch zu schwerfällig sind, gibt es besonders für die Messung der Beleuchtung bestimmte Apparate, sog. Beleuchtungsmesser. Bei ihrer Konstruktion ist besonderer Wert auf Handlichkeit und auf großen Umfang des Meßbereichs, weniger auf hohe Meßgenauigkeit zu legen. Im allgemeinen entsprechen die vorhandenen Apparate noch nicht den Anforderungen, die man an sie stellen muß, so daß sich eine eingehendere Beschreibung erübrigt. Sie tragen in einem meist leichten Gehäuse dieselben Teile, die die tragbaren Photometer enthalten (Vergleichs- und Lichtschwächungsvorrichtung sowie Vergleichslampe). Die Lichtschwächung geschieht nach verschiedenen Methoden, durch Verminderung der Lichtstärke der Vergleichslampe [Wingen-Krüss[3])], durch Entfernungsänderung [Martens[4]), Tuck[5]), Sharp-Millar[6])], durch Neigung einer matten Fläche [Trotter[7]), Harrison[8]), der Flimmereinstellung (s. Ziff. 56) benutzt], durch Verwendung einer Blende

---

[1]) W. Bechstein, s. Fußnote 1, S. 501.
[2]) A. K. Taylor, Proceedings of the Optical Convention 1926, S. 347. London 1926.
[3]) H. Krüss, Journ. f. Gasbeleuchtg. Bd. 45, S. 738. 1902.
[4]) F. F. Martens, Verh. d. D. Phys. Ges. Bd. 5, S. 436. 1903; F. Uppenborn, Elektrot. ZS. Bd. 27, S. 358. 1906.
[5]) D. H. Tuck, Journ. Opt. Soc. Amer. Bd. 9, S. 303. 1924.
[6]) C. H. Sharp u. P. S. Millar, Electrical World Bd. 51, S. 1556. 1911; Illum. Eng. Bd. 5, S. 7. 1912.
[7]) A. P. Trotter, Electrician Bd. 59, S. 274. 1907.
[8]) H. T. Harrison, Electrician Bd. 56, S. 625. 1906.

mit diffus leuchtender, meßbar veränderlicher Öffnung, durch die der Photometerschirm beleuchtet wird [Lumeter von Dow und MACKINNEY[1])].

Berechtigten Anforderungen entspricht, was Bequemlichkeit der Handhabung betrifft, wesentlich besser das amerikanische Footcandlemeter[2]), das
aber leider an Genauigkeit viel zu wünschen übrig läßt. In einem handlichen
kastenförmigen Gehäuse befindet sich auf der einen Seite die Vergleichslampe
und ein schräggestellter Spiegel; ferner sind in ihm Rheostat und Voltmeter
untergebracht. Auf der Vorderseite liegen Ausschalter, Knopf zur Betätigung
des Rheostaten, Skala des Voltmeters und eine Reihe in gerader Linie angeordneter Bunsenflecke, die von der Vergleichslampe mit Hilfe des Spiegels von hinten
beleuchtet werden. Blickt man gerade auf die Vorderseite, so sind die der Vergleichslampe nächsten Flecke am hellsten, die entferntesten am wenigsten hell.
Bei der Messung bringt man die Vorderseite an den zu untersuchenden Platz
und sucht den Bunsenfleck, der dem Verschwinden
am nächsten ist. Unterhalb der Flecke befindet sich
die Footcandle-Skala.

Eine wesentliche Verbesserung dieses Instruments
ist das Luxmeter von BECHSTEIN[3]). Auch bei ihm
sind alle erforderlichen Teile im Gehäuse untergebracht.
Ihre Handhabung und jede Ablesung geschieht von
außen. Die Lichtschwächungsvorrichtung, deren Einrichtung aus Abb. 23 erkennbar ist, besteht aus

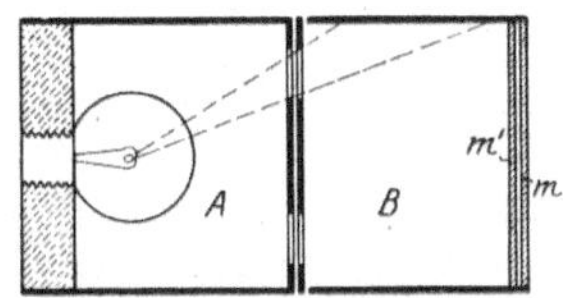

Abb. 23. Beleuchtungs- und Lichtschwächungsvorrichtung des Lux-
meters von BECHSTEIN.

zwei innen mattweißen, trommelförmigen Kammern A und B, die durch
eine drehbare Zwischenwand getrennt sind. A enthält die Glühlampe und
in der gegenüberliegenden Kammerwand in einem Kreise angeordnete kreisrunde Ausschnitte, die ebensolchen in der anliegenden Zwischenwand entsprechen und durch die die zweite nach A zu offene Kammer von A aus beleuchtet
wird. Die den Ausschnitten gegenüberliegende Wand von B wird von der Milchglasplatte m und dem davorliegenden Blauglas m' gebildet. m stellt das eine
Vergleichsfeld dar und wird durch eine Öffnung im Gehäuse beobachtet, das
andere, das die zu messende Beleuchtung aufnimmt, befindet sich in der Vorderwand des Gehäuses neben der Öffnung und besteht in einer mattweißen Fläche
(Baryumsulfat). Die Einstellung auf Gleichheit geschieht durch Drehen der
Zwischenwand, wodurch die freien Öffnungen zwischen A und B mehr oder
weniger geschlossen werden können. Abgelesen wird an einer Trommel. Man
erhält so einen Meßbereich von 1 bis 10 Lx. Für höhere Beleuchtungen wird
das weiße Vergleichsfeld durch ein graues ersetzt, für niedrigere kann die Lichtstärke der Glühlampe durch Stromstärkeänderung herabgesetzt werden, wobei
die Farbänderung, soweit nötig, wieder durch Blauglas ausgeglichen wird. So
lassen sich im ganzen Beleuchtungen zwischen 0,01 und 500 Lx messen. Die
Genauigkeit soll etwa 5% betragen.

Neuerdings hat BECHSTEIN für den Apparat noch einen fernrohrartigen
Aufsatz konstruiert, der zur Beobachtung der Photometerfelder dient und
mehrere Schwächungsvorrichungen für das zu messende Licht enthält. Mit
Hilfe dieses Aufsatzes sollen Beleuchtungsstärken bis zu etwa 100000 Lx gemessen
werden können.

Die wünschenswerte Einfachheit der Beleuchtungsmesser wird vielleicht
einmal dadurch erreicht werden, daß es gelingt, radioaktive Leuchtsubstanzen
von hinreichend großer und konstanter Leuchtdichte herzustellen.

[1]) J. S. Dow u. V. H. MACKINNEY, Illum. Eng. Bd. 3, S. 655. 1910.
[2]) K. FINKH, Licht u. Lampe 1922, S. 486.
[3]) W. BECHSTEIN, Licht u. Lampe 1923, S. 207.

e) Messung der Leuchtdichte.

39. Durch Lichtstärkenmessung. Für hohe Leuchtdichten, wie sie bei Selbstleuchtern vorhanden sind, ergibt sich die Messung aus der Definition (Lichtstärke in HK/cm²). Hat man eine ebene gleichmäßig leuchtende Fläche von leicht meßbarer Größe, so mißt man erstens ihre Lichtstärke J HK in der zu untersuchenden Richtung, zweitens ihre Größe F in cm² und drittens den Ausstrahlungswinkel ε. Die Leuchtdichte ist dann $J/F\cos\varepsilon$ HK/cm². Meist wird man die Flächengröße nicht bestimmen können; oder es strahlt nur ein Teil der Fläche gleichmäßig. Dann bringt man nahe der leuchtenden Fläche ein Diaphragma mit gemessener Öffnung von F' cm² an, das ein gleichmäßig leuchtendes Stück der Fläche ausblendet, und mißt die Lichtstärke J' HK des Lichtes, das durch das Diaphragma gegangen ist, wenn dieses senkrecht zur untersuchten Ausstrahlungsrichtung steht. Dann ist die Leuchtdichte J'/F' HK/cm². Die Entfernung bis zur Lichtquelle ist vom Diaphragma zu messen (Ziff. 18). Ist die untersuchte Fläche für das Verfahren zu klein, so bringt man zwischen Fläche und Diaphragma, nahe diesem, eine Konvexlinse an, die ein vergrößertes Bild der Fläche auf den Photometerschirm wirft. Indem man das Auge an die Stelle des Photometerschirmes bringt, überzeugt man sich, daß das Diaphragma gleichmäßig leuchtet. Den Lichtverlust durch die Linse berechnet man entweder nach den FRESNELschen Formeln, wenn man die Glasabsorption vernachlässigen kann, oder man bestimmt den Gesamtverlust durch Reflexion und Absorption durch eine besondere photometrische Messung (Ziff. 46).

40. Durch direkte Helligkeitsvergleichung. Diese Methode eignet sich für geringe Leuchtdichten, wo man mit der ersten eine zu schwache Helligkeit im Photometer erhalten würde, und ergibt sich unmittelbar, wenn man berücksichtigt, daß man bei jeder photometrischen Einstellung Gleichheit der Leuchtdichten zweier benachbarter Felder herstellt. Man kann daher eins der beschriebenen tragbaren Photometer verwenden und wie bei Beleuchtungsmessungen vorgehen, indem man an die Stelle des Auffangschirmes die auf Leuchtdichte zu untersuchende Fläche bringt. Schwierigkeiten können auch hier dadurch entstehen, daß die zu untersuchende Fläche zu klein ist. Dann muß man wieder zu optischer Abbildung greifen. Benutzt man z. B. ein Photometer, bei dem die Okularlinse ihre Brennebene im Okulardeckel hat (Ziff. 31, 32), so wird man nahe dem Tubus eine Konvexlinse setzen, in deren Brennebene dann die zu untersuchende Fläche gebracht wird, so daß also deren Bild im Okulardeckel entsteht. Beim MARTENSschen Polarisationsphotometer wird man das Bild der zu untersuchenden Fläche in die Öffnung a legen.

Zur Eichung muß man eine Leuchtdichte benutzen, die nach beiden Methoden meßbar ist. Für geringere Genauigkeit kann man auch eine mattweiße Fläche von bekanntem Reflexionsvermögen ϱ verwenden. Beleuchtet man eine solche Fläche mit N Lx, so hat sie, wenn man das LAMBERTsche Kosinusgesetz als gültig ansehen kann, die Leuchtdichte:

$$\frac{10^{-4} \cdot N \cdot \varrho}{\pi} \ \text{HK/cm}^2.$$

In manchen Fällen versagen diese Methoden, z. B. bei der Aufgabe, die Flächenhelle eines glühenden Fadens zu bestimmen. Dann kann man den Faden vor einer größeren glühenden Fläche mit veränderlicher Leuchtdichte (Schwarzer Körper, Nernststift) zum Verschwinden bringen, also so auf gleiche Leuchtdichte einstellen, und danach die Leuchtdichte der größeren Fläche besonders messen.

41. Scheinwerfer. An dieser Stelle soll einiges über das Photometrieren von Scheinwerfern[1]) eingefügt werden, weil diese Aufgabe ungefähr die nämliche ist wie die der Bestimmung der Leuchtdichte für eine kleine stark leuchtende Fläche mit Hilfe von Linse und Blende. Prinzipiell ist es gleichgültig, ob man eine Scheinwerferlinse oder einen Scheinwerferhohlspiegel betrachtet, abgesehen davon, daß im letzteren Falle die Lichtquelle selbst sich in dem von dem Scheinwerfer ausgehenden Strahlenkegel befindet, was aber im folgenden unberücksichtigt bleiben soll. Ist $S_1 S_2$ (Abb. 24) ein Hohlspiegel von dem Durchmesser D und der Brennweite f, ferner $l_1 l_2$ die als Kreisfläche gedachte Lichtquelle vom Durchmesser d, so können wir den Spiegelumfang als Blendenöffnung und das von ihr umschlossene Flächenstück als in der Leuchtdichte von $l_1 l_2$ leuchtende Fläche auffassen, wenn wir von dem Reflexionsverlust an der Spiegelfläche absehen. Wir können also den Hohlspiegel wie jede andere Lichtquelle photometrieren und seine Lichtstärke in HK angeben. Dieser Satz gilt jedoch nur mit einer Einschränkung. Zeichnet man die von den Randpunkten S_1 und S_2 ausgehenden Strahlen-

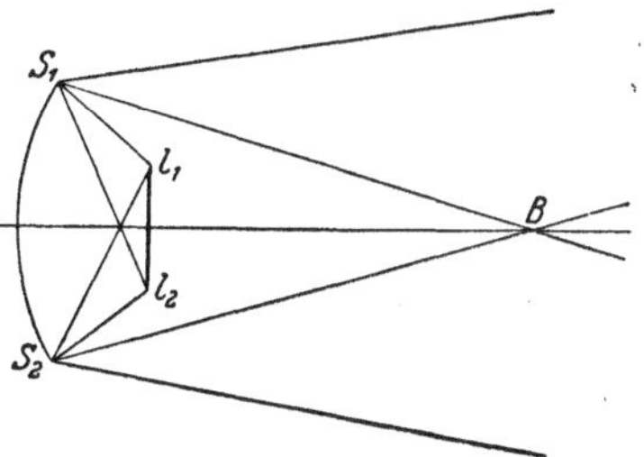

Abb. 24. Photometrierung eines Scheinwerfers. Es ist $S_1 S_2$ der Spiegel, $l_1 l_2$ die Lichtquelle, $S_1 S_2$ bis B die photometrische Grenzentfernung.

kegel, deren innerste Strahlen sich in B schneiden, so sieht man, daß die zwischen B und dem Spiegel liegenden Punkte der Achse nicht voll von dem Spiegel beleuchtet werden. Man muß also von Achsenpunkten aus photometrieren, die weiter als B vom Spiegel entfernt sind. Ob man sich in diesem Bereich befindet, erkennt man daran, daß man in ihm den Spiegel mit seiner ganzen Fläche leuchten sieht. Rechnerisch ergibt sich die Entfernung E zwischen B und der Ebene $S_1 S_2$, die man die photometrische Grenzentfernung nennt, zu:

$$E = \frac{D}{d} \cdot \frac{\left(f + \dfrac{D^2}{16f}\right)^2}{f - \dfrac{D^2}{16f}} .$$

Bewegt man das Auge (jenseits von B) aus der Achse in zu ihr senkrechter Richtung, so sieht man anfangs noch die ganze Spiegelfläche leuchten. Diesen Teil des Strahlenkegels nennt man Kernlicht. Geht man noch weiter nach außen, so leuchtet nur noch ein immer kleiner werdender innerer Teil des Scheinwerfers. Diesen Teil des Strahlenkegels nennt man Randlicht. Der gesamte leuchtende Kegel heißt Streuung. Man photometriert diese Teile wie die Lichtstärke in der Achse.

Bei den großen Entfernungen, mit denen man bei Scheinwerfern zu tun hat, spielt die Absorption des Lichts durch die Atmosphäre eine Rolle. Da man zur Bestimmung dieser Absorption sehr lange Luftschichten untersuchen muß, hat man, namentlich wenn man die gewöhnlichen Lichtquellen verwenden will, die sich gut konstant halten lassen, nur eine so geringe Beleuchtungsstärke im Photometer, daß die gebräuchlichen Apparate mit lichtzerstreuenden Photometerschirmen versagen. Es sind deshalb mehrfach für diesen Zweck Anordnungen angegeben worden, bei denen die in der Photometrie viel gebrauchte MAXWELLsche Beobachtungsmethode Anwendung findet. Die von GEHLHOFF

---

[1]) G. GEHLHOFF, ZS. f. Beleuchtungsw. Bd. 25, S. 35. 1919; G. GEHLHOFF u. H. SCHERING, ebenda Bd. 25, S. 83. 1919; H. ERFLE, ebenda Bd. 26, S. 4 u. 11. 1920.

und Schering[1]) herrührende ist aus Abb. 25 zu ersehen. Die zu vergleichenden Lichtquellen a und b, von denen a die weit entfernte sein möge, werden mit Hilfe der Linsen m und n und des Würfels W in der Pupille des Auges des Beobachters (bei P) abgebildet. Dann leuchten die Linsen in dem Lichte von a und b und

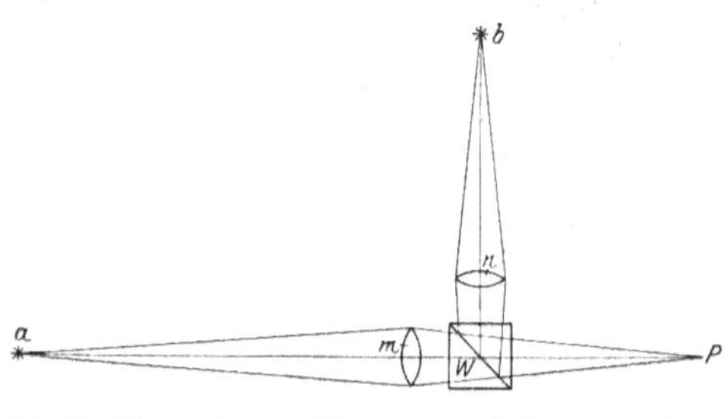

Abb. 25. Photometer von Gehlhoff und Schering ohne lichtzerstreuende Photometerschirme zur Messung sehr geringer Beleuchtungsstärken.

können in bezug auf ihre Helligkeit durch den Würfel W verglichen werden. Die Bilder von a und b bei P müssen ganz von der Pupille aufgenommen werden. Da bei der großen Entfernung von a das Bild dieser Lichtquelle stets in der Brennebene von m liegt, ist die Beleuchtungsstärke in m umgekehrt proportional dem Quadrat der Entfernung am. Das Licht der Vergleichslichtquelle b wird durch zwei Nicolsche Prismen meßbar geschwächt. Bei dem Apparat von Buisson und Fabry[2]) wird die meßbare Schwächung durch einen Rauchglaskeil vorgenommen.

Da die Maxwellsche Beobachtungsweise offenbar nur auf der Seite der zu messenden Lichtquelle erforderlich ist, wenden Karrer und Poritzky[3]) auf der der Vergleichslichtquelle einen lichtzerstreuenden Photometerschirm an. Die Beleuchtung erfolgt dort mit Hilfe von zwei kleinen Ulbrichtschen Kugeln, die in einer Öffnung von meßbar veränderlicher Größe aneinanderstoßen. Die erste Kugel wird von außen durch eine kleine Glühlampe erhellt und beleuchtet durch die Meßblende hindurch die zweite, deren Wand den Photometerschirm bildet.

f) Messung der Reflexion.

42. Spiegelnde Reflexion. Unter dem Reflexionsvermögen eines spiegelnden Körpers versteht man gewöhnlich den bei senkrechtem Auffall zurückgeworfenen Bruchteil einer Strahlung. Aber auch die Kenntnis der Reflexion für andere Inzidenzwinkel kann von Interesse sein. Da das Reflexionsvermögen im allgemeinen stark von der Wellenlänge des Lichtes abhängt, ist seine Bestimmung hauptsächlich Aufgabe der Spektralphotometrie. Jedoch sind Messungen der Reflexion für verschiedene Einfallswinkel auch mit gemischtem Lichte vielfach erforderlich, namentlich bei Spiegeln, die das Licht wenig färben, wie solchen aus Silber, Platin, Stahl. Hierfür ergeben sich naturgemäß zwei Wege, erstens die Messung einer Lichtstärke ohne und mit Zwischenschaltung des Spiegels. In diesem Falle muß der Spiegel genau auf seine Ebenheit untersucht sein; er darf keine konkave oder konvexe Krümmung aufweisen. Um den Einfluß derartiger Fehler zu vermindern, ist es zweckmäßig, den Spiegel bei der Messung nahe der Lichtquelle aufzustellen. Ferner können Riefen und Streifen in der Oberfläche, wie sie sich bei versilbertem Spiegelglas häufig zeigen, bei Verwendung einer punktförmigen Lichtquelle durch Beugung des Lichtes an ihnen Fehler verursachen. Empfehlenswerter ist deshalb der zweite Weg, nämlich die Anordnung wie bei einer Beleuchtungsmessung zu wählen und die Leuchtdichte einer diffus leuchtenden Fläche ohne und mit Zwischenschaltung des Spiegels zu messen.

---

[1]) G. Gehlhoff u. H. Schering, ZS. f. techn. Phys. Bd. 1, S. 247. 1920.
[2]) H. Buisson u. Ch. Fabry, Journ. de phys. Bd. 1, S. 25. 1920; Rev. d'opt. Bd. 1, S. 1. 1922.
[3]) E. Karrer u. A. Poritzky, Journ. Opt. Soc. Amer. Bd. 8, S. 355. 1924.

43. Reflexion lichtzerstreuenden Flächen. Relative Messungen über die Reflexion lichtzerstreuender Flächen, sei es zwischen verschiedenen Substanzen, sei es bei derselben Substanz für verschiedene Einfalls- und Austrittswinkel, führt man am einfachsten aus, indem man mit einem tragbaren Photometer die Leuchtdichte durch direkte Vergleichung mißt. Wenn man sich auf die Fälle beschränkt, wo Einfalls- und Austrittsebene einen Winkel von 0° oder 180° miteinander bilden, kann man eine einem sehr einfachen Spektrometer ähnliche Einrichtung verwenden, wobei der Tubus des Photometers dem (feststehenden) Kollimator, eine mit Abblendschirmen versehene punktförmige Lichtquelle dem (drehbaren) Fernrohr entspricht und die zu untersuchende Fläche auf dem drehbaren Tischchen so justiert wird, daß dessen Drehachse in ihr liegt. Für andere Winkel zwischen Einfalls- und Austrittsebene braucht man eine kompliziertere Vorrichtung. Man kann sich aber auch zum Teil helfen, indem man die Lichtquelle parallel der Drehachse hebt oder senkt oder indem man den Ort des Photometers ändert und den Tubus dreht.

Die absoluten Messungen bestehen in der Bestimmung des Reflexionsvermögens ϱ, also des Verhältnisses des gesamten ausgestrahlten zu dem auffallenden Lichte. Hier interessieren in erster Linie die weißen, gut zerstreuenden Substanzen, die, wie wir sahen, dem LAMBERTschen Gesetze zwar angenähert, aber nicht vollständig gehorchen. Nimmt man die Gültigkeit des LAMBERTschen Gesetzes an, so ist die Messung des Reflexionsvermögens, wenigstens im Prinzip, einfach. Man kann dann so verfahren, daß man der zu untersuchenden Fläche eine beliebige gemessene Beleuchtung N erteilt und ihre Leuchtdichte L_ε durch Lichtstärkenmessung unter einem beliebigen Winkel ε bestimmt. Dann gilt:

$$L_\varepsilon = \frac{10^{-4} N \varrho_\varepsilon}{\pi},$$

wenn ϱ_ε das Reflexionsvermögen ist; also wird

$$\varrho_\varepsilon = \frac{10^4 \pi L_\varepsilon}{N}.$$

Die Ausführung dieser Methode bietet Schwierigkeiten, weil die Beleuchtung sehr stark sein muß, damit die Bestimmung der Leuchtdichte der untersuchten Fläche durch Lichtstärkenmessung ausgeführt werden kann. Steht eine Lichtquelle von hoher gleichmäßiger Flächenhelle, z. B. eine Glühlampe, in der ein Metallband aus Tantal oder Wolfram leuchtet (eine Bandlampe), zur Verfügung, so kann man diese Lichtstärkenmessung vermeiden und so verfahren, daß man mittels einer Linse mit Blende auf der Seite der austretenden Strahlen ein Bild der Lichtquelle auf die mattweiße Fläche wirft und die Leuchtdichte der Lichtquelle photometrisch mit der des Bildes auf der matten Fläche (nach Ziff. 40) vergleicht. Den auf diesen fallenden Lichtstrom berechnet man aus der Öffnung der Blende und ihrem Abstand von der beleuchteten Fläche unter Berücksichtigung der Lichtschwächung durch die Linse[1]).

Kompliziert werden die Verhältnisse dadurch, daß das LAMBERTsche Gesetz nicht vollkommen gilt. Wegen der Abhängigkeit der Lichtzerstreuung von der Richtung des einfallenden Lichtes muß man diese in die Definition des Reflexionsvermögens aufnehmen. Hier kommen zwei Fälle besonders in Betracht, erstens senkrechte Bestrahlung und zweitens gleichmäßige Bestrahlung von allen Seiten. LAMBERT bezeichnet das Reflexionsvermögen lichtzerstreuender Substanzen als Albedo und bezieht es auf senkrechten Lichteinfall; SEELIGER versteht unter

---

[1]) Vgl. F. HENNING u. W. HEUSE, ZS. f. Phys. Bd. 10, S. 111. 1922.

Albedo den zurückgeworfenen Bruchteil des von allen Seiten gleichmäßig auffallenden Lichtes.

Die Herstellung einer gemessenen Beleuchtungsstärke durch senkrechten Lichteinfall läßt sich leicht verwirklichen. Man kann dann ähnlich wie bei der Messung der Lichtverteilung (Ziff. 33) einer beliebigen Lichtquelle verfahren, also die gesamte Rückstrahlung eines gemessenen Flächenstückes durch Lichtstärkemessungen unter verschiedenen Ausstrahlungswinkeln ermitteln und

$$\int_0^{\pi/2} \int_0^{2\pi} J \sin \varepsilon \, d\varepsilon \, d\varphi$$

berechnen, wenn J die den Winkeln ε (Ausstrahlungswinkel) und φ (Azimut) entsprechende Lichtstärke ist (Ziff. 34). Einfacher ist es aber, nur die Lichtstärke des Flächenstückes für einen bestimmten Ausstrahlungswinkel (ε, φ) zu ermitteln (etwa nach den für die Bestimmung von ϱ_ε angegebenen Methoden) und die Veränderung der Reflexion mit dem Ausstrahlungswinkel auf die im Anfang dieses Abschnitts angegebene Weise zu messen.

Diese Verfahren der punktweisen Bestimmung sind jedoch immer sehr umständlich.

44. Reflektometer. Einfach gestaltet sich die Messung des Reflexionsvermögens durch Benutzung einer kleinen Ulbrichtschen Kugel, wie sie mehrfach in den letzten Jahren für diesen Zweck verwandt worden ist. Als Beispiel mag das in Abb. 26 dargestellte Reflektometer von Taylor[1] für absolute Messungen dienen. K ist eine Ulbrichtsche Kugel von etwa 13 cm Durchmesser, von der unten bei A ein kleines Segment von etwa 4 cm Durchmesser des Schnittkreises fortgenommen ist. Gegen die entstandene Öffnung wird die Probe, deren Reflexionsvermögen bestimmt werden soll, gelegt. Bei B befindet sich eine zweite Öffnung, durch die mit Hilfe des Rohres T, das eine Glühlampe und ein Linsensystem enthält, ein enges Strahlenbündel in die Kugel geschickt wird, so daß auf der Kugelwand gegenüber ein Lichtfleck entsteht. Und zwar kann dieser Lichtfleck entweder auf dem Probestück bei A (Stellung 1) oder nach Drehen des Rohres T um eine zur Kugelfläche in der Mitte von B senkrechte Achse auf einer anderen Stelle der Kugelwand erzeugt werden (Stellung 2). Um $90°$ von A entfernt befindet sich eine dritte Öffnung C, durch die eine gegenüberliegende Stelle der Kugelwand photometriert werden kann. Diese Stelle ist durch einen undurchsichtigen Schirm gegen Strahlen, die von dem Probestück bei A ausgehen, abgeschirmt.

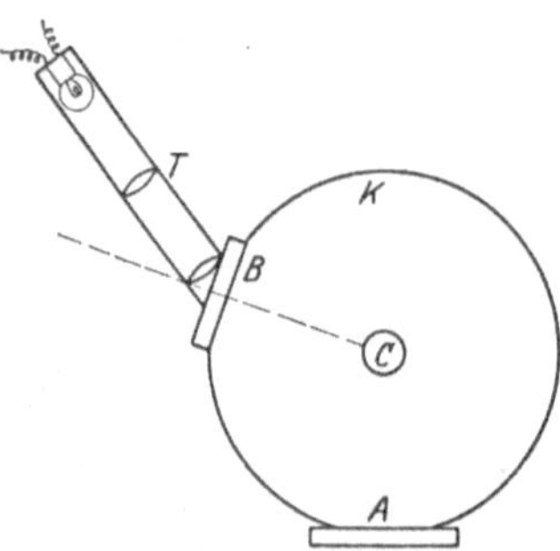
Abb. 26. Reflektometer nach Taylor.

In Stellung 2 liegt derselbe Fall vor wie bei gewöhnlichen Kugelmessungen, nur daß die den Lichtstrom Φ aussendende Lichtquelle außerhalb der Kugel liegt. Die Beleuchtung der photometrierten Stelle, die von direktem Lichte der Lichtquelle ja nicht getroffen wird, ist also Φ proportional, die gemessene Leuchtdichte kann also $H_2 = C \cdot \Phi$ geschrieben werden, wo C die Kugelkonstante ist. Bei Stellung 1 kann man die direkt beleuchtete Stelle auf der Probeplatte als Lichtquelle ansehen. Ihr Lichtstrom ist $\varrho \cdot \Phi$, wenn ϱ das Reflexionsvermögen

[1] A. H. Taylor, Scient. Pap. Bureau of Stand. Nr. 405, Bd. 17, S. 1. 1921.

der Probeplatte ist. Da die photometrierte Stelle der Kugelwand gegen den Lichtfleck abgeschirmt ist, wird die Leuchtdichte jetzt $H_1 = C \cdot \varrho \cdot \Phi$. Also ist $\varrho = H_1/H_2$.

SHARP und LITTLE[1]) geben eine ähnliche Methode an; aber hier ist die Beleuchtungsvorrichtung fest in einer der Stellung 2 entsprechenden Lage und das Photometer beweglich, so daß es abwechselnd auf die Probeplatte (Stellung a) und eine andere Stelle der Kugel (Stellung b) gerichtet werden kann. Außerdem ist jetzt die Probeplatte gegen direkte Bestrahlung durch den Lichtfleck geschirmt. In Stellung b liegt offenbar derselbe Fall vor wie vorher in Stellung 2. Wir wollen aber die Konstante der Kugel $\varrho'C'$ schreiben, wo ϱ' das Reflexionsvermögen der Kugelwand ist. Dann ist die gemessene Leuchtdichte $H_b = \varrho'C' \cdot \Phi$. Bei der Stellung a können wir annehmen, daß der Lichtfleck, der ja den Lichtstrom $\varrho'\Phi$ aussendet und gegen die jetzige Meßstelle abgeblendet ist, die Lichtquelle bildet. Die Konstante ist aber nun $\varrho C'$ zu schreiben, wenn wieder ϱ das Reflexionsvermögen der Prüfplatte ist. Also wird die jetzt gemessene Leuchtdichte $H_a = \varrho C' \cdot \varrho'\Phi$ sein. Daraus folgt: $\varrho = H_a/H_b$. KARRER[2]) hat dann diese Methode noch weiter dadurch vereinfacht, daß er die beiden gemessenen Stellen unmittelbar nebeneinander legt und mit dem MARTENSschen Polarisationsphotometer das Verhältnis der beiden Leuchtdichten bestimmt. Er braucht also nur eine Messung.

Wie man sieht, entspricht die beschriebene TAYLORsche Methode ungefähr dem Fall, daß das Probestück nahezu senkrecht bestrahlt und seine allseitige Rückstrahlung gemessen wird. Umgekehrt wird bei den beiden anderen Methoden das Probestück allseitig bestrahlt und seine Ausstrahlung in etwa senkrechter Richtung gemessen. Das ist also ungefähr der Fall, der bei Beleuchtungsmessungen vielfach vorliegt.

Bei der vorhergehenden Darstellung ist vorausgesetzt worden, daß das Probestück nur einen sehr kleinen Teil der Kugeloberfläche bildet. Zeitlich vor dem in Abb. 26 dargestellten Reflektometer hat TAYLOR[3]) ein anderes mit wesentlich größerer Prüffläche beschrieben. Die abgeschnittene Kalotte betrug hier $^1/_{10}$ der Kugeloberfläche. Das hat den Vorzug, daß die Probeplatte nicht sehr gleichmäßig in der Oberflächenbeschaffenheit zu sein braucht, was für technische Zwecke wichtig ist, aber den Nachteil, daß die Formeln wesentlich komplizierter sind. TAYLOR verwendet diesen Apparat hauptsächlich für relative Messungen und benutzt zur Eichung Platten aus Magnesiakarbonat, deren Reflexionsvermögen vorher genau bestimmt war. Er erhielt als Wert für das Reflexionsvermögen 0,98 bis 0,99.

Es sei noch erwähnt, daß HENNING und HEUSE[4]) zur Messung des Reflexionsvermögens von niedergeschlagenem Magnesiumoxyd für im wesentlichen senkrechten Lichteinfall folgendes Verfahren angewandt haben. In einem innen mit Magnesia ausgekleideten Rohre ist axial ein glühender Platindraht angebracht. Aus einer vergleichenden Messung der Leuchtdichte des Platindrahtes und der beleuchteten Innenwand des Rohres mit Hilfe eines Loches in der Rohrwand wird das Reflexionsvermögen berechnet. Es wurde bei rotem Lichte mit dem Pyrometer gemessen und $R = 0,95$ gefunden.

---

[1]) C. H. SHARP u. W. F. LITTLE, Trans. Illum. Eng. Soc. N. J. Bd. 15, S. 802. 1920.

[2]) E. KARRER, Scient. Pap. Bureau of Stand. Nr. 415, Bd. 17, S. 203. 1921. In dieser Abhandlung auch eine Übersicht über die hierhergehörigen Methoden.

[3]) A. H. TAYLOR, Scient. Pap. Bureau of Stand. Bd. 16, Nr. 391, S. 421. 1920; Journ. Opt. Soc. Amer. Bd. 4, S. 9. 1920; s. auch R. ULBRICHT, ZS. f. Beleuchtungsw. Bd. 27, S. 51. 1921.

[4]) F. HENNING u. W. HEUSE, ZS. f. Phys. Bd. 10, S. 111. 1922.

g) Messung der Absorption und der Durchlässigkeit.

45. Absorption durchsichtiger Substanzen. Fällt ein Lichtstrom auf eine lichtdurchlässige Platte, so wird ein Bruchteil ϱ reflektiert, teils an der Eintrittsfläche, teils im Innern, teils an der Austrittsfläche, ein anderer Teil τ tritt aus und der Rest α wird in der Platte absorbiert. Man nennt ϱ das Reflexionsvermögen, α das Absorptionsvermögen und τ die Durchlässigkeit der Platte. Es ist also $\varrho + \alpha + \tau = 1$. Für Substanzen, die kein Licht hindurchlassen, gilt dann $\varrho + \alpha = 1$ (vgl. Ziff. 3).

Neben der Durchlässigkeit τ der Platte ist bei durchsichtigen Substanzen noch von Bedeutung die Durchlässigkeit τ' der absorbierenden Schicht. Man erhält aus dieser Schichtdurchlässigkeit τ' den **Durchlässigkeitskoeffizienten** a, der durch die Gleichung $\tau' = a^d$ definiert ist, wenn d die Schichtdicke bedeutet, und der ein Maß für die Absorption der Substanz in der Einheit der Schichtdicke ist.

Die Aufgabe, die Durchlässigkeit durchsichtiger Substanzen zu messen, gehört (wie die in Ziff. 42 behandelte) im allgemeinen der Spektralphotometrie an. In vielen Fällen (Rauchgläser, optische Gläser) aber ist auch die Kenntnis der Durchlässigkeit für gemischtes Licht wichtig. Auch hier kann man die Substanz, die die Form einer planparallelen Platte haben muß, entweder zwischen eine punktförmige Lichtquelle und einen Photometerschirm oder zwischen eine gleichmäßig beleuchtete Fläche und den Tubus eines für Beleuchtungsmessungen hergerichteten Photometers setzen. Im ersteren Falle ist zur Vermeidung einer Linsenwirkung darauf zu achten, daß die Oberflächen gut eben sind. Ferner können Schlieren und Inhomogenitäten hier leichter Fehler verursachen als bei der zweiten Anordnung. Für die Entfernungsmessung bei der ersten Methode ist zu berücksichtigen, daß durch Einführung der Substanz eine Wegverkürzung um $d\,(n-1)/n$ eintritt, wo d die Schichtdicke und n das Brechungsvermögen ist.

Man photometriert mit und ohne Einschaltung der Platte und erhält dadurch τ, einen Wert, der z. B. in Betracht kommt, wenn die Platte als photometrische Lichtschwächung benutzt werden soll. Will man $\tau' = a^d$ erhalten, so muß man beachten, daß ein Lichtverlust durch Reflexion nicht allein an der ersten, sondern auch an der zweiten Oberfläche stattfindet und daß durch das hin- und hergehende Licht der Betrag des austretenden Lichtes wieder vermehrt wird.

Kennt man den Brechungsexponenten n der Substanz, so kann man den Betrag ϱ', der an der Eintrittsfläche reflektiert wird, nach den FRESNELschen Formeln berechnen. Es ist dann, wenn der Lichtstrom $\Phi = 1$ auf die Platte fällt, der eindringende Lichtstrom $\Phi_1 = 1 - \varrho'$. Hat man nun eine nicht absorbierende planparallele Platte, so ist der aus der Platte austretende Lichtstrom, wenn man die beim Hinundhergehen entstehenden Reflexionsverluste berücksichtigt:

$$\tau = \Phi_1^2 \left(1 + (1 - \Phi_1)^2 + (1 - \Phi_1)^4 \cdots\right)$$
$$= \frac{\Phi_1}{2 - \Phi_1},$$

während man, wenn man nur den Reflexionsbetrag an der Eintritts- und den ersten an der Austrittsfläche berücksichtigt:

$$\tau = \Phi_1^2$$

erhält, eine meist genügende Annäherung.

Für eine absorbierende Platte wird der Ausdruck etwas komplizierter, nämlich:

$$\tau = \frac{\Phi_1^2\, a^d}{1 - a^{2d}(1 - \Phi_1)^2}\,{}^1).$$

Man kann aber mit ausreichender Genauigkeit zur Berechnung von $a^d = \tau'$ bei schwacher Absorption:

$$\tau = \frac{\Phi_1\, a^d}{2 - \Phi_1}$$

und bei stärkerer Absorption:

$$\tau = \Phi_1^2\, a^d$$

setzen. Eine zweite Methode, den Lichtverlust durch Reflexion zu eliminieren, die in Betracht kommt, wenn man n nicht kennt, besteht darin, daß man zwei Platten verschiedener Dicke d_1 und d_2 benutzt. Sind τ_1 und τ_2 die dazugehörigen Durchlässigkeiten der Platten, so ist nach einer der letzten beiden Formeln:

$$\frac{\tau_1}{\tau_2} = a^{d_1 - d_2}.$$

Da man auch hier eigentlich die drittletzte Formel für τ benutzen müßte, begeht man freilich einen kleinen Fehler; er ist aber sehr gering (höchstens 0,16% bei $n = 1,5$).

46. Lichtverlust in optischen Systemen. Die Bestimmung des Lichtverlustes durch Absorption und Reflexion in optischen Systemen (Einzellinsen, Objektiven, Fernrohren) läßt sich nicht in derselben Weise wie bei durchsichtigen Platten ausführen, weil der Lichtstrom durch die Einschaltung der Linsen eine starke Änderung erfährt. Man kann aber auch hier so verfahren, daß man die Leuchtdichte einer leuchtenden Fläche mit und ohne Zwischenschaltung des optischen Systems vergleicht. Hierbei kann man wieder beide Methoden unterscheiden, die bei der Leuchtdichtemessung unterschieden wurden, Benutzung der Anordnung für Lichtstärkemessung und der für Beleuchtungsmessung.

Bei Verwendung der ersteren kann man die Vorstellung zugrunde legen, daß man den Photometerschirm durch eine Blendenöffnung beleuchtet, hinter der sich eine gleichmäßig stark leuchtende Fläche befindet. Zwischen Blende und Fläche können eann die optischen Systeme eingeschaltet werden.

Um z. B. die Durchlässigkeit der Linse (des photographischen Objektivs) L zu messen, kann man die Anordnung Abb. 27 benutzen. Man vergleicht den von F durch die Öffnung von B auf den Photometerschirm S fallenden Licht-

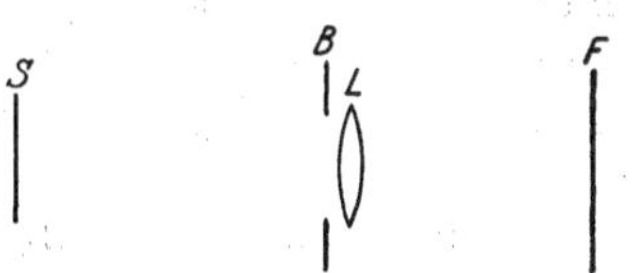

Abb. 27. Zur Bestimmung der Lichtdurchlässigkeit einer Linse.

strom mit und ohne Einschaltung von L. Natürlich müssen alle von den Randpunkten der Blendenöffnung zu dem in Betracht kommenden Teil des Photometerschirms gehenden Strahlen rückwärts verfolgt die Fläche F in beiden Fällen treffen. Dies wird man am sichersten erreichen, wenn man F ungefähr in der Brennebene von L bei der einen und nahe an B bei der anderen Messung anbringt.

Will man nach derselben Methode die Durchlässigkeit eines auf unendlich eingestellten Fernrohres messen, so kann man ähnlich nach der Anordnung der

---

[1]) Siehe z. B. G. u. H. Krüss, Kolorimetrie und quantitative Spektralanalyse, 1. Aufl., S. 239. Hamburg u. Leipzig 1891; G. G. Stokes, Proc. Roy. Soc. Lond. Bd. 11, S. 545. 1862.

Abb. 28 verfahren, wo F, S, B die frühere Bedeutung haben und L_1 und L_2 Linsen sind, deren Brennebenen in S und F liegen, so daß F in S abgebildet wird. Für die Messung mit Fernrohr bringt man dieses zwischen B und L_2 so an, daß die Austrittspupille in B liegt. Die Öffnung von B muß kleiner sein als die Austrittspupille, und das in S entstehende Bild der Gesichtsfeldblende des Fernrohres darf nicht kleiner sein als der benutzte Teil des Photometerschirms.

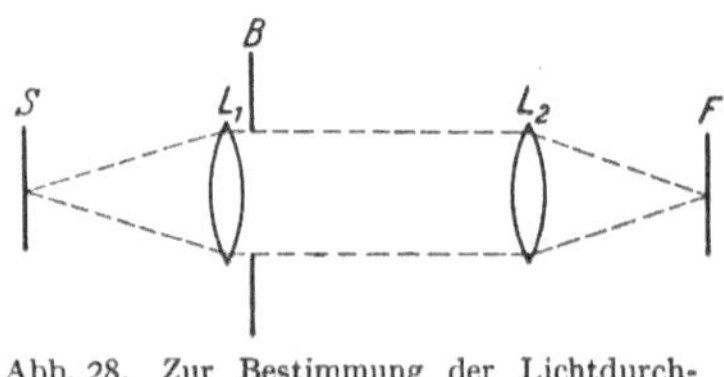

Abb. 28. Zur Bestimmung der Lichtdurchlässigkeit eines Fernrohrs.

Aus diesem Grunde empfehlen sich für die Messung tragbare Photometer, wie die unter Ziff. 31 und 32 aufgeführten, wo nur sehr kleine Flächenstücke (wenige Quadratmillimeter) des Photometerschirms beleuchtet zu sein brauchen. Hat man ein Prismenfernrohr zu untersuchen, so muß man natürlich L_2 und F seitlich verschieben, wenn es eingeschaltet ist.

Faßt man die Teile S, L_1, B als Auge auf (S Netzhaut, L Augenlinse, B Pupille), so ist die Anordnung dem Fall vergleichbar, daß man mit auf unendlich akkomodiertem Auge und derselben Pupillenöffnung einmal nur durch L_2 und zweitens durch das Fernrohr und L_2 nach F sieht. Die Helligkeit von F ist ja unabhängig von der Vergrößerung, also, abgesehen von dem Lichtverlust im Fernrohr, in beiden Fällen gleich, wenn die Austrittspupillen gleich sind.

Bei der zweiten Methode, der der direkten Helligkeitsvergleichung, führt man nach Entfernung des Photometerschirmes eine Messung der Leuchtdichte eines gleichmäßig leuchtenden Schirmes F zuerst ohne und dann mit Einschaltung des optischen Systems aus, wobei man darauf zu achten hat, daß die von der Grenze des Photometerfeldes zur Austrittsöffnung im Okulardeckel gehenden Strahlen rückwärts verlängert in beiden Fällen sämtlich den Schirm F treffen. Ob dies der Fall ist, kann man durch starke Beleuchtung des Okulardeckels erkennen, wenn man die Beleuchtung des Schirmes F gelöscht hat. Im einzelnen hängt die Wahl der Anordnung von der besonderen Art des zu untersuchenden Systems ab. Besonders geeignet sind für diese Methode Photometer mit geringem Öffnungswinkel, wie z. B. das MARTENSsche Polarisationsphotometer[1]).

Empfehlenswert ist es, auch bei dieser Methode durch Hilfslinsen einen übersichtlichen Strahlengang herzustellen. Dies kann man z. B. bei den Photometern mit Sektor (Ziff. 31, 32), bei denen die Austrittsöffnung in der Brennebene der Lupe liegt, dadurch erreichen, daß man zwischen dem Schirm F und dem Photometer eine Linse einschaltet, in deren Brennebene F liegt. Dann wird F im Okulardeckel abgebildet, und diese Abbildung bleibt bei Einschaltung eines Fernrohres zwischen Linse und Photometer, natürlich unter Änderung der Vergrößerung, erhalten. Beim Polarisationsphotometer müßte man zwei Linsen einschalten, in deren Brennebenen einerseits F und andererseits die Eintrittsöffnung des Photometers liegt. Zwischen die Linsen wird dann das Fernrohr geschaltet.

Um kein zu kleines Gesichtsfeld zu erhalten, wird man im allgemeinen das Fernrohr so aufstellen müssen, daß das Objektiv dem Beobachter zugewandt ist.

Für die Herstellung eines gleichmäßig leuchtenden Schirmes kann wieder eine kleine ULBRICHTsche Kugel mit großer Öffnung dienen, die durch eine Milchglasplatte geschlossen ist.

---

[1]) F. E. WRIGHT, Journ. Opt. Soc. Amer. Bd. 2/3, S. 65. 1919; J. GUILD, Trans. Opt. Soc. Bd. 23, Nr. 3. 1921/22.

Aus der Durchlässigkeit $\tau = H_2/H_1$, wo H_2 und H_1 die gefundenen Leucht-dichten mit und ohne Fernrohr sind, ergibt sich der Lichtverlust zu $V = 1 - \tau$.

47. Lichtdurchlässigkeit durchscheinender Substanzen. Die Lichtzerstreu-ung des von durchscheinenden Substanzen hindurchgelassenen Lichtes läßt sich durch punktweise Messung in derselben Weise untersuchen wie die Reflexion lichtzerstreuender Substanzen. Auch die Durchlässigkeit einer Platte, also das Verhältnis des hindurchgegangenen zerstreuten Lichtes zu dem auffallenden läßt sich ebenso berechnen. Freilich wird man hierbei von der Annahme der Gültigkeit des LAMBERTschen $\cos\varepsilon$-Gesetzes von vornherein absehen, da die licht-durchlässigen Substanzen dies Gesetz noch weniger befolgen als die reflek-tierenden.

Auch für die Bestimmung der Durchlässigkeit ist die ULBRICHTsche Kugel mit Erfolg benutzt worden. TAYLOR[1] führt solche Messung mit dem in Abb. 26 gezeigten Reflektometer in folgender Weise aus. Es werden zunächst zwei vor-bereitende Messungen in Stellung 2 der Beleuchtungsvorrichtung T ausgeführt, eine, ohne daß die Öffnung bei A geschlossen ist, und eine, nachdem sie durch die Versuchsplatte geschlossen ist. So werden sich infolge der Reflexion an der Platte, die bei der zweiten Messung mitwirkt, zwei etwas verschiedene Kugel-konstanten ergeben. Sind die gefundenen Leuchtdichten H_1 und H_2, so mag sein: $H_1 = C_1 \Phi$, $H_2 = C_2 \Phi$. Nun wird die Lichtquelle in T gelöscht, die Platte bei A entfernt und durch die Öffnung bei A ein Lichtstrom Φ_1 in die Kugel geschickt, der an der Stelle, wo er in die Kugel tritt, enger als die Öffnung bei A sein muß. Die photometrische Messung ergebe $H_3 = C_1 \Phi_1$. Darauf wird die Probeplatte bei A aufgesetzt, ohne daß im übrigen etwas geändert wird. Erhält man jetzt $H_4 = C_2 \cdot \tau \cdot \Phi_1$, wo τ die Durchlässigkeit der Platte bedeutet, so wird:

$$\tau = \frac{H_1 \cdot H_4}{H_2 \cdot H_3}.$$

Den Lichtstrom Φ_1 kann man den Zwecken der Messung anpassen, indem man z. B. auf die Probeplatte ein enges Strahlenbündel senkrecht fallen läßt oder einen von allen Seiten auftreffenden Lichtstrom. Im letzteren Falle kann eine zweite K ähnliche Kugel benutzt werden, die bei A gegen K gesetzt wird[2].

48. Schwärzungsmessungen an photographischen Platten. Die Messung der Durchlässigkeit von entwickelten photographischen Platten wird genau wie die einer durchsichtigen Platte ausgeführt. Es entstehen aber gewisse Schwierig-keiten dadurch, daß die photographische Platte tatsächlich nicht wie ein Rauch-glas völlig durchsichtig ist, sondern einen Teil des auffallenden Lichtes zerstreut. Man wird daher erstens je nach der Art des auffallenden Strahlenbündels ein verschiedenes Ergebnis erhalten, also z. B. ob man das Licht nahezu senkrecht auf die Platte sendet oder von allen Seiten einfallen läßt. Beide Verfahren werden angewandt, das letztere, indem man unmittelbar an der photographischen Schicht, der Lichtquelle zugewandt, eine Milchglasplatte einschaltet. Zweitens wird das Ergebnis abhängen von der Öffnung des austretenden Strahlenbündels, das gemessen wird. Zur Messung gelangt der Strahlenkegel, der ungefähr senk-recht zur Platte austretend auf die optischen Teile des Photometers fällt. Dabei ist eine Fehlerquelle zu beachten, die entsteht, wenn nicht nur der photometrierte Plattenteil, sondern auch seine Umgebung beleuchtet wird. In diesem Falle kann das Licht, das von dem beleuchteten Plattenstück auf die nächsten Photo-meterteile fällt, dann von diesen auf die Platte zurückgeworfen und dort zum Teil

---

[1] A. H. TAYLOR, Scient. Pap. Bureau of Stand. Nr. 405, Bd. 17, S. 1. 1921.
[2] Siehe auch E. KARRER, Scient. Pap. Bureau of Stand. Nr. 415, Bd. 17, S. 203. 1921.

zerstreut wird, zu einem Fehler Anlaß geben, insbesondere wenn sich die Dichtigkeit der Platte schnell mit dem Ort ändert [Schwarzschild-Villigerscher [1])-Fehler]. Man vermeidet ihn, indem man durch eine unmittelbar an der Platte angebrachte Blende bewirkt, daß nur das zu messende Plattenstück beleuchtet wird.

Unter den Apparaten für Schwärzungsmessung sei zunächst der Martenssche Dichtigkeitsmesser[2]) genannt. Ein zur Aufnahme der photographischen Platte bestimmter quadratischer Tisch trägt in der Mitte eine Öffnung, die durch eine Milchglasplatte geschlossen werden kann und von unten beleuchtet wird. Darüber befindet sich ein Martenssches Polarisationsphotometer, dessen eine Öffnung Licht von der photographischen Platte her erhält, während die andere mit Hilfe eines totalreflektierenden Prismas seitlich erleuchtet wird, und zwar kann man beide Photometeröffnungen von derselben seitlich aufgestellten Lampe aus beleuchten, um den Einfluß der Lichtschwankungen der Lampe auszuschließen. Bei einer späteren Konstruktion[3]) wird die Beleuchtung beider Felder durch eine kleine Ulbrichtsche Kugel bewirkt, in der zwei elektrische Glühlampen brennen.

49. Mikrophotometer. Die Verwendbarkeit des Martensschen Apparates setzt voraus, daß nicht zu kleine gleichmäßig beleuchtete Stücke der Platte zu messen sind; man hat aber häufig in der Spektroskopie, Astrophysik, Astronomie Platten mit schneller Dichtigkeitsänderung zu photometrieren. Apparate, die für solche Messungen geeignet sind, nennt man Mikrophotometer. Der älteste derartige Apparat ist das Mikrophotometer von J. Hartmann[4]).

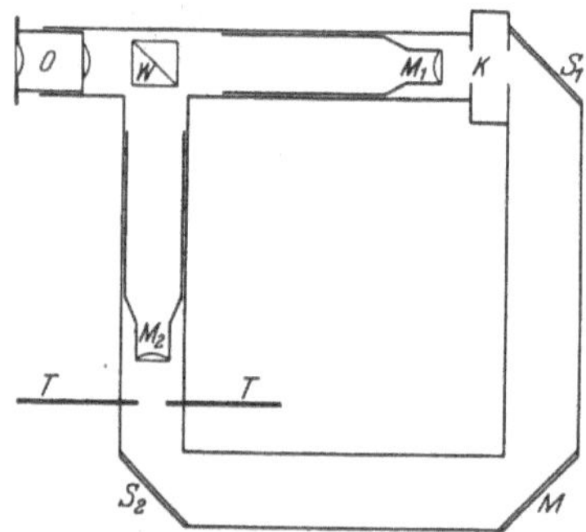

Abb. 29. Mikrophotometer nach J. Hartmann.

Das Okular O (Abb. 29) eines horizontal liegenden Mikroskops mit dem Objektiv M_1 enthält einen kleinen Photometerwürfel W, dessen reflektierender Teil aus einem kleinen Silberstreifen besteht. Für das im Würfel reflektierte Licht schließt sich an das Okular O ein dem horizontalen gleicher vertikaler Tubus mit Objektiv M_2 an. Dieses wirft an den Ort des Silberstreifens im Photometerwürfel ein Bild des zu photometrierenden Stückes der Platte, die auf einer allseitig bewegbaren horizontalen Unterlage TT ruht. Gemessen wird durch Verschieben eines photographisch hergestellten Absorptionskeils (bei K), der besonders geeicht wird. Beide Objekte, Platte und Keil, erhalten Licht durch dieselbe erhellte Milchglasplatte M mit Hilfe von zwei Spiegeln S_1 und S_2.

Ein ähnliches Instrument ist von Fabry und Buisson[5]) angegeben worden. Meggers und Foote[6]) benutzen zum Einstellen das Verschwinden eines Glühlampenfadens, dessen Strom geändert werden kann, in einem hellen Felde, dessen Licht die photometrische Platte durchsetzt, also ein vom Hoblorn-Kurlbaum-Pyrometer bekanntes Verfahren.

Allmählich sich steigernde Ansprüche führten zu weiterer Verfeinerung.

[1]) K. Schwarzschild u. W. Villiger, Astrophys. Journ. Bd. 23, S. 284. 1906.
[2]) A. Callier, ZS. f. wiss. Photogr. Bd. 7, S. 257. 1909.
[3]) Abbildung bei W. Haensch, Deutsche Mechanikerzeitung. 1914. S. 1.
[4]) J. Hartmann, ZS. f. Instrkde. Bd. 19, S. 97. 1899.
[5]) Ch. Fabry u. H. Buisson, C. R. Bd. 156, S. 389. 1913.
[6]) W. F. Meggers u. P. D. Foote, Scient. Pap. Bureau of Stand. Bd. 16, S. 299. 1920; Journ. Opt. Soc. Amer. Bd. 4, S. 24. 1920.

Bei der Anordnung von P. P. Koch[1]) wird das Auge durch die lichtelektrische Zelle ersetzt und die Durchlässigkeit photographisch registriert. Abb. 30 zeigt die Anordnung in einer unter Mitwirkung von Goos durchgearbeiteten, gegen eine ältere verbesserten Ausführung.

Der in der Richtung des Pfeils verschiebbare Tisch T mit der photometrischen Platte P drückt gegen den Hebel H, der um eine horizontale Achse AA drehbar ist und den Spiegel B trägt. P wird durch die Lichtquelle L_1 mit Hilfe von Kondensor K_1, Spiegel S und Objektiv M_1 beleuchtet. Das Objektiv M_2 bildet das zu photometrierende Plattenstück im Spalte S_1 ab, von wo das Licht auf die lichtelektrische Zelle Z_1 fällt. Die mit Kalium überzogene Elektrode von Z_1 ist mit dem negativen Pol einer Akkumulatorenbatterie, deren positiver Pol geerdet ist, die andere Elektrode mit dem Faden F eines Saitengalvanometers verbunden. Von F führt außerdem eine Leitung über eine zweite lichtelektrische Zelle Z_2, die ebenfalls von L_1 beleuchtet wird, zur Erde. Diese Zelle Z_2

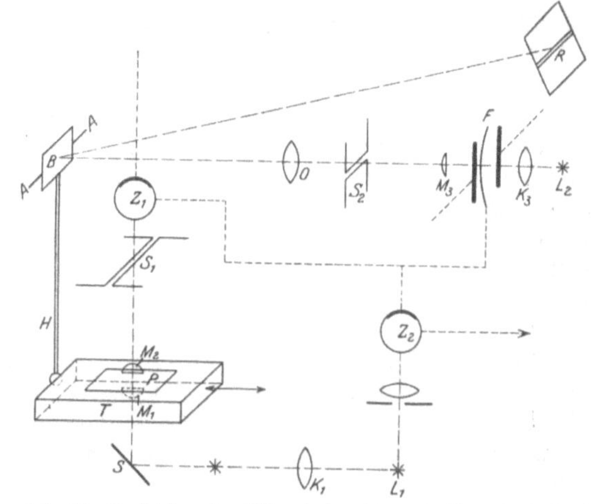

Abb. 30. Registrierendes Mikrophotometer nach Koch und Goos.

dient als regulierender Widerstand, der den Einfluß etwaiger Schwankungen der Lichtstärke von L_1 ausgleicht oder doch vermindert.

Die Registrierung geschieht in folgender Weise: Der von der Lichtquelle L_2 mit Hilfe des Kondensors K_3 erleuchtete Faden F wird durch das Objektiv M_3 auf dem horizontalen Spalt S_2 abgebildet und das hier ausgeblendete Stück des Fadenbildes durch die Linse O und den beweglichen Spiegel B auf der photographischen Registrierplatte R. Dieses Bild auf R erfährt also durch die Bewegung von T eine vertikale, durch den Ausschlag des Fadens F eine horizontale Bewegung. Die Trägheit der anfangs benutzten Photozellen, die ein langsames Registrieren bedingte, ist durch Verwendung von Zellen beseitigt worden, die bis auf die Eintrittsöffnung innen verspiegelt sind.

Durch den Hebel H kann die Bewegung von T mit erheblicher Vergrößerung auf R übertragen werden. Erwähnt wird eine 8fache und eine 47fache Übersetzung. Es werden aber auch Apparate mit der Übersetzung 1:1 gebaut. Da der Apparat außerordentlich kleine Flächenstücke zu photometrieren gestattet (0,02 × 0,8 mm und kleiner), ist er für viele wissenschaftliche Untersuchungen, z. B. für die Bestimmung der Helligkeitsverteilung feiner Spektrallinien, ein wichtiges Hilfsmittel.

Ein ähnlicher Apparat, bei dem aber die Zelle Z_2 durch einen konstanten Widerstand ersetzt ist, wird von der Firma Carl Zeiss hergestellt[2]). Ein registrierendes Mikrophotometer mit Verstärkerröhre und Spiegelgalvanometer beschreiben Lambert und Chalonge[3]).

[1]) P. P. Koch, Ann. d. Phys. Bd. 39, S. 705. 1912; F. Goos, ZS. f. Instrkde. Bd. 41, S. 313. 1921.
[2]) G. Hansen, ZS. f. Instrkde. Bd. 47, S. 71. 1927.
[3]) P. Lambert u. D. Chalonge, C. R. Bd. 180, S. 924. 1925.

Besonders für sehr kleine Objekte, bei denen sich das Registrierverfahren nicht eignet (z. B. sehr kleine Sternscheibchen), aber auch für alle anderen Ausmessungen, die große Genauigkeit erfordern, soll sich ein nach den Angaben von Rosenberg[1]) gebautes Elektro-Mikrophotometer bewähren. Es verwendet in einer der Kochschen ähnlichen Anordnung auch die Kaliumzelle mit Saitenelektrometer, dieses jedoch als Nullinstrument. Eingestellt wird mit Hilfe eines Neutralglaskeils, der besonders ausgewertet ist.

Bei anderen Mikrophotometern dient das Thermoelement als Empfänger der durch die Platte gegangenen Strahlung. Das bekannteste unter ihnen rührt von Moll[2]) her. Es enthält ein Vakuum-Thermoelement nach Moll und Burger[3]) aus Konstantan und Manganin und ein Spiegelgalvanometer mit Registriertrommel. Der erste, der ein derartiges Instrument beschrieben hat, ist Siegbahn[4]). Bei einer neueren Ausführungsform verwendet er ebenfalls das Mollsche Thermoelement[5]). Ferner haben Albrecht und Dorneich[6]) einen Apparat mit diesem Thermoelement konstruiert. Harrison[7]) verwendet bei einem von ihm beschriebenen Apparat ein Coblentzsches Vakuumthermoelement aus Wismut und Silber, nachdem er früher einen Schwärzungsmesser mit Mikroradiometer angegeben hat. Auch Pettit und Nicholson[8]) benutzen das Coblentzsche Thermoelement.

Schließlich sei erwähnt, daß Barzoni, Duncan und Mathews[9]) einen Schwärzungsmesser mit Thalofidezelle angegeben haben (vgl. Ziff. 70 am Schluß).

50. Verwertung der Schwärzungsmessungen. Bezeichnet Φ den auf die entwickelte Platte fallenden Lichtstrom, Φ_1 den hindurchgelassenen, so bestimmt man mit den beschriebenen Apparaten die Durchlässigkeit $\tau = \Phi_1/\Phi$, auch Transparenz genannt, oder das Reziproke davon Φ/Φ_1, die Opazität. Den Briggischen Logarithmus der Opazität nennt man die Dichtigkeit oder Schwärzung S der Platte. Es ist also $S = \lg\Phi - \lg\Phi_1$.

Unmittelbar von einer gemessenen Schwärzung auf die Belichtung Et zu schließen, durch die jene entstanden ist, ist unmöglich. Denn die erzielte Schwärzung hängt außerdem von verschiedenen anderen Faktoren ab, wie Plattensorte und Entwicklung. Betrachtet man nur die mit konstanter Zeit t erhaltenen Schwärzungen auf einer Platte und trägt sie als Ordinaten in ein Koordinatensystem ein, dessen Abszissen die Logarithmen der Beleuchtungsstärken E sind, so erhält man eine sog. S-Kurve, die in ihrem ersten Teil zur Abszissenachse konvex, im zweiten, der der normalen Belichtung entspricht, als Gerade, im dritten zur Abszissenachse konkav verläuft. Für den geraden Teil ist also $S = a + b\lg E$, wo die Konstanten a und b von der Plattensorte und Entwicklung abhängen.

Will man daher auf photographischem Wege eine photometrische Messung ausführen, so ist man darauf angewiesen, unter denselben Umständen, wie die mit unbekannter Belichtung erzielte Schwärzung entstanden ist, die gleiche Schwärzung mit bekannter Belichtung herzustellen. Zu diesem Zwecke stellt

[1]) H. Rosenberg, ZS. f. Instrkde. Bd. 45, S. 313. 1925.
[2]) W. J. H. Moll, Proc. Phys. Soc. Bd. 33, S. 207. 1921.
[3]) J. H. Moll u. H. C. Burger, Phil. Mag. Bd. 50, S. 618. 1925.
[4]) M. Siegbahn, Ann. d. Phys. Bd. 42, S. 689. 1913.
[5]) M. Siegbahn, Phil. Mag. Bd. 48, S. 217. 1924; s. auch A. E. Lindh, ZS. f. Phys. Bd. 6, S. 303. 1921.
[6]) E. Albrecht u. M. Dorneich, Phys. ZS. Bd. 26, S. 514. 1925.
[7]) G. R. Harrison, Journ. Opt. Soc. Amer. Bd. 7, S. 999. 1923; Bd. 10, S. 157. 1925.
[8]) E. Pettit u. S. B. Nicholson, Journ. Opt. Soc. Amer. Bd. 7, S. 187. 1923.
[9]) C. B. Barzoni, R. W. Duncan u. W. S. Mathews, Journ. Opt. Soc. Amer. Bd. 7, S. 1003. 1923.

man auf derselben Platte, bei derselben Zusammensetzung des Lichtes, mit derselben Belichtungszeit, aber mit verschiedenen gemessenen Beleuchtungsstärken eine Schwärzungsskala her, also etwa in zehn gleichen Stufen gleichmäßig beleuchtete Flächenstücke oder Marken. Aus den Schwärzungen dieser Marken wird dann die unbekannte Belichtung, wenn nötig durch Interpolation, ermittelt. Die gewünschte Beleuchtungsstärke auf der Platte für die Herstellung der Marken kann z. B. durch Entfernungsänderung, durch nicht selektiv absorbierende Substanzen (Rauchglas), durch an geeigneter Stelle angebrachte Blenden hergestellt werden. Das bequemste Mittel ist aber der Rotierende Sektor. Dessen Verwendbarkeit kann freilich fraglich erscheinen, da gefunden ist, daß die Einwirkung intermittierenden Lichtes auf die photographische Platte geringer ist als die von gleich starkem kontinuierlich einwirkendem. Aber nach den Untersuchungen von WEBER[1]) und anderen kann als festgestellt gelten, daß man den Rotierenden Sektor in dem vorliegenden Fall unbedenklich verwenden darf.

Besonders unbequem bei der Herstellung der Schwärzungsskala ist es, daß man die Stufen nicht durch Veränderung der Zeit herstellen kann. Dies ist nicht gestattet, weil das BUNSEN-ROSCOEsche Reziprozitätsgesetz, nach dem gleiche Wirkungen entstehen, wenn das Produkt aus Beleuchtungsstärke und Zeit gleich ist, also $Et = E't'$, für die photographische Platte nicht hinreichend gültig ist. Muß man in besonderen Fällen, etwa weil man für die zu untersuchende Schwärzung allzulange Belichtungszeit benötigt, bei der Herstellung der Marken auch die Zeit ändern, so muß man die SCHWARZSCHILDsche Formel[2]) $Et^\vartheta = E't'^\vartheta$ benutzen, wo ϑ gewöhnlich kleiner als 1 ist und für jede Platten- und Entwicklungsart besonders bestimmt werden muß[3]). Man findet ϑ, indem man unter Abänderung von t und E gleiche Schwärzungen herstellt. Freilich ist auch die SCHWARZSCHILDsche Formel nur beschränkt gültig.

III. Photometrieren verschiedenfarbiger Lichter.

51. Allgemeines. Wenn man versucht, mit den im vorstehenden beschriebenen photometrischen Apparaten Lichter zu vergleichen, die eine verschiedene Färbung besitzen, so ergeben sich Schwierigkeiten. Die Sicherheit der Einstellung nimmt schon bei geringen Farbenunterschieden ab, und es bedarf großer Übung, um einigermaßen übereinstimmende Werte zu erhalten; ja bei größeren Unterschieden wird häufig eine Einstellung auf Helligkeitsgleichheit oder gleichen Kontrast für unmöglich gehalten. Bei näherer Untersuchung kommt anderes hinzu. Es zeigt sich, daß der eine Beobachter über die Fehlergrenze hinaus anders einstellt als der andere, daß also individuelle Unterschiede in der Farbenempfindung bestehen. Ferner ergibt sich unter gewissen Verhältnissen, daß die Einstellungen von äußeren Umständen abhängig sind, von der Größe des Gesichtsfeldes und der absoluten Helligkeit, bei der die Einstellungen ausgeführt werden.

Um den Einfluß der individuellen Unterschiede zu beseitigen, gibt es nur einen Weg, nämlich die Messungen einer größeren Anzahl von Beobachtern mit normaler Farbenempfindung zu mitteln. Es scheiden dabei nicht nur die Totalfarbenblinden aus, die überhaupt keine Farbenunterschiede sehen, sowie diejenigen Farbenblinden, die im Sinne der YOUNG-HELMHOLTZschen Farben-

---

[1]) A. E. WEBER, Ann. d. Phys. Bd. 45, S. 801. 1914; H. E. HOWE, Phys. Rev. Bd. 8, S. 674. 1916; K. S. GIBSON u. a., Scient. Pap. Bureau of Stand. Bd. 18, S. 121. 1922.
[2]) K. SCHWARZSCHILD, Jahrb. f. Photogr. Bd. 14, S. 161. 1900; Astrophys. Journ. Bd. 11, S. 89. 1900.
[3]) Vgl. z. B. V. HENRI, Phys. ZS. Bd. 14, S. 515. 1913.

theorie zwei Farbengrundempfindungen besitzen statt dreier, also die sog. Rotblinden und Grünblinden, sondern auch die sog. anomalen Trichromaten, die zwar wie die Normalen drei Grundempfindungen besitzen, aber doch deutliche Abweichungen in ihrer Farbenempfindung von den Normalen zeigen. Auch bei diesen unterscheidet man zwei Klassen, die sog. Rotanomalen und die Grünanomalen.

Die Frage, wie sich die einzelnen Gruppen unterscheiden und wie die Zugehörigkeit zu einer von ihnen erkannt wird, soll nicht näher erörtert werden. Es soll nur auf eine Methode zur Untersuchung hingewiesen werden, die sich besonders für die Feststellung der anomalen Dichromaten bewährt hat, die Herstellung der sog. RAYLEIGHgleichung[1]). Man stellt in einem Spektralapparat mit in der Mitte geteiltem Gesichtsfeld in der einen Hälfte Gelb (589 mμ, Na-Linie), in der anderen ein Gemisch von Rot (670 mμ, Li-Linie) und Grün (535 mμ, Tl-Linie) her, so daß die Helligkeit jeder einzelnen Farbe meßbar geändert werden kann. Der zu Untersuchende stellt Farben- und Intensitätsgleichheit zwischen beiden Feldern her. Dann ergibt sich, daß die Normalen, abgesehen von geringen Abweichungen, dasselbe Verhältnis Rot:Grün einstellen, um Na-Gelb zu erhalten, während die anomalen Trichromaten wesentlich anders einstellen. Farbenblinde können auch zwischen Rot und Gelb, also bei völliger Auslöschung von Grün, Farben- und Helligkeitsgleichheit herstellen. Von NAGEL sind einfache Apparate für diese Untersuchungsmethode konstruiert worden[2]).

Man kann wohl annehmen, daß das Mittel aus den Messungsergebnissen von etwa zehn normalen Beobachtern schon einen zuverlässigen Mittelwert gibt. Durch Vergleichung der Einzelergebnisse ist man dann auch in der Lage, die Beobachter auszusuchen, die nahe dem Mittelwert einstellen, sich also für heterochrome Photometrie besonders eignen. Um eine solche Auswahl sicherer treffen zu können, haben IVES und KINGSBURY[3]) farbige wässerige Lösungen, eine gelbe und eine blaue, angegeben, deren Durchlässigkeiten für Licht einer normal brennenden Kohlenfadenlampe (3,6 Watt auf 1 HK mittlere horizontale Lichtstärke) den gleichen Wert geben sollen, wenn ein Beobachter mit dem Durchschnittswert entsprechender Farbenempfindlichkeit die Messung mit dem Flimmerphotometer vornimmt. Die blaue Lösung enthält[4]) 57 g Kupfersulfat ($CuSO_4$), die gelbe 72 g doppelchromsaures Kali ($K_2Cr_2O_7$) in 1 l. Beide werden in 1 cm dicker Schicht benutzt. Freilich hat eine solche Prüfung nur beschränkte Bedeutung, da sie nur das Verhältnis zweier Farben zum Gegenstand hat.

52. Das PURKINJEsche Phänomen. Die hauptsächlichsten Erscheinungen, die eine Abhängigkeit der Einstellungen des Einzelnen von der Größe und Helligkeit der Photometerfelder erweisen, sind unter dem Namen des PURKINJEschen Phänomens[5]) bekannt und lassen sich an einem photometrischen Apparat mit kreisförmigem Gesichtsfeld von normaler Größe (etwa 5°) zeigen, das durch einen Durchmesser in zwei gleiche Teile, die beiden Photometerfelder, geteilt ist. Beleuchtet man das eine Feld mit einer stark rötlichen, das andere mit einer bläulichen Lichtquelle derartig, daß beide Felder den gleichen Helligkeits-

---

[1]) Vgl. H. v. HELMHOLTZ, Physiologische Optik, 3. Aufl., Bd. 2, S. 343. Zusatz von v. KRIES.

[2]) W. A. NAGEL, ZS. f. Augenheilkde. Bd. 17, Heft 3. 1913.

[3]) H. E. IVES u. E. F. KINGSBURY, Phys. Rev. Bd. 6, S. 319. 1915.

[4]) Nach Abänderung durch IVES (zuerst 53 g); s. E. C. CRITTENDEN u. F. K. RICHTMYER, Bull. Bureau of Stand. Nr. 299, Bd. 14, S. 87. 1917; H. E. IVES, Journ. Frankl. Inst. Bd. 186, S. 121. 1918; Bd. 188, S. 217. 1919; ferner K. S. GIBSON, Journ. Opt. Soc. Amer. Bd. 9, S. 113. 1924.

[5]) Siehe z. B. H. v. HELMHOLTZ, Physiologische Optik, 3. Aufl., Bd. 2, S. 290. Zusatz von W. NAGEL. Hier auch über die Duplizitätstheorie.

eindruck machen, und setzt nun die Helligkeit beider Felder in dem gleichen Verhältnis stark herab, so erscheint jetzt, nachdem sich das Auge auf die neue Helligkeitsstufe eingestellt hat, das bläuliche Feld deutlich heller als das rötliche. Wiederholt man den Versuch, indem man das Gesichtsfeld auf etwa 1,5° verkleinert, so zeigt sich die Erscheinung nicht; die bei großer Helligkeit eingestellte Helligkeitsgleichheit bleibt auch bei geringer Helligkeit bestehen. Hat man bei geringer Helligkeit und großem Gesichtsfeld Gleichheit eingestellt und verkleinert jetzt das Gesichtsfeld, so erscheint das rötliche Feld heller.

Diese Erscheinungen und verschiedene mit ihnen in Verbindung stehende werden in ausgezeichneter Weise erklärt durch die von v. KRIES entwickelte und von ihm sog. Duplizitätstheorie, die an das Bestehen der beiden Arten die Lichtempfindung vermittelnder Elemente der Netzhaut, die Stäbchen und die Zapfen, anknüpft. Diese sind so auf der Netzhaut verteilt, daß die Zapfen von der Peripherie gegen das Zentrum hin an Zahl stark zunehmen, während umgekehrt die Stäbchen nach der Netzhautmitte hin abnehmen und in der fovea centralis ganz fehlen. KRIES nimmt nun an, daß die Zapfen und Stäbchen Träger von zwei verschiedenen Sehapparaten sind, und zwar daß die Zapfen das Tages- und Farbensehen vermitteln, während die total farbenblinden Stäbchen beim Sehen bei sehr schwacher Beleuchtung, bei dem sog. Dämmerungssehen, allein wirksam sind. Bei ganz schwacher Beleuchtung, bei der keine Farben erkannt werden, wirken also nur die Stäbchen, bei heller nur die Zapfen, und bei den dazwischen liegenden Beleuchtungen tritt, wenn das Auge sich an diese Beleuchtung gewöhnt hat, dafür adaptiert ist, eine Zusammenwirkung beider Apparate ein, die das PURKINJEsche Phänomen hervorbringt. So erklärt sich, daß das PURKINJEsche Phänomen sich oberhalb einer gewissen Helligkeitsstufe nicht zeigt und daß es bei kleinem Gesichtsfeld wegen des Fehlens der Zapfen in der fovea centralis überhaupt nicht auftritt.

Man erkennt, daß es hiernach eine einheitliche Bewertung verschiedenfarbiger Lichtquellen nach ihrer Helligkeit nicht gibt, sondern daß diese Bewertung verschieden sein muß, je nachdem die Lichtquellen für hohe oder für niedrige oder für mittlere Beleuchtungsstärken benutzt werden sollen. Da die Beleuchtungsstärken, deren man beim Arbeiten (Schreiben, Zeichnen usw.) bedarf, meist oberhalb der Grenze für das Auftreten des PURKINJEschen Phänomens liegen, so wird man im allgemeinen Lichtquellen nach ihrem Wert für das Tagessehen beurteilen müssen, also photometrische Methoden anwenden, bei denen das PURKINJEsche Phänomen ausgeschlossen ist, nur die Zapfen in Wirksamkeit treten. Man wird sich aber bewußt sein müssen, daß diese Bewertung nicht allgemein zutreffend ist, sondern mehr den Charakter eines Übereinkommens hat, denn in vielen Fällen, z. B. bei Straßenbeleuchtung, muß man sich mit Beleuchtungen begnügen, bei denen eine Mitwirkung der Stäbchen zweifellos vorhanden ist.

Die Grenze, bei der das PURKINJEsche Phänomen nicht mehr auftritt, wird verschieden hoch angegeben. Man nimmt im allgemeinen an, daß sie bei einer Beleuchtungsstärke von 10 Lx auf einer mattweißen Fläche liegt. Es sei erwähnt, daß nach den von der Deutschen Beleuchtungstechnischen Gesellschaft herausgegebenen Richtlinien die Arbeitsbeleuchtung 15 bis 90 Lx, die mittlere Beleuchtung auf Straßen und Plätzen bei schwachem Verkehr 1 bis 2 Lx, bei mittlerem 2 bis 5 Lx, bei starkem 5 bis 20 Lx betragen soll.

a) Direkte Methoden.

53. Einstellung auf Eindrucksgleichheit. Es ist nun die Hauptschwierigkeit der heterochromen Photometrie zu besprechen, die darin liegt, daß die bei Gleichfarbigkeit der Felder bewährten Einstellungsverfahren hier versagen oder doch keine genügende Meßgenauigkeit geben. Die Bemühungen, diese Schwierigkeit zu beseitigen, bestanden zunächst darin, daß man die üblichen Einstellungsverfahren für die heterochrome Photometrie brauchbar zu machen suchte, und ferner darin, daß man neue direkte Verfahren ersann und ausbildete. Schließlich hat man unter Verwendung dieser direkten Methoden Verfahren ausgearbeitet, nach denen die Messung im Einzelfalle dadurch erleichtert wird, daß die Vergleichung bei Gleichfarbigkeit oder durch physikalische Apparate ausgeführt werden kann.

Es ist schon erwähnt worden, daß bei geringen Farbenunterschieden die gewöhnliche Methode der Einstellung noch ohne Schwierigkeit angewandt werden kann. Das Kriterium des Verschwindens der Grenze beim Gleichheitsphotometer fällt freilich fort, aber es tritt eine andere Erscheinung auf, das Unscharfwerden der Grenze. Man stellt nun so ein, daß die Grenze zwischen den beiden Feldern möglichst unscharf ist. Beim Kontrastphotometer verfährt man ähnlich, indem man darauf einstellt, daß die Grenzen der aus ihrer Umgebung heraustretenden Felder in gleichem Maße unscharf werden.

Hat man mit größeren Farbendifferenzen zu tun, bei denen dies Kriterium versagt, so muß man darauf einstellen, daß die Vergleichsfelder den Eindruck gleicher Helligkeit machen. Man kann dies Verfahren daher nach v. Kries als Einstellung auf Eindrucksgleichheit bezeichnen. Die Fähigkeit hierzu kann man durch Übung erheblich vervollkommnen. Außerdem steht eine naheliegende Aushilfe zur Verfügung. Sie besteht darin, daß man sich Lichter herstellt, deren Farben zwischen denen liegen, die ursprünglich zu vergleichen sind, und dann mit Hilfe solcher Zwischenstufen bei geringen Farbenunterschieden fortschreitend photometriert. Man kann diese Unterteilung soweit treiben, daß die Farbenunterschiede, die unmittelbar verglichen werden, nahe der Unterschiedsschwelle liegen, also kaum bemerkbar sind. Diese Stufenmethode, in England Kaskadenmethode genannt, besitzt weite Verbreitung und viele Anhänger. Der Einwand, daß durch die Einzelfehler der Teilmessungen der Fehler des Resultats schließlich größer wird als bei unmittelbarer Vergleichung mit der ganzen Farbendifferenz, soll nicht zutreffen. Bei der Substitutionsmethode ergibt sich eine bescheidene Anwendung des Stufenverfahrens unmittelbar, indem man der Vergleichslichtquelle eine Färbung gibt, die zwischen der der beiden zu vergleichenden Lichtquellen liegt.

Eine zweite weniger empfehlenswerte Aushilfe besteht in dem sog. Kompensations- oder Mischungsverfahren. Hierbei wird (etwa durch einen Spiegel) ein Bruchteil des Lichtes der einen Lichtquelle L_1 dem Photometerschirm zugeleitet, der ohne dies Zusatzlicht nur von der anderen Lichtquelle L_2 Licht erhalten würde. Hierdurch wird offenbar der Farbenunterschied vermindert, gleichzeitig aber die Meßgenauigkeit. Denn wird z. B. $^1/_{10}$ des Lichtstroms von L_1 nach der anderen Seite zu dem zu L_2 gehörigen Photometerschirm geleitet und nun nach erfolgter Gleichheitseinstellung etwa durch Änderung der Entfernung zwischen L_1 und dem zugehörigen Schirm die Beleuchtung auf diesem um 1% geändert, so ändert sich dadurch die Beleuchtung auf dem anderen Schirm in demselben Sinne um 0,1%. Die Beleuchtungsstärke des einen Schirmes ist also im Verhältnis zu der anderen nur um 0,9% geändert worden. Solche Mischungsphotometer, wie sie von Wybauw[1], Krüss[2], Grosse[3] konstruiert wurden, sind denn auch heute wenig im Gebrauch. Es wurde schon erwähnt,

---

[1] J. Wybauw, Dinglers Journ. Bd. 258, S. 69. 1885.
[2] H. Krüss, Journ. f. Gasbeleuchtg. Bd. 28, S. 685. 1885.
[3] W. Grosse, ZS. f. Instrkde. Bd. 8, S. 95, 129. 1888; H. Krüss, ebenda S. 347.

daß das BUNSENsche Photometer ein solches Mischungsphotometer ist; deshalb wird es auch vielfach als für heterochrome Photometrie besonders geeignet angesehen.

Will man das PURKINJEsche Phänomen ausschließen, so muß man nach dem vorher Gesagten eine Beleuchtungsstärke von wenigstens 10 Lx auf dem Photometerschirm verwenden. In den Fällen, wo dies nicht möglich ist, bleibt nur übrig, ein kleines Gesichtsfeld (möglichst von nur 1,5° Durchmesser) zu benutzen. Übrigens ist es bei heterochromen Einstellungen stets empfehlenswert, ein kleines und einfaches Gesichtsfeld zu wählen. Benutzt man ein großes, so empfiehlt es sich, um Einseitigkeit in der Auffassung bei der Einstellung zu vermeiden, das Gesichtsfeld systematisch zu drehen, was nach Einschaltung eines Umkehrprismas (rechtwinklig-gleichschenkliges Prisma, durch das man parallel der Hypotenusenfläche blickt) in das Okularrohr leicht geschehen kann. Eine Drehung des Prismas um den Winkel α dreht das Gesichtsfeld um 2α.

54. Einstellung auf gleiche Sehschärfe. Den vorbeschriebenen Messungen liegt die Definition zugrunde, daß zwei verschieden gefärbte Felder die gleiche Leuchtdichte haben, wenn sie den gleichen Helligkeitseindruck hervorbringen. Gegen diese Definition ist der Einwand erhoben worden, daß es nicht darauf ankommt, ob zwei Flächen gleich hell erscheinen, sondern ob auf ihnen Einzelheiten einer Schrift oder Zeichnung gleich gut zu erkennen sind[1]). Es müsse also die Sehschärfe für beide Flächen die gleiche sein.

Man bestimmt gewöhnlich die Sehschärfe, indem man schwarze Sehzeichen (Buchstaben, Haken) auf hellem Grunde beobachtet und feststellt, unter welchem Sehwinkel sie eben noch erkennbar sind. Für den vorliegenden Zweck benutzt man vorteilhaft schwarze Strichsysteme (Gitter) oder Kreissysteme auf hellem Grunde. Zwei Leuchtdichten verschiedener Farbe werden dann als gleich definiert, wenn Systeme derselben Feinheit gerade noch erkannt werden. Man kann dabei die verschiedenfarbigen Felder nacheinander dem Auge darbieten oder auch nebeneinander anordnen. Bei jeder Beobachtung ist sorgfältig auf gute Akkommodation zu achten.

Diese Messungen sind sehr unsicher und mühevoll, einmal weil die Sehschärfe nur sehr langsam mit der Beleuchtungsstärke wächst und zwar um so langsamer, je höher die Beleuchtung ist[2]), und zweitens weil das Kriterium selbst, das Undeutlichwerden des Sehzeichens, nicht scharf ist. In der praktischen Photometrie hat denn auch diese Methode nur selten (z. B. beim Photometer von L. WEBER, vgl. Ziff. 68) Anwendung gefunden. Vollkommen unbrauchbar wird die Sehschärfenmethode, wenn die mangelhafte chromatische Korrektion des Auges sich bei den Messungen bemerkbar macht, so daß die Sehzeichen nicht mit der gleichen Schärfe auf der Netzhaut abgebildet werden. Bei der Vergleichung monochromatischer Lichter untereinander kann dieser Mangel natürlich keinen Einfluß ausüben, wohl aber wenn gemischtes Licht mit monochromatischem oder sich diesem nähernden verglichen wird. Ein gutes Beispiel in dieser Beziehung geben die Beobachtungen von LUCKIESH und MOSS[3]), nach denen die Sehschärfe bei dem Lichte einer Metallfadenlampe dieselbe bleibt oder gar etwas wächst, wenn man durch ein blaues Filter die Beleuchtungsstärke herabsetzt.

---

[1]) Siehe z. B. W. SIEMENS, Wied. Ann. Bd. 2, S. 547. 1877.

[2]) Über die Abhängigkeit der Sehschärfe von der Beleuchtung s. A. KÖNIG, Berl. Ber. 1897, S. 559; Ges. Abhandl., S. 379; H. v. HELMHOLTZ, Physiologische Optik, 3. Aufl., Bd. II, S. 312.

[3]) M. LUCKIESH u. F. K. MOSS, Journ. Opt. Soc. Amer. Bd. 10, S. 275. 1925 (dort auch weitere Literatur).

55. Das Brückesche Verfahren. An dieser Stelle sei noch das Brückesche Verfahren[1]) erwähnt, das wohl zu den Sehschärfebestimmungen zu rechnen ist, aber auch dem der Einstellung auf Eindrucksgleichheit nahesteht. Das photometrische Gesichtsfeld besteht aus schmalen Streifen gleicher Breite, die abwechselnd von dem Lichte einer der beiden zu vergleichenden Lichtquellen erleuchtet sind. Mit Hilfe eines Photometerwürfels, bei dem die Hypotenusenfläche des vorderen Prismas versilbert ist, läßt sich ein solches Gesichtsfeld durch teilweises Ausschaben der Versilberung leicht herstellen. Das Kriterium der Einstellung besteht darin, daß die Streifen unter einem möglichst großen Gesichtswinkel undeutlich werden. Der Gesichtswinkel wird geändert, indem sich der Beobachter dem Photometerfeld mehr oder weniger nähert, wobei stets sorgfältig zu akkommodieren ist. Dies Akkommodieren bewirkt Brücke durch Benutzung eines umgekehrten Opernglases. Bei großem Farbenunterschied leidet das Verfahren an dem Übelstand, daß das Auge nicht gleichzeitig für beide Farben scharf akkommodieren kann.

56. Prinzip der Flimmerphotometrie. Das erwähnte Talbotsche Gesetz (Ziff. 20) gilt nicht nur für den Fall des Rotierenden Sektors, bei dem ein periodischer Wechsel von Helligkeit und Dunkelheit hervorgebracht wird, sondern auch für den Fall, daß verschiedene Helligkeitsstufen oder verschiedene Farben miteinander abwechseln. Im letzteren Falle entsteht bei ausreichend schnellem Wechsel die Mischfarbe. Wenn die Unterschiede zwischen den wechselnden Lichtern sehr groß sind, wird die Verschmelzungsfrequenz höher liegen, als wenn sie gering sind. Dies wird nicht nur für Helligkeitsstufen derselben Farbe, sondern auch für solche verschiedener Farbe gelten. Hat man nun bei Gleichheit der Einwirkungszeiten der beiden sich abwechselnden Lichtreize einen Wechsel verschiedenfarbiger Lichter, so wird die Verschmelzungsfrequenz dann den niedrigsten Wert haben, wenn beide Lichter in bezug auf die Intensität des Reizes, den sie ausüben, am wenigsten verschieden sind. Man kann daher definieren, daß zwei verschiedenfarbige Lichter bei gleichen Einwirkungszeiten gleich hell sind, wenn bei der geringsten Frequenz ein kontinuierlicher Eindruck entsteht.

57. Flimmerphotometer. Apparate, mit denen man nach diesem von Rood[2]) herrührenden Verfahren Messungen ausführen kann, sog. Flimmerphotometer, sind in großer Anzahl konstruiert worden. Bei dem von Withman[3]) angegebenen rotiert eine mattweiße Scheibe von der Form *AGBH* (Abb. 31) so, daß sie mit der Achse *DE* der Photometerbank einen Winkel von 60° bildet um *K*. Bei *C* befindet sich eine zweite weiße Scheibe, die fest steht und mit der entgegengesetzten Bankrichtung den gleichen Winkel bildet. Diese wird von der einen, die rotierende Scheibe von der anderen der zu vergleichenden Lichtquellen erleuchtet. Bei geeigneter Stellung der Scheiben sieht das durch das Okularrohr *F* blickende Auge den Randteil der rotierenden Scheibe im Wechsel mit der feststehenden. Durch Hin- und Herschieben der Vorrichtung auf der Bank sucht man, wenn nötig, unter Veränderung der Rotationsgeschwindigkeit der Scheibe, diejenige Stelle,

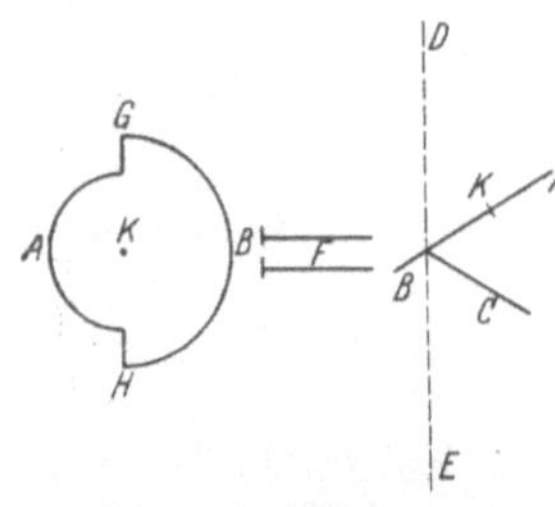

Abb. 31. Flimmerphotometer nach Withman. Die um *K* rotierende Scheibe, die links besonders gezeichnet ist, bewirkt, daß durch das Rohr *F* abwechselnd Licht der beiden zu vergleichenden Lichtquellen (bei *E* und bei *D*) ins Auge gelangt.

[1]) E. Brücke, ZS. f. Instrkde. Bd. 10. S. 11. 1890.
[2]) Ogden N. Rood, Amer. Journ. Bd. 46, S. 173. 1893.
[3]) F. P. Withman, Phys. Rev. Bd. 3. S. 241. 1896.

wo das Flimmern ganz oder beinahe aufhört. Für diese Stelle gelten die Beleuchtungsstärken der Scheiben, vorausgesetzt daß der Sektorausschnitt genau 180° beträgt, als gleich.

ROOD und BECHSTEIN benutzen bei ihren Konstruktionen den RITCHIESchen Photometerkeil. ROOD[1]) läßt zwischen dem Auge des Beobachters und dem Photometerkeil eine Zylinderlinse schwingen, die bewirkt, daß abwechselnd von beiden Seiten des Prismas Licht in das Auge gelangt. Das viel gebrauchte BECHSTEINsche[2]) Photometer ist in Abb. 32 skizziert. Zwischen dem RITCHIESchen mattweißen Prisma P und dem Auge rotieren bei K zwei Glaskeile mit gleichen, aber entgegengesetzt gerichteten Keilwinkeln. Der eine Keil ist ringförmig ausgebildet und umschließt den zweiten kreisförmig ausgebildeten, zentral liegenden. Infolgedessen liegt das von dem einen Keil erzeugte Bild der schlitzförmig gestalteten Okularöffnung O bei der gezeichneten Lage der Glaskeile auf der einen Seite des Ritchiekeils, wenn sich das von dem anderen Glaskeil erzeugte auf der anderen Seite befindet. Wenn die Glaskeile rotieren, beschreibt jedes Bild eine kreisförmige Bahn, von der die eine Hälfte auf der einen, die andere auf der anderen Seite des Prismas P liegt. Das auf die Glaskeile akkommodierte Auge sieht bei geeigneter Rotationsgeschwindigkeit zwei Flimmererscheinungen, die einen Phasenunterschied von einer halben Periode haben, gleichzeitig. Die Einstellungsgenauigkeit soll durch die Verdoppelung der Erscheinung erhöht werden.

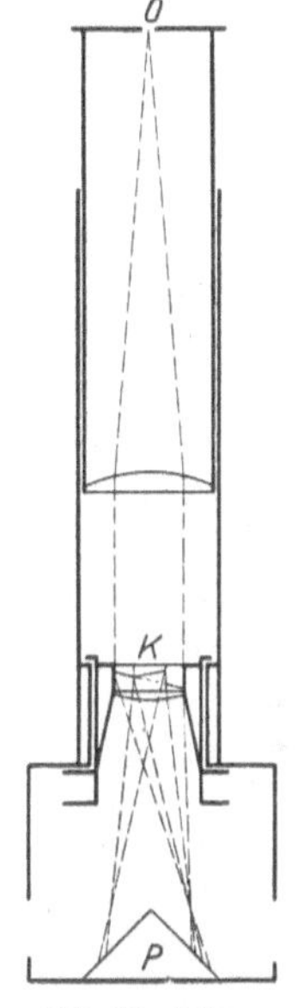

Abb. 32. Flimmerphotometer nach BECHSTEIN. Durch Rotation der Glaskeile K wird bewirkt, daß von den beiden Seiten des RITCHIEkeils P abwechselnd Licht ins Auge gelangt.

Von KRÜSS[3]) rühren verschiedene Konstruktionen her, eine mit zwei Sektorenscheiben zu beiden Seiten eines Photometerschirms, der von beiden Lichtquellen mit Hilfe von Spiegeln Licht erhält, und eine, bei der der Photometerwürfel Verwendung findet. Diesen benutzen auch KINGSBURY[4]) sowie IVES und BRADY[5]). KRÜSS sowie SIMMANCE und ABADY[6]) haben ferner eine Vorrichtung angegeben, die aus einer senkrecht zur Achse der Photometerbank rotierenden Gipsscheibe besteht, deren Rand so abgeschrägt ist, daß er während der Rotation abwechselnd von den beiden Lichtquellen beleuchtet wird.

Mit Rücksicht auf die später erwähnten Normalbestimmungen, die IVES für die Anwendung der Flimmermethode vorschreibt, sind ferner Flimmerphotometer konstruiert worden, bei denen das Photometerfeld eine mit ihm ungefähr gleichhelle Umgebung von etwa 25° Gesichtsfeld besitzt. Bei dem nach diesem Prinzip gebauten, schon erwähnten Photometer von IVES und BRADY ist ein rotierender Glaskeil und für das Photometerfeld ein Würfel benutzt worden, dessen zum Teil (Felder a in Abb. 33) versilberte Hypotenusenfläche in vier Quadranten geteilt ist, so daß bei einer Umdrehung ein viermaliger Wechsel eintritt. Die Einrichtung des Photometers

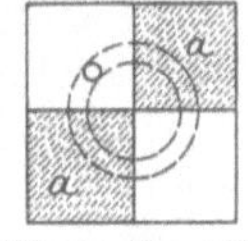

Abb. 33. Zum Flimmerphotometer von IVES und BRADY. Die Abbildung zeigt die Projektion der Hypotenusenfläche des Würfels auf die dem Auge zugewandte Kathetenfläche. Die Flächen a entsprechen den versilberten Teilen. Die Kreise bezeichnen die Bahn des rotierenden Bildes der Okularöffnung.

[1]) OGDEN N. ROOD, Amer. Journ. Bd. 8, S. 194. 1899.
[2]) W. BECHSTEIN, ZS. f. Instrkde. Bd. 25, S. 45. 1905; Bd. 26, S. 249. 1906.
[3]) H. KRÜSS, Journ. f. Gasbeleuchtg. Bd. 47, S. 129, 153. 1904; Bd. 49, S. 512. 1906; ZS. f. Instrkde. Bd. 35, S. 251. 1915.
[4]) E. F. KINGSBURY, Journ. Frankl. Inst. Bd. 180, S. 215. 1915.
[5]) H. E. IVES u. E. J. BRADY, Phys. Rev. Bd. 4, S. 222. 1914.
[6]) J. F. SIMMANCE u. J. ABADY, Phil. Mag. Bd. 7, S. 341. 1904.

von Guild[1]) ist aus Abb. 34 ersichtlich. S ist eine Whitmansche rotierende Scheibe, die aber zwei Ausschnitte von je 90° besitzt und die senkrecht zur

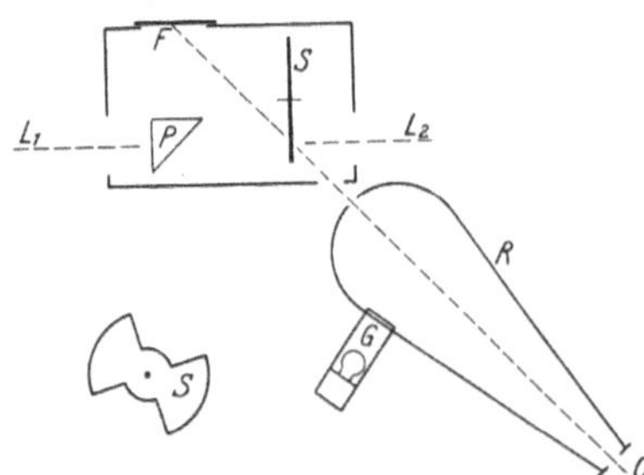

Abb. 34. Flimmerphotometer nach Guild. Der innen weiße Hohlkörper R gibt die erhellte Umgebung des Photometerfeldes. Die rotierende Scheibe S, auf die der Beobachter blickt, ist unten noch besonders gezeichnet.

Achse der Photometerbank $L_1 L_2$ liegt. Sie wird von der rechten Lichtquelle L_2 beleuchtet. Die senkrecht zu ihr liegende, feste Scheibe F empfängt Licht von der linken Lichtquelle L_1 mit Hilfe des totalreflektierenden Prismas P. Der Beobachter blickt von O aus unter 45° auf beide Scheiben. Der innen weiß ausgekleidete Rotationskörper R bildet die helle Umgebung des Photometerfeldes. Er ist beleuchtet durch die außerhalb liegende Glühlampe G. Die Entfernung der Scheibe F von P ist so gewählt, daß für beide Lampen die Entfernung von der beobachteten Seite der rotierenden Scheibe aus gerechnet werden kann.

58. Anwendung des Flimmerphotometers. Die Flimmerphotometrie hat weite Verbreitung gefunden. Sie hat den großen Vorzug vor der direkten Helligkeitsvergleichung, daß sie selbst bei den größten Farbenunterschieden nicht versagt und auch von ungeübten Beobachtern ausgeübt werden kann. Sie gibt bei erheblichen Farbenunterschieden eine größere Genauigkeit als die Einstellung auf Eindrucksgleichheit. Bei geringeren Farbenunterschieden vermindert sich der Unterschied, und bei kleinen wird die Flimmerphotometrie ungenauer.

Wie bei der Einstellung auf Eindrucksgleichheit nimmt auch bei der Flimmerphotometrie die Empfindlichkeit mit steigender Helligkeit des Photometerfeldes zu. Um möglichst große Genauigkeit zu erzielen, hat man ferner folgendes zu beachten. Die Rotation muß sehr gleichmäßig verlaufen. Unregelmäßigkeiten oder Erschütterungen bringen leicht für sich ein Flimmern hervor, das die Beobachtung stört. Weil die Verschmelzungsfrequenz, in deren Nähe beobachtet wird, von der Helligkeit und dem Farbenunterschied abhängt, ist es nötig, daß man die Geschwindigkeit der Rotation schnell und bequem ändern kann. Auch bei der Flimmerphotometrie sollen die beiden benachbarten Felder nicht durch eine helle oder dunkle Grenze getrennt sein, weil dadurch die normale Flimmererscheinung beeinträchtigt wird.

Ives[2]) hat auch bei Flimmereinstellungen eine Abhängigkeit von der absoluten Helligkeit und der Größe des Gesichtsfeldes festgestellt. Diese Abweichungen liegen aber nach seinen Beobachtungen nicht in derselben Richtung wie beim Purkinjeschen Phänomen, sondern in der entgegengesetzten. Sie sind sehr viel geringer als bei den direkten Helligkeitsvergleichungen, wobei aber zu berücksichtigen ist, daß man die letzteren bei viel geringeren Helligkeiten ausführen kann als Vergleichungen nach der Flimmermethode.

Als günstigste Bedingungen für die Ausführung von Flimmerbeobachtungen empfiehlt Ives auf Grund seiner Versuche:

1. Die Beleuchtung des Photometerfeldes soll wenigstens 28 Lux betragen.

2. Das Photometerfeld soll 2° Durchmesser haben.

3. Es soll umgeben sein von einem Felde etwa gleicher Helligkeit von ungefähr 25° Durchmesser.

[1]) J. Guild, Journ. Scient. Instr. Bd. 1, S. 182. 1923/24.
[2]) H. E. Ives, Phil. Mag. (6) Bd. 24, S. 149, 352, 744, 845. 1912.

Die Einhaltung der letzten Bedingung wird als nicht unbedingt nötig bezeichnet, da durch sie nicht die Empfindlichkeit der Messung, sondern nur die Bequemlichkeit der Beobachtung erhöht werde.

59. Einstellung auf gleiche Verschmelzungsfrequenz[1]**.** Kurz erwähnt sei noch eine zweite Methode der Flimmerbeobachtung. Da die Verschmelzungsfrequenz eine Funktion der Helligkeit ist, auch wenn man Licht und Dunkelheit abwechselnd auf das Auge einwirken läßt, wie bei der Benutzung des Rotierenden Sektors mit 2mal 90° Sektorgröße, kann man die Helligkeit eines leuchtenden Feldes auch durch die Verschmelzungsfrequenz festlegen, die man beobachtet, wenn man einen solchen Rotierenden Sektor in den Strahlengang schaltet. Zwei verschiedenfarbige Lichter würden dann gleich hell sein, wenn sie bei zwei solchen Beobachtungen die gleiche Verschmelzungsfrequenz ergeben. Die Vergleichung der beiden Lichter erfolgt also durch zeitlich aufeinanderfolgende Beobachtungen, etwa wie man bei der Sehschärfenmethode verfahren kann. Wegen ihrer geringen Genauigkeit hat diese Methode aber praktisch keine Bedeutung gewonnen.

60. Die stereoskopische Methode. Dies von PULFRICH[2] ersonnene und durchgebildete Verfahren geht von der Beobachtung aus, daß die Zeitdauer, die zwischen einem optischen Reiz und der von ihm ausgelösten Lichtempfindung liegt, um so größer ist, je schwächer der Reiz ist. Stellt man sich eine stereoskopische Vorrichtung her, in deren Gesichtsfeld sich in einer zur Sehrichtung senkrechten Ebene eine Marke bewegt, die durch Verschmelzung von zwei in festem Abstand befindlichen Marken (einer in dem rechten und einer in dem linken Felde) entstanden ist, so wird, wenn die Leuchtdichte, der Reiz, in dem

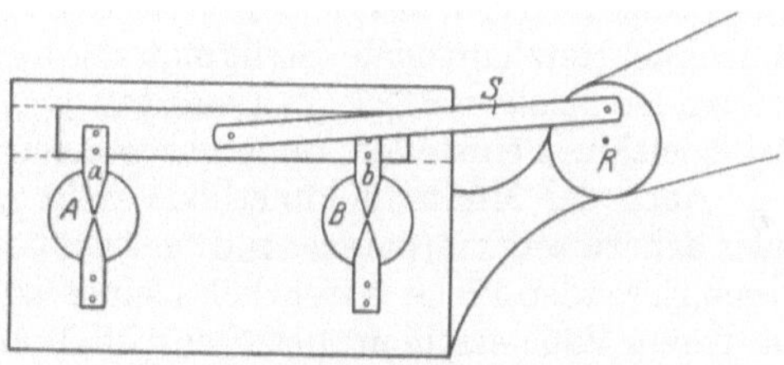

Abb. 35. Einstellvorrichtung für PULFRICHS stereoskopische Methode. Die stereoskopisch zu einer vereinigten Spitzen *a* und *b* führen durch Rotation von *R* eine Pendelbewegung aus.

einen Felde geändert wird, dieser Abstand sich scheinbar ändern und die Marke sich infolgedessen nach vorn oder hinten bewegen. Bei der von PULFRICH konstruierten stereoskopischen Vorrichtung (vgl. Abb. 35) führt in jedem der beiden Felder (*A* und *B*) eine Spitze (*a* und *b*) eine pendelartige Bewegung in einer Geraden (mit Hilfe des rotierenden Rades *R* und der Pleuelstange *S*) aus, so also daß die Bewegung in der Mitte am schnellsten ist und nach beiden Seiten zu 0 abnimmt. Die Spitzen befinden sich in einem solchen Abstand voneinander, daß sie stereoskopisch zu einer verschmelzen. Wenn nun zunächst bei gleicher Farbe beider Felder die Helligkeiten gleich sind, so scheint sich die Spitze stereoskopisch gesehen tatsächlich in einer Geraden zu bewegen. Sind aber die Helligkeiten verschieden, so scheint sie nach der Mitte ihrer Bahn zu (da die Geschwindigkeit zunimmt) aus der Geraden nach vorn oder hinten herauszutreten und so im ganzen eine kreisförmige Bewegung in einer der Sehrichtung parallelen Ebene zu beschreiben. Man kann also auf gleiche Helligkeit einstellen, indem man die Helligkeit des einen Feldes so verändert, daß die Spitze sich wieder in einer Geraden zu bewegen scheint. Dies Verfahren kann man auch anwenden, wenn beide Felder verschieden gefärbt sind, und es ergibt sich dann die Definition, daß die beiden verschieden gefärbten Felder gleich hell sind, wenn die Spitze eine geradlinige Bahn zu beschreiben scheint.

---

[1] Siehe z. B. H. E. IVES, Phil. Mag. (6) Bd. 24, S. 352. 1912.
[2] C. PULFRICH, Naturwissensch. 1922, S. 553, 569, 596, 714, 735, 751. Buchausgabe: Die Stereoskopie im Dienste der Photometrie und Pyrometrie. Berlin: Julius Springer 1923. Siehe auch: J. v. KRIES, Naturwissensch. 1923, S. 461.

Pulfrich hat eine Reihe photometrischer Apparate auf Grund dieser Methode angegeben; sie hat jedoch bisher praktische Erfolge nur in geringem Maße erzielt. Ihre Anwendung wird dadurch erschwert, daß der Beobachter erhebliche Übung im stereoskopischen Sehen besitzen muß. Da ein großes Gesichtsfeld gebraucht wird, so muß stets mit hoher Helligkeit gearbeitet werden, damit der Einfluß des Dämmerungssehen ausgeschlossen ist.

61. Verschiedene andere Methoden[1]**.** Es mögen nun noch einige Methoden aufgeführt werden, die bisher nur in der physiologischen Optik benutzt worden sind. Sie haben das Gemeinsame, daß das zu photometrierende farbige Licht als Fleck auf farblosem Grunde unter solchen Umständen beobachtet wird, daß es ebenfalls farblos erscheint, so daß also auf vollkommene Gleichheit des Fleckes mit seiner Umgebung eingestellt werden kann. Diese Methoden sind in der Bezeichnung von v. Kries: die Peripheriewertmethode, die Minimalfeldmethode, die Minimalzeitmethode.

Bei der ersten von diesen werden die Beobachtungen nicht wie gewöhnlich mit der Netzhautmitte, sondern mit der Peripherie der Netzhaut angestellt. Diese ist (über 45° von dem Zentrum der Netzhaut) total farbenblind, zeigt aber nicht die Eigentümlichkeiten des gleichfalls mit Farbenblindheit verbundenen Dämmerungssehens der Netzhautmitte. Stellt man also auf weißem Untergrund einen zu photometrierenden farbigen Fleck her (von etwa 3° Größe), so kann man peripher auf Helligkeitsgleichheit einstellen, ohne durch einen Farbenunterschied gestört zu werden.

Nach der Minimalfeldmethode stellt man mit derselben Anordnung zentral oder nahezu zentral (parazentral) mit demselben Erfolge ein, wenn man den zu photometrierenden Fleck wesentlich kleiner wählt (als nadelstichgroßen Punkt). Auch in diesem Falle erscheint der Fleck im Momente der Helligkeitsgleichheit farblos.

Bei der dritten Methode läßt man für sehr kurze Zeit den kleinen farbigen Fleck an die Stelle eines weißen, mit der Umgebung gleichfarbigen und gleichhellen treten. Im allgemeinen wird dann der Fleck entweder farbig aufleuchten oder als dunkle Stelle erscheinen. Man kann aber eine Helligkeit des Fleckes einstellen, wo dieser aus der Umgebung nicht mehr heraustritt, weder ein Helligkeitsunterschied noch Farbigkeit zu bemerken ist. Diese Einstellung dient zur Definition der Helligkeitsgleichheit.

Besonders die zweite Methode wird von v. Kries für die Verwendung in der praktischen Photometrie empfohlen.

62. Vergleich der verschiedenen Verfahren. Wir kommen nun zu der Frage, ob oder inwieweit diese verschiedenen Definitionen für die Helligkeitsgleichheit verschiedenfarbiger Lichter zu übereinstimmenden Ergebnissen führen. Praktische Bedeutung für die Photometrie haben bisher nur die drei zuerst aufgeführten Verfahren gewonnen: Einstellung auf Eindrucksgleichheit, Sehschärfenmethode, Roodsche Flimmermethode. Vergleichende Versuche mit ihnen sind wiederholt und mit recht einander widersprechenden Ergebnissen ausgeführt worden. Vielfach wurden entschieden Unterschiede zwischen den Ergebnissen der drei Methoden festgestellt. Im einzelnen soll darauf nicht eingegangen werden, weil es schwer ist, sich ein Urteil über die Fehlerquellen zu bilden, insbesondere weil in einzelnen Fällen nicht klar ersichtlich ist, wieweit der Einfluß der Purkinjeschen Phänomens vermieden ist.

Von besonderem Interesse sind die Versuche von Arnt Kohlrausch[2], der unter Verwendung fast aller vorher aufgeführten Methoden spektrale Lichter

---

[1] J. v. Kries, ZS. f. techn. Phys. Bd. 5, S. 327. 1924; ferner A. Kohlrausch, Licht u. Lampe 1923, S. 555.

[2] A. Kohlrausch, Pflügers Arch. f. Physiol. Bd. 200, S. 210. 1923; Licht u. Lampe 1923, S. 555.

mit farblosen aber auch zum Teil untereinander verglichen hat. Er hat sich
sehr sorgfältig, teils durch Benutzung sehr kleiner Felder (etwa 1,5°), teils durch
gründliche Helladaptation und Verwendung ausreichender Helligkeit gesichert,
daß seine Ergebnisse für reines Tagessehen (Zapfensehen) Gültigkeit besitzen.
Nach KOHLRAUSCH stimmen bei der Gruppe Flimmer-, Sehschärfe-, Stereoskop-
und Minimalfeldmethode die Resultate gut überein oder zeigen nur geringe
Unterschiede, während die Unterschiede zwischen dieser Gruppe und der Methode
der Einstellung auf Eindrucksgleichheit sehr bedeutend sind, jedenfalls weit
oberhalb der Fehlergrenze liegen.

Das wichtigste Ergebnis für die praktische Photometrie ist, daß die Seh-
schärfen- und die Flimmermethode Übereinstimmung ergeben, während Einstellungen auf Eindrucksgleichheit andere Ergebnisse liefern. Und zwar besteht
der Unterschied darin: Wenn man für die Mitte des Spektrums gleiche Werte
bei allen Methoden annimmt, so gibt die Einstellung auf Eindrucksgleichheit
an den Enden des Spektrums, also im Rot und Blau, erheblich (bis zu 100%)
höhere Werte als z. B. die Flimmer- und Sehschärfenmethode. Nach KOHL-
RAUSCHs Auffassung sind diese hohen Vergleichswerte für Rot und Blau, also
die stark farbigen Teile des Spektrums, auf den Einfluß des spezifischen Leuchtens
der Farben, die „Farbenglut", zurückzuführen.

Schließt man sich der Ansicht derjenigen an, die der Sehschärfenmethode,
soweit sie für Messungen brauchbar ist, hervorragende Bedeutung für die Bewertung einer Beleuchtung zusprechen, so würde daraus eine große Überlegenheit der Flimmerphotometrie gegenüber der unmittelbaren Helligkeitsvergleichung folgen.

IVES[1]) hat zahlreiche vergleichende Versuche mit verschiedenen Methoden
angestellt. Während er im allgemeinen mehr oder weniger große Unterschiede
in den Ergebnissen feststellt, findet er, daß die ROODsche Flimmermethode,
wenn man seine Normalbestimmungen (Ziff. 58) für die Beobachtung einhält,
mit der Stufenmethode zu den gleichen Werten führt, sofern man bei dieser ein
kleines Gesichtsfeld und hohe Photometerhelligkeit wählt. Damit stehen die
Erfahrungen, die bei der Bestimmung der relativen Empfindlichkeit des Auges
gegen homogene Strahlung (Ziff. 64) gewonnen sind, im ganzen in Einklang.
Das bezieht sich namentlich auf den Vergleich der Empfindlichkeitskurven von
IVES und NUTTING mit der von GIBSON und TYNDALL.

Als gesichert kann andererseits gelten, daß man selbst bei geringen Farbenunterschieden und bei hoher Feldhelligkeit durch Einstellung auf Eindrucksgleichheit mit dem üblichen großen Gesichtsfeld andere Werte erhält als mit
dem Flimmerphotometer[2]).

Es sei erwähnt, daß SCHRÖDINGER[3]) zu der Frage der Helligkeitsgleichheit bei Farbenverschiedenheit einen besonderen Standpunkt annimmt. Nach
seiner Ansicht ist zunächst zu beweisen, daß es unter diesen Umständen eine
Helligkeit überhaupt gibt. Ausgehend von der Einstellung auf Helligkeitsgleichheit (größte Ähnlichkeit) bei geringsten Farbenunterschieden stellt er einen
Differenzialausdruck auf, der integrabel sein muß, wenn der Begriff Helligkeit bei
Verschiedenfarbigkeit einen Sinn haben soll.

63. Addierbarkeit. Von einer jeden Methode der heterochromen Photometrie muß man fordern, daß man mit den durch sie erhaltenen Werten ebenso
wie mit den bei Gleichfarbigkeit gewonnenen rechnen kann. Diese Bedingung
ist bei den Einstellungen, die unter dem Einfluß des PURKINJEschen Phänomens

---

[1]) H. E. IVES, Phil. Mag. (6) Bd. 24, S. 149, 352, 744, 845, 853. 1912.
[2]) W. DZIOBEK, ZS. f. Instrkde. Bd. 46, S. 476. 1926.
[3]) E. SCHRÖDINGER, Ann. d. Phys. Bd. 63, S. 397, 427, 481. 1920.

erhalten sind, offenbar nicht erfüllt, denn es braucht unter diesen Umständen, wenn man $a = b$ gefunden hat, noch nicht $2a = 2b$ zu sein. Aber die Ausschaltung des Purkinjeschen Phänomens genügt nicht; als gleich gemessene Werte müssen auch untereinander vertauschbar sein. Wenn $a = b$ ist und $b = c$, muß auch $a = c$ sein. Allgemein muß man verlangen, daß die Addition von nach einer Methode der heterochromen Photometrie erhaltenen Werten nicht zu Widersprüchen führt. Wo entsprechend der Kohlrauschschen Annahme die Farbenglut bei der Einstellung mitspricht, wird keine Addierbarkeit vorhanden sein, denn die reinen Farben (etwa rot und blau) f_r und f_b werden verhältnismäßig höher bewertet als z. B. die weniger farbige Mischung $f_r + f_b$. Ebenso kann es bei der Sehschärfemethode sein. Auch hier können wegen der chromatischen Abweichung des Auges die reinen Farben f_r und f_b einen höheren Wert geben als $(f_r + f_b)/2$.

Zur Frage der Addierbarkeit oder Additivität sind wiederholt Versuche angestellt worden. F. W. F. Kohlrausch[1]) und Cl. Schäfer[2]) haben an den Farben Ostwaldscher Farbenkreise durch stufenweises Vorgehen photometrische Vergleichungen mit Einstellung auf gleiche Eindruckshelligkeit, Schäfer auch nach der Flimmermethode, ausgeführt, bei denen sie schließlich zur Anfangsfarbe zurückkehrten. Sie haben dabei keine Abweichungen gefunden, die die Versuchsfehler überschreiten.

Bei der Benutzung der für die relative Empfindlichkeit des Auges gefundenen Werte zu Berechnungen über die Lichtemission von Temperaturstrahlern und in der objektiven Photometrie ist die Additivität oder Integrierbarkeit der Werte Voraussetzung. Daraus, daß sich dabei im allgemeinen Widersprüche nicht gezeigt haben, glaubt man schließen zu können, daß die Bedingung erfüllt ist[3]). Andererseits haben Versuche von Taylor[4]) doch Abweichungen ergeben, die das erlaubte Maß überschreiten. Er bestimmte die Durchlässigkeit von fünf Filtern nach der Flimmermethode und berechnete sie außerdem mit Hilfe der Augenempfindlichkeit. Dabei ergab die Rechnung z. B. für ein rubinrotes Filter 118, für ein blaues 93, wenn man die durch Messung erhaltenen Werte gleich 100 setzt.

b) Empfindlichkeit des Auges für homogene Strahlung.

64. Relative Augenempfindlichkeit. Mit Hilfe der beschriebenen Methoden der heterochromen Photometrie kann man eine Aufgabe lösen, die zunächst nur physiologisches Interesse hatte, die aber besonders durch die Untersuchungen über den Schwarzen Körper von großer Bedeutung für die Beleuchtungstechnik und die Photometrie geworden ist, nämlich die Bestimmung der relativen Empfindlichkeit des Auges für monochromatische Strahlung oder, anders ausgedrückt, der Helligkeitsverteilung in einem Spektrum mit bekannter Energieverteilung. Zur Lösung dieser Aufgabe hat man für ein beliebiges Spektrum die Lichtstrahlungen der verschiedenen Wellenlängen nach den Methoden der heterochromen Photometrie untereinander oder mit einem Vergleichslicht zu vergleichen und außerdem, etwa mit einem Strahlungsmesser, die Energie der Strahlen für die untersuchten Wellenlängen zu bestimmen. Nach dem früher Erörterten wird man verlangen müssen, daß die photometrischen Vergleichungen von einer größeren Anzahl geeigneter Beobachter unter solchen Bedingungen ausgeführt werden, daß der Einfluß des Dämmerungssehens ausgeschlossen ist.

[1]) F. W. F. Kohlrausch, Phys. ZS. Bd. 21, S. 423. 1920.
[2]) Cl. Schäfer, Phys. ZS. Bd. 26, S. 58, 908. 1925.
[3]) Vgl. z. B. K. S. Gibson, Journ. Opt. Soc. Amer. Bd. 9, S. 113. 1924.
[4]) A. H. Taylor, Journ. Opt. Soc. Amer. Bd. 13, S. 193. 1926.

Bildet man aus den so gefundenen Werten die Quotienten: Leuchtdichte des spektralen Bezirks dividiert durch den zu ihm gehörigen Energiewert, in dem man den Maximalwert gleich eins setzt, und trägt diese Verhältniszahlen als Ordinaten über eine Wellenlängenskala als Abszissenachse auf, so entsteht eine „Kurve der relativen Augenempfindlichkeit in einem Spektrum konstanter Energie für ein mittleres normales Auge".

Solche Augenempfindlichkeitskurven sind vielfach bestimmt worden. Von ihnen entsprechen die ältesten, die von LANGLEY, der die Sehschärfenmethode anwandte, und von KÖNIG, der auf Eindrucksgleichheit einstellte, nicht mehr den heutigen Ansprüchen an Genauigkeit. Von den übrigen sind die meisten nach der Flimmermethode, einige nach der der unmittelbaren Helligkeitsvergleichung gewonnen. THÜRMEL[1] (2 Beobachter) und BENDER[2] (10 Beobachter) benutzten das LUMMER-PRINGSHEIMsche Spektralflimmerphotometer, bei dem zwei verschiedene Stellen desselben Spektrums miteinander verglichen werden, andere wie IVES[3], NUTTING[4], COBLENTZ und EMERSON[5] verglichen nach dem Flimmerverfahren alle Spektralfarben mit dem gemischten Licht einer Glühlampe. Die Beobachtungen durch unmittelbare Helligkeitsvergleichung waren nur erfolgreich, wenn die Stufenmethode angewandt wurde. Nach dieser sind die Kurven von HYDE, FORSYTHE und CADY[6] sowie von GIBSON und TYNDALL[7] erhalten.

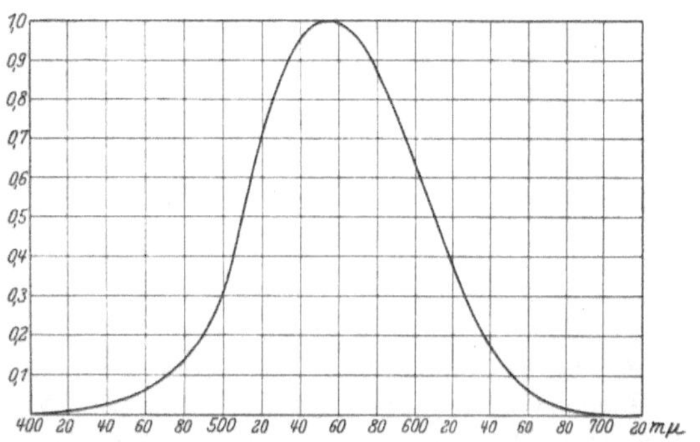

Abb. 36. Relative Empfindlichkeit des Auges für homogene Strahlungen gleicher Energie. Der Höchstwert der Empfindlichkeit ist gleich eins gesetzt.

Die Energieverteilung des benutzten Spektrums wurde auf verschiedene Weise gewonnen, durch direkte aktinometrische Messungen an einer Azetylenflamme oder einer Metallfadenlampe, oder durch Bezug auf die berechenbare Energieverteilung des Schwarzen Körpers oder einer Metallfadenlampe.

Nach sorgfältiger Diskussion aller bisherigen Ergebnisse wurden von der Internationalen Beleuchtungskommission im Jahre 1924 in Genf auf Vorschlag von GIBSON[8] die in der folgenden Tabelle aufgeführten Werte zum allgemeinen Gebrauch als vorläufige Werte der relativen Augenempfindlichkeit empfohlen. Abb. 36 zeigt sie in Kurvenform. Sie sind abgeleitet aus den Zahlen von IVES, NUTTING (zusammen 39), COBLENTZ und EMERSON (125), HYDE, FORSYTHE und CADY (29), GIBSON und TYNDALL (52). Die Zahlen in Klammer geben die Anzahl der Beobachter.

---

[1]) E. THÜRMEL, Ann. d. Phys. Bd. 33, S. 1139. 1910.
[2]) H. BENDER, Ann. d. Phys. (4) Bd. 45, S. 105. 1914.
[3]) H. E. IVES, Phil. Mag. (6) Bd. 24, S. 853. 1912; Journ. Frankl. Inst. Bd. 188, S. 217. 1919.
[4]) G. P. NUTTING, Journ. Opt. Soc. Amer. Bd. 4, S. 55. 1920.
[5]) W. W. COBLENTZ u. W. B. EMERSON, Bull. Bureau of Stand. Bd. 14, S. 167. 1918.
[6]) E. P. HYDE, W. E. FORSYTHE u. F. E. CADY, Astrophys. Journ. Bd. 48, S. 65. 1918.
[7]) K. S. GIBSON u. E. P. T. TYNDALL, Scient. Pap. Bureau of Stand. Nr. 475. Bd. 19, S. 131. 1923/24.
[8]) K. S. GIBSON, I. B. K. Ber. VI (Genf 1924), S. 232; s. auch ebenda S. 67.

Relative Augenempfindlichkeit φ_λ.

λ in mμ	φ_λ	λ in mμ	φ_λ	λ in mμ	φ_λ
400	0,0004	530	0,862	650	0,107
10	0012	40	954	60	061
20	0040	550	995	70	032
30	0116	60	995	80	017
40	023	70	952	90	0082
450	038	80	870	700	0041
60	060	90	757	10	0021
70	091	600	631	20	00105
80	139	10	503	30	00052
90	208	20	381	40	00025
500	323	30	265	750	00012
10	503	40	175	60	00006
20	710				

Es ist mehrfach versucht worden, die Werte der Augenempfindlichkeit durch eine Formel darzustellen. Die von Goldhammer[1] gegebene

$$\varphi_\lambda = \left(\frac{0{,}555}{\lambda}\, e^{1 - \frac{0{,}555}{\lambda}} \right)^{170{,}5}$$

ist der Ausgangspunkt für verschiedene später aufgestellte geworden. Die Formel von Walsh[2], die die Werte der Tabelle mit großer Genauigkeit wiedergeben soll, besteht aus vier derartigen Gliedern.

Aus der Strahlungsenergie S_λ einer Lichtquelle im Sichtbaren für eine jede Wellenlänge λ, also aus der Energieverteilung in diesem Gebiet, erhält, man durch das Produkt $H_\lambda = S_\lambda \cdot \varphi_\lambda$ die spektrale Helligkeitsverteilung der Lichtquelle. Ist nun E_λ die von dem Schwarzen Körper bei einer gewissen Temperatur im Sichtbaren ausgestrahlte Energie, A_λ das Absorptionsvermögen bei dieser Temperatur für einen bestimmten Strahler, so gilt für diesen $S_\lambda = E_\lambda A_\lambda$ und also $H_\lambda = A_\lambda E_\lambda \varphi_\lambda$. Wenn nun A_λ von der Wellenlänge unabhängig ist, man es also mit einem sog. grauen Strahler zu tun hat, so folgt, daß dieser Strahler bei jeder Temperatur dieselbe Lichtverteilung, also auch dieselbe Farbe hat wie der Schwarze Körper bei derselben Temperatur. Wenn nun A_λ nicht konstant ist, sich aber nur wenig und stetig mit der Wellenlänge ändert, wie es bei den meisten gebräuchlichen Lichtquellen der Fall ist, gibt es eine Temperatur des Schwarzen Körpers, bei der dieser dieselbe Lichtverteilung und also dieselbe Farbe hat wie die Lichtquelle bei einem bestimmten Glühzustand. Man nennt diese Temperatur die Farbtemperatur der Lichtquelle. Sie wird am besten durch Farbvergleichung mit dem Schwarzen Körper im Kontrastphotometer bestimmt. Man kann sich aber auch auf photometrischem Wege Kohlen- und Wolframlampen bekannter Farbtemperatur herstellen, da bei beiden Lampenarten die Beziehung zwischen der Lichtausbeute (Lm/Watt) und der Farbtemperatur genau untersucht ist[3]. Ein weiteres Hilfsmittel zur Bestimmung der Farbtemperatur ist das Priestsche Rotations-Dispersions-Filter (Ziff. 66). Die Bedeutung der Farbtemperatur einer Lichtquelle für die Photometrie liegt darin, daß man durch sie die Lichtverteilung sowie die Energieverteilung im sichtbaren Gebiet kennt.

[1] D. A. Goldhammer, Ann. d. Phys. Bd. 16, S. 621. 1905.
[2] W. T. Walsh, Journ. Opt. Soc. Amer. Bd. 11, S. 111. 1925.
[3] E. P. Hyde, F. E. Cady u. W. E. Forsythe, Phys. Rev. Bd. 10, S. 395. 1917; H. Buckley, L. J. Collier u. F. J. C. Brookes, I. B. K. Ber. VI (Genf 1924), S. 203.

65. Das mechanische Lichtäquivalent. Die Empfindlichkeitskurve des Auges gibt nur relative Werte; sie zeigt aber, wie man die Leistung, die einem bestimmten Lichtstrom entspricht, für Licht jeder Wellenlänge finden kann, wenn man sie für eine kennt. Man bezeichnet nun diejenige Leistung in Watt, die für die Einheit des Lichtstroms, also 1 Lm, von der Wellenlänge der größten Augenempfindlichkeit (etwa $\lambda = 555\ \text{m}\mu$) aufzuwenden ist, als das mechanische Äquivalent des Lichtes. Der reziproke Wert stellt also das Maximum des Lichtstroms dar, der durch 1 Watt erhalten werden kann.

Das mechanische Lichtäquivalent ist häufig bestimmt worden. Der nächstliegende Weg dazu, daß man nämlich einen Lichtstrom der bezeichneten Wellenlänge oder einer naheliegenden photometrisch und aktinometrisch bestimmt, ist zuerst von BUISSON und FABRY[1]), dann von IVES, COBLENTZ und KINGSBURY[2]) eingeschlagen worden. Ein zweiter Weg ist der, daß man von einer Lichtquelle mit kontinuierlichem Spektrum und von angebbarer Energieverteilung den Lichtstrom und die Gesamtleistung (die zugeführte, soweit sie in Licht umgesetzt wird, oder die ausgestrahlte) bestimmt und das mechanische Lichtäquivalent unter Benutzung der Augenempfindlichkeit berechnet. Die Energieverteilung kann dazu, wie z. B. beim Schwarzen Körper, rechnerisch gefunden oder direkt durch Messungen bestimmt werden[3]).

Ist Φ der Lichtstrom einer solchen Lichtquelle, S_λ ihre Strahlung für die Wellenlänge λ, φ_λ die relative Augenempfindlichkeit, so ist das mechanische Lichtäquivalent:

$$P = \int\limits_0^\infty \frac{S_\lambda \varphi_\lambda\, d\lambda}{\Phi} .$$

Will man z. B. P mit Hilfe des Schwarzen Körpers bestimmen, so ist $S_\lambda = E_\lambda \pi$, wenn $E_\lambda d\omega$ den von einer 1 cm² großen Fläche in den kleinen räumlichen Winkel $d\omega$ senkrecht ausgestrahlten Energiestrom bedeutet, und $\Phi = H\pi$, wo H die Leuchtdichte (Helligkeit) in HK/cm² ist. Dann wird

$$P = \int\limits_0^\infty \frac{E_\lambda \varphi_\lambda}{H} ,$$

wo nach dem hier ausreichenden WIENschen Energieverteilungsgesetz:

$$E_\lambda = 2c_1 \lambda^{-5} e^{-\frac{c_2}{\lambda \tau}}$$

ist.

Ein dritter Weg[4]) besteht darin, daß man ein geeignetes Filter für objektive Photometrie (Ziff. 69) benutzt. Man bestimmt für eine beliebige Lichtquelle die Leistung, die durch das Filter hindurchgeht und dividiert diese Größe durch die Durchlässigkeit des Filters für 555 mμ. Denn für das Maximum der Augenempfindlichkeit muß die Leistung ohne Schwächung mit ihrem vollen Betrage in die Rechnung eingehen. So erhält man $\int\limits_0^\infty S_\lambda \varphi_\lambda d\lambda$. Man bestimmt dann noch Φ wie gewöhnlich photometrisch.

[1]) H. BUISSON u. CH. FABRY, C. R. Bd. 153, S. 254. 1911.
[2]) H. E. IVES, W. W. COBLENTZ u. E. F. KINGSBURY, Phys. Rev. Bd. 5, S. 269. 1915.
[3]) Vgl. z. B. E. P. HYDE, W. E. FORSYTHE u. F. E. CADY, Phys. Rev. Bd. 13, S. 45. 1919; H. E. IVES, Journ. Opt. Soc. Amer. Bd. 9, S. 635. 1924; E. BRODHUN u. FR. HOFFMANN, ZS. f. Phys. Bd. 37, S. 137. 1926.
[4]) H. E. IVES, W. W. COBLENTZ u. E. F. KINGSBURY, Phys. Rev. Bd. 5, S. 269. 1915; H. E. IVES, Journ. Frankl. Inst. Bd. 180, S. 409. 1915.

Die auf den verschiedenen Wegen gefundenen Werte für P weichen voneinander teilweise stark ab. Man wird den Wert

$$P = 0,001\,45 \ \text{Watt/Lm}$$

als richtig auf etwa $\pm 5\%$ annehmen können[1]).

c) Indirekte Methoden mit Einstellung bei Farbengleichheit.

66. Filter. Wenn man häufig Messungen mit denselben Farbenunterschieden auszuführen hat wie z. B. bei der Vergleichung von normal brennenden Kohlenfadenlampen mit ebensolchen Metallfadenlampen, so liegt es nahe, die Vergleichslichtquelle in der einen dieser Farben zu wählen und für die Messung bei der anderen Farbe ein solches Farbfilter zwischen Vergleichslichtquelle und Photometer zu setzen, daß die andere Farbe im Photometer entsteht. Die photometrische Vergleichung kann dann bei Gleichfarbigkeit ausgeführt werden. Freilich muß die Durchlässigkeit des Filters für die benutzte Vergleichslichtquelle durch eine geeignete direkte Methode von einer hinreichenden Anzahl in bezug auf ihren Farbensinn normaler Beobachter bestimmt werden. Man vermeidet also auf diese Weise die Messung mit dem Farbenunterschied nicht; aber man hat einen bedeutenden Zeitgewinn bei späteren Messungen mit demselben Farbenunterschied und den Vorteil größerer Genauigkeit. Als Material für die Filter eignet sich am besten Glas, z. B. blaues Kobaltglas, wegen der hohen Unveränderlichkeit seiner Durchlässigkeit. Nicht ganz so gut wegen ihrer geringeren Beständigkeit sind gefärbte Gelatineblättchen, die zwischen Glasplatten eingeschlossen sind[2]). Außerdem benutzt man häufig Flüssigkeitsfilter, die vorteilhaft wegen ihrer Reproduzierbarkeit sind. Aber sie sind wenig beständig, namentlich wenn sie sich längere Zeit in dem Absorptionsgefäß befinden; außerdem haben sie teilweise einen hohen Temperaturkoeffizienten.

Um die direkte heterochrome Vergleichung zu umgehen, empfiehlt Pirani[3]), die spektrale Durchlässigkeit des Filters spektrophotometrisch zu bestimmen und daraus mit Hilfe der spektralen Energieverteilung der Lichtquelle und der relativen Augenempfindlichkeit die Durchlässigkeit des Filters zu berechnen.

Die ermittelte Durchlässigkeit eines Filters gilt natürlich nur für die spektrale Helligkeitsverteilung der Lichtquelle, für die sie bestimmt ist, allgemeiner für eine bestimmte Farbtemperatur.

Die folgenden Filter haben den großen Vorzug, daß ihre Färbung stetig veränderlich und die damit verbundene Durchlässigkeitsänderung angebbar ist.

In Verfolg eines Vorschlags von Fabry haben Ives und Kingsbury zwei Lösungen[4]), eine gelbe und blaue, angegeben, die in 1 cm dicker Schicht und in Verbindung mit einer normal brennenden Kohlenfadenlampe (3,6 Watt auf 1 HK mittlere horizontale Lichtstärke) je nach der gewählten Konzentration die Farbe einer Lichtquelle mit anderer Farbtemperatur herzustellen erlauben. Die Durchlässigkeit kann im einzelnen Falle aus der Konzentration durch eine angegebene Formel berechnet werden.

---

[1]) Eine Zusammenstellung der amerikanischen Werte bei E. P. Hyde, I. B. K. Ber. V (Paris 1921), S. 160.

[2]) Unter dem Namen Filter Wratten sind solche Filter im Handel (Eastman Kodak Co., Rochester, N. Y.). Vgl. Walsh, Photometry, S. 243.

[3]) M. Pirani, ZS. f. Beleuchtungsw. Bd. 21, S. 41. 1915.

[4]) Ch. Fabry, C. R. Bd. 137, S. 743. 1903; H. E. Ives u. E. F. Kingsbury, Phys. Rev. (2) Bd. 6, S. 319. 1915; H. E. Ives, Journ. Frankl. Inst. Bd. 188, S. 217. 1919; A. H. Taylor, I. B. K. Ber. V (Paris 1921), S. 132.

Eine konstante Vergleichslichtquelle veränderlicher Färbung stellt v. Voss[1] in folgender Weise her. Er verwendet zwei Filter von gleicher Durchlässigkeit für die benutzte Vergleichslichtquelle, ein rotes und ein grünes. Sie sind sich berührend nebeneinander angeordnet und befinden sich vor einer Milchglasplatte, die von einer in einem weißen Gehäuse befindlichen Glühlampe beleuchtet wird. Darüber kann ein Schieber mit einer Öffnung bewegt werden, so daß die Summe der freien Filterflächen konstant bleibt, ihr Verhältnis sich aber stetig ändert. Das austretende Licht beleuchtet den Photometerschirm. Wenn die Durchlässigkeiten der beiden Filter verschieden sind, verlangt die Vorrichtung eine geringe Abänderung. Auch für derartige Filter mit drei Farben hat v. Voss Vorschläge gemacht. Ives[2] hat ein auf dem gleichen Prinzip beruhendes Filter mit den drei Farben Gelb, Grün, Blau ausgeführt.

Auf der Farbänderung, die durch die Rotationsdispersion hervorgebracht wird, beruht das Priestsche Rotations-Dispersions-Filter[3]. In seiner einfacheren Form besteht er aus zwei Nicolschen Prismen, zwischen denen sich eine senkrecht zur Achse geschliffene Quarzplatte von 0,5 mm Dicke befindet und von denen der Analysator meßbar gedreht werden kann.

Wenn man durch diese Vorrichtung Licht von bestimmter Farbtemperatur T schickt, so hat, wie Priest gefunden hat, das austretende Licht nahezu die spektrale Helligkeitsverteilung des Schwarzen Körpers einer anderen, durch die Analysatorstellung bestimmten Temperatur T'. Aus der bekannten Abhängigkeit der Rotationsdispersion von der Wellenlänge kann sowohl T' wie auch die Durchlässigkeit der Vorrichtung ermittelt werden. Auf diese Weise werden mit verschiedenen Normallampen (Farbtemperatur $2077°$, $2360°$, $2848°$) Farbtemperaturen bis zu $4200°$ erreicht. Für höhere Temperaturen benutzt Priest eine Vorrichtung aus drei Nicolschen Prismen mit zwei dazwischenliegenden Quarzplatten von 0,5 mm Dicke in Verbindung mit einer Normallampe von $2848°$ Farbtemperatur. Im ganzen können auf diese Weise Farbtemperaturen von der der Hefnerlampe bis zu der des blauen Himmels eingestellt werden. Tabellen, die Priest gibt, erleichtern das Arbeiten mit dem Apparat.

67. Die Crovawellenlänge. Bei den nun zu beschreibenden Verfahren liegt das Filter nicht zwischen Vergleichslampe und Photometer, sondern zwischen diesem und dem Auge, so daß beide Vergleichsfelder gefärbt werden. Wenn man zwei verschiedenfarbige Lichtquellen photometrisch zu vergleichen hat, wird man stets einen spektralen Bezirk finden können, für den das Verhältnis der Strahlungen ebenso groß ist wie das Verhältnis der Gesamtlichtstrahlungen. BeimVergleich von Sonnenlicht mit der Carcellampe ermittelte Crova[4] dieseWellenlänge zu 582 mμ. Wenn man also diese beiden Lichtquellen photometrisch vergleicht, indem man ein Filter an das Auge bringt, das nur einen spektralen Bezirk um 582 mμ hindurchläßt, so wird man bei Farbengleichheit messen können und doch ein richtiges Ergebnis erhalten. Natürlich gilt diese Wellenlänge zunächst nur für die betrachteten Lichtquellen, für andere wird sie im allgemeinen nur mit einer gewissen Annäherung gelten. Für Paare von Lichtquellen mit bekannter Energieverteilung im Sichtbaren kann man die Crovawellenlänge mit Hilfe der Augenempfindlichkeitskurve berechnen. Ives[5] untersuchte den Fall, daß ein Schwarzer

---

[1]) R. v. Voss, ZS. f. Beleuchtungsw. Bd. 25, S. 53. 1919; Elektrot. ZS. Bd. 40, S. 484. 1919.

[2]) H. E. Ives, Journ. Opt. Soc. Amer. Bd. 7, S. 243. 1923.

[3]) J. G. Priest, Journ. Opt. Soc. Amer. Bd. 7, S. 1175. 1923. (Zusammenfassende Darstellung.)

[4]) F. Crova, C. R. Bd. 93, S. 512. 1881; s. auch Ch. Fabry, I. B. K. Ber. VI (Genf 1924), S. 193. Über Filter für die Crovamethode s. R. Jouast, ebenda S. 226.

[5]) H. E. Ives, Phys. Rev. Bd. 32, S. 316. 1911; s. auch W. E. Forsythe, Journ. Opt. Soc. Amer. Bd. 4, S. 305. 1920; Journ. Frankl. Inst. Bd. 197, S. 517. 1924.

Körper A von 2100° abs. mit einem zweiten B anderer Temperatur photometrisch zu vergleichen ist. Er fand die Crovawellenlänge zu 580 mμ, wenn B zwischen 1600° und 2300°, zu 560 mμ, wenn B zwischen 3000° und 4000°, zu 550 mμ, wenn B zwischen 4500° und 5500° liegt. In Übereinstimmung damit geben Boutaric und Vuillaume[1]) an, daß die Crovamethode mit der Wellenlänge 582 mμ für Farbtemperaturen zwischen 1700° und 2500° genügend zuverlässige Werte gibt.

68. Methoden von Macé de Lépinay und von L. Weber. Die Temperatur und damit die spektrale Energie- und Helligkeitsverteilung des Schwarzen Körpers ist durch den Absolutwert der Strahlung einer Wellenlänge E_λ und ebenso durch das Verhältnis der Energiewerte zweier Strahlungen $E_{\lambda_1}/E_{\lambda_2}$ bestimmt. Mit einer gewissen Annäherung wird daher auch die spektrale Helligkeitsverteilung (Farbe) unserer gebräuchlichen Lichtquellen, soweit sie nämlich nahezu graue Strahler sind, durch das Verhältnis der Intensitäten zweier homogenen Bezirke festgelegt sein. Vergleicht man daher mit einer Normallampe eine zu messende andersfarbige Lampe einmal im roten und danach im grünen Licht ihrer Spektra, so wird, wenn die erhaltenen Werte R und Gr sind, das Verhältnis Gr/R einen Index für die Farbe der zu messenden Lampe bilden, und man wird deren Lichtstärke J durch

$$J = R f\!\left(\frac{Gr}{R}\right)$$

darstellen können, wo f eine unbekannte Funktion ist.

Macé de Lépinay[2]) hat für Benutzung der Carcellampe als Vergleichslichtquelle die Formel

$$J = \frac{R}{1 + 0{,}208\left(1 - \dfrac{Gr}{R}\right)}$$

angegeben. Die Werte R und Gr werden gewonnen, indem Flüssigkeitsfilter einer vorgeschriebenen Zusammensetzung zwischen Auge und Photometer gebracht werden.

Boutaric und Vuillaume[3]) weisen durch Rechnung am Schwarzen Strahler nach, daß die Formel von Macé de Lépinay verbesserungsfähig ist, wobei sie als wirksame Wellenlänge der Filter 630 mμ und 530 mμ annehmen. Sie stellen die allgemeinere Formel auf:

$$\frac{J}{R} - 1 = 2 \cdot 10^{-4}\vartheta\!\left(\frac{Gr}{R - 1}\right),$$

wo ϑ die Farbtemperatur der Vergleichslichtquelle ist.

Leonhard Weber[4]) benutzt ein rotes und ein grünes Glasfilter. Der Wert von $f(Gr/R)$ wird nicht durch eine Formel erhalten, sondern einer Tabelle entnommen, die durch direkte Vergleichung verschiedenfarbiger Lichtquellen, z. B. verschieden beanspruchter Glühlampen mit Hilfe von Sehschärfebestimmungen gewonnen ist. Die Sehzeichen bestehen aus Ringsystemen verschiedener Feinheit, die auf Milchglasplatten durch ein photographisches Verfahren aufgebracht sind. Die Methode leidet an allen Mängeln der Sehschärfebestimmungen.

---

[1]) A. Boutaric u. M. Vuillaume, C. R. Bd. 175, S. 688. 1922; Rev. d'opt. Bd. 2, S. 41. 1923.
[2]) J. Macé de Lépinay, C. R. Bd. 97, S. 1428. 1883.
[3]) A. Boutaric u. M. Vuillaume, C. R. Bd. 175, S. 688. 1922; Rev. d'opt. Bd. 2, S. 41. 1923.
[4]) L. Weber, Elektrot. ZS. Bd. 5, S. 166. 1884. S. auch J. Stuhr, Über die Bestimmung des Äquivalenzwertes verschiedenfarbiger Lichtquellen. Diss. Kiel 1908.

d) Objektive Photometrie.

69. Photometrie durch nichtselektive Strahlungsmesser. Es wurde anfangs gesagt, daß man einwandfreie photometrische Vergleichungen verschiedenfarbiger Lichter allein mit physikalischen Apparaten unter Ausschaltung des Auges nicht ausführen kann, weil alle Strahlungsmesser eine andere Abhängigkeit der Empfindlichkeit von der Wellenlänge haben als das Auge. Es liegt aber offenbar die Möglichkeit vor, die Empfindlichkeit der Strahlungsmesser der des Auges anzupassen. Indirekt bleibt also das Auge maßgebend. Für nichtselektive Strahlungsmesser (Bolometer, Thermosäule, Radiomikrometer) ist der Weg durch die Gleichung

$$\Phi = \int\limits_0^\infty \frac{S_\lambda \varphi_\lambda \, d\lambda}{P}$$

gegeben (vgl. Ziff. 65). Man muß die zu messende Lichtstrahlung auf ihrem Wege zum Meßapparat durch eine Vorrichtung hindurchgehen lassen, durch die die homogenen Bestandteile, aus denen sie besteht, gemäß den Werten der Augenempfindlichkeit geschwächt werden.

Für die praktische Ausführung bieten sich zwei ·Möglichkeiten. Die eine besteht darin, daß man die Strahlung durch ein geeignetes Filter schwächt[1], die andere darin, daß man von der zu messenden Lichtquelle ein Spektrum entwirft

Abb. 38. Rotierende Scheibe für objektive Photometrie nach Ives. An den Ort eines geeigneten Spektrums gebracht, schwächt sie die Strahlen jeder Wellenlänge entsprechend den Werten der Augenempfindlichkeit.

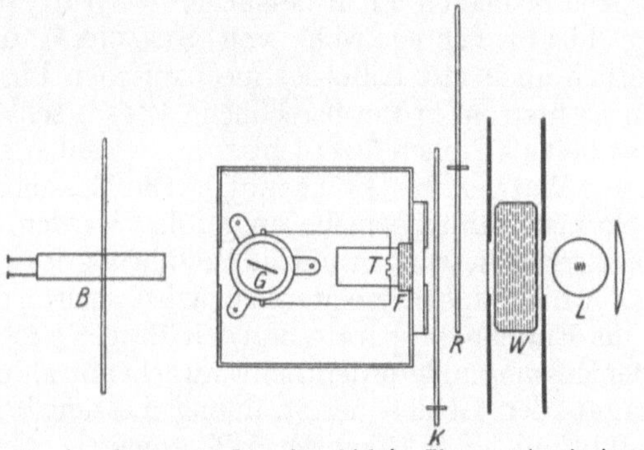

Abb. 37. Anordnung nach Ives für objektive Photometrie mit einem Filter *F*, das die Strahlen jeder Wellenlänge entsprechend den Werten der Augenempfindlichkeit schwächt. *W* ist ein Wassergefäß zum Abhalten der ultraroten Strahlen, *T* Thermosäule, *G* Galvanometer.

und an dessen Ort eine Blende mit einem Ausschnitt bringt, der die Strahlung jeder Wellenlänge im Verhältnis der Augenempfindlichkeit abschwächt[2].

Flüssigkeitsfilter der bezeichneten Art sind von verschiedenen Seiten vorgeschlagen worden[1]. Die zuletzt von Ives[3] angegebene Lösung hat folgende Zusammensetzung: Kupferchlorid 61,25 g, Kobaltammoniumsulfat 14,5 g, Kaliumchromat 1,9 g, Wasser bis zu 1 l Lösung. Die Filterflüssigkeit wird in 1 cm Schichtdicke angewandt und außer ihr zur Abhaltung der ultraroten Strahlung ein Wassergefäß mit 4 cm Schichtdicke eingeschaltet.

Die photometrische Anordnung von Ives mit solchem Filter zeigt Abb. 37. *L* ist die Lichtquelle, *F* das Filter, *T* eine Thermosäule, *G* das Galvanometer

---

[1] Ch. Féry, Journ. de phys. Bd. 7, S. 632. 1908; R. A. Houstoun, Proc. Roy. Soc. London Bd. 85, S. 275. 1911; Phys. ZS. Bd. 12, S. 800. 1911; E. Karrer, Phys. Rev. (2) Bd. 5, S. 189. 1915; F. Conrad, Ann. d. Phys. Bd. 54, S. 357. 1917; H. E. Ives u. E. F. Kingsbury, Phys. Rev. (2) Bd. 6, S. 319. 1915.

[2] H. Strache, Journ. f. Gasbeleuchtg. Bd. 54, S. 1003. 1911; H. E. Ives, Journ. Frankl. Inst. Bd. 180, S. 409. 1915; Phys. Rev. (2) Bd. 6, S. 334. 1915; A. Blondel, C. R. Bd. 169, S. 830. 1919.

[3] H. E. Ives, Journ. Frankl. Inst. Bd. 188, S. 217. 1919; s. auch I. B. K. Ber. V (Paris 1921), S. 176.

(D'Arsonval), B Fernrohr mit Skala, W das Wassergefäß, K eine Verschlußklappe und R ein Rotierender Sektor. Mit einer Kohlenfadenlampe von 50 HK
wurde ein Ausschlag von 7 cm erhalten. Der Rotierende Sektor diente dazu,
die Ausschläge stets auf dieselbe Größe zu bringen, um den Einfluß mangelnder
Proportionalität des Ausschlages mit der Strahlung zu vermeiden.

Für physikalische Lichtmessung nach der anderen Methode bediente sich Ives[1])
der folgenden Anordnung. Das Licht der zu messenden Lichtquelle wird mit Hilfe
einer Kondensatorlinse auf den Kollimatorspalt eines Spektrometers geworfen. An
dem Ort des Spektrums rotiert eine Scheibe, wie Abb. 38 zeigt, in der sich acht Ausschnitte befinden. Diese sind so gestaltet und justiert, daß das austretende Licht
jeder Wellenlänge im Verhältnis seiner Augenempfindlichkeit geschwächt wird. Das
Spektrum wird dann durch eine weitere Linse so wieder vereinigt, daß ein stark verkleinertes Bild der Prismenfläche auf eine Vakuum-Thermosäule hoher Empfindlichkeit fällt. An Stelle der rotierenden Scheibe wird auch ein fester Ausschnitt von entsprechender Gestalt benutzt. Die erstere hat den Vorteil, daß der Kollimatorspalt
nicht in seiner ganzen Höhe gleichmäßig beleuchtet zu sein braucht und die maximale
Höhe eines Ausschnitts unabhängig von der Höhe des Spektrums ist.

Ives hat mit seinen Photometern nur relative Messungen ausgeführt. Es
liegt aber ohne weiteres die Möglichkeit vor, mit einem solchen Apparat auch
absolut in Watt zu messen, also gewissermaßen Lichtmessungen in Watt auszuführen. Die ersten Vorschläge hierzu rühren wohl von Strache[2]) und
Houstoun[3]) her. Man kann natürlich auch mit Hilfe des mechanischen Licht-
äquivalents aus dem Wattwert den Lichtstrom in Lm berechnen. Ives[4]) schlägt
vor, unter Ausschaltung jeder Lichteinheit als Einheit den Lichtstrom zu wählen, der
in der beschriebenen Weise gemessen 1 Watt ergibt (1 Lichtwatt). Die Messungen
sollen durch Vergleich mit einer Normalstrahlungsquelle ausgeführt werden.

Alle diese physikalisch-photometrischen Messungen und die Ausführung der wei-
tergehenden Pläne auf Abschaffung der Lichteinheit scheitern zunächst noch an der
nicht genügenden Empfindlichkeit der Empfangsapparate und den übrigen experimentellen Schwierigkeiten, die mit der Messung außerordentlich schwacher Strahlungen verbunden sind. Alle Fortschritte auf dem Gebiete der Strahlungsmessung bringen uns aber der allgemeineren Einführung der physikalischen Photometrie näher.

70. Selenzelle. Die Notwendigkeit, allzu empfindliche Meßapparate verwenden zu müssen, fällt im allgemeinen fort, wenn man selektive Empfänger
verwendet. Durch sie kann man sogar zu einer erheblich größeren Empfindlichkeit gelangen, als mit dem Auge erreichbar ist. Unter diesen Empfängern ist
Selen[5]) am frühesten für photometrische Zwecke benutzt worden. Es hat in
graukristallinischem Zustand die Eigenschaft, daß sein elektrischer Widerstand
unter der Einwirkung von Licht stark abnimmt (auf $1/10$ bis $1/15$). Durch Bestimmung der Widerstandsänderung lassen sich also Lichtmessungen ausführen.
Die Aufnahmevorrichtung für das Licht, Selenzelle genannt, ist wegen des hohen
spezifischen Widerstandes des Selens meist so eingerichtet, daß ein möglichst
langer dünner Streifen der lichtempfindlichen Schicht in seiner ganzen Länge
beiderseitig an Metall grenzt, der als Stromzuleitung dient. Z. B. wird auf
einer kleinen Glasplatte (vielleicht von 25×50 mm², s. Abb. 39) ein Platin-
überzug hergestellt und durch eine mit feiner Nadel eingeritzten Zickzacklinie

[1]) H. E. Ives, Journ. Frankl. Inst. Bd. 180, S. 409. 1915.
[2]) H. Strache, Journ. f. Gasbeleuchtg. Bd. 54, S. 1003. 1911.
[3]) R. A. Houstoun, Phys. ZS. Bd. 12, S. 800. 1911.
[4]) H. E. Ives, Astrophys. Journ. Bd. 36, S. 322. 1912; Journ. Frankl. Inst. Bd. 180,
S. 409. 1915.
[5]) Vgl. Chr. Ries, Die elektr. Eigenschaften und die Bedeutung des Selens für die
Elektrotechnik, 2. Aufl., Berlin 1913. Mit umfangreichem Literaturverzeichnis.

in zwei Teile zerlegt. Die Platinfläche wird dann mit einer dünnen Selenschicht überzogen, die durch geeignete Behandlung (Erhitzung und langsame Abkühlung) in den kristallinischen Zustand gebracht wird. Zwei Stellen (*a* und *b*), die als Stromzuleitungen dienen, bleiben von dem Selen frei. Bei anderen Zellen wickelt man zwei als Stromzuleitungen dienende Drähte parallel in geringem Abstand voneinander auf eine isolierende Unterlage und füllt die Zwischenräume mit dem Selen. Gegen Feuchtigkeit sind die Zellen gut zu schützen. Vorteilhaft benutzt man sie im Vakuum.

Es sind zahlreiche Selenphotometer[1]) konstruiert worden; aber wegen der großen Mängel, die diesem Meßverfahren anhaften und mit denen man stets mehr oder weniger zu kämpfen hat, hat sich keins für die praktische Photometrie bewährt. Die Selenzelle besitzt eine große „Trägheit", d. h. es dauert längere Zeit (oft mehrere Minuten), bis bei Einwirkung von Licht Konstanz des Widerstandes erreicht ist. Ein weiterer Übelstand ist die Nachwirkung, die sich darin äußert, daß nach der Belichtung die Leitfähigkeit nur langsam ihren alten Wert (Dunkelwert) wieder annimmt. Manche Zellen zeigen Ermüdung, d. h. bei konstanter, längere Zeit anhaltender Belichtung nimmt der Widerstand, nachdem er ein Minimum erreicht hat, wieder zu; bei anderen bildet sich ein störender Polarisationsstrom.

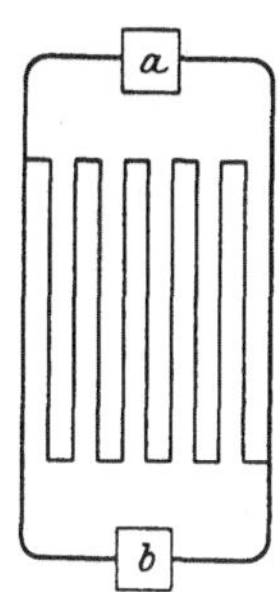

Abb. 39. Selenzelle. Die Zickzacklinie bezeichnet das lichtempfindliche Selen, das sich zwischen einem Platinniederschlag auf Glas befindet. *a* und *b* sind die Zuleitungen.

Was die Abhängigkeit der Lichtempfindlichkeit von der Wellenlänge betrifft, so wird das Maximum meist im Rot gefunden. Es ist aber ein weiterer Mangel der Selenzelle, daß die Gestalt der Empfindlichkeitskurve je nach der Art der Herstellung der Zelle wechselt und sich auch bei derselben Zelle mit der Zeit ändert. Eingehende Untersuchungen[2]) haben ergeben, daß in jeder Selenzelle verschiedene Kristallisationsformen wirksam sind, die verschiedene Farbenempfindlichkeit besitzen. Ferner können gewisse Einwirkungen, wie Stärke und Dauer der Belichtung, Vorbelichtung, Temperatur auf die Gestalt der Empfindlichkeitskurven, von Einfluß sein. So hat PFUND[3]) gefunden, daß bei der von ihm benutzten Zellenart bei geringer Belichtung das Maximum im Rot verschwunden ist und ein schwaches Maximum im Gelbgrün auftritt. Wertvolle Untersuchungen über den Einfluß der Kristallform auf die Gestalt der Empfindlichkeitskurven sind von DIETRICH[4]) und von SIEG und BROWN ausgeführt worden.

Versuche, andere Stoffe mit ähnlicher Lichtempfindlichkeit, wie sie das Selen besitzt, zu finden, haben in einem Falle zu einem gewissen Erfolg geführt. CASE stellt Zellen mit einer aus Thallium, Sauerstoff und Schwefel bestehenden Substanz her, die er Thalofide nennt[5]). Der Stoff befindet sich auf einer Quarzplatte in einem luftleeren Gefäß. Das Empfindlichkeitsmaximum liegt bei 1 μ. Einige der besten Zellen verringerten ihren Widerstand um 50% bei einer Beleuchtung von etwa 0,7 Lx durch eine Metallfadenlampe. Die Thalofidezellen sollen eine geringe Trägheit besitzen und sich schnell erholen.

71. Photozelle. Günstiger als die Selenzellen verhalten sich die lichtelek-

[1]) Eine Zusammenstellung bei W. JAENICHEN, Lichtmessungen mit Selen. Diss. Berlin-Nikolassee. 1914

[2]) Eine Übersicht darüber bei CHR. RIES, ZS. f. Feinmech. Bd. 26, S. 25, 34. 1918.

[3]) A. H. PFUND, Phys. Rev. Bd. 34, S. 370. 1912; Phys. ZS. Bd. 13, S. 507. 1912; F. C. BROWN u. L. P. SIEG, Phys. Rev. Bd. 2, S. 487. 1913.

[4]) E. O. DIETRICH, Phys. Rev. Bd. 4, S. 467. 1914; Bd. 8, S. 191. 1916.

[5]) T. W. CASE, Phys. Rev. Bd. 15, S. 289. 1920; W. W. COBLENTZ, Phys. Rev. Bd. 15, S. 139. 1920; Scient. Pap. Bureau of Stand. Bd. 16, S. 253. 1920; s. auch Elektrot. ZS. Bd. 46, S. 1784. 1925.

trischen Zellen[1]). Für photometrische Zwecke kommen die Na-Zelle, die K-Zelle und die Rb-Zelle in Betracht. Das Empfindlichkeitsmaximum liegt für die Na-Zelle bei $340\ m\mu$, die K-Zelle bei $435\ m\mu$ und für die Rb-Zelle bei $480\ m\mu$. Meist wird die K-Zelle benutzt. Der Photostrom ist in weiten Grenzen dem auffallenden Lichte proportional[2]). Jedoch sind auch Abweichungen von diesem Gesetz beobachtet worden. Trägheits- und Ermüdungserscheinungen soll man, wie schon erwähnt (Ziff. 49), durch Verwendung von Zellen beseitigen können, deren Innenwand bis auf die Eintrittsöffnung für das Licht völlig verspiegelt ist.

Die Empfindlichkeit der Kaliumzelle ist außerordentlich groß. Vielfach genügt die Benutzung eines empfindlichen Galvanometers. Bei höheren Ansprüchen muß man ein Elektrometer wählen und kann die Empfindlichkeit auch durch die Anwendung von Verstärkerröhren steigern. Die gewöhnlich gewählte Meßanordnung ist aus Ziff. 49 ersichtlich.

Das Haupthindernis für die allgemeinere Anwendung der Photozelle in der Photometrie liegt in der starken Abweichung ihrer Empfindlichkeitskurve von der des Auges. So hat denn die Kaliumzelle für gemischtes Licht zunächst nur da Verwendung gefunden, wo nahezu gleichfarbige Lichter zu vergleichen sind. Voege[3]) hat, um die Kaliumzelle für die praktische Photometrie tauglicher zu machen, ein Gelatinefilter eingeschaltet, durch das das Empfindlichkeitsmaximum mit dem des Auges in Übereinstimmung gebracht ist. Jedoch fällt die Empfindlichkeitskurve zu beiden Seiten des Maximums steiler ab als die des Auges. Voege empfiehlt sein Verfahren für die Vergleichung in der Farbe ähnlicher Lampen (elektrische Glühlampen bei verschiedener Beanspruchung; Gasglühlichter untereinander), zu Relativmessungen aller Art (Lichtverteilung), zur Registrierung von Lichtschwankungen. Sehr verschieden gefärbte Lichter (z. B. Metallfadenlampe mit Hg-Lampe) dürfen nicht verglichen werden. Ives hat für die in Ziff. 15 erwähnten Messungen, bei denen also die geringe Farbendifferenz zwischen dem Licht schmelzenden Platins und dem einer normal brennenden Kohlenlampe vorhanden war, an einer Kaliumzelle ein Gelatinegelbfilter (gefärbt mit Tartrazin) angewandt, durch das er eine sehr unsymmetrische Empfindlichkeitskurve mit dem Maximum etwa bei $550\ m\mu$ erhielt. Bei der General Electric Co.[4]) in London wird für Messungen an Metallfadenlampen mit einer Beanspruchung von 1,36 Watt/candle bis zu 1,04 Watt/candle eine Rb-Zelle mit einem Wrattenfilter (Ziff. 66) benutzt. Die Abweichungen gegen die Messungen mit dem Auge blieben unter 1%. Ebenda wird die Verschiedenheit der Empfindlichkeit bei der Na- und der Rb-Zelle benutzt, um geringe Unterschiede in der Beanspruchung glühender Wolframfäden festzustellen. Das Licht der untersuchten Lampe fällt auf beide Zellen, die gegeneinander geschaltet sind. Bei einer Glühtemperatur von 2350° abs. war ein Unterschied von 0,5° bemerkbar gegen 3° bei Beobachtung mit dem Auge.

Das sind allerdings erst bescheidene Anfänge in der Verwendung der Photozelle für objektive heterochrome Photometrie. Bemühungen, Filter zu finden, die die Empfindlichkeitskurven der Zelle ganz der des Auges gleichmachen, können erst erfolgreich sein, wenn es gelingt, Zellen herzustellen, die eine genau angebbare, mit der Zeit und dem Gebrauch nicht veränderliche Empfindlichkeitskurve besitzen.

[1]) R. Pohl u. P. Pringsheim, Die lichtelektrischen Erscheinungen. Braunschweig 1914. Mit Literaturverzeichnis. Fernere Literaturangaben in E. Marx, Handb. d. Radiol. Bd. III, S. 490. Leipzig 1916.

[2]) J. Elster u. H. Geitel, Phys. ZS. Bd. 14, S. 741. 1913; H. Geitel, Ann. d. Phys. Bd. 67, S. 420. 1922.

[3]) W. Voege, ZS. f. Beleuchtungsw. Bd. 20, S. 126. 1914; Elektrot. ZS. Bd. 35, S. 504. 1914.

[4]) Research Staff of the Gen. El. Co. (Leitung von N. R. Campbell u. a.) Journ. Scient. Instr. Bd. 2, S. 177. 1924/25; Bd. 3, S. 2, 38, 77. 1925/26; C. G. Eden u. N. R. Campbell, ebenda Bd. 4, S. 38. 1926/27.

Kapitel 20.

Photographie.

Von

J. EGGERT und W. RAHTS, Berlin.

Mit 15 Abbildungen.

A. Überblick über die photographischen Verfahren und deren geschichtliche Entwicklung[1].

1. Älteste Beobachtungen. Bis zu Beginn des 19. Jahrhunderts sind nur vereinzelte Versuche gemacht worden, photochemische Vorgänge zur Herstellung von Bildern zu verwenden. Von FABRICIUS wurde im 16. Jahrhundert das Chlorsilber entdeckt, aber erst SCHULZE in Halle machte 1727 auf die Lichtempfindlichkeit von Silbersalzen — er benutzte ein Gemisch von Silbernitrat und Kreide — aufmerksam. WEDGWOOD (1802) kopierte Glasgemälde und ähnliches auf Chlorsilber und kam auch als erster auf die Idee, die aus dem Mittelalter bekannte Camera obscura zur Herstellung der Bilder auf lichtempfindlichen Schichten zu benutzen. Auch alle weiteren Einzelbeobachtungen, wie die Entdeckung der Lichtempfindlichkeit des Asphalts durch SENEBIER und die Herstellung farbiger Bilder auf Chlorsilber durch SEEBECK u. a., können noch nicht als Photographie im heutigen Sinne angesprochen werden. Erst NICÉPHORE NIÈPCE und DAGUERRE gebührt das Verdienst, diese Einzeltatsachen zu einem reproduzierbaren Verfahren, Abbilder von natürlichen Gegenständen und Personen herzustellen, ausgebaut zu haben.

2. Entwicklung der Photographie mit Silbersalzen. NIÈPCE (1765—1833) erkannte als erster, daß man, um ein im Licht haltbares Bild zu bekommen, die vom Licht nicht angegriffene Substanz von der im Licht veränderten entfernen müsse. Fußend auf den Beobachtungen WEDGWOODS und SENEBIERS, verwendete er die Camera obscura zur Herstellung der Bilder und den Asphalt als lichtempfindlichen Körper, der, in Lavendelöl gelöst, auf eine versilberte Platte aufgetragen wurde; als Fixiermittel diente ein Gemisch von 1 Teil Lavendelöl und 6 Teilen Petroleum. Hinterher wurde die Platte sorgfältig in Wasser gewaschen. Dieses Verfahren findet heute noch in der Reproduktionstechnik vereinzelt Anwendung (Ziff. 26—28).

---

[1] Der nachfolgende Überblick enthält sich bewußt näherer historischer Literaturangaben, die sich am vollständigsten im EDER, Handbuch der Photographie, Bd. I. 1. Teil, finden.

Die Lichtempfindlichkeit des Asphalts ist nur äußerst gering, daher bedeutete es einen weiteren großen Fortschritt, als Daguerre[1]) das Silberjodid als lichtempfindliche Substanz einführte und damit zum Erfinder der Photographie mit Silbersalzen wurde. Während bei den bisher beschriebenen Verfahren durch das Licht eine neue Substanz entstand, die durch einen einzigen Prozeß von der unbelichtet gebliebenen entfernt wurde, sind die Vorgänge bei der Photographie mit Silbersalzen komplizierter. Der durch die Belichtung entstandene Körper muß erst einem besonderen Prozeß unterworfen werden, ehe man die belichtete Substanz von der unbelichteten trennen kann. Mit anderen Worten: Daguerre „entwickelte" als erster die unsichtbaren Lichteindrücke — später als „latentes Bild" bezeichnet — und fixierte sie dann. Im einzelnen war seine Arbeitsweise so, daß er eine Silberplatte jodierte und in der Kamera belichtete; dann wurde auf dem belichteten Silberjodid Quecksilberdampf niedergeschlagen und das unbelichtete Silberjodid mit Natriumchlorid, später mit Natriumthiosulfat herausgelöst (1839).

Einige Verbesserungen dieses Verfahrens bestanden in der Steigerung der Lichtempfindlichkeit durch Bromieren bzw. Chlorieren der Daguerre-Platten, sowie in dem Haltbarmachen des Bildes durch Vergoldung. Die weiteren Fortschritte setzten nun an den verschiedenen Stellen dieses Verfahrens ein. In der Gestaltung der lichtempfindlichen Schicht selbst war es ein grundsätzlich neuer Schritt, das Halogensilber in einem kolloiden Bindemittel zu suspendieren, wobei sich erstens das Silberhalogenid empfindlicher zeigte und sich zweitens das Entwickeln des latenten Bildes einfacher handhaben ließ. Nièpce de Saint-Victor führte 1848 das Albumin in die Photographie ein, Scott Archer 1851 das Kollodium[2]) und Poitevin und Gaudin 1850 und 1853 die Gelatine[3]). Im Gegensatz zu den trockenen Schichten von Daguerre, Nièpce u. a. erforderte das Kollodiumverfahren von Scott Archer eine Exposition der nassen Schicht; dieses Verfahren wird — nach mannigfachen Verbesserungen — noch heute in der Reproduktionstechnik angewandt (Ziff. 27). Die Verwendung des Kollodiums als Trockenschicht allein, mit Zusatz von Albumin oder mit Überzug von Gelatine, fällt in dieselbe Zeit. Die Gelatineemulsion tritt erst in den 70er Jahren in den Mittelpunkt des Interesses, nachdem man die leichte Herstellbarkeit der Gelatinetrockenplatten [Maddox 1871[4])] erkannt hatte, und die weitere Vervollkommnung dieser Emulsionsart führt dann in den 80er Jahren zu den Anfängen der Amateurphotographie.

Während bei Daguerre der Träger der lichtempfindlichen Schicht eine Metallplatte war, benutzte Fox Talbot 1839 Papier, das mit Halogensilber imprägniert war. Diese Erfindung konsequent weiter verfolgend, gelangte Talbot zum Kopierverfahren, indem das erhaltene Papiernegativ, mit Wachs transparent gemacht, auf ein zweites Papier kopiert wurde. Das Glas als Träger der photographischen Schicht wurde nach einem Vorschlag Herschels zuerst von Nièpce de St. Victor als Unterlage für seine Albuminemulsionen verwandt. Ein weiterer Schritt war der Ersatz des zerbrechlichen Glases durch Zelluloid. Von Fourtier 1881 vorgeschlagen, fand das Zelluloid vor allem in Amerika besonderen Anklang, wo auf Grund einer Reihe von Patenten von Goodwin, George Eastman u. a.[5]) die photographische Filmindustrie geschaffen wurde. Die letzte Vervollkomm-

---

[1]) D. L. J. Daguerre, Historique et Description des procédés du Daguerréotype, Paris, Susse frères 1839.
[2]) F. Scott Archer, The Chemist, März 1851.
[3]) Poitevin, Compt. rend. Bd. 30, S. 647. 1850.
[4]) R. L. Maddox, Brit. Journ. of Phot. Bd. 18, S. 422. 1871.
[5]) A. P. 610861. A. P. 417202.

nung in dieser Richtung ist der Ersatz des Zelluloids durch den schwer entflammbaren Azetylzellulosefilm.

DAGUERRE benutzte Quecksilber zum Sichtbarmachen des latenten Bildes; zwei Jahre nach ihm veröffentlichte TALBOT eine Methode, das latente Bild auf Jodsilberpapier mit Gallussäure und Silbernitrat zu entwickeln, ein Verfahren, das später ARCHER für seine nassen Kollodiumplatten anwandte; dadurch wurde er zum Schöpfer der physikalischen Entwicklung, die darin besteht, daß aus einer Silberlösung durch ein reduzierendes Agens Silber ausgefällt wird, das sich an den belichteten Stellen des Halogensilbers der Schicht festsetzt. Im Gegensatz dazu wird bei der chemischen Entwicklung ohne Silberlösung gearbeitet und das Halogensilber der Schicht selbst durch die Reduktionswirkung des Entwicklers an den belichteten Stellen geschwärzt. Diese chemische Entwicklung fand erst durch die Anwendung der trockenen Gelatineemulsionsschichten ihre weite Verbreitung. Im Anfang verwandte man nur alkalische Pyrogallollösung[1]), dann fand CAREY LEA 1877 den Eisenoxalatentwickler, ABNEY 1880 das Hydrochinon. Ende der 80er Jahre gab ANDRESEN das p-Aminophenol als Entwickler an[2]), das heute noch im Rodinal weit verbreitet und die Muttersubstanz der gebräuchlichsten Entwickler, wie Metol, Amidol, Glyzin usw. ist. Als Alkali der Entwicklerlösungen verwendet man meistens Soda oder Pottasche, als haltbarmachenden Zusatz nach dem Vorschlag von BERKELEY 1882 das Natriumsulfit. Die letzte Neuerung auf dem Entwicklungsgebiet ist die Hellichtentwicklung nach LÜPPO-CRAMER[3]); durch Behandlung mit gewissen Farbstoffen wird das unbelichtete Bromsilber lichtunempfindlich gemacht, das latente Bild aber unverändert gelassen und dadurch die Möglichkeit geschaffen, die Entwicklung bei hellem Licht durchzuführen.

Während DAGUERRE bei seinen ersten Halogensilberschichten noch sehr lange Belichtungszeiten benötigt hatte, konnte durch das nachträgliche Bromieren der Silberjodidschicht die Empfindlichkeit wesentlich gesteigert werden; die gleiche Wirkung erreichte TALBOT durch Zusatz von Gallussäure zu seinem Jodsilberpapier. Die so erzielte Empfindlichkeit wurde dann von den älteren Kollodiumschichten sowie den ersten Gelatineplatten nicht wesentlich übertroffen. Erst durch die Entdeckung der Reifung von Bromsilbergelatineemulsionen durch BENETT[4]) und MONCKHOVEN[5]) und die Ausarbeitung der Emulsionsverfahren durch HENDERSON (Kochverfahren) und EDER (Ammoniakverfahren) wurde die Empfindlichkeit der Bromsilbergelatineschichten so weit erhöht, daß sich in den 80er Jahren die Amateurphotographie entwickeln konnte.

Das in einem Kolloid eingebettete Halogensilber ist nur für den kurzwelligen Teil des Spektrums empfindlich, und es bedeutete daher eine mächtige Förderung der Photographie, als es H. W. VOGEL 1873[6]) gelang, durch Zusatz von bestimmten Farbstoffen, das Halogensilber anzufärben und dieses dadurch auch für den langwelligeren Teil des Spektrums empfindlich zu machen. Von der großen Menge der Sensibilisierungsfarbstoffe haben sich in der Praxis nur die zur Klasse der Phthaleine gehörenden, für die Grün- und Gelbsensibilisation und die zur Klasse der Chinolinfarbstoffe gehörenden für die Rotsensibilisation bewährt. Eosin und Erythrosin einerseits, Orthochrom, Pinazyanol und Pinaverdol anderer-

---

[1]) C. RUSSEL, Brit. Journ. of Phot. 15. November 1862.
[2]) M. ANDRESEN, D.R.P. 60174.
[3]) LÜPPO-CRAMER, Negativ-Entwicklung bei hellem Licht, 2. Aufl. Halle: E. Liesegang 1922.
[4]) G. BENNET, Brit. Journ. of Photogr. Bd. 25, S. 146. 1878.
[5]) VAN MONCKHOVEN, Bull. Soc. Franc. Bd. 25, S. 204. 1879.
[6]) H. W. VOGEL, Ber. d. D. Chem. Ges. Bd. 6, S. 1305. 1873.

seits sind die zur Zeit für Gelatineemulsionen vorwiegend angewandten Sensibilisatoren.

Hiermit findet, in großen Zügen betrachtet, die Entwicklung der Photographie ihren Abschluß; die weiterhin gemachten Fortschritte bedeuten nur Ausbau der einzelnen Zweige und Erschließung neuer Anwendungsgebiete, und demgemäß wird die weitere historische Entwicklung bei den einzelnen Anwendungsgebieten (Kinematographie, Farbenphotographie usw.) aufgeführt.

3. Photographische Verfahren mit anderen lichtempfindlichen Substanzen. Neben den photographischen Verfahren, die auf der Lichtempfindlichkeit der Silberhalogenide beruhen, sind die Verfahren, die die Reduktion des Kaliumbichromats bei Gegenwart organischer Verbindungen zu Chromoxydverbindungen benutzen, die verbreitetsten. Nachdem Suckow 1832 den Farbenumschlag des roten Kaliumbichromats im Licht bei Gegenwart von Zucker in grünes Chromsalz beobachtet hatte, machte Fox Talbot 1852[1]) die wichtige Entdeckung, daß die im Lichte aus Kaliumbichromat entstehenden Chromverbindungen die Gelatine härten. Aus dieser Beobachtung haben sich zwei wichtige Methoden der Bilderzeugung ergeben. Erstens kann man die unbelichtete weiche Gelatine von der belichteten, gehärteten durch Behandeln mit warmem Wasser trennen, und zweitens kann durch Behandlung mit fetten Farben die gehärtete, trockene Gelatine angefärbt werden, während die unbelichtete, feuchtbleibende Substanz die Farbe abstößt. Beide Methoden haben in einigen Edeldruckverfahren und in der Reproduktionstechnik sehr große Verbreitung gefunden. In gleicher Weise wie Chromatgelatine durch die Einwirkung des Lichts gehärtet wird, kann sie auch durch die Oxydationsprodukte bestimmter Entwickler an den Stellen des metallischen Silberniederschlages gehärtet werden (Farmer 1893). Auf dieser Reaktion beruhen die Edeldruckverfahren, wie Ozobromdruck, Bromöldruck und ähnliche. In gleicher Weise wie Gelatine werden Eiweiß, Fischleim und Gummi durch die im Licht aus Bichromat entstehenden Chromverbindungen unlöslich und halten fette Farben fest (Chemigraphie, Photolithographie).

Eine weitere Klasse von photographischen Verfahren beruht auf der Lichtempfindlichkeit von Ferrisalzen, die zu Ferrosalzen reduziert werden. Nachdem verschiedentlich auf die Veränderung von Ferrisalzen im Licht hingewiesen war, baute Herschel[2]) 1842 als erster auf dieser Reaktion ein photographisches Verfahren auf. Die zahlreichen Eisenverfahren unterscheiden sich durch die verschiedene chemische Behandlung, der das im Licht entstandene Ferrosalz unterworfen wird. (Bildung von Berlinerblau, Entstehung schwarzer Eisengallussäure, Niederschlag von Metall [Silber, Platin] auf dem Ferrosalz.)

Schließlich sei noch die Ausnutzung der Lichtempfindlichkeit einer Reihe von organischen Substanzen erwähnt. Auf dem Ausbleichen bestimmter Farbstoffe — zuerst von Vogel 1873 erwähnt — beruht das Ausbleichverfahren von Worel, Neuhaus sowie das Utocolorpapier von Smith[3]). Auf der Lichtempfindlichkeit von Diazoverbindungen[4]) gründet sich die große Reihe der Diazotypieverfahren, von denen allein das Ozalidpapier (Kalle & Co.), das mit trockenem Ammoniak entwickelt wird, eine praktische Verbreitung erfahren hat (Ziff. 22).

---

[1]) F. Talbot, Compt. rend. Bd. 36, S. 780. 1853.
[2]) J. Herschel, Phil. Transact. 1842.
[3]) H. Limmer, Das Ausbleichverfahren, Halle: Knapp 1911.
[4]) J. M. Eder, Handbuch der Photographie IV, 2. Halle: Knapp 1927.

B. Technisches
über die Bromsilbergelatineschichten.

a) Herstellung.

4. Herstellung der Emulsion[1]). Die Herstellung der Bromsilberemulsion erfolgt im wesentlichen nach zwei Methoden, nach dem Ammoniakverfahren und nach der sog. Siedemethode. Bei dem ersten wird das Silber in Form von Silberoxydammoniak $[Ag(NH_3)_2]OH$, das durch Versetzen einer Silbernitratlösung mit Ammoniak bis zur Wiederauflösung des gebildeten Niederschlages entsteht, verwandt, und die Temperatur, bei der gearbeitet wird, übersteigt in der Regel nicht 50° C. Bei dem Siedeverfahren wird ohne Ammoniak gearbeitet, dafür wird die Reifung der Emulsion durch Anwendung von Temperaturen, die über 60° liegen, hervorgerufen. Nach beiden Methoden lassen sich höchstempfindliche Emulsionen herstellen.

Der Emulsionierungsprozeß, der meist in heizbaren Steinzeuggefäßen vorgenommen wird, verläuft in verschiedenen Stufen: zuerst wird das Silbersalz mit dem Halogensalz zusammengegeben, normalerweise läßt man die Silbersalzlösung in die Bromkaliumlösung einlaufen. Dies ist die Periode der Bildung der Bromsilberkörner; dann wird die Emulsion digeriert, d. h. sie wird eine gewisse Zeit, meistens unter Rühren, auf einer bestimmten Temperatur gehalten. Im theoretischen Teil (Ziff. 38, 39, 50) wird später ausführlich behandelt werden, wie die Eigenschaften der Emulsion von der Größe, Form und Struktur der so gebildeten Bromsilberkörner abhängen.

Nach Beendigung oder zwischen verschiedenen Stadien der Digestion wird die Emulsion zum Erstarren gebracht, d. h. sie wird unter 25° C, den ungefähren Erstarrungspunkt der Emulsion, abgekühlt, in „Nudeln" geschnitten und gewaschen. Durch den Waschprozeß werden das gebildete Kaliumnitrat, die überschüssigen Halogensalze und gegebenenfalls das Ammoniak entfernt. Vor dem Gießen wird die Emulsion aufgeschmolzen und durch Tuch bzw. Leder filtriert.

Die Herstellung der Emulsion ist grundsätzlich die gleiche, einerlei, ob es sich um photographische Platten, Films oder Papiere handelt. Bei Papieremulsionen[2]), die neben Silberbromid auch Silberchlorid enthalten, kann unter Umständen der Waschprozeß fortfallen, da die unausgewässerten überschüssigen Salze vom Papier aufgesogen werden, während sie bei Platten oder Films auskristallisieren oder, wie der technische Ausdruck lautet, „ausblühen".

Als Typen der beiden Emulsionsmethoden seien in folgendem zwei erprobte Rezepte angegeben, die zwar nicht mehr dem heutigen hoch entwickelten Stande der Emulsionstechnik entsprechen, aber als charakteristische Beispiele der beiden Verfahren gelten können:

I. Ammoniak-Emulsion[3]).

a) 120 g Gelatine
  750 cm³ Wasser
  120 g Bromammonium
    2,5 g Jodkalium.
b) 100 g Silbernitrat
  750 cm³ Wasser
  105 cm³ Ammoniak 25%

b) wird zu a) bei 45° hinzugegeben, dann wird noch 45 Min. bei 45° digeriert.

---

[1]) J. M. Eder, Handbuch der Photographie. Bd. III, 2 S. 362. Halle: Knapp 1903; F. Wentzel, Die photographisch-chemische Industrie. Leipzig-Dresden 1926.

[2]) F. Wentzel l. c. S. 168, sowie K. Kieser, Phot. Ind. 1925, S. 186—187.

[3]) J. M. Eder, Handbuch der Photographie. Bd. III 2, S. 368. Halle: Knapp 1903.

II. Koch-Emulsion[1]).

a)   66 g Gelatine
660 cm³ Wasser
66 g Bromammonium
2 g Jodkalium.
b) 100 g Silbernitrat
400 cm³ Wasser.
c)   66 g Gelatine
660 cm³ Wasser.

b) wird zu a) langsam bei 65° hinzugefügt, dann wird 30 Min. auf dem Wasserbad zum Sieden erhitzt und c) hinzugegeben.

Durch weitgehende Variation der verwendeten Chemikalien, deren Konzentrationen, ferner Variation der Gelatinemengen und -konzentrationen usw. lassen sich zahllose Emulsionen für den Guß auf Platten, Film und Papier herstellen, die den verschiedensten an sie gestellten Anforderungen genügen.

Für die Verwendung der Platten in den Tropen wird die Emulsion mit einem Härtungsmittel, Formaldehyd oder einem Alaun versetzt, wodurch der Schmelzpunkt, der bei der ungehärteten Emulsion bei ca. 30° liegt, wesentlich heraufgesetzt wird.

5. Sensibilisieren der Emulsion. Die so hergestellten Silberbromidemulsionen reagieren nur mit Licht der Wellenlänge < 5000 Å, reine jodfreie Schichten sogar nur < 4700 Å. Will man die Emulsion auch für längere Wellen empfindlich machen, so muß man die Emulsion „sensibilisieren", d. h. mit geeigneten Farbstoffen versetzen, die das Bromsilberkorn anfärben und Licht längerer Wellen absorbieren. Entweder gibt man zu der Emulsion vor dem Vergießen bzw. am Schluß der Reifung die sensibilisierenden Farbstoffe, oder man badet die begossenen Platten usw. in der Farbstofflösung.

Die sog. orthochromatischen Emulsionen werden durch Sensibilisieren mit Eosin oder Erythrosin hergestellt. Sie kommen in sehr haltbarer Beschaffenheit in den Handel, so daß es nicht lohnt, sie selbst herzustellen. Die Sensibilisation reicht von 4700 bis nahezu 6000 Å mit einem flachen Maximum bei 5500 Å, nur bei 5000 Å bleibt oft eine schwache Sensibilisierungslücke.

Braucht man Platten, die für noch langwelligere Strahlen empfindlich sind, so kann man sich entweder der panchromatischen Platten und Films des Handels bedienen oder aber sich die Platten durch Baden der Schichten selbst sensibilisieren. Die hierzu notwendigen Farbstoffe werden fast ausschließlich von der I. G. Farbenindustrie A.-G. geliefert, die in ihren Veröffentlichungen genaue Anweisung zur Selbstherstellung panchromatischer Schichten gibt. Man löst den Farbstoff in wäßrigem Alkohol und verwendet ihn in einer Konzentration von etwa 1:50000. In dieser Lösung badet man die Platten etwa 4 Min., wässert darauf 5 Min. in fließendem Wasser und trocknet sie an einem staubfreien Ort. Die Haltbarkeit der so sensibilisierten Platten ist aber nur beschränkt und beträgt im Durchschnitt 2 Tage. In Abb. 1 ist der spektrale Empfindlichkeitsbereich einer unsensibilisierten Bromsilberplatte des Handels im Vergleich zu dem Verhalten derselben Platte angegeben, wenn sie in den Lösungen der gebräuchlichsten Sensibilisatoren des Handels gebadet wird. Es ist dabei zu beachten, daß die Absorptionsspektren der Farbstoffe nach den kürzeren Wellen zu verschoben erscheinen gegenüber der Farbenempfindlichkeit der in ihnen gebadeten Schichten (Ziff. 44).

6. Vergießen der Emulsion auf Platten. Die Platten werden fabrikatorisch auf Gießmaschinen gegossen. Das sorgfältig gereinigte Glas wird zunächst mit einer hauchdünnen Schicht von gehärteter Gelatine oder Wasserglas überzogen,

---

[1]) J. M. Eder, Handbuch der Photographie. Bd. III 2, S. 371. Halle: Knapp 1903.

um die Emulsion auf dem Glas so fest zum Haften zu bringen, daß sie weder im alkalischen Entwickler, noch im sauren Fixierbad abgelöst wird. Dann werden die Platten auf einer Walzenstraße bzw. einem endlosen bewegten Tuch erst

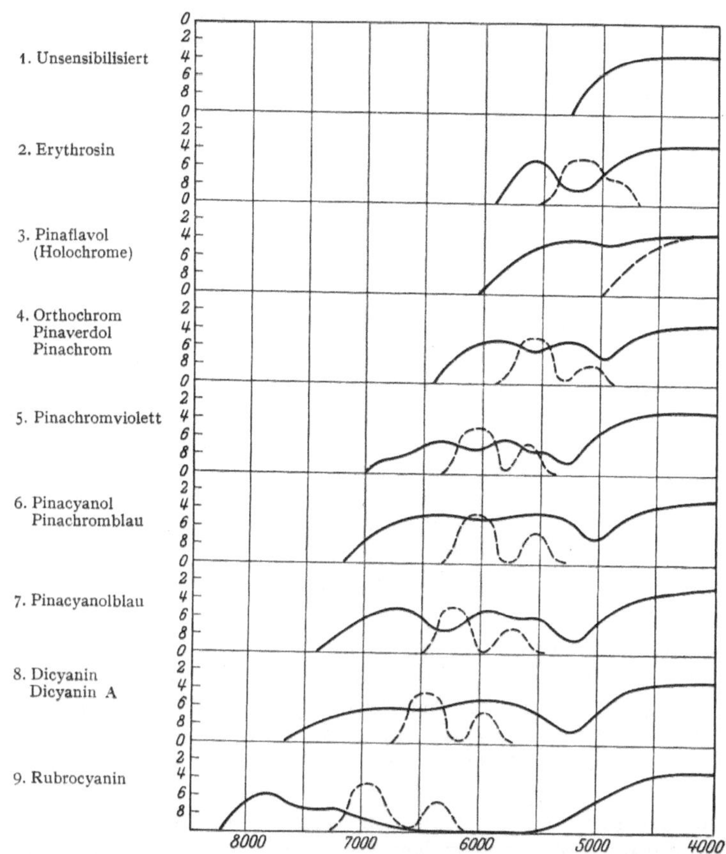

Abb. 1. Photographische Wirkung einiger Sensibilisatoren und ihre Absorptionsgebiete. Abszisse: Wellenlänge in Å. Ordinate: log Belichtungsintensität (Basis 2). Die Kurven wurden mit einem Spektrographen unter Benutzung einer gasgefüllten Metallfadenlampe von 300 Watt gewonnen, die ersten 8 Aufnahmen wurden gleich lange, die letzte etwa 10mal so lange exponiert. Zur Aufnahme diente ein sog. Stufenspalt, d. h. ein Spalt, dessen Breite sich in der Längsrichtung staffelartig um den Faktor 2 ändert. — Die ausgezogenen Kurven verbinden diejenigen Stellen der Negative, an denen die Schwelle der jeweiligen Schicht erreicht wird. Betont sei, daß auch die unsensibilisierte Handelsplatte (1), welche bei den folgenden Versuchen als Badeplatte diente, infolge ihres Jodsilbergehaltes schon eine weiter ins Grün hineinreichende Empfindlichkeit besitzt, verglichen mit einer Schicht aus reinem Bromsilber (vgl. Abb. 9). — Die punktierten Kurven zeigen die ungefähren Absorptionsgebiete der Farbstofflösungen in den zum Baden benutzten Konzentrationen. Die letzteren setzen sich in der Regel zusammen aus 100 cm³ Wasser, 50 cm³ Alkohol und 2 bis 3 cm³ Farbstofflösung (1:1000 in Alkohol mit Ausnahme von Pinaflavol (3), das in rein wässeriger Lösung verwandt wird).

unter den „Gießer" gebracht, der die von oben zufließende geschmolzene Emulsion gleichmäßig auf die Platten verteilt, dann durch einen Kühlkasten geführt, in dem die Emulsion durch Wärmeentziehung erstarrt. Zuletzt werden die Platten getrocknet, wenn nötig in bestimmte Formate aufgeschnitten und verpackt. Selbstverständlich müssen alle Operationen der Schichtherstellung bei photographisch unwirksamem Licht stattfinden (Ziff. 10).

Im Laboratorium stellt man sich die Platten durch Handguß her, wobei etwa 5 cm³ Emulsion, auf eine 9 × 12 cm²-Platte gebracht, die handelsübliche Gußdicke ergeben. Die Glasplatten müssen vorher sorgfältig gereinigt[1]) und,

---

[1]) J. M. Eder, Handbuch der Photographie. Bd. III, 2, S. 356—367. Halle: Knapp. 1903.

wie oben beschrieben, präpariert sein; die bei ca. 35° geschmolzene Emulsion wird mittels einer Pipette auf die Glasscheibe gebracht und durch Hin- und Herbewegen gleichmäßig verteilt. Dann wird die Emulsion auf einem Nivelliergestell zum Erstarren gebracht und in staubfreier, angewärmter Luft getrocknet.

Durch eine besondere Art des Emulsionsauftrags werden die lichthoffreien Platten unter Verwendung derselben Emulsionen wie für normale Platten hergestellt. Die verbreitetste Methode ist die, zwischen Glas und Emulsion eine Zwischenschicht einzuschalten. Als Zwischenguß, der über die Gelatine oder die Wasserglasschicht auf die Glasplatte aufgegossen wird, verwendet man entweder nach Sandell eine ganz unempfindliche Emulsion, die die von der Glaswand reflektierten Strahlen absorbiert, aber durch sie nicht entwickelbar gemacht wird, oder eine rote oder gelbe Stoffe enthaltende Gelatineschicht (Agfa Isolar- und Isorapidplatte). Ein anderer Weg, die Platten lichthoffrei zu machen, besteht darin, daß auf die Rückseite des Glases eine stark lichtabsorbierende Schicht gebracht wird.

Eine besondere Herstellungsart erfordern die Ferrotypieplatten[1]), die für die Schnellphotographie noch eine weite Verbreitung besitzen. Sie bestehen in einer Bromsilbergelatineschicht auf dünnem schwarzlackierten Eisenblechplatten; ihre Verarbeitung weicht auch wesentlich von den gewöhnlichen Trockenplatten ab; sie werden in folgendem Bad gleichzeitig entwickelt und fixiert:

> 800 cm³ Wasser
> 20 g Hydrochinon
> 31 g Natriumsulfit krist.
> 248 g Natriumhyposulfit krist.
> 8 g Soda krist.
> 8 g Kaliumbromid
> 45 cm³ Ammoniak (0,91).

7. Vergießen der Emulsion auf Film und Papier. Im Laufe der Zeit ist Glas als Träger der Bromsilbergelatineemulsion mehr und mehr gegenüber dem Film in den Hintergrund getreten, der als kinematographischer Film, Rollfilm und Filmpack, Röntgenfilm, Porträtfilm usw. über die ganze Erde Verbreitung gefunden hat. Die überwiegende Mehrzahl dieser Films besteht heute noch aus Nitrozellulose, während die Verwendung der schwer entflammbaren Azetylzellulose sich nur langsam Bahn bricht. Zur Herstellung des Nitrozellulosefilms wird Kollodium unter Zusatz von Kampfer in organischen Lösungsmitteln gelöst und filtriert. Aus dieser Lösung wird dann durch Aufgießen auf ein endloses Band, auf dem die Lösungsmittel zum Verdunsten gebracht werden, die Filmbahn hergestellt. Hierauf wird der Film mit einer Zwischenschicht versehen, die wie bei Platten ein gutes Haften der Emulsion auf dem Film gewährleisten soll. Dann wird die geschmolzene Emulsion auf den Film aufgetragen, der, von einer großen Rolle abgewickelt, über ein System von Walzen läuft, darauf wird die Emulsion rasch zum Erstarren gebracht und in langen Hängen getrocknet. Zum Schluß wird der Film wieder in große Rollen aufgewickelt.

Für die verschiedenen Verwendungszwecke wird der lichtempfindliche Film in verschiedenen Zelluloidstärken hergestellt. Der Kinematographenfilm hat eine Stärke von 0,12 mm, der Amateurfilm (im Handel in Form von Rollfilm und Filmpack) ist 0,09 mm stark, für die Röntgenphotographie wird starkes Zelluloid (0,20 mm) gebraucht und die Emulsion beiderseitig auf das Zelluloid aufgetragen (Röntgen-Doppelfilm, Ziff. 31). Ferner wird für die Reproduktionstechnik und die Porträtphotographie Zelluloid gleicher Dicke einseitig mit Emulsion begossen (phototechnischer Film und Porträtfilm). Soll bei dem in

---

[1]) J. M. Eder, Handbuch der Photographie II, 2, 3. Aufl. S. 172—179. Halle: Knapp 1927.

Blättern geschnittenen Film ein Rollen vermieden werden, so wird die nicht emulsionierte Seite mit einer Gelatineschicht („non curling-Schicht") begossen, so daß die beiderseitigen, durch den Gelatineaufguß erzeugten Spannungen sich ausgleichen und der Film plan liegt. Außer farblosem Zelluloid kann als Träger gefärbtes Zelluloid („bunter" Kine-Positivfilm) oder milchig gemachtes Zelluloid verwendet werden. Endlich kann für besondere Zwecke auch Mattfilm durch Zusatz eines Mattierungsmittels (Stärke usw.) zur Emulsion oder durch Begießen der Rückseite mit einer mattierten Gelatineschicht[1]) hergestellt werden.

Die Herstellung photographischer Entwicklungspapiere ähnelt weitgehend der Filmfabrikation. Das Rohpapier, das in der Regel im wesentlichen aus Zellstoff und nur bei besseren Sorten mit einem größeren Prozentgehalt an Lumpen hergestellt wird, wird in den meisten Fällen zunächst barytiert, d. h. mehrere Male mit einer Bariumsulfatschicht, die nur wenig Gelatine oder Leim als Bindemittel enthält, überzogen. Diese Schicht schützt die Emulsion vor den schädlichen Einflüssen des Rohpapiers und gibt außerdem dem Bilde durch ihren reinweißen Glanz erhöhte Brillanz. Das barytierte Papier wird sodann mit Emulsion überzogen und in Hängen wie Film getrocknet und aufgeschnitten. Der verschiedene Glanz der Papieroberflächen wird durch die verschiedene Korngröße des Bariumsulfats sowie den Gelatinegehalt des Barytstrichs erzeugt. Bei matten Papieren wird die Wirkung des stumpfen Barytstrichs noch durch Zusatz eines Mattierungsmittels (Stärke) zur Emulsion unterstützt. Die normalerweise verwendeten Papierstärken, bezeichnet nach $g \cdot m^{-2}$, ohne Berücksichtigung der Barytschicht, sind für kartonstarke Papiere 220 bis 250 $g \cdot m^{-2}$ und für einfache Papiere 130 bis 150 $g \cdot m^{-2}$. Neuerdings werden Entwicklungspapiere nach dem Begießen mit Emulsion mit einer Schutzschicht überzogen, damit Schrammen und andere Druckstellen keine entwickelbaren Eindrücke auf der Emulsion hervorrufen.

Die Gußdicke der Emulsion bzw. die Silbermenge pro cm^2 ist bei den verschiedenen Materialien stark verschieden. Photographische Papiere tragen etwa 0,2 mg Silber je cm^2, Diapositivplatten enthalten ungefähr 0,6 mg cm^{-2} Silber, Amateurplatten und -films etwa 0,9 mg cm^{-2}, Röntgenfilms etwa 1,2 mg cm^{-2} je Schicht.

b) Verarbeitung.

8. Entwicklersubstanzen und Entwicklung. Die Hervorrufung des Bildes nach der Belichtung erfolgt durch Substanzen, die das Halogensilber an den belichteten Stellen in metallisches Silber verwandeln. Man unterscheidet die **physikalische Entwicklung**, die an den belichteten Stellen das Silber aus der Entwicklungsflüssigkeit niederschlägt, und die entweder vor oder nach dem Fixieren erfolgen kann, und die **chemische Entwicklung**, die das schwarze metallische Silber aus dem Bromsilber der Emulsion an den belichteten Stellen durch Reduktion bildet. In der photographischen Praxis bedient man sich fast ausschließlich der chemischen Entwicklung, und die vorwiegend angewandten Entwicklersubstanzen sind p-Aminophenole und Polyoxybenzole. Die früher vereinzelt gebrauchten anorganischen Entwicklersubstanzen, wie Eisenoxalat, und die öfters vorgeschlagenen anderen organischen Verbindungen, wie Eikonogen, Hydroxylamin usw., haben keine praktische Bedeutung. Als Entwickler verbreitet sind: Metol, Hydrochinon, p-Aminophenol, Pyrogallol, einzeln oder in Mischung, ferner Glyzin, Amidol. Vorschriften für solche Entwickler enthalten alle photographischen Lehr- und Handbücher[2]).

---

[1]) D.R.P. 406614.
[2]) J. M. EDER, Rezepte und Tabellen, 12.—13. Aufl. Halle: Knapp 1927.

Zur Herstellung einer entwickelnden Lösung werden obige Substanzen unter Zusatz von Alkali und Natriumsulfit und häufig unter Zusatz von Bromkalium in Wasser gelöst.

Ausschlaggebend für das erzielte Bild sind die Eigenschaften der Emulsion, während die Entwickler den Charakter des Bildes nur innerhalb engerer Grenzen variieren können. Man unterscheidet in der Praxis Rapidentwickler und Zeitentwickler (langsam arbeitend). Zu den ersteren gehören Metol in alkalikarbonat- und ätzalkalihaltiger Lösung, p-Aminophenol, Amidol, Pyrogallol; Vertreter der zweiten Art sind Glyzin und Hydrochinon in alkalikarbonathaltiger Lösung. Beide Arten können jedoch durch entsprechende Änderung der Konzentration oder der Zusätze in den entgegengesetzten Typus übergeführt werden. So kann man beispielsweise mit Glyzin in ätzalkalischer Lösung oder mit Hydrochinon in Gegenwart von viel Metol einen Rapidentwickler erhalten (Ziff. 13).

Die Wirksamkeit einer Entwicklungssubstanz hängt weitgehend von der verwendeten Konzentration, der Zeit und der Temperatur ab. Je höher die Konzentration ist, um so härter arbeitet der Entwickler, um so größer ist auch der Schleier des Bildes. Im gleichen Sinne wirken Verlängerung der Entwicklungszeit und Erhöhung der Temperatur. Die Entwicklungstemperatur soll 18 bis 20° betragen; normale, nicht gehärtete Platten dürfen höchstens in 25° warmen Bädern behandelt werden, da sonst die Emulsionsschicht herunterschmilzt. Für die Entwicklung von Platten und Films in tropischen Gegenden existieren besondere Vorschriften[1]).

Mit Ausnahme von Amidollösungen enthalten alle Entwickler Alkali, meistens Soda oder Pottasche, die nach neueren Untersuchungen[2]) als äquivalent anzusehen sind, aber auch Ätzalkalien oder Ammoniak.

Alkalische Lösungen der entwickelnden Substanzen werden durch den Luftsauerstoff sehr rasch oxydiert und in ihrer Wirksamkeit abgeschwächt, daher enthalten alle Entwickler ein Reduktionsmittel als haltbarmachende Substanz, meistens Natriumsulfit Na_2SO_3 oder Kaliummetabisulfit $K_2S_2O_5$. Innerhalb weiter Grenzen ist die Wirkung des Entwicklers von dem Sulfitgehalt unabhängig.

Als verzögerndes und klar haltendes Mittel wird dem Entwickler Bromkalium zugesetzt, wodurch in der Regel die Härte des Bildes gesteigert wird (Ziff. 48).

Durch richtig geleitete Entwicklung ist es in gewissem Grade möglich, Expositionsfehler auszugleichen. Unterbelichtete Bilder müssen in einem verdünnten Entwickler möglichst ohne Bromkalium hervorgerufen werden, während überbelichtete in einem konzentrierten Entwickler mit hohem Bromkaliumgehalt behandelt werden müssen. Um die Entwicklung so zu leiten, daß man mit größter Sicherheit ein richtiges Bild erhält, existieren eine Reihe von Methoden[3]).

Als allgemeine praktische Regeln für die Entwicklung sei auf folgendes hingewiesen: Das Entwicklerquantum muß so groß bemessen werden, daß die Platte bzw. der Film stets vom Entwickler bedeckt bleibt. Der Entwickler muß dauernd bewegt werden, um Schlieren- und Streifenbildung zu vermeiden. Die Platte muß möglichst nicht mit der Luft in Berührung kommen, da sich bei einigen Entwicklern sonst der sog. Luftschleier — vor allem bei Metol-Hydrochinon — bildet.

---

[1]) R. Lohmeyer, Tropenphotographie, Hamburg.
[2]) S. E. Sheppard u. Anderson, Phot. Ind. S. 516. 1925.
[3]) A. W. Hübl, Die Entwicklung bei zweifelhaft richtiger Exposition. 5. Aufl. Halle: Knapp 1918.

Es folgen nun einige Entwicklerrezepte für eine normale Entwicklungszeit von 5 Minuten und 18° C. Auf die besondere Entwicklungsmethode mit verdünntem Entwickler sei hier nur hingewiesen[1]).

1. p-Aminophenol.

A	B
1000 cm³ Wasser	2000 cm³ Wasser
20 g salzsaures p-Aminophenol	120 g Natriumsulfit krist.
	120 g Pottasche

Zum Gebrauch mische man 1 Teil A + 2 Teile B. Der Entwickler arbeitet langsam und klar.

2. Pyrogallol.

A	B
1000 cm³ Wasser	210 g Soda krist.
50 g Pyrogallol	
50 g Kaliummetabisulfit	1000 cm³ Wasser
270 g Sulfit krist.	

Zum Gebrauch mische man 1 Teil A + 1 Teil B + 4 Teile Wasser. — Die mit Pyrogallol entwickelten Bilder zeigen meist einen bräunlichen Bildton.

3. Metol-Hydrochinon.

1000 cm³ Wasser
5 g Metol
100 g Natriumsulfit krist.
7 g Hydrochinon
100 g Pottasche
2,5 g Bromkalium.

Zum Gebrauch mit 3—4 Teilen Wasser zu verdünnen. Diese Lösung ist ein normaler Entwickler für Negative für Amateurzwecke.

4. Metol-Hydrochinon für Kinenegativfilm[2]).

100 l Wasser
100 g Metol
600 g Hydrochinon
4000 g Natriumsulfit sicc.
2100 g Soda sicc.
100 g Bromkalium
120 g Kaliummetabisulfit
50 g Zitronensäure

5. Glyzin.

1000 cm³ Wasser
250 g Sulfit krist.
50 g Glyzin
250 g Pottasche.

Zum Gebrauch mit 3—5 Teilen Wasser zu verdünnen. Die Chemikalien sind in der angegebenen Reihenfolge in das Wasser zu geben. Das Glyzin löst sich erst bei Zusatz der Pottasche.

Indessen lohnt es meistens nicht, den Entwickler selbst anzusetzen, sondern es existieren eine Reihe von fertigen Entwicklerlösungen, die nur entsprechend zu verdünnen sind. Von diesen ist vor allem das Rodinal — eine ätzalkalische Lösung von p-Aminophenol — zu erwähnen, das von ANDRESEN 1889 angegeben wurde, und das den konzentriertesten aller Entwickler darstellt. Für normale Negative ist Rodinal im Verhältnis 1:20 zu verdünnen, um in 5 Minuten ein richtiges Bild zu erhalten.

9. Fixieren der Schichten und ihre nachträgliche Korrektur. Nach dem Entwickeln wird die Schicht kurz abgespült, um zu verhindern, daß zuviel Entwickler in das Fixierbad gelangt. Diesem Zwischenwässerungsbad kann man

---

[1]) H. SCHMIDT, Die Standentwicklung 3.—4. Aufl. Halle: Knapp 1920.
[2]) Agfa-Kinehandbuch; dort weitere Angaben über Entwicklung von Kinenegativ- und Kinepositivfilm.

1% Essigsäure hinzusetzen, um die Einwirkung des alkalischen Entwicklers augenblicklich zum Stillstand zu bringen.

Dann wird das unbelichtete Bromsilber aus der Schicht herausgelöst, die Platte wird fixiert. Als Bromsilberlösungsmittel wird allgemein das Natriumthiosulfat $Na_2S_2O_3$ angewandt. Der chemische Vorgang des Fixierens geht in mehreren Teilreaktionen vor sich:

$$1. \qquad 2\,AgBr + Na_2S_2O_3 = Ag_2S_2O_3 + 2\,NaBr,$$

$$2. \qquad Ag_2S_2O_3 + Na_2S_2O_3 = Ag_2S_2O_3Na_2S_2O_3 = 2\,Na[AgS_2O_3]. \qquad (I)$$

Erst wird das Bromsilber in Silberthiosulfat umgesetzt, dann bildet dieses mit überschüssigem Natriumthiosulfat ein in Wasser schwer lösliches Komplexsalz. Da dieses Salz farblos ist, erscheint die Schicht bereits ausfixiert. Würde aber der Fixierprozeß jetzt unterbrochen, so würde das in der Schicht bleibende Komplexsalz sich unter Bildung von gelbem kolloiden Silber oder Schwefelsilber zersetzen. Läßt man aber die Schicht länger im Fixierbad, so wird das AgS_2O_3'-Ion durch das S_2O_3''-Ion ersetzt [unter teilweiser Bildung höherer Komplexe[1])] und auf diese Weise alles aus dem AgBr stammende Silber aus der Schicht entfernt.

Das Fixierbad wird in der Regel angesäuert, um die noch in der Gelatineschicht vorhandenen Entwicklerreste unwirksam zu machen und Gelbschleier zu vermeiden. Dazu wird gewöhnlich schweflige Säure genommen, da sie keine Schwefelausscheidung durch Zersetzung des Thiosulfats hervorruft. Eine Beschleunigung des Fixierprozesses erreicht man durch Verwendung von Ammoniumthiosulfat, das sich durch Umsetzung von Natriumthiosulfat mit Ammoniumchlorid bildet; das zweite nachfolgende Rezept macht hiervon Gebrauch:

<table>
<tr><td>1000 cm³ Wasser</td><td>1000 cm³ Wasser</td></tr>
<tr><td>200 g krist. Natriumthiosulfat</td><td>150 g krist. Natriumthiosulfat</td></tr>
<tr><td>15 g Bisulfit.</td><td>75 g Chlorammonium</td></tr>
<tr><td></td><td>10 g Kaliummetabisulfit.</td></tr>
</table>

Das Fixierbad darf nicht zu stark erschöpft werden. In 100 cm³ 20proz. Fixierbad sind zweckmäßig nicht mehr als 12 Negative 9×12 auszufixieren.[2])

Die hin und wieder auftauchenden Rezepte für gleichzeitiges Entwickeln und Fixieren sind ohne Bedeutung. Ebenso findet die physikalische Entwicklung auch nur in ganz seltenen Fällen Anwendung, z. B. beim Verarbeiten der nassen Kollodiumplatten (Ziff. 27).

Nach dem Fixieren sind die Negative gründlich zu wässern — 20 Minuten in fließendem Wasser — und dann zu trocknen. Man kann den Trockenprozeß beschleunigen, wenn man das Wasser in der Gelatineschicht erst durch Alkohol verdrängt und dann den Alkohol zum Verdunsten bringt.

Eine nachträgliche Korrektur des entwickelten Bildes läßt sich innerhalb enger Grenzen durch Verstärken und Abschwächen erzielen. Durch die Verstärkung wird an das Silber des Bildes eine Metall- (Silber, Kupfer, Quecksilber) oder eine Uranverbindung angelagert und dadurch die Dichte des Niederschlages erhöht. Nachstehend einige der gebräuchlichsten Verstärkerrezepte:

1. Quecksilberverstärker.
a) Bleichbad: 1000 cm³ Wasser
20 g Quecksilberchlorid
20 g Bromkalium
b) Schwärzungsbad: 10% Natriumsulfitlösung (krist.) oder normaler Entwickler.

---

[1]) Vgl. die ausführlichen Studien von LUTHER (1928).
[2]) Über eine Methode, die Brauchbarkeit des Fixierbades festzustellen, s. Phot. Ind. 1923, S. 180 u. 377.

2. Uranverstärker.

a) 1000 cm³ Wasser
   10 g Ferricyankalium
b) 1000 cm³ Wasser
   10 g Uranylnitrat.
Zum Gebrauch: 50 cm³ a)
              50 cm³ b)
              10 cm³ Eisessig.

Bei der Abschwächung wird das Silber des Bildes partiell fortgelöst, dabei ist in der Praxis zwischen zwei Arten von Abschwächern, den proportionalen und den subtraktiven, zu unterscheiden; die proportionalen Abschwächer lösen an den verschiedenen Stellen des Bildes Silbermengen heraus, die dem Gesamtsilbergehalt an der jeweiligen Stelle proportional sind, während die subtraktiven Abschwächer an allen Stellen des Bildes die gleiche Silbermenge herauslösen. Durch subtraktive Abschwächung wird also der Charakter des Bildes nicht verändert, während die proportionale Abschwächung die Schwärzungsunterschiede vermindert.

Der bekannteste proportionale Abschwächer ist der Persulfatabschwächer, dessen Wirkungsweise aber noch nicht genügend erforscht ist und die häufig unzuverlässig arbeitet:
                    2 g Ammoniumpersulfat
                    100 cm³ dest. Wasser
                    2 cm³ 1proz. Kochsalzlösung.
Unterbrechungsbad: 10proz. Natriumsulfitlösung.
Der bekannte FARMERsche Abschwächer:
        a)   5 g Ferrizyankalium
              100 cm³ Wasser.
        b)   5 g Natriumthiosulfat
              100 cm³ Wasser.
        Zum Gebrauch: 100 cm³ b)
                      10—30 cm³ a)
steht in der Mitte zwischen den proportionalen und subtraktiven Abschwächern.
Reine subtraktive Abschwächer sind Jodkalium, Kaliumbichromat bzw. Kaliumpermanganat, Kupferchlorid + Natriumchlorid, Kupfersulfat-Ammoniak + Natriumthiosulfat.

10. Dunkelkammerbeleuchtung. Die Verarbeitung der photographischen Schichten soll entweder im Dunkeln oder aber bei einer Beleuchtung erfolgen, die einerseits auf die Schichten möglichst wenig einwirkt, die indessen andererseits dem Auge möglichst hell erscheint[1]). Die optimale Dunkelkammerbeleuchtung ist daher sowohl von der spektralen Empfindlichkeit der verarbeiteten Schicht als auch von derjenigen des menschlichen Auges abhängig. Für unsensibilisierte Bromsilberschichten hat sich das Optimum bei 6200 Å, also für orangegefärbtes Licht ergeben, im Gegensatz zu der viel verbreiteten Ansicht, daß das langwelligste Rubinrot am günstigsten sei; letzteres ist ungeeignet, weil seine Einwirkungsfähigkeit besonders auf hochempfindliche Schichten der Augenempfindlichkeit für dieses Spektralgebiet relativ weit überlegen ist. Der steile Anstieg der spektralen Empfindlichkeitskurve des Auges von Rot nach Grün, namentlich für Dunkeladaptation desselben, verursacht außerdem, daß orange gefärbtes Licht ein Dunkelzimmer auch in den Ecken heller erscheinen läßt als rote Beleuchtung. — Ähnliche Optima bestehen entsprechend für sensibilisierte Schichten; für panchromatische Schichten ist das günstigste Gebiet z. B. bei 5200 Å gelegen, es ist jedoch klar, daß die Helligkeit (absolut genommen) in diesem Falle geringer ist als im vorigen Beispiel, wie überhaupt die Stärke der Beleuchtung, abgesehen von ihrer spektralen Lage, sich nach der Allgemeinempfindlichkeit der verarbeiteten Schicht richtet: Positivschichten vertragen in der Regel eine hellere Belichtung als Negativmaterial.

---

[1]) H. ARENS u. J. EGGERT, ZS. f. wiss. Photogr. Bd. 24, S. 230. 1926.

11. Desensibilisatoren. Den neuesten Fortschritt auf dem Gebiete der photographischen Entwicklung stellen die von Lüppo-Cramer unter Mitwirkung von E. König entdeckten Desensibilisatoren dar. Sie greifen das latente Bild nicht an, setzen aber die Empfindlichkeit der Emulsion so weit herunter, daß die Entwicklung bei hellgelbem bis orangefarbenem Licht vorgenommen werden kann, ohne daß die Platten verschleiern[1]). Die jetzt gebräuchlichsten Desensibilisatoren sind die Farbstoffe: Phenosafranin, Pinakryptolgrün, Pinakryptolgelb (I. G. Farbenindustrie Aktiengesellschaft). Als Beispiel sei Pinakryptolgrün hervorgehoben; in der Konzentration 1:5000 wird es als Vorbad verwendet. Nachdem die Platte 2 Minuten im Dunkeln gebadet ist, kommt sie ohne Abspülen in den Entwickler und kann bei hellgelbem Licht weiterentwickelt werden. Als Zusatz zum Entwickler verwendet man z. B. 5 cm³ Pinakryptolgrünlösung 1:500 auf 100 cm³ eines gebrauchsfertigen Metol-Entwicklers und kann nach 1 Minute die Entwicklung bei hellem Licht fortsetzen. Für panchromatische Schichten und Farbrasterplatten ist Pinakryptolgelb der geeigneteste Desensibilisator, der in der Konzentration 1:1000 angewandt wird, aber nur als Vorbad Verwendung finden darf.

c) Prüfung.

12. Grundbegriffe der Sensitometrie. Die Sensitometrie hat die Aufgabe, die Eigenschaften, insbesondere die Empfindlichkeit photographischer Schichten auf systematische und reproduzierbare Weise festzulegen; hierfür ist zunächst erforderlich, die Schwärzung der Schicht geeignet zu definieren.

Nach Hurter und Driffield[2]) bezeichnet man als Transparenz das Verhältnis $\dfrac{I}{I_0}$, wenn I_0 die auf eine Schicht auffallende und I die hindurchgelassene Lichtmenge bedeutet. Das reziproke Verhältnis $\dfrac{I_0}{I}$ ist die Opazität und deren dekadischer Logarithmus die Schwärzung s:

$$s = \log\frac{I_0}{I}\,.$$

Es bedeutet also $s = 1$, daß 0,1 des auffallenden Lichtes durchgelassen wird; legt man zwei Schichten mit der Schwärzung $s = 1$ hintereinander, so hat die Doppelschicht die Schwärzung $s = 2$, d. h. nur 0,01 des auffallenden Lichtes geht noch hindurch. Man sieht aus dieser Additivität, daß diese Definition der Schwärzung sich an diejenige der Extinktion von Bunsen und Roscoe anlehnt. Noch deutlicher erhellt dies daraus, daß die Schwärzung proportional der ausgeschiedenen Silbermenge ist[3]), daß also, mit anderen Worten, die Silberteilchen sich verhalten wie gleichmäßig in der Schicht verteilte Farbstoffteilchen. Erwähnt sei an dieser Stelle, worauf später noch ausführlicher eingegangen werden wird, daß die Schwärzung außerdem der Zahl der entwickelten Silberkörner proportional ist (Ziff. 51).

Die Schwärzung wird in einer für die Zwecke der praktischen Photographie ausreichenden Genauigkeit meist mit dem Polarisationsphotometer von König-Martens gemessen. Früher wurde die Bestimmung im parallelen Licht aus-

---

[1]) Lüppo-Cramer, Die Negativ-Entwicklung bei hellem Licht. Liesegang 1921. S. 32.
[2]) S. E. Sheppard u. C. E. K. Mees, Untersuchungen über die Theorie des photographischen Prozesses. Halle: Knapp 1912; F. Hurter u. V. C. Driffield, Photograph. researches. Herausgegeben von W. B. Ferguson. Royal Photographic Society of Great Britain. 1920.
[3]) S. E. Sheppard und C. E. K. Mees, Untersuchungen über die Theorie des phot. Prozesses, S. 43. Halle: Knapp 1912.

geführt, während sie bei neueren Photometern in diffusem Licht vorgenommen wird[1]).

Eine einfachere Form der Schwärzungsmessung, bei der die gemessenen Schwärzungen automatisch in einer Kurve aufgezeichnet werden, stammt von GOLDBERG. Für exaktere Messungen sind Instrumente von P. P. KOCH, MOLL, ZEISS u. a. angegeben (s. Bd. 19, Kap. 23).

Um eine photographische Schicht zu charakterisieren, gibt man nun die Schwärzungen als Funktion der sie erzeugenden Lichtmengen an, wobei zunächst eine Definition der Lichtmenge zu geben ist. Als Lichtquelle wählt man eine Normalkerze und als Einheit der Lichtmenge die Sekunden-Meterkerze. Nach HURTER und DRIFFIELD wählt man aber für die Sensitometrie als unabhängige Variable nicht die Lichtmengen selbst, sondern deren Logarithmus aus folgenden praktischen Gründen: Einerseits läßt sich der in Betracht kommende Bereich der Lichtmengen durch diese logarithmische Darstellungsweise graphisch übersichtlicher darstellen als durch die numerische Aufzeichnung und andererseits leiten sich beim Positivprozeß, wie wir später sehen werden, die Lichtmengen der Positivkurve aus den Schwärzungen des Negativs ab, die, nach Definition, logarithmische und nicht numerische Größen sind.

Unter der Voraussetzung, daß alle die Schwärzung erzeugenden Operationen, wie Entwickeln, Fixieren, Trocknen usw., stets genau innegehalten werden, kann man also die gemessenen Schwärzungen als Funktion der sie erzeugenden logarithmisch aufgetragenen Lichtmengen darstellen. Die so entstehende Kurve nennt man charakteristische Kurve oder Schwärzungskurve. Das maßstäbliche Verhältnis von Abszisse zu Ordinate wird dabei so gewählt, daß der Abstand von einer bestimmten Lichtmenge zu der 10fachen auf der Abszisse mit der gleichen Strecke gezeichnet wird wie die Schwärzung 1 auf der Ordinate.

Bei diesen Festsetzungen ist im Sinne des Reziprozitätsgesetzes von BUNSEN und ROSCOE die Voraussetzung gemacht, daß gleiche Lichtmengen gleiche photographische Wirkungen hervorrufen. Das ist jedoch keineswegs der Fall. Wir werden vielmehr unter Ziff. 47 sehen, daß die Größe einer Schwärzung sehr wesentlich von der Art und Weise abhängt, in der die Bestrahlung stattfindet — gleiche Lichtmengen vorausgesetzt. Infolgedessen hat die Angabe der Schwärzungskurve einer Schicht nur dann einen Sinn, wenn außer den wirkenden Lichtmengen genau angegeben wird, wie die Belichtung erfolgte. Es hat somit z. B. Berechtigung, die Schwärzung s sowohl als Funktion von I als auch gleichzeitig als Funktion von t wiederzugeben, wodurch man entweder zu der räumlichen Darstellung von s als „Schwärzungsfläche" (in Abhängigkeit von $\log I$ und $\log t$) oder zu der Angabe der Projektionen der Schwärzungsfläche auf die drei Koordinatenebenen geführt wird[2]).

13. Die verschiedenen sensitometrischen Systeme. Bei den verschiedenen Systemen der Sensitometrie unterscheidet man einerseits Intensitäts- und Zeitskalen, je nachdem man die Intensität oder die Zeit variiert und den anderen Faktor des Lichtmengenproduktes $I \times t$ konstant läßt, andererseits ist zwischen kontinuierlicher und intermittierender Beleuchtung zu unterscheiden; die erhaltenen Gradationskurven sind in allen Fällen verschieden. Zu den Zeitskalensystemen zählen diejenigen von HURTER und DRIFFIELD sowie von SCHEINER, Intensitätsskalen benutzen CHAPMAN-JONES, WARNECKE, VOGEL, LUTHER, GOLDBERG, EDER-HECHT usw.

---

[1]) A. CAILLER, ZS. f. wiss. Phot. Bd. 7, S. 268. 1909.
[2]) H. ARENS und J. EGGERT, ZS. f. phys. Chemie. Luther-Festschrift Bd. 131, S. 297. 1927.

Das besonders in angelsächsischen Ländern verbreitete System ist das von HURTER und DRIFFIELD. Hier wird die zu prüfende Platte mit einer Walratkerze, die als Normalkerze angenommen wird und die nach Brennstoff, Flammenhöhe usw. genau definiert ist, in bestimmter Entfernung belichtet, wobei zwischen Platte und Lichtquelle eine Scheibe rotiert, aus der ein stufenförmiger Sektor ausgeschnitten ist. Die Stufen sind so gewählt, daß sie eine geometrische Reihe mit dem Faktor 2 darstellen. Entwickelt wird mit Pyrogallol[1]).

Das SCHEINERsche[2]) System der Sensitometrie hat eine ganz ähnliche Belichtungsart, als Strahlungsquelle wird die SCHEINERsche Benzinlampe verwandt, und die Sektorenausschnitte sind so gewählt, daß in 20 Feldern die 100fache Belichtung erreicht wird. Das Expositionsverhältnis zweier aufeinanderfolgender Felder ist also 1:1,27. Entwickelt wird 5 Minuten im Eisenoxalatentwickler bei 18°.

GOLDBERG führte 1911 die schon früher von STOLZE[3]) beschriebenen Graukeile in die Sensitometrie ein und konstruierte den Densographen, der gestattet, die Schwärzungsmessung mit der Aufzeichnung der Kurve zu verbinden.

Nach EDER-HECHT[4]) wird die zu prüfende Platte unter einem Schwärzungskeil, der durch Striche in verschiedene Stufen eingeteilt ist, belichtet, wobei gleichzeitig durch schmale, gefärbte Keile annähernd die Farbenempfindlichkeit der Schicht bestimmt werden kann. Während man also nach HURTER und DRIFFIELD sowie SCHEINER diskrete Schwärzungsfelder erhält, arbeitet man bei den Systemen von GOLDBERG und EDER-HECHT mit kontinuierlich ineinander übergehenden Schwärzungen.

Weitverbreitet sind auch Röhrenphotometer, wie von VOGEL, LUTHER und SCHEFFER angegeben. Die Dosierung des Lichtes wird hierbei durch eine Platte mit verschieden großen Löchern — in gesetzmäßiger Abstufung — erzielt. Diese Löcher verschließen ein System von Röhren, durch die das Licht auf die lichtempfindliche Schicht fällt. Vor der Lochplatte befindet sich eine Milchglasscheibe.

Die nach den verschiedenen Belichtungssystemen erhaltenen Prüfungsplatten werden jeweils verschieden ausgewertet. Hauptsächlich wird eine photographische Schicht nach ihrer „Empfindlichkeit" beurteilt, ohne daß der diesem Ausdruck zugrunde liegende Begriff einheitlich definiert ist, da die Schöpfer der verschiedenen sensitometrischen Systeme diesem Begriff einen verschiedenen Sinn beigelegt haben. Die Systeme von SCHEINER und EDER-HECHT bezeichnen mit Empfindlichkeit den Schwellenwert, d. i. die Lichtmenge, die die erste eben wahrnehmbare Schwärzung hervorruft; man muß sich bei Anwendung dieser Empfindlichkeitsangaben stets bewußt bleiben, daß nur über das Auftreten der ersten Bildspuren, nicht aber über den weiteren Verlauf der Schwärzungskurve etwas ausgesagt wird. Die Empfindlichkeitsangabe 17° Scheiner bedeutet also, daß der Sektorenausschnitt Nr. 17 der rotierenden Scheibe des Scheiner-Sensitometers die erste gerade eben erkennbare Schwärzung hervorruft. Ebenso ist die Angabe der Empfindlichkeit nach EDER-HECHT zu bewerten. Da beide Empfindlichkeitsangaben die gleiche Eigenschaft der Emulsion bezeichnen, kann man Eder-Hecht- und Scheiner-Grade aufeinander beziehen. In Tabelle 1 ist dieser Vergleich unter gleichzeitiger Angabe der Lichtmengen (in MKS.) wiedergegeben, die jeweils zur Erzielung der Schwellenschwärzung erforderlich sind.

---

[1]) Dieser Entwickler ist nicht mit dem S. 10 erwähnten identisch, sondern ist ein Spezialentwickler, der für die betreffenden sensitometrischen Systeme gewählt worden ist.
[2]) J. M. EDER, Handbuch der Photographie. Bd. I, Teil 3. Halle: Knapp 1912.
[3]) STOLZE, Phot. Wochenbl. 1885, S. 17. Goldberg. Der Aufbau des photographischen Bildes. Knapp 1925.
[4]) J. M. EDER, Ein neues Graukeilsensitometer für Photographie. Halle: Knapp 1912.

Die Empfindlichkeit der höchst empfindlichen Porträtplatten liegt zur Zeit etwas über 20° Scheiner, die hochempfindlichen Amateur-Film- und -Platten-emulsionen haben etwa 16 bis 18° Scheiner und die unempfindlicheren, meist lichthoffreien Landschafts-platten 13 bis 15° Scheiner.

Anders ist die Empfind-lichkeitsangabe nach Hur-ter und Driffield, für die die Konstruktion der Schwär-zungskurve unerläßlich ist. Abb. 2 zeigt das schemati-sche Bild einer Schwärzungs-kurve[1]).

Die ersten Sensitometer-felder (außerhalb des Achsen-systems) zeigen eine Schwär-zung, die gleich derjenigen der unbelichteten Platten-teile ist; diese Schwärzung heißt Schleier und ist durch die Dunkelreaktion zwischen Bromsilber und Entwickler gegeben; sie hängt von den Eigenschaften der Emulsion und des Entwicklers (allenfalls von der Dunkel-kammerbeleuchtung) ab. Bei A ist die erste Schwärzung meßbar, die über dem Schleier liegt, die also durch die Belichtung hervorgerufen ist. Hier beginnt die Gradationskurve, und die Abszisse von A ist der Schwellenwert. An der Gradations-kurve werden in der Regel vier Teile unterschieden. Von A nach B stei-gen die Schwärzungen nur schwach an, zunehmenden Lichtintensitäten entsprechen nur geringe Schwär-zungszunahmen. Dies ist der Teil der Unterbelichtung. Von B nach C steigt die Kurve geradlinig an und einer bestimmten Vervielfa-chung der Exposition entspricht eine proportionale Schwärzungszu-nahme, dies ist der Teil der „richti-gen" Belichtung. Von C nach D er-folgt bei weiterer Zunahme der Exposition nur eine geringe Schwärzungs-zunahme, das Bild wird flau, dies ist die Zone der Überbelichtung. Bei einer weiteren Zunahme über D hinaus nimmt bei zunehmender Exposition die Schwärzung ab, das ist das Gebiet der Solarisation.

Tabelle 1. Empfindlichkeitsangaben photogra-phischer Schichten in verschiedenen sensitome-trischen Systemen.

Schwellen-schwärzung er-scheint bei MKS.	Scheiner-Grade	Eder-Hecht-Grade	Hurter und Driffield-Zahlen
1,263	1	42	
0,994	2	46	
0,779	3	48	
0,610	4	50	
0,478	5	53	
0,376	6	56	0—100
0,295	7	58	
0,232	8	61	
0,182	9	64	
0,142	10	66	
0,112	11	68	
0,088	12	71	
0,069	13	74	100—200
0,054	14	77	
0,042	15	80	
0,033	16	82	200—400
0,026	17	84	
0,021	18	86	
0,016	19	88	400—700
0,013	20	90	

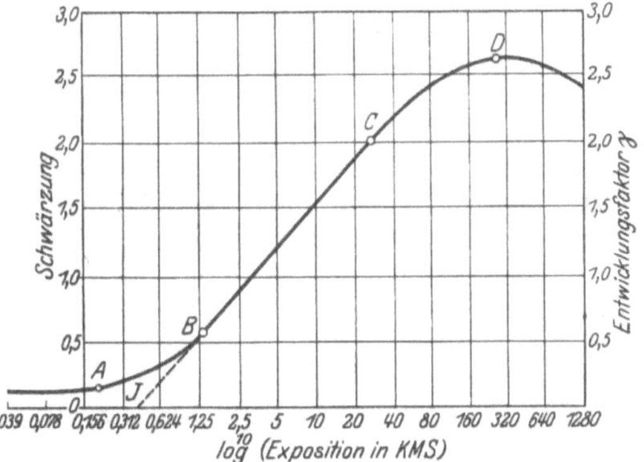

Abb. 2. Die Schwärzungskurve (schematisch) im System von Hurter & Driffield. Abszisse Logarithmus der Lichtmengen (Zahlenangaben als Numeri in MKS. verzeichnet). Ordinate: Schwärzung. Zweiter Ordinatenmaßstab: Entwicklungsfaktor γ (vgl. Text S. 556).

---

[1]) F. Hurter und V. C. Driffield. Photographical researches. Herausgegeben von W. B. Ferguson, Royal photographic society of Great Britain 1920.

Die Festsetzungen von Hurter und Driffield hatten zum Ziel, für den wichtigsten Teil der Kurve, das Gebiet der richtigen Exposition, eine charakteristische Zahl zu finden und im Gegensatz zu Scheiner usw. durch diese Zahl die Empfindlichkeit einer Emulsion zu charakterisieren. Die Forscher stützten sich dabei auf die Beobachtung, daß bei Variation der Entwicklung zwar die Kurven sich verändern, aber die Verlängerungen der geraden Kurvenstücke sich alle in demselben Punkt I auf der Abszissenachse schneiden (Abb. 3). Damit schien ihnen die Möglichkeit gegeben, die Empfindlichkeit einer Emulsion unabhängig von der Entwicklung zu definieren. Der Schnittpunkt I des zugehörigen Expositionswertes in MKS. heißt Inertia, und den mit 34 multiplizierten reziproken Wert von OI bezeichnet man als Empfindlichkeit oder als „H- und D-Zahl". Liest man also auf der Abszisse von Abb. 2 bei I z. B. den Wert 0,4 ab, so ist die Empfindlichkeit der Emulsion $\frac{34}{0,4} = 85\ \underline{H}$ und $\underline{D}^1$). Mit dieser Empfindlichkeitsangabe wird also nicht der Schwellenwert bezeichnet, sondern die Lage der Kurve in bezug auf beide Koordinatenachsen bestimmt.

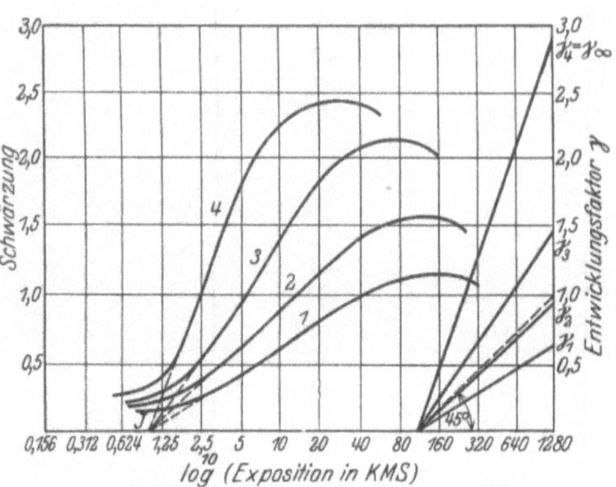

Abb. 3. Die Abhängigkeit der Schwärzungskurve von der Entwicklungsdauer (schematisch) im System von Hurter und Driffield; die Neigungen der geraden Teile der Schwärzungskurven sind gesondert gezeichnet ($\gamma_1, \gamma_2 \ldots, \gamma_\infty$); die gestrichelte Gerade entspricht dem Werte $\gamma = 1$. Koordinatenbezeichnung wie in Abb. 2.

Leider treffen aber die theoretischen Grundlagen des Systems nicht immer zu. Erstens ist es in der Praxis häufig sehr schwer, den „geraden Kurventeil zu verlängern", da sehr viele Gradationskurven kein ausgesprochen gerades Stück besitzen und kleine Abweichungen oft sehr große Differenzen in der Empfindlichkeitszahl hervorrufen. Zweitens ist die Lage von I doch weitgehend von der Art des Entwicklers und von der Entwicklungszeit abhängig. Was Hurter und Driffield also vorschwebte, eine leicht reproduzierbare, von den Versuchsbedingungen weitgehend unabhängige Zahl als Empfindlichkeit zu definieren, ist ihnen nicht gelungen. Aus den verschiedenen Empfindlichkeitsdefinitionen geht hervor, daß eine Umrechnung von Scheinergraden in H- und D-Zahlen streng genommen nicht möglich ist. Immerhin ist zuzugeben, daß eine gewisse Parallelität insofern besteht, als niedrigen Scheinergraden in der Regel niedrige H- und D-Zahlen entsprechen, so daß gewissen Zahlenbereichen von Scheinergraden gewisse Zahlenbereiche von H- und D-Zahlen zugeordnet werden können; aus diesem Grunde sind in der letzten Spalte von Tabelle 1 die zugehörigen Gebiete der H- und D-Zahlen ebenfalls aufgenommen worden.

Während die Schöpfer früherer Systeme sich damit begnügten, nur die Empfindlichkeit einer photographischen Schicht — und zwar durch eine einzige Zahl — zu definieren, geht Goldberg²) zunächst von dem Objekt aus, und weist nach, daß die praktisch auf die Schicht wirkenden Helligkeiten eines normalen Objektes zwischen zwei Grenzwerten liegen, die sich wie 32:1 verhalten. Er bezeichnet den log des Verhältnisses dieser beiden extremen Werte als Objektumfang, der also im Durchschnitt den Wert log 32 = 1,5 hat.

---

¹) Die Zahl 34 ist — rein empirisch — deshalb gewählt, damit die Empfindlichkeit der damals bekannten Platten mit Zahlen zwischen 4 und 400 angegeben werden konnte. Außerdem entsprach bei einer damals angegebenen Umrechnung der Scheinergrade in H und D-Zahlen jedem 4. Scheinergrad ungefähr die doppelte H und D-Zahl.
²) E. Goldberg, Der Aufbau des photographischen Bildes. 2. Aufl. Halle: Knapp 1925.

Damit sind zunächst die extremen, in Betracht kommenden Intensitätswerte zahlenmäßig erfaßt. Innerhalb dieses Bereiches kommt es nun darauf an, die Helligkeitswerte entsprechend den physiologischen Gesetzen der Bildwahrnehmung im Auge wiederzugeben. Aus einer großen Reihe von Beobachtungen hat GOLDBERG die verschiedene Empfindlichkeit für Intensitätsunterschiede ermittelt. Definiert man als Helligkeitsdetail das Verhältnis zweier benachbarter Intensitäten, so ergibt sich, daß bei der Wiedergabe in den hellsten Stellen des Objekts Details von 5%, in den Mitteltönen von 10% und in den Schatten von 25% im späteren Bilde erscheinen müssen.

Der Zusammenhang zwischen der Güte der Detailwiedergabe und der charakteristischen Kurve ist durch $\dfrac{dS_P}{d\log I} = \operatorname{tg}\alpha$ gegeben, wobei S_P die Schwärzung im Positiv, I den Intensitätsunterschied im Objekt, $\dfrac{dS_P}{d\log I}$ also die Güte der Detailwiedergabe und α den Winkel der charakteristischen Kurve in diesem Punkt gegen die Abszissenachse bedeutet. Die Güte der Detailwiedergabe ist der Kurvensteilheit an der betreffenden Stelle proportional. Ist $\dfrac{dS_P}{d\log I} = 1$, so werden unter sonst gleichen Verhältnissen sämtliche im Objekt vorhandenen Einzelheiten auch in der Kopie dem Auge sichtbar sein. Da aber in der Praxis zwischen Objekt und Papierkopie eine Zwischenstufe — das Negativ — eingeschaltet ist, so folgt daraus, daß die Detailwiedergabe richtig ist, wenn $\operatorname{tg}\alpha_P \cdot \operatorname{tg}\alpha_N = 1$ ist (α_P = Neigungswinkel der Positivkurve, α_N = Neigungswinkel der Negativkurve). Hieraus ergibt sich der wichtige Zusammenhang zwischen den charakteristischen Kurven des Negativ- und des Positivmaterials zur Erzielung einer korrekten Bildwiedergabe. An jeder Stelle müssen die Winkel der Kurventangenten komplementär sein; ist die Negativkurve flach, so muß die Positivkurve an der Stelle steil sein und umgekehrt.

Durch Ermittlung der Differentialkurve der charakteristischen Kurve wird die Steilheit in Abhängigkeit von der Belichtung dargestellt. GOLDBERG gibt in der sog. Detailplatte ein technisch leicht durchführbares und theoretisch richtiges Verfahren zur Darstellung der Detailwiedergabe an. Es ist dies ein Graukeil, auf den senkrecht zur Steigung ein zweiter Graukeil überlagert wird, der räumlich voneinander getrennte Stellen steigender Schwärzung aufweist (in Form eines Netzes von Linien). Wird eine solche Detailplatte auf ein lichtempfindliches Material kopiert, so entsteht ein Bild, das alle durch dieses wiedergegebenen Helligkeitsabstufungen direkt ablesbar zeigt, so daß unmittelbar auf der Kopie die Detailkurve gezogen werden kann, die jeden Aufschluß über die Detailwiedergabe gibt.

Dies waren in Kürze die Grundzüge der verschiedenen sensitometrischen Systeme. Es bleibt noch ein Wort über den Einfluß der Entwicklung zu sagen übrig. Jede Sensitometrie setzt genaueste Einhaltung der Entwicklungsbedingungen voraus. Durch Verlängerung der Entwicklungszeiten werden die Gradationskurven steiler, bis $\operatorname{tg}\alpha$, die Neigung des geraden Teiles der Schwärzungskurve gegen die Abszissenachse, einen maximalen Wert γ_∞ erreicht. Während γ den Grad der Entwicklung angibt, ist γ_∞ eine Eigenschaft der Emulsion, wobei natürlich γ_∞ von der Art des angewandten Entwicklers abhängt. Aber, einen bestimmten Entwickler vorausgesetzt, ist γ_∞ im wesentlichen nur durch die Menge und die Korngröße des in der Schicht vorhandenen Halogensilbers bestimmt (Ziff. 49, 52).

In Abb. 3 zeigen γ_1, γ_2, γ_3 verschiedene Entwicklungskurven, während $\gamma_4 = \gamma_\infty$ die „Ausentwicklungskurve" darstellt, die die durch den betreffenden Entwickler maximal zu erreichende Kurvenneigung zeigt.

Die Wirkung der verschiedenen Entwickler äußerst sich außer in den verschiedenen γ_∞-Werten noch in den verschiedenen Arten von Kurvenscharen, die bei Variation der Entwicklungszeiten entstehen. Bei den Rapidentwicklern schneiden sich alle verlängerten geraden Kurvenabschnitte in einem Punkt (Abb. 3), während sich bei den Zeitentwicklern die Kurven mit steigender Entwicklungszeit in der Richtung der abnehmenden Lichtmenge parallel verschieben. Natürlich ist diese Einteilung in Rapid- und Zeitentwickler eine rein empirische, die keinen Anspruch auf Exaktheit machen kann. Hinzu kommt, daß durch Zusatz von Bromkalium jeder Rapidentwickler einem Zeitentwickler angenähert werden kann.

C. Anwendungsgebiete der Photographie.

a) Einige nichttechnische Anwendungen des Negativprozesses.

14. Die gebräuchlichsten Negativmaterialien. Die erste Forderung, die man in der Mehrzahl der Fälle an ein gutes Negativmaterial stellt, ist hohe Empfindlichkeit; man will mit einem Minimum von Zeit oder von Licht auskommen; und erst nachdem es gelang, die Empfindlichkeit so weit zu steigern, daß kurze Momentaufnahmen möglich waren, konnte die Photographie die allgemeine weite Verbreitung finden. Für die Amateurphotographie, die Sport- und Pressephotographie werden Belichtungszeiten von 10^{-2} bis 10^{-3} sec gefordert, die Kinematographie in Ateliers muß bei der durchschnittlichen Aufnahmezeit von $^1/_{40}$ sec mit einem Minimum von künstlichem Licht auszukommen versuchen, die Röntgenphotographie ist bei Aufnahmen des Herzens und der Lungen auf höchst empfindliches Material angewiesen, damit die durch Atmung hervorgerufene Bewegung keine Bildunschärfe erzeugt. Ebenso wird für alle Zwecke der direkten oder indirekten Farbaufnahmen höchste Empfindlichkeit verlangt, das gleiche gilt für alle wissenschaftlichen Anwendungsgebiete, wie Astronomie, Mikrophotographie usw.

Die Erweiterung der höchsten Empfindlichkeit im Schwellenwert ist mit einem Flacherwerden der Gradationskurve verbunden, steiler arbeitende Emulsionen haben stets einen geringeren Schwellenwert. Daher haben alle höchst empfindlichen Platten- und Filmemulsionen nur einen α-Wert von etwa 45 bis 55°. In der Porträtphotographie, wo höchste Empfindlichkeit erstes Erfordernis für das Negativmaterial ist, stellt man sich auf diese flache Gradation ein. Im Gegensatz dazu wünscht der Amateur kräftige Bilder, die Gradationskurve dieser Negativemulsionen muß steiler sein, daher ist die Schwellenempfindlichkeit der Amateurfilm- und -plattenemulsionen meistens etwas geringer. Für die Zwecke der Reproduktionstechnik kommt es in erster Linie auf die Gradation an, entweder wird eine möglichst steil arbeitende Emulsion, die nur schwarz-weiß wiedergibt, verlangt, dann muß sich der α-Wert möglichst 90° nähern, oder es wird die Wiedergabe von Mitteltönen verlangt, dann muß die Kurve möglichst genau 45° zur Abszissenachse geneigt sein; die Empfindlichkeit ist bei beiden Emulsionsarten meist geringer als bei den Amateur- und Porträtnegativemulsionen. Abb. 4 gibt die für die verschiedenen Zwecke typischen Negativkurven wieder.

Weiterhin unterscheiden sich die Negativmaterialien durch ihre verschiedene Farbenempfindlichkeit. Die normale Amateuraufnahmeplatte ist wenig sensibilisiert, d. h. vorwiegend blauempfindlich, sie gibt im Positiv Blau zu hell, Gelb und Rot als Schwarz wieder. Um die verschiedenen Farbtöne der Natur möglichst helligkeitsgetreu wiederzugeben, werden gelbgrünempfindliche Platten und Films verwandt; sie geben im Positiv das Gelb etwa ebenso hell wie das Blau wieder. Eine annähernd korrekte Tonwiedergabe erreicht man durch Vorschalten eines Gelbfilters bei Verwendung einer für Gelbgrün sensibilisierten Schicht; durch das Filter werden die blauen Strahlen so stark gedämpft, daß im Positiv nunmehr entsprechend dem Helligkeitsunterschiede Gelb heller als Blau wiedergegeben wird. Für die normale Landschaftsphotographie, bei der die roten Töne eine geringere Rolle spielen, genügt diese Tonwiedergabe. Will man aber alle Farbtöne einschließlich des Rots richtig wiedergeben, wie es z. B. für die Gemäldereproduktion, für die Farbenphotographie, für die Drei- und Vierfarbendruckverfahren der Reproduktionstechnik verlangt wird, so muß man eine für das ganze Spektrum sensibilisierte, panchromatische Schicht verwenden

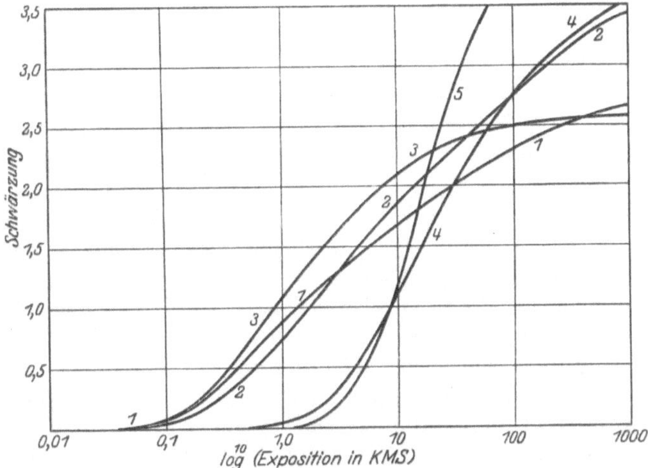

Abb. 4. Schwärzungskurven einiger typischer photographischer Negativ-Materialien.
1 Porträt-Schicht,
2 Kine-Negativ-Schicht,
3 Extra-Rapid-Schicht,
4 Kine-Positiv-Schicht,
5 Phototechnische Schicht (steil arbeitend),

Mit diesen Platten wird durch Vorschalten eines Filters, das die Inkorrektheit der Sensibilisierung ausgleicht, eine völlig richtige Farbtonwiedergabe erzielt.

Für gewisse Zwecke ist es wichtig, Überstrahlungen zu vermeiden, die an der Grenze von starkem Licht und tiefem Schatten auftreten (z. B. an Fensterkreuzen bei Zimmeraufnahmen, an Blättern und Geäst bei Baumaufnahmen). Diese Überstrahlung, auch Lichthof genannt, entsteht durch Reflexion der durch die Schicht dringenden Strahlen an der Glasplatte; die reflektierten Strahlen belichten die Halogensilberschicht rings um den Primärstrahl und erzeugen so den Lichthof. Die lichthoffreien Platten mit Hinter- oder Zwischenguß verhindern das Auftreten dieser störenden Erscheinung fast vollständig. Naturgemäß zeigen alle Films diesen Fehler in weit geringerem Maße. Eine sehr einfache und elegante Methode, die Stärke der Lichthofbildung zahlenmäßig zu erfassen, stammt von GOLDBERG[1]).

Von dieser eben beschriebenen Erscheinung, dem Reflexionslichthof, ist die häufig damit verwechselte Erscheinung des Diffusionslichthofes zu unterscheiden. Durch Beugung der Lichtstrahlen an den Bromsilberkörnern innerhalb der Schicht entsteht eine Streuung, die sehr häufig in der gleichen Form wie der Reflexionslichthof zu beobachten ist, aber einen wesentlich kleineren Umfang

---

[1]) E. GOLDBERG, Phot. Ind. 1925, S. 1245.

besitzt. Feinkörnige Emulsionen zeigen im allgemeinen geringere Streuung als grobkörnige, über die Messung der Streuung existieren eine Reihe von Methoden von Goldberg, Eggert u. a.[1]).

Eine weitere Eigenschaft der Emulsion, die häufig für die Verwendbarkeit wichtig ist, ist das Auflösungsvermögen. Hiermit bezeichnet man die Fähigkeit der Schicht, dicht beieinander liegende Linien oder Punkte getrennt wiederzugeben. Gemessen wird das Auflösungvermögen durch Photographieren eines feinen schwarz-weißen Rasters unter genau definierten Bedingungen, ohne daß sich bisher eine allgemein anerkannte Norm für das Auflösungsvermögen durchgesetzt hat [Goldberg[2]), Scheffer[3]), Ross[4]), Stintzing[5])].

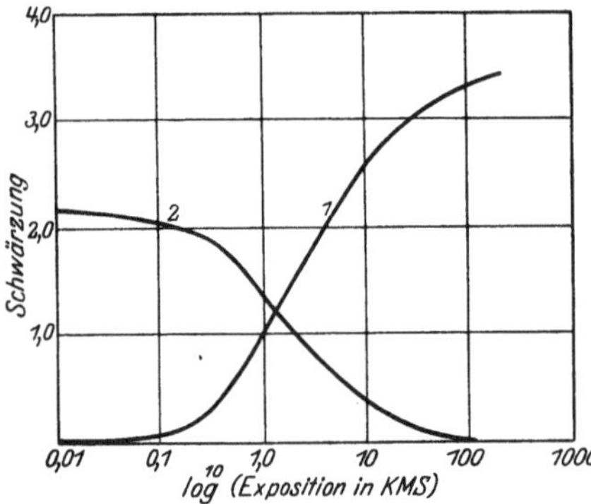

Abb. 5. Schwärzungskurven einer Umkehrschicht in normal entwickeltem Zustande 1; nach dem Umkehren 2.

Während fast alle Negativmaterialien in der unter Ziff. 8 geschilderten Weise entwickelt und fixiert werden, wird für einige Zwecke (Farbenphotographie, Amateurkinematographie, gewerbliche Papierkopien) das sog. Umkehrverfahren angewandt, bei dem nicht ein Negativ entsteht, sondern ein direktes Positiv. Das belichtete Silber wird nach dem Entwickeln aus der Schicht herausgelöst und das unbelichtete Silber diffus belichtet und durch abermaliges Entwickeln geschwärzt. Dieses Verfahren ist nur bei sehr dünnen Schichten anwendbar, da der erste Entwickler an den belichteten Stellen bis auf den Schichtträger durchentwickeln muß. Abb. 5 gibt die negative (1) und die positive (2) Schwärzungskurve eines Umkehrfilms wieder. Näheres s. Ziff. 25.

15. Die Photographie als wissenschaftliches Hilfsmittel. Die Forschung bedient sich des photographischen Prozesses zu mannigfaltigen Zwecken, denn eine große Reihe von Eigenschaften der verschiedenen Strahlungen lassen sich mit photographischen Methoden untersuchen. Der Wellencharakter des Lichtes geht aus der Schichtenbildung in Lippmannplatten hervor (Ziff. 33); die quantenhafte Absorption des Lichtes durch Silbersalze ist mit aller Sicherheit erwiesen (Ziff. 41), der Polarisationszustand des Lichtes gibt sich bei geeigneter Versuchsanordnung an den bestrahlten Schichten kund [Ziff. 44[6])], in vieler Hinsicht zeigen sogar einerseits die elektromagnetischen Strahlen verschiedener Wellenlänge, andererseits die Korpuskularstrahlen spezifische Effekte (Ziff. 47, 51, 52). Als weitaus wichtigstes Hilfsmittel dient jedoch der photographische Prozeß der Forschung dann, wenn es gilt, Lage und Intensität solcher Lichtphänomene festzustellen, die entweder dem Auge überhaupt unsichtbar sind, oder die sich, obwohl sichtbar, deshalb der exakten Beobachtung entziehen, weil sie zu lichtschwach, zu rasch vergänglich oder zu langsam verlaufend sind; denn wenn auch das Auge, besonders bei geeigneter

---

[1]) J. Eggert und W. Archenhold, ZS. f. phys. Chemie Bd. 110, S. 497. 1924.
[2]) E. Goldberg, ZS. f. wiss. Phot. Bd. 12, S. 77. 1913.
[3]) W. Scheffer, Phot. Korr. 1910, S. 430.
[4]) F. E. Ross, The Phys. of the Developed. Photogr. Image S. 108. Rochester 1924.
[5]) H. Stintzing, ZS. f. angew. Chem. Bd. 40, S. 1423. 1927.
[6]) Abgesehen von diesem durch F. Weigert gefundenen Effekt sei daran erinnert, daß sich die im Polarisationsmikroskop beobachteten Farben leicht mit Hilfe des Rasterverfahrens (Ziff. 36) feststellen lassen.

Adaptation, den photographischen Prozeß in mancher Hinsicht an Empfindlichkeit übertrifft, hat er vor dem Auge folgende Möglichkeiten voraus, die das Auge aus psychologischen oder physiologischen Gründen nicht besitzt:

1. Man kann mit Hilfe des photographischen Prozesses schwache Lichteindrücke über nahezu beliebig lange Zeiten summieren, wovon besonders die Astronomie, die Astrophysik und die Spektralphotographie weitgehend Gebrauch machen.

2. Man kann vergängliche Objekte und schnell vorübergehende Momente festhalten, insbesondere auch rasch verlaufende Vorgänge analysieren. In dieses Anwendungsgebiet gehören z. B. alle für die Zwecke der beschreibenden Naturwissenschaften, insbesondere der Medizin, Mikroskopie u. dgl. herstellbaren Aufnahmen. — Ferner sei an die Aufschlüsse erinnert, die sich durch die Anwendung der Zeitlupe erzielen lassen, die einen besonders sinnvollen Ausbau für ballistische Zwecke erfuhr[1]. — Schließlich müssen hierher alle photographischen Registrierverfahren: Oszillographie (Kardiographie), Photogrammetrie[2]) einschließlich der Fliegerphotographie sowie die drahtlose Bilderübertragung gezählt werden.

3. Man kann langsam erfolgende Prozesse zeitlich zusammendrängen: Zeitraffaufnahmen, z. B. von morphologischen Veränderungen lebloser Gebilde, wie Wolken, oder von Organismen. Auf diesem Wege wurden z. B. von der I. G. Farbenindustrie A.-G., Ludwigshafen, umfangreiche Untersuchungen über die Wachstumsvorgängen der verschiedenen Pflanzenarten angestellt. (Wegen der Verwendung der normalen Kinematographie sei hier auf die Ziff. 23 bis 25 verwiesen.)

Die übereinstimmenden Anforderungen aller dieser Anwendungsgebiete an den photographischen Prozeß sind folgende: 1. möglichst hohe Empfindlichkeit des Negativmaterials; 2. möglichst geringer Schleier bei der Entwicklung des Negativs; 3. möglichst geringe und überdies gleichmäßige Korngröße in der Struktur des Negativs. — Da sich die Erfüllung dieser Anforderungen nicht gleichzeitig erreichen läßt[3]), weil die einzelnen geforderten Eigenschaften einander zum Teil ausschließen, werden in der Regel für die Praxis Kompromisse geschlossen, deren Ergebnis in Abb. 4, Ziff. 14 niedergelegt ist. **Dabei sei noch einmal ganz besonders darauf aufmerksam gemacht, daß zwischen der Schwellenempfindlichkeit und der Gradation streng zu unterscheiden ist** (Ziff. 13); **zwei Schichten können sich ganz verschieden „empfindlich" zeigen, d. h. verschiedene Schwärzungen aufweisen, je nach den Belichtungswerten, bei denen sie miteinander verglichen werden.**

Die Angaben von Abb. 4 beziehen sich zunächst auf die „Allgemeinempfindlichkeit" der betrachteten Schichten, d. h. auf ihr Verhalten gegenüber kurzwelligem Licht. Das Problem, die Allgemeinempfindlichkeit handelsüblicher Schichten durch nachträgliche Behandlung vor der Belichtung zu steigern, ist oft bearbeitet worden. Hierzu zählen zunächst die Bemühungen, derartige Effekte durch „Vorbelichtung" zu erreichen[4]). Sofern man steil arbeitende, meist wenig empfindliche Schichten vor sich hat, gelingt es auf diesem

---

[1]) B. GLATZEL, Elektrische Methode der Momentphotographie. Braunschweig: Vieweg & Co. 1925.

[2]) P. SEELIGER, Das photographische Meßverfahren, Photogrammetrie, Ergebnisse der exakten Naturwissenschaften Bd. V, S. 47. 1926; Bd. VI, S. 279.

[3]) Bei dieser Gelegenheit sei anläßlich der oft begegneten irrigen Vorstellung unter Hinweis auf Ziff. 12 nochmals betont, daß der Schleier eines Negativs seine Auswertbarkeit in der Regel nicht beeinträchtigt, sofern der Unterschied in den Schwärzungen belichteter und unbelichteter Schichtstellen genügend groß ist.

[4]) E. KRON, Publ. Astrophys. Obs. Potsdam Nr. 67, Bd. 22, 5. Stück. 1913.

Wege, die Schwellenempfindlichkeit unter Verflachen der Gradation etwas zu erhöhen; bei ausgereiften, hochempfindlichen Schichten dagegen ist es bisher nicht gelungen, durch Vorbestrahlung Wirkungen zu erzielen, die nach der Lage der Schwärzungskurve nicht zu erwarten gewesen wären. Anders liegt der Fall bei der chemischen Nachbehandlungsmethode, der sog. Hypersensibilisation, die unter Umständen zu einer Empfindlichkeitssteigerung um den Faktor 4 gegenüber der ursprünglichen Schicht führt, bei der allerdings mit dem Auftreten von beträchtlichem Schleier und einer erheblichen Abnahme der Haltbarkeit der unbelichteten Schicht zu rechnen ist[1].

Die mangelnde Empfindlichkeit photographischer Schichten für andere Strahlenarten kann in verschiedener Weise gesteigert werden. Für langwelliges sichtbares, auch ultrarotes Licht führt Sensibilisation zum Ziel (Abb. 1, Ziff. 5).

Das kurzwellige Ultraviolett, das nach den Untersuchungen von V. SCHUMANN[2] wegen der starken Absorptionsfähigkeit des Bindemittels für diese Strahlung bei normalen Schichten nur bis etwa 2200 Å einwirkt (wenn nicht gerade sehr lange Expositionszeiten oder höhere Intensitäten zur Verfügung stehen), erfordert besondere Schichten, die nur etwa 1 bis 2% Bindemittel enthalten, die jedoch aus diesem Grunde wenig haltbar sind und in der Verarbeitung sowie auch als Negativ eine recht störende mechanische Empfindlichkeit aufweisen. Bequemer und für viele Zwecke ausreichend wird das kurzwellige Ultraviolett auf folgendem (indirekten) Wege zur Darstellung gebracht[3]. Die Schicht wird vor dem Belichten mit einer benzolischen Vaselinelösung benetzt; nach Verdunsten des Lösungsmittels verbleibt an der Schichtoberfläche genügend fluoreszenzfähige Substanz, die das ankommende kurzwellige Ultraviolett in blaues und langwelliges ultraviolettes Licht verwandelt, das seinerseits auf der Schicht einen (nach Entfernen der Vaseline mit Benzol) entwickelbaren Eindruck hinterläßt.

Die starke Absorptionsfähigkeit des Bindemittels macht sich auch beim Arbeiten mit langsamen Elektronen und Kanalstrahlen, sowie bei sehr langwelligen Röntgenstrahlen geltend; in diesen Fällen ist die Verwendung von Schumannschichten erforderlich.

Für den Nachweis von Röntgenstrahlen für spektroskopische und Strukturuntersuchungen ist prinzipiell jede photographische Schicht geeignet (Ziff. 31, 43, 47, 51); eine Sensibilisationsmöglichkeit im Sinne von Ziff. 5 ist trotz bisweilen ausgesprochener gegenteiliger Behauptungen für Röntgenstrahlen zu verneinen. Dagegen zeigen gewisse (allerdings zum Teil großkörnige) Schichten besondere Eignung für die Aufnahme von Röntgenstrahlen[4]. Schließlich kann die Fluoreszenz von Kalziumwolframat in Form von Verstärkungsfolien für die Belichtung der Schicht nutzbar gemacht werden (Ziff. 31).

Soviel zunächst über die Sensibilisation und die Eignung der photographischen Schichten für den Nachweis verschiedener Strahlenarten. Zur Verwendung des Negativprozesses bei der Feststellung der Lage, der Struktur und der Intensität von Lichterscheinungen sind insbesondere noch folgende Tatsachen mitzuteilen.

---

[1] Eine Zusammenstellung solcher Rezepte zur Hypersensibilisation photographischer Schichten findet sich in EDERS Handbuch Bd. 3, S. 176, 178 u. 184 sowie Phot. Ind. Bd. 24, S. 304. 1926 u. Rev. franç. de Photogr. Bd. 8, S. 190. 1927. Im Handel: Agfa-Superpan-Film.

[2] V. SCHUMANN, Wiener Ber. Bd. 102, S. 994. 1893.

[3] TH. LYMAN, Nature Bd. 112, S. 202. 1923; J. DUCLEAUX u. P. JEANTET, Journ. de phys. Bd. 2, S. 156. 1921.

[4] P. GÜNTHER u. R. STRANSKI, ZS. f. phys. Chem. Bd. 118, S. 270. 1925; Bd. 119, S. 224. 1926, benutzen Agfa-Zahnfilm für quantitative Zwecke der Röntgenspektroskopie (Kornzählmethode).

Die Lage einer Schichtstelle während ihrer Belichtung im Vergleich zu derjenigen nach der Entwicklung ist von den Verzerrungen abhängig, die das System während der Naßbehandlung erfährt. Dabei ist zwischen den Verlagerungen der Schicht selbst und denjenigen ihrer Unterlage zu unterscheiden. Ist die Unterlage gegen die Naßbehandlung indifferent, wie z. B. Glas, so wird die Verzerrung höchstens durch die Schrumpfung der Schicht verursacht, die sich in einer Durchbiegung der Unterlage äußern kann; dickes Spiegelglas widersteht einer solchen Durchbiegung ohne weiteres. Ist dagegen auch die Schichtunterlage in Wasser u. dgl. quellbar und geht sie beim nachträglichen Trocknen nicht in den ursprünglichen Zustand zurück, so können Verzerrungen von einigen Prozenten eintreten; beim Nitrofilm sind die so zustande kommenden Dimensionsänderungen unter 0,5%, größer beim Azetylfilm, am größten beim Papier. Es braucht nicht ausführlich besprochen zu werden, daß verschiedener Feuchtigkeitsgehalt lufttrockner Schichten, ungleichmäßiges Trocknen u. dgl. Verzerrungen verschiedener Größe hervorrufen.

Die Konturschärfe eines Negativs ist von dem Auflösungsvermögen der benutzten Schicht abhängig. Dieses selbst wird von der Korngröße sowohl wie von den Gradationseigenschaften der Schicht beeinflußt. Eine steile Gradation führt zu schärferer Zeichnung als eine flache Gradation; das gleiche gilt für den die Konturschärfe herabsetzenden Lichthof (Ziff. 14).

Auch auf die Intensität des Lichteindruckes, der an der beobachteten Schwärzung erkannt werden soll, ist, wenn man exakt arbeiten will, nur mit der größten Vorsicht zu schließen. Die Kenntnis der Schwärzungskurve der verwendeten Schicht allein reicht nur für ganz ungefähre Messungen hin. Bedenkt man die Ausführungen von Ziff. 47, sowie diejenigen von Ziff. 48 bis 50, so kommt man dazu, daß nur dann eine exakte Messung der Strahlungsintensität auf photographischem Wege möglich ist, wenn die Vergleichsschicht in jeder Beziehung möglichst ebenso belichtet und entwickelt wird wie die zu messende Schicht. Es sei noch darauf hingewiesen, daß steil arbeitende aber weniger empfindliche Schichten zunächst deshalb am geeignetsten erscheinen, weil hier geringen Intensitätsänderungen große Schwärzungsunterschiede entsprechen (Ziff. 14, Abb. 4). Wegen der praktischen Ausführung von photometrischen Messungen an photographischen Platten zum Zwecke genauer Intensitätsbestimmungen vergleiche Bd. 19, Kap. 23.

16. Die Photographie mit Kunstlicht[1]). Zum Unterschied von Ziff. 15 beziehen sich die nachfolgenden Ausführungen lediglich auf Arbeiten mit der photographischen Kamera. Während sich diese ursprünglich vorwiegend des Tageslichtes als Lichtquelle bedienten, wurde mit zunehmender Verbreitung und Verwendung der Photographie auch das Kunstlicht herangezogen, vor allem deshalb, weil es eine besser reproduzierbare Beleuchtung gewährleistet als das Tageslicht. Als künstliche Lichtquellen kommen, je nach dem Verwendungszweck, in Betracht: 1. der Kohlebogen einschließlich der Effektkohlen, 2. die a) Quecksilber- und b) Neonröhren, 3. die verschiedenen Arten gasgefüllter Metallfadenlampen, 4. die Punktlichtlampe und 5. das Blitzlicht. Gemäß der spektralen Energieverteilung dieser Strahlen, über die Bd. 19, Kap. 14, 15, 16 berichtet wird, bevorzugt man bei unsensibilisierten Schichten nach Möglichkeit die an kurzwelligen Strahlen reichen Lichtquellen 1 und 2a; aber auch die übrigen Kunstlichtarten finden in diesem Falle gelegentlich Anwendung, besonders dann, wenn eine möglichst punktförmige Lichtquelle großer Flächenhelligkeit (4), oder wenn eine möglichst kurzzeitige und intensive Lichtquelle erforderlich

---

[1]) R. BLOCH, Lichttechnik, letztes Kapitel. München-Berlin: R. Oldenbourg 1921.

ist (5)[1]. Arbeitet man dagegen mit sensibilisierten Schichten, so empfiehlt es sich, die Lichtquellen 2b, 3, 4 und 5 zu verwenden, denn nun wird in der Regel Wert darauf gelegt, die aufgenommenen Objekte und ihre verschiedenen Farbtöne in richtiger Helligkeitsabstufung wiederzugeben. Nach empirischen Versuchen hat sich herausgestellt, daß der relativ höhere Gehalt jener Lichtquellen an langwelliger Strahlung gerade den Unterschied kompensiert, der zwischen der (höheren) Empfindlichkeit jener Schichten im Blau und derjenigen im Rot besteht; mit Bogenlicht z. B. kann der gleiche Effekt nur durch Einschalten von Gelbfiltern erreicht werden, die die Intensität des blauen Lichtes hinreichend dämpfen. Die in vorstehendem gemachten Angaben gelten vor allem auch für die Anwendungsgebiete Kinematographie (Ziff. 24) und Reproduktionstechnik (Ziff. 27).

b) Der Positivprozeß.

17. Allgemeines. Während für die Negativphotographie fast ausschließlich Bromsilber als lichtempfindliche Substanz verwandt wird, kommen für die Positivverfahren folgende 4 Klassen von lichtempfindlichen Substanzen zur Anwendung:

1. Silbersalze,
2. Chromatgelatine,
3. Eisensalze,
4. Lichtempfindliche organische Verbindungen.

In Abb. 6 sehen wir eine Reihe von Schwärzungskurven der bekanntesten Positivmaterialien und können unter Berücksichtigung des unter Ziff. 12 Gesagten die verschiedenen Empfindlichkeiten miteinander vergleichen.

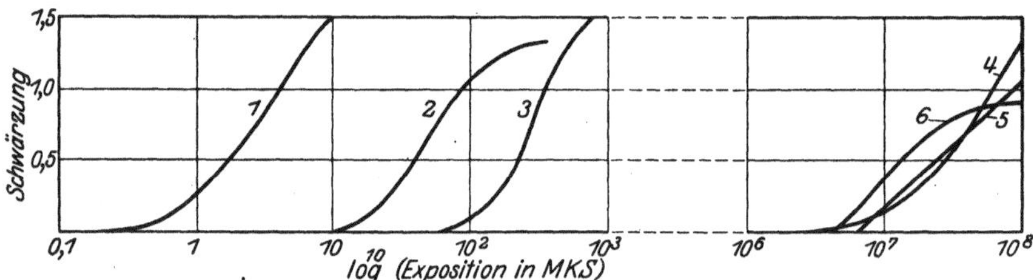

Abb. 6. Schwärzungskurven einiger typischer photographischer Positivmaterialien.

1 Hochempfindliches Bromsilberpapier, 4 Auskopierpapier,
2 Chlor-Bromsilberpapier, 5 Chromatpapier,
3 Chlorsilberpapier, 6 Ozalidpapier (spiegelbildlich gezeichnet).

Wie wir bei der Besprechung des GOLDBERGschen Systems der Sensitometrie (Ziff. 13) sahen, besteht die an das photographische Verfahren zu stellende Forderung darin, daß innerhalb des festgestellten Objektumfanges — in der Regel 1,5 — sämtliche Helligkeitsabstufungen der Wirklichkeit entsprechend im Papierbild erscheinen, wobei in den hellsten Stellen des Objekts Details von 5% in den Mitteltönen von 10% und in den dunkeln Stellen von 25% wiedergegeben werden müssen. Für die kurvenmäßige Betrachtung ist zu bedenken, daß die maximale Schwärzung, mit der man bei Papierbildern rechnen kann, 1,2 bis 1,4 nicht überschreitet; dadurch ist der obere Punkt der ausnutzbaren Positivkurve festgelegt. Der Anfangspunkt der Positivkurve ist durch die Forderung einer Detailwiedergabe von 10% definiert, aber bei der fast vollkommenen

---

[1] Wegen näherer Angaben s. H. BECK, Die Blitzlichtphotographie, 5. Aufl. Leipzig 1923. Eine Gegenüberstellung verschiedener Lichtquellen hinsichtlich ihrer unterschiedlichen Aktinität (Verhältnis von photographischer Wirkung und physiologischer Helligkeit) findet sich bei H. BECK u. J. EGGERT, ZS. f. wiss. Photogr. Bd. 24, S. 367. 1927.

Schleierfreiheit photographischer Papiere kann man. mit völlig ausreichender Genauigkeit die Schwärzung 0,05 als Anfangspunkt der Positivkurve ansetzen. Die Steilheit der für ein gegebenes Negativ zu verwendenden Positivkurve richtet sich nun, in sinngemäßer Anwendung des Gesagten nach dem Negativumfang, denn der Negativumfang tritt bei der Herstellung eines Positivs an Stelle des Objektumfangs beim Negativ als maßgebliche Abszissendifferenz auf. Flaue Negative, die durch geringen Umfang charakterisiert sind, bedingen eine steile Positivkurve, harte Negative, d. h. solche mit großem Umfang, bedingen ein weich arbeitendes Papier. Daher werden alle Papiersorten in verschiedenen Gradationsstufen (hart, mittel, weich) hergestellt, außerdem hat man noch die Möglichkeit, durch Variation der Entwicklungszeit die Steilheit der Kurve innerhalb gewisser Grenzen zu variieren. Zu der Form der Positivkurve ist noch zu sagen, daß entsprechend der verlangten besseren Detailwiedergabe in den Lichtern gegenüber den Schatten die Positivkurve im oberen Teil steiler verlaufen muß als im unteren, also eine gegen die Abszissenachse konvexe Form den theoretischen Anforderungen entspricht.

Bei Halogensilberpapieren unterscheidet man zwischen Entwicklungspapieren und Auskopierpapieren; im ersten Falle wird ein latentes Bild entwickelt, im zweiten wird durch die Belichtung unmittelbar ein sichtbares Bild erzeugt.

18. Die Entwicklungspapiere. Die Entwicklungspapiere werden nach ihrer Empfindlichkeit und nach dem verwendeten Halogen in Bromsilber-, Chlorbromsilber- und Chlorsilberpapiere eingeteilt. Aus der Art des Halogensilbers ergibt sich der Charakter der Papiere. Bromsilberschichten ergeben im allgemeinen einen ins Graue gehenden Bildton; ihre Gradation ist in der Regel nicht so brillant wie die der Chlorsilberschichten. Bilder auf reinem Chlorsilberpapier haben einen bläulichschwarzen Bildton und zeichnen sich allgemein durch eine außerordentliche Brillianz aus, d. h. die tiefsten Schatten sind noch fein abgestuft, aber von einem kräftigen Schwarz, ohne daß die Details in den Lichtern verlorengegangen sind. Die Chlorbromsilberbilder haben bei mittlerer Brillanz einen ins bräunliche oder grünliche gehenden Farbton des entwickelten Silberbildes. Aus dem Vergleich von Abb. 4 und 6 geht hervor, daß die Schwellenempfindlichkeit eines hoch empfindlichen Negativmaterials zu der eines Bromsilberpapieres sich etwa wie 1:9 verhält.

Ihrem verschiedenen Charakter entsprechend werden die drei Kategorien von Entwicklungspapieren auch verschieden entwickelt. Für Bromsilber- und Gaslichtpapiere ist Metol-Hydrochinon der am weitesten verbreitete Entwickler, aber während Chlorsilberpapiere in der Regel in 30 bis 50 Sek. ausentwickelt sind, brauchen Bromsilberpapiere hierzu 1 bis 2 Min. Nachfolgend seien zwei Entwicklungsrezepte genannt, die die charakteristischen Unterschiede im Bildton der Papiere klar herausarbeiten:

1. Für Bromsilberpapiere	2. Für Chlorsilberpapiere
1000 cm³ Wasser	1000 cm³ Wasser
1 g Metol	2 g Metol
25 g Natriumsulfit krist.	50 g Natriumsulfit krist.
3 g Hydrochinon	6,5 g Hydrochinon
70 g Soda krist.	30 g Soda krist.
1 g Bromkalium	0,5 g Bromkalium.

Die Chlorbromsilberpapiere stehen in der Mitte zwischen diesen beiden Papiersorten. Die meisten der in Europa verwendeten Porträtpapiere sind Chlorbromsilberpapiere, die neben der normalen Schwarzentwicklung einer Buntonentwicklung unterworfen werden können. Werden reichlich belichtete Bilder in einem verdünnten Glyzin-, Hydrochinon-, Pyrogallol- oder Pyro-Hydrochinonentwickler 10 bis 20 Min. entwickelt, so kann man eine ganze Skala der verschiedensten Bildtöne auf Chlorbromsilberbildern erzeugen; je nach den Versuchsbedingungen erhält man alle Töne von Schwarz über Grün bis Rot. Das durch die **normale** Entwicklung entstandene Silberbild entspricht durch seinen kalten schwarzen Ton sehr häufig nicht dem herrschenden Geschmack, der in Anlehnung an die Farbe der Auskopierpapierbilder eine wärmere Farbe, wie Braun, vorzieht. Man verwandelt daher gern das schwarze Silber des Positivbildes in braunes Schwefelsilber. Direkt geht diese Umwandlung in der Kälte nicht vor sich, man muß daher entweder das Ag erst in Halogensilber verwandeln, oder in der Wärme arbeiten.

<table>
<tr><td>

1. Indirekte Schwefeltonung
I. 100 cm³ Wasser
   2 g $K_3Fe(CN)_6$
   4 g KBr
II. 100 cm³ Wasser
   25 cm³ Schwefelammon-
       lösung 10%
   18° C Badtemperatur.

</td><td>

2. Direkte Schwefeltonung.
1000 cm³ Wasser
150 g $Na_2S_2O_3$
50 g Alaun
60° C Badtemperatur

</td></tr>
</table>

Die Bilder werden hellbraun bis sepia und sind bei der grobkörnigen Form des entstandenen Schwefelsilbers sehr gut haltbar. Etwas mehr ins rötliche gehende, angenehmere Töne erhält man durch die Selentonung, bei der das Silber ganz oder teilweise in Selensilber übergeführt wird. Zweckmäßig benutzt man hierzu die im Handel befindlichen Selentonbäder (Senol, Carbon, Coradon).

Weiterhin gibt es noch eine große Reihe von Rezepten, nach denen Bunttonungen vorgenommen werden können. Bei Verwendung der geeigneten Metalle kann man Entwicklungspapierbilder in fast allen Nuancen tonen. In der Regel wird das Silber erst in Halogensilber oder ein komplexes Silbersalz übergeführt, und dann werden an diese Stoffe die gefärbten Metallverbindungen angelagert[1]).

Die meisten der von Amateur- und Fachphotographen hergestellten Papierbilder werden durch Kontaktdruck im Kopierrahmen gewonnen, wobei die richtige Belichtungszeit durch Probekopieren eines Streifens unter einem Teil des Negativs festgestellt wird. Soll das Positivformat größer sein als das des Negativs, so wird das Negativ mit Hilfe eines optischen Systems, meistens unter Benutzung einer künstlichen Lichtquelle, auf Bromsilberpapier vergrößert. Man unterscheidet 2 Typen von Vergrößerungsapparaten, die älteren mit Kondensor und·die neueren kondensorlosen Apparate. Bei ersteren fällt parallel gerichtetes Licht auf das Negativ, bei den letzteren dagegen diffuses; bei parallelem Licht tritt in den dichteren Stellen des Negativs eine Streuung des Lichtes, also eine größere Lichtschwächung ein als bei den klareren Negativpartien, die Kontraste des Negativs werden also scheinbar verstärkt; daher erfordern Kondensorapparate weicher arbeitende Papiere als kondensorlose.

Werden von einem Negativ nicht nur wenige Abzüge gebraucht, sondern, wie es für industrielle Zwecke, Postkartendruck, Reklamebilder usw. häufig der Fall ist, eine größere, nach Hunderten zählende Auflage, so werden die Bilder nicht auf einzelnen Blättern kopiert, sondern in langen Rollen gedruckt (Kilometerphotographie). Dazu wird das Bromsilberpapier in ruckweiser Bewegung von einer großen Rolle abgewickelt, unter dem Negativ belichtet, durch die Entwicklungs- und sonstige Bäder geführt und zum Schluß in einen Trockenraum gebracht. Die in derartigen Anstalten verarbeiteten Papiermengen belaufen sich auf mehrere zehntausend m² im Monat.

---

[1]) E. Sedlaczek, Tonungsverfahren von Entwicklungspapieren. 2. Aufl. Halle: Knapp 1923.

Ebenfalls maschinell erfolgt die Reproduktion von Druckschriften (Patentschriften, Literaturangaben usw.) in besonderen Apparaten (Famulus, Kontophot u. a. in Deutschland), bei denen ein reflexlos beleuchtetes Original direkt auf photographisches Rollenpapier photographiert wird. Die Gradation der hierzu verwendeten Schichten ist sehr steil, da keine Halbtöne, sondern nur schwarze Schrift auf weißem Grunde wiederzugeben ist. Natürlich erscheint auf der Reproduktion die Schrift weiß auf schwarzem Grunde. Es gibt aber auch bereits Verfahren, unmittelbar Positive auf Papier zu erzeugen; entweder man bedient sich eines dem Umkehrprozeß bei Films ähnlichen Verfahrens, wobei die Papierfaser durch Imprägnieren vor der Anfärbung durch das Umkehrbad geschützt ist (Abb. 5), oder man verwendet ein doppelschichtiges Papier, bei dem die obere Schicht ungehärtet und hochempfindlich, die untere sehr stark gehärtet und unempfindlich ist. Zunächst wird belichtet und entwickelt, aber nicht fixiert. Dann wird das Papier schwachem Licht ausgesetzt, wodurch das Negativ in der oberen Schicht auf die untere kopiert wird. Nachdem nun die obere ungehärtete Schicht abgewaschen ist, kann auf der unteren das positive Bild entwickelt und fixiert werden[1]).

19. Die Auskopierpapiere. Versetzt man eine in ein Kolloid eingebettete Chlorsilberschicht mit überschüssigem Silbernitrat, so verändert diese Emulsion, dem Licht ausgesetzt, ihre Farbe durch Ausscheidung von metallischem Silber. Durch Ausfixieren des unbelichteten Chlorsilbers und durch Überführen des entstandenen Silberbildes in ein Goldbild wird das Bild haltbar gemacht. Im Gegensatz zu den bisher behandelten Emulsionen kann also bei Auskopierpapieren das Entstehen des Bildes an der fortschreitenden Ausscheidung metallischen Silbers beobachtet werden. Als Bindemittel kommen drei Substanzen in Betracht, Eiweiß, Kollodium und Gelatine. Die ältesten Papiere waren die Eiweiß- oder Albuminpapiere, die verbreitetsten sind die kollodiumhaltigen Zelloidinpapiere, während die Gelatine- oder Aristopapiere nicht dieselben schönen Töne erzielen wie die Zelloidinpapiere.

Die ältesten „Salzpapiere" wurden dadurch hergestellt, daß man geeignetes Papier erst auf einer wäßrigen Kochsalzlösung, dann nach dem Trocknen mit der Salzseite nach unten auf einer Silbernitratlösung schwimmen ließ. Die heutige Herstellung geschieht nach sehr komplizierten Rezepten. Man erkannte bald, daß ein Zusatz organischer Silbersalze, z. B. Silberzitrat, die das im Lichte freiwerdende Chlor absorbieren, eine größere Mannigfaltigkeit von Tönen und Gradationsabstufungen gibt. Die Papiere mit reinem Chlorsilber haben einen blauen Ton und geben harte Bilder, die Papiere, die Silberzitrat enthalten, geben rötliche Bilder von weicher Gradation. Die Gradationskurve der Auskopierpapiere weicht nicht grundsätzlich von der der Entwicklungspapiere ab, der Kopierumfang ist ein wenig größer (Abb. 6).

Die Verarbeitung der Auskopierpapiere geschieht folgendermaßen: Nach dem Belichten werden sie in einem neutralen Fixierbad (zur Vermeidung der abschwächenden Wirkung) fixiert, wobei man ein Umschlagen der Farbtöne ins Hellgelbe beobachtet. Man badet die Bilder vor oder nach dem Fixieren in einer Lösung von Goldchlorid, wodurch der größte Teil des Silbers durch Gold ersetzt wird, oder verwendet Lösungen, die beide Operationen gleichzeitig ausführen (Tonfixierbäder). Meistens geht neben der Goldmetalltonung noch eine Schwefeltonung her, indem sich Silbersulfid an das gebildete gelbliche Silber anlagert.

Den letzten Fortschritt auf dem Gebiete der Tageslichtpapiere stellen die selbsttonenden Auskopierpapiere dar, die das Gold bereits in der Schicht ent-

---

[1]) A.-G. D. R. P. 453072.

halten und den großen Vorzug der einfachen Verarbeitung haben; sie brauchen nur fixiert zu werden, um gute Bilder zu geben. Es empfiehlt sich aber dennoch vor dem Fixieren ein Kochsalzbad einzuschalten, um alle überschüssigen Silbersalze gründlich zu entfernen.

Der Kopierprozeß ist bei gewöhnlichen und selbsttonenden Auskopierpapieren der gleiche. Die Haltbarkeit beider Papiere beträgt ungefähr 1 Jahr. Nach dieser Zeit wird die Schicht der Zelloidinpapiere wasserundurchlässig und verliert das Tonungsvermögen.

20. Die Chromatverfahren. Diese beruhen auf der Verwendung von Alkalibichromaten in Gelatineschichten. Bichromate werden entweder durch Licht zu Chromisalzen reduziert, die die Gelatine härten, oder Bichromatgelatine wird durch die Oxydationsprodukte mancher Entwickler am metallischen Silber unlöslich gemacht. Im Gegensatz zu den Silbersalzverfahren wird bei den Chromatprozessen die die Bildfarbe gebende Substanz den lichtempfindlichen Schichten beigemengt. Je nachdem der Bildfarbstoff nachträglich zugeführt wird oder vorher den Schichten beigemengt ist, ob er die gegerbten oder ungegerbten Schichten anfärbt, ob er endlich trocken, als fette Farbe, in wäßriger Lösung oder als Pigmentfarbstoff zur Wirkung kommt, ergibt sich für die gebräuchlichsten Verfahren folgende Einteilung, die wir E. STENGER[1]) verdanken.

Tabelle 2. Übersicht über die Chromatgelatine- und sonstigen Gerbeverfahren.

	Gerbung durch Licht Bildfarbstoff			Gerbung durch Ag Bildfarbstoff		
	wird nachträglich zugeführt		ist in der Schicht vorhanden	wird nachträglich zugeführt		ist in der Schicht vorhanden
	durch Anfärbung			durch Anfärbung		
	der ungegerbten	der gegerbten	Pigment-verfahren Gummidruck	der ungegerbten	der gegerbten	Brom-silberpigment-papier
	Schichtteile			Schichtteile		
Anfärbung						
a) mit trockener Farbe	Einstaubverfahren Buridruck	Suridruck		Einstaubverfahren	—	
b) mit fetter Farbe	—	Öldruck Lichtdruck		—	Bromöldruck	
c) mit wäßriger Farbstofflösung	Pinatypie	—		—	—	
d) mittels Pigmentschicht	—	Ozotypie		—	Ozobromdruck	

Von der großen Mannigfaltigkeit der Chromatverfahren sei hier nur in Kürze auf die wichtigsten Verfahren: das Pigmentverfahren, den Bromöldruck, die Pinatypie und den Ozobromdruck eingegangen.

Beim **Pigmentdruck** wird die auf Papier gegossene, mit einem wasserunlöslichen, dem sog. Pigmentfarbstoff versetzte Gelatineschicht mit Bichromat sensibilisiert. Durch die Einwirkung des Lichtes wird die Gelatine gehärtet und in warmem Wasser unlöslich, so daß man die nicht belichteten Stellen herunterlösen kann. Wenn die Lichtwirkung nicht bis zum Untergrund reicht, bleibt am Schichtträger eine Schicht ungehärteter Gelatine, so daß beim Entwickeln

---

[1]) E. STENGER, Vogels Handbuch der Photographie Bd. VI 3, S. 177. Berlin: Union Deutsche Verlagsgesellschaft 1925.

die ganze Schicht fortgelöst wird. Daher muß man beim Pigmentdruck entweder die Schicht sehr dünn machen (Gummidruck, wobei als Kolloid Gummi-
arabikum verwendet wird) oder von der Rückseite durch das transparent
gemachte Papier belichten — Leimdruck — oder die Schicht auf eine andere
Unterlage übertragen: Pigmentdruck mit Übertragung; letzterer hat allein
praktische Bedeutung.

Zur praktischen Ausübung wird auf ein gleichmäßig glattes Papier eine
wäßrige Lösung von „mittelharter" Gelatine (25%) aufgetragen, die mit 1 bis
1,5 g Farbstoff auf 100 cm³ Lösung versetzt ist. Der gebräuchlichste Farbstoff
ist Lampenruß, nach dem das Verfahren auch den Namen Kohledruck führt.
Das Lichtempfindlichmachen des Papiers geschieht durch Tränken in einer
4proz. Lösung von Kalium- oder Ammoniumbichromat und darauf folgendes
Trocknen, wobei das Papier eine Haltbarkeit von ca. 3 Tagen erhält. Dann wird
kopiert, nachdem die richtige Belichtungszeit durch ein Photometer festgestellt
ist, und das Papier mit dem Übertragungspapier — hergestellt durch Begießen
mit gehärteter Gelatine — zusammengequetscht. Die nun folgende Entwicklung
erfolgt bei 35 bis 40°, und man erhält nach Abziehen des ursprünglichen Papiers
ein seitenverkehrtes Pigmentbild, das sich durch seine vorzügliche Tonabstufung
vor den Halogensilberkopien auszeichnet. Der Grund dafür liegt in der einzig-
artigen Gradationskurve der Bichromatschichten[1]), die geradlinig im Winkel
von 45° ansteigt (Abb. 6). Will man ein seitenrichtiges Positiv haben, so wird
das erhaltene Pigmentbild nochmals auf ein endgültiges Übertragpapier in
gleicher Weise übertragen.

Noch mehr als der Pigmentdruck gestattet der Bromöldruck eine individuelle Behandlung des Bildes; damit ist er zum beliebtesten Edeldruckverfahren
geworden. Ein normales Silberbild auf schwach gehärtetem Papier wird mit
einem Ausbleichbade behandelt, während gleichzeitig das Bild gegerbt wird.
Eine der gebräuchlichsten Lösungen z. B. ist:

1000 cm³ Wasser,
1,5 g $K_2Cr_2O_7$,
24 g KBr,
24 g $CuSO_4$,
5 Tropfen HCl (10% ig).

Die Wirkung des Bades beruht darauf, daß sich aus metallischem Silber
und $Cu^{··}$-Ionen $Ag^·$-Ionen und $Cu^·$-Ionen bilden. Letztere reduzieren die $CrO_4^{''}$-
Ionen zu $Cr^{···}$-Ionen, die nun die Gelatine in der gleichen Weise gerben, als ob diese
Reduktion durch das Licht hervorgerufen wäre. Die so gegerbten Gelatine-
stellen stoßen Wasser ab, halten aber fette Farben fest, während die ungehärteten Stellen Wasser aufnehmen, aber fette Farbe abstoßen. Wird also auf
eine derartig behandelte Bildschicht mit einem Pinsel eine Fettfarbe aufgetupft,
so wird eine der Gerbung entsprechende Farbmenge aufgenommen. Besondere
Effekte lassen sich dadurch erzielen, daß das noch feuchte Bild auf ein anderes
Papier übertragen wird.

Der Ozobromdruck beruht darauf, daß eine mit Farbstoff versetzte
Gelatineschicht mit einem vorher fertiggestellten photographischen Silber-
bilde zusammengequetscht wird und daß dann die Gelatineschicht an den Silber-
bildstellen proportional der vorhandenen Silbermenge gehärtet wird. Das Silberbild wird mit Chromalaun gehärtet, die Pigmentgelatineschicht mit einer Lösung
von Kaliumbichromat, Kaliumferrizyanid und Kaliumbromid behandelt. Man
erhält so einen seitenrichtigen Pigmentdruck.

---

[1]) J. M. EDER, Chromatprozeß. Handbuch Bd. IV 2, S. 144. Halle: Knapp 1926.

Die Pinatypie beruht darauf, daß bestimmte wasserlösliche Farbstoffe die Gelatine eines Chromatbildes in umgekehrtem Verhältnis ihrer Gerbung anfärben. Preßt man ein so angefärbtes Bild mit einem feuchten gelatinierten Papier zusammen, so wird die Farbe entsprechend ihrer Konzentration im Bichromatbild auf das Papier übertragen. Durch Wiederholung der Anfärbung der Bichromatschicht lassen sich beliebig viel Papierabzüge herstellen (Ziff. 37).

Einen weiteren Fortschritt auf diesem Gebiet brachte KOPPMANN[1]), der die Gerbung der Gelatine durch sulfitfreien Brenzkatechinentwickler fand. Dieser Entwickler gerbt die Schicht proportional dem ausgeschiedenen Silber. Belichtet man also von der Rückseite (s. Pigmentprozeß), entwickelt im sulfitfreien Brenzkatechinentwickler und behandelt dann mit Wasser, so wird die Gelatine an den unbelichtet gebliebenen Stellen weggewaschen. Man hat also ein Auswaschrelief, das man analog den Pinatypieverfahren weiter behandeln kann.

21. Die Eisensalzverfahren. Die Lichtempfindlichkeit gewisser Eisensalze bildet die Grundlage einer Reihe von Kopierverfahren[2]), die für Lichtpauspapiere verwendet werden. Bei Eisensalzen übt das Licht wie bei Chromverbindungen eine Reduktionswirkung aus, indem organische Ferrisalze (dreiwertig) zu Ferrosalzen (zweiwertig) reduziert werden, und die Bilderzeugung beruht darauf, daß entweder aus den Ferrosalzen oder den Ferrisalzen gefärbte Verbindungen erzeugt und die anderen ausgewaschen werden. Wenn man, wie beim Lichtpausverfahren üblich, unter einer Strichzeichnung kopiert, so befinden sich nach der Belichtung unter den Strichen Ferrisalze, unter den freien Stellen der Vorlage Ferrosalze. Jede weitere Behandlung, die aus den Ferrosalzen einen gefärbten Körper erzeugt, liefert also ein negatives Bild, jede, die aus Ferrisalzen gefärbte Verbindungen entstehen läßt, ein positives Bild. Hierbei ist es gleichgültig, ob die reagierenden Stoffe von vornherein im Papier vorhanden sind und nach dem Entwickeln nur gewässert zu werden braucht, oder ob die Schicht nur die lichtempfindlichen Eisensalze enthält und durch eine Nachbehandlung entwickelt werden muß. Die negativen Zyanotypien — weiße Linien auf blauem Grund — beruhen auf der Bildung von Thurnbulls Blau durch Umsetzung von Ferrosalz mit Kaliumferrizyanid. Die positiven Zyanotypien — blaue Linien auf weißem Grunde — haben die Bildung von Berlinerblau, Ferrisalz + Kaliumferrozyanid zur Grundlage. Diejenigen im Handel befindlichen Lichtpauspapiere, die schwarze Linien auf weißem Grunde liefern, benutzen die Bildung des schwarzen Tintenbildes durch Einwirkung von Tannin oder Gallussäure auf Ferriverbindungen.

22. Photographie mit lichtempfindlichen organischen Verbindungen. Von den zahlreichen Verfahren, die auf der Lichtempfindlichkeit aromatischer Verbindungen, vor allem der Diazoverbindungen, beruhen[3]), sei hier nur auf das Ozalidverfahren von KÖGEL hingewiesen, das dem Lichtpauspapier der Firma Kalle & Co. zugrunde liegt[4]).

Die lichtempfindliche Substanz ist hier ein Diazid, das im Licht zu Phenol unter Stickstoffentwicklung reduziert wird. Die unzersetzt gebliebene Ausgangssubstanz wird mit dem der Schicht gleichzeitig einverleibten Resorzin bei Gegenwart von Alkali zu einem rotvioletten Farbstoff gekuppelt. Dieses Alkali wird der Schicht in Form von Ammoniakdämpfen zugeführt, wobei die in der Schicht

---

[1]) G. KOPPMANN, D. R. P. 309193, 310037, 310038, Phot. Rundschau 1922, S. 144; 1923, S. 124.
[2]) WANDROWSKY, Lichtpausverfahren. 1921.
[3]) J. M. EDER, Handbuch. Bd. IV 2, S. 469. Halle: Knapp 1926.
[4]) D. R. P. 302786. Vgl. auch: J. EGGERT und W. SCHRÖTER, Zs. f. Elektrochem. 1928.

stets zurückgehaltene Feuchtigkeit das für die Reaktion nötige Wasser liefert. Auf diese Weise entstehen von Positiven wieder Positive. Ein einzigartiger Vorteil dieses Papieres ist, daß infolge der praktisch trockenen Entwicklung jede Verzerrung des Papierbildes vermieden wird, also Zeichnungen maßstäblich genau wiedergegeben werden. Das Ozalidpapier ist ein Jahr lang haltbar, seine Empfindlichkeit ist die gleiche wie die des Eisenblaupapiers (Abb. 6, Kurve 6, zu der noch zu bemerken ist, daß sie, um einen Vergleich zu ermöglichen, spiegelbildlich aufgezeichnet ist.)

c) Kinematographie.

23. Grundlagen. Die Kinematographie übertrifft, nach dem Wert der verbrauchten Chemikalien berechnet, bei weitem alle anderen Verwendungsgebiete der Photographie. Man schätzt die gegenwärtige Weltproduktion an Positiv- und Negativfilms auf ca. 500 Millionen laufende Meter im Jahr. Diese große Technik hat sich langsam aus dem Zusammenarbeiten verschiedener Zweige der Photographie entwickelt. Eine hohe Vollendung der photographischen Optik und des Kamerabaues war ebenso unerläßlich wie eine weitgehende Beherrschung der Herstellung lichtempfindlicher Bromsilbergelatineschichten auf Zelluloidunterlage. Diese beiden Zweige der Photographie mußten in Verbindung gebracht werden mit der Ausgestaltung der eine scheinbare Wiedergabe von Bewegungen liefernden Apparate, um der Kinematographie die Weltverbreitung zu geben, die sie heute besitzt. Das Lebensrad oder Stroboskop, das 1832 von PLATEAU in Gent und STAMPFER in Wien angegeben wurde, ist der einfachste kinematographische Apparat. Er besteht aus einer um ihre horizontal gelagerte Achse drehbaren Scheibe auf der in radialer Richtung eine Anzahl Spalte eingeschnitten sind; neben den Spalten sind räumlich aufeinanderfolgend zeitlich aufeinanderfolgende Phasen einer Bewegung aufgezeichnet. Setzt man die Scheibe vor einem Spiegel in Rotation und blickt durch die Spalte auf den Spiegel, so erscheint dem Auge im Spiegel nur eine einzige Spalte und der Gegenstand scheint sich zu bewegen. Es wird also der Eindruck der Bewegung durch die Sichtbarmachung einer Reihe von Einzelbildern hervorgerufen. Dabei müssen die einzelnen Vorführungen zeitlich so rasch aufeinanderfolgen, daß sie als ein einheitliches Ganzes auf das Bewußtsein wirken, und die einzelnen Bewegungsphasen müssen räumlich so nahe beieinander liegen, daß sie auf einen einzigen Gegenstand bezogen werden können. Dabei ist zweitens die Nachbildwirkung oder Verschmelzung von Wichtigkeit. Die Empfindung eines Lichtreizes im Auge erlischt nicht sofort mit dem Aufhören des Reizes, sondern sie klingt langsam ab. Trifft nun der nächste Lichtreiz das Auge, ehe der vorhergehende merklich abgeklungen ist, so wird im Bewußtsein eine Kontinuität der Bilder erzeugt, obgleich die Vorführung eine diskontinuierliche ist. Sind also die Bewegungsphasen der Bilder des Lebensrades sehr wenig voneinander verschieden, und erfolgt die Drehung so rasch, daß die durch den Spalt im Spiegel gesehenen Bilder psychologisch (Identifikation) und physiologisch (Nachbildwirkung) verschmelzen, so wird dem Beschauer eine Bewegung vorgetäuscht.

Nach den gleichen Gesetzen kommt der Eindruck der Bewegung bei der Kinematographie zu stande.

An das Stroboskop schlossen sich eine Reihe von weiteren Apparaten, wie die Wundertrommel, das Mutoskop, das Praxinoskop und andere an. Einen bedeutenden Schritt vorwärts taten MUYBRIDGE, der die Momentphotographie zur Herstellung der Reihenbilder benutzte und FRIESE GREEN, der das Zelluloidband als Aufnahmematerial einführte. UCHATIUS baute 1845 einen Projektionsapparat zur Vorführung von Reihenbildern, und EDISON benutzte 1891 in seinem

Kinetoskop die Maaße, die ungefähr den heutigen Normen des Kinofilms zugrunde liegen. Aber erst Louis Lumière war es, der 1895 einen sicher funktionierenden Vorführungsapparat für eine größere Anzahl von Personen schuf, den er Kinematograph nannte, während in Deutschland sich vor allen Dingen Messter große Verdienste um die Einführung und Verbreitung der Kinematographie erwarb[1]).

24. Die gebräuchlichsten Kinefilmsorten und ihre Verarbeitung. Das Rohfilmband für die Zwecke der Kinematographie ist ein Zelluloidfilm von 35 mm Breite und (normalerweise) 120 m Länge. Die Bildgröße beträgt ca. 18 × 24 mm, das Perforationsloch 1,9—2,0 × 2,8 mm, der Abstand zweier Perforationslöcher (von Mitte zu Mitte) 4,75 mm. Da die auf Grund internationaler Vereinbarungen festgelegten Normen nur eine Toleranz von 0,1 mm bei der Filmbreite und von nur 0,01 mm bei der Perforation besitzen, werden an die Wasserfestigkeit des Zelluloids außerordentliche Anforderungen gestellt. Nur dadurch, daß die Schrumpfung des Zelluloids ein Minimum beträgt, wird der gleichmäßige und exakte Lauf der Films, der für einwandfreie Vorführungen unerläßlich ist, in den Kopiermaschinen und Vorführungsapparaten gewährleistet.

Da das Zelluloid ein sehr schlechter Elektrizitätsleiter ist, entstehen beim Bewegen des Films gegen Metallteile elektrische Entladungen, die sich auf der photographischen Schicht bei der Aufnahme und beim Kopieren als kurze schwarze Striche, die sog. Blitze abbilden, zu deren Verhinderung das Zelluloid besonders präpariert werden muß.

Ferner muß das Zelluloid eine große Zerreißfestigkeit besitzen, um den mechanischen Beanspruchungen durch die Aufnahme- und Vorführungsapparate gewachsen zu sein.

Die Kine-Negativemulsion zeichnet sich vor allen Dingen durch höchste Empfindlichkeit bei ausreichendem Belichtungsspielraum aus (vgl. Abb. 4, Kurve 2, Ziff. 14). Sie ist normalerweise nicht farbenempfindlich, in steigendem Maße werden jedoch orthochromatische und auch panchromatische Emulsionen verwendet, da mit ihnen eine ton- und helligkeitsrichtige Wiedergabe der farbigen Objekte erzielt werden kann (Ziff. 14).

Die Entwicklung der 120 m langen Negativfilmbänder geschieht auf Rahmen, auf die der Film von der Rolle aufgewickelt wird. Durch Eintauchen der Rahmen in Entwicklertröge wird der Film nach dem Prinzip der Standentwicklung entwickelt, wobei der Entwickler weitgehend vor Oxydation durch den Luftsauerstoff geschützt und das Auftreten von Luftschleier vermieden wird.

Nach dem Entwickeln, Fixieren und Trocknen wird bei den einzelnen Szenen des Negativs durch Vergleichen mit Negativen bekannter Kopierdauer die Lichtmenge bestimmt, die sie zum Kopieren brauchen. Dann wird der endgültige Film durch Aneinanderkleben der verschiedenen Szenen zusammengestellt und in seiner gesamten Länge kopiert. Die für jede einzelne Szene erforderliche Lichtmenge wird durch eine Marke zu Beginn der Szene am Filmrand bezeichnet, und durch diese Markierung wird jeweils die Lichtintensität selbsttätig reguliert. Man hat eine Abstufung von 10 bis 20 solcher Marken und dementsprechend ebensoviel Lichtintensitäten der Kopierlampen vorgesehen. Durch diese automatische Lichtregulierung läuft der Film ohne Unterbrechung durch die Kopiermaschine, und jede Szene wird mit der ihr zukommenden Lichtintensität kopiert. Derartige Kopierapparate heißen Vollautomaten und stellen die zur Zeit vollkommenste Kopiermethode dar.

Die Entwicklung des Positivfilms geschieht in der Regel nicht auf Rahmen, sondern maschinell in Entwicklungsmaschinen. Der Film läuft über Rollen

---

[1]) H. Lehmann, Grundlagen d. Kinematographie. Leipzig: Teubner 1910.

durch die verschiedenen Bäder, wobei die Einwirkungsdauer der Bäder teils durch verschiedene Laufgeschwindigkeit der Rollen, teils durch verschieden tiefes Eintauchen des Films in die Bäder variiert werden kann. Anschließend wird der Film durch einen Trockenschrank geführt und aufgerollt.

Die Anforderung, die man an die Emulsion eines Positivfilms stellt, gipfelt darin, daß das Bild auf der Leinwand „brillant" sein soll. Wenn man berücksichtigt, daß die Vergrößerung bei der Kineprojektion 100- bis 150fach (linear) ist, so erwächst daraus zunächst die Forderung einer außerordentlichen Feinkörnigkeit und eines sehr guten Auflösungsvermögens für die Kinepositivemulsion. Da außerdem die Gradationskurve der Positivschicht im Vergleich zur Negativschicht relativ steil sein muß, kann die Schwellenempfindlichkeit der Positivschicht nicht über ca. 0,1 derjenigen des Kine-Negativfilms gebracht werden (vgl. Abb. 4, Kurve 4, Ziff. 14).

An Stelle des schwarz-weißen Bildes werden häufig farbige Bilder verwandt. Zu diesem Zweck kann entweder das Silberbild des Diapositivs in ein Farbbild übergeführt werden, wobei der Grund weiß bleibt (Virage) oder die Gelatine wird angefärbt, während das Silberbild schwarz bleibt (Färben), oder aber man verwendet gefärbtes Zelluloid. Selbstverständlich kann man die Methoden miteinander kombinieren.

25. Spezielle Probleme der Kinematographie. In einigen Ländern wird dem Gefahrenmoment, das in der Verwendung des leicht brennbaren Zelluloids zur Vorführung vor einer großen Menge Menschen liegt, erhöhte Wichtigkeit beigemessen und die Einführung eines unverbrennbaren Materials gefordert. Das Zelluloid ist in der Tat sehr leicht entflammbar, und beim Abbrennen größerer Mengen besteht große Explosionsgefahr, verbunden mit der Entwicklung giftiger Gase (NO, NO_2). Daher hat man die Verwendung weniger gefährlicher Stoffe vorgeschlagen, von denen der aus Azetylzellulose hergestellte Sicherheitsfilm die weiteste Verbreitung gefunden hat. Die Azetylzellulose wird aus Baumwollabfällen mit Essigsäureanhydrid, Eisessig und Katalysatoren hergestellt, und der Sicherheitsfilm nach dem Auflösen der Azetylzellulose (unter Verwendung von Weichmachungsmitteln) in Azeton und anderen Lösungsmitteln gewonnen. Aber der allgemeinen Verwendung des Sicherheitsfilms steht erstens sein höherer Preis entgegen, zweitens ist seine Quellbarkeit in Wasser merklich höher als die des Zelluloidfilms, und drittens beträgt seine Haltbarkeit nur etwa $^2/_3$ der des normalen Films. Die zunehmende Verbreitung der Kinematographie für Schul- und Lehrzwecke, wie auch für die Amateurkinematographie, dürfte indessen dem Azetylfilm eine ständig zunehmende Verbreitung sichern, zumal bei diesen Verwendungsgebieten der Film nicht mit denselben Vorsichtsmaßregeln behandelt werden kann wie bei der Theaterkinematographie.

Neben der berufsmäßigen Kinematographie nimmt die Liebhaberkinematographie ständig an Verbreitung zu. Man hat bald erkannt, daß die normale Kinefilmbreite von 35 mm. für die Zwecke der Projektion in Wohnräumen zu groß ist, da man hier mit einer erheblich kleineren Bildgröße auskommt. Daher haben sich die sog. Schmalfilmformate 9 mm (PATHÉ) und 16 mm (Kodak) durchgesetzt. Bei Verwendung dieser kleinen Formate — das Bild hat auf dem 16 mm-Schmalfilm die Größe von $7,5 \times 10$ mm — wird das Bild bei der Projektion ebenfalls auf das 100fache linear vergrößert. Aber im Vergleich zur Theaterkinematographie wird das Bild unter einem viel größeren Gesichtswinkel gesehen, da man bei der Betrachtung näher an das Bild herantritt, und das Silberkorn erscheint dementsprechend größer. Anders ausgedrückt ist im Verhältnis zur Bildgröße das Silberkorn gewachsen. Dabei sei ausdrücklich darauf hingewiesen, daß die „Körnigkeit" auf die Struktur des Negativbildes zurückzuführen ist, indem die einzelnen Körner des Negativs auf das Positiv kopiert werden; die Korngröße der Positivemulsion verschwindet dagegen weitgehend. Da man dieser Schwierigkeit aus dem Wege gehen mußte, und da außerdem für Amateurkinezwecke meistens nur ein einziger Positivfilm gebraucht wird und nicht mehrere, wie beim normalen Film, so bedient man sich hier des Umkehrverfahrens. Auf einer feinkörnigen Emulsion von Negativempfindlichkeit wird das Bild entwickelt, aber nicht fixiert, sondern das im Entwickler gebildete Silber wird in einem Silberlösungsbad herausgelöst, während das unveränderte Bromsilber auf dem Film bleibt. Dann wird der Film diffus belichtet und in einem zweiten Entwickler das bei der ersten Entwicklung unangegriffen gebliebene Bromsilber geschwärzt, wodurch ein direktes Positiv entsteht. Bei dieser Arbeitsweise wird das durch die erste Belichtung entstandene grobe Korn herausgelöst und durch die nachträgliche Belichtung auf dem restlichen Bromsilber ein wesentlich feinkörnigeres Bild erzeugt. Weitere Positive können von diesem Positiv durch Kopieren auf Umkehrfilm erhalten werden (vgl. Abb. 5, Ziff. 14).

Über die Bemühungen, eine farbige Kinematographie zu schaffen, die fast so alt sind wie die Schwarz-Weiß-Photographie, siehe Ziff. 35 und 37.

Ein weiteres stets wieder auftauchendes Problem ist die Stereokinematographie. Bedenkt man, daß bei der normalen, ruhenden Stereophotographie zwei Bilder von zwei Objektiven, die um den Augenabstand von 57 bis 65 mm entfernt sind, aufgenommen und durch ein besonderes optisches System betrachtet werden, so erhellt daraus die Unmöglichkeit, einer großen Anzahl von Personen, die das vorgeführte Bild von den verschiedensten Punkten eines Raumes betrachten, ohne individuelle optische Hilfsmittel einen Film plastisch vorzuführen. Die einzige Möglichkeit scheint in dem sog. Anaglyphenverfahren zu bestehen. Dazu nimmt man zwei Stereobilder auf und färbt die beiden Positive komplementär, das eine rot, das andere grün an, und druckt sie übereinander unter geringer Verschiebung gegeneinander. Betrachtet man nun diese Bilder durch eine Brille, die ein rotes und eines grünes Glas hat, so daß das rote Glas nur das grüne Bild sichtbar macht und das rote zum Verschwinden bringt und umgekehrt, so sieht man das Bild plastisch, da jedes Auge nur das von seinem Standpunkt aufgenommene Bild sieht. Dieses Verfahren läßt sich für die plastische Kinematographie verwenden, wenn die Bilder mit zwei um den Augenabstand entfernten Objektiven aufgenommen werden und jeder Beschauer mit einer rot-grün gefärbten Brille ausgestattet ist.

Schließlich sei als viel bearbeitetes Problem der Kinematographie der „sprechende Film" genannt[1]), der sich die gleichzeitige Wiedergabe von Bewegung und Ton zur Aufgabe macht. Auf zwei synchron laufenden Films oder auf einem verbreiterten Filmband wird einerseits das normale Bild aufgenommen, andererseits werden die Schallwellen mit Hilfe einer optischen Methode photographisch registriert, da die mechanische Aufzeichnung von Schallwellen auf Zelluloid nach dem Prinzip des Grammophons bisher zu keinem befriedigenden Resultat geführt hat. Die Wiedergabe geschieht durch synchrones Ablaufen der beiden Films, wobei die optisch aufgezeichneten Schallwellen auf lichtelektrischem Wege und nach dem Mikrophonprinzip hörbar gemacht werden.

Eine derartige Methode von Vogt, Engl und Massolle, das Tri-Ergonverfahren, arbeitet mit einem 41,5 mm breiten Film, der die normale Perforation trägt und auf dem seitlich neben der einen Perforation die Schallwellen als eine Reihe von verschieden stark geschwärzten gleich langen Linien in ver-

---

[1]) D. v. Mihaly, Der sprechende Film. Berlin: M. Krayn 1928.

schiedenen Abständen aufgezeichnet sind. Die Schallwellen werden im „Katho-
dophon" in elektrische Stromstöße umgesetzt, diese auf das 10^6fache verstärkt
und in einer besonderen Glimmlichtlampe in Lichtstrahlen verwandelt. Bei
der Wiedergabe werden die durch die verschieden geschwärzten Linien hindurchgehenden Lichtstrahlen in der Photozelle in Stromstöße umgewandelt, die in
einem elektrostatischen Telephon mittels eines dünnen Glimmerblättchens die
Schallwellen erzeugen[1]).

Das andere Verfahren, das bis zu einer gewissen Vollendung ausgearbeitet
ist, stammt von PETERSEN und POULSEN. Diese Erfinder benutzen zwei getrennte
synchron laufende Films normaler Breite; auf dem einen wird das normale Licht-
bild aufgenommen, auf dem anderen das Tonbild. Die vom Mikrophon ausgehenden Ströme drehen ein subtil aufgehängtes Spiegelchen, das den Lichtstrahl
einer Lampe auf den Film wirft. Dadurch werden stets gleich geschwärzte
Streifen erzeugt, während beim Tri-Ergon-Verfahren gleich lange, aber verschieden stark geschwärzte Streifen entstehen. Die Wiedergabe·geschieht mit
Hilfe einer Selenzelle. Ein starker primärer Stromstoß z. B. erzeugt auf dem
Negativ einen langen dunkeln Strich, der auf dem Positiv als langer heller
Strich erscheint. Durch diesen wird die Selenzelle in der ganzen Breite belichtet, dadurch wird der Widerstand stark verringert und dementsprechend ein
starker Stromstoß erzeugt.

d) Reproduktionstechnik.

26. Allgemeines[2]). Eines der größten Anwendungsgebiete der Photographie
ist das Gebiet der photomechanischen Druckverfahren, die Nachbildungen einer
Vorlage in fast beliebig hoher Druckauflage auf photographischem Wege herzustellen gestatten. Soll z. B. von einem Original eine Buchillustration angefertigt
werden, so muß zunächst ein für das anzuwendende Verfahren passendes Druck-
negativ angefertigt werden, von dem auf photographischem Wege die Druckform hergestellt wird. Von dieser wird dann in der Handpresse oder in der
Maschine direkt gedruckt.

Für die Herstellung der Drucknegative ist in der Reproduktionstechnik
die wichtige Unterscheidung zwischen Strichzeichnung und Halbtonvorlage zu
machen. Erstere besteht, wie eine Druckschrift, nur aus reinem Weiß neben
tiefstem Schwarz, also nur aus einem einzigen Tonwert, während die sog. Halbtonvorlagen alle Tonwerte in kontinuierlicher Abstufung enthalten.

Entsprechend der üblichen Unterscheidung in Hochdruck, Flachdruck und
Tiefdruck geben wir zunächst eine schematische Übersicht der wichtigsten zur
Zeit angewandten Verfahren:

Verfahren	Drucknegativherstellung	Druckformherstellung
Hochdruck ⎫ Flachdruck ⎭	⎰Nasses Jodsilberkollodium ⎱ ⎱Bromsilberkollodium ⎰ ⎰Bromsilbergelatine ⎱	Bichromat-Albuminverfahren
Tiefdruck	Bromsilbergelatine für Diapositiv und Negativ	Chromatpapier

Die Unterschiede der drei Reproduktionsverfahren: Hochdruck, Flachdruck
und Tiefdruck zeigt nachfolgende schematische Abb. 7 (nach GOLDBERG).

---

[1]) Vgl. Jo. ENGL, Der tönende Film. Braunschweig: Sammlung Vieweg 1927.
[2]) E. GOLDBERG, Grundlagen der Reproduktionstechnik. Halle: Knapp 1924; RUSS
und ENGLISH, Handbuch für moderne Reproduktionstechnik, 2. Aufl. Frankfurt a. M.:
Klimsch 1923.

Beim Hochdruck liegen die druckenden Flächen erhaben, beim Flachdruck liegen die druckenden und nicht druckenden Flächen in einer Ebene, beim Tiefdruck liegen die druckenden Flächen vertieft.

Im Hochdruck werden die erhabenen, druckenden Stellen mit Druckfarbe eingewalzt, und der Druck kann ohne Zwischenoperation beginnen. Dadurch ist der Hochdruck das einfachste und billigste Verfahren. Die Qualität der erzielten Drucke genügt aber gesteigerten Anforderungen nicht, da bei starkem Druck die Farbe von der druckenden Hochfläche in die tieferliegenden Stellen hineingepreßt und dadurch eine unerwünschte Verbreiterung und Unschärfe der Linien und Punkte erzielt wird. Da man bei rauhem Papier einen sehr starken Druck der Presse anwenden müßte und dementsprechend eine starke Verbreiterung der Linien eintreten würde, so ist man gezwungen, für einwandfreie Hochdruckreproduktionen unbedingt glattes Papier zu verwenden.

Beim Flachdruck sind die druckenden Teile trocken und nehmen fette Druckfarbe an, während die nichtdruckenden Stellen feucht sind und die Druckfarbe abstoßen. Der Flachdruck ist nicht wesentlich schwieriger als der Hochdruck und hat außerdem den Vorteil, daß durch starken Pressendruck die Linien nicht in demselben Maße verbreitert werden wie beim Hochdruck.

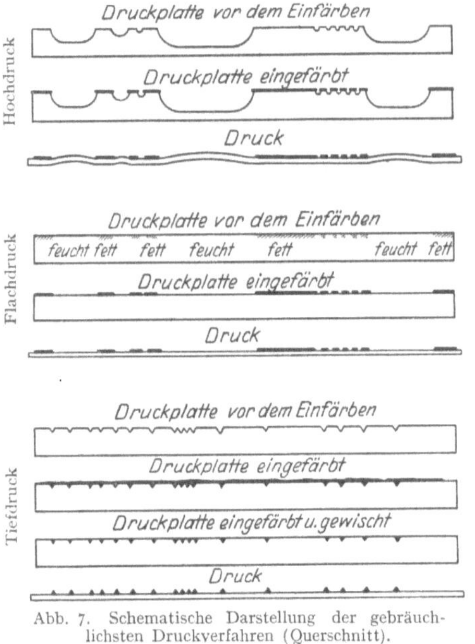

Abb. 7. Schematische Darstellung der gebräuchlichsten Druckverfahren (Querschnitt).

Diese beiden Verfahren, Hochdruck und Flachdruck, können offenbar nur mit einer einzigen Farbintensität drucken, können also nur tiefes Schwarz erzeugen, d. h. nur Strichzeichnungen wiedergeben. Im Gegensatz dazu können beim Tiefdruckverfahren Halbtöne wiedergegeben werden, da den verschiedenen Vertiefungen eine verschiedene Farbmenge und damit eine verschiedene Tonwiedergabe entspricht. Dementsprechend dürfen die Vorlagen für Hoch- und Flachdruck keine Zwischentöne enthalten, während der Tiefdruck die Wiedergabe von Halbtonvorlagen gestattet. Im Gegensatz zum Hochdruck ist der Tiefdruck auch für rauhe Papiere geeignet, da die druckenden Flächen vertieft liegen und die Farben niemals die Ränder verwischen können. Freilich erfordert die Tiefdrucktechnik nach dem Einfärben ein Abschaben der überflüssigen Farbe, das lange Zeit nur von Hand ausgeführt werden konnte und die maschinelle Ausgestaltung dieses Verfahrens bis Ende des vorigen Jahrhunderts verhindert hat.

Um nun auch beim Hoch- und Flachdruck nicht nur reine Strichzeichnungen, sondern auch Halbtonvorlagen wiedergeben zu können, muß man zu einem Hilfsmittel greifen. Dieses besteht darin, daß man die Halbtöne je nach ihrer Intensität in verschieden große Punkte zerlegt, die man im Hoch- und Flachdruck drucken kann, die jedoch so klein sein müssen, daß sie auf der fertigen Reproduktion dem unbewaffneten Auge noch nicht sichtbar sind. Dadurch kann trotz der Eigenart dieser beiden Druckverfahren, nur einen Tonwert zu drucken, die ganze Tonskala wiedergegeben werden. Man zerlegt, wie der

Fachausdruck lautet, die echten Halbtöne in unechte. Zu diesem Zweck schaltet man bei der Herstellung der Druckvorlage in den Strahlengang dicht vor die zu belichtende Platte ein Netzwerk von schwarzen und weißen Linien, von denen beispielsweise 60 auf 1 cm kommen. Durch dieses „60-Linienraster" wird jede Fläche gleicher Schwärzung in ein System von hellen und dunklen Punkten aufgelöst, von denen die hellen jeweils rein weiß sein und der dunkle die höchste Schwärzung aufweisen müssen. Dabei werden die tiefen Schatten der Vorlage durch kleine scharfe schwarze Punkte auf dem Negativ wiedergegeben, die Mitteltöne werden aus bedeutend größeren Punkten gebildet, während in den hohen Lichtern die Punkte so groß geworden sind, daß sie untereinander zusammenhängen. Trotzdem müssen in allen Stellen die Punkte stets tiefschwarz, die Zwischenräume absolut weiß und schleierfrei sein. Dementsprechend werden von dem Negativmaterial, um glasklare Schatten und tiefste Schwärzen wiedergeben zu können, höchste Klarheit, steilste Gradation und sehr hohes Auflösungsvermögen verlangt (Ziff. 14).

27. Herstellung der Druck-Negative. Diesen an das Negativmaterial gestellten Anforderungen wird die n o r m a l e Bromsilbergelatinetrockenplatte nicht ohne weiteres gerecht. Das Bild liegt zu tief in der Gelatine, so daß die Linien und Punkte nicht scharf werden; zudem ist es schwer, bei genügender Deckung der Tiefen eine vollkommene Schleierfreiheit der Weißen zu erzielen. Man hat daher in der Reproduktionstechnik für diese Zwecke das sog. nasse Kollodiumverfahren lange verwendet, und der Streit, ob dieses Verfahren durch modernere ersetzt werden kann, ist noch nicht entschieden.

Bei den sog. nassen Kollodiumverfahren gießt sich der Photograph die Platten selbst. Hierin liegt ein großer Vorteil, den sowohl diese Methode als auch die Bromsilberkollodiumemulsion aufweist. Denn man hat es hier nicht mit einer Reihe stets wiederkehrender Formate zu tun, sondern das Format richtet sich nach dem Objekt, und es wird gerade so viel Emulsion auf die Spiegelglasplatten gegossen, wie die Vorlage es erfordert. Die verwendeten Spiegelglasscheiben haben eine Dicke von 1,5 bis 2,0 mm, da dünneres Glas infolge seiner Durchbiegung den starken Druck in den Kopierrahmen nicht aushalten würde.

Die alkoholisch-ätherische Lösung von Kollodium wird mit einer alkoholischen Lösung von Jodiden versetzt. Das so „jodierte" Kollodium wird auf die mit allergrößter Sorgfalt gereinigte Spiegelglasplatte aufgegossen und diese, bevor der Äther-Alkohol vollständig verdampft ist, in eine Silbernitratlösung enthaltende Schale gelegt und einige Minuten darin gelassen. Dann wird die noch nasse Platte rückseitig abgewischt und exponiert. Unmittelbar danach wird mit Ferrosulfat-Eisessig entwickelt, wobei das Eisensulfat mit der noch in der Schicht verbliebenen Silbernitratlösung reagiert. Fixiert wird mit Zyankalium. Das Bild läßt sich nun sehr leicht mit Farmerschem Abschwächer bzw. jodhaltiger Zyankaliumlösung abschwächen und mit einem Silberverstärker verstärken. Das Bild liegt vollkommen auf der Oberfläche der Schicht, daher haben die Linien und Punkte die unübertroffene Schärfe und die Weißen die absolute Schleierfreiheit. Die Empfindlichkeit des nassen Kollodiumverfahrens ist sehr gering, sie beträgt nur den 50. Teil der einer unempfindlichen Bromsilberplatte. Ein weiterer großer Nachteil des Verfahrens ist es, daß es nicht möglich ist, die Emulsion in der Praxis zu sensibilisieren.

Diese beiden Nachteile des „nassen Verfahrens" haben der Bromsilberkollodiumemulsion die Wege geebnet. Von einer Reihe von Fabriken werden Bromsilberkollodium-Emulsionen in flüssiger, haltbarer Form in den Handel gebracht, die für alle Strahlen leicht sensibilisierbar sind. Mit dieser Emulsion werden

Spiegelscheiben begossen, feucht belichtet und rasch entwickelt. Obgleich also hier auch mit feuchten Platten gearbeitet wird, ist der Name „nasses Verfahren" doch nur für das zuerst beschriebene Verfahren beibehalten worden. Entwickelt wird mit sodahaltiger Hydrochinonlösung, fixiert mit Natriumthiosulfat und das Verstärken und Abschwächen in gleicher Weise wie beim nassen Verfahren vorgenommen. Die Schärfe der so erzielten Punkte und Striche erreicht nicht die Vollkommenheit des nassen Verfahrens, ist aber für die meisten Zwecke ausreichend.

Neuerdings wird versucht, für Strich- und Rasterverfahren die Kollodiumplatten durch Bromsilbergelatine-Trockenplatten und -Films zu ersetzen, die für diese Zwecke eine sehr silberreiche Emulsion von ganz steiler Gradation in äußerst dünner Schicht besitzen. Die Vorteile der Platten und Films liegen in ihrer bequemeren Verarbeitung und größeren Gleichmäßigkeit der Emulsion und des Gusses; viele Anstalten, namentlich die des Auslandes, sind zu ausschließlicher Verwendung von Trockenplatten oder Films für Strich- und Rasteraufnahmen übergegangen (vgl. Abb. 4, Kurve 5).

Beim Tiefdruckverfahren drucken die geätzten Partien der Metallplatte, während beim Hochdruck die nicht geätzten Stellen drucken; da nun die geätzten Teile der Metallplatte immer den unbelichteten Teilen des Drucknegativs entsprechen, müssen also für den Tiefdruck alle Tonwerte umgekehrt werden, d. h. es muß von dem Negativ erst ein Diapositiv hergestellt werden, nach dem die Druckform angefertigt wird. Da der Tiefdruck alle Halbtöne wiedergibt, braucht man zur Herstellung der Druckvorlage nicht auf die Kollodiumverfahren zurückzugreifen, sondern kann sich der empfindlicheren Bromsilbergelatineplatten bzw. -films bedienen. Gefordert muß hierbei vor allen Dingen ein sehr langer gerader Teil der Gradationskurve werden, da bei der Übertragung keine Halbtöne verloren gehen dürfen. Man benutzt daher für die Negativ- wie die Diapositivherstellung die speziell für diese Zwecke in den Handel gebrachten Platten und Films.

28. Herstellung der Druckform. Wir kommen jetzt zur Herstellung der Druckformen. Für den Hochdruck wird von dem Strich- oder Rasternegativ das Bild auf eine Metallplatte übertragen, auf der durch Ätzen das druckfähige Hochdruckrelief entsteht. Dieser Teil des Hochdrucks führt den Namen Chemigraphie. Das Empfindlichmachen des Metalls geschieht heute entweder durch das Eiweißverfahren, das Emailverfahren oder das Kaltemailverfahren. Das Eiweißverfahren beruht darauf, daß Albumin, das mit Ammoniumbichromatlösung versetzt ist, durch Belichtung unlöslich wird. Das unbelichtete Albumin wird weggelöst und dadurch das Metall für die Ätzung freigelegt. Da aber die Schicht nicht genügend Widerstandsfähigkeit gegen das Ätzmittel besitzt, wird die Platte nach dem Entwickeln mit staubfeinem Asphalt eingestäubt, der auf dem Albumin festklebt und es gegen das Ätzmittel unangreifbar macht.

Das Emailverfahren nutzt die Lichtempfindlichkeit von chromiertem Leim aus. Entsprechend dem Bichromatgelatineverfahren wird Leim, der mit Kaliumbichromatlösung behandelt ist, lichtempfindlich. Die Kupferplatte wird mit der Leim-Chromatlösung begossen, getrocknet und unter dem Raster- oder Strichnegativ belichtet, wobei die Lichter des Originals auf dem Kupfer löslich bleiben, die Schatten dagegen unlöslich werden. Durch das Entwickeln werden die ersteren Stellen weggelöst, die restliche Chromatleimschicht wird angefärbt und auf der Kupferplatte zu einem der Säure widerstehenden Email eingebrannt.

Da dieses Einbrennen auf Zinkplatten große Schwierigkeiten bereitet, weil das Metall weich wird und sich verzieht, andererseits das Zink in der Drucktechnik unentbehrlich ist, hat man verschiedene Kaltemailverfahren erfunden, die aber noch keine allzuweite Verbreitung erfahren haben.

Die Ätzung geschieht bei Kupferplatten mit Eisenchloridlösung, bei Zinkplatten mit verdünnter Salpetersäure. Dabei wird in mehreren Stufen geätzt, weil neben dem Angriff des Ätzmittels in die Tiefe auch ein solcher nach der Seite stattfindet. Daher müssen nach jeder Teilätzung die Seitenwände der hochstehenden Teile vor dem weiteren Angriff des Ätzmittels durch Farbe oder Lack geschützt werden. Die Ätztiefe beträgt bei einer normalen Autotypie mit einem 60-Linienraster 0,04 mm. Nach fertiggestellter Ätzung wird die Platte auf einem Holzblock befestigt und ist nun zum Drucke fertig.

Beim **Flachdruck** kommen ähnliche Kopierlösungen zur Verwendung wie beim Hochdruck. Als Träger verwendet man entweder den sog. Lithographenstein aus Solnhofen oder dünne Zinkplatten. Der Stein bzw. die Platte wird mit fetter Druckfarbe eingewalzt, die nur auf den druckenden Stellen haften bleibt, während die nicht druckenden Stellen feucht gehalten werden. Um eine leichtere Anfeuchtung des Zinks zu erzielen, wird dieses aufgerauht.

Weil man von einer Flachdruckform, besonders auf rauhes Papier, sehr schlecht drucken kann, hat man zu dem Hilfsmittel gegriffen, daß man von der Flachdruckform, die neuerdings meist die Form eines Zylinders hat, auf ein Gummituch druckt, so daß dieses die Druckfarbe auf das Papier überträgt. Dadurch wird das Bedrucken fast jeder Papiersorte möglich, und außerdem kann die Druckgeschwindigkeit erheblich gesteigert werden. Dies ist das Prinzip des aus Amerika stammenden Offsetdrucks.

Beim **Tiefdruck** bedient man sich, wie in der Übersicht Ziff. 26 erwähnt, zur Herstellung des Drucknegativs in der Regel des Chromatpapiers, das man durch einen Pigmentfarbstoff anfärbt, um die Halbtöne auf dem Metall besser sichtbar zu machen. Bei der Heliogravüre wird die Kupferplatte mit Asphalt eingestäubt, um durch Erhitzen eine körnige Oberfläche zu erzielen. Auf diese gekörnte Platte wird nun die Pigmentkopie aufgequetscht und mit warmem Wasser entwickelt. Da an den belichteten Stellen die Schicht gehärtet ist und auf dem Kupfer haften bleibt, liegt in den Schatten die asphaltierte Kupferplatte frei, während sie in den Lichtern von einer dichten gegerbten Gelatineschicht bedeckt ist. Dazwischen gibt es alle Abstufungen. Wird nun mit Eisenchlorid geätzt, so dringt in den Schatten das Ätzmittel ungehindert an das Kupfer, während an den übrigen Stellen proportional der Dicke der Gelatineschicht immer weniger Ätzmittel an das Kupfer gelangt. So werden alle Zwischentöne in verschiedene Ätztiefen übertragen. Wird nun die Pigmentgelatine abgewaschen und die Platte eingefärbt, so werden alle Halbtöne im Druck, im Gegensatz zum Hoch- und Flachdruck, als echte Halbtöne wiedergegeben. Durch Anwendung eines regelmäßigen Rasters an Stelle des unregelmäßigen Asphaltkorns, durch Verwendung von Zylindern an Stelle von Kupferplatten und durch Einführung einer Metallschiene, Rakel genannt, zum Abstreichen der überflüssigen Farbe, wurde zu Anfang dieses Jahrhunderts aus der langsam arbeitenden Heliogravüre der moderne Schnellpressentiefdruck.

Ein besonderes Reproduktionsverfahren ist der Lichtdruck, der alle Halbtöne in vollendeter Weise wiedergibt aber nur verhältnismäßig geringe und nicht ganz gleichmäßige Auflagen gestattet. Eine mit Bichromat sensibilisierte Gelatineschicht wird auf eine Spiegelglasplatte unter Zwischenschaltung einer Vorpräparation aufgetragen. Nach (warmem) Trocknen wird auf diese Schicht kopiert und das Bichromat ausgewässert; das übrigbleibende Quellrelief enthält dann das für den Lichtdruck charakteristische „Runzelkorn". Die unter den dichten Partien des Negativs gelegenen Stellen quellen stark auf, die unter den klaren Negativteilen gelegenen bleiben unverändert. Die stark gequollenen Stellen stoßen die fette Druckfarbe ab, die trockenen nehmen viel Farbe auf, und die

Mitteltöne nehmen die Farbe entsprechend ihrem Quellgrad auf. Auf diese Weise werden alle Halbtöne in exakter Abstufung wiedergegeben. Beim Drucken muß das Relief stets feucht gehalten werden, daher ist eine absolute Gleichmäßigkeit wegen des jeweiligen Eintrocknens der Schicht schwer zu erzielen.

Der neueste Fortschritt auf diesem Gebiete ist der Filmlichtdruck der I. G. Farbenindustrie A.-G., der an Stelle der Spiegelglasplatten mit einem Kolloid bedeckte Zelluloidfolien verwendet, die durch Baden in Bichromatlösung lichtempfindlich gemacht werden. Dadurch wird der Lichtdruck wesentlich verbilligt und eine größere Anzahl von Auflagen ermöglicht, zudem wird die Möglichkeit geschaffen, durch Montieren der Folien auf Holzblöcke gleichzeitig mit Buchdrucklettern zu drucken.

Die Mehrfarbendrucke werden bei allen Verfahren nach denselben Methoden hergestellt, nur werden subtraktiv drei oder mehr Farben unter genauester Beachtung absoluter Übereinstimmung der Konturen übereinandergedruckt (Ziff. 37).

e) Röntgenphotographie.

29. Allgemeine Erfordernisse. Ein weiterer wichtiger Anwendungszweig des photographischen Prozesses hat sich in der Herstellung medizinisch-diagnostischer Aufnahmen mit Hilfe von Röntgenstrahlen herausgebildet. Bei diesem Verfahren entwerfen die Röntgenstrahlen von dem zu untersuchenden Objekt auf der dahintergestellten, lichtdicht verschlossenen photographischen Schicht eine Art Schattenbild; in ihm unterscheiden sich die für die Strahlung am meisten durchlässigen Stellen (Weichteile) des Objektes wenig von solchen Schichtstellen, die direkt, d. h. ohne dazwischenstehendes Objekt, von der Röntgenstrahlung getroffen werden, während die stärker absorbierenden Teile (Knochen) in erheblicherem Maße von den direkt belichteten Stellen abweichen[1]).

Da die Röntgenaufnahme dazu dienen soll, einen pathologischen Befund festzustellen (Tuberkelherde in der Lunge, Steinbildungen in Niere oder Blase, Verlagerung, Bruch oder substantielle Veränderung in den Knochen, Fremdkörper, Verkalkung von Gefäßen, Lage des Embryos bei Schwangerschaften u. dgl.), kommt es darauf an, daß das Bild folgende Forderungen erfüllt: Das Bild muß 1. die abzubildenden Körperstellen in möglichst scharfer Zeichnung ihrer Umrisse wiedergeben, es muß 2. die Objekte möglichst kontrastreich abbilden, und es muß 3. möglichst kurzfristig entstehen, damit es nicht durch willkürliche oder unwillkürliche Bewegungen des Körpers (Atmung, Herzbewegung, Peristaltik des Magen- und Darmkanals) an Schärfe einbüßt. Die Erfüllung dieser Bedingungen ist von den Eigenschaften der Röntgenröhre (Brennfleck der Antikathode), von der Qualität der Strahlung, von dem Absorptionsvermögen der einzelnen Objektteile, von den Eigenschaften der photographischen Schicht und schließlich von dem Verhalten der Verstärkungsfolie abhängig, die in vielen Fällen bei Röntgenaufnahmen verwendet wird.

30. Konturschärfe, Kontrast und Streustrahlung. Um eine möglichst scharfe Zeichnung der Objektteile zu erzielen, ist erforderlich, daß der Brennfleck möglichst punktförmig ist; dies kann durch eine geeignete Formgebung des elektrischen Feldes erreicht werden, in dem sich die Elektronen in der Röntgenröhre bewegen. Allerdings ist der Ausdehnung des Brennflecks eine Grenze durch die Stromwärme gesetzt, die das Antikathodenmetall nicht zum Schmelzen bringen darf. Die Annäherung an das Optimum ist von der einschlägigen Technik

---

[1]) Im Prinzip sind die wesentlichsten Merkmale des Verfahrens bereits in der ersten Abhandlung von W. C. Röntgen erwähnt. Sitz.-Ber. phys.-med. Ges. Würzburg. Dezember 1895.

auf verschiedenen Wegen erreicht worden[1]). — Ferner ist für die konturscharfe Zeichnung günstig, wenn einerseits der Abstand zwischen Objekt und Platte möglichst klein, andererseits die Entfernung von Antikathode und Platte möglichst groß gewählt wird (Fernaufnahmen). Schließlich ist zur Erzielung konturscharfer Aufnahmen wesentlich, daß die Verstärkungsfolie (wenn eine solche angewendet wird) möglichst dichten Kontakt mit der photographischen Schicht hat, was durch Benutzung besonderer Kassetten erreicht wird.

Der Kontrastreichtum des Bildes ist von den Absorptionsverhältnissen der Strahlung im Objekt und — in zweiter Linie — von denen in der photographischen Schicht abhängig. Bezeichnet J_0 die Intensität der von der Röhre ausgesandten Strahlung von der Wellenlänge λ und bezeichnet J die Intensität der Strahlung hinter einer homogenen Schicht des Objektes mit der Ordnungszahl Z und der Dichte ϱ in d cm Dichte, so gilt

$$J = J_0 e^{-(\mu+\sigma)d}; \qquad \mu = 2\varrho \cdot 10^{-2} \cdot Z^{2,6} \cdot \lambda^{2,8},$$

wobei μ den Absorptionskoeffizienten, σ den Streuungskoeffizienten der Substanz bedeutet[2]). Man erkennt, daß die Schwächung der Röntgenstrahlung einmal in einer Absorption und zum anderen in einer Streuung der Energie besteht; beide wachsen mit zunehmender Schichtdicke. Für den Kontrast des Bildes ist der Absorptionsunterschied der einzelnen bestrahlten Schichten maßgebend, während die gestreute Strahlung den Bildkontrast herabsetzt, weil sie sich dem ganzen Bilde gleichmäßig überlagert. Die Absorption (ausgedrückt durch μ) und damit auch der Kontrast hängt ganz beträchtlich von Z und λ ab: Erhöhte Ordnungszahl oder Wellenlänge steigern die Absorption wesentlich; hinter zwei Schichten gleicher Dicke und verschiedener Ordnungszahl (z. B. hinter Knochen und Weichteilen) ist demgemäß der Kontrast um so größer, je weicher die benutzte Strahlung ist. Der praktischen Verwendung möglichst weicher Strahlung, die hieraus folgt, ist indessen eine natürliche Grenze gesetzt, weil die an sich sehr starke Absorption der weichen Strahlung nur minimale Beträge derselben hinter das Objekt gelangen läßt, wodurch einmal die Expositionszeit der Aufnahme unzulässig verlängert und zum anderen auch der Patient durch eine zu hohe Strahlendosis geschädigt wird. Auf empirischem Wege hat sich die Wellenlänge von 0,3 bis 0,5 Å als günstigste Strahlenhärte herausgestellt. In diesem Wellenlängengebiet weisen die Körperteile im allgemeinen einen ausreichenden Kontrast auf. Ist dies nicht der Fall, so wendet man den Kunstgriff an, den betreffenden Organen kontrasterhöhende Stoffe einzuverleiben: Bariumsulfatbrei bei Aufnahmen des Verdauungskanals, Bromkaliumlösung bei Blasen-, Harnleiter- und Nierenaufnahmen, jodhaltige organische Substanzen bei Nierensteinaufnahmen (die Steine sind in diesem Falle durchlässiger als das umgebende Gewebe, das die Jodverbindung resorbiert hat). Auch das Einpressen von Gasen in den Thorax, das Peritoneum und den Darm ist in ähnlicher Weise zur Erhöhung des Bildkontrastes erfolgreich angewandt worden. Nur in besonderen Fällen, nämlich bei dünnen Objekten (z. B. bei Zahnaufnahmen), werden langwelligere Strahlen zur Steigerung des Bildkontrastes verwendet.

Aus den genannten Tatsachen geht hervor, daß man zu möglichst kurzfristigen Aufnahmen — dem dritten Erfordernis der Röntgenphotographie — gelangen würde, wenn man sich einer Strahlung mit möglichst geringer Wellen-

---

[1]) Wegen der Hochspannungsapparaturen und Röntgenröhren vgl. ds. Handb. Bd. 19, S. 308.

[2]) LANDOLT-BÖRNSTEIN-SCHEEL-ROTH, Physikalisch-Chemische Tabellen, 5. Aufl. Bd. II, S. 861. Näheres über die Theorie des Vorganges der Schwächung von Röntgenstrahlung beim Durchgang durch Materie, die an dieser Stelle bewußt übergangen wurde, vgl. ds. Handb. Bd. 21, Kap. 16.

länge bediente, da diese vom Objekt nur wenig absorbiert wird. Diesem Bestreben, eine „Hartstrahltechnik" anzuwenden, begegnet man daher, besonders in neuerer Zeit, immer öfter[1]). Die Schwierigkeiten, die sich dem entgegensetzen, bestehen einmal in dem mangelnden Bildkontrast, den derartig erzeugte Aufnahmen allein wegen der verringerten Absorptionsunterschiede aufweisen, zum anderen aber in dem prozentual mit wachsender Strahlenhärte immer stärker hervortretenden Einfluß der Streustrahlung, die den Bildkontrast ebenfalls beträchtlich vermindert. Da auch bei normaler Strahlenhärte (0,5 Å), besonders beim Aufnehmen sehr dichter Körperpartien, wie Becken und Schädel, die Sekundärstrahlung sehr störend wird, fehlt es nicht an Maßnahmen, diesen Effekt zu beseitigen. Anfangs begnügte man sich damit, durch mechanisches Verdrängen dicker Körperteile mit Hilfe von Gurten, Einblasen von Luft in die Weichteile, Tubusblenden die Streustrahlenquelle zu vermindern[2]). Die wirksamste Abwehr der störenden Strahlung besteht jedoch in der Einschaltung radial gestellter, bewegter, metallischer Spiralen oder Lamellen zwischen Objekt und photographischer Schicht. Diese Blenden lassen also den direkt von der Antikathode kommenden Strahl ungehindert passieren, absorbieren dagegen die vom Objekt ausgehenden Streustrahlen [BUCKY, POTTER, ÅKKERLUND[3])].

31. Photographische Schichten und Verstärkungsfolien. Nicht zuletzt muß, wie schon erwähnt, die photographische Schicht auf die Erfordernisse der Röntgenphotographie abgestimmt sein. Prinzipiell ist zwar, wie schon RÖNTGEN zeigte, nahezu jede photographische Trockenplatte imstande, die Eindrücke absorbierter Röntgenstrahlen festzuhalten. Es hat sich jedoch herausgestellt, daß es besonders geeignete Emulsionen für dieses Verfahren gibt, nämlich solche, die bei hoher Schwellenempfindlichkeit möglichst steile Gradation besitzen (auf die Notwendigkeit einer speziellen Sensitometrie der photographischen Schichten mit Röntgenstrahlen sei hier nur verwiesen). Da die photographische Schicht bei der praktisch angewendeten Strahlenhärte nur 1 bis 2% der auftreffenden Energie absorbiert, ist man, wie ebenfalls schon Röntgen erkannte, imstande, mehrere hintereinanderliegende Schichten auf einmal zu belichten. Dieser Umstand wurde zwar bereits früher in der Praxis hin und wieder nutzbar gemacht, kam aber erst zu allgemein praktischer Verwendung, als man sich des Nitro- und Azetylzellulosefilms als Unterlage für die photographische Schicht zu bedienen lernte und dazu überging, doppelseitig begossene Filme herzustellen[4]). Dieses Material wird jetzt fast ausschließlich in der Röntgenphotographie verwendet, denn es kürzt die Belichtungszeit gegenüber einer Schicht auf die Hälfte ab und erhöht den Bildkontrast infolge der beiden gleichzeitig (und parallaxenfrei) exponierten Schichten auf das Doppelte. Es erübrigt sich, ausführlich auseinanderzusetzen, daß der Doppelfilm durch die Anwendbarkeit der Hartstrahltechnik im Verein mit den Sekundärstrahlblenden die Röntgenphotographie erheblich gefördert hat[5]). Es sei z. B. erwähnt, daß die Produktion des

---

[1]) B. LUBOSHEZ, L'action des rayons durs et des rayons mous en radiographie. Journ. de radiol. (belge) Bd. 13, S. 138. 1924; E. WEBER, Über Aufnahmen mit harten Strahlen. Fortschr. a. d. Geb. d. Röntgenstr. Bd. 33, S. 585. 1924; H. CHANTRAINE, Hartstrahl- oder Weichstrahlverfahren bei Lungenaufnahmen. Ebenda Bd. 34, S. 723. 1925.

[2]) J. ROSENTHAL, Prakt. Röntgenphysik u. Röntgentechnik. Leipzig 1925; J. C. LEHMANN, Die Technik der Röntgenaufnahmen. Bonn 1925.

[3]) G. BUCKY D.R.P. 376963 v. 8. 6. 23 sowie Die Wirkung der Röntgenstrahlenblenden. Röntgenhilfe 1921, Nr. 17; A. ÅKKERLUND, Die spiralförmige Sekundärblende. Acta Radiologica Bd. 2, S. 77. 1923; R. MANNL, Eine neue Vorderblende für die Röntgendiagnostik. ZS. f. Röntgenol. 1924, H. 2.

[4]) J. EGGERT, Einführung in die Röntgenphotographie, 3. Aufl. Berlin 1928.

[5]) H. FRANKE, Der Doppelfilm und seine Technik. Hamburg 1926.

Röntgenfilms nächst der des Kinefilms die größte an hochempfindlichen photographischen Materialien sein dürfte.

Allerdings ist die praktische Anwendung der Röntgenstrahlen für photographisch-diagnostische Zwecke häufig, wenn nicht in der Mehrzahl der Fälle, an den Gebrauch eines wichtigen Hilfsmittels, der Verstärkungsfolie, gebunden, von der wir noch zum Schluß sprechen wollen. Wie schon RÖNTGEN fand, wird an gewissen Substanzen, wie Bariumplatinzyanür, Kalziumwolframat, Zinksilikat und anderen, bei Belichtung mit Röntgenstrahlen Fluoreszenz ausgelöst, die man sowohl zur direkten Beobachtung der Röntgenstrahlen als auch zur Erhöhung ihrer photographischen Wirkung heranziehen kann. Am geeignetsten hat sich das Kalziumwolframat erwiesen, da die Emissionsbande seiner Fluoreszenzstrahlung mit dem Absorptionsgebiet der (unsensibilisierten) photographischen Schicht praktisch übereinstimmt. Legt man daher eine Folie, die aus jener Substanz (mit wenig Bindemittel) hergestellt ist, dicht auf die photographische Schicht, so wird die von der Röhre kommende Strahlung von der Folie absorbiert, in sichtbares, blaues (und ultraviolettes) Licht verwandelt und wirkt in dieser Form auf die Schicht. Dabei zeigt sich, daß gleiche Mengen auftreffender Röntgenstrahlung bei Einschaltung einer Folie stärker wirken; oder anders ausgedrückt, die gleiche Schwärzung auf der Schicht läßt sich in 8- bis 10mal kürzerer Zeit bei Anwesenheit einer Folie erzielen als bei Fortlassen derselben. Diese Wirkung, die man zahlenmäßig durch die Angaben des so genannten „Verstärkungsfaktors" kennzeichnet, hat ihren Grund einmal in der höheren Absorptionsfähigkeit der Folie für Röntgenstrahlen (70% gegenüber 2% bei der photographischen Schicht bei 0,5 Å) und zum anderen in der Eigenart des Fluoreszenzvorganges[1]. Die Verstärkungswirkung der Folien läßt sich auch bei Doppelfilms anwenden, bei denen man entsprechend zwei Folien benutzt; hier kommt der Effekt besonders stark bei kurzwelliger Strahlung zum Ausdruck, weil dann von beiden Folien vergleichbare Energiemengen absorbiert werden, während bei weicher Strahlung die fokusnahe Folie wesentlich mehr Energie zurückhält als die fokusferne Folie[2]. Die photographische Wirkung der von der photographischen Schicht absorbierten reinen Röntgenstrahlung fällt gegenüber derjenigen der Fluoreszenzstrahlung praktisch gar nicht ins Gewicht. Es sei noch erwähnt, daß sich durch die Einschaltung des Fluoreszenzvorganges an den früheren Betrachtungen hinsichtlich des Bildkontrastes nur insofern etwas ändert, als die Schwärzungskurve der Folien- (also Licht-) Strahlung in dem bildwichtigen Teil noch steiler gelegen ist als die Kurve der reinen Röntgenstrahlung (Ziff. 51). Also auch in dieser Beziehung bietet die Verwendung von Verstärkungsfolien einen Vorteil, vorausgesetzt, daß die photographische Schicht neben der genannten Röntgenstrahlempfindlichkeit auch die notwendige Forderung erfüllt, hinreichende Lichtempfindlichkeit zu besitzen, da beide Aufnahmearten in der Praxis Verwendung finden.

Außer auf medizinischem Gebiete wird die geschilderte Methode in steigendem Maße zum Zwecke der Materialuntersuchung angewendet, indem man wichtige Maschinenteile (Lager, Achsen u. dgl.) röntgenphotographisch auf Einschlüsse, Bruchstellen u. ä. untersucht.

Von der Rolle des photographischen Prozesses auf dem Gebiete der Röntgenspektroskopie sowie bei Strukturuntersuchungen mit Hilfe von Röntgenstrahlen war unter Ziff. 15 die Rede.

---

[1] P. CERMAK, Die Röntgenstrahlen. Leipzig 1923; P. P. EWALD, Kristalle und Röntgenstrahlen, S. 56 u. 61. Berlin 1923.

[2] R. GLOCKER, Experim. Unters. üb. d. phys. Grundlagen d. Röntgendiagnostik. Fortschr. a. d. Geb. d. Röntgenstr. Bd. 31, S. 100. 1922.

f) Farbenphotographie.

32. Historisches. Einer der am häufigsten bearbeiteten Zweige der Photographie ist die Wiedergabe natürlicher Farben; trotz der ungemein zahlreichen Arbeiten auf diesem Gebiete haben sich bisher nur verhältnismäßig wenige Verfahren in die Praxis umsetzen lassen, so daß gegenwärtig nur zwei Methoden in größerem Maßstabe verwendet werden: der Mehrfarbendruck und das Rasterverfahren. Über die historische Entwicklung des Gebietes sei folgendes gesagt:

Fast gleichzeitig mit den ersten Beobachtungen über die Lichtempfindlichkeit der Silbersalze wurde von SCHEELE und SENEBIER 1777 und 1782 gefunden, daß belichtetes Chlorsilber die Farbe des auffallenden Lichtes annimmt. Diese Beobachtung wurde von SEEBECK, HERSCHEL, BECQUEREL, NIÈPCE und POITEVIN weiterverfolgt, und nachdem ZENKER die Theorie klargelegt hatte, daß die Erscheinung auf der Bildung stehender Wellen beruht, erregte vor allem LIPPMANN 1892 in Paris durch seine farbenprächtigen Bilder Aufsehen. Indessen hat dieses theoretisch sehr interessante Verfahren eine praktische Verwendbarkeit nie gefunden. Fußend auf der YOUNGschen Theorie, daß sich die Farbenempfindungen des menschlichen Auges auf den Grundempfindungen Rot, Grün und Blau aufbauen, gab MAXWELL 1861 ein Prinzip der Farbenphotographie an, auf dem auch die heutigen Verfahren beruhen. Hiernach hat man sich mit Hilfe bestimmter, unter Ziff. 35 näher beschriebener Methoden Teilbilder des wiederzugebenden bunten Gegenstandes in den genannten Grundfarben herzustellen, die entweder durch direktes Übereinanderprojizieren (additive Farbsynthese) oder durch Übereinanderlegen oder -drucken der komplementär gefärbten Teilbilder (subtraktive Synthese) die naturfarbige Wiedergabe des Objektes erzeugen. Der erste Weg wurde von DUCOS DU HAURON, IVES u. a. weiter beschritten und von MIETHE zu hoher Vollendung ausgebildet; das zweite, subtraktive Verfahren wird bei der Pinatypie, der Jos-Pe- und der Uvachrommethode, beim Zweifarbenfilm Technicolor und vor allem beim Drei- und Vierfarbendruck verwendet. Eine sehr wichtige Variante der MAXWELLschen Anregung brachte endlich der Gedanke von DUCOS DU HAURON und JOLY, die (ebenfalls additive) Synthese der Naturfarben durch mosaikartiges Nebeneinandersetzen kleiner Farbelemente (Rot, Grün und Blau) zu erzielen (Farbrasterplatten von LUMIÈRE und AGFA).

33. Das LIPPMANNverfahren. Die physikalisch eleganteste Methode der Farbenphotographie, deren Abbildungstreue gleichzeitig nahezu unbegrenzt zu sein scheint, ist das als Positiv arbeitende Interferenzverfahren von BECQUEREL-LIPPMANN[1]. Nachdem ZENKER[2] die prinzipiell zutreffende Erklärung für das Zustandekommen der Farben gegeben hatte, stellte besonders O. WIENER[3] umfangreiche Versuche zur Bestätigung der Interferenztheorie an. Hiernach wird das einfallende Licht an der reflektierenden Rückseite der äußerst feinkörnigen Schicht so zurückgeworfen, daß es mit dem ursprünglichen Strahl zur Interferenz kommt; an den Bäuchen der auf diese Weise gebildeten stehenden Wellen findet in der Schicht eine Silberabscheidung in Gestalt von Lamellen statt, deren Abstand eine halbe Wellenlänge beträgt. WIENER brachte jene Lamellen erstmalig zur Darstellung; später bestätigte NEUHAUS[4] die Schichtenbildung durch mikroskopische Betrachtung eines Dünnschnittes senkrecht zur Plattenober-

---

[1] E. VALENTA, Die Photographie in natürlichen Farben mit Berücksichtigung des Lippmannverfahrens. Halle 1894; R. NEUHAUS, Die Farbenphotographie. Das Lippmannverfahren. Halle 1898.

[2] W. ZENKER, Lehrbuch der Photochromie. Berlin 1868.

[3] O. WIENER, Ann. d. Phys. u. Chem. Bd. 40, S. 201. 1890; Bd. 55, S. 230. 1895; Bd. 69, S. 488 u. 504. 1899.

[4] R. NEUHAUS, l. c. S. 60.

fläche. Ferner zeigte WIENER, daß mindestens 10 Schichten zur Entstehung der Farbe vorhanden sein müssen, IVES hat bis zu 250 Silberschichten ausgebildet. Aus späterer Zeit verdient namentlich eine bedeutungsvolle Arbeit von ARON[1]) erwähnt zu werden, die es sich zur Aufgabe machte, die Grenze der farbtreuen Wiedergabe festzustellen, die mit diesem Verfahren erreicht werden kann. Es ergab sich das überraschende Resultat, daß eine mit dem Licht des grünen Quecksilberliniendubletts (5790 und 5799 Å) bestrahlte und entwickelte Lippmannplatte beim Belichten mit weißem Licht grüne Strahlen reflektiert, die sich tatsächlich spektral in zwei getrennte Linien auflösen lassen. Andererseits gibt die Lippmannplatte das Licht der gelben Natriumlinie auch selbst dann noch befriedigend wieder, wenn außerdem noch bis zu sechs verschiedene Stellen des kontinuierlichen sichtbaren Spektrums auf der gleichen Schichtstelle abgebildet sind. Diese verblüffende Leistungsfähigkeit des Verfahrens würde ihm sicherlich den Vorrang unter allen anderen, viel unbefriedigender arbeitenden Methoden sichern, wenn es nicht einmal an zu geringer Empfindlichkeit (wegen der verwendeten feinkörnigen Schichten) und zweitens an der Tatsache kranken würde, daß die Betrachtung der Bilder, wenn sich die Farbtöne nicht verschieben sollen, stets in bestimmter, schräger Aufsicht in Kontakt mit einer spiegelnden Rückfläche stattfinden muß, wobei die Schichten überdies einen gleichmäßigen Feuchtigkeitsgehalt besitzen müssen, da sich sonst die interferenzliefernden Silberschichten in ihrer gegenseitigen Lage verändern und damit auch die dargestellte Farbe fälschen. In der Durchsicht beobachtet man ein durch die Eigenfarbe des Silberniederschlages etwas entstelltes, komplementäres Negativ.

34. Das Ausbleichverfahren. Ein weiterer, oft versuchter, aber immer wieder verlassener Weg zur Herstellung naturfarbiger Aufsichtsbilder — besonders von solchen auf Papier — ist die Methode des Ausbleichens von Farbstoffen[2]). Der Grundgedanke dieses Verfahrens ist folgender: Mischt man eine Anzahl (z. B. drei) Pigmente, von denen jedes ein besonderes Absorptionsgebiet besitzt, und zwar so, daß auf diese Weise das ganze Gebiet des sichtbaren Spektrums mit Absorptionsbanden überdeckt ist, so ist der Aufstrich dieses substanziellen Farbgemisches auf Papier schwarz gefärbt. Besitzen die gewählten Farben ferner die Eigenschaft, ausbleichbar zu sein (bei Bestrahlung farblos zu werden), und zwar möglichst mit gleicher Empfindlichkeit (d. h. also mit gleicher Ausbleichgeschwindigkeit), so ist hiermit eine „Farbenanpassungs"methode gegeben, die sich in die Praxis umsetzen läßt, sobald man die Farbstoffe willkürlich sensibilisieren (zum Ausbleichen anregen) oder fixieren (lichtecht machen) kann. Fällt z. B. rotes Licht auf die ursprünglich schwarze Schicht, so absorbieren und verblassen zu Weiß nur diejenigen Komponenten des Gemisches, die Rot absorbieren; der Rest der Mischung bleibt erhalten und muß definitionsgemäß nachträglich in weißem Licht rot reflektieren. Das Verfahren scheitert an den zahlreichen, nicht ausreichend realisierbaren Bedingungen, ist jedoch gelegentlich in geringerem Umfange und mit bescheidenem Erfolg fabrikatorisch hervorgetreten (Utocolorpapier). Sicherlich besteht insofern eine Verwandtschaft zu den Photochromien BECQUERELS, als auch weiß vorbelichtete Silbersalze unter Umständen bei nachträglicher farbiger Bestrahlung eine Farbänderung (Anpassung) erleiden, die auf einem wesensähnlichen Effekt beruht (vgl. Ziff. 32).

35. Die Dreifarbenphotographie (additiv). Weitaus am häufigsten ist es versucht worden, die Naturfarben im Sinne des von MAXWELL angegebenen Weges mit Hilfe von Teilbildern in bestimmten Grundfarben wiederzugeben[3]).

---

[1]) R. ARON, ZS. f. wiss. Photogr. Bd. 15, S. 65. 1915.
[2]) FR. LIMMER, Das Ausbleichverfahren. Halle 1911.
[3]) R. DONATH, Grundlagen der Farbenphotographie. Braunschweig 1906.

Man unterscheidet hierbei die additive und die subtraktive Synthese, je nachdem die verschiedenen Farbtöne durch Vereinigung von Lichtarten mit relativ schmalem Spektralbereich (meist Rot, Grün, Blau) oder durch Mischung bzw. Hintereinanderlegen von gefärbten Schichten mit relativ weiter spektraler Durchlässigkeit (meist Gelb, Purpur, Himmelblau) entstehen. (Letztere Verfahren erinnern bis zu einem gewissen Grade an das Prinzip des Ausbleichprozesses.) — Alle diese Methoden bedienen sich mehr oder weniger der Lichtempfindlichkeit der Silberverbindungen, um den Gehalt des wiederzugebenden Farbtons an jeder der gewählten Grundfarben zu ermitteln. Es braucht nicht ausführlich dargelegt zu werden, daß die Farbenphotographie eine besonders starke Förderung mit der Entdeckung der Sensibilisatoren durch VOGEL erfuhr (Ziff. 5).

Wir wenden uns zunächst den additiven Methoden zu. Zur Herstellung der erforderlichen Teilbilder, die die Farbtöne des Objektes in die gewählten Grundfarben auflösen, macht man eine entsprechende Anzahl von Aufnahmen auf panchromatischen Schichten hinter je einem der betreffenden Farbfilter, die das Gebiet des sichtbaren Spektrums möglichst lückenlos überdecken müssen. Vorwiegend wählt man die drei Spektralbereiche Rot (7000 bis 5800 Å), Grün (5800 bis 5300 Å), Blau (5300 bis 4000 Å), seltener nur die zwei Bezirke Rot (7000 bis 5750 Å) und Grün (5750 bis 4000 Å), mit denen sich überraschenderweise eine immer noch recht befriedigende Farbwiedergabe erzielen läßt. Die Einteilung des Spektrums in vier und mehr Bereiche ist zwar an sich denkbar, würde auch für die Farbwiedergabe vorteilhaft sein, scheitert jedoch an dem Mangel an geeigneten Farbstoffen, denn schmale Spektralgebiete lassen sich auf diesem Wege nur mit so geringer Durchlässigkeit herstellen, daß dadurch die praktische Verwendung der Farbstoffgemische unmöglich wird. — Die gleichzeitig oder bei ruhenden Objekten hintereinander hergestellten Teilnegative werden als Diapositive kopiert, mit den Farbstoffen der zugehörigen Aufnahmefilter angefärbt (oder mit entsprechend gefärbten Gelatinefolien hinterlegt) und zur Betrachtung mit Hilfe einer geeigneten optischen Einrichtung unter genauer Konturendeckung übereinanderprojiziert; dies geschieht entweder vermittels eines mit mehreren optischen Systemen ausgestatteten Projektionsapparates oder mit einem Chromoskop[1]), das mit mehreren halbdurchlässigen Spiegeln arbeitet und eine direkte, gleichzeitige Betrachtung der Diapositive gestattet. — Da, wie besonders MIETHE[2]) zeigte, die auf diese Weise gewonnenen bunten Lichtbilder sehr farbenprächtig sind, hat es nicht an Versuchen gefehlt, die Methode auf die Kinematographie auszudehnen. Die Aufgaben sind dabei, einmal die mehrfachen Bilder im Film unterzubringen, zweitens die Einfärbungen herzustellen, drittens die erforderliche optische Einrichtung zur Vereinigung der Teilbilder zu schaffen und nicht zuletzt den Bildtransport mit der nötigen erhöhten Geschwindigkeit ohne Gefährdung des Filmbandes zu bewältigen; obgleich diese Anforderungen zum Teil auch beim Einzelbilde vorliegen, steigern sich die Schwierigkeiten für den Film in so erheblichem Maße, daß, von reinen Versuchen abgesehen, eine Umsetzung in die Praxis bisher nicht stattgefunden hat. Zu nennen wären die Verfahren von HORST, WOLFF-HEIDE, BUSCH-SZCZEPANIK, die der Schwierigkeiten in zum Teil sehr geistreicher Weise Herr zu werden versuchen, so z. B. durch die Benutzung des physiologischen Effektes, daß rasch in verschiedenen Farben projizierte Lichtbilder im Auge zu einem bunten Eindruck verschmelzen; die hierbei durch den verschiedenen Bewegungszustand der Einzelbilder auftretenden Farbränder sind jedoch unvermeidbar, wenn nicht die Aufnahmeoptik eine völlig gleichzeitige Herstellung der Teilbilder vorsieht.

---

[1]) F. E. IVES, Eders Jahrb. 1893, S. 298; 1894, S. 215.
[2]) A. MIETHE, Dreifarbenphotographie in der Natur. Halle: Knapp 1904.

Dies geschieht in dem Zweifarbenverfahren von Busch, bei dem die beiden (Rot-Grün) Teilbilder verkleinert und hochkant in einem normalen Bildfeld nebeneinandergestellt, beim Projizieren durch Filter angefärbt, wieder aufgerichtet und auf der Wand vereinigt werden; diese Methode dürfte, wenn man von der Unzulänglichkeit absieht, die ein Zweifarbenverfahren mit sich bringt, die meisten Aussichten auf Erfolg haben, da es die geringsten Anforderungen an die Optik, die Mechanik und die Festigkeit des Films stellt und zugleich weitgehend an die bestehenden Apparaturen anknüpft[1]).

36. Das Farbrasterverfahren. Eine andere Art der additiven Farbwiedergabe erreicht das Farbrasterverfahren[2]). Hierbei geht man von einem auf Glas oder Film befindlichen Mosaik äußerst kleiner Filterelemente, dem Raster, aus, das nach Zwischenschalten einer schützenden Lackschicht mit panchromatischer Emulsion überzogen wird. Belichtet man dieses System durch das Raster, entwickelt sodann, löst das entwickelte Silber und schwärzt schließlich die übriggebliebenen Teile des Bromsilbers (Umkehrprozeß Ziff. 14, Abb. 5), so bekommt man ein farbrichtiges Positiv, da diejenigen Filterelemente, die zur Farbe des wiederzugebenden Objekttones keinen Beitrag liefern, durch Silber abgedeckt sind, während die übrigen Teilchen (unter dem Mikroskop betrachtet), je nach der Zusammensetzung des herzustellenden Farbtones, mehr oder weniger von Silber freigelegt erscheinen. Weiß entsteht durch das Zusammenwirken aller freien Rasterteilchen. Zur Ausübung dieser Methode sind die verschiedensten Rasterarten hergestellt worden, regelmäßige (meist $60\,\mu$ im Durchmesser) nach einem Druckverfahren gewonnen (Paget Price) sowie unregelmäßige (meist 15 bis $20\,\mu$) unter Benutzung einer Mischung gefärbter Stärke- oder anderer Kolloidteilchen (Lumière, Agfa[3]). — Während sich diese Methode zu einer sehr gangbaren, vielfach in Wissenschaft und Praxis geübten Verwendung ausarbeiten ließ, versagt sie überraschenderweise beim Übertragen des Prinzips auf die Kinematographie, weil bei der Projektion der sprunghaft und schnell ihre Lage verändernden Rasterteilchen dem Lichtbilde eine unerträgliche Unruhe verliehen wird. Im Grunde herrscht diese Unruhe — nur nicht so störend — auch schon beim schwarz-weißen Kine-Bilde, das auch eine gewisse Körnigkeit aufweist (vgl. Ziff. 24). Hier sind die Bildelemente, die Silberkörner, jedoch von so geringer Ausdehnung, daß der Effekt nicht wesentlich in Erscheinung tritt. Auch bei den Rasterteilchen läge der Fall noch günstiger, wenn sich nicht die Filterelemente zu Haufen und Ketten zusammenschließen würden (was sich übrigens selbst bei idealer Mischung nicht verhindern läßt), wodurch die Farbflecke auf die 4- bis 5fache Größe anwachsen. Nur bei einer Methode ließ sich das Rasterverfahren für kinematographische Zwecke verwenden, bei dem sehr geistreichen Verfahren von Keller-Dorian[4]). Das Raster befindet sich in diesem Falle auf der Rückseite des panchromatischen Films in Form eines eingepreßten Systems von zylinder- oder wabenartig angeordneten Kalottenlinsen. Diese Linsen sind so dimensioniert, daß jede von ihnen auf der Filmschicht ein Bild der Eintrittspupille des Aufnahmesystems entwirft, das seinerseits mit drei nebeneinandergestellten Filtern ausgestattet ist. Das Objek-

---

[1]) C. Forch, Der Kinematograph, S. 122. Wien u. Leipzig 1913; P. Liesegang-Kieser-Polimanti, Wiss. Kinematogr., S. 156. Düsseldorf 1920; H. Pander, Filmtechnik Bd. 2, S. 284. Liesegang 1926.

[2]) A. v. Hübl, Die Theorie und Praxis der Farbenphotographie mit Autochrom- und anderen Rasterplatten. Halle 1921.

[3]) Das von den Agfa-Farbenplatten benutzte Farbraster wird nach einem Verfahren von Christensen hergestellt (vgl. D.R.P. Nr. 224465 v. 1. IV. 1908).

[4]) A. Keller-Dorian, Scient. Techn. Ind. Phot. Bd. 3, S. 12. 1923; Brit. Journ. Phot. 1923; Col. Phot. Supp. Bd. 17, S. 10. 1923.

wird auf diese Weise in lauter kleine Teile zerlegt, die je nach ihrer Farbzusammensetzung das Filtersystem in der Aufnahmeoptik aufhellen und demgemäß den Film hinter dem Linsenraster belichten. Die Wiedergabe geschieht im umgekehrten Sinne, es läuft also ein Schwarz-Weiß-Film, der nur infolge seiner linsenförmigen Narbung und der in der Wiedergabeoptik angebrachten Farbfilter ein buntes, wegen der Regelmäßigkeit der Rasterung ruhig wirkendes Bild erzeugt.

37. Die Dreifarbenphotographie (subtraktiv). Auch hier gibt es viele Abarten des Verfahrens, die jedoch prinzipiell auf das gleiche hinauslaufen. Wir begnügen uns daher mit der Besprechung der weitaus am meisten angewendeten Methode, nach der u. a. alle Buntdrucke in Büchern und Zeitschriften hergestellt werden. Man beginnt zunächst mit der Anfertigung der Teilnegative hinter den obengenannten Rot-, Grün- und Blaufiltern. Nach diesen Negativen werden Positive oder Druckstöcke angefertigt (meist mit Hilfe des Chromatverfahrens, s. Ziff. 20, 28), mit denen dann gut übereinanderpassende Drucke ausgeführt werden. Als Druckfarben bedient man sich dabei solcher Pigmente, die den entsprechenden Aufnahmefiltern komplementär sind. Der aus dem Rotnegativ entstandene Druckstock bekommt ein lichtes Blau (Grünblau oder Himmelblau), der aus dem Grünnegativ stammende Druckstock erhält Purpur (Blaurot) und der dritte vom Blaunegativ hergestellte Druckstock schließlich Gelb. Weiß wird auf diese Weise durch die freibleibende weiße Unterlage erzeugt, die reinen Töne Rot, Grün, Blau durch Verschmelzen von einerseits: Purpur-Gelb, andererseits: Himmelblau-Gelb und schließlich: Purpur-Himmelblau. Schwarz entsteht durch Übereinanderlegen aller drei Druckfarben. Da die Schwarzwiedergabe meist zu unbefriedigend ist — wieder infolge des Mangels an Farbstoffen mit günstig gelegenen Absorptionsbanden —, überdruckt man das Bild zur Erzielung der tiefen Schwärzen noch mit einer vierten Druckplatte, die auf normale Weise hergestellt wird. Mit geringen Varianten wird dieses Verfahren (einschließlich der Druckplatten oder unter Verwendung entsprechend angefärbter Teilbilder auf Gelatinefolien, die man übereinanderlegt) auch vom Amateur angewandt [N.P.G.-Verfahren, Pinatypie (E. Koenig), Uvachrom (J. Traube), Jos-Pe (G. Koppmann, Lage)]. Und schließlich hat die Methode, auf die beiden Farben Orangerot und Grünblau beschränkt, auch in der Kinematographie Eingang gefunden [Technicolor[1])]. Hierbei wird zur Erzeugung der Teilnegative zunächst auf doppelt breitem Film aufgenommen, dieser auf Chromatfilm (ebenfalls in doppelter Breite) kopiert, die entsprechenden Bildreihen in Farbstoffbilder der genannten Farben übergeführt und schließlich die Bilder so zusammengeklappt, daß völlige Deckung herrscht und außen auf jeder Seite des jetzt ganz normal dimensionierten bunten Films eine gesonderte Bildreihe steht. Die Bilder besitzen eine relativ reichhaltige Farbskala, mangeln jedoch an Schärfe und vor allem an Schwärze (im Gegensatz zum Busch-Zweifarbenverfahren), die durch das subtraktive Dunkelorange (Sepia) der gesättigten Teilfarben ersetzt ist.

D. Theorien des photographischen Prozesses mit Silbersalzen.

a) Aufbau der Silberhalogenidschichten.

38. Struktur und Wachstumsform der Körner. Wie unter Ziff. 4 ausgeführt wurde, entstehen die Silberhalogenidschichten durch Fällung der betreffenden lichtempfindlichen Verbindung im Beisein von Bindemitteln. Im vorliegenden

---

[1]) G. O. Stindt, Die Umschau Bd. 30, S. 936. 1926.

Abschnitt wenden wir uns der Frage zu, welche Eigenschaften die auf diesem Wege hergestellten Schichten hinsichtlich ihrer Struktur zeigen und welche Zusammenhänge zwischen den Entstehungsbedingungen und dem Aufbau der Schichten erkannt worden sind.

In allen bisher untersuchten Fällen hat sich gezeigt, daß das Silberhalogenid in Gestalt von Kriställchen in das Bindemittel eingelagert ist, die man allgemein als Körner bezeichnet. Durch Strukturaufnahmen an emulsionierten Silberbromidschichten mit Hilfe von Röntgenstrahlen[1]) ergab sich das normale Bild des einfachen kubischen Raumgitters von AgBr ($a = 2,89 \cdot 10^{-8}$ cm). Immerhin sei nicht verschwiegen, daß wiederholt die Ansicht vertreten wurde, das Bindemittel sei an dem Aufbau des Kornes beteiligt[2]). Dies braucht dem obigen Befund nicht zu widersprechen, denn die Körner können aus mehreren Einzelteilchen bestehen, die durch Lamellen und Kanäle (aus Bindemittel gebildet) voneinander getrennt sind.

Die Struktur der Schicht ist demgemäß im wesentlichen durch folgende geometrische Größen gekennzeichnet: Gestalt, Größe, Anzahl und Verteilungsform der Körner im Bindemittel. Schon

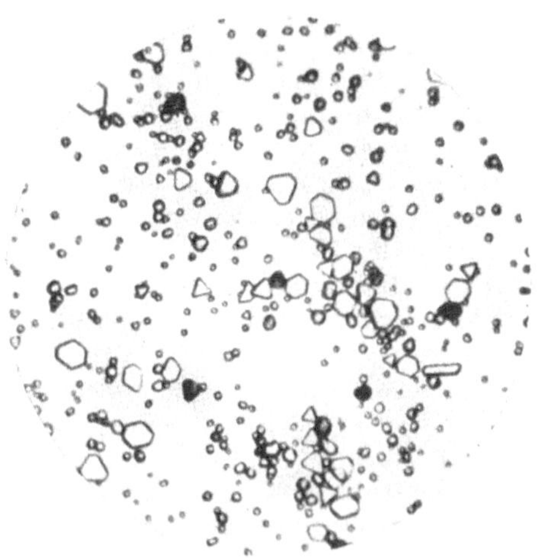

Abb. 8. Mikrophotogramm des Ausstrichpräparates einer hochempfindlichen Bromsilberemulsion (1000fach).

jetzt sei bemerkt, daß für die photographischen Eigenschaften der Schicht neben diesen Größen noch der „Zustand" der Körner und die Art des umgebenden Bindemittels von Bedeutung sind. Unter dem Kornzustand ist dabei die Beschaffenheit der Kornoberfläche, d. h. diejenige der Phasengrenzfläche zwischen Silberhalogenid und Bindemittel verstanden (vgl. Ziff. 50).

Die Untersuchungen über die genannten geometrischen Eigenschaften der Schicht stützen sich wesentlich auf mikroskopische Beobachtungen[3]). An dem Mikrogramm des Ausstrichpräparates einer normalen Trockenplattenschicht (Abb. 8) erkennt man z. B. die charakteristischen Formen[4]) der Silberbromidkriställchen, die sich als reguläre Sechsecke oder Dreiecke mit abgestumpften Ecken darstellen. Diese Teilchen sind als flache Tafeln ausgebildet, deren Dicke bis zu zehnmal kleiner ist als die Breite, wie man aus einem Vergleich der flachliegenden und der (relativ selten) hochkant stehenden Tafeln erkennt[5]).

---

[1]) P. P. Koch u. H. Vogler, Ann. d. Phys. (4) Bd. 77, S. 495. 1925; R. B. Wilsey, Phil. Mag. Bd. 42, S. 262. 1921.

[2]) G. Quincke, Ann. d. Phys. (4) Bd. 2, S. 1000. 1900; vgl. auch Lüppo-Cramer, Kolloidchemie und Photographie. S. 68. Dresden: Steinkopf 1921.

[3]) Erste Beobachtung von E. Banks, mitgeteilt Photogr. Journ. Bd. 32, S. 159. 1898, zitiert nach dem auch für das folgende wichtige Referat: „Das Silberhaloidkorn und die Größenfrequenzverteilung der Bromsilberkörner photographischer Emulsionen" von S. E. Sheppard u. A. P. H. Trivelli in Ausführliches Handbuch der Photographie von J. M. Eder, Bd. II, Tl. 1, 3. Aufl., bearbeitet von Dr. Lüppo-Cramer. Halle a. d. S. W. Knapp 1927. Erste eingehende Untersuchung über Bromsilberkörner: K. Schaum u. V. Bellach, Die Struktur photographischer Negative. Halle: W. Knapp 1903.

[4]) A. P. H. Trivelli u. S. E. Sheppard, The silverbromide grain of photogr. emulsion, Monographs on the theory of photography. Nr. 1. Eastman Kod. Co. Auch auf die übrigen Bände dieser Sammlung sei schon hier verwiesen.

[5]) L. Silberstein, Journ. Opt. Soc. Amer. Bd. 5, S. 171 u. 363. 1921.

Der Durchmesser solcher Tafeln kann bis zu $5 \cdot 10^{-4}$ cm, bei bindemittelfrei gefällten Teilchen sogar noch mehr betragen. — Daneben beobachtet man in dem Mikrogramm kleinere Körner, die ebenfalls als Kristalle zu betrachten sind, die aber als Beugungsbilder rund und amorph erscheinen.

39. Dimension und Größenverteilung der Körner. Zur Bestimmung der Dimension der Körner kann man entweder eine unmittelbare mikroskopische Ausmessung der einzelnen Teilchen vornehmen, oder aber man bestimmt den mittleren Korndurchmesser aus der Gesamtsilbermenge einer Emulsion, indem man eine bekannte Emulsionsmenge definiert verdünnt und einen abgemessenen Teil hiervon in der Zählkammer oder auf dem Objektträger unter dem Mikroskop auszählt. Man gelangt so zunächst zur mittleren Kornmasse, die sich z. B. bei normalen Silberbromidemulsionen in der Größenordnung 10^{-11} bis 10^{-12} g bewegt. Hieraus ergeben sich unter der vereinfachenden Annahme einer kubischen oder sphärischen Gestalt der Körner und unter Berücksichtigung der Dichte des Halogenids die mittleren Korndurchmesser, die in dem obengenannten Beispiel $5 \cdot 10^{-4}$ bis 10^{-5} cm betragen. Bei den sog. „kornlosen" Schichten, wie sie Lippmannplatten oder besonders die photographischen Auskopierpapiere besitzen, ist der mittlere Korndurchmesser 10mal, die mittlere Kornmasse also noch 10^{3}mal kleiner.

Die Korngröße ist in hohem Maße von den Herstellungsbedingungen der Emulsion abhängig. Aus verdünnten Lösungen bilden sich vorzugsweise kleine, aus konzentrierten Lösungen große Kristalle. Ferner ist auf die Dimension der Teilchen die Konzentration des Bindemittels, die Gegenwart oberflächenaktiver Stoffe, der zeitliche Verlauf der Fällung sowie die nachträgliche Digestion des Niederschlages von Einfluß. Ein Verweilen in überschüssigem Alkalihalogenid bewirkt z. B. ein Wachstum der größeren Kristalle auf Kosten der kleineren (Ziff. 50).

Die genannten Angaben beziehen sich zunächst auf die mittlere Korngröße. Wie man an Abb. 8 beobachtet, ist die Korngröße einer Emulsion in mehr oder weniger weiten Grenzen Schwankungen unterworfen. Eingehende Untersuchungen über diesen Gegenstand verdanken wir Wightman, Trivelli und Sheppard, die umfangreiche und überaus mühsame Studien über die Abhängigkeit der photographischen Eigenschaften von der Korngrößenverteilung der Emulsionen angestellt haben[1]). Im Sinne der allgemein bekannten Erfahrung zeigte sich zunächst, daß die photographische (Schwellen-) Empfindlichkeit mit wachsender Korngröße zunimmt. Darüber hinaus ist jedoch auch die Form der Schwärzungskurve eine Funktion der Korngröße, und zwar ist die Gradation desto flacher, je größer die Körner im Mittel, und je ausgesprochener ihre Größenunterschiede sind. Die Häufigkeitsverteilung der verschiedenen Korngrößen einer Emulsion entspricht einer Gaussschen Fehlerfunktion. Dabei ist jedoch zu bedenken, daß, wie wir noch näher sehen werden, diese Zusammenhänge zwischen Korngröße und photographischer Empfindlichkeit notwendige, aber nicht hinreichende Bedingungen darstellen, denn außer von den Dimensionen der Körner ist die Lichtempfindlichkeit vom Kornzustand abhängig (vgl. Ziff. 50). — Es sei noch erwähnt, daß die Körner mitunter die Neigung zeigen, sich zu klumpenförmigen Aggregaten zusammenzuballen[2]).

---

[1]) Vgl. hierüber besonders das auf S. 589, Fußnote 3 zitierte Referat von S. E. Sheppard u. A. P. H. Trivelli; die dort nicht aufgeführte Originalliteratur findet sich ausführlich in dem Kapitel: „Die Bromsilberplatte" von W. Meidinger im Handbuch der Physikalischen Optik. Bd. II 1, S. 41. Herausgegeben von E. Gehrcke. Leipzig: J. A. Barth 1927.

[2]) A. P. H. Trivelli, F. L. Righter u. S. E. Sheppard, Photogr. Journ. Bd. 46, S. 183, neue Folge Bd. 62, S. 407. 1922.

Die Anzahl der Körner bewegt sich für normale Bromsilberschichten zwischen 10^8 bis 10^9 Körnern cm^{-2}. In der etwa $2 \cdot 10^{-3}$ cm dicken trockenen Schicht sind etwa 20 bis 40 Kornschichten übereinandergelagert. Der mittlere Kornabstand beträgt (in der trockenen Schicht) 10^{-5} bis 10^{-4} cm.

b) Die Vorgänge bei der Belichtung
von Silberhalogenidschichten.

40. Die Silberkeimtheorie des latenten Bildes. Im Sinne des Gesetzes von GROTTHUS-DRAPER vermag nur solche Energie eine Veränderung an den Silberhalogenidschichten vorzunehmen, die von diesen **absorbiert** wird. Hierzu sind besonders befähigt die kurzwelligen Lichtstrahlen, das Ultraviolett, die Röntgenstrahlen, sowie die Kathodenstrahlen und die Strahlenarten der radioaktiven Substanzen. Je nach dem Absorptionsgebiet der Silberverbindung erstreckt sich die stärkste Einwirkung des Lichtes bis zum Blaugrün (Bromsilber $\leqq$ 4600 Å) oder bloß bis zum Violett (Chlorsilber $\leqq$ 4000 Å), wobei jedoch zu bedenken ist, daß auch längere Wellen, unter Umständen sogar das Ultrarot an den Silbersalzen Veränderungen auszuüben vermögen (Sensibilisatoren, Herscheleffekt). Andererseits verringert sich der Einfluß des ultravioletten Lichtes auf normale Trockenplatten in der Gegend von 2000 Å mit abnehmender Wellenlänge, weil hier, wie V. SCHUMANN[1] fand, die Absorption des Silberhalogenids hinter der des Bindemittels zurückbleibt. Schließlich sei erwähnt, daß auch Druck oder sonstige mechanische Einflüsse auf photographischen Schichten einen entwickelbaren Eindruck hinterlassen können[2].

Nachdem die Vorstellungen über das Wesen der photochemischen Veränderung der Silberhalogenide lange Zeit strittig waren, kann gegenwärtig, wie wir sogleich sehen werden, über den prinzipiellen Charakter dieses Vorganges kein Zweifel mehr walten. Immerhin wird noch heute ein Unterschied gemacht zwischen der Veränderung, die die Silbersalze bei schwacher Bestrahlung erleiden und die als „latentes Bild" bezeichnet werden, und zwischen der Veränderung, die bei starker Bestrahlung eintritt, und die von dem Entstehen einer „direkten Schwärzung" begleitet ist. Obgleich diesen beiden Vorgängen der gleiche Primärprozeß zugrunde liegt, kommt jener Unterscheidung wegen des verschiedenen photographischen Verhaltens der Schichten bei schwacher und starker Belichtung eine gewisse Berechtigung zu, die auch in der Deutung jener Abweichungen ihren Ausdruck findet. Wir werden uns in vorliegendem Abschnitt zunächst vornehmlich mit den Vorgängen bei starker Belichtung beschäftigen.

Nach vielen abwegigen Erklärungsversuchen[3] für die photochemische Veränderung der Silbersalze, auf die wir hier nicht eingehen, hat sich die Erkenntnis durchgesetzt, daß die Silbersalze bei der Belichtung in metallisches Silber und den elektronegativen Rest der Verbindung (meist Halogen) zerlegt werden. Wertvolles Beweismaterial für diese Anschauung lieferte zunächst KOGELMANN[4], ohne jedoch aus seinen Versuchen den entscheidenden Schluß zu ziehen. Dies geschah erst durch ABEGG[5] unter eingehender Diskussion des gesamten damals

[1]) V. SCHUMANN, Wiener Ber. Bd. 102 (2a), S. 994. 1893.

[2]) P. WULFF, ZS. f. wiss. Photogr. Bd. 23, S. 145. 1925; J. M. EDER-LÜPPO-CRAMER, Handbuch der Photographie. Bd. 2, Tl. 1, 3. Aufl., S. 274 u. 612. Halle: W. Knapp 1927.

[3]) Vgl. die historische Zusammenstellung S. 217 in S. E. SHEPPARD u. C. E. K. MEES, Untersuchungen über die Theorie des photographischen Prozesses (1907), übersetzt von H. WEISS. Halle: W. Knapp 1912 sowie E. MÜHLESTEIN, Arch. sc. phys. et nat. Bd. 4, S. 430. 1922; Bd. 3, S. 37 u. 110. 1923.

[4]) F. KOGELMANN, Isolierung der Substanz des latenten photographischen Bildes. Graz: Selbstverlag 1894.

[5]) R. ABEGG, Wied. Ann. Bd. 62, S. 425. 1897; Arch. f. wiss. Photogr. Bd. 1, S. 15. 1899 (zitiert bei R. LORENZ u. W. EITEL, Pyrosole. Leipzig: Akad. Verlagsges. 1926).

vorliegenden Versuchsmaterials. Kurz darauf vertrat den gleichen Standpunkt R. Lorenz[1]) auf Grund seiner Untersuchungen an Pyrosolen. Später wurde die „Silberkeimtheorie des latenten Bildes" durch zahlreiche Arbeiten von Lüppo-Cramer[2]) gestützt. Weiterhin zeigte Baur[3]) an Hand der Potentialmessungen von Sichling[4]) und gleichzeitig Reinders[5]), daß silberhaltige Silberhalogenide (auf ähnlichem Wege wie früher schon von Carey Lea[6]) gewonnen), als Adsorptionskomplex jener beiden Substanzen und nicht als selbständige Verbindungen, z. B. „Subhaloide", aufzufassen sind; diese Anschauung über die beim Belichten aus den Silberhalogeniden entstehenden „Photohaloide" hatte besonders Eder vertreten[7]). In ähnlicher Weise konnten Wöhler und Krupko[8]) die Abwesenheit neuer, bei der Belichtung entstehender Subchloride aus der unveränderten Schlagempfindlichkeit und der gleichen Zerfallsreaktion von belichtetem und unbelichtetem Silberazid beweisen, die sich nur durch die Beimengung eines völlig inerten Stoffes, wie das metallische Silber — nicht durch die Existenz des sicherlich hochsensiblen Subazides verstehen läßt. Ein unmittelbarer Nachweis des bei der Belichtung gebildeten Metalles gelang Schaum und Feick[9]) durch die Messung der Dielektrizitätskonstante, während P. P. Koch und H. Vogler[10]) die Gegenwart des entstandenen Silbers aus dem Auftreten des Silbergitters bei Strukturaufnahmen an belichtetem Bromsilber nach der Methode von Debye und Scherrer erkannten. — Auch die Abspaltung des Halogens ist nach verschiedenen Methoden nachgewiesen worden, wenngleich diese Versuche nicht immer einwandfrei und erfolgreich durchgeführt werden konnten. In neuerer Zeit haben Schwarz[11]) und besonders Hartung[12]) die Bromabspaltung bei der Belichtung von Bromsilber verfolgt. Hartung setzte nach einer Methode von Volmer[13]) eine versilberte und auf einer Mikrowage gewogene Quarzplatte der Einwirkung von Bromdämpfen aus, belichtete die entstandene Bromsilberschicht im Vakuum und konnte durch Rückwägen der Quarzplatte sowie an einer Kupferspirale, die zur Aufnahme des abgespaltenen Broms diente, feststellen, daß das Bromsilber allmählich bis zu 96,6% photolysiert wird. Zu dem gleichen Ergebnis gelangten P. P. Koch und Kreiss[14]), indem sie Halogensilberteilchen von 10^{-13} g beim Belichten im Schwebekondensator beobachteten. Endlich beschäftigte sich Mutter[15]) mit der Abspaltung von Brom aus bindemittelfrei gefälltem Silberbromid bei energetisch definierter Belichtung.

Am einfachsten stellen sich die Vorgänge bei der Belichtung der Silberhalogenide dar, wenn die Einwirkung der Strahlung im Sinne des inneren licht-

---

[1]) R. Lorenz, VII. Hauptversamml. d. deutschen Bunsenges. Zürich 1900.
[2]) Nähere Literatur vgl. J. M. Eder-Lüppo-Cramer, Handbuch der Photographie. S. 212ff, insbesondere Lüppo-Cramer, Photograph. Probleme. Halle 1907; Das latente Bild. Halle: Knapp 1911.
[3]) E. Baur, ZS. f. phys. Chem. Bd. 77, S. 58. 1911.
[4]) K. Sichling, ZS. f. phys. Chem. Bd. 77, S. 1. 1911.
[5]) W. Reinders, ZS. f. phys. Chem. Bd. 77, S. 366 u. 677. 1911.
[6]) Carey Lea, The Photographic News 337ff. 1887. London. Deutsch von Lüppo-Cramer, Kolloides Silber u. d. Photohaloide. Dresden 1908.
[7]) Vgl. den Abdruck J. M. Eder-Lüppo-Cramer, Handbuch der Photographie. S. 130.
[8]) L. Wöhler u. W. Krupko, Ber. d. D. chem. Ges. Bd. 46, S. 2045. 1913.
[9]) R. Feick u. K. Schaum, ZS. f. wiss. Photogr. Bd. 23, S. 389. 1925.
[10]) P. P. Koch u. H. Vogler, Ann. d. Phys. (4) Bd. 77, S. 495. 1925.
[11]) R. Schwarz u. H. Stock, Ber. d. D. chem. Ges. Bd. 54, S. 2111. 1921.
[12]) E. J. Hartung, Journ. Chem. Soc. London Bd. 125, S. 2198. 1924.
[13]) M. Volmer, Dissert. Leipzig 1910.
[14]) P. P. Koch u. B. Kreiss, ZS. f. Phys. Bd. 32, S. 384. 1925.
[15]) E. Mutter, Diss. Berlin 1928.

elektrischen Effektes aufgefaßt wird. Diese schon frühzeitig[1]) verwendete Vorstellung wurde in neuerer Zeit besonders durch Fajans vertreten und präzisiert[2]). Danach wird durch die Lichtabsorption zunächst eine Loslösung von Elektronen aus den Anionen des Kristallgitters bewirkt; die Elektronen vereinigen sich sodann mit den Silberionen des Gitters, so daß auf diese Weise Halogen- und Silberatome entstehen. Dabei ist nicht erforderlich, wie schon jetzt betont sei, daß dieser Elektronenübergang zwischen benachbarten Ionen erfolgt; wir werden im Gegenteil eine Reihe von Erscheinungen kennenlernen, die dafür sprechen, daß das Elektron vor seiner Stillegung am Silberion erst eine gewisse Wegstrecke im Kristall zurücklegt.

41. Die Quantenausbeute des Primärvorganges bei unsensibilisierten Schichten. Unabhängig von dieser Vorstellung hatten Eggert und Noddack[3]) die Untersuchung der Frage unternommen, ob die Entstehung des latenten Bildes im Sinne des Quantenäquivalentgesetzes von Einstein erfolgt, ob also jedem absorbierten $h\nu$ die Bildung eines Silberatoms entspricht. Chemisch betrachtet wäre die Reaktionsgleichung (für Silberbromid) zu formulieren:

$$\text{AgBr} + h\nu = \text{Ag} + \text{Br}.$$

Vom Standpunkt des inneren Photoeffektes müßten sich die Vorgänge

$$\text{Br}' + h\nu = \text{Br} + \ominus,$$
$$\ominus + \text{Ag}^+ = \text{Ag}$$

abspielen, analog den von Gudden und Pohl[4]) in einfachen Fällen gefundenen Verhältnissen, bei denen auch von jedem absorbierten Quant ein Elektron (jedoch ohne bleibende chemische Veränderung der belichteten Substanz) abgespalten wird.

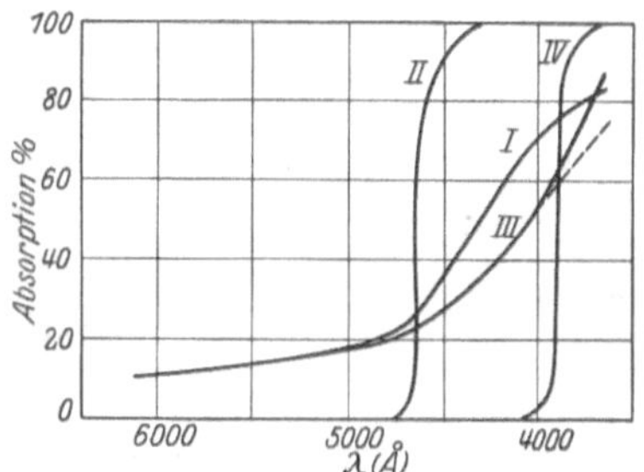
Abb. 9.   Spektrale Verteilung der Absorption einiger Schichten.

I Normale Bromsilbergelatine-Emulsion,
II Erstarrte Schmelze von reinem Silberbromid,
III Chlorsilbergelatine-Emulsion
   (punktiert = reine Gelatine),
IV Erstarrte Schmelze von reinem Silberchlorid.

Zur Prüfung der Gültigkeit dieser Aussage war erforderlich, drei getrennte Messungen[5]) vorzunehmen: 1. die Bestimmung der aufgestrahlten Energie; 2. die Ermittlung des in der bestrahlten Schicht absorbierten Bruchteils der Strahlung; 3. die Messung der Menge gebildeten Silbers. Am zugänglichsten erwiesen sich für die Untersuchungen zunächst die handelsüblichen photographischen Schichten.

Die an einer solchen Platte (Agfa Spezial) beobachtete Absorption in Abhängigkeit von der Wellenlänge zeigt die Kurve I von Abb. 9. Man erkennt, daß die Absorption, die im Rot (6000 Å) 12% beträgt, zunächst langsam, dann (etwa von 4600 Å ab) schneller ansteigt; dieser letzte auffallend starke Anstieg ist der Gegenwart des gelb gefärbten Bromsilbers zuzuschreiben, dessen Absorptionsverlauf durch die Kurve II wiedergegeben wird. Ähnlich herge-

---

[1]) Vgl. Literatur (Fußnote 3) von S. 591, insbesondere Chr. Winther, ZS. f. wiss. Photogr. Bd. 9, S. 229. 1911.

[2]) Vgl. Beitrag von K. Fajans: „Die photochemische Zersetzung des Brom- und Chlorsilbers vom Standpunkte des Atombaues und der Kristallstruktur in J. M. Eder-Lüppo-Cramer, Handbuch der Photographie. S. 633.

[3]) J. Eggert u. W. Noddack, Berl. Ber. Bd. 39, S. 631. 1921; Bd. 40, S. 116. 1923; ZS. f. Phys. Bd. 20, S. 299. 1923; Bd. 21, S. 264. 1924; Bd. 31, S. 922. 1925; ferner J. M. Eder-Lüppo-Cramer, Handbuch der Photographie. S. 243.

[4]) Vgl. das zusammenfassende Referat von B. Gudden, Fortschr. d. exakten Naturw. Bd. 3, S. 116. 1924.

[5]) Vgl. hierzu auch das Kapitel W. Noddack, Photochemie. Ds. Handb. Bd. XXIII, S. 594. 1926.

stellte Chlorsilberpräparate ergeben die Kurven III und IV. Aus beiden Kurvenpaaren ist zu schließen, daß bei den Trockenplattenschichten zwischen einer inaktiven und einer aktiven Absorption zu unterscheiden ist. Die inaktive Absorption findet nach Annahme von Eggert und Noddack im Bindemittel (Gelatine) statt, die aktive im Halogensilber. Beim Bromsilber läßt sich die wahre, aktive Absorption im sichtbaren Gebiet von 4600 Å nach kürzeren Wellen in erster Annäherung an Hand der Kurven I und III bestimmen, da das Chlorsilber in diesem Gebiet noch nicht absorbiert, also anzunehmen ist, daß die hier beobachtete Gesamtabsorption gleich ist der inaktiven (Gelatine-) Absorption der Bromsilber-Gelatineschicht. Rechnet man mit den durch die Differenz gegebenen Absorptionswerten (Spalte 3 von Tab. 3), so kann man die Anzahl absorbierter Quanten bestimmen. Andererseits gelingt es, mit Hilfe einer maßanalytischen Methode nach dem Fixieren der Schicht (ohne diese jedoch zu entwickeln), das bei der Belichtung gebildete Silber zu ermitteln (Spalte 5 von Tab. 3). Bildet man nunmehr aus den gewonnenen Zahlen den Quotienten (die Quantenausbeute oder das Quantenäquivalent) φ:

$$\varphi = \frac{\text{Anzahl der beobachteten Ag-Atome}}{\text{Anzahl absorbierter Quanten}},$$

so erhält man für verschiedene Schichten die in Spalte 6 von Tab. 3 aufgeführten Zahlen[1]:

Tabelle 3. Quantenausbeute φ und aktive Absorption einiger unsensibilisierter Silberhalogenidschichten.

Belichtete Substanz	Wellenlänge λ (Å)	Aktive Absorption in Proz.	Anzahl eingestr. $h\nu$ (cm^{-2})	Anzahl beobachteter Ag-Atome (cm^{-2})	φ
AgBr (Negativplatte)	4356	22	$1{,}30 \cdot 10^{16}$	$0{,}28 \cdot 10^{16}$	0,96
	4047	21	$1{,}68 \cdot 10^{16}$	$0{,}32 \cdot 10^{16}$	0,92
	3658	19	$1{,}40 \cdot 10^{16}$	$0{,}25 \cdot 10^{16}$	0,93
AgCl (Gaslichtpapier)	4356	(0,3)	$2{,}27 \cdot 10^{16}$	$0{,}0068 \cdot 10^{16}$	(1)
	4047	(1)	$1{,}03 \cdot 10^{16}$	$0{,}012 \cdot 10^{16}$	(1)
	3658	10	$1{,}84 \cdot 10^{16}$	$0{,}154 \cdot 10^{16}$	0,84
AgCl + AgNO$_3$ (Auskopierpapier)	4356	(1)	$1{,}14 \cdot 10^{16}$	$0{,}012 \cdot 10^{16}$	(1)
	4047	(2)	$1{,}03 \cdot 10^{16}$	$0{,}019 \cdot 10^{16}$	(1)
	3658	(6)	$1{,}38 \cdot 10^{16}$	$0{,}083 \cdot 10^{16}$	(1)
AgBr (bindemittelfrei)	4356	60	$3{,}50 \cdot 10^{16}$	$1{,}78 \cdot 10^{16}$	0,85

Die eingeklammerten Zahlen von Spalte 3 sind nicht photometrisch beobachtet, sondern aus den ermittelten Werten der Spalten 4 und 5 errechnet unter der Annahme, daß der Wert von φ, wie in den übrigen Fällen, gleich 1 ist. Konnte dagegen die Absorption unmittelbar bestimmt werden, so ergab sich unter den angegebenen Belichtungsbedingungen für φ nahezu der Wert 1, auch bei dem an letzter Stelle angeführten, an bindemittelfreiem Bromsilber angestellten Versuch; hier wurde an Stelle der Absorptionsmessung die Reflexion einer relativ dicken Niederschlagsschicht bestimmt und der Rest als Absorption betrachtet[2]. — Unter diesen Umständen entspricht also in der Tat jedem absorbierten Lichtquant ein gebildetes Silberatom, oder, im Sinne des inneren photoelektrischen Effektes betrachtet, der Transport eines Elektrons vom Bromion zum Silberion.

---

[1] Entnommen aus J. Eggert, ZS. f. Elektrochem. Bd. 32, S. 491. 1926.
[2] Eine gleichzeitig bei der feuchten Silberbromidschicht anwesende geringe Menge von Kaliumnitrit dient als Akzeptor des abgeschiedenen Broms. — Mit der Silberbestimmung belichteter bindemittelfreier Silberbromidschichten mit und ohne Akzeptor beschäftigt sich die Diss. von H. Kieser, Berlin 1928, sowie ZS. f. phys. Chem. 1928.

Es sei nicht verschwiegen, daß WEIGERT[1]) gegen die Absorptionsmessungen von EGGERT und NODDACK an den genannten Schichten Bedenken erhoben hat, während andererseits LUTHER und WEIL[2]) die energetischen und analytischen Befunde jener Autoren bestätigen konnten. Legt man dem Vergleich zwischen der Anzahl absorbierter Quanten und der Anzahl gebildeter Silberatome die von WEIGERT geforderte Absorptionsgröße zugrunde, so sinkt zwar der φ-Wert von 1 auf 0,3 bis 0,5. Aus diesen Zahlen braucht aber, wie dies gelegentlich geschah, noch nicht gefolgert zu werden, daß der angegebene Reaktionsmechanismus unzutreffend ist[3]); es wäre vielmehr zunächst daran zu denken, daß sich ein Teil der primär losgelösten Elektronen dem Nachweis durch Rückkehr zum Bromatom entzieht.

42. Die Abhängigkeit der Primärsilbermenge von der Zeit. Allerdings ist eine derartige Rückreaktion im Stadium schwacher Belichtung unwahrschein-

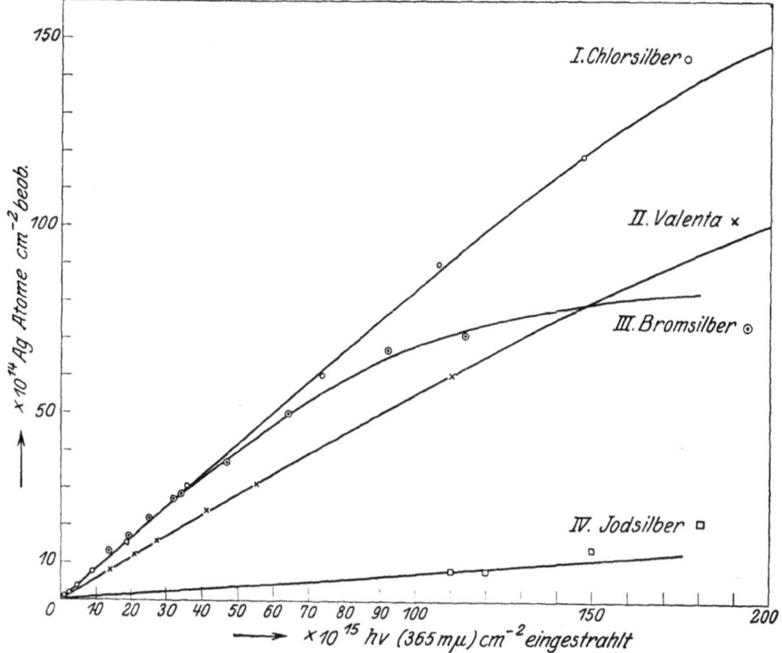

Abb. 10. Die durch Bestrahlung einiger photographischer Schichten erzeugte Silbermenge in Abhängigkeit von der Lichtmenge.

lich, da sich dieser Vorgang erst im Gebiete der vorgeschrittenen Bestrahlung geltend macht. Man erkennt dies an Abb. 10, auf der die zeitliche Zunahme der Silbermengen bei verschiedenen Schichtarten und bei Belichtung mit Strahlung der Wellenlänge $\lambda = 3657$ Å wiedergegeben ist; das Diagramm zeigt für die Silbermenge mit wachsender Zeit zunächst einen proportionalen Anstieg, der nach einiger Zeit hinter dem proportionalen Wert zurückbleibt. Die Abweichung von der Proportionalität ist für verschiedene Plattensorten verschieden.

---

[1]) F. WEIGERT, ZS. f. phys. Chem. Bd. 99, S. 499. 1921; ZS. f. Phys. Bd. 18, S. 232. 1923; Bd. 34, S. 914. 1925. Erwiderungen: J. EGGERT u. W. NODDACK, ebenda Bd. 20, S. 299. 1923; Bd. 21, S. 264. 1924; Bd. 31, S. 925. 1925; Bd. 34, S. 918. 1925.
[2]) Diskussionsbemerkung von R. LUTHER, ZS. f. Elektrochem. Bd. 32, S. 500. 1926.
[3]) Diskussionsbemerkung von K. FAJANS, ZS. f. Elektrochem. Bd. 32, S. 500. 1926.

Am ehesten biegt, wenn wir von den Verhältnissen beim Jodsilber[1]), das wir hier nicht näher betrachten wollen, absehen, die Kurve für Bromsilber ab, etwas später erfolgt die Abweichung bei der Chlorsilberkurve, und erst zuletzt bei der Auskopieremulsion (Valenta). Der geradlinige Teil der Kurve kann auch beim Bromsilber noch erheblich verlängert werden, wenn die Platte vor der Belichtung in Silbernitrat-, Natriumsulfit- oder Natriumnitritlösung gebadet oder während der Belichtung feucht gehalten wird. Die Kurve erhebt sich dann nahezu unter dem gleichen Winkel mit der Abszissenachse, biegt jedoch, wie gesagt, erst

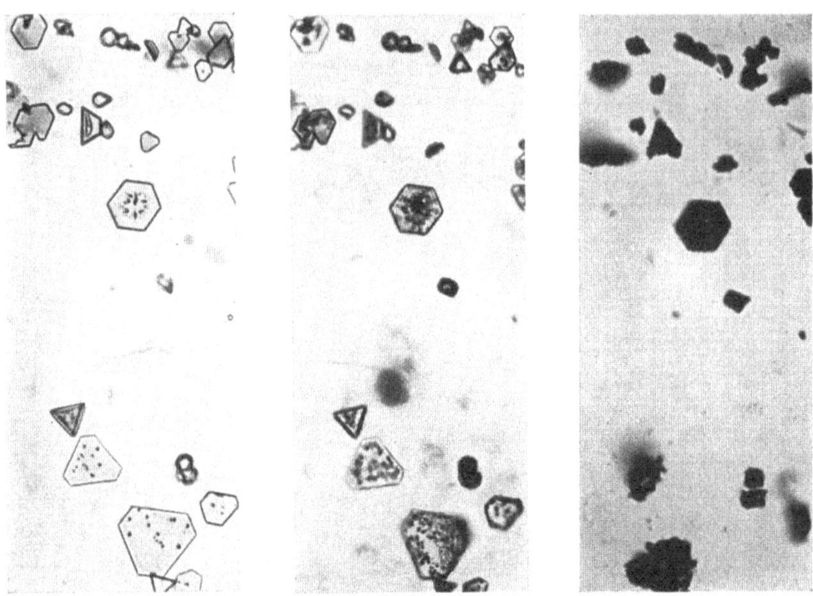

Abb. 11. Verlauf der direkten Schwärzung an (bindemittelfrei gefällten) Bromsilberkörnern bei steigender Belichtung (ohne Entwicklung) in 1000facher Vergrößerung.

später von dem geradlinigen Teil ab. Erst in diesem Abbiegen macht sich die genannte Rückreaktion, auch „Regression" genannt, bemerkbar.

Bei den Belichtungen, die zu den Werten von Tabelle 3 und Abb. 10 geführt haben, zeigen die Schichten bereits eine sichtbare Veränderung, deren Stärke (Anlauffarbe) von der Beschaffenheit des belichteten Materials abhängt. Verfolgt man diesen Vorgang an Bromsilberkörnern unter dem Mikroskop, so erhält man Abb. 11, die an bindemittelfreiem Bromsilber gewonnen wurde[2]). Man erkennt, daß das Bromsilber zwar schließlich vollständig geschwärzt erscheint, daß sich dieser Vorgang aber nicht stetig vollzieht, sondern daß sich zunächst einige Silberzentren bilden, die in zunehmendem Maße (oft in Form von regelmäßigen Figuren) anwachsen und schließlich den ganzen Kristall durchsetzen. Dieser Prozeß ist schon von Lorenz und Eitel[3]) an Metallnebeln bei hoher Temperatur, später von Lorenz und Hiege[4]) beim Belichten erstarrter

---

[1]) Näheres hierüber ZS. f. Phys. Bd. 31, S. 939. 1925 sowie P. P. Koch u. B. Kreiss, ebenda Bd. 32, S. 384. 1925.

[2]) Entnommen aus der im Institut von R. Luther gearbeiteten Dissertation von E. Mankenberg. Dresden 1924; vgl. auch die wertvollen Aufnahmen von A. P. H. Trivelli in J. M. Eder-Lüppo-Cramer, Handbuch der Photographie. S. 314; daselbst weitere Literatur.

[3]) R. Lorenz u. W. Eitel, ZS. f. anorg. Chem. Bd. 91, S. 57. 1915.

[4]) R. Lorenz u. K. Hiege, ZS. f. anorg. Chem. Bd. 92, S. 27. 1915.

Bromsilberschmelzen untersucht worden, wobei die Forscher zu dem Ergebnis kamen, daß es sich hierbei um einen Koagulationsvorgang handelt. Auch in unserem Falle müssen wir, obgleich wir es mit einer festen Phase zu tun haben, die Annahme machen, daß die zunächst an beliebigen Stellen des Bromsilberkorns auftretenden Elektronen dazu neigen, solche Silberionen zu entladen, die in unmittelbarer Nachbarschaft von bereits vorhandenen Silberatomen gelegen sind. Dieser Koagulationsvorgang wird sich für die Deutung des photographischen Prozesses von grundlegender Bedeutung erweisen.

43. Der Primärvorgang bei Röntgen- und α-Strahlen. Alle bisher besprochenen Vorgänge bezogen sich vornehmlich auf Licht der Wellenlängen um 4000 Å. Im folgenden werden wir die teils abweichenden, teils übereinstimmenden Wirkungen anderer Strahlenarten betrachten.

Auch mit Röntgenstrahlung läßt sich auf photographischen Schichten eine direkte Schwärzung erzielen. Stellt man jedoch wiederum einen Vergleich zwischen der Anzahl absorbierter Quanten (etwa bei 0,45 Å) und der Anzahl gebildeter Silberatome auf, so findet man im Gegensatz zur Wirkung von $h\nu$ (4000 Å), daß bei Röntgenstrahlen jedem absorbierten $h\nu$ etwa 1000 Silberatome entsprechen[1]). In diesem Falle zeigt sich also das Quantenäquivalentgesetz nicht zutreffend. Dieser Unterschied zwischen Röntgen- und Lichtstrahlung dürfte seinen Grund in der Verschiedenheit der Absorptionsvorgänge besitzen. Während bei einer Energiezufuhr entsprechend der Größe eines Lichtquants jeweils nur ein Elektron in Freiheit gesetzt und nur je ein Silberatom gebildet wird, entstehen offenbar bei der Absorption eines 10^4mal größeren Energiequantums, wie es im Gebiete der Röntgenstrahlen auftritt, sehr viel mehr Elektronen. Bei vollständiger Ausnutzung dieser Energie wäre zu erwarten, daß der φ-Wert in diesem Falle 10^4 beträgt, immerhin zeigt die tausendfache Überschreitung des Äquivalentgesetzes, daß die (sicher zunächst quantenhaft absorbierte) Energie durch die anschließend erfolgenden Sekundärvorgänge weitgehend im Sinne der Überlegungen von NERNST und NODDACK[2]) ausgenutzt wird, nach denen die Anzahl der stattfindenden Elementarprozesse durch den Quotienten aus der absorbierten Energie und der zu jedem Einzelprozeß erforderlichen Energie gegeben ist. — Ähnlich ist das Verhalten der α-Strahlen. Betrachtet man die Energie eines α-Teilchens als Energiequant von $2 \cdot 10^5$facher Größe im Vergleich zu $h\nu$ 4000 Å, so wäre zu erwarten, daß jedes vom Silberhalogenid absorbierte α-Teilchen $2 \cdot 10^5$ Silberatome erzeugt; tatsächlich erreicht der φ-Wert $(5 \cdot 10^4)$ diesen Betrag relativ weitgehend, 75% der α-Strahlenenergie wird allerdings in Wärme übergeführt.

44. Der Primärvorgang bei langwelligem Licht, Sensibilisation. Während im Gebiete der energiereichen Strahlen eine Bestimmung von φ möglich ist, konnte die entsprechende Betrachtung für langwelliges Licht bisher nicht angestellt werden, da die aktive Absorption der Silberhalogenide z. B. für rotes und grünes Licht nur außerordentlich kleine Werte besitzt und sich daher der direkten Messung vorläufig entzieht. Macht man indessen die sehr plausible Annahme, daß die Quantenausbeute in diesem Gebiet noch ebenso ist wie im Blau $(\varphi = 1)$, so läßt sich umgekehrt aus der bei bekannter auftreffender Strahlenmenge erzeugten Anzahl von Silberatomen die aktive Absorption bestimmen[3]). Auf diese Weise ergeben sich die in Tabelle 4 (Spalte 2) angegebenen Größen.

Die aktive Absorption läßt sich für jedes Spektralgebiet erheblich vergrößern, wenn dem Bromsilber sensibilisierende Farbstoffe zugesetzt werden (Abb. 1, Ziff. 5). Wie LESZYNSKI weiterhin fand, ergeben sich dann die in Tabelle 4

---

[1]) J. EGGERT u. W. NODDACK ZS. f. Phys. Bd. 43, S. 254. 1927.
[2]) W. NERNST u. W. NODDACK, Berl. Ber. 1923, S. 110.
[3]) W. LESZYNSKI, ZS. f. wiss. Photogr. Bd. 24, S. 261. 1926.

(Spalte 3) zusammengestellten Werte; im Grün wurde mit Erythrosin, im Rot mit Pinachromviolett sensibilisiert. Es ist ausdrücklich darauf hinzuweisen, daß sich diese Angaben nur auf eine bestimmte Emulsion und auf bestimmte Farbstoffkonzentrationen beziehen; in gewissen Grenzen nimmt nämlich die Sensibilisation mit wachsender Farbstoffmenge zu. — Bei diesen Messungen wurde gleichzeitig versucht, eine Vorstellung über die Natur des Sensibilisationsvorganges zu gewinnen. Aus der Tatsache, daß jede Farbstoffmolekel mindestens bis zu 20mal imstande ist, ein Silberatom entstehen zu lassen, sowie aus der Tatsache, daß auch bei Farbstoffzusätzen, die an der Oberfläche der Körner verteilt sind, eine Ablagerung des Silbers im Innern der Körner stattfinden kann, wurde gefolgert, daß die Farbstoffmolekel nach Absorption eines $h\nu$ die Energie durch einen Stoß zweiter Art (wie bei der Franckschen sensibilisierten Fluoreszenz) an das Bromion weitergibt. Nach Ablauf dieses Vorganges ist die Farbstoffmolekel in den ursprünglichen Zustand zurückgekehrt und vermag ihn bei weiterer Energieaufnahme erneut zu veranlassen.

Tabelle 4. Die aktive Absorption einiger photographischer Schichten (in Prozent).

Spektral-bereich (Å)	Unsensibilisiert	Sensibilisiert
4358	20,0	20,0
5500	$7 \cdot 10^{-2}$	1,7
6150	$1,3 \cdot 10^{-4}$	$6,0 \cdot 10^{-2}$

Außer mit Farbstoffen läßt sich das Halogensilber auch durch Adsorption von Ionen sensibilisieren[1]), eine Erscheinung, mit deren eingehendem Studium sich besonders Fajans und seine Mitarbeiter beschäftigt haben[2]). Nach einer Berechnung von K. F. Herzfeld[3]) ist die Arbeit, die das Licht bei dem Überführen eines Elektrons vom Bromion zum Silberion zu leisten hat, im Innern des Kristalls größer als an seiner Oberfläche, und hier wieder größer, wenn die Oberfläche frei, als dann, wenn sie adsorptiv mit Ionen besetzt ist. Im Einklang mit dieser Tatsache läßt sich Bromsilber, das mit Silberionen besetzt ist (ein Silberkörper), durch rotes Licht photolysieren, während reines Bromsilber bzw. Bromsilber, das mit Bromionen besetzt ist (Bromkörper), diese Erscheinung in weit geringerem Maße zeigt. Die Überlegenheit der Silberionen gegenüber den Bromionen deutet Fajans durch die Tatsache, daß Silberionen wie auch Thalliumionen[4]) auf Br′ eine stärker deformierende Wirkung ausüben als umgekehrt [nachgewiesen an dem verschiedenen Absorptionsspektrum von Silber- und Bromkörpern[5]); ersterer hat eine verweißlichte, letzterer eine vertiefte gelbe Farbe im Vergleich zu reinem Bromsilber]. Die deformierende Wirkung des Silberions zeigt sich auch gegenüber gewissen Farbstoffanionen, deren Absorptionsspektrum sich unter dem Einfluß von Ag$^+$ vertieft; hierauf läßt sich einmal eine neuartige Titrationsmethode für Silber-Halogene gründen[6]), zum anderen erklärt jene Tatsache, warum das spektrale Wirkungsgebiet eines Farbstoffsensibilisators gegenüber dem Absorptionsspektrum der reinen Farbstofflösung nach dem Rot verschoben erscheint[7]). — In verwandter Richtung be-

---

[1]) Zuerst bei H. W. Vogel erwähnt.
[2]) K. Fajans und W. Frankenburger, ZS. f. Elektrochem. Bd. 28, S. 499. 1922. Weitere Literaturangaben vgl. Beitrag K. Fajans in J. M. Eder-Lüppo-Cramer, Handbuch der Photographie. S. 675.
[3]) K. F. Herzfeld, ZS. f. phys. Chem. Bd. 105, S. 329. 1923.
[4]) K. Fajans u. W. Steiner sowie W. Steiner, ZS. f. phys. Chem. Bd. 125, S. 275 u. 307. 1927.
[5]) L. Fromherz, Vortrag a. d. Deutschen Bunsenges. Dresden, Mai 1927.
[6]) K. Fajans u. O. Hassel, ZS. f. Elektrochem. Bd. 29, S. 495. 1923.
[7]) K. Kieser, Dissert. Freiburg 1904. Der Unterschied in der Lage von Absorptionsgebiet und Sensibilisierungsbezirk geht besonders gut aus Abb. 1 (Ziff. 5) hervor.

wegen sich Versuche von SCHAUM und SCHLESINGER[1]), die es sich zum Ziel setzten, die langwellige Zersetzungsgrenze einer Reihe von Metallhalogeniden mit der aus thermischen und elektrischen Daten berechneten Zerlegungsenergie zu vergleichen. Wenn auch zwischen diesen beiden Größen keine quantitative Übereinstimmung gefunden wurde, so geht doch aus den Befunden wenigstens größenordnungsmäßig hervor, daß die quantentheoretische Deutung dieser bisher ganz zusammenhanglosen Daten auf dem richtigen Wege ist.

Zu den Sensibilisationsvorgängen ist schließlich noch der von BECQUEREL[2]) (vor Entdeckung der Farbstoffsensibilisation) gefundene Effekt zu rechnen, daß gewisse Schichten, die für grünes Licht eine nur sehr geringe aktive Absorption besitzen (vgl. Abb. 9), eine um so mehr erhöhte Grünempfindlichkeit zeigen, je stärker sie vorher mit blauem Licht vorbelichtet wurden[3]). Das metallische Silber ersetzt also den sensibilisierenden Farbstoff, und zwar besonders bei den Auskopierschichten, bei denen die purpurgefärbte Silberabscheidung im Gegensatz zu normalen Trockenplatten eine charakteristische Grünabsorption zeigt; sehr wahrscheinlicherweise bewirkt auch das metallische Silber eine Deformation des Halogenions. Wie WEIGERT[4]) entdeckte und späterhin ZOCHER[5]) näher untersuchte, wird eine vorbelichtete Auskopierschicht durch nachträgliche Bestrahlung mit polarisiertem Licht dichroitisch. Die Abscheidung des hinzutretenden Silbers scheint demnach in gerichteter Form stattzufinden. Energetisch wird die sensibilisierende Wirkung des Silbers durch Überlegungen von FAJANS, FRANKENBURGER und HERZFELD[6]) wahrscheinlich gemacht, da die Auslösungsarbeit eines Elektrons in der Nachbarschaft eines Silberatoms geringer ist als in dessen Abwesenheit. Nach den experimentellen Befunden scheint jedoch diese Deutung nur für Auskopierschichten und nicht für normale Bromsilberschichten in Betracht zu kommen, die mit Farbstoffen sensibilisiert werden; unsensibilisierte Bromsilberschichten besitzen nämlich nach vorangegangener Belichtung keinen nachweisbaren Becquereleffekt[7]).

Die Fähigkeit des ausgeschiedenen Silbers, unter Umständen als sensibilisierende Substanz zu wirken, veranlaßte WEIGERT[8]) zur Aufstellung der Theorie, daß die Silberhalogenide selbst gar nicht die lichtempfindliche Komponenten sind, sondern daß die Lichtempfindlichkeit lediglich dem abgeschiedenen Silber zuzuschreiben sei. Gegen diese Theorie, mit deren Hilfe WEIGERT auch die Gültigkeit des Äquivalentgesetzes von EINSTEIN zu bestätigen glaubt, sind von verschiedenen Seiten[9]) Einwände erhoben worden.

Wahrscheinlich spielt, worauf auch ZOCHER hinweist, beim Becquereleffekt der Koagulationszustand (hier besonders die Form) des ausgeschiedenen Silbers eine maßgebende Rolle, zumal auch nur gewisse Schichtarten diese Erscheinung zeigen. Mit Sicherheit ist jedoch der Einfluß der Koagulation, d. h. der Einfluß der Verteilungsform des ausgeschiedenen Silbers auf den Ablauf des Entwicklungsvorganges festgestellt worden, worauf wir unter Ziff. 53 ausführlich zurückkommen werden.

---

[1]) L. SCHLESINGER, Dissert. Gießen 1927.

[2]) Historische Angaben vgl. J. M. EDER-LÜPPO-CRAMER, Handbuch der Photographie. S. 315.

[3]) Quantitative Messungen bei J. EGGERT u. W. NODDACK, ZS. f. Phys. Bd. 31, S. 933. 1925.

[4]) F. WEIGERT, Ann. d. Phys. Bd. 63, S. 681. 1920; ZS. f. Phys. Bd. 3, S. 437. 1920.

[5]) H. ZOCHER u. K. COPER, Berl. Ber. 1925, S. 426.

[6]) K. FAJANS, W. FRANKENBURGER u. K. F. HERZFELD, ZS. f. phys. Chem. Bd. 105, S. 273 u. 329. 1923.

[7]) J. EGGERT und W. NODDACK, ZS. f. Phys. Bd. 31, S. 934. 1925.

[8]) F. WEIGERT u. W. SCHÖLLER, Berl. Ber. 1921, S. 641.

[9]) J. M. EDER, Jahrb. f. Radioakt. Bd. 19, S. 71. 1922; LÜPPO-CRAMER, Photogr. Korresp. 1922, S. 49; J. EGGERT u. W. NODDACK, ZS. f. Phys. Bd. 31, S. 942. 1925.

c) Die Vorgänge bei der Entwicklung der Silberhalogenidschichten.

45. Die Natur des Entwicklungsvorganges im allgemeinen. Das gemeinsame Ergebnis der im vorigen Abschnitt behandelten Themen ist die gesicherte Tatsache, daß bei starken Belichtungen von Silberhalogenidschichten Silber gebildet wird. Will man nicht zu ganz neuen Hypothesen greifen, so muß man folgerichtig auch für schwache Belichtungen die Annahme machen, daß der Primärprozeß ebenfalls von einer Silberabscheidung begleitet ist, wenn auch der unmittelbare Nachweis jener unsichtbar geringen Substanzmengen bisher noch nicht gelungen ist. Da jedoch auch alle indirekten Methoden, die an das photographische Verhalten der Silberhalogenidschichten anschließen, übereinstimmend zu dem Schluß führen, daß das latente Bild aus Silber besteht, da ferner auch aus theoretischen Gründen diese Annahme als die einfachste anzusprechen ist, werden wir sie bei dem nachfolgenden Überblick als Ausgangspunkt benutzen.

Die an sich überraschende Tatsache, daß das latente Bild imstande ist, die Reduktion des Silberhalogenids durch gewisse Substanzen auszulösen, stellt die Grundlage dieses wichtigsten photographischen Verfahrens dar[1]. Vergleicht man die Silbermenge, die sich auf einer hochempfindlichen Bromsilberplatte durch eine so schwache Belichtung bildet, daß bei anschließender Entwicklung ein eben nachweisbarer Unterschied zwischen belichteten und unbelichteten Schichtstellen entsteht (die Masse dieses latenten Bildes kann leicht durch Extrapolation der Zahlen von Tabelle 3 gefunden werden) — vergleicht man also diese **primäre** Silbermenge mit derjenigen, die nach **vollzogener Entwicklung** vorliegt, so zeigt sich, daß der Reduktionsprozeß je nach der Art der betrachteten Schicht die ursprüngliche Silbermenge um den Faktor 10^7 bis 10^8 vergrößert. In höheren Gebieten der Schwärzungskurve ist dieser „Entwicklungsfaktor" zwar kleiner, indessen zählt der Negativprozeß dennoch zu denjenigen photochemischen Reaktionen, bei denen die Lichtwirkung (einschließlich Entwicklung) die höchsten Ausbeuteziffern erreicht (vgl. Bd. 23 dieses Handbuches, S. 626, Tabelle 5).

Da auch das unbelichtete Halogensilber vom Entwickler allmählich quantitativ in Silber[2] übergeführt wird, eine Reaktion, die ihren Beginn im „Schleiern" unbelichteter Schichtstellen äußert, muß die Wirkung des latenten Bildes im Sinne einer **Katalyse** gedeutet werden: Belichtetes Silberhalogenid läßt sich **schneller** reduzieren als unbelichtetes. Hieraus folgt, daß für den Ablauf des Entwicklungsvorganges zwei Dinge besonders maßgebend sind: einerseits die **katalytische** Beschaffenheit des Primärsilbers und andererseits die **kinetischen** Eigenschaften des Entwicklers; erst in zweiter Linie steht das absolute Reduktionsvermögen des letzteren, wie es etwa zahlenmäßig durch sein Reduktionspotential gegen das Silberhalogenid zum Ausdruck kommt.

Über das **Wesen der Katalyse** kann bisher noch sehr wenig ausgesagt werden. Im Anschluß an die Silberkeimtheorie des latenten Bildes wurde wohl von Ostwald[3] eine Silberkeimtheorie der Entwicklung aufgestellt, die im einzelnen durch Abegg[4], Schaum[5] u. a. einen weiteren Ausbau erfuhr, indessen

---

[1] Spezielle Angaben vgl. bei A. H. Nietz, The Theory of Development, Monographs of Kod. Co. Bd. 4, S. 215, Nr. 100. 1919/20.

[2] Das entwickelte Silber zeigt nach R. Blunck u. P. P. Koch, Ann. d. Phys. (4) Bd. 77, S. 477. 1925 ebenfalls das normale Raumgitter.

[3] Wi. Ostwald, Lehrbuch der allgemeinen Chemie. 1. Aufl. 1893.

[4] R. Abegg, Arch. f. wiss. Photogr. Bd. 1, S. 15. 1899.

[5] K. Schaum, Arch. f. wiss. Photogr. Bd. 1, S. 139. 1899.

haften dieser Theorie, wie VOLMER[1]) zeigte, derartige Schwierigkeiten an, daß sie durch andere Annahmen ersetzt werden muß. Die Silberkeimtheorie der Entwicklung geht davon aus, daß sich im Entwickler durch Reduktion des in Lösung gehenden Silberhalogenids eine übersättigte Lösung von elementarem Silber bildet, die das Metall spontan an solchen Stellen zur Abscheidung bringt, an denen das Licht einen (primären) Silberkeim geschaffen hat. Eine Stütze gewinnt die Theorie durch die Möglichkeit, das latente Bild nach vorangegangenem Fixieren „physikalisch" zu entwickeln, d. h. mit Hilfe von Gemischen aus Silbernitratlösung und gewissen Reduktionsmitteln, die das metallische Silber ebenfalls an den durch das Licht gebildeten Keimen niederschlagen (vgl. Ziff. 8). Der Entwicklungsvorgang wird im Sinne dieser Theorie zu einem Sonderfall der Auslösungsprozesse in übersättigten Systemen und ist als solcher lange Zeit betrachtet worden. Indessen kann das Primärsilber kaum die ihm hierbei zufallende Rolle des Kristallisationskeimes spielen, weil unmöglich anzunehmen ist, daß bei der Reduktion Lösungen metallischen Silbers von 2000facher Übersättigung vorliegen. VOLMER nimmt vielmehr in Analogie zu den von ihm untersuchten Reaktionen bei der Bildung von Metallspiegeln an, daß das Primärsilber vor allem den Reduktionsprozeß (den Abscheidungsvorgang also erst in zweiter Linie) im Sinne einer heterogenen Metallkatalyse beschleunigt. Welches hierbei der eigentliche Reaktionsmechanismus ist, bleibt allerdings noch ungeklärt.

46. Die verschiedenen Einflüsse auf die Gestalt und Lage der Schwärzungskurve. Soviel über die allgemeinen Vorstellungen, die man vom Entwicklungsvorgang gewonnen hat. Einzelheiten über diesen Prozeß werden wir an Hand der photographischen Schwärzungskurve besprechen, deren Aufstellung uns bereits an anderer Stelle beschäftigt hat (Ziff. 12, 13).

Die Gestalt der Schwärzungskurve entwickelter photographischer Schichten ist abhängig von

1. der Strahlungsgattung, die zur Belichtung dient, sowie von der Art, wie diese erfolgt (Kombination von Intensität und Zeit, sowie von verschiedenen Strahlenarten);

2. der Zusammensetzung des Entwicklers;

3. der Dauer der Entwicklung;

4. der Korngröße, der Korndichte (Kornzahl sowohl im cm^3 Trockenemulsion als auch je cm^2 Schichtoberfläche) und dem Kornzustand (= Reifung und sonstige Einflüsse auf die Oberflächenbeschaffenheit der Körner, wie Adsorption von Br', Sensibilisation, Desensibilisation).

Wir besprechen der Reihe nach diese verschiedenen Einflüsse.

47. Schwärzungskurve und Bestrahlungsart. Zur Aufnahme der Schwärzungskurve bedienten wir uns unter Ziff. 12 normaler künstlicher Lichtquellen, und zwar war dabei zunächst an eine im kurzwelligen Gebiet des sichtbaren Spektrums stattfindende Wirkung auf die photographische Schicht gedacht. Dieselbe Schwärzungskurve findet man für langwelligeres Licht, wenn die Schicht, wie in Ziff. 5 gezeigt, mit Farbstoffen sensibilisiert wird. Dagegen zeigt sich ein Unterschied in den erhaltenen Schwärzungskurven, wenn man die Schicht auf ihr Verhalten gegenüber blauem Licht und gegenüber energiereicherer Strahlung (z. B. Röntgenstrahlung) vergleicht[2]). Zu diesem Zweck ist in Abb. 12, abweichend von dem bisher geübten Gebrauch, an Stelle des Logarithmus der Exposition

[1]) M. VOLMER, ZS. f. wiss. Photogr. Bd. 20, S. 189. 1921.
[2]) W. FRIEDRICH u. P. P. KOCH, Ann. d. Phys. Bd. 45, S. 399. 1914; R. GLOCKER u. J. TRAUB, Phys. ZS. Bd. 22, S. 345. 1921; W. BOTHE, ZS. f. Phys. Bd. 8, S. 243. 1922; A. BOUWERS, ebenda Bd. 14, S. 374. 1923.

der numerische Wert derselben als Abszisse gewählt. Einem Punkte, bei dem die Schwärzung der beiden durch dieselbe chemische Entwicklung gewonnenen Kurven übereinstimmt ($s = 0,5$), wurde willkürlich der nämliche Abszissenwert (Belichtungszeit $t = 60''$) zugeordnet. Verfolgt man von diesem Punkte aus die beiden Kurven nach kleineren Belichtungszeiten, so erkennt man einen charakteristischen Unterschied zwischen ihnen. Während die steilere Lichtkurve einen deutlichen „Durchhang" besitzt, verläuft die flachere Röntgenstrahlkurve mehr geradlinig. Ferner: Sieht man von der Schleierschwärzung ab, so mündet, wie die punktierten Linien zeigen, die Lichtkurve bei einem von Null verschiedenen Energiewert in die Abszisse, während die andere Kurve dem Koordinatenanfang zustrebt. Bei der logarithmischen Darstellung kommen diese Unterschiede nicht ganz so deutlich zum Ausdruck, weil ihre charakteristischen Anfänge verzerrt werden. Die Schwärzungskurve der α-Strahlen ist nahezu dieselbe wie die der Röntgenstrahlen[1]. Auf die Deutung des geschilderten Unterschiedes zwischen Licht und energiereicherer Strahlung, der übrigens bei physikalischer Entwicklung zurücktritt, kommen wir später zu sprechen.

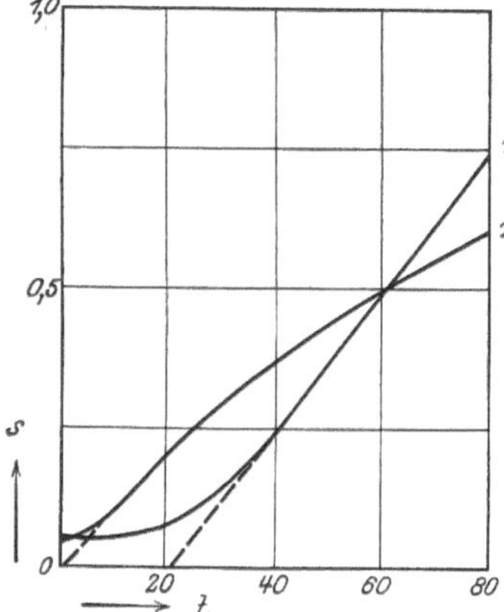

Abb. 12. Die schematischen Schwärzungskurven der gleichen Emulsion für Licht- (1) und Röntgenstrahlen (2). Bei der Belichtungszeit 60 liefern die beiden Strahlenarten den gleichen Schwärzungswert 0,5.

Neben der Strahlengattung ist für die Gestalt der Schwärzungskurve bei Lichtstrahlen [nicht bei Röntgen- und α-Strahlen[2]] von Bedeutung, in welcher Art eine bestimmte Lichtmenge auf die Schicht gelangt. Wie Abney[3]) und später Schwarzschild[4]) zeigten, erzeugt, gleiche Lichtmenge vorausgesetzt, in vielen Fällen hohe Intensität in kurzer Zeit eine größere Schwärzung, als geringe Intensität in langer Zeit; aber auch der umgekehrte Fall kommt vor. Das Reziprozitätsgesetz von Bunsen und Roscoe ist jedenfalls für den photographischen Prozeß mit Lichtstrahlen meistens nicht erfüllt, vielmehr gilt für gleiche Schwärzungen s die (empirische) Beziehung:

$$i_1 \cdot t_1^p = i_2 \cdot t_2^p,$$

wobei der Schwarzschildexponent p meist noch von der betrachteten Schwärzung abhängt und je nach der verwendeten Schichtart sehr verschiedene Werte annehmen kann (in der Regel 0,8 für unempfindliche bis 1,1 für empfindliche Schichten). Der Wert von p ist außerdem nicht selten von i abhängig [vgl. dieses Handbuch Bd. 23, S. 618[5])]. Für Röntgenstrahlen hat sich, wie gesagt, stets der Wert $p = 1$, d. h. die Geltung des Reziprozitätsgesetzes, ergeben.

Mit diesen Erscheinungen im Zusammenhang steht die ebenfalls von Schwarzschild entdeckte Tatsache, daß kontinuierliche Belichtung wirksamer ist als intermittierende, wiederum bei gleicher Lichtmenge (Intermittenzeffekt).

---

[1]) Hilde Salbach, ZS. f. Phys. Bd. 11, S. 107. 1922. Beobachtungen z. T. richtig gestellt bei W. Bothe, ebenda Bd. 13, S. 106. 1923.

[2]) H. Kröncke, Dissert. Gießen u. Ann. d. Phys. Bd. 43, S. 687. 1914; R. Glocker, Fortschr. a. d. Geb. d. Röntgenstr. Bd. 31, S. 107. 1922.

[3]) R. Abney, Proc. Roy. Soc. Bd. 54, S. 143. 1893.

[4]) K. Schwarzschild, Photogr. Korresp. 1899, S. 171.

[5]) Für ein großes Belichtungsintensitäts- und Zeitintervall ist das Verhalten von p an einer hochempfindlichen Handelsplatte von H. Arens und J. Eggert (ZS. f. phys. Chem. Bd. 131, S. 297. 1927) bestimmt worden.

In gleicher Richtung liegen ferner der CLAYDEN[1])- und der VILLARD-Effekt[2]); hierunter versteht man die Tatsache, daß kurzwelliges ultraviolettes Licht oder Röntgenstrahlung nur dann mit sichtbarem Licht eine (ungefähr) additive Wirkung auf die photographische Schicht ausüben, wenn zuerst das sichtbare und dann das energiereiche Licht einwirkt; in umgekehrter Reihenfolge findet eine auffällige gegenseitige Vernichtung der schwärzenden Wirkung statt. Weiter gehört hierher der HERSCHEL-Effekt[3]), der in der Fähigkeit ultraroter Strahlen besteht, ein auf beliebige Art entstandenes latentes Bild unwirksam zu machen. Und schließlich zählt zu diesen Effekten, die zum Teil zeigen, daß die Strahlung den photographischen Prozeß in gewissem Sinne rückläufig beeinflussen kann und die daher den Namen „Umkehrerscheinungen" tragen, das Phänomen der Solarisation; hierunter versteht man die Erscheinung, daß die Schwärzungskurve bei allen Strahlengattungen von einem bestimmten hochliegenden Lichtwert ab, nach Erreichung eines Maximalwertes, abfällt, um dann bei noch stärkerer Belichtung wieder anzusteigen (zweite Umkehr). Auf alle diese Erscheinungen kommen wir in anderem Zusammenhange zurück (Ziff. 52).

48. Schwärzungskurve und Entwicklerzusammensetzung. Wegen des Einflusses der Entwicklerzusammensetzung auf die Schwärzungskurve sei zunächst auf die unter Ziff. 8 und 13 gemachten Angaben verwiesen. Betrachten wir die Schwärzungskurve für γ_∞ (Abb. 3, Ziff. 13), so läßt sich sagen, daß die Kurvenformen verschiedener Entwickler zwar nicht identisch sind und auch in der Praxis unterschiedlich gewertet werden; im großen und ganzen aber sind die Abweichungen nur gering, außer bei der physikalischen Entwicklung nach dem Fixieren, die eine andere Kurvenform ergibt, und die erst bei 5- bis 10mal stärkerer Exposition der Schicht die Wirkung der chemischen Entwicklung erreicht[4]). — Möglichenfalls steht die verwandte Wirksamkeit chemischer Entwickler mit der Tatsache in Zusammenhang, daß die organischen Entwicklersubstanzen (meist Benzolderivate) in der Regel folgende beiden Eigenschaften gemeinsam haben: Sie enthalten mindestens zwei substituierte OH- oder NH_2-Gruppen; diese Substituenten befinden sich am Kern stets in para- oder ortho-Stellung, während die meta-Verbindungen keine Entwicklungsfähigkeit aufweisen[4]). Für anorganische Entwicklersubstanzen, zu denen fast ausschließlich die organischen Salze des zweiwertigen Eisens zählen, fehlt eine analoge Regel, eine auswählende Konstitutionseigenschaft dürfte jedoch auch hier vorliegen, denn Zinnchlorür z. B. ist keine Entwicklersubstanz, obwohl seine Oxydation auch nur in der Aufnahme von Ladungen besteht[5]).

49. Schwärzungskurve und Entwicklungsdauer. Wie bereits Abb. 3 von Ziff. 13 zeigte, hängt die Gestalt der Schwärzungskurve in hohem Maße von der Dauer der Entwicklung ab, wobei zu bedenken ist, daß die Lage jener Kurvenschar, d. h. die allmähliche zeitliche Aufrichtung der Schwärzungskurve für jeden Entwickler und seine Zusammensetzung individuell ist, während die Lage der Schwärzungskurve bei beendeter Entwicklung, wie wir im vorangehenden Absatz betonten, für verschiedene Entwickler annähernd die gleiche ist. Es ist vielfach versucht worden, die Ansätze der klassischen chemischen Kinetik und des Massenwirkungsgesetzes auf den Entwicklungsvorgang anzu-

---

[1]) J. M. EDERS Jahrb. 1900, S. 532; weitere Literatur bei J. M. EDER-LÜPPO-CRAMER, Handbuch der Photographie. S. 608.
[2]) K. SCHAUM u. E. LANGERHANSS, ZS. f. wiss. Photogr. Bd. 23, S. 1. 1925.
[3]) Historisches bei W. LESZYNSKI, ZS. f. wiss. Photogr. Bd. 24, S. 275. 1926.
[4]) Vgl. z. B. W. MEIDINGER, ZS. f. phys. Chem. Bd. 114, S. 89. 1925.
[5]) A. SEYEWETZ, Le Devel. de l'image latente en phot. 1899, S. 18 u. 31.

wenden[1]), teils um die Schwärzung s einer Schicht bei einer bestimmten Entwicklungszeit in Abhängigkeit von der Belichtungszeit darzustellen, teils um die Größe s bei einer gegebenen Exposition als Funktion der Entwicklungszeit zu formulieren. Diese Bemühungen haben jedoch mit Ausnahme der später erwähnten Ergebnisse für spezielle Fälle nur formale Erfolge gehabt und lediglich zu Beziehungen mit relativ engem Geltungsbereich geführt. Der Grund für das Versagen exakter kinetischer Ansätze ist in der Tatsache zu suchen, daß sich bei der betrachteten heterogen katalysierten Reaktion zahlreiche Einflüsse verschiedenster Natur überlagern. Einmal ist, wie wir noch sehen werden, die individuelle Beschaffenheit der Körner allein schon von zahlreichen Größen abhängig und innerhalb einer Schicht ungleichmäßig; ferner erwies sich das vom Licht abgeschiedene Silber je nach den Belichtungsbedingungen von äußerst unterschiedlicher katalytischer Wirksamkeit. Und hierzu kommt schließlich, daß je nach der Dicke der Schicht und abhängig von dem gegenseitigen Verhältnis von Silberhalogenid und Bindemittel der Entwickler senkrecht zur Schichtoberfläche ein bestimmtes Konzentrationsgefälle besitzt, das einerseits durch das Quellungsvermögen[2]) des Bindemittels und andererseits durch die Diffusionsgeschwindigkeiten der eindringenden Entwicklerlösung und der austretenden Reaktionsprodukte gegeben ist[3]). Die Rolle der Quellung geht z. B. daraus hervor, daß eine vor dem Entwickeln in reinem Wasser kurze Zeit gequollene Schicht einen anderen zeitlichen Verlauf der Entwicklung zeigt als die gleiche Schicht in ungequollenem Zustande. Andererseits erkennt man den Einfluß der Reaktionsprodukte des Entwicklungsvorganges (z. B. den der gebildeten Br-Ionen) daran, daß die Entwicklung durch einen Zusatz von Br-Ionen zur Entwicklerlösung verzögert wird. Bei geringen Mengen ist die Verzögerung dem Logarithmus der Br'-Konzentration proportional, für größere Br'-Zusätze konvergiert die Verzögerung gegen einen Grenzwert[4]). Der Einfluß der Guß- oder Schichtdicke äußerst sich schließlich in der Tatsache, daß eine Schicht bestimmter Dicke unter sonst gleichen Belichtungsbedingungen (auch bei Röntgenstrahlen [vgl. Ziff. 31]) mehr als halb so wirksam ist als die doppelt so dick gegossene Schicht; die praktischen Vorzüge des doppelseitig begossenen Röntgenfilms gegenüber einem solchen, der gewissermaßen beide Schichten zusammen auf einer Seite trägt, beruht also auf den genannten Eigenschaften des Entwicklungsvorganges. — Die Verhältnisse gestalten sich, wie wir noch sehen werden, beträchtlich übersichtlicher, wenn man Systeme betrachtet, die im Gegensatz zu den Handelsplatten nur eine Kornschicht enthalten (Einschichtplatten). Nur in diesen Fällen ist es für besondere Versuchsbedingungen gelungen, Deutungen allgemeinerer Natur aufzufinden

50. Schwärzungskurve und Korneigenschaft. — Reifung. Betrachtet man den Entwicklungsvorgang unter dem Mikroskop, so erkennt man für die zeit-

---

[1]) F. HURTER u. V. C. DRIFFIELD, Journ. Soc. chem. Ind. Bd. 9, S. 445. 1890; F. E. Ross, Journ. Opt. Soc. Amer. Bd. 4, S. 255. 1920; L. SILBERSTEIN, Phil. Mag. Bd. 45, S. 1062. 1923; S. E. SHEPPARD u. A. P. H. TRIVELLI u. E. P. WIGHTMAN, Trans. Faraday Soc. Bd. 19, S. 296. 1923; C. E. K. MEES, Journ. Frankl. Inst. Bd. 195, S. 1. 1923; P. K. HELMICK, Phys. Rev. Bd. 17, S. 135. 1921.

[2]) Vgl. z. B. J. EGGERT u. W. NODDACK, Naturwissensch. Bd. 15, S. 63. 1927.

[3]) Hierher gehören auch zwei bei der Entwicklung beobachtete Effekte, die von SABATIER (1858) und von EBERHARD gefunden wurden. Der Sabatiereffekt besteht in der Umkehrung eines Bildes, wenn die Schicht während der Entwicklung belichtet wird; die eindeutige Erklärung des Phänomens steht noch aus. — Der Eberhardeffekt (Photogr. Korresp. 1922, S. 15) äußert sich in einer Aufhellung von Bildstellen in der Nachbarschaft scharf konturierter starker Schwärzungen. Die Erscheinung beruht auf der Verarmung an Entwicklersubstanz und der Abspaltung von Br'.

[4]) S. E. SHEPPARD u. C. E. K. MEES, Theorie d. Phot. Prozesses. S. 123 sowie W. MEIDINGER, ZS. f. phys. Chem. Bd. 114, S. 93. 1925.

liche Zunahme der (bisher nur „mikroskopisch" betrachteten) Schwärzung zwei Gründe. Einmal wächst die Anzahl der reduzierten Körner mit wachsender Zeit und zweitens schreitet die Reduktion jedes einzelnen Kornes fort. Diesen Verlauf erkennt man aus Abb. 13, die den Zustand der Körner vor, während und nach beendeter Entwicklung darstellt[1]). Insbesondere haben verschiedentliche Untersuchungen gelehrt, daß ein Entwickler, wenn er erst einmal ein Korn ergriffen hat, die Reduktion desselben vollständig zu Ende führt, ohne daß benachbarte Körner mit erfaßt werden, es sei denn, es liegen kristalline Verwachsungen vor[2]). Ein Korn wird also vom Entwickler ganz oder gar nicht reduziert und kann somit als das Element des photographischen Prozesses aufgefaßt werden. Die Kinetik dieses Vorganges bildet, wie der vorangehende

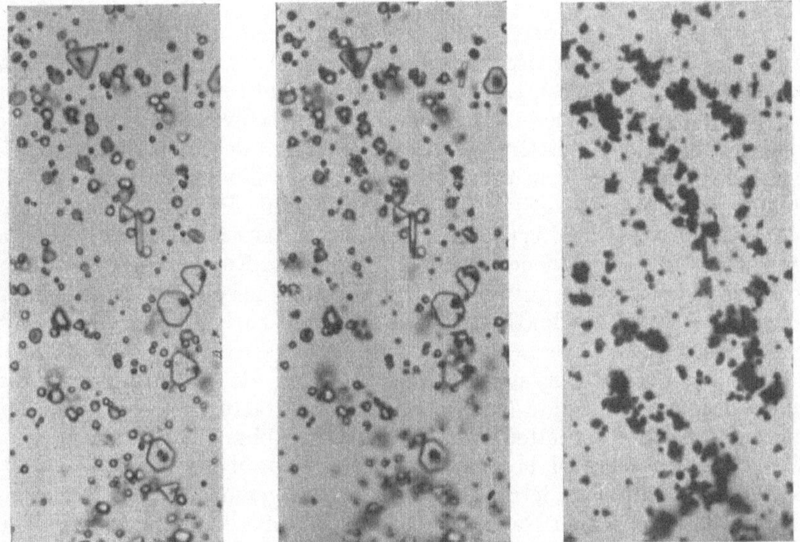

Abb. 13. Vergrößerung (1500fach) von unentwickelten, kurz entwickelten und ausentwickelten Bromsilberkörnern.

Absatz lehrte, einen wesentlichen Anteil an dem zeitlichen Verlauf des gesamten Entwicklungsprozesses. Insbesondere leuchtet ein, daß die Gestalt der Schwärzungskurve von den individuellen Eigenschaften der Silberhalogenidkörner abhängt: 1. Korngröße, 2. Kornzahl, 3. Kornzustand. Diese drei Größen werden in weitestem Maße durch die Art der Emulsionsherstellung reguliert, wobei zu unterscheiden ist zwischen der Fällung des Silbersalzes und seiner nachfolgenden Reifung. Wegen des Verhaltens von Korngröße und Kornzahl verweisen wir auf Ziff. 38/39, während wir auf die Bedeutung des Kornzustandes, worunter alle Beeinflussungsmöglichkeiten der Kornoberfläche (Phasengrenzfläche zwischen Silberhalogenid und Bindemittel) zu verstehen sind, noch näher einzugehen haben. Wirkt die Anwesenheit des Bindemittels auf die Fällung des Silberhalogenids im Sinne einer Ermöglichung des photographischen Prozesses an sich schon (nachträgliches „Peptisieren" bindemittelfrei gefällten Silberhalogenids in Gelatine ersetzt jene Fällungsmethode durchaus nicht), so wird der Einfluß des Bindemittels besonders augenfällig, wenn man die Emulsion

---

[1]) Auch diese Bilder stammen aus E. MANKENBERG, Dissert. Dresden 1925.
[2]) THE. SVEDBERG, Kolloidchemie, übersetzt von H. FINKELSTEIN. Acad. Verlagsges. S. 62. Leipzig 1925.

einer nachträglichen Digestion bei hoher Temperatur unterwirft; bei diesem Vorgang spielen sich am Silberhalogenid Prozesse ab, die man unter dem Begriff „Reifung" zusammenfaßt, und die im allgemeinen von einer beträchtlichen Empfindlichkeitssteigerung begleitet sind. Sie kann vier Gründe haben:

1. Es kann, namentlich bei Gegenwart von Lösungsmitteln für das Halogensilber (Br' oder NH_3), ein Wachstum der größeren Kristalle auf Kosten der kleineren stattfinden. Diese Möglichkeit wurde lange Zeit als der einzige bei der Reifung stattfindende Vorgang angesehen (Ostwaldreifung); es dürfte ihm jedoch in der Praxis nur eine untergeordnete Rolle zukommen, da zwei Schichtarten mit gleicher Korngröße sich leicht um mehr als den Faktor 10 in der Empfindlichkeit unterscheiden können.

2. Es kann bei Gegenwart reduzierender Stoffe (aus der Gelatine stammend) bereits auf chemischem Wege eine spurenweise Bildung von Silber an der Oberfläche der Körner stattfinden. Auf diese Möglichkeit, die den Reifprozeß gewissermaßen als eine teilweise Vorarbeit für den nachfolgenden Belichtungsvorgang auffaßt, hat zuerst LÜPPO-CRAMER hingewiesen[1].

3. Es können die in der Gelatine enthaltenen schwefelhaltigen organischen Substanzen bei der Digestion an der Oberfläche der Silberhalogenidkörner Schwefelsilber oder andere schwer lösliche Silberverbindungen erzeugen. Diese Feststellung machten 1925 gleichzeitig: SHEPPARD und PUNNETT, ferner LUTHER und MANKENBERG, sowie MATTHIES, DIETERLE, WULFF und WENDT[2]. Hiernach kommt mithin, da verschiedene Gelatinen im gleichen Emulsionsprozeß eine ganz verschiedene Wirksamkeit aufweisen, der Gelatine neben der reinen Trägereigenschaft auch die Produktion von Substanzen zu, die die Kornoberfläche chemisch beeinflussen.

4. Es kann bei der Digestion eine Änderung in der Adsorption der gleichzeitig anwesenden Elektrolyte (z. B. der Br-Ionen) stattfinden, von deren Menge das photographische Verhalten in hohem Maße abhängt, normalerweise sind die Körner der im Handel befindlichen Schichten mit Br-Ionen besetzt[3].

Soviel über die Veränderungen des Silberhalogenids und vor allem seiner Oberfläche, die während der Reifung stattfinden. Außerdem läßt sich die Phasengrenzfläche auch noch auf anderem Wege und mit anderen Mitteln beeinflussen. Hierher gehört vor allem die Wirkungsweise der unter Ziff. 5 genannten Farbstoffe, die die Fähigkeit besitzen, dem Korn eine Lichtempfindlichkeit für grünes und rotes Licht zu verleihen. Diese Farbstoffe werden, wie schon unter Ziff. 44 erläutert, je nach ihrer Adsorbierbarkeit an der Kornoberfläche festgehalten, ähnlich wie die Ionen zugesetzter Elektrolyte, die ebenfalls imstande sind, eine gesteigerte Empfindlichkeit des Halogensilbers für langwelliges Licht hervorzurufen. Hierzu ist auch die Wirkung von Cl' und J' beim Emulsionsprozeß zu rechnen, die den Charakter der Emulsion — oft durch Beeinflussung der Kornoberfläche — entscheidend beeinflussen. Desgleichen wirken die meisten Schwermetallsalze stark auf die Emulsion, meist in desensibilisierendem Sinne; so vernichten selbst Spuren von Kupfer und Quecksilbersalzen die Empfindlichkeit der Emulsion fast vollständig. Auch die von LÜPPO-CRAMER gefundenen Desensibilisatoren (Ziff. 11), die ebenfalls imstande sind, die Lichtempfindlichkeit der Körner zu vermindern, beeinflussen die Kornoberfläche, denn schon ein

[1] LÜPPO-CRAMER, Photogr. Mitt. 1909, S. 328; Näheres J. M. EDER-LÜPPO-CRAMER, Handbuch der Photographie. S. 9.
[2] S. E. SHEPPARD in J. M. EDER-LÜPPO-CRAMER, Handbuch der Photographie. S. 471; MANKENBERG, Diss. Dresden; D.R.P. Anm. A. 45 574 VI/57 b (8) v. 25. 7. 25.
[3] A. LOTTERMOSER, Journ. f. prakt. Chem. Bd. 72, S. 39. 1905; Bd. 73, S. 374. 1906; K. FAJANS u. W. FRANKENBURGER, ZS. f. phys. Chem. Bd. 105, S. 255. 1923.

Baden fertiger Schichten in solchen Farbstofflösungen genügt, um diese Wirkung zu erzeugen. Bei diesen Substanzen ist übrigens streng zu unterscheiden zwischen Desensibilisatoren, die bei ihrer Wirkung auf die Kornoberfläche ein bereits vorhandenes latentes Bild unbeeinflußt lassen (Phenosafranin, Pinacryptolgelb, Methylenblau), und solchen, die nicht nur die Empfindlichkeit der Schicht verringern, sondern auch ein fertiges latentes Bild vernichten [chemische Desensibilisatoren: Chromsäure, Ferrizyankalium[1])]. Das Wesen der Desensibilisation durch Metalle ist unsicher. Ferner sei erwähnt, daß unter der erstgenannten Gruppe von Desensibilisatoren solche vorkommen, die das unbelichtete Korn bei der Entwicklung unverändert lassen (Phenosafranin), neben anderen, bei deren Gegenwart das Silberhalogenid je nach der Menge des Zusatzes beim Entwickeln schleiert, als sei es belichtet worden [Methylenblau[2])]. Die Fähigkeit, auf photographischen Schichten Schleier zu erzeugen, jedoch ohne wesentliche Desensibilisationswirkung, ist übrigens einer ganzen Reihe von Stoffen, meist Reduktionsmitteln, eigen [Wasserstoffsuperoxyd[3]), arsenige Säure[4]), Terpentin u. a.].

d) Die Deutung der photographischen Schwärzungskurve.

51. Die Schwärzungskurven der α- und Röntgenstrahlen. Nachdem wir im vorangehenden Absatz einen Überblick über die zahlreichen Größen gegeben haben, von denen die Lage und die Gestalt der Schwärzungskurve abhängt, wollen wir zu zeigen versuchen, auf welche Weise für die vielgestaltigen Erscheinungen, die sich am photographischen Prozeß beobachten lassen, eine Deutung angebahnt worden ist.

Es ist schon darauf hingewiesen worden, daß sich derartige Erklärungsversuche nicht auf die Schichten beziehen können, denen man normalerweise im Handel begegnet, weil die Phänomene hier durch allerlei Sekundärerscheinungen getrübt werden; vielmehr sind die nachfolgend beschriebenen Betrachtungen vorwiegend an Schichten angestellt worden, bei denen die Körner nur nebeneinander und nicht übereinander gelagert sind (Einkornschichten). Bei solchen Schichten läßt sich die durch eine Bestrahlung und nachfolgende Entwicklung erzeugte Schwärzung nicht mehr gut verfolgen. Da aber die Schwärzung s, die sie verursachende Silbermenge und die Anzahl N der entwickelten Körner einander proportional sind, kann man die Untersuchung der Schwärzungskurve mit gleichem Recht an der „Kornzahlkurve" anstellen (Ziff. 12).

Unter Anwendung dieser Methoden hat sich herausgestellt, daß die Gestalt der Schwärzungskurve der α-Strahlen die einfachste Deutung erlaubt. Jedes auf die Schicht treffende α-Teilchen zeichnet seinen Weg durch eine Kette entwickelbarer Körner auf, wie dies in Abb. 14 erkennbar ist. Je nach der Korngröße und der Korndichte in der Schicht zählt die Kette bis zu 15 Körnern (in normalen Handelsplatten). Die auf der Platte hervorgerufene Anzahl von Silberkörnern (abzüglich der „Schleierkörner") ist demgemäß proportional der Anzahl aufgetroffener α-Teilchen, jedenfalls solange die Zahl der α-Strahlen gering ist gegenüber der Gesamtzahl der Körner N_0 in der Schicht (beides pro Quadrat-

---

[1]) Vgl. auch die Gegenüberstellung in J. M. EDER-LÜPPO-CRAMER, Handbuch der Photographie. S. 686.

[2]) J. EGGERT u. J. REITSTÖTTER, Kolloid-ZS. Bd. 36, S. 298. 1925.

[3]) W. CLARK, Brit. Journ. of Phot. 1923, S. 717, u. E. P. WIGHTMAN u. R. F. QUIRK, Phot. Ind. Bd. 25, S. 997 u. 1021. 1927.

[4]) W. CLARK, Photogr. Journ. Mai u. August 1923/1924; vgl. jedoch LÜPPO-CRAMER Phot. Ind. 1923, S. 456; 1924, S. 1007.

zentimeter gerechnet). Infolge der Einfachheit dieses Vorganges läßt sich für die zur Zeit t erreichte Kornzahl N (cm^{-2}) die Gleichung aufstellen

$$N = N_0 \cdot (1 - e^{-kt}),$$

wobei die Konstante k die Anzahl der α-Teilchen darstellt, die das Korn pro Sekunde treffen. Diese Exponentialfunktion konnte in der Tat experimentell von verschiedenen Autoren bestätigt werden. Insbesondere konnte SVEDBERG durch Abzählung der Entwicklungsansatzstellen, die sich bei Unterbrechung des Entwicklungsvorganges unter dem Mikroskop erkennen lassen, beweisen, daß jene Keime in der Tat nach der Wahrscheinlichkeit verteilt sind[1]:

Die Form der Exponentialkurve für die Kornzahl oder Schwärzung betrachteten wir bereits in Abb. 12, die allerdings mit Hilfe von Röntgenstrahlen erzeugt war. Aber auch diese Energieart folgt im wesentlichen der genannten Gesetzmäßigkeit und zwar deshalb, weil, quantentheoretisch betrachtet, in beiden Fällen die Energiemengen, die am

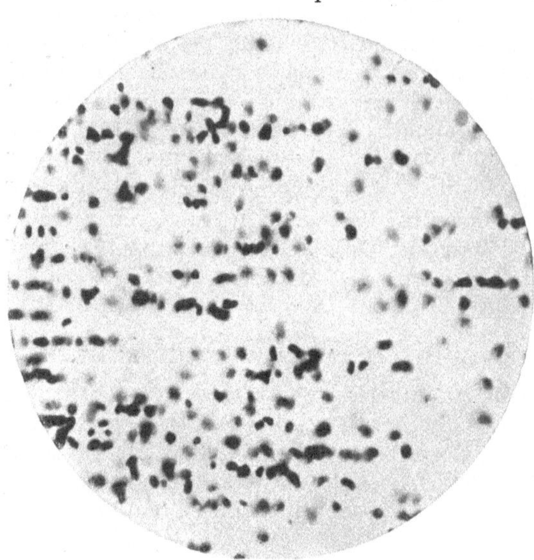

Abb. 14. Entwickelte Bromsilberschicht (in 1500facher Vergr.), auf die ein Bündel von α-Strahlen gewirkt hat. Jedem α-Teilchen entspricht eine Kette von 1—15 Bromsilberkörnern.

Elementarvorgang der Belichtung beteiligt sind, ausreichen, um bei jedem Treffer ein Korn entwickelbar zu machen. Wir fanden nämlich unter Ziff. 43, daß pro α-Teilchen etwa $5 \cdot 10^4$ Silberatome, pro Röntgenquant etwa 1000 Silberatome in Freiheit gesetzt werden. Im ersten Falle entsteht das Silber an wenigen Körnern, im zweiten Falle an einem Korn, wie sich durch Vergleich der Anzahl absorbierter Röntgenquanten mit der Anzahl entwickelter Bromsilberkörner für verschiedene Schichtarten ableiten ließ[2].

52. Die Schwärzungskurven der Lichtstrahlen[3]). Ganz anders verhält sich dagegen die Wirkung des sichtbaren Lichtes. Hier entstehen die Silberatome regellos in den Körnern, und zwar einzeln und unabhängig voneinander. Da nun der Entwickler nur die Oberfläche des Kornes besetzt, der Reduktionsvorgang also auch nur durch ein an der Oberfläche befindliches Silberatom katalysiert werden kann, so ist zu erwarten, daß nur ein kleiner Teil der entstandenen Silberatome in Tätigkeit tritt. Bei α-Strahlen fand diese Beschränkung nicht statt, weil jedes getroffene AgBr-Korn an der Einschuß- und Ausschußstelle des α-Strahles genügend Silberatome trägt, um die Entwicklung einzuleiten; ähnlich lag der Fall bei den Röntgenstrahlen.

[1] The. Svedberg u. Andersson, Photogr. Journ. Bd. 61. 1921; The. Svedberg, ebenda Bd. 62, S. 310. 1922; Derselbe, Kolloid-ZS. Leipzig 1925, übersetzt von H. Finkelstein, S. 60—71; W. Meidinger, ZS. f. phys. Chem. Bd. 114, S. 89. 1925.
[2] J. Eggert u. W. Noddack, ZS. f. Phys. Bd. 43, S. 254. 1927.
[3] Dieser Absatz ist z. T. entlehnt aus J. Eggert u. W. Noddack, Die Naturwiss. Bd. 15, S. 57. 1927.

In der Tat konnte gezeigt werden, daß in der Nähe der Schwelle auf etwa 300 absorbierte Quanten blauen Lichtes ein AgBr-Korn entwickelt wird[1]). Andererseits zeigt der Vergleich zwischen den an der Oberfläche und den im Innern des Korns gelegenen AgBr-Molekeln etwa das gleiche Zahlenverhältnis 1:300.

Führt man dieselbe Betrachtung bei höheren Schwärzungen durch, so ergibt sich, daß das Verhältnis $\dfrac{\text{Kornzahl}}{\text{Anzahl absorb. Quanten}}$, das sich an der Schwelle zu 1:300 ergab, veränderlich ist. Hieraus folgt, daß neben dem Verhältnis $\dfrac{\text{Molekelzahl an der Oberfläche des Kornes}}{\text{Molekelzahl im Innern des Kornes}}$, das ein Kennzeichen für die Gestalt und die Größe des Kornes ist, noch eine andere Korneigenschaft von Einfluß ist. Diese zweite Korneigenschaft dürfte in der Fähigkeit des Kornes zu suchen sein, mit Hilfe des Lichtes mehr oder weniger geeignete Keime für den nach folgenden Entwicklungsvorgang entstehen zu lassen. Für α- und Röntgenstrahlen ist im Gegensatz zum Licht diese zweite Korneigenschaft belanglos.

Unter einem „Keim“ versteht man allgemein eine kleine Substanzmenge, die eine heterogene Reaktion auszulösen vermag. In unserem Falle handelt es sich um eine kleine Silbermenge, die den Reduktionsvorgang des Bromsilberkornes ermöglicht. Über die absolute Größe der auslösenden Substanzmenge sagt der Begriff „Keim“ nichts aus. Bei den α-Strahlen, die, wie berichtet, an jedem Korn mehrere Tausend Ag-Atome erzeugen, ist der Keim wohl stets ziemlich groß; das gleiche gilt vermutlich für die Röntgenstrahlen. Bei den Lichtstrahlen sieht es dagegen nach unserer früheren Betrachtung so aus, als ob der Keim unter Umständen — nämlich für kleine Lichtmengen — sogar nur von einem Ag-Atom gebildet werden kann. Bedenkt man jedoch, daß auch unbelichtete Körner gelegentlich reduziert werden (Schleier), also offenbar einen Keim enthalten, so wird man zu dem Schluß geführt, daß das eine vom Licht gelieferte Ag-Atom zur Vervollständigung eines nahezu fertigen Silberkeimes dient[2]). Das bereits vor der Belichtung vorhandene Silber entsteht wahrscheinlich (wie oben geschildert) bei der Reifung[3]). Danach ist die Entwickelbarkeit eines Kornes durch die Anwesenheit eines Keimes von „kritischer“ Größe bedingt. Diese kritische Keimgröße, die sich aus Reifsilber und Lichtsilber zusammensetzt, wird um so leichter erreicht werden, je größer die pro Korn entfallende Quantenzahl ist. Für α- und Röntgenstrahlen wird die kritische Keimgröße in jedem Falle unabhängig von der Reifsilbermenge erreicht.

Dieser Zusammenhang erklärt, warum die Schwärzungskurve der Lichtstrahlen anders ist als diejenige der α- und Röntgenstrahlen (vgl. Abb. 12). Zur näheren Erläuterung dieser Tatsache wollen wir für einen Augenblick die Annahme machen, daß alle Körner mit der gleichen Menge Reifsilber versehen sind, die so groß sein soll, daß nur eine ganz geringe Menge von photolytisch gebildetem Silber notwendig ist, um den Keim kritischer Größe herzustellen. Wird eine derartige Schicht belichtet, so ist klar, daß eine Schwärzungskurve entstehen müßte, die derjenigen der α- und Röntgenstrahlen ähnlich ist, also eine e-Funktion darstellt. Da nun aber die Lichtkurve anders gestaltet ist, folgt hieraus, daß unsere Annahme über die gleichmäßige Verteilung des Reifsilbers auf allen Körnern nicht zutrifft. Diese Folgerung ist auch sehr verständlich, denn es ist zu erwarten, daß bei dem Reifvorgange die Verteilung des Reifsilbers

---

[1]) J. Eggert u. W. Noddack, Sitzungsber. d. preuß. Akad. d. Wiss. 1921, S. 631.
[2]) S. E. Sheppard, A. P. H. Trivelli u. R. P. Loveland, Journ. Frankl. Inst. Bd. 200, S. 51. 1925.
[3]) Lüppo-Cramer, Photogr. Mitt. 1909, S. 328.

auf den einzelnen Körnern **ungleichmäßig** geschieht, und zwar wird sie analog einer Maxwellschen Verteilungsfunktion erfolgen, ähnlich wie die Körner einer Emulsion auch nicht alle gleich groß sind, sondern einer Größenverteilung nach Maxwell gehorchen (vgl. Ziff. 39). Es wird demgemäß eine geringe Anzahl von Körnern geben, die schon ohne Belichtung entwicklungsfähig sind (Schleier). Eine weitere geringe Anzahl von Körnern wird auf **ein** Quantum $h\nu$ ansprechen. Durch zwei Quanten wird, der Gestalt der Maxwellschen Kurve gemäß, eine Zahl von Körnern entwickelbar gemacht werden, die **mehr als doppelt so groß** ist als die von einem Quantum hervorgebrachte. Dieser „superproportionale" Anstieg, der durch Überlagerung der einzelnen e-Funktionen mit den verschiedenen Quantenempfindlichkeiten 1, 2, 3 usf. entsteht, ist es, der die Gestalt der Lichtkurve auszeichnet. — Alle diese Vorstellungen sind durch das Verhalten der Schichten gegenüber Chromsäure gestützt[1]).

Die Annahme, daß auf einem Bromsilberkorn vor der Belichtung schon eine gewisse Menge Reifsilber vorhanden ist, erklärt damit auch, warum unter günstigen Umständen ein Korn schon von **einem** $h\nu$ entwickelbar gemacht wird. Dies ist der Fall nämlich dann, wenn nur ein einziges durch Licht entstehendes Ag-Atom erforderlich ist, um zusammen mit dem Reifsilber einen Keim von kritischer Größe zu schaffen[2]). Unter ungünstigen Umständen brauchen jedoch (wie der Versuch lehrte) selbst 1000 absorbierte Quanten nicht das gleiche Ziel zu erreichen. Zu solchen ungünstigen Fällen gibt einmal der Mangel an Reifsilber Veranlassung, andererseits sind sie durch die bereits erwähnte ungünstige Lage der entstehenden Ag-Atome im Korninnern begründet.

In der bisherigen Deutung ist zunächst nur die Reifungsart herangezogen worden, bei der das Bromsilberkorn (teilweise) reduziert wird, bei der sich also Reifsilber bildet. Die übrigen Arten der Reifung sind jedoch mit den genannten Anschauungen ebenfalls im Einklang. Dies gilt erstens für den Reifvorgang, der in einer Kornvergrößerung besteht; denn mit wachsender Korngröße erhöht sich der Beitrag an Lichtabsorption, den ein entwickeltes Korn zu der Gesamtschwärzung der entwickelten Schicht liefert. Dies gilt ferner für den Reifungsvorgang, bei dem sich an der Oberfläche der Körner Schwefelverbindungen des Silbers abscheiden, wobei angenommen wird, daß diese Abscheidungen in ähnlicher Weise wirken wie das durch den Reduktionsprozeß gebildete Silber. Auch der an letzter Stelle genannte Reifungsvorgang, bei dem sich das Adsorptionsgleichgewicht der anwesenden Ionen (namentlich Br′) zwischen Kornoberfläche und freier Lösung ändert, fügt sich in das gezeichnete Bild befriedigend ein wenn man jener Adsorptionsschicht[3]), die bis zu einer einmaligen Besetzung der Oberfläche mit Br′ anwachsen kann, zwei Funktionen zuschreibt: einmal scheint sie an der Keimbildung wesentlich beteiligt zu sein, wofür u. a. das abweichende Verhalten mehr oder weniger Br′-haltiger Schichten hinsichtlich der Umkehrerscheinungen spricht, und zum anderen dürfte sie beim katalytischen Mechanismus des Entwicklungsvorganges eine entscheidende Rolle spielen (vgl. Ziff. 45 u. 49).

---

[1]) S. E. Sheppard, E. P. Wightman u. A. P. H. Trivelli, Journ. Frankl. Inst. Bd. 196, S. 653. 1923. Näheres hierüber vgl. W. Meidinger, Handbuch der phys. Optik. Bd. II, S. 1, 47 u. 48. Leipzig: J. A. Barth 1927.

[2]) Dies geschieht im wesentlichen in der Gegend der photographischen Schwelle, unterhalb der man belichtete und unbelichtete Stellen der Platte mit dem Auge nicht mehr voneinander unterscheidet. Diese Erscheinung ist physiologisch zu deuten, denn andere Methoden (Thermosäule, Kornzählung, Silberbestimmung) gestatten die Unterschreitung der Schwelle (W. Noddack, F. Streuber u. H. Scheffers, Sitzungsber. Preuß. Akad. d. Wiss. Berlin 1922, S. 210).

[3]) Über die Anzahl der am Silberbromidteilchen unter verschiedenen Fällungsbedingungen adsorbierten Bromionen vgl. die Dissert. von A. Strehlow, Berlin 1928.

53. Die Koagulationstheorie des latenten Bildes. Alle diese Vorstellungen
über die Wirkung des durch Licht gebildeten, für die Entwicklung erforderlichen
Silberkeimes, an dem sich entweder das bei der Reifung erzeugte Silber oder
Schwefelsilber beteiligt, und dessen Bildung außerdem von der Ionenbesetzung
der Phasengrenzfläche abhängt, beruhen indessen noch auf einer grundlegenden
Annahme, die wir schon unter Ziff. 42 berührten und auf die wir nun noch einmal
zurückkommen. Diese Annahme beantwortet die Frage, auf welche Weise es
möglich ist, daß das vom Licht gebildete Silber zusammen mit dem durch die
Reifung entstandenen Silber oder Schwefelsilber einen gemeinsamen Ent-
wicklungskeim aufzubauen imstande ist. Will man die Heranziehung neuer
Hypothesen vermeiden, so bleibt nichts anderes übrig als anzunehmen, daß
auch im Gebiete des latenten Bildes das photolytisch freigemachte Silber (oder
das primär vom Br′ losgelöste Elektron) die Eigenschaft hat, sich zu dem be-

reits vorhandenen Silber oder
Schwefelsilber der Reifung
hinzuzugesellen, ähnlich wie
wir dies schon bei der Entstehung der direkten Schwärzung fanden (vgl. Abb. 11,
S. 590). Dieser Koagulationsvorgang der Silberatome zu
größeren Aggregaten, der
sich somit zwischen den
Primärprozeß und die Ent-
wicklung einschaltet, läßt es
verständlich erscheinen, daß
jene Aggregate ganz verschiedene katalytische Wirksamkeit bei der nachfolgenden
Reduktion des Silberhalogenids ausüben, wobei, wie dies

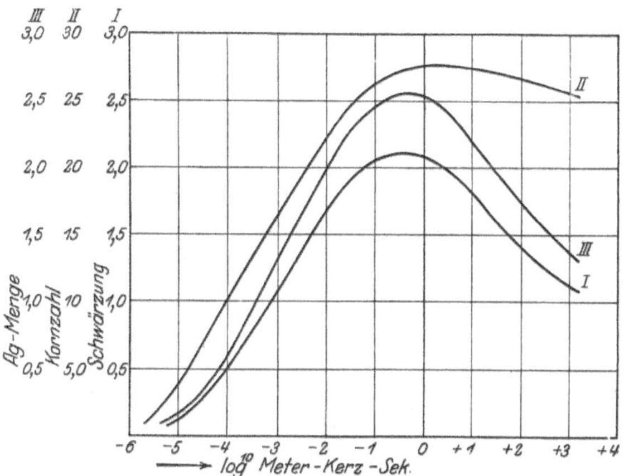

Abb. 15. Zusammenhang zwischen Schwärzung I, Kornzahl II und
Silbermenge III bei einer entwickelten Agfa-Spezialplatte.

normalerweise an heterogenen Katalysen bekannt ist, sowohl die Menge des
Katalysators als auch vor allem seine Form maßgebend ist.

Wenn auch bei weitem noch nicht alle Erscheinungen auf Grund dieser
„Koagulationstheorie des latenten Bildes" gedeutet werden konnten, und obwohl in manchen Fällen diskutable Einwände hiergegen erhoben wurden, vermag
sie doch bereits eine Reihe von Phänomen in Zusammenhang zu bringen, die
sich sonst nur schwer miteinander verbinden lassen[1]).

Neben der Deutung des aufsteigenden Astes der Lichtschwärzungskurve,
die von jenem Effekt Gebrauch machen muß, scheint die Koagulation des ato-
maren Silbers bei der Solarisation von entscheidender Bedeutung zu sein.
Aus Abb. 15 geht hervor, daß mit der Abnahme der Schwärzung jenseits vom
Maximum der Kurve eine Verminderung der entwickelten Silbermenge parallel
geht, während die Zahl der entwickelten Körner nahezu unverändert bleibt.
Die Solarisation wird also durch eine verminderte Entwicklungsfähigkeit der
AgBr-Körner bedingt, ·die dadurch zum Ausdruck kommt, daß die einzelnen
Körner im Gebiete der Solarisation nicht mehr vollständig, sondern nur rudi-
mentär entwickelt werden. Diese verminderte Entwicklungsfähigkeit der Bromsilberkörner ist offenbar durch eine Veränderung der wirksamen Keime begründet. An eine Verkleinerung des Keimes, die an sich in diesem Sinne wirken

---

[1]) Eine Darstellung der historischen Entwicklung dieser Theorie findet sich bei
J. EGGERT u. J. REITSTÖTTER, ZS. f. wiss. Phot. Bd. 24, S. 350. 1927.

könnte, ist nicht zu denken, da die durch das Licht ausgeschiedene Silbermenge (in diesem Gebiet bereits nachweisbar) mit der Dauer der Bestrahlung ansteigt (Abb. 10, Ziff. 42). Eher ist eine mit der Vergrößerung des Keimes, d. h. mit der Zunahme seiner Masse verbundene Veränderung des Keimes anzunehmen, die sich in einer Verminderung seiner katalytischen Wirksamkeit bei der Entwicklung des Kornes äußert, und die wahrscheinlich in einer Verkleinerung der wirksamen Keimoberfläche besteht. Hierfür spricht vor allem auch der Umstand, daß sich die Solarisation auch bei der physikalischen Entwicklung nach dem Fixieren zeigt[1]. — Gegen diese Anschauung sind wiederholt Bedenken erhoben worden[2]; doch können die hierbei verteidigten Ansichten, die das Zustandekommen der Solarisation durch eine Verminderung der Silbermenge infolge der Rekombination des Silbers mit dem abgespaltenen Brom erklären, nur einen Teil der beobachteten Erscheinungen deuten.

Auch die übrigen unter Ziff. 47 genannten Effekte (Schwarzschild-, Intermittenz-, Clayden-, Villardeffekt) dürften ihre einfachste Erklärung durch die Annahme einer verschiedenen Verteilungsform des durch die verschiedenen Bestrahlungsarten und -kombinationen abgeschiedenen Primärsilbers finden; bisher ist allerdings erst für starke, oberhalb des photographischen Gebietes liegende Lichtmengen durch Titration des photolytisch bei weiter Variation der Faktoren des konstanten Produktes $i \cdot t$ gebildeten Silbermengen erwiesen, daß die Masse des primären Lichtsilbers nicht intensitätsabhängig ist, daß also in diesem Falle kein Schwarzschildeffekt feststellbar ist; hieraus würde bei Übertragung dieses Resultates auf schwächere Belichtungen folgen, daß die Unterschiede in der Anzahl entwickelter Körner (= Schwärzungen) auf der verschiedenen Form der Primärsilberabscheidung beruhen[3]. Für die übrigen Effekte fehlt zwar eine analoge Untersuchung, doch ließ sich die Koagulationstheorie des latenten Bildes an der desensibilisierenden Wirksamkeit des Methylenblaus wenigstens qualitativ bestätigen[4]. Ob der Mechanismus der Silberkeimbildung bei Gegenwart anderer Desensibilisatoren, z. B. Phenosafranin, in ähnlicher Weise auf Koagulationsbeeinflussung beruht, — hier spielt auch die wiederholt erwähnte Br-Ionenadsorptionsschicht eine wesentliche Rolle — oder ob hier vielleicht zum Teil auch Regressionswirkungen stattfinden, wofür verschiedene Anzeichen vorzuliegen scheinen, steht vorläufig dahin[5]. Immerhin ist damit zu rechnen, daß neben diesen beiden beobachteten Vorgängen (Koagulation der Keime bei zunehmender Silbermenge, Regression der Keime unter Abnahme des vorhandenen Silbers) noch ein dritter Prozeß statthat: die Dispersion bereits vorhandener Aggregate unter Konstanthaltung der bestehenden Silbermenge. Es sei erwähnt, daß eine Reihe von Argumenten die Deutung des Herscheleffektes im Sinne dieser Vorstellung nahelegen[6].

[1] H. Scheffers, ZS. f. Phys. Bd. 20, S. 109. 1923; H. Arens, ZS. f. phys. Chem. Bd. 114, S. 337. 1925. Verwandte Vorstellungen finden sich ferner bei K. Schaum, Verh. d. D. Phys. Ges. Bd. 13, S. 678. 1911; ZS. f. wiss. Photogr. Bd. 23, S. 6. 1925, Anmerkung 5; nur macht Schaum die Annahme, daß das photolytisch ausgeschiedene Silber sich nachträglich zu dispergieren vermag. Schließlich wird in der Dissert. von H. Tollert, Berlin 1928, sowie ZS. f. phys. Chem. an einer sehr unempfindlichen (Lippmann-) Emulsion eine vollständige Gegenüberstellung der in Betracht kommenden Größen durchgeführt.

[2] Lüppo-Cramer, ZS. f. Phys. Bd. 29, S. 387. 1924; J. M. Eder, ZS. f. wiss. Photogr. Bd. 23, S. 377. 1925.

[3] J. Eggert u. W. Noddack, Studien über den Schwarzschildeffekt. ZS. f. Phys. (im Erscheinen begriffen), dagegen Lüppo-Cramer, ZS. f. wiss. Photogr. Bd. 24, S. 380. 1927.

[4] J. Eggert u. J. Reitstötter, ZS. f. wiss. Photogr. Bd. 24, S. 350. 1927.

[5] J. M. Eder-Lüppo-Cramer, Handbuch der Photographie. S. 223ff.

[6] W. Leszynski, ZS. f. wiss. Photogr. Bd. 24, S. 275. 1926; eine Bestätigung der Annahme, daß Dispersionsvorgänge dieser Art stattfinden, hat inzwischen die Dissert. von H. Tollert, Berlin 1928 an Hand von quantitativen Belichtungsversuchen gebracht.

Kapitel 21

Spektralphotometrie.

Von

H. Ley, Münster i. W.

Mit 27 Abbildungen.

Die Spektralphotometrie beschäftigt sich mit der Vergleichung der Intensität zweier Lichtströme derselben Wellenlänge. Von den Anwendungen spektralphotometrischer Methoden seien besonders drei hervorgehoben: 1. die Messung der relativen Helligkeitsverteilung im Spektrum eines Körpers, 2. die Untersuchung des Reflexionsvermögens der Stoffe für bestimmte Wellenlängen; eine dritte wichtige Anwendung ist diejenige für quantitative Absorptionsmessungen in bestimmten Spektralgebieten; sie wird in einem besonderen Abschnitt Absorptionsphotometrie behandelt.

Die für die Messungen im sichtbaren Spektrum benutzten Apparate (eigentliche Spektralphotometer) stellen die Verbindung eines Spektroskops mit einem Photometer dar und enthalten demgemäß 1. eine dispergierende Vorrichtung, 2. eine Anordnung zur meßbaren Schwächung des Lichtes, 3. eine Einrichtung zum Vergleich der Helligkeiten an geeigneten Photometerfeldern. Im Prinzip besteht die Methodik in folgendem: Die zu vergleichenden Lichtströme werden spektral zerlegt, derart, daß gleichfarbige Felder passender Größe in möglichst enge Berührung miteinander gebracht werden, und die Gesamthelligkeit des einen der beiden Spektren oder beider wird so lange meßbar geändert, bis die Felder dem Auge gleich hell erscheinen. Die ursprünglich verwendeten Methoden beschränkten sich auf das sichtbare Spektrum und benutzten zur Entscheidung der Helligkeitsgleichheit das Auge. Später traten objektive Methoden hinzu, besonders für Messungen im ultravioletten und ultraroten Gebiete.

I. Eigentliche Spektralphotometrie des sichtbaren Spektrums.

1. Von einer Besprechung der dispergierenden Vorrichtungen kann hier abgesehen werden; auch über die Herstellung der photometrischen Vergleichsfelder, ihre Größe und Form gilt im allgemeinen das in der „Photometrie" Auseinandergesetzte. Zur meßbaren Schwächung der Lichtströme sind besonders folgende Methoden praktisch verwendet: Variation von Spaltweiten (Blenden), polarisierende Vorrichtungen, rotierende Sektoren, Abstandsänderungen.

Je nach Verwendung dieser Schwächungsvorrichtungen könnte man die Photometer in verschiedene Gruppen einteilen. Ein anderes Einteilungsprinzip[1]) fußt auf der Angabe des Ortes der visuell zu betrachtenden photometrischen Vergleichsfelder; dieser kann entweder der Spalt des Spektroskops sein oder irgendeine Stelle außerhalb des Spaltes. Ersteres ist bei den Photometern der Fall, bei denen der Spalt in zwei Hälften geteilt ist, deren Helligkeit verglichen wird. Dem Auge bietet sich hier ein nur schmaler Ausschnitt aus zwei nebeneinander abgebildeten Spektren dar, was die Einstellung auf gleiche Helligkeit erschwert, denn nach einem allgemeinen photometrischen Grundsatze ist diese Einstellung um so genauer, je größer die zu vergleichenden Felder und deren Trennungslinien sind. Dieser Typus der „nebeneinander angeordneten Spektren" findet sich realisiert in den zu beschreibenden Spektralphotometern von VIERORDT, GLAN, HÜFNER u. a. In einer zweiten Klasse von Photometern wird ein anderes Prinzip verfolgt, nämlich durch geeignete Vorrichtungen (LUMMER-BRODHUNschen Würfel, Zwillingsprisma usw.) möglichst große Photometerfelder zu schaffen, die, monochromatisch beleuchtet, durch einen engen Okularspalt betrachtet werden. Diese Methode des „monochromatischen Photometerfeldes" wird in den Spektralphotometern von LUMMER-BRODHUN, BRACE, KÖNIG-MARTENS u. a. benutzt.

Wir wollen in der folgenden Darstellung der wichtigeren Spektralphotometer im wesentlichen dem ersten Einteilungsprinzip folgen, ohne es aber streng durchzuführen.

Historische Notiz. Nach KAYSER[2]) rührt die Idee des Spektralphotometers von GOVI[3]) her; er entwarf mit Hilfe zweier Spalte, zweier total reflektierender Prismen und eines mit einer Linse kombinierten dispergierenden Prismas von zwei Lichtquellen ein Paar sich berührender Spektren auf einer Mattscheibe. Die Spektren wurden durch ein Diaphragma betrachtet, das die zu untersuchende Farbe ausblendete. Die Helligkeitsvariation wurde durch Änderung der Entfernung der Lichtquellen bewirkt.

Schon wesentlich früher hatte FRAUNHOFER[4]) sich mit dem Problem der Helligkeitsverteilung im Spektrum der Sonne beschäftigt und dazu spektralphotometrische Messungen auszuführen versucht. Es wurde mittels einer einfachen Anordnung spektral zerlegtes mit weißem Licht gemischt; läßt man die Intensität des letzteren mehr und mehr wachsen, so verschwindet schließlich der Eindruck der Farbe. Von den bekannten Intensitäten des weißen Lichtes, bei dem der Farbeindruck nicht mehr wahrnehmbar war, wurde auf die Intensität der Spektralfarbe geschlossen. Dasselbe Prinzip haben später VIERORDT[5]) und DRAPER[6]) benutzt.

Es handelt sich in allen diesen Fällen um ziemlich unzulängliche Versuche; das erste brauchbare Meßinstrument rührt von VIERORDT her, der damit der Begründer der Spektralphotometrie geworden ist.

2. Apparate ohne Polarisationsvorrichtungen. Doppelspaltspektralphotometer nach VIERORDT[7]). Der Spalt eines gewöhnlichen Spektroskops ist durch

---

[1]) F. WEIGERT, Chem. Ber. Bd. 49, S. 1496. 1916. S. ferner den Bericht des Progress Committee of Spectrophotometry.

[2]) H. KAYSER, Spektroskopie Bd. III.

[3]) G. GOVI, C. R. Bd. 50, S. 156. 1860.

[4]) J. FRAUNHOFER, Denkschr. d. Akad. München Bd. 5, S. 193. 1817; Gilb. Ann. Bd. 56, S. 264. 1817.

[5]) J. H. KAYSER, Spektroskopie Bd. III.

[6]) J. W. DRAPER, Phil. Mag. (5) Bd. 8, S. 75. 1879.

[7]) K. VIERORDT, Die Anwendungen des Spektralapparates zur Photometrie der Absorptionsspektren und zur quantitativen chemischen Analyse. Tübingen 1873; Die quantitative Spektralanalyse in ihrer Anwendung auf Physiologie, Physik, Chemie und Technologie. Tübingen 1876; Pogg. Ann. Bd. 151, S. 119. 1874; Liebigs Ann. Bd. 177, S. 31. 1875; s. ferner G. u. H. KRÜSS, Kolorimetrie und quantitative Spektralanalyse. Hamburg u. Leipzig 1909.

einen Doppelspalt ersetzt, der aus zwei übereinanderliegenden und aneinandergrenzenden vertikalen Spalten besteht, von denen jeder durch eine Mikrometerschraube meßbar in seiner Breite verändert werden kann und durch die die zu vergleichenden Lichtströme eintreten. Im Gesichtsfelde grenzen zwei Spektren aneinander, die bei gleicher Beleuchtung der Spalte gleich hell erscheinen, falls die Spaltbreiten gleich sind. Das Okular des Spektroskops ist noch mit einer Blende versehen, die das zur Messung erforderliche Stück des Spektrums auszuschneiden gestattet. Zum Vergleich zweier Strahlungen läßt man die erste durch den einen Spalt direkt, die zweite durch den anderen Spalt mit Hilfe eines total reflektierenden Prismas eintreten. Zur Erzielung gleicher Helligkeiten wird einer der Spalte um einen gewissen Betrag geändert; bezeichnen dann e_1 und e_2 die Flächenhellen der beiden Spalte, s_1 und s_2 die zugehörigen, auf den Mikrometerschrauben abzulesenden Spaltweiten, so gilt annähernd: $e_1/e_2 = s_2/s_1$.

Bei den ursprünglichen Apparaten VIERORDTS mit einseitig sich öffnenden Spalten bestand die Schwierigkeit, daß bei wesentlich verschiedenen Spaltweiten infolge der einseitigen Verschiebung der Spalte die zu vergleichenden Spektrenausschnitte merklich verschiedene Farben besitzen, was die visuelle Einstellung erheblich erschwert. Diese Schwierigkeit[1]) wird teilweise behoben durch Anwendung des von KRÜSS[2]) eingeführten bilateralen Doppelspalts, bei dem sich die Backen symmetrisch zur Mitte öffnen. Jedoch werden auch beim Bilateralspalt mit größeren Änderungen der Spaltweiten merkliche und für die Beobachtung hinderliche Änderungen im Farbton der zu vergleichenden Felder auftreten können. Sind somit die zu vergleichenden Lichtintensitäten sehr verschieden, so muß man, um zu große Differenzen in den Spaltweiten zu vermeiden, durch Einschalten eines Rauchglases von bekannter Extinktion die größere Intensität abschwächen.

Bei allen Spektralphotometern mit beweglichen Spalten besteht jedoch das Bedenken, daß die Änderung der Lichtintensität nur dann der Änderung der Spaltbreite streng proportional ist, falls die Intensitätskurve geradlinig verläuft, z. B. im Maximum; je steiler die Intensitätskurve ansteigt, desto mehr wird sich der Einfluß der Spaltweite bemerkbar machen.

Systematisch ist der Einfluß verschieden weiter Spalte von MURPHY[3]) und CAPPS[4]) untersucht. Ersterer verwendet das mit dem VIERORDTschen Spalt versehene Spektralphotometer von LUMMER-BRODHUN und benutzt zur exakten Lichtschwächung den rotierenden Sektor; er findet, daß in Blau, Grün und Gelb bei Reduktion der Spaltweite auf die Hälfte die Fehler etwa 2 bis 3% betragen, im Rot aber bis auf 10% ansteigen können.

CAPPS benutzt zur Bestimmung des Spaltwertes das Spektralphotometer von BRACE (s. S. 617) ebenfalls in Verbindung mit dem rotierenden Sektor. Direkte Proportionalität zwischen Spaltweite und Lichtintensität besteht nur für zwei Farben, etwa 0,62 und 0,57 μ; die Abweichungen wachsen nach dem violetten und roten Ende zu, sie nehmen ab mit zunehmender Brechbarkeit des Prismas. Auf Grund der Sektorablesungen lassen sich Eichkurven aufstellen, die die Benutzung der Spaltmethode für exakte photometrische Messungen gestatten. Bei Verwendung eines Flintglasprismas und eines Spaltes von 0,1 mm Breite liegen die Abweichungen innerhalb der Fehlergrenze.

---

[1]) K. VIERORDT, Wied. Ann. Bd. 3, S. 357. 1878; W. DIETRICH, Die Anwendung des Vierordtschen Doppelspaltes in der Spektralanalyse. Stuttgart 1881.
[2]) H. KRÜSS, Rep. f. phys. Techn. Bd. 18, S. 217. 1882; C. LEISS, ZS. f. Instrkde. Bd. 18, S. 116. 1891.
[3]) D. MURPHY, Astrophys. Journ. Bd. 6, S. 1. 1897.
[4]) E. V. CAPPS, Astrophys. Journ. Bd. 11, S. 25. 1900; Phys. ZS. Bd. 1, S. 558. 1900.

Das Vierordtsche Photometer, dessen besonderer Vorzug seine große Lichtstärke ist, hat mehrfache Abänderungen erfahren; so hat man[1]) z. B. vor dem Fernrohrobjektiv wie bei dem Spektralphotometer von König-Martens (s. S. 621) ein Zwillingsprisma angeordnet. Unter Beibehaltung der großen Helligkeit erreicht man auf diese Weise eine genauere Ablesung infolge der größeren Vergleichsflächen und des exakten Verschwindens der Trennungslinie zwischen denselben. In diesem Falle wird ohne Okular mit Hilfe eines verstellbaren Augenspaltes beobachtet.

Auch Bull[2]) hat bei seinem Spektralphotometer von dem Prinzip der Spaltverengerung Gebrauch gemacht.

Bei dem Doppelkollimator-Spektralphotometer von Lummer-Brodhun[3]) wird dessen optischer Würfel[4]) (s. S. 672) als photometrische Einrichtung zugrunde gelegt (s. Abb. 1). K und K' sind zwei rechtwinklig zueinander angeordnete Kollimatoren, in welche die zu vergleichenden Lichtströme L und L' eintreten; letztere strahlen dem Würfel W Licht zu. P ist das dispergierende Prisma, F ein um die Achse des Apparates drehbares Fernrohr. Die Strahlen von L durchsetzen den Würfel und das Prisma und erzeugen in der Brennebene von F ein Spektrum, die Strahlen von L' werden an der Hypotenusenfläche $a\,b$ total reflektiert und bilden ein mit dem Spektrum von L in der Gesichtsfeldebene von F zusammenfallendes Spektrum von L'. Die Beobachtung geschieht mit Hilfe der Maxwellschen Methode[5]); zu diesem Zweck ist das Okular von F entfernt und am Ort der Entstehung der Spektren ein verstellbarer Spalt (Kreuzspalt) angebracht, der aus den beiden sich berührenden Spektren ein kleines Stück herausblendet. Dem dicht am Spalt befindlichen Auge erscheint $a\,b$ völlig in dem Lichte erleuchtet, für das das Fernrohr eingestellt ist, und zwar empfangen die durchsichtigen Stellen auf $a\,b$ Licht von L die reflektierenden Stellen von L'.

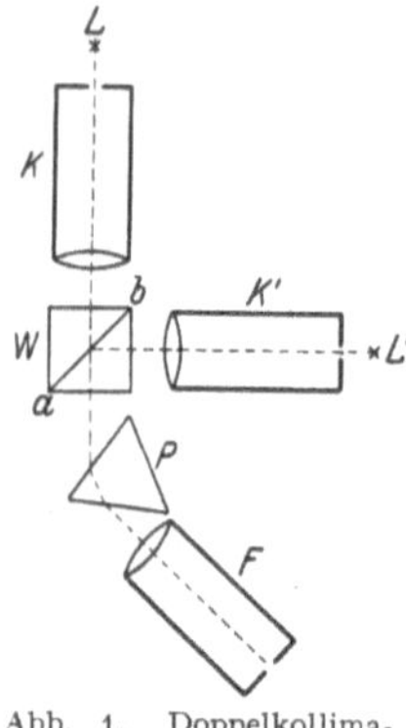

Abb. 1. Doppelkollimator-Spektralphotometer von Lummer-Brodhun.

Zur meßbaren Schwächung des Lichtes der Vergleichslichtquelle, etwa L', wird zweckmäßig der rotierende Sektor verwendet, weniger gut wird der Zweck wie bei Vierordt durch Änderung der Spaltweiten erreicht.

Für die Konstruktion des Würfels gilt noch das Folgende: Die Grenzlinien zwischen den reflektierenden und durchlässigen Feldern erscheinen nur dann scharf und verschwinden im Falle der Helligkeitsgleichheit, wenn die Kollimatorspalte mit homogenem Licht erleuchtet werden und die engen Strahlenkegel symmetrisch nahe der brechenden Kante das Prisma durchsetzen. Bei Anwendung von weißem Licht ist das nur bei sehr engem Spalt der Fall; bei Verwendung von Spalten endlicher Breite erscheinen die Grenzlinien aber dennoch scharf, wenn die abwechselnd reflektierenden und durchlässigen Würfelfelder in horizontaler Richtung und senkrecht zur brechenden Kante verlaufen.

Auch das Kontrastprinzip ist für das Spektralphotometer verwendbar, wodurch sich die Genauigkeit auf etwa das Doppelte erhöht.

G. und H. Krüss[6]) haben mit Hilfe mehrerer Reflexionsprismen eine Anordnung getroffen, um den Lummer-Brodhunschen Würfel bei einem einzigen

[1]) Siehe Schmidt & Haensch, Berlin, Katalog II, Abt. J, Oktober 1914.
[2]) A. J. Bull, Trans. Opt. Soc. Bd. 23, S. 197. 1922.
[3]) O. Lummer u. E. Brodhun, ZS. f. Instrkde. Bd. 12, S. 132. 1892.
[4]) O. Lummer u. E. Brodhun, ZS. f. Instrkde. Bd. 9, S. 41. 1890.
[5]) Cl. Maxwell, Phil. Trans. Bd. 150, S. 57. 1860.
[6]) G. u. H. Krüss, Journ. f. Gasbeleuchtg. Bd. 37, S. 61. 1894.

Kollimator mit VIERORDTschem Doppelspalt verwenden zu können, wodurch der Apparat besonders für Absorptionsmessungen bequem wird.

Ein Spektralphotometer vom Lummer-Brodhuntyp, bei dem ein HILGERsches Spektrometer konstanter Ablenkung benutzt wird und bei dem beide Kollimatoren ebenfalls parallel zueinander liegen, hat GUILD[1]) konstruiert.

Einen Photometerwürfel in Verbindung mit einem Doppelspalt verwendet SHOOK[2]) in seinem Differentialspektralphotometer. Zur meßbaren Schwächung der Lichtströme dient ein Differentialdoppelspalt mit zwei übereinanderliegenden horizontalen Spalten, die durch eine einzige Mikrometerschraube betätigt werden, und zwar so, daß bei Drehung in der einen Richtung sich etwa der obere Spalt in dem Maße öffnet, als sich der untere schließt und umgekehrt. Die weitere Anordnung, bei der der eine Lichtstrom direkt, der andere unter Vermittlung eines total reflektierenden Prismas auf den Würfel geleitet wird, bietet nichts wesentlich Neues. Der Apparat soll für Reflexionsmessungen dienen und als Spektrokolorimeter und Pyrometer benutzt werden.

Spektralphotometer von BRACE[3]). In diesem Photometer ist die dispergierende Vorrichtung mit dem Würfel kombiniert (Abb. 2). Der Apparat enthält wie derjenige von LUMMER-BRODHUN zwei Kollimatoren k und k', von denen die Strahlen in der in der Figur gezeichneten Weise in das BRACEsche Prisma (s. Abb. 2a) treten. Letzteres besteht aus zwei rechtwinkligen Flintglasprismen ABD und ADC; in der Mitte der

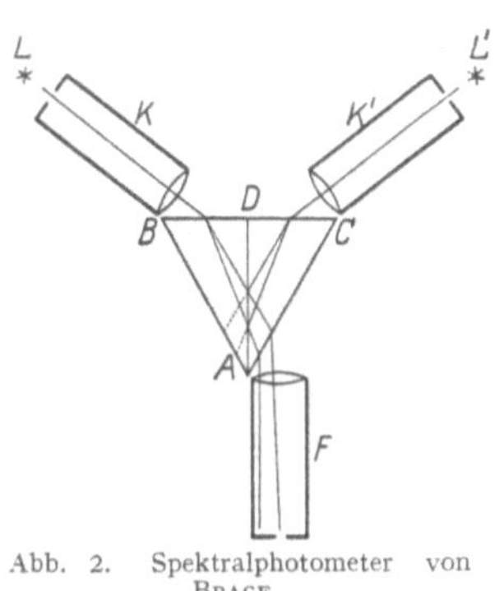

Abb. 2. Spektralphotometer von BRACE.

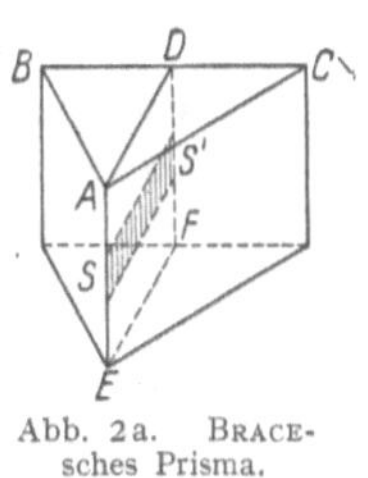

Abb. 2a. BRACEsches Prisma.

Fläche $ADEF$ befindet sich ein versilberter bzw. unterblasener Streifen SS', dessen Breite ungefähr gleich ein Drittel der Höhe des Prismas ist. Das Licht von L geht durch das Prisma hindurch, das von L' wird an dem Streifen total reflektiert. Beide Strahlen treten, nachdem sie die gleiche Dispersion erfahren, in das Fernrohr F ein. Die Beobachtung geschieht zweckmäßig mit Okularspalt; das Auge erblickt in der Mitte ein Spektrum von L', das oben und unten von einem identischen Spektrum von L begrenzt wird. Bei Helligkeitsgleichheit, deren Einstellung entweder durch Variierung der Spaltweite (bei K bzw. K') oder durch einen rotierenden Sektor geschieht, verschwinden die Trennungslinien vollständig. Das Photometer ist von ähnlicher Lichtstärke wie das von VIERORDT, die Reflexionsverluste sind geringer als bei dem Apparate von LUMMER-BRODHUN.

Das Prinzip des monochromatischen Photometerfeldes ist ferner realisiert bei dem Spektralphotometer von IVES[4]), das dadurch charakterisiert ist, daß die die Photometerfelder liefernde Prismenkombination (z. B. LUMMER-BRODHUNscher Würfel) vor dem Spalt des HILGERschen Spektrometers mit konstanter Ablenkung angebracht ist. Zwischen Würfel und Spalt befindet sich vor letzterem eine Linse, die im Verein mit der Fernrohr- und Kollimatorlinse ein Bild der Würfelfläche entwirft, die von den beiden zu vergleichenden Lichtquellen beleuchtet

[1]) J. GUILD, Trans. Opt. Soc. Bd. 26, S. 74. 1925.
[2]) G. A. SHOOK, Astrophys. Journ. Bd. 46, S. 305. 1917.
[3]) D. B. BRACE, Astrophys. Journ. Bd. 11, S. 6. 1900; L. B. TUCKERMAN, ebenda Bd. 16, S. 145. 1902.
[4]) H. E. IVES, Phys. Rev. Bd. 30, S. 446. 1910.

wird; dieses Bild soll in möglichst großer Entfernung von der Linse und dem Prisma des Spektrometers entstehen; zur Helligkeitsschwächung der einen Lichtquelle dient der BRODHUNsche Sektor. Das Spektralphotometer ist durch möglichst symmetrischen Strahlenverlauf ausgezeichnet; die infolge von „Streulicht" (s. S. 624) möglichen Fehler werden durch die Anordnung weitgehend eliminiert.

Über eine ähnliche Konstruktion siehe THOVERT[1]).

Abstandsänderung zur meßbaren Lichtschwächung wird in dem Spektral-photometer von EITNER[2]) benutzt, das in Verbindung mit der Photometerbank verwendet wird.

3. Spektralphotometer mit Polarisationseinrichtungen. Wenn man von dem wohl ältesten Photometer dieser Art von BERNARD[3]) und einem späteren Apparat von TRANNIN[4]) absieht, sind hier in erster Linie die Photometer von GLAN und HÜFNER zu nennen, die zugleich zwei verschiedene Typen derartiger Spektralphotometer repräsentieren, auf die in späteren Konstruktionen wieder zurückgegriffen wird, indem bei GLAN beide zu vergleichenden Lichtströme polarisiert sind, während bei dem Apparat von HÜFNER nur eines der Strahlenbündel aus polarisiertem Licht besteht.

Beim Spektralphotometer von GLAN[5]) ist der Kollimatorspalt S durch einen Querstreifen in eine obere und untere Hälfte geteilt (s. Abb. 3); die hier eintretenden Strahlen werden durch die

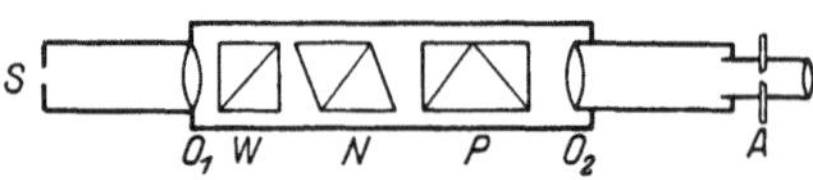

Abb. 3. Spektralphotometer von GLAN.

Linse O_1 parallel gemacht und fallen auf das Wollastonprisma W, das aus zwei verkitteten Kalkspatprismen besteht, deren optische Achsen senkrecht bzw. parallel zur brechenden Kante stehen. W liefert von jeder Spalthälfte zwei etwas nach oben und unten abgelenkte Spaltbilder, deren Licht senkrecht zueinander polarisiert ist; die Spaltbilder fallen weiter auf das NICOLsche Prisma N und werden durch das Geradsichtprisma P dispergiert[6]). Das Fernrohrobjektiv O_2 bildet bei A vier übereinander liegende Spektren ab, von denen nur die mittleren durch eine in der Brennebene des Fernrohrs befindliche Blende durchgelassen werden. Von diesen mittleren Spaltbildern, deren Licht senkrecht zueinander polarisiert ist, wird das obere von dem durch die untere Spalthälfte eintretenden Lichtbündel erzeugt und umgekehrt. Infolge der Dispersion im Wollastonprisma grenzen die Spektren bei gegebener Breite des Querstreifens nur für eine mittlere Farbe scharf aneinander, für größere oder kleinere Wellenlängen wird die Berührung der Spektren dadurch erzielt, daß die Entfernung des Spaltes vom Kollimatorobjektiv variiert wird unter gleichzeitiger Änderung der Fernrohreinstellung. Eine andere Möglichkeit, die beiden Spektren scharf aneinandergrenzen zu lassen[7]), liegt in der Anwendung eines Metallkeils, der verschiebbar vor dem Spalt angebracht wird, so daß man je nach der Wellenlänge die Breite des Streifens variieren kann. Das zu benutzende Spektralgebiet wird durch seitliche, in A angebrachte Schieber herausgeblendet.

Zum Vergleich der Helligkeit der beiden Spektren dient das drehbare Nicol N; die Nullstellung desselben ist dadurch gegeben, daß der Hauptschnitt des Nicols

[1]) J. THOVERT, Journ. de phys. (4) Bd. 8, S. 834. 1909.
[2]) B. EITNER, ZS. f. techn. Phys. Bd. 6, S. 201. 1925.
[3]) F. BERNARD, Ann. chim. phys. (3) Bd. 35, S. 385. 1852; vgl. auch A. BEER, Pogg. Ann. Bd. 86, S. 78. 1852.
[4]) H. TRANNIN, Journ. de phys. Bd. 5, S. 297. 1876.
[5]) H. GLAN, Wied. Ann. Bd. 1, S. 351. 1877.
[6]) Bei den neueren Konstruktionen sind die polarisierenden Teile einem BUNSEN-KIRCHHOFFschen Spektroskop mit Flintprisma zugeordnet.
[7]) A. GOUY, Ann. chim. phys. (3) Bd. 18, S. 5. 1879.

parallel zu der Polarisationsebene des von dem oberen Spalt kommenden Lichtbündels steht, wobei das untere Spaltbild dunkel, das obere hell erscheint. Sind J_1
und J_2 die zu vergleichenden Helligkeiten, wo sich J_1 auf das untere, J_2 auf das
obere Spektrum bezieht, und muß man um den Winkel α aus der Nullstellung
herausdrehen, um gleiche Helligkeit der Felder zu erzielen, so ist:

$$\frac{J_1}{J_2} = k \cdot \tan^2 \alpha ,$$

k ist ein konstanter Faktor, der durch die Lichtverluste im Apparate bedingt
ist; man bestimmt ihn, indem man $J_1 = J_2$ macht, z. B. den Spalt gegen eine
gleichmäßig erleuchtete Milchglasscheibe richtet. Muß man das Nicol bis zur
Helligkeitsgleichheit um α_0^0 aus der Nullstellung drehen, so ist $1/k = \tan^2 \alpha_0$.
Die Fehlerquellen des Apparates sind von PULF-
RICH[1]) diskutiert; Verbesserungen hat VOGEL[2])
vorgeschlagen.

Konstruktiv einfacher ist das Spektralphotometer von HÜFNER[3]); die Anordnung
der optischen Teile vor dem Spalt gibt Abb. 4[4]),
g ist die Ebene des Kollimatorspaltes, in den
zwei Lichtströme 1 und 2 eintreten, 2 wird
durch ein Nicol n vollständig polarisiert, f ist ein

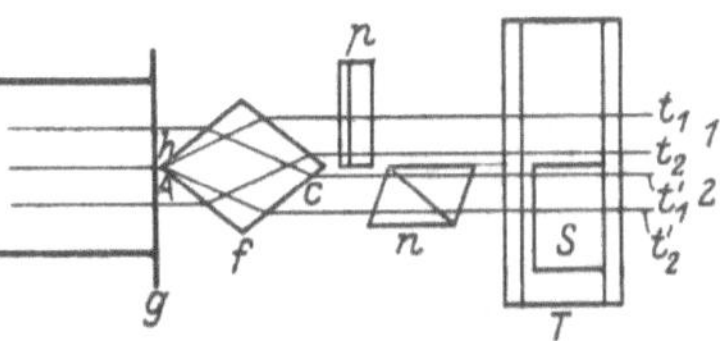

Abb. 4. Zum Spektralphotometer von HÜFNER.

rhombischer Flintglaskörper mit planparallelen Flächen (ALBRECHTscher Rhombus)
mit einer scharfen horizontalen Kante bei h, die eine exakte Grenze zwischen dem
oberen und unteren Lichtbündel bildet. Durch den Rhombus wird 2 nach unten,
1 nach oben abgelenkt. Um die Schwächung durch das Nicol n auszugleichen, wird in
den Strahlengang von 1 eine aus zwei Keilen, einem Flint- und einem Rauchglaskeil,
bestehende Kompensationsplatte p eingeschaltet. Da das Rauchglas niemals
neutralgrau ist, ist für jede Farbe eine besondere Dicke erforderlich. Nach
dem Durchgang durch das dispergierende Prisma werden die beiden Bündel durch
ein drehbar angeordnetes analysierendes Nicol aufgenommen, das sich zwischen
Fernrohr und Prisma befindet. Durch den Rhombus wird auch das Bündel 1
teilweise polarisiert[5]); bei geeigneter Wahl der Brechungsexponenten und
brechenden Winkel von Rhombus und Dispersionsprisma läßt sich die Polarisation
wieder beseitigen, so daß von den schließlich aus dem Dispersionsprisma austretenden Strahlenbündeln 2 polarisiert, 1 nicht polarisiert ist und die Berechnung
der Schwächung nach dem Kosinusquadratgesetz möglich wird. Hat das Dispersionsprisma des HÜFNERschen Apparates bei einem Brechungsexponenten
$n_D = 1,623$ einen brechenden Winkel von 60°, so müssen die Winkel des Rhombus
bei A und C 71°31' betragen.

Statt eines gewöhnlichen Flintprismas wird in neueren Konstruktionen
nach dem Vorgange von HILGER ein Prisma mit konstanter Ablenkung benutzt[6])·

Die Beobachtung geschieht mit Okularspalt. Sind J_1 und J_2 die zu vergleichenden Intensitäten und α der Drehungswinkel für den Fall der Helligkeitsgleichheit, so gilt:

$$\frac{J_1}{J_2} = \cos^2 \alpha .$$

[1]) C. PULFRICH, Wied. Ann. Bd. 14, S. 177. 1881.
[2]) H. C. VOGEL, Berl. Ber. 1877, S. 104.
[3]) G. HÜFNER, ZS. f. phys. Chem. Bd. 3, S. 562. 1889. Ältere Konstruktionen: Journ.
f. prakt. Chem. (2) Bd. 16, S. 290. 1887; Carls Rep. Bd. 15, S. 116. 1879; ZS. f. physiol.
Chem. Bd. 4, S. 10. 1880; Pflügers Arch. Bd. 36, S. 13. 1885.
[4]) Auf die Bedeutung des Troges T ist erst später einzugehen.
[5]) Siehe hierzu F. TWYMAN, Phil. Mag. (6) Bd. 13, S. 481. 1907.
[6]) Siehe C. E. K. MEES u. S. E. SHEPPARD, Photogr. Journ. Bd. 44, S. 200. 1904; ZS.
f. wiss. Photogr. Bd. 2, S. 203. 1904. Katalog von A. Hilger, London.

An Stelle des Rhombus setzt Houstoun[1]) eine Prismenkombination (Abb. 5), die die Funktionen des Prismas n und des Rhombus f übernimmt; sie besteht aus einem Glasprisma ($n_D = 1{,}526$), dessen Kanten AB, BC und CA je 2 cm lang sind und auf das ein Kalkspatprisma $BCDE$ mit bestimmten Winkeln ($\sphericalangle D = 127°12'$, $\sphericalangle E = 115°49'$, $\sphericalangle BCE = 36°44'$) gekittet ist. Die Achse des Kalkspatprismas ist parallel zur Kante A und senkrecht zur brechenden Kante des Dispersionsprismas; $BCDE$ bildet den Polarisator, der auf die eine Spalthälfte ordentlich polarisierte, auf die andere Spalthälfte außerordentlich polarisierte Strahlen sendet. Die Abbildung erläutert die Wirkungsweise des Prismas, wobei der Strahlengang in umgekehrter Richtung von der Objektivlinse des Kollimators zum Spalt verfolgt wird. Die gestrichelt gezeichneten Linien bedeuten die außerordentlichen, die ausgezogenen die ordentlichen

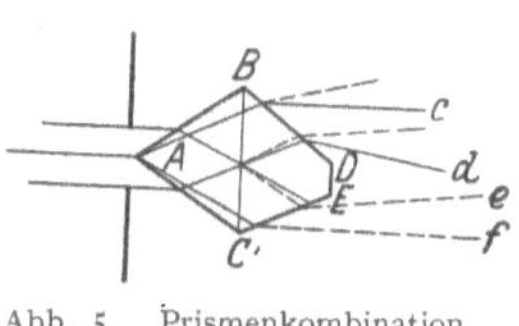

Abb. 5. Prismenkombination nach Houstoun.

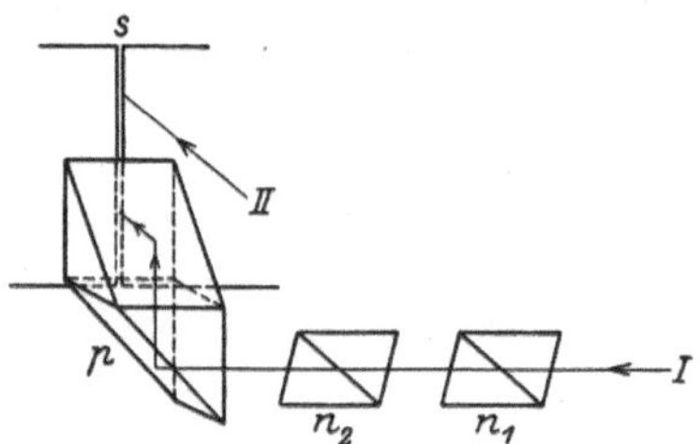

Abb. 6. Zum Spektralphotometer von Crova.

Komponenten der beiden Strahlenbündel, $c\,d$ und $e\,f$ erzeugen die Spektren. Das Prisma wird einem Spektroskop zugeordnet, in dessen Okular sich ein Nicol befindet.

Dem Spektralphotometer von Crova[2]) liegt eine ähnliche Idee zugrunde wie dem Hüfnerschen. Der Apparat besteht aus einem Geradsichtprisma und einem einfachen vertikalen Spalt, vor dem die photometrische Einrichtung angebracht ist. Die obere Spalthälfte ist frei, die untere von einem Doppelprisma p bedeckt, das die Strahlen der seitlich vor dem Spalt stehenden Lichtquelle I durch zweimalige totale Reflexion in die untere Spalthälfte schickt, während durch die obere Hälfte die Strahlen der direkt vor dem Spalt befindlichen Lichtquelle II treten. Das von I ausgehende Licht tritt durch zwei Nicolsche Prismen n_1 und n_2, von denen letzteres fest, ersteres drehbar angebracht ist. Die obere Kante des Doppelprismas bildet die scharfe Trennungslinie zwischen den beiden Spalthälften. In der Bildebene des Fernrohrs ist ein Vierordtscher Okularschieber angebracht. Abb. 6 gibt eine ungefähre perspektivische Ansicht der vor dem Spalt s befindlichen optischen Teile.

Muß n_1 bis zur Helligkeitsgleichheit um $\alpha°$ gedreht werden (vom Auslöschungspunkte an gerechnet), so ist das Verhältnis der Intensitäten, die auf die obere und untere Hälfte des Spaltes fallen: $J_2/J_1 = 2/\sin^2\alpha$. Für den durch Absorption und Reflexion in dem Doppelprisma und den Nicols entstehenden Lichtverlust wird eine Korrektion eingeführt.

Ein Vorschlag von Zenker[3]), die Genauigkeit der Ablesung dadurch zu steigern, daß man an Stelle von zwei Nicolschen Prismen deren drei anbringt, ist wegen der damit verbundenen Lichtschwächung des an sich nicht sehr lichtstarken Systems wenig zweckmäßig.

Lemon[4]) hat das Bracesche Spektralphotometer mit zwei Nicolschen Prismen versehen, die in dem einen der beiden Kollimatorrohre hintereinander angebracht sind, das dem Dispersionsprisma zugewandte ist fest, das andere drehbar, und die Helligkeit ist dem Quadrat des Sinus des Drehungswinkels, gerechnet vom Auslöschungspunkt, proportional.

[1]) R. A. Houstoun, Phil. Mag. Bd. 15, S. 282. 1908; Phys. ZS. Bd. 9, S. 127. 1908.
[2]) A. Crova, Ann. chim. phys. (5) Bd. 29, S. 556. 1883.
[3]) W. Zenker, ZS. f. Instrkde. Bd. 4, S. 83. 1883.
[4]) W. B. Lemon, Astrophys. Journ. Bd. 39, S. 204. 1914.

Über ein nach ähnlichen Prinzipien gebautes Taschen-Spektralphotometer siehe NUTTING[1]). NUTTING[2]) hat ferner ein Polarisationsphotometer konstruiert, das in Verbindung mit dem HILGERschen Spektrometer konstanter Ablenkung benutzt wird. Die neueren Formen[3]) sind so eingerichtet, daß zwei Strahlenbündel der gleichen Lichtquelle untersucht werden können.

Dasselbe Prinzip wie HÜFNER benutzt GOUY[4]) in seinem kurz zu erwähnenden Spektralphotometer; es besitzt als dispergierende Vorrichtung ein THOLLONsches Prismenpaar, ferner zwei Kollimatoren, die im rechten Winkel zueinander stehen; vor dem einen Kollimator ist eine Glasplatte angebracht, die dessen Objektiv zur Hälfte verdeckt, so daß die aus dem anderen Kollimator fallenden Strahlen in die Prismen reflektiert und im Fernrohr zwei Spektren übereinander sichtbar werden. Der letztgenannte Kollimator enthält zwei Nicols, von denen das eine zur meßbaren Schwächung des Lichtes dient.

Das Spektralphotometer von GLAZEBROOK[5]) enthält ebenfalls zwei rechtwinklig zueinander angeordnete Kollimatoren, von denen das eine ein horizontal, das andere ein vertikal polarisierendes Nicol enthält. Mit Hilfe eines Geradsichtprismas und eines ebenen Spiegels, der das Okular des einen Kollimators zur Hälfte verdeckt, werden wie bei der vorigen Einrichtung zwei sich berührende Spektren erzeugt, deren Licht senkrecht zueinander polarisiert ist. Durch einen im Fernrohrobjektiv angebrachten Meßnicol wird die Helligkeit der beiden Spektren meßbar verändert.

Spektralphotometer von KÖNIG-MARTENS. Ein neuerdings sehr häufig verwendeter Apparat ist die Neukonstruktion des KÖNIGschen Spektralphotometers durch MARTENS[6]); derselbe hat die Mehrzahl der älteren Spektralphotometer mit Polarisationseinrichtungen verdrängt; mit ihm sind neuerdings wichtige Untersuchungen ausgeführt, so daß sich deshalb eine etwas genauere Besprechung rechtfertigt, wobei wir der Beschreibung von MARTENS folgen wollen. Der ursprüngliche Apparat von KÖNIG[7]) stellt eine Verbesserung des Spektralphotometers von GLAN dar, wobei u. a. die MAXWELLsche Beobachtungsmethode in Anwendung kam. Die Neukonstruktion besitzt zwei horizontale Eintrittsspalte, durch die zwei Lichtbündel in das Photometer gelangen, die senkrecht zueinander polarisiert werden und die beiden Hälften eines kreisförmigen Vergleichsfeldes erleuchten, das vom Beobachter durch einen Nicol betrachtet wird. Die Anordnung ist aus den folgenden Zeichnungen ersichtlich, die einen horizontalen (Abb. 7) und vertikalen Schnitt (Abb. 8) darstellen. Der horizontal liegende Kollimatorspalt s_1 ist durch Blenden in zwei Teile a und b geteilt. Die zu vergleichenden Lichtbündel I und II, die durch die Objektivlinse O_1 parallel gemacht sind, werden durch das Dispersionsprisma P mit horizontaler brechender Kante abgelenkt und durch die Linse O_2 am Ort des Okularspaltes s vereinigt; oberhalb des Nicols N befindet sich das Auge des Beobachters. Zwischen P und O_2 ist die polarisierende Vorrichtung, das Wollastonprisma W und die eigentliche Photometerfläche, das Zwillingsprisma Z, angebracht. p_1 und p_2 sind zwei Prismen aus Crownglas, die störende Reflexe an den Flächen beseitigen. Denkt man sich W und Z zunächst fort, so entstehen von den Spalten

[1]) P. G. NUTTING, Bull. Bureau of Stand. Bd. 2, S. 317. 1906.
[2]) P. G. NUTTING, Bull. Bureau of Stand. Bd. 7, S. 239. 1911.
[3]) Siehe Katalog von A. Hilger, London.
[4]) A. GOUY, Ann. chim. phys. (5) Bd. 18, S. 5. 1879.
[5]) R. F. GLAZEBROOK, Proc. Cambridge Phil. Soc. Bd. 4, S. 304. 1883.
[6]) F. F. MARTENS, Verh. d. D. Phys. Ges. Bd. 1, S. 280. 1899; F. F. MARTENS u. F. GRÜNBAUM, Ann. d. Phys. Bd. 12, S. 984. 1903.
[7]) A. KÖNIG, Verh. d. Berl. Phys. Ges. Bd. 4, S. 50. 1885; Wied. Ann. Bd. 53, S. 785. 1894.

a und b **zwei Bilder** b und A (Abb. $7C$); nach Einschaltung des aus zwei verkitteten **Kalkspatprismen** bestehenden **Wollastonprismas** werden zwei Bilder b_h und A_h mit horizontaler sowie zwei Bilder b_v und A_v mit vertikaler Schwingungsrichtung des Lichtes erzeugt (Abb. $7D$). Diese vier Bilder werden wieder verdoppelt nach Einführung des Zwillingsprismas (Abb. $7E$): die obere (bzw. rechte)

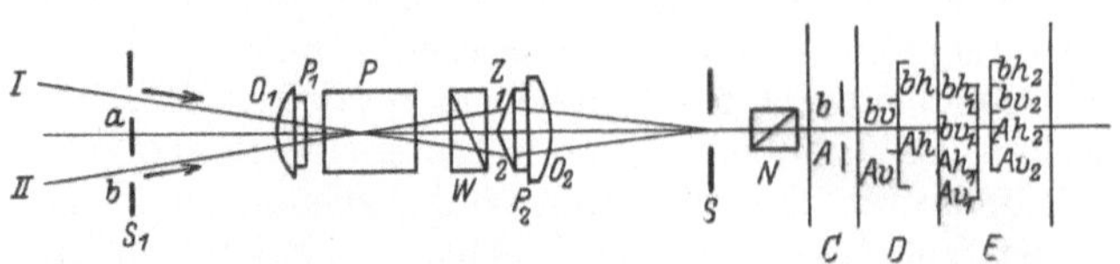

Abb. 7. Spektralphotometer von KÖNIG-MARTENS. (Horizontaler Schnitt.)

Hälfte 1 entwirft eine nach unten abgelenkte Spaltbilderreihe $b_{h_1} b_{v_1} A_{h_1} A_{v_1}$, die untere (bzw. linke) Hälfte 2 eine nach oben abgelenkte Reihe $b_{h_2} b_{v_2} A_{h_2} A_{v_2}$; von diesen Bildern läßt der Okularspalt nur die mittleren b_{v_1} und A_{h_2} durch. Das oberhalb s befindliche Auge sieht somit das Feld 1 mit vertikal, das Feld 2 mit horizontal schwingendem Licht beleuchtet, so daß Intensitätsunterschiede der beiden Strahlen I und II einfach durch den oberhalb des Okularspaltes s angebrachten, mit Teilkreis versehenen Nikol ausgeglichen werden können. Bei Helligkeitsgleichheit tritt völliges Verschwinden der Trennungslinie der beiden Vergleichsfelder von Z ein[1]).

Der das Okularnicol enthaltende Teilkreis steht ungefähr auf Null, wenn das rechte Vergleichsfeld vollkommen dunkel erscheint. Aus dieser „Nullstellung" muß man, um die gleiche Helligkeit beider Felder zu erzielen, das Okularnicol um den Winkel α_0 bis zu einer „Mittelstellung" herausdrehen. (Wegen der unsymmetrischen Reflexionsverluste im Apparat liegt die Mittelstellung nicht bei $45°$ sondern in der Nähe von $38°$). Sind J_1 und J_2 die Flächenhelligkeiten, in denen die Vergleichsfelder 1 und 2 bei Entfernung des Okularnicols erscheinen würden, so ist (wie bei dem GLANschen Apparat)

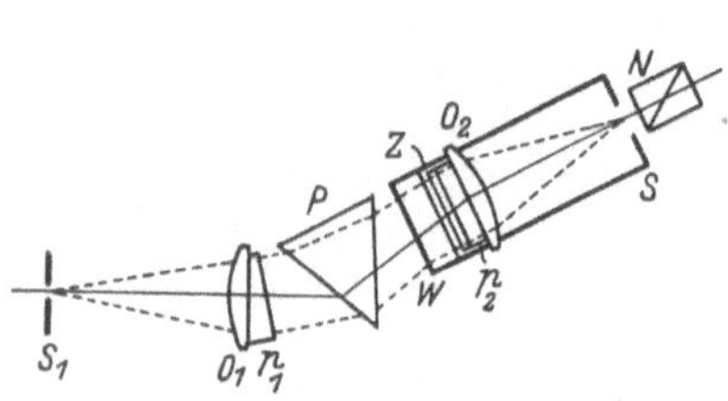

Abb. 8. Spektralphotometer von KÖNIG-MARTENS. (Vertikaler Schnitt.)

$$\frac{J_2}{J_1} = \tan^2 \alpha_0.$$

Die Teile WZO_2N sind in einem Beobachtungsrohr angebracht, das um die Achse von P drehbar ist, der Beobachter blickt schräg durch N in den Apparat. Vor den Eintrittsspalten, deren Weite durch Mikrometerschraube verändert werden kann, lassen sich total reflektierende Prismen anordnen, um die zu vergleichenden Lichtströme in die Eintrittsspalte zu dirigieren.

Speziell für Absorptionsmessungen ist vor den Eintrittsspalten noch eine besondere Beleuchtungsvorrichtung anzubringen, die später beschrieben werden soll.

Ein neues Prinzip, nämlich die Verwendung von Interferenzstreifen, wird in dem **Spektralphotometer** von **WILD**[2]) benutzt. Der Apparat von WILD ist aus dessen Photometer, bei dem das Verschwinden der SAVARTschen Streifen als photometrisches Prinzip benutzt wurde, dadurch hervorgegangen, daß zwischen Kalkspatrhomboeder und SAVARTscher Platte ein geradsichtiger Prismensatz eingeschaltet wird. Die Ansicht, daß das Auge für die Einstellung auf Verschwinden der Interferenzstreifen empfindlicher sei als auf Helligkeitsgleichheit benachbarter Flächen, trifft nach KAYSER[3]) nicht zu.

[1]) F. F. MARTENS, Verh. d. D. Phys. Ges. Bd. 1, S. 279. 1899.
[2]) H. WILD, Wied. Ann. Bd. 20, S. 452. 1883.
[3]) H. KAYSER, Spektroskopie Bd. III.

Das gleiche Prinzip hat KOENIGSBERGER[1]) bei seinem Mikrospektral-
photometer durchgeführt, das für Absorptions- und Reflexionsmessungen an
kleinen Platten ($^1/_2$—1 cm^2) dienen soll. Der Apparat (Abb. 9) ist ein Polarisationsmikroskop, vor dessen Objektiv eine Kalkspatplatte C und eine Doppel-
blende B eingeschaltet ist, so daß das außerordentliche Bild der einen Öffnung
gerade neben dem ordentlichen der anderen zu liegen kommt.
Zur Erkennung des polarisierten Lichtes wird die SAVARTsche
Platte S benutzt, die über dem schwach vergrößernden Mikroskopobjektiv L in dem Mikroskoptubus eingelegt wird; über
der SAVARTschen Platte befindet sich ein Nicol N' und eine
Irisblende J; an Stelle des Okulars tritt ein auf ∞ eingestelltes Fernrohr F. Durch Drehen des unter dem Kalkspat liegenden
THOMPSONschen Polarisationsprismas N, das sich in dem drehbaren Mikroskoptisch befindet, werden die beiden Anteile an
polarisiertem Licht gleich groß gemacht, was an dem Verschwinden der Interferenzstreifen erkannt wird. Das Kalkspatrhomboeder muß so orientiert sein, daß seine Flächennormale genau
mit der Achse des Nicols zusammenfällt. Um die Helligkeitsverhältnisse der beiden Bilder verändern zu können, wurde an
Stelle des Nicols auch ein Rauchglaskeil benutzt. In der ersten
Konstruktion war die dispergierende Vorrichtung (Gitterspektro-
graph) von dem Photometer getrennt, in einer späteren Anordnung wurden beide vereinigt; zu diesem Zweck wird zwischen
Analysator und Fernrohr ein kleines Geradsichtprisma eingeschoben. Zur Erhöhung der Empfindlichkeit kann das Kontrastprinzip verwendet werden. Die auf Absorption zu untersuchende Platte P wird vor die eine Öffnung der Blende gebracht.

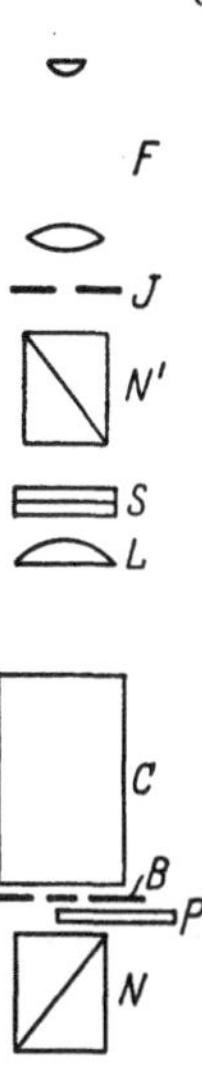

Abb. 9.   Mikro-
spektralphotome-
ter von KOENIGS-
BERGER.

**4. Vergleich der verschiedenen Spektralphotometer, Genauigkeit der
Messungen.** Da bei photometrischen und spektralphotometrischen Messungen
geringe Helligkeitsunterschiede am exaktesten bei einer mittleren Lichtintensität
erkannt werden, ist die Lichtstärke des zu verwendenden Spektralphotometers
von ausschlaggebender Bedeutung[2]) und eine möglichst große Lichtstärke aus
dem Grunde erwünscht, da durch die bei allen Photometern vorhandene Dispersion an sich eine Lichtschwächung eintritt, eine etwa vorhandene zu große
Lichtstärke aber leicht, etwa durch Spaltverengerung, reduziert werden kann.
Umgekehrt wird häufiger der Fall eintreten, daß ein zu großer Lichtverlust im
Apparat entsteht, so daß die für den photometrischen Vergleich nötige optimale
Helligkeit nicht erreicht wird. Von G. u. H. KRÜSS[3]) sind verschiedene Spektralphotometer in dieser Richtung verglichen. Wenn man von den Lichtverlusten
durch die Linsen und dispergierenden Vorrichtungen absieht, die bei allen Photometern etwa gleich zu setzen sind, so wird ceteris paribus der Lichtverlust am
geringsten sein bei den Apparaten vom Vierordttypus, etwas größer bei den
Spektralphotometern von BRACE und LUMMER-BRODHUN, wesentlich größer
jedoch bei den mit Polarisationsvorrichtungen versehenen Apparaten. Bei
dieser Gegenüberstellung ist aber zu berücksichtigen, daß für manche photometrischen Zwecke, z. B. für Absorptionsmessungen, die Lichtstärke nicht allein
ausschlaggebend ist, und daß z. B. bei dem für die genannten Messungen meist
benutzten Spektralphotometer von KÖNIG-MARTENS die geringe Helligkeit

[1]) J. KOENIGSBERGER, ZS. f. Instrkde. Bd. 21, S. 129. 1901; Bd. 22, S. 88. 1902.
[2]) Siehe besonders H. KAYSER, Handb. d. Spektroskopie Bd. III.
[3]) G. u. H. KRÜSS, ZS. f. anorg. Chem. Bd. 1, S. 104. 1892.

durch den Vorteil exakter Definition der photometrischen Vergleichsflächen und die leicht zu erreichende spektrale Reinheit kompensiert wird.

Für die Genauigkeit spektralphotometrischer Messungen[1]) gilt im wesentlichen dasselbe wie für photometrische, es kommt in erster Linie die generelle Unterschiedsempfindlichkeit des Auges in Frage, d. h. das Verhältnis des eben merklichen Helligkeitszuwachses zu der schon vorhandenen Helligkeit. Diese Unterschiedsempfindlichkeit hat nur für mittlere Beleuchtungen einen konstanten Wert und scheint von der Farbe unabhängig zu sein, falls nur gleiche Intensitäten auf das Auge wirken.

Von großer Bedeutung für alle spektralphotometrischen Anordnungen ist jedoch, daß die Unterschiedsempfindlichkeit in hohem Maße abhängig ist von der Größe der zu vergleichenden Felder. Die günstigsten Bedingungen sind ferner möglichst scharfe im Falle gleicher Helligkeit verschwindende Trennungslinien, nicht zu kleine, gleichmäßig beleuchtete und nicht strukturierte Felder, die bei optimaler Beleuchtung zu vergleichen sind. Unter diesen Umständen beträgt, genügende Übung vorausgesetzt, die Unterschiedsempfindlichkeit (für die physiologisch hellen Farben) etwa 0,01, d. h. es können unter günstigen Bedingungen rund 1% der Lichtstärken bei der Einzelmessung unterschieden werden. Bei Verwendung des Kontrastprinzips kann unter optimalen Umständen der Fehler auf etwa 0,3% heruntergedrückt werden. In praxi werden diese Werte in der Regel allerdings nicht erreicht.

Schließlich sei noch auf eine für alle Spektralphotometer in Frage kommende Fehlerquelle hingewiesen, die durch das von den optischen Teilen, Linsen, Prismen, Nicols, von den Seiten des Kollimators und Fernrohrs reflektierte oder von unreinen Stellen und Kratzern auf den optischen Flächen ausgehende Licht bewirkt wird. Von der Anwesenheit dieses „Streulichts" kann man sich leicht überzeugen, wenn man das aus dem Okularspalt des Photometers austretende Licht mit einem Handspektroskop untersucht. In den physiologisch hellen Partien des Spektrums, etwa zwischen 0,50 bis 0,62 μ, wird das Streulicht nicht schaden, wohl aber außerhalb dieser Grenzen, besonders nach Violett zu, erhebliche systematische Fehler bewirken können. Zur Eliminierung dieser Störung müssen in das optische System an geeigneten Stellen Blenden eingeschaltet und vor dem Austrittsspalt Filter angebracht werden, die das störende Licht abfangen. Siehe hierzu die Studie von IVES[2]).

II. Objektive Spektralphotometrie.

Da in der Spektralphotometrie Lichtströme miteinander verglichen werden, die auch objektiv gleichartig sind, so kann die vergleichende Tätigkeit des Auges auch durch objektive Vorrichtungen ersetzt werden; notwendig wird das, wenn die Lichtströme äußerst schwach sind oder in einem dem Auge unzugänglichen Spektralbezirke liegen. Wir wollen von den objektiven Methoden besonders die photographische, thermoelektrische und lichtelektrische untersuchen und in diesem Abschnitt in erster Linie die Grundlagen derjenigen Methoden besprechen, die in der Absorptionsphotometrie des sichtbaren und ultravioletten Spektrums angewendet sind oder jedenfalls hier Verwendung finden können[3]).

5. Die photographische Spektralphotometrie beruht darauf, die auf der lichtempfindlichen Platte mittels zweier Intensitäten gleicher oder nahezu gleicher

---

[1]) Siehe u. a. H. v. HELMHOLTZ, Physiol. Optik; A. KÖNIG, Berl. Ber. 1889, S. 641.
[2]) H. E. IVES, Phys. Rev. Bd. 30, S. 446. 1910.
[3]) Die zu Messungen der Intensitätsverhältnisse der Spektrallinien angewendeten Methoden sind im Abschnitt 23 behandelt.

Wellenlänge erzeugten Schwärzungen zu vergleichen und daraus rückwärts das Verhältnis der Intensitäten zu ermitteln.

Die richtige Anwendung dieser Methoden setzt die Kenntnis der Eigenschaften der photographischen Platte[1]) voraus, speziell die Abhängigkeit der Schwärzung von der wirksamen Intensität (bzw. von der Belichtungsdauer). Für exakte spektralphotometrische Messungen ist es zweckmäßig, nur solche Schwärzungen[2]) zu benutzen, die dem mittleren Teil der Schwärzungskurve angehören, wo die Schwärzung $S = \log(J_0/J)$ sich linear mit dem Logarithmus der wirksamen Intensität ändert. Die Länge dieses geradlinigen Teils der Kurve ist von der Art der Platte abhängig, und es ist erwünscht, solche Platten zu benutzen, bei denen der lineare Teil der Kurve, d. h. das Gebiet normaler Belichtung, möglichst lang ist.

Von spektralphotometrischem Interesse ist ferner die Gradation der Platte, die durch die Neigung des geraden Teils der Kurve, den Richtungskoeffizienten γ, in der Gleichung $S = a + \gamma \log J$ ausgedrückt wird. γ ist außer von der Natur der Platte abhängig von der Art der Entwicklung, z. B. von der Entwicklungszeit. Im allgemeinen wird man ein möglichst großes γ, d. h. kontrastreiche Platten, bevorzugen, besonders dann, wenn es sich um den visuellen Vergleich zweier Spektren, etwa Linienspektren, handelt, um die Linien gleicher Schwärzung zu ermitteln[3]). Bei gewöhnlicher Entwicklung (etwa von Hauff- oder Lumière-platten mit Metol-Hydrochinon u. a.) umfaßt das Gebiet normaler Schwärzung Intensitäten, die im Verhältnis von 1:10 bis 1:20, bisweilen auch noch in höherem Maße variieren. Nach Beobachtungen von BARTELS[4]) kann man bei Verwendung von Neol-Entwickler (Hauffplatten) noch Intensitäten im Bereich normaler Schwärzung photometrisch vergleichen, die sich wie 1:1000 verhalten.

Eine wichtige Voraussetzung für die Anwendung der Photographie für spektralphotometrische Zwecke ist die örtliche Konstanz der Empfindlichkeit der benutzten Platten, die man durch Aufdrucken von Marken gleicher Intensität auf verschiedene Stellen der Platte prüfen kann; wegen des Randschleiers sind die äußeren Stellen der Platte nicht zu benutzen.

Die einwandfreieste Grundlage der photographischen Photometrie bildet ein von HARTMANN[5]) aufgestellter, eigentlich selbstverständlicher Satz, daß zwei Lichtintensitäten von gleicher oder nahezu gleicher Wellenlänge dann als gleich zu betrachten sind, wenn sie in gleichen Zeiten auf derselben Platte gleiche Schwärzungen hervorrufen. Kann man etwa aus Gründen großer Intensitätsunterschiede diese HARTMANNschen Bedingungen gleicher Expositionszeit nicht erfüllen, so kompliziert sich das Verfahren wesentlich dadurch, daß die funktionalen Zusammenhänge zwischen Plattenschwärzung und Belichtungszeit bekannt sein müssen. Wir wollen deshalb die Methoden, die mit gleicher Belichtungszeit arbeiten, von den übrigen trennen.

6. Methoden für konstante Belichtungszeit. Nach den grundlegenden Untersuchungen von KOCH[6]) verfährt man folgendermaßen: man läßt die zu messende Intensität eine angemessene Zeit lang auf die Platte einwirken; auf der gleichen Platte werden dann mit Hilfe einer zeitlich konstanten Lichtquelle

---

¹) Siehe u. a. J. M. EDER, Handb. d. Photographie, Halle; S. E. SHEPPARD u. C. E. K. MEES, Investigations on the theory of the photographic process. London; E. GOLDBERG, Aufbau des photographischen Bildes. Halle.
²) D. h. der Logarithmus des Verhältnisses der auf die photographische Schicht auffallenden zu der aus derselben austretenden Intensität.
³) Vgl. S. 644.
⁴) H. BARTELS, ZS. f. Phys. Bd. 25, S. 378. 1924.
⁵) J. HARTMANN, ZS. f. Instrkde. Bd. 19, S. 97. 1899.
⁶) P. P. KOCH, Ann. d. Phys. Bd. 30, S. 841. 1909.

eine Reihe von Aufnahmen mit bekanntem Intensitätsverhältnis (Intensitäts-marken) aufgenommen. Die Intensitätsmarken müssen mit der gleichen Expositionszeit, der gleichen Wellenlänge und dem gleichen optischen System hergestellt sein wie die zu messende Erscheinung; beide müssen möglichst auf benachbarten Stellen der Platte liegen.

Durch photometrische Ausmessung der Schwärzung der Intensitätsmarken mit Hilfe geeigneter Photometer bzw. Mikrophotometer erhält man eine empirische Beziehung zwischen Plattenschwärzung und zugehöriger Intensität. Aus der graphischen Darstellung dieser Beziehung und dem Vergleich mit der durch die zu photometrierende Erscheinung hervorgebrachten Schwärzung läßt sich die relative Intensität der Erscheinung zu den Intensitätsmarken und damit die relative Intensität der Erscheinungen zueinander ableiten.

Es ist praktisch von Wichtigkeit, daß die Kurven, die die Schwärzung als Funktion der relativen Intensitäten ausdrücken, je nach der verwendeten absoluten Intensität und der Wellenlänge einen verschiedenen und für den photometrischen Zweck mehr oder weniger günstigen Verlauf haben[1]), wie das die Kurven der Abb. 10 erkennen lassen, bei denen als Abszissen die relativen Intensitäten und als Ordinaten die Plattenschwärzungen in willkürlichen Einheiten des verwendeten Photometers aufgetragen sind, die absoluten Intensitäten nehmen von Kurve 1 bis 4 zu. Man erkennt, daß bei der oberen Kurve 4 zwar die größte Empfindlichkeit im Gebiet des stärksten Anstiegs mit wachsender relativer Intensität vorhanden ist, daß hier aber nur ein kleiner Intensitätsbereich zur Verfügung steht. Zweckmäßiger ist es deshalb, die absolute Intensität so zu regeln, daß die Schwärzungskurve etwa wie bei 2 oder 3 herauskommt und ein größerer Intensitätsbereich zugänglich wird. Die Herstellung reproduzierbarer Intensitätsverhältnisse kann in verschiedener Weise geschehen; es mögen hier die wichtigeren Anordnungen erwähnt werden.

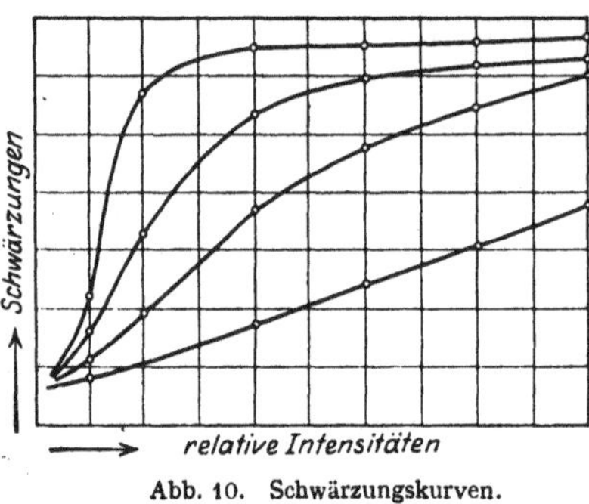

Abb. 10. Schwärzungskurven.

α) Variierte Strombelastung von Glühlampen. Koch benutzt eine mit Akkumulatorenstrom gespeiste Glühlampe; zur Bestimmung der spektralen Intensitätsänderung derselben bei variiertem Strom diente eine konstant brennende Nernstlampe, deren Helligkeit mit Hilfe eines rotierenden Sektors geschwächt und visuell unter Zugrundelegung des TALBOTschen Gesetzes mit der Glühlampe verglichen wurde. Dementsprechend bestand die optische Einrichtung aus einer Art von Doppelkollimatorspektralphotometer. Dasselbe gestattete einerseits das Spektrum der Nernstlampe, das durch den Sektor auf verschiedene relative Helligkeiten abgestimmt war, und das Spektrum der mit genau definierter Stromstärke brennenden Glühlampe für verschiedene Wellenlängen auf Helligkeitsgleichheit zu untersuchen, andererseits das Bild des von der Glühlampe monochromatisch beleuchteten Spaltes auf der photographischen Platte zu fixieren.

Die Intensitätsschwächung mit Hilfe der Glühlampe ist für Wellenlängen, die kleiner als $0{,}5\,\mu$ sind, nicht mehr brauchbar.

β) Blenden. Diese zuerst wohl von J. HARTMANN eingeführte Methode ist von

---

[1]) P. P. KOCH, Ann. d. Phys. Bd. 30, S. 865. 1909.

Koch, Stark, Ewest u. a. verwendet. Koch[1]) verfährt in Verbindung mit dem unter α genannten Verfahren so, daß er in den Strahlengang der photometrischen Einrichtung Blenden setzt, deren Schwächungsverhältnis aus ihren geometrischen Dimensionen berechenbar ist (Kreuzblende, Schieberblende nach Hartmann); wichtig ist, daß dieselben unter Beachtung der Ein- und Austrittspupillen in richtiger Weise in den Strahlengang eingefügt werden, am besten da, wo die Strahlen parallel verlaufen. Um von Objektfehlern und Unregelmäßigkeiten im Strahlengange frei zu sein, ist die Blende, etwa eine Sektorblende, in verschiedenen Stellungen nacheinander zu benutzen oder dieselbe langsam rotieren zu lassen[2]). Wichtig ist ferner, daß bei Verwendung von Blenden der optische Korrekturzustand der Linsen gut definiert ist[3]).

An Stelle von Blenden mit geometrisch definierter Öffnung sind neuerdings auch solche mit unregelmäßigen Öffnungen, geschwärzte Drahtnetze u. a. in Anwendung gekommen, besonders für die Zwecke der Absorptionsphotometrie (s. Ziff. 18).

Zur Variation der Intensität eines Spektrums hat Stark[4]) eine am Kameraobjektiv des Spektrographen befindliche Irisblende benutzt. Da infolge der Wirkung des vor der Blende befindlichen Prismas das Objektiv nicht gleichmäßig und symmetrisch mit Licht ausgefüllt ist, müssen die Öffnungen der Blende auf relative Lichtintensitäten geeicht werden; dazu wurde das Spektrum durch ein „Doppelfeld" aufgenommen, das aus einem quadratischen Stück einer entwickelten Platte bestand, auf der zwei Felder verschiedener Schwärzung mit einer scharfen Grenzlinie aneinander stießen. Die Platte wurde direkt auf dem Spalt befestigt, so daß die Grenzlinie den Spalt halbierte. Das Verhältnis der Schwärzungen der beiden Felder wurde für bestimmte Wellenlängen mit Hilfe eines Spektralphotometers ermittelt. Durch ein derartiges Doppelfeld wurden auf derselben Platte die Spektren für eine Reihe von Blendenöffnungen aufgenommen und die Schwärzungen der zu untersuchenden Linien im Doppelfeld mikrophotometrisch bestimmt. Man kann so für jede Wellenlänge eine Schwärzungs-Blendenöffnungskurve aufstellen. Ein originelles photometrisches Prinzip, nämlich eine bewegliche Blende, ist von Simon[5]) angegeben und gelegentlich verwendet (s. Ziff. 18).

Glatzel[6]) benutzt zur meßbaren Intensitätsschwächung einen verstellbaren Spalt, und zwar, um die Inkonstanz der Lichtquelle zu umgehen, einen Doppelspalt; er hat die Vierordtsche Doppelspaltmethode für das ultraviolette Gebiet zwecks Absorptions- und Reflexionsmessungen ausgearbeitet. Unter Verwendung einer Lichtquelle, die ein kontinuierliches Spektrum liefert, werden bei verschiedenen Spaltbreiten Aufnahmen des Doppelspektrums gemacht und die Wellenlänge aufgesucht, bei der beide Spektren gleich stark geschwärzt erscheinen. Die Methode ist umständlich, da man im wesentlichen auf Probieren angewiesen ist, auch leidet sie unter den schon früher erwähnten Unsicherheiten der Methoden mit beweglichen Spalten.

Narayan[7]) verwendet einen Spektrographen mit einfachem Spalt und bringt vor diesem ein mittels Elektromotor betriebenes Pendel an, dessen Pendellinse durch eine Messingplatte mit einem Doppelspalt ersetzt ist.

---

[1]) P. P. Koch, Ann. d. Phys. Bd. 30, S. 841. 1909.
[2]) G. M. Pool, ZS. f. Phys. Bd. 29, S. 311. 1924.
[3]) Chr. Füchtbauer u. W. Hofmann, Ann. d. Phys. Bd. 43, S. 104. 1914.
[4]) J. Stark, Ann. d. Phys. Bd. 35, S. 461. 1911.
[5]) H. Th. Simon, Eders Jahrbuch 1898.
[6]) B. Glatzel, Phys. ZS. Bd. 1, S. 285. 1900; Bd. 2, S. 173. 1901.
[7]) A. L. Narayan, Phil. Mag. (6) Bd. 43, S. 663. 1922.

γ) **Absorbierende und reflektierende Medien.** Sehr bequem für meßbare Schwächung der wirksamen Lichtintensität ist häufig die Anwendung von absorbierenden und reflektierenden Schichten. Von ersteren kommen besonders Rauchgläser oder Glas- oder Quarzplatten in Frage, die durch Zerstäuben mit einem gleichmäßigen Überzuge geeigneter Stoffe, z. B. von Platin, versehen sind. Sehr bequem ist die Anwendung absorbierender Medien in Form von Keilen [Goldbergkeile[1]), Graukeile der Ica]. Für diese gilt sehr angenähert das LAMBERTsche Gesetz; wird die Keildichte D (entsprechend der Dichte in der Photographie) als der Logarithmus des Verhältnisses der auffallenden zu der von dem Keil durchgelassenen Intensität $D = \log(J_0'/J)$ definiert, und sind a und b die senkrechten Abstände zweier Punkte von der Keilkante, so wird für eine gegebene Wellenlänge: $(D_a - D_b)/(a - b) = C$ konstant sein. Es ist aber wichtig, daß alle derartigen grauen Medien nicht „neutralgrau" sind, sondern daß die Keilkonstante C von der Wellenlänge abhängt. Nach übereinstimmenden Messungen von TOY und GHOSH[2]) sowie von v. HALBAN und Mitarbeitern[3]) verläuft die Absorptionskurve der Keilsubstanz des Goldbergkeils im Sichtbaren flach und steigt nach Ultraviolett zu stärker an.

Im allgemeinen sind auch im Ultraviolett gleichmäßige Lichtschwächungen nur durch körnige, vollkommen absorbierende Medien zu erreichen, z. B. Emulsionen von Silberkorn, die durch Ablösen von neutralgrau entwickelten Trockenplatten gewonnen sind[4]); bekanntlich sind dabei auch Lichtverluste durch Streuung zu berücksichtigen (Calliereffekt).

SCHAUM und SELIG[5]) haben mit Hilfe des MARTENSschen Schwärzungsmessers Messungen der Lichtschwächung $\log(J_0/J)$ für planparallele Platten mit diffuser äußerer Reflexion (Mattglas, Mattgelatine) sowie solche mit diffuser innerer Reflexion (Milchglas) angestellt. Früher ist schon von LUNELUND[6]) festgestellt, daß möglichst vollkommen polierte planparallele Plättchen sich für quantitative Lichtschwächungsversuche verwenden lassen, indem die beobachtete Lichtschwächung ziemlich genau dem Reflexionsverluste entsprach.

Bei der Untersuchung mattierter Flächen hatte der Vergenzgrad des Lichtes merklichen Einfluß, ferner zeigte sich, daß eine Mattscheibe das Licht stärker schwächt, wenn die mattierte Seite der Lichtquelle zugekehrt ist, als in umgekehrter Lage; bei mehreren aufeinandergelegten Plättchen gilt das LAMBERT-BEERsche Gesetz nicht, die Abweichungen sind am größten für ganz diffuses (Milchglasscheibe in Berührung mit dem Plättchen) und paralleles Licht, auch erweist sich wieder die Lage der Plättchen von Einfluß. Wichtig ist für unseren Zweck, daß durch Kombination von mattierten Plättchen evtl. unter Zuhilfenahme polierter Plättchen eine ausgedehnte Skala lichtschwächender Systeme herstellbar ist, deren Lichtschwächung sich photometrisch unter Berücksichtigung der genannten Faktoren feststellen läßt; im sichtbaren Gebiet ist diese, wie der Versuch in Übereinstimmung mit den FRESNELschen Formeln ergab, weitgehend unabhängig von der Wellenlänge.

---

[1]) E. GOLDBERG, ZS. f. wiss. Photogr. Bd. 10, S. 241. 1911; Der Aufbau des photographischen Bildes. Halle 1923. T. R. MERTON (Proc. Roy. Soc. London [A] Bd. 106, S. 378. 1924) stellt einen auch für Ultraviolett brauchbaren Keil durch elektrische Zerstäubung von Platindraht auf einer Quarzplatte her. Siehe auch H. B. DORGELO, ZS. f. Phys. Bd. 31, S. 827. 1925.

[2]) F. C. TOY u. J. C. GHOSH, Phil. Mag. (6) Bd. 40, S. 775. 1920.

[3]) H. v. HALBAN u. K. SIEDENTOPF, ZS. f. phys. Chem. Bd. 100, S. 208. 1922; H. v. HALBAN u. L. EBERT, ebenda Bd. 112, S. 321. 1924.

[4]) Vgl. E. LEHMANN, ZS. f. wiss. Photogr. Bd. 21, S. 214. 1922.

[5]) K. SCHAUM u. S. SELIG, ZS. f. wiss. Photogr. Bd. 22, S. 148. 1923.

[6]) H. LUNELUND, Phys. ZS. Bd. 10, S. 222. 1909.

δ) **Polarisierende Vorrichtungen** als Mittel zur Lichtschwächung für die photographische Spektralphotometrie sind u. a. von NUTTING, KOENIGSBERGER sowie LUTHER und FORBES angewendet. Praktisch wird man von diesen Mitteln wohl nur bei Messungen im langwelligen Ultraviolett gelegentlich Gebrauch machen. Bei Verwendung von NICOL- und THOMPSONschen Prismen ist die Anwendbarkeit nach der Seite der kürzeren Wellen bei etwa 0,25 μ begrenzt durch den starken Dichroismus des Kalkspats.

NUTTING[1]) benutzt eine dem WILDschen Photometer im wesentlichen analoge Anordnung, die mit spektral zerlegtem Licht beleuchtet wird. Es wird bei verschiedenen Nicolstellungen eine Reihe von Aufnahmen gemacht, aus denen man durch Interpolation die Nicolstellung ermitteln kann, bei der die SAVARTschen Streifen verschwinden. Auch KOENIGSBERGER[2]) hat sein Spektralphotometer mit einer photographischen Einrichtung versehen, um Messungen im Violett und langwelligen Ultraviolett machen zu können; zu diesem Zweck wird das Objektiv aus Glas durch ein solches aus Quarz oder Flußspat und das Nicol durch ein mit Glyzerin verkittetes THOMPSONsches Nicol ersetzt. Die spektrale Zerlegung geschieht durch zwei Quarzprismen von 60°. Bei Belichtung mit weißem Licht erscheint auf der Platte das Spektrum mit Interferenzstreifen durchzogen, die nur an der Stelle verschwinden, wo infolge der Nicolstellung die Lichtstärke der beiden Spalte am Photometer gleich ist. Es läßt sich so durch eine einzige Aufnahme die Wellenlänge feststellen, bei der das Intensitätsverhältnis einen gegebenen Wert besitzt. LUTHER und FORBES[3]) benutzen das Spektralphotometer von KÖNIG-MARTENS in Verbindung mit einer photographischen Kamera; es wird bei verschiedenen Nicolstellungen auf das Zwillingsprisma eingestellt und die Stellung durch Probieren ermittelt, bei der die beiden Gesichtsfeldhälften gleich hell erscheinen. Von SCHMIDT und HAENSCH[4]) ist ein Spektralphotometer nach dem KÖNIGschen Prinzip konstruiert, in dem die optischen Teile aus unverkittetem Quarz, Fluß- und Kalkspat bestehen und mit dem durch Einstellung auf gleiche Schwärzung beider Gesichtsfeldhälften Messungen im Ultraviolett gemacht werden können.

Ein Spektralphotometer, das ein Polarisationsphotometer von BELLINGHAM und STANLEY in Verbindung mit einem Prismenspektrographen enthält, ist von SCHOEN[5]) beschrieben (s. Ziff. 18).

Da man bei den zuletztgenannten Verfahren völlig unabhängig ist von den photometrischen Eigenschaften der photographischen Platte, gehören dieselben strenggenommen nicht hierher. Von anderen Methoden, die zur Herstellung abgestufter Helligkeiten benutzt sind, möge diejenige durch

ε) **Abstandsänderung** genannt werden. Gelegentlich einer Prüfung der Strahlungsgesetze für kurze Wellenlängen hat BAISCH[6]) die Intensitätsvariierung von Vergleichsspektren dadurch bewirkt, daß er den Abstand der Lichtquelle von einer Gipsfläche veränderte, durch die der Spalt des Spektrographen beleuchtet wurde. Da infolge der räumlichen Ausdehnung der verwendeten Lichtquelle das einfache Entfernungsgesetz nicht anwendbar war[7]), wurde die Eichung des Abstandes im Sichtbaren photometrisch unter Verwendung eines rotierenden

---

[1]) P. G. NUTTING, Phys. Rev. Bd. 16, S. 129. 1903; Phys. ZS. Bd. 4, S. 201. 1903.
[2]) J. KOENIGSBERGER, Phys. ZS. Bd. 4, S. 345. 1903.
[3]) R. LUTHER u. G. S. FORBES, Journ. Amer. Chem. Soc. Bd. 31, S. 770. 1909.
[4]) SCHMIDT & HAENSCH, Berlin, Katalog.
[5]) A. L. SCHOEN, ZS. f. wiss. Photogr. Bd. 24, S. 326. 1927.
[6]) E. BAISCH, Ann. d. Phys. Bd. 35, S. 543. 1911.
[7]) Siehe hierzu auch J. PLOTNIKOW, Allgemeine Photochemie. Berlin 1920; ZS. f. phys. Chem. Bd. 58, S. 232. 1907.

Sektors vorgenommen; es wird weiter angenommen, daß die spektrale Zusammen-setzung des Lichtes durch Einschaltung des Gipsschirms sich nicht ändert und die Eichung auch für das Ultraviolett gültig ist.

Die Methode von KOCH setzt eine für längere Zeit konstante Lichtquelle voraus, da die Intensitätsmarken nacheinander hergestellt werden; die Methode wird besonders dann umständlich, wenn es sich um die Photometrierung licht-schwacher Erscheinungen handelt, die längere Expositionen erfordern. Ein schneller arbeitendes Verfahren ist u. a. von HANSEN[1]) vorgeschlagen: als leuchtende Fläche dient eine Stufenblende, zur Abbildung die Kombination einer gewöhnlichen mit einer Zylinderlinse. Die Helligkeit der Marken ist den Längen der entsprechenden Blendenstreifen proportional; es ist möglich, eine beliebige Zahl von Intensitätsmarken mit abgestuften Helligkeiten. nebeneinander ent-sprechend der Zahl der Stufen zu drucken; auch ist man unabhängig von der Konstanz der Lichtquelle.

Schließlich wird die KOCHsche Methode unsicher, wenn es sich um die Photometrierung intermittierender Lichterscheinungen handelt wegen des sog. Intermittenzeffektes. Wie von ABNEY[2]), ENGLISCH[3]), SCHWARZSCHILD[4]) u. a. nachgewiesen ist, ruft intermittierende Belichtung eine geringere Schwärzung hervor als gleich lange dauernde kontinuierliche, und es zeigt sich ferner noch eine Abhängigkeit von der Art der Intermittenz.

Methoden, um die Intensitätsverhältnisse der Komponenten von Linien-gruppen mit kleineren oder größeren Wellenlängendifferenzen festzustellen, und zwar mit Hilfe einer einzigen Aufnahme, die die zu photometrierende Erscheinung sowie die Intensitätsmarken gleichzeitig liefert und bei der Intermittenz sowie zeitliche Inkonstanz der Lichtquelle keinen Einfluß haben, werden im Abschnitt 23 besprochen.

7. Variable Expositionszeit. Zur meßbaren Intensitätsänderung steht noch ein anderer Weg offen, nämlich die Belichtungszeit t zu ändern. In diesem Falle muß die Beziehung zwischen zugehörigen Werten von J und t bekannt sein, die gleiche Plattenschwärzung ergeben. Das Reziprozitätsgesetz von BUNSEN-ROSCOE, nach dem gleiche Produkte von J und t gleichen Schwärzungen entsprechen, läßt sich wegen seines beschränkten Gültigkeitsbereiches für genaue Messungen nicht verwenden, besser gilt das von SCHWARZSCHILD[5]) modifizierte Reziprozitätsgesetz, nach dem kontinuierlich auf die Platte wirkende Licht-ströme gleiche Schwärzung erzeugen, falls zugehörige Werte von $J \cdot t^p$ gleich sind, wo p ein für die betreffende Platte und ihre Behandlung charakteristischer Faktor ist, der in der Regel kleiner als 1 ist. Wird die Schwärzung einer-seits als Funktion des Logarithmus der auf die Platte wirkenden Intensität bei gleicher Expositionszeit, andererseits als Funktion der mit konstanter Inten-sität wirkenden Expositionszeit dargestellt, so erhält man Kurven mit ähnlichem Verlauf (HURTER und DRIFFIELD), deren mittlerer, gerader Teil durch die Gleichungen:

$$S = a + \gamma \log J \quad \text{bzw.} \quad S = a' + \gamma' \log t$$

darstellbar ist. Ist das SCHWARZSCHILDsche Gesetz gültig, so ist $p = \gamma'/\gamma$. Zur Bestimmung und Anwendung des SCHWARZSCHILDschen Faktors s. u. a.

---

[1]) G. HANSEN, ZS. f. Phys. Bd. 29, S. 359. 1924.
[2]) W. ABNEY, Eders Jahrb. f. Photogr. Bd. 9, S. 149. 1895.
[3]) E. ENGLISCH, Arch. f. wiss. Photogr. Bd. 1, S. 117. 1899.
[4]) K. SCHWARZSCHILD, Photogr. Corresp. 1899, S. 171.
[5]) K. SCHWARZSCHILD, Publ. d. v. Kuffnerschen Sternwarte 1900; Astron. Journ. Bd. 11, S. 89. 1900.

BECKER und WERNER[1]), LEIMBACH[2]), STARK[3]), HELMICK[4]), MALLET[5]), ROBERTSON[6]).

Nun haben ältere und neuere Untersuchungen von PARKHURST[7]), IVES[8]), KRON[9]), JONES und HUSE[10]) u. a. gezeigt, daß dem SCHWARZSCHILDschen Gesetze keine strenge Gültigkeit zukommt, und daß der Plattenfaktor p u. a. vom Schwärzungsgrad und damit von der wirksamen Lichtmenge abhängt. Ferner ist jedenfalls im sichtbaren Spektrum auch ein Einfluß der Wellenlänge auf p festgestellt[11]). Eine Zusammenstellung der Literatur über den p-Wert sowie über Zeit- und Intensitätsschwächung s. bei ODENCRANTZ[12, 13]).

Schließlich hat KELLNER[13]) auf Grund eines neuen Schwärzungsgesetzes eine umfassende Theorie der Intensitätsänderung durch Variation der Belichtungszeiten abgeleitet.

Trotz der Unsicherheit, die die Verwendung des SCHWARZSCHILDschen Gesetzes für exakte photometrische Messungen bedeutet, ist die Intensitätsänderung auf Grund der SCHWARZSCHILDschen Beziehung mit Erfolg für die Absorptionsphotometrie im ultravioletten Gebiet verwendet.

8. Rotierende Sektoren. Die Anwendbarkeit rotierender Sektoren in der photographischen Photometrie ist durch eine Arbeit von WEBER[14]) erwiesen, der an frühere Versuche von SIMON[15]) anknüpfte und nachwies, daß für die photographische Platte unter Beachtung gewisser einschränkender Bedingungen eine dem TALBOTschen Gesetz ähnliche Beziehung besteht. Die mit der Intensität J während der Expositionsdauer t und einer Sektoröffnung $\omega = 360°/n$ erzeugte Schwärzung ist gleich derjenigen, die ohne Sektor ($\omega = 360°$) mit der gleichen Expositions- (und Belichtungs-)Dauer, aber der Intensität J/n entsteht. Aus dieser Beziehung folgt ohne weiteres die Verwendbarkeit des rotierenden Sektors zur Herstellung bestimmter Intensitätsverhältnisse: die mit den verschiedenen Sektoröffnungen ω, ω' bei gleichen Expositionszeiten erhaltenen Intensitäten J, J', denen entsprechende Plattenschwärzungen zuzuordnen sind, verhalten sich wie die Winkel der Sektoröffnungen:

$$J : J' = \omega : \omega'. \tag{1}$$

Das Zustandekommen obiger Beziehung kann man sich etwa in folgender Weise plausibel machen. Belichten wir während der Expositionszeit t eine Platte 1. mit der Intensität J ohne rotierenden Sektor, also mit der Öffnung $\omega = 360°$, 2. mit der Intensität J mit rotierendem Sektor von der Öffnung $\omega' = 360°/n$, so ist durch den rotierenden Sektor lediglich die Zeit geändert, während welcher die Platte tatsächlich der Belichtung ausgesetzt wurde; diese

[1]) A. BECKER u. A. WERNER, ZS. f. wiss. Photogr. Bd. 5, S. 382. 1907.
[2]) G. LEIMBACH, ZS. f. wiss. Photogr. Bd. 7, S. 157. 1909.
[3]) J. STARK, Ann. d. Phys. Bd. 35, S. 461. 1911; vgl. C. SCHELL, ebenda Bd. 35, S. 695. 1911.
[4]) P. S. HELMICK, Phys. Rev. (2) Bd. 17, S. 135. 1921.
[5]) R. A. MALLET, Phil. Mag. (6) Bd. 44, S. 904. 1922.
[6]) J. K. ROBERTSON, Journ. Opt. Soc. Amer. Bd. 7, S. 996. 1923.
[7]) A. A. PARKHURST, Astrophys. Journ. Bd. 30, S. 33. 1909.
[8]) H. E. IVES, Astrophys. Journ. Bd. 31, S. 157. 1910.
[9]) E. KRON, Ann. d. Phys. Bd. 41, S. 751. 1913.
[10]) L. A. JONES u. E. HUSE, Journ. Opt. Soc. Amer. Bd. 9, S. 1079. 1923; Bd. 11, S. 319. 1925.
[11]) S. u. a. A. HNATEK, ZS. f. wiss. Phototgr. Bd. 22, S. 177. 1923.
[12]) A. ODENCRANTZ, ZS. f. wiss. Photogr. Bd. 16, S. 111ff. 1916.
[13]) H. M. KELLNER, ZS. f. wiss. Photogr. Bd. 24, S. 41. 1926.
[14]) A. E. WEBER, Ann. d. Phys. Bd. 45, S. 801. 1914; H. E. HOWE, Phys. Rev. Bd. 8, S. 674. 1916.
[15]) TH. SIMON, Ann. d. Phys. Bd. 59, S. 91. 1896.

wirksamen Belichtungsdauern sind bei 1. t, bei 2. t/n. Wenn somit ein dem TALBOTschen analoges Gesetz gelten soll, so müßte die mit dem Sektor erhaltene Schwärzung gleich derjenigen sein, die bei konstanter Belichtung während der Zeit t mit der Intensität $J_1 = J/n$ erhalten wäre. Die Beziehung (1) wäre erfüllt, wenn für die Platte das BUNSEN-ROSCOEsche Reziprozitätsgesetz strenge Gültigkeit hätte (vgl. Ziff. 7). Dieses Gesetz gilt aber im allgemeinen für die Platte nicht, sondern man erhält bei Belichtung mit der Intensität J und der Dauer t/n eine größere Schwärzung als mit der Intensität J/n und der Dauer t, entsprechend dem von SCHWARZSCHILD modifizierten Reziprozitätsgesetz, nach dem nicht gleiche Produkte von $J \cdot t$, sondern von $J \cdot t^p$ gleiche Plattenschwärzung hervorrufen (p meist < 1). Außer diesem Zeiteffekt kommt für den schnell rotierenden Sektor nach ABNEY, ENGLISCH, SCHWARZSCHILD u. a. noch ein Intermittenzeffekt in Frage: danach bewirkt intermittierende Belichtung einen geringeren Schwärzungseffekt als kontinuierliche von gleicher effektiver Dauer; es ist somit möglich, daß sich beide Effekte kompensieren und das SCHWARZSCHILDsche Gesetz in das von BUNSEN-ROSCOE übergeht. Da die Wirkung intermittierender Belichtung von verschiedenen Bedingungen abhängig ist, ist die Anwendbarkeit des Sektors für die Zwecke photographischer Spektralphotometrie zweckmäßig von Fall zu Fall festzustellen (vgl. Ziff. 20).

Der von WEBER und meist auch von anderen Autoren nach ihm benutzte Sektor bestand aus zwei gegeneinander beweglichen Scheiben, von denen jede zwei offene Sektoren von je $90°$ besaß ($0° < \omega < 180°$), und die erhaltenen Resultate beziehen sich zunächst auf diesen Sektor; es ist möglich, daß sich merkliche Abweichungen ergeben bei Benutzung anderer Sektorscheiben, da nach früheren Befunden von SCHWARZSCHILD[1] u. a. die Wirkung intermittierender Belichtung auf die Platte von dem durch die Sektoranordnung gegebenen Verhältnis Licht: Pause abhängig ist. Ferner ist vorausgesetzt, daß die Lichtquelle — es wurde meistens eine Quecksilberdampflampe benutzt — der Platte einen kontinuierlichen Energiestrom zuführt. Jene Äquivalenz kontinuierlicher und intermittierender Beleuchtung ist unabhängig von der Wellenlänge des Lichtes und bei den untersuchten Platten (HAUFF, PERUTZ, SCHLEUSSNER, LUMIÈRE) von der Plattensorte und deren Empfindlichkeit. Ferner ergab sich, wenigstens für die Wellenlänge $0,435\,\mu$, eine Unabhängigkeit von der Umdrehungsgeschwindigkeit des rotierenden Sektors zwischen 1890 und 12 Umdrehungen pro Minute und der Expositionszeit im Bereiche von 15 bis 300 Sekunden, Beziehungen, die auch für andere Wellenlängen gültig blieben[2].

Die zu erreichende Meßgenauigkeit beträgt für die Einzelmessung etwa 3 bis 5%, durch Häufung der Messungen läßt sich der Fehler auf etwa 1 bis 2% herunterdrücken.

Da die Lichtschwächung mittels rotierenden Sektors unabhängig ist von der Wellenlänge des verwendeten Lichtes, läßt sich der rotierende Sektor, ebenso wie die früher genannten feststehenden Blenden auch für das ultraviolette Gebiet benutzen (s. Ziff. 20).

Zur Herstellung von Intensitätsmarken mit Hilfe eines Sektors wird man demnach folgendermaßen verfahren: man nimmt die zu messende Erscheinung (Spektrum usw.) mit einer bestimmten Expositionszeit auf, ferner mit der gleichen Zeit eine konstante Intensität, und zwar zunächst ohne Sektor ($\omega = 360°$), dann — ebenfalls mit gleicher Zeit — eine Reihe von Schwärzungsmarken mit einer von Aufnahme zu Aufnahme abnehmenden Sektoröffnung. Den Schwärzungsmarken werden die nach dem TALBOTschen Gesetz berechneten, den Winkel-

---

[1] K. SCHWARZSCHILD, Photogr. Corresp. 1899, S. 171.
[2] Siehe H. E. HOWE, Phys. Rev. Bd. 8, S. 674. 1916.

öffnungen entsprechenden Intensitäten zugeordnet und mit Hilfe der Intensitäts-Schwärzungskurve die Intensität der zu messenden Erscheinung aus den Schwärzungen interpoliert.

Neuerdings diskutiert KELLNER[1]) auf Grund seines neuen Schwärzungsgesetzes ausführlich die Verwendungsmöglichkeit des rotierenden Sektors sowie die bei der bisherigen Verwendung desselben (Gültigkeit des TALBOTschen Gesetzes) möglichen Fehler.

9. Thermoelektrische Spektralphotometrie für das sichtbare und ultraviolette Gebiet. Nach Beobachtungen von HAGEN und RUBENS[2]) sowie besonders von PFLÜGER[3]) kann man im Ultravioletten bis zu kleinen Wellen herunter photometrische Messungen anstellen, indem man die von einem kondensierten Funken zwischen Metallelektroden ausgehenden Energien mit Hilfe von Thermosäule und Galvanometer mißt. PFLÜGER benutzt ein Spektrometer mit Quarz- oder besser Flußspatoptik; in der Brennebene des Fernrohrobjektivs befindet sich ein verstellbarer Spalt und hinter demselben die Thermosäule nach RUBENS; gemessen wird mittels des DUBOIS-RUBENSschen Kugelpanzergalvanometers. Der mit Hilfe eines großen Induktoriums mit Deprezunterbrecher betriebene Funke zwischen geeigneten Metallen (Mg, Cd, Zn, Al, Sn) besitzt genügende Energie, so daß beträchtliche Galvanometerausschläge erhalten werden, sowie ausreichende Konstanz; die Differenzen in den Ausschlägen betrugen nur 1 bis 2%. Zwischen 0,300 und 0,185 μ verfügt man über eine große Zahl genügend starker Metallinien. Die Methode verlangt große Reinheit der zur Messung verwendeten Wellenlängen und sorgfältigen Ausschluß etwaiger diffuser Strahlung. Die Methode ist gelegentlich für Absorptionsmessungen angewendet (s. Ziff. 23).

10. Lichtelektrische Messungen. Zur Photometrie im sichtbaren und ultravioletten Spektralgebiet sind neuerdings mit großem Erfolg edelgasgefüllte Alkalimetallzellen nach ELSTER und GEITEL[4]) verwendet worden, bei denen der lichtelektrische Effekt nach HALLWACHS zur Grundlage der photometrischen Messung gemacht wird[5]). Der Vorzug der Zellen für diesen Zweck liegt u. a. in der hohen Empfindlichkeit, die diejenige der übrigen photometrischen Methoden bei weitem übertrifft, ferner in der Möglichkeit, äußerst große sowie äußerst kleine Strahlungsintensitäten je nach der Belastung der Zelle messen zu können.

Die Grundlage der Methode ist die Proportionalität zwischen lichtelektrischem Strom und Lichtstrom, die besonders nach Arbeiten von ELSTER und GEITEL[6]) innerhalb eines großen Intensitätsbereichs erfüllt zu sein schien. Im Gegensatz zu diesen Arbeiten fanden andere Autoren, wie MEYER und ROSENBERG[7]), GUTHNICK und PRAGER[8]) u. a., daß besonders in der Nähe des Entladungspotentials bei stärkeren Änderungen der auffallenden Lichtintensität merkliche Änderungen vom Proportionalitätsgesetz stattfinden können.

Für die Verwendung der Zellen für photometrische Zwecke ist eine Arbeit von ROSENBERG[9]) von grundlegender Bedeutung, welcher nachwies, daß in

[1]) H. M. KELLNER, ZS. f. wiss. Photogr. Bd. 24, S. 58. 1926.
[2]) E. HAGEN u. H. RUBENS, Ann. d. Phys. Bd. 8, S. 1. 1902.
[3]) A. PFLÜGER, Phys. ZS. Bd. 4, S. 614. 1903; Bd. 5, S. 34. 1904; Ann. d. Phys. Bd. 13, S. 890. 1904; R. LADENBURG, Phys. ZS. Bd. 5, S. 525. 1904.
[4]) J. ELSTER u. H. GEITEL, Phys. ZS. Bd. 12, S. 609. 1911; s. auch R. POHL u. P. PRINGSHEIM, Verh. d. D. Phys. Ges. Bd. 12, S. 215. 1910; Bd. 15, S. 173. 1913.
[5]) Siehe u. a. Handb. d. Radiologie Bd. III; W. HALLWACHS, Lichtelektrizität.
[6]) J. ELSTER u. H. GEITEL, Phys. ZS. Bd. 14, S. 741. 1913.
[7]) E. MEYER u. H. ROSENBERG, Vierteljschr. d. Astron. Ges. Bd. 48, S. 3. 1913.
[8]) P. GUTHNICK u. R. PRAGER, Veröff. Sternwarte Berlin-Babelsberg Bd. 1, S. 1. 1914; Bd. 2, S. 3. 1918.
[9]) H. ROSENBERG, ZS. f. Phys. Bd. 7, S. 18. 1921.

Hochvakuum- sowie in edelgasgefüllten Zellen, besonders bei hoher Belastung, sich über den der Lichtstärke streng proportionalen Photoeffekt kurzfristige Ermüdungs- und Erholungserscheinungen lagern, so daß praktisch fast immer mit Abweichungen von der Proportionalität zu rechnen ist. Neben diesen schnell verlaufenden Störungen treten noch langsam verlaufende Änderungen der Empfindlichkeit der Zellen auf, die jedoch unschädlich gemacht werden können, wenn dafür gesorgt wird, daß die beschleunigende Spannung genügend lange an der Zelle liegt und daß durch genügende Vorbelichtung das Gleichgewicht zwischen ·dem Metall und dem umgebenden Gase eingetreten ist. STEINKE[1]) hat die Resultate ROSENBERGS bestätigt und zum Teil erweitert. Diese Komplikationen haben nun ROSENBERG veranlaßt, die Zelle bei konstanter Intensität lediglich als Nullinstrument zu benutzen; um den Einfluß der Ermüdungsvorgänge möglichst klein zu machen, sind folgende Vorsichtsmaßregeln zu beachten: die Zelle ist mit einer Lichtquelle von gleicher Intensität wie die zu beobachtende Erscheinung vorzuermüden, Dunkelpausen selbst kurzer Dauer sind zu vermeiden, dadurch, daß beim Übergang von einer Intensität zur anderen die Vorbelichtung automatisch wieder eingeschaltet wird[2]).

Für die Messung des photoelektrischen Effekts für den vorliegenden Zweck kommen, wenn man von der direkten galvanometrischen Messung, die nur im Falle stärkerer Ströme anwendbar ist, absieht, folgende Methoden in Frage: 1. Messung der Aufladezeit eines Elektrometers auf eine bestimmte Spannung, 2. Messung des Spannungsabfalls, den der Photostrom an den Enden eines sehr großen Widerstandes erleidet, 3. Kompensation des Photostroms, indem durch eine an einen hohen Widerstand angelegte Spannung dem Elektrometerfaden Strom zugeführt wird. Über ein lichtelektrisches Spektralphotometer mit einer einzigen ELSTER-GEITELschen Zelle, bei dem nach der Auflademethode gemessen wird, s. DEMBER und UIBE[3]).

III. Absorptionsphotometrie.

A. Einleitendes.

Mit Hilfe der Methoden der Absorptionsphotometrie wird die Schwächung der Intensität monochromatischer Strahlung beim Durchgang durch ein absorbierendes Medium gemessen.

11. Es scheint zweckmäßig, zunächst einige allgemeinere Erörterungen und Definitionen voranzustellen: Auf eine planparallele Schicht falle senkrecht einfarbiges Licht von der Intensität J_0', dann wird ein bestimmter Bruchteil R reflektiert, ein anderer A absorbiert und der Rest D hindurchgelassen. R läßt sich mit Kenntnis der Brechungsexponenten der angrenzenden Medien nach den Formeln von FRESNEL berechnen. Ist nun die Intensität der in die Schicht wirklich eindringenden, also vom Reflexionsverlust befreiten Strahlung J_0 und diejenige der hindurchgegangenen Strahlung J, so wollen wir bezeichnen:

1. als Durchlässigkeit (Transparenz) das Verhältnis des durchgelassenen zum eintretenden Licht $T = J/J_0$. Die Durchlässigkeit ist ein echter Bruch für absolut durchlässige Schichten $= 1$, für absolut undurchlässige $= 0$;

2. als Undurchlässigkeit (Opazität) das Reziproke der Transparenz das Verhältnis des eintretenden zum durchgelassenen Lichte $= J_0/J$; der Wert

[1]) E. STEINKE, ZS. f. Phys. Bd. 11, S. 215. 1922.
[2]) P. GUTHNICK u. R. PRAGER, s. Fußnote 8, S. 633.
[3]) H. DEMBER u. M. UIBE, Ann. d. Phys. (4) Bd. 56, S. 208. 1918. H. DEMBER, ebenda Bd. 49, S. 599. 1916.

ist stets größer als 1; für absolut durchlässige Schichten $= 1$, für absolut undurchlässige $= \infty$;

2a) der dekadische Logarithmus der Undurchlässigkeit

$$\log\left(\frac{J_0}{J}\right) = E = -\log T$$

wird als Extinktion bezeichnet.

Bei photographischen Platten wird die Opazität in der Regel als das Verhältnis des auffallenden zum durchgelassenen Licht definiert, der Logarithmus dieser Größe heißt in der wissenschaftlichen Photographie Dichte (D) oder Schwärzung (S).

Auf dem Gebiete der Absorptionsphotometrie fehlt es, wie KAYSER bemerkt, an einer einheitlichen Bezeichnungsweise der in Frage kommenden Größen; wir folgen hier im wesentlichen den Vorschlägen von KAYSER[1]), LUTHER[2]) und KOHLRAUSCH[3, 4]).

12. Für den Vorgang der Lichtschwächung durch Absorption ist von BOUGUER (1729) und LAMBERT (1780) die naheliegende Hypothese aufgestellt, daß Schichten gleicher Dicke von der in sie eintretenden Lichtmenge unter vergleichbaren Bedingungen stets den gleichen Bruchteil absorbieren (Gesetz von LAMBERT). Aus dieser Annahme folgt:

1. daß das Verhältnis der durch eine Schicht hindurchgegangenen zu der eintretenden Lichtstärke von letzterer unabhängig ist;

2. daß die durch Schichten verschiedener Dicke hindurchgegangenen Lichtmengen in geometrischer Reihe abnehmen, falls die Schichten in arithmetischer Reihe wachsen.

Erleidet Licht von der Stärke J' beim Durchgang durch ein Medium auf der kleinen Strecke dx den Verlust $-dJ'$, so besagt die Annahme von LAMBERT, daß die Lichtschwächung pro Schichtelement der Lichtstärke proportional ist:

$$\frac{-dJ'}{dx} = k'J'.$$

Integriert man von $x = 0$, wo die Lichtintensität gleich der eintretenden J_0, bis $x = d$, wo sie gleich J sein möge, so wird

$$-\int_{J_0}^{J}\frac{dJ'}{J'} = k'\int_{0}^{d}dx,$$

woraus:

$$\overset{e}{\log}\left(\frac{J_0}{J}\right) = k'd \quad \text{oder} \quad J_0 = J \cdot e^{k'd}. \tag{1}$$

Zufolge obiger Annahme wird die Absorption durch eine einzige Konstante k' definiert, die häufig als Absorptionskonstante oder Absorptionskoeffizient bezeichnet wird. k' stellt den reziproken Wert derjenigen Schichtdicke (in Zentimeter) dar, welche die Intensität des Lichtes bestimmter Wellenlänge auf den $e\,(= 2,72)$ten Teil, d. h. auf etwa 37%, herabdrückt.

Setzt man in (1) $e^{-k'} = a$, so wird

$$J = J_0 \cdot a^d \tag{2}$$

---

[1]) H. KAYSER, Handb. d. Spektroskopie Bd. III.
[2]) R. LUTHER, ZS. f. phys. Chem. Bd. 33, S. 253. 1900.
[3]) F. KOHLRAUSCH, Prakt. Physik, 14. Aufl.
[4]) Vgl. hierzu den Bericht des Progress Committee on Spectrophotometry. Scient. Pap. Bureau of Stand. Bd. 10, S. 169. 1925.

eine besonders einfache Form der Gleichung, in der a Durchlässigkeits-
oder Transmissionskoeffizient genannt wird; er stellt die Durchlässigkeit
für die Einheit der Schichtdicke (1 cm) dar. Beim Übergang zu gewöhnlichen
Logarithmen erhalten wir:

$$\overset{10}{\log}\left(\frac{J_0}{J}\right) = kd \quad \text{oder} \quad J_0 = J \cdot 10^{kd},$$

wo

$$k = k'\overset{10}{\log}e = k' \cdot 0{,}434.$$

ist. k wird als BUNSENsche oder dekadische Absorptionskonstante bezeichnet; in der physiko-chemischen Literatur, wo das meiste Material über
Absorption chemisch definierter Stoffe zu finden ist, heißt k in der Regel Extinktionskoeffizient. k ist somit die Extinktion für die Einheit der Schichtdicke (cm) und stellt den reziproken Wert derjenigen Schichtdicke dar, die die
Intensität des eintretenden Lichtes auf den zehnten Teil schwächt.

Alle Beziehungen gelten nur für monochromatisches Licht bzw. für schmale
Spektralbereiche; man muß also strenggenommen schreiben:

$$\overset{10}{\log}\left(\frac{J_0}{J}\right)_\lambda = d \cdot k_\lambda.$$

Schließlich sei noch der u. a. in der Metalloptik verwendete Extinktionsindex $\varkappa$
nach CAUCHY[1]) erwähnt; er ist definiert durch:

$$J = J_0 \cdot e^{-4\pi\varkappa d/\lambda},$$

für $d = \lambda$ wird

$$\frac{J}{J_0} = e^{-4\pi\varkappa}.$$

Nach Durcheilen einer Schicht absorbierender Substanz von der Größe einer
Wellenlänge λ wird das Licht auf den Bruchteil $e^{-4\pi\varkappa}$ in seiner Intensität
herabgedrückt.

13. Gesetz von BEER. Molarextinktion. Außer durch Änderung der Schichtdicke läßt sich die Lichtschwächung durch die wirksame Stoffmenge variieren,
so bei Gasen oder Gasgemischen durch Variation des Drucks bzw. Partialdrucks,
bei Lösungen, die besonders häufig gemessen, durch Veränderung der Konzentration. Nimmt man nun mit BEER[2]) an, daß das Lösungsmittel bzw. bei gasförmigen Gemischen eine der beiden Komponenten lediglich als Verdünnungs-
mittel fungiert und durch den Verdünnungsvorgang die absorbierenden Moleküle
nicht verändert werden, so liegt die weitere Annahme nahe, daß die Absorption
der Konzentration des Stoffes proportional ist. Konzentrationsvergrößerung
von c auf den $n$fachen Wert bei gleichbleibender Schichtdicke d müßte danach
den gleichen optischen Effekt in bezug auf die Absorption bewirken wie Erhöhung der Schichtdicke von d auf nd bei gleicher Konzentration c, da in beiden
Fällen gleich viel der an sich unverändert gedachten Moleküle vom Lichtstrahl
getroffen werden, wobei die weitere Annahme gemacht wird, daß die verschiedene
Entfernung der Moleküle ohne optischen Einfluß ist.

Indem man noch die Konzentration c einführt, erhält man aus dem Ansatz:

$$-dJ' = \varepsilon' \cdot c \cdot J' dx$$

---

[1]) Siehe z. B. P. DRUDE, Lehrbuch der Optik. Leipzig 1912.
[2]) A. BEER, Pogg. Ann. Bd. 86, S. 78. 1852.

analog wie oben:

$$\overset{e}{\log}\left(\frac{J_0}{J}\right) = \varepsilon' \cdot c \cdot d \quad \text{bzw.} \quad J_0 = J \cdot e^{\varepsilon' \cdot c \cdot d}$$

oder

$$\log\left(\frac{J_0}{J}\right) = \varepsilon \cdot c \cdot d \quad \text{bzw.} \quad J_0 = J \cdot 10^{\varepsilon \cdot c \cdot d}. \tag{3}$$

Hier bedeutet $\varepsilon = k/c$ die Molarextinktion; die Konzentration c wird in Molen (g-Molen) pro Liter, die Schichtdicke in Zentimetern ausgedrückt. Die Gleichung (3), das sog. LAMBERT-BEERsche Gesetz enthaltend, bildet die Grundlage der gesamten Absorptionsphotometrie.

Hat man zwei Lösungen desselben Stoffes von der Konzentration c_1 und c_2 und sind die Schichtdicken entsprechend d_1 und d_2, so muß für gleiche Extinktion ($\log(J_0/J)$) der Lösungen bei Gültigkeit des BEERschen Gesetzes zufolge Gleichung (3) die Beziehung bestehen: $c_1 \cdot d_1 = c_2 \cdot d_2$, die bekanntlich die Grundlage der Kolorimetrie bildet.

Schließlich sei noch auf eine in der Spektrokolorimetrie besonders früher viel benutzte Größe, das VIERORDTsche Absorptionsverhältnis[1]) A, aufmerksam gemacht. Bezeichnet g die in einem Kubikzentimeter Lösung aufgelöste Substanz in Grammen, k den vorher definierten Extinktionskoeffizienten, so muß, wie eine einfache Anwendung des Früheren ergibt, $g/k = A$ eine von der Konzentration unabhängige Konstante sein, vorausgesetzt, daß das BEERsche Gesetz gültig ist. A ist ebenfalls von der Wellenlänge abhängig. Mit Kenntnis von A lassen sich unbekannte Konzentrationen mit Hilfe der Extinktionskoeffizienten der Lösungen bestimmen.

14. Prüfung der Gesetze von LAMBERT und BEER. Es hat nun ein Interesse, zu untersuchen, wieweit die zunächst völlig hypothetischen Voraussetzungen des LAMBERTschen sowie des BEERschen Gesetzes von der Erfahrung bestätigt werden. Die Prüfung des LAMBERTschen Gesetzes kann praktisch in verschiedener Weise durchgeführt werden, so durch eine Messung, ob der k-Wert tatsächlich von der Dicke der durchstrahlten Schicht unabhängig ist; findet man eine Abhängigkeit, so ist damit auch die Extinktion nicht unabhängig von der angewendeten Lichtstärke. Oder es wird bei konstanter Schichtdicke die Intensität J_0 (bzw. J_0') etwa durch absorbierende Medien geschwächt und ermittelt, ob J_0/J von der Intensität des eintretenden Lichtes unabhängig ist. Die älteren Messungen, die zu diesem Zweck unternommen sind, von BERNARD[2]), BEER[3]), HAGEN[4]) u. a.[5]), können den heutigen Ansprüchen an Genauigkeit nicht mehr genügen, da zum Teil nicht homogenes Licht für die Untersuchung verwendet wurde. Später wurde das Gesetz von GRÜNBAUM[6]) und MÜLLER[7]) mit exakteren Mitteln geprüft. So fand ersterer für Kupfersulfatlösungen ($C = 0,6159$, $98,34$ g $CuSO_4$ im Liter) bei den Wellenlängen λ folgende Werte der Extinktions-

[1]) Näheres s. K. VIERORDT, Die Anwendung des Spektralapparates zur Photometrie der Absorptionsspektren und zur quantitativen chemischen Analyse. Tübingen 1873; G. u. H. KRÜSS, Kolorimetrie und quantitative Spektralanalyse. Hamburg u. Leipzig 1909; ZS. f. anorg. Chem. Bd. 10, S. 31. 1895.

[2]) F. BERNARD, Ann. chim. phys. (3) Bd. 35, S. 385. 1852.

[3]) A. BEER, Pogg. Ann. Bd. 86, S. 78. 1852.

[4]) O. HAGEN, Pogg. Ann. Bd. 106, S. 33. 1859.

[5]) Siehe die ältere Literatur bei H. KAYSER, Spektroskopie Bd. III; F. GRÜNBAUM, Diss. Berlin 1902.

[6]) F. GRÜNBAUM, Ann. d. Phys. Bd. 12, S. 1004. 1903.

[7]) E. MÜLLER, Ann. d. Phys. Bd. 21, S. 515. 1906.

koeffizienten k für die Schichtdicken d cm mit Hilfe des KÖNIG-MARTENSschen Spektralphotometers:

$\lambda=$ d	617	600,5	589,5	546	521	500,5
25	—	—	—	0,105	0,0387	0,0149
12	—	—	—	0,104	0,0391	0,0142
5	—	—	0,401	0,104	—	—
2	0,830	0,552	0,403	0,102	—	—
1	0,831	0,543	—	—	—	—

somit nur sehr geringe Abweichungen. Für einige andere Lösungen ergab sich bei bestimmten Wellenlängen eine stärkere Abhängigkeit der k-Werte von der Schichtdicke, die aber, wie MÜLLER zeigte, durch die Versuchsanordnung bedingt war. Messungen des letzteren ergaben weitgehende Unabhängigkeit der Extinktionskoeffizienten von den Schichtdicken, als Beleg diene eine Messungsreihe bei Kaliumchromatlösungen (36,07 g K_2CrO_4 im Liter):

$\lambda = 521$ d cm	12	20	
k	0,017	0,018	
$\lambda = 508,6$ d cm	2	5	12
k	0,082	0,085	0,079
$\lambda = 501,6$ d cm	1	2	5
k	0,261	0,277	0,273

Äußerst exakte Messungen mit einer photoelektrischen Anordnung (s. S. 660) haben v. HALBAN und SIEDENTOPF[1]) u. a. mit einer Kaliumchromatlösung ($C = 0,07403$ mol K_2CrO_4 in 0,05 mol KOH) bei $\lambda = 0,366\,\mu$ ausgeführt; bei der Schichtdicke 1,0598 und 2,0591 fanden sie $k = 4,415$ bzw. 4,416, Werte, die auf etwa $0,25^0/_{00}$ untereinander übereinstimmen. Danach läßt sich sagen, daß die von LAMBERT gemachten Annahmen weitgehend durch die Erfahrung bestätigt werden, so daß man von einem LAMBERTschen Gesetz sprechen kann.

Die Frage nach der Gültigkeit des BEERschen Gesetzes ist aufs engste mit der Frage nach den Beziehungen zwischen Absorption und rein chemischen Faktoren verknüpft und wird in diesem Zusammenhang in einem anderen Abschnitt behandelt (s. Bd. XXI ds. Handb.).

15. Die Methodik der Absorptionsphotometrie besteht darin, die durch eine gegebene Schichtdicke eines festen, flüssigen, gasförmigen oder gelösten Stoffes bewirkte Lichtschwächung für bestimmte Wellenlängen spektralphotometrisch zu ermitteln und daraus die k- bzw. ε-Werte zu berechnen. Für manche Probleme ist es erforderlich, die Abhängigkeit der Extinktionskoeffizienten für einen möglichst großen Wellenlängenbereich zu kennen. Für alle absorptionsphotometrischen Messungen gilt noch folgendes: Die Schichtdicke d ist bei gasförmigen, flüssigen und gelösten Stoffen durch den Abstand planparalleler Verschlußplatten der Absorptionströge gegeben; feste Körper werden in Form planparalleler Platten genau definierter Dicke angewendet, wobei im Falle der Kristalle die Beziehungen des Lichtstrahls zu den optischen Achsen bekannt sein müssen. Da praktisch nicht die Schwächung des eintretenden, sondern des auffallenden Strahls gemessen wird, so hat man den Strahlungsverlust durch Reflexion zu berücksichtigen. Beim senkrechten Durchgang durch die Trennungslinie zweier Medien von dem gegenseitigen Brechungs-

---

[1]) H. v. HALBAN u. K. SIEDENTOPF, ZS. f. phys. Chem. Bd. 100, S. 208. 1922.

exponenten n ist der reflektierte Anteil nach FRESNEL $r = (n-1)^2/(n+1)^2$. Bei einer Platte mit zwei Flächen beträgt der Reflexionsverlust: $r_1 = 2r$, falls man das in der Fläche hin und her reflektierte Licht nicht berücksichtigt; mit Berücksichtigung desselben ist der Verlust durch Reflexion: $r_1 = 2r/(1+r)$ [1]). In der Regel wird man den Reflexionsverlust nicht berechnen, sondern durch eine geeignete Versuchsanordnung zu eliminieren versuchen, indem man den Verlust in beiden Lichtströmen (s. die späteren Versuchsanordnungen) ungefähr gleich macht. |Bei Platten kann das dadurch geschehen, daß man in den Vergleichslichtstrom eine dünne, nicht absorbierende Platte von ähnlichem Brechungsvermögen stellt oder die beiden Lichtströme durch zwei Platten desselben Materials verschiedener Dicke hindurchtreten läßt und die Differenz der Dicke in Rechnung setzt. Bei Lösungen kann man nach zwei Verfahren messen: a) Von zwei Strahlenbündeln gleicher Intensität läßt man das eine durch die Lösung, das andere durch das Lösungsmittel bei gleicher Schichtdicke hindurchtreten (s. auch Abb. 11), wir haben dann:

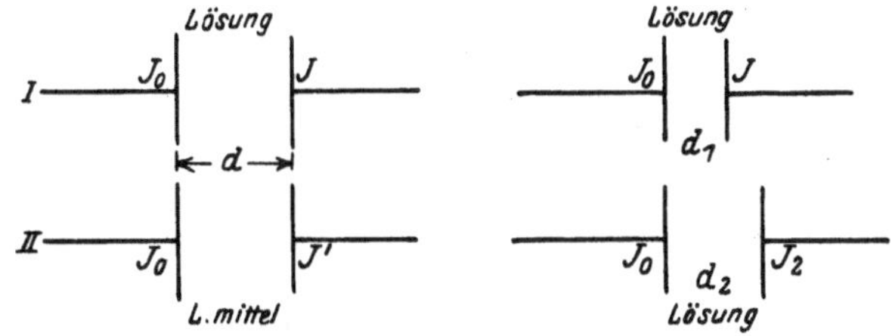

Abb. 11.　　　Abb. 11 a[2]).
Verschiedene Anordnungen zur Bestimmung der Extinktion gelöster Stoffe.

1. $J' = J_0\,10^{-k_0 d}$ (k_0 Extinktionskoeffizient des Lösungsmittels), 2. $J = J_0\,10^{-kd}$ (k Extinktionskoeffizient der Lösung), daraus $\log(J'/J)/d = k - k_0$. Man erfährt durch diese Anordnung somit die Differenz der Extinktionskoeffizienten von Lösung und Lösungsmittel, d. h. denjenigen des gelösten Stoffes unter den Versuchsbedingungen. Da infolge der verschiedenen Refraktionen von Lösung und Lösungsmittel die inneren Reflexionsverluste in den beiden Schichten nicht gleich sind, können Unsicherheiten entstehen, die allerdings infolge der Ungenauigkeit der Messung von J'/J nicht ins Gewicht fallen. b) Eine andere Anordnung (Abb. 11a) ist diejenige, daß man zwei verschieden dicke Schichten der Lösung miteinander vergleicht. Aus 1. $J_1 = J_0 \cdot 10^{-kd_1}$ und 2. $J_2 = J_0 \cdot 10^{-kd_2}$ erhält man:

$$\frac{\log(J_1/J_2)}{(d_2 - d_1)} = k$$

und bestimmt so den Extinktionskoeffizienten der Lösung unter Vermeidung des durch innere Reflexion entstehenden Fehlers. Um diesen k-Wert mit dem vorigen Wert vergleichen zu können, muß die Extinktion des Lösungsmittels besonders bestimmt werden. Im sichtbaren Spektrum wird man bei farblosen Lösungsmitteln Wasser, Chloroform, Alkohol u. a. k_0 gegen k vernachlässigen können.

　　Fehler, deren Größe sich der Rechnung entziehen und die die Messung besonders kleiner Extinktionen im Ultraviolett beträchtlich fälschen können, entstehen bei Verwendung optisch unreiner Lösungen, die schwebende, das Licht abbeugende oder reflektierende Teilchen enthalten. Man kann sich gegen diese Fehlerquellen, durch die die Extinktion eine scheinbare Vergrößerung erfährt, schützen, indem man nur gut filtrierte Lösungen verwendet und nach Möglichkeit große Lichtwege vermeidet oder die Beobachtungsröhren nach

---

[1]) s. z. B. F. KOHLRAUSCH, Prakt. Physik, 14. Aufl., S. 428.
[2]) In Abb. 11a muß statt J J_1 stehen.

dem Einfüllen der Lösungen erst einige Zeit stehenläßt, damit sich Staubteilchen absetzen können[1]).

Schließlich ist, worauf v. Halban und Ebert[1]) hinweisen, in den Werten von J_0/J stets noch die Lichtschwächung enthalten, die durch Beugung an den Molekülen bei gasförmigen und gelösten Stoffen auftritt und die durch kein Reinigungsverfahren reduziert werden kann. Da die Intensität des abgebeugten Lichtes der 4. Potenz der Wellenlänge umgekehrt proportional ist, wird man mit diesem Effekt besonders bei exakten Messungen im Ultraviolett rechnen müssen. Nach Martin[2]) ist der dekadische Extinktionskoeffizient $k(\lambda = 0,436\,\mu)$ für reinstes Wasser $1,1 \cdot 10^{-5}$, für reinstes Benzol $1,6 \cdot 10^{-4}$, für eine Extinktion $\log(J_0/J) \sim 0,1$ beträgt diese Schwächung im ersten Falle bei 10 cm, im zweiten Falle bei 1 cm bereits $1^0/_{00}$ der Extinktion.

16. Besondere Anordnungen für die Absorptionsphotometrie. Es sollen im folgenden noch einige Einrichtungen Erwähnung finden, die speziell für Absorptionsmessungen den früher schon beschriebenen Spektralphotometern adaptiert werden, wobei zunächst vorwiegend das sichtbare Gebiet berücksichtigt werde.

Bei den Photometern vom Vierordt- und Hüfnertypus erreicht man ein exaktes Verschwinden der Trennungslinie beider Spektren, indem man einen Albrechtschen Rhombus vor dem Spalt aufstellt (vgl. Abb. 4); Flüssigkeiten werden am besten in einem parallelepipedischen Trog mit planparallelen Wänden untersucht, indem sich ein rechteckiger Glasklotz aus farblosem Glase von genau definierter Dicke (meist 1 cm) befindet (sog. Schulzscher Körper). Zwischen dem oberen und unteren Lichtbündel ($t_1 t_2$ und $t_1' t_2'$) ist noch ein Spielraum von einigen Millimetern, innerhalb desselben kann die obere Kante des Schulzschen Körpers vertikal verschoben werden, ohne daß die Schärfe der Trennungslinie leidet[3]).

Als wirksame Schichtdicke kommt die Dicke des Schulzschen Körpers in Betracht.

Die genannten Hilfseinrichtungen lassen sich auch an dem Universalspektralapparat von Krüss[4]) anbringen. Dieser für Absorptionsmessungen geeignete und früher vielfach benutzte Apparat besteht aus einem Spektroskop mit Vierordt-Krüssschem Doppelspalt; zur Einstellung auf einen bestimmten Spektralbezirk ist das Fernrohr mit Hilfe eines Mikrometerschlittens und einer geteilten Trommel beweglich, die Einstellung geschieht mittels eines Fadenkreuzes, das in einem in der Gesichtsfeldebene des Okulars befindlichen Schieber angebracht ist; letzterer enthält ferner einen beweglichen Okularschieber zum Ausblenden der Spektralregion; zur Grobeinstellung ist noch ein Skalenrohr vorhanden.

Sehr wesentlich ist die gleichmäßige Beleuchtung der beiden Spalte, die durch diffus reflektierende Flächen oder zwischen Lichtquelle und Absorptionsgefäß eingeschaltete Milchglasplatten erreicht wird.

Bei den Apparaten von Lummer-Brodhun, Brace und ähnlichen Zweikollimator-Spektralphotometern wird man zweckmäßig nur eine einzige Lichtquelle verwenden und den Lichtstrahl durch Einschalten total reflektierender Prismen in geeigneter Weise verzweigen.

---

[1]) H. v. Halban u. L. Ebert, ZS. f. phys. Chem. Bd. 112, S. 321. 1924; Th. Ewan, Proc. Roy. Soc. London Bd. 56, S. 286. 1894; Bd. 57, S. 117. 1894; F. Grünbaum, Ann. d. Phys. Bd. 12, S. 1004. 1903.

[2]) W. H. Martin u. S. Lehrmann, Journ. phys. chem. Bd. 26, S. 75. 1922. W. H. Martin, Journ. phys. chem. Bd. 26, S. 476. 1922; s. dazu R. Gans, ZS. f. Phys. Bd. 17, S. 353. 1923.

[3]) In Abb. 4 muß man sich im Falle des Vierordt-Apparates p und n entfernt denken.

[4]) G. u. H. Krüss, Kolorimetrie und quantitative Spektralanalyse. Hamburg u. Leipzig 1909; Katalog von A. Krüss, Hamburg.

Eine für Absorptionsmessungen zweckmäßige Anordnung hat MARTENS[1])
für das Spektralphotometer nach KÖNIG-MARTENS geschaffen; die Vorrichtung
(Abb. 12) ist besonders auch für Untersuchung großer Schichtdicken geeignet.
Die Lichtteilung geschieht durch ein System von drei Linsen, das von dem
Beleuchtungsspalt s_0, vor dem die Lichtquelle aufgestellt ist, zwei reelle Bilder
auf die Spektrometerspalte a und b
wirft. Der Abstand des Linsensystems
von s_0 beträgt 30 cm, und der Abstand
von dem Eintrittsspalt kann bis 30 cm
variiert werden. Die Mittelstrahlen der
beiden Bündel I und II sind an allen
Stellen etwa 40 mm voneinander ent-

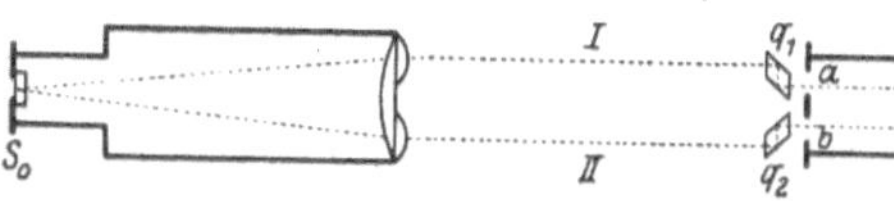

Abb. 12. Beleuchtungsvorrichtung für das Spektralphotometer von KÖNIG-MARTENS.

fernt, so daß weite und bis 30 cm lange Röhren in den Strahlengang eingelegt
werden können; durch zwei FRESNELsche Prismen q_1 und q_2 werden die Bündel
bis zum Auftreffen auf die Eintrittsspalte des Photometers genähert[2]).

Die Beobachtungsküvetten nach MARTENS bestehen aus weiten, mit planparallelen Platten zu verschließenden Röhren; zur Herstellung kleiner Schichtdicken werden in 2-cm-Rohre massive planparallele Glaszylinder aus weißem
Glase verschiedener Dicke eingelegt[3]).

Absorptionsmessungen wurden früher so angestellt, daß man zunächst die
Mittelstellung des Nicols bestimmte, d. h. diejenige Einstellung α_0, die bei
Abwesenheit absorbierender Medien gleiche Helligkeit der Vergleichfelder liefert
(s. S. 622). Wenn J_1 und J_2 die zur linken und rechten Hälfte des Vergleichsfeldes
(I bzw. II) gelangenden Intensitäten sind, ist:

$$J_1 \cos^2\alpha_0 = J_2 \sin^2\alpha_0 \qquad \text{oder} \qquad J_1/J_2 = \tan^2\alpha_0. \tag{1}$$

Eine derartige Mittelstellung erhält man in jedem Quadranten. Bringt man
nun in den Gang der Lichtstrahlen I eine absorbierende Substanz von der Dicke d,
wodurch die Intensität von J_1 auf J_1' erniedrigt und die Einstellung auf gleiche
Helligkeit der Gesichtsfeldhälften bei α_1 gefunden wird, so ist:

$$J_1'/J_2 = \tan^2\alpha_1.$$

Aus der Definition $J_1' = J_1 \cdot 10^{-kd}$ (k Extinktionskoeffizient des absorbierenden
Mediums) folgt:

$$\tan^2\alpha_1 = J_1 \cdot 10^{-kd}/J_2. \tag{2}$$

Aus (1) und (2) erhält man für den Extinktionskoeffizienten:

$$k = 2 \left(\log\tan\alpha_0 - \log\tan\alpha_1\right)/d.$$

Bei der Neukonstruktion des KÖNIGschen Spektralphotometers ist für die Untersuchung von Lösungen nach dem Vorgange von MARTENS und GRÜNBAUM
folgende Beobachtungsmethode durch Vertauschung empfehlenswert, die besonders bei Anwendung langer Röhren den Einfluß der Lichtbrechung in der
Flüssigkeitsschicht ausschließt; bei dieser Methode wird die Ablesung der Mittelstellung umgangen. Mit zwei gleichlangen Beobachtungsröhren der beschriebenen

---

1) F. F. MARTENS u. F. GRÜNBAUM, Ann. d. Phys. (4) Bd. 12, S. 991. 1903; s. auch
Katalog von Schmidt & Haensch, Berlin.

2) Eine ähnliche Beleuchtungsvorrichtung ist mit Erfolg auch bei dem Vierordtschen
Spektralphotometer verwendet; s. Katalog von Schmidt & Haensch, Berlin.

3) Über Beleuchtungsvorrichtungen für Röhren bis zu 200 cm Länge s. Katalog von
Schmidt & Haensch, Berlin. Zweckmäßige apparative Einzelheiten zum König-Martens-
Spektralphotometer s. bei K. S. GIBSON u. Mitarbeitern, Scient. Pap. Bureau of Stand.
Bd. 18, S. 121. 1922.

Art, von denen die eine mit der Lösung, die andere mit dem Lösungsmittel angefüllt ist, werden folgende Beobachtungen angestellt:

a) Lösung im linken Strahlenbündel I, Lösungsmittel im rechten Strahlenbündel II: Einstellung auf gleiche Helligkeit der Vergleichsfelder: α_1.

b) Lösung im rechten Strahlenbündel II, Lösungsmittel im linken Strahlenbündel I: Einstellung auf gleiche Helligkeit der Vergleichsfelder: α_2.

Schwächt das Lösungsmittel mit dem Extinktionskoeffizienten k_0 die Intensität von J auf J'', so ist entsprechend Gleichung (1) bei der Einstellung a) $J_2''/J_1' = \tan^2 \alpha_1$, bei b) $J_2'/J_1'' = \tan^2 \alpha_2$, woraus

$$\frac{J_2'}{J_1''} \cdot \frac{J_1'}{J_2''} = \frac{\tan^2 \alpha_2}{\tan^2 \alpha_1}$$

und wegen der Gleichheit der beiden Schwächungsverhältnisse:

$$\frac{J'/J}{J''/J} = \frac{\tan \alpha_2}{\tan \alpha_1}.$$

Aus der Definition der Extinktionskoeffizienten von Lösungsmittel k_0 und Lösung k folgt schließlich:

$$10^{-kd}/10^{-k_0 d} = \tan \alpha_2/\tan \alpha_1,$$

woraus:

$$k - k_0 = (\log \tan \alpha_1 - \log \tan \alpha_2)/d.$$

Man findet somit nach dieser Methode die Differenz der Extinktionskoeffizienten von Lösung und Lösungsmittel.

Ein zweckmäßiges von MARTENS und GRÜNBAUM vorgeschlagenes Beobachtungs- und Rechnungsverfahren möge an folgendem Beispiel dargelegt werden:
Lösung von $K_2Cr_2O_7$, $c = 0,01698$ g · Mol/Liter, $d = 5$ cm, Lichtquelle Thalliumfunke $\lambda = 535$ mμ.

	1	2	3	4	Quadrant
b) Lösung rechts,	18,00	$-$163,13	197,40	$-$342,80	
Wasser links	$+$180	$+$198,00	$+$180	$+$377,40	
	198,00	34,87	377,40	34,60	
		34,60			
		34,74 : 2 = 17,34	$\alpha_2 = 17°22'$		
a) Lösung links.	62,40	$-$118,40	242,40	$-$297,77	
Wasser rechts	$+$180	$+$242,40	180	$+$422,40	
	242,40	124,00	422,40	124,63	
		124,63			
		124,32 : 2 = 62,16	$\alpha_1 = 62°10'$		

Eine Wiederholung der Messung b) ergab $\alpha_2 = 17,10°$, daher $\alpha_1 = 62° 10'$, $\alpha_2 = 17°16'$, $k \cdot d = 0,78486$, $k = 0,1570$, $k/c = \varepsilon = 9,25$.

Eine eingehende Diskussion des Einflusses der Fehler auf das Resultat s. bei MARTENS und GRÜNBAUM.

Eine für die Praxis wichtige Bemerkung ist, daß bei steilem Verlauf der Absorptionskurve die Extinktionsmessungen ungenau werden, falls weißes Licht (Nernst-, Osramlampe, Auerbrenner) benutzt wird. Selbst bei sehr engem Objektiv- und Okularspalt von 0,1 bzw. 0,25 mm umfaßt der ausgeblendete Spektralbezirk noch etwa 4 $\mu\mu$. Durch diese Inhomogenität hat man häufig Schwierigkeiten mit der Einstellung, da die beiden Vergleichsfelder verschiedene und ungleiche Beleuchtung zeigen und die Trennungslinie nicht exakt verschwindet, auch erweist sich der Extinktionskoeffizient nicht mehr unabhängig von der Spaltbreite. In diesem Falle kann man durch Messung bei verschiedenen Spaltbreiten rechnerisch auf unendlich engen Spalt extrapolieren[1]); einfacher und sicherer ist aber die Anwendung von homogenem Licht (Quecksilber-, Amalgamlampe, Geißlerrohr mit Wasserstoff, Helium, Fulgurator mit geeigneten Salzlösungen).

Auf Veranlassung von NERNST hat HILDEBRAND[2]) das KÖNIG-MARTENSsche Spektralphotometer für Absorptionsmessung in geeigneter Weise verändert. Das Instrument ist nach dem Typus des Wannerpyrometers gebaut; an Stelle des Flint- resp. Rutherfordprismas wird ein Geradsichtprisma verwendet; die Einstellung auf bestimmte Wellenlängen wird mit Hilfe einer Mikrometerschraube vorgenommen. Die Beleuchtung der Spalte geschieht nicht mittels geteilten Lichtstrahls, sondern durch zwei Glühlampen, die, hintereinandergeschaltet, mit konstantem Strom gespeist werden. Verfasser überzeugte sich, daß auch mit einer derartigen Beleuchtungsanordnung völlig reproduzierbare Werte zu erhalten sind.

Eine mit einfachen Mitteln auszuführende Methode der Absorptionsphotometrie für das Sichtbare, die sich besonders für chemische Zwecke eignet, beschreibt WEIGERT[3]); es wird die Absorption der zu untersuchenden Lösung mit einer bekannten von genau definierter Abhängigkeit der k-Werte von der Wellenlänge verglichen und die Wellenlänge aufgesucht, bei der die zu untersuchende und die Vergleichslösung gleich absorbiert. WEIGERT benutzt dazu eine Anordnung, bei der das photometrische Vergleichsfeld außerhalb des Spaltes liegt. Es wird das, wie schon früher erörtert, dadurch erreicht, daß man mit Hilfe eines Spektroskops, dessen Okular herausgenommen ist und in dessen Fadenkreuzebene sich ein einfacher Okularspalt befindet, die zu vergleichenden, in geeigneten Küvetten befindlichen Lösungen monochromatisch anvisiert[4]). Indem man durch eine geeignete Meßvorrichtung (Wellenlängentrommel) das gesamte Spektrum abtastet, findet man die Farbe, bei der die Felder gleich hell erscheinen. Durch Verdünnung der Vergleichslösung kann man bei Gültigkeit des BEERschen Gesetzes die Extinktion in anderen Spektralgebieten feststellen. An die Normalsubstanz ist die Bedingung zu stellen, daß sie zeitlich nicht veränderlich, und daß das BEERsche Gesetz auf sie anwendbar ist; eine solche Lösung von zwar noch nicht idealen Eigenschaften ist eine ammoniakalische Lösung von Kupfersulfat und Kaliumchromat bestimmter Konzentration. Die Lösung hat ein Durchlässigkeitsmaximum bei etwa 0,5 μ, nach kurzen Wellen steigt die Absorption stark, nach längeren schwächer an und ist im Gebiete zwischen 0,6 und 0,7 μ weniger veränderlich. Die Extinktionskoeffizienten der Bezugslösung werden mit Hilfe des KÖNIG-MARTENSschen Spektralphotometers festgestellt[5]). Besser ist eine neutralgraue Substanz ohne ausgesprochenes Maximum; als solche kann man eine Lösung von Ausziehtusche in Wasser benutzen und sie als Zwischenlösung zum photometrischen Vergleich verwenden. Man stellt sich zweckmäßig eine Reihe von Vorratslösungen verschiedener Extinktion her, die man photometrisch mit der Normalsubstanz vergleicht.

Besonders geeignet ist ein Spektroskop mit festem Arm; vor dem Spalt ist eine Schiene zur Aufnahme der Küvetten angebracht, davor findet ein

---

[1]) C. RUNGE, ZS. f. Math. u. Phys. Bd. 42, S. 205. 1897.
[2]) J. HILDEBRAND, ZS. f. Elektrochem. Bd. 14, S. 349. 1908.
[3]) F. WEIGERT, Chem. Ber. Bd. 49, S. 1496. 1916.
[4]) Vgl. J. THOVERT, Journ. de phys. (4) Bd. 8, S. 834. 1909; (5) Bd. 2, S. 34. 1912. C. R. Bd. 148, S. 625. 1909.
[5]) Siehe auch H. v. HALBAN u. K. SIEDENTOPF, ZS. f. phys. Chem. Bd. 100, S. 222. 1922.

ALBRECHTscher Rhombus und eine Linse Platz, letztere gestattet, auf verschiedene Vergrößerungen der Rhombenkante einzustellen. Zur gleichmäßigen und starken Beleuchtung der Küvetten wird vor der Lichtquelle eine Milchglasscheibe und ein Kondensor aufgestellt.

B. Photographische Absorptionsphotometrie.

17. Serienaufnahmen. Die hier zu besprechenden Methoden sind zum Teil aus der mehr qualitativen Festlegung von Absorptionsgrenzkurven nach der Methode von HARTLEY-BALY hervorgegangen, die im Anhang erwähnt wird. Das Prinzip der Serienmethoden läßt sich etwa folgendermaßen wiedergeben: Mit Hilfe zweier Lichtbündel gleicher Intensität wird erzeugt 1. ein **Absorptionsspektrum** dadurch, daß das Lichtbündel den absorbierenden Stoff durchsetzt und im Spektrographen zerlegt wird; 2. ein **Vergleichsspektrum** dadurch, daß das Bündel in geeigneter Weise in allen Wellenlängen gleichmäßig und meßbar geschwächt und darauf ebenfalls spektral zerlegt wird. Das „Zwillingsspektrum"[1] (Absorptions- + Vergleichsspektrum) muß unter photometrisch günstigen Bedingungen aufgenommen sein. Bei geeigneter Schwächung des Vergleichsspektrums wird das Absorptionsspektrum in einigen Spektralgebieten mehr geschwärzt erscheinen als das Vergleichsspektrum, in anderen weniger, und es werden sich im allgemeinen im Zwillingsspektrum ein oder mehrere Wellenlängen gleicher Schwärzung feststellen lassen, für welche die Extinktionskoeffizienten berechnet werden können. Wir wollen wieder zwei Gruppen unterscheiden: 1. Methoden gleicher Belichtungszeit für Absorptions- und Vergleichsspektrum, bei denen somit das HARTMANNsche Prinzip in Anwendung kommt; 2. Methoden, die mit ungleicher Expositionszeit arbeiten.

Diese Verfahren dienen häufig dem Zweck, den quantitativen Verlauf der Absorption über ein größeres Wellenlängengebiet festzustellen. Für sämtliche absorptionsphotometrische Messungen gilt noch die folgende Bemerkung: Der eigentlichen Photometrierung hat zunächst eine qualitative Prüfung vorauszugehen, indem man sich mit Hilfe einiger Absorptionsmessungen mit der Lösung bei bekannter Konzentration und variabler Schichtdicke über den Verlauf der Absorptionskurve unterrichtet (s. die Methode der Absorptionsgrenzmessung nach HARTLEY-BALY)[2]. Nach dem Ausfall dieser Versuche wird man die geeignete Konzentration und die passenden Schichtdicken für die quantitative Durchmessung bestimmen. Für letztere ist es zweckmäßig, nach einem bestimmten Schema zu verfahren, etwa so, daß vom ersten bis zum letzten Absorptionsspektrum auf der Platte die k-Werte in angemessenen Intervallen abnehmen und eine genügende Anzahl von Punkten gleicher Schwärzung in den Zwillingsspektren vorhanden ist, so daß sich die Absorptionskurve mit genügender Genauigkeit zeichnen läßt. Es ist das stets durch systematische Änderung der Schichtdicken und der zur Lichtschwächung dienenden Bedingungen zu erreichen. Ein Beispiel eines derartigen Schemas soll später gegeben werden.

Somit ist für diese Methoden charakteristisch, daß sie nicht für eine gegebene Wellenlänge den k-Wert ermitteln, sondern daß letzterer durch die Versuchsbedingungen gegeben ist und die zu dem k-Wert gehörige Frequenz bestimmt wird.

Hilfsmittel für die photographische Absorptionsphotometrie. Methoden, bei denen die zu vergleichenden Intensitäten nacheinander gemessen werden, erfordern zeitlich konstante Lichtquellen. Für Ultraviolett und das sichtbare Gebiet genügt dieser Anforderung in der Regel der kondensierte

---

[1] Siehe K. SCHAUM, ZS. f. wiss. Photogr. Bd. 22, S. 148. 1923.
[2] Vgl. die Reproduktion derartiger Spektren S. 657.

Funke zwischen Metallelektroden wie Fe, Fe-Ni, Fe-Cd, Cu u. a.; das Induktorium muß mit Akkumulatorenstrom gespeist werden. Eine im Ultraviolett kontinuierliche Lichtquelle ist der zuerst von KONEN[1]) verwendete Aluminiumfunke unter Wasser, etwa in der von HENRI[2]) vorgeschlagenen Ausführungsform [s. hierzu auch HOWE[3]), GIBSON[4, 5])]. Mit Vorteil werden auch die neuerdings von BAY und STEINER[6]) beschriebenen mit Wasserstoff gefüllten Entladungsröhren zu Absorptionsmessungen im Ultraviolett benutzt werden, die mit Wechselstrom betrieben, bei Belastungen bis zu 500 mA das kontinuierliche Wasserstoffspektrum mit großer Intensität zeigen.

Für das sichtbare Gebiet kommt außer der Nernstlampe ferner die mit konstanter Spannung betriebene Halbwattlampe in Frage, die, mit Quarzfenster versehen, auch eine ziemlich weit ins Ultraviolett gehende Strahlung liefert[7]). Geringere Konstanz ist bei den verschiedenen Formen der Quecksilberdampflampen aus Quarz vorhanden, die bei hoher Temperatur einen kontinuierlichen Untergrund liefern. Auch der Kadmiumfunke[8]) gibt bei längerer Exposition für einige Gebiete des Ultravioletts eine kontinuierliche Schwärzung. Vielleicht läßt sich auch die für absorptionsspektroskopische Zwecke von GERLACH und KOCH[9]) beschriebene Methode der Zerstäubung von Drähten konstanter Länge und Dicke durch hochgespannte Kondensatorentladungen für photometrische Zwecke benutzen. Methoden, die zum Zweck des photometrischen Vergleichs von der Lichtquelle zwei Strahlenbündel abzweigen, können auch zeitlich inkonstante Strahler wie den Eisenbogen verwenden.

Hinsichtlich der photographischen Platte treten Schwierigkeiten in der Gegend von 0,2 μ auf; man verwendet in diesem Falle die nach dem Rezept von SCHUMANN u. a. hergestellten gelatinearmen Platten (von Hilger-London zu beziehen) oder entfernt teilweise die Gelatine durch Einlegen der Platten in verdünnte Schwefelsäure. Einfacher ist es, die Platten mit einer dünnen Schicht eines möglichst blau fluoreszierenden Öls zu überziehen[10]) (Transformator-Vaselineöl), wobei man allerdings vorläufig auf umständliches Probieren angewiesen ist.

18. Gleiche Belichtungszeit für Absorptions- und Vergleichsspektrum. Indem man entweder das Zwillingsspektrum durch zwei Aufnahmen nacheinander erzeugt oder durch geeignete Teilung des Lichtweges beide Spektren gleichzeitig auf die Platte bringt, sowie zur Lichtschwächung die verschiedenen, früher erwähnten Methoden verwendet, resultiert eine große Zahl von Möglichkeiten, von denen die wichtigsten genannt seien.

Die Berechnung der Extinktionskoeffizienten ist folgende: ist der aus dem Lösungsmittel austretende Strahl II (Ziff. 15) von J' auf J'/n abgeschwächt, ist also die Extinktion $E = \log n$, so folgt für die Wellenlänge gleicher Schwärzung aus der Beziehung

$$\frac{\log (J'/J)}{d} = k - k_0,$$

$$k_{\text{Lösung}} - k_{\text{Lösungsm.}} = (\log n)/d.$$

[1]) H. KONEN, Ann. d. Phys. Bd. 9, S. 766. 1902.

[2]) V. HENRI, Photochimie. Paris 1919.

[3]) H. E. HOWE, Phys. Rev. (2) Bd. 8, S. 674. 1916.

[4]) K. S. GIBSON u. Mitarbeiter, Scient. Pap. Bureau of Stand. Bd. 18, S. 121. 1922; s. auch E. P. T. TYNDALL, Bureau of Stand., Techn. Pap. Nr. 148. 1920.

[5]) Einzelheiten siehe auch bei den einzelnen unten beschriebenen Methoden.

[6]) Z. BAY u. W. STEINER, ZS. f. Phys. Bd. 45, S. 337. 1927; vgl. E. GEHRCKE u. E. LAU, Ann. d. Phys. (4), Bd. 76, S. 673. 1925.

[7]) G. GEHLHOFF, ZS. f. techn. Phys. Bd. 1, S. 224. 1920.

[8]) J. E. PURVIS, Trans. Roy. Soc. Bd. 97, S. 693. 1910.

[9]) W. GERLACH u. E. KOCH, Chem. Ber. Bd. 55, S. 695. 1922.

[10]) J. DUCLAUX u. P. JEANTET, Journ. de phys. et le Radium (6) Bd. 2, S. 156. 1921.

Einer schon seit 1911 in wichtigen Arbeiten verwendeten Methode zur quantitativen Absorptionsmessung im Ultraviolett von Houstoun[1]) liegt das Entfernungsgesetz zugrunde (s. Abb. 13). Der längs einer Skala verschiebbare Eisenbogen L beleuchtet die beiden diffus reflektierenden Flächen aus Mattquarz A und B; das von A ausgehende obere Bündel fällt direkt auf R, das von B ausgehende untere Bündel nach totaler Reflexion an dem Prisma P. R ist ein Quarzrhombus, der eine direkte Berührung der Spektren gewährleistet und der in diesem Falle etwa 3 cm vom Spalt S entfernt sein muß. Zwischen AP und PB

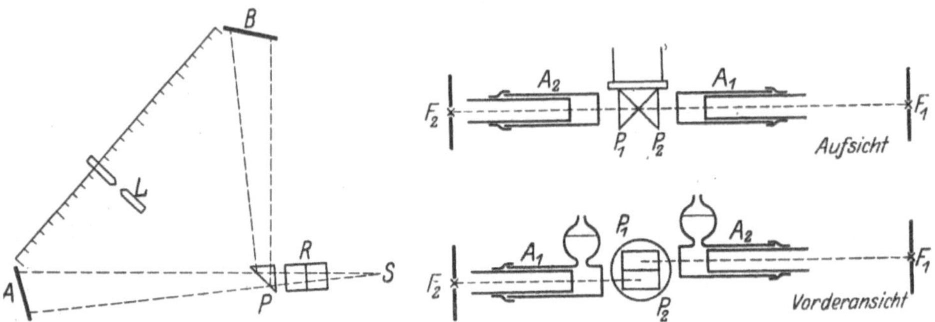

Abb. 13. Anordnung nach Houstoun.   Abb. 14. Anordnung nach K. Schaefer.

werden die Absorptionsgefäße für Lösung und Lösungsmittel aufgestellt. Bei systematisch veränderter Stellung der Lichtquelle und verschiedenen Schichtdicken wird eine Reihe von Aufnahmen gemacht und es werden auf der Platte die Linien gleicher Schwärzung aufgesucht. Als Lichtquelle dient der Eisenbogen mit horizontal liegenden Elektroden. Die Berechnung von k geschieht unter der Annahme, daß das einfache Entfernungsgesetz anwendbar ist. Die Fehler der Methode sind mindestens 7%, was vielleicht damit zusammenhängt, daß die Entfernung der Lichtquelle von den schief stehenden Flächen A und B nicht sehr exakt definiert ist.

Mit sehr einfachen Mitteln arbeitet eine von K. Schaefer[2]) ersonnene Methode (s. Abb. 14), bei der die Lichtschwächung ebenfalls durch Abstandsänderung bewirkt wird. P_1, P_2 sind zwei total reflektierende Quarzprismen, die auf dem Spalt des Spektrographen angebracht sind, und die es ermöglichen, von zwei auf beiden Seiten des Kollimators befindlichen Lichtquellen zwei unmittelbar übereinanderliegende Spektren zu erzeugen. Als Lichtquellen dienen zwei Funkenstrecken F_1 und F_2, durch die die Entladungen eines durch einen großen Induktor aufgeladenen Kondensators (1 bis 2 große Leidener Flaschen) hindurchgehen. Es wurde festgestellt, daß man auf diese Weise Lichtquellen von praktisch gleicher Intensität erhalten kann. Die Entfernungen der Funkenstrecken werden so bemessen, daß sich die Intensitäten wie 1:10 verhalten. Im Strahlengang der entfernten Lichtquelle befindet sich das Absorptionsrohr A_1 mit dem Lösungsmittel, während das Licht des näherstehenden Funkens das Rohr A_2 mit der Lösung durchsetzt. Es werden Serienaufnahmen bei verschiedenen Schichtdicken etwa zwischen 50 und 4 mm gemacht, derart, daß jedesmal die Schichtdicken für Lösung und Lösungsmittel gleich sind, und in jedem Spektrenpaar die Linien gleicher Schwärzung aufgesucht, die demnach

---

[1]) R. A. Houstoun u. J. S. Anderson, Proc. Edinburgh Bd. 31, S. 547. 1911; R. A. Houstoun, ebenda Bd. 32, S. 40. 1912.
[2]) K. Schaefer, ZS. f. angew. Chem. Bd. 33, S. 25. 1920.

die Wellenlängen des Lichtes darstellen, das durch den absorbierenden Stoff auf ein Zehntel seiner ursprünglichen Intensität geschwächt wird.

Ein einfach zu handhabendes Verfahren zur Absorptionsmessung im sichtbaren Gebiet hat MERTON[1]) ausgearbeitet. Als Lichtquelle wird die Nernstlampe, zur meßbaren Schwächung eine neutralgraue Platte verwendet, deren Extinktion für eine Reihe von Wellenlängen genau spektralphotometrisch festgelegt ist. Es ist wesentlich, die Belichtungszeit richtig zu bemessen, so daß die Punkte gleicher Schwärzung eine für den visuellen Vergleich günstige Tiefe aufweisen.

WINTHER[2]) hat die Methode auf das Ultraviolett ausgedehnt, anfänglich benutzte er hier zur Lichtschwächung eine 0,0004 mol. Lösung von p-Nitrosodimethylanilin als Normalsubstanz mit relativ günstigem Verlauf der Ultraviolettabsorption. Als Lichtquelle diente die Quarz-Quecksilberlampe; die Normalsubstanz muß natürlich versagen, falls die zu untersuchende Substanz einen ihr ähnlichen Absorptionsverlauf besitzt. Später benutzte WINTHER[3]) als lichtschwächendes Mittel nach dem Vorgange von HAM, FEHR und BITNER[4]) geschwärzte Messingdrahtnetze. In dieser Form ist die Methode äußerst bequem. Als Lichtquelle diente bei den Versuchen von WINTHER ebenfalls die Quecksilberlampe, die bei breitem Spalt einen fast kontinuierlichen Untergrund liefert und deren Bild auf dem Spalt des Spektrographen abgebildet wurde, zwischen Linse und Spalt befindet sich das Netz; die Extinktion desselben wird mit Hilfe eines Spektralphotometers im Sichtbaren ermittelt; besondere Versuche ergaben, daß die Extinktion auch für kurze Wellen von der Frequenz unabhängig ist, die Feststellung der Schwärzungsgleichheit in den beiden Spektren geschieht mit dem Auge.

LEY und VOLBERT[5]) fanden, daß es für den okularen Vergleich und die Feststellung der Wellenlängen gleicher Schwärzung im Zwillingsspektrum günstiger ist, ein möglichst linienreiches Spektrum, z. B. das des Fe-Ni-Funkens, zu verwenden und Lösungs- und Lösungsmittelspektrum bei gleicher Schichtdicke miteinander zu vergleichen. HAM, FEHR und BITNER benutzten einen Satz von 14 Netzen, bei denen die prozentuale Durchlässigkeit zwischen 3,06 und 91,6 lag; für viele Absorptionsmessungen kommt man mit einem einfachen und einem doppelten Drahtnetz von den ungefähren Extinktionen 0,6 und 1,2 aus.

In Abb. 22 (S. 657) ist die Reproduktion von Spektralaufnahmen, die nach der Drahtnetzmethode gewonnen sind, wiedergegeben; es handelt sich um eine 0,5 mol. wäßrige Lösung von Kaliumnitrat nach Messungen von LEY und VOLBERT; die Belichtungszeit betrug 60 Sek. (Fe-Ni-Funke), die verwendeten Schichtdicken (d cm) sind bei den einzelnen Absorptionsspektren A angegeben, ebenso die ε-Werte. Die Wellenlängen gleicher Schwärzungen sind an den einzelnen Zwillingsspektren markiert, die Extinktion des Drahtnetzes betrug 1,224.

SCHAUM und KELLNER[6]) haben eine in der Handhabung einfache Vorrichtung zur Spektralphotometrie im Ultraviolett unter Verwendung eines Röhrenphotometers[7]) geschaffen. Zwei horizontal vor dem Spalt angebrachte Röhren sind auf beiden Seiten durch Mattscheiben aus Quarz verschlossen. Die

<hr>

[1]) TH. R. MERTON, Journ. chem. soc. Bd. 103, S. 124. 1913.
[2]) CHR. WINTHER, BAGGESGAARD-RASMUSSEN u. E. SCHREINER, ZS. f. wiss. Photogr. Bd. 22, S. 33. 1922.
[3]) CHR. WINTHER, ZS. f. wiss. Photogr. Bd. 22, S. 125. 1923.
[4]) W. R. HAM, R. B. FEHR u. R. E. BITNER, Journ. of Frankl. Inst. Bd. 178, S. 299. 1915.
[5]) H. LEY u. F. VOLBERT, ZS. f. wiss. Photogr. Bd. 23, S. 41. 1924.
[6]) K. SCHAUM u. H. KELLNER, ZS. f. wiss. Photogr. Bd. 24, S. 85. 1926.
[7]) Vgl. K. SCHAUM u. W. HENSS, ZS. f. wiss. Photogr. Bd. 23, S. 7. 1925.

dem Spalt abgewandten Scheiben werden durch eine Lichtquelle erleuchtet und
bewirken dadurch eine gleichmäßige Beleuchtung der dem Spalt zugekehrten
Scheiben. Durch zwei vor dem Spalt angebrachte FRESNELsche Parallelepipede
aus Quarz wird eine scharfe Abbildung der Doppelspektren ohne störende
Trennungslinie erzielt. In den einen Strahlengang wird die Lösung, in den anderen
das Lösungsmittel eingeschaltet. Das durch die Küvette mit dem Lösungsmittel
hindurchgegangene Lichtbündel wird durch Blenden mit verschiedener Öffnung
geschwächt, die vor der einen Mattscheibe, leicht auswechselbar, angebracht
sind. Die Photometrierung der Blenden sowie die Justierung der beiden Strahlen-
gänge auf gleiche Helligkeit geschieht mit Hilfe des Photometerkopfes des
MARTENSschen Photometers. Als Lichtquelle diente der KONENsche Unter-
wasserfunke[1]) mit Aluminiumelektroden nach Art der Schaltung von HENRI[2]).
Die Feststellung der Schwärzungsgleichheit erfolgte bei steil verlaufenden
Banden in der Regel mit freiem Auge oder mittels einer Binokularlupe, bei
flach verlaufenden Absorptionsbanden wurde ein zur Photometrierung kleiner
Flächen geeigneter Schwärzungsmesser nach MARTENS zu Hilfe genommen.

Diffus reflektierende Medien verwenden SCHAUM und SELIG[3]) für Extinktionsmessungen im Sichtbaren. Zur Erzeugung des Zwillingsspektrums
dienen zwei FRESNELsche Parallelepipede, die, durch einen Feinmechanismus
in der Höhe verstellbar, mit ihren Schneiden in direkten Kontakt gebracht
werden können; als Lichtquelle wird ein stark beleuchteter, diffus reflektierender,
etwa mit Magnesiumoxyd bedeckter Schirm, besser eine weiße Hohlkugel nach
SCHMIDT und HAENSCH[4]) verwendet. In den einen Strahlengang kommt die
absorbierende Substanz (Küvette mit Lösung), in den anderen ein die Reflexionsverluste kompensierendes System (Küvette mit Lösungsmittel) sowie die verschiedenen gegenein-
ander auswechsel-
baren mattierten
Plättchen unter Be-
achtung der früher
besprochenen Fakto-
ren (u. a. des Ein-
flusses des Schirm-
abstandes vom re-
flektierenden System
auf die Lichtschwä-
chung). Die weitere
Ausführung der Mes-
sungen ist die näm-
liche wie früher.

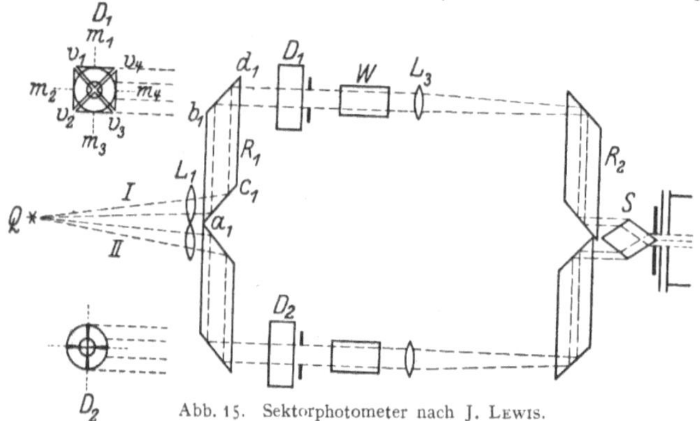

Abb. 15. Sektorphotometer nach J. LEWIS.

Mit wesentlich größeren Mitteln als den vorher beschriebenen einfachen
Blenden wird der gleiche Zweck in dem Sektorphotometer von LEWIS[5])
erreicht, dessen wesentliche Bestandteile beschrieben werden sollen (s. Abb. 15).
Die von der Lichtquelle Q ausgehenden und durch eine Quarz-Fluoritlinse L_1
parallel gemachten Strahlen fallen nach zweimaliger Reflexion an den Flächen a_1c_1
und b_1d_1 des Quarzrhombus R_1 durch den Sektor D_1 und die Absorptionszelle W

[1]) H. KONEN, Ann. d. Phys. Bd. 9, S. 766. 1902; Phys. ZS. Bd. 3, S. 537. 1902; s. auch
L. SCHMIDT, Ann. d. Phys. Bd. 63, S. 271. 1920.
　[2]) V. HENRI, Phys. ZS. Bd. 14, S. 516. 1913; vgl. CHR. STRASSER, ZS. f. wiss. Photogr.
Bd. 14, S. 281. 1915.
　[3]) K. SCHAUM u. S. SELIG, ZS. f. wiss. Photogr. Bd. 22, S. 148. 1922.
　[4]) Siehe Katalog von Schmidt & Haensch, Berlin.
　[5]) J. LEWIS, Trans. Chem. Soc. London, Bd. 115, S. 312. 1919.

auf die Linse L_3, die die Strahlen auf den Spalt des Spektrographen richtet, nachdem sie an entsprechenden Flächen des Rhombus R_2 reflektiert sind; die Linse L_3 kann für jede Wellenlänge fokussiert werden. S ist der vor dem Spalt befindliche bekannte ALBRECHTsche Rhombus aus Quarz. Einen analogen Verlauf wie I nimmt der nach unten abgelenkte Lichtstrahl II, in dessen Weg etwa das mit Lösungsmittel gefüllte Gefäß aufgestellt wird. Die lichtschwächenden, im parallelen Strahlengang angebrachten Vorrichtungen D_1 und D_2 sind feststehende Diaphragmen mit variablen Öffnungen, sie bestehen aus vier Flügeln v_1 bis v_4, die um die Achsen m_1 bis m_4 beweglich sind. Liegen die Flügel sämtlich in einer Ebene (s. links oben), so ist der Lichtdurchlaß gleich Null, sind sämtliche Flügel um 90° gedreht (s. links unten), so geht die Strahlung ungehindert hindurch, bis auf einen durch die Dicke der Flügel bedingten und genau bestimmbaren Bruchteil. Zwischen diesen beiden Extremen kann jede Öffnung vermittels eines Mechanismus eingestellt und an einer Skala abgelesen werden. Bei Anwendung zweier Sektoren oder richtiger Blenden wird D_1 völlig geöffnet, während

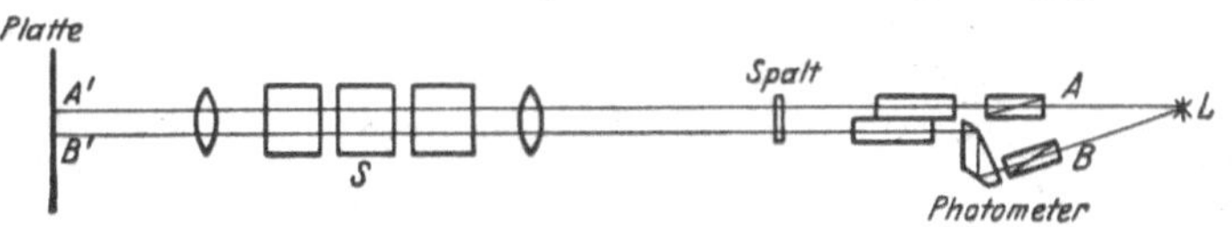

Abb. 16.   Anordnung von SCHOEN.

durch D_2 das Vergleichsspektrum beliebig geschwächt wird; es genügt übrigens nur ein Sektor, der in den Weg des Strahls II eingeschaltet wird.

Insbesondere für Absorptionsmessungen im Rot und Infrarot ist von SCHOEN[1]) eine photographische Methode ausgearbeitet worden. Die Apparatur (Abb. 16) besteht aus einem Dreiprismen-Spektrographen von großer Dispersion mit dessen Kollimatorspalt ein von BELLINGHAM und STANLEY[2]) gefertigtes Polarisationsphotometer verbunden ist. In diesem sind die optischen Achsen der Polarisationsprismen geneigt, im Schnittpunkte befindet sich die Lichtquelle L. Mittels eines total reflektierenden Prismas werden die Bündel A und B in ihrem weiteren Verlaufe parallel gemacht. Das optische System des Spektrographen S erzeugt auf der Platte zwei nebeneinander liegende Spektren bei A' und B'; durch Drehen des Nicols in dem System A' wird die Intensität des Vergleichsspektrums A' in beliebiger Weise verändert; im Strahlengang BB' befindet sich das absorbierende Medium. Die Systeme werden vorher so adjustiert, daß, falls die Ebene des polarisierenden Nicols A der Ebene des Analysators in dem Strahlenbündel AA' parallel ist, im Zwillingsspektrum gleiche Helligkeit herrscht, dann werden Aufnahmen bei verschiedenen Stellungen des Polarisators im System A gemacht, denen bekannte Extinktionen $E = -\log\cos^2 A$ entsprechen (A Winkel zwischen den Ebenen des Polarisators und Analysators). Schließlich werden im Zwillingsspektrum die Wellenlängen gleicher Schwärzung ermittelt. Als Lichtquelle diente die äußerst intensive Sperry-Submarinlampe Type D bei 110 Volt und 35 Amp. [BASSET[3])], die Platten waren durch Sensibilisierung mit Neozyanin[4]) bis zur Wellenlänge 900 bzw. 1000 $\mu\mu$ empfindlich.

DEFREGGER[5]) hat das von SIMON angegebene Prinzip der beweglichen Blende zur Konstruktion eines Spektralphotometers für Ultraviolett benutzt. Der

[1]) A. L. SCHOEN, ZS. f. wiss. Photogr. Bd. 24, S. 326. 1927.
[2]) Spectrometric Apparatus, Bellingham & Stanley, London N 19.
[3]) P. R. BASSET, Trans. S. M. P. E. Nr. 11, S. 79. 1920.
[4]) M. L. DUNDON, A. L. SCHOEN u. R. M. BRIGGS, Journ. Opt. Soc. Amer. Bd. 12, S. 397. 1926.
[5]) F. P. DEFREGGER, Ann. d. Phys. Bd. 41, S. 1012. 1913.

Apparat ist ein Spektrograph mit Doppelspalt; auf der planen Innenfläche des Kameraobjektivs sind zwei kongruente Quarzprismen mit kleinem brechenden Winkel so befestigt, daß sie mit einer Grundfläche aneinander stoßen und das eine Prisma seine brechende Kante nach oben, das andere nach unten wendet. Die von den beiden Prismen freigelassenen Teile der Objektivöffnung sind durch eine quadratische Blende abgedeckt. Durch geeignete Ausblendung und passende Wahl der Winkel der kleinen Prismen werden nun zwei Spektren erzeugt, von denen das eine von dem unteren Spalt und der rechten Objektivhälfte, das andere von dem oberen Spalt und der linken Objektivhälfte herrührt. Hinter der quadratischen Objektivblende befindet sich verschiebbar angeordnet eine zweite Blende, deren Öffnung halb so breit ist wie jene, derart, daß sie in ihrer linken Endstellung das linke, in ihrer rechten Endstellung das rechte Prisma freigibt. Wird diese Blende nun langsam von links nach rechts verschoben, so entstehen auf einer vor dem Okularspalt vorbei bewegten photographischen Platte zwei Schwärzungsstreifen von ab- bzw. zunehmender Schwärzung $h_a = h_b$. Abb. 17 stellt die Änderung der Schwärzung für die beiden Streifen a, b als Funktion des Plattenweges dar, die Stelle gleicher Schwärzung liegt in der Mitte, bei g. Wird nun vor den oberen Spalt ein absorbierendes Medium gebracht, das die Helligkeit auf $1/n$ herabsetzt, so ändert sich die maximale Schwärzung h_a in

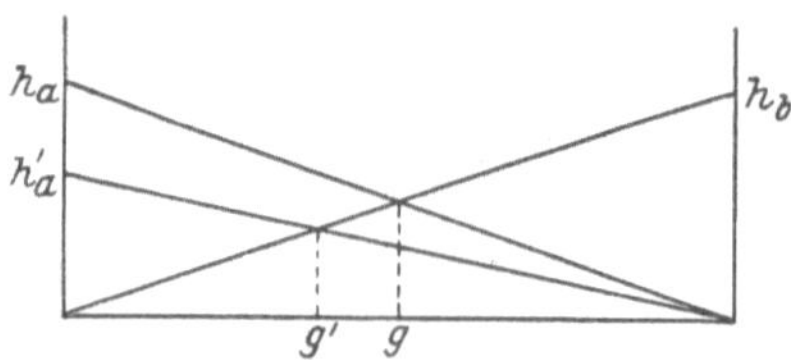

Abb. 17. Zum Spektralphotometer von DEFREGGER.

$h'_a = h_a/n$ und die Stelle der Schwärzungsgleichheit verschiebt sich nach g'; umgekehrt läßt sich aus dieser Verschiebung die Durchlässigkeit des absorbierenden Mediums berechnen. Die Bestimmung der Stelle gleicher Schwärzung auf der Platte geschieht mit Hilfe eines besonderen Helligkeitskomparators. Die Durchführung dieser Idee erfordert eine ziemlich komplizierte Apparatur; die mit dem Photometer angestellten Absorptionsmessungen an Kaliumnitrat verdienen volles Vertrauen.

Ferner mögen noch zwei Methoden dieser Kategorie (gleiche Expositionszeit für Absorptions- und Vergleichsspektrum) genannt werden, bei denen die Plattenschwärzungen mikrophotometrisch ausgemessen werden.

Das Verfahren von KOCH haben ECKERT und PUMMERER[1]) für Extinktionsmessungen im sichtbaren Spektrum angewendet. Mittels einer Lichtquelle mit kontinuierlichem Spektrum wird mit der gleichen Belichtungszeit das Absorptionsspektrum der Lösung und des reinen Lösungsmittels aufgenommen, ferner auf der gleichen Platte eine Reihe, meist sechs, Intensitätsmarken, die dadurch hergestellt sind, daß das durch das reine Lösungsmittel unter den gleichen Bedingungen wie vorher hindurchgegangene Licht auf bekannte Bruchteile seiner Intensität vermittels des rotierenden Sektors abgeschwächt wird. Die Schwärzungen der Intensitätsmarken und des Absorptionsspektrums werden mit Hilfe des KOCHschen Registrierphotometers ausgemessen und daraus Kurven konstruiert, die die Schwärzungen als Funktionen der Wellenlänge darstellen. Entsprechend den sechs Intensitätsmarken ist man imstande, für jede Wellenlänge aus sechs Punkten eine Kurve festzulegen, die die Schwärzung in Abhängigkeit von der relativen Intensität bei der betreffenden Expositionszeit darstellt. Durch Änderung der Belichtungsdauer oder der Intensität der Lichtquelle muß man versuchen, Kurven mit möglichst günstigem Verlauf (vgl. S. 626) zu erhalten. Mit Hilfe dieser Kurven sowie der Schwärzungskurve der Lösung kann man für jede Wellenlänge die Extinktion berechnen.

---

[1]) F. ECKERT u. R. PUMMERER, ZS. f. phys. Chem. Bd. 87, S. 599. 1914.

Als Lichtquelle diente eine mit konstanter Stromstärke brennende Nernstlampe, deren Faden mit Hilfe zweier Linsen auf dem Spalt des Spektroskops abgebildet wurde, vor diesem befand sich der mit einem Elektromotor angetriebene Sektor mit einer Tourenzahl von 1000 pro Minute; im parallelen Strahlengang zwischen den Linsen befand sich das Absorptionsgefäß und eine Blende; die Verfasser arbeiteten mit einer kleinen Dispersion. Durch diese größere Mittel voraussetzende Methode soll auf Grund der graphischen Interpolation der Schwärzungskurven für konstante Wellenlängen die durchgelassene Intensität auf 1 bis 3% genau bestimmbar sein.

Bei dem von Pool[1]) vorgeschlagenen Verfahren zur Absorptionsphotometrie im Ultraviolett wird zur Lichtschwächung ein kreisrundes Diaphragma mit veränderlicher Öffnung verwendet (Abb. 18), das im parallelen Strahlengang angeordnet ist; um Unregelmäßigkeiten in den brechenden und dispergierenden Medien möglichst auszuschließen, wurde das Diaphragma kontinuierlich gedreht, jedoch so langsam, daß ein Intermittenzeffekt ausgeschlossen war. Als Lichtquelle diente eine mit Akkumulatorenstrom gespeiste Nitralampe mit Quarzfenster[2]) N, deren Strahlen, durch eine Quarzlinse L_1 parallel gemacht, durch

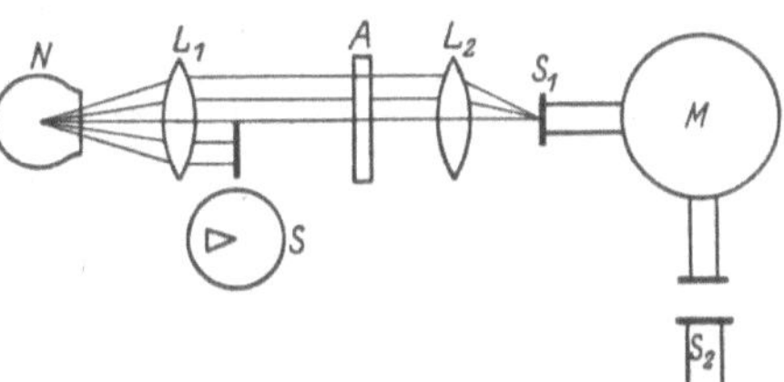

Abb. 18. Spektralphotometrische Anordnung nach Pool.

den Sektor S und die absorbierende Schicht A fallen und durch eine zweite Linse L_2 auf dem Spalt S_1 des Monochromators M konzentriert werden. Durch die Einschaltung des letzteren soll fremdes Licht möglichst abgehalten werden; für jede Wellenlänge muß N, L_2 und M besonders eingestellt werden; S_2 ist der Spalt des Spektrographen, das Diaphragma (Sektor) besteht aus zwei runden Scheiben mit halbkreisförmigem Ausschnitt, die gegeneinander verstellt werden können; mit Hilfe von Thermosäule und Galvanometer wurde besonders festgestellt, daß die vom Sektor durchgelassenen Energiemengen den Sektoröffnungen proportional sind. Die Schwärzungen im Absorptions- und Vergleichsspektrum werden mit Hilfe des Mikrophotometers von Moll ausgemessen und daraus die Extinktionen in bekannter Weise berechnet.

Die mittels dieser Methode gemessenen Extinktionskoeffizienten des Azetons weisen gegenüber den von Henri erhaltenen genauen Werten teilweise große Abweichungen auf, ebenso deuten Messungen an Bariumchlorid auf größere Unsicherheiten hin.

19. Verschiedene Belichtungszeit für Absorptions- und Vergleichsspektrum. Werden Absorptions- und Vergleichsspektren nicht mit gleicher Expositionszeit aufgenommen, so wird der Berechnung in der Regel das Schwarzschildsche Gesetz zugrunde gelegt. Nach der Methode von V. Henri[3]) verfährt man zur Messung des Extinktionskoeffizienten eines gelösten Stoffes folgendermaßen: man belichtet abwechselnd das Lösungsmittel, die konstante Zeit t', die Lösung bei gleicher Schichtdicke und sonst gleichen Bedingungen, die verschiedenen Zeiten t, t_1, t_2, t_3 ...; findet man nun, daß im Absorptionsspektrum (t belichtet) und im Vergleichsspektrum (t' belichtet) bei der Wellenlänge λ gleiche Schwärzung auftritt, so ist das Verhältnis der vom Lösungsmittel bzw. von der Lösung durchgelassenen Intensitäten $J'/J = (t/t')^p$. Für den Extinktionskoeffizienten des

[1]) G. M. Pool, ZS. f. Phys. Bd. 29, S. 311. 1924; vgl. G. M. Pool, Diss. Utrecht 1925.
[2]) G. Gehlhoff, ZS. f. techn. Phys. Bd. 1, S. 224. 1920.
[3]) V. Henri, Phys. ZS. Bd. 14, S. 516. 1913; Chem. Ber. Bd. 46, S. 1304. 1913; Etudes de Photochimie. Paris 1919.

Stoffes, d. h. die Differenz der Extinktionskoeffizienten von Lösung und Lösungsmittel gilt aus der Beziehung $J = J'\, 10^{-kd}$:

$$\varepsilon = \varepsilon_{\text{Lösung}} - \varepsilon_{\text{Lösungsm.}} = \frac{p \cdot \log(t/t')}{d \cdot c}.$$

Das Haupterfordernis für dieses Verfahren ist eine während längerer Zeit konstante Lichtquelle. HENRI hat zuerst den kondensierten Funken zwischen Fe-Cd-Elektroden benutzt, dessen Licht mit Hilfe einer großen Quarzlinse passender Brennweite auf den Spalt des HILGERschen Quarzspektrographen konzentriert wird. Mit Hilfe eines langsam rotierenden Sektors lassen sich die Belichtungszeiten für Lösung und Lösungsmittel genau festlegen. Es ist zweckmäßig, für jede Konzentration Absorptionsspektrum (A) und Vergleichsspektrum (V) bei den angegebenen Schichtdicken mit folgenden Belichtungszeiten (in Sek.) auf die Platte zu bringen:

$d =$	2 mm	4 mm	10 mm	25 mm	50 mm	100 mm
V	5	5	5	5	5	5
A	90	60	60	60	40	40
V	5	5	5	5	5	5
A	60	40	40	30	30	30
V	5	5	5	5	5	5
A	40	30	30	20	20	20
V	5	5	5			5
A	30	20	20			10

Das Schema läßt sich übrigens noch vereinfachen, indem man zwischen zwei Lösungsspektren ein Lösungsmittelspektrum photographiert.

Man erhält so k-Werte zwischen 5,65 und 0,027. Jedes der 22 Absorptionsspektren liegt zwischen zwei Vergleichsspektren, bei denen das Licht durch das reine Lösungsmittel hindurchgegangen ist; außer dem exakten Vergleich ist damit auch eine Kontrolle möglich, ob das Licht des Funkens während der Versuchsdauer konstant geblieben ist. Je nach der Lage der Absorptionsspektren kann man auch andere Funkenspektren wie Fe-Ni oder Cu u. a. verwenden. Für die von HENRI benutzten Platten von WRATTEN und WAINWRIGHT wird der SCHWARZSCHILDsche Faktor zu 0,9 angenommen. Die Methode ist auf verschiedenen Wegen kontrolliert, u. a. durch Vergleich der photographisch erhaltenen Werte mit den vermittels des KÖNIG-MARTENSschen Spektralphotometers direkt bestimmten Extinktionskoeffizienten im sichtbaren Gebiete[1]).

Die Methode wird unbrauchbar, falls das Absorptionsspektrum aus schmalen Banden besteht; in diesem Falle benutzt HENRI[2]) statt des kondensierten Funkens einen solchen hoher Frequenz, indem er die Entladungen einer Teslaspule zwischen Aluminiumelektroden unter Wasser übergehen läßt. Es genügen Belichtungen von 30 bis 60 Sek., um selbst im äußeren Ultraviolett intensive Spektren zu erhalten, in denen auf kontinuierlichem Untergrund noch einige starke Aluminiumlinien sichtbar sind; in diesem Falle wird die Platte mit Hilfe eines Mikrophotometers ausgemessen. Beide Methoden geben genügend übereinstimmende k-Werte.

Eine gewisse Unsicherheit scheint zunächst durch die Verwendung des Plattenfaktors zu bestehen, der von der Wellenlänge als unabhängig angenommen wird, doch bedingt der SCHWARZSCHILDsche Faktor für die Methode praktisch keine Schwierigkeit, was vor allem aus der guten Übereinstimmung der nach

---

[1]) Vgl. M. BOLL, C. R. März 1913.
[2]) V. HENRI, Phys. ZS. Bd. 14, S. 516. 1913; vgl. auch die S. 645 zitierte Literatur.

HENRI bestimmten und der nach einer unabhängigen Methode ermittelten Absorptionskoeffizienten hervorgeht[1]).

Die Bestimmung des Plattenfaktors kann in verschiedener Weise geschehen, etwa durch ein graphisches Verfahren, indem man von einer Substanz (Azeton, Kaliumnitrat in Wasser) mit bekannten Extinktionskoeffizienten die (λ, ε)-Kurve mit $p = 1$ experimentell ermittelt und diese bis zur Deckung mit der genauen Kurve verschiebt. Bei einem anderen Verfahren wird eine das Licht meßbar schwächende Vorrichtung (Blende, Polarisator, am einfachsten Drahtnetz) benutzt und eine Serie von Spektrenaufnahmen gemacht, indem der Spalt abwechselnd direkt t sec, dann unter Einschaltung der Vorrichtung die längere Zeit t' sec belichtet wird; t wird konstant gehalten, t' variiert. Für die Spektren gleicher Schwärzung berechnet sich dann:

$$p = \frac{E}{(\log t' - \log t)},$$

wo E die bekannte Extinktion der Vorrichtung (etwa des Drahtnetzes) ist; für die Hauffplatte (Extra-rapid) wurde so 0,93 gefunden. Ferner zeigte sich, daß innerhalb der Genauigkeit der Meßanordnung zwischen 0,39 und 0,23 μ der SCHWARZSCHILDsche Faktor keine wesentliche Abhängigkeit von der Wellenlänge aufwies.

Von LEY und VOLBERT ist die Reproduzierbarkeit der nach der Methode von HENRI erhaltenen Extinktionswerte geprüft; es mögen hier folgende Punkte erwähnt werden: ein systematischer Einfluß der Schichtdicke war nicht erkennbar, eine Änderung der Belichtungszeit für die Zwillingsspektren derart, daß t/t' konstant gehalten wurde, hatte ebenfalls keinen systematischen Einfluß auf die k-Werte. Bei langer Belichtungszeit treten allerdings dadurch Schwierigkeiten auf, daß die Linien zum Teil stark verwaschen und mit kontinuierlichem Untergrund erscheinen, was die Ablesung erschwert. Die nach HENRIS Methode ermittelten Molextinktionen des Kaliumnitrats wurden mit den nach der (theoretisch einfacheren) Drahtnetzmethode erhaltenen verglichen und keine systematischen Abweichungen aufgefunden. Eine prinzipielle Schwierigkeit, die auch für die unter Ziff. 20 angegebenen Methoden gilt, kann durch folgenden Umstand auftreten: infolge der sehr verschiedenen Stärke der Linien des benutzten Spektrums kann es vorkommen, daß bei der gewählten Belichtungszeit gewisse Linien sich außerhalb des Gebietes normaler Schwärzung befinden; in diesem Falle wird die Frequenz gleicher Schwärzung auf der Platte etwas von der absoluten Belichtung (t/t') oder $m(t/t'))$ abhängen; man wird dann mit einem Spektrum mit günstigerer Linienverteilung an der betreffenden Stelle arbeiten und Linien von annähernd gleicher Intensität vergleichen.

Die Genauigkeit der Ablesung ist in den steil ansteigenden Teilen der Absorptionskurve in der Regel groß, d. h. die Wellenlänge gleicher Schwärzung kann hier selbst bei visueller Beobachtung meist auf einige $A°$ angegeben werden, während an den flach verlaufenden Stellen der Kurve infolge der geringen Kontrastwirkung die Ablesungsfehler größer sind. Auf die k-Werte bezogen, wird allerdings bei steilem Verlauf der Absorptionskurve ein geringer Ablesungsfehler in λ sich äußerst stark in den k-Werten auswirken können.

Immerhin ist bei Verwendung der HENRIschen Methode mit der Möglichkeit der Änderung des Plattenfaktors (etwa bei Änderung der Emulsion) zu rechnen und daher eine zeitweilige Kontrolle desselben erforderlich. Zweckmäßig ist

---

[1]) Siehe z. B. H. LEY u. F. VOLBERT, ZS. f. wiss. Photogr. Bd. 23, S. 41. 1924. R. MECKE u. H. LEY, ZS. f. phys. Chem. Bd. 111, S. 385. 1924.

es, die Methode von HENRI mit der sehr bequem auszuführenden Drahtnetzmethode zu kombinieren[1]), etwa derart, daß nach einem bestimmten Schema
zwischen den Aufnahmen mit Zeitvariation einige Aufnahmen nach der Drahtnetzmethode eingeschaltet werden; damit ist zugleich eine Bestimmung bzw.
Kontrolle des Faktors gegeben.

20. Methoden mit Hilfe des rotierenden Sektors. Einige Verfahren verwenden zur Helligkeitsreduktion den schnellaufenden rotierenden Sektor. Die
grundlegenden Versuche von WEBER[2]) wurden von HOWE[3]) bei seinen Absorptionsmessungen bestätigt, welcher fand, daß die Intensitäten, die bei gleichen Expositionszeiten gleiche Schwärzungen hervorrufen, sich umgekehrt wie die
Sektoröffnungen verhalten, und daß diese Beziehung weitgehend unabhängig
von der Natur der Platte ist; zu dem gleichen Resultat gelangten GIBSON und
Mitarbeiter[4, 5]). Die letztgenannten Autoren sowie HOWE benutzen zu ihren
Absorptionsmessungen für
das sichtbare und ultraviolette Gebiet das Sektor-
photometer von HILGER[6]),
bei dem ebenfalls die dicht
aneinander grenzenden Zwillingsspektren von derselben
Lichtquelle gleichzeitig erzeugt werden (siehe Abb. 19).
Mit dem Spalt des Spektrographen ist ein Biprisma B
verbunden, das von der

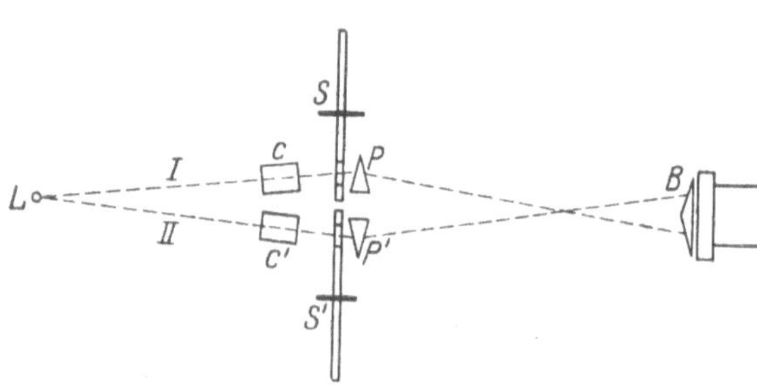

Abb. 19. Sektorphotometer von HILGER.

Lichtquelle L auf zwei verschiedenen Wegen Licht empfängt, P und P' sind
zwei Keilprismen, von denen P das Lichtbündel I nach unten, P' das Lichtbündel II nach oben ablenkt, S und S' sind die von dem gleichen Motor an-
getriebenen Sektoren, S hat eine konstante Öffnung von 180°, diejenige von S'
ist variabel; der einfacheren Rechnung wegen ist die Skala von S' so geteilt, daß
sie $\log(\omega/\omega')$ abzulesen gestattet, wo ω' und ω die Öffnungswinkel der Sektoren S'
und S bedeuten. Die Beziehung $\log(\omega/\omega') = \log(J'/J)$ (J' Intensität der aus dem
Lösungsmittel c', J Intensität der aus der Lösung c austretenden Strahlung)
liefert sofort den Extinktionskoeffizienten des gelösten Stoffes. Als Lichtquelle
diente der Aluminiumfunke unter Wasser im wesentlichen nach der Anordnung
von HENRI[7]).

Eine ähnliche Apparatur wie HILGER-HOWE (bzw. LEWIS) benutzt SCHEIBE[8]),
der als Lichtquelle im Ultraviolett den bequem zu handhabenden Eisenbogen
anwendet. Die zwei Lichtbündel werden von den Randstellen einer großen
Quarzlinse geliefert, in deren Brennweite eine matt geschliffene, vom Bogen
erleuchtete Quarzplatte steht. Die beiden Strahlenbündel werden durch einen

[1]) Siehe H. LEY u. F. VOLBERT, ZS. f. phys. Chem. Bd. 130, S. 308. 1927.
[2]) A. E. WEBER, Ann. d. Phys. Bd. 45, S. 801. 1914.
[3]) H. E. HOWE, Phys. Rev. (2) Bd. 8, S. 674. 1916.
[4]) K. S. GIBSON, H. J. McNICHOLAS, E. P. T. TYNDALL, M. K. FREHAFER, W. E. MA-
THEWSON, Scient. Pap. Bureau of Stand. Bd. 18, S. 121. 1922.
[5]) Ob jene Beziehung für jede Platte gültig ist und der SCHWARZSCHILDsche Faktor
stets 1 gesetzt werden kann, bedarf wohl einer besonderen Untersuchung von Fall zu Fall
(vgl. Ziff. 8).
[6]) F. TWYMAN, Optical methods in control and research laboratories. A. Hilger, London,
Katalog 1914.
[7]) Siehe hierzu auch E. C. C. BALY, R. A. MORTON u. R. W. RIDING, Proc. Roy. Soc.
London (A) Bd. 113, S. 709. 1927.
[8]) G. SCHEIBE, Chem. Ber. Bd. 57, S. 1330. 1924.

ALBRECHTschen Rhombus wieder zur unmittelbaren Berührung gebracht, die scharfe Kante des Rhombus aus Quarz oder Flußspat wird durch einen Quarz-Flußspatachromaten auf dem Spalt des Spektrographen abgebildet. Zur Lichtschwächung dient eine Reihe von aus Karton geschnittenen Sektoren, die direkt auf der Achse eines Motors befestigt sind. Zum Unterschied von HILGER kommt nur ein rotierender Sektor in Anwendung, und zwar im Strahlengang, der das Lösungsmittel enthält; in diesem Strahlengang ist somit der Intermittenzeffekt vorhanden, im anderen nicht.

Es ist von Bedeutung, daß die mit dem rotierenden Sektor erhaltenen Extinktionsmessungen mit solchen verglichen wurden, bei denen zur Lichtschwächung theoretisch einfachere Methoden verwendet wurden. So haben BALY, MORTON und RIDING[1]) die Extinktionskoeffizienten von Kaliumnitrat- und Kaliumchromatlösungen mit Hilfe des HILGERschen Sektorphotometers (zwei rotierende Sektoren im Strahlengang des Vergleichs- und Absorptionsspektrums — SCHWARZSCHILDscher Faktor $p = 1$) sowie mittels des Photometers von LEWIS gemessen. Die Resultate stimmen bis auf ungefähr 2% in den ε-Werten überein.

Ferner hat RÖSSLER[2]) die Sektorenmethode von SCHEIBE u. a. mit einer modifizierten Methode von WINTHER kontrolliert; Messungen an Kaliumchromat ergaben gute Übereinstimmung[3]).

21. Keilphotometrische Methoden sind für die Zwecke der photographischen Absorptionsphotometrie von verschiedenen Autoren ausgearbeitet, sie sind bequem in der Ausführung und besonders dann am Platze, wenn nicht die äußerste Genauigkeit verlangt wird.

EWEST[4]) hat auf Veranlassung von R. LUTHER ein keilphotometrisches Verfahren für das sichtbare Gebiet ausgearbeitet, wobei er an frühere Arbeiten in gleicher Richtung von BELIN[5]), DEFREGGER[6]), CALLIER[7]), HERTZSPRUNG[8]) und besonders von MEES[9]) anknüpft. Im Gegensatz zu MEES bringt er den Graukeil direkt vor der Platte an und läßt Keil und Platte am Orte des Spaltbildes senkrecht zur Keilkante mit konstanter Geschwindigkeit vorbeigleiten. Der Methode liegt die Voraussetzung zugrunde, daß die Dichte D des Keils linear zunimmt, und daß ebenfalls die Abhängigkeit der Keilkonstanten $C = \dfrac{D_a - D_b}{(a - b)}$ von der Wellenlänge gegeben ist (vgl. S. 628).

Aus zwei mit gleicher Expositionszeit gemachten Aufnahmen, nämlich 1. des Spektrums mit Keil, aber ohne absorbierendes Medium, 2. des Spektrums mit Keil und absorbierender Substanz (etwa Lösung) sowie aus den daraus abgeleiteten Grenzkurven läßt sich der Extinktionskoeffizient des absorbierenden Mediums berechnen. Als vergleichbare Schwärzungen werden auf den Photogrammen die Schwellenwerte, d. h. die eben erkennbaren Schwärzungen, angenommen. Diese sind eindeutige Funktionen u. a. der Wellenlänge, der Plattenempfindlichkeit, der spektralen Intensitätsverteilung der Lichtquelle sowie der Keilkonstanten C, multipliziert mit dem senkrechten Abstande y des der Schwellenschwärzung entsprechenden Punktes des Keils von seiner Kante.

[1]) E. C. C. BALY u. R. A. MORTON u. R. W. RIDING, Proc. Roy. Soc. London (A) Bd. 113, S. 709. 1927.

[2]) G. RÖSSLER, Chem. Ber. Bd. 59, S. 2606. 1926.

[3]) Zeigen allerdings zum Teil nicht unerhebliche Abweichungen von den Messungen von BALY, MORTON und RIDING.

[4]) H. EWEST, Diss. Berlin 1913; vgl. F. F. RENWICK, Photogr. Journ. Bd. 54, S. 99. 1914.

[5]) M. BELIN, Brit. Journ. of Photogr. 1907.

[6]) F. P. DEFREGGER, Photogr. Rundschau 1912.

[7]) A. CALLIER, Eders Jahrb. 1908.

[8]) E. HERTZSPRUNG, ZS. f. wiss. Photogr. Bd. 3, S. 468. 1905.

[9]) Lit. s. S. 659 unten.

Die aus den beiden Aufnahmen abgeleiteten Grenzkurven (s. Abb. 20) mögen I und II sein; daraus berechnet sich für die absorbierende Substanz mit den Ordinaten $(y_1 - y_2)$ die Grenzkurve III. Ist die dekadische Absorptionskonstante k, so läßt sich zeigen, daß für jede Wellenlänge die Beziehung

$$k = \frac{C(y_1 - y_2)}{d}$$

gelten muß. d ist die Schichtdicke der absorbierenden Substanz, C die Keilkonstante, deren Abhängigkeit von der Wellenlänge u. a. durch Messung der Grenzkurven $y = f(\lambda)$ bei verschieden abgestuften Belichtungen (etwa durch geeignete, im Keilspektrographen angebrachte Blenden) leicht erhalten werden kann.

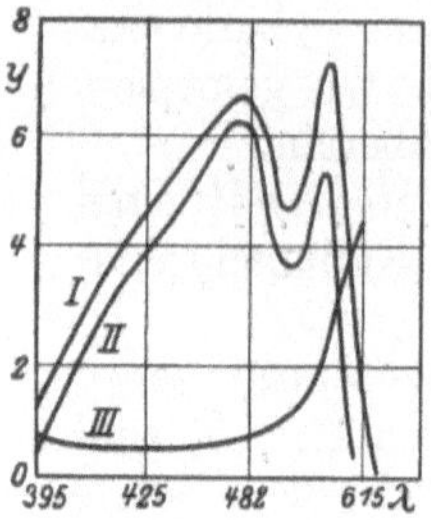

Die Methode wurde für orientierende Messungen im Sichtbaren ausgearbeitet; als dispergierende Vorrichtung diente ein kleines Handspektroskop, das in geeigneter Weise in einen Spektrographen umgewandelt und auf dessen Spalt ein als Lichtquelle dienender Nernststift abgebildet wurde. Mit dem Spektroskop war die Gleitvorrichtung für die Kassette verbunden, die die Platte mit dem Goldbergkeil enthielt. Um Inkonstanzen der Lichtquelle auszuschalten, wurde ein zweiter analog gebauter „Keilspektrograph" in den Gang der von derselben Lichtquelle kommenden Strahlen gestellt. EWEST gibt eine ausführliche Diskussion der Fehlerquellen seiner Methode.

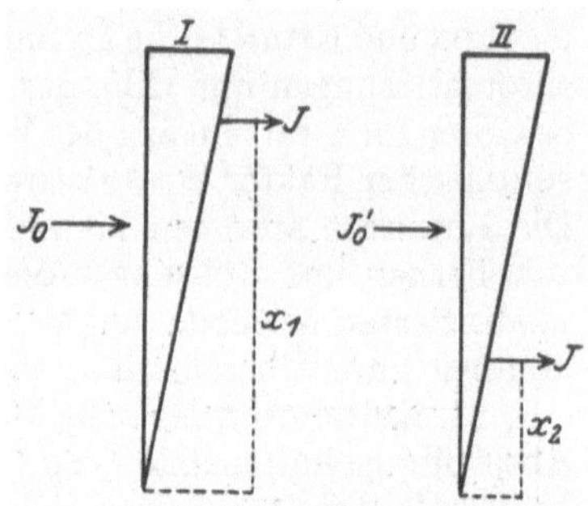
Abb. 21. Zur keilphotometrischen Methode von SLADE-TOY.

Abb. 20. Zur Methode von LUTHER-EWEST.

Etwas einfacher ist ein Verfahren von SLADE und TOY[1]), mit dem die Absorption des Silberbromids im Sichtbaren und Ultravioletten gemessen wurde. An Stelle des Graukeils wird ein aus der Substanz selbst gefertigter Keil bzw. ein mit Substanz ausgefüllter Quarzkeil angewendet, der vor dem Spektrographenspalt befestigt ist, derart, daß die Kante des Keils senkrecht zur Längsrichtung des Spaltes steht. Mit der gleichen Expositionszeit werden mit zwei verschiedenen Intensitäten J_0 und J_0' zwei Aufnahmen durch den Keil gemacht und die betreffenden Grenzkurven ermittelt. Ist etwa $J_0' < J_0$, so wird für eine bestimmte Wellenlänge λ der Punkt der Grenzschwärzung im Falle II bei kleinerer Keildicke liegen als im Falle I (s. Abb. 21). Ist die Grenzschwärzung erzeugende Intensität J, so gilt für jedes λ

$$J = aJ_0 \cdot 10^{-kd_1} \quad \text{und} \quad J = aJ_0' \cdot 10^{-kd_2},$$

k ist der Extinktionskoeffizient, a eine von den Reflexionen an den Flächen abhängige Konstante, d_1 und d_2 sind die Keildicken.

Wenn man mit α den Winkel des Keils und mit x_1, x_2 die den Punkten der Schwellenschwärzung entsprechenden Abstände von der Keilkante bezeichnet, so ist

$$k = \frac{\log(J_0/J_0')}{(x_1 - x_2)\tan\alpha}.$$

[1]) R. E. SLADE u. F. C. TOY, Proc. Roy. Soc. London (A) Bd. 97, S. 181. 1920.

Den x_1 und x_2 werden auf der Platte die Abstände y_1, y_2, gerechnet von einem bestimmten Fußpunkte, entsprechen, so daß

$$k = \frac{\log (J_0/J_0')}{(y_1 - y_2) \cdot r \cdot \tan \alpha}$$

wird. $r = x/y$ ist der reziproke Wert der durch das optische System bewirkten Vergrößerung, r ist experimentell leicht zu messen und eine Funktion der Wellenlänge. Zur Bestimmung von k wird der Winkel des Keils gemessen, J_0/J_0' wird durch Abstandsänderung der Lichtquelle, einer Halbwatt-Metallfadenlampe, hergestellt, die Messung von y_1 und y_2 geschieht auf den von den Negativen wiederholt umkopierten Positiven.

22. Anhang. Grenzabsorptionsmessungen nach HARTLEY-BALY u. a. Im Anschluß an die Methoden der photographischen Spektralphotometrie sei noch

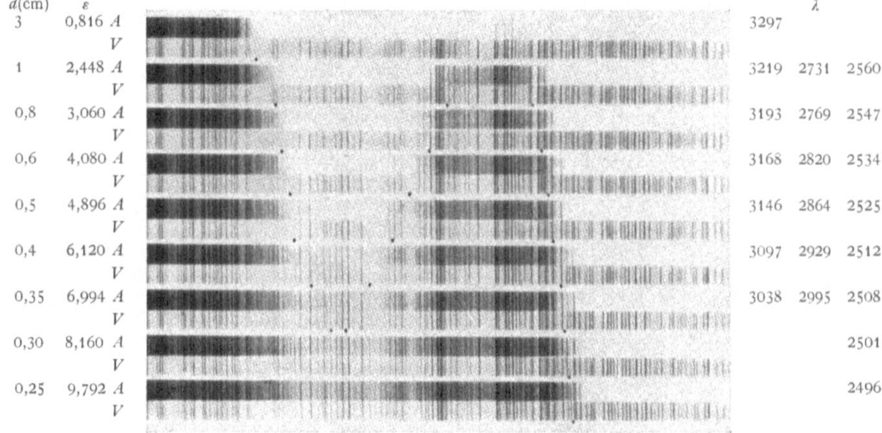

Abb. 22.   Spektrogramm nach der „Drahtnetzmethode" S. 647.   Wässrige Lösung von KNO_3 0,5 mol.   Extinktion des Drahtnetzes 1,224.   Belichtungszeit 60 Sek.; Fe-Ni-Funke.

Abb. 22a.   Spektrogramm nach der Grenzabsorptionsmethode von HARTLEY-BALY.   Wäßrige Lösung von KNO_3 1,0 mol.   Fe-Bogen.

ein häufig benutztes Verfahren beschrieben, das zwar kein photometrisches ist, das aber zur Orientierung über Absorptionsverhältnisse von Lösungen geeignet und für viele Absorptionsprobleme mehr chemischer Art verwendet ist.

Diese von Hartley[1]) ersonnene und von Baly[2]) weiter ausgebildete Methode der Grenzabsorptionsmessungen beruht darauf, daß bei gegebener Konzentration Serien von Absorptionsspektren der Lösung aufgenommen werden, derart, daß die Schichtdicke von einem Spektrum zum anderen annähernd in einer geometrischen Reihe abnimmt (man wählt also bei der Konzentration c etwa die Schichtdicken 100, 80, 63, 50, 40, 32, 25, 20, 16, 12,5, 10 mm, untersucht darauf die gleichen Schichtdicken für die Konzentration 0,1 c usf. bis zur vollständigen Durchlässigkeit). Als Lichtquellen benutzt man solche mit möglichst linienreichem Spektrum, Fe-Bogen, Fe-Fe-Ni-Funken, die Belichtungszeit ist für jede Lösung gleich. Als Absorptionsgefäße mit leicht zu verändernder Schichtdicke benutzt man die sog. Balygefäße[3]). Zur Ausmessung der Spektren wird eine photographisch hergestellte Platte, auf der die Wellenlängen oder Wellenzahlen möglichst vieler Linien vermerkt sind, mit den einzelnen Spektren zur Deckung gebracht und die letzten noch erkennbaren Linien abgelesen; über die Herstellung einer derartigen Standardplatte s. Schaefer[4]). In Abb. 22a ist

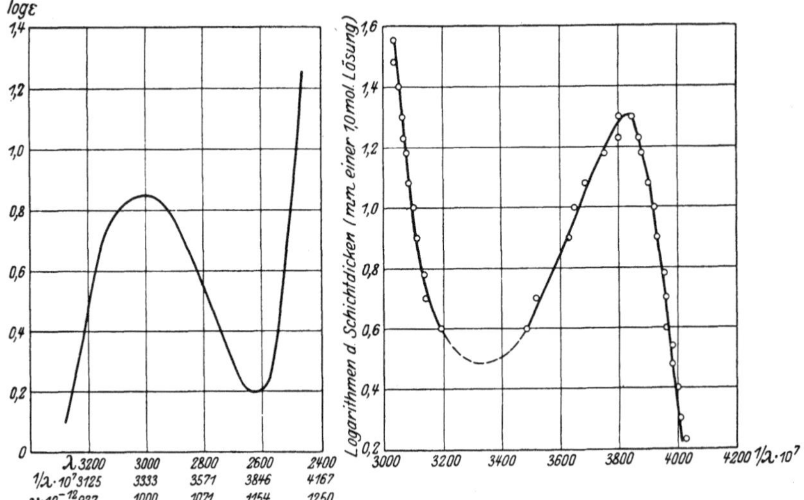

Abb. 23. Extinktionskurve des KNO_3 nach dem Spektrogramm Abb. 22. (Die nicht besonders angedeuteten Meßpunkte liegen ziemlich genau auf der Kurve.)

Abb. 23a. Grenzabsorptionskurve nach Hartley-Baly. Lösung von 1,0 mol. KNO_3 in Wasser; nach dem Spektrogramm Abb. 22a.

eine Platte mit Aufnahmen von Absorptionsspektren einer Kaliumnitratlösung in Wasser ($c = 1$ mol.) nach dem Hartley-Balyschen Verfahren reproduziert; als Lichtquelle diente der Eisenbogen, die Schichtdicken in Zentimetern sind bei den einzelnen Spektren vermerkt.

In der graphischen Darstellung der Versuchsergebnisse wird in der Regel die Abhängigkeit der Grenzabsorptionen, ausgedrückt in Wellenzahlen, $1/\lambda \cdot 10^7$ (λ in Å) von den Logarithmen der Schichtdicken (bezogen auf die Lösung geringster Konzentration) ausgedrückt[3]). In Abb. 23a ist die Kurve für Kaliumnitrat nach den Ergebnissen der Grenzabsorptionsmessungen dargestellt. Die direkt abgelesenen Punkte sind durch Kreise bezeichnet. Die Unebenheiten der Kurven sind ausgeglichen zum Teil unter Berücksichtigung der Tatsache,

[1]) W. N. Hartley u. A. K. Huntington, Phil. Trans. Bd. 170, I, S. 257. 1879.
[2]) E. C. C. Baly, Spektroskopie, deutsch von Wachsmuth. Berlin 1908.
[3]) E. C. C. Baly u. C. H. Desch, Trans. Chem. Soc. Bd. 85, S. 1039. 1904.
[4]) K. Schaefer, ZS. f. wiss. Photogr. Bd. 8, S. 223. 1910.

daß starke Linien (vgl. das Photogramm) bei verhältnismäßig größeren Schichtdicken auf der Platte erscheinen als benachbarte weniger intensive Linien. Diese sog. „Schwingungskurven" sind Durchlässigkeitskurven; dem Maximum der Absorption (für Kaliumnitrat bei etwa 0,303 μ) entspricht in der Kurve ein Minimum, sie stellen für den absorbierenden Stoff charakteristische Kurven dar, doch ist zu berücksichtigen, daß die Festlegung der Absorptionsgrenzen willkürlich ist, denn sie ist von mehreren Faktoren abhängig, so von der spektralen Empfindlichkeitskurve der verwendeten Platte, von der Energieverteilung im Spektrum der Lichtquelle, von der Optik des Apparats, z. B. den Lichtverlusten im Spektrographen u. a.

Mit Hilfe der Hartley-Balymethode erhält man in der Regel nur bei stärkerer Absorption die Lage des Maximums richtig, bei schwacher Absorption weicht die Schwingungskurve unter Umständen beträchtlich von der wahren Absorptionskurve ab, woran u. a. die ungleiche Intensitätsverteilung der Linien sowie der Umstand schuld sind, daß die Eigenabsorption des Lösungsmittels nicht berücksichtigt wird, die besonders im kurzwelligen Ultraviolett bedeutende Abweichungen verursachen kann[1]). Bei stärker absorbierenden Lösungsmitteln wie Äther, Chloroform u. a. sind deshalb möglichst geringe Schichtdicken zu verwenden.

Die Gültigkeit des Beerschen Gesetzes läßt sich in erster Annäherung dadurch feststellen, daß Spektren, für die das Produkt von Konzentration und Schichtdicke gleich ist, identisch werden, doch können auch hier durch die Eigenabsorption des Lösungsmittels größere Unsicherheiten entstehen.

Durch Anbringung geeigneter Ausgleichsfilter vor der Platte kann man diese Schwierigkeiten der Hartley-Balyschen Methode zum Teil verringern[2]).

Einen Fortschritt bedeutet der Vorschlag von Lifschitz[3]), mit Hilfe des Spektrums einer Substanz mit bekannten k-Werten die Platte zu eichen; als Lichtquelle wendet er statt des Eisen- den Eisen-Nickelbogen an, der eine bessere Verteilung der Linien in bezug auf Lage und Intensität zeigt, und belichtet nur kurze Zeit (1 bis $2^1/_2$ Sek.). Es gelingt auf diese Weise, recht annehmbare quantitative Bestimmungen auszuführen, eine Schwierigkeit dürfte aber die Inkonstanz der Lichtquelle darstellen.

Nach dem Vorschlag von Ångström[4]), Gladstone[5]) u. a. kann man an Stelle der Serienaufnahmen sich der Keilmethode bedienen (s. S. 655). Das einfallende Licht durchdringt, von oben nach unten durch den möglichst langen Spektrographenspalt fallend, abnehmende Schichtdicken, und man erhält durch eine einzige Aufnahme ein Bild der „Grenzkurve", aus der sich eine Reihe von Schlüssen über die Stärke der Absorption sowie deren Änderung mit Variation der Schichtdicke u. a. ziehen läßt.

Mees[6]) hat das Verfahren zu einer halbquantitativen Bestimmung der Absorption ausgearbeitet. Durch Anordnung eines Rauchglaskeils vor dem Spalt des Spektrographen erhält er auf der Platte für jede Wellenlänge eine stetig abnehmende Schwärzung und eine bestimmte Grenzkurve. Wird nun eine zweite Aufnahme gemacht mit einem Absorptionsgefäß mit Lösung vor dem Keil oder an Stelle des letzteren mit einem Flüssigkeitskeil, so läßt sich aus der Differenz der Ordinaten beider Grenzkurven die Absorption schätzungsweise bestimmen.

Aus diesen Anordnungen haben sich die quantitativen Keilmethoden (Ziff. 21) entwickelt.

<hr>

[1]) J. Bielecki u. V. Henri, Chem. Ber. Bd. 46, S. 3627. 1913.
[2]) M. Luckiesch, Astrophys. Journ. Bd. 53, S. 302. 1916.
[3]) J. Lifschitz, ZS. f. wiss. Photogr. Bd. 16, S. 140. 1917.
[4]) A. J. Ångström, Pogg. Ann. Bd. 93, S. 475. 1854.
[5]) J. H. Gladstone, Phil. Mag. (4) Bd. 14, S. 418. 1857.
[6]) C. E. K. Mees, Atlas of Absorption Spectra. New York 1909; H. S. Uhler u. R. W. Wood, Carnegie Inst. 1907; R. W. Wood, Physical Optics.

C. Absorptionsphotometrie mit Hilfe anderer objektiver Methoden.

23. Absorptionsphotometrische Messungen im Ultraviolett mit Hilfe der Thermosäule im Sinne der Pflügerschen Anordnung sind von Pihlblad[1]) gemacht, der damit u. a. kolloide Lösungen untersuchte. Als Lichtquelle diente eine Quarzlampe, deren Anodengefäß dem Spektrographenspalt zugekehrt war und auf diesem mit Hilfe einer Quarzlinse abgebildet wurde. In der Bildebene der Kamera konnte ein Rahmen eingesetzt werden, der entweder einen mit Chininsulfat imprägnierten Schirm oder eine lineare Thermosäule enthielt; zur Messung diente ferner ein empfindliches Panzergalvanometer. Spektrograph und Thermoelement wurden sorgfältig gegen fremde Strahlung geschützt. Mit Hilfe des Chininsulfatschirms konnte die ungefähre Lage der Absorption festgestellt werden. Dann wurde auf eine bestimmte Wellenlänge eingestellt, zuerst der Ausschlag bei Einschaltung der Lösung, dann zweimal derjenige bei Einschaltung des Lösungsmittels und gleicher Schichtdicke und schließlich wieder der Ausschlag mit der Lösung festgestellt. Bei dieser Beobachtungsfolge wurden für jede Wellenlänge 4 bis 9 Bestimmungen gemacht und so die aus der Inkonstanz der Lichtquelle entstehenden Fehler auszuschalten versucht. Bei Anwendung der Quecksilberlampe ist man auf verhältnismäßig wenige Linien beschränkt. Eine besondere Prüfung ergab, daß genügende Proportionalität zwischen Lichtintensität und Galvanometerausschlag bestand.

24. Lichtelektrische Messungen. Lichtelektrische Alkalimetallzellen finden für die Absorptionsphotometrie im Sichtbaren und besonders im ultravioletten Gebiete Verwendung. Für genaue Messungen wird man entsprechend den Erfahrungen von Rosenberg eine Anordnung wählen, bei der die Zelle lediglich als Nullinstrument benutzt wird. Wenn man über eine konstante Lichtquelle verfügt, kann man mit einer Einzellenanordnung, wie sie u. a. von Rosenberg[2]) und v. Halban und Geigel[3]) benutzt sind, sehr exakte Extinktionsmessungen ausführen.

Der Gedanke einer Zweizellenanordnung ist zuerst von Koch[4]) zur Ausführung gebracht, und für kolorimetrische Zwecke ist diese Methode u. a. von Geitel[5]) und Wildermuth[6]) verwendet. Exakte Extinktionsmessungen dieser Art haben Gibson sowie v. Halban und Siedentopf[7]) gemacht. Letztere benutzen die Zellen, die die Aufgabe haben, die Schwankungen der als Lichtquelle benutzten Quecksilberlampe auszugleichen, nach dem Rosenbergschen Prinzip als Nullinstrument. Bei der Messung wird die absorbierende Schicht durch eine vor die gleiche Zelle („Meßzelle") angebrachte und veränderliche lichtschwächende Vorrichtung ersetzt und auf Gleichheit eingestellt. Zur meßbaren Lichtschwächung dient teils der Graukeil, teils der rotierende Sektor, nachdem die Gültigkeit des Talbotschen Gesetzes für die Photozelle von verschiedenen Seiten erwiesen wurde[8]). Die Anordnung zeigt Abb. 24; Z_1 ist die Meß-, Z_2 die Kompensationszelle; das aus dem Monochromator M austretende einfarbige Licht wird durch eine unter $45°$ gegen die Richtung des Strahls geneigte Quarz-

---

[1]) N. Pihlblad, ZS. f. phys. Chem. Bd. 92, S. 471. 1917.
[2]) H. Rosenberg, ZS. f. Phys. Bd. 7, S. 18. 1921.
[3]) H. v. Halban u. H. Geigel, ZS. f. phys. Chem. Bd. 96, S. 214. 1920.
[4]) P. P. Koch, Ann. d. Phys. Bd. 39, S. 705. 1912.
[5]) H. Geitel, Handbuch d. biol. Meth. II, 1. Bd. 1, S. 37. 1921.
[6]) F. Wildermuth, Pflügers Arch. Bd. 183, S. 91. 1920.
[7]) H. v. Halban u. K. Siedentopf, ZS. f. phys. Chem. Bd. 100, S. 208. 1922.
[8]) H. E. Ives, Astrophys. Journ. Bd. 43, S. 24. 1916; J. Kunz, ebenda Bd. 45, S. 69. 1917.

platte P geteilt und dadurch etwa 10% des Lichts auf die Kompensationszelle geleitet; vor der Meßzelle befinden sich der Keil G, der Sektor S und der zur Aufnahme der Küvetten bestimmte Kasten K. Als Meßinstrument dient das WULFsche Einfadenelektrometer, mit dessen Faden der Platinpol der einen und der Alkalimetallpol der anderen Zelle verbunden ist. Die Zellen erhalten ihre Spannung durch die Hochspannungsbatterien B_1 und B_2. Zwischen Zelle und Batterie befindet sich je ein Schutzwiderstand W_1 bzw. W_2 von etwa $10000\ \Omega$, die anderen Pole der Batterien sind über Widerstände von etwa $50000\ \Omega$ geerdet. Die Spannungen lassen sich von 2 zu 2 Volt abnehmen, ein an B_1 angeschlossener größerer Akkumulator ist durch einen Schieberwiderstand W_3 von $300\ \Omega$ kurzgeschlossen, um Bruchteile eines Volts abnehmen zu können. Die Elektrometerschneiden sind mit dem positiven bzw.

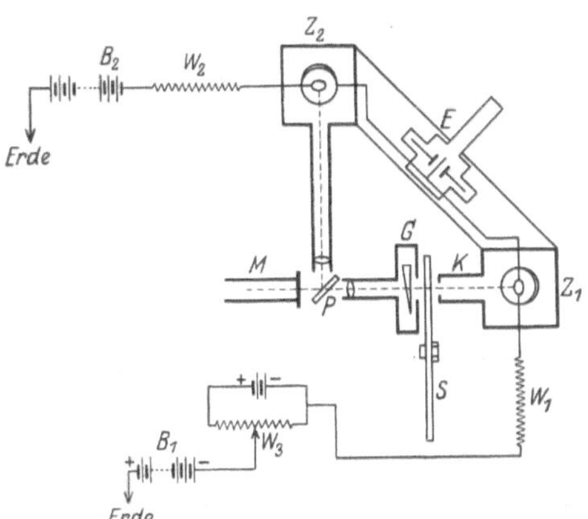

Abb. 24. Lichtelektrisches Spektralphotometer nach v. HALBAN und SIEDENTOPF.

negativen Endpol der Batterien über je einen Silitwiderstand von etwa $500000\ \Omega$ verbunden.

Zunächst läßt man zwecks Vorermüdung der Zellen das Licht bestimmte Zeit lang durch den auf eine passende Dicke eingestellten Keil treten. Dann wird der Trog mit Lösung eingesetzt, nachdem der Keil auf die Stelle mit vollem Lichtdurchlaß zurückgestellt ist; durch geeignete Änderung der Belastung der Zellen wird Kompensation herbeigeführt. Hierauf wird die Küvette mit Lösung durch eine analoge mit Lösungsmittel ersetzt und mit Hilfe des Sektors auf Kompensation eingestellt. Schließlich wird nochmals der Trog mit Lösung eingesetzt und bei ruhendem, offenem Sektor geprüft, ob wieder Kompensation vorhanden. Wenn das infolge ungenügender Vorbelichtung der Zellen nicht der Fall sein sollte, wird die Messung wiederholt.

Ist ω der Öffnungswinkel des Sektors, bei dem Kompensation eintritt, so ist die Extinktion $E = \log 360 - \log \omega$.

Der Keil ist ein auf eine Quarzplatte gegossener Goldbergkeil, der durch Mikrometerschraube so bewegt werden kann, daß das Licht entweder nur durch die Quarzplatte oder durch irgendeine Keildicke hindurchgeht. Wegen Unsicherheiten in der Dichte des Keils wurde dieser zu Meßzwecken nur dann benutzt, wenn nur eine geringe Meßgenauigkeit verlangt wurde. Der Keil ist aber mit Vorteil zu benutzen, wenn es sich etwa um die Feststellung kleiner Konzentrationsänderungen handelt, so konnte bei einer Kaliumchromatlösung von der Konzentration $2 \cdot 10^{-4}$ eine Verdünnung um 1% in der Anordnung mit dem Keil noch mit einer Genauigkeit von einigen Prozenten festgestellt werden, was mit keiner anderen Methode möglich ist. Schwierigkeiten entstehen bei dieser Methode, falls der absorbierende Stoff noch Fluoreszenz- oder Tyndallicht emittiert, da dieses auf die Zelle gelangt und damit die Extinktionen zu klein ausfallen; durch Einschaltung einer Linse und Blende läßt sich das fremde Licht zum Teil unschädlich machen, vollständig ausgeschaltet wird der Einfluß des Fluoreszenzlichtes dadurch, daß man zwischen dem zu messenden Objekt und der Zelle noch einen Monochrometer anbringt.

Eine Zweizellenanordnung nach der Nullmethode ist schon früher von

Gibson[1]) für Absorptionsmessungen besonders im Gebiete 0,4 bis 0,5 μ verwendet, und zwar in der Wheatstoneschen Brückenschaltung nach Richtmyer[2]), die in Abb. 25 im Prinzip dargestellt ist. Zwei Brückenzweige ab und bc

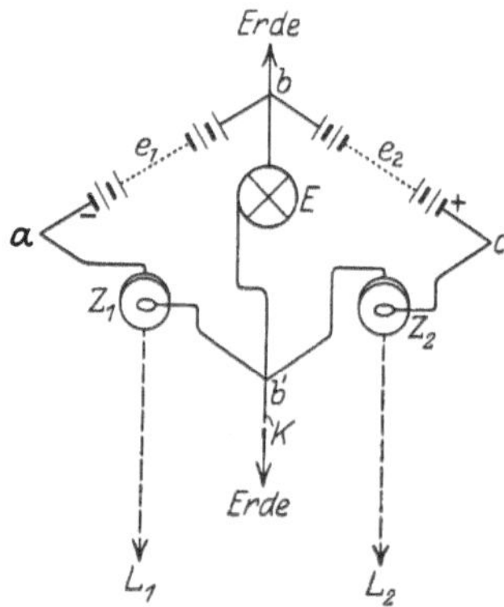

Abb. 25. Anordnung nach Gibson.

werden von den in Serie geschalteten Batterien e_1 und e_2 gebildet, in den anderen Zweigen ab' und $b'c$ liegen die ebenfalls in Serie geschalteten Zellen z_1 und z_2, b und b' sind mit einem empfindlichen Dolezalekelektrometer E verbunden und ebenfalls geerdet, k ist ein Schlüssel, L_1 und L_2 sind passende Lichtquellen.

Diese Anordnung bildete Gibson in etwa folgender Weise zu einer spektral-photometrischen aus: Das auf z_2 gelangende Licht wurde in einem Monochromator (Spektrometer konstanter Ablenkung mit bilateralen Aus- und Eintrittsspalten) spektral zerlegt; vor dem einen Spalt befand sich z_2, vor dem andern eine konstante Lichtquelle L_2, deren Entfernung vom Spalt exakt meßbar verändert werden konnte. Vor einem z_1 gegenüber befindlichen Spalt war eine ebenfalls konstante Lichtquelle L_1 aufgestellt. Vor der Absorptionsmessung wurden zunächst durch Variation von e_1 und e_2 die Dunkelströme zum Verschwinden gebracht, dann wurde die Belichtung von z_1 und z_2 derart geändert, daß wieder Stromlosigkeit herrschte; unter diesen Umständen möge die Entfernung von L_2

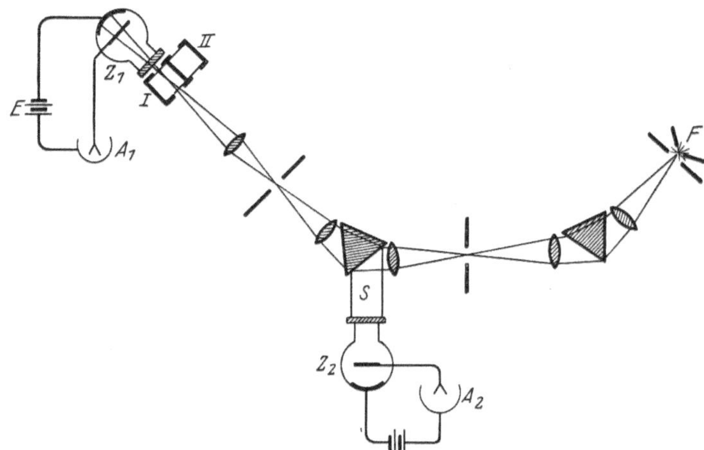

Abb. 26. Lichtelektrisches Spektralphotometer nach Pohl.

vom Spalt d_A betragen. Wird nun das absorbierende Medium vor den Spalt des Spektrometers gebracht, so lädt sich infolge Änderung der Beleuchtungsstärke E auf, die Kompensation wird nunmehr durch Änderung der Entfernung der Lichtquelle von d_A auf d_B bewirkt, woraus sich für die eingestellte Wellenlänge der Durchlässigkeitsfaktor zu $(d_B/d_A)^2$ ergibt, da die Beschaffenheit der Lichtquelle L_2 die Anwendung des einfachen Entfernungsgesetzes zuläßt. Bei stärkerer Absorption wurde die Lichtschwächung mit Hilfe des rotierenden Sektors ausgeführt. Die möglichen Fehlerquellen werden eingehend erörtert.

---

[1]) K. S. Gibson, Scient. Pap. Bureau of Stand. Bd. 15, S. 325. 1919.
[2]) F. K. Richtmyer, Phys. Rev. (2) Bd. 6, S. 66. 1915.

In Abb. 26 ist eine von PoHL[1]) benutzte Anordnung beschrieben, die auf der Nebeneinanderschaltung zweier Zellen beruht und die u. a. zur Untersuchung der Absorption biologisch interessanter Stoffe verwendet wurde. Z_1 ist eine Photometerzelle mit Batterie E von etwa 100 Volt. I und II sind die Küvetten für Lösung und Lösungsmittel. Die Intensitätsmessung des Photostroms, der dem Lichtstrom proportional gesetzt wird, geschieht durch Messung der Aufladung des Einfadenelektrometers A_1 in einer bestimmten Zeit.

Aus der Intensität des a) durch die Lösung b) durch das Lösungsmittel hindurchgegangenen Lichts berechnet sich der Extinktionskoeffizient in bekannter Weise. Um die spektrale Reinheit des verwendeten Lichtes zu garantieren, wird ein Doppelmonochromator verwendet[2]); als Lichtquelle dienen die Quecksilberdampflampe und für das kurzwelligere Ultraviolett geeignete Funkenstrecken. Um die Inkonstanz der primären Lichtintensität zu beseitigen, benutzt PoHL folgendes Verfahren. Die von der Vorderseite des zweiten Prismas (von der Lichtquelle F aus gesehen) durch Reflexion verlorengehende Strahlung S wird einer zweiten Zelle Z_2 zugeführt, die mit dem Einfadenelektrometer A_2 verbunden ist. Durch diese Schaltung ist eine Kontrolle der Konstanz und Ausschaltung jeder Schwankung in der Intensität der Lichtquelle möglich.

25. Besondere Methoden zur Absorptionsmessung. Fluorometrische Methode nach WINTHER[3]). Dieselbe ist aus einem Verfahren zur absoluten Messung ultravioletter und sichtbarer Strahlung hervorgegangen[4]) und beruht auf der Umwandlung ultravioletter in sichtbare Strahlung; es ist dabei vorausgesetzt, daß die Intensität des Fluoreszenzlichtes an einer gegebenen Stelle der hier vorhandenen Lichtmenge proportional ist. Das für Ultraviolett ausgearbeitete Verfahren ist besonders da am Platze, wo es sich um orientierende Extinktionsmessungen bei nur wenigen Wellenlängen handelt. In dem Fluorometer wird die Fluoreszenzhelligkeit zweier gleicher fluoreszierender Plättchen (ausfixierte Trockenplatten, die in Fluoreszeinnatrium gebadet sind) verglichen; die eine Platte wird durch eine mit konstanter Spannung brennende Glühlampe, die andere durch die für die Messung benutzte (durch Lösung bzw. Lösungsmittel hindurchgegangene) Strahlung beleuchtet. Zum photometrischen Vergleich der Helligkeiten dient zweckmäßig der für den Schwärzungsmesser von MARTENS benutzte Photometerkopf. Das Instrument wird hinter dem Spektrometer aufgestellt, als Lichtquelle dient die Quecksilberlampe. Die Messung geschieht in der üblichen Weise; bedeutet α_1 den bei Einschaltung des reinen Lösungsmittels, α_2 den bei Einschaltung der Lösung abgelesenen Winkel, so ist die Extinktion E für die verwendete Schichtdicke und Wellenlänge $E = \log \tan^2 \alpha_1 - \log \tan^2 \alpha_2$.

Eine andere auf Vergleichung von Fluoreszenzhelligkeiten begründete Methode zur Messung von Extinktionen im Ultraviolett ist von KRÜSS[5]) beschrieben.

26. Genauigkeit der Extinktionsmessungen. Vergleich der verschiedenen Methoden. Graphische Darstellungen. Bei den subjektiven spektralphotometrischen Methoden läßt sich die Opazität auf rund 1% genau ermitteln (s. S. 624), dem entspricht ein Fehler von 0,004 in der Extinktion (log 1,01). Bei einem Absolutwert der Extinktion von 1 würde somit der Fehler günstigenfalls 0,4% betragen, bei einer Extinktion von 0,1 4% usw. Doch betrifft die

[1]) R. PoHL, Gött. Nachr. Math. phys. Kl. S. 185. 1926.
[2]) H. LEHMANN, Ann. d. Phys. (4) Bd. 5, S. 633. 1901; G. RUDERT, Ann. d. Phys. (4) Bd. 31, S. 559. 1910.
[3]) CHR. WINTHER, BAGGESGAARD-RASMUSSEN u. E. SCHREINER, ZS. f. wiss. Photogr. Bd. 22, S. 33. 1922.
[4]) CHR. WINTHER, ZS. f. Elektrochem. Bd. 19, S. 390. 1913.
[5]) H. A. KRÜSS, ZS. f. Instrkde. Bd. 23, S. 197, 229. 1903.

Fehlerschätzung von 1% den günstigsten Fall, der häufig nicht realisiert sein dürfte, man wird in der Regel mit einem größeren Fehler rechnen müssen[1]). Zufolge der Beziehung $E = \varepsilon \cdot c \cdot d$ wird der Fehler, den man bei Konzentrationsbestimmungen auf Grund von Extinktionsmessungen macht, von der absoluten Größe von ε abhängen[2]).

Bei photographisch-photometrischen Messungen, die auf der Ermittlung von Wellenlängen gleicher Schwärzung beruhen, wird man günstigenfalls mit Fehlern von 4 bis 5% zu rechnen haben. Henri[3]) gibt für sein verbessertes Verfahren die erreichte Genauigkeit auf etwa 2% an, wenn die photometrisch günstigen Bedingungen (exakte Definition der Linien, genaues Aneinandergrenzen der zu vergleichenden Schwärzungen, günstige Linienverteilung u. a.) nicht erreicht sind, werden die Fehler wesentlich größer. Scheibe[4]) rechnet bei seiner Methode mit einem Fehler von $\pm 2\%$ in den Extinktionskoeffizienten für die Kurvenäste und mit einem Fehler von $\pm 5\%$ für das Maximum der Kurve.

Geringer ist im allgemeinen die Genauigkeit der Absorptionsmessungen mit Hilfe der Thermosäule und Verwendung der Quecksilberlampe als Lichtquelle; hier dürften Abweichungen der Einzelwerte vom Mittel um 10% die Regel sein. Mit noch größeren Fehlern wird man im allgemeinen bei der fluorometrischen Methode der Absorptionsmessung rechnen müssen, zum Teil wohl deshalb, weil die optimale Helligkeit hier häufig nicht erreicht wird.

Übertroffen werden selbst die besten okularen absorptions-photometrischen Messungen an Genauigkeit durch die photoelektrischen Messungen, wie sie besonders durch die Präzisionsmethoden Rosenbergs, v. Halbans u. a. möglich geworden sind. Mit der Rosenbergschen Einzellenanordnung und konstanter Lichtquelle ist eine Genauigkeit von etwa 0,2% erreicht. Die v. Halbanschen mit dem Zweizellenapparat unter Benutzung eines Graukeils sind auf etwa 0,1% reproduzierbar.

Wenn es sich um die Wahl einer bestimmten Methode handelt, so ist u. a. der Zweck der Arbeit maßgebend. Handelt es sich um Extinktionsmessungen zu analytischen und reaktionskinetischen Messungen, so scheiden in der Regel die photographisch-photometrischen wegen der meist geringen Genauigkeit aus, hier sind besonders die photoelektrischen Methoden am Platze. Andererseits werden die photographisch-photometrischen Verfahren mit Vorteil verwendet, wenn die Festlegung der k-Werte für möglichst viele Wellenlängen erforderlich ist, also die Aufnahme einer vollständigen Absorptionskurve und nicht extreme Genauigkeit verlangt wird. Ein gewisser Nachteil der photoelektrischen Absorptionsphotometrie in der bisherigen Form ist nämlich die Tatsache, daß man infolge der Beschaffenheit der Zellen auf verhältnismäßig wenige lichtstarke Linien, etwa die des Quecksilberbogens, angewiesen ist, womit sich der Verlauf einer Absorptionskurve manchmal nicht sicher genug festlegen läßt.

Die graphische Darstellung der Absorptionskurven wird man ebenfalls dem jeweiligen Zweck der Arbeit anpassen. Zur Darstellung des Absorptionsverlaufs, etwa für konstitutions-chemische Zwecke, wird in der Regel die Abhängigkeit von ε bzw. $\log \varepsilon$ von der Wellenlänge λ oder der Wellenzahl $1/\lambda \cdot 10^7$ oder schließlich der Schwingungszahl $\nu = 3 \cdot 10^{18}/\lambda$ ausgedrückt (λ in Å). In Abb. 23 ist die Extinktionskurve des Kaliumnitrats (in wäßriger Lösung

---

[1]) Siehe F. F. Martens u. F. Grünbaum, Ann. d. Phys. Bd. 12, S. 984. 1903; s. hierzu R. Luther u. A. Nikolopulos, ZS. f. phys. Chem. Bd. 82, S. 361. 1913.

[2]) Über photometrische Genauigkeit siehe F. Weigert in Ostwald-Luther, Handb. zur Ausführung physiko-chem. Messungen 1925. S. 715.

[3]) V. Henri, Journ. de phys. et Le radium (6) Bd. 3, S. 181. 1922.

[4]) G. Scheibe, Chem. Ber. Bd. 58, S. 586. 1925.

0,5 mol.) im Gebiet 0,245 bis 0,33 μ wiedergegeben[1]), zum Vergleich ist Abb. 23a die sog. Grenzabsorptions- oder Schwingungskurve nach HARTLEY (s. S. 657) gezeichnet.

In vielen Fällen ist es zweckmäßiger, statt ε $\log \varepsilon$ aufzutragen, weil sich auf diese Weise graphisch ein größeres Gebiet darstellen läßt; ferner ist der logarithmischen Darstellung sofort zu entnehmen, bei welcher Konzentration eine Lösung von 1 cm Schichtdicke neun Zehntel der einfallenden Strahlung bestimmter Wellenlänge absorbiert. Nach der Formel:

$$E = \log\left(\frac{J_0}{J}\right) = \varepsilon \cdot c \cdot d \quad \text{ist für} \quad \varepsilon \cdot c \cdot d = 1$$

die Intensität des austretenden Lichtes gleich ein Zehntel der des eintretenden; für $d = 1$ wird $\log \varepsilon = -\log c$. Den Werten der Ordinaten $\log \varepsilon = -1$, 0, $+1$, $+2 \ldots$ entsprechen die Konzentrationen: $10\,m$, m, $0,1\,m$, $0,01\,m \ldots$ Aus der Kurve für Kaliumnitrat (Abb. 23) läßt sich somit folgern, daß Licht der Wellenlänge 2483 beim Durchgang durch 1 cm einer 0,1 mol. Lösung auf ein Zehntel seiner Intensität abgeschwächt wird.

Schließlich hat die logarithmische Darstellung von k in Abhängigkeit von der Wellenlänge noch den Vorteil, daß die Form der Kurve unabhängig

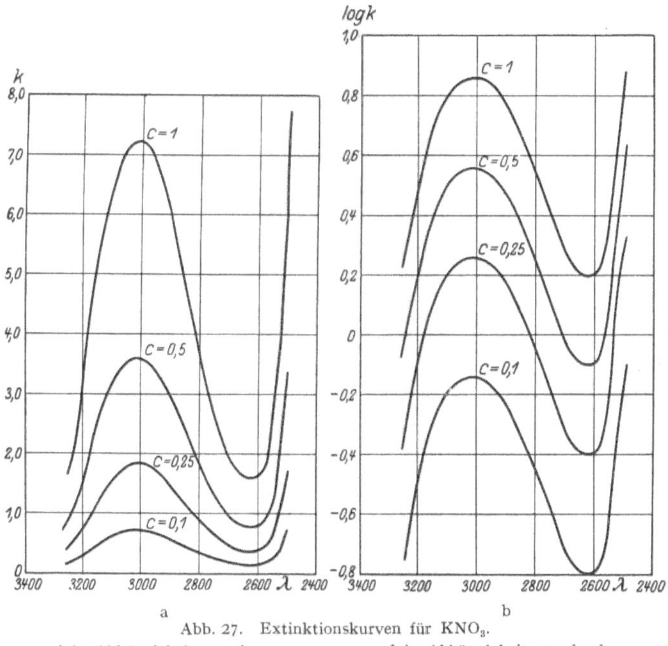

Abb. 27. Extinktionskurven für KNO$_3$.

a λ in Abhängigkeit von k. b λ in Abhängigkeit von $\log k$.

wird von der Konzentration und Schichtdicke. Während bei nicht logarithmischer Auftragung die höheren Konzentrationen entsprechenden Kurven stark in der Vertikalen verzerrt erscheinen, gehen die mit $\log k$ erhaltenen durch Parallelverschiebung in der Vertikalen auseinander hervor. Für zwei Kurven dieser Art (s. etwa die für $c = 0,1$ und $c = 0,5$ Mol KNO$_3$ in Abb. 27b) ent-

---

[1]) Nach Messungen von H. LEY u. F. VOLBERT, ZS. f. wiss. Photogr. Bd. 23, S. 41. 1923; vgl. hierzu die neueren Messungen von G. SCHEIBE, Chem. Ber. Bd. 59, S. 1321 u. 2616. 1926, der im kurzwelligen Ultraviolett noch ein zweites Band fand.

sprechen gleichen Differenzen in den Logarithmen der k-Werte gleiche Differenzen in den Logarithmen der Konzentrationen: aus $k = \varepsilon \cdot c$ folgt für zwei verschiedene Konzentrationen bei Gültigkeit des BEERschen Gesetzes (gleiches ε)

$$\log k_1 - \log k_2 = \log c_1 - \log c_2.$$

Ist c_1 die zu ermittelnde Konzentration aus dem experimentell bestimmten k_1-Wert für eine gegebene Wellenlänge, k_2 der Extinktionskoeffizient gleicher Wellenlänge für eine bekannte Konzentration c_2 (Bezugskurve), so ist

$$\log c_1 = (\log k_1 - \log k_2) + \log c_2;$$

man braucht somit nur die Differenz der Ordinaten zu bilden und zu dieser die für die Bezugskurve gültige Konstante $\log c_2$ zu addieren, um den Logarithmus der Konzentration zu erhalten. In Abb. 27 sind die Absorptionsmessungen an Kaliumnitratlösungen, für die das BEERsche Gesetz gilt, für verschiedene Konzentrationen ($c = 1{,}0$, $0{,}5$, $0{,}25$, $0{,}1$ mol.) dargestellt, und zwar in a) für k und in b) für $\log k$. Es ist einleuchtend, daß die mit $\log k$ gezeichneten Kurven bei bestimmter Wahl der Koordinaten für den absorbierenden Stoff charakteristisch sind; WEIGERT nennt sie typische Farbkurven. Es ist möglich, in einem Gemisch einen absorbierenden Stoff auf Grund der Aufnahme der typischen Farbkurve und durch Vergleich mit anderen bekannten zu identifizieren, falls die anderen vorhandenen Stoffe in dem betreffenden Wellenlängenbereich keine starke Absorption besitzen. Die weitere Ausführung gehört in das Gebiet der Kolorimetrie[1]).

---

[1]) Vgl. FR. WEIGERT, Chem. Ber. Bd. 49, S. 1512. 1916. Über Kolorimetrie s. u. a. G. u. H. KRÜSS, Kolorimetrie und quantitative Spektralanalyse 1909. J. LIFSCHITZ, Spektroskopie und Kolorimetrie 1927. Schließlich sei auf das wichtige Buch von FR. WEIGERT, Optische Methoden in der Chemie, verwiesen, das bei der Abfassung dieses Artikels nicht mehr benutzt werden konnte.

Kapitel 22

Kolorimetrie.

Von

F. Löwe, Jena.

Mit 21 Abbildungen.

a) Die Grundlagen der Kolorimetrie, allgemeine Regeln und Fehlerquellen.

1. Die Aufgabe der Kolorimetrie. Die Kolorimetrie befaßt sich nicht mit der Messung oder Charakterisierung der Farbe an sich, die ein beliebiger Körper hat — dies ist die Sonderaufgabe der Farbmesser (Abschn. 11) —, sondern sie verwertet die Messung der Stärke der Färbung zu einem analytischen Zwecke, zur Konzentrationsbestimmung. Gegenstand der Messungen sind fast nur farbige Lösungen oder aus Gelatine hergestellte Farbfilter. Mit Hilfe von Apparaten wird nicht die Stärke der von den Lösungen ausgesandten Lichtmenge — dies geschieht bei der Fluoreszenzmessung —, sondern der Betrag der verschluckten (absorbierten) Lichtmenge gemessen. Man sendet durch eine zwischen ebenen, meist parallelen Endflächen eingeschlossene Schicht der Lösung ein Strahlenbüschel weißen Lichts und stellt durch Vergleich mit einem zweiten, durch eine ähnliche Lösung gesandten Strahlenbüschel fest, welchen Lichtverlust das erstere während seines Durchgangs durch seine Lösung erlitten hat. Da diese Lichtschwächung mit der Konzentration der Lösung eng zusammenhängt, dient sie unter gewissen Voraussetzungen, die nun zu erörtern sind, als Maß für die Konzentration.

2. Physikalische Voraussetzungen für die kolorimetrische Meßmethode. Eine Substanz, die jegliche Art von Licht, also Licht jeglicher Wellenlänge, gleich stark absorbiert, bezeichnen wir als grau. Die Ermittlung der Stärke der Absorption von grauen oder schwärzlichen Substanzen ist Gegenstand der Photometrie; Stellen auf photographischen Negativen, z. B. Spektrallinien oder Sternbilder, werden mit den Sensitometern, Schwärzungs- oder Mikrophotometern gemessen, Arbeiten, die in der theoretischen Physik und in der Astronomie sowie beim Studium der Plattenempfindlichkeit für spektrographische oder industrielle Zwecke eine große Rolle spielen, aber nicht zur Kolorimetrie gehören.

Farbige Substanzen erscheinen uns deshalb farbig, weil sie nur einen Bezirk des Spektrums oder mehrere ganz absorbieren, den Rest aber ganz oder nahezu ungeschwächt durchlassen. Das Auge vereinigt alle durchgelassenen Spektralbereiche zu einer Mischfarbe, die wir der Substanz beilegen (z. B. lachsfarben, meergrün, purpur); die Farbenbezeichnungen haben, da sie meist nur auf einen Gegenstand der Natur Bezug nehmen, keinen physikalischen Sinn, und gerade die dem Physiker geläufigen Färbungen, diejenigen der Spektrallinien, sind der Natur fremd, da die Natur nur Mischfarben kennt. Betrachtet man eine Farblösung in der Durchsicht, während man ihre Schichtdicke verändert, etwa mit einem Spektroskope, so zeigt sich in den ungeschwächten, also hellen Teilen des Spektrums kaum eine Veränderung, dagegen wechselt die Breite und die Tiefe der absorbierten Bezirke erheblich mit wechselnder Schichtdicke; schaltet man das Spektroskop aus, so besteht der Wechsel der Farbe vorwiegend in einer Verdunkelung oder Aufhellung des Feldes. Der Versuch mit dem Spektroskope lehrt nun, daß die mit der Veränderung der Schichtdicke Hand in Hand gehende Helligkeitsänderung des Feldes vorwiegend durch die wechselnde Stärke der Absorption in der Gegend der Absorptionsbanden bedingt wird, während die durchgelassenen Bezirke mit ihrem Lichte keinen Beitrag zur Abhängigkeit der Färbung von der Schichtdicke liefern. Der nichtabsorbierbare Anteil des Lichts ist nun für die kolorimetrische Messung nicht nur wertlos, denn er erleidet ja keine Veränderung, sondern sogar schädlich, denn er vergrößert die Gesamtmenge des durchgelassenen Lichts und verringert den Prozentsatz des veränderlichen Lichts, d. h. die Veränderlichkeit der Helligkeit oder die Empfindlichkeit des Meßverfahrens. Ein Seenforscher, der, um die Höhe von Wasserwellen zu messen, jede Messung eines Wellenbergs und eines Wellentals auf den Grund des Sees zurückführen würde, handelte genau so wie ein Beobachter am Kolorimeter, der bei der Messung grüner Lösungen das grüne Licht nicht ausscheidet. Eine grundsätzliche Regel der Kolorimetrie ist also: man schalte während der Messung das der Farbe gleichnamige Licht möglichst aus.

3. Das BEERsche Gesetz. Die von einer farbigen Lösung absorbierte Lichtmenge wächst mit der Schichtdicke, die das weiße Licht zu durchsetzen hat, und mit der Konzentration der Lösung. Unter der Voraussetzung, daß das Lösungsmittel selbst farblos ist, und daß nur die Menge des gelösten Farbstoffs, die das Licht durchsetzen muß, die Absorption bedingt, hat A. BEER[1]) folgendes kolorimetrische Grundgesetz aufgestellt. Die zu durchstrahlende Substanzmenge ist offenbar gleich, wenn die Substanz in der Konzentration $c_1 = a$ auf die Schichtdicke $h_1 = b$ oder in der Konzentration $c_2 = b$ auf die Schichtdicke $h_2 = a$ verteilt ist. Da in beiden Fällen die durchstrahlte Substanzmenge proportional ab ist, ist nach BEER auch der Lichtverlust durch Absorption beidemal gleich. Es lassen also zwei zu vergleichende Lösungen, deren Konzentrationen c_1 und c_2 seien, nur dann gleich viel Licht hindurch, d. h. sie erscheinen gleichgefärbt, wenn die Schichtdicken h_1 und h_2 so abgestimmt worden sind, daß $c_1 h_1 = c_2 h_2$. Erfüllen die Schichtdicken diese Gleichung, so ist die kolorimetrische Gleichwertigkeit einer stärkeren und einer schwächeren Farblösung an die Voraussetzung gebunden, daß der Vorgang der Verdünnung ein rein physikalischer ist, der ohne jede chemische etwa die Absorption beeinflussende Veränderung vor sich geht. So scheidet also die Eignung zur kolorimetrischen Bestimmung für alle diejenigen gefärbten Stoffe aus, die beim Verdünnen mit ihrem farblosen Lösungsmittel der Hydrolyse oder dem Zerfall von Molekularkomplexen in einzelne Molekeln, oder der elektrolytischen Dissoziation, allgemein gesagt, irgendeinem chemischen Vorgange unterworfen sind, der den Bau der Molekeln oder deren Schwingungsverhältnisse beeinflußt. Diese Eigenschaft einer gefärbten Substanz heißt die Unabhängigkeit der Absorption von der Konzentration, sie ist eine der wichtigsten Voraussetzungen für die Anwendung der Kolorimetrie. Das BEERsche Gesetz ist vielfach geprüft und immer bestätigt worden[2]), so oft die oben betonte Unveränderlichkeit der absorbierenden Mole-

---

[1]) A. BEER, Pogg. Ann. Bd. 86, S. 78. 1852.
[2]) Man vergleiche die ausführliche Diskussion bei F. HENRICH, Theorien der organischen Chemie, 6. Aufl., S. 355. Braunschweig: Vieweg & Sohn 1924.

küle gewährleistet war. Wird eine Abweichung davon beobachtet, so geht man den chemischen Ursachen nach, um so mehr, als das BEERsche Gesetz seit Begründung der photographischen Absorptionsphotometrie[1]) auch für das ultraviolette Strahlengebiet von größter Bedeutung geworden ist, das zur Erforschung der Konstitution von für das Auge farblosen organischen und anorganischen Verbindungen neuerdings ebenso eifrig studiert wird wie das Gebiet der sichtbaren Strahlen.

4. Wahl der Lichtquelle und eines zur Probe komplementär gefärbten Filters. Obwohl als Lichtquelle meist das Tageslicht verwendet wird, verdient es weder als zerstreutes Himmelslicht noch als direktes oder indirektes Sonnenlicht vor anderen Lichtquellen den Vorzug. Dies ist den Fachleuten in der Färbereiindustrie geläufig, sie verlegen nicht umsonst die so wichtige Prüfung der angefärbten Proben und deren Vergleich mit dem Muster (dem Typ) in dunkle Räume, die nur durch künstliches, dem Tageslicht möglichst angepaßtes Licht beleuchtet werden. Selbst wenn dieses Licht dem Tageslicht noch nicht ganz gleicht, ist es ihm doch überlegen wegen seiner absoluten Gleichmäßigkeit zu allen Tages- und Jahreszeiten. Aus demselben Grunde wähle man für sein Kolorimeter eine bestimmte helle elektrische Lampe. Bogenlampen mit Kohleelektroden scheiden wegen ihrer Helligkeitsschwankungen aus, die hochkerzigen gasgefüllten Glühlampen oder die neue Punktlicht-Wolframbogenlampe sind dagegen für die Kolorimetrie bestens geeignet. Man stellt das Kolorimeter so auf, daß der Beobachter, ehe er hineinsieht, gegen einen dunklen Hintergrund blicken muß. Die Lampe wird mit Laboratoriumshilfsmitteln in ein Gehäuse eingebaut, das Erwärmung verträgt und das Licht nur in das Kolorimeter fallen läßt, nicht aber in das ausgeruhte Auge des Beobachters. Schließlich wird die Lösung mit einem Spektroskop geprüft und ebenfalls spektroskopisch ein Farbfilter ausgewählt, dessen beste Durchlässigkeit ungefähr an derselben Stelle im Spektrum liegt, wo die Probe ihre stärkste Absorption hat; es kann auch zweckmäßig sein, zwei Gelatinefilter aufeinander zu lagern. So wird also der eingangs begründeten Forderung genügt, den größten Teil desjenigen Lichts bei der Messung auszuschließen, das ohne Absorption durch die Probe geht. Mit einem sorgfältig abgestimmten Filter ist noch ein zweiter Vorteil verbunden. Geht man, z. B. durch Veränderung der Schichtdicke der Probe, durch die Stellung der Gleichheit beider Halbfelder hindurch, so ist der Farbenumschlag bei Benutzung eines Farbfilters deutlicher als ohne ein solches; man stellt dann also nicht nur auf gleiche Helligkeit ein, sondern achtet gleichzeitig auf gleiche Färbung der Felder. Bei Veröffentlichung kolorimetrischer Ergebnisse soll man außer der Lichtquelle auch das oder die Farbfilter angeben, die man benutzt hat.

5. Der Einfluß der Temperatur. Bei vielen Substanzen verschieben sich die Absorptionsbanden bei einer Änderung der Temperatur; da in manchen Spektralbezirken schon eine geringe Verschiebung einer Absorptionsbande genügt, um eine erhebliche Änderung der Mischfarbe hervorzurufen, gibt es Lösungen, deren Farbe mit der Temperatur sich merklich ändert. In solchen Fällen muß man dafür sorgen, daß die Probe dieselbe Temperatur hat wie die Vergleichslösung; nach G. und H. KRÜSS[2]), die mit dieser Frage sich besonders beschäftigt haben, soll der Unterschied der Temperaturen beider Lösungen 3° nicht überschreiten.

---

[1]) Ebenda, S. 358—448 (die Methodik). Über die Apparatur und die Methodik vgl. F. LÖWE, Optische Messungen des Chemikers usw., S. 16—37. Dresden: Th. Steinkopff 1925.
[2]) G. u. H. KRÜSS, Kolorimetrie und quantitative Spektralanalyse, 2. Aufl., S. 201. Hamburg u. Leipzig: L. Voss 1909.

6. Trübungen im Lösungsmittel als Fehlerquelle. Es versteht sich von selbst, daß trübe Lösungen vor der kolorimetrischen Messung filtriert werden; andere Verfahren zur Klärung sind nur mit großer Vorsicht zu benutzen, da es möglich ist, daß dabei auch ein Teil der Farbsubstanz mit entfernt wird, deren Menge ja doch gerade bestimmt werden soll. Nun ist durch H. WILD[1]) und F. HANKEL[2]) nachgewiesen worden, daß je nach dem Filtrieren durch grobes, mittelfeines und feines Filtrierpapier klares Wasser nur 93,4, 95,8 und 97,8% der einfallenden Lichtmenge durchläßt; es kann also durch feine Fäserchen aus dem Filtrierpapier eine Lösung merklich getrübt werden. Dadurch entstehen Fehler, die KRÜSS[3]) zu 1 bis 9% bei grobem, 0,7 bis 6% bei mittelfeinem und 0,4 bis 3,2% bei feinem Filtrierpapier berechnet. Muß man also filtrieren, so soll man wenigstens sowohl die Probe als auch die Vergleichslösung in gleicher Weise filtrieren und soll suchen, mit angenähert gleichen Schichtdicken zu arbeiten. Nur so gelingt es, die Wirkung dieser Fehlerquelle unter den Einstellungsfehler herabzudrücken, die bei Verwendung moderner Hartfilter geringer ist als früher.

b) Methodisch geordnete Übersicht über die Kolorimetermodelle.

7. Allgemeine Gesichtspunkte: drei Verfahren zur Veränderung der Schichtdicke, fünf Kolorimeterköpfe. Durchsetzt das Licht die Flüssigkeitsprobe senkrecht (meist von unten nach oben), so ist die wirksame Schichtdicke die Höhe der Flüssigkeitssäule. Diese kann in einem Rohre in zweierlei Weise verändert werden. Ist das Rohr unten mit einem Ausfluß mit Hahn versehen, so kann man die Höhe vermindern, indem man während der Betrachtung des Gesichtsfeldes Flüssigkeit so lange ausfließen läßt, bis die Gleichheit beider Halbfelder erreicht ist; wurde dabei aber die Gleichheitslage überschritten, was sich bei passendem Farbfilter (s. oben) durch einen Farbumschlag zu erkennen gibt, so muß man wieder etwas von der Probe einfüllen und die Messung wiederholen. Dieser Mangel der Methode wird umgangen, wenn man den Ausfluß durch einen Gummischlauch mit einem Vorratsgefäße verbindet, das gehoben und gesenkt werden kann. Erst jetzt ist man imstande, ohne Zeitverlust Wiederholungseinstellungen vorzunehmen und den Farbenumschlag zu studieren. Gegen dieses älteste Verfahren muß aber der Einwand erhoben werden, daß die obere Begrenzungsfläche der Schicht, an der die Ablesung der Maßzahl für die Schichtdicke erfolgt, nicht ganz eben ist, sie ist konvex, wenn zuletzt Zufluß, und konkav, wenn zuletzt Abfluß erfolgte. Dies hängt mit der unvollkommenen, und bei nicht ganz sorgfältiger Säuberung der Innenwand des Glasrohres wechselnden Benetzung der Gefäßwand zusammen. So kann die Höhe der Flüssigkeitsoberfläche an der Millimeterteilung, die sich an der Außenwand des Rohres befindet, nur mit mäßiger Genauigkeit abgelesen werden. Aus diesem Grunde verdient das zweite Verfahren, die Verwendung von zwei koaxialen, mit ebenen Bodenplatten versehenen Röhren, den Vorzug vor dem Ausflußverfahren; der untere Rand der Bodenplatte des oberen Rohres projiziert sich bei passender Haltung des beobachtenden Auges als scharfe Linie auf die Millimeterteilung des unteren Rohres und ermöglicht, Zehntelmillimeter zu schätzen, genau wie bei dem BALYschen Gefäße. Noch mehr verfeinert wird die Messung der Schichtdicke, wenn das Bewegliche der Rohre mit einer Millimeterteilung mit Index

---

[1]) H. WILD, Pogg. Ann. Bd. 99, S. 272. 1856.
[2]) F. HANKEL, Abhandlgn. Leipzig Bd. 9, S. 53. 1862.
[3]) G. u. H. KRÜSS, Kolorimetrie und quantitative Spektralanalyse, S. 30.

oder Nonius verbunden ist, so daß die Ablesung gar nicht am Rohre selbst, sondern an einer bequemer zugänglichen Stelle des Kolorimeters erfolgt. Auch das PULFRICHsche Absorptionsgefäß mit veränderlicher Dicke ist zu kolorimetrischen Messungen stark gefärbter Lösungen mit Erfolg verwendet worden, insbesondere bei klinischen Flüssigkeiten, von denen oft nur wenige Kubikzentimeter zur Verfügung stehen. Als Vergleichsrohr dient dann eine kleine Küvette von 1 cm Höhe und etwa 1 cm³ Inhalt. Die Schichtdicke wird an dem genannten Absorptionsgefäße auf 0,05 mm unmittelbar abgelesen, Bruchteile werden geschätzt. Die säurefeste Ausführung, bei der ein massiver Glasstab in ein Gefäß mit ebenem, aufgeschmolzenem, also nicht angekittetem Boden taucht, sei besonders erwähnt.

Ganz anders arbeiten die Kolorimeter mit wagerechtem Strahlengang; sie sind mit einem Flüssigkeitskeil ausgerüstet, der mit der Vergleichslösung gefüllt ist und, da er quer zur Beobachtungsrichtung verschoben wird, Schichten von wechselnder Dicke liefert, während die Probe in einer Küvette mit senkrechten Fenstern sich befindet, deren Abstand, die Schichtdicke, genau bekannt ist. Hier besteht das Bedenken, daß das veränderliche Feld streng genommen nie in seiner ganzen Ausdehnung gleichmäßig gefärbt ist; wie dieser Mangel überwunden wird, soll weiter unten besprochen werden.

Das zweite unterscheidende Merkmal der Typen von Kolorimeterkonstruktionen ist die optische Vorrichtung, die die Aufgabe hat, die zwei zu vergleichenden Farbfelder für den Beobachter dicht nebeneinander zu rücken oder ineinander zu schalten, mit anderen Worten der Bau des Kolorimeterkopfes. Die optischen Grundbedingungen für einen guten Kolorimeterkopf sind dieselben fünf, die von O. LUMMER und E. BRODHUN[1]) für Photometerköpfe aufgestellt worden sind.

1. Die beiden zu vergleichenden Felder müssen von einer und derselben Lichtquelle gleichmäßig beleuchtet sein.

2. Die Trennungslinie zwischen den Halbfeldern muß so schmal und scharf wie möglich sein.

3. Ist die Gleichheit beider Halbfelder erreicht, so muß die Trennungslinie verschwinden, so daß der Beobachter überzeugt ist, nur ein ungeteiltes Feld zu sehen.

4. Der Kolorimeterkopf soll so gut wie unveränderlich sein.

5. Die Einrichtung soll die Vertauschung der beiden Strahlenbüschel vertragen, ohne daß die Einstellung sich merklich ändert.

Von den sehr mannigfaltigen Vorrichtungen, die als Kolorimeterköpfe benutzt worden sind, seien nur die folgenden fünf voneinander wesentlich verschiedenen und auch heute noch als brauchbar anerkannten beschrieben.

Das rhombische Prismenpaar, auch FRESNELsches Prismenpaar ge-

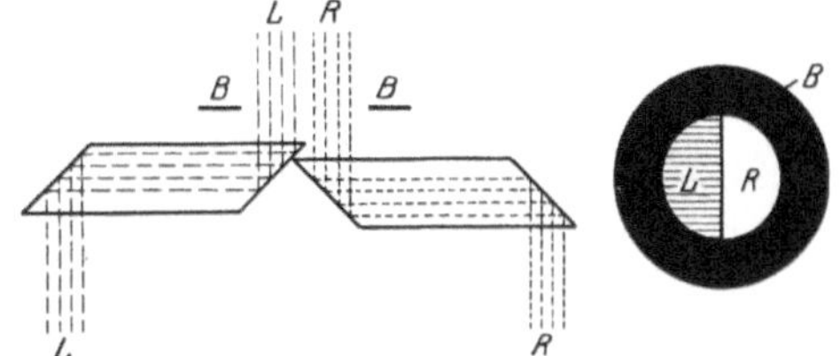

Abb. 1. Das FRESNELsche Prismenpaar, links im Schnitt mit der Gesichtsfeldblende B, rechts in der Aufsicht auf das zweiteilige Gesichtsfeld mit seiner scharfen Trennungslinie.

nannt, besteht (vgl. Abb. 1) aus zwei gleichen rhombischen Prismen, deren spiegelnde Flächen zweckmäßig versilbert sind. Wesentlich ist, daß von den beiden sich fast berührenden Kanten die obere, dem darüber zu denkenden Okulare nähere, eine saubere scharfe Kante hat, da diese die Trennungslinie der Halbfelder liefert.

<hr>

[1]) ZS. f. Instrkde., Bd. 9, S. 23, 41. 1889.

Das HELMHOLTZsche Plattenpaar (Abb. 2) wird verkittet; hier werden die Strahlenbüschel, die keinen großen Abstand haben dürfen, durch die seitliche Versetzung eng aneinander gebracht, die eine schräg in den Weg eines Strahlenbüschels gestellte Planparallelplatte diesem erteilt. Die innere Kittkante muß sehr sorgfältig von Kittresten und beim Gebrauche von Staub gereinigt werden; dann erscheint sie schön scharf. Das Plattenpaar liefert ebenfalls ein aus zwei in einer Geraden zusammenstoßenden Halbfeldern bestehendes Gesichtsfeld, das nach Wunsch rund oder quadratisch begrenzt ist.

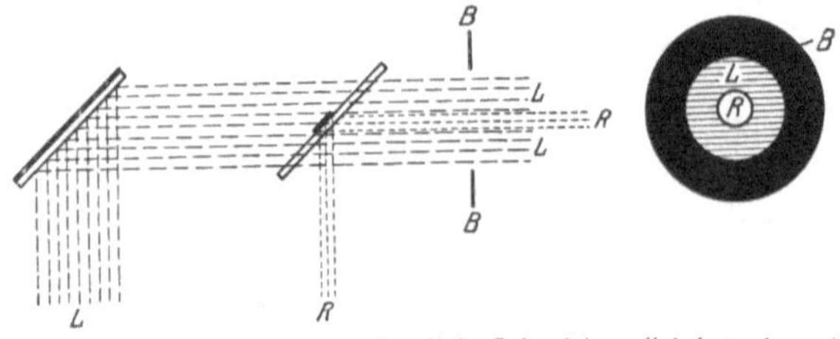

Abb. 3. Das DONNANsche Spiegelpaar. Der linke Spiegel ist voll belegt, der rechte nur in seinem mittleren Teile; rechts das Gesichtsfeld: das rechte Strahlenbüschel ist von dem linken konzentrisch umrahmt.

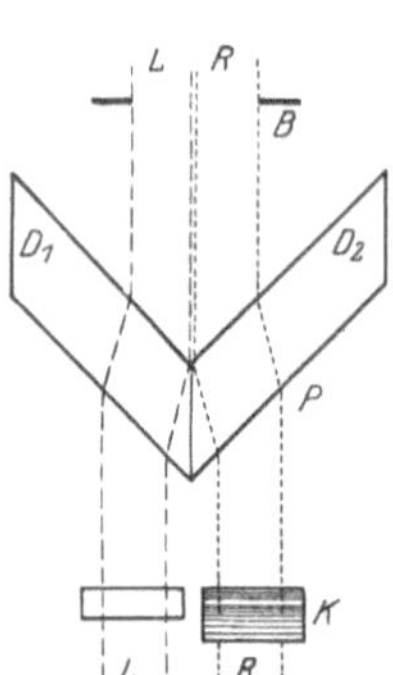

Abb. 2. Die HELMHOLTZsche Doppelplatte, D_1 und D_2 im Schnitt, mit vorgeschaltetem Keil K und der Gesichtsfeldblende B; darüber das Gesichtsfeld.

Das DONNANsche[1]) Spiegelpaar dagegen (Abb. 3) schaltet das eine kreisförmige Feld in das andere ringförmige ein, eine Anordnung, die auch an dem nahe verwandten LUMMER-BRODHUNSchen Würfel wiederkehrt. DONNANS Anordnung setzt einigermaßen parallele Strahlenbüschel voraus, sonst erfüllt die Blende B,B ihre Aufgabe nicht, alle Strahlen abzuschneiden, die auf die Umgebung des versilberten Spiegelteils S_2 zielen und die, wenn auch nur mit etwa 10% ihrer Lichtstärke, sich dem vom Spiegel S_1 kommenden Lichte überlagern und dessen Färbung fälschen würden. Dieser Nachteil ließe sich vermeiden, wenn der Spiegel S_2 als dünner frei hängender kleiner Spiegel ausgebildet würde.

Optisch erheblich vollkommener ist der LUMMER-BRODHUNSche[2]) Photometerwürfel (Abb. 4). Dessen Hauptstück besteht aus zwei luftfrei aufeinander gelegten unversilberten Reflexionsprismen. Die Berührungsfläche ist vermöge des optischen Kontakts für die in der Abbildung von links kommenden Strahlen absolut durchlässig und vermag von den von unten kommenden Strahlen keine meßbare Spur zu reflektieren. Die Schärfe des Kreises, in dem beide Teile des Gesichtsfeldes aneinander stoßen, hängt von der Feinheit des Schliffes der Kugelfläche ab, die an das obere Prisma (vgl. Abb. 4) angeschliffen ist, sie kann also sehr weit getrieben werden. Dem Gesichtsfelde können auch noch andere Formen (s. unten) gegeben werden.

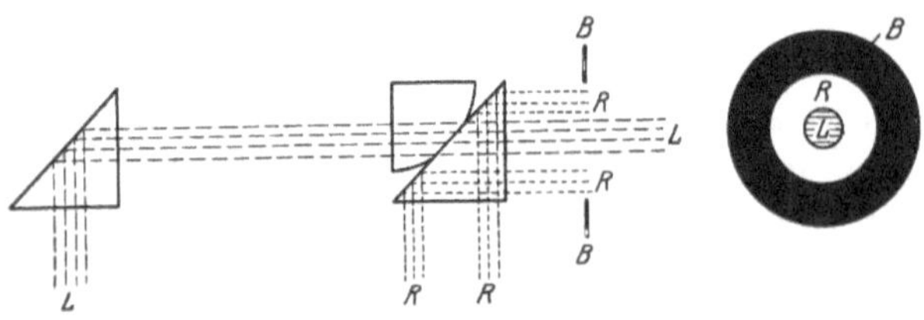

Abb. 4. Kolorimeterkopf mit Reflexionsprisma (links) und LUMMER-BRODHUNSchem Photometerwürfel (rechts); das Gesichtsfeld gleicht dem des DONNANSchen Spiegelpaares, die kreisförmige Trennungslinie zwischen den zwei Teilen des Gesichtsfeldes ist hier aber schärfer.

---

[1]) F. DONNAN, ZS. f. phys. Chem. Bd. 19, S. 468. 1896.
[2]) O. LUMMER u. E. BRODHUN, ZS. f. Instrkde. Bd. 9, S. 23, 41. 1889.

Das in Abb. 5 dargestellte Gesichtsfeld des KRÜSSschen Polarisations-kolorimeters wird durch die polarisierende Prismenkombination von W. GROSSE[1]) erzeugt, die erst mit dem Kolorimeter selbst genauer beschrieben werden wird. Die gleichschraffierten Felder sind gleichpolarisiert und gleich-gefärbt; ungleiche Helligkeit der zwei im Okulare ankommen-den Strahlenbüschel äußert sich hier auch noch als verschie-dene Färbung der zu vergleichenden Felder. Die Verschieden-heit wird durch Drehen am Analysator des Okulars zum Ver-schwinden gebracht, der sehr genau eingestellt werden kann; die Genauigkeit gilt als die höchste, die man in einem Kolori-meter erreichen kann.

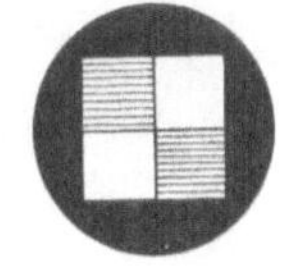

Abb. 5. Gesichtsfeld der polarisierenden Prismenkombination nach W. GROSSE; die gleich gezeichneten Felder sind gleich polarisiert und gleich-gefärbt.

8. Kolorimeter mit veränderlicher Schichtdicke. α) Das Kolorimeter von C. H. WOLFF[2]) (Abb. 6) besteht aus einem Gehäuse, das zwei oben offene Glaszylinder mit ebener Bodenfläche und je einem Ausflußhahn umschließt. Am Boden des Gehäuses ist der Spiegel erkennbar, der das Licht von unten her in die Zylinder wirft; neben dem Spiegel stehen die Auffanggefäße. Die Decke des Gehäuses trägt einen aus rhombischen Prismen und dem Okulare gebildeten Kolorimeterkopf; auf das Okular kann man das oben als notwendig bezeichnete Farbfilter auflegen. Zunächst werden beide Ge-fäße bis zur Marke 100 gefüllt. Von der dunk-leren Lösung läßt man, während man das Ge-sichtsfeld beobachtet, so lange langsam etwas auslaufen, bis beide Halbfelder gleich hell er-scheinen. Dann liest man in jedem Gefäße die Höhe der Flüssigkeitssäule ab. Um die Messung zu wiederholen, füllt man die ausgelaufene Lösung wieder ein und verfährt wie zuerst. Aus dem Mittel der abgelesenen Schichtdicken und der bekannten Konzentration der einen Lösung wird die gesuchte berechnet. Die Wiederholung der Einstellung wird durch das oben schon beschrie-bene Verfahren mit einem aufgehängten Vorrats-gefäße wesentlich erleichtert, so daß durch die Anzahl der Einstellungen die Genauigkeit dieses sozusagen ursprünglichen Meßverfahrens gestei-gert werden kann.

β) Die Tauchkolorimeter nach DUBOSCQ, STAMMER u. a. gestatten, die Höhe einer der bei-den Flüssigkeitssäulen beliebig zu verändern, in-dem ein massiver Glasstab oder ein hohler Zy-linder mit ebenem durchsichtigem Boden in die Flüssigkeit eingetaucht und dabei meßbar ver-schoben wird. Diese Verschiebung wird meist

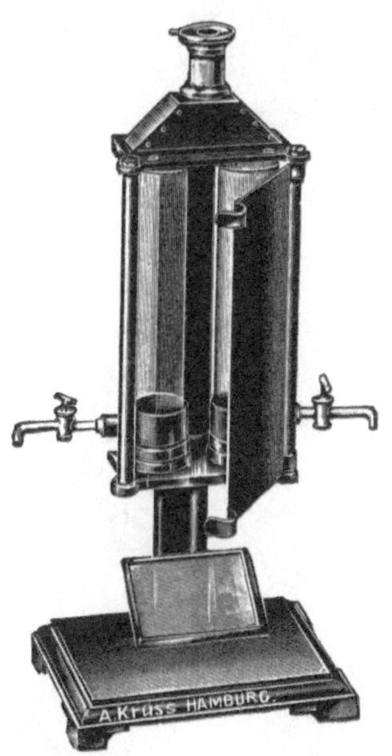

Abb. 6. Das Kolorimeter von C. H. WOLFF; die Vorderwand ist aufgeklappt, so daß die Flüssigkeitsgefäße mit ihren Hähnen zu sehen sind.

nicht mehr am eintauchenden Teile selbst, sondern an einer, mit ihm fest ver bundenen Marke abgelesen, die an einer Millimeterteilung entlang gleitet. Die Vergleichsfarbe liefert entweder ein auswechselbares Gefäß von fester Schicht-dicke, das in mehreren Größen dem Kolorimeter beigegeben wird, oder ein festes Farbfilter, oder schließlich ein dem Gefäß für die Probe gleiches Gefäß mit

---

[1]) W. GROSSE, ZS. f. Instrkde. Bd. 7, S. 129. 1878 u. Bd. 8, S. 95. 1888.
[2]) C. H. WOLFF, ZS. f. anal. Chem. Bd. 19, S. 337. 1880.

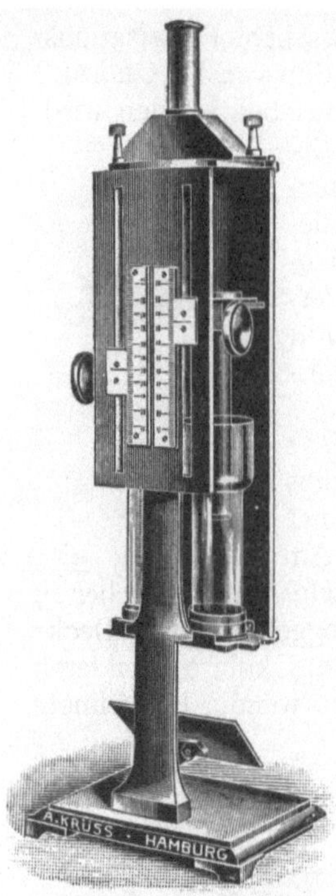

Abb. 7. Das Tauchkolorimeter nach STAMMER.

veränderlicher Schichtdicke. Die Abb. 7 läßt zwei solche Gefäße erkennen, die in je ein Metallrohr mit Handgriff eingebaut sind; die Tauchrohre hängen in je einem Ring mit Federverschluß, aus dem sie leicht herausgenommen werden können. Die Ringe sind mit je einem gleitenden Schuh verbunden, der durch Zahn und Trieb an einer senkrechten, mit einer Teilung versehenen Säule auf und ab bewegt wird. Die Säule trägt den Okularkopf, der, im Gegensatz zu dem WOLFFschen Kolorimeter, bei dem neuesten Modell für wagerechten Einblick eingerichtet ist. Der Beleuchtungsspiegel ist hier durch eine moderne, fest angebaute Beleuchtungseinrichtung ersetzt, deren Lampe neben dem Apparat liegt. Die Lampe kann gegen eine ULBRICHTsche Kugel (vgl. Abschnitt Photometrie) ausgewechselt werden.

Bei physiologisch-biologischen Untersuchungen hat man nicht genug Flüssigkeit, um ein Gefäß von 5 oder 10 cm Höhe anzufüllen; außerdem ist Blutlösung oder -serum oft zu dunkel gefärbt, um in so dicker Schicht gemessen werden zu können. Diesem Umstande verdankt das Mikrokolorimeter[1]) (Abb. 8) seine Entstehung. Die Schichtdicke kann höchstens auf 20 mm gebracht, dafür aber mit Hilfe eines Nonius auf 0,1 mm genau abgelesen werden. Von der Probe werden nur 2 cm³ gebraucht.

Abb. 8. Das Mikrokolorimeter nach K. BÜRKER mit abgenommenen Lichtschutzzylinder (etwa ¹/₃ nat. Gr.). Die schmalen Meßröhren werden durch einen gemeinsamen Spiegel beleuchtet.

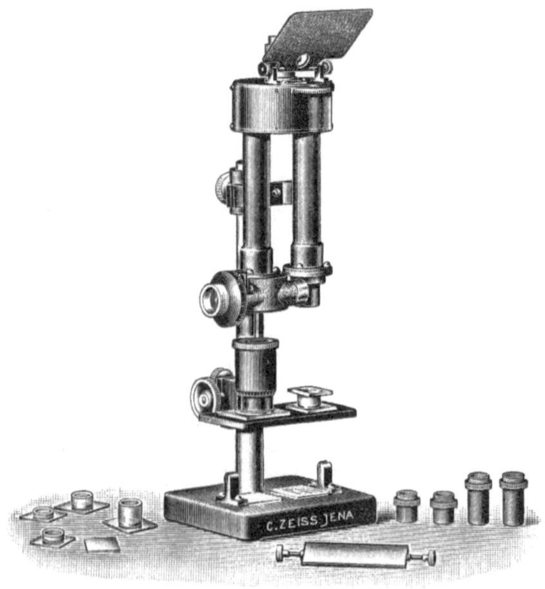

Abb. 9. Das Stufenphotometer nach C. PULFRICH (etwa ¹/₅ nat. Gr.) als Mikrokolorimeter ausgerüstet mit einer festen Glasküvette (rechts) und dem Absorptionsgefäß mit veränderlicher Dicke der Flüssigkeitsschicht (links auf dem Objekttische); eine große Lichtschutzkappe ist weggelassen.

---

[1]) Verfertiger: Firma E. Leitz, Wetzlar.

Als Mikrokolorimeter dient auch das in Abb. 9 dargestellte Stufenphotometer von C. PULFRICH[1]), dessen Hauptanwendungsgebiet die Untersuchung von Färbungen auf ihren Schwarzgehalt, ihren Weißgehalt u. a. m. ist. In dem durch einen Blendschutz in der Abbildung fast verdeckten Okulare erblickt man ein rundes zweiteiliges Gesichtsfeld mit sehr scharfer Trennungslinie, das sein Licht durch die langen senkrechten Rohre erhält. Die an dem linken Rohre befindliche Meßschraube wird hierbei nicht benutzt. Unter den Rohren ist der Objekttisch erkennbar, dessen beide Durchbohrungen mit den Gefäßen zur Aufnahme der Flüssigkeiten bedeckt sind; die Gefäße erhalten ihr Licht entweder

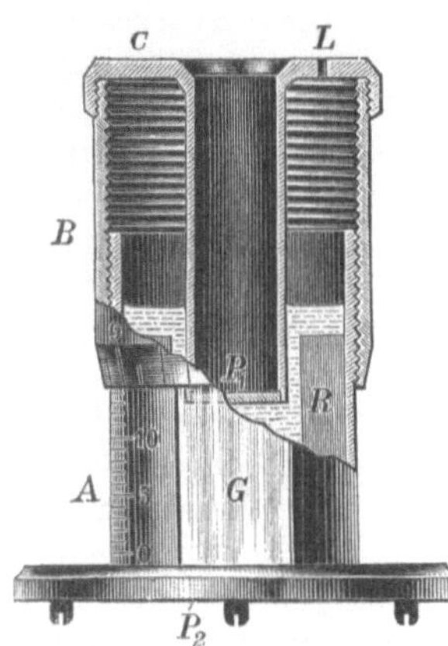

Abb. 10. PULFRICHS Absorptionsgefäß mit veränderlicher Schichtdicke, schematisch dargestellt. Durch Drehen an C wird der massive Glasstempel P_1 meßbar in die Lösung eingesenkt. An der Teilung A liest man die Schichtdicke auf 0,05 mm genau ab.

von dem länglichen Spiegel, der in Abb. 9 rechts vor dem Apparate liegt, oder von den zwei auf der Grundplatte liegenden Barytweißplatten. Die Vergleichslösung, etwa 1 cm³, kommt in die kleine rechte Küvette, auf die ein Deckglas luftblasenfrei aufgeschoben ist, die Probe dagegen in das Absorptionsgefäß mit veränderlicher Schichtdicke. Dieses ist in Abb. 10 im Schnitt dargestellt. Durch Drehen an dem Deckel c kann man den massiven, in die Flüssigkeit eintauchenden Glasstempel heben und senken, bis die Färbungen der beiden Halbfelder im Gesichtsfelde gleich sind. Die Schichtdicke wird an einer linearen Teilung auf ganze und an einer Kreisteilung auf $^1/_{20}$ mm genau abgelesen. Die Höhe der anderen festen Küvette ist genau bekannt; der Satz fester Küvetten hat die Dicken 20, 10, 5, 2 und 1 mm. So kann die kolorimetrische Mes-

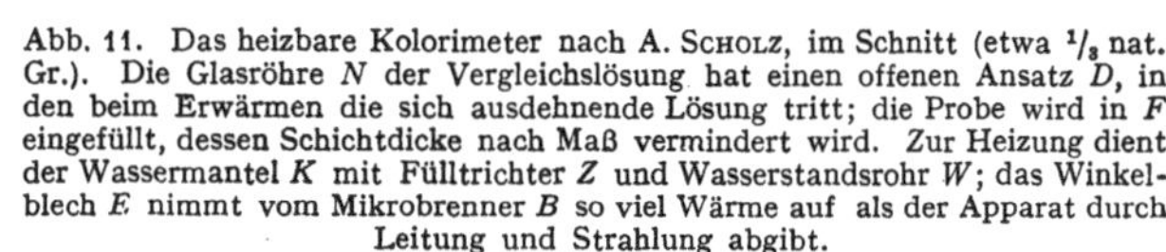

Abb. 11. Das heizbare Kolorimeter nach A. SCHOLZ, im Schnitt (etwa $^1/_3$ nat. Gr.). Die Glasröhre N der Vergleichslösung hat einen offenen Ansatz D, in den beim Erwärmen die sich ausdehnende Lösung tritt; die Probe wird in F eingefüllt, dessen Schichtdicke nach Maß vermindert wird. Zur Heizung dient der Wassermantel K mit Fülltrichter Z und Wasserstandsrohr W; das Winkelblech E nimmt vom Mikrobrenner B so viel Wärme auf als der Apparat durch Leitung und Strahlung abgibt.

---

[1]) C. PULFRICH, ZS. f. Instrkde. Bd. 45, S. 42. 1925.

sung auch auf recht dunkle oder auf nur in sehr geringer Menge vorhandene Proben ausgedehnt werden.

γ) **Das heizbare Kolorimeter nach A. Scholz.** Eine andere, den besonderen Eigenschaften der Proben angepaßte Konstruktion[1]) ist das in Abb. 11 dargestellte heizbare Kolorimeter nach A. Scholz[2]); es ist für Substanzen bestimmt, die bei gewöhnlicher Temperatur fest sind wie Fette, Wachse, Stearin usf. Die metallenen Rohre sind von dem doppelwandigen Heizschranke umschlossen, an dem seitlich ein starker metallener Winkel angebracht ist; der Winkel hat nur die Aufgabe, die von der Flamme empfangene Wärme dem Heizschranke zuzuführen.

δ) **Das Stammersche Kolorimeter[1])** hat überhaupt nur ein Flüssigkeitsgefäß, da die Vergleichsfarbe durch feste Farbfilter geliefert wird. Das Farbfilter wird auf Grund von Vereinbarungen, die in der Zuckerindustrie, vom Gärungsgewerbe und in der Mineralölindustrie getroffen worden sind, aus bestimmten Farbgläsern von vorgeschriebener Dicke hergestellt; es wird bei G in Abb. 12 eingeschaltet und ist auswechselbar. Die Probe kommt in die Kanne F, deren Bodenplatte durch einen Gewindeverschluß befestigt ist, so daß sie zur Reinigung leicht herausgenommen werden kann. Das Tauchrohr T wird durch Zahn und Trieb verstellt (bis zu 300 mm Schichtdicke), seine Höhe wird an einer Millimeterteilung abgelesen, bei manchen Modellen dieser Art mit einem besonderen Fernröhrchen, dessen Okular dicht bei dem Okularkopf des Kolorimeters angeordnet ist. Zur Vermeidung von fremdem Licht ist der ganze Apparat in ein metallenes Gehäuse eingebaut. Trotz der Höhe ist wagerechter Einblick nicht vorgesehen, da meist im Stehen gearbeitet wird. Das mehrfach erwähnte komplementäre Okularfilter wird diesem in industriellen Laboratorien verbreiteten Modelle regelmäßig beigegeben, da es nur für Proben genau bekannter Färbung bestimmt ist.

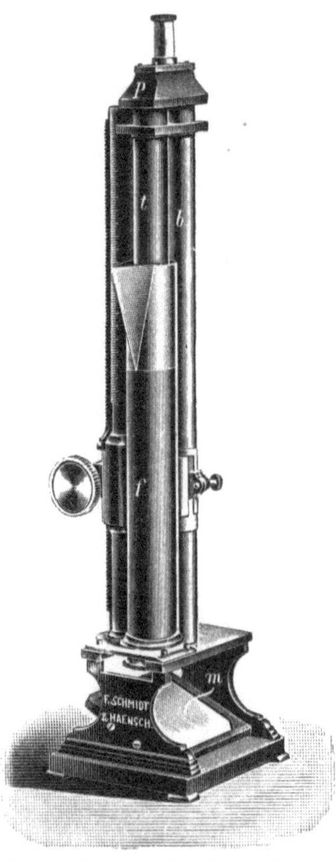

Abb. 12. Stammersche Kolorimeter mit einem Farbglas und einem Meßrohr.

ε) **Das Diaphanometer nach J. König[3])** ist ein drittes technisches Kolorimeter. Es ist eine für eine bestimmte, in der Praxis des Chemikers häufig wiederkehrende Aufgabe, nämlich die Ermittlung des Trübungsgrades von Wässern vervollkommnete Form des Duboscqschen Kolorimeters. Da diese Aufgabe heute mit den Trübungsmessern bearbeitet wird, sei die Königsche Konstruktion nur in großen Zügen wiedergegeben. Als Kolorimeterkopf dient ein Lummer-Brodhunscher Würfel mit dreiteiligem Gesichtsfeld (Abb. 13). Der Mittelstreifen erhält sein Licht von der einen, die Seitenteile

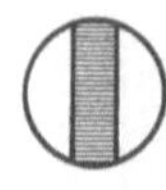

Abb. 13. Das dreiteilige Gesichtsfeld des Diaphanometers nach J. König.

---

[1]) Verfertiger: Firma Fr. Schmidt & Haensch, Berlin.
[2]) A. Scholz, Chem. ZS. Bd. 38, S. 480. 1914.
[3]) Verf. A. Krüss, Hamburg. J. König, ZS. f. Unters. d. Nahr.- u. Genußm. Bd. 7, S. 129 u. 587. 1904 u. J. König, Chemie der menschlichen Nahrungs- und Genußmittel Bd. III/1, S. 132. Berlin: Julius Springer 1910.

des Gesichtsfeldes von der anderen Tauchröhre. Die Begrenzung des Streifens verschwindet, sobald beide Helligkeiten gleich sind, dann erscheint das Gesichtsfeld als Ganzes gleichmäßig erleuchtet, vorausgesetzt, daß ungleichmäßige Lichtverluste in den beiden zu vergleichenden Strahlenbüscheln vermieden werden. Hierauf ist besonderer Wert gelegt worden. Obwohl die Flüssigkeitshöhe nur auf einer Seite verändert wird, muß auch das andere Strahlenbüschel durch eine Flüssigkeitsschicht hindurchgehen, damit auch dieses die Reflexionsverluste an den Übergangsflächen von Luft zu Glas, zu Flüssigkeit, zu Glas und zu Luft mit erleidet. Da vor allem die Durchsichtigkeit, also eine photometrische Wirkung der natürlichen Wässer, gemessen werden soll, werden Glasplatten von abgestuftem Absorptionsvermögen in den Strahlengang eingeschaltet. Zur Ersparung von Rechnungen dienen Tabellen. Da die Wasserproben sich nicht nur durch ihre Durchsichtigkeit im ganzen, sondern auch durch ihren Farbton unterscheiden, wird die Messung auch noch für zwei durch ein Rot- und ein Grünfilter bestimmte Spektralbereiche wiederholt, so daß dann zur Charakterisierung einer Probe drei Werte erhalten werden. Das ganze Meßverfahren beruht auf der Voraussetzung, daß die Flüssigkeitssäule in ihrer ganzen Ausdehnung optisch gleichwertig ist, daher muß bei trüben Flüssigkeiten, die ihre Schwebestoffe rasch absitzen lassen, schnell gearbeitet werden.

ζ) **Das Polarisationskolorimeter nach G. und H. Krüss**[1]). Um die Meßgenauigkeit des Kolorimeters zu steigern, d. h. den Einstellfehler unter die übliche, in günstigen Fällen erreichbare Grenze von $\pm 1\%$ herunterzudrücken, wird das Gesichtsfeld des Polarisationskolorimeters in vier Felder geteilt, die paarweise, und zwar diagonal, zusammengehören; es wird z. B. das rechte obere und das linke untere Feld von demselben Strahlenbüschel beleuchtet. Diesem Zwecke dient der in Abb. 14 dargestellte Okularkopf, der von W. Grosse[2]) angegeben ist.

Die über den Ausflußzylindern A und B angeordneten Gesichtsfeldblenden D_α und D_β erscheinen in dem Okularrohr nebeneinander als halbe Quadrate, da die spiegelnde Fläche EF des gleichschenkligen Reflexionsprismas EFG parallel der auf Spiegelung beanspruchten Fläche HK der oberen Hälfte des Glanschen Luftprismas $HJKL$ liegt. Da in dem Kalkspatprisma HJK der Winkel bei H 40° beträgt, werden die ordentlichen Strahlen an dieser Fläche total reflektiert, sie ist also nur für die außerordentlichen durchsichtig; so besteht das von A kommende Strahlenbüschel α, nachdem es die Fläche HK durchsetzt hat, nur aus außerordentlichen Strahlen. Das von B kommende Strahlenbüschel β besteht nach dem Austritt aus der

Abb. 14. Schnitt durch das Polarisations-Kolorimeter nach G. und H. Krüss mit dem Okularkopf von W. Grosse. Die Kalkspathprismen *EFG* und *HKL* sind identisch, sie sind so bemessen, daß an ihnen der ordentliche Strahl total reflektiert wird (Bündel β); dagegen wird der ordentliche Strahl im Prisma *HJK* an der Fläche *HK* aus dem Strahlengang entfernt und das Bündel α besteht nur aus den außerordentlichen Strahlen. So sind α und β entgegengesetzt polarisiert. Das eigentlich zweiteilige Gesichtsfeld wird durch die Quarzdoppelplatte Q in ein vierteiliges verwandelt, dessen Polarisationszustand durch die Schraffierung der Felder angezeigt wird. Man läßt aus den Gefäßen A und B soviel Flüssigkeit ausfließen, daß die 4 Felder gleich hell und gleich gefärbt sind, was mit besonders großer Schärfe zu erkennen ist.

---

[1]) Vgl. die Monographie von G. u. H. Krüss, Kolorimetrie und quantitative Spektralanalyse. II. Aufl. Leipzig und Hamburg bei L. Voß.

[2]) W. Grosse, ZS. f. Instrkde. Bd. 7, S. 129. 1887; Bd. 8, S. 95. 1888.

Fläche GF aus den ungeschwächten, weil total reflektierten ordentlichen Strahlen, und aus dem Büschel der gegen die ordentlichen geneigten außerordentlichen Strahlen, von denen aber ein großer Teil die spiegelnde Fläche EF in der Richtung der Pfeile durchsetzt hat. Beim Austritt aus der Fläche GF in Luft entsteht zwischen den ordentlichen Strahlen (n_0 des Kalkspats $= 1{,}65$) und den außerordentlichen ($n_e = 1{,}49$) ein solcher Richtungsunterschied, daß durch Spiegelung an der Fläche HK nur die ordentlichen Strahlen senkrecht nach oben geworfen werden, während die außerordentlichen nicht mehr in die nun zu erläuternde obere Hälfte des Kolorimeterkopfs gelangen. So treten also aus der letzten Fläche LK des GLANschen Prismas zwei senkrecht zueinander polarisierte Strahlenbüschel aus, von denen das eine aus dem Rohre A, das andere aus B kommt; durch passende Wahl des Abstandes der Rohrachsen läßt sich erreichen, daß das Spiegelbild der Blende D_β dicht neben der Blende D_α liegt, wenn auch nicht in derselben Ebene. Das zweiteilige aus LK ausgetretene Strahlenbüschel durchsetzt dann, wenn man von Q zunächst absieht, den drehbaren Nikol N. So erscheint das Gesichtsfeld wie in Abb. 1 als Quadrat mit einer Mittellinie. Durch Drehen des Nikols kann in der aus dem Kapitel Polarisation her bekannten Weise die Helligkeit der beiden Hälften des Gesichtsfelds gleichgemacht und aus dem Drehungswinkel des Nikols von einer gut definierten Anfangslage an das Verhältnis der Lichtstärken der Büschel A und B berechnet werden. So wäre der Apparat bereits ein Diaphanometer oder ein Schwärzungsmesser für Negative. Zu einem ausgezeichneten Kolorimeter wird er durch Hinzunahme der Quarzdoppelplatte Q, von $3{,}75$ mm Dicke, deren eine Hälfte aus rechtsdrehendem und deren andere aus linksdrehendem Quarze besteht; die Trennungskante der beiden Halbplatten muß senkrecht zur Mittellinie des Gesichtsfeldes liegen. Jetzt erscheint das Gesichtsfeld in vier gleiche Quadrate geteilt, die in der aus Abb. 5 ersichtlichen Weise angeordnet sind. War vor dem Einschalten der Quarzdoppelplatte auf gleiche Helligkeit eingestellt, so ändert sich an der Erscheinung, der gleichmäßigen Beleuchtung des Gesichtsfeldes, nichts. Dreht man aber den Nikol aus dieser Lage heraus, so macht die Wirkung der Doppelplatte, dem polarisierten Lichte eine zusätzliche von der Farbe abhängige Drehung der Polarisationsebene nach rechts oder links zu erteilen, sich sogleich dadurch bemerkbar, daß die sich diagonal gegenüberstehenden Quadrate paarweise gleiche Färbung annehmen, weil auf diese der Nikol in gleichem Grade auslöschend wirkt und dadurch eine gleiche Mischfarbe übrigläßt. Dieselbe Wirkung wird aber im Gesichtsfelde auch dadurch erzielt, daß man in der Anfangslage des Nikols (bei Gleichheit aller vier Felder) in die bisher nicht gefüllten Rohre A und B zwei verschieden konzentrierte Lösungen einschaltet. Dadurch werden die Blenden D_α und D_β mit verschieden hellem Lichte beleuchtet, und ihre Bilder im Gesichtsfelde erscheinen verschiedenfarbig, weil der Kolorimeterkopf im Grunde ein Photometerkopf ist. Man verändert nun z. B. durch Ausfließenlassen der stärkeren Lösung die Schichtdicke von A und dadurch die Beleuchtungsstärke von D_α so lange, bis im Gesichtsfelde alle vier Quadrate gleichfarbig und, was gleichzeitig eintritt, auch gleich hell sind. Dann ist wieder, wie oben, $h_1 \cdot c_1 = h_2 \cdot c_2$. Der ganze komplizierte Kolorimeterkopf ist also hier nicht, wie bei anderen Polarisationsapparaten, die eigentliche Meßvorrichtung, sondern eine Beobachtungsvorrichtung, die allerdings der Messung einen höheren Grad von Genauigkeit verleiht, da eben zu dem Kriterium der Helligkeiten noch das der Färbungen in den Teilfeldern des Gesichtsfeldes hinzukommt.

9. Kolorimeter mit einer keilförmigen Flüssigkeitsschicht. α) Das Kolorimeter von GALLENKAMP[1]) hat einen Kolorimeterkopf mit wagerechtem Ein-

---

[1]) F. GALLENKAMP, Chem. ZS. Bd. 15, Rep. S. 335. 1891.

blick, der aus dem verstellbarem Okulare und dem üblichen rhombischen Prismensatze besteht. Die Probe kommt in einen Glastrog mit zwei senkrechten Fenstern, die angekittet oder angeschmolzen sind, die Vergleichslösung dagegen, deren Schichtdicke während der Beobachtung zu verändern ist, in einen keilförmigen Trog, eine Art längliches Hohlprisma mit wagerechter brechender Kante. Der Keiltrog kann mit Schnurlauf, zwei Rollen und Gegengewicht bequem gehoben und gesenkt werden; dabei läuft ein an der Fassung des Keils angebrachter Index an der Teilung entlang, die entweder nach Millimetern oder, was vorzuziehen ist, nach der Dicke der Keil-schicht an der gerade im Strahlengang befindlichen Stelle beziffert ist. Im letzteren Falle gestaltet sich die Rechnung einfacher, da auch die Schichtdicke des zuerst genannten festen Troges bekannt ist. Für Betriebszwecke genügt jedoch eine Millimeterteilung, die man sich nach Prozenten der wenigen, laufend zu messenden Lösungen eicht. Die Handhabung des besonders für starke Lösungen geeigneten Instruments ist sehr bequem; durch Auswechseln des festen Glastrogs gegen einen von der halben oder der doppelten Dicke kann man den Meßbereich oder die Meßgenauigkeit nach Bedarf verdoppeln. Noch vielseitiger ist dieses Kolorimeter in der Ausführung der Firma A. Krüß, die es mit zwei keilförmigen Trögen ausstattet.

β) Das Keilkolorimeter nach W. AUTHENRIETH und J. KÖNIGSBERGER (Abb. 15) ist eine technisch vervollkommnete Form[1]) des soeben

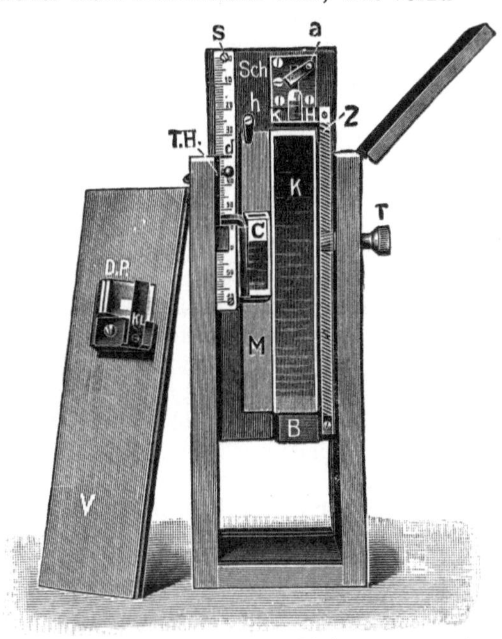

Abb. 15. Das Keilkolorimeter nach W. AUTHENRIETH und J. KÖNIGSBERGER. Die das Helmholtzsche Doppelplatten-Okular D. P. tragende Vorderwand V ist abgenommen, um die Küvette C für die Probe und den auswechselbaren Flüssigkeitskeil K zu zeigen; man liest die Stellung des mit dem Triebknopfe T verschiebbaren Keils an der Teilung S ab.

beschriebenen Modells. Der Kolorimeterkopf ist dadurch verfeinert, daß das FRESNELsche Prismenpaar durch die HELMHOLTZsche Doppelplatte ersetzt ist, die eine außerordentlich scharfe Trennungslinie zwischen den Halbfeldern liefert. Der keilförmige Glastrog, der hier durchweg die Vergleichslösung enthält, ist auf einem Schieber angeordnet, der mit Zahn und Trieb auf und ab bewegt wird. Derselbe Schieber trägt eine Millimeterteilung, die an einem am Gehäuse befestigten Index entlang gleitet. Ein Okular ist merkwürdigerweise nicht vorhanden, es kann aber ein (leeres) Blendrohr vor das Gesichtsfeld gestellt werden, um fremdes Licht abzuhalten. Damit man die ungleichmäßige, von oben nach unten abnehmende Färbung des Vergleichsfeldes nicht sieht, ist es sehr schmal gehalten. Wie Abb. 15 lehrt, kann man die hölzerne Vorderwand mit der Doppelplatte leicht abnehmen, um alle Teile zu reinigen. Der Keiltrog hat ein rechtwinkliges Dreieck als Querschnitt; die lange Kathete soll dem Beobachter zugewandt sein; eine Kompensation der Ablenkung des Lichts durch den Keil findet nicht statt. Nur so erklärt sich die Vorschrift, nach Möglichkeit mit Tageslicht zu arbeiten. Die Probe

---

[1]) Verfertiger: Firma F. Hellige, Freiburg i. Br.

kommt in einen Glastrog mit ebenen Fenstern, die säurefest angekittet sind; an Stelle des normalen kleinen Trogs kann zur Untersuchung sehr schwacher Färbungen eine Küvette von etwa 10 cm Schichtdicke eingesetzt werden. Im Gebrauche ist dieses Modell also ebenso bequem wie das GALLENKAMPsche Original; die große Verbreitung des HELLIGEschen Kolorimeters gründet sich wohl hauptsächlich darauf, daß für die wichtigsten Probesubstanzen, zumal aus dem Gebiete der physiologischen Chemie, etwa 50 Vergleichslösungen und Eichkurven von W. AUTHERIETH und J. KÖNIGSBERGER und anderen Autoren ausgearbeitet worden sind.

10. Kolorimeter mit fester Schichtdicke. Zu orientierenden Versuchen und für Betriebsanalysen von mäßiger Genauigkeit sind kolorimetrische Methoden im Gebrauch, bei denen sozusagen ohne Kolorimeter gearbeitt wird. Man verzichtet z. B. dabei auf den Vorteil, durch Veränderung der Schichtdicke die Helligkeit eines der beiden Farbfelder stetig zu verändern und kann sich mit abgestuften Vergleichsfarben begnügen. Dieser Fall liegt besonders dann vor, wenn die zu ermittelnden Konzentrationen nur in engen Grenzen schwanken, wie z. B. bei der Bestimmung des Kohlenstoffs im Stahl, einer der allerverbreitesten kolorimetrischen Methoden oder bei der des Ammoniaks in Wässern In einem hölzernen Gestelle werden nach NESSLER, STOCKES[1]) und EGGERTZ etwa zehn zylindrische Röhren von gleichem inneren und äußeren Durchmesser aufgestellt, und mit Vergleichslösungen von passend abgestuften Konzentrationen gefüllt. Es wird dann ein gleiches Rohr mit der Probe der Reihe nach zwischen zwei der vorbereiteten Röhren gehalten und ermittelt, zwischen welche zwei Röhren die Probe ihrer Färbung nach gehört. Um gröbere Irrtümer zu vermeiden, hat man auf eine möglichst gleichmäßige Beleuchtung sämtlicher Röhren zu achten; je nach der Richtung, in der man durch die Röhren hindurchsieht, geschieht das auf zweierlei Weise. Visiert man quer durch die Röhren, so liefert eine das vorn offene Gestell rückwärts abschließende Milchglasplatte einen guten Hintergrund, wenn sie von rückwärts gleichmäßig, z. B. durch den hellen Himmel oder durch mehrere nicht zu nahe Lampen beleuchtet wird. Dabei ist das Auge des Beobachters vor dem direkten Lichte des Himmels oder den Lampen gut zu schützen, z. B. durch einen Drahtbügel mit schwarzem Tuche. Die andere, genauere Beobachtungsart ist die Längsdurchsicht; in diesem Falle ist es wesentlich, alle Röhren gleich hoch zu füllen, etwa bis zu einer Ringmarke oder zu einem bestimmten Striche einer Millimeterteilung auf der Außenwand. Es ist dann entweder durch einen gemeinsamen Spiegelstreifen von unten Licht in die Röhren zu werfen oder sie sind schräg so in ein Gestell zu hängen, daß sie mit ihrer Achse auf eine matte, gut beleuchtete Fläche hinzielen. Diese Beobachtungsart ist in metallurgischen Laboratorien weit verbreitet.

Feste Vergleichsfarbfelder empfiehlt J. KÖNIG[2]) für die Untersuchung von Wässern; man soll sich lackierte Farbstreifen herstellen lassen, deren Farbtöne abgestuften Konzentrationen entsprechen, und diese Streifen auf einem Zylinder mit senkrechter Drehungsachse befestigen, so daß sie der Reihe nach dicht neben die Röhre gebracht werden können, die die Probe enthält. Da die Anordnung vorwiegend von analytischer, weniger von physikalischer Bedeutung ist, sei auf die ausführliche Beschreibung a. a. O. verwiesen.

Ein wirkliches Kolorimeter mit fester Schichtdicke stellt der MYLIUSsche Trichter[3]) dar (Abb. 16). Ein metallener innen weiß emaillierter Trichter ist durch eine Scheidewand in zwei Hälften geteilt, seine Größe wird den verfügbaren

---

[1]) NESSLER-STOCKES, Chem. ZS. Bd. 12, Rep. S. 174. 1888.
[2]) J. KÖNIG, Chem. ZS. Bd. 21, S. 599. 1897.
[3]) F. MYLIUS, Silikat-ZS. Bd. 1, S. 46. 1913.

Mengen der Proben angepaßt, 10 bis 20 ccm Inhalt einer Hälfte sind normal.
Die eine Hälfte des Trichters wird mit der gesamten vorher gemessenen Probe,
die andere mit der gleichen Menge Wasser oder Lösungsmittel gefüllt. Um in
der zweiten Hälfte dieselbe Färbung, wie die Probe sie zeigt, herzustellen, läßt
man aus einer Tropfpipette oder einer Bürette unter Um-
rühren so viel von einer bekannten Vergleichslösung der
zu untersuchenden Substanz zufließen, bis der Farbton
allmählich dem der Probe gleich geworden ist. Die zu-
gefügte Menge der Vergleichslösung ist das Maß für die
Konzentration der Probe. Ist die Konzentration der
Vergleichslösung stark, so ändert sich die Höhe des
Wasserspiegels vermöge der günstigen Form des Quer-
schnitts nicht erheblich. Wurden von einer $p$proz. Vergleichslösung q ccm verbraucht, bis die Gleichheit des
Farbtons erreicht war, so enthält die Probe pq Prozent
der Substanz. Ist man nicht sicher, ob beide Hälften des
Trichters gleichmäßig beleuchtet sind, so prüft man die
Farbtöne, nachdem der Trichter in seinem Fuße um 180°
gedreht worden ist.

11. Farbenprüfer. Da die Farben, mit denen wir
im täglichen Leben zu tun haben, keine wohldefinierten
Spektralfarben, sondern Mischfarben sind, die sich aus
Spektralbezirken, Weiß und Schwarz zusammensetzen,
ist viel Mühe darauf verwendet worden, für die Zwecke
der Praxis Farbnormen zu schaffen. Von den dafür ausgearbeiteten kostbaren
älteren Atlanten sowie von einer Darstellung der OSTWALDschen Farbenlehre[1]),
die zur Herausgabe weit verbreiteter Farbnormen geführt hat, muß hier abgesehen
werden; wir beschränken uns auf eine kurze Wiedergabe von fünf physikalischen
Hilfsapparaten die, ohne eigentliche Kolorimeter zu sein, doch zur Vergleichung
der Färbung von Papieren, Lacken und anderen bunten Gegenständen und in
gewissem Sinne zur Messung von Mischfarben dienen. Bemerkenswerterweise
enthalten vier Farbenmischapparate dieser Art Kalkspatprismen. Die erste
Gruppe benutzt polarisierende Prismen und Quarzplatten zur Erzeugung von
physikalisch definierten Mischfarben, und zwar das Polarisationskolorimeter von
A. MEISLING und das Chromoskop von L. ARONS, die zweite dagegen gründet
sich auf das WOLLASTONsche Prisma, das aus einem Kalkspatprisma und einem
Glasprisma von gleichem brechenden Winkel und mittlerem Brechungsindex besteht, der zwischen dem des ordentlichen und des außerordentlichen Strahles liegt.
Das WOLLASTONsche Prisma dient dazu, von einem Farbfelde zwei nebeneinanderliegende senkrecht zueinander polarisierte reelle oder virtuelle Bilder zu
erzeugen, und zwar bei dem OSTWALDschen Polarisationsfarbenmischapparat
(„Pomi" genannt).

α) **Das Polarisationskolorimeter nach A. MEISLING[2]).** Das Okular-
stück besteht aus einem 25 cm langen Rohr, an dessen oberem, dem Auge zugewandten Ende ein Analysator mit Teilkreis sitzt, während das untere Ende
eine Quarzplatte trägt. Durch das Rohr blickt man auf die beiden zu vergleichenden Farbfelder. Das eine wird durch das aus dem Flüssigkeitszylinder
kommende Licht beleuchtet, während das andere sein Licht von einem Polarisator
erhält. Die Stelle eines beiden Strahlenbüscheln gemeinsamen Spiegels vertritt

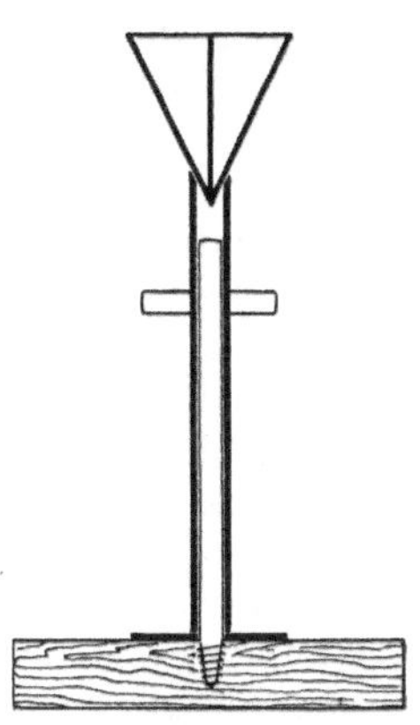

Abb. 16. Der MYLIUSsche Trichter mit ebener Scheidewand
bietet, wenn er gefüllt ist, von
oben gesehen einen Anblick
wie das zweiteilige Gesichtsfeld
eines Kolorimeters.

[1]) W. OSTWALD, Die Farbenlehre, 2 Bde. Leipzig: Verlag Unesma G. m. b. H. 1919.
[2]) A. MEISLING, ZS. f. analyt. Chem. Bd. 43, S. 137. 1904; ref. ZS. f. Instrkde. Bd. 25,
S. 185. 1905.

eine stark beleuchtete, diffus reflektierende Gypsplatte. Stellt man, ehe die Quarzplatte in den Strahlengang gerückt worden ist, den Analysator auf Dunkelheit ein und fügt nun die Quarzplatte ein, so tritt eine Aufhellung des Gesichtsfeldes ein, die dadurch zustande kommt, daß die Polarisationsebene des aus dem Polarisator kommenden Lichtes durch die Quarzplatte gedreht wird. Nun wird aber durch die Platte jeder Spektralfarbe eine andere Drehung erteilt; daher kann der Analysator, wenn man ihn nachdreht, immer nur eine Farbe wirklich auslöschen. Alle anderen werden mehr oder weniger geschwächt und eine einzige bleibt gänzlich ungeschwächt. Alle Anteile des weißen Lichtes vereinigen sich zu einer Mischfarbe. Diese kann man in weiten Grenzen verändern, indem man durch Drehen des Analysators der Reihe nach wechselnde Farben auslöscht. Die Reihenfolge der Farbenübergänge läßt sich nicht den Wünschen des Beobachters anpassen, da die Reihenfolge der jeweils ausgelöschten Farben durch die feste Dicke der Quarzplatte und die Drehung des Analysators aus seiner obenerwähnten Anfangslage heraus von vornherein bestimmt ist, man kann also nicht etwa ein Blaugrün nach Grün hin abändern. Die Dicke der Quarzplatte ist von MEISLING so gewählt, daß man bei der Hämoglobinbestimmung eine Stellung des Analysators findet, bei der die Färbung des Vergleichsfeldes gleich derjenigen einer Lösung von Blut mit normalem Hämoglobingehalte ist. So dient hier die Vereinigung der Polarisationsprismen mit einer festen Quarzplatte dazu, einen für die kolorimetrische Bestimmung des Hämoglobins brauchbaren Farbton des Vergleichsfeldes herzustellen, der im Gegensatz zu den mannigfachen· sonst empfohlenen Farblösungen nicht ausbleicht, vielmehr jederzeit in gleicher Beschaffenheit zur Verfügung steht. Um eine Blutprobe auf ihren Hämoglobingehalt zu messen, füllt man das Meßgefäß, das mit einem Tauchzylinder versehen ist, zunächst mit einer Blutlösung von bekanntem Hämoglobingehalte und dreht nun den Analysator, bis das Vergleichsfeld nach Möglichkeit die gleiche Färbung hat. Es bleibt dann nur noch ein Helligkeitsunterschied zwischen beiden Feldern bestehen. Diesen gleicht man durch Veränderung der Schichtdicke aus. Die so ermittelte Schichtdicke gilt also für den bekannten Hämoglobingehalt. Für die Probe wird sich eine andere Schichtdicke ergeben. Aus den Schichtdicken berechnet sich in bekannter Weise der Hämoglobingehalt der Probe.

β) Das Chromoskop von L. ARONS[1]). Von der MEISLINGschen Anordnung unterscheidet sich der Okularkopf des ARONSschen Chromoskops in zweierlei Weise. Erstens durch Anwendung des LUMMER-BRODHUNschen Photometerkopfes mit Okular und zweitens dadurch, daß ein ganzer Satz von auswechselbaren Quarzplatten genau bekannter und planmäßig abgestufter Dicke zur Verfügung steht. Die Platten können einzeln, paarweise, zu dritt usf. in den Strahlengang zwischen Polarisator und Analysator eingeschoben werden. Auch hier unterliegt der Wechsel der Färbung nicht den Wünschen des Beobachters, aber durch die umfassenden Beobachtungsreihen von L. ARONS kann man aus Listen diejenigen Kombinationen der Analysatordrehung und der Quarzdicke entnehmen, bei denen eine vorgeschriebene Färbung, etwa moosgrün, entsteht. So kann man durch systematisches Durchprobieren eine gewünschte Mischfarbe meist mit einer erstaunlichen Treue einstellen. Die ARONSsche Anordnung stellt ein bisher unübertroffenes Hilfsmittel dar, um eine vorliegende Färbung auf rein physikalischem, daher unveränderlichem und jederzeit reproduzierbarem Wege zu definieren. Das Chromoskop wäre wohl den Arbeiten zur Normung der Färbungen für technische und wissenschaftliche Zwecke zugrunde gelegt

---

[1]) L. ARONS, Ann. d. Phys. Bd. 33, S. 799. 1910; Verfertiger Firma Fr. Schmidt & Haensch, Berlin.

worden, wenn es gestattete, die gerade eingestellte Färbung des Gesichtsfeldes
nach Bedarf und nach Maß abzuändern; gerade das aber ist unmöglich.

γ) W. Ostwalds Polarisationsfarbenmischapparat („Pomi")[1]). Nach
ihrer Definition sind die im Ostwaldschen Farbenkreise sich diametral gegenüber
stehenden Farbtöne Gegenfarben, d. h. ihre optische Mischung ergibt ein neutrales
Grau. Diese Eigenschaft kann man
nach Ostwalds Vorgang zu einem
Verfahren der Farbtonbestimmung
benutzen, indem man diejenige Farbe
seines Farbkreises ermittelt, die mit
der zu bestimmenden Probe gemischt, Grau ergibt; alsdann bezeichnet die um 50 verschiedene
Nummer des Farbkreises den gesuchten Farbton. Für die Ausführung dieser Farbmischung ist der
Ostwaldsche Polarisationsfarbenmischapparat bestimmt (Abb. 17).
Etwa 25 cm über dem für die Aufnahme der Probe bestimmten Tische
ist ein Wollastonsches Prisma K.P.
angeordnet, über dem ein Analysator
mit Index drehbar ist, dessen Lage
auf dem Teilkreise abgelesen wird.
Das Wollastonprisma entwirft von
einem Objekte zwei senkrecht zueinander polarisierte Bilder; z. B.
sieht man ein Farbtäfelchen a doppelt, als a_0 und a_e, die sich bei passender Verfügung über die Breite
von a in der langen Kante berühren.
Fügt man noch ein anderes gleich-
breites Täfelchen b hinzu, so überlagern sich die virtuellen Bilder b
und a zu einem Bilde, dessen Farbe
die Mischfarbe aus den Farben von
a und b ist. Durch Drehen des
Nikols kann man die von a_e und b_0 in
das Auge des Beobachters kommenden Lichtmengen meßbar verändern
und so den Unterschied beider Plättchen im Weißgehalt ausgleichen. Grau
erscheint das Mittelfeld, neben dem

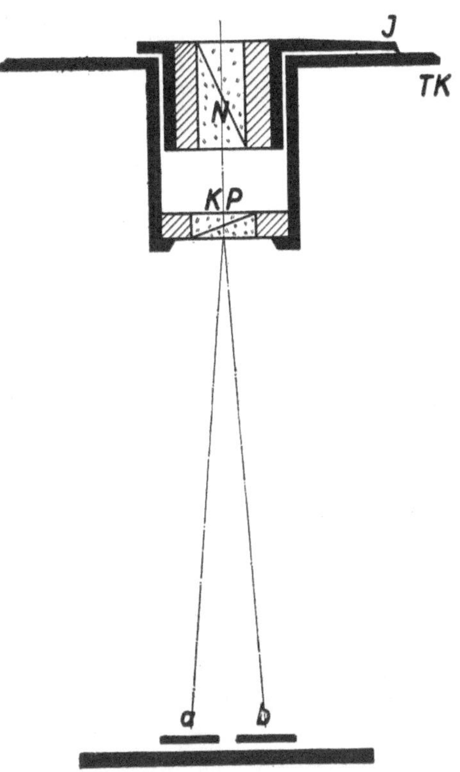

Abb. 17. Schematische Darstellung des Polarisationsfarben-
mischapparats (Pomi) nach W. Ostwald. Der Beobachter
hat durch das Nicolsche Prisma N und das Wollastonsche
Prisma KP auf die Farbfelder a und b zu blicken. Das
Wollastonprisma, bestehend aus je einem Kalkspath- und
einem Leichtflußprisma von gleichem brechenden Winkel,
ist etwa 25 cm über der Objektebene ab festgelagert, während
der Nikol mit Hilfe der Alhidade J um eine senkrechte
Achse gedreht werden kann. Seine jeweilige Stellung wird
am Teilkreise TK abgelesen. Die Säule, die der Teilkreis
trägt, ist in der Abbildung fortgelassen. Über die Doppel-
bilder, die durch das Wollastonprisma von den Farb-
feldern a und b entworfen werden, vgl. die Erläuterung der
Abb. 18a und b.

noch die bunten Bilder a_0 und b_e liegen, nur, wenn zu a die genaue Gegenfarbe
gefunden ist, was durch Auswechseln von b gegen andere Farbplättchen aus dem
Ostwaldschen Farbenkreise allmählich erreicht wird. Dabei ist es, wie leicht ersichtlich ist, nicht wesentlich, ob die Ostwaldsche Farbenreihe in Form eines
großen kreisförmigen Ringes, in Form linearer Farbskalen oder als Vorrat loser
Farbplättchen angeordnet ist; letztere sind am handlichsten. Hat man also die
Ostwaldsche Farbenreihe zur Verfügung, so kann man mit dem „Pomi" jeder

---

[1]) W. Ostwald, Die Farbenlehre, Bd. II: Physikalische Farbenlehre, S. 156. Leipzig:
Verlag Unesma 1919. Man vgl. auch C. Pulfrich, ZS. f. Instrkde. Bd. 45, S. 114. 1925.

vorliegenden Farbe durch Aufsuchen der Gegenfarbe ihre Nummer im Farbenkreise zuordnen, und zwar genauer als durch den an sich näherliegenden unmittelbaren Vergleich, weil der Unterschied im Weißgehalt durch den Analysator ausgeglichen wird. Dem OSTWALDschen Apparate haftet noch der Mangel an, daß man, wie Abb. 18b zeigt, neben dem die Mischfarbe darstellenden Mittelfelde die Felder a_o und b_e sieht; dadurch wird die Beurteilung, ob das Mittelfeld wirklich neutral grau ist, durch die Kontrastwirkung zwischen den bunten und dem grauen Felde erschwert. OSTWALD mildert diese Störung, indem er, wie in Abb. 18a dargestellt ist, quer über die Farbtäfelchen a und b ein

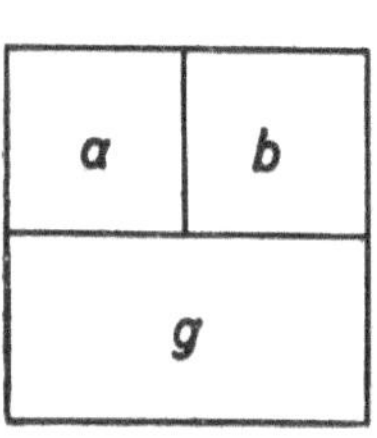
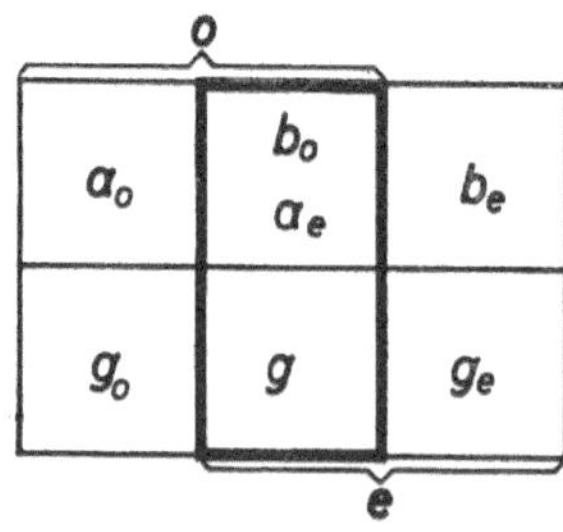

Abb. 18a und b. Zwei Farbplättchen a und b mit dem Grauplättchen g (links), erscheinen durch den Polarisations-Farbenmischer betrachtet so, wie im rechten Bilde dargestellt, d. h. a_e und b_o aufeinanderliegend, also zu einer Mischfarbe vereinigt die an das graue Feld g stößt.

neutrales Grauplättchen g legt, das mindestens so lang ist, als a und b zusammen breit sind, und das dem Grau der Mischung so ähnlich wie möglich ist. Zum Verschwinden lassen die störenden Randbilder sich nicht bringen, da man sie als virtuelle Bilder nicht abblenden kann.

δ) **L. BLOCHs Farbenmesser**[1]). Das ursprünglich für die Messung der „Farbe" von Lichtquellen, z. B. der gasgefüllten Metalldrahtlampen, ausgearbeitete Verfahren beruht auf der Messung der Beleuchtungsstärke einer weißen Fläche im roten, grünen und blauen Licht, es ist also eine Art Farbenanalyse. Man mißt wie mit einem gewöhnlichen Photometer, indem der Reihe nach ein rotes, grünes und blaues Farbglas von bestimmter Schmelze und Dicke vorgeschaltet wird. Der Farbenmesser (Abb. 19) enthält auf dem Boden eines geschlossenen, innen geschwärzten Holzkastens die zwei Vergleichsfelder, die von derselben Lichtquelle, vorzugsweise einer ULBRICHTschen, innen matt weiß gestrichenen Hohlkugel mit 25 kerziger Metalldrahtlampe beleuchtet werden; das Licht wird so in vollkommener Weise zerstreut und fällt durch zwei zunächst gleiche nebeneinanderliegende viereckige Fenster des Holzkastens auf die Vergleichsfelder; jedes

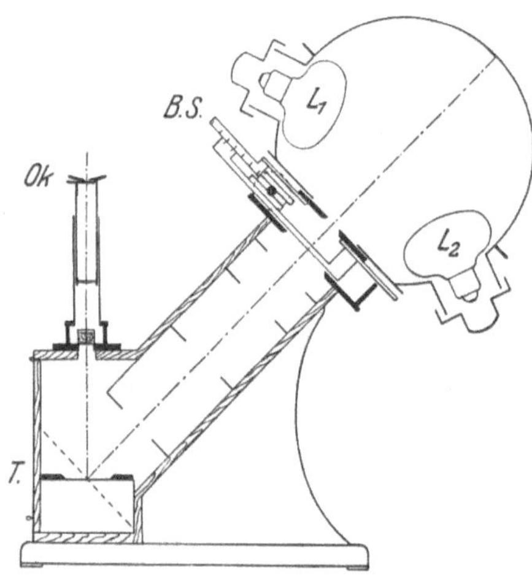

Abb. 19. Der Beobachter blickt durch das Okular OK auf das zweiteilige Gesichtsfeld in der Ebene T. Mit BS ist der Blendschieber bezeichnet, der eines der Halbfelder nach Maß zu verdunkeln gestattet.

Fenster beleuchtet nur ein Feld. Während das eine Fenster immer in voller Größe offen bleibt, kann der Querschnitt des das andere Fenster durchsetzenden Strahlenbüschels durch eine auf zwei bewegliche Schieber symmetrisch wirkende Meßschraube nach Maß verengert werden; eine Teilung mit Nonius zeigt die jeweilige Öffnung an; so kann die Beleuchtungsstärke eines Vergleichsfeldes

---

[1]) L. BLOCH, ZS. f. techn. Phys. Bd. 4, S. 175. 1923.

nach Maß abgeändert werden. Zur Betrachtung der beiden Vergleichsfelder dient
in bekannter Weise ein Kolorimeterkopf, in dem die Felder als Halbkreise mit
scharfer Trennungslinie erscheinen. Als Nullpunkt der Meßteilung dient diejenige Einstellung, bei der beide Halbfelder gleich hell erscheinen. Um die Farbe
eines undurchsichtigen Farbaufstriches oder gewebten Stoffes zu prüfen, legt
man diesen an die Stelle·des unveränderlichen Vergleichsfeldes; auf das andere
Vergleichsfeld legt man ein Stück weißen Stoffes (Papier, Leinwand, Seide, Woll-
stoff usf.) von ähnlicher Oberflächenbeschaffenheit. Nunmehr stellt man mit
der Meßteilung dreimal auf gleiche Helligkeit beider Felder ein, nachdem man
mit einem am Okular befindlichen Revolver das rote, das grüne und das blaue
Filter nacheinander vorgeschaltet hat. Die Auswahl der Farbfilter ist so erfolgt,
daß sie hintereinander geschaltet, also bei subtraktiver Farbenmischung nahezu
Schwarz ergeben. Man erhält also drei Maßzahlen des Reflexionsvermögens des
Objekts für drei bekannte Spektralbezirke. Dadurch ist die Färbung des untersuchten Gegenstandes für den praktischen Gebrauch eindeutig gekennzeichnet.

Will man in gleicher Weise eine Farblösung messen, so werden beide Vergleichsfelder mit dem gleichen weißen Karton oder zwei gleichen Barytweißplatten bedeckt. Die Lösung kommt dann in eine Küvette mit ebenem Glas-
deckel in den unveränderlichen Strahlengang, in den anderen setzt man zum
Ausgleich der Reflexionsverluste eine gleiche Küvette, die mit dem Lösungsmittel gefüllt ist. BLOCH führt a. a. O. weiterhin aus, wie man mit seinem Farbenmesser auch die OSTWALDschen Werte für den Weißgehalt, die Vollfarbe und den
Schwarzgehalt vorliegender bunter Proben ableitet, worauf hier nur verwiesen
werden kann. Als Beispiele praktischer Anwendungen bringt BLOCH Diagramme
für den Nachweis des Einflusses der Kon-
zentration des Farbstoffes auf die damit
gefärbten Baumwollstoffe, für die zahlenmäßige Bewertung der Lichtechtheit von
Farbstoffen und für die Änderung der
Farbe in Abhängigkeit vom Mischungsverhältnis bei der Mischung einer roten
und einer blaugrünen Flüssigkeit. Der
BLOCHsche Farbmesser ist also für mannigfache Aufgaben der Praxis erprobt.

ε) A. VON HÜBLS Farbenmeßapparat[1]). Während die BLOCHsche Methode
der Bestimmung einer Mischfarbe, wie
erwähnt, eine analytische ist, macht man
in A. v. HÜBLS Farbenmeßapparat von
der Tatsache Gebrauch, daß jede Farbe
sich durch ein Gemisch von drei passend gewählten Grundfarben synthetisch
nachbilden läßt. Das durch Zahlen ausgedrückte Verhältnis dieser drei Grundfarben, die in einer Mischfarbe scheinbar
vorhanden sind, bildet deren Definition.

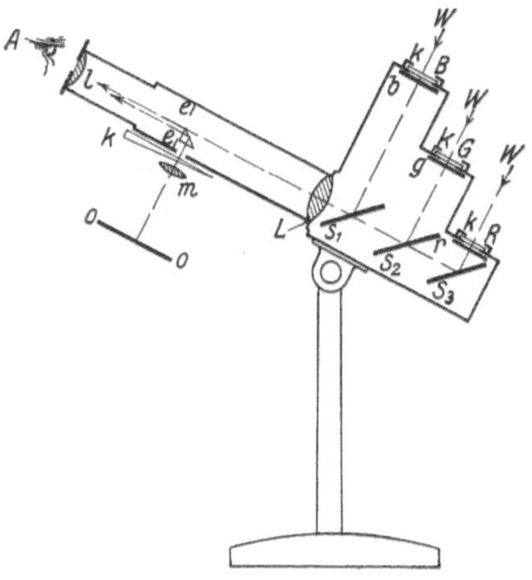

Abb. 20. A. v. HÜBLS Farbenmeßapparat. Das weiße,
durch die drei Farbfilter R (rot), G (grün) und B (blau)
auf die Spiegel $S_3 S_2 S_1$ fallende Licht wird von der
Linse L durch additive Farbenmischung in der Bildebene ee vereinigt unmittelbar neben dem Halbfelde,
das die Linse m vom Objekt oo aus beleuchtet.

Das synthetische Verfahren ist dem analytischen insofern überlegen, als die
durch die drei Werte definierte Mischfarbe sich jederzeit und überall auf Grund
ihrer Definition herstellen läßt. In dem Farbenmeßapparate von HÜBL werden
durch Benutzung halbdurchlässiger Spiegel rote, grüne und blaue Lichter in

---

[1]) A. v. HÜBL, Phys. ZS. Bd. 18, S. 270. 1917.

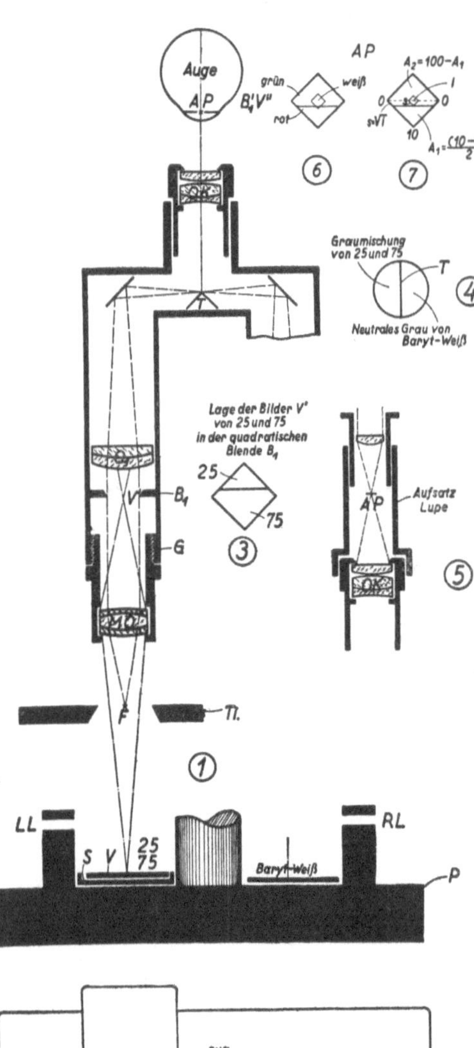

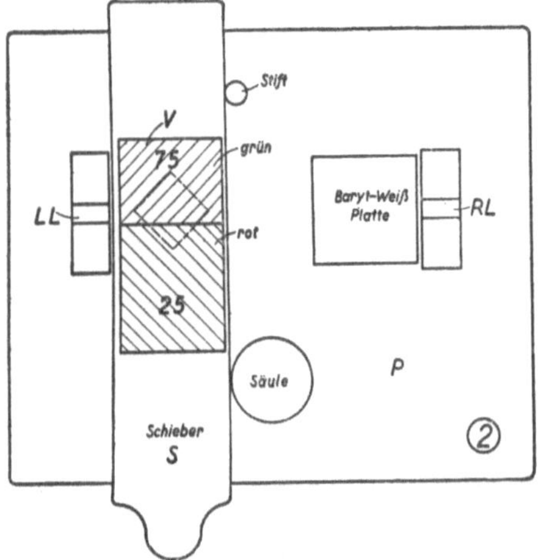

meßbar abgestuften Mengen additiv vereinigt und beleuchten die eine Hälfte des Gesichtsfeldes, in dessen andere Hälfte das von der Probe kommende Licht gespiegelt wird. Die Filterfarben sind angenähert Zinnoberrot, Grün und Ultramarinblau und werden als Gelatinefilter nach den Angaben von HÜBLS aus drei genau bezeichneten Mischungen von Farbstoffen der Höchster Farbwerke hergestellt. Wie Abb. 20 lehrt, dringt weißes Licht W durch das Blaufilter b auf den teilweise durchlässigen Spiegel S_1 und von diesem durch die Sammellinse L auf die Blende ee, in der ein verkleinertes reelles Bild von b entworfen wird. Das durch das Grünfilter g getretene Licht wird vom Spiegel S_2 zum Teil nach S_1 geworfen und von diesem zum Teil durchgelassen nach L und ee; das vom Rotfilter r kommende Licht wird an S_3 reflektiert und dringt durch S_2 und S_1, erheblich geschwächt, zu L und ee. Über die Durchlässigkeit der einzelnen Spiegel sind keine Angaben gemacht; offenbar muß S_3 stärker als S_2 und dieser stärker als S_1 reflektieren. Im Gesichtsfelde ee überlagern und mischen sich die drei die Grundfarben enthaltenden Strahlenbüschel. Um nun den Anteil an jeder Grundfarbe nach Bedarf abstimmen zu können, hat v. HÜBL vor jeder der drei Blenden bgr noch einen meßbar verschiebbaren Rauchkeil nach GOLDBERG angeordnet. Dadurch ist es möglich, die Helligkeit der drei Teilbüschel so zu wählen, daß das Gesichtsfeld weiß erscheint (additive Farbenmischung). Schwächt man nun z. B. das rote Strahlenbüschel, so nimmt das veränderliche Halbfeld

Abb. 21. C. PULFRICHS Stufenphotometer als Farbenmesser. In der oberen Figur ist das rechte, mit dem linken Mikroskoprohr gleiche, abgebrochen. Das Instrument wird von einer unter 1 angedeuteten Säule getragen. Die Aufsatzlupe (5) dient zur Betrachtung der Austrittspupille AP. Im Grundriß (2) stoßen auf dem Schieber S beispielshalber zwei OSTWALDsche Farbplättchen zusammen, die Gegenfarben bilden.

allmählich einen blaugrünen Ton an; diesen kann man etwa durch Schwächen des gelben Strahlenbüschels nach Blau zu verändern usf. Hat man so das veränderliche Halbfeld in der Farbe der Probe genau angeglichen, die durch die Linse m ihr Halbfeld beleuchtet, so liefern die drei Ablesungen an den Rauchkeilen bei b, g und r die drei Maßzahlen für die untersuchte Mischfarbe. Will man die Struktur der Probe unsichtbar machen, so wird die Linse m verstellt, bis das Halbfeld nur noch die Farbe der Probe erkennen läßt. A. v. HÜBL zeigt weiterhin, wie man die Begriffe Weißgehalt, Schwarzgehalt, Sättigung einer Farbe usf. an seinem Apparat erläutern kann und gibt eine anschauliche graphische Darstellung davon. An Hand von Versuchen mit dem Farbkreise und der Messung der „Farbe" künstlicher Lichtquellen weist er die Richtigkeit der Überlegungen nach, die der Konstruktion des Farbenmessers zugrunde liegen. Daß der Apparat nur auf die Benutzung von zerstreutem Tageslicht zugeschnitten ist, erscheint mir ungünstig.

ζ) C. PULFRICHs Stufenphotometer als Farbenmesser[1]. Wie das Teilbild 4 in Abb. 21 erkennen läßt, besteht das Gesichtsfeld aus zwei halbkreisförmigen Halbfeldern. Das rechte erhält von einer auf der Grundplatte des Apparates liegenden Barytweißplatte seine Beleuchtung, deren Stärke durch eine symmetrisch wirkende quadratische Blende meßbar geändert werden kann; die Blende ist in dem in der Abbildung unterdrückten rechten Rohre angeordnet; sie wird durch das Okular verkleinert in der Austrittspupille abgebildet, mit der der Beobachter seine Augenpupille zur Deckung bringt. An derselben Stelle liegt das Bild der festen Blende B_1 des linken Rohres. Das linke Halbfeld des Gesichtsfeldes erhält seine Beleuchtung von dem Objekte, in dem dargestellten Beispiele von dem Farbplättchen 25 und 75 der OSTWALDschen Farbenreihe, die also, da ihre Nummern sich um 50 unterscheiden, Gegenfarben sind. Im umgekehrten Strahlengange würde die Blende B_1 durch das Objektiv MO in der Ebene der Farbplättchen vergrößert abgebildet werden, wie im Grundriß angedeutet ist; in der Tat liegt aber ein reelles verkleinertes Bild der Plättchen in der Ebene der Blende B_1, wie Nebenbild 3 zeigt. Das Objektiv O_1 bildet nun zusammen mit dem Okulare ein auf ∞ eingestelltes Fernrohr, mit dem der Beobachter die dicht vor dem Objektiv liegende Blende B_1 und das darin liegende Bild der Plättchen nicht erkennen kann. Das Fernrohr erzeugt in seiner Austrittspupille ein axiales verkleinertes Bild seines Objektivs und der Blende B_1. Dieses deckt sich der Lage nach, wie oben erwähnt, mit dem Bilde der Meßblende. So sieht der Beobachter im linken Halbfelde nicht die Struktur, sondern nur die Farbe der Objekte 25 und 75, und zwar die aus beiden gebildete Mischfarbe. Diese ist nun leicht zu verändern, da die Plättchen, wie aus dem Grundrisse hervorgeht, auf einem Schieber senkrecht zu ihrer Berührungslinie zu verschieben sind. So kann das linke Halbfeld seiner Färbung nach, das rechte seiner Helligkeit nach verändert werden. Hat man, wie in dem gezeichneten Beispiele, zwei Gegenfarben als Objekt, so läßt sich in einer einzigen Lage des Schiebers ein reines Grau im linken Halbfelde einstellen, und das rechte Halbfeld läßt sich vermöge der Wirkung der Meßblende auf genau denselben reinen Grauwert bringen. Die Eigenart dieses dioptrisch vortrefflich durchgebildeten Farbenprüfers beruht also darin, daß die Mischung der zwei Farben erstens im Auge des Beobachters und zweitens in einer geometrisch definierten Weise stattfindet. Von der Lage der Blendenbilder in der Austrittspupille, d. h. von der konstruktiven Grundlage des Apparates, kann man sich mit Hilfe der Aufsatzlupe überzeugen (Teilbild 5).

---

[1] C. PULFRICH, ZS. f. Instrkde. Bd. 45, S. 116 u. 521. 1925.

Kapitel 23.

Photographische Spektralphotometrie.

Von

R. FRERICHS, Charlottenburg.

Mit 12 Abbildungen.

a) Einleitung.

1. Übersicht. Neben den direkten energetischen Methoden zur Messung strahlender Energie, die in dem vorangehenden Kapitel beschrieben sind, haben in neuerer Zeit mehr und mehr die indirekten Methoden, die auf der Verwendung der photographischen Platte beruhen, an Bedeutung gewonnen. Der Grund dafür liegt zum Teil in der fundamentalen Eigenschaft der photographischen Platte, innerhalb sehr weiter Grenzen kleine Beträge der auffallenden Energie über längere Zeiträume hin zu integrieren, im Gegensatz zu den genannten Methoden, die sämtlich auf der Bestimmung momentaner Energiewerte beruhen. Daneben ermöglicht es die photographische Platte, in sehr bequemer Weise die zu untersuchenden Erscheinungen zu registrieren und so die direkte Beobachtung und die damit verbundenen subjektiven Fehlerquellen auszuschalten.

Gegenüber diesen Vorzügen dürfen natürlich nicht die Nachteile übersehen werden, die in der Natur des photographischen Verfahrens begründet sind. Während bei den bolometrischen, thermo- und photoelektrischen Methoden durchweg absolute Energiebeträge bestimmt werden können, eignet sich die photographische Platte nur zur Ausführung relativer Messungen und auch hierbei ist stets noch eine energetische Eichung erforderlich. Das Hauptanwendungsgebiet der photographischen Energiemessungen beschränkt sich daher auf den Energievergleich und zwar in erster Linie geringer, den übrigen Methoden unzugänglicher Energien.

Im folgenden Kapitel werden nun die Methoden der photographischen Spektralphotometrie besprochen. Der Umfang des Gebietes legt dabei eine gewisse Beschränkung auf und daher sollen hier lediglich die exakten quantitativen Methoden behandelt werden, die an Genauigkeit mit den übrigen energetischen Meßverfahren vergleichbar sind[1]). Aus diesem Grunde

---

[1]) Die hier beschriebenen Methoden finden bei entsprechend sensibilisiertem Plattenmaterial Anwendung von etwa 10000 Å bis zum äußersten, der gewöhnlichen spektroskopischen Untersuchung zugänglichen Ultraviolett, etwa 1800 Å. Im Gebiet der Vakuumspektroskopie sind die Schwierigkeiten sehr groß (vgl. etwa W. WIEN, Ann. d. Phys. Bd. 83, S. 1. 1927). Für photographische Energiemessung im Gebiete der Röntgen- und Gamma-Strahlen, vgl. diesen Band, Kap. 26, Abschn. C, S. 870.

wird auf eine große Anzahl mehr qualitativer Methoden zur photographischen Absorptionsmessung, die namentlich für die Zwecke der chemischen Konstitutionsbestimmung ausgearbeitet worden sind und dort nützliche Dienste leisten, nicht eingegangen. Sie sind in Kapitel 21 des vorliegenden Abschnitts ausführlich behandelt. Zum Teil stellen sie dabei lediglich eine für die betreffenden Zwecke ausreichende Vereinfachung der exakten Verfahren dar.

2. Die Anwendungen der photographischen Spektralphotometrie. Im folgenden sei kurz auf einige Anwendungsmöglichkeiten der photographischen Spektralphotometrie hingewiesen, auf die in Bd. XXI ds. Handb. näher eingegangen wird. Da sind zunächst die zahlreichen Fragen, die sich an die Energieverteilung innerhalb der einzelnen Spektrallinien knüpfen, die Messung der Feinstruktur, ihre Wiedergabe durch die benutzte spektrographische Anordnung, ihre Abhängigkeit von äußeren Einflüssen (Druck, elektrische Felder u. a.). Zu ihrer Bestimmung sind die ersten photographisch-photometrischen Methoden ausgearbeitet worden, wobei man sich bemühte, möglichst direkt das betreffende photographische Bild zur Auswertung zu benutzen und die dazu erforderlichen Beziehungen zwischen Intensität und Schwärzung der photographischen Platte nebenbei gesondert festzulegen. Eng verbunden damit ist die Messung von Distanzen auf photographischen Platten, z. B. der Lage und gegenseitigen Entfernung von Spektrallinien aus den Schwärzungskurven, die durch die Entwicklung der selbstregistrierenden Mikrophotometer wesentlich gefördert wurde.

Bei diesen ursprünglichen Methoden handelt es sich um die Photometrie innerhalb kleiner Wellenlängenbereiche und erst später ist man dazu übergegangen, die photographische Platte der heterochromatischen Photometrie nutzbar zu machen. Hier ist vor allem eine physikalische Entdeckung hervorzuheben, die in überaus befruchtender Weise auf diese Entwicklung eingewirkt hat. Es ist das die Auffindung der Quantenbeziehungen zwischen den Intensitäten der Spektrallinien, deren Ursprung sich an die photometrischen Arbeiten des Utrechter Instituts knüpft und die in überzeugender Weise auf die Notwendigkeit einer möglichst exakten Ausgestaltung der quantitativen heterochromatischen Photometrie hingewiesen hat[1]). Bei diesen Messungen, die sich auf die Gesamtintensität der Linien beziehen, tritt die exakte Wiedergabe der Feinstruktur in den Hintergrund und die photometrische und photographische Anordnung können daher miteinander viel inniger verbunden werden. In engem Zusammenhang damit steht die Anwendung der photographischen Photometrie auf die Messung kontinuierlicher spektraler Energie und den energetischen Vergleich verschiedener Lichtquellen, ein Gebiet, das neuerdings für die Temperaturbestimmung der Sterne erhöhte Bedeutung gewonnen hat.

Mit der Zunahme der Anwendungsmöglichkeiten parallel geht die innere Ausgestaltung der photometrischen Methoden. Während man sich ursprünglich bemühte, die Gesetzmäßigkeiten der photographischen Platte formelmäßig festzulegen und diese mehr oder minder genauen Näherungsformeln zur Photometrie benutzte, wird in den modernen Methoden die spezielle Kenntnis der Platteneigenschaften nach Möglichkeit ausgeschaltet. Die Platte dient lediglich zur Feststellung gleicher Energien, gewissermaßen nur als „Nullinstrument", und das ganze Meßverfahren wird so auf eine überraschend einfache und exakte Basis gestellt.

---

[1]) Vgl. dazu Bd. XXI, Emission.

b) Die Hilfsmittel der photographischen Spektralphotometrie.

α) Die photographische Platte[1]).

3. Die Schwärzung. Eine gleichmäßig belichtete photographische Platte zeigt nach ihrer Entwicklung eine Schwärzung, die abhängig ist von der Intensität und Wellenlänge des aufgefallenen Lichtes, der Dauer und Art der Belichtung, wobei es eine Rolle spielt, ob sie gleichmäßig oder intermittierend ist, und der Art der Entwicklung. Um die Schwärzung meßbar zu definieren, benutzt man die absorbierende Wirkung der geschwärzten Platte und bezeichnet nach Hurter und Driffield[2]) als Schwärzung D (density) den Briggschen Logarithmus der „Undurchlässigkeit", des Quotienten: auffallendes Licht: durchgelassenes Licht. Für die Zwecke der photographischen Photometrie ist indessen eine von der gegebenen etwas abweichende Definition vorzuziehen, nach der als Schwärzung S der Logarithmus des Quotienten aus dem durch die ungeschwärzte und dem durch die geschwärzte Platte hindurchgelassenen Licht J_0/J bezeichnet wird. Diese Definition ist zweckmäßiger, da bei ihr zur Bestimmung der Schwärzung die zu photometrierende Platte zur Messung des auffallenden Lichtes nicht vollständig aus dem Gesichtsfeld des Photometers entfernt zu werden braucht. Allerdings setzt diese zweite Definition der Schwärzung voraus, daß die Durchlässigkeit an unbelichteten Stellen, der „Plattenschleier", gleichmäßig ist. Dies ist durchaus nicht immer der Fall, vielmehr findet sich vielfach in der Nähe stark geschwärzter Stellen eine geringe Aufhellung des Untergrundes[3]). Dort bildet sich nämlich bei der Entwicklung ein Überschuß an Bromkali, der die Schleierbildung der unbelichteten Stellen vermindert. Durch häufiges Bewegen der Platte im Entwickler läßt sich indessen diese Fehlerquelle verringern. Andererseits tritt vielfach an den Grenzen stark belichteter Partien Lichthofbildung auf, die einen verstärkten Schleier hervorruft.

Bei der Bestimmung der Durchlässigkeit geschwärzter Platten ist zu beachten, daß die photographische Schicht das auffallende Licht nicht nur absorbiert, sondern auch zerstreut[4]). Die gemessene Schwärzung hängt daher von dem Strahlengang in dem benutzten Photometer ab und die Angaben verschiedenartiger Instrumente sind deshalb nicht ohne weiteres untereinander vergleichbar. Diese Streuung macht sich besonders an den Stellen starken Intensitätskontrastes bemerkbar, eine Fehlerquelle, auf die zuerst von Schwarzschild und Villinger[5]) hingewiesen wurde und die durch geeignetes Herausblenden kleiner Plattenausschnitte vermieden werden kann.

4. Die Schwärzungsgesetze. Abb. 1 zeigt die ideale Form der Abhängigkeit der Schwärzung S von der logarithmisch aufgetragenen Intensität J bei konstant gehaltener Belichtungszeit. Die wirkliche Form derartiger Schwärzungskurven hängt indessen von mancherlei Faktoren ab, unter denen hier u. a. die Plattensorte, die Art der Entwicklung, die Wellenlänge des auffallenden Lichtes erwähnt seien.

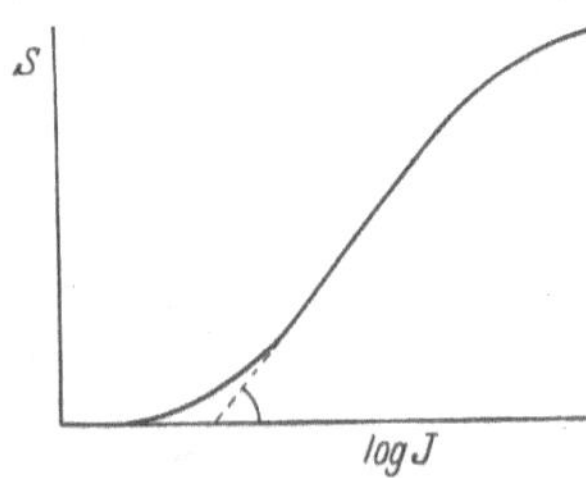

Abb. 1. Idealisierte Schwärzungskurve der photographischen Platte.

---

[1]) Vgl. dazu Kap. 20), wo die Eigenschaften der photographischen Platte ausführlich behandelt sind.

[2]) F. Hurter u. V. C. Driffield, Journ. Soc. Chem. Ind. Bd. 9, S. 455. 1890.

[3]) Die wechselseitige Beeinflussung benachbarter, stark geschwärzter Plattenstellen, der sog. „Nachbareffekt", ist von G. Eberhard (Publ. d. Astrophys. Obs. Potsdam Nr. 84, Bd. 26) ausführlich untersucht worden. Eberhard zeigt zugleich, wie diese Fehlerquelle durch Entwicklung mit Ferrooxalat nach Eder vermieden werden kann.

[4]) A. Callier, ZS. f. wiss. Photogr. Bd. 7, S. 257. 1909.

[5]) K. Schwarzschild u. W. Villinger, Astrophys. Journ. Bd. 23, S. 284. 1906.

Für die Zwecke der photographischen Photometrie kommt in erster Linie der mittlere geradlinige Teil der Kurve, der Bereich der normalen Schwärzung, in Betracht, dessen Neigung gegen die Abszissenachse durch ihren Tangens, den Kontrastfaktor γ gekennzeichnet wird. Je nach der Größe von γ unterscheidet man weiche ($\gamma \sim 1$) und harte ($\gamma \sim 2 - 3$) Plattensorten. Der Kontrast hängt außerdem sowohl von der Wellenlänge (Ziff. 19) als auch von der Art der Entwicklung ab und läßt sich z. B. durch konzentrierten Entwickler beträchtlich vergrößern. Der geradlinige Teil der Schwärzungskurve erstreckt sich meistens über einen Intensitätsbereich 1:10 bis etwa 1:20. Für die Bestimmung größerer Intensitätsunterschiede auf photographischem Wege muß man daher entweder auch die übrigen Teile der Schwärzungskurve, das Gebiet der Unter- bzw. Überexposition, benutzen oder außer der Intensität ebenfalls die Belichtungszeit variieren. Auf die Bestimmung der genauen Form derartiger Schwärzungskurven wird in Ziff. 15, auf die Abhängigkeit von der Wellenlänge in Ziff. 18 näher eingegangen.

Für den Zusammenhang zwischen Schwärzung, Intensität und Belichtungszeit gilt das BUNSEN-ROSCOEsche Reziprozitätsgesetz nur in sehr grober Annäherung. Besser wird dieser Zusammenhang durch das SCHWARZSCHILDsche Gesetz $J t^p =$ konst. dargestellt, wobei p einen für die betreffende Plattensorte charakteristischen Exponenten bedeutet, der meist 0,8 bis 0,9 beträgt. Die Messung eines Intensitätsverhältnisses mit Hilfe dieser Beziehung setzt eine gesonderte Bestimmung von p voraus. Dazu wird in ähnlicher Weise wie in Abb. 1 der Zusammenhang zwischen S und $\log t$ aufgetragen, und es entsteht eine ebenfalls S förmige Kurve, deren Neigung durch den Faktor γ' charakterisiert ist. Wegen der Ungültigkeit des Reziprozitätsgesetzes ist γ' von γ verschieden, und p ist dann γ'/γ. Da aber auch das SCHWARZSCHILDsche Gesetz nur angenähert gültig ist, wird seine Anwendung bei den modernen Verfahren der photographischen Spektralphotometrie gänzlich vermieden, indem die Intensitäts-Schwärzungskurve für möglichst ausgedehnte Bereiche rein experimentell festgelegt wird.

β) Die Messung der Schwärzung.

Soweit es sich um die Bestimmung der Schwärzung größerer Teile der photographischen Platte handelt, läßt sich dazu prinzipiell jede photometrische Anordnung benutzen, in deren Strahlengang die zu untersuchende Platte eingeschaltet werden kann. Eine derartige Improvisation ist z. B. von PASCHEN angegeben worden[1]. Für die Photometrierung sehr kleiner Flächenstücke z. B. für die Bestimmung des Schwärzungsverlaufes innerhalb schmaler Spektrallinien dient das Mikrophotometer, dessen erste Konstruktion von HARTMANN herrührt[2].

5. Die visuellen Mikrophotometer. Bei dem HARTMANNschen Instrument, dessen Aufbau in Abb. 2 schematisch wiedergegeben ist, wird die Schwärzung eines kleinen, etwa 0,12 mm Durchmesser aufweisenden Ausschnittes der zu messenden Platte mit einem geeichten Graukeil verglichen. Das Licht einer gleichmäßig beleuchteten Milchglasscheibe M fällt sowohl auf die zu messende Platte P wie auch auf den Meßkeil K. Die beiden Objektive O_1 und O_2 bilden Platte bzw. Keil auf den zentralen bzw. peripheren Teil eines Lummerwürfels L ab, und K wird dann so lange verschoben, bis das Gesichtsfeld im Okular O_3 vollständig gleichmäßig erscheint. Der Meßkeil wird photographisch etwa durch Belichtung einer Platte hinter einem gleichmäßig fortbewegten Schiebers her-

---

[1] F. PASCHEN, Ann. d. Phys. Bd. 23, S. 247. 1907; ferner Phys. ZS. Bd. 5, S. 565. 1904.
[2] J. HARTMANN, ZS. f. Instrkde. Bd. 19, S. 97. 1899.

gestellt, wobei diese möglichst das gleiche Korn aufweisen soll wie die zu messende. In welcher Weise die Zunahme der Schwärzung in diesem Keil erfolgt, ist an und für sich gleichgültig, sofern die Durchlässigkeit an den einzelnen Stellen vorher gesondert bestimmt worden ist.

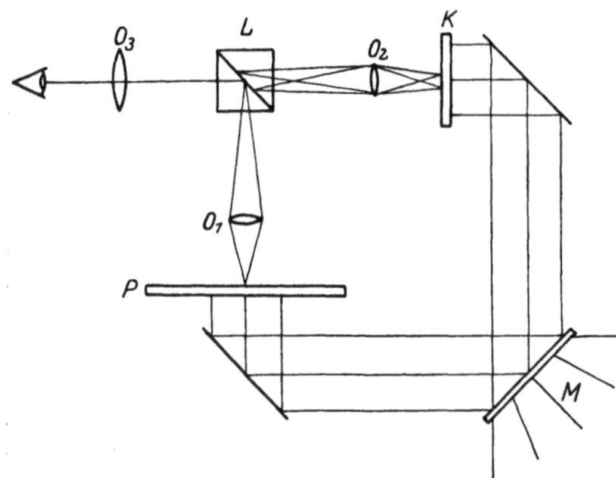

Abb. 2. Hartmannsches Mikrophotometer schematisch dargestellt.

Der Hartmannsche Apparat dient in der angegebenen Form zum Vergleich der Dichtigkeit des Silberniederschlags auf der Platte und auf dem Keil[1]). Wenn bei beiden jedoch das Plattenkorn verschieden ist, empfiehlt es sich, die Durchlässigkeit zu bestimmen, wozu in vielen Fällen eine etwas unscharfe Einstellung der beiden Objektive O_1 und O_2 ausreicht. Das Mikrophotometer von Fabry und Buisson[2]) bestimmt direkt die Durchlässigkeit. Bei diesem Instrument, das in seinem allgemeinen Aufbau dem beschriebenen ähnelt, wird das Auge des Beobachters an die Stelle gebracht, wo die Bilder des zu messenden Plattenstücks und des Meßkeils liegen, so daß auf diese Weise das Gesichtsfeld als gleichmäßig beleuchtete Scheibe erscheint.

Für die schnelle Bestimmung von Schwärzungen, insbesondere speziell zur Herstellung von Gradationskurven, eignet sich der nach einem ähnlichen Prinzip gebaute „Densograph" von Goldberg (Zeiss-Ikon). Bei diesem werden selbsttätig die Bewegungen der zu messenden Platte bzw. des Meßkeils als Abszisse bzw. Ordinate auf ein Registrierblatt mit logarithmischer Teilung übertragen. Die Durchmessung einer hinter einem geeichten Graukeil (Ziff. 8) belichteten Platte ergibt dann ohne weiteres die betreffende Schwärzungskurve.

Die Messung einer großen Zahl von Plattenstellen mit derartigen visuellen Photometern ist zeitraubend und ermüdend und außerdem hängt das Resultat sehr von subjektiven Einflüssen ab. Diese Nachteile werden bei den selbstregistrierenden Mikrophotometern vermieden, bei denen zur Messung der Schwärzung teils photoelektrische Zellen, teils Thermoelemente in Verbindung mit Elektro- oder Galvanometern verwendet werden.

6. Die registrierenden Mikrophotometer. Das erste registrierende Mikrophotometer wurde von Koch angegeben[3]), der die Intensität des durch die zu untersuchende Platte hindurchgelassenen Lichtes mittels einer Photozelle maß und gleichzeitig photographisch registrierte. Die optische Anordnung dieses Photometers, in der Neukonstruktion von Koch-Goos[4]), die nur in der Art der Übertragung zwischen dem Meßobjekt und der Registrierplatte von der ursprünglichen abweicht, geht aus Abb. 3 hervor.

Der Spiraldraht einer 100 Hk-Glühlampe G_1 wird zum Teil durch eine Linse L_1, einen Vorspalt Sp_1 (dieser dient zur Vermeidung der Schwarzschild-

---

[1]) Bei sehr starker Vergrößerung geht dies Verfahren in die Methode der „Kornzählung" über, die vielfach mit Erfolg zum Vergleich geringer Schwärzungen benutzt wurde. Vgl. dazu W. Meidinger, ZS. f. phys. Chem. Bd. 114, S. 89. 1925, ferner P. Günther u. G. Wilke, ebenda Bd. 119, S. 219. 1926.

[2]) H. Buisson u. Chr. Fabry, C. R. Bd. 156, S. 389. 1913.

[3]) P. P. Koch, Ann. d. Phys. Bd. 39, S. 705. 1912.

[4]) F. Goos, ZS. f. Instrkde. Bd. 41, S. 313. 1921.

VILLINGERschen Fehlerquelle; s. Ziff. 3) und ein Mikroskopobjektiv O_1 auf das Meßobjekt P abgebildet und die hindurchgelassenen Strahlen gelangen durch ein zweites Objektiv O_2 und einen Okularspalt Sp_2 in die bis auf eine kleine Öffnung versilberte Photozelle Z_1. Durch eine weitere Linse L_2 und eine verstellbare Irisblende I fällt ein zweites Lichtbündel auf eine andere, der ersten gleiche Photozelle Z_2. Dann wird mit dem Saitenelektrometer E zwischen den in Serie an ein Potential von etwa 150 bis 170 Volt gelegten Zellen die Spannung gemessen, die von dem Verhältnis der Zellenwiderstände und damit zugleich von dem Verhältnis der Belichtung abhängt. Durch diese Verwendung zweier entgegengeschalteter Zellen werden kleinere Schwankungen der Lichtquelle unschädlich gemacht. Durch Regulieren der Irisblende I kann dabei die

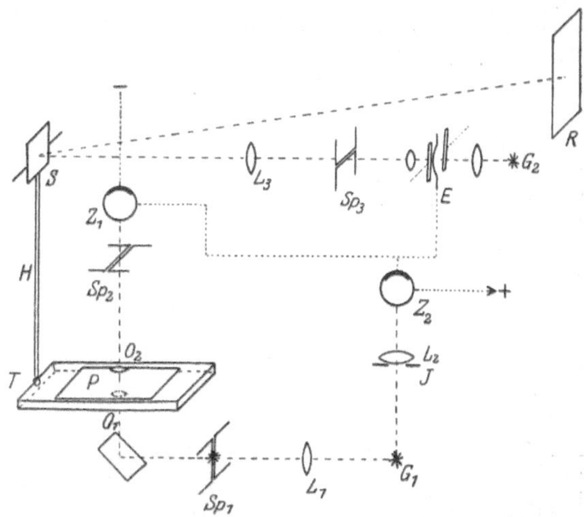

Abb. 3. Mikrophotometer nach KOCH-GOOS schematisch dargestellt.

Kompensationszelle Z_2 auf den durch die jeweilig zu messende Schwärzung bedingten Widerstand der Meßzelle abgestimmt und somit die Empfindlichkeit der Anordnung variiert werden.

Eine zweite Lampe G_2 projiziert nun ein punktförmiges Stück des Elektrometerfadens auf einen horizontalen Spalt Sp_3, der seinerseits durch eine Linse L_3 und einen Spiegel S auf die feststehende Registrierplatte R abgebildet wird. Dieser Spiegel ist mit einer horizontalen Achse sorgfältig gelagert und außerdem mit einem an dem Plattentisch T anliegenden Hebel verbunden. Wird der Tisch durch eine Transportschraube bewegt, so dreht sich der Spiegel und das Bild des Spaltes wandert über die feststehende Registrierplatte. Das dunkle Fadenbild hinterläßt dann eine ungeschwärzte Spur auf der photographischen Registrierplatte, deren Koordinaten durch das Übersetzungsverhältnis: Spiegelhebel-Lichtzeiger und durch den Elektrometerausschlag gegeben sind. Das Übersetzungsverhältnis beträgt bei der ausgeführten Konstruktion etwa 1:8 bzw. 1:47; obwohl es wegen der Hebelübersetzung nicht völlig konstant über die ganze Registrierplatte bleibt, lassen sich bei entsprechender Korrektur mit dieser Anordnung sehr genaue Längenmessungen ausführen[1]). Die Genauigkeit der photometrischen Einstellung wird von KOCH mit etwa 1% der zu messenden Lichtintensität angegeben.

Ebenfalls mit Photozelle und Elektrometer arbeitet das halbautomatische Mikrophotometer von ROSENBERG[2]), das speziell zur Ausmessung kleinster Sternscheibchen bestimmt ist. Bei diesem Instrument wird die Meßzelle durch einen Meßkeil auf den gleichen Widerstand gebracht wie die Kompensationszelle und so das Elektrometer lediglich als Nullinstrument benutzt. Da die Messungen infolgedessen frei von Nullpunktsschwankungen und Änderungen der Elektrometerempfindlichkeit sind, läßt sich die Genauigkeit der Messung sehr hoch steigern. Von einer automatischen Registrierung der Intensitätskurven

---

[1]) Vgl. dazu F. Goos, ZS. f. Instrkde. Bd. 41, S. 321 ff. 1921.
[2]) H. ROSENBERG, ZS. f. Instrkde. Bd. 45, S. 313. 1925.

ist wegen des speziellen Verwendungszweckes — Messung über die Platte zerstreuter Sternscheibchen — abgesehen.

Die Vorzüge der photoelektrischen Messung sind hohe Empfindlichkeit, schnelle Einstellung und Unabhängigkeit von gestreuter langwelliger Strahlung, jedoch ergibt das Kochsche Photometer lediglich relative Schwärzungswerte. Um absolute Angaben zu erhalten, müssen die Zellen erst mit Hilfe einer der in Ziff. 7 bis 8 beschriebenen Abschwächungsanordnungen geeicht werden.

Vollkommene Proportionalität zwischen Schwärzung und Ausschlag besteht bei dem thermoelektrischen Mikrophotometer nach Moll[1]). Bei diesem Instrument fällt das Bild eines auf die Platte projizierten Lampenfadens durch ein Mikroskopobjektiv auf eine Mollsche schnellregistrierende Thermosäule, deren Strom mit einem ebenfalls von Moll angegebenen aperiodischen Galvanometer von kurzer Schwingungsdauer gemessen wird. Die Registrierung des Galvanometerausschlages geschieht auf einer mit der Schraube des Plattentisches verbundenen und mit photographischem Papier bespannten Trommel. Eine Reihe von Kontakten auf einer mit dieser Schraube ebenfalls verbundenen Scheibe betätigen eine kleine Lampe und erzeugen auf diese Weise Marken auf der Registriertrommel, die zur exakten Längenmessung dienen.

Außer den genannten sind noch eine ganze Reihe anderer Konstruktionen[2]) bekanntgeworden, die teils durch die Art der Übertragung zwischen Meßobjekt und Registrierplatte, teils durch die elektrische Anordnung von den beschriebenen abweichen. Ebenfalls hat man mit Erfolg versucht, Selen- oder Thalliumzellen[3]) zur Messung der Schwärzung zu benutzen.

γ) Die Abschwächungsvorrichtungen.

Das Prinzip, das den photographisch photometrischen Methoden zugrunde liegt, bildet der zuerst von J. Hartmann[4]) ausgesprochene selbstverständliche Satz: Zwei Lichtquellen gleicher Wellenlänge sind gleich, wenn sie in gleichen Zeiten auf der gleichen Platte die gleiche Schwärzung erzeugen. Eine Messung eines Intensitätsverhältnisses läuft also darauf hinaus, daß die stärkere Lichtquelle soweit in meßbarer Weise abgeschwächt wird, bis sie die gleiche Intensität wie die schwächere aufweist.

7. Von der Farbe unabhängige Abschwächer. Zur meßbaren Schwächung des Lichtes sind eine ganze Reihe von Vorrichtungen angegeben worden. Die einfachste Methode ist die Änderung des Abstands einer punktförmigen Lichtquelle von einem diffus zerstreuenden weißen Schirm, der seinerseits den Spektrographenspalt beleuchtet. In diesem Falle ist das Quadratgesetz streng gültig[5]). Ferner benutzt man dazu z. B. zwei gegeneinander drehbare Nikolsche Prismen oder andere Polarisationseinrichtungen[6]), bei denen die durchgelassene Lichtmenge proportional dem Kosinusquadrat des eingeschlossenen Winkels ist. Diese Anordnung ist unabhängig von der Wellenlänge, sie hat aber den Nachteil, daß bei größeren Abschwächungen der Winkel zwischen den Prismen sehr genau bekannt sein muß. Außerdem sind die üblichen Nikolschen Prismen wegen des zum Kitten benutzten Canadabalsams für das fernere Ultra-

---

[1]) W. J. H. Moll, Proc. Amsterdam Bd. 28, S. 566. 1919.
[2]) E. Petit u. S. P. Nicholson, Journ. Opt. Soc. Amer. Bd. 7, S. 187. 1923; M. Siegbahn, Phil. Mag. Bd. 48, S. 217. 1924; G. R. Harrison, Journ. Opt. Soc. Amer. Bd. 7, S. 999. 1923; G. Hansen, Ann. d. Phys. Bd. 78, S. 576. 1925.
[3]) C. B. Bazzoni, R. W. Duncan u. W. S. Mathews, Journ. Opt. Soc. Amer. Bd. 7, S. 1003. 1923·
[4]) J. Hartmann, ZS. f. Instrkde. Bd. 19, S. 97. 1899.
[5]) Vgl. etwa E. Baisch, Ann. d. Phys. Bd. 35, S. 543. 1911.
[6]) Vgl. dazu W. Gerlach u. O. Brezina, ZS. f. Phys. Bd. 22, S. 215. 1924.

violett undurchlässig, sofern nicht unverkittete (FOUCAULT) Prismen oder Glyzerin als Zwischenschicht verwendet werden.

Eine Abschwächungsvorrichtung, die diese Mängel nicht aufweist und ebenfalls unabhängig von der Wellenlänge ist, bilden an geeigneter Stelle in den Strahlengang eingeschaltete Blenden. Dazu werden zweckmäßig Scheiben mit Ausschnitten nach Abb. 4 benutzt, die man evtl. um die optische Achse langsam rotieren läßt[1]), um den Querschnitt des Instruments möglichst gleichmäßig zu beleuchten. Sofern schließlich kontinuierliches Licht, das durch einen Spektrographen zerlegt wird, meßbar abgeschwächt werden soll, läßt sich dies am einfachsten durch Variation der Spaltweite[2]) erreichen, der die Intensität des kontinuierlichen Spektrums in bestimmten Grenzen direkt proportional ist. Sehr geeignet zur Abschwächung erweisen sich ferner Drahtgitter oder feinmaschige Drahtnetze[3]), deren Durchlässigkeit durch visuelle oder thermoelektrische Photometrie (Ziff. 6) bestimmt wird.

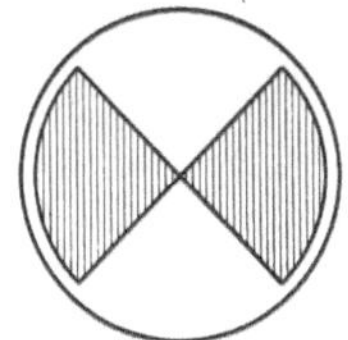

Abb. 4. Kreuzblende zur meßbaren Lichtschwächung.

Der rotierende Sektor, der in der visuellen Photometrie eine große Rolle spielt, läßt sich für photographische Messungen nicht ohne weiteres verwenden. Die Verkleinerung der Sektorausschnitte bewirkt nämlich keine Verringerung der Intensität, sondern der Belichtungszeit, und außerdem tritt dabei ein Intermittenzeffekt auf, da die photographische Platte nicht wie das Auge (TALBOTsches Gesetz) über eine Summe von Teilbelichtungen summiert. Nach ABNEY[4]) ist die Schwärzung einer Platte, die einer Lichtquelle während einer bestimmten Zeit kontinuierlich ausgesetzt worden ist, größer, als wenn sie mit der gleichen Intensität und derselben effektiven Belichtungszeit intermittierend beleuchtet worden wäre. Unter bestimmten Umständen kompensieren sich nun gerade die Wirkungen der veränderten Belichtungszeit und der Intermittenzeffekt, so daß in diesem Fall auch der rotierende Sektor zur exakten photographischen Photometrie verwendet werden kann[5]).

8. Selektive Abschwächer. Bei allen diesen Anordnungen ist der Grad der erreichten Abschwächung unabhängig von der Wellenlänge und ergibt sich entweder aus der Anordnung selbst oder kann z. B. durch Photometrie in weißem Licht bestimmt werden. Die in der Anwendung sehr bequemen grau absorbierenden Medien besitzen diese Eigenschaft nur in beschränktem Maße, da es bis jetzt noch nicht gelungen ist, sie absolut grau, d. h. alle Wellenlängen gleichmäßig absorbierend, herzustellen. Die Bestimmung der spektralen Durchlässigkeit wird im sichtbaren Gebiet mit einem Spektralphotometer auf visuellem oder thermoelektrischem Wege durchgeführt. Für das nähere Ultraviolett bis zum Beginn der Absorption der Gelatine bei 2800 Å eignen sich als Abschwächer[6]) geschwärzte und von der Glasplatte abgezogene Gelatineschichten, die evtl. mit Quecksilber verstärkt werden müssen, um eine selektive Durchlässigkeit des Silbers bei 3100 Å zu überdecken. Weiter unterhalb, bis etwa 2200 Å brauchbar, sind dünne Platinniederschläge auf Quarzplatten, deren Herstellung von MERTON (s. unten) und DORGELO beschrieben ist. Überaus gleichmäßig ab-

[1]) G. M. POOL, ZS. f. Phys. Bd. 29, S. 311. 1924.
[2]) FR. HOFFMANN, ZS. f. Phys. Bd. 37, S. 60. 1926; C. HEINRICH, ebenda Bd. 36, S. 782. 1926.
[3]) Sorgfältige Untersuchungen derartiger Abschwächer sind ebenfalls von EBERHARD in der zitierten Publikation vorgenommen worden.
[4]) W. ABNEY, Eders Jahrb. Photogr. 1895, S. 149.
[5]) A. E. WEBER, Ann. d. Phys. Bd. 45, S. 801. 1914; H. E. HOWE, Phys. Rev. Bd. 8, S. 674. 1916.
[6]) H. BUISSON u. CHR. FABRY, Rev. d'opt. Bd. 35, S. 1. 1924.

sorbieren im sichtbaren Gebiet nach Goldberg[1]) Rußgelatineschichten, die sich bequem in beliebiger Durchlässigkeit herstellen lassen. Im violetten und ultravioletten Gebiet, wo die visuellen wie auch die thermoelektrischen Methoden versagen, wird die Durchlässigkeit dieser Abschwächer am besten photographisch nach einer der unten beschriebenen Methoden bestimmt.

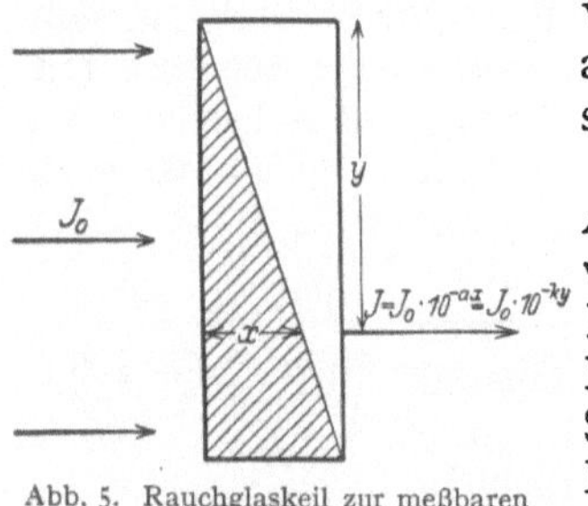

Abb. 5. Rauchglaskeil zur meßbaren Lichtschwächung.

Vielfach werden bei photometrischen Messungen Abschwächer in Form von Keilen benutzt. Diese werden meist aus Rauchglas geschliffen und zur Kompensation der Lichtbrechung mit einem gleichen Keil aus durchsichtigem Glas verkittet (Abb. 5). Sehr einfach ist die Herstellung der Rußgelatinekeile nach Goldberg (s. oben). Für das ultraviolette Licht kommen hauptsächlich keilförmige Platinniederschläge auf Quarzplatten in Betracht, die durch entsprechend einreguliertes Bewegen einer Quarzplatte unter einem thermisch oder kathodisch verdampfenden Draht hergestellt werden.

δ) Lichtquellen bekannter spektraler Energieverteilung.

9. Schwarze Strahler. Als energetisch bekannte Lichtquelle kommt zunächst der schwarze Körper in Betracht, dessen spektrale Energieverteilung durch die Plancksche Formel

$$E(\lambda, T) = \frac{c_1 \lambda^{-5}}{e^{\frac{c_2}{\lambda T}} - 1}$$

wiedergegeben wird. Diese geht für Werte des Produktes $\lambda T < 3000\,\mu \cdot$ Grad mit guter Annäherung in die einfachere Formel von Wien über:

$$E(\lambda, T) = c_1 \lambda^{-5} e^{-\frac{c_2}{\lambda T}}.$$

Die Gültigkeit dieser Gesetze im ultraroten und sichtbaren Spektralbereich ist durch eine große Zahl von energetischen Messungen[2]) nachgewiesen. Im violetten und ultravioletten Gebiet versagen diese direkten Methoden, doch sind auch hier die wenigen vorliegenden indirekten[3]) Bestimmungen mit diesen Formeln im Einklang. Als wahrscheinlichster Wert für die Konstante c_2, die bei relativen Energiemessungen allein interessiert, wird heute $14300\,\mu \cdot$ Grad angenommen.

Eine für die numerische Auswertung bequeme Sammlung von graphischen Darstellungen und Tabellen zur Ermittlung der Energieverteilung nach dem Planckschen Gesetz ist für Temperaturen bis 29000° abs. und das ganze sichtbare Spektrum unter Zugrundelegung eines Wertes $c_2 = 14350$ von dem Bureau of Standards herausgegeben worden[4]).

Für das sichtbare Gebiet oberhalb 4000 Å eignet zur photographischen Spektralphotometrie schon ein schwarzer Körper von einer Temperatur von etwa 1400°, der z. B. durch einen passenden Widerstandsofen, in den als Strahler

---

[1]) E. Goldberg, ZS. f. wiss. Photogr. Bd. 10, S. 238. 1912.

[2]) Vgl. dazu die eingehenden Literaturangaben bei W. W. Coblentz, Scient. Pap. Bureau of Stand. Bd. 17, Nr. 406, S. 7. 1921; Journ. Opt. Soc. Amer. Bd. 7, Nr. 6, S. 439. 1923; W. Nernst u. Th. Wulf, Verh. d. D. Phys. Ges. Bd. 21, S. 294. 1919; H. Rubens u. G. Michel, Berl. Ber. 1921, S. 590.

[3]) E. Baisch, Ann. d. Phys. Bd. 35, S. 543. 1911; E. Steinke, ZS. f. Phys. Bd. 11, S. 215. 1922.

[4]) Miscellaneous Publ. of the Bureau of Stand., Washington, Nr. 56.

längliche Kohletiegel hineingebracht werden, realisiert werden kann. Ein derartiger zylindrischer Hohlraum ist bei einem Verhältnis Durchmesser:Länge = 1:10 bis auf etwa 1% schwarz[1]).

Die Intensität eines solchen Strahlers reicht aus, um selbst in der ersten Ordnung eines großen Konkavgitters in dem angegebenen Wellenlängenbereich genügende Intensität zu erhalten[2]). Eine Ausdehnung der Messungen nach kürzeren Wellenlängen erfordert höhere Temperaturen. Geeignete Anordnungen dazu sind von DORGELO[3]) beschrieben worden. So eignet sich dazu z. B. ein dünnwandiges Kohlerohr von etwa 4 mm Durchmesser, das in einem evakuierten Glasballon durch hindurchgesandten starken Strom hoch erhitzt werden kann. Eine seitlich angebrachte Öffnung dient dabei als Strahler. DORGELO hat ferner einen Wolframstift durch Elektronenbombardement auf ähnlich hohe Temperaturen erhitzt und ebenfalls eine darin angebrachte kleine Öffnung als Strahler benutzt.

Für viele Fälle können diese komplizierten Anordnungen durch den positiven Krater des Kohlebogens ersetzt werden. F. HENNING und W. HEUSE[4]) haben beobachtet, daß die schwarze Temperatur eines Kohlebogens unter bestimmten reproduzierbaren Bedingungen (8 mm Reinkohle, Marke A Gebr. Siemens, Berlin-Lichtenberg, Stromstärke ungefähr 15 bis 20 Amp., derart, daß Kraterrand und Kratermitte gleiche Temperatur aufweisen) für $\lambda = 656$ und $545\,\mu\mu$ den gleichen Wert von 3430° C besitzt, mit anderen Worten, daß der Kohlebogen in diesem Bereich als schwarzer Strahler aufgefaßt werden kann.

10. Nichtschwarze Strahler. Für die Bestimmung der spektralen Energieverteilung eines nichtschwarzen Körpers ist man entweder auf die Kenntnis der Temperatur und der Abhängigkeit des Absorptionsvermögens von der Wellenlänge oder auf eine energetische Eichung angewiesen.

Die Strahlung eines beliebigen Strahlers wird wiedergegeben durch die modifizierte WIENsche Gleichung

$$E(\lambda T) = A(\lambda T)\, c_1 \lambda^{-5} e^{-\frac{c_2}{\lambda T}}.$$

Bestimmung des Emissionsvermögens $A(\lambda, T)$, das gleich dem Absorptionsvermögen ist, sind für Wolfram, das für derartige Zwecke am meisten in Betracht kommt, von WORTHING[5]) für 665 und $467\,\mu\mu$ und 1330° abs. und von HULBURT für 340 bis $540\,\mu\mu$ und 1746 bis 2785° abs. ausgeführt worden. Mit Hilfe dieser Messungen läßt sich dann die Energieverteilung einer Wolframlampe berechnen, sofern deren wahre Temperatur pyrometrisch bestimmt werden kann.

Für Untersuchungen im sichtbaren Spektrum erweist es sich als ausreichend, die Farbtemperatur des betreffenden Metalls zu bestimmen und die spektrale Energieverteilung dann als schwarze Strahlung dieser Temperatur zu berechnen. Unter Farbtemperatur (vgl. ds. Handb. Bd. IX, Kap. 8, Ziff. 21) ist diejenige Temperatur eines schwarzen Strahlers zu verstehen, bei der dieser die gleiche Energieverteilung aufweist wie der betreffende Strahler. Sofern ein Strahler nicht schwarz oder wenigstens grau ist, d. h. im zweiten Fall zwar die gleiche Energieverteilung, aber geringere Gesamtemission aufweist als ein schwarzer Strahler, nimmt das Emissionsvermögen im allgemeinen mit abnehmender Wellenlänge zu, der Körper strahlt blauer als ein schwarzer Strahler gleicher

---

[1]) C. ZWIKKER, nach W. DE GROOT, Bericht von DORGELO S. 768.
[2]) R. FRERICHS, Ann. d. Phys. Bd. 81, S. 807. 1926.
[3]) H. B. DORGELO, Bericht l. c.
[4]) F. HENNING u. W. HEUSE, ZS. f. Phys. Bd. 32, S. 799. 1925.
[5]) A. G. WORTHING, ZS. f. Phys. Bd. 22, S. 9. 1924; E. O. HULBURT, Astrophys. Journ. Bd. 45, S. 149. 1917.

Temperatur und seine Farbtemperatur ist daher höher als die wirkliche Temperatur.

Um den Zusammenhang zwischen der schwarzen Temperatur S, die allein mit den optischen Pyrometern bestimmt werden kann und der Farbtemperatur F zu bestimmen, mißt man das Verhältnis der durch ein geeignetes (Rot-) Filter hindurchgegangenen Energie zur gesamten sichtbaren Strahlung, sowohl für den schwarzen Körper bei einer wahren Temperatur T wie auch für den Strahler bei einer pyrometrisch bestimmten schwarzen Temperatur S. Die Farbtemperatur des Strahlers, die zu seiner schwarzen Temperatur S gehört, ist dann die Temperatur, bei der dieses Verhältnis für den schwarzen Körper und den Strahler das gleiche ist. Die nebenstehende Tabelle enthält den Zusammenhang zwischen der für eine Wellenlänge 665 $\mu\mu$ bestimmten schwarzen Temperatur S und der zugehörigen Farbtemperatur F, der es ermöglicht, die Energieverteilung einer Wolframlampe nach pyrometrischer Bestimmung von S zu berechnen. Dieser Zusammenhang gilt mit genügender Genauigkeit jedoch nur im sichtbaren Spektralbereich.

Tabelle 1. Zusammenhang zwischen schwarzer Temperatur $S{:}665\ \mu\mu$ und Farbtemperatur F des Wolframs nach ZWIKKER[1]).

$S{:}665\ \mu\mu$	F	$S{:}665\ \mu\mu$	F
1170	1232	2092	2317
1213	1280	2136	2373
1271	1346	2278	2556
1319	1400	2338	2635
1384	1475	2391	2705
1579	1700	2435	2764
1706	1849	2542	2911
1797	1957	2635	3039
1876	2050	2713	3146
1937	2127	2778	3237
1994	2195	2893	3400
2044	2257	2998	3551

11. Energetische Eichung von Lichtquellen. Das sicherste und genaueste Verfahren zur Bestimmung der spektralen Energieverteilung ist die direkte energetische Eichung. Eine Anordnung, bei der in sinnreicher Weise alle durch Absorption in der Apparatur entstehenden Fehlerquellen vermieden werden, ist von DORNENBAAL[2]) beschrieben worden.

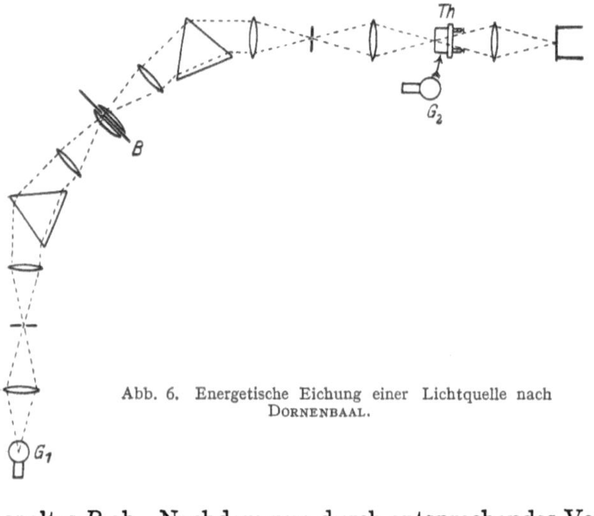

Das Licht einer konstant brennenden Glühlampe G_1 (Abb. 6) wird durch einen Doppelmonochromator von VAN CITTERT[3]) zu einem monochromatischen Spaltbild vereinigt, dessen Energie direkt mit dem Thermoelement Th nach MOLL bestimmt werden kann. Die Wellenlänge dieses Spaltbildes hängt bei der Symmetrie der ganzen Anordnung lediglich von der Stellung des Zentralspaltes B ab. Nachdem nun durch entsprechendes Verschieben von B die Energie für die einzelnen Wellenlängen thermoelektrisch festgelegt ist, wird B entfernt, so daß an der Stelle von Th ein weißes Bild entsteht. Dieses Bild, dessen spek-

Abb. 6. Energetische Eichung einer Lichtquelle nach DORNENBAAL.

---

[1]) C. ZWIKKER, Proc. Amsterdam Bd. 28, S. 499. 1925.
[2]) P. DORNENBAAL, Physica Bd. 3, S. 186. 1923.
[3]) P. H. VAN CITTERT, Physica Bd. 3, S. 182. 1923.

trale Energieverteilung auf diese Weise gemessen wurde, dient als Normallicht-quelle und wird dann mit der zu eichenden Lampe G_2 mit den unten beschrie-benen Methoden der photographischen Spektralphotometrie Wellenlänge für Wellenlänge verglichen, so daß sich dann deren Energieverteilung berechnen läßt.   Diese Methode beschränkt sich wegen der Verwendung der Thermo-säule auf den sichtbaren Spektralbereich.

Schließlich kann man auch direkt an die Stelle von *Th* einen Strahler be-kannter Energieverteilung, etwa einen schwarzen Körper, bringen und dann damit ebenfalls den zu untersuchenden Strahler visuell oder auf photographischem Wege eichen.

Aus allen diesen Messungen geht hervor, daß es für das sichtbare Gebiet eine große Zahl von Verfahren zur Herstellung energetisch bekannter Lichtquellen gibt.   Für kürzere Wellenlängen ist man dagegen einstweilen auf schwarze Strahler beschränkt, da direkte energetische Eichungen für kontinuierliche Spektren selbst mit den besten Thermoelementen nicht durchzuführen sind.

Als Ausweg hat man vielfach versucht, das diskontinuierliche Spektrum konstanter Lichtquellen, z. B. der Quecksilberdampflampen, zu verwenden, deren Intensität für eine direkte energetische Messung ausreicht[1]).

c) Die photographisch photometrischen Verfahren.

α) Monochromatische Spektralphotometrie.

12. Das Verfahren von Koch. Nach dem von Koch[2]) angegebenen Verfahren werden die zu vergleichenden Erscheinungen, z. B. einige benachbarte Spektral-linien, mit einer vorher als günstig ausgewählten Expositionszeit photographiert. Diese Zeit wird so bestimmt, daß die entstehenden Schwärzungen in den normalen Schwärzungsbereich hineinfallen.   Mit der gleichen Anordnung und derselben Expositionszeit wird dann mit einer der in Ziff. 7 bis 8 beschriebenen Ab-schwächungsanordnungen eine Reihe von Intensitätsmarken der gleichen Wellen-länge auf derselben Platte hergestellt.   Die photometrisch bestimmte Schwärzung der Intensitätsmarken ergibt, nach Art der Abb. 1 aufgetragen, die für die betreffende Aufnahme gültige Beziehung zwischen Intensität und Schwärzung und aus der Einordnung der Schwärzungen der zu messenden Linien in diese Skala folgt dann das gesuchte Intensitätsverhältnis.   Zur Herstellung der Inten-sitätsmarken, die natürlich mit der gleichen Wellenlänge wie die Spektrallinien aufgenommen werden müssen, genügt dabei das spektral zerlegte Licht irgend-einer konstanten Lichtquelle, etwa einer passend gealterten Glühlampe.   Diese Methode hat den Vorteil, daß sie von der Natur des benutzten Spektralapparates vollständig unabhängig ist und daß die Intensitätsverluste sehr gering sind. Sie läßt sich daher in gleicher Weise auf andere optische Messungen übertragen und wird z. B. vielfach bei interferometrischen Feinstrukturmessungen an-gewandt[3]).   Handelt es sich jedoch um größere Expositionszeiten, so wird die Anfertigung der Intensitätsmarken sehr zeitraubend und außerdem sind die Resultate vielfach unsicher, sofern, wie etwa bei intermittierenden Licht-quellen (Funkenentladungen u. dgl.), die effektive Belichtungszeit nicht be-kannt ist.

13. Die Keilmethode. Alle diese Nachteile vermeidet eine andere Methode, bei der die zu messenden Erscheinungen direkt die Beziehung zwischen Inten-sität und Schwärzung liefern.

---

[1]) G. R. Harrison u. S. Sh. Forbes, Journ. Opt. Soc. Amer. Bd. 10, S. 1. 1925.
[2]) P. P. Koch, Ann. d. Phys. Bd. 30, S. 841. 1909.
[3]) G. Hansen, Ann. d. Phys. Bd. 78, S. 558. 1926.

Eine besonders von Merton[1]) ausgebildete Anordnung ist folgende. Unmittelbar vor dem Spalt eines stigmatisch abbildenden Spektrographen oder auch unmittelbar vor der Platte wird ein neutraler Graukeil angebracht, derart, daß die Intensität längs der einzelnen Spektrallinien gleichmäßig abfällt. Die Intensität des bei einer Keildicke x hindurchgelassenen Lichtes betrage $J = J_0 \cdot 10^{-ax}$, wobei a den Absorptionskoeffizienten und J_0 die auffallende Energie bezeichnet. Bei einem gleichmäßig zunehmenden Keil ist dann $J = J_0 \cdot 10^{-ax} = J_0 \cdot 10^{-ky}$, wenn y den Abstand der betreffenden Keilstelle von der Keilspitze und k die Keilkonstante bedeutet (Abb. 5).

Zeigen nun zwei miteinander zu vergleichende Spektrallinien bei einer bestimmten Stelle y bzw. y' gleiche Schwärzung, so ist die zugehörige Intensität $J = J_0 \cdot 10^{-ky} = J_0' \cdot 10^{-ky'}$ oder $\log (J_0/J_0') = k \cdot (y - y')$, so daß auf diese Weise direkt das Intensitätsverhältnis festgelegt wird. Da es sich hierbei lediglich um Differenzen der y Werte handelt, kann als Nullpunkt für die y-Messung irgendeine auf dem Keil markierte Stelle angenommen werden.

Die Bestimmung der Stellen gleicher Schwärzung geschieht mit dem Mikrophotometer. Bequemer, wenn auch weniger genau ist eine ebenfalls von Merton angegebene Methode. Hierbei wird der Intensitätsabfall durch mehrfaches Umkopieren auf hart arbeitende (photomechanischen) Platten, die außerdem hart entwickelt (z. B. mit alkalischem Hydrochinonentwickler) und dann mit Blutlaugensalz abgeschwächt werden, so steil gemacht, daß bei einer bestimmten Schwärzung eine scharfe Begrenzungslinie entsteht, deren Abstand von der Nullinie den Messungen zugrunde gelegt wird. Es ist selbstverständlich, daß bei diesem bequemen Verfahren alle durch Ungleichmäßigkeiten des Plattenmaterials oder der Entwicklung hervorgerufenen Fehler in verstärktem Maße zutage treten. Um genügende Kontraste zu erhalten, wählt man daher die Belichtungszeiten zweckmäßig so, daß die Schwärzungen des Originals wie auch der Kopien in den geradlinigen Teil der Schwärzungskurve hineinfallen.

14. Das Verfahren von Dorgelo[2]). Bei der beschriebenen Methode der photographischen Photometrie wird zur Bestimmung eines Intensitätsverhältnisses lediglich ein einziger Schwärzungswert benutzt. Von Dorgelo ist nun eine Methode ausgearbeitet worden, bei der die ganze Schwärzungskurve gleichmäßig zur Bestimmung des Intensitätsverhältnisses herangezogen wird, so daß die Resultate in viel weiterem Maße von zufälligen Fehlern bei der Bestimmung der einzelnen Schwärzungswerte unabhängig sind. Dorgelo benutzt ebenfalls direkt die zu untersuchende Lichtquelle zur Herstellung der Beziehung zwischen Intensität und Schwärzung. Die Lichtquelle Li (Abb. 7) beleuchtet gleichmäßig mit Hilfe eines Kondensors K eine Reihe von Rauchglasstreifen ver-

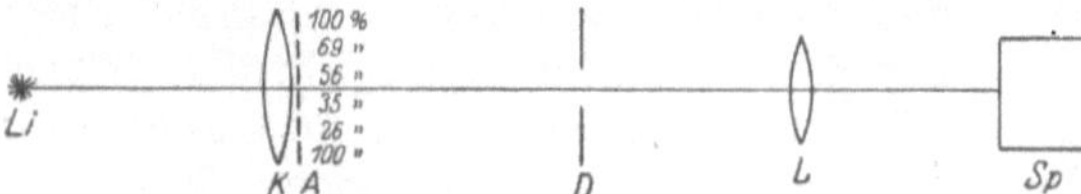

Abb. 7. Anordnung zur photographischen Spektralphotometrie nach Dorgelo.

schiedener Durchlässigkeit A und projiziert diese mit Hilfe einer zweiten Linse L auf den Spalt des stigmatisch abbildenden Spektrographen Sp. Dann zerfällt eine jede Spektrallinie in eine Reihe von Feldern, die bestimmten Beträgen der auffallenden Energie entsprechen und zwar sind die Rauchglasstreifen so angeordnet, daß oben und unten zwei Streifen des Spaltes freibleiben und die entsprechenden Stellen der Spektrallinien daher zur Kontrolle der gleichmäßigen Beleuchtung (100%) benutzt werden können. — An Stelle der Rauchgläser werden für Messungen im ultravioletten Spektrum die in Ziff. 8 erwähnten Platinabschwächer benutzt.

1) T. K. Merton, Proc. Roy. Soc. London (A) Bd. 106, S. 378. 1924.
2) Vgl. H. B. Dorgelo, Bericht l. c.

15. Die Aufschiebung der Schwärzungskurven. Die Auswertung der Aufnahmen geschieht nach der von BURGER und VAN CITTERT[1]) angegebenen Methode der Aufschiebung der Schwärzungskurven. Mit einem der oben beschriebenen Photometer werden die Aufnahmen durchgemessen und so den einzelnen Stufen wie auch dem Untergrund Schwärzungswerte zugeordnet. Sofern der Untergrund gleichmäßig ist, braucht er nicht berücksichtigt zu werden, es kommt dann lediglich auf eine eindeutige Zuordnung irgendwelcher Zahlen zu den verschiedenen Schwärzungen an, ohne daß der Maßstab des benutzten Photometers bekannt zu sein braucht. Diese den einzelnen Stufen zugeordneten Schwärzungswerte werden als Ordinaten auf einer logarithmisch geteilten Intensitätsskala an den entsprechenden Stellen eingetragen und die einzelnen Punkte zu Schwärzungskurven verbunden. Abb. 8 zeigt derartige Kurven eines Tripletts aus dem Chromspektrum, die nach der weiter unten beschriebenen Rastermethode (Ziff. 16) erhalten wurden. Die relativen Intensitäten der einzelnen Felder verhalten sich hier wie $1:2:4:8:16$, die Meßpunkte sind durch Kreuze (×) bezeichnet.

Infolge der logarithmischen Teilung der Intensitätsachse muß der horizontale Abstand zweier derartiger Kurven an allen Stellen gleich sein, da gleiche Schwärzungen unmittelbar in ihren Intensitäten vergleichbar sind. Die einzelnen Schwärzungskurven können also durch „Aufschiebung parallel zur Abszisse" miteinander zur Deckung gebracht werden, und zwar müssen diese Verschiebungen so gewählt werden, daß sämtliche Schwärzungswerte sich möglichst genau einer Kurve anschmiegen. Auf diese Weise entstehen die durch · markierten Punkte, die den genauen Verlauf der endgültigen Schwärzungskurven festlegen. Die Größe der Ver-

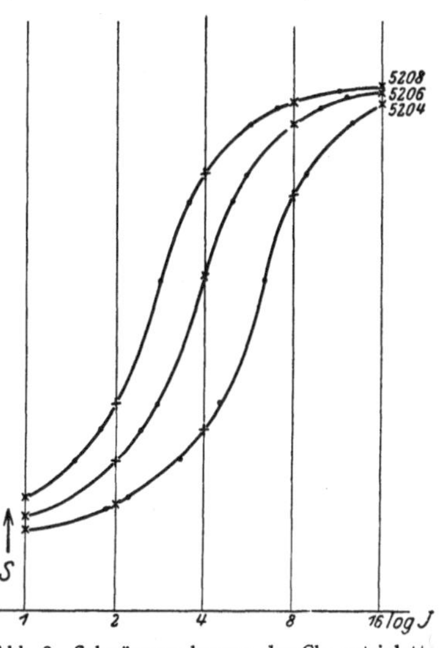

Abb. 8. Schwärzungskurven des Chromtripletts 5204 bis 5208 Å, dessen Intensitäten sich wie 1 : 3 : 5 verhalten.

schiebung im logarithmischen Maßstab der Abszisse gemessen ergibt dann das relative Intensitätsverhältnis der betreffenden Linien und zwar beträgt die bisher erreichte Genauigkeit etwa 1 bis 2% der Intensität der stärksten Linie. Ein zwischen den Linien auftretender kontinuierlicher Untergrund, der in gleicher Weise abgestuft erscheint, wird gesondert bestimmt und von den Messungen abgezogen.

16. Die Rastermethode. Das DORGELOsche Verfahren besitzt zwei Nachteile. Erstens müssen die Abschwächer für die einzelnen Wellenlängen geeicht sein und zweitens erfordert diese Methode eine stigmatische Abbildung dieser Abschwächer auf die Spektrallinien.

Die Rauchgläser lassen sich umgehen durch ein Verfahren von HANSEN[2]), der auf den Spektrographenspalt die Öffnung einer Stufenblende von der Form der Abb. 9 mit Hilfe einer Zylinder- und einer Konvexlinse abbildet. Sofern dies System gleichmäßig beleuchtet wird, ist das Intensitätsverhältnis der einzelnen Stufen unabhängig von der Wellenlänge direkt proportional der betreffenden Stufenbreite.

Abb. 9.
Stufenblende
nach HANSEN.

[1]) H. C. BURGER u. P. H. VAN CITTERT, Proc. Amsterdam Bd. 29, S. 394. 1920.
[2]) G. HANSEN, ZS. f. Phys. Bd. 29, S. 356. 1924; K. SCHACHTSCHABEL, Ann. d. Phys. Bd. 81, S. 929. 1926.

Die zweite Voraussetzung, die stigmatische Abbildung, ist bei Glas- oder Quarzprismenspektrographen stets erfüllt. Schwierigkeiten treten indessen auf bei der Benutzung des leistungsfähigsten Spektroskopes, des Konkavgitters, das in der üblichen Aufstellung nach Rowland oder Abney in den höheren Ordnungen beträchtlichen Astigmatismus zeigt. Man kann nun zwar, wie Dorgelo bei seinen Versuchen, ein Konkavgitter ebenfalls mit Hilfe von Linsen und Spiegeln astigmatisch aufstellen, erreicht dann aber nicht die größtmögliche Dispersion.

Eine Anordnung, bei der gerade dieser scheinbare Nachteil des Konkavgitters, der Astigmatismus, zur Vermeidung der Abschwächer benutzt wird, ist von Frerichs[1]) angegeben. Das Konkavgitter befindet sich in einer Aufstellung nach Abney der Kassette diametral gegenüber, während sich der Spalt auf dem Rowlandschen Kreis bewegt (Abb. 10). Nach der Theorie des Konkavgitters entspricht dann einem Punkt in der Kassettenebene sowohl eine vertikale Brennlinie, der Spalt, wie auch eine horizontale, die Tangente an die Kassette. In den Schnittpunkt M der horizontalen Brennlinie mit der optischen Achse: Lichtquelle L-Spalt Sp-Gitter G wird nun im Strahlengang der zu

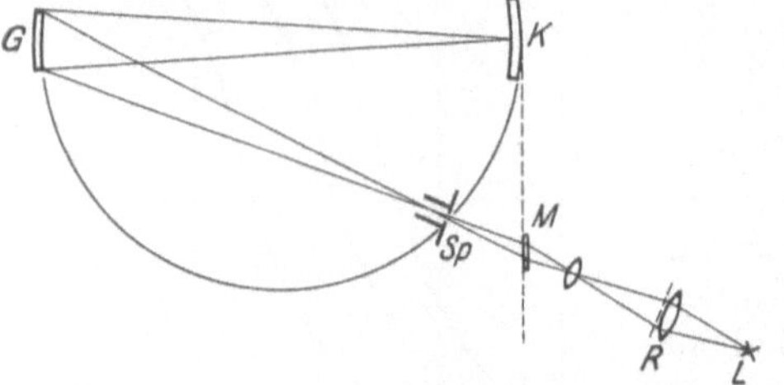

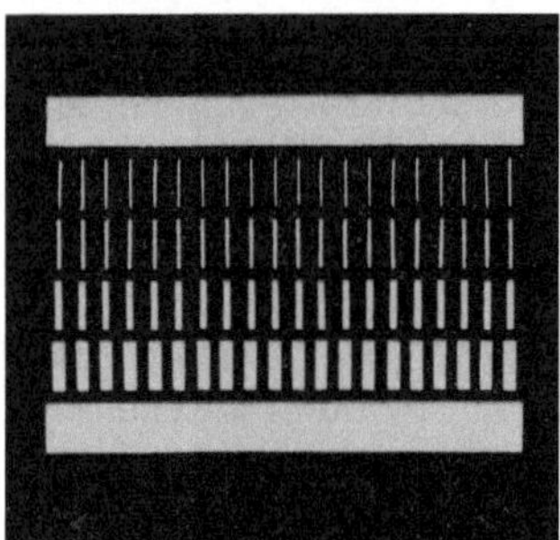

Abb. 10. Anwendung des Astigmatismus eines Konkavgitters zur photographischen Spektralphotometrie nach Frerichs.

Abb. 11. Raster zur photographischen Spektralphotometrie nach Frerichs.

untersuchenden Lichtquelle das Bild eines Rasters projiziert, das in den einzelnen horizontalen Streifen Lichtmengen im Verhältnis $16:8:4:2:1:16$ hindurchläßt (Abb. 11). Die Wirkung dieses Rasters äußert sich dann infolge der astigmatischen Eigenschaften des Konkavgitters in einer Unterteilung der Spektrallinien in die gewünschten Stufen. Es ist ein wesentlicher Vorteil dieser Anordnung, die im Prinzip der Hansenschen ähnelt, daß die Abschwächung unabhängig von der Wellenlänge ist und sich unmittelbar, ohne Eichung, aus der Rasterstruktur ergibt. Das Raster selbst ist nach einer stark vergrößerten Zeichnung auf photographischem Wege auf einer Quarzplatte hergestellt worden. Auch mit dieser Anordnung läßt sich eine Genauigkeit von 1 bis 2% der stärksten gemessenen Intensität erreichen.

17. Die Methode der periodischen Belichtung. Die beschriebene Anordnung bewährt sich in der ersten Ordnung des Gitters, d. h. solange die Entfernung Spalt-Kassettentangente nicht zu groß wird. Für höhere Ordnungen und bessere Ausnutzung der Lichtintensität, wenn es sich etwa um die Photometrierung schwacher Spektra handelt, eignet sich eine andere Anordnung[2]). Bei dieser werden die zu untersuchenden Linien ebenfalls in einzelne Stufen unterteilt, während aber sonst die Stufen gleichzeitig belichtet wurden, werden sie jetzt periodisch abwechselnd belichtet. Dabei muß lediglich die Periode der Belichtung klein sein gegenüber der Gesamtbelichtungszeit, so daß sich Schwankungen der Lichtquelle im Mittel herausheben, andererseits groß genug, um einen Intermittenzeffekt zu vermeiden. Dies läßt sich auf folgende Weise erreichen. In der Kassette (Abb. 12) befindet sich dicht vor der Platte eine

[1]) R. Frerichs, ZS. f. Phys. Bd. 31, S. 305. 1925.
[2]) R. Frerichs, ZS. f. Phys. Bd. 35, S. 524. 1926.

Welle mit vier geschlitzten Flügeln. Diese Welle wird durch ein — in der Kinematographentechnik übliches — Maltheserkreuzgetriebe ruckweise um je 90° gedreht und gibt dabei durch entsprechend angeordneten Schlitze bei jeder der vier verschiedenen Stellungen eine andere Stelle der Spektrallinien zur Belichtung frei[1]). Synchron mit dieser Blende dreht sich durch eine Kardangelenkwelle gekuppelt vor dem Spalt eine Scheibe, die in drei Ausschnitten Abschwächer in Form von verschieden dichten Drahtnetzen enthält, während der vierte dem Lichte der Lichtquelle ungehinderten Durchgang gestattet. Die Phase zwischen Scheibe und Kassettenblende ist so gewählt, daß die Schaltung — wie bei einem Kinematographen — im Augenblick der Verdunklung durch die undurchsichtigen Teile zwischen den Abschwächern erfolgt. Durch die Anordnung der Schlitze wird jede Spektrallinie in fünf aneinander stoßende und je 1 mm lange Streifen zerteilt; die drei inneren entsprechen dabei den drei Abschwächern, die beiden äußeren dienen zur Kontrolle der gleichmäßigen

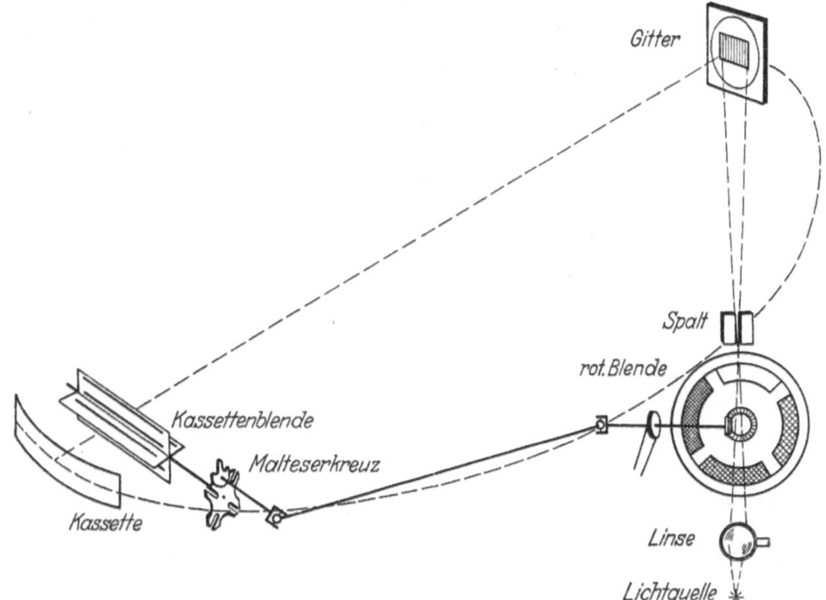

Abb. 12. Photographische Spektralphotometrie mit periodischer Belichtung nach FRERICHS.

Beleuchtung der Spektrallinien bei ungeschwächtem Durchgang des Lichtes durch die freie Öffnung. Die Umdrehungsgeschwindigkeit der Blenden richtet sich nach der Gesamtbelichtungszeit und beträgt bei mehrstündigen Aufnahmen schwacher Spektrallinien etwa 1 Umdr./4 sec. Als Abschwächer dienen Drahtgewebe verschiedener Feinheit, die den Vorteil gleichmäßiger Schwächung im ganzen Spektralbezirk besitzen und deren Durchlässigkeit in der Anordnung selbst bestimmt wurde. Dieses Verfahren, das im Aufbau allerdings umständlich ist, ermöglicht bei verhältnismäßig geringen Lichtverlusten die exakte Bestimmung lichtschwacher Spektren bei der großen Dispersion der höheren Ordnungen eines großen Konkavgitters[2]).

---

[1]) Die periodische Belichtung der einzelnen Intensitätsstufen ist ebenfalls bei einem photoelektrischen Registrierspektralphotometer von C. MÜLLER angewandt worden. Vgl. ZS. f. Phys. Bd. 34, S. 824. 1925.

[2]) Vgl. dazu R. SEWIG, ZS. f. Phys. Bd. 35, S. 511. 1926, der mit dieser Anordnung den Intensitätsverlauf in den Linienserien von Bandenspektren bestimmt.

β) **Heterochromatische photographische Spektralphotometrie.**

18. Die Abhängigkeit der Plattenempfindlichkeit von der Wellenlänge.
Bei den beschriebenen Methoden ist stets vorausgesetzt, daß die zu photometrierenden spektralen Erscheinungen einen so kleinen Wellenlängenbereich

Tabelle 2. Relative Energien
zur Erzeugung der gleichen
Schwärzung auf einer Perutz-
Grünsiegelplatte nach LEIM-
BACH.

Farbe	Relative Energie
Rot	1800
Orange	1010
Gelb	7,18
Grüngelb	2,25
Grün	3,96
Blaugrün	1,43
Blau	1,00

umfassen, daß sich die Plattenempfindlichkeit in
diesem Bereich nicht ändert. Wie außerordentlich verschieden jedoch der Energiebedarf zur
Hervorbringung einer bestimmten Schwärzung
bei den einzelnen Wellenlängen ist, geht z. B.
aus den Messungen von LEIMBACH[1]) hervor, der
diese Energien direkt bolometrisch bestimmt hat.

Diese Messungen beziehen sich auf eine
orthochromatische Platte mit gesteigerter Grün-
Gelb-Empfindlichkeit, jedoch selbst bei einer
panchromatisch sensibilisierten Platte sind die
Unterschiede in der Empfindlichkeit zwischen
Rot und Blau beträchtlich.

19. Die Anwendung der Vergleichslichtquelle. Neben der Empfindlichkeit
der photographischen Platte ändert sich bei weiter auseinanderliegenden Linien
ebenfalls die relative Absorption innerhalb des Spektralapparates. Beide Einflüsse
lassen sich dadurch eliminieren, daß eine energetisch geeichte Lichtquelle bekannter
Energieverteilung (Ziff. 9 bis 11) auf eine der beschriebenen Weisen mit der gleichen
Apparatur photographisch photometriert wird. Dann liefert der Vergleich zwischen
den so bestimmten scheinbaren relativen Energiewerten und der wirklichen
Energieverteilung die Korrekturfaktoren, die sowohl die Plattenempfindlichkeit
wie auch die relative Absorption innerhalb der betreffenden Anordnung umfassen.
Wird diese Bestimmung außerdem jedesmal zusammen mit den zu photometrie-
renden Linien auf der gleichen Platte vorgenommen, so heben sich auch alle die
Abweichungen heraus, die durch verschiedenartige Entwicklungsbedingungen verursacht werden können. Bei derartiger Bestimmung kann unter Umständen eine
Schwierigkeit dadurch entstehen, daß die Neigung der Schwärzungskurven mit der
Wellenlänge variiert und diese sich daher nicht durch Aufschiebung zur Deckung
bringen lassen. Nach neueren Untersuchungen von FABRY und BUISSON und von
HARRISON[2]) ändert sich der Kontrastfaktor γ im violetten und ultravioletten Teil
des Spektrums beträchtlich mit der Wellenlänge. FABRY und BUISSON erklären
diese Beobachtung dadurch, daß die Absorption der Bromsilberschicht mit abnehmender Wellenlänge sehr stark zunimmt und sie zeigen an Querschnitten durch
belichtete photographische Schichten, daß die Schwärzung im sichtbaren Teil des
Spektrums sich über die ganze Schichtdicke, im ultravioletten Teil dagegen nur
über eine dünne Oberflächenschicht erstreckt. Im sichtbaren Gebiet stimmen die
Schwärzungskurven für verschiedene Wellenlängen teilweise gut überein, doch
hängt dies nach BECKMANN und OUDT[3]) sehr von der betreffenden Plattensorte ab.

Sind die Kurven nicht parallel, so muß nach DORGELO das Vergleichsspektrum mit der gleichen Belichtungszeit aufgenommen werden wie die zu
messenden Linien. Dann wird photographisch das Intensitätsverhältnis der
zu messenden zu der bekannten Strahlung bei ein und derselben Wellenlänge
bestimmt und daraus bei der bekannten Energieverteilung der geeichten Lampe
die relative Intensität weiter getrennter Linien berechnet.

---

[1]) G. LEIMBACH, ZS. f. wiss. Photogr. Bd. 7, S. 157, 181. 1909.
[2]) CHR. FABRY u. H. BUISSON, Rev. d'opt. Bd. 3, S. 26. 1924; G. R. HARRISON, Journ.
Opt. Soc. Amer. Bd. 11, S. 341. 1925.
[3]) W. J. BECKMANN u. F. OUDT, ZS. f. Phys. Bd. 29, S. 267. 1924.

Kapitel 24

Polarimetrie.

Mit 35 Abbildungen.

Von

O. Schönrock, Berlin.

a) Natur des Drehungsvermögens.

1. Kristalldrehung. Körper, welche die Polarisationsebene durchgehenden, geradlinig polarisierten Lichtes merklich um einen Winkelbetrag drehen, werden optisch aktiv genannt. Seitdem diese Eigenschaft Arago 1811 beim Quarz und Biot 1815 beim Zucker entdeckt haben, ist die Zahl der aktiven Substanzen auf viele tausend gestiegen. Diese Aktivität wird auch als natürliche bezeichnet zur Unterscheidung von der magnetischen, die alle Körper aufweisen, wenn sie in ein magnetisches Feld gebracht werden; man spricht im letzteren Falle von der elektromagnetischen Drehung der Polarisationsebene. Es ist leicht ersichtlich, daß die natürlich-aktiven Substanzen in den Richtungen, in welchen sie die Drehung aufzeigen, in optischer Hinsicht keine einzige Symmetrieebene besitzen können; andernfalls würde z. B. keine Drehung möglich sein, wenn etwa die Polarisationsebene des einfallenden Lichtes mit einer solchen Symmetrieebene zusammenfiele.

Optisches Drehungsvermögen besitzen eine große Anzahl anorganischer und organischer Stoffe im kristallisierten Zustande, sowie vor allem sehr viele Kohlenstoffverbindungen in flüssiger oder gelöster Form. Erscheint die Schwingungsebene des Lichtes dem empfangenden Auge in der Richtung des Uhrzeigers gedreht, so heißt der Körper rechtsdrehend, positiv oder dextrogyr und erhält das Zeichen $+$ oder d; bei entgegengesetztem Drehungssinn linksdrehend, negativ oder lävogyr mit dem Zeichen $-$ oder l. Die Derivate einer organischen d-Verbindung können nun wieder rechtsdrehend, teils aber auch linksdrehend sein; für alle diese Derivate innerhalb derselben Körpergruppe wird dann aber der Buchstabe d beibehalten, um die Abstammung von der Ursprungssubstanz anzudeuten. Die Drehrichtung kennzeichnet man dabei durch Hinzufügen von $+$ oder $-$, so daß sich also die Zeichen $d+$ und $d-$ ergeben, sowie für die Derivate einer linksdrehenden Muttersubstanz die Zeichen $l+$ und $l-$. Meist verhalten sich chemisch isomere Verbindungen optisch aktiv verschieden. Solche isomeren aktiven Modifikationen, von denen unter sonst gleichen Verhältnissen die eine ebenso stark rechts dreht wie die andere links, nennt man optische Antipoden und bezeichnet sie als d-Form und l-Form. Diejenigen inaktiven Modifikationen, welche sich durch gewisse Mittel wie Kristallisation, Alkaloide, Weinsäure, Pilze usw. in ihre aktiven Antipoden spalten lassen, heißen Racemkörper und erhalten das Zeichen r. Dagegen sollten die inaktiven

Modifikationen, welche nicht in aktive Komponenten zerlegt werden können, mit *ina* bezeichnet werden.

Bei den optisch aktiven Kristallen wird das Drehvermögen durch ihren Bau verursacht. In der Regel kristallisieren sie, wie Herschel und besonders Pasteur feststellten, entsprechend den beiden Drehungsrichtungen in zwei gewendeten Formen, die zueinander enantiomorph sind. Die beiden Kristallformen verhalten sich zueinander wie ein links und ein rechts gebildeter Körper, die durch keine Stellungsänderung des einen zur Deckung gebracht werden können; sie bieten in der Lage und Verknüpfung ihrer sonst völlig gleichen Begrenzungselemente eine ähnliche Verschiedenheit dar wie z. B. der linke und rechte Handschuh desselben Paares, indem die eine Gestalt als das Spiegelbild der anderen angesehen werden kann. Solche enantiomorphen Formen sind eben dadurch ausgezeichnet, daß sie keinerlei Symmetrieebene mehr besitzen.

Indessen gibt es auch viele Substanzen, die zwar in gewendeten Formen kristallisieren, aber nicht optisch aktiv sind. Zu ihnen gehören u. a. Salmiak NH_4Cl und Lithiumsulfat $Li_2SO_4 + H_2O$, welche sowohl als Kristalle wie auch im gelösten Zustande vollkommen inaktiv sind.

Überwiegend gehören die aktiven Kristalle dem regulären (also optisch isotropen) und den beiden einachsigen, dem hexagonalen und tetragonalen Kristallsystem an. Als Beispiele seien erwähnt Natriumchlorat $NaClO_3$, Kaliumlithiumsulfat $KLiSO_4$, Quarz SiO_2, Zinnober HgS, Natriumperjodat $NaJO_4 + 3 H_2O$, Äthylendiaminsulfat $(N_2H_4 \cdot C_2H_4) H_2SO_4$. Sie alle sind in die erste Klasse der aktiven Körper einzuordnen, welche diejenigen Substanzen umfaßt, die bloß im kristallisierten Zustande ein Drehungsvermögen besitzen und diese Eigenschaft vollkommen verlieren, sobald sie durch Schmelzung oder Lösung in den amorphen Zustand übergeführt werden. Bei ihnen wird also die Drehung allein durch die kristalline Struktur bedingt, d. h. durch eine bestimmte gegenseitige Anordnung der Atome bzw. Ionen im Raumgitter; die Erscheinung ist demnach hier eine mehr physikalische. Einen Kristall, der wie Quarz keine optische Symmetrieebene besitzt, nennt man auch einen dissymmetrisch-kristallinischen Körper.

Von Interesse ist noch das Verhalten dieser Kristalle im gepulverten Zustande. Die Körnchen werden in einer nicht lösenden Flüssigkeit suspendiert, deren Brechungsverhältnis mit dem des Kristalls übereinstimmt, so daß ein durchsichtiges Medium entsteht. Die Frage ist, ob unter diesen Umständen das Drehvermögen der Teilchen noch in derselben Stärke vorhanden ist wie in den großen Kristallen, oder ob es verschwindet, wenn die Verkleinerung einen bestimmten Grad erreicht hat. Landolt[1]) hat diese Frage am regulär kristallisierenden, rechts- bzw. linksdrehenden Natriumchlorat geprüft mit dem Resultat, daß sich keine Abnahme des Drehvermögens zu erkennen gibt, selbst wenn der Korndurchmesser nur noch 0,003 mm beträgt. So kleine Salzkörnchen wirken daher noch wie gut ausgebildete Kristallelemente mit derjenigen Struktur, welche zur Erzeugung des Drehvermögens erforderlich ist. Dagegen zeigen selbst übersättigte Lösungen von Natriumchlorat in Wasser keine Spur von Aktivität.

Die zum regulären Kristallsystem gehörigen, einfach brechenden Körper drehen die Polarisationsebene pro Millimeter gleich stark, in welcher Richtung auch das Licht den Kristall durchsetzen mag. Im Gegensatz dazu ist bei allen den anderen Systemen angehörigen, doppelbrechenden Kristallen die Erscheinung des Drehvermögens nur nahe in Richtung der optischen Achsen wahr-

---

[1]) H. Landolt, Berl. Sitzungsber. Bd. 34, S. 785. 1896.

zunehmen; die Drehung muß also in diesen Fällen an Platten bestimmt werden, die möglichst senkrecht zu einer optischen Achse geschliffen sind.

2. Flüssigkeitsdrehung. Die zweite Klasse der aktiven Körper enthält diejenigen Stoffe, welche sowohl im kristallisierten als auch geschmolzenen oder gelösten Zustande drehen. Substanzen dieser Art sind z. B. *d*-Kampfer $C_{10}H_{16}O$, Maticokampfer $C_{12}H_{20}O$, Patchoulikampfer $C_{15}H_{26}O$, *d*-Weinsäure $C_4H_6O_6$. Da man eine Flüssigkeit oder Lösung für gewöhnlich als einen völlig isotropen Körper ansieht, so heißen solche in allen Richtungen sich gleich verhaltenden, aktiven Körper dissymmetrisch-isotrope. Bei ihnen kann eine Unsymmetrie nicht in der gegenseitigen Anordnung der Moleküle, sondern nur in der Gestaltung des Moleküls selbst liegen, d. h. in einer asymmetrischen Lagerung seiner Atome; die Erscheinung gehört also mehr zum Gebiet der Chemie.

Naturgemäß kann bei den Kristallen dieser zweiten Klasse die Drehung teils auf der kristallinischen Struktur, teils auf der Anordnung der Atome im Molekül beruhen, also das Resultat einer gleichzeitigen Kristall- und Molekulardrehung sein. Diese Einzeldrehungen können, wie es zuweilen vorkommt, sogar verschiedenes Vorzeichen haben und sich teilweise gegenseitig aufheben. Vergleicht man das Drehvermögen eines solchen Kristalls mit demjenigen einer gleich dicken Schicht der Substanz im amorphen Zustande, so stößt man oft auf recht verwickelte Verhältnisse. Einige bezeichnende Beispiele seien angeführt.

Patchoulikampfer hat die spezifischen Drehungen (Ziff. 6)

$$\text{als Kristall} \quad\ldots\ldots\ldots\quad [\alpha]_{20}^{D} = -126$$

$$\text{geschmolzen} \quad\ldots\ldots\ldots\quad [\alpha]_{59}^{D} = -118$$

$$\text{in Äthylalkohol gelöst} \quad\ldots\quad [\alpha]_{20}^{D} = -125;$$

im Kristall macht sich auch nur die Molekulardrehung bemerklich.

Maticokampfer hat die spezifischen Drehungen

$$\text{als Kristall} \quad\ldots\ldots\ldots\quad [\alpha]_{20}^{D} = -178$$

$$\text{geschmolzen} \quad\ldots\ldots\ldots\quad [\alpha]_{135}^{D} = -28{,}24$$

$$\text{,,} \quad\ldots\ldots\ldots\quad [\alpha]_{108}^{D} = -28{,}45$$

$$\text{in Chloroform gelöst} \quad\ldots\ldots\quad [\alpha]_{15}^{D} = -28{,}73;$$

somit rührt die Aktivität der Kristalle hauptsächlich von der kristallographischen Drehung her und bloß in geringem Betrage von der molekularen.

Wie die Drehvermögen eines Stoffes im kristallisierten und amorphen Zustande meist sehr verschieden sind, so ist auch der Verlauf der Rotationsdispersion (Ziff. 8) in den beiden Fällen wohl nie genau der gleiche. Der *d*-Kampfer besitzt in kristallisierter, geschmolzener bzw. gelöster Form spezifische Drehungen, deren Werte $[\alpha]^D$ bloß zwischen 80 und 52 variieren, und zeigt trotzdem schon merklich verschiedene Rotationsdispersionen[1]:

Wellenlänge λ in μ	$[\alpha]_{18}^{\lambda} : [\alpha]_{18}^{D}$	
	als Kristall	in Äthylalkohol gelöst
0,436	2,7	2,28
0,492	1,8	1,63
0,546	1,27	1,20
0,578	1,06	1,04

[1]) P. G. Nutting, Phys. Rev. Bd. 17, S. 7. 1903; L. Longchambon, C. R. Bd. 175, S. 174. 1922.

Ein ganz verschiedenes Verhalten weist in dieser Hinsicht die d-Weinsäure auf, deren Drehvermögen im kristallisierten Zustande für sichtbares Licht mit zunehmender Wellenlänge abnimmt, in wässeriger Lösung dagegen ansteigt.

Schließlich zur dritten Klasse der aktiven Körper zählen alle diejenigen, welche nur im amorphen, flüssigen oder gelösten Zustande die Polarisationsebene drehen. Dieser Klasse gehört die überwiegend größere Zahl aller aktiven Substanzen an, hauptsächlich die vielen verschiedenen Gruppen der organischen Kohlenstoffverbindungen. Während die im Pflanzen- und Tierorganismus auftretenden Stoffe meist nur entweder in der rechtsdrehenden oder der linksdrehenden Form bekannt sind, hat man von den synthetisch darstellbaren, bezüglich ihrer chemischen Konstitution festgelegten Verbindungen schon sehr viele in allen ihren der Anzahl nach berechenbaren optischen Modifikationen, den aktiven d und l, Racem-r, sowie inaktiven Formen ina, erhalten. Oftmals gibt erst das optische Drehvermögen dem Chemiker die Mittel an die Hand, die richtige Konstitutionsformel eines Körpers mit Sicherheit festzustellen. Auf diesem Gebiete sind besonders die zahlreichen großen Untersuchungen Fischers von denkwürdiger Bedeutung gewesen.

3. Drehvermögen von Dämpfen. Als Ursache der Aktivität von Flüssigkeiten wurde im obigen die asymmetrische Lagerung der Atome im Molekül angegeben. In Flüssigkeiten und Lösungen bleiben indessen neben Einzelmolekülen und Ionen oftmals auch Molekülkomplexe bestehen. Man könnte deshalb meinen, daß ähnlich wie bei Kristallen die Drehung in einer Flüssigkeit auch durch eine bestimmte Struktur dieser Molekülgruppen verursacht werde. Dann müßte das Drehvermögen verschwinden, sobald die Substanz in ihre Einzelmoleküle zerlegt, d. h. in den Zustand normalen Dampfes übergeführt wird. Dem ist aber nicht so, denn die aktiven flüssigen organischen Verbindungen drehen auch im Gaszustande die Polarisationsebene. Wie zuerst Gernez[1] nachgewiesen hat, stimmen dabei die spezifischen Drehungen im flüssigen und dampfförmigen Zustande merklich überein. Er benutzte zu seinen eingehenden und für die Theorie wichtigen Versuchen die folgenden vier aktiven Substanzen: d-Bigaradenöl, d-Kampfer $C_{10}H_{16}O$, d-Pomeranzenöl, l-Terpentinöl $C_{10}H_{16}$. Bei allen nahm die spezifische Drehung mit zunehmender Erwärmung ab, und bei der Untersuchung des Körpers in Dampfform ergab sich dann, daß die spezifische Drehung des Dampfes bloß etwa um soviel abgenommen hatte, als der angewandten höheren Temperatur entsprach.

Behufs näheren Nachweises seien hier die für d-Kampfer und l-Terpentinöl erhaltenen Resultate angeführt:

Substanz	Aggregatzustand	t	$[\alpha]_t^{0,556\,\mu}$
d-Kampfer {	geschmolzen	204	70,33
	dampfförmig (Druck 759,5 mm)	220	70,31
l-Terpentinöl {	flüssig	11	−36,53
	,,	98	−36,04
	,,	154	−35,81
	dampfförmig (Druck 761,7 mm)	168	−35,49

Auch die Dampfdichten wurden bei den obigen Versuchstemperaturen t ermittelt und ziemlich nahe übereinstimmend mit den theoretischen Dichtewerten für die Dämpfe gefunden. Ganz überwiegend können daher im Dampf nur Einzelmoleküle auf den polarisierten Lichtstrahl gewirkt haben, und da das Drehungs-

---

[1] D. Gernez, Ann. scient. de l'École norm. sup. Bd. 1, S. 37. 1864.

vermögen in voller Stärke erhalten geblieben ist, so ist der Schluß berechtigt, daß in Flüssigkeiten und Gasen die Aktivität eine Eigenschaft des Moleküls ist und allein von der Anordnung seiner Atome herrühren muß.

4. Physikalische Ursache der Zirkularpolarisation. Die Frage, wie vom physikalischen Standpunkte aus in aktiven Körpern die Drehung der Polarisationsebene zustande kommt, hat zuerst FRESNEL 1825 für den Quarz beantwortet; die von FRESNEL aufgestellte Theorie ist dann später von AIRY aufs genaueste analytisch durchgearbeitet worden, und es ergab sich schließlich, daß sie für alle drehenden Stoffe Gültigkeit besitzt. Man kann sich einen geradlinig polarisierten Strahl in zwei zirkular polarisierte Komponenten zerlegt denken, die gleiche Amplituden und Phasen, aber entgegengesetzten Drehungssinn haben. Rotiert für ein den Strahl empfangendes Auge die elektrische Polarisation mit dem Uhrzeiger, so heißt bekanntlich ein solcher Strahl rechts zirkular polarisiert; bei einem links zirkular polarisierten hingegen dreht sich die elektrische Polarisation im entgegengesetzten Sinne des Uhrzeigers. Eine solche Zerlegung findet nun tatsächlich statt, wenn der linear polarisierte Lichtstrahl in die aktive Substanz eintritt. In ihr bewegen sich aber, und das ist eben charakteristisch für die Aktivität, die beiden zirkularen Schwingungen mit ungleicher Geschwindigkeit fort. Dabei ist es gleichgültig, ob die zirkular polarisierten Strahlen unmittelbar entstehen oder sich mittelbar aus je zwei rechtwinklig-linearen zusammensetzen, die im einen Strahl eine Phasendifferenz von $+\pi/2$, im anderen eine solche von $-\pi/2$ haben.

Wegen der verschiedenen Fortpflanzungsgeschwindigkeit erleiden die beiden zirkularen Komponenten beim Durchtritt durch den Körper eine relative Phasendifferenz. Beim Austritt aus ihm werden sie sich daher zwar wiederum zu einem einzigen geradlinig polarisierten Strahl zusammensetzen, aber seine Schwingungsebene wird gegen die des eintretenden Lichtes um einen aus der Phasendifferenz berechenbaren Winkel gedreht sein. Dieser ist dann die durch den aktiven Stoff erzeugte Drehung der Polarisationsebene. Überlegung oder die mathematische Durchrechnung lehrt, daß diese Drehung nach rechts erfolgt, wenn die rechts rotierende Komponente sich schneller als die links rotierende fortpflanzt, jedoch nach links im umgekehrten Falle.

Die Tatsache, daß ein aktiver Körper den auffallenden Lichtstrahl in zwei Strahlen von verschiedener Geschwindigkeit zerlegt, läßt sich auch so aussprechen: bei den mit Drehvermögen begabten Flüssigkeiten und regulären Kristallen besteht die Wellenfläche aus zwei konzentrischen Kugeln, bei den optisch einachsigen Kristallen aus zwei getrennten, von einer Kugel bzw. einem Ellipsoid nur wenig abweichenden Rotationsflächen, die sich also in der Rotationsachse (optischen Achse) nicht berühren. Weil die beiden entstehenden Strahlen stets zirkular polarisiert sind, hat sich auch statt Drehungsvermögen der Ausdruck Zirkularpolarisation eingeführt. Das Vorhandensein dieser beiden Strahlen wurde zuerst von FRESNEL im Quarz, von FLEISCHL an Zuckerlösungen und anderen Flüssigkeiten experimentell nachgewiesen. Läßt man nämlich in geeigneter Weise auf eine aktive Substanz einen natürlichen Lichtstrahl schräg auffallen, so ist er nach dem Austritt in zwei räumlich getrennte Strahlen zerlegt, die sich mit dem oben angegebenen Drehungssinn als rechts bzw. links zirkular polarisiert erweisen.

Die zwischen der Phasendifferenz bzw. dem Gangunterschied Δ und dem Drehungswinkel α bestehende Beziehung ist eine sehr einfache und aus der analytischen Zerlegung und Zusammensetzung der Lichtstrahlen streng ableitbar. Hier werde diese Beziehung in schnellster einleuchtender Weise aufgestellt, indem von der bekannten Tatsache ausgegangen wird, daß sowohl Δ als auch α

direkt der Länge l der durchstrahlten Körperschicht proportional sind und somit auch α genau proportional $\varDelta$ ist. Die auffallende elektrische Schwingung AB (Abb. 1) des sich von unten nach oben fortpflanzenden Strahles wird in die rechts zirkulare Komponente BCD und die links zirkulare BDC zerlegt, von denen die erstere mit der größeren Geschwindigkeit fortbewegt werde. Da die Schwingungsdauer des Lichtes immer die gleiche bleibt, so bewegen sich die Endpunkte B der beiden elektrischen Polarisationen auf dem Kreise rechts und links herum natürlich mit derselben konstanten Geschwindigkeit; während der Schwingungsdauer wird ja der Kreis gerade einmal durchlaufen; hingegen sind die Wellenlängen der beiden Komponenten in der aktiven Substanz ungleich. Letztere mögen nun beim Austritt aus dieser die Phasendifferenz $\pi/2$ haben, und es ist dann der obigen Annahme entsprechend die links zirkulare Komponente in der Phase verzögert. Hat daher die rechts rotierende elektrische Polarisation gerade wieder die Lage AB, so interferiert sie mit einer links rotierenden in der Lage AC, wobei $\sphericalangle\,BAC = \pi/2$ ist. Es resultiert eine geradlinige Schwingung in Richtung der Kreuzungslinie AE, die mit der ursprünglichen AB den $\sphericalangle\,BAE = \alpha = 45°$ einschließt.

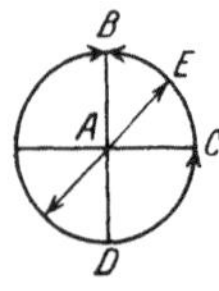
Abb. 1. Zirkularpolarisation. Der auf die aktive Substanz auffallende Lichtvektor AB wird in zwei zirkulare Komponenten von ungleicher Fortpflanzungsgeschwindigkeit zerlegt und hat dann beim Austritt die Lage AE.

Die Polarisationsebene ist nach rechts gedreht worden, und zwar nur um den kleinstmöglichen Betrag von $45°$, weil mit abnehmender Phasendifferenz die Bogen BC und BE kleiner werden und stets $\alpha = \sphericalangle\,BAC/2$ sein muß. Man erinnere sich hierbei auch daran, daß die Amplitude der linearen Schwingungen gleich $2\,AB$ ist. Nun entspricht der Phasendifferenz $\pi/2$ der Wert $\varDelta = \lambda/4$, wenn λ die Wellenlänge der benutzten Lichtsorte in Luft bedeutet. Folglich ergibt sich $\alpha = 45°$ für $\varDelta = \lambda/4$.

Allgemein ist aber $\varDelta = l\,(n_2 - n_1)$, worin n_1 und n_2 die Brechungsverhältnisse der beiden Komponenten in der aktiven Platte bezeichnen, und zwar n_1 dasjenige der rechts zirkularen Komponente. Diese besitzt entsprechend der gemachten Annahme die größere Geschwindigkeit, woraus $n_1 < n_2$ folgt. Mithin verhält sich

$$\alpha : l\,(n_2 - n_1) = 45°:\frac{\lambda}{4},$$

so daß sich die die Zirkularpolarisation kennzeichnende Gleichung

$$n_2 - n_1 = \frac{\alpha}{180°}\,\frac{\lambda}{l} \tag{1}$$

ergibt. Dabei sind λ und l in derselben Längeneinheit, und α in Kreisgraden auszudrücken. Weiter beziehen sich n_1 und n_2 sowie λ auf Luft derselben Beschaffenheit, und alle unbestimmten Größen auf die gleiche Temperatur t. Es ergibt sich also α unabhängig vom Luftdruck, solange man den Einfluß des Druckes auf das absolute Brechungsverhältnis der Platte vernachlässigen darf.

Um von dem Betrage der Differenz $n_2 - n_1$ eine Vorstellung zu verschaffen, sei der Quarz als Beispiel gewählt. Für die Linie Hg grün 5461 ist in Luft von $t = 20°$ und 760 mm Druck $\lambda = 0{,}0_3 546\,077$ mm, der Drehungswinkel für 1 mm Kristalldicke $\alpha/l = 25{,}536$, womit sich berechnet nach Gleichung (1) $n_2 - n_1 = 0{,}0_4 77\,470$. Nimmt man daher ein Prisma von $60°$ brechendem Winkel, dessen brechende Flächen zur optischen Achse des Quarzes gleich geneigt sind, so werden sich bei Minimumstellung des Prismas im Spektrometer zwei Wellen in Richtung der optischen Achse fortpflanzen mit den Brechungsexponenten n_1 bzw. n_2. Die auftretende Differenz in den Ablenkungswinkeln beträgt entsprechend dem Werte von $n_2 - n_1$ und $(n_2 + n_1)/2 = 1{,}546\,15$ dann $25{,}19''$, so daß es keine Schwierigkeit bietet, die beiden Spaltbilder getrennt erscheinen zu lassen. Dieser Wert $25{,}19''$ ist auch tatsächlich von SCHÖNROCK bei seinen genauen Messungen an Quarzprismen beobachtet worden.

In der elektromagnetischen Lichttheorie geht man von einem gewissen System einfacher Differentialgleichungen aus, um mannigfaltige optische Erscheinungen zu erklären. Wie man durch Hinzunahme molekularer Eigenschwingungen (Elektronen-Bewegungen) zu einer Theorie der Dispersion der Stoffe gelangt, so lassen sich durch Hinzufügung von Zusatzgliedern die Differentialgleichungen so gestalten, daß sie die optischen Vorgänge auch in aktiven Körpern beschreiben können. Für Kristalle bedarf es dabei, wie besonders VOIGT gezeigt hat, der Annahme dreier von der Richtung im Kristall abhängiger Aktivitätskonstanten; im Rohrzucker $C_{12}H_{22}O_{11}$ sind nämlich längs der beiden optischen Achsen voneinander verschiedene Drehungen mit entgegengesetztem Drehungssinn ermittelt worden.

5. Molekulare Asymmetrie. Bei den Kristallen ist die zirkulare Doppelbrechung letzten Endes auf die kristalline Struktur zurückzuführen, auf die Erscheinung der nicht überdeckbaren Hemiëdrie. Bei den Flüssigkeiten und Gasen war die letzte Ursache der Zirkularpolarisation in einer Asymmetrie des Moleküls zu suchen. Diese näher aufzuklären gelang im Jahre 1874 gleichzeitig und unabhängig VAN 'T HOFF in Utrecht und LE BEL in Paris durch die Theorie vom asymmetrischen Kohlenstoffatom, deren weitere Entwickelungen sich auch so überaus fruchtbar für die allgemeine organische Chemie erwiesen durch die Aufstellung der Lehre von der Stereochemie. Danach kann das Drehvermögen direkt mit der chemischen Konstitutionsformel in Verbindung gesetzt werden, indem es eine asymmetrische Anordnung der Atome nach Art der nicht überdeckbaren Spiegelbilder zur Voraussetzung hat.

Alle Fälle der optischen Isomerie lassen sich erklären, wenn man die vier gleichwertigen Valenzen des Kohlenstoffes im Raume tetraedrisch anordnet, also die vier gebundenen Atome oder Radikale in die vier Ecken eines Tetraeders verteilt, in dessen Mittelpunkt sich das Kohlenstoffatom befindet. Sind die vier Valenzen durch vier verschiedene Radikale gesättigt, so kann man wie leicht ersichtlich mit ihnen zwei Gruppierungen vornehmen, die sich zueinander wie Bild und Spiegelbild verhalten. Diese beiden Isomere besitzen keine Symmetrieebene und sind daher die optischen Antipoden von gleich stark entgegengesetztem Drehvermögen in der d- und l-Form. Ein solches mit vier verschiedenen Radikalen gesättigtes Kohlenstoffatom wird deswegen als ein asymmetrisches bezeichnet. Man drückt das auch so aus: die beiden Isomere haben zwar gleiche Konstitution, d. h. Art der Verkettung der Atome, aber verschiedene Konfiguration, d. h. räumliche Anordnung der Atome.

Weiter hat die Erfahrung noch ergeben, daß sich gleiche Mengen der beiden Antipoden zu einer inaktiven Verbindung vereinigen können, zu einem Racemkörper r, der durch gewisse Mittel wieder in die optischen Isomere zerlegt werden kann.

Die aktiven Verbindungen besitzen häufig ein recht verwickelt aufgebautes Molekül. So können z. B. sich zwei von den vier Radikalen noch untereinander verbinden, oder es kann ein Radikal mit zwei asymmetrischen Kohlenstoffatomen vereinigt sein; weiter bedingen nicht allein unmittelbar angrenzende Gruppen, sondern auch entfernter liegende eine Asymmetrie des Kohlenstoffatoms.

Sind mehrere asymmetrische Kohlenstoffatome im Molekül enthalten, so wächst die Zahl der möglichen optischen Isomere schnell an. Kann dann die Konfigurationsformel in zwei gleich zusammengesetzte Hälften geteilt werden, so gibt es außer den aktiven auch noch inaktive Modifikationen *ina*, welche sich nicht in aktive Komponenten zerlegen lassen. Bei ungleichhälftiger chemischer Strukturformel des Moleküls ist eine derartige *ina*-Form nicht mehr möglich. Sobald die Konstitutionsformel einer Substanz bekannt ist, kann man durch Überlegung voraussagen, wie viele verschiedene Modifikationen darstellbar sein müssen. Für die Berechnung ihrer Anzahl ergeben sich einfache Formeln mit Hilfe der Kombinationslehre.

Eine besondere Gruppe der aktiven Körper bilden gewisse Benzolderivate, also sechsgliedrige Ringverbindungen, die keinen eigentlichen asymmetrischen Kohlenstoff enthalten. Auch in diesem Falle darf aber die Raumformel des Moleküls keine Symmetrieebene besitzen. Hierher gehören z. B. die Inosite $C_6H_6(OH)_6$, bei denen die Asymmetrie erscheint, wenn man die H und OH in passender Weise über und unter der Ebene des Kohlenstoffringes anlagert.

Wie der Kohlenstoff lassen sich auch andere Elemente asymmetrisch gestalten, so Schwefel, Selen, Silizium, Zinn, wenn sie vierwertig auftreten. Bei manchen ihrer Verbindungen ist es gelungen, die beiden optischen Antipoden in der *d*- und *l*-Form herzustellen. Ferner sind zirkular polarisierende Körper mit asymmetrischem Stickstoffatom als Kern des aktiven Moleküls erhalten worden. Man denke sich die eine Valenz des fünfwertigen Stickstoffs durch ein einwertiges Radikal gesättigt und die restlichen vier freien Valenzen wieder mit vier verschiedenen Radikalen in tetraedrischer Anordnung verbunden, dann entspricht die Aktivität solcher Stickstoff-Verbindungen völlig der optischen Isomerie des Kohlenstoffs.

Neuerdings hat WERNER mit Hilfe seiner Valenztheorie von den Nebenvalenzen oder koordinativen Bindungen die Stereochemie in erfolgreicher Weise fortentwickelt auf dem Gebiete der anorganischen Chemie und für viele anorganische, asymmetrische Verbindungen räumliche Konfigurationsformeln aufgestellt, die ihre optische Aktivität ersichtlich machen. Zum Beispiel werden bei den valenzchemisch dreiwertigen, aber koordinativ sechswertigen Kobaltiverbindungen die sechs Radikale in den Ecken eines regulären Oktaeders gruppiert und so zwei zueinander spiegelbildliche Raumformeln erhalten. In ähnlicher Weise sind aktive Stoffe mit den dreiwertigen Metallen Chrom und Rhodium, sowie dem zweiwertigen Eisen als asymmetrischen Zentralatomen dargestellt und ihre Drehvermögen durch passende räumliche Formelbilder gedeutet worden.

Zur Feststellung berechenbarer quantitativer Beziehungen zwischen Größe der Drehung und chemischer Konstitution sind sehr zahlreiche Untersuchungen ausgeführt worden, die jedoch im großen ganzen bis jetzt noch wenig befriedigende Ergebnisse geliefert haben. Die Verhältnisse gestalten sich nämlich recht kompliziert, weil beim Kohlenstoff gleich vier verschiedene Radikale in die Rechnung eingehen. Ihre für die optische Drehung der Verbindung maßgebenden Eigenschaften dürften kaum durch unabänderliche Werte ausdrückbar sein, vielmehr ist anzunehmen, daß ein solcher Wert nicht nur durch das betreffende Radikal, sondern auch durch die Natur der drei anderen Radikale bedingt wird. Dieser gegenseitigen Beeinflussung zahlenmäßig Rechnung zu tragen ist aber eine schwierig zu lösende Aufgabe.

b) Gesetze des optischen Drehungsvermögens.

6. Spezifische Drehung. Ihre Definition beruht auf der Gesetzmäßigkeit, daß entsprechend Gleichung (1), Ziff. 4, die Größe des Drehungswinkels α, welchen ein aktiver Körper im Polarisationsapparate zeigt, genau proportional der Länge l der durchstrahlten Schicht ist. Bei festen Körpern (Kristallen) pflegt man als spezifische Drehung (α) einfach den Drehungswinkel in Kreisgraden für 1 mm Kristalldicke anzusehen. Bezeichnet daher für eine bestimmte Temperatur t

α_t den Drehungswinkel des Kristalls in Kreisgraden,

l_t die vom Licht durchsetzte Kristalldicke in Millimeter,

so ist die spezifische Drehung des Kristalls

$$(\alpha)_t = \frac{\alpha_t}{l_t}. \tag{2}$$

Um die Stärke der optischen Aktivität flüssiger und gelöster Stoffe auszudrücken, hat BIOT den Begriff der spezifischen Drehung für die aktive Substanz eingeführt und dieser Größe das Zeichen $[\alpha]$ beigelegt. Bedeutet für eine bestimmte Temperatur t

α_t den Drehungswinkel der Flüssigkeit in Kreisgraden,

l_t die Länge der angewandten Polarisationsröhre in Dezimeter,

s_t die auf Wasser von $4°$ bezogene Dichte der Flüssigkeit,

p den Prozentgehalt, d. h. die Anzahl Gramm aktiver Substanz in 100 g Lösung,

$q = 100 - p$ die Anzahl Gramm inaktiven Lösungsmittels in 100 g Lösung,

$c_t = p s_t$ die Konzentration, d. h. die Anzahl Gramm aktiver Substanz in 100 cm³ Lösung,

so ist für reine flüssige aktive Körper ($p = 100$)

$$[\alpha]_t = \frac{\alpha_t}{l_t s_t} \tag{3}$$

und für aufgelöste aktive Substanzen

$$[\alpha]_t = \frac{100\,\alpha_t}{l_t\,p\,s_t} = \frac{100\,\alpha_t}{l_t c_t}. \tag{4}$$

Die Gleichung (3) läßt sich auch auf feste Körper und Gase anwenden, indem unter s ihre Dichte zu verstehen ist.

Als Normaltemperatur wird gewöhnlich $t = 20°$ gewählt. Fügt man dann noch die benutzte Lichtart (Wellenlänge λ in Luft, z. B. Linie Na gelb D, für die Mitte der beiden D-Linien in Luft von $20°$ C und 760 mm Druck $\lambda = 0,589\,30\,\mu$) bei, so stellt die spezifische Drehung eine charakteristische Konstante der betreffenden Verbindung dar; z. B. für l-Chinasäure $C_7H_{12}O_6$ ist $[\alpha]_{20}^D = -43,92$.

Zu Zwecken stöchiometrischer Vergleiche hat man den Begriff der Molekularrotation eingeführt. Als solche wird die mit dem Molekulargewicht M des aktiven Körpers multiplizierte spezifische Drehung bezeichnet. Zur Vermeidung unbequem großer Zahlen ist es jedoch gebräuchlich, den hundertsten Teil des Wertes zu nehmen, so daß man als molekulares Drehvermögen $[M]$ erhält $[M] = [\alpha]M/100$.

7. Nichtkonstanz der spezifischen Drehung. a) Abhängigkeit von der Temperatur. Im allgemeinen ist $[\alpha]$ eine Funktion von p bzw. c, t, dem Lösungsmittel, sowie der benutzten Wellenlänge λ des Lichtes in Luft. Was zunächst die Abhängigkeit von der Temperatur betrifft, so hat diese bei nur wenigen Substanzen geringen Einfluß, bei den meisten bringt sie teils Erhöhung, teils Erniedrigung der spezifischen Drehung hervor. Man trägt dem Rechnung, indem man $[\alpha]$ in die Form bringt

$$[\alpha]_t = [\alpha]_{20}\{1 + a(t - 20) + b(t - 20)^2 + \cdots\}. \tag{5}$$

Die Wärme übt daher eine besondere Wirkung auf die Stärke der Aktivität aus.

Nikotin $C_{10}H_{14}N_2$ wird gewöhnlich als Beispiel für einen Stoff angeführt, dessen $[\alpha]$ sich nur wenig mit t ändert:

$t =$	10,2	20,0	30,0
$[\alpha]_t^p =$	$-161,0$	$-161,6$	$-162,0.$

Aber auch für ihn ist bei größeren Temperaturunterschieden die Änderung in $[\alpha]$ verhältnismäßig viel beträchtlicher (das Nikotin war nicht ganz rein):

$$t = -89,0 \qquad -71,5 \qquad 22,7$$
$$[\alpha]_t^D = -129,4 \qquad -135,0 \qquad -150,0.$$

Umgekehrt zeigt das Limonen $C_{10}H_{16}$ eine sehr starke Abnahme von $[\alpha]$ mit zunehmender Temperatur:

$$t = -123,0 \qquad -80,6 \qquad -22,5 \qquad 22,2$$
$$[\alpha]_t^{0,4539\,\mu} = 292,9 \qquad 274,3 \qquad 249,3 \qquad 232,5.$$

Zuweilen geht mit steigender Erwärmung sogar die Drehungsrichtung in die entgegengesetzte über, so daß für eine gewisse Temperatur der Körper inaktiv wird. So ist z. B. für l-Asparaginsäure $C_4H_7NO_4$ (in Wasser gelöst zu $p = 1,872$):

$$t = 32 \qquad 60 \qquad 75 \qquad 77 \qquad 90$$
$$[\alpha]_t^D = +3,78 \qquad +1,22 \qquad 0 \qquad -0,61 \qquad -1,86$$

und für Invertzucker (in Wasser gelöst zu $p = 30,5$):

$$t = 20 \qquad 50 \qquad 80 \qquad 88 \qquad 90$$
$$[\alpha]_t^D = -21,10 \qquad -11,55 \qquad -2,381 \qquad 0 \qquad +0,591.$$

Im letzteren Falle läßt sich der Wechsel in der Drehungsrichtung daraus erklären, daß der Invertzucker aus zwei entgegengesetzt drehenden Bestandteilen gebildet ist, nämlich aus 1 Molekül l-Fruktose $C_6H_{12}O_6$ und 1 Molekül d-Glukose $C_6H_{12}O_6$, deren Einzeldrehungen durch die Wärme in höchst verschieden starkem Grade beeinflußt werden. Bei $t = 20$ überwiegt die größere negative Drehung der Fruktose, ihr Drehvermögen nimmt aber beim Erhitzen sehr rasch ab, während das der positiven Glukose sich nur wenig ändert. Mit wachsendem t verkleinert sich demnach die Gesamtdrehung, bis schließlich bei der höchsten Temperatur die Rechtsdrehung der Glukose überwiegt.

b) **Einfluß der Konzentration.** Die spezifische Drehung einer gelösten Substanz pflegt sich mit der Konzentration der Lösung etwas zu ändern, was man in zugefügten Korrektionsgliedern darstellt von der Form

$$[\alpha] = A + Bp + Cp^2 + \cdots. \tag{6}$$

In gleicher Weise wird $[\alpha]$ auch als Funktion von q oder c aufgestellt. Schon Biot hat darauf hingewiesen, daß allgemein die aus Lösungen abgeleiteten spezifischen Drehungen mehr oder weniger veränderliche Zahlen sind, weil die Moleküle des drehenden Stoffes in ihrer Aktivität merklich beeinflußt werden durch die inaktiven Moleküle des Lösungsmittels. Nach Gleichung (6) wird für $p = 0$ $[\alpha] = A$, d. h. die Konstante A drückt die spezifische Drehung bei unendlich großer Verdünnung aus, während der für $p = 100$ resultierende Wert von $[\alpha]$ die Rotation des reinen aktiven Körpers ergibt. Einige Sicherheit ist diesen Werten natürlich nur dann zuzusprechen, wenn ein hinreichend langes Stück der Kurve $[\alpha] = f(p)$ ermittelt werden konnte und sie so gestaltet ist, daß eine Extrapolation ohne allzu große Fehler zulässig erscheint.

l-Terpentinöl $C_{10}H_{16}$ hat ohne Lösungsmittel $[\alpha]_{20}^D = -37,01$, in Mischungen für $q = 0$ bis 91 mit

Äthylalkohol $\qquad [\alpha]_{20}^D = -36,97 - 0,0_2 4\,816\,q - 0,0_3 133\,1\,q^2$

Benzol $\qquad\qquad [\alpha]_{20}^D = -36,97 - 0,021\,53\,q - 0,0_4 66\,73\,q^2.$

Die Drehung nimmt hier wie bei den meisten Substanzen mit der Verdünnung, d. h. mit steigendem Prozentgehalt an Lösungsmittel zu, und es ergibt sich naturgemäß für $p = 100$, d. i. $q = 0$ gerade die Rotation des von Lösungsmittel freien Stoffes.

Eine Abnahme der Drehung mit der Verdünnung zeigt dagegen das Nikotin $C_{10}H_{14}N_2$ (von $[\alpha]_{20}^D = -161{,}6$ ohne Lösungsmittel) in Mischungen bis $q = 86$ mit

$$\text{Äthylalkohol} \qquad [\alpha]_{20}^D = -160{,}8 + 0{,}222\,4q.$$

So einfach wie in diesen Fällen liegen aber die Verhältnisse nur dann, wenn indifferente Flüssigkeiten als Lösungsmittel benutzt werden.

Will man die wirkliche spezifische Drehung ermitteln, die ein fester Stoff in Lösung zeigt, so müssen möglichst konzentrierte Lösungen untersucht und auch verschiedene Lösungsmittel angewandt werden, um zu erforschen, ob sich für $q = 0$ stets der gleiche Wert von $[\alpha]$ ergibt; sonst kann von einer einheitlichen spezifischen Drehung des betreffenden Stoffes nicht gesprochen werden. Als Beispiel einer solchen Ableitung von $[\alpha]$ aus Kurven von der Gestalt $[\alpha]_{20}^D = A + Bq + Cq^2$ diene eine mit d-Kampfer $C_{10}H_{16}O$ angestellte Versuchsreihe; seine Drehung $[\alpha]$ vermindert sich stark mit wachsendem q, aber in sehr verschiedenem Maße in den einzelnen Lösungsmitteln. Nachstehende Beobachtungszahlen wurden erhalten:

Lösungsmittel	q	A
Äthylalkohol	45 bis 91	54,38
Essigsäure	34 ,, 85	55,49
Monochloressigäther	45 ,, 86	55,70
Dimethylanilin	42 ,, 85	55,78
Benzol.	47 ,, 90	55,99
Methylalkohol	50 ,, 89	56,15
Essigäther	48 ,, 90	56,54
Isovaleriansäure	47 ,, 97	57,15
Kapronsäure	50 ,, 98	58,90

In Anbetracht der großen Extrapolation auf $q = 0$ sind die Werte A als hinreichend konstant anzusehen, so daß dem reinen Kampfer mit ziemlicher Sicherheit die spezifische Drehung $[\alpha]_{20}^D = 56{,}2$ (das Mittel aus den neun A) zuzuschreiben ist.

Geringe Änderungen der spezifischen Drehung bei wechselnder Konzentration zeigen sich in allen den Fällen, wo eine Einwirkung des Lösungsmittels auf die aktive Substanz möglichst ausgeschlossen ist, also weder molekulare Assoziation oder Dissoziation noch Hydrolyse usf. eintreten kann. Anderenfalls kann $[\alpha]$ durch einen Minimalwert hindurchgehen, sogar die Drehrichtung sich umkehren. So ist z. B. für d-Kampfer in Azeton

$$\begin{array}{llllll} p = & 46{,}56 & 15{,}11 & 10{,}30 & 7{,}024 & 1{,}340 \\ [\alpha]_{16}^D = & 50{,}55 & 48{,}77 & 48{,}71 & 48{,}90 & 50{,}07{,} \end{array}$$

und für l-Apfelsäure $C_4H_6O_5$ in Wasser mit $q = 29$ bis 92 $[\alpha]_{20}^D = 5{,}891 - 0{,}089\,59q$ folglich:

$$\begin{array}{llllll} q = & 30 & 50 & 65{,}8 & 75 & 90 \\ [\alpha]_{20}^D = & +3{,}20 & +1{,}41 & 0 & -0{,}83 & -2{,}17. \end{array}$$

Wie WINTER gezeigt hat, läßt sich des öfteren der Einfluß von Temperatur und Konzentration auf das Drehvermögen gelöster Stoffe unter Zuhilfenahme des Binnendruckes von Lösungen nach TAMMANNS Theorie gut beschreiben.

c) Änderung mit dem Lösungsmittel. Mehrfache Belege für den großen Einfluß der Natur des Lösungsmittels auf die spezifische Drehung finden sich bereits im vorhergehenden angeführt. Hier mögen noch einige Beobachtungen folgen, bei welchen diese Abhängigkeit in besonders auffallender Weise zutage tritt. Oftmals zeigt sich sogar Zeichenwechsel der Drehrichtung, wenn die Substanz aus dem reinen Zustande in Lösung übergeführt wird.

Santonid $C_{15}H_{18}O_3$ hat in Äthylalkohol mit $c_{20} = 4,046$
$[\alpha]_{20}^{0,4226\mu} = 2381$ und in Chloroform mit $p = 2$ bis 22
$[\alpha]_{20}^{0,4226\mu} = 2610$.

Cinchonin $C_{19}H_{22}N_2O$ zeigt mit $p = 0,6$ in Gemengen von Äthylalkohol und Chloroform

Äthylalkohol	Chloroform	$[\alpha]_{17}^{D}$
0	100	212,0
0,34	99,66	216,3
1,26	98,74	226,4
5,52	94,48	236,6
13,05	86,95	237,0
17,74	82,26	234,7
35,00	65,00	229,5
100	0	228,0

Für d-Diazetylweinsaures n-Propyl $(C_3H_7)_2(C_2H_3O)_2 \cdot C_4H_2O_6$ ist ohne Lösungsmittel $[\alpha]_{20}^{D} = +13,4$, dagegen in den folgenden Lösungsmitteln immer mit $p = 6$

Lösungsmittel: Äthylalkohol   Bromoform   Schwefelkohlenstoff
$[\alpha]_{20}^{D} = +9,6$ $-2,6$ $+36,7$.

Schließlich weist in manchen Lösungsmitteln Linksdrehung auch die d-Weinsäure $C_4H_6O_6$ auf, welche in Wasser nach rechts dreht: $[\alpha]_{20}^{D} = 15,615 - 0,165\,p$ für $p = 36$ bis 50. Bei ihr ergeben sich sehr auffallende Unterschiede bei Anwendung der folgenden Flüssigkeiten stets mit $c = 5$:

Lösungsmittel	$[\alpha]_{20}^{D}$
Wasser	$+14,40$
Äthylalkohol	$+\ 3,79$
gleiche Vol. Alkohol und Mononitrobenzol	$+\ 3,17$
,, ,, ,, ,, Mononitrotoluol	$-\ 0,69$
,, ,, ,, ,, Benzol	$-\ 4,11$
,, ,, ,, ,, Monochlorbenzol	$-\ 8,09$

8. Rotationsdispersion. Darunter versteht man die starke Abhängigkeit der Drehung von der Farbe (Wellenlänge λ in Luft) der benutzten Lichtsorte. Meist wird brechbareres Licht stärker gedreht, anderenfalls spricht man von anomaler Rotationsdispersion. Wie sich schon auf Grund der Gleichung (1), Ziff. 4, vermuten läßt, steht die Rotationsdispersion in inniger Beziehung mit der Refraktionsdispersion. Beide können durch die allgemeine Elektronentheorie zahlenmäßig begründet werden. Nach der Ketteler-Helmholtzschen Theorie wird die Dispersion durch das Mitschwingen der Moleküle verursacht und ist bedingt durch die den Eigenschwingungen der Moleküle entsprechenden Wellenlängen λ_m der einzelnen Absorptionsstreifen an den Stellen ihrer stärksten Absorption. Für einen Bereich, der frei von Absorptionsgebieten ist, gilt dann bezüglich des Drehvermögens $[\alpha]$ bzw. (α) als Funktion der Wellenlänge λ der verhältnismäßig einfache Ausdruck

$$[\alpha] = \sum_m \frac{A_m}{\lambda^2 - \lambda_m^2}, \tag{7}$$

worin die A_m gewisse Konstanten sind und die Summe über alle Absorptionsstreifen zu erstrecken ist, die in beliebiger Zahl vorhanden sein können. Für die natürliche Drehung bedeuten die λ_m die Eigenwellenlängen der verschiedenen aktiven Elektronenkomplexe der Moleküle des Stoffes und stimmen oft mit einem Teil der λ_m überein, die aus der Dispersion des Lichtbrechungsverhältnisses des betreffenden Stoffes hergeleitet werden können.

Sind die Elektronenarten, deren Eigenschwingungen im Ultraroten liegen, inaktiv, liegen daher alle Eigenperioden der aktiven Elektronen im Ultravioletten, so kann man für einen bestimmten Gültigkeitsbereich den obigen Ausdruck nach steigenden Potenzen von λ^{-2} entwickeln und erhält dann die früher viel benutzte Dispersionsformel

$$[\alpha] = \frac{a}{\lambda^2} + \frac{b}{\lambda^4} + \frac{c}{\lambda^6} + \cdots. \tag{8}$$

Die einzelnen Konstanten $a, b, \ldots$ können dabei verschiedene Vorzeichen haben. Dieser Formel sind aber die einfachen Ausdrücke in der Form der obigen Gleichung (7) vorzuziehen, weil sie einen besseren Anschluß an die Beobachtungen ergeben.

Für Drehungen im sichtbaren Spektrum genügt es in den meisten Fällen, eine ultraviolette Eigenschwingung λ_1 der Elektronen anzunehmen und außerdem noch beliebig viele andere, deren λ_m gegen λ zu vernachlässigen sind, dann ergibt sich der wichtige und viel benutzte Ausdruck mit drei Konstanten

$$[\alpha] = \frac{A_1}{\lambda^2 - \lambda_1^2} + \frac{A_2}{\lambda^2}. \tag{9}$$

Diese Form des Dispersionsgesetzes vermag oft die Beobachtungen recht befriedigend darzustellen, wie z. B. beim Quarz für das sehr große Gebiet von $\lambda = 0,21$ bis $2,2\,\mu$.

Andere Beispiele bieten d-Kampfer $C_{10}H_{16}O$ in Azeton mit $p = 29,81$

$$[\alpha]_{20} = \frac{18,022}{\lambda^2 - 0.093\,63} - \frac{7,132\,4}{\lambda^2} \quad \text{für } \lambda = 0,39 \text{ bis } 0,68\,\mu,$$

d-Kampfer in Benzol mit $p = 33,83$

$$[\alpha]_{20} = \frac{29,384}{\lambda^2 - 0,087\,20} - \frac{20,138}{\lambda^2 - 0,054\,28} \quad \text{für } \lambda = 0,35 \text{ bis } 0,68\,\mu,$$

Kampferchinon $C_{10}H_{14}O_2$ in Benzol mit $p = 15,07$

$$[\alpha]_{20} = \frac{-13,170}{\lambda^2 - 0,223\,52} \quad \text{für } \lambda = 0,54 \text{ bis } 0,68\,\mu.$$

Im ersten Falle, Kampfer in Azeton, ergibt sich z. B.

$$\begin{array}{cccc}
\lambda = & 0,3941 & 0,5893 & 0,6708 \\
[\alpha]_{20} = & 246,1 & 50,52 & 34,72\,,
\end{array}$$

es nimmt also $[\alpha]$ mit wachsendem λ ab, was gewöhnlich der normale Dispersionsverlauf ist. Kommt aber λ der Eigenperiode $\lambda_1 = \sqrt{0,093\,63} = 0,3060\,\mu$ ziemlich nahe, so machen sich allmählich starke Störungen im regelmäßigen Dispersionsverlauf bemerkbar, worauf auch die obigen Dispersionsgleichungen hindeuten. Denn $[\alpha]$ nimmt dann sehr große Werte an und wird sprunghaft sogar negativ, wenn man $\lambda < 0,3060\,\mu$ wählt. In der Nähe starker Absorptionsgebiete λ_m wird daher die Rotationsdispersion anomal. Allgemein kann man sagen, daß jeder aktive Stoff in gewissen Schwingungsbereichen anomal drehen muß, nur wird es manchmal nicht möglich sein, solche Strahlung experimentell herzustellen.

Weiter kann der Dispersionsverlauf auch in großem Abstande vom Gebiete der Eigenschwingungen λ_m anomal werden, wenn die Aktivitätskoeffizienten A_m in Gleichung (7) verschiedene Vorzeichen haben, also mindestens zwei aktive

Elektronengattungen der Atome zu berücksichtigen sind. Dann liegt ja die Möglichkeit vor, daß $[\alpha]$ als Funktion von λ ein Vorzeichenwechsel erleidet oder durch Minima und Maxima hindurchgeht. Derartige Fälle lassen sich tatsächlich leicht verwirklichen, wenn man zwei Stoffe von entgegengesetztem Drehvermögen und hinreichend verschiedener, normaler Rotationsdispersion zusammen in Lösung bringt. In ihr sind dann zwei verschiedene Molekülarten enthalten. Aber auch für eine Substanz allein kann ihre farblose Lösung eine anomale Rotationsdispersion im sichtbaren Spektrum aufweisen, sobald sich im Molekül aktive Atomgruppen mit entgegengesetztem Drehungssinn und ungleich starker Dispersion befinden.

Als kennzeichnende Beispiele anomaler Dispersion seien die folgenden angeführt. l-Apfelsäure $C_4H_6O_5$ in Propylalkohol mit $p = 21{,}14$

$$\lambda = \quad 0{,}4482 \quad 0{,}4885 \quad 0{,}5330 \quad 0{,}5893 \quad 0{,}6659\mu$$
$$[\alpha]_{20} = -3{,}07 \quad -3{,}88 \quad -3{,}92 \quad -3{,}62 \quad -3{,}30 ,$$

d-Weinsäure $C_4H_6O_6$ in Wasser mit $p = 28{,}62$

$$\lambda = \quad 0{,}275 \quad 0{,}300 \quad 0{,}350 \quad 0{,}400$$
$$[\alpha]_{19} = -296{,}8 \quad -166{,}0 \quad -16{,}8 \quad +6{,}0$$

$$\lambda = \quad 0{,}450 \quad 0{,}500 \quad 0{,}550 \quad 0{,}589\mu$$
$$[\alpha]_{19} = +6{,}6 \quad +7{,}5 \quad +8{,}4 \quad +9{,}82 ,$$

Kaliumrhodiumtrioxalat $Rh(C_2O_4)_3K_3$ in Kristallform

$$\lambda = \quad 0{,}490 \quad 0{,}500 \quad 0{,}519 \quad 0{,}540 \quad 0{,}560$$
$$(\alpha)_{20} = +5{,}3 \quad +2{,}9 \quad 0 \quad -2{,}7 \quad -5{,}0$$

$$\lambda = \quad 0{,}600 \quad 0{,}640 \quad 0{,}660 \quad 0{,}680 \quad 0{,}700\mu$$
$$(\alpha)_{20} = -7{,}7 \quad -9{,}3 \quad -9{,}5 \quad -9{,}2 \quad -8{,}6 .$$

c) Zahlenwerte des Drehvermögens.

9. Quarz. Der wasserhelle Bergkristall ist reines kristallisiertes Siliziumdioxyd SiO_2 und einer der wichtigsten Stoffe in der Experimentalphysik, da er wegen seiner Doppelbrechung und insbesondere wegen seiner Zirkularpolarisation in optischen Meßinstrumenten sehr mannigfaltige Verwendung findet. Er kommt in der Natur ziemlich verbreitet vor, auf Madagaskar fand man Prachtexemplare von riesigen Kristallen bis zu 8,2 m Umfang; jetzt wird der reinste Quarz meist aus Brasilien bezogen und von wenigen rheinischen Firmen in den Handel gebracht. Am häufigsten sind von guter optischer Reinheit Stücke in Form abgeschliffener Kristalle, wie sie sekundär in Geschieben und Geröllen vorkommen.

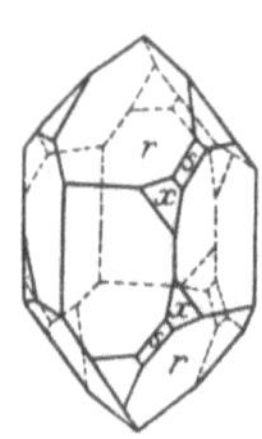

Abb. 2. Rechtsquarz. Die länglichen Flächen s gehen von links unten nach rechts oben.

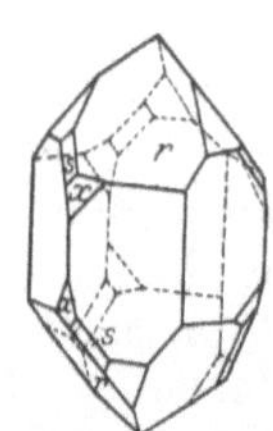

Abb. 3. Linksquarz. Die länglichen Flächen s gehen von rechts unten nach links oben.

Der Quarz gehört zu den optisch einachsigen Kristallen des hexagonalen Systems, bei welchem die Richtung der optischen Achse mit der kristallographischen Hauptachse zusammenfällt, und kristallisiert teils säulenförmig, teils pyramidal, teils rhomboedrisch. Die Kristalle erscheinen in rechts- und linksdrehenden Individuen, die oft schon äußerlich an sekundären kleinen, hemiedrischen Kristallflächen unterscheidbar sind. Positive Kristalle zeigen an ihrem oberen Ende die trigonale Pyramide s (Abb. 2) rechts vom Rhomboeder r, negative (Abb. 3) links von r. Sind die Flächen s und die des trigonalen Trapezoeders x zusammen ausgebildet, so liegen die Flächen s bei den positiven Kristallen rechts, bei den negativen links über den Trapezflächen x. Die eine Form stellt also das

Spiegelbild der anderen dar, sie sind zueinander enantiomorph (Ziff. 1). Im Falle des Fehlens der Flächen s und x gestatten die Ätzfiguren, welche man mittels Flußsäure auf den Kristallflächen erhält, eine sichere Unterscheidung der positiven und negativen Kristalle. Durch die Ätzung entstehen solche kleinen Flächen s oder x, und zwar an den Kanten rechts von r, wenn der Kristall positiv, links von r, wenn er negativ ist.

Vorzugsweise beim Quarz treten sehr häufig Verwachsungen auf, zuweilen mit anderen Kristallen, meist aber mit den eigenen, wobei dann die Achsen der zusammengewachsenen Kristalle bestimmte Winkel miteinander bilden. Oft verwachsen zwei Kristalle so miteinander, daß sie sich gegenseitig mit unregelmäßigen Grenzen völlig durchdringen und äußerlich ganz wie ein einfacher Kristall erscheinen; die Oberfläche eines solchen Zwillingskristalls gehört dann teilweise dem einen, teilweise dem anderen Kristall an. Abb. 4 zeigt einen solchen merkwürdigen, regelmäßigen Kristall, bei welchem ein rechts gebildetes und ein links gebildetes Individuum vollkommen durcheinander gewachsen sind. Derartige Kristalle mit Zwillingsbildungen sind natürlich für optische Zwecke nicht verwendbar.

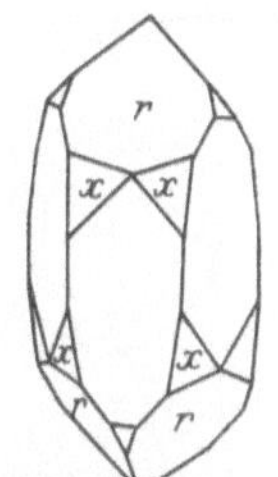

Abb. 4. Zwillingskristall. Die Flächen x liegen beiderseits von r.

Überhaupt ist es nicht leicht, sich optisch homogenen Quarz zu beschaffen. Er darf keine Flocken, Wolken, Rauchstellen und Wachstumslinien zeigen, und nur selten findet man größere Stücke von 100 cm³, die sich völlig frei von Verwachsungen und bunten Stellen erweisen. Abgesehen von Ausnahmefällen sind solche Verwachsungen mit bloßem Auge nicht wahrzunehmen, sondern können erst mit Hilfe eines Polarisationsapparates in geeigneter Weise sichtbar gemacht werden. Für polarimetrische Zwecke muß man an die Homogenität des Quarzes sehr hohe Ansprüche stellen. Die empfindlichste Methode zur Prüfung von Quarzen auf ihre optische Reinheit ist die von BRODHUN und SCHÖNROCK[1]) angegebene, bei welcher ein Polarimeter (Ziff. 19) benutzt wird, das am Analysator mit einer Quarzkeilkompensation (Ziff. 31) versehen ist, als Polarisator einen einfachen Nicol besitzt und mit recht starkem weißen Licht beleuchtet wird. Das Beobachtungsfernrohr stellt man auf die vor dem Polarisator angebrachte, zu untersuchende Quarzplatte scharf ein, hebt ihre Drehung bei gekreuzten Nicols mit der Kompensationsvorrichtung und eventuell unter Hinzufügung weiterer Quarzplatten möglichst auf und erkennt dann in dem ziemlich dunklen Gesichtsfelde deutlich alle schlechten Stellen in der anvisierten Quarzplatte. So kann sie durch Verschieben in ihrer Ebene nach und nach in allen ihren Teilen geprüft werden. Zwillingsbildungen und stärker unhomogene Stellen erscheinen dabei bunt auf dunklerem Grunde.

Eine Abhängigkeit der optischen Reinheit von der chemischen haben daraufhin angestellte Analysen von Quarzen nicht ergeben. Selbst optisch ausgezeichnet homogener Quarz enthält stets kleine Beimengungen fremder Stoffe, und zwar im Gesamtbetrage bis zu 0,12%, welche in variabler Zusammensetzung aus Verbindungen des Al, Ca, Fe, K, Mg, Na bestehen. Diese variierende chemische Zusammensetzung verursacht auch, daß optisch homogene Quarze in ihren optischen Konstanten beträchtliche Unterschiede aufweisen können, worauf zuerst SCHÖNROCK[2]) hingewiesen hat. Früher wurde allgemein eine so gut wie vollkommene Konstanz in den physikalischen Eigenschaften von größeren Quarzen, auch verschiedener Herkunft, vorausgesetzt und aus diesem Grunde

---

[1]) E. BRODHUN u. O. SCHÖNROCK, ZS. f. Instrkde. Bd. 22, S. 353. 1902.
[2]) O. SCHÖNROCK, ZS. f. Instrkde. Bd. 21, S. 91 u. 150. 1901; Bd. 25, S. 289. 1905; Bd. 27, S. 24. 1907.

der Quarz besonders gern zu Präzisionsmessungen herangezogen. So glaubte
noch 1900 Macé de Lépinay die Interferenz-Ordnungszahl senkrecht zur Achse
pro Längeneinheit für Quarze verschiedener Herkunft ohne weiteres bis auf
0,0003% als konstant annehmen zu dürfen. Dem ist aber nicht so, denn inzwischen sind mit Sicherheit Unterschiede im Drehvermögen, Brechungsverhältnis, Ausdehnungskoeffizienten, in der Dichte usf. nachgewiesen worden. Zum
Beispiel differiert die Drehung (α) und somit nach Gleichung (1), Ziff. 4, auch die
Differenz der beiden Brechungsexponenten der zwei Wellen in der Richtung der
optischen Achse bis zu 0,05% für optisch reine Quarzplatten.

Wie oben (Ziff. 4) gezeigt worden ist, wird die Zirkularpolarisation des
Quarzes durch die besondere Gestalt seiner Wellenfläche (Abb. 5) mitbedingt.

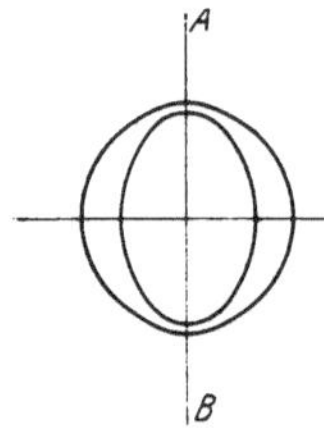

Abb. 5. Wellenfläche
des Quarzes. AB ist
seine optische Achse.

In Richtung der optischen Achse AB pflanzen sich eine ordentliche und eine außerordentliche Welle fort, die entgegengesetzt
zirkular polarisiert sind, und zwar ist die ordentliche Welle
in positiven Quarzen rechts zirkular, in negativen links zirkular. Entsprechend der Airy-Cauchyschen Theorie verwandeln sich mit zunehmendem Winkel ϱ zwischen Wellennormale und optischer Achse diese zirkularen Schwingungen allmählich in elliptische mit abnehmender Elliptizität, bis sie für
$\varrho = 90°$, also senkrecht zur Achse praktisch linear erfolgen.
Für eine und dieselbe Richtung ϱ sind die beiden Ellipsen der
ordentlichen und außerordentlichen Welle praktisch gleich,
nur liegt die große Achse der Bahnellipse bei der ordentlichen Welle senkrecht
zum Hauptschnitt (zu der durch Wellennormale und optische Achse gelegten
Ebene), bei der außerordentlichen Welle im Hauptschnitt. Bis zu $\varrho = 35°$
weicht die Wellenfläche des Quarzes noch deutlich bemerkbar ab von derjenigen eines gewöhnlichen einachsigen Kristalls.

Sind für $\varrho = 0$ die Brechungsverhältnisse der ordentlichen und außer-
ordentlichen Welle n_0 bzw. n_e und für $\varrho = 90°$ entsprechend ω bzw. ε, so gilt
noch die Beziehung $\omega = (n_0 + n_e)/2$. Für ein tadelloses 62°-Quarzprisma
erhielt man z. B. mit der grünen Hg-Linie $\lambda = 0,546\,076\,85\,\mu$ die folgenden
Werte in Luft von 20° und 760 mm Druck (bei 9 mm absoluter Feuchtigkeit):

$$n_0 = 1,546\,111\,4 \qquad n_e = 1,546\,188\,9 \qquad n_e - n_0 = 0,0_4\,77\,470$$
$$\omega = 1,546\,150\,1 \qquad \varepsilon = 1,555\,320\,6 \qquad \varepsilon - \omega = 0,0_2\,9\,170\,50.$$

Die Wellenfläche für den ordentlichen Strahl ist also keine genaue Kugel, weil
es in der Nähe der Achse keine ordentliche Welle mit konstanter Geschwindigkeit mehr gibt, und auch die außerordentliche Welle ändert sich nahe der Achse
nach einem anderen Gesetze als wie bei den gewöhnlichen einachsigen Körpern.

Genauere Berechnungen zeigen, daß bis zu $\varrho = 45'$ das Achsenverhältnis
der Ellipsen nur um wenige Prozent von eins abweicht und sich die Drehung
(α) praktisch noch nicht merklich ändert. Würde daher in parallelem Lichte
beobachtet werden, so erhielte man noch richtige Drehungswinkel mit einer
Quarzplatte, deren Achsenfehler (d. i. Winkel, welchen die optische Achse des
Quarzes mit der Plattennormale bildet) 45' beträgt. Einem geübten Schleifer
macht es nun keine Schwierigkeiten, Platten mit einem Achsenfehler von weniger
als 12' herzustellen; ein solcher ist dann für die Drehungsbestimmungen ohne
Bedeutung.

Für spektral gereinigtes Natriumlicht ergibt sich als Mittelwert verschiedener,
optisch homogener Quarze $(\alpha)_{20}^{D} = \pm 21,728$. In der Nähe von $t = 20$ ist

$$\alpha_t^D = \alpha_{20}^D + \alpha_{20}^D\,0,0_3143\,(t - 20)$$

und somit, da der Ausdehnungskoeffizient des Quarzes parallel zur Achse gleich $0{,}0_57$ ist,

$$(\alpha)_t^D = (\alpha)_{20}^D + (\alpha)_{20}^D \, 0{,}0_3136 \, (t - 20).$$

Für die Linie Hg grün 5461 hat man $(\alpha)_{20} = \pm 25{,}536$.
Die Rotationsdispersion ist für $\lambda = 0{,}43$ bis $0{,}68 \mu$

$$(\alpha)_{20} = \frac{11{,}6064}{\lambda^2 - 0{,}010627} + \frac{13{,}42}{\lambda^2 - 78{,}22} - \frac{4{,}3685}{\lambda^2},$$

und für $\lambda = 0{,}0_321$ bis $0{,}0_222$ mm

$$(\alpha)_{20} = \frac{7{,}08114}{10^6 \lambda^2} + \frac{0{,}173321}{10^{12} \lambda^4} - \frac{0{,}0_25676\,1}{10^{18} \lambda^6} + \frac{0{,}0_34225\,5}{10^{24} \lambda^8} - \frac{0{,}0_75333\,8}{10^{30} \lambda^{10}}.$$

Als Temperaturkoeffizient wird angegeben für $\lambda = 0{,}27$ bis $0{,}66\,\mu$ und $t = 0$ bis 570

$$\alpha_t = \alpha_0 \left(1 + 0{,}0_496t + 0{,}0_6217t^2\right),$$

sowie für $\lambda = 0{,}43$ bis $0{,}66\,\mu$ und $t = 0$ bis 100

$$\alpha_t = \alpha_0 \left(1 + 0{,}0_3131t + 0{,}0_6195t^2\right),$$

schließlich für $\lambda = 0{,}40$ bis $0{,}68\,\mu$ das Verhältnis $\alpha_{-188} = 0{,}9767\,\alpha_{20}$.

10. Zuckerlösungen. Für die Gewinnung von Zucker im großen finden nur das Zuckerrohr und die Zuckerrübe allgemeine Verwendung. Dem am längsten bekannten Vorkommen im Zuckerrohr verdankt er den Namen Rohrzucker; er heißt in der Chemie Saccharose $C_{12}H_{22}O_{11}$. Ihn merklich vollkommen rein darzustellen ist bisher nicht gelungen, da er von den letzten Resten der ihm anhaftenden, verwandten Zuckerarten wie Traubenzucker, Fruchtzucker, Raffinose usw. nicht befreit werden kann. Die spezifische Drehung verschiedener, möglichst gut gereinigter Zuckersorten schwankt bis zu $\pm 0{,}05\%$ in wässeriger Lösung mit $c_{20} = 26{,}016$, dem der Wert $p = 23{,}7038$ entspricht. Für das Drehvermögen dieser Normalzuckerlösung haben die Physikalisch-Technische Reichsanstalt und das Bureau of Standards Zahlen erhalten, die hinreichend gut übereinstimmen. Im Mittel ergibt sich als zuverlässigster Wert $[\alpha]_{20}^D = 66{,}540$; dabei wird das Natriumlicht durch Verflüchtigung gegossener Sodastangen im Linnemannschen Leuchtgas-Sauerstoffgebläse ohne Abtropfen von Soda hergestellt und spektral gereinigt. Für die Linie Hg grün 5461 ist demgemäß $[\alpha]_{20} = 78{,}338$.

Ermittelung der Konzentration c, d. h. der Anzahl Gramm Zucker in 100 cm³ wässeriger Lösung, unter Benutzung eines Polarisationsapparates (Ziff. 23) mit Kreisteilung und drehbarem Nicol und bei Beleuchtung durch eine Natriumflamme. In diesem Falle ist nach Gleichung (4), Ziff. 6,

$$c_{20} = \frac{100 \, \alpha_{20}}{[\alpha]_{20}^D l_{20}} = \frac{100 \, \alpha_{20}}{66{,}540 \, l_{20}} = \frac{1{,}5029 \, \alpha_{20}}{l_{20}}. \tag{10}$$

Soll der höchste Grad der Genauigkeit erreicht werden, so ist die Abhängigkeit der spezifischen Drehung $[\alpha]$ von c zu berücksichtigen gemäß Gleichung

$$[\alpha]_{20}^D = 66{,}473 + 0{,}0_28\,70 c_{20} - 0{,}0_3235 c_{20}^2, \tag{11}$$

gültig für $c_{20} = 0$ bis 65. Mit dem nach Gleichung (10) gefundenen, genäherten Wert für c berechnet man nach Gleichung (11) den genauen Wert von $[\alpha]$, setzt diesen in die Gleichung (10) ein und findet nunmehr den richtigen Wert von c. Oder die Berechnung erfolgt nach der Gleichung

$$c_{20} = 1{,}5043 \, \frac{\alpha_{20}}{l_{20}} - 0{,}0_3295\,9 \left(\frac{\alpha}{l}\right)^2 + 0{,}0_412\,01 \left(\frac{\alpha}{l}\right)^3. \tag{12}$$

Bestimmung des Prozentgehalts P, d. h. der Anzahl Gramm Zucker in 100 g einer zuckerhaltigen Substanz. Man löst, wie jetzt in der Saccharimetrie (Ziff. 35) üblich, 26,000 g der Substanz (in Luft mit Messinggewichten gewogen) in Wasser auf, verdünnt bei 20° C auf 100 cm³ und polarisiert diese Lösung im 2 dm-Rohr bei 20° C; der beobachtete Drehungswinkel sei α_{20}. Dann ist, da man für die 26,000 g auf den luftleeren Raum reduziert 26,016 g nehmen muß,

$$[\alpha]_{20}^D = 66{,}540 = \frac{100\,\alpha_{20}}{l_{20}\,0{,}260\,16\,P}\,, \qquad l_{20} = 2\,,$$

$$P = 2{,}888\,3\,\alpha_{20}\,. \tag{13}$$

Hier genügt es fast immer, $[\alpha]$ als konstant anzunehmen. Die Berücksichtigung der Veränderlichkeit der spezifischen Drehung $[\alpha]$ mit der Wassermenge würde sonst ähnlich wie vorher mit Hilfe der Gleichung (11) erfolgen können, indem für die polarisierte Lösung $c_{20} = 0{,}260\,16\,P$ ist. — Benutzt man statt des 2 dm-Rohrs ein solches, dessen Länge 1,925 6 dm bei 20° C beträgt, so wird einfach $P = 3\alpha_{20}$.

Die Abhängigkeit der spezifischen Drehung $[\alpha]_{20}^D$ vom Prozentgehalt p ergibt sich in Wasser für $p = 2$ bis 66 zu

$$[\alpha]_{20}^D = 66{,}495 + 0{,}010\,31\,p - 0{,}0_3354\,5\,p^2\,.$$

Die Drehung wässeriger Rohrzuckerlösungen hängt merklich von der Temperatur ab. Für die deutsche Normalzuckerlösung mit $c_{20} = 26{,}016$ in einem Glasrohr mit dem Ausdehnungskoeffizienten $0{,}0_58$ ist für $t = 9$ bis 31 und die folgenden Wellenlängen λ:

$$\lambda = 0{,}4359\,\mu \qquad \alpha_{20} = \alpha_t + \alpha_t\,0{,}0_3419\,(t - 20)$$
$$\lambda = 0{,}5461\,\mu \qquad \alpha_{20} = \alpha_t + \alpha_t\,0{,}0_3457\,(t - 20)$$
$$\lambda = 0{,}5893\,\mu \qquad \alpha_{20}^D = \alpha_t^D + \alpha_t^D\,0{,}0_3461\,(t - 20)\,.$$

Während sich der Temperaturkoeffizient des Drehwinkels α nicht mit t ändert, ist derjenige der spezifischen Drehung $[\alpha]$, d. i. $\delta_t = \dfrac{1}{[\alpha]_t}\dfrac{d[\alpha]_t}{dt}$, eine Funktion von t. So ergibt sich z. B. für Natriumgelb

$$\delta_{10} = -0{,}0_3242 \qquad \delta_{20} = -0{,}0_3184 \qquad \delta_{30} = -0{,}0_3121\,,$$

d. h. in der Nähe von $t = 20$ gilt

$$[\alpha]_t^D = [\alpha]_{20}^D - [\alpha]_{20}^D\,0{,}0_3184\,(t - 20)\,.$$

Über die Rotationsdispersion seien die folgenden Angaben gemacht für wässerige Zuckerlösungen:

$$p = 15{,}4 \qquad \lambda = 0{,}46 \text{ bis } 0{,}65\,\mu$$

$$[\alpha]_{15}^\lambda = [\alpha]_{15}^D\left(\frac{0{,}325\,483}{\lambda^2} + \frac{0{,}0_2 7\,570\,03}{\lambda^4}\right),$$

$p =$	3,45	$\lambda =$	0,250	0,300	0,350
		$[\alpha]_{18} =$	543,0	297,7	192,9

$\lambda =$	0,400		0,450	0,500	0,589 μ
$[\alpha]_{18} =$	149,9		122,2	99,8	66,8 .

Siertsema hat den Einfluß des Druckes auf das Drehungsvermögen untersucht; in Wasser als Lösungsmittel bei $\lambda = 0{,}49$ bis $0{,}61\,\mu$ und $t = 10$ beträgt bei einer Druckänderung um 100 Atm. die Änderung

	$c = 9{,}48$	18,70	27,84
in α/l	$+0{,}268\%$	$+0{,}252\%$	$+0{,}270\%$
in $[\alpha]$	$-0{,}181\%$	$-0{,}166\%$	$-0{,}128\%$.

Mit dem Lösungsmittel ändert sich die spezifische Drehung stark; so beträgt $[\alpha]_{20}^{D}$ in Wasser 66,54, in Ameisensäure 39,95 bei $c_{20} = 5,713$, in Pyridin 84,37 bei $c_{20} = 4,275$, und weiter in Gemischen von 10% Zucker + 23% Wasser + 67% Azeton 67,40, bzw. Äthylalkohol 66,83, bzw. Methylalkohol 68,63. In Pyridin ist noch mit $p = 6,25$

$$\begin{array}{cccc} t = & -10 & +25 & +105 \\ [\alpha]_t^{D} = & 88,7 & 83,6 & 77,0 \,. \end{array}$$

11. Traubenzucker. Dieser Zucker $C_6H_{12}O_6$, auch *d*-Glukose, Dextrose oder Glykose genannt, findet sich in der Natur weit verbreitet in süßen Früchten, wie Trauben, Feigen, Kirschen, Rosinen usw., und als Hauptbestandteil im Honig. Da er bei der Zuckerruhr auch im menschlichen Harn vorkommt, so tritt in der ärztlichen Praxis oft der Fall ein, den Gehalt an Harnzucker polarimetrisch zu ermitteln. Zu dem Zweck polarisiert man den Harn bei 20° C mit Natriumlicht und erhält dann die Anzahl Gramm Zucker in 100 cm³ Harn zu

$$c_{20} = \frac{100\,\alpha_{20}}{[\alpha]_{20}^{D}\,l_{20}} = \frac{100\,\alpha_{20}}{52,8\,l_{20}} = \frac{1,894\,\alpha_{20}}{l_{20}}\,.$$

Benutzt man also ein Rohr von $l_{20} = 1,894$ dm Länge, so wird einfach $c_{20} = \alpha_{20}$, und bei Gebrauch eines Rohres von $l_{20} = 0,947$ dm berechnet sich $c_{20} = 2\,\alpha_{20}$.

Wie sein optischer Antipode, die l-Glukose, zeigt der Traubenzucker in wässeriger Lösung die Erscheinung der Birotation (Ziff. 12), d. h. in frisch bereiteter Lösung ist die Drehung doppelt so stark als nach längerem Stehen; im folgenden sind deswegen die schließlichen Enddrehungen gemeint. Bei $p = 1$ bis 18 ist

$$[\alpha]_{20}^{D} = 52,50 + 0,01880\,p + 0,0_3516\,8p^2.$$

Recht genaue Beobachtungen liegen für die Linie Hg grün 5461 vor, und zwar mit $p = 4$ bis 30 bzw. $c_{20} = 6$ bis 32:

$$[\alpha]_{20} = 62,032 + 0,04220\,p + 0,0_31897\,p^{\,2}$$
$$[\alpha]_{20} = 62,032 + 0,04257\,c,$$

wobei $s_{20} = 0,99840 + 0,0_23\,788\,p + 0,0_414\,12\,p^2$; Genauigkeit von s_{20} etwa 4 Einheiten der 5. Dezimale.

In Wasser mit $c_{20} = 4,5$ ergibt die Rotationsdispersion:

$$\begin{array}{ccccccc} \lambda = & 0,447 & 0,479 & 0,508 & 0,535 & 0,589 & 0,656\,\mu \\ [\alpha]_{20} = & 96,62 & 83,88 & 73,61 & 65,35 & 52,76 & 41,89\,. \end{array}$$

12. Multirotation. Bei einer großen Anzahl aktiver Substanzen, zumal in der Reihe der Zuckerarten, tritt die Erscheinung auf, daß das Drehvermögen einer frisch bereiteten Lösung mit der Zeit ab- oder zunimmt, bis es schließlich nach einiger Zeit gegen einen konstanten Wert konvergiert. Eine solche Drehungsänderung beobachtete zuerst DUBRUNFAUT im Jahre 1846 am Traubenzucker, dessen Anfangsdrehung doppelt so groß ist als die konstante Enddrehung und deswegen mit dem Namen Birotation belegt wurde. Umgekehrt tritt beim entwässerten Milchzucker eine allmähliche Zunahme des Drehungswinkels auf, und es wurde die niedrige Anfangsdrehung als Halbrotation bezeichnet. Als sich später zeigte, daß das Verhältnis der Anfangs- zur Enddrehung für die einzelnen Stoffe sehr verschiedene Beträge annehmen kann, ließ man die beiden Namen fallen und sprach lieber von Mehrdrehung bzw. Wenigerdrehung. Jetzt wird allgemein die Bezeichnung Multirotation benutzt.

Die Ursache für die Multirotation ist durch die chemische Kinetik für molekulare Reaktionen aufgedeckt worden. In den meisten Fällen handelt es sich um den Verlauf unvollständiger Reaktionen, wie das z. B. beim Milchzucker $C_{12}H_{22}O_{11}$ vollkommen klargelegt werden konnte. Man nahm früher drei Modifikationen α, β, γ von ihm an und erhält dann in Wasser mit $p = 7$ die folgenden spezifischen Drehungen $[\alpha]_{20}^{D}$: Anfangsdrehung nach 4 Minuten als α-Modifikation $[\alpha]_{20}^{D} = 88{,}4$ liefert Enddrehung nach 6 Stunden als β-Modifikation 55,3, und andererseits Anfangsdrehung nach 4 Minuten als γ-Modifikation 36,2 ergibt gleichfalls Enddrehung nach 24 Stunden als β-Modifikation 55,2. Nun ist die α-Modifikation das gewöhnliche kristallisierte Milchzuckerhydrat $C_{12}H_{24}O_{12}$ und die γ-Modifikation das vom Kristallwasser befreite Milchzuckerlakton $C_{12}H_{22}O_{11}$, das durch Umkristallisieren aus Äthylalkohol auch in reinen wasserfreien Kristallen erhalten werden kann. Gleichgültig ob das Hydrat oder Lakton in Wasser aufgelöst wird, in beiden Fällen stellt sich nach der Reaktion

$$C_{12}H_{24}O_{12} \rightleftarrows C_{12}H_{22}O_{11} + H_2O$$

ein Gleichgewicht zwischen ihnen her. Daher müssen sowohl Milchzuckerhydrat als auch Milchzuckerlakton in frisch hergestellter Lösung ihre optische Drehung allmählich ändern, bis die konstante Drehung β der Lösung im Gleichgewichtszustande erreicht worden ist. Die Reaktionsgeschwindigkeit, mit welcher sich dieser Prozeß gemäß der Theorie für unimolekulare Reaktionen abspielt, konnte praktisch in jeder Hinsicht bestätigt werden. Denn hat man den Geschwindigkeitskoeffizienten ermittelt, so ist der ganze Reaktionsverlauf berechenbar.

Ähnlich liegen die Verhältnisse wohl auch bei der Rhamnose $C_6H_{12}O_5$. In Wasser mit $c_{14} = 5$ bis 10 hat das Hydrat $C_6H_{14}O_6$ als α-Modifikation nach 2,5 Minuten die Anfangsdrehung $[\alpha]_{14}^{D} = -7{,}14$ (immer auf das Anhydrid $C_6H_{12}O_5$ berechnet) und nach 1 Stunde die Enddrehung $+ 9{,}1$ im Gleichgewicht, die γ-Modifikation $C_6H_{12}O_5$ nach 2 Minuten die Anfangsdrehung $+ 22{,}8$ und nach 1,5 Stunden die gleiche Enddrehung $+ 10{,}1$.

Wie im vorhergehenden die Drehungsänderung durch Aufnahme bzw. Abspaltung von Wasser bewirkt wird, so beruht sie in anderen Fällen auf chemischen Umsetzungen, die in den Lösungen vor sich gehen, oder auf dem Zerfall eines Moleküls in einfachere Moleküle mit anderem Drehvermögen oder aber auf Umwandlung des aktiven Körpers in verschiedene Isomere von ungleichem Drehvermögen. Der zeitliche Verlauf der Drehungsänderungen entspricht immer den allgemeinen Gesetzen der chemischen Kinetik für molekulare Reaktionen. Ähnlich wie bei den Zuckerarten liegen die Dinge bei der Multirotation von Oxysäuren und ihren Laktonen, sowie von einer größeren Anzahl anderer organischer Substanzen.

Mit steigender Temperatur nimmt die Geschwindigkeit der Umwandlung stark zu. Während das Gleichgewicht, das streng genommen erst nach unendlich langer Zeit eintritt, bei gewöhnlicher Temperatur meist erst nach Stunden und zuweilen vielen Tagen merklich erreicht ist, wird durch Kochen der Lösung der Umsatz oft schon in wenigen Minuten praktisch vollendet. Auch kann die Reaktionsgeschwindigkeit durch den Zusatz anderer katalytisch wirkenden Stoffe teils mehr oder weniger beschleunigt, teils verzögert werden. Beschleunigend wirken die meisten Säuren (Salzsäure, Salpetersäure, Essigsäure, Propionsäure usw.), die sich nach ihrer beschleunigenden Wirkung in derselben Reihenfolge anordnen wie nach der Größe der elektrolytischen Dissoziation, woraus auf die katalytische Wirkung der freien Wasserstoffionen zu schließen ist. Noch stärker wirken die Hydroxylionen hinzugesetzter Alkalihydrate. Auch der Zusatz von anderen Basen (Ammoniak, Harnstoff) und manchen Salzen (Natriumkarbonat, Natriumazetat) beschleunigt in der Regel, verzögernd wirken dagegen Chlornatrium, Alkohole, Azeton und einige andere organische Stoffe.

In dieses Gebiet der Drehungsänderungen mit der Zeit ist auch die so wichtige Zuckerinversion einzuordnen. Eine Lösung von reiner Saccharose in Wasser besitzt eine von der Zeit unabhängige Drehung; SCHÖNROCK hat nachgewiesen, daß sich der Drehungswinkel von Zuckerlösungen, solange nicht Pilzbildung in der Polarisationsröhre eintritt, bei gewöhnlicher Zimmertemperatur selbst in einem Zeitraume von sieben Tagen noch nicht um $^1/_{60\,000}$ seines Betrages ändert. Nach dem Zusatz von Säuren zerfällt dagegen der Rohrzucker merklich vollständig in Dextrose und Lävulose, z. B. mit Salzsäure und bei 70° C innerhalb zehn Minuten. Diese Umwandlung des Zuckers bezeichnet man mit dem Namen Inversion; der rechtsdrehende Rohrzucker $C_{12}H_{22}O_{11}$ zerlegt sich unter Aufnahme eines Moleküls H_2O in ein linksdrehendes Gemenge von Dextrose $C_6H_{12}O_6$ und Lävulose $C_6H_{12}O_6$. Das entstandene Produkt, 1 Mol Dextrose + 1 Mol Lävulose, heißt Invertzucker.

Der Reaktionsverlauf dieser Zuckerinversion ist von einer großen Zahl Forscher aufs eingehendste untersucht worden, und zwar zuerst von WILHELMY 1850, der die Gleichung für den zeitlichen Verlauf ableitete und prüfte; sie ergab sich als eine Folge des erst später von GULDBERG und WAAGE ausgesprochenen, allgemeinen Gesetzes der chemischen Massenwirkung, und aus diesem Grunde hat die Zuckerinversion eine große Bedeutung für die Geschichte der Verwandtschaftslehre gewonnen. Die Inversionsgeschwindigkeit ändert sich in starkem Maße mit der Natur und Konzentration der Säuren und mit dem Zusatz von Neutralsalzen, weil ihre katalytische Wirkung von der Menge der vorhandenen Wasserstoffionen abhängt und mit dieser wächst. Die Zuckerinversion ist noch von besonderer Wichtigkeit für die Bestimmung des Zuckergehaltes von Stoffen bei Gegenwart noch anderer drehenden Substanzen (Ziff. 38).

13. Flüssige Kristalle. Wirkliche feste Kristalle einerseits und flüssigkristallinische Substanzen andererseits zeigen in ihren optischen Eigenschaften eine weitgehende Übereinstimmung. Beide Arten von Kristallen sind trotzdem in ihrem Aufbau grundverschieden voneinander, so daß sich zwischen ihnen eine scharfe Grenze ziehen läßt. Die Bausteine der eigentlichen Kristalle sind nämlich die Atome, zwischen denen die chemischen Kräfte wirken, so daß sich die Atome zu einem regelmäßigen Raumgitter anordnen; dagegen hat man als Bausteine der flüssigen Kristalle oder anisotropen Flüssigkeiten die Moleküle anzusehen, zwischen denen physikalische, orientierende Molekularkräfte wirksam werden. Diese flüssigen Kristalle zeichnen sich nun ganz besonders dadurch aus, daß sie oft optische Aktivität von ganz ungeheurer Stärke aufweisen, indem Drehungswinkel für sichtbares Licht bis zu 40000° pro Millimeter beobachtet worden sind.

Es gibt eine große Anzahl chemisch genau definierter Verbindungen, die beim Schmelzen zunächst trübe bleiben, um dann oberhalb des Schmelzpunktes plötzlich bei einer bestimmten Temperatur, dem Klärpunkt, klar zu werden; bei der Abkühlung erhält man die gleichen Zustände in der umgekehrten Reihenfolge. Während die klare Schmelze die gewöhnliche Konstitution der Flüssigkeiten besitzt, d. h. durchsichtig und isotrop ist, läßt die trübe Schmelze ziemlich starke Doppelbrechung, also Anisotropie erkennen. Die drei Phasen, fest, flüssig anisotrop, flüssig isotrop, sind durch scharf definierte Übergangspunkte, den Schmelz- und Klärpunkt, voneinander geschieden. So beträgt z. B. für das Cholesterylbenzoat $C_6H_5 \cdot CO_2 \cdot C_{27}H_{43}$ der Schmelzpunkt 145,5°, der Klärpunkt 178,5°, und zwischen diesen beiden festen Temperaturen in einem Bereiche von 33,0° ist die Existenz der anisotrop flüssigen Phase begrenzt; in diesem Zustande dreht der Körper um $(\alpha)^D = 80$.

Besonders die umfangreichen Arbeiten VORLÄNDERs haben gezeigt, daß die aktiven flüssigen Kristalle unter den organischen Verbindungen weit verbreitet sind und sich bei vielen Benzolderivaten, Aminen, Nitroverbindungen usw. vorfinden. Die Beziehungen ihrer Anisotropie zur chemischen Konstitution sind so einfach, daß man jetzt solche Substanzen in fast beliebiger Anzahl synthetisch herzustellen vermag. Eine flüssig-kristallinische Phase tritt besonders dann auf, wenn das Molekül möglichst linear, d. h. langgestreckt gebaut ist, wie z. B. beim Cinnamylidenaminozimtsäure-akt.-amylester von der langen Strukturformel

$$C_6H_5 \cdot CH:CH \cdot CH:N \cdot C_6H_4 \cdot CH:CH \cdot CO_2 \cdot CH_2 \cdot CH(CH_3) \cdot CH_2 \cdot CH_3$$

mit $(\alpha)^D = 9500$. Es wurden auch Substanzen gefunden, welche in zwei bis vier flüssig-kristallinischen Phasen vorkommen können, die durch Übergangspunkte von derselben Schärfe begrenzt sind wie die Phasen fest und flüssig anisotrop; in solchen Fällen kann bei derselben Substanz die eine anisotrope Phase optisch aktiv, eine andere inaktiv sein.

Nach der Boseschen Schwarmhypothese streben in der trüben Schmelze die zwischen den Molekülen wirksamen Kräfte dahin, die langgestreckten Moleküle zueinander parallel zu orientieren. Man hat sich die einzelnen Raumelemente mit Schwärmen parallel gerichteter Moleküle erfüllt zu denken, so daß sich die Schmelze trübe und optisch anisotrop verhalten wird. Mit steigender Temperatur sollen sich dann diese Schwärme an Zahl vermindern und an Umfang verkleinern. Allerdings gibt es auch anisotrope Schmelzen ohne merkliche Trübung. Sonst muß man die für die optischen Untersuchungen erforderliche Aufklärung dadurch erzielen, daß man die regellosen Molekülschwärme mit ihren ausgezeichneten Richtungen sämtlich parallel zueinander orientiert. Dies läßt sich oft schon unter Zuhilfenahme der Adhäsionskraft einer Glasplatte erreichen; man bringt die chemische Verbindung in dünner Schicht zwischen zwei Planplatten (von der geforderten Temperatur) und rückt das Deckglas mehrfach ein wenig hin und her, bis Klärung eintritt.

In einer solchen zwischen sehr nahen Platten gelegenen Schicht sind innerhalb der ganzen Schmelze die Moleküle mit ihren Hauptachsen ziemlich vollständig, und zwar meist senkrecht zu den begrenzenden Glasplatten ausgerichtet, und die vollkommen homogene Flüssigkeitsschicht verhält sich dann optisch wie eine senkrecht zur Hauptachse geschliffene, einachsige Kristallplatte, ist stark doppelbrechend und besitzt häufig eine enorme Aktivität. Oft müssen die Schichtdicken kleiner als 0,01 mm gewählt werden, weil anderenfalls die richtenden Kräfte der Glasplatten nicht mehr ausreichen, alle Moleküle parallel zu ordnen. Diese richtenden Kräfte spielen eine gewichtige Rolle, denn erzeugt man eine Schicht von p-Azoxyanisol zwischen frisch gespaltenen Glimmerplatten, so ist sie nicht homogen, indem ihre optische Achse keine konstante Richtung mehr hat, sondern sich zwischen den beiden Glimmerblättchen um 60° dreht. Überaus stark richtend wirkt ein Magnetfeld bei Beobachtung parallel zu den magnetischen Kraftlinien; von manchen Stoffen werden trübe Schichten bis zu 4 mm Dicke schon bei Einwirkung eines Feldes von 1000 Gauß fast augenblicklich klar. Ein solches Feld genügt also bereits, um alle Molekülschwärme mit ihren Hauptachsen merklich vollkommen parallel den Kraftlinien zu drehen.

Statt die spezifische Drehung durch Messungen an planparallelen Schichten zu bestimmen, ist es meist vorteilhafter, die Lehmannsche Anordnung eines linsenförmigen Präparates zu benutzen, bei welcher die Substanz zwischen eine Planplatte und ein konvexes Brillenglas gebracht wird; die Schichtdicken ergeben sich dann leicht aus dem Krümmungsradius der Linse. Auf diese Weise ist eine recht sorgfältige Untersuchung von Stumpf[1] gemacht worden, deren Haupt-

---

[1] F. Stumpf, Ann. d. Phys. Bd. 37, S. 351. 1912.

resultate, was die Drehung der Polarisationsebene betrifft, hier kurz angeführt seien. Als kristallinische Flüssigkeit dient der p-Zyanbenzalaminozimtsäure-akt.-amylester

$$C_6H_4(CN) \cdot CH:N \cdot C_6H_4 \cdot CH:CH \cdot CO_2 \cdot CH_2 \cdot CH(CH_3) \cdot CH_2 \cdot CH_3$$

mit dem Schmelzpunkt 92° und dem Klärpunkt 105°. Zwischen diesen Temperaturen liegen zwei flüssig-kristallinische Phasen, deren Übergangspunkt 102° ist. Während die Phase zwischen 102° und 105° stets trübe bleibt, läßt sich die andere Phase von 92° bis 102° leicht klären; indessen kann der Temperaturbereich dieser Phase sehr vergrößert werden, weil sie sich bis 75° unterkühlen läßt, ohne in die feste kristallinische Phase überzugehen. Die Schmelzpunkte der verschiedenen geprüften Proben schwankten nur um einen kleinen Betrag.

Dieser Zyanester ist noch dadurch ausgezeichnet, daß die eine der beiden in der Schicht fortgepflanzten, zirkularen Wellen im Gelb von 0,55 bis 0,60 μ überaus stark absorbiert wird, so daß demgemäß eine kräftige anomale Rotationsdispersion auftreten muß. Die Drehung für blau bis gelb ist negativ, ihr Absolutwert nimmt erst regelmäßig mit wachsender Wellenlänge ab, um dann aber bei Annäherung an den Absorptionsstreifen sehr stark zuzunehmen. Im Gelb kommt wegen der Vernichtung der einen Welle keine Drehung zustande, sie beginnt dann aber auf der roten Seite des Streifens mit einem großen positiven Werte, der nunmehr mit wachsender Wellenlänge wieder regelmäßig abnimmt. Der Einfluß der Temperatur ist recht groß, wie aus den folgenden Zahlenangaben ersichtlich:

λ in μ	$(\alpha)_{75}$	λ in μ	$(\alpha)_{85}$	λ in μ	$(\alpha)_{95}$	λ in μ	$(\alpha)_{101,5}$
0,440	-32000	0,446	-21200	0,456	-13800	0,464	$-\ 7700$
0,452	-27650	0,478	-17700	0,478	-11800	0,498	$-\ 6800$
0,468	-26400	0,516	-21000	0,498	-11300	0,544	$-\ 7400$
0,498	-28500	0,528	-26200	0,516	-11500	0,568	-11300
0,516	-37700			0,544	-13900		
				0,558	-27600		
0,610	$+16300$	0,625	$+12800$	0,652	$+\ 8500$		
0,626	$+\ 8000$	0,652	$+\ 5900$	0,668	$+\ 5500$		
0,658	$+\ 5300$						

Im Blau und Grün nimmt also der Absolutwert der Drehung mit ansteigender Temperatur sehr stark ab.

d) Polarimeter mit Kreisteilung und drehbarem Nicol.

14. Kalkspatprismen. Jeder Polarisationsapparat ist durch zwei das Licht polarisierende Vorrichtungen gekennzeichnet, zwischen die der auf Drehung zu prüfende Körper gebracht wird. Die der Lichtquelle zugewandte Polarisationsvorrichtung heißt Polarisator, die andere Analysator. Sie bestehen in allen guten Instrumenten — und um die Darstellung solcher kann es sich im folgenden allein handeln — nur aus ausgesucht reinem Kalkspat. Bereits an dieser Stelle muß darauf hingewiesen werden, daß es keine besonderen Schwierigkeiten bietet, Apparate mit Polarisatoreinrichtungen verschiedenster Art zu konstruieren, die ein Arbeiten mit einem mittleren Einstellungsfehler des Analysators von nur wenigen tausendstel Grad, also einigen Sekunden gestatten. Von solchen Apparaten muß man dann aber auch verlangen können, daß ihre polarisierenden Vorrichtungen nicht zu systematischen Fehlern in dem gemessenen Drehungswinkel Veranlassung geben, welche den Betrag der zufälligen Einstellungsfehler erreichen oder gar übertreffen. Bei vielen der älteren Konstruktionen trifft es indessen zu, daß ihre zufälligen Fehler merklich von dem systematischen überragt werden; solche Apparate sollte man daher zu genauen Drehungsbestimmungen nicht mehr benutzen. Nähere Hinweise darauf werden sich im folgenden häufiger finden.

Das eben Gesagte darf nun schon bei der Wahl von Polarisator und Analysator nicht außer acht gelassen werden. Zu ihnen sind die gewöhnlichen NICOLschen Prismen mit schrägen Endflächen und mit zur Längsachse schräg liegender optischer Achse nicht zu verwenden. Denn kreuzt man zwei solche Nicols im Apparat, so wird bei genügend kräftiger Lichtquelle das Gesichtsfeld nicht gleichmäßig dunkel, sondern es erscheint der LANDOLTsche Streifen, ein schwarzes, wenig gekrümmtes Band, dessen Ränder allmählich heller werden. Dieser dunkle Streifen läßt sich zwar nach LIPPICH[1]) durch Drehen des Analysators mit sehr großer Empfindlichkeit auf eine bestimmte Marke einstellen, aber er darf nicht zur Herstellung eines Polarimeters benutzt werden, weil nach Einschaltung der aktiven Substanz und entsprechender Drehung des Analysators die Stellung und das Aussehen des Streifens merklich verändert ist, so daß beträchtliche systematische Fehler unterlaufen können. Gerade umgekehrt ist das erstrebte Ziel zu erreichen, indem man anders konstruierte Nicols verwendet, die ein möglichst gleichmäßiges dunkles Gesichtsfeld liefern.

Nach LIPPICH[1]) und BEREK[2]) erhält man ein überall ziemlich genau homogen polarisiertes Gesichtsfeld mit einem Kalkspatprisma, das gerade Endflächen

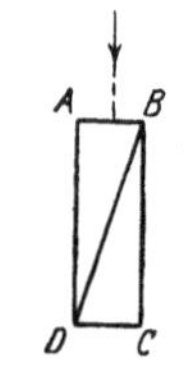

Abb. 6. GLAN-THOMPSONsches Prisma. Es hat gerade Endflächen; *BD* ist die Kittfläche; die optische Achse liegt entweder parallel *AB* oder senkrecht zur Zeichnungsebene.

besitzt und dessen optische Achse in der Endfläche parallel oder senkrecht zur Schnittlinie von Kittfläche und Endfläche liegt; die optische Achse muß also vor allem normal zur Längsachse des Nicols stehen. Diese Bedingungen für ein normalpolarisiertes Gesichtsfeld, bei welchem die Polarisationsrichtungen in allen seinen Punkten einander parallel sind, erfüllt nun das GLAN-THOMPSONsche Prisma, von dem Abb. 6 einen zur Kittfläche *BD* senkrechten Schnitt gibt. Gewöhnlich wählt man die Endflächen quadratisch und *AD* dreimal so groß wie *AB*; die optische Achse des Kalkspats steht entweder senkrecht zur Zeichnungsebene oder parallel zu *AB*. Die Hälften werden mit Kanadabalsam, Terpentin oder auch Leinöl zusammengekittet, wobei ihre optischen Hauptschnitte genau parallel zueinander bleiben sollen, und die beiden Seitenflächen *AD* und *BC* recht gut geschwärzt. Der etwa auf die Endfläche *AB* fallende Lichtstrahl zerlegt sich beim Eintritt in zwei senkrecht zueinander polarisierteWellen, die ordentliche und außerordentliche, von denen dann die erstere an der dünnen Kittschicht *BD* total reflektiert und von der geschwärzten Seitenfläche *AD* absorbiert wird, so daß nur die außerordentliche Welle das Stück *BCD* durchsetzt und durch *CD* austritt. Ihre Polarisationsebene steht daher senkrecht zur optischen Achse. Bei Prüfung des Prismas auf Parallelismus der Endflächen hat man auch einen etwaigen kleinen Keilwinkel der Kittschicht *BD* zu berücksichtigen. Die im zweiten Prismenteil *BCD* etwa entstehende, sehr schwache ordentliche Welle wird zur Seite gebrochen und verläßt das Prisma unter einem Winkel von etwa 22°, so daß innerhalb des benutzten Gesichtswinkels doch bloß außerordentliche Wellen vorhanden sind.

Werden zwei solche fehlerfrei gearbeitete GLAN-THOMPSONsche Prismen gekreuzt, so ist das Gesichtsfeld schwarz, und nur bei der intensivsten weißen Beleuchtung sieht man es gleichmäßig minimal aufgehellt. Mit derartigen

[1]) F. LIPPICH, Wiener Ber. Bd. 85, S. 268. 1882.
[2]) M. BEREK, Verh. d. D. Phys. Ges. Bd. 21, S. 338. 1919.

Prismen läßt sich nun, auch in Halbschattenapparaten, immer leicht ein vollkommen gleichmäßiges Gesichtsfeld herstellen, mag die Lichtquelle beschaffen sein, wie sie will. Eine zeitliche Änderung in der Helligkeit der Lichtquelle hat natürlich eine entsprechende Helligkeitsänderung des Gesichtsfeldes zur Folge, aber stets wird dieses in jedem Augenblick gleichmäßig erhellt erscheinen. So werden denn alle guten Polarimeter zur Zeit, wenigstens von der Firma Franz Schmidt & Haensch in Berlin, nur mit solchen GLAN-THOMPSONschen Prismen ausgerüstet.

Eine Zeitlang schien es allerdings, als wenn bald die nötige Menge an reinem Kalkspat-Material nicht mehr geliefert werden könnte. Man sah sich nach Ersatz für die großen Nicols von GLAN-THOMPSON um und fand ihn in den alten bekannten, verhältnismäßig kleinen Kalkspatprismen nach SÉNARMONT und DOVE, wenn sie auf geeignete Weise in den Apparat eingebaut werden. Ersteres besteht aus den beiden verkitteten Prismen ABD (Abb. 7) und BCD mit den optischen Achsen in Richtung AB bzw. BC, wie die beiden Pfeile es andeuten. Der einfallende Strahl EF zerlegt sich beim Eintritt in das Prisma BCD in einen ordentlichen und außerordentlichen; während ersterer ungebrochen

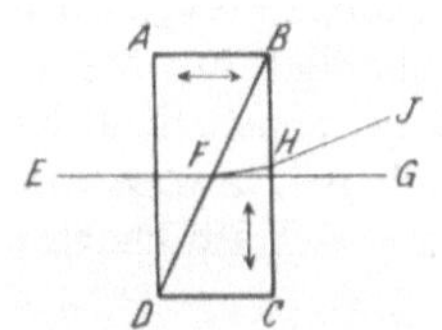

Abb. 7. SÉNARMONT-Prisma. In den beiden Hälften ABD und BCD liegen die optischen Achsen parallel den Pfeilen. Benutzt wird der ordentliche achromatische Strahl FG.

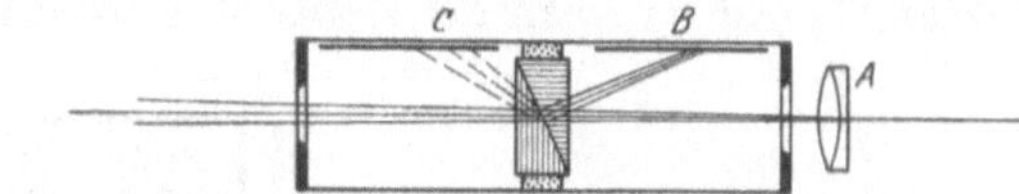

Abb. 8. SÉNARMONT-Prisma als Analysator. A Fernrohr-Objektiv B und C schwarze Flächen.

auf dem Wege FG durchgeht, wird der außerordentliche FHJ zur Seite abgelenkt. Man vernichtet diesen durch Absorption und benutzt den ordentlichen Strahl, dessen Polarisationsebene mit der Zeichnungsebene zusammenfällt und der vollkommen achromatisch ist.

Sehr sorgfältig muß nun das Abblenden der außerordentlichen Strahlen geschehen; Herrn BECHSTEIN bei der Firma Franz Schmidt & Haensch in Berlin ist das in ausgezeichneter Weise folgendermaßen gelungen. Abb. 8 zeigt das Prisma in einer Anordnung als Analysator; von dem auf das Fernrohr-Objektiv A fallenden Strahlenbüschel wird das nicht in der Zeichnungsebene polarisierte Licht auf die gut geschwärzte Fläche B geworfen und hier absorbiert. Aber auch bei C muß eine geschwärzte Fläche sitzen, damit nicht von dorther diffuses Licht auf das Prisma fällt, weil sonst der entstehende außerordentliche Anteil

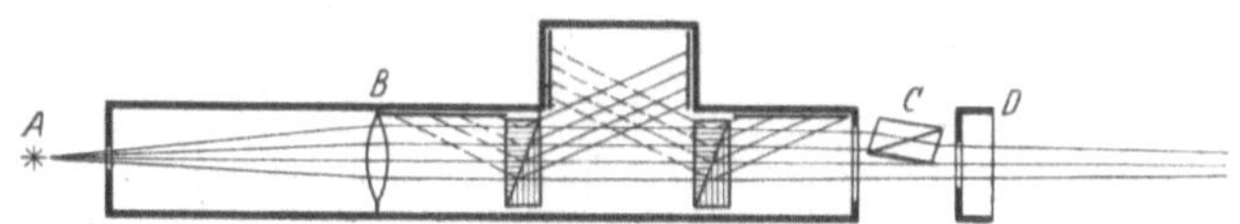

Abb. 9. SÉNARMONT-Prismen als Polarisator. Er besteht aus zwei solchen Prismen und vier schwarzen Flächen. A Lichtquelle, B Beleuchtungslinse, C LIPPICHsches Halbprisma, D Polarisator-Diaphragma.

gerade in die Richtung nach A abgelenkt werden würde und so keine vollständige Auslöschung durch das Prisma zustande käme. Soll es als Polarisator dienen, so nimmt man lieber zwei Prismen, wie das Abb. 9 zeigt, damit durch die doppelte Reinigung aus dem zweiten Prisma nur in einer einzigen Ebene polarisiertes, ordentliches Licht austrete. Sonst bedeuten A die Lichtquelle, B die Beleuchtungslinse und C das LIPPICHsche Halbprisma (nach GLAN-THOMPSON) mit dem Polarisator-Diaphragma D, auf die an späterer Stelle näher eingegangen werden wird.

Der gleiche Erfolg läßt sich nun auch mit einem halben Sénarmont erzielen, dem Dove-Prisma *ABC* (Abb. 10), wenn man die Totalreflexion zu Hilfe nimmt. Vom einfallenden Lichtstrahl *DE* wird die ordentliche Komponente unter gleichem Winkel nach *EF* reflektiert, die außerordentliche dagegen weit nach *EGH* abgelenkt, wie man leicht erkennt, wenn man die Wellenfläche um den Punkt *E* als Zentrum konstruiert; die Richtung der seitlichen Ablenkung ergibt sich auch ohne weiteres aus der Abb. 7, wenn man sich den Strahl *GF* an der Fläche *BD* total reflektiert denkt. Einen mit zwei Dove-Prismen ausgerüsteten Polarisator stellt Abb. 11 dar. Mittels des Hilfskondensors *A* wird ein Bild der Lichtquelle im ersten Prisma *B* erzeugt, so daß dieses besonders klein gewählt werden kann. Die kleine Beleuchtungslinse *C* aus Glas muß möglichst spannungsfrei sein; das wenige von ihr depolarisierte Licht kommt überdies nicht zur Geltung, weil es durch das zweite Dove-Prisma *D* nochmals zerlegt wird, so daß schließlich nur ordentliche Strahlen aus der Polarisatoröffnung *E* heraustreten. Der geknickte Strahlengang schadet nichts in Saccharimetern; in wissenschaftlichen Polarisationsapparaten, bei denen man den Polarisator behufs Änderung des Halbschattens

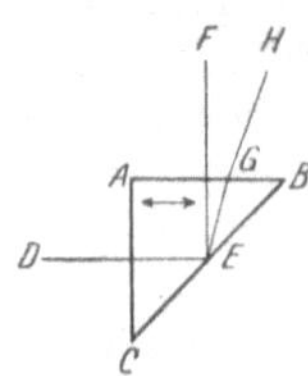

Abb. 10. Dove-Prisma. Die optische Achse liegt parallel dem Pfeil. Benutzt wird der ordentliche achromatische Strahl *EF*.

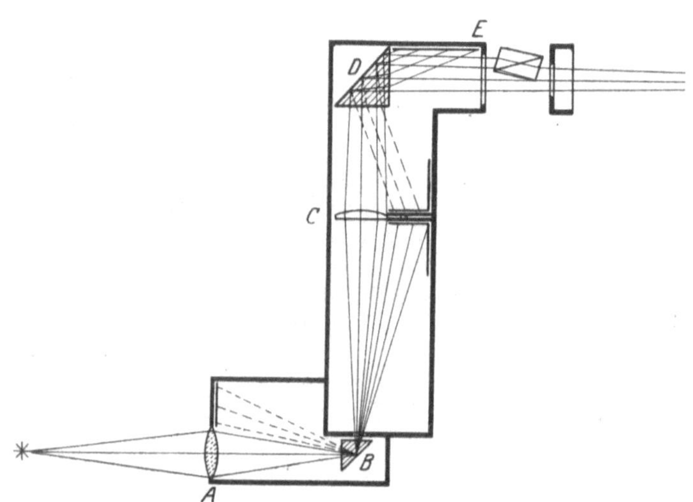

Abb. 11. Dove-Prismen als Polarisator. | Er besteht aus zwei derartigen Prismen *B*, *D* und vier schwarzen Flächen. *A* Hilfskondensor, *C* Beleuchtungslinse.

drehen können muß, wird dagegen der Strahlengang mit Hilfe zweier im Polarisator-Gehäuse montierter Reflexionsprismen aus Glas nochmals geknickt, so daß in Verlängerung von *DE* die Lichtquelle ihre Lage unverrückt beibehalten kann bei Drehung des Polarisators.

Ein aus solch kleinen Dove-Prismen bestehender Polarisator liefert praktisch ein ebenso gutes Gesichtsfeld wie ein großer Glan-Thompson-Nicol. Im Preise stellen sich zur Zeit beide Arten trotzdem gleich hoch, weil beim ersteren Polarisator die Apparatur entsprechend teurer ist. Jedenfalls ist es aber dem Optiker eine Beruhigung zu wissen, daß bei eintretendem Mangel an großen Stücken reinen Kalkspats aus dem bisherigen Abfall sehr gut brauchbare Polarisatoren hergestellt werden können.

15. Aufbau. Die Teile, welche allen Polarisationsapparaten gemeinsam sind, finden sich in Abb. 12 aufgezeichnet, die zugleich einen Grundriß von dem einfachsten gebrauchsfertigen Polarimeter gibt. Das von der Lichtquelle A kommende Licht tritt durch die Beleuchtungslinse B in den Apparat ein und wird durch den Polarisator C linear polarisiert. Dicht vor diesem befindet sich das kreisrunde Polarisator-Diaphragma D, das anvisiert wird. Dann folgen das kreisrunde Analysator-Diaphragma E, der Analysator F und das astronomische Fernrohr GJ mit seiner Innenblende H und dem Okulardeckel K. Die Öffnungen dieser einzelnen Teile ergeben sich aus der Forderung, daß der durch den Apparat gehende Strahlenkomplex durch die beiden Diaphragmen D und E begrenzt sein soll. Es müssen also alle zwischen diesen möglichen Strahlenbüschel sowohl rückwärts verfolgt aus B, als auch vorwärts gerichtet aus K heraustreten können, ohne an irgendeiner Stelle eine Abblendung erlitten zu haben. Mit Verkleinerung von D nimmt das Gesichtsfeld an Größe ab, und bei Verkleinerung von E sinkt seine Helligkeit entsprechend; man wird daher Diaphragma E möglichst groß wählen, soweit es nur die Querdimensionen des Analysators F zulassen.

Vom Gesichtsfeld D entwirft das Objektiv G ein Bild in der Ebene der Blende H, deren Öffnung also merklich größer sein muß als dieses Bild; die schwarze Blende H hält das übrige zerstreute Licht zurück. Auf das Bild in H wird das Okular J scharf eingestellt. Fernrohr-Objektiv und Okular entwerfen nun vom Diaphragma E ein Bild ziemlich dicht vor K außerhalb des Okulardeckels an der Stelle, wo noch ein Diaphragma liegt, das besondere Erwähnung verdient, nämlich die Pupille des beobachtenden Auges. Dieses Bild von E ist der Okularkreis, in dessen Ebene die Pupille möglichst genau gebracht wird; durch passende Wahl der Fernrohr-Vergrößerung hat man es daher leicht in der Hand, den Okularkreis nicht größer als etwa 4 mm werden zu lassen, so daß alle Strahlen durch die Pupillenöffnung treten können.

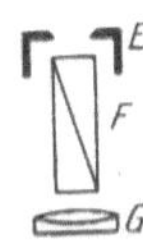

Die Ebene des Teilkreises muß senkrecht zur Drehungsachse des Analysators stehen. Während bei den kleineren Apparaten der Teilkreis bei der Drehung des Analysators ruht und die beiden Nonien sich bewegen, dreht sich bei den besseren Polarimetern der Teilkreis mit dem Analysator. Für Nonien-Ablesung ist der Kreis gewöhnlich in viertel Grade geteilt, und die beiden Nonien mit Lupenablesung geben direkt die hundertstel Grade, während bei feinen Teilstrichen $0{,}005°$ noch gut zu schätzen sind. Die besseren großen Apparate sind dagegen mit Ablesemikroskopen ausgerüstet; ihr Teilkreis ist dann in zehntel Grade geteilt, und es entspricht ein Trommelteil der Okularmikrometer einem tausendstel Grad, d. i. $3{,}6$ Sekunden, so daß die Ablesungen bis auf etwa $0{,}7$ Sekunden genau erfolgen können. Die Anbringung zweier gegenüberliegender Ablesevorrichtungen soll nicht nur die Ablesefehler verringern, sondern zugleich die Exzentrizität der Kreisteilung gegen die Drehachse eliminieren. Man hat also jedesmal beide Nonien abzulesen und nimmt dann das Mittel aus den Winkeln, die jeder Nonius ergibt.

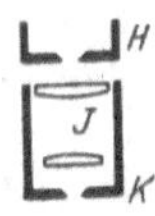

Abb. 12. Aufbau eines Polarimeters. A Lichtquelle, B Beleuchtungslinse, C Polarisator, D und E die den Strahlengang begrenzenden Diaphragmen, F Analysator, G bis K Fernrohr.

Bei Nonien-Ablesung bleiben die unvermeidlichen Teilungsfehler des Kreises wohl immer unter der Grenze der Wahrnehmbarkeit, so daß es genügt, den Drehungswinkel nur mit Hilfe zweier Durchmesser zu bestimmen. Anders liegt es bei den Teilkreisen mit mikroskopischer Ablesung, wenn sehr genaue Messungen eines Drehungswinkels vorgenommen werden sollen, da selbst bei guten Kreisteilungen der regelmäßige Teilungsfehler des einzelnen Durchmessers auf $\pm$ fünf

Sekunden ansteigen kann, während der mittlere unregelmäßige Teilungsfehler meist unter einer Sekunde bleibt. Die periodische Fehlerkurve, mittels der man mit Sicherheit von den Teilungsfehlern freikommt, läßt sich nun am fertigen Polarimeter nicht gut ermitteln, deshalb ist es in solchen Fällen unbedingt nötig, verschiedene Stellen des Kreises zu benutzen, um die Beobachtungen von seinen Teilungsfehlern zu befreien. Dies wird in einfachster Weise ermöglicht, wenn das Rohr E mit dem Analysator F in seinem Konus mit Reibung von außen drehbar eingesetzt ist. Mißt man dann den Winkel an fünf verschiedenen, um je etwa 36° voneinander entfernten Stellen des Kreises (auf die Nullstellung des Analysators bezogen), so ist der Mittelwert als frei von Teilungsfehlern anzusehen.

Die Beleuchtung der Kreisteilung hat stets mit diffusem Licht zu geschehen, und es tut gut, den Kreis zum Schutze der Teilung gegen Verletzung und Verschmutzung mit einer Kappe zu versehen. Der Kreis wird erst mittels Steuerrades oder Hebels grob gedreht und dann nach Anziehen der Kreisklemme fein mit einer Mikrometerschraube verstellt. Diese darf, um an Halbschattenapparaten gut einstellen zu können, keinen merklichen toten Gang besitzen und muß deshalb besonders sorgfältig hergestellt sein. Die gewöhnlich verwendete, einfache Schraube, deren Spindelspitze sich an der Seitenfläche des Klemmarmes A (Abb. 13) dreht, zeigt insbesondere bei abgenutzter Spitze den Übelstand, daß beim Anziehen und Lüften der Schraube ein seitlicher Druck auf die Fläche von A ausgeübt wird, was einen größeren toten Gang verursacht.

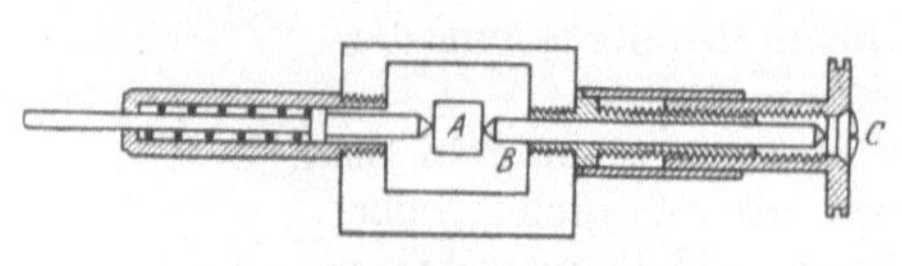

Abb. 13. Mikrometerschraube. Bei ihrem Drehen dreht sich der drückende Stift B nicht mit.

Dieser Fehler ist bei dem in der Abbildung skizzierten, empfehlenswerten Mikrometer vermieden, weil der an A drückende Stift B sich beim Drehen der Mikrometerschraube nicht mitdreht; er findet nämlich in seiner langen Lagerung mehr Reibung als an seiner zentrischen Spitze, welche an die harte Stahlfläche der Schraube C gedrückt wird.

Bei größeren Apparaten bewährt sich eine Einrichtung sehr gut, die es erlaubt, die ganze Mikrometer-Vorrichtung vertikal zu verschieben und in verschiedener Höhe an der Kreisklemme A angreifen zu lassen. Dann kann die Feinbewegung des Kreises verschieden groß gewählt und somit der Einstellungs-Empfindlichkeit den gegebenen Umständen gemäß angepaßt werden.

16. Strahlengang. Bei allen genaueren Polarimetern wird ein Gesichtsfeld D (Abb. 12) anvisiert, das aus zwei oder mehr Einzelfeldern besteht, deren Helligkeiten miteinander zu vergleichen sind. Sollen also keine durch die Beleuchtung verursachten Nullpunktsschwankungen auftreten, so muß man fordern, daß die Helligkeitsverteilung im ganzen Gesichtsfelde immer gleichförmig bleibt, mag die Leuchtkraft in der Lichtquelle noch so ungleichmäßig verteilt und veränderlich sein. Diese Forderung ist aber leicht zu erfüllen, indem man den folgenden korrekten Strahlengang durch den Apparat einrichtet.

Im vorhergehenden (Ziff. 15) war gezeigt worden, daß die beiden Diaphragmen D und E den ganzen Strahlenkomplex begrenzen. Gibt man daher der Lichtquelle A eine solche Lage, daß durch die Beleuchtungslinse B das scharfe Bild der Lichtquelle auf dem Analysator-Diaphragma E entworfen wird, so herrscht tatsächlich im Gesichtsfelde D eine gleichmäßige Helligkeit. Denn alle von den einzelnen Punkten in D ausgehenden Strahlenkegel haben zur Basis die Öffnung E, also eine und dieselbe Partie der leuchtenden Fläche der Lichtquelle; wie sich auch die Verteilung der Leuchtkraft in dieser Partie ändern möge, stets werden alle Strahlenkegel dadurch in gleicher Weise beeinflußt. Die Voraussetzung, daß in ihnen der Lichtstrom genau der gleiche sei, ist praktisch erfüllt, sobald man den Abstand AB nicht zu klein nimmt, d. h. die Brennweite von B passend wählt, dann sendet jeder einzelne leuchtende Punkt der Lichtquelle nach allen Flächenelementen von D gleichviel Licht aus.

Praktisch verfährt man behufs richtiger Aufstellung der Lichtquelle folgendermaßen. Dicht vor ihr wird ein zugespitzter Draht so befestigt, daß die Drahtspitze die Mitte der Lichtquelle angibt, und an das Diaphragma E ein rundes Blättchen weißes Papier gehalten; alsdann verschiebt man die Lichtquelle nebst Draht, bis seine Spitze mitten auf dem Papier scharf abgebildet erscheint. Oder aber ohne Papier: man entfernt das Okular JK und blickt, das Objektiv G als Lupe benutzend, nach dem Diaphragma E, so soll in seiner Mitte die Drahtspitze scharf abgebildet liegen. Oder auch man läßt das Okular an seiner Stelle und betrachtet mit einer Lupe das Bild von E im Okularkreise vor K, so muß sich natürlich wiederum in seiner Mitte das Bild der Drahtspitze befinden. Um im Gesichtsfelde möglichst große Helligkeit zu erzielen, sucht man das Analysator-Diaphragma E ganz mit Licht auszufüllen.

Da im Okularkreise die Lichtquelle scharf abgebildet liegt, so ergibt sich ohne weiteres, daß keine Änderung in der gleichförmigen Helligkeitsverteilung des Gesichtsfeldes D eintreten wird, wenn die Pupille durch seitliche Bewegung des Auges einen Teil des Okularkreises abblendet. Als wichtiges Resultat ist demnach festzuhalten: bei korrektem Strahlengange werden weder durch die Änderungen in der Lichtverteilung der Beleuchtungslampe noch durch unrichtige Augenstellung irgendwelche Einstellungsfehler oder Nullpunktsschwankungen verursacht.

Wird jetzt eine drehende Substanz von der Dicke l und dem Brechungsverhältnis n eingeschaltet, so entsteht das scharfe Bild der Lichtquelle erst hinter E nach G zu um die Strecke $l(n-1)/n$ verschoben, d. i. z. B. für eine 2 dm-Wassersäule um 50 mm. Das Bild würde dann, noch unter Berücksichtigung des Analysators, nahe dem Objektiv G zustande kommen, wodurch der korrekte Strahlengang keine wesentliche Änderung erfährt. Dagegen ist sehr darauf zu achten, daß der drehende Körper von dem durch E tretenden Strahlenkomplex zwischen den Diaphragmen D und E nichts abblendet, weil sonst leicht das Resultat durch systematische Fehler gefälscht sein kann. Der Körper muß also Diaphragmen erhalten, die noch etwas größer als das Polarisator- und Analysator-Diaphragma sind, oder falls das nicht geht, muß man D und E mit entsprechend kleineren Blenden versehen. Jedenfalls darf während der Messung eines Drehungswinkels (Bestimmung der Lagen von F beim Nullpunkt sowie bei eingeschalteter Substanz) am Strahlengang nichts geändert werden; nur das Fernrohr hat man durch Verstellung des Okulars JK nach Einschaltung der drehenden Flüssigkeit von neuem auf das Gesichtsfeld am Polarisator-Diaphragma scharf einzustellen.

17. Justierung. Bei den kleineren Apparaten für die üblichen Untersuchungen sind Polarisator und Analysator auf einem Bockstativ direkt in der Achsenrichtung verbunden; dann ist es für den Verfertiger des Instruments ein leichtes, die verschiedenen optischen Teile richtig zu zentrieren. Dagegen werden bei den wissenschaftlichen Apparaten für besondere Experimente Polarisator und Analysator in zwei getrennten Gußeisenständern auf gemeinschaftlicher Grundplatte in U-Form montiert, so daß beliebige Instrumente zwischen Polarisator und Analysator eingeschaltet werden können. Hier hat man bei Ausführung genauerer Messungen der Sicherheit wegen die Justierung der einzelnen Teile selbst nachzuprüfen.

Auszugehen ist dabei von der Drehungsachse des Analysators und Teilkreises, da sie im Apparat unveränderlich festliegt. Zu ihr zentrisch soll das Diaphragma E (Abb. 12) sitzen, das also bei Drehung des Teilkreises nicht merklich schleudern darf. Zur weiteren Zentrierung bedarf man eines GAUSSschen Okulars besonderer Konstruktion; das einfache zur Justierung eines Spektrometers gebräuchliche ist hier nicht verwendbar, weil es eine Sehlinie festlegen soll, die parallel zur Drehungsachse des Teilkreises gerichtet ist. Zu dem Zwecke muß das Fadenkreuz des Okulars auf einem Kreuzschlitten befestigt sein, damit das Fadenkreuz beliebig in seiner Ebene verschoben werden kann. Durch ein derartiges GAUSSsches Okular ersetzt man das Okular JK; befindet sich dann das Fadenkreuz in der Brennebene des Objektivs G, so ist bekanntlich die Sehlinie des Fernrohrs die Richtung desjenigen aus G tretenden Parallelstrahlen-Büschels, das vom Fadenkreuz-Schnittpunkt als der Einstellungsmarke ausgegangen ist. Diese Sehlinie muß zunächst parallel zur Drehungsachse des Teilkreises ausgerichtet werden.

Hier sind zwei Fälle zu unterscheiden; gewöhnlich nimmt das Fernrohr an der Drehung des Kreises teil. Dann stellt man nach Entfernung des Analysators zwischen D und E ein Planparallelglas auf, das um eine vertikale und eine zu DE senkrechte horizontale Achse drehbar ist. Glas und Okular (letzteres mit vertikal bzw. horizontal gestellten Schlitten) lassen sich nun unschwer so orientieren, daß im Fernrohr das Fadenkreuz und sein scharfes Spiegelbild sich decken, also das Glas senkrecht zur Sehlinie steht. Dreht man hierauf den Teilkreis um 180°, so müssen, wenn die Sehlinie zur Drehachse parallel ist, abermals Fadenkreuz und Bild zusammenfallen. Wenn nicht, so korrigiert man in vertikaler wie horizontaler Richtung die Hälfte der Abweichung durch Neigen des Glases, die andere Hälfte durch Verschieben des Fadenkreuzes und wiederholt die Probe usw., bis schließlich auf beiden Seiten Fadenkreuz und Bild in Deckung bleiben. Dann liegt die Sehlinie parallel zur Drehachse und zugleich zu dieser genau senkrecht die Glasfläche. Bleiben nunmehr bei langsamem Drehen des Kreises Fadenkreuz und Bild nicht ständig in Deckung, so schleudert die Drehungsachse merklich, was fehlerhaft wäre, da man verlangen kann, daß bei guter mechanischer Arbeit eine Drehungsachse höchstens um zehn Sekunden schwankt.

Bei manchen Instrumenten ist das Fernrohr für sich fest montiert und bleibt daher in Ruhe, wenn der Kreis gedreht wird. In diesem Falle ist das Glas justierbar außen am Diaphragma E zu befestigen und dann wie vorher zu verfahren. Wiederum läßt sich so die Sehlinie parallel der Drehachse stellen.

Nun soll die Verbindungslinie der Mittelpunkte der beiden Diaphragmen D und E mit der Drehachse zusammenfallen, d. h. es muß noch die Mitte von D in die Drehachse gebracht werden. Zu dem Zwecke stellt man das Glas genau in der Mitte zwischen D und E auf und justiert es senkrecht zur Sehlinie. Darauf wird durch Verschieben des Okulars das Fernrohr scharf auf D eingestellt, dann erblickt man nicht nur D, sondern auch das scharfe Bild von E, das durch Reflexion am Glase entsteht. Wird nun D zentrisch zu E ausgerichtet, so ist wie leicht ersichtlich die obige Forderung erfüllt. Diese Arbeit wird sehr erleichtert, wenn man D und E mit einem zur Öffnung konzentrischen, weißen Kreise versieht und hell beleuchtet.

Jetzt sei das Fernrohr wieder auf Unendlich und die Sehlinie parallel zur Drehachse eingestellt. Nach Fortnahme des Glases wird der Polarisator C mit seinen Endflächen möglichst senkrecht zur Sehlinie ausgerichtet, indem man ihn entweder in seiner Korkfassung passend neigt oder seine Rohrfassung mit Schrauben justierbar macht. Meist liefern die beiden Endflächen wegen Keilwirkung zwei getrennte Spiegelbilder des Fadenkreuzes, von denen das an der hinteren Fläche reflektierte bei zwei bestimmten Lagen des Okulars fast ganz verschwindet, und zwar dann, wenn das an dem Glasplättchen im GAUSSschen Okular schon stark polarisierte Licht als ordentlicher Strahl in C eintritt und somit an der Kittschicht total reflektiert wird.

Ebenso stellt man die zwischen D und E eingeschaltete Substanz mit ihren Flächen, Flüssigkeitsröhren mit ihren Deckplatten genau senkrecht zur Drehungsachse des Kreises. Schließlich wird auch der Analysator F wieder eingesetzt und gleichfalls mit seinen Endflächen senkrecht zu seiner Drehachse justiert.

Alle diese Justierungen lassen sich ohne besondere Schwierigkeit bis auf Bruchteile einer Minute genau ausführen. Aber auch Fehler bis zu $10'$ hierin werden für die meisten Untersuchungen nicht schädlich sein, wenn man bedenkt, daß die Polarisationsprismen in schwach konvergentes Licht gestellt sind. Da bei den Einstellungen hauptsächlich der mittlere Teil des Gesichtsfeldes D beurteilt wird, so kommt der halbe Öffnungswinkel δ des vom Mittelpunkte des Gesichtsfeldes ausgehenden Strahlenkegels in Frage, $\delta = r/e$, wenn r den halben Durchmesser der Öffnung E, e die Entfernung zwischen D und E bedeutet und δ in absolutem Bogenmaß gemessen ist. In der Regel wird δ zu etwa $30'$ genommen; als ein Beispiel sei gewählt $\delta = 30'$ und $e = 250$ mm, also $r = 2,2$ mm. Wird nun eine drehende Substanz von der Dicke l und dem Brechungsverhältnis n senkrecht zur Drehachse eingeschaltet, so gilt die Länge l genau nur für die der Drehachse parallelen Strahlen, während die schrägen eine etwas größere Schichtdicke $l + \Delta l$ durchsetzen. Es entsteht daher die Frage, ob dem gemessenen Drehungswinkel α etwa eine merklich von l verschiedene Länge zukommt.

Behufs Beantwortung dieser Frage reicht es aus, bloß den Verlauf der Randstrahlen mit dem Winkel δ zu verfolgen. Auch bei eingeschalteter Substanz sei Diaphragma E ganz von Licht ausgefüllt, dann vergrößert sich δ wegen der Brechung der Lichtstrahlen in der Substanz auf den Wert $\delta' = rn/\{l + n(e - l)\}$ in Luft. Dieser verringert sich in der Substanz auf den Winkel $\delta_1 = \delta'/n = r/\{l + n(e - l)\}$, der für die Berechnung von Δl maßgebend ist. Bleiben wir bei dem obigen Beispiel, so wird beim Zwischenschalten fester Körper, etwa von Quarzplatten mit $n = 1,54$, l verhältnismäßig klein bleiben, und aus $\delta = 30'$ wird im Körper $\delta_1 = 19'$. Für eine Flüssigkeitssäule von $l = 200$ mm und $n = 1,36$ ist dagegen $\delta' = 38'$ und somit innerhalb der Flüssigkeit $\delta_1 = 28'$. Nun hat man weiter $\Delta l = l\delta_1^2/2$, oder mit anderen Worten die Schichtdicke nimmt in Prozenten um $50\,\delta_1^2$ zu, d. i. für $\delta_1 = 28'$ um $0,0033\%$, also um einen Betrag, der gar nicht in Betracht kommt und vollkommen vernachlässigt werden kann. Selbst für $\delta_1 = 60'$, einen Wert, über den man praktisch nicht hinauszugehen braucht, ergeben sich bei den Randstrahlen erst $0,015\%$; demgemäß entspricht dem gefundenen Drehwinkel α noch völlig genau die zu den Endflächen des Körpers senkrecht gemessene Länge l.

In Ziff. 15 wurde bereits besprochen, wie man die Beobachtungen von den Teilungsfehlern des Kreises befreit; an dieser Stelle braucht daher nur noch die richtige Justierung der Ablesemikroskope angegeben zu werden, die sich völlig frei von den Kreisfehlern machen läßt. Zum Beispiel werde genommen: Teilkreis in zehntel Grade geteilt, eine Trommelumdrehung $= 100$ Trommelteile $= 0,1°$. Man stellt die möglichst eng gewählten Doppelfäden der Mikroskope frei von Parallaxe einem der längsten Teilstriche in seiner ganzen Länge genau parallel. Die Fehler der Mikrometerschraube selbst innerhalb des kleinen, allein zu benutzenden Intervalls von einer Umdrehung dürfen meist vernachlässigt werden oder sind auf bekannte Weise besonders zu ermitteln. Es müssen nur die zu verwendenden 100 Trommelteile wirklich genau $0,1°$ ausmachen mit einer

Sicherheit von 0,2 Trommelteilen. Zu dem Zwecke mißt man mit dem Ablese-mikroskop 36 Teilstrich-Intervalle (von 0,1°) aus, die regelmäßig über den ganzen Kreisumfang verteilt sind, also um je 10° voneinander abstehen; das Mittel aus den 36 Intervallen entspricht dann sicher hinreichend genau 0,1°. Mißt man nun das Normalintervall, eines derjenigen, die dem Mittelwerte am nächsten kommen, wiederholt aus, so läßt sich die Größe a des Normalintervalls leicht in wahren Graden berechnen, etwa zu $a = 0,1004°$. Darauf justiert man das Mikro-skop durch Verschieben in seiner Fassung und entsprechende Änderung des Abstandes zwischen Objektiv und Doppelfaden genau dahin ein, daß sich für das Normalintervall gerade $1000 a$ Trommelteile ergeben, also im gewählten Beispiele 100,4 Trommelteile; sodann entsprechen tatsächlich 100 Trommelteile genau 0,1°. Eine Nachprüfung der Mikroskope von Zeit zu Zeit erfordert mit Hilfe des Normalintervalls wenig Mühe.

Ein Kriterium dafür, ob die Polarisationsprismen fehlerfrei gearbeitet und richtig justiert sind, bietet die folgende Untersuchung. Die beiden Nullpunkte des Apparates werden bei Beleuchtung mit starkem weißem Lichte möglichst genau bestimmt. Dann sollen diese beiden Nullpunkts-Einstellungen des Analy-sators ziemlich genau um 180° voneinander entfernt liegen, mit einer Abweichung von höchstens 0,03°. Eine geringe Abweichung von 180° bleibt ohne Einfluß auf den gefundenen Drehungswinkel, wenn man diesen zweimal bestimmt, indem man von den beiden Nullpunkten des Apparats ausgeht, und daraus das Mittel nimmt. In dieser Weise soll übrigens bei jeder Drehungsbestimmung verfahren werden.

18. Flüssigkeitsröhren. Die zu den Polarisationsapparaten gehörigen Röhren bestehen gewöhnlich aus Glas, seltener aus vernickeltem Messing, mit Schrauben-oder Schiebeverschlüssen, mittels derer die spannungsfreien, planparallelen Deck-gläser gegen die Rohrenden angedrückt werden. Damit beim Aufschrauben der Deckel kein zu großer Druck auf die Deckplatten ausgeübt werde, legt man zwischen Glasplatte und Deckel einen Gummiring als elastische Einlage. Die Rohrenden sollen sorgfältig eben und einander parallel geschliffen sein; ihren Keilwinkel ermittelt man am besten bei verschlossener Röhre mittels eines Fernrohrs mit Gaussschem Okular in bekannter Weise durch Autokollimation.

Die einfachen Röhren sind mit einseitiger Erweiterung versehen und werden von dem engeren Ende aus gefüllt mit Einschluß einer Luftblase, die man dann durch Umlegen der Röhre in die Erweiterung bringt, so daß die freie Durchsicht nicht gestört ist. Die Deckplatten der Röhren dürfen nicht zu fest angeschraubt werden, weil die sonst entstehende Doppelbrechung des Glases die Gleichmäßigkeit des Gesichtsfeldes stört und leicht eine merkliche Drehung hervorrufen kann. Deshalb sind für genaue Arbeiten solche Beobachtungsröhren vorzuziehen, die in der Mitte einen mit eingeschliffenem Stöpsel verschließbaren Einfülltubus besitzen. Man kann dann erst die Drehung der leeren, aber bereits mit den Deckplatten verschlossenen Röhre ermitteln und mit dem richtigen Vorzeichen versehen von dem Drehungswinkel der gefüllten Röhre abziehen. Wird nach dem Einschalten einer gefüllten Polarisationsröhre in den Apparat das Fernrohr auf das Gesichtsfeld scharf eingestellt, so muß dieses unbedingt, bevor Ab-lesungen gemacht werden dürfen, in seiner ganzen Ausdehnung (Begrenzung und Trennungslinie der Felder) gleichzeitig scharf erscheinen, da sonst die Lösung noch nicht gleichmäßig gemischt oder temperiert ist.

Mit Wasserbadröhren, das sind Glasröhren, die von einem Messingmantel für Wasserumspülung umgeben sind, kann man die Temperatur der Flüssigkeit während der Beobachtung beliebig beherrschen. Doch darf die Temperatur nicht an einem Thermometer bestimmt werden, das in den Glasstöpsel des Einfülltubus eingeschliffen ist, also nur wenig in die Flüssigkeit hineinragt. Dieses gibt nur dann die Temperatur der Flüssigkeit richtig an, wenn erstere nahezu mit der Zimmertemperatur übereinstimmt; andernfalls werden seine Angaben merklich unrichtig, weil es von der Außenluft zu sehr beeinflußt wird. Dabei handelt es sich nicht etwa nur um die Korrektion wegen des herausragenden Fadens, sondern um den Fehler, der daraus folgt, daß der das Thermometer umhüllende Tubus nicht ganz die Temperatur der Flüssigkeit annimmt. Dagegen bekommt man erstere vollkommen richtig bestimmt, wenn folgendermaßen verfahren wird. Kurz vor und hinter der Röhre wird in den Wasserstrom je ein besonderes mit Thermometer versehenes Gefäß eingeschaltet; das Mittel aus den beiden so gemessenen Temperaturen gibt dann zugleich die mittlere Temperatur der Flüssigkeitssäule in der Röhre. Nur müssen beide Gefäße gleich gebaut sein und ihre Verbindungen mit der Röhre in allen Stücken einander gleichen.

Für Präzisionsmessungen sind Wasserbadröhren aus einheitlichem Material vorzuziehen, seien es nun Glasrohre oder aber innen vergoldete und außen vernickelte Kupferrohre. Sehr bewährt hat sich dabei die aus Abb. 14 ersichtliche Konstruktion. Einen vollkommen luftdichten Verschluß der Röhre erzielt man in der Weise, daß die Deckgläschen A mit weichem Pech B angekittet und in ihrer Lage durch schwache, stets in gleicher Weise gespannte Zugfedern C festgehalten werden. Der Lösung in D stehen bei der Temperaturausdehnung zwei leere Kapillaren E zur Verfügung, welche oben mit einem weiten Glasrohr F

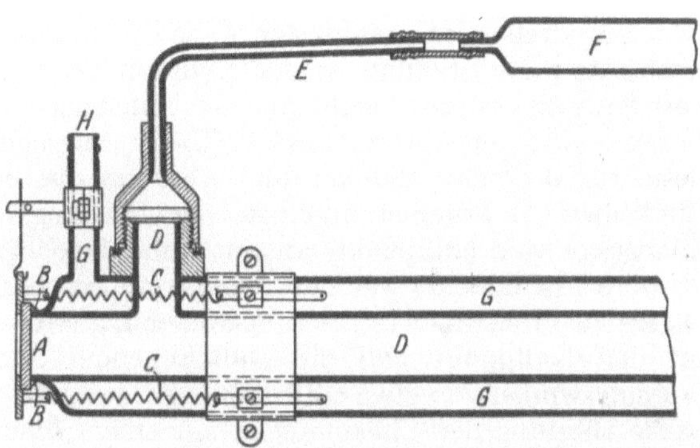

Abb. 14. Wasserbadröhre. Die Deckgläschen A werden außen mit Pech B angekittet und durch je vier Federn C angedrückt. Die Kuppen der Lösung D sollen in den Kapillaren E stehen. Durch H und G wird der temperierende Wasserstrom geleitet.

in Verbindung stehen, in dem sich der Luftdruck dann höchstens nur um wenige Prozent ändert, was ohne jede Bedeutung ist. Behufs möglichst genauer Ermittelung der Temperaturen der Lösung D werden auch hier diejenigen des Spülwassers dicht vor dem Einfluß H in den Rohrmantel G und dicht hinter dem Abfluß aus diesem bestimmt; ihr Mittelwert ist die Temperatur der Lösung D. Am besten wird solch eine Röhre fest justierbar auf einem Wagen montiert, der auf Messingschienen läuft, so daß sie sich leicht in das Gesichtsfeld bringen bzw. ausschalten läßt.

Die Füllung des fertig montierten Rohres geschieht ohne Verdunstung aus der Lösung so, daß man die eine Kapillare E mit einer U-förmig gebogenen, als Heber wirkenden Glasröhre verbindet, die in die Lösung eintaucht, und darauf an der anderen Kapillare E nur einmal ansaugt. Dann gelingt es meist leicht, das Rohr D ohne Zurückbleiben einer Luftblase so weit zu füllen, daß sich die Kuppen der Lösung gerade ungefähr in den Mitten der Kapillaren E befinden; in diesem Falle tritt kein merkliches Verdunsten aus der Lösung auf, und im Glasrohr F bildet sich keine Spur von Beschlag. In solchen 54 cm langen Rohren blieben z. B. die auf 20° C reduzierten Drehungswinkel von Zuckerlösungen selbst acht Tage lang völlig konstant, obgleich die Lösungen während dieser Zeit allein schon Temperaturen von 9° und 31° etwa zwanzigmal abwechselnd ausgesetzt wurden; die Beobachtungsfehler betrugen hierbei nur einige tausendstel Kreisgrade, d. i. wenige tausendstel Prozent.

Die wissenschaftlichen Polarisationsinstrumente sind heutzutage meist so eingerichtet, daß man auch heizbare Metallgefäße für besondere Zwecke zwischen den Polarisationsprismen einschalten kann. Derartige Erhitzungsapparate mannigfaltiger Art sind von Landolt, Abderhalden, Paul u. a. konstruiert worden; nähere Angaben über diese Heizgefäße findet man am bequemsten in dem Katalog der Firma Franz Schmidt & Haensch in Berlin.

19. Ältere Apparate. a) Einfacher Polarisationsapparat. Als einfachstes Instrument bietet sich die in Abb. 12 skizzierte Anordnung dar, ja es ist trotz seiner Einfachheit ein vollkommener, fehlerfreier Apparat und übertrifft in dieser Hinsicht viele der angeblich empfindlicheren Polarimeter, weil seine Angaben durch keine systematischen Fehler gefälscht werden. Mit ihm lassen sich für genügend helles Licht schon recht genaue Drehungsbestimmungen vornehmen. Er ist mit homogenem Licht zu beleuchten, z. B. mit recht hellem Natriumlicht; will man dieses nicht spektral reinigen (Ziff. 28), so muß es wenigstens vor dem Auftreffen auf die Beleuchtungslinse B durch eine 1,5 cm dicke Schicht einer 6proz. Kaliumdichromatlösung in Wasser geschickt werden.

Man dreht den Analysator F so, daß das Gesichtsfeld möglichst dunkel erscheint; diese Stellung ist der Nullpunkt des Apparats, wobei es wünschenswert ist, daß ersterer nicht mit dem Nullstrich der Kreisteilung übereinstimmt. Darauf wird der optisch aktive Körper zwischengebracht, wodurch sich das Gesichtsfeld erhellt; die Anzahl Grade, um die man den Analysator auf größte Dunkelheit nachdrehen muß, ist der Drehungswinkel α. Wurde hierbei der Analysator vom Nullpunkte aus im Sinne des Uhrzeigers gedreht, so ist die Substanz rechtsdrehend; war der Analysator im entgegengesetzten Sinne des Uhrzeigers zu drehen, so ist sie linksdrehend. Stets ordnet man die Einstellungen auf den Nullpunkt und die mit drehender Substanz symmetrisch an. Ein Drehungswinkel von etwa 100° läßt sich so z. B. für Natriumlicht ohne besonders starke Häufung der Einstellungen mit einer Sicherheit von $\pm\,0,007°$ ermitteln, also mit einer Genauigkeit, die sich schon sehen lassen kann.

Ist man im Zweifel darüber, ob ein Körper links oder rechts dreht, so kann das, falls nicht anomale Rotationsdispersion vorliegt, meist schon mit weißem Lichte entschieden werden, nämlich danach, daß bei Drehung des Analysators in dem richtigen Sinne des Drehwinkels der empfindliche Farbenwechsel von bläulich nach rötlich stattfinden muß. Sollte man über die richtige Größe der Drehung unsicher sein, z. B. ob der Drehwinkel größer oder kleiner als 180° ist, so wird eine zweite Beobachtungsreihe mit halber Schichtdicke l gemacht; die wahren Drehungswinkel müssen sich dann wie 2:1 verhalten. Oder aber man beobachtet außer mit Natriumlicht noch mit rotem Lichte (durch Kupferüberfangglas gegangenem weißem Lichte), so verhalten sich die beiden Drehungen durchschnittlich etwa gelb:rot = 5:4.

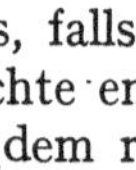

b) Doppelquarz. Der Soleilsche Biquarz, der nur noch geschichtliche Bedeutung hat, besteht aus zwei nebeneinander gekitteten, 3,75 mm dicken Quarzplatten von entgegengesetztem Drehungssinn (Abb. 15). Die Doppelplatte wird zwischen Polarisator und Diaphragma D (Abb. 12) senkrecht zur Drehungsachse des Analysators eingesetzt und das Fernrohr auf die Trennungslinie der ersteren eingestellt. Bei Beleuchtung mit weißem Lichte dreht man den Analysator auf Gleichfarbigkeit der Gesichtsfeldhälften, auf die violette empfindliche oder Übergangsfarbe, die folgendermaßen zustande kommt. Das Licht wird beim Durchgange durch beide Hälften infolge der Rotationsdispersion als farbige Fächer nach verschiedenen Seiten gedreht. Stellt man nun den Analysator so, daß er die mittleren gelben Strahlen ganz auslöscht, so bilden

Abb. 15. Doppelquarz. Die beiden senkrecht zur optischen Achse geschliffenen Quarzplatten von entgegengesetztem Drehungssion sind je 3,75 mm dick.

die übrigen, verschieden geschwächten eine Mischfarbe von blaß blauviolettem Ton, welche schon bei geringer Drehung des Analysators in dem einen oder anderen Sinne in Blau bzw. in Rot übergeht. Da beide Hälften gleichzeitig die Übergangsfarbe annehmen sollen, so muß das gelbe Licht beiderseits gerade um $90°$ gedreht werden, wozu eben ein 3,75 mm dicker Quarz erforderlich ist. Dann ist leicht einzusehen, daß die beiden Hälften gleichfarbig sind, wenn die Polarisationsebenen des Analysators und Polarisators parallel zueinander stehen, und daß, sobald man ersteren wenig aus dieser Lage herausdreht, sich sogleich die eine Hälfte bläulich, die andere aber rötlich färbt. Dieser Farbenumschlag ist sehr deutlich wahrnehmbar und macht die Einstellungen ziemlich empfindlich.

Nach dem Einbringen eines aktiven Körpers erscheinen die Hälften ungleich gefärbt, und man muß um den Drehwinkel α des Körpers den Analysator nachdrehen, und zwar in der Richtung des Uhrzeigers bei einem rechtsaktiven Körper, um die Gleichheit des Gesichtsfeldes wieder herzustellen. Diese ist jedoch nur einigermaßen zu erreichen, falls α verhältnismäßig klein ist. Denn die beiden Hälften können gar nicht mehr einen gleichen Farbton aufweisen, weil die farbigen Fächer der beiden Hälften nicht symmetrisch zueinander bleiben, selbst wenn ein Quarz als drehende Substanz eingeschaltet ist. Dem beobachteten α kann also überhaupt keine bestimmte, konstante Wellenlänge zugeordnet werden; früher wurde gesagt, der gemessene Drehwinkel entspricht den mittleren gelben Strahlen. Jedenfalls sieht man, daß die ganze Konstruktion völlig verfehlt ist und der Empfindlichkeit der Nulleinstellungen gar keine Bedeutung zukommt; mit dem Doppelquarz dürfen Drehungen nicht mehr bestimmt werden.

Man könnte das Instrument auch mit homogenem Licht gewisser Wellenlängen beleuchten und den Analysator auf gleiche Helligkeit der Bildhälften einstellen, oder den Biquarz der Wellenlänge entsprechend von anderer Dicke wählen. Jedoch ist dies nicht zu empfehlen, weil durch das Einfügen von Quarz das Gesichtsfeld immer merklich aufgehellt wird und deshalb auf diesem Wege nicht die Empfindlichkeit erreicht werden kann, die mit Halbschatten-Polarisatoren aus Kalkspat zu erzielen ist. Aus diesem Grunde wird auch später auf die Quarzhalbschattenapparate nicht näher eingegangen.

c) Polaristrobometer. Dieser von WILD konstruierte Apparat ist mit Recht nicht mehr viel im Gebrauch. Bei der verbesserten Form dieses Instruments befindet sich zwischen Polarisator und Diaphragma D (Abb. 12) die senkrecht zur Drehungsachse des Analysators gestellte SAVARTsche Doppelplatte, die aus zwei je etwa 2 mm dicken Kalkspatplatten besteht, welche unter $45°$ gegen die Achse geschnitten und so aufeinander gekittet sind, daß sich ihre Hauptschnitte rechtwinklig kreuzen. Man setzt die Doppelplatte so ein, daß ihre Hauptschnitte mit der Horizontalen Winkel von $45°$ bilden. In der Fokalebene des Objektivs G ist ein rundes Diaphragma mit aufrechtstehendem, X-förmigem Fadenkreuz angebracht, auf das man das Okular scharf einstellt; es wird also mit auf Unendlich gestelltem Fernrohre beobachtet.

Wird der Apparat mit homogenem Lichte beleuchtet, so erscheint das Gesichtsfeld von einer Anzahl horizontaler, schwarzer Interferenzstreifen durchzogen. Bei Weiterdrehen des Analysators wandert schließlich eine helle streifenfreie Partie durch das Feld, die man symmetrisch zum Fadenkreuz einzustellen sucht; diese Nullage des Analysators dient als Anhaltspunkt zur Ablesung des Kreises. Bei einer vollen Umdrehung des Analysators tritt das Verschwinden der Fransen in Abständen von je $90°$ auf, sooft nämlich seine Polarisationsebene mit einem der beiden Hauptschnitte der Doppelplatte zusammenfällt. Die streifenfreie Partie hat in allen vier Quadranten die gleiche Breite, wenn die

Polarisationsebene des Polarisators mit einem Hauptschnitt der Doppelplatte einen Winkel von 45° bildet. Bewegt man jetzt den um etwa 55° drehbaren Polarisator aus dieser Lage heraus, so ergeben sich bei der Drehung des Analysators abwechselnd helle und dunkle Quadranten. In dem dunklen Quadrantenpaare ist dann auf Kosten des anderen die Empfindlichkeit der Analysator-Einstellungen gesteigert und wächst mit Verkleinerung des Schattenwinkels, wie der unter 45° bleibende Winkel zwischen der Polarisationsebene des Polarisators und dem einen Hauptschnitt der Doppelplatte genannt wird. Man wählt demnach der Lichtstärke der Lampe entsprechend den Schattenwinkel möglichst gering und benutzt das dunklere Quadrantenpaar zu den Einstellungen auf das Erlöschen der Streifung. Beim Einschalten einer rechtsdrehenden Substanz ist der Analysator im Sinne des Uhrzeigers nachzudrehen. Wendet man die Theorie dieser Interfrenzstreifen auf nicht völlig homogenes Licht wie das Natriumlicht an, so ergibt sich, daß die gefundenen Drehungen leicht mit systematischen Fehlern behaftet sein können, die bei weitem größer sind als die zufälligen Einstellungsfehler. Für genaue Messungen ist mithin das Instrument nicht zu gebrauchen.

20. Halbschattenapparate. Bei diesen Polarimetern ist die Polarisator-Vorrichtung derart konstruiert, daß das Gesichtsfeld am Polarisator-Diaphragma in zwei Flächen geteilt erscheint, welche bei einer bestimmten Stellung des Analysators eine gleichförmige Beschattung annehmen. Dieser Punkt wird zur Einstellung benutzt. Wegen der ziemlich geringen Helligkeit, die das Gesichtsfeld in der Nähe des Einstellungspunktes besitzt, führen diese Instrumente den Namen Halbschattenapparate. Stets wird das Fernrohr auf die Trennungslinie der beiden Hälften scharf eingestellt.

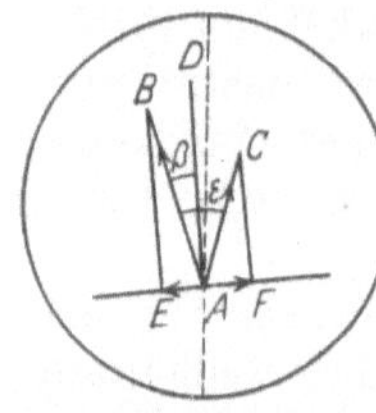

Abb. 16. Halbschatten-Prinzip. *AB* bzw. *AC* die Amplitude des Lichtvektors vom Polarisator, *AD* Polarisationsebene des Analysators, ε Halbschattenwinkel.

Für alle linear polarisierten Strahlen, die von der linken Hälfte des Gesichtsfeldes (Abb. 16) herkommen, sei $AB = a$ die Amplitude der elektrischen Schwingungen, und entsprechend $AC = b$ die Amplitude bei allen Strahlen der rechten Hälfte. a und b sind immer nur wenig voneinander verschieden und schließen den Winkel $BAC = \varepsilon$ ein, von dem die Empfindlichkeit der Einstellungen abhängt und der deshalb kurz als der Halbschatten bezeichnet wird. Dieser ist zugleich der Winkel zwischen den Polarisationsrichtungen der Feldhälften und wird gewöhnlich kleiner als 10° gewählt. Nun sei der Analysator so gedreht, daß seine Polarisationsebene AD innerhalb des Winkels ε liegt und mit AB den Winkel β bildet. Dann läßt der Analysator von den elektrischen Schwingungen nur die schwachen Komponenten $AE = a \sin\beta$ bzw. $AF = b \sin(\varepsilon - \beta)$ hindurch. Die beiden Felder werden daher gleiche Helligkeit annehmen, sobald diese beiden Komponenten einander gleich sind, d. h. $\mathrm{tg}\,\beta = \sin\varepsilon / (a:b + \cos\varepsilon)$ ist. Dadurch wird die Nullstellung des Analysators, falls der Apparat mit homogenem Lichte beleuchtet ist, eindeutig festgelegt; schaltet man dann einen rechtsdrehenden Körper ein, so ist genau um seinen Drehungswinkel α der Analysator im Sinne des Uhrzeigers nachzudrehen, um die gleiche Helligkeit der beiden Felder wieder herzustellen, weil die Amplituden a und b durch Reflexion und Absorption von dem Körper im genau gleichen Verhältnis geschwächt werden und β ja nur von dem Verhältnis a/b abhängt. Es ist klar, daß der Apparat zwei um 180° voneinander entfernte Nullpunkte besitzt.

Je kleiner man ε wählt, um so kleiner werden die Komponenten AE und AF, d. h. um so stärker wird die Beschattung des Gesichtsfeldes sein. Für $\beta = 0$ wird die linke Hälfte völlig dunkel, für $\beta = \varepsilon$ die rechte; der Halbschatten ε

ist also am genauesten in der Weise zu ermitteln, daß man den Analysator auf die größte Dunkelheit erst der einen und dann der anderen Hälfte einstellt, alsdann ist er gerade um ε gedreht worden. Beim einfachen Polarisationsapparat (Ziff. 19a) stellt man auf größte Dunkelheit ein und beobachtet kleine Änderungen der Helligkeit, die zeitlich nacheinander im Gesichtsfelde auftreten; dagegen erfolgen sie bei den Halbschattenapparaten gleichzeitig in den benachbarten Feldhälften, wofür das Auge viel empfindlicher ist, so daß die Einstellungen sehr an Sicherheit gewinnen. Dreht man die Polarisationsebene AD des Analysators aus dem Winkel ε heraus, so gibt es nochmals eine Stellung des Analysators, bei der die beiden Flächen gleich hell erscheinen, sobald nämlich seine Polarisationsebene parallel zur Verbindungslinie BC gestellt wird. In diesem Falle erscheint das Gesichtsfeld aber sehr hell, und es ist deshalb der prozentuale Helligkeitsunterschied der beiden Felder, welcher durch eine kleine Drehung des Analysators verursacht wird, nur recht gering, so daß an diesem Punkte keine empfindlichen Einstellungen vorgenommen werden können.

Da die Polarisator-Vorrichtungen stets so beschaffen sind, daß a und b nur wenig voneinander verschieden sind, also a/b angenähert gleich 1 ist, so folgt aus der obigen Gleichung für tgβ, daß in der Nullage immer β nahe gleich $\varepsilon/2$ ist. Man stellt daher stets so ein, daß die Polarisationsebene des Analysators den Halbschattenwinkel nahezu halbiert. Voraussetzung für ein richtiges Arbeiten mit diesen Apparaten ist vor allem ein korrekter Strahlengang (Ziff. 16) von der Lichtquelle durch das Polarimeter hindurch bis ins Auge des Beobachters. Denn sobald sich das Verhältnis a^2/b^2 der Lichtintensitäten der beiden Felder ändert, ergibt sich auch eine Nullpunktsverschiebung. Deshalb müssen beide Felder ihr Licht von derselben Stelle der Lichtquelle empfangen, und es dürfen durch das Einschalten der aktiven Substanz nicht etwa die Strahlenbündel des einen Feldes gegenüber denen des anderen Feldes eine partielle Abblendung erleiden, weil dadurch gleichsam eine Nullpunktsverrückung, d. h. ein systematischer Fehler hervorgerufen wird.

Manche Halbschatten-Polarisatoren sind unsymmetrisch gebaut, so daß das Licht der einen Feldhälfte einen Körper mehr zu durchsetzen hat als das der anderen, wobei die Intensität des ersteren Lichtes durch Reflexion und Absorption geschwächt wird. Da letztere beiden von der Wellenlänge abhängen, so erkennt man, daß der Nullpunkt für denselben Halbschatten ε sich mit der Lichtsorte ein wenig ändern wird. Man hat deswegen immer erst nach Festlegung des Halbschattens und der zu benutzenden Lichtart den Nullpunkt des Analysators zu bestimmen.

21. Empfindlichkeit. Die mit den Halbschattenapparaten erreichbare Genauigkeit ist durch die Empfindlichkeit bestimmt, mit der man die gleiche Flächenhelle der beiden Felder beurteilen kann. Auskunft darüber bekommt man also, wenn berechnet wird, um wieviel Prozent u die Helligkeiten der Feldhälften differieren, falls der Analysator aus seiner Nullpunktslage um den kleinen Winkel $d\beta$ herausgedreht wird. Da die Lichtintensität dem Quadrat der Amplitude der Lichtwelle proportional ist, so wird unter Beibehaltung der Zeichen in Ziff. 20 und der Abb. 16 die Intensität der linken Hälfte $i_1 = a^2 \sin^2 \beta$ und diejenige der rechten $i_2 = b^2 \sin^2 (\varepsilon - \beta)$. Weiter war in der Nullpunktsstellung, wenn $a/b = v$ gesetzt wird,

$$\operatorname{tg}\beta_0 = \frac{\sin \varepsilon}{v + \cos \varepsilon}. \tag{14}$$

Damit ergibt sich

$$\frac{d i_1}{d \beta} = 2a^2 \sin\beta \cos\beta$$

$$\frac{100\, d i_1}{i_1} = 200 \operatorname{ctg}\beta\, d\beta$$

und ähnlich

$$\frac{100\,d i_2}{i_2} = -200\,\mathrm{ctg}\,(\varepsilon - \beta)\,d\beta$$

$$u = \frac{100\,d i_1}{i_1} - \frac{100\,d i_2}{i_2} \quad \text{mit} \quad \beta = \beta_0$$

$$u = 200\,d\beta\{\mathrm{ctg}\,\beta_0 + \mathrm{ctg}\,(\varepsilon - \beta_0)\},\tag{15}$$

$d\beta$ in absolutem Bogenmaß gemessen.

Angenähert war für $v = 1$ $\beta_0 = \varepsilon/2$, womit sich aus Gleichung (15) als erste Annäherung ergibt

$$u_1 = 400\,d\beta_1\,\mathrm{ctg}\,\frac{\varepsilon}{2}.\tag{16}$$

Wird in Gleichung (15) der Wert von β_0 nach Gleichung (14) eingesetzt, so erhält man

$$u = 200\,d\beta\,\frac{1 + v^2 + 2v\cos\varepsilon}{v\sin\varepsilon}.\tag{17}$$

Wie es sein muß, bleibt diese Gleichung ungeändert, wenn man für v seinen reziproken Wert $1/v$ einsetzt. Als spezielles Beispiel werde der Lippichsche Polarisator gewählt mit dem Halbprisma (Ziff. 23); der Schwächungskoeffizient des letzteren wegen Reflexion und Absorption sei r^2, wozu die Schwächung des Lichtes kommt, daß das Halbprisma um ε gegen den Polarisator geneigt ist. Deshalb ist $b^2/a^2 = r^2\cos^2\varepsilon = 1/v^2$ oder für die weitere Berechnung einfacher $v = r\cos\varepsilon$. Setzt man diesen Wert von v in Gleichung (17) ein, so wird schließlich

$$u = 400\,d\beta\,\frac{1 + r(2 + r)\cos^2\varepsilon}{r\sin 2\varepsilon}.\tag{18}$$

Zunächst werde geprüft, ob die genaue Gleichung (18) wesentlich andere Werte als die angenäherte Gleichung (16) liefert. Ist das Halbprisma wie üblich mit Terpentin gekittet, so darf für sichtbares Licht $r^2 = 0{,}90$ gesetzt werden. Hiermit berechnet sich alsdann für

		$\varepsilon =$	$1°$	$5°$	$10°$	$15°$
		$u_1/d\beta_1 =$	45836	9162	4572	3038
		$u/d\beta =$	45867	9169	4577	3044
nach Gl. (19)		$u_2/d\beta_2 =$	45838	9168	4584	3056.

Beide Gleichungen (16) und (18) ergeben also dieselben Werte, denn die Unterschiede sind verschwindend klein, wenn man bedenkt, daß es sich nur um die Berechnung von Einstellungsfehlern handelt. Auch falls r^2 bedeutend kleiner gewählt wird, kommen die Unterschiede gar nicht in Betracht; man hat ja dabei auch zu erwägen, in wie starkem Maße die Empfindlichkeit z. B. allein schon durch die physiologischen Eigenschaften des Beobachters beeinflußt wird. Sehr kleine Werte von r^2 ebenso wie sehr große Werte von ε sind natürlich praktisch ausgeschlossen.

Nach Kenntnis des Vorhergehenden ist der einfachste Weg zur Ableitung der wichtigen Gleichung (16) der folgende:

$$i_1 = a^2\sin^2\beta$$

$$\lg i_1 = \lg a^2 + 2\lg\sin\beta$$

$$\frac{d i_1}{i_1} = \frac{2\,d\beta\cos\beta}{\sin\beta} = 2\,d\beta\,\mathrm{ctg}\,\frac{\varepsilon}{2}$$

$$u_1 = \frac{200\,d i_1}{i_1} = 400\,d\beta_1\,\mathrm{ctg}\,\frac{\varepsilon}{2},$$

was zu beweisen war. Ein Blick auf die vorher ausgerechneten Werte lehrt, daß man noch einen Schritt weiter gehen und als zweite Annäherung einfach schreiben kann

$$u_2 = \frac{800\,d\beta_2}{\varepsilon}, \tag{19}$$

eine Gleichung, die praktisch vollkommen hinreichend richtig ist. Hierin können natürlich $d\beta_2$ und ε direkt in Sekunden oder Graden ausgedrückt werden. So ergeben denn die drei Gleichungen (16), (18) und (19) z. B. identisch

$$u = 1 \qquad \varepsilon = 1° \qquad d\beta = 4,5''$$

und

$$u = 1 \qquad \varepsilon = 15° \qquad d\beta = 68''.$$

Aus $d\beta = u\varepsilon/800$ folgt, daß der Einstellungsfehler $d\beta$ um so kleiner wird, je kleiner u und ε sind, und zwar ist $d\beta$ am kleinsten, wenn das Produkt $u\varepsilon$ sein Minimum erreicht. Bei genügender Helligkeit des Gesichtsfeldes entsprechen nun ähnlich wie am Gleichheitsphotometer die mittleren Einstellungsfehler des Analysators auf gleiche Flächenhelle einer photometrischen Einstellungs-Genauigkeit von etwa $u = 1\%$ (wie im vorhergehenden Beispiel angenommen), falls die Grenze zwischen den Feldern hinreichend gut verschwindet. Sonst wählt man die Lichtquelle so hell als möglich und den Halbschatten ε möglichst klein, doch mindestens so groß, daß das Auge die Einstellungen ohne besondere Anstrengung auszuführen vermag. Für weißes Licht brauchen dann bei einem guten Polarimeter, wie die obige Berechnung zeigt, die Einstellungsfehler nur wenige Sekunden zu betragen, da man mit einem Halbschatten von $\varepsilon = 30'$ noch gut beobachten kann. Bei Instrumenten dagegen mit Nonienablesung in hundertstel Graden hat es keinen Zweck, mit dem Halbschatten noch unter 2° herunterzugehen, weil schon für diesen Wert der Einstellungsfehler meist merklich kleiner als der Ablesungsfehler ist.

Was die Methode der Einstellungen betrifft, so mache man es sich zur Regel, die Felder immer möglichst in ihrer ganzen Ausdehnung zu beurteilen. Die am häufigsten befolgte Einstellungsmethode ist die folgende. Man dreht den Analysator um seine Nullstellung einige Male rasch hin und her, bis man es getroffen hat, daß die Helligkeitsdifferenzen der beiden Felder möglichst gleich ausfallen, und gibt dann der Einstellschraube schätzungsweise die den beiden Endlagen entsprechende Mittellage. Diese Methode ist natürlich nur anwendbar, wenn die Schraube höchstens um $\pm 20°$ gedreht zu werden braucht und keinen merklichen toten Gang besitzt, gibt aber gute Resultate, sobald man die Kontraste genügend klein wählt. Sie kann immer benutzt werden, falls man gezwungen ist, den Analysator nicht durch die Mikrometerschraube, sondern direkt durch die Hand mittels Hebels oder Steuerrades einzustellen.

Eine andere Einstellungsmethode hat LIPPICH bei seinen Versuchen befolgt. Man dreht den Analysator erst rascher, dann immer langsamer und schrittweise in demselben Sinne, bis Gleichheit des Gesichtsfeldes erreicht ist; glaubt man sie überschritten zu haben, so wird hinreichend weit zurückgedreht und die Einstellung im selben Sinne wie früher von neuem begonnen. Auch wird das Auge, wenn man der Gleichheit schon nahe gekommen ist, nach jedem Schritt nur für kurze Zeit geöffnet. Man erreicht hierbei natürlich nicht diejenige Stellung des Analysators, bei welcher die Felder objektiv gleiche Helligkeit haben, sondern eine Stellung, die von der ersteren um einen gewissen kleinen Winkel abweicht, der von der Größe der Unterschiedsempfindlichkeit (etwa 1%) abhängt; man bleibt eben mit dem Analysator dort stehen, wo das Auge keinen Helligkeitsunterschied mehr zu empfinden vermag. Um also die Gleichheitsstellung des Analysators zu bestimmen, muß man Einstellungen abwechselnd von beiden Seiten her machen, und zwar gleich viele in beiden Richtungen und sodann aus allen Einstellungen das Mittel nehmen.

Schließlich werde noch der genaue Wert von $\varepsilon/2 - \beta_0$ berechnet, um auch über diesen Punkt eine klare Vorstellung zu bekommen. Wie in Abb. 16 angenommen sei $a > b$, dann ist in Gleichung (14) $v = 1/(r\cos\varepsilon)$ zu setzen, so daß

$$\operatorname{tg}\beta_0 = \frac{r\sin 2\varepsilon}{2(1 + r\cos^2\varepsilon)} \tag{20}$$

wird. Wieder sei $r^2 = 0{,}90$ genommen, so ergibt sich für

$$\varepsilon = \quad 1° \qquad 5° \qquad 10° \qquad 15°$$
$$\frac{\varepsilon}{2} - \beta_0 = 48'' \qquad 4'\,14'' \qquad 10'\,13'' \qquad 19'\,45''.$$

Auch für den Lippichschen Polarisator ist demgemäß noch mit ziemlicher Annäherung $\beta_0 = \varepsilon/2$. Nimmt man dagegen $a < b$ also $v = r\cos\varepsilon$, so wird für die Rechnung noch einfacher $\operatorname{tg}\beta_0 = \operatorname{tg}\varepsilon/(1 + r)$, und die eben berechneten Werte gelten dann entsprechend für $\beta_0 - \varepsilon/2$.

22. Ungenaue Halbschattenvorrichtungen. a) JELLETT. Der erste Halbschattenanalysator ist im Prinzip 1860 von JELLETT[1]) angegeben worden. Sein ursprünglich als Analysator konstruiertes Kalkspatprisma wurde später zum Polarisator in folgender Weise vervollkommnet. Man spaltet vor dem Zusammenkitten der Hälften eines gewöhnlichen schrägen Nicols die eine Hälfte parallel zum optischen Hauptschnitt, also längs der kürzeren Diagonale des Rhombus, nimmt einen Keil von kleinem Keilwinkel ε heraus und vereinigt dann nach Ebenschleifen der ursprünglichen Schnittfläche die drei Stücke zu einem einzigen Prisma. Die gespaltene Hälfte, bei der die Hauptschnitte miteinander den Halbschattenwinkel ε bilden, wird dem Polarisator-Diaphragma zugekehrt. Neben den außerordentlichen Strahlen, deren Polarisationsebenen in den beiden Feldern um ε gegeneinander geneigt sind, entstehen zwar noch neu kleine ordentliche Komponenten, die aber so stark abgelenkt werden, daß sie nicht zum Analysator-Diaphragma gelangen. Aus dem Polarisator tritt aber kein genau normalpolarisiertes Licht, wodurch die Empfindlichkeit herabgesetzt wird. Er hat einen unveränderlichen Halbschatten, ist aber für beliebige homogene Lichtquellen wie auch weißes Licht brauchbar und wurde aus letzterem Grunde früher regelmäßig bei den Halbschattensaccharimetern verwendet. Mit Recht findet dieses Zwillingsprisma jetzt zu guten Apparaten keine Verwendung mehr.

b) CORNU. Dieser Polarisator wird in der Weise hergestellt, daß man einen gewöhnlichen Nicol längs der Ebene der kleinen Diagonalen der ganzen Länge nach entzwei schneidet, dann jede Schnittfläche um $\varepsilon/2$ abschleift und die Stücke wieder zusammenkittet. Die Polarisationsebenen in den beiden Feldern bilden wieder den Halbschatten ε, aber es treten im Gegensatz zum JELLETTschen Polarisator keine merklichen ordentlichen Komponenten auf. Da indessen das Gesichtsfeld kein normalpolarisiertes ist, so findet sich der Polarisator nicht mehr im Gebrauch. Er kann zwar für beliebige Lichtquellen verwendet werden, besitzt aber einen konstanten Halbschatten.

c) LAURENT. Im Gegensatz zu den beiden vorhergehenden Halbschattenpolarisatoren besitzt der LAURENTsche einen veränderlichen Halbschatten, ist aber in jedem einzelnen Falle immer nur für eine einzige bestimmte, homogene Lichtquelle verwendbar. Das LAURENTsche Polarimeter hat früher leider die weiteste Verbreitung gefunden, obwohl es überhaupt kein exaktes Meßinstrument

---

[1]) J. H. JELLETT, Rep. Brit. Ass. Bd. 30 Trans., S. 13. Oxford 1860; Trans. of the Royal Irish Academy, Bd. 25 Science, S. 371. 1875.

ist, weil es Genauigkeiten vortäuscht, die in Wirklichkeit von den systematischen Fehlern um ein Vielfaches übertroffen werden. Die Halbschattenvorrichtung besteht aus einem Polarisator, der sich mittels eines Hebels um eine gewisse, an einem Gradbogen ablesbare Größe (bis 25°) drehen und festklemmen läßt, und einer dünnen, parallel zur optischen Achse AB (Abb. 17) geschliffenen Quarzplatte, welche am Polarisator-Diaphragma und zwar senkrecht zur Drehungsachse des Analysators so befestigt ist, daß sie die Hälfte der Öffnung bedeckt. Die Platte muß sehr gut planparallel geschliffen sein, und ihre Dicke entsprechend der Wellenlänge des homogenen Lichtes, mit dem man den Apparat beleuchten will, möglichst genau so gewählt werden, daß die beiden parallel und senkrecht zur Achse schwingenden Komponenten AB und AC der auffallenden, linear polarisierten Schwingung AD (parallel EF in der unbelegten Hälfte) bei ihrem Durchtritt einen Gangunterschied von einem ungeraden Vielfachen der halben Wellenlänge erleiden.

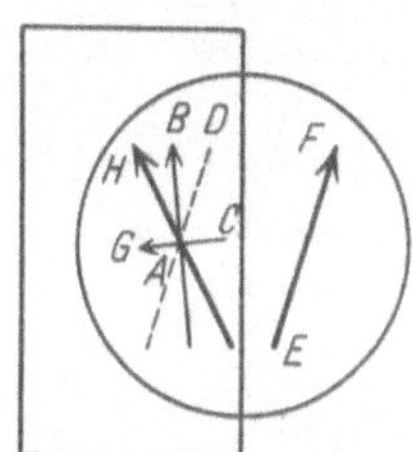

Abb. 17.   Laurentsche Quarzplatte. Die optische Achse liegt parallel AB. Der einfallende Lichtvektor AD (parallel EF) hat nach dem Durchtritt durch die Platte die Lage AH.

Beim Austritt setzen sich nunmehr wegen des Unterschiedes um eine halbe Schwingung die Komponenten AG und AB zu der Schwingung AH zusammen, die mit der Schwingungsebene EF des eintretenden Strahles den Halbschattenwinkel $DAH = \varepsilon$ bildet. Er ist daher gleich dem doppelten Winkel zwischen optischer Achse der Quarzplatte und Hauptschnitt des Polarisators und kann somit durch Drehen des letzteren beliebig geändert werden. Wie sich leicht übersehen läßt, darf der Polarisator auch um 90° gedreht in seiner Fassung befestigt werden, dann ist der Halbschatten ε gleich dem doppelten Winkel zwischen optischer Achse der Quarzplatte und Polarisationsebene des Polarisators. Der Gangunterschied der ordentlichen und außerordentlichen Komponente soll ein ungerades Vielfaches der halben Wellenlänge λ in Luft betragen, also gleich $(2k + 1)\lambda/2$ sein, wenn k eine beliebige ganze Zahl ist. Andererseits ergibt sich der Gangunterschied, falls die Komponenten die Platte von der Dicke l senkrecht durchsetzen, zu $l(n_e - n_o)$, worin n_o und n_e das ordentliche und außerordentliche Brechungsverhältnis des Quarzes senkrecht zur Achse bezeichnen. Demgemäß berechnet sich l aus der Gleichung

$$l = \frac{\lambda(2k + 1)}{2(n_e - n_o)}, \tag{21}$$

wobei sich von k abgesehen alle Größen auf die gleiche Temperatur beziehen. Dagegen ist l unabhängig vom Luftdruck.

Gewöhnlich werden die Apparate für Natriumlicht eingerichtet, dem in Luft von 20° und 760 mm Druck die Werte $\lambda = 0{,}0_3\,589\,30$ mm und $n_e - n_o = 0{,}009\,106$ entsprechen, so daß sich für $k = 0$ als minimale Dicke $l = 0{,}032\,36$ mm ergibt. Da aber eine solche Platte für die Herstellung und Benutzung zu dünn ist, so wird ein ungerades Vielfaches dieser Dicke innerhalb weniger zehntel Millimeter genommen. Die Prüfung der Platte auf richtige Dicke kann mit dem Nörrenbergschen Polarisationsapparat für paralleles Licht bei parallel gerichteten Nicols erfolgen; die eingelegte Platte muß dann beim Drehen in ihrer Ebene um 360° das Licht viermal auslöschen, nämlich sooft die optische Achse der Platte mit den Polarisationsebenen der Nicols Winkel von 45° einschließt.

Da aber im Polarimeter nicht alle Strahlen die Laurentsche Platte senkrecht durchsetzen und das Natriumlicht bekanntlich aus zwei Linien besteht, so entläßt sie selbst im Falle vollkommenster Herstellung stets elliptisch polarisiertes

Licht von merklich verschiedenen Formen, wodurch die Empfindlichkeit der Einstellungen stark herabgesetzt wird. Dazu kommt, was viel schlimmer ist, daß die Drehungsbestimmungen fehlerhaft ausfallen, worauf zuerst Lippich[1]) in einer ausführlichen Veröffentlichung hingewiesen hat. Die verschieden elliptischen Strahlen werden nämlich durch den Analysator auf die gleiche Polarisationsebene zurückgeführt und interferieren dann; hierdurch bekommt dieses Licht eine andere Zusammensetzung wie das aus der unbedeckten Hälfte stammende, linear polarisierte. Zieht man nun die Rotationsdispersion des aktiven Körpers in Betracht, so ist die Möglichkeit gegeben, daß die beobachteten Drehungswinkel je nach der Beschaffenheit der Laurentschen Platte verschieden ausfallen. Die theoretischen Berechnungen lassen diese Fehler abschätzen und stimmen mit den angestellten Experimenten überein.

Das einfache (Ziff. 19a, sozusagen mit dem Halbschatten null) sowie das Lippichsche Polarimeter (Ziff. 23) ergeben dagegen die dem optischen Schwerpunkt der Lichtquelle (Ziff. 25) entsprechenden, richtigen Drehungswinkel. Diesen gegenüber differieren nun die Angaben verschiedener Laurentscher Apparate und selbst desselben Instrumentes bei verschiedenen Halbschatten um Größen, welche die möglichen und zulässigen Beobachtungsfehler sehr bedeutend übersteigen können. So haben sich mit gut geschliffenen Laurent-Platten Drehungsdifferenzen bis zu 0,20% ergeben. Das gilt aber nicht für Natriumlicht allein, denn auch bei Beleuchtung mit sehr homogenem Lichte findet man merkliche Drehungsunterschiede. Bei spektral gereinigtem, grünem Quecksilberlicht der Linie 5461 hat Schönrock mit guten Laurent-Platten Abweichungen bis zu 0,059% erhalten, mit in der Dicke merklich unrichtigen Platten sogar Differenzen bis zu 0,24%. Aus alledem folgt, daß der Laurentsche Apparat nicht zu genauen Messungen benutzt werden darf. Deshalb sind auch alle Bemühungen

mancher Forscher[2]), durch veränderte Anordnung der Laurent-Platte im Gesichtsfelde die Einstellungsgenauigkeit noch zu erhöhen, von vornherein ganz vergeblich und unnütz gewesen.

d) Lummer. Das Lummersche Halbschattenprisma führt in ähnlicher Weise wie die Laurent-Platte zu fehlerhaften Resultaten, und es kommt ihm deshalb in der Polarimetrie keine besondere Bedeutung zu. Die Anordnung der einzelnen Teile der Polarisator-Vorrichtung ist aus Abb. 18 zu ersehen. Das Licht durchläuft der Reihe nach die Beleuchtungslinse A, das Reflexionsprisma B, den Polarisator C, das Halbschattenprisma D und das Polarisator-Diaphragma E; Prisma B wird eingefügt, damit die Lichtquelle wie gewöhnlich hinter dem Apparat aufgestellt werden kann. D ist nun ein möglichst spannungsfreies rechtwinkliges Prisma aus Glas oder amorphem Quarzglase, dessen Hypotenusenfläche teilweise versilbert ist, so daß im Gesichtsfeld horizontal liegende Streifen erscheinen, die abwechselnd Glasfelder G und Silberfelder S sind; am günstigsten ist dabei ein Prisma, bei dem die Reflexion kurz vor dem Grenzwinkel der Totalreflexion erfolgt. Liegt die Polarisationsebene von C vertikal, d. h. senkrecht zur Reflexionsebene, so zeigen die Felder für jede Stellung des Analysators keine Helligkeitsdifferenz. Dreht man dann den Polarisator aus diesem Azimut null etwas heraus, so liegen infolge des bei der Totalreflexion eintretenden

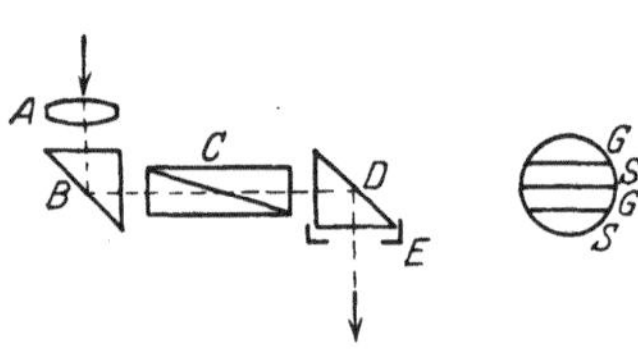

Abb. 18. Lummersches Halbschattenprisma. Es ist das Prisma D mit teilweise versilberter Hypotenusenfläche. A Beleuchtungslinse, B Reflexionsprisma, C Polarisator, E Diaphragma; Kreis GS zeigt das Aussehen des Gesichtsfeldes.

---

[1]) F. Lippich, Wiener Ber. Bd. 99, S. 695. 1890.
[2]) U. a. E. Gumlich, ZS. f. Instrkde. Bd. 16, S. 269. 1896; P. Pellin, Journ. de phys. Bd. 2, S. 436. 1903.

Phasenverlustes von einer halben Wellenlänge die Polarisationsebenen der Felder G einerseits und S andererseits symmetrisch zur Ebene, die senkrecht auf der Reflexionsebene steht, d. h. der Halbschatten ε ist gleich dem doppelten Azimut des Polarisators und kann durch Drehen des letzteren beliebig geändert werden. Es können hier beliebige Lichtquellen benutzt werden.

Die Beschaffung eines hinreichend spannungsfreien Prismas D stößt jedoch auf große Schwierigkeiten, und es läßt sich kaum verhindern, daß während der Versuche durch Temperatureinfluß Spannungsdifferenzen auftreten. Bei kleinem Halbschatten erscheinen deshalb auch im Gesichtsfelde fast immer hellere und dunklere Partien. Vor allem bleibt aber das am Silber reflektierte wie das am Glase total gespiegelte Licht nicht linear polarisiert, sondern es wird in verschiedenem Grade elliptisch polarisiert und zwar um so stärker, je größer der Halbschatten ist. Das gibt bei der Bestimmung von Drehungswinkeln wieder zu beträchtlichen systematischen Fehlern Veranlassung; die Messungen SCHÖNROCKS ergaben denn auch solche Fehler bis zu 0,093% sowohl für Natriumlicht als auch für die grüne Quecksilberlinie 5461.

23. Einwandfreier LIPPICH. Die Polarisatorvorrichtung nach LIPPICH[1]) verbindet die Veränderlichkeit des Halbschattens mit der Anwendbarkeit beliebiger heterogener und homogener Lichtquellen, ergibt die Drehungswinkel richtig ohne systematische Fehler und findet deshalb überall Anwendung, wo es sich um genaue Messungen handelt. Mit Recht hat dieser Halbschattenapparat in Wissenschaft und Technik die weiteste Verbreitung gefunden, zumal auch seine Konstruktion als einfach zu bezeichnen ist. Zwischen Polarisator A (Abb. 19) und Polarisator-Diaphragma B wird ein zweites kleineres Polarisationsprisma C eingefügt, welches nur die Hälfte des größeren bedeckt und deswegen das Halbprisma genannt wird. Man justiert dieses so, daß die mit dem Fernrohr anzuvisierende, in der Zeichnung zu einem Punkt verkürzte, scharfe Kante D das kreisrunde Diaphragma B in gleiche Hälften teilt. Während das Halbprisma festsitzt, ist der Polarisator A mit Hilfe eines Hebelarms um die Rohrachse behufs Änderung des Halbschattens drehbar. Dieser ist gleich dem spitzen Winkel zwischen den Polarisationsebenen von A und C. Da ein Teil des auf das Halbprisma fallenden Lichtes beim Durchgange durch C reflektiert, absorbiert und ausgelöscht wird, so ist die Intensität der bedeckten Hälfte stets kleiner als die der freien Hälfte, und zwar im Verhältnis von $r^2 \cos^2 \varepsilon$, wie in Ziff. 21 angenommen worden war. Das Licht jeder Feldhälfte bleibt aber für alle Wellenlängen linear und nach derselben Richtung polarisiert, was die Voraussetzung dafür ist, daß die Angaben der verschiedenen Polarimeter untereinander übereinstimmen und unabhängig von der Größe des gewählten Halbschattens sind.

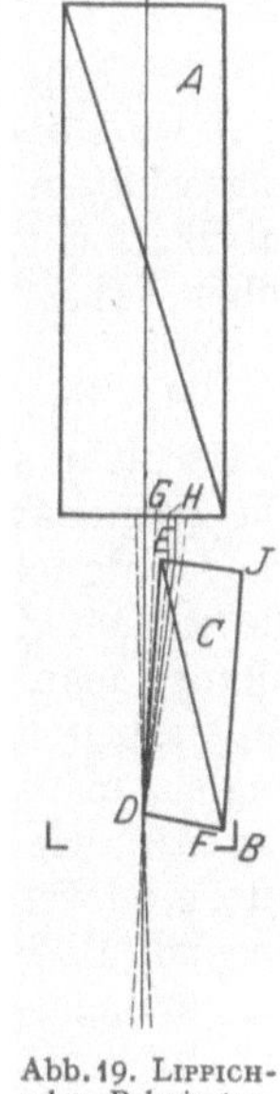

Abb. 19. LIPPICHscher Polarisator.
A Polarisator,
C Halbprisma,
B Diaphragma.

Eine besondere Konstruktion und Justierung erfordert das Halbprisma. Behufs Herstellung eines korrekten Strahlenganges (Ziff. 16) sei wieder der Lichtquelle eine solche Lage gegeben, daß durch die Beleuchtungslinse ein scharfes Bild der Lichtquelle auf dem Analysator-Diaphragma entworfen wird. Streng genommen entstehen durch die freie bzw. bedeckte Feldhälfte hindurch wegen Durchsetzung des Halbprismas zwei scharfe Bilder, die indessen nur etwa um 4 mm hintereinander liegen, was unwesentlich ist. Um im Gesichtsfelde eine scharfe Trennungslinie zu erhalten, gibt man der polierten Seitenfläche DE des

---

[1]) F. LIPPICH, Wiener Ber. Bd. 91, S. 1059. 1885.

Halbprismas eine geringe Neigung gegen die Apparatenachse (Drehungsachse des Analysators, Ziff. 17) und macht den Prismenwinkel EDF um einige Grad größer als 90°. Dadurch wird bewirkt, daß die Strahlenbündel, welche, rückwärts vom Analysator-Diaphragma zur Lichtquelle verfolgt, nach Punkten des Gesichtsfeldes in der Nähe der Kante D zielen, wie in der Abbildung angedeutet, neben dem Halbprisma vorbeigehen bzw. dieses durchsetzen können, ohne teilweise abgeblendet zu werden. Auch ist ersichtlich, daß sowohl das Strahlenbüschel GDH als auch alle Strahlen, die auf die äußere oder innere Seite der Fläche DE fallen, so zur Seite geworfen werden, daß sie nicht in das Analysator-Diaphragma gelangen. Die mangelnde Schärfe der Kante E kann sich daher nicht bemerklich machen. Auf diese Weise ist es erreicht, daß die beiden Hälften des Gesichtsfeldes bis an die Trennungslinie D heran eine gleichmäßige Helligkeit behalten.

Die erforderliche Größe des Prismenwinkels EDF läßt sich aus den Dimensionen des Apparates leicht berechnen. Für die meist gebräuchlichen Instrumente mit etwa 270 mm Abstand zwischen Polarisator- und Analysator-Diaphragma und mit etwa 8 mm Durchmesser des letzteren muß dieser Winkel EDF 94,0° betragen. Weiter macht man die Fläche FJ parallel zur Fläche DE und schleift sie senkrecht zur optischen Achse des Kalkspats. Diese steht also auch senkrecht zur Kante D, womit erreicht ist, daß D zur härtesten Kante im Kalkspat wird und somit eine besonders vollkommen scharfe und fehlerfreie Kante angeschliffen werden kann. Bei der Herstellung der Halbprismen in Massenfabrikation werden sie gewöhnlich mit parallelen Endflächen DF und EJ versehen. Theoretisch ist das jedoch nicht ganz richtig, und zwar aus dem folgenden Grunde.

Hat das Halbprisma parallele Endflächen und auch eine ziemlich parallele Kittschicht, so werden die es durchsetzenden Strahlen seitlich verschoben werden. Die Folge davon ist, daß die beiden Gesichtsfeldhälften nicht von derselben Stelle der Lichtquelle beleuchtet werden, sondern das Licht von zwei Flächen empfangen, die seitlich etwas gegeneinander verschoben sind. Dies bedingt keinen Nachteil, solange man mit einer ausgedehnten Lichtquelle von überall gleicher Flächenhelle arbeitet. Brennt die Lichtquelle aber, wie z. B. die Quecksilberlampe, sehr ungleichmäßig, so werden beständige Nullpunktsschwankungen eintreten; und hat man, wie z. B. bei spektraler Zerlegung des Lichtes, eine eng begrenzte Lichtquelle, so werden von ihr am Analysator-Diaphragma zwei teilweise nebeneinander liegende Bilder entstehen. Es kann dann leicht geschehen, daß beim Einschalten der drehenden Substanz durch eine geringe Verschiebung der Lichtstrahlen das Intensitätsverhältnis der von den beiden Feldhälften herkommenden und durch das Analysator-Diaphragma tretenden Strahlenkomplexe geändert und somit der Drehungswinkel unrichtig bestimmt wird. Diese Gefahr ist besonders beim Zwischenfügen langer Flüssigkeitssäulen vorhanden, weil in diesem Falle die Lichtquelle nicht mehr völlig scharf am Analysator-Diaphragma abgebildet wird.

Diese Nachteile lassen sich aber ganz beseitigen, wenn das Halbprisma so geschliffen wird, daß die Endfläche EJ um einen kleinen Winkel gegen DF geneigt ist, und zwar in dem Sinne, daß FJ größer als DE wird. Der Prismenwinkel DEJ ist wieder aus den Dimensionen der optischen Teile berechenbar, da die Strahlen durch das Halbprisma eine solche Ablenkung erleiden müssen, daß die beiden Bilder der Lichtquelle am Analysator-Diaphragma aufeinander fallen. Bleiben wir bei dem obigen Beispiele und nehmen die Länge des Halbprismas zu etwa 15 mm an, so muß der Winkel DEJ gleich 86° 10′ geschliffen werden. Bei parallelen Endflächen dagegen würden, falls die Lichtquelle in gleicher Größe abgebildet wird, die beiden Bilder am Analysator-Diaphragma seitlich um etwa 0,42 mm gegeneinander verschoben sein. Ob sie hinreichend genau aufeinander fallen, prüft man am zweckmäßigsten mit heller weißer Lichtquelle und einem dicht vor ihr befindlichen schwarzen Strichkreuz auf Mattglas.

Ein weiteres Erfordernis für eine leichte und genaue Einstellung des Analysators ist das Verschwinden der Grenze, wenn die Feldhälften gleiche Flächenhelle haben. BRODHUN und SCHÖNROCK[1]) haben als erste ganz allgemein gezeigt, unter welchen Umständen die Trennungslinie im Gesichtsfelde photometrischer Vergleichsvorrichtungen zum Verschwinden gebracht werden kann, wenn man die Beugung des Lichtes berücksichtigt. Vorausgesetzt, daß die Kante D gut gearbeitet ist, wird auch gegen das Ende der Einstellung die Grenzlinie nicht mehr mit einiger Sicherheit wahrzunehmen sein, wenn man zur Beleuchtung eine einigermaßen gleichmäßige, ausgedehnte Lichtquelle benutzt oder besser eine solche, deren Bild am Analysator-Diaphragma bedeutend größer als dieses ist. Es ist dies auch bei Lichtquellen von geringer Dimension leicht erreichbar, wenn man die Beleuchtungslinse von kleiner Brennweite wählt, so daß von der Lichtquelle ein vergrößertes Bild entworfen wird. Verkleinert man nun die leuchtende Fläche etwa durch eine vorgesetzte Irisblende so weit, daß das Analysator-Diaphragma nur noch gerade ganz mit Licht ausgefüllt wird, so sieht man eine dunkle Linie zwischen den Vergleichsfeldern, die natürlich immer noch dieselbe Helligkeit wie vorher haben. Diese Erscheinung erklärt sich aus der Beugung an der Kante D. In dem zuletzt betrachteten Falle wird ein Teil des auf diese Kante auffallenden Lichtes zur Seite gebeugt und gelangt nicht durch das Analysator-Diaphragma; die Kante wird sich also gegen das Gesichtsfeld dunkel abheben. Wird dagegen die Irisblende weiter geöffnet, so wird die Kante noch einen Teil des neu hinzugekommenen, schräger auf sie treffenden Lichtes, welches durch Brechung nicht ins Analysator-Diaphragma gelangen würde, beugen und in dieses werfen. Die Trennungslinie wird sich daher aufhellen und schließlich bei genügend ausgedehnter Lichtquelle verschwinden. Die Grenze kann sogar als helle Linie hervortreten, wenn von der Kante zuviel Licht ins Analysator-Diaphragma gebeugt wird. Steht die Trennungslinie vertikal, so wird sie das Licht nach links und rechts zur Seite beugen; deshalb ist es nur nötig, daß die Lichtquelle in horizontaler Richtung eine größere Ausdehnung besitzt. Dieser Punkt ist wichtig bei spektraler Zerlegung des Lichtes. Da man hier eine spaltförmige Lichtquelle hat, so wird sich die Trennungslinie dunkel abheben, wenn man den leuchtenden Spalt ihr parallel stellt; sie wird aber vollkommen verschwinden, sobald man ihn senkrecht zur Kante D anordnet und genügend lang macht, was immer möglich ist. Um den Aufbau des Monochromators möglichst einfach zu gestalten, wird es sich meist empfehlen, in diesem Falle die Trennungslinie im Polarimeter horizontal zu stellen. Also auch bei spektraler Zerlegung des Lichtes braucht der LIPPICHsche Halbschatten-Polarisator keine deutliche, störende Grenzlinie zu zeigen.

Zum Schutze des Halbprismas gegen Verstaubung pflegt man vor dem Polarisator-Diaphragma eine Rohrhülse einzuschieben, deren Öffnung durch eine dünne, spannungsfreie Glasplatte verschlossen ist. Diese muß dann aber sehr gut parallel sein, weil sich sonst bei Beleuchtung mit homogenem Lichte die Interferenzstreifen gleicher Dicke deutlich und störend im Gesichtsfelde bemerkbar machen. Es ist daher vorzuziehen, während der Messungen das Rohr mit dem Glase zu entfernen.

Ein gutes LIPPICHsches Polarimeter mit zweiteiligem Gesichtsfelde ermöglicht in den Drehungsbestimmungen einen so hohen Grad der Genauigkeit, daß der

---

[1]) E. BRODHUN u. O. SCHÖNROCK, ZS. f. Instrkde. Bd. 24, S. 70. 1904.

Fehler im Drehungswinkel fast immer klein bleibt gegenüber den Fehlern der anderen Beobachtungsgrößen, zumal was den Einfluß der Temperatur betrifft. Es hat daher praktisch wenig Wert, die Genauigkeit durch Mehrteilung des Gesichtsfeldes noch weiter steigern zu wollen. Im günstigsten Falle ließe sich die Unsicherheit der Einstellung höchstens auf die Hälfte verkleinern, was aber meist nicht erreicht wird, weil sich die Halbprismen für praktische Zwecke nicht in dem gewünschten Maße empfindlich genug justieren lassen. Dies trifft schon zu auf den Polarisator mit dreiteiligem Gesichtsfelde, bei welchem zwischen A und B zwei Halbprismen in symmetrischer Stellung verwendet werden, und erst recht auf den ganz überflüssigen Polarisator mit vierteiligem Kontrastfelde, zu dem gar vier Prismen erforderlich sind. Die mit diesen Instrumenten angeblich zu erzielende Vergrößerung der Einstellungsgenauigkeit ist, falls überhaupt vorhanden, meist so unwesentlich, daß es vorzuziehen ist, mit dem zweiteiligen Felde zu arbeiten, bei dem die Einstellungen überdies einfacher und mit der Zeit weniger ermüdend und anstrengend sind. Beim Kontrastphotometer mit dem Lummer-Brodhunschen Würfel liegen andere Verhältnisse vor, weil es hier keine Schwierigkeiten macht, auf gleich hellen Feldern genau gleich starke Kontraste zu erzeugen.

24. Schönrockscher Polarisator. Bei den Präzisionsmessungen in der Physikalisch-Technischen Reichsanstalt werden Halbschatten-Polarisatoren dieser Art benutzt, weil sie von vornherein die Sicherheit gewähren, keinen systematischen Fehler zu verursachen. Sie sind nämlich vollkommen symmetrisch gebaut und ergeben beim Auffallen natürlichen Lichtes in beiden Teilen des Gesichtsfeldes die gleiche Intensität, haben aber einen festen Halbschatten. Abb. 20 zeigt einen solchen Polarisator bei vertikal gestellter Trennungslinie A in der Ansicht von oben bzw. unten. Er ist ein Kalkspatprisma mit geraden Endflächen, dessen Seitenflächen BC und DE senkrecht zur optischen Achse orientiert sind; BC ist 18 und BD 12 mm lang, die Höhe beträgt gleichfalls 12 mm. Durch die drei Schnitte AF, CF und EF wird das Prisma in zwei nebeneinander gelagerte Polarisatoren verwandelt. Alsdann werden diese an den Schnittflächen AF um die Hälfte des gewünschten Halbschattens abgeschliffen und nun wieder zu einem einzigen Prisma vereinigt. Bei guter Ausführung ist die durch die Schnittfläche AF erzeugte Grenzlinie A des Gesichtsfeldes sehr fein, wenn sie auch nicht ganz verschwindet, da beiderseits von ihr eine schmale Partie von 0,08 mm nicht die regelrechte Beleuchtung empfängt.

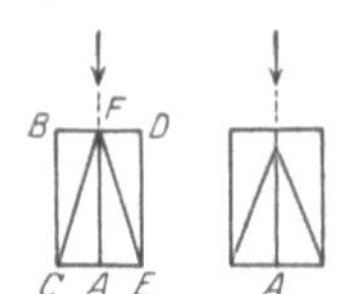

Abb. 20. Schönrockscher Polarisator. Vor dem Abschleifen für den Halbschatten stehen die brechenden Kanten C und E senkrecht zur optischen Achse CE des Kalkspats. Die Fläche AF bleibt undurchsichtig.

Auf das Verschwinden der Grenze kann aber auch verzichtet werden, weil man, um jeden systematischen Fehler bei den Drehungsbestimmungen völlig auszuschließen, der Lichtquelle keine größere Ausdehnung geben will. Der durch den Apparat gehende Strahlenkomplex wird nämlich durch das Polarisator-Diaphragma und eine am Ort der Lichtquelle befindliche, kreisrunde Blende begrenzt, deren Bild zentrisch im etwas größeren Analysator-Diaphragma (oder auch Fernrohr-Objektiv) liegt. Schaltet man dann Flüssigkeitsröhren bis 56 cm Länge ein, so gelangt erst recht dieser Strahlenkomplex ohne jegliche Abblendung durch alle optischen Teile zwischen Analysator-Diaphragma und Okulardeckel.

Drei derartige Polarisatoren von 1°, 2° und 5° Halbschatten reichen für die meisten Zwecke aus, so z. B. der mit 1° für die Linie Na gelb 5893 und Hg grün 5461, der mit 2° für Hg blau 4358, der mit 5° für Hg grün 4916. Mit Hilfe des Polarisators von 1° Halbschatten läßt sich z. B. ein durch Zuckerlösung erzeugter Drehungswinkel von etwa 100° mit einer verbürgbaren Sicherheit von 0,002° oder 7″ bestimmen.

25. Optischer Schwerpunkt der Lichtquelle. Die Theorie des optischen Schwerpunktes einfarbiger Lichtquellen[1]) ist in der Polarimetrie von großer Wichtigkeit. Bei der hohen Genauigkeit, mit der die Drehungswinkel α bestimmt werden können, und mit Rücksicht auf die meist starke Abhängigkeit des Drehungswinkels von der Wellenlänge λ ist es erforderlich, sich wohl definierte einfarbige Lichtquellen zu verschaffen. Selbst die homogenen Spektrallinien sind ja meistens aus mehreren Komponenten von verschiedener Intensität zusammengesetzt. Während bei den viel benutzten Linien von Quecksilber, Helium, Kadmium und Zink fast immer eine Hauptkomponente von überragender Intensität vorhanden ist, sind bei den Wasserstofflinien und der soviel gebrauchten gelben Natriumlinie mehrere Komponenten zu berücksichtigen. Hat man also für eine solche zusammengesetzte Linie den Drehungswinkel α_0 beobachtet, so kommt es darauf an, die zugehörige Wellenlänge λ_0, eben den optischen Schwerpunkt des benutzten Lichtes, mit entsprechender Genauigkeit anzugeben. Eine direkte Berechnung des optischen Schwerpunktes λ_0 von Lichtquellen zumal Spektrallinien läßt sich jetzt meist durchführen, weil man mit Hilfe der Dispersionsapparate hoher Auflösungskraft in der Lage ist, die Wellenlängen der eine sogenannte homogene Linie zusammensetzenden Komponenten, sowie ihre Intensitätsverhältnisse untereinander zu bestimmen.

Da es sich im folgenden um die exakte Messung von Drehungswinkeln handelt, so kommen allein solche Polarimeter in Frage, die mit Polarisatoren nur aus Kalkspat ausgerüstet sind und bei denen jeder Teil des Gesichtsfeldes für alle Wellenlängen linear und nach derselben Richtung polarisiertes Licht aussendet, wie das der Fall ist bei den Apparaten mit einfachem (Ziff. 19a), LIPPICHschem (Ziff. 23) oder SCHÖNROCKschem (Ziff. 24) Polarisator. Ferner muß die Lichtquelle so beschaffen sein, daß bei der Einstellung mit eingeschalteter Substanz keine merkliche Färbungsdifferenz im Gesichtsfelde auftritt, weil schon beim Vorhandensein einer geringen Färbungsdifferenz verschiedene Beobachter merklich verschieden einstellen. Soll daher der optische Schwerpunkt unabhängig vom Farbensinn des Beobachters sein, so darf das in den Polarisationsapparat gelangende Licht nur Wellenlängen von einem genügend schmalen, indessen je nach der Farbe verschieden großen Spektrumteil enthalten.

Unter Berücksichtigung dieses Umstandes, sowie der mit den Polarimetern erreichbaren Genauigkeit ergibt sich dann bezüglich der folgenden Betrachtungen, daß es in fast allen Fällen erlaubt ist, für den wirksamen engen Spektrumteil eine lineare Abhängigkeit des Drehungswinkels α von der Wellenlänge λ anzusetzen. Sind daher λ_1 und λ_n die beiden noch zu berücksichtigenden, wirksamen Randstrahlen des Wellenlängenbezirkes, welcher von der Lichtquelle eventuell nach erfolgter Reinigung in den Apparat eintritt, so ist für $\lambda_1 < \lambda < \lambda_n$

$$\alpha = v\lambda + w, \tag{22}$$

worin v und w zwei Konstanten sind, die positiv oder negativ sein können. Hat man z. B. einen rechtsdrehenden Körper, so ist bei gewöhnlicher Rotationsdispersion, d. h. wenn α mit abnehmendem λ regelmäßig steigt, v negativ, dagegen positiv bei anomaler Dispersion, oder schließlich $v = 0$, wenn z. B. α für die benutzte Farbe gerade ein Maximum oder Minimum hat.

Das Licht sei aus den einzelnen Wellenlängen $\lambda_1, \lambda_2, \lambda_3 \ldots \lambda_n$ zusammengesetzt, deren Intensitäten entsprechend $i_1, i_2, i_3 \ldots i_n$ sein mögen. Für irgendeinen drehenden Stoff seien entsprechend Gleichung (22) die zugehörigen Drehungs-

---

[1]) F. LIPPICH, Wiener Ber. Bd. 99, S. 695. 1890; O. SCHÖNROCK, ZS. Ver. d. Deutsch. Zucker-Ind. (Techn. Teil) Bd. 57, S. 217. 1907.

winkel $\alpha_1, \alpha_2, \alpha_3 \ldots \alpha_n$. Wird nun das Polarimeter mit dem gemischten Licht beleuchtet, so möge α_0 der beobachtete Drehungswinkel sein, welchem die Wellenlänge λ_0 zukomme gemäß Gleichung (22): $\alpha_0 = v\lambda_0 + w$. Dieses λ_0, das eben der optische Schwerpunkt der benutzten Lichtquelle heißt, soll also berechnet werden.

Um wenigstens den Gang der Berechnung zu erläutern, sei hier nur der einfachste Fall angenommen, daß man mit dem einfachen Polarisator arbeite und mit dem Analysator auf größte Dunkelheit einstelle. Dieser läßt von i_1 hindurch den geringen Bruchteil $k_1 i_1 \cos^2(90° + \alpha_0 - \alpha_1)$, worin k_1 den Schwächungsfaktor bezeichnet bezüglich aller Reflexionen, Absorptionen sowie der Polarisatorschwächung. Die Gesamthelligkeit des aus dem Analysator tretenden Lichtes beträgt demnach $\sum_n [ki \cos^2(90° + \alpha_0 - \alpha)]$, welche ein Minimum sein soll. Somit wird

$$\sum [ki \cos^2(90° + \alpha_0 - \alpha)] = \text{Min.}$$

$$\sum [ki \sin^2(\alpha - \alpha_0)] = \text{Min.}$$

$$\frac{d\sum [ki \sin^2(\alpha - \alpha_0)]}{d\alpha_0} = 0$$

$$\sum [ki\, 2 \sin(\alpha - \alpha_0) \cos(\alpha - \alpha_0)] = 0$$

$$\sum [ki \sin(2\alpha - 2\alpha_0)] = 0$$

und wegen der Kleinheit von $\alpha - \alpha_0$ bei geringer Ausdehnung des Spektrums

$$\sum [ki(\alpha - \alpha_0)] = 0.$$

Insofern das Spektrum als von geringer Ausdehnung angenommen wird, darf man k als konstant ansehen und die obigen Helligkeiten mit den subjektiven gleichsetzen, wie sie dem Auge erscheinen. Dann ergibt sich

$$\sum (i\alpha) - \alpha_0 \sum i = 0$$

$$\alpha_0 = \frac{\sum (i\alpha)}{\sum i}. \tag{23}$$

Macht man die analoge Entwicklung für das Halbschattenpolarimeter, so erhält man genau dieselbe Gleichung (23). Es ist also in diesem Falle die Drehung α_0 und die ihr entsprechende Wellenlänge λ_0 unabhängig vom Halbschatten ε. Allgemein gilt demnach

$$\alpha_0 = \frac{i_1\alpha_1 + i_2\alpha_2 + i_3\alpha_3 + \cdots + i_n\alpha_n}{i_1 + i_2 + i_3 + \cdots + i_n}. \tag{24}$$

Zwei diesen beiden Gleichungen (23) und (24) ganz ähnliche erhält man nun, wenn an Stelle der Drehungswinkel die Wellenlängen nach Gleichung (22) eingeführt werden. Es folgt dann

$$v\lambda_0 + w = \frac{i_1(v\lambda_1 + w) + i_2(v\lambda_2 + w) + \cdots + i_n(v\lambda_n + w)}{i_1 + i_2 + \cdots + i_n}$$

$$= v\frac{i_1\lambda_1 + i_2\lambda_2 + \cdots + i_n\lambda_n}{i_1 + i_2 + \cdots + i_n} + w$$

$$\lambda_0 = \frac{i_1\lambda_1 + i_2\lambda_2 + \cdots + i_n\lambda_n}{i_1 + i_2 + \cdots + i_n} = \frac{\sum (i\lambda)}{\sum i}. \tag{25}$$

Dividiert man in Gleichung (25) Zähler und Nenner z. B. durch i_1, so treten nur noch die Intensitäts-Verhältnisse $i_2/i_1, i_3/i_1 \ldots i_n/i_1$ auf. Da in Gleichung (25) nur solche Größen vorkommen, welche der Lichtquelle zugehören, nicht aber mehr die Größen v und w, so besteht demnach die Tatsache, daß der optische

Schwerpunkt von der Größe des Drehungswinkels, sowie von der Rotationsdispersion der untersuchten Substanz unabhängig ist. Der Schwerpunkt hängt vielmehr nur von der relativen Helligkeitsverteilung im Spektrum der Lichtquelle ab, d. h. von den Wellenlängen und ihren Helligkeitsverhältnissen, und ist, sobald man diese Größen kennt, nach Gleichung (25) zu berechnen.

Wie man aus Gleichung (25) ersieht, kann λ_0 direkt durch eine Schwerpunktskonstruktion erhalten werden. Trägt man nämlich auf einer starren Geraden von A (Abb. 21) aus als Abszissen die Werte $AB = \lambda_1$, $AC = \lambda_2$ ...... $AE = \lambda_n$ auf und denkt sich die Endpunkte mit Gewichten belastet, welche den i proportional sind, und zwar so, daß in B die Kraft proportional i_1, in C i_2 ... in E i_n angreift, so ist, wenn man noch die nach Gleichung (25) berechnete Strecke $AD = \lambda_0$ abträgt, nach dem Satze vom statischen Moment der Kräfte der Punkt D der Schwerpunkt der starren Geraden.

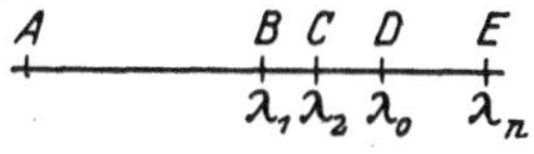

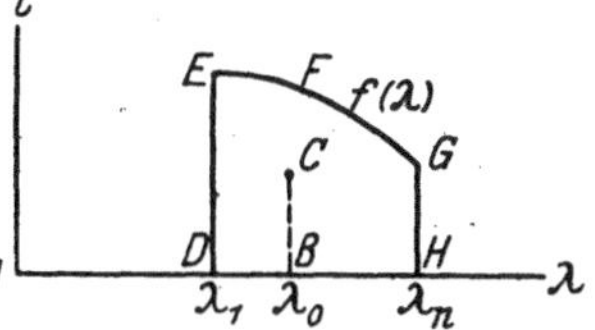

Abb. 21. Schwerpunktskonstruktion. Gilt $AD = \lambda_0$, so ist D der Schwerpunkt der starren Geraden.

Abb. 22. Optischer Schwerpunkt. $AB = \lambda_0$ ist die Abszisse des Schwerpunktes C der Fläche $DEFGH$.

Ist hingegen die Helligkeitsverteilung in der Lichtquelle eine solche, daß es nicht mehr erlaubt ist, mit einzelnen Wellenlängen zu rechnen, so muß man die Helligkeitskurve des von λ_1 bis λ_n reichenden Spektrumteiles der betreffenden Lichtquelle bestimmen. Die Intensität i sei also eine beliebige Funktion der Wellenlänge λ, was durch $i = f(\lambda)$ bezeichnet werden möge. Trägt man nun als Abszissen (Abb. 22) die Werte für λ, als Ordinaten die i auf, so erhält man die von λ_1 bis λ_n sich erstreckende Intensitätskurve $f(\lambda)$. Dann ist entsprechend Gleichung (25), da die Grenzen der Integration die der Lichtquelle sind,

$$\lambda_0 = \frac{\int\limits_{\lambda_1}^{\lambda_n} i\lambda\, d\lambda}{\int\limits_{\lambda_1}^{\lambda_n} i\, d\lambda} = \frac{\int\limits_{\lambda_1}^{\lambda_n} \lambda f(\lambda)\, d\lambda}{\int\limits_{\lambda_1}^{\lambda_n} f(\lambda)\, d\lambda}. \tag{26}$$

Demgemäß ist auch $\lambda_0 = AB$ die Abszisse des Schwerpunktes C der Fläche $DEFGH$, wobei den Inhalt dieser Fläche das Integral $\int\limits_{\lambda_1}^{\lambda_n} i\, d\lambda$ ergibt. Soll die Lage des Schwerpunktes durch Rechnung gefunden werden, so ist es in vielen Fällen vorteilhaft, die Ordinatenachse durch den Punkt D zu legen, also an Stelle der veränderlichen Größe λ die neue Variable $\lambda - \lambda_1$ einzuführen, weil dann die Integration von 0 bis $\lambda_n - \lambda_1$ zu erstrecken ist. Man ermittelt auf diese Weise den Abstand $BD = \lambda_0 - \lambda_1$.

Ebenso ist es für die Rechnung bequemer, statt Gleichung (25) die folgende Gleichung

$$\lambda_0 = \lambda_1 + \frac{i_2(\lambda_2 - \lambda_1) + i_3(\lambda_3 - \lambda_1) + \cdots + i_n(\lambda_n - \lambda_1)}{i_1 + i_2 + i_3 + \cdots + i_n} \tag{27}$$

zu benutzen.

Die Unabhängigkeit des optischen Schwerpunktes von der drehenden Substanz gilt, wie man leicht erkennt, solange die relative Helligkeitsverteilung im Spektrum der Lichtquelle durch die drehende Substanz nicht geändert wird. Dieser Bedingung genügen in hinreichendem Maße wohl immer die wasserhellen Substanzen, in vielen Fällen aber auch gefärbte Substanzen, zumal wenn nur ein schmaler Spektrumteil in Betracht kommt, weil dann meist die Absorption der Substanz für diese Wellenlängen noch relativ die gleiche ist. Wird hingegen die Zusammensetzung des einfallenden Lichtes durch die verschieden starke Absorption der zu untersuchenden Substanz verändert, so ergibt sich der optische Schwerpunkt aus der Intensitäts-Verteilung, die in dem Lichte nach dem Durchgange durch die drehende Substanz herrscht.

Besonders einfach gestaltet sich die Bestimmung von λ_0, wenn ein lichtstarker Monochromator mit Okularspalt verwendet wird. Am günstigsten ist es, die Helligkeitskurve so zu wählen, daß sie hinreichend genau durch ein gleichschenkliges Dreieck dargestellt wird. Man erhält sie einfach dadurch, daß man den Kollimatorspalt so weit öffnet, bis sein Bild gleiche Breite mit dem genügend eng gewählten Okularspalt hat. Dann ist λ_0 die Wellenlänge derjenigen Spektrallinie, welcher die größte Helligkeit zukommt, die also der Spitze des Dreiecks entspricht. Öffnet sich der Kollimatorspalt symmetrisch, so ist es die Linie, welche bei sehr feiner Spaltstellung in der Mitte des Okularspalts liegt. Auf diese Weise kann λ_0 mit für die meisten Zwecke ausreichender Genauigkeit am Spektrometer von vornherein eingestellt werden, was für die Bestimmung der Rotationsdispersion von Wichtigkeit ist (Ziff. 28).

Bezüglich des so allgemein gebräuchlichen Natriumlichtes hat man die Lehre vom optischen Schwerpunkt besonders zu beachten, weil je nach der Reinigungsmethode des Natriumlichtes und seiner Intensität sehr verschiedene Drehungen erhalten werden. Bei Benutzung des Intensivnatronbrenners (Natriumlicht durch Verflüchtigung gegossener Sodastangen im Linnemannschen Leuchtgas-Sauerstoffgebläse ohne Abtropfen von Soda hergestellt) und spektraler Reinigung kann man in Luft von 20° C und 760 mm Druck setzen für die D_2-Linie $\lambda_1 = 0{,}588\,999\,4\,\mu$, für die D_1-Linie $\lambda_2 = 0{,}589\,596\,1$ und $i_1 = 1{,}5\,i_2$, woraus sich der optische Schwerpunkt nach Gleichung (27) zu $\lambda_0 = 0{,}589\,24\,\mu$ berechnet. Da ferner für den Bereich der D-Linien pro Millimeter Quarz $d(\alpha)_{20}^D/d\lambda = -\,78{,}01$ Grad$/\mu$ ist, so lassen sich mit Hilfe einer Quarzplatte, und zwar ohne daß ihre Dicke bestimmt zu werden braucht, die optischen Schwerpunkte der verschieden gereinigten Natriumlichtquellen indirekt ermitteln, sobald man den Drehungswinkel α_{20}^D der Quarzplatte für den obigen Wert von λ_0 proportional $(\alpha)_{20}^D = 21{,}728$ setzt.

Zunächst sei auf die Abhängigkeit des optischen Schwerpunktes von der Dampfdichte, d. h. von der in der Volumeneinheit der Lichtquelle vorhandenen Natriummenge hingewiesen[1]). Eine Quarzdrehung von 100° nimmt um 140″ ab, wenn die eben vorher erwähnte Natriumflamme allmählich heller gemacht wird, indem man die Sodastange erst wenig, dann immer mehr und mehr in den heißesten Teil der Flamme hineinschiebt. Mit zunehmender Dampfdichte verschiebt sich demnach λ_0 um $0{,}0_3\,11\,\mu$ nach dem roten Ende des Spektrums hin. Diese Verschiebung des optischen Schwerpunktes wird wohl nur zu einem geringen Teil durch die asymmetrische Verbreiterung von D_1 verursacht werden, größtenteils aber durch die Änderung im Helligkeitsverhältnis der beiden D-Linien zueinander. Während nämlich für sehr schwach gefärbte Natriumflammen das Intensitätsverhältnis nahezu $i_1/i_2 = 2$ ist, nimmt es mit wachsender Dampfdichte stark ab etwa bis 1,2; dieser Änderung von i_1/i_2 entspricht aber bereits ein $d\lambda_0 = 0{,}0_4\,7\,\mu$. Da das Natriumlicht spektral gereinigt ist, dürfte der an Helligkeit zunehmende, kontinuierliche Grund des Flammenspektrums kaum Veranlassung zu einer Änderung von λ_0 geben, sehr wohl dagegen noch der Hof der D-Linien, weil er bei zunehmender Helligkeit stärker nach der roten Seite der D-Linien ausgebildet wird. Im Falle genauer Drehungsbestimmungen ist daher die Helligkeit des Natriumlichtes möglichst konstant zu erhalten, was

---

[1]) O. Schönrock, ZS. f. Instrkde. Bd. 17, S. 178. 1897.

sich aber unschwer in genügender Weise erreichen läßt; man kann so bei Ausführung längerer Untersuchungsreihen im Mittel λ_0 bis auf etwa $\pm 0,0_5 5\ \mu$ konstant halten.

Weiter mögen nun noch die optischen Schwerpunkte einiger häufiger benutzten Natriumlichtquellen angeführt werden, wenn ihr Licht nicht spektral sondern mit Hilfe von Strahlenfiltern gereinigt wird. Die tiefgrüne Uranosulfatlösung von US_2O_8 des LIPPICHschen Lichtfilters muß stets erst durch Reduktion aus dem gelben schwefelsauren Uranyl USO_6 hergestellt werden und geht an der Luft wieder durch Oxydation in die gelbe Uranylsalzlösung über. Man muß daher für einen luftdichten Verschluß der Absorptionszelle sorgen und die Füllung von Zeit zu Zeit erneuern. 5 g schwefelsaures Uranyl werden in 100 cm³ Wasser in einer Flasche gelöst und 2 g reines Zink in Pulverform zugefügt. Sodann werden 3 cm³ konzentrierte Schwefelsäure in drei Partien zugesetzt, und zwar wird immer abgewartet, bis die Reaktion nahe vorüber ist, wobei die Flasche verschlossen bleibt. Sieben Stunden nach dem Zusetzen der letzten Partie wird die Flüssigkeit filtriert und sogleich ohne Luftblase in die Kammer gefüllt. Nach weiteren zwanzig Stunden ist die Lösung zur Ruhe gekommen und hält sich während eines Monats unverändert. In der folgenden übersichtlichen Zusammenstellung finden sich die optischen Schwerpunkte einiger Natriumlichtquellen nebst den entsprechenden Drehungswinkeln ein und derselben Quarzplatte:

Lichtquelle	Reinigung	λ_0 in μ	α_{20} in Graden
Bunsenflamme mit NaCl	10 cm dicke Schicht einer 9 proz. $K_2Cr_2O_7$-Lösung in Wasser und 1 cm dicke Schicht einer $CuCl_2$-Lösung mit 1 g Salz auf 6,35 cm³ Wasser	0,58886	21,757
Intensivnatronbrenner	vollkommen spektral gereinigt	0,58924	21,728
Bunsenflamme mit NaCl oder NaBr	10 cm dicke Schicht einer 6 proz. $K_2Cr_2O_7$-Lösung in Wasser und 1,5 cm dicke Schicht der obigen tiefgrünen US_2O_8-Lösung	0,58927	21,725
Weißes Licht	spektral zerlegt und auf die Mitte der beiden D-Linien eingestellt	0,58930	21,723
Bunsenflamme mit NaCl	10 cm dicke Schicht einer 9 proz. $K_2Cr_2O_7$-Lösung in Wasser	0,58944	21,712
Bunsenflamme mit NaBr	10 cm dicke Schicht einer 9 proz. $K_2Cr_2O_7$-Lösung in Wasser	0,58992	21,675

Die Zahlen zeigen, daß man das Natriumlicht und die absorbierenden Schichten der Lösungen zur Reinigung genau zu definieren hat, um vergleichbare Messungen zu erhalten.

26. Berücksichtigung des Erdmagnetismus. Wegen der elektromagnetischen Drehung der Polarisationsebene des Lichtes ist bei genauen Drehungsbestimmungen von langen Flüssigkeitssäulen der Einfluß des Erdmagnetismus nicht zu vernachlässigen. Die Größe der elektromagnetischen Drehung hängt von der durchstrahlten Substanz ab und ist der Länge der durchstrahlten Schicht sowie der der Richtung des Lichtstrahles parallelen Intensitätskomponente des magnetischen Feldes direkt proportional. Die meisten Körper besitzen wie das Wasser ein positives magnetisches Drehvermögen, d. h. die Drehung geschieht in der Richtung des Stromes, welcher das magnetische Feld durch Umkreisen hervorrufen würde. Laufen die Lichtstrahlen im Apparat horizontal, so kommt nur die Horizontalintensität H des Erdfeldes in Betracht, die z. B. für Berlin

$H = 0{,}184$ Gauß beträgt. Will man also den Einfluß des Erdmagnetismus ganz vermeiden, so muß man die Achse des Apparates senkrecht zum magnetischen Meridian stellen. Die elektromagnetische Drehung erreicht ihren Maximalwert α, wenn die Lichtstrahlen im magnetischen Meridian verlaufen, und zwar erfolgt beim Wasser die Drehung α im positiven Sinne, falls die Strahlen von Süden nach Norden den Körper durchsetzen. Bilden sie mit dem magnetischen Meridian den spitzen Winkel φ, so ist die Drehung gleich $\alpha \cos\varphi$.

Um von der Größe der Werte α eine Vorstellung zu bekommen, werden die folgenden Angaben genügen: die Drehung α_{20}^D in Kreisgraden für 1 mm Schichtdicke beträgt für senkrecht zur Achse geschliffenen Quarz $0{,}0_551$, leichtes Kronglas $0{,}0_549$, Wasser $0{,}0_540$, Schwefelkohlenstoff $0{,}0_4129$. Für Quarz- und Verschlußplatten ist demnach der Betrag recht gering, dagegen sehr merklich bei längeren Flüssigkeitssäulen. Deshalb mögen hier noch die Drehungen in Graden für eine 20 cm lange Wasserschicht in Abhängigkeit von λ Platz finden:

λ in μ	$200\,\alpha_{20}$	λ in μ	$200\,\alpha_{20}$	λ in μ	$200\,\alpha_{20}$
0,250	0,00639	0,458	0,00138	0,800	0,00041
0,275	0,00476	0,526	0,00103	0,900	0,00031
0,361	0,00236	0,589	0,00080	1,000	0,00025
0,409	0,00175	0,688	0,00058	1,300	0,00016

Gegenüber den in festen und flüssigen Körpern bewirkten erdmagnetischen Drehungen können diejenigen in Gasen und Dämpfen vollkommen vernachlässigt werden.

e) Bestimmung der Rotationsdispersion.

27. Ältere Versuchsanordnungen. a) Brochsches Verfahren. Man verfügt jetzt über eine größere Anzahl homogener Lichtquellen von großer Lichtstärke; für ihre Wellenlängen werden die Drehungswinkel am genauesten ge-

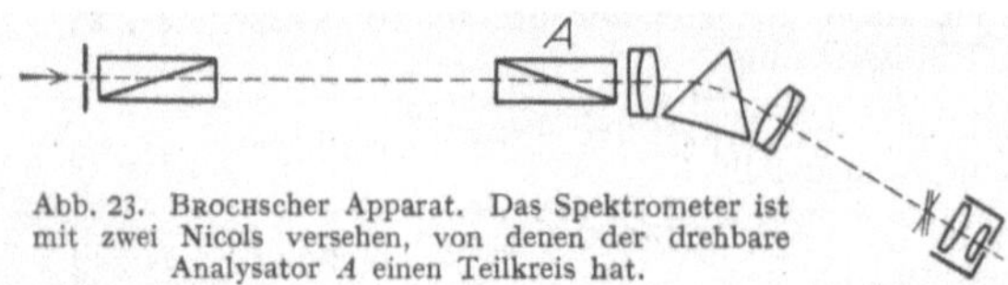

Abb. 23. Brochscher Apparat. Das Spektrometer ist mit zwei Nicols versehen, von denen der drehbare Analysator A einen Teilkreis hat.

messen, wenn man das Licht spektral reinigt und in einen Lippichschen Polarisationsapparat schickt (Ziff. 28). Oft wird es aber nötig, die Drehungen für bestimmte, beliebige Wellenlängen zu ermitteln, und in solchen Fällen muß man dann eine der allgemein verwendbaren Methoden zur Bestimmung der Rotationsdispersion benutzen. Das älteste Verfahren hierfür ist das von Broch und gleichzeitig von Fizeau und Foucault angegebene. Ein einfaches Spektrometer wird, wie sich aus Abb. 23 ergibt, mit zwei Polarisationsprismen ausgerüstet, von denen der drehbare Analysator A mit einem Teilkreise verbunden ist, und mit Sonnenlicht beleuchtet, welches mit Hilfe eines Heliostaten horizontal in den Kollimator reflektiert wird. Durch Drehen des Fernrohrs überblickt man in diesem das ganze Spektrum mit den dunklen Fraunhoferschen Linien. Der Nullpunkt des Analysators wird dadurch bestimmt, daß man ihn auf größte Dunkelheit des Spektrums einstellt. Das Einschalten einer drehenden Substanz erhellt dann das Spektrum wieder. Dreht man nun den Analysator nach, so tritt im Spektrum ein vertikaler schwarzer Streifen auf, der beim Weiterbewegen des Analysators durch das Spektrum wandert und dessen Mitte der vollkommen ausgelöschten Wellenlänge entspricht. Hat man daher zuerst die gewünschte Linie zwischen die beiden parallelen Vertikalfäden gebracht und stellt sodann durch Drehen von A den schwarzen Streifen mitten zwischen die Fäden ein, so ergibt die am Teilkreise abgelesene Lage von A den Drehungswinkel für die betreffende Linie.

Die Genauigkeit der Einstellungen wird um so höher, je schmäler und schärfer der dunkle Streifen ist, je größer also die Drehwinkel und damit die Rotationsdispersion sind. Die BROCHsche Methode hat im Laufe der Zeit noch mannigfaltige Verbesserungen erfahren, auf die aber hier um so weniger eingegangen zu werden braucht, als anders geartete Untersuchungsmethoden eine bedeutend höhere Sicherheit der Messungen erreichen lassen (s. auch Ziff. 30).

b) LANGsches Verfahren. Der Hauptmangel des BROCHschen Verfahrens besteht in der nur zeitweise möglichen Benutzung des Sonnenlichtes. Deshalb hat LANG die Methode so umgeändert, daß man statt des Sonnenlichtes mit den FRAUNHOFERschen Linien gewöhnliches weißes Licht mit künstlichen Spektrallinien verwenden kann. Das aus einem einfachen Polarimeter tretende Licht wird in einem Spektrometer zerlegt, wie das Abb. 24 zeigt. Von der Lichtquelle A entwirft man durch die Beleuchtungslinse B ein scharfes Bild auf dem Kollimatorspalt C. Zur Ermittelung des Drehungswinkels einer Substanz für eine bestimmte Spektrallinie wird zunächst in A die die betreffende Spektrallinie erzeugende, farbige Lichtquelle aufgestellt und das Fernrohr so gedreht, daß diese helle Linie genau zwischen die Parallelfäden zu liegen kommt. Darauf ersetzt man die homogene Lichtquelle durch eine möglichst starke weiße, schaltet den aktiven Körper ein und dreht den Analysator, bis der schwarze Streifen sich wieder genau in der Mitte zwischen den Vertikalfäden befindet. Damit ist dann der Drehungswinkel für die betreffende Spektrallinie gefunden.

28. LIPPICHsche Methode. Mit dieser werden im sichtbaren Spektrum die genauesten Resultate erzielt, weil sie in einfachster Weise das Halbschattenprinzip mit der spektralen Auflösung des Lichtes verbindet. Wie in Abb. 25 skizziert ist, wird intensives weißes Licht durch einen licht-

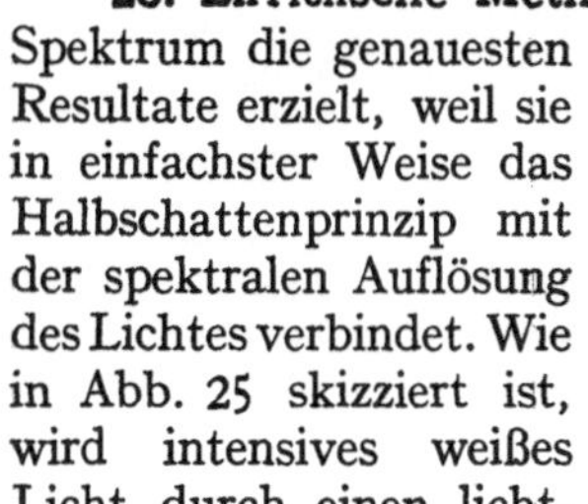

Abb. 24. LANGsche Apparatur. A Lichtquelle, B Beleuchtungslinse, darauf zwei Nicols und das Spektrometer.

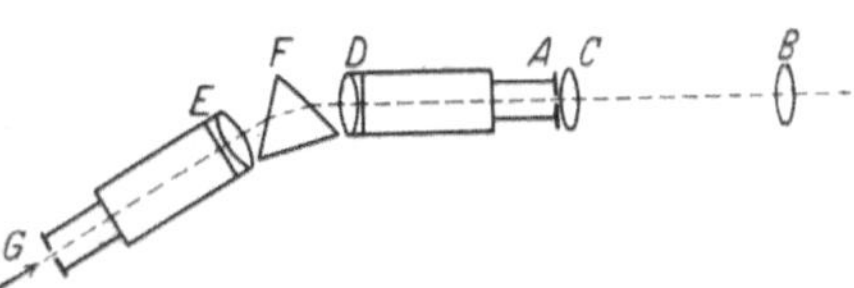

Abb. 25. LIPPICHsche Methode. Das Licht durchsetzt den Monochromator GA, die Hilfslinse C und darauf das Polarimeter, dessen Beleuchtungslinse B ist.

starken Monochromator zerlegt; das den Okularspalt A verlassende einfarbige Licht vom gewünschten Wellenlängenbezirk gelangt darauf in ein LIPPICHsches Polarimeter (Ziff. 23), dessen Beleuchtungslinse B ist und mit welchem die Drehungsbestimmung in gewöhnlicher Weise ausgeführt wird. Dem Spalt A hat man wieder eine solche Lage zu geben, daß durch B ein scharfes Bild des Spalts auf dem Analysator-Diaphragma entworfen wird. Um die Strahlen mehr zu zentrieren, bringt man (nach SCHÖNROCK) noch außen am Monochromator unmittelbar vor dem Austrittsspalt A eine Linse C (von passend gewählter Brennweite) an, welche ein Bild des Objektivs D auf der Beleuchtungslinse B des Polarimeters entwirft; dadurch wird auch die Justierung der beiden Apparate zueinander sehr erleichtert. Denn nunmehr liegen einerseits scharfe Bilder von E, F und D in der Nähe des Polarisator-Diaphragmas, andererseits die scharfen Bilder von G, A, C und dem Analysator-Diaphragma im Okularkreise dicht vor dem Okulardeckel des Polarimeters. Mit seinem Fernrohr kann man daher auf die ersteren Bilder scharf einstellen, die letzteren Bilder aber mit einer Lupe betrachten und so leicht die einzelnen optischen Teile genau richtig zueinander zentrieren. Muß der Monochromator erst aus einzelnen Teilen zusammengesetzt werden, so ist es am zweckmäßigsten, vom Polarisationsapparat auszugehen und erst CA, dann D usf., schließlich G aufzustellen.

Diese Zusammenstellung der Apparate kann natürlich auch dazu dienen, das von Lichtquellen (z. B. Natrium-, Quecksilberlampe) ausgesandte homogene Licht spektral zu reinigen. Als weiße starke Lichtquellen empfehlen sich neben der Wolfram-Bogenlampe von Skaupy die eine besonders intensive Flächenhelle besitzenden Osram-Azolampen (von etwa 2,5 $\mathcal{A}$ und 12 $\mathcal{V}$) mit gerader, zylindrischer Leuchtspirale. Dem gleichseitigen Prisma F zur Erzeugung des Spektrums ist ein Prisma mit gerader Durchsicht vorzuziehen, weil bei ihm die Spektrallinien weniger gekrümmt erscheinen. Die Feinbewegung des Spaltrohres EG erfolgt durch eine sorgfältig geschnittene Mikrometerschraube, die Trommelablesung besitzt und nach bekannter Weise in Wellenlängen ausgewertet werden muß. Sehr vereinfacht wird diese Arbeit für $\lambda = 0,33$ bis $0,77\,\mu$ bei Benutzung des Hartmannschen Dispersionsnetzes (von der Firma Schleicher und Schüll, Düren im Rheinland), bei welchem die prismatischen Dispersionskurven als gerade Linien erscheinen, sobald man die Werte λ an die leicht auffindbare richtige Stelle der Wellenlängenteilung des Koordinatenpapiers verlegt. Die Spalte A und G müssen notwendigerweise symmetrisch zur Mitte beweglich sein, weil sonst die erhaltene Auswertung nur für eine bestimmte Spaltbreite gelten würde. Zur Eichung der Schraube reichen die folgenden leicht zu erzeugenden Spektrallinien vollkommen aus:

Farbe	Linie		λ in μ für 20° C und 760 mm Druck (bei 10 mm absoluter Feuchtigkeit)
rot $0,77 - 0,60\,\mu$	K	7699	0,769 905
	K	7665	0,766 498
	He	7065	0,706 523
	He	6678	0,667 818
	H	6563	0,656 286
gelb $0,60 - 0,57$	Na	5896	0,589 596
	Na	5890	0,588 999
	He	5876	0,587 565
	Hg	5791	0,579 069
	Hg	5770	0,576 963
grün $0,57 - 0,49$	Hg	5461	0,546 077
	He	5016	0,501 570
	He	4922	0,492 195
	Hg	4916	0,491 606
blau $0,49 - 0,43$	H	4861	0,486 138
	He	4713	0,471 317
	He	4472	0,447 150
	Hg	4358	0,435 836
	H	4340	0,434 049
violett $0,43 - 0,39$	Hg	4078	0,407 785
	Hg	4047	0,404 658

Sehr praktisch im Gebrauch sind auch die Abbeschen Prismen mit fester Ablenkung von 90°, weil dann das Spaltrohr EG nebst Lichtquelle fest stehen bleibt und bloß das Prisma gedreht wird, wobei die Minimumstellung stets erhalten bleibt. Derartige Monochromatoren pflegen eine schon nach Wellenlängen geteilte Skale an der Mikrometerschraube zu besitzen. Natürlich hat man auch für eine solche Skale die Fehlerkurve mit Hilfe der obigen Spektrallinien aufzustellen. Es sei nochmals daran erinnert, daß die Trennungslinie im Gesichtsfelde des Polarimeters bei Einstellung auf gleiche Helligkeit gut verschwinden wird, sobald man den leuchtenden Spalt A senkrecht zur Trennungslinie anordnet und ihn genügend lang macht, und daß bei richtiger Konstruktion des Halbprismas der Spalt A sich im Okularkreise des Fernrohrs nur einfach abbildet. Je größer die Rotationsdispersion ist, um so enger muß man die beiden Spalte A und G wählen, damit das aus dem Spalt A tretende Licht die genügende Homogenität besitzt. Über den optischen Schwerpunkt dieses Lichtes ist das Nähere bereits in Ziff. 25 gesagt. Gewöhnlich nimmt man für die beiden Spaltbreiten dasselbe Verhältnis, welches die Brennweiten der Objektive D und E haben, in dem Sinne, daß der größeren Brennweite auch der weitere Spalt zugeordnet wird.

Bekanntlich erhält man bei nur einmaliger spektraler Zerlegung kein reines Spektrum; aus dem leuchtenden Spalt A tritt nämlich nicht bloß Licht der eingestellten Wellenlänge, sondern auch in merklichen Spuren diffuses, gebeugtes und vielfach reflektiertes Licht aller anderen Wellenlängen. Dieses schädliche falsche Licht macht sich nun gerade bei polarimetrischen Messungen besonders störend bemerkbar, weil es das dunkle Gesichtsfeld stark aufhellt und die Feldhälften verschieden färbt, sobald der Drehungswinkel und die Rotationsdispersion größere Werte annehmen. Beobachtet man dann z. B. mit rotem Licht, so wird es wegen des kleinen Halbschattens fast ganz vom Analysator ausgelöscht, während das falsche und viel stärker gedrehte, grüne und blaue Licht fast ungeschwächt hindurchgelassen wird. So kann es geschehen, daß dieses Licht in der Nähe der Einstellung des Analysators auf rot an Intensität das zu benutzende rote Licht bei weitem übertrifft und die Einstellungen recht unempfindlich macht. Wird z. B. eine Quarzplatte von $\alpha^D = 35°$ eingeschaltet, so kann man bei Beleuchtung des Monochromators mit weißem Lichte im Rot, Blau und Violett überhaupt keine ordentlichen Messungen vornehmen. Das falsche Licht muß also zuvor unter allen Umständen beseitigt werden.

Am vollkommensten wird das durch doppelte spektrale Zerlegung erreicht, indem man das Licht durch zwei hintereinander gestellte Monochromatoren gehen läßt. Meist wird aber das schädliche falsche Licht schon in genügendem Maße entfernt, indem man zwischen Lichtquelle und Kollimatorspalt G oder nahe bei C ein passendes Lichtfilter einfügt, das möglichst die Farbe der eingestellten Wellenlänge hat und alle anderen Wellenlängen absorbiert. Solcher farbig absorbierender Mittel bedarf es natürlich auch, wenn z. B. direkt mit durch den Monochromator zerlegtem Quecksilberlicht gearbeitet werden soll. Am geeignetsten als Strahlenfilter sind die Jenaer Farbgläser vom Glaswerk Schott & Gen., die sich durch ihre hohe Unveränderlichkeit und gute optische Gleichmäßigkeit auszeichnen. Für die polarimetrischen Bedürfnisse haben sich die folgenden fünf Farbgläser als sehr brauchbar erwiesen, mit denen man in fast allen Fällen auskommen wird. In der hierunter stehenden Zusammenstellung finden sich auch die zu wählenden Dicken angegeben, sowie die Spektralbereiche, innerhalb welcher die einzelnen Gläser benutzt werden sollen:

Farbe des Farbglases	Farbglas benutzbar im Spektralbereich	Bezeichnung des Farbglases	Dicke in mm
rot	$0{,}770{-}0{,}620\,\mu$	F 4512 Rotfilter	3,8
gelb	$0{,}620{-}0{,}573$	F 5899 Gelbglas dunkel	7,0
grün	$0{,}573{-}0{,}495$	F 4930 Grünfilter	2,7
blau	$0{,}495{-}0{,}430$	F 3873 Blaufilter	2,0
violett	$0{,}430{-}0{,}390$	F 3653 Blau-Uviolglas	4,0

Eine für alle im sichtbaren Lichte auszuführenden, polarimetrischen Messungen recht brauchbare Zusammenstellung von Lippichschem Polarisationsapparat und Monochromator, wie sie die Firma Franz Schmidt & Haensch in Berlin verfertigt, zeigt im Schema die Abb. 26. Letzterer ist mit einem geradsichtigen Prisma ausgerüstet; das Spaltrohr AB nebst Beleuchtungsvorrichtung CD ist um die horizontale Achse EF drehbar und läßt sich durch eine mit Trommel- und Linealteilung versehene Mikrometerschraube auf jede beliebige Wellenlänge einstellen. Dabei bleibt die Lichtquelle G ruhig stehen, weil sie in der Verlängerung der Achse EF so aufgestellt werden muß, daß ihr durch den Kondensor C erzeugtes Bild zentrisch auf dem Spalt A liegt. Durch die Linse D wird noch C nahe bei EF abgebildet. Nach- und aufeinander werden demgemäß G, A, H, J im Okularkreise dicht vor K abgebildet, andererseits wieder sehr angenähert C, B bis L, M bis N in der Fernrohrblende O. Die symmetrischen Spalte A und H sind horizontal angeordnet und folglich die Trennungslinie im Gesichtsfelde N vertikal. Als weiße Beobachtungslichtquelle G wird eine kleine elektrische Osram-Spiraldrahtlampe geliefert mit Vorschaltwiderstand und einem Druckknopf, bei dessen Betätigung die Lampe kurz geschlossen wird, so daß man im Moment der Beobachtung für wenige Sekunden die Lampe überhitzen und eine bedeutend größere Helligkeit erzielen kann, was für viele Untersuchungen sehr vorteilhaft ist. Schließlich sitzt noch dicht vor der Linse P eine Revolverblende mit sechs Öffnungen, von denen eine frei ist, während die anderen fünf mit den obigen fünf Farbgläsern versehen sind.

Im vorhergehenden hat man die Farbgläser als passende absorbierende Mittel gewählt, um eine genügende Reinigung des im Monochromator zerlegten Lichtes für die verschiedenen Stellen des Spektrums zu erreichen. Und nur zu diesem Zweck allein sollen die Farbgläser Verwendung finden, nicht aber etwa als Lichtfilter für weißes Licht, um ohne spektrale Zerlegung angenähert einfarbiges Licht zu erhalten. Die Methode zur Bestimmung der Rotationsdispersion mit Hilfe von weißem Licht und Strahlenfiltern allein ist völlig veraltet und zu verwerfen, da die mit ihr erhaltenen Resultate so unsicher bleiben, daß sie ohne jeglichen Wert für die wissenschaftliche Literatur sind. Auch die in letzter Zeit veröffentlichten mathematischen Betrachtungen über einen solchen Gebrauch von Lichtfiltern

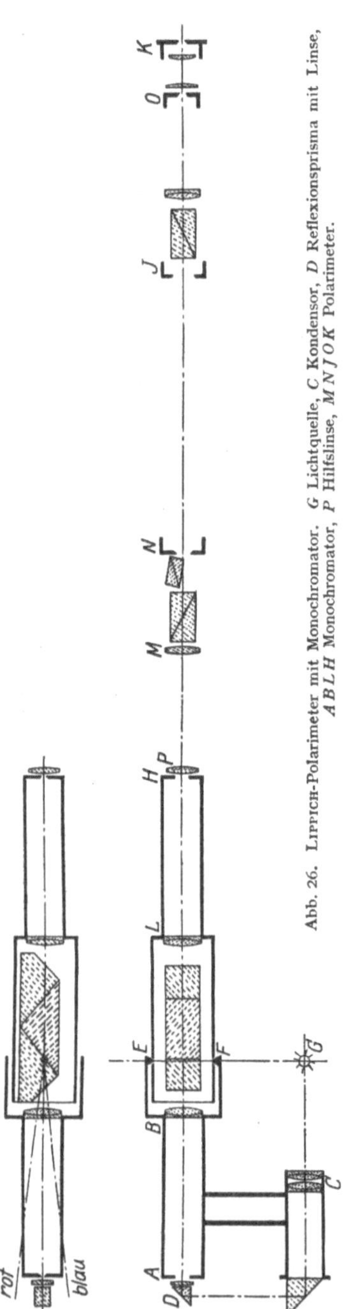

Abb. 26. Lippich-Polarimeter mit Monochromator. G Lichtquelle, C Kondensor, D Reflexionsprisma mit Linse, $ABLH$ Monochromator, P Hilfslinse, $MNJOK$ Polarimeter.

können keinen Anspruch auf wissenschaftliches Interesse erheben. Mittels des einfachsten und billigsten Spektroskops lassen sich demgegenüber die Drehungswerte mit einer ganz anderen und brauchbaren Genauigkeit bestimmen.

29. Im Ultraroten. Bei den Beobachtungen im Ultraroten wird die Strahlung gleichfalls spektral zerlegt und der Drehungswinkel aus Intensitätsmessungen berechnet. Als Intensitätsmesser dienen Mikroradiometer, Thermosäule oder Vakuum-Linearbolometer, letztere in Verbindung mit einem empfindlichen Galvanometer. Die eventuell in passender Weise zu korrigierenden Ausschläge sollen der auffallenden Strahlungsenergie proportional sein. Beim Bolometer kann man die Bestrahlung des einen Zweiges auch durch eine Nullmethode messen mittels Einfügung neuen Widerstandes in den anderen Zweig. Als ergiebige Quellen für Ultrarot werden der Auerbrenner, die Nernstlampe, die Azo-Lampe und der schwarze Körper benutzt, oder es wird mit den RUBENSSchen Reststrahlen beobachtet. Zu Polarisatoren kann man Kalkspatprismen nach GLAN-THOMPSON sowie SÉNARMONT bis $\lambda = 2{,}5\ \mu$, Sätze von aufeinander gelegten, 0,2 mm dicken Platten aus geeignetem Glase bis $4{,}3\ \mu$ unter Reflexion der Strahlen, für noch größere Wellenlängen aber Selenspiegel nach PFUND[1]) verwenden. Die Abbildung geschieht durch Steinsalzlinsen oder Hohlspiegel, die spektrale Zerlegung durch ein geeignetes Linsenspektroskop oder meist durch das WADSWORTH-RUBENSSche Spiegelspektrometer mit Prisma und ebenem Spiegel, die gemeinschaftlich gedreht werden, so daß bei feststehenden Armen dauernd Minimumstellung vorhanden ist. Die dispergierenden Prismen haben gewöhnlich einen brechenden Winkel von 60° und bestehen aus Quarz (mit der optischen Achse senkrecht

zur Halbierungsebene des brechenden Winkels, auch nach CORNUScher Art) bis $3{,}5\ \mu$, Flußspat bis $8{,}5\ \mu$ oder Steinsalz bis $18\ \mu$.

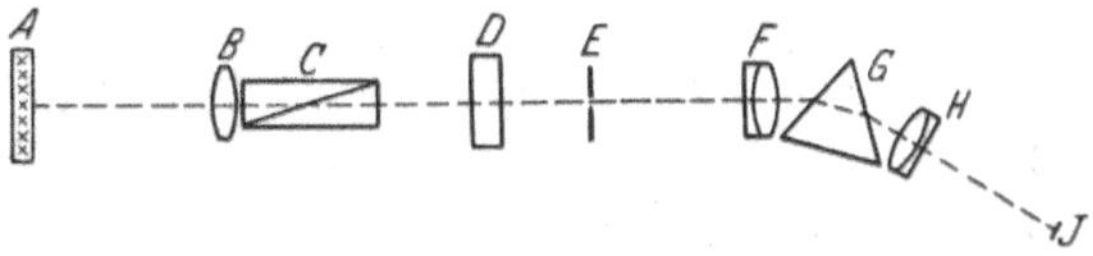

Stellt man das dispergierende Prisma aus Kalkspat mit der brechenden Kante parallel zu seiner optischen Achse her (in diesem Falle ist der brechende Winkel unabhängig von der Temperatur), so läßt es sich gleichzeitig als Analysator verwenden, indem man von den beiden getrennt nebeneinander liegenden Spektren der ordentlichen bzw. außerordentlichen Strahlen nur das ordentliche Spektrum für die Beobachtungen auswählt. So hat z. B. CARVALLO[2]) mit dem in Abb. 27 dargestellten Strahlengange gearbeitet. Die Strahlen der Lampe A durchsetzen der Reihe nach die Linse B, den Polarisator C, den zu untersuchenden, aktiven Körper D und das Spektroskop $EFGHJ$ mit dem Kalkspatprisma G und der Thermosäule J. Der Arm mit H und J ist drehbar, und die Linse B bildet A auf Spalt E ab; es empfiehlt sich, den vorklappbaren Schirm zwischen A und B zu setzen. Man denke sich D zunächst fort und den mit einem Teilkreise versehenen Polarisator C in eine solche Lage gedreht, daß seine Polarisationsebene parallel der brechenden Kante und folglich der optischen Achse von G liegt, so wird das ordentliche Spektrum seine größte Helligkeit besitzen, das außerordentliche dagegen gänzlich ausgelöscht sein. Es sei dann die Intensität des ordentlichen, schmalen Wellenlängenbezirkes, der auf die Thermosäule J fällt, gleich i_m, welcher der entsprechende Galvanometer-Ausschlag a_m proportional ist, also $a_m = k\,i_m$. Die folgenden Betrachtungen behalten ihre Gültigkeit auch

Abb. 27. Dispergierendes Kalkspatprisma als Analysator für Wärmestrahlen. A Lampe, B Linse, C Polarisator mit Teilkreis, D aktiver Körper, $EFGHJ$ Spektroskop, G Kalkspatprisma mit seiner optischen Achse parallel der brechenden Kante, J Thermosäule.

---

[1]) U. MEYER, Ann. d. Phys. Bd. 30, S. 614. 1909.
[2]) E. CARVALLO, Ann. chim. phys. Bd. 26, S. 113. 1892.

für den Fall, daß z. B. Prisma G aus Flußspat besteht und bei E nach C zu ein besonderer Analysator angebracht ist.

Aus dieser Lage werde nun der Polarisator in eine am Teilkreise genau abzulesende Stellung gedreht, die mit der Ausgangslage den vorläufig noch unbekannten Winkel x bilde, und jetzt der Ausschlag a beobachtet, dann ist bekanntlich

$$a = ki_m \cos^2 x = a_m \cos^2 x. \tag{28}$$

Der Polarisator wird weiter um genau $90°$ gedreht und der Ausschlag a' beobachtet; das ergibt

$$a' = a_m \cos^2 (90° + x) = a_m \sin^2 x. \tag{29}$$

Folglich ist $a + a' = a_m$ und

$$\cos^2 x = \frac{a}{a + a'}. \tag{30}$$

Damit ist x gefunden und die Lage des Polarisators bei maximaler Intensität mittels des Teilkreises festgelegt. Diese Lage gilt als Nullpunkts-Einstellung des Polarisators. Sie direkt aufsuchen zu wollen geht nicht an, weil sich in ihrer Nähe der Ausschlag nicht merklich mit x ändert. Darauf wird der aktive Körper zwischengeschaltet und in der gleichen Weise wie vorher wiederum die neue Lage des Polarisators bei maximaler Intensität bestimmt. Die Differenz der Ablesungen für die beiden Lagen maximaler Intensität gibt die aktive Drehung α. Natürlich ist wegen Reflexion und Absorption in der aktiven Substanz das letzte Mal $a + a'$ kleiner als das erste Mal.

Man hat sich die Frage zu stellen, für welchen Wert von x bei den obigen Bestimmungen die größte Genauigkeit in der Nullpunkts-Einstellung zu erwarten ist; offenbar dann, wenn da/dx bzw. da'/dx ein Maximum wird. Beide Gleichungen (28) und (29) liefern

$$-\frac{da}{dx} = \frac{da'}{dx} = a_m \sin 2x,$$

was absolut den größten Wert annimmt für $x = 45°$. Man beobachtet daher am besten die beiden Ausschläge a und a' in den beiden zueinander genau senkrechten Stellungen des Polarisators, die mit seiner Nullpunktslage Winkel von angenähert $45°$ einschließen; in diesem Falle wird auch a nahezu gleich a'.

Wegen dieser letzten Tatsache sind diese Stellungen des Polarisators leicht auffindbar. Dann vereinfacht sich die Berechnung aber sehr, wenn man nunmehr gleich als Nullpunktsstellung des Polarisators diejenige definiert, welche mit seiner Lage bei maximaler Intensität genau den Winkel $45°$ bildet. Es sei a ein wenig größer als a' beobachtet, dann ist im Falle a der Winkel x etwas kleiner als $45°$, also $x = 45° - u$, wenn die Abweichung mit u bezeichnet wird; mithin muß jetzt die Größe u berechnet werden. Nach Gleichung (30) ist

$$\cos^2 (45° - u) = \frac{a}{a + a'},$$

woraus streng gültig folgt

$$\sin 2u = \frac{a - a'}{a + a'}. \tag{31}$$

Um den hiernach gefundenen, kleinen Winkel u ist also der Polarisator aus seiner Lage bei a weiter zu drehen, und zwar in dem Sinne fort von seiner Lage bei a_m, um die richtige Nullpunktsstellung des Polarisators zu erhalten.

Es ist vorzuziehen, einen etwaigen bei E befindlichen Analysator fest liegen zu lassen und stets den Polarisator C zu drehen, weil dann ohne und mit D die

Wärmestrahlen von E ab bis J immer im selben Azimut schwingen und so die
Reflexionen am Prisma G und an den etwaigen Hohlspiegeln die gleichen bleiben,
also eine geringe Änderung des optischen Schwerpunktes des benutzten Wellenlängenbereiches von vornherein ausgeschlossen ist.

Soll mit Reststrahlen beobachtet werden, so stellt man die Wärmequelle
im Brennpunkte eines Hohlspiegels auf, leitet die Parallelstrahlenbüschel auf
einen Selenspiegel als Polarisator, durch den drehenden Körper, auf einen zweiten
Selenspiegel als Analysator, läßt die Strahlen an mehreren Platten reflektieren,
um durch die mehrfache Reflexion die den ultraroten Absorptionsgebieten der
Plattensubstanz entsprechenden Wellenlängen zu isolieren, und entwirft schließlich mittels eines zweiten Hohlspiegels ein Bild der passend begrenzten Wärmequelle auf dem Intensitätsmesser, z. B. einem Mikroradiometer. Polarisierender
Spiegel, Hohlspiegel und Wärmequelle müssen gemeinschaftlich gedreht werden
können; sonst erfolgen die Beobachtungen wieder nach Gleichung (31).

Die Drehungsbestimmungen auf Grund der Gleichung (31) verlangen naturgemäß eine recht konstant leuchtende Energiequelle, falls hinreichend genaue
Resultate erzielt werden sollen. Es lassen sich aber sehr beträchtliche Schwankungen der Wärmequelle ganz wirkungslos auf die Messungen machen, wenn
man nach INGERSOLL[1]) mit einer Differential-Thermosäule oder einem Differential-
Bolometer arbeitet. Diese Methode läßt sich so umgestalten, daß sie bis zu
$\lambda = 3{,}5\,\mu$ gut brauchbar ist. Als Polarisationsprismen dienen doppelbrechende
ROCHON-Prismen (Abb. 28) aus Kalkspat oder Quarz. Bei ihnen liegt die optische
Achse in der einen Hälfte senkrecht zu AB in der Zeichnungsebene, in der anderen

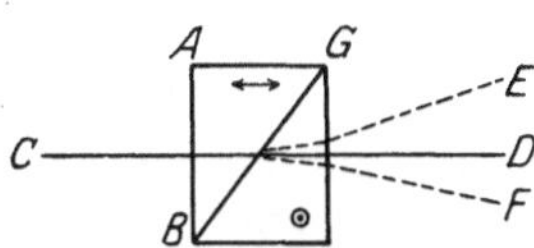

Abb. 28. ROCHON-Prisma. In seinen
beiden Hälften liegen die optischen
Achsen parallel dem Pfeil bzw.
senkrecht zur Zeichenebene. CD
ist der ordentliche achromatische
Strahl; der außerordentliche wird
im Falle von Kalkspat nach E hin,
im Falle von Quarz nach F hin
gebrochen.

Hälfte senkrecht zur Zeichenebene. Neben dem un-
gebrochenen ordentlichen Strahl CD entsteht ein außerordentlicher, der im Falle von
Kalkspat nach E hin, im Falle
von Quarz nach F hin gebrochen wird. Sonst ist der Strahlengang in der Apparatur ähnlich demjenigen der Abb. 27:
Wärmequelle, Hohlspiegel, Polarisator, Analysator, WADS-
WORTH - RUBENSsches Spiegelspektrometer mit Steinsalzpris-

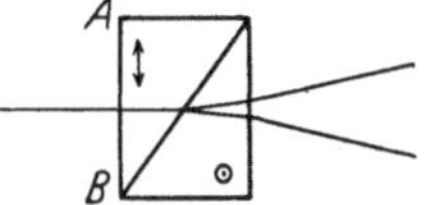

Abb. 29. WOLLASTON-Prisma.
Es besteht aus Quarz; in
seinen beiden Hälften liegen
die optischen Achsen parallel
dem Pfeil bzw. senkrecht zur
Zeichenebene.

ma, Differential-Bolometer. Von der Wärmequelle entwirft der Hohlspiegel ein Bild
auf dem Eintrittsspalt des Spektrometers. Beim drehbaren ROCHON-Polarisator
werden nur die ordentlichen, achromatisch bleibenden Strahlen benutzt.

Der Eintrittsspalt ist ein VIERORDTscher Doppelspalt, der in eine obere
und eine untere Hälfte geteilt ist, die einzeln zu gemessenen Breiten verstellbar
sind. Vor ihm wird nun nach dem Polarisator hin der Analysator so angebracht,
daß die beiden durch ihn entstehenden Bilder der Wärmequelle getrennt auf
der oberen bzw. unteren Hälfte des Spalts zu liegen kommen. Da von hier ab
beide Bilder gebraucht werden, so müssen die Spiegel und das Prisma vom
Spektrometer hinreichend groß gewählt werden, um auch die Strahlenbüschel
des abgelenkten Bildes voll aufnehmen zu können. Als Analysator kann ein
ROCHON-Prisma aus Quarz nicht gebraucht werden wegen der in der Hälfte ABG
(Abb. 28) eintretenden Drehung der bereits geradlinig polarisierten Strahlen.
Man verwendet in diesem Falle ein WOLLASTON-Quarzprisma, bei dem die optische
Achse in der einen Hälfte parallel AB (Abb. 29), in der anderen Hälfte senkrecht

---

[1]) L. R. INGERSOLL, Phys. Rev. Bd. 23, S. 489. 1906.

zur Zeichenebene liegt; bei ihm treten dann die beiden Strahlen nach verschiedenen Seiten aus der ursprünglichen Richtung heraus, so daß beide Bilder am Spalt in vertikaler Richtung eine schwache Dispersion aufweisen, die nicht schädlich wirkt. Auf diese Weise entstehen am Orte des Bolometers zwei übereinander liegende Spektra, deren Polarisationsrichtungen senkrecht aufeinander stehen; sind die Breiten des Doppelspalts einander gleich, so haben die beiden Spektra dieselbe Reinheit, sowie sehr angenähert dieselbe Helligkeit, falls noch die Polarisationsebene des Polarisators Winkel von 45° mit den beiden Polarisationsebenen des Analysators bildet. Das Bolometer besitzt zwei genau übereinander befestigte, gleiche Streifen, die zwei nebeneinander liegende Zweige der WHEATSTONEschen Brücke bilden; die beiden Bolometerstreifen sollen in vertikaler Richtung sich zentrisch in den beiden Spektren befinden. Werden sie dann gleich stark bestrahlt, so gibt das Galvanometer keinen Ausschlag.

Wie man erkennt, ist diese Einstellung unabhängig von einer Inkonstanz der Wärmequelle, da im Analysator sich jeder Strahl in zwei gespalten hat. Stets kann man dem Polarisator eine solche Lage geben, daß beim Hochziehen des vor der Wärmequelle befindlichen Schirmes kein Galvanometer-Ausschlag eintritt. Denn dreht man aus dieser Lage den Polarisator in der einen Richtung, so wird das obere Spektrum heller (und natürlich das untere entsprechend dunkler) und erzeugt einen Ausschlag nach der einen Seite, dreht man dagegen den Polarisator in der entgegengesetzten Richtung, so wird das untere Spektrum heller und erzeugt demnach einen Ausschlag nach der anderen Seite. Die Lage des Polarisators mit dem Ausschlag null wird nunmehr als Nullpunktsstellung angesehen. Diese wird indessen am genauesten erhalten, wenn man geeignete kleine Ausschläge nach links und rechts beobachtet und daraus interpoliert. Für den Polarisator ergeben sich vier um nahe 90° voneinander entfernte Nullpunkte, von denen je zwei um genau 180° auseinander liegen. Nach Einschaltung des aktiven Körpers wird die neue Nullpunktsstellung des Polarisators aufgesucht, womit der Drehungswinkel α für die auf den Bolometerstreifen eingestellte Wellenlänge gefunden ist. Man hat bloß darauf zu achten, daß α aus den richtig kombinierten Nullpunktsstellungen berechnet wird; meist wird darüber wegen der Kleinheit der Drehungswinkel wohl kaum ein Zweifel herrschen.

Beträgt der Drehungswinkel nur wenige Grade, so läßt er sich auch leicht aus dem auftretenden Ausschlage berechnen, doch bietet dieser Weg bei der Untersuchung natürlich aktiver Körper keine sonderlichen Vorzüge; er ist aber wissenswert, weil er die auftretenden Intensitätsverhältnisse gut überblicken läßt. Die Polarisationsebene des Polarisators bilde mit derjenigen des Lichtes in der oberen Spalthälfte den Winkel x, und es sei i' die auf den Analysator fallende Intensität für die eingestellte Wellenlänge. Dann empfängt der Bolometerstreifen, der von der oberen Spalthälfte bestrahlt wird, die Intensität

$$i_1 = k_1 i' \cos^2 x$$

und der andere Bolometerstreifen die Intensität

$$i_2 = k_2 i' \sin^2 x,$$

worin k_1 und k_2 die nur angenähert gleichen Schwächungsfaktoren wegen Reflexion, Absorption, ungleicher Spaltbreite usw. auf dem Wege vom Analysator bis zum Bolometer bezeichnen. Es folgt

$$\frac{d i_1}{d x} = -k_1 i' \sin 2x$$

$$\frac{d i_2}{d x} = k_2 i' \sin 2x,$$

also als relative Intensitäts-Änderung

$$di = di_2 - di_1 = (k_1 + k_2)\,i''\sin 2x \; dx.$$

Weiter sei

$$i = \frac{i_1 + i_2}{2} = \frac{i'}{2}(k_1\cos^2 x + k_2\sin^2 x),$$

so wird

$$\frac{di}{i} = \frac{2(k_1 + k_2)\sin 2x}{k_1\cos^2 x + k_2\sin^2 x}\,dx, \tag{32}$$

also für

$$x = 45° \qquad\qquad \frac{di}{i} = 4\,dx. \tag{33}$$

Beträgt demnach der Drehungswinkel dx der aktiven Substanz nur wenige Grade, so ergibt er sich aus der beobachtbaren relativen Intensitäts-Änderung nach Gleichung (33), und zwar völlig unabhängig von den Werten k_1 und k_2. Das heißt also, kleine Fehler in der Justierung der optischen Teile, beträchtliche Ungleichheiten in Reflexion und Absorption für die beiden Strahlenkomplexe, auch andere unbekannte Unterschiede bleiben ohne merklichen Einfluß auf die Genauigkeit des Resultats. Meist wird aber k_1 nahe gleich k_2 sein, und dann braucht x nur ungefähr gleich 45° zu sein und trotzdem bleibt noch Gleichung (33) hinreichend gültig, weil sich $\sin 2x$ in Gleichung (32) nur sehr wenig ändert. Es sei darauf hingewiesen, daß Gleichung (33) mit der früheren Gleichung (16) übereinstimmt, da in dem jetzt vorliegenden Falle sozusagen der Halbschatten $\varepsilon = 90°$, also $\operatorname{ctg}(\varepsilon/2) = 1$ ist. Wie immer ist natürlich der optische Schwerpunkt des vom Bolometerstreifen aufgenommenen Wellenlängenbereiches bei den Drehungsmessungen zu berücksichtigen.

Unter der Voraussetzung, daß die Galvanometer-Ausschläge a proportional den auf die Bolometerstreifen fallenden Strahlungsenergien i sind, kann man zur Benutzung der Gleichung (33) praktisch z. B. folgendermaßen vorgehen. Der aktive Stoff sei noch nicht zwischengefügt, und es seien die Hälften des Doppelspalts auf gleiche Breiten gestellt. Soll dann eine Hälfte verschlossen werden, so ist es besser, statt die Spalthälfte direkt zu schließen, lieber einen mit Wasser gefüllten Schirm vorzuschieben, der die Strahlung nach dieser Spalthälfte abfängt. Die untere Spalthälfte wird verschlossen und die Lage des Polarisators aufgesucht, bei welcher der Ausschlag ein Minimum ergibt. Für diese Lage ist $x = 90°$; Weiterdrehen des Polarisators um 45° gibt $x = 45°$, und in dieser Lage bleibt er feststehen. Jetzt wird der Ausschlag a_1 beobachtet, worauf man die untere Spalthälfte frei macht, die obere verschließt und den Ausschlag a_2 mißt. Sodann wird auch die obere Spalthälfte wieder frei gemacht und der kleine Ausschlag a' recht genau bestimmt, der genügend mit dem Wert $a_2 - a_1$ übereinstimmen wird unter Beachtung des richtigen Richtungssinnes. Nunmehr schaltet man den aktiven Körper ein und mißt wieder sehr genau den kleinen Ausschlag a'', dann hat der Körper für sich den Ausschlag $a = a'' - a'$ erzeugt, d. h. die beiden absoluten Ausschläge a'' und a' sind zu subtrahieren, wenn sie nach derselben Seite erfolgten, dagegen zu addieren, wenn sie nach entgegengesetzten Seiten geschahen. Demgemäß ist entsprechend Gleichung (33) der kleine Drehungswinkel dx des Körpers nach der Gleichung

$$dx = \frac{a}{2(a_1 + a_2)} \tag{34}$$

zu berechnen, und zwar in absolutem Bogenmaß gemessen. Der Wert läßt sich mehrfach kontrollieren, indem man den Polarisator dreimal um je 90° weiterdreht. Es ist leicht zu übersehen, wie man den Drehungssinn von dx durch Nachdrehen des Polarisators ermitteln kann.

30. Im Ultravioletten. Anfangs hat man sich in der Polarimetrie zum Sichtbarmachen ultravioletten Lichtes eines fluoreszierenden Okulars bedient. Ein einfacher Polarisationsapparat (Ziff. 19a) wird z. B. mit dem gewünschten ultravioletten Licht beleuchtet, in H (Abb. 12) eine fluoreszierende Platte, etwa phosphoreszierendes Uranglas, befestigt und der Analysator auf Auslöschung eingestellt. Damit ist aber für gewöhnlich eine befriedigende Genauigkeit nicht zu erreichen, weil der Einstellungsfehler gegen ein Grad beträgt. Die genauesten Resultate erzielt man naturgemäß mit photographischen Methoden. So ist die Methode von Nutting[1]) schon viel empfindlicher, bei welcher das Licht zwei am Kollimatorspalt sitzende Quarzkeile durchsetzt, von denen der eine rechts-, der andere linksdrehend wirkt. Aber auch auf diese Methode braucht hier nicht näher eingegangen zu werden, weil sie von der Halbschattenmethode nach Voigt[2]) bei richtiger Ausführung an Genauigkeit um ein Vielfaches übertroffen wird.

Mit der folgenden in Abb. 30 skizzierten Einrichtung kann man die Beobachtungen vom sichtbaren Gebiet bis in die Gegend der Wellenlänge $\lambda = 0{,}20\ \mu$ erstrecken. Eine ergiebige Quelle A für Ultraviolett befindet sich in der Brennebene der Linse B von etwa 10 bis 20 cm Brennweite, damit die Parallelstrahlenbüschel den Spalt E aufs vollkommenste gleichmäßig beleuchten. Während sich der Polarisator C mit seinem Teilkreise drehen läßt, ist der Halbschatten-Analysator D nach Schönrock (Ziff. 24) dicht vor dem Spalt E fest so angebracht, daß die Trennungslinie horizontal liegt und letzteren halbiert. Im Spektrographen $EFGHJ$ mit einer photographischen Kamera entsteht dann auf der Platte J ein Spektrum, das durch die Trennungslinie von D in eine obere und untere Hälfte geteilt erscheint, die den zwei Feldern des Halbschattenapparates entsprechen. Die Gesamthöhe des Spektrums wähle man zwischen 4 und 10 mm, den Halbschatten von D zwischen 5 und 10°. Das Polarimeter ist von B aus nach Ziff. 17 aufs genaueste zu justieren.

Abb. 30. Schönrock-Polarimeter mit Spektrograph. Ultraviolett-Lampe A in der Brennebene von Linse B, C Polarisator mit Teilkreis, D Halbschattenprisma nach Schönrock, $EFGHJ$ Spektrograph.

Die Nullpunktsstellung des Polarisators C auf gleiche Helligkeit der Felder bei E hängt kaum merklich von der Farbe ab und wird zunächst okular ermittelt, indem man die bei J eingesetzte Mattscheibe mit einer Lupe betrachtet und C auf gleiche Helligkeit der beiden Spektrumhälften im sichtbaren Gebiet dreht. Dann wird der zu untersuchende Spektrumteil horizontal in die Mitte der photographischen Platte gebracht und eine Reihe von Aufnahmen mit derselben Belichtungszeit gemacht, wobei man jedesmal die Platte vertikal verschiebt und den Polarisator C um einen genügend kleinen Winkel dreht. Aus einer solchen Reihe von Aufnahmen kann diejenige herausgesucht werden, bei der beide Spektrumhälften an jeder einzelnen Stelle oben und unten verglichen gleich hell sind; die ihr zugehörige Lage von C ist der Nullpunkt. Hierbei wird sich meist eine Interpolation als notwendig herausstellen. Sie ist mit großer Genauigkeit unter Kontrolle der für die vorliegenden Verhältnisse streng gültigen

---

[1]) P. G. Nutting, Phys. Rev. Bd. 17, S. 1. 1903.
[2]) S. Landau, Phys. ZS. Bd. 9, S. 417. 1908.

Gleichung (16) durchführbar, wenn die Aufnahmen in einem Registrierkomparator photometriert werden.

Wird nun der aktive Körper eingeschaltet, so habe man den Polarisator aus der Nullage um den Winkel α herausdrehen müssen, bis bei den Aufnahmen in dem benutzten Spektrumteil zwei Minima auftreten, die in den beiden Spektrumhälften gegeneinander verschoben sind. Die beiden Minima entsprechen den ausgelöschten Wellenlängen, während dazwischen, wie leicht zu übersehen ist, eine Stelle mit einer Wellenlänge λ liegt, wo die Intensitäten beider Spektrumhälften gleich sind. Diesem λ kommt dann der Drehungswinkel α zu. Er kann noch positiv oder negativ sein und sich von α um Vielfache von $180°$ unterscheiden, doch ist das leicht durch passende Anordnung der Untersuchungen festzustellen. Durch Drehen des Polarisators kann man natürlich den Ort gleicher Intensitäten an jede beliebige Wellenlänge verlegen. In der Regel empfiehlt es sich, auf derselben Platte immer für jedes α drei Aufnahmen zu machen und endlich noch sowohl anfangs oben auf ihr als auch zum Schluß unten ein bekanntes Linienspektrum (etwa das von Hg) mitzuphotographieren, um die λ ablesen zu können. Erst beide Linienspektren zusammen sichern die richtige Ablesung der λ. Die Aufnahmen werden dann wieder im Registrierkomparator photometriert, aber unter Weglassung der Randpartien, so daß mit großer Sicherheit die Stelle gleicher Intensitäten ermittelt werden kann. Durch Ausmessen je dreier Aufnahmen sollen eventuelle örtliche Plattenfehler aufgedeckt werden, damit man das Resultat von ihrem Einfluß befreien kann. Dagegen verursacht natürlich die Abhängigkeit der Empfindlichkeit der Platten von der Wellenlänge keine Messungsfehler. Es ist leicht einzusehen, daß sich systematische Fehler einschleichen können, wenn der Kollimatorspalt E nicht dauernd ganz gleichmäßig beleuchtet wird; deshalb darf auch die Lichtquelle A nicht in E abgebildet werden. Lieber ist eine entsprechend längere Expositionszeit bei A in der Brennebene von B vorzuziehen. Natürlich ist sonst eine richtig gewählte Expositionszeit von größter Wichtigkeit für die Empfindlichkeit der Methode; denn bei zu langer Exposition verschwinden die feinen Unterschiede.

Zu den Messungen kann man auch direkt diskontinuierliche Spektren wie z. B. das des Eisens benutzen und durch eine Reihe photographischer Aufnahmen feststellen, bei welcher Lage des Polarisators die gleiche Helligkeit in den beiden Linienhälften eintritt. Sehr brauchbar sind ferner die Quecksilberdampf-Bogenlampen aus Quarzglas der Firma Heraeus in Hanau, sowie die edelgasgefüllten nach GEORGE[1]), welche neben den Quecksilberlinien ein sehr helles kontinuierliches Spektrum bis etwa $0{,}22\ \mu$ geben. Tantalbandlampen, Wolframbandlampen, Wolframspirallampen und Wolframbogenlampen mit einem Quarzfenster ergeben ein kontinuierliches Spektrum bis $0{,}20\ \mu$; sie werden auch mit Stickstoff oder Argon gefüllt, um die Überhitzung ohne Schaden für die Lampe höher treiben zu können, und eignen sich besonders als ultraviolette Strahlungsquellen mit guter Konstanz.

Die Kalkspatprismen erhalten Glyzerin- oder auch Rizinusölkittung, oder aber man ersetzt die Kittung durch eine dünne Luftschicht, wobei die Dimensionen der Prismen entsprechend abzuändern sind. Als Linsen benutzt man einfache Quarzobjektive oder Quarz-Flußspat-Achromate oder kann sie auch durch Hohlspiegel ersetzen. Zum Spektroskop verwendet man einen einfachen Quarzspektrograph mit CORNU-Prisma oder Spektrographen mit fester Ablenkung, die mit Flußspat- oder CORNU-Quarzprismen ausgerüstet sind. Eine Mattscheibe mit eingesetztem Streifen von Uranglas erleichtert die groben Einstellungen

---

[1]) H. GEORGE, Rev. d'Opt. Bd. 4, S. 82. 1925; ZS. f. Instrkde. Bd. 45, S. 504. 1925.

des Polarisators im Ultravioletten. Die schlimmste Fehlerquelle liegt auch bei diesen ultravioletten Drehungsmessungen wieder in der ungenügenden Reinheit des Spektrums; für genaue Bestimmungen kann ein Quarzspektrograph mit doppelter Zerlegung nach Müller[1]) gute Dienste tun.

f) Saccharimetrie.

31. Soleilsche Keilkompensation. Die in der Zuckertechnik so viel gebrauchten Saccharimeter dienen speziell zur Bestimmung des Gehaltes von Zuckerlösungen. Man merke sich, daß von allen Hilfsmitteln, welche die Wissenschaft der Zuckerfabrikation zur Verfügung gestellt hat, keines deren Ausbau in höherem Grade gefördert hat als der Polarisationsapparat. Eine solche Bestimmung des Zuckergehaltes von Lösungen läßt sich zwar auch mit jedem der vorher beschriebenen Polarimeter ausführen, doch verlangen diese stets homogenes Licht. Da indessen in der Zuckerpraxis oft sehr dunkel gefärbte Lösungen zu untersuchen sind, so ist es unumgänglich notwendig, die Apparate mit beliebigem

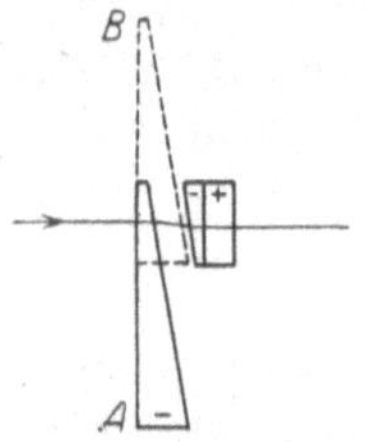

Abb. 31. Soleilsche Quarzkeilkompensation. Das Licht durchsetzt die einzelnen Teile in Richtung der optischen Achse des Quarzes. Der längere Keil ist in Richtung AB verschiebbar.

weißen Licht zu beleuchten. Das ermöglicht nun die Quarzkeilkompensation, das Charakteristikum aller Saccharimeter, weil die Rotationsdispersionen von Quarz und Zucker sehr nahe übereinstimmen. Bei diesen Apparaten bleibt der Analysator in seiner Nullpunktsstellung feststehen, und die vom Zucker hervorgerufene Drehung wird durch eine am Analysator angebrachte, parallele Quarzplatte von veränderlicher Dicke wieder aufgehoben.

Die zuerst von Soleil konstruierte Keilkompensation ist in Abb. 31 wiedergegeben. Das Licht durchsetzt die Keile in Richtung der optischen Achse des Quarzes. Die Vorrichtung besteht aus einer rechtsdrehenden Platte und zwei linksdrehenden Keilen, von denen der längere mittels eines Triebes in der Längsrichtung AB verschiebbar ist, so daß also die beiden Keile zusammen einen Linksquarz von veränderlicher Dicke ergeben. Die Verschiebung des Keils wird an einer Nickelinskale gemessen. Nahe der einen Endlage ist die Gesamtdrehung des Linksquarzes gleich derjenigen des Rechtsquarzes, so daß die Quarze zusammen keine Drehung hervorrufen; diese Stellung soll der Ablesung null an der Skale entsprechen. Wird nun die Zuckerlösung eingeschaltet, so muß man, um die optische Gleichgewichtslage wiederherzustellen, den Keil verschieben, und diese zur Kompensation notwendige Verschiebung ist direkt proportional

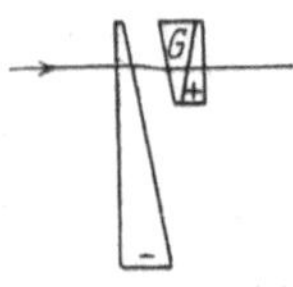

Abb. 32. Martenssche Quarzkeilkompensation. G ist ein Glaskeil; die beiden anderen Quarzkeile durchsetzt das Licht in Richtung der optischen Achse des Quarzes.

dem Drehungswinkel der Lösung. Das ist aber nur dann praktisch der Fall, wenn optisch genügend reiner Quarz für die Kompensation vom Optiker verarbeitet worden ist. Dagegen bietet es keine Schwierigkeiten, die Quarzflächen hinreichend eben zu polieren, weil durch geringe Unebenheiten nicht leicht merkliche Fehler entstehen können, da im Apparat stets dasselbe größere Flächenstück der Quarze von allen Strahlenbüscheln gleichmäßig durchsetzt wird.

32. Martenssche Keilkompensation. Diese verbraucht etwas weniger Quarz wie die vorhergehende, weil bei ersterer (Abb. 32) zwei Quarzkeile von entgegengesetzter Drehung aber gleichem Keilwinkel so kombiniert werden, daß ihre dicken Enden nach derselben Seite hin gerichtet sind. Die seitliche Ablenkung der Strahlen durch die beiden Quarzkeile ist durch den zwischen ihnen liegenden, möglichst span-

[1]) C. Müller, ZS. f. Instrkde. Bd. 46, S. 175. 1926.

nungsfrei ausgewählten Glaskeil *G* aufgehoben. Wie leicht ersichtlich tritt hier bei der Nullpunktslage für jeden einzelnen Lichtstrahl Kompensation ein und somit auch für den ganzen Strahlenkomplex. Verschiebt man dann den negativen Keil, so wird dadurch wieder eine parallele Platte variabler Dicke hinzugefügt.

33. Doppelte Keilkompensation. Mit den vorher besprochenen einfachen Keilkompensationen können wohl größere positive, aber nur kleine negative Drehungen gemessen werden. Oft ist es indessen wünschenswert, auch größere negative Drehungen, z. B. solche von invertierten Zuckerlösungen, kompensieren zu können. Zu dem Zweck hat die Firma Franz Schmidt & Haensch in Berlin

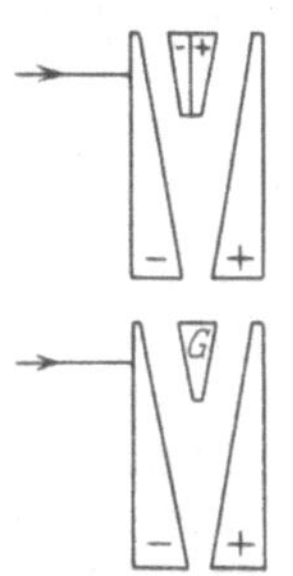

Abb. 33. Doppelte Quarzkeilkompensation. Die obere besteht nur aus Quarz, bei der unteren sind die beiden kurzen Keile durch das Glasprisma *G* ersetzt.

die doppelte Keilkompensation in die Saccharimetrie eingeführt. Bei der in der Abb. 33 oben skizzierten Einrichtung ist auch die positive Platte durch zwei Keile ersetzt, so daß sowohl die negative als auch die positive Parallelplatte eine veränderliche Dicke besitzen. Natürlich lassen sich die beiden langen Keile unabhängig voneinander verschieben. Bei der in der Abb. 33 unten dargestellten Kompensation ist der kurze Quarzdoppelkeil einfach durch ein Glasprisma *G* ersetzt.

Man pflegt den verschiebbaren linksdrehenden Keil als den Arbeitskeil, den rechtsdrehenden als den Kontrollkeil zu bezeichnen. Ist nämlich eine positive Drehung mit dem Arbeitskeil gemessen worden, so kann sie noch einmal nach Entfernung der Flüssigkeitsröhre bestimmt werden, indem man den Kontrollkeil bis zur optischen Gleichgewichtslage verschiebt. Diese tritt ja immer wieder ein, wenn die beiden Keile von ihren Nullpunkten aus nach derselben Richtung um gleiche Strecken fortbewegt werden. So können kleinere Drehungen an verschiedenen Stellen der Skalen ermittelt, sowie mancherlei andere Kontrollmessungen ausgeführt werden. Sichere Resultate erzielt man indessen auch mit dieser doppelten Kompensation erst, wenn man ihre Fehler mittels guter Quarzplatten bestimmt hat (Ziff. 36).

34. Halbschatten-Saccharimeter mit Quarzkeilkompensation. Gemäß den Beschlüssen der internationalen Kommission für einheitliche Methoden der Zuckeruntersuchung ist die Benutzung von Farbenapparaten bei saccharimetrischen Bestimmungen im Handelsverkehr verboten; es dürfen nur Halbschatten-Saccharimeter verwendet werden. Da ferner Quarz und Zucker nicht genau gleiche Rotationsdispersion besitzen, so ist weiter vorgeschrieben, das weiße Licht durch eine 15 mm dicke Schicht einer 6%-Kaliumdichromatlösung in Wasser zu leiten, weil erst dann bei der Untersuchung von Zuckerlösungen die sonst auftretenden geringen Drehungsdifferenzen für verschiedene Beobachter und verschiedene weiße Lichtquellen ganz verschwinden. So ist denn jedes gute Saccharimeter mit dem zweiteiligen Lippichschen Halbschatten-Polarisator (Ziff. 23) ausgerüstet, und das Licht der weißen Lichtquelle *A* (Abb. 34) durchläuft der Reihe nach die folgenden optischen Teile: Bichromatgefäß *B*, Beleuchtungslinse *C*, Polarisator-Vorrichtung *D*, Quarzkeilkompensation *F*, Analysa-

Abb. 34. Halbschatten - Saccharimeter. *A* weiße Lichtquelle, *B* Bichromatgefäß, *C* Beleuchtungslinse, *D* Polarisator-Vorrichtung, *EF* Quarzkeilkompensation, *G* Analysator, *HJK* Fernrohr.

tor G und Fernrohr HJK. Die Lichtquelle A ist so aufzustellen, daß ihr scharfes, durch C entworfenes Bild im Analysator-Diaphragma E liegt, und so ausgedehnt zu wählen, daß dieses Bild bedeutend größer als das Diaphragma E ist. Zur Beleuchtung werden hauptsächlich elektrische Lampen benutzt, und es ist sehr praktisch, wenn deren Träger gleich mit dem Bockstativ des Saccharimeters fest verbunden wird. Die zu prüfenden Lösungen und insbesondere Quarzplatten schiebt man immer dicht an das Analysator-Diaphragma E heran.

Die für die Zuckertechnik bestimmten Instrumente sollen stets einen unveränderlichen Halbschatten besitzen, der vom Verfertiger des Apparats meist auf nahe 8° festgelegt ist. Da man in diesem Falle bei weißem Licht und hellen Lösungen mit einer Genauigkeit von 1% auf gleiche Flächenhelle einstellen kann, so steht entsprechend Gleichung (19) ein mittlerer Einstellungsfehler von $\pm\,0,029°$ Ventzke (Ziff. 35) zu erwarten. Wird ein so geringer Fehler nicht ganz erreicht, so liegt das an der Quarzkompensation, die stets eine merkliche Aufhellung des Gesichtsfeldes bewirkt, wodurch die Empfindlichkeit herabgesetzt wird, weil dieses Licht der Aufhellung sich konstant über die theoretische Helligkeit des Gesichtsfeldes lagert. Ein sehr kleiner Halbschatten ist überdies nicht zulässig, weil dann beim Nullpunkt das Gesichtsfeld bunt und ungleichmäßig erscheint, was sich folgendermaßen erklärt. Befindet sich zwischen gekreuzten Nicols gleichviel positiver und negativer Quarz, so entstehen in der Brennebene des Fernrohr-Objektivs H die sehr scharfen Airyschen Spiralen, deren undeutliches Bild sich noch bemerkbar macht, wenn man das Okular K auf das Gesichtsfeld-Bild in Blende J scharf eingestellt hat. Die Justierung eines Saccharimeters erfolgt in der Weise, daß zunächst der Analysator G möglichst genau auf gleiche Flächenhelle der Feldhälften gestellt und darauf die Keilkompensation F eingesetzt wird.

Die lineare Skale, an der die Verschiebung des langen Keils gemessen wird, ist in gleiche Teile geteilt und von 0 bis 100 beziffert; bei der Einstellung auf die optische Gleichgewichtslage ohne drehende Substanz soll die Skale auf 0 stehen; eine etwaige Abweichung ist mit dem richtigen Vorzeichen bei den Drehungsbestimmungen zu berücksichtigen. Bei einer Skalenlänge von etwa 30 mm zwischen dem Null- und Hundertpunkt lassen sich mittels des Nonius die Zehntel ablesen und noch $^2/_{100}$ gut schätzen; demgemäß beträgt dann einschließlich Ablesungsfehler der mittlere Fehler einer Einstellung $\pm\,0,03$ bis $0,04°$ Ventzke, man mag den Nullpunkt beobachten oder aber Quarzplatten oder klare Zuckerlösungen einschalten. Da sich die Drehung des Quarzes mit der Temperatur ändert, so wird jetzt allgemein auf Schönrocks Anregung der Schiebekasten mit der Keilkompensation von einem allseitig geschlossenen Gehäuse umgeben, in dessen Inneres ein in ganze Grade geteiltes Thermometer hineinragt, mit dem sich dann die Temperatur der Quarzkompensation genügend genau ermitteln läßt. Durch diesen geschlossenen Kasten werden gleichzeitig die Meßkeile gegen Beschädigungen und Verstauben geschützt.

Die Skalenteilung von 0 bis 100 ist die denkbar einfachste, weil sie ohne jegliche Rechnung direkt den Prozentgehalt an reinem Zucker der untersuchten Substanz gibt, was sich folgendermaßen ableiten läßt. Man löse a g reinen Zucker in so viel Wasser auf, daß das Volumen der Lösung 100 cm³ beträgt (gemeint sind 100 wahre cm³ gleich dem Volumen von 100 g Wasser bei 4° C im luftleeren Raum abgewogen oder von 99,717 g Wasser von 20° in Luft mit Messinggewichten gewogen), und polarisiere die Lösung im 2 dm-Rohr im Saccharimeter mit der Ablesung β_0 an der Skale. In der Zuckerpraxis heißt a das Normalgewicht und die damit hergestellte Lösung die Normalzuckerlösung. Nunmehr liege eine feste oder flüssige Substanz vor, die neben Zucker nur solche Körper enthalte, welche optisch inaktiv und in Wasser lösbar sind. In 100 g dieser Substanz seien P g Zucker enthalten, dann ist P der Prozentgehalt der Substanz an Zucker und somit der Wert, auf dessen Bestimmung es eben in der Saccharimetrie ankommt. Man löse wieder a g der Substanz in Wasser auf, verdünne auf 100 cm³, polarisiere diese Lösung gleichfalls im 2 dm-Rohr und erhalte die Ablesung β. Nun ist für wässerige Zuckerlösungen der Drehungswinkel sehr nahe proportional der Konzentration c d. h. der Anzahl Gramm Zucker in 100 cm³ Lösung, und weiter ist der Drehungswinkel proportional der Verschiebung β des Meßkeiles. Da für die Normalzuckerlösung $c_0 = a$, für die andere Lösung aber $c = 0{,}01\,a\,P$ ist, so verhält sich also

$$\beta_0 : \beta = a : 0{,}01\,a\,P$$

$$\beta_0 : \beta = 100 : P. \tag{35}$$

Die gefundenen Drehungen verhalten sich mithin direkt wie die Prozentgehalte der ursprünglichen Substanzen, da ja der Prozentgehalt des reinen Zuckers gleich 100 ist. Bezeichnet man also die Drehung β_0 mit 100, indem man an den Skalen-Teilstrich β_0 die Zahl 100 setzt, so wird $\beta = P$, und die Ablesung beim Polarisieren ergibt gleich den gesuchten Prozentgehalt. Wie man sieht, kann das Normalgewicht ganz willkürlich gewählt werden; von ihm hängt für ein und denselben Meßkeil nur die Länge der Zuckerskale ab, da erstere direkt proportional dem Normalgewicht ist.

35. Ventzkesche Skale. In allen Ländern mit Ausnahme von Frankreich werden allgemein nur noch Saccharimeter gebraucht, welche die deutsche Ventzke-Skale mit 26 g Normalgewicht besitzen. Die an der Skale abgelesenen Zahlen bezeichnet man als Ventzke-Grade oder Zuckergrade, wiewohl die ursprüngliche Ventzkesche Skale in einer ganz anderen Form aufgestellt worden war.

Die jetzt gültige Definition des Hundertpunktes der Ventzkeschen Skale gemäß den Beschlüssen der dritten Versammlung der internationalen Kommission für einheitliche Methoden der Zuckeruntersuchungen in Paris am 24. Juli 1900 lautet: der Hundertpunkt der Saccharimeter wird erhalten, indem man die Normalzuckerlösung, welche bei 20° C in 100 cm³ 26,000 g reinen Zucker (diesen in Luft mit Messinggewichten gewogen) enthält, bei 20° im 2 dm-Rohr im Saccharimeter polarisiert, dessen Quarzkeilkompensation gleichfalls die Temperatur 20° haben muß. Von einer Quarzplatte, die bei 20° im Saccharimeter den gleichen Drehungswert wie die Normalzuckerlösung ergibt, sagt man, der Zuckerwert der Quarzplatte sei 100° Ventzke.

Zur Ermittelung des Prozentgehalts P, d. h. der Anzahl Gramm Zucker in 100 g einer zuckerhaltigen Substanz, löst man dann 26,000 g von ihr (in Luft mit Messinggewichten gewogen) in Wasser auf, verdünnt bei 20° auf 100 cm³ und polarisiert diese Lösung im 2 dm-Rohr bei 20° im Saccharimeter, dessen Quarzkeilkompensation die Temperatur 20° hat. Alsdann gibt die Skale direkt die Gewichtsprozente P an Zucker an. Natürlich muß bei jeder Drehungsmessung der Nullpunkt von neuem beobachtet und in Rechnung gesetzt werden.

Aus den Untersuchungen im Institut für Zucker-Industrie des Vereins der Deutschen Zucker-Industrie hat Schönrock[1]) abgeleitet, daß eine Quarzplatte von 100° Ventzke spektral gereinigtes Natriumlicht um 34,66 Kreisgrade bei 20° dreht. Demnach ist für die Umrechnung der Ventzke-Grade in Kreisgrade:

$$1° \text{ Ventzke} = 0{,}3466 \text{ Kreisgraden (Strahl } D\text{) bei } 20°. \tag{36}$$

Dieser Wert wird als Umrechnungsfaktor bezeichnet. Die Quarzplatte von 100° Ventzke hat eine Dicke von etwa 1,5950 mm. Da es bequemer und genauer

---

[1]) O. Schönrock, ZS. Ver. d. Deutsch. Zucker-Ind. (Techn. Teil) Bd. 54, S. 521. 1904.

ist, den Hundertpunkt durch eine Quarzplatte als durch die Normalzuckerlösung festzulegen, so haben in der Tat die Optiker seit 1904 bei der Eichung ihrer Saccharimeter Quarzplatten benutzt, deren Zuckerwerte aus der obigen Zahl 34,66 abgeleitet worden sind.

Neuere Untersuchungen mit sehr reinen Zuckerproben sowohl in der Physikalisch-Technischen Reichsanstalt als auch im Bureau of Standards haben nun übereinstimmend ergeben, daß früher der Hundertpunkt mit der Normalzuckerlösung ein wenig unrichtig bestimmt worden ist. Nach den genaueren Messungen wäre für wissenschaftliche Messungen der bisher international gültige, Gleichung (36) entsprechende Hundertpunkt um 0,13° Ventzke herunterzusetzen. In der Zuckerpraxis kommt es indessen in der Hauptsache nur auf die Rohzucker von 90 bis 97 Polarisation an, deren Lösungen vor der Polarisation stets erst mit Bleiessig oder ähnlichem geklärt und dann filtriert werden; in diesem Falle liefert aber die bisherige Skale die richtigeren Werte für den Zuckergehalt. Es dürfte daher kein Grund vorliegen, in der Praxis von dem allgemein gebräuchlichen Hundertpunkt (definiert durch die Quarzplatte, welche spektral gereinigtes Natriumlicht um 34,66 Kreisgrade bei 20° C dreht) abzugehen. Nur hat man zu beachten, daß bei der Prüfung reiner Zucker, sogenannter Weißzucker, zu der beobachteten Polarisation (in der Nähe von 100° Ventzke) noch 0,13° Ventzke hinzuzufügen ist, um den wahren Zuckergehalt zu bekommen.

Außer Zucker kann man auch andere Stoffe im Saccharimeter untersuchen und dann die Drehungen in Kreisgraden nach Gleichung (36) ziemlich genau berechnen, falls bei eingeschalteter Substanz die Feldhälften keine deutliche Färbungsdifferenz zeigen, wenn auf gleiche Helligkeit des Gesichtsfeldes eingestellt wird. Liefert dagegen ein Körper bei der Untersuchung im Saccharimeter für verschiedenes Licht verschiedene Drehungswerte, so kann dies nur von der verschiedenen Rotationsdispersion des Körpers und des Quarzes herrühren. Das macht sich schon für den Zucker bemerklich, wenn man das eine Mal weißes Licht mit Chromatlösung, das andere Mal spektral gereinigtes Natriumlicht zur Beleuchtung benutzt. Für die Drehung β der Normalzuckerlösung ist dann nämlich

$$\beta\,(\text{Natriumlicht}) - \beta\,(\text{weißes Licht, Chromatlösung}) = 0,030° \text{ Ventzke,}$$

was mit anderen Worten besagt: der in Kreisgraden gemessene Drehungswinkel einer Zuckerlösung (welche im Saccharimeter bei 20° unter Benutzung von weißem Licht mit Chromatlösung genau 100° Ventzke ergibt) für spektral gereinigtes Natriumlicht bei 20° ist um 0,010 Kreisgrade größer als der entsprechende Drehungswinkel der Quarzplatte von 100° Ventzke bei 20° C.

Der Einfluß der Temperatur auf die Angaben des Saccharimeters ist von Schönrock[1]) eingehend erörtert worden. Hier seien nur die Resultate angeführt, um die Messungen auf die Normaltemperatur 20° reduzieren zu können. Berücksichtigt werden dabei die Temperaturkoeffizienten der Ausdehnung des Quarzes senkrecht zur Achse 0,0₄13 und parallel zur Achse 0,0₅7, der Drehung des Quarzes pro mm 0,0₃136, der Ausdehnung der Nickelinskale 0,0₄18 und des Glasrohres 0,0₅8, sowie der Drehung der Normalzuckerlösung $-$ 0,0₃461. Der einem Punkte der Skale entsprechende Drehungswert w nimmt mit wachsender Temperatur t zu gemäß der Gleichung

$$w_t = w_{20} + w_{20}\,0{,}0_3 15\,(t - 20)\,. \tag{37}$$

Die Drehungswerte v von Quarzplatten im Saccharimeter sind praktisch von

[1]) O. Schönrock, ZS. Ver. d. Deutsch. Zucker-Ind. (Techn. Teil) Bd. 54, S. 521. 1904.

der Temperatur unabhängig, falls Quarzplatte und Keilkompensation gleiche Temperatur besitzen, denn in diesem Falle ist

$$v_{20} = v_t + v_t 0{,}0_55\,(t - 20).\tag{38}$$

Dreht ferner eine angenähert normale Zuckerlösung im Glasrohr bei 20° in einem Saccharimeter von 20° um z_{20} Grad Ventzke und bei $t°$ in demselben Saccharimeter von $t°$ um z_t, so ist

$$z_{20} = z_t + z_t 0{,}0_361(t - 20),\tag{39}$$

wobei also z nahezu gleich 100 ist. Es ändert sich also z in sehr beträchtlichem Maße mit t.

36. Normalquarzplatten. Die Eichung eines Saccharimeters erfolgt am einfachsten und genauesten in der Weise, daß man verschiedene Stellen der Skale mit einem Satz ausgewählt guter Normalquarzplatten prüft, deren Zuckerwerte nach Gleichung (36) aus den Drehungen für spektral gereinigtes Natriumlicht berechnet werden. Die Physikalisch-Technische Reichsanstalt prüft derartige Saccharimeter-Quarzplatten auf ihre Güte und Drehung[1]). Die Untersuchung auf Güte betrifft die optische Reinheit, den Planparallelismus und den Achsenfehler (Ziff. 9) der Platten. Für saccharimetrische Zwecke nicht geeignet sind Platten, die in ihrem mittleren Teil von 9 mm Durchmesser Verwachsungen oder stärkere Streifenbildung aufweisen, oder Keilwinkel von mehr als 40 Sekunden be-

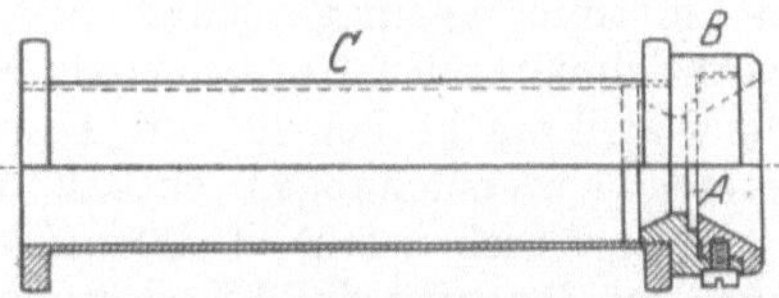

Abb. 35. Fassung für Normalquarzplatten. Die Platte sitzt lose in der Aussparung A; der Kopf B läßt sich vom Rohr C abschrauben.

sitzen, oder Flächen von weniger als 40 m Krümmungsradius haben, oder mit Achsenfehlern von mehr als 12 Minuten behaftet sind. In den letzten Jahren betrug im Mittel der Keilwinkel nur 3 Sekunden, der Achsenfehler nur 3 Minuten; dabei ist die Dicke der Platten (0,3 bis 1,6 mm) ohne Einfluß auf ihre Güte. Ein Keilwinkel von 3 Sekunden besagt, daß eine Verschiebung der Platte in der Richtung des Keiles um 1 mm nur eine Drehungsänderung von etwa 0,0003° für Natriumlicht oder etwa 0,0009° Ventzke hervorbringt. Die Saccharimeterquarze sollen mindestens 15 mm Durchmesser haben und so gefaßt sein, daß ihre Mitte von 10 mm Durchmesser für die Durchsicht frei liegt.

Eine vorschriftsmäßige Fassung für Normalquarzplatten ist in Abb. 35 dargestellt. Die Platte sitzt nur mit einem Lichtblitz lose in der Aussparung A des Kopfes B, der vom Rohr C abschraubbar ist, so daß die Platte leicht beiderseits gesäubert werden kann. Beim Schütteln der Fassung muß die Platte klappern, dann ist man sicher, daß sie keine Spannungen erleiden kann. In dieser Hinsicht ist große Vorsicht geboten, weil schon ein ziemlich geringer Druck auf die Platte ihren Drehungswert merklich zu ändern vermag. Deshalb ist es auch vorzuziehen, zwei entgegengesetzt drehende Platten, die zusammen benutzt werden sollen, um eine geringe Drehung unter 25° Ventzke zu erzielen, nicht zusammenzukitten, weil dann zu befürchten ist, daß das Eintrocknen des Kittes Spannungen und somit kleine Drehungsänderungen der Platten mit der Zeit verursacht, sondern einzeln zu fassen. Dies kann in einfacher Weise so geschehen, daß jede Platte für sich in einem besonderen Kopf gefaßt wird und das zugehörige Rohr an seinen beiden Enden diese beiden Köpfe abschraubbar trägt.

---

[1]) E. BRODHUN u. O. SCHÖNROCK, Apparate zur Untersuchung von senkrecht zur Achse geschliffenen Quarzplatten auf ihre Güte. ZS. f. Instrkde. Bd. 22, S. 353. 1902.

Je nach der Dicke der Quarzplatten werden ihre Drehungswerte in Ventzke-Graden mit einer verbürgbaren Sicherheit von 0,009 bis 0,017° Ventzke ermittelt. Ergeben sich dann bei der Prüfung einer Saccharimeter-Skale mit solchen Quarzplatten trotz richtigen Hundertpunktes unter gehöriger Berücksichtigung der Nullpunkts-Einstellungen merkliche Fehler, so sind diese zumeist der optischen Unreinheit der Quarzkeilkompensation zuzuschreiben. Es sei noch erwähnt, daß zu den laufenden Prüfungen der Physikalisch-Technischen Reichsanstalt auch die Untersuchung sowohl technischer Saccharimeter wie wissenschaftlicher Polarisationsapparate gehört.

37. Soleilsche Skale. Bei dieser französischen Skale treten an die Stelle des deutschen Normalgewichtes von 26 g und wahrer Kubikzentimeter das französische Normalgewicht von 16,29 g und französische Kubikzentimeter. Diese sind leider auf Beschluß der im französischen Finanzministerium gebildeten Kommission für einheitliche Methoden der Alkohol- und Zuckeruntersuchungen vom Jahre 1900 in die Zuckerpraxis Frankreichs bei der Definition der jetzt gültigen französischen Saccharimeter-Skale eingeführt worden. Danach sind 100 französische Kubikzentimeter gleich dem Volumen von 100 g Wasser von 4° in Luft mit Messinggewichten gewogen, also gleich 100,106 wahren cm³. Hier wird definiert: den Normalgehalt besitzt diejenige Zuckerlösung, deren Drehung für Natriumlicht bei 20° im 2 dm-Rohr 21,67 Kreisgrade beträgt. Nach den letzten Untersuchungen enthält nun diese Normalzuckerlösung bei 20° in 100 französischen cm³ 16,29 g Zucker (in Luft mit Messinggewichten gewogen) und mit ihr wird der Hundertpunkt der Saccharimeter festgelegt. Untersucht man daher bei 20° im 2 dm-Rohr eine Lösung von 16,29 g zuckerhaltiger Substanz (in Luft mit Messinggewichten gewogen und bei 20° zu 100 französischen cm³ gelöst), so gibt wieder die Skale direkt die Gewichtsprozente P an Zucker an. Demgemäß ist

$$1° \text{ Soleil} = 0{,}2167 \text{ Kreisgraden (Strahl } D) \text{ bei } 20°. \tag{40}$$

Man beachte noch, daß 21,67 Kreisgrade nahekommen dem Drehungswerte für 1 mm Quarz $(\alpha)_{20}^{D} = 21{,}728$.

38. Inversions-Methode. Die Untersuchung einer Substanz auf in ihr enthaltenen Zucker im Saccharimeter liefert einwandfreie Resultate, wenn letztere außer dem Zucker keine anderen drehenden Stoffe enthält. Ist dies aber der Fall oder vermutet man solche aus irgendeinem Grunde, so muß die Substanz zweimal polarisiert werden, das eine Mal in dem Zustande, wie sie vorliegt nach Ziff. 35, das andere Mal, nachdem man sie invertiert hat. Bei der Inversion (Ziff. 12) durch Erwärmen mit Salzsäure entsteht aus dem rechtsdrehenden Rohrzucker linksdrehender Invertzucker, während die anderen drehenden Stoffe, wie z. B. Dextrose und schon vorhandener Invertzucker, dabei ihre Drehung nicht verändern. Die Drehungen dieser Stoffe lassen sich so polarimetrisch eliminieren. Da die spezifische Drehung des Invertzuckers in bedeutend stärkerem Maße von der Temperatur abhängt als die spezifische Drehung des Rohrzuckers, so ist bei den folgenden Drehungsmessungen auf richtige Temperatur-Bestimmung besonders zu achten. Bei Gegenwart von Raffinose hat man zu berücksichtigen, daß deren Rechtsdrehung bei der Inversion ebenfalls erheblich zurückgeht, so daß in diesem Falle eine besondere Rechnungsformel in Anwendung kommt, worauf hier aber nicht näher eingegangen werden soll.

Zunächst möge die Formel abgeleitet werden, welche bei Gegenwart noch anderer drehenden Körper zur Berechnung des Prozentgehalts P, d. h. der Anzahl Gramm Rohrzucker oder Saccharose in 100 g einer zuckerhaltigen Substanz, zu benutzen ist; letztere sei als Rohzucker bezeichnet. Für Natriumlicht beträgt der Drehwinkel einer reinen Saccharoselösung in Kreisgraden bei $t = 20$ nach Gleichung (10) (Ziff. 10)

$$\alpha_e = 0{,}66540\, lc.$$

Diese Lösung dreht, nachdem sie entsprechend der weiter unten gegebenen Vorschrift völlig invertiert ist, um

$$\alpha_e' = [-0{,}3300 + 0{,}005\,(t - 20)]\,\alpha_e$$

für Temperaturen in der Nähe von $t = 20$. Wird nun mit dem zu untersuchenden Rohzucker eine Lösung hergestellt, deren Konzentration an Rohzucker wieder gleich c ist, so enthalten 100 cm³ dieser Lösung $cP/100$ g Saccharose. Der Drehwinkel der ersteren beträgt daher, wenn noch die zu eliminierende Drehung durch die Nicht-Saccharose gleich β gesetzt und immer wieder bei derselben Temperatur t wie oben beobachtet wird,

$$\alpha = 0{,}66540\, lcP/100 + \beta$$

und nach der Inversion

$$\alpha' = [-0{,}3300 + 0{,}005\,(t - 20)]\,0{,}66540\,lcP/100 + \beta.$$

Hieraus berechnet sich in einfacher Weise

$$P = 100\,\frac{\alpha - \alpha'}{\alpha_e - \alpha_e'}. \tag{41}$$

Da man α_e und α_e' berechnen kann, und α sowie α' beobachtet werden, so ist nunmehr P berechenbar.

Die Verhältnisse gestalten sich besonders einfach, wenn man die Drehungsmessungen, wie das natürlich in der Zuckerpraxis üblich ist, mittels des Saccharimeters ausführt. Man arbeitet also wieder mit 26 g Normalgewicht, mit dem 2 dm-Rohr und beobachtet Ventzke-Grade (° V). Dann wird

$$\alpha_e = 100°\, V \qquad \text{und} \qquad \alpha_e' = [-33{,}00 + 0{,}5\,(t - 20)]°\, V,$$

somit

$$\alpha_e - \alpha_e' = 133{,}00 - 0{,}5\,(t - 20).$$

Der zu untersuchende Rohzucker wird zuerst in gewöhnlicher Weise (Ziff. 35) polarisiert und ergebe $z°\, V$. Darauf stellt man von dem Rohzucker eine neue Lösung her und invertiert sie nach der folgenden genau einzuhaltenden Vorschrift.

Man wägt das halbe Normalgewicht 13,000 g des Rohzuckers in Luft mit Messinggewichten ab, löst in einem Hundertkölbchen mit 75 cm³ Wasser auf, fügt 5 cm³ Salzsäure von 1,19 spezifischem Gewicht hinzu, schwenkt um und setzt das Kölbchen in ein bereits auf 67 bis 70° erwärmtes Wasserbad. Auf dieser Temperatur wird der Kolbeninhalt noch 5 Minuten unter häufigem Umschütteln gehalten. Da das Anwärmen 2,5 bis 5 Minuten in Anspruch nimmt, so wird die Ausführung der Inversion im ganzen 7,5 bis 10 Minuten lang dauern; auf jeden Fall soll sie in 10 Minuten beendet sein. Darauf wird die invertierte Lösung durch Einstellen des Kölbchens in kaltes Wasser schnell auf 20° abgekühlt, mit Wasser bis zur Marke (100 cm³) aufgefüllt und gut durchmischt.

Diese Lösung ergebe nun im 2 dm-Rohr untersucht bei $t°$ die Drehung $z'\,° V$. Auf 26 g Normalgewicht bezogen beträgt also die Drehung nach der Inversion $2\,z'$. Demgemäß wird einfach

$$P = \frac{z - 2z'}{1{,}3300 - 0{,}005\,(t - 20)}. \tag{42}$$

Dabei ist naturgemäß für t diejenige Temperatur einzusetzen, bei welcher z' beobachtet wurde. Sobald es sich um Bestimmungen der Saccharose bei Gegenwart größerer Invertzucker-Mengen handelt, ist es mit Rücksicht auf den Einfluß der Temperatur auf die Drehung des Invertzuckers notwendig, daß die Polarisationen vor und nach der Inversion (z und z') bei der gleichen Temperatur ausgeführt werden; andernfalls würde ja die zu eliminierende Drehung β vor und nach der Inversion nicht gleich groß sein.

Als Beispiel werde die Prüfung eines Invertzucker-Sirups angeführt. Die Polarisation vor der Inversion ergibt $z = 15{,}14°\,$V bei $t = 18{,}8°$ und nach der Inversion $z' = -13{,}58°\,$V bei $t = 18{,}8°$. Dann findet man $P = 31{,}95$, d. h. der Sirup enthält 31,95 Gewichtsprozente Saccharose.

Kapitel 25.

Wellenlängenmessung.

Von

Heinrich Konen, Bonn.

1. Vorbemerkung. Die Messung der Wellenlängen des Lichtes hat in vielfacher Hinsicht fundamentale Bedeutung. Im Anschluß an die Kontrolle und Reproduktion der Längenmaße führt deren Beziehung auf Lichtwellenlängen zu einer die mechanische Definition der Längenmaßstäbe übersteigende Genauigkeit. Auf den Gebieten der Spektralanalyse und Astrophysik ist die Wellenlängenmessung der Ausgangspunkt aller weiteren Schritte. In der Atomphysik endlich bildet die Wellenlängenmessung die notwendige Grundlage, insbesondere auch für die Festlegung der für die einzelnen Arten der Materie charakteristischen Energieniveaus. So hat seit Newtons Zeiten die Messung der Wellenlänge die Rolle einer primären und fundamentalen physikalischen Bestimmung gespielt.

Die Entwicklung des Problems der exakten Messung von Wellenlängen kann vielleicht am besten mit der Entwicklung der Ortsbestimmung der Fixsterne verglichen werden, bei der auch erst allmählich und in dem Maße, wie man zu höheren Dezimalen vordrang, die Schwierigkeiten voll erkannt wurden. Bei der Wellenlängenmessung der Optik hat man, zu verschiedenen Zeiten und in verschiedenen Ländern anders vorgehend, zugleich in den verschiedenen Wellenlängenbereichen andere Wege benutzt. Zuerst sind im sichtbaren Gebiet Messungen angestellt worden. Dann folgte das Ultrarot, wenn auch in weitem Abstand. Der nächste Fortschritt wurde im Gebiet der Schumann-Strahlen gemacht. Wir lassen zunächst eine Zusammenstellung von Werken und Abhandlungen folgen, auf die weiterhin häufiger Bezug genommen werden wird und in denen der Leser vollständige Angaben findet. Es ist weder beabsichtigt noch möglich, an dieser Stelle eine auch nur einigermaßen vollständige Übersicht über die reiche Literatur und die Entwicklung dieses Gebietes zu geben. Vielmehr wird dafür auf [1] und [2] verwiesen, besonders auf [1], wo allein vollständige Angaben zu finden sind. Ergänzt werden diese durch [2, 3, 4, 5, 6, 7]. Ebenso wird im folgenden völlig abgesehen von Zahlenangaben. Man findet

---

[1] H. Kayser u. H. Konen, Handbuch der Spektroskopie, Bd. I: Kap. 1: Geschichte der Spektroskopie, Kap. 6: Die spektroskopischen Messungen; Bd. V: Artikel „Eisen", S. 446ff.; Bd. VI: Tabellen S. 885ff.; Bd. VII: Artikel „Eisen" S. 405ff. Leipzig: Hirzel.

[2] P. Eversheim, Wellenlängenmessungen des Lichtes im sichtbaren und unsichtbaren Spektralbereich. Sammlung Vieweg Nr. 82. Braunschweig 1926.

[3] W. F. Meggers, Standard wavelengths. Journ. Opt. Soc. Bd. 5, S. 308. 1921.

[4] Report of O. S. A. Progress committee for 1923. 24, Physical optics. Journ. Opt. Soc. Bd. 10, S. 551. 1925.

[5] K. Burns, The red neon lines. Journ. Opt. Soc. Bd. 11, S. 301. 1925.

[6] W. F. Meggers, Standard wavelengths and regularities in the spectrum of the iron arc. Astrophys. Journ. Bd. 60, S. 60. 1924.

[7] H. D. Babcock, Astrophys. Journ. Bd. 66, S. 256. 1927.

diese wiederum am vollständigsten in [1]) auszugsweise in [2]), für Sonnenlinien in [3]), zu analytischen und Orientierungszwecken z. B. in [4]), jetzt zum Teil veraltet in [5]) für praktische Zwecke in [6]), nach besonderem Verfahren geordnet, für das Röntgengebiet in [7]) und für alle Zwecke in abgekürzter und ausgewählter Form in [2]). Schwingungszahlen findet man an manchen Stellen angegeben, z. B. in [8]). Doch ist in der Regel von den Wellenlängen auf Schwingungszahlen umzurechnen. Dies geschieht am zweckmäßigsten mittels [19]), wo auch die Korrektion auf das Vakuum angegeben ist, und zwar auf Grund der in [9]) enthaltenen Messungen der Brechungsindizes der Luft. Eingehende Literaturangaben finden sich in [1]), für ein spezielles Gebiet in [10]), für das Röntgengebiet in [7]), für die neueste Entwicklung in [10, 11, 12]). Die Umrechnung der verschiedenen Wellenlängensysteme erfolgt mittels der in [1]) Bd. III und in [13]) enthaltenen Angaben. Auszüge von Tabellen findet man endlich in [10]) und [2]). Im folgenden sollen nur die Grundlinien der Methoden und ihrer Ergebnisse behandelt werden. Die praktischen Methoden der Messung werden im folgenden Kapitel behandelt. Es ist notwendig, einige historische Bemerkungen voranzuschicken.

2. Historische Bemerkungen. Die Interferenzerscheinungen, kombiniert mit den Beugungsrescheinungen, sind die Hilfsmittel gewesen, mittels deren seit den Zeiten YOUNGS[14]) Wellenlängenmessungen ausgeführt worden sind. In der Epoche von FRAUNHOFER[15]) bis ROWLAND[16]) hat die Messung mittels der Beugungsgitter vorgeherrscht, seit MICHELSON[17]) und FABRY und PEROT[18]) hat die Benutzung der Interferenzen an planparallelen, unter Umständen halb metallisierten Luftplatten (Theorie s. Bd. 20, Kap. 1) immer mehr an Boden gewonnen, ohne die Gittermessungen zu verdrängen. Im Bereiche kürzester Wellen hat bisher die Verwendung der Beugung an Raumgittern vorgeherrscht, bis in neuester Zeit auch hier die ersten Versuche zur Benutzung von Flächengittern gemacht worden sind. Daneben sind zahlreiche andere Verfahren versucht worden, ohne eine größere Bedeutung gewinnen zu können, so daß wir uns im

---

[1]) H. KAYSER u. H. KONEN, vgl. Fußnote 1 auf S. 777.

[2]) W. A. ROTH u. K. SCHEEL, 5. Aufl. von LANDOLT-BÖRNSTEINS Physikalisch-chemischen Tabellen, Ergänzungsband 1, Tabelle 145—150. Berlin: Julius Springer 1927.

[3]) H. ROWLAND, Preliminary table of solar spectrum wave-lengths. Astrophys. Journ. Bd. 1—6. 1895—1897; — A preliminary table of solar spectrum wave-lengths. Chicago press 1898, 392 S.

[4]) H. KAYSER, Tabelle der Hauptlinien der Linienspektra usw. Berlin, Springer. 1926.

[5]) F. EXNER u. E. HASCHEK, Die Spektren der Elemente bei normalem Druck. Bd. II, 2. Aufl., Leipzig u. Wien 1911.

[6]) F. STANLEY, Lines in the arc spectra of elements. London: Hilger 1911.

[7]) M. SIEGBAHN, Spektroskopie der Röntgenstrahlen. Berlin: Julius Springer 1924.

[8]) W. M. MARSHALL WATTS, Index of spectra; in zahlreichen Teilen. London u. Manchester.

[9]) W. F. MEGGERS u. G. C. PETERS, Measurement on the index of refraction of air for wave-lengths from 2218 A to 9000 A. Scient. Pap. Bureau of Stand. Nr. 327. 1918; Astrophys. Journ. Bd. 50, S. 58. 1919.

[10]) P. EVERSHEIM, Wellenlängenmessungen des Lichtes im sichtbaren und unsichtbaren Spektralbereich. Sammlung Vieweg Nr. 82. Braunschweig 1926.

[11]) W. F. MEGGERS, Standard wave-lengths. Journ. Opt. Soc. Bd. 5, S. 308. 1921.

[12]) W. F. MEGGERS, Standard wave-lengths and regularities in the spectrum of the iron arc. Astrophys. Journ. Bd. 60, S. 60. 1924.

[13]) J. HARTMANN, Tabellen für das Rowlandsche und das internationale Wellenlängensystem. Göttinger Nachr. N. F. Bd. 10, Nr. 2. 1916.

[14]) TH. YOUNG, Phil. Trans. 1802, II, S. 12.

[15]) J. FRAUNHOFER, Gilberts Ann. Bd. 74, S. 337. 1823.

[16]) H. A. ROWLAND, Phil. Mag. (5) Bd. 23, S. 257. 1887; Bd. 27, S. 321. 1893.

[17]) A. MICHELSON, Mem. Bur. intern. des poids et mes. Bd. 11, S. 1—237. 1895.

[18]) CH. FABRY u. A. PEROT, C. R. Bd. 132, S. 1264. 1901.

[19]) H. KAYSER, Tabelle der Schwingungszahlen. Leipzig: Hirzel 1925.

folgenden ausschließlich auf die beiden erwähnten klassischen Verfahren beschränken können.

Ganz allmählich nur und schrittweise ist man zu der Einsicht gelangt, daß die Aufgabe der optischen Wellenlängenmessung sehr verschiedenartige Probleme umfaßt. Die älteren Messungen gingen im Anschluß an FRAUNHOFER alle davon aus, Sonnenlinien, d. h. Absorptionslinien des FRAUNHOFERschen Spektrums als Normalen bzw. Meßobjekte zu benutzen. Hierbei diente eine der Gitterbeziehungen, z. B. die elementare Gleichung für senkrechte Inzidenz und durchfallendes Licht: $n\lambda = a \sin\varphi$ zur Messung. Auf die Bestimmung des Gitterintervalls a und des Winkels φ wurde alle Mühe verwendet[1]). Es galt, mittels Teilmaschine und Abzählung von Gitterintervallen a zu messen, wegen Temperatur usw. zu korrigieren und dann den Winkel φ, meist okular, mittels Teilkreis zu messen. Es ist im Grunde das gleiche Verfahren, das auch heute immer wieder noch auf dem Gebiete der Röntgenstrahlen angewendet wird, bis sich allmählich die Einsicht Bahn bricht, daß man die Erfahrung der älteren Teile der Optik heranziehen müsse. Die gleiche Messung wurde von FRAUN-HOFER und seinen Nachfolgern, ganz besonders von ÅNGSTRÖM[2]), für eine ganze Reihe von Linien wiederholt. Es enstand so ein System von Wellenlängennormalen, aus dem mit geringer Mühe weitere sekundäre Wellenlängen abgeleitet werden konnten. Die große Sorgfalt und Mühe, mit der die Messungen ÅNGSTRÖMS ausgeführt worden waren, bewirkte, daß sie sogleich die älteren Messungen verdrängten und daß sie eine Epoche einleiteten, bei der man in Physik und ·Astrophysik die Normalen ÅNGSTRÖMS als Bezugssystem benutzte. Allein schon ÅNGSTRÖM selbst hatte gewußt, daß bei der Messung von a in der obigen Gleichung ein grober Fehler untergelaufen war, indem der benutzte Maßstab zu kurz gemessen worden war. THALÉN[3]) wies dies nach und versuchte auch später[4]) die richtigen Werte durch Korrektur und Neumessung abzuleiten; allein das Vertrauen in die ÅNGSTRÖMschen Zahlen ließ sich nicht wieder herstellen. So erfolgten in den nächsten Jahren Versuche von MÜLLER und KEMPF[5]), F. KURLBAUM[6]) u. a. und namentlich von BELL[7]), der mehrere ausgezeichnete, von ROWLAND geteilte Plangitter benutzen konnte, um einen genaueren Anschluß der Wellenlängen an das Meter herzustellen. Als Bezugswellenlängen wurden diesmal die beiden D-Linien des Na benutzt. Die Resultate waren sehr verschieden:

Beobachter	D_1	Gewicht
ANGSTRÖM und THALÉN[8]) . .	5895,91	1
MÜLLER und KEMPF	96,25	2
KURLBAUM	95,90	2
PEIRCE, korr.[9])	96,20	5
BELL	96,20	10
Mittel ROWLANDS	5896,156	

Man muß KAYSER vollkommen beipflichten, wenn er auf Grund einer eingehenden Analyse und Kritik der angeführten Messungen den Schluß zieht, daß es nicht möglich sei, mit Hilfe der FRAUNHOFERschen Gittermethode eine

---

[1]) Für analoge Wege auf dem Gebiete der Röntgenstrahlen siehe weiter unten.
[2]) A. J. ÅNGSTRÖM, Recherches sur le spectre solaire. Upsala 1869.
[3]) R. THALÉN, Nova Acta Upsal. (3) Bd. 12, S. 1. 1884.
[4]) R. THALÉN, Nova Acta Upsal. 1898, S. 105.
[5]) G. MÜLLER u. P. KEMPF, Publ. Observ. Potsdam Bd. 5, S. 281. 1886.
[6]) F. KURLBAUM, Wied. Ann. Bd. 33, S. 159 u. 381. 1888.
[7]) L. BELL, Sill. Journ. (3) Bd. 33, S. 167. 1887; Bd. 35, S. 265 u. 347. 1888.
[8]) Verbesserter Wert.
[9]) Siehe Sill. Journ. (3) Bd. 18, S. 51. 1879.

Wellenlänge auf mehr als 0,1 Å zu messen. Dies bezieht sich natürlich auf die absolute Messung, d. h. den Anschluß an das Meter. ROWLAND[1]) versah die Messungen mit dem in der letzten Spalte angegebenen Gewicht, mittelte und erhielt nun den angegebenen Wert für die D_1-Linie, der damit zur Grundlage des Systems der ROWLANDschen Wellenlängenmessungen gemacht wurde. Gewicht, Mittelung und Linienwahl waren willkürlich. So ist es nicht eben überraschend, daß in der Folge sich gezeigt hat, zunächst durch die Messung A. MICHELSONS[2]) und ihre verbesserte Wiederholung durch BENOIT, FABRY und PEROT[3]) [s. auch [4]), Bd. 1], daß der angegebene Wert um einen Betrag von etwa 0,2 Einheiten zu groß ausgefallen ist. Es wird sogleich auf die Bedeutung des Wertes der primären Normalen im nächsten Abschnitt noch einzugehen sein. Hier sei nur noch angemerkt, daß sowohl die Sonnenlinien wie die Flammenlinien des Natriums zu dem vorgesetzten Zwecke durchaus ungeeignet waren; die ersten wegen ihres komplizierten Charakters und ihres nach Zeit und Art auf der Sonnenscheibe veränderlichen Schwerpunktes, zugleich auch wegen ihrer zu großen Breite. Die Natriumlinien sind gleichfalls zu variabel, zu breit und komplex. Erst dadurch, daß MICHELSON[2]) auf Grund von Feinstrukturuntersuchungen die rote Cd-Linie bei 6438 als primäre Normale wählte, wurde ein bis auf 1 in 10 Millionen verläßlicher Anschluß an das Meter möglich, wie es auch scheint, daß der weitere Fortschritt von der Benutzung einer noch besseren Linie, etwa λ 5649 des Kr abhängen wird. Man sehe KOESTERS und WEBER[5]). Doch bedeutete die Wahl dieser Primärnormale und die Bestimmung eines Systems von sekundärer Anschlußnormalen an diese mittels der Koinzidenzmethode[6]) durch ROWLAND[7, 8]) zunächst einen ungeheuren Fortschritt: Unter Benutzung seiner Konkavgitter[9]) gelang es ROWLAND, ein System von Normallinien[8]) und Bogenlinien zu schaffen, dessen relative Genauigkeit damals auf wenige Tausendstel eines Zehnmilliontel-Millimeters geschätzt wurde, und das bis zum Jahre 1906 tatsächlich die Grundlage aller Wellenlängenmessungen auf physikalischem wie astrophysikalischem Gebiete gebildet hat. Die Messungen von HARTLEY[10]), LIVRING und DEWAR[11]), EDER und VALENTA[12]) wie die klassischen Messungen von KAYSER und RUNGE[13]) sind ebenso auf diesem System aufgebaut wie die Messungen ROWLANDS selbst und seiner Schüler. Auch das umfangreiche Tabellenwerk von EXNER und HASCHEK[14, 15]) beruht neben zahllosen astrophysikali-

[1]) H. A. ROWLAND, Phil. Mag. (5) Bd. 23, S. 257. 1887; Bd. 27, S. 321. 1893.
[2]) A. MICHELSON, Mém. Bur. intern. des poids et mes. Bd. 11, S. 1—237. 1895.
[3]) J. R. BENOÏT, CH. FABRY u. A. PEROT, Trans. Sol. Union Bd. 2, S. 109. 1907; — Nouvelle détermination du rapport des longueurs d'onde fondamentales avec l'unité métrique. Trav. Bur. intern. poids et mes. Bd. 15, S. 1500. 1913.
[4]) Transactions of the intern. Union for Cooperation in Solar Research, Bd. I. Manchester 1906.
[5]) A. KOESTERS, LAMPE u. A. WEBER, Berichte der Tät. der P.T.R.; ZS. f. Instrkde. Bd. 48, S. 145. 1928; Phys. ZS. Bd. 29, S. 233—239. 1928.
[6]) Theorie s. Bd. XX, Kap. 1 u. 2.
[7]) H. ROWLAND, A new table of standard wave-lengths. Astron. a. Astrophys. Bd. 12, S. 321. 1893.
[8]) H. ROWLAND, Preliminary table of solar spectrum wave-lengths. Astrophys. Journ. Bd. 1—6. 1895—1897; — A preliminary table of solar spectrum wave-lengths. Chicago press 1898, 392 S.
[9]) Man sehe weiter unten.
[10]) W. N. HARTLEY, Trans. Roy. Soc. Dublin (2) Bd. 1, S. 321. 1883ff.
[11]) G. D. LIVRING u. J. DEWAR, Phil. Trans. Bd. 174 I, S. 187. 1883ff.
[12]) J. M. EDER u. E. VALENTA, Wiener Denkschr. Bd. 60ff. 1893.
[13]) V. SCHUMANN, Photogr. Rundsch. Bd. 41, S. 71. 1890.
[14]) F. EXNER u. E. HASCHEK, Wiener Ber. Bd. 106, IIa, S. 494ff. 1897.
[15]) F. EXNER u. E. HASCHEK, Die Spektren der Elemente bei normalem Druck, Bd. II. 2. Aufl. Leipzig u. Wien 1911.

schen Messungen auf der von ROWLAND geschaffenen Grundlage. Auch heute
wird noch hin und wieder im Anschluß an ROWLAND gemessen, obwohl dies zur
Vermeidung von Verwirrung unterbleiben sollte[1]).

Die bereits erwähnte Untersuchung von MICHELSON[2]) zeigte zunächst,
daß das absolute Fundament des ROWLANDschen Systems falsch sei. Die von
FABRY und PEROT[3, 4]) eingeführte Interferenzmethode[5]) gestattete es ferner,
an die von MICHELSON gemessene und von BENOIT, FABRY und PEROT[6]) kontrollierte und durch einen glücklichen Zufall praktisch identisch gefundene
primäre Normale eine Anzahl weiterer, über das Spektrum verteilter Wellenlängen mit einer, die 0,001 Å nahezu garantierenden Genauigkeit zu messen.
Sobald dies geschah[3, 4, 7, 8]), Bd. 1, zeigte sich ein weiteres überraschendes
Resultat. Eine falsche Bestimmung der Primärnormale hätte sich durch die
Wahl eines anderen, für alle Wellenlängen gleichen Proportionalitätsfaktors korrigieren lassen. Statt dessen zeigte eben dieser Faktor einen Gang, der außerdem
unregelmäßig, ja an einigen Stellen vielleicht sogar unstetig war. FABRY und
BUISSON[7]) bestimmten zuerst angenähert die Kurve, die die Abhängigkeit
dieses Faktors wie der Wellenlänge darstellt. Dann führte KAYSER[9]) (Bd. 6)
diese Bestimmung genauer und für eine größere Zahl von Punkten aus. Das
gleiche geschah durch HARTMANN[10]) und BEHNER[11]), bei diesem mit Hilfe des
Titanspektrums auf indirektem Wege. Wenn auch die von den Genannten erhaltenen Kurven im großen und ganzen gut übereinstimmen, so muß man doch
KAYSER[9]), Bd. 7, und der Kommission der Solar Union[8]), Bd. 1, im Gegensatz zu
HARTMANN[10]) darin beipflichten, daß eine exakte Reduktion der auf ROWLAND
bezogenen Wellenmessungen unmöglich ist, wenn man mehr als 1—2 Hundertstel
Å sicherstellen will. Reduktionstabellen, die dieser Genauigkeit etwa entsprechen,
sind von KAYSER[9]), Bd. VI, HARTMANN[10]) und BEHNER[11]) abgeleitet worden.
Auch sie stimmen innerhalb der genannten Genauigkeit überein. Mit ihrer
Hilfe sind auch in [9, 12, 13]) die dort benutzten Messungen auf das neue System
reduziert worden. Man vgl. besonders [14]), Bd. 7. Die hier geschilderte Sachlage
veranlaßte nun, daß eine internationale Konferenz[8]) (Bd. 1) sich mit dem Problem
befaßte. Es wurde beschlossen, zunächst radikal vorzugehen, alle Messungen
auf die rote Cd-Linie zu beziehen, zu unterscheiden zwischen primären, sekun-

---

[1]) Auch eine Revision der Preliminary Table ist in Ausführung begriffen und bereits
weitgehend durchgeführt. Siehe CH. ST. JOHN, Rep. Mt. Wilson 1927, S. 62.

[2]) A. MICHELSON, Mém. Bur. intern. des poids et mes. Bd. 11, S. 1—237. 1895.

[3]) CH. FABRY u. A. PEROT, C. R. Bd. 132, S. 1264. 1901.

[4]) CH. FABRY u. A. PEROT, Ann. chim. phys. (7) Bd. 25, S. 98. 1902.

[5]) Siehe weiter unten, außerdem Bd. XX, Kap. 1, Artikel GREBE.

[6]) J. R. BENOIT, CH. FABRY u. A. PEROT, Trans. Sol. Union Bd. 2, S. 109. 1907; —
Nouvelle détermination du rapport des longueurs d'onde fondamentales avec l'unité métrique
Trav. Bur. int. poids et mes. Bd. 15, S. 1500. 1913.

[7]) H. BUISSON u. CH. FABRY, Astrophys. Journ. Bd. 28, S. 169. 1908; Ann. d. Phys.
(4) Bd. 38, S. 245. 1912.

[8]) Transactions of the internat. Union for Cooperation in Solar Research Bd. I. Manchester 1906.

[9]) H. KAYSER u. H. KONEN, Handbuch der Spektroskopie, Bd. VI, Tabellen S. 885ff.
Leipzig: Hirzel.

[10]) J. HARTMANN, Tabellen für das Rowlandsche und das internationale Wellenlängensystem. Göttinger Abhandlgn. N. F. Bd. 10, Nr. 2. 1916.

[11]) K. BEHNER, Dissert. Münster 1920; ZS. f. wiss. Photogr.

[12]) H. KAYSER, Tabelle der Hauptlinien der Linienspektren aller Elemente. Berlin:
Julius Springer 1926.

[13]) W. A. ROTH u. K. SCHEEL, 5. Aufl. von LANDOLT-BÖRNSTEINS Physikalisch-chemischen Tabellen, Ergänzungsband 1, Tabelle 145—150. Berlin: Julius Springer 1927.

[14]) H. KAYSER u. H. KONEN, Handbuch der Spektroskopie, Bd. VII. Artikel „Eisen"
S. 405ff. Leipzig: Hirzel.

dären und tertiären Normalen und das gesamte ungeheure Werk der Wellenlängenbestimmungen neu auszuführen. Nachdem die Wiederholung der Messung MICHELSONS, wie bereits erwähnt, praktisch das gleiche Resultat geliefert hatte, wurde begonnen, an mehreren Stellen gleichzeitig an die rote Cd-Linie mittels der Methoden von FABRY und PEROT sekundäre Wellenlängen anzuschließen. Durch Mittelung der von FABRY und BUISSON[1]), PFUND[2]), EVERSHEIM[3]) und zum Teil BURNS im Bereiche 6750 bis 3370 gemessenen Werte für Eisenlinien und zwei Nickellinien, wurde 1913 ein System sekundärer Normalen erhalten (s.[4]), Bd. 7,[5, 6, 7]), Bd. 4,[8, 9]), das man auf 0,001 als richtig ansah und das unter dem Namen internationale Ångströmeinheit (I. Å) für alle weiteren Messungen zugrunde legen wollte. Gleichzeitig ging man daran, dies System interferometrisch weiter auszubauen, Hilfslinien für ungünstige Partien des Eisenspektrums zu suchen, die Grenzen nach oben und unten zu erweitern und für die Zwecke der Praxis ein System tertiärer Normalen zur Interpolation zwischen die Linien des genannten Systems zu schaffen. So entstanden neben einer großen Zahl von Neumessungen der Linien- und Bandenspektra fast aller Elemente [man vgl.[4]), Bd. 5, 6, 7] Messungen tertiärer Eisenlinien, z. B. von KOCHEN[10]), EVANS[11]), PAPENFUS[12]), GOOS[13]), BURNS[14]), JANICKI[15]), VIEFHAUS[16]), HOELTZENBEIN[17]), WERNER[18]), GOOS[19]), PICKHAN[20]), MÜLLER[21]), ST. JOHN und WARE[22]).

Allein wiederum zeigte sich, daß man voreilig vorgegangen war. Während die Messungen der einzelnen Beobachter mit der größten Sorgfalt angestellt waren und in sich bis auf Tausendstel, ja Zehntausendstel übereinstimmten, wichen sie untereinander um Beträge ab, die die Fehlergrenzen weit überstiegen und den Zweifel aufkommen lassen konnten [s. z. B.[23]) Einleitung], ob überhaupt die Messung von Wellenlängen auf mehr als 0,01 bis 0,02 Å Sinn habe. Es zeigte sich dann, daß das bisher ausschließlich benutzte Eisenspektrum in sich noch

[1]) H. BUISSON u. CH. FABRY, Astrophys. Journ. Bd. 28, S. 169. 1908; Ann. d. Phys. (4) Bd. 38, S. 245. 1912.
[2]) A. H. PFUND, Astrophys. Journ. Bd. 28, S. 197. 1908.
[3]) P. EVERSHEIM, ZS. f. wiss. Photogr. Bd. 5, S. 122. 1907; Ann. d. Phys. (4) Bd. 30, S. 315. 1909; Bd. 36, S. 1071. 1911.
[4]) H. KAYSER u. H. KONEN, Handbuch der Spektroskopie, Bd. VII. Artikel „Eisen" S. 405ff. Leipzig: Hirzel.
[5]) P. EVERSHEIM, Wellenlängenmessungen des Lichtes im sichtbaren und unsichtbaren Spektralbereich. Sammlung Vieweg Nr. 82. Braunschweig 1926.
[6]) J. HARTMANN, Tabellen für das Rowlandsche und das internationale Wellenlängensystem. Göttinger Abhandlgn. N. F. Bd. 10, Nr. 2. 1916.
[7]) Transactions of the internat. Union for Cooperation in Solar Research, Bd. IV. Manchester 1914.
[8]) W. A. ROTH u. K. SCHEEL, 5. Aufl. von LANDOLT-BÖRNSTEINS Physikalisch-chemischen Tabellen, Ergänzungsband 1, Tabelle 145—150. Berlin: Julius Springer 1927.
[9]) H. KAYSER, Trans. Int. Union Bd. 2, S. 171. 1908; ZS. f. wiss. Photogr. Bd. 12, S. 296. 1913.
[10]) E. A. KOCHEN, ZS. f. wiss. Photogr. Bd. 5, S. 285. 1907.
[11]) E. J. EVANS, Astrophys. Journ. Bd. 29, S. 157. 1909.
[12]) FR. PAPENFUS, ZS. f. wiss. Photogr. Bd. 9, S. 332. 1911.
[13]) F. GOOS, ZS. f. wiss. Photogr. Bd. 12, S. 1 u. 259. 1912; Bd. 11, S. 1—305. 1912.
[14]) K. BURNS, ZS. f. wiss. Photogr. Bd. 12, S. 207. 1913; Bd. 13, S. 235. 1913; Lick Obs. Bull. Nr. 247, Bd. 8, S. 27.
[15]) L. JANICKI, ZS. f. wiss. Photogr. Bd. 13, S. 173. 1914.
[16]) H. VIEFHAUS, ZS. f. wiss. Photogr. Bd. 13, S. 163. 1914.
[17]) S. HOELTZENBEIN, ZS. f. wiss. Photogr. Bd, 16, S. 225. 1916.
[18]) H. WERNER, Ann. d. Phys. (4) Bd. 44, S. 289. 1914.
[19]) F. GOOS, Astron. Nachr. Bd. 199, S. 33. 1915.
[20]) H. PICKHAN, Dissert. Münster 1914. Manuskr.
[21]) F. MÜLLER, ZS. f. wiss. Photogr. Bd. 22, S. 1. 1922.
[22]) CH. ST. JOHN u. L. W. WARE, Astrophys. Journ. Bd. 36, S. 14. 1912; Bd. 38, S. 209. 1913.
[23]) Anm. 5 S. 778.

eine Fehlerquelle dadurch enthält, daß der Schwerpunkt einer Reihe seiner Linien je nach der benutzten Stelle des Eisenbogens verschieden ist. Der zuerst von Goos[1]) bemerkte, sog. Poleffekt, der nahe verwandt ist mit dem Druckeffekt, ist dann Gegenstand zahlreicher Studien gewesen[2, 3, 4, 5]) und hat zu immer weiter gehenden Einschränkungen für die Benutzung des Eisenbogens als Lichtquelle für Präzisionsmessungen geführt, zugleich auch zu Vorschlägen für die Erweiterung der Zahl der benutzten Linien[6, 7, 8, 9]). Eine Reihe sorgfältiger interferometrischer Messungen[10, 11, 12, 13]) wurden unter Benutzung neuer Vorsichtsmaßregeln ausgeführt und zeigten, daß jedenfalls das System der 1913 adoptierten sekundären Wellenlängen im Rot noch systematische Fehler besitzt, die mit zunehmender Wellenlänge zunehmen.

So ist nach fünfzigjähriger Arbeit die Aufgabe der Schaffung einer zuverlässigen Grundlage für Wellenlängenmessungen weit von ihrer Lösung entfernt. Denn was hier für den am meisten studierten mittleren Bereich des Spektrums, etwa von λ 2000 bis λ 8000 ausgeführt worden ist, das gilt in verstärktem Maße von den Bereichen der Röntgenstrahlen und dem Ultrarot jenseits 1 μ. Es wird erforderlich sein, in den folgenden Abschnitten die Lehren zu berücksichtigen, die sich aus der Geschichte der Wellenlängenmessung ergeben. Zwei derselben sollen jetzt schon vorweg genommen werden, nämlich: daß internationale Festsetzungen erst dann getroffen werden sollten, wenn die fraglichen Konstanten eine längere Bewährungsfrist hinter sich haben und weiter, daß Messungen an verschiedenen Orten von verschiedenen Beobachtern und mit variierten Methoden hinreichende Übereinstimmung zeigen müssen, ehe Zahlenwerte als brauchbar adoptiert werden.

3. Einheiten, Wellenlängen, Schwingungszahlen. Es ist üblich, aus historischen und Zweckmäßigkeitsgründen in verschiedenen Wellenlängenbereichen mit verschiedenen Einheiten zu messen. Durch internationale Vereinbarung ist für das sog. optische Spektrum die Ångströmeinheit $= 10^{-8}$ cm eingeführt. In ihr erscheinen die Wellenlängen im optischen Spektrum vierstellig vor dem Komma. In der Literatur findet man wohl auch $\mu\mu$ (Milliontelmillimeter) als Einheit verwendet. Doch sollte das zur Verminderung der Verwirrung unterbleiben.

Zur Vermeidung von Verwechselung mit Zahlen, die sich auf das ROWLANDsche System oder gar auf ältere Systeme beziehen, ist weiter die Bezeichnung I. Å = Internationale Ångströmeinheit eingeführt. Wenn irgend möglich, sollten alle Angaben in dieser Einheit erfolgen, und es sollte jede andere Angabe durch den ausdrücklichen Zusatz des Bezugssystems (z. B. ROWLAND, prel. table) charakterisiert werden. Im Ultrarot werden diese Zahlen unbequem, entsprechen auch nicht der geringen dort in der Regel erreichten Stellengenauigkeit. So wird oberhalb 10 000 Å in der Regel in μ = Tausendelmillimeter gemessen.

---

[1]) F. Goos, ZS. f. wiss. Photogr. Bd. 12, S. 1—259. 1912; Bd. 11, S. 1—305. 1912.

[2]) H. G. GALE u. W. ADAMS, Astrophys. Journ. Bd. 35, S. 10. 1912.

[3]) ST. JOHN u. H. D. BABCOCK, Proc. Nat. Acad. Amer. Bd. 1, S. 131 u. 295. 1915; Astrophys. Journ. Bd. 45, S. 231. 1915.

[4]) E. CH. ST. JOHN u. H. D. BABCOCK, Astrophys. Journ. Bd. 46, S. 138. 1917.

[5]) CH. ST. JOHN u. H. D. BABCOCK, Astrophys. Journ. Bd. 53, S. 260. 1921.

[6]) W. F. MEGGERS, Standard wave-lengths. Journ. Opt. Soc. Bd. 5, S. 308. 1921.

[7]) Report of O. S. A. Progress committee for 1923/24, Physical optics. Journ. Opt. Soc. Bd. 10, S. 551. 1925.

[8]) Trans. Intern. Astron. Union Bd. 1, S. 35. 1922.

[9]) W. F. MEGGERS, Standard wave-lengths and regularities in the spectrum of the iron arc. Astrophys. Journ. Bd. 60, S. 60. 1924.

[10]) K. BURNS, W. F. MEGGERS u. P. W. MERRILL, Scient. Pap. Bureau of Stand. Nr. 274. 1916.

[11]) P. WALLERATH, Ann. d. Phys. (4) Bd. 75, S. 37. 1924.

[12]) H. D. BABCOCK, Astrophys. Journ. Bd. 66, S. 256. 1927.

[13]) W. MONK, Astrophys. Journ. Bd. 62, S. 375. 1925.

Im Bereiche kürzester Wellenlängen ist neben der Ångströmeinheit die sog. X-Einheit $= 10^{-11}$ cm $= 10^{-3}$ Å gebräuchlich.

Durch Division der Wellenlänge in die Lichtgeschwindigkeit erhält man die Schwingungszahl. Statt dessen verwendet man in der Regel die sog. Wellenzahl, d. h. die Zahl der Wellen pro Zentimeter. Man erhält sie, indem man den reziproken Wert der Wellenlänge bildet. Dies geschieht am bequemsten mittels der von Kayser[1]) berechneten Tabelle, in der die Reziproken von λ 2000 bis λ 10000 achtstellig enthalten sind, zwischen λ 2000 und λ 7000 um je 0—1 Å fortschreitend, zwischen λ 7000 und λ 10000 in Stufen von 1 Å, mit Interpolationstafeln.

In der Regel wird in Luft gemessen. Dann ist $\lambda : \lambda_0 = v : v_0$, wenn sich λ_0 und v_0 auf das Vakuum beziehen. Somit ist $\lambda = \lambda_0 \, v/v_0 = \lambda_0 : n$, wenn n den Brechungsexponent der Luft bedeutet, der nach Meggers und Peters[2]) praktisch ausreichend für 15° C und 760 mm Hg durch die Formel $(n-1) \cdot 10^7 = 2726 \cdot 43 + 12{,}288/\lambda^2 \cdot 10^{-8} + 0{,}3555/\lambda^4 \cdot 10^{-16}$ dargestellt werden kann[3]). Da n gleichzeitig vom Druck und von der Luftfeuchtigkeit abhängt, so ist auch dieser Einfluß zu berücksichtigen, falls etwa die vierte Stelle der Bruchteile der Ångströmeinheit noch in Betracht kommt. Es ist üblich, da praktisch immer in atmosphärischer Luft gearbeitet wird, die Wellenlängen stillschweigend für diese anzugeben und den Einfluß der wechselnden Temperatur und des Druckes überhaupt nicht zu berücksichtigen. Für viele Zwecke, z. B. Untersuchungen über Gesetzmäßigkeiten in Spektren geht dies nicht an. Es müssen dann die Wellenlängen und die Schwingungszahlen auf das Vakuum reduziert werden. Aus der oben angeführten einfachen Beziehung $\lambda_0 = n\lambda$ folgt $\lambda_0 = \lambda + (n-1)\lambda$, also als Korrektur $(n-1)\lambda$. In der Tabelle von Kayser[1]) findet man sowohl den Wert von $(n-1)$ wie $(n-1)\lambda$ angegeben. Außerdem sind sämtliche Reziproke (Wellenzahlen) sogleich auf das Vakuum umgerechnet. Z. B. s. [1, 2]).

λ	v	$\lambda(n-1)$	λ_0	v_0	$\varDelta\lambda$	$\varDelta v$
2000	50000	$+0{,}6512$	2000,65	49983,7	$+0{,}65$	$-16{,}28$
5000	20000	$+1{,}3906$	5001,39	19994,4	$+1{,}39$	$-\ 5{,}56$
10000	1000	$+2{,}7391$	10002,74	9997,26	$+2{,}74$	$-\ 2{,}74$

Um einen Begriff zu geben von dem Betrag der Korrektion für Druck und Temperatur sei aus den Tabellen von Meggers und Peters[2]) angegeben, daß die Reduktion einer bei 720 mm und 25° C gemessenen Wellenlänge λ 3000 auf 760 mm und 15° gleich $-$ 0,0038 Å beträgt, für λ 8000 etwa $-$ 0,0028, was namentlich auch bei relativen Messungen zu berücksichtigen ist. Man findet bei Meggers und Peters[2]) Reduktionstabellen für Temperaturen zwischen 9° und 35° C und Drucke zwischen 600 und 780 mm Quecksilber. Der Wasserdampfgehalt der Luft verringert den Brechungsexponenten, und zwar ungefähr um $+ 41 \times \dfrac{m}{760} \times 10^{-6}$, wenn m den Dampfdruck des Wasserdampfes in mm Quecksilber bedeutet. Dabei ist natürlich die Dispersion des Wasserdampfes noch nicht berücksichtigt. Die bisher erreichte Genauigkeit der Wellenlängen-

---

[1]) H. Kayser, Tabelle der Schwingungszahlen. Leipzig, Hirzel 1925.
[2]) W. F. Meggers u. C. G. Peters, Measurements on the index of refraction of air for wave-lengths from 2218 A to 9000 A. Scient. Pap. Bureau of Stand. Nr. 327. 1918; Astrophys. Journ. Bd. 50, S. 58. 1919.
[3]) Für eine genauere Diskussion unserer Kenntnisse über die Dispersion der Luft vgl. Bd. XXI, Kap. 1.

messungen hat eine Berücksichtigung dieser Korrekturen noch nicht nötig gemacht.

4. Grundsätzliches über Wellenlängensysteme. HARTMANN[1]) hat wohl am schärfsten den Unterschied hervorgehoben, der zwischen der Anforderung des Anschlusses des Wellenlängensystems an die fundamentale Einheit, also das Meter, und den übrigen an das System zu stellenden Anforderungen besteht. An und für sich hat die Aufgabe des Anschlusses der Wellenlängenmessungen an das Meter für die Spektroskopie nur ein ideelles, ja vielleicht sekundäres Interesse. Die Atomphysik hat es durchweg nur mit Differenzen von Schwingungszahlen zu tun. Es würde also sehr wohl möglich sein, eine bestimmte Wellenlänge willkürlich als Einheit zu wählen. In der Tat ist von verschiedenen Seiten Ähnliches vorgeschlagen worden. So hat z. B. HARTMANN[1]) (u. a. anderen Stellen) den an sich sehr beachtenswerten Vorschlag gemacht, die doch innerhalb eines gewissen Intervalls willkürliche Festsetzung der primären Normale, die außerdem bei fortschreitender Meßgenauigkeit Änderungen unterworfen ist, auszuschalten und durch Übereinkunft die primäre Normale so zu bestimmen, daß etwa die Quadratsumme der Abweichungen gegen ROWLAND im neuen System ein Minimum wird. HARTMANN hat selbst auch eine derartige Berechnung ausgeführt, die den großen Vorteil mit sich bringt, daß gar nicht mehr zwischen verschiedenen Systemen unterschieden werden muß, und daß die ungeheure Menge der älteren Messungen ohne irgendwelche Korrektion verwendbar sein würde, jedenfalls, wenn es nicht auf große Genauigkeit ankommt. Wenn 1906 die Polar Union diesen Weg nicht beschritten hat, sondern zu einer neuen Normale überging und so das gesamte ältere Messungsmaterial beiseite schob, so dürfte doch die weitere Entwicklung diesen Schritt gerechtfertigt haben. Denn einmal sind die älteren Messungen außer mit einem Fehler des Niveaus relativ zum Meter ja auch noch mit vielen anderen Fehlern behaftet, deren nachträgliche Korrektion völlig ausgeschlossen ist. Sodann besteht von seiten der Kontrolle, Erhaltung und Reproduktion der Längenmaße ein erhebliches Interesse an einem Anschluß an das System der Wellenlängen. Vor allem aber würden zahlreiche andere Konstante der Atomphysik, die nun auf das Meter bezogen sind, auf eine willkürliche Wellenlängeneinheit umgerechnet werden müssen, um ein einheitliches System von Messungen und Konstanten zu erhalten. Allerdings wird vermieden werden müssen, jede Änderung im Anschluß an das Meter, die sich etwa aus erneuten Bestimmungen der Länge des Meters ergeben würde, auf das gesamte System der Wellenlängenmessungen zu übertragen. Fast scheint es, als ob es möglich sei, das Meter mittels passend gewähler und definierter Spektrallinien genauer zu definieren, als es auf mechanischem Wege durch die Beschaffenheit der Striche des Urmeters und infolge der Strukturänderungen des Metalles, aus dem es besteht, möglich ist. Es scheint ferner, als ob etwaige Unsicherheiten gegenüber den beiden Messungen von MICHELSON und BENOIT-FABRY-PEROT praktisch bedeutungslos seien. Wenn das zutrifft, so fiele jeder Anlaß fort, an der primären Normale erneut etwas zu ändern, und es würde sich empfehlen, jedenfalls so lange wie irgend möglich an dem 1906 gewählten primären Niveau festzuhalten.

Sobald das Niveau, also die fundamentale (primäre) Einheit, gegeben ist, kann man zur Schaffung eines Systems von sekundären Normalen übergehen. Ein solches durch Vervielfältigung des Anschlusses des Meters an Wellenlängen verschiedener Art zu schaffen, verbietet sich vielleicht weniger durch die Mühe

---

[1]) J. HARTMANN, Tabellen für das Rowlandsche und das internationale Wellenlängensystem. Göttinger Abhandlgn. N. F. Bd. 10, Nr. 2. 1916.

der Arbeit, die nach dem Verfahren von Weber und Koesters[1]), wenigstens im Sichtbaren, nicht gar so groß ist als durch die Schwierigkeit, geeignete Linien zu finden (s. weiter unten). Dazu ist es relativ bequem, wenn einmal eine Normale gegeben ist, auf interferometrischem Wege weitere anzuschließen.

So wird auch leichter die weitere Forderung erfüllt, die Hartmann[2]) als Stetigkeit bezeichnet. Man kann mit Hartmann[2]) 3 Arten von Fehlern von Wellenlängennormalen unterscheiden: 1. den durch den Anschluß der Fundamentalwellenlänge an das Meter bedingten — Hartmann nennt ihn den konstanten, um anzudeuten, daß er in Gestalt eines konstanten Faktors auftritt, mit dem alle Wellenlängen zu multiplizieren sind —; 2. fortschreitende Fehler, worunter Hartmann alle Fehler versteht, die innerhalb des Spektrums einen stetigen Verlauf nehmen und sich langsam mit der Wellenlänge ändern, so daß diese Fehler für benachbarte Linien nur wenig verschieden sind und sich für zwischenliegende Linien interpolieren lassen. In diese Klasse würden die Fehler gehören, die etwa durch unrichtige Interpolationsformeln, Temperaturänderungen während der Messung usw. verursacht werden; 3. die zufälligen Fehler. Hierhin würden alle durch unvermeidliche Zufälligkeiten, Fehler des Beobachters, Linienverschiebungen, sonstige unkontrollierbare Umstände verursachten Fehler gehören. Es ist klar, daß der Betrag der Fehler der dritten Klasse ein gewisses Maß nicht übersteigen darf, wenn das System überhaupt brauchbar sein soll, ebenso wie es wohl als feststehend bezeichnet werden darf, daß gerade die Beseitigung dieser Fehler bisher die größten Schwierigkeiten gemacht hat und auch zur Zeit erst teilweise gelungen ist.

Für die meisten optischen Messungen würde man schon mit einem stetigen System von Wellenlängen auskommen. In allen Angelegenheiten, wo es sich etwa um Gesetzmäßigkeiten in Spektren handelt, würde man eines streng relativ richtigen Systems bedürfen, und nur in verhältnismäßig seltenen Fällen würde man ein absolut richtiges Wellenlängensystem brauchen.

Die vielfältigste spektroskopische Erfahrung hat gelehrt, daß Wellenlängenmessungen, an die höhere Anforderungen in bezug auf die Genauigkeit gestellt werden, am schnellsten und zweckmäßigsten durch Anschluß an ein System von Normalen ausgeführt werden, die ein für allemal möglichst sorgfältig bestimmt sind. Welche Wege man zur Messung einschlägt, ob Messungen an photographischen Aufnahmen, Messungen mit dem Auge oder Messungen mit Thermosäule, Bolometer usw., ist dabei gleich. Es wird daher das Ziel der Wellenlängenmessung sein müssen, allmählich ein die gesamte Skala umfassendes, von den Röntgenspektren bis in den Bereich der elektrischen Wellen reichendes System von tertiären Normalen aufzustellen, das den Anschluß jeder beliebigen vorgelegten Wellenlänge gestattet. Diese Aufgabe zerfällt daher in vier Teilaufgaben: 1. Schaffung mindestens einer primären Normale; 2. sekundärer Normalen, 3. tertiärer Normalen, 4. Anschluß unbekannter Wellenlängen. Es ist eine Frage, ob man nicht evtl. irgendeine dieser Stufen überspringen kann, z. B. auf 2 oder 3 verzichtet. Auch sind Fälle anzugeben, wo dies mit Nutzen geschieht. Doch wird grundsätzlich die angegebene Stufenfolge einzuhalten sein, namentlich wenn es sich um viele Wellenlängen, etwa linienreiche Spektra, handelt.

5. Linienauswahl für Normalen. Die Bedeutung der richtigen Auswahl von Normalen ist erst allmählich in dem Maße erkannt worden, in dem die An-

---

[1]) A. Koesters, Lampe u. A. Weber, Berichte der Tät. der ·P.T.R. ZS. f. Instrkde. Bd. 48, S. 145. 1928; Phys. ZS. Bd. 29, S. 233—239. 1928.
[2]) J. Hartmann, Tabellen für das Rowlandsche und das internationale Wellenlängensystem. Göttinger Abhandlgn. N. F. Bd. 10, Nr. 2. 1916.

forderungen an die Genauigkeit der Messungen stiegen. Nachdem man zuerst die Linien des FRAUNHOFERschen Spektrums benutzt hatte, sind für die primäre Normale die D-Linien des Natriums, ist nach dem Vorgange von ROWLAND und KAYSER und RUNGE, das Bogenspektrum des Eisens grundsätzlich und nach Übereinkunft fast ausschließlich als Bezugsystem verwendet worden. Die leichte Herstellbarkeit des Eisenspektrums, die Helligkeit und Massenhaftigkeit seiner Linien, das Vorhandensein guter Wellenlängenkataloge und Atlanten machen in der Tat das Bogenspektrum des Eisens für die Verwendung so bequem, daß es bisher nicht von seiner Stelle hat verdrängt werden können, obwohl es eine Reihe gewichtiger Nachteile besitzt. So fällt unterhalb 2300 die Intensität stark ab. In einzelnen Teilen des Spektrums, z. B. im Blaugrün, gibt es nur wenige, zu Normalen brauchbare Linien; im Rot stören die Molekülspektra der Eisenoxyde. Fast alle stärkeren Linien zeigen bei größerer Auflösung Selbstumkehrung oder sind verbreitert, und endlich tritt bei den Bogenlinien ein Poleffekt auf, also eine Variabilität der Wellenlänge, die mit dem Abstand von den Polen nach der Mitte des Bogens hin abnimmt und für verschiedene Klassen der Eisenlinien verschieden ist. Man kann die Eisenlinien[1,2] je nach ihren Verbreiterungserscheinungen bei gesteigertem Druck oder nach der entsprechenden Wellenlängenänderung einteilen. Nach GALE und ADAMS[1] kann man unterscheiden: 1. Linien, die symmetrisch umgekehrt sind, 2. Linien die unsymmetrisch umgekehrt sind, 3. bei Druck nicht umgekehrte scharfe Linien, 4. nicht umgekehrte, stark symmetrisch verbreiterte Linien, 5. nicht umgekehrte, stark unsymmetrisch verbreiterte Linien. Nach der Größe der Wellenlängenänderung werden unterschieden: a) Flammenlinien; Druckverschiebung bei $\lambda\,4000$ ca. 0,0013 Å/Atm. und 0,0026 bei $\lambda\,5000$; b) ebenso bei $\lambda\,4000$ pro Atmosphäre 0,0021, bei 5000 pro Atmosphäre 0,0043, bei $\lambda\,6000$ pro Atmosphäre 0,0074; c) desgl. $\lambda\,4000$ 0,0044, $\lambda\,5000$ 0,0103; d) $\lambda\,4000$ 0,0084, $\lambda\,5000$ 0,0142, $\lambda\,6000$ 0,025; e) (nach ST. JOHN und WARE[2]) Verschiebung nach Violett, sub d) mit etwas kleinerer Verschiebung als bei d). Man sehe auch BABCOCK[3]). Es liegt nahe und ist auch angeregt worden, sich auf Linien der Gruppen a) und b) bei genaueren Messungen zu beschränken. Allein dies ist nicht immer möglich. Zwischen $\lambda\,5660$ und $\lambda\,5530$ fehlen z. B. Linien dieser Klassen. Sodann zeigt sich, daß der wellenlängenändernde Effekt im Bogen, der dem Druckeffekt parallel geht (Poleffekt), mit der Entfernung von den Polen abnimmt. So ist man dazu übergegangen, immer schärfere Einschränkungen für die Benutzung des Eisenbogens zu treffen[4]). So wurde 1913 festgesetzt, daß nur Licht benutzt werden darf, das aus der mittleren, 1 bis 1,5 mm langen Partie eines Bogens stammt, der zwischen zwei Eisenelektroden brennt, von denen die obere 6 mm Durchmesser, die untere, positive, 12 mm Durchmesser hat. In einer trichterförmigen Bohrung der unteren Elektrode soll eine Perle aus Eisenoxyd liegen, gegen die der Bogen brennt. Der Bogen soll 12 bis 15 mm lang sein und mit höchstens 5 Amp. bei 250 bis 110 V Klemmenspannung betrieben werden. Oberhalb 6000 schränkt diese Vorschrift die Brauchbarkeit des Bogens zu sehr ein, da die verfügbare Lichtintensität für viele Zwecke zu gering wird. Man ist dann genötigt, größere Stromstärken und einen weniger stark abgeblendeten Bogen zu benutzen. Doch hat sich in neuerer Zeit gezeigt, daß auch bei diesen Vorsichtsmaßregeln

---

[1]) H. G. GALE u. W. ADAMS, Astrophys. Journ. Bd. 35, S. 10. 1912.
[2]) CH. ST. JOHN u. L. W. WARE, Astrophys. Journ. Bd. 36, S. 14. 1912; Bd. 38, S. 209. 1913.
[3]) H. D. BABCOCK, Phys. Rev. (2) Bd. 30, S. 366. 1927.
[4]) Transactions of the internat. Union for Cooperation in Solar Research, Bd. IV, S. 61 ff. 1914.

noch Fehler vorkommen, die möglicherweise zum Teil in der Lichtquelle selbst ihren Ursprung haben[1]). Ehe wir auf die Vorschläge und Versuche eingehen, andere Lichtquellen als den Eisenbogen in Luft zu Wellenlängenmessungen zu benutzen, sei eine Bemerkung über die Anforderungen beigefügt, die man allgemein an die Beschaffenheit der Linien stellen muß, die zu Normalen brauchbar sind.

Es ist zu unterscheiden zwischen den Anforderungen an Linien, die für die Praxis, und solchen, die für fundamentale Messungen, ferner auch zwischen Linien, die zu einer primären Normalen bzw. einer primären Hilfsnormalen, oder solchen, die zu sekundären bzw. tertiären Normalen benutzt werden sollen.

Da in weitaus den meisten Fällen ein Vergleichsspektrum nicht entbehrt werden kann, so muß man von der Vergleichslichtquelle verlangen, daß sie mit den gewöhnlichen Laboratoriumshilfsmitteln hergestellt werden kann, die dem Astronomen · oder Physiker zur Verfügung stehen. Sie muß ferner helle Linien in so großer Zahl liefern, daß in Abständen von mindestens 50 Å brauchbare Normalen zu finden sind. Sie muß weiter das ganze Spektrum umfassen, soweit es etwa für die gewöhnlichen spektroskopischen Methoden in Betracht kommt, und sie muß endlich innerhalb gewisser Grenzen konstant, d. h. von geringfügigen Veränderungen der Versuchsbedingungen unabhängig sein. Schon diese rein praktischen Gesichtspunkte schließen manche vielleicht sonst geeignete Lichtquellen aus. So ist von verschiedenen Seiten ein Eisenbogen in einem Gefäße mit vermindertem Druck als Standardlichtquelle empfohlen worden. Auch haben manche Versuche und Messungen, z. B. diejenigen von Wolfsohn[2]) u. a.[3])[4]) gezeigt, daß man ohne allzu große Mühe mit solchen Abarten des Eisenbogens arbeiten kann. Auch kann der logische Vorzug einer von Poleffekt usw. freien Lichtquelle, wie Meggers[5]) mit Recht hervorhebt, nicht bestritten werden. Allein namentlich im Ultraviolett ist die Lichtstärke des Vakuumbogens so bedeutend vermindert, und die Unbequemlichkeiten sind so groß, daß der Vorschlag, den sog. Vakuumbogen an Stelle des gewöhnlichen Eisenbogens einzuführen, sich nicht hat durchsetzen können[6]). Für viele Zwecke sind Röhren mit Edelgasen, namentlich mit Neon und Krypton, und zwar als Bogenentladungslampen mit Alkalielektrode wie auch als gewöhnliche Geißlerröhren empfohlen worden[7]). Auch haben die Edelgasspektra ohne Zweifel sehr viele Vorteile. Doch bedecken ihre Spektra den Wellenbereich ungleichmäßig, und man muß Röhren aus Quarz oder mit Quarzfenster benutzen, um ins Ultraviolett zu gelangen. Immerhin wird man in vielen Fällen mit Nutzen solche Entladungsröhren mit Edelgasfüllung als Standardlichtquellen benutzen. Der vielfach empfohlene Quecksilberbogen in einem Quarzgefäß genügt nur für rohere Messungen, bei denen natürlich auch jeder Eisenbogen ohne Vorsichtsmaßregeln verwendet

---

[1]) So verwendet Babcock (Astrophys. Journ. Bd. 66, S. 281. 1927) einen kürzeren Bogen mit höherer Stromstärke, ebenso wie es früher von Meggers und Kiess (Scient. Pap. Bureau of Stand. Bd. 19, S. 273. 1924) in etwas anderer Weise geschehen war.

[2]) G. Wolfsohn, Ann. d. Phys. (4) Bd. 80, S. 415—435. 1926.

[3]) Beide, wie auch Monk (Astrophys. Journ. Bd. 62, S. 375. 1925) und Babcock (ebenda Bd. 66, S. 278. 1927) finden im Gegensatz zu einigen anderen Angaben keinen Vorteil in der Benutzung eines Vakuumbogens.

[4]) K. Burns u. W. F. Meggers, Publ. Allegh. Observ. Bd. 6, S. 106. 1926 (hier ebenfalls Abbildung). Man sehe auch O. Curtis, Journ. Opt. Soc. Bd. 8, S. 667. 1924.

[5]) W. F. Meggers, Astrophys. Journ. Bd. 60, S. 75. 1924.

[6]) Ganz abgesehen von anderen Schwierigkeiten.

[7]) Richtig betrieben halten solche Röhren Hunderte von Stunden. Man sehe Koesters, Weber u. Lampe[8]) sowie Wallerath[9]).

[8]) A. Koesters, F. Lampe u. A. Weber, Berichte der Tät. der P.T.R. ZS. f. Instrkde. Bd. 48, S. 145. 1928; Phys. ZS. Bd. 29, S. 233—239. 1928.

[9]) P. Wallerath, Ann. d. Phys. (4) Bd. 75, S. 37. 1924.

werden kann. Das gleiche gilt von Funkenspektren, z. B. demjenigen des Kupfers und Aluminiums, die vielfach benutzt worden sind. Der Vorschlag, an Stelle von Emissionslinien Absorptionslinien, z. B. Linien des Jods, zu verwenden[1]), ist praktisch nicht brauchbar. Denn Absorptionsspektra eignen sich schon wegen des Mangels einer bei sehr großer Dispersion brauchbaren kontinuierlichen Lichtquelle sowie aus verschiedenen anderen Gründen schlecht zum Zwecke von Vergleichsspektren. So hat bis heute der Eisenbogen seinen Platz aus praktischen Gründen behauptet, neben ihm in gewissem Umfange der Vakuumbogen und Entladungsröhren mit Edelgasspektren.

Anders liegen die Dinge, wenn es sich um die Schaffung einer primären Normalen oder um sekundäre Normalen höchster Genauigkeit handelt. Dann spielt zunächst die Umständlichkeit einer Lichtquelle keine Rolle. Es liegt nahe, als einziges Maß der Brauchbarkeit die Schärfe einer Linie, gemessen durch ihre Interferenzfähigkeit, als Kriterium für die Auswahl zu benutzen. Eingeschlossen in diese Forderung ist natürlich, daß die Linie einfach ist, also keine Feinstruktur zeigt und daß sie auch keine Selbstumkehr, d. h. Verbreiterungserscheinungen, innerhalb der durch die Versuche bestimmten Grenzen aufweist. Wir werden sogleich noch auf diese Forderung zurückkommen. Die durch die Interferenzfähigkeit und Einfachheit gegebene Einschränkung der Brauchbarkeit tritt indes nur dann in die Erscheinung, wenn man zur Messung Apparate benutzt, deren Auflösungsvermögen von der Größenordnung der Linienbreite bzw. der Feinstruktur ist. Trifft dies nicht zu — und das ist bei der Benutzung von Gittern wie Interferenzapparaten (FABRY und PEROT usw.) häufig der Fall —, so stellt das Linienbild oder das System der Interferenzstreifen ein optisches Gebilde dar, das in erster Linie durch die Apparatkonstanten in seiner Größe und Intensitätsverteilung bestimmt ist. Nun kommt es für die Benutzung eines solchen Gebildes als Normale gar nicht darauf an, daß man den wahren Schwerpunkt der zugrunde liegenden Emissionen bestimmt, sondern nur, daß das fragliche optische Gebilde reproduzierbar ist, d. h., daß es mit seiner Feinstruktur, Umkehrung usw. unter bekannten Umständen immer wieder in gleicher Weise erscheint. Entscheidend für die Brauchbarkeit einer solchen Linie als Normale ist also nur der Umstand, daß sie konstant und reproduzierbar und so fein strukturiert ist, daß die Intensitätsverteilung im optischen Bilde lediglich eine Funktion der Apparatkonstanten ist. Von diesem Gesichtspunkte aus ist für die überwiegende Zahl aller physikalischen Messungen der Eisenbogen vollkommen brauchbar, wenn man nur die Bedingungen seiner Benutzung richtig bestimmt und nach internationaler Vereinbarung festhält.

Im Ultrarot wie auch im Bereiche der Schumann- und Röntgenstrahlen ist die Meßtechnik noch nicht weit genug fortgeschritten, um zu einem international adoptierten System von Normalen zu führen. So hat auch die Prüfung und Auswahl von Normalen kaum begonnen. Doch scheint es, als ob manche sonst kaum erklärliche Abweichungen zwischen verschiedenen Beobachtern, z. B. auf dem Gebiete der Messung der Röntgenwellenlängen, auf mangelhafte Definition der Normalen zurückzuführen sind. In den nächsten Abschnitten wird bei der Behandlung der primären und sekundären Normalen noch auf die benutzten Lichtquellen zurückzukommen sein.

6. Primäre Wellenlängennormale. An der Bestimmung einer primären Wellenlängennormale hat die gesamte Metrologie ein Interesse. So findet man die Methoden und Aufgaben der Auswertung des Meters in Wellenlängen ausführlich in Bd. II dieses Handbuches, Kap. 2, Längenmessung, von F. GÖPEL

---

[1]) Siehe z. B. [2]).
[2]) Trans. Intern. Astron. Union Bd. 1, S. 35. 1922.

beschrieben. Wir verweisen hier auf dies Kapitel sowie auf die unter [1]) und [2]) genannten ausführlichen Berichte von MICHELSON sowie BENOIT, FABRY und PEROT. Hier seien nur einige Punkte hinzugefügt, die auf die optische Anwendung Bezug haben. Die Auswertung des Meters ist in Wellenlängen der roten Kadmiumlinie erfolgt, nachdem MICHELSON diese als einfach, reproduzierbar und von so hoher Interferenzfähigkeit erkannt hatte, daß noch Schichtdicken von 6—7 cm bequem für die Interferenzen benutzt werden konnten. Zunächst wurden auch noch bestimmte Regeln für die Herstellung der roten Cd-Linie vorgeschrieben (H-förmige Röhre nach MICHELSON, vorgeschriebene Temperatur, Induktorium von gegebener Schlagweite usw.). Doch schon FABRY und BUISSON[3]) benutzten eine Michelson-Röhre, die sie mit einem einige Milliampere starken Strom einer Hochspannungsbatterie betrieben. In der Folge wurden von EVERSHEIM[4, 5, 6]), WALLERATH[7]) u. a.[8]) Quarzbogenlampen benutzt, die an die Pumpe angeschlossen blieben und in denen Cd-Metall bei 400—500° geschmolzen wurde. Wiederholt ist die Meinung geäußert worden, daß die Wellenlänge dieser Lichtquelle möglicherweise eine andere sein könne als diejenige der ursprünglichen Lichtquelle von MICHELSON. Durch mehrfache Untersuchungen ist jedoch nachgewiesen, daß die Unterschiede der genannten Kadmiumlichtquellen praktisch bedeutungslos sind, und daß jedenfalls in den bisherigen Messungen keine Zeichen einer Wellenlängenverschiedenheit zu bemerken sind, solange man die Dampfdichte der Kadmiumbogenlampen nicht über ein gewisses Maß steigert.

Während MICHELSON die rote Cd-Linie einfach gefunden hatte, ist später angegeben worden, daß sie einen schwachen Begleiter besitze. Doch findet SCHRAMMEN[9]) neuerdings wieder, daß sie einfach ist. Indessen unterliegt es keinem Zweifel, daß gewisse Kryptonlinien, ganz besonders die gelbgrüne Linie $\lambda\,5649 \cdot 5924$, wesentlich schärfer und daher geeigneter sind. Mit ihrer Hilfe ist es möglich, eine Länge von 200 mm direkt auszumessen und so das umständlichere, bisher notwendige Additionsverfahren zur Erreichung der Länge des Meters zu vermeiden oder zu vereinfachen. So hat auch die Physikalisch-Technische Reichsanstalt für ihre neue Auswertung des Meters diese Linie als Hauptnormale gewählt; ebenso ist 1927 auf der Tagung der Intern. Komm. für Maße und Gewichte die Linie $\lambda\,5649$ als Ersatz für die Linie $\lambda\,6438$ des Kadmiums in Aussicht genommen worden. Solange jedoch keine definitiven Messungen und ein international adoptierter Wert vorliegt, bleibt es bei dem Werte der Kadmiumlinie, der hier nochmals angeführt sei. Für trockene Luft von 15° C und 760 mm Druck wurde 1907 der Wert Cd $\lambda\,6438 \cdot 4696$ von BENOIT, FABRY und PEROT[10]) Bd. 2[2]) gefunden und von der Int. Union Sol. Res. adoptiert. Dies liefert 1 m = 1 553 164 · 13 λ Cd. MICHELSON und BENOIT[1]) hatten gefunden Cd $\lambda\,6438 \cdot 4722$. Durch Anbringung einer später gefundenen Thermo-

---

[1]) A. MICHELSON, Mém. Bur. intern. des poids et mes. Bd. 11, S. 1—237. 1895.

[2]) J. R. BENOIT, CH. FABRY u. A. PEROT, Trans. Sol. Union Bd. 2, S. 109. 1907; Nouvelle détermination du rapport des longueurs d'onde fondamentales avec l'unité métrique. Trav. Bur. int. poids et mes. Bd. 15, S. 1500. 1913.

[3]) Transactions of the internat. Union of Cooperation in Solar Research Bd. 2, S. 143. 1907.

[4]) P. EVERSHEIM, Wellenlängenmessungen des Lichtes im sichtbaren und unsichtbaren Spektralbereich. Sammlung Vieweg Nr. 82. Braunschweig 1926.

[5]) P. EVERSHEIM, ZS. f. wiss. Photogr. Bd. 5, S. 122. 1907; Ann. d. Phys. (4) Bd. 30, S. 315. 1909; Bd. 36, S. 1071. 1911.

[6]) P. EVERSHEIM, Ann. d. Phys. (4) Bd. 45, S. 454. 1914.

[7]) P. WALLERATH, Ann. d. Phys. (4) Bd. 75, S. 37. 1924.

[8]) H. D. BABCOCK, Astrophys. Journ. Bd. 66, S. 256. 1927.

[9]) A. SCHRAMMEN, Ann. d. Phys. (4) Bd. 83, S. 1161. 1927.

[10]) Transactions of the internat. Union for Cooperation in Solar Research Bd. 2, S. 6. 1908.

meterkorrektion vergrößert sich dieser Wert auf $\lambda\,6438\cdot4727$. Nimmt man an, daß zur Zeit der Messung eine relative Feuchtigkeit von 70% im Laboratoium geherrscht habe, so verkleinert sich diese Zahl endlich auf $\lambda\,6438\cdot4695$, also zufällig die gleiche Zahl, wie 1907 gefunden.

Es ist möglich, daß sich dieser Betrag um die eine oder andere Einheit der letzten Stelle ändern wird, wenn die definitive Messung der Kryptonlinie $\lambda\,5649$ vorliegt, um so mehr, als das von KOESTER und WEBER eingeschlagene Verfahren eine noch größere Genauigkeit zu liefern scheint[1]. Doch wird man kaum nochmals die primäre Normale ändern, sondern für die wenigen Fälle, in denen man in der Optik die absoluten Werte braucht, lieber mit dem Quotienten $\lambda\,\mathrm{Cd}/\lambda\,\mathrm{Kr}$ multiplizieren, statt das gesamte vorliegende Wellenlängenmaterial nochmals umzuändern.

Man könnte daran denken, neben der primären Normalen noch weitere Linien zu benutzen, die unmittelbar an das Meter angeschlossen sind und die man daher als primäre Hilfsnormalen bezeichnen könnte. In der Tat würden solche Linien gewisse Vorteile bieten, vorausgesetzt, daß sie durch relative Messungen unter sich ausgeglichen und homogenisiert worden wären. Denn man würde auf diese Weise in verschiedenen Spektralteilen eine Grundlinie zur Verfügung haben. Auch würde manche Unbequemlichkeit vermieden werden, die durch die Lage der roten Kadmiumlinie sowohl wie der grünen Kryptonlinie in photographisch wenig wirksamen Spektralregionen verursacht wird. Allein ein solcher Ausgleich würde unter Umständen auch zu einer Korrektur der Hauptnormallinie führen und somit das Aufgeben des grundsätzlichen Standpunktes bedeuten. Hierzu kommt, daß die Auswahl umkehrungsfreier, den höchsten Anforderungen an Schärfe genügenden Linien gering ist. Zwar überwiegt bei interferometrischen Messungen der Einfluß der Hauptkomponente; auch kompensieren sich bei Anwendung verschiedener Gangunterschiede die Wirkungen der einzelnen Teillinien im Durchschnitt, so daß vorgeschlagen worden ist, auch Messungen mit zusammengesetzten Linien als gleichwertig heranzuziehen. Allein, man wird dies Verfahren doch auf die sekundären Normalen beschränken, nachdem man einmal prinzipiell den Weg einer absoluten Definition des Meters beschritten hat.

MICHELSON und BENOT[2] hatten seinerzeit die Cd-Linien $\lambda\,6438$, $\lambda\,5086$, $\lambda\,4800$, $\lambda\,4678$ an das Meter angeschlossen. KOESTERS, WEBER und LAMPE[3] geben als vorläufige Anschlußwerte die Kr-Linien $\lambda\,6456\cdot3241$, $\lambda\,5870\cdot9463$[4], $\lambda\,5649\cdot5924$[5] als direkt angeschlossen und $\lambda\,5400\cdot5919$, $\lambda\,4502\cdot3790$ als relativ zu den drei ersten gemessenen Linien. Cd $5085\cdot8490$[6].

7. Sekundäre Wellenlängennormalen. Aus den geschilderten Gründen ist die Auswahl der sekundären Wellenlängennormalen eine größere. In der Tat sind außer den Linien des Eisenbogens und den ebenfalls bereits erwähnten Linien des Kadmiums und Kryptons Linien des Neons, Absorptionslinien des Jods, einige Linien des Nickels, des Siliziums, des Titans, des Kadmiums und des Kupfers als sekundäre Normalen empfohlen worden, d. h. als Normalen, deren Wert relativ zu der im vorigen Abschnitt behandelten primären Hauptnormale bestimmt wird. ROWLAND hatte seinerzeit die Messung der relativen Wellenlänge mit Hilfe der Koinzidenzmethode ausgeführt, die sich im Prinzip auf die

---

[1] Man sehe A. WEBER, Phys. ZS. Bd. 29, S. 233. 1928 und die anschließende Diskussion.
[2] A. MICHELSON, Mém. Bur. intern. des poids et mes. Bd. 11, S. 1—237. 1895.
[3] A. KOESTERS, LAMPE u. A. WEBER, Berichte der Tät. der P.T.R. ZS. f. Instrkde. Bd. 48, S. 145. 1928; Phys. ZS. Bd. 29, S. 233—239. 1928.
[4] PERARD 1923 $\lambda\,5870\cdot9462$.
[5] Hauptnormale.
[6] PERARD 1923 $\lambda\,5085\cdot8488$ mit Michelson-Interferometer.

Gleichung $m_1 \lambda_1 = m_2 \lambda_2$ stützt, wo m die Ordnungszahl, λ die Wellenlänge bedeutet und die aus der Koinzidenz zweier verschiedener Linien in verschiedenen Ordnungen ihre relative Wellenlänge zu ermitteln gestatten. An der Richtigkeit der Regel und ihrer grundsätzlichen Brauchbarkeit bei der Gittermessung kann trotz geäußerter Bedenken kein Zweifel sein[1]. Dennoch stößt die Durchführung des Verfahrens in der Praxis auf Schwierigkeiten, über die man etwa in [2] Genaueres findet; wenn gleich über das Verfahren, das ROWLAND anwendete, nicht in allen Einzelheiten Klarheit herrscht, so läßt sich doch etwa folgendes sagen. Zunächst wurde das Konkavgitter in der Aufstellung benutzt, bei der Gitter und Kassette an den Enden eines Durchmessers des Kreises liegen, dessen Radius gleich der Brennweite des Gitters ist, während der Spalt an einer anderen Stelle des gleichen Kreises sich befindet. Die auf gekrümmter Platte erhaltenen Spektra sind alsdann in erster Ordnung der Meßgenauigkeit linear. Benutzt man ein Gitter mit relativ geringer Dispersion, so kann man dieselbe Linie gleichzeitig in zwei Ordnungen aufnehmen und so den Maßstab bestimmen. Mit Hilfe desselben findet man die relative Wellenlänge zweier nahezu zusammenfallender Linien zweier verschiedener Ordnungen mit gesteigerter Genauigkeit. Die Fortsetzung des Verfahrens verbessert Schritt für Schritt die Werte für die Wellenlängen. ROWLAND bestimmte auf diesem Wege relativ zu der Wellenlänge der bereits oben erwähnten D-Linien zunächst 14 Linien im sichtbaren Spektrum, die wir etwa als sekundäre Normalen bezeichnen könnten. An diese wurden dann die ultravioletten Linien angeschlossen und durch Hin- und Hermessungen aneinander angeschlossen und ausgeglichen. So entstand zwischen λ 2100 und λ 7100 ein System von Wellenlängen, das ROWLAND als genau bis auf etwa 0,01 ansah. Wir haben bereits oben gesehen, daß er sich hierin irrte. Seitdem ist die Koinzidenzmethode nur gelegentlich angewendet worden, wenn Normalen fehlten, namentlich im Ultrarot. Doch beruhen zur Zeit noch alle Wellenlängennormalen unterhalb 3233 auf Messungen, die mit Hilfe einer etwas einfacheren, hier möglichen Form der Koinzidenzmethode mittels Konkavgitter hergestellt sind. Die internationalen Messungen reichen sogar nur bis λ 3370. Das hier verwendete Verfahren besteht darin, daß die Normalen längerer Wellen benutzt werden, um unter Zugrundelegung der Koinzidenzbeziehung in einer anderen Ordnung die Wellenlängen, die unterhalb λ 3370 liegen, zu interpolieren.

Seit etwa 20 Jahren ist immer mehr eine andere Form des Koinzidenzverfahrens in den Vordergrund getreten, bei dem die Interferenzringe an einer halbversilberten oder halbvernickelten Luftplatte benutzt werden. Der von der Wellenlänge und zufälligen Umständen abhängige Phasensprung bei der Reflexion an den Innenflächen der „Etalons" wird besonders gemessen oder besser durch Benutzung verschiedener Luftdicken eliminiert. Scharfe Linien liefern bei passender Dicke der Metallschicht äußerst scharfe Interferenzringe. Neben der zu messenden Linie wird die primäre Normale benutzt. Sie liefert die Ordnungszahl, d. h. die Schichtdicke. Der fehlende Bruchteil wird gewonnen durch die Messung der Ringdurchmesser. Das Verfahren ist seit seiner Ausarbeitung durch FABRY und BUISON[3], von Lord RAYLEIGH[4], EVERSHEIM[5, 6],

---

[1]) FR. PAPENFUS, ZS. f. wiss. Photogr. Bd. 9, S. 332. 1911.

[2]) H. KAYSER u. H. KONEN, Handbuch der Spektroskopie Bd. I. Leipzig: Hirzel.

[3]) H. BUISSON u. CH. FABRY, Astrophys. Journ. Bd. 28, S. 169. 1908; Ann. d. Phys. (4) Bd. 38, S. 245. 1912.

[4]) P. EVERSHEIM, Wellenlängenmessungen des Lichtes im sichtbaren und unsichtbaren Spektralbereich. Sammlung Vieweg Nr. 82. Braunschweig 1926. Hier die Literatur.

[5]) P. EVERSHEIM, ZS. f. wiss. Photogr. Bd. 5, S. 122. 1907; Ann. d. Phys. (4) Bd. 30, S. 315. 1909; Bd. 36, S. 1071. 1911.

[6]) P. EVERSHEIM, Ann. d. Phys. (4) Bd. 45, S. 454. 1914.

PFUND[1]), MEGGERS und PETERS[2]), MEGGERS, KIESS und BURNS[3]), BURNS[4, 5, 6]), MEISSNER[7]), BABCOCK[8, 9]) MONK[10]), WALLERATH[11]), KLEINEWEFERS[12]), MEGGERS[13]) und BURNS, S. MITRA[14]) u. a. benutzt und weiter entwickelt worden und liefert, wenn vorsichtig benutzt und auf geeignete Normalen angewendet, relative Werte, deren Fehler von der Größenordnung $3 \cdot 10^{-10}$ sind[15]). Es hat außerdem den Vorteil, ungeeignete Linien bis zu einem gewissen Umfange automatisch dadurch zu eliminieren, daß für solche Linien die Interferenzen bei hohen Gangunterschieden keine deutlichen Ringe mehr liefern.

Um nicht für jede Linie eine neue Aufnahme machen zu müssen, bildet man das Ringsystem mittels eines von Farbenfehlern freien aplanatischen Systems in der Ebene des Spaltes eines Spektrometers großer Dispersion — z. B. Gitterspektrographen — ab und erhält dann Spektralaufnahmen, in denen jede Linie senkrecht zum Spalte von Interferenzstrichen durchzogen ist. Mittels geeigneter Marken am Spalte kann man einen Maßstab für die Interferenzringe gewinnen. Die Messung läuft dann auf die Messung der Abstände zweier korrespondierender Schwärzungsmaxima hinaus und läßt sich okular oder photometrisch bis auf Bruchteile eines Hundertstel Millimeters durchführen. Eine Reihe von Vorsichtsmaßregeln ist zu beachten: Wahl der Lichtquelle, Konstanz der Temperatur, identischer Strahlengang für die beiden zu vergleichenden Lichtquellen, Vermeidung von Astigmatismus usw., worüber man in [2, 16, 17, 8]) genauere Anweisung findet. Eine besondere Rolle spielt auch die Eliminierung des Phasensprunges. Die Einzelheiten der Ermittelung der Ordnungszahlen, durch die die zu messende Wellenlänge auf die Wellenlänge einer bekannten Linie, etwa der roten Kadmiumlinie, bezogen wird und die sich durch Anlage von Hilfstabellen sehr vereinfachen läßt, seien hier übergangen. Man sehe etwa [2, 11]).

Es liegen bisher Messungen vor, die sich vom Ultrarot bis zur Grenze der Durchsichtigkeit der Luft erstrecken. Allein nur in dem Bereiche $\lambda\,6750$ bis $\lambda\,3370$ liegen bisher Mittelwerte für 32 Eisen- und 2 Nickellinien vor, die seit 1913 als internationale sekundäre Normalen gedient haben, neben einer weiteren Liste von 49 anderen Eisenlinien zwischen $\lambda\,6494$ und $\lambda\,4282$, die bereits seit

---

[1]) A. H. PFUND, Astrophys. Journ. Bd. 28, S. 197. 1908.
[2]) W. F. MEGGERS u. C. G. PETERS, Measurements on the index of refraction of air for wave-lengths from 2218 A to 9000 A. Scient. Pap. Bureau of Stand. Nr. 327. 1918; Astrophys. Journ. Bd. 50, S. 58. 1919.
[3]) W. F. MEGGERS, K. KIESS u. K. BURNS, Scient. Pap. Bureau of Stand. Nr. 478, Bd. 18, S. 263. 1924. Hier 159 Eisenlinien zwischen 3370 und 6678.
[4]) K. BURNS, The red neon lines. Journ. Opt. Soc. Amer. Bd. 11, S. 301. 1925.
[5]) K. BURNS, ZS. f. wiss. Photogr. Bd. 12, S. 207. 1913; Bd. 13, S. 235. 1914; Lick Observ. Bull. Nr. 247, Bd. 8, S. 27.
[6]) K. BURNS, Publ. Allegh. Obs. Bd. 6, S. 141. 1927.
[7]) K. W. MEISSNER, Ann. d. Phys. (4) Bd. 50, S. 713. 1916.
[8]) H. D. BABCOCK, Astrophys. Journ. Bd. 66, S. 256. 1927.
[9]) H. D. BABCOCK, A study of the infra-red solar spectrum with the interferometer, Astrophys. Journ. Bd. 65, S. 140. 1927.
[10]) W. MONK, Astrophys. Journ. Bd. 62, S. 375. 1925.
[11]) P. WALLERATH, Ann. d. Phys. (4) Bd. 75, S. 37. 1924.
[12]) W. KLEINEWEFERS, ZS. f. Phys. Bd. 42, S. 211. 1927.
[13]) W. F. MEGGERS u. K. BURNS, Scient. Pap. Bureau of Stand. Nr. 441, Bd. 18, S. 186. 1922. Hier Kadmiumlinien.
[14]) S. MITRA, Ann. de phys. Bd. 19, S. 315. 1923. Cu-Linien zwischen 2112 und 2369.
[15]) Man sehe A. A. MICHELSON, Journ. Opt. Soc. Amer. Bd. 8, S. 321. 1924.
[16]) P. EVERSHEIM, Wellenlängenmessungen des Lichtes im sichtbaren und unsichtbaren Spektralbereich. Sammlung Vieweg Nr. 82. Braunschweig 1926.
[17]) P. EVERSHEIM, ZS. f. wiss. Photogr. Bd. 5, S. 122. 1907; Ann. d. Phys. (4) Bd. 30. S. 315. 1909; Bd. 36, S. 1071. 1911.

1910 benutzt werden. Man sehe [1]), Bd. VII, S. 417, [2]), S. 40, [3]) u. a. m. Allein unterhalb $\lambda\,3370$ fehlen bisher internationale Normalen, ebenso oberhalb $\lambda\,6750$. Außerdem zeigt das vorhandene System zweifellose Mängel, die eine Korrektur notwendig machen. Einmal sind einige der vorhandenen sekundären Normalen, wie z. B. $\lambda\,3556$, schlecht und müssen, ebenso wie die Linien aus den Gruppen c 5 und d (s. oben) ersetzt werden. Dann finden sich Lücken in der Normalenreihe, und endlich sind die Normalen von $\lambda\,6000$ ab aufwärts, wie Babcock[4]), Monk[5]) und Kleinewefers[6]) zeigten, mit Fehlern behaftet, die mit steigender Wellenlänge zunehmen und noch nicht völlig aufgeklärt sind. Die internationalen Normalen liegen hier zu hoch[7]).

Der Zustand der sekundären Normalen ist also zur Zeit wenig befriedigend. Die Ausmerzung unbrauchbarer Linien, die Hinzunahme von Linien anderer Lichtquellen, die Ausdehnung über den gesamten Bereich der Wellenlängen, die Neumessung roter Linien und die Verdichtung des Netzes sind dringende Aufgaben, die zudem nur durch mehrfache Bearbeitung und schließliches internationales Abkommen gelöst werden können.

Man kann daran denken, daß die Messung und Kontrolle der sekundären Normalen einmal durch Wahl anderer Lichtquellen, dann aber auch durch gewisse theoretische Kontrollen verbessert werden können.

Von dem ersten Punkt ist bereits die Rede gewesen. Es sind vor allem die Linien der Edelgase sowie des Vakuumbogens gewesen, auf die man die Aufmerksamkeit gelenkt hat. Daneben wird in neuester Zeit die Entladung in Hohlkathoden, wie sie Schüler und Wolf benutzen[8]), sowie die Glimmentladung in einem evakuierten Rohrofen empfohlen. Beide Lichtquellen liefern äußerst scharfe und intensive Linien. Es wird sich zeigen müssen, ob sie etwa zur Verbesserung der sekundären Normalen führen werden. In erster Linie würde man freilich hierbei an primäre Normalen denken müssen, denn für praktische Zwecke ist die hier gemeinte Lichtquelle jedenfalls zur Zeit noch zu umständlich. Sobald man aber eine bequeme Methode anwendet, um Eisenlinien zu erzeugen, also etwa einen gewöhnlichen Eisenbogen, so ist die Wellenlänge der in ihm erzeugten Eisenlinien sicherlich anders als die im Vakuumofen ermittelte.

Endlich sind die Kenntnisse der Multiplettstrukturen einer Reihe von Spektren, z. B. des Eisens und des Neons, jetzt so weit fortgeschritten, daß man daran denken kann, die relative Genauigkeit der Messungen unter sich abzuschätzen an der Genauigkeit, mit der die theoretischen Beziehungen erfüllt sind und etwa Mittelwerte der Abweichungen gegen die Theorie als Maß der Güte von Messungsreihen zu benutzen. Einen solchen Weg haben Burns[9]) für

---

[1]) H. Kayser u. H. Konen, Handbuch der Spektroskopie, Bd. VII, S. 417. Leipzig: Hirzel.

[2]) P. Eversheim, Wellenlängenmessungen im sichtbaren und unsichtbaren Spektralbereich. Sammlung Vieweg S. 40. Braunschweig 1926.

[3]) W. A. Roth u. K. Scheel, 5. Aufl. von Landolt-Börnsteins Physikalisch-chemischen Tabellen, Ergänzungsband 1, Tabelle 145—150. Berlin: Julius Springer 1927.

[4]) H. D. Babcock, Astrophys. Journ. Bd. 66, S. 256. 1927.

[5]) W. Monk, Astrophys. Journ. Bd. 62, S. 375. 1925.

[6]) W. Kleinewefers, ZS. f. Phys. Bd. 42, S. 211. 1927.

[7]) Nach Babcock (Astrophys. Journ. Bd. 66, S. 256. 1927) hätte man die Normalen bei $\lambda\,5500$ und darunter um etwa 2 in 5 Millionen zu verkleinern, oberhalb bis 6600 würde eine lineare Verkleinerung anzuwenden sein, die bei 6200 sich auf 5 in 6 Millionen, bei 6600 auf 8 in 6 Millionen beläuft. Die Zahlen von Kleinewefers, Meggers, Kiess und Burns, sowie Monk sind hiervon etwas verschieden, zeigen aber den gleichen Gang.

[8]) Siehe oben S. 241.

[9]) K. Burns, Journ. Opt. Soc. Amer. Bd. 11, S. 301. 1925.

die Linien des Neons und MEGGERS[1]) für die Linien des Eisenbogens eingeschlagen. So verlockend er erscheint, muß er doch abgelehnt werden. Denn einmal enthält er eine petitio principii. Allein selbst wenn man im sicheren Vertrauen auf die Theorie eine solche in den Kauf nehmen würde, so gilt doch, daß die effektiven Wellenlängen keineswegs gleich den theoretischen zu sein brauchen und es auch in der Regel nicht sind. Nur auf die effektive Wellenlänge kommt es bei Normalen an. Man würde unter Umständen Veränderlichkeit von Linien und damit zusammenhängende Dinge übersehen, wenn man das erwähnte theoretische Kriterium anwenden wollte. Auf die Frage der sekundären Normalen im Gebiete der Röntgenwellenlängen wird noch einzugehen sein.

Es ist auch ein System sekundärer Normalen aus dem FRAUNHOFERschen Sonnenspektrum in Angriff genommen worden[2]), und zwar durch interferometrische Ausmessung FRAUNHOFERscher Linien. Doch liegt das Interesse hier hauptsächlich auf der Messung der Differenz Sonne—Eisenbogen, einmal wegen der Anwendung auf die Gravitationstheorie, sodann zur Reduktion des alten Systems der Preliminary table von ROWLAND und endlich zu bequemer Messung innerhalb des Sonnenspektrums selbst. Der Gegenstand kann hier nur berührt werden; man sehe auch den Abschnitt 9.

8. Tertiäre Wellenlängennormalen. Die Normalen, die durch Interpolation zwischen die sekundären Normalen, sei es mittels Konkavgitters, sei es auf andere Weise, gewonnen sind, heißen tertiäre Normalen. Die meisten spektroskopischen Messungen werden durch ein System engliegender und leicht herzustellender tertiärer Normalen sehr erleichtert. Ja, im allgemeinen wird es stets genügen, eine unbekannte Wellenlänge an einige benachbarte Normalen anzuschließen, um sie mit aller wünschenswerten Genauigkeit zu messen. Das klassische Mittel dazu ist das ROWLANDsche Konkavgitter, dessen Spektren bei passender Aufstellung des Gitters hinreichend genau linear sind, um die einfachste Art der Interpolation zwischen nahegelegenen tertiären Normalen zu gestatten. Doch auch in anderen Fällen, z. B. in Aufnahmen mit den Prismenspektrographen der Astronomen, Physiker und Chemiker ist unter Benutzung geeigneter Meß- und Rechenverfahren eine sehr einfache und sehr genaue Wellenlängenmessung mittels der tertiären Normalen möglich. Wenn nun auch jedes linienreiche Spektrum, sofern es genau genug gemessen ist, dem gleichen Zwecke dienen kann, so empfiehlt sich doch aus den in Abschnitt 5 ausgeführten Gründen, auch die tertiären Normalen nach den gleichen Grundsätzen mehrfacher Ausmessung und internationaler Mittelbildung festzulegen wie die sekundären, da nur auf diesem Wege höchste Genauigkeit und Homogenität des gesamten Systems unserer Wellenlängenmessungen erreicht werden kann. Nun sind zwar auf der sog. Internationalen astronomischen Union 1922 in Rom etwa 300 Eisenlinien als tertiäre Normalen vorgeschlagen worden[3]), allein tatsächlich existiert zur Zeit noch nicht ein international adoptiertes System. Vielmehr sind einstweilen neben den Einzelmessungen sekundärer Normalen aus den Spektren des Eisens, Neons, Kryptons, Kadmiums, Kupfers verschiedene Messungsreihen des Eisenspektrums in Gebrauch. Eine auf der Mittelbildung aus mit Gewichten versehenen Einzelmessungen beruhende Reihe gibt HARTMANN[4]), eine zweite, im Bereiche $\lambda\,3370—\lambda\,4647$ sowie $\lambda\,6027$ bis $\lambda\,6750$ mit Fehlerschätzung, Gruppen-

[1]) W. F. MEGGERS, Astrophys. Journ. Bd. 60, S. 60. 1924. Der Versuch von MEGGERS aus den Abweichungen der Luftbogenlinien gegen die Theorie ein Maß des Poleffektes abzuleiten, wird natürlich von den Ausführungen dieses Abschnittes nicht betroffen.

[2]) K. BURNS u. W. MEGGERS, Allegh. Observ. Publ. Bd. 6, S. 106. 1927; CH. ST. JOHN, Proc. Nat. Acad. Amer. Bd. 13, S. 678. 1927.

[3]) Trans. Intern. Astron. Union Bd. 1, S. 35. 1922.

[4]) J. HARTMANN, Göttinger Abhandlgn. N. F. Bd. 10, Nr. 2. 1916.

einteilung und Intensitätsangaben aus dem Spektrum des Eisens ein aus den Mitgliedern St. John, Meggers, Babcock, Fowler u. a. bestehendes Komitee an der bereits erwähnten Stelle[1]). Diese Serie tertiärer Normalen beruht auf den Messungen von Burns[2]), Kayser[3]), St. John und Ware[5]), Janicki[6]), Goos[4])[7]), Viefhaus[8]), Hoeltzenbein[9]), Burns, Meggers und Merrill[10]), St. John und Babcock[11]), von denen der größte Teil bereits von Hartmann[12]) und ein Teil von Kayser im Handbuch der Spektroskopie, ebenfalls zur Herstellung einer gemittelten Reihe[13]) benutzt worden war. Die vollständigste und wohl aufs sorgfältigste gemittelte Reihe findet man bei Kayser und Konen[14]). Hier sind außer den bereits angeführten Messungsreihen noch weiter mit verwendet die Messungen von Müller[15]), Randall und Barker[16]), Pickhan[17]), Hamm[18]), Schumacher[19]), Piña[20]), Millikan[21]), Bowen und Sawyer[22]), McLennan[23]) sowie E. und L. Bloch[24]), wobei allerdings die unterhalb 3300 liegenden Werte nur mit Einschränkung als tertiäre Normalen bezeichnet werden können, da sie nur indirekt mittels der Koinzidenzmethode an die bisherigen internationalen sekundären Normalen angeschlossen sind oder gar im Bereiche unterhalb λ 2300 auf andere Weise gewonnen wurden. Einen Auszug aus dieser Liste mit teilweisen Ergänzungen hat Kayser dann noch 1926 geliefert[25]). Zu diesen Tabellen sind in jüngster Zeit noch weitere Messungsreihen von Babcock[26]), Maring[27]) und, für andere Elemente als Eisen, zahlreichen weiteren Beobachtern gekommen. Von diesen gibt Babcock z. B. zwischen λ 3407 und λ 6677 noch 286 Eisenlinien, und zwischen 5852 bis 6506 elf Neonlinien[28, 29]).

[1]) Trans. Intern. Astron. Union Bd. 1, S. 35. 1922.

[2]) K. Burns, Lick Observ. Bull. Nr. 247. 1913.

[3]) H. Kayser, Astrophys. Journ. Bd. 32, S. 217. 1912.

[4]) F. Goos, ZS. f. wiss. Photogr. Bd. 12, S. 1 u. 259. 1912; Bd. 11, S. 1. 1912; Astrophys. Journ. Bd. 35, S. 221. 1912; Bd. 37, S. 48. 1913.

[5]) Ch. St. John u. L. W. Wave, Astrophys. Journ. Bd. 36, S. 14. 1912; Bd. 38, S. 209. 1913.

[6]) L. Janicki, ZS. f. wiss. Photogr. Bd. 13, S. 173. 1914.

[7]) F. Goos, Astron. Nachr. Bd. 199, S. 33. 1915.

[8]) H. Viefhaus, ZS. f. wiss. Photogr. Bd. 13, S. 163. 1914.

[9]) S. Hoeltzenbein, ZS. f. wiss. Photogr. Bd. 16, S. 225. 1916.

[10]) K. Burns, W. F. Meggers u. P. W. Merrill, Scient. Pap. Bureau of Stand. Nr. 274. 1916.

[11]) E. Ch. St. John u. H. D. Babcock, Astrophys. Journ. Bd. 53, S. 260. 1921.

[12]) J. Hartmann, Göttinger Abhandlgn. N. F. Bd. 10, Nr. 2. 1916.

[13]) Handbuch der Spektroskopie, Bd. VI, S. 890ff. 1912.

[14]) H. Kayser u. H. Konen, Handbuch der Spektroskopie, Bd. VII, S. 423. Leipzig: Hirzel 1924.

[15]) F. Müller, ZS. f. wiss. Photogr. Bd. 22, S. 1. 1922.

[16]) H. M. Randall u. E. Barker, Astrophys. Journ. Bd. 49, S. 42. 1919.

[17]) H. Pickhan, Dissert. Münster 1920. Manuskript.

[18]) S. Hamm, ZS. f. wiss. Photogr. Bd. 13, S. 105. 1913.

[19]) H. Schumacher, ZS. f. wiss. Photogr. Bd. 19, S. 149. 1919.

[20]) S. Piña de Rubies, Ann. Soc. Espan. de Fis. y Quim. Bd. 15, S. 434. 1917.

[21]) R. A. Millikan, Astrophys. Journ. Bd. 52, S. 47. 1920.

[22]) R. A. Millikan, J. Bowen u. R. Sawyer, Astrophys. Journ. Bd. 53, S. 150. 1921.

[23]) J. C. McLennan u. R. J. Lang, Proc. Roy. Soc. London Bd. 95, S. 258. 1919.

[24]) E. u. L. Bloch, C. R. Bd. 172, S. 851. 1921.

[25]) H. Kayser, Tabelle der Hauptlinien der Linienspektra aller Elemente. Berlin: Julius Springer 1926.

[26]) H. D. Babcock, Astrophys. Journ. Bd. 66, S. 256. 1927.

[27]) J. Maring, Dissert. Bonn 1927. Manuskript.

[28]) Man vergleiche auch P. Wallerath, Ann. d. Phys. (4) Bd. 75, S. 37. 1924; K. W. Meissner, ebenda (4) Bd. 50, S. 713. 1916 sowie spätere Messungen; endlich für Normalen im Bereiche λ 1561 bis λ 554 J. S. Bowen u. S. Ingram, Phys. Rev. (2) Bd. 28, S. 444. 1926; J. S. Bowen, ebenda (2) Bd. 29, S. 231. 1927 u. J. Barton, Astrophys. Journ. Bd. 66, S. 231. 1927.

[29]) Eine ausführliche Zusammenstellung aller neueren Messungen außerdem bei P. Eversheim, Wellenlängenmessungen usw. Sammlung Vieweg Nr. 82. Braunschweig 1926.

Nach den Ausführungen des vorigen Abschnittes ist es noch nicht möglich, eine zur Annahme für längere Zeit geeignete Reihe tertiärer Normalen vorzuschlagen, schon weil über die sekundären Normalen in gewissen Bereichen der Wellenlängenskala noch Unsicherheit herrscht. Wohl aber genügen die bereits vorhandenen und durch die sekundären Normalen aus den Spektren verschiedener Elemente ergänzten tertiären Normalen für die überwiegende Zahl aller in Frage kommenden Anwendungen, da Linien genug zur Verfügung stehen, deren Genauigkeit 1 bis 2 Tausentel beträgt, wenigstens in einem mittleren Wellenlängenbereiche. In den Bereichen langer und besonders kurzer Wellen ist der Fehler wesentlich größer. Jedenfalls sollte stets genau angegeben werden, welche Normalen bei der Ausmessung benutzt worden sind.

9. Umrechnung von Wellenlängenmessungen. Kennt man die Normalen, an die eine Linie in einer bekannten Weise angeschlossen worden ist, so lassen sich natürlich nachträgliche Änderungen an den Normalen berücksichtigen. Bei der Mehrzahl der älteren Messungen fehlt es jedoch an solchen Angaben. Auch sind in der Regel Mittelwertsbildungen vorgenommen worden unter Benutzung von verschiedenen Gruppen von Normalen. Unter solchen Umständen ist eine genaue Reduktion überhaupt unmöglich, da die individuellen Fehler der Normalen teilweise ausgeglichen sind.

Von praktischer Bedeutung ist zur Zeit allein wohl noch die Umrechnung der auf das ROWLANDsche System bezogenen Messungen auf das internationale System. Das Grundsätzliche hierzu ist bereits in Abschnitt 3 ausgeführt worden. Hier sei nur bemerkt, daß wegen der individuellen Fehler und der ungleichmäßig verteilten Differenzen ROWLAND gegen Internationale λ eine Reduktion mit einer größeren Genauigkeit als auf 0,01 Å nicht ausführbar ist. Dieser Mangel wird noch verstärkt durch den Umstand, daß die ROWLANDschen Eisennormalen an Zahl zu gering sind und daher aus dem System der FRAUNHOFERschen Linien ROWLANDS von den meisten Beobachtern ergänzt worden sind. Diese Linien wiederum sind mit anderen Klassen von Fehlern, wie Druckverschiebung, Gravitationsverschiebung usw. behaftet, so daß das „ROWLANDsche System" der meisten Beobachter ein gar nicht identifizierbares System von Messungen darstellt. Nun findet man in dem Handbuche der Spektroskopie von KAYSER und KONEN[1]) alle Messungen, die im ROWLANDschen System angestellt waren, bereits auf das internationale System umgerechnet, und zwar innerhalb eines Genauigkeitsrahmens von 1—2 Hundertel Å. Mit Hilfe des Sonnenspektrums hatte KAYSER eine Reduktionstabelle von ROWLAND auf das internationale System berechnet, die bei der erwähnten Umrechnung benutzt und in der folgenden Tabelle 1 enthalten ist. Dabei sind alle bis 1912 bekannten sekundären Messungen, also auch die nicht international adoptierten, herangezogen. Auf Grund von 125 Linien wurde eine Differenzenreihe Rowland minus Internationale λ gebildet und eine Kurve hindurchgelegt, aus der die Korrekturen entnommen wurden, die in der Tabelle 1 unter „KAYSER" stehen. HARTMANN[2]) hat sich der Mühe unterzogen, mit Hilfe aller bis 1916 vorliegender Messungen unter sorgfältigem rechnerischen Ausgleich derselben die gleiche Aufgabe zu lösen. Man findet seine Zahlen, auf zwei Stellen abgekürzt und jedesmal für den angegebenen Zwischenraum der Wellenlängen gemittelt, unter HARTMANN in der nachstehenden Tabelle. HARTMANN unterscheidet streng zwischen den drei Quellen der ROWLANDschen Normalen, nämlich den ersten Normalen aus dem Sonnenspektrum, den Normalen aus dem Bogenspektrum verschiedener Metalle und der Preliminary Table of Solar Spectrum Wave

---

[1]) H. KAYSER u. H. KONEN, Handbuch der Spektroskopie, Bd. VII. Leipzig 1924.
[2]) J. HARTMANN, Göttinger Abhandlgn. Ges. Wiss. N. F. Bd. 10. S. 2. 1916.

Tabelle 1. Korrektion des Rowlandschen Systems auf das internationale.

KAYSER[1]	HARTMANN[2]	λ	KAYSER[1]	HARTMANN[2]	λ
—	—0,32	von 8800 bis 8450	—0,18	—0,20	von 5325 bis 5300
—	—0,31	„ 8450 „ 8200	—0,17	—0,19	„ 5300 „ 5125
—	—0,30	„ 8200 „ 7900		—0,19	
—	—0,29	„ 7900 „ 7650	—0,18	—0,18	„ 5125 „ 4550
—	—0,28	„ 7650 „ 7350		—0,17	
—	—0,27	„ 7350 „ 7150	—0,17	—0,17	„ 4550 „ 4350
—	—0,26	„ 7100 „ 7000	—0,16	—0,16	„ 4350 „ 4150
—0,25	—0,26	„ 7000 „ 6850	—0,15	—0,15	„ 4150 „ 3450
—0,24	—0,25	„ 6850 „ 6750	—0,14	—0,13	„ 3450 „ 3250
—0,23	—0,25	„ 6750 „ 6570	—0,13	—0,12	„ 3250 „ 3125
—0,22	—0,24	„ 6570 „ 6500	—0,12	—0,11	„ 3125 „ 2950
—0,21	—0,24 —0,23	„ 6500 „ 6050	—0,11	—0,11	„ 2950 „ 2800
			—0,10	—0,10	„ 2800 „ 2625
—0,22	—0,22 —0,21	„ 6050 „ 5500	—0,09	—0,09	„ 2625 „ 2475
			—0,08	—0,09	„ 2475 „ 2300
—0,21	—0,20	„ 5500 „ 5400	—0,07	—	„ 2300 „ 2150
—0,20	—0,20	„ 5400 „ 5375	—0,06	—	„ 2150 „ 1950
—0,19	—0,20	„ 5375 „ 5325			

Lengths. Er wendet gegen KAYSER ein, daß die Errechnung der Korrektur mittels der von KAYSER benutzten Werte der Prel. Table, also der Sonnenlinien, die besonderen Fehler dieser Linien nicht berücksichtige und dieselbe willkürlich mit den Bogenlinien identifiziere. Hierzu ist zu bemerken, daß KAYSER diesen Umstand selbst hervorgehoben hat, indes betont, daß die so eingeführten Fehler geringer sind als die nach der Korrektur verbleibende innere Ungenauigkeit. HARTMANN selbst nimmt, ebenso wie KAYSER, die Wellenlängen der Prel. table als Repräsentanten des ROWLANDschen Systems. Er ermittelt dann zunächst einen Reduktionsfaktor, um aus den internationalen Messungen ein mittleres ROWLANDsches System zu erhalten. Dies geschieht, indem eine Anzahl Linien des Eisenbogens relativ zu FRAUNHOFERschen Linien gemessen werden, für die alsdann die Werte der Prel. table genommen werden. Durch Mittelung ergibt sich der Reduktionsfaktor 1,000037 299 52, mit dessen Hilfe sich nun das eine System auf das andere umrechnen läßt, und zwar für ein gemitteltes Grundniveau. In der obigen Tabelle sind die Differenzen angegeben, die sich bei diesem Verfahren ergeben, abgerundet auf zwei Stellen. Sofern zugegeben wird, daß die anderen Fehler, die noch in den Normalen stecken, eine größere Genauigkeit als 0,01 Å nicht zulassen, zeigt der Vergleich, daß die Reduktion praktisch identisch ist mit der KAYSERschen. Es dürfte also die Mühe nicht lohnen, mit Hilfe des älteren, aus physikalischen Gründen ungenaueren Materials an Wellenlängenmessungen aller Art ein genaueres Korrektionsverfahren auszuführen. Hierzu paßt auch die Messung von BEHNER[3], der das Titanspektrum gegen internationale Normalen ausmißt und nun aus dem Vergleich mit den von ROWLAND selbst im System der Prel. table gemessenen Titanlinien die Ausgleichskurve ermittelt. Die sich hier ergebenden Korrekturen stimmen — immer innerhalb der angegebenen Grenzen — mit den HARTMANNschen und KAYSERschen überein. Man findet bei HARTMANN[4] außerdem noch eine Korrektionsrechnung für die älteren KAYSERschen Normalen, sowie einen ersten Versuch zur Verbesserung der Linien der Prel. table selbst. Dieser letzte Punkt interessiert

---

[1]) H. KAYSER, Handbuch der Spektroskopie, Bd. VI, S. 891. 1912.
[2]) J. HARTMANN, Göttinger Abhandlgn. N. F. Bd. 10, S. 49. 1916.
[3]) K. BEHNER, ZS. f. wiss. Photogr. Bd. 23, S. 325. 1925; Manuskr. Münster 1920.
[4]) J. HARTMANN, l. c.

besonders den Astrophysiker[1]). Je weiter die Neumessung zahlreicher Spektren gegen internationale Normalen oder nach Methoden der Interferometrie fortschreitet, um so mehr rücken naturgemäß die Korrektionsverfahren für die älteren Messungen in den Hintergrund.

10. Normalen im Bereiche kurzer Wellen. Aus naheliegenden Gründen fehlen im Bereiche kurzer Wellen einstweilen noch sekundäre Normalen. Der Anschluß an das Meter erfolgt daher auf verschiedene Weisen. Doch scheint es, als ob sehr bald etwa nach der Methode von HOAG[2]) oder auf andere Weise die Lücke ausgefüllt und etwa mittels Koinzidenzverfahrens ein direkter Anschluß nicht nur des Schumanngebietes sondern auch des angrenzenden Röntgengebietes an die optisch an das Meter angeschlossenen Wellenlängen erreicht werden wird, ohne daß es nötig wäre, wie bisher im Röntgengebiet, den zweifelhaften Umweg über die Bestimmung der Kristallgitterkonstanten zu wählen[3]). Die absolute Genauigkeit in den Bereichen kurzer Wellen ist einstweilen noch gering. In den Tabellen von KAYSER und KONEN[4]) sowie KAYSER[5]) findet man auch für dieses Gebiet sämtliche Wellenlängenmessungen gesammelt und auf internationale Einheiten umgerechnet.

Im Bereiche bis etwa 230 Å sind hier von MILLIKAN[6]), BOWEN und INGRAM[7]) sowie BOWEN[8]) eine Reihe Linien des Al, C, O, N nach der Koinzidenzmethode mittels Gitter ermittelt worden, und zwar durch Anschluß an die Eisennormalen im Bereiche von $\lambda\,3000$ bis $\lambda\,6000$. Als Lichtquelle diente ein Intensivvakuumfunke zwischen Elektroden aus Aluminium und Eisen. Die Genauigkeit dieser Wellenlängen kann in gewissem Umfang mittels theoretischer Beziehungen kontrolliert werden. Sie dürfte zur Zeit einige hundertel Å betragen und leicht verbessert werden können.

Inwieweit es möglich sein wird, auch die Röntgenwellenlängen nach der gleichen Methode nach oben anzuschließen, läßt sich noch nicht sicher sagen[9]). Die Mehrzahl der Messungen beruht hier immer noch auf der BRAGGschen Beziehung $n\lambda = 2\,d\sin\varphi$, evtl. mit Korrektionen verschiedener Art. Es wird auf die Messungen im Röntgengebiete in Kapitel 26 B ausführlich eingegangen, so daß hier nur die grundsätzlichen Fragen in Betracht kommen. Die meisten bisher geübten Messungsverfahren sind unmittelbar mit den älteren Methoden zur Bestimmung primärer optischer Normalen zu vergleichen. Zunächst wird auf irgendeinem Wege die Gitterkonstante d des benutzten Kristalls ermittelt. Dann ergibt sich die Wellenlänge aus den Apparatkonstanten, also Längen- bzw. Winkelmessungen, die in absolutem Maße ausgeführt werden müssen[10]). So wertvoll diese Messungen aus allgemeinen physikalischen Gründen sind, und so viele Mühe auch auf sie verwendet worden ist, so dürfte doch das gleiche

---

[1]) Diese älteren Versuche sind überholt durch neuere Messungen. Siehe Annual Report Mt. Wilson 1927, S. 108.

[2]) J. BARTON HOAG, Astrophys. Journ. Bd. 66, S. 225. 1927. Man sehe auch A. H. COMPTON u. R. DOAN, Proc. Nat. Acad. Amer. Bd. 11, S. 598. 1925.

[3]) In jüngster Zeit mehren sich die Messungen von Röntgenstrahlen mittels Flächengittern. Man sehe auch M. SIEGBAHN, l. c. S. 227ff.

[4]) H. KAYSER u. H. KONEN, Handbuch der Spektroskopie, Bd. VII. 1924.

[5]) H. KAYSER, Tabelle der Hauptlinien der Linienspektra aller Elemente. Berlin: Julius Springer 1926.

[6]) R. A. MILLIKAN u. J. S. BOWEN, R. A. SAWYER, Astrophys. Journ. Bd. 53, S. 150. 1921.

[7]) J. S. BOWEN u. S. B. INGRAM, Phys. Rev. (2) Bd. 28, S. 444. 1926.

[8]) J. S. BOWEN, Phys. Rev. (2) Bd. 29, S. 230. 1927.

[9]) Nach den letzten Messungen scheint es möglich.

[10]) Man sehe die Literatur in M. SIEGBAHN, Spektroskopie der Röntgenstrahlen. Berlin: Julius Springer 1924, woselbst Einzelheiten der Methode.

von ihnen gelten, das auch auf optischem Gebiete durch die Erfahrung erwiesen ist, nämlich daß diese Art der Messung nur einer mäßigen Genauigkeit fähig ist. Die Ermittelung der Gitterkonstante natürlicher Kristalle ist nicht mit der erforderlichen Genauigkeit durchzuführen. Hierzu kommen nun die Schwierigkeiten, die in der genauen Messung der Winkel und Apparatdimensionen sowie in der genauen Justierung liegen. Der ideale Weg wird also, ähnlich wie im Bereiche der Schumannstrahlen, darin bestehen, daß man etwa mit Hilfe der Koinzidenzmethode Anschluß an die Wellen gewinnt, die direkt mit einer Genauigkeit von 1 in 10 Millionen etwa an das Meter angeschlossen und genau studiert sind. Die übrigen Messungen lassen sich dann mit viel größerer Genauigkeit relativ zu diesen Normalen ausführen und würden zu einem System sekundärer Normalen leiten, an die man alle übrigen Messungen leicht durch Interpolation anschließen kann. Nachdem WEBER[1]) und LANG[2]) diesen Standpunkt scharf hervorgehoben haben, scheint er sich allmählich Bahn zu brechen. Doch bedürfte es hier wie im optischen Gebiete einer internationalen Übereinkunft, betreffend die Wahl der zu benutzenden Normalen. Verwendet man etwa die wiederholt von SIEGBAHN und seinen Mitarbeitern mit großer Sorgfalt nach der Gittermethode absolut gemessene K-Linie des Kupfers und daneben eine zweite passend gewählte Linie, so läßt sich durch Interpolation zwischen diesen ein System von relativ sehr genauen Röntgenwellenlängen schaffen, die bei einer etwaigen Änderung der Grundnormalen leicht umgerechnet werden können und die sich mittels der Koinzidenzmethode in sich kontrollieren lassen. Auf die Schwierigkeiten, die sich durch Abweichungen vom BRAGGschen Gesetz, Einfluß der Eindringtiefe, Unsymmetrie, Feinstruktur von Linien, Krümmung der Platten, Einfluß von Verbindungen usw. ergeben, soll an dieser Stelle nicht eingegangen werden. Doch lassen sich alle diese Einflüsse bei Relativmessungen leichter kompensieren, so daß es zweckmäßig wäre, zunächst bei diesen stehen zu bleiben und die Frage nach dem absoluten Niveau der Röntgenwellenlängen einstweilen auf sich beruhen zu lassen, bis ein optischer Anschluß möglich ist. Man kann die Genauigkeit der besten relativen Röntgenwellenlängenmessungen zur Zeit auf 1 in 100000 bis 1 in 400000 schätzen. Über die absoluten Fehler läßt sich kein sicheres Urteil abgeben.

11. Wellenlängenmessungen im Ultrarot. Über die Wellenlängenmessungen im Ultrarot und die zu ihrer Durchführung verwendeten Methoden wird in Kapitel 26 berichtet. Hier seien wiederum nur einige grundsätzliche Fragen berührt. Es unterliegt keinem Zweifel, daß die Interferenzmethoden, die in dem mittleren Bereiche des Spektrums bisher die genauesten sekundären Normalen geliefert haben, auch weit ins Ultrarot hinein brauchbar sind, sofern nur geeignete Lichtquellen zur Verfügung stehen. Daß manche Linienspektra, z. B. das des Quecksilbers, Linien großer Intensität und relativ großer Schärfe noch jenseits des Absorptionsgebietes des Quarzes enthalten, ist, z. B. von RUBENS und von BAEYER[3]) nachgewiesen. Doch bereitet die Absorption der zu Interfero-

---

[1]) A. P. WEBER, ZS. f. wiss. Photogr. Bd. 23, S. 149. 1925.

[2]) R. LANG, Ann. d. Phys. (4) Bd. 75, S. 489. 1924. Hierzu weitere Arbeiten von BRAUNS, IWATA u. a. In gewissem Umfange fällt mit dem hier gemachten Vorschlage das Verfahren SIEGBAHNS zusammen, der die Gitterkonstante des Steinsalzes gleich $2,814 \cdot 10^{-8}$cm setzt und diese Größe gleichsam als absolute Normale verwendet. Allein einmal verdient die Analogie zum optischen Spektrum grundsätzlich den Vorzug vor dem SIEGBAHNschen Verfahren. Dann scheint es aber auch aus anderen Gründen besser, nicht einen willkürlichen Kristall, sondern eine Linie als Hauptnormale zu wählen, die Winkelmessung kann dann noch durch Benutzung des Koinzidenzverfahrens oder Festsetzung einer zweiten Linie ausgeschaltet werden. Man sehe etwa IWATA.

[3]) H. RUBENS u. O. v. BAEYER, Berl. Ber. 1911, S. 339.

meterplatten benutzten Materialien bei längeren Wellen große Schwierigkeiten. Praktisch ist daher auch im Bereiche längster Wellen immer wieder das Gitter zur Bestimmung relativer Wellenlängen, wohl auch zu absoluter Wellenlängenmessung benutzt worden, wobei die Koinzidenzmethode Anwendung fand. Da jedoch bisher in diese Gebiete die Aufmerksamkeit in erster Linie zunächst dem Nachweis und der angenäherten Messung der vorhandenen Emissionen und Absorptionen galt, so ist bisher auf die Schaffung von verläßlichen Normalen kein Wert gelegt worden, und man muß sich, wie in alter Zeit, mit den von verschiedenen Beobachtern angegebenen Wellenlängen begnügen, um zwischen ihnen die zu messenden Wellenlängen zu interpolieren. Was an solchen zu Normalen brauchbaren Messungen vorliegt, findet man im Handbuch der Spektroskopie von KAYSER und KONEN[1]) in den Tabellen von KAYSER[2]) und bei SCHEEL-ROTH[3]) angegeben. Gerade auf dem weiten Gebiete der Wellenlängen oberhalb 1 μ ist erst der Anfang zu rationellen und systematischen Wellenlängenmessungen gemacht.

---

[1]) H. KAYSER u. H. KONEN, Handbuch der Spektroskopie, Bd. V, VI, VII. Leipzig: Hirzel.

[2]) H. KAYSER, Tabelle der Hauptlinien usw. Berlin: Julius Springer 1926.

[3]) W. A. ROTH u. K. SCHEEL, 5. Aufl. von LANDOLT-BÖRNSTEINS Physikalisch-chemischen Tabellen, Ergänzungsband 1. Berlin: Julius Springer 1927.

Kapitel 26.

Besondere Methoden der Spektroskopie.

Mit 80 Abbildungen.

A. Spezielle Meßmethodik im Ultrarot.

Von

GERDA LASKI, Berlin.

a) Allgemeines über ultrarote Spektren.

1. Abgrenzung des Spektralgebietes. Mit den speziellen ultraroten Meß-methoden wurde bisher das Gebiet von 0,8 bis 400 μ untersucht.

Physikalisch betrachtet, liegen in diesem Bereich im wesentlichen die Eigenfrequenzen von Atomgruppen (Moleküle, Radikale und Kristallgitter). Teilt man vom Standpunkte der Strukturforschung das ganze elektromagnetische Spektrum nach der Natur der Resonatoren ein, so ist das Ultrarotgebiet einerseits gegen die HERTZschen Wellen, das sind Schwingungen makroskopischer Träger, andererseits gegen das Gebiet optischer Spektren, die auf die Eigenfrequenzen der Atomaußenelektronen zurückgehen, abgegrenzt: Hier handelt es sich hauptsächlich um die Schwingungen der A t o m k e r n e gegeneinander.

Unter allen Schwingungen, die ein System von Atomkernen ausführt, sind nur diejenigen optisch wirksam („aktiv"), bei denen ein elektrisches Moment sich bei der Schwingung periodisch ändert. Der ultraroten Meßtechnik sind nur die aktiven Eigenfrequenzen zugänglich. Ultrarote Eigenfrequenzen kommen allen Aggregatzuständen der Materie zu.

In den Serienspektren der Elemente ergeben einzelne Termkombinationen von entsprechend geringem Energieunterschied ultrarote Linien. Außer den selektiven Eigenfrequenzen der Materie fällt ein beträchtlicher Bruchteil des kontinuierlichen Spektrums des schwarzen Körpers in den ultraroten Bereich.

2. Spektren der Gase und Flüssigkeiten[1]). Gasmolekülen kommen zwei Arten von ultraroten Spektren zu: 1. R o t a t i o n s s p e k t r e n, bei denen es sich um Rotationen des Gesamtgebildes handelt; 2. R o t a t i o n s s c h w i n g u n g s-s p e k t r e n, deren Ursache die gegenseitigen Oszillationen der Kerne sind.

Bei ein und demselben Gebilde ist die Grundfrequenz der Rotation immer langwelliger als die der Oszillation. Die Oszillationsfrequenzen ergeben infolge der Kombination mit den Rotationsfrequenzen Banden mit mehr oder weniger komplizierter Feinstruktur.

Moleküle mit gleichen Atomkernen zeigen nur in angeregtem Zustande ultrarote Spektren. Aktive Frequenzen treten nicht nur bei Molekülen mit einem

---

[1]) Näheres und Literatur s. bei A. SOMMERFELD, Atombau u. Spektrallinien. Braunschweig: Vieweg & Sohn 1924. Ferner Ergebnisse d. exakten Naturwissenschaften. Bd. II. Art. A. KRATZER: Bandenspektren. Bd. III. G. LASKI: Ultrarotforschung. Berlin: Julius Springer 1923 u. 1924.

festen Dipolmoment auf, optisch wirksam sind auch die Komponenten elektrischer Momente höherer Ordnung. Nur bei zweiatomigen Molekülen kann man aus dem Auftreten ultraroter Eigenfrequenzen auf ein fixes Dipolmoment schließen. Bei mehr als zweiatomigen Molekülen kommen aktive ultrarote Eigenfrequenzen auch bei weitgehender elektrischer Absättigung, z. B. bei Methan (CH_4), vor.

Bei Flüssigkeiten sind dieselben spektralen Erscheinungen wie bei Gasen zu erwarten: Rotation und Oszillation. Außerdem treten sehr langwellige Rotationen von Molekülkomplexen auf. Die Feinstruktur der Rotationsschwingungsspektren ist bisher nicht auflösbar.

3. Kristalle[1]). Außer den elastischen Eigenfrequenzen liegen, soweit bekannt, alle möglichen Oszillationen der Kristallgitter im ultraroten Bereich.

Bei den Eigenschwingungen fester Substanzen kennt man keine Feinstruktur. Das Spektrum einer Resonanzstelle erstreckt sich aber, infolge der hohen Dämpfung, über einen mehr oder minder ausgedehnten Spektralbereich.

Es sind bisher nur zwei Typen von Kristallspektren auf ihre Träger zurückgeführt und vollständig geklärt. Der eine Typus sind die Schwingungen von einfachen Ionengittern, wie NaCl, in denen die Gesamtheit der positiven gegen die der negativen Ionen schwingt. Spektren dieser Art wurden von RUBENS im langwelligen Ultrarot entdeckt und als „Reststrahlen" (s. Ziff. 4 u. 19) bezeichnet.

Vorwiegend im kurzwelligen Ultrarot liegen Spektren, deren Träger einzelne Atomgruppen (Radikale) sind. Verschiedene Verbindungen, die das gleiche Radikal, z. B. eine CO_3- oder SO_4-Gruppe enthalten, zeigen dieselben charakteristischen Frequenzen mit geringfügigen Abweichungen. Auch im gelösten Zustande bleiben diese „inneren" Eigenschwingungen erhalten. Außerdem kommen in solchen Gittern noch die für jede Verbindung charakteristischen Reststrahlfrequenzen (äußere Eigenschwingungen) vor.

Aus den bisher noch recht dürftigen Messungen an ausgesprochenen Molekülgittern scheint hervorzugehen, daß in diesen nur die inneren Eigenfrequenzen, also die gleichen wie im gelösten oder Dampfzustand, vorkommen. Bei Gittern, die nicht zu diesen ausgesprochenen Grenzfällen gehören, prägen sich im Bau des ultraroten Spektrums die komplizierteren Bindungsverhältnisse aus. Hier kann das experimentelle Material nur durch konsequenten Ausbau der Gittertheorie gedeutet werden.

Die Anzahl optisch wirksamer Eigenfrequenzen hängt von der Zahl der im Elementarbereich vorhandenen Partikel und der Kristallsymmetrie ab; ebenso hängt die Richtung des elektrischen Vektors der einzelnen Schwingungen vom Kristallbau ab.

4. Besonderheiten der ultraroten Meßmethodik. Die Meßmethoden im Ultrarot sind photometrische Methoden: jede spektrale Aufnahme ist zugleich eine Intensitätsmessung.

Die Entwicklung dieser Meßtechnik geht Hand in Hand mit dem Sammeln von Erfahrungen über den Aufbau der Materie, d. h. den von den Eigenfrequenzen (Bindungskräften) abhängigen optischen Konstanten; die Aufgaben, die Eigenschaften der Strahlung festzulegen und die Struktur der Materie zu ergründen, bedingen sich gegenseitig. Ein Beispiel dafür gibt die historische Entwicklung: diejenigen Substanzen, die im Kurzwelligen durchsichtig sind und sich daher für Prismensubstanzen eignen, müssen nach Dispersionsüberlegungen ihre Eigenfrequenzen erst bei viel längeren Wellen haben. Dieser Gedanke führte RUBENS dazu, die Eigenfrequenzen von NaCl, KCl usw. systematisch zu suchen

---

[1]) Siehe außer der zitierten Literatur M. BORN u. O. F. BOLLNOW, ds. Handb. Bd. 24, S. 370.

und die Reststrahlen zu entdecken. Die Entdeckung der Reststrahlen aber gab den Anstoß zur weiteren Entwicklung der Spektroskopie der langen Wellen; denn mit Hilfe der Reststrahlen der zuerst untersuchten Substanzen konnten wieder neue Reststrahlengebiete bei anderen Substanzen erschlossen werden. So wird auch der weitere Fortschritt der Meßtechnik voraussichtlich mit der systematischen Erforschung der Spektren verknüpft sein.

5. Anwendung der Ultrarottechnik. Die wichtigsten von den verschiedenen Gebieten, auf denen ultrarote Messungen angewendet werden, sind:

a) Bandenspektren in Emission und Absorption.

b) Eigenfrequenzen und optische Konstanten von festen Körpern und Flüssigkeiten.

c) Kontinuierliches Spektrum der schwarzen Strahlung.

Die Methoden werden z. B. zur Bearbeitung folgender physikalischer Fragestellungen herangezogen:

1. Bestätigung der MAXWELLschen Theorie; Herstellung der Kontinuität zwischen sichtbarem und HERTZschem Frequenzbereich.

2. Genaue Messungen der Strahlungskonstanten und Prüfung der Strahlungsgesetze.

3. Deutung der Kristallspektren; Quantentheorie der Bandenspektren von Gasen.

Ultrarotspektroskopische Untersuchungsmethoden werden in verschiedenen Zweigen der technischen Materialkunde, in der Wärmewirtschaft und in der Beleuchtungstechnik angewendet.

b) Lichtquellen und Polarisatoren.

6. Gesichtspunkte für die Wahl geeigneter Strahlungsquellen. Die ultrarote Strahlung einer Lichtquelle macht nur einen geringen Bruchteil ihrer Gesamtintensität aus; der wesentlichste Gesichtspunkt für die Auswahl geeigneter Strahlungsquellen ist, den relativen Anteil an wirksamer Strahlung für den jeweils gewünschten Wellenlängenbereich möglichst hoch zu gestalten; daher ist auch für die Beschaffung von Lichtquellen wiederum die Kenntnis der Emissionsspektren der verschiedensten Substanzen wichtig.

Die Konstanz der Lichtquelle ist bei den ultraroten Meßmethoden (im Gegensatz zur photographischen Spektroskopie) von ausschlaggebender Bedeutung. Zur Konstanthaltung verwendet man bei Gaslampen Druckregler. Elektrische Lichtquellen werden von Akkumulatorenbatterien gespeist, wobei zum Ausgleich kleiner Schwankungen noch Feinregulierwiderstände unter ständiger Strom- und Spannungskontrolle verwendet werden. Bei elektrischem Glühlicht aller Art werden außerdem Eisendrahtlampen, bei Gleichstromlichtbogen Drosselspulen vorgeschaltet. Im übrigen werden kleine Temperaturschwankungen um so ungefährlicher für die Konstanz der Intensität, je langwelliger der ausgeblendete Spektralbereich ist (vgl. Ziff. 7).

Für Absolutmessungen muß die genaue Intensitätsverteilung im Spektrum der Lichtquelle ermittelt werden. Der eventuellen Struktur des Emissionsspektrums überlagern sich die Absorptionsbanden der Atmosphäre, die vorwiegend von Wasserdampf und Kohlensäure herrühren, außerdem sind gegebenenfalls die Wirkungen selektiver optischer Eigenschaften der Apparatmaterialien in Rechnung zu ziehen.

Bei Kohlensäure kommen nur die Rotationsschwingungsbanden im kurzwelligen Gebiet bis $15\,\mu$ in Betracht; beim Wasserdampf ist insbesondere das intensive und sehr komplizierte Rotationsspektrum im langwelligen Gebiet äußerst störend. Im Laboratorium muß man bei Strahlungsmessungen die Anwesenheit aller leicht verdampfenden Chemikalien (z. B. Alkohol), die die Zimmerluft verunreinigen könnten, vermeiden.

Bei den hohen Anforderungen, die für ultrarote Messungen gestellt werden müssen, ist die Zahl der praktisch brauchbaren Lichtquellen bisher noch sehr gering.

7. Schwarze Strahlung. Glühende feste Körper, auch der kontinuierliche Grund des Spektrums von Selektivstrahlern, gehorchen näherungsweise dem PLANCKschen Strahlungsgesetz für schwarze Körper, das bei langen Wellen mit dem von RAYLEIGH-JEANS zusammenfällt. Tabelle 1 enthält einige überschlags-mäßige Daten, aus denen die Anwendbarkeit des schwarzen Körpers als ultrarote Licht-quelle hervorgeht.

Bei den bequem erreich-baren Temperaturen (500 bis 1000° C) liegt das Strahlungs-maximum im kurzwelligen Ultrarot und fällt nach den langen Wellen (ca. 100 μ) um mehrere Zehnerpotenzen ab. Eine weitere Tem-peraturerhöhung bringt für lange Wellen keine bedeutende Intensitätssteigerung, während der Intensitätszuwachs im Kurzwelligen sehr beträchtlich wird. Will man den schwarzen Körper als Strahlungsquelle für lange Wellen verwenden, so bildet die Schwierigkeit, diese intensive „falsche Strahlung" unschädlich zu machen, einen wesentlichen Nachteil.

Tabelle 1. Strahlung des schwarzen Körpers in Watt/cm².

Wellenlänge T	100 μ t	10 μ	1 μ
800°	$1,8 \cdot 10^{-1}$	$0,7 \cdot 10^3$	$5,8$
1000°	$2,3 \cdot 10^{-1}$	$1,1 \cdot 10^3$	$1,8 \cdot 10^2$
2000°	$4,7 \cdot 10^{-1}$	$3,3 \cdot 10^3$	$2,7 \cdot 10^5$
3000°	$7,3 \cdot 10^{-1}$	$5,7 \cdot 10^3$	$2,9 \cdot 10^6$

8. Auerbrenner. Der Auerbrenner ist diejenige Lichtquelle, die bisher im Gebiete zwischen 20 und 120 μ am häufigsten benutzt wurde. In seinem Emissionsspektrum überlagern sich das Spektrum der Bunsenflamme, die an-nähernd schwarze Strahlung des Scha-mottekörpers und die Selektivstrah-lung des Strumpfes (Thoriumoxyd mit 1% Ceroxyd).

Man kann Stehlicht oder Hänge-licht verwenden — selbstverständlich ohne Glaszylinder —, sehr geeignet sind Degeabrenner. Es hat sich als vorteilhaft erwiesen, den dunkleren, kühleren Teil des Strumpfes mitsamt dem Schamottekörper als Strahlungs-quelle auszunutzen.

Abb. 1 zeigt die Intensitätsver-teilung im Bunsenbrenner (Kurve a) und im Auerlicht (Kurve b bis 16 μ[1]). Kurve c gibt die Differenz des Auer-

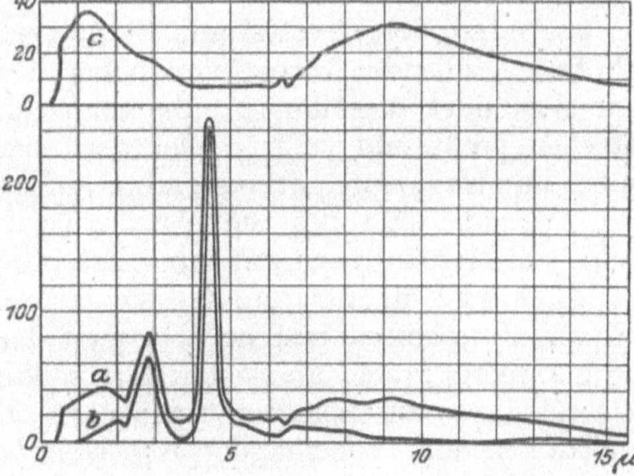

Abb. 1. Intensitätsverteilung im Bunsenbrenner (Kurve a) und im Auerlicht (Kurve b) bis 16 μ.

lichtes gegenüber der Bunsenflamme. Die Ordinaten sind proportional der Intensität; ihr Maßstab ist bei Kurve c verdoppelt.

In Tabelle 2 wird diese Differenz mit der Strahlung des schwarzen Körpers gleicher Temperatur (1800°) verglichen und das absolute Emissionsvermögen des Auerstrumpfes errechnet (RUBENS). Dabei zeigt sich, daß gerade dort, wo der schwarze Körper sein Strahlungsmaximum hat, das Emissionsvermögen

---

[1] H. RUBENS, Verh. d. D. Phys. Ges. Bd. 7, S. 346—349. 1905.

des Auerstrumpfes äußerst gering ist. Im langwelligen sind die beiden Strahlungsquellen größenordnungsmäßig von gleicher Intensität. Deswegen sind die Schwierigkeiten der Vorzerlegung beim Auerbrenner geringer.

Die Struktur des Spektrums im Langwelligen (50 bis 150 μ) zeigen die Gittermessungen von Rubens[1]) (Abb. 2). Die

Tabelle 2. Emissionsvermögen von schwarzem Körper und Auerstrumpf.

λ in μ	Schwarzer Körper bei 1800° abs.	Auerstrumpf	Emissionsvermögen
0,45	4,4	3,8	0,86
0,50	16,1	11,5	0,72
0,55	45,0	22,0	0,49
0,60	100	24,0	0,29
0,70	390	25,8	0,062
1,0	1830	34,3	0,0187
1,2	2930	34,3	0,0116
1,5	3740	34,0	0,0091
2,0	3500	25,5	0,0073
3,0	1910	17,0	0,0088
4,0	962	7,6	0,0079
5,0	511	7,0	0,0137
6,0	292	7,9	0,0270
7,0	178	15,0	0,0843
8,0	113	23,9	0,211
9,0	75,6	29,9	0,395
10,0	52,3	27,4	0,524
12,0	27,3	19,1	0,70
15,0	12,0	8,9	0,74
18,0	6,2	5,0	0,81

Abb. 2. Emissionsspektrum des Auerbrenners im langwelligen Ultrarot.

scharfen Einschnitte bedeuten Absorptionsbanden des Wasserdampfes. Absolutbestimmungen liegen wegen der Schwierigkeit der Messungen in diesem Gebiet bisher nicht vor. Die Intensität entspricht ungefähr der des schwarzen Körpers.

9. Andere Selektivstrahler, Nernstbrenner. Als Selektivstrahler erweisen sich feste glühende Körper von hoher Temperatur als besonders vorteilhaft. Man verwendet Metalloxyde, die man mit einem passenden Bindemittel zu Stäbchen preßt und zumeist elektrisch heizt. In der Praxis kann man über ein bestimmtes Querschnittsverhältnis nicht hinausgehen, weil sonst das Temperaturgefälle innerhalb des Stäbchens zu groß wird. Unter anderen sind eine Reihe von Metalloxyden auf ihre ultrarote Emission untersucht worden[2]). Am häufigsten wird für ultrarote Zwecke der Nernstbrenner verwendet, der größtenteils aus Zirkonoxyd besteht. Da man die im Handel erhältlichen Stifte (0,5 und 1 Ampere)[3]) nicht überlasten darf, so kann man zum Zwecke der Intensitätssteigerung, wo die Spaltdimensionen es erlauben, ein Aggregat von parallelgeschalteten und voneinander isolierten Glühstiften als Strahlungsquelle benutzen.

Auch im Langwelligen (bis 100 μ) hat sich diese Strahlungsquelle bewährt.

Von amerikanischen Experimentatoren wird in neuerer Zeit statt des Nernstbrenners der intensivere Globebrenner empfohlen.

10. Quarzquecksilberlampe. Für den Bereich oberhalb 150 μ bis zur Grenze des mit optischen Mitteln bisher erreichten Gebietes (400 μ) ist die einzige bisher

---

[1]) H. Rubens, Berl. Ber. 1921, S. 8—27.
[2]) C. W. Coblentz, Investigations in the near infrared. Washington 1905; H. Schmidt-Reps, ZS. f. techn. Phys. Bd. 6, S. 322. 1925.
[3]) Fabrikat der Glasco-Lampengesellschaft, Berlin.

bekannte und zu Messungen verwendete Strahlungsquelle die Quarzquecksilberlampe[1]). Man verwendet Hewittlampen oder die 110- resp. 220-Voltlampe von HERAEUS; für spezielle Zwecke wurde auch das Quarzquecksilberpunktlämpchen von HERAEUS benutzt.

Das Spektrum setzt sich aus der nahezu schwarzen Strahlung des heißen Quarzrohres und der Emission des Quecksilberdampfes zusammen. In Abb. 3 sind die Gittermessungen von RUBENS wiedergegeben. Das Spektrum von 200 bis 400 μ wird als Doppelbande aufgefaßt (Ma

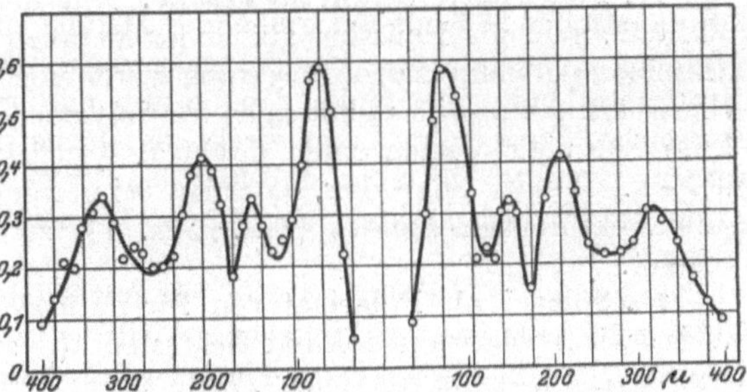

Abb. 3. Spektrum der Quarzquecksilberlampe im langwelligen Ultrarot.

xima bei 211 und 325 μ), die das Rotationsschwingungsspektrum eines Hg_2-Moleküls sein soll. Ein Beweis durch Ultrarotmessungen ist noch nicht erbracht.

Aus der Diskontinuität des Intensitätsverlaufes beim Quarzquecksilberpunktlämpchen[2]), der in Abhängigkeit von der Spannung aufgenommen wurde, scheint aber hervorzugehen, daß das ultrarote Emissionsspektrum, wenn auch in diesem Falle wahrscheinlich sekundär, mit der Anregung des Quecksilberatoms zusammenhängt (Abb. 4).

Die Abhängigkeit der lang

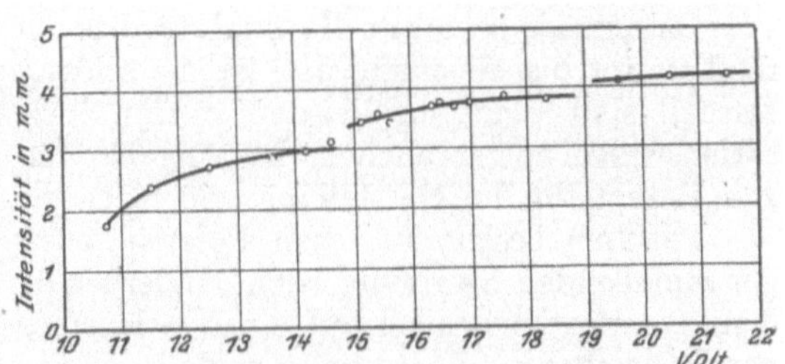

Abb. 4. Langwellige Strahlung des Quarzquecksilberpunktlämpchens bei variierter Spannung.

welligen Strahlung von der Belastung ist in Abb 5. dargestellt. Kurve a bedeutet den Verlauf der Gesamtstrahlung einer 110-Voltlampe von HERAEUS, Kurve b den der reinen Quecksilberdampfstrahlung. Der Anteil an reiner Queck

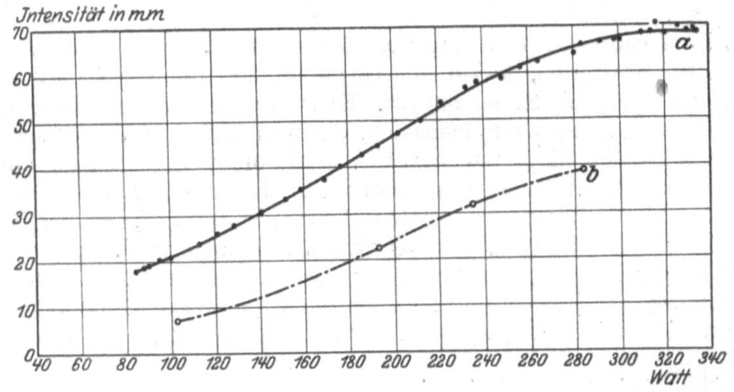

Abb. 5. Abhängigkeit der langwelligen Gesamtstrahlung der Quarzquecksilberpunktlampe von der Belastung.

[1]) H. RUBENS u. O. v. BAEYER, Berl. Ber. 1911, S. 666 u. 399; H. RUBENS, ebenda 1921, S. 8.
[2]) G. LASKI, ZS. f. Phys. Bd. 10, S. 353—366. 1922.

silberstrahlung wird aus der Messung des zeitlichen Intensitätsabfalls unmittelbar nach Ausschalten der Lampe bestimmt[1]).

11. Polarisierte Strahlungsquelle. Aus den Fresnelschen Formeln folgt, daß die streifende Emission glühender Metalle eine fast vollständig polarisierte Strahlung darstellt. Diese Folgerung wurde von M. Czerny[2]) für die kurzwellige Ultrarotstrahlung eines glühenden Platinbandes geprüft und bestätigt gefunden. Ein solches Band kann daher direkt als Quelle polarisierten Lichtes verwendet werden. Czerny zeigt aber, daß man bei der gewöhnlichen Methode der Polarisation natürlichen Lichtes (Ziff. 12 u. 13) zu dem gleichen Intensitätseffekt gelangt.

12. Spiegel als Polarisatoren für natürliches Licht. Auf die einfachste Weise wird polarisiertes Licht hergestellt ($\parallel$ zur Einfallsebene), indem man natürliche Strahlung an einer Platte unter dem Polarisationswinkel φ, wobei

$$\operatorname{tg}\varphi = n$$

($n =$ Brechungsexponent) ist, reflektieren läßt. Theoretisch kann man jede Reststrahlenplatte außerhalb des Gebietes ihrer Eigenfrequenzen als Polarisator verwenden; der Polarisationswinkel hängt aber in den meisten Fällen von der Wellenlänge ab.

Das einzige bekannte Material, für das der Verlauf des Brechungsexponenten im Ultrarot dispersionsfrei ist, ist die schwarze glasige Modifikation des Selens. Deshalb sind Selenspiegel in dem ganzen Spektralgebiet mit dem gleichen Polarisationswinkel zu gebrauchen. Die Angaben für φ schwanken zwischen 68 und 66°. Ein Rezept für die Herstellung von Selenspiegeln hat u. a. Czerny[3]) gegeben.

Pfund[4]) beschreibt einen Polarisationsapparat, bei dem sich das Azimut der einfallenden Strahlung leicht ändern läßt. Die Strahlung fällt zuerst unter dem Polarisationswinkel auf einen Selenspiegel und dann auf einen zu diesem parallelen ebenen Silberspiegel, so daß sie mit einer Parallelverschiebung austritt. Durch zwei unter 45° angeordnete Silberspiegel wird die Parallelverschiebung wieder rückgängig gemacht: der Austritt des Strahles erfolgt also in der Verlängerung des eintretenden Strahles. Um diese Richtung als Achse ist der ganze Apparat und daher auch die Polarisationsebene drehbar. Man kann demnach die ein für allemal justierte Anordnung wie ein Nikolsches Prisma gebrauchen.

Eine im Prinzip ähnliche Einrichtung zur Variation des Azimuts gibt Krebs[5]) an.

13. Polarisierende Wirkung von Drahtgittern. Wenn elektrische Wellen auf ein Gitter auftreffen, dessen Gitterkonstante klein ist gegen die Wellenlänge, so tritt keine spektrale Zerlegung ein. Es wird aber nur diejenige Komponente des einfallenden Lichtes durchgelassen, deren elektrischer Vektor senkrecht zu den Gitterstäben steht (Hertzeffekt). du Bois und Rubens[6]) untersuchen die polarisierende Wirkung von feinen Drahtgittern für Wellenlängen vom optischen Gebiet an bis zum äußersten Ultrarot und finden, daß der Hertzeffekt um so reiner ausgeprägt ist, je größer die Wellenlänge wird. Eine Zusammenstellung einiger Beobachtungsdaten für das langwellige Ultrarot für drei der verwendeten Gitter (Platindraht 25 μ Dicke, Kupferdraht 25 und 52,5 μ Dicke), bei denen die Öffnungsbreite gleich der Drahtdicke war, gibt Tabelle 3.

---

[1]) G. Laski, s. Fußnote 2, S. 807.
[2]) M. Czerny, ZS. f. Phys. Bd. 26, S. 182. 1924.
[3]) M. Czerny, ZS. f. Phys. Bd. 16, S. 321—331. 1923.
[4]) H. Pfund, John Hopkins Univ. Circ. 1906, H. 4, S. 13.
[5]) A. Krebs, Ann. d. Phys. (4) Bd. 82, S. 113. 1927.
[6]) H. du Bois u. H. Rubens, Verh. d. D. Phys. Ges. Bd. 13, S. 431—444. 1911; Ann. d. Phys. Bd. 35, S. 243—276. 1911.

Tabelle 3. Polarisierende Wirkung von Drahtgittern.

Gittermaterial	Pt		Cu		Cu	
Einfallswinkel	0°	45,6°	0°	45,6°	0°	45,6°
Scheinbare Gitterkonstante (μ)	25,0	10,0	25,0	10,0	52.5	21,0
Wellenlänge in μ:						
24	0,68	0,13	0,73	0,16	0,86	0,31
52	0,37	0,08	0,41	0,14	0,80	0,11
100	0,03	0,00	0,05	0,006	0,45	0,014
ca. 314	0,00	—	0,00	—	0,00	—

Die angegebenen Daten bedeuten das Intensitätsverhältnis der senkrecht polarisierten zur parallel polarisierten Komponente des durchgehenden Strahles.

Es zeigt sich also, daß feine Drahtgitter ein sehr einfaches und handliches Mittel zur Herstellung praktisch vollständig polarisierten Lichtes im äußersten Ultrarot bieten.

c) Methoden zur Vorzerlegung und Reinigung des Spektrums.

14. Zweck der Vorzerlegung. Die Tatsache, daß alle ultraroten Lichtquellen ein Spektrum aussenden, das sich vom Sichtbaren her über mehrere Oktaven erstreckt, von denen die ersten die übrigen an Intensität größenordnungsmäßig um einige Zehnerpotenzen übertreffen, macht es notwendig, bei allen spektralen Messungen für eine Reinigung des zu untersuchenden Spektralgebietes, d. h. Befreiung von falscher Strahlung, die insbesondere von kürzerer, bisweilen auch von längerer Wellenlänge ist, zu sorgen.

Die kurzwellige Strahlung ist, wie schon erwähnt, für Messungen im Langwelligen (vgl. Ziff. 7) besonders deshalb gefährlich, weil bei geringen Temperaturschwankungen der Lichtquelle die Intensitätsschwankungen dem WIENschen Verschiebungssatz folgen, nach dem sich die Intensität des Maximums der Strahlung mit der fünften Potenz der Temperatur ändert. Im Langwelligen hingegen machen kleine Temperaturschwankungen praktisch wenig aus.

Alle bisher in der Praxis verwendeten Methoden gehen darauf aus, die selektiven Eigenschaften der Materie jeweils passend auszunutzen, und zwar das Absorptionsvermögen, das Emissionsvermögen, das Reflexionsvermögen und das Brechungsvermögen. In der Apparatur benutzt man nach Möglichkeit Substanzen, die als Absorptionsfilter dienen sollen, gleichzeitig als Verschluß- oder Fensterplatten; Substanzen, die als Reflexionsfilter dienen sollen, an Stelle von Spiegeln im Strahlengang.

Man arbeitet so, daß man der falschen Strahlung entweder überhaupt den Eintritt in das Meßinstrument verwehrt (Ziff. 16—19) oder, wo dies nicht vollständig zu erreichen ist, den noch verbleibenden kleinen Bruchteil der störenden Strahlung dauernd auf das Meßinstrument einwirken läßt, so daß lediglich eine Verlagerung des Nullpunktes eintritt (Ziff. 15). Diese Methode soll zuerst besprochen werden.

15. Klappe. In jeder ultraroten Anordnung wird die zu untersuchende Strahlung bekannter Wellenlänge dadurch gemessen, daß durch ihren Eintritt in das Empfangsinstrument in diesem eine Übertemperatur hervorgerufen wird, die den Ausschlag eines Meßinstrumentes veranlaßt. Das geht — bei Verwendung empfindlicher und daher träger Galvanometer — so vor sich, daß man durch Aufziehen einer im Strahlengang befindlichen Klappe die Strahlung in das Instrument eintreten läßt. Wählt man nun diese Klappe aus einem Material, das die zu messende Strahlung zurückhält, dagegen für Strahlung anderer Wellenlängenbereiche durchsichtig ist, so erreicht man, daß diese „falsche" Strahlung stationär auf das Meßinstrument wirken kann. Beim Aufziehen der Klappe ist es dann im wesentlichen nur die zu messende Strahlung, die einen Ausschlag des Instrumentes hervorruft.

Man muß sehr darauf achten, daß die Klappe selbst, die sich zweckmäßig in der Nähe der Lichtquelle befindet, nicht durch die ständige Einwirkung von deren Gesamtstrahlung aufgeheizt und damit selbst zur Strahlungsquelle wird. Dies verhindert man durch passende Wärmeisolation und Wasserkühlung.

Ist die Intensität der falschen Strahlung erheblich im Vergleich zu der zu untersuchenden, so muß auch noch derjenige störende Anteil berücksichtigt werden, der durch Reflexion an der in den Strahlengang eingeschalteten Klappe zurückgehalten und erst beim Aufziehen zugleich mit dem zu messenden Lichte in die Meßapparatur eintritt. Der Reflexionsverlust beträgt bei den gebräuchlichen, teilweise durchsichtigen Klappen durchschnittlich ca. 10% und kann daher einen erheblichen Fehler im Resultat verursachen.

Statt diesen Reflexionsverlust rechnerisch in Betracht zu ziehen, kann man sich eines von Czerny angegebenen Kunstgriffes bedienen. Beim Aufziehen der Klappe wird ein grobes Drahtgitter in den Strahlengang eingeschaltet, bei dem Anzahl und Dicke der Stäbe so gewählt sind, daß die gesamte eintretende Strahlung um denselben Prozentsatz geschwächt wird wie die dauernd wirksame falsche Strahlung durch den Reflexionsverlust an der Klappe. Damit ist die Wirkung der falschen Strahlung fast quantitativ beseitigt und für diesen Erfolg kann man leicht die geringe Schwächung der richtigen Strahlung in Kauf nehmen.

Im kürzesten Ultrarot verwendet man stets Blechklappen. Als teilweise durchsichtiges Klappenmaterial kommt je nach dem Spektralgebiet Glas verschiedener Dicke und Beschaffenheit, Quarz, Flußspat, Steinsalz oder Sylvin in Betracht. Einige Zahlenangaben vgl. in Tabelle 6, Ziff. 22.

16. Rußfilter. Als Absorptionsfilter zur Reinigung eines langwelligen Spektrums von kurzwelliger Strahlung sind Rußschichten vorzüglich geeignet. Das Absorptionsvermögen von Terpentinruß ist für verschiedene Wellenlängen von Rubens und Hoffmann[1]) gemessen worden. Tabelle 4 zeigt die Durchlässigkeit verschieden dicker Schichten im gesamten zugänglichen Wellenlängenbereich.

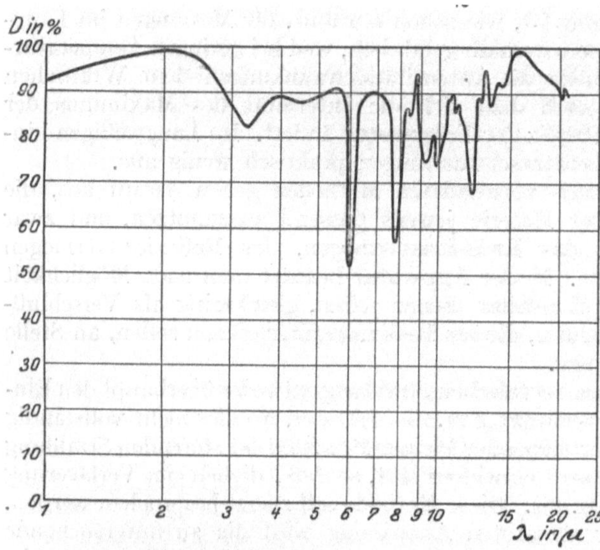

Abb. 6. Durchlässigkeit von Zaponlackhäutchen.

Als Träger für Rußschichten verwendet man vielfach Zaponlackhäutchen, die in einer Dicke von Bruchteilen von μ nach dem Rezept von Angerer[2]) durch Ausgießen eines Zaponlacktropfens auf einer Wasserfläche hergestellt werden. Man hebt das Häutchen auf einer Glasplatte aus dem Wasser; dann

[1]) H. Rubens u. K. Hoffmann, Berl. Ber. 1922, S. 424—435.
[2]) E. v. Angerer, Technische Kunstgriffe bei physikalischen Messungen. „Die Wissenschaft." Braunschweig: Vieweg & Sohn.

Tabelle 4. Durchlässigkeit von Terpentinruß.

Schichtdicke in μ	Wellenlängen in μ							
	0,9	4,4	6,65	33	52	92	117	Hg-Strahlung
30,5	0,1	11,9	21,0	60,7	65,7	90,0	89,1	96,4
71,5	0,0	1,8	5,3	46,4	50,7	67,7	66,6	91,0
137	0,0	0,29	1,47	26,8	31,2	50,2	48,1	77,9
202	0,0	0,0	0,19	12,5	16,2	—	37,1	66,1
276	0,0	0,0	0,04	6,15	8,75	—	23,1	48,5

wird durch die allmählich verdampfende restliche Feuchtigkeit verhindert, daß der Zaponlack sich während der Berußung entzündet (CZERNY). Die Eigenabsorption eines Zaponlackhäutchens (Zaponlack Z 116 der Anilinfabrik Wolfen b. Bitterfeld) bis 20 μ zeigt Abb. 6[1]). Im langwelligen Gebiet sind die Häutchen praktisch vollkommen durchsichtig.

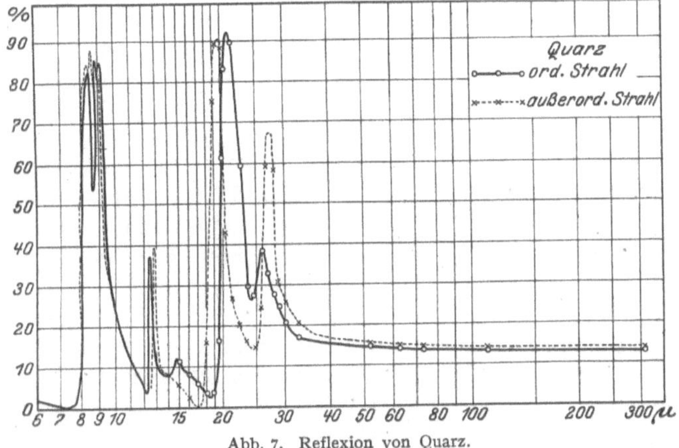

Abb. 7. Reflexion von Quarz.

17. Quarz. Das Reflexionsspektrum des Quarzes ist von RUBENS und LIEBISCH[2]) für den ordentlichen und den außerordentlichen Strahl bestimmt worden (Abb. 7). Man sieht daraus, daß das Gebiet der Eigenfrequenzen sich

Tabelle 5.

Rest-strahlen von	Mittlere Wellen-länge λ_0 in μ	a ⊥ $d=1,93$ mm D in Proz.	q	b ⊥ $d=3,99$ mm D in Proz.	q	c ⊥ $d=7,26$ mm D in Proz.	q	d ∥ $d=7,39$ mm D in Proz.	q	e linear polarisiertes Licht $\mathfrak{E}$ ∥ Achse $d=7,39$ mm D in Proz.	q
NaCl	52,0	28,2	0,502	10,9	0,480	2,94	0,445	4,23	0,386	5,70	0,346
KCl	63,4	41,1	0,310	21,9	0,305	8,48	0,298	11,5	0,252	14,9	0,218
AgCl	81,5	49,1	0,220	32,8	0,207	19,2	0,190	24,1	0,153	29,4	0,126
KBr	82,6	48,5	0,227	32,6	0,209	19,1	0,190	24,4	0,152	30,2	0,123
$PbCl_2$	91,0	57,8	0,138	44,1	0,133	31,3	0,121	33,9	0,107	37,0	0,095
KJ	94,1	61,4	0,107	50,3	0,101	36,1	0,100	37,8	0,093	40,0	0,085
Na_2CO_3	98,7	—	—	—	—	40,3	0,086	—	—	—	—
Hg_2Cl_2	98,8	63,2	0,092	52,7	0,089	40,5	0,086	41,6	0,080	43,2	0,075
AgBr	112,7	68,7	0,054	61,5	0,053	50,8	0,054	51,7	0,051	53,1	0,048
TlBr	117,0	69,2	—	63,7	—	53,9	—	55,0	—	—	—
TlJ	151,8	—	—	65,0	—	58,0	—	—	—	—	—

---

[1]) S. TOLKSDORF, Dissert. Berlin 1927; ZS. f. phys. Bd. 132, S. 181. 1928.
[2]) TH. LIEBISCH u. H. RUBENS, Berl. Ber. 3. Mitt., S. 211—220. 1921.

von ca. 8 μ bis 30 μ erstreckt. In diesem Gebiet ist Quarz in sehr dünnen Schichten vollkommen undurchlässig. Im Kurzwelligen beginnt praktisch seine Absorption bei ca. 5 μ störend zu werden — im Gebiete von 30 bis 50 μ sind Schichten von einigen zehntel Millimeter Dicke bereits wieder teilweise durchlässig und somit als Fenster brauchbar. Für den Bereich von 50 bis 150 μ ist die Durchlässigkeit verschieden dicker Quarzplatten, die $\perp$ oder $\parallel$ zur Achse geschnitten waren, von Rubens und Wartenberg[1]) für natürliches Licht bestimmt worden (Tabelle 5, Abb. 8). Von 150 μ an nimmt die Durchlässigkeit des Quarzes noch langsam weiter zu. Die Temperaturabhängigkeit der Quarzabsorption ist von Rubens und Hertz[2]) untersucht worden.

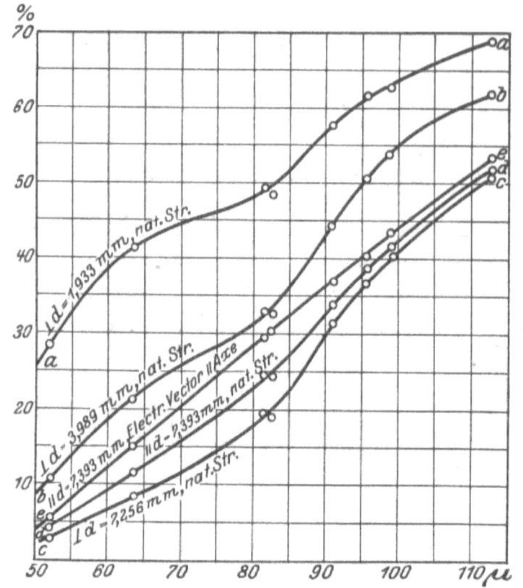

Abb. 8. Durchlässigkeit von Quarz.

Um das Spektrum von 5 bis 30 μ praktisch auszuschalten, genügt also eine dünne Quarzplatte als Strahlungsfilter. Durch größere Schichtdicken kann sukzessive immer besser das langwellige Ende des Spektrums (über 100 μ) ausgeblendet werden.

18. Absorption verschiedener Substanzen. Im Kurzwelligen werden als Absorptions- und Fenstersubstanzen je nach Bedarf dünne Glimmerschichten, Quarz, Flußspat, Steinsalz, Sylvin, Bromkalium verwendet. Sie alle absorbieren das gesamte Reststrahlengebiet.

Im Gebiete zwischen 30 und 40 μ besteht eine große Schwierigkeit in der Auffindung von Substanzen, die durchlässig genug sind, um als Fenster verwendet werden zu können. Bis 35 μ ist Bromkalium durchlässig, das aber schwer in großen Kristallen zu haben ist. Gewöhnlich muß man sich mit Zaponlackhäutchen oder dünnen geblasenen Quarzhäutchen behelfen, die aber das Meßinstrument gegen Luftdruckschwankungen nur unvollkommen abschirmen. Als Verschlußplattensubstanz im Langwelligen hat sich auch Paraffin bewährt.

Im Gebiete von ca. 150 μ an nimmt mit zunehmender Wellenlänge auch die Durchlässigkeit aller Substanzen zu. Hier verwendet man, um den langwelligsten Teil der Quarzquecksilberdampfstrahlung zu isolieren, trübes Quarzglas, schwarzes photographisches Papier, schließlich sogar Pappe als Filter. Die Durchlässigkeit einer Reihe von weiteren Substanzen für Hg-Strahlung ist von Rubens und von Bayer[3]) angegeben worden.

19. Reststrahlenanordnung. Diese historisch grundlegende Methode zur Aussonderung schmaler Spektralbereiche, die im Gebiete zwischen 20 und 150 μ angewendet wird, beruht auf der Ausnützung der selektiven Reflexion von Kristallen bei ihren Eigenfrequenzen. Die Anforderungen, die an das Kristallmaterial gestellt werden müssen, sind:

1. Möglichst wenige Eigenfrequenzen im Langwelligen. Am vorteilhaftesten sind naturgemäß zweiatomige kubische Kristallgitter, die nur eine einzige Eigenfrequenz haben und die Benutzung unpolarisierten Lichtes gestatten.

---

[1]) H. Rubens u. H. v. Wartenberg, Berl. Ber. 1914, S. 169—190.
[2]) H. Rubens u. G. Hertz, Berl. Ber. S. 256. 1912.
[3]) H. Rubens u. E. v. Baeyer, Berl. Ber. 1911, S. 339—345 u. 666—677.

2. Hohes Reflexionsvermögen an der Stelle der Eigenfrequenz. (Besonders bei Ionengittern vom Kochsalztyp erfüllt.) Außerhalb des anomalen Dispersionsgebietes gehorchen die optischen Eigenschaften den FRESNELschen Formeln. Im Gebiete der Eigenfrequenz herrscht metallische Reflexion.

Beim Steinsalz z. B. beträgt das Reflexionsvermögen im FRESNELschen Gebiet weniger als 10%, während es im Maximum metallischer Reflexion ca. 80% beträgt. Die Dämpfung der Eigenfrequenz ist beträchtlich, so daß das Gebiet starker Reflexion eine ziemliche spektrale Breite hat (Abb. 9).

Durch wiederholte Reflexion an mehreren Platten kann man daher das FRESNELsche Gebiet praktisch ausschalten und einen schmalen Reststrahlenbereich isolieren. Die Zahl der Platten richtet sich natürlich nach dem Verhältnis des falschen Lichtes zur Intensität des Reststrahlengebietes in der Emission der Lichtquelle. Beträgt die Zahl der Platten n, so wird die kurzwellige Strahlung vom Reflexionsvermö-

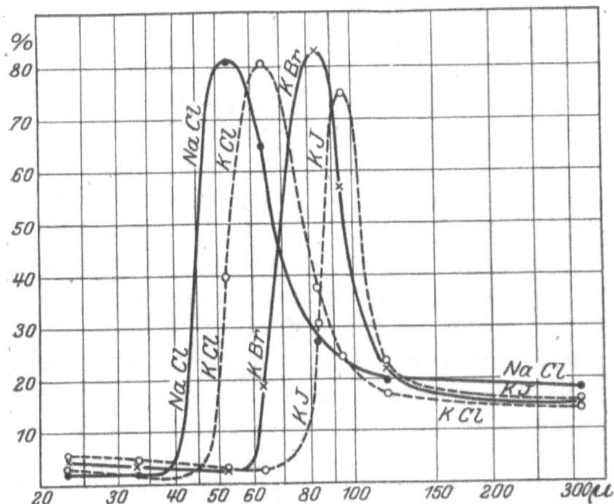

Abb. 9. „Reststrahlung" verschiedener kubischer Kristalle.

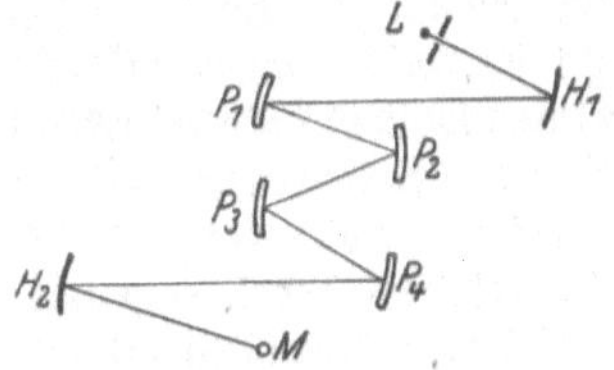

Abb. 10. Reststrahlenanordnung.

gen R_K im Verhältnis $(R_K)^n$, die der Reststrahlung R_R im Verhältnis $(R_R)^n$ geschwächt; bei fünffacher Reflexion an Steinsalzplatten beträgt das Schwächungsverhältnis $(0{,}05)^5 : (0{,}80)^5$.

Ist der spektrale Verlauf des Reflexionsvermögens an einer Platte gegeben, so läßt sich die Verschmälerung des Reststrahlenbereiches bei bekannter Plattenanzahl berechnen. Experimentell ist die Verschmälerung der Reststrahlung bei mehrfacher Reflexion insbesondere von HOLLNAGEL[1]) eingehend studiert worden.

Abb. 10 gibt ein Bild der Versuchsanordnung bei vierfacher Reflexion. Die Strahlung geht von der Lichtquelle auf einen Hohlspiegel H_1 und wird von diesem parallel oder schwach divergent der Reihe nach an den Kristallplatten P_1 bis P_4 reflektiert. Der Hohlspiegel H_2 konzentriert die Strahlung auf das Empfangsinstrument M.

Die Strahlung muß unter möglichst kleinem Einfallswinkel auf die Platten auftreffen, die Platten selbst sind mit ihrer Ebene senkrecht zum Strahle zu justieren. Praktisch ist es, jede Platte auf einem eigenen kleinen Stelltischchen aufzustellen; man hat dann eine große Beweglichkeit der Anordnung. Der Strahlengang wird mit sichtbarem Licht justiert, indem man sehr dünne Planspiegel auf die Kristallflächen anklemmt.

Die gebräuchlichsten Reststrahlenanordnungen und der von ihnen ausgefilterte Spektralbereich ist aus Tabelle 6 ersichtlich.

---

[1]) H. HOLLNAGEL, Dissert. Berlin 1910.

Als Plattenmaterial verwendet man entweder große Kristalle, oder Platten, die mosaikartig aus kleinen Kristallen zusammengesetzt sind. Nichtkubische Materialien müssen orientiert sein und sind bei genaueren Messungen nur im polarisierten Licht zu benutzen. In Ermangelung größerer Kristalle kann man Platten aus gepreßtem Pulver oder gegossene Schmelzen verwenden. Das Material braucht nicht klar zu sein, die Oberfläche muß für kürzere Wellen hochpoliert werden, für den langwelligsten Reststrahlenbereich ist das nicht erforderlich, vielmehr bietet hier eine leicht aufgerauhte Fläche den Vorteil, daß die störende kurzwellige Strahlung stark diffus zerstreut wird, während die Unebenheit der Reflexionsfläche für lange Wellen nicht in Betracht kommt.

Man kann Reststrahlenanordnungen auch ohne Spektrometer für gröbere spektrale Messungen verwenden. Sie bieten den Vorteil, daß man mit weit-geöffneten Strahlenbündeln und deshalb mit großer Lichtstärke arbeiten kann.

20. Ein- und Zweiplattenverfahren[1]). Zum Zwecke der Ersparnis von Plattenmaterial kann man die Reflexion unter dem Polarisationswinkel im Fresnelschen Gebiet so ausnutzen, daß bereits mit einer einzigen Kristallplatte die gesamte Strahlung außerhalb der Eigenfrequenz ausgelöscht wird. Man läßt die an einem Selenspiegel unter dem Polarisationswinkel polarisierte Strahlung auf eine Reststrahlenplatte unter einem solchen Azimut auffallen, daß das polarisierte Licht gemäß den Fresnelschen Formeln das Reflexionsvermögen 0 hat. Das ganze Reststrahlengebiet aber, innerhalb dessen der Extinktionskoeffizient größer als 1 ist, wird ungeschwächt isoliert. Der Nachteil der Methode besteht darin, daß das isolierte Strahlenbündel spektral sehr breit ist, und daß durch die Polarisation am Selenspiegel auch bereits die Reststrahlung um 50% geschwächt wird.

Nimmt man statt des Selenspiegels eine zweite Reststrahlplatte unter dem Polarisationswinkel, so wird an dieser nur das Fresnelsche Gebiet vollständig polarisiert, während die Reststrahlung nur den Reflexionsverlust erfährt. Außerdem wird durch die zweimalige Reflexion die Monochromatisierung besser. die Ausnutzung des Polarisationswinkels ist somit, wenn man die Reststrahl-platte als Vorzerlegungsapparat benutzen will, sehr vorteilhaft.

21. Quarzlinsenmethode. Eine Methode zur Isolierung der langwelligsten Strahlung des Auerbrenners und der Quarzquecksilberlampe (von ca. 80 μ aufwärts) haben Rubens und Wood[2]) angegeben.

Kristallinischer Quarz hat im Kurzwelligen einen mittleren Brechungs-exponenten von 1,5, im Langwelligen ist der Betrag des Brechungsverhältnisses ca. 2,15. Dazwischen liegt das Absorptionsgebiet. Die Brennweite einer Linse aus kristallinischem Quarz ($\perp$-Achse) ist also für das kurz- und langwellige Spektrum stark verschieden. Da sich die reziproken Brennweiten wie $(n-1)$ verhalten, so ist die Brennweite für lange Wellen ungefähr halb so groß wie die für kurze Wellen.

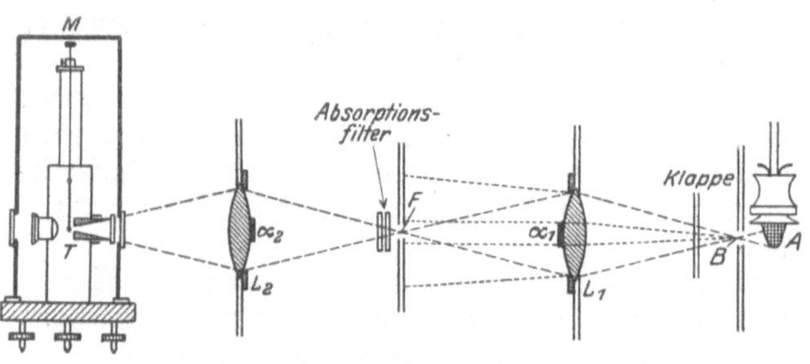

Abb. 11. Quarzlinsenanordnung.

Die Versuchsanordnung ist aus Abb. 11 ersichtlich. Die Strahlung der Lampe durchsetzt ein kreisförmiges Diaphragma B (15 mm Durchmesser),

---

[1]) M. Czerny, ZS. f. Phys. Bd. 16, S. 321. 1923.
[2]) H. Rubens u. R. W. Wood, Verh. d. D. Phys. Ges. Bd. 13, S. 88—100. 1911.

das seinerseits als Strahlungsquelle anzusehen ist. In der Entfernung der doppelten langwelligen Brennweite, also ungefähr in der Brennweite des sichtbaren Lichtes, steht die Linse L_1. Sie bildet für langwelliges Licht B auf das gleichgroße Diaphragma eines Schirmes F ab, während das kurzwellige in schwach divergentem Kegel austritt. Die Mitte der Linse L_1 ist durch ein kreisförmiges Pappblättchens α_1 so abgeblendet, daß die Zentralstrahlen nicht durch F gehen. So wird das kurzwellige Licht zum Teil durch den Schirm, zum Teil durch die Blende abgehalten; dieser Aussonderungsprozeß wird an einer genau symmetrisch aufgestellten gleichen Linse L_2 wiederholt, die das langwellige Bild der Lichtquelle auf das Empfangsinstrument abbildet. Nach Bedarf werden noch Absorptionsfilter eingeschaltet.

Die von RUBENS und SCHWARZSCHILD[1]) gebrauchten Quarzlinsen hatten einen Durchmesser von 12 cm und eine Brennweite für sichtbares Licht von 25 cm.

Die Quarzlinsenmethode kann man direkt als Monochromator für sehr grobe Messungen im langwelligen Spektrum verwenden. In diesem Falle besteht ihr Vorteil gegenüber der Gitterzerlegung darin, daß Strahlenbündel von bedeutendem Öffnungsverhältnis verwendet werden und eine Schwächung der langwelligen Strahlung nur durch Reflexion an den Quarzlinsen und Absorption eintritt. Für die langwellige Gesamtstrahlung des Auerbrenners und der Quarzquecksilberlampe können Mikroradiometerausschläge von 100 mm erzielt werden.

22. Totalreflektometer. Auf der Totalreflexion an einer dünnen Luftlamelle beruht ein Verfahren, das sich besonders zur Vorzerlegung und Monochromatisierung für sehr langwellige Strahlung, von etwa 100 μ aufwärts, eignet. Es kann in diesem Gebiet die Reststrahlenmethode ersetzen und bietet noch den Vorteil, daß damit jeder beliebige Wellenlängenbereich herausgegriffen werden kann.

Befindet sich in einem Medium vom Brechungsindex n eine ebene Luftlamelle von der Dicke d, die unter dem Winkel φ zur optischen Achse geneigt ist, so wird die senkrecht zur Einfallsebene schwingende Komponente des durchgelassenen Lichtes

$$D_S = \frac{4\,n^2\cos^2\varphi(n^2\sin^2\varphi - 1)}{\mathfrak{Sin}^2 u(n^2 - 1) + 4\,n^2\cos^2\varphi(n^2\sin^2\varphi - 1)}$$

und die parallelschwingende Komponente

$$D_p = \frac{4\,n^2\cos^2\varphi(n^2\sin^2\varphi - 1)}{\mathfrak{Sin}^2 u(n^2 - 1)^2(n^2\sin^2\varphi - \cos^2\varphi)^2 + 4\,n^2\cos^2\varphi(n^2\sin^2\varphi - 1)},$$

wobei $u = \dfrac{2\pi d}{\lambda}\sqrt{n^2\sin^2\varphi - 1}$ auch für das Gebiet der Totalreflexion reell bleibt[2]).

Für den praktisch wichtigen Fall, daß $\varphi = 45°$ gewählt ist, ergibt sich:

$$D_S = \frac{1}{1 + \dfrac{(n^2 - 1)^2}{n^2(n^2 - 2)}\cdot\mathfrak{Sin}^2 u}$$

$$D_p = \frac{1}{1 + \dfrac{(n^2 - 1)^2}{4\,n^2(n^2 - 2)}\cdot\mathfrak{Sin}^2 u}.$$

Abb. 12 zeigt den Verlauf dieser Ausdrücke in Abhängigkeit von d/λ, d. h. von der Wellenlänge, für Quarz als umgebendes Medium, wobei der Rechnung der Brechungsexponent für das langwellige Ultrarot $n = 2,15$ zugrunde gelegt ist. Man sieht, daß lange Wellen noch reichlich durchgelassen werden, wenn mittlere

¹) H. RUBENS u. K. SCHWARZSCHILD, Berl. Ber. 1914, S. 702—708.
²) F. JENTZSCH, ZS. f. Phys. 1928 im Erscheinen.

Tabelle 6. Arbeitsmethoden bei verschiedenen Wellenlängen.

λ	Lichtquelle	Vorzerlegung		Dispersion, Brechung oder Totalreflexion	Klappe	Methode für grobe	Methode für feine
		Absorptionsfilter	Reflexionsfilter			Spektrale Messungen	Spektrale Messungen
0,8—2	Schwarzer Körper oder Auerbrenner oder Nernststift	—	—	Glasprisma	Blech	Prismenspektrometer mit breitem Spalt	schmaler Spalt, zweites Prisma oder Gitter
1—4,5		—	—	Quarzprisma	„		
4—9		—	—	Flußspatprisma	Glas		
878		—	—	Steinsalzprisma	Flußspat		
14—20		—	—	Sylvinprisma 60°	„		
20—24		—	—	Sylvinprisma 25°	Steinsalz	—	
22	[polarisiert]	Sylvin 6 mm	Flußspat	—	Steinsalz mit Kompensationsgitter	Kombination verschiedener Reststrahlen	Gitter oder Interferometer
33		Quarz 0,4 „	Flußspat	—			
35—41		Quarz 0,4 „	Aragonit b-Achse	—			
51,5			NH_4Cl	—			
52		Ruß	Steinsalz	—			
59,3		„	NH_4Br	—			
63		„	Sylvin	—			
83		„	KBr	—			
91,6		„	TlCl	—			
94		„	KJ	—			
117		„	TlBr	—			
90—120	Auerbrenner	Ruß, Quarz	—	Quarzlinsen oder Totalreflektometer			
		Ruß, Quarz	—	—			
150		Ruß	$PbCl_2$	—			Totalreflektometer
152		„	TlJ	—			
100—400	Quarz-Quecksilberlampe	„	—	Quarzlinsen oder Totalreflektometer			

und kurze durch Totalreflexion seitlich aus dem Strahlengang herausgeworfen werden. Strahlen von einer Wellenlänge, die groß ist gegen die Dicke der Lichtlamelle, passieren diese fast ohne Störung.

Stellt man zwei rechtwinklige 45°-Prismen so zu einem Würfel zusammen, daß zwischen ihren Basisflächen eine Luftlamelle von

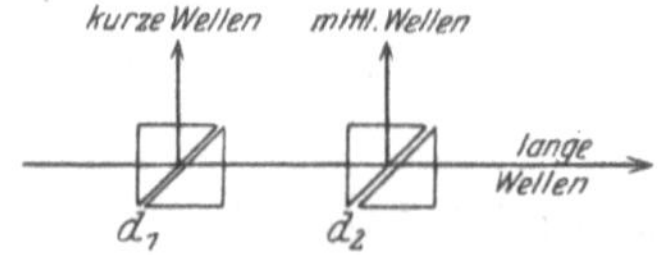

Abb. 12. Intensität der in einer Luftlamelle zwischen Quarz durchgelassenen und der reflektierten Strahlung.

Abb. 13. Totalreflektometer als Monochromator.

regulierbarer Dicke bleibt, so kann man in Richtung des senkrecht auf die eine Seitenfläche einfallenden Strahles die langen Wellen, normal dazu die kurzen Wellen abfangen. Bei welcher Wellenlänge das Spektrum des durchgelassenen Strahles abgehackt wird, hängt von der Lamellendicke ab. Man kann so aber eine quantitative Reinigung des Spektrums von der kurzwelligen Strahlung erzielen, ohne mehr als den Reflexionsverlust für die langen Wellen in Kauf nehmen zu müssen. Bei Quarzprismen braucht man die Dicke der Luftlamelle nur so zu wählen, daß die Strahlung unter $4\,\mu$ entfernt wird — für die Reinigung bis zu ca. $100\,\mu$ sorgt dann schon die Quarzabsorption.

JENTZSCH und LASKI[1]) haben das Verfahren an Steinsalzprismen nachgeprüft und dabei eine vollständige Bestätigung der obigen Formeln erhalten.

Ordnet man zwei Prismenpaare hintereinander an, so wird der Abfall der kurzen Wellen noch schroffer.

Die Anordnung kann aber auch direkt als Monochromator verwendet werden. Denn läßt man den Strahl, dessen Spektrum durch das erste Prismenpaar nach kurzen Wellen zu abgehackt ist, auf ein zweites Prismenpaar mit einer Luftlamelle von größerer Dicke auffallen, so umfaßt der seitlich am zweiten Prismenwürfel total reflektierte Strahl einen schmalen Wellenlängenbereich, dessen Breite und mittlere Wellenlänge nur eine Funktion der beiden Lamellendicken ist. Die Anordnung zeigt Abb. 13.

23. Übersicht der Arbeitsmethoden bei verschiedenen Wellenlängen. Tabelle 6 gibt eine Übersicht über die gebräuchlichen optischen Methoden, durch die die verschiedenen Wellenlängenbereiche ausgesondert werden und die Methoden der Wellenlängenbestimmung.

d) Wellenlängenmessung.

24. Gesamtanordnung. Zur feineren spektralen Auflösung und zur Wellenlängenmessung werden im Ultrarot, mit sinngemäßer Modifikation, die üblichen optischen Methoden gebraucht: Spektrometer und Interferometer. Die wesentlichste Schwierigkeit der Messung liegt in der geringen Intensität, bzw. in der geringen Intensitätsausnutzung, da im Ultrarot zumeist photometrische Methoden zur Strahlungsmessung benutzt werden müssen, die äußerst unökonomisch sind. Durch die geringe Intensität wird auch der Auflösung ihre Grenze gesetzt.

Das ultrarote Spektrum kann nur an seinem kurzwelligsten Ende, bis zu höchstens $1.0\,\mu$, mit photographischen Methoden aufgenommen werden. Man verwendet geeignet sensibilisierte, zumeist auch vorbelichtete Platten, deren Empfindlichkeit, verglichen mit der der photographischen Platte für die sichtbaren und noch kürzerer Wellenlängen, aber recht gering ist (Näheres bei H. KONEN, Photographische Methoden).

Im übrigen aber ist man auf die, wie erwähnt, sehr unökonomischen bolometrischen, thermoelektrischen und radiometrischen Messungen angewiesen (Bolometer, Thermosäule, Mikroradiometer, Radiometer), wie sie in Abschnitt B dieses Kapitels (DREISCH) ausführlich beschrieben werden.

25. Anwendung geeichter Filter zur groben Wellenlängenbestimmung. Um einen Überblick über den spektralen Verlauf des Emissions-, Absorptions- oder Reflexionsvermögens einer Substanz zu gewinnen, etwa, um das Vorhandensein oder die ungefähre Lage von Eigenfrequenzen zu konstatieren, genügt es häufig, an bestimmten Punkten des Spektrums Intensitätsmessungen mit Hilfe von geeichten Filtern vorzunehmen.

Ein sehr einfaches Mittel, im Gebiete von ca. 30 bis $100\,\mu$ z. B. die mittlere Wellenlänge der von einer Substanz reflektierten Strahlung zu finden, ist, mit Hilfe von Quarzplatten bekannter Dicke den Absorptionskoeffizienten der

---

[1]) F. JENTZSCH u. G. LASKI, ZS. f. Phys. im Erscheinen.

reflektierten Strahlung für Quarz zu bestimmen. Die Wellenlänge läßt sich dann nach Tabelle 5 ermitteln.

Für genauere Untersuchungen wird die Intensitätsmessung für eine Reihe von nahezu monochromatischen Wellenlängenbereichen vorgenommen, die durch die in Tabelle 6 angegebenen oder ähnliche Filtermethoden und ihre Kombination, also mit Hilfe von Absorptionsfiltern, Reststrahlenplatten, Quarzlinsen u. a. hergestellt werden.

26. Spiegelspektrometer[1]), **Spiegelmaterial, spezielle Formen.** Als Spektrometer werden im Ultrarot fast ausschließlich Spiegelspektrometer[2]) verwendet, denn nur sie gestatten, alle Spektralbereiche zu untersuchen. Fallweise sind zwar für bestimmte Zwecke auch Spektrometer mit Quarz-Flußspat oder Steinsalzlinsen gebaut worden, doch ist Quarz nur bis ca. $3\,\mu$ gut durchlässig, Flußspat schon wegen der Seltenheit großer, klarer Stücke unzugänglich und Steinsalz, das bis ca. $18\,\mu$ durchlässig ist, wegen seiner hygroskopischen Eigenschaften unbequem.

Schema eines Spiegelspektrometers: Die durch den Spalt eintretende Strahlung wird an dem ersten Spiegel parallel gemacht, fällt auf den Zerlegungsapparat (Prisma, Gitter), von da auf den zweiten Spiegel, der sie wieder auf den Austrittspalt konzentriert (vgl. Abb. 14 u. 15). Die Oberflächenbelegung der Spiegel ist gewöhnlich Silber, das bereits im Sichtbaren über 98% der Strahlung reflektiert. Doch hat Silber den Nachteil, daß es sehr leicht oxydiert.

Es sind daher Stahlspiegel in den Handel gebracht worden, die jedoch im Kurzwelligen einen Intensitätsverlust durch geringeres Reflexionsvermögen bedingen. Auch Platin und Gold reflektieren erheblich weniger kurzwellige Strahlung als Silber. Im langwelligen Ultrarot reflektieren alle Metalle hundertprozentig, und so ist hier im Prinzip jedes an der Luft beständige Metall als Spiegelbelegung geeignet.

Spiegelbelegungen werden durch Kathodenzerstäubung, Galvanisierung oder durch chemischen Niederschlag erzeugt. Für das Arbeiten im langwelligen Ultrarot gebraucht man gewöhnlich große Spiegel (10 bis 15 cm Durchmesser). Aus technischen Gründen ist man auch hier wieder in der Wahl des Materials beschränkt.

Die Form der Hohlspiegel, wie sie in Ultrarotapparaturen verwendet werden, ist gewöhnlich die der Kugelfläche. Dies bedingt Beschränkung auf verhältnismäßig kleine Aperturen (1:5 bis höchstens 1:3) + und − namentlich bei größeren Durchmessern — Mängel in der Abbildung bei nicht hinreichend langer Wellenlänge.

F. Jentzsch[3]) hat die Abbildungsverhältnisse bei Spiegeln in Abhängigkeit von der Wellenlänge diskutiert. Unter gewissen Voraussetzungen, die für die einfachen Spiegelspektrometer gegeben sind, gilt für die maximal zulässige sphärische Aberration eines optischen Systems die Beziehung:

$$\varDelta_{\max} = \frac{2\lambda}{p},$$

wo $p = 1 - \cos u$ und u der Winkel des Randstrahles mit der Achse. Je größer die Wellenlänge λ, um so größer können also die spärischen Abweichungen sein, ohne daß die Güte der Abbildung leidet. Ein Hohlspiegel, der im sichtbaren

---

[1]) Vgl. auch ds. Handb. Bd. XVIII, Kap. 2 A, Ziff. 15.
[2]) F. Paschen, Wied. Ann. Bd. 48, S. 272. 1893.
[3]) Vgl. F. Jentzsch: Die Beziehungen der geometrischen Optik zur Wellenoptik in Handb. d. Physik von Geiger u. Scheel Bd. 18, S. 280, Formel (9a). — Die nachstehenden Ausführungen sind einer in ZS. f. Phys. im Erscheinen begriffenen Arbeit von Jentzsch entnommen.

Spektralgebiet durchaus schlechte Bilder liefert, wird bei hinreichend langwelliger Strahlung noch sehr gut sein können. Das zeigt Tabelle 7:

Tabelle 7.

Öffnungsverhältnis	p	Zulässige Aberration		
		$\lambda = 1\,\mu$	$10\,\mu$	$100\,\mu$
1 : 5	0,005	0,4 mm	4 mm	40 mm
1 : 3	0,014	0,15 ,,	1,5 ,,	14,7 ,,

Diese Zahlenwerte gelten absolut, und sind unabhängig vom Ausführungsmaßstabe des optischen Systems. Wenn man also die Spiegel des Spektrometers hinreichend klein wählt, ohne natürlich ihr Öffnungsverhältnis zu verändern, wird es immer möglich sein, ihre Aberrationen unterhalb diesen Grenzwerten zu halten.

Für einen Kugelspiegel ist die gewöhnliche sphärische Aberration $\varDelta$ auf der Achse ($r =$ Krümmungsradius)

$$\varDelta = \frac{r}{2\cos\mu} - \frac{r}{2}$$

oder mit Hilfe des Parameters p:

$$\varDelta = \frac{p}{2(1-p)}\cdot r.$$

Daraus ergeben sich für verschiedene Spiegelgrößen die Zahlen der Tabelle 8.

Tabelle 8.

Öffnungsverhältnis	Aberration		
	$r = 150$	$r = 300$	$r = 500$
1 : 5	0,37 mm	0,75 mm	1,25 mm
1 : 3	1,03 ,,	2,07 ,,	3,44 ,,

Aus den angeführten beiden Formeln ergibt sich, von welcher Wellenlänge an ein bestimmter Kugelspiegel noch eine einwandfreie, gute optische Abbildung liefert (Tabelle 9).

Tabelle 9.

Öffnungsverhältnis	Krümmungsradius des Spiegels		
	$r = 150$	$r = 300$	$r = 500$
1 : 5	$\lambda > 0,93\,\mu$	$> 1,9\,\mu$	$> 3,1\,\mu$
1 : 3	$\lambda > 7,1\,\mu$	$> 14,1\,\mu$	$> 23,4\,\mu$

Umgekehrt läßt sich auch angeben, welche Brennweite ein Spiegel höchstens haben darf, damit er für eine vorgeschriebene Wellenlänge noch gut brauchbar ist.

Tabelle 10.

Öffnungsverhältnis	$\lambda = 1\,\mu$	$\lambda = 10\,\mu$	$\lambda = 100\,\mu$
1 : 3	$f > 80$ mm	$f > 809$ mm	$f > 8$ m
1 : 5	$f > 10,6$,,	$f > 106$,,	$f > 1$,,

Die häufig gehörte Ansicht, daß ein Spiegel großer Öffnung auch einen großen Radius, bzw. große Brennweite haben muß, ist also durchaus falsch.

Vorstehende Zahlen werden noch etwas verändert, weil sich die Aberrationen durch die 2—3 Spiegel des Spektrometers hindurch nicht einfach addieren, sondern schneller anwachsen. Ebenso spielt Astigmatismus und Koma wegen der

Neigung der Spiegel eine Rolle. Hierfür und wegen anderer Einzelheiten muß auf die Originalveröffentlichung von Jentzsch verwiesen werden.

Lichtstärker als sphärische Spiegel sind Paraboloidspiegel. Vorteilhafter aber ist es noch, nach dem Prinzip der Mikroskopkondensoren, die kombinierte Reflexion an zwei Flächen entgegengesetzter Krümmung zur Strahlungskonzentration zu benutzen.

Neuerdings hat H. A. Pfund[1] ein Spiegelspektrometer konstruiert, bei dem das Öffnungsverhältnis stark gesteigert werden kann. Bei den gewöhnlichen Ultrarot-Spektrometern dürfen die einfallenden und austretenden Strahlen keine zu großen Winkel mit der optischen Achse bilden, um die Abbildung nicht zu verschlechtern. Pfund bringt nun einen Hilfsplanspiegel an, in dessen Mitte sich in einer Öffnung der Spalt befindet. Das vom Spalte ausgehende Licht wird von dem parabolischen Kollimatorspiegel als achsenparalleles Bündel auf diesen Planspiegel und von da in das dispergierende System geworfen. Ein zweiter parabolischer Spiegel konzentriert die Strahlung auf den Austrittspalt.

27. Prismenspektrometer. Die Anordnung eines Rubensschen Prismenspektrometers zeigt Abb. 14. Die Strahlung der Lichtquelle oder ihres Bildes fällt vom Eintrittspalt S_1 auf einen Hohlspiegel H_1 von 5 bis 6 cm Durchmesser, von da parallel auf das Prisma, das zunächst mit sichtbarem Licht (D-Linie des Na) auf Minimumstellung justiert wird. Zur Erhaltung des Minimums dient ein Wadsworthspiegel in der Basisebene des Prismas. H_2 vereinigt die Strahlung auf den Austrittsspalt S_2.

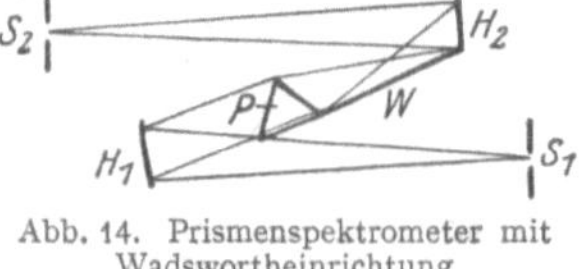

Abb. 14. Prismenspektrometer mit Wadswortheinrichtung.

Als Prismensubstanzen werden Glas, Quarz, Flußspat, Steinsalz, Sylvin verwendet. Man arbeitet der Reihe nach bei größter Dispersion und geringstem Absorptionsverlust in folgenden Spektralbereichen:

Tabelle 11.

mit Glas	bis 2 μ
,, Quarz	,, 4 μ
,, Flußspat	4 bis 8 μ
,, Steinsalz	8 ,, 16 μ
,, Sylvin	16 ,, 20 μ (60° Prisma)
,, Sylvin	20 ,, 24 μ (25° ,,)

Die Spalthöhen sind ca. 2 cm, die Spaltbreiten werden bei normaler Intensität von ca. 0,05 (bei 1 μ) bis ca. 1 mm bei 20 u erweitert.

Die Prismen müssen aus sehr fehlerfreiem Material sein; zur Beseitigung störenden Tyndallichtes kürzerer Wellenlänge dient die Klappenkorrektur (vgl. Ziff. 15).

Analog wie im Sichtbaren werden zur Erzielung größerer Dispersion mehrere Prismen hintereinander geschaltet oder der Strahl durch Autokollimation zweimal durch das Prisma geführt.

Bei dem oben beschriebenen Rubensschen Prisma, das zumeist mit feststehendem Empfänger (Mikroradiometer, Radiometer) benutzt wird, stehen die Arme fest, das Prisma wird während der Messung gedreht. Bei leichtbeweglichen Empfängern, wie Thermosäule oder Bolometern, die direkt am Austrittspalt sitzen, kann ebensogut bei festem Prisma der „Fernrohr"arm gedreht werden.

Andere Ultrarotspektrometer werden, nach Angabe von Paschen, Sonnefeld u. a., von fast allen größeren optischen Firmen in den Handel gebracht.

---

[1] H. A. Pfund, Journ. Opt. Soc. Amer. Bd. 14, S. 337. 1926.

Sie unterscheiden sich im wesentlichen durch die verschiedenen Einrichtungen zur Erhaltung des Minimums.

Die Auflösung mit der üblichen Apparatur erreicht leicht $0,1\,\mu$ bei einer Wellenlänge von $20\,\mu$. Mit vierfachem Prisma wird z. B. im Quarzgebiet bei $3,5\,\mu$ die Auflösung der besten bekannten Echelettegitter erzielt.

28. Gitterspektrometer. Drahtgitter, Strichgitter. Genaue Wellenlängenmessungen im Ultrarot werden mit Spiegelspektrometern unter Verwendung von Draht- oder Reflexionsgittern durchgeführt. RUBENS[1]) und PASCHEN[2]) benutzen in ihren früheren Arbeiten Gitter mit Gitterkonstanten bis herab zu etwa 0,03 mm.

Ist das Gitter ein normales, d. h. treten bei ihm alle Ordnungen auf, so fallen gleichzeitig in den Beobachtungsspalt eine Reihe von Wellenlängen, die sich umgekehrt wie ihre Ordnungszahlen verhalten. Es ist, wie schon vorher erwähnt, bei der ungleichmäßigen Intensitätsverteilung im langwelligen Spektrum eine große Schwierigkeit, zu vermeiden, daß höhere Ordnungen von Wellenlängen, die in großer Intensität vorhanden sind, die Messung schwacher Intensitäten in erster Ordnung verfälschen. Das Spektrum muß also vorzerlegt werden.

Für Messungen in demjenigen Teile des Ultrarot, in dem Glasgitter nichts mehr durchlassen, sind nach dem Vorgang von FRAUNHOFER vielfach Gitter aus parallelgespannten Metalldrähten verwendet worden. DU BOIS und RUBENS[3]) geben ein Verfahren zur Herstellung sehr genauer Metalldrahtgitter an, bei denen die Breite der Zwischenräume gleich der Drahtdicke ist und die den Vorteil haben, daß bei ihnen

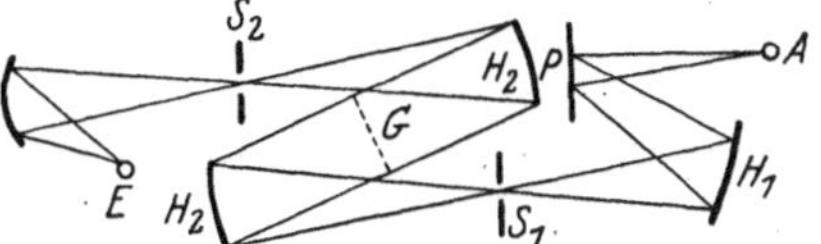
Abb. 15. Gitterspektrometer für lange Wellen.

die Spektra geradzahliger Ordnung ausfallen und die Intensität in den ungeradzahligen Ordnungen zusammengedrängt ist.

Zwei identische Drähte werden knapp nebeneinander um einen Metallrahmen gewickelt, dann wird der eine Draht wieder abgewickelt und der übriggebliebene Draht am Rahmen festgelötet. Die Drähte werden aus Pt, Cu, Fe, Au, Ag durch Ziehen durch ein feines Loch durch Diamant oder Rubin hergestellt. Das feinste Gitter hatte eine Drahtdicke von 0,025 mm, also 40 Drähte pro mm.

Je dicker die Drähte sind, um so leichter sind die Gitter fehlerfrei herzustellen; z. B. war bei einem Gitter von 0,1858 mm Drahtdicke das Spektrum 25. Ordnung noch so scharf wie das erste und das Spektrum 107. Ordnung noch sichtbar[4]).

Für das langwellige Gebiet (40 bis $400\,\mu$) wird nach dem Vorgange von RUBENS[5]) eine Apparatur mit großen Spiegeln und großen Drahtgittern benutzt. Die etwas modifizierte Anordnung zeigt Abb. 15, bei der Spiegel von 15 resp. 10 cm Durchmesser bei einem Öffnungsverhältnis von 1:3 resp. 1:5 zur Verwendung kommen. Die Gitterflächen kann man bis 12×12 cm steigern; von RUBENS wurden Gitterkonstanten von 2,0027, 0,9991 und 0,3997 mm benutzt.

Solche groben Gitter können aber keine reinen Spektra der langwelligen Strahlung liefern, wenn im Mittelbild die kurzwellige Strahlung überwiegt. Allerdings kommt die gebeugte kurzwellige Strahlung als Verunreinigung der langwelligen, selbst bei Überlagerung mehrerer Spektra, nicht so sehr in Betracht;

[1]) H. RUBENS, Wied. Ann. Bd. 53, S. 267. 1894.
[2]) F. PASCHEN, Wied. Ann. Bd. 53, S. 301. 1894.
[3]) H. DU BOIS u. H. RUBENS, Wied. Ann. Bd. 49, S. 593. 1893.
[4]) H. RUBENS u. E. F. NICHOLS, Wied. Ann. Bd. 60, S. 418. 1897.
[5]) H. RUBENS, Berl. Ber. 1921, S. 8; s. auch C. LEISS, ZS. f. Phys. Bd. 37, S. 681. 1926.

z. B. wird die Intensität der gebeugten kurzwelligen Strahlung von 4 μ im Spektrum 25. Ordnung, welche der Wellenlänge 100 μ im Spektrum 1. Ordnung überlagert ist, nach der Theorie unter Berücksichtigung der Dispersion nun der Faktor $25^3 = 15{,}625$ relativ gegen diese geschwächt. Aber ein wesentlicher Bruchteil der Strahlung wird an zylindrischen Kupferdrähten von einigen Zehnteln Durchmesser, die wie Konvexspiegel wirken, geometrisch reflektiert, so daß bei Gittern der beschriebenen Art mehr als 21% der auf die Gitterdrähte auftreffenden kurzwelligen Strahlung durch ein- oder mehrfache Reflexion an den Drähten, mit unregelmäßiger Intensitätsverteilung bei den verschiedenen Austrittswinkeln, schräg aus dem Gitter austreten.

Man muß also zur Beseitigung kurzwelliger Verunreinigung sich der früher erwähnten Filtermethoden bedienen (Tabelle 6).

Die Ausschläge, die mit einem großen Spiegelspektrometer und empfindlichem Mikroradiometer erhalten werden, sind äußerst klein. Im Spektrum der Quarzquecksilberlampe (200 bis 400 μ) betragen sie im Maximum mit den besten Apparaturen einige Millimeter. Auch durch Beseitigung des störenden Absorptionsspektrums des Wasserdampfes läßt sich diese Intensität nicht wesentlich steigern. Die Spaltbreiten variieren von 2 bis 5 mm, die Dispersion bleibt, entsprechend der geringen Anzahl der Gitterstriche, gering.

Außer Drahtgittern hat man im Ultrarot auch Strichgitter mit großen Gitterkonstanten verwandt. Für Spektren von einigen μ Wellenlänge verfertigt HILGER auf Messing geteilte Plangitter von 95 Furchen pro Millimeter, die ihre Maximalintensität im Spektrum 1. Ordnung bei 4,4 μ haben. PASCHEN[1]), SPENCE[2]) u. a. arbeiten mit feinen Konkavgittern.

Die Intensitätsausbeute bei Drahtgittern ist gering. Für Gitter, bei denen die Spektren gerader Ordnung ausfallen, ist nach der Beugungstheorie die Intensität im Spektrum n ter Ordnung ungefähr

$$\frac{1}{n^2 \pi^2} \qquad (n\ \text{ungerade}),$$

so daß etwa $^1/_{10}$ der Intensität des Mittelbildes in das Spektrum 1. Ordnung, $^1/_{90}$ in das 3. Ordnung, $^1/_{250}$ in das 5. Ordnung fällt. Auf die Intensitätsverteilung in den einzelnen Ordnungen sind aber auch die Dimensionen der Drähte im Vergleich zur Wellenlänge und die elektrischen Materialkonstanten von Einfluß (Hertzeffekt resp. Duboiseffekt). Die Lage der Spektren ist vom Material unabhängig. Der Fall des aus parallelen Drähten bestehenden Gitters ist von SCHAEFER und REICHE[3]) durchgerechnet worden.

Für rechteckige und dreieckige Rillenprofile hat ROWLAND[4]) die Intensitätsverteilung durchgerechnet.

29. Echelettegitter. Die Verteilung der Intensität auf die Spektren verschiedener Ordnung hängt außer von der Gitterkonstante wesentlich von der Dimension und Form der Furchen ab[5]). Bei Gittern, bei denen reflektierende mit durchlässigen Streifen abwechseln (Drahtgitter, metallische Strichgitter auf durchsichtiger Unterlage), läßt sich die Gesamtintensität niemals in einem Spektrum bestimmter Ordnung konzentrieren. Dagegen gelingt dies im Idealfalle, wenn die gesamte Oberfläche des Gitters reflektierend wirksam ist.

R. W. WOOD[6]) stellte, zunächst um den Zusammenhang zwischen Inten-

[1]) F. PASCHEN, Wied. Ann. Bd. 53, S. 301. 1894.
[2]) B. J. SPENCE, Journ. Opt. Soc. Amer. Bd. 10, S. 127. 1925.
[3]) CL. SCHAEFER u. F. REICHE, Ann. d. Phys. Bd. 32, S. 577. 1910; Bd. 35, S. 817. 1911.
[4]) H. A. ROWLAND, Astron. a. Astrophys. Journ. Bd. 12, S. 129. 1893.
[5]) C. RUNGE, in Kaysers Handb. d. Spektroskopie. Bd. I.
[6]) R. W. WOOD, Phil. Mag. (6) Bd. 20, S. 770. 1910; Phys. ZS. Bd. 11, S. 1109. 1910.

sitätsverteilung und Furchenform zu studieren, Reflexionsgitter her, bei denen die Striche mit einem hexagonalen Karborundkristall in eine mit Gold plattierte Kupferplatte gezogen waren. Auf diese Weise entstand eine Art Facettengitter, dessen Wirkungsweise dem Stufengitter (echelon) ähnelt. Daher wurden solche Gitter von WOOD „Echelettegitter" genannt.

Die Winkel der ritzenden Kanten des hexagonalen Karborundkristalls betrugen etwa 120° und die Seitenflächen der Rillen bildeten daher annähernd diesen Winkel; man erhält Rillen von verschiedener Gestalt, wenn man den Kristall in verschiedene Stellungen bringt.

So erhielt WOOD auf der ROWLANDschen Teilmaschine Gitter von dreieckigem Furchenprofil und den Gitterkonstanten 0,01 bis 0,05 mm, die für Wellenlängen brauchbar sind, bei denen das Verhältnis zur Gitterkonstante ungefähr dasselbe ist wie bei den gebräuchlichen optischen Gittern, also für ultrarote Strahlung von etwa $2\,\mu$ aufwärts.

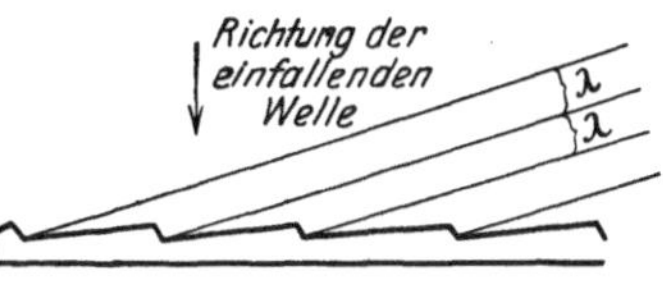

Abb. 16. Reflexion am Echelettegitter.

Fällt auf ein solches Gitter paralleles Licht senkrecht zur Gitterebene ein und wird in der Richtung des (Abb. 16) Beugungswinkels für die betreffende Wellenlänge reflektiert, so wird, wenn der Gangunterschied zwischen zwei aufeinanderfolgenden Wellenfrontelementen λ beträgt, nahezu das gesamte Licht im Spektrum 1. Ordnung konzentriert werden. Für doppelt so lange Wellen ist der Gangunterschied $\lambda/2$, nur die Energie wird ungefähr gleichmäßig auf das mittlere Bild und das Spektrum 1. Ordnung verteilt werden.

Man kann es also innerhalb eines kleinen Wellenlängenbereiches durch sukzessive Drehung der Reflexionsrichtung erreichen, daß äußerst lichtstarke Spektren entstehen. Das Echelettegitter wirkt im Prinzip genau so wie ein katoptrisches Stufengitter, nur mit geringerem Gangunterschiede. Dafür wirken hier eine große Anzahl von Furchen zusammen.

Von WOOD und TROWBRIDGE[1]) wurden eine Reihe von Versuchen durchgeführt, um experimentell die günstigsten Bedingungen zu erreichen. Bei einem Gitter von der Gitterkonstante 0,0123 mm lag das Spektrum 1. Ordnung für Strahlung der Wellenlänge 4,3 μ (CO_2-Bande) nahezu in Richtung der reflektierten Welle und enthielt fast 70% der Energie. Für $\lambda = 8,6\,\mu$ (Quarzbande) erhielt man 34% der Energie im Spektrum 1. Ordnung und 66% im zentralen Bilde. Dabei beträgt das Auflösungsvermögen etwa das Vierfache eines Flußspatresp. Steinsalzprismas von 60°.

Man sieht also, daß Echelettegitter für die Untersuchung der Feinstruktur bestimmter Banden Ausgezeichnetes leisten. Denn man erzielt bei ihnen den Vorteil hoher Dispersion, ohne daß man, wie bei den gewöhnlichen Gittern, eine beträchtliche Einbuße an Intensität in Kauf nehmen muß.

Echelettegitter sind in neuer Zeit auf amerikanischen Teilmaschinen in der Breite von mehreren Zoll mit äußerst feinen Teilungen hergestellt worden. BARKER[2]) teilte z. B. ein Gitter von 2800 Furchen pro Zoll, das das Maximum seiner Intensität im Spektrum 1. Ordnung um 3,4 μ herum zeigt. Mit diesem Gitter wurden in der HCl-Bande (3,2 bis 4,1 μ) 39 Linien getrennt und ebenso die Feinstruktur der Methanbanden untersucht[3]). SLEATOR und

---

[1]) A. TROWBRIDGE u. R. W. WOOD, Phil. Mag. (6) Bd. 20, S. 886. 1910; Phys. ZS. Bd. 11, S. 1114 u. 1161. 1910.

[2]) E. F. BARKER, Astrophys. Journ. Bd. 58, S. 201. 1923.

[3]) E. J IMES, Astrophys. Journ. Bd. 50, S. 251. 1919; W. F. COLBY, C. F. MEYER u. D. N. BRONK, ebenda Bd. 57, S. 7. 1923; W. F. COOLEY, ebenda Bd. 58, S. 303. 1923 und andere.

PHELPS[1]) arbeiten mit Echelettegittern von 480, 2880, 7200 und 20000 Furchen pro Zoll (H_2O-Banden).

30. Interferometer. Zur genauen Wellenlängenmessung lassen sich im Ultrarot alle Methoden der Interferenzspektroskopie verwenden, wofern nur, wo Durchlässigkeit in Frage kommt, für das betreffende Wellenlängengebiet durchlässiges Material zur Verfügung steht.

M. RUSCH[2]) hat z. B. zur Bestimmung der Wellenlänge von Kalkspatreststrahlen ($6,7\ \mu$) ein MICHELSONsches Interferometer mit Flußspatoptik benutzt. Die gleiche Anordnung kann man für kürzere, resp. sehr lange Wellen selbstverständlich durch Verwendung von Quarzoptik modifizieren.

Am häufigsten wurde zur Wellenlängenmessung im langwelligen Gebiet das Quarzplatteninterferometer benutzt, das RUBENS und

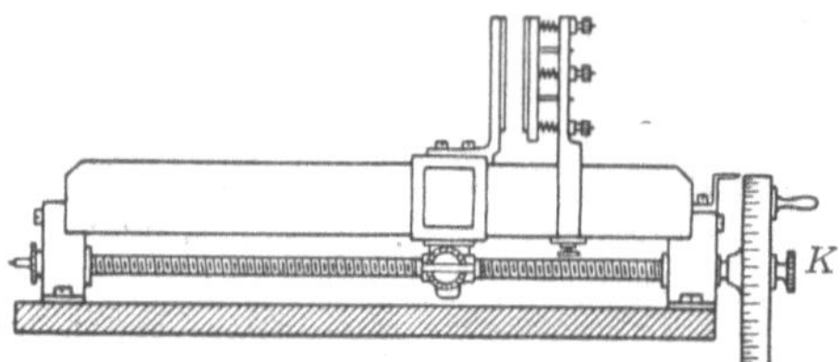

Abb. 17. Quarzplatteninterferometer.

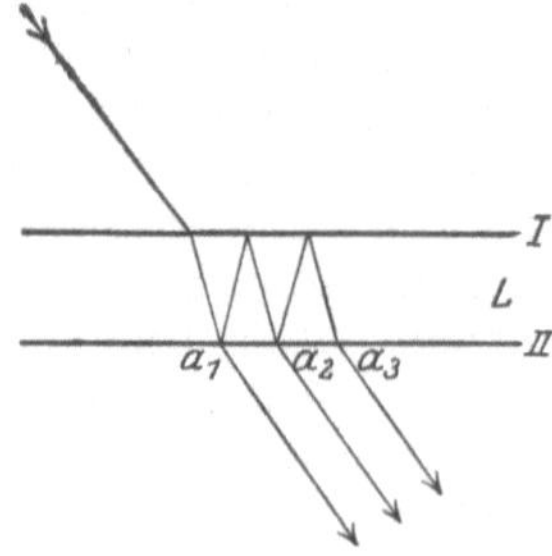

Abb. 18. Strahlengang im Interferometer.

HOLLNAGEL[3]) zuerst nach dem Prinzip des Perot-Fabry-Interferometers gebaut haben, um die mittlere Wellenlänge und Breite der Reststrahlengebiete zu untersuchen.

Das Instrument besteht im wesentlichen aus einer durch zwei planparallele Quarzplatten begrenzten Luftschicht. Die Platten sind auf der prismatischen Schiene einer kleinen Teilmaschine senkrecht montiert, wobei die eine Platte feststeht, während die andere parallel zu ihr bewegt werden kann (Abb. 17). Drehen des Trommelkopfes K bewirkt ein Auseinanderrücken oder Nähern der Platten. Der Drehung um einen Teilstrich des Trommelkopfes entspricht eine Verschiebung des Schlittens um ca. $5\ \mu$. Die Justierung (Senkrechtstellung der Platten) geschieht mit Hilfe der Natrium-D-Linie oder der grünen Quecksilberlinie. Es treten die bekannten schwarzen und farbigen konzentrischen Kreise auf, die sich bei Berührung der Platten ($d = 0$) verzerren. Die Strahlung durchsetzt das Interferometer in nahezu parallelem Bündel. Der Plattendurchmesser beträgt ca. 5 cm und im langwelligen Ultrarot wird die gesamte Platte bereits durch den innersten Beugungsring ausgefüllt.

In erster Näherung stellt sich der Interferenzvorgang genau wie beim Fabry-Perotinterferometer mit seinen halbdurchlässig versilberten Platten dar. Der Lichtstrahl durchsetzt, aus der Platte I kommend, die Luftschicht L und tritt, nach Abspaltung des reflektierten Strahles, bei A_1 aus der Platte I aus (Abb. 18). Nach zweimaliger Reflexion erfolgt Austritt bei a_2, nach fünfmaliger Durchsetzung der Platte tritt ein Teil der Intensität bei a_3 aus usw. Die aus II austretenden Strahlen werden von einem Hohlspiegel vereinigt und auf das Empfangsinstrument abgebildet. Dann entstehen, je nachdem, ob der durchsetzte Luftweg an Vielfachen von $\lambda/4$ oder $\lambda/2$ ist, abwechselnd Maxima und Minima der resultierenden Energie und theoretisch ergibt sich, wenn man die Super-

[1]) W. W. SLEATOR u. E. R. PHELPS, Astrophys. Journ. Bd. 62, S. 28. 1923.
[2]) M. RUSCH, Dissert. Breslau 1923; Ann. d. Phys. (4) Bd. 70, S. 373. 1923.
[3]) H. RUBENS u. H. HOLLNAGEL, Berl. Ber. 1910, S. 26; Phil. Mag. Mai 1910, S. 761; Verh. d. D. Phys. Ges. Bd. 12, S. 83. 1910; H. HOLLNAGEL, Dissert. Berlin 1910.

position der Wellen nach unendlich oftmaliger Reflexion an den Grenzen der Luftschicht nach der AIRYschen Formel:

$$J = J_0 \frac{(1 - R)^2}{\left| 1 - Re^{\,4\pi i \frac{d}{\lambda}} \right|^2}$$

(J = resultierende Intensität, J_0 einfallende Intensität, R = Reflexionsvermögen der Grenzplatte) berechnet, für die resultierende Gesamtintensität bei sukzessiver Variation der Schichtdicke d eine Sinuskurve.

Wirken im einfallenden Strahl zwei oder mehrere spektral nahe benachbarte Grundschwingungen der Wellenlänge $\lambda_1 \lambda_2 \ldots$ zusammen, so resultieren die entsprechenden Schwebungskurven.

Durch die Messung ergibt sich die resultierende Energie als Funktion der Schichtdicke d bei nahezu monochromatischer Strahlung gleichfalls näherungsweise als eine periodische Kurve. Dies zeigt z. B. die Aufnahme der Reststrahlung von

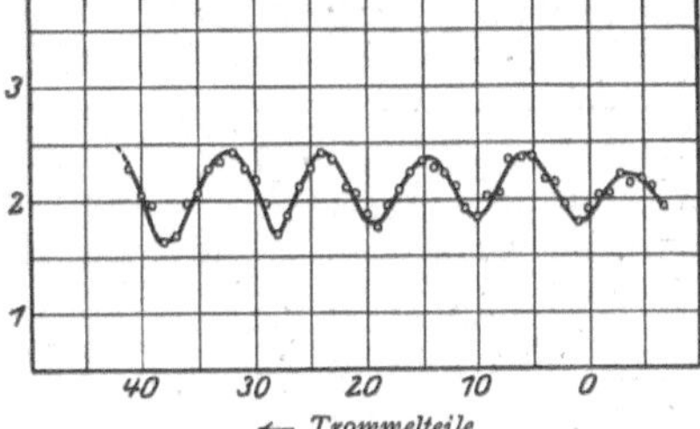

Abb. 19. Interferometerkurve für Jodkaliumreststrahlung.

Jodkalium durch RUBENS und HOLLNAGEL (Abb. 19). Abb. 20 gibt die Interferometeraufnahme der Steinsalzreststrahlung wieder, die durch eine dazwischenliegende Wasserdampfabsorptionsbande in zwei getrennte Emissionsmaxima gespalten ist. (Schwebungskurve).

Die Ermittlung der genauen Wellenlänge aus den Interferometermessungen ist mitunter schwierig. Bei exakt monochromatischer Strahlung ergibt sie sich leicht aus dem Abstand der aufeinanderfolgenden Maxima und Minima. Aber die experimentellen Kurven sind gewöhnlich unscharf, schon allein darum, weil das Reflexionsvermögen des Quarzes im langwelligen Gebiet nur ca. 13,8% (bei senkrechter Inzidenz) ist. Daher

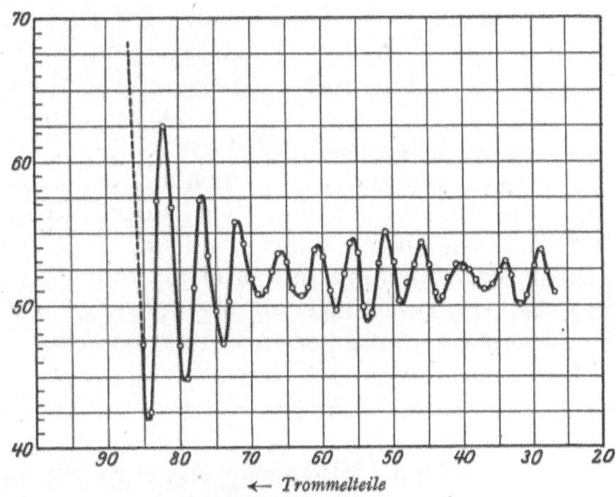

Abb. 20. Interferometerkurve für Steinsalzreststrahlung.

trägt nur eine geringe Anzahl von reflektierten Strahlenbündeln zum Interferenzresultat bei. Dazu kommt noch die dämpfende Wirkung infolge mangelnder Monochromasie resp. mangelnder Parallelität der Strahlung.

Um ein angenähertes Bild der Energieverteilung resp. ein Urteil über die Homogenität der Reststrahlung zu gewinnen, gibt RUBENS ein halb empirisches Verfahren an, um mit Hilfe einer mehrkonstantigen Formel die logarithmischen Dekremente, das Intensitätsverhältnis und die Wellenlängen zu bestimmen. Seine Wellenlängenbestimmungen von Reststrahlen stehen in verblüffender Übereinstimmung mit den Resultaten von späteren Gittermessungen. Trotzdem aber muß man sagen, daß ein theoretisch einwandfreies Verfahren zur Analyse dieser Interferometerkurven noch nicht existiert.

Den Einfluß der Interferenz innerhalb der Quarzplatten hat Rubens für seine Reststrahlenmessungen durch Versuche mit schwach keilförmigen Platten als nicht wesentlich festgestellt. Solche Einflüsse werden aber sicher für die genaue Analyse exakter monochromatischer Strahlung wesentlich sein.

Die Interferometermethode hat vor der Gittermessung den Vorteil, daß sie ohne große Intensitätsverluste und ohne Einschnürung des Strahlenbündels am Spalt arbeitet.

Den Durchgang einer Strahlung durch ein „Dreiplattensystem" hat, mit Berücksichtigung aller Reflexionen und Absorptionen durch wellentheoretische Betrachtung M. v. Laue, durch ein kombinatorisches Verfahren G. Laski berechnet. Die resultierende Intensitätsformel bildet eine Verallgemeinerung der Airyschen Formel und führt zur Diskussion der Verhältnisse bei Interferometermessungen, gleichwie zur Behandlung der störenden Interferenzwirkungen beim Durchgang der Strahlung durch planparallele Absorptiontröge bzw. beim Durchgang durch ein Plattenpaar, zwischen dem eine dünne Schicht einer festen Substanz eingeschlossen ist.

31. Stufengitter. Nichols und Tear[1]) benutzen zur Aussonderung und Wellenlängenmessung sehr langwelliger Strahlung ein metallisches Stufengitter nach Art des Michelsonschen Reflexionsgitters.

Eine Anzahl gut polierter rechteckiger Messingblöcke genau gleicher Höhe wird zu einem Blocke geschichtet und an einer Glasplatte G so befestigt, daß

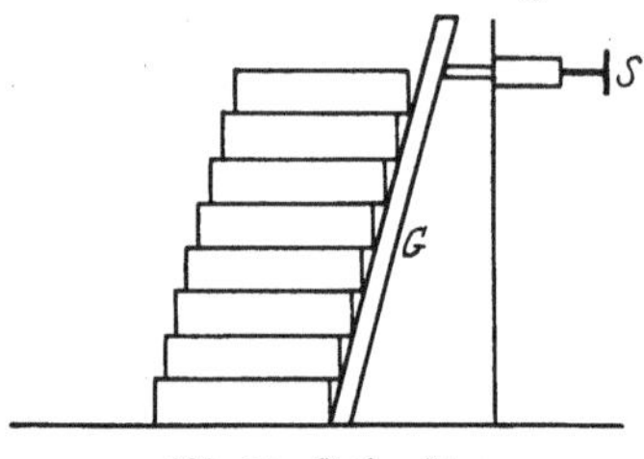

Abb. 21. Stufengitter.

durch Neigung der Glasplatte mit Hilfe der Mikrometerschraube S eine „Treppe" von variabler Stufenbreite (Abb. 21) entsteht. Bei einer Stufenbreite $\lambda/2$ findet selektive Reflexion statt. Zwei solcher „echelons" sondern in gekreuzter Stellung zueinander fast monochromatische Strahlung aus.

Dieses Stufengitter wurde von Nichols und Tear mit selektiven Empfängern zur Untersuchung der Strahlung Hertzscher Oszillatoren von einigen Millimetern Wellenlänge verwandt. Die Oberschwingungen dieser Strahlen, die sich in den Interferenzkurven bemerkbar machen, fallen in das ultrarote Gebiet. In einigen Fällen wurde auch das einfachere, zweistufige „Boltzmannsche" Interferometer verwandt.

Die Analyse der Interferometerkurven von Nichols und Tear beruht auf Überlegungen über die Beschaffenheit der Sender und Empfänger. Ihre Einzelheiten gehören in das Gebiet der elektrischen Wellen.

d) Der Übergang zu den Hertzschen Wellen.

32. Erzeugung kurzer Wellen durch Hertzsche Resonatoren. Die längsten bekannten ultraroten Strahlen, die der Quarzquecksilberlampe (bis 400 μ), waren nach nur 4 bis 5 Oktaven von den kürzesten elektrischen Wellen entfernt, welche Righi[2]), Lebedew[3]), Lampa[4]) und Möbius[5]) durch sehr kleine Hertzsche Oszillatoren zu erzeugen vermochten.

Die äußerste Grenze für die Aussendung Hertzscher Wellen scheinen mit Resonatoren in Gestalt von zylindrischen Wolframdrähten von der Länge einiger Millimeter bis 0,2 mm und dem Durchmesser 0,5 bis 0,2 mm erreicht worden zu

[1]) E. F. Nichols u. J. D. Tear, Phys. Rev. Bd. 21, S. 604. 1923.
[2]) A. Righi, Mem. di Bologna (V) Bd. 4. 1894.
[3]) P. Lebedew, Wied. Ann. Bd. 56, S. 1. 1895.
[4]) A. Lampa, Wien. Ber. Bd. 105, S. 587 u. 1049. 1896; Bd. 104, S. 1179. 1895.
[5]) W. Möbius, Ann. d. Phys. Bd. 62, S. 293. 1920.

sein. Zwei solcher Oszillatoren, die mit einem Ende in Glastuben eingeschmolzen waren, wurden von NICHOLS und TEAR[1]) in einer Entfernung von 0,01 cm montiert und in den Sendekreis eingeschaltet. Durch Druckluftkühlung der Oszillatoren sowie durch Durchblasen eines Petroleumstrahles durch die Funkenstrecke wurde ein allzu schnelles Verbrennen der Vibratoren verhindert und durch Beseitigung von Ionisationsstörungen die Energie gesteigert.

Solche Oszillatoren sind absolut keine konstanten und auch keine gleichmäßig variablen Strahlungsquellen. Sie nutzen sich während der Entladung rasch ab und mit ihren Dimensionen ändert sich die ausgesandte Wellenlänge.

Die Grundschwingung der kürzesten von NICHOLS und TEAR erzeugten Wellen betrug ca. 1.8 mm. Kürzere Wellen zu erzeugen, konnte auf diesem Wege nicht gelingen. Denn wenn man auch die Länge der Vibratoren entsprechend herabmindern konnte, so geht dies doch nicht im gleichen Maße mit der Breite und da die ausgesandte Wellenlänge vom Verhältnis Länge zu Breite abhängt, so nimmt sie mit Verkürzung der Vibratoren nur mehr langsam ab.

Als Empfänger dienten Radiometer verschiedener Form; kurze Streifen von $1\,\mu$ dickem Platindraht oder schmaler Platinfolie, die auf Glimmerscheibchen aufgeklebt und an Quarzfäden aufgehängt waren: daß ganze System wog 0,5 bis 1 mg; daneben wurden auch selektive thermoelektrische Empfänger versucht.

Die Strahlung des Oszillators wird von einem Hohlspiegel H (Abb. 22) gesammelt, der Strahl durch eine Paraffinlinse L_1 parallel gemacht und an einem Interferometer J (Stufengitter s. Ziff. 31) reflektiert. Durch eine zweite Paraffinlinse L_2 erfolgt Abbildung auf dem Empfänger. P bedeutet einen Planspiegel, S_1 und S_2 dienen zur Abschirmung

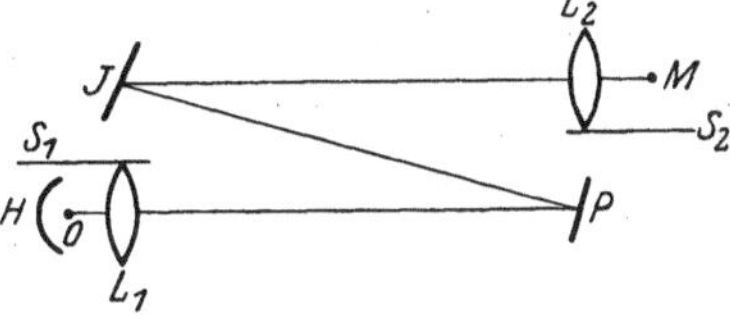
Abb. 22. Anordnung von NICHOLS und TEAR.

der Strahlung. Durch Analyse der Interferometerkurven wurden auch Oberschwingungen bis 0,8 mm nachgewiesen.

Diese Versuche von NICHOLS und TEAR ergaben also tatsächlich bis auf eine Oktave die Überbrückung des langwelligen Spektrums. Mit ihren Empfängern haben sie auch die langwellige Strahlung der Quarzquecksilberlampe[2]) untersucht und so ist ihnen in gewissem Sinne tatsächlich der experimentelle Beweis für die Kontinuität des elektromagnetischen Spektrums geglückt.

33. Der Massenstrahler. Um eine langwellige Strahlungsquelle von einiger Konstanz und Intensität zu erzielen, die auch sehr kurze Wellen emittiert, hat GLAGOLEWA-ARKADIEWA[3]) einen recht aussichtsreichen Weg beschritten. Zur Erzeugung kleiner Wellenlängen sind mikroskopisch kleine Vibratoren erforderlich; große Intensität kann nur durch gleichzeitige Ausstrahlung einer sehr großen Anzahl von Vibratoren erreicht werden; Konstanz der Strahlung ist nur garantiert, wenn die Vibratoren in der Funkenstrecke so schnell ausgewechselt werden, daß sie der verbrennenden Einwirkung des Funkens entzogen sind.

Die Versuchsanordnung ist die folgende (Abb. 23): In einem Glastroge R wird durch einen Rührer B ein Brei M, der durch eine dichte Suspension feingesiebter Metallfeilspäne in Maschinenöl dargestellt wird, in Bewegung gesetzt. In der Flüssigkeit rotiert eine Scheibe K mit horizontaler Achse so, daß sich um sie infolge der Zentrifugalwirkung eine Art flüssigen Radreifens bildet. In diesen Radreifen tauchen die Zuleitungsdrähte ff eines Induktoriums, so daß die Funkenentladung an einer Stelle V entsteht, die sehr viele Feilspänchen in fortwährendem Wechsel passieren.

---

[1]) J. F. NICHOLS u. J. D. TEAR, Phys. Rev. Bd. 20, S. 88. 1922; Bd. 21, S. 387. 1923.
[2]) E. F. NICHOLS u. J. D. TEAR, Phys. Rev. Bd. 21, S. 387. 1923.
[3]) A. GLAGOLEWA-ARKADIEWA, ZS. f. Phys. Bd. 24, S. 153. 1924.

Alle diese Teilchen werden in Schwingungen versetzt, je zwei von ihnen, die einander hinreichend nahe sind, bilden einen Hertzschen Erreger und der ganze „Massenstrahler" sendet ein Spektrum aus, das sich, wenn wir die Ergebnisse der Analyse von Frau Arkadiewa als gesichert annehmen wollen, von 50 bis etwa 0,1 mm Wellenlänge erstreckt. Als Strahlungsmesser dienen selektive Empfänger, Thermokreuze, die nur auf wenige diskrete Wellenlängen reagieren, in Verbindung mit einem Galvanometer für $5{,}10^{-8}$ Voltempfindlichkeit. Es scheinen hinreichende Intensitäten vorhanden zu sein, die Konstanz der Strahlung ist bis auf einige Prozent erreicht. Die Wellenlängenmessung geschah mit einem Boltzmanschen Interferometer, und auf die Existenz von Wellen von einigen 100 μ im Spektrum wurde indirekt durch harmonische Analyse der Interferenzkurven erschlossen. Ein Beispiel von Messungen gibt Abb. 24.

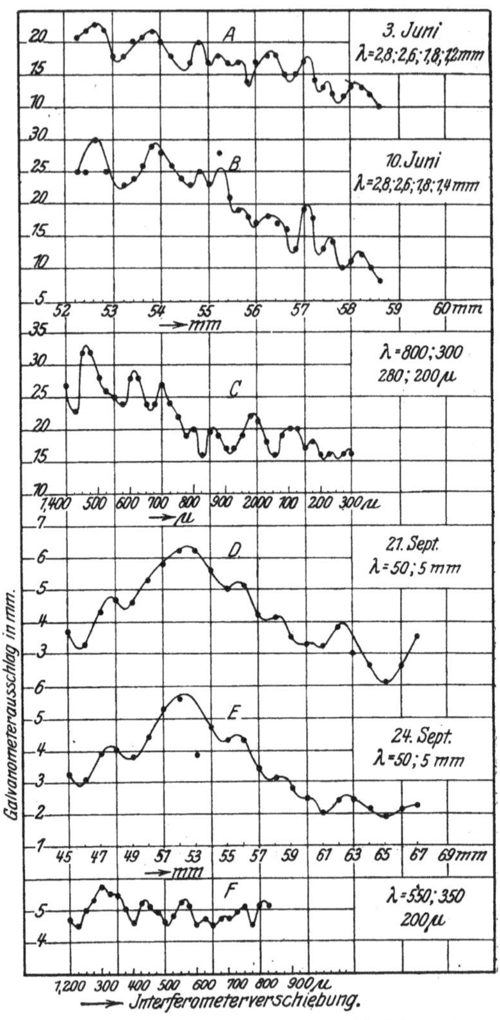

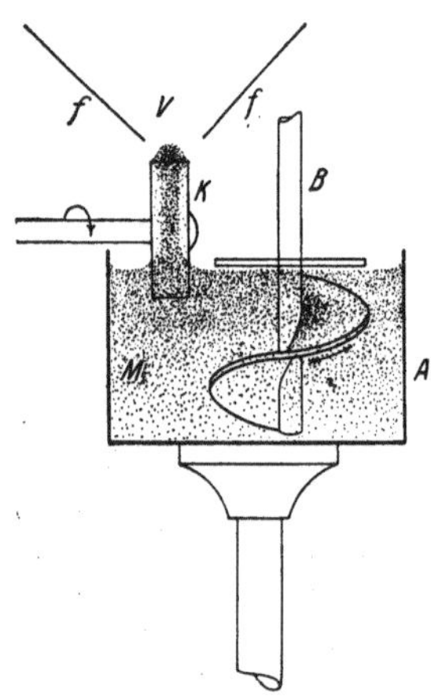

Abb. 23. Massenstrahlen.

Abb. 24. Interferometeraufnahmen der Emission des „Massenstrahlers".

Soweit man bisher sehen kann, verspricht die neue Strahlungsquelle Entwicklungsfähigkeit für die Zwecke der Ultrarotforschung. Gelingt es, die Strahlung noch zu monochromatisieren und zur Verwendung noch kleinerer Resonatoren überzugehen, erweist sie sich ferner als hinreichend intensiv, um spektrale Zerlegung und Messung mit nicht selektiven Empfängern zu gestatten, so wäre damit ein außerordentlich wichtiger Fortschritt erreicht.

34. Oszillatorengitter. M. Lewitzky[1]) versetzte ein Netz von kugelförmigen Oszillatoren durch Funkenerregung in Schwingungen. Durch Lösung von feinstem

---

[1]) M. Lewitzky, Phys. ZS. Bd. 25, S. 107. 1924; Bd. 27, S. 177. 1926.

Schießschrots in Salzsäure entstehen Kügelchen von 0,8 bis 0,85 mm Durchmesser, die in die Ecken eines rechtwinkligen Netzes in ca. 2 mm Abstand auf einer Glasplatte aufgeklebt wurden. Zwischen je zwei Kügelchen in horizontaler Reihe wird ein Drahtstückchen (0,3 mm Dicke und 0,5 mm Länge) befestigt. Von diesem Gittersystem war die Aussendung von Wellen der Größenordnung 2 mm und ihrer Obertöne zu erwarten. Da die Gesamtenergie der Oberschwingungen mehr als die Hälfte der der Grundschwingung beträgt, mußten sich Oberschwingungen mit empfindlichen Methoden nachweisen lassen.

Als Resonator wurde eine kolloide Suspension von Kupferteilchen der Größe 0,08 bis 0,02 mm in Paraffin benutzt. Die gröbsten dieser Teilchen mußten auf die Wellenlänge 0,43 mm resonieren; eine Störung durch die kleineren Teilchen kam nicht in Frage. Als Anzeiger der Wellenwirkung war ein Bi-Te-Thermoelement in die erstarrte Paraffinschicht eingelassen. Das Galvanometer zeigte bei Erregung des Vibrators einen kleinen Ausschlag. Die Wellennatur der Wärmewirkung wurde durch Zwischenschaltung eines Diffraktionsgitters nachgewiesen. In einer zweiten Arbeit wird ein Oszillatorennetz verwendet, das nur aus Molybdändrähtchen besteht. Zur Messung der Wellenlänge werden Gitter benutzt. Aus übereinstimmenden Messungen mit mehreren Gittern ergaben sich an einem Oszillatorensystem von der Länge 0,1 bis 0,4 mm und der Dicke 2 mm die Wellenlängen 30, 136, 330, 375, 450 und 508 μ.

B. Messung der Energieverteilung im Spektrum und der Gesamtenergie.

Von

Th. DREISCH, Bonn.

35. Einteilung und Begrenzung des Stoffes. Der Zweck dieses Kapitels ist die Darstellung der Apparate und Methoden, bei denen die Meßresultate ohne weiteres ein Bild von der Energieverteilung bzw. der Gesamtenergie geben, da ihre Ausschläge proportional der auffallenden Energie sind. Die indirekten Methoden (visuelle und photographische Photometrie) werden an anderer Stelle behandelt.

Den besten Einblick in die Energie einer Strahlung geben die Meßmethoden, die auf der Wärmewirkung der Strahlung beruhen. Deshalb sind diese hier auch in erster Linie behandelt. Weiter wird noch kurz auf die Photozelle eingegangen, wobei das Hauptgewicht auf die Frage gelegt wurde, unter welchen Bedingungen die Ergebnisse der Photozelle proportional der auffallenden Energie sind.

Die Darstellung der Meßmethoden wurde so gehalten, daß sie sowohl für den sichtbaren als auch für den ultraroten Teil des Spektrums gilt. Besondere Methoden, die nur für den ultraroten Teil Bedeutung haben (Reststrahlenmethode, Quarzlinsenmethode), werden in Abschnitt A dieses Kapitels behandelt.

I. Messinstrumente.

a) Thermosäule.

36. Allgemeines. Die Thermosäule ist ihrer verhältnismäßig einfachen Handhabung und ihrer Störungsfreiheit halber das bequemste Instrument zur Strahlungsmessung. Neben großer Thermokraft wird bei der Konstruktion

geringe Trägheit und großce Störungsfreiheit erstrebt. Da die Stoffe, die hohe
Thermokräfte besitzen (wie z. B. Tellur), auch hohen spezifischen Widerstand
und große Sprödigkeit aufweisen, zieht man es in der Praxis vor, Stoffe geringerer Thermokraft zu benutzen und eine hohe Empfindlichkeit durch Verfeinerung der Konstruktion zu erzielen. Die wichtigsten theoretischen Erfordernisse lassen sich wie folgt ableiten.

37. Theorie der Thermosäule. Es werden die Bedingungen gesucht, die
erfüllt werden müssen, um den Thermostrom J zu einem Maximum zu machen.
Da man den Fall der Thermosäule leicht aus dem des einzelnen Thermoelements
ableiten kann (s. unten unter 8), wird in den Formeln nur letzteres betrachtet.
Bezeichnet man die Thermokraft je Grad mit e und die Erwärmung der warmen
Lötstelle mit ϑ, so ist der Thermostrom $J = e\vartheta : (R_g + R_T)$. Die Erwärmung
der warmen Lötstelle wird von verschiedenen Einflüssen abhängen, je nachdem
sich das Thermoelement im Vakuum befindet oder in Luft.

α) **Thermoelement im Vakuum.** Hier ist ϑ gleich dem Quotienten
Einstrahlung dividiert durch Ausstrahlung plus Wärmeableitung. Es sei F der
Flächeninhalt der Vorderseite der Empfangsfläche, F' ihr bestrahlter Teil, λ_1
und λ_2 seien das Wärmeleitungsvermögen der Drähte 1 und 2. Dann ist

$$\vartheta = \frac{F'\varepsilon}{8F\sigma T^3 + \lambda_1 x_1 + \lambda_2 x_2}.$$

Hierbei ist ε die Flächendichte der Einstrahlung, T die absolute Temperatur
und σ die Strahlungskonstante der Ausstrahlung. Für die Größe der Wärmeableitung ist das Verhältnis $x =$ Querschnitt:Länge der Zuleitungsdrähte
wichtig. Bezeichnet man das elektrische Leitvermögen der Drähte mit $\varkappa_1$ und $\varkappa_2$,
so erhält man für den Thermostrom J folgende Gleichung:

$$J = \frac{e}{R_g + \dfrac{1}{\varkappa_1 x_1} + \dfrac{1}{\varkappa_2 x_2}} \cdot \frac{F'\varepsilon}{8F\sigma T^3 + \lambda_1 x_1 + \lambda_2 x_2}.$$

Durch wiederholte Differentiation nach x_1 und x_2 ergibt sich, daß J ein Maximum
wird, sobald $8F\sigma T^3 = R_g\varkappa_1\lambda_1 x_1^2 = R_g\varkappa_2\lambda_2 x_2^2$ wird.

Daraus folgt $\lambda_1 x_1 : \lambda_2 x_2 = \varkappa_2 x_2 : \varkappa_1 x_1$.

Der Thermostrom wird ein Maximum, wenn sich die durch die Drähte des
Thermoelements abgeleiteten Wärmemengen verhalten wie die Widerstände der
Drähte.

Weiter verhält sich $8F\sigma T^3 : (\lambda_1 x_1 + \lambda_2 x_2) = R_g : R_T$.

Der Thermostrom wird ein Maximum, wenn sich die ausgestrahlte Wärme
zur abgeleiteten verhält wie der Galvanometerwiderstand zu dem des Thermoelements.

β) **Thermoelement in Luft.** Geht man zur Betrachtung des Thermoelements in Luft über, so ändert sich die Formel insofern, als der Drahtlänge
eine viel geringere Bedeutung zukommt als im Vakuum. Denn infolge des Wärme-
überganges von den Drähten des Thermoelements an die umgebende Luft erfolgt
der Temperaturabfall nicht mehr linear, sondern in Form einer Exponentialkurve. Bezeichnet man die Wärmeübergangszahlen der Drähte und der warmen
Lötstelle mit α_1, α_2 und α_3, so nimmt die Formel für J folgende Form an:

$$J = \frac{e}{R_g + R_T} \cdot \frac{F'\varepsilon}{8F\sigma T^3 + 2F\alpha_3 + \alpha_1 2\pi r_1 \sqrt{\dfrac{r_1\lambda_1}{2\alpha_1}} + \alpha_2 2\pi r_2 \sqrt{\dfrac{r_2\lambda_2}{2\alpha_2}}}.$$

Die Wärmeübergangszahl nimmt aber mit abnehmendem Drahtdurchmesser
rasch zu. Aus den Berechnungen von Jakob (s. ds. Handb. Bd. XI) ergeben

sich für α [cal $\cdot$ cm^{-2}, sec^{-1}, Grad^{-1}] in Abhängigkeit vom Drahtdurchmesser folgende Werte:

Durchmesser: 1 cm   1 mm   0,1 mm   0,02 mm
α: $17,4 \cdot 10^{-5}$ $56,9 \cdot 10^{-5}$ $384,7 \cdot 10^{-5}$ $2675 \cdot 10^{-5}$.

Eine Berechnung der günstigsten Drahtdimensionen wie beim Vakuumelement bietet hier wenig Nutzen. Dagegen ist es sehr wichtig, festzustellen, bei welcher Drahtlänge die Wärmeableitung zur kalten Lötstelle so gering ($= \frac{1}{n}$ der ursprünglichen) geworden ist, daß eine weitere Verlängerung des Drahtes nur nutzlos den OHMschen Widerstand vergrößern würde, ohne die Wärmeableitung zu verringern. Dies ergibt sich aus der Formel:

$$e^{-l_1 \sqrt{\frac{2\alpha}{r \cdot \lambda}}} = \frac{1}{n}\left(1 - e^{-l_1 \sqrt{\frac{2\alpha}{r \cdot \lambda}}}\right).$$

Über die Ableitung derselben vergleiche den Artikel von JAKOB in Bd. XI. ds. Handb. Nimmt man an, daß die oben angegebenen Werte von α auch für die bei Thermoelementen auftretenden sehr kleinen Temperaturdifferenzen gelten (es ist nicht ausgeschlossen, daß α hier noch größer wird), so ergibt sich, daß nur 10% der der warmen Lötstelle entzogenen Wärme zur kalten Lötstelle kommen, falls man Länge und Durchmesser der Drähte so wählt, wie in untenstehender Tabelle angegeben ist.

Tabelle 12.

Durchmesser	Nötige Länge für					
	Silber	Kupfer	Eisen	Konstantan	Antimon	Wismuth
0,1 mm	19,3 mm	18,4 mm	7,6 mm	4,5 mm	3,9 mm	2,7 mm
0,02 ,,	10,4 ,,	9,8 ,,	4,1 ,,	2,4 ,,	2,1 ,,	1,43 ,,

Bei Stoffen mit kleinem Leitvermögen ergeben sich also überraschend kurze Drahtlängen. Man kann also viel an Widerstand sparen. Hiergegen verstoßen fast alle bekannten Luftthermosäulen. Weiter überwiegt der Wärmeübergang um so mehr über die Wärmeleitung, je dünner der Draht ist.

Werden statt Drähten flache Streifen benutzt, so ist das Verhältnis Oberfläche durch Querschnitt und damit der Wärmeübergang noch größer. So stieg die Empfindlichkeit des MOLLschen Vakuumelements, dessen Streifen 0,1 mm breit und 1 μ dick war, durch das Evakuieren auf das 200- bis 400fache.

γ) **Folgerungen aus den Formeln.** Ein Vergleich von (1) und (4) zeigt, daß man beide Gleichungen in der Form

$$J = \frac{e}{R_g + R_T} \cdot \frac{F'\varepsilon}{\varphi(F) + \varphi(D)}$$

schreiben kann, wobei $\varphi(F)$ und $\varphi(D)$ die Wärmeverluste der Empfangsfläche bzw. der Drähte bedeuten. In dieser Form lassen sich aus der Gleichung eine Anzahl Folgerungen ziehen, die für Luft- und Vakuumthermoelemente gleichzeitig gelten.

1. Der Thermostrom ist proportional der Strahlungsdichte der Einstrahlung und (solange $F' \leqq F$ ist) der Größe der bestrahlten Fläche.

2. Bei Vergrößerung der Empfangsfläche auf das $n$fache wächst J mit $n F'\varepsilon : [n\varphi(F) + \varphi(D)]$.

3. Bei Vermehrung der Lötstellenzahl auf das $n$fache wächst J mit

$$\frac{ne}{R_g + nR_T}.$$

(In welchen Grenzen R geändert werden darf, wird in Ziff. 8 behandelt.)

4. Vermehrt man gleichzeitig die Lötstellenzahl und die Größe der Empfangsfläche, so gelten Folgerung 3 und 4 gleichzeitig. Ist aber, was meistens der Fall ist, die Größe von F' beschränkt (Bild eines Spaltes oder eines Sternes), so wird

$$ J = \frac{n e}{R_g + n R_T} \cdot \frac{F' \varepsilon}{\varphi(F) + n \varphi(D)}. $$

Es ist also (unter Berücksichtigung von Ziff. 8) in vielen Fällen vorteilhafter, eine Lötstelle mit großer Empfangsfläche zu verwenden, als viele Lötstellen, deren Empfangsflächen zusammengenommen dieselbe Größe haben.

5. Da $\varphi(F)$ von T^3 abhängt, kann man durch Erniedrigung der absoluten Temperatur die Ausstrahlungsverluste verringern.

38. Experimentelles über Thermosäulen. Beim Bau von Thermosäulen wird vor allem darauf Wert gelegt, die Wärmekapazität und damit die Trägheit zu vermindern. Deshalb werden zur Anfertigung der Lötstellen nur Spuren von Lot verwandt und die auf die Lötstellen aufgelöteten Empfangsflächen werden aus Silber oder Zinnfolie von 10 bis 20 μ Dicke hergestellt. Um eine möglichst geringe Wärmeableitung und damit eine möglichst hohe Endtemperatur zu erreichen, werden die Drähte des Elements möglichst dünn gewählt. Die Thermokräfte in Mikrovolt pro Grad gegen Platin der zur Anfertigung von Thermoelementen am häufigsten benutzten Metalle sind folgende: Antimon $+$ 47,8, Eisen $+$ 18, Kupfer $+$ 7,5, Silber $+$ 7,4, Manganin $+$ 7, Konstantan $-$ 34,3, Wismuth $-$ 69 Mikrovolt. Die Werte sind Mittelwerte der im Landolt-Börnstein, 5. Aufl., und im 1. Ergänzungsband angegebenen. Das $+$-Zeichen bedeutet, daß der Strom in der kalten Lötstelle zum Platin fließt. Weiter kommt noch die von Hutchins empfohlene Kombination 97 Teile Wismut $+$ 3 Teile Antimon gegen 95 Teils Wismuth $+$ 5 Teile Zinn in Frage, die pro Grad eine Thermokraft von 120 Mikrovolt besitzt. Noch größer ist die Thermokraft der Becquerelschen Legierungen, doch sind diese sehr brüchig. Bei den Substanzen, die in Drahtform nicht herstellbar sind, werden die erforderlichen dünnen Streifen durch Ausschütten der Schmelze auf eine Glasplatte gewonnen. Es besteht aber vielfach die Neigung, im Interesse der leichteren Bearbeitbarkeit oder der Möglichkeit, kleinere Dimensionen zu erzielen, ein Metall von geringerer Thermokraft zu wählen. So ist Coblentz z. B. von der Kombination Wismut-Eisen zu Wismut-Silber übergegangen, weil sehr feine Eisendrähte leicht rosten, und Moll benutzt für sein sehr dünn ausgewalztes Thermoblech Manganin-Konstantan.

Um seine Thermosäulen gegen äußere Störungen möglichst unempfindlich zu machen, bringt ein Teil der Konstrukteure sie in das Vakuum, wodurch auch die Empfindlichkeit erhöht wird (Ziff. 6). Andere greifen auf den schon von Rubens angewandten Kunstgriff zurück, daß sie die kalten Lötstellen ebenso groß machen wie die warmen, damit beide sich den Temperaturschwankungen der Zimmerluft gleich schnell anpassen (Abb. 25). Bei ungleich großen kalten und warmen Lötstellen stört bei Benutzung eines hochempfindlichen Galvanometers schon die Kompressionswärme der Luft, die bei Windstößen auftritt. Die gleiche Erscheinung zeigt sich auch bei dem Thermoelement des Mikroradiometers (Ziff. 8).

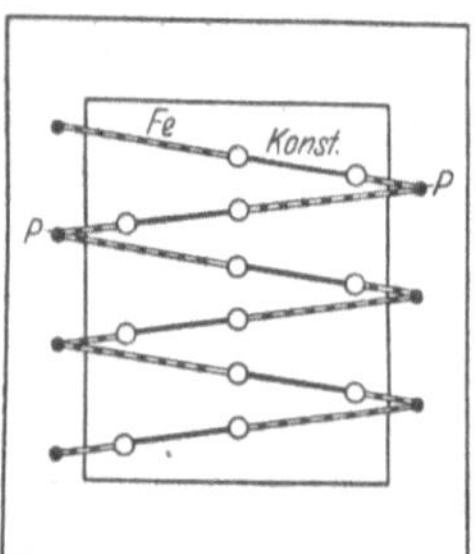

Abb. 25. Thermosäule nach Rubens. Die kalten und warmen Lötstellen haben die gleiche Wärmekapazität, da die Pflöcke P sich in einer gewissen Entfernung von ihnen befinden.

Bei der großen Anzahl von Thermosäulenkonstruktionen ist es nicht möglich, hier alle zu besprechen, doch sollen die Hauptformen hier an Hand der wichtigsten Modelle dargestellt werden[1]).

39. Verschiedene Konstruktionen von Thermosäulen in der Luft. In der von RUBENS eingeschlagenen Richtung ist vor allem die von PASCHEN[2]) konstruierte Thermosäule zu erwähnen. PASCHEN hat auch die gleichen Metalle beibehalten (Eisen und Konstantan), doch walzt er das fertige Element, ehe er die Säule zusammensetzt, sehr dünn aus, so daß der Eisendraht nur noch $2\,\mu$ dick ist. Hierdurch erzielt er sehr geringe Trägheit und sehr geringe Wärmeableitung und damit sehr hohe Empfindlichkeit.

Andere Konstrukteure verzichten auf die gleiche Wärmekapazität der warmen und der kalten Lötstellen und löten die Drähte an kleine Metallpflöckchen, die an einem Rahmen befestigt sind. Dies ist z. B. bei der HILGERschen Thermosäule der Fall, die aus 10 Elementen aus Wismut und Antimon besteht.

Auch bei den MOLLschen Thermosäulen sind die kalten Lötstellen an kleinen Pflöckchen befestigt. MOLL stellt seine Thermoelemente dadurch her, daß er einen Streifen Manganinblech und einen Streifen Konstantan an einer Längskante mit Silber miteinander verlötet. Von dem so entstandenen Thermoblech wird das überschüssige Silber durch Abfeilen entfernt und das Blech dann vorsichtig so lange ausgewalzt, bis es nur noch $7\,\mu$ dick ist. Dann werden Streifen davon abgeschnitten, die nur Bruchteile eines Millimeters breit sind, und aus ihnen Thermosäulen zusammengesetzt (Abb. 26). Wegen der geringen Drahtdimensionen (auch die Lötstellen sind nicht dicker als die Streifen), ist die Trägheit sehr gering. Der Gleichgewichtszustand wird in weniger als 2 Sekunden erreicht. Für die verschiedenen Ausführungsformen (lineare Thermosäule, Flächenthermosäulen) sei auf

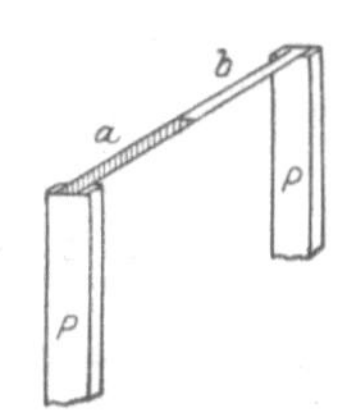

Abb. 26. Einzelnes Element aus einer Mollschen Thermosäule. Die kalten Lötstellen liegen auf den Pflöcken P. $a =$ Manganin, $b =$ Konstantan.

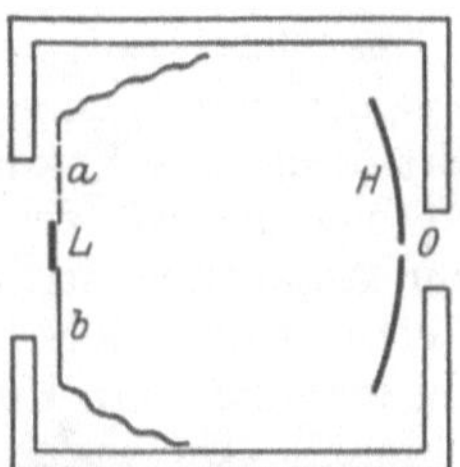

Abb. 27. Thermoelement nach VOEGE (Seitenansicht). a und b Thermodrähte, L warme Lötstelle, H Hohlspiegel, der die vorbeigehende Strahlung auf der Rückseite von L sammelt. Bei O befindet sich ein kleines Fernrohr zum Justieren.

den diesbezüglichen Prospekt der Firma Kipp und Zonen, Delft verwiesen.

Einen andern Weg schlägt VOEGE[3]) bei seinem Element mit Hohlspiegel ein. Er benutzt nur ein Element von $2,5 \times 3,5$ mm Flächeninhalt und konzentriert mit Hilfe eines dahinter befindlichen vergoldeten Hohlspiegels den vorbeigehenden Teil der Strahlung auf der Lötstelle (Abb. 27). Auf diese Weise ist es ihm noch möglich, eine Spektrallinie von 25 mm Höhe auf das Element zu konzentrieren. Hierdurch erreicht dies eine höhere Temperatur, wodurch die geringere Thermokraft ausgeglichen wird. Die Empfindlichkeit übertrifft nach VOEGES Angaben die einer alten Rubenssäule von 20 Elementen durchschnittlich um das 13fache.

40. Empfindlichkeitssteigerung beim Evakuieren.   Vakuumerhaltung. Bringt man eine Thermosäule in einen Behälter, den man evakuiert, so nimmt, von etwa 1 mm Hg ab, die Empfindlichkeit mit abnehmendem Druck fortwährend zu (Abb. 28). RUSCH[4]) fand das Maximum der Empfindlichkeit bei $5 \cdot 10^{-4}$ mm Hg,

[1]) Weitere Konstruktionen bei W. VOEGE, Phys. ZS. Bd. 21, S. 288. 1920; W. W. COBLENTZ, Bull. Bureau of Stand. Bd. 11, S. 131. 1914; H. WITT, ZS. f. Phys. Bd. 28, S. 236. 1924; Dissert. Lund 1924.
[2]) F. PASCHEN, Ann. d. Phys. Bd. 33, S. 736. 1910.
[3]) W. VOEGE, Phys. ZS. Bd. 22, S. 119. 1921.
[4]) M. RUSCH, Ann. d. Phys. Bd. 70, S. 373. 1923.

doch spielt hierbei die Form des Gefäßes eine Rolle. Die Empfindlichkeitssteigerung beim Evakuieren ist um so größer, je größer der Wärmeübergang der Empfangsfläche und der Drähte verglichen mit der Wärmeableitung, ist. Während

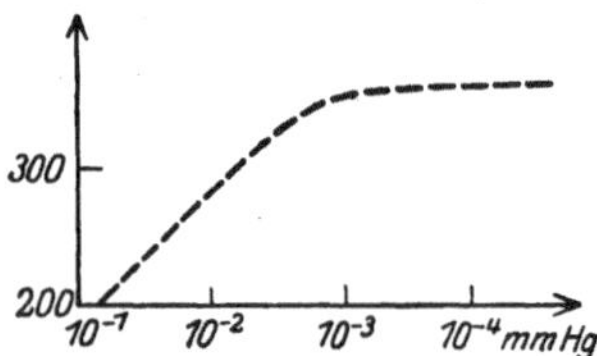

eine Rubenssäule aus 0,15 mm dickem Draht im Vakuum praktisch keine größere Empfindlichkeit zeigt, stieg bei einem von Moll konstruierten Element von 1 μ Dicke und 0,1 mm Breite beim Evakuieren die Empfindlichkeit auf das 200- bis 400fache.

Abb. 28. Empfindlichkeitszunahme eines Vakuumthermoelements als Funktion des Luftdrucks (nach Rusch). Ordinate: Galvanometerausschlag in Skalenteilen.

Neben der Empfindlichkeitssteigerung hat das Einschließen der Thermosäule in einen evakuierten Behälter den Vorteil, daß dadurch die äußeren Störungen beseitigt werden. So darf man dann auch dicke kalte Lötstellen verwenden. Dies ist sogar zweckmäßig, da im Vakuum wegen der fehlenden Luftkühlung die Wärmezufuhr zu den kalten Lötstellen viel größer ist und durch die Erwärmung derselben ein Teil des durch das Auspumpen erzielten Gewinns verloren geht. Der Hauptnachteil der Vakuumthermosäulen für ihre Verwendung oberhalb 2,7 μ (Durchlässigkeitsgrenze des Glases) besteht darin, daß ein für Wärmestrahlen durchlässiges Fenster aufgekittet werden muß. Hierdurch wird die Erhaltung des Vakuums gefährdet, so daß man die Thermosäule entweder in Verbindung mit der Luftpumpe lassen muß, oder man muß eine Vorrichtung zur Absorption der eingedrungenen oder freigewordenen Gasspuren anbringen. Letzteres geschieht durch Erhitzen von metallischem Kalzium[1]) oder durch Anwendung von Kokusnußkohle in Verbindung mit einer elektrischen Entladung[2]) oder durch Kohle und flüssige Luft.

41. Verschiedene Konstruktionen von Vakuumthermosäulen. Reinkober[3]) stellte aus Eisen- und Konstantandraht von 21 μ Dicke eine Thermosäule von vier Lötstellen her. Sie zeigte in Luft die doppelte Empfindlichkeit wie eine Rubenssäule, trotzdem wegen der geringeren Längenausdehnung bei dem damit angestellten Vergleich nur etwa halb soviel Energie auf die Lötstellen gestrahlt wurde wie bei der Rubenssäule. Dadurch, daß die Thermosäule in ein Vakuum gebracht wurde, verfünffachte sie ihre Empfindlichkeit.

Coblentz[4]) benutzte für seine neueren Vakuumsäulen Wismutdraht von 0,08 mm und Silberdraht von 0,031 mm Durchmesser. Die Säulen hatten 12 Lötstellen und verdoppelten ihre Empfindlichkeit im Vakuum. In einem Ansatzrohr befand sich metallisches Kalzium. Durch Erhitzen desselben konnten etwaige Gasreste beseitigt werden, doch war trotz des aufgekitteten Fensters das Vakuum so gut, daß bei einzelnen Exemplaren ein Erhitzen des Kalziums erst nach mehreren Jahren nötig wurde. Die Güte des Vakuums wurde durch elektrische Entladungen mittels zweier in das Zuleitungsrohr eingeschmolzener Elektroden geprüft.

Johansen[5]) und nach seinem Beispiel Rusch[6]) verwenden statt einer Thermosäule nur ein Element mit einer 10 mm hohen Empfangsfläche aus 10 μ dicker Silberfolie. Da im Vakuum die Abkühlung der Empfangsfläche sehr klein gegen die Wärmeableitung durch die Zuleitungsdrähte ist, kann hierdurch

[1]) W. W. Coblentz, Bull. Bureau of Stand. Bd. 11, S. 131. 1914.
[2]) A. H. Pfund, Phys. ZS. Bd. 13, S. 870. 1912.
[3]) O. Reinkober, Ann. d. Phys. Bd. 34, S. 343. 1911.
[4]) W. W. Coblentz, Scient. Pap. Bureau of Stand. 1921, Nr. 413; Journ. Opt. Soc. Amer. Bd. 5, S. 356. 1921.
[5]) E. S. Johansen, Ann. d. Phys. Bd. 33, S. 517. 1910.
[6]) M. Rusch, Ann. d. Phys. Bd. 70, S. 373. 1923.

eine höhere Temperatur erzielt werden, als bei den gewöhnlichen, 1 bis 3 mm hohen Empfangsflächen der Fall ist (s. Ziff. 37, Folgerung 4) (Abb. 29). Die Drähte waren aus Eisen (15 μ) und Konstantan (30 μ dick). Die Zunahme der Empfindlichkeit mit abnehmendem Druck geht aus Abb. 28 hervor. Das Element stand dauernd mit der Pumpe in Verbindung.

Am weitesten mit der Verringerung der Dimensionen gingen Moll und Burger[1]) mit ihrem Vakuumelement (Abb. 30). Durch besondere Sorgfalt gelang es ihnen, das oben (Ziff. 39) beschriebene Thermoblech auf 1 μ Dicke auszuwalzen. Einen derartigen $^1/_{10}$ mm breiten Streifen löteten sie an zwei in eine Glasbirne eingeschmolzene Drähte, so daß sie den Vorteil der dicken kalten

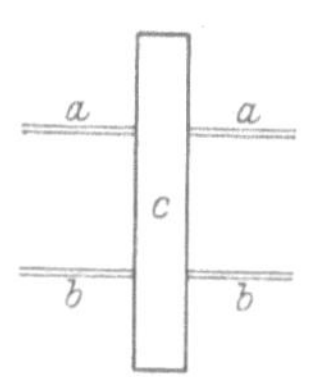

Abb. 29. Thermoelement mit großer Empfangsfläche (nach Johansen). *a* Eisen, *b* Konstantan, *c* Silber.

Lötstellen hatten. Die fertige Birne erhitzten sie während des Pumpens auf etwa 300° und schmolzen sie dann ab. Da keine Kitte benutzt werden, bereitet die Erhaltung des Vakuums keine Schwierigkeiten. Am besten bewährt sich das Element im Sichtbaren und im kurzwelligen Ultraroten, da es dann möglich ist, die auffallende Strahlung mit Hilfe eines Mikroskopobjektivs auf die Lötstelle zu konzentrieren. Ungünstiger wird es im Ultraroten oberhalb 2,7 μ,

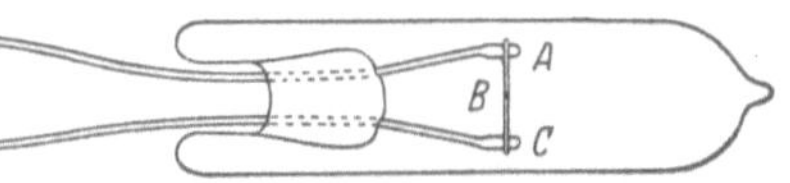

Abb. 30. Vakuumthermoelement nach Moll. *A* und *C* kalte Lötstellen, *B* bestrahlte Lötstelle.

da dort die Absorption des Glases beginnt[2]). In letzter Zeit ist es dem Hersteller (Kipp und Zonen) gelungen, die Glasbirne mit einem Ansatzrohr zu versehen, auf das ein Planfenster aus Glas oder Quarz von etwa 15 mm Durchmesser aufgeschmolzen ist. Durch das 1 mm dicke Quarzfenster wird der Bereich der Brauchbarkeit des Vakuumelements bis etwa 4,2 μ ausgedehnt. Für noch längere Wellen muß das Element mit einer aufgekitteten Flußspatplatte versehen werden. Es muß dann in Verbindung mit der Pumpe bleiben.

42. Thermosäule und Galvanometer, der günstigste Widerstand. Um die Thermosäule möglichst gut auszunutzen, muß man bei der Wahl des Galvanometers auf den Widerstand der Thermosäule Rücksicht nehmen. Bei Nadelgalvanometern ist bekanntlich bei vorgegebenem Wicklungsraum der Spule der Ausschlag proportional der Zahl der Drahtwindungen und damit der Wurzel aus dem Galvanometerwiderstand W_g[3]). Bezeichnet man mit C eine vom Galvanometer abhängige Konstante und behält sonst die oben (Ziff. 37) benutzten Bezeichnungen bei, so ist der Ausschlag

$$A = \frac{E \cdot C \cdot \sqrt{R_g}}{R_g + R_T}.$$

Ein Maximum des Ausschlages liegt vor, wenn $R_g = R_T$ ist. Um diese Bedingung streng erfüllen zu können, müßte man entweder ein Galvanometer haben, dessen Spule aus mehreren parallelen Drähten gewickelt ist bzw. aus mehreren Teilen besteht, so daß man durch Änderung der Schaltung derselben den Widerstand ändern kann, oder man müßte die Spule durch eine gleichartige, mit anderer Windungszahl und damit anderem Widerstand ersetzen können.

---

[1]) W. J. H. Moll u. H. C. Burger, ZS. f. Phys. Bd. 32, S. 575. 1925.

[2]) Flintgläser in 1 mm Schichtdicke sind bis 2,7 μ gut durchlässig, bei Borat- und Phosphatgläsern beginnt die Absorption früher. Vgl. Th. Dreisch, ZS. f. Phys. Bd. 42, S. 428. 1927.

[3]) Über die Theorie des Galvanometers s. ds. Handb. Bd. XVI sowie W. Jäger, Meßtechnik. Leipzig 1917.

Beim Drehspulengalvanometer ist der Ausschlag

$$A = \frac{E \cdot C \cdot \sqrt{R_g + R_T}}{R_g + R_T}.$$

Hier liegt ein Maximum der Empfindlichkeit[1]) vor, wenn $R_g = 0$ ist. Außerdem muß der äußere Widerstand R_T eine gewisse Größe haben, um aperiodische Einstellung zu gewährleisten (Grenzwiderstand). Doch kann man bei Instrumenten mit magnetischem Nebenschluß durch geeignete Änderung der Feldstärke den Grenzwiderstand in gewissen Grenzen abändern.

Da die Bedingungen $R_g = R_T$ bzw. $R_g = 0$ nicht ohne weiteres zu erfüllen sind, ist es von Wichtigkeit, festzustellen, um wieviel sich der Ausschlag ändert, wenn R_g das $n$fache ($n \gtreqqless 1$) von R_T beträgt. Der Faktor, mit dem der Ausschlag dann zu multiplizieren ist, beträgt beim Nadelgalvanometer $\sqrt{n}:(n+1)$, beim Drehspulengalvanometer $1:\sqrt{n+1}$. Der Verlauf der beiden Kurven für Werte

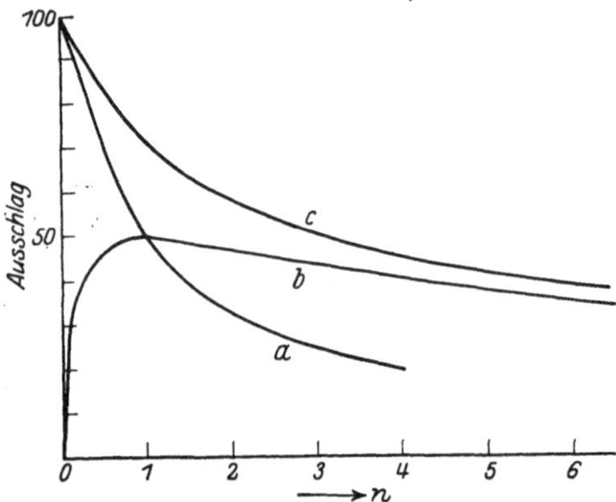

von n zwischen 0 und 5 ist in Abb. 31 aufgetragen, wobei der Ausschlag beim Drehspulengalvanometer für $n = 0$ gleich 100 gesetzt ist. Aus den Kurven ergibt sich, daß beim Nadelgalvanometer der Ausschlag nur um wenige Prozente variiert, solange R_g zwischen $R_T/2$ und $3 R_T$ bleibt, bei dem Drehspulengalvanometer nimmt der Ausschlag mit abnehmendem R_g immer rascher zu.

Da auch die Frage wichtig ist, wie der Ausschlag sich ändert, wenn der Widerstand des Thermoelements abnimmt, ist auch dieser Fall in der Abbildung berücksichtigt. Für das Nadelgalvanometer beträgt der Faktor $1:(1+n)$. Der Ausschlag nimmt also um so rascher zu, je kleiner R_T ist. Bleibt außerdem noch die Bedingung $R_g = R_T$ erfüllt, so erhält man noch etwas größere Ausschläge. Für das Drehspulengalvanometer ist der Faktor wieder wie oben, $1:\sqrt{n+1}$, wobei allerdings der Verkleinerung von R_T dadurch eine Grenze gesetzt ist, daß R_T der Dämpfung halber groß gegen R_g bleiben muß. Bei dem Drehspulengalvanometer fällt also ein großes R_T nicht so störend ins Gewicht wie beim Nadelgalvanometer. Es ist deshalb beim Drehspulengalvanometer leichter, die in Ziff. 37 abgeleitete Proportion: „Galvanometerwiderstand zu Elementwiderstand wie Strahlungsverlust zu Verlust durch Wärmeableitung" zu erfüllen.

Die für Strahlungsmessungen wichtigsten Galvanometerkonstruktionen werden in Ziff. 52 und 53 kurz besprochen.

Abb. 31. Abnahme des Galvanometerausschlages bei zunehmendem Widerstand des Stromkreises. *a* bei Ver-*n*-fachung des Widerstandes der Thermosäule (beim Nadelgalvanometer); *b* bei Ver-*n*-fachung des Galvanometerwiderstandes (beim Nadelgalvanometer); *c* bei Ver-*n*-fachung des Widerstandes der Thermosäule oder des Galvanometers beim Drehspulengalvanometer.

b) Mikroradiometer.

43. Konstruktion des Mikroradiometers. Das Mikroradiometer oder, wie es vielfach genannt wird, Radiomikrometer (nicht zu verwechseln mit dem Radiometer!), erinnert in seiner Konstruktion an das Drehspulengalvanometer. Es besteht im wesentlichen aus einer in einem Magnetfeld befindlichen Draht-

---

[1]) Siehe Fußnote 3 auf S. 835.

schleife, die durch ein Thermoelement kurzgeschlossen ist. Vor der Kombination Thermosäule-Nadelgalvanometer hat es den Vorteil der Unabhängigkeit von äußeren elektrischen oder magnetischen Störungen. Es erfordert aber eine ortsfeste erschütterungsfreie Aufstellung. Im folgenden soll zunächst das auf Veranlassung von RUBENS von SCHMIDT[1]) konstruierte Modell (Abb. 32) näher beschrieben werden, da es in Deutschland vielfach zu ultraroten Messungen benutzt wird. SCHMIDT lehnt sich eng an die ursprüngliche BOYSsche Konstruktion an, verringert aber die Dimensionen der Drähte. Die aus Emailledraht von 0,2 mm Durchmesser hergestellte Schleife befindet sich zwischen den Polen eines aufrechtstehenden Hufeisenmagneten in einem zylindrischen Raum von 2 cm Durchmesser. Dieser Raum ist durch einen im Innern der Schleife befindlichen Eisenkern noch teilweise ausgeführt. Unten läuft die Schleife in zwei 0,13 mm dicke (wegen der geringeren Wärmeableitung) Kupferdrähte aus, die zu einem vertikal stehenden Wismutstreifen von 1 mm Breite und 0,4 mm Dicke führen. Die untere Lötstelle muß, da sie bestrahlt wird, sehr sorgfältig zentriert sein. Um den Einfluß des Magneten auf das diamagnetische Wismut möglichst abzuschwächen, ist die untere Lötstelle 30 mm von der Spule entfernt. Um die Schleife vor Luftströmungen infolge der Bestrahlung der Lötstelle zu schützen, befindet sich die bestrahlte Lötstelle in der engen Bohrung eines dicken Messingklotzes. Die Einstellung der durch eine Öffnung im Klotz einfallenden Strahlung auf die Lötstelle geschieht mit Hilfe einer in der gegenüberliegenden Seite des Klotzes befindlichen Öffnung, die durch

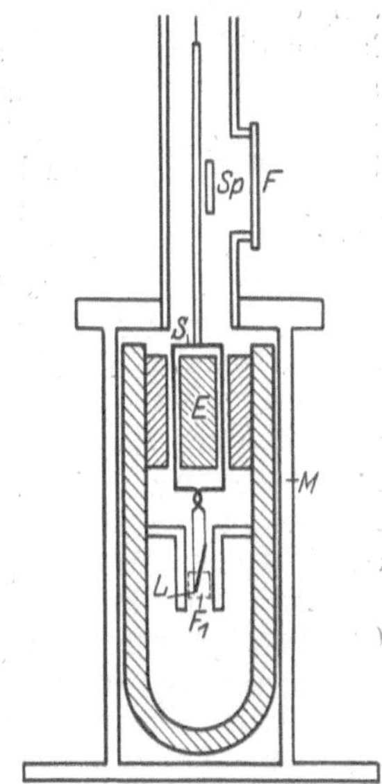

Abb. 32.　Mikroradiometer nach SCHMIDT. *M* Magnet, *E* Eisenkern, F_1 Fenster zum Eintritt der Strahlung, *F* Fenster für die Spiegelablesung, *L* bestrahlte Lötstelle, *S* Schleife, *Sp* Spiegel.

einen auf seiner Vorderfläche polierten Konus verschlossen werden kann. Die Schleife ist an einem 50 mm langen, $^1/_2$ mm dicken Aluminiumdraht befestigt, der nahe seinem oberen Ende einen Spiegel zur Ablesung trägt. Der Draht hängt an einem feinen Torsionsfaden.

Später ist diese Konstruktion von HETTNER[2]) verbessert worden, der durch Benutzung der HUTCHINSschen Legierungen (Ziff. 38) und durch Verringerung der Dicke des Thermoelements die Empfindlichkeit vervierfachte. Eine weitere Steigerung der Empfindlichkeit bewirkte CZERNY[3]).

Da bei längerem Arbeiten eine langsame, im allgemeinen gleichförmige Wanderung des Nullpunkts infolge der Erwärmung des Zimmers nicht zu vermeiden ist, befestigte CZERNY die Skala an einer Schraubenspindel. Durch Einschaltung einer geeigneten Zahnradübersetzung konnte bewirkt werden, daß die Wanderung der Skala ebenso groß war wie die des Nullpunkts.

Ebenso wie beim Thermoelement rufen auch hier bei unsymmetrischen Lötstellen plötzliche Druckschwankungen der Luft infolge von Windstößen Thermoströme hervor. Dies haben RUBENS und HOLLNAGEL[4]) dadurch nachgewiesen, daß sie gleichzeitig ein HEFNER-ALTENECKsches Druckvariometer und das Mikroradiometer beobachteten. Hierbei zeigte sich ein deutlicher Parallelismus

[1]) H. SCHMIDT, Ann. d. Phys. Bd. 29, S. 1001. 1909.
[2]) G. HETTNER, Ann. d. Phys. Bd. 55, S. 476. 1918.
[3]) M. CZERNY, ZS. f. Phys. Bd. 34, S. 227. 1925.
[4]) H. RUBENS u. H. HOLLNAGEL, Phil. Mag. (6) Bd. 19, S. 764. 1910.

der Ausschläge. Man vermied diese Störung, indem man das Mikroradiometer mit einer Glasglocke bedeckte, die durch eine geringe Verdünnung der Luft festgehalten wurde.

Einer der wesentlichsten Punkte, die Schmidt von Boys übernommen hat, ist die Anwendung eines zylindrischen Eisenkerns im Innern der Schleife, so daß sich die Schleife in einem ringförmigen Luftraum bewegt. Denn dadurch verlaufen die Kraftlinien radial zur Spulenachse, und etwaige magnetische Eigenschaften des Schlingenmaterials werden weitgehend ausgeschaltet. Die Konstrukteure, die diesen Kunstgriff nicht anwenden, haben erheblich unter den Spuren von Eisen zu leiden, die den Drähten anhaften.

Am weitgehendsten hat Witt[1]) die magnetische Richtkraft ausgeschaltet. Er ätzte bei der Konstruktion seiner Schleife die am meisten von Eisen verunreinigte Schicht des Kupferdrahtes ab und schlug dann auf ihm so lange elektrolytisches Kupfer nieder, bis er sich bei der Prüfung als unmagnetisch erwies. Um die Richtkraft noch weiter zu verringern, machte Witt auch das Glas des Spiegels durch richtiges Bemessen der diamagnetischen Silberschicht unmagnetisch. Hierdurch sowie durch Benutzung dünnerer Drähte und stärkerer Magnete gelang es ihm, eine große Empfindlichkeit und zugleich auch eine für Mikroradiometer überraschend kleine Schwingungsdauer (einige Sekunden bei aperiodischem Ausschlag) zu erzielen.

Auch im Vakuum sind Mikroradiometer schon benutzt worden, so von Coblentz[2]) sowie von Jones und Guy[3]). Bei letzteren stieg der Ausschlag beim Evakuieren auf das $3\frac{1}{2}$fache. Ein Mikroradiometer mit zwei hintereinandergeschalteten Lötstellen ist von Coblentz[4]) versucht worden, doch zeigte sich gegen eine Lötstelle kein großer Gewinn.

44. Theorie des Mikroradiometers. Über die Theorie des Mikroradiometers liegt nur eine ältere Arbeit von Boys[5]) vor, der zunächst nur einzelne wichtige Faktoren betrachtet und dann aus diesen schrittweise synthetisch die günstigsten Konstruktionsbedingungen herausarbeitet. Er kommt zu dem Ergebnis, daß es vorteilhaft ist, nur eine Windung zu benutzen und die Schleife möglichst schmal zu machen. Durch passende Wahl der Schleife und des Magnetfeldes kann man aperiodische Dämpfung erzielen.

Im folgenden sollen die für die Konstruktion wichtigsten Bedingungen kurz neu abgeleitet werden. Das Mikroradiometer ist ein Spezialfall des Drehspulengalvanometers, so daß man von den für das letztere geltenden Formeln ausgehen kann[6]). Es sei R der Widerstand der Schleife, H die Feldstärke des Magnetfeldes, F die Windungsfläche der Spule, K ihr Trägheitsmoment, t die Schwingungsdauer, J der durch die Bestrahlung erzeugte Thermostrom, p der Gesamtdämpfungsfaktor und p_0 der Dämpfungsfaktor bei unterbrochenem Stromkreis (Luftdämpfung).

Dann gilt für den Ausschlag A die Gleichung (1) $A = J \cdot H \cdot F/D$, wobei D die Direktionskraft bedeutet, und die Schwingungsdauer ist (2) $t = 2\pi \sqrt{K : D}$. Der Dämpfungsfaktor ist $p = p_0 + H^2 F^2/R$. Erstrebt wird bei dem Radiomikrometer die aperiodische Dämpfung. In diesem Falle ist $p = 2 \sqrt{KD}$. Für

[1]) H. Witt, Dissert. Lund 1924 u. Phys. ZS. Bd. 21, S. 374. 1920.

[2]) W. W. Coblentz, Invest. of infrared Spectra. Bd. IV, S. 121. Washington 1906; Bull. Bureau of Stand. Bd. 2, S. 479. 1906.

[3]) H. C. Jones u. J. S. Guy, Phys. ZS. Bd. 13, S. 649. 1912; Ann. d. Phys. Bd. 43, S. 555. 1912.

[4]) W. W. Coblentz, Bull. Bureau of Stand. Bd. 7, S. 248. 1911.

[5]) C. V. Boys, Phil. Trans. Bd. 180, S. 159—186. 1889 und im Auszug Proc. Roy. Soc. London Bd. 44, S. 96—99. 1888.

[6]) Siehe ds. Handb. Bd. XVI sowie W. Jäger, Elektr. Meßtechnik. Leipzig 1917.

aperiodische Dämpfung ist also die Erfüllung der Gleichung (3) $p_0 + H^2 F^2/R = 2\sqrt{KD}$ erforderlich. Durch Kombination von (1) und (3) erhalten wir $H \cdot F \cdot AD/RJ + p_0 = 2\sqrt{KD}$ und hieraus für den Ausschlag bei einem aperiodisch gedämpften Instrument

$$A = \frac{\left(2\sqrt{\dfrac{K}{D}} - \dfrac{p_0}{D}\right) J \cdot R}{H \cdot F}. \tag{4}$$

Aus dieser Gleichung in Verbindung mit (1) und (2) ergibt sich eine Bestätigung der obengenannten, von Boys aufgestellten Bedingungen. Weiter lassen sich folgende Folgerungen ziehen:

Der beste Weg zur Vergrößerung von A besteht in der Vergrößerung von JR. Dies erreicht man am leichtesten entweder durch Verringerung der Abmessungen des Thermoelements oder durch Benutzung von Substanzen mit hoher Thermokraft (und damit unvermeidlich hohem Widerstand). Eine Verkleinerung von H ist wegen (1) nicht so günstig, doch kann ein magnetischer Nebenschluß zur Einstellung der aperiodischen Schwingungsdauer gute Dienste leisten (SCHMIDT). Die Verkleinerung der Windungsfläche F kann durch Verringerung des Trägheitsmoments K Vorteil bringen (schmale Spule). Die Luftdämpfung p_0 soll möglichst klein sein. Eine Vergrößerung von K/D ist unvorteilhaft, weil dadurch die Schwingungsdauer erhöht wird.

c) Radiometer.

45. Neuere Radiometer für Strahlungsmessungen. Das Radiometer besteht in seiner älteren Form[1]) aus zwei schmalen Glimmerflügeln, die an einem dünnen Glasstab befestigt sind, der an einem Quarzfaden hängt. Von beiden Flügeln ist eine Seite berußt (Abb. 33). Das ganze befindet sich in einem evakuierten Gefäß. Durch Bestrahlung der einen geschwärzten Fläche wird eine Drehung des Systems bewirkt, die mit Spiegel und Skala abgelesen wird. Ein sehr empfindliches Radiometer von nur 8 Sekunden Schwingungsdauer wurde von SPENCE[2]) konstruiert. Die beiden Flügel bestanden aus Phosphorbronzeband von 18 μ Dicke und waren 15 mm lang und 0,13 mm breit. Sie waren 4 mm voneinander entfernt. Der Spiegel war 1 mm groß. Der Druck betrug 0,2 mm. Eine andere sehr empfindliche Konstruktion ist die von TEAR[3]). Er benutzt Platinflügel von 1,5×0,5 mm, auf deren Rückseite im Abstand von $^1/_{10}$ mm Glimmerblättchen aufgekittet sind. Die Empfindlichkeit wird hierdurch auf das 4- bis 6fache erhöht. Das Quarzstäbchen, das die Flügel mit dem Spiegel verbindet, ist 20 μ dick, der Spiegel ist 1 × 1,3 mm groß. Die Schwingungsdauer beträgt 10 Sekunden. Als günstigsten Druck findet TEAR 0,012 mm Quecksilber.

Ähnliche Empfindlichkeiten wie TEAR erreichte auch SANDVICK. Mit einem Instrument von 2 Minuten

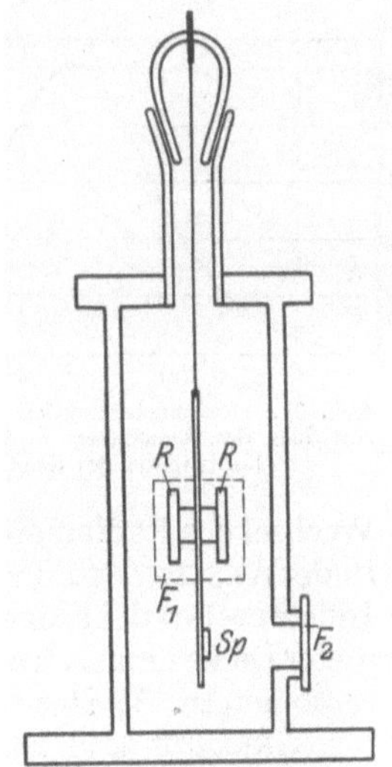

Abb. 33. Radiometer. F_1 Fenster zum Eintritt der Strahlung, F_2 Fenster für die Spiegelablesung, Sp Spiegel, R Flügel des Radiometers.

---

[1]) Angaben über ältere Radiometer bei W. W. COBLENTZ, Bull. Bureau of Stand. Bd. 4, S. 404. 1908.
[2]) B. J. SPENCE, Journ. Opt. Soc. Amer. Bd. 6, S. 625. 1922.
[3]) J. D. TEAR, Phys. Rev. Bd. 23, S. 641. 1924.

Schwingungsdauer übertraf er ihn sogar bei weitem. Sandvick[1]) fertigt die Flügel aus 4,5 μ dicker Aluminiumfolie. Die Flügel sind 15 mm lang und etwa 0,2 mm breit. Das ganze Gehänge einschließlich des 1 mm² großen Spiegels wiegt etwa 1,6 mg. Das Maximum der Empfindlichkeit liegt bei einem Druck von 0,022 mm Quecksilber.

Der Wellenlängenbereich, in dem Radiometer anwendbar sind, hängt, außer von der Absorption des Verschlußfensters, nur von der Wahl des Schwärzungsmittels ab. Für das ultraviolette, sichtbare und kurzwellige ultrarote Spektrum wird Berußung mit Kampfer empfohlen, und für das langwellige Ultrarot Platinmoor oder Wasserglas und Tusche. Für Wellenlängen bis 300 μ und mehr haben Nichols und Tear[2]) kathodisch zerstäubtes Platin oder Platindraht von 1 μ Dicke benutzt.

46. Der Radiometereffekt. Der Radiometereffekt wird bewirkt durch eine Wechselwirkung zwischen den Gasresten und den Flügeln des Radiometers. Für den Fall sehr hoher Vakua, wo die freie Weglänge groß gegen die Dimensionen des Radiometers ist, hat Knudsen eine Theorie aufgestellt, die aber für höhere Drucke nicht anwendbar ist. Zur Erklärung dieses für die Praxis des Radiometers zur Strahlungsmessung viel wichtigeren Falles sind verschiedene Theorien aufgestellt und eine Anzahl Messungen ausgeführt worden. Die vorliegende Darstellung muß sich deshalb auf die wesentlichsten Ergebnisse beschränken. So ist es beispielsweise auch nicht möglich, auf die Sterntalsche Theorie[3]) des Einplattenradiometers einzugehen.

Westphal[4]) untersuchte mit einer Anzahl von Radiometern die Abhängigkeit der Empfindlichkeit vom Gasdruck. Er fand, wenn er den Ausschlag beim Druck p als Funktion von $\log p$ auftrug, eine symmetrische Kurve. Der Druck p_0, bei dem der maximale Ausschlag eintrat, betrug für die von Westphal untersuchte Größe der Flügel für Luft 0,0215 mm Quecksilber, für Wasserstoff 0,0224 m, für Argon 0,0245 mm und für Kohlendioxyd 0,0158 mm. Den Ausdruck

$$\frac{R}{R_0} = f\left(\log\frac{p}{p_0}\right)$$

bezeichnet Westphal als Radiometerfunktion (Abb. 34). Dabei bedeuten R und R_0 die Ausschläge bei den Drucken p und p_0. Bei gegebenem Radiometer war die Radiometerfunktion für verschiedene Gase stets die gleiche, also unabhängig von der Art des Gases. Dagegen variierte sie etwas bei einem Wechsel des Radiometers. Die obenerwähnte Symmetrie der Radiometerfunktion findet Westphal für Luft in dem Druckintervall von 0,0025 bis 0,25 mm Quecksilber. Indem er statt des Flügelradiometers einen Quarzfaden von einigen hundertstel Millimeter Dicke nimmt, findet Westphal[5]) einen größeren Wert für p_0 als bei den Flügelradiometern. Weiter findet er, daß bei zunehmender Fadendicke p_0 kleiner wird.

Gerlach und Madelung[6]) finden, daß über einen großen Druck- und Intensitätsbereich der Ausschlag proportional der auffallenden Energie ist.

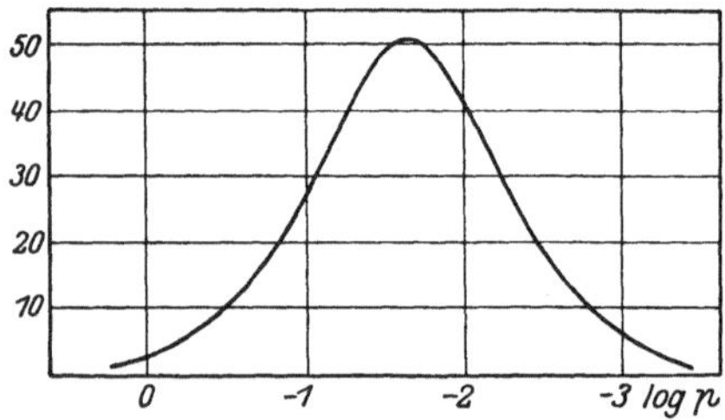

Abb. 34.   Radiometerfunktion nach Westphal. Ausschlag des Radiometers in Abhängigkeit vom Logarithmus des Gasdruckes p.

[1]) O. Sandvick, Journ. Opt. Soc. Amer. Bd. 12, S. 355. 1926.
[2]) E. F. Nichols u. J. D. Tear, Phys. Rev. Bd. 21, S. 587. 1923; Proc. Nat. Acad. Amer. Bd. 9, S. 211. 1923.
[3]) A. Sterntal, ZS. f. Phys. Bd. 39, S. 341. 1928.
[4]) W. H. Westphal, ZS. f. Phys. Bd. 1, S. 92 u. 431. 1920.
[5]) W. H. Westphal, ZS. f. Phys. Bd. 4, S. 221. 1921.
[6]) W. Gerlach u. E. Madelung, ZS. f. Phys. Bd. 21, S. 254. 1924.

47. Die Hettnersche Radiometertheorie. Bei seiner Radiometertheorie berücksichtigt Hettner[1]) in erster Linie das Zweiplattenradiometer, d. h. das Radiometer, bei dem dicht vor der bestrahlten Platte eine zweite, feststehende, z. B. aus Glimmer[2]), angebracht ist. Vielfach hängen die Flügel auch dicht vor dem Verschlußfenster, so daß dies die Rolle der festen Platte vertritt. Der Abstand der festen und der beweglichen Platte vergrößert sich bei der Bestrahlung. Zur Erklärung dieser Erscheinung zieht Hettner die von Maxwell und von Knudsen berechnete, aber nicht auf das Radiometer angewandte „thermische Gleitung" heran. Unter thermischer Gleitung versteht Hettner folgendes: Wenn längs einer Fläche ein Temperaturgefälle besteht, so wird das an die Fläche grenzende Gas längs der Fläche in Bewegung geraten, und zwar strömt es von den Stellen tieferer zu denen höherer Temperatur, also in entgegengesetzter Richtung wie der Wärmestrom in der Fläche. Hierdurch wird auf die Fläche eine Kraft in tangentieller Richtung ausgeübt. Hettner führt die Berechnung neu in aller Strenge durch. Bei Anwendung auf das Zweiplattenradiometer findet Hettner unter Annahme eines Temperaturgefälles von der Mitte zum Rande, daß an der bestrahlten Platte eine Strömung vom Rande zur Mitte eintritt, die an der unbestrahlten Platte in umgekehrter Richtung verläuft und die beide Platten auseinander treibt (Abb. 35).
Auch die von Westphal gefundene Symmetrie der Radiometerfunktion ergibt sich aus Hettners Theorie. Die Tatsache, daß bei beweglichen Systemen, die Spitzen oder Kanten besitzen, die Bewegung so erfolgt, daß die Spitzen und Kanten in der Bewegungsrichtung vorn liegen, erklärt Hettner auch aus dem Auftreten der Tangentialkräfte. Die Rolle der zweiten Platte übernehmen dann die Gefäßwände.

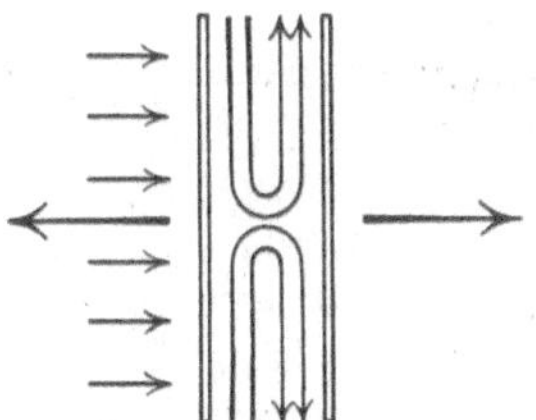

Abb. 35. Strömung am Zweiplattenradiometer (nach Hettner). Die kleinen Pfeile zeigen die Richtung der Bestrahlung, die gebogenen die Richtung der erzeugten Strömung und die großen die Richtung der an den beiden Platten durch die Strömung erzeugten Kräfte.

Die zwischen zwei Platten infolge der thermischen Gleitung auftretenden Tangentialkräfte sind für verschiedene Gase von Czerny und Hettner[3]) gemessen worden. Sie brachten parallel zu einer leicht drehbaren Scheibe und in der Nähe ihres Randes eine kleine Platte an, auf der durch Bestrahlung ein Temperaturgefälle erzeugt wurde, das tangentiell zur Scheibe verlief. Die drehenden Kräfte wurden für verschiedene Abstände der Platte, für Drucke von 0,5 bis 20 mm Quecksilber und für verschiedene Gase (Luft, Helium und Wasserstoff) gemessen. Die so beobachteten und die aus der Theorie berechneten Radiometerkräfte stimmten der Größenordnung nach überein.

48. Die Einsteinsche Radiometertheorie. Den Fall des Einplattenradiometers behandelt A. Einstein[4]). Er nimmt an, daß in einem Gase ein Wärmestrom herrsche und senkrecht zu diesem ein Blättchen stehe, dessen Abmessungen groß gegen die freie Weglänge sind. Dann wird außerhalb dieses Blättchens (in genügendem Abstand) auf Körper, die klein gegen die freie Weglänge sind, eine Kraft wirken. Auf dem Blättchen selbst dagegen herrscht Druckgleichgewicht. Der Übergang zwischen den beiden Zuständen findet am Rande des Blättchens statt, auf einem Bereich, der von der Größenordnung der freien Weglänge ist. Indem Einstein diese Überlegung auf ein einseitig erwärmtes Blättchen überträgt, findet er auch hier einen Bereich von der Größenordnung

[1]) G. Hettner, ZS. f. Phys. Bd. 27, S. 12. 1924.
[2]) E. F. Nichols, Wied. Ann. Bd. 60, S. 402. 1897.
[3]) M. Czerny u. H. Hettner, ZS. Phys. Bd. 30, S. 258. 1924.
[4]) A. Einstein, ZS. Phys. Bd. 271, S. 1. 1924.

der freien Weglänge, in dem eine Druckdifferenz zwischen den beiden Seiten des Blättchens besteht. Auf die Längeneinheit des Blättchenrandes wirkt also nach Einstein eine Kraft, die, ihrer Größenordnung nach, gleich $-p\lambda\Delta T/T$ ist. Hierbei bedeutet p den Gasdruck, λ die freie Weglänge, T die absolute Temperatur und ΔT die Temperaturdifferenz. Demnach wäre also nicht der Flächeninhalt des Flügels, sondern die Größe seines Randes maßgebend für die Größe der Kraft.

Diese Theorie A. Einsteins wird durch Versuche von Marsh, Condon und Loeb[1]) bestätigt. Sie benutzten Radiometer, bei denen der eine Flügel gitterartig durchbrochen war, so daß in bezug auf die Drehachse die Randmomente der beiden Flügel verschieden groß waren (Abb. 36). Es zeigte sich, daß der Ausschlag bei Bestrahlung des durchbrochenen Flügels größer war als bei Bestrahlung des undurchbrochenen, doch war die Bestätigung nur qualitativ.

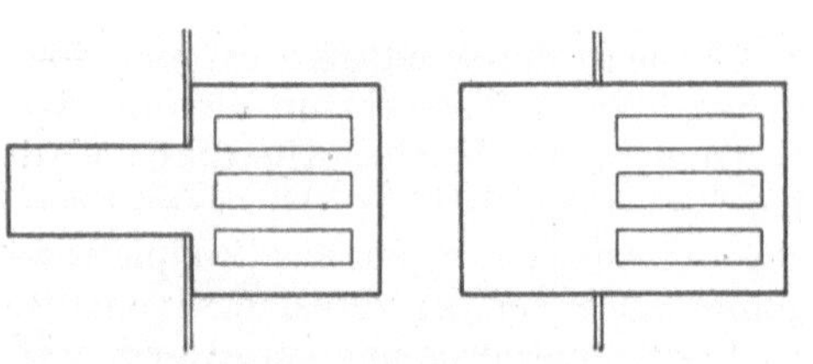

Abb. 36. Radiometerflügel nach Marsh, Condon und Loeb. Die Randmomente in bezug auf die Drehachse sind für beide Flügelhälften verschieden groß.

In einer späteren Arbeit maß Marsh[2]) mit kleinen Thermoelementen die Temperaturverteilung auf dem Flügel und die Temperaturdifferenz zwischen der Vorder- und der Rückseite des Flügels. Hierbei zeigte sich, daß bei durchbrochenen Flügeln eine stärkere Wärmeableitung auftritt. Die Tatsache, daß die Radiometerkraft mit abnehmendem Gasdruck zunimmt, während sie nach der Einsteinschen Theorie sich nur mit $p\cdot\lambda$ ändern, bei Änderungen von p allein also konstant bleiben müßte, erklärt Marsh durch eine durch den abnehmenden Druck verursachte Zunahme der Temperaturdifferenz zwischen den beiden Flügelseiten bei abnehmendem Gasdruck. Wurden die Drucke sehr stark vermindert, so erreichten die Ausschläge zunächst ein Maximum und nahmen dann ab, um schließlich konstant zu werden. Gleichzeitig verloren die Flügel mit großem Randmoment ihre stärkere Wirkung. Dies erklärt Marsh damit, daß der Einsteinsche Radiometereffekt dann außer Wirkung tritt und die direkte Wechselwirkung zwischen Flügeln und Wänden einsetzt.

d) Bolometer.

49. Das Bolometer. Das Bolometer besteht aus einem dünnen Metallstreifen, der bestrahlt wird. Die durch die Erwärmung bedingte Widerstandsänderung wird mit Hilfe der Wheatstoneschen Brückenschaltung gemessen. Man ist bei der Herstellung von Bolometern schon früh dazu übergegangen, sehr dünne Streifen zu benutzen. (Schon Langley verwandte aus Wollastondraht hergestellte Platinstreifen von einigen Mikron Dicke.) Deshalb war die Wärmeableitung und die Wärmekapazität der Streifen und damit ihre Trägheit sehr gering, so daß das Bolometer lange Zeit das empfindlichste Instrument zur Strahlungsmessung war. In den letzten Jahren ist jedoch seine Benutzung sehr zurückgegangen wegen seiner unbequemen Handhabung und wegen der erheblichen Verbesserung der anderen Instrumente zur Strahlungsmessung. Die gebräuchlichste Form des Bolometers ist die, daß zwei Streifen von genau gleichen Abmessungen als a und b in eine Wheatstonesche Brücke geschaltet sind (Abb. 37). Der Streifen a wird bestrahlt, der Streifen b befindet sich, vor Strahlung

---

1) H. E. Marsh, E. London und L. B. Loeb, Journ. Opt. Soc. Amer. Bd. 11, S. 257. 1925.
2) H. E. Marsh, Journ. Opt. Soc. Bd. 12, S. 135. 1926.

eschützt, in seiner unmittelbaren Nähe, um Schwankungen der Stubentemperatur adurch zu eliminieren, daß sie beide Streifen gleichzeitig treffen. Aus diesem rrunde empfiehlt es sich auch, die Widerstände c und d in dasselbe Gehäuse rie a und b zu bringen oder sie durch ein Ölbad auf konstanter Temperatur zu .alten. Zum Ausgleichen des Bolometers auf Stromlosigkeit wird, des besseren <ontaktes halber, meist ein Quecksilberkontakt gewählt. Um Zeit zu sparen, rird nicht nach der sonst bei der WHEATSTONEschen Brückenschaltung üblichen Jullmethode gearbeitet, sondern der Ausschlag des Galvanometers abgelesen. Tereinzelt wird außer a auch d bestrahlt, um die Wirkung zu vergrößern. SEDDIG)enutzte sogar zwei Streifen aus Eisen und zwei aus Kohle (wegen des negativen 'emperaturkoeffizienten) und bestrahlte alle vier Streifen. Ein Flächenbolometer Abb. 38) stellten LUMMER und KURLBAUM dadurch her, laß sie aus dünner Platinfolie (s. Ziff. 51) zickzackförmige

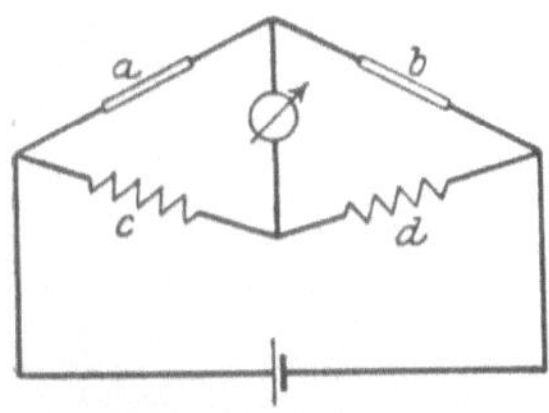

Abb. 37. Bolometerschaltung. a und b Bolometerstreifen, c und d Widerstände (manchmal auch als Bolometerstreifen ausgebildet).

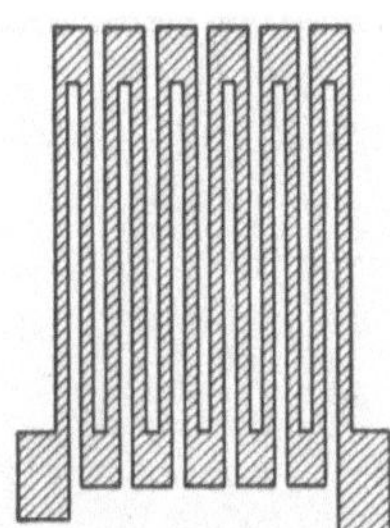

Abb. 38. Flächenbolometer nach LUMMER und KURLBAUM.

Streifen schnitten. Die durch die Zwischenräume des ersten Streifens gehende Strahlung fiel auf einen zweiten gleichartigen, der sich dicht dahinter befand und als d in die Brücke geschaltet war.

Das Arbeiten mit dem Bolometer wird durch das Auftreten zahlreicher Fehlerquellen erschwert. So wird der Strom mit einem hochempfindlichen Galvalometer gemessen. Die Messung unterliegt also denselben Störungen durch Erchütterungen und elektrische und magnetische Einflüsse, durch die das beim Thermoelement benutzte Galvanometer auch gestört wird. Weiter ist es sehr vesentlich, daß die beiden Widerstände a und b gleichgroß sind, da sich sonst)ei jeder Schwankung des Heizstromes ihr Widerstand verschieden stark ändern vürde, was Ausschläge des Galvanometers hervorrufen würde. Weiter wird lurch den Heizstrom der Streifen dauernd über Stubentemperatur gehalten. Hierdurch entstehen in der umgebenden Luft Konvektionsströmungen, deren Schwankungen wieder Ausschläge des Galvanometers veranlassen. Letzterer Jmstand und die Tatsache, daß bei sehr kleinen Dimensionen des Bolometerstreifens die Kühlwirkung der Luft eine sehr große Rolle spielt, haben die Konstruktion von Vakuumbolometern veranlaßt.

50. Theorie des Bolometers. Die Theorie des Bolometers ist ausführlich von WARBURG, LEITHÄUSER und JOHANSEN[1]) behandelt worden. Ihre wesentlichsten Ergebnisse sind folgende: Die vorteilhafteste Schaltung liegt vor, wenn $a = b$ und $c = d$, aber c groß gegen a ist. Der Galvanometerwiderstand soll gleich $2a$ sein. Bei Verringerung der Streifenbreite nimmt der Verlust durch Ausstrahlung proportional der Breite ab, der Verlust durch Wärmeübergang dagegen nur sehr langsam. Bei kleiner Strombelastung ist die Strahlungsempfindlichkeit dem Heizstrom direkt proportional, bei stärkeren Strömen :ritt ein Optimum der Belastung auf, da die Strahlungsverluste mit der dritten Potenz der absoluten Temperatur wachsen. Ist c sehr groß gegen a, so ist die Strahlungsempfindlichkeit der Wurzel aus der Streifenbreite proportional.

Bei dem Luftbolometer ist die Strahlungsempfindlichkeit direkt proportional ler Streifenbreite, und auch das Maximum der Empfindlichkeit für einen bestimmten Heizstrom zeigt sich nicht, doch kann man nach Messungen von

---

[1]) E. WARBURG, G. LEITHÄUSER u. E. S. JOHANSEN, Ann. d. Phys. (4) Bd. 24, S. 25. 1907.

Buchwald annehmen, daß das Maximum doch vorhanden ist, aber bei für die Praxis zu hohen Stromstärken liegt.

Wird nicht der ganze Bolometerstreifen bestrahlt, sondern nur ein kleiner Teil, z. B. die Mitte oder ein Ende desselben, so spielt die Lage des bestrahlten Teiles eine große Rolle. Diesen Fall hat Johansen theoretisch und experimentell untersucht[1]). Die Empfindlichkeit ist bei Bestrahlung der Mitte am größten. Indem Johansen den quer zum Bolometerstreifen gestellten Faden einer Glühlampe auf einem im Vakuum befindlichen Bolometerstreifen von 11 mm Länge, 0,54 mm Breite und 1 μ Dicke abbildete, der mit 0,02 Amp. geheizt wurde, erhielt er die in Abb. 39 aufgetragenen Empfindlichkeiten.

Die Zunahme der Empfindlichkeit in Abhängigkeit von der Höhe des Vakuums und der Stärke des Heizstroms hat Buchwald[2]) untersucht. Er fand,

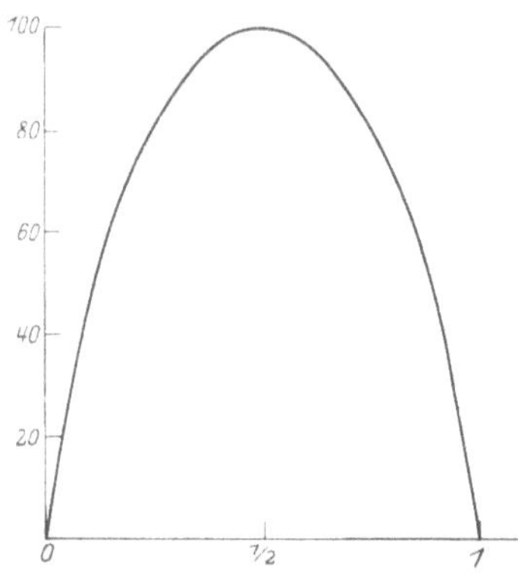

Abb. 39. Empfindlichkeit eines Bolometerstreifens in Abhängigkeit von der bestrahlten Stelle (nach Johansen). Für die Bestrahlung der Mitte (Abszisse = $^1/_2$) ist die Empfindlichkeit gleich 100 gesetzt.

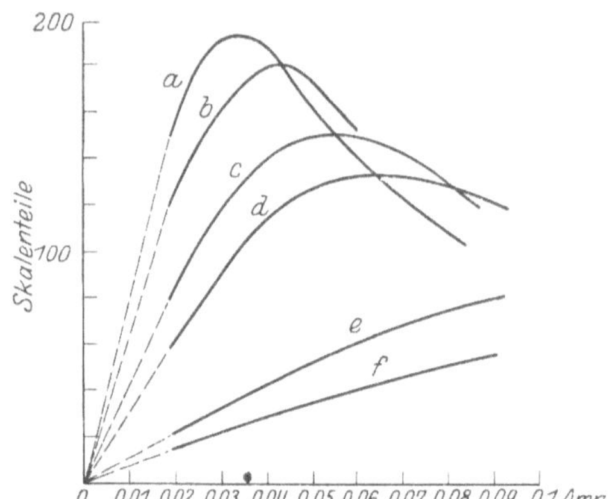

Abb. 40. Bolometerempfindlichkeit in Abhängigkeit von Heizstrom und Gasdruck. Der Gasdruck betrug bei Kurve $a = 0,001$ mm, $b = 0,01$ mm, $c = 0,05$ mm, $d = 0,1$ mm, $e = 1$ mm, $f = 750$ mm.

daß die Lage des Maximums von beiden Faktoren abhing. Für einen Bolometerstreifen aus Platin von 12 mm Länge, 0,15 mm Breite und 10,9 Ohm Widerstand fand er die in Abb. 40 angegebenen Ausschläge in Abhängigkeit von Druck und Heizstrom. Für breitere Streifen war ein stärkerer Heizstrom erforderlich wegen der größeren Verluste durch Strahlung und Wärmeableitung. Weiter berechnete Buchwald die Temperaturerhöhung des Streifens aus seinem Widerstand und fand, daß bei einem Vakuum von 0,001 mm Quecksilber und einem Heizstrom von rund 0,02 Amp. die Temperaturerhöhung gegen 18° 8° betrug und bei 0,11 Amp. auf 144° gestiegen war. In Luft betrugen die entsprechenden Erwärmungen nur 3 bzw. 36°.

51. Neuere Bolometerkonstruktionen. Leimbach[3]) benutzte Bolometerstreifen, die aus Wollastonedraht hergestellt waren, der nach dem Verfahren der Lamettefabrikation geplättet worden war. Hierdurch war es ihm möglich, nach Abätzung der Silberschicht Platinstreifen von 25 μ Breite und 0,28 μ Dicke zu erhalten. Leimbach schaltete zwei derartige Streifen parallel zueinander als a in die Brückenschaltung. Zwei weitere Streifen bildeten den Teil b. Während a bestrahlt wurde, wurde b durch eine gesonderte Batterie geheizt, bis das Galvanometer wieder stromlos war. Aus der Stärke des Heizstromes berechnete Leim-

[1]) E. S. Johansen, Ann. d. Phys. (4) Bd. 33, S. 532. 1910.
[2]) E. Buchwald, Ann. d. Phys. (4) Bd. 33, S. 928. 1910.
[3]) G. Leimbach, Ann. d. Phys. (4) Bd. 33, S. 308. 1910.

Bach die eingestrahlte Energie. Etwaige Thermokräfte wurden durch Kommutierung des Galvanometers ausgeschaltet. Bei seinem Vakuumbolometer fertigte Buchwald[1]) die Streifen aus Lummer-Kurlbaumscher Platinfolie. Diese Folie wird nach dem Verfahren von Lummer und Kurlbaum[2]) dadurch hergestellt, daß ein mit einem Silberblech zusammengeschweißtes Platinblech dünn ausgewalzt wird. Nach dem Auswalzen wird das Silber abgeätzt. Buchwald bestrahlte nur a. Er ließ das Bolometer dauernd in Verbindung mit der Quecksilberpumpe und kontrollierte den Druck mit einem Mac-Leod-Manometer. Witt[3]) stellte ein Bolometer her, indem er einen Wolframdraht von $16\,\mu$ Dicke zickzackförmig ausspannte. Ein zweites Bolometer, bei dem er einen Glimmerstreifen kathodisch platinierte, erwies sich als weniger empfindlich. Voege[4]) konstruierte ein Vakuumbolometer, bei dem ein Eisendraht von $15\,\mu$ Dicke auf einen Dorn von $0,3$ mm Durchmesser spiralig aufgewickelt wurde, so daß eine Empfangsfläche von $0,3$ mm Breite und 15 mm Höhe entstand.

e) Eichung und Messung.

52. Galvanometer für Strahlungsmessungen. Wegen der Theorie des hochempfindlichen Galvanometers und den verschiedenen Ausführungsformen sei auf Band XVI, Kapitel 9 ds. Handb. verwiesen. Hier kann nur das für Strahlungsmessungen unmittelbar Wichtige gebracht werden.

Der Ausschlag eines Galvanometers wächst mit der Wurzel aus seinem inneren Widerstand. Trotzdem darf der innere Widerstand nicht zu groß gemacht werden, da der Strom in dem Kreis Galvanometer plus Thermoelement, bzw. in dem Brückenzweig der Bolometerschaltung sonst zu sehr verringert würde (Näheres hierüber s. Ziff. 42). Es kommen deshalb nur Galvanometer von hoher Spannungsempfindlichkeit, also geringem inneren Widerstand, in Frage. Die erforderliche hohe Empfindlichkeit wurde zuerst bei Nadelgalvanometern erreicht. Hier ist vor allem das sehr empfindliche astatische Thomsongalvanometer[5]) und weiter das auch recht empfindliche Paschensche Panzergalvanometer[6]) mit größerer Schwingungsdauer (10 bis 20 Sek.) zu nennen. Über weitere Konstruktionen von Dubois und Rubens, Nernst usw. vgl. Bd. XVI ds. Handb. Die Nadelgalvanometer haben den Nachteil, daß ihre Astasierung zeitraubend ist, und daß sie magnetischen Störungen unterworfen sind. Aus diesen Gründen werden jetzt häufig Drehspulengalvanometer an ihrer Stelle verwandt. Hier wären vor allem das hochempfindliche Zernike-Galvanometer[7]) Type Zc sowie das durch seine kurze (aperiodische) Schwingungsdauer (2 Sek.) ausgezeichnete Mollgalvanometer[8]) zu nennen. Infolge ihrer Störungsfreiheit eignen sich beide gut zur Registrierung (Ziff. 54). Andererseits ermöglicht die gute Nullpunktslage eine künstliche Vergrößerung des Ausschlags (Ziff. 55), so daß man die Empfindlichkeit der Nadelgalvanometer erreichen kann. Schließlich wäre noch das Zeisssche Schleifengalvanometer[9]) zu nennen, das sich vor allem durch seine geringe Schwingungsdauer auszeichnet.

[1]) E. Buchwald, Ann. d. Phys. (4) Bd. 33, S. 928. 1910.
[2]) O. Lummer u. F. Kurlbaum, Wied. Ann. (3) Bd. 46, S. 205. 1892.
[3]) H. Witt, ZS. f. Phys. Bd. 28, S. 236. 1924; Dissert. Lund 1924.
[4]) W. Voege, Phys. ZS. Bd. 21, S. 294. 1920.
[5]) F. Paschen, Phys. ZS. Bd. 14, S. 521. 1913; W. W. Coblentz, Bull. Bureau of Stand. Bd. 13, S. 423. 1916; B. J. Spence, Journ. Opt. Soc. Amer. Bd. 6, S. 896. 1922.
[6]) F. Paschen, Phys. ZS. Bd. 14, S. 521. 1913.
[7]) F. Zernike, Proc. Amsterdam Bd. 24, S. 239. 1922; Katalog Kipp u. Zonen, Delft.
[8]) W. J. H. Moll, Proc. Phys. Soc. Bd. 35, Teil 5, 15. VIII. 1923; Katalog Kipp u. Zonen, Delft.
[9]) R. Mechau, Phys. ZS. Bd. 24, S. 242. 1923.

53. Empfindlichkeit der Galvanometer. Das nächstliegende Empfindlichkeitsmaß ist die Angabe der Stromstärke, die erforderlich ist, um einen Ausschlag von 1 mm zu bewirken. Es sind aber zwei andere Angaben an ihre Seite getreten, einmal die Normalempfindlichkeit, eine Wertziffer, die auch den Spulenwiderstand und die Schwingungsdauer berücksichtigt (vgl. Bd. XVI) und dann die Spannungsempfindlichkeit. Die letztere ist das Produkt aus Stromempfindlichkeit und Widerstand, gibt also die Spannung an, die einem Ausschlag von einem Millimeter entspricht. Hierdurch wird ein Vergleich von Galvanometern von verschieden hohem inneren Widerstand ermöglicht.

Eine andere wichtige Größe, die in hohem Grade Berücksichtigung verdient, ist die Leistungsfähigkeit eines Galvanometers[1]. Eine Ablesung ist um so zuverlässiger, je kleiner der mittlere Fehler ist. So ist z. B. ein Galvanometer von 10^{-8} Volt, das wegen seines kleinen mittleren Fehlers bis auf $^1/_{10}$ mm sicher ablesbar ist, einem Galvanometer von 10^{-9} Volt überlegen, bei dem die ganzen Millimeter unsicher sind. Die Ampere- und Voltempfindlichkeit für eine Anzahl der wichtigsten Galvanometer ist in Tabelle 13 zusammengestellt. Die Angaben wurden meist den Preislisten der herstellenden Firmen entnommen. Bei dem Vergleich der Empfindlichkeiten ist zu berücksichtigen, daß die Drehspuleninstrumente (Zernike und Moll) wegen ihrer guten Ruhelage auf $^1/_{10}$ mm abgelesen werden können, was bei den Nadelgalvanometern wegen der äußeren Störungen nur selten der Fall ist.

Tabelle 13. Übersicht über einige wichtige Galvanometerkonstruktionen.

	Galvanometer-Widerstand	Schwingungsdauer	Ampere-Empfindlichkeit	Volt-Empfindlichkeit
	Ohm	Sek.	Amp.	Volt
Astatisches Galvanometer von Paschen	12	6	$2,5 \cdot 10^{-10}$	$3 \;\cdot 10^{-9}$
Kugelpanzergalvanometer von Dubois u. Rubens	10		$4 \;\cdot 10^{-10}$	$4 \;\cdot 10^{-9}$
Eisengalvanometer v. Paschen	11	17	$7 \;\cdot 10^{-10}$	$7,7 \cdot 10^{-9}$
Drehspulengalvanometer von Zernike Modell Zc	20	7	$1,2 \cdot 10^{-9}$	$3 \;\cdot 10^{-8}$
Drehspulengalvanometer Moll	45	2	$2 \;\cdot 10^{-8}$	$1 \;\cdot 10^{-6}$
Schleifengalvanometer von . . Zeiss	6—10	0,6	$7,5 \cdot 10^{-9}$	$4,5—7,5 \cdot 10^{-8}$

54. Registriervorrichtungen. Vielfach werden die Ausschläge des Galvanometers registriert, indem das Licht einer Lampe am Spiegel reflektiert und dann auf einem Streifen photographischem Papier abgebildet wird. Für die Registrierung kommen nur gut gedämpfte Instrumente mit geringer Schwingungsdauer in Frage. Mikroradiometer und Radiometer in ihrer bisherigen Form scheiden deshalb von vornherein aus. Dagegen sind früher mehrfach bolometrische Messungen registriert worden. Jetzt werden für Registriereinrichtungen meist schnellarbeitende Thermosäulen in Verbindung mit Drehspulengalvanometern benutzt. Die Störungsfreiheit der Drehspulengalvanometer wird allerdings mit einer Einbuße an Empfindlichkeit bezahlt. Um genügend große Ausschläge zu bekommen, muß der Spalt breiter genommen werden, und dadurch leidet die Auflösung. Die Registriereinrichtungen eignen sich also am besten für solche Fälle, wo es nicht so sehr auf große Auflösung ankommt. Vor allem wird die Zeitdauer der Messung sehr verringert, denn da das Spektrum langsam über den Bolometerstreifen bzw. die Thermosäule wandert, fällt die sonst für

---

[1] W. J. H. Moll u. H. C. Burger, ZS. f. Phys. Bd. 34, S. 112. 1925.

Verstellung des Teilkreises und Rückkehr des Galvanometers in die Ruhelage nötige Zeit fort. Bei der Registrierapparatur von ELLIS[1]) wird der Prismentisch (mit mehreren Quarzprismen) langsam gedreht und gleichzeitig durch denselben Motor eine photographische Platte von oben nach unten bewegt, auf der die Galvanometerausschläge aufgezeichnet werden. Dadurch, daß beides durch denselben Motor bewegt wird, fallen Fehler in der Wellenlängenbestimmung, wie sie bei der Benutzung mehrerer Uhrwerke leicht entstehen können, fort. ELLIS nimmt das ganze Spektrum bis $3\,\mu$ in 10 Minuten auf.

55. Künstliche Vergrößerung der Ausschläge. Bei sehr störungsfreien Instrumenten kann man die Empfindlichkeit dadurch vergrößern, daß man Bruchteile eines Millimeters abliest. Doch ist eine Vergrößerung der Ablesegenauigkeit durch Verlängerung des Lichtweges (z. B. durch mehrfache Reflexion) oder durch Erhöhung der Vergrößerung nur in beschränktem Maße möglich. Diesem Mangel ist in der letzten Zeit durch thermoelektrische Methoden abgeholfen worden.

MOLL und BURGER[2]) schlagen hierbei folgenden Weg ein: Das vom Galvanometerspiegel reflektierte Licht einer Lampe erzeugt einen Lichtfleck auf einem einen halben Millimeter breiten Streifen Thermoblech, der aus einem Streifen Manganin zwischen zwei Streifen Konstantan besteht. Je nachdem ob der Lichtfleck genau zwischen den beiden Lötstellen liegt oder näher an einer derselben, hebt sich die entstehende Thermokraft auf oder es entsteht ein Thermostrom, der mit einem zweiten Galvanometer gemessen bzw. registriert wird. Nach Angaben der Verfasser ist $^1/_{10}$ Bogensekunde noch mit Sicherheit ablesbar. Die Vergrößerung hängt von der Lichtstärke der Lampe ab und läßt sich leicht auf das Hundertfache bringen. (Sofern das erste Galvanometer genügend störungsfrei ist, um eine derartige Vergrößerung zweckmäßig erscheinen zu lassen.) Die kurze Einstelldauer des MOLLschen Drehspulengalvanometers (weniger als 2 Sek.) wurde durch das Relais allerdings auf 5 Sekunden vergrößert.

Eine etwas abweichende Methode benutzt ZERNIKE[3]) mit seiner Differentialthermosäule. Er spaltet das einfallende Licht optisch in zwei Teile, die den entgegengesetzten Lötstellen einer Thermosäule zugeführt werden. Bei Stromlosigkeit des Galvanometers sind die auf die beiden Lötstellen fallenden Lichtmengen gleich groß, so daß sich die Thermokräfte aufheben. Bei einer Drehung des Galvanometerspiegels erhalten die beiden Lötstellen ungleich große Lichtmengen. Der entstehende Thermostrom wird dann mit einem zweiten Galvanometer gemessen. ZERNIKE hat auf diese Weise die Empfindlichkeit seines Galvanometers um das 12000fache gesteigert. Mit einem derartigen „zusammengesetzten Galvanometer", das man nach ZERNIKE schon aus zwei gewöhnlichen Galvanometern, wie sie jedes Laboratorium besitzt, zusammensetzen kann, ist es möglich, die natürliche Beobachtungsgrenze der Stromstärke (Ziff. 56) zu erreichen.

Ein anderes Verfahren empfiehlt NULL[4]). Er bildet die Hilfslichtquelle nicht auf einem Thermoblech ab, sondern auf einem keilförmigen Spalt, der sich vor einer Photozelle befindet. Die Größe des Ausschlages richtet sich nach der Menge des von dem Keil durchgelassenen Lichtes. NULL erhielt auf diese Weise das 1,85fache des ursprünglichen Ausschlags bei linearem Verhältnis.

56. Die natürliche Beobachtungsgrenze der Stromstärke. Im Laufe der letzten Jahrzehnte ist es wiederholt gelungen, durch sehr sorgfältige Konstruktion Nadelgalvanometer herzustellen, die eine ungewöhnlich hohe Empfindlichkeit

[1]) J. W. ELLIS, Journ. Opt. Soc. Amer. Bd. 11, S. 647. 1925.
[2]) W. J. H. MOLL u. H. C. BURGER, ZS. f. Phys. Bd. 34, S. 109. 1925.
[3]) F. ZERNIKE, ZS. f. Phys. Bd. 40, S. 635. 1926.
[4]) F. C. NULL, Journ. Opt. Soc. Amer. Bd. 12, S. 521. 1926.

besaßen. Doch wurden sie wegen starker Nullpunktsschwankungen nie mit ihrer vollen Empfindlichkeit benutzt. ISING[1]) hat den Fall durchgerechnet, daß diese Nullpunktsschwankungen durch die BROWNsche Molekularbewegung verursacht würden. Ein Vergleich seiner Rechnung mit einer Kurve der Nullpunktsschwankungen, die MOLL mit seinem Thermorelais bei 100facher Galvanometerempfindlichkeit aufgenommen hatte, ergab gute Übereinstimmung.

In einer Arbeit über das gleiche Gebiet nahm ZERNIKE[2]) an, daß die Nullpunktsschwankungen nicht durch Stöße der Luftmoleküle, sondern durch spontane Stromschwankungen hervorgerufen würden, die in einem Stromkreis auch ohne Galvanometer auftreten können. Er findet für den durch die wirklichen Stromschwankungen erzeugten Galvanometerausschlag dieselbe Formel wie ISING für seine durch Stöße der Luftmoleküle hervorgerufenen „scheinbaren" Schwankungen. Dies erklärt sich nach ZERNIKE dadurch, daß sich das mittlere Drehimpulsquadrat proportional der Dämpfungskonstanten ändert. Indem ISING nun von der Luftdämpfung absieht und nur elektromagnetische Dämpfung annimmt, hat er damit implizite den Fall der tatsächlichen Stromschwankungen durchgerechnet.

ZERNIKE und ISING finden beide für das mittlere Fehlerquadrat der Stromstärkemessung $\overline{u^2}$ folgenden Wert: $\overline{u^2} = \pi k T/R\tau$. Hierbei bedeutet $k T$ die Äquipartitionsenergie der Eigenschwingung, R den Widerstand des Stromkreises und τ die Periode des Galvanometers. Man kann also einen Strom i nur solange nachweisen, als i^2 mehrmals größer ist als $\overline{u^2}$. Andererseits kann man die natürliche Grenze der Stromstärkemessung dadurch etwas herausschieben, daß man die absolute Temperatur des gesamten Stromkreises klein bzw. R oder τ groß macht. Insofern ist ein Galvanometer mit großer Periode einem schnell schwingenden überlegen.

Weiter findet ZERNIKE für die mittlere Schwankung des Galvanometerausschlages den Ausdruck $\sqrt{a^2} = 4,00 \cdot 10^{-4}/\sqrt{D^{mm}}/_m$ für 18° und 1 m Skalenabstand, wobei D die Direktionskraft ist. Indem ZERNIKE für D bei den verschiedenen Galvanometertypen entsprechende Werte setzt, berechnet er die Empfindlichkeitsgrenze für die verschiedenen Galvanometer (vgl. Tab. 14).

Tabelle 14. Empfindlichkeitsgrenze verschiedener Galvanometer.

Instrument	Direktionskraft	Schwankung in 1 m Entfernung	Höchstzulässige Skalenentfernung
Gewöhnliches Drehspulengalvanometer	1	0,4 μ	180 m
Höchstempfindliches Drehspulengalvanometer .	0,003	7 ,,	10 ,,
,, Nadelgalvanometer . . .	$4 \cdot 10^{-6}$	0,2 mm	35 cm

Nach ZERNIKE kann das von ABBOT[3]) konstruierte Galvanometer, mit dem im Falle der Störungsfreiheit Ströme von 10^{-12} Amp. nachweisbar wären, tatsächlich nicht dafür brauchbar sein, da die „Störungen" (d. h. die BROWNsche Bewegung) das 20fache dieses Betrages sind. ZERNIKE vergrößerte bei einem seiner hochempfindlichen Drehspulengalvanometer mit Hilfe seiner Differentialthermosäule den Ausschlag auf das 12000fache und erreichte damit eine Amplitude der Schwankungen von 60 mm entsprechend einer 600fachen Überschreitung der höchstzulässigen Ablesegenauigkeit.

[1]) G. ISING, Phil. Mag. (7) Bd. 1, S. 827. 1926.
[2]) F. ZERNIKE, ZS. f. Phys. Bd. 40, S. 628. 1926.
[3]) C. G. ABBOT, Astrophys. Journ. Bd. 18, S. 1. 1903.

57. Empfindlichkeitsbestimmung der Strahlungsempfänger (Thermosäulen usw.). Früher wurde bei den zur Strahlungsmessung dienenden Instrumenten häufig die Temperaturempfindlichkeit angegeben. Diese gibt aber kein klares Bild von der Brauchbarkeit des Instruments, denn dafür ist die durch die Bestrahlung bewirkte Temperaturerhöhung maßgebend. Deshalb wird vielfach auf die Verwendung von Substanzen mit großer Thermokraft verzichtet, weil diese sich oft nicht in so dünne Form bringen lassen, daß die Wärmeableitung genügend klein wird. Jetzt wird als Maß für die Strahlungsempfindlichkeit meist der durch die Strahlung einer Kerze (am besten natürlich Hefnerlampe) bewirkte Ausschlag angegeben. Will man Werte haben, die genau vergleichbar sind, so muß auch die Strahlung der über der Hefnerlampe aufsteigenden erhitzten Luft abgehalten werden. Der Einheitlichkeit halber dürfte es sich empfehlen, hierzu das von GERLACH[1]) beschriebene Metalldiaphragma von 14×15 mm Öffnung in 10 cm vor der Flammenmitte zu benutzen und als Abstand 1 m zu wählen. Bei derartigen Messungen sind die Instrumente mit großer Empfangsfläche natürlich im Vorteil. Es ist deshalb zweckmäßiger, den QuotientenAusschlag: bestrahlte Fläche anzugeben. Bei Thermosäulen und Bolometern kann natürlich nur die Empfindlichkeit von Strahlungsmesser plus Galvanometer angegeben werden. Falls die zu vergleichenden Thermosäulen verschiedenen inneren Widerstand haben, kann bei Benutzung eines hochohmigen Galvanometers die eine überlegen sein, während sich bei einem Galvanometer von geringem inneren Widerstand sich das Verhältnis umkehren kann. Wird nur ein Teil der Empfangsfläche ausgenutzt, so sind die Instrumente im Vorteil, bei denen der Quotient ausgenutzte Fläche durch Empfangsfläche am größten ist.

58. Proportionalität der Ausschläge. Schwächung der Strahlung. Die Ausführung quantitativer Messungen wird dadurch erleichtert, daß die oben beschriebenen Meßinstrumente nicht selektiv sind, und daß ihre Ausschläge proportional der auffallenden Energie sind. Für die Galvanometer gilt dies allerdings nur in einem engen Bereich, so daß es für sehr genaue Messungen erforderlich ist, die Ausschläge auf Grund der Eichkurve des Galvanometers zu berichtigen, falls man es nicht vorzieht, das Galvanometer als Nullinstrument bei einer Kompensationsmethode zu benutzen oder durch Anwendung eines Nebenschlusses die Ausschläge im Bereich der Proportionalität zu halten.

Die Proportionalität der Ausschläge ist bei den oben beschriebenen Strahlungsmessern wiederholt geprüft worden. Als dazu geeignete Methode wäre einmal die von ÅNGSTRÖM[2]) zu nennen. ÅNGSTRÖM schaltet einen Schirm in den Lichtweg, der verschiedene verschließbare Öffnungen hat, und vergleicht die durch das Öffnen einzelner Öffnungen bewirkten Ausschläge mit dem durch das gleichzeitige Öffnen von mehreren erzielten Ausschlag.

Eine andere Methode mit größerem Meßbereich besteht in Verwendung eines rotierenden Sektors, doch muß hierbei vorsichtig vorgegangen werden. Denn COBLENTZ[3]) fand, daß die Umlaufsgeschwindigkeit des Sektors und sein Abstand von der Thermosäule eine große Rolle spielen. So erhielt er für einen Sektor, der 66,8% durchlässig sein sollte, 69,3 bis 77,2%, und FOWLE[4]) fand für einen anderen Sektor statt einer Durchlässigkeit von 33,3% eine solche von 34,4%. Nach COBLENTZ empfiehlt es sich, den Sektor dicht hinter eine Blende zu stellen und ihn langsam laufen zu lassen.

---

[1]) W. GERLACH, Phys. ZS. Bd. 14, S. 577. 1913.
[2]) K. ÅNGSTRÖM, Wied. Ann. Bd. 26, S. 260. 1885.
[3]) W. W. COBLENTZ, Bull. Bureau of Stand. Bd. 4, S. 457. 1908.
[4]) A. FOWLE, Smith. Misc. Collections Bd. 68, Nr. 8, S. 14. 1917.

II. Spektrale Zerlegung und Messung der Strahlung.

a) Spektrale Zerlegung.

59. Spektrometer. Bei den für energetische Messungen bestimmten Spektrometern hat es keinen Zweck, eine so große Auflösung anzustreben, wie man sie bei photographischen Messungen braucht. Sehr schmale Linien kann man wegen der aus technischen Gründen unvermeidlichen Breite des Empfängers doch nicht trennen, und eine sehr große Dispersion anzuwenden verbietet sich, weil dann zu wenig Energie auf den Empfänger fällt. Denn während bei der photographischen Platte die Flächenhelligkeit maßgebend ist, kommt bei energetischen Strahlungsmessern das Produkt: Flächenhelligkeit $\times$ Größe des Empfängers in Frage. Man wird also Spektrometern mit großem Öffnungsverhältnis und großem Objektivdurchmesser den Vorzug geben.

Die Wahl der Substanz, aus der das Objektiv hergestellt wird, richtet sich nach der Lage des Arbeitsgebietes. Die Durchlässigkeitsgrenzen der wichtigsten Stoffe sind in Ziff. 61 zusammengestellt, wobei zu berücksichtigen ist, daß man mit ein oder zwei dünnen Linsen natürlich weiter in das Absorptionsgebiet eindringen kann, als wenn sich dicke Schichten als Linsen oder Prismen im Lichtweg befinden.

Da das Spektrum auf dem Austrittsspalt scharf abgebildet werden muß, führt die Verwendung von Linsen im unsichtbaren Teil des Spektrums, wo nicht okular nachjustiert werden kann, zu Verunreinigungen. Falls Kollimator und Fernrohr mit Millimeterteilung versehen sind, kann man auf Grund der berechneten Brennweite nachjustieren, doch ändert sich dann der Öffnungswinkel und damit die Energie. Deshalb werden bei Untersuchungen im Ultraroten fast **nur** Spiegelspektrometer gebraucht. Nur LEHMANN[1]) verwandte einen Spektrographen mit für den Bereich 5890 bis 15290 Å.-E. achromatischer Glasoptik.

Im Ultravioletten ist das Reflexionsvermögen der Metalle sehr gering und ein Anlaufen der Oberfläche ist weit störender als im Ultraroten. Deshalb werden im Ultravioletten meist Quarz- oder Quarz-Flußspatlinsen verwandt. Energetische Messungen im Ultravioletten sind bisher nur selten ausgeführt worden. PFLÜGER[2]) benutzte Flußspatoptik und regulierte die Fokusierung an Fernrohr und Kollimator. PFUND[3]) machte den Eintrittsspalt (nebst Lichtquelle) beweglich und verband ihn so mit einer Führungsschiene, daß beim Schwenken des Kollimators (das Fernrohr stand fest) der Abstand des Eintrittsspaltes von seinem Objektiv sich veränderte. Hierdurch erreichte er, daß das Spektrum stets scharf auf dem Austrittsspalt abgebildet wurde. COBLENTZ und HUGHES[4]) fokusierten den Austrittsspalt mit Hilfe eines Fluoreszenzschirmes.

Um den bei Hohlspiegeln unvermeidlichen Astigmatismus möglichst klein zu halten, empfiehlt es sich, den Spalt so nahe wie möglich an die optische Achse zu bringen. SONNEFELD[5]) benutzte hierzu exzentrisch ausgeschnittene Parabolspiegel und legte den Spalt auf die Spiegelachse. Hierdurch und durch symmetrische Anordnung der beiden Spiegel wurden die Abbildungsfehler sehr ver-

---

[1]) H. LEHMANN, Ann. d. Phys. Bd. 39, S. 53. 1912.
[2]) A. PFLÜGER, Ann. d. Phys. Bd. 13, S. 890. 1904.
[3]) A. H. PFUND, Phys. Rev. (2) Bd. 7, S. 289. 1916.
[4]) W. W. COBLENTZ u. C. W. HUGHES, Bull. Bureau of Stand. Bd. 19, S. 577. 1924.
[5]) A. SONNEFELD, Central-Ztg. f. Opt. u. Mech. Bd. 44, S. 187. 1923.

ringert und er erhielt trotz eines Öffnungsverhältnisses 1:4 doch eine sehr gute Abbildung des Spaltes.

Die Krümmung des Spaltbildes wird, da sie bei der großen Breite des Spaltes verhältnismäßig wenig zur Verunreinigung des Spektrums beiträgt, meist vernachlässigt. Vereinzelt wird der Austrittsspalt mit einer Krümmung versehen, die der mittleren Krümmung des Spaltbildes im untersuchten Spektralbereich entspricht. SONNEFELD krümmt den Eintrittsspalt.

An Stelle des Teilkreises wird jetzt öfters eine Schraube ohne Ende benutzt, deren Trommel mittels Fernrohr abgelesen wird. Hierdurch wird die Anwesenheit des Beobachters in der Nähe des Thermoelements vermieden und es wird möglich, die ganze Apparatur in einen Kasten einzuschließen.

60. Einfluß gestreuter Strahlung. Um eine Verunreinigung des Spektrums durch gestreute Strahlung zu vermeiden, empfiehlt es sich, den Durchmesser des Fernrohres groß zu machen und im Fernrohr mehrere Blenden anzubringen. Bei dem Austrittsspalt müssen die abgeschrägten Seiten der Backen nicht dem Prisma, sondern dem Thermoelement zugekehrt werden, damit sie nicht wie ein Trichter wirken und unerwünschte Strahlung auf das Thermoelement reflektieren.

Arbeitet man in einem Spektralbereich, in dem die Energie verhältnismäßig gering ist, z. B. im Sichtbaren oder im langwelligen Ultrarot, so kann gestreute Strahlung von anderen energiereicheren Teilen des Spektrums sehr lästig werden, auch wenn sie nur einen sehr kleinen Bruchteil der in dem energiereicheren Teil des Spektrums vorhandenen Energie enthält. Man kann sie vielfach durch geeignete Filter (Ziff. 67) unschädlich machen. Ein anderer Ausweg ist der, daß man die Verschlußklappe, die die Strahlung vom Meßinstrument abhält, aus einem Stoff herstellt, der für die gestreute Strahlung durchlässig ist, so daß diese dauernd auf den Empfänger fällt. Der beste Ausweg ist natürlich, das auf den Spalt fallende Licht vorher durch ein zweites Spektrometer zu schicken und so zu reinigen. Im Sichtbaren kann man sich von dem Einfluß der aus entfernteren Wellenlängengebieten gestreuten Strahlung auch dadurch frei machen, daß man als Meßinstrument eine Photozelle (s. Ziff. 81 bis 84) benutzt, die ja nur auf einen begrenzten Wellenlängenbereich anspricht.

61. Gitter und Prismen. Die Verwendung von Gittern ist dann angebracht, wenn man hohe Auflösung erzielen will, weiter ermöglichen sie auch eine sehr genaue Bestimmung der Wellenlänge. Doch ist die Energie des Gitterspektrums sehr gering und erfordert sehr empfindliche Strahlungsmesser. Zudem geben die Gitterspektren kein genaues Bild von der Energieverteilung, da hier die Form der Gitterfurchen eine sehr große Rolle spielt. Im Ultraroten werden jetzt öfter Echelettegitter benutzt. Bei diesen wird durch geeignete Wahl der Furchenform bewirkt, daß der größte Teil der reflektierten Energie sich in einer bestimmten Ordnung und in einem bestimmten Wellenlängenbereich zusammendrängt (Näheres s. Kap. 26A, Ziff. 29).

Bei energetischen Messungen werden meist Prismen verwandt. Die Wahl der Prismensubstanzen richtet sich nach der erstrebten Auflösung und der zur Verfügung stehenden Energie. Es ist zweckmäßiger, ein stärker dispergierendes Prisma und dafür einen breiteren Spalt zu nehmen als die Auflösung durch Verengern der Spalte zu steigern. Denn die Herstellung sehr schmaler Empfänger ist schwierig und die Bestrahlung nur eines Bruchteils der Empfangsfläche ist unökonomisch.

Mehrfach (LANGLEY, COBLENTZ) wurde früher größere Auflösung dadurch erzielt, daß Hohlspiegel größerer Brennweite benutzt wurden, doch ist hiermit eine sehr erhebliche Einbuße an Energie verbunden, wenn man nicht gleichzeitig den Spiegeldurchmesser und das Prisma im gleichen Maße vergrößern kann.

Die Wellenlängenbereiche, die nach einer Berechnung von Coblentz bei einer Spaltbreite von 4 Minuten (entspricht meist einigen Zehntelmillimeter) gleichzeitig auf den Spalt fallen, gehen aus Abb. 41 hervor. Die Anwendungsbereiche der verschiedenen Prismensubstanzen sind in Tabelle 15 zusammengestellt.

Tabelle 15. Anwendungsbereich verschiedener Prismensubstanzen.

	Uv bis	Ur gut bis	Ur brauchbar bis
	Å	μ	μ
Steinsalz	1800	12,5	14,5
Flußspat	1800	6	8,55
Quarz	2000	2,8	3,8
Schweres Flintglas	3900	2,5	2,7
Glasoptik	3600	2,2	2,4
Uviolglas	3100	2,0	2,2

Die Bestimmung der Wellenlängen erfolgt am besten aus der Ablenkung und der berechneten Dispersionskurve. Weniger genau, aber bei Glasprismen unvermeidlich, ist die Eichung mit bekannten ultraroten Wellenlängen.

Soweit das Fernrohr durch das Spektrum hindurchgedreht werden kann, kann man das Prisma mit einer automatischen Vorrichtung zur Erhaltung des Minimums versehen. Muß das Fernrohr aber feststehen, weil der Strahlungsmesser erschütterungsfrei aufgestellt werden muß (Radiometer, Mikroradiometer) oder in Verbindung mit der Luftpumpe bleiben muß (Vakuumthermosäule, Vakuumbolometer), so muß man ein Prisma konstanter Ablenkung benutzen oder ein gewöhnliches Prisma durch einen fest mit ihm verbundenen Planspiegel (Fuchs-Wadsworth-

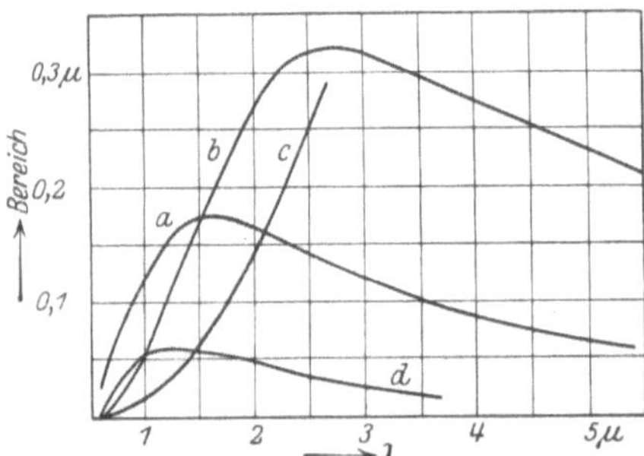

Abb. 41. Von einem Spalt konstanter Breite bedeckte Spektralbereiche für verschiedene Substanzen (nach Coblentz). a Flußspat, b Steinsalz, c Schwefelkohlenstoff, d Quarz.

einrichtung) in ein solches verwandeln. Je nachdem wie man den Winkel wählt, den der Planspiegel und die Basis des Prismas miteinander bilden, erhält man eine mehr oder weniger große konstante Ablenkung. Die Grenzfälle sind: Gradsichtigkeit (Spiegel parallel zur Basis) und Rückkehr des Strahls (Spiegel senkrecht zur Basis, Littrowaufstellung). Näheres über Prismen konstanter Ablenkung s. Bd. XVIII ds. Handb.

62. Spektrometer mit mehreren Prismen. Wegen Mehrprismenapparaten im Sichtbaren vgl. ds. Handb. Bd. XVIII. Um die Dispersion ohne allzu große Energieeinbuße zu vergrößern, werden in letzter Zeit im Ultraroten vielfach Spektrometer mit mehreren Prismen benutzt. Schaefer[1]) benutzt zwei Steinsalzprismen und bringt zwischen beiden einen Wadsworthspiegel an. Wimmer[2]) stellt zwei Steinsalzprismen auf einen drehbaren Prismentisch und erhält die Minimumstellung dadurch, daß die Strahlen nach Durchgang durch das erste Prisma auf einen Planspiegel fallen, der sich doppelt so schnell dreht wie der Prismentisch. Becker[3]) stellt zwei Quarzprismen und einen Spiegel so auf den Prismentisch, daß die Strahlung durch den Spiegel in ihrer ursprünglichen Rich-

---

[1]) Beschreibung bei C. Leiss, ZS. f. Phys. Bd. 36, S. 60. 1926.
[2]) M. Wimmer, Ann. d. Phys. Bd. 81, S. 1091. 1926.
[3]) G. Becker, ZS. f. Phys. Bd. 34, S. 255. 1925.

tung zurückreflektiert wird. Die Dispersion ist also äquivalent der von vier Quarzprismen. Da die Untersuchungen BECKERS sich nur auf einen kleinen Wellenlängenbereich beschränkten, konnte er auf automatische Erhaltung des Minimums verzichten. Er brachte die Prismen für eine mittlere Wellenlänge in Minimumstellung. ELLIS[1]) benutzt ein Quarzprisma von 60° und eins von 30° mit doppeltem Strahlendurchgang. Er setzt die Prismen für eine mittlere Wellenlänge in Minimumstellung und läßt das Spektrum wandern, indem er den die Umkehr bewirkenden Spiegel dreht.

b) Messung der absorbierten Energie.

63. Methode der Absorptionsmessung. Da die Ausschläge der zur Strahlungsmessung benutzten Instrumente proportional der auffallenden Energie sind, bekommt man bei einer Absorptionsmessung außer der Lage der Banden auch zugleich ein Bild ihrer Stärke. Bei der Messung ist es am zweckmäßigsten, wenn man für jeden Meßpunkt die absorbierende Substanz in den Strahlengang bringt und wieder entfernt, was durch eine Schlittenführung oder Schwenkvorrichtung leicht zu bewirken ist. Dies Vorgehen hat den Vorteil, daß man durch die alternierenden Messungen geringe Schwankungen der Lichtquelle ausschalten kann, und daß bei steilem Verlauf der Energiekurve eine Ungenauigkeit in der Einstellung des Teilkreises die gefilterte und ungefilterte Strahlung in gleichem Maße beeinflußt. Spielen aber diese beiden Fehlerquellen keine Rolle, so kann man auch den gesamten in Frage kommenden Bereich abwechselnd mit und ohne absorbierende Substanz durchmessen. Man tut aber in diesem Falle gut daran, die Absorption nicht punktweise aus den Ausschlägen zu berechnen, sondern die Ausschläge aus den aufgezeichneten Energiekurven abzugreifen. CZERNY empfiehlt zu diesem Zweck die Aufzeichnung der Kurven auf logarithmischem Papier.

Bei der Untersuchung von Flüssigkeiten muß man eine etwaige Absorption der Trogsubstanz beachten. So haben Fensterglas und andere im Bruch grünlich aussehende Gläser bei 1 μ eine Bande wegen der Absorption des Eisenoxyduls. Man mißt deshalb zweckmäßig gegen einen gleichartigen leeren oder noch besser gegen einen gleichartigen dünneren Trog mit der gleichen Substanz. Im letzteren Falle werden auch die Reflexionsverluste an den Trogwänden ausgeschaltet. Ist die Genauigkeit der Messung nicht sehr groß oder liegen nur kleine Banden vor, so empfiehlt sich die Darstellung nach Absorptions- oder Durchlässigkeitsprozenten, da hierbei die kleinen Banden deutlich hervortreten. Dagegen werden die stärkeren Banden am Rande der Figur zusammengedrängt. Will man dagegen die stärkeren Banden untereinander vergleichen oder soll die Darstellung ein quantitativ getreues Bild von der Absorption geben, so kommt nur die Darstellung nach Absorptionskoeffizienten in Frage. Bezeichnet man die ungeschwächte Strahlung mit J_0 und die geschwächte mit J, so erhält man den Absorptionskoeffizienten k aus der Formel $J = J_0 a^{-ckd}$, wobei c die Konzentration, d die Schichtdicke und a die Basis des Logarithmensystems bedeutet. Bei quantitativen Messungen ist darauf zu achten, daß das Vorhandensein der zu untersuchenden Substanz in Gasform in der Stubenluft bei stark absorbierenden Substanzen die Ergebnisse fälschen kann. (Näheres in den nächsten Ziffern.)

c) Unvollständige Auflösung als Fehlerquelle.

64. Einfluß der endlichen Spaltbreite. Wären beide Spalte des Spektrometers unendlich schmal, so würde eine isolierte Emissionslinie in ihrer wahren

---

[1]) J. W. ELLIS, Journ. Opt. Soc. Amer. Bd. 11, S. 647. 1925.

Breite im Spektrum erscheinen, falls diese nicht kleiner ist als das Auflösungsvermögen des Spektrometers (Abb. 42, oben, Fall a). Hat aber einer der Spalte die endliche Breite s, so wird bei gleichbleibendem Ausschlag des Galvanometers die Linie auf die Breite s auseinandergezogen (Abb. 42, Fall b). Haben dagegen, wie es in der Praxis immer der Fall ist, beide Spalte eine endliche Breite, und zwar, wie es am günstigsten ist, die gleiche Breite s, so wird, wenn das Spektrum langsam über den Empfänger wandert, zunächst nur ein Bruchteil, dann ein immer größerer Teil der Linie auf den Empfänger fallen. Die Emissionslinie erhält dadurch die Form eines gleichschenkligen Dreiecks von der Basis $2s$ (Abb. 42, Fall c). Die Höhe des Dreiecks wird in dem Verhältnis größer werden, wie der Spalt jetzt breiter ist als bei seiner ursprünglichen unendlich schmalen Öffnung. Da der Spalt nur punktweise im Spektrum verschoben wird, muß es schon ein günstiger Zufall sein, wenn gerade die Spitze des Dreiecks getroffen wird. Man wird deshalb in der Umgebung des Maximums den Abstand der Meßpunkte enger wählen als die Spaltbreite ist und die Schwerelinie der Kurve durch Verlängerung ihrer beiden Äste aufsuchen. Abb. 43 zeigt die von Paschen aufgenommene Energie

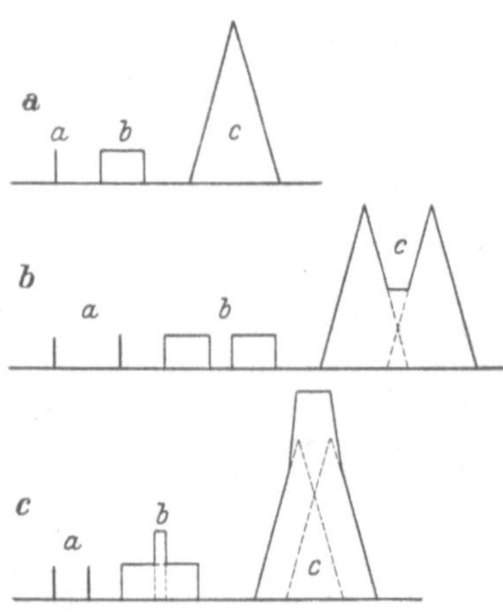

Abb. 42. Energiekurve von Spektrallinien für verschiedene Spaltbreiten und Abstände der Linien. Oben eine unendliche schmale Linie. Mitte zwei unendlich schmale Linien im Abstand $^3/_2 s$, unten zwei unendlich schmale Linien im Abstand $^3/_4 s$, a beide Spalte unendlich schmal, b ein Spalt hat die endliche Breite s, c beide Spalte haben die endliche Breite s.

kurve für die Heliumlinie bei 10830Å.-E. Es handelt sich um die beiden Beugungsbilder 1. Ordnung eines Reflexionsgitters. Die Meßpunkte sind durch Kreise bezeichnet. Die Spaltbreite betrug etwa $1^1/_2$ Minuten, der Abstand der Meßpunkte 1 Minute.

Treten zwei Linien auf, deren Abstand zwischen 1 und $2s$ liegt (Abb. 42, Mitto, so verschmelzen sie teilweise. Mißt man dieselben Linien mit einem breiteren Spalt, so daß ihr Abstand kleiner als die Spaltbreite wird, oder mißt man sonst zwei Linien, deren Abstand kleiner als die Spaltbreite ist, so erhält man den in Abb. 42, unten dargestellten Fall. Die beiden Linien verschmelzen zu einer.

Diese für den Fall der Emission angestellten Betrachtungen gelten natürlich auch für Absorptionsspektren.

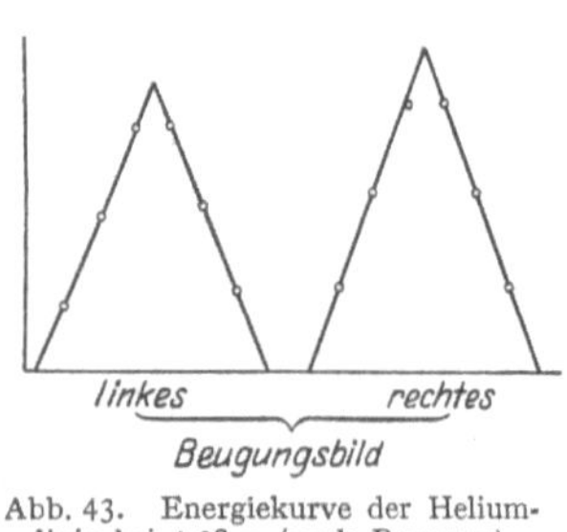

65. Einfluß der Feinstruktur und der Vorabsorption. Der in Abb. 42, Fall c dargestellte Fall der Verschmelzung zweier Spektrallinien zu einer hat sich bei quantitativen Absorptionsmessungen vielfach als störend erwiesen. Besonders dann, wenn eine anscheinend einfache Bande eine Feinstruktur besitzt,

Abb. 43. Energiekurve der Heliumlinie bei 1,08 μ (nach Paschen).

die aus einer Anzahl scharfer Linien mit absorptionsfreien Zwischenräumen besteht. Dann kann man nämlich durch Steigerung der Schichtdicke niemals völlige Undurchlässigkeit erzielen, sondern von der Schichtdicke an, bei der die Linien völlig undurchlässig geworden sind, wird die Absorption bei Vergrößerung der Schichtdicke nicht mehr zunehmen. Ist aber zwischen den einzelnen Linien ein schwach absorbierender Untergrund vorhanden, so wird, sobald die starken Linien undurchlässig geworden sind, nur noch die Absorption dieses Unter grundes mit wachsender Schichtdicke zunehmen können. Von einer gewissen Schichtdicke an wächst die Absorption also nur noch langsam.

Will man also für eine Substanz die Absorption quantitativ festlegen, so tut man gut, die Untersuchung nicht nur für eine Schichtdicke auszuführen, sondern durch schrittweise Verringerung der Schichtdicke festzustellen, ob bei den untersuchten Schichtdicken das Absorptionsgesetz noch gilt, also ob k unabhängig von der Schichtdicke ist. Der Bereich, in dem das Absorptionsgesetz noch gilt, hängt von der Breite der Streifen, verglichen mit der Breite der Zwischenräume, ab. Sind die Absorptionslinien z. B. 9mal so breit wie die Zwischenräume, so wird das Absorptionsgesetz bei Absorptionen bis unterhalb 90% noch gelten. Beträgt die Streifenbreite nur ein Zehntel der Breite der

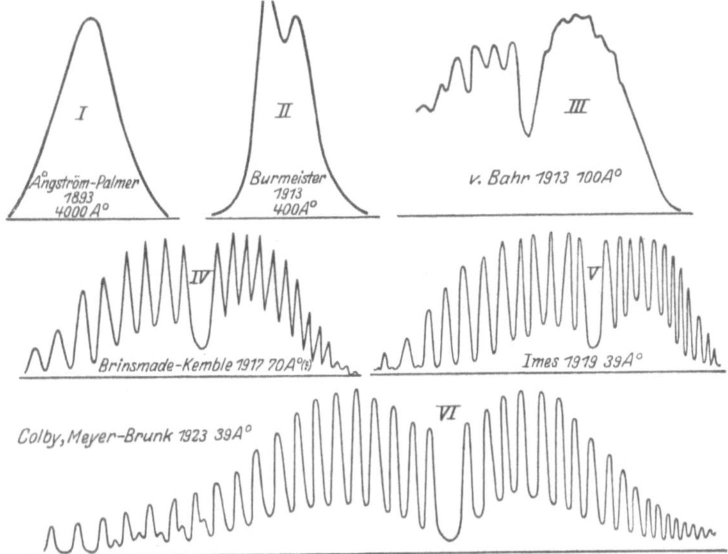

Abb. 44. Die Form der HCl-Bande bei 3,4 μ bei verschieden starker Auflösung (nach RANDALL). Als Maß für die Auflösung ist die Spaltbreite in Ångström-Einheiten angegeben.

Zwischenräume, so gilt es nur unterhalb 10%. Falls die Streifen nicht alle die gleiche Höhe haben oder, falls ein kontinuierlicher Untergrund vorliegt, liegen die Verhältnisse noch komplizierter. So kann es leicht vorkommen, daß das Absorptionsgesetz in dem einen Teil der Bande noch gilt, in dem anderen aber nicht mehr. Als Beispiel dafür, wie sich das Aussehen einer Absorptionsbande mit zunehmender Auflösung verändert, ist in Abb. 44 die HCl-Bande bei 3,5 μ dargestellt.

Besonders lästig wird dies Versagen des Absorptionsgesetzes bei Absorptionsmessungen an Gasen, die in der Stubenluft vorkommen (Kohlendioxyd, Wasserdampf). Hier kann im Maximum der Absorptionsbande sogar der Fall eintreten, daß die Stubenluft in den einzelnen Feinstrukturkomponenten alle Energie verschluckt, so daß das Einschalten des Absorptionsrohres keine Erhöhung der Absorption mehr bringen kann. Es empfiehlt sich deshalb bei Untersuchungen mit den genannten Gasen oder in Spektralbereichen, wo diese Gase stark absorbieren, den Luftweg zwischen Lichtquelle und Empfänger so kurz wie möglich zu machen und dafür zu sorgen, daß der Gehalt der Luft an den genannten Gasen möglichst gering und möglichst konstant ist.

66. Korrektur wegen der endlichen Spaltweite. Liegen nur vereinzelte schmale Emissionslinien vor, so bewirkt die endliche Breite der Spalte nur eine

Verbreiterung der Linie auf die Breite 2 s (Abb. 42, Fall a). Liegen aber mehrere schmale Linien nebeneinander, oder liegt ein kontinuierliches Spektrum vor, so überlagern sich infolge der endlichen Spaltbreite die Spaltbilder und der Verlauf der Energiekurve wird gefälscht. Diese Beeinflussung wird um so größer, je steiler die Kurve abfällt, während bei horizontalem Verlauf die Form der Kurve nicht beeinflußt wird. Ist der Abfall der Kurve nach beiden Seiten verschieden stark, so sind die Störungen auch verschieden groß. Hierdurch kann eine falsche Lage der Banden vorgetäuscht werden. Besonders störend macht sich dieser Umstand bei Absorptionsmessungen in einem solchen Bereich bemerkbar, in dem Absorptionskurve und Energiekurve beide starke Neigung haben, weil sich dann die Verzerrungen beider Kurven überlagern.

Methoden, um den Einfluß benachbarter Kurventeile auf den Verlauf der Kurve rechnerisch zu berücksichtigen, sind mehrfach angegeben worden. Die bekannteste stammt von PASCHEN und RUNGE[1]). Später wurde sie von CZERNY[2]) vereinfacht, indem er linearen Abfall der Energiekurve zugrunde legte. Eine graphische Methode stammt von BONINO[3]).

Wenn man durch diese Methoden auch eine größere Reinheit des Spektrums erreichen kann, so ist dem erzielbaren Gewinn doch durch die geringe Auflösung infolge der großen Spaltbreite eine Grenze gesetzt. Ihre Anwendung empfiehlt sich also nur in solchen Fällen, in denen es technisch unmöglich ist, durch Verringerung der Spaltbreite die Auflösung zu verbessern, oder in Fällen, wo die Größe der Auflösung nicht so ins Gewicht fällt, z. B. bei kontinuierlichen Spektren fester Körper (vgl. Ziff. 78).

d) Filtermethode.

67. Ausfilterung bestimmter Spektralbereiche. Ist die zur Verfügung stehende Energie zu gering, um eine spektrale Zerlegung zuzulassen (Sternstrahlung), oder soll (bei Bestrahlungsversuchen) mit möglichst großen Energiemengen gearbeitet werden, so muß man sich darauf beschränken, die Energie von mehr oder weniger großen Spektralintervallen zu messen. Am günstigsten liegt der Fall, wenn ein Filter oder eine Filterkombination existiert, wovon gerade der gewünschte Bereich durchgelassen wird. Sonst muß man eine Differenzmethode anwenden. Wenn z. B. ein Filter vorhanden ist, das gerade den zu messenden Teil absorbiert, so kann man sich helfen, indem man erst die Gesamtenergie mißt und dann, nach Einschaltung des Filters, die Gesamtenergie minus dem gesuchten Anteil. Durch Verwendung mehrerer Filter läßt sich dies Verfahren leicht weiter ausbauen. Voraussetzung für derartige Messungen ist natürlich, daß die rechnerisch zu bestimmende Energiemenge nicht zu klein ist im Vergleich zu den gemessenen Energiemengen, aus denen sie berechnet wird, und daß die Ausschläge proportional der Energie sind.

Wie man die Filter wählt, ergibt sich aus der Eigenart des Einzelfalles. COBLENTZ[4]) z. B. teilt das Spektrum von Sternen durch Filter in folgende Abschnitte: 0,30 bis 0,43, 0,43 bis 0,60, 0,60 bis 1,4, 1,4 bis 4,1, 4,1 bis 10 μ. Hierzu benutzte er folgende Filter:

Flußspat . . . . bis 10 μ	Gelbglas Schott 5560 2,97 mm . . 0,43—1,4 μ
Quarz 4,7 mm . . . . 0,3—4,1 μ	Rotglas Schott 4512 1,97 ,,
Wasser 1 cm . . . . 0,3—1,4 μ	kombiniert mit 1 cm Wasser . . 0,6—1,4 μ

[1]) F. PASCHEN, Wied. Ann. Bd. 60, S. 712. 1897; C. RUNGE, ZS. f. Math. u. Phys. Bd. 42, S. 205. 1897.
[2]) M. CZERNY, ZS. f. Phys. Bd. 34, S. 236. 1925.
[3]) G. B. BONINO, Gazz. chem. ital. Bd. 53, S. 591. 1923.
[4]) W. W. COBLENTZ, Scient. Pap. Bureau of Stand. 1922, Nr. 438, S. 733.

Indem er sein Vakuumthermoelement mit einer dünnen, bis 15 μ durchlässigen Steinsalzplatte verschloß, erhielt COBLENTZ durch Einschalten einer dicken Steinsalzplatte (bis 12,5 μ durchlässig) oder einer dicken Flußspatplatte (bis 8 μ durchlässig) noch weitere Abschnitte[1]).

Es lassen sich leicht noch andere Filterkombinationen finden. So kann man die Strahlung oberhalb 2,7 μ durch eine 1 mm dicke Platte von farblosem Glas abschirmen. Über im Sichtbaren brauchbare Filter vgl. KAISER[2]) und die Verkaufsliste der Firmen, die Farbgläser oder Gelatinefilter herstellen. Literatur über Farbgläser auch bei ECKERT[3]). Farbgläser und Salzlösungen zwischen 0,7 und 2,0 μ bei DREISCH[4]). Nachteilig bei den Filtern ist, daß sie oft auch im Durchlässigkeitsbereich etwas absorbieren und vor allem, daß an den Grenzen des Durchlässigkeitsbereiches die Absorptionskurven oft nur langsam oder unregelmäßig ansteigen. So absorbiert Wasser, das in 1 cm Schichtdicke bis 1,4 μ durchlässig ist, schon bei 1 μ ziemlich stark und von 1,2 μ ab recht stark. Flußspat fängt bei 8 μ an zu absorbieren, läßt aber bei 10 mm Schichtdicke bei 10 μ noch etwa 17% der Strahlung durch und bei $2^1/_2$ mm Schichtdicke bei 11 μ noch 20%.

e) Messung der kosmischen Strahlung.

68. Absorption der Atmosphäre. Da die Strahlung der Sonne und der Sterne die Erdatmosphäre durchsetzen muß, wird sie, je nach der Zusammensetzung derselben und der Dicke der zu durchsetzenden Schicht mehr oder weniger stark absorbiert. Besonders Wasserdampf, Kohlensäure und Ozon absorbieren die ultrarote Strahlung stark. COBLENTZ gibt an, daß diese Gase zwischen 4 und 7,5 μ und oberhalb 14 μ praktisch alles absorbieren, so daß mit Steinsalzfenster nur die ultrarote Strahlung zwischen 7,5 und 14 μ und mit Flußspatfenster bis 12 μ (wo Flußspat auch in 2 mm Schichtdicke gar nichts mehr durchläßt) gemessen werden kann. Über die Durchlässigkeit des atmosphärischen Wasserdampfes bis 2,1 μ vgl. FOWLE[5]), und über die Durchlässigkeit der Atmosphäre s. die Darstellung in den Annals Astrophys. Obs. Smith. Inst. III. 1913.

Die Verwertbarkeit der durch Messung der Gesamtstrahlung erhaltenen Werte wird durch diese Absorption der Atmosphäre stark eingeschränkt. Einmal ist es wegen der unbekannten Menge der absorbierenden Gase schwer, die ausgestrahlte Energie genau anzugeben, und dann ist bei relativen Messungen der Vergleich zweier Sterne verschiedener Temperatur erschwert, da beide einen verschiedenen Verlauf ihrer Energiekurven haben und deshalb ihre Strahlung verschieden stark geschwächt wird. Es empfiehlt sich deshalb, bei verschieden temperierten Sternen nicht die Gesamtstrahlung, sondern die Strahlung in einem bestimmten Wellenlängenbereich zu vergleichen, in welchem die Atmosphäre nichts absorbiert.

69. Messung der Sternstrahlung. Bei der geringen Größe, die das Bild eines Sternes hat, empfiehlt es sich, statt Thermosäulen Thermoelemente mit nur einer warmen Lötstelle zu verwenden. Um den Einfluß der nicht von dem Stern herrührenden Strahlung auszuschalten, verwendet man keine Verschlußklappe, sondern bildet abwechselnd den Stern und eine ihm benachbarte Stelle des Himmels auf der Lötstelle ab. Benutzt man, statt einer, zwei gegeneinander-

[1]) W. W. COBLENTZ u. C. O. LAMPLAND, Journ. Frankl. Inst. Bd. 199, S. 785. 1925.
[2]) H. KAYSER u. H. KONEN, Handb. d. Spektrosk.
[3]) F. ECKERT, Jahrb. d. Radioakt. Bd. 20, S. 93. 1924.
[4]) TH. DREISCH, ZS. f. Phys. Bd. 40, S. 714. 1927.
[5]) F. C. FOWLE, Astrophys. Journ. Bd. 42, S. 394. 1915.

geschaltete warme Lötstellen (mit anderen Worten, benutzt man die kalte Lötstelle auch als Empfänger), so kann man durch abwechselndes Bestrahlen beider Lötstellen den Ausschlag verdoppeln. Um zur Erleichterung der Einstellung den Abstand der beiden Lötstellen zu verringern, wird oft der Verbindungsdraht zwischen den Lötstellen U-förmig gebogen (Abb. 45). Über verschiedene Formen von Thermosäulen, über zur Messung der Sternstrahlung geeignete Metallkombinationen und evakuierbare Behälter enthalten die Arbeiten von COBLENTZ[1]) viele Angaben. Auch NICHOLSON und PETIT[2]) haben hierüber Untersuchungen vorgenommen. Bolometrische Messungen wurden von C. G. ABBOT ausgeführt,

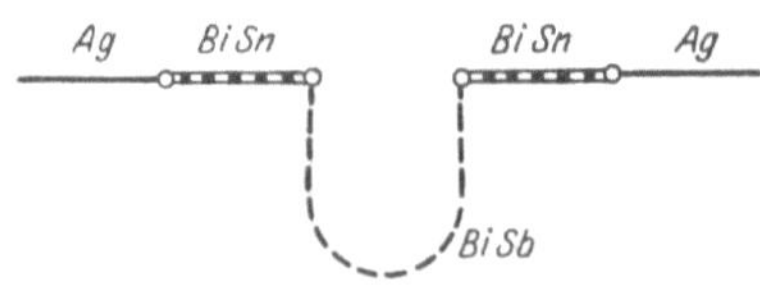

Abb. 45. Thermoelement zur Messung der Sternstrahlung nach Coblentz. Die beiden gegeneinander geschalteten Lötstellen sind einander genähert, um sie leicht abwechselnd bestrahlen zu können.

der ein hochempfindliches Thomsongalvanometer im Vakuum in Verbindung mit einem Vakuumbolometer benutzte. Die einfache Schwingungsdauer des Galvanometers betrug 1,56 Sekunden, die Empfindlichkeit in 4,7 m 2,5 · 10^{-11} Amp. In letzter Zeit hat ABBOT auch Messungen mit einem von TEAR konstruierten, sehr empfindlichen Radiometer ausgeführt[3]). Über eine von ROSENBERG benutzte Apparatur mit einer Photozelle als Empfänger vgl. Ziff. 83.

70. Messung der Sonnen- und Himmelsstrahlung. Im folgenden sollen die relativen Meßinstrumente besprochen werden, also die, die an einen absoluten Strahlungsmesser angeschlossen werden müssen. Die absoluten Instrumente werden unter III behandelt.

Von spektralen Untersuchungen im Sonnenspektrum wäre vor allem die Arbeit von LANGLEY[4]) zu nennen, der mit Steinsalzprisma und Bolometer bis 5,3 μ registrierte. Seine Arbeiten sind später an gleicher Stelle fortgesetzt worden[5]). Dabei wurde vor allem Wert darauf gelegt, durch klimatisch oder ihrer Höhenlage nach verschieden gelegene Beobachtungsstationen den Einfluß der Absorption der Erdatmosphäre auf das Sonnenspektrum festzustellen. Hierzu wird auch jetzt noch das Bolometer benutzt. Gleichfalls mit Bolometer arbeitet das Astrophysikalische Observatorium in Potsdam, wo WILSING[6]) mit einem Flintglasprisma das Sonnenspektrum mit einem schwarzen Körper bekannter Temperatur verglichen hat.

Messungen über die Energieverteilung über die Sonnenfläche haben PETIT und NICHOLSON[7]) mit Thermosäulen ausgeführt.

Für die Messung der Gesamtstrahlung der Sonne und des Himmels gibt es

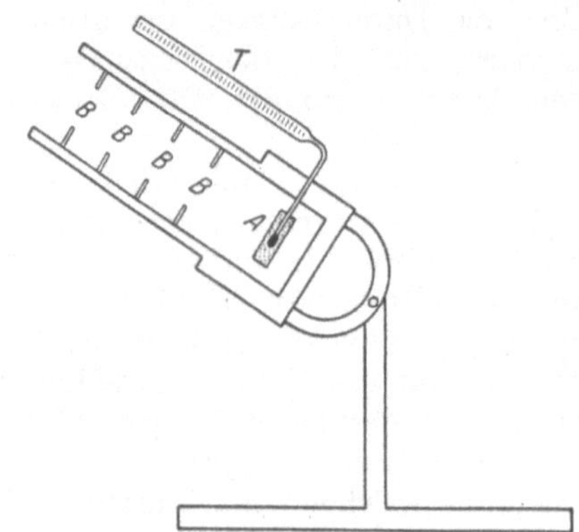

Abb. 46. Silberscheibenpyrheliometer (schematisch). A mit Quecksilber gefüllte Silberkapsel, B Blenden, T Thermometer.

---

[1]) Vgl. außer den zitierten Arbeiten: Bull. Bureau of Stand. Bd. 11. 1914; Bd. 13. 1916; Bd. 14. 1918; Scient. Pap. Bureau of Stand. 1923, Nr. 460.

[2]) NICHOLSON u. PETIT, Ann. Report of the Direktor of the Mount Wilson Obs. 1922, Nr. 251.

[3]) C. G. ABBOT, Astrophys. Journ. Bd. 60, S. 287. 1924.

[4]) S. P. LANGLEY, Ann. Astrophys. Obs. Smith. Inst. Bd. I. 1900.

[5]) Ann. Astrophys. Obs. Smith. Inst. Bd. II bis IV.

[6]) J. WILSING, Publ. Astrophys. Obs. Potsdam Bd. 23, Nr. 72. 1917,

[7]) PETIT u. NICHOLSON, Ann. Report of the Direktor of the Mount Wilson Obs. Bd. 21, S. 213. 1922.

eine große Anzahl von Instrumenten. Übergeht man die älteren Konstruktionen, so wäre vor allem das Silberscheibenpyrheliometer[1]) zu nennen (Abb. 46). In einer geschwärzten und mit Blenden versehenen Hülle befindet sich eine geschwärzte Silberkapsel, die innen mit Stahl gefüttert und mit Quecksilber gefüllt ist. In das Quecksilber taucht ein Zehntelgradthermometer. Das Thermometer wird nach einer genauen Vorschrift in Abständen von 20 bis 100 Sekunden abgelesen und die Silberscheibe von Zeit zu Zeit abgeblendet. Aus diesen Ablesungen kann mit Hilfe einer durch Eichung des Instruments ermittelten Korrektur die Strahlung berechnet werden.

Eine andere Methode benutzt LINKE[2]) bei seinem Universalaktinometer. Das Ziel war die Schaffung eines nach wenigen Sekunden ablesbaren, auf ein Promille genauen Instruments. Ein 30 mm langer und 3 mm breiter Metallstreifen, auf dessen Rückseite sich eine Anzahl Thermoelemente befinden, wird bestrahlt. Die kalten Lötstellen liegen in einem soliden Aluminiumkörper, der auch den Streifen fast ganz einschließt und so gegen Temperaturschwankungen schützt. Gewöhnlich wird die Thermokraft an einem Zeigergalvanometer abgelesen, doch wird bei lichtschwachen Objekten ein Spiegelgalvanometer benutzt. Die Eichung geschieht durch Vergleich mit einem ÅNGSTRÖMschen Kompensationspyrheliometer (Ziff. 74), doch besteht die Möglichkeit, den Empfänger elektrisch zu heizen und so aus dem durch einen Heizstrom von gegebener Stärke bewirkten Voltmeterausschlag festzustellen, ob sich die Apparatkonstanten geändert haben. Das Instrument wird auch unter Vorschaltung von Farbgläsern zur Messung von Teilen des Spektrums benutzt.

Ein registrierendes „Heizbandbolometer" hat ALBRECHT[3]) konstruiert. Er benutzt zwei Kupferstreifen von $50 \times 1 \times 0,03$ mm, die zur Vornahme von absoluten Messungen elektrisch geheizt werden können und deren Temperatur durch dahinter befindliche Platinbolometer gemessen wird.

Ebenso wie LINKE gehen auch ABBOT und ALDRICH[4]) bei ihrem Pyranometer auf das bei dem ÅNGSTRÖMschen Pyrheliometer (Ziff. 74) angewandte Konstruktionsprinzip zurück. Bei dem Pyranometer A.P.O. Nr. 5 verwenden sie ebenso wie LINKE einen bestrahlten Streifen, während sich die kalte Lötstelle in einem Kupferblock befindet. Die Thermokraft wurde mit einem Potentiometer kompensiert und dann wurde der Streifen elektrisch auf gleiche Thermokraft geheizt, also die Strahlung im absoluten Maß gemessen. Bei dem Pyranometer A.P.O. Nr. 6 wurden zwei Streifen verwandt, die beide gleichzeitig bestrahlt wurden. Da aber der eine 10 mal dicker war als der andere, war seine Leitfähigkeit entsprechend größer. Die so zwischen den beiden Streifen entstehenden Temperaturdifferenzen wurden mittels zweier hintereinandergeschalteter Differentialthermoelemente gemessen. Nach Abblendung der Strahlung wurden die beiden Streifen elektrisch geheizt und daraus die eingestrahlte Energie berechnet. Die Empfindlichkeit des Pyranometers kommt nach ABBOT der des Pyrheliometers gleich.

Eine andere Form hat der Empfänger bei dem „Honeycomb"paranometer oder Melikeron[5]), das auch auf dem Prinzip des ÅNGSTRÖMschen Kompensations-

---

[1]) G. C. ABBOT, F. E. FOWLE und L. B. ALDRICH, Ann. Astrophys. Obs. Smith. Inst. Bd. 3, S. 47. 1913; Smith. Misc. Coll. Bd. 56, Nr. 19.

[2]) F. LINKE, ZS. f. techn. Phys. Bd. 5, S. 59. 1924.

[3]) F. ALBRECHT, Meteorol. ZS. Bd. 43, S. 495. 1926.

[4]) G. C. ABBOT u. L. B. ALDRICH, Smith. Misc. Coll. Bd. 66, Nr. 7 u. 11. 1916; G. C. ABBOT, F. E. FOWLE u. L. B. ALDRICH, Ann. Astrophys. Obs. Smith. Inst. Bd. 3, S. 52. 1913; Bd. 4. 1922.

[5]) L. B. ALDRICH, Smith. Misc. Coll. Bd. 72, Nr. 13 u. G. C. ABBOT, F. E. FOWLE u. L. B. ALDRICH, Ann. Astrophys. Obs. Smith. Inst. Bd. 4, S. 300. 1922.

pyrheliometers beruht. Ein 20 μ dicker Blechstreifen ist zickzackförmig gebogen, so daß ein wabenartiges Maschenwerk entsteht. Die auf den Boden der Zellen fallenden Strahlen werden durch einen etwas geneigten Planspiegel, der als Boden dient, wieder gegen die Seitenwände reflektiert. Der Zweck des Instruments ist, auch langwellige Strahlen, die durch die verschiedenen Schwärzungsmittel reflektiert werden, aufzufangen. Die Temperatur wird durch vier Thermoelemente gemessen, die Heizung erfolgt durch einen Strom, der den Blechstreifen seiner Länge nach durchfließt.

Die Unterschiede im Ausdehnungskoeffizienten verschiedener Metalle benutzt Michelson[1] bei seinem bimetallischen Aktiometer, bei dem die Verbiegung einer verkupferten Platinlamelle unter dem Mikroskop abgelesen wird. Die Meßgenauigkeit ist aber bei diesem Instrument nicht sehr groß (unter 2%). Doch ist es von Marten[2] verbessert worden und leistet als sekundäres Instrument gute Dienste. Über das Strömungs- und das Rüherkalorimeter vgl. Ziff. 76.

III. Messung der Strahlung im absoluten Maß.

71. Allgemeines. Bei der Messung einer Strahlung im absoluten Maß (Watt$^1 \cdot$ cm^{-2}) besteht die Aufgabe darin, festzustellen, welche Energiemenge ein Strahler von bekannten Abmessungen dem Empfänger zustrahlt. Was die Größe der strahlenden Fläche anbetrifft, so hilft man sich dadurch, daß man vor der Strahlungsquelle eine Blende von genau bekannten Abmessungen anbringt, die geschwärzt ist, um Reflexion zu vermeiden, und die von Kühlwasser durchflossen wird, um eine Erwärmung und dadurch bewirkte Strahlung der Blende zu verhindern. Da die Blende kleiner ist als der Strahler, so kann man seine Fläche durch die der Blende ersetzen, die man sich mit einer Strahlung von der gleichen Dichte wie die des Strahlers belegt denkt. Eine ähnliche Blende wird vor dem Empfänger angebracht. Da sich die beiden Blenden meist in einem verhältnismäßig kleinen Abstand voneinander befinden, kann man ihre Dimensionen nicht als klein gegen den Abstand betrachten, sondern muß bei genaueren Messungen eine Korrektur anbringen, die berücksichtigt, daß die Strahlung nicht auf alle Flächenelemente senkrecht auffällt und daß die Flächenelemente nicht alle denselben Abstand voneinander haben.

Die Größe der Einstrahlung von der Strahlungsquelle auf den Empfänger wird durch eine Vergleichsmessung entweder gegen einen schwarzen Körper von bekannter niedrigerer Temperatur oder gegen eine wassergekühlte Verschlußklappe von bekannter Temperatur festgestellt. Bei den meisten Empfängern kann man die zugestrahlte Energie nicht direkt aus der Temperaturerhöhung berechnen, weil durch Konvektion sowie durch Wärmeableitung durch die Luft und die Zuleitungsdrähte Wärme verlorengeht. Man heizt deshalb den Empfänger elektrisch auf die durch die Bestrahlung erzielte Temperatur und berechnet die zugeführte Wärmemenge aus der Stärke des Heizstromes und dem Widerstand des Empfängers bzw. dem Potentialabfall an seinen Enden.

72. Schwärzungsmittel, Absorption der Stubenluft. Bei absoluten Messungen ist eine gute Schwärzung des Empfängers sehr wichtig. Hierfür empfiehlt Gerlach[3] Platinmoor wegen seines geringen Reflexionsvermögens und seines guten Wärmeleitvermögens. Auch Ruß ist geeignet, leitet die Wärme aber schlechter, so daß sich innerhalb der Rußschicht ein Temperaturgefälle ausbildet, das im Vakuum sehr hohe Werte annehmen kann. Ruß und auch Platinmoor werden bei langen Wellen durchsichtig.

[1] W. A. Michelson, Meteorol. ZS. 1908, S. 246 und Phys. ZS. Bd. 9, S. 18. 1908.
[2] W. Marten, Veröff. d. Preuß. Meteorol. Inst. Nr. 267, S. 15. 1912.
[3] W. Gerlach, Ann. d. Phys. Bd. 50, S. 245. 1916.

Nach RUBENS und HOFFMANN[1]) leitet ein nach einem bestimmten Rezept hergestelltes Gemisch von Ruß und Natronwasserglas die Wärme gut und ist bis 118 μ sehr wenig selektiv. MICHEL und KUSSMANN[2]) empfehlen auch Crovaruß[3]), der durch Berußen mit einer Terpentinflamme und nachfolgende Berieselung mit Alkohol hergestellt wird.

Die Absorption von Wasserdampf und Kohlensäure der Stubenluft kann, falls die Strahlung größere Luftschichten zu durchsetzen hat, stark stören. Der Einfluß, den sie auf spektrale Messungen hat, ist schon in Ziff. 65 behandelt worden. Bei Messung der Gesamtstrahlung ist der Einfluß dieser Absorption verschieden groß, je nachdem das Energiemaximum des Strahlers in der Nähe einer Bande liegt oder nicht. So findet GERLACH[4]), daß bei einem Luftweg von 33 cm ein störender Einfluß der Wasserdampfabsorption auf die schwarze Strahlung erst bei höheren Dampfdrucken, als im allgemeinen der Luftfeuchtigkeit im Zimmer entspricht, nachweisbar wird. Bei Kohlendioxyd dagegen, das bei 4,25 μ und 14,9 μ sehr starke Banden hat, wird die Absorption bei einer schwarzen Strahlung von 500° absolut fühlbar und erreicht ihren Haupteinfluß bei 600 bis 700° abs. Bei höheren Temperaturen nimmt sie wieder ab, da das Energiemaximum ja dann näher an das Sichtbare rückt und bei kürzeren Wellen die Absorption des Wasserdampfes geringer wird. So findet GERLACH[5]), daß bei der Hefnerlampe (Energiemaximum bei etwa 1,6 μ) der Einfluß der Absorption des Wasserdampfes auf die Gesamtstrahlung nicht nachweisbar ist, also jedenfalls unterhalb der Fehlergrenze seiner Messungen ($\pm$ 1,5%) liegt, während ja die ausgestrahlte Lichtmenge und, in geringerem Maße, auch die ausgestrahlte Gesamtenergie durch den Wasserdampfgehalt der Luft beeinflußt werden. Doch läßt sich die Apparatur in vielen Fällen in ein Gehäuse einschließen, so daß man die störenden Gase durch Absorptionsmittel beseitigen kann.

73. Bolometrische Methode zur Messung im absoluten Maß. Will man absolute Werte erhalten, so ist der nächstliegende Weg der, die Widerstandsänderung eines bestrahlten Bolometerstreifens zur Berechnung der zugeführten Wärmemenge zu benutzen. Hierbei kann man die durch Leitung, Wärmeübergang und Strahlung abgegebene Wärme ausschalten, indem man den Bolometerstreifen elektrisch erhitzt, bis der vorher durch die Strahlung hervorgerufene Widerstandszuwachs wieder erreicht ist, und die hierzu erforderliche Wärmemenge berechnet. Dieses Verfahren benutzte zuerst KURLBAUM[6]) zur Ausführung von Präzisionsmessungen. Er stellte zwei der in Ziff. 49 beschriebenen gitterförmigen Flächenbolometer hintereinander, so daß die Streifen des zweiten die Zwischenräume des ersten ausfüllten und schaltete sie hintereinander in einen Zweig der Brücke. Die drei anderen Brückenzweige bestanden aus dicken Manganindrähten. Nachdem KURLBAUM den durch die Bestrahlung bewirkten Ausschlag abgelesen hatte, blendete er die Strahlung ab und vergrößerte den Meßstrom so lange, bis die durch ihn hervorgerufene Erwärmung die gleiche Widerstandsänderung bewirkt hatte wie die Strahlung. Die drei Manganinwiderstände änderten infolge ihrer Dicke ihren Widerstand nicht. Aus dem Widerstand des Bolometers und der Stromstärke ließ sich die zugeführte Wärmemenge berechnen. KURLBAUM verglich auf diese Weise die Strahlung zweier schwarzer Körper von

[1]) H. RUBENS u. K. HOFFMANN, Berl. Ber. 1922, S. 424.
[2]) G. MICHEL u. A. KUSSMANN, ZS. f. Phys. Bd. 18, S. 263. 1923.
[3]) A. CROVA u. COMPAN, C. R. Bd. 126, S. 707. 1898.
[4]) W. GERLACH, Ann. d. Phys. Bd. 50, S. 233. 1916.
[5]) W. GERLACH, Phys. ZS. Bd. 21, S. 299. 1920.
[6]) F. KURLBAUM, Wied. Ann. Bd. 65, S. 746. 1898.

verschiedener Temperatur miteinander. Die gleiche Methode benutzt auch Valentiener[1]).

Gegen die elektrische Heizung des Bolometerstreifens bis zur Erreichung gleichen Widerstandes wendet Paschen[2]) ein, daß der Gleichheit des Widerstandes nur dann Gleichheit der Temperatur entspricht, wenn die Bolometerstreifen überall gleich dick sind. Da aber ein Bolometerstreifen von etwa $1\,\mu$ Dicke nicht nur Stellen von ungleicher Dicke, sondern sogar kleine Löcher aufweist, genügt bei elektrischer Heizung infolge der ungleichen Erwärmung eine geringere Wärmezufuhr als bei der Bestrahlung, um Gleichheit des Widerstandes zu erzielen. Auch die Verteilung der Wärme ist eine andere, da durch die elektrische Heizung das ganze Bolometer erwärmt wird, während bei der Bestrahlung Teile des hintenstehenden Bolometerstreifens abgeschirmt werden. Auch ist damit zu rechnen, daß sich die beiden hintereinanderstehenden Bolometer gegenseitig beeinflussen.

74. Thermoelektrische Methode. Die in der Annahme „gleicher Widerstand = gleiche Temperatur" liegende Fehlerquelle vermeidet Gerlach[3]). Sein Empfänger besteht aus einem nach dem Vorschlag von Paschen verbesserten Ångströmschen Kompensationspyrheliometer. Ångström hatte zwei nebeneinanderliegende Streifen aus Manganinblech benutzt, von denen abwechselnd der eine oder der andere bestrahlt wurde, während der nicht bestrahlte elektrisch auf die gleiche Temperatur geheizt wurde[4]). Die Gleichheit der Temperaturen stellte Ångström mit einem Differentialthermoelement fest, dessen Lötstellen die beiden Streifen berührten. Die hierin liegenden Fehlerquellen, vor allem die der Voraussetzung einer gleichmäßigen Temperaturverteilung, schaltete Gerlach dadurch aus, daß er nur einen Manganinstreifen (von einigen Mikron Dicke) verwandte, der zuerst durch die Strahlung und dann durch einen elektrischen Strom erwärmt wurde. Die Gleichheit der Temperaturen wurde durch eine Thermosäule von 45 Lötstellen festgestellt, die sich in einem kleinen Abstand ($1\,{}^{1}/_{2}$ mm) hinter dem Streifen befand. Durch Verwendung einer Thermosäule an Stelle der einzelnen Elemente wird über die Temperaturen der verschiedenen Teile des Streifens integriert und so ein Fehler durch ungleichmäßige Erwärmung vermieden. Bei einer derartigen Anordnung spielen Ungleichmäßigkeiten in der Dicke des Streifens keine Rolle, wie durch Vorversuche festgestellt wurde.

Eine gleichartige „absolute Thermosäule" wurde auch von Coblentz und Emerson benutzt[5]). Diese untersuchten auch die durch Benutzung von Empfängern aus verschiedenen Metallen und durch verschiedene Schwärzungsmittel bewirkten Fehler. Hierbei ergab sich, daß die Abweichungen einige Prozent betrugen.

Kahanowicz[6]) verwendet einen 0,13 mm dicken Manganinstreifen, auf dessen Mitte auf der Rückseite ein Thermoelement aufgelötet ist, und bringt diesen Empfänger zur Vermeidung von Reflexionsverlusten in eine versilberte

---

[1]) S. Valentiener, Ann. d. Phys. (4) Bd. 31, S. 275. 1910.

[2]) F. Paschen, Ann. d. Phys. (4) Bd. 38, S. 30. 1912; Verh. d. D. Phys. Ges. Bd. 14, S. 788. 1912; vgl. auch die Erwiderung Kurlbaums, ebenda Bd. 14, S. 576 u. 792. 1912 u. von F. Kurlbaum u. Valentiener, Ann. d. Phys. (4) Bd. 41, S. 1059. 1913 sowie W. Gerlach, ebenda (4) Bd. 41, S. 99. 1913.

[3]) W. Gerlach, Ann. d. Phys. (4) Bd. 38, S. 1. 1912; vgl. auch die Einwände Valentieners, ebenda (4) Bd. 39, S. 489. 1912 u. Bd. 41, S. 1056. 1913 sowie die Entgegnung Gerlachs, ebenda (4) Bd. 40, S. 701. 1913.

[4]) Über die Genauigkeit der auf Grund dieses Instruments aufgestellten Strahlungsskala vgl. Ziff. 76.

[5]) W. W. Coblentz u. W. B. Emerson, Bull. Bureau of Stand. Bd. 12, S. 504. 1915.

[6]) M. Kahanowicz, Cim. Bd. 13, S. 142. 1917; Rend. Lincei (5) Bd. 128, S. 73. 1919.

Hohlkugel. Durch die Verwendung nur eines Thermoelements wird wieder die Voraussetzung gleichförmiger Temperaturverteilung über den ganzen Streifen erforderlich. Überdies wird durch das Anlöten der Streifen ungleichmäßig[1]). Kussmann[2]) hat die Gerlachsche Apparatur noch weiter verfeinert. Auch ersetzt er die Thermosäule durch ein Mikroradiometer, auf das die Strahlung des erhitzten Streifens mit einer Steinsalzlinse gesammelt wird.

75. Thermometrische Methoden. Diese zuerst von Féry angewandte Methode beruht darauf, daß die Strahlung in einen Hohlraum fällt, dessen Temperaturerhöhung gemessen wird. Féry benutzte einen Metallkonus, dessen Temperatur er thermoelektrisch maß, und den er durch eine an seiner Außenseite angebrachte Heizspirale nach dem Versuch auf die durch die Bestrahlung erzielte Temperatur erwärmte. Später nahmen Féry und Drecq die Versuche wieder auf, wobei sie den Metallkonus in einer Messingkugel anbrachten und den Zwischenraum mit Alkohol füllten. Die durch die Erwärmung bewirkte Ausdehnung des Alkohols wurde an einem engen Steigrohr abgelesen. Dann wurde die Kugel elektrisch auf dieselbe Temperatur geheizt und der Wattverbrauch berechnet.

Die Hauptfehlerquelle dieser Methode beruht in der Anbringung der Heizspirale. Falls diese an der Außenwand des Thermometerkörpers angebracht wird, wird die zur Erhitzung erforderliche Wärmemenge zu groß gefunden. Diesen Fehler vermeidet Keene[3]) dadurch, daß er den Heizdraht im Inneren des Empfängers anbringt und als Empfänger eine Hohlkugel mit kleiner Öffnung benutzt, um so Ausstrahlungs- und Reflexionsverluste zu vermeiden. Um Temperaturänderungen der Zimmerluft als Fehlerquelle auszuschalten, benutzt Keene zwei gleichartige Empfänger in einem gemeinsamen Kasten, von denen nur einer bestrahlt wird. Bauer und Moulin[4]) nahmen ihre Versuche wieder mit dem Féryschen Konus vor. Sie vermieden aber die Heizspirale, indem sie die Ausschläge des Galvanometers mit den durch Bestrahlung des Empfängers mit einem glühenden Platinblech hervorgerufenen verglichen. Um den Anteil der Leitungs- und Konvektionsverluste an der Gesamtwärmeabgabe des Platinstreifens festzustellen, glühten sie denselben einmal in Luft und dann im Vakuum. Die Emission des Platinstreifens berechneten sie dann aus dem Wattverbrauch. Sie führten dies für verschiedene Temperaturen aus und eichten auf diese Weise ihren Empfänger. Der Nachteil dieser Methode ist, daß sie infolge ihrer Kompliziertheit vielen Fehlerquellen ausgesetzt ist. So ist vor allem anzunehmen, daß sich die Temperaturverteilung auf dem Platinblech beim Evakuieren ändert, falls das Blech nicht überall gleich dick ist.

76. Kalorimetrische Methode. Die kalorimetrische Methode der absoluten Strahlungsmessung ist bisher nur auf die Sonnenstrahlung angewandt worden. Es sind hier vor allem zwei Instrumente zu nennen, das Strömungspyrheliometer und das Rührerpyrheliometer, die beide von dem Astrophysikalischen Observatorium der Smithonian Institution konstruiert worden sind. Das Strömungspyrheliometer (Waterflow-Pyrheliometer) (Abb. 47) besteht aus einem Rohr von $3\frac{1}{2}$ cm Durchmesser, das mit einem Konus verschlossen ist[5]). In dies Rohr fällt die Sonnenstrahlung. Dieser Empfänger wird in einem spiralförmigen Kanal von Wasser umspült und gibt seine Wärme an dieses ab. Die Wassermenge ist

---

[1]) W. Gerlach, ZS. f. Phys. Bd. 2, S. 76. 1920.
[2]) A. Kussmann, ZS. f. Phys. Bd. 25, S. 58. 1924.
[3]) H. B. Keene, Proc. Roy. Soc. London A Bd. 88, S. 49. 1913; Lond. Electrician Bd. 70, S. 541. 1912.
[4]) E. Bauer u. M. Moulin, C. R. Bd. 149, S. 988. 1909; Bd. 150, S. 167. 1910.
[5]) G. C. Abbot, F. E. Fowle u. L. B. Aldrich, Ann. Astrophys. Obs. Smith. Inst. Bd. 3, S. 52. 1913.

bekannt. Die Wassertemperatur wird an der Eintritts- und an der Austrittsstelle durch Platinwiderstandsthermometer gemessen. Vor dem Empfänger befindet sich ein Vorraum mit wassergekühlten Wänden und einer Blende von bekanntem Durchmesser. Das ganze ist in ein doppelwandiges Vakuumgefäß eingeschlossen. Das Rüherpyrheliometer (Waterstir-Pyrheliometer) unterscheidet sich von dem vorbeschriebenen dadurch, daß der Empfänger mit einem Wassergefäß umgeben

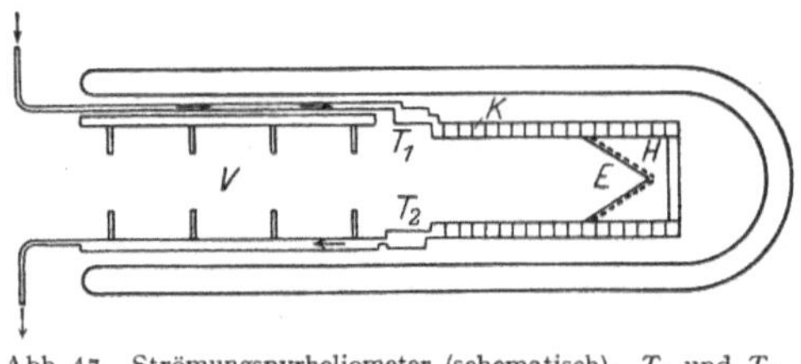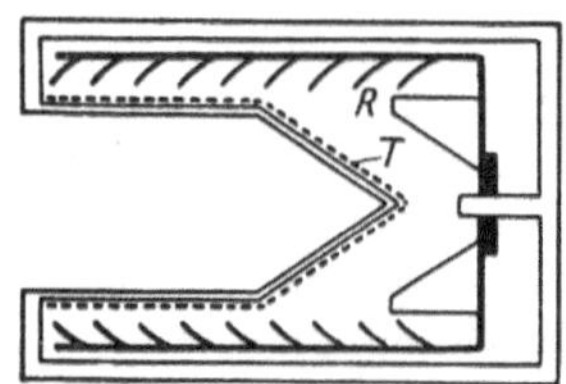

Abb. 47. Strömungspyrheliometer (schematisch). T_1 und T_2 Platinwiderstandsthermometer, K spiralförmiger Kanal, H Heizspirale zur Eichung, V Vorraum.

Abb. 48. Rüherpyrheliometer (schematisch). T Widerstandsthermometer, R Rührer. Der Vorraum ist in der Zeichnung fortgelassen.

ist, in dem sich ein durch einen Motor getriebener Rührer befindet (Abb. 48). Die Versuche haben ergeben, daß sehr schnelles und sehr gründliches Rühren die Hauptbedingung für richtige Werte ist. Zwischen den Wänden des Empfängers und dem Rührer befindet sich ein Widerstandsthermometer. Im Inneren des Empfängers ist ein Heizdraht angebracht, der eine Eichung des Apparates ermöglicht. Derartige Heizproben ergaben bei beiden Instrumenttypen eine Genauigkeit von 1%.

Auf Grund dieser Strahlungskalorimeter wurde eine Strahlungsskala aufgestellt, die „Smithonian Scala Revised 1913". Ihre Werte liegen etwa $3\frac{1}{2}\%$ höher als die der Skala, die auf Grund des Ångströmschen Pyrheliometers aufgestellt wurde.

Diese Abweichungen wurden wiederholt untersucht. Der Hauptteil davon wurde auf den „Randeffekt" des Ångström-Pyrheliometers zurückgeführt, d. h. auf die Tatsache, daß bei der elektrischen Heizurg der ganze Streifen erwärmt wird, bei der Bestrahlung dagegen die Randteile nicht so stark erwärmt werden. Zudem werden sie durch die umgebende Luft stärker gekühlt. Marten[1]) bestimmt den Randeffekt experimentell und fand ihn mit 2,8%, so daß die Unterschiede zwischen den beiden Skalen auf rund $\frac{1}{2}\%$ zusammenschrumpfen[2]).

77. Emissionsmethoden zur Bestimmung von σ. Wenn man von dem Strömungs- und dem Rüherkalorimeter absieht, sind die in den vorhergehenden Ziffern geschilderten Methoden und Apparate zur absoluten Messung der Strahlung sämtlich bei Versuchen zur Bestimmung der Stefan-Boltzmannschen Konstanten σ entwickelt worden. Sie lassen sich aber natürlich ebensogut zu anderen Präzisionsmessungen der Strahlung verwenden. In dieser Ziffer sollen Methoden behandelt werden, die σ nicht mit Hilfe der Absorption, sondern der Emission von strahlender Energie bestimmen, die also nur für die in die Apparatur eingebaute Strahlungsquelle anwendbar sind.

Vor allem wäre hier folgende Methode zu nennen: Einem geschwärzten Körper in Luft von Atmosphärendruck wird eine bestimmte Energie zugeführt, die er durch Strahlung wieder abgibt. Als Abkühlungsursachen kommt einmal die Strahlung und dann Konvektion plus Leitung in Frage. Gelingt es, den einen der beiden Faktoren auszuschalten, so kann man den zweiten allein messen und daraus die Größe des ersten Faktors berechnen.

1) W. Marten, Meteorol. ZS. 1922, S. 342.
2) W. Marten, Veröff. d. Preuß. Met. Inst. Nr. 345, S. 59. 1927.

Todd[1]) schlug hierfür folgenden Weg ein: Er brachte parallel über einer Platte eine zweite an, die sich auf höherer Temperatur befand und maß die übergehende Energie. Dann vergrößerte er den Abstand der Platten und trug die erhaltenen Energiewerte graphisch als Funktion des Abstandes auf. Durch Extrapolation der erhaltenen Kurve fand er den Anteil der Strahlung am Wärmeaustausch. Das Emissionsvermögen der warmen Platte bestimmte er durch Vergleich mit einem schwarzen Körper von der gleichen Temperatur.

Genauer ist das von Shakespear[2]) angewandte Verfahren. Auch er benutzte zwei Platten, die sich dicht gegenüberstanden. Die obere Platte wurde elektrisch auf 100° erhitzt und der Wattverbrauch wurde gemessen, der erforderlich war, um diese Temperatur konstant zu halten, erstens, wenn die Platte versilbert und poliert, zweitens, wenn sie geschwärzt war. Die untere Platte war mit Ruß geschwärzt und wurde mit Wasser gekühlt. Die Luft zwischen den beiden Platten hatte Atmosphärendruck. Weiter verglich Shakespear das Emissionsvermögen der oberen Platte im geschwärzten Zustand mit dem im hochpolierten Zustand sowie das Emissionsvermögen der geschwärzten Platte und eines schwarzen Körpers von gleicher Temperatur.

Die von Shakespear angegebene Methode ist von Westphal[3]) erheblich verbessert worden. Bei Shakespear hatte die ausgestrahlte Wärme nur einen Bruchteil der Gesamtwärmeabgabe betragen. Um dies zu vermeiden, arbeitete Westphal nicht bei Atmosphärendruck, sondern bei einem Druck von 1 mm. Statt einer Scheibe benutzte er einen Zylinder, dessen innerer Hohlraum als schwarzer Körper ausgestaltet war. Hierdurch wurde der Vergleich der geschwärzten Oberfläche mit einem schwarzen Körper von gleicher Temperatur erleichtert. Dieser Strahler befand sich in einer innen berußten Glasflasche, die von außen durch Wasser gekühlt wurde. Die Messungen wurden bei verschiedenen Temperaturen zwischen 350 und 425° abs. ausgeführt. Weiter wurden verschiedene Schwärzungsmittel benutzt und schließlich noch Messungen mit einem zweiten schwarzen Körper ausgeführt, dessen Oberfläche durch Einfräsen von Rillen vergrößert worden war. Nach dem gleichen Verfahren wie Westphal arbeitet auch Wachsmuth[4]).

Eine sehr genaue Bestimmung nach dem von Westphal benutzten Verfahren wurde von Hoffmann[5]) vorgenommen, der den von Westphal im Inneren des Strahlers angebrachten schwarzen Körper wieder fortließ, da er zwischen demselben und der Oberfläche Temperaturdifferenzen fand, und zwar war der schwarze Körper kälter als die Oberfläche, da er weiter von der Heizspirale entfernt war.

Einen ganz anderen Weg hat Puccianti[6]) eingeschlagen. Er maß den Energieverbrauch eines strahlenden Hohlraumes, der aus einem Kegel und einem Kegelstumpf zusammengesetzt war. Dieser Strahler befand sich auf Zimmertemperatur und strahlte gegen eine mit flüssiger Luft gekühlte Glaskugel. Auf die Außenwand des Strahlers waren zwei Drähte aufgewickelt. Davon diente der eine als Bolometer zur Kontrolle der Temperatur, der andere als Heizdraht, um die ausgestrahlte Energie zu ersetzen. Ein zweiter gleichartiger Strahler bildete den zweiten Bolometerzweig. In einer späteren Untersuchung[7])

[1]) Todd, Proc. Roy. Soc. London A Bd. 83, S. 19. 1909.
[2]) G. A. Shakespear, Proc. Roy. Soc. London A Bd. 86, S. 180. 1912.
[3]) W. H. Westphal, Verh. d. D. Phys. Ges. Bd. 14, S. 987. 1912; vgl. auch ebenda Bd. 15, S. 897. 1913.
[4]) R. Wachsmuth, Verh. d. D. Phys. Ges. (3) Bd. 2, S. 36. 1921.
[5]) K. Hoffmann, ZS. f. Phys. Bd. 14, S. 301. 1923.
[6]) L. Puccianti, Cim. (6) Bd. 4, S. 31. 1912.
[7]) L. Puccianti, Cim. (6) Bd. 4, S. 322. 1912.

änderte Puccianti die Apparatur insoweit um, als er die Temperatur nicht mehr bolometrisch, sondern thermometrisch kontrollierte und den zweiten Strahler fortließ. Wenn die von Puccianti angewandte Methode auch bisher keine genauen Resultate gab, so bietet sie doch manches Interessante.

78. Messung der Energieverteilung im Spektrum. Bei absoluten Messungen der spektralen Energieverteilung müssen die Lichtverluste im Spektrometer berücksichtigt werden. Hier wäre einmal das Reflexionsvermögen der Spiegel zu nennen, das sich mit der Wellenlänge ändert. Im Ultraroten ist es groß und ziemlich gleichförmig (besonders bei Gold, Silber und Kupfer), im Sichtbaren ist es dagegen starken Schwankungen unterworfen.

Auch durch den Astigmatismus der Spiegel geht Energie verloren, so daß es sich empfiehlt, den Einfallswinkel möglichst klein zu wählen. Weiter vermindert die Reflexion an zwei zueinander senkrechten Ebenen den Astigmatismus, weshalb es zweckmäßig ist, von dem einen der beiden Spiegel den Strahl nicht seitwärts am Prisma vorbei, sondern oben über dasselbe hinweg reflektieren zu lassen. Ein weiteres sehr gutes Mittel ist die Anwendung von exzentrisch geschnittenen Parabolspiegeln (vgl. Ziff. 59).

Zur Erzeugung des Spektrums ist bei absoluten Messungen das Gitter nicht gut geeignet, weil es kein wahrheitsgetreues Bild von der Energieverteilung im Spektrum gibt. Prismen haben dagegen den Nachteil, daß ihre Dispersion mit steigender Wellenlänge abnimmt, so daß ein immer größerer Wellenlängenbereich auf den Spalt vor dem Empfänger fällt und dadurch die Ausschläge mit steigender Wellenlänge größer ausfallen, als dem wahren Verlauf der Energiekurve entspricht. Um die Ausschläge trotzdem miteinander vergleichen zu können, multipliziert man sie mit dem Brechungsexponenten für die betreffende Wellenlänge.

Auch die Reflexion an den Flächen der Prismen (und Linsen) und eine etwaige Absorption in ihrem Innern muß berücksichtigt werden.

Bei Linienspektren (Gasen) ist es wegen der endlichen Spaltbreite nicht möglich, genaue Energiewerte anzugeben. Bei kontinuierlichen Spektren (festen Körpern) dagegen kann man den Einfluß der endlichen Spaltbreite rechnerisch berücksichtigen (Ziff. 66).

IV. Selektive Meßinstrumente.

79. Allgemeines. Die in Ziff. 36 bis 51 beschriebenen Meßinstrumente (Thermoelement usw.) beruhen auf der Wärmewirkung der Strahlung. Soweit also das benutzte Schwärzungsmittel absorbiert, sind sie für jede Art elektromagnetischer Strahlung brauchbar und man kann aus dem Ausschlag direkt auf die Energie der Strahlung schließen. Außerdem gibt es noch eine Anzahl Meßinstrumente, deren Empfindlichkeit auf einen kleinen Wellenlängenbereich beschränkt ist und bei denen die Meßergebnisse mehr oder weniger von der Proportionalität mit der Energie abweichen. So die photographische Platte, bei deren Verwendung zur Intensitätsmessung die Kenntnis der Schwärzungskurve erforderlich ist. Weiter das menschliche Auge, wobei die Empfindlichkeitskurve des Auges des Beobachters in die Messungen eingeht. Dann wäre die Selenzelle und besonders die Photozelle zu nennen. Da das Empfindlichkeitsmaximum dieser Meßinstru-

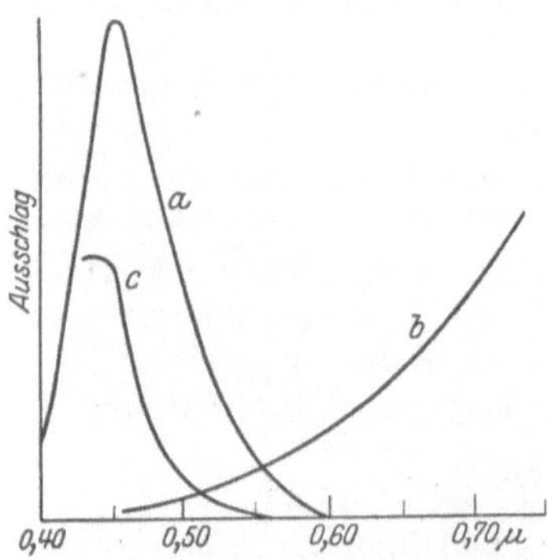

Abb. 49. Spektrale Energieverteilung einer gasgefüllten Wolframlampe in Abhängigkeit von der Art des Strahlungsmessers. *a* mit Photozelle aufgenommen, *b* mit Thermosäule aufgenommen, *c* Empfindlichkeitskurve einer Kaliumhydridzelle.

mente in Wellenlängenbereichen liegt, in denen die Wärmewirkung der Strahlung schon sehr gering geworden ist, können sie zur Messung der Energieverteilung recht gute Dienste leisten (Abb. 49). Dies ist besonders dann der Fall, wenn es sich um Reflexions- und Absorptionsmessungen handelt, bei denen ja infolge des Vergleiches der geschwächten und der ungeschwächten Strahlung die Selektivität der Empfindlichkeit keine Rolle spielt.

80. Die Selenzelle. Die Empfindlichkeit der Selenzelle ändert sich nicht nur mit der Wellenlänge des auffallenden Lichtes, sondern auch mit seiner Intensität. Der Ausschlag ist also nicht proportional der auffallenden Energie, sondern die Zelle muß geeicht werden. Auch die Dauer der Bestrahlung fällt ins Gewicht. Weiter erreicht die Selenzelle nach dem Bestrahlen nur langsam ihren Anfangszustand wieder. Günstiger sind Einkristalle aus Selen. Sie sind weit empfindlicher und auch weniger träge. Die Selenzelle ist nur selten zu Strahlungsmessungen benutzt worden, da ihr die Photozelle an Empfindlichkeit überlegen ist.

81. Kurze Bemerkungen über Photozellen. Da die lichtelektrischen Erscheinungen in Bd. XIII ds. Handb. ausführlich dargestellt werden und die Verwendung der Photozellen für photometrische und spektralphotometrische Zwecke in diesem Band an anderer Stelle behandelt wird, können hier die Angaben auf das Wesentlichste beschränkt werden.

Der Anwendbarkeit der Photozellen ist auf der langwelligen Seite des Spektrums eine scharfe Grenze gesetzt. Denn um ein Elektron aus dem bestrahlten Metall auszulösen, muß eine bestimmte Ablösungsarbeit geleistet werden. Bezeichnet man das universelle Wirkungsquantum mit h, so ist die Ablösungsarbeit $A = h \cdot v_0$, also erst wenn die Frequenz v des auffallenden Lichtes eine gewisse Größe v_0 erreicht hat, werden Elektronen ausgelöst. Die kinetische Energie eines ausgelösten Elektrons von der Masse μ beträgt also $1/2\,\mu v^2 = hv - A = h(v - v_0)$. Die Anzahl der ausgelösten Elektronen hängt in hohem Maße von der Wellenlänge des auffallenden Lichtes und von dem für die Photozelle verwandten Metalle ab (selektiver lichtelektrischer Effekt). Und zwar hat es den Anschein, als ob nicht das Metall selbst, sondern die Verbindung Gas—Metall von ausschlaggebender Bedeutung wäre.

Als Metalle bei den Photozellen werden kolloidale Alkalien (besonders Kalium) verwandt, da diese am lichtempfindlichsten sind. Als Kathode dient der Metallbelag der Zelle, die Anode bildet ein dünner Platinring, dem manchmal auch durch Bespannung mit feinem Draht Gitterform erteilt wird. Vielfach werden die Zellen als schwarze Körper ausgebildet, indem ihre ganze Innenseite verspiegelt wird und nur eine Öffnung für den Eintritt der Strahlung frei bleibt. Dadurch, daß man statt eines reinen Metalls eine Metall-Gasverbindung, z. B. Kaliumhydrid, verwendet, kann man eine große Steigerung der Empfindlichkeit erreichen. Eine weitere Steigerung bewirkt man durch Einfüllung einer geringen Menge eines Edelgases in die hochevakuierte Zelle. Denn die ausgelösten Photoelektronen erzeugen dann durch Stoßionisation weitere Elektronen und erhöhen so den Photostrom beträchtlich.

82. Schaltung der Photozelle. Die Grundform der Schaltung ist einfach. Photozelle, Spannungsquelle, Meßinstrument und ein Widerstand werden in Serie geschaltet. Der Widerstand ist nötig, um das Auftreten von zu starken Strömen, die zu einer Zerstörung der Photozelle führen würden, zu vermeiden. Ebenso darf die angelegte Spannung einen bestimmten für die betreffende Zelle charakteristischen Wert nicht überschreiten, da sonst ein dauernder Photostrom durch die Zelle fließen würde. Die Empfindlichkeit der Photozelle wächst mit der angelegten Spannung, doch wachsen gleichzeitig auch die Fehlerquellen

(Ermüdungs- und Erholungserscheinungen). Als Meßinstrument ist bei verhältnismäßig starken Photoströmen ein empfindliches Galvanometer geeignet. Während man bei Thermosäulen Galvanometer von kleinem inneren Widerstand benutzen muß, können hier ohne Schaden Galvanometer von mehreren tausend Ohm benutzt werden. Im allgemeinen mißt man Ströme bis zu 10^{-9} Amp. galvanometrisch. Handelt es sich um schwächere Photoströme (bis zu 10^{-15} Amp.). so muß elektrometrisch gemessen werden. Hier wäre zunächst die sehr empfindliche Methode der Aufladezeiten zu nennen, bei der die Zeiten beobachtet werden, die verstreichen, bis ein Elektroskop von kleiner Kapazität bis auf ein bestimmtes Potential aufgeladen ist. Eine weitere Methode ist die des Spannungsabfalls, wobei der Photostrom einen großen Widerstand (Bronson, Xylolalkohol usw.) durchfließt und der Spannungsabfall an den Enden elektrometrisch gemessen oder durch ein Gegenpotential kompensiert wird.

83. Proportionalität der Ausschläge. Nullmethoden. Die erzeugten Photoströme sind proportional der auffallenden Lichtintensität, so daß die Photozellen sogar für absolute Strahlungsmessungen brauchbar sind. Jedoch erleidet die Proportionalität bei hochempfindlichen gasgefüllten Zellen eine gewisse Einschränkung. In dieser Hinsicht ist vor allem eine ausführliche Untersuchung von Rosenberg[1]) zu erwähnen. Auch Rosenberg findet, daß der reine Photoeffekt sowohl bei Hochvakuumzellen als auch bei mit Edelgas gefüllten Alkalizellen streng proportional der auffallenden Lichtmenge ist, und zwar auch in der Nähe des Entladungspotentials. Aber andererseits sind dieser Erscheinung Ermüdungs- und Erholungserscheinungen überlagert, die ein Abweichen von der Proportionalität vortäuschen[2]). Als Mittel zur Verringerung dieser Störungen empfiehlt Rosenberg, die beschleunigende Spannung schon einige Zeit vor Beginn der Messung an die Zelle zu legen und die Zelle mit einer Lichtquelle, deren Intensität der zu messenden gleich ist, vorzubelichten, bis Konstanz der Empfindlichkeit erreicht ist und die zwischen den einzelnen Messungen liegenden Dunkelpausen durch sofortiges Wiedereinschalten der Vorbelichtung zu umgehen. Auch bei Anwendung dieser Vorsichtsmaßregeln ist nach Rosenberg die Verwendung der Zelle bei konstanter Lichtintensität als Nullinstrument die einzige einwandfreie zur Messung größerer Helligkeitsunterschiede in der Nähe des Entladungspotentials.

Rosenberg verfährt bei seiner Kompensationsmethode folgendermaßen[3]): Vor der Photozelle befinden sich zwei Nikolsche Prismen, von denen das näher an der Photozelle liegende nicht drehbar ist, damit der Polarisationszustand des auf die Photozelle fallenden Lichtes nicht geändert wird, denn der selektive Photoeffekt hängt vom Polarisationszustand des Lichtes ab. Nach Einschalten der Vergleichslichtquelle (Vorbeleuchtung) wird der drehbare Nikol um 20 bis 30° gedreht und der durch den Photostrom hervorgerufene Spannungsabfall mit Hilfe eines Kompensationsapparates kompensiert, so daß das Galvanometer stromlos ist. Fällt nun das Licht des zu messenden Sternes statt der Vergleichslichtquelle durch die Nikols auf die Photozelle, so wird ein Galvanometerausschlag erzeugt, der je nach der Helligkeit des Sternes durch Vor- oder Zurückdrehen des Nikols beseitigt werden kann. Die Helligkeit des Sternes berechnet sich dann aus der Drehung des Nikols. Natürlich kann statt der Nikolschen Prismen auch ein rotierender Sektor zur Abschwächung der Strahlung benutzt werden.

Eine andere Nullmethode stammt von Richtmyer[4]), der zwei Photozellen

---

[1]) H. Rosenberg, ZS. f. Phys. Bd. 7, S. 18. 1921.
[2]) Vgl. auch E. Steinke, ZS. f. Phys. Bd. 11, S. 215. 1922.
[3]) H. Rosenberg, ZS. f. Phys. Bd. 7, S. 18. 1921; Naturwissensch. Bd. 9, S. 359. 1921.
[4]) F. K. Richtmyer, Phys. Rev. (2) Bd. 6, S. 66. 1915.

benutzt, die von verschiedenen Lichtquellen bestrahlt werden. Der Abstand der Lichtquellen wird so geändert, daß durch beide Photozellen ein gleichstarker Strom fließt. Die Schaltung ähnelt der WHEATSTONEschen Brückenschaltung. (Abb. 50). Die beiden Spannungsquellen E_1 und E_2, die jede zwischen 0 und 120 Volt variabel sind, liegen mit ihrem einen Pol gemeinsam am Elektrometer Q. Die beiden anderen Pole liegen an den beiden Photozellen. Die freien Pole der Photozellen sind ebenfalls mit dem Elektrometer verbunden. Das Elektrometer ist bei a und b geerdet. Zunächst unterbricht man die Erdung bei b und verändert E_1 und E_2 so lange, bis die Dunkelströme durch die beiden Zellen gleich groß sind. Dann werden die beiden Photozellen bestrahlt und durch Änderung des Abstandes der beiden Lampen L_1 und L_2 eine Eichkurve aufgenommen, so daß man später aus der Stellung von L_2 die auf die Photozelle L_1 auffallende Energie berechnen kann.

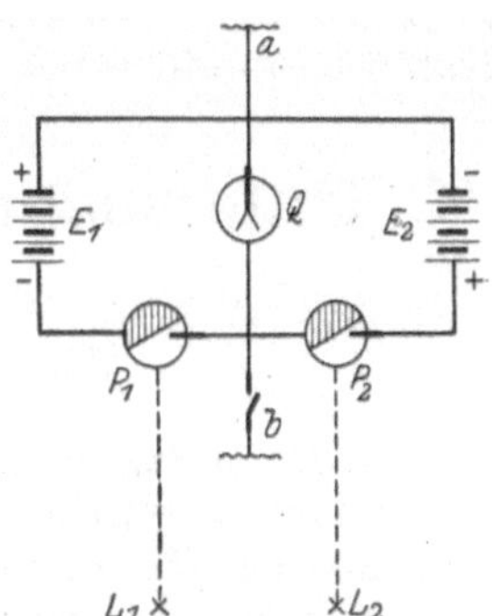

Abb. 50. Nullmethode nach RICHTMYER. E_1 und E_2 variable Spannungsquellen, Q Dolezalec-Elektrometer, P_1 und P_2 Photozellen, a und b Erdungen, L_1 und L_2 Lichtquellen, deren Abstand von P_1 und P_2 geändert werden kann.

84. Verstärkung der Photoströme. Es ist häufig versucht worden, die erzielten Photoströme durch Verstärkerröhren zu verstärken. Im folgenden sollen einige der wichtigeren Methoden genannt werden. ROSENBERG[1]) verband die Photozelle mit dem Heizdraht und dem Gitter, so daß die durch Bestrahlung der Zelle bewirkte negative Aufladung des Gitters den Anodenstrom ändert (Abb. 51). Diese Änderung gibt ein Maß für den Photostrom. Den Anodenstrom mißt ROSENBERG nicht direkt, sondern er kompensiert ihn. Bezüglich der eingehenden Untersuchungen über den günstigsten Heizstrom, die günstigste Anodenspannung und ähnliches sei auf die oben zitierte Originalveröffentlichung verwiesen.

Verbessert wurde die Anordnung durch DU PREL[2]), der „Plattenröhren" verwandte und mit der Anodenspannung auf 6 bis 12 Volt herunterging. Hierdurch gelang es ihm, eine 10fache Verstärkung in einem Intensitätsbereich von 1 zu 200 zu erreichen, wobei die Proportionalität zwischen direkten und verstärkten Photoströmen aufrechterhalten blieb. Unter Verzicht auf die Proportionalität konnte er eine Ver

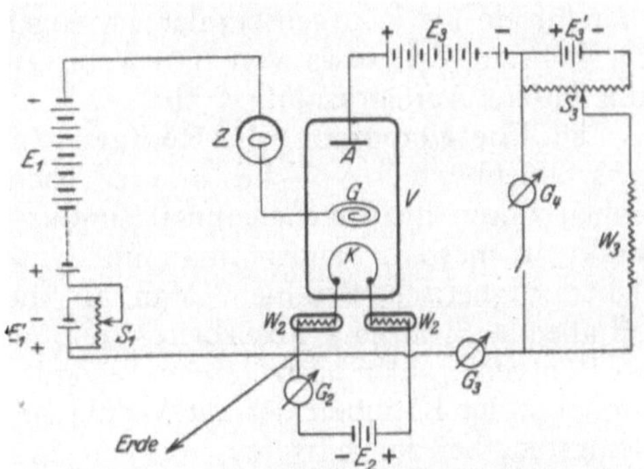

Abb. 51. Schaltungsschema zur Verstärkung leichtelektrischer Ströme. Z lichtelektrische Zelle. V Verstärkerröhre. A Anode. G Gitter. K Kathode. E_1, E_1', E_2, E_3, E_3' Akkumulatorenbatterie im Gitter-, im Heiz-, im Anodenkreis. W_2 zwei zu V gehörige Eisenwiderstände. W_3 fester Widerstand von rd. 10^5 Ohm. S_1, S_3 Spannungsteiler im Gitter bzw. Kompensationskreis. G_2, G_3, G_4 Galvanometer zur Messung des Heizstromes, des Anoden- und Brückenstromes (nach Rosenberg).

stärkung von $1,5 \cdot 10^7$ erreichen, so daß es möglich wurde, Intensitäten zu photographieren, die an dem Schwellenwert des menschlichen Auges liegen.

FERIÉ, JOUAUST und MESNY[3]) benutzen eine Röhre mit zwei Gittern und erreichen eine sehr weitgehende Verstärkung, allerdings unter Aufgabe der Proportionalität.

[1]) H. ROSENBERG, Naturwissensch. Bd. 9, S. 359. 1921.
[2]) G. DU PREL, Ann. d. Phys. (4) Bd. 70, S. 199. 1923.
[3]) G. FERRIÉ, R. JOUAUST u. R. MESNY, C. R. Bd. 178, S. 1117. 1924.

Voraussetzung für Anwendung derartiger Verstärkeranordnungen ist das Auftreten von Photoströmen von mindestens 10^{-13} Amp., da sonst die Gitterströme und Isolationsverluste bei kleineren Strömen ein Ansprechen der Röhren verhindern. Man erreicht also nur eine bequemere Messung und nicht einen Nachweis von kleineren Strömen.

C. Untersuchungsmethoden im Röntgengebiet.

Von

HERMANN BEHNKEN, Charlottenburg.

85. Der Untersuchungsgegenstand. Unter Röntgenstrahlen verstehen wir eine elektromagnetische Strahlung, für welche weniger ein bestimmtes Spektralgebiet als vielmehr die Art der Erzeugung charakteristisch ist, die darin besteht, daß wir zunächst mehr oder minder schnelle Elektronen (Kathodenstrahlen) herstellen und diese dann mit materiellen Atomen zusammentreffen lassen. Den messenden Physiker interessieren an der dabei auftretenden elektromagnetischen Strahlung genau dieselben Größen wie bei anderen Wellenstrahlungen, nämlich in erster Linie die Intensität, ferner die Frequenz oder Wellenlänge, außerdem ein etwa vorhandener Polarisationszustand. Im folgenden sollen die hierfür bisher angewendeten Untersuchungsmethoden beschrieben werden. Soweit die Röntgenstrahlen hinsichtlich ihrer Wellenlänge mit andersartig erzeugten Strahlen (γ-Strahlen, ultraviolette Strahlen) übereinstimmen, sind sie ihrem Wesen nach mit diesen identisch und können daher auch mit den gleichen Methoden untersucht werden. Besonderer Methoden bedarf man aber für ein als Röntgenstrahlen im engeren Sinne bezeichnetes Spektralgebiet, das sich zur Zeit etwa von 0,05 Å bis zu 25 Å erstreckt. Diesem wenden wir nun unsere Aufmerksamkeit zu.

86. Energiemessung der Röntgenstrahlen. Unter der Intensität eines Röntgenstrahlenbündels von bestimmter Richtung verstehen wir die in der Zeiteinheit durch die Flächeneinheit hindurchtretende Röntgenenergie. Um diese direkt zu messen, benutzt man im Prinzip den gleichen Weg wie für andere elektromagnetische Strahlen. Man läßt die auf eine Fläche von bekannter Größe auffallende Strahlung absorbieren und mißt die dabei erzeugte Wärme. Die bei Röntgenstrahlen auftretenden besonderen Schwierigkeiten haben ihren Grund einmal in der Kleinheit der zur Verfügung stehenden Energiemengen, außerdem, wenigstens bei den härteren Strahlen, in dem großen Durchdringungsvermögen und den Besonderheiten bei ihrer Absorption, die eine restlose Umwandlung in Wärme erschweren. Trotzdem sind, fast solange die Röntgenstrahlen überhaupt bekannt sind, immer wieder Energiemessungen mit mehr oder weniger vollständigem Erfolg ausgeführt worden. Die älteren Messungen, deren Ziel meist die Bestimmung des Wirkungsgrades der Röntgenstrahlerzeugung war, sind von R. POHL[1]) zusammengestellt. In neuerer Zeit versuchte man mit Hilfe von Energiemessungen mehrfach die Frage zu beantworten, wie groß die Bildung eines Ionenpaares in Luft erforderliche Röntgenenergie bei verschiedenen Wellenlängen sei[2]), oder auch die Frage, wie die Schwärzung einer photographischen

[1]) R. POHL, Die Physik der Röntgenstrahlen. S. 2ff. Braunschweig 1912; vgl. auch E. MARX, Handbuch der Radiologie. Bd. V, Leipzig 1919.

[2]) B. BOOS, ZS. f. Phys. Bd. 10, S. 1. 1922; L. GREBE u. L. KRIEGESMANN, ZS. f. Phys. Bd. 28, S. 91. 1924; Phys. ZS. Bd. 25, S. 597. 1924; H. KIRCHER u. W. SCHMITZ, ZS. f. Phys. Bd. 36, S. 484. 1926; T. E. AURÉN, Medd. Nobelinst. Bd. 6, Nr. 13. 1925; H. KULENKAMPFF, Ann. d. Phys. Bd. 79, S. 97. 1926; W. RUMP, ZS. f. Phys.

Emulsion mit der Energie der Röntgenstrahlen zusammenhängt[1]). Die von den Bonner Autoren (GREBE und Mitarbeiter) benutzten Einrichtungen sind schematisch in den Abb. 52 und 53 dargestellt. Abb. 52 zeigt eine bolometrische Anordnung, die nach dem Prinzip der PAALZOW-RUBENSschen Bolometerschaltung aufgebaut ist. Sie besteht aus zwei vollkommen symmetrischen Flachspulensystemen S_1 und S_2 aus isoliertem Bleidraht, von denen das eine bestrahlt und das andere elektrisch geheizt wird. Sie bilden zwei Zweige einer WHEATSTONEschen Brückenschaltung. Zum Schutze gegen äußere Temperatureinflüsse befinden sie sich in zwei DEWARschen Gefäßen D_1 und D_2, die durch Hartgummiplatten verschlossen sind. Abb. 53 stellt eine luftthermometrische Anordnung dar. Auch hier sehen wir zwei DEWARsche Gefäße D_1 und D_2, deren jedes eine Bleiplatte enthält (1 u. 2). Die Platte 1 wird bestrahlt, die Platte 2 elektrisch geheizt. Die Gefäße sind durch eine Kapillare verbunden, in der sich ein Alkoholtropfen Tr befindet. Die Bewegung des Tropfens bei Ausdehnung der Luft in

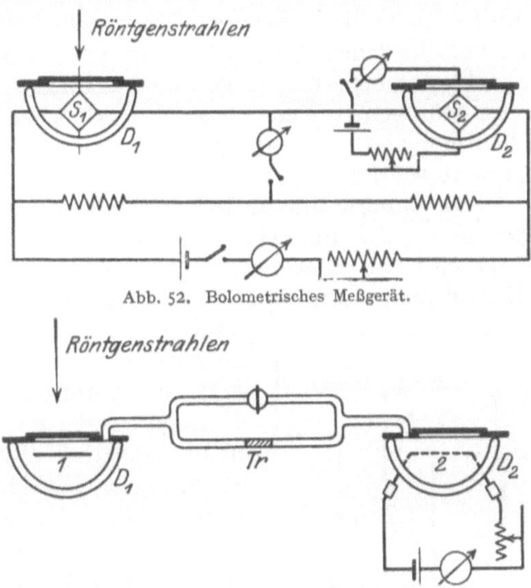

Abb. 52. Bolometrisches Meßgerät.

Abb. 53. Luftthermometrisches Meßgerät.

einem der Gefäße wird durch ein etwa 100fach vergrößerndes Mikroskop beobachtet. Das Ganze ist sorgfältig gegen äußere Wärmeeinflüsse geschützt. Zur Ausführung der Messung wird die elektrische Heizung der Platte 2 so einreguliert, daß der Tropfen in Ruhe bleibt. Die Strahlenleistung in 1 ist dann gleich der elektrischen Leistung in 2.

KULENKAMPFF[2]) benutzte eine Thermosäule aus acht Eisen-Wismutelementen. Auf jede Lötstelle ist ein Silberblech von 0,1 mm Dicke und 4,5 mm² Oberfläche gesetzt, in welchem die Röntgenstrahlen absorbiert werden. Die Silberschildchen greifen schindelartig übereinander, so daß ein lückenloser Streifen entsteht. In Verbindung mit einem Panzergalvanometer von Siemens & Halske von $6 \cdot 10^{-10}$ Amp. pro Skalenteil erreichte KULENKAMPFF eine Empfindlichkeit von $7,5 \cdot 10^{-9}$ cal/sec pro Skalenteil.

Da die thermischen Methoden der Röntgenstrahlmessung relativ unempfindlich und experimentell nicht leicht auszuführen sind, so beschränkt sich ihre Benutzung auf größere Strahlenintensitäten bis herab zu etwa $10^{-7} \dfrac{\text{cal}}{\text{sec} \cdot \text{cm}^2}$. Sie sind deshalb bisher nur im spektral nicht zerlegten Röntgenlicht angewendet worden. Andernfalls ist man auf andere indirektere Methoden der Intensitätsmessung angewiesen, die freilich die Intensität nicht ohne weiteres im Energiemaß liefern[3]).

---

[1]) A. BOUWERS, Dissert. Utrecht 1924; vgl. auch R. BERTHOLD u. R. GLOCKER, ZS. f. Phys. Bd. 31, S. 259. 1925.

[2]) H. KULENKAMPFF, Ann. d. Phys. Bd. 79, S. 97. 1926.

[3]) Vgl. hierzu auch T. E. AURÉN, Medd. Vetensk. Nobelinst. Bd. 6, Nr. 13. 1926; H. M. TERRILL, Phys. Rev. Bd. 28, S. 438. 1926.

87. Intensitätsmessung durch Fluoreszenz. Das älteste Mittel zum Nachweis der Röntgenstrahlen ist die Fluoreszenz eines Leuchtschirmes aus Bariumplatinzyanür, Zinksulfid oder Zinksilikat (Willemit). Durch Messung der Fluoreszenzhelligkeit lassen sich Intensitätsbestimmungen von Röntgenstrahlen ausführen. Auf dieser Tatsache beruhen eine Reihe von älteren Meßgeräten der Röntgenpraxis, z. B. die Härtemesser nach Röntgen, Benoist, Wehnelt, Christen[1]), bei denen die Fluoreszenzhelligkeit dazu dient, die Schwächung in verschiedenen Absorbenten zu vergleichen. Von Wintz und Rump[2]) wurde die Photometrierung eines Leuchtschirmes zum Zwecke der Intensitätsmessung von Röntgenstrahlen konsequent durchgeführt. Zur Energiemessung müssen die Fluoreszenzmethoden mit einer der unter Ziff. 86 besprochenen Einrichtungen geeicht werden.

88. Ionometrische Intensitätsbestimmung. Ihrer großen Empfindlichkeit wegen ist die Intensitätsbestimmung durch Ionisation vielseitig verwendbar. Eine einfache Anordnung der in Abb. 54 skizzierten Art genügt, um relative Intensitätsmessungen bei konstanter Strahlenhärte auszuführen. Die Ionisations-kammer K besteht aus Blech und besitzt an der Vorderseite ein Fenster F, das durch eine dünne Folie, z. B. aus Aluminium, verschlossen wird. Die stabförmige Innenelektrode, die man der besseren Feldverteilung wegen nicht dünner als etwa 3 mm wähle, ist durch einen Bernsteinisolator I hindurchgeführt zu einem Blättchenelektroskop E, welches mit einem schwach vergrößernden Mikroskop mit Okularskala beobachtet wird. Zur Aufladung des Systems Innenelektrode-Elektroskop bringt man im Gehäuse des Elektroskops eine kleine Öffnung an, durch welche eine mit einer Spannungsquelle von einigen hundert Volt verbundene Sonde eingeführt und mit dem System in Berührung gebracht werden kann. Mit Hilfe einer Stoppuhr wird diejenige Zeit beobachtet, die erforderlich ist, um beim Eintreten von Röntgenstrahlen in die Ionisierungskammer eine Entladung des Elektroskops über eine bestimmte Anzahl von Skalenteilen herbeizuführen. Dabei ist zu beachten und evtl. durch besondere Versuche zu kontrollieren, ob während des ganzen Ablaufes Sättigungsstrom besteht. Die Empfindlichkeit einer Ionisationskammer läßt sich durch die Einfüllung eines die Röntgenstrahlen stark absorbierenden Gases steigern. Um dies zu bewerkstelligen, kann man an der Kammer Gefäße mit flüssigem Bromäthyl oder Jodmethyl anbringen, so daß sich die Luft in der Kammer mit dem Dampf dieser Flüssigkeiten sättigt. Der Ionisationsstrom wird ferner erheblich vergrößert, wenn die Strahlen im Innern der Kammer streifend auf ein Schwermetall auftreffen, in welchem sie zahlreiche Photoelektronen auslösen. Ferner wird man, um eine große Empfindlichkeit zu erreichen, die Kapazität des Systems Innenelektrode-Elektroskop so klein wie möglich wählen. Auf sorgfältigen Bleischutz von Kammer und Elektroskop zur Fernhaltung ungewollter Strahlung ist gleichfalls zu achten.

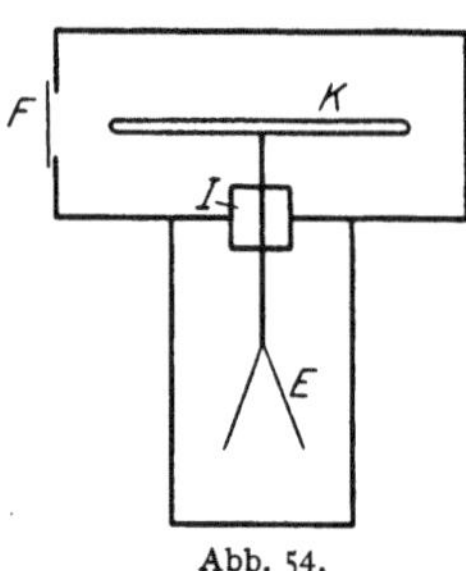

Abb. 54.

Wenn es darauf ankommt, Ionisationsmessungen von absolutem Charakter zu machen, so muß der Einfluß der Kammerwände und des Fensters sowie irgendwelcher sonstigen Körper im Innern der Kammer ausgeschaltet werden, damit nur die in der Luft selbst durch die Röntgenstrahlen gebildeten Ionen, diese aber vollzählig, zur Messung gelangen. Hierüber ist Näheres im Bd. XVII

---

[1]) Vgl. dazu E. Marx, Handbuch der Radiologie. Bd. V, S. 483ff. Leipzig 1919.
[2]) H. Wintz u. W. Rump, Fortschr. a. d. Geb. d. Röntgenstr. Bd. 29, S. 672. 1922; Strahlentherapie Bd. 22, S. 444. 1926. Vgl. auch dieses Handb. Bd. XVII, S. 174.

ds. Handb., S. 176ff. mitgeteilt. Absolute Ionisationsmessungen lassen sich unter Umständen für die Energiebestimmung der Röntgenstrahlen ausnutzen. Vgl. darüber Bd. XXIII ds. Handb., S. 430ff.

89. Photographische Intensitätsmessung. Die photographische Methode ist besonders für spektrometrische Untersuchungen geeignet. Es ist hier wichtig, daß die Schwärzung der photographischen Schicht nahezu proportional mit der aufgefallenen Röntgenenergie anwächst, ohne einen Schwellenwert, wie beim Licht, zu besitzen[1]. Man kann daher, Gleichartigkeit der Entwicklung und der sonstigen Behandlung vorausgesetzt, die absorbierte Röntgenenergie der Schwärzung proportional setzen. Näheres über den Vergleich der photographischen Wirkung mit der absorbierten Energie findet sich bei BOUWERS[2], der fand, daß das Schwärzungsvermögen im Bereich von 0,2 bis 0,7 Å mit zunehmender Wellenlänge beträchtlich ansteigt. 1 Erg pro cm^2 der Schicht absorbierte Röntgenenergie ist erforderlich, um eine deutliche Schwärzung zu erzeugen. Ein Vergleich zwischen photographischer Wirkung und Ionisationswirkung wurde von BERTHOLD und GLOCKER[3] für verschiedene Wellenlängen durchgeführt. Sie fanden, daß die photographische Wirkung gegen die Ionisation fast den gleichen Gang mit der Wellenlänge aufweist wie gegen die absorbierte Energie, so daß man also Ionisation und absorbierte Energie weitgehend proportional setzen kann.

Bei nicht zu weichen Röntgenstrahlen ($\lambda < 0,8$ Å) wird die Empfindlichkeit des photographischen Nachweises durch die Verwendung von Verstärkungsfolien mit wachsender Härte in zunehmendem Maße gesteigert[4]. Man legt dabei die Folie mit der Emulsion Schicht an Schicht. Bei doppelt begossenen Filmen kann man auf jede Seite eine Folie legen. Bei einfach begossenen Filmen bestrahlt man bei Verwendung einer Folie von der Rückseite des Films aus, bei Platten dagegen von der Rückseite der Folie aus. Folie und Emulsion müssen gut aneinander liegen, damit die Schärfe der Aufnahme durch die Folie nicht zu sehr beeinträchtigt wird.

90. GEIGERscher Spitzenzähler. In manchen Fällen wird die GEIGERsche Zählkammer[5], die ursprünglich zur Zählung von α- und β-Teilchen gedacht war, mit Vorteil zur Röntgenstrahlenmessung herangezogen[6]. Der Zähler wird durch die Photoelektronen, welche die Röntgenstrahlen im Innern der Zählkammer, sei es in den Wandungen oder im Gasinhalt, auslösen, zum Ansprechen gebracht, sofern diese in das empfindliche Bereich des Zählers hineingeraten[7]. Da unter Umständen schon ein einziges Quant genügt, um den Zähler zum Ansprechen zu bringen, so stellt dieser ein sehr empfindliches Reagens auf Röntgenstrahlen dar, das sowohl bei geringen Intensitäten als auch bei sehr engen Strahlenbündeln gute Dienste leistet. Da der Spitzenzähler Quanten zählt, so ist hier die energetische Deutung beim Vergleich verschiedener Spektralgebiete besonders einfach. Aus diesem Grunde benutzte ihn JÖNSSON[8] dazu, die relativen Intensitäten einer Reihe von Spektrallinien in der L-Serie des Wolframs und des Platins zu messen.

---

[1] J. EGGERT u. W. NODDACK, Naturwissensch. Bd. 15, S. 57. 1927; vgl. auch E. JÖNSSON, Ark. f. Mat., Astron. och Fys. Bd. 18, Nr. 13. 1924.

[2] A. BOUWERS, Physica Bd. 5, S. 8. 1925.

[3] R. BERTHOLD u. R. GLOCKER, ZS. f. Phys. Bd. 31, S. 259. 1925.

[4] E. SCHLECHTER, Phys. ZS. Bd. 24, S. 29. 1923.

[5] H. GEIGER, Verh. d. D. Phys. Ges. Bd. 15, S. 534. 1913.

[6] Vgl. dazu A. F. KOVAŘIK, Phys. Rev. Bd. 13, S. 272. 1919; Bd. 23, S. 559. 1924; H. BEHNKEN, G. JAECKEL u. W. KUTZNER, ZS. f. Phys. Bd. 20, S. 188. 1923; ferner W. BOTHE u. H. GEIGER, ebenda Bd. 32, S. 639. 1925; W. BOTHE, ebenda Bd. 37, S. 547. 1926.

[7] W. KUTZNER, ZS. f. Phys. Bd. 23, S. 117. 1924.

[8] A. JÖNSSON, ZS. f. Phys. Bd. 36, S. 426. 1926; Bd. 41, S. 221 u. 801. 1927.

91. Grundsätzliches über Wellenlängenmessung. Wie bei allen Wellenvorgängen, so dienen auch bei den Röntgenstrahlen Interferenzerscheinungen zur Ermittlung der Wellenlängen. Nach den ersten Versuchen von Röntgen galt es lange Zeit als ausgemacht, daß die Erscheinungen der Beugung, Brechung und Reflexion bei Röntgenstrahlen nicht auftreten. Versuche, eine Beugungserscheinung an einem engen Spalt hervorzurufen, die von Haga und Wind[1]) und später von Walter und Pohl[2]) angestellt wurden, führten zu keinem sicheren Ergebnis. Dies hatte, wie wir heute wissen, seinen Grund darin, daß mit einem ganz inhomogenen Strahlengemisch gearbeitet wurde. Spätere Versuche von Walter[3]), bei denen die Linienstrahlung des Kupfers benutzt wurde, führten einwandfrei zu der erwarteten Beugungserscheinung und ergaben eine Wellenlänge von $1{,}54 \cdot 10^{-8}$ cm. Die Methode ist also im Prinzip geeignet, absolute Wellenlängenmessungen an monochromatischen Strahlen auszuführen. Doch ist eine größere Genauigkeit, die mit den nach anderen Methoden ausgeführten relativen Messungen vergleichbar wäre, bisher damit nicht erreicht worden.

Die Grundlage für die heute zu hoher Vollkommenheit entwickelte Röntgenspektrometrie wurde durch die von Laue, Friedrich und Knipping[4]) entdeckte Beugung der Röntgenstrahlen im Kristallgitter geliefert. Nach v. Laues Anschauung wirken dabei die einzelnen Atome bzw. Atomgruppen, aus denen sich der Kristall aufbaut, als Beugungszentren, durch deren regelmäßige Anordnung die Interferenzerscheinung in Gestalt der bekannten, aus einzelnen Punkten bestehenden regelmäßigen Figuren zustande kommt, deren Her

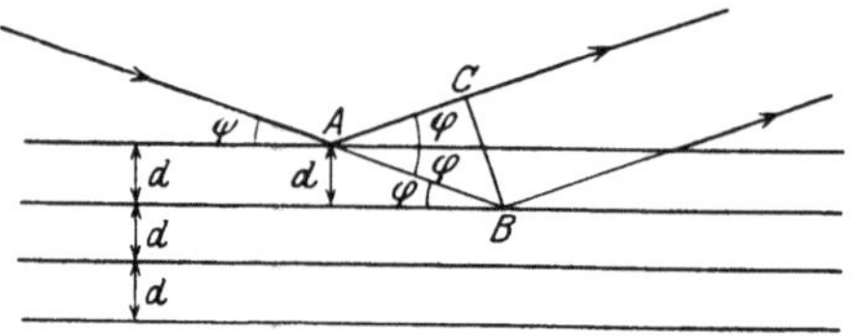

Abb. 55. Zum Braggschen Gesetz.

stellung und Ausmessung besonders für die Erforschung von Kristallstrukturen eine bedeutende Rolle spielt. Für die spektrometrische Verwertung der Kristallinterferenzen ist eine etwas andere Form ihrer Deutung besonders gut geeignet, die von Bragg[5]) eingeführt wurde. Dieser zeigte, daß man die Interferenzen so auffassen kann, als ob die Röntgenstrahlen an den mit Gitterpunkten besetzten Ebenen, welche man sich in mannigfaltiger Weise durch das Kristallgitter hindurchgelegt denken kann, reflektiert würden, wobei zwischen dem Abstand zweier solcher Ebenen d, der Wellenlänge λ und dem sog. „Glanzwinkel" φ die berühmte Braggsche Gleichung gilt:

$$n \cdot \lambda = 2d \cdot \sin\varphi,$$

wo n die Ordnungszahl bedeutet.

Aus der Betrachtung der Abb. 55 folgt, daß der Gangunterschied $\varDelta$ zwischen zwei an aufeinanderfolgenden Netzebenen reflektierten Strahlen ist:

$$\varDelta = AB - AC.$$

Da $AC = AB \cdot \cos 2\varphi$ ist, so wird $\varDelta = AB \cdot (1 - \cos 2\varphi)$.

$$AB = \frac{d}{\sin\varphi} \qquad \text{und} \qquad \varDelta = \frac{d(1 - \cos 2\varphi)}{\sin\varphi} \quad \varDelta = 2d \cdot \sin\varphi.$$

---

[1]) H. Haga u. C. H. Wind, Ann. d. Phys. Bd. 10, S. 305. 1903.
[2]) B. Walter u. R. Pohl, Ann. d. Phys. Bd. 29, S. 331. 1909.
[3]) B. Walter, Ann. d. Phys. Bd. 74, S. 661; Bd. 75, S. 189. 1924; vgl. auch J. J. Rabinow, Proc. Nat. Acad. Amer. Bd. 11, S. 222. 1925.
[4]) W. Friedrich, P. Knipping u. M. Laue, Münchener Ber. 1912, S. 303.
[5]) W. L. Bragg, Proc. Cambridge Phil. Soc. Bd. 17, S. 43. 1913.

Falls dieser Gangunterschied ein ganzzahliges Vielfaches der Wellenlänge ist, erfolgt Verstärkung durch Interferenz, in allen anderen Fällen Auslöschung. Will man also hiernach eine Wellenlänge messen, so hat man den Glanzwinkel φ zu bestimmen, für welchen der zu untersuchende Strahl von der Kristallfläche reflektiert wird. Um daraus λ berechnen zu können, muß d bekannt sein. Für einfache Kristallgitter, z. B. dasjenige des Steinsalzes, welches in Abb. 56 dargestellt ist, läßt sich d aus der Dichte ϱ und der Loschmidtschen Zahl N berechnen. Im Mittel gehört zu jedem Elementarwürfel d^3, welcher die Masse $\varrho \cdot d^3$ besitzt, ein Atom. Da in einem Grammolekül $= (23{,}00 + 35{,}46)$ g Steinsalz $N = 60{,}4 \cdot 10^{22}$ (Loschmidtsche Zahl) Moleküle vorhanden sind, so wiegt das Atom im Mittel $\dfrac{58{,}46}{2N}$ g. Setzt man also $\varrho \cdot d^3 = \dfrac{58{,}46}{2N}$, so erhält man für $\varrho = 2{,}17$

$$d^3 = 22{,}30 \cdot 10^{-24},$$
$$d = 2{,}814 \cdot 10^{-8}\ \text{cm}.$$

Die Genauigkeit dieses Ergebnisses kann natürlich nicht größer sein als etwa $^1/_2\%$ wegen der Unsicherheit der Loschmidtschen Zahl. Da sich aber relative Röntgenwellenlängenmessungen um mehrere Größenordnungen genauer ausführen lassen, so hat man sich nach dem Vorschlage von Siegbahn darauf geeinigt, den Braggschen Wert willkürlich zu

$$d = 2{,}81400 \cdot 10^{-8}\ \text{cm}$$

für eine Temperatur von 18° vorläufig allen Messungen zugrunde zu legen. Seine Berichtigung bleibt späteren genauen absoluten Röntgenwellenlenmessungen vorbehalten.

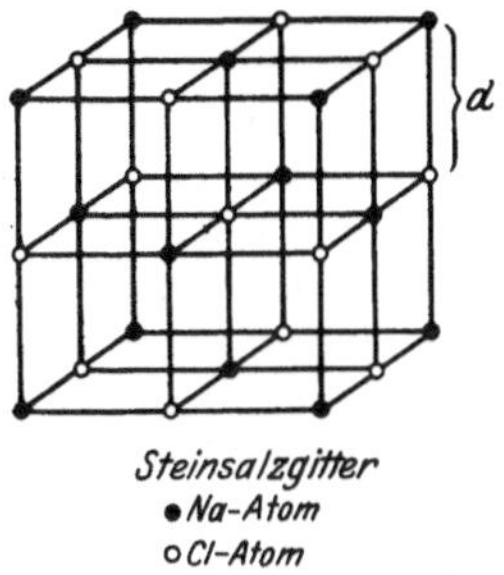

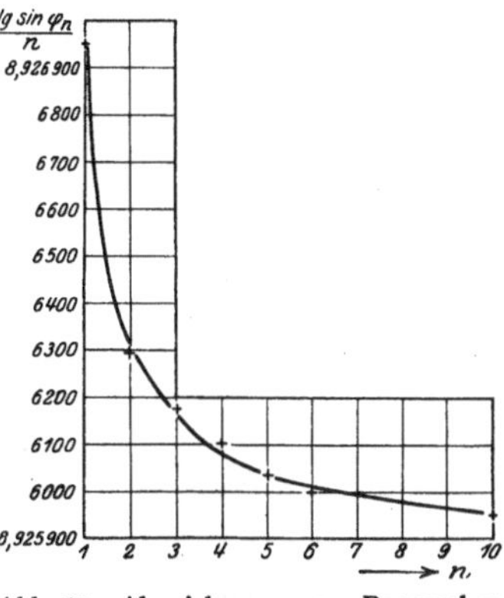

Abb. 57. Abweichungen vom Braggschen Gesetz.

Steinsalzgitter
• Na-Atom
○ Cl-Atom
Abb. 56. Steinsalzgitter.

92. Abweichungen vom Braggschen Gesetz. Zuerst durch Messungen von Stenström[1]) hat sich herausgestellt, daß die Braggsche Beziehung, wonach $\dfrac{\lambda}{2d} = \dfrac{\sin \varphi_n}{n}$ bei Messungen in verschiedenen Ordnungen eine Konstante sein müßte, nicht streng gilt. Vielmehr zeigte z. B. bei Messungen der an einem Gipskristall reflektierten $WL\beta_1$-Linie die Größe $\lg \dfrac{\sin \varphi_n}{n}$ den aus folgender Tabelle ersichtlichen Gang mit n, der in der Abb. 57 graphisch veranschaulicht ist:

Tabelle 16. $\lg \dfrac{\sin \varphi_n}{n}$, gemessen an $WL\beta_1$ mit Gipskristall.

n	$\lg \dfrac{\sin \varphi_n}{n}$	n	$\lg \dfrac{\sin \varphi_n}{n}$
1	8,9269523	5	8,9260362
2	2986	6	0009
3	1675	—	—
4	1032	10	8,9259524

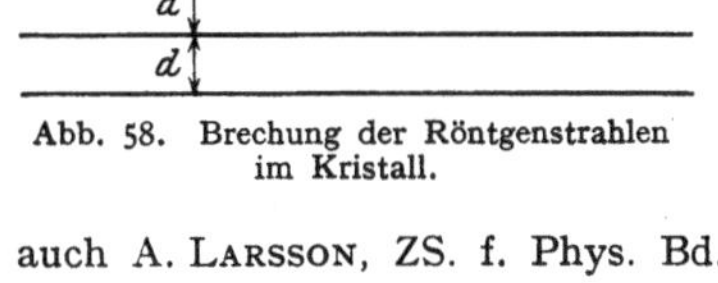

Abb. 58. Brechung der Röntgenstrahlen im Kristall.

[1]) W. Stenström, Dissert. Lund. 1919; vgl. auch A. Larsson, ZS. f. Phys. Bd. 35, S. 401. 1926.

Diese Erscheinung läßt sich nach Ewald[1]) geometrisch deuten, wenn man annimmt, daß die Röntgenstrahlen bei ihrem Eintritt in den Kristall eine wenn auch sehr geringe Brechung erfahren. An Stelle von Abb. 55 wäre der Strahlengang dann etwa durch Abb. 58 darzustellen.

Die Strahlen werden jedoch vom Einfallslote weg gebrochen, was einem Brechungsindex < 1 entspricht, so daß wir nach elementaren optischen Regeln die Erscheinung der Totalreflexion zu erwarten haben. Hierauf ist noch zurückzukommen. Für die Berechnung der Wellenlänge λ aus φ, die nach der einfachen Braggschen Gleichung aus

$$\lg \lambda = \lg 2d + \lg \frac{\sin \varphi_n}{n}$$

zu erfolgen hätte, macht sich der Einfluß der Brechung in einem Korrektionsgliede geltend, so daß man erhält:

$$\lg \lambda = \lg 2d + \lg \frac{\sin \varphi_n}{n} - \frac{A}{n^2}.$$

Das Glied $\dfrac{A}{n^2}$ wird also mit steigendem n immer kleiner, so daß man bei höheren Ordnungen die einfache Braggsche Gleichung benutzen kann.

Nach Compton[2]) läßt sich die Korrektur auch in der Form anbringen, daß man an Stelle des einfachen Braggschen Gesetzes schreibt:

$$n \cdot \lambda = 2d \cdot \sin \varphi \left(1 - \frac{\delta}{\sin^2 \varphi}\right),$$

wo $\delta = 1 - \mu$ und μ der Brechungsindex ist. δ ist von der Größenordnung 10^{-6}.

Durch die Modifikation des Braggschen Gesetzes entsteht eine gewisse Schwierigkeit für die Einheitlichkeit der Angaben der Wellenlängen. Die bisherigen Wellenlängenmessungen beruhen auf der Anwendung des einfachen Braggschen Gesetzes für Messungen in erster Ordnung am Steinsalz, wobei der konventionelle Wert $d_1 = 2{,}81400$ Å eingesetzt wurde, der gleichzeitig auf Grund seiner Berechnungsweise als wahrer Wert der Gitterkonstante angesehen werden müßte. Dies ist, wie man nun sieht, nicht streng. Denn der wahre Wert von d_∞ dürfte nur in dem modifizierten Gesetz angewendet werden. Um nun aber nicht sämtliche früheren relativ richtigen Wellenlängenmessungen korrigieren zu müssen, wird man daher besser tun, den wahren Wert von d, also $\lim\limits_{n=\infty} d_n$, anders anzunehmen, nämlich nach Larsson[3]) zu

$$d = 2{,}814250 \text{ Å},$$

und im übrigen bei Messungen in erster Ordnung den alten Wert von d und das einfache Braggsche Gesetz beizubehalten. Entsprechendes gilt natürlich für andere Kristalle, deren Gitterkonstanten ja bisher meist durch röntgenspektrometrische Messungen auf die Gitterkonstante des Steinsalzes bezogen wurden[3]).

93. Wellenlängenmessungen mit Strichgitter. Da die Brechungsindizes für Röntgenstrahlen kleiner als 1 sind, so muß an der Oberfläche eines Körpers innerhalb eines gewissen kleinen Grenzwinkels φ die Erscheinung der Totalreflexion auftreten. Für diesen Grenzwinkel gilt:

$$\cos \varphi = \mu,$$

oder bei Vernachlässigung von δ^2

$$\sin \varphi = \sqrt{2\delta}.$$

[1]) P. P. Ewald, ZS. f. Phys. Bd. 30, S. 1. 1924. Vgl. auch Bd. XXIV dieses Handbuches, S. 262 ff.

[2]) A. H. Compton, Phil. Mag. (6) Bd. 45, S. 1121. 1923.

[3]) A. Larsson, ZS. f. Phys. Bd. 41, S. 507. 1927.

Die hiernach berechneten Grenzwinkel betragen stets nur einige Minuten. Innerhalb dieses Bereiches aber wirkt die brechende Substanz wie ein vollkommener Spiegel. Wenn man also die Spiegeloberfläche mit einem Strichgitter versieht, durch welches die Reflexion in regelmäßigen Zwischenräumen gestört wird, so kann man mit einem solchen Gitter genau wie beim Licht auch von Röntgenstrahlen Spektren verschiedener Ordnungen entwerfen, die eine absolute Wellenlängenmessung, welche von der LOSCHMIDTschen Zahl unabhängig ist, ermöglichen. Um in dem verfügbaren kleinen Winkelbereich von etwa 20' mehrere Ordnungen unterbringen zu können, darf das Gitter nicht zu eng sein. COMPTON und DOAN[1]) verwandten ein auf Metall geritztes Gitter mit einem Strichabstand von $2 \cdot 10^{-3}$ cm zur Ausmessung der Mo $K\alpha_1$-Linie, welche zuvor durch Reflexion an einem Kalkspatkristall isoliert worden war. Ähnlich benutzte THIBAUD[2]) ein auf Glas geritztes Gitter von gleicher Größe zur Ausmessung der Cu $K\alpha$-Linien. Leider reicht die bisher erreichte Genauigkeit dieser Messungen nicht aus, um durch einen Vergleich mit den durch Kristallreflexion gemessenen Werten die Ermittlung der wahren Gitterkonstanten und damit der LOSCHMIDTschen Zahl zu verbessern.

94. Dispersionsspektrum. Aus der Tatsache der Brechung und Totalreflexion der Röntgenstrahlen ist nach den Lehren der Elektronentheorie auch die Dispersion zu folgern. In der Tat gelang es LARSSON, SIEGBAHN und WALLER[3]), welche Röntgenstrahlen durch ein Glasprisma mit sehr flachem Winkel hindurchgehen ließen, ein Dispersionsspektrum zu entwerfen. Über den Grad der Dispersion gibt folgende Tabelle Aufschluß:

Tabelle 17. Dispersion eines Glasprismas
(Dichte: 2,551).

Linie	λ Å	$\delta \cdot 10^{-6}$	$\dfrac{\delta}{\lambda^2 \cdot 10^{-6}}$
Fe $K\alpha_{1,2}$ . .	1,933	12,38 $\pm$ 0,4	3,31 $\pm$ 0,10
Fe $K\beta$ . . .	1,750	10,00 $\pm$ 0,4	3,26 $\pm$ 0,10
Cu $K\alpha_{1,2}$ . .	1,538	8,125 $\pm$ 0,05	3,435 $\pm$ 0,02
Cu $K\beta$ . . .	1,389	6,648 $\pm$ 0,05	3,443 $\pm$ 0,03
Mo $K\alpha_{1,2}$ . .	0,708	1,64 $\pm$ 0,10	3,3 $\pm$ 0,2
Mo $K\beta$ . . .	0,630	1,22 $\pm$ 0,15	3,1 $\pm$ 0,4

Wie man sieht, erweist sich das in der letzten Kolumne verzeichnete Verhältnis $\dfrac{\delta}{\lambda^2}$ als nahezu konstant. Auch hier ist die Meßgenauigkeit einstweilen gering[4]).

95. Kristalle für Röntgenspektrographie. Aus der BRAGGschen Formel folgt, daß für $\lambda > 2d$ der Glanzwinkel φ keine reellen Werte mehr annimmt. Praktisch lassen sich bereits Werte von $\varphi > 60°$ nicht mehr gut benutzen, weil von da ab die Reflexionsintensität sehr abnimmt und außerdem die durch die steileren Winkel vergrößerte Eindringungstiefe der Strahlen in den Kristall die Schärfe der Linien herabsetzt. Es ist deshalb notwendig, bei der Wahl eines Spektrometerkristalles darauf Bedacht zu nehmen, daß die Gitterkonstante den zu messenden Wellenlängen angepaßt sein muß. Die folgende von LINDH[5])

---

[1]) A. H. COMPTON u. R. L. DOAN, Proc. Nat. Acad. Amer. Bd. 11, S. 598. 1925.
[2]) J. THIBAUD, C. R. Bd. 182, S. 55. 1926.
[3]) A. LARSSON, M. SIEGBAHN u. J. WALLER, Naturwissensch. Bd. 12, S. 1212. 1924; Phys. Rev. Bd. 25, Nr. 2. 1925.
[4]) Vgl. hierzu auch B. DAVIS u. C. M. SLACK, Phys. Rev. Bd. 27, S. 18 u. 796. 1926.
[5]) A. E. LINDH, Phys. ZS. Bd. 28, S. 24. 1927.

zusammengestellte Tabelle enthält Angaben über eine Reihe von erprobten Kristallen:

Tabelle 18. Spektrometerkristalle.

Kristall	Gitterebene	d Å	Ausdehnungs-koeffizient	Beobachter
Karborund	(111)	2,49*	—	Owen
Steinsalz	Spaltfläche	2,81400	0,0000404	Siegbahn
Kalkspat.	Spaltfläche	3,02904	0,0000104	Siegbahn
Quarz	Prismenfl.	4,24664	0,0000142	Siegbahn u. Dolejsek
Gips	Spaltfläche	7,5776	0,000025	Hjalmar
Ferrozyankali	(100)	8,454*	—	Moseley
Ferrozyankali	(100)	8,408	—	Siegbahn
Glimmer	Spaltfläche	9,93	—	Larsson
Zucker.	(100)	10,572	—	Stenström
Al_2O_3[1]).	(100)	11,23	—	Pauling u. Björkeson

Mit Ausnahme der beiden mit * bezeichneten Werte sind die Zahlen röntgenspektrometrisch ermittelt und auf den angenommenen Wert von Steinsalz bei $18°$ $d_1 = 2,81400$ Å bezogen. Vgl. hierzu auch die Ausführungen unter Ziff. 92 sowie die dort zitierte Arbeit von Larsson. Die Gitterkonstanten von Steinsalz und von Kalkspat sind, wie man sieht, nicht sehr voneinander verschieden. Dem Steinsalz wird größeres Reflexionsvermögen nachgerühmt. Doch sind tadellose Kristallexemplare größerer Abmessungen nicht leicht zu erhalten. Auch ist Steinsalz oft hygroskopisch, so daß die Spaltflächen leicht verderben. Kalkspat liefert eher fehlerfreie Spaltflächen, die sich gut halten. Sind für extrem lange Wellen größere Gitterkonstanten als die der obigen Tabelle erforderlich, so eignen sich hochmolekulare Fettsäuren dafür, welche man in geschmolzenem Zustande auf eine Glas- oder Metallplatte bringt und langsam abkühlen läßt. Dabei kristallisieren diese Substanzen in Scheibchen, die sich zu der als Unterlage dienenden Platte parallel orientieren[2]).

Eine Reihe von Daten über solche Kristalle sind in der folgenden Tabelle zusammengestellt, bis auf die letztgenannte Substanz ebenfalls nach Angaben von Lindh[3]).

Tabelle 19. Organische Kristalle mit großer Gitterkonstante.

Substanz	Schmelzpunkt	d Å	Beobachter
Caprinsäure $C_{10}H_{20}O_2$.	—	23,2	Müller
Laurinsäure $C_{12}H_{24}O_2$	$43-44°$	27,0	Müller
Myristinsäure $C_{14}H_{28}O_2$	—	32,2	Müller
Palmitinsäure $C_{16}H_{32}O_2$	$62,5°$	34,7	Müller
Palmitinsäure $C_{16}H_{32}O_2$	—	35,6	Siegbahn u. Thoraeus[4])
Stearinsäure $C_{16}H_{38}O_2$	$69-69,5°$	38,7	Müller
Behensäure $C_{22}H_{44}O_2$	$80,5°$	47,8	Müller
Melissinsäure auf Blei niedergeschlagen	—	87	Dauvillier[5])

96. Reflexionen höherer Ordnung. Bei kurzen Wellen und großen Gitterkonstanten kann man die spektrale Auflösung vergrößern, indem man mit Spektren höherer Ordnung arbeitet. Handelt es sich um Kristalle, die aus verschiedenartigen Atomen bestehen, so sind hinsichtlich des Reflexionsvermögens

[1]) L. Pauling u. A. Björkeson, Proc. Nat. Acad. Amer. Bd. 11, S. 445. 1925.
[2]) A. Müller, Journ. chem. soc. Bd. 123, S. 2043. 1923.
[3]) A. E. Lindh, a. a. O. S. 24.
[4]) M. Siegbahn u. R. Thoraeus, Ark. f. Mat., Astron. och Fys. Bd. 18. 1924.
[5]) A. Dauvillier, C. R. Bd. 182, S. 1083. 1926; Bd. 183, S. 193 u. 656. 1926.

nicht alle Gitterebenen untereinander gleichwertig. Vielmehr wird eine im
Mittel mit schwereren Atomen besetzte Ebene stärker reflektieren als eine mit
weniger schweren Atomen besetzte. Die Folge ist, daß die Intensitätsverhältnisse
der in verschiedenen Ordnungen entworfenen Spektren bei verschiedenen
Kristallen verschieden sein können. Sind die einander parallelen Ebenen untereinander gleichwertig, wie z. B. die (100)-Ebenen des Steinsalzes, so zeigt die Abnahme der Reflexionsintensität mit zunehmender Ordnungszahl erfahrungsgemäß ein regelmäßiges Verhalten. Bezeichnet man z. B. die Intensität des
Spektrums 1. Ordnung mit 100, so erhält man nach BRAGG für die 2., 3., 4. usw.
Ordnung die Intensitäten 20, 7, 3, 1, welches man also die „normale" Intensitätsabnahme bezeichnen kann. Anders geartete Kristalle liefern andere Inten-
sitätsabfälle. Für Kalkspat werden die Werte 100, 20, 20, 9 angegeben. Doch
sind diese Zahlen nur als ungefährer Anhalt zu betrachten. Sie schwanken vom
einen Kristallexemplar zum anderen.

13. BRAGGsches Spektrometer. Wir kommen nun zur Beschreibung der
Kristallspektrometer. Sie beruhen alle auf dem Prinzip, daß man ein schmal
ausgeblendetes Strahlenbündel auf eine Kristallfläche auftreffen läßt und die
Intensität der reflektierten Strahlung in Abhängigkeit von dem Winkel φ, welchen
das Strahlenbündel mit der Kristallfläche bildet, be-
stimmt. Die Intensitätsmessung kann entweder mit
einer Ionisationskammer oder auch photographisch erfolgen. Die erstgenannte Methode wird bei dem sog.
BRAGGschen Spektrometer[1]) angewendet, von dem
eine schematische Zeichnung in Abb. 59 zu sehen ist.

Die von der Antikathode A kommenden Röntgenstrahlen passieren zunächst die beiden feststehenden Spalte S_1 und S_2, deren Backen aus Blei bestehen, und treffen dann auf den Kristall K auf. Der
Spalt S_1 wird so eng wie möglich gewählt und ist für
die Breite der Linien maßgebend. S_2 dient nur zur
Fernhaltung störender Fremdstrahlung und wird erheblich breiter genommen. S_2 kann evtl. sogar fehlen. Der Kristall K befindet sich auf dem drehbaren
Tischchen eines optischen Spektrometers. Seine Einstellung kann mit einer Noniusalhidade auf der Kreisteilung T abgelesen werden. Auf einem beweglichen Arm des Spektrometers befindet sich ein dritter Spalt S_3 und dahinter die Ionisationskammer $I.-K.$ Das Röntgenrohr wird am besten im Innern eines Holzkastens,
der ringsum mit Blei von einigen Millimetern Dicke bekleidet ist, aufgestellt,
da bei der geringen Intensität der reflektierten Röntgenstrahlung alle un-
gewollten Strahlen sorgfältigst ausgeschlossen werden müssen. Das Elektrometer oder Elektroskop, mit dem die Ionisation gemessen wird, kann entweder mit der Ionisationskammer starr verbunden und mit dieser bewegt werden[2]),
oder aber fest aufgestellt und durch biegsame Leitungen mit der Kammer verbunden werden. Im letzteren Falle ordnet man es praktischerweise über oder
unter der Drehachse des Spektrometers an, damit bei verschiedener Einstellung
der Kammer die Kapazität der Anordnung möglichst nicht verändert wird,
so daß gleichen Ionisationen auch gleiche Elektrometerablaufzeiten entsprechen.
Ein solcher Aufbau ist in Abb. 60 zu erkennen, die ein BRAGGsches Spektrometer
von der Seite gesehen zeigt. Hier dreht sich die Elektrometerzuleitung nebst

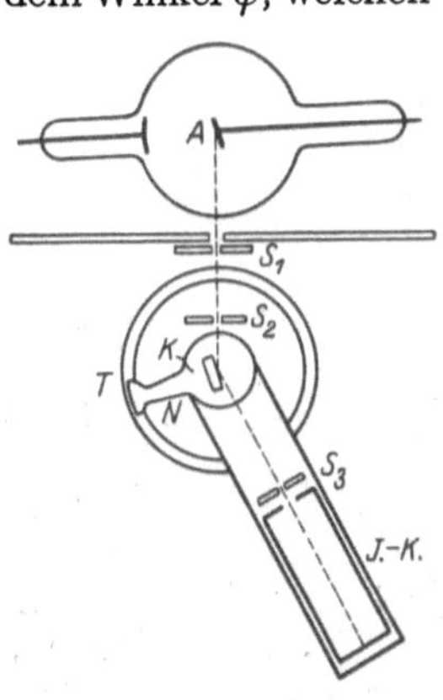

Abb. 59. BRAGGsches Spektrometer
von oben.

---

[1]) W. H. BRAGG u. W. L. BRAGG, X-Rays and Crystal-Structure. S. 17. London 1924.
[2]) Vgl. z. B. E. DERSHEM, Phys. Rev. Bd. 18, S. 324. 1921.

dem sie umgebenden elektrostatischen Schutz mit der Ionisierungskammer mit, während das unter der Drehachse aufgestellte Elektrometer E fest stehen bleibt.

Um die Lichtstärke von Ionisationsspektrometern zu erhöhen, ohne das Auflösungsvermögen herabzusetzen, kann man an Stelle der gewöhnlichen Spalte mehrfache Spalte als Kollimatoren benutzen. Kollimatoren, mit denen man dies erreichen kann, hat DUANE[1]) angegeben.   Abb. 61 a u. b mögen zur Erläuterung ihrer Wirkung dienen.

Ein Kollimator besteht, wie Abb. 61 a im Querschnitt zeigt, aus einer Anzahl aufeinander gelegter und durch Randzwischenlagen von etwa 0,5 bis 1 mm Dicke voneinander getrennter Bleifolien von etwa 0,1 mm Dicke.   So entsteht eine große Anzahl schmaler Kanäle, die nur den Röntgenstrahlen von bestimmter

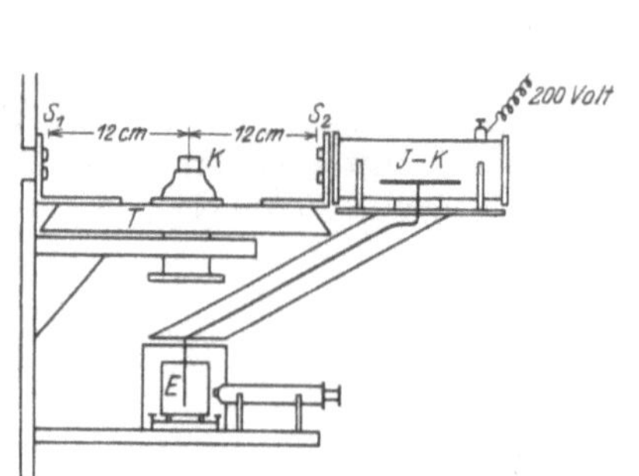

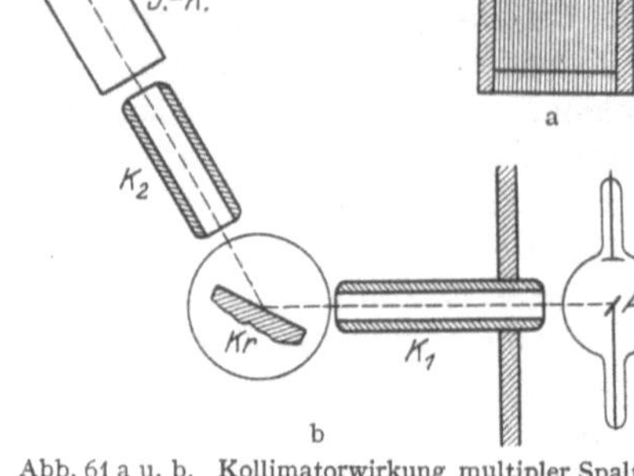

Abb. 60. BRAGGsches Spektrometer. Seitenansicht.   Abb. 61 a u. b. Kollimatorwirkung multipler Spalte.

paralleler Richtung den Durchtritt gestatten. Je ein solcher Kollimator befindet sich vor und hinter dem Kristall, wie in Abb. 61 b ersichtlich ist. Es empfiehlt sich, die Breite der Zwischenräume in dem hinteren Kollimator nur etwa halb so groß zu machen wie in dem vorderen. Die Kollimatoren sind um so wirksamer, je länger sie sind und je enger die einzelnen Spalte sind.

98. Fokussierung. Das bei einem einfachen BRAGGschen Spektrometer aus dem Spalt S_1 austretende Strahlenbündel ist schwach divergent. Seine einzelnen Strahlen treffen daher auf verschiedene Stellen der reflektierenden Kristallfläche unter verschiedenen Winkeln auf. Dies hat bereits bei einem feststehenden Kristall eine gewisse spektrale Zerlegung zur Folge, so daß man, wenn man an die Stelle der Ionisierungskammer eine photographische Platte bringt auf dieser, auch ohne den Kristall zu bewegen, bereits ein gewisses Spektralbereich und nicht nur eine einzige Wellenlänge aufnehmen kann. Doch würden sich hierbei alle Ungleichmäßigkeiten der Antikathode und alle Fehler im Kristall bei der Aufnahme störend bemerkbar machen. Dies wird durch das von BRAGG angegebene Prinzip der Fokussierung vermieden. Die Vorbedingung für diese Fokussierung ist, daß sich der Spalt S_1 und die photographische Platte genau gleich weit von der Spektrometerachse entfernt befinden. Für diesen Fall lehrt die Betrachtung der Abb. 62, daß sich alle von S_1 ausgehenden und an dem

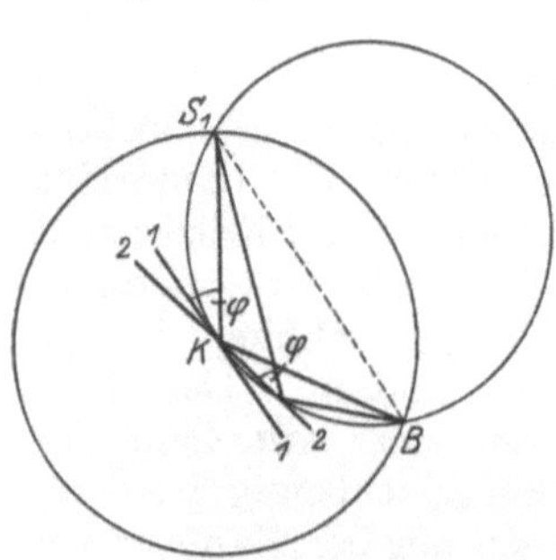

Abb. 62. Fokussierung nach BRAGG.

---

[1]) W. DUANE, zitiert nach A. E. LINDH, Phys. ZS. Bd. 28, S. 24. 1927.

Kristall K unter einem bestimmten Glanzwinkel φ reflektierten Strahlen in dem gleichen Punkte B vereinigen müssen, unabhängig von der Stellung des Kristalls. Freilich ist sowohl die Richtung des von S_1 kommenden Strahles als auch die Stelle des Kristalls, an welcher die Reflexion erfolgt, eine andere, wenn sich der Kristall in der Stellung 1—1 oder etwa in der dagegen gedrehten Stellung 2—2 befindet, so daß also bei der Drehung des Kristalls der Reihe nach sowohl verschiedene Teile des Strahlenbündels, d. h. verschiedene Stellen der Antikathode als auch verschiedene Stellen des Kristalls zur Erzeugung des Spektrums beitragen. Hierdurch gleichen sich aber gerade die Unregelmäßigkeiten weitgehend aus.

99. Drehkristallmethode nach DE BROGLIE. Unter Ausnutzung des Fokussierungsprinzipes wurde für die photographische Aufnahme ausgedehnter Spektralgebiete von DE BROGLIE[1] die sog. Drehkristallmethode entwickelt. Die dabei gewählte Anordnung wird durch Abb. 63 erläutert.

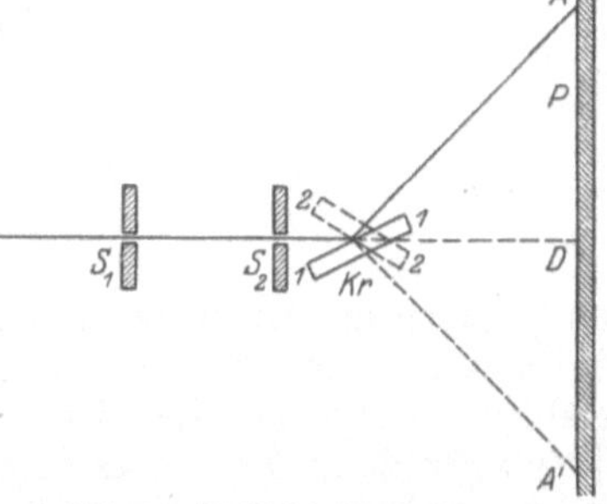
Abb. 63. Drehkristallmethode.

Das durch die Spaltblenden S_1 und S_2 eng ausgeblendete Strahlenbündel wird an dem Kristall Kr teils reflektiert. Teils geht es durch den Kristall hindurch. Danach treffen die Strahlen die fest aufgestellte photographische Platte P. Während der Aufnahme rotiert der Kristall, durch ein Uhrwerk angetrieben, dauernd um eine zur Zeichenebene senkrechte Achse. Im Verlaufe einer Umdrehung kommt daher eine bestimmte Spektrallinie zweimal zur Reflexion, einmal in der Stellung 11, wo sie sich auf der Platte bei A markiert und einmal in der Stellung 22, wo sie bei A' erscheint. Außerdem zeichnet der durch den Kristall hindurchgegangene direkte Strahl in der Mitte zwischen A und A' bei D seine Spur. Die Berechnung des Reflexionswinkels aus den Dimensionen des Apparates und den Abständen der Linien auf der Platte ist ohne weiteres klar. Bei genauer Justierung des Apparates werden die Spektren auf beiden Seiten zum Durchstoßpunkt des direkten Strahles D symmetrisch liegen. Aus den bei genauer Ausmessung der Platte evtl. gefundenen Abweichungen von der Symmetrie ergeben sich die Justierungsfehler

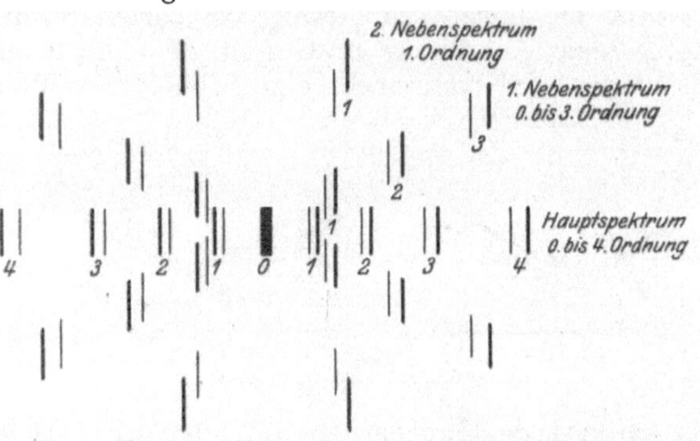

Abb. 64. Haupt- und Nebenspektren bei der Drehkristallmethode.

und lassen sich bei der Auswertung der Messung berücksichtigen. Außer den zur Spaltfläche parallelen Kristallebenen, welche das Hauptspektrum liefern, können auch noch andere im Kristall vorhandene Gitterebenen an der Reflexion beteiligt sein und zu mancherlei Nebenspektren Veranlassung geben, wie in Abb. 64 an einem Beispiel schematisch gezeigt ist.

Solche Nebenspektren lassen sich bei Kristallstrukturbestimmungen oft vorteilhaft mit verwerten. Bei photographischen Aufnahmen sind sie ohne

---

[1] M. DE BROGLIE, Journ. de phys. (5) Bd. 4, S. 101. 1914.

weiteres als solche zu erkennen. Bei Ionisationsmessungen dagegen kann der Umstand, daß die Nebenspektren manchmal in das Gebiet des Hauptspektrums hineinragen — in der Abb. 64 z. B. die 1. Ordnung des ersten Nebenspektrums — zu Mißdeutungen Veranlassung geben.

100. Spektrographen nach Seemann. Eine besondere Art von Spektrometeranordnungen, die keine beweglichen Einzelteile und keine teuren Kreisteilungen besitzen, ist von Seemann angegeben worden und zwar in zweierlei Gestalt, als „Schneidenspektrograph" und als „Lochkameraspektrograph".

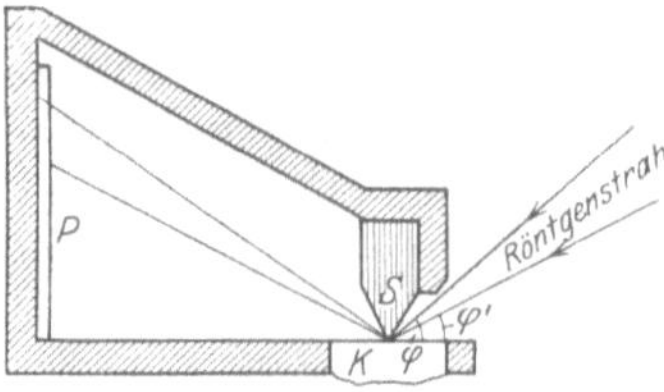

Abb. 65. Schneidenspektrograph nach Seemann

Das Prinzip des Schneidenspektrographen[1]) ist aus der Abb. 65 zu erkennen. Auf den reflektierenden Kristall K ist eine Schneide S aus stark absorbierendem Material, z. B. Wolfram oder Blei, aufgesetzt bzw. dem Kristall in geringem Abstande gegenübergestellt. Die Röntgenstrahlen müssen also den kleinen Zwischenraum zwischen dem Kristall und der Schneide S_1 passieren. Als Spaltbreite ist der Abstand der Schneide von ihrem virtuellen Spiegelbilde anzusehen. Da nun je nach der Härte der Röntgenstrahlen diese mehr oder weniger tief in den Kristall eindringen, so ist die reflektierende Ebene besonders bei harten Strahlen nicht exakt definiert. Sie ist außerdem für Strahlen verschiedener Härte verschieden groß, was eine gewisse Unschärfe der Linien und namentlich eine Verbreiterung der kurzwelligeren Linien zur Folge hat. Um den Einfallswinkel φ zu variieren, wird nicht der Kristall allein, sondern der ganze Apparat um eine durch die Schneide laufende Achse hin und her gedreht. Damit dabei die verschiedenen Teile des Spektrums mit der richtigen relativen Intensität erscheinen, ist es notwendig, daß bei dieser Bewegung die Winkelgeschwindigkeit konstant ist, was durch die Verwendung kardioidförmiger Exzenterstücke erreicht wird.

Um die Linienverbreiterung bei harten Strahlen zu vermeiden, hat Seemann seine Anordnung in Gestalt der „Lochkameramethode"[2]) abgeändert. Bei dieser wird nicht mehr eine Schneide, sondern an deren Stelle ein Spalt

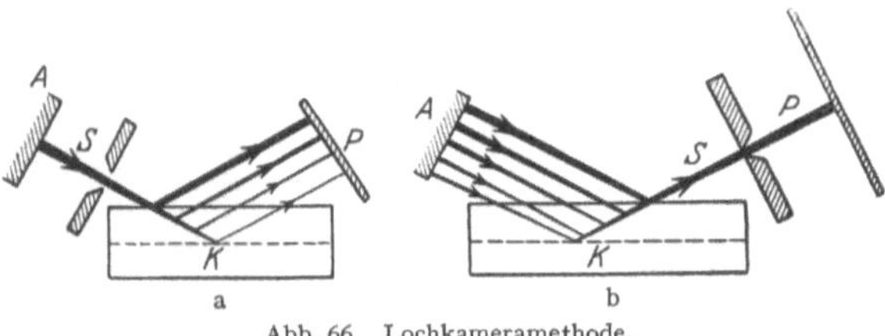

Abb. 66. Lochkameramethode.

unmittelbar hinter dem Kristall verwendet. Die Vorzüge einer solchen Anordnung erhellen aus der Abb. 66a und b.

In Abb. 66a ist der Strahlengang gezeichnet für die gewöhnliche Anordnung, bei der sich ein Spalt S zwischen der Antikathode A und dem Kristall K befindet. Der Strahl nimmt beim Eindringen in den Kristall immer mehr an Intensität ab. Für diese Intensitätsabnahme ist außer der wahren Absorption auch die sog. „Extinktion", welche eine mit der Reflexion verknüpfte Erscheinung ist und um so mehr hervortritt, je störungsfreier der Kristall ist, verantwortlich zu machen. Die tieferliegenden Kristallflächen liefern also zum reflektierten Strahl einen geringeren Beitrag als die mehr an der Oberfläche liegenden. Die Folge ist, daß auf der photographischen Platte eine nach der kurzwelligen Seite hin nicht scharf begrenzte, sondern allmählich verlaufende Linie entsteht. Bei der umgekehrten Anordnung dagegen, wie sie in der Abb. 66b

[1]) H. Seemann, Ann. d. Phys. Bd. 49, S. 470. 1916.
[2]) H. Seemann, Phys. ZS. Bd. 18, S. 242. 1917.

gezeichnet ist, wo sich der Spalt zwischen dem Kristall K und der Platte P befindet, blendet er trotz der Beteiligung tiefer gelegener Netzebenen doch eine völlig scharfe Linie heraus.

Mit der Lochkameramethode ist die „Fenstermethode" von FRIEDRICH und SEEMANN[1]) verwandt, bei welcher die Röntgenstrahlen nicht an einer Außenfläche des Kristalls reflektiert werden, sondern diesen vielmehr durchsetzen und an inneren Netzebenen zur Reflexion gelangen. Dieses zuerst von RUTHERFORD und DA ANDRADE[2]) für die Spektrometrie von γ-Strahlen benutzte Prinzip ist auch von SIEGBAHN für die Spektrometrie harter Röntgenstrahlen verwandt worden und wird weiter unten noch näher zu besprechen sein.

101. SEEMANNspektrographen für Präzisionsmessungen. Der Hauptvorteil der bisher erwähnten Spektrographen nach SEEMANN besteht in dem Fehlen der beweglichen Teile und des Teilkreises. Hierdurch wird eine sehr einfache Handhabung der Geräte erreicht, die ihre Verwendung auch durch ungeübtes Personal, z. B. in der medizinischen Röntgenpraxis, ermöglicht. Für Präzisionsmessungen aber, insbesondere für absolute Wellenlängenbestimmungen, ergibt sich die Schwierigkeit, daß die Nullinie, von welcher aus der gesuchte Winkel φ zu messen ist, nicht mit hinreichender Genauigkeit anzugeben ist. Aus diesem Grunde richtete VOGEL[3]) den Schneidenspektrographen so ein, daß der Kristall und die Schneide gemeinsam um eine zur Schneide parallele Achse um genau 180° geschwenkt werden konnten. Man erhält dann auch hier ähnlich wie bei der Drehkristallmethode ein doppelseitiges Spektrum, aus welchem die wahre Nullage zu ermitteln ist. Abb. 67 zeigt die hier vorliegenden geometrischen Verhältnisse.

Bei der ersten Aufnahme befinden sich Kristall und Schneide in der Stellung K und S. Die Spektrallinie entsteht bei A. Bei der Umlegung um die zur Schneide parallele Achse P kommen Kristall und Schneide in die Lage K' und S'. Die neue Linie entsteht bei A'. Würde im idealen Falle die Achse genau mit der Schneide zusammenfallen, so würden die Linien in B und B' liegen. Der Winkel φ wäre also gegeben durch $\operatorname{tg}\varphi = \dfrac{BB'}{2r}$. Wegen der Exzentrizität ist aber von dem Abstande AA' noch der Betrag e abzuziehen, so daß $\operatorname{tg}\varphi = \dfrac{AA'-e}{2r}$ wird.

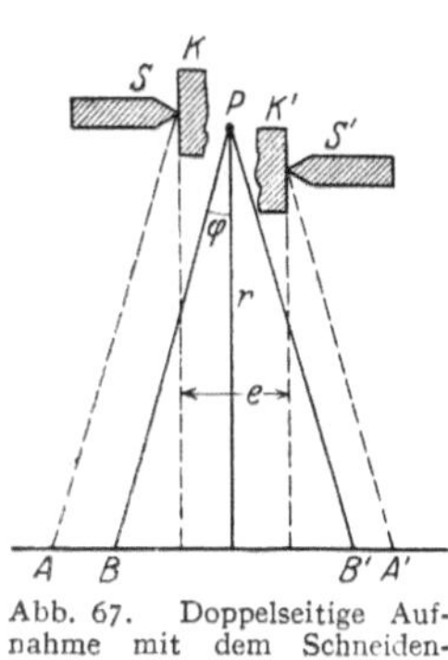

Abb. 67. Doppelseitige Aufnahme mit dem Schneidenspektrographen.

Die Exzentrizität e und der Abstand r müssen daher mit einem Komparator so genau wie möglich ausgemessen werden. Dieses Verfahren enthält bereits eine wesentliche Verbesserung gegenüber dem nicht umlegbaren einfachen Schneidenspektrographen. Es enthält aber doch noch eine Unsicherheit, die daraus entsteht, daß nicht kontrolliert wird, ob die Kristallflächen in den Lagen K und K' auch senkrecht zu der Ebene der photographischen

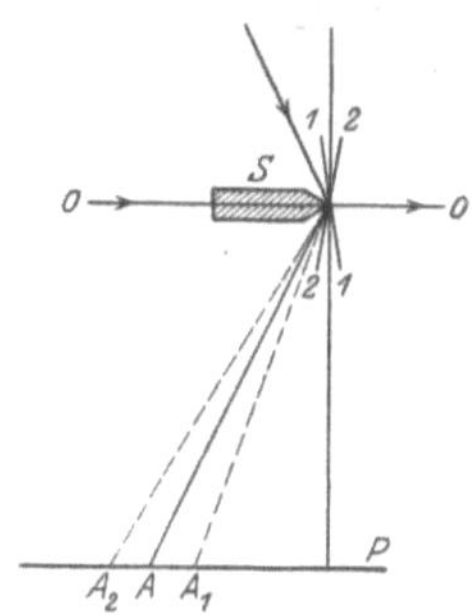

Abb. 68. Schwenkung des Kristalles nach WEBER.

Platte stehen. Ein für diese Kontrolle geeignetes Verfahren ist von WEBER[4]) angegeben worden (vgl. dazu Abb. 68).

Nach diesem Verfahren ist der Kristall an einem Halter befestigt, der um

[1]) W. FRIEDRICH u. H. SEEMANN, Phys. ZS. Bd. 20, S. 55. 1919.
[2]) E. RUTHERFORD u. C. DA ANDRADE, Phil. Mag. Bd. 28, S. 263. 1914.
[3]) W. VOGEL, ZS. f. Phys. Bd. 4, S. 257. 1921.
[4]) A. P. WEBER, ZS. f. Phys. Bd. 4, S. 360. 1921.

eine zur photographischen Platte genau parallele, zur Schneide aber senkrechte Achse OO gedreht werden kann, und zwar ebenfalls um genau 180°. Wäre die Spiegelebene des Kristalls auf dieser Achse genau senkrecht, so würde eine solche Drehung auf die Lage der Spektrallinie keinen Einfluß haben. Sie würde vielmehr in beiden Stellungen des Kristallhalters an der gleichen Stelle A erscheinen. Ist aber der Kristall nicht ganz genau einjustiert, so daß seine Ebene um einen kleinen Winkel von der zur Drehachse OO senkrechten abweicht, so erhält man in den beiden Stellungen 11 bzw. 22 zwei voneinander getrennte Linien A_1 und A_2. Der Strahl SA halbiert den Winkel zwischen SA_1 und SA_2. Lang[1]) benutzte einen Schneidenspektrographen, der die von Vogel und Weber angegebenen Kontrollmaßnahmen vereinigt, zur Ausmessung von Röntgennormalen. Von Seemann wurde die technische Durchführung dieser Kontrolleinrichtungen sehr einfach und zuverlässig gestaltet, so daß sie nunmehr in bequemster Weise sowohl für die Schneidenmethode wie für die Lochkameramethode wie auch für die Fenstermethode zur Anwendung kommen kann.

102. Die Siegbahnschen Spektrographen. Von Siegbahn und seinen Mitarbeitern wurde das ganze Gebiet der Röntgenspektren systematisch erforscht. Wir verdanken dieser Schule eine Reihe von vorzüglichen Spektrographenkonstruktionen, die mehr oder weniger von anderen Forschern auf diesem Gebiete als Vorbilder benutzt worden sind und die daher als typisch gelten können. Sie sollen im folgenden mit Auswahl näher besprochen werden. Ausführlicheres findet man in einer Monographie von Siegbahn[2]) über die Spektroskopie der Röntgenstrahlen. Die hier zu behandelnden Siegbahnschen Präzisionsspektrographen sollen nicht dazu dienen, das von irgendeiner Röntgenröhre gelieferte Spektrum in seiner ganzen Ausdehnung aufzunehmen. Sie haben vielmehr den Zweck, gewisse Einzelheiten, also z. B. einzelne Spektrallinien, deren Wellenlänge bereits ungefähr bekannt ist, so genau wie möglich zu bestimmen und zwar sowohl absolut als auch relativ zu anderen als Normalen angenommenen Linien. Je nach dem Spektralbereich, in welchem gearbeitet werden soll, sind die benutzten Spektrographen verschieden gestaltet. Hier sollen nur die wichtigsten Formen behandelt werden.

103. Die Umlegemethode. Die Siegbahnschen Spektrographen sind so eingerichtet, daß der Drehtisch, welcher den Kristall trägt, auf einer relativ

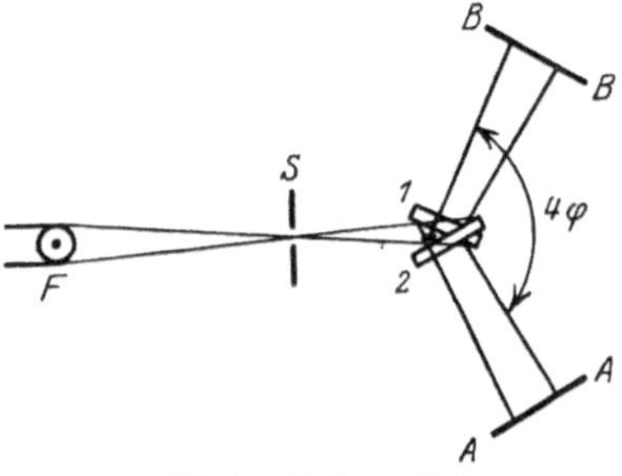

Abb. 69. Umlegemethode.

groben Kreisteilung, die nur eine Einstellung auf einige Zehntel Grade ermöglicht, einzustellen ist. Dagegen wird beim Plattenhalter, der mit einer möglichst feinen und genauen Kreisteilung verbunden ist, die höchste überhaupt erreichbare Genauigkeit der Winkeleinstellung angestrebt. Das Meßverfahren ist dann im Prinzip das folgende (vgl. dazu Abb. 69):

Nachdem mit Hilfe der Braggschen Gleichung der ungefähr zu erwartende Wert von φ ermittelt ist, wird der Kristall an der groben Teilung auf diesen Winkel eingestellt. Diese Lage ist in der Abb. 69 mit 1 bezeichnet. Der Plattenhalter kommt in die entsprechende Lage AA und seine Einstellung wird auf der feinen Kreisteilung genau abgelesen. Da das vom Röhrenfokus F ausgehende und durch den Spalt S hindurchtretende Strahlenbündel etwas divergent ist,

---

[1]) K. Lang, Ann. d. Phys. Bd. 75, S. 489. 1924.
[2]) Verlag von Julius Springer, Berlin 1924; vgl. auch einen zusammenfassenden Bericht von A. Lindh in der Phys. ZS. Bd. 28, S. 24 u. 93. 1927.

so wird die reflektierende Kristallfläche unter verschiedenen Winkeln getroffen, unter denen sich auch der für die Reflexion der zu messenden Linie genau richtige befindet. Die Linie wird also irgendwo auf der Platte erscheinen. Nunmehr wird der Kristall und der Plattenhalter in die symmetrische Lage 2 bzw. *BB*

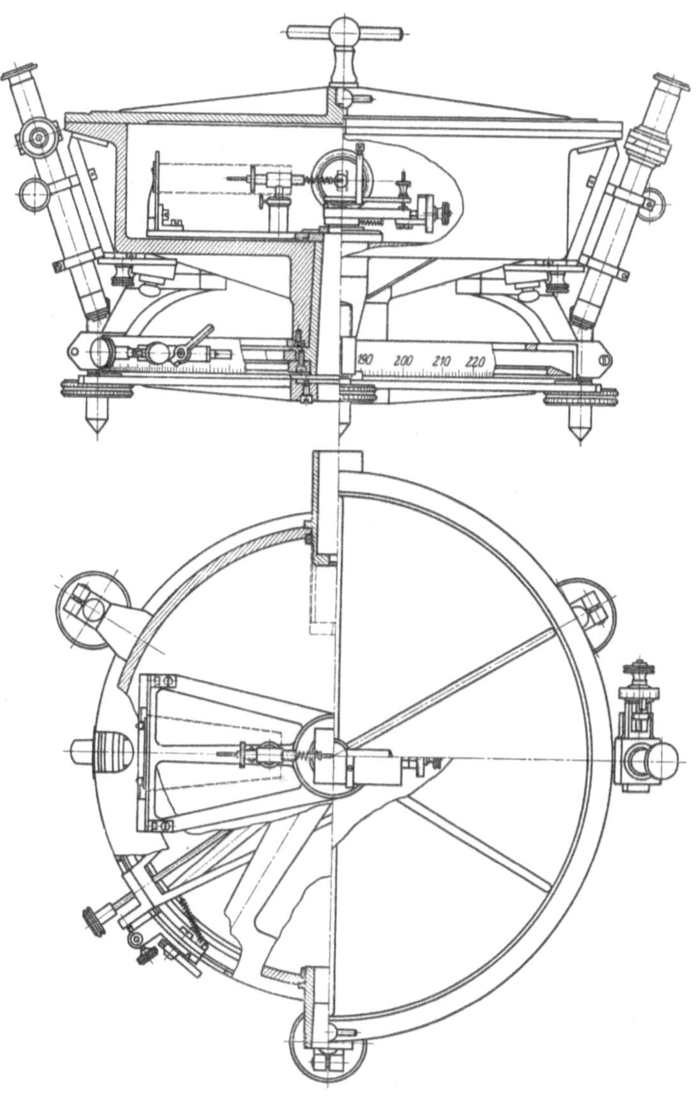

Abb. 70. Siegbahnscher Vakuumspektrograph für Präzisionsmessungen.

umgelegt und die Aufnahme wiederholt, wobei wiederum die Lage des Plattenhalters so genau wie möglich abgelesen wird. Hierbei bildet sich die Linie nochmals ab. Man sieht leicht ein, daß, wenn die Symmetrie vollkommen ist, dabei der Plattenhalter um den Winkel 4φ gedreht worden sein muß. In diesem Falle fällt die Linie bei beiden Aufnahmen auf genau die gleiche Stelle der Platte. Da ja aber der Winkel φ nur ungenau bekannt war, wird dies im allgemeinen nicht völlig erreicht. Die Folge ist, daß auf der Platte zwei Linien nebeneinander erscheinen, deren Abstand um so größer ist, je größer der Fehler war, der beim Umlegen des Plattenhalters um 4φ begangen wurde. Mißt man den Abstand der beiden Linien auf der Platte genau aus, so kann man daraus und aus dem Abstande der Platte von der Spektrometerachse die Größe des Fehlers errechnen. So erhält man eine Korrektur, die an dem Winkel, um welchen der Plattenhalter gedreht wurde, anzubringen ist, um den wirklichen Wert von 4φ zu erhalten. Je kleiner diese Korrektur ist, d. h. je genauer der Umlegewinkel 4φ von vornherein getroffen wurde, um so genauer ist die Messung.

104. Vakuumspektrograph. Nachdem das Grundprinzip erläutert ist, möge nun die Beschreibung eines Präzisionsspektrographen folgen, welcher für ein Wellenlängenbereich von etwa 0,5 bis 10 Å geeignet ist[1]). Abb. 70 vermittelt eine Vorstellung von seiner Konstruktion.

Um die Verwendung für Wellenlängen über 2 bis 3 Å, bei welchen die Absorption in der Luft schon eine beträchtliche Rolle spielt, zu ermöglichen, befinden sich der Kristall und der Plattenhalter im Innern eines aus Leichtmetall gegossenen Topfes, der evakuiert werden kann. Der Deckel ist aufgeschliffen und wird durch Einfetten gedichtet. In der Mitte des Bodens ist ein konischer Schliff, durch welchen die konzentrischen Achsen des Kristalltischchens und des Plattenhalters hindurchgehen. Die Teilkreise befinden sich unter dem Topf außerhalb des Vakuums, so daß die Einstellung auf bestimmte Winkel und die Ablesung vorgenommen werden kann, ohne den Apparat zu öffnen. Die Röntgenröhre wird vor einem in der Topfwand befindlichen Fenster vermittels einer Gummidichtung von außen angesetzt. Zur Verwendung kommen Metallröhren der im Kapitel 10 dieses Bandes unter Ziff. 20 ff. beschriebenen Art. Ein ähnlicher Vakuumspektrograph, speziell für chemisch-analytische Zwecke, ist von Günther und Stranski[2]) beschrieben worden.

105. Justierung des Spektrographen. Die Voraussetzung für genaue Messungen ist die richtige Justierung des Kristalls und des Plattenhalters. Hierfür sind mehrere Punkte von Wichtigkeit. In erster Linie soll die reflektierende Kristallfläche durch die Drehachse hindurchgehen. Um dieses zu erreichen, ist auf dem Plattenhalter ein kleiner Hilfsapparat angebracht, der im wesentlichen aus einer mikrometrisch verstellbaren Elfenbeinspitze besteht, die mit Hilfe eines Mikroskops so eingestellt werden kann, daß sie genau in der Drehachse liegt. Man erkennt dies daran, daß sich ihr Ort im Gesichtsfelde des Mikroskops bei einer Drehung um die Spektrometerachse nicht ändert. Nachdem dieses erreicht ist, wird der Kristall mit seiner Vorderfläche an die Spitze bis zur Berührung herangeschoben. Der Moment der Berührung ist unter dem Mikroskop ebenfalls sehr genau zu beobachten, da in dem Augenblick der Berührung die Spitze und ihr Spiegelbild im Kristall zusammenstoßen. Weiter ist von Wichtigkeit, daß die reflektierende Kristallfläche zur Drehachse parallel ist. Man könnte dies bei einer reflektierenden Kristallfläche, welche frei zugänglich ist, natürlich leicht mit einem Fernrohr mit beleuchtetem Fadenkreuz ausführen, so wie man es sonst bei optischen Spektrometern macht, um z. B. die Flächen eines Prismas zur Drehachse parallel zu stellen. Da aber der Kristall im Innern des Vakuumtopfes sitzt, ist seine Vorderfläche von außen durch ein Fernrohr nicht sichtbar. Siegbahn empfiehlt daher, auf die Vorderfläche des Kristalls einen planparallelen Glasstreifen aufzulegen von solcher Länge, daß er genügend weit emporragt, um an dessen reflektierenden Flächen die Einstellung vorzunehmen. Falls der

---

[1]) Als Vorbild diente hier offenbar der Vakuumspektrograph, mit dem Moseley seine berühmten Spektralaufnahmen, die zur Entdeckung des einfachen Zusammenhanges zwischen Röntgenspektren und Atomnummer führten, herstellte.

[2]) P. Günther u. J. Stranski, ZS. f. phys. Chem. Bd. 106, S. 433. 1923.

Streifen etwas gekrümmt ist (in der Abb. 71 übertrieben gezeichnet), findet man beim Umlegen des Streifens aus der Stellung a in die Stellung b zwei verschiedene Einstellungen, zwischen denen die mittlere als die richtige anzusehen ist.

Übrigens bilden Aufnahmen irgendeiner genau be-
kannten Linie, z. B. der Cu $K\alpha_1$-Linie, mit $\lambda = 1{,}537259$ Å
unter verschiedenen Einstellungsbedingungen die beste
Kontrolle der Justierung. Mancherlei Aufschlüsse ergibt z. B. eine Reihe von Aufnahmen der gleichen
Linie bei festgehaltenem Kristall, aber schrittweise um
genau abgelesene Winkel von etwa 30′ vorwärts be-
wegtem Plattenhalter auf der gleichen Platte. Die
Ausmessung der Abstände auf einem Komparator
liefert sogleich den Abstand der Platte von der Drehachse. Dieser wird sich bei sehr genauer Justierung
als in der Mitte der Platte am kleinsten, nach den

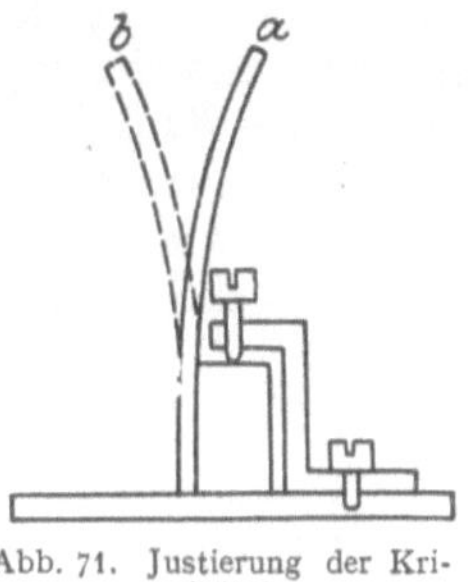

Abb. 71. Justierung der Kristallfläche.

beiden Seiten zu in symmetrischer Weise etwas größer ergeben. Abweichungen hiervon bedeuten, daß die Platte schräg zu dem Strahl steht, der von
der Drehachse aus nach ihrer Mitte verläuft. Mißt man die Linienabstände
einmal am oberen Rande der Platte, ein anderes Mal am unteren Rande, so läßt
sich erkennen, ob die Linien alle parallel sind oder aber nach oben oder unten
konvergieren. Wenn eine Konvergenz vorhanden ist, so ist entweder die Platte
oder der Kristall oder beide zur Drehachse geneigt. Von Wichtigkeit ist ferner,
daß der Spalt der Röhre zur Drehachse parallel steht. Ein schief stehender Spalt
ergibt auch schiefstehende Linien und läßt bei einer Ausmessung senkrecht
zu den Linien ihre Abstände zu gering erscheinen. Eine ausführliche Diskussion
derjenigen Fehler, die entstehen können, wenn die Drehachse des Kristalls mit
derjenigen des Plattenhalters zwar parallel ist, aber nicht mit ihr zusammenfällt, ist bei Lindh[1]) gegeben. Aus einer Arbeit von Hjalmar und Siegbahn[2])
über Präzisionsmessungen an der Linie Cu $K\alpha_1$ ist zu ersehen, daß sich diese
Fehler weitgehend korrigieren lassen. Die beiden Autoren fanden mit zwei
verschiedenen Spektrographen für diese Linie die beiden Werte $\lambda = 1{,}537259$
und $\lambda = 1{,}537265$ Å. Hieraus gewinnt man eine Vorstellung von der Genauigkeit,
mit der solche Messungen zur Zeit ausführbar sind.

106. Reflexion an inneren Netzebenen. Zur Spektroskopie sehr harter
Strahlen verwendet man nach dem Vorbilde von Rutherford und da Andrade[3]),
die Wellenlängenmessungen an γ-Strahlen ausführten, mit Vorteil die inneren
Netzebenen eines Kristalls, welchen man von dem zu untersuchenden Strahlenbündel durchsetzen läßt. Die dazu benutzte Anordnung
ist in der Abb. 72 schematisch dargestellt.

Die bei L befindliche punkt- oder linienförmige
γ-Strahlenquelle wird auf der Platte Pl eine allgemeine
gleichmäßige Schwärzung hervorrufen. Bringt man aber
bei Kr eine senkrecht zum Strahlengang stehende Kristallplatte an, so wird eine monochromatische Strahlung
an ganz bestimmten symmetrisch zum Mittelstrahl liegenden Punkten von den inneren Netzebenen des Kristalls, die zum Mittelstrahl parallel liegen, teilweise reflektiert werden und an den Punkten AA eine vermehrte Schwärzung, also dunkle Linien, erzeugen. Die

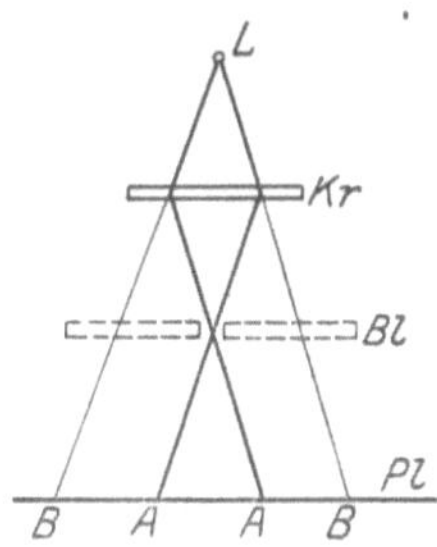

Abb. 72. Wellenlängenmessung von γ-Strahlen.

[1]) A. E. Lindh, Phys. ZS. Bd. 28, S. 24. 1927.
[2]) M. Siegbahn u. E. Hjalmar, Ark. f. Mat., Astron. och Fys. Bd. 19, Nr. 24. 1926.
[3]) E. Rutherford u. C. da Andrade, Phil. Mag. Bd. 28, S. 263. 1914.

reflektierte Intensität fehlt natürlich in der durch den Kristall direkt hindurchgehenden Strahlung, so daß an den Punkten BB die allgemeine Schwärzung vermindert ist, was sich in Gestalt von hellen Linien auf dunklerem Grunde [Extinktionslinien[1])] kundgibt. Bringt man bei Bl eine Blende an, so wird die allgemeine Schwärzung und damit natürlich auch die Extinktionslinien unterdrückt. Die dunklen Linien bei AA treten dagegen mehr hervor.

107. SIEGBAHNspektrograph für kurze Wellen. Die Reflexion an inneren Netzebenen wird bei einem für kurzen Wellen von $\lambda < 0{,}5$ Å von SIEGBAHN[2]) konstruierten Spektrographen benutzt. Sein Prinzip ist aus der Abb. 73 zu erkennen. Hier sind der Kristall Kr, der Spalt Sp_1 und die Platte Pl starr miteinander verbunden und um eine Achse drehbar, die durch den Spalt Sp_1 hindurchgeht. Die Röntgenstrahlen treten als schmales Bündel durch die Blende Bl ein und treffen zunächst den Kristall. Hier werden sie, falls der Kristall um den Winkel φ geneigt ist, durch Reflexion an inneren Netzebenen um den

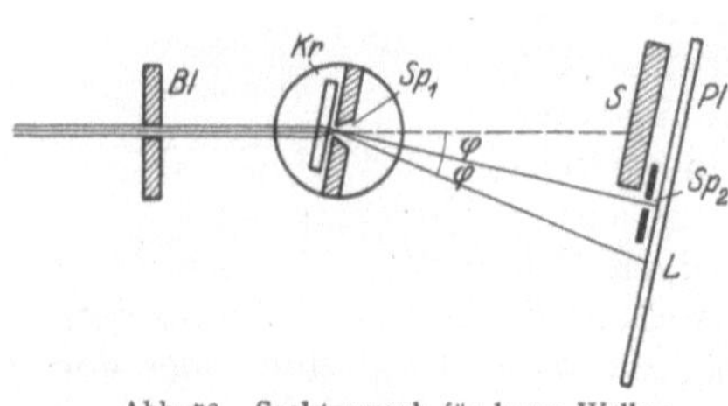
Abb. 73. Spektrograph für kurze Wellen.

Winkel 2φ aus ihrer ursprünglichen Richtung abgelenkt und treten dann erst durch den engen Spalt Sp_1, der aus Gold gefertigt ist, hindurch, um bei L auf die Platte Pl aufzutreffen. Ist so eine Aufnahme erfolgt, so wird das bewegliche System um den Winkel 2φ gedreht, so daß eine zweite symmetrische Aufnahme gemacht werden kann. Die nicht belichtete Hälfte der Platte wird jeweils durch einen Bleischirm S abgedeckt. Um für die Auswertung auch die geometrische Mitte markieren zu können, befindet sich an der entsprechenden Stelle dicht vor der Platte ein Spalt Sp_2, durch den die Platte einen kurzen Augenblick mit direkt hindurchgehendem Röntgenlicht bestrahlt werden kann. In einer neueren Ausführungsform, die als Tubusspektrograph[3]) bezeichnet wird, ist der verstellbare Spalt

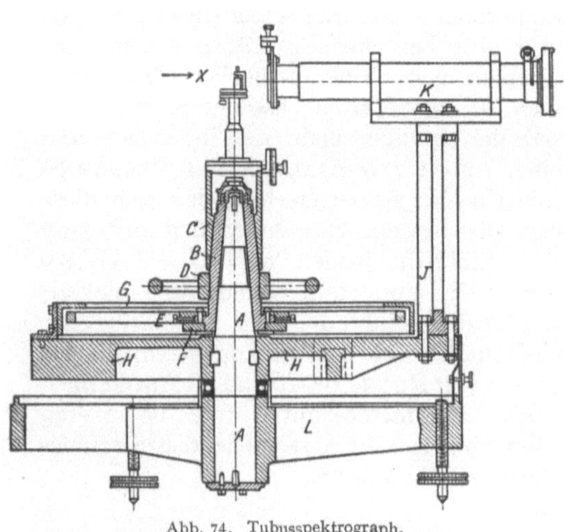
Abb. 74. Tubusspektrograph.

am vorderen Ende eines Tubus fest angebracht. Am anderen Ende des Tubus sitzt der Plattenhalter. Der Kristalltisch kann gegen das System SpaltPlatte um einen auf einem Präzisionskreis ablesbaren Winkel gedreht werden. Eine Konstruktionszeichnung des Tubusspektrographen gibt die Abb. 74. Auch bei diesem Spektrographen wird für absolute Wellenlängenmessungen die Umlegemethode nach ähnlichem Prinzip wie oben beschrieben angewandt.

---

[1]) Systematische Untersuchungen über die Erscheinung der Extinktionslinien, denen man bei spektrometrischen Arbeiten manchmal begegnet, sind von O. BERG und H. BEUTHE angestellt worden; vgl. Wiss. Veröffentl. a. d. Siem.-Konzern Bd. 5, S. 89. 1926.

[2]) M. SIEGBAHN u. A. B. LEIDE, Phil. Mag. Bd. 38, S. 647. 1919; vgl. auch J. M. CORK, Phys. Rev. Bd. 25, S. 106. 1925.

[3]) A. LARSSON, Phil. Mag. 1927.

108. Hochvakuumspektrograph für sehr lange Wellen. Die langwellige Grenze von etwa 10 Å für den unter Ziff. 104 besprochenen Vakuumspektrographen ist dadurch bedingt, daß es erforderlich ist, das Hochvakuum der Röntgenröhre von dem weniger hohen Vakuum des Spektrographen durch ein Fenster zu trennen. Dieses Fenster ist außer wegen der Druckdifferenz auch deshalb notwendig, weil das von der Glühkathode der Röntgenröhre ausgehende Licht von der photographischen Platte ferngehalten werden muß. Will man zu längeren Wellen vordringen, so muß das Fenster vermieden werden. Dies wird dadurch möglich, daß man das Spektrographengefäß so gut abdichtet, daß darin das gleiche Hochvakuum erzeugt und gehalten werden kann wie in

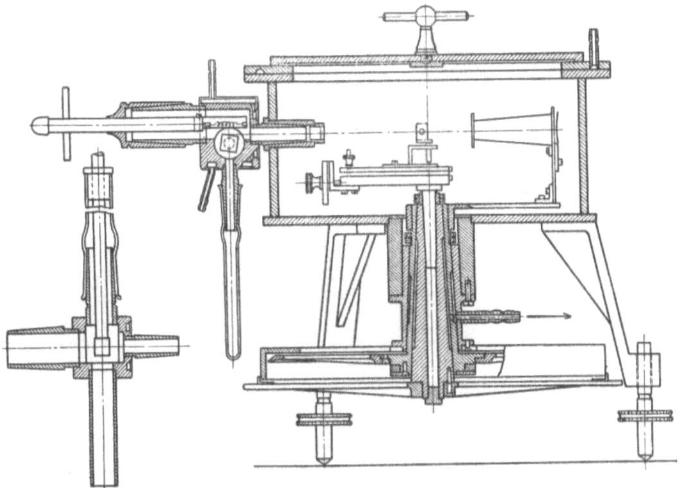

Abb. 75. Hochvakuumspektrograph.

der Röntgenröhre. Abb. 75 zeigt die Konstruktion eines Hochvakuumspektrographen von SIEGBAHN und THORAEUS[1]). Dieser unterscheidet sich von dem gewöhnlichen Vakuumspektrographen, wie ihn Ziff. 104 beschreibt, vor allem durch die Dichtungen am Röhrenansatz, am Deckel und an den Drehachsen. Die Röhre ist durch einen Schliff an den Spektrographentopf angesetzt. Die Dichtungsflächen des Deckels sowie der Durchführungskonusse der Drehachsen sind durch kleine rinnenartige Zwischenräume, die mit dem Vorvakuum verbunden sind, unterteilt, so daß also die inneren Dichtungsflächen nur gegen die Druckdifferenz Vorvakuum-Hauptvakuum dicht zu halten brauchen. Um die photographische Platte vor schädlichem Licht zu schützen, wird eine Oxydglühkathode im Röntgenrohr benutzt, die bereits bei geringer Heizung genügend Elektronen emittiert, ohne dabei hell zu glühen. Die Oxydkathode hat dabei den weiteren bei weichen Röntgenstrahlen wichtigen Vorteil, daß ein Übersublimieren von Wolfram auf die Antikathode, das bei den blanken Wolframglühfäden stets eintritt, vermieden wird. Die weichen Eigenstrahlen der eigentlichen Antikathodensubstanz können daher ungehindert austreten. Die Röntgenröhre trägt ferner ein mit Phosphorpentoxyd beschicktes Ansatzrohr, um die Oxydkathode vor Feuchtigkeit zu schützen. Mit diesem Spektrographen wurden Wellenlängenmessungen bis zu etwa 25 Å ausgeführt[2]). Über die für so lange Wellen geeigneten Kristalle vgl. Ziff. 95. Zu erwähnen ist hier eine Mitteilung

---

[1]) M. SIEGBAHN u. R. THORAEUS, Ark. f. Mat., Astron. och Fys. Bd. 19, Nr. 12. 1926.
[2]) R. THORAEUS, Phil. Mag. (7) Bd. 1, S. 312; Bd. 2, S. 1007. 1926.

von Dauvillier[1]), der angibt, daß er bis zu Wellenlängen von etwa 150 Å habe spektrometrieren können, wobei sogar ein durch einen dünnen Magnesiumniederschlag dunkelgefärbtes Fenster im Strahlengang benutzt wurde.

109. Universalspektrometer. Der Wunsch, das gesamte für Röntgenstrahlen in Frage kommende Spektralgebiet mit ein und demselben Spektrometer untersuchen zu können, veranlaßten Siegbahn und Thoraeus[2]) zur Konstruktion eines Universalspektrographen, der zwar nicht für absolute Wellenlängenbestimmungen gedacht ist, jedoch für relative Messungen hoher Präzision wohl

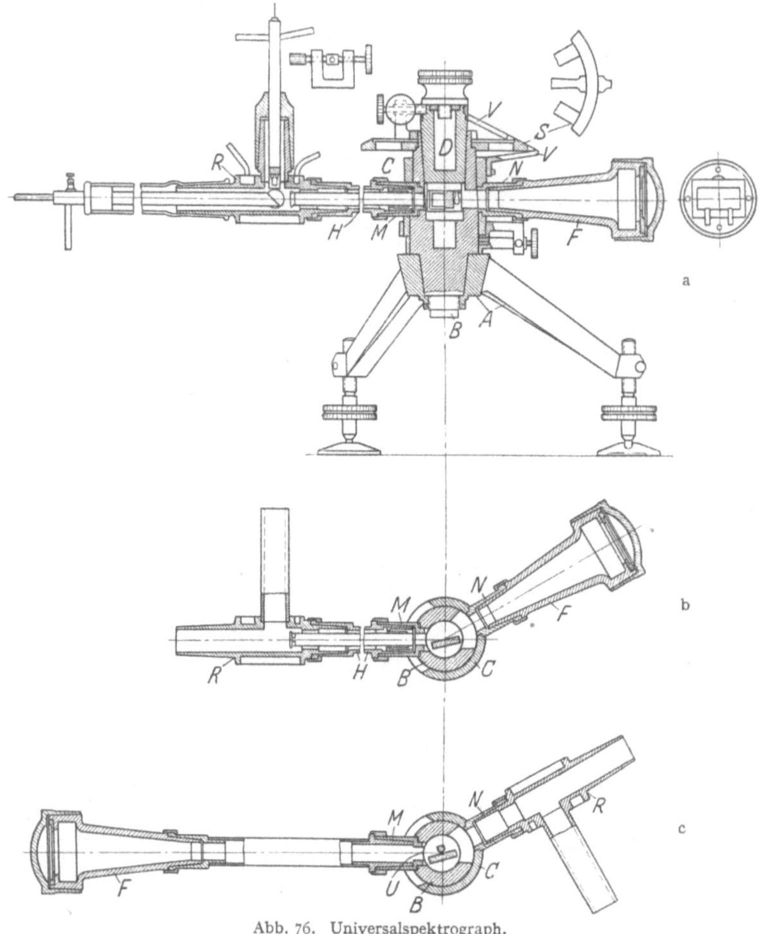

Abb. 76. Universalspektrograph.

geeignet ist. Die Konstruktion dieses Instrumentes wird durch die Abb. 76 veranschaulicht. Der mittlere Teil des Spektrographen ist ein am unteren Ende geschlossener Stahlzylinder B, der auf einen Dreifuß A drehbar aufgesetzt ist. Die äußere Form des Zylinders ist nach oben hin konisch verjüngt. Ein Messingzylinder C mit einem Ansatzrohr N ist außen auf den Stahlzylinder drehbar

---

[1]) A. Dauvillier, C. R. Bd. 182, S. 1083; Bd. 183, S. 193 u. 656. 1926.

[2]) M. Siegbahn u. R. Thoraeus, Journ. Opt. Soc. Amer. Bd. 13, S. 235. 1926. Ein Hochvakuumspektrograph, der je nach der benutzten Optik im sichtbaren, im ultravioletten und im Röntgengebiet anwendbar ist, wurde ferner von H. Stintzing, Phys. ZS. Bd. 23, S. 467. 1922 beschrieben.

aufgepaßt. N gegenüber hat der Messingzylinder eine Öffnung, aus welcher ein seitliches Ansatzrohr M des Stahlkonus B herausragt. Der Stahlkonus B besitzt gegenüber von M ebenfalls eine Öffnung. M und N laufen nach außen in Normalmantelschliffe aus, in welche die Röntgenröhre R bzw. ein Ansatzrohr F, welches den Plattenhalter trägt, eingesetzt werden. Auf diese Weise können die Röntgenröhre und der Plattenhalter gegeneinander gedreht werden, während der Spektrograph evakuiert ist. Der Kristallhalter sitzt am unteren Ende eines in den Zylinder B eingeschliffenen konischen Zapfens D, welcher von oben eingesetzt wird. Die Kreisteilung S ist mit B fest verbunden. Der Kristallhalter D und der Außenzylinder C tragen je eine Noniusalhidade, mit der ihre Einstellung auf der Kreisteilung abgelesen werden kann. Der Plattenhalter kann gegen ein anderes Ansatzstück, welches eine Ionisationskammer oder einen GEIGERschen Spitzenzähler enthält, ausgewechselt werden. Trotz der vielen Schliffe und zweier Kittverbindungen am Röntgenrohr bereitet es nach SIEGBAHN und THORAEUS keine Schwierigkeiten, bei der Verwendung einer GAEDEschen Molekularpumpe das für den Betrieb einer Glühkathodenröhre erforderliche Hochvakuum sowohl in der Röntgenröhre wie im Spektrographen selber zu erreichen und zu erhalten. Die Verfasser geben an, daß eine Pumpdauer von 5 Minuten genüge, um ein stromundurchlässiges Hochvakuum bei kalter Kathode zu erzeugen.

Das Gerät erlaubt die Anwendung von drei verschiedenen spektrometrischen Methoden je nach der Anordnung des Spaltes relativ zum Kristall. Entweder der Spalt befindet sich vor dem Kristall im gleichen Abstande wie die Platte. Dies ist die meist übliche Methode nach dem BRAGGschen Fokussierungsprinzip (Abb. 76a u. b; vgl. Ziff. 98). In diesem Falle muß zwischen dem Zentralteil B und der Röntgenröhre R ein Zwischenstück H eingeschaltet werden, damit die Fokussierungsbedingung des gleichen Abstandes Spalt-Kristall und KristallPlatte erfüllt ist.

Soll dagegen der Spalt auf dem Kristall selber sitzen (Schneidenmethode, vgl. Ziff. 100, Abb. 76c), so muß die Röntgenröhre so nahe wie möglich an den Kristall herangebracht werden, um eine möglichst große Lichtstärke zu erzielen. Das Zwischenstück H fällt dann fort oder kann auf der Seite des Plattenhalters eingefügt werden, um den Abstand der Platte von der Drehachse und damit die spektrale Auflösung zu vergrößern. Ähnlich ist die Zusammensetzung des Apparates einzurichten, wenn ein Spalt hinter dem Kristall bei U (Abb. 76c) benutzt werden soll.

Der Winkel φ der BRAGGschen Formel läßt sich bei dem Instrument im Bereich von 0 bis $35°$ variieren. Hieraus ergeben sich die folgenden Meßbereiche je nach der Art des zur Verwendung kommenden Kristalls:

$$\text{für Kalkspat:} \qquad \lambda < 3,5\ \text{Å,}$$
$$\text{,, Glimmer:} \qquad \lambda < 11,0\ \text{Å,}$$
$$\text{,, Palmitinsäure:} \quad \lambda < 40,0\ \text{Å.}$$

110. Einige besondere Spektrometerformen. Der Vollständigkeit halber seien hier noch einige andere Spektrometerkonstruktionen erwähnt, welche gegen die bisher besprochenen typischen Formen irgendwelche Besonderheiten aufweisen und für diesen oder jenen Spezialzweck Vorteile besitzen mögen.

Da ist zunächst eine Form von UHLER und COOKSEY[1]) zu nennen, die mit den SEEMANNschen Spektrographen den Vorteil gemein hat, einer Kreisteilung

---

[1]) H. S. UHLER u. C. D. COOKSEY, Phys. Rev. Bd. 10, S. 645. 1917; C. D. COOKSEY, ebenda Bd. 16, S. 305. 1920.

zu entraten, indem an die Stelle der genauen Winkelablesung die genaue Messung einer Parallelverschiebung der Platte tritt. Das Prinzip ist aus der Abb. 77 zu erkennen.

Das Röntgenstrahlenbündel wird durch zwei hintereinander stehende Spalte S_1 und S_2 sehr eng ausgeblendet und trifft dann auf den Kristall bei K, welcher ge-

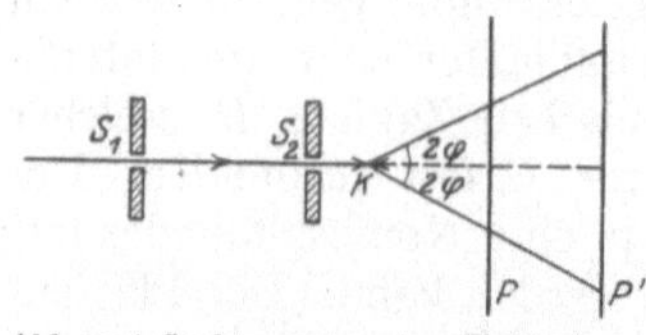
Abb. 77. Spektrometer ohne Teilkreis.

dreht werden kann. Der Plattenhalter P ist auf den Schlitten einer Teilmaschine montiert. Bei einer bestimmten auf der Teilmaschine genau abgelesenen Stellung des Plattenhalters wird zunächst in der bekannten Weise eine Doppelaufnahme der zu messenden Linie gemacht. Danach wird der Plattenhalter um eine genau abzulesende Strecke verschoben in die Stellung P' und die Doppelaufnahme wird wiederholt. Hierbei zeigen die Linien natürlich einen anderen Abstand voneinander. Aus den genau ausgemessenen Linienabständen und der Verschiebung des Plattenhalters ist der Winkel φ leicht zu berechnen.

Soll die spektrale Energieverteilung eines größeren Wellenlängenbereiches, also etwa das gesamte von einer Röhre emittierte Spektrum, aufgenommen werden, so kann man dazu nach Compton[1] mit Vorteil ein automatisch registrierendes Ionisationsspektrometer benutzen, dessen Einrichtung aus Abb. 78 zu erkennen ist. Bei diesem werden der Kristall und die Ionisationskammer automatisch gedreht, und zwar so, daß die Ionisationskammer sich zwangsläufig

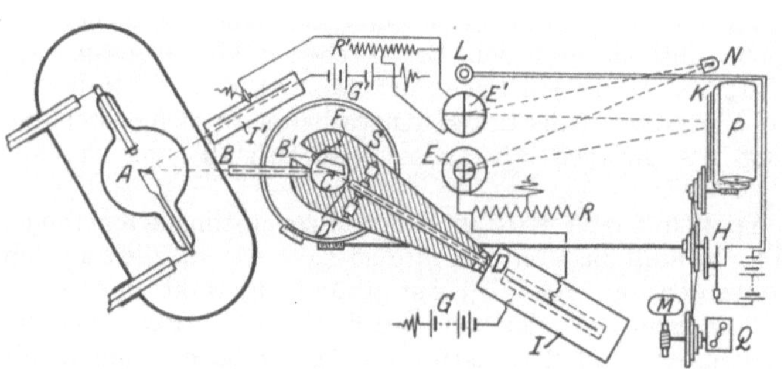
Abb. 78. Registrierendes Spektrometer.

mit der doppelten Winkelgeschwindigkeit wie der Kristall bewegt. Die Ionisationsströme werden in einem eigens konstruierten besonders empfindlichen Quadrantenelektrometer, dem ein hoher Widerstand parallel geschaltet ist, ge-

messen und auf einem Streifen photographischen Papiers, dessen Bewegung mit der Drehung des Spektrometers mechanisch gekoppelt ist, registriert. Um Täuschungen durch Intensitätsschwankungen der Röntgenröhre zu vermeiden, wird die unzerlegte Gesamtstrahlung in einer zweiten gleichartigen Ionisationsanordnung mitgemessen und auf denselben Papierstreifen wie das zerlegte Spektrum mitregistriert.

Ein Ionisationsspektrometer, bei welchem die jeweils eingestellte Wellenlänge auf einer Mikrometerschraube direkt abgelesen werden kann, ist von Nicholas[2] beschrieben worden. Die Anordnung ist hierbei, wie aus Abb. 79 ersichtlich ist,

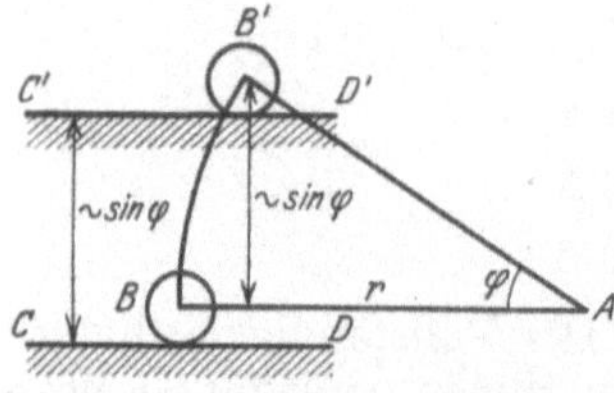
Abb. 79. Anordnung für direkte mikrometrische Wellenlängenablesung.

so getroffen, daß durch die Mikrometerschraube eine ebene Auflagefläche CD parallel zu sich selber verschoben wird. An dieser Fläche liegt das Ende B eines mit dem Kristalltischchen verbundenen Armes r, das mit einer Gleit-

<hr>

[1] A. H. Compton, Phys. Rev. Bd. 7, S. 646; Bd. 8, S. 703. 1916.
[2] W. W. Nicholas, Journ. Opt. Soc. Amer. Bd. 12, S. 45. 1926; Bd. 14, S. 61. 1927.

kugel versehen ist, an. Es ist so eingerichtet, daß die Mikrometerschraube die Stellung O anzeigt, wenn sich der Kristall in der Stellung $\varphi = 0$ befindet. Man sieht ohne weiteres, daß eine Verschiebung der Fläche CD proportional zu $\sin\varphi$ und damit proportional zu λ erfolgt. Durch geeignete Dimensionierung kann somit erreicht werden, daß für einen bestimmten Kristall die Mikrometerteilung die Wellenlängenwerte direkt angibt.

Hiermit dürften die wesentlichsten Methoden und Einrichtungen zur spektralen Untersuchung von Röntgenstrahlen besprochen sein. Ausführlicheres findet man in den zitierten Originalarbeiten sowie in einigen Spezialwerken, von denen in erster Linie M. SIEGBAHN, Spektroskopie der Röntgenstrahlen. Berlin 1924, zu nennen ist. Außerdem kommen in Betracht W. H. BRAGG u. W. L. BRAGG, X-Rays and Crystal-Structure. London 1924 und P. P. EWALD, Kristalle und Röntgenstrahlen. Berlin 1923. Mancherlei praktische Winke und viele Literaturangaben enthält H. MARK, Die Verwendung der Röntgenstrahlen in Chemie und Technik. Leipzig 1926[1]). Außerdem finden sich in den Fachzeitschriften verstreut mancherlei Angaben über Spektrometerkonstruktionen, in denen aber kaum grundsätzlich Neues enthalten ist. Diejenigen Methoden, bei denen die Röntgenstrahlen nicht Untersuchungsgegenstand, sondern Untersuchungsmittel sind, gehören nicht in diesen Abschnitt.

111. Untersuchung der Polarisation von Röntgenstrahlen. Es bleibt noch übrig, zu schildern, auf welche Weise der Polarisationszustand von Röntgenstrahlen ermittelt werden kann. Der erste, dem der Nachweis einer Polarisation an Röntgenstrahlen gelang, war BARKLA[2]). Er bediente sich zur Polarisationsanalyse eines Streukörpers aus leichtatomigem Material (Kohle, Paraffin), um die Erregung einer fälschenden Fluoreszenzstrahlung in den Streukörpern zu vermeiden. BARKLA ging von den Vorstellungen der klassischen Theorie aus, nach welchen die Streuung der Röntgenstrahlen durch erzwungene Schwingungen im Streukörper zu erklären ist (vgl. Abb. 80).

Nach dieser Vorstellung kann ein Röntgenstrahl, dessen elektrischer Vektor, wie in der Abb. 80 angedeutet ist, in der Zeichenebene schwingt, in einem Streukörper S nur erzwungene Elektronenschwingungen von der Richtung des kleinen

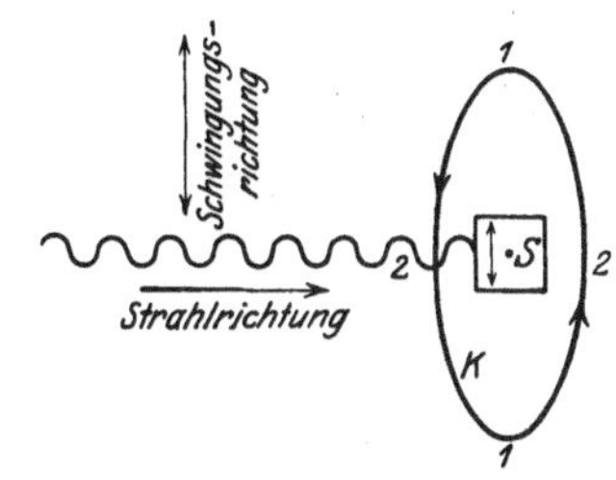

Abb. 80. Polarisationsversuch.

Doppelpfeiles hervorrufen. Diese erzwungenen Elektronenschwingungen können aber nicht parallel zu ihrer Schwingungsrichtung Strahlen emittieren. Geht man also mit einer Ionisationskammer auf der senkrecht zur Zeichenebene zu denkenden Kreisbahn K um den Streukörper S herum, so wird man in den Lagen 1 1 ein Minimum, in den Lagen 2 2 ein Maximum der gestreuten Intensität zu erwarten haben. BARKLA konnte durch einen solchen Versuch nachweisen, daß die von einer Röntgenröhre ausgehende Strahlung in der Tat teilweise polarisiert ist, und zwar in dem Sinne, daß der elektrische Vektor parallel zu den die Röntgenstrahlen erzeugenden Kathodenstrahlen bevorzugt ist. Eingehendere Untersuchungen darüber führte BASSLER[3]) aus, der mit einer Paraffinkugel als Streukörper bis zu 16% Polarisation beobachten konnte. Auch auf

---

[1]) Vgl. auch Bd. XXIV ds. Handb. Kap. 4 von P. P. EWALD über Strukturuntersuchungen mit Röntgenstrahlen, und Bd. XVII ds. Handb., Kap. 3 von H. BEHNKEN über Röntgentechnik.

[2]) C. G. BARKLA, Phil. Trans. Bd. 204, S. 467. 1905; Proc. Roy. Soc. London Bd. 77, S. 247. 1906.

[3]) E. BASSLER, Ann. d. Phys. Bd. 28, S. 808. 1909.

photographischem Wege läßt sich, wie HERWEG[1]) zeigte, die ungleichmäßige Intensitätsverteilung der Sekundärstrahlung im Umkreise eines Streukörpers feststellen. Da die Reflexion der Röntgenstrahlen an Kristallen ein Spezialfall der Streuung ist, so muß auch bei dieser eine Polarisation auftreten. Daß dies der Fall ist, geht aus Versuchen von KIRKPATRICK[2]) hervor. Derselbe fand auch, daß die härteren Anteile der von einer Röntgenröhre ausgehenden Strahlen stärker polarisiert sind als die weicheren[3]). MARK und SZILARD[4]) zeigten, daß bei einer Kristallreflexion, bei der der Strahl seine Richtung um 90° ändert, eine fast vollständige Polarisation der Röntgenstrahlen eintritt, ein Umstand, der auch von WAGNER[5]) zu Polarisationsmessungen benutzt wurde. Daß auch die im Streukörper entstehende modifizierte Comptonstrahlung ebenso polarisiert ist wie die nichtmodifizierte Streustrahlung, wurde von KALLMANN und MARK[6]) nachgewiesen. BISHOP[7]) fand auch an der charakteristischen $K\alpha$-Strahlung einer Molybdänantikathode eine nachweisbare Polarisation. Daß man schwere Streukörper als Analysatoren für Polarisationsuntersuchungen nicht benutzen darf, geht aus einer Arbeit von KARTSCHAGIN und TSCHETWERIKOWA[8]) hervor, die eine Abhängigkeit des Polarisationsgrades von der Art des Streukörpers fanden. Diese Erscheinung war zu erwarten, da bei schweren Körpern die charakteristische Eigenstrahlung, welche nicht polarisiert ist, stark hervortritt.

[1]) J. HERWEG, Ann. d. Phys. Bd. 29, S. 398. 1909.
[2]) P. KIRKPATRICK, Phys. Rev. Bd. 18, S. 323. 1921.
[3]) P. KIRKPATRICK, Phys. Rev. Bd. 22, S. 226. 1923.
[4]) H. MARK u. L. SZILARD, ZS. f. Phys. Bd. 35, S. 743. 1926.
[5]) E. WAGNER, Verh. d. phys.-med. Ges. Würzburg Bd. 51, S. 1. 1926.
[6]) H. KALLMANN u. H. MARK, Naturwissensch. Bd. 13, S. 1012. 1925.
[7]) J. E. BISHOP, Phys. Rev. Bd. 28, S. 625. 1926.
[8]) W. KARTSCHAGIN u. E. TSCHETWERIKOWA, ZS. f. Phys. Bd. 35, S. 276. 1925.

Kapitel 27.

Fortpflanzungsgeschwindigkeit des Lichtes.

Von

G. Wolfsohn, Bonn.

Mit 9 Abbildungen.

a) Einleitung.

1. Historische Übersicht. Die fortschreitende physikalische Erkenntnis hat in ihrem Streben nach immer weiterer Vereinheitlichung des naturwissenschaftlichen Weltbildes die Existenz gewisser numerischer Konstanten aufgedeckt, die bisher weder auf andere elementarere Größen zurückgeführt, noch untereinander in Beziehung gesetzt werden konnten. Dem Dualismus Mechanik-Elektrizität entsprechend, dessen Beseitigung das Grundstreben der physikalischen Forschung seit der Jahrhundertwende gewidmet ist, sind diese Konstanten teils mehr mechanischer Natur, wie die Elektronen- und Protonenmasse und die Gravitationskonstante, teils elektrischer Natur, wie die Elementarladung e, das elementare Wirkungsquantum h und die Lichtgeschwindigkeit c. Die Forschungsergebnisse des letzten Jahrzehnts lassen keinen Zweifel, daß die Verschmelzung der Mechanik mit der Elektrodynamik sich auf Kosten der Mechanik vollziehen wird, denn die neuen, bedeutsamen Vorstellungen, welche die Grundlagen der Relativitätstheorie und der Atomphysik bilden, haben wesentliche Züge der klassischen Mechanik modifiziert, ohne den Grundcharakter der Elektrodynamik zu verletzen.

Damit ist die elektrodynamische Konstante c auch in die Mechanik eingedrungen, und der universelle Charakter dieser Zahl, die nunmehr nicht nur die elektrischen mit den magnetischen Größen, sondern auch die Begriffe Masse und Energie miteinander verknüpft, erfordert es, ihren numerischen Wert mit großer Genauigkeit zu ermitteln. Die Frage nach der Größe der Lichtgeschwindigkeit, deren erste Beantwortung schon vor 250 Jahren gegeben worden ist, ist darum auch heute noch aktuell und Gegenstand eingehender Untersuchungen. Zur Bestimmung von c sind verschiedene Methoden benutzt worden, die im folgenden besprochen werden. Die direkten Messungen der Lichtgeschwindigkeit laufen darauf hinaus, die Zeit zu bestimmen, die das Licht braucht, um einen Weg bekannter Länge zurückzulegen. Man unterscheidet hierbei gewöhnlich noch die Methoden, die mit Sternbeobachtungen verbunden sind, als astronomische von den terrestrischen, die mit einer rein physikalischen Apparatur ausgeführt werden. Daneben ist auf Grund der Tatsache, daß die Lichtgeschwindigkeit in die Maxwellschen Gleichungen eingeht, die Möglichkeit vorhanden, auf rein elektrodynamischem Wege zur Bestimmung von c zu gelangen.

Die älteren Bestimmungen der Lichtgeschwindigkeit sind deshalb auch heute noch von Bedeutung, weil jede von ihnen nicht nur einen Beitrag zu den Ergebnissen der messenden Physik lieferte, sondern auch für die rein physikalische Erkenntnis von außerordentlicher Bedeutung war. Römer bewies durch seine Messung zum ersten Mal die endliche Ausbreitungsgeschwindigkeit der strahlenden Energie; Bradley verschaffte der neuen Einsicht allgemeine Geltung. Seine Methode deckte, wenn auch erst viel später, den Widerspruch auf, der zwischen der Aberration der Fixsterne und den negativen Ergebnissen aller Versuche besteht, die Existenz eines absolut ruhenden Äthers nachzuweisen. Fizeau stellte durch seine Messung das Ergebnis auf das solide Fundament irdischer Beobachtungsmöglichkeit. Gleichzeitig gelang es ihm, die Fortpflanzungsgeschwindigkeit in bewegten Medien zu messen und die Fresnelsche Formel für den Zusammenhang zwischen der Geschwindigkeit des Lichtes und derjenigen des Mediums zu bestätigen, die später wiederum eine Stütze der Relativitätstheorie wurde. Foucault bewies die Beziehung zwischen Brechungsexponent und Lichtgeschwindigkeit und damit ein Grundpostulat der Wellentheorie. Schließlich stellten Kohlrausch und Weber die Identität der Lichtgeschwindigkeit mit der Konstanten der Maxwellschen Gleichungen fest und gaben damit der elektromagnetischen Lichttheorie die erste experimentelle Begründung.

2. Phasengeschwindigkeit, Gruppengeschwindigkeit, Signalgeschwindigkeit. Da sich die meisten Messungen direkt auf die Fortpflanzungsgeschwindigkeit des Lichtes beziehen, muß zuvor dieser Begriff vom Standpunkt der Wellenoptik aus einer Analyse unterzogen werden. In einer beiderseits unbegrenzten Sinusschwingung kann ohne weiteres eine Fortpflanzungsgeschwindigkeit nicht definiert werden. Jeder Punkt, der von dem Schwingungsvorgang betroffen wird, ist gekennzeichnet durch die Phase, die die Schwingung dort besitzt. Bei einer reinen Sinusschwingung kehren in gleichem Abstand die Orte gleicher Phase periodisch wieder. Diesen Abstand bezeichnen wir als Wellenlänge λ. Beobachten wir ferner, daß an derselben Stelle die Wiederkehr der gleichen Phase nach τ Sekunden eintritt, so wird der Quotient $v = \lambda/\tau$ als Phasengeschwindigkeit bezeichnet. Hierbei ist die Anschauung zugrunde gelegt, daß die Phase von einem Punkt auf den benachbarten übertragen wird. Gemäß der Definition der Wellenlänge erreicht die gleiche Phase einen um λ entfernten Punkt nach der Zeit τ, woraus sich der Wert für die Geschwindigkeit ergibt.

Die so definierte Phasengeschwindigkeit ist für die meisten optischen Erscheinungen maßgebend, z. B. für alle Interferenzerscheinungen. Sie ist in verschiedenen Medien verschieden, und der Quotient aus der Phasengeschwindigkeit des Lichtes im Vakuum und derjenigen in dem betreffenden Medium wird als Brechungsexponent bezeichnet. Sie ändert sich ferner in den meisten Medien mit der Wellenlänge. Da nun keine Lichtquelle vollständig homogen ist, sondern einen gewissen Wellenlängenbereich umfaßt, so ist in dispergierenden Medien eine einheitliche Phasengeschwindigkeit des spektralen Gemisches nicht vorhanden. Es erhebt sich nun die Frage, was sich hier der Messung als Fortpflanzungsgeschwindigkeit darbietet.

Bevor hierauf eine Antwort gegeben werden kann, ist noch eine andere Frage zu erledigen. Es ist zunächst zu erwarten, daß bei der Messung der Lichtgeschwindigkeit überhaupt nicht die Phasengeschwindigkeit, sondern eine andere Größe als Fortpflanzungsgeschwindigkeit in Erscheinung tritt. In einem bestimmten Zeitmoment werde in einem Punkt eine Lichterregung hervorgerufen und evtl. wieder vernichtet. Wir messen die Zeit, die dieses „Signal" braucht, um einen bestimmten Weg zurückzulegen. Kopf und Ende eines solchen beiderseits begrenzten Wellenzuges werden mit einer bestimmten Geschwindigkeit vorwärts eilen, und diese Geschwindigkeit ist es, welche wir recht eigentlich als Fortpflanzungsgeschwindigkeit zu bezeichnen hätten. Es fragt sich nun, in welcher Beziehung sie zu der oben definierten Phasengeschwindigkeit v steht, und ob es diese Größe ist, die in unsere Messungen eingeht. Dies wird nur dann der Fall sein, wenn sich nicht nur der Kopf, sondern auch der Schwerpunkt des Signals, der Ort der größten Intensität, mit der gleichen Geschwindigkeit fortpflanzt. In nicht dispergierenden Medien ist dies sicher der Fall, da hier die in dem Wellenzuge einmal vorhandene Intensitätsverteilung sich unverändert längs des Weges verschiebt. In dispergierenden Medien dagegen wird das Maximum der Lichtbewegung, das am Ort gleicher Phase der an der Emission beteiligten Wellen vorhanden ist, während der Wanderung des Signals eine Verschiebung erleiden, da die Phasengeschwindigkeit aller Wellen nicht die gleiche ist. Es wird somit für den Hauptteil des Signals eine Geschwindigkeit resultieren, die von der Fortpflanzungsgeschwindigkeit verschieden ist und als Signalgeschwindigkeit s bezeichnet wird. Die hier entwickelte Vorstellung über die Signalgeschwindigkeit ist nun keineswegs streng, denn sie betrachtet die einzelnen Wellenzüge des Signals als kohärent, was sicher nicht der Fall ist. Sie ist jedoch geeignet, über die Abhängigkeit der Signalgeschwindigkeit von den Dispersionseigenschaften des Mediums eine Anschauung zu geben und diese Abhängigkeit auch quantitativ zu formulieren.

Wir stellen das Signal als Überlagerung zweier kohärenter Wellenzüge z_1 und z_2 dar, welche sich längs der X-Achse fortpflanzen und deren Wellenlänge und Frequenz sich sehr wenig voneinander unterscheiden:

$$z_1 = \Re e^{i(kx-\omega t)}, \qquad z_2 = \Re e^{i[(k+\delta k)x-(\omega+\delta\omega)t]}.$$

Hierin ist $k = \dfrac{2\pi}{\lambda}$, ω die Kreisfrequenz, und die Phasengeschwindigkeiten beider Wellen haben die Größe $v_1 = \dfrac{\omega}{k}$, $v_2 = \dfrac{\omega+\delta\omega}{k+\delta k}$. Durch Addition ergibt sich:

$$z_1 + z_2 = \Re\left\{2\cdot\cos\frac{1}{2}(\delta k\cdot x - \delta\omega\cdot t)\, e^{\frac{i}{2}[(2k+\delta k)x-(2\omega+\delta\omega)t]}\right\}.$$

Gehen wir zur Grenze infinitesimal benachbarter Wellenlängen über, so stellt der zweite Faktor die unveränderte Welle dar, deren Amplitude sich jedoch nun wegen des ersten Faktors periodisch ändert, und zwar eilen die Stellen gleicher Amplitude mit der Geschwindigkeit $u = \dfrac{d\omega}{dk}$ vorwärts. Mit dieser Geschwindigkeit pflanzt sich demnach der Schwerpunkt der Wellengruppe fort. Setzen wir noch $\omega = k\cdot v$, $k = \dfrac{2\pi}{\lambda}$ und führen den Brechungsexponenten $n = \dfrac{c}{v}$ ein, so wird

$$u = v\left(1 + \frac{\lambda}{n}\frac{dn}{d\lambda}\right). \tag{1}$$

Diese Formel ist zuerst von RAYLEIGH[1]) und GOUY[2]) abgeleitet worden.

Wir erhalten auf Grund dieser Überlegungen also eine von der Phasengeschwindigkeit verschiedene Geschwindigkeit u, die angibt, wie schnell sich bei einem aus Wellen benachbarter Schwingungszahlen bestehenden Aggregat, einer sog. Wellengruppe, ein maximaler Wert der Amplitude fortpflanzt. u wird als Gruppengeschwindigkeit bezeichnet. Im allgemeinen ist u kleiner als v; rein formal wären auch negative Werte nicht ausgeschlossen. In Gebieten anomaler Dispersion $\left(\dfrac{dn}{d\lambda} > 0\right)$ ist es jedoch größer als v und kann sogar die

---

[1]) Lord RAYLEIGH, Proc. Math. Soc. Bd. 9, S. 21. 1877. Theorie of Sound sd. ed. London 1926. Vol. I. S. 301 u. 475.
[2]) L. G. GOUY, C. R. Bd. 91, S. 877. 1880; Bd. 92, S. 34. 1881.

Vakuumgeschwindigkeit des Lichtes überschreiten. Dies ist eine Folge der unstatthaften Voraussetzungen, unter denen die Formel (1) abgeleitet worden ist. Die Bedeutung der Gruppengeschwindigkeit erhellt jedoch aus einigen der folgenden, durch strenge Beweisführung gewonnenen Resultate, welche den Mechanismus der Ausbreitung eines Signals aufzuklären imstande sind und den Gültigkeitsbereich der unstrengen Ableitung angeben. Es gelten nämlich die folgenden Sätze:

Auch bei natürlichem inkohärenten, nur seiner mittleren Intensität nach bekanntem Licht ist die Gruppengeschwindigkeit maßgebend für die Fortpflanzung der Energie ins Innere eines dispergierenden Mediums, solange Gebiete anomaler Dispersion vermieden werden[1]).

Bei Signalen ist die Kopf- und Endgeschwindigkeit unabhängig vom Medium stets gleich der Vakuumgeschwindigkeit c, die Gruppengeschwindigkeit stets gleich der streng berechneten Geschwindigkeit des Signals, wiederum außerhalb der Gebiete anomaler Dispersion. In Gebieten anomaler Dispersion verliert die Gruppengeschwindigkeit ihren Sinn[2,3]).

In nicht dispergierenden Medien stimmen Phasen- und Gruppengeschwindigkeit numerisch überein.

Die Signalgeschwindigkeit wird nirgends negativ und niemals größer als c[2,3]).

Abb. 1, die der Arbeit von Brillouin entnommen ist, gibt eine qualitative Übersicht über die vorliegenden Verhältnisse, speziell über das Verhalten in Gebieten anomaler Dispersion. Eine Komplikation tritt noch bei der Foucaultschen Methode hinzu, da hierbei eine Reflexion an einem bewegten Spiegel vorgenommen wird. Rayleigh[4]) gelangte zuerst zu dem Ergebnis, daß hier nicht u, sondern v/u gemessen würde. Dies widerspricht jedoch den experimentellen Ergebnissen (Ziff. 6). Schuster[5]) berechnete die Größe der gemessenen Geschwindigkeit zu $v^2/2\,v - u$, was innerhalb der Fehlergrenze mit u übereinstimmt. Gibbs[6]) und Gouy[7]) vertraten die Ansicht, daß u direkt gemessen wird. Schließlich hat Lorentz[8]) gezeigt, daß der Einfluß der Spiegeldrehung auf die Reflexion so gering ist, daß er die Fehlergrenze der Messung nicht erreicht.

Es sind hiermit alle Fragen beantwortet, die in diesem Zusammenhang von Bedeutung sind. Es ergibt sich, daß im allgemeinen durch die Messung der Lichtgeschwindigkeit die Gruppengeschwindigkeit bestimmt wird, daß diese

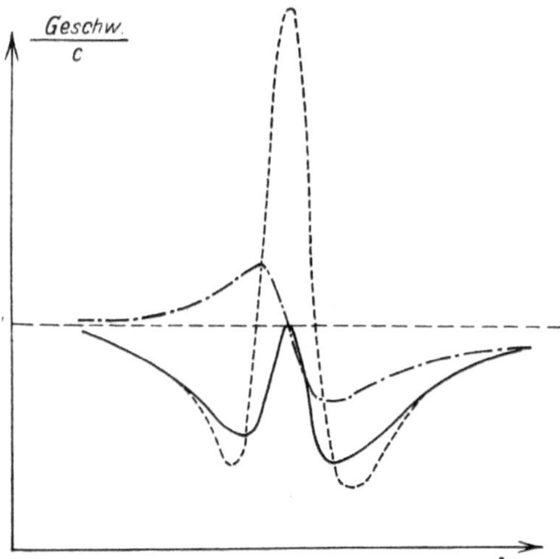

Abb. 1.   Phasengeschwindigkeit,   Gruppengeschwindigkeit,
Signalgeschwindigkeit in der Umgebung einer Absorptionslinie.

—·—·— Phasengeschwindigkeit v.
············· Gruppengeschwindigkeit u.
————— Signalgeschwindigkeit s.

[1]) M. v. Laue, Ann. d. Phys. Bd. 18, S. 523. 1905.
[2]) A. Sommerfeld, Phys. ZS. Bd. 8, S. 841. 1907; Ann. d. Phys. Bd. 44, S. 177. 1914.
[3]) L. Brillouin, Ann. d. Phys. Bd. 44, S. 203. 1914.
[4]) Lord Rayleigh, Nature Bd. 25, S. 52. 1881.
[5]) A. Schuster, Nature Bd. 33, S. 439. 1886.
[6]) J. W. Gibbs, Nature Bd. 33, S. 582. 1886.
[7]) L. G. Gouy, C. R. Bd. 101, S. 502. 1885.
[8]) H. A. Lorentz, Arch. Néerl. (2) Bd. 6, S. 302. 1901.

in nicht dispergierenden Medien mit der Phasengeschwindigkeit übereinstimmt, in dispergierenden Medien durch die Formel (1) mit ihr verbunden ist, solange Gebiete anomaler Dispersion nicht betreten werden.

b) Astronomische Bestimmungen der Lichtgeschwindigkeit.

3. Die Methode von Römer. Derjenige, der zum erstenmal eine endliche Ausbreitungsgeschwindigkeit des Lichtes feststellte, war der dänische Astronom OLAF RÖMER[1]). Scheinbare Unregelmäßigkeiten in der Umlaufszeit des innersten Jupitermondes, welche er auf der Sternwarte von Paris beobachtete, wurden von ihm richtig dahin gedeutet, daß bei den Messungen die Zeit in Rechnung zu setzen ist, die das Licht braucht, um die Entfernung Erde-Jupiter zurückzulegen und die mit dieser Entfernung in stetiger Änderung begriffen ist. Er ermittelte die Geschwindigkeit des Lichtes zu 300000 km/sec.

Bei diesen Messungen werden die Verfinsterungen eines Jupitermondes beobachtet und die Zeitpunkte notiert, in welchen er in den Schatten des Jupiter eintritt oder bei seinem Austritt wieder sichtbar wird. Diese Zeitpunkte bilden regelmäßige Lichtsignale, die von einem relativ zum Jupiter ruhenden Beobachter in gleichen Abständen gemessen werden. Ändert sich jedoch die Entfernung des Beobachters während der Zeitdauer zwischen irgend zwei Signalen um das Stück x, so ändert sich die beobachtete Zeit um x/c. Wenn man die Zeitdauer zwischen zwei Verfinsterungen mißt, die bei zwei aufeinanderfolgenden Jupiteroppositionen stattfinden, so stimmt diese mit der wahren Zeit überein, die zwischen diesen Verfinsterungen verflossen ist. Die so vermittelte Kenntnis der Umlaufszeit des Mondes gestattet es, die Zeit zwischen zwei Verfinsterungen voraus zu berechnen, welche mit einer Jupiteropposition bzw. -konjunktion nahezu zusammenfallen. Eine Messung derselben Größe differiert hiervon um ebensoviel, wie das Licht Zeit braucht, um die Wegdifferenz zwischen beiden Stellungen, also den Durchmesser der Erdbahn, zu durcheilen. Der Halbwert t dieser Zeit wird als Lichtzeit bezeichnet. Um hieraus die Lichtgeschwindigkeit zu bestimmen, ist die Kenntnis der mittleren Entfernung R der Erde von der Sonne notwendig. Sie steht mit der Sonnenparallaxe π_0 in dem Zusammenhang:

$$R = \frac{\varrho_0}{\sin \pi_0}, \tag{2}$$

worin ϱ_0 den Radius des Erdäquators bedeutet. Hieraus ergibt sich:

$$c = \frac{\varrho_0}{t \cdot \sin \pi_0}.$$

Der hieraus berechnete Wert von c ist unsicher wegen der ungenauen Kenntnis der Lichtzeit. DELAMBRE[2]) fand für t den Wert 493[s], GLASENAPP[3]) 500,8[s]. Demnach besitzt der Mittelwert[4]) 497[s] nur geringes Gewicht. Weit besser ist die Sonnenparallaxe bekannt. BAUSCHINGER[4]) gibt als Mittelwert 8″, 806 $\pm$ 0,003 an, DE SITTER[5]) auf Grund einer noch nicht im einzelnen veröffentlichten Diskussion neuerer Messungen 8″, 804 $\pm$ 0,0013. Setzt man $t = 497^s \pm 4$, $\pi_0 = 8″, 804 \pm 0,0015$, so findet man

$$c = 300600 \pm 1200 \text{ km}.$$

[1]) O. RÖMER, Acad. des Sciences. Paris 1675; Hist. de l'Acad. Bd. 1, S. 213.
[2]) J. DELAMBRE, Tables ecliptiques des satellites de Jupiter. Paris 1790.
[3]) S. GLASENAPP, Unters. d. Verfinsterungen d. Jupitersatelliten. Petersburg 1874.
[4]) J. BAUSCHINGER, Enzyklop. d. math. Wiss. Bd. 6, S. 855. 1920.
[5]) W. DE SITTER, Bull. Astr. Inst. Netherl. Bd. 4, S. 57. 1927.

4. Die Methode von Bradley. Die Aberration der Fixsterne. Der Bestimmung der Lichtgeschwindigkeit durch Bradley[1]) liegt folgender Tatbestand zugrunde. In L (Abb. 2) befinde sich eine Lichtquelle, die von einem in O befindlichen Beobachter unter dem Winkel φ gegen die X-Achse gesehen wird. Derselbe Beobachter bewege sich nun längs der X-Achse mit der Geschwindigkeit v. Er messe in dem Moment, wo er O passiert, den Winkel zum zweiten Male und erhalte den Wert φ'. Dann ist $\varphi' < \varphi$.

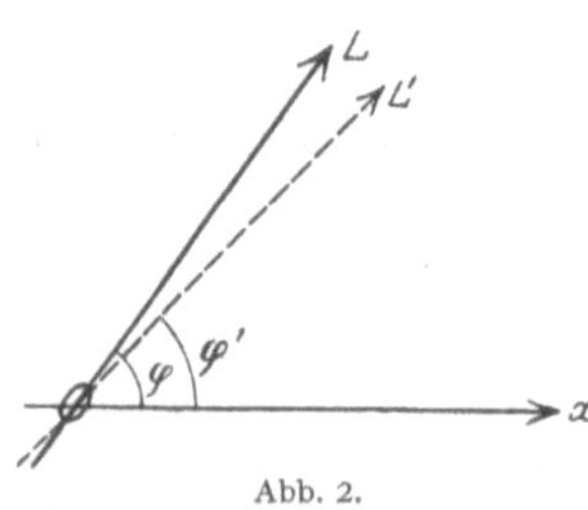

Abb. 2.

Wir versuchen, diese Tatsache rein kinematisch zu verstehen und müssen an dieser Stelle auf eine strenge wellentheoretische Begründung verzichten. Wir stellen uns auf den Standpunkt der Emissionstheorie und nehmen an, daß längs des Lichtstrahles LO ein Lichtteilchen mit der Geschwindigkeit c auf den Punkt O zueile. Die Bewegungsgleichung des Teilchens laute

$$x = c\,(t_0 - t)\cos\varphi\,, \qquad y = c\,(t_0 - t)\sin\varphi\,.$$

Der Zusammenhang zwischen den Koordinaten x', y' des bewegten Systems mit x und y ist gegeben durch

$$x' = x + v\,(t_0 - t)\,, \qquad y' = y\,.$$

Die Bahngleichung im bewegten System ist wiederum eine Gerade und ihr Neigungswinkel gegen die x-Achse

$$\operatorname{tg}\varphi' = \frac{y'}{x'} = \frac{\sin\varphi}{\cos\varphi + \dfrac{v}{c}}\,, \tag{3a}$$

also $\varphi' < \varphi$. Benutzen wir die relativistische Transformationsgleichung

$$x' = \frac{x + v\,(t_0 - t)}{\sqrt{1 - \dfrac{v^2}{c^2}}}\,,$$

so erhalten wir

$$\operatorname{tg}\varphi' = \frac{\sin\varphi\,\sqrt{1 - \dfrac{v^2}{c^2}}}{\cos\varphi + \dfrac{v}{c}}\,, \tag{3b}$$

(3a) und (3b) weichen nicht meßbar voneinander ab. Aus (3a) folgt

$$\sin(\varphi - \varphi') = \frac{v}{c}\sin\varphi'\,. \tag{4}$$

Die „Aberration" $\alpha = \varphi - \varphi'$ mißt die Relativgeschwindigkeit beider Beobachter gegeneinander. Zwei solche relativ zueinander bewegte Systeme stellt die Erde an zwei verschiedenen Orten ihrer jährlichen Bahn dar. Insbesondere beträgt die Relativgeschwindigkeit zweier mit der Erde verbundener Koordinatensysteme im Abstand eines halben Jahres das Doppelte der Geschwindigkeit der Erde in ihrer Bahn. Jeder von der Erde aus anvisierte Fixstern spiegelt diese Relativbewegung dadurch wieder, daß in halbjährigem Abstand sein scheinbarer Ort sich um den Winkel $\varphi - \varphi'$ verschoben hat, der aus (4) zu berechnen ist, wenn für v die doppelte Bahngeschwindigkeit der Erde eingesetzt wird.

---

[1]) J. Bradley, Phil. Trans. London 1728, Nr. 406.

Dieser Effekt wurde im Jahre 1727 von BRADLEY bei Fixsternbeobachtungen aufgefunden. Da die Erde in stetig veränderlicher Bewegung befindlich ist, und die scheinbare Verschiebung des Sternes in Richtung der Bewegung erfolgt, führt jeder Fixstern am Himmel eine im allgemeinen elliptische Bewegung um seinen wahren Ort aus, welche er im gleichen Sinne durchläuft wie die Erde die Erdbahn. Die Exzentrizität der Ellipse hängt von der ekliptikalen Breite ab. Ihre große Achse ist stets parallel der Ekliptik und gleich

$$\operatorname{tg}\alpha = \frac{v}{c} \quad \text{bzw.} \quad \operatorname{tg}\alpha = \frac{\frac{v}{c}}{\sqrt{1 - \frac{v^2}{c^2}}}, \tag{5}$$

je nachdem man die klassische oder relativistische Formel zugrunde legt. In ekliptischen Koordinaten λ, β wird die scheinbare Bewegung des Sternes durch die Gleichungen

$$\lambda' - \lambda = \operatorname{tg}\alpha \cdot \cos^{-1}\beta \cos(\lambda - \odot)$$

$$\beta' - \beta = \operatorname{tg}\alpha \cdot \sin\beta \sin(\lambda - \odot)$$

beschrieben. Hierin bedeutet $\odot$ die ekliptikale Länge der Sonne. Die ungestrichenen Koordinaten bezeichnen den wahren, die gestrichenen den scheinbaren Ort des Sterns. Die numerische Exzentrizität der Ellipse ist gleich $\cos\beta$. Für Sterne in der Ekliptik artet die Ellipse demnach in eine gerade Linie aus, für Polsterne in einen Kreis.

Um aus der Größe der Aberration die Lichtgeschwindigkeit zu ermitteln, ist die Kenntnis von v, der mittleren Bahngeschwindigkeit der Erde, notwendig. Ist e die numerische Exzentrizität der Erdbahn und definieren wir durch die Gleichung $e = \sin\varphi$ den Exzentrizitätswinkel φ, so ist die Länge der Bahn gegeben durch den Ausdruck $E = 2\pi R/\cos\varphi$, worin R die mittlere Entfernung (2) der Erde von der Sonne bedeutet. Die Erde legt diese Bahn in der Zeit

$$T = \frac{2 \cdot \pi \cdot 60 \cdot 60 \cdot 24}{n'' \cdot \sin 1''}$$

zurück, wenn n'' die mittlere tägliche Winkelgeschwindigkeit der Erde in Sekunden angibt. Demnach wird

$$v = \frac{E}{T} = \frac{\varrho_0 \cdot n'' \cdot \sin 1''}{\sin\pi_0 \cdot \cos\varphi \cdot 60 \cdot 60 \cdot 24}.$$

Setzen wir noch

$$\sin\pi_0 = \pi_0'' \sin 1'', \qquad \operatorname{tg}\alpha = \alpha'' \cdot \sin 1'',$$

so ergibt sich schließlich wegen (5)

$$c = \frac{\varrho_0 \cdot n''}{\pi_0'' \cdot \alpha'' \sin 1'' \cdot \cos\varphi \cdot 60 \cdot 60 \cdot 24}.$$

Bis auf π_0'' und α'' liegen sämtliche Zahlenwerte sehr genau fest. Es ist

$$c = \frac{54\,028\,370}{\pi_0'' \alpha''}. \tag{6}$$

Die Größe α'' wird als Aberrationskonstante bezeichnet. Ihre Messung gestaltet sich sehr schwierig, da sich die Beobachtungen über einen oder mehrere Jahresläufe erstrecken müssen und hierbei Refraktionsstörungen von ähnlicher Periode aber unregelmäßiger Stärke die Messungen beeinflussen. Nach BAUSCHINGER beträgt ihr wahrscheinlichster Wert $\alpha'' = 20'',521 \pm 0,007$, während eine Reihe neuerer Arbeiten vor allem auf $\alpha'' = 20,47$ geführt hat. Setzt man $\alpha'' = 20'',49 \pm 0,01$ und π_0 wie oben, so ergibt sich

$$c = 299\,500 \pm 200 \text{ km/sec.}$$

Die astronomischen Methoden kommen heute zur Bestimmung der Lichtgeschwindigkeit nicht mehr in Frage, da ihnen die physikalischen bei weitem überlegen sind. Vielmehr wird man umgekehrt die Ergebnisse der physikalischen Messungen als Hilfsmittel zur Bestimmung astronomischer Konstanten heranziehen. So ergibt sich z. B. aus dem besten Wert der Lichtgeschwindigkeit (Ziff. 10) $c = 299\,800$ km/sec und dem Wert $8''$, 804 für die Sonnenparallaxe die Aberrationskonstante $\alpha'' = 20'',470$. Es ist bemerkenswert, daß die neuesten, voneinander unabhängigen Messungen dieser Größen immer mehr zu diesem, durch die Beziehung (6) verbundenen System der drei Konstanten hinführt.

c) Terrestrische Bestimmungen der Lichtgeschwindigkeit.

5. Die Methode von FIZEAU. Direkte Bestimmungen der Lichtgeschwindigkeit verlangen die Messung außerordentlich kurzer Zeiten, da das Licht irdische Entfernungen, welche sich noch durch Lichtstrahlen überbrücken lassen, in Bruchteilen von Tausendsteln einer Sekunde durchläuft. Auch müssen diese Entfernungen sehr sorgfältig vermessen werden, denn der Fehler der Längenmessung geht in gleicher Größenordnung in das Resultat ein. Die Zeitbestimmung ist nur dadurch möglich, daß man das Licht über einen geschlossenen Weg führt und die Differenz zwischen Absendung und Rückkehr des Signals an demselben Ort ermittelt. Durch die Anordnung, mit deren Hilfe diese Messung ausgeführt wird, unterscheiden sich die beiden von FIZEAU und FOUCAULT in teilweise gemeinsamer Arbeit entwickelten Methoden, die auch heute noch die Grundlage jeder direkten Messung der Lichtgeschwindigkeit bilden. Der Fortschritt der späteren Arbeiten besteht in einer Verfeinerung der Meßmethoden sowohl für die räumlichen wie für die zeitlichen Größen. Da die Messung der letzteren die meisten Schwierigkeiten bereitet, zeigen die neueren Versuche die Tendenz, den Lichtweg immer mehr zu vergrößern. Hierdurch werden die Zeitmessungen vereinfacht, während die Längenmessung zwar geodätische Arbeiten großen Stils verlangt, aber mit der erwünschten Genauigkeit ausgeführt werden kann.

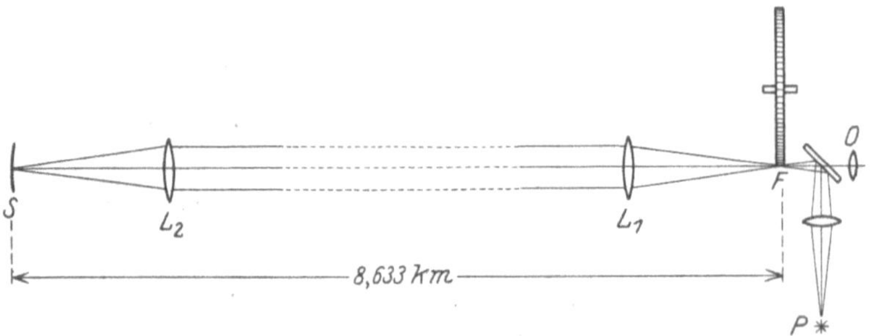

Abb. 3. Schema der Anordnung von FIZEAU.

Die Anordnung von FIZEAU[1]) ist in Abb. 3 wiedergegeben. Das Licht einer in P befindlichen Lichtquelle wird durch eine Linse konvergent gemacht und hierauf durch einen unter 45° geneigten Spiegel rechtwinklig geknickt. Die Strahlen durchsetzen den Brennpunkt F und eine zweite Linse L_1; sie durchlaufen dann als paralleles Bündel eine mehrere Kilometer lange Strecke, werden durch die Linse L_2 gesammelt und an dem Hohlspiegel S in sich reflektiert. Auf demselben Wege gelangen die Strahlen zum Beobachtungsort zurück. In F entsteht ein reelles Bild von P, das durch den halbdurchlässigen Spiegel hindurch

---

[1]) H. FIZEAU, C. R. Bd. 29, S. 90. 1849; Pogg. Ann. Bd. 79, S. 167. 1850.

mit dem Okular O beobachtet wird. Diese zunächst kontinuierliche Lichtbewegung wird nun in eine regelmäßige Folge von einzelnen Lichtsignalen verwandelt. Es wird ein Zahnrad so angebracht, daß seine Peripherie bei F dem
Licht den Durchgang verbietet oder gestattet, je nachdem sich dort ein Zahn
oder eine Lücke befindet. Das Zahnrad wird in schnelle Rotation versetzt.
Jedesmal, wenn in F eine Lücke vorbeigeht, eilt ein Signal von F nach S und
wieder zurück. Ist die Rotationsgeschwindigkeit so abgemessen, daß bei der
Rückkunft des Signals sich in F ein Zahn befindet, so kann keines der Signale
durch das Okular in das Auge des Beobachters eintreten. Das Gesichtsfeld bleibt
dunkel. Aufhellung des Gesichtsfeldes tritt dann ein, wenn die Rotationsgeschwindigkeit so abgeändert wird, daß auch bei der Rückkehr des Signals
sich in F eine Lücke des Rades befindet.

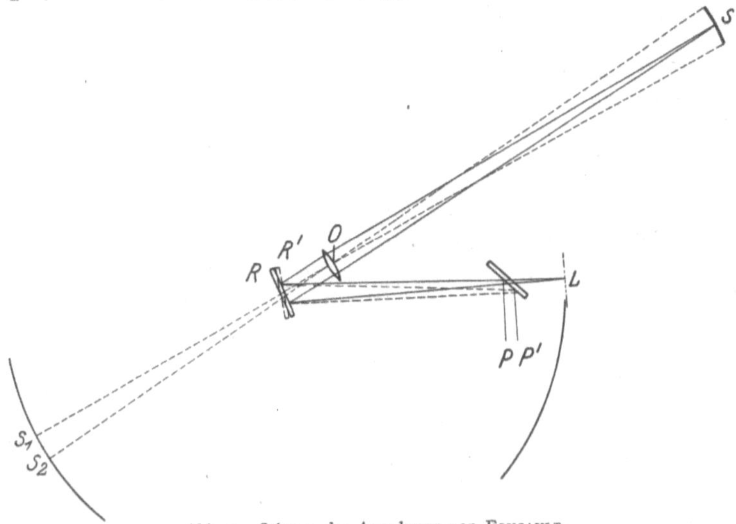

Abb. 4. Schema der Anordnung von Foucault.

Fizeau benutzte ein Zahnrad mit 720 Lücken. Die Entfernung SF betrug
8633 m. Wurde das Rad in Rotation versetzt, so trat zum erstenmal Dunkelheit
ein, wenn es eine Geschwindigkeit von 12,6 Umdrehungen in der Sekunde erreichte. In diesem Falle verdeckte jeder Zahn das von der unmittelbar vor ihm
befindlichen Lücke hindurchgelassene Licht. Somit legte das Licht den doppelten
Weg SF zurück, während das Rad sich um den 1440. Teil einer ganzen Umdrehung weiterdrehte. Hierzu benötigte es die Zeit von $1/12{,}6 \cdot 1440 = 1/18144$ sec,
und es ergibt sich für die Lichtgeschwindigkeit der Wert $c = 313300$ km/sec. Bei
Verdopplung der Rotationsgeschwindigkeit trat, wie zu erwarten, Aufhellung, bei
Verdreifachung wieder Verdunkelung des Gesichtsfeldes ein.

6. Die Methode von Foucault. Foucaults[1]) Methode geht auf eine Idee von
Arago[2]) zurück, die darin bestand, die Zeitmessung mit Hilfe eines rotierenden
Spiegels vorzunehmen. Als Lichtquelle diente Sonnenlicht, daß durch eine Blende
L in die Apparatur eintrat (Abb. 4). Diese Blende bestand aus einer versilberten Glasplatte, in die parallele Striche im Abstand von $^1/_{10}$ mm senkrecht ein-
geritzt waren. In einiger Entfernung von diesem Raster befand sich ein drehbarer
Planspiegel R, der das Licht nach dem Hohlspiegel S reflektierte. In den Strahlen-

---

[1]) L. Foucault, C. R. Bd. 30, S. 551. 1850; Bd. 55, S. 501 u. 792. 1862; Pogg. Ann.
Bd. 81, S. 434. 1850; Bd. 118, S. 485 u. 588. 1863.
[2]) F. Arago, C. R. Bd. 7, S. 954. 1838; Bd. 30, S. 489. 1850.

gang, und zwar zwischen den Spiegeln R und S und in unmittelbarer Nachbarschaft des rotierenden Spiegels, war eine Linse so eingeschaltet, daß sie auf der Fläche des Hohlspiegels ein Bild des Rasters entwarf. Die Strahlen kehrten dann auf demselben Wege zurück. Durch einen halbdurchlässigen Spiegel konnte ein Teil von ihnen seitlich abgelenkt werden. Bei P entstand ein Bild des Rasters, das mit einem Okularmikrometer beobachtet wurde. Wird der Spiegel R in Rotation versetzt, so trifft der von S zurückkehrende Strahl den Spiegel R in der Lage R' an. Hat sich der Spiegel um den Winkel α gedreht, so dreht sich der reflektierte Strahl um 2α und erzeugt ein Bild in P'. Die Verschiebung PP' wird mit dem Okularmikrometer gemessen, wobei die Teilung des Rasters als Grundmaß dient. Ist $PP' = d$ und die Länge des geknickten Lichtweges $PR = r$, so ist $\alpha = d/2r$, und die Zeit, die der Spiegel braucht, um die Drehung um diesen Winkel auszuführen, beträgt $t = d/4n\pi r$ sec, wenn n die Anzahl der Umdrehungen in der Sekunde angibt. In der gleichen Zeit durchläuft das Licht die doppelte Strecke $l = SR$. Somit ist $c = 8n\pi rl/d$. Schon FOUCAULT selbst erzielte mit Hilfe dieser Methode ziemlich genaue Resultate, indem er den Weg l durch Einschaltung weiterer Spiegel auf eine Länge von 20 m brachte, den rotierenden Spiegel mit einer Luftturbine antrieb, die eine sehr gleichmäßige und große Rotationsgeschwindigkeit erzeugte und zu ihrer Messung eine stroboskopische Methode verwendete. Die Verschiebung d betrug bei ihm mehrere Zehntelmillimeter. Als genauesten Wert gibt er $c = 298000$ km/sec an.

Die Methode von FOUCAULT besitzt den großen Vorzug, daß sie schon bei relativ kleinen Lichtwegen brauchbare Resultate gibt. Sie kann daher dazu benutzt werden, die Lichtgeschwindigkeit in Wasser und anderen Medien zu untersuchen, indem man das Licht längs des Weges SR durch das betreffende Medium hindurchgehen läßt. Noch besser eignet sich eine Relativmessung mit der Anordnung, wie sie in Abb. 5 wiedergegeben ist. Die Apparatur ist gegenüber der früheren durch die Hinzunahme eines zweiten Spiegels S' erweitert. Zwischen R und S' wird eine mit Wasser gefüllte Röhre angebracht, deren Enden durch planparallele Platten verschlossen sind. Wenn der Spiegel R rotiert, erhält man jetzt zwei verschieden stark verschobene Bilder von L, und die Verschiebungen verhalten sich, unabhängig von der Rotationsgeschwindigkeit, direkt wie die Zeiten, in denen das Licht die gleich langen Wege RS und RS' zurücklegt. Mit dieser Anordnung bewiesen FIZEAU[1]) und FOUCAULT[2]) zum erstenmal, daß die Fortpflanzungsgeschwindigkeit in Wasser kleiner ist als in Luft und der

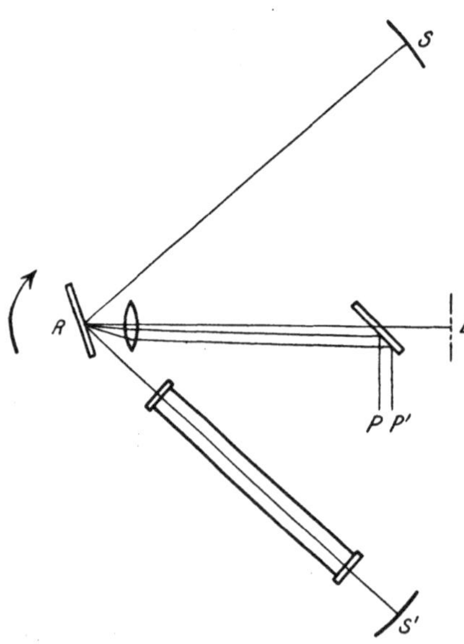

Abb. 5. Bestimmung der Geschwindigkeit des Lichtes in Wasser relativ zu derjenigen in Luft.
(FIZEAU und FOUCAULT.)

Quotient c_L/c_W gleich dem Brechungsexponenten n des Wassers. Nach Ziff. 2 ist dies in Wirklichkeit nicht streng der Fall. Der Brechungsexponent ist definiert als Quotient aus den Phasengeschwindigkeiten des Lichtes in den beiden an-

---

[1]) H. FIZEAU u. L. BREGUET, C. R. Bd. 30, S. 562 u. 771. 1850; Pogg. Ann. Bd. 81, S. 442. 1850; Bd. 82, S. 124. 1857.
[2]) L. FOUCAULT, l. c.

einandergrenzenden Medien, während durch die Messung die Gruppengeschwindigkeit bestimmt wird. Infolge der mäßigen Dispersion des Wassers weichen beide Werte nicht merklich voneinander ab. Die Diskrepanz zwischen dem Brechungsexponenten und dem Quotient aus den Fortpflanzungsgeschwindigkeiten wurden erst von Michelson[1] an dem stark dispergierenden Schwefelkohlenstoff aufgefunden und später mit einer anderen Anordnung von Gutton bestätigt (Ziff. 9). Michelson fand das Verhältnis der Fortpflanzungsgeschwindigkeiten in Luft und Schwefelkohlenstoff zu 1,77, während der Brechungsexponent 1,66 beträgt. Dieses Ergebnis ist in Übereinstimmung mit der Theorie, da das Verhältnis der Gruppengeschwindigkeiten in der Tat den Wert 1,765 besitzt.

Die Methoden von Foucault und Fizeau bilden die Grundlage für alle späteren Messungen der Lichtgeschwindigkeit. Die Methode von Fizeau ist vor allem von Cornu[2] weiter ausgebildet worden. Es gelang ihm im Verlauf mehrerer Jahre, den Lichtweg bis auf 23 km zu vergrößern und die Bewegung des Zahnrades durch eine elektrische Registrierung genau zu kontrollieren. Seine Versuche wurden später von Perrotin[3] fortgesetzt. Bei den letzten Messungen, die dieser Forscher 1902 bei Nizza ausführte, betrug der Lichtweg zwischen der Beobachtungsstation und dem reflektierenden Spiegel 46 km. Dies ist die größte Entfernung, die bisher bei Messungen der Lichtgeschwindigkeit verwendet worden ist.

Die Methode von Foucault ist in Amerika von Michelson[4] und Newcomb[5] zu hoher Vollkommenheit gebracht worden. Die Anordnung von Foucault besaß mehrere Mängel, durch die sie den älteren Beobachtern weniger günstig erschien als diejenige von Fizeau[6]. Sie verlangt nämlich außer der Zeitmessung noch die Bestimmung der sehr kleinen Verschiebung des Bildpunktes, die nur durch Verlängerung des Lichtweges vergrößert werden kann, da der Rotationsgeschwindigkeit des Spiegels Grenzen gesetzt sind. Den Lichtweg aber wesentlich zu vergrößern, gestattet die Apparatur nicht, weil sie zu lichtschwach ist. Bei der Stellung der Linse L in unmittelbarer Nachbarschaft des rotierenden Spiegels kommt das virtuelle Bild des Rasters, das mit der doppelten Geschwindigkeit des Spiegels um seine Achse rotiert, im wesentlichen nur solange zur Abbildung auf dem Hohlspiegel, als es sich innerhalb des Winkels S_1OS_2 (Abb. 4) befindet. Je weiter der Hohlspiegel vom rotierenden Spiegel entfernt ist, um so mehr beschränkt sich dieser Raum auf die unmittelbare Nähe der optischen Achse, um so lichtschwächer wird das Bild. Michelson beseitigte diesen Übelstand, indem er eine sehr langbrennweitige Linse benutzte und sie so aufstellte, daß ihr Brennpunkt wenig hinter dem rotierenden Spiegel lag. Der Hohlspiegel wurde durch einen Planspiegel ersetzt. Jeder Strahl, der nun die Linse trifft, wird auch auf dem Spiegel abgebildet. Die Lichtstärke wird, unabhängig von der Entfernung des reflektierenden Spiegels, durch die Größe der Linsenöffnung und nicht mehr durch diejenige des Hohlspiegels bestimmt, der auch für große Entfernungen nicht größer als die Linse zu sein braucht. Mit dieser verbesserten Apparatur gelang es Michelson, den Lichtweg bis auf 2000 Fuß zu vergrößern und eine Verschiebung von 133 mm zu erhalten. Seine stroboskopische Methode zur Messung der Rotationsgeschwindigkeit des Spiegels und die von Newcomb

[1] A. A. Michelson, Naut. Alm. 1885, S. 235.
[2] A. Cornu, C. R. Bd. 73, S. 857. 1871; Bd. 76, S. 338. 1873; Bd. 79, S. 1361. 1874.
[3] J. Perrotin, C. R. Bd. 131, S. 731. 1900; Bd. 135, S. 881. 1902.
[4] A. A. Michelson, Sill. Journ. (3) Bd. 15, S. 394. 1878; Bd. 18, S. 390. 1879; Nature Bd. 21, S. 94 u. 120. 1880; Naut. Alm. 1885, S. 235.
[5] S. Newcomb, Naut. Alm. 1885, S. 112.
[6] A. Cornu, Rapports prés. au congrès intern. de phys. Paris. Bd. 2, S. 225. 1900.

vorgeschlagenen Verbesserungen haben in der Anordnung Verwendung gefunden, die weiter unten beschrieben wird und brauchen daher an dieser Stelle nicht besprochen zu werden.

Tabelle 1.

Jahr	Beobachter	Methode	Lichtweg (km)	Ergebnis (km/sec)	w. F.
1862	FOUCAULT	FOUCAULT	0,02	298000	500
1871	CORNU	FIZEAU	10,310	298500	1000
1874	CORNU	FIZEAU	22,810	300400	300
1878	MICHELSON	FOUCAULT	0,15	299910	50
1879	MICHELSON	FOUCAULT	0,6	299828	40
1882	NEWCOMB	FOUCAULT	2,551 u. 3,721	299860	30
1882	MICHELSON	FOUCAULT	0,6	299853	60
1900	PERROTIN	FIZEAU	11,862	299900	80
1902	PERROTIN	FIZEAU	46	299880	50

Mittelwert: 299820

Tabelle 1 gibt eine Übersicht über den Fortschritt der Messungen bis zur Jahrhundertwende[1]). Der Mittelwert

$$c = 299820 \pm 60 \text{ km/sec}$$

kommt den neuesten Messungen von MICHELSON sehr nahe.

7. Die Bestimmung der Lichtgeschwindigkeit durch MICHELSON. Im Jahre 1921 begann MICHELSON mit den Vorarbeiten zu einer Neubestimmung der Lichtgeschwindigkeit, die die Erfahrungen der früheren Messungen zusammenfaßt und auf ihrer Grundlage eine weitere Vervollkommnung der Methode von FOUCAULT anstrebt. Als Beobachtungsstation wurde das Mount-Wilson-Observatorium gewählt. Der reflektierende Spiegel fand Aufstellung auf dem Mount San Antonio. Dies bedeutete eine Vergrößerung des Lichtweges auf über 35 km. Trotz der Lichtschwäche, die mit der Methode des rotierenden Spiegels verbunden ist, erschien an klaren Tagen das Bild eines elektrischen Lichtbogens als scharfer sternartiger Punkt, welcher vollkommen ruhig stand und dessen Lage bis auf $^1/_{100}$ mm festgelegt werden konnte. Das Licht durchläuft den Weg vom Mount Wilson bis zum Mount San Antonio und zurück in einer Zeit von 0,00023 sec. Rotiert der Spiegel mit einer Geschwindigkeit von 500 Umdrehungen in der Sekunde und beträgt seine Entfernung bis zum Beobachtungsfernrohr 25 cm, so erreicht die Ablenkung des Strahles die unbequeme Größe von 40 cm, deren genaue Ausmessung große Schwierigkeiten bereiten würde. Durch eine schon von NEWCOMB vorgeschlagene Anordnung läßt sich diese Messung jedoch gänzlich vermeiden. Wenn man als rotierenden Spiegel ein achteckiges Prisma benutzt, so wendet es bei ungefähr 530 Umdrehungen in der Sekunde dem zurückkehrenden Strahl eine Fläche unter demselben Winkel zu, unter dem die vorhergehende den Strahl gegen die Fernstation reflektiert hat. Das Bild der Lichtquelle bleibt also in Ruhe. Zwar wird sich dies nicht vollkommen erreichen lassen, da mit einer festen Rotationsgeschwindigkeit gearbeitet werden muß, doch beschränkt sich die Messung nun auf die Ermittlung einer kleinen Korrektion, welche unschwer mit einer Genauigkeit von $^1/_{100}$ mm ausgeführt werden kann. Die optische Anordnung ist aus Abb. 6 zu ersehen. Das Licht einer Bogenlampe

---

[1]) Eine Messung von YOUNG u. FORBES (Proc. Roy. Soc. London Bd. 32, S. 247. 1881), welche systematische Fehler enthält, ist nicht berücksichtigt; vgl. A. CORNU, l. c. Anm. 6, S. 905.

[2]) A. A. MICHELSON, Astrophys. Journ. Bd. 60, S. 256. 1924; Bd. 65, S. 1. 1927.

wird auf den Spalt S abgebildet und fällt von dort bei a zum erstenmal auf den rotierenden Spiegel. Über b und c erreicht es den Hohlspiegel D und wird von dort als paralleles Bündel zu dem 35 km entfernten Hohlspiegel E reflektiert, in dessen Brennpunkt ein Bild des Spaltes entsteht. Dort befindet sich der Planspiegel f, welcher das Licht auf demselben Wege zurückschickt. Über c

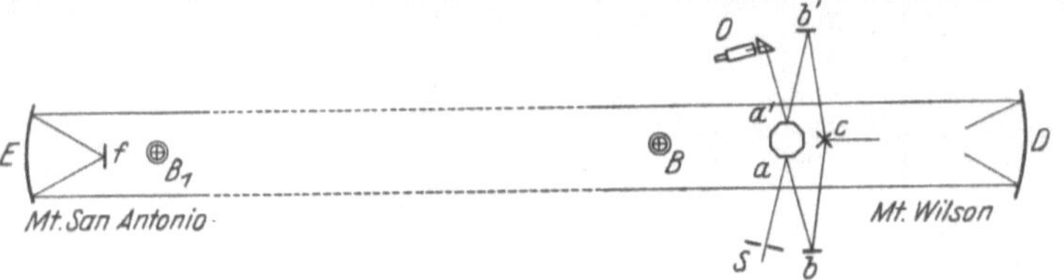

Abb. 6. Bestimmung der Lichtgeschwindigkeit durch MICHELSON.

und b' erreicht es den rotierenden Spiegel bei a' zum zweiten Male und kommt schließlich bei O zur Beobachtung. Die Apparatur zeichnet sich durch größte Symmetrie der Lichtwege für den hin und her gehenden Strahl aus. Außerdem fällt das Licht auf alle Spiegel und vor allem auf den rotierenden Spiegel selbst fast senkrecht auf, wodurch eine möglichst große Lichtstärke angestrebt wird.

Die Grundlage der Messung bildet die genaue Kenntnis der Länge des Lichtweges. Zu seiner Bestimmung waren umfangreiche geodätische Vorarbeiten notwendig, die vom U. S. Coast and Geodetic Survey mit der größtmöglichen Sorgfalt durchgeführt wurden. Nach diesen Messungen beträgt der Abstand der beiden Marken B und B_1 35385,53 m. Man glaubt, die Länge dieser Strecke auf 5 cm genau zu kennen. Ist der wahre Fehler doppelt so groß, so gestattet er trotzdem noch, die Lichtgeschwindigkeit auf 1 km genau zu bestimmen.

Die gleiche Sorgfalt war auf die Messung der Lichtzeit zu verwenden. Die Rotationsgeschwindigkeit des Spiegels wurde nach stroboskopischer Methode mit der Frequenz einer elektrisch betriebenen Stimmgabel in Übereinstimmung gebracht und diese nach dem gleichen Prinzip an ein geeichtes Pendel angeschlossen. Eine auf der Drehachse des rotierenden Spiegels befindliche polierte Fläche reflektierte einen Lichtstrahl auf ein Spiegelchen, daß an der Kante der Stimmgabel befestigt war. Blieb das so erzeugte stroboskopische Bild in Ruhe, so waren die Frequenz der Stimmgabel und die Umdrehungsgeschwindigkeit des Spiegels einander gleich. Zur Kontrolle der Stimmgabel wurde am Pendel ebenfalls ein kleiner Spiegel befestigt. Er reflektierte einen Lichtstrahl, der einen sehr engen Spalt durchsetzt hatte, auf eine Kante der Stimmgabel. Dort entstand mit Hilfe einer Linse das Bild des Spaltes. Aus der Bewegung dieses Bildes ergaben sich die Koinzidenzen zwischen den Schwingungen der Stimmgabel und derjenigen des Pendels und daraus die Abweichungen der Stimmgabelfrequenz von der Ganzzahligkeit. Auf diese Weise konnten Zeitbestimmungen bis auf ein Hunderttausendstel ihres Wertes ausgeführt werden.

Der Spiegel wurde von einer Luftturbine angetrieben, die auf seiner Achse befestigt war. Erreichte seine Geschwindigkeit ungefähr 528 Umdrehungen in der Sekunde, so erschien im Beobachtungsfernrohr das Bild des Spaltes S. In dem Augenblick, in dem die stroboskopische Kontrolle die „Resonanz" zwischen Stimmgabel und Spiegel ergab, wurde die sehr kleine Verschiebung des Spaltbildes gemessen. Hierauf wurde dieselbe Messung bei entgegengesetzter Drehung des Spiegels wiederholt und aus beiden Beobachtungen das Mittel genommen.

Bei den endgültigen Meßreihen fand außer dem schon erwähnten achtflächigen Glasspiegel ein ebensolcher aus Stahl Verwendung. Ferner wurden

Glas- und Stahlspiegel mit 12 und ein Glasspiegel mit 16 Flächen benutzt. Die letzteren rotierten entsprechend langsamer. Die Ergebnisse sind in Tabelle 2 wiedergegeben.

Tabelle 2.

Spiegel	Jahr	N	C	Gewicht	
Glas 8	1925	528	299 802	1	} 299 797
Glas 8	1925	528	299 756	1	
Glas 8	1926	528	299 813	3	
Stahl 8	1926	528	299 795	5	299 795
Glas 12	1926	352	299 796	3	299 796
Stahl 12	1926	352	299 796	5	299 796
Glas 16	1926	264	299 803	5	} 299 796
Glas 16	1926	264	299 789	5	
Mittelwert			299 796 $\pm$ 4 km/sec		

N bedeutet die Anzahl der Umdrehungen des Spiegels in der Sekunde. Die letzte Zeile, welche die Messungen mit demselben Spiegel zusammenfaßt, zeigt nicht nur, daß keine systematischen Unterschiede zwischen diesen Meßreihen vorliegen, sondern daß auch eine überraschende Übereinstimmung zwischen diesen Mittelwerten besteht. Auch den älteren Messungen schließt sich der MICHELSONsche Wert sehr gut an. Er kann daher als der wahrscheinlichste Wert für die Lichtgeschwindigkeit im Vakuum gelten.

d) Elektromagnetische Bestimmungen der Lichtgeschwindigkeit.

8. Bestimmungen von c aus dem Verhältnis der elektrostatischen zu den elektromagnetischen Einheiten. Die MAXWELLschen Gleichungen, durch die die elektrischen und magnetischen Feldgrößen miteinander verbunden sind, enthalten eine Konstante c, welche die Dimension einer Geschwindigkeit besitzt. Es ist dies die Geschwindigkeit, mit der sich jede elektromagnetische Störung im materiefreien Raum ausbreitet. Gleichzeitig wird durch c das Verhältnis der elektrostatischen zu der elektromagnetischen Einheit der Elektrizitätsmenge gemessen. Die Tatsache, daß c numerisch mit der Lichtgeschwindigkeit übereinstimmt, ist eine der wichtigsten Stützen der elektromagnetischen Lichttheorie. Umgekehrt eröffnet sich auf Grund dieser Theorie die Möglichkeit, die Lichtgeschwindigkeit c durch rein elektromagnetische Methoden zu bestimmen. Jedes Experiment, in dem gleichzeitig elektrische und magnetische Größen zur Messung kommen, gestattet eine Berechnung von c. In der Praxis[1]) haben sich einige Methoden herausgebildet, bei denen entweder Ladungen, Feldstärken oder Kapazitäten in beiden Maßsystemen ermittelt und miteinander verglichen werden. Bedeutet e eine Ladung, E eine elektrische Feldstärke, C eine Kapazität, und kennzeichnen wir durch die Indizes s und m die Einheiten im statischen bzw. elektromagnetischen System, so ist

$$c = \frac{e_s}{e_m} = \frac{E_m}{E_s} = \sqrt{\frac{C_s}{C_m}}.$$

Zum erstenmal wurde c von KOHLRAUSCH und WEBER[2]) aus dem Quotient e_s/e_m ermittelt. Die Ladung eines Kondensators ist elektrostatisch bestimmt durch das Produkt CV, wenn V das Potential bedeutet. Elektromagnetisch kann sie gemessen werden, wenn man den Entladungsstrom des Kondensators

---

[1]) Vgl. E. B. ROSA u. N. E. DORSEY, Bull. Bureau of Stand. Bd. 3, S. 605. 1907.
[2]) R. KOHLRAUSCH u. W. WEBER, Elektrodyn. Maßbest. Bd. III, S. 221. 1857.

durch die Spule eines ballistischen Galvanometers schickt. Der Ausschlag hängt dann nur von der entladenen Elektrizitätsmenge ab und ist unabhängig von dem Widerstand der Leitung. Von KOHLRAUSCH wurde die Ladung einer Leidener Flasche indirekt durch Beobachtung des Spannungsabfalls bei der Abnahme einer konstanten Elektrizitätsmenge ermittelt, deren Größe mit einer COULOMB-schen Wage gemessen wurde. Der numerische Wert $3,107 \cdot 10^{10}$ cm/sec besitzt wegen zahlreicher Fehlerquellen geringes Gewicht. ROWLAND[1]) benutzte einen Kugelkondensator, dessen Kapazität er aus seinen Abmessungen theoretisch er-mittelte und dessen Potential er mit dem THOMSONschen absoluten Elektrometer maß.

Zu den älteren Messungen gehören ebenfalls diejenigen, bei denen c aus dem Quotient E_m/E_s ermittelt wird[2]). Diese Methode ist zum erstenmal von MAXWELL angewendet worden. Man mißt die Spannung einer Batterie einmal elektrostatisch, mit dem absoluten Elektrometer, einmal elektromagnetisch durch den Strom, welchen sie in einem Leiter von bekanntem Widerstande hervorruft. Die erzielte Genauigkeit ist gering, da die absolute Strommessung Schwierigkeiten bereitet. Erst durch die neueren Messungen[3]) wird c bis auf etwa $1/_{1000}$ seines Wertes sichergestellt.

Die besten Resultate werden durch vergleichende Kapazitätsmessungen erzielt. Diese Methode ist auch insofern die günstigste, als das Verhältnis C_s/C_m einen Wert für c^2 liefert, c also mit der doppelten Genauigkeit zu bestimmen gestattet. Stets wird C_s aus den Abmessungen des Kondensators theoretisch ermittelt. Dagegen sind zur Bestimmung von C_m verschiedene Wege ein-geschlagen worden. Diese Kapazitätsbestimmung wird zurückgeführt auf die Messung eines Widerstandes, welche an die Stelle der absoluten Strom- oder Spannungsmessung der anderen Methoden tritt und weit sicherere Resultate liefert. Die älteren Werte[4]) für c sind ungenau, teils weil die Methode zur Be-stimmung von C_m ungeeignet war, teils weil bei der Berechnung von C_s not-wendige Korrekturen nicht angebracht worden sind. Am besten wird C_m durch eine Nullmethode bestimmt, wozu sich eine Brückenschaltung, wie sie von MAXWELL[5]) angegeben worden ist, ebenso eignet wie das Differentialgalvano-meter. Auf diese Weise ist die Lichtgeschwindigkeit von J. J. THOMSON[6]), KLEMENČIČ[7]), HIMSTEDT[8]), ABRAHAM[9]) und ROSA[10]) gemessen worden.

Schließlich kann C_m aus der Periode $T = 2\pi \sqrt{C_m L_m}$ eines elektromagneti-schen Schwingungskreises von geringem Widerstand ermittelt werden. Es ist demnach eine Zeitbestimmung und die Messung einer Selbstinduktion erforder-

[1]) H. A. ROWLAND, F. H. HALL u. L. B. FLETCHER, Phil. Mag. (5) Bd. 28, S. 304. 1889.

[2]) J. C. MAXWELL, Phil. Trans. Bd. 2, S. 643. 1868; W. THOMSON u. W. F. KING, Rep. Brit. Assoc. 1869, S. 434; Mc. KICHAN, Phil. Mag. (4) Bd. 47, S. 218. 1874; R. SHIDA, ebenda (5) Bd. 10, S. 431. 1880; W. THOMSON, W. E. AYRTON u. J. PERRY, Elektr. Rev. Bd. 23, S. 337. 1888/89; F. EXNER, Wiener Ber. (2) Bd. 86, S. 106. 1886,

[3]) H. PELLAT, Journ. d. Phys. (2) Bd. 10, S. 389. 1891; C. R. Bd. 112, S. 783. 1895; D. HURMUZESKU, ebenda Bd. 121, S. 815. 1895; Ann. chim. phys. (7) Bd. 10, S. 433. 1897; A. PEROT u. CH. FABRY, ebenda (7) Bd. 13, S. 404. 1898.

[4]) W. E. AYRTON u. J. PERRY, Phil. Mag. (5) Bd. 7, S. 277. 1879; HOCKIN, Rep. Brit. Assoc. 1879, S. 285.; A. STOLETOW, Journ. de phys. Bd. 10, S. 468. 1881.

[5]) J. C. MAXWELL, Treatise on Electr. and Magn. sd. ed. Bd. II, § 775. 1881.

[6]) J. J. THOMSON, Phil. Trans. Bd. 174, S. 707. 1883; J. J. THOMSON u. G. F. SEARLE, Phil. Trans. Bd. 181, S. 593. 1890.

[7]) J. KLEMENČIČ, Wiener Ber. Bd. 83, S. 603. 1881; Bd. 89, S. 298. 1884; Bd. 93, S. 470. 1886.

[8]) F. HIMSTEDT, Wied. Ann. Bd. 29, S. 560. 1886; Bd. 33, S. 1. 1888; Bd. 35, S. 126. 1888.

[9]) H. ABRAHAM, Ann. chim. phys. (4) Bd. 27, S. 433. 1892.

[10]) E. B. ROSA, Phil. Mag. Bd. 28, S. 315. 1889.

lich. Besonders für die erstere standen den Beobachtern[1]) nur mangelhafte oszillographische Hilfsmittel zur Verfügung.

Das Beobachtungsmaterial bis 1900 ist von ABRAHAM[2]) kritisch gesichtet worden. In Tabelle 3 sind die Messungen zusammengestellt, welche nach ihm

Tabelle 3.

Beobachter	Ergebnis
HIMSTEDT	$3,0057 \cdot 10^{10}$ cm/sec
ROSA	$3,0000 \cdot 10^{10}$,,
J. J. THOMSON und SEARLE	$2,9960 \cdot 10^{10}$,,
H. ABRAHAM	$2,9913 \cdot 10^{10}$,,
PELLAT	$3,0092 \cdot 10^{10}$,,
HURMUCESCU	$3,0010 \cdot 10^{10}$,,
PEROT und FABRY	$2,9973 \cdot 10^{10}$,,
Mittelwert	$3,0001 \cdot 10^{10}$ cm/sec.

die sichersten Werte geliefert haben. Der Mittelwert gibt die Geschwindigkeit in Luft. Der auf Vakuum umgerechnete Wert $3,0010 \cdot 10^{10}$ cm/sec ist höchstens auf ein Tausendstel seines Wertes genau.

Einen bedeutenden Fortschritt gegenüber diesen Messungen stellt die Neubestimmung von ROSA und DORSEY[3]) dar, welche umfangreiches theoretisches und experimentelles Material enthält. Ihr Endresultat[4])

$$c = 299\,790 \pm 30 \text{ km/sec}$$

ist ebenso bemerkenswert durch die gegen die früheren Messungen auf das Zehnfache gesteigerte Genauigkeit wie durch die wesentliche Annäherung, welche damit an den optischen Wert von c erzielt worden ist.

9. Fortpflanzungsgeschwindigkeit elektromagnetischer Wellen. Da sich jede elektromagnetische Störung im leeren Raum mit der gleichen Geschwindigkeit ausbreitet wie das Licht, so kann die Lichtgeschwindigkeit auch dadurch ermittelt werden, daß man die Fortpflanzungsgeschwindigkeit elektromagnetischer Wellen mißt. Solche Versuche sind bereits kurz, nachdem von HERTZ die Wesensgleichheit der elektrischen mit den Lichtwellen erwiesen worden war, von ihm selbst[5]) und anderen Forschern unternommen worden. Sie sind deswegen bedeutungsvoll, weil sie ein grundlegendes Postulat der elektromagnetischen Lichttheorie beweisen, besitzen jedoch nicht die Genauigkeit, welche den bisher besprochenen Methoden zukommt. Fast alle von ihnen beziehen sich auf die Ausbreitungsgeschwindigkeit der Wellen längs metallischer Drähte.

BLONDLOT[6]) benutzte einen einfachen Schwingungskreis, dessen Selbstinduktion L aus seinen Abmessungen berechnet werden konnte und dessen Kapazität empirisch bestimmt wurde. Es ergab sich so auf Grund der Beziehung $T = 2\pi\sqrt{LC}$ die Periode der Schwingung. Mit Hilfe einer LECHERschen Anordnung wurde die Wellenlänge λ gemessen und schließlich die Lichtgeschwindigkeit aus dem Quotient λ/T berechnet. Das gleiche Prinzip wandten TROWBRIDGE

---

[1]) R. COLLEY, Wied. Ann. Bd. 28, S. 1. 1886; A. WEBSTER, Phys. Rev. Bd. 6, S. 297. 1898; O. LODGE u. R. T. GLAZEBROOK, Stokes Commemoration. S. 136. 1899.

[2]) H. ABRAHAM, Rapports prés au congrès intern. de phys. Bd. 2, S. 247. 1900.

[3]) E. B. ROSA u. N. E. DORSEY, Bull. Bureau of Stand. Bd. 3, S. 433. 1907.

[4]) Das von R. u. D. angegebene Resultat $c = 299\,710$ km/sec wurde später auf Grund einer Neubestimmung des internationalen Ohm von GRÜNEISEN und GIEBE (Ann. d. Phys. Bd. 63, S. 179. 1920) um 80 km/sec vergrößert.

[5]) H. HERTZ, Wied. Ann. Bd. 31, S. 421. 1887; Bd. 34, S. 551. 1888.

[6]) R. BLONDLOT, C. R. Bd. 113, S. 628. 1891.

und DUANE[1]) und SAUNDERS[2]) an. Anstatt T zu berechnen, photographierten sie jedoch den Entladungsfunken mit Hilfe eines rotierenden Spiegels und ermittelten die Periode aus der Rotationsgeschwindigkeit des Spiegels und dem Bild der oszillierenden Entladung. Bei einer zweiten Messung vermied BLONDLOT[3]) die theoretischen Voraussetzungen seines Verfahrens. Abb. 7 zeigt seine

Abb. 7. Schema der Anordnung von BLONDLOT.

Anordnung schematisch. Je eine der beiden Belegungen zweier Kondensatoren C_1 und C_2 besteht aus zwei Teilen. Die beiden anderen Belegungen werden durch ein Induktorium entgegengesetzt aufgeladen. Geht bei F ein Funke über, so entladen sich die beiden ersten Belegungen über die Funkenstrecke F'. Diese Entladungen folgen jedoch in einem zeitlichen Abstand aufeinander, da die erste unmittelbar, die zweite über den 1029 m langen Drahtweg CAF' vor sich geht. Die Entladung bei F' wurde mit Hilfe eines rotierenden Spiegels photographiert. Aus dem Abstand der beiden Bilder und der Rotationsgeschwindigkeit des Spiegels ergab sich die Zeit, in welcher der Impuls den Weg längs des Drahtes zurückgelegt hatte und hieraus seine Geschwindigkeit.

Der einzige, welcher die Ausbreitungsgeschwindigkeit in Luft gemessen hat, ist MACLEAN[4]). Er erzeugte in dem Raum zwischen einem Erreger und einem Planspiegel stehende Wellen, deren Frequenz wiederum aus dem Funkenbild im rotierenden Spiegel, deren Wellenlänge mit Hilfe eines Resonators aus dem Abstand der Schwingungsknoten ermittelt wurde.

Tabelle 4 ist eine Zusammenfassung der Ergebnisse bis 1900, welche von BLONDLOT und GUTTON[5]) vorgenommen worden ist. Die Genauigkeit schwankt

Tabelle 4.

Beobachter	Ergebnis
BLONDLOT (1891)	302200 km/sec
BLONDLOT (1893)	297200 ,,
TROWBRIDGE und DUANE	300300 ,,
MAC LEAN	299100 ,,
C. A. SAUNDERS	299700 ,,

zwischen 1 und $^1/_{10}$% . Die Messung von SAUNDERS, welche dem Wert der Lichtgeschwindigkeit am nächsten kommt, besitzt auch den kleinsten wahrscheinlichen Fehler.

GUTTON[6]) gelang es, die Geschwindigkeit elektromagnetischer Drahtwellen relativ zur Lichtgeschwindigkeit zu messen. Abb. 8 ist ein Schema seiner Anordnung. Das Induktorium I erzeugt mit Hilfe des Teslatransformators T in der Funkenstrecke des Schwingungskreises E einen starken Funken. Die Wellen laufen längs der aus zwei Kupferdrähten bestehenden Leitungen $OABD$ und $OFGHK$ zu den Kondensatoren C_1 und C_2, deren Dielektrikum Schwefelkohlenstoff doppelbrechend wird, sobald die Kondensatoren aufgeladen werden. Das Licht eines Nernststiftes S wird durch einen Nicol polarisiert, durchsetzt

---

[1]) J. TROWBRIDGE u. W. DUANE, Phil. Mag. (5) Bd. 40, S. 211. 1895.
[2]) C. A. SAUNDERS, Phys. Rev. Bd. 4, S. 81. 1897.
[3]) R. BLONDLOT, C. R. Bd. 117, S. 543. 1893.
[4]) G. V. MAC LEAN, Phil. Mag. (5), Bd. 48, S. 115. 1899.
[5]) R. BLONDLOT u. C. GUTTON, Rapports prés. au congrès intern. d. phys. Bd. 2, S. 268, Paris 1900.
[6]) C. GUTTON, C. R. Bd. 152, S. 685 u. 1089. 1911; Journ. de phys. (5) Bd. 2, S. 196. 1912.

die Kondensatoren und den Analysator und wird mit dem Fernrohr L beobachtet. Die Nicols und die Kondensatoren sind gekreuzt. Die Schwingungsebene der Kondensatoren und diejenige der Nicols bilden einen Winkel von 45°. Jedesmal, wenn der Kondensator C_1 aufgeladen wird, tritt Aufhellung des vorher dunklen Gesichtsfeldes ein. Wenn jedoch der zweite Kondensator im gleichen Rhythmus aufgeladen wird, aber stets um so viel später, als das Licht braucht, um den Weg $C_1 C_2$ zurückzulegen, so kompensiert er die Wirkung des Kondensators C_1, und das Gesichtsfeld bleibt dunkel. Dies wird dann der Fall sein, wenn die elektrischen Wellen die Wegdifferenz zwischen OC_1 und OC_2 in derselben Zeit zurücklegen wie das Licht die Strecke $C_1 C_2$. Durch Verschieben des Auszuges GHK wurde auf maximale Auslöschung eingestellt. GUTTON fand die Geschwindigkeit der elektrischen Wellen um mehrere Tausendstel kleiner als diejenige der Lichtwellen[1]).

Die Anordnung eignet sich auch zur relativen Messung der Lichtgeschwindigkeit in dispergierenden Medien. Zu diesem Zwecke wird zwischen C_1 und C_2 ein Rohr mit der betreffenden

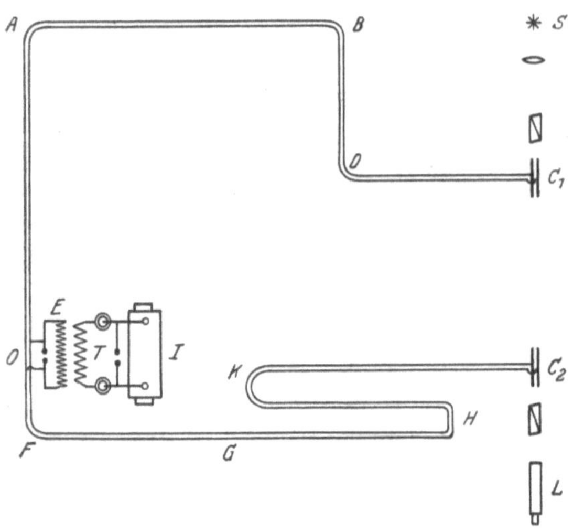

Abb. 8.   Schema der Anordnung von GUTTON.

Flüssigkeit eingeschaltet. Um nun Auslöschung zu erhalten, muß der Drahtweg OC_2 verlängert werden. Aus der Verlängerung ergibt sich das Verhältnis der Geschwindigkeiten in Luft und Flüssigkeit. GUTTON machte Beobachtungen an Wasser, Schwefelkohlenstoff und Monobromnaphthalin. Seine Versuche bestätigten die früheren Ergebnisse von MICHELSON (Ziff. 6).

GUTTONs experimentelle Feststellung, daß sich elektromagnetische Drahtwellen langsamer fortpflanzen als das Licht, stimmt mit den theoretischen Untersuchungen überein, welche sich auf Grund der MAXWELLschen Gleichungen mit dieser Frage beschäftigen[2]). Bei einem einzelnen Draht ist die Verzögerung nur gering und bei mittleren Drahtdicken nicht meßbar. Sie verschwindet bei Annahme unendlich großer Leitfähigkeit. Bei der LECHERschen Anordnung mit zwei parallelen Drähten, welche von den meisten Beobachtern benutzt worden ist, hängt sie außerdem noch von der Entfernung der beiden Drähte ab und erreicht Werte von mehreren hundert Kilometern. Nach MERCIER[3]) ist der theoretische Wert der relativen Verzögerung

$$\frac{v_0 - v}{v_0} = \frac{a}{4R \log \dfrac{D}{R}}. \tag{7}$$

Hierin sind v und v_0 die Fortpflanzungsgeschwindigkeiten im Draht bzw. in dem ihn umgebenden Medium, R der Radius der Drähte, D die Entfernung ihrer

---

[1]) Vgl. auch C. GUTTON, C. R. Bd. 128, S. 1508. 1899.

[2]) J. J. THOMSON, Recent Reseaches in electricity and magnetism. Oxford 1893; A. SOMMERFELD, Ann. d. Phys. Bd. 67, S. 233. 1899; G. MIE, ebenda Bd. 2, S. 201. 1900; M. MERCIER, Ann. de phys. Bd. 20, S. 5. 1923.

[3]) M. MERCIER, l. c.; C. R. Bd. 173, S. 768. 1921; Bd. 174, S. 448. 1922.

Achsen. Schließlich ist $a = (2\pi\mu\sigma\omega)^{-\frac{1}{2}}$, worin μ und σ Permeabilität und Leitfähigkeit des Drahtmaterials, ω die Kreisfrequenz der benutzten Wellen bedeutet. MERCIER gelang es, mit sehr verfeinerten Hilfsmitteln die Gültigkeit dieser Formel experimentell sicherzustellen und mit ihrer Hilfe einen neuen Wert der Lichtgeschwindigkeit zu ermitteln. Da er mit ungedämpften Wellen arbeitete und die bewegliche Brücke der LECHERschen Anordnung in einen sehr empfindlichen Detektorkreis einschaltete, konnten die Abstände der Schwingungsknoten auf Bruchteile von Millimeter gemessen werden.. Mit gleicher Genauigkeit wurde die Frequenz ermittelt, die an eine sehr hohe Oberschwingung eines obertonreichen Röhrensenders und so schließlich indirekt an eine nach stroboskopischer Methode kontrollierte Stimmgabel angeschlossen wurde.

Nach Anbringung der theoretischen Korrektion (7) wurde die Übereinstimmung der Endwerte so groß, daß die Fortpflanzungsgeschwindigkeit der Wellen in Luft $c = 299\,700$ km/sec auf mehr als $^1/_{10\,000}$ sichergestellt ist. Hieraus ergibt sich für die Geschwindigkeit der Wellen im Vakuum der Wert

$$c = 299\,790 \pm 20 \text{ km/sec}.$$

e) Numerische Resultate. Schlußbemerkungen.

10. Zusammenfassung. Eine Übersicht über die besten Bestimmungen der Lichtgeschwindigkeit, die nach den verschiedenen Methoden erzielt worden sind, zeigt, daß die Kenntnis dieser Konstanten bis auf ein Zehntausendstel ihres Wertes sichergestellt ist. Für eine Mittelbildung kommen die astronomischen Methoden nicht mehr in Betracht; der astronomische Wert $c = 299\,674$ km/sec, den WEINBERG[1]) aus einer umfangreichen kritischen Durchsicht des gesamten Zahlenmaterials ableitet, ist höchstens auf ± 300 km/sec genau, fällt also gegenüber den physikalischen Werten nicht ins Gewicht. Von den älteren physikalischen Bestimmungen müssen die Messungen von MICHELSON, NEWCOMB und PERROTIN berücksichtigt werden. Mittelt man die Ergebnisse der einzelnen Beobachter, so ergibt sich:

MICHELSON (1879—1885)	299860 km/sec
NEWCOMB (1882)	299860 ,,
PERROTIN (1900—1902)	299880 ,,
Mittelwert	299870 $\pm$ 30 km/sec

Nehmen wir hierzu noch die jeweils besten Bestimmungen hinzu, welche in neuerer Zeit nach den verschiedenen Methoden erzielt worden sind, so erhalten wir folgende Zusammenstellung:

Tabelle 5.

Beobachter	Methode	Ergebnis	m. F.	Gew.
Ältere physikalische Messungen (1879—1902)	FIZEAU u. FOUCAULT	299870	30	1
MICHELSON (1925—1926)	FOUCAULT	299796	4	4
ROSA und DORSEY (1907)	elektr. Einh.	299790	30	2
MERCIER (1922)	elektr. Drahtw.	299790	20	3
	Mittelwert:	= 299800 $\pm$ 20 km/sec		

Demnach beträgt der wahrscheinlichste Wert für die Lichtgeschwindigkeit im Vakuum:

$$c = 2,9980 \pm 0,0002 \cdot 10^{10} \text{ cm/sec}.$$

Diese Zahl ist unabhängig von Intensität, Wellenlänge und Bewegungszustand der Lichtquelle. Die erste Aussage ist durch sehr empfindliche Interferenz-

---

[1]) B. WEINBERG, Wied. Beibl. Bd. 27, S. 541. 1903.

versuche bewiesen worden[1]). Die zweite lautet in anderer Fassung, daß der leere Raum keine Dispersion besitzt. Diese Behauptung, eine theoretische Forderung der Maxwellschen Elektrodynamik, ist für den Bereich der Lichtwellen durch astronomische Beobachtungen sichergestellt worden, da sonst an veränderlichen astronomischen Objekten Farbenerscheinungen wahrgenommen werden müßten. Sie gilt aber auch noch mit größter Annäherung in Luft.

Die dritte Aussage ist ebenfalls durch astronomische Beobachtungen sichergestellt worden. de Sitter[2]) und Zurhellen[3]) haben gezeigt, daß sich eine Abhängigkeit der Lichtgeschwindigkeit vom Bewegungszustand der Lichtquelle durch Beobachtungen an Doppelsternen nachweisen lassen müßte. Es führt jedoch schon die Annahme, daß sich die Geschwindigkeit der Lichtquelle zu einem Millionstel auf diejenige des emittierten Lichtes überträgt, zu Widersprüchen mit der Erfahrung. Hierdurch wird die ballistische Hypothese von Ritz[4]) widerlegt, nach der sich die beiden Geschwindigkeiten vektoriell addieren sollten und die Vorstellung einer undulatorischen Ausbreitung der strahlenden Energie bestätigt. Neuerdings sind von la Rosa[5]) Einwände gegen die Beweiskraft der astronomischen Beobachtungen erhoben worden, welche jedoch von anderer Seite[6]) her widerlegt werden konnten. Außerdem gelang es Majorana[7]), durch eine Anordnung, bei der ein mit einer Geschwindigkeit von 90 m/sec auf der Peripherie eines Rades rotierender Quecksilberbogen beobachtet wurde, nachzuweisen, daß auch bei irdischen Lichtquellen die Geschwindigkeit des Lichtes unabhängig vom Bewegungszustand der Lichtquelle ist.

11. Lichtgeschwindigkeit in bewegten Medien[8]). Daß die Lichtgeschwindigkeit vom Bewegungszustand des durchstrahlten Mediums abhängt, ist bereits

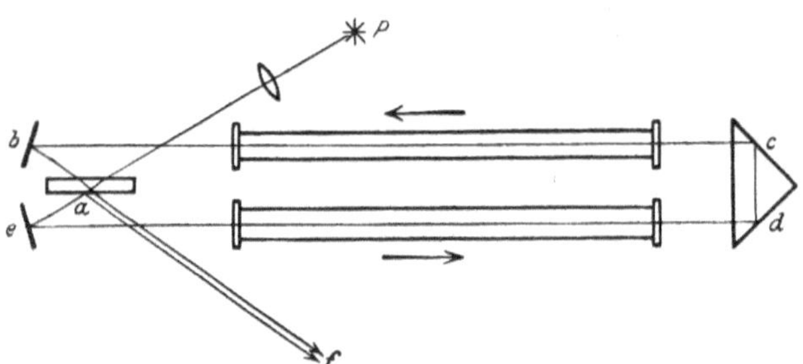

Abb. 9. Anordnung zur Messung der Lichtgeschwindigkeit in bewegten Medien.

von Fizeau[9]) nachgewiesen und später von Michelson und Morley[10]) und Zeemann[11]) mit einer im wesentlichen gleichen Apparatur bestätigt worden. Die Anordnung von Zeemann ist in Abb. 9 wiedergegeben. Ein Lichtstrahl, welcher

[1]) Th. E. Doubt, Phys. ZS. Bd. 5, S. 457. 1904; Phys. Rev. Bd. 18, S. 129. 1904.
[2]) W. de Sitter, Phys. ZS. Bd. 14, S. 429. 1913.
[3]) W. Zurhellen, Astron. Nachr. Bd. 198, S. 1. 1914.
[4]) W. Ritz, Ann. chim. phys. Bd. 13, S. 145. 1908.
[5]) M. la Rosa, ZS. f. Phys. Bd. 21, S. 333. 1924; Bd. 34, S. 698. 1925.
[6]) W. de Sitter, Bull. Astron. Inst. Netherl. Bd. 2,' S. 121 u. 163. 1924; H. Thirring, ZS. f. Phys. Bd. 31, S. 133. 1925; W. E. Bernheimer, ebenda Bd. 36, S. 302. 1926.
[7]) Qu. Majorana, Phys. Rev. Bd. 11, S. 411. 1918; C. R. Bd. 165, S. 424. 1917; Bd. 167, S. 71. 1918.
[8]) Einer ausführlichen Darstellung dieses Gegenstandes ist der Abschnitt „Elektrodynamik bewegter Körper" von H. Thirring (ds. Handb. Bd. XII, S. 245) gewidmet.
[9]) H. Fizeau, C. R. Bd. 33, S. 349. 1851; Pogg. Ann. Erg.-Bd. 3, S. 457. 1853.
[10]) A. A. Michelson u. E. W. Morley, Sill. Journ. (3) Bd. 31, S. 377. 1886.
[11]) P. Zeemann, Proc. Amsterdam Bd. 17, S. 445. 1914; Bd. 18, S. 398, 711 u. 1240. 1916; Bd. 19, S. 125. 1917.

von der Lichtquelle P ausgeht, trifft bei a auf eine halbversilberte Glasplatte und wird in zwei Bündel zerlegt, welche die gleichen Wege $abcdea$ in entgegengesetzter Richtung durchlaufen und nach ihrer Wiedervereinigung zu Interferenzstreifen Anlaß geben, die bei f zur Beobachtung kommen. In dem Strahlengang sind zwei Röhren eingeschaltet, die in entgegengesetzter Richtung von Wasser durchströmt werden, so daß der eine der beiden Strahlen beide Röhren in der gleichen, der andere in der entgegengesetzten Richtung wie das Wasser durchsetzt. Aus der Streifenverschiebung, die bei Veränderung der Geschwindigkeit des Wassers eintritt, ergibt sich, daß die Phasengeschwindigkeit des Lichtes vergrößert oder verkleinert wird, je nachdem seine Fortpflanzungsrichtung derjenigen des fließenden Wassers gleich oder entgegengesetzt ist. Setzen wir die resultierende Geschwindigkeit

$$v' = \frac{c}{n} + k v_0,\tag{8}$$

worin n den Brechungsexponenten und v_0 die Geschwindigkeit des Wassers bedeutet, so wird k als Mitführungskoeffizient bezeichnet. Um über k theoretische Voraussagen machen zu können, müssen irgendwelche Hypothesen über das Verhalten des Äthers im bewegten Medium zugrunde gelegt werden. Von diesen sind die wichtigsten diejenigen von FRESNEL und LORENTZ. FRESNEL nahm an, daß der Äther in dem betreffenden Medium eine Verdichtung im Verhältnis $1/n^2$ erfährt, die von dem Medium mitgeführt wird. Diese Vorstellung birgt gewisse Schwierigkeiten insofern, als in dispergierenden Medien die Verdichtung eine Abhängigkeit von der Farbe zeigen müßte. Auf Grund seiner Vorstellungen kam er zu dem Ergebnis, daß

$$k = 1 - \frac{1}{n^2}\tag{9 a}$$

zu setzen ist, das Medium das Licht also teilweise mitführt. LORENTZ, welcher einen absolut ruhenden Äther zugrunde legte, berechnete

$$k = 1 - \frac{1}{n^2} - \frac{\lambda}{n}\frac{dn}{d\lambda},\tag{9 b}$$

was sich nur durch einen Dispersionsterm von dem FRESNELschen Ausdruck unterscheidet. Die Mitführung der Phasengeschwindigkeit wird bei LORENTZ durch die Einwirkung der schwingungsfähigen Elektronen des Mediums bewirkt, während der Äther an der Bewegung nicht teilnimmt. Die Experimente von ZEEMANN haben die LORENTZsche Formel bestätigt.

Auf Grund der Formeln (8) und (9) kann die Theorie der Aberration (Ziff. 4) eine Ergänzung erfahren. Die Messung der Aberration ist von AIRY[1]) dadurch modifiziert worden, daß er das Beobachtungsfernrohr mit Wasser füllte. Da die Geschwindigkeit des Lichtes in Wasser kleiner ist als in Luft, wäre zunächst eine Vergrößerung der Aberration zu erwarten. Es zeigt sich jedoch, daß die Aberrationskonstante den gleichen Wert behält. Sowohl die FRESNELsche wie auch die LORENTZsche Theorie geben hierfür eine Erklärung, da nämlich bei der Annahme eines Mitführungskoeffizienten von der Gestalt (9) der Einfluß der größeren optischen Dichte durch die Größe der Mitführung gerade aufgehoben wird.

Demnach führt die Erklärung der Aberration nach LORENTZ zu der Annahme eines absolut ruhenden Äthers, zu dem die Erde eine relative Geschwindigkeit

---

[1]) G. B. AIRY, Proc. Roy. Soc. London Bd. 20, S. 35. 1871; Bd. 21, S. 121. 1873; Phil. Mag. (4) Bd. 43, S. 310. 1872.

besitzt, die eine jährliche Veränderung von 60 km/sec erfährt. Diese Geschwindigkeit kann darum nicht im Laufe eines ganzen Jahres Null sein, sondern muß selbst
im ungünstigsten Falle zweimal im Jahre eine Größe von wenigstens 30 km/sec
erreichen. Da nach wellentheoretischen Vorstellungen die Geschwindigkeit
des Trägers der Wellenbewegung sich zu derjenigen der Bewegung addiert,
müßte die relative Bewegung der Erde gegen den Äther nachweisbar sein. Alle
in dieser Richtung gehenden Versuche haben jedoch ergeben, daß die Lichtgeschwindigkeit unabhängig von Größe und Richtung der Translationsbewegung
der Erde stets den gleichen Wert hat. Eine gleichförmige Translationsbewegung
gegen einen als ruhend gedachten Äther besitzt demnach keine physikalische
Realität. War schon vorher gezeigt (Ziff. 10), daß die Lichtgeschwindigkeit
unabhängig von der Bewegung der Lichtquelle ist, so folgt nun, daß in allen
gleichförmig gegeneinander bewegten Systemen die Lichtgeschwindigkeit denselben Wert besitzt. Diese empirische Feststellung bildet die Grundlage der
speziellen Relativitätstheorie. Der Äther verliert damit seine Bedeutung als
absolutes Bezugssystem. An seiner Stelle dringt als absolutes Element die
Konstante c nun auch in die Mechanik ein und gewinnt die Bedeutung einer
universellen Naturkonstanten.

Kapitel 28.

Besondere Meßmethoden: Elliptisch polarisiertes Licht, teilweise polarisiertes Licht.

Von

G. Szivessy, Münster i. W.

Mit 12 Abbildungen.

a) Allgemeines über elliptisch polarisiertes Licht.

1. Schwingungsbahn einer polarisierten Lichtwelle. Bei einer polarisierten Lichtwelle bleibt die Kurve, welche der Endpunkt des von einem beliebigen Punkte aus aufgetragenen Lichtvektors beschreibt, zeitlich unverändert; sie heißt die Schwingungsbahn der Lichtwelle und ist im allgemeinsten Falle eine Ellipse, in speziellen Fällen ein Kreis oder eine Gerade. Eine polarisierte Welle verhält sich daher im allgemeinen rings um ihre Normale ungleichmäßig.

Zur analytischen Darstellung der Schwingungsbahn einer ebenen, monochromatischen, polarisierten Welle nehmen wir ein rechtwinkliges Rechtssystem, dessen positive z-Achse mit der Wellennormale zusammenfällt. Ist ν die Frequenz (somit $T = \dfrac{2\pi}{\nu}$ die Periode) der Welle, so lassen sich die nach den Koordinatenachsen genommenen Komponenten des Lichtvektors $\mathfrak{D}$ in folgender Form darstellen:

$$\mathfrak{D}_x = a \cos(\nu t - \alpha), \qquad \mathfrak{D}_y = b \cos(\nu t - \beta), \qquad \mathfrak{D}_z = 0; \qquad (1)$$

hierin sind a, b, α, β von der Zeit t unabhängige Größen. a bzw. b heißt die Amplitude, α bzw. β die Phasenkonstante der betreffenden Komponente. Die Differenz $\delta = \beta - \alpha$ bezeichnet man als die Phasendifferenz zwischen den Komponenten $\mathfrak{D}_x$ und $\mathfrak{D}_y$.

Ist q die Geschwindigkeit der monochromatischen Welle, so besitzt diese die Wellenlänge $\lambda = \dfrac{2\pi}{\nu} q$.

Zuweilen ist es vorteilhafter, an Stelle der Phasendifferenz δ den Ausdruck $g = \dfrac{\delta \lambda}{2\pi}$ zu benutzen; er heißt der Gangunterschied der Komponenten $\mathfrak{D}_x$ und $\mathfrak{D}_y$.

Wird der Lichtvektor vom Koordinatenanfangspunkt aus aufgetragen, so sind $\mathfrak{D}_x$, $\mathfrak{D}_y$, $\mathfrak{D}_z$ die laufenden Koordinaten eines Punktes der Schwingungsbahn; die Gleichung derselben ergibt sich aus (1) durch Elimination von t zu

$$\frac{\mathfrak{D}_x^2}{a^2} + \frac{\mathfrak{D}_y^2}{b^2} - 2 \frac{\mathfrak{D}_x}{a} \frac{\mathfrak{D}_y}{b} \cos\delta - \sin^2\delta = 0, \qquad \mathfrak{D}_z = 0. \qquad (2)$$

Dies ist die Gleichung einer in der xy-Ebene liegenden Ellipse, die einem Rechteck mit den Seiten $2a$ (parallel der x-Achse) und $2b$ (parallel der y-Achse) einbeschrieben ist; man nennt daher die Welle **elliptisch polarisiert**.

Die Ellipsenfläche wird vom Lichtvektor während einer Schwingungsdauer T beschrieben; ist df das im Zeitelement dt bestrichene Flächenelement, so hat man für die Flächengeschwindigkeit

$$\frac{df}{dt} = \frac{1}{2}\left(\mathfrak{D}_x \frac{d\mathfrak{D}_y}{dt} - \mathfrak{D}_y \frac{d\mathfrak{D}_x}{dt}\right) = \frac{1}{2}\nu a b \sin\delta. \tag{3}$$

Die Flächengeschwindigkeit ist positiv oder negativ, je nachdem die mit der Richtung der positiven z-Achse zusammenfallende Wellennormale in positivem oder negativem Sinne umlaufen wird; im ersteren Falle spricht man von **linkselliptischer**, im letzteren von **rechtselliptischer** Polarisation. Da a und b stets positiv zu nehmen sind, so folgt aus (3), daß die Welle rechts- oder linkselliptisch polarisiert ist, je nachdem $\sin\delta$ negativ oder positiv ist.

Die Lage der Schwingungsellipse ist bestimmt durch ihr Azimut, d. h. durch den Winkel $\varphi\left(-\dfrac{\pi}{2} \leq \varphi \leq +\dfrac{\pi}{2}\right)$ zwischen einer Ellipsenachse und der positiven x-Achse; ihre Gestalt ergibt sich aus der **Elliptizität**, d. h. aus dem Verhältnis

$$\frac{\eta}{\xi} = \operatorname{tg}\psi\left(0 \leq \psi \leq \frac{\pi}{2}\right) \tag{4}$$

der Ellipsenhalbachsen ξ und η. Setzt man zur Abkürzung für das Amplitudenverhältnis

$$\frac{b}{a} = \operatorname{tg}\gamma\left(0 \leq \gamma \leq \frac{\pi}{2}\right), \tag{5}$$

so folgt[1]) aus (2)

$$\operatorname{tg}2\varphi = \operatorname{tg}2\gamma \cos\delta, \tag{6}$$

$$\sin 2\psi = \mp \sin 2\gamma \sin\delta. \tag{7}$$

Aus (6) und (7) ergibt sich

$$\operatorname{tg}\delta = \mp \frac{\operatorname{tg}2\psi}{\sin 2\varphi}, \tag{8}$$

$$\cos 2\gamma = \cos 2\psi \cos 2\varphi. \tag{9}$$

In (7) und (8) gilt das obere oder untere Vorzeichen, je nachdem die Welle rechts- oder linkselliptisch polarisiert ist.

(6) und (7) ermöglichen die Berechnung des Azimuts und der Elliptizität der Schwingungsellipse, falls Amplitudenverhältnis und Phasendifferenz der Komponenten gegeben sind.

Ist umgekehrt eine elliptische Schwingungsbahn gegeben, so kann man dieselbe auf unendlich viele Arten nach zwei zueinander senkrechten Achsen in Komponenten zerlegen; Phasendifferenz und Amplitudenverhältnis der Komponenten ändern sich mit der Lage des Achsenkreuzes und bestimmen sich aus (8) und (9).

2. Spezielle Fälle bei elliptisch polarisierten Wellen. Bezüglich der Phasendifferenz δ und des Amplitudenverhältnisses $\operatorname{tg}\gamma$ sind die folgenden speziellen Fälle hervorzuheben:

α). $\delta = \dfrac{2k+1}{2}\pi\,(k = 0, 1, 2, \ldots)$. Die halben Ellipsenachsen werden nach (2) $\xi = a$, $\eta = b$ und fallen nach (6) in die Richtungen der Koordinatenachsen. Die

---

[1]) H. de Sénarmont, Ann. chim. phys. (2) Bd. 73, S. 345. 1840.

Welle ist rechts- oder linkselliptisch polarisiert, je nachdem k ungerade oder gerade ist.

β) $\mathrm{tg}\,\gamma = 1$ $(a = b)$, δ beliebig. Aus (6) folgt in diesem Falle $\varphi = \pm\frac{\pi}{4}$, d. h. die Ellipsenachsen fallen in die Winkelhalbierenden der Koordinatenachsen. Ferner ergibt sich aus (7) die Elliptizität zu

$$\mathrm{tg}\,\psi = \mp\,\mathrm{tg}\,\frac{\delta}{2}\,. \tag{10}$$

γ) $\delta = \dfrac{2k+1}{2}\pi\,(k = 0, 1, 2, \ldots)$ und $\mathrm{tg}\,\gamma = 1\,(a = b)$. Die Ellipse wird nach (2) zum Kreis, φ bleibt gemäß (6) unbestimmt; die Welle heißt dann zirkular polarisiert, und zwar rechts- oder linkszirkular, je nachdem k ungerade oder gerade ist.

δ) $\delta = k\pi\,(k = 0, 1, 2, \ldots)$. Die Ellipse geht, wie aus (2) folgt, in eine Gerade über; die Welle heißt dann linear polarisiert. Der Winkel φ zwischen der Geraden und der positiven x-Achse bestimmt sich aus (2) und nach (5) zu

$$\mathrm{tg}\,\varphi = \pm\,\mathrm{tg}\,\gamma = \pm\frac{b}{a}\,, \tag{11}$$

wobei das obere oder untere Vorzeichen gilt, je nachdem k gerade oder ungerade ist. Die Gleichungen (1) für die Komponenten des Lichtvektors nehmen bei der linear polarisierten Welle die Form an

$$\mathfrak{D}_x = a\cos(\nu t - \alpha), \qquad \mathfrak{D}_y = \pm\, b\cos(\nu t - \alpha), \qquad \mathfrak{D}_z = 0,$$

oder, falls man das Koordinatensystem so transformiert, daß die x-Achse in die durch (11) bestimmte Richtung fällt:

$$\mathfrak{D}_x = a\cos(\nu t - \alpha), \qquad \mathfrak{D}_y = \mathfrak{D}_z = 0. \tag{12}$$

Man bezeichnet allgemein die Richtung des Lichtvektors als Schwingungsrichtung, eine parallel zum Lichtvektor und zur Wellennormale gelegte Ebene als Schwingungsebene der Welle. Linear polarisierte Wellen mit senkrecht zueinander stehenden Schwingungsebenen nennt man zueinander senkrecht polarisiert, solche mit parallelen Schwingungsebenen parallel polarisiert. Der Winkel, den die Schwingungsrichtung mit einer im Raume festen Richtung bildet, heißt das Azimut der Schwingungsrichtung gegen diese feste Richtung; entsprechend heißt der Winkel, den die Schwingungsebene mit einer im Raume festen Ebene bildet, das Azimut der Schwingungsebene gegen die feste Ebene. Der durch (11) definierte Winkel φ ergibt somit das Azimut der Schwingungsrichtung der linear polarisierten Welle gegen die positive x-Achse bzw. das Azimut ihrer Schwingungsebene gegen die xz-Ebene.

3. Intensität einer elliptisch polarisierten Welle. Die Intensität einer monochromatischen Lichtwelle ist gleich dem zeitlichen Mittelwert des Quadrates des Lichtvektors $\mathfrak{D}$, erstreckt über ein Zeitintervall Δt, das zwar nur den Bruchteil einer Sekunde beträgt, aber doch groß bleibt im Vergleiche zu T; ist daher $\Delta t = mT + \zeta$, wobei m eine große positive Zahl und ζ/T ein echter Bruch ist, so haben wir

$$J = \frac{1}{\Delta t}\int\limits_0^{\Delta t} \mathfrak{D}^2\, dt = \frac{1}{T}\int\limits_0^{T} \mathfrak{D}^2\, dt, \tag{13}$$

und zwar gilt diese Beziehung mit um so größerer Annäherung, je kleiner der absolute Betrag von ζ im Vergleiche zu T ist.

Für eine ebene, linear polarisierte, monochromatische Welle von der Frequenz ν, deren Lichtvektorkomponenten durch (12) dargestellt sind, wird

$$J = \frac{a^2}{2}\,. \tag{14}$$

Wir betrachten zwei ebene, linear polarisierte, monochromatische Wellen gleicher Frequenz, die sich in gleicher Richtung fortpflanzen und parallel polarisiert sind. Fällt die gemeinsame Schwingungsrichtung in die x-Achse, so besitzen die Lichtvektoren $\mathfrak{D}_1$, $\mathfrak{D}_2$ der beiden Wellen die Komponenten

$$\mathfrak{D}_{1x} = a_1 \cos(vt - \alpha_1), \quad \mathfrak{D}_{1y} = \mathfrak{D}_{1z} = 0; \quad \mathfrak{D}_{2x} = a_2 \cos(vt - \alpha_2), \quad \mathfrak{D}_{2y} = \mathfrak{D}_{2z} = 0.$$

Die beiden Wellen superponieren sich zu einer einzigen Welle, deren Lichtvektor $\mathfrak{D}$ die Komponenten

$$\mathfrak{D}_x = \mathfrak{D}_{1x} + \mathfrak{D}_{2x} = a_1 \cos(vt - \alpha_1) + a_2 \cos(vt - \alpha_2), \qquad \mathfrak{D}_y = \mathfrak{D}_{1y} + \mathfrak{D}_{2y} = 0,$$
$$\mathfrak{D}_z = \mathfrak{D}_{1z} + \mathfrak{D}_{2z} = 0$$

hat und welche nach (13) die Intensität

$$J = \tfrac{1}{2}(a_1^2 + a_2^2 + 2 a_1 a_2 \cos(\alpha_2 - \alpha_1)) \tag{15}$$

besitzt. Letztere hängt somit von der Phasendifferenz $\alpha_2 - \alpha_1$ der beiden parallel polarisierten Wellen ab; hierin drückt sich die Eigenschaft parallel polarisierter Wellen aus, miteinander zu interferieren.

Hat man dagegen zwei ebene, senkrecht zueinander polarisierte, monochromatische Wellen gleicher Frequenz, deren Lichtvektoren $\mathfrak{D}_1$, $\mathfrak{D}_2$ die Komponenten

$$\mathfrak{D}_{1x} = a \cos(vt - \alpha), \quad \mathfrak{D}_{1y} = \mathfrak{D}_{1z} = 0; \quad \mathfrak{D}_{2x} = 0, \quad \mathfrak{D}_{2y} = b \cos(vt - \beta), \quad \mathfrak{D}_{2z} = 0$$

besitzen, so setzen sie sich (Ziff. 1) zu einer elliptisch polarisierten Welle mit den Komponenten

$$\mathfrak{D}_x = \mathfrak{D}_{1x} + \mathfrak{D}_{2x} = a \cos(vt - \alpha), \quad \mathfrak{D}_y = \mathfrak{D}_{1y} + \mathfrak{D}_{2y} = b \cos(vt - \beta), \left.\vphantom{\begin{matrix}1\\1\end{matrix}}\right\}$$
$$\mathfrak{D}_z = \mathfrak{D}_{1z} + \mathfrak{D}_{2z} = 0 \tag{16}$$

zusammen, deren Intensität nach (13)

$$J = \tfrac{1}{2}(a^2 + b^2) \tag{17}$$

beträgt; da diese somit unabhängig von der Phasendifferenz $\delta = \beta - \alpha$ der Komponenten ist, so kann sie auch geschrieben werden

$$J = \tfrac{1}{2}(\xi^2 + \eta^2) \tag{18}$$

Die durch (17) bzw. (18) ausgedrückte Unabhängigkeit der Intensität von der Phasendifferenz bedingt, daß senkrecht zueinander polarisierte Wellen nicht interferieren.

Die durch (16) dargestellte elliptisch polarisierte Welle falle auf eine linear polarisierende Vorrichtung, etwa ein Nikol, dessen Schwingungsebene das Azimut σ gegen die xz-Ebene besitzt. Sieht man von den Schwächungen ab, die durch Absorption, sowie durch Reflexion an den Grenzflächen des Nikol auftreten, so besitzt der Lichtvektor der aus dem Nikol austretenden linear polarisierten Welle den Betrag

$$\mathfrak{D}_x \cos\sigma + \mathfrak{D}_y \sin\sigma = a \cos\sigma \cos(vt - \alpha) + b \sin\sigma \cos(vt - \beta); \tag{19}$$

die Intensität dieser Welle ist nach (15)

$$J = \tfrac{1}{2}(a^2 \cos^2\sigma + b^2 \sin^2\sigma + a b \sin 2\sigma \cos(\beta - \alpha)), \tag{20}$$

oder

$$J = \tfrac{1}{2}(\xi^2 \cos^2\varphi + \eta^2 \sin^2\varphi), \tag{21}$$

wobei jetzt φ das Azimut der Schwingungsellipse gegen die Schwingungsrichtung des Analysators bedeutet.

Aus (21) folgt, daß die Intensität der aus dem Nikol austretenden Welle den größten, bzw. kleinsten Wert hat, wenn die Schwingungsrichtung des Nikol parallel bzw. senkrecht zur großen Ellipsenachse liegt.

Ist die auf den Nikol fallende Welle zirkular polarisiert

$$\left(\beta - \alpha = \frac{2k+1}{2}\,\pi,\; a = b\right),$$

so hat die Intensität der austretenden linear polarisierten Welle bei jedem Azimut σ denselben Wert $a^2/2$.

Ist die auffallende Welle linear polarisiert ($\beta - \alpha = k\pi$), so hat sie nach dem Austritt aus dem Nikol die Intensität

$$J = \tfrac{1}{2}(a\cos\sigma \pm b\sin\sigma)^2, \tag{22}$$

wobei das obere oder untere Vorzeichen gilt, je nachdem k gerade oder ungerade ist. Aus (22) und (11) folgt, daß J seinen größten Wert $\dfrac{a^2 + b^2}{2}$ bzw. kleinsten Wert o erreicht, wenn die Schwingungsrichtung des Nikol parallel bzw. senkrecht zur Schwingungsrichtung der auffallenden linear polarisierten Welle liegt.

4. Durchgang einer linear polarisierten Welle durch eine doppelbrechende Platte. Die gebräuchlichste Methode zur Herstellung elliptisch polarisierten Lichtes besteht darin, daß man eine ebene, monochromatische, linear polarisierte Welle durch eine doppelbrechende, planparallele Kristallplatte gehen läßt. Am einfachsten werden die Verhältnisse, wenn die auffallende linear polarisierte Welle die planparallele Kristallplatte s e n k r e c h t durchsetzt. Fällt die Normale der auffallenden Welle mit keiner Binormalenrichtung des Kristalls zusammen, so entstehen im Inneren desselben zwei linear und senkrecht zueinander polarisierte Wellen, die sich mit verschiedenen Geschwindigkeiten fortpflanzen[1]); die Schwingungsrichtungen dieser beiden Wellen hängen ab von den optischen Konstanten des Kristalls, sowie von den Winkeln, welche die Normale der auffallenden Welle mit seinen Binormalen bildet. Nach dem Austritt in das isotrope Außenmedium setzen sich die beiden senkrecht zueinander polarisierten Wellen wieder zu einer einzigen Welle zusammen, die (Ziff. 1) im allgemeinen elliptisch polarisiert ist.

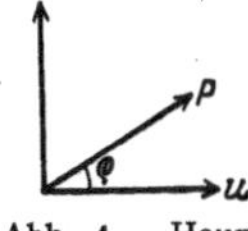

Abb. 1. Hauptschwingungsrichtungen u und v einer Kristallplatte; P Schwingungsrichtung der auffallenden Welle.

u und v seien die Schwingungsrichtungen der in der Kristallplatte fortgepflanzten, senkrecht zueinander polarisierten Wellen (Abb. 1); man bezeichnet dieselben auch als die H a u p t schwingungsrichtungen der Kristallplatte. Ist P die Schwingungsrichtung der senkrecht auf die Kristallplatte fallenden ebenen, linear polarisierten, monochromatischen Welle von der Frequenz ν, so besitzt deren Lichtvektor nach (12) einen Betrag von der Form

$$\mathfrak{D}_P = a\cos(\nu t - \varepsilon).$$

Die beiden im Kristall fortgepflanzten zueinander senkrecht polarisierten Wellen bestimmen sich durch die Hauptkomponenten, d. h. die nach den Hauptschwingungsrichtungen genommenen Komponenten von $\mathfrak{D}$; bedeutet

$$\varrho\left(-\frac{\pi}{2} \leqq \varrho \leqq +\frac{\pi}{2}\right),$$

---

[1]) Vgl. hierzu die Ausführungen über Kristalloptik in Bd. XX dieses Handbuches.

das Azimut von P gegen die eine Hauptschwingungsrichtung u, so ist

$$\mathfrak{D}_u = a \cos\varrho \, \cos(\nu t - \alpha), \qquad \mathfrak{D}_v = a \sin\varrho \, \cos(\nu t - \beta), \tag{23}$$

falls von den Schwächungen abgesehen wird, die durch Reflexion an den Begrenzungsflächen der Kristallplatte, sowie durch Absorption hervorgerufen werden[1]).

Für $\varrho = 0$ wird $\mathfrak{D}_u = a \cos(\nu t - \alpha)$, $\mathfrak{D}_v = 0$; für $\varrho = \pi/2$ dagegen $\mathfrak{D}_u = 0$, $\mathfrak{D}_v = a \cos(\nu t - \beta)$. **Der Polarisationszustand der auffallenden linear polarisierten Welle wird also durch die Kristallplatte nicht geändert, falls ihre Schwingungsrichtung mit einer der beiden Hauptschwingungsrichtungen des Kristalls zusammenfällt.**

Die Phasendifferenz $\delta = \beta - \alpha$ der beiden senkrecht zueinander polarisierten Wellen beträgt nach deren Austritt aus der Kristallplatte

$$\delta = \nu\left(\frac{d}{q_v} - \frac{d}{q_u}\right) = 2\pi \frac{d}{\lambda}(n_v - n_u). \tag{24}$$

Hierbei bedeutet d die Dicke der Kristallplatte, λ die (der Frequenz ν der auffallenden Welle entsprechende) Wellenlänge im Außenmedium (Luft); q_u und q_v sind die Geschwindigkeiten der beiden Wellen im Kristall, n_u und n_v seine Brechungsindizes in bezug auf das Außenmedium bei senkrecht auffallender Welle.

Die von der Frequenz abhängige Differenz der Brechungsindizes $n_v - n_u$ gibt ein Maß für die Stärke der Doppelbrechung der Kristallplatte. $\dfrac{\partial(n_v - n_u)}{\partial \nu}$ heißt die **Dispersion der Doppelbrechung**.

Aus (23) und (24) folgt, daß durch Änderung des Azimuts ϱ und der Plattendicke d das Amplitudenverhältnis sowie die Phasendifferenz der beiden senkrecht zueinander polarisierten Wellen beliebig geändert werden können. Man ist somit durch Variieren von ϱ und d in der Lage, Azimut und Elliptizität der Schwingungsellipse der aus der Kristallplatte austretenden Welle beliebig zu gestalten. Die folgenden speziellen Fälle sind wieder von Wichtigkeit (vgl. Ziff. 2):

α) $\delta = \dfrac{2k+1}{2}\pi\,(k = 0, 1, 2, \ldots)$. Die halben Ellipsenachsen sind $\xi = a \cos\varrho$, $\eta = a \sin\varrho$; sie fallen in die Hauptschwingungsrichtungen der Kristallplatte.

β) $\varrho = \dfrac{\pi}{4}$, δ beliebig. Die Ellipsenachsen liegen parallel bzw. senkrecht zur Schwingungsrichtung P der auffallenden Welle; die Elliptizität bestimmt sich aus δ nach (10).

γ) $\delta = \dfrac{2k+1}{2}\pi\,(k = 0, 1, 2, \ldots)$ und $\varrho = \dfrac{\pi}{4}$; die aus der Kristallplatte austretende Welle ist zirkular polarisiert. Besitzt eine Kristallplatte eine solche Dicke d, daß (für eine bestimmte Frequenz) $\delta = \dfrac{\pi}{2}$ ist, so heißt sie ein **Viertelwellenlängenblättchen** ($\lambda/4$-Blättchen) für diese Frequenz, da bei ihr der Gangunterschied (Ziff. 1) $\lambda/4$ beträgt.

δ) $\delta = k\pi\,(k = 0, 1, 2, \ldots)$; die aus der Kristallplatte austretende Welle ist linear polarisiert, das Azimut ihrer Schwingungsrichtung gegen die Hauptschwingungsrichtung u beträgt nach (11) $\pm \varrho$, wobei das obere oder untere Vorzeichen gilt, je nachdem k gerade oder ungerade ist. Bei geradem k fällt somit die Schwingungsrichtung der austretenden Welle mit der Schwingungsrichtung der auffallenden Welle zusammen, die Welle bleibt also beim Durchgang durch

---

[1]) Über die aus dieser Einschränkung entspringenden, in den meisten Fällen zu vernachlässigenden Fehler vgl. M. Berek, Ann. d. Phys. Bd. 58, S. 165. 1919.

die Kristallplatte ungeändert; bei ungeradem k liegen die Schwingungsrichtungen der auffallenden und der austretenden Welle symmetrisch zu den Hauptschwingungsrichtungen der Kristallplatte. Ist insbesondere k ungerade und $\varrho = \dfrac{\pi}{4}$, so steht die Schwingungsrichtung der austretenden Welle senkrecht zur Schwingungsrichtung der auffallenden Welle. Eine Kristallplatte von solcher Dicke d, daß (für eine bestimmte Frequenz) $\delta = \pi$ ist, heißt ein Halbwellenlängenblättchen ($\lambda/2$-Blättchen) für diese Frequenz; bei ihr beträgt der Gangunterschied $\lambda/2$.

Zur Erzeugung beliebig elliptisch polarisierten Lichtes aus linear polarisiertem dient der einer Kristallplatte variabler Dicke gleichwertige SOLEILsche Kompensator (Ziff. 19).

5. Prinzip der Meßanordnungen zur Untersuchung elliptisch polarisierten Lichtes. Die meisten Anordnungen zur Untersuchung elliptisch polarisierten Lichtes bestehen im Prinzip aus einem System planparalleler, parallel übereinanderliegender, doppelbrechender Kristallplatten[1]).

Für die folgenden Betrachtungen genügt es, ein aus zwei Platten bestehendes System zu behandeln, das sich zwischen zwei linear polarisierenden Vorrichtungen (z. B. Nikol) befindet; die aus der einen linear polarisierenden Vorrichtung, dem Polarisator, austretende ebene Welle läßt man das Plattensystem senkrecht durchsetzen und dann durch die zweite linear polarisierende Vorrichtung, den Analysator, hindurchgehen.

Es sei (Abb. 2) P die Schwingungsrichtung des Polarisators, A die Schwingungsrichtung des Analysators; u_1, v_1 seien die Hauptschwingungsrichtungen der ersten, u_2, v_2 die der zweiten Platte. Die Azimute der Hauptschwingungsrichtungen der schnelleren Wellen (u_1, u_2) in den beiden Platten gegen die Schwingungsrichtung des Polarisators nennen wir ϱ_1 und ϱ_2

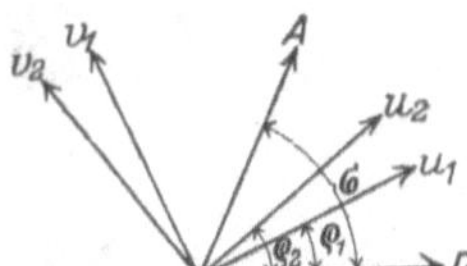

Abb. 2. Hauptschwingungsrichtungen u_1, v_1 und u_2, v_2 zweier parallel übereinander liegenden Kristallplatten zwischen Polarisator P und Analysator A.

$$\left(-\frac{\pi}{2} \leqq \varrho_1 \leqq +\frac{\pi}{2},\; -\frac{\pi}{2} \leqq \varrho_2 \leqq +\frac{\pi}{2}\right),$$

das Azimut der Schwingungsrichtung des Analysators gegen jene des Polarisators σ; δ_1 bzw. δ_2 sei die Phasendifferenz, welche die erste bzw. zweite Platte hervorruft. Ist

$$\mathfrak{D}_P = a \cos(\nu t - \alpha)$$

der Betrag des Lichtvektors der aus dem Polarisator austretenden monochromatischen Welle von der Frequenz ν, und sieht man wieder von den Schwächungen ab, die durch Reflexion an den Begrenzungsflächen der Platten und der Nikols sowie durch Absorption hervorgerufen werden, so sind die Hauptkomponenten $\mathfrak{D}_{u_1}$, $\mathfrak{D}_{v_1}$, der aus der ersten Platte austretenden Welle nach (23)

$$\mathfrak{D}_{u_1} = a \cos\varrho_1 \cos(\nu t - \alpha), \qquad \mathfrak{D}_{v_1} = -a \sin\varrho_1 \cos(\nu t - \alpha - \delta_1).$$

---

[1]) Eine zusammenfassende Darstellung der analytischen Theorie der Meßmethoden findet sich bei L. B. TUCKERMAN, Univ. Studies of the University of Nebraska Bd. 9, S. 157. 1909, allerdings in einer undurchsichtigen und für die Anwendungen wenig geeigneten Form; die geometrische Theorie der Meßmethoden nach einem von H. POINCARÉ (Théorie mathématique de la lumière, Bd. 2, Chap. 12, S. 275. Paris 1892) herrührenden Verfahren hat L. CHAUMONT gegeben (Ann. de phys. [9] Bd. 4, S. 101. 1915).

Sind $\mathfrak{D}_{u_2}$, $\mathfrak{D}_{v_2}$ die Hauptkomponenten der Welle nach dem Austritt aus der zweiten Platte, so hat man

$$\left.\begin{aligned}
\mathfrak{D}_{u_2} &= a\{\cos\varrho_1 \cos(\varrho_2 - \varrho_1)\cos(\nu t - \alpha) \\
&\quad - \sin\varrho_1 \sin(\varrho_2 - \varrho_1)\cos(\nu t - \alpha - \delta_1)\}, \\
\mathfrak{D}_{v_2} &= a\{-\cos\varrho_1 \sin(\varrho_2 - \varrho_1)\cos(\nu t - \alpha - \delta_2) \\
&\quad - \sin\varrho_1 \cos(\varrho_2 - \varrho_1)\cos(\nu t - \alpha - \delta_1 - \delta_2)\}.
\end{aligned}\right\} \quad (25)$$

Der Betrag der aus dem Analysator austretenden linear polarisierten Welle ist nach (19)

$$\mathfrak{D}_A = \mathfrak{D}_{u_2}\cos(\sigma - \varrho_2) + \mathfrak{D}_{v_2}\sin(\sigma - \varrho_2). \quad (26)$$

Die Intensität der aus dem Analysator austretenden Welle berechnet sich nach (20) unter Berücksichtigung von (25) und (26) nach einiger Umformung zu[1])

$$\left.\begin{aligned}
J = \frac{a^2}{2}\Big\{&\cos^2\sigma + \sin 2\varrho_1 \sin 2(\sigma - \varrho_1)\sin^2\frac{\delta_1}{2} + \sin 2\varrho_2 \sin 2(\sigma - \varrho_2)\sin^2\frac{\delta_2}{2} \\
&+ 2\sin 2\varrho_1 \sin 2(\sigma - \varrho_2)\sin\frac{\delta_1}{2}\sin\frac{\delta_2}{2}\Big(\cos\frac{\delta_1}{2}\cos\frac{\delta_2}{2} - \sin\frac{\delta_1}{2}\sin\frac{\delta_2}{2}\cos 2(\varrho_2 - \varrho_1)\Big)\Big\},
\end{aligned}\right\} \quad (27)$$

oder

$$\left.\begin{aligned}
J = \frac{a^2}{2}\Big\{&\cos^2\sigma + \sin 2\varrho_1 \cos 2(\sigma - \varrho_2)\sin 2(\varrho_2 - \varrho_1)\sin^2\frac{\delta_1}{2} \\
&+ \cos 2\varrho_1 \sin 2(\sigma - \varrho_2)\sin 2(\varrho_2 - \varrho_1)\sin^2\frac{\delta_2}{2} \\
&+ \sin 2\varrho_1 \sin 2(\sigma - \varrho_2)\cos^2(\varrho_2 - \varrho_1)\sin^2\frac{\delta_1 + \delta_2}{2} \\
&- \sin 2\varrho_1 \sin 2(\sigma - \varrho_2)\sin^2(\varrho_2 - \varrho_1)\sin^2\frac{\delta_1 - \delta_2}{2}\Big\}.
\end{aligned}\right\} \quad (28)$$

Ist $\sigma = \frac{\pi}{2}$, d. h. steht die Schwingungsrichtung des Analysators senkrecht zur Schwingungsrichtung des Polarisators (Fall „gekreuzter Nikols"), so erhält man aus (27)

$$\left.\begin{aligned}
J = \frac{a^2}{2}\Big\{&\Big(\sin 2\varrho_1 \sin\frac{\delta_1}{2}\Big)^2 + \Big(\sin 2\varrho_2 \sin\frac{\delta_2}{2}\Big)^2 \\
&+ 2\sin 2\varrho_1 \sin 2\varrho_2 \sin\frac{\delta_1}{2}\sin\frac{\delta_2}{2}\Big(\cos\frac{\delta_1}{2}\cos\frac{\delta_2}{2} - \sin\frac{\delta_1}{2}\sin\frac{\delta_2}{2}\cos 2(\varrho_2 - \varrho_1)\Big)\Big\},
\end{aligned}\right\} \quad (29)$$

oder aus (28)

$$\left.\begin{aligned}
J = \frac{a^2}{2}\Big\{&-\sin 2\varrho_1 \cos 2\varrho_2 \sin 2(\varrho_2 - \varrho_1)\sin^2\frac{\delta_1}{2} \\
&+ \cos 2\varrho_1 \sin 2\varrho_2 \sin 2(\varrho_2 - \varrho_1)\sin^2\frac{\delta_2}{2} \\
&+ \sin 2\varrho_1 \sin 2\varrho_2 \cos^2(\varrho_2 - \varrho_1)\sin^2\frac{\delta_1 + \delta_2}{2} \\
&- \sin 2\varrho_1 \sin 2\varrho_2 \sin^2(\varrho_2 - \varrho_1)\sin^2\frac{\delta_1 - \delta_2}{2}\Big\}.
\end{aligned}\right\} \quad (30)$$

Aus (27) folgt, daß J bei Vertauschung der Indizes 1 und 2 im allgemeinen nicht ungeändert bleibt, d. h. daß die Intensität der aus dem Analysator austretenden Welle von der Reihenfolge abhängt, in

---

[1]) A. Fresnel, Ann. chim. phys. (2) Bd. 17, S. 172. 1821; Oeuvr. compl. Bd. 1, S. 620. Paris 1866.

er die Platten zwischen Polarisator und Analysator gebracht
erden; im Falle gekreuzter Nikols ist jedoch diese Reihenfolge gleichgültig,
ie sich aus (29) unmittelbar ergibt.

Befindet sich nur eine einzige Kristallplatte mit der Phasendifferenz δ
n Azimut ϱ zwischen Polarisator und Analysator, so erhält man die Intensität
er aus dem Analysator austretenden Welle, wenn in (27) $\delta_1 = 0$, $\delta_2 = \delta$, $\varrho_2 = \varrho$
:setzt wird; es ist dann

$$J = \frac{a^2}{2}\left(\cos^2\sigma + \sin 2\varrho \sin 2(\sigma - \varrho)\sin^2\frac{\delta}{2}\right). \tag{31}$$

m Falle gekreuzter Nikols $\left(\sigma = \frac{\pi}{2}\right)$ folgt aus (31)

$$J = \frac{a^2}{2}\sin^2 2\varrho \sin^2\frac{\delta}{2}. \tag{32}$$

Bringt man zwischen Polarisator und Analysator einen Kristallkeil mit
ußerst kleinem brechenden Winkel, der an jeder Stelle sehr nahe als eine plan-
arallele Platte angesehen werden kann, so erscheint das Gesichtsfeld nach (31)
on einem System dunkler Streifen durchzogen, die der Keilkante parallel liegen,
a in dieser Richtung die Keildicke und damit die Phasendifferenz δ konstant
:t. Bei gekreuzten Nikols liegen die dunklen Streifen nach (32) an denjenigen
:ellen, für welche $\delta = 2k\pi (k = 0, 1, 2, \ldots)$ ist.

6. Spezielle Fälle. Aus (29) ergibt sich leicht, daß J bei beliebigem δ_1, δ_2
nd $\varrho_2 - \varrho_1$ durch alleinige Änderung von ϱ_1 nicht zum Verschwinden gebracht
·erden kann; zwei beliebig übereinanderliegende doppelbrechende
Kristallplatten können also zwischen gekreuzten Nikols in keiner
.age vollkommen dunkles Gesichtsfeld ergeben.

Ferner folgt aus (29), daß J jedenfalls verschwinden muß, wenn

$$\sin 2\varrho_1 \sin\frac{\delta_1}{2} = \sin 2\varrho_2 \sin\frac{\delta_2}{2} = 0 \tag{33}$$

:t.

Sind die Phasendifferenzen δ_1 und δ_2 für eine bestimmte Frequenz von
$k\pi (k = 0, 1, 2, \ldots)$ verschieden, sonst aber beliebig, so ist (33) erfüllt, wenn
ntweder $\varrho_1 = \varrho_2 = 0$, oder $\varrho_1 = 0$, $\varrho_2 = \pm\frac{\pi}{2}$ oder $\varrho_1 = \pm\frac{\pi}{2}$ $\varrho_2 = 0$ ist. Bei
:eleuchtung mit Licht dieser Frequenz kann somit zwischen gekreuzten
Jikols vollkommene Dunkelheit nur eintreten, wenn die ent-
prechenden Hauptschwingungsrichtungen der Kristallplatten
·arallel oder senkrecht zueinander liegen und mit den Schwin-
;ungsrichtungen der Nikols zusammenfallen.

Sind jedoch ϱ_1 und ϱ_2 von Null und $\pm\frac{\pi}{2}$ verschieden, so ist (33) nur erfüllt,
·enn $\delta_1 = 2k_1\pi (k_1 = 0, 1, 2, \ldots)$ und $\delta_2 = 2k_2\pi (k_2 = 0, 1, 2, \ldots)$ ist; in diesem
·alle geht die aus dem Polarisator austretende linear polarisierte Welle un-
·eändert durch jede der beiden Platten hindurch (Ziff. 4, δ).

Ist $\varrho_2 - \varrho_1 = 0$ bzw. $= \frac{\pi}{2}$, so folgt aus (30)

$$J = \frac{a^2}{2}\sin^2 2\varrho_1 \sin^2\frac{\delta_1 + \delta_2}{2}, \tag{34}$$

·zw.

$$J = \frac{a^2}{2}\sin^2 2\varrho_1 \sin^2\frac{\delta_1 - \delta_2}{2}. \tag{35}$$

Aus (32), (34) und (35) ergibt sich, daß zwei zwischen gekreuzte Nikols
;ebrachte doppelbrechende Kristallplatten mit den Phasendiffe-
·enzen δ_1 und δ_2 sich wie eine einzige Platte mit der resultierenden

Phasendifferenz $\delta = \delta_1 + \delta_2$, bzw. $\delta = \delta_1 - \delta_2$ verhalten, je nachdem ihre entsprechenden Hauptschwingungsrichtungen parallel bzw. senkrecht zueinander liegen.

7. Allgemeines über Halbschattensysteme bei der Untersuchung elliptisch polarisierten Lichtes. Bei den meisten älteren Methoden zur Untersuchung elliptisch polarisierten Lichtes hat man die Änderung der Intensität eines dunkeln Gesichtsfeldes zu beobachten. Bekanntlich ist aber das menschliche Auge für den Vergleich zeitlich aufeinanderfolgender verschiedener Intensitäten unempfindlicher als für den gleichzeitigen Vergleich verschiedener Intensitäten; statt eine Einstellung auf dunkel bei gleichförmigem Gesichtsfelde auszuführen, empfiehlt es sich daher, das Gesichtsfeld zu teilen und eine Einstellung auf gleiche Helligkeit der beiden, im allgemeinen verschieden hellen Teile vorzunehmen. Dieser Kunstgriff wird als **Halbschattenmethode** bezeichnet (s. Kap. 24 dieses Bandes).

Da das Auge bei geringer Lichtintensität für Helligkeitsunterschiede besonders empfindlich ist, pflegt man die Anordnung so einzurichten, daß bei möglichst großer Intensität der auffallenden Welle **beide Gesichtsfeldhälften nur mäßige Intensitäten** besitzen.

Werden mit dem Auge zwei nicht allzu kleine, gerade noch unterscheidbare Intensitäten J' und J'' gleichzeitig verglichen, so ist für die Empfindlichkeit des Auges bekanntlich der Ausdruck

$$H = \left| \frac{J' - J''}{J' + J''} \right| \tag{36}$$

maßgebend. Jedem individuellen Auge kommt ein bestimmter Wert $\overline{H}$ zu, der für dasselbe charakteristisch ist; H hängt im allgemeinen von der Schärfe der Trennungslinie der beiden Gesichtsfeldhälften, ferner von der Intensität, der mehr oder weniger vollkommenen Parallelität und spektralen Reinheit des (als monochromatisch vorausgesetzten) Lichtes, der Gleichmäßigkeit der Beleuchtung und anderen, sog. „zufälligen", Faktoren ab. Ändern sich J' und J'', so ändert sich H gemäß (36), und wenn der Wert $\overline{H}$ erreicht ist, so ist das Auge für weitere Änderungen von J' und J'' am empfindlichsten.

Es sei nun p der unabhängige Parameter des Halbschattenapparates, durch dessen Variieren eine Änderung der Intensitäten J' und J'' der beiden Gesichtsfeldhälften hervorgerufen wird; p_0 sei derjenige Wert dieses Parameters, für den

$$J' = J'' = J_0$$

wird. Die dem Werte p_0 entsprechende Einstellung des Halbschattenapparates bezeichnet man als **Halbschattenstellung.**

Ändert man in der Halbschattenstellung p_0 um den kleinen Betrag δp, so mögen die dadurch hervorgerufenen Änderungen der Intensitäten in den beiden Gesichtsfeldhälften δJ_0 und $- \delta J_0$ sein; es wird dann

$$J' = J_0 + \delta J_0, \qquad J'' = J_0 - \delta J_0,$$

somit nach (36)

$$H = \left| \frac{\delta J_0}{J_0} \right|. \tag{37}$$

Bezeichnet man den Wert des Differentialquotienten $\frac{\partial J}{\partial p}$ für $p = p_0$ zur Abkürzung mit $\left(\frac{\partial J}{\partial p} \right)_0$, so hat man

$$\delta J_0 = \left(\frac{\partial J}{\partial p} \right)_0 \delta p;$$

nach (37) folgt daher

$$H = \left| \frac{\left(\frac{\partial J}{\partial p} \right)_0}{J_0} \right| |\delta p|. \tag{38}$$

Bei dem durch δp bedingten Herausgehen aus der Halbschattenstellung $J = 0$) wird H nach (38) (bei kleinem $|\delta p|$) dem charakteristischen Wert $\bar{H}$ m so näher kommen, je größer der Faktor

$$h = \left| \frac{\left(\frac{\partial J}{\partial p}\right)_0}{J_0} \right| \tag{39}$$

t. h bezeichnen wir als die **Halbschattenempfindlichkeit**.

b) Methoden zum Nachweis elliptischer Polarisation. .

8. Allgemeines über den Nachweis elliptischer Polarisation. Die in den lgenden Ziffern behandelten Methoden sind zu benutzen, falls lediglich qualitativ nachgewiesen werden soll, ob eine linear polarisierte Welle durch irgendnen Vorgang (z. B. Durchgang durch einen Körper oder Reflexion) in eine liptisch polarisierte Welle übergeführt wurde, und auf eine Messung von Azimut nd Elliptizität der Schwingungsbahn verzichtet werden kann. Viele dieser lethoden sind dem Bedürfnis der Mineralogen entsprungen, geringe Doppelrechungen in Kristallen nachweisen zu können[1]).

Am gebräuchlichsten und handlichsten sind die in Ziff. 12 besprochenen Verhren; die empfindlichste Methode ist die in Ziff. 14 behandelte LUMMERsche terferenzmethode.

Die im folgenden benutzten Gleichungen sind zwar unter der Voraussetzung ener Wellen (parallelen Lichtes) hergeleitet, doch gelten die qualitativen rgebnisse auch für nicht streng ebene Wellen (schwach konvergentes Licht)[2]).

9. Gekreuzte Nikols. Wird bei Beobachtung zwischen gekreuzten ikols die aus dem Polarisator austretende, monochromatische, linear polarisierte Velle infolge Durchgangs durch eine doppelbrechende Kristallplatte in eine liptisch polarisierte Welle übergeführt, so tritt im allgemeinen eine **Aufhellung** es Gesichtsfeldes ein, die als Kriterium für die entstandene elliptische olarisation dient; die Intensität des Gesichtsfeldes ist nach (32)

$$J = \frac{a^2}{2} \sin^2 2\varrho \sin^2 \frac{\delta}{2} .$$

Ist δ von $\pm 2 k\pi (k = 0, 1, 2, \ldots)$ verschieden, so verschwindet J nur ir $\varrho = 0$ und $\varrho = \pm \dfrac{\pi}{2}$, d. h. nur dann, wenn die Hauptschwingungsrichtungen er doppelbrechenden Platte mit den Schwingungsrichtungen der gekreuzten ikols zusammenfallen; bei jedem anderen Azimut tritt eine Aufhellung des esichtsfeldes ein, die für $\varrho = \pm \dfrac{\pi}{4}$ am größten ist[3]).

Ist für eine bestimmte Frequenz $\delta = \pm 2 k\pi (k = 0, 1, 2, \ldots)$, so tritt ei Beleuchtung mit Licht dieser Frequenz bei keinem Azimut ϱ Aufhellung

---

[1]) Vgl. hierzu die zusammenfassenden Darstellungen bei F. E. WRIGHT, The methods f petrographic-microscopic research. Washington 1911 (Carnegie Institut. of Washington, ubl. Nr. 158); H. ROSENBUSCH, Mikroskopische Physiographie der petrograph. wichtigen lineralien. 5. Aufl. von E. A. WÜLFING, Bd. 1, 1. Untersuchungsmethoden. Stuttgart)21—24.

[2]) Die auf Beobachtung im konvergenten Lichte beruhenden Methoden (Stauroskop on F. v. KOBELL [Pogg. Ann. Bd. 95, S. 320. 1855] und Doppelplatte von A. BŘEZINA \. SCHRAUF, Handb. d. phys. Mineral. Bd. 2, S. 219. Wien 1868] werden im folgenden überangen, da sie wegen ihrer geringen Genauigkeit nur noch historisches Interesse besitzen.

[3]) Hierauf beruht die einfachste Methode, um in einer doppelbrechenden Kristallplatte ie Lage der Hauptschwingungsrichtungen zu bestimmen, die daher auch **Auslöschungs**ichtungen heißen.

des Gesichtsfeldes ein, und die Platte unterscheidet sich in diesem Falle nicht von einem nichtdoppelbrechenden Körper. Bei Wahl einer anderen Frequenz muß jedoch, da δ von der Frequenz abhängt, bei allen von $\varrho = 0$ und $\varrho = \pm \dfrac{\pi}{2}$ verschiedenen Azimuten Aufhellung eintreten, ebenso bei Benutzung weißen Lichtes.

Wegen ihrer geringen Empfindlichkeit ist die Methode der gekreuzten Nikols nur für den Nachweis größerer Elliptizitäten brauchbar.

10. Chromatische Polarisation. Benutzt man bei der in Ziff. 9 beschriebenen Anordnung weißes Licht, so ergibt sich die Intensität des Gesichtsfeldes durch Summierung sämtlicher, den verschiedenen Frequenzen des weißen Lichtes entsprechenden Intensitätsausdrücke (32), wobei zu beachten ist, daß außer a und δ im allgemeinen auch die Lage der Hauptschwingungsrichtungen in der Kristallplatte (und somit auch ϱ) von der Frequenz abhängig ist; die Dispersion der Hauptschwingungsrichtungen ist jedoch in den meisten Fällen so gering, daß man sie bei der Annäherung, die für die hier zu besprechenden Erscheinungen ausreicht, vernachlässigen kann.

Ist nach (14) $J_0 = \frac{1}{2} \sum a^2$ die Intensität des aus dem Polarisator austretenden weißen Lichtes, so folgt für die Intensität des Gesichtsfeldes bei gekreuzten Nikols[1]) nach (32)

$$J = \frac{1}{2} \sin^2 2\varrho \sum a^2 \sin^2 \frac{\delta}{2}. \tag{40}$$

Aus (40) folgt, daß das aus dem Analysator austretende Licht nicht weiß, sondern farbig ist, und zwar fehlen diejenigen Frequenzen völlig, für welche $\delta = \pm 2k\pi$ ist. Man bezeichnet diese von Arago[2]) entdeckte Erscheinung als chromatische Polarisation.

Fällt weißes Licht senkrecht auf eine ebene, planparallele Luftschicht von der Dicke l, so ist die Intensität des an ihren Begrenzungsebenen reflektierten Lichtes durch einen Ausdruck gegeben, der mit (40) übereinstimmt, falls in diesem

$$\delta = \frac{4\pi l}{\lambda} \tag{41}$$

gesetzt wird, wobei λ die Wellenlänge in Luft bedeutet.

Vernachlässigt man in der Kristallplatte die meist geringe Dispersion der Doppelbrechung (Ziff. 4), so folgt aus (40), (41) und (24), daß die Interferenzfarbe einer Kristallplatte von der Dicke d bei gekreuzten Nikols angenähert identisch ist mit der Interferenzfarbe einer planparallelen Luftschicht von der Dicke

$$l = \frac{d}{2}(n_v - n_u).$$

im senkrecht reflektierten Lichte; hieraus und aus (41) ergibt sich für den Gangunterschied (Ziff. 1) $g = 2l = d(n_v - n_u)$.

Es ist üblich, die Interferenzfarben in Ordnungen einzuteilen, deren jede ein Intervall $2l = 550\,\mathrm{m}\mu$ umfaßt; in den aufeinanderfolgenden Intervallen wiederholen sich dann die Farben in ähnlicher Reihenfolge, namentlich in den höheren Ordnungen. In diesen werden die sich wiederholenden mattgrünen und -roten Farben immer schwächer, bis sie sich subjektiv von Weiß nicht mehr unterscheiden. Ein solches Weiß höherer Ordnung ist jedoch von dem Weiß

---

[1]) Die Farbenerscheinungen bei parallelen Nikols, die zu denen bei gekreuzten Nikols komplementär sind, kommen für die folgenden Betrachtungen nicht in Frage.

[2]) F. Arago, Mém. de la Cl. des scienc. math. et phys. de l'Inst., Année 1811, Tl. 1, S. 93. 1812; Oeuvr. compl. Bd. 10, S. 36. Paris—Leipzig 1858.

des auffallenden Lichtes spektral verschieden, da in ihm gewisse Frequenzen fehlen, und zwar diejenigen, für welche $\delta = \pm 2k\pi$ ist; sein Spektrum erscheint daher von einer Anzahl dunkler Linien durchzogen[1]), die als FIZEAU-FOUCAULT-sche Streifen bezeichnet werden.

Die Skala der Interferenzfarben dünner Platten ist von BRÜCKE[2]), WERTHEIM[3]) und QUINCKE[4]) genauer untersucht worden. ROLLETT[5]) und KRAFT[6]) haben später gezeigt, daß die Stellung einer einzelnen Farbe in dieser Skala von der Natur der benutzten weißen Lichtquelle abhängt; da eine weiße Normallichtquelle nicht eingeführt ist[7]), so ist der Zusammenhang zwischen Interferenzfarbe und Gangunterschied in allen bisher aufgestellten Interferenz-farbenskalen kein exakt definierter.

Tabelle 1 gibt die Skala der Interferenzfarben für Quarzplatten zwischen gekreuzten Nikols nach Kraft. $g = 2l = d(n_v - n_u)$ ist der in $m\mu$ gemessene Gangunterschied der Platte für die Wellenlänge $\lambda = 550\ m\mu$; als weiße Licht-quelle diente von Schnee reflektiertes Sonnenlicht. Eine in eine scharfe Kante auslaufende, keilförmige Kristallplatte zeigt zwischen ge-kreuzten Nikols die ganze Farbenfolge der Tabelle, falls sie angenähert dieselbe Dispersion der Doppelbrechung besitzt wie Quarz.

11. Nachweis geringer Elliptizitäten mit Hilfe von Platten empfindlicher Farbe. Aus Tabelle 1 ist zu ersehen, daß die Phasendifferenz für mittlere Spektralbereiche nicht zu groß und nicht zu klein sein darf, falls zwischen ge-kreuzten Nikols eine ausgesprochene Färbung auftreten soll; die Platte muß um so dünner sein, je stärker ihre Doppelbrechung ist. Ferner ergibt sich aus der Tabelle, daß für gewisse Phasendifferenzen Farben auftreten, welche sich schon bei geringer Änderung der Phasendifferenz stark ändern; diese Interferenz-farben bezeichnet man als empfindliche Farben. Wie WENZEL[8]) gezeigt hat, treten die empfindlichen Farben stets dann auf, wenn die Frequenzen größter Intensität ausgelöscht sind. Am empfindlichsten ist bei gekreuzten Nikols nach WENZEL das Purpur erster Ordnung, das bei geringer Vergrößerung der Phasendifferenz in Violett, bei Verringerung in Karmin umschlägt. Auch das Violett zweiter Ordnung wird vielfach als empfindliche Farbe benutzt.

Um in einer Platte eine sehr geringe Doppelbrechung nachzuweisen, die bei gekreuzten Nikols keine merkliche Aufhellung des Gesichtsfeldes mehr hervor-ruft (Ziff. 9), bringt man dieselbe zusammen mit einer Platte empfindlicher Färbung zwischen gekreuzte Nikols und beleuchtet mit weißem Lichte; eine Spur von Doppelbrechung in der zu untersuchenden Platte macht sich dann durch einen Farbenumschlag bemerkbar. In Verbindung mit einem Polarisationsmikroskop wird diese Methode, ebenso wie die in den folgenden Ziff. 12 und 13 zu besprechenden, vielfach von den Mineralogen zum Nachweis geringer Doppelbrechungen benutzt[9]).

---

[1]) J. MÜLLER, Pogg. Ann. Bd. 69, S. 98. 1846; Bd. 71, S. 91. 1847; H. FIZEAU u. L. FOU-CAULT, Ann. chim. phys. (3) Bd. 26, S. 138. 1849; Bd. 30, S. 146. 1850; L. FOUCAULT, Recueil des travaux scientif. S. 105. Paris 1878.
[2]) E. BRÜCKE, Pogg. Ann. Bd. 74, S. 582. 1848.
[3]) G. WERTHEIM, Ann. chim. phys. (3) Bd. 40, S. 180. 1854.
[4]) G. QUINCKE, Pogg. Ann. Bd. 129, S. 177. 1866.
[5]) A. ROLLETT, Wiener Ber. Bd. 77, 3. Abt., S. 177. 1878.
[6]) C. KRAFT, Krakauer Anzeiger 1902, S. 310.
[7]) Über einen Versuch zur Definition einer weißen Normallichtquelle vgl. P. G. NUT-TING, Circular Bur. of Stand. Nr. 28, S. 6. 1911.
[8]) A. WENZEL, Phys. ZS. Bd. 18, S. 472. 1917.
[9]) Vgl. hierüber A. KÖHLER, ZS. f. wiss. Mikrosk. Bd. 38, S. 29, 209. 1921.

Tabelle 1. Skala der Interferenzfarben von Quarzplatten zwischen gekreuzten Nikols (nach Kraft).

Ordnung	Farbe	g
I	Das Schwarz geht durch „Eisengrau" über in	0
		65
	Indigograu	
		90
	Graublau	
		190
	klares Grünlich-blaugrau	
		220
		226,6
	Weiß mit bläulich-grüner Tönung	
		237
		246,3
	Weiß mit Spuren von Grün	
		253,7
		262,9
	Weiß (gelblichgrün)	
		272
	sehr klares Grün-lichgelb	
		273,4
		286
		300,8
	klares Gelb	
		325,7
		351,9
	Braun	
		411,5
	Orange	
		454,6
		473
	Rötlichorange	
		489,1
	klares Rot	
		501
		504,1
	Karmin	
		515,6
		522,9
	Purpur	
		551,2
II	Violett	
		571
	Indigo	
		586,2
	Blau	
		623,7
	Grünlichblau	
		661,5
		705,2
	Bläulichgrün	
		714,6
		735,1
	Grün	
		761,8
		777,3

Ordnung	Farbe	g
II	Grün	
		796,0
	Gelblichgrün	
		827,7
	Grünlichgelb	854
		868,1
	Gelb	892
		923
	Orange	
		938,7
	Rötlichorange	
		947,5
		990,2
	klares Rot	
		1026,8
	Karmin	
		1042,7
	Purpur	
		1051,9
		1104,8
III	Violett	
		1136,1
	Indigo	
		1151,5
	Blau	
		1165,7
	Grünlichblau	
		1201,4
	Bläulichgrün	
		1231,7
		1285,5
	Grün	
		1291,7
		1307,3
		1326,7
	Gelblichgrün	
		1379
	Grünlichgelb	
		1413,2
		1425,7
	Blaßgelb	
		1441,3
	Fleischfarbe	
		1460
		1468,1
	sehr klares Rot	
		1534,8
		1550
	klares Karmin	
		1590,9
	sehr klares Purpur	
		1596,8
		1675,1
	blasses grau-getöntes Violett	

12. Auf Doppelbrechung beruhende Halbschattenplatten. Eine erhebliche Steigerung der Empfindlichkeit der zuletzt besprochenen Anordnung läßt sich durch Anwendung der Halbschattenmethode (Ziff. 7) erzielen, in dem das von der Platte empfindlicher Färbung bedeckte Gesichtsfeld nach dem Vorgang von Bravais[1]) in zwei Hälften geteilt wird, die bei geringer Änderung der Phasendifferenz der auffallenden Welle Farbenumschlag in entgegengesetztem Sinne zeigen. Zu dem Zwecke wird eine Platte empfindlicher Färbung so zerschnitten, daß die Trennungslinie mit der einen Hauptschwingungsrichtung den Winkel

$$\varepsilon\left(0 < \varepsilon < \frac{\pi}{2}\right)$$

bildet; die beiden Hälften werden hierauf wieder zusammengefügt, nachdem die eine um die Normale der Schnittfläche um 180° gedreht wurde. Die entsprechenden Hauptschwingungsrichtungen der beiden Hälften bilden dann mitein-

1) A. Bravais, C. R. Bd. 32, S. 112. 1851; Ann. chim. phys. (3) Bd. 43, S. 131. 1855.

ander den Winkel 2ε (Abb. 3); eine solche Platte bezeichnen wir als **Halbschattenplatte**[1]).

Sind ϱ und $\varrho + 2\varepsilon$ die Azimute der entsprechenden Hauptschwingungsrichtungen der Halbschattenplatte in den beiden Gesichtsfeldhälften, so sind deren Intensitäten bei Beleuchtung mit weißem Lichte und gekreuzten Nikols nach (40)

$$J' = \frac{1}{2}\sin^2 2\varrho \sum a^2 \sin^2 \frac{\delta}{2},$$

$$J'' = \frac{1}{2}\sin^2 2(\varrho + 2\varepsilon)\sum a^2 \sin^2 \frac{\delta}{2},$$

wobei δ die Phasendifferenz der Halbschattenplatte bedeutet.

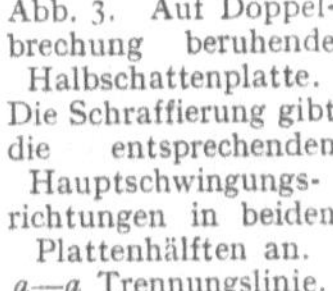

Abb. 3. Auf Doppelbrechung beruhende Halbschattenplatte. Die Schraffierung gibt die entsprechenden Hauptschwingungsrichtungen in beiden Plattenhälften an. a—a Trennungslinie.

Bei $\varepsilon = \frac{\pi}{4}$ wird $J' = J''$ für jedes beliebige ϱ; bei einem von $\frac{\pi}{4}$ verschiedenen ε wird $J' = J''$ nur für $\varrho = \frac{k\pi}{4} - \varepsilon$ ($k = 0$, 1, 2, ...). Eine solche Stellung der Halbschattenplatte, bei welcher die Gesichtsfeldhälften bei Beleuchtung mit weißem Lichte gleichgefärbt erscheinen, nennen wir eine **Halbschattenstellung**; bei Beleuchtung mit monochromatischem Lichte gibt sich eine Halbschattenstellung durch gleiche Intensität der beiden Gesichtsfeldhälften zu erkennen (Ziff. 7).

Befindet sich die Halbschattenplatte in Halbschattenstellung, und bringt man zwischen die gekreuzten Nikols eine zweite, schwach doppelbrechende Platte in ein von 0 oder $\pm\frac{\pi}{2}$ verschiedenes Azimut, so folgt aus (27), daß bei Beleuchtung mit weißem Lichte die Farben, bei Beleuchtung mit monochromatischem Lichte die Intensitäten der beiden Gesichtsfeldhälften in entgegengesetztem Sinne geändert werden. Wird mit weißem Licht beleuchtet und das aus dem Analysator austretende Licht spektral zerlegt, so zeigen die Fizeau-Foucaultschen Streifen (Ziff. 10) in den beiden Gesichtsfeldhälften Verschiebungen in entgegengesetzten Richtungen[2]).

Bei den Beobachtungen wird mittels eines Okulars scharf auf die Trennungslinie der Halbschattenplatte eingestellt. Da dieselben bei gekreuzten Nikols ausgeführt werden, so ist es prinzipiell gleichgültig (Ziff. 5), in welcher Reihenfolge Halbschattenplatte und zu untersuchende Platte zwischen Polarisator und Analysator gebracht werden; zur Erzielung eines möglichst großen Gesichtsfeldes empfiehlt es sich jedoch, die Halbschattenplatte nahe an den Analysator zu bringen.

Mit Bezug auf ε sind die folgenden, vorhin erwähnten Fälle zu unterscheiden:

α) $\varepsilon = \frac{\pi}{4}$; die entsprechenden Hauptschwingungsrichtungen stehen in den beiden Hälften der Halbschattenplatte senkrecht zueinander. Die Platte befindet sich bei jedem beliebigen, zwischen $-\frac{\pi}{2}$ und $+\frac{\pi}{2}$ gelegenen Azimut ϱ in Halbschattenstellung; größte Intensität des Gesichtsfeldes ist bei $\varrho = \pm\frac{\pi}{4}$.

Hierher gehört zunächst die auch jetzt noch viel benutzte Bravaissche Halbschattenplatte, die aus Glimmer[3]), Gips oder Quarz[4]) hergestellt und so dünn gemacht wird, daß sie zwischen gekreuzten Nikols das Violett zweiter Ordnung

---

[1]) Über eine aus einem natürlichen Feldspatzwilling (Bavenoer Zwilling) hergestellte Halbschattenplatte vgl. A. van der Veen, Chem. Weekbl. Bd. 14, S. 733. 1917.

[2]) A. Cotton, Ann. chim. phys. (7) Bd. 8, S. 433. 1896.

[3]) A. Bravais, C. R. Bd. 32, S. 112. 1851; Ann. chim. phys. (3) Bd. 43, S. 131. 1855. Über die praktische Herstellung vgl. E. Perucca, Cim. (6) Bd. 6, S. 186. 1913; ZS. f. Instrkde. Bd. 43, S. 26. 1923.

[4]) F. Stöber, ZS. f. Krist. Bd. 29, S. 22. 1898.

oder das Purpur erster Ordnung (Ziff. 11) zeigt; Bravais konnte hiermit Phasendifferenzen von $\pm 4 \cdot 10^{-3} \cdot 2\pi$ nachweisen. Koenigsberger[1]) vermochte diese Empfindlichkeit auf $\pm 1 \cdot 10^{-4} \cdot 2\pi$ zu steigern, indem er zur Herstellung der Platte vier nebeneinander liegende, mit den entsprechenden Hauptschwingungsrichtungen paarweise gekreuzte, möglichst dünne Glimmerblättchen verwandte, von denen jedes nur einen Quadranten bedeckte. Durch die Vierteilung des Gesichtsfeldes tritt Kontrastwirkung und damit Erhöhung der Empfindlichkeit ein; infolge sehr geringer Dicke zeigt die Platte eine niedrige Interferenzfarbe erster Ordnung. Leiser[2]) benutzte als Plattenmaterial durch geringe Dehnung doppelbrechend gemachte Glasstreifen.

Um eine Bravaissche Halbschattenplatte mit variabler Empfindlichkeit zu erhalten, gab Wright[3]) den beiden Hälften schwach keilförmige Gestalt; durch Verschieben des einen Keiles läßt sich die im Gesichtsfelde befindliche mittlere Plattendicke variieren und damit die Interferenzfarbe, je nach Bedarf, von Grau erster Ordnung bis Blaugrün zweiter Ordnung stetig ändern.

β) ε von $\pi/4$ verschieden. Halbschattenstellung ist nur vorhanden, wenn die entsprechenden Hauptschwingungsrichtungen der Plattenhälften die Azimute $\varrho' = \dfrac{k\pi}{4} - \varepsilon$ und $\varrho'' = \dfrac{k\pi}{4} + \varepsilon$ $(k = 0, 1, 2, \ldots)$ besitzen, d. h. wenn die Halbierungslinie ihres Winkels entweder mit einer der Nikolschwingungsrichtungen oder mit einer Winkelhalbierenden der Nikolschwingungsrichtungen zusammenfällt. Man wählt meist die letztere Stellung, da bei der ersteren die Intensität des Gesichtsfeldes, namentlich bei kleinem ε, zu gering wird.

Bei der aus Kalkspat bestehenden Calderonschen Halbschattenplatte[4]) ist $\varepsilon = 3,5°$. Die Platte ist so dick, daß sie bei Beleuchtung mit weißem Lichte in der Halbschattenstellung ein Weiß höherer Ordnung zeigt; eine Störung der Halbschattenstellung gibt sich durch verschiedene Intensität und Tönung dieses Weiß in den beiden Gesichtsfeldhälften zu erkennen. Die Empfindlichkeit in der gebräuchlichen Ausführung beträgt etwa $\pm 5 \cdot 10^{-3} \cdot 2\pi$. Traube[5]) wählte als Plattenmaterial Glimmerblättchen, welche für mittleren Spektralbereich die Phasendifferenz $\pi/2$ besitzen, und machte ebenfalls $\varepsilon = 3,5°$; Sommerfeldt[6]) benutzte Gips mit $\varepsilon = 37,5°$, Wright[7]) nahm parallel zur optischen Achse geschnittene Quarzplatten mit $\varepsilon = 3$ bis $6°$.

13. Auf Rotationspolarisation beruhende Halbschattenplatten. Wird zwischen gekreuzte Nikols, senkrecht zur Normale der vom Polarisator kommenden ebenen Welle, eine senkrecht zur optischen Achse geschnittene Quarzplatte gebracht, so tritt infolge der Rotationspolarisation des Quarzes eine Aufhellung des Gesichtsfeldes ein. Erfolgt die Beleuchtung mit monochromatischem Lichte und ist Θ der Winkel, um den die Schwingungsebene gedreht wurde, so erhält man aus (22) für die Intensität des Gesichtsfeldes

$$J = \tfrac{1}{2} a^2 \sin^2 \Theta. \tag{42}$$

Θ hängt von der Frequenz ab und ist der Plattendicke proportional.

[1]) J. Koenigsberger, Centralbl. f. Min. 1908, S. 729; 1909, S. 249 u. 746.

[2]) R. Leiser, Abhandlgn. d. Bunsen-Ges. Nr. 4, S. 14. 1910.

[3]) F. E. Wright, Sill. Journ. (4) Bd. 26, S. 370. 1908. Über die Verwendung dieser Anordnung zur Messung von Spannungen in Gläsern vgl. F. E. Wright, Journ. Washington Acad. Bd. 4, S. 594. 1914.

[4]) L. Calderon, ZS. f. Krist. Bd. 2, S. 69. 1878; F. E. Wright, Sill. Journ. (4) Bd. 26, S. 371. 1908; eine im Prinzip mit der Calderonschen Platte identische Wirkung besitzt ein Jellettsches Halbschattenprisma (vgl. Kap. 24 dieses Bandes).

[5]) H. Traube, N. Jahrb. f. Min. 1898, (1) S. 251.

[6]) E. Sommerfeldt, ZS. f. wiss. Mikrosk. Bd. 24, S. 24. 1907; F. E. Wright, Sill. Journ. (4) Bd. 26, S. 372. 1908.

[7]) F. E. Wright, Sill. Journ. (4) Bd. 26, S. 374. 1908.

Bei Beleuchtung mit weißem Lichte wird die Intensität des Gesichtsfeldes

$$J = \tfrac{1}{2} \sum a^2 \sin^2 \Theta; \tag{43}$$

beachtet man, daß das aus dem Polarisator austretende Licht nach (14) die Intensität

$$J = \tfrac{1}{2} \sum a^2 \tag{44}$$

besitzt, so sieht man durch Vergleich von (43) und (44), daß in dem aus dem Analysator austretenden Lichte die einzelnen Frequenzen mit anderen Intensitäten enthalten sind als in dem vom Polarisator kommenden Lichte. Das Gesichtsfeld erscheint somit nach Einbringung der Quarzplatte gefärbt. Erteilt man der Quarzplatte eine geeignete Dicke [etwa 7,50 mm[1])], so ergibt sich ein empfindliches Violett, welches ungefähr dem Violett erster Ordnung entspricht. Die Farbe des Gesichtsfeldes ändert sich nicht, wenn die Platte in ihrer Ebene gedreht wird.

Bringt man zwischen Quarzplatte und Analysator eine doppelbrechende Platte mit der Phasendifferenz δ in ein von 0 und $\pm \dfrac{\pi}{2}$ verschiedenes Azimut ϱ, so erhält man für die Intensität des Gesichtsfeldes aus (31)

$$J = \frac{1}{2} \sum a^2 \sin^2 \Theta + \frac{1}{2} \sin 2\varrho \sum a^2 \sin 2(\varrho + \Theta) \sin^2 \frac{\delta}{2}; \tag{45}$$

aus (43) und (45) ergibt sich, daß jetzt eine Änderung der Farbe des Gesichtsfeldes eingetreten ist, die zum Nachweis der elliptischen Polarisation dienen kann.

Eine einfache Betrachtung zeigt, daß es gleichgültig ist, in welcher Reihenfolge drehende Quarzplatte und zu untersuchende doppelbrechende Platte zwischen Polarisator und Analysator gebracht werden.

Verwendet man monochromatisches Licht, so muß nach (42) die Dicke der Quarzplatte so gewählt werden, daß Θ für die benutzte Frequenz von $k\pi$ verschieden ist.

Die Methode ist zuerst von Klein[2]) benutzt worden; ihre Empfindlichkeit läßt sich durch Anwendung der Halbschattenmethode (Ziff. 7) vergrößern, indem man eine Soleilsche Doppelplatte benutzt, die bekanntlich aus zwei gleichdicken, nebeneinanderliegenden, links- und rechtsdrehenden Quarzplatten besteht; sind $\Theta' = \Theta$ und $\Theta'' = -\Theta$ die Drehungen der Schwingungsebene in den beiden Plattenhälften, so folgt aus (43), daß Farbe und Intensität der beiden Hälften gleich sind. Bringt man nun zwischen die Nikols außer der Soleilschen Doppelplatte noch eine doppelbrechende Platte, so ergibt sich aus (45), daß bei Beleuchtung mit monochromatischem Lichte (bei von $\dfrac{k\,\pi}{2}$ verschiedenem Θ) die Intensitäten der beiden Gesichtsfeldhälften sich in entgegengesetztem Sinne ändern, bei Beleuchtung mit weißem Lichte ihre Farben verschieden werden. Bei der Beobachtung stellt man mittels eines Okulars scharf auf die Trennungslinie der Doppelplatte ein, die zur Erzielung eines möglichst großen Gesichtsfeldes nahe an den Analysator gebracht wird.

---

[1]) Bei gekreuzten Nikols. Bei Beobachtung mit parallelen Nikols erhält man das empfindliche Violett bei einer Plattendicke von ca. 3,75 mm. Vgl. hierzu F. E. Wright, The methods of petrographic microscopic research, S. 138. Washington 1911 (Carnegie Instit. of Washington, Publ. Nr. 158).

[2]) C. Klein, N. Jahrb. f. Min. 1874, S. 9.

Die Soleilsche Doppelplatte ist zum Nachweis elliptischer Polarisation in unwesentlich abgeänderter Form zuerst von Bertrand[1]) benutzt worden; die Empfindlichkeit wird durch Vierteilung des Gesichtsfeldes und dadurch hervorgerufene Kontrastwirkung erhöht und beträgt etwa $\pm 5 \cdot 10^{-3} \cdot 2\pi$. Nakamura[2]) hat gezeigt, daß die Bertrandsche Platte um so empfindlicher wird, je kleiner Θ ist; damit Θ für sämtliche Frequenzen klein bleibt, muß die Plattendicke möglichst gering gemacht werden (bei Nakamura 0,04 mm).

Um variierbare Empfindlichkeit zu erhalten, kombinierte Wright[3]) eine Soleilsche Doppelplatte mit einer zweiten, in Richtung der Trennungslinie schwach keilförmigen; die Platten werden so aufeinander gekittet, daß ihre Trennungslinien zusammenfallen und die entgegengesetzt drehenden Hälften übereinander zu liegen kommen. Durch Verschiebung der Kombination parallel zur Trennungslinie läßt sich der mittlere Wert von Θ im Gesichtsfelde, und damit die Empfindlichkeit nach Bedarf stetig ändern.

14. Interferenzmethode von Lummer. Auf einem ganz anderen Prinzip als die bisher besprochenen Verfahren zum Nachweis geringer Elliptizitäten beruht eine von Lummer herrührende Methode, welche die **Interferenzkurven gleicher Neigung** benutzt und von Lummer[4]) und seinen Schülern[5]) ausgearbeitet wurde.

Zwei rechtwinklige Glasprismen werden mit ihren Hypotenusenflächen so aneinander gesetzt, daß zwischen diesen eine planparallele Luftschicht von ca. $^1/_{1000}$ mm Dicke entsteht (Abb. 4). Fällt eine ebene linear polarisierte Welle mit der Normale n, deren Schwingungsrichtung das Azimut $\pi/4$ gegen die Einfallsebene besitzt, nahe unter dem Winkel der totalen Reflexion auf die Luftschicht, so entstehen aus der auffallenden Welle die reflektierten Wellen n_1, n_2, n_3, n_4, ..., deren Schwingungsrichtungen verschieden und (ebenso wie die Schwingungsrichtung der auffallenden Welle) in Abb. 4 durch Pfeile angegeben sind. Sie werden nach Durchgang durch einen Analysator von dem Objektiv eines Beobachtungsfernrohres vereinigt; bei auf unendlich eingestelltem Fernrohr sieht man dann ein System scharf ausgeprägter Interferenzstreifen, deren Lage vom Polarisationszustande unabhängig ist, sich jedoch mit der Frequenz ändert. Bei geeigneter

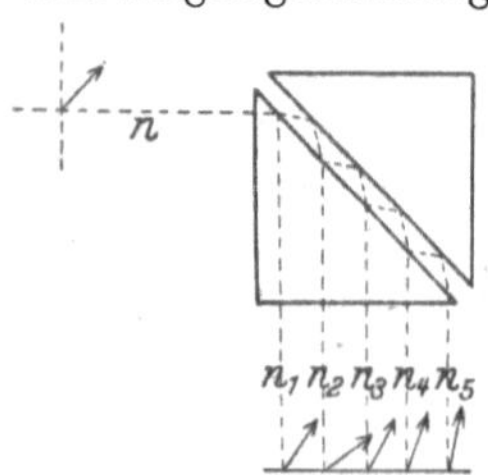

Abb. 4. Lummersche Interferenzmethode zum Nachweis geringer Elliptizitäten. (Nach Lummer.) n Normale der auffallenden Welle; n_1, n_2, n_3, n_4, ... Normalen der reflektierten Wellen. Die Pfeile geben die Schwingungsrichtungen an.

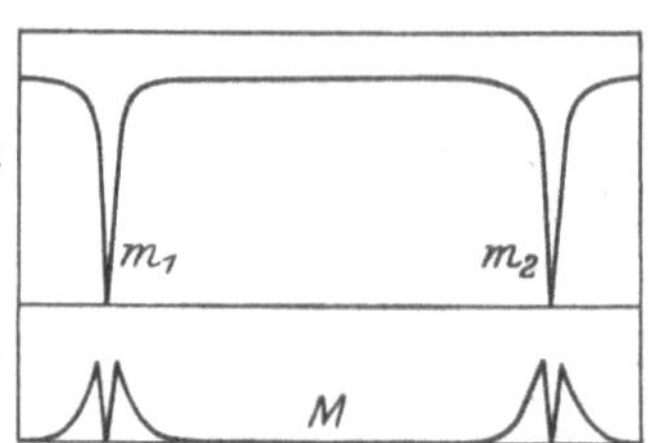

Abb. 5. Intensitätsverteilung der Interferenzstreifen bei der Lummerschen Interferenzmethode. (Nach Sorge.) m_1, m_2 Interferenzminima; M Verdopplungsstreifen, der auftritt, wenn die Schwingungsrichtung des Analysators senkrecht zur Schwingungsrichtung der auffallenden Welle liegt.

Stellung des Analysators treten zwischen den ursprünglichen Streifen neue breite Streifen auf, deren Intensität am größten ist, wenn die erste Teilwelle n_1 ausgelöscht wird.

Die Intensitätsverteilung der Interferenzstreifen im reflektierten Lichte ist in Abb. 5 dargestellt. Liegt die Schwingungsrichtung des Analysators parallel

[1]) E. Bertrand, ZS. f. Krist. Bd. 1, S. 69. 1877; Bull. soc. minéral. Bd. 1, S. 26. 1878.
[2]) S. Nakamura, Centralbl. f. Min. 1905, S. 267; Proc. Tokyo Math.-Phys. Soc. (2) Bd. 4, S. 26. 1907.
[3]) F. E. Wright, Sill. Journ. (4) Bd. 26, S. 377. 1908.
[4]) O. Lummer, Ann. d. Phys. (4) Bd. 22, S. 54. 1907.
[5]) H. Schulz, Ann. d. Phys. (4) Bd. 26, S. 139. 1908; K. Sorge, ebenda Bd. 31, S. 686. 1910.

zur Schwingungsrichtung der auffallenden Welle, so treten scharfe Interferenzminima m_1 und m_2 (Abb. 5a) auf; zwischen ihnen bildet sich ein breites Minimum M
(der sog. Verdopplungsstreifen) aus, wenn die Schwingungsrichtung des
Analysators senkrecht zur Schwingungsrichtung der auffallenden Welle liegt
(Abb. 5b).

Wird die auffallende, linear polarisierte Welle durch irgendeinen Vorgang
(z. B. Reflexion oder Durchgang durch einen doppelbrechenden Körper) in
eine elliptisch polarisierte Welle übergeführt, so tritt eine Verschiebung des
Verdopplungsstreifens ein, die zum Nachweis der entstandenen elliptischen
Polarisation benutzt werden kann. Einer Phasendifferenz von $\pm 1 \cdot 10^{-3} \cdot 2\pi$
zwischen den parallel und senkrecht zur Einfallsebene liegenden Komponenten
entspricht schon eine Verschiebung des Verdopplungsstreifens um den zwan-
zigsten Teil des Abstandes $m_1 m_2$; die Verschiebung erfolgt nach verschiedenen
Richtungen, je nachdem die auffallende Welle rechts- oder linkselliptisch
polarisiert ist.

SCHULZ[1]) hat einen auf der LUMMERschen Methode beruhenden Apparat
zur Untersuchung der Doppelbrechung optischer Gläser angegeben, mit dem
Phasendifferenzen von der Größe $\pm 5 \cdot 10^{-4} \cdot 2\pi$ noch nachgewiesen werden
können.

c) Methoden zur Messung von Phasendifferenzen (Kompensatoren).

15. Allgemeines über die Messung von Phasendifferenzen. In den folgenden
Ziffern werden die Methoden zur Messung der Phasendifferenz zwischen
zwei senkrecht zueinander polarisierten Wellen besprochen; die hierzu
dienenden Instrumente heißen Kompensatoren, weil sie im allgemeinen aus
einem System doppelbrechender Platten bestehen, die, in geeigneter Weise in den
Gang der zu untersuchenden Wellen gestellt, deren Phasendifferenz aufheben
(kompensieren).

Falls nicht anders bemerkt, sind stets monochromatische, ebene Lichtwellen
vorausgesetzt. Ferner ist unter dem Azimut einer Schwingungsrichtung stets
das gegen die Schwingungsrichtung des Polarisators gezählte Azimut verstanden,
unter dem Azimut einer Kristallplatte das Azimut der schnelleren Hauptkomponente.

Für genaue Messungen kommen nur Halbschattenmethoden (Ziff. 17,
20, 21, 22) in Frage. Für die Messung sehr kleiner Phasendifferenzen dient der
SÉNARMONTsche Kompensator mit Halbschattenvorrichtung von CHAU-
VIN (Ziff. 17), der BRACEsche Kompensator (Ziff. 21) und der RAYLEIGHsche
Kompensator (Zift. 22); bei nicht zu kleinen Phasendifferenzen ist der SOLEIL-
sche Kompensator mit Halbschattenvorrichtung von SZIVESSY (Ziff. 20)
am bequemsten.

Die Meßgenauigkeit der einzelnen Methoden hängt, wie bei jeder
Photometrie, von der subjektiven photometrischen Empfindlichkeit des Beobachters, der Intensität und Monochromasie der Lichtquelle usw. ab; dieser Umstand ist bei den folgenden Angaben über Meßgenauigkeit, die einen Anhalt
für die Leistungsfähigkeit der betreffenden Methoden geben sollen, zu berücksichtigen[2]).

---

[1]) H. SCHULZ, Phys. ZS. Bd. 13, S. 1017. 1912; ZS. f. Instrkde. Bd. 33, S. 205, 247.
1913; E. ZSCHIMMER u. H. SCHULZ, Ann. d. Phys. (4) Bd. 42, S. 356. 1913.
[2]) Über die Grenzen der Meßbarkeit von Phasendifferenzen vgl. M. BEREK, Centralbl.
f. Min. 1913, S. 464; Ann. d. Phys. (4) Bd. 58, S. 186. 1919.

16. Sénarmontscher Kompensator. Der Sénarmontsche Kompensator[1]) besteht aus einem (der Frequenz des benutzten monochromatischen Lichtes entsprechenden) $\lambda/4$-Blättchen, welches im Azimut 0 oder $\pi/2$ zwischen gekreuzte Nikols gebracht wird, so daß also seine Hauptschwingungsrichtungen mit den Schwingungsrichtungen der gekreuzten Nikols zusammenfallen.

Eine planparallele Schicht des doppelbrechenden Mediums, deren Phasendifferenz $\varDelta$ gemessen werden soll, wird im Azimut $\pi/4$ zwischen Polarisator und $\lambda/4$-Blättchen gebracht; die Achsen der Schwingungsellipse der aus dem doppelbrechenden Medium austretenden Welle fallen dann mit den Hauptschwingungsrichtungen des $\lambda/4$-Blättchens zusammen (Ziff. 2 β), und zu der Phasendifferenz $\pi/2$ oder $-\pi/2$ der nach den Ellipsenachsen genommenen Komponenten tritt die Phasendifferenz $\pi/2$ oder $-\pi/2$ des $\lambda/4$-Blättchens. Die aus dem letzteren austretende Welle ist daher linear polarisiert, und es muß sich somit die (durch Einführung des doppelbrechenden Mediums hervorgerufene) Aufhellung des Gesichtsfeldes wieder zum Verschwinden bringen lassen, wenn der Analysator in ein geeignetes Azimut σ gebracht wird.

In der Tat ergibt sich die Intensität der aus dem Analysator austretenden Welle, indem in (27) $\varrho_1 = \frac{\pi}{4}$, $\delta_1 = \varDelta$, $\varrho_2 = 0$, $\delta_2 = \pm\frac{\pi}{2}$ gesetzt wird, zu

$$J = \frac{a^2}{2}\left(\cos^2\sigma - \cos 2\sigma \sin^2\frac{\varDelta}{2} \pm \sin 2\sigma \sin\frac{\varDelta}{2}\cos\frac{\varDelta}{2}\right);$$

J verschwindet für

$$\sigma = \frac{\pi}{2} \pm \frac{\varDelta}{2}, \tag{46}$$

das Azimut ζ der Schwingungsrichtung der aus dem $\lambda/4$-Blättchen austretenden linear polarisierten Welle ist somit[2])

$$\zeta = \pm\frac{\varDelta}{2}. \tag{47}$$

Beim Sénarmontschen Kompensator ist der Analysator an einem Teilkreis drehbar angebracht. Ist p_0 die Teilkreisablesung bei gekreuzter Nikolstellung, p_1 die Teilkreisablesung, nachdem durch Nachdrehen des Analysators die (durch Einführung des zu untersuchenden Mediums hervorgerufene) Aufhellung des Gesichtsfeldes zum Verschwinden gebracht wurde, so ist nach (46)

$$\pm\varDelta = 2(p_1 - p_0).$$

Das Vorzeichen von $\varDelta$ wird am einfachsten bestimmt[3]), indem das zu untersuchende Medium mit einem anderen doppelbrechenden Körper ausgewechselt wird, bei dem das Vorzeichen der Phasendifferenz in der vorgenommenen Orientierung bekannt ist; man nimmt z. B. eine durch Druck doppelbrechend gemachte Spiegelglasplatte, bei der dann die Hauptkomponenten parallel und senkrecht zur Druckrichtung liegen und erstere die größere Geschwindigkeit besitzt.

Die für den Sénarmontschen Kompensator erforderlichen $\lambda/4$-Blättchen werden meist aus Glimmer, Gips oder parallel zur optischen Achse geschnittenem Quarz angefertigt; Methoden zur Herstellung von $\lambda/4$-Blättchen, sowie zur Feststellung der Frequenz, für welche ein (ungefähres) $\lambda/4$-Blättchen

[1]) H. de Sénarmont, Ann. chim. phys. (2) Bd. 73, S. 337. 1840.
[2]) G. Friedel, C. R. Bd. 116, S. 272. 1893; Bull. soc. minéral. Bd. 16, S. 19. 1893.
[3]) A. Cotton u. H. Mouton, Ann. chim. phys. (8) Bd. 11, S. 158. 1907.

die exakte Phasendifferenz $\pi/2$ besitzt, sind von RIGHI[1]), COTTON und MOUTON[2]), CHAUMONT[3]), BERGHOLM[4]) und WEDENEEWA[5]) angegeben worden.

Um den SÉNARMONTschen Kompensator für einen größeren Spektralbereich benutzen zu können, muß man ein $\lambda/4$-Blättchen besitzen, dessen Phasendifferenz von der Frequenz unabhängig ist. OXLEY[6]) benutzte eine Vorrichtung nach Art des FRESNELschen Parallelepipeds[7]), bei dem die gewünschte Phasendifferenz $\pi/2$ zwischen parallel und senkrecht zur Einfallsebene liegenden Komponenten durch zweimalige Totalreflexion an den Begrenzungsflächen eines Parallelepipeds aus Glas hervorgerufen wird; BRACE[8]) und PERUCCA[9]) stellten nahezu achromatische $\lambda/4$-Blättchen durch Kombination zweier geeigneter Kristallplatten (z. B. einer Gips- und einer Glimmerplatte) her, die mit ihren entsprechenden Hauptschwingungsrichtungen gekreuzt übereinander gelegt wurden.

Der SÉNARMONTsche Kompensator besitzt in seiner ursprünglichen Form nur ziemlich geringe Meßgenauigkeit; dieselbe beträgt, bei hinreichender Intensität der benutzten Lichtquelle, etwa $\pm 5 \cdot 10^{-3} \cdot 2\pi$.

17. Halbschattenvorrichtung für den SÉNARMONTschen Kompensator. Eine erhebliche Steigerung der Meßgenauigkeit läßt sich erzielen durch Anwendung der Halbschattenmethode (Ziff. 7).

Bei der Halbschattenvorrichtung von CHAUVIN[10]) befindet sich zwischen Polarisator und Analysator ein mit dem letzteren fest verbundenes, nur das halbe Gesichtsfeld bedeckendes $\lambda/2$-Blättchen; Analysator und $\lambda/2$-Blättchen sind an einem Teilkreise gemeinsam drehbar angeordnet.

Es sei ζ das Azimut der Schwingungsrichtung der aus dem $\lambda/4$-Blättchen des SÉNARMONTschen Kompensators austretenden, linear polarisierten Welle; σ sei das Azimut des Analysators, $\varepsilon \, (\varepsilon < \pi/2)$ der Winkel zwischen der Schwingungsrichtung des Analysators und der einen Hauptschwingungsrichtung des $\lambda/2$-Blättchens. Da die Schwingungsrichtung der auf das $\lambda/2$-Blättchen fallenden, linear polarisierten Welle nach dem Durchgang um den Winkel $2(\sigma - \zeta + \varepsilon)$ gedreht erscheint (Ziff. 4δ), so sind ihre Azimute in den beiden Gesichtsfeldhälften beim Eintritt in den Analysator ζ und $2(\sigma + \varepsilon) - \zeta$; die Intensitäten der beiden Gesichtsfeldhälften ergeben sich daher gemäß (22) zu

$$J' = \frac{a^2}{2}\cos^2\zeta\,, \qquad J'' = \frac{a^2}{2}\cos^2(2(\sigma + \varepsilon) - \zeta)\,; \qquad (48)$$

sie werden gleich, d. h. man hat Halbschattenstellung (Ziff. 7), wenn

$$\sigma = \zeta - \varepsilon \qquad (49)$$

ist, d. h. wenn die eine Hauptschwingungsrichtung des $\lambda/2$-Blättchens parallel zur Schwingungsrichtung der auffallenden Welle liegt.

Befindet sich kein doppelbrechendes Medium zwischen Polarisator und $\lambda/4$-Blättchen, so ist $\zeta = 0$ und man hat Halbschattenstellung bei dem Analysatorazimut

$$\sigma = -\varepsilon\,. \qquad (50)$$

[1]) A. RIGHI, Atti dei Lincei, Classe di sc. fis., mat. e nat. Jg. 289 (5) Bd. 1, S. 189. 1892.
[2]) A. COTTON u. H. MOUTON, Ann. chim. phys. (8) Bd. 20, S. 275. 1910.
[3]) L. CHAUMONT, C. R. Bd. 154, S. 271. 1912.
[4]) C. BERGHOLM, Ann. d. Phys. (4) Bd. 44, S. 1057. 1914; Uppsala Univ. Årsskr. 1915, Bd. 1, Matem. och Naturv. S. 20.
[5]) S. WEDENEEWA, Ann. d. Phys. (4) Bd. 72, S. 138. 1923.
[6]) A. E. OXLEY, Chem. News Bd. 102, S. 189. 1910; Phil. Mag. (6) Bd. 21, S. 517. 1911.
[7]) A. FRESNEL, Ann. chim. phys. (2) Bd. 29, S. 185. 1825; Oeuvr. compl. Bd. 1, S. 760. Paris 1866.
[8]) D. B. BRACE, Phil. Mag. (5) Bd. 48, S. 345. 1899.
[9]) E. PERUCCA, Atti di Torino Bd. 54, S. 1013. 1919.
[10]) CHAUVIN, Ann. de Toulouse Bd. 3 (J) S. 28. 1889; Journ. de phys. (2) Bd. 9, S. 21. 1890.

Ist p_0 die der Halbschattenstellung (50), p_1 die der Halbschattenstellung (49) entsprechende Analysatorteilkreisablesung, so folgt aus (47), (49) und (50) wieder

$$\pm \varDelta = 2\,(p_1 - p_0)\,.$$

Das Meßverfahren bleibt somit bei Benutzung der Chauvinschen Halbschattenvorrichtung ungeändert, nur treten an Stelle der Einstellungen auf Dunkel die entsprechenden Halbschatteneinstellungen.

Die Methode ist, wie Cotton und Mouton[1]) gezeigt haben, auch noch zu gebrauchen, wenn die Phasendifferenz des $\lambda/4$-Blättchens von $\pi/2$ verschieden ist; beträgt sie $\dfrac{\pi}{2} + \omega$, so ist die aus dem Sénarmontschen Kompensator austretende Welle schwach elliptisch polarisiert und $p_1 - p_0$ liefert das Azimut $\varDelta'$ der großen Ellipsenachse. Aus (6) ergibt sich unmittelbar $\mathrm{tg}\,2\varDelta = \dfrac{\mathrm{tg}\,2\varDelta'}{\cos\omega}$; ω ist erforderlichenfalls gesondert zu bestimmen.

Aus (39) und (48) folgt, daß die Halbschattenempfindlichkeit um so größer wird, je kleiner ε ist; um sie variieren zu können, muß das $\lambda/2$-Blättchen in seiner Ebene innerhalb gewisser Grenzen drehbar angeordnet sein. Geringe Abweichungen der Phasendifferenz des $\lambda/2$-Blättchens von π sind belanglos[2]).

An Stelle des mit dem Analysatornikol verbundenen $\lambda/2$-Blättchens kann auch ein Lippichsches Halbprisma (s. Kap. 24 ds. Bandes) oder eine Halbschattenplatte von Nakamura (Ziff. 13) benutzt werden.

Die Halbschattenvorrichtung von Chauvin ist von Cotton und Mouton[3]) zu großer Vollkommenheit ausgebildet worden; in Verbindung mit ihr besitzt der Sénarmontsche Kompensator unter günstigen Bedingungen eine Meßgenauigkeit von $5 \cdot 10^{-5} \cdot 2\pi$.

Bei dieser gesteigerten Meßgenauigkeit ist zu beachten, daß in den Analysator nicht nur die durch das $\lambda/4$-Blättchen hindurchgehenden, sondern **auch die an seinen Begrenzungsflächen mehrfach reflektierten Wellen** gelangen, die das Beobachtungsergebnis unter Umständen erheblich beeinflussen können[4]); man beseitigt diese Fehlerquelle nach Chaumont[5]), indem man das $\lambda/4$-Blättchen in einen schwach prismatischen Trog bringt, und diesen mit einer Flüssigkeit füllt, deren Brechungsindex mit dem mittleren Brechungsindex des $\lambda/4$-Blättchens ungefähr übereinstimmt.

18. Babinetscher Kompensator. Der Babinetsche Kompensator besteht aus zwei Quarzkeilen K_1 und K_2 mit gleichen Winkeln, die mit parallel liegenden Keilkanten und entgegengerichteten Keilwinkeln hintereinander gestellt sind, so daß sie sich zu einer planparallelen Platte ergänzen (Abb. 6). Die optische Achse liegt in den Keilen parallel zur äußeren Begrenzungsfläche und in dem einen Keil parallel, in dem anderen senkrecht zur Keilkante. Bei einer normal zu den äußeren Begrenzungsflächen auffallenden ebenen, linear polarisierten Welle liegt die eine Hauptkomponente parallel zur optischen Achse, die entsprechenden Hauptschwingungsrichtungen der

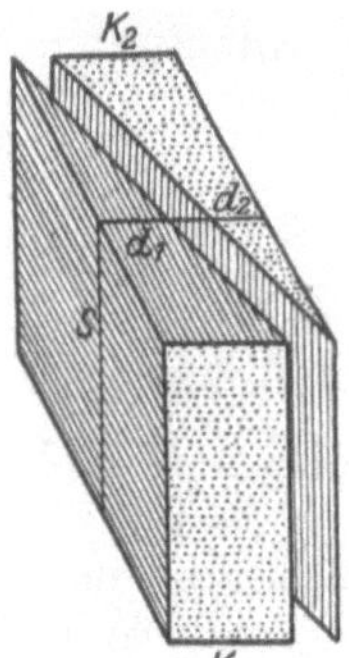

Abb. 6. Babinetscher Kompensator. Die Schraffierung bzw. Punktierung gibt die Lage der optischen Achse an.

[1]) A. Cotton u. H. Mouton, Ann. chim. phys. (8) Bd. 20, S. 276. 1911.
[2]) A. Cotton u. H. Mouton, Ann. chim. phys. (8) Bd. 20, S. 281. 1911.
[3]) A. Cotton u. H. Mouton, Ann. chim. phys. (8) Bd. 11, S. 155, 290. 1907; Bd. 19, S. 158. 1910; Journ. de phys. (5) Bd. 1, S. 8. 1911.
[4]) R. Dongier, C. R. Bd. 122, S. 306. 1896; Ann. chim. phys. (7) Bd. 14, S. 475. 1898; vgl. auch M. Berek, Ann. d. Phys. (4) Bd. 58, S. 192. 1919.
[5]) L. Chaumont, C. R. Bd. 154, S. 272. 1912; Ann. de phys. (9) Bd. 4, S. 193. 1915.

beiden Keile sind somit senkrecht zueinander orientiert[1]); dabei ist die senkrecht zur optischen Achse schwingende Hauptkomponente die schnellere.

Wir legen einen Schnitt S parallel zu den Keilkanten und senkrecht zu den äußeren Begrenzungsflächen. Sind d_1 und d_2 die Dicken, δ_1 und δ_2 die Phasendifferenzen der beiden Keile in der Schnittebene, so ist nach (24)

$$\delta_1 = \nu\left(\frac{d_1}{q_v} - \frac{d_1}{q_u}\right), \qquad \delta_2 = \nu\left(\frac{d_2}{q_v} - \frac{d_2}{q_u}\right).$$

Da die Hauptschwingungsrichtungen der Keile gekreuzt sind, ist die resultierende Phasendifferenz δ in der Schnittebene S (Ziff. 6)

$$\delta = \delta_1 - \delta_2 = \nu\,(d_1 - d_2)\left(\frac{1}{q_v} - \frac{1}{q_u}\right). \tag{51}$$

Durch Änderung der Dickendifferenz $d_1 - d_2$ läßt sich daher in der Ebene S jede beliebige resultierende Phasendifferenz δ herstellen; um $d_1 - d_2$ variieren zu können, ist der eine Keil fest, der andere (mittels einer mit geteilter Trommel versehenen Mikrometerschraube) senkrecht zur Keilkante verschiebbar angeordnet.

Die durch (51) bestimmte Phasendifferenz des Kompensators ist unter der nicht realisierbaren Voraussetzung gewonnen, daß die auffallende Welle an den Begrenzungsflächen der Keile keine Reflexionen erleidet. Berücksichtigt man diese, so ergibt sich, wie Voigt[2]) gezeigt hat, für die rechte Seite von (51) ein additives Zusatzglied, das um so unwirksamer wird, je größer man die Keildicken und den Keilabstand wählt.

Bringt man den Kompensator im Azimut ϱ zwischen gekreuzte Nikols, so ist die Intensität der aus dem Analysator austretenden Welle in der Ebene S durch (32) bestimmt, wobei δ durch (51) gegeben ist.

Aus (51) und (32) ergibt sich, daß ein System paralleler, äquidistanter dunkler Interferenzstreifen entsteht, die von hellen Streifen getrennt sind und am deutlichsten in dem Raume unmittelbar hinter dem Kompensator auftreten[3]); die Stellen geringster Intensität $J_{\min}$ sind bestimmt durch

$$\delta = \pm 2k\pi, \qquad (k = 0, 1, 2, \ldots)$$

die Stellen größter Intensität $J_{\max}$ durch

$$\delta = \pm(1 + 2k)\pi. \qquad (k = 0, 1, 2, \ldots)$$

Die Intensitätsunterschiede zwischen den dunkelsten und hellsten Stellen ergeben sich somit zu

$$J_{\max} - J_{\min} = \frac{a^2}{2}\sin^2 2\varrho,$$

und werden am größten, wenn $\varrho = \pm\dfrac{\pi}{4}$ ist.

Es ist daher am zweckmäßigsten, den Kompensator im Azimut $\pi/4$ zwischen die gekreuzten Nikols zu bringen; bei dieser Anordnung sind auch die Fehler, welche durch mangelhafte gegenseitige Justierung der Keile entstehen, am geringsten[4]).

---

[1]) Über Verfahren zur Justierung der Keile vgl. R. Sissingh, Arch. Néerland. Bd. 20, S. 171. 1886; C. A. Reeser u. R. Sissingh, Versl. Akad. Amsterdam Bd. 30, S. 145. 1922; J. J. Haak, Arch. Néerland. (3 A) Bd. 6, S. 205. 1923; C. A. Reeser, ebenda Bd. 6, S. 225. 1923; Bd. 7, S. 1. 1924; J. Th. Groosmuller, ebenda Bd. 8, S. 1. 1925; ZS. f. Instrkde. Bd. 46, S. 198. 1926.

[2]) W. Voigt, Wied. Ann. Bd. 22, S. 226. 1884.

[3]) K. E. F. Schmidt, Wied. Ann. Bd. 35, S. 360. 1888; J. Macé de Lépinay, Journ. de phys. (2) Bd. 10, S. 204. 1891.

[4]) K. E. F. Schmidt, ZS. f. Instrkde. Bd. 11, S. 441. 1891.

Die Einstellung erfolgt in der Weise, daß mittels einer Lupe oder eines Fernrohres die durch eine Marke (Faden oder verstellbarer Spalt) festgelegte Mitte des feststehenden Keiles anvisiert wird. Durch Verschieben des verstellbaren Keiles bringt man einen dunkeln Interferenzstreifen auf die Marke, an deren Stelle die Phasendifferenz des Keilpaares dann

$$\delta_0 = 2k\pi \tag{52}$$

beträgt.

Wird nun eine planparallele Schicht eines doppelbrechenden Mediums mit der unbekannten Phasendifferenz $\varDelta$ ebenfalls im Azimut $\pi/4$ zwischen Polarisator und Analysator gebracht[1]), so ist die resultierende Phasendifferenz an der Stelle der Marke $\varDelta + \delta_0$ (Ziff. 6); der anvisierte dunkle Interferenzstreifen ändert seine Lage in bezug auf die Marke, und um ihn wieder an die ursprüngliche Stelle zu bringen, muß der bewegliche Keil durch Drehen der Trommel verschoben werden, bis die Phasendifferenz δ des Kompensators an der Stelle der Marke der Bedingung genügt

$$\delta + \varDelta = 2k\pi \tag{53}$$

Aus (52) und (53) ergibt sich für die unbekannte Phasendifferenz $\varDelta$ die Beziehung

$$\varDelta + (\delta - \delta_0) = 0 \, ;$$

$\varDelta$ ist somit bestimmt, falls die der Trommelverschiebung entsprechende Änderung der Phasendifferenz $\delta - \delta_0$ bekannt ist.

Da die Beobachtung bei gekreuzten Nikols erfolgt, ist es gleichgültig, in welcher Reihenfolge Kompensator und zu untersuchendes Medium zwischen Polarisator und Analysator gebracht werden (Ziff. 6).

Die Auswertung eines Trommelteiles in Phasendifferenzen erfolgt in der Weise, daß man (bei alleinigem Vorhandensein des Kompensators) durch Drehen der Trommel einen Interferenzstreifen auf die Marke bringt und die Trommeleinstellung p_0 feststellt; eine solche Einstellung bezeichnen wir als Nullstellung. Hierauf geht man durch Weiterdrehen der Trommel zur nächsten Nullstellung über und liest die dieser entsprechende Trommeleinstellung p_1 ab. Zum Trommelunterschied $p_1 - p_0$ (einschließlich der ganzen Umdrehungen) gehört die Phasendifferenz $\pm 2\pi$ und die durch Verschiebung um einen Trommelteil hervorgerufene Änderung der Phasendifferenz ist

$$m = \pm \frac{2\pi}{p_1 - p_0} \cdot$$

Wird die Trommel auf den Teilstrich p eingestellt, so entspricht der Trommelverschiebung $p - p_0$ die Änderung der Phasendifferenz

$$\delta - \delta_0 = m (p - p_0) \, ;$$

das Vorzeichen bestimmt sich aus der Orientierung der optischen Achse in den Keilen und der Richtung, in welcher der bewegliche Keil verschoben wurde.

In (51) hängen q_u und q_v wegen der Dispersion der Doppelbrechung des Quarzes (Ziff. 4) von der Frequenz des benutzten monochromatischen Lichtes ab und gleiches gilt somit für den Wert eines Trommelteils m, sowie für die Nullstellungen (mit Ausnahme der $k = 0$ entsprechenden); ist der Wert eines

---

[1]) Über die durch ungenaue Orientierung des Kompensators und der zu untersuchenden Schicht auftretenden Fehler vgl. R. Hennig, Göttinger Nachr. 1887, S. 373; H. Joachim, N. Jahrb. f. Min. Beil. Bd. 21, S. 580. 1906; M. Berek, Centralbl. f. Min. 1913, S. 464; Ann. d. Phys. (4) Bd. 58, S. 186. 1919.

Trommelteils für eine bestimmte Frequenz ermittelt, so kann man ihn für jede andere Frequenz mit Hilfe der bekannten Dispersion der Doppelbrechung des Quarzes berechnen[1]).

Der ganzzahlige Faktor k in (52) bleibt unbestimmt. Um die (von der Frequenz unabhängige) absolute Nullstellung zu ermitteln (d. h. denjenigen Interferenzstreifen, für den $k = 0$ ist) benutzt man weißes Licht; es tritt dann nur ein einziger ganz dunkler Interferenzstreifen auf, bei dem für sämtliche Frequenzen $\delta_0 = 0$ ist, während die übrigen Streifen gefärbt erscheinen, da wegen der Dispersion der Doppelbrechung des Quarzes an keiner anderen Stelle sämtliche Frequenzen zugleich ausgelöscht sind.

Die Empfindlichkeit des Kompensators hängt vom Keilwinkel Φ ab; versteht man unter l die durch Drehung um einen Trommelteil hervorgerufene Keilverschiebung, λ die Wellenlänge des auffallenden Lichtes, n_u und n_v die Brechungsindizes des Quarzes, so entspricht dieser Trommeldrehung nach (24) und (51) die Phasendifferenz

$$\overline{\delta} = 2\pi l \operatorname{tg} \Phi \frac{n_v - n_u}{\lambda}.$$

$\overline{\delta}$ ist um so kleiner, d. h. die Empfindlichkeit wird um so größer, je kleiner Φ ist; bei zu kleinen Keilwinkeln werden jedoch die Interferenzstreifen zu breit, um eine genaue Einstellung zu ermöglichen[2]). Die vorteilhafteste Größe der Keilwinkel beträgt etwa 30' für mittleren Spektralbereich.

Der BABINETsche Kompensator besitzt, je nach der Größe der Keilwinkel und den Beleuchtungsverhältnissen, eine Meßgenauigkeit von $7 \cdot 10^{-3} \cdot 2\pi$ bis $1 \cdot 10^{-3} \cdot 2\pi$[3]). Sie läßt sich nach CHRUSTSCHOFF[4]) auf etwa das 5fache steigern, wenn man das Keilpaar senkrecht zur Keilkante durchschneidet und die auf diese Weise entstandenen beiden Keilpaare, um 180° gegeneinander gedreht, wieder zusammenfügt. Sind die Keile des einen Keilpaares fest, die des anderen gleichzeitig in entgegengesetztem Sinne verschiebbar, so wandern die Interferenzstreifen in den beiden Hälften nach entgegengesetzten Richtungen; an Stelle der Einstellung eines Interferenzstreifens auf eine Marke tritt ein Einstellen auf Zusammenfallen der beiden in den beiden Hälften in entgegengesetztem Sinne verschobenen Interferenzstreifen.

Der BABINETsche Kompensator ist zuerst von JAMIN[5]) zu einem für die Messung von Phasendifferenzen geeigneten Instrument ausgebaut worden; er wurde früher viel benutzt, ist aber in neuerer Zeit durch andere Kompensatoren verdrängt worden, die ihm an Meßgenauigkeit erheblich überlegen sind und in Ziff. 20 besprochen werden.

19. SOLEILscher Kompensator. Der SOLEILsche Kompensator[6]) besitzt, im Gegensatz zum BABINETschen Kompensator, im ganzen Gesichtsfelde gleiche

---

[1]) F. BILLET, Traité d'optique physique, Bd. 2, S. 32. Paris 1859; W. KÖNIG, Wied. Ann. Bd. 17, S. 1018. 1882; vgl. auch F. BECKE, Tschermaks mineral. petrogr. Mitt. Bd. 22, S. 378. 1903; V. DE SOUZA-BRANDÃO, Centralbl. f. Min. 1905, S. 23.

[2]) Die Dunkelheit und Schärfe der Interferenzstreifen läßt sich verbessern, indem man in die Brennebene des Beobachtungsfernrohres einen Spalt stellt, welcher dem an den Begrenzungsflächen der Kompensatorkeile mehrfach reflektierten Lichte den Eintritt in das Fernrohr unmöglich macht. Vgl. C. A. REESER, Versl. Akad. Amsterdam Bd. 30, S. 145. 1921; Arch. Néerland. (3) Bd. 6, S. 225. 1923.

[3]) G. QUINCKE, Pogg. Ann. Bd. 127, S. 210. 1866; K. E. F. SCHMIDT, ZS. f. Instrkde. Bd. 11, S. 443. 1891; C. K. EDMUNDS, Phys. Rev. Bd. 18, S. 205. 1904.

[4]) K. v. CHRUSTSCHOFF, ZS. f. Krist. Bd. 30, S. 389. 1899.

[5]) J. JAMIN, Ann. chim. phys. (3) Bd. 29, S. 271. 1850.

[6]) A. BRAVAIS, C. R. Bd. 32, S. 115. 1851; Ann. chim. phys. (3) Bd. 43, S. 140. 1855. Über die Geschichte des Instruments vgl. E. MASCART, Traité d'optique Bd. 2, S. 61. Paris 1891.

Intensität. Er besteht aus einer parallel zur optischen Achse geschnittenen planparallelen Quarzplatte P (Abb. 7) und aus zwei gleichwinkligen Quarzkeilen K_1, K_2, welche sich zusammen zu einer zweiten planparallelen Platte ergänzen. Die optische Achse ist in beiden Keilen gleich orientiert (parallel zu den

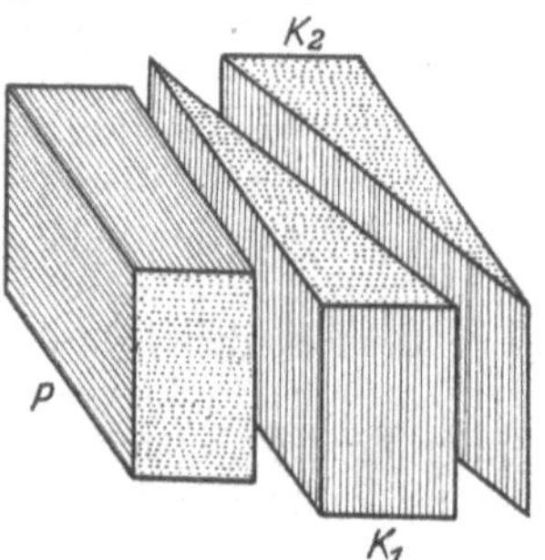

Abb. 7. Soleilscher Kompensator. Die Schraffierung bzw. Punktierung gibt die Lage der optischen Achse an.

äußeren Begrenzungsflächen, und entweder parallel oder senkrecht zu den Keilkanten) und liegt senkrecht zur optischen Achse der planparallelen Platte. Der eine der beiden Keile kann mittels einer (mit geteilter Trommel versehenen) Mikrometerschraube verschoben werden; hierdurch läßt sich die Dicke der von den beiden Keilen gebildeten planparallelen Platte variieren.

Der Soleilsche Kompensator wird, wie der Babinetsche Kompensator, im Azimut $\pi/4$ zwischen gekreuzten Nikols senkrecht zur Normale der aus dem Polarisator austretenden ebenen Welle gebracht[1]).

Die in Ziff. 18 bei der Besprechung des Babinetschen Kompensators für eine einzelne, senkrecht zu den äußeren Begrenzungsflächen gelegte Schnittebene angestellten Betrachtungen gelten beim Soleilschen Kompensator für das ganze Gesichtsfeld; die Nullstellungen sind dadurch gekennzeichnet, daß das homogene Gesichtsfeld völlig dunkel ist.

Die Beobachtung erfolgt mit Hilfe eines auf unendlich eingestellten Fernrohres. Die Ausführungen in Ziff. 18 zur Messung einer unbekannten Phasendifferenz und zur Auswertung eines Trommelteiles übertragen sich sinngemäß. An Stelle der Einstellung auf einen Interferenzstreifen tritt die Einstellung auf völlige Dunkelheit des Gesichtsfeldes; dem Trommelunterschied $p_1 - p_0$ zwischen zwei aufeinanderfolgenden Nullstellungen p_0 und p_1 entspricht wieder die Änderung der Phasendifferenz um $\pm 2\pi$.

Die Meßgenauigkeit liegt innerhalb derselben Grenzen wie die des Babinetschen Kompensators. Die Empfindlichkeit nimmt auch hier mit abnehmenden Keilwinkeln zu, wobei die Meßgenauigkeit jedoch bei kleinen Keilwinkeln wieder geringer wird, da dann eine beträchtliche Drehung der Trommel aus der Dunkelstellung heraus erforderlich ist, um eine merkliche Aufhellung des Gesichtsfeldes zu erzielen. Eine Steigerung der Meßgenauigkeit auf etwa das 4fache gelingt, indem man nach Heinrich[2]) zwischen Kompensator und Analysator eine geeignet gestellte Savartsche Platte[3]) bringt. Die sonst auftretenden geradlinigen dunkeln Interferenzstreifen verschwinden nur dann,

---

[1]) Über die Orientierung des Kompensators senkrecht zur Normale der auffallenden Welle vgl. P. Drude, Wied. Ann. Bd. 34, S. 491. 1888; O. Reeb, Ann. d. Phys. (4) Bd. 71, S. 438. 1923.

[2]) K. Heinrich, Leipziger Ber. Bd. 62, S. 253. 1910; eine ähnliche Anordnung hat schon früher Th. des Coudres vorgeschlagen. (Über die Reflexion polarisierten Lichtes an Quecksilber, S. 28. Dissert. Berlin 1887).

[3]) Die Savartsche Platte besteht aus zwei gleich dicken, unter nahezu 45° zur optischen Achse geschnittenen übereinander liegenden Quarz- oder Kalkspatplatten; die Hauptschnitte der Platten, d. h. die durch die Plattennormale und die optischen Achsen gelegten Ebenen, stehen senkrecht zueinander. Läßt man eine monochromatische, linear polarisierte Welle auffallen und beobachtet durch einen Analysator, dessen Schwingungsrichtung den von den beiden Hauptschnitten der Platten gebildeten Winkel halbiert, so sieht man ein System paralleler dunkler Interferenzstreifen, welche in den vier Lagen verschwinden, in denen die Schwingungsrichtung der auffallenden Welle zu einem der Hauptschnitte der Platte parallel liegt. Vgl. hierzu die Ausführungen im Abschnitt „Kristalloptik" in Bd. XX dieses Handbuches.

wenn die aus dem Kompensator austretende Welle vollständig linear polarisiert ist, d. h. die Bedingung (52) bzw. (53) erfüllt ist, und kommen bei Abweichungen aus diesen kompensierenden Stellen wieder zum Vorschein[1]).

Eine beträchtlich größere Meßgenauigkeit kann jedoch, namentlich bei kleinen Keilwinkeln, nur durch Anwendung einer Halbschattenvorrichtung (Ziff. 7) erreicht werden.

20. Halbschattenvorrichtungen für den SOLEILschen Kompensator. Als erster hat BRAVAIS[2]) seine Halbschattenplatte (Ziff. 12) als Halbschattenvorrichtung für den SOLEILschen Kompensator benutzt, doch ist sein Verfahren in Vergessenheit geraten. Auch die später beschriebenen Halbschattenvorrichtungen von ZEHNDER[3]), BIERNACKI[4]), ZAKRZEWSKI[5]) und KOENIGSBERGER[6]) sind jetzt überholt, da bei ihnen die Halbschattenempfindlichkeit (Ziff. 7) nicht variiert werden kann; ihre Meßgenauigkeit hängt (unter sonst gleichen Umständen) von der Frequenz des benutzten Lichtes ab, und wenn eine dieser Vorrichtungen für monochromatisches Licht bestimmter Intensität größte Halbschattenempfindlichkeit besitzt, so ist sie für andere Intensitäten und Frequenzen weniger empfindlich.

Eine Halbschattenvorrichtung variabler Empfindlichkeit hat SZIVESSY[7]) angegeben; dieselbe besteht aus zwei Quarzplatten und vier Quarzkeilen mit bestimmter Orientierung der optischen Achsen, die so kombiniert sind, daß sie zusammen eine BRAVAISsche Halbschattenplatte von variierbarer Dicke ergeben. Da die Anordnung, um ganz störungsfrei zu sein, eine sehr exakte Schleifarbeit und Justierung erforderlich macht, wurde sie später von SZIVESSY[8]) durch eine erheblich einfachere und leichter herstellbare ersetzt, die ebenfalls regulierbare Empfindlichkeit besitzt und allen Anforderungen angepaßt werden kann.

Dieselbe besteht aus einer dünnen, planparallelen, doppelbrechenden Platte, der Halbschattenplatte, welche nur das halbe Gesichtsfeld bedeckt und in ihrer Ebene gedreht werden kann. Halbschattenplatte und SOLEILscher Kompensator befinden sich zwischen gekreuzten Nikols. Das Azimut des SOLEILschen Kompensators sei $\pi/4$, das Azimut der Halbschattenplatte ϱ; ist δ die resultierende Phasendifferenz des SOLEILschen Kompensators, ϑ die Phasendifferenz der Halbschattenplatte, so erhält man für die Intensität J' der von der Halbschattenplatte nicht bedeckten Gesichtsfeldhälfte nach (32) $\left(\varrho = \dfrac{\pi}{4}\right)$

$$J' = \frac{a^2}{2} \sin^2 \frac{\delta}{2} \tag{54}$$

---

[1]) Die Einstellungsmethode läßt sich verfeinern durch Verwendung einer SAVARTschen Platte mit nicht streng rechtwinklig gekreuzten Hauptschnitten; im Augenblick des Verschwindens des gewöhnlichen Interferenzstreifensystems tritt dann ein zweites, gegen das erstere unter 45° geneigtes auf. Vgl. H. HAUSCHILD, Ann. d. Phys. (4) Bd. 63, S. 819. 1920.

[2]) A. BRAVAIS, C. R. Bd. 32, S. 115. 1851; Ann. chim. phys. (3) Bd. 43, S. 142. 1855.

[3]) L. ZEHNDER, Verh. d. D. Phys. Ges. Bd. 6, S. 337. 1904; Ann. d. Phys. (4) Bd. 26, S. 985. 1908.

[4]) V. BIERNACKI, Ann. d. Phys. (4) Bd. 17, S. 180. 1905.

[5]) C. ZAKRZEWSKI, Krakauer Anzeiger 1907, S. 1016; M. VOLKE, Ann. d. Phys. (4) Bd. 31, S. 622. 1910.

[6]) J. KOENIGSBERGER, Centralbl. f. Min. 1908, S. 729; 1905, S. 246.

[7]) G. SZIVESSY, Verh. d. D. Phys. Ges. Bd. 15, S. 201. 1913; Ann. d. Phys. (4) Bd. 42, S. 555. 1913.

[8]) G. SZIVESSY, Verh. d. D. Phys. Ges. Bd. 21, S. 271. 1919; ZS. f. Phys. Bd. 29, S. 372. 1924.

Die Intensität J'' der von der Halbschattenplatte bedeckten Gesichtsfeldhälfte folgt aus (29), indem $\varrho_1 = \dfrac{\pi}{4}$, $\delta_1 = \delta$, $\varrho_2 = \varrho$, $\delta_2 = \vartheta$ gesetzt wird, zu

$$J'' = \frac{a^2}{2}\left\{\sin^2\frac{\delta}{2} + \left(\sin 2\varrho\,\sin\frac{\vartheta}{2}\right)^2 \right.$$
$$\left. + 2\sin 2\varrho\,\sin\frac{\delta}{2}\sin\frac{\vartheta}{2}\left(\cos\frac{\delta}{2}\cos\frac{\vartheta}{2} - \sin\frac{\delta}{2}\sin\frac{\vartheta}{2}\sin 2\varrho\right)\right\} \tag{55}$$

Die beiden Gesichtsfeldhälften besitzen gleiche Intensität ($J' = J''$) für solche Werte δ_0, die den Bedingungen genügen

$$\sin 2\varrho\,\sin\frac{\vartheta}{2} + 2\sin\frac{\delta_0}{2}\left(\cos\frac{\delta_0}{2}\cos\frac{\vartheta}{2} - \sin\frac{\delta_0}{2}\sin\frac{\vartheta}{2}\sin 2\varrho\right) = 0\,.$$

Hieraus ergibt sich

$$\operatorname{tg}\delta_0 = -\sin 2\varrho\,\operatorname{tg}\frac{\vartheta}{2}\,. \tag{56}$$

Führt man als „wirksame Phasendifferenz" der Halbschattenplatte einen zwischen o und ϑ gelegenen, durch die Beziehung

$$\operatorname{tg}\frac{\overline{\vartheta}}{2} = \sin 2\varrho\,\operatorname{tg}\frac{\vartheta}{2} \tag{57}$$

definierten Winkel $\overline{\vartheta}$ ein, so erhält man für die **Halbschattenstellungen**, d. h. (Ziff. 7) diejenigen Phasendifferenzen des Kompensators, für welche die beiden Gesichtsfeldhälften gleichdunkel erscheinen, aus (54), (55) und (56) die Beziehung

$$\delta_0 = \pm 2k\pi - \frac{\overline{\vartheta}}{2} \qquad (k = 0, 1, 2, \ldots) \tag{58}$$

Zwischen den Halbschattenstellungen liegen diejenigen Kompensatorstellungen, deren Phasendifferenzen δ_0 durch

$$\delta_0 = \pm(2k+1)\pi - \frac{\overline{\vartheta}}{2} \qquad (k = 0, 1, 2, \ldots)$$

bestimmt sind; bei ihnen besitzen die Gesichtsfeldhälften ebenfalls gleiche Intensität, jedoch maximale Helligkeit. Aus dem in Ziff. 7 angegebenen Grunde werden jedoch bei den Beobachtungen stets die durch (58) bestimmten dunkeln Halbschattenstellungen benutzt.

Aus (58) folgt, daß die Trommelumdrehungen zwischen zwei aufeinanderfolgenden Halbschattenstellungen einer Änderung der Phasendifferenz von $\pm 2\pi$ entsprechen.

Die **Halbschattenempfindlichkeit** (Ziff. 7) ergibt sich aus (39) und (54), (55) und (56) zu

$$h = \left|\operatorname{cotg}\frac{\overline{\vartheta}}{4}\right|;$$

sie wird um so größer, je näher $\overline{\vartheta}/4$ bei $\pm k\pi\,(k = 0, 1, 2, \ldots)$ liegt. Es ist praktisch, $\overline{\vartheta}$ nahe bei o zu wählen, weil dann die Halbschattenstellungen nahe bei den dunkeln Nullstellungen des Soleilschen Kompensators liegen; $\overline{\vartheta}$ läßt sich nach (57) bei gegebener Phasendifferenz ϑ der Halbschattenplatte dadurch herabdrücken, daß man das Azimut ϱ hinreichend klein macht. h hängt von der Frequenz des benutzten Lichtes ab, da gleiches (wegen der Dispersion der Doppelbrechung der Halbschattenplatte) von ϑ und $\overline{\vartheta}$ gilt.

Um die Trennungslinie des Gesichtsfeldes scharf erscheinen zu lassen, empfiehlt es sich, die Halbschattenplatte möglichst dünn zu machen; als Material ist Glimmer besonders geeignet.

Bei den Beobachtungen wird mittels einer Lupe oder eines Fernrohres scharf auf die Trennungslinie der Halbschattenplatte eingestellt. ϑ wird durch geeignete Wahl des Azimuts ϱ ein so kleiner Wert erteilt, daß die Halbschattenempfindlichkeit bei der benutzten Frequenz und der Intensität der zur Verfügung stehenden Lichtquelle möglichst groß wird. Der für den jeweiligen Beobachter günstigste Wert von ϱ ist durch Ausprobieren zu ermitteln.

Es ist gleichgültig, in welcher Reihenfolge Kompensator und Halbschattenplatte zwischen Polarisator und Analysator gebracht werden, da die Beobachtungen bei gekreuzten Nikols erfolgen (Ziff. 5); um bei den Halbschattenstellungen ein möglichst großes Gesichtsfeld zu haben, empfiehlt es sich jedoch, die Halbschattenplatte möglichst nahe an den Analysator zu bringen.

Bei der Messung einer unbekannten Phasendifferenz und der Auswertung eines Trommelteils ist die Handhabung die nämliche, wie die des gewöhnlichen SOLEILschen Kompensators ohne Halbschattenvorrichtung, nur treten an Stelle der Nullstellungen die Halbschattenstellungen.

Die durch die Halbschattenplatte bedingte größere Meßgenauigkeit ermöglicht es, auch empfindlichere Kompensatoren mit kleineren Keilwinkeln zu benutzen[1]). Die Steigerung der Meßgenauigkeit bei Benutzung der Halbschattenplatte beträgt bei Kompensatoren mit mittlerem Keilwinkel von etwa 30′ rund das 15fache; bei kleineren Keilwinkeln ist sie noch erheblicher.

21. BRACEscher Kompensator. Zur Messung kleiner Phasendifferenzen hat BRACE[2]) eine wichtige und in neuerer Zeit viel benutzte Methode angegeben. Beim BRACEschen Kompensator befindet sich zwischen gekreuzten Nikols eine das ganze Gesichtsfeld bedeckende, doppelbrechende Platte mit der Phasendifferenz δ, die das variable Azimut ϱ besitzt; außerdem im festen Azimut $\pi/4$ eine nur das halbe Gesichtsfeld bedeckende doppelbrechende Platte mit der Phasendifferenz ϑ. Erstere Platte heißt die Kompensatorplatte, letztere die Halbschattenplatte.

Die Methode der Messung von Phasendifferenzen mit Hilfe des BRACEschen Kompensators ist von HEBECKER[3]), BERGHOLM[4]) und SZIVESSY[5]) genauer untersucht worden.

Für die Intensität J' der Gesichtsfeldhälfte, die nicht von der Halbschattenplatte bedeckt ist, hat man nach (32)

$$J' = \frac{a^2}{2}\sin^2 2\varrho \sin^2 \frac{\delta}{2} . \tag{59}$$

Um die Intensität J'' der Gesichtsfeldhälfte zu erhalten, die von der Halbschattenplatte bedeckt ist, muß man in (30) $\varrho_1 = \varrho$, $\delta_1 = \delta$, $\varrho_2 = \frac{\pi}{4}$, $\delta_2 = \vartheta$ setzen und erhält

$$J'' = \frac{a^2}{2}\left(\cos^2 2\varrho \sin^2 \frac{\vartheta}{2} + \sin 2\varrho \cos^2\!\left(\varrho - \frac{\pi}{4}\right)\sin^2\frac{\delta+\vartheta}{2} - \sin 2\varrho \sin^2\!\left(\varrho - \frac{\pi}{4}\right)\sin^2\frac{\delta-\vartheta}{2}\right). \tag{60}$$

---

[1]) Über die Prüfung eines SOLEILschen Kompensators mit kleinen Keilwinkeln auf richtige Schleifarbeit und Justierung vgl. J. KOENIGSBERGER, Centralbl. f. Min. 1909, S. 746.

[2]) D. B. BRACE, Phil. Mag. (6) Bd. 7, S. 320. 1904; Phys. Rev. Bd. 18, S. 70. 1904; Bd. 19, S. 218. 1904.

[3]) O. HEBECKER, Der elliptische Halbschattenkompensator von BRACE. Ein Beitrag zur Kenntnis der elliptischen Reflexionspolarisation an durchsichtigen Körpern. Dissert. Göttingen 1912.

[4]) C. BERGHOLM, Ann. d. Phys. (4) Bd. 43, S. 7. 1914; Bd. 44, S. 1053. 1914; Uppsala Univ. Årsskr. 1915, Bd. 1, Matem. och Naturv. S. 5.

[5]) G. SZIVESSY, ZS. f. Phys. Bd. 6, S. 311. 1921.

Für das einer Halbschattenstellung (Ziff. 7) entsprechende Azimut ϱ_0 müssen die beiden Gesichtsfeldhälften gleichdunkel werden ($J' = J''$). Aus (59) und (60) erhält man für ϱ_0 die Bedingungsgleichung

$$\cos^2 2\varrho_0 \sin^2 \frac{\vartheta}{2} + \sin 2\varrho_0 \left(\cos^2 \left(\varrho_0 - \frac{\pi}{4} \right) \sin^2 \frac{\delta + \vartheta}{2} - \sin^2 \left(\varrho - \frac{\pi}{4} \right) \sin^2 \frac{\delta - \vartheta}{2} \right)$$

$$- \sin^2 2\varrho_0 \sin^2 \frac{\delta}{2} = 0 .$$

Ist ϑ klein, so ergibt sich hieraus für das Halbschattenazimut ϱ_0 in erster Annäherung

$$\sin \delta \sin 2\varrho_0 = \frac{\vartheta}{2} \left(1 - \sin^2 \frac{\delta}{2} \sin^2 2\varrho_0 \right).$$

Hierfür kann in den meisten Fällen mit hinreichender Genauigkeit auch

$$\sin \delta \sin 2 \varrho_0 = \frac{\vartheta}{2} \tag{61}$$

geschrieben werden, denn in den Anwendungen ist δ entweder klein oder nahezu gleich $\pi/2$, und im letzteren Falle wird ϱ_0 sehr klein.

Aus (61) folgt, daß δ und ϑ der Ungleichung genügen müssen

$$\vartheta < 2\delta .$$

Wird jetzt eine planparallele Schicht des zu untersuchenden doppelbrechenden Mediums mit der **sehr kleinen Phasendifferenz** $\varDelta$ im Azimut $\pi/4$ zwischen Polarisator und Analysator gebracht, so wird die Intensität in der von der Halbschattenplatte nicht bedeckten Gesichtsfeldhälfte nach (30) ($\varrho_1 = \frac{\pi}{4}$, $\delta_1 = \varDelta$, $\varrho_2 = \varrho$, $\delta_2 = \delta$)

$$J' = \frac{a^2}{2} \left(\cos^2 2\varrho \sin^2 \frac{\varDelta}{2} + \sin 2\varrho \cos^2 \left(\varrho - \frac{\pi}{4} \right) \sin^2 \frac{\varDelta + \delta}{2} - \sin 2\varrho \sin^2 \left(\varrho - \frac{\pi}{4} \right) \sin^2 \frac{\varDelta - \delta}{2} \right).$$

In der von der Halbschattenplatte bedeckten Gesichtsfeldhälfte superponieren sich $\varDelta$ und ϑ (Ziff. 6) und die Intensität ist

$$J'' = \frac{a^2}{2} \left(\cos^2 2\varrho \sin^2 \frac{\varDelta + \vartheta}{2} + \sin 2\varrho \cos^2 \left(\varrho - \frac{\pi}{4} \right) \sin^2 \frac{\varDelta + \delta + \vartheta}{2} \right.$$

$$\left. - \sin 2\varrho \sin^2 \left(\varrho - \frac{\pi}{4} \right) \sin^2 \frac{\varDelta + \vartheta - \delta}{2} \right).$$

Das neue Halbschattenazimut ϱ_0' ergibt sich wieder aus $J' = J''$; begnügt man sich mit derselben Annäherung wie vorhin, so erhält man

$$\sin \delta \sin 2 \varrho_0' = \frac{\vartheta}{2} + \varDelta . \tag{62}$$

Aus (61) und (62) folgt

$$\varDelta = \sin \delta \left(\sin 2\varrho_0' - \sin 2\varrho_0 \right) \tag{63}$$

Die **unbekannte Phasendifferenz** $\varDelta$ läßt sich somit berechnen, falls die Phasendifferenz δ der Kompensatorplatte bekannt ist und die Halbschattenazimute ϱ_0 und ϱ_0' vor und nach Einbringung des zu untersuchenden Mediums bestimmt sind; die Phasendifferenz ϑ der Halbschattenplatte braucht man nicht zu kennen[1].

---

[1] Zwei weitere Methoden zur Messung von $\varDelta$, die auch für größere Phasendifferenzen brauchbar sind, finden sich bei C. Bergholm, Uppsala Univ. Årsskr. 1915, Bd. 1, Matem. och Naturv., S. 15.

Da die Beobachtungen bei gekreuzten Nikols erfolgen, ist es gleichgültig (Ziff. 5), in welcher Reihenfolge das zu untersuchende Medium, Kompensator- und Halbschattenplatte zwischen Polarisator und Analysator gebracht werden; zur Erzielung eines möglichst großen Gesichtsfeldes bringt man jedoch die Halbschattenplatte möglichst nahe an den Analysator. Kompensator- und Halbschattenplatte sind mikrometrisch drehbar an Teilkreisen angebracht; die Beobachtung der Trennungslinie der Halbschattenplatte erfolgt mit Hilfe einer Lupe oder eines Fernrohres.

Die gegen die Schwingungsrichtung des Analysators gezählten Halbschattenazimute $\frac{\pi}{2} - \varrho_0$ und $\frac{\pi}{2} - \varrho_0'$ ändern sich übrigens nicht, wenn bei der angegebenen Anordnung dem Polarisator eine beliebige Drehung erteilt wird[1]). Die gekreuzte Nikolstellung ist aber vorzuziehen, weil dann, wie mit Hilfe von (28) leicht folgt, die Intensität des Gesichtsfeldes am geringsten und somit die Halbschattenempfindlichkeit (Ziff. 7) am größten wird.

Bezüglich der Bestimmung der Halbschattenazimute ϱ_0 bzw. ϱ_0' ist zu bemerken, daß es nach (61) vier Halbschattenazimute gibt, bei welchen die Gesichtsfeldhälften gleich dunkel werden, nämlich

$$\varrho_{01} = \varrho_0, \qquad \varrho_{02} = \frac{\pi}{2} - \varrho_0, \qquad \varrho_{03} = \pi + \varrho_0, \qquad \varrho_{04} = \frac{3\pi}{2} - \varrho_0;$$

man erhält diese Halbschattenazimute nacheinander, indem die Kompensatorplatte stets im selben Sinne in ihrer Ebene weitergedreht wird. Sind p_1, p_2, p_3, p_4 die diesen Azimuten entsprechenden Ablesungen am Teilkreis der Kompensatorplatte, so ist demnach

$$2\varrho_0 = \frac{\pi}{2} - (p_2 - p_1) = (p_3 - p_2) - \frac{\pi}{2} = \frac{\pi}{2} - (p_4 - p_3) = (p_1 - p_4) + \frac{3\pi}{2};$$

die Lagen dieser Azimute in bezug auf die Schwingungsrichtungen des Polarisators P und des Analysators A ergibt sich aus Abb. 8.

Das gesuchte Halbschattenazimut wird somit viermal bestimmt, wenn die Kompensatorplatte in ihrer Ebene einmal herumgedreht wird. Die Ablesungen p_1, p_2, p_3, p_4 müssen dabei den Bedingungen genügen

$$p_2 - p_1 = \pi - (p_3 - p_2) = p_4 - p_3 = -\pi - (p_1 - p_4)$$

und dies liefert ein Kriterium dafür, daß die gegenseitige Orientierung der Platten senkrecht zur Normale der auffallenden Welle richtig ist; ist sie innerhalb der möglichen Beobachtungsfehler nicht streng erfüllt, so ist die Justierung der Nikols und Platten zu berichtigen.

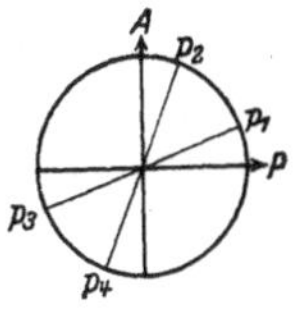

Abb. 8. Halbschattenazimute des BRACEschen Kompensators.

Entsprechendes gilt für die Messung des Halbschattenazimuts ϱ_0' und der zugehörigen Teilkreisablesungen p_1', p_2', p_3', p_4', nachdem die zu untersuchende Platte mit der Phasendifferenz $\varDelta$ eingebracht wurde.

Die Ermittlung des Vorzeichens von $\varDelta$ erfolgt am einfachsten nach dem in Ziff. 16 angegebenen Verfahren.

Die Halbschattenempfindlichkeit des BRACEschen Kompensators ergibt sich aus (39), (59), (60) und (61) in erster Annäherung zu

$$h = 8 \left| \frac{\delta}{\vartheta} \right|;$$

sie wird um so größer, je kleiner ϑ und je größer δ ist; je kleiner ϑ, um so dunkler wird das Gesichtsfeld in den Halbschattenstellungen. Diese werden sich am

---

[1]) C. BERGHOLM, Uppsala Univ. Årsskr. 1915, Bd. 1, Matem. och Naturv., S. 9.

schärfsten ausführen lassen, wenn ϑ möglichst klein und $\delta = \dfrac{\pi}{2}$ gewählt wird, d. h. die Kompensatorplatte ein $\lambda/4$-Blättchen für die benutzte Frequenz ist. Trotzdem pflegt man δ kleiner zu machen, da sonst die Halbschattenazimute ϱ_0 und ϱ_0' nach (63) (wegen der Kleinheit der zu messenden Phasendifferenz $\varDelta$) sehr nahe aneinander zu liegen kommen.

Als Kompensator- und Halbschattenplatten nimmt man meist dünne Glimmerblättchen, an deren Planparallelität sehr hohe Anforderungen gestellt werden müssen. Eine von Bergholm[1]) angegebene Methode zur Herstellung derartiger Glimmerblättchen hat sich nicht immer bewährt; Szivessy[2]) benutzte daher als Kompensatorplatte zwei übereinandergelegte Glimmerblättchen mit wenig verschiedenen Phasendifferenzen δ_1 und δ_2, deren entsprechende Hauptschwingungsrichtungen gekreuzt sind, so daß die resultierende Phasendifferenz $\delta_1 - \delta_2$ ist (Ziff. 6). Es ist zweckmäßig, δ nahezu gleich $2\pi/60$ für mittleren Spektralbereich zu machen. δ ist zu klein, um mit Hilfe einer der üblichen Methoden [z. B. eines Soleilschen Kompensators (Ziff. 19)] hinreichend genau bestimmt werden zu können. Es läßt sich aber für jede einzelne Frequenz in der Weise ermitteln, daß man das Halbschattenazimut ϱ_0 für diese Frequenz bestimmt, dann die Kompensatorplatte mit einer Eichplatte (mit Phasendifferenz $\bar\delta$ möglichst gleich $\pi/2$) auswechselt, und deren Halbschattenazimut $\bar\varrho_0$ feststellt; dann ergibt sich aus (61) $\sin\delta = \sin\bar\delta \cdot \dfrac{\sin 2\bar\varrho_0}{\sin 2\varrho_0}$. $\bar\delta$ kann, da es hinreichend groß ist, auf andere Weise (z. B. mittels eines Soleilschen Kompensators mit Halbschattenvorrichtung, Ziff. 20) gemessen werden.

Die Phasendifferenz ϑ der Halbschattenplatte wird nach Bergholm zwischen etwa $2\pi/150$ und $2\pi/360$ gewählt; die Verwendung einer einzigen Halbschattenplatte ist jedoch für Messungen, die sich auf einen größeren Spektralbereich erstrecken, nicht ausreichend, da ϑ und somit auch die Halbschattenempfindlichkeit mit der Frequenz veränderlich sind.

Um eine Halbschattenplatte mit variierbarer Empfindlichkeit zu erhalten, ersetzte Szivessy das Glimmerblättchen durch ein Glasblättchen und erzeugte die gewünschte Doppelbrechung durch schwache Pressung. Da die Pressungen innerhalb kleiner Grenzen in beliebiger Weise stetig geändert werden können, so gilt das gleiche für die dadurch erzielten, den Deformationen proportionalen Phasendifferenzen. Die Anordnung hat den Nachteil, daß sich eine vollkommen homogene Pressung des Glasblättchens, sowie eine scharfe Trennungslinie nur schwer verwirklichen lassen.

Frei von diesem Mangel ist die Halbschattenplatte variierbarer Empfindlichkeit von Wedeneewa[3]), welche aus einem dünnen, nur das halbe Gesichtsfeld bedeckenden, in seiner Ebene drehbaren Glimmerblättchen besteht. Ist ϑ seine Phasendifferenz, ε sein Azimut, so wirkt es wie eine im festen Azimut $\pi/4$ eingebrachte Halbschattenplatte von der Phasendifferenz

$$\bar\vartheta = \vartheta \sin 2\varepsilon. \tag{64}$$

Durch Änderung von ε läßt sich nach (64) die „wirksame Phasendifferenz" $\bar\vartheta$ der Halbschattenplatte und damit die Empfindlichkeit des Systems beliebig variieren.

Die Meßgenauigkeit des Braceschen Kompensators beträgt nach Bergholm und Szivessy $5 \cdot 10^{-5} \cdot 2\pi$ bis $3 \cdot 10^{-5} \cdot 2\pi$.

[1]) C. Bergholm, Ann. d. Phys. (4) Bd. 44, S. 1053. 1914; Uppsala Univ. Årsskr. 1915, Bd. 1, Matem. och Naturv., S. 11.
[2]) G. Szivessy, ZS. f. Phys. Bd. 6, S. 316. 1921.
[3]) N. Wedeneewa, ZS. f. Instrkde. Bd. 43, S. 17. 1923.

22. RAYLEIGHscher Kompensator. Bei dem RAYLEIGHschen Kompensator kommt die durch Deformation hervorgerufene Doppelbrechung zur Verwendung. Wird ein optisch isotroper Glasbalken schwach gebogen, so bleibt die mechanisch nicht beeinflußte sog. neutrale Mittelschicht isotrop, während zu beiden Seiten derselben mit wachsender Entfernung zunehmende Doppelbrechung von entgegengesetztem Vorzeichen auftritt; die Hauptschwingungsrichtungen liegen bei geringer Durchbiegung parallel und senkrecht zur Druckrichtung.

Der RAYLEIGHsche Kompensator besteht aus einem Glasbalken G (Abb. 9) von rechteckigem Querschnitt, der auf zwei feste Auflagestützen horizontal gelegt und durch geringe Belastung durchgebogen wird. Wir legen die x-Achse in die neutrale Mittelschicht parallel zu einer Längskante des Balkens, die positive y-Achse vertikal nach oben. Zwischen zwei Parallelebenen E_1, E_2, die senkrecht zur x-Achse liegen, kann die geometrische Deformation des Balkens vernachlässigt werden, falls der Abstand der Ebenen hinreichend klein ist. In der Schicht S die im Abstande y parallel zur Mittelschicht liegt, beträgt die Phasendifferenz

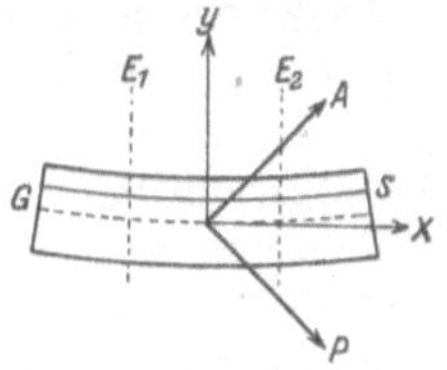

$$\delta = py, \tag{65}$$

Abb. 9. RAYLEIGHscher Kompensator. P Schwingungsrichtung des Polarisators, A Schwingungsrichtung des Analysators. Die durch den Koordinatenanfangspunkt gehende, gestrichelte Linie gibt die neutrale Mittelschicht des Glasbalkens G an.

wobei p der Belastung proportional ist und außerdem von der Frequenz abhängt.

Die Mittelschicht befindet sich im Azimut $\pi/4$ zwischen gekreuztem Polarisator P und Analysator A. Das Gesichtsfeld erscheint dann von einem dunkeln horizontalen Streifen durchzogen, welcher der Lage der neutralen Mittelschicht ($\delta = 0$) entspricht; man stellt auf diesen Streifen z. B. mittels eines kleinen Beobachtungsfernrohrs ein, das ein Okularmikrometer mit vertikaler Teilung besitzt.

Wird jetzt eine planparallele doppelbrechende Schicht mit der unbekannten Phasendifferenz $\varDelta$ parallel zur xy-Ebene im Azimut $\pi/4$ zwischen die Nikols gebracht, so rückt der dunkle Streifen an diejenige Schicht, bei der $\delta + \varDelta = 0$ ist; hieraus und aus (65) folgt

$$\varDelta = -py;$$

$\varDelta$ ist somit bestimmt, falls die Streifenverschiebung y mit Hilfe des Okularmikrometers ausgemessen und die Materialkonstante p bekannt ist. p wird für die einzelnen Frequenzen empirisch bestimmt, indem man an Stelle des zu untersuchenden Körpers eine doppelbrechende Platte von bekannter Phasendifferenz bringt.

Statt die Streifenverschiebung mit Hilfe des Okularmikrometers direkt zu ermitteln, kann man sie auch mit Hilfe eines im Azimut $\pi/4$ befindlichen SOLEILschen Kompensators (Ziff. 19), dessen Keilkanten parallel zur neutralen Schicht liegen, rückgängig machen; befindet sich der SOLEILsche Kompensator ursprünglich in einer Nullstellung, so liefert die erforderliche Trommelverschiebung unmittelbar die gesuchte Phasendifferenz $\varDelta$, ohne daß die Kenntnis von p erforderlich ist.

Der RAYLEIGHsche Kompensator ist zuerst von RAYLEIGH[1]) angegeben und später von ZEEMAN und HOOGENBOOM[2]) zur Messung kleiner Doppelbrechungen benutzt worden.

---

[1]) Lord RAYLEIGH, Phil. Mag. (6) Bd. 4, S. 680. 1902; Scientif. Papers Bd. 5, S. 64. Cambridge 1905.

[2]) P. ZEEMAN u. C. M. HOOGENBOOM, Versl. Akad. Amsterdam Bd. 20, S. 572. 1911; Phys. ZS. Bd. 13, S. 914. 1912.

Durch Änderung der Belastung des Balkens sowie des Abstandes der Auflagestützen läßt sich p und damit die Empfindlichkeit des Kompensators variieren; die Meßgenauigkeit kann nach Zeeman und Hoogenboom bis auf $6 \cdot 10^{-5} \cdot 2\pi$ gebracht werden.

Dieselbe läßt sich noch steigern durch Benutzung einer Halbschattenvorrichtung (Ziff. 7). Bei der Anordnung von de Forest Palmer[1]) besteht diese (ähnlich wie bei der Halbschattenanordnung von Leiser [Ziff. 12]) aus der Halbschattenplatte, einem dünnen Glasstreifen, der nur das halbe Gesichtsfeld bedeckt und durch eine Stahlspiralfeder gedehnt werden kann, und der (an Stelle des Rayleighschen Glasbalkens tretenden) Kompensatorplatte, einem das ganze Gesichtsfeld bedeckenden Glasstreifen von ungefähr derselben Dicke, der sich ebenfalls mit Hilfe einer Stahlspiralfeder dehnen läßt. Die Dehnungsrichtungen der beiden Streifen liegen senkrecht zueinander, die Stärke der Dehnung läßt sich bei beiden durch Mikrometerschrauben regulieren. Halbschatten- und Kompensatorplatte befinden sich mit den Dehnungsrichtungen in den Azimuten $\pi/4$ und $-\pi/4$ zwischen gekreuzten Nikols.

Ist ϑ die Phasendifferenz der Halbschattenplatte, δ die Phasendifferenz der Kompensatorplatte, so sind die resultierenden Phasendifferenzen in den beiden Gesichtsfeldhälften δ und $\delta - \vartheta$ (Ziff. 6); die Intensitäten der beiden Gesichtsfeldhälften werden nach (32) und (35) einander gleich, falls

$$\vartheta = 2\delta \tag{66}$$

ist.

Hat man der Halbschattenplatte eine bestimmte Dehnung erteilt, so läßt sich durch Regulierung der Dehnung der Kompensatorplatte stets die durch (66) bestimmte Halbschattenstellung erreichen.

Wird jetzt eine planparallele Schicht eines doppelbrechenden Mediums mit der unbekannten Phasendifferenz Δ im Azimut $\pi/4$ zwischen die Nikols gebracht, so tritt eine Störung der Halbschattenstellung ein, und die Gesichtsfeldhälften erscheinen verschieden hell. Die resultierenden Phasendifferenzen in den Gesichtsfeldhälften sind jetzt $\Delta + \delta$ und $\Delta + \delta - \vartheta$, und die Bedingung für eine Halbschattenstellung ist

$$\vartheta = 2(\delta + \Delta). \tag{67}$$

Die neue Halbschattenstellung kann nach (67) durch geeignete Änderung von ϑ und δ erzielt werden, indem man den beiden Glasstreifen passende Dehnungen erteilt; es ist zweckmäßig, der Halbschattenplatte eine bestimmte Dehnung zu geben und die Halbschattenstellung nur durch Änderung der Dehnung der Kompensatorplatte zu erreichen.

Um die unbekannte Phasendifferenz Δ aus (67) zu berechnen, müssen δ und ϑ aus den Einstellungen der Mikrometerschrauben entnommen werden können; man eicht die Mikrometerschraube empirisch, etwa mit Hilfe einer der in Ziff. 17, 20 oder 21 beschriebenen Methoden.

Aus (32), (35) und (66) ergibt sich für die Intensität des Gesichtsfeldes in der Halbschattenstellung $\dfrac{a^2}{2}\sin^2\dfrac{\vartheta}{4}$; hieraus folgt mit Hilfe von (39), daß die Halbschattenempfindlichkeit um so größer wird, je kleiner ϑ ist; man erteilt ϑ einen so kleinen Wert, als die Intensität der zur Verfügung stehenden Lichtquelle und die Empfindlichkeit des Auges für die benutzte Frequenz noch zuläßt. Die Meßgenauigkeit beträgt nach de Forest Palmer $5 \cdot 10^{-6} \cdot 2\pi$.

23. Messung der Dispersion einer Phasendifferenz. Handelt es sich darum, bei irgendeiner Erscheinung die Abhängigkeit der Phasendifferenz δ von der

---

[1]) A. de Forest Palmer, Phys. Rev. (2) Bd. 17, S. 409. 1921.

Frequenz ν (z. B. die Dispersion einer Doppelbrechung) zu ermitteln, so kann jede der in den Ziff. 16 bis 22 behandelten Methoden benutzt werden, falls homogene Lichtquellen verschiedener Frequenz zur Verfügung stehen; es wird dann zu jeder bestimmten Frequenz ν der zugehörige Wert der Phasendifferenz δ ermittelt und aus diesen Beobachtungen (durch Interpolation oder graphisch) δ als Funktion von ν dargestellt.

Die in dieser Ziffer zu besprechenden besonderen Anordnungen ermöglichen jedoch, die **Abhängigkeit der Phasendifferenz von der Frequenz im ganzen Spektrum auf einfachere Art festzustellen.**

α) **Methode des BABINETschen Kompensators.** Bei der in Ziff. 18 besprochenen Anordnung wird mit weißem Licht beleuchtet und das aus dem Analysator ausgetretene Licht spektral zerlegt. Die Anordnung wird dabei so getroffen, daß die Keilkanten des Kompensators parallel zur Ausbreitungsrichtung des Spektrums liegen; das Spektrum erscheint dann in seiner ganzen Ausdehnung von dem dunkeln Interferenzstreifen des BABINETschen Kompensators durchzogen. Wird der zu untersuchende doppelbrechende Körper so zwischen die Nikols gebracht, daß seine Hauptschwingungsrichtungen mit den Hauptschwingungsrichtungen des Kompensators zusammenfallen, so verschiebt sich der dunkle Interferenzstreifen, und zwar ungleichmäßig, wenn die Doppelbrechung des Körpers für verschiedene Frequenzen verschieden ist. Aus den Abständen der einzelnen Punkte des verschobenen bzw. deformierten Interferenzstreifens von den entsprechenden Punkten des unverschobenen ergibt sich die Abhängigkeit der Phasendifferenz von der Frequenz, d. h. die Dispersion der Doppelbrechung.

Die Methode des BABINETschen Kompensators ist zuerst von VOIGT[1]) benutzt worden.

β) **Methode des RAYLEIGHschen Kompensators.** In entsprechender Weise wie der BABINETsche Kompensator läßt sich auch der RAYLEIGHsche Kompensator (Ziff. 22) zur Messung der Dispersion der Doppelbrechung verwenden; an Stelle des dunkeln Interferenzstreifens des BABINETschen Kompensators tritt der der neutralen Schicht des deformierten Glasstreifens entsprechende dunkle Streifen. Die Anwendung des RAYLEIGHschen Kompensators zur Untersuchung der Dispersion der Doppelbrechung erfolgte durch ZEEMAN[2]).

γ) **Methode der FIZEAU-FOUCAULTschen Streifen.** Die zu untersuchende doppelbrechende Platte wird im Azimut $\pi/4$ zwischen gekreuzte Nikols gebracht; beleuchtet man mit weißem Licht und zerlegt das aus dem Analysator austretende Licht spektral, so erscheinen im Spektrum die FIZEAU-FOUCAULTschen Streifen (Ziff. 10), die dort auftreten, wo die Phasendifferenz (24)

$$\delta = 2\pi \frac{d}{\lambda}(n_v - n_u) = \pm 2k\pi, \qquad (k = 0, 1, 2, \ldots)$$

d. h.

$$n_v - n_u = \pm \frac{k\lambda}{d}$$

ist. Aus den den FIZEAU-FOUCAULTschen Streifen entsprechenden Wellenlängen λ, der Plattendicke d und den Werten k erhält man die gesuchten Doppel-

---

[1]) W. VOIGT, Göttinger Nachr., 1898, S. 357; Wied. Ann. Bd. 67, S. 360. 1899; über dieselbe Methode vgl. ferner P. ZEEMAN u. J. GEEST, Versl. Akad. Amsterdam Bd. 12, S. 23. 1903; J. GEEST, Phys. ZS. Bd. 6, S. 166. 1905; H. L. BLACKWELL, Proc. Amer. Acad. Bd. 41, S. 652. 1906. Über ein auf demselben Prinzip beruhendes Verfahren zur Messung der Dispersion der Doppelbrechung in Kristallen vgl. C. HLAWATSCH, Tschermaks mineral.-petrogr. Mitt. Bd. 21, S. 107. 1902; F. BECKE, Wiener Denkschr. Bd. 75, 1. Halbbd., S. 60. 1913.
[2]) P. ZEEMAN, Versl. Akad. Amsterdam Bd. 20, S. 734. 1911; Phys. ZS. Bd. 13, S. 531. 1912.

brechungen $n_v - n_u$. Die einzusetzenden Werte k lassen sich angeben, wenn $n_v - n_u$ für **eine** bestimmte Wellenlänge bekannt ist.

Die Methode ist von Ehringhaus[1]) zur Messung der Dispersion der Doppelbrechung von Kristallen benutzt worden.

δ) **Methode der Bravaisschen Halbschattenplatte.** Die Methode der Fizeau-Foucaultschen Streifen läßt sich vervollkommnen bei Benutzung einer Bravaisschen Halbschattenplatte (Ziff. 12); diese befindet sich zwischen gekreuzten Nikols im Azimut $\pi/4$ und wird so auf den Spalt eines Spektrometers projiziert, daß die Trennungslinie der Platte senkrecht zur Spaltrichtung liegt. Läßt man ebene, von einer weißen Lichtquelle kommende Wellen auf den Polarisator fallen, so erscheinen im Spektrum des aus dem Analysator austretenden Lichtes die Fizeau-Foucaultschen Streifen, deren Anzahl von der Plattendicke abhängt. Da sich die Bravaissche Platte in Halbschattenstellung befindet, liegen die Streifen zu beiden Seiten der Trennungslinie an der nämlichen Stelle; dieselben bilden also paarweise je einen einzigen Streifen. Wird jetzt eine doppelbrechende Platte im Azimut $\pi/4$ zwischen die Nikols gebracht, so verschieben sich die Streifen in den beiden Hälften nach entgegengesetzten Richtungen (Ziff. 12). Die Phasendifferenzen derjenigen Wellen, deren Frequenzen den Fizeau-Foucaultschen Streifen entsprechen, werden gemessen, indem man die Streifenverschiebungen mit Hilfe eines im Azimut $\pi/4$ eingeführten Soleilschen Kompensators (Ziff. 19) rückgängig macht.

Die Methode rührt von W. König her und ist von Reeb[2]) ausgearbeitet worden.

24. Kompensatoren für kristallographische Untersuchungen[3]). Die in dieser Ziffer zu behandelnden Kompensatoren sind für kristallographische Untersuchungen bestimmt und werden meist in Verbindung mit dem Polarisationsmikroskop benutzt. Da sie nur geringe Empfindlichkeit und Meßgenauigkeit besitzen, sollen sie hier nur der Vollständigkeit halber kurz erwähnt werden.

Der Kompensator von Michel-Levy[4]) besteht aus einem Quarzkeil, bei dem die optische Achse parallel zur einen Begrenzungsfläche und parallel oder senkrecht zur Keilkante liegt. Der Keil befindet sich zwischen gekreuzten Nikols im Azimut $\pi/4$; die zu untersuchende Kristallplatte mit der unbekannten Phasendifferenz Δ wird so unter den Keil gelegt, daß die entsprechenden Hauptschwingungsrichtungen von Keil und Platte senkrecht zueinander liegen. Besitzt die Platte dieselbe Dispersion der Doppelbrechung wie der Keil, so wird bei Beleuchtung mit weißem Lichte an einer bestimmten Stelle die Phasendifferenz der Platte von der Phasendifferenz des Keiles gerade kompensiert; an dieser Stelle erscheint daher das Gesichtsfeld von einem dunkeln Streifen durchzogen. Ragt der Keil seitlich über die Platte hinaus, so sieht man in der Verlängerung des dunkeln Streifens am Keil diejenige Interferenzfarbe, welche die Platte für sich allein aufweisen würde. Die Ordnung dieser Interferenzfarbe kann festgestellt werden, falls der Keil in eine scharfe Kante ausläuft und die ganze Folge der Interferenzfarben nebeneinander aufweist (Ziff. 10). Aus Tabelle 1

---

[1]) A. Ehringhaus, N. Jahrb. f. Min., Beil. Bd. 41, S. 345. 1917.

[2]) O. Reeb, Ann. d. Phys. (4) Bd. 71, S. 427. 1923. Über das Prinzip der Methode vgl. P. Zeeman, Versl. Akad. Amsterdam Bd. 18, S. 320. 1909; Phys. ZS. Bd. 11, S. 2. 1910.

[3]) Eine zusammenfassende Darstellung der in der Kristallographie gebräuchlichen Methoden findet sich bei F. E. Wright, The methods of petrographic-microscopic research, S. 101. Washington 1911 (Carnegie Instit. of Washington, Publ. Nr. 158) und H. Rosenbusch, Mikroskopische Physiographie der petrographisch wichtigen Mineralien. 5. Aufl. von E. A. Wülfing, Bd. 1, 1. Untersuchungsmethoden S. 566, Stuttgart 1921—1924.

[4]) A. Michel-Levy, Bull. soc. minéral. Bd. 6, S. 143. 1883; R. Fuess, N. Jahrb. f. Min., Beil. Bd. 7, S. 77. 1891.

läßt sich dann die Phasendifferenz der Platte für die Wellenlänge $\lambda = 550\,\mathrm{m}\mu$ entnehmen.

Auf demselben Prinzip beruhen die Keilkompensatoren von CESÀRO[1]), AMANN[2]), v. FEDOROW[3]), LEISS[4]), EVANS[5]), SIEDENTOPF[6]) und WRIGHT[7]).

Wegen der bei den verschiedenen Kristallen stets verschiedenen Dispersion der Doppelbrechung und der Unsicherheit, die der Skala der Interferenzfarben anhaftet (Ziff. 10), ist die Genauigkeit dieser Kompensatoren nur eine sehr beschränkte und für die Ansprüche des Physikers meist nicht ausreichend.

Um die Phasendifferenz der zu untersuchenden Kristallplatte zu kompensieren, kann man an Stelle eines Keiles auch eine doppelbrechende, planparallele Kristallplatte verwenden, die um eine in ihrer Ebene liegende Gerade gedreht werden kann; durch Änderung des Winkels zwischen der festliegenden zu untersuchenden Platte und der drehbaren Kompensatorplatte läßt sich die kompensierende, wirksame Phasendifferenz der letzteren stetig variieren. Auf diesem Prinzip beruht der Quarzkompensator von NIKITIN[8]), der Kalkspatkompensator von BEREK[9]) und der Quarzkompensator von BOISSIER[10]); der BEREKsche Kompensator besitzt bei größeren Phasendifferenzen dieselbe Meßgenauigkeit wie der BABINETsche Kompensator (Ziff. 18) und ist diesem bei kleinen Phasendifferenzen überlegen.

d) Methoden zur Messung von Azimut und Elliptizität der Schwingungsellipse.

25. Allgemeines über die Messung von Azimut und Elliptizität der Schwingungsellipse. Die Aufgabe, eine ebene monochromatische, in bestimmter Richtung fortschreitende, elliptisch polarisierte Welle zu analysieren, ist gelöst, wenn Azimut φ und Elliptizität $\mathrm{tg}\,\psi$ der Schwingungsellipse (Ziff. 1) bestimmt sind.

Die Meßmethoden zerfallen in solche, bei denen φ und $\mathrm{tg}\,\psi$ direkt gemessen werden, ferner in solche, bei welchen Phasendifferenz δ und Amplitudenverhältnis $\mathrm{tg}\,\gamma$ zweier zueinander senkrechter Komponenten ermittelt und hieraus φ und $\mathrm{tg}\,\psi$ mit Hilfe von (6) und (7) berechnet werden, und endlich in solche, bei welchen man φ und δ direkt bestimmt und $\mathrm{tg}\,\psi$ mit Hilfe von (8) berechnet.

Die direkten Methoden zur Bestimmung von φ und $\mathrm{tg}\,\psi$ sind in Ziff. 26 bis 30 besprochen, die indirekten und teilweise direkten werden in Ziff. 31 bis 34 behandelt.

Umgekehrt lassen sich natürlich auch δ und $\mathrm{tg}\,\gamma$ mittels (8) und (9) berechnen, wenn φ und ψ bestimmt sind.

Die Entscheidung, ob die Welle rechts- oder linkselliptisch polarisiert ist, ist in jedem Falle durch besondere Überlegung zu treffen.

Im folgenden sind stets ebene, monochromatische Wellen vorausgesetzt; für die Bezeichnung der Azimute gilt, falls nicht anderes besonders bemerkt wird, das in Ziff. 15 Gesagte.

[1]) G. CESÀRO, Bull. de Belg. (3) Bd. 26, S. 208. 1893.
[2]) J. AMANN, ZS. f. wiss. Mikrosk. Bd. 11, S. 440. 1894.
[3]) E. v. FEDOROW, ZS. f. Krist. Bd. 25, S. 349. 1896; Bd. 26, S. 251. 1896; Bd. 29, S. 611. 1898.
[4]) C. LEISS, N. Jahrb. f. Min. Beil. Bd. 10, S. 425. 1896.
[5]) J. W. EVANS, Mineral. Mag. Bd. 14, S. 87. 1907.
[6]) H. SIEDENTOPF, Centralbl. f. Min. 1906, S. 745.
[7]) F. E. WRIGHT, Sill. Journ. (4) Bd. 29, S. 417. 1910.
[8]) W. NIKITIN, ZS. f. Krist. Bd. 47, S. 378. 1910.
[9]) M. BEREK, Centralbl. f. Min. 1913, S. 388, 427, 464, 580.
[10]) H. BOISSIER, Rev. d'opt. Bd. 2, S. 111. 1923.

Für genauere Messungen kommen nur Halbschattenmethoden in Frage, insbesondere die Methode von DE SÉNARMONT mit Halbschattenvorrichtung von CHAUVIN (Ziff. 27) und die Methode von MAC CULLAGH-STOKES mit Halbschattenvorrichtung von PERUCCA oder Halbschattenvorrichtung von TOOL (Ziff. 29); zur Messung kleiner Elliptizitäten sind außer diesen beiden Methoden noch geeignet die Methode des BRACEschen Kompensators (Ziff. 30), sowie die teilweise direkte Methode von BERGHOLM (Ziff. 34). Sind die zu messenden Elliptizitäten nicht zu klein, so ist die indirekte Methode von JAMIN mit Halbschattenvorrichtung von SZIVESSY (Ziff. 32) noch bequemer. Für Messungen im ultravioletten Spektralbereiche dient die Methode von VOIGT (Ziff. 33).

Bezüglich der Angaben über Meßgenauigkeit ist das in Ziff. 15 Bemerkte zu beachten.

α) Direkte Methoden.

26. Methode von DE SÉNARMONT. Bei der Methode von DE SÉNARMONT[1]) läßt man die zu analysierende Welle senkrecht auf einen an einem Teilkreis drehbar angebrachten Analysator fallen und bringt diesen in ein solches Azimut ϱ gegen eine beliebige feste Richtung F, daß die Intensität des Gesichtsfeldes möglichst gering wird; ϱ liefert das Azimut der kleinen Ellipsenachse (Ziff. 3), wegen der Unsicherheit der Einstellung allerdings nur angenähert.

Nun wird eine (an einem Teilkreis in ihrer Ebene drehbar angebrachte) $\lambda/4$-Platte als Kompensatorplatte vor den Analysator in ein solches Azimut gebracht, daß ihre Hauptschwingungsrichtungen mit den eben (angenähert) bestimmten Achsenrichtungen der Schwingungsellipse zusammenfallen. Bei völlig richtiger Orientierung ist die aus der $\lambda/4$-Platte austretende Welle linear polarisiert (Ziff. 16) mit der Schwingungsrichtung S (Abb. 10), bei geeignetem Azimut des

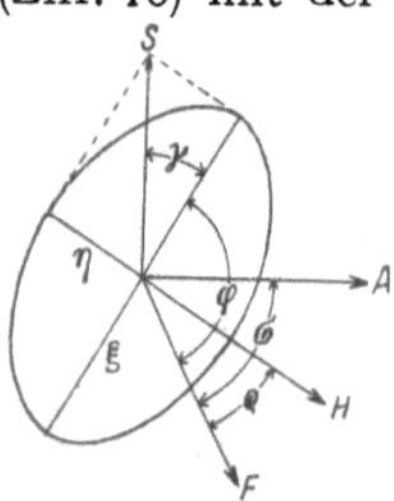

Analysators A muß daher das Gesichtsfeld dunkel sein. Bezeichnet man in dieser Stellung, die sich durch Drehen des Analysators und der (schon angenähert richtig orientierten) $\lambda/4$-Platte stets erreichen läßt, das Azimut der (mit der kleinen Ellipsenachse zusammenfallenden) Hauptschwingungsrichtung H der $\lambda/4$-Platte gegen F mit ϱ, das Azimut der Schwingungsrichtung des Analysators gegen F mit σ, so wird

$$\varphi = \varrho + \frac{\pi}{2}. \tag{68}$$

Ferner ist $\gamma = \sigma - \varrho$, und aus (7) folgt $\left(\text{für } \delta = \mp \frac{\pi}{2}\right)$

$$\operatorname{tg}\psi = \operatorname{tg}\gamma = \operatorname{tg}(\sigma - \varrho). \tag{69}$$

Abb. 10. Methode von DE SÉNARMONT zur Bestimmung von Azimut und Elliptizität der Schwingungsellipse. (F feste Richtung; H mit der kleinen Ellipsenachse zusammenfallende Hauptschwingungsrichtung der $\lambda/4$-Platte. A Schwingungsrichtung des Analysators; S Schwingungsrichtung der aus der $\lambda/4$-Platte austretenden linear polarisierten Welle.)

Die gesuchten Größen φ und $\operatorname{tg}\psi$ bestimmen sich somit aus den beobachteten Azimuten ϱ und σ nach (68) und (69).

Aus der Orientierung der Hauptschwingungsrichtung der $\lambda/4$-Platte gegen F (Vorzeichen von $\pi/2$) und dem Vorzeichen von γ ergibt sich, ob die Welle rechts- oder linkselliptisch polarisiert ist (Ziff. 2); ist sie zirkular polarisiert, so wird sie (wegen der Unbestimmtheit von φ) bei jedem beliebigen Azimut der $\lambda/4$-Platte in eine linear polarisierte Welle übergeführt.

Als $\lambda/4$-Platte verwendet man entweder ein aus Glimmer, Gips oder Quarz hergestelltes $\lambda/4$-Blättchen (Ziff. 16) oder einen SOLEILschen Kompensator

---

[1]) H. DE SÉNARMONT, Ann. chim. phys. (2) Bd. 73, S. 337. 1840.

(Ziff. 19), dessen Phasendifferenz durch geeignete Trommelverstellung auf $\pi/2$ gebracht wird.

27. Halbschattenvorrichtung zur Methode von DE SÉNARMONT. Eine brauchbare Meßgenauigkeit läßt sich bei der Methode von DE SÉNARMONT nur in Verbindung mit einer Halbschatteneinrichtung (Ziff. 7) erreichen; als solche kann die Halbschattenvorrichtung von CHAUVIN (Ziff. 17) benutzt werden. Das Prinzip des Meßverfahrens ist dann folgendes[1]:

Die $\lambda/4$-Platte ist so befestigt, daß sie beliebig in den Gang der Welle gebracht oder aus ihm entfernt werden kann. Zur Bestimmung von φ wird die $\lambda/4$-Platte zur Seite geschoben und der Halbschattenanalysator so lange gedreht, bis man in eine Halbschattenstellung gelangt. Eine solche Einstellung ist mit hinreichender Genauigkeit möglich, falls die Elliptizität der zu analysierenden Welle nicht zu groß (etwa $\mathrm{tg}\,\psi < \tfrac{1}{10}$) ist[2]. In dieser Halbschattenstellung fallen die Ellipsenachsen mit den Hauptschwingungsrichtungen des $\lambda/2$-Blättchens zusammen, wie sich mit Hilfe von (20) $\left(a = \xi,\ b = \eta,\ \sigma = \varepsilon,\ \beta - \alpha = \pm\dfrac{\pi}{2}\right)$ ohne weiteres ergibt; ist dann σ das Azimut der Schwingungsrichtung des Analysators gegen eine feste Richtung F, so hat man demnach für das gesuchte Azimut der Schwingungsellipse

$$\varphi = \frac{\pi}{2} + \sigma + \varepsilon,$$

wobei ε wieder das Azimut der einen Hauptschwingungsrichtung des $\lambda/2$-Blättchens gegen die Schwingungsrichtung des Analysators ist.

Um $\mathrm{tg}\,\psi$ zu bestimmen, bringt man jetzt die $\lambda/4$-Platte in den Gang der Welle in ein solches Azimut, daß ihre Hauptschwingungsrichtungen mit den Hauptschwingungsrichtungen des $\lambda/2$-Blättchens, und damit mit den Ellipsenachsen zusammenfallen, wobei die Halbschattenstellung gestört wird; die aus der $\lambda/4$-Platte austretende Welle ist dann linear polarisiert (Ziff. 16), ihre Schwingungsrichtung besitzt gegen die eine Ellipsenachse nach (7), (11) und (4) das durch

$$\mathrm{tg}\,\gamma = \frac{\eta}{\xi} = \mathrm{tg}\,\psi$$

bestimmte Azimut γ. Um die eingetretene Störung der Halbschattenstellung zu beheben, muß man den Analysator mit dem mit ihm fest verbundenen $\lambda/2$-Blättchen um den Winkel γ drehen. Hat man γ abgelesen, so ergibt sich die gesuchte Elliptizität zu $\mathrm{tg}\,\psi = \mathrm{tg}\,\gamma$.

Die Methode von CHAUVIN ist später von CHAUMONT[3] in weitgehendem Maße vervollkommnet worden. Die Halbschattenvorrichtung von CHAUmont besitzt ein vierfach geteiltes Gesichtsfeld, bestehend aus einem $\lambda/2$-Blättchen und einem $\lambda/4$-Blättchen, von welchen jedes nur das halbe Gesichtsfeld bedeckt und deren entsprechende Hauptschwingungsrichtungen gekreuzt sind, so daß die Phasendifferenzen in den Gesichtsfeldvierteln $0,\ \pi,\ \dfrac{\pi}{2},\ -\dfrac{\pi}{2}$ betragen;

---

[1] CHAUVIN, Ann. de Toulouse Bd. 3 (J), S. 30. 1889; Journ. de phys. (2) Bd. 9, S. 22. 1890; die Methode von CHAUVIN ist ferner benutzt und eingehend beschrieben worden von A. COTTON u. H. MOUTON, Ann. chim. phys. (8) Bd. 11, S. 159, 290. 1907, sowie von S. PROCOPIU, Ann. de phys. (10) Bd. 4, S. 223. 1924.

[2] Diese Methode zur Messung von φ ist jedoch nicht frei von systematischen Fehlern, falls als Halbschattenvorrichtung ein $\lambda/2$-Blättchen oder ein LIPPICHsches Halbprisma benutzt wird, da dann die beiden Hälften des Halbschattensystems verschiedene Durchlässigkeit besitzen; hierauf hat zuerst L. B. TUCKERMAN (Univ. Studies of the University of Nebraska Bd. 9, S. 178. 1909) und später unabhängig davon E. PERUCCA (Atti di Torino Bd. 48, S. 202. 1912; Cim. [6] Bd. 5, S. 352. 1913) hingewiesen.

[3] L. CHAUMONT, Ann. de phys. (9) Bd. 4, S. 175. 1915.

die eine Hauptschwingungsrichtung des Halbschattensystems besitzt gegen die Schwingungsrichtung des Analysators das kleine Azimut ε. $\lambda/4$-Kompensatorplatte, Halbschattensystem und Analysator können sowohl für sich allein als auch gemeinsam gedreht werden. Man bringt zunächst Halbschattensystem und Analysator durch gemeinsames Drehen in eine solche Lage, daß die Hauptschwingungsrichtungen des Halbschattensystems mit den Hauptschwingungsrichtungen der $\lambda/4$-Kompensatorplatte zusammenfallen.

Dreht man jetzt das ganze System ($\lambda/4$-Kompensatorplatte, Halbschattensystem und Analysator) gemeinsam, bis die Hauptschwingungsrichtungen der $\lambda/4$-Kompensatorplatte mit den Achsen der Schwingungsellipse der zu analysierenden Welle zusammenfallen, so ist die aus der $\lambda/4$-Kompensatorplatte austretende Welle linear polarisiert (Ziff. 16); ihre Schwingungsrichtung besitzt gegen die mit der großen Ellipsenachse zusammenfallende Hauptschwingungsrichtung der $\lambda/4$-Kompensatorplatte nach (11), (7) und (4) das durch $\operatorname{tg}\gamma = \dfrac{\eta}{\xi} = \operatorname{tg}\psi$ bestimmte Azimut γ. Diese Lage ist nach (20) $\left(a = \xi,\ b = \eta,\ \sigma = \varepsilon,\ \beta - \alpha = \pm\dfrac{\pi}{2}\right)$ dadurch gekennzeichnet, daß diejenigen beiden Viertel des Halbschattensystems, welche die Phasendifferenzen $\pi/2$ und $-\pi/2$ besitzen, sich in Halbschattenstellung befinden, während die beiden anderen Gesichtsfeldviertel ungleiche Intensitäten besitzen; ist in dieser Stellung σ das Azimut des Analysators gegen die feste Richtung F, so ist

$$\varphi = \frac{\pi}{2} + \sigma + \varepsilon.$$

Dreht man aus dieser Stellung das Halbschattensystem für sich allein weiter, so folgt aus (20), daß die beiden anderen Gesichtsfeldviertel mit den Phasendifferenzen 0 und π in Halbschattenstellung gelangen, wenn die Drehung um den Winkel γ erfolgt. Aus γ bestimmt sich die gesuchte Elliptizität zu

$$\operatorname{tg}\psi = \operatorname{tg}\gamma.$$

σ und γ werden an Teilkreisen abgelesen; die Beobachtung erfolgt mittels einer Lupe odes eines Fernrohres, welches scharf auf die Trennungslinien des Halbschattensystems eingestellt wird.

Die Meßgenauigkeit ist nach Chaumont unter günstigen Umständen für φ größer als $1'$ und beträgt für $\operatorname{tg}\psi$ bei kleinen Elliptizitäten ($\operatorname{tg}\psi$ rund $0{,}2$) etwa $6{,}5 \cdot 10^{-4}$.

28. Methode von MacCullagh-Stokes. Die Methode von de Sénarmont läßt sich auch für den Fall modifizieren, daß die Phasendifferenz der Kompensatorplatte innerhalb gewisser Grenzen von $\pi/2$ abweicht.

Dies geschieht bei der Anordnung von Mac Cullagh-Stokes; dieselbe besteht aus der in ihrer Ebene drehbar angeordneten Kompensatorplatte mit der Phasendifferenz δ', die sich vor dem ebenfalls drehbaren Analysator befindet. Die aus der Kompensatorplatte austretende Welle ist linear polarisiert, wenn die nach den Hauptschwingungsrichtungen genommenen Komponenten der auffallenden, zu analysierenden Welle die Phasendifferenz $\delta = -\delta' \pm k\pi$ ($k = 0, 1, 2, \ldots$) besitzen. Wir legen die x-Achse in die eine Hauptschwingungsrichtung der Kompensatorplatte; ist φ das Azimut der Schwingungsellipse der auffallenden Welle gegen die x-Achse, so ist nach (8)

$$\operatorname{tg}2\psi = \mp \sin 2\varphi\,\operatorname{tg}\delta; \tag{70}$$

es existieren demnach für ein bestimmtes Vorzeichen rechts zwei Kompensatorstellungen, bei denen die austretende Welle linear polarisiert ist und welchen die Azimute φ_1 und $\varphi_2 = \dfrac{\pi}{2} - \varphi_1$ entsprechen. Aus der beobachteten Differenz $\varphi_2 - \varphi_1$ und der Bedingung $\varphi_1 + \varphi_2 = \dfrac{\pi}{2}$ erhält man die Azimute φ_1 und φ_2 der einen Ellipsenachse (gegen die x-Achse) in den beiden kompensierenden Stellungen.

Das gegen die x-Achse genommene Azimut γ der austretenden linear polarisierten Welle genügt nach (11) und (7) der Bedingung

$$\sin 2\psi = \mp \sin 2\gamma \sin \delta;$$

es existieren somit für ein bestimmtes Vorzeichen rechts zwei Werte γ_1 und $\gamma_2 = \dfrac{\pi}{2} - \gamma_1$, die φ_1 und φ_2 entsprechen und deren Differenz aus den Dunkeleinstellungen des drehbar angebrachten Analysators folgt.

Für den Winkel ψ der Elliptizität ergibt sich aus (9)

$$\cos 2\psi = \frac{\cos 2\gamma_1}{\cos 2\varphi_1} = \frac{\cos 2\gamma_2}{\cos 2\varphi_2} = \frac{\sin(\gamma_2 - \gamma_1)}{\sin(\varphi_2 - \varphi_1)}. \tag{71}$$

Aus der Orientierung der Hauptschwingungsrichtungen der Kompensatorplatte in einer kompensierenden Stellung (Vorzeichen von δ') und dem Vorzeichen von γ in dieser Stellung ergibt sich, ob die Welle rechts- oder linkselliptisch polarisiert ist.

Die Phasendifferenz δ' der Kompensatorplatte ist nicht willkürlich, sondern es muß wegen (70)

$$2\psi < \delta' < \pi - 2\psi \tag{72}$$

sein; δ' ergibt sich nach (6) zu

$$\cos \delta' = \frac{\operatorname{tg} 2\varphi_1}{\operatorname{tg} 2\gamma_1} = \frac{\operatorname{tg} 2\varphi_2}{\operatorname{tg} 2\gamma_2} = \frac{\operatorname{tg}(\gamma_2 - \gamma_1)}{\operatorname{tg}(\varphi_2 - \varphi_1)}. \tag{73}$$

Bei der Ausführung der Messungen sind Kompensatorplatte und Analysator je für sich an einem besonderen Teilkreis drehbar angeordnet; als Kompensatorplatte wird meist ein Glimmer- oder Gipsblättchen benutzt, dessen Phasendifferenz für die zu benutzende Frequenz angenähert $\pi/2$ beträgt.

Es sei p_0 die Kompensator-, q_0 die Analysatorteilkreisablesung, wenn die als x-Achse gewählte Hauptschwingungsrichtung der Kompensatorplatte und die Schwingungsrichtung des Analysators parallel zu einer festen Richtung (z. B. zur Schwingungsrichtung des Polarisators) liegen; p_1 und q_1 seien die beiden entsprechenden Ablesungen in der ersten, p_2 und q_2 in der zweiten kompensierenden Stellung.

Das Azimut $\overline{\varphi}$ der einen Ellipsenachse gegen die feste Richtung ergibt sich aus $\varphi_2 - \varphi_1 = p_2 - p_1$ und $\varphi_1 + \varphi_2 = \dfrac{\pi}{2}$ zu

$$\overline{\varphi} = \frac{(p_2 - p_0) + (p_1 - p_0)}{2} + \frac{\pi}{4}.$$

Der Winkel ψ der Elliptizität bestimmt sich aus $\varphi_2 - \varphi_1 = p_2 - p_1$, $\gamma_2 - \gamma_1 = q_2 - q_1$ und (71) durch

$$\cos 2\psi = \frac{\sin(q_2 - q_1)}{\sin(p_2 - p_1)}.$$

Die Phasendifferenz δ' der Kompensatorplatte braucht man zwar nicht zu kennen; sie bestimmt sich jedoch nach (73) aus

$$\cos \delta' = \cos \delta = \frac{\operatorname{tg}(q_2 - q_1)}{\operatorname{tg}(p_2 - p_1)}$$

oder mit geringerem Einfluß der Beobachtungsfehler aus (70), nachdem ψ mit Hilfe von (71) ermittelt ist, durch

$$\operatorname{tg}\delta' = -\operatorname{tg}\delta = \pm \frac{\operatorname{tg}2\psi}{\cos(p_2 - p_1)}.$$

Die Mac Cullagh-Stokessche Methode hat gegenüber der Methode von de Sénarmont den Vorzug, daß eine gegebene Kompensatorplatte, trotz der stets vorhandenen Dispersion von δ', wegen (72) stets innerhalb eines gewissen Spektralbereiches benutzt werden kann[1]); sie versagt bei zirkular polarisiertem Lichte, da für solches δ' genau gleich $\pi/2$ sein muß.

Die Mac Cullagh-Stokessche Methode ist zuerst von Mac Cullagh[2]) angegeben worden, aber zunächst unberücksichtigt geblieben; unabhängig davon wurde sie einige Jahre später von Stokes[3]) gefunden, und dann allgemein nach ihm benannt. Wiedemann[4]) hat sie als erster zu eingehenden Messungen elliptischer Polarisation benutzt, gebrauchte jedoch nicht die Stokesschen Formeln, sondern kompliziertere, von Kirchhoff herrührende; ebenfalls von den Stokesschen abweichende, jedoch weniger brauchbare Formeln sind von Mouton[5]) angegeben worden. Eine Herleitung der Stokesschen Formeln mit Hilfe einer von Poincaré[6]) herrührenden geometrischen Methode erfolgte durch Walker[7]).

Die Methodik des Meßverfahrens und der Einfluß der Beobachtungsfehler bei der Mac Cullagh-Stokesschen Methode ist von Horn[8]) und Müller[9]) untersucht worden.

Ihre Meßgenauigkeit beträgt, je nach der Intensität der zur Verfügung stehenden Lichtquelle, nach Stokes für φ etwa 15′, für $\operatorname{tg}\psi$ bei mittleren Elliptizitäten ($\operatorname{tg}\psi$ etwa $\frac{1}{3}$) rund $4 \cdot 10^{-3}$ bis $3 \cdot 10^{-3}$.

29. Halbschattenvorrichtungen für die Mac Cullagh-Stokessche Methode. Die Meßgenauigkeit der Mac Cullagh-Stokesschen Methode läßt sich stark verbessern durch Benutzung einer Halbschattenvorrichtung (Ziff. 7)[10]).

Die Halbschattenvorrichtung von Perucca[11]) besteht aus einer Bravaisschen Halbschattenplatte (Ziff. 12), die sich in beliebigem, von o und $\pi/2$ verschiedenem Azimut zwischen Kompensatorplatte und Analysator befindet und nach Bedarf in den Gang der Welle gebracht oder aus diesem entfernt werden kann. Der Analysator ist ein Lippichsches Halbschattennikol (s. Kap. 24 dieses Bandes), dessen Halbprisma sich durch ein Diaphragma abblenden läßt, so daß dann der Analysator als gewöhnliches Nikol wirkt. Die Bravaissche Platte befindet sich so dicht vor dem Halbprisma, daß beide Trennungslinien mittels des nämlichen Okulars anvisiert werden können.

---

[1]) H. Bouasse, Journ. de phys. (2) Bd. 10, S. 65. 1891.

[2]) J. Mac Cullagh, Proc. R. Irish Acad. Bd. 2, S. 383. 1843; Phil. Mag. (3) Bd. 24, S. 385. 1844; Collected Works, S. 238. London 1880.

[3]) G. G. Stokes, Rep. Brit. Assoc. for 1851, Tl. 2, S. 14; Phil. Mag. (4) Bd. 2, S. 420. 1851; Mathem. and Phys. Papers Bd. 3, S. 197. Cambridge 1901.

[4]) E. Wiedemann, Leipziger Ber. 1872, S. 263; Pogg. Ann. Bd. 151, S. 1. 1874.

[5]) L. Mouton, Journ. de phys. Bd. 4, S. 240. 1875.

[6]) H. Poincaré, Théorie mathématique de la lumière, Bd. 2, S. 275. Paris 1892.

[7]) J. Walker, Phil. Mag. (6) Bd. 3, S. 541. 1902.

[8]) G. Horn, N. Jahrb. f. Min., Beil. Bd. 12, S. 273. 1899.

[9]) E. C. Müller, N. Jahrb. f. Min., Beil. Bd. 17, S. 197. 1903; vgl. auch H. Joachim, ebenda Bd. 21, S. 577. 1906.

[10]) Eine begrenzte Steigerung der Meßgenauigkeit liefert eine zwischen Kompensatorplatte und Analysator geeignet orientierte Savartsche Platte (S. 942, Fußnote 3); vgl. H. Hauschild, Ann. d. Phys. (4) Bd. 63, S. 819. 1920.

[11]) E. Perucca, Cim. (6) Bd. 6, S. 179. 1913; ZS. f. Phys. Bd. 8, S. 63. 1922; eine ähnliche, jedoch unvollkommenere Anordnung stammt von C. Zakrzewski, Krakauer Anzeiger 1907, S. 1016.

Zur Bestimmung des Azimuts φ_1 wird die Bravaissche Platte in den Gang der Welle gestellt und das Diaphragma vor das Lippichsche Halbprisma geschoben. Die aus dem Mac Cullagh-Stokesschen Kompensator austretende Welle ist im allgemeinen elliptisch polarisiert; mit Hilfe von (27) folgt, daß die Intensitäten der beiden Gesichtsfeldhälften der Bravaisschen Platte dann verschieden sind und nur gleich werden, wenn die Welle linear polarisiert ist. Das Azimut φ_1 der Kompensatorplatte gibt sich somit aus der gleichen Intensität der Gesichtsfeldhälften zu erkennen.

Ist diese Halbschattenstellung des Mac Cullagh-Stokesschen Kompensators erzielt, so wird die Bravaissche Platte entfernt und das vor dem Lippichschen Halbprisma befindliche Diaphragma zur Seite geschoben, so daß der Analysator als Lippichscher Analysator wirkt; man bringt denselben nun durch Drehen in dasjenige Azimut γ', bei dem die beiden Gesichtsfeldhälften gleiche (mäßige) Intensität besitzen.

In entsprechender Weise werden φ_2 und γ'' ermittelt, und die gewünschten Differenzen $\varphi_2 - \varphi_1$ und $\gamma_2 - \gamma_1 = \gamma'' - \gamma'$ gebildet; Azimut φ der Schwingungsellipse und Winkel ψ der Elliptizität ergeben sich dann in derselben Weise wie in Ziff. 28 angegeben.

Das Meßverfahren ändert sich übrigens nicht, wenn die Bravaissche Platte dauernd im Gange der Welle bleibt.

Die Methode erfordert eine sehr genau ausgeführte Bravaissche Platte; ihre Meßgenauigkeit beträgt nach Perucca[1]) für φ etwa 1', für tgψ etwa $3 \cdot 10^{-4}$, und zwar unter günstigen Bedingungen auch noch bei beträchtlicheren Elliptizitäten (tg ψ rund 0,2).

Erheblich komplizierter hinsichtlich der Berechnung der gesuchten Größen aus den Beobachtungen ist die Halbschattenvorrichtung von Tool[2]). Der Analysator ist ein Jellettsches Halbschattennikol (vgl. Kap. 24 ds. Bandes); mit ihm ist eine Bracesche Halbschattenplatte (Ziff. 21) fest verbunden, deren Trennungslinie ungefähr senkrecht zur Trennungslinie des Jellettschen Nikols liegt. Die beiden Trennungslinien befinden sich nahezu in derselben Ebene, so daß sie mittels des nämlichen Okulars gleichzeitig scharf anvisiert werden können; das Gesichtsfeld erscheint daher in vier Teile zerlegt. Fällt eine beliebig polarisierte Welle auf den Mac Cullagh-Stokesschen Kompensator, so existieren zwei Azimute des Kompensators und Analysators, bei welchen die vier Gesichtsfeldteile gleiche Intensität besitzen (Kompensationsstellungen). Die Theorie der Anordnung ist zuerst von Tuckerman[3]) und später in übersichtlicherer Form von Skinner[4]) gegeben worden. Sind i_1', i_2' die Azimute des Mac Cullagh-Stokesschen Kompensators, γ_1', γ_2' die zugehörigen Azimute des Halbschattenanalysators in den Kompensationsstellungen, so ist nach Skinner

$$\varphi = \frac{\gamma_1' + \gamma_2'}{2} + \frac{\pi}{2},$$

$$\cos 2\psi = \frac{\sin\left[(i_2' - i_1') - (\gamma_2' - \gamma_1')\right]}{\sin(i_2' - i_1')} \cdot \frac{\sin(i_2'' - i_1'')}{\sin\left[(i_2'' - i_1'') - (\gamma_2'' - \gamma_1'')\right]};$$

hierbei bedeuten i_1'', i_2'' bzw. γ_1'', γ_2'' die entsprechenden Azimute des Kompensators bzw. Analysators, wenn an Stelle der zu analysierenden elliptisch polarisierten Welle eine linear polarisierte Welle gleicher Frequenz in beliebigem Azimut auf die Kompensatorplatte fällt.

[1]) Briefliche Mitteilung des Herrn E. Perucca.
[2]) A. Q. Tool, Phys. Rev. Bd. 31, S. 1. 1910.
[3]) L. B. Tuckerman, Univ. Studies of the University of Nebraska Bd. 9, S. 194. 1909.
[4]) C. A. Skinner, Journ. Opt. Soc. Amer. Bd. 10, S. 491. 1925.

Die Meßgenauigkeit beträgt für φ (bei Elliptizitäten von 0,02 bis 0,04) etwa 3′[1]), bei tgψ (für Elliptizitäten von rund 0,02) etwa $2 \cdot 10^{-4}$[2]).

30. Methode des Braceschen Kompensators. Ein Verfahren, um mit Hilfe des Braceschen Kompensators (Ziff. 21) Elliptizitäten zu messen, ist zuerst von Skinner und Tool[3]) angegeben worden. Dasselbe setzt jedoch die Kenntnis des Azimuts der Schwingungsellipse voraus und ist auf kleine Elliptizitäten beschränkt; es kann daher nur bei speziellen Versuchsanordnungen Verwendung finden.

Später hat Perucca[4]) ein Verfahren angegeben, um mittels des Braceschen Kompensators sowohl φ als auch tgψ zu bestimmen; hierbei muß ψ als Funktion von ϱ_0' bekannt sein, was eine ziemlich umständliche Eichung des Kompensators erforderlich macht. Diese wird vermieden bei der folgenden einfacheren, von Szivessy[5]) herrührenden Methode:

Zur Bestimmung von φ wird eine Halbschattenplatte von Nakamura (Ziff. 13) benutzt[6]), die vor den Analysator senkrecht zur Normale der zu analysierenden Welle gebracht wird; mittels einer Lupe oder eines Fernrohres wird scharf auf die Trennungslinie der Platte eingestellt. Das Gesichtsfeld wird, wie mit Hilfe von (21) leicht folgt, in beiden Hälften gleich dunkel, wenn die Schwingungsrichtung des Analysators A senkrecht zur großen Ellipsenachse liegt; ist dann σ das Azimut von A gegen eine feste Richtung, so ist

$$\varphi = \sigma + \frac{\pi}{2}.$$

Bei dieser Stellung des Analysators wird die Halbschattenplatte von Nakamura entfernt und durch den Braceschen Kompensator ersetzt, wobei dessen Halbschattenplatte gegen A ein (der gewünschten Empfindlichkeit entsprechendes, im übrigen aber) beliebiges Azimut erteilt wird. Sind H und H' zwei Richtungen, die gegen A die Azimute $\pi/4$ und $-\pi/4$ besitzen, so liefert der Bracesche Kompensator, wie aus den Ausführungen der Ziff. 21 ohne weiteres folgt, die Phasendifferenz $\varDelta$ zwischen den nach H und H' genommenen Komponenten. ϱ_0' ergibt sich durch Drehen der Kompensatorplatte in ihrer Ebene (Ziff. 21); um entsprechend ϱ_0 zu erhalten, läßt man an Stelle der zu analysierenden Welle eine linear polarisierte Welle gleicher Frequenz auf den Kompensator fallen, ohne die Azimute des Analysators und der Halbschattenplatte zu ändern. Das Azimut der Schwingungsrichtung dieser linear polarisierten Welle gegen A ist dabei prinzipiell gleichgültig (Ziff. 21); man wählt es aber möglichst gleich $\pi/2$, um eine möglichst geringe Intensität des Gesichtsfeldes in den Halbschattenstellungen zu erzielen. Aus ϱ_0 und ϱ_0' berechnet sich $\varDelta$ nach (63). ψ ergibt sich aus $\varDelta$ mit Hilfe von (7); da A mit der einen Ellipsenachse zusammenfällt, so ist für die nach H und H' genommenen Komponenten tg$\gamma = 1$, somit $\sin 2\gamma = 1$ und daher

$$\psi = \mp \frac{\varDelta}{2}.$$

Die Welle ist rechts- bzw. linkselliptisch polarisiert, je nachdem $\varDelta$ zwischen 0 und $-\pi$ bzw. zwischen 0 und $+\pi$ liegt (Ziff. 1).

Die Meßgenauigkeit ist dieselbe wie bei den in Ziff. 27 und 29 besprochenen Methoden.

---

[1]) Briefliche Mitteilung des Herrn C. A. Skinner.

[2]) A. Q. Tool, Phys. Rev. Bd. 31, S. 25. 1910.

[3]) C. A. Skinner u. A. Q. Tool, Phil. Mag. (6) Bd. 16, S. 840. 1908; die ziemlich komplizierte Theorie dieser Methode findet sich bei L. B. Tuckerman, Univ. Studies of the University of Nebraska Bd. 9, S. 191, 1909.

[4]) E. Perucca, Atti di Torino Bd. 48, S. 201. 1913; Cim. (6) Bd. 5, S. 351. 1913.

[5]) G. Szivessy, ZS. f. Instrkde. Bd. 47, S. 148. 1927.

[6]) Ein Lippichsches Halbprisma kann wegen der dabei auftretenden systematischen Fehler nicht verwendet werden; vgl. S. 955, Fußnote 2.

β) Indirekte Methoden.

31. Methode von Jamin. Ein BABINETscher Kompensator (Ziff. 18) befinde sich vor einem an einem Teilkreis drehbar angebrachten Analysator.

Wir legen die x-Achse und y-Achse in die Hauptschwingungsrichtungen des BABINETschen Kompensators; σ sei das Azimut der Schwingungsrichtung des Analysators gegen die x-Achse, δ' die Phasendifferenz des BABINETschen Kompensators an der Stelle der Marke. Fällt die zu untersuchende, elliptisch polarisierte, monochromatische Welle

$$\mathfrak{D}_x = a\cos\nu t, \qquad \mathfrak{D}_y = b\cos(\nu t - \delta) \tag{74}$$

senkrecht auf die Begrenzungsfläche des Kompensators, so ist die Intensität der aus dem Kompensator austretenden Welle an Stelle der Marke nach (20)

$$J = \tfrac{1}{2}(a^2\cos^2\sigma + b^2\sin^2\sigma + ab\sin 2\sigma\cos(\delta + \delta')).$$

J verschwindet, d. h. der dunkle Interferenzstreifen kommt auf die Marke zu liegen, wenn

$$\delta + \delta' = 2k\pi \qquad (k = 0, 1, 2, \ldots), \qquad \sigma = \gamma + \frac{\pi}{2} \tag{75}$$

ist.

Bei der Ausführung der Messung geht man von einer Nullstellung des BABINETschen Kompensators aus und bringt durch gleichzeitiges Drehen von Kompensatortrommel und Analysator den dunkeln Streifen auf die Marke. Ist dann δ' die durch die Trommeldrehung hervorgerufene Phasendifferenz des Kompensators, σ das (am Analysatorteilkreis festgestellte) Azimut der Schwingungsrichtung des Analysators gegen die x-Achse, so sind die gesuchten Größen nach (75)

$$\delta = -\delta', \qquad \gamma = \sigma - \frac{\pi}{2}.$$

Aus δ und γ berechnet man φ und $\mathrm{tg}\,\psi$ mit Hilfe von (6) und (7).

Die Methode rührt von JAMIN[1]) her. Statt eines BABINETschen Kompensators kann auch ein SOLEILscher Kompensator (Ziff. 19) benutzt werden[2]); an Stelle der Einstellung des dunkeln Interferenzstreifens auf die Marke tritt dann Einstellung auf völlige Dunkelheit des Gesichtsfeldes.

Über die Meßgenauigkeit von δ vgl. Ziff. 18 und 19; die Meßgenauigkeit von σ beträgt etwa 0,5°[3]).

32. Halbschattenvorrichtung für die Methode von Jamin. Wird bei der JAMINschen Methode der SOLEILsche Kompensator benutzt, so kann die Meßgenauigkeit durch Zuhilfenahme einer Halbschattenvorrichtung (Ziff. 7) wesentlich verbessert werden.

Am einfachsten ist die Halbschattenvorrichtung von SZIVESSY[4]) (Ziff. 20), die aber hier nur dann bequeme Verhältnisse liefert, wenn die Halbschattenplatte mit ihren Hauptschwingungsrichtungen parallel zu den Hauptschwingungsrichtungen des SOLEILschen Kompensators liegt.

Man ermittelt zunächst (für die Frequenz ν der zu analysierenden Welle) die Nullstellungen des Kompensators in folgender Weise: Kompensator und

---

[1]) P. JAMIN, Ann. chim. phys. (3) Bd. 29, S. 274. 1850.
[2]) G. MESLIN, Journ. de phys. (2) Bd. 9, S. 436. 1890; H. BOUASSE, Journ. de phys. (2) Bd. 10, S. 61. 1891.
[3]) P. DRUDE, Wied. Ann. Bd. 34, S. 489. 1888; C. K. EDMUNDS, Phys. Rev. Bd. 18, S. 205. 1904. Die Meßgenauigkeit von σ läßt sich, falls $\mathrm{tg}\,\gamma$ von 1 nur wenig verschieden ist, bei Benutzung des BABINETschen Kompensators mit Hilfe einer von J. ELLERBROEK u. J. TH. GROOSMULLER (Phys. ZS. Bd. 27, S. 468. 1926) angegebenen Methode etwa 15fach verbessern; der Mangel der geringen Meßgenauigkeit von δ bleibt jedoch bestehen.
[4]) G. SZIVESSY, ZS. f. Instrkde. Bd. 46, S. 454. 1926.

Halbschattenplatte werden im Azimut $\pi/4$ zwischen gekreuzte Nikols gebracht und eine Halbschattenstellung aufgesucht. Ist hierbei δ'_{01} die Phasendifferenz des Kompensators, so ist nach (58)

$$\delta'_{01} = \pm 2k\pi - \frac{\vartheta}{2}. \qquad (k = 0, 1, 2, \ldots) \qquad (76)$$

Man dreht jetzt die Halbschattenplatte in ihrer Ebene um $\pi/2$, wodurch die Halbschattenstellung gestört wird; ist δ'_{02} die neue, der nächstgelegenen Halbschattenstellung entsprechende Phasendifferenz des Kompensators, so ist

$$\delta'_{02} = \pm 2k\pi + \frac{\vartheta}{2}. \qquad (k = 0, 1, 2, \ldots) \qquad (77)$$

Aus (76) und (77) ergibt sich die Nullstellung des Kompensators zu

$$\frac{\delta'_{01} + \delta'_{02}}{2} = \pm 2k\pi. \qquad (k = 0, 1, 2, \ldots) \qquad (78)$$

Wir legen das Koordinatensystem wie in Ziff. 31 und lassen die elliptisch polarisierte Welle (74) senkrecht auf Kompensator und Halbschattenplatte fallen; ist δ' die Phasendifferenz des Kompensators, σ das Azimut der Schwingungsrichtung des vor dem Kompensator drehbar angebrachten Analysators gegen die x-Achse, so ist die Intensität J' bzw. J'' der von der Halbschattenplatte freien bzw. von ihr bedeckten Gesichtsfeldhälfte nach (20)

$$J' = \tfrac{1}{2}(a^2 \cos^2\sigma + b^2 \sin^2\sigma + ab \sin 2\sigma \cos(\delta' + \delta)),$$
$$J'' = \tfrac{1}{2}(a^2 \cos^2\sigma + b^2 \sin^2\sigma + ab \sin 2\sigma \cos(\delta' + \delta + \vartheta)).$$

Die beiden Gesichtsfeldhälften werden gleich dunkel für

$$\delta' = \delta'_1 = -\delta - \frac{\vartheta}{2} \pm 2k\pi \qquad (k = 0, 1, 2, \ldots), \qquad \sigma = \frac{\pi}{2} + \bar\gamma, \qquad (79)$$

wobei $\bar\gamma$ ein von γ (wegen der Kleinheit von ϑ) nur wenig verschiedener, durch $\operatorname{tg} 2\bar\gamma = \operatorname{tg} 2\gamma \cos\frac{\vartheta}{2}$ definierter Winkel ist.

Wird in dieser Halbschattenstellung die Halbschattenplatte in ihrer Ebene um $\pi/2$ gedreht, so wird die Halbschattenstellung gestört, und um sie wieder herzustellen, muß man dem Kompensator die Phasendifferenz

$$\delta' = \delta'_2 = -\delta + \frac{\vartheta}{2} \pm 2k\pi \qquad (k = 0, 1, 2, \ldots) \qquad (80)$$

erteilen. Aus (79) und (80) folgt

$$\frac{\delta'_1 + \delta'_2}{2} = -\delta \pm 2k\pi, \qquad (k = 0, 1, 2, \ldots) \qquad (81)$$

ferner ergibt sich aus (78) und (81)

$$\delta = \frac{\delta'_{01} + \delta'_{02}}{2} - \frac{\delta'_1 + \delta'_2}{2}. \qquad (82)$$

Besitzt der Kompensator die Phasendifferenz (81), so wird durch ihn die Welle (74) in eine linear polarisierte übergeführt; sie wird nach (22) ausgelöscht, wenn die Halbschattenplatte entfernt und dem Analysator das Azimut

$$\sigma = \gamma + \frac{\pi}{2} \qquad (83)$$

gegeben wird. Um σ genau zu bestimmen, wird der Analysator mit einer besonderen Halbschattenvorrichtung versehen, indem man die Halbschattenplatte des Soleilschen Kompensators mit Doppelplatte von Nakamura (Ziff. 13) auswechselt und auf gleichmäßige Intensität der beiden Gesichtsfeldhälften einstellt.

Bei der Ausführung der Messungen sind Analysator und Halbschattenplatte für sich an Teilkreisen drehbar angeordnet; die Halbschattenplatte kann mittels einer Schlittenführung beliebig in den Gang der Welle gebracht oder aus ihm entfernt werden. Sind p_{01} und p_{02} die den Kompensatorphasendifferenzen (76) und (77) entsprechenden Trommelablesungen, so ergibt sich die einer Nullstellung entsprechende Trommeleinstellung p_0 nach (78) zu

$$p_0 = \frac{p_{01} + p_{02}}{2}.$$

Man läßt jetzt die zu analysierende, elliptisch polarisierte Welle senkrecht auf Kompensator· und Halbschattenplatte, deren Hauptschwingungsrichtungen parallel liegen, fallen, und stellt durch gleichzeitiges Drehen von Kompensator und Analysator auf eine Halbschattenstellung (mit möglichst geringer Intensität des Gesichtsfeldes) ein; die entsprechende Trommeleinstellung sei p_1. Man dreht nun die Halbschattenplatte in ihrer Ebene um $\pi/2$, wodurch die Halbschattenstellung gestört wird; um diese wieder herzustellen, sei die Trommeleinstellung p_2 erforderlich. Nach (82) ist dann die gesuchte Phasendifferenz

$$\delta = \frac{p_{01} + p_{02}}{2} - \frac{p_1 + p_2}{2}.$$

Man stellt jetzt den Kompensator auf die Trommelstellung $p = \dfrac{p_1 + p_2}{2}$, entfernt die Halbschattenplatte und ersetzt sie durch die Doppelplatte von Nakamura; um jetzt Halbschattenstellung zu erzielen, muß der Schwingungsrichtung des Analysators ein Azimut σ gegen die x-Achse erteilt werden, das am Analysatorteilkreis festgestellt wird. Aus (83) folgt dann

$$\gamma = \sigma - \frac{\pi}{2}.$$

Da die Halbschattenplatte ein festes Azimut besitzt, kann ihre Halbschattenempfindlichkeit nicht variiert werden (Ziff. 20); man macht sie daher möglichst dünn, damit ϑ für einen möglichst großen Spektralbereich nahezu denselben Wert besitzt.

Über die Meßgenauigkeit bei der Bestimmung von δ vgl. Ziff. 20; die Meßgenauigkeit für γ ist, bei hinreichend geringer Dicke der Doppelplatte von Nakamura, etwa 1'.

33. Methode von Voigt. Während die bisher behandelten Methoden nur für sichtbare Spektralbereiche benutzt werden können, ist die in dieser Ziffer zu besprechende Methode besonders für das ultraviolette Gebiet geeignet[1]).

Das Prinzip der Methode besteht darin, daß bei der in Ziff. 31 besprochenen Anordnung des Babinetschen Kompensators außer diesem (Abb. 11, B) noch ein zweites Keilpaar (K) in den Gang der Welle gebracht wird. Dieses besteht aus zwei senkrecht zur optischen Achse geschnittenen Quarzkeilen, die so orientiert sind, daß sie sich zu einer planparallelen Platte ergänzen; der eine Keil (R) ist rechts-, der andere (L) linksdrehend. Die Kanten dieses

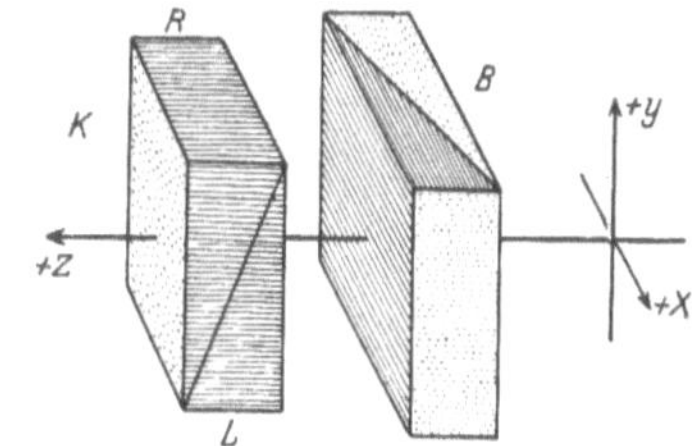

Abb. 11. Anordnung bei der Methode von Voigt zur Messung von Phasendifferenz und Amplitudenverhältnis. B Babinetscher Kompensator; R rechtsdrehender, L linksdrehender Quarzkeil. Die Schraffierung bzw. Punktierung gibt die Lage der optischen Achse des Quarzes an.

---

[1]) Über eine wegen ihrer geringeren Genauigkeit nur noch historisches Interesse bietenden Methode für das ultraviolette Gebiet, beruhend auf wiederholtem Photographieren der Interferenzstreifen des Babinetschen Kompensators vgl. A. Cornu, C. R. Bd. 108, S. 917, 1211. 1889.

drehenden Keilpaares liegen senkrecht zu den Keilkanten des Babinetschen Kompensators.

Wir betrachten den Fall, daß das drehende Keilpaar sich zwischen Babinetschem Kompensator und Analysator befindet, und lassen die Hauptschwingungsrichtungen des Babinetschen Kompensators mit der horizontal liegenden x-Achse bzw. der vertikal verlaufenden y-Achse zusammenfallen. Besitzt der Babinetsche Kompensator in einem beliebigen, parallel zur yz-Ebene liegenden Schnitt die Phasendifferenz δ', so sind die Komponenten der parallel zur positiven z-Achse fortschreitenden, elliptisch polarisierten Welle (74) nach dem Durchgang durch den Kompensator

$$\mathfrak{D}_{x1} = a\cos\nu t, \qquad \mathfrak{D}_{y1} = a\cos(\nu t - \delta - \delta');$$

nach dem Durchgang durch das drehende Keilpaar K hat die Welle die Komponenten

$$\mathfrak{D}_{x2} = \mathfrak{D}_{x1}\cos\Theta - \mathfrak{D}_{y1}\sin\Theta, \qquad \mathfrak{D}_{y2} = \mathfrak{D}_{x1}\sin\Theta + \mathfrak{D}_{y1}\cos\Theta,$$

wobei Θ die Größe des Drehungswinkels des drehenden Keilpaares ist, der bei der getroffenen Anordnung sich mit y linear ändert.

$\mathfrak{D}_{x1}$, $\mathfrak{D}_{y1}$ ergeben eine linear polarisierte Welle, wenn

$$\delta + \delta' = \pm k\pi \qquad (k = 0, 1, 2, \ldots) \tag{84}$$

ist; da die Art der Polarisation durch das drehende Keilpaar nicht geändert wird, so ergibt (84) zugleich die Stellen, an denen die aus dem drehenden Keilpaar austretende Welle mit den Komponenten $\mathfrak{D}_{x2}$, $\mathfrak{D}_{y2}$ linear polarisiert ist.

Die Schwingungsrichtung der linear polarisierten Welle mit den Komponenten $\mathfrak{D}_{x1}$, $\mathfrak{D}_{y1}$ besitzt gegen die x-Achse nach (11) das durch $\mathrm{tg}\,\gamma = \dfrac{b}{a}$ bestimmte Azimut $\pm\gamma$, während das entsprechende Azimut der aus dem drehenden Keilpaar austretenden linear polarisierten Welle

$$\Phi = \pm\gamma + \Theta$$

ist, wobei nach (11) das obere oder untere Vorzeichen zu nehmen ist, je nachdem k in (84) gerade oder ungerade ist. δ und γ sind durch den Polarisationszustand der auffallenden Welle bestimmt und können daher als gegeben betrachtet werden.

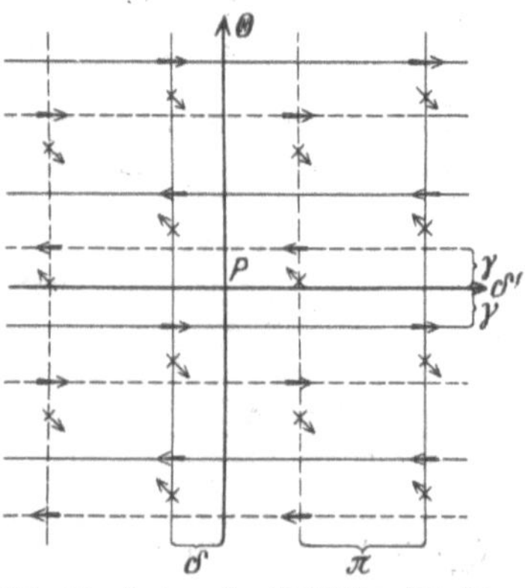

Abb. 12. System der Nullstellen bei der Methode von Voigt. (Nach Voigt.)

Zur Darstellung der auf den Analysator fallenden Welle bezeichnen wir in der xy-Ebene denjenigen Punkt mit P, in dem sowohl die Keile des Babinetschen Kompensators, als auch diejenigen des drehenden Keilpaares gleiche Dicken besitzen, die ganze Keilkombination somit unwirksam wird; durch P legen wir die δ'-Achse parallel zur x-Achse und die Θ-Achse parallel zur y-Achse (Abb. 12). Zur Θ-Achse ziehen wir die beiden Systeme paralleler Geraden $\delta' = \pm 2k\pi - \delta$ (in Abb. 12 ausgezogen) und $\delta' = \pm(2k+1)\pi - \delta$ (in Abb. 12 gestrichelt), zur δ'-Achse die Geraden $\Theta = \pm k\pi - \gamma$ (ausgezogen) und $\Theta = \pm k\pi + \gamma$ (gestrichelt). Die Parallelen zur Θ-Achse liefern nach (84) den geometrischen Ort linearer Polarisation. Die Schnittpunkte der beiden Parallelensysteme ergeben die Punkte, in denen $\Phi = \pm k\pi$ ist und deren Schwingungsrichtungen in Abb. 12 durch kleine starke Pfeile angedeutet sind; zwischen ihnen liegen die (in Abb. 12 nicht bezeichneten) Punkte mit den Azimuten $\Phi = \pm\dfrac{2k+1}{2}\pi$.

Die aus dem Analysator austretende Welle wird in den Punkten ausgelöscht sein, in denen ihre Schwingungsrichtung senkrecht zur Schwingungsrichtung A des Analysators steht. Besitzt diese das Azimut $\pi/4$, so sind die in der Abb. 12 durch einen gekreuzten Pfeil bezeichneten Punkte dunkel. Dreht man den Analysator, so wandern diese Nullstellen auf der Geraden parallel zur Θ-Achse.

Ändert man bei festgehaltenem Analysator die Größen δ und γ, d. h. den Polarisationszustand der auffallenden Welle, so verschieben sich die Nullstellen.

Um für die zu analysierende Welle (74) δ und $\operatorname{tg}\gamma$ zu bestimmen, geht man von einem Normalzustande aus, indem man eine linear polarisierte Welle gleicher Frequenz ν auffallen läßt, deren Schwingungsrichtung das Azimut $\pi/4$ gegen die x-Achse besitzt und für diese Welle eine Reihe von Normal-Nullstellen feststellt; dies geschieht am bequemsten durch Photographieren, wobei sich bei hinreichend langer Exposition die Nullstellen auf dem Negativ durch kleine helle Flecken abzeichnen, deren Koordinaten sich im δ'-, Θ-Achsenkreuz (mittels Teilmaschine) mit hinreichender Genauigkeit ausmessen lassen. Läßt man jetzt die zu analysierende Welle (74) auf die Keilkombination fallen, und nimmt das von ihr erzeugte System der Nullstellen auf, so erscheint dieses gegen das System der Normalnullstellen verschoben; die auszumessende Verschiebung liefert die gesuchten Größen δ und γ, aus denen Azimut φ und Elliptizität $\operatorname{tg}\psi$ der Schwingungsellipse mittels (6) und (7) berechnet werden.

Eine ähnliche, jedoch in ihrer Auswirkung etwas verschiedene Anordnung erhält man, wenn sich der BABINETsche Kompensator zwischen drehendem Keilpaar und Analysator befindet.

Bei Benutzung von Quarzoptik und eines FOUCAULTschen Polarisationsprismas (vgl. Kap. 24 dieses Bandes) als Analysator kann das Verfahren im ultravioletten Bereich bis etwa zur Wellenlänge $\lambda = 230\ \mathrm{m}\mu$ benutzt werden.

Die Methode wurde von VOIGT[1]) angegeben; ihre experimentelle Erprobung erfolgte durch MINOR[2]), der auch ihre Fehlerquellen und deren Beseitigung ermittelt hat.

Die Meßgenauigkeit läßt sich für γ bis auf $1'$ bringen; für δ beträgt sie unter günstigen Verhältnissen etwa $5 \cdot 10^{-4} \cdot 2\pi$.

DE WILD[3]) gelang es, die Methode auch für den Fall brauchbar zu gestalten daß nur ein sehr enger Ausschnitt der zu analysierenden Welle wirksam wird, wie das z. B. bei Reflexionsmessungen an sehr kleinen reflektierenden Körpern der Fall ist.

γ) Teilweise direkte Methoden.

34. Methode von BERGHOLM. Eine teilweise direkte Methode, bei der φ und δ gemessen werden und $\operatorname{tg}\psi$ berechnet wird, und die sich des BRACEschen Kompensators (Ziff. 21) bedient, verdankt man BERGHOLM[4]).

Wir beziehen sämtliche Azimute auf eine feste Richtung, die wir als x-Achse wählen. Es sei $\pi/4$ das Azimut der Schwingungsrichtung des Analysators; läßt man eine linear polarisierte Welle (von derselben Frequenz ν wie die zu analysierende elliptisch polarisierte Welle) im Azimut $\sigma \left(\text{etwa } \sigma = -\dfrac{\pi}{4}\right)$ auf den BRACEschen Kompensator fallen, so kann man durch Einstellen auf ein Halb-

[1]) W. VOIGT, Phys. ZS. Bd. 2, S. 303. 1901.
[2]) R. S. MINOR, Ann. d. Phys. (4) Bd. 10, S. 581. 1903.
[3]) LE ROY DE WILD, Phys. Rev. (2) Bd. 11, S. 249. 1918; Journ. Opt. Soc. Amer. Bd. 6, S. 67. 1922.
[4]) C. BERGHOLM, Uppsala Univ. Årsskr. 1915, Bd. 1, Matem. och Naturv., S. 24; Phys. ZS. Bd. 21, S. 137. 1920.

schattenazimut $\bar{\varrho}_0 \left(= \varrho_0 - \dfrac{\pi}{4}\right)$ eine Halbschattenstellung H_0 erzielen; diese Halbschattenstellung wählen wir als Ausgangsstellung.

Läßt man jetzt die zu analysierende elliptisch polarisierte Welle (74) auf den BRACEschen Kompensator fallen, so wird die Halbschattenstellung gestört, und um sie wieder herzustellen, muß man der Kompensatorplatte das Halbschattenazimut $\bar{\varrho}_0' \left(= \varrho_0' - \dfrac{\pi}{4}\right)$ erteilen; aus $\bar{\varrho}_0$, $\bar{\varrho}_0'$ und der Phasendifferenz δ' der Kompensatorplatte berechnet sich die gesuchte Phasendifferenz δ der parallel und senkrecht zur x-Achse genommenen Komponenten gemäß (63) zu

$$\delta = \sin\delta' \left(\cos 2\bar{\varrho}_0' - \cos 2\bar{\varrho}_0\right), \tag{85}$$

wobei die Bestimmung der den Halbschattenstellungen entsprechenden Azimute in der in Ziff. 21 angegebenen Weise erfolgt.

Die Ausgangshalbschattenstellung ist unabhängig von σ (vgl. Ziff. 21); infolgedessen kann die durch Auffallen der elliptisch polarisierten Welle eingetretene Störung von H_0 (statt durch Drehen der Kompensatorplatte) auch dadurch aufgehoben werden, daß man die auffallende elliptisch polarisierte Welle in eine linear polarisierte Welle überführt.

Diese Überlegung führt zu folgender Bestimmung des Azimuts φ der Schwingungsellipse gegen die x-Achse: Man bringt vor den BRACEschen Kompensator ein $\lambda/4$-Blättchen (für die Frequenz ν) im Azimut $\pi/4$, so daß also seine eine Hauptschwingungsrichtung mit der Schwingungsrichtung des Analysators zusammenfällt. Die auffallende Welle wird, ehe sie auf den BRACEschen Kompensator fällt, durch das $\lambda/4$-Blättchen in eine linear polarisierte Welle übergeführt, wenn die Achsen der Schwingungsellipse mit den Hauptschwingungsrichtungen des $\lambda/4$-Blättchens zusammenfallen (Ziff. 16). Dies läßt sich dadurch erreichen, daß $\lambda/4$-Blättchen, BRACEscher Kompensator und Analysator gemeinsam um den Winkel $\chi = \varphi - \dfrac{\pi}{4}$ gedreht werden; die Größe der Drehung ergibt sich dadurch zu erkennen, daß die Störung der Halbschattenstellung H_0 wieder rückgängig gemacht, d. h. erneute Halbschatteneinstellung erzielt ist. Aus χ, das an einem Teilkreise abgelesen wird, ergibt sich das gesuchte Azimut der Schwingungsellipse zu

$$\varphi = \chi + \frac{\pi}{4}. \tag{86}$$

Aus den durch (85) und (86) bestimmten Größen δ und φ berechnet sich die noch fehlende Elliptizität $\operatorname{tg}\psi$ mit Hilfe von (8).

e) Messung von Doppelbrechung bei gleichzeitig vorhandener Rotationspolarisation.

35. Methode von Kraft und Zakrzewski. Fällt senkrecht auf eine planparallele Platte eines doppelbrechenden Körpers, der zugleich Rotationspolarisation aufweist, eine ebene, linear polarisierte, monochromatische Welle von der Frequenz ν, so zerlegt sich diese in zwei elliptisch polarisierte Wellen von entgegengesetztem Umlaufssinn und verschiedener Geschwindigkeit; diese beiden Wellen besitzen ähnliche Schwingungsellipsen, die mit ihren großen Achsen senkrecht zueinander liegen[1].

---

[1] Vgl. hierzu die Ausführungen über Kristalloptik in Bd. XX dieses Handbuches.

Die Richtungen der Ellipsenachsen bezeichnet man als Hauptrichtungen der Platte; das optische Verhalten ist bestimmt, wenn man die Hauptrichtungen, die (für beide Ellipsen gleiche) Elliptizität $\mathrm{tg}\,\psi$ und die Phasendifferenz

$$\delta = \nu d\left(\frac{1}{q_2} - \frac{1}{q_1}\right) \tag{87}$$

ermittelt hat, wobei q_1 und q_2 die Geschwindigkeiten der beiden elliptisch polarisierten Wellen in der Platte sind und d die Plattendicke bedeutet. Nach dem Austritt in das isotrope Außenmedium setzen sich die beiden elliptisch polarisierten Wellen zu einer einzigen, elliptisch polarisierten Welle zusammen.

Bei der Methode von KRAFT und ZAKRZEWSKI[1] wird die zu untersuchende Platte zwischen gekreuzte Nikols gebracht und diejenige Stellung des Polarisators und Analysators aufgesucht, für welche das Gesichtsfeld ganz dunkel wird; dies ist der Fall, wenn die Schwingungsrichtungen von Polarisator und Analysator einen gewissen, durch eine bestimmte Beziehung mit ψ und δ verknüpften, stumpfen Winkel bilden. Wird der Polarisator aus dieser Stellung heraus um $\pi/4$ gedreht und die Elliptizität der dann aus der Platte austretenden elliptisch polarisierten Welle [mit Hilfe einer der unter d) besprochenen Methoden] ermittelt, so ergibt sich eine zweite Beziehung zwischen ψ und δ, die mit der vorigen zur Berechnung dieser Größen ausreicht.

36. Methode von MALLEMAN. MALLEMAN[2] hat eine Methode angegeben, die für den speziellen Fall geeignet ist, daß einem Rotationspolarisation aufweisenden Körper eine künstlich (z. B. durch ein äußeres mechanisches, elektrisches oder magnetisches Kraftfeld) erzeugte Doppelbrechung überlagert wird.

Die optischen Erscheinungen bei doppelbrechenden Körpern, die gleichzeitig Rotationspolarisation aufweisen, wurden zuerst von GOUY[3] und bald darauf mittels einer geometrischen Methode von WIENER[4] unter der Annahme hergeleitet, daß die gewöhnliche Doppelbrechung und die Rotationspolarisation sich überlagern[5].

Eine planparallele Schicht eines Rotationspolarisation aufweisenden, isotropen Körpers werde durch ein äußeres, homogenes, parallel zu den Schichtebenen liegendes Kraftfeld doppelbrechend gemacht; die Hauptrichtungen (Ziff. 35) liegen dann parallel und senkrecht zur Feldrichtung. Fällt eine ebene, linear polarisierte, monochromatische Welle senkrecht auf die Schicht, so ist dieselbe nach dem Austritt elliptisch polarisiert; die durch (87) bestimmte Phasendifferenz der beiden in der Schicht sich fortpflanzenden elliptisch polarisierten Wellen ist dann nach GOUY

$$\delta = \sqrt{\delta_0^2 + 4\Theta^2}, \tag{88}$$

wobei Θ die durch die Schicht hervorgerufene Drehung und δ_0 diejenige Phasendifferenz bedeutet, welche die (doppelbrechende) Schicht bei nicht vorhandener Rotationspolarisation besitzen würde.

Man bezeichnet δ auch als die scheinbare, δ_0 als die wahre Phasendifferenz der Schicht.

---

[1] C. KRAFT u. C. ZAKRZEWSKI, Krakauer Anzeiger 1904, S. 508.
[2] R. DE MALLEMAN, C. R. Bd. 176, S. 380. 1923; Ann. de phys. (10) Bd. 2, S. 21. 1924.
[3] G. L. GOUY, Journ. de phys. (2) Bd. 4, S. 149. 1885.
[4] O. WIENER, Wied. Ann. Bd. 35, S. 1. 1888.
[5] Vgl. hierzu den Abschnitt „Kristalloptik" in Bd. XX dieses Handbuches.

Der Messung unmittelbar zugänglich [mit Hilfe einer der unter d) angegebenen Methoden] sind Azimut φ und Elliptizität $\mathrm{tg}\,\psi$ der Schwingungsellipse der in den Außenraum austretenden, resultierenden Welle; wir beziehen φ auf die Schwingungsrichtung der auffallenden, linear polarisierten Welle.

Die Verhältnisse werden besonders einfach, wenn letztere mit einer Hauptrichtung zusammenfällt, also parallel oder senkrecht zur Feldrichtung liegt; dann ist

$$\mathrm{tg}\,2\varphi = \frac{2\Theta\delta\sin\delta}{\delta_0^2 + 4\Theta^2\cos\delta}, \qquad \sin 2\psi = \frac{2\Theta\delta_0}{\delta^2}(1 - \cos\delta). \tag{89}$$

Sind φ und ψ bestimmt, und ist Θ außerhalb des Feldes auf anderem Wege (s. Kap. 24 ds. Bandes) gemessen, so kann jede der beiden Gleichungen (89) in Verbindung mit (88) zur Berechnung der gesuchten Größe δ_0 dienen.

f) Teilweise polarisiertes Licht.

37. Unpolarisiertes Licht und teilweise polarisiertes Licht. Bei unpolarisiertem oder natürlichem Licht beschreibt der Endpunkt des von einem beliebigen Punkte aus aufgetragenen Lichtvektors eine Bahn, die zeitlich nicht konstant bleibt; sie ist im allgemeinsten Falle eine Ellipse, deren Azimut und Elliptizität sich sehr oft in unregelmäßiger Weise innerhalb von Zeitintervallen ändern, die klein sind gegenüber den kürzesten, vom Auge gerade noch wahrgenommenen Lichteindrücken. Eine unpolarisierte Welle verhält sich daher für den Beobachter rings um die Richtung ihrer Normale gleichmäßig.

Überlagert sich einer unpolarisierten Welle eine linear, zirkular oder elliptisch polarisierte Welle, so nennt man das resultierende Licht teilweise oder partiell polarisiert, und zwar je nach dem Polarisationszustande der überlagerten Welle teilweise linear, teilweise zirkular oder teilweise elliptisch polarisiert.

Eine unpolarisierte Welle falle auf einen Analysator; ist J_u ihre durch (18) bestimmte Intensität, so erhält man die Intensität J_1 der aus dem Analysator austretenden Welle aus (21), indem man φ als schnell veränderlich ansieht, alle Werte zwischen $-\dfrac{\pi}{2}$ und $+\dfrac{\pi}{2}$ durchlaufen läßt und den zeitlichen Mittelwert mit Berücksichtigung von (18) bildet; man erhält dann

$$J_1 = \tfrac{1}{2}J_u. \tag{90}$$

Die Intensität der aus dem Analysator austretenden Welle ist also unabhängig vom Azimut der Schwingungsrichtung des Analysators, falls die auffallende Welle unpolarisiert ist; diese Eigenschaft teilt die unpolarisierte Welle mit der zirkular polarisierten Welle (Ziff. 3).

Ist die auf den Analysator fallende Welle teilweise linear polarisiert, und ist J_u die Intensität des unpolarisierten Teiles, J_p die Intensität des polarisierten Teiles, so wird von letzterem nach (22) die Intensität

$$J_2 = J_p \cos^2\varphi \tag{91}$$

durchgelassen, wobei φ das Azimut der Schwingungsrichtung des polarisierten Teiles gegen die Schwingungsrichtung des Analysators ist. Aus (90) und (91) folgt für die Gesamtintensität der aus dem Analysator austretenden Welle

$$J = J_1 + J_2 = \frac{J_u}{2} + J_p \cos^2\varphi. \tag{92}$$

38. Feststellung des Polarisationszustandes einer Welle. Um den Polarisationszustand einer monochromatischen Welle von der Frequenz ν festzustellen, läßt man sie auf einen drehbaren Analysator fallen. Es sind dann folgende Fälle zu unterscheiden:

α) Gibt es eine Stellung des Analysators, bei der die auffallende Welle vollkommen ausgelöscht wird, so ist diese **vollständig linear polarisiert**.

β) Gibt es keine Stellung des Analysators, bei der vollkommene Auslöschung eintritt, jedoch eine Stellung, bei der die austretende Welle ein (von Null verschiedenes) Minimum der Intensität besitzt, so ist dieselbe **teilweise linear polarisiert, elliptisch polarisiert oder teilweise elliptisch polarisiert**. Bei der Minimumstellung steht die Schwingungsrichtung des Analysators senkrecht zur Schwingungsrichtung des linear polarisierten Teiles bzw. senkrecht zur großen Achse der Schwingungsellipse (Ziff. 3).

Man bringt jetzt zur weiteren Analyse ein $\lambda/4$-Blättchen für die Frequenz ν vor den Analysator senkrecht zur Normale der Welle, so daß die eine Hauptschwingungsrichtung des $\lambda/4$-Blättchens senkrecht zur Schwingungsrichtung des Analysators steht (und somit mit der Schwingungsrichtung des linear polarisierten Teiles bzw. mit der großen Ellipsenachse zusammenfällt).

Ist die auffallende Welle **teilweise linear polarisiert**, so bleibt das Minimum der Intensität durch Einführung des $\lambda/4$-Blättchens ungeändert. Ist sie ganz oder teilweise elliptisch polarisiert, so wird sie durch das $\lambda/4$-Blättchen in eine ganz oder teilweise linear polarisierte Welle übergeführt, deren Schwingungsrichtung das Azimut $\dfrac{\pi}{2} \pm \psi$ gegen die Schwingungsrichtung des Analysators besitzt (Ziff. 16 u. 26). Bei **vollständiger elliptischer Polarisation** der auffallenden Welle ist es daher nach α) möglich, durch Drehen des Analysators um den Winkel ψ völlige Auslöschung zu erzielen; bei **teilweiser elliptischer Polarisation** ist völlige Auslöschung nicht möglich, man kann aber die (durch Einführung des $\lambda/4$-Blättchens gestörte) Stellung minimaler Intensität durch Drehen des Analysators um den Winkel ψ wiederherstellen.

γ) Ist die Intensität der aus dem Analysator austretenden Welle unabhängig von der Stellung des drehbaren Analysators, so ist die auffallende Welle **unpolarisiert oder ganz oder teilweise zirkularpolarisiert** (Ziff. 37). Zur weiteren Analyse bringt man ein $\lambda/4$-Blättchen für die Frequenz ν in beliebigem Azimut senkrecht zur Normale der Welle. Ist diese ganz bzw. teilweise zirkular polarisiert, so wird die zirkulare Polarisation in lineare Polarisation übergeführt (Ziff. 26); die auf den Analysator fallende Welle ist dann somit ganz bzw. teilweise linear polarisiert, was nach α) bzw. β) festgestellt wird.

39. Nachweis teilweiser Polarisation. Ist bei einer teilweise polarisierten Welle J_u die Intensität des unpolarisierten Teiles, J_p die Intensität des polarisierten Teiles, so versteht man unter **Polarisationsfaktor** oder **Polarisationsgrad** P das Verhältnis

$$P = \frac{J_p}{J_u + J_p}. \tag{93}$$

Es genügt, bei der Besprechung des Nachweises der teilweisen Polarisation und der Messung von P den Fall teilweiser **linearer** Polarisation zu behandeln, da sich eine teilweise zirkular oder elliptisch polarisierte Welle mit Hilfe eines $\lambda/4$-Blättchens stets in eine teilweise linear polarisierte Welle überführen läßt (Ziff. 38).

Die teilweise lineare Polarisation einer Welle kann mit Hilfe eines drehbaren Nikols nur nachgewiesen werden, wenn der Polarisationsfaktor nicht zu klein $(P > 0{,}2)$ ist, da sonst die Intensitätsänderungen beim Drehen des Nikols zu gering werden. In manchen Fällen kann zum Nachweis eine von Haidinger[1]) herrührende Methode dienen, bei der man die zu untersuchende Welle durch ein quadratisches Diaphragma und dann durch ein doppelbrechendes System [z. B. durch ein Kalkspatrhomboeder oder ein Sénarmontsches Prisma[2])] gehen läßt; das Diaphragma wird mittels einer Lupe anvisiert, deren Brennweite man so wählt, daß man die vom doppelbrechenden System herrührenden beiden Bilder der quadratischen Öffnung dicht nebeneinander sieht. Die Anordnung bezeichnet man als dichroskopische[3]) oder Haidingersche Lupe. Ist die auffallende Welle teilweise linear polarisiert, so zeigen die beiden Bilder beim Drehen der Haidingerschen Lupe um die Beobachtungsrichtung im allgemeinen verschiedene Intensitäten; die Intensitätsunterschiede werden am größten, wenn die eine Hauptschwingungsrichtung des doppelbrechenden Systems parallel zur Schwingungsrichtung des linear polarisierten Anteiles liegt.

Ein geringer Polarisationsgrad läßt sich nur mit Hilfe von Interferenzen nachweisen. Läßt man eine ebene, monochromatische Welle senkrecht auf die eine ebene Begrenzungsfläche eines Quarzkeiles fallen, dessen optische Achse parallel zu einer Begrenzungsfläche und senkrecht (oder parallel) zur Keilkante liegt, und beobachtet durch einen Analysator, dessen Schwingungsrichtung unter $\pm \frac{\pi}{4}$ gegen die Hauptschwingungsrichtungen des Keiles geneigt ist, so entsteht ein System dunkler Interferenzstreifen, falls die auffallende Welle linear polarisiert oder teilweise linear polarisiert ist (Ziff. 5); dieselben verschwinden nur dann, wenn die Schwingungsrichtung der auffallenden Welle parallel zu einer der Hauptschwingungsrichtungen des Keiles liegt. Durch gleichzeitiges Drehen des Analysators und des mit ihm fest verbundenen Keiles kann man daher an dem Einsetzen bzw. Verschwinden der Interferenzstreifen das Vorhandensein teilweiser Polarisation erkennen[4]).

Die empfindlichste Anordnung zum Nachweis teilweiser Polarisation bildet das Savartsche Polariskop[5]). Dasselbe besteht aus einer Savartschen Platte[6]), die mit einem Analysator fest verbunden ist, dessen Schwingungsrichtung den Winkel zwischen den Hauptschnitten der Savartschen Platte halbiert; Platte und Analysator sind gemeinsam drehbar. Ist die auffallende Welle teilweise linear polarisiert, so erscheint das System heller und dunkler, paralleler Interferenzstreifen, die nur dann verschwinden, wenn die Schwingungsebene der teilweise linear polarisierten Welle mit dem einen der beiden Hauptschnitte der Platte zusammenfällt. Mit dem Savartschen Polariskop kann ein Polarisationsfaktor von der Größe $P = 0{,}01$ noch nachgewiesen werden.

40. Messung des Polarisationsfaktors. a) Photometrische Methode. Man läßt die zu untersuchende, teilweise linear polarisierte Welle auf einen drehbaren Analysator fallen und sucht diejenigen beiden Stellungen des Analysators, für welche die Intensität der aus ihm austretenden Welle ein Maximum

---

[1]) W. Haidinger, Pogg. Ann. Bd. 65, S. 4. 1845; Wiener Ber. Bd. 1, Tl. 1, S. 131. 1848.

[2]) Vgl. bezüglich des Sénarmontschen Prismas und ähnlicher Anordnungen die Ausführungen in Kap. 24 dieses Bandes, sowie in Bd. XX dieses Handbuches.

[3]) Wegen ihrer Verwendungsmöglichkeit zum Nachweis von Pleochroismus.

[4]) H. Rausch v. Traubenberg u. S. Levy, Phys. ZS. Bd. 27, S. 763. 1926.

[5]) J. C. Poggendorff, Pogg. Ann. Bd. 49, S. 292. 1840. Über eine vereinfachte Form des Savartschen Polariskopes bei H. Schulz, ZS. f. Instrkde. Bd. 45, S. 539. 1925; vgl. ferner B. Lyot, Rev. d'opt. Bd. 5, S. 108. 1926.

[6]) Siehe S. 942, Fußnote 3.

bzw. ein Minimum ist. Sind J' und J'' diese Intensitäten, so ist nach (92) $\left(\varphi = 0\right.$ bzw. $\left.\varphi = \dfrac{\pi}{2}\right)$

$$J' = \frac{J_u}{2} + J_p, \qquad J'' = \frac{J_u}{2};$$

aus den gemessenen Größen J' und J'' ergibt sich nach (93)

$$P = \frac{J' - J''}{J' + J''}.$$

Zur Messung von J' und J'' kann im Prinzip jedes Photometer benutzt werden, bei dem die zu photometrierende Welle durch ein drehbares Nikol geschickt werden kann.

Zur unmittelbaren Bestimmung von P sind im sichtbaren Spektralbereiche die Polarisationsphotometer von WEBER[1]), CORNU[2]) und MARTENS[3]) (s. Kap. 21 dieses Bandes) geeignet. Im ultravioletten Spektralbereiche bedient man sich der HAIDINGERschen Anordnung (Ziff. 39), welche so orientiert wird, daß die Schwingungsrichtung des linear polarisierten Anteils der zu untersuchenden Welle parallel zur einen Hauptschwingungsrichtung des doppelbrechenden Systems liegt; die beiden entstehenden Bilder werden photographiert und ihre relative Intensität J'/J'' auf der photographischen Platte ausphotometriert[4]).

Besonders geeignet wegen seiner überlegenen Empfindlichkeit und der Ausschaltung der subjektiven Vergleichstätigkeit des Auges ist ein lichtelektrisches Spektralphotometer[5]).

b) Kompensationsmethode. Fällt eine unpolarisierte Welle auf einen Glasplattensatz, so ist die durchgehende Welle teilweise linear polarisiert; die Schwingungsrichtung des polarisierten Teiles liegt in der Einfallsebene. Der Polarisationsfaktor der durchgehenden Welle läßt sich aus den bekannten Reflexionsformeln berechnen[6]), falls Einfallswinkel α der Welle und Brechungsindex n des Glases bekannt sind; ist β der durch $\sin\beta = \dfrac{\sin\alpha}{n}$ bestimmte Brechungswinkel, so ist[7])

$$P = \frac{1 - \cos^2(\alpha - \beta)}{1 + \cos^2(\alpha + \beta)}.$$

Um nun den Polarisationsfaktor einer teilweise linear polarisierten Welle zu bestimmen, läßt man sie auf einen Glasplattensatz fallen und bringt diesen in eine solche Lage, daß die aus ihm austretende Welle völlig unpolarisiert (depolarisiert) ist. Diese Depolarisation wird dadurch erkannt, daß eine mit einem Analysator verbundenes Kristallplattensystem, das in linear polarisiertem

---

[1]) L. WEBER, Schriften des naturw. Ver. Schleswig-Holstein Bd. 8, S. 187. 1891; CHR. JENSEN, Beiträge zur Photometrie des Himmels, S. 39. Dissert. Kiel 1898.

[2]) A. CORNU, Compt. rend. Assoc. franç. avancem. d. sc. 1882, S. 253; 1890, S. 267; J. M. PERNTER, Wiener Denkschr. Bd. 73, S. 324. 1901.

[3]) F. F. MARTENS, Verh. d. D. Phys. Ges. Bd. 1, S. 204. 1899; Phys. ZS. Bd. 1, S. 299. 1900; J. TICHANOWSKY, Phys. ZS. Bd. 25, S. 482. 1924; O. SCHÖNROCK, ZS. f. Instrkde. Bd. 44, S. 404. 1925.

[4]) Vgl. z. B. R. W. WOOD u. A. ELLETT, Proc. Roy. Soc. London (A) Bd. 103, S. 399. 1923.

[5]) H. DEMBER u. M. UIBE, Leipziger Ber. Bd. 69, S. 154. 1917; Ann. d. Phys. (4) Bd. 56. S. 214, 1918.

[6]) Vgl. z. B. P. DRUDE, Lehrb. d. Optik, 3. Aufl., S. 271. Leipzig 1912 (oder ds. Handbuch, Bd. XX).

[7]) Die genaue Berechnung von P erfordert die Berücksichtigung der Mehrfachreflexionen an den Plattenoberflächen; vgl. E. GAVIOLA u. P. PRINGSHEIM, ZS. f. Phys. Bd. 24, S. 25. 1924.

Lichte irgendwelche Interferenzerscheinungen zeigt, diese bei vollständiger Depolarisation der aus dem Glasplattensatz austretenden Welle nicht mehr aufweist.

Die Kompensationsmethode rührt von Arago[1]) her; als Interferenzerscheinung benutzt man nach dem Vorgange von Wild[2]) die Interferenzstreifen eines Savartschen Polariskopes (Ziff. 39).

Die Methode ist namentlich dann geeignet, wenn der zu messende Polarisationsfaktor so klein ist, daß die auf subjektiven Intensitätsvergleichen beruhenden photometrischen Methoden nicht ausreichen[3]).

---

[1]) F. Arago, Oeuvr. compl. Bd. 10, S. 270. Paris-Leipzig 1858.
[2]) H. Wild, Pogg. Ann. Bd. 99, S. 235. 1856; Bd. 118, S. 193. 1863.
[3]) R. W. Wood, Phil. Mag. (6) Bd. 16, S. 184. 1908; Phys. ZS. Bd. 9, S. 590. 1908.

Namen- und Sachverzeichnis.